Tabla periódica de los elementos

Metales alcalinos → Grupo 1A / 1

Metales alcalino-térreos → Grupo 2A / 2

Elemento representativo

Elementos de transición

Halógenos → Grupo 7A / 17

Gases nobles → Grupo 8A / 18

Número de periodo	Grupo 1A / 1	Grupo 2A / 2	3B / 3	4B / 4	5B / 5	6B / 6	7B / 7	8B / 8	8B / 9	8B / 10	1B / 11	2B / 12	Grupo 3A / 13	Grupo 4A / 14	Grupo 5A / 15	Grupo 6A / 16	Grupo 7A / 17	Grupo 8A / 18
1	1 H 1.008																	2 He 4.003
2	3 Li 6.941	4 Be 9.012											5 B 10.81	6 C 12.01	7 N 14.01	8 O 16.00	9 F 19.00	10 Ne 20.18
3	11 Na 22.99	12 Mg 24.31											13 Al 26.98	14 Si 28.09	15 P 30.97	16 S 32.07	17 Cl 35.45	18 Ar 39.95
4	19 K 39.10	20 Ca 40.08	21 Sc 44.96	22 Ti 47.87	23 V 50.94	24 Cr 52.00	25 Mn 54.94	26 Fe 55.85	27 Co 58.93	28 Ni 58.69	29 Cu 63.55	30 Zn 65.41	31 Ga 69.72	32 Ge 72.64	33 As 74.92	34 Se 78.96	35 Br 79.90	36 Kr 83.80
5	37 Rb 85.47	38 Sr 87.62	39 Y 88.91	40 Zr 91.22	41 Nb 92.91	42 Mo 95.94	43 Tc (99)	44 Ru 101.1	45 Rh 102.9	46 Pd 106.4	47 Ag 107.9	48 Cd 112.4	49 In 114.8	50 Sn 118.7	51 Sb 121.8	52 Te 127.6	53 I 126.9	54 Xe 131.3
6	55 Cs 132.9	56 Ba 137.3	57* La 138.9	72 Hf 178.5	73 Ta 180.9	74 W 183.8	75 Re 186.2	76 Os 190.2	77 Ir 192.2	78 Pt 195.1	79 Au 197.0	80 Hg 200.6	81 Tl 204.4	82 Pb 207.2	83 Bi 209.0	84 Po (209)	85 At (210)	86 Rn (222)
7	87	88	89† Ac (227)	104 Rf (261)	105 Db (262)	106 Sg (266)	107 Bh (264)	108 Hs (265)	109 Mt (266)	110 Ds (271)	111 Rg (272)	112 Cn (285)	113 — (284)	114 (289)	115 (288)	116 (292)	117 (293)	118 (294)

*Lantánidos

58 Ce 140.1	59 Pr 140.9	60 Nd 144.2	61 Pm (145)	62 Sm 150.4	63 Eu 152.0	64 Gd 157.3	65 Tb 158.9	66 Dy 162.5	67 Ho 164.9	68 Er 167.3	69 Tm 168.9	70 Yb 173.0	71 Lu 175.0

†Actínidos

90 Th 232.0	91 Pa 231.0	92 U 238.0	93 Np (237)	94 Pu (244)	95 Am (243)	96 Cm (247)	97 Bk (247)	98 Cf (251)	99 Es (252)	100 Fm (257)	101 Md (258)	102 No (259)	103 Lr (262)

Metales

Metaloides

No metales

GENERAL, ORGÁNICA Y BIOLÓGICA

QUÍMICA

Estructuras de la vida

GENERAL, ORGÁNICA Y BIOLÓGICA

QUÍMICA

Estructuras de la vida

Cuarta edición

KAREN C. TIMBERLAKE

Traducción
Víctor Campos Olguín

Revisión técnica

México

María del Carmen Hernández Gutiérrez
Universidad Nacional Autónoma de México

Alejandra Vega
*Instituto Tecnológico y de Estudios Superiores
de Monterrey, Campus Laguna*

Guatemala
Diego Omar Hernández Aguilar
Universidad de San Carlos de Guatemala

El Salvador
Carlos Eduardo Francia López
Liceo San Luis y Centro Escolar INSA, Santa Ana

PEARSON

México • Argentina • Brasil • Colombia • Costa Rica • Chile • Ecuador
España • Guatemala • Panamá • Perú • Puerto Rico • Uruguay • Venezuela

/ Datos de catalogación

Autora: Timberlake, Karen C.
Química general, orgánica y biológica. Estructuras de la vida
Educación media superior
4ª edición

Pearson Educación de México, S.A de C.V., México, 2013
ISBN: 978-607-32-2034-7
Área: K-12 Bachillerato

Formato: 21 x 27 cm   Páginas: 936

Traducción de la edición en idioma inglés, titulada *General, organic and biological chemistry: structures of life*, 4th edition por Karen C. Timberlake, publicada por Pearson Education, Inc., Copyright © 2013. Todos los derechos reservados.
ISBN 13: 978-0-321-75089-1 (Student edition)
ISBN 10: 0-321-75089-6 (Student edition)

Esta edición en español es la única autorizada.

Edición en idioma inglés

Editor in Chief: Adam Jaworski ● **Executive Editor:** Jeanne Zalesky ● **Marketing Manager:** Jonathan Cottrell ● **Associate Editor:** Jessica Neumann ● **Editorial Assistant:** Lisa Tarabokjia ● **Marketing Assistant:** Nicola Houston ● **Managing Editor, Chemistry and Geosciences:** Gina M. Cheselka ● **Senior Production Project Manager:** Beth Sweeten ● **Production Management:** Andrea Stefanowicz, PreMediaGlobal ● **Compositor:** PreMediaGlobal ● **Senior Technical Art Specialist:** Connie Long ● **Illustrator:** Imagineering ● **Image Lead:** Maya Melenchuk ● **Photo Researcher:** Eric Shrader ● **Text Research Manager:** Beth Wollar ● **Text Researcher:** Melissa Flamson ● **Design Manager:** Derek Bacchus ● **Interior Designer:** Gary Hespenheide ● **Cover Designer:** Gary Hespenheide ● **Operations Specialist:** Jeff Sargent ● **Executive Marketing Manager:** Lauren Harp ● **Cover Photo Credit:** Fernando Alonso Herrero/iStockphoto

QUÍMICA GENERAL ORGÁNICA Y BIOLÓGICA. ESTRUCTURAS DE LA VIDA

Cuarta edición

Dirección general: Philip De la Vega ● **Dirección K-12:** Santiago Gutiérrez ● **Gerencia editorial K-12:** Jorge Luis Íñiguez ● **Coordinación editorial bachillerato:** Lilia Moreno ● **Edición sponsor:** Claudia Celia Martínez Amigón ● **Coordinación de arte y diseño:** Asbel Ramírez ● **Supervisión de arte y diseño:** Yair Cañedo ● **Corrección de estilo:** Elia Olvera ● **Asistencia editorial:** Miriam Serna ● **Supervisión de producción:** Olga Sánchez ● **Composición y diagramación:** Carácter tipográfico/Eric Aguirre ● **Lectura de pruebas:** Javier García/Araceli Hernández.

Director regional K-12 América Latina: Eduardo Guzmán Barros
Directora de contenidos K-12 América Latina: Clara Andrade

D.R. © 2013 por Pearson Educación de México, S.A. de C.V.
Atlacomulco 500, 5° piso
Col. Industrial Atoto, C.P. 53519
Naucalpan de Juárez, Edo. de México
Cámara Nacional de la Industria Editorial Mexicana Reg. Núm. 1031

ISBN LIBRO IMPRESO: 978-607-32-2034-7
ISBN E-BOOK: 978-607-32-2035-4
ISBN E-CHAPTER: 978-607-32-2036-1

Esta obra se terminó de imprimir en junio de 2013
en Editorial Impresora Apolo, S.A. de C.V.
Centeno 150-6, Col. Granjas Esmeralda, C.P. 09810, México, D.F.

Impreso en México. Printed in Mexico.

1 2 3 4 5 6 7 8 9 0 – 16 15 14 13

PEARSON

www.pearsonenespañol.com

Resumen del contenido

Contenido

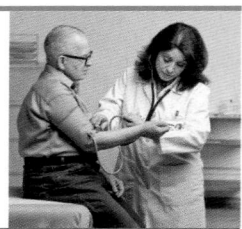
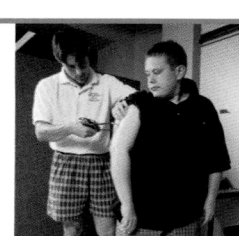

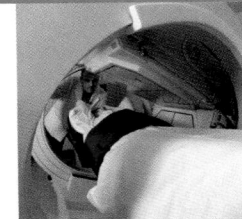
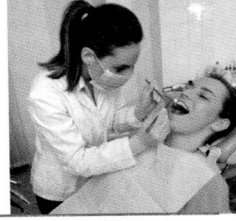

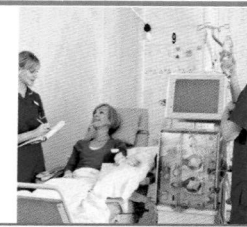

7

Gases 259

8

Disoluciones 296

9

Velocidades de reacción y equilibrio químico 340

10
Ácidos y bases   368

11
Introducción a la química orgánica: alcanos   411

12
Alquenos, alquinos y compuestos aromáticos   446

13
Alcoholes, fenoles, tioles y éteres   477

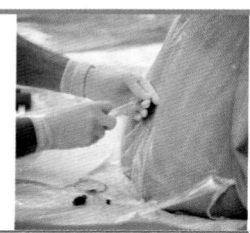

14
Aldehídos, cetonas y moléculas quirales   505

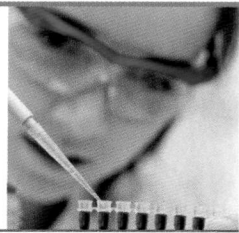

15
Carbohidratos   538

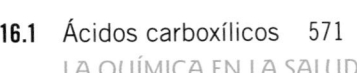

19
Aminoácidos y proteínas   674

20
Enzimas y vitaminas   708

21
Ácidos nucleicos y síntesis de proteínas   741

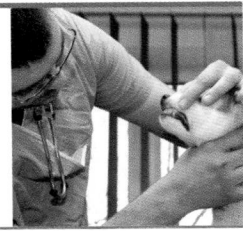

22
Vías metabólicas para carbohidratos   782

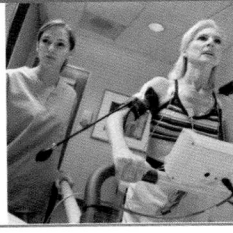

23
Metabolismo y producción de energía   816

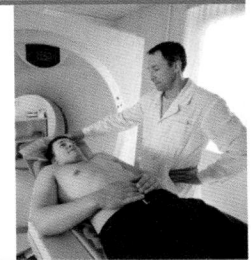

24
Vías metabólicas para lípidos y aminoácidos   839

Aplicaciones y actividades

Explore su mundo

La química en la salud

La química
en el ambiente

La química
en la industria

La química
en la historia

Enfoque profesional

Guía
para resolver problemas

Prefacio

Bienvenido a la cuarta edición de *Química general, orgánica y biológica: Estructuras de la vida*. Este texto de química está escrito y diseñado de tal forma que le ayude al alumno a preparparse para una carrera profesional relacionada con la salud, como enfermería, nutrición, terapia respiratoria y ciencias ambientales y agrícolas. Este libro no supone conocimientos previos de química. Mi principal objetivo al escribir este texto es hacer del estudio de la química una experiencia atractiva y positiva para el lector, al relacionar la estructura y comportamiento de la materia con su función en la salud y el ambiente. Esta nueva edición introduce una mayor cantidad de estrategias para resolver problemas, incluidos nuevos apartados de "Comprobación de conceptos", más guías para resolver problemas, nuevos apartados para "Análisis del problema", problemas conceptuales y de desafío, y nuevos conjuntos de problemas combinados.

Mi meta también es animar al estudiante a convertirse en un pensador crítico al comprender los conceptos científicos con temas actuales relativos a la salud y el ambiente. Por ende, utilicé materiales que:

- Lo motivan a aprender y disfrutar la química.
- Relacionan la química con profesiones que le interesen.
- Desarrollan habilidades de resolución de problemas que conducen a su éxito en la química.
- Promueven su aprendizaje y éxito en la profesión de su elección.

Confío en que este libro ayude al alumno a descubrir nuevas y atractivas ideas y le brinden una experiencia gratificante conforme avanza en la comprensión y el aprecio de la función de la química en su vida.

Lo nuevo en la cuarta edición

A lo largo de esta cuarta edición se agregaron nuevas características, incluidas las siguientes:

- **Todas las entradas de capítulo** ofrecen atractivas historias que ilustran cómo se usa la química diariamente en profesiones.
- La **nueva** sección de **Análisis del problema** ilustra cómo separar la redacción del problema en los componentes necesarios para resolverlo.
- Un nuevo **capítulo 1, Química y mediciones**, ofrece un amplio panorama introductorio a la química y un plan de estudio para aprender sus fundamentos.
- Al final de cada sección de capítulo se incluyen **Metas de aprendizaje** con Preguntas y Problemas para que el estudiante refuerce la retención de los conceptos principales.
- Los problemas con alto grado de dificultad en **MasteringChemistry** se movieron a las secciones de Problemas de desafío, mientras que los problemas que recibieron bajos valores de asignación por parte de profesores se reescribieron y mejoraron para apoyar el aprendizaje del estudiante a lo largo del curso. Asimismo, más de **30 nuevos tutoriales** específicos a este texto, que incluyen actividades que incorporan **Mapas conceptuales**, estarán disponibles en MasteringChemistry para esta cuarta edición.
- Se incluyen dos nuevos tipos de secciones de interés, **La química en la industria** y **La química en la historia**, las cuales demuestran conexiones entre los conceptos químicos y eventos reales, pasados y actuales.
- Las **nuevas Guías para resolver problemas** incluyen Uso de concentración para calcular masa o volumen, Uso de la densidad, Escritura de fórmulas con iones poliatómicos, Uso de vidas medias, Dibujar fórmulas de electrón-punto, Determinación de polaridad de una molécula y Cálculo de masa molar de un gas.
- Los **Repasos de capítulo** ahora incluyen listas con balas e ilustraciones en miniatura relacionadas con el contenido de cada sección.
- Los enunciados en las **Guías para resolver problemas** se reescribieron y relacionaron con pasos de los correspondientes *Ejemplo de problema*.
- Los problemas se reescribieron y agruparon para ofrecer conjuntos de problemas relacionados para cada número impar y su posterior número par.

Cambios capítulo a capítulo para la cuarta edición

El capítulo 1, "Química y mediciones", ahora introduce a los estudiantes a los conceptos de químicos y química, además de pedirles que desarrollen un plan de estudio para aprender química. Los estudiantes conocerán las unidades de medición y la necesidad de entender las estructuras numéricas del sistema métrico empleadas en las ciencias.

- La *química en la salud*, "Densidad ósea", se actualizó para abordar los cambios en la densidad ósea con la edad y ahora se incluye en el capítulo 1.
- "La nueva *Guía para resolver problemas*, "Uso de la densidad", utiliza bloques de colores como guía visual en la ruta paso a paso hacia la solución.
- El contenido de *Notación científica* se reescribió para clarificar el coeficiente y la potencia de 10.
- Se agregaron nuevas fotografías que incluyen el kilogramo estándar, la masa de una moneda de cinco centavos de dólar, un virus y oftalmólogo.
- El nuevo material identifica con mayor exactitud números y medidas, así como sus cifras significativas dentro de igualdades y factores de conversión.
- Se agregó un nuevo *Ejemplo de problema* acerca del porcentaje de grasa corporal, que ilustra el uso de un factor de conversión porcentual como una equivalencia y la formación de factores de conversión.
- Se agregaron nuevos números a las *Comprobaciones de estudio* para que coincidieran con los números de los Ejemplos de problemas.
- Se puso más énfasis en las unidades métricas (SI) y se eliminaron algunos problemas que usaban las unidades del sistema estadounidense.

El capítulo 2, "Energía y materia", se concentra en la energía, la temperatura, la clasificación de la materia, los estados de la materia, los cambios físicos y químicos y los valores energéticos nutricionales.

- *La química en el ambiente* actualiza el contenido de "Dióxido de carbono y el calentamiento global".
- Se agregó una nueva *Guía para resolver problemas*, "Cálculo de la temperatura".
- Nuevas ilustraciones que van de lo macro a lo micro y que ponen énfasis en el nivel atómico de los compuestos y cambios de estado.
- Se agregaron nuevos problemas que relacionan la quema de combustible con la energía que contiene un producto, con la iluminación de una bombilla de luz, al tiempo que se eliminaron algunos problemas correspondientes al calor de fusión, calor de vaporización y cálculos de múltiples pasos.

El capítulo 3, "Átomos y elementos", estudia elementos, átomos, partículas subatómicas y masa atómica. La *Tabla Periódica* destaca la numeración de los grupos 1 al 18.

- A la tabla periódica se agregaron el nombre y símbolo del nuevo elemento Copernicio, Cn.
- Se agregó el nuevo número atómico 117 a la tabla periódica.
- Se agregó una nueva sección de *La química en la industria*, "Diversidad en las formas del carbono", que describe cuatro formas diferentes del carbono: diamante, grafito, buckminsterfullereno y nanotubos.

- Se agregó un nuevo tema a la sección de *La química en la salud*, "Elementos esenciales para la salud", que describe los elementos principales en un adulto y la posición de cada uno en la tabla periódica.
- En la tabla 3.8 se agregó una nueva columna, "Isótopo más abundante".
- A *Formas de orbitales* se agregaron nuevas formas de orbitales *d*.
- El material acerca de número de masa en la sección 3.4 se reescribió.
- Se agregó un nuevo texto "*Carácter metálico*" a la sección 3.8, *Tendencias en las propiedades periódicas*.
- Se agregaron nuevos problemas que comparan el carácter metálico de los elementos.
- Se añadió un nuevo resumen de *Tendencias en las propiedades periódicas* para electrones de valencia, radio atómico, energía de ionización y carácter metálico de arriba abajo de un grupo y de izquierda a derecha en un periodo.

El capítulo 4, "Química nuclear", amplía los conceptos de partículas subatómicas, número atómico y masa atómica para analizar el núcleo de los radioisótopos, incluido el positrón. Las ecuaciones nucleares se escriben y balancean tanto para radioisótopos que ocurren de manera natural como para los producidos de manera artificial. El tema de los efectos biológicos de la radiación forma parte del contenido del capítulo.

- Se agregó la nueva columna "Tipo de radiación" a las tablas 4.7 y 4.8.
- Se aumentó el número de radioisótopos en la tabla 4.8.
- Se añadieron nuevos problemas acerca de medición de la actividad de un radioisótopo, balanceo de ecuación de positrón y decaimiento de positrón.
- Los *Ejemplos de problemas* acerca del balanceo de ecuaciones nucleares se actualizaron con símbolos completos que usan número de masa y número atómico.
- Se actualizaron las ilustraciones, incluidas las radiaciones alfa y beta.
- Se colocaron partículas de bombardeo al principio de las ecuaciones nucleares que tienen que ver con bombardeo.

El capítulo 5, "Compuestos y sus enlaces", describe cómo los átomos forman enlaces iónico y covalente en los compuestos. Los estudiantes aprenden a escribir fórmulas químicas y a nombrar tanto compuestos iónicos, incluidos los que tienen iones poliatómicos, como compuestos covalentes. Se introduce a los alumnos a la forma tridimensional de las moléculas. El apartado sobre iones poliatómicos, que incluye en esta edición una mayor cantidad de iones poliatómicos, sigue a la sección de formación de compuestos iónicos. Se analiza el concepto de resonancia para las fórmulas de electrón-punto en compuestos con enlaces múltiples. Se estudian la electronegatividad, la polaridad de enlace y las formas de las moléculas. El apartado *Fuerzas atractivas en compuestos* compara las fuerzas atractivas entre partículas y su efecto sobre las propiedades físicas y los cambios de estado.

- Se actualizaron/agregaron secciones de *Comprobación de conceptos* a fin de comprender mejor los conceptos para la resolución de problemas, que incluyen "Dibujar fórmulas de electrón-punto" y "Uso de electronegatividad para determinar la polaridad de enlaces".
- Se revisó el apartado *Formación de iones* para poner énfasis en la estabilidad de las configuraciones electrónicas.
- Se actualizaron/agregaron ilustraciones en compuestos iónicos con nuevos colores para Na, Cl, Mg y S, y para ilustrar las fuerzas de dispersión entre dos moléculas no polares.

- A la tabla 5.5 se agregaron más elementos de transición con sus correspondientes cargas.
- Se reorganizó la presentación de la polaridad de las moléculas al introducir las moléculas no polares seguidas por las moléculas polares.
- Se agregaron las nuevas guías "Escritura de fórmulas con iones poliatómicos", "Determinación de polaridad de una molécula" y "Dibujar fórmulas de electrón-punto".
- Se agregó la nueva tabla "Patrones de enlace característicos de algunos no metales en compuestos covalentes".
- El apartado de excepciones a los patrones de enlace ahora incluye modelos de BCl_3 y SF_6.
- La identificación de la forma molecular ahora subraya la geometría del grupo electrónico.
- Se agregó nueva notación cuña-guión a las estructuras tridimensionales de metano y amoniaco.

El capítulo 6, "Reacciones químicas y cantidades", incluye balanceo de ecuaciones químicas y clasificación de los tipos de reacción como combinación, descomposición, sustitución sencilla y doble, y reacciones de combustión. Los cálculos incluyen el uso de moles, masa molar y coeficientes de la ecuación para la resolución de problemas que contienen cálculos de moles y masa de reacciones químicas.

- Colores actualizados para átomos de H, C, O y N en modelos de compuestos que experimentan reacciones.
- Se incluyeron nuevas reacciones de combustión en los tipos de reacciones. Se añadieron nuevos problemas sobre combustión a la sección de *Preguntas y problemas*.
- Se agregó un nuevo número de línea para ilustrar la dirección del cambio en oxidación o reducción.
- Se reescribió el apartado de *Oxidación y reducción en sistemas biológicos* para relacionar la adición del O, la pérdida del H y la pérdida de electrones a la reducción con ganancia de H, pérdida de O o ganancia de electrones.
- Se agregó una nueva sección de *Comprobación de conceptos*, "Cálculo del rendimiento porcentual".
- Los problemas de reactivo limitante se reescribieron para mejorar la resolución de problemas.
- Se añadió la lista "Tres condiciones indispensables para que ocurra una reacción".
- Se agregaron tutoriales que incluyen "Clasificación de las reacciones químicas de acuerdo con el comportamiento de los átomos", "Signos de una reacción química", "Reactivo limitante y rendimiento: cálculo de moles", "Reactivo limitante y rendimiento: cálculo de masa", y "El mol como unidad de conteo".
- Se agregaron fórmulas e ilustraciones de reactivos y productos en problemas que tienen que ver con reactivos y productos.
- Se agregó "predecir productos" de reacciones para ayudar a los alumnos a identificar la formación de productos.

El capítulo 7, "Gases", aborda las propiedades de un gas y pide al estudiante calcular los cambios en los gases mediante el uso de las leyes de los gases, incluida la ley del gas ideal.

- Las secciones de "*Comprobación de conceptos*" nuevas/agregadas para cada una de las leyes de los gases y el volumen molar ofrecen una transición conceptual entre la información del texto y la resolución de problemas.

- Se incorporó una nueva guía "Cálculo de masa molar de un gas".
- En las resoluciones de *Ejemplo de problemas* con gases, en esta edición, se señalan las propiedades que permanecen constantes.
- Se agregaron problemas de gases que se relacionan con gases o mezclas de gases del mundo real.

El capítulo 8, "Disoluciones", describe: disoluciones, solubilidad, saturación, concentraciones, sales insolubles y propiedades coligativas. Nuevas estrategias para la resolución de problemas aclaran el uso de factores de conversión de concentración para determinar el volumen de disolución o masa de soluto. Los volúmenes y molaridades de disoluciones se usan para calcular cantidades producto en reacciones químicas, así como en diluciones y titulaciones.

- Se combinaron concentraciones porcentuales y molaridad en la sección 8.4 para dar formato estándar a los cálculos de concentraciones.
- Se realizó la nueva tabla "Resumen de los diferentes tipos de concentración y sus unidades" que nos da una idea clara de las unidades utilizadas en concentraciones porcentuales y molaridad.
- Se agregaron nuevos *Ejemplos de problemas* para volumen/concentración porcentual en volumen.
- Se añadió la nueva guía "Uso de la concentración para calcular masa o volumen".
- Se agregó la nueva actividad *Explore su mundo*, "Preparación de azúcar piedra", para que los estudiantes experimenten una disolución saturada cotidiana.
- Se colocó la dilución en una sección aparte, Sección 8.5, "Dilución de disoluciones y reacciones en disolución", que aplica la dilución tanto a disoluciones porcentuales como de molaridad.
- Se agregaron nuevos temas de *Comprobación de conceptos* acerca de los cambios en el punto de congelación.
- Se agregó nuevo material y fotografías del escarabajo *Upis* de Alaska, que produce anticongelante biológico para sobrevivir en ambientes por debajo del punto de congelación.
- Se actualizaron/agregaron tablas que incluyen factores de concentración tanto para el rendimiento porcentual como para la molaridad, organizan datos para la solución de problemas e identifican el tipo de disolución. También se actualizó la tabla "Reglas de solubilidad para sólidos iónicos en agua".
- Se incorporó nuevo material sobre la función de los electrolitos en las células y órganos del cuerpo, como el artículo donde se menciona al Pedialyte, así como sobre el efecto que causa la disociación del soluto sobre la reducción del punto de congelación y el incremento del punto de ebullición.

En el capítulo 9, "Equilibrio químico", se estudian las velocidades de reacción y la condición de equilibrio cuando se igualan las velocidades de reacción directa e inversa. Se escriben expresiones de equilibrio para las reacciones y se calculan constantes de equilibrio. Se utiliza el principio de Le Châtelier para evaluar el impacto sobre las concentraciones cuando se produce un cambio que perturba al sistema que se encuentra originalmente en equilibrio.

- Se agregaron nuevas fotografías al contenido y *Ejemplos de problemas* que ilustran un ejemplo biológico de enzimas (catalizadores) en detergentes de lavandería.
- Se reescribieron varios problemas para guiar a los estudiantes a través de la concentración de equilibrio.
- Las anteriores figuras 9.9 y 9.10 se convirtieron en ilustraciones sin número y se actualizaron para mostrar proporciones correctas de reactivos y productos en equilibrio.
- Se reescribieron y actualizaron las secciones *Comprobación de conceptos* y *Ejemplos de problemas* con respecto a cambios en la concentración y mezclas de equilibrio.
- Se movió la antigua figura 9.8 de SO_2 y O_2 a la sección 9.2 para ilustrar las reacciones reversibles y se actualizaron para mostrar mejor las reacciones inversas y hacia adelante.
- Se revisó la sección 9.5 para que fuera más cualitativa y menos cuantitativa, y se agregó contenido acerca del efecto de los cambios en volumen sobre los sistemas en equilibrio.
- Se agregaron nuevas imágenes del principio de Le Châtelier para mostrar cómo al agregar agua a un lado de dos tanques de agua conectados se alcanza el equilibrio, cómo al agregar un reactivo se provoca una perturbación sobre un sistema en equilibrio y cómo responde el sistema para reducir esta alteración, de igual forma se demuestra cómo un depósito presenta cambios en las condiciones de equilibrio cuando el pistón aumenta o reduce el volumen.

El capítulo 10, "Ácidos y bases", aborda los ácidos y las bases, los ácidos y bases Brønsted-Lowry, y los pares conjugados ácido-base. La disociación de ácidos y bases fuertes y débiles guarda relación con sus fortalezas como ácidos o bases. La ionización del agua conduce a la constante del producto iónico del agua, K_w, la escala de pH y el cálculo de pH. Las ecuaciones químicas para ácidos en reacciones se balancean y se ilustra la titulación de un ácido. Se estudian las disoluciones amortiguadoras en conjunto con su función en la sangre.

- La sección nueva de *Comprobación de conceptos* y sus correspondientes fotografías ilustran la ionización del hidróxido de calcio en la preparación de maíz molido y arenilla.
- Se incorporan nuevos modelos moleculares para mostrar las estructuras de los átomos en el ácido carbónico, ión carbonato ácido e ión carbonato, así como el ácido fórmico y el ión formiato.
- Se agregaron nuevas fotografías para mostrar el uso del carbonato de calcio añadido a cultivos agrícolas para reducir la acidez del suelo, la reacción química del bicarbonato de calcio con un ácido y los productos del dióxido de carbono y una sal, el hidróxido de calcio como cal y rellenador dental, y cómo la baja disociación del HF ilustra que el ácido fluorhídrico es un ácido débil.
- Nuevas ilustraciones en *La química en la salud* muestran las células parietales en el recubrimiento del estómago que segregan ácido gástrico HCl.
- Se agregó la nueva guía "Cálculo del $[H_3O^+]$ a partir de pH".
- Una nueva lista compara el efecto de diferentes proporciones de $[H_2PO_4^-]$/$[HPO_4^{2-}]$ sobre el pH.

En el capítulo 11, "Introducción a la química orgánica: alcanos", se estudian la estructura, nomenclatura y reacciones de los alcanos. Las *Guías para resolver problemas (GPS)* aclaran las reglas para la nomenclatura. El capítulo ofrece un panorama general de cada familia de compuestos orgánicos y sus grupos funcionales, lo que forma una base para comprender las biomoléculas de los sistemas vivientes.

- La información acerca de los derrames de petróleo se actualizó para incluir el reciente derrame de la compañía British Petroleum.
- Se actualizaron colores para los átomos de H, C, O y N en los modelos de compuestos que experimentan reacciones.
- A la tabla 11.8 se agregaron nuevas representaciones de átomos con colores actualizados.
- Se actualizó y simplificó la sección y los problemas asociados con *Nomenclatura de alcanos con sustituyentes*.
- El *Ejemplo de problema 11.3* se convirtió en el apartado *Comprobación de conceptos 11.4* para brindar un mayor detalle acerca de cómo distinguir entre fórmulas estructurales que son isómeros o la misma molécula.
- Se actualizó el apartado de los puntos de fusión y ebullición de alcanos al agregar analogías y fotografías de las barras de regaliz y las pelotas de tenis para ilustrar el impacto de los puntos de contacto sobre las diferencias en puntos de ebullición de alcanos de cadena lineal y alcanos ramificados.
- El *Ejemplo de problema 11.8* se convirtió en el apartado *Comprobación de conceptos 11.7*, en el que los estudiantes aíslan grupos funcionales en compuestos y clasifican cada clase de compuesto.
- Se reescribieron y resaltaron los grupos funcionales en varias clases de compuestos orgánicos para ayudar a los estudiantes a identificar el grupo de átomos que corresponde a un grupo funcional en una cadena de alcanos.

El capítulo 12, "Alquenos, alquinos y compuestos aromáticos", estudia alquenos y alquinos, isómeros *cis-trans*, reacciones de adición, polímeros provenientes de alquenos que se encuentran en objetos cotidianos y compuestos aromáticos.

- Se agregaron ejemplos de alquenos en la entrada del capítulo.
- Se agregaron ángulos de enlace en la ilustración de las estructuras de alquenos y alquinos.
- Se añadieron fórmulas de esqueleto a la tabla de alcanos, alquenos y alquinos, y se agregaron reacciones para alquenos y alquinos.
- Se cambió la indicación de *escribir* a *dibujar* una fórmula estructural condensada.
- Se agregaron pantallas de color al *Ejemplo de problema 12.1* para resaltar la "Nomenclatura de alquenos y alquinos".
- Se reescribió el material de la sección 12.2 para destacar las posiciones *cis* y *trans* de los grupos unidos a carbonos y enlaces dobles, y el apartado de la estabilidad de la estructura del benceno.
- La nueva *Comprobación de conceptos 12.3*, "Conversión de fórmulas de alquenos a isómeros *cis* y *trans*", ilustra cómo dibujar grupos en isómeros *cis* y *trans*.
- Se añadieron fotografías y fórmulas de compuestos aromáticos.

En el capítulo 13, "Alcoholes, fenoles, tioles y éteres", se estudian estructuras, nombres, propiedades y reacciones de alcoholes, fenoles, tioles y éteres.

- Se agregaron nuevas fórmulas de esqueleto para alcoholes y éteres, y se simplificó la nomenclatura de los alcoholes.
- Se cambió la indicación de *escribir* a "dibujar" una fórmula estructural condensada.
- La clasificación de alcoholes se movió hacia la sección 13.3.
- Se actualizó la "Guía para nombrar alcoholes".
- Se agregaron nuevas pantallas de color a los *Ejemplos de problema* que nombran alcoholes y fenoles, así como en la nomenclatura IUPAC de éteres.
- Se reescribió el *Ejemplo de problema 13.4*, "Isómeros de alcoholes y éteres" para incluir la sección *Comprobación de estudio*.
- Se reorganizó la tabla 13.1 para incluir solubilidad y puntos de ebullición de algunos alcoholes y éteres comunes y para incluir el número de átomos de carbono y fórmula estructural condensada con hasta cinco átomos de carbono.
- Se agregó una nueva sección de *La química en la salud*, "Desinfectantes de manos y etanol".
- Se actualizaron las ilustraciones en *Oxidación de alcoholes* para incluir el nivel de oxidación de alcoholes secundarios.
- Se usaron nuevos colores para los átomos H y O involucrados en la oxidación y la reducción.

El capítulo 14, "Aldehídos, cetonas y moléculas quirales", aborda la nomenclatura y estructuras de aldehídos y cetonas. Los apartados de las proyecciones de Fischer, moléculas quirales e imágenes especulares preparan a los alumnos para el análisis de carbohidratos en el capítulo 15.

- Se añadieron nuevas fórmulas de esqueleto para aldehídos y cetonas.
- Se reescribió el *Ejemplo de problema 14.3*, "Punto de ebullición y solubilidad".
- En el apartado *La química en la salud*, "Algunos aldehídos y cetonas importantes", se agregó un nuevo ejemplo en relación con la glucosa.
- Se utilizó la nomenclatura conforme a la IUPAC para nombrar alcoholes, aldehídos y cetonas en las reacciones de adición.
- Se reescribió el contenido acerca del *Dibujo de proyecciones de Fischer* y las reacciones de adición que forman hemiacetales y acetales.
- Se añadieron nuevas fotografías e imágenes especulares para ibuprofeno y naproxeno.

En el capítulo 15, "Carbohidratos", se aplica la química orgánica de alcoholes, aldehídos y cetonas a los carbohidratos, con el fin de relacionar el estudio de la química con la salud y la medicina.

- Las nuevas ilustraciones incluyen la fotografía de la prueba de yodo para el almidón.
- Las esferas verdes en los tipos de carbohidratos se convirtieron en formas hexagonales más representativas.
- Todos los grupos CHO en las proyecciones de Fischer superiores se convirtieron a C = O — y H —.
- Se reescribieron las descripciones de los enlaces glucosídicos en monosacáridos, las definiciones de anómeros

y carbonos anoméricos, y las proyecciones de Fischer para una mejor comprensión.

- Se convirtieron todas las estructuras de cadena abierta a proyecciones de Fischer.
- Se incluyó un nuevo apartado acerca del jarabe de maíz de alta fructosa (JMAF).
- Se actualizó la *Guía para resolver problemas* y se incluyó un *Ejemplo de problema* relativo a "Dibujar estructuras de Haworth".
- Nuevo código de colores de los grupos — OH en una cadena abierta y estructura de Haworth de la D-glucosa y del O en los grupos carbonilo e hidroxilo libres para resaltar las diferencias en los anómeros alfa y beta de los monosacáridos.
- Descripción de la mutarrotación para todos los monosacáridos y disacáridos maltosa y lactosa.
- Se destacan las vinculaciones hemiacetales y acetales en monosacáridos y disacáridos al igual que los grupos — OH en anómeros alfa y beta.
- Estructura ionizada del edulcorante aspartame.
- Se reescribió la sección *La química en la salud*, "Tipos sanguíneos y carbohidratos", para entender los tipos sanguíneos y sus antígenos.

El capítulo 16, "Ácidos carboxílicos y ésteres", aborda otras dos familias orgánicas que son importantes en los sistemas bioquímicos. Las reacciones químicas que se abordan se aplican a las reacciones en sistemas bioquímicos.

- Se modificaron las ilustraciones con los colores actuales para los átomos de H, O y C.
- Se reescribió la "Guía para nombrar ácidos carboxílicos".
- Al *Ejemplo de problema 16.1*, "Nomenclatura de ácidos carboxílicos", se agregaron nuevas fórmulas de esqueleto y pantallas con código de colores.
- Se agregaron nuevas fotografías de cristales de ácido acético, mascarilla facial con ácido láctico, sauce (aspirina), pulidor de uñas, aspirina, ropa de Dacron, uvas, fresas y frambuesas.
- Se reelaboró la nomenclatura de ésteres y todas sus fórmulas se invirtieron para colocar primero el grupo funcional acilo.
- Se añadieron nuevas pantallas de codificación de colores al *Ejemplo de problema 16.6*, "Nomenclatura de ésteres".
- Se agregaron nuevos problemas para isómeros estructurales de ácidos carboxílicos y ésteres.

El capítulo 17, "Lípidos", contiene los grupos funcionales de alcoholes, aldehídos y cetonas en moléculas más grandes como triacilgliceroles, glicerofosfolípidos y esteroides.

- Se actualizaron puntos de fusión para ácidos grasos.
- La nueva tabla 17.3 compara las semejanzas de las reacciones orgánicas y lípidas de esterificación, hidrogenación, hidrólisis y saponificación.
- Se rediseñaron las ilustraciones para la estructura de un glicerofosfolípido.
- Se añadió un nuevo apartado del veneno de serpiente, que contiene fosfolipasas.
- Se actualizaron/agregaron ilustraciones acerca de la estructura del olestra, así como las glándulas suprarrenales y riñones.
- La figura 17.10 se sustituyó con una nueva ilustración del transporte de lipoproteínas de HDL y LDL.

- Se agregó nuevo material en la sección de *La química en la salud*, "Conversión de grasas insaturadas a grasas saturadas: hidrogenación e interesterificación", y se añadió un nuevo apartado de *La química en la salud*, "Síndrome de dificultad respiratoria neonatal".

El capítulo 18, "Aminas y amidas", destaca la importancia del átomo de nitrógeno en sus grupos funcionales y pone énfasis en sus nombres. Estudia los alcaloides como las aminas que ocurren naturalmente en las plantas.

- Se actualizó la "Guía para la nomenclatura IUPAC de aminas".
- Se reescribió la *Nomenclatura de compuestos con dos grupos funcionales* para incluir nombres de sustituyentes amino en alcoholes, cetonas y ácidos carboxílicos.
- Se agregaron nuevas tablas que resumen la prioridad de la nomenclatura de moléculas con dos grupos funcionales y comparan los puntos de fusión de aminas primarias, secundarias y terciarias.
- Se agregó una nueva guía: "Nomenclatura de compuestos con dos grupos funcionales".
- Se añadió un nuevo *Ejemplo de problema*: "Nombres de la IUPAC para compuestos con dos grupos funcionales".
- Nuevas fotografías incluyen el índigo relacionado con la anilina, el producto Benadryl para antihistaminas, y el producto NeoSinefrina.
- Nuevos modelos de aminas que muestran el número de enlaces hidrógeno entre moléculas de aminas primarias, secundarias y terciarias, y que muestran el número de enlaces hidrógeno para solubilidad de aminas primarias, secundarias y terciarias en agua.
- Se escribió una nueva sección sobre la función de las aminas en los *Neurotransmisores*.
- Se agregaron nuevas ilustraciones de las estructuras de los neurotransmisores y de productos que se venden sin receta médica.
- Se escribieron nuevos apartados de *Preguntas y problemas* y *Problemas adicionales* acerca de los neurotransmisores.

En el capítulo 19, "Aminoácidos y proteínas", se estudian los aminoácidos, la formación de proteínas, los niveles estructurales de las proteínas, la hidrólisis y la desnaturalización de las proteínas.

- En la tabla 19.2 y en los problemas se agregaron nuevas abreviaturas de una letra para los aminoácidos.
- Se añadió una nueva lista de aminoácidos, grupos R, polaridad y comportamiento en agua.
- En esta edición, los aminoácidos se dibujan con una línea de enlace hacia el H desde el α-C, y una línea de enlace desde el H hacia el N.
- Las reacciones de los zwitteriones en ácidos y bases se separaron en dos ecuaciones.
- En esta edición, los grupos amonio y los grupos carboxilato en los aminoácidos tienen código de color.
- Se agregó una nueva guía: "Dibujar un péptido".
- Se añadió una nueva tabla 19.7, "Desnaturalización de proteínas".
- Se actualizaron las ilustraciones de un prión para mostrar estructuras de proteínas tanto normales como anormales.
- Se actualizaron las estructuras de mioglobina y hemoglobina a modelos de listón.

- Se agregaron nuevas ilustraciones que incluyen modelos de listón de proteínas, estructuras como el pentapéptido met-encefalina, y modelos de barras y esferas para algunos aminoácidos.

El capítulo 20, "Enzimas y vitaminas", relaciona la importancia de la forma tridimensional de las proteínas con su función como enzimas. La forma de una enzima y su sustrato es un factor de regulación enzimática. Los productos finales de una secuencia catalizada por enzimas pueden aumentar o disminuir la velocidad de una reacción catalizada por enzimas. Las proteínas cambian de forma y pierden función cuando se someten a cambios de pH y temperaturas altas. La importante función de las vitaminas solubles en agua como coenzimas guarda relación con la función enzimática.

- Se modificó la ecuación para la anhidrasa carbónica a $CO_2 + H_2O \longrightarrow HCO_3^- + H^+$.
- Ilustración combinada de la enzima con un nuevo acercamiento que brinda más detalle del sitio activo.
- Se agregó el complejo enzima-producto (complejo EP) a las reacciones catalizadas por enzimas.
- Las nuevas ilustraciones de las reacciones catalizadas por enzimas incluyen complejo EP, enzimas que usan modelos de listón para mostrar sitio activo con sustrato y proenzimas de proteasas.
- Se pone un nuevo énfasis en la dinámica del modelo de ajuste inducido del sustrato y el sitio activo.
- La *Clasificación de enzimas y nombres* se movió de la sección 20.1 a la sección 20.2 y se abrevió.

El capítulo 21, "Ácidos nucleicos y síntesis de proteínas", describe los ácidos nucleicos y su importancia como biomoléculas que almacenan y dirigen información para componentes celulares, crecimiento y reproducción. La función del pareado de bases complementarias se destaca tanto en la replicación del ADN como en la formación de ARNm durante la síntesis de proteínas. Los análisis incluyen el código genético, su relación con el orden de los aminoácidos en una proteína y la manera como pueden ocurrir mutaciones cuando se altera la secuencia de nucleótidos. También se estudian el ADN recombinante y los virus.

- La nueva tabla 21.1 resume los componentes del ADN y el ARN; la tabla 21.6 resume los pasos en la síntesis de proteínas, sitio y materiales, y proceso; y la tabla 21.7 resume las secuencias de nucleótidos y aminoácidos en la síntesis de proteínas.
- La sección 21.3 ahora incluye la obra de Rosalind Franklin acerca de la doble hélice de ADN.

El capítulo 22, "Vías metabólicas para carbohidratos", describe las etapas del metabolismo y la digestión de carbohidratos, el combustible más importante. La descomposición de glucosa en piruvato se describe mediante la vía glucolítica, que se sigue bajo condiciones aeróbicas por la descarboxilación del piruvato en acetil-CoA. Se estudian la síntesis de glucógeno y la síntesis de glucosa a partir de fuentes diferentes a los carbohidratos.

- Se actualizó la figura 22.1 para las etapas del metabolismo, la figura 22.3 para la estructura de ATP, la figura 22.4 con el uso de bloques de colores para mostrar que ADP + P_i forma ATP, y la figura 22.10 para usar bloques de color para el ATP en la glucólisis.

- Se agregaron nuevas tablas para resumir las enzimas y coenzimas en las reacciones metabólicas: "Características de la oxidación y reducción en vías metabólicas" (tabla 22.2) y "Enzimas y coenzimas en reacciones metabólicas" (tabla 22.3).
- Se agregaron nuevas ilustraciones con código de color de las estructuras de NAD y FAD en las figuras 22.5 y 22.6.
- En la nueva ilustración de la figura 22.12 se agregan estructuras de glucosa para las reacciones de glucogénesis.

El capítulo 23, "Metabolismo y producción de energía", se centra en la entrada de acetil-CoA en el ciclo del ácido cítrico y la producción de coenzimas reducidas para el transporte de electrones, fosforilación oxidativa y la síntesis del ATP.

- Se actualiza la figura 23.1 con nueva codificación para los componentes del ciclo del ácido cítrico, la figura 23.3 para usar los mismos colores de los componentes del ciclo del ácido cítrico, y las figuras 23.5 y 23.7 para incluir notaciones complejas y el modelo de ATP sintasa.
- Nueva ecuación global en el Complejo I escrita como $NADH + H^+ + CoQ \longrightarrow CoQH_2 + NAD^+$.
- La estructura para la oxidación/reducción de $CoQ/CoQH_2$ ahora se incluye en el apartado del Complejo I.
- Se agregó un nuevo modelo de listón para el citocromo c.
- Se actualizó la formación de ATP en los sitios F_1 y F_0 en la ATP sintasa.
- Se actualizaron las pantallas de color para NADH, $FADH_2$ y ATP.

El capítulo 24, "Vías metabólicas para lípidos y aminoácidos", aborda la digestión de lípidos y proteínas y las vías metabólicas que convierten los ácidos grasos y aminoácidos en energía. Los apartados incluyen la conversión del exceso de carbohidratos en triacilgliceroles en el tejido adiposo y cómo los intermediarios del ciclo del ácido cítrico se convierten en aminoácidos no esenciales.

- Se reescribió *Movilización de almacenes de grasa* y ahora es *Utilización de almacenes de grasa*.
- Se actualizó el apartado *Transporte de ácidos grasos*.
- Se agregaron nuevas ecuaciones químicas para β-oxidación con la discusión de reacciones 1, 2, 3 y 4.
- Se sustituyó la representación vertical de β-oxidación.
- Se cambiaron los ácidos grasos con respecto a la edición anterior para proporcionar diferentes ácidos grasos en el texto y en las *Preguntas y problemas*.
- Se actualizó la figura 24.4 con nueva codificación de color para los componentes de la β-oxidación del ácido cáprico y de la figura 24.10 para los átomos de carbono provenientes de aminoácidos degradados.
- Se actualizaron las pantallas de color para NADH, $FADH_2$ y ATP.
- A la sección de *La química en la salud*, "Grasa almacenada y obesidad", se agregó un nuevo modelo de listón de leptina.
- Se actualizaron los colores en las figuras 24.8 y 24.12 para que sean uniformes con las ilustraciones anteriores de los ciclos metabólicos.

Paquete educativo

Química general, orgánica y biológica: Estructuras de la vida, cuarta edición, proporciona un paquete integrado de enseñanza y aprendizaje de materiales de apoyo tanto para alumnos como para profesores.

Para estudiantes (disponibles en inglés)

Guía de estudio para *Química general, orgánica y biológica: Estructuras de la vida*, cuarta edición, de Karen Timberlake. Este manual se apoya en las metas de aprendizaje del texto y está diseñado para favorecer el aprendizaje activo por medio de varios ejercicios con respuestas, así como de exámenes de práctica.

Manual de resoluciones seleccionadas para *Química general, orgánica y biológica: Estructuras de la vida*, cuarta edición, de Mark Quirie. Este manual contiene las resoluciones completas a los problemas con número impar.

MasteringChemistry® (www.masteringchemistry.com) El programa tutorial y de tareas de química más avanzado y más utilizado en línea, está disponible para la cuarta edición de *Química general, orgánica y biológica: Estructuras de la vida*. MasteringChemistry® utiliza el método socrático para orientar a los alumnos mediante técnicas de resolución de problemas, ofrecer sugerencias y plantear preguntas sencillas a petición para ayudar a los estudiantes a aprender, no sólo a practicar. También está disponible una poderosa libreta de calificaciones con diagnósticos que permiten a los instructores conocer, como nunca antes, el aprendizaje de sus alumnos. Para la cuarta edición se crearon 30 nuevos tutoriales que guían a los estudiantes por los temas más desafiantes de Química general, orgánica y biológica, y les ayudan a establecer conexiones entre diferentes conceptos.

Pearson eText Pearson eText ofrece a los alumnos la posibilidad de crear notas, resaltar texto en diferentes colores, crear señaladores de lectura, acercar/alejar y ver una sola página o varias de ellas. El acceso al Pearson eText para *Química general, orgánica y biológica: Estructuras de la vida*, cuarta edición, se puede comprar por separado o como parte de MasteringChemistry®.

Iconos multimedia en los márgenes a lo largo de todo el texto lo dirigen a tutoriales dentro de la Item Library y actividades de autoestudio y estudios de caso en el Study Area ubicada dentro de MasteringChemistry® para *Química general, orgánica y biológica: Estructuras de la vida*, cuarta edición.

Manual de laboratorio para Química general, orgánica y biológica 2e de Karen Timberlake. Este manual de laboratorio de gran prestigio coordina 42 experimentos con los temas de *Química general, orgánica y biológica: Estructuras de la vida*, cuarta edición; usa nuevos términos durante el laboratorio; y explora los conceptos químicos. Las investigaciones de laboratorio desarrollan las habilidades de manipulación de equipo, informe de datos, resolución de problemas, realización de cálculos y establecimiento de conclusiones.

Manual básico de laboratorio para Química general, orgánica y biológica 2e de Karen Timberlake. Este manual contiene 25 experimentos para la secuencia estándar del curso con los temas de *Química general, orgánica y biológica: Estructuras de la vida*, cuarta edición.

Para los instructores

MasteringChemistry® (www.masteringchemistry.com) MasteringChemistry® es el primer sistema de tareas y tutorial en línea (en inglés) que se adapta al aprendizaje. Los instructores pueden crear actividades en línea para sus alumnos al elegir de entre una amplia variedad de opciones, incluidos problemas de fin de capítulo y tutoriales enriquecidos con investigación. Las actividades se califican de manera automática con información diagnóstica actualizada, lo que ayuda a los instructores a puntualizar dónde tienen conflicto los estudiantes, ya sea de manera individual o como grupo. Para la cuarta edición se crearon nuevos tutoriales que guían a los estudiantes por los temas más desafiantes de Química general, orgánica y biológica, y les ayudan a establecer conexiones entre diferentes conceptos.

DVD de recursos para el instructor Este DVD (en inglés) incluye todas las ilustraciones y tablas del libro en formato jpg para usar en proyecciones en el aula o crear materiales de estudio y exámenes. Además, el instructor puede tener acceso a resúmenes de conferencias en PowerPoint™, que contienen más de 2,000 diapositivas. Los discos también tienen archivos descargables del *Manual de soluciones del instructor*, un conjunto de "clicker questions" ("preguntas compaginadoras") adecuadas para usar con sistemas de respuesta en el aula, y el banco de exámenes.

Manual de soluciones del instructor Preparado por Mark Quirie, este manual destaca temas de los capítulos e incluye sugerencias para el laboratorio. Contiene una serie completa de soluciones y respuestas para todos los problemas del texto.

Banco de exámenes impreso Preparado por Bill Timberlake, este banco de exámenes contiene más de 2,000 preguntas de opción múltiple, asociación, verdadero-falso y formato de respuesta corta.

Manual en línea del instructor para el manual de laboratorio Contiene respuestas a páginas de informes para el *Manual de laboratorio* y *Manual de laboratorio básico*.

Visite también la página del catálogo de Pearson Education para *Química general, orgánica y biológica: Estructuras de la vida*, cuarta edición, de Timberlake, en **www.pearsonhighered.com** para descargar los complementos disponibles (en inglés) para el instructor.

Agradecimientos

Preparar una nueva edición exige el esfuerzo continuo de muchas personas. Al igual que con mi trabajo en otros libros, agradezco el apoyo, el aliento y la dedicación de muchas personas quienes destinaron horas de incansable esfuerzo para producir un libro de gran calidad que ofrece un paquete educativo sobresaliente. El equipo editorial de Pearson realizó un trabajo excepcional. Quiero agradecer a Adam Jaworski, directora editorial, y a la editora ejecutiva, Jeanne Zalesky, quienes respaldaron mi visión de esta cuarta edición y la adición de la nueva sección de *Analizar el problema*; más Guías para resolver problemas; nuevos artículos en las secciones de La química en la salud, la historia, la industria y el ambiente; nuevas metas de aprendizaje con preguntas y problemas de sección; imágenes miniatura en los Repasos de capítulo; conjuntos de problemas de relación, y un programa de ilustraciones actualizado. Estoy gratamente impresionada y aprecio mucho todo el maravilloso trabajo de Jessica Neumann, editora asociada, quien fue como un ángel que me alentó en cada paso mientras coordinaba hábilmente las revisiones, la creación de ilustraciones, los materiales en Internet y todas las cosas que se necesitan para hacer posible un libro. Agradezco la labor de Beth Sweeten, gerente de proyecto, y de Andrea Stefanowicz de PreMediaGlobal, quienes coordinaron brillantemente todas las fases del manuscrito hasta tener, finalmente, las páginas de un hermoso libro. Gracias a Mark Quirie y Vincent Dunlap, quienes revisaron el manuscrito y verificaron la exactitud de su contenido, y Denise Rubens, editora, quien revisó y editó con precisión el manuscrito para asegurarse de que las palabras y los problemas fuesen los correctos para ayudar a los estudiantes a aprender química. Sus ojos sagaces y comentarios atinados fueron en extremo útiles para el desarrollo de este texto.

Estoy especialmente orgullosa del programa de ilustraciones de este texto, que confiere belleza y comprensión a la química. Quiero agradecer a Connie Long y Derek Bacchus, director de arte y diseñador gráfico, cuyas creativas ideas proporcionaron el sobresaliente diseño para la portada y las páginas del libro. Eric Schrader, investigador de fotografías, fue invaluable en la búsqueda y selección de vívidas fotografías para el texto, de modo que los estudiantes pudieran observar la belleza de la química. Gracias, también, a *Bio-Rad Laboratories* por el *KnowItAll ChemWindows*, software de dibujo que me ayudó a producir estructuras químicas para el manuscrito. Las ilustraciones de macro a micro diseñadas por Production Solutions y Precision Graphics brindan a los estudiantes impresiones visuales de la organización atómica y molecular de las cosas cotidianas y son un fantástico recurso de aprendizaje. Quiero agradecer a Denne Wesolowski por las horas de corrección de pruebas de todas las páginas. También aprecio todo el trabajo arduo de campo que realizó el equipo de marketing y Erin Gardner, gerente de dicha área.

Estoy extremadamente agradecida con mi increíble grupo de colegas por su cuidadosa valoración de todas las nuevas ideas para el texto; por sus sugerencias de adiciones, correcciones, cambios y eliminaciones; y por ofrecer una increíble cantidad de realimentación para mejorar el libro. Además, agradezco el tiempo que dedicaron los científicos para permitirnos tomar fotografías y discutir con ellos su obra. Admiro y aprecio a cada uno de ustedes.

Si el lector quisiera compartir su experiencia con la química o tiene preguntas y comentarios acerca de este texto, me agradaría mucho escucharlos.

Karen Timberlake

Revisores

Acerca del autor

KAREN TIMBERLAKE es profesora emérita de química en Los Angeles Valley College, donde impartió química para paramédicos y a nivel bachillerato durante 36 años. Recibió su grado de licenciatura en química de la University of Washington y su grado de maestría en bioquímica de la University of California en Los Angeles.

La profesora Timberlake ha escrito libros de texto de química por 35 años. Durante este tiempo su nombre ha quedado asociado al uso estratégico de recursos pedagógicos que facilitan el éxito estudiantil en química y la aplicación de la química a situaciones de la vida real. Más de un millón de estudiantes han aprendido química con los textos, manuales de laboratorio y guías de estudio escritos por Karen Timberlake. Además de *Química general, orgánica y biológica: Estructuras de la vida,* **cuarta edición,** también es autora de *Química: Introducción a la química general, orgánica y biológica,* **onceava edición,** y de *Química básica,* **tercera edición.**

La profesora Timberlake pertenece a varias organizaciones científicas y educativas, incluidas la American Chemical Society (ACS) y la National Science Teachers Association (NSTA). Fue la Ganadora de la Región Occidental a la Excelencia en el Concurso de Enseñanza de Química Universitaria otorgado por la Chemical Manufacturers Association. Recibió la McGuffey Award en Ciencias Físicas por la Asociación de Autores de Libros de Texto por su

libro *Química: Introducción a la química general, orgánica y biológica,* **octava edición**. Recibió el Premio "Texty" a la Excelencia en Libros de Texto otorgado por la Asociación de Autores de Libros de Texto por la primera edición de *Química básica*. Ha participado en becas educativas para enseñanza de las ciencias, incluida la Los Angeles Collaborative for Teaching Excellence (LACTE) y una beca Título III en su universidad. Imparte conferencias y dirige reuniones educativas acerca del uso de métodos pedagógicos en química centrados en el estudiante, para estimular el aprendizaje exitoso.

Su esposo, William Timberlake, quien contribuyó en la redacción de este libro, es profesor emérito de química en Los Angeles Harbor College, donde impartió química introductoria y orgánica durante 36 años. Recibió su grado de licenciatura en química de la Carnegie Mellon University y su grado de maestría en química orgánica de la University of California en Los Angeles. Cuando los profesores Timberlake no escriben libros de texto, practican el excursionismo, viajan, visitan nuevos restaurantes, cocinan, juegan tenis y cuidan a sus nietos, Daniel y Emily.

DEDICATORIA

Dedico este libro a

- Mi esposo por su paciencia, amoroso apoyo y preparación de comidas a destiempo
- John, mi hijo, Cindy, mi nuera, Daniel, mi nieto, y Emily, mi nieta, por las cosas preciosas de la vida
- Los maravillosos estudiantes a lo largo de muchos años, cuyo trabajo arduo y compromiso siempre me motivó y le dio sentido a mi escritura

Los estudiantes aprenden química con ejemplos del mundo real

"El descubrimiento consiste en ver lo que todo el mundo ha visto y pensar lo que nadie más ha pensado."
—Albert Szent-Gyorgi

Sección	Descripción	Beneficios	Página
¡NUEVO! Entradas de capítulos	Los capítulos comienzan con **narraciones breves** relacionadas con profesiones tales como enfermería, terapia física, odontología, agricultura y ciencias de alimentos.	Muestran cómo los profesionales de la salud usan la química todos los días.	1
Explore su mundo	Las secciones **Explore su mundo** son actividades manuales en las que se usan materiales cotidianos para alentar la exploración de temas de química seleccionados.	Brindan interacciones con la química y apoyan el pensamiento crítico.	308
¡ACTUALIZADO! La química en la salud	En **La química en la salud** se aplican conceptos químicos a temas relevantes de salud y medicina, como pérdida y aumento de peso, grasas *trans*, esteroides anabólicos, abuso de alcohol, enfermedades genéticas, virus y cáncer.	Ofrecen conexiones que ilustran la importancia de comprender la química en situaciones de salud y médicas de la vida real.	28
¡ACTUALIZADO! La química en el ambiente	En **La química en el ambiente** se relacionan la química con temas ambientales como calentamiento global, radón en los hogares, lluvia ácida y biodiesel.	Ayudan a comprender mejor el efecto de la química en el ambiente.	272
¡NUEVO! La química en la industria	En **La química en la industria** se describen aplicaciones industriales y comerciales en la industria petrolera y la producción comercial de margarina y manteca sólida.	Muestran cómo se aplica la química a la industria y la fabricación.	83
¡NUEVO! La química en la historia	En **La química en la historia** se describe el desarrollo histórico de las ideas químicas.	Ayudan a entender la función de la química en un escenario histórico.	3
Enfoque profesional	Las secciones de **Enfoque profesional** dentro de los capítulos son más ejemplos de profesionales relacionadas con la salud que usan química.	Ilustran cuál es la importancia de la química en varios campos dentro de profesiones relacionadas con la salud.	96

Involucrar a los estudiantes en el mundo de la química

"Yo nunca enseño a mis pupilos; sólo trato de brindar las condiciones en las que ellos puedan aprender."
—Albert Einstein

Sección	Descripción	Beneficios	Página
Metas de aprendizaje 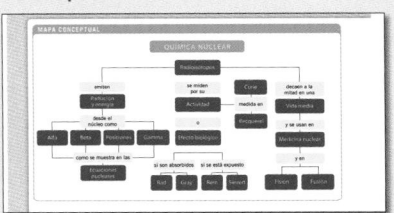	Las **Metas de aprendizaje** al comienzo y fin de cada sección identifican los conceptos clave para dicha sección y ofrecen un mapa para su estudio.	Ayuda a centrar el estudio al destacar lo más importante de cada sección.	85
Estilo de escritura 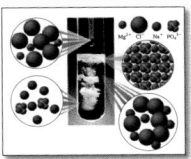	El accesible **estilo de escritura** de Timberlake se basa en el cuidadoso desarrollo de conceptos químicos adecuados para las habilidades y conocimientos de estudiantes de profesiones relacionadas con la salud.	Ayuda a comprender nuevos términos y conceptos químicos.	120
¡ACTUALIZADO! **Mapas conceptuales** 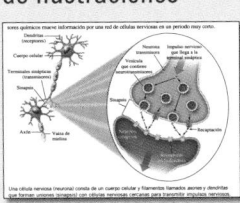	Los **Mapas conceptuales** al final de cada capítulo muestran cómo encajan todos los conceptos clave.	Estimula el aprendizaje al brindar una guía **visual** de la relación entre todos los conceptos de cada capítulo.	152
¡ACTUALIZADO! **Ilustraciones de macro a micro Art**	Las **ilustraciones de macro a micro** utilizan fotografías y dibujos para mostrar objetos reconocibles y su estructura atómica.	Ayuda a establecer la conexión entre el mundo de los átomos y las moléculas y el mundo macroscópico.	210
¡ACTUALIZADO! **Programa de ilustraciones**	El **programa de ilustraciones** está hermosamente representado, es eficaz en términos pedagógicos e incluye preguntas con todas las figuras.	Ayuda a pensar de manera crítica con fotografías e ilustraciones.	661
¡NUEVO! **Repaso de capítulo**	El **Repaso del capítulo** incluye Metas de aprendizaje y nuevas miniaturas visuales para resumir los puntos clave de cada sección.	Ayuda a determinar el dominio de los conceptos del capítulo y a estudiar para los exámenes.	120

Muchas herramientas que muestran a los estudiantes cómo resolver problemas

"Todo el arte de enseñar es sólo el arte de despertar la curiosidad natural de las mentes jóvenes."
—Anatole France

Sección	Descripción	Beneficios	Página
¡ACTUALIZADO! Guía para Resolver Problemas (GPS)	**Guías para resolver problemas (GPS)**	Guían visualmente paso a paso a través de cada estrategia para resolver problemas.	177
Preguntas y problemas de fin de capítulo	Las **preguntas** y **problemas** se colocan al final de cada sección. Los problemas están pareados y las Respuestas a los problemas con número impar se proporcionan al final de cada capítulo.	Alientan a involucrarse de inmediato en el proceso de resolución de problemas.	85
Comprobación de conceptos	Las **Comprobaciones de conceptos** que permiten transitar de las ideas conceptuales a las estrategias de resolución de problemas se colocan a lo largo de cada capítulo.	Permiten comprobar la comprensión de nuevos términos químicos e ideas conforme se introducen en el capítulo.	371
¡ACTUALIZADO! Ejemplos de problemas con comprobaciones de estudio	Numerosos **Ejemplos de problemas** en cada capítulo demuestran la aplicación de cada nuevo concepto a la resolución de problemas. En las resoluciones se ofrecen explicaciones paso a paso, se proporciona un modelo para resolver los problemas y se ilustran los cálculos requeridos. Las **comprobaciones de estudio** asociadas a cada Ejemplo de problema permiten verificar las estrategias de resolución de problemas.	Brindan los pasos intermedios para guiarlo exitosamente a través de cada tipo de problema.	31
¡NUEVO! Analizar el problema	Las secciones **Analizar el problema**, ahora incluidas en las Soluciones a Ejemplos de Problemas, convierten la información de un problema en componentes para la resolución de problemas.	Ayudan a identificar y utilizar los componentes dentro de la redacción de un problema para establecer una estrategia de solución.	31
¡ACTUALIZADO! Comprensión de conceptos	**Comprensión de conceptos** son preguntas con representaciones visuales colocadas al final de cada capítulo.	Desarrollan una comprensión de los conceptos químicos recientemente aprendidos.	249
¡ACTUALIZADO! Preguntas adicionales	Las **preguntas adicionales** al final del capítulo brindan mayor estudio y aplicación de los temas de todo el capítulo.	Favorecen el pensamiento crítico.	293
Preguntas de desafío	Las **preguntas de desafío** al final de cada capítulo ofrecen preguntas complejas.	Favorecen el pensamiento crítico, el trabajo grupal y ambientes de aprendizaje cooperativo.	156
¡ACTUALIZADO! Combinación de ideas	La **Combinación de ideas** son conjuntos de problemas integrados que se colocan después de cada 2-4 capítulos.	Ponen a prueba la comprensión de los conceptos de capítulos previos al integrar temas.	79

MasteringChemistry®

MasteringChemistry® (disponible en inglés) está diseñado con un solo propósito: ayudar a los estudiantes a alcanzar el momento de comprensión. El sistema de tareas y asesorías en línea Mastering envía tutoriales que se ajustan al propio ritmo y que proporcionan a los estudiantes asesorías individualizadas que se ajustan a los objetivos del curso del instructor. MasteringChemistry ayuda a los alumnos a llegar mejor preparados a la clase o el laboratorio.

Experiencias atractivas

MasteringChemistry® promueve la interactividad y el aprendizaje activo en Química general, orgánica y biológica. La investigación muestra que la realimentación inmediata y la asistencia tutorial de Mastering ayudan a los estudiantes a comprender y dominar los conceptos y habilidades en Química, lo que les permite retener más conocimiento y tener un mejor desempeño no sólo en el curso sino posteriormente.

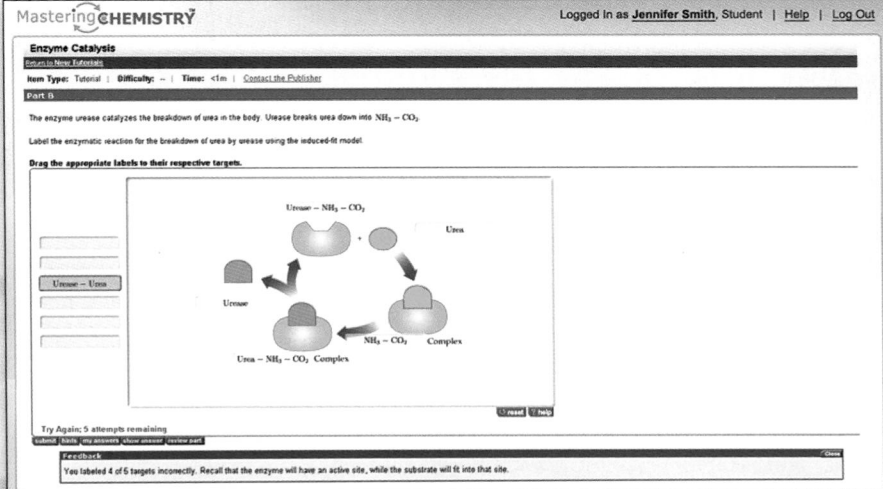

◀¡NUEVO! Tutoriales químicos

Los tutoriales de Química general, orgánica y biológica ayudan a los estudiantes a desarrollar y perfeccionar sus habilidades para resolver problemas en Química al brindar realimentación y orientación específica para cada respuesta. Para la **cuarta edición**, se crearon nuevos tutoriales que guían a los alumnos a través de los temas más desafiantes de Química general, orgánica y biológica, y les ayudan a establecer conexiones entre diferentes conceptos.

¡NUEVO! Pequeñas ▶ pruebas de mapa conceptual

Las pruebas de mapa conceptual brindan a los estudiantes la oportunidad de realizar conexiones interactivas entre conceptos importantes.

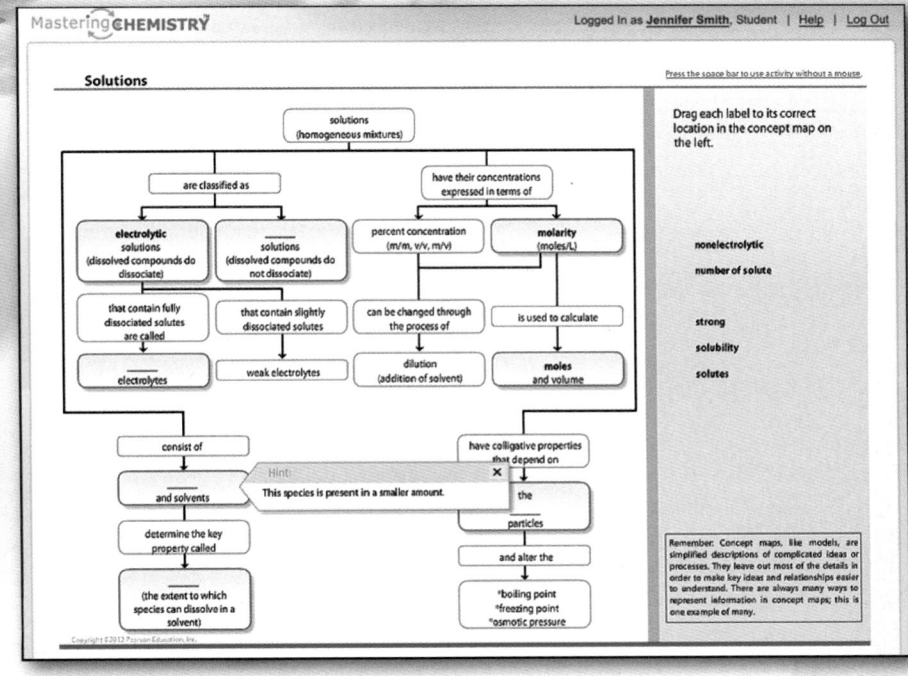

▼ Ligas de enfoque profesional

Los vínculos de enfoque profesional, ubicados en el Study Area de MasteringChemistry, amplían las historias con las que se inicia cada capítulo del libro y ayudan a comprender cómo se usa la ciencia a diario en las profesiones modernas.

Logged In as **Jennifer Smith**, Student | Help | Log Out

Chapter Guide
Learning Goals
Self Study Activities
PowerPoint Presentations
Review Questions
Quizzes
eText
Career Focus
Case Studies
Math Tools
Flashcards
Glossary
Periodic Table
Tutoring Services

OCCUPATIONAL THERAPIST

Career Focus: Occupational Therapist

Occupational therapist Leslie Wakasa builds self-confidence in patients by teaching them to live more independently. "Occupational therapists teach children and adults skills for the job of living. It's rewarding when you can show children how to feed themselves, which is a huge self-esteem issue for them. The possibility of helping people become more independent is very rewarding."

A child born with a birth defect, a person injured in an accident, or a person recovering from a stroke need the help of an occupational therapist to develop or regain basic mobility and reasoning skills. An occupational therapist also helps patients adjust to permanent disabilities.

You will see occupational therapists working in public schools, rehabilitation hospitals, mental health centers, nursing homes, government agencies, doctors' offices, and home health agencies. In these settings, occupational therapists use their background in biochemistry and anatomy to help people regain skills for living independently.

Fin de capítulo

La mayor parte de los problemas de fin de capítulo ahora son fácilmente asignables dentro de MasteringChemistry (disponible en inglés) para ayudar a los estudiantes a prepararse para los tipos de preguntas que pueden aparecer en un examen.

Resultados comprobados

Según lo demuestran las investigaciones, la plataforma Mastering es el único sistema de tareas en línea que mejora el aprendizaje del estudiante. Una gran variedad de artículos publicados basados en investigaciones y pruebas patrocinadas por NSF ilustran los beneficios del programa Mastering. Los resultados documentados en artículos con validez científica están disponibles en www. masteringchemistry.com/site/results

MasteringChemistry®

Un socio confiable

La plataforma Mastering fue creada por científicos para estudiantes e instructores de ciencias, y tiene una historia probada con más de 10 años de uso estudiantil. En la actualidad, Mastering tiene más de 1.5 millones de registros activos con usuarios activos en 50 estados de la Unión Americana y en 41 países. La plataforma Mastering tiene una confiabilidad de servidor del 99.8%.

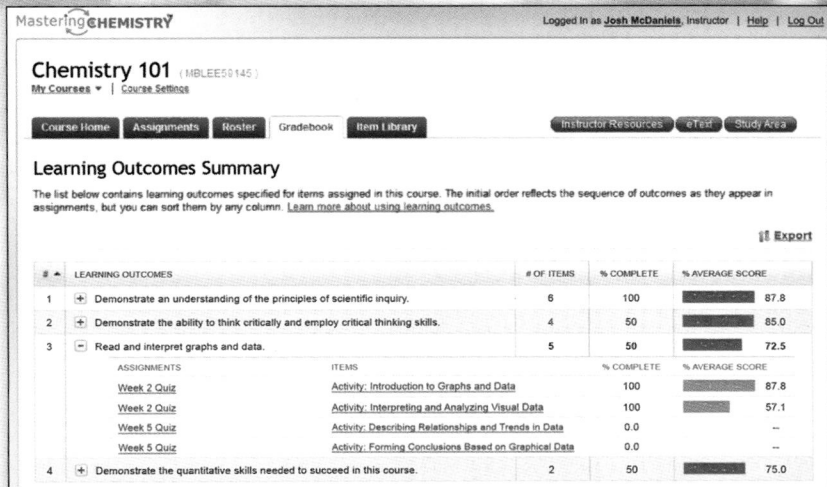

Mastering ofrece una medición apoyada en datos para cuantificar el aprendizaje de los estudiantes y compartir dichos resultados rápida y fácilmente.

¡NUEVO! Resultados del aprendizaje

Permita que Mastering haga el trabajo de seguir el desempeño del alumno contra sus resultados de aprendizaje:

- Agregue sus propios resultados de aprendizaje, o use los proporcionados por el editor, para rastrear el desempeño de los estudiantes e informarlo a su administración.
- Vea el desempeño de la clase contra los resultados de aprendizaje especificados.
- Exporte los resultados a una hoja de cálculo que pueda personalizar aún más y compartir con su jefe, director, administrador o junta de acreditación.

Libreta de calificaciones

La libreta de calificaciones registra todas las evaluaciones para las actividades que se califican automáticamente. Los problemas y las actividades difíciles se resaltan con color rojo para atraer a primera vista.

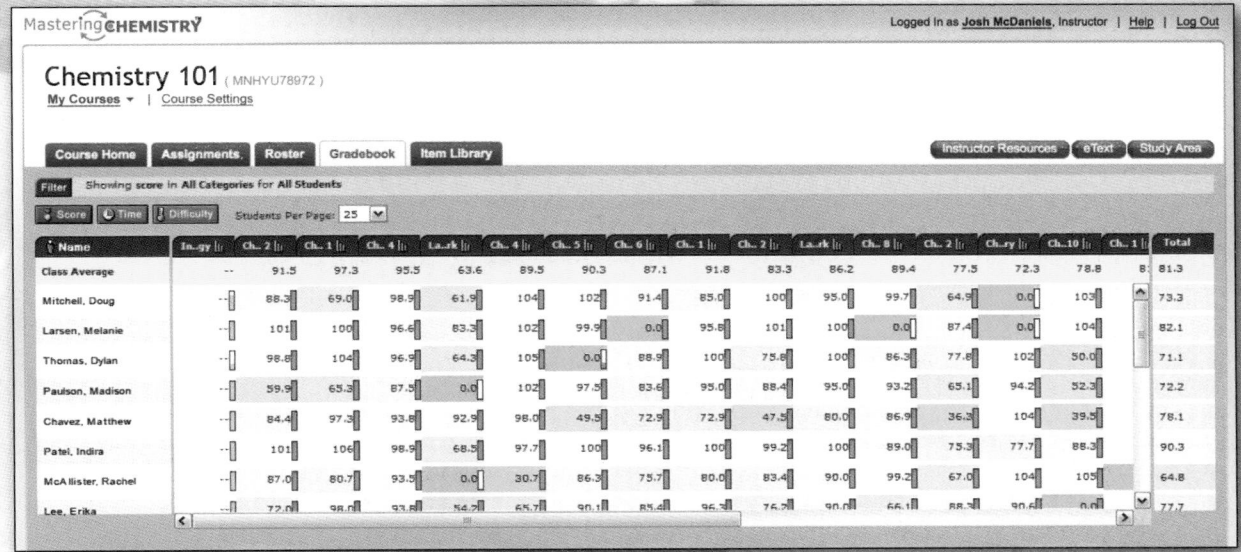

Diagnósticos de la libreta de calificaciones

Los diagnósticos de la libreta de calificaciones brindan un entendimiento único del desempeño de la clase y del estudiante. Con un solo clic, hay gráficas que: resumen los problemas más difíciles, identifican a los estudiantes vulnerables, la distribución de calificaciones e incluso califican el aprovechamiento a lo largo del curso.

Datos de desempeño estudiantil

Con un solo clic, Student Performance Data proporciona estadísticas rápidas acerca de su clase, así como de resultados nacionales (de Estados Unidos). Los resúmenes de respuestas equivocadas brindan un entendimiento único de los equívocos de los estudiantes y facilitan ajustes en la enseñanza justo a tiempo.

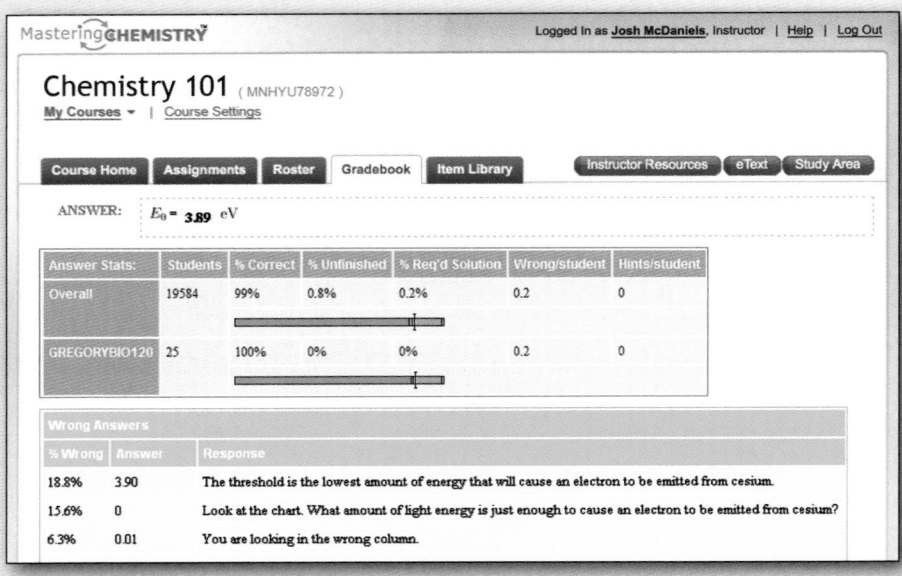

Química y mediciones

1

Mastering**CHEMISTRY**™

Visite **www.masteringchemistry.com** para acceder a materiales de autoaprendizaje y tareas asignadas por el instructor.

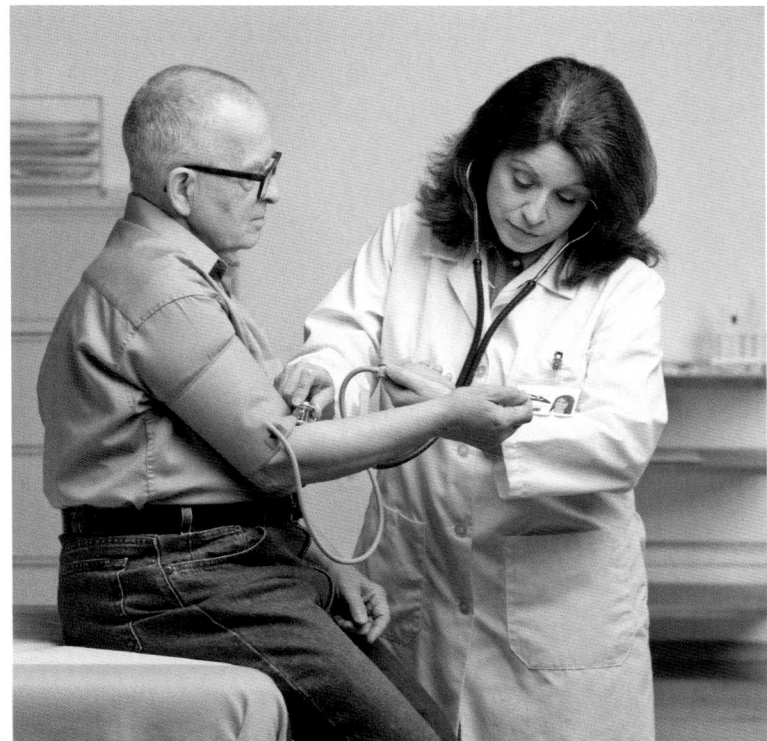

Desde hace algunos meses, Greg ha experimentado un mayor número de dolores de cabeza, y a menudo se siente mareado y con náuseas. Acude al consultorio de su médico donde la enfermera titulada llena la primera parte del examen y registra varias mediciones: peso, 88.5 kg; estatura, 190.5 cm; temperatura, 37.2 °C, y presión arterial, 155/95. Una presión arterial normal es de 120/80 o menos.

Cuando Greg visita al médico, éste le diagnostica presión arterial alta (hipertensión). El médico prescribe 40 mg de Inderal (propranolol), que se utiliza para tratar la hipertensión y se toma dos veces al día. La enfermera surte la receta en la farmacia, que consiste en tabletas de 20 mg; hace un cálculo y determina que Greg necesita tomar 2 tabletas cada vez.

Dos semanas después, Greg visita de nuevo a su médico, quien determina que su presión arterial todavía está alta, en 152/90. El médico incrementa la dosis de Inderal a 60 mg, dos veces al día. La enfermera informa a Greg que necesita aumentar la dosis a 3 tabletas, dos veces al día.

Enfoque profesional: Enfermera titulada
Además de auxiliar a los médicos, las enfermeras tituladas trabajan para promover la salud de los pacientes, así como para prevenir y tratar enfermedades. Brindan al paciente atención y lo ayudan a lidiar con las enfermedades. Toman mediciones como peso, estatura, temperatura y presión arterial del paciente; realizan conversiones, y calculan dosis de medicamentos. Las enfermeras tituladas también mantienen registros médicos detallados de los síntomas de los pacientes, los medicamentos prescritos y cualquier reacción.

La química y la medición son partes importantes de la vida cotidiana. En los reportes noticiosos se informa de los niveles de materiales tóxicos en el aire, el suelo y el agua. Uno lee acerca del radón que hay en los hogares, los hoyos en la capa de ozono, las grasas trans y el cambio climático global. También se lee acerca de los combustibles no contaminantes, la energía solar, las nuevas técnicas de análisis del ADN y los nuevos descubrimientos en medicina. Comprender la química y las mediciones ayuda a tomar decisiones informadas acerca del mundo.

Piense en su día: es probable que haya realizado algunas mediciones. Tal vez se subió a una báscula para verificar su peso. Si no se sentía bien, quizá se tomó la temperatura corporal. Si preparó arroz para la cena, agregó dos tazas de agua a una taza de arroz. Si fue a la gasolinera, observó cómo la bomba de gasolina medía el número de litros de gasolina que ponía en el automóvil.

La medición es una parte esencial de las profesiones de la salud, como enfermería, higiene dental, terapia respiratoria, nutrición y tecnología veterinaria. La temperatura, la estatura y el peso de un paciente se miden en grados Celsius, metros y kilogramos, respectivamente. Las muestras de sangre y orina se obtienen y envían a un laboratorio donde los técnicos miden los niveles de glucosa, pH, urea y proteína.

Al aprender sobre las mediciones, desarrollará habilidades para resolver problemas y trabajar con números en química. Si piensa dedicarse a una profesión relacionada con la atención de la salud, comprender y valorar las mediciones será una parte importante de su evaluación de la salud del paciente.

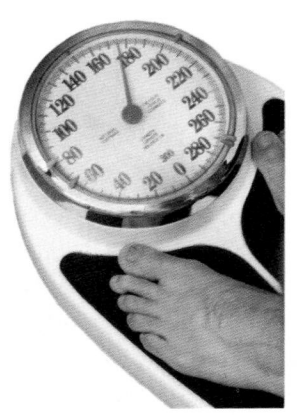

El peso en una báscula de baño es una medición.

META DE APRENDIZAJE

Definir el término química *e identificar las sustancias como químicos.*

1.1 Química y químicos

Química es el estudio de la composición, estructura, propiedades y reacciones de la materia. *Materia* es otra palabra con la que se designa a todas las sustancias que constituyen el mundo. Acaso imagine que la química sólo la realiza en un laboratorio un químico vestido con bata y gafas protectoras. En realidad, la química ocurre a su alrededor todos los días y tiene un efecto sobre todo lo que usa y hace. Uno hace química cuando cocina, agrega cloro a la alberca o pone una tableta de antiácido en agua. Las plantas crecen porque existen reacciones químicas que convierten el dióxido de carbono, el agua y la energía en carbohidratos. Reacciones químicas tienen lugar cuando se digieren alimentos y se descomponen en sustancias que uno necesita para obtener energía y conservar la salud.

Ramas de la química

El campo de la química se divide en varias ramas. Las más interesantes para este texto son las químicas general, orgánica y biológica. La química general es el estudio de la composición, propiedades y reacciones de la materia. La química orgánica es el estudio de las sustancias que contienen el elemento carbono. La química biológica (bioquímica) es el estudio de las reacciones químicas que tienen lugar en los sistemas biológicos.

En la actualidad, la química suele combinarse con otras ciencias como geología y física, para formar transdisciplinas como la geoquímica y la físico-química. La geoquímica

Las tabletas de antiácido experimentan una reacción química cuando se les pone en agua.

es el estudio de la composición química de las vetas, suelos y minerales de la superficie de la Tierra y otros planetas. La físico-química es el estudio de la naturaleza física de los sistemas químicos, incluidos los cambios de energía.

Un geoquímico obtiene muestras de lava recién expulsada del volcán Kilauea, en Hawai.

Bioquímicos analizan muestras de laboratorio.

La química en la historia

PRIMEROS QUÍMICOS: LOS ALQUIMISTAS

Durante muchos siglos, los químicos estudiaron los cambios en varias sustancias. Desde la época de la antigua Grecia hasta aproximadamente el siglo XVI, los alquimistas describían una sustancia en términos de cuatro componentes de la naturaleza: tierra, aire, fuego y agua. Hacia el siglo VIII, los alquimistas buscaron una sustancia desconocida llamada "piedra filosofal", que consideraban convertiría metales en oro, prolongaría la juventud y pospondría la muerte. Si bien estos esfuerzos fracasaron, los alquimistas brindaron información sobre los procesos y las reacciones químicas involucrados en la extracción de metales de las minas. Los alquimistas también diseñaron algunos de los primeros equipos de laboratorio y crearon los primeros procedimientos de laboratorio.

El alquimista Paracelso (1493-1541) consideraba que la alquimia debía ocuparse de la preparación de nuevos medicamentos, no de producir oro. Con el uso de observación y experimentación, propuso que un cuerpo sano estaba regulado por una serie de procesos químicos que podían desequilibrarse mediante ciertos compuestos químicos y volver a equilibrarse con el uso de minerales y medicamentos. Por ejemplo, determinó que el polvo inhalado, no espíritus subterráneos, causaban enfermedad pulmonar en los mineros. También pensaba que la gota era un problema causado por agua contaminada, y trató la sífilis con compuestos de mercurio. Su opinión de los medicamentos era que la dosis correcta hacía la diferencia entre un veneno y una cura. En la actualidad, esta idea forma parte del análisis de riesgo de los medicamentos. Paracelso cambió la alquimia en formas que ayudaron a establecer la medicina y química modernas.

Los alquimistas de la Edad Media desarrollaron procedimientos de laboratorio.

El alquimista y médico suizo Paracelso (1493-1541) creía que los químicos y minerales podían usarse como medicamentos.

Químicos

Un **químico** es una sustancia que siempre tiene la misma composición y propiedades en cualquier parte donde se encuentre. Todas las cosas que usted ve a su alrededor están compuestas por uno o más químicos. Los procesos químicos tienen lugar en laboratorios de química, plantas de fabricación y laboratorios farmacéuticos, así como todos los días en la naturaleza y en el organismo. Con frecuencia los términos *químico* y *sustancia* se usan de manera indistinta para describir un tipo específico de material.

Todos los días utiliza productos que contienen sustancias que fueron preparadas por químicos. Jabones y champús contienen químicos que eliminan aceites de la piel y el cuero cabelludo. Cuando se cepilla los dientes, las sustancias del dentífrico limpian los dientes y evitan la formación de placa y caries dental. En la tabla 1.1 se mencionan algunos de los químicos utilizados para elaborar dentífrico.

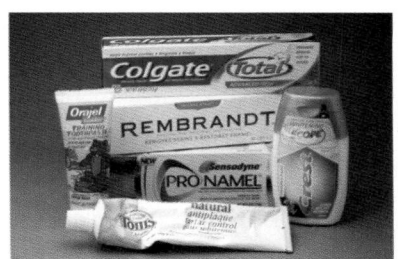

Los dentífricos son una combinación de muchos químicos.

TABLA 1.1 Químicos usados comúnmente en dentífricos

Químico	Función
Carbonato de calcio	Se usa como abrasivo para eliminar placa dental
Sorbitol	Evita la pérdida de agua y endurecimiento del dentífrico
Lauril sulfato de sodio	Se usa para eliminar placa
Dióxido de titanio	Hace que el dentífrico sea blanco y opaco
Triclosán	Inhibe las bacterias que causan placa dental y gingivitis
Fluorofosfato de sodio	Previene la formación de caries al fortalecer el esmalte dental con flúor
Salicilato de metilo	Da al dentífrico un agradable sabor de menta

En cosméticos y lociones, los químicos se usan para humidificar, evitar el deterioro del producto, combatir bacterias y espesar el producto. La ropa puede fabricarse con materiales naturales como algodón, o sustancias sintéticas como el nailon o el poliéster. Tal vez usted utiliza un anillo o reloj hecho de oro, plata o platino. El cereal del desayuno probablemente está fortificado con hierro, calcio y fósforo, en tanto que la leche que bebe está enriquecida con vitaminas A y D. Los antioxidantes son químicos que se agregan al cereal para evitar que se descomponga. En la figura 1.1 se muestran químicos que se encuentran en la cocina.

Dióxido de silicio (vidrio)
Agua tratada químicamente
Aleación metálica
Polímeros naturales
Gas natural
Frutos cultivados con fertilizantes y pesticidas

FIGURA 1.1 Muchos de los objetos que se encuentran en la cocina son químicos o productos de reacciones químicas.

P ¿Qué otros químicos se encuentran en la cocina?

COMPROBACIÓN DE CONCEPTOS 1.1 Químicos

¿Por qué el cobre que contiene el alambre de cobre es un ejemplo de un químico?

RESPUESTA

El cobre tiene la misma composición y propiedades en cualquier lugar donde se encuentre. Por tanto, el cobre es un químico.

PREGUNTAS Y PROBLEMAS

1.1 Química y químicos

En todos los capítulos, los ejercicios con número non en las *Preguntas y problemas* están pareados con los ejercicios con número par. Las respuestas para las *Preguntas y problemas* de color magenta y número non se proporcionan al final de este capítulo. Las soluciones completas a las *Preguntas y problemas* con número non están en el *Manual de soluciones del estudiante*.

META DE APRENDIZAJE: *Definir el término* química *e identificar las sustancias que son químicos.*

1.1 Consiga un frasco de multivitaminas y lea la lista de ingredientes. ¿Cuáles son cuatro químicos de la lista?

1.2 Consiga una caja de cereal para el desayuno y lea la lista de ingredientes. ¿Cuáles son cuatro químicos de la lista?

1.3 Un champú que "no contiene químicos" incluye los ingredientes: agua, cocamida, glicerina y ácido cítrico. ¿El champú realmente "no contiene químicos"?

1.4 Un protector solar que "no contiene químicos" incluye los ingredientes: dióxido de titanio, vitamina E y vitamina C. ¿El protector solar realmente "no contiene químicos"?

1.2 Plan de estudio para aprender química

META DE APRENDIZAJE

Desarrollar un plan de estudio para aprender química.

Aquí está usted, estudiando química, quizá por primera vez. Cualquiera que haya sido la razón por la que eligió estudiar química, es posible que espere aprender muchas ideas nuevas y emocionantes.

Las características de este libro le ayudan a estudiar química

Este texto se diseñó con características de estudio que complementan su propio estilo de aprendizaje. Al inicio del libro hay una tabla periódica de los elementos y al final hallará tablas que resumen información útil que necesitará durante el estudio de la química. Cada capítulo comienza con un *Contenido del capítulo*, que destaca los temas. Al principio de cada sección se encuentra una *Meta de aprendizaje*, que es una presentación preliminar de los conceptos que va a aprender. Al final se incluye un *Glosario e índice* extenso, que menciona y define los términos clave utilizados en el texto.

Antes de comenzar a leer, revise los temas del *Contenido del capítulo* para obtener un panorama general del capítulo. Mientras se prepara para leer una sección del capítulo, lea el título de la sección y conviértalo en pregunta. Por ejemplo, para la sección 1.1, "Química y químicos", podría preguntar, "¿qué es la química?" o "¿qué son los químicos?" Cuando esté listo para leer dicha sección, revise la *Meta de aprendizaje*, que le dice qué esperar en dicha sección. A medida que lea, intente responder su pregunta. A lo largo de todo el capítulo encontrará *Comprobaciones de conceptos* que le ayudarán a comprender las ideas clave. Cuando llegue a un *Ejemplo de problema*, dedique tiempo a resolverlo y compare su solución con la que se proporciona. Luego intente la *Comprobación de estudio* correspondiente. Muchos *Ejemplos de problemas* están acompañados de una *Guía para resolver problemas* (*GPS*), que ofrece los pasos necesarios para trabajar el problema. Al final de cada sección encontrará un conjunto de *Preguntas y problemas* que le permitirán aplicar inmediatamente la resolución de problemas a los nuevos conceptos.

A lo largo de cada capítulo, recuadros titulados *La química en la salud*, *La química en el ambiente*, *La química en la industria* y *La química en la historia* le ayudarán a establecer conexiones entre los conceptos químicos que está aprendiendo y situaciones de la vida real. En muchas de las figuras y diagramas se utilizan ilustraciones "de macro a micro" que muestran el nivel de organización atómico de los objetos ordinarios. Estos modelos visuales ilustran los conceptos descritos en el texto y le permiten "ver" el mundo en una forma microscópica.

Al final de cada capítulo encontrará muchos auxiliares de estudio que completan el capítulo. Los *Mapas conceptuales* muestran las conexiones entre conceptos importantes, y los *Repasos del capítulo* ofrecen un resumen. Los *Términos clave*, que están en negrillas en el texto, se mencionan en una lista con sus definiciones. La *Comprensión de conceptos*, un conjunto de preguntas que usan ilustraciones y estructuras, le ayudan a visualizar los conceptos. *Preguntas y problemas adicionales* y *Problemas de desafío* ofrecen más problemas que ponen a prueba su comprensión de los temas del capítulo. Los problemas están pareados, lo que significa que cada uno de los problemas con número non es similar al siguiente problema con número par. Las respuestas a todas las *Comprobaciones de estudio*, así como las respuestas a las *Preguntas y problemas* con número non, se proporcionan al final de cada capítulo. Si las respuestas ofrecidas coinciden con sus respuestas, muy probablemente comprendió el tema; si no, necesita estudiar de nuevo la sección.

Después de algunos capítulos, hay conjuntos de problemas llamados *Combinación de ideas* que ponen a prueba su habilidad para resolver problemas que combinan material de más de un capítulo.

Uso de aprendizaje activo para aprender química

Un estudiante que es aprendiz activo interacciona de manera continua con las ideas químicas mientras lee el texto, resuelve problemas y asiste a clases. Vea cómo funciona esto.

A medida que lee y practica la resolución de problemas, permanece involucrado de manera activa en el estudio, lo que mejora el proceso de aprendizaje. De esta forma, usted va adquiriendo información a la vez y establece los cimientos necesarios para comprender

Estudiantes analizan un problema de química con su profesor durante las horas de asesoría.

TABLA 1.2 Pasos del aprendizaje activo

1. Lea cada *Meta de aprendizaje* para tener un panorama general del material.
2. Formule una pregunta a partir del título de la sección que está a punto de leer.
3. Lea la sección y busque respuestas a su pregunta.
4. Póngase a prueba al resolver las *Comprobaciones de conceptos, Ejemplos de problemas* y *Comprobaciones de estudio.*
5. Responda las *Preguntas y problemas* que vienen después de dicha sección, y verifique las respuestas para los problemas magenta con número non.
6. Realice los ejercicios de la *Guía de estudio* e ingrese en *www.masteringchemistry.com* para obtener materiales de autoaprendizaje y tareas asignadas por el instructor (opcional).
7. Avance a la siguiente sección y repita los pasos anteriores.

Estudiar en grupo puede ayudar al aprendizaje.

la siguiente sección. También debe anotar cualquier pregunta que tenga sobre la lectura para discutirla con su profesor de laboratorio. La tabla 1.2 resume estos pasos para el aprendizaje activo. El tiempo que dedique a las clases también constituye un momento de aprendizaje. Si sigue con atención su calendario de clases y lee el material asignado antes de clase, estará al tanto de los nuevos términos y conceptos que necesita aprender. Algunas preguntas que surjan durante su lectura pueden responderse en la clase. De no ser así, puede preguntar a su profesor para una mayor aclaración.

Muchos alumnos descubren que estudiar en grupo puede ayudar al aprendizaje. En grupo, los estudiantes se motivan unos a otros a estudiar, llenar huecos y corregir las malas interpretaciones al aprender juntos. Estudiar solo no permite el proceso de la corrección de los compañeros. En grupo se pueden abordar las ideas con más profundidad mientras se analiza la lectura y se practica la resolución de problemas con otros estudiantes. Puede descubrir que es más fácil retener nuevo material y nuevas ideas si estudia en sesiones cortas durante la semana y no todo de una sola vez. Si espera a estudiar hasta la noche anterior al examen, no tendrá tiempo de entender los conceptos y practicar la resolución de problemas.

Piense en su plan de estudio

Conforme se embarca en su viaje hacia el mundo de la química, piense en su manera de estudiar y aprender la química. Puede tener en cuenta algunas de las ideas de la siguiente lista. Marque las ideas que le ayudarán a aprender química de manera exitosa. Comprométase con ellas desde ahora. *Su* éxito depende de *usted.*

Mi estudio de la química incluirá lo siguiente:

_____ leer el capítulo antes de clase

_____ ir a clase

_____ revisar las *Metas de aprendizaje*

_____ llevar un cuaderno de problemas

_____ leer el texto como aprendiz activo

_____ ponerme a prueba al resolver las *Preguntas y problemas* después de cada sección y verificar las respuestas al final del capítulo

_____ ser un aprendiz activo durante la clase

_____ organizar un grupo de estudio

_____ ver al profesor durante horas de asesoría

_____ hacer los ejercicios de la *Guía de estudio*

_____ revisar los tutoriales en *www.masteringchemistry.com*

_____ asistir a sesiones de repaso

_____ organizar mis propias sesiones de repaso

_____ estudiar con la mayor frecuencia posible

Plan de estudio para aprender química

¿Cuáles de las siguientes actividades incluiría en su plan de estudio para aprender química de manera exitosa?

a. faltar a clases
b. formar un grupo de estudio
c. llevar un cuaderno de problemas
d. esperar a estudiar la noche previa al examen
e. convertirse en aprendiz activo

RESPUESTA

Su éxito en química puede aumentar si:
b. forma un grupo de estudio
c. lleva un cuaderno de problemas
e. se convierte en aprendiz activo

PREGUNTAS Y PROBLEMAS

1.2 Plan de estudio para aprender química

META DE APRENDIZAJE: *Desarrollar un plan de estudio para aprender química.*

1.5 ¿Cuáles son las cuatro cosas que puede hacer para ayudarse a tener éxito en el estudio de la química?

1.6 ¿Cuáles son las cuatro cosas que le dificultarían aprender química?

1.7 Un estudiante de su clase le pide consejo para aprender química. ¿Cuáles de los siguientes podría sugerirle?
a. Formar un grupo de estudio.
b. Faltar a clases.
c. Visitar al profesor durante horas de asesoría.
d. Esperar hasta la noche previa al examen para estudiar.
e. Convertirse en aprendiz activo.
f. Resolver los *Ejercicios de aprendizaje* de la *Guía de estudio*.

1.8 Un estudiante de su clase le pide consejo para aprender química. ¿Cuáles de los siguientes podría sugerirle?
a. Resolver los problemas asignados.
b. No leer el libro; nunca viene en el examen.
c. Asistir a sesiones de repaso.
d. Leer la asignatura antes de clase.
e. Llevar un cuaderno de problemas.
f. Revisar los tutoriales en *www.masteringchemistry.com*

1.3 Unidades de medición

Los científicos y profesionales de la salud de todo el mundo usan el **sistema métrico** de medición. El **Sistema Internacional de Unidades (SI)**, o Système International, es el sistema oficial de medición en todo el mundo, excepto en Estados Unidos. En química, se usan unidades métricas y SI para longitud, volumen, masa, temperatura y tiempo (véase la tabla 1.3).

TABLA 1.3 Unidades de medición

Medición	Métrico	SI
Longitud	metro (m)	metro (m)
Volumen	litro (L)	metro cúbico (m^3)
Masa	gramo (g)	kilogramo (kg)
Temperatura	grado Celsius (°C)	kelvin (K)
Tiempo	segundo (s)	segundo (s)

Suponga que hoy usted camina 2.1 km para llegar al campus, lleva una mochila que tiene una masa de 12 kg y la temperatura es de 22 °C. Suponga que usted tiene una masa de 58.2 kg y una estatura de 165 cm. Quizá esté familiarizado con estas mediciones del sistema estadounidense de medición:* camina 1.3 millas y lleva una mochila que pesa 26 libras (lb). La temperatura sería de 72 °F. Tiene un peso de 128 libras y una estatura de 65 in. (pulgadas).

165 cm (65 in.)

22 °C (72 °F)

58.2 kg (128 lb)

12 kg (26 lb)

2.1 km (1.3 mi)

En la vida diaria existen muchas mediciones.

Longitud

La unidad métrica y SI de longitud es el **metro (m)**. Un metro corresponde a 39.4 pulgadas (in.), que es un poco más largo que una yarda (yd). El **centímetro (cm)**, una unidad de longitud más pequeña, se usa con frecuencia en química y es casi tan ancho como el dedo meñique. A manera de comparación, en 1 pulgada existen 2.54 cm (véase la figura 1.2). Algunas relaciones útiles entre diferentes unidades de longitud son las siguientes:

$$1 \text{ m} = 100 \text{ cm}$$
$$1 \text{ m} = 39.4 \text{ in.}$$
$$1 \text{ m} = 1.09 \text{ yd}$$
$$2.54 \text{ cm} = 1 \text{ in.}$$

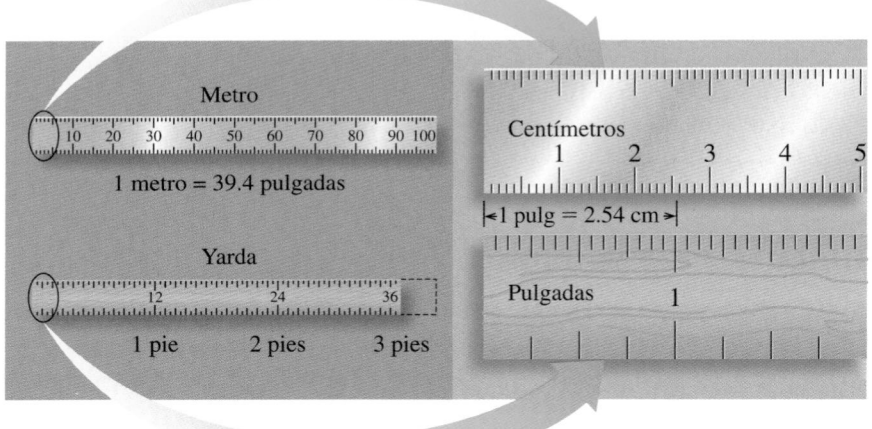

FIGURA 1.2 La longitud en los sistemas métrico y SI se basa en el metro, que es un poco más largo que una yarda.
P ¿Cuántos centímetros hay en la longitud de una pulgada?

Volumen

Volumen es la cantidad de espacio que ocupa una sustancia. Un **litro (L)** es un poco mayor que un cuarto de galón (qt), (1 L = 1.06 qt). En un laboratorio u hospital, los químicos trabajan con unidades métricas de volumen que son más pequeñas y más convenientes, como el **mililitro (mL)**. En 1 L hay 1000 mL (véase la figura 1.3). La unidad SI de volumen es el metro cúbico (m^3), una unidad que es muy grande para tener un uso práctico

* N.T.: Sistema estadounidense de medición (US *system of measurement*), antes denominado *sistema inglés* o *sistema anglosajón* y que en la actualidad se utiliza sólo en Estados Unidos y en unos cuantos países más, pero no de manera oficial. El Sistema Internacional de Unidades (SI) es el sistema oficial de medición en todo el mundo, excepto en Estados Unidos.

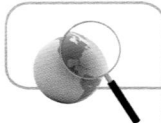

Explore su mundo

UNIDADES CITADAS EN LAS ETIQUETAS

Lea las etiquetas de diversos productos como azúcar, sal, bebidas gaseosas, vitaminas e hilo dental.

PREGUNTAS

1. ¿Qué unidades de medición, métricas o SI, se mencionan en las etiquetas?
2. ¿Qué tipo de medición indica cada una?
3. Escriba las cantidades métricas o SI en términos de un número más una unidad.

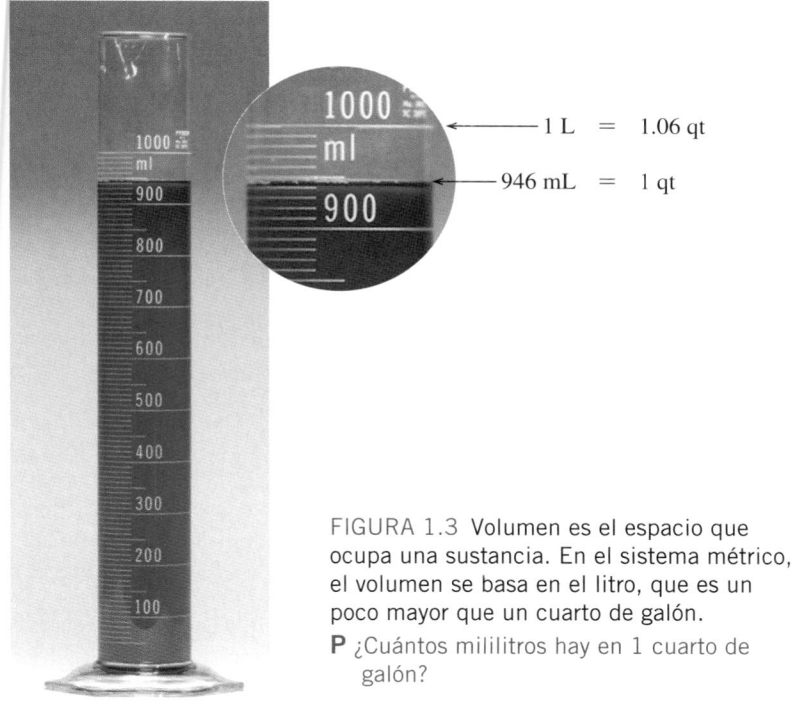

1 L   =   1.06 qt

946 mL   =   1 qt

FIGURA 1.3 Volumen es el espacio que ocupa una sustancia. En el sistema métrico, el volumen se basa en el litro, que es un poco mayor que un cuarto de galón.

P ¿Cuántos mililitros hay en 1 cuarto de galón?

El kilogramo estándar de Estados Unidos se almacena en el Instituto Nacional de Estándares y Tecnología (NIST, por sus siglas en inglés).

en el laboratorio u hospital. A continuación se presentan algunas relaciones útiles entre diferentes unidades de volumen:

$$1 \text{ L} = 1000 \text{ mL}$$
$$1 \text{ L} = 1.06 \text{ qt}$$
$$946 \text{ mL} = 1 \text{ qt}$$
$$1000 \text{ L} = 1 \text{ m}^3$$

Masa

La **masa** de un objeto es una medida de la cantidad de material que contiene. La unidad SI de masa, el **kilogramo (kg)**, se usa para masas grandes como el peso corporal. En el sistema métrico, la unidad de masa es el **gramo (g)**, que se usa para masas pequeñas. En un kilogramo hay 1000 g. Para obtener 1 kg se necesitan 2.20 libras, y 454 g son iguales a una libra. Algunas relaciones útiles entre diferentes unidades de masa son las siguientes:

$$1 \text{ kg} = 1000 \text{ g}$$
$$1 \text{ kg} = 2.20 \text{ lb}$$
$$454 \text{ g} = 1 \text{ lb}$$

FIGURA 1.4 En una báscula electrónica, una moneda de 5 centavos de dólar tiene un masa de 5.01 g en la lectura digital.

P ¿Cuál es la masa de 10 monedas de este tipo?

Es probable que el lector esté más familiarizado con el término *peso* que con el de masa. El peso es una medida de la fuerza de gravedad sobre un objeto. En la Tierra, un astronauta con una masa de 75.0 kg tiene un peso de 165 libras. En la Luna, donde la fuerza de gravedad es un sexto de la de la Tierra, el astronauta tiene un peso de 27.5 libras. Sin embargo, la masa del astronauta, 75.0 kg, es la misma que en la Tierra. Los científicos miden la masa en lugar del peso porque la masa no depende de la gravedad.

En un laboratorio de química se usa una báscula electrónica para medir la masa de una sustancia en gramos (véase la figura 1.4).

Temperatura

La **temperatura** dice cuán caliente está algo, cuánto frío hace afuera o ayuda a determinar si uno tiene fiebre (véase la figura 1.5). En el sistema métrico la temperatura se mide con grados Celsius. En la **escala de temperatura Celsius (°C)**, el agua se congela a 0 °C

FIGURA 1.5 El termómetro se usa para determinar la temperatura.

P ¿Qué tipos de lecturas de temperatura ha realizado hoy?

y hierve a 100 °C, mientras que en la escala Fahrenheit (°F), se congela a 32 °F y hierve a 212 °F. En el sistema SI, la temperatura se mide con la **escala de temperatura Kelvin (K)**, en la que la temperatura más baja es 0 K. Una unidad de la escala Kelvin se llama kelvin y no se escribe con signo de grados. En el capítulo 2 se estudiará la relación entre estas tres escalas de temperatura.

Tiempo

La unidad básica SI y métrica de tiempo es el **segundo (s)**. Sin embargo, el tiempo también se mide en unidades de años (a), días, horas (h) o minutos (min). El dispositivo estándar usado en la actualidad para determinar un segundo es un reloj atómico. Las siguientes son algunas relaciones útiles entre diferentes unidades de tiempo:

$$1 \text{ día} = 24 \text{ h}$$
$$1 \text{ h} = 60 \text{ min}$$
$$1 \text{ min} = 60 \text{ s}$$

Para medir el tiempo de una carrera se usa un cronómetro.

EJEMPLO DE PROBLEMA 1.1 Unidades de medición

Enuncie el tipo de medición indicado por la unidad en cada una de las siguientes cantidades:

a. 25 g   **b.** 0.85 L   **c.** 36 m   **d.** 17 °C

SOLUCIÓN

a. Un gramo (g) es una unidad de masa.
b. Un litro (L) es una unidad de volumen.
c. Un metro (m) es una unidad de longitud.
d. Un grado Celsius (°C) es una unidad de temperatura.

COMPROBACIÓN DE ESTUDIO 1.1

¿Qué tipo de medición indica la unidad en 45 s?

PREGUNTAS Y PROBLEMAS

1.3 Unidades de medición

META DE APRENDIZAJE: *Escribir los nombres y abreviaturas de unidades métricas o SI usadas en mediciones de longitud, volumen, masa, temperatura y tiempo.*

1.9 Indique el tipo de medición en cada uno de los siguientes enunciados:
   a. Llenó el tanque de gasolina con 12 L de combustible.
   b. Su amigo mide 170 cm de alto.
   c. Estamos a 385 000 km de distancia de la Luna.
   d. El caballo ganó la carrera por 1.2 s.

1.10 Indique el tipo de medición en cada uno de los siguientes enunciados:
   a. Hoy corrió en su bicicleta 15 km.
   b. Su perro pesa 12 kg.
   c. Es un día caluroso. Hay 30 °C.
   d. Usó 2 L de agua para llenar su pecera.

1.11 Mencione el nombre de la unidad y el tipo de medición indicado en cada una de las siguientes cantidades:
   a. 4.8 m   **b.** 325 g   **c.** 1.5 L   **d.** 480 s   **e.** 28 °C

1.12 Mencione el nombre de la unidad y el tipo de medición indicado en cada una de las siguientes cantidades:
   a. 0.8 mL   **b.** 3.6 cm   **c.** 14 kg   **d.** 35 h   **e.** 373 K

1.4 Notación científica

En química se usan números que son o muy grandes o muy pequeños. Es posible medir algo tan pequeño como el ancho de un cabello humano, que es de alrededor de 0.000 008 m. O tal vez quiera contar el número de cabellos que hay en el cuero cabelludo humano promedio, que es de más o menos 100 000 cabellos (véase la figura 1.6). En este texto se agregan espacios entre series de tres dígitos cuando ello ayuda a que los lugares sean más fáciles de contar. Sin embargo, se verá que es más conveniente escribir números pequeños y grandes en notación científica.

Objeto	Valor	Notación científica
Ancho de un cabello humano	0.000 008 m	8×10^{-6} m
Cabellos en el cuero cabelludo humano	100 000 cabellos	1×10^5 cabellos

1×10^5 cabellos

8×10^{-6} m

FIGURA 1.6 Los seres humanos tienen un promedio de 1×10^5 cabellos en el cuero cabelludo. Cada cabello mide aproximadamente 8×10^{-6} m de ancho.

P ¿Por qué los números grandes y pequeños se escriben en notación científica?

TUTORIAL
Scientific Notation

Cómo escribir números en notación científica

Un número escrito en **notación científica** tiene tres partes: un coeficiente, una potencia de 10 y una unidad de medición. Por ejemplo, 2400 m se escribe en notación científica como 2.4×10^3 m. El coeficiente es 2.4, y 10^3 muestra que la potencia de 10 es 3, y la unidad de medición es metro (m). Para obtener el coeficiente, se mueve el punto decimal hacia la izquierda hasta dar un coeficiente que sea al menos 1 pero menos de 10. Dado que el punto decimal se mueve tres lugares, la potencia de 10 es 3, lo que se escribe como 10^3. Cuando un número mayor que 1 se convierte a notación científica, la potencia de 10 es positiva. *Un número mayor que 1 escrito en notación científica tiene una potencia positiva de 10.*

$$2\underset{\text{3 lugares}}{400.}\ \text{m}\ =\ 2.4\ \times\ 1000\ =\ \underset{\text{Coeficiente}}{2.4}\ \times\ \underset{\substack{\text{Potencia} \\ \text{de 10}}}{10^3}\ \ \underset{\text{Unidad}}{\text{m}}$$

Cuando un número menor que 1 se escribe en notación científica, la potencia de 10 es un número negativo. *Un número menor que 1 escrito en notación científica tiene una potencia negativa de 10.* Por ejemplo, para escribir en notación científica el número 0.000 86, se mueve el punto decimal cuatro lugares hasta dar un coeficiente de 8.6. Puesto que el punto decimal se movió cuatro lugares a la derecha, la potencia de 10 es un 4 negativo, que se escribe como 10^{-4}.

$$\underset{\text{4 lugares}}{0.00086}\ \text{g}\ =\ \frac{8.6}{10\,000}\ =\ \frac{8.6}{10 \times 10 \times 10 \times 10}\ =\ \underset{\text{Coeficiente}}{8.6}\ \times\ \underset{\substack{\text{Potencia} \\ \text{de 10}}}{10^{-4}}\ \ \underset{\text{Unidad}}{\text{g}}$$

La tabla 1.4 muestra algunos ejemplos de números escritos como potencias de 10 positiva y negativa. Las potencias de 10 son una forma de seguir la pista del punto decimal en el número decimal. La tabla 1.5 ofrece varios ejemplos de escritura de mediciones en notación científica.

TABLA 1.4 Algunas potencias de 10

Número	Múltiplos de 10	Notación científica	Potencias de 10
10 000	$10 \times 10 \times 10 \times 10$	1×10^4	
1000	$10 \times 10 \times 10$	1×10^3	
100	10×10	1×10^2	Algunas potencias de 10 positivas
10	10	1×10^1	
1	0	1×10^0	
0.1	$\dfrac{1}{10}$	1×10^{-1}	
0.01	$\dfrac{1}{10} \times \dfrac{1}{10} = \dfrac{1}{100}$	1×10^{-2}	
0.001	$\dfrac{1}{10} \times \dfrac{1}{10} \times \dfrac{1}{10} = \dfrac{1}{1000}$	1×10^{-3}	Algunas potencias de 10 negativas
0.0001	$\dfrac{1}{10} \times \dfrac{1}{10} \times \dfrac{1}{10} \times \dfrac{1}{10} = \dfrac{1}{10\,000}$	1×10^{-4}	

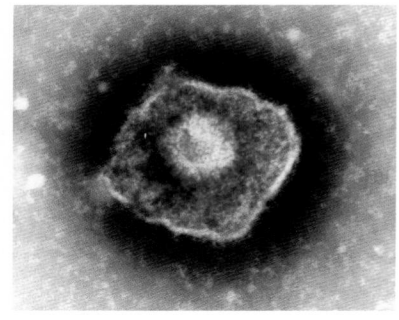

Un virus de varicela tiene un diámetro de 3×10^{-7} m.

TABLA 1.5 Algunas mediciones escritas en notación científica

Cantidad medida	Medición	Notación científica
Volumen de gasolina usada en Estados Unidos cada año	550 000 000 000 L	5.5×10^{11} L
Diámetro de la Tierra	12 800 000 m	1.28×10^7 m
Tiempo necesario para que la luz viaje del Sol a la Tierra	500 s	5×10^2 s
Masa de un ser humano común	68 kg	6.8×10^1 kg
Masa de un colibrí	0.002 kg	2×10^{-3} kg
Diámetro de un virus de varicela (*varicella zoster*)	0.000 000 3 m	3×10^{-7} m
Masa de una bacteria (micoplasma)	0.000 000 000 000 000 000 1 kg	1×10^{-19} kg

TUTORIAL
Using Scientific Notation

Notación científica y calculadoras

Uno puede ingresar un número en notación científica en muchas calculadoras con las teclas EE o EXP. Después de ingresar el coeficiente, presione la tecla EXP (o EE) e ingrese sólo la potencia de 10, porque la tecla de función EXP ya incluye el valor $\times$ 10. Para ingresar una potencia de 10 negativa, presione la tecla más/menos ($+/-$) o la tecla menos ($-$), dependiendo de su calculadora. A medida que resuelva estos problemas, lea el manual de instrucciones de su calculadora para determinar la secuencia correcta en la que debe usar las teclas.

Núm. que se ingresa	Método	Lecturas de pantalla
4×10^6	4 EXP (EE) 6	4 06 o 4 06 o 4 E06
2.5×10^{-4}	2.5 EXP (EE) +/− 4	2.5 −04 o 2.5 −04 o 2.5 E−04

Cuando la pantalla de la calculadora aparece en notación científica, se muestra como un número entre 1 y 10, seguido de un espacio y la potencia de 10. Para expresar esta pantalla en notación científica, escriba el valor del coeficiente, escriba $\times$ 10 y use la potencia de 10 como exponente.

Pantalla de calculadora	Expresada en notación científica
7.52 04 o 7.52 04 o 7.52 E04	7.52×10^4
5.8 −02 o 5.8 −02 o 5.8 E−02	5.8×10^{-2}

En muchas calculadoras científicas, un número se convierte en notación científica con las teclas adecuadas. Por ejemplo, puede ingresar el número 0.000 52, luego presionar la tecla de función 2a o 3a y la tecla SCI. La notación científica aparece en la pantalla de la calculadora como coeficiente y la potencia de 10.

0.000 52 [tecla de función 2a o 3a] [SCI] = $5.2-04$ o 5.2^{-04} o $5.2\ E-04$ = 5.2×10^{-4}

          Tecla   Tecla

Conversión de notación científica a un número estándar

Cuando un número en notación científica tiene una potencia de 10 positiva, para escribir el número estándar se mueve el punto decimal a la derecha el mismo número de lugares que la potencia de 10. Para proporcionar lugares decimales adicionales, se usan ceros marcadores de posición.

$$8.2 \times 10^2 = 8.2 \times 100 = 820$$

Cuando un número escrito en notación científica tiene una potencia de 10 negativa, para escribir el número estándar se mueve el punto decimal hacia la izquierda el mismo número de lugares. Frente al coeficiente se agregan ceros marcadores de posición según se necesite.

$$4.3 \times 10^{-3} = 4.3 \times \frac{1}{1000} = 0.0043$$

EJEMPLO DE PROBLEMA 1.2   Notación científica

Escriba cada una de las siguientes mediciones en notación científica:

a. 45 000 m   **b.** 0.0092 g   **c.** 143 mL

SOLUCIÓN

a. Para escribir un coeficiente mayor que 1 pero menor que 10, mueva el punto decimal cuatro lugares a la izquierda para obtener 4.5×10^4 m.

b. Para escribir un coeficiente mayor que 1 pero menor que 10, mueva el punto decimal tres lugares a la derecha para obtener 9.2×10^{-3} g.

c. Para escribir un coeficiente mayor que 1 pero menor que 10, mueva el punto decimal dos lugares a la izquierda para obtener 1.43×10^2 mL.

COMPROBACIÓN DE ESTUDIO 1.2

Escriba las siguientes mediciones en notación científica:

a. 425 000 m   **b.** 0.000 000 8 g

PREGUNTAS Y PROBLEMAS

1.4 Notación científica

META DE APRENDIZAJE: *Escribir un número en notación científica.*

1.13 Escriba cada una de las siguientes mediciones en notación científica:
     a. 55 000 m   **b.** 480 g   **c.** 0.000 005 cm
     d. 0.000 14 s   **e.** 0.007 85 L   **f.** 670 000 kg

1.14 Escriba cada una de las siguientes mediciones en notación científica:
     a. 180 000 000 g   **b.** 0.000 06 m
     c. 750 °C   **d.** 0.15 mL
     e. 0.024 s   **f.** 1500 cm

1.15 ¿Cuál número es mayor en cada uno de los siguientes pares?
     a. 7.2×10^3 cm o 8.2×10^2 cm
     b. 4.5×10^{-4} kg o 3.2×10^{-2} kg
     c. 1×10^4 L o 1×10^{-4} L
     d. 0.000 52 m o 6.8×10^{-2} m

1.16 ¿Cuál número es menor en cada uno de los siguientes pares?
     a. 4.9×100^{-3} s o 5.5×10^{-9} s
     b. 1250 kg o 3.4×10^2 kg
     c. 0.000 000 4 m o 5×10^{-8} m
     d. 2.50×10^2 g o 4×10^{-2} g

1.17 Escriba cada uno de los siguientes como números estándar:
     a. 1.2×10^4 s
     b. 8.25×10^{-2} kg
     c. 4×10^6 g
     d. 5×10^{-3} m

1.18 Escriba cada uno de los siguientes como números estándar:
     a. 3.6×10^{-5} L
     b. 8.75×10^4 cm
     c. 3×10^{-2} mL
     d. 2.12×10^5 kg

1.5 Números medidos y cifras significativas

Cuando uno hace una medición, usa algún tipo de dispositivo de medición. Por ejemplo, el lector puede usar un metro para medir su estatura, una báscula para comprobar su peso o un termómetro para tomar su temperatura.

Números medidos

Los **números medidos** son los números que se obtienen cuando uno mide una cantidad con una herramienta de medición. Suponga que va a medir las longitudes de los objetos de la figura 1.7. Podría seleccionar una regla métrica que tenga líneas marcadas en divisiones de 1 cm, o quizá en divisiones de 0.1 cm. Para reportar la longitud de cada objeto, observe los valores numéricos de las líneas marcadas en el extremo del objeto. Luego, para *estimar* el número definitivo divida visualmente el espacio entre las líneas marcadas. Este número estimado es el dígito final que se reporta para cualquier número medido.

Por ejemplo, en la figura 1.7a, el extremo del objeto está entre las marcas de 4 cm y 5 cm. Por tanto, usted sabe que su longitud es de más de 4 cm pero menos de 5 cm. Ahora podría estimar que el extremo está a la mitad entre 4 cm y 5 cm y reportar su longitud como 4.5 cm. Sin embargo, otro estudiante puede reportar la longitud de este objeto como 4.4 cm, porque las personas no estiman de la misma manera. Por tanto, en cada medición siempre existe cierta incertidumbre sobre el número estimado.

La regla métrica que se muestra en la figura 1.7b tiene marcas cada 0.1 cm. Con esta regla, ahora puede estimar el valor del lugar de las centésimas (0.01 cm). Ahora podría saber que el extremo del objeto está entre 4.5 y 4.6 cm. Tal vez reporte la longitud del objeto como 4.55 cm, mientras que otro estudiante puede reportar su longitud como 4.56 cm. Ambos resultados son aceptables.

En la figura 1.7c, el extremo del objeto parece alinearse con la marca de 3 cm. Puesto que las divisiones están marcadas en unidades de 1 cm, el dígito estimado en el lugar de las décimas (0.1 cm) es 0. La medición de la longitud se reporta de 3.0 cm, no 3. Esto significa que la incertidumbre de la medición (el último dígito) está en el lugar de las décimas (0.1 cm).

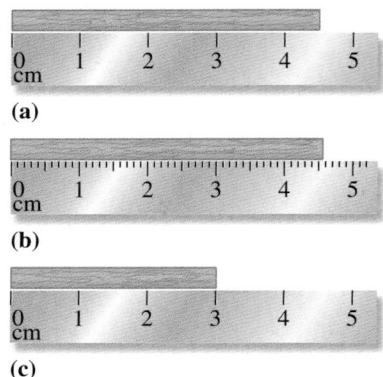

FIGURA 1.7 Las longitudes de los objetos rectangulares se miden como **(a)** 4.5 cm y **(b)** 4.55 cm.

P ¿Cuál es la longitud del objeto en (c)?

Cifras significativas

En un número medido, las **cifras significativas (CF)** *son todos los dígitos, incluido el dígito estimado.* Los números distintos de cero siempre se cuentan como cifras significativas. Sin embargo, un cero puede o no ser significativo, lo que depende de su posición en un número. La tabla 1.6 muestra las reglas y ejemplos del conteo de cifras significativas.

TABLA 1.6 Cifras significativas en números medidos

Regla	Número medido	Número de cifras significativas
1. Un número es *cifra significativa* si		
a. no es cero	4.5 g	2
	122.35 m	5
b. es uno o más ceros entre dígitos distintos de cero	205 m	3
	5.008 kg	4
c. es uno o más ceros al final de un número decimal	50. L	2
	25.0 °C	3
	16.00 g	4
d. está en el coeficiente de un número escrito en notación científica	4.8×10^5 m	2
	5.70×10^{-3} g	3
2. Un cero *no es significativo* si		
a. está al comienzo de un número decimal	0.0004 s	1
	0.075 m	2
b. se usa como marcador de posición en un número grande sin punto decimal	850 000 m	2
	1 250 000 g	3

Notación científica y ceros significativos

Cuando uno o más ceros en un número grande son significativos, se muestran de manera más clara si se escribe el número en notación científica. Por ejemplo, si el primer cero en la medición 500 m es significativo, se escribe como 5.0×10^2 m. En este texto se colocará un punto decimal después de un cero significativo al final de un número. Por ejemplo, una medición escrita como 500.0 g indica que *ambos ceros* son cifras significativas. Para mostrar esto con claridad, se puede escribir como 5.00×10^2 g. Se supondrá que los ceros al final de números grandes sin punto decimal no son significativos. Por tanto, 400 000 g se escribe como 4×10^5 g, que sólo tiene una cifra significativa.

> **COMPROBACIÓN DE CONCEPTOS 1.3** Ceros significativos
>
> Identifique los ceros significativos y no significativos en cada uno de los siguientes números medidos:
>
> **a.** 0.000 250 m   **b.** 70.040 g   **c.** 1 020 000 L
>
> RESPUESTA
>
> **a.** Los ceros que preceden al primer dígito distinto de cero, 2, no son significativos. El cero en el último lugar decimal después del 5 es significativo.
>
> **b.** Los ceros entre dígitos distintos de cero o al final de números decimales son significativos. Todos los ceros en 70.040 g son significativos.
>
> **c.** Los ceros entre dígitos distintos de cero son significativos. El cero entre 1 y 2 es significativo, pero los cuatro ceros después del 2 no son significativos.

Números exactos

Los **números exactos** *son aquellos números que se obtienen al contar objetos o usar una definición que compara dos unidades en el mismo sistema de medición.* Suponga que un amigo le pide que le diga el número de abrigos que tiene en el armario o el número de asignaturas que estudia en la escuela. Para responder, contaría los objetos. No fue necesario usar ningún tipo de herramienta de medición. Suponga que alguien le pide indicar el número de segundos que hay en un minuto. Sin usar dispositivo de medición alguno, daría la definición: 60 segundos en un minuto. *Los números exactos no son medidos, no tienen un número limitado de cifras significativas y no afectan el número de cifras significativas en una respuesta calculada.* Para más ejemplos de números exactos, consulte la tabla 1.7.

TABLA 1.7 Ejemplos de algunos números exactos

Objetos	Equivalencias definidas	
Números contados	Sistema estadounidense	Sistema métrico
8 donas	1 ft = 12 in.	1 L = 1000 mL
2 bolas de béisbol	1 qt = 4 tazas	1 m = 100 cm
5 cápsulas	1 lb = 16 oz	1 kg = 1000 g

El número de pelotas de béisbol es contado, lo que significa que 2 es un número exacto.

> **COMPROBACIÓN DE CONCEPTOS 1.4** Números medidos y cifras significativas
>
> Indique si cada uno de los siguientes números es medido o exacto, y proporcione el número de cifras significativas de cada número medido:
>
> **a.** 42.2 g   **b.** 3 huevos   **c.** 5×10^{-3} cm   **d.** 450 000 km   **e.** 1 ft = 12 in.
>
> RESPUESTA
>
> **a.** La masa de 42.2 g es un número medido porque se obtiene con una herramienta de medición. Existen tres CS en 42.2 g, porque los dígitos distintos de cero siempre son significativos.
>
> **b.** El valor de 3 huevos es un número exacto porque se obtiene al contar, en lugar de usar una herramienta de medición.

c. La longitud de 5.0×10^{-3} cm es un número medido porque se obtiene con una herramienta de medición. Existen dos CS en 5.0×10^{-3} cm porque todos los números en el coeficiente de un número escrito en notación científica son significativos.

d. La distancia de 450 000 km es un número medido porque se obtiene con una herramienta de medición. Sólo existen dos CS en 450 000 km, porque los ceros al final de un número grande sin punto decimal no son significativos.

e. Las longitudes de 1 pie (ft) y 12 pulgadas (in.) contienen números exactos porque la relación 1 ft = 12 in. es una definición en el sistema estadounidense de medición. La relación del número de pulgadas en un pie se obtuvo por definición; no se usó ninguna herramienta de medición.

PREGUNTAS Y PROBLEMAS

1.5 Números medidos y cifras significativas

META DE APRENDIZAJE: *Identificar si un número es medido o exacto; determinar el número de cifras significativas en un número medido.*

1.19 Identifique si el número en cada uno de los siguientes es medido o exacto y explique por qué:
   a. Una persona pesa 67.5 kg.
   b. Un paciente recibe 2 tabletas de medicamento.
   c. En el sistema métrico, 1 m es igual a 1000 mm.
   d. La distancia de Denver, Colorado, a Houston, Texas, es de 1720 km.

1.20 Identifique si el número en cada uno de los siguientes es medido o exacto y explique por qué:
   a. En el laboratorio hay 31 estudiantes.
   b. La flor más antigua conocida vivió hace 1.2×10^8 años.
   c. La gema más grande jamás encontrada, una aguamarina, tiene una masa de 104 kg.
   d. Una prueba de laboratorio muestra un nivel de colesterol en sangre de 184 mg/100 mL.

1.21 Identifique el número medido, si lo hay, en cada uno de los siguientes pares de números:
   a. 3 hamburguesas y 6 onzas de carne
   b. 1 mesa y 4 sillas
   c. 0.75 libras de uvas y 350 g de mantequilla
   d. 60 s = 1 min

1.22 Identifique el número medido, si lo hay, en cada uno de los siguientes pares de números:
   a. 5 pizzas y 50.0 g de queso
   b. 6 monedas de 5 centavos de dólar y 16 g de níquel
   c. 3 cebollas y 3 libras de cebollas
   d. 5 millas y 5 automóviles

1.23 Indique los ceros significativos, si los hay, en cada una de las siguientes mediciones:
   a. 0.00380 m **b.** 5.04 cm **c.** 800. L
   d. 3.0×10^{-3} kg **e.** 85 000 g

1.24 Indique los ceros significativos, si los hay, en cada una de las siguientes mediciones:
   a. 20.5 °C **b.** 5.00 m **c.** 0.000 070 L
   d. 120 000 años **e.** 6.003×10^2 g

1.25 ¿Cuántas cifras significativas hay en cada una de las siguientes mediciones?
   a. 11.005 g **b.** 0.000 32 m **c.** 36 000 000 m
   d. 1.80×10^4 g **e.** 0.8250 L **f.** 30.0 °C

1.26 ¿Cuántas cifras significativas hay en cada una de las siguientes mediciones?
   a. 20.60 L **b.** 1036.48 g **c.** 4.00 m
   d. 18.4 °C **e.** 60 800 000 g **f.** 5.0×10^{-3} L

1.27 Indique cuál de cada uno de los siguientes pares de números contiene más cifras significativas:
   a. 11.0 m y 11.00 m
   b. 405 K y 405.0 K
   c. 0.0120 s y 12 000 s
   d. 250.0 L y 2.5×10^{-2} L

1.28 Indique cuál de cada uno de los siguientes pares de números contiene menos cifras significativas:
   a. 28.33 g y 2.8×10^{-3} g
   b. 0.0250 m y 0.2005 m
   c. 150 000 s y 1.50×10^4 s
   d. 3.8×10^{-2} L y 3.80×10^5 L

Proporcionar el número correcto de cifras significativas en una respuesta final al agregar o eliminar dígitos en un resultado de calculadora.

TUTORIAL
Significant Figures in Calculations

1.6 Cifras significativas en cálculos

En las ciencias se miden muchas cosas: la longitud de una bacteria, el volumen de una muestra de gas, la temperatura de una mezcla de reacción o la masa de hierro que contiene una muestra. Los números obtenidos con estos tipos de mediciones se usan a menudo en cálculos. El número de cifras significativas en los números medidos limita el número de cifras significativas que pueden darse en la respuesta calculada.

Por lo general, una calculadora ayudará a realizar los cálculos más rápido. Sin embargo, las calculadoras no pueden pensar por usted. Depende de usted ingresar los números de manera adecuada, presionar las teclas de función correctas y dar una respuesta con el número correcto de cifras significativas.

Redondeo

Suponga que usted decide comprar una alfombra para una habitación que mide 5.52 m por 3.58 m. Cada medición de longitud tiene tres cifras significativas porque la cinta métrica limita el lugar que usted puede estimar a 0.01 m. A fin de determinar cuánta alfombra necesita, multiplicaría 5.52 por 3.58 para calcular el área de la habitación. Si usara una calculadora, la pantalla mostraría los números 19.7616. Sin embargo, la pantalla tiene demasiados números, como resultado del proceso de multiplicación. Puesto que cada una de las mediciones originales tiene tres cifras significativas, los números mostrados de 19.7616 deben *redondearse* a tres cifras significativas, 19.8. Por tanto, puede ordenar una alfombra que cubra un área de 19.8 m^2 (metros cuadrados).

Cada vez que use una calculadora, es importante observar las mediciones originales y determinar el número de cifras significativas que puede usar para la respuesta. Es posible usar las siguientes reglas para redondear los números de la pantalla de la calculadora:

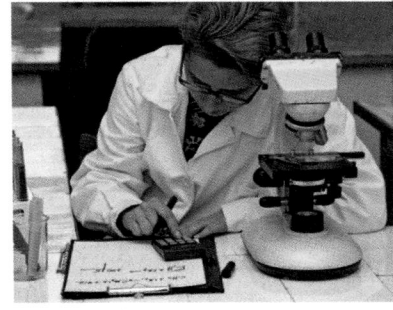

Un técnico utiliza una calculadora en el laboratorio.

Reglas de redondeo

1. Si el primer dígito que se va a eliminar es *4 o menos*, entonces éste y todos los dígitos siguientes simplemente se eliminan del número.
2. Si el primer dígito que se va a eliminar es *5 o mayor*, entonces el último dígito que se conserva del número aumenta en 1.

Número que se redondea	Tres cifras significativas	Dos cifras significativas
8.4234	8.42 (eliminar 34)	8.4 (eliminar 234)
14.780	14.8 (eliminar 80, aumentar en 1 el último dígito que se conserva)	15 (eliminar 780, aumentar en 1 el último dígito que se conserva)
3262	3260* (eliminar 2, agregar 0) 3.26 × 10^3	3300* (eliminar 62, aumentar en 1 el último dígito que se conserva, agregar 00) 3.3 × 10^3

* El valor de un número grande se conserva usando ceros de marcadores de posición para sustituir los dígitos eliminados.

COMPROBACIÓN DE CONCEPTOS 1.5   **Redondeo**

Identifique los dígitos que se van a eliminar, ya sea que el último dígito que se conserva aumente en 1 o no, e indique el valor redondeado correcto de 2.8456 m para cada una de las siguientes:

a. tres cifras significativas
b. dos cifras significativas

RESPUESTA

a. Para redondear 2.8456 m a tres cifras significativas, elimine los últimos dos dígitos, 56. Dado que el primer dígito eliminado es 5, el último dígito que se conserva aumenta en 1 para dar 2.85 m.
b. Para redondear 2.8456 a dos cifras significativas, elimine los últimos tres dígitos, 456. Dado que el primer dígito eliminado es 4, el último dígito que se conserva no cambia y se obtiene 2.8 m.

EJEMPLO DE PROBLEMA 1.3   **Redondeo**

Redondee cada uno de los siguientes números de pantalla de calculadora a tres cifras significativas:

a. 35.7823 m
c. 3.8268 × 10^3 g

b. 0.002 625 L
d. 1.2836 kg

SOLUCIÓN

a. 35.8 m
c. 3.83 × 10^3 g

b. 0.002 63 L
d. 1.28 kg

COMPROBACIÓN DE ESTUDIO 1.3

Redondee cada uno de los números del Ejemplo de problema 1.3 a dos cifras significativas.

Una calculadora ayuda a resolver problemas y a realizar cálculos más rápido.

Multiplicación y división

En multiplicación o división, la respuesta final se escribe de modo que tenga el mismo número de cifras significativas que la medición con menos cifras significativas (CS). A continuación se presentan algunos ejemplos de redondeo de números de multiplicación y división.

Ejemplo 1
Multiplique los siguientes números medidos: 24.65×0.67

$$24.65 \quad \boxed{\times} \quad 0.67 \quad \boxed{=} \quad \boxed{16.5155} \quad \longrightarrow \quad 17$$

Cuatro CS　　　Dos CS　　　　　　　Pantalla de　　　　Respuesta final,
　　　　　　　　　　　　　　　　　　calculadora　　　redondeada a dos CS

La respuesta que aparece en la pantalla de calculadora tiene más dígitos de los que permiten los números medidos. La medición 0.67 tiene menor número de cifras significativas, dos. Por tanto, los números en la pantalla de la calculadora se redondean para dar dos cifras significativas en la respuesta.

Ejemplo 2
Resuelva lo siguiente usando números medidos:

$$\frac{285 \times 67.4}{4.39}$$

Para resolver en una calculadora un problema con múltiples pasos se multiplican los números del numerador y luego se divide entre los números del denominador. Puede presionar las teclas en el siguiente orden, pero asegúrese de usar el proceso de operación correcto para su cálculo:

$$2.85 \quad \boxed{\times} \quad 67.4 \quad \boxed{\div} \quad 4.39 \quad \boxed{=} \quad \boxed{43.75626424} \quad \longrightarrow \quad 43.8$$

Tres CS　　　Tres CS　　　Tres CS　　　Pantalla de　　　Respuesta final,
　　　　　　　　　　　　　　　　　　　calculadora　　redondeada a tres CS

Todas las mediciones originales de este problema tienen tres cifras significativas. Por tanto, el resultado de la calculadora se redondea para dar una respuesta con tres cifras significativas, 43.8.

Agregar ceros significativos

En ocasiones, una pantalla de calculadora consiste en un pequeño número entero. Entonces, se agregan uno o más ceros significativos al número de la pantalla de la calculadora para obtener el número correcto de cifras significativas. Por ejemplo, suponga que la pantalla de la calculadora muestra 4, pero usted realizó mediciones que tienen tres cifras significativas. Entonces, se agregan dos ceros significativos para obtener 4.00 como la respuesta correcta.

Tres CS

$$\frac{8.00}{2.00} \quad \boxed{=} \quad \boxed{4} \quad \longrightarrow \quad 4.00$$

Tres CS　　　　Pantalla de　　　Respuesta final, dos ceros
　　　　　　　calculadora　　　agregados para dar tres CS

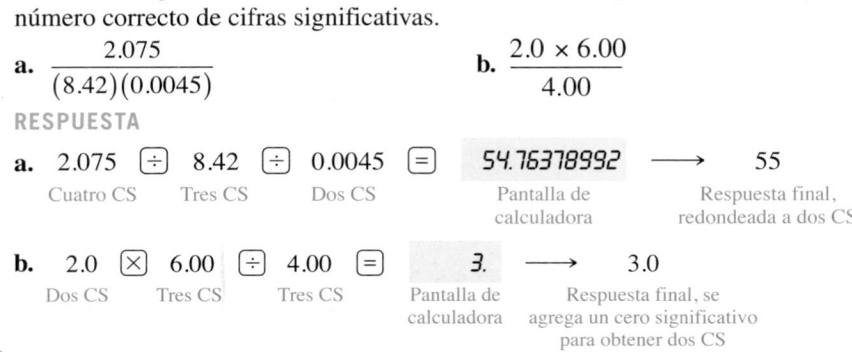

COMPROBACIÓN DE CONCEPTOS 1.6 **Cifras significativas en multiplicación y división**

Realice los siguientes cálculos de números medidos. Proporcione cada respuesta con el número correcto de cifras significativas.

a. $\dfrac{2.075}{(8.42)(0.0045)}$　　　　　　**b.** $\dfrac{2.0 \times 6.00}{4.00}$

RESPUESTA

a. $2.075 \quad \boxed{\div} \quad 8.42 \quad \boxed{\div} \quad 0.0045 \quad \boxed{=} \quad \boxed{54.76378992} \quad \longrightarrow \quad 55$

　　Cuatro CS　　Tres CS　　Dos CS　　　　Pantalla de　　　Respuesta final,
　　　　　　　　　　　　　　　　　　　　calculadora　　redondeada a dos CS

b. $2.0 \quad \boxed{\times} \quad 6.00 \quad \boxed{\div} \quad 4.00 \quad \boxed{=} \quad \boxed{3.} \quad \longrightarrow \quad 3.0$

　　Dos CS　　Tres CS　　Tres CS　　Pantalla de　　　Respuesta final, se
　　　　　　　　　　　　　　　　　calculadora　　agrega un cero significativo
　　　　　　　　　　　　　　　　　　　　　　　para obtener dos CS

Adición y sustracción

En la adición o la sustracción, la respuesta final se escribe de modo que tenga el mismo número de lugares decimales que la medición con menos lugares decimales. Algunos ejemplos de adición y sustracción son los siguientes:

Ejemplo 3

Sumar:

2.045   Tres lugares decimales

$+$ 34.1   Un lugar decimal

36.145   Pantalla de calculadora

36.1   Respuesta, redondeada a un lugar decimal

Cuando los números se suman o restan para dar respuestas que terminan en cero, el cero no aparece después del punto decimal en la pantalla de la calculadora. Por ejemplo, si hace la resta 14.5 g − 2.5 g en su calculadora, la pantalla muestra 12. La respuesta correcta, 12.0 g, se obtiene al colocar un cero significativo después del punto decimal.

Ejemplo 4

Restar:

14.5 g   Un lugar decimal

$-$ 2.5 g   Un lugar decimal

12.   Pantalla de calculadora

12.0 g   Respuesta, se agrega un cero para dar un lugar decimal

---

EJEMPLO DE PROBLEMA 1.4   Adición y sustracción

Realice cada uno de los siguientes cálculos y proporcione las respuestas con el número correcto de lugares decimales:

a. 27.8 cm + 0.235 cm

b. 153.247 g − 14.82 g

SOLUCIÓN

a. 28.0 cm

b. 138.43 g

COMPROBACIÓN DE ESTUDIO 1.4

Realice cada uno de los siguientes cálculos y proporcione las respuestas con el número correcto de lugares decimales:

a. 82.45 mg + 1.245 mg + 0.000 56 mg   **b.** 4.259 L − 3.8 L

PREGUNTAS Y PROBLEMAS

1.6 Cifras significativas en cálculos

META DE APRENDIZAJE: *Proporcione el número correcto de cifras significativas en una respuesta final al agregar o eliminar dígitos en un resultado de calculadora.*

1.29 Redondee cada una de las siguientes mediciones a tres cifras significativas:
    a. 1.854 kg   **b.** 184.2038 L   **c.** 0.004 738 265 cm
    d. 8807 m   **e.** 1.832×10^5 s

1.30 Redondee cada una de las mediciones del problema 1.29 a dos cifras significativas.

1.31 Realice cada uno de los siguientes cálculos y proporcione las respuestas con el número correcto de cifras significativas:
    a. 45.7×0.034 **b.** $0.002\ 78 \times 5$
    c. $\dfrac{34.56}{1.25}$ **d.** $\dfrac{(0.2465)(25)}{1.78}$

1.32 Realice cada uno de los siguientes cálculos y proporcione respuestas con el número correcto de cifras significativas:
    a. 400×185 **b.** $\dfrac{2.40}{(4)(125)}$
    c. $0.825 \times 3.6 \times 5.1$ **d.** $\dfrac{3.5 \times 0\ 261}{8.24 \times 20.0}$

1.33 Realice cada uno de los siguientes cálculos y proporcione respuestas con el número correcto de lugares decimales:
    a. 45.48 cm + 8.057 cm
    b. 23.45 g + 104.1 g + 0.025 g
    c. 145.675 mL − 24.2 mL   **d.** 1.08 L − 0.585 L

1.34 Realice cada uno de los siguientes cálculos y proporcione respuestas con el número correcto de lugares decimales:
    a. 5.08 g + 25.1 g
    b. 85.66 cm + 104.10 cm + 0.025 cm
    c. 24.568 mL − 14.25 mL   **d.** 0.2654 L − 0.2585 L

META DE APRENDIZAJE

Usar los valores numéricos de los prefijos para escribir una equivalencia métrica.

ACTIVIDAD DE AUTOAPRENDIZAJE
Metric System

TUTORIAL
SI Prefixes and Units

1.7 Prefijos y equivalencias

En los sistemas de unidades métrico y SI, un **prefijo** unido a cualquier unidad aumenta o disminuye su tamaño por algún factor de 10. Por ejemplo, los prefijos *mili* y *micro* se usan para obtener las unidades más pequeñas miligramo (mg) y microgramo (μg). La tabla 1.8 cita algunos prefijos métricos, sus símbolos y sus valores decimales.

TABLA 1.8 Prefijos métricos y SI

Prefijo	Símbolo	Valor numérico	Notación científica	Equivalencia
Prefijos que aumentan el tamaño de la unidad				
peta	P	1 000 000 000 000 000	10^{15}	1 Pg = 10^{15} g
				1 g = 10^{-15} Pg
tera	T	1 000 000 000 000	10^{12}	1 Tg = 10^{12} g
				1 g = 10^{-12} Tg
giga	G	1 000 000 000	10^{9}	1 Gm = 10^{9} m
				1 m = 10^{-9} Gm
mega	M	1 000 000	10^{6}	1 Mg = 10^{6} g
				1 g = 10^{-6} Mg
kilo	k	1 000	10^{3}	1 km = 10^{3} m
				1 m = 10^{-3} km
Prefijos que reducen el tamaño de la unidad				
deci	d	0.1	10^{-1}	1 dL = 10^{-1} L
				1 L = 10 dL
centi	c	0.01	10^{-2}	1 cm = 10^{-2} m
				1 m = 100 cm
mili	m	0.001	10^{-3}	1 ms = 10^{-3} s
				1 s = 10^{3} ms
micro	μ	0.000 001	10^{-6}	1 μg = 10^{-6} g
				1 g = 10^{6} μg
nano	n	0.000 000 001	10^{-9}	1 nm = 10^{-9} m
				1 m = 10^{9} nm
pico	p	0.000 000 000 001	10^{-12}	1 ps = 10^{-12} s
				1 s = 10^{12} ps
femto	f	0.000 000 000 000 001	10^{-15}	1 fs = 10^{-15} s
				1 s = 10^{15} fs

TABLA 1.9 Valores diarios para algunos nutrimentos seleccionados

Nutrimento	Cantidad recomendada
Vitamina B_{12}	6 μg
Vitamina C	60 mg
Calcio	1000 mg
Cobre	2 mg
Yodo	150 μg
Hierro	18 mg
Magnesio	400 mg
Niacina	20 mg
Potasio	3500 mg
Sodio	2400 mg
Cinc	15 mg

El prefijo *centi* es como los centavos de un dólar. Un centavo sería como un "centi-dólar" o 0.01 de dólar. Esto también significa que un dólar es lo mismo que 100 centavos. El prefijo *deci* es como el valor de una moneda de 10 centavos de dólar. Diez centavos de dólar sería un "decidólar" o 0.1 de dólar. Esto también significa que un dólar es lo mismo que 10 monedas de 10 centavos.

Para expresar la relación de un prefijo con una unidad se sustituye el prefijo con su valor numérico. Por ejemplo, cuando el prefijo *kilo* de kilómetro se sustituye con su valor de 1000, se descubre que un kilómetro es igual a 1000 metros. A continuación se presentan algunas relaciones que usan el prefijo *kilo*:

1 **kiló**metro (1 km) = **1000** metros (1000 m = 10^3 m)

1 **kilo**litro (1 kL) = **1000** litros (1000 L = 10^3 L)

1 **kilo**gramo (1 kg) = **1000** gramos (1000 g = 10^3 g)

La Administración de Alimentos y Medicamentos (FDA, por sus siglas en inglés) de Estados Unidos determinó los valores diarios (VD) de nutrimentos para adultos y niños de cuatro años de edad o más. En la tabla 1.9 se mencionan algunos ejemplos de los valores diarios que tienen prefijos.

COMPROBACIÓN DE CONCEPTOS 1.7   Prefijos

Llene cada uno de los espacios con el prefijo correcto:

a. 1000 g = 1 _____ g   **b.** 0.01 m = 1 _____ m   **c.** 1×10^6 L = 1 _____ L

RESPUESTA

a. El prefijo para 1000 es *kilo*; 1000 g = 1 kg
b. El prefijo para 0.01 es *centi*; 0.01 m = 1 cm
c. El prefijo para 1×10^6 es *mega*; 1×10^6 L = 1 ML

EJEMPLO DE PROBLEMA 1.5   Prefijos

La capacidad de almacenamiento de un disco duro (HDD, por sus siglas en inglés) se especifica con prefijos: megabyte (MB), gigabyte (GB) o terabyte (TB). Indique la capacidad de almacenamiento en bytes de cada uno de los siguientes discos duros. Sugiera una razón por la que la capacidad de almacenamiento del HDD se describe en gigabytes o terabytes.

a. 5 MB   **b.** 2 GB

SOLUCIÓN

a. El prefijo *mega* (M) en MB es igual a 1 000 000 o 1×10^6. Por tanto, 5 MB es igual a 5 000 000 (5×10^6) bytes.
b. El prefijo *giga* (G) es igual a 1 000 000 000 o 1×10^9. Por tanto, 2 GB es igual a 2 000 000 000 (2×10^9) bytes.

Expresar la capacidad del HDD en gigabytes o terabytes ofrece un número más razonable con el que se puede trabajar, que un número con muchos ceros o una gran potencia de 10.

COMPROBACIÓN DE ESTUDIO 1.5

Un disco duro tiene una capacidad de almacenamiento de 1.5 TB. ¿Cuántos bytes se almacenan?

Un disco duro de 1 terabyte almacena 10^{12} bytes de información.

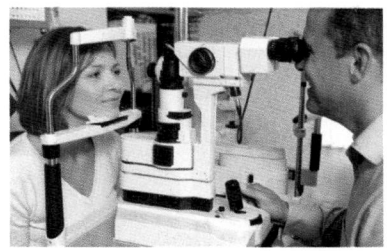

Con una cámara retinal, un oftalmólogo fotografía la retina de un ojo.

Medición de longitud

Un oftalmólogo puede medir el diámetro de la retina de un ojo en centímetros (cm), en tanto que un cirujano tal vez necesite conocer la longitud de un nervio en milímetros (mm). Cuando el prefijo *centi* se usa con la unidad metro, se convierte en *centímetros*, una longitud que es un centésimo de metro (0.01 m). Cuando el prefijo *mili* se usa con la unidad metro, se convierte en *milímetros*, una longitud que es un milésimo de metro (0.001 m). En un metro hay 100 cm y 1000 mm (véase la figura 1.8).

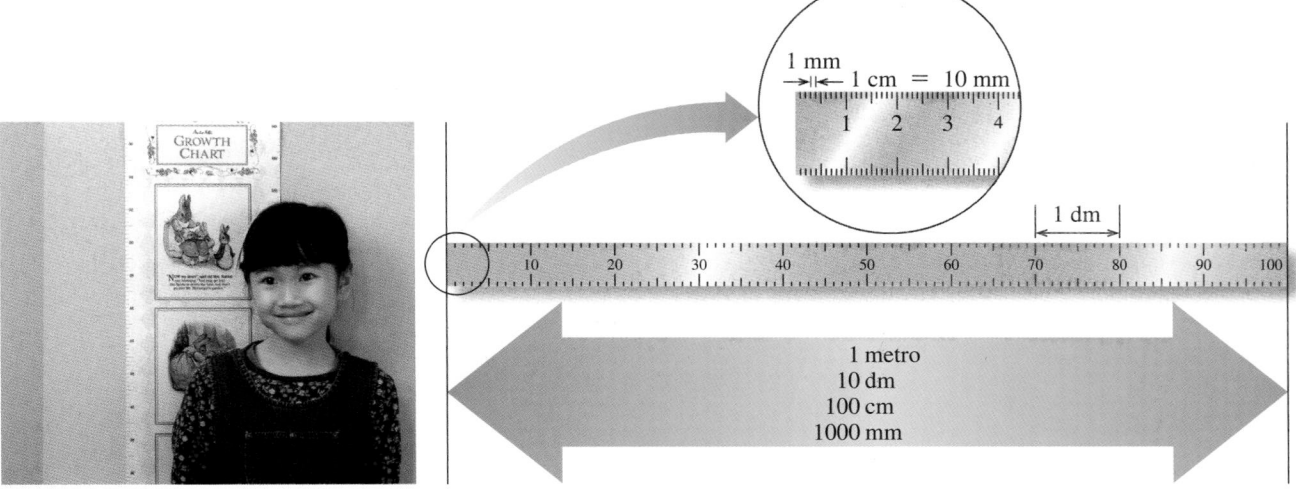

FIGURA 1.8 La longitud métrica de 1 m es la misma longitud que 10 dm, 100 cm y 1000 mm.
P ¿Cuántos milímetros (mm) hay en 1 centímetro (cm)?

Primera cantidad		Segunda cantidad	
1	m	= 100	cm
↑	↑	↑	↑
Número	+ unidad	Número	+ unidad

Este ejemplo de equivalencia muestra la relación entre metros y centímetros.

TABLA 1.10 Algunos valores habituales de pruebas de laboratorio

Sustancia en sangre	Límites comunes
Albúmina	3.5-5.0 g/dL
Amoniaco	20-150 µg/dL
Calcio	8.5-10.5 mg/dL
Colesterol	105-250 mg/dL
Hierro (hombre)	80-160 µg/dL
Proteína (total)	6.0-8.0 g/dL

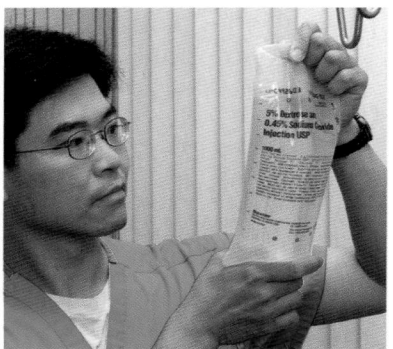

FIGURA 1.9 Bolsa plástica de líquido intravenoso que contiene 1000 mL.

P ¿Cuántos litros de disolución hay en la bolsa de líquido intravenoso?

Una técnica de laboratorio transfiere un pequeño volumen con una micropipeta.

Una **equivalencia** muestra la relación entre dos unidades que miden la misma cantidad. Por ejemplo, se sabe que 1 m es la misma longitud que 100 cm. Entonces, la equivalencia para esta relación se escribe 1 m = 100 cm. Cada cantidad en esta equivalencia describe la misma longitud, pero en una unidad diferente. Siempre que se escribe una equivalencia, cada cantidad se muestra tanto en número como en unidad.

Otros ejemplos de equivalencias entre diferentes unidades métricas de longitud son los siguientes:

$$1 \text{ m} = 100 \text{ cm} = 1 \times 10^2 \text{ cm}$$
$$1 \text{ m} = 1000 \text{ mm} = 1 \times 10^3 \text{ mm}$$
$$1 \text{ cm} = 10 \text{ mm} = 1 \times 10^1 \text{ mm}$$

Medición de volumen

Volúmenes de 1 L o menos son comunes en las ciencias de la salud. Cuando un litro se divide en 10 porciones iguales, cada porción es un decilitro (dL). En 1 L hay 10 dL. Los resultados de laboratorio para pruebas de sangre a menudo se reportan en masa por decilitro. La tabla 1.10 menciona valores habituales de pruebas de laboratorio para algunas sustancias de la sangre.

Cuando un litro se divide en mil partes iguales, cada una de estas partes es un mililitro (mL). En un recipiente de 1 L de disolución salina fisiológica hay 1000 mL de disolución (véase la figura 1.9). Otros ejemplos de equivalencias entre las diferentes unidades métricas de volumen son las siguientes:

$$1 \text{ L} = 10 \text{ dL} = 1 \times 10^1 \text{ dL}$$
$$1 \text{ L} = 1000 \text{ mL} = 1 \times 10^3 \text{ mL}$$
$$1 \text{ dL} = 100 \text{ mL} = 1 \times 10^2 \text{ mL}$$

El **centímetro cúbico** (que se abrevia **cm³** o **cc**) es el volumen de un cubo con dimensiones de 1 cm por lado. Un centímetro cúbico tiene el mismo volumen que un mililitro, y las unidades por lo general se usan de manera indistinta.

$$1 \text{ cm}^3 = 1 \text{ cc} = 1 \text{ mL}$$

Cuando usted ve *1 cm*, lo que está leyendo tiene que ver con longitud; cuando ve *1 cc* o *1 cm³* o *1 mL*, tiene que ver con volumen. En la figura 1.10 se ilustra una comparación de unidades de volumen.

Medición de masa

Cuando uno acude al médico para un examen físico, la masa se registra en kilogramos, en tanto que los resultados de las pruebas de laboratorio se reportan en gramos, miligramos (mg) o microgramos (µg). Un kilogramo es igual a 1000 g. Como equivalencia, esto se escribe 1 kg = 1000 g. Un gramo representa la misma masa que 1000 mg. A continuación se muestran algunos ejemplos de equivalencias entre diferentes unidades métricas de masa:

$$1 \text{ kg} = 1000 \text{ g} = 1 \times 10^3 \text{ g}$$
$$1 \text{ g} = 1000 \text{ mg} = 1 \times 10^3 \text{ mg}$$
$$1 \text{ mg} = 1000 \text{ µg} = 1 \times 10^3 \text{ µg}$$

COMPROBACIÓN DE CONCEPTOS 1.8 Prefijos métricos

Identifique la unidad más grande en cada una de las siguientes:

a. centímetro o kilómetro
b. mg o µg

RESPUESTA

a. Un kilómetro (1000 m) es más grande que un centímetro (0.01 m).
b. Un mg (0.001 g) es más grande que un µg (0.000 001 g)

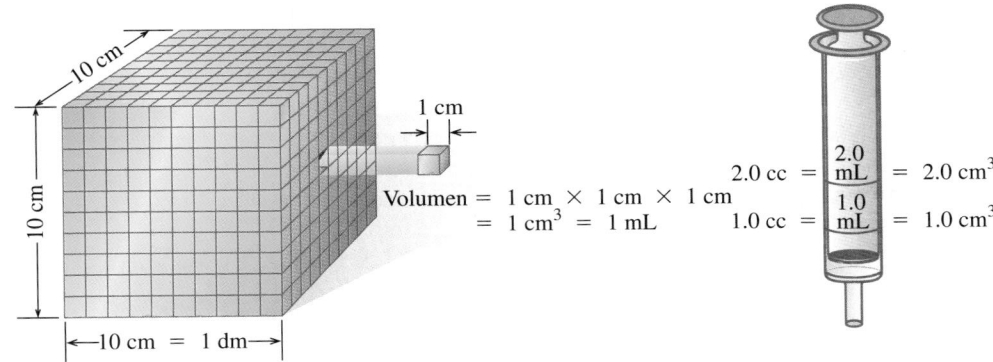

$$\text{Volumen} = 10 \text{ cm} \times 10 \text{ cm} \times 10 \text{ cm}$$
$$= 1000 \text{ cm}^3$$
$$= 1000 \text{ mL}$$
$$= 1 \text{ L}$$

FIGURA 1.10 Un cubo que mide 10 cm por lado tiene un volumen de 1000 cm³, o 1 L; un cubo que mide 1 cm por lado tiene un volumen de 1 cm³ (cc), o 1 mL.

P ¿Cuál es la relación entre un mililitro (mL) y un centímetro cúbico (cm³)?

EJEMPLO DE PROBLEMA 1.6 **Escritura de relaciones métricas**

Complete la siguiente lista de equivalencias métricas:

a. 1 L = _____ dL   **b.** 1 km = _____ m   **c.** 1 cm³ = _____ mL

SOLUCIÓN

a. 10 dL   **b.** 1000 m   **c.** 1 mL

COMPROBACIÓN DE ESTUDIO 1.6

Complete las siguientes equivalencias métricas:

a. 1 kg = _____ g   **b.** 1 mL = _____ L

PREGUNTAS Y PROBLEMAS

1.7 Prefijos y equivalencias

META DE APRENDIZAJE: *Usar los valores numéricos de los prefijos para escribir una equivalencia métrica.*

1.35 El velocímetro tiene marcas tanto en km/h como en mi/h. ¿Cuál es el significado de cada abreviatura?

1.36 En un automóvil francés, el odómetro lee 2250. ¿Qué unidades son? ¿Qué unidades serían si se tratara del odómetro de un automóvil fabricado en Estados Unidos?

1.37 Escriba las abreviaturas de cada una de las siguientes unidades:
a. miligramo   **b.** decilitro   **c.** kilómetro
d. picogramo   **e.** microlitro   **f.** nanosegundo

1.38 Escriba el nombre completo de cada una de las siguientes unidades:
a. cm   **b.** ks   **c.** dL   **d.** Gm   **e.** μg   **f.** ps

1.39 Escriba los valores numéricos de cada uno de los siguientes prefijos:
a. centi   **b.** kilo   **c.** mili   **d.** tera   **e.** mega   **f.** pico

1.40 Escriba el nombre completo (prefijo + unidad) de cada uno de los siguientes valores numéricos:
a. 0.1 g   **b.** 1×10^{-6} g   **c.** 1000 g   **d.** 0.01 g
e. 0.001 g   **f.** 1×10^{12} g

1.41 Complete las siguientes relaciones métricas:
a. 1 m = _____ cm   **b.** 1 m = _____ nm
c. 1 mm = _____ m   **d.** 1 L = _____ mL

1.42 Complete las siguientes relaciones métricas:
a. 1 Mg = _____ g   **b.** 1 mL = _____ μL
c. 1 g = _____ kg   **d.** 1 g = _____ mg

1.43 En cada uno de los siguientes pares, ¿cuál es la unidad más grande?
a. miligramo o kilogramo   **b.** mililitro o microlitro
c. m o km   **d.** kL o dL   **e.** nanómetro o picómetro

1.44 En cada uno de los siguientes pares, ¿cuál es la unidad más pequeña?
a. mg o g   **b.** centímetro o milímetro
c. mm o μm   **d.** mL o dL   **e.** mg o Mg

1.8 Cómo escribir factores de conversión

Muchos problemas en química y en las ciencias de la salud requieren un cambio de unidades. Uno realiza cambios de unidades todos los días. Por ejemplo, suponga que usted pasa 2.0 horas (h) haciendo su tarea y alguien le pregunta cuántos minutos son. Usted respondería 120 minutos (min). Debió multiplicar 2.0 h $\times$ 60 min/h, porque sabía que una hora es igual a 60 minutos. La relación entre dos unidades que miden la misma cantidad se llama **equivalencia**. Cuando 2.0 h se expresan como 120 min, no cambia la cantidad de tiempo que pasa estudiando. Sólo cambia la unidad de medición usada para expresar el tiempo. *Cualquier equivalencia puede escribirse como fracciones llamadas* **factores de conversión**, *en los que una de las cantidades es el numerador y la otra cantidad es el denominador.* Asegúrese de incluir las unidades cuando escriba los factores de conversión. En cualquier equivalencia siempre son posibles dos factores de conversión.

Dos factores de conversión para la equivalencia 60 min = 1 h

$$\frac{\text{Numerador} \longrightarrow}{\text{Denominador} \longrightarrow} \qquad \frac{60 \text{ min}}{1 \text{ h}} \quad \text{y} \quad \frac{1 \text{ h}}{60 \text{ min}}$$

Estos factores de conversión se leen "60 minutos por 1 hora", y "1 hora por 60 minutos". El término *por* significa "divide". Esta relación también se puede escribir como 60 min/h. En la tabla 1.11 se presentan algunas relaciones usadas a menudo. Es importante que la equivalencia que seleccione para formar un factor de conversión sea una relación real entre las dos unidades.

TABLA 1.11 Algunas equivalencias comunes

Cantidad	Métrico (SI)	E.U.A.	Métrico-E.U.A.
Longitud	1 km = 1000 m 1 m = 1000 mm 1 cm = 10 mm	1 ft = 12 in. 1 yd = 3 ft 1 mi = 5280 ft	2.54 cm = 1 in. (exacto) 1 m = 39.4 in. 1 km = 0.621 mi
Volumen	1 L = 1000 mL 1 dL = 100 mL 1 mL = 1 cm^3	1 qt = 4 tazas 1 qt = 2 pt 1 gal = 4 qt	946 mL = 1 qt 1 L = 1.06 qt
Masa	1 kg = 1000 g 1 g = 1000 mg	1 lb = 16 oz	1 kg = 2.20 lb 454 g = 1 lb
Tiempo	1 h = 60 min 1 min = 60 s	1 h = 60 min 1 min = 60 s	

Números exactos y medidos en equivalencias

Los números de cualquier equivalencia entre unidades métricas o entre unidades del sistema estadounidense se obtienen por definición. Puesto que los números en una definición son exactos, no se usan para determinar cifras significativas. Por ejemplo, la equivalencia de 1 g = 1000 mg es definida, lo que significa que los números 1 y 1000 son exactos. *Sin embargo, las equivalencias entre unidades métricas y estadounidenses se obtienen por medición.* Por ejemplo, para obtener la equivalencia de 1 lb = 454 g se miden los gramos que contiene exactamente 1 lb. En esta equivalencia, la cantidad medida 454 tiene tres cifras significativas, mientras que 1 es exacto. Una excepción es la relación de 1 in. = 2.54 cm, donde 2.54 se define como exacto.

Factores de conversión métricos

Es posible escribir factores de conversión para las relaciones métricas ya estudiadas. Por ejemplo, a partir de la equivalencia para metros y centímetros, pueden escribirse los siguientes factores:

Equivalencia métrica	Factores de conversión	
1 m = 100 cm	$\dfrac{100 \text{ cm}}{1 \text{ m}}$	y $\dfrac{1 \text{ m}}{100 \text{ cm}}$

Estos dos factores de conversión representan la misma equivalencia; una es precisamente la inversa de la otra. *La utilidad de los factores de conversión aumenta por el hecho de que es posible voltear un factor de conversión y usar su inverso.* Los números 100 y 1 en esta equivalencia entre unidades métricas y sus factores de conversión son números *exactos*.

COMPROBACIÓN DE CONCEPTOS 1.9 Factores de conversión

Identifique los factores de conversión correctos para la equivalencia de gigagramos y gramos.

a. $\dfrac{1 \text{ Gg}}{1 \times 10^9 \text{ g}}$ **b.** $\dfrac{1 \times 10^{-9} \text{ g}}{1 \text{ Gg}}$ **c.** $\dfrac{1 \times 10^9 \text{ Gg}}{1 \text{ g}}$ **d.** $\dfrac{1 \times 10^9 \text{ g}}{1 \text{ Gg}}$

RESPUESTA

Con la tabla de prefijos, la equivalencia para gigagramos y gramos se puede escribir $1 \text{ Gg} = 1 \times 10^9 \text{ g}$. Las respuestas **a** y **d** son factores de conversión escritos de manera correcta que representan esta equivalencia.

Factores de conversión entre sistemas métrico y estadounidense*

Suponga que necesita convertir de libras, una unidad del sistema estadounidense, a kilogramos en el sistema métrico (o SI). Una relación que podría usar es:

$$1 \text{ kg} = 2.20 \text{ lb}$$

Los factores de conversión correspondientes serían:

$$\frac{2.20 \text{ lb}}{1 \text{ kg}} \quad y \quad \frac{1 \text{ kg}}{2.20 \text{ lb}}$$

En esta equivalencia métrico-estadounidense, el número en 2.20 lb se obtiene a partir de la medición de exactamente 1 kg.

En Estados Unidos, el contenido de muchos envases de alimentos se indica tanto en unidades estadounidenses como métricas.

COMPROBACIÓN DE CONCEPTOS 1.10 Escritura de factores de conversión a partir de equivalencias

Escriba una equivalencia y sus factores de conversión, e indique si los números son exactos o medidos en cada uno de los siguientes:

a. milímetros y metros

b. cuartos de galón (qt) y mililitros

RESPUESTA

Equivalencia	Factores de conversión	Cantidades exactas o medidas
a. 1 m = 1000 mm	$\dfrac{1000 \text{ mm}}{1 \text{ m}}$ y $\dfrac{1 \text{ m}}{1000 \text{ mm}}$	En la definición de una equivalencia métrica, tanto 1 como 1000 son cantidades exactas.
b. 1 qt = 946 mL	$\dfrac{946 \text{ mL}}{1 \text{ qt}}$ y $\dfrac{1 \text{ qt}}{946 \text{ mL}}$	En una equivalencia estadounidense-métrica, el 1 es exacto y el 946 es medido (tres cifras significativas).

Equivalencias y factores de conversión enunciados dentro de un problema

Una equivalencia también puede enunciarse dentro de un problema que aplica sólo a dicho problema. Por ejemplo, el costo de 1 kilogramo de naranjas o la velocidad de un automóvil en kilómetros por hora serían relaciones específicas solamente para dicho problema. Sin embargo, todavía es posible identificar dichas relaciones dentro de un problema y

Explore su mundo

EQUIVALENCIAS SI Y MÉTRICAS EN ETIQUETAS DE PRODUCTOS

Lea las etiquetas de algunos productos alimenticios. Mencione la cantidad de producto dada en diferentes unidades. Escriba una relación para dos de las cantidades del mismo producto y recipiente. Busque mediciones de gramos y libras o de cuartos de galón y mililitros.

PREGUNTAS

1. Use la medición enunciada para derivar un factor de conversión métrico-estadounidense.
2. ¿Cómo se comparan sus resultados con los factores de conversión descritos en este texto?

---

* N.T.: Sistema estadounidense de medición (*US system of measurement*), antes denominado *sistema inglés* o *sistema anglosajón* y que en la actualidad se utiliza sólo en Estados Unidos y en unos cuantos países más, pero no de manera oficial. El Sistema Internacional de Unidades (SI) es el sistema oficial de medición en todo el mundo, excepto en Estados Unidos.

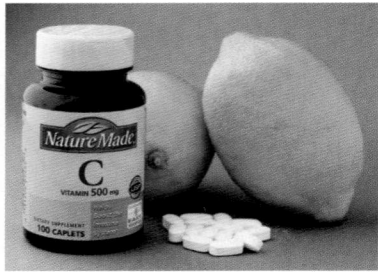

La vitamina C, un antioxidante necesario para el cuerpo, se encuentra en frutos como los limones.

escribir los correspondientes factores de conversión. A partir de cada uno de los siguientes enunciados, es posible escribir una equivalencia y sus factores de conversión, e identificar cada número como exacto o dar sus cifras significativas:

1. La motocicleta viajaba a una velocidad de 85 km/h.

Equivalencia	Factores de conversión	Cifras significativas o exactas
85 km = 1 h	$\dfrac{85 \text{ km}}{1 \text{ h}}$ y $\dfrac{1 \text{ h}}{85 \text{ km}}$	El 85 en 85 km es medido: tiene dos cifras significativas. El 1 en 1 es exacto.

2. Una tableta contiene 500 mg de vitamina C.

Equivalencia	Factores de conversión	Cifras significativas o exactas
1 tableta = 500 mg de vitamina C	$\dfrac{500 \text{ mg vitamina C}}{1 \text{ tableta}}$ y $\dfrac{1 \text{ tableta}}{500 \text{ mg vitamina C}}$	El 500 en 500 mg es medido: tiene una cifra significativa. El 1 en 1 tableta es exacto.

TUTORIAL
Using Percentage as a Conversion Factor

Factores de conversión a partir de porcentaje, ppm y ppmm

Cuando en un problema se da un *porcentaje* (%), éste indica las partes de una sustancia específica en 100 partes del total. *Para escribir un porcentaje como factor de conversión se elige una unidad y se expresa la relación numérica de las partes de esta unidad respecto de las 100 partes del todo.* Por ejemplo, una persona puede tener 18% de grasa corporal por masa. La cantidad porcentual puede escribirse como 18 unidades de masa de grasa corporal en cada 100 unidades de masa de masa corporal. Pueden usarse diferentes unidades de masa, como gramos, kilogramos (kg) o libras (lb), pero ambas unidades en el factor tienen que ser iguales.

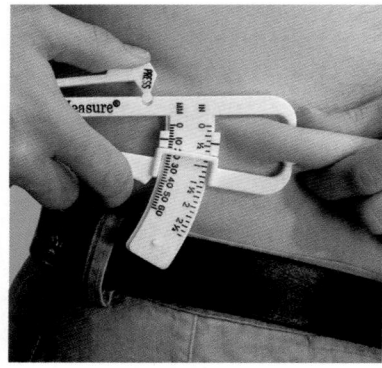

El grosor de la piel plegada en la cintura se usa para determinar el porcentaje de grasa corporal.

COMPROBACIÓN DE CONCEPTOS 1.11 **Equivalencias y factores de conversión enunciados en un problema**

Una persona tiene 18% de grasa corporal por masa. ¿Qué equivalencia y factores de conversión pueden escribirse para este enunciado si se usa la unidad de kilogramo? Indique la equivalencia, escriba los factores de conversión e identifique cada número como exacto o proporcione sus cifras significativas.

RESPUESTA

Equivalencia	Factores de conversión	Cifras significativas o exactas
18 kg de grasa corporal = 100 kg de masa corporal	$\dfrac{100 \text{ kg masa corporal}}{18 \text{ kg grasa corporal}}$ y $\dfrac{18 \text{ kg grasa corporal}}{100 \text{ kg masa corporal}}$	El 18 en 18 kg es medido: tiene dos cifras significativas. El 100 en 100 kg es exacto.

Cuando los científicos quieren indicar razones muy pequeñas, usan relaciones numéricas llamadas *partes por millón* (ppm) o *partes por mil millones* (ppmm).* La razón de partes por millón es la misma que los miligramos de una sustancia por kilogramo (mg/kg). La razón de partes por mil millones es igual a los microgramos de una sustancia por kilogramo (μg/kg).

* N.T.: En inglés se usa ppb = partes por billón. En el sistema métrico 1 billón es igual a 1 millón de millones; en el sistema estadounidense 1 billón es igual a mil millones.

Razón	Unidades
partes por millón (ppm)	miligramos por kilogramo (mg/kg)
partes por mil millones (ppmm)	microgramos por kilogramo (μg/kg)

Por ejemplo, la cantidad máxima de plomo que permite la FDA en los tazones de cerámica vidriada es 2 ppm.

Equivalencia	Factores de conversión	Cifras significativas o exactas
2 mg de plomo = 1 kg de vidriado	$\dfrac{2 \text{ mg plomo}}{1 \text{ kg vidriado}}$ y $\dfrac{1 \text{ kg vidriado}}{2 \text{ mg plomo}}$	El 2 en 2 mg es medido: tiene una cifra significativa. El 1 en 1 kg es exacto.

EJEMPLO DE PROBLEMA 1.7   **Factores de conversión enunciados en un problema**

Escriba la equivalencia y sus correspondientes factores de conversión, e identifique si cada número es exacto o indique sus cifras significativas en cada uno de los siguientes enunciados:

a. En 1 tableta hay 325 mg de aspirina.
b. Un kilogramo de plátanos cuesta $1.25 en la tienda.
c. La EPA establece un nivel máximo de mercurio en el atún de 0.5 ppm.

SOLUCIÓN

a. En 1 tableta hay 325 mg de aspirina.

Equivalencia	Factores de conversión	Cifras significativas o exactas
325 mg de aspirina = 1 tableta	$\dfrac{325 \text{ mg aspirina}}{1 \text{ tableta}}$ y $\dfrac{1 \text{ tableta}}{325 \text{ mg aspirina}}$	El 325 en 325 mg es medido: tiene tres cifras significativas. El 1 en 1 tableta es exacto.

b. Un kilogramo de plátanos cuesta $1.25 en la tienda.

Equivalencia	Factores de conversión	Cifras significativas o exactas
1 kg de plátanos = $1.25	$\dfrac{\$1.25}{1 \text{ kg plátanos}}$ y $\dfrac{1 \text{ kg plátanos}}{\$1.25}$	El 1.25 en $1.25 es medido: tiene tres cifras significativas. El 1 en 1 kg es exacto.

c. La EPA establece un nivel máximo de mercurio en el atún de 0.5 ppm.

Equivalencia	Factores de conversión	Cifras significativas o exactas
0.5 mg de mercurio = 1 kg de atún	$\dfrac{0.5 \text{ mg mercurio}}{1 \text{ kg atún}}$ y $\dfrac{1 \text{ kg atún}}{0.5 \text{ mg mercurio}}$	El 0.5 en 0.5 mg es medido: tiene una cifra significativa. El 1 en 1 kg es exacto.

La cantidad máxima de mercurio en el atún permitida por la EPA es 0.5 ppm.

COMPROBACIÓN DE ESTUDIO 1.7

Escriba la equivalencia y sus correspondientes factores de conversión, e identifique si cada número es exacto o indique las cifras significativas para cada uno de los siguientes enunciados:

a. Un ciclista en el Tour de France alcanza una velocidad máxima de 62.2 km/h.
b. El nivel permisible de arsénico en agua es 10 ppmm.

La química en la salud

TOXICOLOGÍA Y VALORACIÓN RIESGO-BENEFICIO

Todos los días se toman decisiones sobre qué hacer o qué comer, con frecuencia sin pensar en los riesgos que conllevan estas elecciones. Uno está enterado de los riesgos de cáncer por fumar, y se sabe que hay mayor riesgo de tener un accidente si se cruza una calle en la que no hay semáforo o paso de peatones.

Un concepto básico de toxicología es la afirmación de Paracelso de que la dosis correcta es la diferencia entre un veneno y la cura. Para evaluar el nivel de peligro de diversas sustancias, naturales o sintéticas, animales de laboratorio se exponen a las sustancias y se vigilan los efectos en la salud para valorar el riesgo. Con frecuencia, a los animales de prueba se les administran dosis mucho mayores de las que se pueden encontrar en seres humanos.

Con estas pruebas se han identificado muchos químicos o sustancias peligrosos. Una medida de toxicidad es la LD_{50} o dosis letal, que es la concentración de la sustancia que causa la muerte en 50% de los animales de prueba. Lo habitual es medir una dosis en ppm (mg/kg) de masa corporal o ppmm (μg/kg).

También es necesario realizar otras evaluaciones, pero es fácil comparar valores LD_{50}. El paratión, un pesticida, con una LD_{50} de 3 ppm sería enormemente tóxico. Eso significa que se esperaría que muriera la mitad de los animales de prueba a quienes se les diera 3 mg de paratión por kg de masa corporal. La sal (cloruro de sodio), con una LD_{50} de 3750 ppm, tiene una toxicidad mucho menor. El lector necesitaría ingerir una enorme cantidad de sal antes de observar algún efecto tóxico. Si bien el riesgo para los animales con base en la dosis puede evaluarse en el laboratorio, es más difícil determinar el impacto en el ambiente porque también existe una diferencia entre exposición continua y una sola dosis grande de la sustancia.

La tabla 1.12 cita algunos valores LD_{50} y compara pesticidas y sustancias comunes de la vida cotidiana, en orden de toxicidad creciente.

La LD_{50} de la cafeína es de 192 ppm.

TABLA 1.12 Algunos valores LD_{50} de pesticidas y materiales comunes probados en ratas

Sustancia	LD_{50} (ppm)
Azúcar de mesa	29 700
Ácido bórico	5140
Bicarbonato de sodio	4220
Sal de mesa	3750
Etanol	2080
Aspirina	1100
Cafeína	192
DDT	113
Diclorvós (tiras de pesticida)	56
Cianuro de sodio	6
Paratión	3

PREGUNTAS Y PROBLEMAS

1.8 Cómo escribir factores de conversión

META DE APRENDIZAJE: *Escribir un factor de conversión para dos unidades que describan la misma cantidad.*

1.45 Escriba la equivalencia y los factores de conversión de cada uno de los siguientes pares de unidades:
   a. centímetros y metros   **b.** miligramos y gramos
   c. litros y mililitros   **d.** decilitros y mililitros

1.46 Escriba la equivalencia y los factores de conversión de cada uno de los siguientes pares de unidades:
   a. centímetros y pulgadas   **b.** libras y kilogramos
   c. libras y gramos   **d.** cuartos de galón y litros

1.47 Escriba la equivalencia y los factores de conversión, e identifique si los números son exactos o indique el número de cifras significativas en cada uno de los siguientes enunciados:
   a. Una yarda es 3 pies.   **b.** Un kilogramo es 2.20 lb.
   c. Un minuto es 60 s.   **d.** Un automóvil recorre 27 millas con 1 galón de gasolina.
   e. La plata Sterling es 93% por masa de plata.

1.48 Escriba la equivalencia y los factores de conversión, e identifique si los números son exactos o indique el número de cifras significativas en cada uno de los siguientes enunciados:
   a. Un litro es 1.06 qt.
   b. En la tienda, las naranjas cuestan $1.29 por libra.
   c. En 1 semana hay 7 días.

   d. Un decilitro contiene 100 mL.
   e. Un anillo de oro de 18 quilates contiene 75% de oro por masa.

1.49 Escriba la equivalencia y los factores de conversión, e identifique si los números son exactos o indique el número de cifras significativas en cada uno de los siguientes enunciados:
   a. Una abeja vuela a una velocidad promedio de 3.5 m por segundo.
   b. La necesidad diaria de potasio es de 3500 mg.
   c. Un automóvil recorrió 46.0 km con 1 galón de gasolina.
   d. La etiqueta de una botella indica 50. mg de Atenolol por tableta.
   e. El nivel de pesticida en ciruelas fue de 29 ppmm.
   f. Una tableta de aspirina de dosis baja contiene 81 mg de aspirina.

1.50 Escriba la equivalencia y los factores de conversión, e identifique si los números son exactos o indique el número de cifras significativas en cada uno de los siguientes enunciados:
   a. La etiqueta de una botella indica 10 mg de furosemida por mL.
   b. La necesidad diaria de yodo es de 150 μg.
   c. El nivel de nitrato en el agua del pozo era de 32 ppm.
   d. La joyería de oro contiene 58% por masa de oro.
   e. El precio de un galón de gasolina es de $3.19.
   f. Una cápsula de aceite de pescado contiene 360 mg de ácidos grasos omega-3.

1.9 Resolución de problemas

Para resolver problemas en química a menudo se necesita convertir una cantidad inicial que se da en una unidad a la misma cantidad pero en unidades diferentes. Cuando se multiplica la unidad dada por uno o más factores de conversión, puede convertirse a la unidad necesaria, como se muestra en el Ejemplo de problema 1.8.

META DE APRENDIZAJE

Usar factores de conversión para cambiar de una unidad a otra.

TUTORIAL
Unit Conversions

TUTORIAL
Metric Conversions

TUTORIAL
Introduction to Unit Analysis Method

EJEMPLO DE PROBLEMA 1.8   **Resolución de problemas usando factores de conversión**

En los estudios de imágenes radiológicas, como la TEP o la TC, las dosis de fármacos se basan en la masa corporal. Si una persona pesa 164 lb, ¿cuánto es esta masa corporal en kilogramos?

SOLUCIÓN

Paso 1   **Enuncie las cantidades dadas y las que necesita.**

Análisis del problema

Dada	Necesita
164 lb	kilogramos

Paso 2   **Escriba un plan para convertir la unidad dada en la unidad que necesita.**
En el análisis del problema se observa que la unidad dada está en el sistema estadounidense de medición y la unidad necesaria está en el sistema métrico. Por tanto, se usa el factor de conversión que relaciona la unidad estadounidense lb con la unidad métrica kg.

$$\text{libras} \xrightarrow[\text{métrico}]{\substack{\text{factor} \\ \text{estadounidense-}}} \text{kilogramos}$$

Paso 3   **Indique las equivalencias y los factores de conversión.**

$$1 \text{ kg} = 2.20 \text{ lb}$$

$$\frac{2.20 \text{ lb}}{1 \text{ kg}} \quad \text{y} \quad \frac{1 \text{ kg}}{2.20 \text{ lb}}$$

Paso 4   **Plantee el problema para cancelar unidades y calcular la respuesta.** Escriba la cantidad dada, 164 lb, y el factor de conversión con la unidad lb en el denominador (número inferior), que cancela la unidad lb de la unidad dada.

Aquí va la unidad de la respuesta

$$164 \text{ l\!b} \quad \times \quad \frac{1 \text{ kg}}{2.20 \text{ l\!b}} \quad = \quad 74.5 \text{ kg}$$

Dada   Factor de conversión   Respuesta

Observe cómo se cancelan las unidades. La unidad lb se cancela y la unidad necesaria kg es la que permanece. Ésta es una manera útil de comprobar que un problema se planteó de manera adecuada.

$$\text{l\!b} \times \frac{\text{kg}}{\text{l\!b}} = \text{kg} \qquad \text{Unidad necesaria para la respuesta}$$

La pantalla de la calculadora proporciona una respuesta numérica, que se redondea para obtener una respuesta final con el número adecuado de cifras significativas (CS).

$$164 \;\boxed{\times}\; \frac{1}{2.20} \;\boxed{=}\; 164 \;\boxed{\div}\; 2.20 \;\boxed{=}\; \boxed{74.54545455} \longrightarrow 74.5$$

Tres CS   Tres CS   Pantalla de   Tres CS
                                                             calculadora   (redondeadas)

Cuando el valor de 74.5 se combina con la unidad, kg, se obtiene la respuesta final de 74.5 kg. Con algunas excepciones, las respuestas a problemas numéricos contienen un número y una unidad.

COMPROBACIÓN DE ESTUDIO 1.8

Si se preparan 1890 mL de jugo de naranja con concentrado de jugo de naranja, ¿cuántos litros de jugo de naranja son?

Guía para resolver problemas usando factores de conversión

1 Enuncie las cantidades dadas y las que necesita.

2 Escriba un plan para convertir la unidad dada en la unidad que necesita.

3 Indique las equivalencias y los factores de conversión.

4 Plantee el problema para cancelar unidades y calcule la respuesta.

Uso de dos o más factores de conversión

En la resolución de problemas, con frecuencia se necesitan dos o más factores de conversión para completar el cambio de unidades. Al plantear estos problemas, un factor sigue al otro. Cada factor se ordena para cancelar la unidad anterior hasta que se obtiene la unidad necesaria. Una vez planteado el problema para cancelar unidades de manera correcta, los cálculos pueden realizarse sin escribir resultados intermedios. Vale la pena practicar el proceso hasta comprender cómo se cancelan unidades, los pasos que se siguen en la calculadora y cómo redondear para obtener una respuesta final. En este texto, la respuesta final se basará en el número final que se obtenga en la pantalla de la calculadora y el redondeo (o adición de ceros) que den el número correcto de cifras significativas.

COMPROBACIÓN DE CONCEPTOS 1.12 Cancelación de unidades

Cancele las unidades en el siguiente planteamiento y proporcione la unidad necesaria en la respuesta.

$$3.5 \text{ L} \times \frac{1000 \text{ mL}}{1 \text{ L}} \times \frac{0.48 \text{ g}}{1 \text{ mL}} \times \frac{1000 \text{ mg}}{1 \text{ g}} =$$

RESPUESTA

Todas las unidades, tanto del numerador como del denominador, se cancelan, excepto por mg en el numerador, que es la unidad necesaria para la respuesta.

$$3.5 \text{ L̸} \times \frac{1000 \text{ m̸L̸}}{1 \text{ L̸}} \times \frac{0.48 \text{ g̸}}{1 \text{ m̸L̸}} \times \frac{1000 \text{ mg}}{1 \text{ g̸}} = \text{unidad necesaria es mg}$$

TUTORIAL
Determinating the Correct Dosage

Uso de factores de conversión en los cálculos clínicos

Los factores de conversión también ayudan a calcular medicamentos. Por ejemplo, si un antibiótico se vende en tabletas de 5 mg, la dosis puede escribirse como un factor de conversión: 5 mg/1 tableta. Cuando se resuelven problemas clínicos, con frecuencia se comienza con la receta del médico que contiene la cantidad que necesita recibir el paciente, y la dosis se usa como factor de conversión, como se muestra en el Ejemplo de problema 1.9.

EJEMPLO DE PROBLEMA 1.9 Resolución de problemas usando dos factores de conversión

El Synthroid (levotiroxina sódica) es una hormona tiroidea sintética que se usa como tratamiento de reemplazo o complemento cuando la función tiroidea está disminuida. Se prescribe una dosis de 0.200 mg. Una tableta contiene 50 μg de Synthroid. ¿Cuántas tabletas se necesitan para proporcionar la dosis prescrita?

SOLUCIÓN

Paso 1 **Enuncie las cantidades dadas y las que necesita.**

Análisis del problema

Dadas	Necesita
0.200 mg de Synthroid	tabletas para dosis
1 tableta = 50 μg de Synthroid	

Paso 2 **Escriba un plan para convertir la unidad dada en la unidad que necesita.**

miligramos → Factor métrico → microgramos → Factor clínico → número de tabletas

Paso 3 **Indique las equivalencias y los factores de conversión.**

$$1 \text{ mg} = 1000 \text{ } \mu g$$

$$\frac{1 \text{ mg}}{1000 \text{ } \mu g} \quad y \quad \frac{1000 \text{ } \mu g}{1 \text{ mg}}$$

$$1 \text{ tableta} = 50 \text{ } \mu g \text{ de Synthroid}$$

$$\frac{1 \text{ tableta}}{50 \text{ } \mu g \text{ Synthroid}} \quad y \quad \frac{50 \text{ } \mu g \text{ Synthroid}}{1 \text{ tableta}}$$

Paso 4 **Plantee el problema para cancelar unidades y calcule la respuesta.**

Tres CS   Exacto   Exacto

$$0.200 \ \cancel{mg} \times \frac{1000 \ \cancel{\mu g} \ \text{Synthroid}}{1 \ \cancel{mg}} \times \frac{1 \ \text{tableta}}{50 \ \cancel{\mu g} \ \text{Synthroid}} = 4 \ \text{tabletas}$$

Exacto   Una CS   Exacto (número contado)

Usar una secuencia de dos o más factores de conversión es una forma eficiente de plantear y resolver problemas, en especial si usa una calculadora. Una vez planteado el problema, los cálculos pueden realizarse sin escribir los valores intermedios. Vale la pena practicar este proceso hasta entender la cancelación de unidades y los cálculos matemáticos.

COMPROBACIÓN DE ESTUDIO 1.9

Un muffin mediano de salvado contiene 4.2 g de fibra. ¿Cuántas onzas (oz) de fibra se obtienen si se comen tres muffins medianos de salvado?

EJEMPLO DE PROBLEMA 1.10   **Uso de un porcentaje como factor de conversión**

TUTORIAL
Using Percentage as a Conversion Factor

Una persona que se ejercita en forma periódica tiene 16% de grasa corporal. Si esta persona pesa 155 lb, ¿cuál es la masa, en kilogramos, de grasa corporal?

SOLUCIÓN

Paso 1 **Enuncie las cantidades dadas y las que necesita.**

Análisis del problema

Dada	Necesita
155 lb de peso corporal	kilogramos de grasa corporal
100 lb de peso corporal = 16 lb de grasa corporal	

Paso 2 **Escriba un plan para convertir la unidad dada en la unidad que necesita.**

libras de peso corporal → Factor estadounidense-métrico → kilogramos de masa corporal → Factor porcentual → kilogramos de grasa corporal

Paso 3 **Indique las equivalencias y los factores de conversión.**

1 kg de masa corporal = 2.20 lb de peso corporal

$$\frac{2.20 \ \text{lb peso corporal}}{1 \ \text{kg masa corporal}} \quad y \quad \frac{1 \ \text{kg masa corporal}}{2.20 \ \text{lb peso corporal}}$$

16 kg de grasa corporal = 100 kg de masa corporal

$$\frac{16 \ \text{kg grasa corporal}}{100 \ \text{kg masa corporal}} \quad y \quad \frac{100 \ \text{kg masa corporal}}{16 \ \text{kg grasa corporal}}$$

Paso 4 **Plantee el problema para cancelar unidades y calcule la respuesta.**

$$155 \ \cancel{\text{lb peso corporal}} \times \frac{1 \ \cancel{\text{kg masa corporal}}}{2.20 \ \cancel{\text{lb peso corporal}}} \times \frac{16 \ \text{kg grasa corporal}}{100 \ \cancel{\text{kg masa corporal}}}$$

Tres CS   Tres CS   Exacto

$$= 11 \ \text{kg de grasa corporal}$$

COMPROBACIÓN DE ESTUDIO 1.10

La carne de res magra molida cruda puede contener hasta 22% de grasa por masa. ¿Cuántos gramos de grasa hay en 0.25 lb de carne de res molida?

PREGUNTAS Y PROBLEMAS

1.9 Resolución de problemas

META DE APRENDIZAJE: *Usar factores de conversión para cambiar de una unidad a otra.*

1.51 Use factores de conversión métricos para resolver los siguientes problemas:
  a. La estatura de un estudiante es de 175 cm. ¿Cuánto mide el estudiante en metros?
  b. Un refrigerador tiene un volumen de 5500 mL. ¿Cuál es la capacidad del refrigerador en litros?
  c. Un colibrí tiene una masa de 0.0055 kg. ¿Cuál es la masa del colibrí en gramos?

1.52 Use factores de conversión métricos para resolver los siguientes problemas:
  a. La necesidad diaria de fósforo es de 800 mg. ¿Cuántos gramos de fósforo se necesitan?
  b. Un vaso de jugo de naranja contiene 0.85 dL de jugo. ¿Cuántos mililitros de jugo de naranja hay en el vaso?
  c. Un paquete de postre instantáneo de chocolate contiene 2840 mg de sodio. ¿Cuántos gramos de sodio hay en él?

1.53 Resuelva cada uno de los siguientes problemas usando uno o más factores de conversión:
  a. Un recipiente contiene 0.750 qt de líquido. ¿Cuántos mililitros de limonada contendrá?
  b. En Inglaterra, una persona se pesa en piedras. Si una piedra tiene un peso de 14.0 libras, ¿cuál es la masa, en kilogramos, de una persona que pesa 11.8 piedras?
  c. El fémur es el hueso más largo del cuerpo. En una persona de 6 pies de alto, el fémur mide 19.5 pulgadas de largo. ¿Cuál es la longitud del fémur en milímetros?
  d. ¿Cuántas pulgadas de grueso tiene una pared arterial que mide 0.50 μm?

1.54 Resuelva cada uno de los siguientes problemas usando uno o más factores de conversión:
  a. Usted necesita 4.0 oz de ungüento esteroideo. Si en 1 libra hay 16 oz (onzas), ¿cuántos gramos de ungüento necesita preparar el farmacéutico?
  b. Durante una cirugía, el paciente recibe 5.0 pt (pintas) de plasma. ¿Cuántos mililitros de plasma se le administraron?
  c. Las llamaradas solares que contienen gases calientes pueden elevarse hasta 120 000 millas sobre la superficie del Sol. ¿Cuál es la distancia en kilómetros?
  d. Un tanque lleno de gasolina contiene 18.5 galones de combustible sin plomo. Si un automóvil usa 46.0 L, ¿cuántos galones de combustible quedan en el tanque?

1.55 La porción de una cancha de tenis que se utiliza para los partidos de individuales (*singles*) mide 27.0 pies (ft) de ancho y 78.0 pies (ft) de largo.

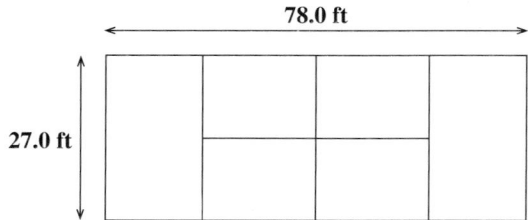

78.0 ft

27.0 ft

  a. ¿Cuál es la longitud de la cancha en metros?
  b. ¿Cuál es el área de la cancha en metros cuadrados (m^2)?
  c. Si un servicio se mide en 185 km/h, ¿cuántos segundos tarda la bola de tenis en recorrer la longitud de la cancha?

1.56 Un campo de fútbol americano mide 300 pies de largo entre las líneas de meta.

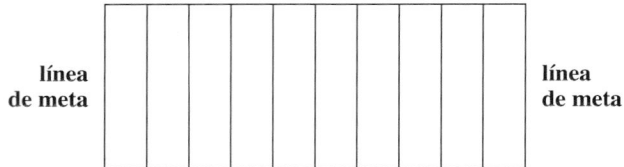

línea de meta   **línea de meta**

  a. ¿Qué distancia, en metros, recorre un jugador si atrapa el balón en su propia línea de meta y anota un *touchdown*?
  b. Si un jugador atrapa el balón y recorre 45 yardas, ¿cuántos metros ganó?
  c. Si un jugador corre a una velocidad de 36 km/h, ¿cuántos segundos tarda en correr desde la línea de la yarda 50 hasta la línea de la yarda 20?

1.57 Use factores de conversión para resolver los siguientes problemas clínicos:
  a. Usted necesita 250 L de agua destilada para un paciente de diálisis. ¿Cuántos galones de agua son?
  b. Un paciente necesita 0.024 g de un medicamento sulfa. En el almacén hay tabletas de 8 mg. ¿Cuántas tabletas deben recetarle?
  c. La dosis diaria de ampicilina para el tratamiento de una infección auditiva es de 115 mg/kg de peso corporal. ¿Cuál es la dosis diaria, en mg, para un niño de 34 libras?

1.58 Use factores de conversión para resolver los siguientes problemas clínicos:
  a. Un médico prescribe 1.0 g de tetraciclina para administrarse cada 6 h a un paciente. Si en el almacén hay tabletas de 500 mg, ¿cuántas necesitará para el tratamiento de 1 día?
  b. Un medicamento intramuscular se administra a 5.00 mg/kg de peso corporal. Si usted administra 425 mg de medicamento a un paciente, ¿cuál es el peso del paciente en libras?
  c. Un médico ordena 325 mg de atropina intramuscular. Si la atropina se vende como disolución de 0.50 g/mL, ¿cuántos mililitros necesitaría administrar?

1.59 **a.** El oxígeno constituye el 46.7% por masa de la corteza de la Tierra. ¿Cuántos gramos de oxígeno están presentes si una muestra de corteza terrestre tiene una masa de 325 g?
  b. El magnesio constituye el 2.1% por masa de la corteza de la Tierra. ¿Cuántos gramos de magnesio están presentes si una muestra de corteza terrestre tiene una masa de 1.25 g?
  c. Un fertilizante vegetal contiene nitrógeno (N) al 15% por masa. En un recipiente de alimento soluble para plantas hay 10.0 oz de fertilizante. ¿Cuántos gramos de nitrógeno hay en el recipiente?
  d. En una fábrica de dulces, las barras de chocolate con nueces contienen nueces al 22.0% por masa. Si el pasado martes se usaron 5.0 kg de nueces para barras, ¿cuántas libras de barras de chocolate con nueces se fabricaron?

Los fertilizantes agrícolas aplicados a un campo proporcionan nitrógeno para el crecimiento de las plantas.

1.60 a. El agua es hidrógeno al 11.2% por masa. ¿Cuántos kilogramos de agua contendrían 5.0 g de hidrógeno?
b. El agua es oxígeno al 88.8% por masa. ¿Cuántos gramos
de agua contendrían 2.25 kg de oxígeno?
c. Los muffins de mora con alto contenido de fibra tienen
51% de fibra dietética. Si un paquete con un peso neto de
12 oz contiene 6 muffins, ¿cuántos gramos de fibra hay en
cada muffin?
d. Un frasco de mantequilla de cacahuate (maní) crujiente
contiene 1.43 kg de mantequilla de cacahuate. Si usa 8.0%
de la mantequilla de cacahuate para un sándwich, ¿cuántas
onzas de mantequilla de cacahuate tomó del recipiente?

1.10 Densidad

Es posible medir la masa y el volumen de cualquier objeto. Si compara la masa del objeto
con su volumen, obtiene una relación llamada **densidad**.

$$\text{Densidad} = \frac{\text{masa de sustancia}}{\text{volumen de sustancia}}$$

Toda sustancia tiene una densidad única, que la distingue de otras sustancias. Por ejemplo,
el plomo tiene una densidad de 11.3 g/mL, en tanto que el corcho tiene una densidad de
0.26 g/mL. A partir de estas densidades, uno puede predecir si dichas sustancias se hun-
dirán o flotarán en el agua. Si una sustancia, como el corcho, es menos densa que el agua,
flotará. Sin embargo, un objeto de plomo se hunde en el agua porque su densidad es mayor
que la del agua (véase la figura 1.11). Un objeto de plomo flotaría en mercurio líquido,
porque el plomo es menos denso que el líquido.

Corcho (densidad = 0.26 g/mL)
Hielo (densidad = 0.92 g/mL)
Agua (densidad = 1.00 g/mL)
Aluminio (densidad = 2.70 g/mL)
Plomo (densidad = 11.3 g/mL)

FIGURA 1.11 Los objetos que se hunden en agua son más densos que el agua; los objetos
que flotan son menos densos.
P ¿Por qué un cubo de hielo flota y un trozo de aluminio se hunde?

La densidad se usa en química y medicina en muchas formas. Por ejemplo, la densidad puede servir para identificar una sustancia desconocida. Si la densidad de un metal puro se calcula en 10.5 g/mL, entonces puede identificarlo como plata, mas no como
plomo o aluminio.

Los metales como el oro y el plomo tienden a tener densidades mayores, mientras que
los gases tienen densidades muy bajas. En el sistema métrico, las densidades de sólidos y
líquidos suelen expresarse como gramos por centímetro cúbico (g/cm^3) o gramos por mililitro (g/mL). En general, las densidades de los gases se enuncian como gramos por litro
(g/L). La tabla 1.13 indica las densidades de algunas sustancias comunes.

TABLA 1.13 Densidades de algunas sustancias comunes

Sólidos (a 25 °C)	Densidad (g/mL)	Líquidos (a 25 °C)	Densidad (g/mL)	Gases (a 0 °C, 1 atm)	Densidad (g/L)
Corcho	0.26	Gasolina	0.74	Hidrógeno	0.090
Madera (arce)	0.75	Etanol	0.79	Helio	0.179
Hielo (a 0 °C)	0.92	Aceite de oliva	0.92	Metano	0.714
Azúcar	1.59	Agua (a 4 °C)	1.00	Neón	0.902
Hueso	1.80	Orina	1.003-1.030	Nitrógeno	1.25
Sal (NaCl)	2.16	Plasma (sangre)	1.03	Aire (seco)	1.29
Aluminio	2.70	Leche	1.04	Oxígeno	1.43
Cemento	3.00	Mercurio	13.6	Dióxido de carbono	1.96
Diamante	3.52				
Hierro	7.86				
Plata	10.5				
Plomo	11.3				
Oro	19.3				

COMPROBACIÓN DE CONCEPTOS 1.13 Densidad

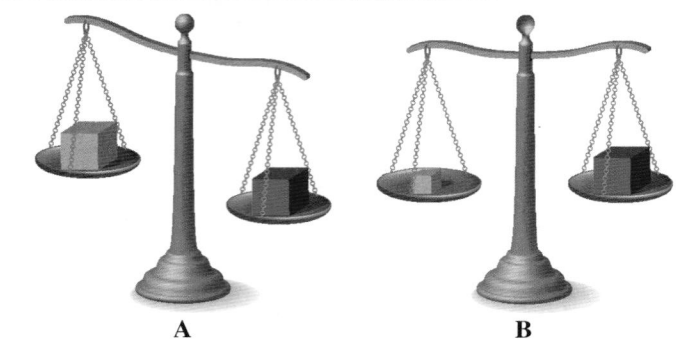

A   **B**

a. En el diagrama **A**, el cubo gris tiene una densidad de 4.5 g/cm^3. ¿La densidad del cubo verde es la misma, menor que o mayor que la del cubo gris?

b. En el diagrama **B**, el cubo gris tiene una densidad de 4.5 g/cm^3. ¿La densidad del cubo verde es la misma, menor que o mayor que la del cubo gris?

RESPUESTA

a. El cubo verde tiene el mismo volumen que el cubo gris. Sin embargo, el cubo verde tiene mayor masa sobre la balanza, lo que significa que su razón masa/volumen es mayor. Por consiguiente, la densidad del cubo verde es mayor que la del cubo gris.

b. El cubo verde tiene la misma masa que el cubo gris. Sin embargo, el cubo verde tiene mayor volumen, lo que significa que su razón masa/volumen es menor. Por tanto, la densidad del cubo verde es menor que la densidad del cubo gris.

Guía para calcular la densidad

1 Enuncie las cantidades dadas y las que necesita.

2 Escriba la expresión de densidad.

3 Exprese la masa en gramos y el volumen en mililitros (mL) o cm³.

4 Sustituya masa y volumen en la expresión de densidad y calcule la densidad.

EJEMPLO DE PROBLEMA 1.11 Cálculo de densidad

Las lipoproteínas de alta densidad (HDL, por sus siglas en inglés) contienen grandes cantidades de proteínas y pequeñas cantidades de colesterol. Si una muestra de 0.258 g de HDL tiene un volumen de 0.215 cm^3, ¿cuál es la densidad, en g/cm^3, de la muestra de HDL?

SOLUCIÓN

Paso 1 Enuncie las cantidades dadas y las que necesita.

Análisis del problema

Dada	Necesita
0.258 g de HDL	densidad (g/cm^3) de HDL
0.215 cm^3 de HDL	

Paso 2 **Escriba la expresión de densidad.**

$$\text{Densidad} = \frac{\text{masa de sustancia}}{\text{volumen de sustancia}}$$

Paso 3 **Exprese la masa en gramos y el volumen en cm³.**

Masa de muestra de HDL = 0.258 g

Volumen de muestra de HDL = 0.215 cm³

Paso 4 **Sustituya masa y volumen en la expresión de densidad y calcule la densidad.**

Tres CS

$$\text{Densidad} = \frac{0.258 \text{ g}}{0.215 \text{ cm}^3} = \frac{1.20 \text{ g}}{1 \text{ cm}^3} = 1.20 \text{ g/cm}^3$$

Tres CS   Tres CS

COMPROBACIÓN DE ESTUDIO 1.11

Las lipoproteínas de baja densidad (LDL) contienen pequeñas cantidades de proteínas y grandes cantidades de colesterol. Si una muestra de 0.380 g de LDL tiene un volumen de 0.362 cm³, ¿cuál es la densidad de la muestra de LDL, en g/cm³?

Densidad de sólidos

La densidad de un sólido se calcula a partir de su masa y su volumen. Cuando un sólido está completamente sumergido, desplaza un volumen de agua que es igual al volumen del sólido. En la figura 1.12, el nivel del agua se eleva de 35.5 mL a 45.0 mL. Esto significa que se desplazan 9.5 mL de agua y que el volumen del objeto es 9.5 mL. La densidad del cinc se calcula de la siguiente manera:

$$\text{Densidad} = \frac{68.60 \text{ g cinc}}{9.5 \text{ mL}} = 7.2 \text{ g/mL}$$

Dos CS   Dos CS

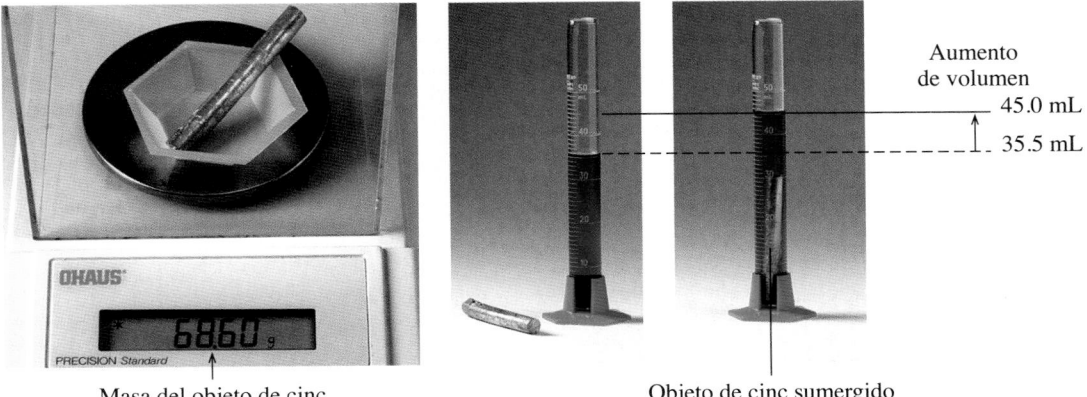

FIGURA 1.12 La densidad de un sólido puede determinarse por el volumen desplazado porque un objeto sumergido desplaza un volumen de agua igual a su propio volumen.
P ¿Cómo se determinó el volumen del objeto de cinc?

Pesos de plomo en un cinturón contrarrestan la flotabilidad de un buzo.

EJEMPLO DE PROBLEMA 1.12 Uso de desplazamiento de volumen para calcular densidad

Un peso de plomo usado en el cinturón de un buzo tiene una masa de 226 g. Cuando el peso de plomo se coloca en un cilindro graduado que contiene 200.0 mL de agua, el nivel del agua se eleva a 220.0 mL. ¿Cuál es la densidad del peso de plomo (g/mL)?

SOLUCIÓN

Paso 1 **Enuncie las cantidades dadas y las que necesita.**

Análisis del problema

Dadas	Necesita
226 g de plomo	densidad (g/mL) de plomo
nivel del agua + plomo = 220.0 mL	
nivel del agua (inicial) = 200.0 mL	

Paso 2 **Escriba la expresión de densidad.**

$$\text{Densidad} = \frac{\text{masa de sustancia}}{\text{volumen de sustancia}}$$

Paso 3 **Exprese la masa en gramos y el volumen en mililitros (mL).**

Masa del peso de plomo = 226 g

El volumen del peso de plomo es igual al volumen del agua desplazada, que se calcula de la siguiente manera:

Nivel del agua después de sumergir el objeto = 220.0 mL
Nivel del agua antes de sumergir el objeto = −200.0 mL
Agua desplazada (volumen de peso de plomo) = 20.0 mL

Paso 4 **Sustituya masa y volumen en la expresión de densidad y calcule la densidad.** Para calcular la densidad se divide la masa (g) entre el volumen (mL). Asegúrese de usar el volumen de agua desplazada y *no* el volumen original de agua.

$$\text{Densidad} = \frac{226 \text{ g}}{20.0 \text{ mL}} = \frac{11.3 \text{ g}}{1 \text{ mL}} = 11.3 \text{ g/mL}$$

Tres CS

COMPROBACIÓN DE ESTUDIO 1.12

Un total de 0.500 libras de canicas de vidrio se agregan a 425 mL de agua. El nivel del agua se eleva a un volumen de 528 mL. ¿Cuál es la densidad (g/mL) de las canicas de vidrio?

 Explore su mundo

HUNDIRSE O FLOTAR

1. Llene un recipiente grande o una cubeta con agua. Coloque una lata de soda dietética y una lata de soda no dietética en el agua. ¿Qué ocurre? Con la información de las etiquetas, ¿cómo podría explicar sus observaciones?

2. Diseñe un experimento para determinar la sustancia que es más densa en cada una de las siguientes opciones:
   a. agua y aceite vegetal
   b. agua y hielo
   c. alcohol para frotar y hielo
   d. aceite vegetal, agua y hielo

La química en la salud

DENSIDAD ÓSEA

La densidad de los huesos determina su salud y fuerza. Los huesos constantemente ganan y pierden minerales como calcio, magnesio y fosfatos. En la infancia, los huesos se forman a una velocidad mayor de la que se desintegran. Conforme se envejece, la desintegración de los huesos ocurre con más rapidez que la formación de hueso nuevo. A medida que aumenta la pérdida de minerales óseos, los huesos se comienzan a adelgazar, lo que provoca una disminución de masa y densidad. Los huesos más delgados carecen de fuerza, lo que aumenta el riesgo de fractura. Cambios hormonales, enfermedades y ciertos medicamentos también pueden contribuir al adelgazamiento de los huesos. Con el tiempo puede presentarse una condición de adelgazamiento importante de los huesos conocida como *osteoporosis*. Las *micrografías electrónicas de barrido* (MEB) muestran

(a) hueso normal y (b) hueso con osteoporosis causada por pérdida de minerales óseos.

A menudo, la densidad ósea se determina con el paso de dosis bajas de rayos X a través de la parte estrecha en la porción superior del fémur (cadera) y la columna vertebral (c). En dichas ubicaciones es donde es más probable que ocurran fracturas, en especial cuando se envejece. Los huesos con alta densidad bloquearán más rayos X que los huesos menos densos. Los resultados de una prueba de densidad ósea se comparan con un adulto joven sano, así como con otras personas de la misma edad.

Las recomendaciones para mejorar la fuerza ósea incluyen complementos de calcio y vitamina D. El ejercicio en el que se sostiene peso, como caminar y levantar pesas, también puede mejorar la fuerza muscular, lo que a su vez aumenta la fuerza ósea.

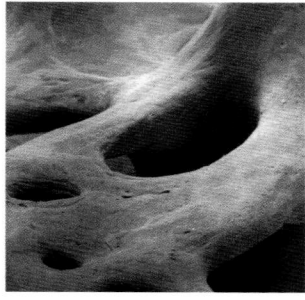
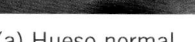
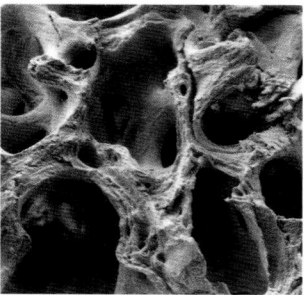

(a) Hueso normal   (b) Hueso con osteoporosis   (c) Vista de la columna vertebral con dosis baja de rayos X

Resolución de problemas usando densidad

La densidad puede servir como factor de conversión. Por ejemplo, si se conocen el volumen y la densidad de una muestra, puede calcularse la masa en gramos de la muestra, como se observa en el Ejemplo de problema 1.13.

EJEMPLO DE PROBLEMA 1.13   Resolución de problemas usando densidad

Si la densidad de la leche es 1.04 g/mL, ¿cuántos gramos de leche hay en 0.50 qt de leche?

SOLUCIÓN

Paso 1   **Enuncie las cantidades dadas y las que necesita.**

Análisis del problema

Dadas	Necesita
0.50 qt de leche	gramos de leche
densidad de la leche = 1.04 g/mL	
(1 mL de leche = 1.04 g)	

Guía para usar densidad

1 Enuncie las cantidades dadas y las que necesita.

2 Escriba un plan para calcular la cantidad que necesita.

3 Escriba las equivalencias y sus factores de conversión, incluida la densidad.

4 Plantee el problema para calcular la cantidad que necesita.

Paso 2   **Escriba un plan para calcular la cantidad que necesita.**

cuartos de galón → Factor estadounidense-métrico → litros → Factor métrico → mililitros → Factor densidad → gramos

Paso 3   **Escriba las equivalencias y sus factores de conversión, incluida la densidad.**

$$1\ L = 1.06\ qt$$
$$\frac{1\ L}{1.06\ qt} \quad y \quad \frac{1.06\ qt}{1\ L}$$

$$1\ L = 1000\ mL$$
$$\frac{1\ L}{1000\ mL} \quad y \quad \frac{1000\ mL}{1\ L}$$

$$1\ mL = 1.04\ g$$
$$\frac{1\ mL}{1.04\ g} \quad y \quad \frac{1.04\ g}{1\ mL}$$

Paso 4 Plantee el problema para calcular la cantidad que necesita.

$$0.50 \text{ qt} \times \frac{1 \text{ L}}{1.06 \text{ qt}} \times \frac{1000 \text{ mL}}{1 \text{ L}} \times \frac{1.04 \text{ g}}{1 \text{ mL}} = 490 \text{ g } (4.9 \times 10^2 \text{ g})$$

Exacto (1 L) · Exacto (1000 mL) · Tres CS (1.04 g)

Dos CS · Tres CS · Exacto · Exacto · Dos CS

COMPROBACIÓN DE ESTUDIO 1.13

La densidad del jarabe de arce es 1.33 g/mL. Una botella de jarabe de arce contiene 740 mL. ¿Cuál es la masa del jarabe?

Densidad relativa

La **densidad relativa (den rel)** *es una relación entre la densidad de una sustancia y la densidad del agua.* Para calcular la densidad relativa se divide la densidad de una muestra entre la densidad del agua, que es de 1.00 g/mL a 4 °C. Una sustancia con una densidad relativa de 1.00 tiene la misma densidad que el agua. Una sustancia con una densidad relativa de 3.00 es tres veces más densa que el agua, en tanto que una sustancia con una densidad relativa de 0.50 es la mitad de densa que el agua.

$$\text{Densidad relativa} = \frac{\text{densidad de la muestra}}{\text{densidad del agua}}$$

La densidad relativa es uno de los pocos valores sin unidades que se utilizarán en la química. Un instrumento llamado *hidrómetro* se utiliza a menudo para medir la densidad relativa de líquidos tales como el líquido de la batería o una muestra de orina. En la figura 1.13, un hidrómetro se utiliza para medir la densidad relativa de un líquido. En los cálculos de la densidad relativa, las unidades de densidad deben coincidir. Después, todas las unidades se deben cancelar para que quede sólo un número como respuesta.

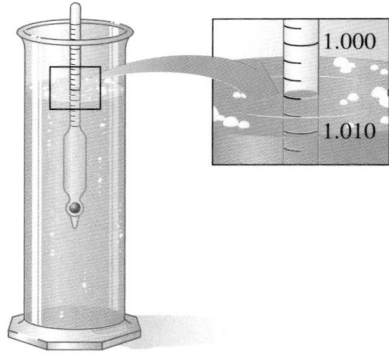

FIGURA 1.13 Cuando la densidad relativa de la cerveza mide 1.010 o menos con un hidrómetro, el proceso de fermentación está completo.

P Si la lectura del hidrómetro es 1.006, ¿cuál es la densidad, en g/mL, del líquido?

EJEMPLO DE PROBLEMA 1.14   **Resolución de problemas usando densidad relativa**

John toma 2.0 cucharaditas de jarabe para la tos. Si el jarabe tiene una densidad relativa (den rel) de 1.20, y en 1 cucharadita (cdta) hay 5.0 mL, ¿cuál fue la masa, en gramos, del jarabe para la tos?

SOLUCIÓN

Paso 1 Enuncie las cantidades dadas y las que necesita.

Análisis del problema

Dadas	Necesita
2.0 cdta de jarabe para la tos	gramos de jarabe para la tos
den rel 1.20	
1 cdta = 5.0 mL	

Paso 2 Escriba un plan para calcular la cantidad que necesita.

cdta → Factor estadounidense-métrico → mililitros → Factor densidad → gramos

Paso 3 Escriba las equivalencias y sus factores de conversión, incluida la densidad.
Para la resolución del problema es conveniente convertir el valor de densidad relativa (1.20) a densidad.

$$\text{Densidad} = \text{den rel} \times 1.00\text{g/mL} = 1.20 \text{ g/mL}$$

1 cdta = 5.0 mL		1 mL = 1.20 g	
$\dfrac{1 \text{ cdta}}{5.0 \text{ mL}}$ y $\dfrac{5.0 \text{ mL}}{1 \text{ cdta}}$		$\dfrac{1 \text{ mL}}{1.20 \text{ g}}$ y $\dfrac{1.20 \text{ g}}{1 \text{ mL}}$	

Paso 4 **Plantee el problema para calcular la cantidad que necesita.**

Dos CS   Tres CS

$$2.0 \text{ cdtá} \times \frac{5.0 \text{ mL}}{1 \text{ cdtá}} \times \frac{1.20 \text{ g}}{1 \text{ mL}} = 12 \text{ g de jarabe para la tos}$$

Dos CS   Exacto   Exacto   Dos CS

COMPROBACIÓN DE ESTUDIO 1.14

Una escultura de ébano tiene una masa de 275 g. Si el ébano tiene una densidad relativa de 1.12, ¿cuál es el volumen, en mililitros, de la escultura?

PREGUNTAS Y PROBLEMAS

1.10 Densidad

META DE APRENDIZAJE: *Calcular la densidad o densidad relativa de una sustancia; usar la densidad o densidad relativa para calcular la masa o el volumen de una sustancia.*

1.61 En un viejo camión, usted encuentra un trozo de metal que piensa que puede ser aluminio, plata o plomo. Después de pruebas de laboratorio, descubre que tiene una masa de 217 g y un volumen de 19.2 cm³. De acuerdo con la tabla 1.13, ¿cuál es el metal que encontró?

16.2 Suponga que usted tiene dos cilindros graduados de 100 mL. En cada cilindro hay 40.0 mL de agua. También tiene dos cubos: uno es de plomo y el otro, de aluminio. Cada cubo mide 2.0 cm por lado. Después de bajar con cuidado cada cubo e introducirlo en el agua de su propio cilindro, ¿cuál será el nuevo nivel del agua en cada uno de los cilindros?

1.63 ¿Cuál es la densidad (g/mL) en cada una de las siguientes muestras?
  a. Una muestra de 20.0 mL de una disolución salina que tiene una masa de 24.0 g.
  b. Un cubo de mantequilla que pesa 0.250 libras y tiene un volumen de 130. mL.
  c. Una gema tiene una masa de 45.0 g. Cuando la gema se coloca en un cilindro graduado que contiene 20.0 mL de agua, el nivel del agua se eleva a 34.5 mL.
  d. Un líquido se agrega a un recipiente vacío con una masa de 115.25 g. Cuando se agregan 0.100 pt del líquido, la masa total del recipiente y el líquido es de 182.48 g.

115.25 g   **182.48 g**

1.64 ¿Cuál es la densidad (g/mL) de cada una de las siguientes muestras?
  a. El líquido de una batería de automóvil, si tiene un volumen de 125 mL y una masa de 155 g.
  b. Un material plástico pesa 2.68 libras y tiene un volumen de 3.5 L.

El titanio se utiliza para fabricar cabezas de *drivers*.

  c. Una muestra de 5.00 mL de orina de un paciente con síntomas similares a los de la diabetes mellitus. La masa de la muestra de orina es 5.025 g.
  d. Una cabeza ligera en el *driver* de un palo de golf está hecha de titanio. Si el volumen de una muestra de titanio es 114 cm³ y la masa es 514.1 g, ¿cuál es la densidad del titanio?

1.65 Use los valores de densidad de la tabla 1.13 para resolver cada uno de los siguientes problemas:
  a. ¿Cuántos litros de etanol contienen 1.5 kg de etanol?
  b. ¿Cuántos gramos de mercurio hay en un barómetro que contiene 6.5 mL de mercurio?
  c. Un escultor preparó un molde para vaciar una figura de bronce. La figura tiene un volumen de 225 mL. Si el bronce tiene una densidad de 7.8 g/mL, ¿cuántas onzas de bronce se necesitan en la preparación de la figura de bronce?
  d. ¿Cuántos kilogramos de gasolina llenan un tanque de gasolina de 12.0 galones? (1 galón = 4 qt).

1.66 Use los valores de densidad de la tabla 1.13 para resolver cada uno de los siguientes problemas:
  a. Un cilindro graduado contiene 18.0 mL de agua. ¿Cuál es el nuevo nivel de agua, en mililitros, después de sumergir 35.6 g de plata en el agua?
  b. Una pecera contiene 35 galones de agua. ¿Cuántas libras de agua hay en la pecera?
  c. La masa de un recipiente vacío es de 88.25 g. La masa del recipiente y un líquido con una densidad de 0.758 g/mL es 150.50 g. ¿Cuál es el volumen, en mililitros, del líquido en el recipiente?
  d. Una bala de cañón hecha de hierro tiene un volumen de 115 cm³. ¿Cuál es la masa, en kilogramos, de la bala?

1.67 Resuelva los siguientes problemas de densidad relativa:
  a. Una muestra de orina tiene una densidad de 1.030 g/mL. ¿Cuál es la densidad relativa de la muestra?
  b. Un líquido tiene un volumen de 40.0 mL y una masa de 45.0 g. ¿Cuál es la densidad relativa del líquido?
  c. La densidad relativa de un aceite vegetal es 0.85. ¿Cuál es su densidad?

1.68 Resuelva los siguientes problemas de densidad relativa:
  a. Una disolución de glucosa tiene una densidad de 1.02 g/mL. ¿Cuál es su densidad relativa?
  b. Una botella que contiene 325 g de disolución limpiadora se usa para alfombras. Si la disolución limpiadora tiene una densidad relativa de 0.850, ¿qué volumen, en mililitros, de disolución se utilizó?
  c. La mantequilla tiene una densidad relativa de 0.86. ¿Cuál es la masa, en gramos, de 2.15 L de mantequilla?

MAPA CONCEPTUAL

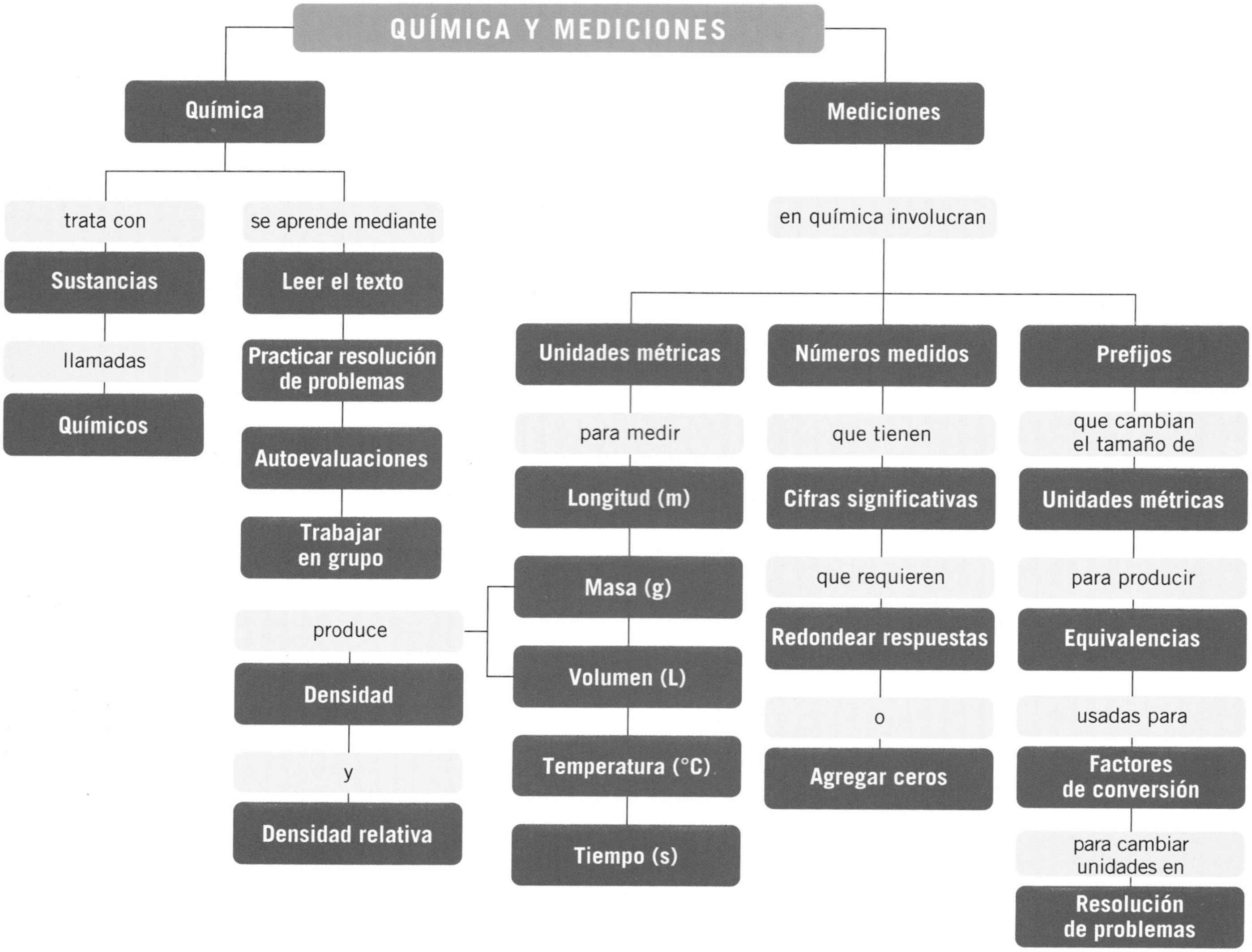

QUÍMICA Y MEDICIONES

Química

trata con

Sustancias

llamadas

Químicos

se aprende mediante

Leer el texto

Practicar resolución de problemas

Autoevaluaciones

Trabajar en grupo

produce

Densidad

y

Densidad relativa

Mediciones

en química involucran

Unidades métricas

para medir

Longitud (m)

Masa (g)

Volumen (L)

Temperatura (°C)

Tiempo (s)

Números medidos

que tienen

Cifras significativas

que requieren

Redondear respuestas

o

Agregar ceros

Prefijos

que cambian el tamaño de

Unidades métricas

para producir

Equivalencias

usadas para

Factores de conversión

para cambiar unidades en

Resolución de problemas

REPASO DEL CAPÍTULO

1.1 Química y químicos
META DE APRENDIZAJE: Definir el término química e identificar las sustancias que son químicos.

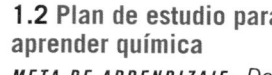

- La química es el estudio de la composición, estructura, propiedades y reacciones de la materia.
- Un químico es cualquier sustancia que siempre tiene la misma composición y propiedades en cualquier lugar donde se encuentre.

1.2 Plan de estudio para aprender química
META DE APRENDIZAJE: Desarrollar un plan de estudio para aprender química.

- Un plan de estudio para aprender química utiliza las secciones de este texto y desarrolla una forma de aprendizaje activo para el estudio de la química.
- Al usar las *Metas de aprendizaje* del capítulo y resolver las *Comprobaciones de conceptos*, *Ejemplos de problema*, *Comprobaciones de estudio* y las *Preguntas y problemas* que siguen a cada sección, puede aprender química con excelentes resultados.

1.3 Unidades de medición

META DE APRENDIZAJE: Escribir los nombres y abreviaturas de las unidades métricas o SI que se utilizan en mediciones de longitud, volumen, masa, temperatura y tiempo.

- En la ciencia, las cantidades físicas se describen en unidades del sistema métrico o Sistema Internacional (SI).
- Algunas unidades importantes son metro (m) para longitud, litro (L) para volumen, gramo (g) y kilogramo (kg) para masa, y grado Celsius (°C) y Kelvin (K) para temperatura.

1.4 Notación científica

META DE APRENDIZAJE: Escribir un número en notación científica.

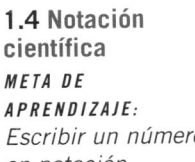

- Los números grandes y pequeños pueden escribirse usando notación científica, en la que el punto decimal se mueve para dar un coeficiente de al menos 1, pero menor que 10, y el número de espacios movidos se muestra como una potencia de 10.
- Un número grande tendrá una potencia de 10 positiva, en tanto que un número pequeño tendrá una potencia de 10 negativa.

1.5 Números medidos y cifras significativas

META DE APRENDIZAJE: Identificar un número como medido o exacto; determinar el número de cifras significativas en un número medido.

- Un número medido es cualquier número que se obtiene usando un dispositivo de medición.
- Para obtener un número exacto se cuentan los objetos o se parte de una definición; no se necesitan dispositivos de medición.
- Las cifras significativas son los números reportados en una medición, incluido el dígito estimado. Los ceros delante de un número decimal o al final de un número no decimal no son significativos.

1.6 Cifras significativas en cálculos

META DE APRENDIZAJE: Proporcionar el número correcto de cifras significativas en una respuesta final al agregar o eliminar dígitos en un resultado de calculadora.

- En multiplicación o división, la respuesta final se escribe de modo que tenga el mismo número de cifras significativas que la medición con menos cifras significativas.

- En adición y sustracción, la respuesta final se escribe de modo que tenga el mismo número de lugares decimales que la medición con menos lugares decimales.

1.7 Prefijos y equivalencias

META DE APRENDIZAJE: Usar los valores numéricos de los prefijos para escribir una equivalencia métrica.

- Un prefijo colocado delante de una unidad métrica o SI cambia el tamaño de la unidad por factores de 10.
- Los prefijos como *centi*, *mili* y *micro* proporcionan unidades más pequeñas; los prefijos como *kilo*, *mega* y *tera* proporcionan unidades más grandes.
- Una equivalencia muestra la relación entre dos unidades que miden la misma cantidad de longitud, volumen, masa o tiempo.
- Ejemplos de equivalencias son 1 m = 100 cm, 1 qt = 946 mL, 1 kg = 1000 g y 1 min = 60 s.

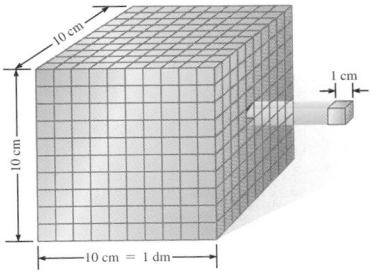

1.8 Cómo escribir factores de conversión

META DE APRENDIZAJE: Escribir un factor de conversión para dos unidades que describan la misma cantidad.

- Los factores de conversión se usan para expresar una equivalencia en la forma de una fracción.
- Se pueden escribir dos factores de conversión para cualquier re-lación en el sistema métrico o estadounidense.
- Para escribir un porcentaje como factor de conversión se utilizan las mismas unidades y se expresan en la relación numérica como las partes respecto de las 100 partes del todo.
- Los valores porcentuales extremadamente pequeños se escriben como partes por millón (ppm) o partes por mil millones (ppmm).

1.9 Resolución de problemas

META DE APRENDIZAJE: Usar factores de conversión para cambiar de una unidad a otra.

- Los factores de conversión son útiles cuando se cambia una cantidad expresada en una unidad a una cantidad expresada en otra unidad.
- En el proceso, una unidad dada se multiplica por uno o más factores de conversión que cancelan unidades hasta que se obtiene la unidad necesaria para la respuesta.

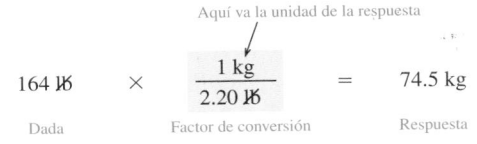

Aquí va la unidad de la respuesta

$$164 \ \cancel{lb} \times \frac{1 \ kg}{2.20 \ \cancel{lb}} = 74.5 \ kg$$

Dada   Factor de conversión   Respuesta

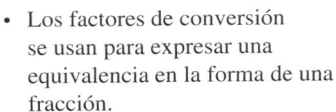

1.10 Densidad

META DE APRENDIZAJE: *Calcular la densidad o densidad relativa de una sustancia; usar la densidad o densidad relativa para calcular la masa o el volumen de una sustancia.*

- La densidad de una sustancia es una razón de su masa y su volumen, por lo general g/mL o g/cm^3.
- Las unidades de densidad pueden usarse para escribir factores de conversión que convierten entre la masa y el volumen de una sustancia.
- La densidad relativa (den rel) compara la densidad de una sustancia con la densidad del agua, 1.00 g/mL.

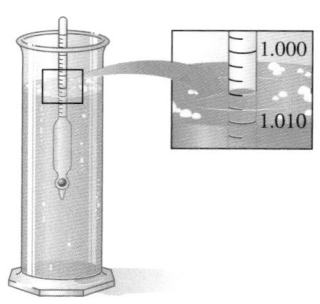

TÉRMINOS CLAVE

centímetro (cm) Unidad de longitud en el sistema métrico; en 1 pulgada hay 2.54 cm.

centímetro cúbico (cm^3 o cc) Volumen de un cubo que tiene lados de 1 cm; 1 cm^3 es igual a 1 mL.

cifras significativas Números registrados en una medición.

densidad Relación de la masa de un objeto con su volumen, expresada como: gramos por centímetro cúbico (g/cm^3), gramos por mililitro (g/mL) o gramos por litro (g/L).

densidad relativa (den rel) Relación entre la densidad de una sustancia y la densidad del agua:

$$\text{den rel} = \frac{\text{densidad de la muestra}}{\text{densidad del agua}}$$

equivalencia Relación entre dos unidades que miden la misma cantidad.

escala de temperatura Celsius (°C) Escala de temperatura en la que el agua tiene un punto de congelación de 0 °C y un punto de ebullición de 100 °C.

escala de temperatura Kelvin (K) Escala de temperatura donde la menor temperatura posible es 0 K.

factor de conversión Razón en la que el numerador y el denominador son cantidades de una equivalencia o relación dada. Por ejemplo, los factores de conversión para la relación 1 kg = 2.20 lb se escriben de la siguiente manera:

$$\frac{2.20 \text{ lb}}{1 \text{ kg}} \quad \text{y} \quad \frac{1 \text{ kg}}{2.20 \text{ lb}}$$

gramo (g) Unidad métrica que se usa en mediciones de masa.

kilogramo (kg) Masa métrica de 1000 g e igual a 2.20 lb. El kilogramo es la unidad estándar SI de masa.

litro (L) Unidad métrica de volumen que es un poco mayor que un cuarto de galón.

masa Medida de la cantidad de material en un objeto.

metro (m) Unidad métrica de longitud que es un poco más larga que una yarda. El metro es la unidad del SI estándar de longitud.

mililitro (mL) Unidad métrica de volumen igual a una milésima parte de un litro (0.001 L).

notación científica Forma de escribir números grandes y pequeños con el uso de un coeficiente igual o mayor a 1 pero menor que 10, seguido por una potencia de 10.

número exacto Número obtenido al contar o por definición.

número medido Número obtenido cuando se determina una cantidad con el uso de un dispositivo de medición.

prefijo Parte del nombre de una unidad métrica que antecede a la unidad base y especifica el tamaño de la medición. Todos los prefijos se relacionan con una escala decimal.

química Ciencia que estudia la composición, estructura, propiedades y reacciones de la materia.

químico Sustancia que tiene la misma composición y propiedades en cualquier lugar donde se encuentre.

segundo (s) Unidad estándar de tiempo en los sistemas SI y métrico.

Sistema Internacional de Unidades (SI) Sistema de unidades que modifica el sistema métrico.

sistema métrico Sistema de medición usado por los científicos y en la mayoría de los países del mundo.

temperatura Indicador de lo cálido o frío de un objeto.

volumen Cantidad de espacio ocupado por una sustancia.

COMPRENSIÓN DE CONCEPTOS

Las secciones del capítulo que se deben revisar se muestran entre paréntesis al final de cada pregunta.

1.69 ¿Cuáles de los siguientes pasos le ayudarán a desarrollar un plan de estudio exitoso? (1.2)
- **a.** Faltar a clases y sólo leer el texto.
- **b.** Resolver los *Ejemplos de problemas* conforme avanza en el capítulo.
- **c.** Acudir a las horas de asesoría de su profesor.
- **d.** Leer el capítulo, pero resolver los problemas más tarde.

1.70 ¿Cuáles de los siguientes pasos le ayudarán a desarrollar un plan de estudio exitoso? (1.2)
- **a.** Estudiar toda la noche antes del examen.

- **b.** Formar un grupo de estudio y discutir los problemas con sus compañeros.
- **c.** Resolver los problemas en un cuaderno para fácil referencia.
- **d.** Copiar a un amigo las respuestas de la tarea.

1.71 Una báscula mide masa a 0.001 g. Si usted determina la masa de un objeto que pesa más o menos 30 g, ¿registraría la masa como 30 g, 32 g, 32.1 g o 32.075 g? Describa en dos a tres oraciones completas el razonamiento que explica su elección. (1.5)

1.72 Cuando tres estudiantes usan el mismo metro para medir la longitud de un clip de papel, obtienen resultados de 5.8 cm, 5.75 cm y 5.76 cm. Si el metro tiene marcas de milímetro, ¿cuáles son algunas razones por las que se obtienen diferentes valores? (1.5)

1.73 En los siguientes pares, ¿cuál medición tiene más cifras significativas? (1.4, 1.5)

   a. 2.0500 m y 0.0205 m
   b. 600.0 K y 60 K
   c. 0.000 705 s y 75 000 s
   d. 2550 L y 2.550×10^{-2} L

1.74 En los siguientes pares, ¿cuál medición tiene menos cifras significativas? (1.4, 1.5)

   a. 2.80×10^{-3} g y 0.0028 g
   b. 8.005 m y 0.00805 m
   c. 163 000 s y 1.630×10^2 s
   d. 0.03080 cm y 308 cm

1.75 Indique si cada uno de los siguientes es un número exacto o un número medido: (1.5)

   a. número de patas
   b. altura de la mesa
   c. número de sillas en la mesa
   d. área de la mesa

1.76 Mida la longitud de cada uno de los objetos en los diagramas **(a)**, **(b)** y **(c)** con la regla de la figura. Indique el número de cifras significativas para cada uno y el dígito estimado para cada uno. (1.5)

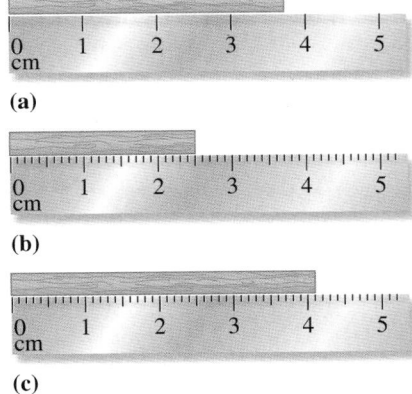

1.77 Mida la longitud y el ancho del rectángulo, incluido el dígito estimado, con una regla. (1.5)

a. ¿Cuál es la longitud y el ancho de este rectángulo medido en centímetros?
b. ¿Cuál es la longitud y el ancho de este rectángulo medido en milímetros?
c. ¿Cuántas cifras significativas hay en la medición de la longitud?
d. ¿Cuántas cifras significativas hay en la medición del ancho?
e. ¿Cuál es el área del rectángulo en cm^2?
f. ¿Cuántas cifras significativas hay en la respuesta calculada para el área?

1.78 Cada uno de los siguientes diagramas representa un recipiente de agua y un cubo. Algunos cubos flotan mientras otros se hunden. Relacione los diagramas **1**, **2**, **3** o **4** con una de las siguientes descripciones y explique sus elecciones. (1.10)

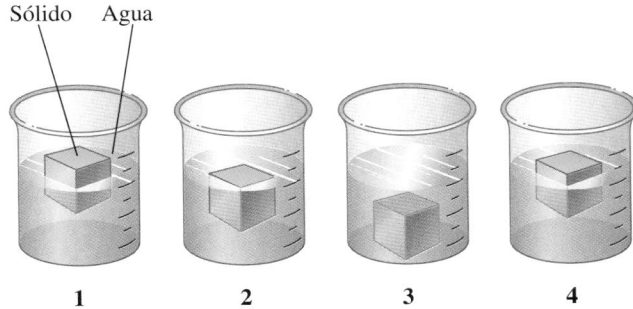

   a. El cubo tiene mayor densidad que el agua.
   b. El cubo tiene una densidad que es entre 0.60 y 0.80 g/mL.
   c. El cubo tiene una densidad que es ½ la densidad del agua.
   d. El cubo tiene la misma densidad que el agua.

1.79 ¿Cuál es la densidad del objeto sólido después de obtener los datos al ser pesado y sumergido en el agua? (1.10)

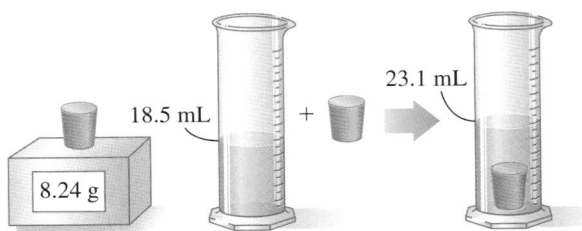

1.80 Considere los siguientes sólidos. Los sólidos **A**, **B** y **C** representan aluminio, oro y plata. Si cada uno tiene una masa de 10.0 g, ¿cuál es la identidad de cada sólido? (1.10)

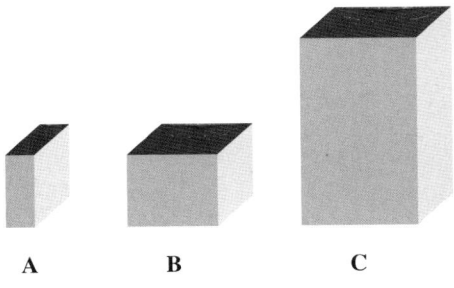

Densidad del aluminio = 2.70 g/mL
Densidad del oro = 19.3 g/mL
Densidad de la plata = 10.5 g/mL

PREGUNTAS Y PROBLEMAS ADICIONALES

Para acceder a tareas asignadas por el instructor, ingrese en www. masteringchemistry.com.

1.81 Redondee o agregue ceros a las siguientes respuestas calculadas para dar una respuesta final con tres cifras significativas: (1.4, 1.5)
   a. 0.000 012 58 L   **b.** 3.258×10^2 kg
   c. 125 111 m   **d.** 58.703 g

1.82 Redondee o agregue ceros a las siguientes respuestas calculadas para dar una respuesta final con dos cifras significativas: (1.4, 1.5)
   a. 0.004 mL   **b.** 34 677 g
   c. 4.393 cm   **d.** 1.74×10^3 ms

1.83 ¿Cuál es la masa total, en gramos, de un postre que contiene 137.25 g de helado de vainilla, 84 g de cobertura y 43.7 g de nueces? (1.6)

1.84 Una compañía pesquera entrega 22 kg de salmón, 5.5 kg de cangrejo y 3.48 kg de ostras a un restaurante de mariscos. (1.3, 1.6)
   a. ¿Cuál es la masa total, en kilogramos, de la comida marina?
   b. ¿Cuál es la masa total en libras?

1.85 Durante una rutina en el gimnasio, programa la caminadora a un ritmo de 55.0 m/min. ¿Cuántos minutos caminará si quiere cubrir una distancia de 7500 pies? (1.3, 1.9)

1.86 La receta de Bill de la sopa de cebolla requiere 4.0 libras de cebollas rebanadas finamente. Si una cebolla tiene una masa promedio de 115 g, ¿cuántas cebollas necesita Bill? (1.3, 1.9)

1.87 Una caja de galletas tiene la siguiente información nutricional: (1.9)
Tamaño de la porción: 0.50 oz (6 galletas)
Grasa: 4 g por porción
Sodio: 140 mg por porción
   a. Si la caja tiene un peso neto (sólo el contenido) de 8.0 oz, ¿aproximadamente cuántas galletas hay en la caja?
   b. Si alguien come 10 galletas, ¿cuántas onzas de grasa consume?
   c. ¿Cuántos gramos de sodio se usan para preparar 50 cajas de galletas en el inciso **a**?

1.88 El precio de 1 libra de papas es $1.75. Si todas las papas vendidas hoy en la tienda suman $1420, ¿cuántos kilogramos de papas adquirieron los compradores? (1.9)

1.89 En México, los aguacates cuestan 48 pesos por kilogramo. ¿Cuál es el costo, en centavos de dólar, de un aguacate que pesa 0.45 libras, si el tipo de cambio es de 13.0 pesos por dólar? (1.9)

1.90 El acuario de una tienda requiere 75 000 mL de agua. ¿Cuántos galones (1 gal = 4 qt) de agua se necesitan? (1.9)

1.91 **a.** Algunos deportistas tienen apenas 3.0% de grasa corporal. Si un deportista en dicha circunstancia tiene una masa corporal de 65 kg, ¿cuántas libras de grasa corporal posee? (1.9)
   b. En un proceso llamado *liposucción*, un médico elimina depósitos de grasa del cuerpo de una persona. Si la grasa corporal tiene una densidad de 0.94 g/mL y se eliminan 3.0 litros de grasa, ¿cuántas libras de grasa se eliminaron del paciente? (1.9)

1.92 La dieta de Celeste restringe su consumo de proteínas a 24 g por día. Si come una hamburguesa de 8.0 oz que tiene 15% de proteína, ¿se excedió en el límite de proteínas del día? ¿Cuántas onzas de hamburguesa se le permitirían comer a Celeste? (1.3, 1.7, 1.9)

1.93 El nivel de agua en un cilindro graduado, que inicialmente está en 215 mL, se eleva a 285 mL después de sumergir un trozo de plomo. ¿Cuál es la masa, en gramos, del plomo? (Véase la tabla 1.13). (1.9, 1.10)

1.94 Un cilindro graduado contiene 155 mL de agua. Se le agregan un trozo de hierro de 15.0 g y un trozo de plomo de 20.0 g. ¿Cuál es el nuevo nivel del agua, en mililitros, en el cilindro? (Véase la tabla 1.13). (1.9, 1.10)

1.95 La plata Sterling tiene 92.5% de plata por masa, con una densidad de 10.3 g/cm^3. Si un cubo de plata Sterling tiene un volumen de 27.0 cm^3, ¿cuántas onzas de plata pura están presentes? (1.9, 1.10)

1.96 En general, el cuerpo de un adulto contiene 55% de agua. Si una persona tiene una masa de 65 kg, ¿cuántas libras de agua tiene en su cuerpo? (1.9)

PREGUNTAS DE DESAFÍO

El siguiente grupo de preguntas y problemas se relacionan con los temas de este capítulo. Sin embargo, no todos siguen el orden del capítulo y es necesario combinar conceptos y habilidades de varias secciones. Estos problemas le ayudarán a mejorar sus habilidades de pensamiento crítico y a prepararse para su próximo examen.

1.97 Una preparación de protector solar contiene salicilato de bencilo al 2.50% por masa. Si un tubo contiene 4.0 oz de protector solar, ¿cuántos kilogramos de salicilato de bencilo se necesitan para fabricar 325 tubos de protector solar? (1.9)

1.98 Un enjuague bucal contiene alcohol al 21.6% por masa. Si una botella contiene 0.358 pt de enjuague bucal con una densidad de 0.876 g/mL, ¿cuántos kilogramos de alcohol hay en 180 botellas del enjuague bucal? (1.9, 1.10)

Un enjuague bucal puede contener alcohol etílico.

1.99 Un automóvil viaja a 55 mi/h y recorre 11 kilómetros con un litro de gasolina. ¿Cuántos galones de gasolina se necesitan para un viaje de 3.0 h? (1.9, 1.10)

1.100 Si un centro de reciclado recopila 1254 latas de aluminio y en 1 libra hay 22 latas de aluminio, ¿qué volumen, en litros, de aluminio se recopila? (Véase la tabla 1.13). (1.9, 1.10)

1.101 Para una persona de 180 libras, calcule las cantidades de cada una de las siguientes sustancias que debe ingerir para obtener la LD$_{50}$ de la cafeína dada en la tabla 1.12. (1.8, 1.9)
   a. tazas de café, si una taza tiene 12 fl oz (onza líquida) y hay 100. mg de cafeína por 6.0 fl oz de café de filtro
   b. latas de refresco de cola, si una lata contiene 50. mg de cafeína
   c. tabletas de No-Doz, si una tableta contiene 100. mg de cafeína

1.102 La etiqueta en una botella de 1 pt de agua mineral indica los siguientes componentes. Si la densidad es la misma que la del agua pura y usted bebe tres botellas de agua al día, ¿cuántos miligramos de cada componente obtendrá? (1.8, 1.9, 1.10)
   a. calcio: 28 ppm   **b.** flúor: 0.08 ppm
   c. magnesio: 12 ppm   **d.** potasio: 3.2 ppm
   e. sodio: 15 ppm

1.103 En la fabricación de chips de computadoras se cortan cilindros de silicio en obleas delgadas que miden 3.00 pulgadas de diámetro y tienen una masa de 1.50 g de silicio. ¿Cuán gruesa (mm) es cada oblea, si el silicio tiene una densidad de 2.33 g/cm^3? (1.8, 1.9, 1.10) (La fórmula para calcular el volumen de un cilindro es V = $\pi r^2 h$)

1.104 Una alberca circular, con un diámetro de 27 pies, se llena a una profundidad de 50 pulgadas. Suponga que la alberca es un cilindro (V = $\pi r^2 h$). (1.8, 1.9, 1.10)
   a. ¿Cuál es el volumen de agua en la alberca, en metros cúbicos?
   b. La densidad del agua es 1.00 g/cm^3. ¿Cuál es la masa, en kilogramos, del agua en la alberca?

1.105 Un paquete de papel de aluminio mide 66.7 yardas de largo, 12 pulgadas de ancho y 0.000 30 pulgadas de grueso. Si el alu-

minio tiene una densidad de 2.70 g/cm^3, ¿cuál es la masa, en gramos, del papel de aluminio? (1.8, 1.9, 1.10)

1.106 Un collar de oro de 18 quilates contiene 75% de oro por masa, 16% de plata y 9.0% de cobre. (1.8, 1.9, 1.10)
   a. ¿Cuál es la masa, en gramos, del collar, si contiene 0.24 onzas de plata?
   b. ¿Cuántos gramos de cobre hay en el collar?
   c. Si el oro de 18 quilates tiene una densidad de 15.5 g/cm^3, ¿cuál es el volumen en centímetros cúbicos?

1.107 ¿Cuál es el nivel de colesterol de 1.85 g/L en unidades de mg/dL? (1.7, 1.8, 1.9, 1.10)

1.108 Un objeto tiene una masa de 3.15 onzas. Cuando se sumerge en un cilindro graduado que inicialmente contiene 325.2 mL de agua, el nivel del agua se eleva a 442.5 mL. ¿Cuál es la densidad (g/mL) del objeto? (1.8, 1.9, 1.10)

RESPUESTAS

Respuestas a las Comprobaciones de estudio

1.1 tiempo

1.2 a. 4.25×10^5 m **b.** 8×10^{-7} g

1.3 a. 36 m **b.** 0.0026 L
  c. 3.8×10^3 g **d.** 1.3 kg

1.4 a. 83.70 mg **b.** 0.5 L

1.5 1.5×10^{12} bytes

1.6 a. 1000 g (1×10^3 g) **b.** 0.001 L (1×10^{-3} L)

1.7 a. 62.2 km = 1 h; $\dfrac{62.2 \text{ km}}{1 \text{ h}}$ y $\dfrac{1 \text{ h}}{62.2 \text{ km}}$
  La 1 h es exacta; el 62.2 tiene tres CS.
  b. 1 μg de arsénico = 1 kg de agua
  $\dfrac{1 \mu\text{g arsénico}}{1 \text{ kg agua}}$ y $\dfrac{1 \text{ kg agua}}{10 \mu\text{g arsénico}}$
  El 1 en 1 kg de agua es exacto; el 1 en 1 μg tiene una CS.

1.8 1.89 L

1.9 0.44 oz

1.10 25 g de grasa

1.11 1.05 g/cm^3

1.12 2.20 g/mL

1.13 980 g de jarabe

1.14 246 mL

Respuestas a Preguntas y problemas seleccionados

1.1 Muchos químicos se mencionan en un frasco de vitaminas, como vitamina A, vitamina B$_3$, vitamina B$_{12}$, ácido fólico, etcétera.

1.3 No. Todos los ingredientes mencionados son químicos.

1.5 Entre las cosas que puede hacer para ayudarse a tener éxito en el estudio de la química están: formar un grupo de estudio, revisar las *Metas de aprendizaje*, asistir a clases de manera regular, ir a horas de asesoría, resolver los problemas en el texto y convertirse en un aprendiz activo.

1.7 a, c, e, f

1.9 a. volumen **b.** longitud **c.** longitud **d.** tiempo

1.11 a. metro; longitud **b.** gramo; masa

  c. litro; volumen **d.** segundo; tiempo
  e. grado Celsius; temperatura

1.13 a. 5.5×10^4 m **b.** 4.8×10^2 g
  c. 5×10^{-6} cm **d.** 1.4×10^{-4} s
  e. 7.85×10^{-3} L **f.** 6.7×10^5 kg

1.15 a. 7.2×10^3 cm **b.** 3.2×10^{-2} kg
  c. 1×10^4 L **d.** 6.8×10^{-2} m

1.17 a. 12 000 s **b.** 0.0825 kg
  c. 4 000 000 g **d.** 0.005 m

1.19 a. Medido; para medir la masa se necesita un dispositivo de medición.
  b. Exacto; las tabletas se cuentan.
  c. Exacto; ambos números en una definición métrica son exactos.
  d. Medido; la distancia se mide con un dispositivo de medición.

1.21 a. 6 oz de carne **b.** ninguno
  c. 0.75 lb; 350 g **d.** ninguno (las definiciones son exactas)

1.23 a. El cero después del 8 es significativo.
  b. El cero entre dígitos distintos de cero es significativo.
  c. Ambos ceros en un número con punto decimal son significativos.
  d. El cero en el coeficiente es significativo.
  e. Ninguno; los ceros en un número grande sin punto decimal no son significativos.

1.25 a. cinco CS **b.** dos CS **c.** dos CS
  d. tres CS **e.** cuatro CS **f.** tres CS

1.27 a. 11.00 m **b.** 405.0 K **c.** 0.0120 s **d.** 250.0 L

1.29 a. 1.85 kg **b.** 184 L **c.** 0.004 74 cm
  d. 8810 m **e.** 1.83×10^5 s

1.31 a. 1.6 **b.** 0.01 **c.** 27.6 **d.** 3.5

1.33 a. 53.54 cm **b.** 127.6 g **c.** 121.5 mL **d.** 0.50 L

1.35 km/h es kilómetros por hora; mi/h es millas por hora.

1.37 a. mg **b.** dL **c.** km
  d. pg **e.** μL **f.** ns

1.39 a. 0.01 **b.** 1000
  c. 0.001 (1×10^{-3}) **d.** 1×10^{12}
  e. 1 000 000 (1×10^6) **f.** 1×10^{-12}

1.41 a. 100 cm **b.** 1×10^9 nm
  c. 0.001 m **d.** 1000 mL

1.43 a. kilogramo   **b.** mililitro   **c.** km
    d. kL   **e.** nanómetro

1.45 a. $1\ m\ =\ 100\ cm;\ \dfrac{100\ cm}{1\ m}$ y $\dfrac{1\ m}{100\ cm}$

   b. $1\ g\ =\ 1000\ mg;\ \dfrac{1000\ mg}{1\ g}$ y $\dfrac{1\ g}{1000\ mg}$

   c. $1\ L\ =\ 1000\ mL;\ \dfrac{1000\ mL}{1\ L}$ y $\dfrac{1\ L}{1000\ mL}$

   d. $1\ dL\ =\ 100\ mL;\ \dfrac{100\ mL}{1\ dL}$ y $\dfrac{1\ dL}{100\ mL}$

1.47 a. $1\ yd\ =\ 3\ ft;\ \dfrac{3\ ft}{1\ yd}$ y $\dfrac{1\ yd}{3\ ft}$
    Los números 1 y 3 son ambos exactos.
   b. $1\ kg\ =\ 2.20\ lb;\ \dfrac{2.20\ lb}{1\ kg}$ y $\dfrac{1\ kg}{2.20\ lb}$
    El número 1 es exacto; el número 2.20 tiene tres CS.
   c. $1\ min\ =\ 60\ s;\ \dfrac{60\ s}{1\ min}$ y $\dfrac{1\ min}{60\ s}$
    Los números 1 y 60 son ambos exactos.
   d. $1\ gal\ =\ 27\ mi;\ \dfrac{1\ gal}{27\ mi}$ y $\dfrac{27\ mi}{1\ gal}$
    El número 1 es exacto; el número 27 tiene dos CS.
   e. 93 g de plata = 100 g de sterling;
    $\dfrac{93\ g\ plata}{100\ g\ sterling}$ y $\dfrac{100\ g\ sterling}{93\ g\ plata}$
    El número 100 es exacto; el número 93 tiene dos CS.

1.49 a. $3.5\ m\ =\ 1\ s;\ \dfrac{3.5\ m}{1\ s}$ y $\dfrac{1\ s}{3.5\ m}$
    El número 1 es exacto; el número 3.5 tiene dos CS.
   b. 3500 mg de potasio = 1 día;
    $\dfrac{3500\ mg\ potasio}{1\ día}$ y $\dfrac{1\ día}{3500\ mg\ potasio}$
    El número 1 es exacto; el número 3500 tiene dos CS.
   c. $46.0\ km\ =\ 1\ gal;\ \dfrac{46.0\ km}{1\ gal}$ y $\dfrac{1\ gal}{46.0\ km}$
    El número 1 es exacto; el número 46.0 tiene tres CS.
   d. 50. mg de Atenolol = 1 tableta;
    $\dfrac{50.\ mg\ Atenolol}{1\ tableta}$ y $\dfrac{1\ tableta}{50.\ mg\ Atenolol}$
    El número 1 es exacto; el número 50. tiene dos CS.
   e. 29 μg de pesticida = 1 kg de ciruelas;
    $\dfrac{29\ \mu g\ pesticida}{1\ kg\ ciruelas}$ y $\dfrac{1\ kg\ ciruelas}{29\ \mu g\ pesticida}$
    El número 1 es exacto; el número 29 tiene dos CS.
   f. 81 mg de aspirina = 1 tableta;
    $\dfrac{81\ mg\ aspirina}{1\ tableta}$ y $\dfrac{1\ tableta}{81\ mg\ aspirina}$
    El número 1 es exacto; el número 81 tiene dos CS.

1.51 a. 1.75 m   **b.** 5.5 L   **c.** 5.5 g

1.53 a. 710. mL   **b.** 75.1 kg   **c.** 495 mm
    d. 2.0×10^{-5} in.

1.55 a. 23.8 m   **b.** 196 m^2 **c.** 0.463 s

1.57 a. 66 gal   **b.** 3 tabletas
    c. 1800 mg (1.8×10^3 mg)

1.59 a. 152 g de oxígeno   **b.** 0.026 g de magnesio
    c. 43 g de N   **d.** 50. lb de barras de chocolate

1.61 plomo; 11.3 g/mL

1.63 a. 1.20 g/mL   **b.** 0.877 g/mL
    c. 3.10 g/mL   **d.** 1.42 g/mL

1.65 a. 1.9 L   **b.** 88 g
    c. 62 oz   **d.** 34 kg

1.67 a. 1.03   **b.** 1.13
    c. 0.85 g/mL

1.69 b y c

1.71 Debe registrar una masa de 32.075 g. Puesto que su báscula pesará al 0.001 g más cercano, los valores de masa deberán reportarse al 0.001 g.

1.73 a. 2.0500 m   **b.** 600.0 K
    c. 0.000 705 s   **d.** 2.550×10^{-2} L

1.75 a. exacto   **b.** medido
    c. exacto   **d.** medido

1.77 a. longitud = 6.96 cm; ancho = 4.75 cm
    b. longitud = 69.6 mm; ancho = 47.5 mm
    c. tres CS
    d. tres CS
    e. 33.1 cm^2
    f. tres CS

1.79 1.8 g/mL

1.81 a. 0.000 0126 L   **b.** 3.53×10^2 kg
    c. 125 000 m   **d.** 58.7 g

1.83 265 g

1.85 42 min

1.87 a. 96 galletas
    b. 0.2 oz de grasa
    c. 110 g de sodio

1.89 76 centavos de dólar

1.91 a. 4.3 lb de grasa corporal   **b.** 6.2 lb

1.93 790 g

1.95 9.07 oz de plata pura

1.97 0.92 kg

1.99 6.4 gal

1.101 a. 79 tazas   **b.** 310 latas
    c. 160 tabletas

1.103 0.141 mm

1.105 3.8×10^2 g de papel de aluminio

1.107 185 mg/dL

Energía y materia

Mastering**CHEMISTRY**™

Visite **www.masteringchemistry.com** para acceder a materiales de autoaprendizaje y tareas asignadas por el instructor.

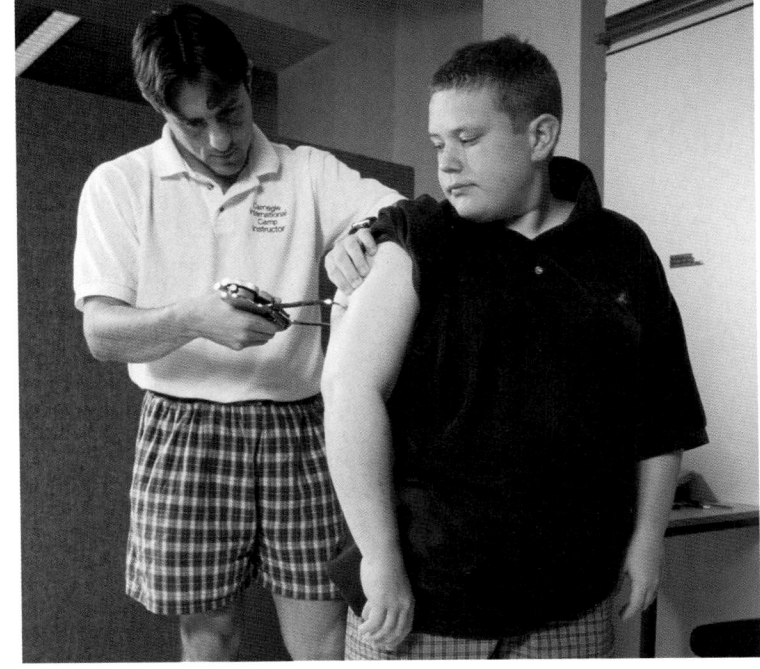

Charles tiene 13 años de edad y sobrepeso para su edad. A su médico le preocupa que Charles esté en riesgo de padecer diabetes tipo 2 y aconseja a su madre concertar una cita con un nutriólogo. Daniel, nutriólogo, les explica que es importante elegir los alimentos adecuados para tener un estilo de vida saludable, perder peso y así evitar o controlar la diabetes.

Daniel también explica que los alimentos contienen energía potencial o almacenada, y que diferentes alimentos contienen distintas cantidades de energía potencial. Por ejemplo, los carbohidratos contienen 4 kcal/g, en tanto que las grasas contienen 9 kcal/g. Luego les explica que las dietas ricas en grasa requieren más ejercicio para quemarlas porque contienen más energía potencial. Daniel recomienda a Charles y a su madre que incluyan granos enteros, frutas y verduras en su dieta en lugar de alimentos ricos en grasa o azúcar. También hablan sobre las etiquetas de los alimentos y que se necesitan porciones más pequeñas de alimentos saludables para perder peso. Antes de retirarse, Charles y su madre reciben un menú para las siguientes dos semanas, y un diario para llevar el registro de qué, y cuánto, consumen en realidad.

Enfoque profesional: Nutriólogo

Los nutriólogos se especializan en ayudar a las personas a aprender acerca de la buena nutrición y la necesidad de consumir una dieta balanceada. Para esto, necesitan comprender los procesos bioquímicos, la importancia de las vitaminas y la información nutricional, así como las diferencias entre carbohidratos, grasas y proteínas en términos de su contenido energético y cómo se metabolizan. Los nutriólogos trabajan en varios ámbitos, incluidos hospitales, asilos, cafeterías escolares y clínicas de salud pública. En estos lugares crean dietas personalizadas para individuos diagnosticados con una enfermedad específica, o crean planes alimenticios para quienes habitan los asilos.

Casi todo lo que uno hace involucra energía. La energía se usa para caminar, jugar tenis, estudiar y respirar. Se utiliza energía cuando se calienta agua, se cocinan alimentos, se encienden las luces, se usa una lavadora y se conduce un automóvil. Desde luego, dicha energía tiene que provenir de algo. En el cuerpo, los alimentos que consume le proporcionan la energía. La energía procedente de los combustibles fósiles, o el Sol, se utiliza para calentar una casa o el agua de una alberca.

Todos los días se ven varios materiales con muy diversas formas. Para un científico, todos estos materiales son *materia*. La materia está en todas partes: el jugo de naranja del desayuno, el agua que se pone en la cafetera, la bolsa de plástico donde guarda su sándwich, el cepillo de dientes y el dentífrico, el oxígeno que inhala y el dióxido de carbono que exhala son formas de materia.

Cuando mira a su alrededor, ve que la materia adopta el estado físico de sólido, líquido o gas. El agua es una sustancia familiar que se observa en los tres estados. En el estado sólido, el agua puede ser un cubo de hielo o un copo de nieve. Es líquida cuando sale de un grifo o llena una alberca. También verá que una sustancia puede cambiar de estado. Por ejemplo, el agua cambia de estado cuando el hielo se derrite, el líquido se evapora de un estanque o el agua hierve y forma un gas. Cuando el vapor de agua en la atmósfera se condensa, se forman nubes.

META DE APRENDIZAJE

Identificar la energía como potencial o cinética; hacer conversiones entre unidades de energía.

2.1 Energía

Cuando corre, camina, baila o piensa, está utilizando energía para realizar **trabajo**, que es cualquier actividad que requiere energía. De hecho, la **energía** se define como la capacidad para realizar trabajo. Suponga que usted asciende una colina empinada y está muy cansado para continuar. En ese momento ya no tiene suficiente energía para hacer ningún trabajo más. Tal vez se siente y tome algún refrigerio. En un rato, obtendrá la energía del alimento y estará en condiciones de realizar más trabajo y concluir el ascenso (véase la figura 2.1).

Energías potencial y cinética

Toda la energía puede clasificarse como energía potencial o energía cinética. La **energía cinética** es la energía de movimiento. Cualquier objeto que se mueve tiene energía cinética. La **energía potencial** está determinada por la posición de un objeto o por la composición química de una sustancia. Una roca que descansa en la cima de una montaña tiene energía potencial por su ubicación. Si la roca rueda por la montaña, la energía potencial se convierte en energía cinética. El agua almacenada en un depósito tiene energía potencial. Cuando el agua pasa por encima de la presa y desciende hacia la corriente, su energía potencial se convierte en energía cinética. Los alimentos y combustibles fósiles tienen energía potencial almacenada en los enlaces de sus moléculas. Cuando usted digiere alimento o quema gasolina en su automóvil, la energía potencial se convierte en energía cinética para realizar trabajo.

FIGURA 2.1 El agua en lo alto de una presa almacena energía potencial.

P ¿Qué ocurre con la energía potencial del agua en lo alto de la presa cuando el agua pasa por encima de la presa y desciende hacia la corriente?

COMPROBACIÓN DE CONCEPTOS 2.1 Energías potencial y cinética

Identificar si cada uno de los siguientes es un ejemplo de energía potencial o de energía cinética:

a. gasolina   **b.** patinar   **c.** una barra de dulce

RESPUESTA

a. La gasolina se quema para proporcionar energía y calor; contiene energía potencial en los enlaces de sus moléculas.
b. Un patinador usa energía para moverse; patinar es energía cinética (energía de movimiento).
c. Una barra de dulce tiene energía potencial. Cuando se digiere, proporciona energía al cuerpo para realizar trabajo.

Calor y energía

El **calor**, también conocido como *energía térmica*, se asocia al movimiento de partículas. Una pizza congelada se siente fría porque el calor fluye de su mano a la pizza. Cuanto más rápido se muevan las partículas, mayor será el calor o la energía térmica de la sustancia. En la pizza congelada, las partículas se mueven con mucha lentitud. A medida que se agrega calor y la pizza se va calentando, el movimiento de las partículas en la pizza aumenta. Al cabo de un rato, las partículas tienen suficiente energía para hacer que la pizza esté caliente y lista para comer.

TUTORIAL
Heat

TUTORIAL
Energy Conversions

Unidades de energía

La unidad SI de energía y trabajo es el **joule (J)**. El joule es una cantidad pequeña de energía, de modo que los científicos a menudo usan kilojoule (kJ): 1000 joules. Para calentar el agua de una taza de té se necesitan alrededor de 75 000 J o 75 kJ de calor. La tabla 2.1 muestra una comparación de energía en joules para varias fuentes de energía.

El lector tal vez esté familiarizado con la unidad **caloría (cal)**, del latín *calor*, que significa "calor". Originalmente, la caloría se definía como la cantidad de energía (calor) necesaria para aumentar la temperatura de 1 g de agua en 1 °C. En la actualidad, una caloría se define como *exactamente* 4.184 J. Esta equivalencia también puede escribirse como dos factores de conversión:

$$1 \text{ cal} = 4.184 \text{ J (exacto)}$$

$$\frac{4.184 \text{ J}}{1 \text{ cal}} \quad \text{y} \quad \frac{1 \text{ cal}}{4.184 \text{ J}}$$

Una *kilocaloría* (kcal) es igual a 1000 calorías, y un *kilojoule* (kJ) es igual a 1000 joules.

$$1 \text{ kcal} = 1000 \text{ cal}$$

$$1 \text{ kJ} = 1000 \text{ J}$$

TABLA 2.1 Comparación de energía de diversas fuentes

Energía en joules

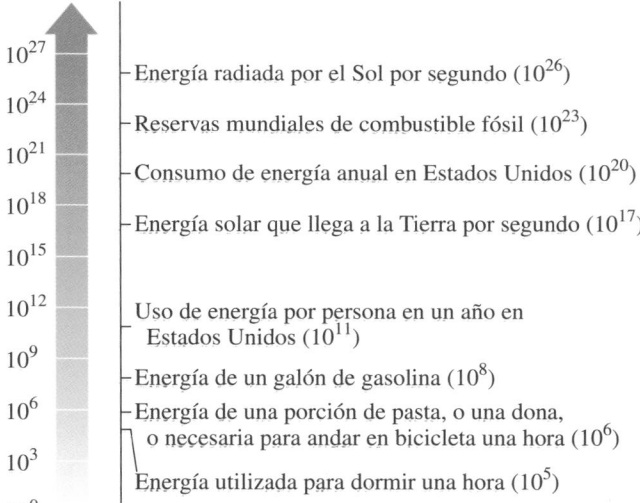

10^{27} — Energía radiada por el Sol por segundo (10^{26})
10^{24} — Reservas mundiales de combustible fósil (10^{23})
10^{21} — Consumo de energía anual en Estados Unidos (10^{20})
10^{18} — Energía solar que llega a la Tierra por segundo (10^{17})
10^{15}
10^{12} — Uso de energía por persona en un año en
10^{9} Estados Unidos (10^{11})
— Energía de un galón de gasolina (10^{8})
10^{6} — Energía de una porción de pasta, o una dona,
   o necesaria para andar en bicicleta una hora (10^{6})
10^{3}
— Energía utilizada para dormir una hora (10^{5})
10^{0}

EJEMPLO DE PROBLEMA 2.1 Unidades de energía

Cuando 1.0 g de diesel se quema en un motor, se liberan 48 000 J. ¿Cuánto es esta energía en calorías?

SOLUCIÓN

Paso 1 **Enuncie las cantidades dadas y las que necesita.**

Análisis del problema

Dadas	Necesita
48 000 J	calorías

El combustible diesel reacciona en un motor para producir energía.

Paso 2   **Escriba un plan para convertir la unidad dada en la unidad que necesita.**

joules → Factor de energía → calorías

Paso 3   **Enuncie las equivalencias y los factores de conversión.**

$$1 \text{ cal} = 4.184 \text{ J}$$

$$\frac{4.184 \text{ J}}{1 \text{ cal}} \quad \text{y} \quad \frac{1 \text{ cal}}{4.184 \text{ J}}$$

Paso 4   **Plantee el problema para calcular la cantidad que necesita.**

Exacto

$$48\,000 \text{ J} \times \frac{1 \text{ cal}}{4.184 \text{ J}} = 11\,000 \text{ cal } (1.1 \times 10^4 \text{ cal})$$

dos CS   Exacto   dos CS

COMPROBACIÓN DE ESTUDIO 2.1

Si se quema 1.0 g de carbón se producen 8.4 kcal. ¿Cuántos kilojoules se producen?

PREGUNTAS Y PROBLEMAS

2.1 Energía

META DE APRENDIZAJE: *Identificar la energía como potencial o cinética; hacer conversiones entre unidades de energía.*

2.1   Indique si cada uno de los siguientes enunciados describe energía potencial o cinética:
   a. agua en lo alto de una cascada
   b. patear un balón
   c. la energía en un trozo de carbón
   d. un esquiador en la cima de una colina

2.2   Indique si cada uno de los siguientes enunciados describe energía potencial o cinética:
   a. la energía de los alimentos
   b. un resorte firmemente enrollado
   c. un terremoto
   d. un automóvil que acelera por la autopista

2.3   Señale si cada uno de los siguientes enunciados involucra un aumento o una disminución en energía potencial:
   a. Un pasajero asciende una rampa en un viaje en montaña rusa.

   b. Un esquiador en lo alto del salto comienza a bajar por la pista.
   c. El agua en lo alto de una cascada cae hacia una alberca.

2.4   Indique si cada uno de los siguientes enunciados involucra un aumento o una disminución en energía potencial:
   a. Una góndola asciende a la cima de una montaña.
   b. Se bombea agua hacia una torre de depósito alta.
   c. Se añade gasolina a un tanque de gas.

2.5   La energía necesaria para mantener encendida durante 1.0 h una bombilla de 75 watts es 270 kJ. Calcule la energía necesaria para mantener la bombilla encendida durante 3.0 h en cada una de las siguientes unidades de energía:
   a. joules   **b.** kilocalorías

2.6   Una persona utiliza 750 kcal en una larga caminata. Calcule la energía que usa el excursionista en cada una de las siguientes unidades de energía:
   a. joules   **b.** kilojoules

META DE APRENDIZAJE

Dada una temperatura, calcular un valor correspondiente en otra escala de temperatura.

TUTORIAL
Temperature Conversions

2.2 Temperatura

Las temperaturas en ciencias se miden y reportan en unidades *Celsius* (°C). En la escala Celsius, los puntos de referencia son el punto de congelación del agua, definido como 0 °C, y el punto de ebullición del agua, 100 °C. En Estados Unidos, las temperaturas cotidianas suelen reportarse en unidades *Fahrenheit* (°F). En la escala Fahrenheit, el agua pura se congela exactamente a 32 °F y hierve exactamente a 212 °F. Una temperatura ambiente típica de 22 °C sería lo mismo que 72 °F. La temperatura corporal humana normal es de 37.0 °C, que equivale a 98.6 °F.

En las escalas de temperatura Celsius y Fahrenheit, la diferencia de temperatura entre congelación y ebullición se divide en unidades más pequeñas llamadas *grados*. En la escala Celsius hay 100 grados Celsius entre los puntos de congelación y ebullición del agua. En la escala Fahrenheit, hay 180 grados Fahrenheit entre los puntos de congelación y ebullición el agua. Esto hace que un grado Celsius tenga casi el doble de tamaño que un grado Fahrenheit: 1 °C = 1.8 °F (véase la figura 2.2).

180 grados Fahrenheit = 100 grados Celsius

$$\frac{180 \text{ grados Fahrenheit}}{100 \text{ grados Celsius}} = \frac{1.8\ ^\circ\text{F}}{1\ ^\circ\text{C}}$$

Es posible escribir una ecuación de temperatura que relacione una temperatura Fahrenheit con su correspondiente temperatura Celsius:

$$T_F = 1.8(T_C) + 32$$
Cambia   Ajusta punto
°C a °F   de congelación

En esta ecuación, la temperatura Celsius se multiplica por 1.8 para cambiar °C a °F; luego se suma 32 para ajustar el punto de congelación de 0 °C a 32 °F. Ambos valores, 1.8 y 32, son números exactos.

Para convertir de Fahrenheit a Celsius, la ecuación de temperatura se reordena para obtener T_C.

$$T_C = \frac{T_F - 32}{1.8}$$

Los científicos se han dado cuenta de que la temperatura más fría posible es −273 °C (más precisamente, −273.15 °C). En la escala *Kelvin*, esta temperatura, llamada *cero absoluto*, tiene el valor de 0 K. Las unidades de temperatura en la escala Kelvin se llaman Kelvin (K); no se utiliza símbolo de grados. Puesto que no hay temperaturas más bajas, la escala Kelvin no tiene valores de temperatura negativos. Entre el punto de congelación del

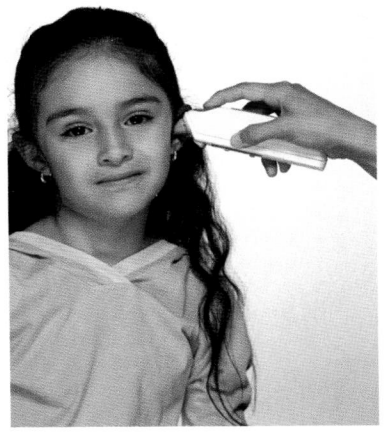

Un termómetro digital de oído se usa para medir la temperatura corporal.

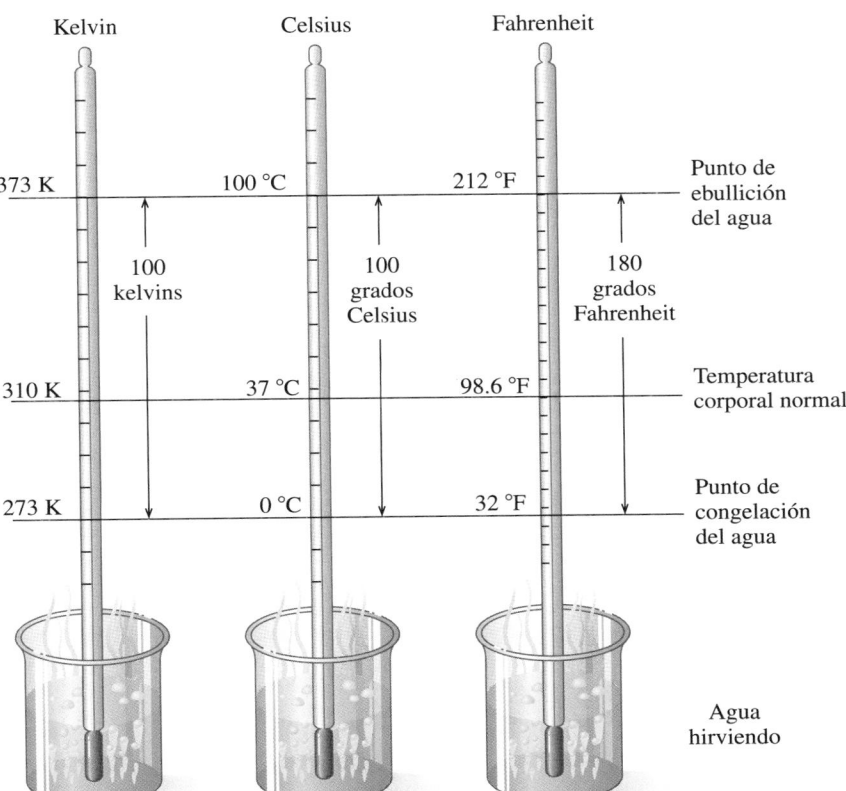

FIGURA 2.2 Comparación de las escalas de temperatura Fahrenheit, Celsius y Kelvin entre los puntos de congelación y de ebullición del agua.

P ¿Cuáles son los valores para el punto de congelación del agua en las escalas de temperatura Fahrenheit, Celsius y Kelvin?

agua, 273 K, y el punto de ebullición, 373 K, hay 100 Kelvin, lo que hace un Kelvin del mismo tamaño que una unidad Celsius.

$$1\ \text{K} = 1\ ^\circ\text{C}$$

Para escribir una ecuación que relacione una temperatura Celsius con su correspondiente temperatura Kelvin se suman 273. La tabla 2.2 ofrece una comparación de algunas temperaturas en las tres escalas.

$$T_K = T_C + 273$$

TABLA 2.2 Comparación de temperaturas			
Ejemplo	Fahrenheit (°F)	Celsius (°C)	Kelvin (K)
Sol	9937	5503	5776
Horno caliente	450	232	505
Desierto	120	49	322
Fiebre alta	104	40	313
Temperatura ambiente	70	21	294
Agua congelada	32	0	273
Invierno de Alaska	−66	−54	219
Ebullición del helio	−452	−269	4
Cero absoluto	−459	−273	0

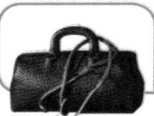

La química en la salud

VARIACIÓN EN LA TEMPERATURA CORPORAL

Se considera que la temperatura corporal humana normal es de 37.0 °C, aunque varía en el transcurso del día y de una persona a otra. Las temperaturas orales de 36.1 °C son comunes en la mañana y ascienden hasta 37.2 °C entre las 6 p.m. y las 10 p.m. Las temperaturas superiores a 37.2 °C en una persona en reposo generalmente son indicio de enfermedad. Cuando un individuo realiza ejercicio prolongado también puede experimentar temperaturas altas. Las temperaturas corporales de los corredores de maratón pueden variar de 39 °C a 41 °C, porque la producción de calor durante el ejercicio supera la capacidad del cuerpo para liberar calor.

Los cambios de más de 3.5 °C de la temperatura corporal normal comienzan a interferir en las funciones corporales. Las temperaturas corporales superiores a 41 °C, *hipertermia*, pueden ocasionar convulsiones, particularmente en niños, y pueden causar daño cerebral permanente. Los golpes de calor ocurren con una temperatura superior a 41.1 °C. La producción de sudor se detiene y la piel se vuelve caliente y seca. El pulso se acelera y la respiración se vuelve débil y rápida. La persona puede ponerse letárgica y hundirse en un estado de coma. El daño a los órganos internos es una preocupación fundamental, y el tratamiento, que debe ser inmediato, puede consistir en sumergir a la persona en una tina con agua helada.

En el extremo de temperatura baja, *hipotermia*, la temperatura corporal puede descender hasta los 28.5 °C. La persona puede observarse fría y pálida y tener un ritmo cardiaco irregular. Si la temperatura corporal desciende por abajo de los 26.7 °C, la persona podría

perder el conocimiento. La respiración se vuelve lenta y superficial, y la oxigenación de los tejidos disminuye. El tratamiento consiste en suministrar oxígeno y aumentar el volumen sanguíneo con glucosa y líquidos salinos. Inyectar líquidos cálidos (37.0 °C) en la cavidad peritoneal puede restablecer la temperatura interna.

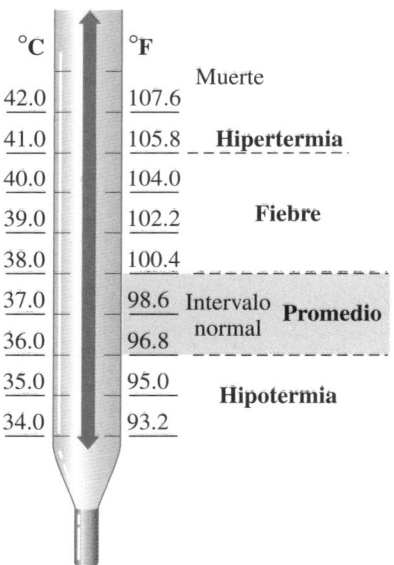

EJEMPLO DE PROBLEMA 2.2 Conversión de temperatura Celsius a Fahrenheit

Durante el invierno, el termostato de una habitación se pone en 21 °C. ¿A qué temperatura, en grados Fahrenheit, debe poner el termostato?

SOLUCIÓN

Paso 1 **Enuncie las cantidades dadas y las que necesita.**

Análisis del problema

Dadas	Necesita
21 °C	*T* en grados Fahrenheit

Paso 2   **Escriba una ecuación de temperatura.**

$$T_F = 1.8(T_C) + 32$$

Paso 3   **Sustituya los valores conocidos y calcule la nueva temperatura.** En la ecuación, *los valores de 1.8 y 32 son números exactos*, lo que no afecta el número de CS.

$$T_F = 1.8(21) + 32 \quad \text{1.8 es exacto; 32 es exacto}$$

$$= 70. \,°F \quad \text{Respuesta a lugar de unidades}$$

Guía para calcular temperaturas

1 Enuncie las cantidades dadas y las que necesita.

2 Escriba una ecuación de temperatura.

3 Sustituya los valores conocidos y calcule la nueva temperatura.

COMPROBACIÓN DE ESTUDIO 2.2

En el proceso de elaboración de un helado se agrega sal de roca al hielo triturado para enfriar la mezcla del helado. Si la temperatura desciende a $-11\,°C$, ¿cuál es la temperatura en grados Fahrenheit?

EJEMPLO DE PROBLEMA 2.3   **Conversión de temperatura Fahrenheit a Celsius**

En un tipo de tratamiento del cáncer llamado *termoterapia* se utilizan temperaturas de hasta 113 °F para destruir células cancerosas. ¿Cuál es la temperatura en grados Celsius?

SOLUCIÓN

Paso 1   **Enuncie las cantidades dadas y las que necesita.**

Análisis del problema

Dadas	Necesita
113 °F	T en grados Celsius

Paso 2   **Escriba una ecuación de temperatura.**

$$T_C = \frac{T_F - 32}{1.8}$$

Paso 3   **Sustituya los valores conocidos y calcule la nueva temperatura.**

$$T_C = \frac{(113 - 32)}{1.8} \quad \text{32 es exacto; 1.8 es exacto}$$

$$= \frac{81}{1.8} = 45\,°C \quad \text{Respuesta a lugar de unidades}$$

COMPROBACIÓN DE ESTUDIO 2.3

Un niño tiene una temperatura de 103.6 °F. ¿Cuál es la temperatura en un termómetro Celsius?

EJEMPLO DE PROBLEMA 2.4   **Conversión de temperatura Celsius a Kelvin**

Un dermatólogo puede utilizar nitrógeno líquido criogénico a $-196\,°C$ para eliminar lesiones cutáneas y algunos tipos de cáncer de piel. ¿Cuál es la temperatura, en Kelvin, del nitrógeno líquido?

SOLUCIÓN

Paso 1   **Enuncie las cantidades dadas y las que necesita.**

Análisis del problema

Dadas	Necesita
$-196\,°C$	T en Kelvin

Paso 2 **Escriba una ecuación de temperatura.** Para calcular la temperatura Kelvin, use la ecuación que relaciona las temperaturas Celsius y Kelvin.

$$T_K = T_C + 273$$

Paso 3 **Sustituya los valores conocidos y calcule la nueva temperatura.**

$$T_K = -196 + 273$$
$$= 77 \text{ K}$$

COMPROBACIÓN DE ESTUDIO 2.4

En el planeta Mercurio, la temperatura nocturna promedio es de 13 K y la temperatura diurna promedio es de 683 K. ¿Cuáles son las equivalencias de estas temperaturas en grados Celsius?

La química en el ambiente

DIÓXIDO DE CARBONO Y EL CALENTAMIENTO GLOBAL

El clima de la Tierra es un producto de la interacción entre luz solar, atmósfera y océanos. El Sol proporciona energía en forma de radiación solar. Parte de esta radiación se refleja de vuelta al espacio. El resto lo absorben las nubes, los gases atmosféricos, incluido el dióxido de carbono, y la superficie de la Tierra. Durante millones de años, las concentraciones de dióxido de carbono han fluctuado. Sin embargo, durante los últimos 100 años la cantidad del gas dióxido de carbono (CO_2) en la atmósfera aumentó de manera considerable. De los años 1000 a 1800, el dióxido de carbono atmosférico promedió 280 ppm. Pero desde el comienzo de la Revolución Industrial en 1800, el nivel de dióxido de carbono atmosférico se elevó de más o menos 280 ppm a casi 390 ppm, un aumento del 40%.

A medida que el nivel de CO_2 atmosférico se incrementa, más radiación solar queda atrapada por los gases atmosféricos, lo que eleva la temperatura de la superficie terrestre. Algunos científicos estiman que, si el nivel de dióxido de carbono se duplica del nivel que tenía antes de la Revolución Industrial, la temperatura global promedio podría aumentar entre 2.0 °C y 4.4 °C. Aunque parece un cambio de temperatura pequeño, podría tener un impacto mundial dramático. Incluso ahora, los glaciares y las cubiertas nevadas en muchas partes del mundo han disminuido. Las capas de hielo en la Antártida y Groenlandia se funden con rapidez y se desprenden. Si bien nadie sabe con certeza a qué velocidad se derrite el hielo en las regiones polares, este cambio acelerado

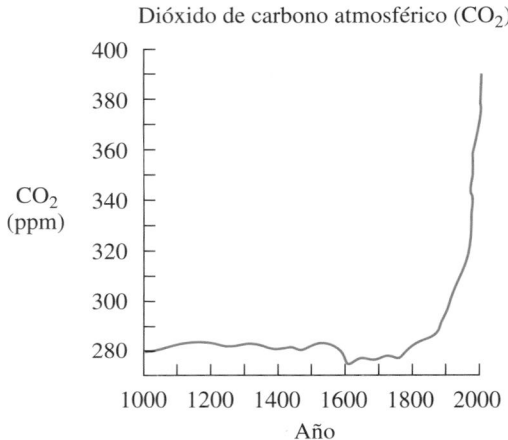

Dióxido de carbono atmosférico (CO_2)

contribuirá a elevar el nivel del mar. En el siglo xx, el nivel del mar se elevó entre 15 y 23 cm, y algunos científicos predicen que el nivel del mar se elevará 1 m en este siglo. Dicho aumento tendrá un impacto importante sobre las regiones costeras.

Hasta fechas recientes, el nivel del dióxido de carbono se conservaba porque las algas en los océanos y los árboles en los bosques utilizaban el dióxido de carbono. Sin embargo, la capacidad de estas y otras formas de vida vegetal para absorber dióxido de carbono no mantiene el ritmo del aumento en los niveles de dióxido de carbono. La mayoría de los científicos coincide en que la fuente principal del aumento del dióxido de carbono es la quema de combustibles fósiles como gasolina, carbón y gas natural. La tala y quema de árboles en los bosques (deforestación) también reduce la cantidad de dióxido de carbono que se elimina de la atmósfera.

En todo el mundo se realizan esfuerzos para reducir el dióxido de carbono producido por la quema de combustibles fósiles que calientan los hogares, activan los automóviles y suministran energía a las industrias. Los científicos exploran formas de proporcionar fuentes de energía alternativa y reducir los efectos de la deforestación. Mientras tanto, es posible reducir el uso de energía en las casas si se usan aparatos domésticos que sean más eficientes en energía, como luces fluorescentes en vez de bombillas incandescentes. Un esfuerzo como éste a nivel mundial reducirá el posible impacto del calentamiento global y, al mismo tiempo, ahorrará los recursos de combustible.

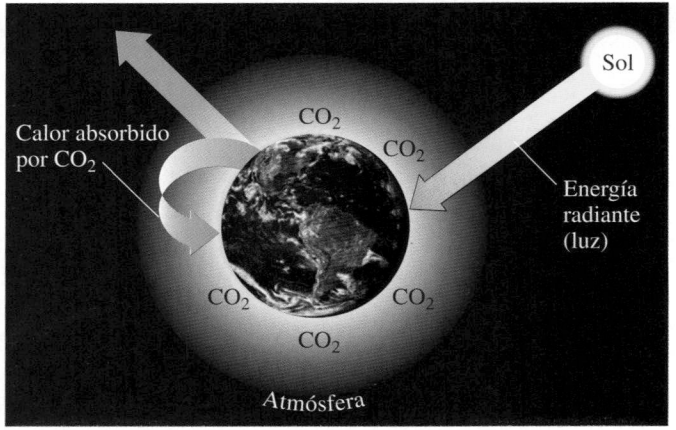

El calor del Sol es atrapado por la capa de CO_2 de la atmósfera.

PREGUNTAS Y PROBLEMAS

2.2 Temperatura

META DE APRENDIZAJE: *Dada una temperatura, calcular un valor correspondiente en otra escala de temperatura.*

2.7 Una amiga suya, que lo visita desde Canadá, se acaba de tomar la temperatura. Cuando lee 99.8, se preocupa de que esté muy enferma. Usted vive en Estados Unidos, ¿cómo le explicaría esta temperatura a su amiga?

2.8 Un amigo suyo está usando una receta de flan de un recetario mexicano. Usted observa que pone la temperatura del horno a 175 °F. ¿Qué le aconsejaría?

2.9 Resuelva las siguientes conversiones de temperatura:
a. 37.0 °C = _____°F   **b.** 65.3 °F = _____°C
c. −27 °C = _____K   **d.** 224 K = _____°C
e. 114 °F = _____ °C

2.10 Resuelva las siguientes conversiones de temperatura:
a. 25 °C = _____°F   **b.** 155 °C = _____°F
c. −25 °F = _____°C   **d.** 62 °C = _____ K
e. 545 K = _____ °C

2.11 a. Un paciente con hipertermia tiene una temperatura de 106 °F. ¿Cuál es la temperatura en un termómetro Celsius?
b. Dado que las fiebres altas pueden causar convulsiones en los niños, un médico quiere que le llamen si la temperatura de un niño excede los 40.0 °C. ¿Deberán llamar al médico si un niño tiene una temperatura de 103 °F?

2.12 a. Las compresas calientes se preparan con agua a 145 °F. ¿Cuál es la temperatura del agua caliente en grados Celsius?
b. Durante hipotermia extrema, la temperatura de un niño desciende a 20.6 °C. ¿Cuál es su temperatura en la escala Fahrenheit?

2.3 Clasificación de la materia

Materia es cualquier cosa que tenga masa y ocupe espacio. La materia constituye todas las cosas que utiliza, como agua, madera, platos, bolsas de plástico, ropa y zapatos. Los diferentes tipos de materia se clasifican por su composición.

META DE APRENDIZAJE

Clasificar ejemplos de materia como sustancias puras o mixtas.

Sustancias puras

Hay dos tipos de sustancias puras: elementos y compuestos. Una **sustancia pura** es materia que tiene una composición fija o constante. Un **elemento**, el tipo más simple de sustancia pura, está compuesto por sólo una clase de material, como plata, hierro o aluminio. Todo elemento está compuesto por *átomos*, que son partículas extremadamente diminutas que componen cada tipo de materia. La plata está compuesta por átomos de plata, el hierro por átomos de hierro y el aluminio por átomos de aluminio. Al inicio de este texto se encuentra una lista completa de los elementos.

TUTORIAL
Classification of Matter

Una molécula de agua consiste en dos átomos de hidrógeno (blanco) por un átomo de oxígeno (rojo) y tiene una fórmula de H_2O.

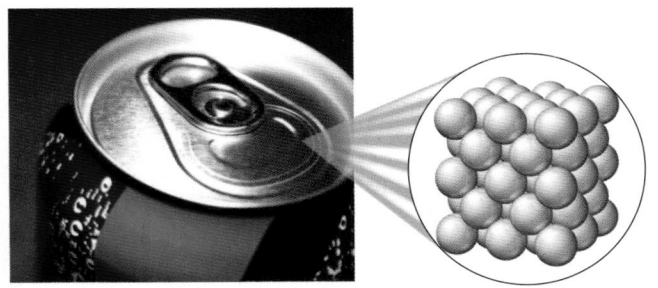
Una lata de aluminio puede consistir en muchos átomos de aluminio.

Un **compuesto** también es una sustancia pura, pero consta de dos o más elementos combinados químicamente en la misma proporción. En muchos compuestos, los átomos de los elementos se mantienen unidos mediante atracciones llamadas *enlaces*, que forman pequeños grupos de átomos llamados *moléculas*. Por ejemplo, una molécula del compuesto agua, H_2O, tiene dos átomos de hidrógeno por cada átomo de oxígeno, y se representa con la fórmula H_2O. Esto significa que el agua que se encuentra en cualquier parte siempre tiene la misma composición de H_2O. Otro compuesto que consiste en una combinación de hidrógeno y oxígeno se llama peróxido de hidrógeno. Sin embargo, tiene dos átomos de hidrógeno por cada dos átomos de oxígeno, y se representa con la fórmula H_2O_2. Por tanto, el agua (H_2O) y el peróxido de hidrógeno (H_2O_2) son compuestos diferentes, lo que significa que tienen propiedades distintas.

Las sustancias puras que son compuestos sólo pueden descomponerse en sus elementos mediante procesos químicos. No pueden descomponerse por métodos físicos como ebullición o cribado. Por ejemplo, el compuesto en la sal de mesa ordinaria, NaCl, se descompone químicamente en los elementos sodio y cloro, como se observa en la figura 2.3. Los elementos no pueden descomponerse más.

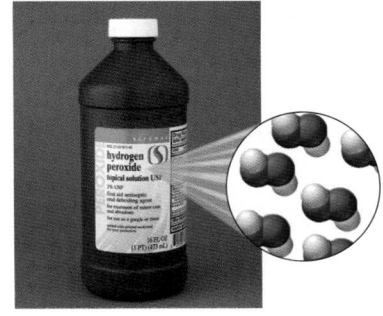
Una molécula de peróxido de hidrógeno consiste en dos átomos de hidrógeno (blanco) por dos átomos de oxígeno (rojo) y tiene una fórmula de H_2O_2.

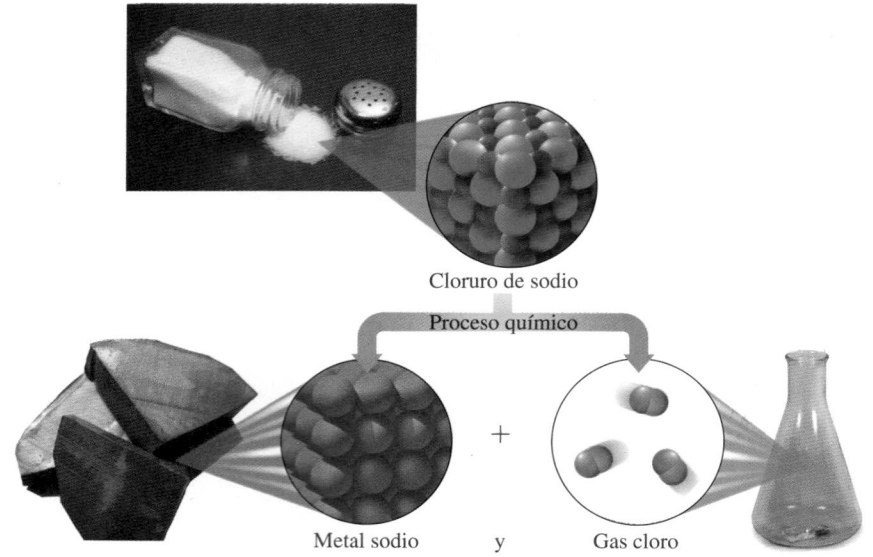

FIGURA 2.3 Un proceso químico llamado *descomposición* separa NaCl y produce los elementos sodio y cloro.

P ¿Cómo difieren elementos y compuestos?

TUTORIAL
Classifying Matter

Mezclas

En una **mezcla**, dos o más sustancias se mezclan físicamente, pero no se combinan químicamente. Mucha de la materia en la vida diaria consiste en mezclas (véase la figura 2.4). El aire que usted respira es una mezcla de gases, en su mayor parte oxígeno y nitrógeno. El acero de los edificios y de las vías de ferrocarril es una mezcla de hierro, níquel, carbono y cromo. El bronce de las perillas de las puertas y de los aparatos es una mezcla de cinc y cobre. Hay diferentes tipos de bronce, que contienen de 20 a 50% de cinc. Cada tipo de bronce tiene distintas propiedades, según la proporción entre cobre y cinc. También son mezclas el té, el café y el agua de mar. A diferencia de los compuestos, la composición de una mezcla no es consistente, pero puede variar. Por ejemplo, dos mezclas de azúcar-agua pueden parecer iguales, pero la que tenga mayor proporción de azúcar respecto del agua sabrá más dulce.

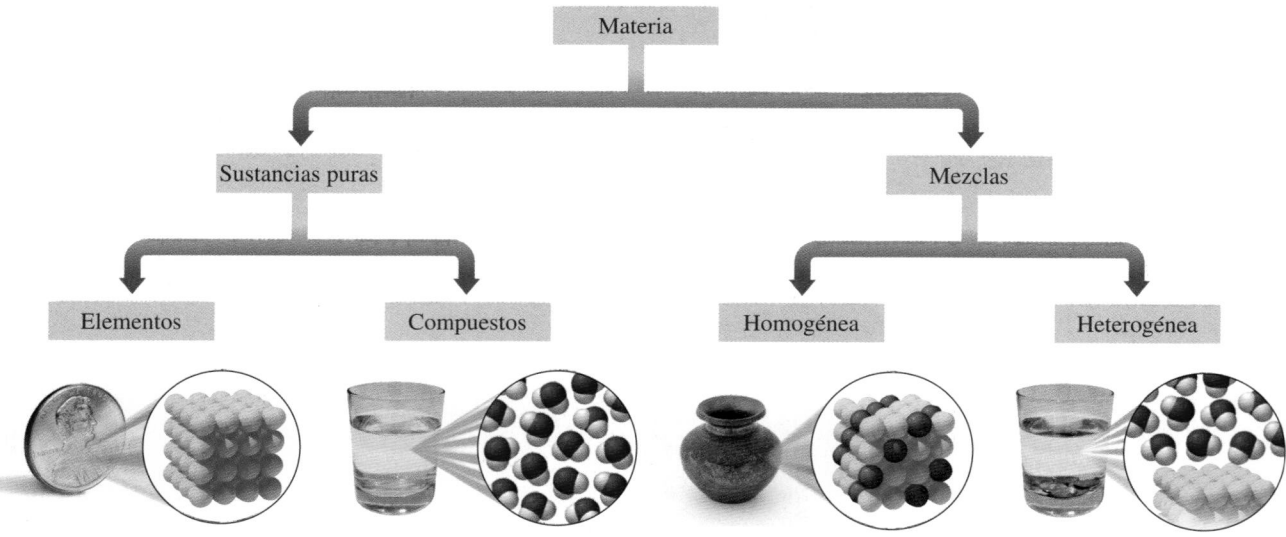

FIGURA 2.4 La materia está organizada por sus componentes: elementos, compuestos y mezclas. **(a)** El elemento cobre consiste en átomos de cobre. **(b)** El compuesto agua consiste en moléculas de H_2O. **(c)** El bronce es una mezcla homogénea de átomos de cobre y de cinc. **(d)** El metal cobre en el agua es una mezcla heterogénea de átomos de cobre y moléculas de H_2O.

P ¿Por qué el cobre y el agua son sustancias puras, pero el bronce es una mezcla?

Para separar mezclas pueden usarse procesos físicos, porque no hay interacciones químicas entre los componentes. Por ejemplo, diferentes monedas, como las de cinco, 10 y 25 centavos de dólar, pueden separarse por tamaño; las partículas de hierro mezcladas con arena pueden recogerse con un imán; y el agua se separa del espagueti cocido con el uso de un colador (véase la figura 2.5).

Método físico de separación

COMPROBACIÓN DE CONCEPTOS 2.2   **Sustancias puras y mezclas**

Clasifique cada uno de los siguientes enunciados como sustancia pura o como mezcla:

a. azúcar en una azucarera
b. conjunto de monedas de 5 y 10 centavos de dólar
c. café con leche y azúcar

RESPUESTA

a. El azúcar es un compuesto, que es una sustancia pura.
b. Las monedas de 5 y 10 centavos de dólar se mezclan físicamente, pero no se combinan químicamente, por lo que el conjunto de monedas es una mezcla.
c. El café, la leche y el azúcar se mezclan físicamente, pero no se combinan químicamente, por lo que se trata de una mezcla.

Tipos de mezclas

Las mezclas se clasifican como homogéneas o heterogéneas. En una *mezcla homogénea*, también denominada *disolución*, la composición es uniforme en toda la muestra. Ejemplos familiares de mezclas homogéneas son el aire, que contiene gases oxígeno y nitrógeno, y el agua salada, una solución de sal y agua.

En una *mezcla heterogénea* los componentes no tienen una composición uniforme. Por ejemplo, una mezcla de aceite y agua es heterogénea porque el aceite flota sobre la superficie del agua. Otros ejemplos de mezclas heterogéneas son las pasas en un pastelillo y la pulpa en el jugo de naranja.

En el laboratorio de química, las mezclas se separan mediante varios métodos. Los sólidos se separan de los líquidos mediante *filtración*, que consiste en verter una mezcla a través de papel filtro montado en un embudo. En la *cromatografía*, distintos componentes de una mezcla líquida se separan conforme se mueven a diferentes velocidades por la superficie de una pieza de papel cromatográfico.

FIGURA 2.5 Una mezcla de espagueti y agua se separa con un colador, un método físico de separación.

P ¿Por qué pueden usarse métodos físicos para separar mezclas, mas no compuestos?

EJEMPLO DE PROBLEMA 2.5   **Clasificación de mezclas**

Clasifique cada una de las siguientes opciones como sustancia pura (elemento o compuesto) o como mezcla (homogénea o heterogénea):

a. alambre de cobre
b. galleta con chispas de chocolate
c. Nitrox, una mezcla de oxígeno y nitrógeno para buzos

SOLUCIÓN

a. El cobre es un elemento, que es una sustancia pura.
b. Una galleta con chispas de chocolate no tiene una composición uniforme, por lo que es una mezcla heterogénea.
c. Los gases oxígeno y nitrógeno tienen una composición uniforme en el Nitrox, por lo que se trata de una mezcla homogénea.

COMPROBACIÓN DE ESTUDIO 2.5

Un aderezo para ensaladas se prepara con aceite, vinagre y trozos de queso azul. ¿ésta es una mezcla homogénea o heterogénea?

La mezcla de un líquido y un sólido se separa mediante filtración.

Aceite y agua forman una mezcla heterogénea.

Diferentes sustancias se separan conforme viajan a diferentes velocidades sobre la superficie de papel cromatográfico.

La química en la salud

MEZCLAS DE GASES PARA BUCEO

El aire que usted respira está compuesto en su mayor parte de los gases oxígeno (21%) y nitrógeno (79%). Las mezclas homogéneas para respiración que utilizan los buzos son diferentes del aire que respira, dependiendo de la profundidad de la inmersión. Por ejemplo, una mezcla conocida como Nitrox contiene más gas oxígeno (hasta 32%) y menos gas nitrógeno (68%) que el aire. Una mezcla con menos gas nitrógeno disminuye el riesgo de *narcosis del nitrógeno*, que ocasiona confusión mental y surge por respirar aire regular mientras se bucea. Con inmersiones profundas hay más posibilidades de sufrir narcosis del nitrógeno. Otra mezcla, Heliox, contiene oxígeno y helio y suele utilizarse para bucear a más de 200 pies (ft). Al sustituir el nitrógeno con helio no ocurre la narcosis del nitrógeno. Sin embargo, a inmersiones más profundas de 300 ft, el helio se asocia a convulsiones graves y descenso de la temperatura corporal.

El Trimix es una mezcla respiratoria que se usa para inmersiones a más de 400 ft, contiene oxígeno, helio y algo de nitrógeno. La adición de nitrógeno disminuye el problema de las convulsiones que se producen por respirar altos niveles de helio. Tanto el Heliox como el Trimix los utilizan sólo buzos profesionales, militares o personas con un alto grado de entrenamiento.

Una mezcla Nitrox se usa para llenar tanques de buceo.

PREGUNTAS Y PROBLEMAS

2.3 Clasificación de la materia

META DE APRENDIZAJE: *Clasificar ejemplos de materia como sustancias puras o mezclas.*

2.13 Clasifique cada uno de los siguientes como elemento, compuesto o mezcla:
a. bicarbonato de sodio ($NaHCO_3$)   **b.** un muffin de moras
c. hielo (H_2O)   **d.** cinc (Zn)
e. Trimix (oxígeno, nitrógeno y helio) en un tanque de buceo

2.14 Clasifique cada uno de los siguientes como elemento, compuesto o mezcla:
a. una bebida gaseosa   **b.** propano (C_3H_8)
c. un sándwich de queso   **d.** un clavo de hierro (Fe)
e. sustituto de sal (KCl)

2.15 Clasifique cada una de las siguientes mezclas como homogénea o heterogénea:
a. sopa de verduras
b. agua de mar
c. té
d. té con hielo y rebanadas de limón
e. ensalada de frutas

2.16 Clasifique cada una de las siguientes mezclas como homogénea o heterogénea:
a. leche sin grasa
b. helado con chispas de chocolate
c. gasolina
d. sándwich de mantequilla de cacahuate (maní)
e. jugo de arándanos

META DE APRENDIZAJE

Identificar los estados de la materia y sus propiedades físicas y químicas.

MC

TUTORIAL
Properties and Changes of Matter

2.4 Estados y propiedades de la materia

En la Tierra, la materia existe en uno de tres estados físicos llamados *estados de la materia*: sólido, líquido y gaseoso. Un **sólido**, como una piedrita o una pelota de béisbol, tienen una forma y volumen definidos. Es probable que el lector identifique varios sólidos a su alrededor en este momento, como libros, lápices o un ratón de computadora. En un sólido, fuertes fuerzas de atracción mantienen unidas las partículas, como átomos o moléculas. Las partículas de un sólido están ordenadas en un patrón tan rígido que su único movimiento es vibrar lentamente en sus posiciones fijas. Para muchos sólidos, sus estructuras rígidas producen cristales.

Un **líquido** tiene un volumen definido, mas no una forma definida. En un líquido, las partículas se mueven lentamente en direcciones aleatorias, pero están suficientemente atraídas entre ellas para mantener un volumen definido, aunque no una estructura rígida. Por eso, cuando aceite, agua o vinagre se vierten de un recipiente a otro, el líquido conserva su propio volumen pero adopta la forma del nuevo recipiente.

Un **gas** no tiene ni forma ni volumen definidos. En un gas las partículas están alejadas, tienen poca atracción entre ellas, se mueven a velocidades extremadamente altas y adoptan la forma y el volumen de su recipiente. El gas helio en un globo llena todo el volumen del globo. La tabla 2.3 compara los tres estados de la materia.

La amatista, un sólido, es una forma púrpura de cuarzo (SiO_2).

El agua como líquido adopta la forma de su recipiente.

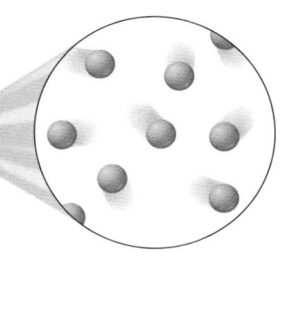

Un gas adopta la forma y el volumen de su recipiente.

TABLA 2.3 **Comparación de sólidos, líquidos y gases**

Característica	Sólido	Líquido	Gas
Forma	Tiene forma definida	Adopta la forma del recipiente	Adopta la forma del recipiente
Volumen	Tiene volumen definido	Tiene un volumen definido	Llena el volumen del recipiente
Arreglo de partículas	Fijo, muy cercanas	Aleatorio, cercanas	Aleatorio, separadas
Interacción entre partículas	Muy fuerte	Fuerte	En esencia, ninguna
Movimiento de partículas	Muy lento	Moderado	Muy rápido
Ejemplos	Hielo, sal, hierro	Agua, aceite, vinagre	Vapor de agua, helio, aire

COMPROBACIÓN DE CONCEPTOS 2.3 **Estados de la materia**

Identifique el (los) estado(s) de la materia que se describe(n) para cada una de las siguientes sustancias:

a. no cambia de volumen cuando se coloca en un recipiente diferente
b. tiene una densidad especialmente baja
c. la forma depende del recipiente
d. tiene forma y volumen definidos

RESPUESTA

a. Tanto un sólido como un líquido tienen su propio volumen, que no depende del volumen de su recipiente.
b. En un gas las partículas están separadas, lo que proporciona pequeña masa por volumen, o una baja densidad.
c. Tanto un líquido como un gas adoptan la forma de sus recipientes.
d. Un sólido tiene un arreglo rígido de partículas, lo que le da una forma y volumen definidos.

El cobre, utilizado en utensilios de cocina, es buen conductor del calor.

TABLA 2.4 Algunas propiedades físicas del cobre

Característica	Propiedad física
Color	Rojo-anaranjado
Olor	Sin olor
Punto de fusión	1083 °C
Punto de ebullición	2567 °C
Estado a 25 °C	Sólido
Lustre	Brillante
Conducción de electricidad	Excelente
Conducción de calor	Excelente

Propiedades físicas y cambios físicos

Una manera de describir la materia es observar sus propiedades físicas. Si al lector se le pidiera describirse a sí mismo, podría elaborar una lista de características como color de ojos y piel, o la longitud, color y textura de su cabello.

Las **propiedades físicas** son aquellas características que pueden observarse o medirse sin afectar la identidad de una sustancia. Las propiedades físicas típicas son forma, estado, color, punto de fusión y punto de ebullición de una sustancia. Por ejemplo, usted puede observar que una moneda de un centavo de dólar tiene las propiedades físicas de forma redonda, color rojo-anaranjado, estado sólido y lustre brillante. La tabla 2.4 ofrece ejemplos de propiedades físicas del cobre que se encuentra en monedas de 1 centavo de dólar, alambres eléctricos y sartenes de cobre.

El agua es una sustancia que se encuentra generalmente en los tres estados: sólido, líquido y gaseoso. Cuando la materia experimenta un **cambio físico**, su estado o su aspecto cambian, pero su composición permanece igual. La forma sólida del agua, nieve o hielo, tiene un aspecto diferente que sus formas líquida o gaseosa, pero los tres estados son agua (véase la figura 2.6).

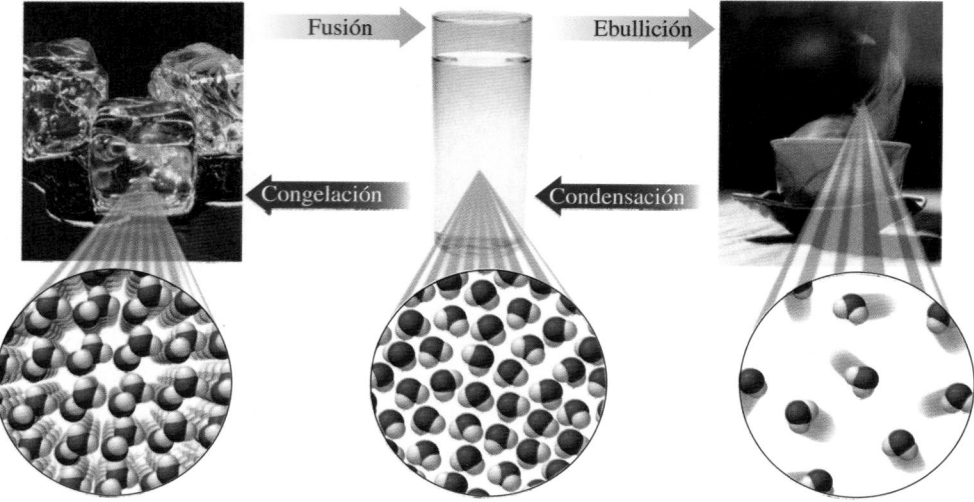

FIGURA 2.6 El agua cambia de estado de sólido a líquido y de líquido a gas conforme se agrega calor.
P Cuando el agua se congela, ¿se agrega o libera calor?

Fusión y congelación

La materia experimenta un **cambio de estado** cuando se convierte de un estado a otro estado (véase la figura 2.6). Conforme se agrega calor a un sólido, las partículas en la estructura rígida se mueven más rápido. A una temperatura llamada **punto de fusión (pf)**, el sólido se convierte en líquido. Durante la **fusión**, se absorbe energía para superar las fuerzas de atracción que mantienen unidas las partículas en el sólido; la estructura rígida del sólido cambia a una asociación aleatoria de partículas en el líquido. Durante un cambio de estado, la temperatura de una sustancia permanece constante. En el capítulo 5 estudiará los tipos específicos de fuerzas de atracción entre partículas.

Si la temperatura de un líquido baja, tiene lugar el proceso inverso. Se elimina calor del líquido, lo que hace que sus partículas se muevan con más lentitud. Con el tiempo, las fuerzas de atracción son suficientes para formar un sólido. La sustancia está en el proceso de **congelación**, que cambia de un líquido a un sólido. La temperatura a la que un líquido cambia a sólido es su **punto de congelación (pc)**, que es la misma temperatura que en el punto de fusión.

Toda sustancia tiene su propio punto de congelación (fusión): el agua sólida (hielo) se funde a 0 °C cuando se agrega calor, y se congela a 0 °C cuando se elimina calor. El oro se funde a 1064 °C y se congela a 1064 °C. El nitrógeno se funde a −210 °C y se congela a −210 °C.

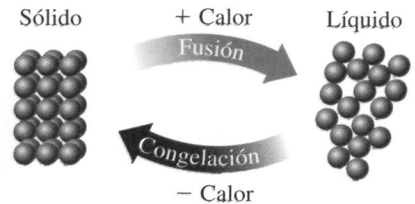

Fusión y congelación son procesos reversibles.

Evaporación, ebullición y condensación

El agua en un charco de lodo desaparece, la comida sin envolver se deshidrata y la ropa colgada en un tendedero se seca. La **evaporación** ocurre cuando las moléculas de agua en la superficie adquieren suficiente energía cinética para escapar del líquido y formar un gas. A medida que las moléculas de agua más calientes dejan el líquido, se elimina calor, lo que enfría el agua líquida restante. A mayores temperaturas, más moléculas de agua se evaporan. En el **punto de ebullición (pe)** todas las moléculas dentro de un líquido adquieren suficiente energía para superar las fuerzas de atracción entre ellas y se convierten en gas. Uno puede observar la **ebullición** de un líquido como el agua conforme se forman burbujas de gas en todo el líquido, se elevan a la superficie y escapan.

Cuando se elimina calor de un gas tiene lugar un proceso inverso. En la **condensación**, vapor de agua se convierte de vuelta en líquido a medida que las moléculas de agua pierden energía y se mueven con más lentitud. La condensación ocurre a la misma temperatura que la ebullición, pero difiere porque se elimina calor. Quizá haya usted observado la condensación que ocurre cuando toma una ducha caliente y el vapor de agua forma gotitas en el espejo.

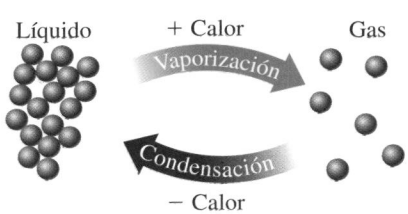

Vaporización y condensación son procesos reversibles.

Curvas de temperatura

Puede dibujarse una *curva de calentamiento* para ilustrar los cambios de temperatura y los cambios de estado a medida que se agrega calor a una sustancia. Una línea diagonal indica calentamiento de un sólido conforme se agrega calor. Cuando la temperatura del sólido alcanza el punto de fusión, comienza a cambiar a líquido. Este proceso de fusión, que ocurre a temperatura constante, se dibuja como una línea horizontal.

A medida que se agrega calor al líquido, su temperatura comienza a aumentar, lo que se muestra como una línea diagonal. En el punto de ebullición el líquido obtiene suficiente energía para cambiar a gas, lo que se dibuja como una línea horizontal. En el punto de ebullición, la temperatura es constante. Una vez que todo el líquido se convierte en gas, otra línea diagonal muestra el aumento de temperatura a medida que se agrega calor al gas.

En una *curva de enfriamiento*, la temperatura de una sustancia disminuye conforme se elimina calor. Si comienza con una muestra de gas de vapor de agua (vapor) a 140 °C, una línea diagonal muestra la disminución en la temperatura hasta el punto de ebullición (condensación). Entonces tiene lugar un cambio de gas a líquido, lo que se muestra con una línea horizontal. La temperatura en la condensación permanece constante hasta que todo el vapor de agua cambia a agua líquida. Entonces otra línea diagonal muestra la disminución de temperatura conforme el agua líquida se enfría hasta que alcanza el punto de congelación. En el punto de congelación del agua (0 °C), una línea horizontal indica que el agua se está congelando. Una vez que toda el agua está congelada, se dibuja una línea diagonal debajo del punto de congelación a medida que más calor se elimina del agua sólida (hielo).

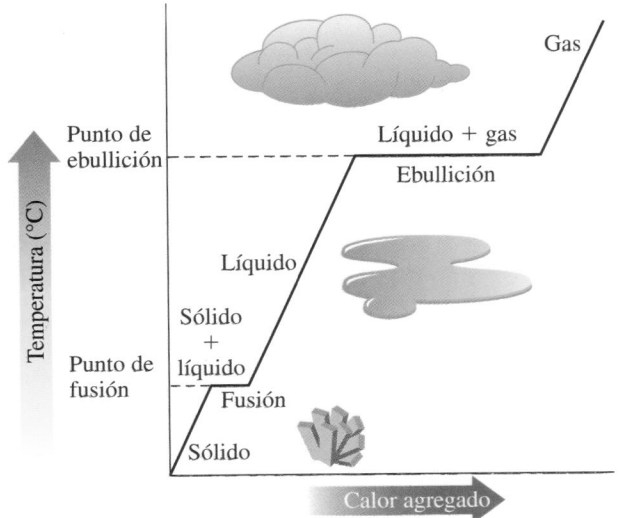

Una curva de calentamiento ilustra el cambio de temperatura y los cambios de estado a medida que se agrega calor.

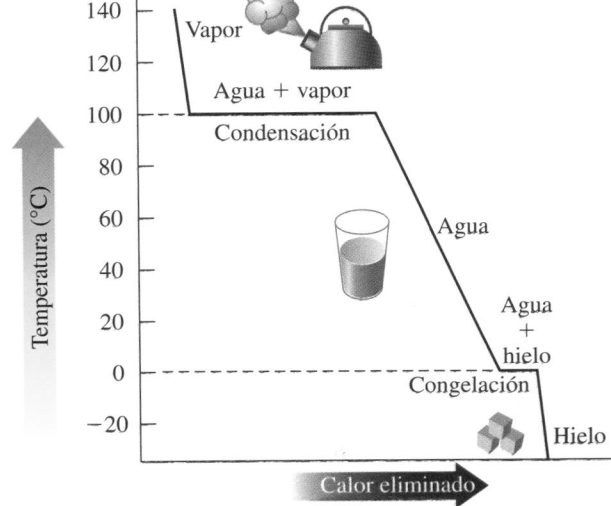

Una curva de enfriamiento para el agua ilustra el cambio de temperatura y los cambios de estado a medida que se elimina calor.

Sublimación y deposición

En un proceso llamado **sublimación**, las partículas en la superficie de un sólido cambian directamente a gas sin ningún cambio de temperatura y sin pasar por el estado líquido. En el proceso inverso, llamado **deposición**, las partículas de gas cambian directamente a sólido.

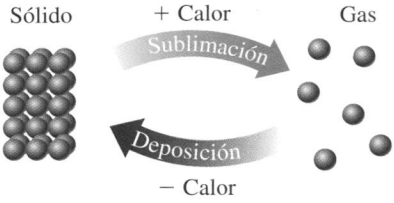

Sublimación y deposición son procesos reversibles.

El hielo seco se sublima a −78 °C.

El vapor de agua cambiará a sólido al contacto con una superficie fría, como en estos guisantes congelados.

Por ejemplo, el hielo seco, que es dióxido de carbono (CO_2) sólido, experimenta sublimación a −78 °C. Se le llama "seco" porque no forma un líquido a medida que se calienta. En áreas extremadamente frías la nieve no se funde, sino que se sublima directamente a vapor de agua. En un refrigerador sin escarcha, el agua del hielo de las paredes del congelador y de los alimentos congelados se sublima cuando circula aire caliente por el compartimiento durante el ciclo de deshielo. Cuando los alimentos congelados se dejan en el congelador durante mucho tiempo, se sublima tanta agua que los alimentos, en especial la carne, se secan y encogen, una condición llamada *quemadura por congelación*. La deposición ocurre en un congelador cuando el vapor de agua forma cristales de hielo sobre la superficie de las bolsas del congelador y los alimentos congelados.

Los alimentos liofilizados tienen una larga vida de almacenamiento porque no contienen agua.

Los alimentos liofilizados preparados mediante sublimación son convenientes para el almacenamiento de largo plazo y para campismo y excursionismo. Un alimento que fue congelado se coloca en una cámara de vacío donde se seca conforme el hielo se sublima. El alimento seco conserva todo su valor nutricional y sólo necesita agua para ser comestible. Un alimento liofilizado no necesita refrigeración porque las bacterias no pueden crecer sin humedad.

El aspecto físico de una sustancia también puede cambiar en otras formas. Suponga que disuelve un poco de sal en agua. El aspecto de la sal cambia, pero se podrían volver a formar los cristales de sal si se calienta la mezcla y se evapora el agua. Por tanto, en un cambio físico no se producen nuevas sustancias. La tabla 2.5 ofrece más ejemplos de cambios físicos.

Conforme el agua se evapora de las salinas, se forman cristales de sal.

TABLA 2.5 Ejemplos de algunos cambios físicos

Tipo de cambio físico	Ejemplo
Cambio de estado	Agua hirviendo
	Congelación de agua líquida en agua sólida (hielo)
Cambio de aspecto	Disolución de azúcar en agua
Cambio de forma	Martillado de un lingote de oro para convertirlo en una brillante hoja de oro
	Estirar cobre para convertirlo en alambre de cobre
Cambio de tamaño	Cortar papel en pequeños pedazos para hacer confeti
	Moler pimienta en partículas más pequeñas

En un cambio físico, un lingote de oro se martilla para formar hoja de oro.

Propiedades químicas y cambios químicos

Las **propiedades químicas** son aquellas que describen la capacidad de una sustancia para transformarse en una sustancia nueva. Cuando tiene lugar un **cambio químico**, la sustancia original se convierte en una nueva sustancia, que tiene diferentes propiedades físicas y químicas. Por ejemplo, el óxido o corrosión de un metal como el hierro es una propiedad química. En la lluvia, un clavo de hierro (Fe) reacciona con oxígeno (O_2) y forma óxido (Fe_2O_3). Ha tenido lugar un cambio químico: el óxido es una nueva sustancia con nuevas propiedades físicas y químicas. La tabla 2.6 menciona ejemplos de cambios químicos.

TABLA 2.6 Ejemplos de algunos cambios químicos

Tipo de cambio químico	Cambios de propiedades
Deslustre de plata	El brillante metal plata reacciona en el aire para dar un recubrimiento negruzco y granuloso.
Quema de madera	Un trozo de pino arde con una llama brillante, lo que produce calor, cenizas, dióxido de carbono y vapor de agua.
Caramelización de azúcar	A altas temperaturas, el azúcar blanca granulosa se transforma en una sustancia blanda de color de caramelo.
Formación de óxido	El hierro, que es gris y brillante, si se combina con oxígeno forma óxido rojo-anaranjado.

En un cambio químico, el hierro sobre la superficie de los clavos reacciona con el oxígeno para formar óxido.

La tabla 2.7 resume las propiedades físicas y químicas, así como los cambios físicos y químicos.

TABLA 2.7 Resumen de propiedades y cambios físicos y químicos

	Físico	Químico
Propiedad	Característica de una sustancia, como color, forma, olor, lustre, tamaño, punto de fusión y densidad.	Característica que indica la capacidad de una sustancia para formar otra sustancia: el papel puede quemarse, el hierro puede oxidarse y la plata puede deslustrarse.
Cambio	Un cambio de una propiedad física que conserva la identidad de la sustancia: cambio de estado, cambio de tamaño o cambio de forma y aspecto.	Un cambio en el que la sustancia original se convierte en una o más sustancias nuevas: el papel se quema, el hierro se oxida y la planta se deslustra.

El flan tiene una cubierta de azúcar caramelizada.

COMPROBACIÓN DE CONCEPTOS 2.4   Propiedades físicas y químicas

Clasifique cada uno de los siguientes enunciados como propiedad física o química:

a. La gasolina es un líquido a temperatura ambiente.
b. La gasolina se quema en el aire.
c. La gasolina tiene un olor picante.

RESPUESTA

a. Un líquido es un estado de la materia, por lo que se trata de una propiedad física.
b. Cuando la gasolina se quema, cambia a diferentes sustancias con nuevas propiedades, lo que es una propiedad química.
c. El olor de la gasolina es una propiedad física.

EJEMPLO DE PROBLEMA 2.6   Cambios físicos y químicos

Clasifique cada uno de los siguientes enunciados como un cambio físico o químico:

a. Un cubo de hielo se funde y forma agua líquida.
b. Una enzima descompone la lactosa de la leche.
c. Los granos de pimienta se muelen en hojuelas.

SOLUCIÓN

a. Cuando el cubo de hielo cambia de estado sólido a líquido ocurre un cambio físico.
b. Cuando una enzima descompone la lactosa en sustancias más simples ocurre un cambio químico.
c. Cuando el tamaño de un objeto cambia, ocurre un cambio físico.

COMPROBACIÓN DE ESTUDIO 2.6

¿Cuáles de los siguientes son cambios químicos?

a. Cuando el polvo para hornear se mezcla con vinagre se forman burbujas de gas.
b. Un tronco se corta para hacer una fogata.
c. Un tronco arde en una fogata.

PREGUNTAS Y PROBLEMAS

2.4 Estados y propiedades de la materia

META DE APRENDIZAJE: *Identificar los estados de la materia y sus propiedades físicas y químicas.*

2.17 Indique si cada una de las siguientes opciones describe un gas, un líquido o un sólido.
   a. Esta sustancia no tiene volumen ni forma definidos.
   b. Las partículas de una sustancia no interaccionan entre ellas.
   c. Las partículas de una sustancia se mantienen en una estructura rígida.

2.18 Indique si cada uno de los siguientes enunciados describe un gas, un líquido o un sólido:
   a. La sustancia tiene un volumen definido pero adopta la forma del recipiente.
   b. Las partículas de esta sustancia están muy separadas.
   c. Esta sustancia ocupa todo el volumen del recipiente.

2.19 Describa cada una de las siguientes opciones como propiedad física o química:
   a. El cromo es un sólido gris acero.
   b. El hidrógeno reacciona fácilmente con oxígeno.
   c. El nitrógeno se congela a −210 °C.
   d. La leche se agria cuando se deja en una habitación caliente.

2.20 Describa cada uno de los siguientes enunciados como propiedad física o química:
   a. El neón es un gas incoloro a temperatura ambiente.
   b. Las rebanadas de manzana se tornan color marrón cuando se exponen al aire.
   c. El fósforo se enciende cuando se expone al aire.
   d. A temperatura ambiente, el mercurio es un líquido.

2.21 ¿Qué tipo de cambio, físico o químico, tiene lugar en cada una de las siguientes aseveraciones?
   a. El vapor de agua se condensa y forma lluvia.
   b. El metal cesio reacciona explosivamente con el agua.
   c. El oro se funde a 1064 °C.
   d. Un rompecabezas se corta en 1000 piezas.
   e. El queso se ralla sobre la pasta.

2.22 ¿Qué tipo de cambio, físico o químico, tiene lugar en cada uno de los siguientes enunciados?
   a. El oro se martilla en hojas delgadas.
   b. Un alfiler de plata se desluce con el aire.
   c. Un árbol se corta en tablones en un aserradero.
   d. La comida se digiere.
   e. Una barra de chocolate se derrite.

2.23 Describa cada propiedad del elemento flúor como física o química.
   a. es muy reactivo
   b. es un gas a temperatura ambiente
   c. tiene un color amarillo pálido

   d. explotará en presencia de hidrógeno
   e. tiene un punto de fusión de −220 °C

2.24 Describa cada propiedad del elemento circonio como física o química.
   a. se funde a 1852 °C
   b. es resistente a la corrosión
   c. tiene un color amarillo grisáceo
   d. se enciende de manera espontánea en el aire cuando se divide finamente
   e. es un metal brillante

2.25 Identifique cada uno de los siguientes cambios de estado como fusión, congelación, sublimación o deposición:
   a. La estructura sólida de una sustancia se descompone a medida que se forma líquido.
   b. El café es liofilizado.
   c. El agua de la acera se convierte en hielo durante una fría noche de viento.
   d. Cristales de hielo se forman en un paquete de maíz congelado.

2.26 Identifique cada uno de los siguientes cambios de estado como fusión, congelación, sublimación o deposición:
   a. El hielo seco en un carrito de helados desaparece.
   b. La nieve del suelo se convierte en agua líquida.
   c. El calor se elimina de 125 g de agua líquida a 0 °C.
   d. Se forma escarcha en una mañana fría.

2.27 Identifique cada uno de los siguientes cambios de estado como evaporación, ebullición o condensación:
   a. El vapor de agua en las nubes cambia a lluvia.
   b. La ropa húmeda se seca en un tendedero.
   c. La lava fluye hacia el océano y se forma vapor.
   d. Después de una ducha caliente, el espejo de su baño está cubierto de agua.

2.28 Identifique cada uno de los siguientes cambios de estado como evaporación, ebullición o condensación:
   a. A 100 °C, el agua sobre una sartén cambia a vapor.
   b. En una mañana fría, las ventanas de su automóvil se empañan.
   c. Un estanque poco profundo se seca en el verano.
   d. Una tetera silba cuando el agua está lista para el té.

2.29 Dibuje una curva de calentamiento para una muestra de hielo que se calienta de −20 °C a 140 °C. Indique el segmento de la gráfica que corresponda a cada uno de los siguientes:
   a. sólido   **b.** fusión   **c.** líquido
   d. ebullición   **e.** gas

2.30 Dibuje una curva de enfriamiento para una muestra de vapor que se enfría de 110 °C hasta −10 °C. Indique el segmento de la gráfica que corresponda a cada uno de los siguientes:
   a. sólido   **b.** congelación   **c.** líquido
   d. condensación **e.** gas

2.5 Calor específico

Toda sustancia puede absorber o perder calor. Para cocer una papa, se la coloca en un horno caliente. Si se cocina pasta, a la pasta se le agrega agua hirviendo. El lector ya sabe que agregar calor al agua aumenta su temperatura hasta que hierve. Toda sustancia tiene su propia capacidad característica para absorber calor. Ciertas sustancias absorben más calor que otras para alcanzar determinada temperatura.

    Las necesidades de energía de diferentes sustancias se describen en términos de una propiedad física denominada *calor específico*. El **calor específico (*c*)** de una sustancia se define como el número de joules (o calorías) necesarios para cambiar la temperatura de exactamente 1 g de sustancia en exactamente 1 °C. Para calcular el calor específico de una sustancia, se mide el calor en joules (o calorías), la masa en gramos, y la ΔT, que es el cambio de temperatura, en grados Celsius. El símbolo delta en ΔT significa "cambio de".

$$\text{Calor específico } (c) = \frac{\text{calor}}{\text{masa} \times \Delta T} = \frac{\text{J (o cal)}}{1 \text{ g} \times 1 \text{ °C}}$$

Ahora puede escribir el calor específico del agua usando la definición de joule y caloría que se ofrece en la sección 2.1, que es 1.00 cal = 4.184 J.

$$\text{Calor específico } (c) \text{ de H}_2\text{O } (l) = \frac{4.184 \text{ J}}{\text{g °C}} = \frac{1.00 \text{ cal}}{\text{g °C}}$$

Si observa la tabla 2.8 verá que 1 g de agua necesita 4.184 J (o 1.00 cal) para aumentar su temperatura en 1 °C. El agua tiene un calor específico grande que es aproximadamente cinco veces el calor específico del aluminio. El aluminio tiene un calor específico que es aproximadamente el doble que el del cobre. Por tanto, la absorción de 4.184 J (o 1.00 cal) por 1 g de agua aumentará su temperatura en 1 °C. Sin embargo, agregar la misma cantidad de calor (4.184 J o 1.00 cal) también aumentará la temperatura de 1 g de aluminio en aproximadamente 5 °C y la de 1 g de cobre en más o menos 10 °C. Los calores específicos bajos del aluminio y el cobre significan que transfieren el calor de manera eficiente, por lo que son útiles en cacerolas y sartenes.

El alto calor específico del agua tiene un impacto importante sobre las temperaturas de las ciudades costeras en comparación con las ciudades tierra adentro. Una gran masa de agua cerca de una ciudad costera puede absorber o liberar cinco veces la energía absorbida o liberada por la misma masa de roca cerca de una ciudad tierra adentro. Esto significa que, en el verano, un cuerpo de agua absorbe grandes cantidades de calor, lo que enfría una ciudad costera, y luego, en el invierno, ese mismo cuerpo de agua libera grandes cantidades de calor, lo que proporciona temperaturas más cálidas. Un efecto similar ocurre con el cuerpo humano, que contiene 70% de agua en masa. El agua en el cuerpo absorbe o libera grandes cantidades de calor para mantener una temperatura corporal casi constante.

TABLA 2.8 Calores específicos de algunas sustancias

Sustancia	(J/g °C)	(cal/g °C)
Elementos		
Aluminio, Al(s)	0.897	0.214
Cobre, Cu(s)	0.385	0.0920
Oro, Au(s)	0.129	0.0308
Hierro, Fe(s)	0.452	0.108
Plata, Ag(s)	0.235	0.0562
Titanio, Ti(s)	0.523	0.125
Compuestos		
Amoniaco, NH$_3$(g)	2.04	0.488
Etanol, C$_2$H$_5$OH(l)	2.46	0.588
Cloruro de sodio, NaCl(s)	0.864	0.207
Agua, H$_2$O(l)	4.184	1.00

COMPROBACIÓN DE CONCEPTOS 2.5   Comparación de calores específicos

El agua tiene un calor específico que es casi seis veces mayor que el de la arena. ¿Cómo cambiaría la temperatura durante el día y la noche si usted viviera en una casa junto a un gran lago, en comparación con una casa construida en el desierto o la arena?

RESPUESTA

En el día, el agua del lago absorberá seis veces la cantidad de energía que la arena, lo que mantendrá la temperatura de una casa cerca de un lago más agradable y más fresca que en una casa en el desierto. En la noche, el agua del lago liberará energía que calentará el aire circundante de modo que la temperatura no descenderá tanto como en el desierto.

EJEMPLO DE PROBLEMA 2.7   Cálculo de calor específico

¿Cuál es el calor específico, en cal/g °C, del plomo, si 13.6 cal aumentarán la temperatura de 35.6 g de plomo en 12.5 °C?

SOLUCIÓN

Paso 1   **Enuncie las cantidades dadas y las que necesita.**

Análisis del problema

Dadas	Necesita
13.6 cal absorbidas	calor específico del plomo (cal/g °C)
35.6 g de plomo	
$\Delta T = 12.5$ °C	

Guía para calcular el calor específico

1 Enuncie las cantidades dadas y las que necesita.

2 Escriba la relación para el calor específico.

3 Plantee el problema para calcular el calor específico.

Paso 2 **Escriba la relación para el calor específico.** En la relación para calor específico (c), la cantidad de calor se divide por la masa y por el cambio de temperatura (ΔT):

$$\text{Calor específico } (c) \; = \; \frac{\text{calor}}{\text{masa} \;\; \Delta T}$$

Paso 3 **Plantee el problema para calcular el calor específico.** Sustituya la cantidad de calor en calorías, la masa en gramos, y el cambio de temperatura (ΔT) en grados Celsius, en la relación para calor específico:

$$\text{Calor específico } (c) \; = \; \frac{13.6 \text{ cal}}{35.6 \text{ g} \;\; 12.5 \text{ °C}} \; = \; 0.0306 \frac{\text{cal}}{\text{g °C}}$$

COMPROBACIÓN DE ESTUDIO 2.7

¿Cuál es el calor específico del metal sodio (J/g °C) si se necesitan 123 J para aumentar la temperatura de 4.00 g de sodio en 25.0 °C?

TUTORIAL
Specific Heat Calculations

Cálculos en los que se utiliza calor específico

Cuando se conoce la relación de calor específico para una sustancia, es posible reordenarla para obtener una expresión útil llamada *ecuación del calor*.

$$\text{Calor específico } (c) \; = \; \frac{\text{calor}}{\text{masa} \times \Delta T}$$

$$\text{Calor} = \text{masa} \times \Delta T \times \text{calor específico } (c) \qquad \text{Ecuación del calor}$$

Con la ecuación del calor uno puede calcular la cantidad de calor perdida o ganada por una sustancia al sustituir las cantidades conocidas para la masa, el cambio de temperatura y su calor específico.

$$\text{Calor} \; = \; \text{masa} \; \times \; \text{cambio de temperatura} \; \times \; \text{calor específico}$$

Calor	=	masa	×	ΔT	×	c
cal	=	g	×	°C	×	$\frac{\text{cal}}{\text{g °C}}$
J	=	g	×	°C	×	$\frac{\text{J}}{\text{g °C}}$

Guía para cálculos en los que se utiliza calor específico

1 Enuncie las cantidades dadas y las que necesita.

2 Calcule el cambio de temperatura (ΔT).

3 Escriba la ecuación del calor.

4 Sustituya los valores dados y resuelva, y asegúrese de cancelar unidades.

EJEMPLO DE PROBLEMA 2.8 **Cálculo de calor con un aumento de temperatura**

¿Cuántos joules absorben 45.2 g de aluminio (Al) si su temperatura se incrementa de 12.5 °C a 76.8 °C? (véase la tabla 2.8).

SOLUCIÓN

Paso 1 **Enuncie las cantidades dadas y las que necesita.**

Análisis del problema

Dadas	Necesita
45.2 g de aluminio	joules absorbidos por el aluminio
c del aluminio = 0.897 J/g °C	
T_{inicial} = 12.5 °C	
T_{final} = 76.8 °C	

Paso 2   **Calcule el cambio de temperatura (ΔT).** El cambio de temperatura ΔT es la diferencia entre las temperaturas final e inicial.

$$\Delta T = T_{\text{final}} - T_{\text{inicial}} = 76.8\ °C - 12.5\ °C = 64.3\ °C$$

Paso 3   **Escriba la ecuación del calor.**

$$\text{Calor} = \text{masa} \times \Delta T \times c$$

Paso 4   **Sustituya los valores dados y resuelva, y asegúrese de cancelar unidades.**

$$\text{Calor} = 45.2\ \cancel{g} \times 64.3\ \cancel{°C} \times \frac{0.897\ J}{\cancel{g}\,\cancel{°C}} = 2610\ J\ (2.61 \times 10^3\ J)$$

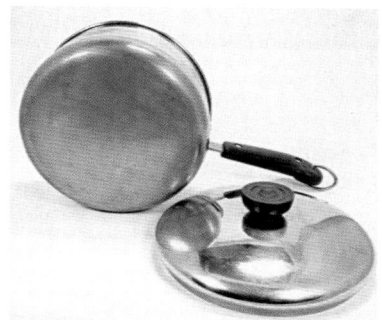

El cobre de una sartén conduce con rapidez el calor hacia el alimento que está en la sartén.

COMPROBACIÓN DE ESTUDIO 2.8

Algunas sartenes para cocinar tienen una capa de cobre en el fondo. ¿Cuántos kilojoules se necesitan para aumentar la temperatura de 125 g de cobre de 22 °C a 325 °C? (véase la tabla 2.8).

La química en la salud

QUEMADURAS POR VAPOR

El agua caliente a 100 °C causará quemaduras y daño a la piel. Si 25 g de agua caliente a 100 °C caen sobre la piel de una persona, la temperatura del agua descenderá a la temperatura corporal, 37 °C. El calor liberado puede causar quemaduras graves. Esta cantidad de calor puede calcularse a partir del cambio de temperatura: 100 °C − 37 °C = 63 °C.

$$25\ \cancel{g} \times 63\ \cancel{°C} \times \frac{4.184\ J}{\cancel{g}\ \cancel{°C}} = 6600\ J$$

Sin embargo, es todavía más peligroso que sea vapor lo que entre en contacto con la piel. La condensación de la misma cantidad de vapor a líquido, a 100 °C, libera mucho más calor: casi 10 veces más. Para calcular esta cantidad de calor se usa el calor de vaporización, que es de 2260 J/g para el agua.

$$25\ \cancel{g} \times \frac{2\ 260\ J}{1\ \cancel{g}} = 57\ 000\ J$$

Cuando se combina la cantidad de calor liberado de la condensación y el enfriamiento del agua de 100 °C a 37 °C, se ve que la mayor parte del calor proviene de la condensación del vapor. Esta gran cantidad de calor liberado sobre la piel es lo que causa lesiones por quemaduras de vapor.

Condensación (100 °C)	= 57 000 J
Enfriamiento (100 °C a 37 °C)	= 6 600 J
Calor liberado	= 64 000 J (redondeado)

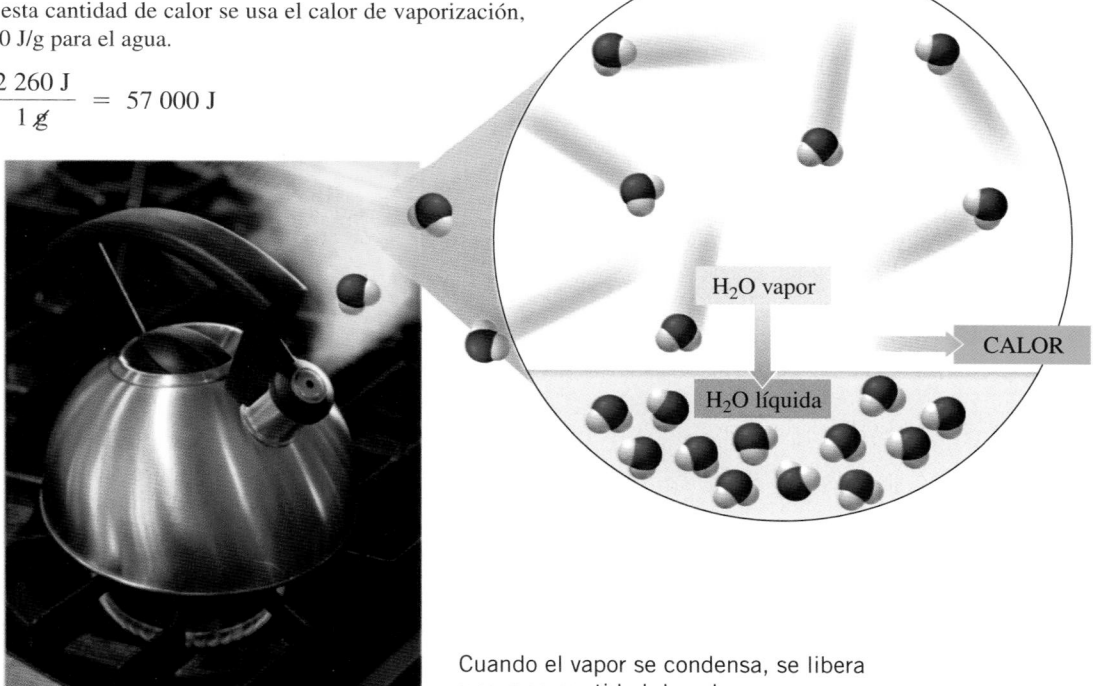

Cuando el vapor se condensa, se libera una gran cantidad de calor.

PREGUNTAS Y PROBLEMAS

2.5 Calor específico

META DE APRENDIZAJE: *Usar calor específico para calcular la cantidad de calor perdida o ganada durante un cambio de temperatura.*

2.31 Si la misma cantidad de calor se suministra a muestras de 10.0 g cada una de aluminio, hierro y cobre, todas a 15 °C, ¿cuál muestra alcanzaría la temperatura más alta? (véase la tabla 2.8).

2.32 Las sustancias A y B tienen la misma masa y están a la misma temperatura inicial. Cuando se agrega la misma cantidad de calor a cada una, la temperatura final de A es 55 °C más alta que la temperatura de B. ¿Qué le dice esto acerca de los calores específicos de A y B?

2.33 Calcule el calor específico (J/g °C) de cada una de las siguientes muestras:
  a. una muestra de 13.5 g de cinc calentados de 24.2 °C a 83.6 °C, que absorbe 312 J de calor
  b. una muestra de 48.2 g de un metal que absorbe 345 J cuando su temperatura aumenta de 35.0 °C a 57.9 °C

2.34 Calcule el calor específico (J/g °C) de cada uno de los siguientes metales:
  a. una muestra de 18.5 g de estaño, que absorbe 183 J cuando su temperatura aumenta de 35.0 °C a 78.6 °C
  b. una muestra de 22.5 g de un metal que absorbe 645 J cuando su temperatura aumenta de 36.2 °C a 92.0 °C

2.35 ¿Cuál es la cantidad de energía involucrada en cada uno de los siguientes?
  a. calorías para calentar 25 g de agua de 15 °C a 25 °C
  b. joules para calentar 15 g de agua de 22 °C a 75 °C
  c. kilocalorías para calentar 150 g de agua en una tetera de 15 °C a 77 °C

2.36 ¿Cuál es la cantidad de energía involucrada en cada uno de los siguientes?
  a. calorías cedidas cuando 85 g de agua se enfrían de 45 °C a 25 °C
  b. joules cedidos cuando 25 g de agua se enfrían de 86 °C a 61 °C
  c. kilocalorías absorbidas cuando 5.0 kg de agua se calientan de 22 °C a 28 °C

2.37 Calcule la energía, en joules y calorías, para cada uno de los siguientes (véase la tabla 2.8):
  a. necesaria para calentar 25.0 g de agua de 12.5 °C a 25.7 °C
  b. necesaria para calentar 38.0 g de cobre de 122 °C a 246 °C
  c. perdida cuando 15.0 g de etanol se enfrían de 60.5 °C a −42.0 °C
  d. perdida cuando 112 g de hierro se enfrían de 118 °C a 55 °C

2.38 Calcule la energía, en joules y calorías, para cada uno de los siguientes (véase la tabla 2.8):
  a. necesaria para calentar 5.25 g de agua de 5.5 °C a 64.8 °C
  b. perdida cuando 75.0 g de agua se enfrían de 86.4 °C a 2.1 °C
  c. necesaria para calentar 10.0 g de plata de 112 °C a 275 °C
  d. perdida cuando 18.0 g de oro se enfrían de 224 °C a 118 °C

META DE APRENDIZAJE

Usar los valores de energía para calcular los kilojoules (jK) o kilo-calorías (kcal) de un alimento.

TUTORIAL
Nutritional Energy

ESTUDIO DE CASO
Calories from Hidden Sugar

2.6 Energía y nutrición

Los alimentos que ingiere proporcionan energía para que se realice trabajo en el interior del cuerpo, como el crecimiento y la reparación de células. Los carbohidratos son el principal combustible del cuerpo, pero si las reservas de éstos se agotan, las grasas y luego las proteínas pueden utilizarse como energía.

Durante muchos años en el campo de la nutrición, la energía de los alimentos se midió en Calorías o kilocalorías. La unidad nutricional **Caloría**, **Cal** (con C mayúscula), es lo mismo que 1000 cal, o 1 kcal. La unidad internacional kilojoule (kJ) está adquiriendo más prevalencia. Por ejemplo, una papa cocida tiene un valor energético de 110 Calorías, que es 110 kcal o 460 kJ. Una dieta típica de 2100 Cal (kcal) es lo mismo que una dieta de 8800 kJ.

Valores energéticos en nutrición

1 Cal = 1 kcal = 1000 cal
1 Cal = 4.184 kJ = 4184 J

En el laboratorio, los alimentos se queman en un calorímetro para determinar su valor energético (kJ/g o kcal/g) (véase la figura 2.7). Se coloca una muestra de alimento en un recipiente de acero lleno de oxígeno, con una cantidad medida de agua que llena la cámara circundante. La muestra de alimento se enciende, lo que libera calor que aumenta la temperatura del agua. A partir de la masa del alimento y del agua, así como del aumento de temperatura, se calcula el valor energético del alimento. Se supondrá que la energía absorbida por el calorímetro es insignificante.

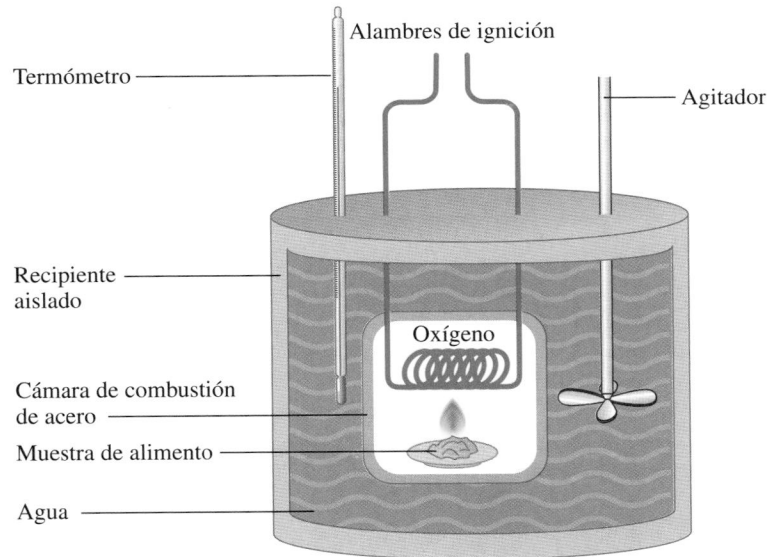

FIGURA 2.7 El calor liberado cuando se quema una muestra de alimento en un calorímetro se utiliza para determinar el valor energético del alimento.

P ¿Qué ocurre con la temperatura del agua en un calorímetro durante la combustión de una muestra de alimento?

COMPROBACIÓN DE CONCEPTOS 2.6 Valores energéticos de alimentos

Cuando 55 g de pasta se queman en un calorímetro, se liberan 220 Cal de calor. ¿Cuál es el valor energético de la pasta en kcal/g?

RESPUESTA

Con la equivalencia de 1 Cal = 1 kcal puede calcular el valor energético de la pasta.

$$\frac{220 \; \cancel{Cal}}{55 \; g} \times \frac{1 \; kcal}{1 \; \cancel{Cal}} = 4.0 \; kcal/g$$

Valores energéticos de los alimentos

Los **valores energéticos (calóricos)** de los alimentos son los kilojoules o kilocalorías obtenidos cuando se quema 1 g de un carbohidrato, grasa o proteína (véase la tabla 2.9).

Con los valores energéticos de la tabla 2.9 es posible calcular la energía total de un alimento si se conoce la masa de cada tipo de alimento.

$$kilojoules = \cancel{g} \times \frac{kJ}{\cancel{g}} \qquad kilocalorías = \cancel{g} \times \frac{kcal}{\cancel{g}}$$

En un alimento envasado, el contenido energético se menciona en la Información nutricional del empaque, por lo general en términos del número de Calorías por porción. En la tabla 2.10 se indica la composición general y el contenido calórico de algunos alimentos.

TABLA 2.9 Valores energéticos (calóricos) típicos de los tres tipos de alimento

Tipo de alimento	kJ/g	kcal/g
Carbohidrato	17	4
Grasa	38	9
Proteína	17	4

Snack Crackers

Información nutricional
Tamaño de porción 14 galletas (31 g)
Porciones por empaque aproximadamente 7

Cantidad por porción

Calorías 120   Calorías de grasa 35
Kilojoules 500 kJ de grasa   150

	% Valor diario*
Grasa total 4 g	**6%**
Grasa saturada 0.5 g	**3%**
Grasa trans 0 g	
Grasa poliinsaturada 0.5%	
Grasa monoinsaturada 1.5 g	
Colesterol 0 mg	**0%**
Sodio 310 mg	**13%**
Carbohidratos totales 19 g	**6%**
Fibra dietética Menos de 1 g	**4%**
Azúcares 2 g	
Proteínas 2 g	

Vitamina A 0%   •   Vitamina C 0%
Calcio 4%   •   Hierro 6%

*Los porcentajes de valores diarios se basan en una dieta de 2000 calorías. Los valores diarios de una persona pueden ser mayores o menores de acuerdo con sus necesidades calóricas.

	Calorías:	2000	2500
Grasa total	Menos de	65 g	80 g
Grasa sat	Menos de	20 g	25 g
Colesterol	Menos de	300 mg	300 mg
Sodio	Menos de	2400mg	2400 mg
Carbohidratos totales		300 g	375 g
Fibra dietética		25 g	30 g

Calorías por gramo:
Grasa 9 • Carbohidrato 4 • Proteína 4

La información nutricional incluye las Calorías totales, Calorías de grasa y los gramos totales de carbohidratos.

TABLA 2.10 Composición general y contenido energético de algunos alimentos

Alimento	Carbohidrato (g)	Grasa (g)	Proteína (g)	Energía*
Plátano, 1 mediano	26	0	1	460 kJ (110 kcal)
Carne de res, molida, 3 oz	0	14	22	910 kJ (220 kcal)
Zanahorias, crudas, 1 taza	11	0	1	200 kJ (50 kcal)
Pollo, sin piel, 3 oz	0	3	20	460 kJ (110 kcal)
Huevo, 1 grande	0	6	6	330 kJ (80 kcal)
Leche, 4% grasa, 1 taza	12	9	9	700 kJ (170 kcal)
Leche, sin grasa, 1 taza	12	0	9	360 kJ (90 kcal)
Papa, cocida	23	0	3	440 kJ (100 kcal)
Salmón, 3 oz	0	5	16	460 kJ (110 kcal)
Bistec, 3 oz	0	27	19	1350 kJ (320 kcal)

* Los valores energéticos se redondearon a decenas.

Guía para calcular el contenido energético de un alimento

1 Enuncie las cantidades dadas y las que necesita.

2 Utilice el valor energético de cada tipo de alimento y calcule los kJ o kcal redondeados a decenas.

3 Sume la energía de cada tipo de alimento para obtener la energía total del alimento.

Explore su mundo

CONTEO DE CALORÍAS

Consiga un alimento que tenga información nutrimental. A partir de la información de la etiqueta, determine el número de gramos de carbohidratos, grasas y proteínas de una porción. Con los valores energéticos, calcule las Calorías totales de una porción. (En la mayoría de los productos las kilocalorías de cada tipo de alimento se redondean a decenas.)

PREGUNTA

¿Cómo se compara su total de Calorías de una porción con las Calorías mencionadas en la etiqueta para una sola porción?

EJEMPLO DE PROBLEMA 2.9 Contenido energético de un alimento

En un restaurante de comida rápida, una hamburguesa contiene 37 g de carbohidratos, 19 g de grasa y 24 g de proteínas. ¿Cuál es el contenido energético de cada tipo de alimento y el contenido energético total, en kcal? Redondee a decenas las kilocalorías para cada tipo de alimento.

SOLUCIÓN

Paso 1 Enuncie las cantidades dadas y las que necesita.

Análisis del problema

Dadas	Necesita
Carbohidrato, 37 g	kilocalorías por cada alimento y el número total de kilocalorías
Grasa, 19 g	
Proteína, 24 g	

Con los valores energéticos de los carbohidratos, grasa y proteínas (véase la tabla 2.9) puede calcular la energía por cada tipo de alimento.

Paso 2 Utilice el valor energético de cada tipo de alimento y calcule los kJ o kcal redondeados a decenas.

Tipo de alimento	Masa	Valor energético	Energía
Carbohidrato	37 g	$\times \dfrac{4 \text{ kcal}}{1 \text{ g}} =$	150 kcal
Grasa	19 g	$\times \dfrac{9 \text{ kcal}}{1 \text{ g}} =$	170 kcal
Proteína	24 g	$\times \dfrac{4 \text{ kcal}}{1 \text{ g}} =$	100 kcal

Paso 3 Sume la energía de cada tipo de alimento para obtener la energía total del alimento.

$$\text{Contenido energético total} = 150 \text{ kcal} + 170 \text{ kcal} + 100 \text{ kcal}$$
$$= 420 \text{ kcal}$$

COMPROBACIÓN DE ESTUDIO 2.9

Si usted compra la misma hamburguesa descrita en el Ejemplo de problema 2.9 en un restaurante de comida rápida en Canadá, ¿cuál es el contenido energético de cada tipo de alimento y el contenido energético total, en kJ? Redondee a decenas los kilojoules por cada tipo de alimento.

La química en la salud

PÉRDIDA Y AUMENTO DE PESO

El número de kilocalorías o kilojoules necesarios en la dieta diaria de un adulto depende del género, la edad y el nivel de actividad física. En la tabla 2.11 se muestran algunos niveles generales de necesidades energéticas.

La cantidad de alimento que consume una persona está regulada por el centro del apetito en el hipotálamo, ubicado en el cerebro. Normalmente la ingesta de alimento es proporcional a las reservas de nutrimentos en el cuerpo. Si estas reservas de nutrimentos están bajas, uno siente hambre; si están altas, no se quiere comer. La señal del hambre está gobernada por el azúcar en la sangre (y la insulina).

Una persona aumenta de peso cuando la ingesta de alimento excede el gasto de energía, y pierde peso cuando la ingesta es menor que el gasto de energía. Muchos productos dietéticos contienen celulosa, que no tiene valor nutritivo pero proporciona volumen y sensación de saciedad. Algunos medicamentos para adelgazar deprimen el centro del apetito y deben utilizarse con precaución, porque excitan

En una hora de natación se utilizan 2100 kJ de energía.

el sistema nervioso y pueden aumentar la presión sanguínea. Dado que el ejercicio muscular es una importante forma de gastar energía, el aumento en el ejercicio diario ayuda a perder peso. La tabla 2.12 menciona algunas actividades y la cantidad de energía que requieren.

TABLA 2.11 Necesidades de energía típicas para adultos

Género	Edad	Actividad moderada kJ (kcal)	Actividad elevada kJ (kcal)
Femenino	19-30	8800 (2100)	10 000 (2400)
	31-50	8400 (2000)	9200 (2200)
Masculino	19-30	11 300 (2700)	12 600 (3000)
	31-50	10 500 (2500)	12 100 (2900)

TABLA 2.12 Energía que gasta un adulto de 70.0 kg (154 lb)

Actividad	Energía (kJ/h)	Energía (kcal/h)
Dormir	250	60
Sentarse	420	100
Caminar	840	200
Nadar	2100	500
Correr	3100	750

PREGUNTAS Y PROBLEMAS

2.6 Energía y nutrición

META DE APRENDIZAJE: *Usar los valores energéticos para calcular los kilojoules (kJ) o kilocalorías (Kcal) de un alimento.*

2.39 Con los siguientes datos, determine los kilojoules y kilocalorías de cada alimento quemado en un calorímetro:
   a. un tallo de apio que produce energía para calentar 505 g de agua de 25.2 °C a 35.7 °C
   b. un waffle que produce energía para calentar 4980 g de agua de 20.6 °C a 62.4 °C

2.40 Con los siguientes datos, calcule los kilojoules y las kilocalorías de cada alimento quemado en un calorímetro:
   a. 1 taza de rosetas de maíz (palomitas) que producen energía para cambiar la temperatura de 1250 g de agua de 25.5 °C a 50.8 °C
   b. una muestra de mantequilla que produce energía para aumentar la temperatura de 357 g de agua de 22.7 °C a 38.8 °C

2.41 Con los valores energéticos de los alimentos (véase la tabla 2.9), determine cada uno de los siguientes (redondee a decenas los kilojoules y las kilocalorías de las respuestas):
   a. los kilojoules de 1 taza de jugo de naranja que contiene 26 g de carbohidratos, nada de grasa y 2 g de proteínas
   b. los gramos de carbohidratos de una manzana, si la manzana no tiene grasa ni proteína y proporciona 72 kcal de energía

   c. las kilocalorías de 1 cucharada de aceite vegetal, que contiene 14 g de grasa y no tiene carbohidratos ni proteínas
   d. las kilocalorías de una dieta que consiste en 68 g de carbohidratos, 9.0 g de grasa y 150 g de proteínas

2.42 Con los valores energéticos de los alimentos (véase la tabla 2.9), determine cada uno de los siguientes (redondee a decenas los kilojoules y las kilocalorías de las respuestas):
   a. los kilojoules de 2 cucharadas de mantequilla de cacahuate (maní) crujiente, que contiene 6 g de carbohidratos, 16 g de grasa y 7 g de proteínas
   b. los gramos de proteínas de una taza de sopa que tiene 110 kcal con 9 g de carbohidratos y 7 g de grasa
   c. los gramos de azúcar (carbohidratos) de una lata de bebida de cola, si tiene 140 Cal y no contiene grasa ni proteínas
   d. los gramos de grasa en un aguacate, si tiene 405 kcal, 13 g de carbohidratos y 5 g de proteínas

2.43 Una taza de crema de almejas contiene 16 g de carbohidratos, 12 g de grasa y 9 g de proteínas. ¿Cuánta energía, en kilojoules y kilocalorías, hay en la crema de almejas? (Redondee a decenas los kilojoules y las kilocalorías.)

2.44 Una dieta rica en proteína contiene 70. g de carbohidratos, 5.0 g de grasa y 150 g de proteínas. ¿Cuánta energía, en kilojoules y kilocalorías, proporciona esta dieta? (Redondee a decenas los kilojoules o kilocalorías.)

MAPA CONCEPTUAL

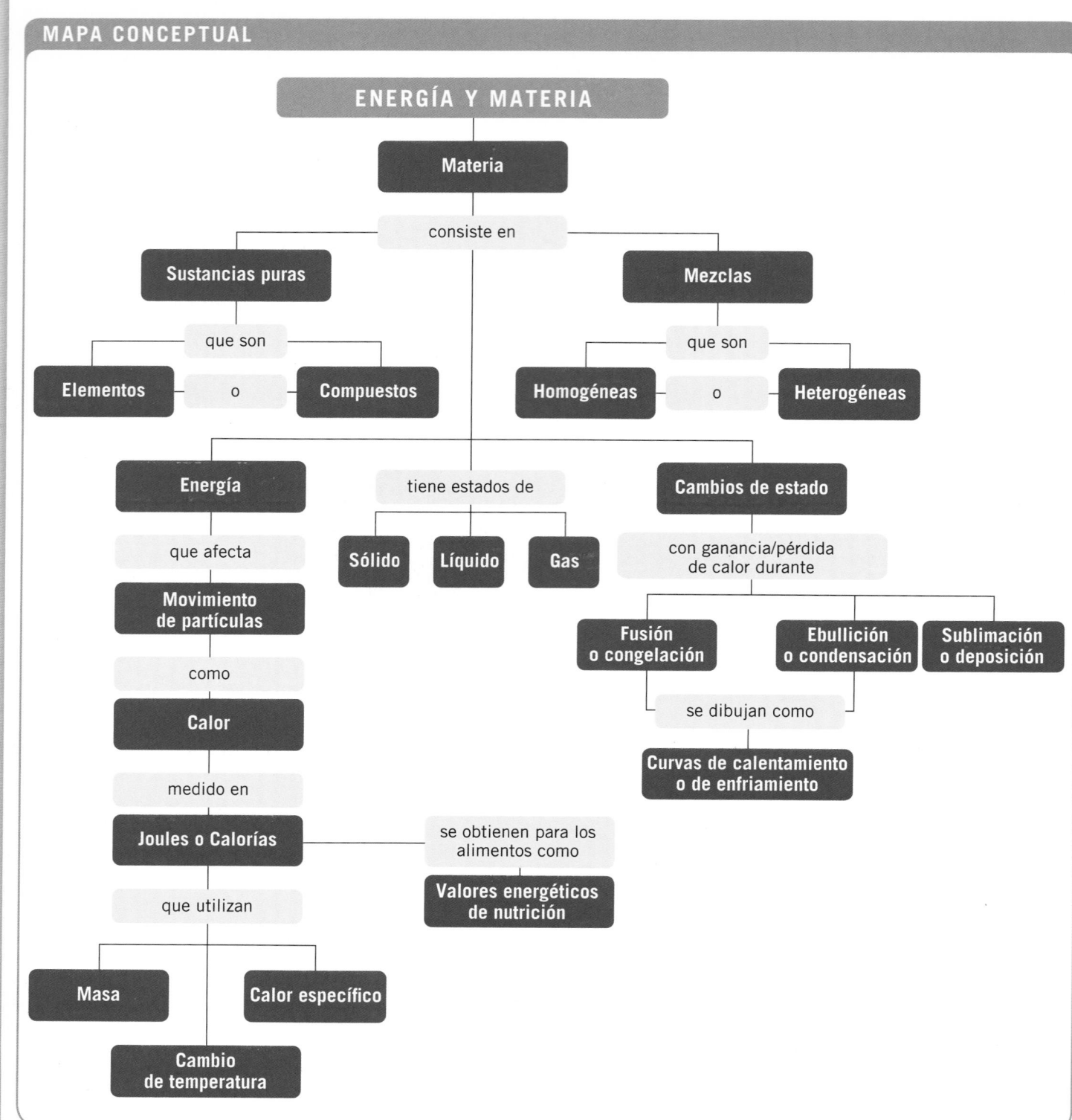

REPASO DEL CAPÍTULO

2.1 Energía

META DE APRENDIZAJE: Identificar la energía como potencial o cinética; conversiones entre unidades de energía.

- Energía es la capacidad para realizar trabajo.
- La energía potencial es la energía almacenada; la energía cinética es la energía de movimiento.
- Unidades comunes de energía son: caloría (cal), kilocaloría (kcal), joule (J) y kilojoule (kJ).
- Una cal es igual a 4.184 J.

2.2 Temperatura

META DE APRENDIZAJE: Dada una temperatura, calcular un valor correspondiente en otra escala de temperatura.

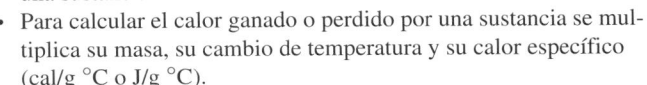

- En ciencias, la temperatura se mide en grados Celsius (°C) o Kelvin (K).
- En la escala Celsius hay 100 unidades entre el punto de congelación (0 °C) y el punto de ebullición (100 °C) del agua.
- En la escala Fahrenheit, que se utiliza en Estados Unidos, hay 180 unidades entre el punto de congelación (32 °F) y el punto de ebullición (212 °F) del agua.
- Una temperatura Fahrenheit se relaciona con su temperatura Celsius mediante la ecuación $T_F = 1.8\, T_C + 32$.
- La unidad SI, Kelvin, se relaciona con la temperatura Celsius mediante la ecuación $T_K = T_C + 273$.

2.3 Clasificación de la materia

META DE APRENDIZAJE: Clasificar ejemplos de materia como sustancias puras o mezclas.

- La materia es algo que tiene masa y ocupa espacio.
- La materia se clasifica como sustancias puras o mezclas.
- Las sustancias puras, que son elementos o compuestos, tienen composiciones fijas, y las mezclas tienen composiciones variables.
- Las sustancias de las mezclas pueden separarse por métodos físicos.

2.4 Estados y propiedades de la materia

META DE APRENDIZAJE: Identificar los estados de la materia y sus propiedades físicas y químicas.

- Los tres estados de la materia son sólido, líquido y gaseoso.
- Una propiedad física es la característica de una sustancia en la que la identidad de la sustancia no cambia.
- Un cambio físico ocurre cuando cambian las propiedades físicas, pero no la identidad de la sustancia.
- Una propiedad química indica la capacidad de una sustancia para convertirse en otra sustancia.
- Un cambio químico ocurre cuando una o más sustancias reaccionan y forman una sustancia con nuevas propiedades físicas y químicas.

2.5 Calor específico

META DE APRENDIZAJE: Usar el calor específico para calcular la cantidad de calor perdido o ganado durante un cambio de temperatura.

- El calor específico es la cantidad de energía necesaria para elevar la temperatura de exactamente 1 g de una sustancia a exactamente 1 °C.
- Para calcular el calor ganado o perdido por una sustancia se multiplica su masa, su cambio de temperatura y su calor específico (cal/g °C o J/g °C).

2.6 Energía y nutrición

META DE APRENDIZAJE: Usar los valores energéticos para calcular los kilojoules (kJ) o kilocalorías (kcal) de un alimento.

- La Caloría nutricional es la misma cantidad de energía que 1 kcal o 1000 cal.
- El contenido energético de un alimento es la suma de kilojoules o kilocalorías proporcionados por carbohidratos, grasas y proteínas.

TABLA 2.9 Valores energéticos (calóricos) típicos de los tres tipos de alimento

Tipo de alimento	kJ/g	kcal/g
Carbohidratos	17	4
Grasas	38	9
Proteínas	17	4

TÉRMINOS CLAVE

calor Energía asociada al movimiento de las partículas en una sustancia.

calor específico (c) Cantidad de calor necesaria para cambiar la temperatura de exactamente 1 g de sustancia en exactamente 1 °C.

Caloría (Cal) Unidad nutricional de energía igual a 1000 cal, o 1 kcal.

caloría (cal) Cantidad de energía térmica que aumenta la temperatura de exactamente 1 g de agua a exactamente 1 °C; 1 cal = 4.184 J.

cambio de estado Transformación de un estado de la materia en otro; por ejemplo, de sólido a líquido, de líquido a sólido y de líquido a gas.

cambio físico Cambio en el que se modifica el aspecto físico de una sustancia, pero la composición química permanece igual.

cambio químico Cambio durante el cual la sustancia original se convierte en una nueva sustancia con una composición diferente y nuevas propiedades físicas y químicas.

compuesto Sustancia pura que consiste en dos o más elementos, con una composición definida, que puede descomponerse en una sustancia más simple sólo por métodos químicos.

condensación Cambio de estado de gas a líquido.

congelación Cambio de estado de líquido a sólido.

deposición Proceso inverso a la sublimación en el que partículas de gas cambian directamente a sólido.

ebullición Formación de burbujas de gas en un líquido.

elemento Sustancia pura que contiene solamente un tipo de materia y que no puede descomponerse por métodos químicos.

energía Capacidad para realizar trabajo.

energía cinética Energía de movimiento.

energía potencial Tipo inactivo de energía que se almacena para uso futuro.

evaporación Formación de un gas (vapor) por el escape de moléculas de alta energía de la superficie de un líquido.

fusión Cambio de estado que involucra la conversión de sólido a líquido.

gas Estado de la materia caracterizado por no tener forma o volumen definido. Las partículas de un gas se mueven con rapidez.

joule (J) Unidad del SI de energía térmica, donde 4.184 J = 1 cal.

líquido Estado de la materia que adopta la forma de su recipiente pero tiene volumen definido.

materia Cualquier cosa que tenga masa y ocupe espacio.

mezcla Combinación física de dos o más sustancias en donde las identidades de las sustancias no se ven afectadas.

propiedades físicas Propiedades que pueden observarse o medirse sin afectar la identidad de una sustancia.

propiedades químicas Propiedades que indican la capacidad de una sustancia para transformarse en una nueva sustancia.

punto de congelación (pc) Temperatura a la que un líquido cambia a sólido (se congela) y un sólido cambia a líquido (se funde).

punto de ebullición (pe) Temperatura a la que un líquido cambia a gas (bulle) y el gas cambia a líquido (condensa).

punto de fusión (pf) Temperatura a la cual un sólido se convierte en líquido (se funde). Es la misma temperatura que el punto de congelación.

sólido Estado de la materia que tiene su propia forma y volumen.

sublimación Cambio de estado en el que un sólido se transforma directamente en un gas sin formar primero un líquido.

sustancia pura Materia compuesta de elementos o compuestos que tiene una composición definida.

trabajo Actividad que requiere energía.

valor energético (calórico) Los kilojoules o kilocalorías obtenidos por gramo de los tres tipos de alimentos: carbohidratos, grasas y proteínas.

COMPRENSIÓN DE CONCEPTOS

Las secciones del capítulo que se deben revisar se muestran entre paréntesis al final de cada pregunta.

2.45 Seleccione la temperatura más cálida en cada uno de los siguientes pares. (2.2)
   a. 10 °C o 10 °F   **b.** 30 °C o 15 °F
   c. −10 °C o 32 °F   **d.** 200 °C o 200 K

2.46 Indique la temperatura, incluido el dígito estimado, en cada uno de los siguientes termómetros de grados Celsius. (2.2)

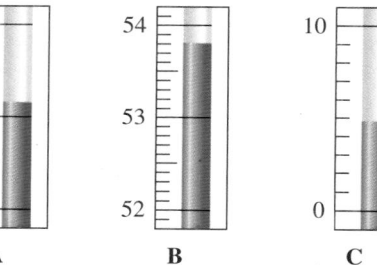

2.47 La composta puede fabricarse en casa con recortes de césped, algunos restos de comida y hojas secas. A medida que los microbios descomponen la materia orgánica se genera calor, por lo que la composta puede alcanzar una temperatura de 155 °F, que mata a la mayor parte de los patógenos. ¿Cuál es esta temperatura en grados Celsius y Kelvin? (2.2)

2.48 Después de una semana, las reacciones bioquímicas de la composta se detienen y la temperatura desciende a 45 °C. La mezcla color marrón rica en sustancias orgánicas está lista para utilizarse en el jardín. ¿Cuál es esta temperatura en grados Fahrenheit y Kelvin? (2.2)

La composta producida con material vegetal en descomposición sirve para enriquecer el suelo.

2.49 Identifique cada uno de los siguientes diagramas como elemento, compuesto o mezcla. (2.3)

a.
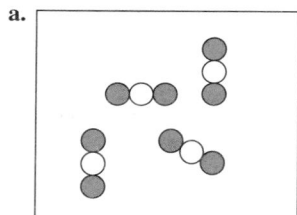

b.
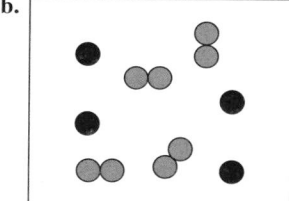

c.
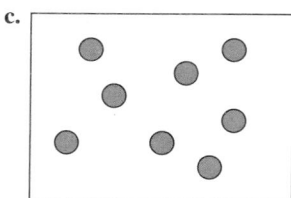

2.50 ¿Cuál diagrama ilustra una mezcla heterogénea? Explique por qué. ¿Cuál diagrama ilustra una mezcla homogénea? Explique por qué. (2.3)

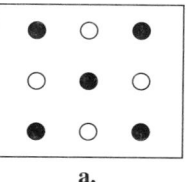 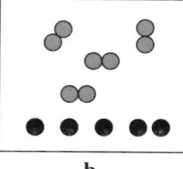 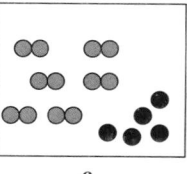
a.   **b.**   **c.**

2.51 Clasifique cada una de las siguientes como una mezcla homogénea o una mezcla heterogénea. (2.3)
   a. agua con sabor a limón   **b.** hongos salteados
   c. gotas para los ojos

2.52 Clasifique cada una de las siguientes opciones como una mezcla homogénea o una mezcla heterogénea. (2.3)

    a. salsa de tomate   **b.** sopa de tortilla   **c.** huevo duro

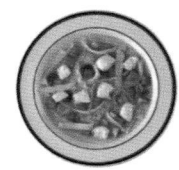

2.53 Indique si se agrega o elimina calor en cada uno de los siguientes. (2.4)

    a. congelación de agua   **b.** fusión de cobre
    c. sublimación de hielo seco

2.54 Indique si se agrega o elimina calor en cada uno de los siguientes. (2.4)

    a. agua hirviendo   **b.** condensación del agua
    c. evaporación de alcohol

2.55 Utilice su conocimiento de los cambios de estado para explicar lo siguiente. (2.4)

    a. Durante el ejercicio arduo, ¿de qué manera la transpiración ayuda a enfriar el cuerpo?
    b. ¿Por qué las toallas secan más rápidamente en un día caluroso de verano que en un día frío de invierno?

La transpiración se forma en la piel durante el ejercicio arduo.

2.56 Utilice su conocimiento de los cambios de estado para explicar lo siguiente. (2.4)

    a. Si durante un juego ocurre una lesión deportiva, puede utilizarse un aerosol como el cloruro de etilo (cloroetano) para insensibilizar un área de la piel. Explique cómo una sustancia como el cloruro de etilo, que se evapora rápidamente, puede anestesiar la piel.
    b. ¿Por qué el agua en un plato ancho, plano y poco profundo se evapora más rápidamente que la misma cantidad de agua en un vaso alto y estrecho?

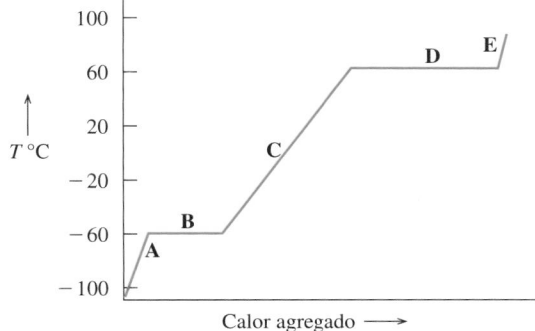

Un aerosol se utiliza para insensibilizar una lesión deportiva.

2.57 La siguiente es una curva de calentamiento para el cloroformo, un solvente de grasas, aceites y ceras. (2.4)

a. ¿Cuál es el punto de fusión del cloroformo?
b. ¿Cuál es el punto de ebullición del cloroformo?
c. Sobre la curva de calentamiento, identifique los segmentos **A**, **B**, **C**, **D** y **E** como sólido, líquido, gas, fusión o ebullición.
d. A las siguientes temperaturas, ¿el cloroformo es sólido, líquido o gaseoso?: $-80\ °C$; $-40\ °C$; $25\ °C$; $80\ °C$

2.58 Relacione los contenidos de los vasos de precipitados (**1-5**) con los segmentos (**A-E**) sobre la curva de calentamiento para el agua. (2.4)

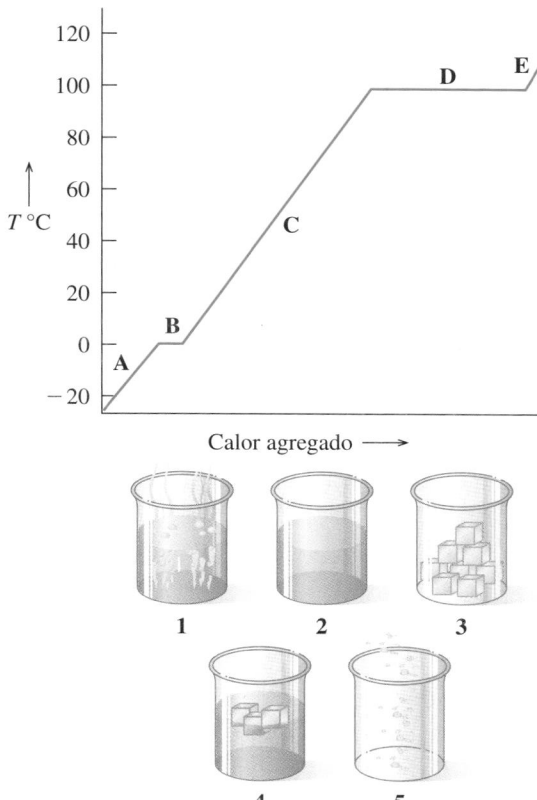

2.59 En un día caluroso, la arena de la playa se calienta, pero el agua permanece fría. ¿Podría predecir que el calor específico de la arena es mayor o menor que el del agua? Explique. (2.5)

Agua, arena y aire ganan energía del Sol.

2.60 Determine la energía para calentar tres cubos (oro, aluminio y plata), cada uno con un volumen de $10.0\ cm^3$, de $15\ °C$ a $25\ °C$. Consulte las tablas 1.13 y 2.8. ¿Qué observa acerca de la energía necesaria para cada uno? (2.5)

2.61 Una persona de 70.0 kg acaba de comer una hamburguesa con queso de un cuarto de libra, papas fritas y una malteada de chocolate. (2.6)

    a. Con la tabla 2.9, calcule las kilocalorías totales de cada tipo de alimento en esta comida (redondee las kilocalorías a decenas).

Alimento	Carbohidratos (g)	Grasas (g)	Proteínas (g)
Hamburguesa con queso	34	29	31
Papas fritas	26	11	3
Malteada de chocolate	60	9	11

    b. Con la tabla 2.12, determine el número de horas de sueño necesarias para quemar las kilocalorías de esta comida.

    c. Con la tabla 2.12, determine el número de horas de carrera necesarias para quemar las kilocalorías de esta comida.

2.62 Para el almuerzo, su amigo, quien tiene una masa de 70.0 kg, come una rebanada de pizza, un refresco de cola y helado. (2.6)

    a. Con la tabla 2.9, calcule las kilocalorías totales de cada tipo de alimento en esta comida (redondee las kilocalorías a decenas).

Alimento	Carbohidratos (g)	Grasas (g)	Proteínas (g)
Pizza	29	10	13
Refresco de cola	51	0	0
Helado	44	28	8

    b. Con la tabla 2.12, determine el número de horas que necesita estar sentado para quemar las kilocalorías de esta comida.

    c. Con la tabla 2.12, determine el número de horas que es necesario nadar para quemar las kilocalorías de esta comida.

PREGUNTAS Y PROBLEMAS ADICIONALES

Para acceder a tareas asignadas por el instructor, entre en www. masteringchemistry.com.

2.63 Calcule cada una de las siguientes temperaturas en grados Celsius: (2.2)

    a. La temperatura más alta registrada en Estados Unidos continental fue de 134 °F en Death Valley, California, el 10 de julio de 1913.

    b. La temperatura más baja registrada en Estados Unidos continental fue de −69.7 °F en Rodgers Pass, Montana, el 20 de enero de 1954.

2.64 Calcule cada una de las siguientes temperaturas en grados Fahrenheit: (2.2)

    a. La temperatura más alta registrada en el mundo fue de 58.0 °C en El Azizia, Libia, el 13 de septiembre de 1922.

    b. La temperatura más baja registrada en el mundo fue de −89.2 °C en Vostok, Antártida, el 21 de julio de 1983.

2.65 ¿Cuánto es −15 °F en grados Celsius y en Kelvin? (2.2)

2.66 La temperatura corporal más alta registrada en una persona que sobrevivió es 46.5 °C. Calcule esta temperatura en grados Fahrenheit y en Kelvin. (2.2)

2.67 Clasifique cada una de las siguientes opciones como elemento, compuesto o mezcla: (2.3)

    a. carbono en los lápices

    b. dióxido de carbono (CO_2) exhalado

    c. jugo de naranja

    d. gas neón en lámparas

    e. aderezo de aceite y vinagre para ensalada

2.68 Clasifique cada una de las siguientes opciones como mezcla homogénea o mezcla heterogénea: (2.3)

    a. helado de vainilla con jarabe (salsa) de chocolate

    b. té de hierbas   **c.** aceite vegetal

    d. agua y arena   **e.** mostaza

2.69 Identifique cada una de las siguientes opciones como sólido, líquido o gaseoso: (2.4)

    a. tabletas de vitaminas en un frasco

    b. helio en un globo   **c.** leche en un vaso

    d. el aire que respira   **e.** trozos de carbón en un asador

2.70 Identifique cada una de las siguientes opciones como sólido, líquido o gaseoso: (2.4)

    a. rosetas de maíz (palomitas) en una bolsa

    b. agua en una manguera   **c.** ratón de computadora

    d. aire de un neumático   **e.** té caliente

2.71 Identifique cada uno de los siguientes enunciados como una propiedad física o química: (2.4)

    a. El oro es brillante.

    b. El oro se funde a 1064 °C.

    c. El oro es un buen conductor de electricidad.

    d. Cuando el oro reacciona con azufre amarillo, se forma un compuesto negro.

2.72 Identifique cada una de las siguientes como una propiedad física o química de una vela: (2.4)

    a. La vela mide 20 cm de alto y tiene un diámetro de 3 cm.

    b. La vela arde.

    c. La cera de la vela se reblandece en un día caluroso.

    d. La vela es azul.

2.73 Identifique cada uno de los siguientes como un cambio físico o uno químico: (2.4)

    a. A una planta le crece una nueva hoja.

    b. El chocolate se derrite para un postre.

    c. La madera se corta para hacer una fogata.

    d. La madera arde en una fogata.

2.74 Identifique cada uno de los siguientes como un cambio físico o un cambio químico: (2.4)

    a. Una tableta de medicamento se parte en dos.

    b. Las zanahorias se rallan para usarse en una ensalada.

    c. La malta experimenta fermentación para elaborar cerveza.

    d. Una tubería de cobre reacciona con el aire y se vuelve verde.

2.75 Una botella de agua caliente contiene 725 g de agua a 65 °C. Si el agua se enfría a temperatura corporal (37 °C), ¿cuántas kilocalorías de calor podrían transferirse a músculos inflamados? (2.5)

2.76 Una jarra que contiene 0.75 L de agua a 4 °C se saca del refrigerador. ¿Cuántos kilojoules se necesitan para calentar el agua a una temperatura ambiente de 22 °C? (2.5)

2.77 Calcule las Cal (kcal) que hay en 1 taza de leche entera: 12 g de carbohidratos, 8 g de grasa y 8 g de proteínas. (Redondee las respuestas a decenas.) (2.6)

2.78 Calcule las Cal (kcal) que hay en ½ taza de helado que contiene 18 g de carbohidratos, 11 g de grasa y 4 g de proteínas. (Redondee las respuestas a decenas.) (2.6)

PREGUNTAS DE DESAFÍO

2.79 La combustión de 1.0 g de gasolina libera 11 kcal de calor (densidad de gasolina = 0.74 g/mL). (2.5)
a. ¿Cuántos megajoules se liberan cuando se quema 1.0 gal de gasolina?
b. Cuando un televisor a color está encendido durante 2.0 h, se utilizan 300 kJ. ¿Cuánto tiempo puede funcionar un televisor a color con la energía proveniente de 1.0 gal de gasolina?

2.80 En un edificio grande se utiliza petróleo en un sistema de calefacción con caldera de vapor. La combustión de 1.0 lb de petróleo proporciona 2.4×10^7 J. ¿Cuántos kilogramos de petróleo se necesitan para calentar 150 kg de agua de 22 °C a 100 °C? (2.5)

2.81 El punto de fusión del tetracloruro de carbono es −23 °C y su punto de ebullición es 77 °C. Dibuje una curva de calentamiento para el tetracloruro de carbono de −100 °C a 100 °C. (2.4)
a. ¿Cuál es el estado del tetracloruro de carbono a −50 °C?
b. ¿Qué ocurre en la curva a −23 °C?
c. ¿Cuál es el estado del tetracloruro de carbono a 20 °C?
d. ¿Cuál es el estado del tetracloruro de carbono a 90 °C?
e. ¿A qué temperatura estarán presentes tanto sólido como líquido?

2.82 El punto de fusión del benceno es 5.5 °C y su punto de ebullición es de 80.1 °C. Dibuje una curva de calentamiento para el benceno de 0 °C a 100 °C. (2.4)
a. ¿Cuál es el estado del benceno a 15 °C?
b. ¿Qué ocurre en la curva a 5.5 °C?
c. ¿Cuál es el estado del benceno a 63 °C?
d. ¿Cuál es el estado del benceno a 98 °C?
e. ¿A qué temperatura estarán presentes tanto sólido como líquido?

2.83 Un trozo de metal cobre de 70.0 g a 86.0 °C se coloca en 50.0 g de agua a 16.0 °C. El metal y el agua llegan a la misma temperatura de 24.0 °C. ¿Cuál es el calor específico, en J/g °C, del cobre? (2.5)

2.84 Un trozo de metal de 125 g se calienta a 288 °C y se deja caer en 85.0 g de agua a 26 °C. Si la temperatura inicial del agua y el metal es de 58.0 °C, ¿cuál es el calor específico (J/g °C) del metal? (2.5)

2.85 Se cree que un metal es o titanio o aluminio. Cuando 4.7 g del metal absorben 11 J, su temperatura aumenta 4.5 °C. (2.5)
a. ¿Cuál es el calor específico, en J/g °C, del metal?
b. ¿Identificaría el metal como titanio o como aluminio? (Véase la tabla 2.8).

2.86 Se cree que un metal es cobre u oro. Cuando 18 g del metal absorben 58 cal, su temperatura aumenta 35 °C. (2.5)
a. ¿Cuál es el calor específico, en cal/g °C, del metal?
b. ¿Identificaría el metal como cobre o como oro? (Véase la tabla 2.8).

2.87 Cuando una muestra de 0.660 g de aceite de oliva se quema en un calorímetro, el calor liberado aumenta la temperatura de 370 g de agua en el calorímetro de 22.7 °C a 38.8 °C. ¿Cuál es el valor energético, en kJ/g y kcal/g, del aceite de oliva? (2.6)

2.88 Cuando una muestra de 1.30 g de etanol (alcohol) se quema en un calorímetro, el calor liberado aumenta la temperatura de 870 g de agua en el calorímetro de 18.5 °C a 28.9 °C. ¿Cuál es el valor energético, en kJ/g y kcal/g, del etanol? (2.6)

2.89 Si quiere perder 1 libra de "grasa", que es 15% agua, ¿cuántas kilocalorías necesita gastar? (2.6)

2.90 Un paciente recibe 2500 mL de una solución IV que contiene 5 g de glucosa por 100 mL. ¿Cuánta energía, en kilojoules y kilocalorías, obtiene el paciente de la glucosa, un carbohidrato? (2.6)

RESPUESTAS

Respuestas a las Comprobaciones de estudio

2.1 35 kJ

2.2 12 °F

2.3 39.8 °C

2.4 noche −260. °C; día 410. °C

2.5 Este aderezo para ensalada es una mezcla heterogénea con una composición no uniforme.

2.6 **a** y **c** son cambios químicos

2.7 c = 1.23 J/g °C

2.8 14.6 kJ

2.9 carbohidratos 630 kJ, grasas 720 kJ, proteínas 410 kJ; total = 1760 kJ

Respuestas a Preguntas y problemas seleccionados

2.1 a. potencial **b.** cinética
c. potencial **d.** potencial

2.3 a. aumenta **b.** disminuye **c.** disminuye

2.5 a. 8.1×10^5 J **b.** 190 kcal

2.7 En Estados Unidos, la escala Fahrenheit es de uso común. En un termómetro Fahrenheit, la temperatura corporal normal es de 98.6 °F. Una temperatura de 99.8 °F indicaría una fiebre leve. En la escala Celsius, su temperatura es de 37.7 °C.

2.9 a. 98.6 °F **b.** 18.5 °C **c.** 246 K
d. −49 °C **e.** 46 °C

2.11 a. 41 °C
b. No. La temperatura es equivalente a 39 °C.

2.13 a. compuesto; contiene cuatro elementos en una composición definida
b. mezcla
c. compuesto; consiste de dos elementos en una composición definida
d. elemento: consiste en un tipo de sustancia pura
e. mezcla

2.15 a. heterogénea   **b.** homogénea
c. homogénea   **d.** heterogénea
e. heterogénea

2.17 a. gas   **b.** gas   **c.** sólido

2.19 a. físico   **b.** químico
c. físico   **d.** químico

2.21 a. físico   **b.** químico   **c.** físico
d. físico   **e.** físico

2.23 a. químico   **b.** físico   **c.** físico
d. químico   **e.** físico

2.25 a. fusión   **b.** sublimación
c. congelación   **d.** deposición

2.27 a. condensación   **b.** evaporación
c. ebullición   **d.** condensación

2.29

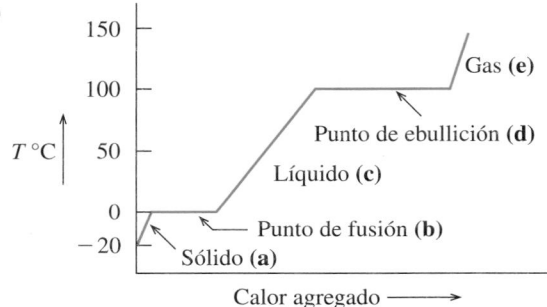

2.31 El cobre tiene el calor específico más bajo de las muestras y alcanza la temperatura más alta.

2.33 a. 0.389 J/g °C   **b.** 0.313 J/g °C

2.35 a. 250 cal   **b.** 3300 J   **c.** 9.3 kcal

2.37 a. 1380 J; 330. cal   **b.** 1810 J; 434 cal
c. 3780 J; 904 cal   **d.** 3200 J; 760 cal

2.39 a. 5.30 kcal; 22.2 kJ   **b.** 208 kcal; 871 kJ

2.41 a. 470 kJ   **b.** 18 g
c. 130 kcal   **d.** 950 kcal

2.43 880 kJ; 210 kcal

2.45 a. 10 °C   **b.** 30 °C
c. 32 °F   **d.** 200 °C

2.47 68.3 °C; 341 K

2.49 a. compuesto   **b.** mezcla   **c.** elemento

2.51 a. homogénea   **b.** heterogénea   **c.** homogénea

2.53 a. eliminado   **b.** agregado   **c.** agregado

2.55 a. El calor de la piel es utilizado para evaporar el agua (transpiración). Por tanto, la piel se enfría.
b. En un día caluroso existen más moléculas con suficiente energía para convertirse en vapor de agua.

2.57 a. aproximadamente −60 °C
b. aproximadamente 60 °C
c. A es sólido. **B** es fusión. **C** es líquido. **D** es ebullición. **E** es gas.
d. A −80 °C, es sólido; a −40 °C, es líquido; a 25 °C, es líquido; a 80 °C, es gas.

2.59 La arena debe tener un calor específico más bajo que el agua. Cuando ambas sustancias absorben la misma cantidad de calor, la temperatura final de la arena será mayor que la del agua.

2.61 a. 1100 kcal
b. 18 h de dormir
c. 1.5 h de correr

2.63 a. 56.7 °C   **b.** −56.5 °C

2.65 a. −26 °C, 247 K

2.67 a. elemento   **b.** compuesto   **c.** mezcla
d. elemento   **e.** mezcla

2.69 a. sólido   **b.** gas   **c.** líquido
d. gas   **e.** sólido

2.71 a. propiedad física   **b.** propiedad física
c. propiedad física   **d.** propiedad química

2.73 a. cambio químico   **b.** cambio físico
c. cambio físico   **d.** cambio químico

2.75 20. kcal

2.77 150 Cal

2.79 a. 130 MJ   **b.** 860 h

2.81 a. sólido   **b.** se funde el tetracloruro de carbono sólido
c. líquido   **d.** gas   **e.** −23 °C

2.83 Calor específico = 0.39 J/g °C

2.85 a. 0.52 J/g °C
b. titanio

2.87 37.8 kJ/g; 9.03 kcal/g

2.89 3500 kcal

Combinación de ideas de los capítulos 1 y 2

Las secciones del capítulo que se deben revisar se muestran entre paréntesis al final de cada pregunta.

CI.1 El oro, uno de los metales más buscados en el mundo, tiene una densidad de 19.3 g/cm³, un punto de fusión de 1064 °C y un calor específico de 0.129 J/g °C. Una pepita de oro encontrada en Alaska en 1998 pesa 20.17 lb. (1.5, 1.9, 1.10, 2.2, 2.5)

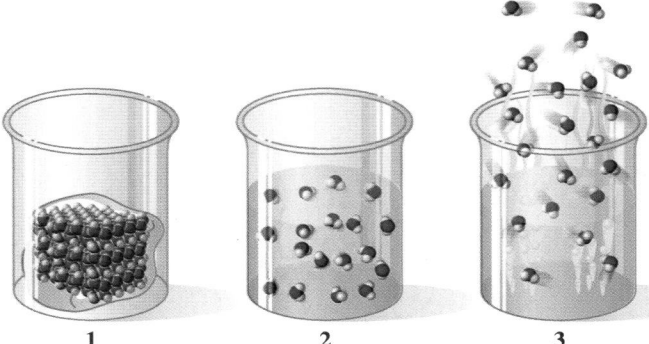

Las pepitas de oro, también llamadas *oro nativo*, pueden encontrarse en ríos y minas.

   a. ¿Cuántas cifras significativas hay en la medición del peso de la pepita?
   b. ¿Cuál es la masa de la pepita en kilogramos?
   c. Si la pepita fuese oro puro, ¿cuál sería su volumen en cm³?
   d. ¿Cuál es el punto de fusión del oro en grados Fahrenheit y Kelvin?
   e. ¿Cuántos kilojoules se necesitan para calentar la pepita de 27 °C a 358 °C? ¿Cuántas kilocalorías son?
   f. En 2010, el precio del oro era de US$61.08 por gramo. ¿Cuánto valía la pepita, en dólares, en ese año?

CI.2 El millaje de una motocicleta con una capacidad de tanque lleno de 22 L, es 35 mi/gal. La densidad de la gasolina es 0.74 g/mL. (1.9, 1.10, 2.5)

   a. ¿Cuán largo puede ser un viaje, en kilómetros, con un tanque lleno de gasolina?
   b. Si el precio de la gasolina es de US$3.59 por galón, ¿cuál sería el costo del combustible para el viaje?
   c. Si la velocidad promedio durante el viaje es de 44 mi/h, ¿cuántas horas tardará en llegar a su destino?
   d. ¿Cuál es la masa, en gramos, del combustible en el tanque?
   e. Cuando 1.0 g de gasolina arde, se liberan 47 kJ de energía. ¿Cuántos kilojoules se producen cuando se quema por completo el combustible en un tanque lleno?

Cuando 1.0 g de gasolina arde en una motocicleta, se liberan 47 kJ de energía.

CI.3   **A**   **B**

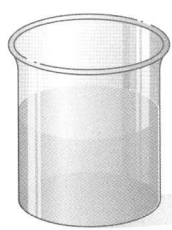 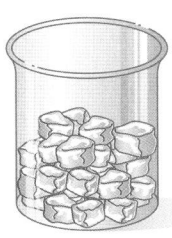

Responda lo siguiente para los diagramas **A** y **B**: (2.4)
   a. ¿En cuál muestra (**A** o **B**) el agua tiene su propia forma?

b. ¿Cuál diagrama (**1**, **2** o **3**) representa el arreglo de las partículas en la muestra de agua **A**?
c. ¿Cuál diagrama (**1**, **2** o **3**) representa el arreglo de las partículas en la muestra de agua **B**?

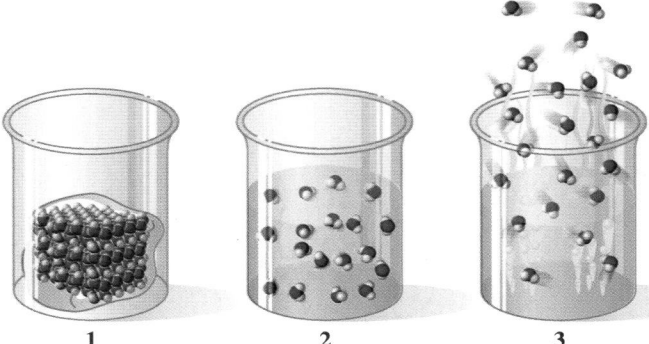

1   **2**   **3**

Responda lo siguiente para los diagramas **1**, **2** y **3**. (2.4, 2.5)
   d. El estado de la materia indicado en el diagrama **1** es _____; en el diagrama **2** es _____, y en el diagrama **3** es _____.
   e. El movimiento de las partículas es más lento en el diagrama _____.
   f. El arreglo de las partículas está más separado en el diagrama _____.
   g. Las partículas llenan el volumen del recipiente en el diagrama _____.
   h. Si el agua en el diagrama **2** tiene una masa de 19 g y una temperatura de 45 °C, ¿cuánto calor, en kilojoules, se elimina para enfriar el líquido a 0 °C?

CI.4 La etiqueta de una barra energética de almendras y cerezas negras, con una masa de 68 g, indica en la "información nutrimental" que contiene 39 g de carbohidratos, 5 g de grasas y 10 g de proteínas. (2.1, 2.6)
   a. Con los valores energéticos de carbohidratos, grasas y proteínas (véase la tabla 2.9), ¿cuáles son las kilocalorías (Calorías) indicadas para la barra de almendras y cerezas negras? (Redondee a decenas las respuestas para cada tipo de alimento.)
   b. ¿Cuáles son los kilojoules de la barra de almendras y cerezas negras? (Redondee a decenas las respuestas para cada tipo de alimento.)
   c. Si usted obtiene 160 kJ, ¿cuántos gramos comió de la barra de almendras y cerezas negras?
   d. Si usted camina y utiliza energía a una tasa de 840 kJ/h, ¿cuántos minutos necesitará caminar para gastar la energía de dos barras?

Una barra energética contiene carbohidratos, grasas y proteínas.

CI.5 En una caja hay 75 clavos de hierro que pesan 0.250 lb. La densidad del hierro es 7.86 g/cm³. El calor específico del hierro es 0.452 J/g °C. (1.10, 2.5)

    a. ¿Cuál es el volumen, en cm³, de los clavos de hierro de la caja?

    b. Si se agregan 30 clavos a un cilindro graduado que contiene 17.6 mL de agua, ¿cuál es el nuevo nivel del agua en el cilindro?

    c. ¿Cuántos joules deben agregarse a los clavos de la caja para aumentar su temperatura de 16 °C a 125 °C?

Los clavos hechos de hierro tienen una densidad de 7.86 g/cm³.

CI.6 Una bañera se llena con 450 gal de agua. (1.9, 1.10, 2.5)

    a. ¿Cuál es el volumen, en litros, del agua de la bañera?

    b. ¿Cuál es la masa, en kilogramos, del agua de la bañera?

    c. ¿Cuántas kilocalorías se necesitan para calentar el agua de 62 °F a 105 °F?

    d. Si el calentador de la bañera proporciona 1400 kcal/min, ¿cuántos minutos tardará en calentar el agua de la bañera de 62 °F a 105 °F?

Una bañera llena de agua se calienta a 105 °F.

RESPUESTAS

CI.1   **a.** En la medición hay cuatro cifras significativas.

    b. 9.17 kg

    c. 475 cm³

    d. 1947 °F; 1337 K

    e. 392 kJ; 93.6 kcal

    f. $560\ 000 o $5.60 × 10⁵

CI.3   **a.** B

    b. A se representa con el diagrama 2.

    c. B se representa con el diagrama 1.

    d. sólido, líquido, gas

    e. diagrama 1

    f. diagrama 3

    g. diagrama 3

    h. 3.6 kJ

CI.5   **a.** 14.4 cm³

    b. 23.4 mL

    c. 5590 J o 5.59 × 10³ J

Átomos y elementos

CONTENIDO DEL CAPÍTULO

Visite **www.masteringchemistry.com** para acceder a materiales de autoaprendizaje y tareas asignadas por el instructor.

A fin de prepararse para la siguiente temporada de cultivo, John tiene que decidir cuánto debe plantar de cada cultivo y qué ubicación asignarle en su terreno. Parte de esta decisión está determinada por la calidad del suelo, incluido el pH, la cantidad de humedad y su contenido de nutrimentos. Comienza por tomar muestras de suelo y realizar algunas pruebas químicas sobre las muestras. John determina que varios de sus campos necesitan fertilizante adicional antes de poder plantar los cultivos.

John considera diversos tipos de fertilizantes, pues cada uno proporciona nutrimentos al suelo que ayudan a mejorar la producción del cultivo. Las plantas necesitan tres elementos básicos para crecer: potasio, nitrógeno y fósforo. El potasio (cuyo símbolo es K en la tabla periódica) es un metal, en tanto que el nitrógeno (N) y el fósforo (P) son no metales. Los fertilizantes también pueden contener varios otros elementos, como calcio (Ca), magnesio (Mg) y azufre (S). John aplica al suelo un fertilizante que contiene una mezcla de todos estos elementos y planea hacer otra prueba del contenido de nutrimentos del suelo en pocos días.

Profesión: Granjero

Las actividades agropecuarias tienen que ver con mucho más que sólo producir cultivos y criar animales. Las personas dedicadas a las actividades agropecuarias deben saber cómo realizar pruebas químicas, aplicar fertilizantes al suelo, y pesticidas o herbicidas a los cultivos. Los pesticidas son químicos que se utilizan para matar insectos que podrían destruir el cultivo, mientras que los herbicidas son químicos que sirven para erradicar hierbas que competirían por el agua y el suministro de nutrimentos de los cultivos. Para esto es necesario saber cómo funcionan dichos químicos, y sus medidas de seguridad, efectividad y almacenamiento. Al utilizar esta información, los agricultores pueden obtener un mayor rendimiento en sus cosechas, además de aumentar su valor nutricional y mejorar su sabor.

Toda la materia está compuesta de *elementos*, de los cuales existen 118 tipos diferentes. De ellos, 88 elementos se encuentran en la naturaleza y constituyen todas las sustancias del mundo. Muchos elementos ya son familiares para el lector. Tal vez usted use aluminio en forma de hoja o consuma bebidas en latas de aluminio. Quizá tenga un anillo o collar hecho de oro, plata o incluso platino. Si juega al tenis o al golf, su raqueta o los palos pueden estar hechos de los elementos titanio o carbono. En el cuerpo humano, compuestos de calcio y fósforo forman la estructura de huesos y dientes, el hierro y el cobre son necesarios para la formación de eritrocitos, y el yodo se requiere para el funcionamiento adecuado de la tiroides.

Las cantidades de ciertos elementos son cruciales para el crecimiento y funcionamiento adecuados del cuerpo. Niveles bajos de hierro pueden ocasionar anemia, en tanto que la falta de yodo puede causar hipotiroidismo y bocio. Algunos elementos conocidos como *microminerales*, como cromo, cobalto y selenio, se necesitan en cantidades muy pequeñas en el organismo. Las pruebas de laboratorio permiten confirmar si estos elementos están dentro de intervalos normales en el cuerpo.

3.1 Elementos y símbolos

META DE APRENDIZAJE

Dado el nombre de un elemento, escribir su símbolo correcto; a partir del símbolo, escribir el nombre correcto.

TUTORIAL
Elements and Symbols in the
Periodic Table

Los *elementos* son sustancias puras con las cuales se construyen todas las demás cosas. Como se señaló en la sección 2.3, los elementos no pueden descomponerse en sustancias más simples. A lo largo de los siglos, los elementos han recibido nombres de planetas, figuras mitológicas, colores, minerales, ubicaciones geográficas y personas famosas. En la tabla 3.1 se mencionan algunas fuentes que han inspirado los nombres de los elementos. Una lista completa de todos los elementos y sus símbolos aparece al inicio de este texto.

TABLA 3.1 Algunos elementos, símbolos, fuentes de los nombres y números atómicos

Elemento	Símbolo	Fuente del nombre	Número atómico
Uranio	U	El planeta Urano	92
Titanio	Ti	Los titanes (mitología)	22
Cloro	Cl	*Chloros:* "amarillo verdoso" (griego)	17
Yodo	I	*Ioeides:* "violeta" (griego)	53
Magnesio	Mg	Magnesia, un mineral	12
Californio	Cf	California	98
Curio	Cm	Marie y Pierre Curie	96
Copernicio	Cn	Nicolás Copérnico	112

Símbolos de una letra		Símbolos de dos letras	
C	carbono	Co	cobalto
S	azufre	Si	silicio
N	nitrógeno	Ne	neón
I	yodo	Ni	níquel

Los **símbolos químicos** son abreviaturas de una y dos letras para los nombres de los elementos. Sólo la primera letra del símbolo de un elemento es mayúscula. Si el símbolo tiene una segunda letra, es minúscula, de modo que se sepa cuándo se indica un elemento diferente. Si dos letras son mayúsculas, representan los símbolos de dos elementos diferentes. Por ejemplo, el elemento cobalto tiene el símbolo Co. Sin embargo, las dos letras mayúsculas CO especifican dos elementos distintos: carbono (C) y oxígeno (O).

La química en la industria

DIVERSIDAD EN LAS FORMAS DEL CARBONO

El carbono tiene el símbolo C y número atómico 6. Sin embargo, los átomos de carbono pueden ordenarse en diferentes formas para producir muchos tipos distintos de sustancias de carbono. Dos formas, diamante y grafito, se conocen desde tiempos prehistóricos. Un diamante es transparente y más duro que cualquiera otra sustancia, en tanto que el grafito es negro y blando. En el diamante, los átomos de carbono están ordenados en una estructura rígida, mientras que en el grafito los átomos de carbono están ordenados en hojas que se deslizan con facilidad unas sobre otras. El grafito se usa como mina de lápiz, como lubricante y en la fabricación de fibras de carbono que se utilizan para palos de golf y raquetas de tenis ligeros.

En fecha más reciente se descubrieron otras dos formas del carbono. En la forma llamada *buckminsterfullereno* o *buckybola* (en honor a R. Buckminster "Bucky" Fuller, quien popularizó el domo geodésico), 60 átomos de carbono están ordenados como anillos de cinco y seis átomos que constituyen una estructura con forma de jaula esférica. Cuando la estructura de buckybola se estira, produce un cilindro llamado *nanotubo*, que tiene un diámetro de unos cuantos nanómetros. Todavía no se han creado usos prácticos para las buckybolas y los nanotubos, pero se espera que en un futuro tengan uso en materiales estructurales ligeros, conductores de calor, partes de computadoras y medicina.

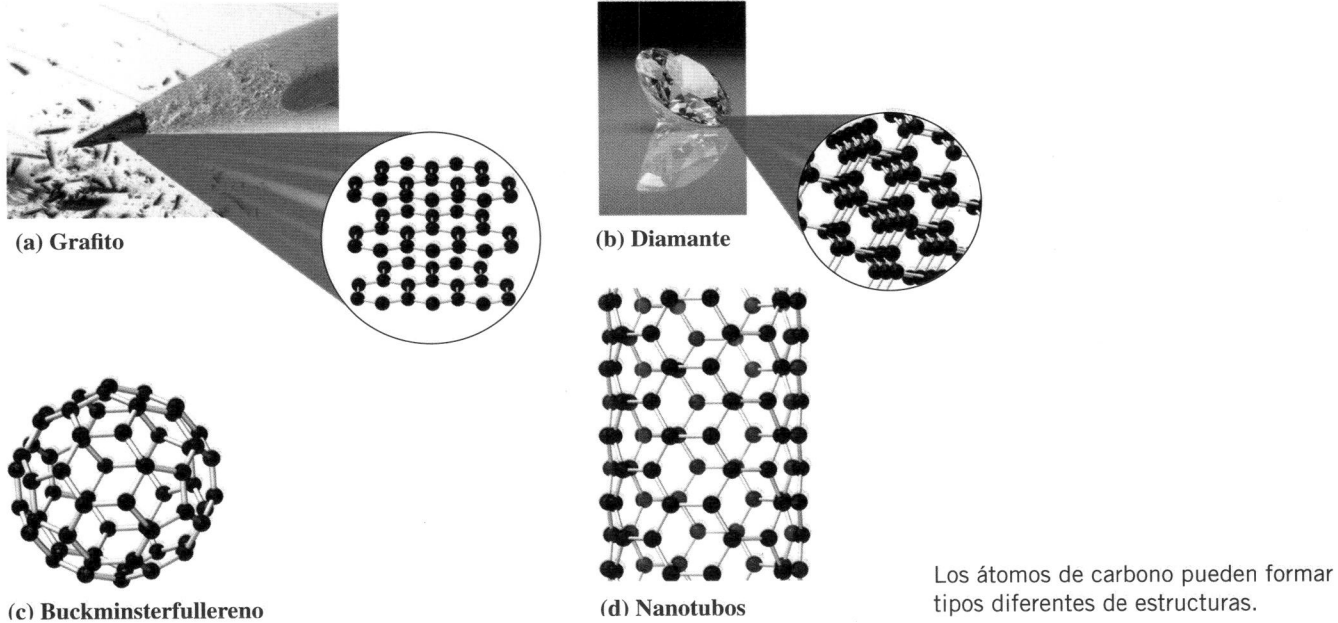

(a) Grafito

(b) Diamante

(c) Buckminsterfullereno

(d) Nanotubos

Los átomos de carbono pueden formar tipos diferentes de estructuras.

Si bien la mayor parte de los símbolos usan letras de sus nombres en español, algunos se derivan de sus nombres antiguos. Por ejemplo, Na, el símbolo del sodio, proviene de la palabra latina *natrium*. El símbolo del hierro, Fe, se deriva del nombre latino *ferrum*. La tabla 3.2 muestra los nombres y símbolos de algunos elementos comunes. Aprender sus nombres y símbolos le ayudará enormemente en su aprendizaje de la química.

La química en la salud

NOMBRES EN LATÍN DE ELEMENTOS DE USO CLÍNICO

En medicina, el nombre latino *natrium* se utiliza con frecuencia para el sodio, un importante electrolito de líquidos corporales y células. Un aumento del sodio sérico, trastorno denominado *hipernatremia*, puede ocurrir cuando se pierde agua debido a sudoración profusa, diarrea intensa o vómito, o cuando no se consume suficiente agua. Una disminución del sodio, trastorno denominado *hiponatremia*, puede ocurrir cuando una persona ingiere cantidades abundantes de agua o soluciones para reponer líquidos. Las condiciones que se presentan en casos de insuficiencia cardiaca, insuficiencia hepática y malnutrición también pueden causar hiponatremia.

El nombre latino *kalium* se usa con frecuencia para el potasio, el electrolito más común en el interior de las células. El potasio

regula la presión osmótica, el equilibrio ácido-base, la excitabilidad nerviosa y muscular, así como el funcionamiento de las enzimas celulares. El potasio sérico mide el potasio fuera de las células, que representa sólo 2% del potasio corporal total. El potasio sérico puede aumentar, *hiperkalemia* (*hipercalemia* o *hiperpotasemia*) cuando las células están muy lesionadas, en caso de insuficiencia renal cuando el potasio no se excreta de manera adecuada y en la enfermedad de Addison. Una pérdida importante de potasio, *hipokalemia* (*hipocalemia* o *hipopotasemia*) puede ocurrir durante cuadros de vómito excesivo, diarrea, defectos tubulares renales y tratamiento de glucosa o insulina.

Aluminio

Carbono

Oro

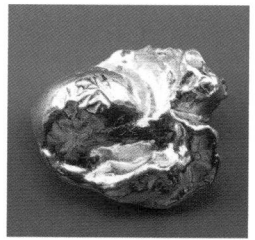

Plata

Azufre

COMPROBACIÓN DE CONCEPTOS 3.1 Símbolos de los elementos

El símbolo para el carbono es C, y el símbolo para el azufre es S. Sin embargo, el símbolo para el cesio es Cs, no CS. ¿Por qué?

RESPUESTA

Cuando el símbolo de un elemento tiene dos letras, la primera letra es mayúscula, pero la segunda es minúscula. Si ambas letras son mayúsculas, como en CS, entonces se indican dos elementos: carbono y azufre.

TABLA 3.2 Nombres y símbolos de algunos elementos comunes

Nombre*	Símbolo	Nombre*	Símbolo	Nombre*	Símbolo
Aluminio	Al	Oro (*aurum*)	Au	Fósforo	P
Argón	Ar	Helio	He	Platino	Pt
Arsénico	As	Hidrógeno	H	Potasio (*kalium*)	K
Bario	Ba	Yodo	I	Radio	Ra
Boro	B	Hierro (*ferrum*)	Fe	Silicio	Si
Bromo	Br	Plomo (*plumbum*)	Pb	Plata (*argentum*)	Ag
Cadmio	Cd	Litio	Li	Sodio (*natrium*)	Na
Calcio	Ca	Magnesio	Mg	Estroncio	Sr
Carbono	C	Manganeso	Mn	Azufre (*sulfurum*)	S
Cloro	Cl	Mercurio (*hidrargirum*)	Hg	Estaño (*stannum*)	Sn
Cromo	Cr	Neón	Ne	Titanio	Ti
Cobalto	Co	Níquel	Ni	Uranio	U
Cobre (*cuprum*)	Cu	Nitrógeno	N	Cinc	Zn
Flúor	F	Oxígeno	O		

* Los nombres entre paréntesis son antiguas palabras en latín o griego de donde se derivan los símbolos.

EJEMPLO DE PROBLEMA 3.1 Escritura de símbolos químicos

¿Cuáles son los símbolos químicos de cada uno de los siguientes elementos?

a. níquel   **b.** nitrógeno   **c.** neón

SOLUCIÓN

a. Ni   **b.** N   **c.** Ne

COMPROBACIÓN DE ESTUDIO 3.1

¿Cuáles son los símbolos químicos del silicio, el azufre y la plata?

EJEMPLO DE PROBLEMA 3.2 Nombres y símbolos de elementos químicos

Proporcione el nombre del elemento que corresponda a cada uno de los siguientes símbolos químicos:

a. Zn   **b.** K   **c.** H   **d.** Fe

SOLUCIÓN

a. cinc   **b.** potasio   **c.** hidrógeno   **d.** hierro

COMPROBACIÓN DE ESTUDIO 3.2

¿Cuáles son los nombres de los elementos con los símbolos químicos Mg, Al y F?

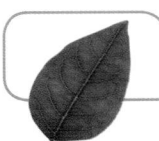
La química en el ambiente

TOXICIDAD DEL MERCURIO

El mercurio es un elemento plateado brillante, que es líquido a temperatura ambiente. El mercurio puede introducirse en el cuerpo cuando se inhala como vapor, cuando entra en contacto con la piel o cuando se ingieren alimentos o agua contaminados con mercurio. En el cuerpo, el mercurio destruye proteínas y altera el funcionamiento celular. La exposición prolongada al mercurio puede dañar el cerebro y los riñones, causar retraso mental y reducir el desarrollo físico. En las pruebas de mercurio se usan muestras de sangre, orina y cabello.

Tanto en agua dulce como en agua de mar, las bacterias convierten el mercurio en metilmercurio tóxico, que ataca el sistema nervioso central (SNC). Puesto que los peces absorben metilmercurio, uno está expuesto al mercurio cuando come pescado contaminado con mercurio. La Agencia de Alimentos y Medicamentos (FDA, *Food and Drug Administration*) de Estados Unidos ha establecido un nivel máximo de una parte de mercurio por millón de partes de comida marina (1 ppm), que es lo mismo que 1 mg de mercurio en cada kilogramo de comida marina. Los peces que se encuentran en los lugares superiores de la cadena alimenticia, como el pez espada, atún y tiburón, pueden tener niveles de mercurio tan altos que la Agencia de Protección Ambiental (EPA, *Environmental Protection Agency*) de Estados Unidos recomienda que se consuman no más de una vez a la semana.

Uno de los peores incidentes de envenenamiento con mercurio ocurrió en Minamata y Niigata, Japón, en 1950. En aquella época, el océano se contaminó con concentraciones altas de mercurio procedente de desechos industriales. Puesto que el pescado es un alimento principal de la dieta japonesa, más de 2000 personas se intoxicaron con mercurio y muchas murieron o padecieron daño neurológico. En Estados Unidos, entre 1988 y 1997 el uso de mercurio disminuyó 75% cuando se prohibió incluirlo en pinturas y pesticidas, y se reguló en baterías y otros productos. Ciertas baterías y bombillas CFL contienen mercurio y deben seguirse instrucciones especiales para su desecho.

Esta fuente de mercurio, alojada en vidrio, la diseñó Alexander Calder para la Feria Mundial de París de 1937.

PREGUNTAS Y PROBLEMAS

3.1 Elementos y símbolos

META DE APRENDIZAJE: *Dado el nombre de un elemento, escribir su símbolo correcto; a partir del símbolo, escribir el nombre correcto.*

3.1 Escriba los símbolos de los siguientes elementos:
a. cobre
b. platino
c. calcio
d. manganeso
e. hierro
f. bario
g. plomo
h. estroncio

3.2 Escriba los símbolos de los siguientes elementos:
a. oxígeno
b. litio
c. uranio
d. titanio
e. hidrógeno
f. cromo
g. estaño
h. oro

3.3 Escriba el nombre del elemento para cada uno de los símbolos siguientes:
a. C
b. Cl
c. I
d. Hg
e. Ag
f. Ar
g. B
h. Ni

3.4 Escriba el nombre del elemento para cada uno de los símbolos siguientes:
a. He
b. P
c. Na
d. As
e. Ca
f. Br
g. Cd
h. Si

3.5 ¿Qué elementos se encuentran representados en los símbolos de cada una de las siguientes sustancias?
a. sal de mesa, $NaCl$
b. yeso, $CaSO_4$
c. Demerol, $C_{15}H_{22}ClNO_2$
d. antiácido, $CaCO_3$

3.6 ¿Qué elementos se encuentran representados en los símbolos de cada una de las siguientes sustancias?
a. agua, H_2O
b. bicarbonato de sodio, $NaHCO_3$
c. lejía, $NaOH$
d. azúcar, $C_{12}H_{22}O_{11}$

3.2 La tabla periódica

A medida que se descubrieron más elementos, se hizo necesario organizarlos en algún tipo de sistema de clasificación. Hacia finales del siglo XIX, los científicos reconocieron que ciertos elementos tenían semejanzas y se comportaban en forma muy parecida. En 1872 un químico ruso, Dmitri Mendeleev, ordenó los 60 elementos conocidos en esa época en grupos con propiedades similares y los colocó en orden de masa creciente. En la actualidad este arreglo de 118 elementos se conoce como **tabla periódica** (véase la figura 3.1).

Tabla periódica de los elementos

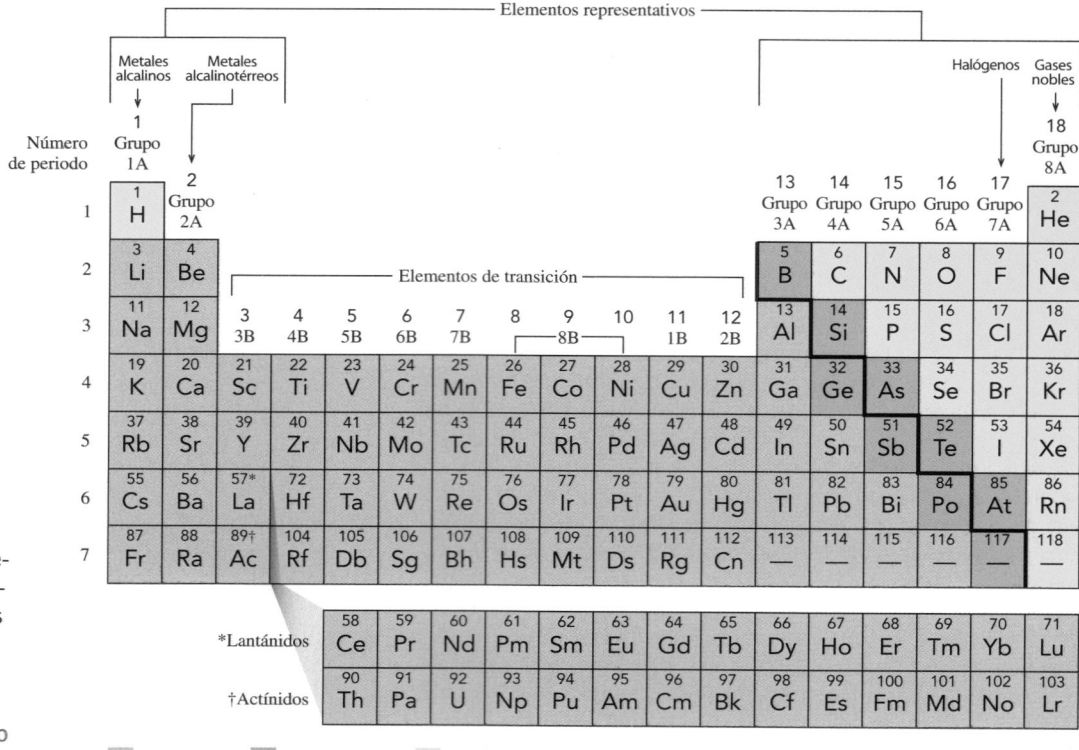

FIGURA 3.1 En la tabla periódica, los grupos son elementos ordenados en columnas verticales, y los periodos son los elementos de cada hilera horizontal.

P ¿Cuál es el símbolo y el nombre del metal alcalino del Periodo 3?

Periodos y grupos

Cada hilera horizontal de la tabla periódica es un **periodo** (véase la figura 3.2). Los periodos se cuentan desde la parte superior de la tabla del Periodo 1 al Periodo 7. El primer periodo contiene dos elementos: hidrógeno (H) y helio (He). El segundo periodo contiene ocho elementos: litio (Li), berilio (Be), boro (B), carbono (C), nitrógeno (N), oxígeno (O), flúor (F) y neón (Ne). El tercer periodo también contiene ocho elementos, comenzando con sodio (Na) y terminando con argón (Ar). El cuarto periodo, que comienza con potasio (K), y el quinto periodo, que comienza con rubidio (Rb), tienen 18 elementos cada uno. El sexto periodo, que comienza con cesio (Cs), tiene 32 elementos. El séptimo periodo contiene 32 elementos, para un total de 118 elementos.

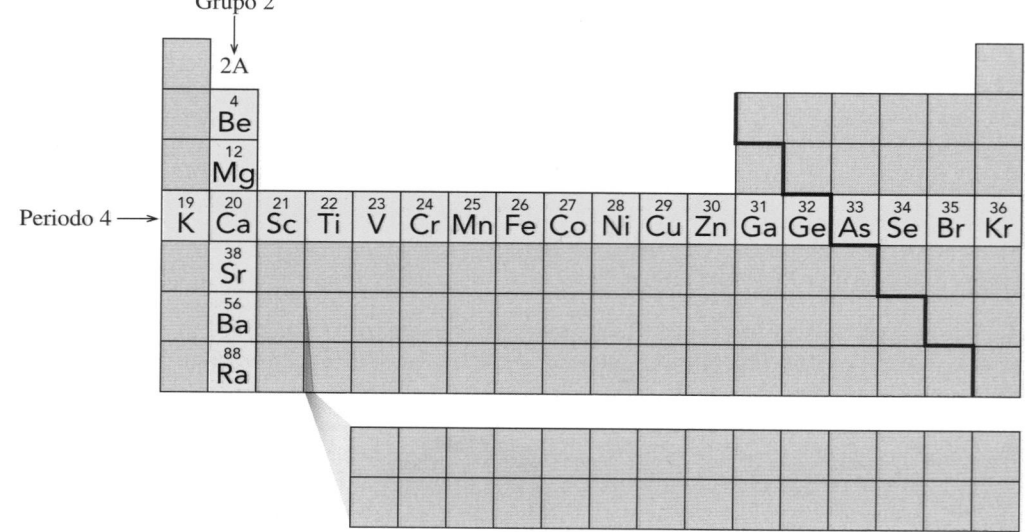

FIGURA 3.2 En la tabla periódica, cada columna vertical representa un grupo de elementos, y cada hilera horizontal de elementos representa un periodo.

P ¿Los elementos Si, P y S son parte de un grupo o de un periodo?

Cada columna vertical en la tabla periódica contiene un **grupo** (o familia) de elementos que tienen propiedades similares. En la parte superior de cada columna hay un número que se asigna a cada grupo. Los elementos de las primeras dos columnas a la izquierda de la tabla periódica y las últimas seis columnas a la derecha se llaman **elementos representativos**. Durante muchos años se les dieron los **números de grupo** 1A-8A. En el centro de la tabla periódica está un bloque de elementos conocidos como **elementos de transición**, que se designaban con la letra "B". Un sistema más reciente asigna números del 1 al 18 a los grupos que van de izquierda a derecha a través de la tabla periódica. Dado que los dos sistemas de números de grupo se utilizan en la actualidad, ambos se muestran en la tabla periódica de este texto y se incluyen en las discusiones de los elementos y números de grupo. Abajo de la tabla periódica existen dos hileras de 14 elementos, que son parte de los Periodos 6 y 7. Estos elementos, llamados *lantánidos* y *actínidos* (o elementos de transición internos), se colocan abajo de la tabla periódica para que quepa en una página.

Nombres de grupos

Varios grupos de la tabla periódica tienen nombres especiales (véase la figura 3.3). Los elementos del Grupo 1A (1) [litio (Li), sodio (Na), potasio (K), rubidio (Rb), cesio (Cs) y francio (Fr)] son una familia de elementos conocidos como **metales alcalinos** (véase la figura 3.4). Los elementos dentro de este grupo son metales brillantes blandos, que son buenos conductores de calor y electricidad, y tienen puntos de fusión relativamente bajos. Los metales alcalinos reaccionan vigorosamente con el agua y forman productos blancos cuando se combinan con oxígeno.

Si bien el hidrógeno (H) está en la parte superior del Grupo 1A (1), no es un metal alcalino y tiene propiedades muy diferentes a las del resto de los elementos de este grupo. Por tanto, el hidrógeno no se incluye en la clasificación de metales alcalinos.

Los **metales alcalinotérreos** se encuentran en el Grupo 2A (2). Incluyen los elementos berilio (Be), magnesio (Mg), calcio (Ca), estroncio (Sr), bario (Ba) y radio (Ra). Los metales alcalinotérreos son metales brillantes como los del Grupo 1A (1), pero su reactividad es relativamente menor.

Los **halógenos** se encuentran en el lado derecho de la tabla periódica, en el Grupo 7A (17). Incluyen los elementos flúor (F), cloro (Cl), bromo (Br), yodo (I) y astato (At) (véase la figura 3.5). Los halógenos, en especial el flúor y el cloro, son enormemente reactivos y forman compuestos con la mayor parte de los elementos.

Los **gases nobles** se encuentran en el Grupo 8A (18). Incluyen helio (He), neón (Ne), argón (Ar), criptón (Kr), xenón (Xe) y radón (Rn). Los gases nobles tienen una baja reactividad y rara vez se encuentran en combinación con otros elementos.

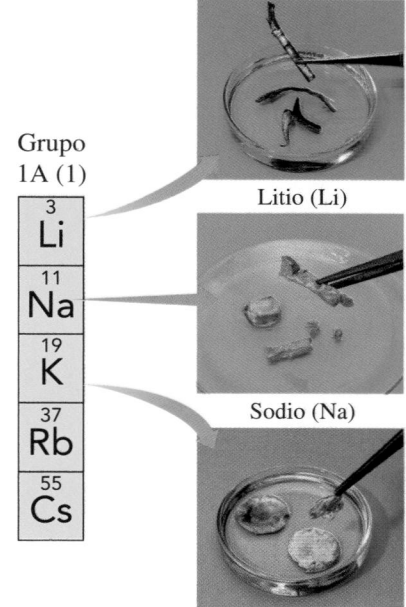

Grupo
1A (1)

Litio (Li)

Sodio (Na)

Potasio (K)

FIGURA 3.4 Litio (Li), sodio (Na) y potasio (K) son algunos metales alcalinos del Grupo 1A (1).

P ¿Qué propiedades físicas tienen en común estos metales alcalinos?

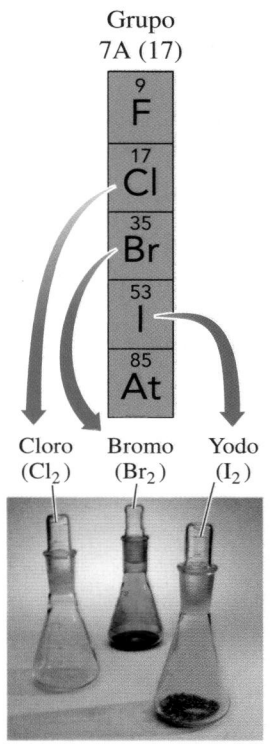

Grupo
7A (17)

Cloro   Bromo   Yodo
(Cl_2) (Br_2) (I_2)

FIGURA 3.5 Cloro (Cl_2), bromo (Br_2) y yodo (I_2) son ejemplos de halógenos del Grupo 7A (17).

P ¿Qué elementos hay en el grupo de los halógenos?

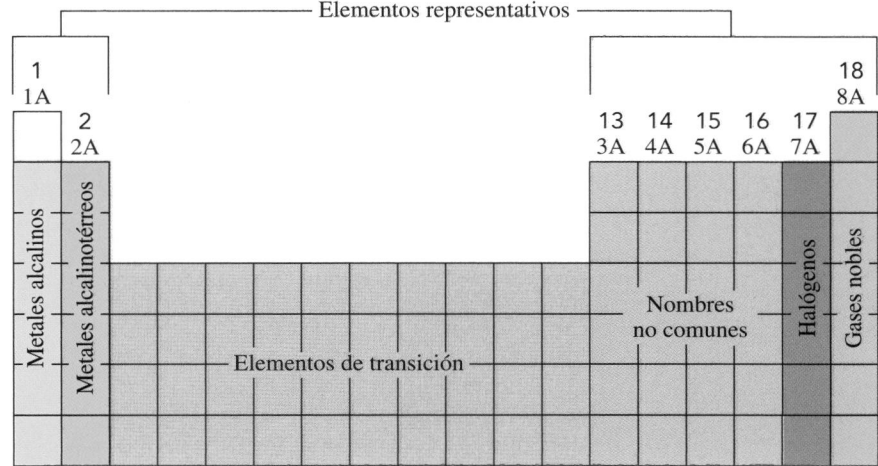

FIGURA 3.3 Ciertos grupos de la tabla periódica tienen nombres comunes.

P ¿Cuál es el nombre común del grupo de elementos en el que se incluye el helio y el argón?

EJEMPLO DE PROBLEMA 3.3 Números de periodo y grupo de algunos elementos

Proporcione el número de periodo y grupo de cada uno de los siguientes elementos, e identifique cada uno como elemento representativo o de transición:

a. yodo **b.** manganeso **c.** bario **d.** oro

SOLUCIÓN

a. Yodo (I), Periodo 5, Grupo 7A (17), es un elemento representativo.
b. Manganeso (Mn), Periodo 4, Grupo 7B (7), es un elemento de transición.
c. Bario (Ba), Periodo 6, Grupo 2A (2), es un elemento representativo.
d. Oro (Au), Periodo 6, Grupo 1B (11), es un elemento de transición.

COMPROBACIÓN DE ESTUDIO 3.3

El estroncio es un elemento que confiere un color rojo brillante a los fuegos artificiales.

a. ¿En qué grupo se encuentra el estroncio?
b. ¿En qué familia química se encuentra el estroncio?
c. ¿En qué periodo se encuentra el estroncio?
d. ¿Cuál es el nombre y símbolo del elemento en el Periodo 3 que está en el mismo grupo que el estroncio?
e. ¿Qué metal alcalino, halógeno y gas noble están en el mismo periodo que el estroncio?

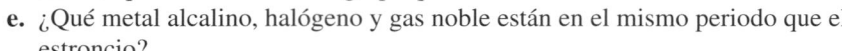

El estroncio confiere el color rojo a los fuegos artificiales.

Metales, no metales y metaloides

La línea gruesa en zigzag de la tabla periódica separa los *metales* de los *no metales*. *Excepto por el hidrógeno*, los metales están a la izquierda de la línea, y los no metales a la derecha (véase la figura 3.6). En general, la mayor parte de los **metales** son sólidos brillantes, como el cobre (Cu), oro (Au) y plata (Ag). A los metales puede dárseles forma de alambres (dúctiles) o pueden martillarse en hojas planas (maleables). Los metales son buenos conductores de calor y electricidad. Por lo general se funden a temperaturas más altas que los no metales. Todos los metales son sólidos a temperatura ambiente, excepto el mercurio (Hg), que es un líquido.

Los **no metales** no son especialmente brillantes, dúctiles o maleables, y con frecuencia son malos conductores de calor y electricidad. Por lo general tienen puntos de fusión bajos y baja densidad. Algunos ejemplos de no metales son hidrógeno (H), carbono (C), nitrógeno (N), oxígeno (O), cloro (Cl) y azufre (S).

Excepto por el aluminio, los elementos ubicados a lo largo de la gruesa línea en zigzag son **metaloides**: B, Si, Ge, As, Sb, Te, Po y At.

TUTORIAL
Metals, Nonmetals, and Metalloids

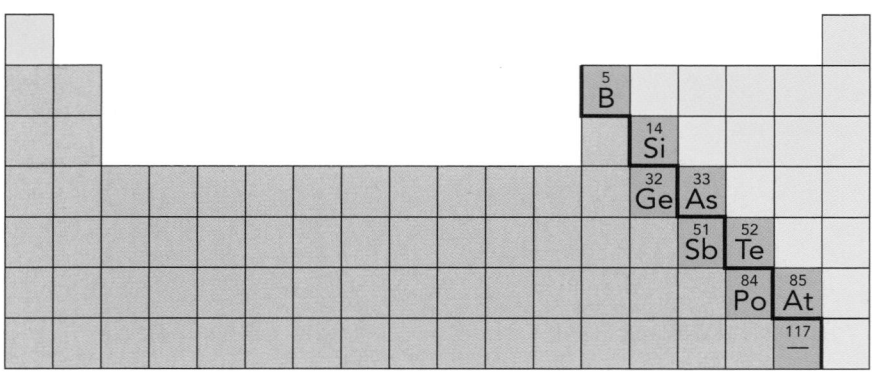

FIGURA 3.6 Los metaloides contiguos a la línea gruesa en zigzag en la tabla periódica tienen características tanto de metales como de no metales.

P ¿En cuál lado de la línea gruesa en zigzag se ubican los no metales?

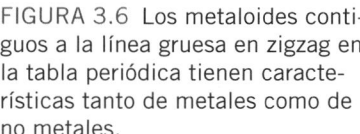

Metales   Metaloides   No metales

Los metaloides presentan algunas propiedades que son típicas de los metales, y otras propiedades que son características de los no metales. Por ejemplo, los metaloides son mejores conductores de calor y electricidad que los no metales, mas no tan buenos como los metales. Los metaloides son semiconductores porque pueden modificarse para actuar como conductores o aislantes. La tabla 3.3 compara algunas características de la plata, un metal, con las del antimonio, un metaloide, y el azufre, un no metal.

TABLA 3.3 Algunas características de un metal, un metaloide y un no metal

Plata (Ag)	Antimonio (Sb)	Azufre (S)
Metal	Metaloide	No metal
Brillante	Azul grisáceo, brillante	Amarillo apagado
Extremadamente dúctil	Quebradizo	Quebradizo
Puede martillarse en hojas (maleable)	Se quiebra cuando se martilla	Se quiebra cuando se martilla
Buen conductor de calor y electricidad	Mal conductor de calor y electricidad	Mal conductor, buen aislante
Utilizado en monedas, joyería, cubertería	Se utiliza para endurecer plomo, vidrio de color y plásticos	Se utiliza en pólvora, caucho, fungicidas
Densidad: 10.5 g/mL	Densidad: 6.7 g/mL	Densidad: 2.1 g/mL
Punto de fusión: 962 °C	Punto de fusión: 630 °C	Punto de fusión: 113 °C

Una taza de plata es brillante, el antimonio es un sólido azul grisáceo y el azufre tiene un color amarillo apagado.

EJEMPLO DE PROBLEMA 3.4   Nombres y clasificación de los elementos

Use la tabla periódica para clasificar cada uno de los siguientes elementos por su grupo, nombre de grupo (si lo hay) y como metal, no metal o metaloide:

a. Na   **b.** I   **c.** B

SOLUCIÓN

a. Na (sodio), Grupo 1A (1), metal alcalino, es un metal.
b. I (yodo), Grupo 7A (17), halógeno, es un no metal.
c. B (boro), Grupo 3A (13), es un metaloide.

COMPROBACIÓN DE ESTUDIO 3.4

Identifique cada uno de los siguientes como metal, no metal o metaloide:

a. germanio   **b.** radón   **c.** cromo

La química en la salud

ELEMENTOS ESENCIALES PARA LA SALUD

De todos los elementos, sólo alrededor de 20 son esenciales para el bienestar y la supervivencia del cuerpo humano. De ellos, cuatro elementos (oxígeno, carbono, hidrógeno y nitrógeno), que son elementos representativos en los Periodos 1 y 2 de la tabla periódica, constituyen el 96% de la masa corporal. La mayor parte de los alimentos de la dieta diaria consta de estos elementos, que se encuentran en carbohidratos, grasas y proteínas. Mucho del hidrógeno y el oxígeno se encuentra en el agua, que constituye 55 a 60% de la masa corporal.

Los *macrominerales* (Ca, P, K, Cl, S, Na y Mg) son elementos representativos ubicados en los Periodos 3 y 4 de la tabla periódica. Intervienen en la formación de huesos y dientes, el mantenimiento del corazón y los vasos sanguíneos, la contracción muscular, los impulsos nerviosos, el equilibrio ácido-base de los líquidos corporales y la regulación del metabolismo celular. Los macrominerales están presentes en menores cantidades que los elementos principales, de modo que se necesitan cantidades más pequeñas en la dieta diaria.

Los otros elementos esenciales, llamados *microminerales* o *elementos traza* (también llamados *oligoelementos*), son principalmente elementos de transición del Periodo 4, junto con Mo e I del Periodo 5. Están presentes en el cuerpo humano en cantidades muy pequeñas, algunos con menos de 100 mg. En años recientes, la detección de dichas cantidades pequeñas mejoró, de modo que los investigadores pueden identificar con mayor facilidad su función. Algunos de ellos, como arsénico, cromo y selenio, son tóxicos en niveles más altos en el organismo, pero sí se necesitan en pequeñas concentraciones. Otros elementos, como el estaño y el níquel, se consideran esenciales, pero su función metabólica todavía no se determina. En la tabla 3.4 se mencionan algunos ejemplos y las cantidades presentes en una persona de 60 kg.

TABLA 3.4 **Cantidades típicas de elementos esenciales en un adulto de 60 kg**

Elemento	Cantidad	Función
Elementos principales		
Oxígeno (O)	39 kg	Bloque constructor de biomoléculas y agua (H_2O)
Carbono (C)	11 kg	Bloque constructor de moléculas orgánicas y biomoléculas
Hidrógeno (H)	6 kg	Componente de biomoléculas, agua (H_2O) y pH de líquidos corporales, ácido estomacal (HCl)
Nitrógeno (N)	1.5 kg	Componente de proteínas y ácidos nucleicos
Macrominerales		
Calcio (Ca)	1000 g	Necesario para huesos y dientes, contracción muscular, impulsos nerviosos
Fósforo (P)	600 g	Necesario para huesos y dientes, ácidos nucleicos, ATP
Potasio (K)	120 g	Ión positivo más abundante (K^+) en células, contracción muscular, impulsos nerviosos
Cloro (Cl)	100 g	Ión negativo más abundante (Cl^-) en líquidos fuera de las células, ácido estomacal (HCl)
Azufre (S)	86 g	Componente de proteínas, hígado, vitamina B_1, insulina
Sodio (Na)	60 g	Ión positivo más abundante (Na^+) en líquidos fuera de las células, equilibrio de agua, funciones en contracción muscular, impulsos nerviosos
Magnesio (Mg)	36 g	Componente de huesos, necesario para reacciones metabólicas
Microminerales (elementos traza)		
Hierro (Fe)	3600 mg	Componente de hemoglobina portadora de oxígeno
Silicio (Si)	3000 mg	Necesario para el crecimiento y mantenimiento de huesos y dientes, tendones y ligamentos, cabello y piel
Cinc (Zn)	2000 mg	Se utiliza en reacciones metabólicas celulares, síntesis de ADN, crecimiento de huesos, dientes, tejido conjuntivo, sistema inmunitario
Cobre (Cu)	240 mg	Necesario para vasos sanguíneos, presión sanguínea, sistema inmunitario
Manganeso (Mn)	60 mg	Necesario para crecimiento óseo, coagulación sanguínea, reacciones metabólicas
Yodo (I)	20 mg	Necesario para el funcionamiento tiroideo adecuado
Molibdeno (Mo)	12 mg	Necesario para procesar Fe y N de los alimentos
Arsénico (As)	3 mg	Necesario para crecimiento y reproducción
Cromo (Cr)	3 mg	Necesario para conservar los niveles de azúcar en la sangre, síntesis de biomoléculas
Cobalto (Co)	3 mg	Componente de vitamina B_{12}, eritrocitos
Selenio (Se)	2 mg	Se utiliza en sistema inmunitario, salud del corazón y páncreas
Vanadio (V)	2 mg	Necesario en la formación de hueso y dientes, energía de los alimentos

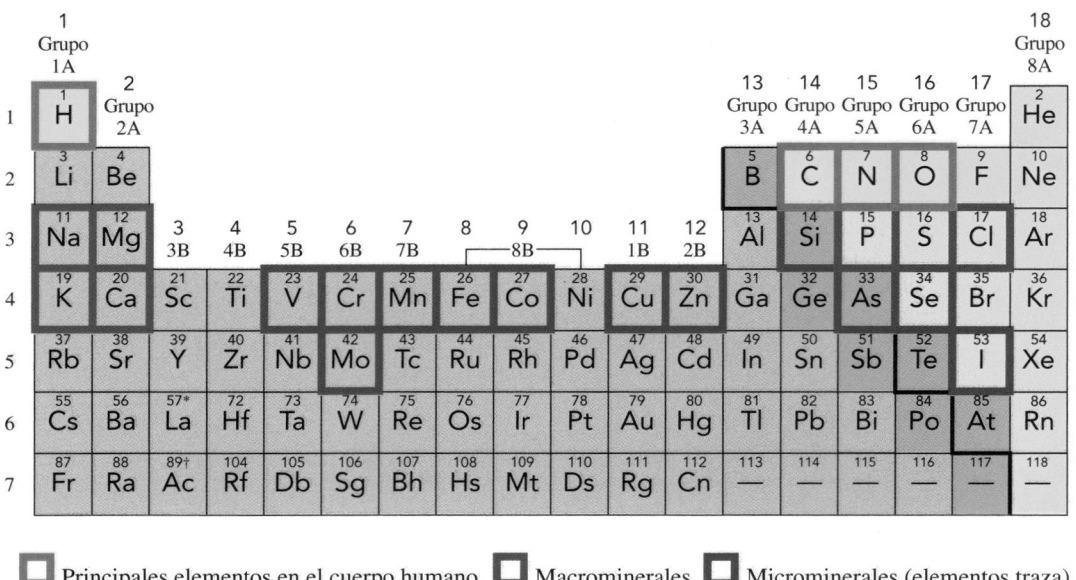

□ Principales elementos en el cuerpo humano □ Macrominerales □ Microminerales (elementos traza)

PREGUNTAS Y PROBLEMAS

3.2 La tabla periódica

META DE APRENDIZAJE: *Usar la tabla periódica para identificar el grupo y el periodo de un elemento; identificar el elemento como metal, no metal o metaloide.*

3.7 Identificar el número de periodo o grupo descrito para cada
caso siguiente:
  a. contiene los elementos C, N y O
  b. comienza con helio
  c. contiene los metales alcalinos
  d. termina con neón

3.8 Identificar el número de periodo o grupo descrito para cada
caso siguiente:
  a. contiene Na, K y Rb
  b. la hilera comienza con Li
  c. los gases nobles
  d. contiene F, Cl, Br y I

3.9 Clasifique cada uno de los siguientes como metal alcalino, metal alcalinotérreo, elemento de transición, halógeno o gas noble:
  a. Ca   **b.** Fe   **c.** Xe
  d. K   **e.** Cl

3.10 Clasifique cada uno de los siguientes como metal alcalino, metal alcalinotérreo, elemento de transición, halógeno o gas noble:
  a. Ne   **b.** Mg   **c.** Cu
  d. Br   **e.** Cs

3.11 Proporcione el símbolo del elemento descrito en cada uno de
los siguientes casos:
  a. Grupo 4A (14), Periodo 2
  b. un gas noble en el Periodo 1
  c. un metal alcalino en el Periodo 3

  d. Grupo 2A (2), Periodo 4
  e. Grupo 3A (13), Periodo 3

3.12 Proporcione el símbolo del elemento descrito en cada uno de
los siguientes:
  a. un metal alcalinotérreo del Periodo 2
  b. Grupo 5A (15), Periodo 3
  c. un gas noble en el Periodo 4
  d. un halógeno en el Periodo 5
  e. Grupo 4A (14), Periodo 4

3.13 ¿Cada uno de los siguientes elementos es metal, no metal o
metaloide?
  a. calcio
  b. azufre
  c. un elemento brillante
  d. un elemento que es un gas a temperatura ambiente
  e. ubicado en el Grupo 8A (18)
  f. bromo
  g. telurio
  h. plata

3.14 ¿Cada uno de los siguientes elementos es metal, no metal o
metaloide?
  a. ubicado en el Grupo 2A (2)
  b. buen conductor de electricidad
  c. cloro
  d. silicio
  e. elemento que no es brillante
  f. oxígeno
  g. nitrógeno
  h. estaño

3.3 El átomo

Todos los elementos mencionados en la tabla periódica están constituidos de átomos. En
la sección 2.3 se describió un **átomo** como la partícula más pequeña de un elemento. Imagine que usted divide un pedazo de papel de aluminio en trozos cada vez más pequeños.
Ahora imagine que tiene un trozo tan pequeño que no puede dividirlo más. Entonces tendría un solo átomo de aluminio.

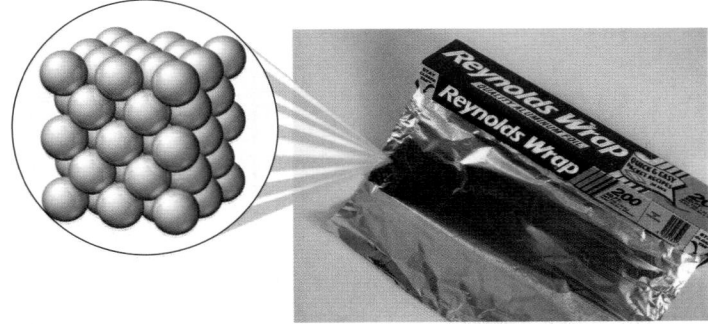

El papel de aluminio
consta de átomos de
aluminio.

El concepto de átomo es relativamente reciente. Si bien los filósofos griegos en el año
500 a. de C. argüían que todo debía contener partículas diminutas que denominaron *átomos*, la idea de los átomos no se convirtió en teoría científica sino hasta 1808.

FIGURA 3.7 Imágenes de átomos de níquel producidas cuando el níquel se amplifica millones de veces mediante un microscopio de efecto túnel (STM). Este instrumento genera una imagen de la estructura atómica.

P ¿Por qué es necesario un microscopio con amplificación extremadamente alta para ver estos átomos?

En ese entonces, John Dalton (1766-1844) desarrolló una teoría atómica que proponía que los átomos eran los encargados de las combinaciones de los elementos que se encuentran en los compuestos.

Teoría atómica de Dalton

1. Toda la materia está constituida de pequeñas partículas llamadas *átomos*.
2. Todos los átomos de un elemento dado son similares entre sí y diferentes de átomos de otros elementos.
3. Los átomos de dos o más elementos diferentes se combinan para formar compuestos. Un compuesto particular siempre está constituido de los mismos tipos de átomos y siempre tiene el mismo número de cada tipo de átomo.
4. Una reacción química involucra el reordenamiento, separación o combinación de átomos. Los átomos nunca se crean o se destruyen durante una reacción química.

La teoría atómica de Dalton constituyó la base de la actual teoría atómica, aunque se han modificado algunos de los enunciados de Dalton. Ahora se sabe que los átomos del mismo elemento no son completamente idénticos entre sí y que consisten incluso de partículas más pequeñas. Sin embargo, un átomo sigue siendo la partícula más pequeña de cualquier elemento.

Aunque los átomos son los bloques constructores de todo lo que está a su alrededor, no es posible ver un átomo, ni siquiera mil millones de átomos, a simple vista. No obstante, cuando millones y millones de átomos están reunidos, las características de cada átomo se agregan a las del siguiente hasta que es posible ver las características asociadas al elemento. Por ejemplo, un pequeño trozo del elemento brillante níquel consiste en muchos, muchos átomos de níquel. Un tipo especial de microscopio, llamado *microscopio de efecto túnel* (STM, *scanning tunneling microscope*), produce imágenes de átomos individuales (véase la figura 3.7).

Cargas eléctricas en un átomo

Hacia finales del siglo XIX, experimentos con electricidad demostraron que los átomos no eran esferas sólidas, sino que estaban compuestos de trozos de materia todavía más pequeños llamados **partículas subatómicas**, tres de las cuales son protón, electrón y neutrón. Algunas de estas partículas subatómicas se descubrieron porque tienen cargas eléctricas.

Una carga eléctrica puede ser positiva o negativa. Los experimentos demuestran que cargas iguales se repelen, o se alejan una de otra. Cuando usted se cepilla el cabello en un día seco, cargas eléctricas que son parecidas a las que conforman los átomos se acumulan en el cepillo y en el cabello. Como resultado, su cabello se aleja del cepillo. Por el contrario, las cargas opuestas o distintas se atraen. El tronido de la ropa que se saca de la secadora indica la presencia de cargas eléctricas. La adhesividad de la ropa se debe a la atracción de cargas opuestas, distintas, como se muestra en la figura 3.8.

Cargas positivas se repelen

Cargas negativas se repelen

Cargas distintas se atraen

FIGURA 3.8 Cargas iguales se repelen, cargas opuestas se atraen.

P ¿Por qué los electrones se atraen hacia los protones en el núcleo de un átomo?

Estructura del átomo

En 1897, J.J. Thomson, un físico inglés, aplicó electricidad a un tubo de vidrio y produjo chorros de pequeñas partículas llamadas *rayos catódicos*. Puesto que estos rayos eran atraídos hacia un electrodo con carga positiva, Thomson se dio cuenta de que dichas partículas debían tener carga negativa. En experimentos posteriores descubrió que esas partículas, llamadas **electrones**, eran mucho más pequeñas que el átomo y tenían una masa extremadamente pequeña. Dado que los átomos son neutros, los científicos pronto descubrieron que los átomos contenían partículas con carga positiva, llamadas **protones**, que son mucho más pesadas que los electrones.

Thomson propuso un modelo para el átomo en el que electrones y protones estaban distribuidos de manera aleatoria en todo el átomo. En 1911, Ernest Rutherford trabajó con Thomson para poner a prueba este modelo. En el experimento de Rutherford, partículas con carga positiva se dirigieron hacia una delgada hoja de oro (véase la figura 3.9). Si el modelo de Thomson era correcto, las partículas viajarían en trayectorias rectas a través de la hoja de oro. Rutherford se sorprendió enormemente al descubrir que algunas de las partículas se desviaban un poco a medida que pasaban a través de la hoja de oro, y unas cuantas partículas se desviaban tanto, que regresaban en la dirección contraria. De acuerdo con Rutherford, era como si hubiera disparado una bala de cañón a un pañuelo desechable, y rebotara hacia él.

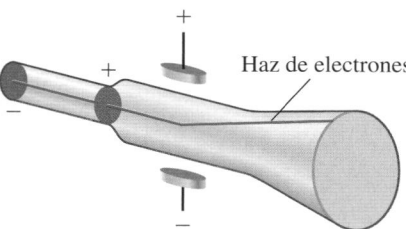

Electrodo positivo

Haz de electrones

Tubo de rayos catódicos

Los rayos catódicos con carga negativa (electrones) son atraídos hacia el electrodo positivo.

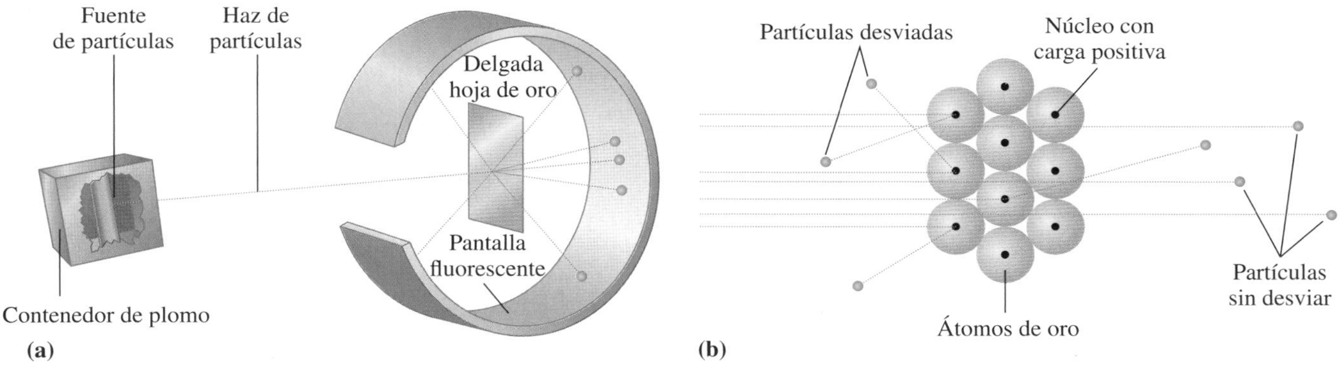

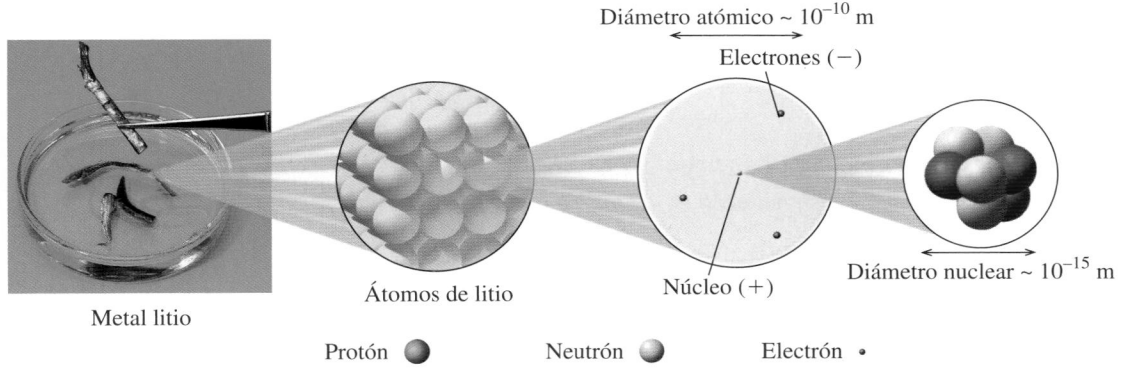

FIGURA 3.9 **(a)** Partículas positivas se dirigen a un trozo de hoja de oro. **(b)** Las partículas que se acercan al núcleo atómico del oro se desvían de su trayectoria recta.

P ¿Por qué algunas partículas se desvían mientras que la mayoría pasa a través de la hoja de oro sin desviarse?

A partir de sus experimentos con hojas de oro, Rutherford se dio cuenta de que los protones debían de encontrarse en una pequeña región con carga positiva en el centro del átomo, que él llamó **núcleo**. Propuso que los electrones en el átomo ocupan el espacio que rodea el núcleo y a través del cual la mayor parte de las partículas viajaba sin perturbaciones. Sólo las partículas que se acercaban a este centro denso positivo en el interior de los átomos de oro se desviaban. Para comprender las dimensiones del núcleo dentro del átomo basta decir que si un átomo tuviera el tamaño de un estadio de fútbol, el núcleo tendría aproximadamente el tamaño de una pelota de golf colocada en el centro del campo.

Los científicos sabían que el núcleo era más pesado que la masa de los protones y buscaron otra partícula subatómica. Con el tiempo, James Chadwick, en 1932, descubrió que el núcleo también contenía una partícula llamada **neutrón**, que es neutro con respecto a su carga. Por ende, las masas de protones y neutrones en el núcleo determinan su masa (véase la figura 3.10).

FIGURA 3.10 En un átomo, los protones y neutrones que constituyen casi toda la masa del átomo están empacados en el diminuto volumen del núcleo. Los electrones, que se mueven con rapidez, rodean el núcleo y explican el gran volumen del átomo.

P ¿Por qué es posible decir que un átomo es principalmente espacio vacío?

Masa del átomo

Todas las partículas subatómicas son extremadamente pequeñas en comparación con las cosas que usted ve a su alrededor. Un protón tiene una masa de 1.7×10^{-24} g, y el neutrón es más o menos igual. La masa del electrón es 9.1×10^{-28} g, que es aproximadamente 1/2000-avo de la masa de un protón o de un neutrón. Dado que las masas de las partículas subatómicas son tan pequeñas, los químicos utilizan una unidad llamada **unidad de masa atómica (uma)**. Una uma se define como un doceavo de la masa del átomo de carbono con seis protones y seis neutrones, un estándar con el que se compara la masa de cualquier otro átomo. En biología, la unidad de masa atómica se llama *Dalton* (Da) en honor de John Dalton.

TUTORIAL
Atomic Structure and Properties
of Subatomic Particles

En la escala uma, el protón y el neutrón tienen cada uno una masa de aproximadamente 1 uma. Puesto que la masa del electrón es tan pequeña, generalmente se ignora en los cálculos de masa atómica. La tabla 3.5 resume algunos datos acerca de las partículas subatómicas en un átomo.

TABLA 3.5 Partículas en el átomo

Partícula subatómica	Símbolo	Carga eléctrica	Masa (uma)	Ubicación en el átomo
Protón	p o p^+	1+	1.007	Núcleo
Neutrón	n o n^0	0	1.008	Núcleo
Electrón	e^-	1−	0.000 55	Fuera del núcleo

COMPROBACIÓN DE CONCEPTOS 3.2 **Partículas subatómicas**

Cada uno de los siguientes enunciados, ¿es *verdadero* o *falso*? Si es falso, explique su razonamiento.

a. Los protones son más pesados que los electrones.
b. Los protones son atraídos hacia los neutrones.
c. Los electrones son tan pequeños que no tienen carga eléctrica.
d. El núcleo contiene todos los protones y neutrones de un átomo.

RESPUESTA

a. Verdadero **b.** Falso; los protones son atraídos hacia los electrones.
c. Falso; los electrones tienen carga 1−. **d.** Verdadero

EJEMPLO DE PROBLEMA 3.5 **Identificación de partículas subatómicas**

Identifique la partícula subatómica que tiene las siguientes características:

a. sin carga **b.** una masa de 0.000 55 uma
c. una masa aproximadamente igual a un neutrón.

SOLUCIÓN

a. neutrón **b.** electrón **c.** protón

COMPROBACIÓN DE ESTUDIO 3.5

¿El siguiente enunciado es *verdadero* o *falso*?

El núcleo ocupa un gran volumen en un átomo.

PREGUNTAS Y PROBLEMAS

3.3 El átomo

META DE APRENDIZAJE: *Describir la carga eléctrica y ubicación en un átomo de un protón, un neutrón y un electrón.*

3.15 Indique si cada uno de los siguientes enunciados describe un protón, un neutrón o un electrón:
a. tiene la masa más pequeña
b. tiene una carga 1+
c. se encuentra fuera del núcleo
d. es eléctricamente neutro

3.16 Identifique si cada una de las siguientes opciones describe un protón, un neutrón o un electrón:
a. tiene una masa aproximadamente igual a la de un protón
b. se encuentra en el núcleo
c. es atraído hacia los protones
d. tiene una carga 1−

3.17 Cada uno de los siguientes enunciados, ¿es *verdadero* o *falso*?
a. Un protón y un electrón tienen cargas opuestas.
b. El núcleo contiene la mayor parte de la masa de un átomo.
c. Los electrones se repelen mutuamente.
d. Un protón es atraído hacia un neutrón.

3.18 Cada uno de los siguientes enunciados, ¿es *verdadero* o *falso*?
a. Un protón es atraído hacia un electrón.
b. Un neutrón tiene el doble de masa que un protón.
c. Los neutrones se repelen mutuamente.
d. Electrones y neutrones tienen cargas opuestas.

3.19 ¿Cómo determinó Thomson que los electrones tienen una carga negativa?

3.20 ¿Qué determinó Rutherford acerca de la estructura del átomo a partir de su experimento con la hoja de oro?

3.4 Número atómico y número de masa

Todos los átomos del mismo elemento siempre tienen el mismo número de protones. Esta característica distingue a los átomos de un elemento de los átomos de todos los demás elementos.

Número atómico

El **número atómico** de un elemento es igual al número de protones en cada átomo de dicho elemento. El número atómico es el número entero que aparece arriba del símbolo de cada elemento en la tabla periódica.

Número atómico = número de protones en un átomo

La tabla periódica que aparece al inicio de este texto muestra los elementos en orden de número atómico, del 1 al 118. Se puede usar un número atómico para identificar el número de protones que tiene un átomo de cualquier elemento. Por ejemplo, un átomo de litio, con número atómico 3, tiene 3 protones. Todo átomo de litio tiene 3 y sólo 3 protones. Cualquier átomo con 3 protones siempre es un átomo de litio. De la misma forma, se determina que un átomo de carbono, con número atómico 6, tiene 6 protones. Todo átomo de carbono tiene 6 protones y cualquier átomo con 6 protones es carbono.

Un átomo es eléctricamente neutro. Esto significa que el número de protones en un átomo es igual al número de electrones, lo que da a todo átomo una carga eléctrica global de cero. Por tanto, para cualquier átomo, el número atómico también proporciona el número de electrones.

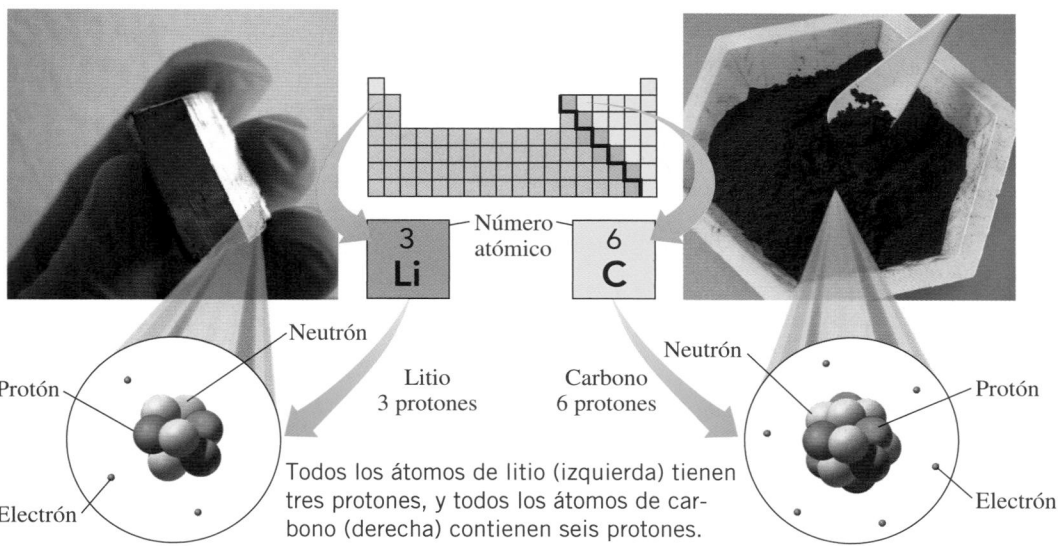

Todos los átomos de litio (izquierda) tienen tres protones, y todos los átomos de carbono (derecha) contienen seis protones.

EJEMPLO DE PROBLEMA 3.6 **Número atómico, protones y electrones**

Con la tabla periódica, indique el número atómico, número de protones y número de electrones de un átomo para cada uno de los siguientes elementos:

a. nitrógeno   **b.** magnesio   **c.** bromo

SOLUCIÓN

a. número atómico 7; 7 protones y 7 electrones
b. número atómico 12; 12 protones y 12 electrones
c. número atómico 35; 35 protones y 35 electrones

COMPROBACIÓN DE ESTUDIO 3.6

Considere un átomo que tenga 79 electrones.

a. ¿Cuántos protones hay en su núcleo?
b. ¿Cuál es su número atómico?
c. ¿Cuál es su nombre y cuál es su símbolo?

Enfoque profesional

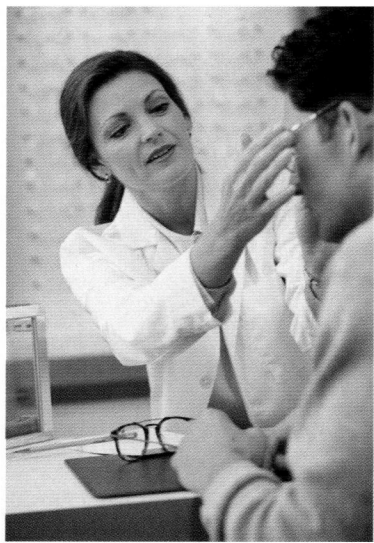

ÓPTICO

Los ópticos adaptan y ajustan gafas para personas a quienes un oftalmólogo u optometrista les revisó la vista. La óptica y las matemáticas se utilizan para seleccionar los materiales de los armazones y lentes que sean compatibles con las mediciones faciales y estilos de vida de los pacientes.

Número de masa

Ahora se sabe que protones y neutrones determinan la masa de cualquier núcleo. Por tanto, para cualquier átomo determinado se escribe un **número de masa**, que es el número total de protones y neutrones que hay en su núcleo. Sin embargo, el número de masa de un solo átomo no aparece en la tabla periódica.

Número de masa = número de protones + número de neutrones en un núcleo

Por ejemplo, el núcleo de un solo átomo de oxígeno que contiene 8 protones y 8 neutrones tiene un número de masa de 16. Si el núcleo de un solo átomo de hierro contiene 26 protones y 32 neutrones, tendría un número de masa de 58.

Si se tiene el número de masa de un átomo y su número atómico, es posible calcular el número de neutrones que hay en su núcleo.

Número de neutrones en un núcleo = número de masa − número de protones

Por ejemplo, si se tiene un número de masa de 37 para un átomo de cloro (número atómico 17), se puede calcular el número de neutrones que hay en su núcleo.

Número de neutrones = 37 (número de masa) − 17 (protones) = 20 neutrones

La tabla 3.6 ilustra estas relaciones entre número atómico, número de masa y el número de protones, neutrones y electrones en ejemplos de átomos individuales para diferentes elementos.

TABLA 3.6 **Composición de algunos átomos de diferentes elementos**

Elemento	Símbolo	Número atómico	Número de masa	Número de protones	Número de neutrones	Número de electrones
Hidrógeno	H	1	1	1	0	1
Nitrógeno	N	7	14	7	7	7
Oxígeno	O	8	16	8	8	8
Cloro	Cl	17	37	17	20	17
Hierro	Fe	26	58	26	32	26
Oro	Au	79	197	79	118	79

COMPROBACIÓN DE CONCEPTOS 3.3   **Partículas subatómicas en los átomos**

Un átomo de plata tiene un número de masa de 109.

a. ¿Cuántos protones hay en el núcleo?
b. ¿Cuántos neutrones hay en el núcleo?
c. ¿Cuántos electrones hay en el átomo?

RESPUESTA

a. La plata (Ag), con número atómico 47, tiene 47 protones.
b. Para calcular el número de neutrones se resta el número de protones del número de masa.

109 − 47 = 62 neutrones para un átomo de Ag con un número de masa de 109.

c. En un átomo neutro, el número de electrones es igual al número de protones.
Un átomo de plata con 47 protones tiene 47 electrones.

EJEMPLO DE PROBLEMA 3.7   **Cálculo de números de protones, neutrones y electrones**

Para un átomo de cinc que tiene un número de masa de 68, determine lo siguiente:

a. el número de protones   **b.** el número de neutrones
c. el número de electrones

SOLUCIÓN

Análisis del problema

Elemento	Número atómico	Número de protones	Número de masa	Número de neutrones	Número de electrones
Cinc (Zn)	30	Igual a número atómico	68	Número de masa − número de protones	Igual a número de protones

a. El cinc (Zn), con un número atómico de 30, tiene 30 protones.

b. Para encontrar el número de neutrones en este átomo de cinc se resta el número de protones (número atómico) del número de masa.

Número de masa − número atómico = número de neutrones

68   −   30   =   38

c. Puesto que el átomo de cinc es neutro, el número de electrones es igual al número de protones. Un átomo de cinc tiene 30 electrones.

COMPROBACIÓN DE ESTUDIO 3.7

¿Cuántos neutrones hay en el núcleo de un átomo de bromo que tiene un número de masa de 80?

PREGUNTAS Y PROBLEMAS

3.4 Número atómico y número de masa

META DE APRENDIZAJE: *Dados el número atómico y el número de masa de un átomo, indicar el número de protones, neutrones y electrones.*

3.21 ¿Usaría número atómico, número de masa o ambos para obtener lo siguiente?
    a. número de protones en un átomo
    b. número de neutrones en un átomo
    c. número de partículas en el núcleo
    d. número de electrones en un átomo neutro

3.22 ¿Qué puede saber sobre las partículas subatómicas a partir de los siguientes conceptos?
    a. número atómico   **b.** número de masa
    c. número de masa − número atómico
    d. número de masa + número atómico

3.23 Escriba los nombres y símbolos de los elementos con los siguientes números atómicos:
    a. 3   **b.** 9   **c.** 20   **d.** 30
    e. 10   **f.** 14   **g.** 53   **h.** 8

3.24 Escriba los nombres y símbolos de los elementos con los siguientes números atómicos:
    a. 1   **b.** 11   **c.** 19   **d.** 82
    e. 35   **f.** 47   **g.** 15   **h.** 2

3.25 ¿Cuántos protones y electrones hay en un átomo neutro de los siguientes elementos?
    a. argón   **b.** cinc
    c. yodo   **d.** cadmio

3.26 ¿Cuántos protones y electrones hay en un átomo neutro de los siguientes elementos?
    a. carbono   **b.** flúor
    c. estaño   **d.** níquel

3.27 Complete la siguiente tabla para cada átomo neutro:

Nombre del elemento	Símbolo	Número atómico	Número de masa	Número de protones	Número de neutrones	Número de electrones
	Al		27			
		12			12	
Potasio					20	
				16	15	
			56			26

3.28 Complete la siguiente tabla para cada átomo neutro:

Nombre del elemento	Símbolo	Número atómico	Número de masa	Número de protones	Número de neutrones	Número de electrones
	N		15			
Calcio			42			
				38	50	
		14			16	
		56	138			

3.5 Isótopos y masa atómica

Ya vio que todos los átomos del mismo elemento tienen el mismo número de protones y electrones. Aunque Dalton no podía saberlo en su época, con el tiempo los científicos descubrieron, en 1913, que los átomos de cualquier elemento no son completamente idénticos porque los átomos de la mayoría de los elementos tienen diferente número de neutrones.

META DE APRENDIZAJE

Proporcionar el número de protones, neutrones y electrones en uno o más de los isótopos de un elemento; calcular la masa atómica de un elemento usando la abundancia y masa de sus isótopos naturales.

SELF-STUDY ACTIVITY
Atoms and Isotopes

TUTORIAL
Isotopes

Cuando una muestra de un elemento consiste en dos o más átomos con diferente número de neutrones, dichos átomos se llaman *isótopos*. En la sección 4.1 verá que algunos isótopos de un elemento son estables, mientras que otros son radiactivos, se descomponen y emiten partículas radiactivas.

Isótopos

Los **isótopos** son átomos del mismo elemento que tienen el mismo número atómico pero diferente número de neutrones. Por ejemplo, todos los átomos del elemento magnesio (Mg) tienen un número atómico de 12. Por tanto, todo átomo de magnesio siempre tiene 12 protones. Sin embargo, algunos de los átomos de magnesio tienen 12 neutrones, otros tienen 13 neutrones, e incluso otros tienen 14 neutrones. Estos diferentes números de neutrones dan a los átomos de magnesio diferentes números de masa, pero no cambian su comportamiento químico.

Para distinguir entre los diferentes isótopos de un elemento, se escribe un **símbolo atómico** para un isótopo particular con su número de masa en la esquina superior izquierda y su número atómico en la esquina inferior izquierda.

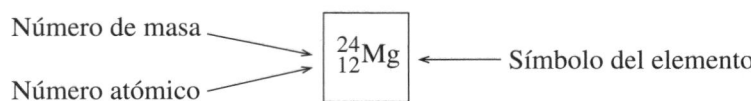

Número de masa ⟶ $^{24}_{12}\text{Mg}$ ⟵ Símbolo del elemento
Número atómico ⟶

Símbolo atómico para un isótopo de magnesio, Mg-24

Un isótopo se puede llamar por su nombre o símbolo, seguido del número de masa, como magnesio-24 o Mg-24. El magnesio tiene tres isótopos naturales, como se muestra en la tabla 3.7.

TABLA 3.7 Isótopos de magnesio

Símbolo atómico	$^{24}_{12}\text{Mg}$	$^{25}_{12}\text{Mg}$	$^{26}_{12}\text{Mg}$
Nombre	Mg-24	Mg-25	Mg-26
Número de protones	12	12	12
Número de electrones	12	12	12
Número de masa	**24**	**25**	**26**
Número de neutrones	**12**	**13**	**14**
Masa de isótopo (uma)	23.99	24.99	25.98
% Abundancia	78.70	10.13	11.17

Átomos de Mg

Isótopos de Mg

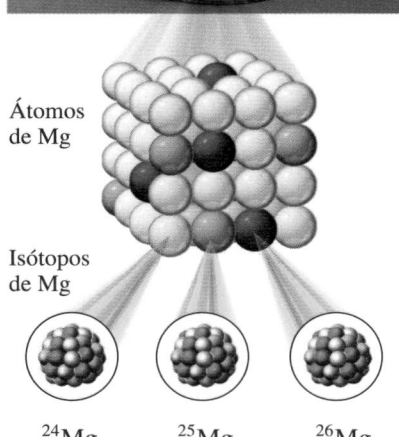

$^{24}_{12}\text{Mg}$ $^{25}_{12}\text{Mg}$ $^{26}_{12}\text{Mg}$

Los núcleos de los tres isótopos naturales del magnesio tienen el mismo número de protones, pero diferente número de neutrones.

EJEMPLO DE PROBLEMA 3.8 Identificación de protones y neutrones en isótopos

El elemento neón tiene tres isótopos naturales: Ne-20, Ne-21 y Ne-22. Indique el número de protones y neutrones en los isótopos estables de neón (Ne):

a. $^{20}_{10}\text{Ne}$ **b.** $^{21}_{10}\text{Ne}$ **c.** $^{22}_{10}\text{Ne}$

SOLUCIÓN

El número atómico del Ne es 10, lo que significa que cada isótopo tiene 10 protones. Para encontrar el número de neutrones en cada isótopo se resta el número de protones (10) de cada uno de sus números de masa.

a. 10 protones; 10 neutrones (20 − 10)
b. 10 protones; 11 neutrones (21 − 10)
c. 10 protones; 12 neutrones (22 − 10)

COMPROBACIÓN DE ESTUDIO 3.8

Escriba un símbolo atómico para cada uno de los siguientes isótopos:

a. un átomo de nitrógeno con 8 neutrones
b. un átomo con 35 protones y 46 neutrones
c. un átomo con número de masa 27 y 13 neutrones

Masa atómica

En el trabajo de laboratorio, un químico suele utilizar muestras con muchos átomos que contienen todos los diferentes isótopos de un elemento. Dado que cada tipo de isótopo tiene una masa diferente, los químicos han calculado una **masa atómica** para un "átomo promedio", que es un *promedio ponderado* de las masas de todos los isótopos naturales de dicho elemento. En la tabla periódica, la masa atómica es el número que incluye lugares decimales y que se muestra debajo del símbolo de cada elemento. La mayoría de los elementos consiste en dos o más isótopos, que es una razón por la que las masas atómicas en la tabla periódica rara vez son números enteros.

Cálculo de masa atómica con el uso de isótopos

Para calcular la masa atómica de un elemento es necesario conocer la abundancia porcentual de cada isótopo y su masa, que se determinan experimentalmente. Por ejemplo, una gran muestra de cloro que existe naturalmente consiste en 75.76% de átomos de $^{35}_{17}Cl$ y 24.24% de átomos de $^{37}_{17}Cl$. La masa atómica es un *promedio ponderado* porque se calcula a partir de la abundancia porcentual de cada isótopo y su masa: el isótopo $^{35}_{17}Cl$ tiene una masa de 34.97 uma, y el isótopo $^{37}_{17}Cl$ tiene una masa de 36.97 uma.

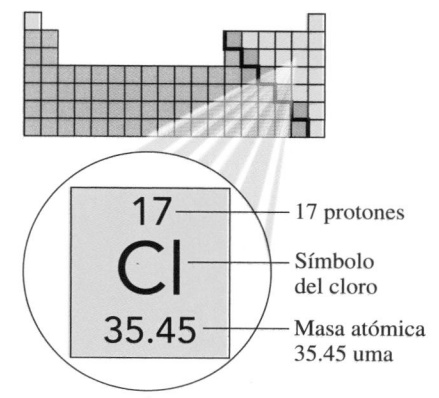

17 protones
Símbolo del cloro
Masa atómica 35.45 uma

$$\text{Masa atómica de Cl} = \underbrace{\text{masa de } ^{35}_{17}Cl \times \frac{^{35}_{17}Cl\%}{100\%}}_{\text{masa de } ^{35}_{17}Cl} + \underbrace{\text{masa de } ^{37}_{17}Cl \times \frac{^{37}_{17}Cl\%}{100\%}}_{\text{masa de } ^{37}_{17}Cl}$$

Isótopo	Masa (uma)		Abundancia (%)		Contribución al átomo Cl promedio
$^{35}_{17}Cl$	34.97	×	$\frac{75.76}{100}$	=	26.49 uma
$^{37}_{17}Cl$	36.97	×	$\frac{24.24}{100}$	=	8.962 uma
			Masa atómica de Cl	=	35.45 uma (masa promedio ponderada)

La masa atómica de 35.45 uma es la masa promedio ponderada de una muestra de átomos de Cl, aunque en realidad ningún átomo individual de Cl tiene esta masa. Una masa atómica de 35.45, que está más cerca del número de masa de Cl-35, indica que existe un porcentaje mayor de átomos de $^{35}_{17}Cl$ en la muestra de cloro. De hecho, en una muestra de átomos de cloro hay alrededor de tres átomos de $^{35}_{17}Cl$ por cada átomo de $^{37}_{17}Cl$.

La tabla 3.8 menciona los isótopos naturales de elementos seleccionados, su masa atómica y su isótopo más abundante.

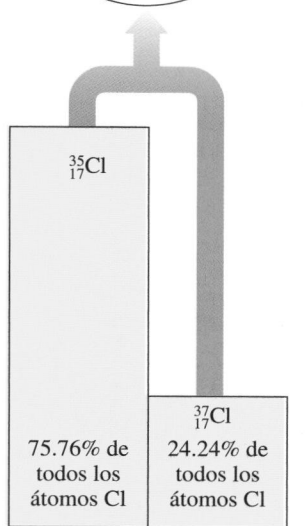

$^{35}_{17}Cl$

$^{37}_{17}Cl$

75.76% de todos los átomos Cl

24.24% de todos los átomos Cl

El cloro, con dos isótopos naturales, tiene una masa atómica de 35.45 uma.

TABLA 3.8 Masa atómica de algunos elementos

Elemento	Isótopos estables	Masa atómica (promedio ponderado)	Isótopo más abundante
Litio	$^{6}_{3}Li$, $^{7}_{3}Li$	6.941 uma	$^{7}_{3}Li$
Carbono	$^{12}_{6}C$, $^{13}_{6}C$, $^{14}_{6}C$	12.01 uma	$^{12}_{6}C$
Oxígeno	$^{16}_{8}O$, $^{17}_{8}O$, $^{18}_{8}O$	16.00 uma	$^{16}_{8}O$
Flúor	$^{19}_{9}F$	19.00 uma	$^{19}_{9}F$
Azufre	$^{32}_{16}S$, $^{33}_{16}S$, $^{34}_{16}S$, $^{36}_{16}S$	32.07 uma	$^{32}_{16}S$
Cobre	$^{63}_{29}Cu$, $^{65}_{29}Cu$	63.55 uma	$^{63}_{29}Cu$

TUTORIAL
Atomic Mass Calculations

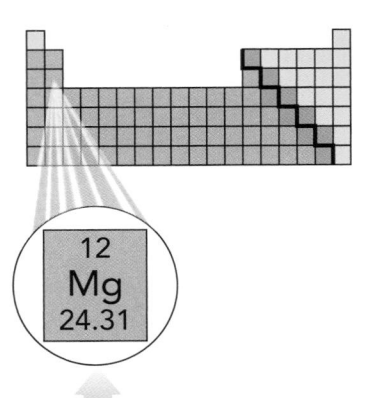

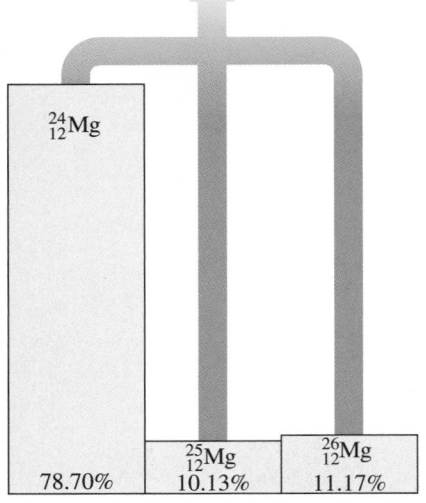

El magnesio, con tres isótopos naturales, tiene una masa atómica de 24.31 uma.

COMPROBACIÓN DE CONCEPTOS 3.4 **Masa atómica promedio**

Existen tres isótopos naturales del neón: $^{20}_{10}$Ne, $^{21}_{10}$Ne y $^{22}_{10}$Ne. Con la masa atómica de la tabla periódica, ¿cuál isótopo de neón es probablemente el más abundante?

RESPUESTA

Con la tabla periódica, se observa que la masa atómica para todos los isótopos del neón que existen en la naturaleza es de 20.18 uma. Dado que este número está muy cerca del número de masa de 20, el isótopo Ne-20 es el más abundante en una muestra de átomos de neón.

EJEMPLO DE PROBLEMA 3.9 **Cálculo de masa atómica**

Con los datos de la tabla 3.7, calcule la masa atómica del magnesio.

SOLUCIÓN

Isótopo	Masa (uma)		Abundancia (%)		Contribución a la masa atómica
$^{24}_{12}$Mg	23.99	×	$\dfrac{78.70}{100}$	=	18.88 uma
$^{25}_{12}$Mg	24.99	×	$\dfrac{10.13}{100}$	=	2.531 uma
$^{26}_{12}$Mg	25.98	×	$\dfrac{11.17}{100}$	=	2.902 uma
			Masa atómica del Mg	=	24.31 uma (masa promedio ponderada)

COMPROBACIÓN DE ESTUDIO 3.9

Hay dos isótopos naturales de boro. El isótopo $^{10}_{5}$B tiene una masa de 10.01 uma, con una abundancia de 19.80%, y el isótopo $^{11}_{5}$B tiene una masa de 11.01 uma, con una abundancia de 80.20%. ¿Cuál es la masa atómica del boro?

PREGUNTAS Y PROBLEMAS

3.5 Isótopos y masa atómica

META DE APRENDIZAJE: *Proporcionar el número de protones, neutrones y electrones en uno o más de los isótopos de un elemento; calcular la masa atómica de un elemento usando la abundancia y masa de sus isótopos naturales.*

3.29 ¿Cuáles son los números de protones, neutrones y electrones en los siguientes isótopos?
  a. $^{89}_{38}$Sr   **b.** $^{52}_{24}$Cr   **c.** $^{34}_{16}$S   **d.** $^{81}_{35}$Br

3.30 ¿Cuáles son los números de protones, neutrones y electrones en los siguientes isótopos?
  a. $^{2}_{1}$H   **b.** $^{14}_{7}$N   **c.** $^{26}_{14}$Si   **d.** $^{70}_{30}$Zn

3.31 Escriba los símbolos atómicos de los isótopos con los siguientes datos:
  a. 15 protones y 16 neutrones
  b. 35 protones y 45 neutrones
  c. 50 electrones y 72 neutrones
  d. un átomo de cloro con 18 neutrones
  e. un átomo de mercurio con 122 neutrones

3.32 Escriba los símbolos atómicos de los isótopos con los siguientes datos:
  a. un átomo de oxígeno con 10 neutrones
  b. 4 protones y 5 neutrones
  c. 25 electrones y 28 neutrones
  d. un número de masa de 24 y 13 neutrones
  e. un átomo de níquel con 32 neutrones

3.33 El argón tiene tres isótopos naturales, con números de masa 36, 38 y 40.
  a. Escriba el símbolo atómico de cada uno de estos átomos.
  b. ¿En qué se parecen estos isótopos?
  c. ¿En qué difieren?
  d. ¿Por qué la masa atómica del argón en la tabla periódica no es un número entero?
  e. ¿Cuál isótopo es más abundante en una muestra de argón?

3.34 El estroncio tiene cuatro isótopos naturales, con números de masa 84, 86, 87 y 88.
  a. Escriba el símbolo atómico de cada uno de estos átomos.
  b. ¿En qué se parecen estos isótopos?
  c. ¿En qué difieren?
  d. ¿Por qué la masa atómica del estroncio en la tabla periódica no es un número entero?
  e. ¿Cuál isótopo es el más abundante en una muestra de estroncio?

3.35 Hay dos isótopos de galio en la naturaleza. El isótopo $^{69}_{31}$Ga tiene una abundancia porcentual de 60.11% y una masa de 68.93 uma, y el isótopo $^{71}_{31}$Ga tiene una abundancia porcentual de 39.89% y una masa de 70.92 uma. Calcule la masa atómica del galio.

3.36 Hay dos isótopos de cobre en la naturaleza. El isótopo $^{63}_{29}$Cu tiene una abundancia porcentual de 69.09% y una masa de 62.93 uma, y el isótopo $^{65}_{29}$Cu tiene una abundancia porcentual de 30.91% y una masa de 64.93 uma. Calcule la masa atómica del cobre.

3.6 Arreglo electrónico en los átomos

META DE APRENDIZAJE

Describir los niveles de energía, subniveles y orbitales para los electrones de un átomo.

Ya se señaló que los protones y neutrones están contenidos en el pequeño núcleo denso de un átomo. Sin embargo, son los electrones que están en el interior de los átomos los que determinan las propiedades físicas y químicas de los elementos. Por tanto, es necesario comprender cómo están ordenados los electrones dentro del gran volumen de espacio que rodea el núcleo.

Niveles de energía electrónicos

Los científicos han determinado que todo electrón ocupa un **nivel de energía**, que tiene una energía específica. Cada nivel de energía tiene un *número cuántico principal* (n), que comienza con el nivel de energía más bajo $n = 1$ hasta el nivel de energía más alto $n = 7$.

Los electrones que están en los niveles de energía inferiores por lo general están más cerca del núcleo, en tanto que los electrones de los niveles de energía superiores están más alejados. A manera de comparación, puede pensar en los niveles de energía de un átomo como si fueran los anaqueles de un librero (véase la figura 3.11). El primer anaquel es el nivel de energía más bajo; el segundo anaquel sería el segundo nivel de energía. Si ordenara libros en los anaqueles, le tomaría menos energía llenar primero el anaquel de abajo y luego el segundo anaquel, y así sucesivamente. Sin embargo, nunca podría poner un libro en el espacio que hay entre un anaquel y otro. De igual modo, un electrón debe estar en uno de los niveles de energía específicos, no entre ellos.

A diferencia de los libreros, la energía del primero y el segundo niveles de energía es muy distinta, pero luego los niveles más altos están más próximos. Otra diferencia es que los niveles de energía electrónicos superiores contienen más electrones que los niveles de energía inferiores.

Subniveles electrónicos

Cada uno de los niveles de energía consiste en uno o más **subniveles**, en los que se encuentran los electrones con energía idéntica. Los subniveles se identifican con las letras *s*, *p*, *d* y *f*. El número de subniveles dentro de cada nivel de energía es igual a su número cuántico principal, *n* (véase la figura 3.12). Por ejemplo, el primer nivel de energía ($n = 1$) tiene un subnivel, 1*s*. El segundo nivel de energía ($n = 2$) tiene dos subniveles, 2*s* y 2*p*. El tercer nivel de energía ($n = 3$) tiene tres subniveles, 3*s*, 3*p* y 3*d*. El cuarto nivel de energía ($n = 4$) tiene cuatro subniveles: 4*s*, 4*p*, 4*d* y 4*f*. Los niveles de energía $n = 5$, $n = 6$ y $n = 7$ también tienen tantos subniveles como el valor de *n*, pero sólo se utilizan los subniveles *s*, *p*, *d* y *f* para contener los electrones de los átomos de los 118 elementos conocidos a la fecha. Dentro de cada nivel de energía, el subnivel *s* tiene la energía más baja, el subnivel *p* tiene la siguiente energía más baja, luego el subnivel *d* y finalmente el subnivel *f*.

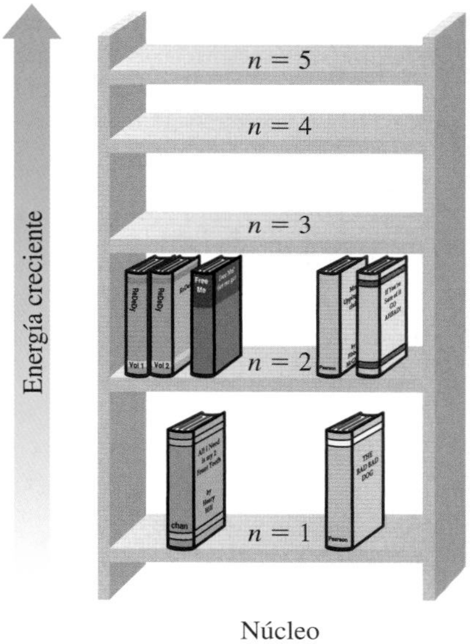

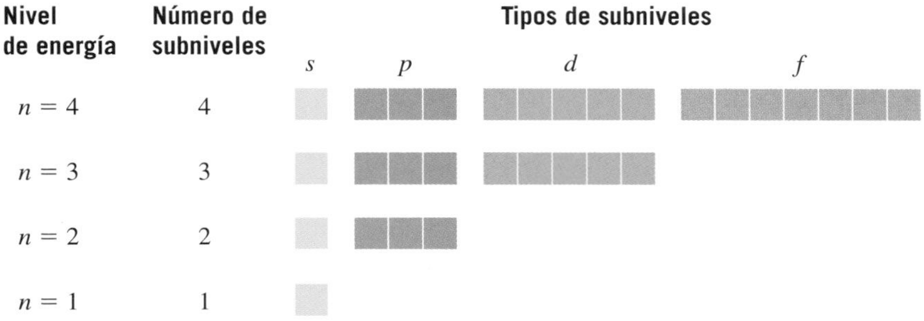

FIGURA 3.11 Un electrón puede tener la energía de sólo uno de los niveles de energía en un átomo.

P ¿Un electrón en $n = 3$ tiene menos o más energía que un electrón en $n = 1$?

Nivel de energía	Número de subniveles	Tipos de subniveles			
		s	*p*	*d*	*f*
$n = 4$	4	▢	▢▢▢	▢▢▢▢▢	▢▢▢▢▢▢▢
$n = 3$	3	▢	▢▢▢	▢▢▢▢▢	
$n = 2$	2	▢	▢▢▢		
$n = 1$	1	▢			

FIGURA 3.12 El número de subniveles dentro de un nivel de energía es el mismo que el número cuántico principal *n*.

P ¿Cuántos subniveles hay en el nivel de energía $n = 5$?

La química en el ambiente

BOMBILLAS FLUORESCENTES AHORRADORAS DE ENERGÍA

Las bombillas fluorescentes compactas (CFL, *compact fluorescent light*) están sustituyendo a las bombillas estándar utilizadas en las casas y lugares de trabajo. A diferencia de la bombilla estándar, las CFL tienen una vida más larga y usan menos electricidad. En unos 20 días de uso, la bombilla fluorescente ahorra suficiente dinero, en costos de electricidad, como para compensar su precio más elevado.

Una bombilla incandescente estándar tiene un delgado filamento de tungsteno en el interior de un bulbo de vidrio sellado. Cuando la luz se enciende, la electricidad fluye por este filamento y la energía eléctrica se convierte en energía térmica. Cuando el filamento alcanza una temperatura de alrededor de 2300 °C, se ve luz blanca.

La bombilla fluorescente produce luz de otra manera. Cuando el interruptor se enciende, los electrones se mueven entre dos electrodos y chocan con átomos de mercurio en una mezcla de mercurio y gas argón en el interior de la bombilla. Cuando los electrones de los átomos de mercurio absorben energía de las colisiones, se elevan electrones a niveles energéticos superiores. A medida que los electrones descienden a niveles inferiores, se emite energía que conduce a la emisión de luz visible (fluorescente) del recubrimiento de fósforo dentro del tubo.

La producción de luz en una bombilla fluorescente es más eficiente que en una bombilla incandescente. Una bombilla incandescente de 75 watts puede sustituirse con una CFL de 20 watts que ofrece la misma cantidad de luz y brinda una reducción del 70% en costos de electricidad. Una bombilla incandescente típica dura de uno a dos meses, en tanto que una CFL dura de uno a dos años. Un inconveniente de las CFL es que cada una contiene aproximadamente 4 mg de mercurio. En tanto que la bombilla permanezca intacta, no se libera mercurio. Sin embargo, las bombillas CFL usadas no deben desecharse en el bote de basura doméstico, sino que deben llevarse a un centro de reciclaje.

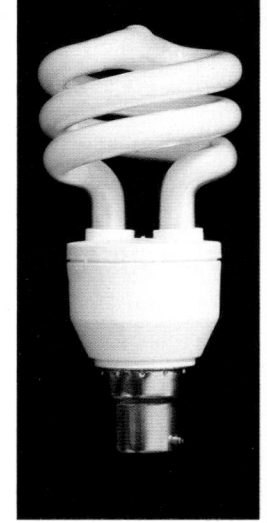

Una bombilla fluorescente compacta (CFL) utiliza hasta 70% menos energía.

Orbitales

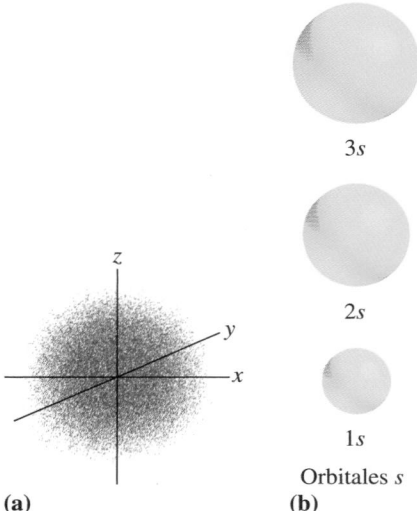

3s

2s

1s

Orbitales s

(a)   **(b)**

FIGURA 3.13 **(a)** La nube de electrones de un orbital *s* representa la probabilidad más alta de encontrar un electrón *s*. **(b)** Los orbitales *s* se muestran como esferas. Los tamaños de los orbitales *s* aumentan porque contienen electrones en niveles de energía superiores.

P ¿La probabilidad de encontrar un electrón *s* afuera de un orbital *s* es alta o baja?

Imagine que pudiera dibujar un círculo con un radio de 100 m alrededor del aula en donde toma su clase de química. Hay una alta probabilidad de que alguien pueda encontrarlo dentro de dicho círculo cuando su clase de química esté en curso. Pero es posible que de vez en cuando se encuentre afuera de dicho círculo porque está enfermo o su automóvil se descompuso. En forma similar, no es posible saber la ubicación exacta de un electrón en un átomo en un momento dado. Sin embargo, es posible describir un espacio tridimensional llamado **orbital** en el cual existe una alta probabilidad de encontrar un electrón.

Cada tipo de orbital tiene una forma tridimensional particular. Es muy probable que los electrones en los orbitales *s* se encuentren en una región con forma esférica. Imagine que usted toma una fotografía del electrón en un orbital *s* cada segundo durante una hora. Cuando todas estas fotografías se traslapen, el resultado se parecería a la nube de electrones que se muestra en la figura 3.13a. Por conveniencia, este tipo de nube de electrones se dibuja como una esfera llamada orbital *s*. Por cada nivel de energía hay un orbital *s*, a partir de $n = 1$. Por ejemplo, en el primero, segundo y tercer niveles de energía hay orbitales *s* designados 1*s*, 2*s* y 3*s*. A medida que el número cuántico principal aumenta, se incrementa el tamaño de los orbitales *s* (véase la figura 3.13b). Para todos los niveles de energía, un solo orbital puede contener hasta dos electrones, lo que permite que un orbital *s* en cualquier nivel de energía contenga dos electrones.

Los orbitales ocupados por electrones *p*, *d* y *f* tienen diferentes formas tridimensionales que las de los electrones *s*. Hay tres orbitales *p* en cada subnivel, a partir de $n = 2$. Cada orbital *p* tiene dos lóbulos como un globo amarrado en el medio. Los tres orbitales *p* en cada subnivel *p* están ordenados a lo largo de los ejes *x*, *y* y *z* alrededor del núcleo (véase la figura 3.14). Como ocurre con el orbital *s*, cada orbital *p* puede contener dos electrones, lo que significa que tres orbitales *p* pueden contener hasta seis electrones. En niveles energéticos superiores, la forma de los orbitales *p* es la misma, pero su volumen aumenta.

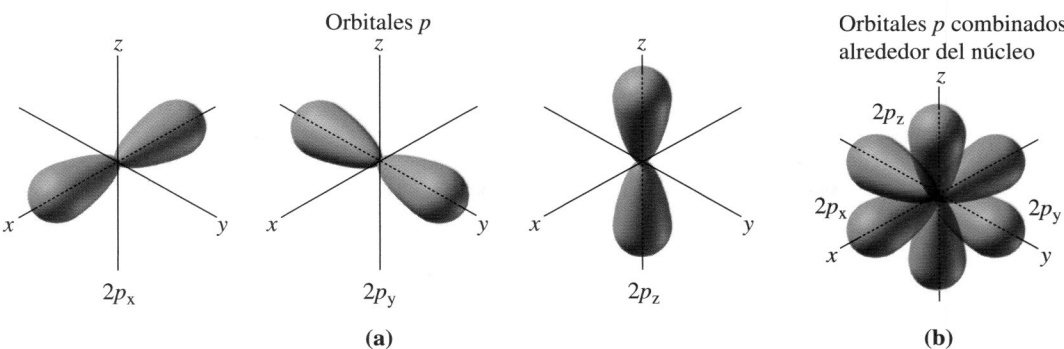

(a)　　　　**(b)**

FIGURA 3.14 Un orbital *p* tiene dos regiones de alta probabilidad, lo que le da una forma de mancuerna. **(a)** Cada uno de los orbitales *p* está alineado a lo largo de un eje distinto del de los demás orbitales *p*. **(b)** Los tres orbitales *p* se muestran alrededor del núcleo.
P ¿Cuál es el número máximo posible de electrones en un subnivel *p*?

En resumen, el nivel de energía $n = 2$, que tiene subniveles $2s$ y $2p$, contiene un orbital s y tres orbitales p. Por tanto, el nivel de energía $n = 2$ puede contener un máximo de ocho electrones.

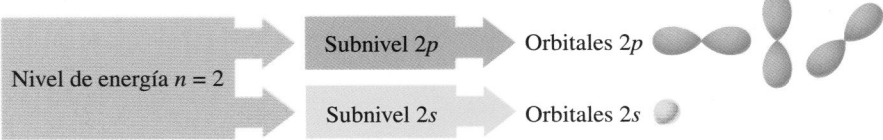

El nivel de energía $n = 2$ está constituido por un orbital $2s$ y tres orbitales $2p$.

El nivel de energía $n = 3$ consiste en tres subniveles s, p y d. Un subnivel d consiste en cinco orbitales d. Puesto que cada orbital d puede contener dos electrones, un subnivel d puede tener un máximo de 10 electrones (véase la figura 3.15).

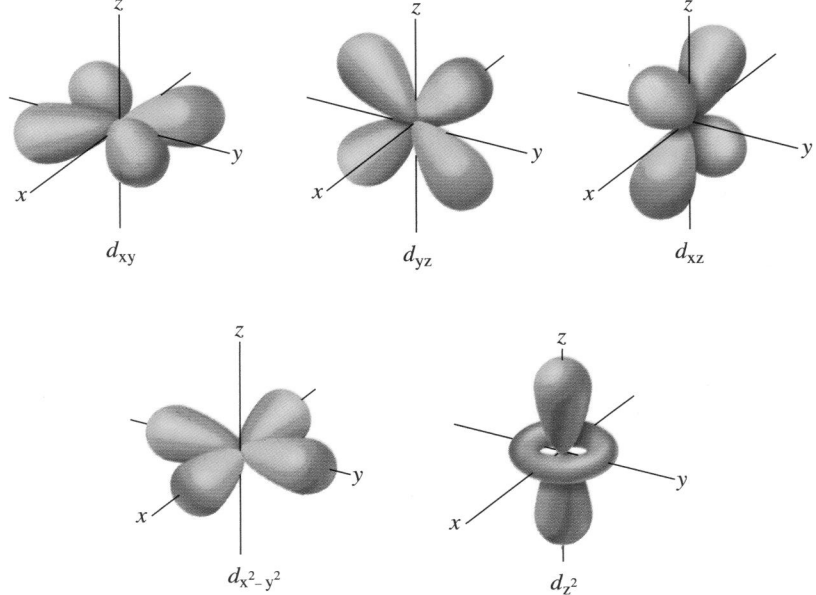

FIGURA 3.15 Cuatro de los cinco orbitales *d* consisten en cuatro lóbulos que se alinean a lo largo o entre diferentes ejes. Un orbital *d* consiste en dos lóbulos y un anillo con forma de dona alrededor de su centro.
P ¿Cuál es el número máximo posible de electrones en el subnivel 5*d*?

El nivel de energía $n = 4$ consiste en cuatro subniveles: s, p, d y f. En el subnivel f hay siete orbitales f. Puesto que cada orbital f puede contener dos electrones, el subnivel f puede tener un máximo de 14 electrones (véase la tabla 3.9). Las formas de los orbitales f son más complejas y no se incluyen en este texto.

TABLA 3.9 Distribución electrónica dentro de subniveles en los niveles de energía del 1 al 4

Nivel de energía (n)	Número de subniveles	Tipo de subnivel	Número de orbitales	Número máximo de electrones	Electrones totales
4	4	4f	7	14	32
		4d	5	10	
		4p	3	6	
		4s	1	2	
3	3	3d	5	10	18
		3p	3	6	
		3s	1	2	
2	2	2p	3	6	8
		2s	1	2	
1	1	1s	1	2	2

COMPROBACIÓN DE CONCEPTOS 3.5 — Niveles de energía, subniveles y orbitales

Indique el tipo y número de orbitales disponibles en cada uno de los siguientes niveles y subniveles de energía:

a. 3p subnivel   **b.** $n = 2$

c. 1s subnivel   **d.** 4d subnivel

RESPUESTA

a. El subnivel 3p contiene tres orbitales 3p.

b. El nivel de energía $n = 2$ consiste en un orbital 2s y tres orbitales 2p.

c. El subnivel 1s consiste en un orbital s.

d. El subnivel 4d contiene cinco orbitales 4d.

EJEMPLO DE PROBLEMA 3.10 — Electrones

Indique el número máximo de electrones en cada uno de los siguientes:

a. orbital 2p   **b.** $n = 2$ **c.** subnivel 3d

SOLUCIÓN

a. Un orbital 2p puede contener 2 electrones.

b. El nivel de energía $n = 2$, con un orbital 2s (dos electrones) y tres orbitales 2p (seis electrones), puede contener un máximo de 8 electrones.

c. El subnivel 3d, con cinco orbitales d, puede contener 10 electrones.

COMPROBACIÓN DE ESTUDIO 3.10

¿Cuál es el número máximo de electrones en el subnivel 4s?

PREGUNTAS Y PROBLEMAS

3.6 Arreglo electrónico en los átomos

META DE APRENDIZAJE: *Describir los niveles de energía, subniveles y orbitales para los electrones en un átomo.*

3.37 Describa la forma de cada uno de los siguientes orbitales:
     a. 1s   **b.** 2p   **c.** 5s

3.38 Describa la forma de cada uno de los siguientes orbitales:
     a. 3p   **b.** 6s   **c.** 4p

3.39 Identifique qué es igual para **a-d**:
     1. Tienen la misma forma.
     2. El número máximo de electrones es el mismo.
     3. Están en el mismo nivel de energía.

     a. orbitales 1s y 2s
     b. subniveles 3s y 3p
     c. subniveles 3p y 4p
     d. tres orbitales 3p

3.40 Identifique qué es igual para **a-d**:
     1. Tienen la misma forma.
     2. El número máximo de electrones es el mismo.
     3. Están en el mismo nivel de energía.

     a. orbitales 5s y 6s
     b. orbitales 3p y 4p
     c. subniveles 3s y 4s
     d. orbitales 2s y 2p

3.41 Indique el número de cada uno de los siguientes:
    a. orbitales en el subnivel 3*d*
    b. subniveles en el nivel de energía *n* = 1
    c. orbitales en el subnivel 6*s*
    d. orbitales en el nivel de energía *n* = 3

3.42 Indique el número de cada uno de los siguientes:
    a. orbitales en el nivel de energía *n* = 2
    b. subniveles en el nivel de energía *n* = 4
    c. orbitales en el subnivel 5*f*
    d. orbitales en el subnivel 6*p*

3.43 Indique el número máximo de electrones:
    a. orbital 3*p*
    b. subnivel 3*p*
    c. nivel de energía *n* = 4
    d. subnivel 5*d*

3.44 Indique el número máximo de electrones en los niveles y subniveles de energía siguientes:
    a. subnivel 3*s*   **b.** orbital 4*p*
    c. nivel de energía *n* = 3
    d. subnivel 4*f*

3.7 Diagramas de orbitales y configuraciones electrónicas

META DE APRENDIZAJE

Dibujar el diagrama de orbitales y escribir la configuración electrónica de un elemento.

Ahora puede observar cómo se ordenan los electrones en los orbitales en el interior de un átomo. Una **configuración electrónica** muestra la colocación de los electrones en los orbitales en orden de energía creciente (véase la figura 3.16). En este diagrama de energía se observa que los electrones en el orbital 1*s* tienen el nivel de energía más bajo. El nivel de energía es mayor para el orbital 2*s* y es todavía más alto para los orbitales 2*p*.

Para estudiar la configuración electrónica se puede comenzar con el uso de los **diagramas de orbitales**, cuyos recuadros representan los orbitales. Cualquier orbital puede tener un máximo de dos electrones.

Para dibujar un diagrama de orbitales, los orbitales con energía más baja se llenan primero. Por ejemplo, en el diagrama para un átomo de carbono con seis electrones, los primeros dos electrones llenan el orbital 1*s*; los siguientes dos electrones van en el orbital 2*s*. Cuando un orbital contiene dos electrones, las flechas que representan los electrones se dibujan en direcciones contrarias, una arriba y la otra abajo.

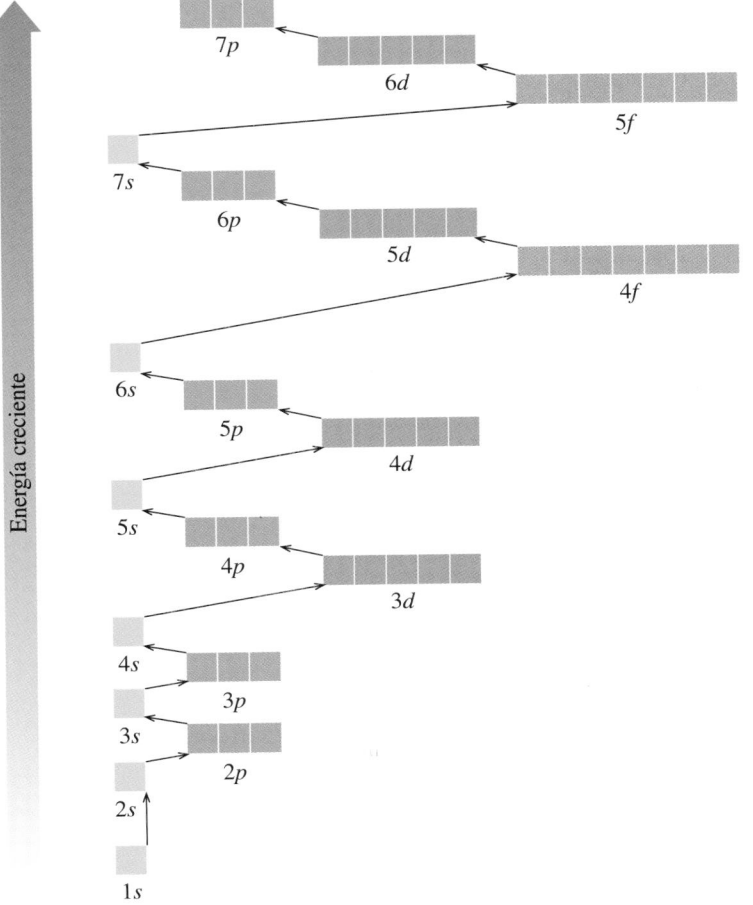

FIGURA 3.16 Los orbitales de un átomo se llenan en orden de energía creciente, a partir de 1*s*.

P ¿Por qué el subnivel 3*d* se llena después que el subnivel 4*s*?

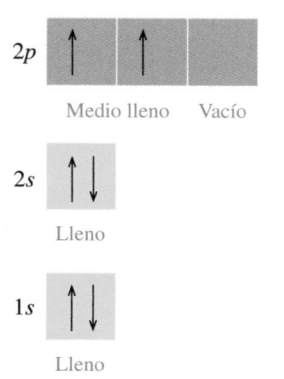

Diagrama de orbitales para el carbono

Los últimos dos electrones del carbono comienzan a llenar los orbitales $2p$, que tienen la siguiente energía más baja. Sin embargo, hay tres orbitales $2p$ de igual energía. Dado que los electrones con carga negativa se repelen mutuamente, van hacia orbitales $2p$ distintos.

Diagrama de orbitales para el carbono

Configuraciones electrónicas

Los químicos utilizan una notación llamada **configuración electrónica** para indicar la colocación de los electrones de un átomo en orden de energía creciente. Por ejemplo, para obtener la configuración electrónica del carbono se escribe primero el orbital con energía más baja, seguido de los orbitales del siguiente subnivel con energía más baja. El número total de electrones en cada orbital se muestra como un superíndice.

Configuración electrónica para el carbono

Tipo de orbital

Número de electrones

$1s^2 2s^2 2p^2$ Léase como "uno s dos, dos s dos, dos p dos"

Periodo 1 Hidrógeno y helio

Ahora puede dibujar los diagramas de orbitales y escribir las configuraciones electrónicas para los elementos H y He en el Periodo 1. El orbital $1s$ (que también es el subnivel $1s$) se escribe primero porque tiene la energía más baja de todas. El hidrógeno tiene un electrón en el subnivel $1s$; el helio tiene dos. En el diagrama de orbitales, los electrones para el helio se dibujan como flechas en direcciones contrarias.

Número atómico	Elemento	Diagrama de orbitales $1s$	Configuración electrónica
1	H	⬆	$1s^1$
2	He	⬆⬇	$1s^2$

Periodo 2 De litio a neón

El Periodo 2 comienza con el litio, que tiene tres electrones. Los primeros dos electrones llenan el orbital $1s$, en tanto que el tercer electrón va al orbital $2s$, el subnivel con la siguiente energía más baja. En el berilio, se agrega otro electrón para completar el orbital $2s$. Los siguientes seis electrones se usan para llenar los orbitales $2p$. Los electrones se agregan uno a la vez desde boro hasta nitrógeno, que da tres orbitales $2p$ medio llenos. Del oxígeno al neón, los restantes tres electrones se aparean para completar el subnivel $2p$. Cuando se escriben las configuraciones electrónicas completas de los elementos del Periodo 2, se comienza con el $1s$ seguido del $2s$ y los orbitales $2p$.

Una configuración electrónica también puede escribirse en una *configuración abreviada*, es decir, la configuración electrónica del gas noble precedente se sustituye al escribir su símbolo dentro de corchetes. Por ejemplo, la configuración electrónica del litio, $1s^2 2s^1$, puede abreviarse como [He] $2s^1$, donde [He] sustituye a $1s^2$.

Número atómico	Elemento	Diagrama de orbitales	Configuración electrónica	Configuración electrónica abreviada
3	Li	$1s$ $2s$ [↑↓][↑]	$1s^2 2s^1$	$[\,\text{He}\,]2s^1$
4	Be	[↑↓][↑↓]	$1s^2 2s^2$	$[\,\text{He}\,]2s^2$
5	B	$2p$ [↑↓][↑↓][↑][ ][ ]	$1s^2 2s^2 2p^1$	$[\,\text{He}\,]2s^2 2p^1$
6	C	[↑↓][↑↓][↑][↑][ ]	$1s^2 2s^2 2p^2$	$[\,\text{He}\,]2s^2 2p^2$
7	N	[↑↓][↑↓][↑][↑][↑]	$1s^2 2s^2 2p^3$	$[\,\text{He}\,]2s^2 2p^3$
8	O	[↑↓][↑↓][↑↓][↑][↑]	$1s^2 2s^2 2p^4$	$[\,\text{He}\,]2s^2 2p^4$
9	F	[↑↓][↑↓][↑↓][↑↓][↑]	$1s^2 2s^2 2p^5$	$[\,\text{He}\,]2s^2 2p^5$
10	Ne	[↑↓][↑↓][↑↓][↑↓][↑↓]	$1s^2 2s^2 2p^6$	$[\,\text{He}\,]2s^2 2p^6$

Electrones no apareados

COMPROBACIÓN DE CONCEPTOS 3.6   **Diagramas de orbitales y configuraciones electrónicas**

Dibuje o escriba lo que se pide en cada uno de los incisos siguientes para un átomo de nitrógeno:

a. diagrama de orbitales **b.** configuración electrónica
c. configuración electrónica abreviada

RESPUESTA

En la tabla periódica, el nitrógeno tiene número atómico 7, lo que significa que tiene siete electrones.

a. Para el diagrama de orbitales se dibujan recuadros que representan los orbitales $1s$, $2s$ y $2p$.

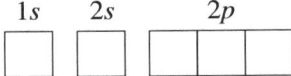

Primero se coloca un par de electrones en los orbitales $1s$ y $2s$. Luego se colocan los tres electrones restantes en tres orbitales $2p$ distintos con flechas dibujadas en la misma dirección.

Diagrama de orbitales para el nitrógeno (N)

b. La configuración electrónica del nitrógeno se escribe para mostrar los orbitales y los electrones en orden de energía creciente.

$1s^2 2s^2 2p^3$ Configuración electrónica del nitrógeno (N)

c. Para escribir la configuración electrónica abreviada del nitrógeno se sustituye la notación $[\,\text{He}\,]$ de la configuración electrónica por el símbolo de $1s^2$, el gas noble que precede al Periodo 2.

$[\,\text{He}\,]2s^2 2p^3$ Configuración electrónica abreviada del nitrógeno (N)

Periodo 3 Del sodio al argón

En el Periodo 3, los electrones entran a los orbitales de los subniveles $3s$ y $3p$, pero no al subnivel $3d$. Observe que los elementos del sodio al argón, que están directamente abajo de los elementos litio a neón en el Periodo 2, tienen un patrón similar de llenado de sus orbitales s y p.

En el sodio y el magnesio, uno y dos electrones van al orbital 3*s*. Los electrones para aluminio, silicio y fósforo van en orbitales 3*p* distintos. Puede dibujar los diagramas de orbitales para el fósforo con tres orbitales 3*p* medio llenos, del modo siguiente:

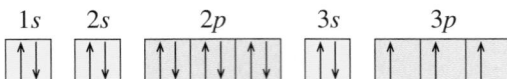

Para los elementos de los periodos 3 al 7, se abrevia el diagrama de orbitales con el uso del símbolo del gas noble precedente, seguido de los recuadros para los electrones restantes en el último periodo lleno. En el Periodo 3, el símbolo [Ne] sustituye la configuración electrónica del neón, $1s^2 2s^2 2p^6$. El siguiente es el diagrama de orbitales abreviado para el fósforo:

Número atómico	Elemento	Diagrama de orbitales (sólo orbitales 3 s y 3 p)	Configuración electrónica	Configuración electrónica abreviada
11	Na		$1s^2 2s^2 2p^6 3s^1$	$[\text{Ne}]3s^1$
12	Mg		$1s^2 2s^2 2p^6 3s^2$	$[\text{Ne}]3s^2$
13	Al		$1s^2 2s^2 2p^6 3s^2 3p^1$	$[\text{Ne}]3s^2 3p^1$
14	Si		$1s^2 2s^2 2p^6 3s^2 3p^2$	$[\text{Ne}]3s^2 3p^2$
15	P		$1s^2 2s^2 2p^6 3s^2 3p^3$	$[\text{Ne}]3s^2 3p^3$
16	S		$1s^2 2s^2 2p^6 3s^2 3p^4$	$[\text{Ne}]3s^2 3p^4$
17	Cl		$1s^2 2s^2 2p^6 3s^2 3p^5$	$[\text{Ne}]3s^2 3p^5$
18	Ar		$1s^2 2s^2 2p^6 3s^2 3p^6$	$[\text{Ne}]3s^2 3p^6$

EJEMPLO DE PROBLEMA 3.11 **Dibujo de diagramas de orbitales y escritura de configuraciones electrónicas**

Para el elemento silicio, dibuje o escriba lo que se pide en cada uno de los incisos siguientes:

a. diagrama de orbitales **b.** configuración electrónica
c. configuración electrónica abreviada

SOLUCIÓN

Análisis del problema

Dado	Número atómico	Diagrama de orbitales	Configuración electrónica	Configuración electrónica abreviada
Silicio (Si)	14	Siga el orden de llenado y coloque dos electrones en recuadros distintos, y electrones solos en el nivel más alto.	Mencione los subniveles en el orden de llenado.	Sustituya el símbolo del gas noble, seguido del orden de llenado restante.

a. A partir del orbital 1*s*, agregue electrones apareados a través del orbital 3*s*. Luego coloque los últimos dos electrones en orbitales 3*p* distintos.

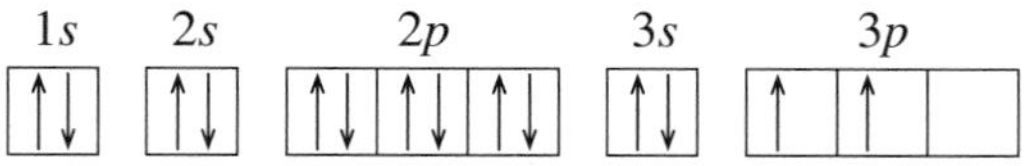

Diagrama de orbitales completo para Si

b. La configuración electrónica muestra los electrones que llenan los orbitales, que se mencionan en orden de energía creciente.

$1s^2 2s^2 2p^6 3s^2 3p^2$ Configuración electrónica para Si

c. Para el silicio, el gas noble precedente es neón. Para obtener la configuración electrónica abreviada del silicio, sustituya $1s^2 2s^2 2p^6$ con [Ne]:

[Ne]$3s^2 3p^2$ Configuración electrónica abreviada del Si

COMPROBACIÓN DE ESTUDIO 3.11

Escriba las configuraciones electrónicas completa y abreviada del azufre.

Configuraciones electrónicas y la tabla periódica

La posición de los elementos en la tabla periódica también se relaciona con sus configuraciones electrónicas. Diferentes secciones o bloques dentro de la tabla corresponden a los subniveles *s*, *p*, *d* y *f*, y al llenado de sus orbitales (véase la figura 3.17). En consecuencia, también se puede escribir la configuración electrónica de un elemento si se lee la tabla periódica de izquierda a derecha a través de cada periodo.

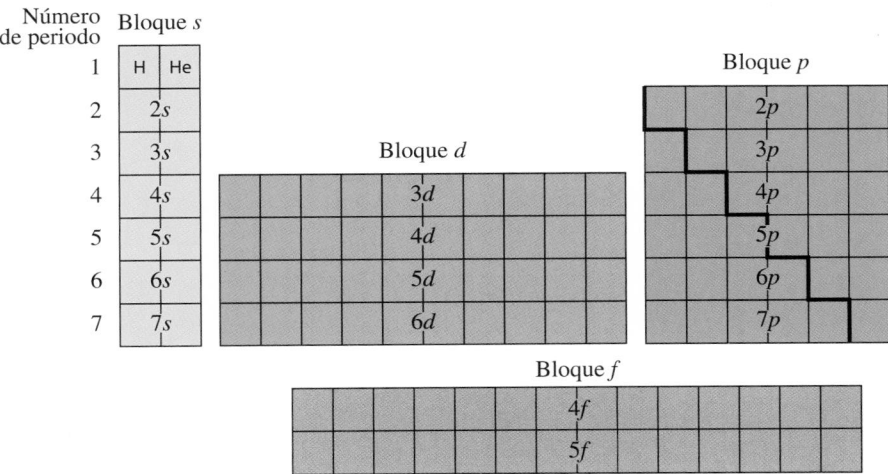

FIGURA 3.17 La configuración electrónica sigue el orden de subniveles en la tabla periódica.

P ¿Cuántos electrones hay en los subniveles *1s, 2s* y *2p* del neón?

Bloques de la tabla periódica

1. El *bloque s* incluye hidrógeno y helio, así como los elementos de los Grupos 1A (1) y 2A (2). Esto significa que los electrones finales (uno o dos) de los elementos del bloque *s* se ubican en un orbital *s*. El número de periodo indica el orbital *s* particular que se llena: *1s, 2s,* y así sucesivamente.

2. El *bloque p* consiste en los elementos de los Grupos del 3A (13) al 8A (18). Hay seis elementos del bloque *p* en cada periodo, porque tres orbitales *p* pueden contener hasta seis electrones. El número de periodo indica el subnivel *p* particular que se llena: *2p, 3p,* y así sucesivamente.

3. En el *bloque d*, que contiene los elementos de transición, el primero aparece después del calcio (número atómico 20). Existen 10 elementos en cada periodo del bloque *d* porque cinco orbitales *d* pueden contener hasta 10 electrones. El subnivel *d* tiene la particularidad de ser uno menos que el número de periodo ($n - 1$). Por ejemplo, en el Periodo 4, el primer bloque *d* es el subnivel *3d*. En el Periodo 5, el segundo bloque *d* es el subnivel *4d*.

4. El *bloque f* incluye los elementos de transición interiores en las dos hileras de la parte de abajo de la tabla periódica. Hay 14 elementos en cada bloque *f* porque siete orbitales *f* pueden contener hasta 14 electrones. Los elementos que tienen números atómicos mayores que 57 (La) tienen electrones en el bloque *4f*. El subnivel *f* tiene la particularidad de ser dos menos que el número de periodo ($n - 2$). Por ejemplo, en el Periodo 6, el primer bloque *f* es el subnivel *4f*. En el Periodo 7, el segundo bloque *f* es el subnivel *5f*.

Escritura de configuraciones electrónicas con el uso de bloques de subniveles

Ahora puede escribir configuraciones electrónicas usando como guía los bloques de subniveles de la tabla periódica. Como antes, cada configuración comienza en H. Pero ahora puede moverse a través de la tabla y escribir cada bloque de subnivel que encuentre hasta llegar al elemento para el cual escribe una configuración electrónica. Por ejemplo, se escribirá la configuración electrónica del cloro (número atómico 17) a partir de los bloques de subniveles de la tabla periódica.

Paso 1 **Localice el elemento en la tabla periódica.**
El cloro (número atómico 17) está en el Grupo 7A (17) y en el Periodo 3.

Paso 2 **Escriba los subniveles en el orden de llenado a través de cada periodo.** Comience con $1s$ y lea de izquierda a derecha en sentido horizontal en la tabla periódica; escriba entonces la configuración electrónica para cada bloque de subnivel lleno del modo siguiente:

Periodo		Bloques de subnivel llenos
1	subnivel $1s$ (H → He)	$1s^2$
2	subnivel $2s$ (Li → Be)	$2s^2$
	subnivel $2p$ (B → Ne)	$2p^6$
3	subnivel $3s$ (Na → Mg)	$3s^2$

Paso 3 **Complete la configuración contando los electrones en el bloque no lleno.** Dado que el cloro es el quinto elemento del bloque $3p$, hay cinco electrones en el subnivel $3p$.

Periodo		Último bloque de subnivel
3	subnivel $3p$ (Al → Cl)	$3p^5$

La configuración electrónica se escribe con la secuencia de llenado de bloques de subnivel para el elemento dado, cloro, del modo siguiente:

$$1s^2 2s^2 2p^6 3s^2 3p^5$$

Periodo 4

Hasta el Periodo 4, el llenado de los orbitales avanzó en orden. Sin embargo, si observa los bloques de subniveles del Periodo 4, verá que el orbital $4s$ se llena antes que los orbitales $3d$. Esto ocurre porque los electrones en el orbital $4s$ tienen una energía un poco menor que los electrones en los orbitales $3d$. Este orden ocurre nuevamente en el Periodo 5, cuando el orbital $5s$ se llena antes que los orbitales $4d$, y de nuevo en el Periodo 6, cuando los $6s$ se llenan antes que los $5d$.

Al comienzo del Periodo 4, los electrones restantes (uno y dos) en el potasio (19) y el calcio (20) van en el orbital $4s$. En el escandio, el electrón que sigue al orbital $4s$ lleno va al bloque $3d$. El bloque $3d$ continúa llenándose hasta que se completa con 10 electrones en el cinc (30). Una vez completo el bloque $3d$, los siguientes seis electrones, galio a criptón, van en los orbitales del bloque $4p$.

COMPROBACIÓN DE CONCEPTOS 3.7 **Configuraciones electrónicas**

Proporcione el símbolo y el nombre del elemento con cada una de las siguientes configuraciones electrónicas:

a. $1s^2 2s^2 2p^5$ **b.** $1s^2 2s^2 2p^6 3s^2 3p^6 4s^2 3d^{10} 4p^2$ **c.** $[\text{Ar}] 4s^2 3d^6$

RESPUESTA

a. En el bloque p, Periodo 2, el quinto elemento horizontal es F, flúor.
b. En el bloque p, Periodo 4, el segundo elemento horizontal es Ge, germanio.
c. En el bloque d, Periodo 4, el sexto elemento horizontal es Fe, hierro.

Número atómico	Elemento	Configuración electrónica	Configuración electrónica abreviada
Bloque 4s			
19	K	$1s^22s^22p^63s^23p^64s^1$	$[\,Ar\,]4s^1$
20	Ca	$1s^22s^22p^63s^23p^64s^2$	$[\,Ar]4s^2$
Bloque 3d			
21	Sc	$1s^22s^22p^63s^23p^64s^23d^1$	$[\,Ar]4s^23d^1$
22	Ti	$1s^22s^22p^63s^23p^64s^23d^2$	$[\,Ar]4s^23d^2$
23	V	$1s^22s^22p^63s^23p^64s^23d^3$	$[\,Ar]4s^23d^3$
24	Cr*	$1s^22s^22p^63s^23p^64s^13d^5$	$[\,Ar]4s^13d^5$ (subnivel d medio lleno es estable)
25	Mn	$1s^22s^22p^63s^23p^64s^23d^5$	$[\,Ar]4s^23d^5$
26	Fe	$1s^22s^22p^63s^23p^64s^23d^6$	$[\,Ar]4s^23d^6$
27	Co	$1s^22s^22p^63s^23p^64s^23d^7$	$[\,Ar]4s^23d^7$
28	Ni	$1s^22s^22p^63s^23p^64s^23d^8$	$[\,Ar]4s^23d^8$
29	Cu*	$1s^22s^22p^63s^23p^64s^13d^{10}$	$[\,Ar]4s^13d^{10}$ (subnivel d lleno es estable)
30	Zn	$1s^22s^22p^63s^23p^64s^23d^{10}$	$[\,Ar]4s^23d^{10}$
Bloque 4p			
31	Ga	$1s^22s^22p^63s^23p^64s^23d^{10}4p^1$	$[\,Ar]4s^23d^{10}4p^1$
32	Ge	$1s^22s^22p^63s^23p^64s^23d^{10}4p^2$	$[\,Ar]4s^23d^{10}4p^2$
33	As	$1s^22s^22p^63s^23p^64s^23d^{10}4p^3$	$[\,Ar]4s^23d^{10}4p^3$
34	Se	$1s^22s^22p^63s^23p^64s^23d^{10}4p^4$	$[\,Ar]4s^23d^{10}4p^4$
35	Br	$1s^22s^22p^63s^23p^64s^23d^{10}4p^5$	$[\,Ar]4s^23d^{10}4p^5$
36	Kr	$1s^22s^22p^63s^23p^64s^23d^{10}4p^6$	$[\,Ar]4s^23d^{10}4p^6$

* Excepciones al orden de llenado.

EJEMPLO DE PROBLEMA 3.12 **Uso de bloques de subniveles para escribir configuraciones electrónicas**

Use los bloques de subniveles en la tabla periódica para escribir la configuración electrónica completa del selenio.

SOLUCIÓN

Paso 1 Localice el elemento en la tabla periódica. El selenio está en el Periodo 4 y en el Grupo 6A (16), que está en la cuarta columna del bloque p.

Paso 2 Escriba los subniveles en el orden de llenado; vaya a través de cada periodo. Comience con $1s$ y lea de izquierda a derecha en sentido horizontal en la tabla periódica; escriba la configuración electrónica para cada bloque de subnivel lleno del modo siguiente:

Periodo 1 $\quad 1s^2$
Periodo 2 $\quad 2s^2 \rightarrow 2p^6$
Periodo 3 $\quad 3s^2 \rightarrow 3p^6$
Periodo 4 $\quad 4s^2 \rightarrow 3d^{10}$

Paso 3 Para completar la configuración cuente los electrones en el bloque no lleno. Hay cuatro electrones en el subnivel $4p$ para Se ($4p^4$), lo que completa la configuración electrónica del selenio: $1s^22s^22p^63s^23p^64s^23d^{10}4p^4$.

COMPROBACIÓN DE ESTUDIO 3.12

Escriba la configuración electrónica completa del estaño.

Guía para escribir configuraciones electrónicas usando bloques de subniveles

1 Localice el elemento en la tabla periódica.

2 Escriba los subniveles en el orden de llenado; vaya a través de cada periodo.

3 Para completar la configuración cuente los electrones en el bloque no lleno.

Excepciones en el orden de bloques de subniveles

Dentro del llenado del subnivel $3d$ hay excepciones para el cromo y el cobre. En Cr y Cu, el subnivel $3d$ está cerca de ser un subnivel medio lleno o lleno, lo que es particularmente estable. Por tanto, la configuración electrónica del cromo sólo tiene un electrón en el $4s$ y cinco electrones en el subnivel $3d$, que proporciona la estabilidad agregada de un subnivel d medio lleno. Esto se muestra en el siguiente diagrama de orbitales abreviado del cromo:

Diagrama de orbitales del cromo

Una excepción similar ocurre para el cobre, que logra un subnivel $3d$ lleno estable con 10 electrones y sólo un electrón en el orbital $4s$. Esto se muestra en el siguiente diagrama de orbitales abreviado del cobre:

Diagrama de orbitales para el cobre

Después de completarse los subniveles $4s$ y $3d$, el subnivel $4p$ se llena como se espera del galio al criptón, el gas noble que completa el Periodo 4.

PREGUNTAS Y PROBLEMAS

3.7 Diagramas de orbitales y configuraciones electrónicas

META DE APRENDIZAJE: *Dibujar el diagrama de orbitales y escribir la configuración electrónica para un elemento.*

3.45 Dibuje un diagrama de orbitales para un átomo de cada uno de los elementos de los incisos siguientes:
  a. boro   **b.** aluminio
  c. fósforo   **d.** argón

3.46 Dibuje un diagrama de orbitales para un átomo de cada uno de los elementos de los incisos siguientes:
  a. flúor   **b.** sodio
  c. magnesio   **d.** azufre

3.47 Escriba una configuración electrónica completa para un átomo de cada uno de los elementos de los incisos siguientes:
  a. hierro   **b.** sodio
  c. rubidio   **d.** arsénico

3.48 Escriba una configuración electrónica completa para un átomo de cada uno de los elementos de los incisos siguientes:
  a. galio   **b.** flúor
  c. fósforo   **d.** cobalto

3.49 Escriba una configuración electrónica abreviada para un átomo de cada uno de los elementos de los incisos siguientes:
  a. magnesio   **b.** bario
  c. aluminio   **d.** titanio

3.50 Escriba una configuración electrónica abreviada para un átomo de cada uno de los elementos de los incisos siguientes:
  a. sodio   **b.** oxígeno
  c. níquel   **d.** plata

3.51 Indique el símbolo del elemento con cada una de las siguientes configuraciones electrónicas:
  a. $1s^2 2s^2 2p^6 3s^2 3p^4$ **b.** $1s^2 2s^2 2p^6 3s^2 3p^6 4s^2 3d^7$
  c. $[\text{Ne}]3s^2 3p^2$ **d.** $[\text{Ar}]4s^2 3d^{10} 4p^5$

3.52 Indique el símbolo del elemento con cada una de las siguientes configuraciones electrónicas:
  a. $1s^2 2s^2 2p^4$ **b.** $1s^2 2s^2 2p^6 3s^2 3p^6$
  c. $[\text{Ne}]3s^2 3p^1$ **d.** $[\text{Ar}]4s^2 3d^4$

3.53 Indique el símbolo del elemento que satisfaga las siguientes condiciones:
  a. tiene tres electrones en el nivel de energía $n = 3$
  b. tiene dos electrones $2p$
  c. completa el subnivel $3p$
  d. tiene dos electrones en el subnivel $4d$

3.54 Indique el símbolo del elemento que satisfaga las siguientes condiciones:
  a. tiene cinco electrones en el subnivel $3p$
  b. tiene tres electrones $2p$
  c. completa el subnivel $3s$
  d. tiene cuatro electrones $5p$

3.55 Dé el número de electrones en los orbitales indicados para los siguientes subniveles de cada elemento.
  a. $3d$ en cinc   **b.** $2p$ en sodio
  c. $4p$ en arsénico   **d.** $5s$ en rubidio

3.56 Dé el número de electrones en los orbitales indicados para los siguientes subniveles de cada elemento.
  a. $3d$ en manganeso   **b.** $5p$ en antimonio
  c. $6p$ en plomo   **d.** $3s$ en magnesio

3.8 Tendencias en las propiedades periódicas

Las configuraciones electrónicas de los átomos son un factor importante en las propiedades físicas y químicas de los elementos. Ahora estudiará los *electrones de valencia* en los átomos, el *tamaño atómico*, la *energía de ionización* y el *carácter metálico*. Conocidas como *propiedades periódicas*, cada una aumenta o disminuye a través de un periodo, y luego la tendencia se repite de nuevo en cada periodo sucesivo.

Es posible usar los cambios estacionales de temperatura como una analogía de las propiedades periódicas. En el invierno las temperaturas son frías y se vuelven más cálidas en primavera. Hacia el verano las temperaturas exteriores son altas, pero comienzan a enfriar en el otoño. Para el invierno se esperan de nuevo temperaturas bajas, y el patrón de disminución y ascenso de temperaturas se repite otro año más.

Número de grupo y electrones de valencia

Las propiedades químicas de los elementos representativos se deben principalmente a los **electrones de valencia**, que son los electrones que se encuentran en el nivel de energía más externo. El *número de grupo* indica el número de electrones de valencia para cada grupo (columna vertical) de los elementos representativos. Estos electrones de valencia ocupan los orbitales *s* y *p* con el número cuántico principal *n* más alto. Por ejemplo, todos los elementos del Grupo 1A (1) tienen un electrón de valencia en un orbital *s*. Todos los elementos del Grupo 2A (2) tienen dos (2) electrones de valencia en un orbital *s*. Los halógenos del Grupo 7A (17) tienen todos siete electrones de valencia en los orbitales *s* y *p*.

En la tabla 3.10 puede ver la repetición de los electrones *s* y *p* más externos para los elementos representativos de los Periodos 1 a 4. El helio se incluye en el Grupo 8A (18) porque es un gas noble, pero sólo tiene dos electrones en su nivel de energía completo.

TABLA 3.10 **Electrones de valencia para elementos representativos en los Periodos 1-4**

1A (1)	2A (2)	3A (13)	4A (14)	5A (15)	6A (16)	7A (17)	8A (18)
1 H $1s^1$							2 He $1s^2$
3 Li $2s^1$	4 Be $2s^2$	5 B $2s^22p^1$	6 C $2s^22p^2$	7 N $2s^22p^3$	8 O $2s^22p^4$	9 F $2s^22p^5$	10 Ne $2s^22p^6$
11 Na $3s^1$	12 Mg $3s^2$	13 Al $3s^23p^1$	14 Si $3s^23p^2$	15 P $3s^23p^3$	16 S $3s^23p^4$	17 Cl $3s^23p^5$	18 Ar $3s^23p^6$
19 K $4s^1$	20 Ca $4s^2$	31 Ga $4s^24p^1$	32 Ge $4s^24p^2$	33 As $4s^24p^3$	34 Se $4s^24p^4$	35 Br $4s^24p^5$	36 Kr $4s^24p^6$

COMPROBACIÓN DE CONCEPTOS 3.8   **Uso de números de grupo**

Con la tabla periódica, escriba el número de grupo y el número de electrones de valencia para cada uno de los siguientes elementos:

a. cesio   **b.** yodo   **c.** magnesio

RESPUESTA

a. El cesio (Cs) está en el Grupo 1A (1). Dado que el número de grupo es el mismo que el número de electrones de valencia, el cesio tiene un electrón de valencia.

b. El yodo (I) está en el Grupo 7A (17). Dado que el número de grupo es el mismo que el número de electrones de valencia, el yodo tiene siete electrones de valencia.

c. El magnesio (Mg) está en el Grupo 2A (2). Dado que el número de grupo es el mismo que el número de electrones de valencia, el magnesio tiene dos electrones de valencia.

Símbolos de electrón-punto

Un **símbolo de electrón-punto** es una forma conveniente de representar los electrones de valencia, que se muestran como puntos colocados a los lados, arriba o abajo del símbolo del elemento. De uno a cuatro electrones de valencia se ordenan como puntos individuales. Cuando hay de cinco a ocho electrones, uno o más electrones se aparean. Cualquiera

TUTORIAL
Periodic Trends

TUTORIAL
Electron Configurations and the
Periodic Table

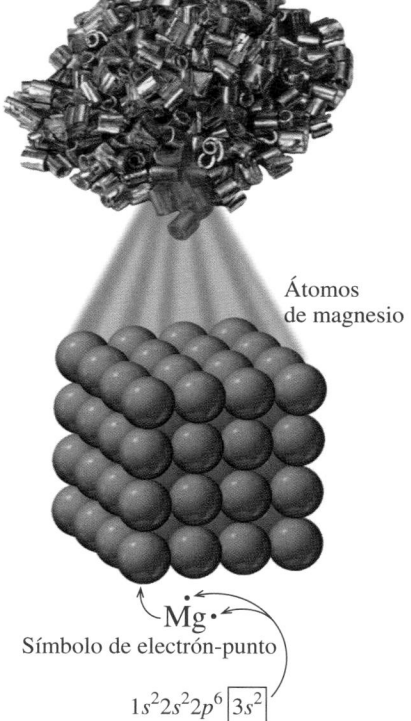

Átomos
de magnesio

$\overset{\cdot}{\text{Mg}}\cdot$

Símbolo de electrón-punto

$1s^22s^22p^6\,\boxed{3s^2}$

Configuración electrónica del magnesio

MC

TUTORIAL
Electron-Dot Symbols for Elements

de los siguientes sería un símbolo de electrón-punto aceptable para el magnesio, que tiene dos electrones de valencia.

Posibles símbolos de electrón-punto para los dos electrones de valencia del magnesio

Ṁg· Ṁg ·Ṁg ·Mg· Mg· ·Mg

En la tabla 3.11 se proporcionan los símbolos de electrón-punto para algunos elementos seleccionados.

Número creciente de electrones de valencia →

TABLA 3.11 Símbolos de electrón-punto para elementos seleccionados en los Periodos 1-4

	Número de grupo							
	1A (1)	2A (2)	3A (13)	4A (14)	5A (15)	6A (16)	7A (17)	8A (18)
Número de electrones de valencia	1	2	3	4	5	6	7	8*
Símbolo de electrón-punto	H·							He:
	Li·	Be·	·B·	·C·	·N·	·O:	·F:	:Ne:
	Na·	Mg·	·Al·	·Si·	·P·	·S:	·Cl:	:Ar:
	K·	Ca·	·Ga·	·Ge·	·As·	·Se:	·Br:	:Kr:

* El helio (He) es estable con 2 electrones de valencia.

EJEMPLO DE PROBLEMA 3.13 **Escritura de símbolos de electrón-punto**

Escriba el símbolo de electrón-punto para cada uno de los siguientes elementos:

a. bromo   **b.** aluminio

SOLUCIÓN

a. Puesto que el número de grupo del bromo es 7A (17), el bromo tiene siete electrones de valencia que se dibujan como siete puntos de la siguiente forma: tres pares y un punto individual alrededor del símbolo Br.

·Br:

b. El aluminio, del Grupo 3A (13), tiene tres electrones de valencia, que se dibujan como tres puntos individuales alrededor del símbolo Al.

·Al·

COMPROBACIÓN DE ESTUDIO 3.13

¿Cuál es el símbolo de electrón-punto para el fósforo?

Tamaño atómico

El tamaño de un átomo se determina por su *radio atómico*, que es la distancia desde los electrones de valencia hasta el núcleo. Para cada grupo de elementos representativos, el tamaño atómico *aumenta* si se avanza de arriba abajo, porque los electrones más externos en cada nivel de energía están más alejados del núcleo. Por ejemplo, en el Grupo 1A (1), Li tiene un electrón de valencia en el nivel de energía 2; Na tiene un electrón de valencia en el nivel de energía 3, y K tiene un electrón de valencia en el nivel de energía 4. Esto significa que un átomo K es más grande que un átomo Na, y un átomo Na es más grande que un átomo Li (véase la figura 3.18).

El radio atómico de los elementos representativos se modifica por las fuerzas de atracción de los protones en el núcleo sobre los electrones de valencia. Para los elementos que cruzan el periodo, el incremento del número de protones en el núcleo aumenta la carga positiva del núcleo. En consecuencia, los electrones se acercan más al núcleo, lo

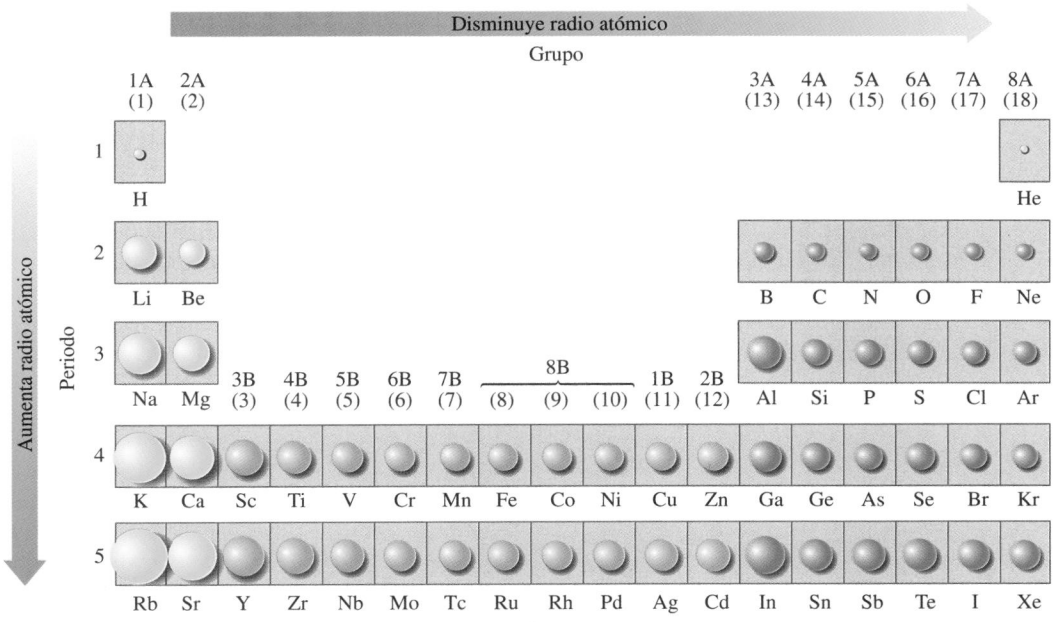

FIGURA 3.18 El radio atómico aumenta al bajar por un grupo, pero disminuye si se recorre un periodo de izquierda a derecha.

P ¿Por qué el radio atómico aumenta al bajar por un grupo?

que significa que los tamaños atómicos de los elementos representativos disminuyen si se recorre un periodo de izquierda a derecha.

Los radios atómicos de los elementos de transición dentro de un periodo cambian sólo un poco, porque los electrones se agregan a los orbitales *d* en lugar de al nivel de energía más externo. Puesto que el aumento de la carga nuclear se cancela por un aumento de electrones *d*, la atracción del núcleo para los electrones más externos permanece más o menos igual. En consecuencia, los radios atómicos de los elementos de transición son bastante constantes.

COMPROBACIÓN DE CONCEPTOS 3.9 Radio atómico

¿Por qué el radio de un átomo de fósforo es más grande que el radio de un átomo de nitrógeno, pero más pequeño que el radio de un átomo de silicio?

RESPUESTA

El radio de un átomo de fósforo es mayor que el radio de un átomo de nitrógeno porque el fósforo tiene electrones de valencia en un nivel de energía superior, que está más alejado del núcleo. Un átomo de fósforo tiene un protón más que un átomo de silicio, por lo que su núcleo es más positivo. Esto confiere al núcleo del fósforo una atracción más fuerte para los electrones de valencia, lo que disminuye su radio en comparación con un átomo de silicio.

Energía de ionización

En un átomo, los electrones con carga negativa son atraídos hacia la carga positiva de los protones en el núcleo. Por tanto, se necesita energía para eliminar un electrón de un átomo. La **energía de ionización** es la energía necesaria para eliminar el electrón menos firmemente enlazado de un átomo en el estado gaseoso (*g*). Cuando un electrón se elimina de un átomo neutro, se forma una partícula llamada *catión*, con una carga 1+.

$$Na(g) + \text{energía (ionización)} \rightarrow Na^+(g) + e^-$$

La energía de ionización disminuye al descender por un grupo. Se necesita menos energía para eliminar un electrón porque la atracción nuclear disminuye cuando los electrones están más alejados del núcleo. Si se recorre un periodo de izquierda a derecha, la energía de ionización aumenta. A medida que la carga positiva del núcleo aumenta, se necesita más energía para eliminar un electrón (véase la figura 3.19).

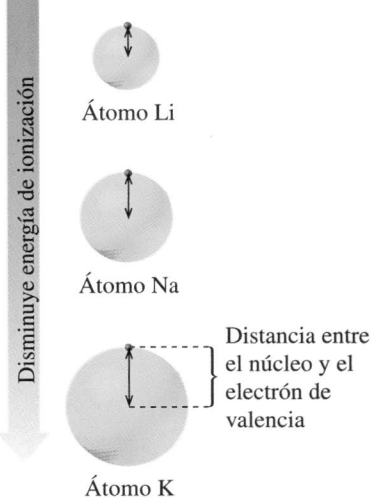

FIGURA 3.19 A medida que la distancia del núcleo a un electrón de valencia aumenta en el Grupo 1A (1), la energía de ionización disminuye.

P ¿Es más fácil eliminar un electrón de un átomo K o de un átomo Li?

TUTORIAL
Ionization Energy

En el Periodo 1, los electrones de valencia están cerca del núcleo y firmemente retenidos. H y He tienen altas energías de ionización porque se necesita una gran cantidad de energía para eliminar un electrón. La energía de ionización para He es la más alta de cualquier elemento, porque He tiene un nivel de energía estable lleno que requiere una cantidad muy grande de energía para eliminar un electrón. Las altas energías de ionización de los gases nobles indican que sus ordenamientos electrónicos son especialmente estables. La leve reducción de energía de ionización para el Grupo 3A (13) en comparación con el Grupo 2A (2), ocurre porque el electrón *p* solo está más alejado del núcleo y se elimina con más facilidad que los electrones en el subnivel *s* lleno. La siguiente disminución de energía de ionización ocurre para el Grupo 6A (16), porque la eliminación de un solo electrón *p* proporciona un subnivel *p* medio lleno más estable. En general, la energía de ionización es baja para metales y alta para no metales (véase la figura 3.20).

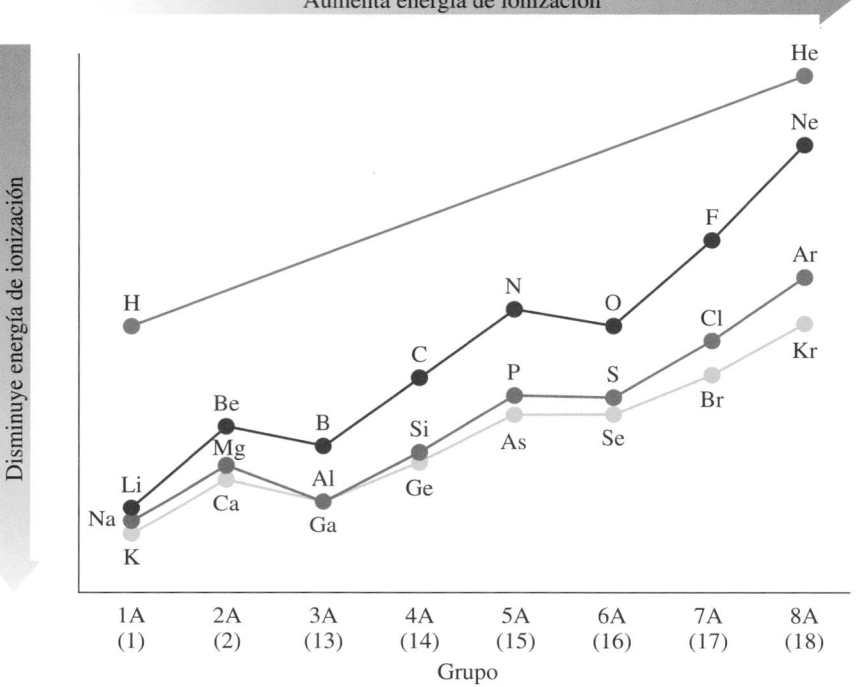

FIGURA 3.20 Las energías de ionización para los elementos representativos tienden a disminuir al descender por un grupo y aumentan cuando se recorre el periodo de izquierda a derecha.

P ¿Por qué la energía de ionización para Li es menor que para O?

EJEMPLO DE PROBLEMA 3.14 **Energía de ionización**

Indique el elemento de cada conjunto que tenga la mayor energía de ionización y explique por qué.

a. K o Na   **b.** Mg o Cl   **c.** F, N o C

SOLUCIÓN

a. Na. En Na, el electrón de valencia está más cerca del núcleo.
b. Cl. La atracción para los electrones de valencia aumenta cuando se recorre un periodo de izquierda a derecha.
c. F. Como el flúor tiene más protones que el nitrógeno o el carbono, se necesita más energía para eliminar un electrón de valencia del átomo de flúor.

COMPROBACIÓN DE ESTUDIO 3.14

Ordene Sn, Sr y I de acuerdo con la energía de ionización creciente.

Carácter metálico

En la sección 3.2 los elementos se identificaron como metales, no metales y metaloides. Un elemento que tenga un **carácter metálico** es un elemento que pierde electrones de valencia con facilidad. El carácter metálico es más prevalente en los elementos (metales) del lado izquierdo de la tabla periódica, y disminuye al ir de izquierda a derecha de la tabla periódica. Los elementos (no metales) del lado derecho de la tabla periódica no pierden electrones con facilidad, lo que significa que son los menos metálicos. La mayor parte de los metaloides entre los metales y los no metales tiende a perder electrones, pero no con tanta facilidad como los metales. En consecuencia, en el Periodo 3, el sodio, que pierde electrones con más facilidad, sería el más metálico. Al ir de izquierda a derecha en el Periodo 3, el carácter metálico disminuye hacia el argón, que tiene el carácter menos metálico.

Para los elementos del mismo grupo de elementos representativos, el carácter metálico aumenta al ir de arriba abajo. Los átomos de la parte de abajo de cualquier grupo tienen más niveles de electrones, lo que hace más fácil perder electrones. En consecuencia, los elementos de la parte de abajo de un grupo de la tabla periódica tienen menor energía de ionización y son más metálicos que los elementos de la parte superior (véase la figura 3.21).

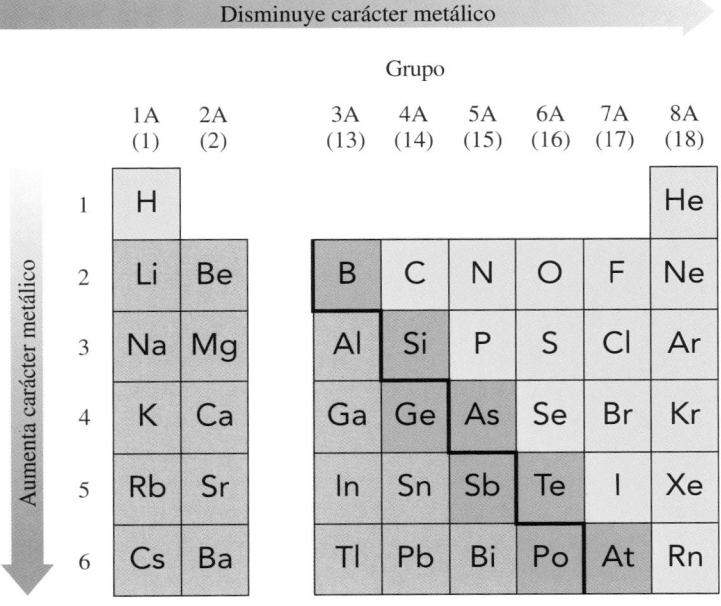

FIGURA 3.21 El carácter metálico de los elementos representativos aumenta al bajar por un grupo y disminuye al ir de izquierda a derecha por un periodo.

P ¿Por qué el carácter metálico es mayor para Rb que para Li?

En la tabla 3.12 se presenta un resumen de las tendencias en las propiedades periódicas recién estudiadas.

TABLA 3.12 Resumen de tendencias en propiedades periódicas de elementos representativos

Propiedad periódica	De arriba abajo de un grupo	De izquierda a derecha por un periodo
Electrones de valencia	Permanecen igual.	Aumentan.
Radio atómico	Aumenta por el incremento del número de niveles de energía.	Disminuye, pues el aumento de protones fortalece la atracción del núcleo para los electrones de valencia, y los acerca más al núcleo.
Energía de ionización	Disminuye porque los electrones de valencia se eliminan con más facilidad cuando están más alejados del núcleo.	Aumenta, pues el incremento de protones fortalece la atracción entre el núcleo para los electrones de valencia, y se necesita más energía para eliminar un electrón.
Carácter metálico	Aumenta porque los electrones de valencia son más fáciles de eliminar cuando están más alejados del núcleo.	Disminuye, pues la atracción de los protones hace más difícil eliminar un electrón de valencia.

COMPROBACIÓN DE CONCEPTOS 3.10 **Carácter metálico**

Identifique el elemento que tenga más carácter metálico en cada uno de los siguientes incisos:

a. Mg o Al   **b.** Na o K

RESPUESTA

a. Mg es más metálico que Al porque el carácter metálico disminuye al ir de izquierda a derecha por un periodo.

b. K es más metálico que Na porque el carácter metálico aumenta al bajar por un grupo.

PREGUNTAS Y PROBLEMAS

3.8 Tendencias en las propiedades periódicas

META DE APRENDIZAJE: Usar las configuraciones electrónicas de los elementos para explicar las tendencias en propiedades periódicas.

3.57 Indique el número de electrones de valencia en cada uno de los siguientes incisos:
   a. aluminio
   b. Grupo 5A
   c. F, Cl, Br y I

3.58 Indique el número de electrones de valencia en cada uno de los siguientes incisos:
   a. Li, Na, K, Rb y Cs
   b. C, Si, Ge, Sn y Pb
   c. Grupo 8A

3.59 Escriba el número de grupo y símbolo de electrón-punto para cada elemento:
   a. azufre   **b.** oxígeno
   c. calcio   **d.** sodio
   e. galio

3.60 Escriba el número de grupo y símbolo de electrón-punto para cada elemento:
   a. carbono   **b.** oxígeno
   c. argón   **d.** litio
   e. cloro

3.61 Seleccione el átomo más grande en cada par de elementos.
   a. Na o Cl   **b.** Na o Rb
   c. Na o Mg   **d.** Rb o I

3.62 Seleccione el átomo más grande en cada par de elementos.
   a. S o Ar   **b.** S u O
   c. S o K   **d.** S o Mg

3.63 Coloque los elementos de cada conjunto en orden de radio atómico decreciente.
   a. Al, Si, Mg   **b.** Cl, Br, I
   c. Sr, Sb, I   **d.** P, Si, Na

3.64 Coloque los elementos de cada conjunto en orden de radio atómico decreciente.
   a. Cl, S, P   **b.** Ge, Si, C
   c. Ba, Ca, Sr   **d.** S, O, Se

3.65 Seleccione el elemento de cada par que tiene la mayor energía de ionización.
   a. Br o I
   b. Mg o Sr
   c. Si o P
   d. I o Xe

3.66 Seleccione el elemento de cada par que tiene la mayor energía de ionización.
   a. O o Ne   **b.** K o Br
   c. Ca o Ba   **d.** N o Ne

3.67 Coloque cada conjunto de elementos en orden de energía de ionización creciente.
   a. F, Cl, Br   **b.** Na, Cl, Al
   c. Na, K, Cs   **d.** As, Ca, Br

3.68 Coloque cada conjunto de elementos en orden de energía de ionización creciente.
   a. O, N, C   **b.** S, P, Cl
   c. As, P, N   **d.** Al, Si, P

3.69 Llene cada uno de los siguientes espacios con *más grande* o *más pequeño*, *más* o *menos*: Na tiene un tamaño atómico _____ y es _____ metálico que P.

3.70 Llene cada uno de los siguientes espacios con *más grande* o *más pequeño*, *menor* o *mayor*: Mg tiene un tamaño atómico _____ y _____ energía de ionización que Ba.

3.71 Coloque los siguientes elementos en orden de carácter metálico decreciente: Br, Ge, Ca, Ga

3.72 Coloque los siguientes elementos en orden de carácter metálico creciente: Na, P, Al, Ar

3.73 Llene cada uno de los siguientes espacios con *mayor* o *menor*, *más* o *menos*: Sr tiene _____ energía de ionización y es _____ metálico que Sb.

3.74 Llene cada uno de los siguientes espacios con *mayor* o *menor*, *más* o *menos*: N tiene _____ energía de ionización y es _____ metálico que As.

3.75 Complete cada uno de los enunciados **a-d** con **1, 2** o **3**:
   1. disminuye   **2.** aumenta   **3.** permanece igual

   Al descender por el Grupo 6A (16),
   a. la energía de ionización _____
   b. el tamaño atómico _____
   c. el carácter metálico _____
   d. el número de electrones de valencia _____

3.76 Complete cada uno de los enunciados **a-d** con **1, 2** o **3**:
   1. disminuye   **2.** aumenta   **3.** permanece igual

   Al ir de izquierda a derecha por el Periodo 4,
   a. la energía de ionización _____
   b. el tamaño atómico _____
   c. el carácter metálico _____
   d. el número de electrones de valencia _____

3.77 ¿Cuáles enunciados completados con **a-e** serán *verdaderos* y cuáles serán *falsos*?

En el Periodo 2, un átomo de N, comparado con un átomo de Li, tiene más grande (mayor)...

a. tamaño atómico
b. energía de ionización
c. número de protones
d. carácter metálico
e. número de electrones de valencia

3.78 ¿Cuáles enunciados completados con **a-e** serán *verdaderos* y cuáles serán *falsos*?

En el Grupo 4A (14), un átomo de C, comparado con un átomo de Sn, tiene un más grande (mayor)...

a. tamaño atómico
b. energía de ionización
c. número de protones
d. carácter metálico
e. número de electrones de valencia

MAPA CONCEPTUAL

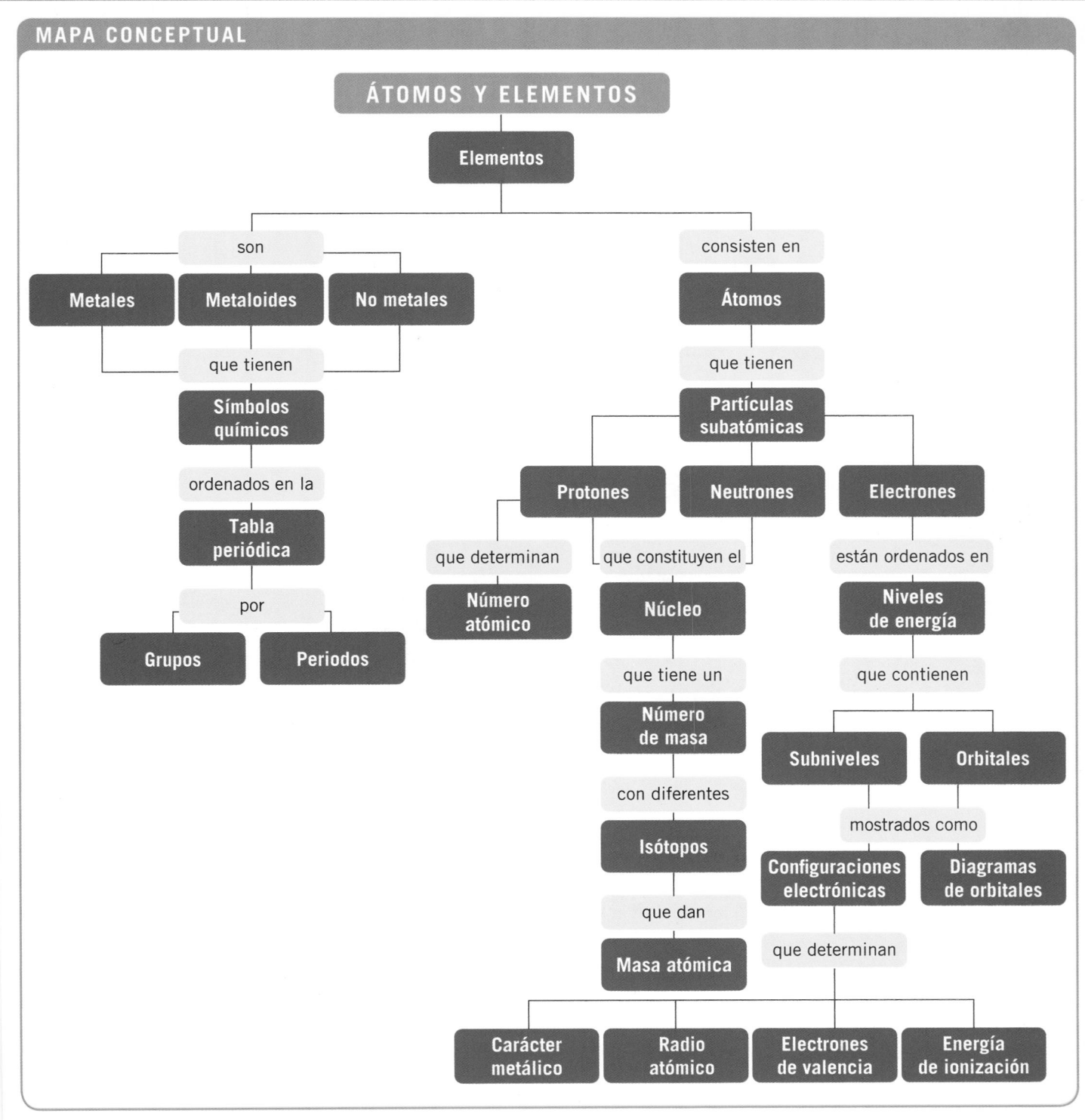

REPASO DEL CAPÍTULO

3.1 Elementos y símbolos

META DE APRENDIZAJE: Dado el nombre de un elemento, escribir su símbolo correcto; a partir del símbolo, escribir el nombre correcto.

- Los elementos son las sustancias primarias de la materia.
- Los símbolos químicos son abreviaturas de una o dos letras de los nombres de los elementos.

3.2 La tabla periódica

META DE APRENDIZAJE: Usar la tabla periódica para identificar el grupo y el periodo de un elemento; identificar el elemento como metal, no metal o metaloide.

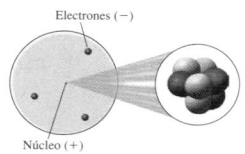

- La tabla periódica es un ordenamiento de los elementos por número atómico creciente.
- Una columna vertical en la tabla periódica, que contiene elementos con propiedades similares, se llama *grupo*. Una hilera horizontal se llama *periodo*.
- Los elementos en el Grupo 1A (1) se llaman *metales alcalinos*; los del Grupo 2A (2), *metales alcalinotérreos*; los del Grupo 7A (17), *halógenos*; y los del Grupo 8A (18), *gases nobles*.
- En la tabla periódica, los metales se localizan a la izquierda de la línea gruesa en zigzag, y los no metales están a la derecha de la línea gruesa en zigzag.
- Excepto por el aluminio, los elementos ubicados sobre la línea gruesa en zigzag se llaman *metaloides*.

3.3 El átomo

META DE APRENDIZAJE: Describir la carga eléctrica y ubicación en un átomo de un protón, un neutrón y un electrón.

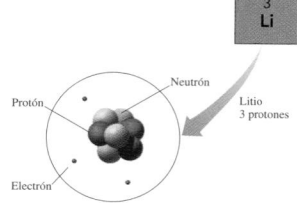

- Un átomo es la partícula más pequeña que conserva las características de un elemento.
- Los átomos están compuestos de tres tipos de partículas subatómicas.
- Los protones tienen una carga positiva (+), los electrones portan una carga negativa (−) y los neutrones son eléctricamente neutros.
- Protones y neutrones se encuentran en el diminuto núcleo denso. Los electrones se localizan afuera del núcleo.

3.4 Número atómico y número de masa

META DE APRENDIZAJE: Dados el número atómico y el número de masa de un átomo, enunciar el número de protones, neutrones y electrones.

- El número atómico proporciona el número de protones en todos los átomos del mismo elemento.
- En un átomo neutro, el número de protones y electrones es igual.
- El número de masa es el número total de protones y neutrones en un átomo.

3.5 Isótopos y masa atómica

META DE APRENDIZAJE: Proporcionar el número de protones, neutrones y electrones en uno o más de los isótopos de un elemento; calcular la masa atómica de un elemento usando la abundancia y masa de sus isótopos que existen en la naturaleza.

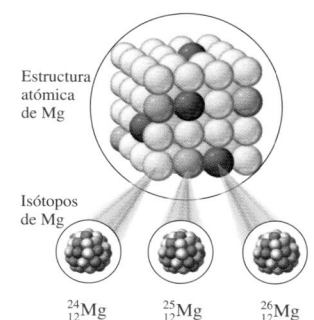

- Los átomos que tienen el mismo número de protones pero diferente número de neutrones se llaman *isótopos*.
- La masa atómica de un elemento es la masa promedio ponderada de todos los átomos en una muestra que existen naturalmente de dicho elemento.

3.6 Arreglo electrónico en los átomos

META DE APRENDIZAJE: Describir los niveles de energía, subniveles y orbitales para los electrones en un átomo.

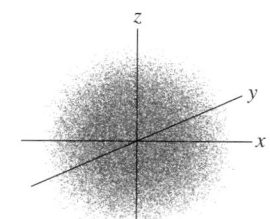

- Un orbital es una región alrededor del núcleo en la que es más probable encontrar un electrón con energía específica.
- Cada orbital contiene un máximo de dos electrones. En cada nivel de energía principal (n), los electrones ocupan orbitales dentro de subniveles.
- Un subnivel s contiene un orbital s, un subnivel p contiene tres orbitales p, un subnivel d contiene cinco orbitales d y un subnivel f contiene siete orbitales f. Cada tipo de orbital tiene una forma única.

3.7 Diagramas de orbitales y configuraciones electrónicas

META DE APRENDIZAJE: Dibujar el diagrama de orbitales y escribir la configuración electrónica para un elemento.

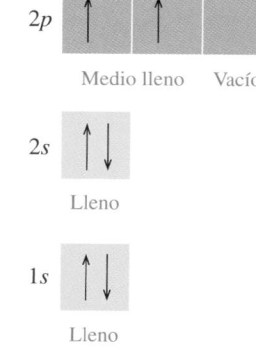

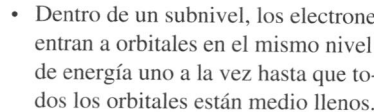
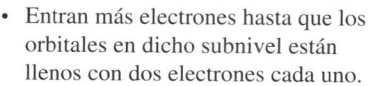

- Dentro de un subnivel, los electrones entran a orbitales en el mismo nivel de energía uno a la vez hasta que todos los orbitales están medio llenos.
- Entran más electrones hasta que los orbitales en dicho subnivel están llenos con dos electrones cada uno.
- El ordenamiento electrónico de un átomo puede dibujarse como un diagrama de orbitales, que muestra los orbitales que están ocupados por electrones apareados y no apareados.
- La configuración electrónica muestra el número de electrones en cada subnivel. En una configuración electrónica abreviada, el símbolo de un gas noble entre corchetes representa los subniveles llenos.
- La tabla periódica consiste en bloques de subniveles s, p, d y f. Comenzando con $1s$, para obtener una configuración electrónica se escriben los bloques de subniveles en orden a través de la tabla periódica hasta que se alcanza el elemento.

3.8 Tendencias en las propiedades periódicas

META DE APRENDIZAJE: Usar las configuraciones electrónicas de los elementos para explicar las tendencias en las propiedades periódicas.

Átomo Li

Átomo Na

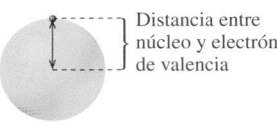
Distancia entre núcleo y electrón de valencia
Átomo K

- Las propiedades de los elementos se relacionan con los electrones de valencia de los átomos.
- Sólo con pocas excepciones menores, cada grupo de elementos tiene el mismo número de electrones de valencia, que sólo difieren en el nivel de energía.

- Los electrones de valencia se representan como puntos alrededor del símbolo del elemento.
- El radio de un átomo aumenta al descender por un grupo y disminuye al ir de izquierda a derecha por un periodo.
- La energía necesaria para eliminar un electrón de valencia es la energía de ionización, que por lo general disminuye al descender por un grupo y suele aumentar al ir de izquierda a derecha por un periodo.
- El carácter metálico aumenta al descender por un grupo y disminuye al ir de izquierda a derecha por un periodo.

TÉRMINOS CLAVE

átomo La partícula más pequeña de un elemento que conserva las características del elemento.

bloque *d* El bloque de 10 elementos de los Grupos 3B (3) a 2B (12) en los que los electrones ocupan los cinco orbitales *d* en los subniveles *d*.

bloque *f* Bloque de 14 elementos en las hileras de la parte de abajo de la tabla periódica en donde los electrones llenan los siete orbitales *f* en los subniveles 4*f* y 5*f*.

bloque *p* Elementos de los Grupos 3A (13) al 8A (18) en donde los electrones ocupan orbitales *p* de los subniveles *p*.

bloque *s* Elementos de los Grupos 1A (1) y 2A (2) en donde los electrones llenan los orbitales *s*.

carácter metálico Medida de cuán fácilmente un elemento pierde un electrón de valencia.

configuración electrónica Distribución del número de electrones en cada subnivel dentro de un átomo, ordenada por energía creciente.

diagrama de orbitales Gráfico que muestra la distribución de electrones en los orbitales de los niveles de energía.

electrón Partícula subatómica con carga negativa que tiene una masa diminuta que generalmente se ignora en los cálculos de masa; su símbolo es e^-.

electrón de valencia Electrón en el nivel de energía más alto de un átomo.

elemento de transición Elemento en el centro de la tabla periódica que se designa con la letra "B" o el número de grupo del 3 al 12.

elemento representativo Elemento en las primeras dos columnas a la izquierda de la tabla periódica y las últimas seis columnas a la derecha, que tiene un número de grupo del 1A al 8A o 1, 2 y 13 al 18.

energía de ionización Energía necesaria para eliminar el último electrón firmemente enlazado del nivel de energía más externo de un átomo.

gas noble Elemento del Grupo 8A (18) de la tabla periódica, generalmente no reactivo, por lo que rara vez se encuentra en combinación con otros elementos. Tiene ocho electrones en su nivel de energía más externo (a excepción del helio, que tiene sólo dos electrones).

grupo Columna vertical en la tabla periódica que contiene elementos que poseen propiedades físicas y químicas similares.

halógeno Elemento en el Grupo 7A (17) (flúor, cloro, bromo, yodo y astato) que posee siete electrones en su nivel de energía más externo.

isótopo Átomo que difiere sólo en número de masa de otro átomo del mismo elemento. Los isótopos tienen el mismo número atómico (número de protones), pero diferente número de neutrones.

masa atómica Masa promedio ponderada de todos los isótopos naturales de un elemento.

metal Elemento que es brillante, maleable, dúctil y buen conductor de calor y electricidad. Los metales se localizan a la izquierda de la línea gruesa en zigzag de la tabla periódica.

metal alcalino Elemento del Grupo 1A (1), excepto el hidrógeno, que es un metal blando y brillante con un electrón en su nivel de energía más externo.

metal alcalinotérreo Elemento en el Grupo 2A (2) que tiene dos electrones en su nivel de energía más externo.

metaloide Elemento con propiedades tanto de metal como de no metal ubicado a lo largo de la línea gruesa en zigzag en la tabla periódica.

neutrón Partícula subatómica neutra que tiene una masa de 1 uma y se encuentra en el núcleo de un átomo; su símbolo es n o n^0.

nivel de energía Grupo de electrones con energía similar.

no metal Elemento con poco o ningún brillo que es mal conductor de calor y electricidad. Los no metales se ubican a la derecha de la línea gruesa en zigzag de la tabla periódica.

núcleo Centro de un átomo, extremadamente denso y compacto, que contiene los protones y neutrones.

número atómico Número de protones en un átomo.

número de grupo Número que aparece en la parte superior de cada columna vertical (grupo) en la tabla periódica e indica el número de electrones en el nivel de energía más externo.

número de masa Número total de neutrones y protones en el núcleo de un átomo.

orbital Región alrededor del núcleo donde es más probable encontrar electrones de cierta energía. Los orbitales *s* son esféricos; los orbitales *p* tienen dos lóbulos.

partícula subatómica Partícula dentro de un átomo; protones, neutrones y electrones son partículas subatómicas.

periodo Hilera horizontal de elementos en la tabla periódica.

protón Partícula subatómica con carga positiva que tiene una masa de aproximadamente 1 uma y se encuentra en el núcleo del átomo; su símbolo es p o p^+.

símbolo atómico Abreviatura utilizada para indicar el número de masa y número atómico de un isótopo.

símbolo de electrón-punto Representación de un átomo que muestra sus electrones de valencia como puntos alrededor del símbolo del elemento.

símbolo químico Abreviatura que representa el nombre de un elemento.

subnivel Grupo de orbitales de igual energía dentro de los niveles de energía principales. El número de subniveles en cada nivel de energía es el mismo que el número cuántico principal (n).

tabla periódica Ordenamiento de elementos por número atómico creciente, tal que los elementos que tienen comportamiento químico similar se agrupan en columnas verticales.

unidad de masa atómica (uma) Se utiliza para describir la masa de partículas extremadamente pequeñas, como átomos y partículas subatómicas; 1 uma es igual a un doceavo la masa del átomo de $^{12}_6C$.

COMPRENSIÓN DE CONCEPTOS

Las secciones del capítulo que se deben revisar se muestran entre paréntesis al final de cada pregunta.

3.79 De acuerdo con la teoría atómica de Dalton, ¿cuál de los siguientes enunciados es *verdadero*? (3.3)
- **a.** Los átomos de un elemento son idénticos a los átomos de los demás elementos.
- **b.** Todo elemento está constituido por átomos.
- **c.** Los átomos de dos elementos diferentes se combinan para formar compuestos.
- **d.** En una reacción química, algunos átomos desaparecen y aparecen nuevos átomos.

3.80 Use el experimento de hoja de oro de Rutherford para responder cada una de las siguientes preguntas: (3.3)
- **a.** ¿Qué esperaba Rutherford que ocurriera cuando dirigió partículas a la hoja de oro?
- **b.** ¿Cómo difirieron los resultados de lo que esperaba?
- **c.** ¿Cómo usó los resultados para proponer un modelo del átomo?

3.81 Relacione las partículas subatómicas (**1-3**) con cada una de las siguientes descripciones: (3.3)
- **1.** protones **2.** neutrones **3.** electrones
- **a.** masa atómica
- **b.** número atómico
- **c.** carga positiva
- **d.** carga negativa
- **e.** número de masa − número atómico

3.82 Relacione las partículas subatómicas (**1-3**) con cada una de las siguientes descripciones: (3.3)
- **1.** protones **2.** neutrones **3.** electrones
- **a.** número de masa
- **b.** rodean el núcleo
- **c.** núcleo
- **d.** carga de 0
- **e.** igual a número de electrones

3.83 Considere los siguientes átomos en los que X representa el símbolo químico del elemento: $^{16}_8X$ $^{16}_9X$ $^{18}_{10}X$ $^{17}_8X$. $^{18}_8X$ (3.4, 3.5)
- **a.** ¿Qué átomos tienen el mismo número de protones?
- **b.** ¿Cuáles átomos son isótopos? ¿De qué elementos?
- **c.** ¿Cuáles átomos tienen el mismo número de masa?
- **d.** ¿Qué átomos tienen el mismo número de neutrones?

3.84 Para cada una de las propuestas siguientes, escriba el símbolo y el nombre del elemento al que correspondería X, y el número de protones y neutrones. ¿Cuáles son isótopos mutuos? (3.4, 3.5)
- **a.** $^{80}_{35}X$ **b.** $^{56}_{26}X$ **c.** $^{116}_{50}X$
- **d.** $^{124}_{50}X$ **e.** $^{116}_{48}X$

3.85 Indique si los átomos en cada par tienen el mismo número de protones, neutrones y electrones. (3.4)
- **a.** $^{37}_{17}Cl$, $^{38}_{18}Ar$ **b.** $^{36}_{14}Si$, $^{35}_{14}Si$
- **c.** $^{40}_{18}Ar$, $^{39}_{17}Cl$

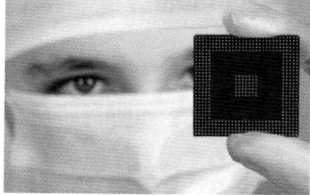

Los chips de computadora constan principalmente del elemento silicio.

3.86 Complete la siguiente tabla para los tres isótopos que posee de forma natural el silicio, el principal componente de los chips de computadora: (3.5)

	Isótopo		
	$^{28}_{14}Si$	$^{29}_{14}Si$	$^{30}_{14}Si$
Número de protones			
Número de neutrones			
Número de electrones			
Número atómico			
Número de masa			

3.87 Para cada representación de un núcleo **A-E**, escriba el símbolo atómico e identifique cuáles son isótopos. (3.4, 3.5)
Protón
Neutrón

A   B   C   D   E

3.88 Identifique el elemento representado por cada núcleo **A-E** en el Problema 3.87 como metal, no metal o metaloide. (3.2)

3.89 Relacione las esferas **A-D** con átomos de Li, Na, K y Rb. (3.8)

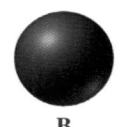 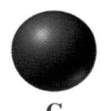 

A   B   C   D

3.90 Relacione las esferas **A-D** con átomos de K, Ge, Ca y Kr. (3.8)

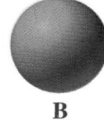 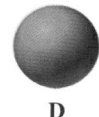

A   B   C   D

3.91 Relacione los elementos Na, Mg, Si, S, Cl y Ar con cada uno de los enunciados siguientes: (3.2, 3.7, 3.8)
- **a.** mayor tamaño atómico
- **b.** halógeno
- **c.** configuración electrónica $1s^22s^22p^63s^23p^4$
- **d.** mayor energía de ionización
- **e.** es metaloide
- **f.** más carácter metálico
- **g.** dos electrones de valencia

3.92 Relacione los elementos Sn, Xe, Te, Sr, I y Rb con cada uno de los enunciados siguientes: (3.2, 3.8)
- **a.** menor tamaño atómico
- **b.** en Grupo 2A (2)
- **c.** metaloide
- **d.** menor energía de ionización
- **e.** en Grupo 4A (14)
- **f.** menor carácter metálico
- **g.** siete electrones de valencia

PREGUNTAS Y PROBLEMAS ADICIONALES

Visite www.masteringchemistry.com para acceder a materiales de autoaprendizaje y tareas asignadas por el instructor.

3.93 Proporcione los números de periodo y grupo para cada uno de los siguientes elementos: (3.2)
   a. bromo   **b.** argón
   c. potasio   **d.** radio

3.94 Proporcione los números de periodo y grupo para cada uno de los siguientes elementos: (3.2)
   a. radón   **b.** plomo
   c. carbono   **d.** neón

3.95 Se descubrió que los siguientes elementos traza (oligoelementos) son esenciales para las funciones corporales. Indique si cada uno es metal, no metal o metaloide: (3.2)
   a. cinc   **b.** cobalto
   c. manganeso   **d.** yodo

3.96 Se descubrió que los siguientes elementos traza (oligoelementos) son esenciales para las funciones corporales. Indique si cada uno es metal, no metal o metaloide: (3.2)
   a. cobre   **b.** selenio
   c. arsénico   **d.** cromo

3.97 Indique si cada uno de los siguientes enunciados es *verdadero* o *falso*: (3.3)
   a. El protón es una partícula con carga negativa.
   b. El neutrón es 2000 veces más pesado que un protón.
   c. La unidad de masa atómica se basa en un átomo de carbono con 6 protones y 6 neutrones.
   d. El núcleo es la parte más grande del átomo.
   e. Los electrones se localizan afuera del núcleo.

3.98 Indique si cada uno de los siguientes enunciados es *verdadero* o *falso*: (3.3)
   a. El neutrón es eléctricamente neutro.
   b. La mayor parte de la masa del átomo se debe a los protones y neutrones.
   c. La carga de un electrón es igual, pero contraria, a la carga de un neutrón.
   d. El protón y el electrón tienen aproximadamente la misma masa.
   e. El número de masa es el número de protones.

3.99 Para los siguientes átomos, proporcione el número de protones, neutrones y electrones: (3.3)
   a. $^{114}_{48}Cd$ **b.** $^{98}_{43}Tc$
   c. $^{199}_{79}Au$ **d.** $^{222}_{86}Rn$
   e. $^{136}_{54}Xe$

3.100 Para los siguientes átomos, proporcione el número de protones, neutrones y electrones: (3.3)
   a. $^{202}_{80}Hg$ **b.** $^{127}_{53}I$
   c. $^{75}_{35}Br$ **d.** $^{133}_{55}Cs$
   e. $^{195}_{78}Pt$

3.101 Complete la siguiente tabla: (3.3)

Nombre del elemento	Símbolo atómico	Número de protones	Número de neutrones	Número de electrones
	$^{34}_{16}S$			
		28	34	
Magnesio			14	
	$^{228}_{88}Ra$			

3.102 Complete la siguiente tabla: (3.3)

Nombre del elemento	Símbolo atómico	Número de protones	Número de neutrones	Número de electrones
Potasio			22	
	$^{51}_{23}V$			
		48	64	
Bario			82	

3.103
   a. ¿Cuál subnivel electrónico comienza a llenarse después de completar el subnivel 3s? (3.7)
   b. ¿Cuál subnivel electrónico comienza a llenarse después de completar el subnivel 4p?
   c. ¿Cuál subnivel electrónico comienza a llenarse después de completar el subnivel 3d?
   d. ¿Cuál subnivel electrónico comienza a llenarse después de completar el subnivel 3p?

3.104
   a. ¿Cuál subnivel electrónico comienza a llenarse después de completar el subnivel 5s? (3.7)
   b. ¿Cuál subnivel electrónico comienza a llenarse después de completar el subnivel 4d?
   c. ¿Cuál subnivel electrónico comienza a llenarse después de completar el subnivel 4f?
   d. ¿Cuál subnivel electrónico comienza a llenarse después de completar el subnivel 5p?

3.105
   a. ¿Cuántos electrones 3d hay en el Fe? (3.7)
   b. ¿Cuántos electrones 5p hay en el Ba?
   c. ¿Cuántos electrones 4d hay en el I?
   d. ¿Cuántos electrones 7s hay en el Ra?

3.106
   a. ¿Cuántos electrones 4d hay en el Cd? (3.7)
   b. ¿Cuántos electrones 4p hay en el Br?
   c. ¿Cuántos electrones 6p hay en el Bi?
   d. ¿Cuántos electrones 5s hay en el Zn?

3.107 Mencione el elemento que corresponda a cada uno de los siguientes: (3.7, 3.8)
   a. $1s^2 2s^2 2p^6 3s^2 3p^3$
   b. metal alcalino con radio atómico más pequeño
   c. $[Kr]5s^2 4d^{10}$
   d. elemento del Grupo 5A (15) con la energía de ionización más alta
   e. elemento del Periodo 3 con el radio atómico más grande

3.108 Mencione el elemento que corresponda a cada uno de los siguientes enunciados: (3.7, 3.8)
   a. $1s^2 2s^2 2p^6 3s^2 3p^6 4s^1 3d^5$
   b. $[Xe]6s^2 4f^{14} 5d^{10} 6p^5$
   c. halógeno con la energía de ionización más alta
   d. elemento del Grupo 2A (2) con la energía de ionización más baja
   e. elemento del Periodo 4 con el radio atómico más pequeño

3.109 De los elementos Na, P, Cl y F, ¿cuál (3.2, 3.8)
   a. es metal?
   b. está en el Grupo 5A (15)?
   c. tiene la energía de ionización más alta?
   d. pierde un electrón más fácilmente?
   e. se encuentra en el Grupo 7A (17), Periodo 3?

3.110 De los elementos K, Ca, Br y Kr, ¿cuál (3.2, 3.8)
  a. es un gas noble?
  b. tiene el radio atómico más pequeño?
  c. tiene la energía de ionización más baja?
  d. requiere más energía para remover un electrón?
  e. se encuentra en el Grupo 2A (2), Periodo 4?

PREGUNTAS DE DESAFÍO

3.111 El isótopo más abundante del plomo es $^{208}_{82}Pb$. (3.4)
  a. ¿Cuántos protones, neutrones y electrones hay en $^{208}_{82}Pb$?
  b. ¿Cuál es el símbolo atómico del otro isótopo del plomo con 132 neutrones?
  c. ¿Cuál es el nombre y símbolo de un átomo con el mismo número de masa que en el inciso **b** y 131 neutrones?

3.112 El isótopo más abundante de la plata es $^{107}_{47}Ag$. (3.4)
  a. ¿Cuántos protones, neutrones y electrones hay en $^{107}_{47}Ag$?
  b. ¿Cuál es el símbolo de otro isótopo de la plata con 62 neutrones?
  c. ¿Cuál es el nombre y símbolo de un átomo con el mismo número de masa que en el inciso **b** y 61 neutrones?

3.113 Proporcione el símbolo del elemento que tenga (3.8)
  a. el menor tamaño atómico en el Grupo 6A (16)
  b. el menor tamaño atómico en el Periodo 3
  c. la mayor energía de ionización en el Grupo 4A (14)
  d. la menor energía de ionización en el Periodo 3
  e. el mayor carácter metálico en el Grupo 2A (2)

3.114 Proporcione el símbolo del elemento que tenga (3.8)
  a. el tamaño atómico más grande del Grupo 1A (1)
  b. el tamaño atómico más grande del Periodo 4
  c. la mayor energía de ionización en el Grupo 2A (2)
  d. la menor energía de ionización en el Grupo 7A (17)
  e. el menor carácter metálico en el Grupo 4A (14)

3.115 El silicio tiene tres isótopos que existen en la naturaleza: Si-28, que tiene una abundancia porcentual de 92.23% y una masa de 27.977 uma; Si-29, que tiene una abundancia de 4.68% y una masa de 28.976 uma; y Si-30, que tiene una abundancia porcentual de 3.09% y una masa de 29.974 uma. ¿Cuál es la masa atómica del silicio? (3.5)

3.116 El antimonio (Sb) tiene dos isótopos que existen en la naturaleza: Sb-121, que tiene una abundancia porcentual de 57.30% y una masa de 120.9 uma; y Sb-123, que tiene una abundancia porcentual de 42.70% y una masa de 122.9 uma. ¿Cuál es la masa atómica del antimonio? (3.5)

3.117 Considere tres elementos con las siguientes configuraciones electrónicas abreviadas: (3.2, 3.8)

$$X = [Ar]4s^2 \qquad Y = [Ne]3s^23p^4$$
$$Z = [Ar]4s^23d^{10}4p^4$$

  a. Identifique si cada elemento es metal, no metal o metaloide.
  b. ¿Cuál elemento tiene el mayor radio atómico?
  c. ¿Cuáles elementos tienen propiedades similares?
  d. ¿Cuál elemento tiene la mayor energía de ionización?
  e. ¿Cuál elemento tiene el menor radio atómico?

3.118 Considere tres elementos con las siguientes configuraciones electrónicas abreviadas: (3.2, 3.8)

$$X = [Ar]4s^23d^5 \qquad Y = [Ar]4s^23d^{10}4p^1$$
$$Z = [Ar]4s^23d^{10}4p^6$$

  a. Identifique si cada elemento es metal, no metal o metaloide.
  b. ¿Cuál elemento tiene menor radio atómico?
  c. ¿Cuáles elementos tienen propiedades similares?
  d. ¿Cuál elemento tiene la energía de ionización más alta?
  e. ¿Cuál elemento tiene un subnivel medio lleno?

RESPUESTAS

Respuestas a las Comprobaciones de estudio

3.1 Si, S, Ag

3.2 magnesio, aluminio, flúor

3.3 a. Grupo 2A (2)   **b.** metales alcalinotérreos
  c. Periodo 5   **d.** magnesio, Mg
  e. metal alcalino, Rb; halógeno, I; gas noble, Xe

3.4 a. metaloide   **b.** no metal   **c.** metal

3.5 Falso; la mayor parte del volumen en un átomo está afuera del núcleo.

3.6 a. 79   **b.** 79   **c.** Oro, Au

3.7 45 neutrones

3.8 a. $^{15}_7N$ **b.** $^{81}_{35}Br$ **c.** $^{27}_{14}Si$

3.9 10.81 uma

3.10 El subnivel 4s puede contener un máximo de 2 electrones.

3.11 $1s^22s^22p^63s^23p^4$ Configuración electrónica completa para el azufre (S)
[Ne]$3s^23p^4$ Configuración electrónica abreviada para el azufre (S)

3.12 El estaño tiene la configuración electrónica:

$1s^22s^22p^63s^23p^64s^23d^{10}4p^65s^24d^{10}5p^2$

3.13 $\cdot\ddot{P}\cdot$

3.14 La energía de ionización aumenta al recorrer un periodo de izquierda a derecha: Sr es más bajo, Sn es más alto y el I es el más alto del conjunto.

Respuestas a Preguntas y problemas seleccionados

3.1 a. Cu   **b.** Pt   **c.** Ca   **d.** Mn
  e. Fe   **f.** Ba   **g.** Pb   **h.** Sr

3.3 a. carbono   **b.** cloro   **c.** yodo   **d.** mercurio
  e. plata   **f.** argón   **g.** boro   **h.** níquel

3.5 a. sodio, cloro
  b. calcio, azufre, oxígeno
  c. carbono, hidrógeno, cloro, nitrógeno, oxígeno
  d. calcio, carbono, oxígeno

3.7 a. Periodo 2   **b.** Grupo 8A (18)
  c. Grupo 1A (1)   **d.** Periodo 2

3.9 a. metal alcalinotérreo   **b.** elemento de transición
c. gas noble   **d.** metal alcalino
e. halógeno

3.11 a. C   **b.** He   **c.** Na
d. Ca   **e.** Al

3.13 a. metal   **b.** no metal   **c.** metal
d. no metal   **e.** no metal   **f.** no metal
g. metaloide   **h.** metal

3.15 a. electrón
b. protón
c. electrón
d. neutrón

3.17 a, **b** y **c** son *verdaderos*, pero **d** es *falso*. Un protón es atraído a un electrón, no a un neutrón.

3.19 Thomson determinó que los electrones tenían una carga negativa cuando observó que eran atraídos hacia un electrodo positivo en un tubo de rayos catódicos.

3.21 a. número atómico
b. ambos
c. número de masa
d. número atómico

3.23 a. litio, Li   **b.** flúor, F
c. calcio, Ca   **d.** cinc, Zn
e. neón, Ne   **f.** silicio, Si
g. yodo, I   **h.** oxígeno, O

3.25 a. 18 protones y 18 electrones
b. 30 protones y 30 electrones
c. 53 protones y 53 electrones
d. 48 protones y 48 electrones

3.27 Véase la tabla al pie de la página.

3.29 a. 38 protones, 51 neutrones, 38 electrones
b. 24 protones, 28 neutrones, 24 electrones
c. 16 protones, 18 neutrones, 16 electrones
d. 35 protones, 46 neutrones, 35 electrones

3.31 a. $^{31}_{15}$P   **b.** $^{80}_{35}$Br   **c.** $^{122}_{50}$Sn
d. $^{35}_{17}$Cl   **e.** $^{202}_{80}$Hg

3.33 a. $^{36}_{18}$Ar $^{38}_{18}$Ar $^{40}_{18}$Ar
b. Todos tienen el mismo número de protones y electrones.
c. Tienen diferente número de neutrones, lo que les da diferente número de masa.
d. La masa atómica de Ar que se menciona en la tabla periódica es la masa atómica promedio de todos los isótopos.
e. Puesto que el argón tiene una masa atómica de 39.95, el isótopo $^{40}_{18}$Ar sería el más prevalente.

3.35 69.72 uma

3.37 a. esférica   **b.** dos lóbulos
c. esférica

3.39 a. 1 y 2   **b.** 3
c. 1 y 2   **d.** 1, 2 y 3

3.41 a. Hay cinco orbitales en el subnivel 3d.
b. Hay un subnivel en el nivel de energía $n = 1$.
c. Hay un orbital en el subnivel 6s.
d. Hay nueve orbitales en el nivel de energía $n = 3$.

3.43 a. Hay un máximo de dos electrones en un orbital 3p.
b. Hay un máximo de seis electrones en el subnivel 3p.
c. Hay un máximo de 32 electrones en el nivel de energía $n = 4$.
d. Hay un máximo de 10 electrones en el subnivel 5d.

3.45 a.

b.

c.

d.

3.47 a. $1s^2 2s^2 2p^6 3s^2 3p^6 4s^2 3d^6$
b. $1s^2 2s^2 2p^6 3s^1$
c. $1s^2 2s^2 2p^6 3s^2 3p^6 4s^2 3d^{10} 4p^6 5s^1$
d. $1s^2 2s^2 2p^6 3s^2 3p^6 4s^2 3d^{10} 4p^3$

3.49 a. [Ne]$3s^2$ **b.** [Xe]$6s^2$
c. [Ne]$3s^2 3p^1$ **d.** [Ar]$4s^2 3d^2$

3.51 a. S   **b.** Co   **c.** Si   **d.** Br

3.53 a. Al   **b.** C   **c.** Ar   **d.** Zr

3.55 a. 10   **b.** 6   **c.** 3   **d.** 1

3.57 a. 3   **b.** 5   **c.** 7

3.59 a. Grupo 6A (16)   ·S̈:   **b.** Grupo 5A (15)   ·N̈·
c. Grupo 2A (2)   Ca·   **d.** Grupo 1A (1)   Na·
e. Grupo 3A (13)   ·G̈a·

3.61 a. Na   **b.** Rb   **c.** Na   **d.** Rb

3.63 a. Mg, Al, Si   **b.** I, Br, Cl
c. Sr, Sb, I   **d.** Na, Si, P

3.65 a. Br   **b.** Mg
c. P   **d.** Xe

3.67 a. Br, Cl, F   **b.** Na, Al, Cl
c. Cs, K, Na   **d.** Ca, As, Br

3.69 más grande, más

Respuesta a 3.27

Nombre del elemento	Símbolo	Número atómico	Número de masa	Número de protones	Número de neutrones	Número de electrones
Aluminio	Al	13	27	13	14	13
Magnesio	Mg	12	24	12	12	12
Potasio	K	19	39	19	20	19
Azufre	S	16	31	16	15	16
Hierro	Fe	26	56	26	30	26

3.71 Ca, Ga, Ge, Br

3.73 menor, más

3.75 a. 1   **b.** 2   **c.** 2   **d.** 3

3.77 a. falso   **b.** verdadero   **c.** verdadero
d. falso   **e.** verdadero

3.79 Los enunciados **b** y **c** son verdaderos.

3.81 a. 1 y 2   **b.** 1   **c.** 1
d. 3   **e.** 2

3.83 a. $^{16}_{8}X$, $^{17}_{8}X$ y $^{18}_{8}X$ tienen ocho protones.
b. $^{16}_{8}X$, $^{17}_{8}X$ y $^{18}_{8}X$ son isótopos de oxígeno.
c. $^{16}_{8}X$ y $^{16}_{9}X$ tienen número de masa 16, mientras que $^{18}_{8}X$ y $^{18}_{10}X$ tienen número de masa 18.
d. $^{16}_{8}X$ y $^{18}_{10}X$ ambos tienen ocho neutrones.

3.85 a. Ambos átomos tienen 20 neutrones.
b. Ambos átomos tienen 14 protones y 14 electrones.
c. Ambos átomos tienen 22 neutrones.

3.87 a. $^{9}_{4}Be$ **b.** $^{11}_{5}B$ **c.** $^{13}_{6}C$
d. $^{10}_{5}B$ **e.** $^{12}_{6}C$
Las representaciones **B** y **D** son isótopos de boro; **C** y **E** son isótopos de carbono.

3.89 **A** es Na, **B** es Rb, **C** es K y **D** es Li.

3.91 a. Na   **b.** Cl   **c.** S   **d.** Ar
e. Si   **f.** Na   **g.** Mg

3.93 a. Periodo 4, Grupo 7A (17)
b. Periodo 3, Grupo 8A (18)
c. Periodo 4, Grupo 1A (1)
d. Periodo 7, Grupo 2A (2)

3.95 a. metal   **b.** metal   **c.** metal   **d.** no metal

3.97 a. falso   **b.** falso   **c.** verdadero
d. falso   **e.** verdadero

3.99 a. 48 protones, 66 neutrones, 48 electrones
b. 43 protones, 55 neutrones, 43 electrones
c. 79 protones, 120 neutrones, 79 electrones
d. 86 protones, 136 neutrones, 86 electrones
e. 54 protones, 82 neutrones, 54 electrones

3.101 Véase la tabla al pie de la página.

3.103 a. $3p$ **b.** $5s$ **c.** $4p$ **d.** $4s$

3.105 a. 6   **b.** 6   **c.** 10   **d.** 2

3.107 a. fósforo   **b.** litio (H es un no metal)
c. cadmio   **d.** nitrógeno
e. sodio

3.109 a. Na   **b.** Na   **c.** F
d. Na   **e.** Cl

3.111 a. 82 protones, 126 neutrones, 82 electrones
b. $^{214}_{82}Pb$ **c.** $^{214}_{83}Bi$

3.113 a. O   **b.** Ar   **c.** C
d. Na   **e.** Ra

3.115 28.09 uma

3.117 a. X es un metal; Y y Z son no metales.
b. X tiene el radio atómico más grande.
c. Y y Z tienen seis electrones de valencia y están en el Grupo 6A (16).
d. Y tiene la energía de ionización más alta.
e. Y tiene el radio atómico más pequeño.

Respuesta a 3.101

Nombre del elemento	Símbolo atómico	Número de protones	Número de neutrones	Número de electrones
Azufre	$^{34}_{16}S$	16	18	16
Níquel	$^{62}_{28}Ni$	28	34	28
Magnesio	$^{26}_{12}Mg$	12	14	12
Radón	$^{228}_{88}Ra$	88	140	88

Química nuclear

CONTENIDO DEL CAPÍTULO

Visite **www.masteringchemistry.com** para acceder a materiales de autoaprendizaje y tareas asignadas por el instructor.

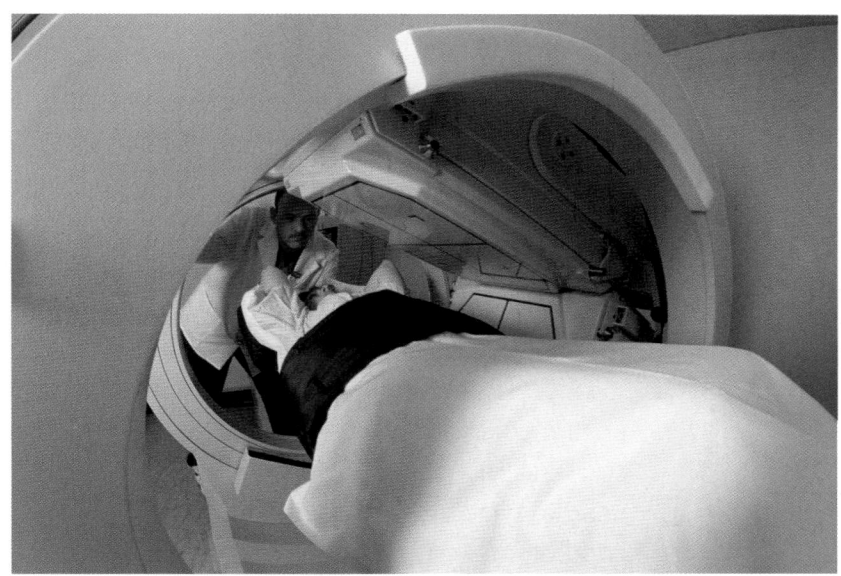

El médico de Simone está preocupado por ella porque tiene el colesterol alto, lo que podría conducir a una cardiopatía coronaria y un ataque cardiaco. La envía a un centro de medicina nuclear para que le realicen una prueba de esfuerzo cardiaco.

Paul, el técnico de medicina nuclear, explica a Simone que le inyectará tecnecio-99m (Tc-99m) en el torrente sanguíneo. Le dice que el Tc-99m es un isótopo radiactivo que tiene una vida media de 6 h y es un emisor gamma. Simone tiene curiosidad por el término "vida media". Paul le explica que una vida media es la cantidad de tiempo que tarda en descomponerse la mitad de una muestra radiactiva. Le asegura que después de cuatro vidas medias (un día), la radiación emitida será casi cero.

Paul dice a Simone que, cuando el Tc-99m llegue al corazón, si algún área tiene un menor suministro sanguíneo, tomará sólo pequeñas cantidades del radioisótopo, lo que puede indicar que hay una cardiopatía coronaria.

Después, Simone se someterá a una prueba de esfuerzo activo para comparar el flujo sanguíneo cardiaco en reposo y con esfuerzo.

Profesión: Técnico en medicina nuclear

La medicina nuclear se utiliza con frecuencia para diagnosticar y tratar varios padecimientos. Para obtener imágenes se emplean varias técnicas, como la tomografía computarizada (TC), las imágenes por resonancia magnética (IRM) y la tomografía por emisión de positrones (TEP). Los técnicos en medicina nuclear manejan la instrumentación y las computadoras asociadas a las diversas técnicas de la medicina nuclear. Los técnicos en medicina nuclear manejan con seguridad radioisótopos, emplean el tipo necesario de blindaje y administran isótopos radiactivos a los pacientes. Además, deben preparar física y mentalmente a los pacientes para obtener las imágenes y explicarles el procedimiento.

U

na paciente, de 50 años de edad, se queja de nerviosismo, irritabilidad, aumento de transpiración, cabello quebradizo y debilidad muscular. A veces le tiemblan las manos y el corazón a menudo le late rápidamente. También ha experimentado pérdida de peso. El médico decide realizar pruebas de la tiroides. Para realizar un examen más detallado, ordena un escaneo de tiroides. La paciente recibe una pequeña cantidad de un radioisótopo de yodo, que absorberá la tiroides. El escaneo muestra una tasa de absorción mayor a la normal del yodo radiactivo, lo que indica una glándula tiroides hiperreactiva, trastorno denominado *hipertiroidismo*. El tratamiento del hipertiroidismo consiste en la administración de medicamentos para disminuir el nivel de hormona tiroidea, el uso de yodo radiactivo para destruir células de la tiroides o la extirpación quirúrgica de una parte o toda la tiroides. En este caso, el médico nuclear decide recetar yodo radiactivo. Para comenzar el tratamiento, la paciente bebe una solución que contiene yodo radiactivo. En las siguientes semanas, las células que absorban el yodo radiactivo serán destruidas por la radiación. Después del tratamiento, más exámenes muestran que la tiroides de la paciente es más pequeña y que el nivel de hormona tiroidea en la sangre es normal.

Con la producción de sustancias radiactivas artificiales en 1934, se estableció el campo de la medicina nuclear. En 1937 se usó el primer isótopo radiactivo para tratar a un paciente con leucemia en la Universidad de California en Berkeley. Hubo adelantos importantes en el uso de la radiactividad en medicina en 1946, cuando un isótopo de yodo radiactivo se usó con buenos resultados para diagnosticar el funcionamiento tiroideo y tratar el hipertiroidismo y el cáncer de tiroides. Durante las décadas de 1970 y 1980 se utilizaron varias sustancias radiactivas para producir imágenes de órganos como hígado, bazo, tiroides, riñón y cerebro, y para detectar cardiopatías. En la actualidad, los procedimientos de medicina nuclear ofrecen información acerca del funcionamiento y la estructura de todos los órganos del cuerpo, lo que permite a los médicos diagnosticar y tratar enfermedades con mayor oportunidad.

META DE APRENDIZAJE

Describir las radiaciones alfa, beta, gamma y del positrón.

4.1 Radiactividad natural

La mayoría de los isótopos que existen en la naturaleza de elementos hasta con número atómico 19 tienen núcleos estables. Un átomo tiene un núcleo estable cuando las fuerzas de atracción y repulsión están equilibradas. Los elementos con números atómicos 20 o mayores por lo general tienen uno o más isótopos que tienen núcleos inestables. Un núcleo inestable tiene demasiados o muy pocos protones en comparación con el número de neutrones, lo que significa que las fuerzas entre protones y neutrones están desequilibradas. Un núcleo inestable es *radiactivo*, lo que significa que emite en forma espontánea pequeñas partículas de energía, llamada **radiación**, para volverse más estable.

La radiación puede adoptar la forma de partículas alfa (α) y beta (β), positrones (β^+), o energía pura como los rayos gamma (γ). Un isótopo que emite radiación se llama *radioisótopo*. En casi todos los tipos de radiación existe un cambio en el número de protones del núcleo. Este cambio, llamado *transmutación*, ocurre cuando un átomo de un elemento se convierte en un átomo de otro elemento distinto. Este tipo de cambio nuclear no fue evidente para Dalton cuando hizo sus predicciones sobre los átomos. Los elementos con números atómicos de 93 o mayores se producen de manera artificial en laboratorios nucleares y existen sólo en forma de isótopos radiactivos.

En la sección 3.5 se escribieron símbolos para los diferentes isótopos de un elemento. Dichos símbolos tienen sus números de masa escritos en la esquina superior izquierda y sus números atómicos en la esquina inferior izquierda. Recuerde que el número de masa es igual al número de protones y neutrones en el núcleo, y que el número atómico es igual al número de protones. Por ejemplo, un isótopo radiactivo del yodo utilizado en el diagnóstico y tratamiento de trastornos de la tiroides tiene un símbolo con un número de masa de 131 y un número atómico de 53.

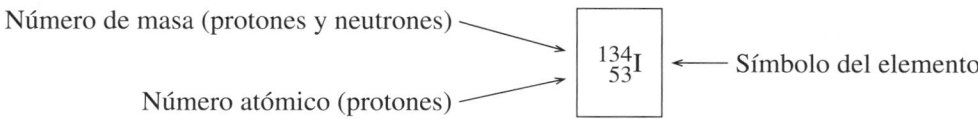

Número de masa (protones y neutrones) → $^{134}_{53}\text{I}$ ← Símbolo del elemento
Número atómico (protones) →

Para identificar a los isótopos radiactivos se escribe el número de masa después del nombre o símbolo del elemento. Por tanto, en este ejemplo, el isótopo se llama yodo-131 o I-131. En la tabla 4.1 se comparan algunos isótopos estables no radiactivos con algunos isótopos radiactivos.

TABLA 4.1 Isótopos estables y radiactivos de algunos elementos

Magnesio	Yodo	Uranio
Isótopos estables		
$^{24}_{12}\text{Mg}$	$^{127}_{53}\text{I}$	Ninguno
Magnesio-24	Yodo-127	
Isótopos radiactivos		
$^{23}_{12}\text{Mg}$	$^{125}_{53}\text{I}$	$^{235}_{92}\text{U}$
Magnesio-23	Yodo-125	Uranio-235
$^{27}_{12}\text{Mg}$	$^{131}_{53}\text{I}$	$^{238}_{92}\text{U}$
Magnesio-27	Yodo-131	Uranio-238

Tipos de radiación

Al emitir radiación, un núcleo inestable forma un núcleo de menor energía más estable. Un tipo de radiación consiste en *partículas alfa*. Una **partícula alfa** es idéntica a un núcleo de helio (He), que tiene dos protones y dos neutrones. Una partícula alfa tiene un número de masa de 4, un número atómico de 2 y una carga de 2+. Se representa con la letra griega alfa (α) o el símbolo atómico de un núcleo de helio.

Otro tipo de radiación ocurre cuando un radioisótopo emite una *partícula beta*. Una **partícula beta** es un electrón de alta energía con una carga de 1−, y dado que su masa es mucho más pequeña que la masa de un protón, se considera que tiene un número de masa 0. Se representa con la letra griega beta (β) o con el símbolo del electrón, incluido el número de masa y la carga, $^{0}_{-1}e$. Una partícula beta se forma cuando un neutrón en un núcleo inestable cambia a un protón y un electrón.

Un **positrón**, similar a una partícula beta, tiene una carga positiva (1+) con un número de masa de 0. Se representa con la letra griega beta con una carga 1+, β^{+}, o con el símbolo del electrón, incluido el número de masa y la carga, $^{0}_{+1}e$. Un positrón se produce por un núcleo inestable cuando un protón se transforma en un neutrón y un positrón.

Un positrón es un ejemplo de *antimateria*, un término que utilizan los físicos para describir una partícula que es el opuesto exacto de otra partícula, en este caso, un electrón. Cuando un electrón y un positrón chocan, sus diminutas masas se convierten completamente en energía en la forma de rayos gamma.

$$^{0}_{-1}e + ^{0}_{+1}e \longrightarrow 2^{0}_{0}\gamma$$

Los **rayos gamma** son radiación de alta energía, liberada cuando un núcleo inestable experimenta un reordenamiento de sus partículas para producir un núcleo de menor energía más estable. Con frecuencia los rayos gamma se emiten junto con otros tipos de radiación. Un rayo gamma se representa con la letra griega gamma (γ). Puesto que los rayos gamma son energía solamente, se utilizan ceros para mostrar que un rayo gamma no tiene masa ni carga.

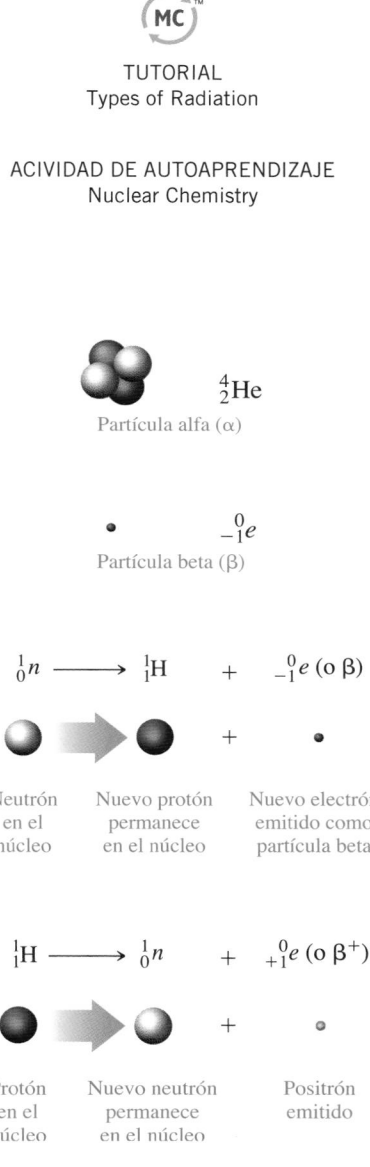

TUTORIAL
Types of Radiation

ACIVIDAD DE AUTOAPRENDIZAJE
Nuclear Chemistry

$^{4}_{2}\text{He}$
Partícula alfa (α)

$^{0}_{-1}e$
Partícula beta (β)

$^{1}_{0}n \longrightarrow ^{1}_{1}\text{H} + ^{0}_{-1}e$ (o β)

| Neutrón en el núcleo | Nuevo protón permanece en el núcleo | Nuevo electrón emitido como partícula beta |

$^{1}_{1}\text{H} \longrightarrow ^{1}_{0}n + ^{0}_{+1}e$ (o β^{+})

| Protón en el núcleo | Nuevo neutrón permanece en el núcleo | Positrón emitido |

$^{0}_{0}\gamma$
Rayo gamma (γ)

La tabla 4.2 resume los tipos de radiación que se usarán en las ecuaciones nucleares.

TABLA 4.2 Algunas formas de radiación

Tipo de radiación	Símbolo		Cambio en el núcleo	Número de masa	Carga
Partícula alfa	α	^4_2He	Dos protones y dos neutrones se emiten como una partícula alfa.	4	2+
Partícula beta	β	$^0_{-1}e$	Un neutrón cambia a un protón y se emite un electrón.	0	1−
Positrón	β^+	$^0_{+1}e$	Un protón cambia a un neutrón y se emite un positrón.	0	1+
Rayo gamma	γ	$^0_0\gamma$	Se pierde energía para estabilizar el núcleo.	0	0
Protón	p	^1_1H	Se emite un protón.	1	1+
Neutrón	n	^1_0n	Se emite un neutrón.	1	0

COMPROBACIÓN DE CONCEPTOS 4.1 **Partículas de radiación**

Indique el nombre y escriba el símbolo de cada uno de los siguientes tipos de radiación:

a. contiene dos protones y dos neutrones
b. tiene un número de masa de 0 y una carga 1−

RESPUESTA

a. Una partícula alfa (α), ^4_2He, tiene dos protones y dos neutrones.
b. Una partícula beta (β), $^0_{-1}e$, es como un electrón con un número de masa de 0 y una carga 1−.

Efectos biológicos de la radiación

Cuando la radiación golpea moléculas en su trayectoria, pueden desprenderse electrones, lo que forma iones inestables. Si esta *radiación ionizante* pasa a través del cuerpo humano, puede interaccionar con las moléculas de agua, lo que elimina electrones y produce H_2O^+, que puede causar reacciones químicas indeseables.

Las células más sensibles a la radiación ionizante son las que experimentan división rápida: las de la médula ósea, piel, aparato reproductor y recubrimiento intestinal, así como todas las células de los niños en crecimiento. Las células dañadas pueden perder su capacidad para producir los materiales necesarios. Por ejemplo, si la radiación daña células de la médula ósea, pueden dejar de producirse eritrocitos. Si se dañan los espermatozoides, los óvulos o las células de un feto, pueden surgir defectos congénitos. Por el contrario, las células de los nervios, músculos, hígado y huesos adultos son mucho menos sensibles a la radiación porque experimentan poca o ninguna división celular.

Las células cancerosas son otro ejemplo de células que se dividen rápidamente. Puesto que las células cancerosas son muy sensibles a la radiación, se utilizan dosis grandes de radiación para destruirlas. El tejido normal que rodea las células cancerosas se divide a una menor velocidad y sufre menos daño por la radiación. Sin embargo, la radiación, debido a su alta energía penetrante, puede por sí sola causar tumores malignos, leucemia, anemia y mutaciones genéticas.

Protección contra la radiación

Radiólogos, químicos, médicos y enfermeras que trabajan con isótopos radiactivos tienen que utilizar la protección apropiada contra la radiación. Es indispensable el **blindaje** adecuado para evitar la exposición. Las partículas alfa, que tienen la masa y carga más grandes de las partículas radiactivas, recorren sólo algunos centímetros en el aire antes de chocar con las moléculas de aire, adquirir electrones y convertirse en partículas de helio. Una hoja de papel, la ropa y la piel protegen contra las partículas alfa. Las batas y guantes de laboratorio también proporcionarán suficiente blindaje. Sin embargo, si los emisores alfa se ingieren o inhalan, las partículas alfa que emiten pueden causar daños internos graves.

Las partículas beta tienen una masa muy pequeña y se mueven mucho más rápido y más lejos que las partículas alfa, y recorren hasta varios metros en el aire. Pueden atravesar el papel y penetrar hasta 4-5 mm en el tejido corporal. La exposición externa a partículas beta puede quemar la superficie de la piel, pero éstas no viajan lo suficiente como para alcanzar órganos internos. Se necesita ropa gruesa, como las batas y los guantes de laboratorio, para proteger la piel de las partículas beta.

Los rayos gamma recorren grandes distancias en el aire y pasan a través de muchos materiales, incluidos los tejidos corporales. Puesto que los rayos gamma penetran tan profundamente, la exposición a estos rayos es en extremo peligrosa. Sólo un blindaje muy denso de sustancias como plomo y concreto los detendrá. Las jeringas que se utilizan para inyectar materiales radiactivos tienen blindaje hecho de plomo o materiales pesados como tungsteno y compuestos plásticos.

Cuando trabaja con materiales radiactivos, el personal médico usa ropa y guantes protectores y se coloca detrás de un escudo (véase la figura 4.1). Pueden utilizarse tenazas largas para levantar las ampolletas de material radiactivo y mantenerlas alejadas de las manos y el cuerpo.

La tabla 4.3 resume los materiales de blindaje necesarios para los diversos tipos de radiación.

Si usted trabaja en un ambiente donde hay materiales radiactivos, como una instalación de medicina nuclear, trate de reducir al mínimo el tiempo que debe pasar en un área radiactiva. Permanecer en un área radiactiva el doble de tiempo lo expone al doble de radiación.

¡Mantenga su distancia! Cuanto mayor sea la distancia respecto de la fuente radiactiva, menor será la intensidad de la radiación que reciba. Con sólo duplicar su distancia respecto de la fuente de radiación, la intensidad de la radiación disminuye a $\left(\frac{1}{2}\right)^2$ o un cuarto de su valor previo.

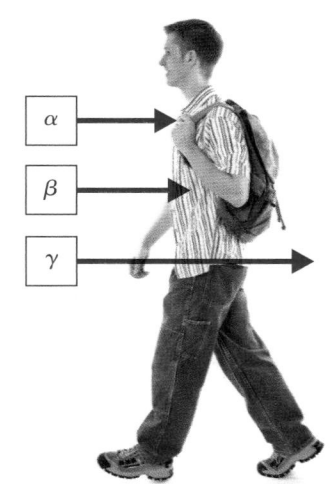

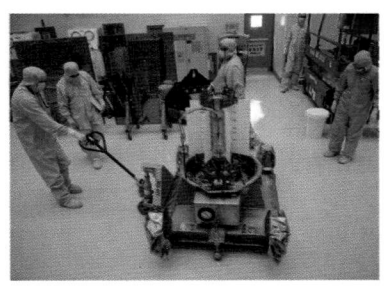

FIGURA 4.1 Una persona que trabaja con radioisótopos usa ropa y guantes protectores y se coloca detrás de un escudo.

P ¿Qué tipos de radiación bloquea el escudo de plomo?

TABLA 4.3 Propiedades de la radiación ionizante y blindaje necesario

Propiedad	Partícula alfa (α)	Partícula beta (β)	Rayos gamma (γ)
Distancia de recorrido en el aire	2-4 cm	200-300 cm	500 m
Profundidad de tejido	0.05 mm	4-5 mm	50 cm o más
Blindaje	Papel, ropa	Ropa gruesa, batas y guantes de laboratorio	Plomo, concreto grueso
Fuente habitual	Radio-226	Carbono-14	Tecnecio-99m

EJEMPLO DE PROBLEMA 4.1 **Protección contra la radiación**

¿Cómo difiere el tipo de blindaje para la radiación alfa, del que se usa para la radiación gamma?

SOLUCIÓN

La radiación alfa se detiene con papel y ropa. Sin embargo, para protegerse contra la radiación gamma se necesita plomo o concreto.

COMPROBACIÓN DE ESTUDIO 4.1

Además del blindaje, ¿qué otros métodos ayudan a reducir la exposición a la radiación?

PREGUNTAS Y PROBLEMAS

4.1 Radiactividad natural

META DE APRENDIZAJE: *Describir las radiaciones alfa, beta, gamma y de positrones.*

4.1 Identifique el tipo de partícula o radiación para cada uno de los incisos siguientes:
a. $^{4}_{2}\text{He}$ b. $^{0}_{+1}e$ c. $^{0}_{0}\gamma$

4.2 Identifique el tipo de partícula o radiación para cada uno de los incisos siguientes:
a. $^{0}_{-1}e$ b. $^{1}_{1}\text{H}$ c. $^{1}_{0}n$

4.3 El potasio consiste en tres isótopos naturales: potasio-39, potasio-40 y potasio-41.
a. Escriba el símbolo atómico de cada isótopo.
b. ¿En qué formas los isótopos son similares y en qué formas difieren?

4.4 El yodo que existe en la naturaleza es yodo-127. En medicina se usan los isótopos radiactivos de yodo-125 y yodo-130.
  a. Escriba el símbolo atómico para cada isótopo.
  b. ¿En qué formas los isótopos son similares y en qué formas difieren?

4.5 Proporcione la información que falta en la siguiente tabla:

Uso médico	Símbolo atómico	Número de masa	Número de protones	Número de neutrones
Imágenes del corazón	$^{201}_{81}Tl$			
Radioterapia		60	27	
Escaneo abdominal			31	36
Hipertiroidismo	$^{131}_{53}I$			
Tratamiento de leucemia		32		17

4.6 Proporcione la información que falta en la tabla siguiente:

Uso médico	Símbolo atómico	Número de masa	Número de protones	Número de neutrones
Tratamiento de cáncer	$^{131}_{55}Cs$			
Escaneo cerebral		99	43	
Flujo sanguíneo		141	58	
Escaneo óseo		85		47
Funcionamiento pulmonar	$^{133}_{54}Xe$			

4.7 Escriba el símbolo de cada uno de los siguientes isótopos usados en medicina nuclear:
  a. cobre-64 **b.** selenio-75
  c. sodio-24 **d.** nitrógeno-15

4.8 Escriba el símbolo de cada uno de los siguientes isótopos usados en medicina nuclear:
  a. indio-111 **b.** paladio-103
  c. bario-131 **d.** rubidio-82

4.9 Identifique cada una de las entidades en los incisos siguientes:
  a. $^{0}_{-1}X$ **b.** $^{4}_{2}X$ **c.** $^{1}_{0}X$
  d. $^{38}_{18}X$ **e.** $^{14}_{6}X$

4.10 Identifique cada una de las entidades en los incisos siguientes:
  a. $^{1}_{1}X$ **b.** $^{81}_{35}X$ **c.** $^{0}_{0}X$
  d. $^{59}_{26}X$ **e.** $^{0}_{+1}X$

4.11 Relacione el tipo de radiación (1 a 3) con cada uno de los siguientes enunciados:
  1. partícula alfa
  2. partícula beta
  3. radiación gamma

  a. no penetra la piel
  b. el blindaje de protección incluye plomo o concreto grueso
  c. puede ser muy dañino si se ingiere

4.12 Relacione el tipo de radiación (1 a 3) con cada uno de los siguientes enunciados:
  1. partícula alfa
  2. partícula beta
  3. radiación gamma

  a. penetra más lejos en piel y tejidos corporales
  b. el blindaje de protección incluye batas y guantes de laboratorio
  c. viaja sólo una distancia corta en el aire

META DE APRENDIZAJE

Escribir una ecuación nuclear balanceada que muestre los números de masa y los números atómicos para el decaimiento radiactivo.

4.2 Reacciones nucleares

En un proceso denominado **decaimiento radiactivo**, un núcleo se descompone en forma espontánea al emitir radiación. Este proceso puede escribirse como una ecuación nuclear con los símbolos atómicos del núcleo radiactivo original a la izquierda, una flecha y el resultado del nuevo núcleo y la radiación emitida a la derecha.

$$\text{Núcleo radiactivo} \longrightarrow \text{nuevo núcleo} + \text{radiación}(\alpha, \beta, \beta^+, \gamma)$$

En una ecuación nuclear, el total de los números de masa y el total de los números atómicos en un lado de la flecha deben ser iguales al total de los números de masa y el total de los números atómicos en el otro lado.

Decaimiento alfa

En el decaimiento alfa, un núcleo inestable emite una partícula alfa, que consiste en 2 protones y 2 neutrones. Por tanto, el número de masa del núcleo radiactivo disminuye en 4 unidades, y su número atómico disminuye en 2 unidades. Por ejemplo, cuando el uranio-238 emite una partícula alfa, el nuevo núcleo que se forma tiene un número de masa de 234. Comparado con el uranio, con 92 protones, el nuevo núcleo tiene 90 protones; se convirtió en el elemento torio.

En el decaimiento alfa, el número de masa del nuevo núcleo disminuye en 4 unidades y su número atómico disminuye en 2 unidades.

COMPROBACIÓN DE CONCEPTOS 4.2 Decaimiento alfa

Cuando el francio-221 experimenta un decaimiento alfa, se emite una partícula alfa.

a. ¿El nuevo núcleo tiene un número de masa mayor o menor? ¿Por cuánto?
b. ¿El nuevo núcleo tiene un número atómico mayor o menor? ¿Por cuánto?

RESPUESTA

a. La pérdida de una partícula alfa dará al nuevo núcleo un número de masa menor. Puesto que una partícula alfa es un núcleo de helio, $^4_2$He, el número de masa del nuevo núcleo disminuirá en cuatro unidades, de 221 a 217.
b. La pérdida de una partícula alfa dará al nuevo núcleo un número atómico menor. Puesto que una partícula alfa es un núcleo de helio, $^4_2$He, el número atómico del nuevo núcleo disminuirá en dos unidades, de 87 a 85.

Observe cómo se escribe una ecuación nuclear balanceada para el americio-241, que experimenta decaimiento alfa, como se muestra en el Ejemplo de problema 4.2.

EJEMPLO DE PROBLEMA 4.2 Cómo escribir una ecuación para el decaimiento alfa

Los detectores de humo que se utilizan en las casas y departamentos contienen americio-241, que experimenta decaimiento alfa. Cuando las partículas alfa chocan con las moléculas del aire, se producen partículas cargadas que generan una corriente eléctrica. Si las partículas de humo entran al detector, interfieren en la formación de partículas cargadas en el aire, y la corriente eléctrica se interrumpe. Esto hace que suene la alarma y advierta a las personas del peligro de incendio. Complete la siguiente ecuación nuclear para el decaimiento del americio-241:

$$^{241}_{95}\text{Am} \longrightarrow ? + {}^4_2\text{He}$$

SOLUCIÓN

Paso 1 **Escriba la ecuación nuclear incompleta.**
$$^{241}_{95}\text{Am} \longrightarrow ? + {}^4_2\text{He}$$

Paso 2 **Determine el número de masa que falta.** En la ecuación, el número de masa del americio, 241, es igual a la suma de los números de masa del nuevo núcleo y la partícula alfa.
$$241 = ? + 4$$
$$241 - 4 = ?$$
$$241 - 4 = 237 \text{ (número de masa del nuevo núcleo)}$$

Paso 3 **Determine el número atómico que falta.** El número atómico del americio, 95, tiene que ser igual a la suma de los números atómicos del nuevo núcleo y la partícula alfa.
$$95 = ? + 2$$
$$95 - 2 = ?$$
$$95 - 2 = 93 \text{ (número atómico del nuevo núcleo)}$$

Paso 4 **Determine el símbolo del nuevo núcleo.** En la tabla periódica, el elemento que tiene número atómico 93 es neptunio, Np. El núcleo de este isótopo de Np se escribe $^{237}_{93}$Np.

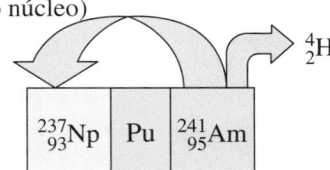

Paso 5 **Complete la ecuación nuclear.**
$$^{241}_{95}\text{Am} \longrightarrow {}^{237}_{93}\text{Np} + {}^4_2\text{He}$$

COMPROBACIÓN DE ESTUDIO 4.2

Escriba una ecuación nuclear balanceada para el decaimiento alfa de Po-214.

La alarma de un detector de humo suena cuando entra humo a su cámara de ionización.

Guía para completar una ecuación nuclear

1 Escriba la ecuación nuclear incompleta.

2 Determine el número de masa que falta.

3 Determine el número atómico que falta.

4 Determine el símbolo del nuevo núcleo.

5 Complete la ecuación nuclear.

Decaimiento beta

Como aprendió en la sección 4.1, la formación de una partícula beta es resultado de la descomposición de un neutrón en un protón y un electrón (partícula beta). Puesto que el protón permanece en el núcleo, el número de protones aumenta en una unidad, mientras que el número de neutrones disminuye en una unidad. En consecuencia, en una ecuación nuclear para el decaimiento beta, el número de masa del núcleo radiactivo y el número de masa del nuevo núcleo son iguales. Sin embargo, el número atómico del nuevo núcleo aumenta en una unidad, lo que lo convierte en el núcleo de un elemento diferente (*transmutación*). Por ejemplo, el decaimiento beta de un núcleo de carbono-14 produce un núcleo de nitrógeno-14.

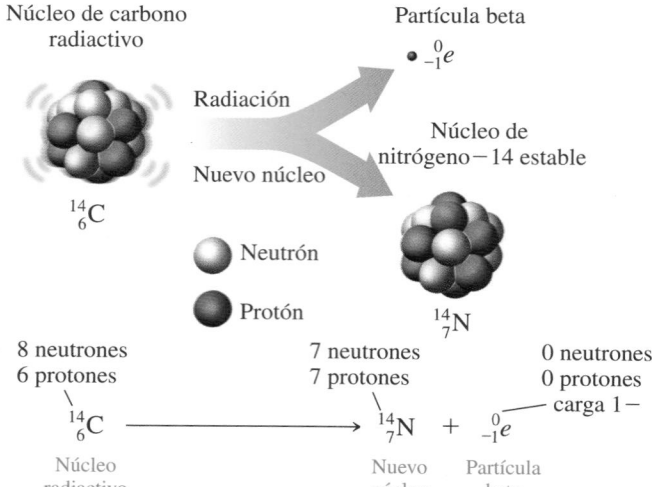

Núcleo de carbono radiactivo

Partícula beta
$\bullet \, {}^{0}_{-1}e$

Radiación

Nuevo núcleo

Núcleo de nitrógeno−14 estable

$^{14}_{6}\text{C}$

○ Neutrón

● Protón

$^{14}_{7}\text{N}$

En el decaimiento beta, el número de masa del nuevo núcleo permanece igual y su número atómico aumenta en 1 unidad.

8 neutrones
6 protones
$^{14}_{6}\text{C}$
Núcleo radiactivo

7 neutrones
7 protones
$^{14}_{7}\text{N}$
Nuevo núcleo

0 neutrones
0 protones
carga 1−
$^{0}_{-1}e$
Partícula beta

$$^{14}_{6}\text{C} \longrightarrow {}^{14}_{7}\text{N} + {}^{0}_{-1}e$$

La química en el ambiente

RADÓN EN LOS HOGARES

La presencia de radón se ha convertido en un tema ambiental y de salud muy divulgado por el peligro de radiación que plantea. Los isótopos radiactivos como el radio-226 se presentan de manera natural en muchos tipos de rocas y suelos. El radio-226 emite una partícula alfa y se convierte en gas radón, que se difunde de las rocas y el suelo al ambiente.

$$^{226}_{88}\text{Ra} \longrightarrow {}^{222}_{86}\text{Rn} + {}^{4}_{2}\text{He}$$

En el exterior, el gas radón plantea poco peligro porque desaparece en el aire. Sin embargo, si la fuente radiactiva está bajo una casa o edificio, el gas radón puede entrar por las grietas de los cimientos u otras aberturas. Quienes viven o trabajan ahí pueden inhalar el radón. En el interior de los pulmones, el radón-222 emite partículas alfa para formar polonio-218, que se sabe causa cáncer de pulmón.

$$^{222}_{86}\text{Rn} \longrightarrow {}^{218}_{84}\text{Po} + {}^{4}_{2}\text{He}$$

La Agencia de Protección Ambiental (EPA, *Environmental Protection Agency*) de Estados Unidos estima que, en el 2003, la exposición al radón ocasionó 21 000 muertes por cáncer de pulmón en ese país. La EPA recomienda que el nivel máximo de radón no supere los 4 picocurios (pCi) por litro de aire en los hogares. Un picocurio (pCi) es igual a 1×10^{-12} curios (Ci); los curios se describen en la sección 4.3. En California, 1% de todos los hogares estudiados superó el nivel máximo de radón recomendado por la EPA.

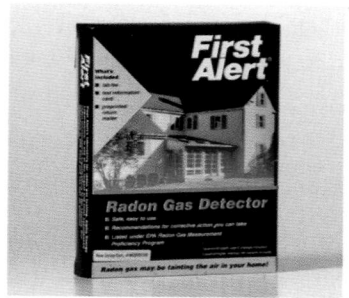

Un detector de gas radón se utiliza para determinar los niveles de radón en los edificios.

MC

TUTORIAL
Writing Nuclear Equations

EJEMPLO DE PROBLEMA 4.3 Cómo escribir una ecuación para decaimiento beta

Escriba la ecuación nuclear balanceada para el decaimiento beta de cobalto-60.

SOLUCIÓN

Paso 1 Escriba la ecuación nuclear incompleta.

$$^{60}_{27}\text{Co} \longrightarrow ? + {}^{0}_{-1}e$$

Paso 2 **Determine el número de masa que falta.** En la ecuación, el número de masa del cobalto, 60, es igual a la suma de los números de masa del nuevo núcleo y de la partícula beta.

$$60 \quad = ? + 0$$

$$60 - 0 = ?$$

$$60 - 0 = 60 \text{ (número de masa del nuevo núcleo)}$$

Paso 3 **Determine el número atómico que falta.** El número atómico del cobalto, 27, tiene que ser igual a la suma de los números atómicos del nuevo núcleo y de la partícula beta.

$$27 \quad = ? - 1$$

$$27 + 1 = ?$$

$$27 + 1 = 28 \text{ (número atómico del nuevo núcleo)}$$

Paso 4 **Determine el símbolo del nuevo núcleo.** En la tabla periódica, el elemento que tiene número atómico 28 es el níquel (Ni). El núcleo de este isótopo de Ni se escribe $^{60}_{28}\text{Ni}$.

Paso 5 **Complete la ecuación nuclear.**

$$^{60}_{27}\text{Co} \longrightarrow {}^{60}_{28}\text{Ni} + {}^{0}_{-1}e$$

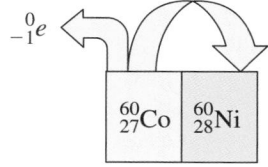

COMPROBACIÓN DE ESTUDIO 4.3

Escriba la ecuación nuclear balanceada para el decaimiento beta del cromo-51.

Emisión de positrones

Como aprendió en la sección 4.1, la emisión de un positrón ocurre cuando un protón en un núcleo inestable se convierte en un neutrón y un positrón. El neutrón permanece en el núcleo, pero el positrón se emite. En una ecuación nuclear para emisión de positrones, el número de masa del núcleo radiactivo y el número de masa del nuevo núcleo son iguales. Sin embargo, el número atómico del nuevo núcleo disminuye en una unidad, lo que indica que un elemento se convierte en otro (*transmutación*). Por ejemplo, un núcleo de aluminio-24 experimenta la emisión de un positrón para producir un núcleo de magnesio-24. El número atómico del magnesio, 12, y la carga del positrón (1+) dan el número atómico del aluminio, 13.

$$^{24}_{13}\text{Al} \longrightarrow {}^{24}_{12}\text{Mg} + {}^{0}_{+1}e$$

EJEMPLO DE PROBLEMA 4.4 **Cómo escribir una ecuación para emisión de positrones**

Escriba la ecuación nuclear balanceada para el manganeso-49, que decae mediante la emisión de un positrón.

SOLUCIÓN

Paso 1 **Escriba la ecuación nuclear incompleta.**

$$^{49}_{25}\text{Mn} \longrightarrow ? + {}^{0}_{+1}e$$

Paso 2 **Determine el número de masa que falta.** En la ecuación, el número de masa del manganeso, 49, es igual a la suma de los números de masa del nuevo núcleo y el positrón.

$$49 \quad = ? + 0$$

$$49 - 0 = ?$$

$$49 - 0 = 49 \text{ (número de masa del nuevo núcleo)}$$

Paso 3 **Determine el número atómico que falta.** El número atómico del manganeso, 25, tiene que ser igual a la suma de los números atómicos del nuevo núcleo y el positrón.

$$25 \quad = ? + 1$$

$$25 - 1 = ?$$

$$25 - 1 = 24 \text{ (número atómico del nuevo núcleo)}$$

La química en la salud

EMISORES BETA EN MEDICINA

Los isótopos radiactivos de varios elementos con importancia biológica son emisores beta. Cuando un radiólogo quiere tratar una neoplasia maligna en el interior del cuerpo, puede utilizar un emisor beta. El corto intervalo de penetración de la partícula beta en el tejido es conveniente en algunos padecimientos. Por ejemplo, algunos tumores malignos aumentan el líquido dentro de los tejidos corporales. Un compuesto que contiene fósforo-32, un emisor beta, se inyecta en el tumor. Las partículas beta atraviesan sólo unos milímetros del tejido, de modo que sólo resultan afectados el tumor y el tejido que esté dentro de dicho intervalo. El crecimiento del tumor se frena o se detiene, y la producción de líquido disminuye. El fósforo-32 también se utiliza para tratar leucemia, policitemia verdadera (una producción excesiva de eritrocitos) y linfomas.

$$^{32}_{15}\text{P} \longrightarrow {}^{32}_{16}\text{S} + {}^{0}_{-1}e$$

Otro emisor beta, el hierro-59, se utiliza en pruebas de sangre para determinar la concentración sanguínea de hierro y la tasa de producción de eritrocitos en la médula ósea.

$$^{59}_{26}\text{Fe} \longrightarrow {}^{59}_{27}\text{Co} + {}^{0}_{-1}e$$

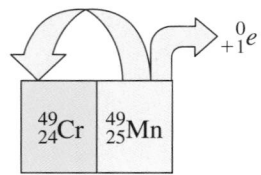

Paso 4 **Determine el símbolo del nuevo núcleo.** En la tabla periódica, el elemento que tiene número atómico 24 es el cromo, Cr. El núcleo de este isótopo de Cr se escribe $_{24}^{49}\text{Cr}$.

Paso 5 **Complete la ecuación nuclear.**

$$_{25}^{49}\text{Mn} \longrightarrow _{24}^{49}\text{Cr} + _{+1}^{0}e$$

COMPROBACIÓN DE ESTUDIO 4.4

Escriba la ecuación nuclear balanceada para el xenón-118, que experimenta la emisión de un positrón.

Emisión gamma

Los emisores gamma puros son raros, aunque alguna radiación gamma acompaña a la mayoría de las radiaciones alfa y beta. En radiología, uno de los emisores gamma más utilizado es el tecnecio (Tc). El isótopo inestable del tecnecio se escribe como el isótopo *metaestable* (símbolo m) del tecnecio-99m, Tc-99m, o $_{43}^{99m}\text{Tc}$. Al emitir energía en forma de rayos gamma, el núcleo inestable se vuelve más estable.

$$_{43}^{99m}\text{Tc} \longrightarrow _{43}^{99}\text{Tc} + _{0}^{0}\gamma$$

La figura 4.2 resume los cambios en el núcleo para las radiaciones alfa, beta, gamma y de emisión de positrones.

Producción de isótopos radiactivos

En la actualidad, se producen muchos radioisótopos en pequeñas cantidades, para lo cual se convierten isótopos estables no radiactivos en radiactivos. En el proceso llamado *transmutación*, un núcleo estable se bombardea con partículas de alta velocidad, como partículas alfa, protones, neutrones y núcleos pequeños. Cuando una de estas partículas se absorbe, el núcleo estable se convierte en isótopo radiactivo y, por lo general, algún tipo de partícula de radiación.

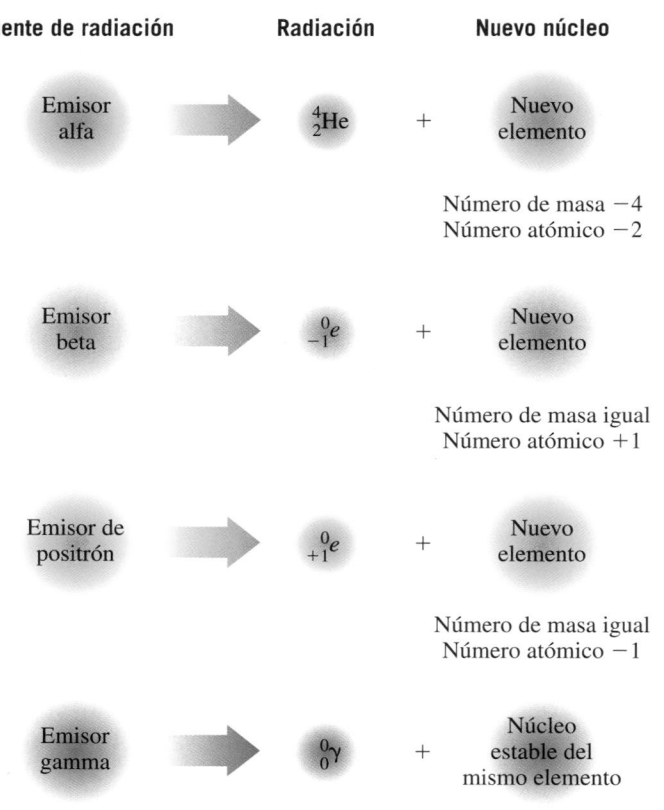

Fuente de radiación	Radiación	Nuevo núcleo

FIGURA 4.2 Cuando los núcleos de los emisores alfa, beta, gamma y de positrones emiten radiación, se producen núcleos nuevos y más estables.

P ¿Qué cambios ocurren en el número de protones y neutrones de un núcleo inestable que experimenta el decaimiento alfa?

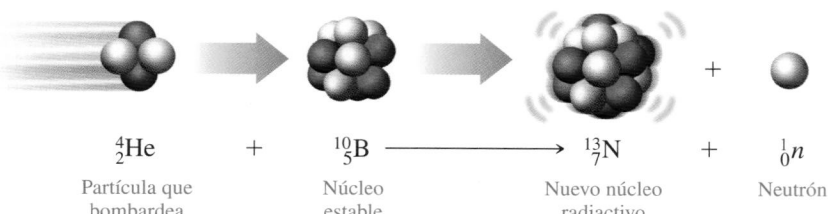

$$_{2}^{4}\text{He} \qquad + \qquad _{5}^{10}\text{B} \longrightarrow _{7}^{13}\text{N} \qquad + \qquad _{0}^{1}n$$

Partícula que bombardea   Núcleo estable   Nuevo núcleo radiactivo   Neutrón

Cuando el B-10 no radiactivo se bombardea con una partícula alfa, los productos son N-13 radiactivo y un neutrón.

Todos los elementos con número atómico mayor de 92 se han producido artificialmente mediante bombardeo. La mayor parte se produce en pequeñas cantidades y existe sólo durante un intervalo breve, lo que hace difícil estudiar sus propiedades. Por ejemplo, cuando el californio-249 se bombardea con nitrógeno-15, se produce el elemento radiactivo 105, dubnio-105 (Db), y algunos neutrones.

$$_{7}^{15}\text{N} + _{98}^{249}\text{Cf} \longrightarrow _{105}^{260}\text{Db} + 4_{0}^{1}n$$

El tecnecio-99m es un radioisótopo utilizado en medicina nuclear para varios procedimientos diagnósticos, como la detección de tumores cerebrales y exámenes de hígado y bazo. La fuente del tecnecio-99m es el molibdeno-99, que se produce en un reactor nuclear mediante bombardeo de neutrones de molibdeno-98.

$$^{1}_{0}n + {}^{98}_{42}Mo \longrightarrow {}^{99}_{42}Mo$$

Muchos laboratorios de radiología tienen pequeños generadores que contienen molibdeno-99, que decae a tecnecio-99m.

$$^{99}_{42}Mo \longrightarrow {}^{99m}_{43}Tc + {}^{0}_{-1}e$$

El radioisótopo de tecnecio-99m decae mediante la emisión de rayos gamma. La emisión gamma ayuda a establecer un diagnóstico porque los rayos gamma cruzan el cuerpo hacia el equipo de detección.

$$^{99m}_{43}Tc \longrightarrow {}^{99}_{43}Tc + {}^{0}_{0}\gamma$$

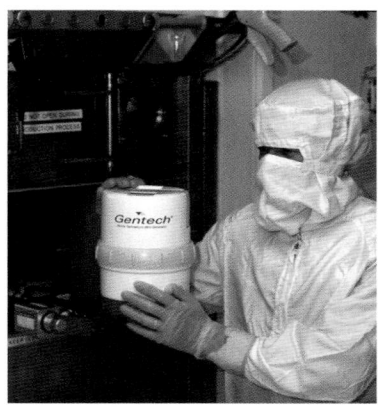

Un generador se utiliza para preparar tecnecio-99m.

COMPROBACIÓN DE CONCEPTOS 4.3 — Cómo escribir un isótopo producido mediante bombardeo

El azufre-32 se bombardea con un neutrón para producir un nuevo isótopo radiactivo y una partícula alfa. ¿Cuál es el símbolo del nuevo isótopo?

$$^{1}_{0}n + {}^{32}_{16}S \longrightarrow ? + {}^{4}_{2}He$$

RESPUESTA

Para determinar el nuevo isótopo es necesario calcular su número de masa y número atómico. En el lado izquierdo de la ecuación, la suma de los números de masa de un neutrón, 1, y del isótopo de azufre, 32, da un total de 33. En el lado derecho, la suma del número de masa del nuevo isótopo y de la partícula alfa, 4, tiene que ser igual a 33. Por tanto, el nuevo isótopo tiene un número de masa de 29.

$$^{1}_{0}n + {}^{32}_{16}S \longrightarrow {}^{29}_{?}? + {}^{4}_{2}He$$

En el lado izquierdo de la ecuación, la suma de los números atómicos de un neutrón, 0, y el azufre, 16, da un total de 16. En el lado derecho, la suma del número atómico del nuevo isótopo y el número atómico de la partícula alfa, 2, tiene que ser igual a 16. Por tanto, el nuevo isótopo tiene un número atómico de 14. En la tabla periódica, el elemento que tiene número atómico 14 es el silicio. En consecuencia, el símbolo del nuevo isótopo es ${}^{29}_{14}Si$.

$$^{1}_{0}n + {}^{32}_{16}S \longrightarrow {}^{29}_{14}Si + {}^{4}_{2}He$$

TUTORIAL
Alpha, Beta, and Gamma Emitters

EJEMPLO DE PROBLEMA 4.5 — Cómo escribir ecuaciones para producción de isótopos

Escriba la ecuación nuclear balanceada para el bombardeo de níquel-58 por un protón (${}^{1}_{1}H$), que produce un isótopo radiactivo y una partícula alfa.

SOLUCIÓN

Paso 1 **Escriba la ecuación nuclear incompleta.**

$$^{1}_{1}H + {}^{58}_{28}Ni \longrightarrow ? + {}^{4}_{2}He$$

Paso 2 **Determine el número de masa que falta.** En la ecuación, la suma de los números de masa del protón, 1, y el níquel, 58, da un total de 59, que tiene que ser igual a la suma de los números de masa del nuevo núcleo y la partícula alfa, 4.

$$1 + 58 = ? + 4$$

$$59 - 4 = ?$$

$$59 - 4 = 55 \text{ (número de masa del nuevo núcleo)}$$

Paso 3   **Determine el número atómico que falta.** La suma de los números atómicos del protón, 1, y el níquel, 28, da un total de 29, que tiene que ser igual a la suma de los números atómicos del nuevo núcleo y la partícula alfa, 2.

$$1 + 28 = ? + 2$$

$$29 - 2 = ?$$

$$29 - 2 = 27 \text{ (número atómico del nuevo núcleo)}$$

Paso 4   **Determine el símbolo del nuevo núcleo.** En la tabla periódica, el elemento que tiene número atómico 27 es cobalto, Co. El núcleo de este isótopo se escribe $^{55}_{27}\text{Co}$.

Paso 5   **Complete la ecuación nuclear.**

$$^{1}_{1}\text{H} + {}^{58}_{28}\text{Ni} \longrightarrow {}^{55}_{27}\text{Co} + {}^{4}_{2}\text{He}$$

COMPROBACIÓN DE ESTUDIO 4.5

El primer isótopo radiactivo se produjo en 1934 mediante el bombardeo de aluminio-27 por una partícula alfa para producir un isótopo radiactivo y un neutrón. ¿Cuál es la ecuación nuclear balanceada de esta transmutación?

PREGUNTAS Y PROBLEMAS

4.2 Reacciones nucleares

META DE APRENDIZAJE: *Escribir una ecuación nuclear balanceada que muestre números de masa y números atómicos para el decaimiento radiactivo.*

4.13 Escriba una ecuación nuclear balanceada para el decaimiento alfa de cada uno de los siguientes isótopos radiactivos:

a. $^{208}_{84}\text{Po}$ **b.** $^{232}_{90}\text{Th}$

c. $^{251}_{102}\text{No}$ **d.** radón-220

4.14 Escriba una ecuación nuclear balanceada para el decaimiento alfa de cada uno de los siguientes isótopos radiactivos:

a. curio-243   **b.** $^{252}_{99}\text{Es}$

c. $^{251}_{98}\text{Cf}$ **d.** $^{261}_{107}\text{Bh}$

4.15 Escriba una ecuación nuclear balanceada para el decaimiento beta de cada uno de los siguientes isótopos radiactivos:

a. $^{25}_{11}\text{Na}$ **b.** $^{20}_{8}\text{O}$

c. estroncio-92   **d.** hierro-60

4.16 Escriba una ecuación nuclear balanceada para el decaimiento beta de cada uno de los siguientes isótopos radiactivos:

a. $^{44}_{19}\text{K}$ **b.** hierro-59

c. potasio-42   **d.** $^{141}_{56}\text{Ba}$

4.17 Escriba una ecuación nuclear balanceada para la emisión de un positrón de cada uno de los siguientes isótopos radiactivos:

a. silicio-26   **b.** cobalto-54

c. $^{77}_{37}\text{Rb}$ **d.** $^{93}_{45}\text{Rh}$

4.18 Escriba una ecuación nuclear balanceada para la emisión de un positrón de cada uno de los siguientes isótopos radiactivos:

a. boro-8   **b.** $^{15}_{8}\text{O}$

c. $^{40}_{19}\text{K}$ **d.** nitrógeno-13

4.19 Complete cada una de las siguientes ecuaciones nucleares y describa el tipo de radiación:

a. $^{28}_{13}\text{Al} \longrightarrow ? + {}^{0}_{-1}e$ **b.** $^{180m}_{73}\text{Ta} \longrightarrow {}^{180}_{73}\text{Ta} + ?$

c. $^{66}_{29}\text{Cu} \longrightarrow {}^{66}_{30}\text{Zn} + ?$ **d.** $? \longrightarrow {}^{234}_{90}\text{Th} + {}^{4}_{2}\text{He}$

e. $^{188}_{80}\text{Hg} \longrightarrow ? + {}^{0}_{+1}e$

4.20 Complete cada una de las siguientes ecuaciones nucleares y describa el tipo de radiación:

a. $^{11}_{6}\text{C} \longrightarrow {}^{11}_{5}\text{B} + ?$ **b.** $^{35}_{16}\text{S} \longrightarrow ? + {}^{0}_{-1}e$

c. $? \longrightarrow {}^{90}_{39}\text{Y} + {}^{0}_{-1}e$ **d.** $^{210}_{83}\text{Bi} \longrightarrow ? + {}^{4}_{2}\text{He}$

e. $? \longrightarrow {}^{89}_{39}\text{Y} + {}^{0}_{+1}e$

4.21 Complete cada una de las siguientes reacciones de bombardeo:

a. $^{1}_{0}n + {}^{9}_{4}\text{Be} \longrightarrow ?$

b. $^{1}_{0}n + {}^{131}_{52}\text{Te} \longrightarrow ? + {}^{0}_{-1}e$

c. $^{1}_{0}n + ? \longrightarrow {}^{24}_{11}\text{Na} + {}^{4}_{2}\text{He}$

d. $^{4}_{2}\text{He} + {}^{27}_{13}\text{Al} \longrightarrow ? + {}^{1}_{0}n$

4.22 Complete cada una de las siguientes reacciones de bombardeo:

a. $? + {}_{18}\text{Ar} \longrightarrow {}_{19}\text{K} + {}_{1}\text{H}$

b. $^{1}_{0}n + {}^{238}_{92}\text{U} \longrightarrow ?$

c. $^{1}_{0}n + ? \longrightarrow {}^{14}_{6}\text{C} + {}^{1}_{1}\text{H}$

d. $? + {}^{64}_{28}\text{Ni} \longrightarrow {}^{272}_{111}\text{Rg} + {}^{1}_{0}n$

META DE APRENDIZAJE

Describir la detección y medición de la radiación.

4.3 Medición de la radiación

Uno de los instrumentos que más se utiliza para detectar radiación beta y gamma es el contador Geiger. Consiste en un tubo metálico lleno con un gas como el argón. Cuando la radiación entra en una ventana en el extremo del tubo, produce partículas cargadas en el gas, lo que produce una corriente eléctrica. Cada explosión de corriente se amplifica para producir un clic y una lectura en un medidor.

$$\text{Ar} + \text{radiación} \longrightarrow \text{Ar}^{+} + e^{-}$$

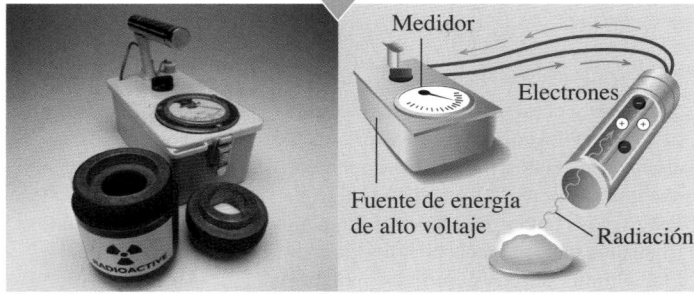

Un técnico en radiación utiliza un contador Geiger para comprobar los niveles de radiación.

Medición de la radiación

La radiación se mide de diferentes maneras. Cuando un laboratorio de radiología obtiene un radioisótopo, se mide la *actividad* de la muestra en términos del número de desintegraciones nucleares por segundo. El **curio** (**Ci**), la unidad original de actividad, se definió como el número de desintegraciones que transcurren en 1 segundo para 1 gramo de radio, que es igual a 3.7×10^{10} desintegraciones/s. La unidad se llamó así en honor de la científica polaca Marie Curie, quien, junto con su esposo Pierre Curie, descubrió los elementos radiactivos radio y polonio. La unidad SI de actividad de radiación es el **becquerel** (**Bq**), que es 1 desintegración/s.

El **rad** (**dosis de radiación absorbida**) es una unidad que mide la cantidad de radiación absorbida por un gramo de material, como el tejido corporal. La unidad SI para la dosis absorbida es el **gray** (**Gy**), que se define como los joules de energía absorbidos por 1 kilogramo de tejido corporal. Un gray es igual a 100 rad.

El **rem** (**radiación equivalente en seres humanos**) es una unidad que mide los efectos biológicos de diferentes tipos de radiación. Aunque las partículas alfa no penetran la piel, si llegan a entrar al cuerpo por alguna otra vía, pueden causar lesiones extensas dentro de una corta distancia en el tejido. La radiación de alta energía, como las partículas beta, los protones de alta energía y los neutrones, que penetran la piel y viajan al interior del tejido, ocasionan más daño. Los rayos gamma son dañinos porque recorren un largo trecho a través del tejido corporal.

Para determinar la **dosis equivalente** o dosis rem, la dosis absorbida (rad) se multiplica por un factor que ajusta el daño biológico causado por una forma particular de radiación. Para las radiaciones beta y gamma, el factor es 1, de modo que el daño biológico en rems es el mismo que la radiación absorbida (rads). Para protones de alta energía y neutrones, el factor es de aproximadamente 10, y para las partículas alfa es de 20.

Daño biológico (rems) = dosis absorbida (rads) × factor

Con frecuencia, la medición de una dosis equivalente estará en unidades de milirems (mrems). Un rem es igual a 1000 mrem. La unidad SI es el **sievert** (**Sv**). Un sievert es igual a 100 rem. La tabla 4.4 resume las unidades utilizadas para medir radiación.

TUTORIAL
Measurin Radiation

ACTIVIDAD DE AUTOAPRENDIZAJE
Nuclear Chemistry

TABLA 4.4 Algunas unidades de medición de la radiación

Medición	Unidad común	Unidad SI	Relación
Actividad	curio (Ci)	becquerel (Bq)	$1\ Ci = 3.7 \times 10^{10}\ Bq$
Dosis absorbida	rad	gray (Gy)	$1\ Gy = 100\ rad$
Daño biológico	rem	sievert (Sv)	$1\ Sv = 100\ rem$

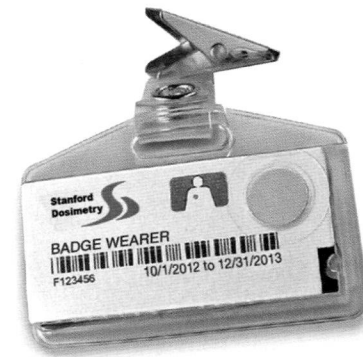

Un dosímetro de película mide la exposición a la radiación.

ESTUDIO DE CASO
Food Irradiation

Las personas que trabajan en laboratorios de radiología utilizan dosímetros de película para vigilar su exposición a la radiación. Un dosímetro de película consiste en una película sensible a la radiación que está dentro de un contenedor unido a la ropa. Si los rayos gamma, rayos X o partículas beta golpean la película, aparece más oscura al revelarse. De manera periódica se recopilan las películas para determinar si hubo alguna exposición a radiación.

La química en la salud

RADIACIÓN Y ALIMENTOS

Las enfermedades alimentarias causadas por bacterias patógenas como *Salmonella*, *Listeria* y *Escherichia coli* se han convertido en un problema de salud importante en Estados Unidos. Los Centros para el Control y la Prevención de Enfermedades (CDC, *Centers for Disease Control and Prevention*) estiman que, cada año, alimentos contaminados con *E. coli* infectan a 20 000 personas en Estados Unidos, y que 500 personas mueren. La *E. coli* ha ocasionado epidemias de enfermedades por la contaminación de carne molida de res, huevo, jugo de frutas, lechuga, espinaca y alfalfa.

La Agencia de Alimentos y Medicamentos (FDA, *Food and Drug Administration*) aprobó el uso de 0.3 kGy a 1 kGy de radiación producida por cobalto-60 o cesio-137 para el tratamiento de los alimentos. La tecnología de irradiación es muy parecida a la que se utiliza para esterilizar instrumental médico. Gránulos de cobalto se colocan en tubos de acero inoxidable, que se ordenan en anaqueles. Cuando el alimento pasa sobre la serie de anaqueles, los rayos gamma pasan a través del alimento y matan las bacterias.

Es importante que los consumidores sepan que, cuando se irradia el alimento, nunca entra en contacto con la fuente radiactiva. Los rayos gamma pasan a través del alimento para matar bacterias, pero no vuelven radiactivo el alimento. La radiación mata bacterias porque detiene su capacidad para dividirse y proliferar. Uno cuece o calienta el alimento exhaustivamente con el mismo propósito. La radiación tiene poco efecto sobre el alimento en sí, porque sus células ya no se dividen ni crecen. Por ende, el alimento irradiado no es nocivo, aunque pueden perderse pequeñas cantidades de vitaminas B_1 y C.

En la actualidad, jitomates, moras, fresas y hongos se irradian para poder cosecharlos cuando están completamente maduros y prolongar su vida en los anaqueles (véase la figura 4.3). La FDA también aprobó la irradiación de cerdo, aves de corral y res para reducir posibles infecciones y prolongar su vida en anaqueles. Hoy día, en más de 40 países se venden verduras y productos cárnicos irradiados.

En Estados Unidos, los alimentos irradiados, como frutas tropicales, espinacas y carne molida se encuentran en algunas tiendas. Los astronautas del *Apolo 17* comieron alimentos irradiados en la Luna, y algunos hospitales y asilos estadounidenses usan ahora carne de aves irradiada para reducir la posibilidad de infecciones por *Salmonella* entre los pacientes. La vida más larga en anaqueles de los alimentos irradiados también los hace útiles para campismo y para personal militar. Pronto, los consumidores preocupados por la seguridad de los alimentos tendrán la opción de adquirir en el mercado carnes, frutas y verduras irradiadas.

(a)

(b)

FIGURA 4.3 **(a)** La FDA exige que este símbolo aparezca en los alimentos irradiados de venta al menudeo. **(b)** Después de dos semanas, las fresas irradiadas, a la derecha, no muestran putrefacción. En las no irradiadas, a la izquierda, crece moho.

P ¿Por qué los alimentos irradiados se utilizan en naves espaciales y en asilos?

EJEMPLO DE PROBLEMA 4.6 **Medición de la radiación**

Un tratamiento para dolor óseo consiste en la administración intravenosa del radioisótopo fósforo-32, que se incorpora principalmente al hueso. Una dosis habitual de 7 mCi puede producir hasta 450 rad en el hueso. ¿Cuál es la diferencia entre las unidades de mCi y rad?

SOLUCIÓN

Los milicurios (mCi) indican la actividad del P-32 en términos de núcleos que se descomponen en 1 segundo. La dosis de radiación absorbida (rad) es una medida de la cantidad de radiación absorbida por el hueso.

COMPROBACIÓN DE ESTUDIO 4.6

Si P-32 es un emisor beta, ¿cómo se compara el número de rems con el de rads?

Exposición a la radiación

Todos los días las personas están expuestas a bajos niveles de radiación proveniente de isótopos radiactivos que existen en la naturaleza, en los edificios donde habitan y laboran, en los alimentos y el agua, y en el aire que respiran. Por ejemplo, el potasio-40 es un isótopo que existe en la naturaleza y que está presente en cualquier alimento que contenga potasio. Otros radioisótopos que existen de manera natural en el aire y los alimentos son carbono-14, radón-222, estroncio-90 y yodo-131. La persona promedio en Estados Unidos está expuesta a cerca de 360 mrem de radiación al año. Las fuentes médicas de radiación, como los rayos X dentales, de cadera, columna vertebral y tórax, así como las mamografías, se suman a la exposición a la radiación. La tabla 4.5 señala algunas fuentes comunes de radiación.

Otra fuente de radiación ambiental es la radiación cósmica producida en el espacio por el Sol. Las personas que viven a grandes alturas o viajan en avión reciben una gran cantidad de radiación cósmica porque existen menos moléculas en la atmósfera que absorban la radiación. Por ejemplo, una persona que vive en Denver recibe cerca del doble de radiación cósmica que una persona que vive en Los Ángeles. Una persona que vive cerca de una planta nuclear normalmente no recibe mucha radiación adicional, acaso 0.1 mrem al año. (Un rem es igual a 1000 mrem.) Sin embargo, en el accidente de la planta nuclear de Chernobil, en 1986 en Ucrania, se estimó que las personas de una ciudad cercana recibieron hasta 1 rem/h.

Enfermedades por radiación

Cuanto más grande sea la cantidad de radiación recibida en una ocasión, mayores serán los efectos sobre el cuerpo. La exposición a la radiación de menos de 25 rem generalmente no se detecta. La exposición de todo el cuerpo a 100 rem produce una reducción temporal del número de leucocitos. Si la exposición a la radiación es mayor de 100 rem, una persona puede experimentar síntomas de enfermedad por radiación: náusea, vómito, fatiga y una disminución del conteo de leucocitos. Una dosis en todo el cuerpo mayor de 300 rem puede reducir el conteo de leucocitos a cero. La víctima puede tener diarrea, perder cabello y padecer infecciones. Es de esperarse que la exposición a radiación de 500 rem cause la muerte en 50% de las personas que reciben dicha dosis. Esta cantidad de radiación a todo el cuerpo se llama *dosis letal para la mitad de la población*, o LD_{50}. La LD_{50} varía para las diferentes formas de vida, como muestra la tabla 4.6. La radiación a todo el cuerpo de 600 rem o más sería letal para todos los seres humanos en cuestión de semanas.

TABLA 4.5 Radiación anual promedio recibida por una persona en Estados Unidos

Fuente	Dosis (mrem)
Natural	
Suelo	20
Aire, agua, alimentos	30
Rayos cósmicos	40
Madera, concreto, ladrillo	50
Médica	
Rayos X de tórax	20
Rayos X dentales	20
Mamografía	40
Rayos X de cadera	60
Rayos X de columna lumbar	70
Rayos X de la porción superior del tubo digestivo	200
Otros	
Plantas nucleares	0.1
Viaje en avión	10
Televisión	20
Radón	200*

* Varía ampliamente

TABLA 4.6 Dosis letal de radiación en todo el cuerpo para algunas formas de vida

Forma de vida	LD_{50} (rem)
Insecto	100 000
Bacteria	50 000
Rata	800
Ser humano	500
Perro	300

PREGUNTAS Y PROBLEMAS

4.3 Medición de la radiación

META DE APRENDIZAJE: *Describir la detección y la medición de la radiación.*

4.23 Relacione cada propiedad (**1-3**) con su unidad de medición.
1. actividad
2. dosis absorbida
3. daño biológico

  a. rad   **b.** mrem
  c. μCi   **d.** Gy

4.24 Relacione cada propiedad (**1-3**) con su unidad de medición.
1. actividad
2. dosis absorbida
3. daño biológico

  a. mrad   **b.** gray
  c. becquerel   **d.** Sv

4.25 Dos técnicos de un laboratorio nuclear se expusieron accidentalmente a radiación. Si uno estuvo expuesto a 8 mGy y el otro a 5 rad, ¿cuál técnico recibió más radiación?

4.26 Dos muestras de un radioisótopo se derramaron en un laboratorio nuclear. La actividad de una muestra fue 8 kBq, y la de la otra, 15 μCi. ¿Cuál muestra produjo mayor cantidad de radiación?

4.27 a. La dosis recomendada de yodo-131 es 4.20 μCi/kg de masa corporal. ¿Cuántos microcurios de yodo-131 se necesitan para un paciente de 70.0 kg con hipertiroidismo?

    b. Una persona recibe 50 rad de radiación gamma. ¿Cuál es la cantidad en grays?

4.28 a. La dosis de tecnecio-99m para un escaneo de pulmón es 20. μCi/kg de masa corporal. ¿Cuántos milicurios de tecnecio-99m se necesitan para un paciente de 50.0 kg?

    b. Suponga que una persona absorbió 50 mrad de radiación alfa. ¿Cuál sería su dosis equivalente en milirems?

Dada la vida media de un radioisó-topo, calcular la cantidad de radio-isótopo restante después de una o más vidas medias.

ACTIVIDAD DE AUTOAPRENDIZAJE
Nuclear Chemistry

4.4 Vida media de un radioisótopo

La **vida media** de un radioisótopo es la cantidad de tiempo que tarda en decaer la mitad de una muestra. Por ejemplo, $^{131}_{53}I$ tiene una vida media de 8.0 días. Conforme $^{131}_{53}I$ decae, produce el isótopo no radiactivo $^{131}_{54}Xe$ y una partícula beta.

$$^{131}_{53}I \longrightarrow {}^{131}_{54}Xe + {}^{0}_{-1}e$$

Suponga que se tiene una muestra que en un principio contiene 20.0 mg de $^{131}_{53}I$. En 8.0 días, la mitad (10.0 mg) de los núcleos de I-131 en la muestra decaerá, lo que deja 10.0 mg de I-131. Después de 16 días (dos vidas medias), decaen 5.0 mg del I-131 restante, lo que deja 5.0 mg de I-131. Luego de 24 días (tres vidas medias), decaen 2.5 mg del I-131 restante, lo que deja 2.5 mg de I-131 todavía capaces de producir radiación.

A medida que el I-131 experimenta decaimiento beta, hay una acumulación del producto de decaimiento Xe-131. Esto significa que, después de la primera vida media, el proceso de decaimiento produce 10.0 mg de Xe-131, y después de una segunda vida media hay un total de 15.0 mg del producto Xe-131. Después de la tercera vida media hay un total de 17.5 mg de Xe-131.

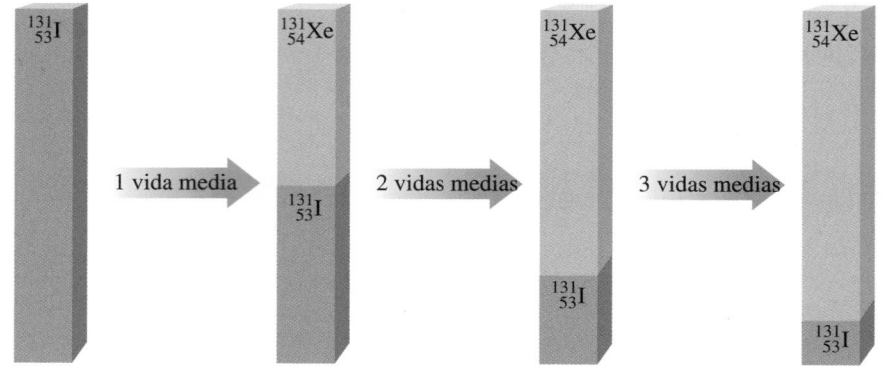

Una **curva de decaimiento** es una gráfica del decaimiento de un isótopo radiactivo. La figura 4.4 muestra dicha curva para el $^{131}_{53}I$ recién analizado.

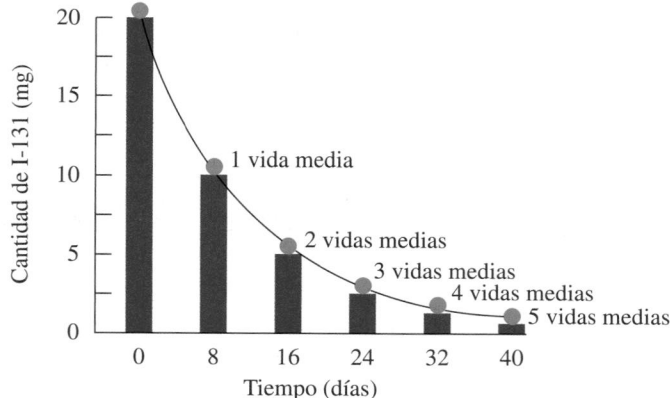

FIGURA 4.4 La curva de decai-miento del yodo-131 muestra que una mitad de la muestra radiactiva decae y una mitad permanece radiactiva después de cada vida media de 8.0 días.

P ¿Cuántos miligramos de la muestra de 20.0 mg permanece radiactiva después de 2 vidas medias?

TUTORIAL
Radioactive Half-Lives

COMPROBACIÓN DE CONCEPTOS 4.4 Vidas medias

El iridio-192, que se utiliza para tratar cáncer de mama y próstata, tiene una vida media de 74 días. ¿Cuál es la actividad del Ir-192 después de 74 días, si la actividad de la muestra inicial de Ir-192 es 8×10^4 Bq?

RESPUESTA

En 74 días, que es una vida media del iridio-192, la mitad de los átomos de iridio-192 decaerá. Por tanto, después de 74 días la actividad es la mitad de la actividad inicial de 8×10^4 Bq, o sea 4×10^4 Bq.

EJEMPLO DE PROBLEMA 4.7 Uso de vidas medias de un radioisótopo

El fósforo-32, un radioisótopo que se utiliza en el tratamiento de la leucemia, tiene una vida media de 14.3 días. Si una muestra contiene 8.0 mg de fósforo-32, ¿cuántos miligramos de fósforo-32 permanecen después de 42.9 días?

SOLUCIÓN

Paso 1 **Enuncie las cantidades dadas y las que necesita.**

Análisis del problema

Dadas	Equivalencia	Necesita
8.0 mg de P-32 42.9 días transcurridos	1 vida media = 14.3 días	miligramos de P-32 restantes

Paso 2 **Escriba un plan para calcular la cantidad desconocida.**

días Vida media número de vidas medias

miligramos de $^{32}_{15}P$ Número de vidas medias miligramos de $^{32}_{15}P$ restantes

Paso 3 **Escriba la equivalencia de vida media y los factores de conversión.**

1 vida media = 14.3 días

$$\frac{14.3\ días}{1\ vida\ media} \quad y \quad \frac{1\ vida\ media}{14.3\ días}$$

Paso 4 **Plantee el problema para calcular la cantidad que necesita.** Primero determine el número de vidas medias que hay en la cantidad de tiempo transcurrido.

$$Número\ de\ vidas\ medias = 42.9\ días \times \frac{1\ vida\ media}{14.3\ días} = 3\ vidas\ medias$$

Ahora puede calcular cuánto de la muestra decae en 3 vidas medias, y cuántos miligramos del fósforo continúan.

8.0 mg de $^{32}_{15}P$ $\xrightarrow{\text{1 vida media}}$ 4.0 mg de $^{32}_{15}P$ $\xrightarrow{\text{2 vidas medias}}$ 2.0 mg de $^{32}_{15}P$ $\xrightarrow{\text{3 vidas medias}}$ 1.0 mg de $^{32}_{15}P$

COMPROBACIÓN DE ESTUDIO 4.7

Fe-59 tiene una vida media de 44 días. Si un laboratorio recibe 8.0 μg de Fe-59, ¿cuántos miligramos de Fe-59 estarán todavía activos después de 176 días?

Por lo general, los isótopos naturales de los elementos tienen vidas medias largas, como se muestra en la tabla 4.7. Se desintegran con lentitud y producen radiación en el transcurso de un lapso de tiempo prolongado, incluso de cientos de millones de años. Por el contrario, los radioisótopos utilizados en medicina nuclear tienen vidas medias mucho más cortas. Se desintegran con rapidez y producen casi toda su radiación en un lapso de tiempo corto. Por ejemplo, el tecnecio-99m emite la mitad de su radiación en las primeras seis horas. Esto significa que una pequeña cantidad del radioisótopo dada a un paciente en esencia desaparece en dos días. Los productos del decaimiento del tecnecio-99m se eliminan por completo del cuerpo.

Guía para usar vidas medias

1 Enuncie las cantidades dadas y las que necesita.

2 Escriba un plan para calcular la cantidad desconocida.

3 Escriba la equivalencia de vida media y los factores de conversión.

4 Plantee el problema para calcular la cantidad que necesita.

Explore su mundo

MODELADO DE VIDAS MEDIAS

Consiga una hoja de papel y una barra de regaliz o un tallo de apio. Dibuje un eje vertical y otro horizontal en el papel. Rotule el eje vertical como átomos radiactivos y el eje horizontal como minutos. Coloque la barra de regaliz o el apio contra el eje vertical y marque su altura en cero minutos. En el siguiente minuto, corte la barra de regaliz o el apio en dos. (Puede comerse la mitad si tiene hambre.) Coloque la barra de regaliz o el apio recortados a 1 minuto sobre el eje horizontal y marque su altura. Cada minuto, corte la barra de regaliz o el apio a la mitad nuevamente y marque la altura en el tiempo correspondiente. Siga reduciendo la longitud a la mitad hasta que ya no pueda dividir a la mitad el regaliz o el apio. Una los puntos que obtuvo para cada minuto. ¿Qué parece la curva? ¿De qué manera esta curva representa el concepto de vida media de un radioisótopo?

TABLA 4.7 **Vidas medias de algunos radioisótopos**

Elemento	Radioisótopo	Vida media	Tipo de radiación
Radioisótopos naturales			
Carbono-14	$_{6}^{14}C$	5730 años	Beta
Potasio-40	$_{19}^{40}K$	1.3×10^{9} años	Beta, gamma
Radio-226	$_{88}^{226}Ra$	1600 años	Alfa
Estroncio-90	$_{38}^{90}Sr$	38.1 años	Alfa
Uranio-238	$_{92}^{238}U$	4.5×10^{9} años	Alfa
Algunos radioisótopos médicos			
Cromo-51	$_{24}^{51}Cr$	28 d	Gamma
Yodo-131	$_{53}^{131}I$	8.0 d	Beta, gamma
Iridio-192	$_{77}^{192}Ir$	74 d	Beta, gamma
Hierro-59	$_{26}^{59}Fe$	44 d	Beta, gamma
Radón-222	$_{86}^{222}Rn$	3.8 d	Alfa
Tecnecio-99m	$_{43}^{99m}Tc$	6.0 h	Gamma

TUTORIAL
Radiocarbon Dating

La química en el ambiente

DATACIÓN DE OBJETOS ANTIGUOS

La datación radiológica es una técnica que utilizan geólogos, arqueólogos e historiadores para determinar la edad de objetos antiguos. Para determinar la edad de un objeto derivado de plantas o animales (como madera, fibra, pigmentos naturales, hueso y ropa de algodón y lana) se mide la cantidad de carbono-14, una forma radiactiva de carbono que existe en la naturaleza. En 1960, Willard Libby recibió el Premio Nobel por su trabajo en el desarrollo de las técnicas de datación con carbono-14 durante la década de 1940. El carbono-14 se produce en la atmósfera superior por el bombardeo de $_{7}^{14}N$ con neutrones de alta energía provenientes de los rayos cósmicos.

$$_{0}^{1}n \quad + \quad _{7}^{14}N \quad \longrightarrow \quad _{6}^{14}C \quad + \quad _{1}^{1}H$$

Neutrón de rayos cósmicos   Nitrógeno en la atmósfera   Carbono-14 radiactivo   Protón

El carbono-14 reacciona con oxígeno para formar dióxido de carbono radiactivo, $_{6}^{14}CO_2$. Las plantas vivas absorben continuamente dióxido de carbono, que incorpora carbono-14 en el material de la planta. La absorción de carbono-14 se detiene cuando la planta muere.

$$_{6}^{14}C \quad \longrightarrow \quad _{7}^{14}N \quad + \quad _{-1}^{0}e$$

A medida que el carbono-14 decae, la cantidad de carbono-14 radiactivo en el material vegetal disminuye de manera estable. En un proceso llamado **datación con carbono**, los científicos utilizan la vida media del carbono-14 (5730 años) para calcular el tiempo transcurrido desde que murió la planta. Por ejemplo, una viga de madera encontrada en una antigua excavación puede tener la mitad del carbono-14 que se encuentra en un árbol vivo. Puesto que la vida media del carbono-14 es 5730 años, esto indica que el árbol se cortó hace aproximadamente 5730 años. La datación con carbono-14 sirvió para determinar que los rollos del mar Muerto tienen aproximadamente 2000 años de antigüedad.

La edad de los rollos del Mar Muerto se determinó por medio de la datación con carbono-14.

Un método de datación radiológica usado para determinar la edad de objetos mucho más antiguos se basa en el radioisótopo uranio-238, que decae a lo largo de una serie de reacciones hasta plomo-206. El isótopo uranio-238 tiene una vida media increíblemente larga, de aproximadamente 4×10^{9} (4 mil millones) años. Las mediciones de las cantidades de uranio-238 y plomo-206 permiten a los geólogos determinar la edad de muestras de roca. Las rocas más antiguas tendrán mayor porcentaje de plomo-206, porque decayó más del uranio-238. La edad de las rocas traídas de la Luna por las misiones *Apolo*, por ejemplo, se determinó con el uso de uranio-238. Se descubrió que tenían aproximadamente 4×10^{9} años de antigüedad, más o menos la misma edad calculada para la Tierra.

EJEMPLO DE PROBLEMA 4.8   **Datación con carbono mediante el uso de vidas medias**

El material carbono en los huesos de seres humanos y animales asimila carbono hasta su muerte. Con la datación de radiocarbono, el número de vidas medias de carbono-14 de una muestra de hueso determina la edad del hueso. Suponga que una muestra se obtiene de un animal prehistórico y se utiliza para datación con radiocarbono. Es posible calcular la edad del hueso o los años transcurridos desde la muerte del animal si se usa la vida media del carbono-14, que es de 5730 años. Si la muestra indica que han transcurrido cuatro vidas medias, ¿cuánto tiempo ha transcurrido desde la muerte del animal?

La edad de una muestra de hueso de un esqueleto puede determinarse mediante datación con carbono.

SOLUCIÓN

Paso 1   Enuncie las cantidades dadas y las que necesita.

Análisis del problema

Dadas	Equivalencia	Necesita
4 vidas medias transcurridas	1 vida media = 5730 años	años transcurridos

Paso 2   Escriba un plan para calcular la cantidad desconocida.

4 vidas medias   Vida media   años transcurridos

Paso 3   Escriba la equivalencia de vida media y los factores de conversión.

$$1 \text{ vida media} = 5730 \text{ años}$$

$$\frac{5730 \text{ años}}{1 \text{ vida media}} \quad \text{y} \quad \frac{1 \text{ vida media}}{5730 \text{ años}}$$

Paso 4   Plantee el problema para calcular la cantidad que necesita.

$$\text{Años transcurridos} = 4.0 \text{ vidas medias} \times \frac{5730 \text{ años}}{1 \text{ vida media}} = 23\,000 \text{ años}$$

Se estima que el animal vivió hace 23 000 años.

COMPROBACIÓN DE ESTUDIO 4.8

Suponga que un trozo de madera descubierto en una tumba tiene $\frac{1}{8}$ de su actividad original de carbono-14. ¿Aproximadamente hace cuántos años la madera era parte de un árbol vivo?

PREGUNTAS Y PROBLEMAS

4.4 Vida media de un radioisótopo

META DE APRENDIZAJE: *Dada la vida media de un radioisótopo, calcular la cantidad de radioisótopo restante después de una o más vidas medias.*

4.29   Para cada uno de los siguientes incisos, indique si el número de vidas medias transcurridas es:
1. una vida media 2. dos vidas medias 3. tres vidas medias

a. una muestra de Pd-103, con una vida media de 17 días, después de 34 días.

b. una muestra de C-11, con una vida media de 20 min, después de 20 min

c. una muestra de At-211, con una vida media de 7 h, después de 21 h

4.30   Para cada uno de los siguientes incisos, indique si el número de vidas medias transcurridas es:
1. una vida media 2. dos vidas medias 3. tres vidas medias

a. una muestra de Ce-141, con una vida media de 32.5 días, después de 32.5 días

b. una muestra de F-18, con una vida media de 110 min, después de 330 min

c. una muestra de Au-198, con una vida media de 2.7 días, después de 5.4 días

4.31   El tecnecio-99m es un radioisótopo ideal para escanear órganos, porque tiene una vida media de 6.0 h y es un emisor gamma puro. Suponga que esta mañana se prepararon 80.0 mg en el generador de tecnecio. ¿Cuántos miligramos de tecnecio-99m permanecerían activos después de los siguientes intervalos?
a. una vida media   **b.** dos vidas medias
c. 18 h   **d.** 24 h

4.32   Una muestra de sodio-24, con una actividad de 12 mCi se utiliza para estudiar la tasa de flujo sanguíneo en el sistema circulatorio. Si el sodio-24 tiene una vida media de 15 h, ¿cuál es la actividad del sodio después de 2.5 días?

4.33   El estroncio-85, usado para escaneos de hueso, tiene una vida media de 65 días. ¿Cuánto tiempo transcurrirá para que el nivel de radiación del estroncio-85 decaiga a un cuarto de su nivel original? ¿A un octavo?

4.34   El flúor-18, que tiene una vida media de 110 min, se usa en escaneos TEP (véase la sección 4.5). Si 100.0 mg de flúor-18 se embarcan a las 8 a.m., ¿cuántos miligramos del radioisótopo todavía estarán activos si la muestra llega al laboratorio de radiología a la 1:30 p.m.?

La química
en la salud

DOSIS DE RADIACIÓN EN PROCEDIMIENTOS DIAGNÓSTICOS Y TERAPÉUTICOS

Es posible comparar los niveles de exposición a la radiación usados a menudo durante procedimientos diagnósticos y terapéuticos en medicina nuclear. En procedimientos diagnósticos, el radiólogo utiliza la cantidad mínima de isótopo radiactivo necesaria para valorar la condición de un órgano o tejido. La dosis usada en radioterapia es mucho mayor que la que se emplea en procedimientos diagnósticos. Por ejemplo, para destruir las células de un tumor maligno se utilizaría una dosis terapéutica. Aunque habrá cierto riesgo para el tejido circundante, las células sanas son más resistentes a la radiación y pueden repararse a sí mismas (véase la tabla 4.9).

TABLA 4.9 Dosis de radiación usada para procedimientos diagnósticos y terapéuticos

Órgano/condición	Dosis (rem)
Diagnóstico	
Hígado	0.3
Pulmón	2.0
Tiroides	50.0
Terapéutico	
Linfoma	4500
Cáncer de piel	5000-6000
Cáncer de pulmón	6000
Tumor cerebral	6000-7000

4.5 Aplicaciones médicas de la radiactividad

Para determinar la condición de un órgano en el cuerpo, un radiólogo puede usar un radioisótopo que se concentre en dicho órgano. Las células del cuerpo no pueden distinguir entre un átomo no radiactivo y uno radiactivo, de modo que estos radioisótopos se incorporan con facilidad. Entonces los átomos radiactivos pueden detectarse porque emiten radiación. En la tabla 4.8 se mencionan algunos radioisótopos usados en medicina nuclear.

TABLA 4.8 Aplicaciones médicas de algunos radioisótopos comunes

Isótopo	Vida media	Radiación	Aplicación médica
Au-198	2.7 d	Beta	Imágenes del hígado; tratamiento de carcinoma abdominal.
Ce-141	32.5 d	Gamma	Diagnóstico gastrointestinal; medición de flujo sanguíneo al corazón.
Cs-131	9.7 d	Gamma	Braquiterapia prostática.
F-18	110 min	Positron	Tomografía por emisión de positrones (TEP, *positron emission tomography*).
Ga-67	78 h	Gamma	Imágenes abdominales; detección de tumores.
Ga-68	68 min	Gamma	Detección de cáncer pancreático.
I-123	13.2 h	Gamma	Tratamiento de cáncer de tiroides, cerebro y próstata.
I-131	8.0 d	Beta	Tratamiento de enfermedad de Graves, bocio, hipertiroidismo, cáncer de tiroides y próstata.
Ir-192	74 d	Gamma	Tratamiento de cáncer de mama y próstata.
P-32	14.3 d	Beta	Tratamiento de leucemia, exceso de eritrocitos, cáncer pancreático.
Pd-103	17 d	Gamma	Braquiterapia prostática.
Sr-85	65 d	Gamma	Detección de lesiones óseas; escaneos cerebrales.
Tc-99m	6 h	Gamma	Imágenes del esqueleto y músculo cardiaco, cerebro, hígado, corazón, pulmones, hueso, bazo, riñón y tiroides; isótopo más utilizado en medicina nuclear.
Y-90	2.7 d	Beta	Tratamiento de cáncer de hígado.

Escaneos con radioisótopos

Después de que una persona recibe un radioisótopo, el radiólogo determina el nivel y la ubicación de la radiactividad emitida por el radioisótopo. Se utiliza un aparato llamado *escáner* para producir una imagen del órgano. El escáner se mueve en forma lenta por el cuerpo del paciente, arriba de la región donde se localiza el órgano que contiene el radioisótopo. Los rayos gamma emitidos por el radioisótopo en el órgano pueden servir para exponer una placa fotográfica, lo que produce un **escaneo** del órgano. En un escaneo, un área de menor o mayor radiación puede indicar trastornos como enfermedad del órgano, un tumor, un coágulo sanguíneo o un edema.

Un método utilizado con frecuencia para determinar el funcionamiento tiroideo es la *captación de yodo radiactivo* (*RAIU, radioactive iodine uptake*). Después de tomarlo por vía oral, el radioisótopo de yodo-131 se mezcla con el yodo ya presente en la tiroides. Veinticuatro horas después se determina la cantidad de yodo absorbido por la tiroides. Un tubo de detección que se sostiene en el área de la glándula tiroides detecta la radiación proveniente del yodo-131 que se localiza ahí (véase la figura 4.5).

Una persona con una tiroides hiperactiva tendrá un nivel de yodo radiactivo superior al normal, en tanto que una persona con una tiroides hipoactiva tendrá valores bajos. Si la persona tiene hipertiroidismo, comienza un tratamiento para reducir la actividad de la tiroides. Un tratamiento consiste en administrar una dosis terapéutica de yodo radiactivo, que tiene mayor nivel de radiación que la dosis diagnóstica.

El yodo radiactivo se acumula en la tiroides, donde su radiación destruye de manera permanente algunas de las células tiroideas. La tiroides produce menos hormona tiroidea, con lo que se controla el trastorno de hipertiroidismo.

Tomografía por emisión de positrones (TEP)

Los emisores de positrones con vidas medias cortas, como carbono-11, nitrógeno-13, oxígeno-15 y flúor-18, se usan en un método de formación de imágenes llamado *tomografía por emisión de positrones* (*TEP*). Un isótopo que emite positrones, como flúor-18, sirve para estudiar el funcionamiento cerebral, el metabolismo y el flujo sanguíneo.

$$^{18}_{9}F \longrightarrow {}^{18}_{8}O + {}^{0}_{+1}e$$

A medida que se emiten positrones, se combinan con electrones para producir rayos gamma que se detectan mediante equipo computarizado para crear una imagen tridimensional del órgano (véase la figura 4.6).

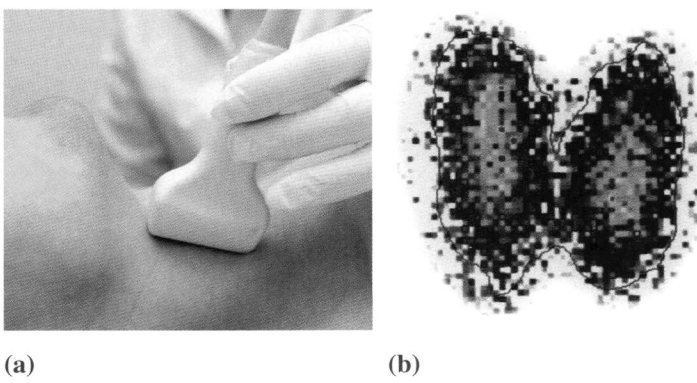

(a)   **(b)**

FIGURA 4.5 **(a)** Se utiliza un escáner para detectar radiación proveniente de un radioisótopo que se acumuló en un órgano. **(b)** Un escaneo de la tiroides muestra la acumulación de yodo-131 radiactivo en la tiroides.

P ¿Qué tipo de radiación se movería a través de los tejidos corporales, revelaría una placa fotográfica y crearía un escaneo?

EJEMPLO DE PROBLEMA 4.9 **Aplicaciones médicas de los radioisótopos**

En el tratamiento de carcinoma abdominal, una persona es tratada con oro-198, un emisor beta. Escriba la ecuación nuclear balanceada para el decaimiento beta del oro-198.

SOLUCIÓN

Puede escribir la ecuación nuclear incompleta con oro-198.

$$^{198}_{79}Au \longrightarrow ? + {}^{0}_{-1}e$$

En el decaimiento beta, el número de masa, 198, no cambia, pero el número atómico del nuevo núcleo aumenta en una unidad. El nuevo número atómico es 80, que es mercurio, Hg.

$$^{198}_{79}Au \longrightarrow {}^{198}_{80}Hg + {}^{0}_{-1}e$$

COMPROBACIÓN DE ESTUDIO 4.9

En un tratamiento experimental se utiliza boro-10, que es absorbido por tumores malignos. Cuando se bombardea con neutrones, el boro-10 decae por la emisión de partículas alfa que destruyen las células tumorales circundantes. Escriba la ecuación balanceada para la reacción nuclear de este procedimiento experimental.

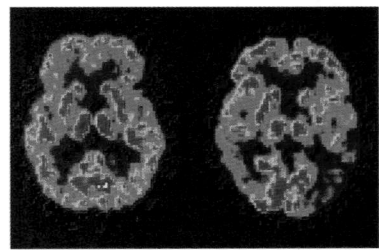

FIGURA 4.6 Estos escaneos TEP del cerebro muestran un cerebro normal a la izquierda y un cerebro afectado por enfermedad de Alzheimer a la derecha.

P Cuando los positrones chocan con electrones, ¿qué tipo de radiación se produce que genera la imagen de un órgano?

La química en la salud

OTROS MÉTODOS DE DIAGNÓSTICO POR IMÁGENES

Tomografía computarizada (TC)

Otro método de diagnóstico médico por imágenes que se usa para escanear órganos como cerebro, pulmones y corazón, es la *tomografía computarizada* (*TC*). Una computadora monitoriza el grado de absorción de 30 000 haces de rayos X dirigidos a capas sucesivas del órgano blanco. Con base en las densidades de los tejidos y líquidos del órgano, las diferencias en la absorción de los rayos X proporcionan una serie de imágenes del órgano. Esta técnica permite identificar hemorragias cerebrales, tumores y atrofia (véase la figura 4.7).

Formación de imágenes por resonancia magnética (IRM)

La *resonancia magnética* (*IRM*, o MRI, *magnetic resonance imaging*) es una poderosa técnica para obtener imágenes en la que no se utiliza radiación de rayos X. Es el método con menor penetración corporal (menos invasivo) que existe para la formación de imágenes.

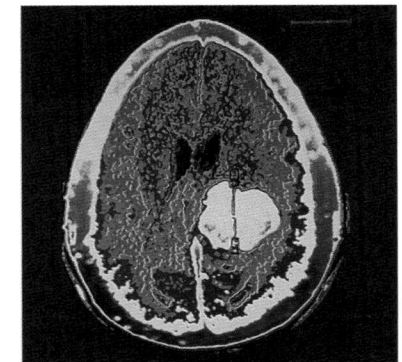

FIGURA 4.7 Una TC muestra un tumor (amarillo) en el cerebro.

P ¿Cuál es el tipo de radiación utilizado para producir un escaneo TC?

La IRM se basa en la absorción de energía cuando los protones de átomos de hidrógeno se colocan en un fuerte campo magnético. Los átomos de hidrógeno constituyen 63% de todos los átomos del cuerpo. En los núcleos de hidrógeno, los protones actúan como pequeños imanes de barra. Sin campo magnético externo, los protones tienen orientaciones aleatorias. Sin embargo, cuando se colocan dentro de un fuerte campo magnético, los protones se alinean con el campo. Un protón alineado con el campo tiene una energía menor que uno que se alinea contra el campo. A medida que avanza el escaneo IRM, se aplican pulsos de ondas de radio específicas sólo para el hidrógeno, y los núcleos de hidrógeno resuenan a cierta frecuencia. Entonces las ondas de radio se apagan rápidamente y los protones de hidrógeno regresan con lentitud a su alineación natural dentro del campo magnético, resonando con una frecuencia diferente. Los núcleos de hidrógeno liberan la energía absorbida de los pulsos de onda de radio. La diferencia en energía entre los dos estados se libera como fotones, que producen la señal electromagnética que detecta el escáner. Estas señales se envían a un sistema de cómputo, donde se genera una imagen a color del cuerpo. Puesto que los átomos de hidrógeno del cuerpo constituyen un ambiente químico diferente, se absorben energías distintas. La IRM es particularmente útil para obtener imágenes de tejidos blandos, que contienen grandes cantidades de átomos de hidrógeno en forma de agua (véase la figura 4.8).

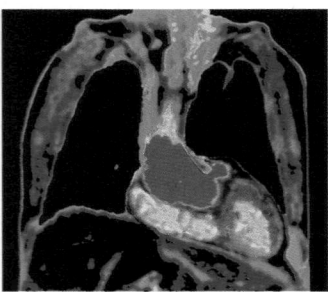

FIGURA 4.8 Escaneo IRM de corazón y pulmones; el ventrículo izquierdo se muestra en rojo.

P ¿Cuál es la fuente de energía en una IRM?

La química en la salud

BRAQUITERAPIA

El proceso llamado *braquiterapia*, o implantación de semilla, usa una forma interna de radioterapia. El prefijo *braqui* viene de la palabra griega que significa "corta distancia". Mediante la irradiación interna, se distribuye una dosis alta de radiación a un área cancerosa determinada, mientras que el tejido normal tiene un daño mínimo. Puesto que se usan dosis de radiación más altas que las normales, se necesitan menos tratamientos de duración más corta. El tratamiento externo convencional suministra dosis más bajas de radiación por tratamiento, pero se necesitan de seis a ocho semanas de tratamiento.

Braquiterapia permanente

Una de las formas más comunes de cáncer en varones es el de próstata. Además de cirugía y quimioterapia, una opción de tratamiento consiste en colocar 40 o más cápsulas de titanio, o "semillas", en el área maligna. Cada semilla, que es del tamaño de un pequeño grano de arroz, contiene yodo-125, paladio-103 o cesio-131 radiactivos. La radiación proveniente de las semillas interfiere en la reproducción de las células cancerosas, con daño mínimo a los tejidos normales adyacentes. El noventa por ciento (90%) de los radioisótopos decae en pocos meses debido a que tienen vidas medias cortas.

Isótopo	I-125	Pd-103	Cs-131
Radiación	Gamma	Gamma	Gamma
Vida media	60 días	17 días	10 días
Tiempo para suministrar 90% de radiación	7 meses	2 meses	1 mes

Con este tipo de tratamiento casi no se desprende radiación del cuerpo del paciente. La cantidad de radiación recibida por un miembro de la familia no es mayor que la recibida durante un vuelo largo en avión. Puesto que los radioisótopos decaen a productos que no son radiactivos, las cápsulas de titanio inertes pueden quedarse en el cuerpo.

Braquiterapia temporal

En otro tipo de tratamiento para cáncer de próstata, se colocan en el tumor agujas largas que contienen iridio-192. Sin embargo, las agujas se retiran después de 5 a 10 minutos, según la actividad del isótopo de iridio. Comparada con la braquiterapia permanente, la braquiterapia temporal puede suministrar una dosis todavía mayor de radiación durante un tiempo más corto. El procedimiento puede repetirse en unos días.

La braquiterapia también se usa después de lumpectomía de cáncer de mama. Un isótopo de iridio-192 se inserta en un catéter que se implanta en el espacio dejado por la extirpación del tumor. El isótopo se retira después de 5 a 10 minutos, según la actividad de la fuente de iridio. La radiación se distribuye principalmente al tejido que rodea la cavidad que contenía el tumor y donde es más probable que reaparezca el cáncer. El procedimiento se repite dos veces al día durante cinco días para suministrar una dosis absorbida de 34 Gy (3400 rad). Luego se retira el catéter y no permanece material radiactivo en el cuerpo.

En el tratamiento convencional de haces externos para cáncer de mama, a una paciente se le administran 2 Gy una vez al día durante seis a siete semanas, lo que da un total de dosis absorbida de aproximadamente 80 Gy u 8000 rad. El tratamiento de haces externos irradia toda la mama, incluida la cavidad del tumor.

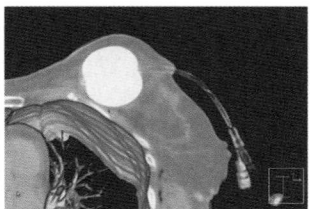
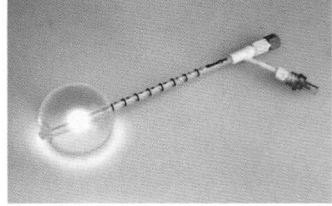

Un catéter colocado temporalmente en la mama suministra radiación de Ir-192.

PREGUNTAS Y PROBLEMAS

4.5 Aplicaciones médicas de la radiactividad

META DE APRENDIZAJE: *Describir el uso de radioisótopos en medicina.*

4.35 Los huesos y estructuras óseas contienen calcio y fósforo.
   a. ¿Por qué se usarían los radioisótopos calcio-47 y fósforo-32 en el diagnóstico y tratamiento de enfermedades óseas?
   b. El radioisótopo estroncio-89, un emisor beta, se usa para tratar cáncer de hueso. Escriba la ecuación nuclear balanceada y explique por qué se usaría un radioisótopo de estroncio para tratar cáncer de hueso.

4.36 **a.** El tecnecio-99m sólo emite radiación gamma. ¿Por qué este tipo de radiación se usaría para obtener imágenes diagnósticas en lugar de un isótopo que también emita radiación beta o alfa?
   b. Un paciente con policitemia verdadera (exceso de producción de eritrocitos) recibe fósforo-32 radiactivo. ¿Por qué este tratamiento reduciría la producción de eritrocitos en la médula ósea del paciente?

4.37 En una prueba diagnóstica de leucemia, un paciente recibe 4.0 mL de una solución que contiene selenio-75. Si la actividad del selenio-75 es 45 μCi/mL, ¿cuál es la dosis recibida por el paciente?

4.38 Una ampolleta contiene yodo-131 radiactivo con una actividad de 2.0 mCi/mL. Si para una prueba de tiroides se necesitan 3.0 mCi en un "cóctel atómico", ¿cuántos mililitros se utilizan para preparar la solución de yodo-131?

4.6 Fisión y fusión nucleares

Durante la década de 1930, científicos que bombardeaban uranio-235 con neutrones descubrieron que el núcleo U-235 se divide en dos núcleos de peso medio y produce una gran cantidad de energía. Éste fue el descubrimiento de la **fisión** nuclear. La energía generada al dividir el átomo se llamó energía *atómica*. Una ecuación típica para la fisión nuclear es:

TUTORIAL
Fission and Fusion

TUTORIAL
Nuclear Fission and Fusion Reactions

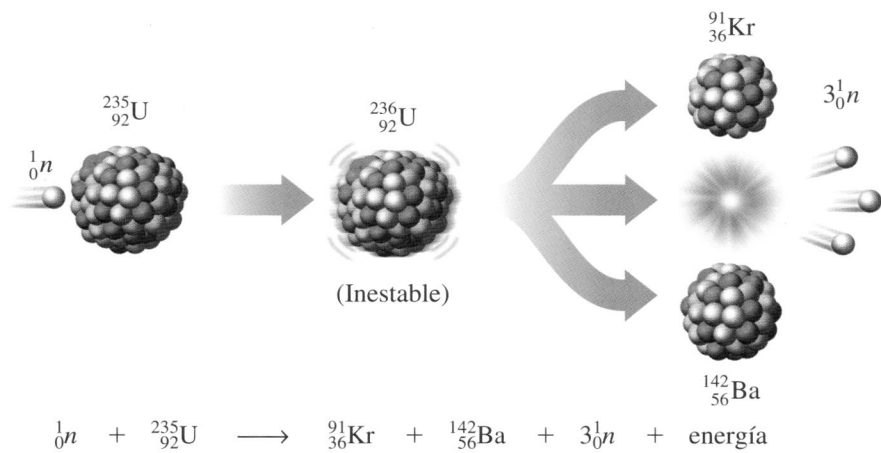

$$\ _{0}^{1}n \ + \ _{92}^{235}U \ \longrightarrow \ _{36}^{91}Kr \ + \ _{56}^{142}Ba \ + \ 3_{0}^{1}n \ + \ \text{energía}$$

Si se pudiera determinar la masa de los productos, criptón, bario y 3 neutrones, con gran exactitud, se encontraría que su masa total es un poco menor que la masa de los materiales de inicio. La masa faltante se convirtió en una enorme cantidad de energía, congruente con la famosa ecuación derivada por Albert Einstein:

$$E = mc^2$$

donde E es la energía liberada, m es la masa perdida y c es la velocidad de la luz, 3×10^8 m/s. Aun cuando la masa perdida es muy pequeña, cuando se multiplica por la velocidad de la luz al cuadrado el resultado es un valor alto para la energía liberada. La fisión de 1 g de uranio-235 produce aproximadamente tanta energía como la combustión de 3 toneladas de carbón.

Reacción en cadena

La fisión comienza cuando un neutrón choca con el núcleo de un átomo de uranio. El núcleo resultante es inestable y se divide en núcleos más pequeños. Este proceso de fisión también libera neutrones y grandes cantidades de radiación gamma y energía. Los neutrones emitidos tienen energías altas y bombardean otros núcleos de uranio-235.

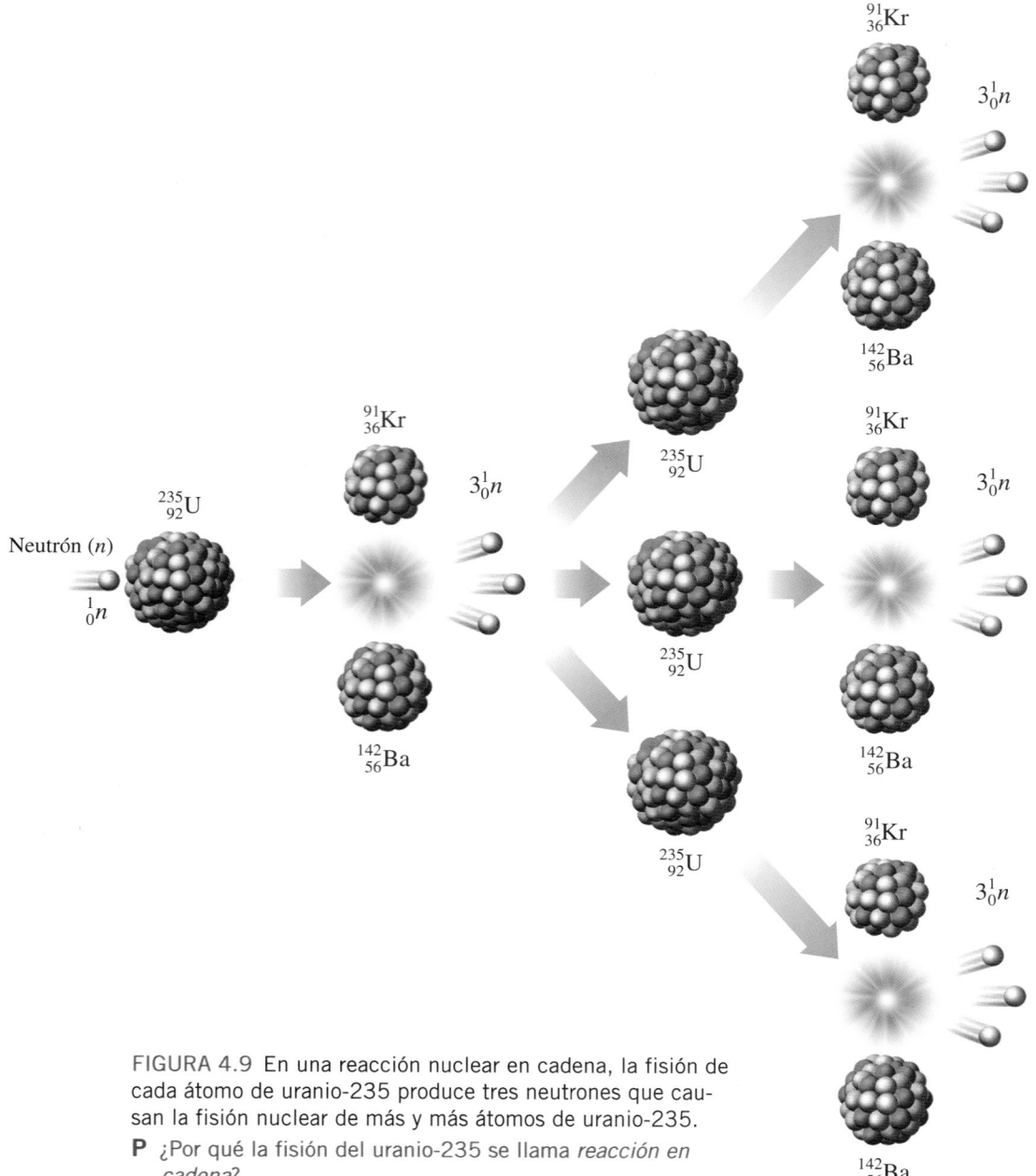

FIGURA 4.9 En una reacción nuclear en cadena, la fisión de cada átomo de uranio-235 produce tres neutrones que causan la fisión nuclear de más y más átomos de uranio-235.

P ¿Por qué la fisión del uranio-235 se llama *reacción en cadena*?

En una **reacción en cadena** aumenta de manera rápida el número de neutrones de alta energía disponibles para reaccionar con más uranio. Para sostener una reacción nuclear en cadena deben juntarse cantidades suficientes de uranio-235 que proporcionen una *masa crítica* en la que casi todos los neutrones choquen con más núcleos de uranio-235. Se libera tanto calor y energía, que puede ocurrir una explosión atómica (véase la figura 4.9).

Fusión nuclear

En la **fusión**, dos núcleos pequeños, como los del hidrógeno, se combinan para formar un núcleo más grande. Se pierde masa y se libera una cantidad tremenda de energía, incluso más que la energía liberada por la fisión nuclear. Sin embargo, en una reacción de fusión se necesita una temperatura de 100 000 000 °C para superar la repulsión de los núcleos de hidrógeno y hacer que experimenten fusión. Las reacciones de fusión ocurren continuamente en el Sol y otras estrellas, lo que proporciona calor y luz. Las enormes cantidades de energía producidas por el Sol provienen de la fusión de 6×10^{11} kg de hidrógeno cada segundo.

La siguiente reacción de fusión comprende la combinación de dos isótopos de hidrógeno:

$$^3_1\text{H} \quad + \quad ^2_1\text{H} \quad \longrightarrow \quad ^4_2\text{He} \quad + \quad ^1_0 n \quad + \quad \text{energía}$$

Los científicos esperan menos desechos radiactivos con vidas medias más cortas a partir de reactores de fusión. Sin embargo, la fusión todavía está en etapa experimental porque las temperaturas extremadamente altas que se necesitan han sido difíciles de alcanzar e incluso más difíciles de mantener. Grupos de investigación en todo el mundo intentan desarrollar la tecnología necesaria para que el control de la reacción de fusión para producir energía sea una realidad en la vida de las personas.

COMPROBACIÓN DE CONCEPTOS 4.5 Identificación de fisión y fusión

Indique si lo siguiente corresponde a fisión nuclear, fusión nuclear o ambos:

a. Pequeños núcleos se combinan para formar núcleos más grandes.
b. Se liberan grandes cantidades de energía.
c. Se necesitan temperaturas extremadamente altas para la reacción.

RESPUESTA

a. Cuando se combinan núcleos pequeños, el proceso es fusión.
b. Grandes cantidades de energía se generan en los procesos de fisión y fusión.
c. Para la fusión se necesita una temperatura extremadamente alta.

La química en el ambiente

PLANTAS DE ENERGÍA NUCLEAR

En una planta de energía nuclear, la cantidad de uranio-235 se mantiene por debajo de una masa crítica, de modo que no puede sostener una reacción en cadena. Las reacciones de fisión se hacen más lentas cuando se colocan barras de control entre las muestras de uranio para absorber algunos de los neutrones de movimiento rápido. De esta forma, existe una producción controlada, más lenta, de energía. El calor proveniente de la fisión controlada sirve para producir vapor. El vapor impulsa un generador, que produce electricidad. Cerca del 10% de la energía eléctrica producida en Estados Unidos se genera en plantas de energía nuclear.

Si bien las plantas de energía nuclear ayudan a satisfacer las necesidades de energía, hay algunos problemas. Uno de los más serios es la producción de subproductos radiactivos que tienen vidas medias largas, como el plutonio-239, con una vida media de 24 000 años. Es esencial que estos productos de desecho se almacenen con seguridad en un lugar donde no contaminen el ambiente. Muchos países están ahora en el proceso de seleccionar áreas en dónde colocar desechos nucleares, como en cavernas a 1000 m bajo la superficie de la Tierra. En Estados Unidos se ha propuesto la montaña Yucca, en Nevada, como sitio de depósito para los desechos nucleares.

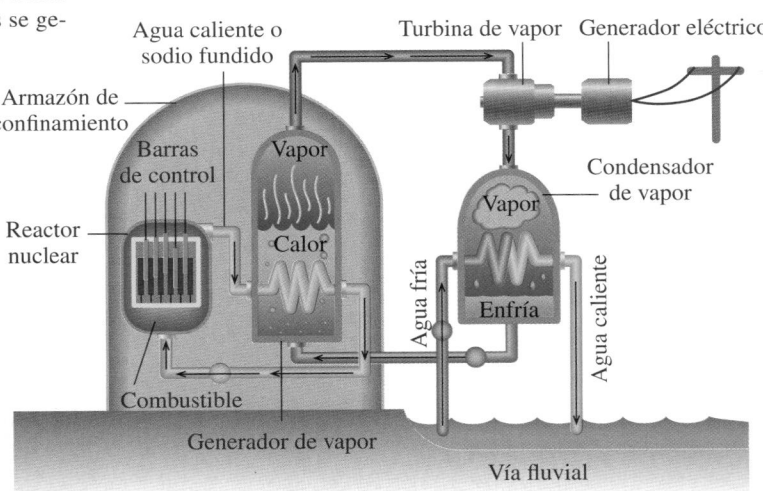

El calor de la fisión nuclear sirve para generar electricidad.

Las plantas nucleares suministran 10% de la electricidad en Estados Unidos.

PREGUNTAS Y PROBLEMAS

4.6 Fisión y fusión nucleares

META DE APRENDIZAJE: *Describir los procesos de fisión y fusión nucleares.*

4.39 ¿Qué es fisión nuclear?

4.40 ¿Cómo ocurre una reacción en cadena en la fisión nuclear?

4.41 Complete la siguiente reacción de fisión:

$$_{0}^{1}n + _{92}^{235}U \longrightarrow _{50}^{131}Sn + ? + 2_{0}^{1}n + \text{energía}$$

4.42 En una reacción de fisión, el uranio-235 bombardeado con un neutrón produce estroncio-94, otro núcleo y 3 neutrones. Escriba la ecuación balanceada para esta reacción.

4.43 Indique si cada uno de los siguientes enunciados es característico del proceso de fisión, del proceso de fusión o de ambos:
 a. Los neutrones bombardean un núcleo.
 b. El proceso nuclear ocurre en el Sol.
 c. Un gran núcleo se divide en núcleos más pequeños.
 d. Núcleos pequeños se combinan para formar núcleos más grandes.

4.44 Indique si cada uno de los siguientes enunciados es característico del proceso de fisión, del proceso de fusión o de ambos:
 a. Para iniciar la reacción se necesitan temperaturas extremadamente altas.
 b. Se producen menos desechos radiactivos.
 c. Núcleos de hidrógeno son los reactivos.
 d. Se liberan grandes cantidades de energía cuando ocurre la reacción nuclear.

MAPA CONCEPTUAL

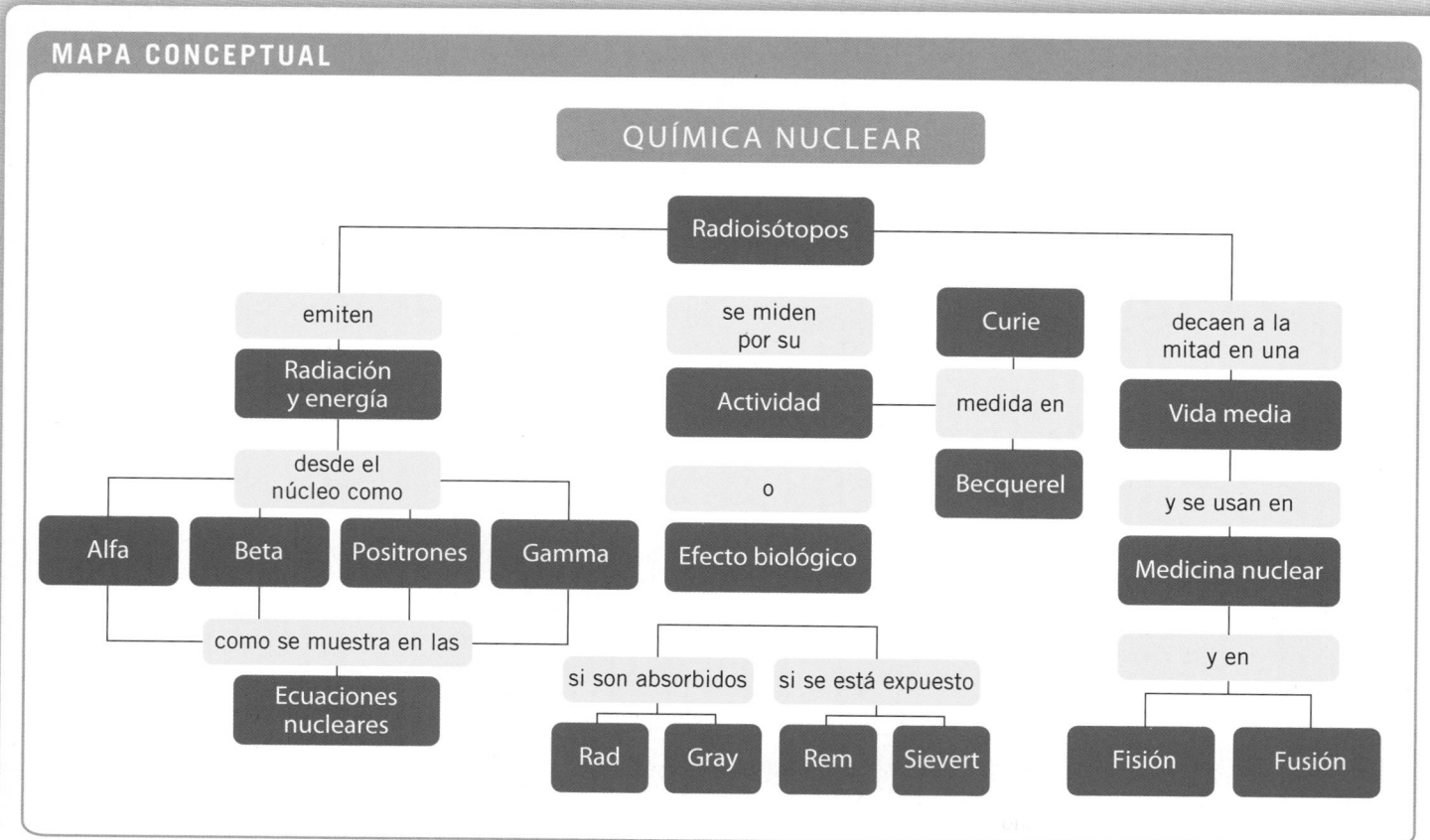

REPASO DEL CAPÍTULO

4.1 Radiactividad natural

META DE APRENDIZAJE: Describir las radiaciones alfa, beta, gamma y de positrones.

^4_2He
Partícula alfa (α)

- Los isótopos radiactivos tienen núcleos inestables que se descomponen (decaen), y emiten espontáneamente radiación alfa (α), beta (β), de positrones ($\beta+$) y gamma (γ).
- Dado que la radiación puede dañar las células del cuerpo, debe utilizarse protección adecuada: blindaje, limitar el tiempo de exposición y tomar distancia.

4.2 Reacciones nucleares

META DE APRENDIZAJE: Escribir una ecuación nuclear balanceada que muestre los números de masa y los números atómicos para el decaimiento radiactivo.

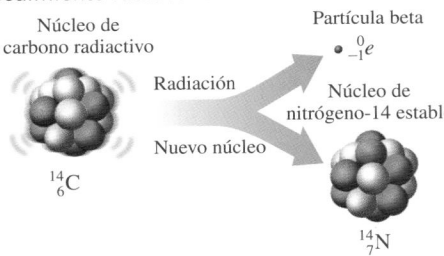

Núcleo de carbono radiactivo

Partícula beta
$^0_{-1}e$

Radiación

Nuevo núcleo

Núcleo de nitrógeno-14 estable

$^{14}_6\text{C}$

$^{14}_7\text{N}$

- Una ecuación balanceada se usa para representar los cambios que tienen lugar en los núcleos de los reactivos y productos.
- Los nuevos isótopos y el tipo de radiación emitida pueden determinarse a partir de los símbolos que muestran los números de masa y los números atómicos de los isótopos en la reacción nuclear.
- Un radioisótopo se produce artificialmente cuando un isótopo no radiactivo se bombardea con una partícula pequeña.

4.3 Medición de la radiación

META DE APRENDIZAJE: Describir la detección y la medición de la radiación.

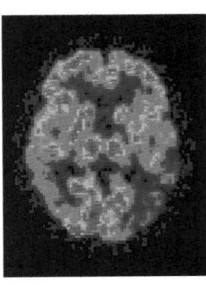

- En un contador Geiger, la radiación produce partículas cargadas en el gas contenido en el tubo, lo que genera una corriente eléctrica.
- El curio (Ci) mide el número de transformaciones nucleares de una muestra radiactiva. La actividad también se mide en unidades de becquerel (Bq).
- La cantidad de radiación absorbida por una sustancia se mide en rads o gray (Gy).
- El rem y el sievert (Sv) son unidades que se utilizan para determinar el daño biológico que causan los diferentes tipos de radiación.

4.4 Vida media de un radioisótopo

META DE APRENDIZAJE: Dada la vida media de un radioisótopo, calcular la cantidad de radioisótopo restante después de una o más vidas medias.

- Cada radioisótopo tiene su propia tasa de emisión de radiación.
- El tiempo que tarda en decaer la mitad de una muestra radiactiva se llama *vida media*.
- Muchos radioisótopos médicos, como Tc-99m y I-131, tienen vidas medias cortas.

- Otros isótopos, que por lo general existen en la naturaleza, como C-14, Ra-226 y U-238, tienen vidas medias extremadamente largas.

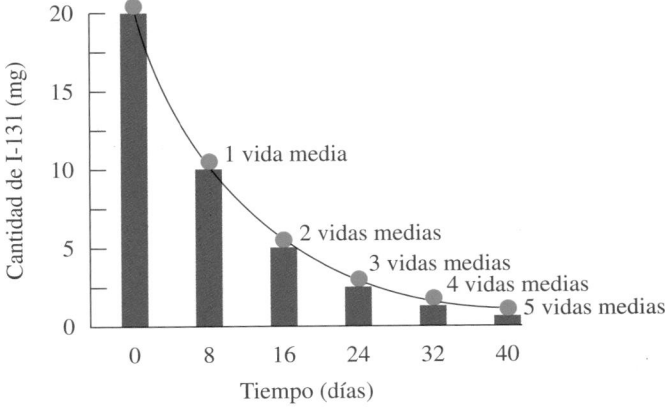

Cantidad de I-131 (mg)

1 vida media

2 vidas medias
3 vidas medias
4 vidas medias
5 vidas medias

Tiempo (días)

4.5 Aplicaciones médicas de la radiactividad

META DE APRENDIZAJE: Describir el uso de radioisótopos en medicina.

- En medicina nuclear, se administran al paciente radioisótopos que se dirigen hacia sitios específicos del cuerpo.
- Al detectar la radiación que emiten, puede valorarse la ubicación y extensión de una lesión, enfermedad, tumor o el nivel de funcionamiento de un órgano particular.
- Para tratar o destruir tumores se utilizan niveles más altos de radiación.

4.6 Fisión y fusión nucleares

META DE APRENDIZAJE: Describir los procesos de fisión y fusión nucleares.

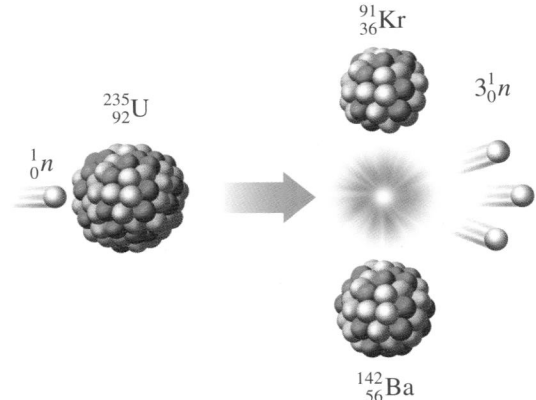

$^{91}_{36}\text{Kr}$

3^1_0n

$^{235}_{92}\text{U}$

^1_0n

$^{142}_{56}\text{Ba}$

- En la fisión, un núcleo grande se separa en piezas más pequeñas, lo que libera uno o más tipos de radiación y gran cantidad de energía.
- En la fusión, núcleos pequeños se combinan para formar un núcleo más grande al tiempo que se liberan grandes cantidades de energía.

TÉRMINOS CLAVE

becquerel (Bq) Unidad de actividad de una muestra radiactiva igual a una desintegración nuclear por segundo.

blindaje Materiales usados para brindar protección contra fuentes radiactivas.

curio (Ci) Unidad de radiación igual a 3.7×10^{10} desintegraciones/s.

curva de decaimiento Gráfico del decaimiento de un elemento radiactivo.

datación con carbono Técnica utilizada para datar especímenes antiguos que contienen carbono. La edad se determina mediante la cantidad de carbono-14 activo que permanece en las muestras.

decaimiento radiactivo Proceso mediante el cual un núcleo inestable se descompone y libera radiación de alta energía.

dosis equivalente Medida del daño biológico ocasionado por una dosis absorbida que se ajustó para el tipo de radiación.

escaneo La imagen de un sitio en el cuerpo creada mediante la detección de la radiación proveniente de isótopos radiactivos acumulados en dicho sitio.

fisión Proceso en el cual los núcleos grandes se dividen en piezas más pequeñas, lo que libera grandes cantidades de energía.

fusión Reacción en la que se libera una gran cantidad de energía cuando núcleos pequeños se combinan para formar núcleos más grandes.

gray (Gy) Unidad de dosis absorbida igual a 100 rad.

partícula alfa Partícula nuclear idéntica a un núcleo de helio; se representa con la letra griega α o el símbolo $_2^4\text{He}$.

partícula beta Partícula idéntica a un electrón que se forma en un núcleo inestable cuando un neutrón cambia a un protón y un electrón. Se representa con los símbolos β o $_{-1}^{0}e$.

positrón Partícula sin masa y carga positiva, símbolo β^+ o $_{+1}^{0}e$, que se produce cuando un protón se transforma en un neutrón y un positrón.

rad (dosis de radiación absorbida) Medida de la cantidad de radiación absorbida por el cuerpo.

radiación Energía o partículas liberadas por los átomos radiactivos.

rayos gamma Radiación de alta energía, símbolo $_0^0\gamma$, que se emite de un núcleo inestable.

reacción en cadena Reacción de fisión que continuará una vez iniciada por un bombardeo de neutrones de alta energía a un núcleo pesado como el uranio-235.

rem (radiación equivalente en seres humanos) Medida del daño biológico causado por los diversos tipos de radiación (rad $\times$ factor biológico de radiación).

sievert (Sv) Unidad de daño biológico (dosis equivalente) igual a 100 rem.

vida media Tiempo que tarda en decaer la mitad de una muestra radiactiva.

COMPRENSIÓN DE CONCEPTOS

Las secciones del capítulo que se deben revisar se muestran entre paréntesis al final de cada pregunta.

En los problemas del 4.45 al 4.48, se muestra un núcleo con protones y neutrones.

● protón
○ neutrón

4.45 Dibuje el nuevo núcleo cuando este isótopo emite un positrón para completar la siguiente figura: (4.2)

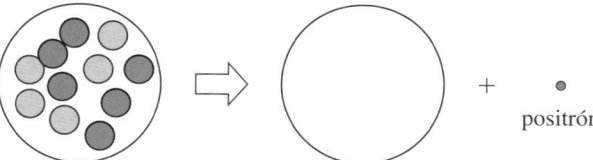

4.46 Dibuje el núcleo de un isótopo que emite una partícula beta para completar la siguiente figura: (4.2)

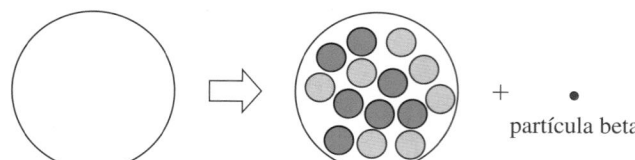

4.47 Dibuje el núcleo del isótopo que es bombardeado en la siguiente figura: (4.2)

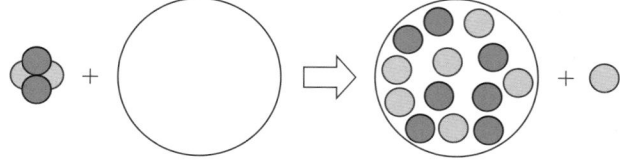

4.48 Para completar la siguiente reacción de bombardeo, dibuje el núcleo del nuevo isótopo que se produce en la siguiente figura: (4.2)

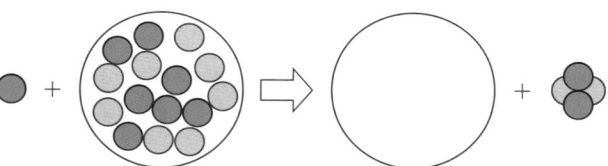

4.49 La datación con carbono de pequeños trozos de carbón usados en pinturas rupestres determinó que algunas de las pinturas tienen de 10 000 a 30 000 años de antigüedad. El carbono-14 tiene una vida media de 5730 años. En una muestra de 1 μg de carbono proveniente de un árbol vivo, la actividad de $_6^{14}\text{C}$ es 6.4 μCi. Si los investigadores determinan que 1 μg de carbón de una pintura rupestre prehistórica en Francia tiene una actividad de 0.80 μCi, ¿cuál es la edad de la pintura? (4.4)

La técnica de datación con carbono ha servido para determinar la edad de antiguas pinturas rupestres.

4.50 Utilice la siguiente curva de decaimiento del yodo-131 para responder las preguntas **a-c**: (4.4)

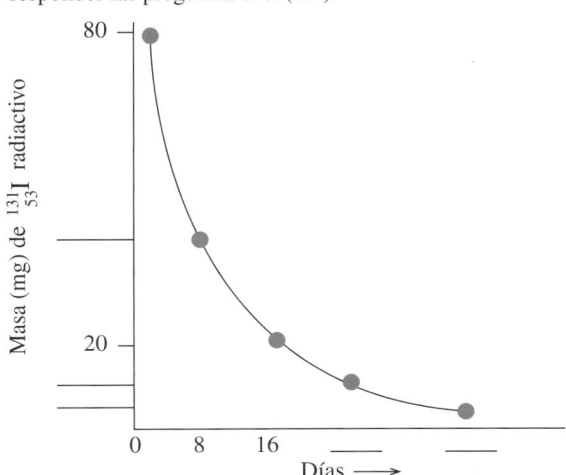

a. Complete los valores para la masa de $^{131}_{53}I$ radiactivo en el eje vertical.

b. Complete el número de días en el eje horizontal.

c. Use la gráfica para determinar la vida media, en días, del yodo-131.

PREGUNTAS Y PROBLEMAS ADICIONALES

Visite www.masteringchemistry.com para acceder a materiales de auto-aprendizaje y tareas asignadas por el instructor.

4.51 Indique el número de protones y el número de neutrones en el núcleo de cada uno de los isótopos siguientes: (4.1)

a. sodio-25   **b.** níquel-61

c. rubidio-84   **d.** plata-110

4.52 Indique el número de protones y el número de neutrones en el núcleo de cada uno de los isótopos siguientes: (4.1)

a. boro-10   **b.** cinc-72

c. hierro-59   **d.** oro-198

4.53 Identifique cada una de las ecuaciones siguientes como: decaimiento alfa, decaimiento beta, emisión de positrones o emisión gamma: (4.1)

a. $^{27m}_{13}Al \longrightarrow {}^{27}_{13}Al + {}^{0}_{0}\gamma$

b. $^{8}_{5}B \longrightarrow {}^{8}_{4}Be + {}^{0}_{+1}e$

c. $^{220}_{86}Rn \longrightarrow {}^{216}_{84}Po + {}^{4}_{2}He$

4.54 Identifique cada una de las ecuaciones siguientes como: decaimiento alfa, decaimiento beta, emisión de positrones o emisión gamma: (4.1)

a. $^{127}_{55}Cs \longrightarrow {}^{127}_{54}Xe + {}^{0}_{+1}e$

b. $^{90}_{38}Sr \longrightarrow {}^{90}_{39}Y + {}^{0}_{-1}e$

c. $^{218}_{85}At \longrightarrow {}^{214}_{83}Bi + {}^{4}_{2}He$

4.55 Escriba una ecuación nuclear balanceada para cada uno de los siguientes incisos: (4.2)

a. Th-225 (decaimiento α)   **b.** Bi-210 (decaimiento α)

c. cesio-137 (decaimiento β)   **d.** estaño-126 (decaimiento β)

e. F-18 (emisión β^+)

4.56 Escriba una ecuación nuclear balanceada para cada uno de los siguientes incisos: (4.2)

a. potasio-40 (decaimiento β)

b. azufre-35 (decaimiento β)

c. platino-190 (decaimiento α)

d. Ra-210 (decaimiento α)

e. In-113m (emisión γ)

4.57 Complete cada una de las siguientes ecuaciones nucleares: (4.2)

a. $^{4}_{2}He + {}^{14}_{7}N \longrightarrow ? + {}^{1}_{1}H$

b. $^{4}_{2}He + {}^{27}_{13}Al \longrightarrow {}^{30}_{14}Si + ?$

c. $^{1}_{0}n + {}^{235}_{92}U \longrightarrow {}^{90}_{38}Sr + 3{}^{1}_{0}n + ?$

d. $^{23m}_{12}Mg \longrightarrow ? + {}^{0}_{0}\gamma$

4.58 Complete cada una de las siguientes ecuaciones nucleares: (4.2)

a. $? + {}^{59}_{27}Co \longrightarrow {}^{56}_{25}Mn + {}^{4}_{2}He$

b. $? \longrightarrow {}^{14}_{7}N + {}^{0}_{-1}e$

c. $^{0}_{-1}e + {}^{76}_{36}Kr \longrightarrow ?$

d. $^{4}_{2}He + {}^{241}_{95}Am \longrightarrow ? + 2{}^{1}_{0}n$

4.59 Escriba la ecuación nuclear balanceada para cada uno de los siguientes enunciados: (4.2)

a. Cuando dos átomos de oxígeno-16 chocan, uno de los productos es una partícula alfa.

b. Cuando californio-249 se bombardea con oxígeno-18, se producen un nuevo isótopo y cuatro neutrones.

c. El radón-222 experimenta decaimiento alfa.

4.60 Escriba la ecuación nuclear balanceada para cada uno de los siguientes enunciados: (4.2)

a. El polonio-210 decae para producir plomo-206.

b. El bismuto-211 emite una partícula alfa.

c. Un radioisótopo emite un positrón para formar titanio-48.

4.61 Si la cantidad de fósforo-32 radiactivo en una muestra disminuye de 1.2 mg a 0.30 mg en 28.6 días, ¿cuál es la vida media, en días, del fósforo-32? (4.4)

4.62 Si la cantidad de yodo-123 radiactivo en una muestra disminuye de 0.4 g a 0.1 g en 26.4 h, ¿cuál es la vida media, en horas, del yodo-123? (4.4)

4.63 El calcio-47, un emisor beta, tiene una vida media de 4.5 días. (4.2, 4.4)

a. Escriba la ecuación nuclear balanceada para el decaimiento beta del calcio-47.

b. ¿Cuánto, en miligramos, de una muestra de 16 mg de calcio-47 permanecen después de 18 días?

c. ¿Cuántos días han transcurrido si 4.8 mg de calcio-47 decayeron a 1.2 mg de calcio-47?

4.64 El cesio-137, un emisor beta, tiene una vida media de 30 años. (4.2, 4.4)

a. Escriba la ecuación nuclear balanceada para el decaimiento beta de cesio-137.

b. ¿Cuántos gramos de una muestra de 16 mg de cesio-137 permanecerían después de 90 años?

c. ¿Cuántos años se necesitan para que 28 mg de cesio-137 decaigan a 3.5 mg de cesio-137?

4.65 En un escaneo de tiroides se utilizan 320 mCi de I-123, que tiene una vida media de 13.2 h. ¿Cuánto tiempo, en horas, transcurriría para que la actividad se redujera a 40. mCi? (4.4)

4.66 Un objeto de lana del sitio de un antiguo templo tiene una actividad de carbono-14 de 10 conteos/min, en comparación con una pieza de referencia de madera cortada de la actualidad que tiene una actividad de 40 conteos/min. Si la vida media del carbono-14 es 5730 años, ¿cuál es la edad del objeto? (4.4)

4.67 Se utiliza una muestra de 120 mg de tecnecio-99m para una prueba diagnóstica. Si el tecnecio-99m tiene una vida media de 6.0 h, ¿cuánto de la muestra de tecnecio-99m permanece 24 h después de la prueba? (4.4)

4.68 La vida media del oxígeno-15 es 124 s. Si una muestra de oxígeno-15 tiene una actividad de 4000 Bq, ¿cuántos minutos transcurrirán antes de que alcance una actividad de 500 Bq? (4.4)

PREGUNTAS DE DESAFÍO

4.69 El uranio-238 decae en una serie de cambios nucleares hasta que se produce $^{206}_{82}Pb$, el cual es estable. Complete las siguientes ecuaciones nucleares que son parte de la serie de decaimiento del $^{238}_{92}U$: (4.2).

a. $^{238}_{92}U \longrightarrow {}^{234}_{90}Th + ?$ **b.** $^{234}_{90}Th \longrightarrow ? + {}^{0}_{-1}e$

c. $? \longrightarrow {}^{222}_{86}Rn + {}^{4}_{2}He$

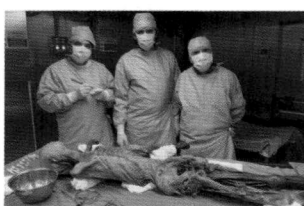

Los restos momificados de "Ötzi" se descubrieron en 1991.

4.70 El hombre de hielo conocido como "Ötzi" fue descubierto en un alto paso de montaña en la frontera entre Austria e Italia. Muestras de su cabello y huesos tenían actividad de carbono-14 que eran aproximadamente 50% de la observada en cabellos o huesos actuales. El carbono-14 es un emisor beta. (4.2, 4.4)

a. ¿Hace cuánto tiempo vivió "Ötzi", si la vida media del C-14 es 5730 años?

b. Escriba una ecuación nuclear balanceada para el decaimiento de carbono-14.

4.71 La vida media para el decaimiento radiactivo de Ce-141 es 32.5 días. Si una muestra tiene una actividad de 4.0 μCi después de transcurridos 130 días, ¿cuál fue la actividad inicial, en microcurios, de la muestra? (4.4)

4.72 Un técnico se expuso en forma accidental a potasio-42 mientras realizaba algunos escaneos cerebrales de posibles tumores. El error no se descubrió sino 36 h después, cuando la actividad de la muestra del potasio-42 era de 2.0 μCi. Si el potasio-42 tiene una vida media de 12 h, ¿cuál era la actividad de la muestra en el momento en que el técnico se expuso? (4.4)

4.73 Una muestra de 64 μCi de Tl-201 decae a 4.0 μCi en 12 días. ¿Cuál es la vida media, en días, de Tl-201? (4.4)

4.74 Una muestra de 16 μg de sodio-24 decae a 2.0 μg en 45 h. ¿Cuál es la vida media, en horas, del sodio-24? (4.4)

4.75 Se estima que la actividad de K-40 en un cuerpo humano de 70. kg es de 120 nCi. ¿Cuánto es esta actividad en becquerels? (4.3)

4.76 Se estima que la actividad de C-14 en un cuerpo humano de 70. kg es de 3.7 kBq. ¿Cuánto es esta actividad en microcurios? (4.3)

4.77 Escriba una ecuación balanceada para cada una de las siguientes emisiones radiactivas: (4.2)
a. una partícula alfa de Hg-180
b. una partícula beta de Au-198
c. un positrón de Rb-82

4.78 Escriba una ecuación balanceada para cada una de las siguientes emisiones radiactivas: (4.2)
a. una partícula alfa de Gd-148
b. una partícula beta de Ni-64
c. un positrón de Al-25

4.79 Todos los elementos con un número atómico mayor que el del uranio, los elementos transuránicos, se prepararon mediante bombardeo y son elementos que no existen de manera natural. El primer elemento transuránico, neptunio, Np, se preparó al bombardear U-238 con neutrones para formar un átomo de neptunio y una partícula beta. Complete la siguiente ecuación: (4.2)

$$^{1}_{0}n + {}^{238}_{92}U \longrightarrow ? + ?$$

4.80 Uno de los elementos transuránicos más recientes, ununoctio-294 (Uuo-294), número atómico 118, se preparó al bombardear californio-249 con otro isótopo. Complete la siguiente ecuación para la preparación de este nuevo elemento: (4.2)

$$? + {}^{249}_{98}Cf \longrightarrow {}^{294}_{118}Uuo + 3{}^{1}_{0}n$$

RESPUESTAS

Respuestas a las Comprobaciones de estudio

4.1 La distancia respecto de la fuente radiactiva y la reducción al mínimo del tiempo de exposición

4.2 $^{214}_{84}Po \longrightarrow {}^{210}_{82}Pb + {}^{4}_{2}He$

4.3 $^{51}_{24}Cr \longrightarrow {}^{51}_{25}Mn + {}^{0}_{-1}e$

4.4 $^{118}_{54}Xe \longrightarrow {}^{118}_{53}I + {}^{0}_{+1}e$

4.5 $^{4}_{2}He + {}^{27}_{13}Al \longrightarrow {}^{30}_{15}P + {}^{1}_{0}n$

4.6 Para β, el factor es 1; rads y rems son iguales.

4.7 0.50 μg

4.8 17 200 años

4.9 $^{1}_{0}n + {}^{10}_{5}B \longrightarrow {}^{7}_{3}Li + {}^{4}_{2}He$

Respuestas a Preguntas y problemas seleccionados

4.1 a. partícula alfa
b. positrón
c. radiación gamma

4.3 a. $^{39}_{19}K$, $^{40}_{19}K$, $^{41}_{19}K$
b. Todos tienen 19 protones y 19 electrones, pero difieren en el número de neutrones.

4.5

Uso médico	Símbolo atómico	Número de masa	Número de protones	Número de neutrones
Imágenes del corazón	$^{201}_{81}\text{Tl}$	201	81	120
Radioterapia	$^{60}_{27}\text{Co}$	60	27	33
Escaneo abdominal	$^{67}_{31}\text{Ga}$	67	31	36
Hipertiroidismo	$^{131}_{53}\text{I}$	131	53	78
Tratamiento de leucemia	$^{32}_{15}\text{P}$	32	15	17

4.7 a. $^{64}_{29}\text{Cu}$ **b.** $^{75}_{34}\text{Se}$ **c.** $^{24}_{11}\text{Na}$ **d.** $^{15}_{7}\text{N}$

4.9 a. β o $^{0}_{-1}e$ **b.** α o $^{4}_{2}\text{He}$ **c.** n o $^{1}_{0}n$
d. $^{38}_{18}\text{Ar}$ **e.** $^{14}_{6}\text{C}$

4.11 a. 1. partícula alfa **b. 3.** radiación gamma
c. 1. partícula alfa

4.13 a. $^{208}_{84}\text{Po} \longrightarrow ^{204}_{82}\text{Pb} + ^{4}_{2}\text{He}$
b. $^{232}_{90}\text{Th} \longrightarrow ^{228}_{88}\text{Ra} + ^{4}_{2}\text{He}$
c. $^{251}_{102}\text{No} \longrightarrow ^{247}_{100}\text{Fm} + ^{4}_{2}\text{He}$
d. $^{220}_{86}\text{Rn} \longrightarrow ^{216}_{84}\text{Po} + ^{4}_{2}\text{He}$

4.15 a. $^{25}_{11}\text{Na} \longrightarrow ^{25}_{12}\text{Mg} + ^{0}_{-1}e$
b. $^{20}_{8}\text{O} \longrightarrow ^{20}_{9}\text{F} + ^{0}_{-1}e$
c. $^{92}_{38}\text{Sr} \longrightarrow ^{92}_{39}\text{Y} + ^{0}_{-1}e$
d. $^{60}_{26}\text{Fe} \longrightarrow ^{60}_{27}\text{Co} + ^{0}_{-1}e$

4.17 a. $^{26}_{14}\text{Si} \longrightarrow ^{26}_{13}\text{Al} + ^{0}_{+1}e$
b. $^{54}_{27}\text{Co} \longrightarrow ^{54}_{26}\text{Fe} + ^{0}_{+1}e$
c. $^{77}_{37}\text{Rb} \longrightarrow ^{77}_{36}\text{Kr} + ^{0}_{+1}e$
d. $^{93}_{45}\text{Rh} \longrightarrow ^{93}_{44}\text{Ru} + ^{0}_{+1}e$

4.19 a. $^{28}_{14}\text{Si}$, decaimiento beta
b. $^{0}_{0}\gamma$, emisión gamma
c. $^{0}_{1}e$, decaimiento beta
d. $^{238}_{92}\text{U}$, decaimiento alfa
e. $^{188}_{79}\text{Au}$, emisión de positrones

4.21 a. $^{10}_{4}\text{Be}$ **b.** $^{132}_{53}\text{I}$ **c.** $^{27}_{13}\text{Al}$ **d.** $^{30}_{15}\text{P}$

4.23 a. 2 **b.** 3 **c.** 1 **d.** 2

4.25 El técnico expuesto a 5 rad recibió la mayor cantidad de radiación.

4.27 a. 294 μCi **b.** 0.5 Gy

4.29 a. dos vidas medias **b.** una vida media
c. tres vidas medias

4.31 a. 40.0 mg **b.** 20.0 mg
c. 10.0 mg **d.** 5.00 mg

4.33 130 días, 195 días

4.35 a. Puesto que los elementos Ca y P son parte del hueso, sus isótopos radiactivos también formarán parte de las estructuras óseas del cuerpo, donde puede usarse su radiación para diagnosticar o tratar enfermedades óseas.
b. $^{89}_{38}\text{Sr} \longrightarrow ^{89}_{39}\text{Y} + ^{0}_{-1}e$
El estroncio (Sr) actúa en forma muy parecida al calcio (Ca) porque ambos son elementos del Grupo 2A (2). El cuerpo acumulará estroncio radiactivo en los huesos de la misma forma que incorpora calcio. Una vez que el isótopo de estroncio se incorpora al hueso, la radiación beta destruirá las células cancerosas.

4.37 180 μCi

4.39 La fisión nuclear es la división de un átomo grande en fragmentos más pequeños con la liberación de grandes cantidades de energía.

4.41 $^{103}_{42}\text{Mo}$

4.43 a. fisión **b.** fusión
c. fisión **d.** fusión

4.45

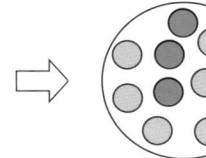
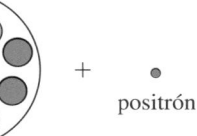

positrón

4.47

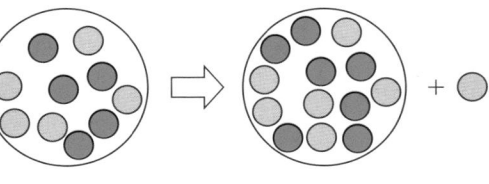

4.49 17 200 años de antigüedad

4.51 a. 11 protones y 14 neutrones
b. 28 protones y 33 neutrones
c. 37 protones y 47 neutrones
d. 47 protones y 63 neutrones

4.53 a. emisión gamma **b.** emisión de positrones
c. decaimiento alfa

4.55 a. $^{225}_{90}\text{Th} \longrightarrow ^{221}_{88}\text{Ra} + ^{4}_{2}\text{He}$
b. $^{210}_{83}\text{Bi} \longrightarrow ^{206}_{81}\text{Tl} + ^{4}_{2}\text{He}$
c. $^{137}_{55}\text{Cs} \longrightarrow ^{137}_{56}\text{Ba} + ^{0}_{-1}e$
d. $^{126}_{50}\text{Sn} \longrightarrow ^{126}_{51}\text{Sb} + ^{0}_{-1}e$
e. $^{18}_{9}\text{F} \longrightarrow ^{18}_{8}\text{O} + ^{0}_{+1}e$

4.57 a. $^{17}_{8}\text{O}$ **b.** $^{1}_{1}\text{H}$ **c.** $^{143}_{54}\text{Xe}$ **d.** $^{23}_{12}\text{Mg}$

4.59 a. $^{16}_{8}\text{O} + ^{16}_{8}\text{O} \longrightarrow ^{28}_{14}\text{Si} + ^{4}_{2}\text{He}$
b. $^{18}_{8}\text{O} + ^{249}_{98}\text{Cf} \longrightarrow ^{263}_{106}\text{Sg} + 4^{1}_{0}n$
c. $^{222}_{86}\text{Rn} \longrightarrow ^{218}_{84}\text{Po} + ^{4}_{2}\text{He}$

4.61 14.3 días

4.63 a. $^{47}_{20}\text{Ca} \longrightarrow ^{47}_{21}\text{Sc} + ^{0}_{-1}e$
b. 1.0 mg de Ca-47 **c.** 9.0 días

4.65 39.6 h

4.67 7.5 mg

4.69 a. $^{238}_{92}\text{U} \longrightarrow ^{234}_{90}\text{Th} + ^{4}_{2}\text{He}$
b. $^{234}_{90}\text{Th} \longrightarrow ^{234}_{91}\text{Pa} + ^{0}_{-1}e$
c. $^{226}_{88}\text{Ra} \longrightarrow ^{222}_{86}\text{Rn} + ^{4}_{2}\text{He}$

4.71 64 μCi

4.73 3.0 días

4.75 4.4×10^3 Bq

4.77 a. $^{180}_{80}\text{Hg} \longrightarrow ^{176}_{78}\text{Pt} + ^{4}_{2}\text{He}$
b. $^{198}_{79}\text{Au} \longrightarrow ^{198}_{80}\text{Hg} + ^{0}_{-1}e$
c. $^{82}_{37}\text{Rb} \longrightarrow ^{82}_{36}\text{Kr} + ^{0}_{+1}e$

4.79 $^{1}_{0}n + ^{238}_{92}\text{U} \longrightarrow ^{239}_{93}\text{Np} + ^{0}_{-1}e$

5 Compuestos y sus enlaces

Sarah, quien es técnico en farmacia, trabaja en una droguería de la localidad. Un cliente le pregunta a Sarah cuáles son los efectos de la aspirina, porque su médico le recomendó que tomara una aspirina de dosis baja (81 mg) todos los días para evitar un ataque cardiaco o una apoplejía.

Sarah le informa a su cliente que la aspirina es ácido acetilsalicílico y tiene la fórmula química $C_9H_8O_4$. La aspirina es un compuesto covalente, al que a menudo se le denomina *molécula orgánica* porque contiene los no metales carbono (C), hidrógeno (H) y oxígeno (O). Sarah muestra al cliente la estructura química de la aspirina y le explica que la aspirina se utiliza para aliviar dolores menores, reducir la inflamación y la fiebre, y para frenar la coagulación sanguínea. Algunos posibles efectos secundarios de la aspirina pueden ser pirosis, malestar estomacal, náusea y un mayor riesgo de padecer úlcera estomacal. Luego Sarah envía al cliente con el farmacéutico encargado para que le proporcione información adicional.

Mastering CHEMISTRY™

Visite **www.masteringchemistry.com** para acceder a materiales de autoaprendizaje y tareas asignadas por el instructor.

Profesión: Técnico en farmacia

Los técnicos en farmacia laboran bajo la supervisión de un farmacéutico y su responsabilidad principal es surtir las recetas mediante la preparación de medicamentos. Consiguen el medicamento apropiado, calculan, miden y etiquetan el medicamento del paciente, que luego aprueba el farmacéutico. Después de surtir la receta, el técnico pone precio y archiva la receta. Los técnicos en farmacia también ofrecen servicios al cliente, como recibir solicitudes de recetas, interacccionar con los clientes y responder cualquier pregunta que pudieran tener acerca de los medicamentos y su condición de salud. Los técnicos en farmacia también pueden preparar solicitudes de indemnización para seguros, así como crear y mantener perfiles de los pacientes.

Aspirina

En la naturaleza, los átomos de casi todos los elementos de la tabla periódica se encuentran en combinación con otros átomos. Sólo los átomos de los gases nobles (He, Ne, Ar, Kr, Xe y Rn) no se combinan en la naturaleza con otros átomos. Como se analizó en la sección 2.3, un compuesto es una sustancia pura que se compone de dos o más elementos y tiene una composición definida. Los compuestos son iónicos o covalentes. En un compuesto iónico, uno o más electrones se transfieren de los átomos de los metales a los átomos de los no metales. Las atracciones que resultan se llaman *enlaces iónicos*.

Todos los días se usan compuestos iónicos, como la sal de mesa ($NaCl$) y el bicarbonato de sodio ($NaHCO_3$). Se puede tomar leche de magnesia ($Mg(OH)_2$) o carbonato de calcio ($CaCO_3$) para calmar un malestar estomacal. En un complemento mineral, el hierro puede estar presente como sulfato de hierro(II) ($FeSO_4$), el yodo como yoduro de potasio (KI) y el manganeso como sulfato de manganeso(II) ($MnSO_4$). Algunos protectores solares contienen óxido de cinc (ZnO), y el fluoruro de estaño(II) (SnF_2) del dentífrico proporciona flúor que ayuda a prevenir la caries dental.

Pequeñas cantidades de metales causan los diferentes colores de las gemas.

Las piedras preciosas y semipreciosas son ejemplos de compuestos iónicos llamados *minerales* que se cortan y pulen para fabricar joyería. Los zafiros y los rubíes están hechos de una forma cristalina de óxido de aluminio (Al_2O_3). Las impurezas del cromo le confieren el color rojo a los rubíes, y el hierro y el titanio hacen azules a los zafiros.

En los compuestos no metales, los *enlaces covalentes* ocurren cuando los átomos comparten uno o más electrones de valencia. Hay muchos más compuestos covalentes que son iónicos, y muchos compuestos covalentes simples están presentes en la vida diaria. Por ejemplo, agua (H_2O), oxígeno (O_2) y dióxido de carbono (CO_2) son compuestos covalentes.

Los compuestos covalentes consisten en moléculas, que son grupos separados de átomos. Una molécula de agua (H_2O) consta de dos átomos de hidrógeno y un átomo de oxígeno. Cuando usted bebe té helado, tal vez le agregue moléculas de azúcar ($C_{12}H_{22}O_{11}$). Otros compuestos covalentes son propano (C_3H_8), alcohol (C_2H_6O) y el antibiótico amoxicilina ($C_{16}H_{19}N_3O_5S$).

5.1 Iones: transferencia de electrones

La mayor parte de los elementos, excepto los gases nobles, se encuentran en la naturaleza combinados como compuestos. Los gases nobles son tan estables que forman compuestos sólo bajo condiciones extremas. Una explicación de su estabilidad es que tienen un nivel de energía de valencia lleno. El helio es estable con dos electrones de valencia que llenan su nivel electrónico más externo. Todos los demás gases nobles son estables porque tienen ocho electrones de valencia, lo que se denomina un *octeto*.

Los compuestos son el resultado de una transferencia o compartición de electrones que confiere a los átomos del compuesto configuraciones electrónicas estables. Algunos átomos, como el hidrógeno, son estables con dos electrones, pero la mayor parte es estable cuando tiene ocho electrones. Los *enlaces iónicos* ocurren cuando los electrones de los átomos de un metal se transfieren a átomos de no metales. Los *enlaces covalentes* se forman cuando los átomos de los no metales comparten electrones de valencia. Esta tendencia de los átomos a obtener una configuración electrónica estable se llama la **regla del octeto** y ofrece una clave para comprender la manera como los átomos de los elementos

TUTORIAL
octet rule and Ions

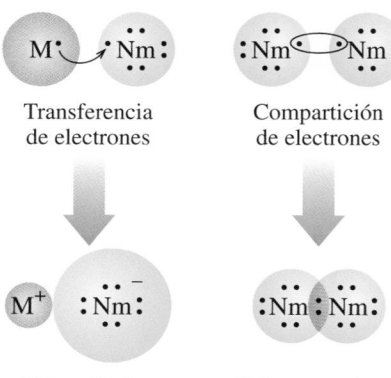

Transferencia
de electrones

Compartición
de electrones

Enlace iónico

Enlace covalente

M es un metal
Nm es un no metal

representativos se enlazan y forman compuestos. La regla del octeto no se aplica a los elementos de transición.

Iones positivos: pérdida de electrones

En los enlaces iónicos, los **iones**, que tienen cargas eléctricas, se forman cuando los átomos pierden o ganan electrones para obtener una configuración electrónica estable. Como se vio en la sección 3.8, las energías de ionización de los metales de los Grupos 1A (1), 2A (2) y 3A (13) son bajas. Por ende, los átomos metálicos pierden con facilidad sus electrones de valencia. Al hacerlo, forman iones con cargas positivas. Por ejemplo, cuando un átomo de sodio pierde su único electrón de valencia, los electrones restantes tienen una configuración electrónica estable. Al perder un electrón, el sodio tiene 10 electrones en lugar de 11. Dado que todavía existen 11 protones en su núcleo, el átomo ya no es neutro. Ahora es un ión sodio con una carga eléctrica, denominada **carga iónica**, en este caso de 1+. En el símbolo para el ión sodio, la carga iónica de 1+ se escribe en la esquina superior derecha, Na^+, donde el 1 se sobreentiende. El ión sodio es más pequeño que el átomo de sodio porque el ión perdió su electrón más externo del tercer nivel de energía. Los iones con carga positiva de los metales se llaman **cationes** y utilizan el nombre del elemento.

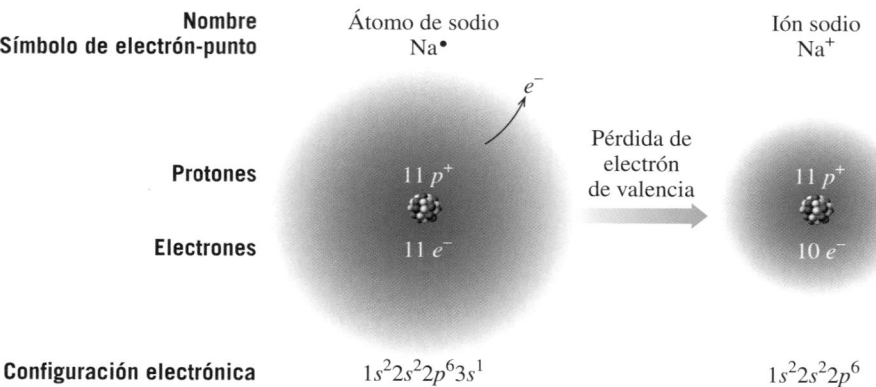

Nombre Símbolo de electrón-punto	Átomo de sodio Na•		Ión sodio Na^+
Protones	$11\,p^+$	Pérdida de electrón de valencia	$11\,p^+$
Electrones	$11\,e^-$		$10\,e^-$
Configuración electrónica	$1s^2 2s^2 2p^6 3s^1$		$1s^2 2s^2 2p^6$

El magnesio, un metal del Grupo 2A (2), obtiene una configuración electrónica estable al perder dos electrones de valencia para formar un ión magnesio con una carga iónica 2+, Mg^{2+}. El ión magnesio es más pequeño que el átomo de magnesio porque los

La química en la salud

ALGUNOS USOS DE LOS GASES NOBLES

Los gases nobles pueden usarse cuando es necesario tener una sustancia que no sea reactiva. Los buzos normalmente utilizan una mezcla presurizada de gases nitrógeno y oxígeno para respirar bajo el agua. Sin embargo, cuando la mezcla de aire se usa a profundidades donde la presión es alta, el gas nitrógeno se absorbe en la sangre, donde puede causar desorientación mental. Para evitar la narcosis por nitrógeno, se puede sustituir por una mezcla de oxígeno y helio (véase *Mezclas de gases para buceo*, en la sección 2.3). El buzo todavía obtiene el oxígeno necesario, pero el helio no reactivo que se disuelve en la sangre no causa desorientación mental. Sin embargo, su menor densidad sí cambia las vibraciones de las cuerdas vocales, y el buzo sonará como el pato Donald.

El helio también se usa para llenar dirigibles y globos. Cuando los dirigibles se diseñaron por primera vez, se llenaban con hidrógeno, un gas muy ligero. Sin embargo, cuando entraban en contacto con cualquier tipo de chispa o fuente de calor, explotaban en forma violenta por la extrema reactividad del gas hidrógeno con el oxígeno

presente en el aire. En la actualidad, los dirigibles se llenan con gas helio, el cual no es reactivo y no plantea ningún peligro de explosión.

Los tubos de iluminación generalmente se llenan con un gas noble como neón o argón. Si bien los filamentos calentados eléctricamente y que producen la luz se calientan mucho, los gases nobles circundantes no reaccionan con el filamento caliente. Si se calentaran en el aire, los elementos que constituyen el filamento arderían rápidamente cuando hubiera oxígeno.

El helio en un dirigible es mucho menos denso que el aire, lo que permite al dirigible volar sobre el terreno.

electrones más externos en el tercer nivel de energía se eliminaron. El octeto del ión magnesio está constituido con electrones que llenan su segundo nivel de energía.

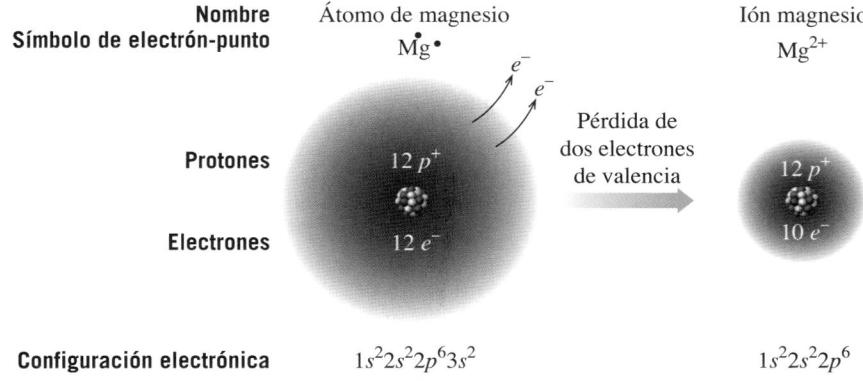

	Átomo de magnesio		Ión magnesio
Nombre Símbolo de electrón-punto	$\dot{\text{M}}\text{g}\cdot$		Mg^{2+}
		Pérdida de dos electrones de valencia	
Protones	12 p^+		12 p^+
Electrones	12 e^-		10 e^-
Configuración electrónica	$1s^2 2s^2 2p^6 3s^2$		$1s^2 2s^2 2p^6$

Iones negativos: ganancia de electrones

En la sección 3.8 aprendió que la energía de ionización de un átomo no metálico en los Grupos 5A (15), 6A (16) o 7A (17) es alta. Más que perder electrones para formar iones, un átomo no metálico gana uno o más electrones de valencia para obtener una configuración electrónica estable. Por ejemplo, un átomo de cloro con siete electrones de valencia gana un electrón de más para formar un octeto. Puesto que ahora hay 18 electrones y 17 protones, el átomo de cloro ya no es neutro. Se convierte en un ión cloro con una carga iónica de $1-$, que se escribe Cl^-. Para nombrar un ión con carga negativa, denominado **anión**, se utiliza la primera parte del nombre de su elemento seguida de la terminación *uro* (excepto el del oxígeno, cuyo nombre es *óxido*). El ión cloruro es más grande que un átomo de cloro porque el ión tiene un electrón adicional, que completa su nivel de energía más externo.

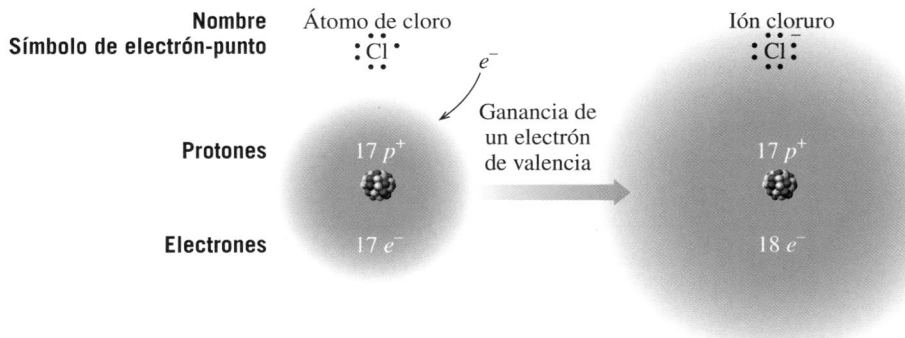

	Átomo de cloro		Ión cloruro
Nombre Símbolo de electrón-punto	$:\ddot{\text{Cl}}\cdot$		$:\ddot{\text{Cl}}:^-$
		Ganancia de un electrón de valencia	
Protones	17 p^+		17 p^+
Electrones	17 e^-		18 e^-
Configuración electrónica	$1s^2 2s^2 2p^6 3s^2 3p^5$		$1s^2 2s^2 2p^6 3s^2 3p^6$

La tabla 5.1 menciona los nombres de algunos iones metálicos y no metálicos importantes.

TABLA 5.1 Símbolos y nombres de algunos iones comunes

Número de grupo	Catión	Nombre del catión	Número de grupo	Anión	Nombre del anión
	Metales			**No metales**	
1A (1)	Li^+	Litio	5A (15)	N^{3-}	Nitruro
	Na^+	Sodio		P^{3-}	Fosfuro
	K^+	Potasio	6A (16)	O^{2-}	Óxido
2A (2)	Mg^{2+}	Magnesio		S^{2-}	Sulfuro
	Ca^{2+}	Calcio	7A (17)	F^-	Fluoruro
	Ba^{2+}	Bario		Cl^-	Cloruro
3A (13)	Al^{3+}	Aluminio		Br^-	Bromuro
				I^-	Yoduro

TUTORIAL
Ions

a. Escriba el símbolo y el nombre del ión que tiene 7 protones y 10 electrones.
b. Escriba el símbolo y el nombre del ión que tiene 20 protones y 18 electrones.

RESPUESTA

a. El elemento que tiene 7 protones es el nitrógeno. En un ión de nitrógeno con 10 electrones, la carga iónica es $3-$, $(7+) + (10-) = 3-$. El ión, que se escribe N^{3-}, es el ión *nitruro*.
b. El elemento con 20 protones es calcio. En un ión calcio con 18 electrones, la carga iónica es $2+$, $(20+) + (18-) = 2+$. El ión, que se escribe Ca^{2+}, es el ión *calcio*.

Cargas iónicas a partir de números de grupo

Como aprendió en la sección 3.8, es posible obtener el número de electrones de valencia de los elementos representativos a partir de sus números de grupo en la tabla periódica. Ahora puede usar los números de grupo para determinar las cargas de sus iones, que adquieren ocho electrones de valencia como el gas noble más cercano, o dos para el helio. Los elementos del Grupo 1A (1) pierden un electrón para formar iones con una carga $1+$. Los átomos de los elementos del Grupo 2A (2) pierden dos electrones para formar iones con una carga $2+$. Los átomos de los elementos del Grupo 3A (13) pierden tres electrones para formar iones con una carga $3+$. En este texto no se usan los números de grupo de los elementos de transición para determinar sus cargas iónicas.

En los compuestos iónicos, los átomos de los no metales del Grupo 7A (17) ganan un electrón para formar iones con una carga $1-$. Los átomos de los elementos del Grupo 6A (16) ganan dos electrones para formar iones con una carga $2-$. Los átomos de los elementos del Grupo 5A (15) usualmente ganan tres electrones para formar iones con una carga $3-$.

Los no metales del Grupo 4A (14) por lo general no forman iones. Sin embargo, los metales Sn y Pb del Grupo 4A (14) pierden electrones para formar iones positivos. La tabla 5.2 menciona las cargas iónicas de algunos iones monoatómicos comunes de elementos representativos.

TABLA 5.2 Ejemplos de iones monoatómicos y sus gases nobles más cercanos

Gases nobles		Metales pierden electrones de valencia			No metales ganan electrones de valencia				Gases nobles
		1A (1)	2A (2)	3A (13)	5A (15)	6A (16)	7A (17)		
He	⟸	Li^+							
Ne	⟸	Na^+	Mg^{2+}	Al^{3+}	N^{3-}	O^{2-}	F^-	⟹	Ne
Ar	⟸	K^+	Ca^{2+}		P^{3-}	S^{2-}	Cl^-	⟹	Ar
Kr	⟸	Rb^+	Sr^{2+}				Br^-	⟹	Kr
Xe	⟸	Cs^+	Ba^{2+}				I^-	⟹	Xe

La química en la salud

ALGUNOS IONES IMPORTANTES EN EL CUERPO

Muchos iones de los líquidos corporales tienen funciones fisiológicas y metabólicas importantes. Algunos de ellos se mencionan en la tabla 5.3.

Los alimentos como plátanos, leche, queso y papas proporcionan al cuerpo iones que son importantes para regular las funciones corporales.

TABLA 5.3 Iones en el cuerpo

Ión	Ubicación	Función	Fuente	Resultado de la escasez	Resultado de un exceso
Na^+	Principal catión fuera de la célula.	Regula y controla los líquidos corporales.	Sal de mesa, queso, pepinillos, papas fritas, *pretzels*.	Hiponatermia, ansiedad, diarrea, insuficiencia circulatoria, disminución de líquido corporal.	Hipernatremia, poca orina, sed, edema.
K^+	Principal catión en el interior de la célula.	Regula líquidos corporales y funciones celulares.	Plátanos, jugo de naranja, leche, ciruelas pasas, papas.	Hipokalemia (hipopotasemia), letargo, debilidad muscular, falla de impulsos neurológicos.	Hiperkalemia (hiperpotasemia), irritabilidad, náusea, poca orina, paro cardiaco.
Ca^{2+}	Catión fuera de la célula; 90% del calcio del cuerpo se encuentra en el hueso como $Ca_3(PO_4)_2$ o $CaCO_3$.	Principal catión del hueso; necesario para contracción muscular.	Leche, yogur, queso, verduras, espinaca.	Hipocalcemia, hormigueo en puntas de los dedos, calambres musculares, osteoporosis.	Hipercalcemia, músculos relajados, cálculos renales, dolor óseo profundo.
Mg^{2+}	Catión fuera de la célula; 70% del magnesio del cuerpo está en los huesos.	Esencial para ciertas enzimas, músculos, control nervioso.	Ampliamente distribuido (parte de la clorofila de todas las plantas verdes), nueces, granos enteros.	Desorientación, hipertensión, temblores, pulso lento.	Somnolencia.
Cl^-	Principal anión fuera de la célula.	Principal anión del jugo gástrico, regula líquidos corporales.	Sal de mesa.	Lo mismo que para Na^+	Lo mismo que para Na^+

PREGUNTAS Y PROBLEMAS

5.1 Iones: transferencia de electrones

META DE APRENDIZAJE: *Con la regla del octeto, escribir los símbolos para los iones simples de los elementos representativos.*

5.1 Indique el número de electrones que deben perder los átomos de cada uno de los siguientes elementos para obtener una configuración electrónica estable:

    a. Li   **b.** Ca   **c.** Ga

    d. Cs   **e.** Ba

5.2 Indique el número de electrones que deben ganar los átomos de cada uno de los siguientes elementos para obtener una configuración electrónica estable.

    a. Cl   **b.** Se   **c.** N

    d. I   **e.** S

5.3 Escriba los símbolos para los iones con el siguiente número de protones y electrones:

    a. 3 protones, 2 electrones

    b. 9 protones, 10 electrones

    c. 12 protones, 10 electrones

    d. 26 protones, 23 electrones

5.4 Escriba los símbolos para los iones con el siguiente número de protones y electrones:

    a. 30 protones, 28 electrones

    b. 53 protones, 54 electrones

    c. 82 protones, 78 electrones

    d. 15 protones, 18 electrones

5.5 ¿Cuántos protones y electrones hay en cada uno de los siguientes iones?

  a. O^{2-} **b.** K^+ **c.** Br^- **d.** S^{2-}

5.6 ¿Cuántos protones y electrones hay en cada uno de los siguientes iones?

  a. Sr^{2+} **b.** F^- **c.** Au^{3+} **d.** Cs^+

5.7 Escriba el símbolo para el ión de cada uno de los siguientes elementos:

  a. cloro   **b.** potasio   **c.** oxígeno
  d. aluminio   **e.** selenio

5.8 Escriba el símbolo para el ión de cada uno de los siguientes elementos:

  a. flúor   **b.** calcio   **c.** sodio
  d. yodo   **e.** bario

META DE APRENDIZAJE

A partir del balance de carga, escribir la fórmula correcta para un compuesto iónico.

MC

TUTORIAL
Ionic Compounds

5.2 Compuestos iónicos

Los **compuestos iónicos** consisten en iones positivos y negativos. Los iones se mantienen unidos por fuertes atracciones entre los iones con carga opuesta, llamados **enlaces iónicos**.

Propiedades de los compuestos iónicos

Las propiedades físicas y químicas de un compuesto iónico como NaCl son muy diferentes de las de los elementos originales. Por ejemplo, los elementos originales de NaCl eran sodio, que es un metal blando brillante, y cloro, que es un gas venenoso amarillo verdoso. Sin embargo, cuando reaccionan y forman iones positivos y negativos, producen sal de mesa ordinaria, NaCl, una sustancia dura, blanca y cristalina que es importante en la alimentación.

En un cristal de NaCl, cada ión Na^+ (se muestra en morado) está rodeado de seis iones Cl^- (mostrados en verde), y cada ión Cl^- está rodeado de seis iones Na^+ (véase la figura 5.1). En consecuencia, existen muchas atracciones fuertes entre los iones positivos

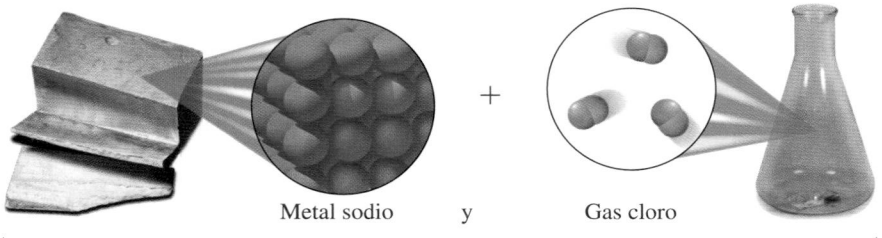

Metal sodio   y   Gas cloro

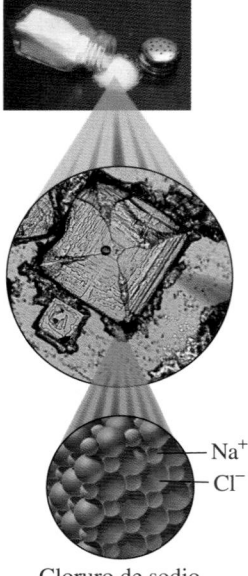

Na^+
Cl^-

Cloruro de sodio

FIGURA 5.1 Los elementos sodio y cloro reaccionan para formar el compuesto iónico cloruro de sodio, que constituye la sal de mesa. La amplificación de cristales de NaCl muestra el arreglo de iones Na^+ y Cl^- en un cristal de NaCl.

P ¿Cuál es el tipo de enlace entre los iones Na^+ y Cl^- en NaCl?

y negativos, lo que explica los altos puntos de fusión de los compuestos iónicos. Por ejemplo, el punto de fusión de NaCl es 801 °C. A temperatura ambiente, los compuestos iónicos son sólidos.

Fórmulas de compuestos iónicos

La **fórmula química** de un compuesto es la expresión que muestra los símbolos y subíndices en la menor proporción entera de los átomos o iones. En la fórmula de un compuesto iónico, la suma de las cargas iónicas siempre es cero, lo que significa que la cantidad total de carga positiva es igual a la cantidad total de carga negativa. Por ejemplo, la fórmula NaCl indica que este compuesto consiste en un ión sodio, Na^+, por cada ión cloruro, Cl^-. Aunque los iones tienen cargas positiva o negativa, sus cargas iónicas no se muestran en la fórmula del compuesto.

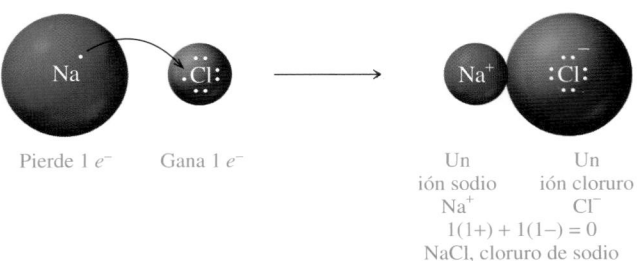

Pierde 1 e^- Gana 1 e^-

Un ión sodio Na^+

Un ión cloruro Cl^-

$1(1+) + 1(1-) = 0$

NaCl, cloruro de sodio

Subíndices en fórmulas

Considere un compuesto de magnesio y cloro. Para lograr un octeto, un átomo Mg pierde sus dos electrones de valencia para formar Mg^{2+}. Dos átomos Cl ganan cada uno un electrón para formar dos iones Cl^-. Los dos iones Cl^- son necesarios para equilibrar la carga positiva de Mg^{2+}. Esto produce la fórmula $MgCl_2$, cloruro de magnesio, en la que el subíndice 2 muestra que se necesitan dos iones Cl^- para equilibrar la carga.

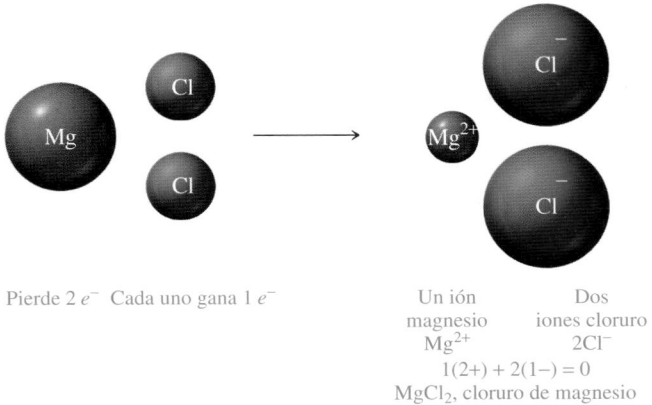

Pierde 2 e^- Cada uno gana 1 e^-

Un ión magnesio Mg^{2+}

Dos iones cloruro $2Cl^-$

$1(2+) + 2(1-) = 0$

$MgCl_2$, cloruro de magnesio

Cómo escribir fórmulas iónicas a partir de cargas iónicas

Los subíndices de la fórmula de un compuesto iónico representan el número de iones positivos y negativos que producen una carga global de cero. Por tanto, ahora puede escribir una fórmula derivada directamente de las cargas iónicas de los iones positivos y negativos. En la fórmula de un compuesto iónico, el catión se escribe primero y le sigue el anión. Suponga que quiere escribir la fórmula del compuesto iónico que contiene los iones Na^+ y S^{2-}. Para equilibrar la carga iónica del ión S^{2-}, se muestran dos iones Na^+ usando un subíndice 2 en la fórmula. Esto genera la fórmula Na_2S, que tiene una carga global de cero. Cuando no hay ningún subíndice para un símbolo como la S en Na_2S, se asume que es 1.

El grupo de iones que tiene la menor proporción de los iones en un compuesto iónico se llama *unidad fórmula*.

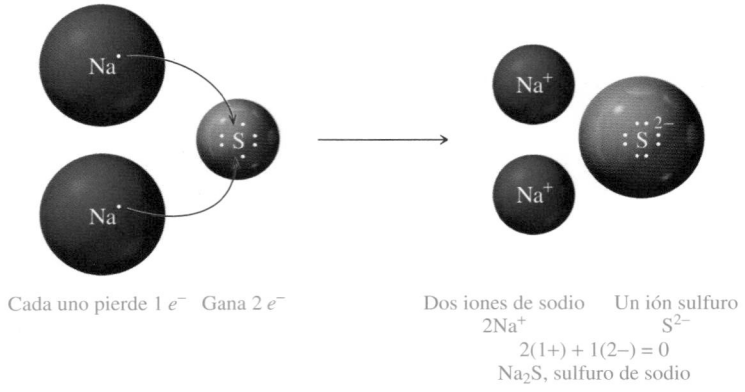

Cada uno pierde 1 e^- Gana 2 e^-

Dos iones de sodio   Un ión sulfuro
$2Na^+$ S^{2-}
$2(1+) + 1(2-) = 0$
Na_2S, sulfuro de sodio

COMPROBACIÓN DE CONCEPTOS 5.2   **Cómo escribir fórmulas a partir de cargas iónicas**

Determine las cargas iónicas y escriba la fórmula del compuesto iónico formado cuando litio y nitrógeno reaccionan.

RESPUESTA

El litio en el Grupo 1A (1) forma Li^+; el nitrógeno en el Grupo 5A (15) forma N^{3-}. La carga de 3$-$ para N^{3-} se equilibra con tres iones Li^+. Al escribir primero el ión positivo se obtiene la fórmula Li_3N.

PREGUNTAS Y PROBLEMAS

5.2 Compuestos iónicos

META DE APRENDIZAJE: *A partir del balance de carga, escribir la fórmula correcta para un compuesto iónico.*

5.9 ¿Cuál de los siguientes pares de elementos es probable que forme compuestos iónicos?
- **a.** litio y cloro
- **b.** oxígeno y bromo
- **c.** potasio y oxígeno
- **d.** sodio y neón
- **e.** cesio y magnesio
- **f.** nitrógeno y flúor

5.10 ¿Cuál de los siguientes pares de elementos es probable que forme compuestos iónicos?
- **a.** helio y oxígeno
- **b.** magnesio y cloro
- **c.** cloro y bromo
- **d.** potasio y azufre
- **e.** sodio y potasio
- **f.** nitrógeno y yodo

5.11 Escriba la fórmula iónica correcta para el compuesto formado entre los siguientes pares de iones:
- **a.** Na^+ y O^{2-}
- **b.** Al^{3+} y Br^-
- **c.** Ba^{2+} y N^{3-}
- **d.** Mg^{2+} y F^-
- **e.** Al^{3+} y S^{2-}

5.12 Escriba la fórmula iónica correcta para el compuesto formado entre los siguientes pares de iones:
- **a.** Al^{3+} y Cl^-
- **b.** Ca^{2+} y S^{2-}
- **c.** Li^+ y S^{2-}
- **d.** Rb^+ y P^{3-}
- **e.** Cs^+ y I^-

5.13 Escriba los símbolos para los iones y la fórmula correcta para el compuesto iónico formado por cada uno de los siguientes pares de elementos:
- **a.** potasio y azufre
- **b.** sodio y nitrógeno
- **c.** aluminio y yodo
- **d.** galio y oxígeno

5.14 Escriba los símbolos para los iones y la fórmula correcta para el compuesto iónico formado por cada uno de los siguientes pares de elementos:
- **a.** calcio y cloro
- **b.** rubidio y azufre
- **c.** sodio y fósforo
- **d.** magnesio y oxígeno

5.3 Nomenclatura y escritura de fórmulas iónicas

En el nombre de un compuesto iónico constituido de dos elementos, el nombre del ión metálico, que se escribe en segundo término, es el mismo que el nombre de su elemento. Para obtener el nombre del ión no metálico se utiliza la primera parte del nombre de su elemento seguida de la terminación *uro* (excepto el del oxígeno, que es *óxido*). En el nombre de cualquier compuesto iónico, un espacio separa el nombre del catión del nombre del anión, y se agrega la preposición *de*. No se usan subíndices; se sobreentienden debido al balance de carga de los iones en el compuesto (véase la tabla 5.4).

TABLA 5.4 Nombres de algunos compuestos iónicos

Compuesto	Ión metálico	Ión no metálico	Nombre del compuesto iónico
KI	K^+ Potasio	I^- Yoduro	Yoduro de potasio
$MgBr_2$	Mg^{2+} Magnesio	Br^- Bromuro	Bromuro de magnesio
Al_2O_3	Al^{3+} Aluminio	O^{2-} Óxido	Óxido de aluminio

La sal yodada contiene KI para evitar la deficiencia de yodo.

EJEMPLO DE PROBLEMA 5.1 **Nomenclatura de compuestos iónicos**

Escriba el nombre del compuesto iónico Mg_3N_2.

SOLUCIÓN

Paso 1 **Identifique el catión y el anión.** El catión del Grupo 2A (2) es Mg^{2+}, y el anión del Grupo 5A (15) es N^{3-}.

Paso 2 **Nombre el catión con el nombre de su elemento.** El catión Mg^{2+} es magnesio.

Paso 3 **Nombre el anión con la primera parte del nombre de su elemento y la terminación *uro* (excepto el del oxígeno, que es *óxido*).** El anión N^{3-} es nitruro.

Paso 4 **Escriba primero el nombre del anión, después la preposición *de* y por último el nombre del catión.** Mg_3N_2 es nitruro de magnesio.

COMPROBACIÓN DE ESTUDIO 5.1

Nombre el compuesto Ga_2S_3.

Guía para nombrar compuestos iónicos con metales que forman un solo ión

1 Identifique el catión y el anión.

2 Nombre el catión con el nombre de su elemento.

3 Nombre el anión con la primera parte del nombre de su elemento y la terminación *uro* (excepto el del oxígeno, que es *óxido*).

4 Escriba primero el nombre del anión, después la preposición *de* y por último el nombre del catión.

TUTORIAL
Writing Ionic Formulas

Metales con carga variable

Como se observó, la carga de un ión de un elemento representativo puede obtenerse a partir de su número de grupo. Sin embargo, no es tan sencillo determinar la carga de un elemento de transición porque generalmente forma dos o más iones positivos. Los elementos de transición pueden perder electrones *s* del nivel de energía más alto, así como electrones *d* de un nivel de energía inferior. Esto también sucede con metales de elementos representativos de los Grupos 4A (14) y 5A (15), como Pb, Sn y Bi.

En algunos compuestos iónicos el hierro está en la forma de Fe^{2+}, pero en otros compuestos tiene la forma Fe^{3+}. El cobre también forma dos iones diferentes: Cu^+ y Cu^{2+}. Cuando un metal puede formar dos o más iones, tiene una *carga variable*. Por tanto, para estos metales no es posible predecir la carga iónica a partir del número de grupo.

Cuando son posibles diferentes iones, se utiliza un sistema de nomenclatura que permite identificar el catión particular. Para hacer esto, un número romano, que es igual a la carga iónica, se coloca entre paréntesis inmediatamente después del nombre del elemento. Por ejemplo, Fe^{2+} se llama hierro(II), y Fe^{3+} se llama hierro(III). La tabla 5.5 menciona los iones de algunos elementos de transición que tienen dos o más iones.

La figura 5.2 muestra algunos iones y su ubicación en la tabla periódica. Los elementos de transición forman más de un ión positivo, excepto cinc (Zn^{2+}), cadmio (Cd^{2+}) y plata (Ag^+), que forman un solo ión. En consecuencia, los nombres de cinc, cadmio y plata son suficientes cuando se nombran sus cationes en los compuestos iónicos. Los metales del Grupo 4A (14) también forman más de un ión positivo. Por ejemplo, plomo y estaño del Grupo 4A (14) forman cationes con cargas de 2+ y 4+.

TABLA 5.5 Algunos metales que forman más de un ión positivo

Elemento	Iones	Nombre del ión	Elemento	Iones	Nombre del ión
Cromo	Cr^{2+}	Cromo(II)	Plomo	Pb^{2+}	Plomo(II)
	Cr^{3+}	Cromo(III)		Pb^{4+}	Plomo(IV)
Cobalto	Co^{2+}	Cobalto(II)	Manganeso	Mn^{2+}	Manganeso(II)
	Co^{3+}	Cobalto(III)		Mn^{3+}	Manganeso(III)
Cobre	Cu^{+}	Cobre(I)	Mercurio	Hg_2^{2+}	Mercurio(I)*
	Cu^{2+}	Cobre(II)		Hg^{2+}	Mercurio(II)
Oro	Au^{+}	Oro(I)	Níquel	Ni^{2+}	Níquel(II)
	Au^{3+}	Oro(III)		Ni^{3+}	Níquel(III)
Hierro	Fe^{2+}	Hierro(II)	Estaño	Sn^{2+}	Estaño(II)
	Fe^{3+}	Hierro(III)		Sn^{4+}	Estaño(IV)

* Los iones mercurio(I) forman un par iónico con una carga 2+.

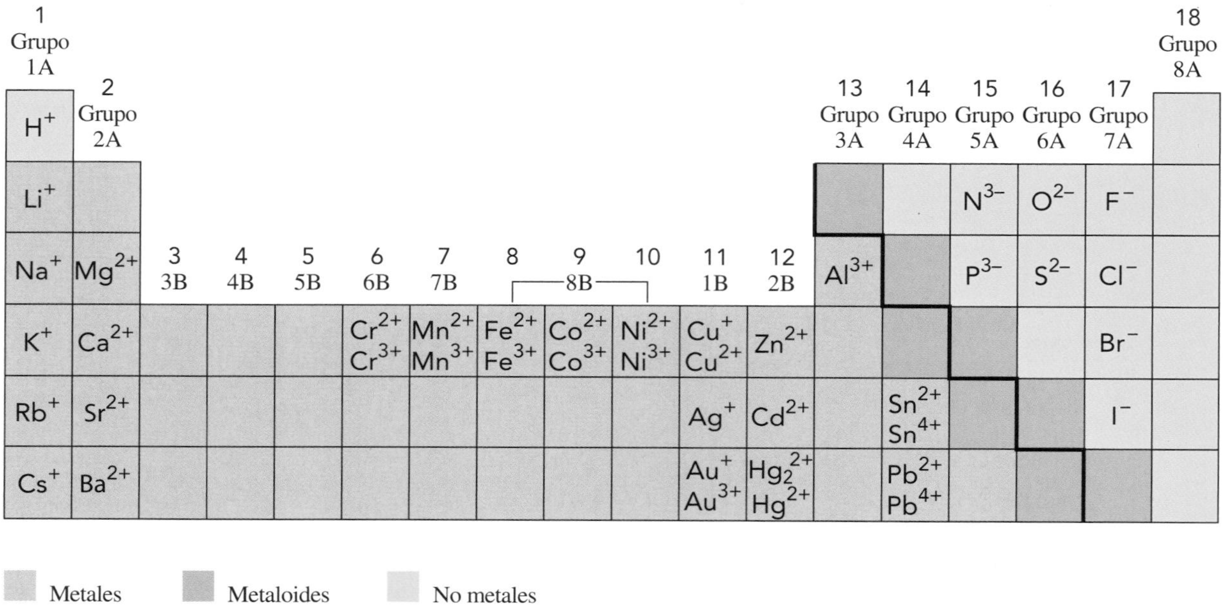

FIGURA 5.2 En la tabla periódica, los iones positivos se producen a partir de metales y los iones negativos se producen a partir de no metales.

P ¿Cuáles son los iones producidos por calcio, cobre y oxígeno?

Determinación de carga variable

Cuando se nombra un compuesto iónico es necesario determinar si el metal es un elemento representativo o un elemento de transición. Si es un elemento de transición, excepto para cinc, cadmio o plata, habrá que escribir su carga iónica en número romano como parte de su nombre. El cálculo de carga iónica depende de la carga negativa de los aniones en la fórmula. Por ejemplo, se usa el balance de carga para calcular la carga del catión cobre en la fórmula $CuCl_2$. Puesto que hay dos iones cloruro, cada uno con una carga 1−, la carga negativa total es 2−. Para equilibrar la carga 2−, el ión cobre debe tener una carga de 2+, que es un ión Cu^{2+}:

TABLA 5.6 Algunos compuestos iónicos de metales que forman dos tipos de iones positivos

Compuesto	Nombre sistemático
$FeCl_2$	Cloruro de hierro(II)
Fe_2O_3	Óxido de hierro(III)
Cu_3P	Fosfuro de cobre(I)
$CuBr_2$	Bromuro de cobre(II)
$SnCl_2$	Cloruro de estaño(II)
PbS_2	Sulfuro de plomo(IV)

$CuCl_2$

Carga Cu	+ Carga 2Cl⁻	= 0
?	+ 2(1−)	= 0
2+	+ 2−	= 0

Para indicar la carga 2+ del ión cobre Cu^{2+}, se coloca el número romano (II) inmediatamente después del término *cobre* cuando se nombra el compuesto: cloruro de cobre(II).

La tabla 5.6 presenta los nombres de algunos compuestos iónicos en los que los elementos de transición y los metales del Grupo 4A (14) tienen más de un ión positivo.

EJEMPLO DE PROBLEMA 5.2 Nomenclatura de compuestos iónicos con iones metálicos de carga variable

La pintura antiincrustante contiene Cu_2O, que evita el crecimiento de percebes y algas en el fondo de los botes. ¿Cuál es el nombre de Cu_2O?

SOLUCIÓN

Paso 1 **Determine la carga del catión a partir del anión.** El no metal O del Grupo 6A (16) forma el ión O^{2-}. Dado que hay dos iones Cu para equilibrar al O^{2-}, la carga de cada ión Cu debe ser 1+.

Análisis del problema

	Metal	No metal
Elemento	Cobre	Oxígeno
Ubicación en la tabla periódica	Elemento de transición	Grupo 6A (16)
Ión	Cu?	O^{2-}
Balance de carga	2(1+) +	(2−) = 0
Ión	Cu^+	O^{2-}

Paso 2 **Nombre el catión con el nombre de su elemento y use un número romano entre paréntesis para indicar la carga.** cobre(I)

Paso 3 **Nombre el anión con la primera parte del nombre de su elemento y la terminación *uro* (excepto el del oxígeno, que es *óxido*).** óxido

Paso 4 **Escriba primero el nombre del anión, después la preposición *de* y por último el nombre del catión.** óxido de cobre(I)

COMPROBACIÓN DE ESTUDIO 5.2

Escriba el nombre del compuesto con la fórmula Mn_2S_3.

Guía para nombrar compuestos iónicos con metales de carga variable

1 Determine la carga del catión a partir del anión.

2 Nombre el catión con el nombre de su elemento y use un número romano entre paréntesis para indicar la carga.

3 Nombre el anión con la primera parte del nombre de su elemento y la terminación *uro* (excepto el del oxígeno, que es *óxido*).

4 Escriba primero el nombre del anión, después la preposición *de* y por último el nombre del catión.

EJEMPLO DE PROBLEMA 5.3 Cómo escribir fórmulas para compuestos iónicos

Escriba la fórmula para el cloruro de hierro(III).

SOLUCIÓN

Paso 1 **Identifique el catión y el anión.** El número romano (III) indica que la carga del ión de hierro es 3+, Fe^{3+}.

Análisis del problema

	Metal	No metal
Ión	Hierro(III)	Cloruro
Grupo	Transición	7A (17)
Símbolo	Fe^{3+}	Cl^-

Paso 2 **Balancee las cargas.**

$$Fe^{3+} \quad Cl^-$$
$$Cl^-$$
$$Cl^-$$
$$\overline{1(3+) + 3(1-) = 0}$$

Se convierte en subíndice en la fórmula

Guía para escribir fórmulas a partir del nombre de un compuesto iónico

1 Identifique el catión y el anión.

2 Balancee las cargas.

3 Escriba la fórmula indicando primero el catión, y use los subíndices del balance de cargas.

El pigmento óxido de cromo verde contiene óxido de cromo(III).

Paso 3 **Escriba la fórmula indicando primero el catión, y use los subíndices del balance de cargas.**

$$FeCl_3$$

COMPROBACIÓN DE ESTUDIO 5.3

Escriba la fórmula correcta para el óxido de cromo(III).

PREGUNTAS Y PROBLEMAS

5.3 Nomenclatura y escritura de fórmulas iónicas

META DE APRENDIZAJE: *Dada la fórmula de un compuesto iónico, escribir el nombre correcto; dado el nombre de un compuesto iónico, escribir la fórmula correcta.*

5.15 Escriba el nombre de cada uno de los siguientes compuestos iónicos:
  a. Al_2O_3 **b.** $CaCl_2$ **c.** Na_2O
  d. Mg_3P_2 **e.** KI   **f.** BaF_2

5.16 Escriba el nombre de cada uno de los siguientes compuestos iónicos:
  a. $MgCl_2$ **b.** K_3P **c.** Li_2S
  d. CsF   **e.** MgO   **f.** $SrBr_2$

5.17 ¿Por qué se coloca un número romano después del nombre de los iones de la mayoría de los elementos de transición?

5.18 El compuesto $CaCl_2$ se llama cloruro de calcio; el compuesto $CuCl_2$ se llama cloruro de cobre(II). Explique por qué se usó un número romano en un nombre, pero no en el otro.

5.19 Escriba el nombre de cada uno de los siguientes iones (incluya el número romano cuando sea necesario):
  a. Fe^{2+} **b.** Cu^{2+} **c.** Zn^{2+}
  d. Pb^{4+} **e.** Cr^{3+} **f.** Mn^{2+}

5.20 Escriba el nombre de cada uno de los siguientes iones (incluya el número romano cuando sea necesario):
  a. Ag^+ **b.** Cu^+ **c.** Fe^{3+}
  d. Sn^{2+} **e.** Au^{3+} **f.** Ni^{2+}

5.21 Escriba el nombre de cada uno de los siguientes compuestos iónicos:
  a. $SnCl_2$ **b.** FeO   **c.** Cu_2S
  d. CuS   **e.** $CrBr_3$ **f.** $ZnCl_2$

5.22 Escriba el nombre de cada uno de los siguientes compuestos iónicos:
  a. Ag_3P **b.** PbS   **c.** SnO_2
  d. $MnCl_3$ **e.** FeS   **f.** $CoCl_2$

5.23 Escriba el símbolo para el catión en cada uno de los siguientes compuestos iónicos:
  a. $AuCl_3$ **b.** Fe_2O_3
  c. PbI_4 **d.** $SnCl_2$

5.24 Escriba el símbolo para el catión en cada uno de los siguientes compuestos iónicos:
  a. $FeCl_2$ **b.** CrO
  c. Ni_2S_3 **d.** AlP

5.25 Escriba fórmulas para los siguientes compuestos iónicos:
  a. cloruro de magnesio   **b.** sulfuro de sodio
  c. óxido de cobre(I)   **d.** fosfuro de cinc
  e. nitruro de oro(III)   **f.** cloruro de cromo(II)

5.26 Escriba fórmulas para los siguientes compuestos iónicos:
  a. óxido de níquel(III)   **b.** fluoruro de bario
  c. cloruro de estaño(IV)   **d.** sulfuro de plata
  e. cloruro de cobre(II)   **f.** nitruro de litio

5.4 Iones poliatómicos

Un **ión poliatómico** es un grupo de átomos enlazados de manera covalente que tienen una carga iónica global. Casi todos los iones poliatómicos consisten en un no metal, como fósforo, azufre, carbono o nitrógeno, enlazado con átomos de oxígeno.

Casi todos los iones poliatómicos son aniones con cargas $1-$, $2-$ o $3-$, que indican que el grupo de átomos ganó 1, 2 o 3 electrones para completar una configuración electrónica estable, por lo general un octeto. Sólo un ión poliatómico común, NH_4^+, tiene carga positiva. En la figura 5.3 se muestran algunos modelos de iones poliatómicos comunes.

Nombres de iones poliatómicos

Los nombres de los iones poliatómicos con carga negativa más comunes terminan en *ato*, como nitrato o sulfato. Cuando un ión relacionado tiene un átomo de oxígeno menos, se usa la terminación *ito* para su nombre, como nitrito y sulfito. Reconocer estas terminaciones le ayudará a identificar iones poliatómicos en los nombres de los compuestos. El ión hidróxido (OH^-) y el ión cianuro (CN^-) son excepciones a este patrón de nomenclatura.

Yeso
$CaSO_4$

Fertilizante
NH_4NO_3

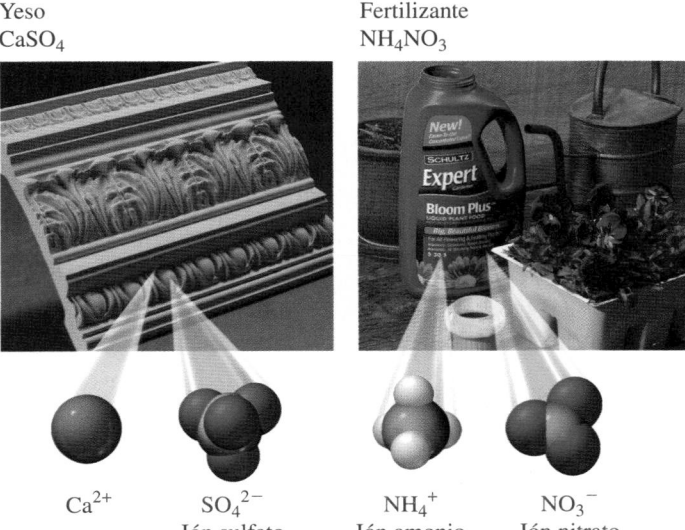

Ca^{2+} $SO_4{}^{2-}$ $NH_4{}^+$ $NO_3{}^-$
      Ión sulfato   Ión amonio   Ión nitrato

FIGURA 5.3 Muchos productos contienen iones poliatómicos, que son grupos de átomos enlazados que tienen una carga iónica.

P ¿Por qué el ión sulfato tiene una carga 2−?

Al aprender las fórmulas, cargas y nombres de los iones poliatómicos que se muestran en negrillas en la tabla 5.7, podrá derivar los iones relacionados. Observe que los iones *ato* e *ito* de un no metal particular tienen la misma carga iónica. Por ejemplo, el ión sulfato es $SO_4{}^{2-}$, y el ión sulfito, que tiene un átomo de oxígeno menos, es $SO_3{}^{2-}$. Los iones fosfato y fosfito tienen cada uno una carga 3−; nitrato y nitrito tienen cada uno carga 1−. Los elementos del Grupo 7A (17) forman cuatro iones poliatómicos diferentes con el oxígeno. A los nombres se agregan prefijos, y la terminación cambia para distinguir entre dichos iones. El prefijo *per* se usa para el ión poliatómico que tiene un oxígeno más que la forma *ato*. El prefijo *hipo* se usa para el ión poliatómico que tiene un oxígeno menos que la forma *ito*. Por ejemplo, los iones poliatómicos del cloro (perclorato, clorato, clorito e hipoclorito) tienen cada uno carga 1−.

TABLA 5.7 Nombres y fórmulas de algunos iones poliatómicos comunes

No metal	Fórmula de ión*	Nombre de ión
Hidrógeno	OH^-	Hidróxido
Nitrógeno	$NH_4{}^+$	Amonio
	$NO_3{}^-$	**Nitrato**
	$NO_2{}^-$	Nitrito
Cloro	$ClO_4{}^-$	Perclorato
	$ClO_3{}^-$	**Clorato**
	$ClO_2{}^-$	Clorito
	ClO^-	Hipoclorito
Carbono	**$CO_3{}^{2-}$**	**Carbonato**
	$HCO_3{}^-$	Carbonato de hidrógeno (o bicarbonato)
	CN^-	Cianuro
	$H_2C_3O_2{}^-$	Acetato
Azufre	**$SO_4{}^{2-}$**	**Sulfato**
	$HSO_4{}^-$	Sulfato de hidrógeno (o bisulfato)
	$SO_3{}^{2-}$	Sulfito
	$HSO_3{}^-$	Sulfito de hidrógeno (o bisulfito)
Fósforo	**$PO_4{}^{3-}$**	**Fosfato**
	$HPO_4{}^{2-}$	Fosfato de hidrógeno
	$H_2PO_4{}^-$	Fosfato de dihidrógeno
	$PO_3{}^{3-}$	Fosfito

* Las fórmulas y nombres en negrillas muestran el ión poliatómico más común para dicho elemento.

El clorito de sodio se utiliza en el procesamiento y blanqueado de pulpa de fibras de madera y cartón reciclado.

La fórmula del carbonato de hidrógeno, o *bicarbonato*, se escribe con un hidrógeno enfrente de la fórmula poliatómica del carbonato, y la carga cambia de $2-$ a $1-$ para dar HCO_3^-.

$$CO_3^{2-} + H^+ = HCO_3^-$$

Compuestos que contienen iones poliatómicos

No existen iones poliatómicos por sí solos. Como cualquier otro ión, un ión poliatómico tiene que asociarse a iones de carga opuesta. El enlace entre iones poliatómicos y otros iones es de atracción eléctrica. Por ejemplo, el compuesto clorito de sodio, que se utiliza para blanquear pulpa de madera, consta de iones de sodio (Na^+) y iones de clorito (ClO_2^-) unidos mediante enlaces iónicos.

Para escribir fórmulas correctas de compuestos que contengan un ión poliatómico se siguen las mismas reglas de balance de carga que se usaron cuando se escribieron las fórmulas para compuestos iónicos. Las cargas negativa y positiva totales deben ser iguales a cero. Por ejemplo, considere la fórmula de un compuesto que contiene iones de sodio y iones de clorito. Los iones se escriben:

$$Na^+ \qquad ClO_2^-$$

Ión de sodio   Ión de clorito

Cargas iónicas $(1+) \quad + \quad (1-) = 0$

Puesto que se necesita un ión de cada uno para balancear la carga, la fórmula se escribe:

$$NaClO_2$$

Clorito de sodio

Cuando se necesita más de un ión poliatómico para balancear la carga, se usan paréntesis para encerrar la fórmula del ión. Un subíndice se escribe afuera del paréntesis de cierre del ión poliatómico para indicar el número necesario para balancear la carga. La fórmula del nitrato de magnesio contiene el ión magnesio y el ión poliatómico nitrato.

$$Mg_2^+ \qquad NO_3^-$$

Ión magnesio   Ión nitrato

Para balancear la carga positiva de 2+ en el ión magnesio se necesitan dos iones nitrato. En la fórmula del compuesto se colocan paréntesis alrededor del ión nitrato, y se escribe el subíndice 2 afuera del paréntesis de cierre.

$$Mg^{2+} \quad \begin{matrix} NO_3^- \\ \\ NO_3^- \end{matrix}$$

$(2+) + 2(1-) = 0$

Nitrato de magnesio

$$Mg(NO_3)_2$$

El paréntesis encierra la fórmula del ión nitrato.

El subíndice afuera del paréntesis indica el uso de dos iones nitrato.

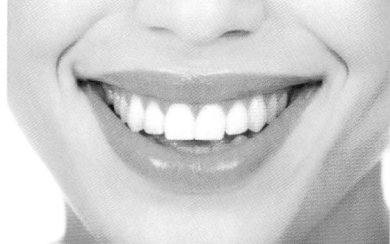

La sustancia mineral de los dientes contiene fosfato y iones hidróxido.

COMPROBACIÓN DE CONCEPTOS 5.3   **Iones poliatómicos en huesos y dientes**

Huesos y dientes contienen una sustancia mineral sólida llamada *hidroxiapatita*, $Ca_{10}(PO_4)_6(OH)_2$. ¿Cuáles son los nombres y fórmulas de los iones poliatómicos contenidos en la sustancia mineral de huesos y dientes?

RESPUESTA

Los iones poliatómicos son fosfato, PO_4^{3-}, e hidróxido, OH^-.

Nomenclatura de compuestos que contienen iones poliatómicos

Cuando se nombran compuestos iónicos que contienen iones poliatómicos, primero se escribe el nombre del ión poliatómico y después el ión positivo, por lo general un metal. Es importante que aprenda a reconocer el ión poliatómico en la fórmula y que lo nombre correctamente. Como con otros compuestos iónicos, no se usan prefijos.

Na_2SO_4	$FePO_4$	$Al_2(CO_3)_3$
$Na_2\boxed{SO_4}$	$Fe\boxed{PO_4}$	$Al_2\boxed{(CO_3)}_3$
Sulfato de sodio	Fosfato de hierro(III)	Carbonato de aluminio

La tabla 5.8 presenta las fórmulas y nombres de algunos compuestos iónicos que incluyen iones poliatómicos, y también proporciona sus usos en la medicina y en la industria.

TABLA 5.8 Algunos compuestos que contienen iones poliatómicos

Fórmula	Nombre	Uso
$BaSO_4$	Sulfato de bario	Medio de contraste para rayos X
$CaCO_3$	Carbonato de calcio	Antiácido, complemento de calcio
$Ca_3(PO_4)_2$	Fosfato de calcio	Complemento alimenticio de calcio
$CaSO_3$	Sulfito de calcio	Conservador en sidra y jugos de frutas
$CaSO_4$	Sulfato de calcio	Enyesado
$AgNO_3$	Nitrato de plata	Antiinfeccioso tópico
$NaHCO_3$	Bicarbonato de sodio *o* carbonato de hidrógeno y sodio	Antiácido
$Zn_3(PO_4)_2$	Fosfato de cinc	Cemento dental
$FePO_4$	Fosfato de hierro(III)	Aditivo alimenticio
K_2CO_3	Carbonato de potasio	Alcalinizante, diurético
$Al_2(SO_4)_3$	Sulfato de aluminio	Antitranspirante, antiinfeccioso
$AlPO_4$	Fosfato de aluminio	Antiácido
$MgSO_4$	Sulfato de magnesio	Purgante, sales de Epsom

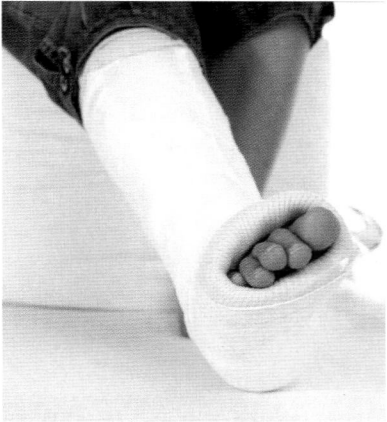

Un enyesado hecho con $CaSO_4$ inmoviliza una pierna rota.

EJEMPLO DE PROBLEMA 5.4   **Cómo nombrar compuestos que contienen iones poliatómicos**

Nombre los siguientes compuestos iónicos.

a. $KClO_3$
b. $Cu(NO_2)_2$

SOLUCIÓN

Fórmula	Paso 1 Catión	Anión	Paso 2 Nombre del catión	Paso 3 Nombre del ión poliatómico	Step 4 Nombre del compuesto
a. $KClO_3$	K^+	ClO_3^-	Ión potasio	Ión clorato	Clorato de potasio
b. $Cu(NO_2)_2$	Cu^{2+}	NO_2^-	Ión cobre(II)	Ión nitrito	Nitrito de cobre(II)

COMPROBACIÓN DE ESTUDIO 5.4

¿Cuál es el nombre de $Co_3(PO_4)_2$?

Guía para nombrar compuestos iónicos con iones poliatómicos

1 Identifique el catión y el ión poliatómico (anión).

2 Nombre el catión usando un número romano, si es necesario.

3 Nombre el ión poliatómico.

4 Escriba el nombre del compuesto: primero el ión poliatómico (anión), después la preposición *de* y por último el nombre del catión.

EJEMPLO DE PROBLEMA 5.5 — Cómo escribir fórmulas para compuestos iónicos que contienen iones poliatómicos

Escriba la fórmula para el bicarbonato de aluminio.

SOLUCIÓN

Paso 1 Identifique el catión y el ión poliatómico (anión).

Catión	Ión poliatómico (anión)
Al^{3+}	HCO_3^-

Paso 2 Balancee las cargas.

$$Al^{3+} \qquad HCO_3^-$$
$$HCO_3^-$$
$$HCO_3^-$$
$$\overline{\phantom{Al^{3+}}}$$
$$\mathbf{1}(3+) \quad + \quad \mathbf{3}(1-) = 0$$

Se convierte en subíndice en la fórmula

Paso 3 Escriba la fórmula indicando primero el catión, y use los subíndices del balance de cargas. Para escribir la fórmula del compuesto se encierra entre paréntesis la fórmula del ión bicarbonato, HCO_3^-, y se escribe el subíndice 3 afuera del paréntesis de cierre.

$$Al(HCO_3)_3$$

COMPROBACIÓN DE ESTUDIO 5.5

Escriba la fórmula de un compuesto que contiene ión(es) amonio y ión(es) fosfato.

Guía para escribir fórmulas con iones poliatómicos

1 Identifique el catión y el ión poliatómico (anión).

2 Balancee las cargas.

3 Escriba la fórmula indicando primero el catión, y use los subíndices del balance de cargas.

PREGUNTAS Y PROBLEMAS

5.4 Iones poliatómicos

META DE APRENDIZAJE: *Escribir el nombre y la fórmula de un compuesto que contiene un ión poliatómico.*

5.27 Escriba la fórmula, incluida la carga, de cada uno de los siguientes iones poliatómicos:
 a. carbonato de hidrógeno (bicarbonato)
 b. amonio
 c. fosfato
 d. sulfato de hidrógeno
 e. perclorato

5.28 Escriba la fórmula, incluida la carga, de cada uno de los siguientes iones poliatómicos:
 a. nitrito **b.** sulfito
 c. hidróxido **d.** hipofosfito
 e. bromato

5.29 Nombre cada uno de los siguientes iones poliatómcos:
 a. SO_4^{2-} **b.** ClO^- **c.** PO_4^{3-} **d.** NO_3^-

5.30 Nombre cada uno de los siguientes iones poliatómicos:
 a. OH^- **b.** HSO_3^- **c.** CN^- **d.** NO_2^-

5.31 Complete la siguiente tabla con la fórmula del compuesto que se forma entre cada par de iones:

	NO_2^-	CO_3^{2-}	HSO_4^-	PO_4^{3-}
Li^+				
Cu^{2+}				
Ba^{2+}				

5.32 Complete la siguiente tabla con la fórmula del compuesto que se forma entre cada par de iones:

	NO_3^-	HCO_3^-	SO_3^{2-}	HPO_4^{2-}
NH_4^+				
Al^{3+}				
Pb^{4+}				

5.33 Escriba la fórmula del ión poliatómico en cada uno de los siguientes compuestos y nombre cada compuesto:
 a. Na_2CO_3 **b.** NH_4Cl **c.** K_3PO_4
 d. $Cr(NO_2)_2$ **e.** $FeSO_3$

5.34 Escriba la fórmula del ión poliatómico en cada uno de los siguientes compuestos y nombre cada compuesto:
 a. KOH **b.** $NaNO_3$ **c.** Au_2CO_3
 d. $NaHCO_3$ **e.** $BaSO_4$

5.35 Escriba la fórmula correcta de cada uno de los siguientes compuestos:
 a. hidróxido de bario **b.** sulfato de sodio
 c. nitrato de hierro(II) **d.** fosfato de cinc
 e. carbonato de hierro(III)

5.36 Escriba la fórmula correcta de cada uno de los siguientes compuestos:
 a. clorato de aluminio **b.** óxido de amonio
 c. bicarbonato de magnesio **d.** nitrito de sodio
 e. sulfato de cobre(I)

5.5 Compuestos covalentes: compartición de electrones

Un **compuesto covalente** se forma cuando los átomos de dos no metales comparten electrones. Debido a las altas energías de ionización de los no metales, los electrones no se transfieren entre átomos no metálicos, sino que se comparten para lograr estabilidad. Cuando los átomos no metálicos comparten electrones, el enlace es un **enlace covalente**. Cuando dos o más átomos comparten electrones, forman una **molécula**.

Formación de una molécula de hidrógeno

La molécula covalente más simple es el hidrógeno, H_2. Cuando dos átomos H están alejados, no hay atracciones entre ellos. A medida que los átomos H se acercan, la carga positiva de cada núcleo atrae el electrón del otro átomo. Esta atracción, que es mayor que la repulsión entre los electrones de valencia, acerca los átomos hasta que comparten un par de electrones de valencia. El resultado se llama *enlace covalente*, en el que cada átomo H tiene una configuración electrónica estable. Los átomos enlazados en H_2 son más estables que dos átomos H individuales.

META DE APRENDIZAJE

Dibujar las fórmulas de electrón-punto para compuestos covalentes, incluidos enlaces múltiples y estructuras de resonancia.

ACTIVIDAD DE AUTOAPRENDIZAJE
Covalent Bonds

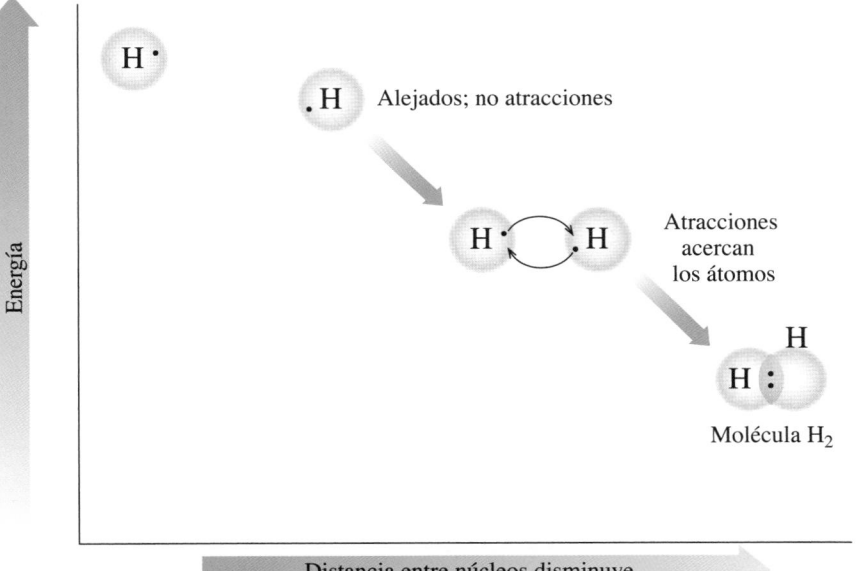

Fórmulas de electrón-punto de moléculas covalentes

Para mostrar los electrones de valencia en las moléculas covalentes se utiliza una fórmula de electrón-punto, también denominada *estructura de Lewis*. Los electrones compartidos, o *pares de enlace*, se muestran como dos puntos o una sola línea entre átomos. Los pares de electrones de no enlace, o *pares libres*, se colocan en el exterior. Por ejemplo, una molécula de flúor, F_2, consta de dos átomos de flúor, Grupo 7A (17), cada una con siete electrones de valencia. En la molécula F_2, cada átomo F logra un octeto al compartir su electrón de valencia no pareado.

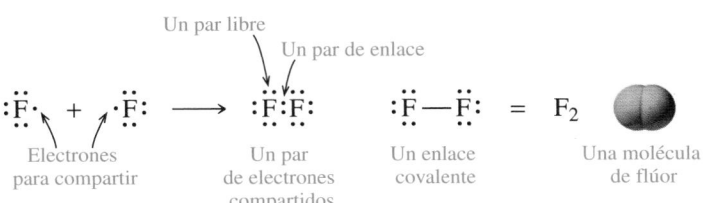

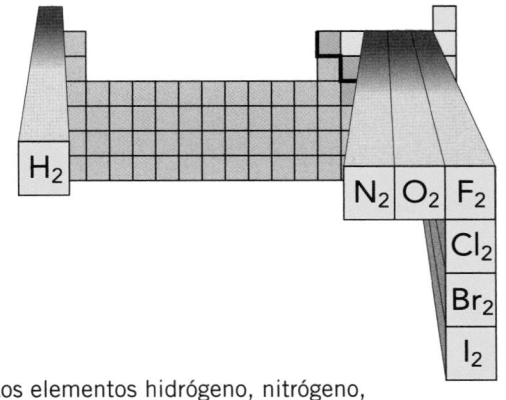

Los elementos hidrógeno, nitrógeno, oxígeno, flúor, cloro, bromo y yodo existen como moléculas diatómicas.

TABLA 5.9 Elementos que existen como moléculas diatómicas covalentes

Molécula diatómica	Nombre
H_2	Hidrógeno
N_2	Nitrógeno
O_2	Oxígeno
F_2	Flúor
Cl_2	Cloro
Br_2	Bromo
I_2	Yodo

TUTORIAL
Covalent Molecules and the Octet Rule

TUTORIAL
Writing Electron-Dot Formulas

TUTORIAL
Covalent Lewis-Dot Formulas

TABLA 5.11 Fórmulas de electrón-punto para algunos compuestos covalentes

CH_4	NH_3	H_2O

Fórmulas que utilizan electrón-puntos

$$H:\overset{\displaystyle H}{\underset{\displaystyle H}{C}}:H \qquad H:\overset{\displaystyle \cdot\cdot}{\underset{\displaystyle H}{N}}:H \qquad :\overset{\displaystyle \cdot\cdot}{\underset{\displaystyle \cdot\cdot}{O}}:H$$

Fórmulas que utilizan enlaces y electrón-puntos

$$H-\overset{\displaystyle H}{\underset{\displaystyle H}{C}}-H \qquad H-\overset{\displaystyle \cdot\cdot}{\underset{\displaystyle H}{N}}-H \qquad :\overset{\displaystyle \cdot\cdot}{\underset{\displaystyle \cdot\cdot}{O}}-H$$

Modelos moleculares

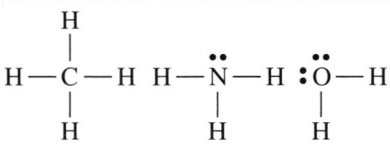

Molécula de metano	Molécula de amoniaco	Molécula de agua

Hidrógeno (H_2) y flúor (F_2) son ejemplos de elementos no metales cuyo estado natural es diatómico; es decir, contienen dos átomos iguales. En la tabla 5.9 se presentan los elementos que existen como moléculas diatómicas.

Compartición de electrones entre átomos de diferentes elementos

El número de enlaces covalentes que forma un no metal por lo general es igual al número de electrones que necesita para adquirir una configuración electrónica estable. La tabla 5.10 presenta los patrones de enlace característicos de varios no metales.

TABLA 5.10 Patrones de enlace característicos de algunos no metales en compuestos covalentes

1A (1)	3A (13)	4A (14)	5A (15)	6A (16)	7A (17)
*H					
1 enlace					
	*B	C	N	O	F
	3 enlaces	4 enlaces	3 enlaces	2 enlaces	1 enlace
		Si	P	S	Cl, Br, I
		4 enlaces	3 enlaces	2 enlaces	1 enlace

* H y B no forman octetos de ocho electrones. Los átomos de H comparten un par de electrones; los átomos de B comparten tres pares de electrones para un conjunto de 6 electrones.

El metano, CH_4, un componente del gas natural, es un compuesto de carbono e hidrógeno. Al compartir electrones, cada átomo de carbono forma cuatro enlaces, y cada átomo de hidrógeno forma un enlace. El átomo de carbono consigue un octeto y cada átomo de hidrógeno se completa con dos electrones compartidos. Como se observa en la tabla 5.11, la fórmula de electrón-punto para el metano se dibuja con el átomo de carbono como el átomo central, con los átomos de hidrógeno en los cuatro lados. Los electrones que forman parte de pares de enlace, que son enlaces covalentes sencillos, también pueden mostrarse como líneas solas entre el átomo de carbono y cada uno de los átomos de hidrógeno. La tabla 5.11 muestra las fórmulas de algunas moléculas covalentes para elementos del Periodo 2.

COMPROBACIÓN DE CONCEPTOS 5.4 Dibujo de fórmulas de electrón-punto

Use los símbolos electrón-punto de S y F para dibujar la fórmula de electrón-punto para SF_2, difluoruro de azufre, en el que el azufre es el átomo central.

RESPUESTA

Para dibujar la fórmula de electrón-punto para SF_2, necesita los símbolos electrón-punto del azufre con seis electrones de valencia, y el flúor con siete electrones de valencia.

$$:\!\overset{\cdot}{\underset{}{S}}\!\cdot \qquad \cdot\!\overset{\cdot\cdot}{\underset{\cdot\cdot}{F}}\!:$$

Una átomo de azufre formará dos enlaces al compartir cada uno de sus dos electrones no pareados con el electrón no pareado de cada uno de los dos átomos de flúor. De esta forma, tanto el átomo S como los dos átomos F obtienen configuraciones electrónicas estables. La fórmula de electrón-punto para SF_2 muestra el átomo S central unido a dos átomos de flúor usando pares de electrones o enlaces sencillos.

$$\overset{\cdot\cdot}{\underset{\cdot\cdot}{:S:\overset{\cdot\cdot}{F}:}} \qquad o \qquad :\overset{\cdot\cdot}{\underset{}{S}}—\overset{\cdot\cdot}{\underset{\cdot\cdot}{F}}:$$
$$:\overset{\cdot\cdot}{\underset{\cdot\cdot}{F}}: \qquad\qquad\qquad :\overset{\cdot\cdot}{\underset{\cdot\cdot}{F}}:$$

EJEMPLO DE PROBLEMA 5.6 **Cómo dibujar fórmulas de electrón-punto para compuestos covalentes**

Dibuje la fórmula de electrón-punto para PCl_3, tricloruro de fosfato.

SOLUCIÓN

Paso 1 **Determine el arreglo de los átomos.** En PCl_3, el átomo central es P porque necesita más electrones.

Cl   P   Cl
     Cl

Paso 2 **Determine el número total de electrones de valencia.** Use los números de grupo para determinar los electrones de valencia de cada uno de los átomos de la molécula.

Elemento	Grupo	Átomos	Electrones de valencia	=	Total
P	5A (15)	1 P	$\times 5\,e^-$	=	$5\,e^-$
Cl	7A (17)	3 Cl	$\times 7\,e^-$	=	$21\,e^-$
		Total de electrones de valencia para PCl_3		=	$26\,e^-$

Paso 3 **Una cada átomo enlazado al átomo central con un par de electrones.**

Cl:P:Cl   o   Cl—P—Cl
   Cl   Cl

Paso 4 **Coloque los electrones restantes usando enlaces sencillos o múltiples para completar los octetos.** Se necesita un total de seis electrones ($3 \times 2\,e^-$) para enlazar el átomo P central a tres átomos Cl. Quedan 20 electrones de valencia:

$$26\,e^- \text{ de valencia} - 6\,e^- \text{ de enlace} = 20\,e^- \text{ restantes}$$

Los electrones restantes se colocan primero como pares libres de electrones alrededor de los átomos Cl exteriores, que usan 18 electrones más.

:Cl:P:Cl: o   :Cl—P—Cl:
   :Cl: :Cl:

Use los dos electrones restantes para completar el octeto para el átomo P.

P tiene un octeto

:Cl:P:Cl: o   :Cl—P—Cl:
   :Cl: :Cl:

COMPROBACIÓN DE ESTUDIO 5.6

Dibuje la fórmula de electrón-punto para Cl_2O (O es el átomo central).

Guía para dibujar fórmulas de electrón-punto

1 Determine el arreglo de los átomos.

2 Determine el número total de electrones de valencia.

3 Una cada átomo enlazado al átomo central con un par de electrones.

4 Coloque los electrones restantes usando enlaces sencillos o múltiples para completar los octetos (dos para H, seis para B).

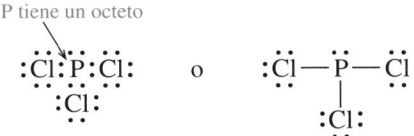

El modelo de barras y esferas de PCl_3 consta de átomos de P (azul) y átomos de Cl (verde).

Excepciones a la regla del octeto

Si bien la regla del octeto es útil, existen algunas excepciones. Ya vio que una molécula de hidrógeno (H_2) necesita sólo dos electrones o un solo enlace para lograr estabilidad. En $BeCl_2$, Be forma sólo dos enlaces covalentes. En BCl_3, el átomo B sólo tiene tres electrones de valencia que compartir. En general, los compuestos de boro tienen tres grupos de electrones alrededor del átomo central B y forman tres enlaces covalentes. Aunque los no metales por lo general forman octetos, átomos como P, S, Cl, Br y I pueden formar compuestos con 10, 12 o incluso 14 electrones de valencia. Por ejemplo, en PCl_3, el átomo P tiene un octeto, pero en PCl_5, el átomo P tiene 10 electrones de valencia o cinco enlaces covalentes. En H_2S, el átomo S tiene un octeto, pero en SF_6 existen 12 electrones de valencia o seis enlaces con el átomo de azufre. En este texto encontrará fórmulas con octetos expandidos, pero no se les representará con fórmulas de electrón-punto.

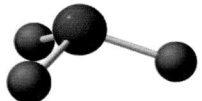

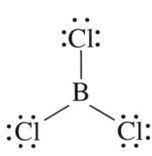

En BCl_3, el átomo P central (morado) está enlazado a tres átomos Cl (verde).

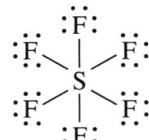

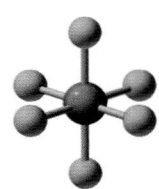

En SF_6, el átomo central S (amarillo) está enlazado a seis átomos F (amarillo verdoso).

Enlaces covalentes dobles y triples

Hasta el momento se han visto enlaces covalentes en moléculas que sólo tienen enlaces sencillos. En muchos compuestos covalentes los átomos comparten dos o tres pares de electrones para completar sus octetos. Un **enlace doble** ocurre cuando se comparten dos pares de electrones; en un **enlace triple** se comparten tres pares de electrones. Los átomos de carbono, oxígeno, nitrógeno y azufre tienen más probabilidad de formar enlaces múltiples. Los átomos de hidrógeno y los halógenos no forman enlaces dobles ni triples.

Los enlaces dobles o triples se forman cuando no hay suficientes electrones de valencia para completar los octetos de alguno de los átomos de la molécula. Entonces, uno o más pares de electrones libres de los átomos unidos al átomo central se comparten con el átomo central.

Por ejemplo, en el CO_2 hay enlaces dobles porque dos pares de electrones se comparten entre el átomo de carbono y cada átomo de oxígeno para dar octetos. El proceso de dibujar una fórmula de electrón-punto para CO_2 se muestra en el Ejemplo de problema 5.7.

EJEMPLO DE PROBLEMA 5.7) **Cómo dibujar fórmulas de electrón-punto con enlaces múltiples**

Dibuje la fórmula de electrón-punto para el dióxido de carbono, CO_2, en el que el átomo central es C.

SOLUCIÓN

Paso 1 **Determine el arreglo de los átomos.** O C O

Paso 2 **Determine el número total de electrones de valencia.** Si se utilizan los números de grupo para determinar los electrones de valencia, cada átomo de oxígeno tiene seis electrones de valencia, y un átomo de carbono tiene cuatro electrones de valencia, lo que da un total de 16 electrones de valencia para la molécula.

Elemento	Grupo	Átomos	Electrones de valencia	=	Total
O	6A (16)	2 O	$\times\, 6\, e^-$	=	$12\, e^-$
C	4A (14)	1 C	$\times\, 4\, e^-$	=	$4\, e^-$
			Total de electrones de valencia para CO_2	=	$16\, e^-$

Paso 3 **Una cada átomo enlazado al átomo central con un par de electrones.** Un par de electrones de enlace (enlace sencillo) se coloca entre cada átomo O y el átomo central C.

$$O\!:\!C\!:\!O \qquad \text{o} \qquad O—C—O$$

Paso 4 **Coloque los electrones restantes usando enlaces sencillos o múltiples para completar los octetos.** Puesto que se usaron cuatro electrones de valencia para unir el átomo C a dos átomos O, existen 12 electrones de valencia restantes.

$$16\, e^-\ \text{de valencia} - 4\, e^-\ \text{de enlace} = 12\, e^-\ \text{restantes}$$

Los 12 electrones restantes se colocan como seis pares de electrones libres en los átomos O. Sin embargo, esto no completa el octeto para el átomo C.

$$:\!\ddot{O}\!:\!C\!:\!\ddot{O}\!: \qquad \text{o} \qquad :\!\ddot{O}—C—\ddot{O}\!:$$

A fin de completar el octeto para el átomo C, éste comparte un par de electrones libre de cada uno de los átomos O. Cuando dos pares de enlace ocurren entre dos átomos, es un enlace doble.

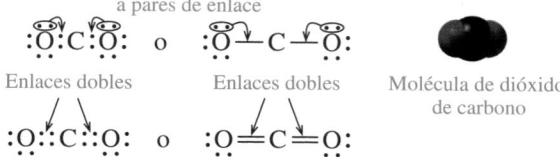

Pares libres convertidos
a pares de enlace

Enlaces dobles   Enlaces dobles   Molécula de dióxido
de carbono

$$:\!\ddot{O}\!::\!C\!::\!\ddot{O}\!: \qquad \text{o} \qquad :\!O\!=\!C\!=\!O\!:$$

COMPROBACIÓN DE ESTUDIO 5.7

Dibuje la fórmula de electrón-punto para HCN (átomos ordenados como H C N).

Para dibujar la fórmula de electrón-punto del compuesto covalente N_2, se logra un octeto cuando cada átomo de nitrógeno comparte tres pares de electrones. Tres enlaces covalentes entre dos átomos es un enlace triple, como se muestra en Comprobación de conceptos 5.5.

COMPROBACIÓN DE CONCEPTOS 5.5   **Cómo dibujar enlaces triples en moléculas covalentes**

La molécula covalente N_2 contiene un enlace triple. Muestre cómo los átomos de N logran octetos al formar un enlace triple.

RESPUESTA

Paso 1   **Determine el arreglo de los átomos.**   N   N

Paso 2   **Determine el número total de electrones de valencia.** Puesto que el nitrógeno está en el Grupo 5A (15), cada átomo N tiene cinco electrones de valencia.

Elemento	Grupo	Átomos	Electrones de valencia	=	Total
N	5A (15)	2 N	$\times\ 5\ e^-$	=	$10\ e^-$

Paso 3   **Una cada átomo enlazado al átomo central mediante un par de electrones.** Un par de electrones de enlace (enlace sencillo) se coloca entre los átomos N. Sin embargo, esto no proporciona un octeto para cada átomo N.

$$\cdot\ddot{N}:\ddot{N}\cdot \qquad o \qquad \cdot\ddot{N}-\ddot{N}\cdot$$

Paso 4   **Coloque los electrones restantes usando enlaces sencillos o múltiples para completar los octetos.** Cada átomo N logra un octeto al compartir tres pares de electrones de enlace para formar un enlace triple.

Octetos

$$\cdot\ddot{N}:\ddot{N}\cdot \longrightarrow :N\ \vdots\ N: \qquad :N\equiv N: \qquad N_2$$

Tres pares compartidos   Enlace triple   Molécula de nitrógeno

---

Estructuras de resonancia

Cuando una molécula contiene enlaces múltiples, es posible dibujar más de una fórmula de electrón-punto. Esto se puede observar cuando se intenta dibujar la fórmula de electrón-punto para el ozono, O_3, un componente de la estratosfera que protege contra los rayos ultravioleta del Sol.

Para dibujar la fórmula de electrón-punto es necesario determinar el número de electrones de valencia para un átomo de O, y luego el número total de electrones de valencia para O_3. Puesto que el O está en el Grupo 6A (16), tiene seis electrones de valencia. Por tanto, el compuesto O_3 tendría un total de 18 electrones de valencia. Para dibujar la fórmula de electrón-punto para O_3, se colocan tres átomos de O en una hilera y se identifica el átomo de O en el medio como el átomo central.

Con cuatro de los electrones de valencia disponibles se dibuja un par de enlace entre los átomos de O en el extremo y el átomo central de O.

O — O — O

Estos pares de enlace usan cuatro electrones de valencia y restan 14 electrones de valencia. Ahora coloque tres pares de electrones libres alrededor de los átomos O en ambos extremos de la fórmula de electrón-punto, que usa 12 electrones de valencia más. Los dos electrones de valencia restantes se colocan como un par de electrones libre en el átomo central de O.

$$:\ddot{O}-\ddot{O}-\ddot{O}:$$

Sin embargo, este uso de todos los electrones de valencia restantes no completa un octeto para el átomo central de O. A fin de lograr un octeto para el átomo central de O, se

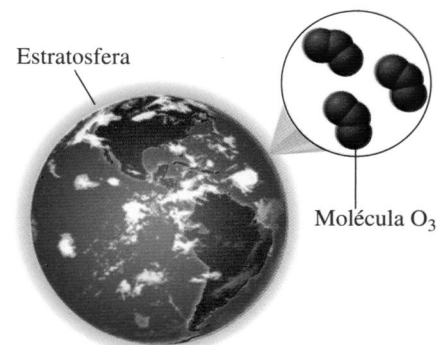

Estratosfera

Molécula O_3

El ozono, O_3, es un componente de la estratosfera que protege contra los rayos ultravioleta del Sol.

comparte un par de electrones libres de un átomo de O en uno de los extremos de la molécula. Pero, ¿cuál debe usarse? Una posibilidad es formar un enlace doble a la izquierda y la otra posibilidad es formar un enlace doble a la derecha.

$$\ddot{\underset{..}{O}}\!\!-\!\!\ddot{\underset{..}{O}}\!\!-\!\!\ddot{\underset{..}{O}}\!: \qquad o \qquad :\ddot{\underset{..}{O}}\!\!-\!\!\ddot{\underset{..}{O}}\!\!-\!\!\ddot{\underset{..}{O}}\!:$$

Ahora se observa que es posible dibujar más de una fórmula de electrón punto para O_3. Cuando esto sucede, todas las posibles fórmulas de electrón-punto se llaman **estructuras de resonancia**, que se muestran con una flecha de doble punta. Puesto que los electrones en las estructuras de resonancia están deslocalizados, no se asocian a un sólo átomo. Por tanto, el enlace de estos electrones se dibuja con más de una fórmula de electrón punto.

$$:\ddot{O}\!\!=\!\!\ddot{\underset{..}{O}}\!\!-\!\!\ddot{\underset{..}{O}}\!: \quad\longleftrightarrow\quad :\ddot{\underset{..}{O}}\!\!-\!\!\ddot{\underset{..}{O}}\!\!=\!\!\ddot{O}\!:$$

Estructuras de resonancia

Los experimentos demuestran que las longitudes de los enlaces reales son equivalentes a una molécula con "uno y medio" enlaces entre el átomo central O y cada átomo de O exterior. En las moléculas de ozono reales los electrones se muestran igualmente dispersos sobre todos los átomos de O. Cuando se dibujan estructuras de resonancia, la estructura verdadera en realidad es un promedio de dichas estructuras.

COMPROBACIÓN DE CONCEPTOS 5.6 **Estructuras de resonancia**

Explique por qué SCl_2 no tiene estructuras de resonancia, pero SO_2 sí las tiene.

RESPUESTA

En la fórmula de electrón-punto de SCl_2, los electrones de valencia no pareados de cada átomo de cloro completan el octeto del átomo de azufre. Sin embargo, en SO_2, el átomo central de azufre debe formar un enlace doble con uno de los átomos de oxígeno. Por tanto, son posibles dos fórmulas de electrón-punto, o estructuras de resonancia.

EJEMPLO DE PROBLEMA 5.8 **Cómo dibujar estructuras de resonancia**

El dióxido de azufre se produce naturalmente a partir de la actividad volcánica y la quema de carbón que contiene azufre. Una vez en la atmósfera, el SO_2 se convierte en SO_3, que se combina con agua para formar ácido sulfúrico, H_2SO_4, un componente de la lluvia ácida. Dibuje dos estructuras de resonancia para el dióxido de azufre, SO_2.

SOLUCIÓN

Paso 1 **Determine el arreglo de los átomos.** En SO_2, el átomo S es el átomo central.

O S O

Paso 2 **Determine el número total de electrones de valencia.**

Elemento	Grupo	Átomos	Electrones de valencia =	Total
S	6A (16)	1 S	$\times\, 6\, e^-$	= $6\, e^-$
O	6A (16)	2 O	$\times\, 6\, e^-$	= $12\, e^-$
		Total de electrones de valencia para SO_2	=	$18\, e^-$

Paso 3 **Una cada átomo enlazado al átomo central con un par de electrones.**

O — S — O

Paso 4 **Coloque los electrones restantes usando enlaces sencillos o múltiples para completar los octetos.** Después de usar cuatro electrones para formar enlaces sencillos entre el átomo de S y los átomos de O, los 14 electrones restantes se dibujan como pares de electrones libres para completar los octetos de los átomos de O, mas no el átomo de S.

$$:\ddot{O}-\ddot{S}-\ddot{O}:$$

Para completar el octeto de S, se comparte un par de electrones libre de uno de los átomos de O para formar un enlace doble. Puesto que el par de electrones libre que se comparte puede provenir de cualquier átomo de O, pueden dibujarse dos estructuras de resonancia.

$$:O\!=\!\ddot{S}-\ddot{O}: \longleftrightarrow :\ddot{O}-\ddot{S}\!=\!O:$$

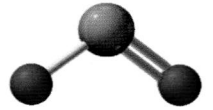

Modelo de barras y esferas para SO_2, que consiste en átomos S (amarillo) y O (rojo).

COMPROBACIÓN DE ESTUDIO 5.8

Dibuje tres estructuras de resonancia para SO_3.

PREGUNTAS Y PROBLEMAS

5.5 Compuestos covalentes: compartición de electrones

META DE APRENDIZAJE: *Dibujar las fórmulas de electrón-punto para compuestos covalentes, incluidos enlaces múltiples y estructuras de resonancia.*

5.37 ¿Cuáles de los siguientes pares de elementos tienen más probabilidad de formar compuestos covalentes?
   a. oxígeno y cloro
   b. calcio y bromo
   c. nitrógeno y oxígeno
   d. yodo y yodo
   e. sodio y yodo
   f. carbono y azufre

5.38 ¿Cuáles de los siguientes pares de elementos tienen más probabilidad de formar compuestos covalentes?
   a. cloro y bromo
   b. fósforo y oxígeno
   c. cesio y flúor
   d. bario y yodo
   e. nitrógeno y bromo
   f. potasio y azufre

5.39 Indique el número de electrones de valencia, pares de enlace y pares libres en cada una de las siguientes fórmulas de electrón-punto:
   a. H:H   **b.** H:$\ddot{\underset{..}{Br}}$:   **c.** :$\ddot{\underset{..}{Br}}$:$\ddot{\underset{..}{Br}}$:

5.40 Indique el número de electrones de valencia, pares de enlace y pares libres en cada una de las siguientes fórmulas de electrón-punto:
   a. H:$\overset{H}{\underset{..}{\ddot{O}}}$:   **b.** H:$\overset{..}{\underset{H}{N}}$:H   **c.** :$\overset{:\ddot{Br}:}{\ddot{\underset{..}{Br}}}$:$\ddot{\underset{..}{O}}$:

5.41 Dibuje la fórmula de electrón-punto para cada una de las siguientes moléculas:
   a. HF
   b. NBr_3
   c. CH_3OH (alcohol metílico) H C O H
   d. N_2H_4 (hidracina) H N N H

5.42 Dibuje la fórmula de electrón-punto para cada una de las siguientes moléculas:
   a. H_2O
   b. SiF_4
   c. CF_2Cl_2
   d. C_2H_6 (etano) H C C H

5.43 Dibuje la fórmula de electrón-punto, incluidos enlaces múltiples, para cada una de las siguientes moléculas:
   a. CO (monóxido de carbono)
   b. H_2CCH_2 (etileno)
   c. H_2CO (C es el átomo central)

5.44 Dibuje la fórmula de electrón-punto, incluidos enlaces múltiples, para cada una de las siguientes moléculas:
   a. HCCH (acetileno)
   b. CS_2 (C es el átomo central)
   c. $COCl_2$ (C es el átomo central)

5.45 Dibuje estructuras de resonancia para $ClNO_2$ (N es el átomo central).

5.46 Dibuje estructuras de resonancia para N_2O (N N O).

5.6 Nomenclatura y escritura de fórmulas covalentes

Cuando se nombra un compuesto covalente, se escribe primero el segundo no metal, cuyo nombre usa la primera parte del nombre de su elemento, con la terminación *uro* (excepto el oxígeno, que es *óxido*); después de la preposición *de*, se escribe el primer no metal en la fórmula, cuyo nombre es el nombre de su elemento. Cuando un subíndice indica dos o más átomos de un elemento, se presenta un prefijo enfrente de su nombre. La tabla 5.12 menciona los prefijos utilizados para nombrar compuestos covalentes. Los nombres de los compuestos covalentes necesitan prefijos porque es posible que los átomos de dos no metales formen dos o más compuestos diferentes. Por ejemplo, los átomos de carbono y oxígeno forman monóxido

182 CAPÍTULO 5 COMPUESTOS Y SUS ENLACES

TUTORIAL
Naming Covalent Compounds

TUTORIAL
Naming Molecular Compounds

de carbono (CO) y dióxido de carbono (CO_2), en los que el número de átomos de oxígeno en cada compuesto se indica mediante los prefijos *mono* o *di* en sus nombres.

Cuando las vocales *o* y *o* o *a* y *o* aparecen juntas, la primera vocal se omite, como en monóxido de carbono. En el nombre de un compuesto covalente generalmente se omite el prefijo *mono*, como en NO, óxido de nitrógeno. Sin embargo, el nombre tradicional de CO es monóxido de carbono. La tabla 5.13 muestra las fórmulas, nombres y usos comerciales de algunos compuestos covalentes.

TABLA 5.12 Prefijos utilizados en la nomenclatura de compuestos covalentes

1	mono	6	hexa
2	di	7	hepta
3	tri	8	octa
4	tetra	9	nona
5	penta	10	deca

TABLA 5.13 Algunos compuestos covalentes comunes

Fórmula	Nombre	Usos comerciales
CS_2	Disulfuro de carbono	Fabricación de rayón.
CO_2	Dióxido de carbono	Carbonatación de bebidas; extintores de incendios; propelente en aerosoles; hielo seco.
NO	Óxido de nitrógeno	Estabilizador.
N_2O	Óxido de dinitrógeno	Anestésico inhalado; "gas hilarante".
SiO_2	Dióxido de silicio	Fabricación de vidrio.
SO_2	Dióxido de azufre	Conservador de frutas y verduras; desinfectante en cervecerías; blanqueado de textiles.
SF_6	Hexafluoruro de azufre	Circuitos eléctricos.

COMPROBACIÓN DE CONCEPTOS 5.7 Cómo nombrar compuestos covalentes

¿Por qué el nombre del compuesto covalente BrCl, cloruro de bromo, no incluye un prefijo, pero el nombre de OCl_2, dicloruro de oxígeno, sí lo tiene?

RESPUESTA

Cuando una fórmula tiene un átomo de cada elemento, no se usa el prefijo (*mono*) en el nombre. Por tanto, el nombre de BrCl es cloruro de bromo. Sin embargo, dos o más átomos de un elemento se indican mediante el uso de un prefijo. Por eso, el nombre de OCl_2 contiene el prefijo *di*, dicloruro de oxígeno.

EJEMPLO DE PROBLEMA 5.9 Cómo nombrar compuestos covalentes

Nombre el compuesto covalente NCl_3.

SOLUCIÓN

Guía para nombrar compuestos covalentes

1 Nombre el primer no metal con el nombre de su elemento.

2 Nombre el segundo no metal usando la primera parte de su nombre, con la terminación *uro*.

3 Agregue prefijos para indicar el número de átomos (subíndices), y escriba primero el segundo no metal, después la preposición *de* y por último el primer no metal.

Análisis del problema

Símbolo del elemento	N	Cl
Nombre	Nitrógeno	Cloruro
Subíndice	1	3
Prefijo	ninguno (se sobreentiende)	tri

Paso 1 **Nombre el primer no metal con el nombre de su elemento.** En NCl_3, el primer no metal (N) es nitrógeno.

Paso 2 **Nombre el segundo no metal usando la primera parte de su nombre, con la terminación *uro*.** El segundo no metal (Cl) se llama cloruro.

Paso 3 **Agregue prefijos para indicar el número de átomos (subíndices), y escriba primero el segundo no metal, después la preposición *de* y por último el primer no metal.** Puesto que hay un átomo de nitrógeno, no se necesitan prefijos. El subíndice 3 para los átomos Cl se escribe como el prefijo *tri*. El nombre de NCl_3 es tricloruro de nitrógeno.

COMPROBACIÓN DE ESTUDIO 5.9

Escriba el nombre para cada uno de los siguientes compuestos:

a. $SiBr_4$ **b.** Br_2O

Escritura de fórmulas a partir de los nombres de compuestos covalentes

En el nombre de un compuesto covalente se proporcionan los nombres de dos no metales junto con prefijos para el número de átomos de cada uno. Para escribir su fórmula, use el símbolo del elemento para cada elemento y un subíndice cuando un prefijo indique dos o más átomos, como se muestra en el Ejemplo de problema 5.10.

EJEMPLO DE PROBLEMA 5.10   Cómo escribir fórmulas para compuestos covalentes

Escriba la fórmula para trióxido de diboro.

SOLUCIÓN

Análisis del problema

Nombre	Diboro	Trióxido
Símbolo del elemento	B	O
Subíndice	2 (por *di*)	3 (por *tri*)

Paso 1 **Escriba los símbolos en orden inverso de los elementos en el nombre.** En este compuesto covalente de dos no metales, el primer no metal es oxígeno (O) y el segundo no metal es boro (B).

   B O

Paso 2 **Escriba el subíndice que indiquen los prefijos.** El prefijo *di* en *diboro* indica que hay dos átomos de boro, que se muestran como un subíndice 2 en la fórmula. El prefijo *tri* en *trióxido* indica que hay tres átomos de oxígeno, que se muestran como un subíndice 3 en la fórmula.

   B_2O_3

COMPROBACIÓN DE ESTUDIO 5.10

¿Cuál es la fórmula del heptafluoruro de yodo?

Guía para escribir fórmulas de compuestos covalentes

1 Escriba los símbolos en el orden inverso de los elementos en el nombre.

2 Escriba el subíndice que indiquen los prefijos, en caso de que los haya.

Resumen de nomenclatura de compuestos iónicos y covalentes

Ya examinó estrategias para nombrar compuestos iónicos y covalentes. En general, para nombrar los compuestos que tienen dos elementos se indica el nombre del segundo elemento con la terminación *uro* (excepto el oxígeno, que es *óxido*), después la preposición *de*, seguida del nombre del primer elemento. Si el segundo elemento es un metal, el compuesto generalmente es iónico; si el segundo elemento es un no metal, el compuesto generalmente es covalente. Para los compuestos iónicos es necesario determinar si el metal puede formar más de un tipo de ión positivo; si es así, un número romano después del nombre del metal indica la carga iónica particular. Una excepción es el ión amonio, NH_4^+, que también se escribe primero como un ión poliatómico con carga positiva. Los compuestos iónicos que tienen tres o más elementos incluyen algún tipo de ión poliatómico. Su nomenclatura sigue las reglas iónicas, pero tiene terminación *ato* o *ito* cuando el ión poliatómico tiene carga negativa.

Para nombrar compuestos covalentes que tienen dos elementos se necesitan prefijos para indicar dos o más átomos de cada no metal, como se muestra en esta fórmula particular (véase la figura 5.4). Los compuestos orgánicos de C y H, como CH_4 y C_2H_6, usan un sistema diferente de nomenclatura que se estudiará en un capítulo posterior.

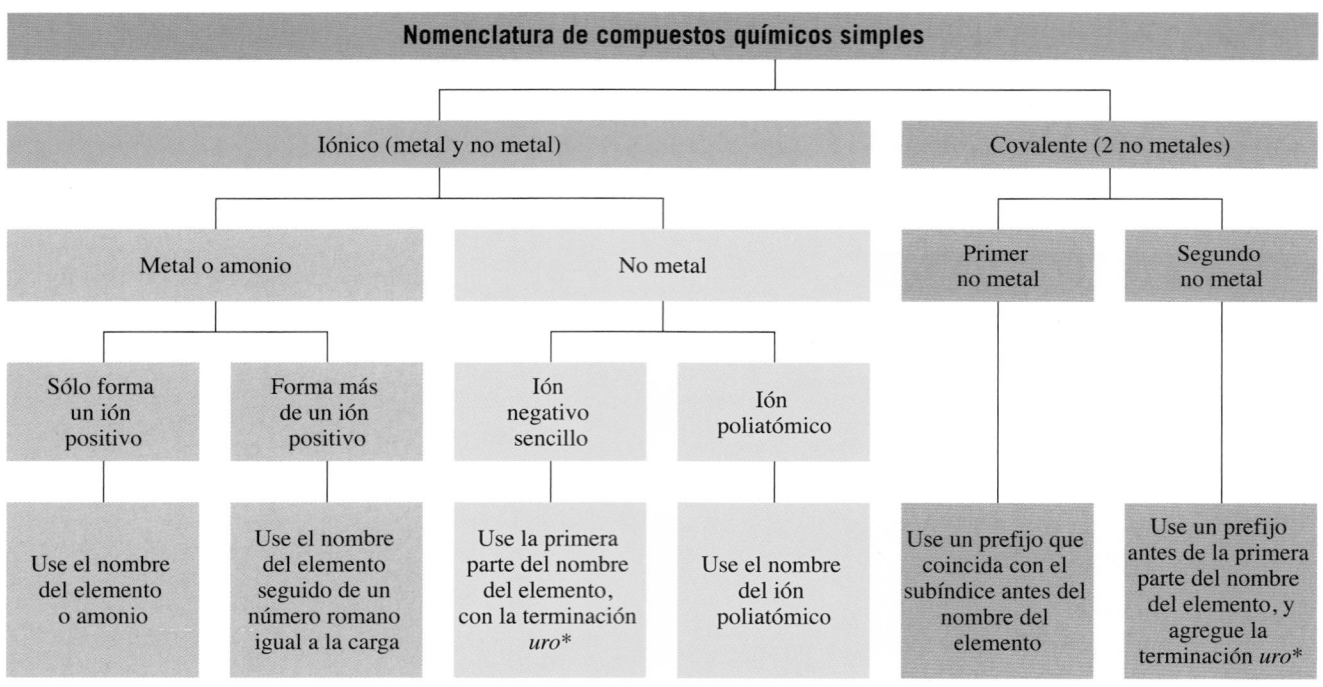

Nomenclatura de compuestos químicos simples

FIGURA 5.4 Diagrama de flujo que muestra una estrategia para nombrar compuestos iónicos y covalentes.

P ¿Por qué el nombre dicloruro de azufre tiene un prefijo, pero el nombre cloruro de magnesio no lo tiene?

* Excepto el *oxígeno*, que es *óxido*. En todos los casos se escribe primero el nombre del segundo elemento, después la preposición *de*, y por último el nombre del primer elemento.

COMPROBACIÓN DE CONCEPTOS 5.8 **Cómo nombrar compuestos iónicos y covalentes**

Indique si cada uno de los siguientes compuestos es iónico o covalente, y proporcione su nombre:

a. Na_3P **b.** $NiSO_4$ **c.** SO_3

RESPUESTA

a. Na_3P, que está formado de un metal y un no metal, es un compuesto iónico. Como elemento representativo del Grupo 1A (1), Na forma el ión sodio, Na^+. El fósforo, como elemento representativo del Grupo 5A (15), forma un ión fosfuro, P^{3-}. Al escribir el nombre del anión, seguido del nombre del catión, se obtiene el nombre fosfuro de sodio.

b. $NiSO_4$, que está formado de un catión de un elemento de transición y un anión, SO_4^{2-}, de un ión poliatómico es un compuesto iónico. Como elemento de transición, Ni forma más de un tipo de ión. En esta fórmula, la carga $2-$ de SO_4^{2-} está balanceada con un ión níquel, Ni^{2+}. En el nombre, un número romano escrito después del nombre del metal, níquel(II), especifica la carga $2+$. El anión SO_4^{2-} es un ión poliatómico llamado sulfato. El compuesto se llama sulfato de níquel(II).

c. SO_3 está formado por dos no metales, lo que indica que se trata de un compuesto covalente. El primer elemento, S, es *azufre* (no se necesita prefijo). El segundo elemento O, *oxígeno*, tiene un subíndice 3, que requiere un prefijo *tri* en el nombre. El compuesto se llama trióxido de azufre.

PREGUNTAS Y PROBLEMAS

5.6 Nomenclatura y escritura de fórmulas covalentes

META DE APRENDIZAJE: *Dada la fórmula de un compuesto covalente, escribir su nombre correcto; dado el nombre de un compuesto covalente, escribir su fórmula.*

5.47 Nombre cada uno de los siguientes compuestos:
    a. PBr_3 **b.** CBr_4 **c.** SiO_2 **d.** N_2O_3 **e.** PCl_5

5.48 Nombre cada uno de los siguientes compuestos:
    a. CS_2 **b.** P_2O_5 **c.** Cl_2O **d.** PCl_3 **e.** IBr_3

5.49 Escriba la fórmula de cada uno de los siguientes compuestos:
    a. tetracloruro de carbono   **b.** monóxido de carbono
    c. tricloruro de fósforo   **d.** tetróxido de dinitrógeno
    e. trifluoruro de boro   **f.** hexafluoruro de azufre

5.50 Escriba la fórmula de cada uno de los siguientes compuestos:
a. dióxido de azufre **b.** tetracloruro de silicio
c. pentafluoruro de yodo **d.** óxido de dinitrógeno
e. hexóxido de tetrafósforo **f.** pentóxido de dinitrógeno

5.51 Nombre cada uno de los siguientes compuestos iónicos o covalentes:
a. $Al_2(SO_4)_3$ antitranspirante
b. $CaCO_3$ antiácido
c. N_2O "gas hilarante" (anestésico inhalado)
d. Na_3PO_4 catártico
e. $(NH_4)_2SO_4$ fertilizante
f. Fe_2O_3 pigmento

5.52 Nombre cada uno de los siguientes compuestos iónicos o covalentes:
a. N_2 atmósfera de la Tierra
b. $Mg_3(PO_4)_2$ antiácido
c. $FeSO_4$ complemento de hierro en vitaminas
d. N_2O_4 combustible de cohetes
e. Cu_2O fungicida
f. NI_3 explosivo de contacto

5.7 Electronegatividad y polaridad del enlace

META DE APRENDIZAJE

Usar electronegatividad para determinar la polaridad de un enlace.

Puede aprender más acerca de la química de los compuestos si observa cómo se comparten los electrones entre los átomos. Aunque ya se estudiaron los enlaces covalentes con uno o más pares de electrones de enlace, no se sabe si dichos electrones se comparten igual o desigualmente.

Para hacer esto se utiliza la **electronegatividad**, que es la capacidad de un átomo para atraer hacia sí mismo los electrones compartidos en un enlace químico (véase la figura 5.5). Los no metales tienen electronegatividades más altas que los metales, porque los no metales tienen mayor atracción hacia los electrones. El no metal flúor, que es el elemento con mayor electronegatividad (4.0), se ubica en la esquina superior derecha de la tabla periódica. El metal cesio, que es el elemento con la menor electronegatividad (0.7), se ubica en la esquina inferior izquierda de la tabla periódica. Observe que no hay valores de electronegatividad para los gases nobles, porque ellos generalmente no forman enlaces. Los valores de electronegatividad para los elementos de transición también son bajos, pero no se abordan en esta discusión.

TUTORIAL
Electronegatividad

ACTIVIDAD DE AUTOAPRENDIZAJE
Bonds and Bond Polarities

Aumenta electronegatividad
Disminuye electronegatividad
H 2.1
1 Grupo 1A
2 Grupo 2A
13 Grupo 3A
14 Grupo 4A
15 Grupo 5A
16 Grupo 6A
17 Grupo 7A
18 Grupo 8A
Li 1.0
Be 1.5
Na 0.9
Mg 1.2
K 0.8
Ca 1.0
Rb 0.8
Sr 1.0
Cs 0.7
Ba 0.9
B 2.0
C 2.5
N 3.0
O 3.5
F 4.0
Al 1.5
Si 1.8
P 2.1
S 2.5
Cl 3.0
Ga 1.6
Ge 1.8
As 2.0
Se 2.4
Br 2.8
In 1.7
Sn 1.8
Sb 1.9
Te 2.1
I 2.5
Tl 1.8
Pb 1.9
Bi 1.9
Po 2.0
At 2.1

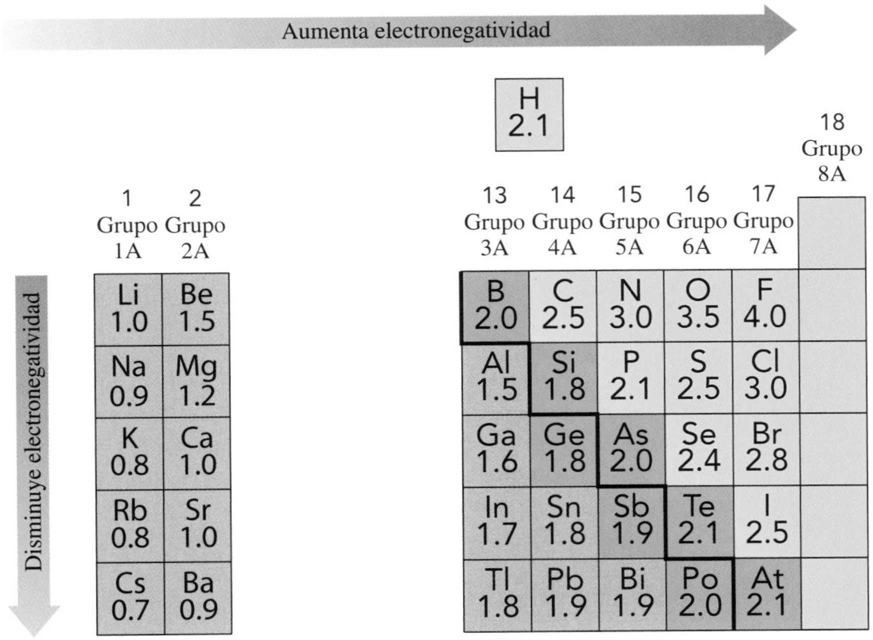

FIGURA 5.5 Las electronegatividades de los elementos representativos de los Grupos del 1A (1) al 7A (17), que indican la capacidad de los átomos para atraer hacia sí los electrones compartidos, aumenta al recorrer un periodo y disminuye al descender por un grupo.

P ¿Qué elemento en la tabla periódica tiene la atracción más fuerte hacia los electrones compartidos?

Tipos de enlaces

La diferencia de electronegatividad de dos átomos puede servir para predecir el tipo de enlace, iónico o covalente, que se forma. Para el enlace H—H, la diferencia de electronegatividad es cero ($2.1 - 2.1 = 0.0$), lo que significa que los electrones de enlace se comparten de manera equitativa. Por tanto, se observa una nube de electrones simétrica alrededor de los átomos de H. A un enlace covalente entre átomos con valores de electronegatividad idénticos o muy similares se le denomina **enlace covalente no polar**. Sin embargo, cuando los enlaces son entre átomos con diferentes valores de electronegatividad, los electrones se comparten de forma desigual; este tipo de enlace es un **enlace covalente polar**. La nube de electrones para un enlace covalente polar es asimétrica. Para el enlace H—Cl hay una diferencia de electronegatividad de 0.9 (3.0 − 2.1 = 0.9), lo que significa que el enlace H—Cl es de tipo covalente polar (véase la figura 5.6).

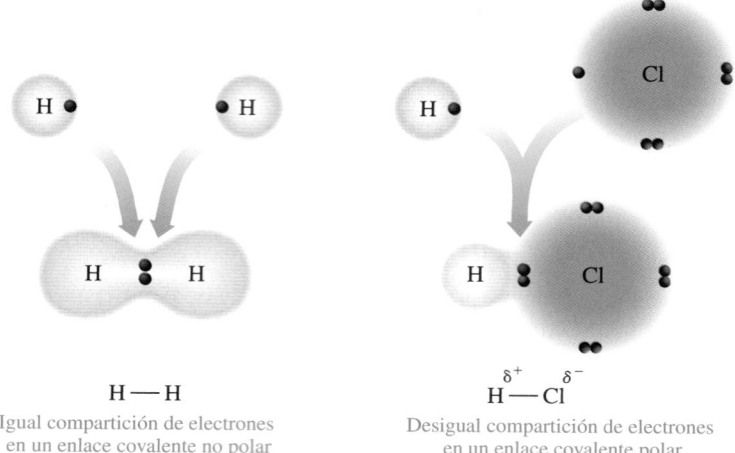

FIGURA 5.6 En el enlace covalente no polar de H_2, los electrones se comparten de manera equitativa. En el enlace covalente polar de HCl, los electrones se comparten de manera desigual.

P El H_2 tiene un enlace covalente no polar, pero el HCl tiene un enlace covalente polar. Explique.

H — H

Igual compartición de electrones
en un enlace covalente no polar

$\overset{\delta^+}{H} — \overset{\delta^-}{Cl}$

Desigual compartición de electrones
en un enlace covalente polar

Dipolos y polaridad de enlace

La *polaridad* de un enlace depende de su diferencia de electronegatividad. En un enlace covalente polar los electrones compartidos son atraídos hacia el átomo más electronegativo, que lo vuelve parcialmente negativo debido a los electrones con carga negativa alrededor de dicho átomo. En el otro extremo del enlace, el átomo con menor electronegatividad se vuelve parcialmente positivo debido a la falta de electrones alrededor de dicho átomo. Un enlace se vuelve más *polar* conforme la diferencia de electronegatividad aumenta. Un enlace covalente polar que tiene una separación de cargas se llama **dipolo**. Los extremos parcialmente positivo y negativo del dipolo se indican mediante la letra griega minúscula delta con un signo positivo o negativo, δ^+ y δ^-. En ocasiones se usa una flecha que apunta de la carga positiva a la carga negativa (⟶) para indicar el dipolo.

Ejemplos de dipolos en enlaces covalentes polares

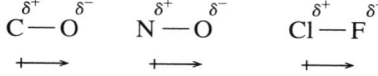

Variaciones en el tipo de enlace

Las variaciones en el tipo de enlace son continuas; es decir, no hay un punto definido donde un tipo de enlace se detenga y comience el siguiente. Cuando la diferencia de electronegatividad es de 0.0 a 0.4, se considera que los electrones se comparten igualmente en un *enlace covalente no polar*. Por ejemplo, el enlace H—H con una diferencia de electronegatividad de 0.0 (2.1 − 2.1 = 0.0) y el enlace C—H con una diferencia de electronegatividad de 0.4 (2.5 − 2.1 = 0.4) se clasifican como *enlaces covalentes no polares*. A medida que se incrementa la diferencia de electronegatividad entre los átomos que forman el enlace, los electrones compartidos son atraídos más de cerca al átomo más electronegativo, lo que aumenta la polaridad del enlace. Cuando la diferencia de electronegatividad es de 0.5 a 1.8, el enlace se clasifica como *enlace covalente polar* (véase la tabla 5.14).

TABLA 5.14 Diferencia de electronegatividad y tipos de enlaces

Diferencia de electronegatividad	0	0.4	1.8	3.3
Tipo de enlace	Covalente no polar	Covalente polar	Iónico	
Situación de los electrones en el enlace	Igual compartición de electrones	Desigual compartición de electrones	Transferencia de electrones	
		δ^+ δ^-	+ −	

Cuando la diferencia de electronegatividad es mayor que 1.8, se transfieren electrones de un átomo a otro, lo que resulta en un enlace iónico. Por ejemplo, la diferencia de electronegatividad para el compuesto iónico de NaCl es 2.1 (3.0 − 0.9 = 2.1). De este modo, se puede predecir que se tendrá un enlace iónico cuando existan diferencias grandes de electronegatividad entre los elementos que conforman el enlace (véase la tabla 5.15).

TABLA 5.15 Predicción del tipo de enlace a partir de las diferencias de electronegatividad

Molécula	Enlace	Tipo de compartición de electrones	Diferencia de electronegatividad*	Tipo de enlace	Razón
H_2	H—H	Igualmente compartidos	2.1 − 2.1 = 0.0	Covalente no polar	Menor que 0.4
Cl_2	Cl—Cl	Igualmente compartidos	3.0 − 3.0 = 0.0	Covalente no polar	Menor que 0.4
HBr	$\overset{\delta^+}{H}$—$\overset{\delta^-}{Br}$	Desigualmente compartidos	2.8 − 2.1 = 0.7	Covalente polar	Mayor que 0.4, pero menor que 1.8
HCl	$\overset{\delta^+}{H}$—$\overset{\delta^-}{Cl}$	Desigualmente compartidos	3.0 − 2.1 = 0.9	Covalente polar	Mayor que 0.4, pero menor que 1.8
NaCl	$Na^+ Cl^-$	Transferencia de electrones	3.0 − 0.9 = 2.1	Iónico	Mayor que 1.8
MgO	$Mg^{2+} O^{2-}$	Transferencia de electrones	3.5 − 1.2 = 2.3	Iónico	Mayor que 1.8

* Los valores se tomaron de la figura 5.5.

COMPROBACIÓN DE CONCEPTOS 5.9   Uso de electronegatividad para determinar la polaridad de enlaces

Complete la siguiente tabla para cada uno de los enlaces indicados:

Enlace	Diferencia de electronegatividad	Tipo de enlace	Razón
Si—P			
Si—S			
Cs—Cl			

RESPUESTA

Enlace	Diferencia de electronegatividad	Tipo de enlace	Razón
Si—P	2.1 − 1.8 = 0.3	Covalente no polar	Menor que 0.4
Si—S	2.5 − 1.8 = 0.7	Covalente polar	Mayor que 0.4, pero menor que 1.8
Cs—Cl	3.0 − 0.7 = 2.3	Iónico	Mayor que 1.8

EJEMPLO DE PROBLEMA 5.11   Polaridad de enlace

Con el uso de los valores de electronegatividad, clasifique cada enlace como covalente no polar, covalente polar o iónico:

N—N,   O—H,   Cl—As,   O—K

SOLUCIÓN

Para cada enlace, se obtienen los valores de electronegatividad y se calcula la diferencia.

Enlace	Diferencia en electronegatividad	Tipo de enlace
N—N	3.0 − 3.0 = 0.0	Covalente no polar
O—H	3.5 − 2.1 = 1.4	Covalente polar
Cl—As	3.0 − 2.0 = 1.0	Covalente polar
O—K	3.5 − 0.8 = 2.7	Iónico

COMPROBACIÓN DE ESTUDIO 5.11

Con el uso de los valores de electronegatividad, clasifique cada enlace como covalente no polar, covalente polar o iónico:

a. P—Cl   **b.** Br—Br   **c.** Na—O

PREGUNTAS Y PROBLEMAS

5.7 Electronegatividad y polaridad del enlace

META DE APRENDIZAJE: Usar la electronegatividad para determinar la polaridad de un enlace.

5.53 Con el uso de la tabla periódica, describa si la tendencia en la electronegatividad *aumenta* o *disminuye* para cada uno de los siguientes incisos:
    a. de B a F   **b.** de Mg a Ba
    c. de F a I

5.54 Con el uso de la tabla periódica, describa si la tendencia en la electronegatividad *aumenta* o *disminuye* para cada uno de los siguientes incisos:
    a. de Al a Cl   **b.** de N a Bi
    c. de Li a Cs

5.55 Indique la diferencia de electronegatividad para cada uno de los siguientes pares de elementos:
    a. Rb y Cl   **b.** Cl y Cl
    c. N y O   **d.** C y H

5.56 Indique la diferencia en electronegatividad para cada uno de los siguientes pares de elementos:
    a. Sr y S   **b.** N y S
    c. Cl y Br   **d.** K y F

5.57 Con el uso de la tabla periódica, ordene los átomos de cada conjunto en orden de electronegatividad creciente:
    a. Li, Na, K   **b.** Na, Cl, P   **c.** Se, Ca, O

5.58 Con el uso de la tabla periódica, ordene los átomos de cada conjunto en orden de electronegatividad creciente:
    a. Cl, F, Br   **b.** B, O, N   **c.** Mg, F, S

5.59 Prediga si cada uno de los siguientes enlaces es covalente no polar, covalente polar o iónico:
    a. Si—Br   **b.** Li—F   **c.** Br—F
    d. I—I   **e.** N—P   **f.** C—O

5.60 Prediga si cada uno de los siguientes enlaces es covalente no polar, covalente polar o iónico:
    a. Si—O   **b.** K—Cl   **c.** S—F
    d. P—Br   **e.** Li—S   **f.** N—S

5.61 Para cada uno de los siguientes enlaces, indique el extremo positivo con δ^+ y el extremo negativo con δ^-. Dibuje una flecha para mostrar el dipolo en cada uno.
    a. N—F   **b.** Si—Br   **c.** C—O
    d. P—Br   **e.** N—P

5.62 Para cada uno de los siguientes enlaces, indique el extremo parcialmente positivo con δ^+ y el extremo parcialmente negativo con δ^-. Dibuje una flecha para mostrar el dipolo en cada uno.
    a. P—Cl   **b.** Se—F   **c.** Br—F
    d. N—H   **e.** B—Cl

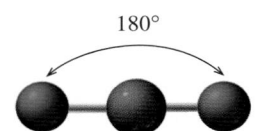

180°

Representación en el modelo de esferas y barras de la geometría lineal de la molécula de $BeCl_2$

$:\overset{..}{Cl}—Be—\overset{..}{Cl}:$

Geometría lineal para un átomo central con dos pares de electrones

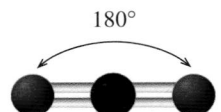

180°

Representación en el modelo de esferas y barras de la geometría lineal de la molécula de CO_2

$:\overset{..}{O}=C=\overset{..}{O}:$

Geometría lineal para un átomo central con dos pares (o grupos) de electrones

5.8 Geometría y polaridad de las moléculas

Con la información de la sección 5.7, ahora puede predecir la geometría tridimensional de muchas moléculas. La forma de una molécula es importante para comprender cómo interacciona con las enzimas y ciertos antibióticos, o cómo se producen los sentidos del gusto y el olfato.

Para determinar la forma tridimensional de una molécula se dibuja una fórmula de electrón-punto y se identifica el número de pares de electrones enlazados y no enlazados y su geometría alrededor de un átomo central. En la **teoría de la repulsión de pares de electrones en la capa de valencia (RPECV)**, los pares de electrones del átomo central están ordenados lo más separado posible para reducir al mínimo la repulsión entre ellos. La geometría específica de la molécula se determina a partir del número de átomos unidos al átomo central.

Átomos centrales con dos pares de electrones

En $BeCl_2$, dos átomos de cloro están enlazados a un átomo de Be central. Dado que un átomo de Be tiene una fuerte atracción por los electrones de valencia, forma un compuesto covalente en vez de uno iónico. Con sólo dos pares de electrones (dos grupos de electrones) en torno al átomo central, la fórmula de electrón-punto del $BeCl_2$ es una excepción a la regla del octeto. La mejor geometría para dos pares de electrones con una repulsión mínima es colocarlos en lados opuestos del átomo de Be central. Esto otorga a la molécula de $BeCl_2$ una distribución lineal de los pares de electrones y una geometría **lineal** con un ángulo de enlace de 180°.

Otro ejemplo de molécula lineal es el CO_2. Para predecir su geometría, cuente un enlace doble o triple como *un solo par o grupo de electrones*. En la fórmula de electrón-punto de CO_2, los dos grupos de electrones (dos enlaces dobles) están en lados opuestos del átomo de C central, que muestra una distribución lineal de grupos de electrones. Con dos átomos unidos al C central, la geometría de la molécula CO_2 es *lineal,* con un ángulo de enlace de 180°.

Átomos centrales con tres pares de electrones

En la fórmula de electrón-punto para BF_3, se toma el átomo B como átomo central, con tres pares de electrones unidos a tres átomos de flúor, que es otra excepción a la regla del octeto. En la distribución de los pares de electrones, los tres pares de electrones se colocan lo más separado posible alrededor del átomo de B central, formando ángulos de enlace de 120°. A este tipo de distribución de pares de electrones se le conoce como *trigonal plana*. En BF_3, los tres pares de electrones alrededor del átomo de B central están cada uno enlazado a un átomo de flúor, lo que da una geometría llamada **trigonal plana** con ángulos de enlace de 120°.

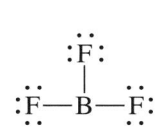

Fórmula de electrón-punto

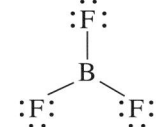

Geometría trigonal plana para un átomo central con tres pares de electrones

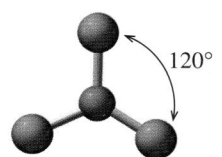

120°

Representación en el modelo de esferas y barras de la geometría trigonal plana de la molécula de BF_3

MC™

TUTORIAL
Molecular Shape

TUTORIAL
Shapes of Molecules

En la fórmula de electrón-punto para SO_2 también hay tres grupos de electrones alrededor del átomo central de S: un enlace sencillo, un enlace doble y un par de electrones libre. Como en el BF_3, tres pares de electrones tienen repulsión mínima al formar una geometría trigonal plana de grupos de electrones. Sin embargo, en el SO_2 uno de los grupos de electrones es un par de electrones libre. Por tanto, la geometría de la molécula del SO_2 está determinada por los dos átomos de oxígeno enlazados al átomo de S central, lo que da a la molécula SO_2 una geometría **angular**, con un ángulo de enlace de 120°. Cuando hay uno o más pares libres en el átomo central, la geometría de la molécula es diferente a la de la distribución de los pares de electrones.

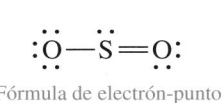

Fórmula de electrón-punto

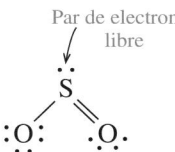

Par de electrones libre

Geometría trigonal plana para un átomo central con tres pares de electrones

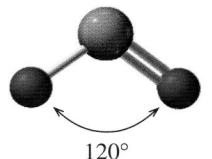

120°

Representación en el modelo de esferas y barras de la geometría angular de la molécula de SO_2

Átomos centrales con cuatro pares de electrones

En una molécula de CH_4, el átomo C central está enlazado a cuatro átomos H. A partir de la fórmula de electrón-punto, puede pensar que la molécula de CH_4 es plana con ángulos de enlace de 90°. Sin embargo, la mejor simetría para una mínima repulsión es la distribución *tetraédrica*, lo que coloca los átomos enlazados en las esquinas de un tetraedro, dando ángulos de enlace de 109°. Cuando hay cuatro átomos unidos a cuatro pares de electrones, la geometría de la molécula es **tetraédrica**.

Una forma de representar la estructura tridimensional del metano es usar la notación cuña-raya. En esta notación, los dos enlaces que conectan carbono con hidrógeno mediante líneas sólidas están en el plano del papel. La cuña representa un enlace carbono a hidrógeno que sale de la página hacia el lector, en tanto que las rayas representan un enlace carbono a hidrógeno que se dirige hacia la página alejándose del lector.

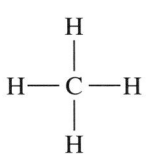

Fórmula de electrón-punto

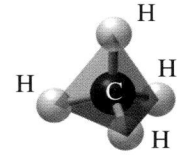

Geometría tetraédrica para un átomo central con cuatro pares de electrones

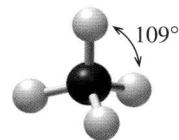

109°

Representación en el modelo de esferas y barras de la geometría tetraédrica de la molécula de CH_4

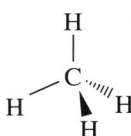

Notación cuña-rayas tetraédrica

Ahora puede observar las moléculas que tienen cuatro pares de electrones, de los cuales uno o más son pares libres. En estos casos el átomo central se une solamente a dos o tres átomos. Por ejemplo, en la fórmula de electrón-punto para el amoniaco, NH_3, cuatro pares de electrones tienen una distribución tetraédrica de pares de electrones. Sin embargo, en el NH_3 uno de los pares de electrones es un par de electrones libre. Por tanto, la geometría del NH_3 está determinada por los tres átomos de hidrógeno enlazados al átomo de N central, lo que da a la molécula de NH_3 una geometría **piramidal trigonal**, con un ángulo de enlace de 109°. La notación de cuña-rayas también puede representar esta estructura tridimensional del amoniaco con un enlace N—H en el plano, un enlace N—H que sale de la página y un enlace N—H que se aleja del lector.

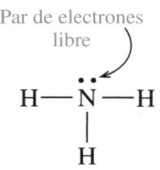

Par de electrones libre

Fórmula de electrón-punto

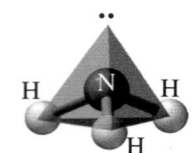

Geometría tetraédrica para un átomo central con cuatro pares de electrones donde uno de ellos es un par libre

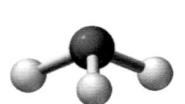

Representación en el modelo de esferas y barras de la geometría piramidal trigonal de la molécula de NH_3

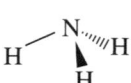

Notación cuña-rayas piramidal trigonal

En la fórmula de electrón-punto del agua, H_2O, también hay cuatro pares de electrones, que tienen repulsión mínima cuando la distribución de los grupos de electrones es tetraédrica. Sin embargo, en H_2O, dos de los grupos de electrones son pares de electrones libres. Dado que la forma de H_2O está determinada por los dos átomos de hidrógeno enlazados al átomo de O central, la molécula de H_2O tiene una geometría **angular**, con un ángulo de enlace de 109°. En la tabla 5.16 se indican las geometrías moleculares de moléculas con dos, tres y cuatro pares de electrones.

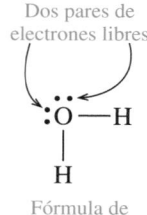

Dos pares de electrones libres

Fórmula de electrón-punto

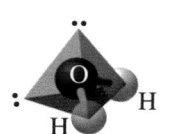

Geometría tetraédrica para un átomo central con cuatro pares de electrones donde dos de ellos son pares libres

Representación en el modelo de esferas y barras de la geometría angular de la molécula de H_2O

COMPROBACIÓN DE CONCEPTOS 5.10   Geometría de las moléculas

Si los cuatro pares de electrones en una molécula de PH_3 forman un tetraedro, ¿por qué una molécula de PH_3 tiene una geometría piramidal trigonal?

RESPUESTA

Cuatro grupos de electrones logran repulsión mínima cuando la distribución de los pares de electrones es un tetraedro. Sin embargo, uno de los pares de electrones es un par de electrones libre. Dado que la forma de la molécula PH_3 está determinada por los tres átomos de H enlazados al átomo de P central, la geometría del PH_3 es piramidal trigonal.

EJEMPLO DE PROBLEMA 5.12   Predicción de geometrías

Prediga la geometría de una molécula de H_2Se.

SOLUCIÓN

Guía para predecir la geometría molecular (teoría de la RPECV)

1 Dibuje la fórmula de electrón-punto.

2 Ordene los pares de electrones alrededor del átomo central para disminuir al mínimo la repulsión.

3 Use los átomos enlazados al átomo central para determinar la geometría molecular.

Paso 1 **Dibuje la fórmula de electrón-punto.** En la fórmula de electrón-punto para H_2Se hay cuatro pares de electrones, incluidos dos pares de electrones libres.

$$:\overset{\cdot\cdot}{Se}-H$$
$$|$$
$$H$$

Paso 2 **Ordene los pares de electrones alrededor del átomo central para disminuir al mínimo la repulsión.** Los cuatro pares de electrones alrededor del Se tendrían un arreglo tetraédrico.

Paso 3 **Use los átomos enlazados al átomo central para determinar la geometría molecular.** Dos átomos enlazados dan al H_2Se una geometría angular con un ángulo de enlace de 109°.

COMPROBACIÓN DE ESTUDIO 5.12

Prediga la geometría del CBr_4.

TABLA 5.16 Geometrías moleculares para un átomo central con dos, tres y cuatro átomos enlazados

Pares de electrones	Distribución de pares de electrones	Átomos enlazados	Pares libres	Ángulo de enlace	Geometría molecular	Ejemplo	Modelo tridimensional de barras y esferas
2	**Lineal**	2	0	180°	Lineal	$BeCl_2$	
3	**Trigonal plana**	3	0	120°	Trigonal plana	BF_3	
		2	1	120°	Angular	SO_2	
4	**Tetraédrica**	4	0	109°	Tetraédrica	CH_4	
		3	1	109°	Piramidal trigonal	NH_3	
		2	2	109°	Angular	H_2O	

Polaridad de moléculas

Ya se observó que los enlaces covalentes pueden ser polares o no polares. Las polaridades de enlace y la forma de una molécula determinan si dicha molécula es polar o no polar.

Moléculas no polares

En una **molécula no polar** todos los enlaces son no polares o los enlaces polares se cancelan mutuamente. Moléculas como H_2, Cl_2 y CH_4 son no polares porque sólo contienen enlaces covalentes no polares.

$$H-H \qquad Cl-Cl \qquad H-\overset{\displaystyle H}{\underset{\displaystyle H}{C}}-H$$

No polar

Una *molécula no polar* también ocurre cuando los enlaces polares o dipolos en una molécula se cancelan mutuamente porque están en un arreglo simétrico. Por ejemplo, CO_2, una molécula lineal, contiene dos enlaces covalentes polares cuyos dipolos apuntan en direcciones opuestas. Como resultado, los dipolos se cancelan, lo que convierte a CO_2 en una molécula no polar.

TUTORIAL
Distinguishing Polar and Nonpolar
Molecules

$$O{=}C{=}O$$

Dipolos se cancelan

CO_2 es una molécula no polar.

Otros ejemplos de moléculas no polares con arreglos simétricos de enlaces polares son BF_3 y CCl_4. En BF_3 los dipolos de tres enlaces polares en una geometría trigonal plana se cancelan para producir una molécula no polar. La molécula CCl_4 también es no polar porque sus cuatro enlaces polares están simétricamente ordenados alrededor del átomo C central, y los dipolos apuntan lejos uno de otro y se cancelan.

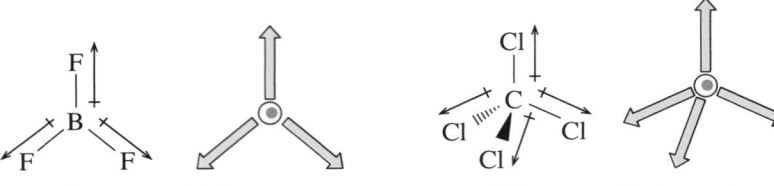

BF$_3$ es una molécula no polar   CCl$_4$ es una molécula no polar

Moléculas polares

H —— Cl

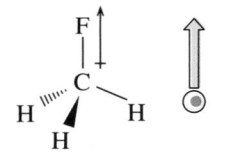

Un solo dipolo no se cancela.

En una **molécula polar**, un extremo de la molécula está cargado más negativamente que el otro extremo. La polaridad en una molécula ocurre cuando los enlaces polares o dipolos no se cancelan. Por ejemplo, la molécula HCl es polar porque los electrones se comparten de manera desigual en el enlace polar H—Cl.

En las moléculas polares con tres o más átomos, la geometría de la molécula determina si los dipolos se cancelan. Con frecuencia hay pares de electrones libres alrededor del átomo central. En H_2O los dipolos apuntan en la misma dirección, lo que significa que no se cancelan, sino que se suman. El resultado es una molécula positiva en un extremo y negativa en el otro. Por tanto, el agua es una molécula polar.

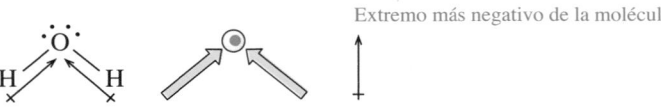

Extremo más negativo de la molécula

Extremo más positivo de la molécula

H$_2$O es una molécula polar porque sus dipolos no se cancelan

En la molécula NH_3 hay tres dipolos, pero no se cancelan.

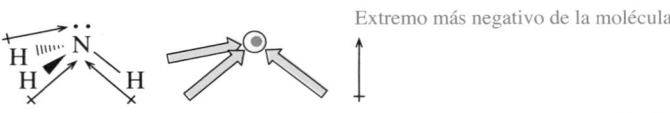

Extremo más negativo de la molécula

Extremo más positivo de la molécula

NH$_3$ es una molécula polar porque sus dipolos no se cancelan

En la molécula CH_3F el enlace C—F es polar, pero los tres enlaces C—H son no polares, lo que convierte a CH_3F en una molécula polar.

CH$_3$F es una molécula polar.

Guía para determinar la polaridad de una molécula

1 Determine si los enlaces son covalentes polares o covalentes no polares.

2 Si los enlaces son covalentes polares, dibuje la fórmula de electrón-punto y determine si los dipolos se cancelan.

EJEMPLO DE PROBLEMA 5.13   Polaridad de moléculas

Determine si cada una de las siguientes moléculas es polar o no polar.

a. $SiCl_4$ **b.** OF_2

SOLUCIÓN

a. Paso 1   Determine si los enlaces son covalentes polares o covalentes no polares. A partir de la tabla de electronegatividad, Cl 3.0 y Si 1.8 dan una diferencia de 1.2, lo que hace los enlaces Si—Cl covalentes polares.

Paso 2   Si los enlaces son covalentes polares, dibuje la fórmula de electrón-punto y determine si los dipolos se cancelan. La fórmula de electrón-punto para $SiCl_4$ tiene cuatro pares de electrones y cuatro átomos enlazados.

La molécula tiene una geometría tetraédrica. Los dipolos de los enlaces Si—Cl apuntan lejos uno de otro y se cancelan, lo que convierte a $SiCl_4$ en una molécula no polar.

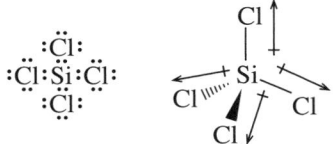

SiCl₄ es una molécula no polar

b. Paso 1 **Determine si los enlaces son covalentes polares o covalentes no polares.** A partir de la tabla de electronegatividad, F 4.0 y O 3.5 dan una diferencia de 0.5, lo que hace los enlaces O—F covalentes polares.

Paso 2 **Si los enlaces son covalentes polares, dibuje la fórmula de electrón-punto y determine si los dipolos se cancelan.** La fórmula de electrón-punto para OF_2 tiene cuatro pares de electrones y dos átomos enlazados. La molécula tiene una geometría angular en la que los dipolos de los enlaces O—F apuntan en la misma dirección. Esto hace un extremo de la molécula positivo y el otro extremo negativo. La molécula OF_2 sería una molécula polar.

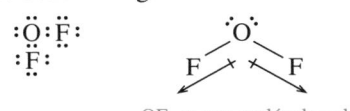

OF₂ es una molécula polar

COMPROBACIÓN DE ESTUDIO 5.13

¿PCl_3 sería una molécula polar o no polar?

PREGUNTAS Y PROBLEMAS

5.8 Geometría y polaridad de las moléculas

META DE APRENDIZAJE: *Predecir la estructura tridimensional de una molécula y clasificarla como polar o no polar.*

5.63 Elija la geometría (**1-6**) que coincida con cada una de las siguientes tres descripciones:
  1. lineal **2.** angular (109°) **3.** trigonal plana
  4. angular (120°) **5.** piramidal trigonal **6.** tetraédrica
  a. una molécula con un átomo central que tiene cuatro pares de electrones y cuatro átomos enlazados
  b. una molécula con un átomo central que tiene cuatro pares de electrones y tres átomos enlazados
  c. una molécula con un átomo central que tiene tres pares de electrones y tres átomos enlazados

5.64 Elija la forma (**1-6**) que coincida con cada una de las siguientes tres descripciones:
  1. lineal **2.** angular (109°) **3.** trigonal plana
  4. angular (120°) **5.** piramidal trigonal **6.** tetraédrica
  a. una molécula con un átomo central que tiene cuatro pares de electrones y dos átomos enlazados
  b. una molécula con un átomo central que tiene dos pares de electrones y dos átomos enlazados
  c. una molécula con un átomo central que tiene tres pares de electrones y dos átomos enlazados

5.65 Complete cada uno de los siguientes enunciados para una molécula de SeO_3:
  a. Hay _____ pares de electrones alrededor del átomo central.
  b. La distribución de los pares de electrones es _____.
  c. La geometría de la molécula es _____.
  d. La molécula es (polar/no polar) _____.

5.66 Complete cada uno de los siguientes enunciados para una molécula de $SeCl_2$:
  a. Hay _____ pares de electrones alrededor del átomo central.
  b. La distribución de los pares de electrones es _____.
  c. La geometría de la molécula es _____.
  d. La molécula es (polar/no polar) _____.

5.67 ¿Cuál de las siguientes moléculas tiene la misma forma que PH_3?
  a. NCl_3 **b.** PCl_3 **c.** BF_3

5.68 ¿Cuál de las siguientes moléculas tiene la misma forma que CO_2?
  a. BeF_2 **b.** H_2O **c.** OF_2

5.69 Use la teoría RPECV para predecir la geometría de cada molécula:
  a. OF_2 **b.** CCl_4
  c. $GaCl_3$ **d.** SeO_2

5.70 Use la teoría RPECV para predecir la geometría de cada molécula:
  a. NCl_3 **b.** SCl_2
  c. SiF_2Cl_2 **d.** $BeBr_2$

5.71 La molécula Cl_2 es no polar, pero HCl es polar. Explique.

5.72 Las moléculas CH_4 y CH_3Cl contienen ambas cuatro enlaces. ¿Por qué CH_4 es no polar mientras que CH_3Cl es polar?

5.73 Identifique si cada una de las siguientes moléculas es polar o no polar:
  a. HBr **b.** NF_3
  c. CHF_3 **d.** SO_3

5.74 Identifique si cada una de las siguientes moléculas es polar o no polar:
  a. SeF_2 **b.** PBr_3
  c. SiF_4 **d.** SeO_2

5.9 Fuerzas de atracción en compuestos

Ahora estudiará las fuerzas de atracción que mantienen unidas las moléculas y los iones en líquidos y sólidos. Un sólido se funde y un líquido hierve cuando la cantidad de calor agregada supera la intensidad de las fuerzas de atracción entre las partículas. Cuando las fuerzas de atracción son débiles, la sustancia experimenta un cambio de estado con puntos de fusión y ebullición relativamente bajos. Si las fuerzas de atracción son fuertes, la sustancia cambia de estado a temperaturas más altas.

En los gases, las atracciones entre partículas son mínimas, lo que permite a las moléculas de gas separarse unas de otras. En sólidos y líquidos existen suficientes atracciones entre las partículas para mantenerlas juntas, aunque algunos sólidos tienen puntos de fusión bajos, en tanto que otros tienen puntos de fusión extremadamente altos. Dichas diferencias de propiedades se explican al observar los diversos tipos de fuerzas de atracción entre partículas.

En general, los compuestos iónicos tienen puntos de fusión altos. Se necesitan grandes cantidades de energía para superar las fuertes fuerzas de atracción entre iones positivos y negativos y para fundir el sólido iónico. Por ejemplo, el NaCl sólido se funde a 801 °C. En sólidos que contienen moléculas con enlaces covalentes también existen fuerzas de atracción, pero son más débiles que las de los compuestos iónicos. Las fuerzas de atracción que se estudiarán son *atracciones dipolo-dipolo*, *puentes de hidrógeno* y *fuerzas de dispersión*.

Atracciones dipolo-dipolo y puentes de hidrógeno

Las fuerzas de atracción llamadas **atracciones dipolo-dipolo** ocurren entre moléculas polares en las que una carga parcialmente positiva de una molécula es atraída hacia la carga parcialmente negativa de otra molécula. Por ejemplo, en la molécula polar del HCl, el átomo de H parcialmente positivo de una molécula HCl atrae el átomo Cl parcialmente negativo de otra molécula.

Cuando un átomo de hidrógeno se une a un átomo altamente electronegativo de flúor, oxígeno o nitrógeno, existen fuertes atracciones dipolo-dipolo entre las moléculas polares. Este tipo de atracción, denominada **puentes de hidrógeno**, ocurre entre el átomo de hidrógeno parcialmente positivo de una molécula y un par de electrones no enlazados en un átomo de nitrógeno, oxígeno o flúor de otra molécula. Los puentes de hidrógeno no son verdaderos enlaces químicos, sino que representan el tipo más fuerte de atracción dipolo-dipolo. Son un factor principal en la formación y estructura de moléculas biológicas como las proteínas y el ADN.

Fuerzas de dispersión

Los compuestos no polares pueden formar sólidos o líquidos, pero sólo a bajas temperaturas. Entre las moléculas no polares ocurren atracciones muy débiles, llamadas **fuerzas de dispersión**. Por lo general, los electrones de una molécula no polar se distribuyen de manera simétrica. Sin embargo, los electrones pueden acumularse más en una parte de la molécula que en otra, lo que forma un dipolo temporal. Si bien las fuerzas de dispersión son especialmente débiles, hacen posible que otras moléculas no polares formen líquidos y sólidos.

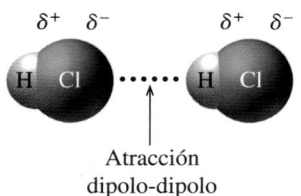

Atracción dipolo-dipolo

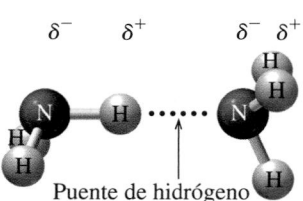

Puente de hidrógeno

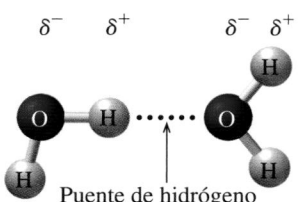

Puente de hidrógeno

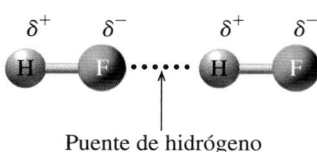

Puente de hidrógeno

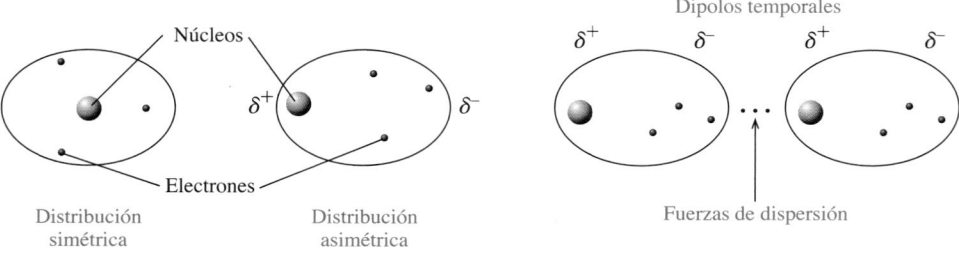

Las moléculas no polares forman atracciones cuando forman dipolos temporales.

En la tabla 5.17 se resumen los diversos tipos de atracciones dentro de los compuestos iónicos y covalentes, y entre las partículas en sólidos y líquidos.

TABLA 5.17 Comparación de fuerzas de enlace y de atracción

Tipo de fuerza	Arreglo de partículas	Ejemplo	Intensidad
Entre átomos o iones		Na^+Cl^-	Fuerte
Enlace iónico			
Enlace covalente (X = no metal)		Cl — Cl	
Entre moléculas			
Puentes de hidrógeno (X = F, O o N)		H — F⋯H — F	
Atracciones dipolo-dipolo (X y Y = no metales)		Br — Cl⋯Br — Cl	
Fuerzas de dispersión (desplazamiento temporal de electrones en enlaces no polares)	(dipolos temporales)	F — F⋯F — F	Débil

COMPROBACIÓN DE CONCEPTOS 5.11 Fuerzas de atracción entre partículas

Indique el principal tipo de interacción molecular que se espera para cada uno de los siguientes:

1. atracciones dipolo-dipolo **2.** puente de hidrógeno **3.** fuerzas de dispersión

a. HF **b.** Br_2 **c.** PCl_3

RESPUESTA
a. 2; HF es una molécula polar que interacciona con otras moléculas HF mediante puentes de hidrógeno.
b. 3; BR_2 es no polar; las únicas interacciones moleculares serían a partir de fuerzas de dispersión.
c. 1; la polaridad de las moléculas de PCL_3 proporcionan atracciones dipolo-dipolo.

Fuerzas de atracción y punto de fusión

El punto de fusión de una sustancia guarda relación con la intensidad de las fuerzas de atracción entre sus partículas. Un compuesto con fuerzas de atracción débiles como las fuerzas de dispersión tiene un punto de fusión bajo, porque sólo se necesita una pequeña cantidad de energía para separar sus moléculas y formar un líquido. Un compuesto con atracciones dipolo-dipolo necesita más energía para romper las fuerzas de atracción que mantienen unidas sus partículas. Un compuesto que forma puentes de hidrógeno requiere todavía más energía para superar las fuerzas de atracción que hay entre sus moléculas. Los puntos de fusión más altos se observan con los compuestos iónicos que tienen atracciones muy fuertes entre iones positivos y negativos. La tabla 5.18 compara los puntos de fusión de algunas sustancias con diferentes tipos de fuerzas de atracción.

TABLA 5.18 Puntos de fusión de sustancias seleccionadas

Sustancia	Punto de fusión (°C)
Enlaces iónicos	
MgF_2	1248
NaCl	801
Puentes de hidrógeno	
H_2O	0
NH_3	−78
Atracciones dipolo-dipolo	
HI	−51
HBr	−89
HCl	−115
Fuerzas de dispersión	
Br_2	−7
Cl_2	−101
F_2	−220
CH_4	−182

PREGUNTAS Y PROBLEMAS

5.9 Fuerzas de atracción en compuestos

META DE APRENDIZAJE: *Describir las fuerzas de atracción entre iones, moléculas polares y moléculas no polares.*

5.75 Identifique el principal tipo de fuerza interactiva entre las partículas de cada uno de los siguientes:
   a. BrF   **b.** KCl   **c.** CCl_4 **d.** Cl_2

5.76 Identifique el principal tipo de fuerza interactiva entre las partículas de cada uno de los siguientes:
   a. HCl   **b.** MgF_2 **c.** PBr_3 **d.** NH_3

5.77 Identifique las fuerzas de atracción más fuertes entre las moléculas de cada uno de los siguientes:
   a. CH_3OH **b.** N_2 **c.** HBr
   d. CH_4 **e.** CH_3CH_3

5.78 Identifique las fuerzas de atracción más fuertes entre las moléculas de cada uno de los siguientes:
   a. O_2 **b.** CBr_4
   c. CH_3Cl **d.** H_2O
   e. NF_3

5.79 Identifique la sustancia, en cada uno de los siguientes pares, que tendría el punto de ebullición más alto y explique por qué:
   a. HF o HBr   **b.** HF o NaF
   c. $MgBr_2$ o PBr_3 **d.** CH_4 o CH_3OH

5.80 Identifique la sustancia, en cada uno de los siguientes pares, que tendría el punto de ebullición más alto y explique por qué:
   a. NaCl o HCl   **b.** H_2O o H_2Se
   c. NH_3 o PH_3 **d.** F_2 o HF

MAPA CONCEPTUAL

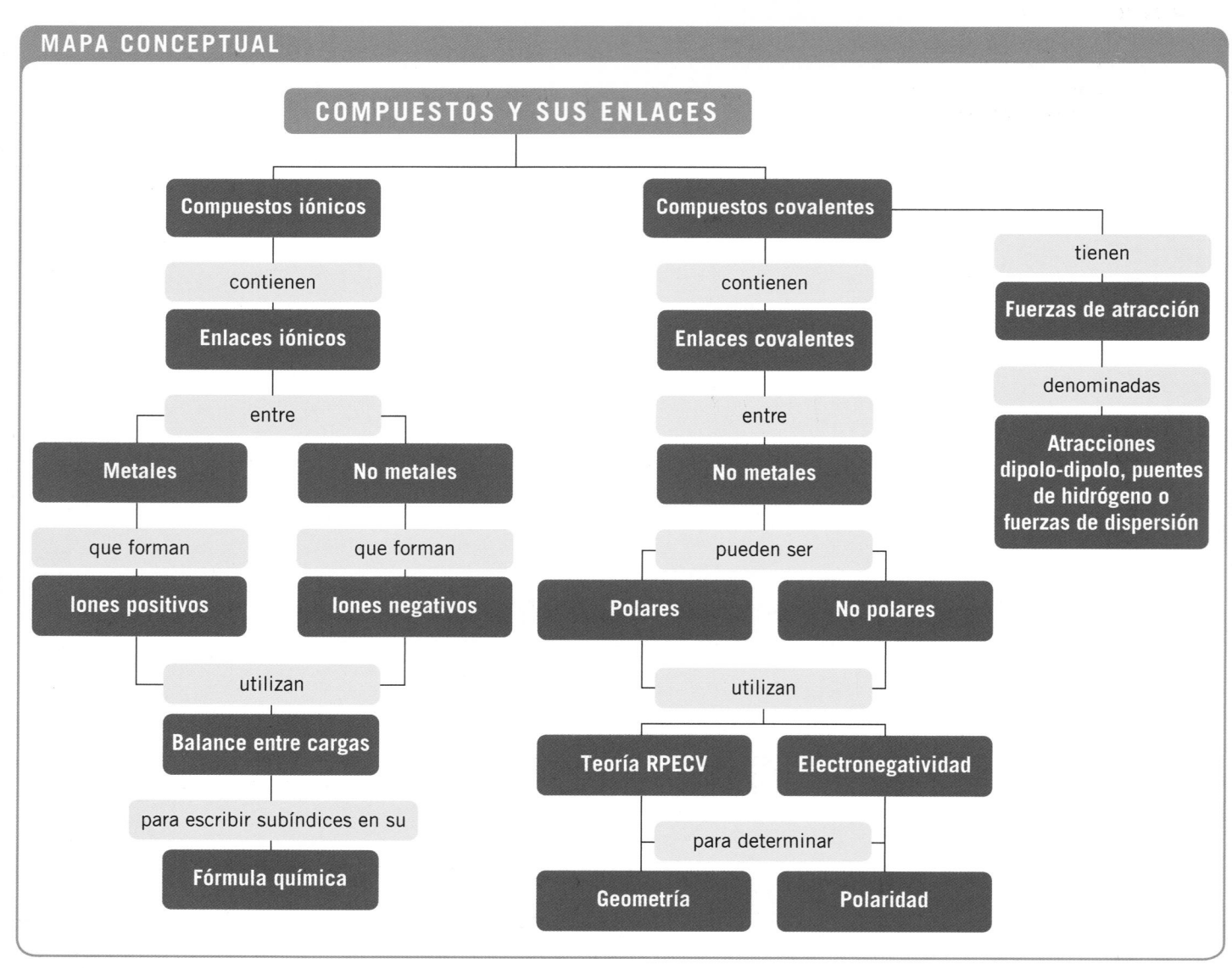

REPASO DEL CAPÍTULO **197**

REPASO DEL CAPÍTULO

5.1 Iones: transferencia de electrones

META DE APRENDIZAJE: Con la regla del octeto, escribir los símbolos para los iones simples de los elementos representativos.

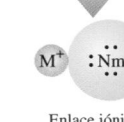

Transferencia
de electrones

Enlace iónico

- La estabilidad de los gases nobles se asocia a una configuración electrónica completa en el nivel de energía más externo.
- Con excepción del helio, que necesita dos electrones para ser estable, los gases nobles tienen ocho electrones de valencia, que es un octeto.
- Los átomos de los elementos de los Grupos 1A-7A (1, 2, 13-17) logran estabilidad al perder, ganar o compartir sus electrones de valencia en la formación de compuestos.
- Los metales de los elementos representativos pierden electrones de valencia para formar iones con carga positiva (cationes): Grupo 1A (1), 1+; Grupo 2A (2), 2+; y Grupo 3A (13), 3+.
- Cuando reaccionan con metales, los no metales ganan electrones para formar octetos y forman iones con carga negativa (aniones): Grupo 5A (15), 3−; Grupo 6A (16), 2−; y Grupo 7A (17), 1−.

5.2 Compuestos iónicos

META DE APRENDIZAJE: A partir del balance de carga, escribir la fórmula correcta para un compuesto iónico.

- La carga iónica positiva y negativa total se equilibra en la fórmula para un compuesto iónico.
- El balance de carga en una fórmula se logra con el uso de subíndices después de cada símbolo, de modo que la carga global es cero.

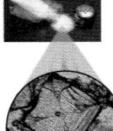
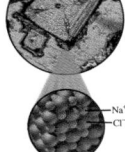

Na⁺
Cl⁻

Cloruro de sodio

5.3 Nomenclatura y escritura de fórmulas iónicas

META DE APRENDIZAJE: Dada la fórmula de un compuesto iónico, escribir el nombre correcto; dado el nombre de un compuesto iónico, escribir la fórmula correcta.

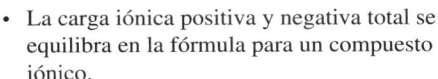
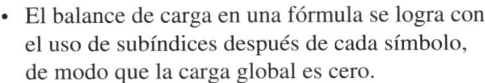

- Al nombrar compuestos iónicos, el nombre del ión negativo se coloca primero, seguido del nombre del ión positivo.
- Los compuestos iónicos que contienen dos elementos terminan con *uro*, excepto el oxígeno, que es *óxido*.
- Excepto por Ag, Cd y Zn, los elementos de transición forman cationes con dos o más cargas iónicas.
- La carga de un catión de un elemento de transición se determina a partir de la carga negativa total en la fórmula y se incluye como un número romano después del nombre.

5.4 Iones poliatómicos

META DE APRENDIZAJE: Escribir el nombre y fórmula para un compuesto que contiene un ión poliatómico.

Fertilizante
NH_4NO_3

- Un ión poliatómico es un grupo de átomos no metálicos que tienen carga eléctrica; por ejemplo, el ión carbonato tiene la fórmula CO_3^{2-}.

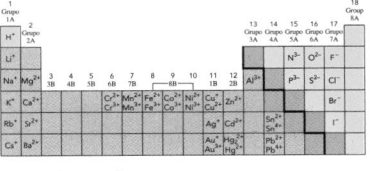

NH_4^+ NO_3^-

- La mayoría de los iones tiene nombres que terminan con *ato* o *ito*.

5.5 Compuestos covalentes: compartición de electrones

META DE APRENDIZAJE: Dibujar las fórmulas de electrón-punto para compuestos covalentes, incluidos enlaces múltiples y estructuras de resonancia.

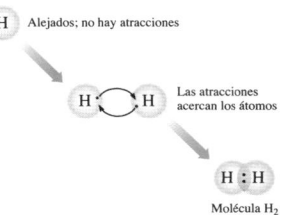

Alejados; no hay atracciones

Las atracciones
acercan los átomos

H : H

Molécula H_2

- En un enlace covalente los electrones se comparten por átomos de dos no metales, de tal manera que cada átomo tiene una configuración electrónica estable.
- En algunos compuestos covalentes, enlaces dobles o triples proporcionan un octeto (o un par de electrones para H).
- Las estructuras de resonancia son posibles cuando más de una fórmula de electrón-punto puede dibujarse para una molécula con un enlace múltiple.

5.6 Nomenclatura y escritura de fórmulas covalentes

META DE APRENDIZAJE: Dada la fórmula de un compuesto covalente, escribir su nombre correcto; dado el nombre de un compuesto covalente, escribir su fórmula.

1	mono	6	hexa
2	di	7	hepta
3	tri	8	octa
4	tetra	9	nona
5	penta	10	deca

- El primer no metal en un compuesto covalente utiliza el nombre de su elemento; el segundo no metal utiliza la primera parte del nombre de su elemento y la terminación *uro*, excepto el oxígeno, que es *óxido*.
- El nombre de un compuesto covalente con dos átomos diferentes utiliza prefijos para indicar el número de átomos de cada no metal en la fórmula.

5.7 Electronegatividad y polaridad del enlace

META DE APRENDIZAJE: Usar la electronegatividad para determinar la polaridad de un enlace.

H

Cl

H   Cl

δ^+ δ^-
H —— Cl

- Electronegatividad es la capacidad de un átomo para atraer pares compartidos de electrones hacia sí mismo.
- Los valores de electronegatividad de los metales son bajos, en tanto que los no metales tienen electronegatividades altas.
- Los átomos que forman enlaces iónicos tienen grandes diferencias de electronegatividad.
- Si los átomos comparten el par de electrones de enlace de manera equitativa, se denomina *enlace covalente no polar*.
- Si los electrones de enlace, en un enlace covalente, se comparten de manera desigual, se denomina *enlace covalente polar*.
- En los enlaces covalentes polares, el átomo con la electronegatividad más baja es parcialmente positivo y el átomo con la electronegatividad más alta es parcialmente negativo.

5.8 Geometría y polaridad de las moléculas

META DE APRENDIZAJE: *Predecir la estructura tridimensional de una molécula y clasificarla como polar o no polar.*

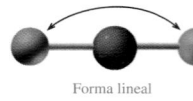

$$:\ddot{\underset{\cdot\cdot}{Cl}}-Be-\ddot{\underset{\cdot\cdot}{Cl}}:$$

180°

Forma lineal

- La teoría RPECV indica que el arreglo de los pares de electrones alrededor de un átomo central se reduce al mínimo cuando los pares de electrones están lo más alejados posible (entre ellos).
- La geometría de una molécula con dos pares de electrones y dos átomos enlazados es lineal.
- La geometría de una molécula con tres pares de electrones y tres átomos enlazados es trigonal plana.
- La geometría de una molécula con tres pares de electrones y dos átomos enlazados es angular, 120°.
- La geometría de una molécula con cuatro pares de electrones y cuatro átomos enlazados es tetraédrica.
- La geometría de una molécula con cuatro pares de electrones y tres átomos enlazados es piramidal trigonal.
- La geometría de una molécula con cuatro pares de electrones y dos átomos enlazados es angular, 109°.

- Las moléculas son no polares si contienen enlaces covalentes no polares o tienen un arreglo de enlaces covalentes polares con dipolos que se cancelan.
- En las moléculas polares, los dipolos no se cancelan.

5.9 Fuerzas de atracción en compuestos

META DE APRENDIZAJE: *Describir las fuerzas de atracción entre iones, moléculas polares y moléculas no polares.*

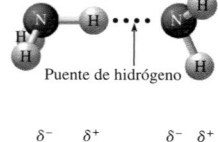

Puente de hidrógeno

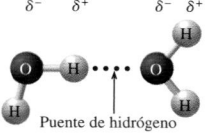

Puente de hidrógeno

- Los enlaces iónicos consisten en fuerzas de atracción muy fuertes entre iones con carga opuesta.
- Las fuerzas de atracción en los compuestos covalentes polares son más débiles que en los enlaces iónicos e incluyen atracciones dipolo-dipolo y puentes de hidrógeno.
- Los compuestos covalentes no polares forman sólidos usando dipolos temporales llamados *fuerzas de dispersión.*

TÉRMINOS CLAVE

anión Ión con carga negativa, como Cl^-, O^{2-} o $SO_4{}^{2-}$.

angular Forma geométrica de una molécula con tres o cuatro pares de electrones en el átomo, pero sólo dos átomos enlazados.

atracciones dipolo-dipolo Fuerzas de atracción entre extremos con carga opuesta de moléculas polares.

carga iónica Diferencia entre el número de protones (positiva) y el número de electrones (negativa) escrita en la esquina superior derecha del símbolo del elemento o ión poliatómico.

catión Ión con carga positiva, como Na^+, Mg^{2+}, Al^{3+} o $NH_4{}^+$.

compuesto iónico Compuesto de iones positivos y negativos que se mantiene unido mediante enlaces iónicos.

compuesto covalente Combinación de no metales que comparten electrones para obtener una configuración electrónica estable.

dipolo Separación de carga positiva y negativa en un enlace polar, indicado mediante una flecha que se dibuja del átomo más positivo al átomo más negativo.

electronegatividad Capacidad relativa de un elemento para atraer electrones en un enlace.

enlace covalente no polar Enlace covalente en el que los electrones se comparten equitativamente entre los átomos.

enlace covalente polar Enlace covalente en el que los electrones se comparten de manera inequitativa entre dos átomos de no metales.

enlace doble Compartición de dos pares de electrones por parte de dos átomos.

enlace iónico Atracción entre iones metálicos con carga positiva y iones no metálicos con carga negativa.

enlace triple Compartición de tres pares de electrones por dos átomos de elementos no metálicos.

estructura de resonancia Dos o más fórmulas de electrón-punto que pueden escribirse para una misma molécula al colocar un enlace múltiple entre diferentes átomos.

fórmula química Expresión que muestra los símbolos y subíndices que representan el menor número entero en la proporción de los átomos o iones en un compuesto.

fuerzas de dispersión Atracciones dipolo débiles que resultan de una polarización momentánea de moléculas no polares.

ión Átomo o grupo de átomos que poseen carga eléctrica debido a una pérdida o ganancia de electrones.

ión poliatómico Grupo de átomos no metales enlazados de manera covalente que tienen una carga eléctrica global.

lineal Forma geométrica de una molécula cuyo átomo central posee dos pares de electrones y dos átomos enlazados.

molécula La unidad más pequeña con dos o más átomos no metales unidos mediante enlaces covalentes.

molécula no polar Molécula que sólo tiene enlaces no polares o en los que se cancelan los dipolos del enlace.

molécula polar Molécula que contiene enlaces polares con dipolos que no se cancelan.

piramidal trigonal Forma geométrica de una molécula cuyo átomo central tiene cuatro pares de electrones, pero sólo tres átomos enlazados.

puente de hidrógeno Atracción entre un H parcialmente positivo de una molécula y un átomo altamente electronegativo de F, O o N de una molécula cercana.

regla del octeto Tendencia de los elementos de los Grupos 1A-7A (1, 2, 13-17) a reaccionar con otros elementos para producir una configuración electrónica estable; por lo general se busca completar con ocho electrones su capa exterior.

teoría de la repulsión de pares de electrones en la capa de valencia (RPECV) Teoría que predice la geometría de una molécula al colocar los pares de electrones de un átomo central lo más separados posible para reducir al mínimo la repulsión mutua de los electrones.

tetraédrica Forma geométrica de una molécula cuyo átomo central posee cuatro pares de electrones y cuatro átomos enlazados.

trigonal plana Forma geométrica de una molécula cuyo átomo central posee tres pares de electrones, pero sólo tres átomos enlazados.

COMPRENSIÓN DE CONCEPTOS

*Las secciones del capítulo que se deben revisar se muestran entre parén-
tesis al final de cada pregunta.*

5.81 Identifique si cada uno de los siguientes son átomos o iones: (5.1)

$18\,e^-$	$8\,e^-$	$28\,e^-$	$23\,e^-$
$15\,p^+$	$8\,p^+$	$30\,p^+$	$26\,p^+$
$16\,n$	$8\,n$	$35\,n$	$28\,n$
a.	**b.**	**c.**	**d.**

5.82 Identifique si cada uno de los siguientes son átomos o iones: (5.1)

$2\,e^-$	$0\,e^-$	$3\,e^-$	$10\,e^-$
$3\,p^+$	$1\,p^+$	$3\,p^+$	$7\,p^+$
$4\,n$		$4\,n$	$8\,n$
a.	**b.**	**c.**	**d.**

5.83 Identifique si cada uno de los siguientes son átomos o iones: (5.1)
  a. 35 protones, 45 neutrones y 36 electrones
  b. 47 protones, 60 neutrones y 46 electrones
  c. 50 protones, 68 neutrones y 46 electrones

5.84 Identifique si cada uno de los siguientes son átomos o iones: (5.1)
  a. 28 protones, 31 neutrones y 26 electrones
  b. 82 protones, 126 neutrones y 82 electrones
  c. 34 protones, 46 neutrones y 36 electrones

5.85 Considere un ión con el símbolo X^{2+} formado a partir de un elemento representativo. (5.2, 5.3)
  a. ¿Cuál es el número de grupo del elemento?
  b. ¿Cuál es el símbolo de electrón-punto del elemento?
  c. Si X está en el Periodo 3, ¿de qué elemento se trata?
  d. ¿Cuál es la fórmula del compuesto formado a partir de X y el
  ión nitruro?

5.86 Considere un ión con el símbolo Y^{3-} formado a partir de un elemento representativo. (5.2, 5.3)
  a. ¿Cuál es el número de grupo del elemento?
  b. ¿Cuál es el símbolo de electrón-punto del elemento?
  c. Si Y está en el Periodo 3, ¿de qué elemento se trata?

  d. ¿Cuál es la fórmula del compuesto formado a partir del ión
  bario y Y?

5.87 Relacione cada una de las fórmulas electrón-punto (**a–c**) con el
diagrama correcto (**1–3**) de su geometría, y diga el tipo de geometría; indique si cada molécula es polar o no polar. Suponga
que X y Y son no metales y todos los enlaces son covalentes
polares. (5.7, 5.8)

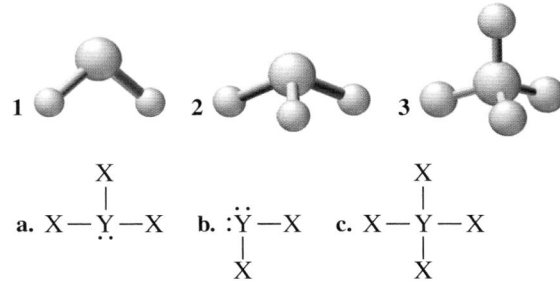

5.88 Relacione cada una de las fórmulas (**a–c**) con el diagrama correcto (**1–3**) de su geometría y diga el tipo de geometría; indique si cada molécula es polar o no polar. (5.7, 5.8)

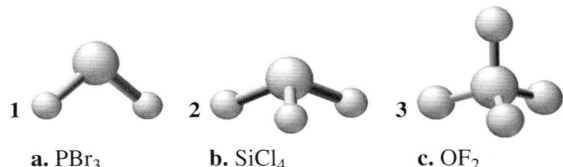

  a. PBr_3 **b.** $SiCl_4$ **c.** OF_2

5.89 Considere los siguientes enlaces: Ca—O, C—O, K—O, O—O
y N—O. (5.7)
  a. ¿Cuáles enlaces son covalentes polares?
  b. ¿Cuáles enlaces son covalentes no polares?
  c. ¿Cuáles enlaces son iónicos?
  d. Ordene los enlaces covalentes por polaridad decreciente.

5.90 Considere los siguientes enlaces: F—Cl, Cl—Cl, Cs—Cl,
O—Cl y Ca—Cl. (5.7)
  a. ¿Cuáles enlaces son covalentes polares?
  b. ¿Cuáles enlaces son covalentes no polares?
  c. ¿Cuáles enlaces son iónicos?
  d. Ordene los enlaces covalentes por polaridad decreciente.

PREGUNTAS Y PROBLEMAS ADICIONALES

*Visite www.masteringchemistry.com para acceder a materiales de auto-
aprendizaje y tareas asignadas por el instructor.*

5.91 Escriba la configuración electrónica para cada uno de los siguientes iones: (5.1)
  a. N^{3-} **b.** Mg^{2+} **c.** P^{3-}
  d. Al^{3+} **e.** Li^+

5.92 Escriba la configuración electrónica para cada uno de los siguientes iones: (5.1)
  a. K^+ **b.** Na^+ **c.** S^{2-}
  d. Cl^- **e.** Ca^{2+}

5.93 Uno de los iones del estaño es estaño(IV). (5.1, 5.2, 5.3, 5.4)
  a. ¿Cuál es el símbolo de este ión?
  b. ¿Cuántos protones y electrones hay en el ión?
  c. ¿Cuál es la fórmula de óxido de estaño(IV)?
  d. ¿Cuál es la fórmula del fosfato de estaño(IV)?

5.94 Uno de los iones del oro es oro(III). (5.1, 5.2, 5.3, 5.4)
  a. ¿Cuál es el símbolo de este ión?
  b. ¿Cuántos protones y electrones hay en el ión?
  c. ¿Cuál es la fórmula del sulfato de oro(III)?
  d. ¿Cuál es la fórmula del nitrato de oro(III)?

5.95 Escriba el símbolo del ión de cada uno de los siguientes: (5.1)
  a. cloruro   **b.** potasio
  c. óxido   **d.** aluminio

5.96 Escriba el símbolo del ión de cada uno de los siguientes: (5.1)
  a. fluoruro   **b.** calcio
  c. sodio   **d.** fosfuro

5.97 ¿Cuál es el nombre de cada uno de los siguientes iones? (5.1)
  a. K^+ **b.** S^{2-} **c.** Ca^{2+} **d.** N^{3-}

5.98 ¿Cuál es el nombre de cada uno de los siguientes iones? (5.1)
  a. Mg^{2+} **b.** Ba^{2+} **c.** I^- **d.** Cl^-

5.99 Escriba la fórmula para cada uno de los siguientes compuestos iónicos: (5.3)
- **a.** sulfuro de estaño(II)
- **b.** óxido de plomo(IV)
- **c.** cloruro de plata
- **d.** nitruro de calcio
- **e.** fosfuro de cobre(I)
- **f.** bromuro de cromo(II)

5.100 Escriba la fórmula para cada uno de los siguientes compuestos iónicos: (5.3)
- **a.** óxido de níquel(III)
- **b.** sulfuro de hierro(III)
- **c.** sulfuro de plomo(II)
- **d.** yoduro de cromo(III)
- **e.** nitruro de litio
- **f.** óxido de oro(I)

5.101 Dibuje la fórmula de electrón-punto para cada uno de los compuestos siguientes: (5.5)
- **a.** Cl_2O
- **b.** CF_4
- **c.** H_2NOH (N es el átomo central)
- **d.** H_2CCCl_2

5.102 Dibuje la fórmula de electrón-punto para cada uno de los compuestos siguientes: (5.5)
- **a.** H_3COCH_3; los átomos están en el orden C O C
- **b.** CS_2; los átomos están en el orden S C S
- **c.** NH_3
- **d.** H_2CCHCN; los átomos están en el orden C C C N

5.103 Nombre cada uno de los siguientes compuestos covalentes: (5.6)
- **a.** NCl_3
- **b.** N_2S_3
- **c.** N_2O
- **d.** F_2
- **e.** SO_2
- **f.** P_2O_5

5.104 Nombre cada uno de los siguientes compuestos covalentes: (5.6)
- **a.** CBr_4
- **b.** SF_6
- **c.** Br_2
- **d.** N_2O_4
- **e.** PCl_5
- **f.** CS_2

5.105 Escriba la fórmula para cada uno de los siguientes compuestos: (5.6)
- **a.** monóxido de carbono
- **b.** pentóxido de difósforo
- **c.** sulfuro de dihidrógeno
- **d.** dicloruro de azufre

5.106 Escriba la fórmula para cada uno de los siguientes compuestos: (5.6)
- **a.** dióxido de silicio
- **b.** tetrabromuro de carbono
- **c.** tetrayoduro de difósforo
- **d.** óxido de dinitrógeno

5.107 Clasifique cada uno de los siguientes compuestos como iónico o covalente e indique su nombre: (5.2, 5.3, 5.4, 5.6)
- **a.** $FeCl_3$
- **b.** Na_2SO_4
- **c.** NO_2
- **d.** N_2
- **e.** PF_5
- **f.** CF_4

5.108 Clasifique cada uno de los siguientes compuestos como iónico o covalente e indique su nombre: (5.2, 5.3, 5.4, 5.6)
- **a.** $Al_2(CO_3)_3$
- **b.** ClF_5
- **c.** H_2
- **d.** Mg_3N_2
- **e.** ClO_2
- **f.** $CrPO_4$

5.109 Escriba las fórmulas para los compuestos siguientes: (5.2, 5.3, 5.4, 5.6)
- **a.** carbonato de estaño(II)
- **b.** fosfuro de litio
- **c.** tetracloruro de silicio
- **d.** óxido de manganeso(III)
- **e.** yoduro
- **f.** bromuro de calcio

5.110 Escriba las fórmulas para los compuestos siguientes: (5.2, 5.3, 5.4, 5.6)
- **a.** carbonato de sodio
- **b.** dióxido de nitrógeno
- **c.** nitrato de aluminio
- **d.** nitruro de cobre(I)
- **e.** fosfato de potasio
- **f.** sulfato de cobalto(III)

5.111 Seleccione el enlace más polar en cada uno de los siguientes pares: (5.7)
- **a.** C—N o C—O
- **b.** N—F o N—Br
- **c.** Br—Cl o S—Cl
- **d.** Br—Cl o Br—I
- **e.** N—F o N—O

5.112 Seleccione el enlace más polar en cada uno de los siguientes pares: (5.7)
- **a.** C—C o C—O
- **b.** P—Cl o P—Br
- **c.** Si—S o Si—Cl
- **d.** F—Cl o F—Br
- **e.** P—O o P—S

5.113 Muestre la dirección de la flecha de dipolo para cada uno de los siguientes enlaces: (5.7)
- **a.** Si—Cl
- **b.** C—N
- **c.** F—Cl
- **d.** C—F
- **e.** N—O

5.114 Muestre la dirección de la flecha de dipolo para cada uno de los siguientes enlaces: (5.7)
- **a.** C—O
- **b.** N—F
- **c.** O—Cl
- **d.** S—Cl
- **e.** P—F

5.115 Clasifique cada uno de los siguientes enlaces como covalente no polar, covalente polar o iónico: (5.7)
- **a.** Si—Cl
- **b.** C—C
- **c.** Na—Cl
- **d.** C—H
- **e.** F—F

5.116 Clasifique cada uno de los siguientes enlaces como covalente no polar, covalente polar o iónico: (5.7)
- **a.** C—N
- **b.** Cl—Cl
- **c.** K—Br
- **d.** H—H
- **e.** N—F

5.117 Para cada uno de los compuestos siguientes, dibuje la fórmula de electrón-punto y determine la geometría de la molécula: (5.8)
- **a.** NF_3
- **b.** $SiBr_4$
- **c.** $BeCl_2$
- **d.** SO_2

5.118 Para cada uno de los siguientes compuestos, dibuje la fórmula de electrón-punto y determine la geometría de la molécula: (5.8)
- **a.** SiH_4
- **b.** HCCH
- **c.** $COCl_2$ (C es el átomo central)
- **d.** BCl_3

PREGUNTAS DE DESAFÍO

5.119 Escriba la fórmula y el nombre del compuesto que se forma para cada par de elementos (X = metal, Y = no metal) indicado por el periodo y los símbolos de electrón-punto en la siguiente tabla: (5.2, 5.3, 5.5, 5.6)

Periodo	Símbolos de electrón-punto	Fórmula del compuesto	Nombre del compuesto
3	·X· y ·Ÿ·		
3	·Ẋ· y ·Ÿ:		
3	·Ÿ: y ·Ÿ:		
3	·Ÿ· y ·Ÿ:		

5.120 Escriba la fórmula y el nombre del compuesto que se forma para cada par de elementos (X = metal, Y = no metal) indicado por el periodo y los símbolos de electrón-punto en la siguiente tabla: (5.2, 5.3, 5.5, 5.6)

Periodo	Símbolos de electrón-punto	Fórmula del compuesto	Nombre del compuesto
2	X· y ·Ÿ·		
2	·Ÿ· y ·Ÿ:		
4	·X· and ·Ÿ:		
4	·Ẋ· and ·Ÿ:		

5.121 Escriba los símbolos de los iones, fórmulas y nombres para sus compuestos iónicos, usando las configuraciones electrónicas que se muestran en la tabla siguiente: (5.2, 5.3)

Configuraciones electrónicas		Símbolos de iones			
Metal	No metal	Catión	Anión	Fórmula del compuesto	Nombre del compuesto
$1s^2 2s^1$	$1s^2 2s^2 2p^6 3s^2 3p^4$				
$1s^2 2s^2 2p^6 3s^2 3p^6 4s^2$	$1s^2 2s^2 2p^6 3s^2 3p^3$				
$1s^2 2s^2 2p^6 3s^1$	$1s^2 2s^2 2p^6 3s^2 3p^5$				

5.122 Escriba los símbolos de los iones, fórmulas y nombres de sus compuestos iónicos, usando las configuraciones electrónicas que se muestran en la tabla siguiente: (5.2, 5.3)

Configuraciones electrónicas		Símbolos de iones			
Metal	No metal	Catión	Anión	Fórmula del compuesto	Nombre del compuesto
$1s^2 2s^2 2p^6 3s^2$	$1s^2 2s^2 2p^3$				
$1s^2 2s^2 2p^6 3s^2 3p^6 4s^1$	$1s^2 2s^2 2p^4$				
$1s^2 2s^2 2p^6 3s^2 3p^1$	$1s^2 2s^2 2p^5$				

5.123 Considere las siguientes fórmulas de electrón-punto para los elementos X y Y: (5.2, 5.3, 5.5, 5.6)

$$X \cdot \qquad \cdot \ddot{\underset{\cdot}{Y}} :$$

a. ¿Cuáles son los números de grupo de X y Y?
b. ¿Un compuesto de X y Y será iónico o covalente?
c. ¿Qué iones se formarían con X y Y?
d. ¿Cuál sería la fórmula de un compuesto de X y Y?
e. ¿Cuál sería la fórmula de un compuesto de X y cloro?
f. ¿Cuál sería la fórmula de un compuesto de Y y sodio?
g. ¿El compuesto del inciso **f** es iónico o covalente?

5.124 Considere las siguientes fórmulas de electrón-punto para los elementos X y Y: (5.2, 5.3, 5.5, 5.6)

$$\cdot X \cdot \quad y \quad \cdot \ddot{\underset{\cdot}{Y}} \cdot$$

a. ¿Cuáles son los números de grupo de X y Y?
b. ¿Un compuesto de X y Y será iónico o covalente?
c. ¿Qué iones se formarían con X y Y?
d. ¿Cuál sería la fórmula de un compuesto de X y Y?
e. ¿Cuál sería la fórmula de un compuesto de X y cloro?
f. ¿Cuál sería la fórmula de un compuesto de Y y azufre?
g. ¿El compuesto del inciso **f** es iónico o covalente?

5.125 Clasifique los siguientes compuestos como iónico o covalente e indique el nombre de cada uno: (5.2, 5.3, 5.5, 5.6)
a. Li_2O **b.** N_2O
c. CF_4 **d.** Cl_2O

5.126 Clasifique los siguientes compuestos como iónico o covalente e indique el nombre de cada uno: (5.2, 5.3, 5.5, 5.6)
a. MgF_2 **b.** CO **c.** $CaCl_2$ **d.** K_3PO_4

5.127 Nombre los siguientes compuestos: (5.3, 5.4, 5.6)
a. $FeCl_2$ **b.** Cl_2O_7 **c.** N_2
d. $Ca_3(PO_4)_2$ **e.** PCl_3 **f.** $Ca(ClO)_2$

5.128 Nombre los siguientes compuestos: (5.3, 5.4, 5.6)
a. $PbCl_4$ **b.** $MgCO_3$ **c.** NO_2
d. $SnSO_4$ **e.** $Ba(NO_3)_2$ **f.** CuS

5.129 Prediga la geometría y polaridad de cada una de las siguientes moléculas: (5.8)
a. H_2S **b.** NF_3 **c.** NH_3
d. CH_3Cl **e.** SiF_4

5.130 Prediga la geometría y polaridad de cada una de las siguientes moléculas: (5.8)
a. H_2O **b.** CF_4 **c.** GeH_4
d. PCl_3 **e.** SCl_2

5.131 Indique el principal tipo de fuerzas de atracción [(1) enlaces iónicos, (2) atracciones dipolo-dipolo, (3) puentes de hidrógeno, (4) fuerzas de dispersión] que existen entre las partículas de los compuestos siguientes: (5.9)
a. NH_3 **b.** ClF **c.** Br_2
d. Cs_2O **e.** C_3H_8 **f.** CH_3OH

5.132 Indique el principal tipo de fuerzas de atracción [(1) enlaces iónicos, (2) atracciones dipolo-dipolo, (3) puentes de hidrógeno, (4) fuerzas de dispersión] que existen entre las partículas de los compuestos siguientes: (5.9)
a. $CHCl_3$ **b.** H_2O **c.** $LiCl$
d. Cl_2 **e.** HBr **f.** IBr

RESPUESTAS

Respuestas a las Comprobaciones de estudio

5.1 sulfuro de galio

5.2 sulfuro de manganeso(III)

5.3 Cr_2O_3

5.4 fosfato de cobalto(II)

5.5 $(NH_4)_3PO_4$

5.6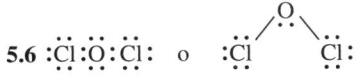

5.7 $H : C :: N :$ o $H - C \equiv N :$
En HCN hay un enlace triple entre los átomos de C y N.

5.8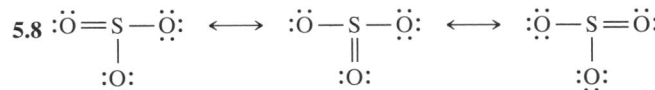

5.9 a. tetrabromuro de silicio **b.** óxido de dibromo

5.10 IF_7

5.11 a. covalente polar **b.** covalente no polar **c.** iónico

5.12 tetraédrica

5.13 polar

Respuestas a Preguntas y problemas seleccionados

5.1 a. 1   **b.** 2   **c.** 3   **d.** 1   **e.** 2

5.3 a. Li^+ **b.** F^- **c.** Mg^{2+} **d.** Fe^{3+}

5.5 a. 8 protones, 10 electrones   **b.** 19 protones, 18 electrones
c. 35 protones, 36 electrones   **d.** 16 protones, 18 electrones

5.7 a. Cl^- **b.** K^+ **c.** O^{2-} **d.** Al^{3+} **e.** Se^{2-}

5.9 a y c

5.11 a. Na_2O **b.** $AlBr_3$ **c.** Ba_3N_2 **d.** MgF_2 **e.** Al_2S_3

5.13 a. K^+, S^{2-} K_2S **b.** Na^+, N^{3-} Na_3N
c. Al^{3+}, I^- AlI_3 **d.** Ga^{3+}, O^{2-} Ga_2O_3

5.15 a. óxido de aluminio   **b.** cloruro de calcio
c. óxido de sodio   **d.** fosfuro de magnesio
e. yoduro de potasio   **f.** fluoruro de bario

5.17 La mayoría de los elementos de transición forma más de un ión positivo. El ión específico se indica en el nombre al escribir entre paréntesis un número romano que es el mismo que la carga iónica. Por ejemplo, el hierro forma iones Fe^{2+} y Fe^{3+}, que se llaman hierro(II) y hierro(III).

5.19 a. hierro(II)   **b.** cobre(II)   **c.** cinc
d. plomo(IV)   **e.** cromo(III)   **f.** manganeso(II)

5.21 a. cloruro de estaño(II)   **b.** óxido de hierro(II)
c. sulfuro de cobre(I)   **d.** sulfuro de cobre(II)
e. bromuro de cromo(III)   **f.** cloruro de cinc

5.23 a. Au^{3+} **b.** Fe^{3+} **c.** Pb^{4+} **d.** Sn^{2+}

5.25 a. $MgCl_2$ **b.** Na_2S **c.** Cu_2O
d. Zn_3P_2 **e.** AuN **f.** $CrCl_2$

5.27 a. HCO_3^- **b.** NH_4^+ **c.** PO_4^{3-}
d. HSO_4^- **e.** ClO_4^-

5.29 a. sulfato   **b.** hipoclorito
c. fosfato   **d.** nitrato

5.31

	NO_2^-	CO_3^{2-}	HSO_4^-	PO_4^{3-}
Li^+	$LiNO_2$	Li_2CO_3	$LiHSO_4$	Li_3PO_4
Cu^{2+}	$Cu(NO_2)_2$	$CuCO_3$	$Cu(HSO_4)_2$	$Cu_3(PO_4)_2$
Ba^{2+}	$Ba(NO_2)_2$	$BaCO_3$	$Ba(HSO_4)_2$	$Ba_3(PO_4)_2$

5.33 a. CO_3^{2-}, carbonato de sodio
b. NH_4^+, cloruro de amonio
c. PO_4^{3-}, fosfato de potasio
d. NO_2^-, nitrito de cromo(II)
e. SO_3^{2-}, sulfito de hierro(II)

5.35 a. $Ba(OH)_2$ **b.** Na_2SO_4 **c.** $Fe(NO_3)_2$
d. $Zn_3(PO_4)_2$ **e.** $Fe_2(CO_3)_3$

5.37 a, c, d y f

5.39 a. 2 electrones de valencia: 1 par de enlace y 0 pares libres
b. 8 electrones de valencia: 1 par de enlace y 3 pares libres
c. 14 electrones de valencia: 1 par de enlace y 6 pares libres

5.41 a. HF ($8\,e^-$)   H:F̈:   o   H—F̈:

b. NBr_3 ($26\,e^-$)   :B̈r:N̈:B̈r: o   :B̈r—N̈—B̈r:
                        :B̈r: :Br:

c. CH_3OH ($14\,e^-$)   H:C̈:Ö:H   o   H—C—Ö—H (con H arriba y abajo del C)

d. N_2H_4 ($14\,e^-$)   H:N̈:N̈:H   o   H—N—N—H (con H arriba en cada N)

5.43 a. CO ($10\,e^-$)   :C⋮⋮O: o   :C≡O:

b. H_2CCH_2 ($12\,e^-$)   H:C::C:H   o   H—C=C—H (con H arriba en cada C)

c. H_2CO ($12\,e^-$)   H:C:H (con :O: arriba)   o   H—C—H (con =O arriba)

5.45 $ClNO_2$ ($24\,e^-$)   :C̈l—N—Ö: (con =O)   ⟷   :C̈l—N=Ö: (con :O: arriba)

5.47 a. tribromuro de fósforo   **b.** tetrabromuro de carbono
c. dióxido de silicio   **d.** trióxido de dinitrógeno
e. pentacloruro de fósforo

5.49 a. CCl_4 **b.** CO   **c.** PCl_3
d. N_2O_4 **e.** BF_3 **f.** SF_6

5.51 a. sulfato de aluminio   **b.** carbonato de calcio
c. óxido de dinitrógeno   **d.** fosfato de sodio
e. sulfato de amonio   **f.** óxido de hierro(III)

5.53 a. aumenta   **b.** disminuye   **c.** disminuye

5.55 a. 2.2   **b.** 0.0   **c.** 0.5   **d.** 0.4

5.57 a. K, Na, Li   **b.** Na, P, Cl   **c.** Ca, Se, O

5.59 a. covalente polar   **b.** iónico
c. covalente polar   **d.** covalente no polar
e. covalente polar   **f.** covalente polar

5.61 a. $\overset{\delta^+}{N}—\overset{\delta^-}{F}$ **b.** $\overset{\delta^+}{Si}—\overset{\delta^-}{Br}$ **c.** $\overset{\delta^+}{C}—\overset{\delta^-}{O}$
d. $\overset{\delta^+}{P}—\overset{\delta^-}{Br}$ **e.** $\overset{\delta^-}{N}—\overset{\delta^+}{P}$

5.63 a. 6   **b.** 5   **c.** 3

5.65 a. 3   **b.** trigonal plana
c. trigonal plana   **d.** no polar

5.67 a y b

5.69 a. angular (109°)   **b.** tetraédrica
c. trigonal plana   **d.** angular (120°)

5.71 Cl_2 es una molécula no polar porque existe un enlace covalente no polar entre átomos Cl, que tiene valores de electronegatividad idénticos. En HCl el enlace es un enlace polar porque hay una gran diferencia en electronegatividad, lo que convierte a HCl en una molécula polar.

5.73 a. polar   **b.** polar   **c.** polar   **d.** no polar

5.75 a. atracciones dipolo-dipolo   **b.** enlaces iónicos
c. fuerzas de dispersión   **d.** fuerzas de dispersión

5.77 a. puente de hidrógeno   **b.** fuerzas de dispersión
c. atracciones dipolo-dipolo   **d.** fuerzas de dispersión
e. fuerzas de dispersión

5.79 a. HF; los puentes de hidrógeno son más fuertes que las atracciones dipolo-dipolo en HBr.
b. NaF; los enlaces iónicos son más fuertes que los puentes de hidrógeno en el HF.

c. $MgBr_2$; los enlaces iónicos son más fuertes que las atracciones dipolo-dipolo en PBr_3.

d. CH_3OH; los puentes de hidrógeno son más fuertes que las fuerzas de dispersión en CH_4.

5.81 a. P^{3-} **b.** átomo O **c.** Zn^{2+} **d.** Fe^{3+}

5.83 a. Br^- **b.** Ag^+ **c.** Sn^{4+}

5.85 a. 2A (2) **b.** $\dot{X}\cdot$ **c.** Mg **d.** X_3N_2

5.87 a. 2, piramidal trigonal, polar
b. 1, angular (109°), polar
c. 3, tetraédrica, no polar

5.89 a. C—O y N—O **b.** O—O
c. Ca—O y K—O **d.** C—O, N—O, O—O

5.91 a. $1s^22s^22p^6$ **b.** $1s^22s^22p^6$ **c.** $1s^22s^22p^63s^23p^6$
d. $1s^22s^22p^6$ **e.** $1s^2$

5.93 a. Sn^{4+} **b.** 50 protones, 46 electrones
c. SnO_2 **d.** $Sn_3(PO_4)_4$

5.95 a. Cl^- **b.** K^+ **c.** O^{2-} **d.** Al^{3+}

5.97 a. potasio **b.** sulfuro **c.** calcio **d.** nitruro

5.99 a. SnS **b.** PbO_2 **c.** AgCl
d. Ca_3N_2 **e.** Cu_3P **f.** $CrBr_2$

5.101 a. Cl_2O (20 e^-) :Cl:O:Cl: o :Cl O Cl:

b. CF_4 (32 e^-) :F:C:F: o :F—C—F:

c. H_2NOH (14 e^-) H:N:O:H o H—N—O—H

d. H_2CCCl_2 (24 e^-) H:C::C:Cl: o H—C=C—Cl:

5.103 a. tricloruro de nitrógeno **b.** trisulfuro de dinitrógeno
c. óxido de dinitrógeno **d.** flúor
e. dióxido de azufre **f.** pentóxido de difósforo

5.105 a. CO **b.** P_2O_5 **c.** H_2S **d.** SCl_2

5.107 a. iónico, cloruro de hierro(III)
b. iónico, sulfato de sodio
c. covalente, dióxido de nitrógeno
d. covalente, nitrógeno
e. covalente, pentafluoruro de fósforo
f. covalente, tetrafluoruro de carbono

5.109 a. $SnCO_3$ **b.** Li_3P **c.** $SiCl_4$
d. Mn_2O_3 **e.** I_2 **f.** $CaBr_2$

5.111 a. C—O **b.** N—F **c.** S—Cl
d. Br—I **e.** N—F

5.113 a. Si—Cl **b.** C—N **c.** F—Cl
d. C—F **e.** N—O

5.115 a. covalente polar **b.** covalente no polar
c. iónico **d.** covalente no polar
e. covalente no polar

5.117 a. NF_3 (26 e^-) :F—N—F: piramidal trigonal, :F:

b. $SiBr_4$ (32 e^-) :Br—Si—Br: tetraédrica, :Br:

c. $BeCl_2$ (16 e^-) :Cl—Be—Cl: lineal

d. SO_2 (18 e^-) [:O=S—O:] ↔ [:O—S=O:] angular (120°)

5.119

Periodo	Símbolos de electrón-punto	Fórmula del compuesto	Nombre del compuesto
3	$\cdot X\cdot$ y $\cdot\ddot{Y}\cdot$	Mg_3P_2	Fosfuro de magnesio
3	$\cdot\dot{X}\cdot$ y $\cdot\ddot{Y}:$	Al_2S_3	Sulfuro de aluminio
3	$\cdot\ddot{Y}:$ y $\cdot\ddot{Y}:$	Cl_2	Cloro
3	$\cdot\ddot{Y}\cdot$ y $\cdot\ddot{Y}:$	PCl_3	Tricloruro de fósforo

5.121 Véase la tabla al pie de página.

5.123 a. X está en el Grupo 1A (1); Y está en el Grupo 6A (16)
b. iónico **c.** X^+, Y^{2-} **d.** X_2Y
e. XCl **f.** Na_2Y **g.** iónico

5.125 a. iónico, óxido de litio
b. covalente, óxido de dinitrógeno
c. covalente, tetrafluoruro de carbono
d. covalente, óxido de dicloro

5.127 a. cloruro de hierro(II) **b.** heptóxido de dicloro
c. nitrógeno **d.** fosfato de calcio
e. tricloruro de fósforo **f.** hipoclorito de calcio

5.129 a. angular (109°), no polar **b.** piramidal trigonal, polar
c. piramidal trigonal, polar **d.** tetraédrica, polar
e. tetraédrica, no polar

5.131 a. (3) puentes de hidrógeno **b.** (2) atracciones dipolo-dipolo
c. (4) fuerzas de dispersión **d.** (1) enlaces iónicos
e. (4) fuerzas de dispersión **f.** (3) puentes de hidrógeno

Respuesta a 5.121

Configuraciones electrónicas		Símbolos de iones			
Metal	No metal	Catión	Anión	Fórmula del compuesto	Nombre del compuesto
$1s^22s^1$	$1s^22s^22p^63s^23p^4$	Li^+	S^{2-}	Li_2S	Sulfuro de litio
$1s^22s^22p^63s^23p^64s^2$	$1s^22s^22p^63s^23p^3$	Ca^{2+}	P^{3-}	Ca_3P_2	Fosfuro de calcio
$1s^22s^22p^63s^1$	$1s^22s^22p^63s^23p^5$	Na^+	Cl^-	NaCl	Cloruro de sodio

6 Reacciones químicas y cantidades

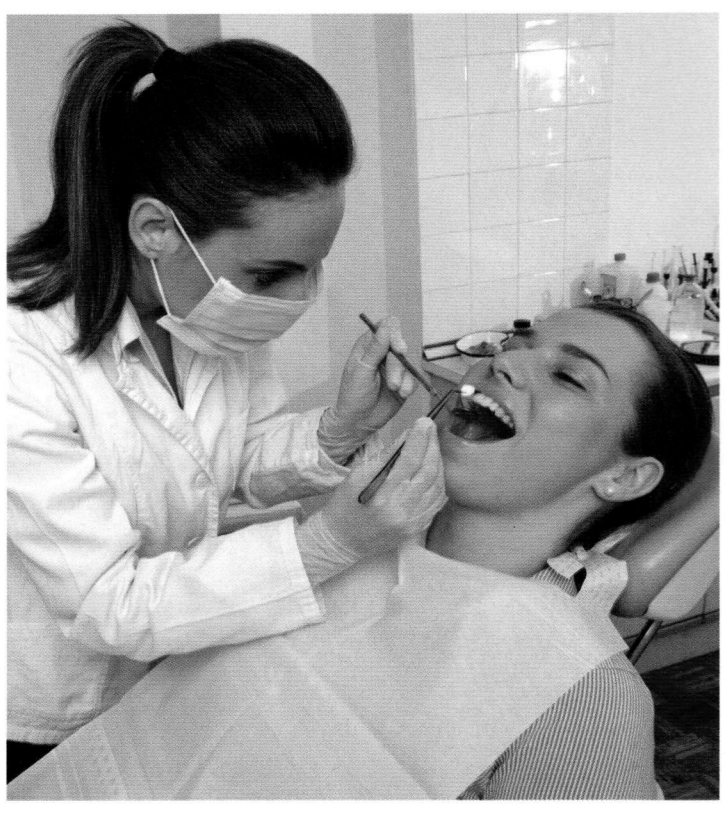

Visite **www.masteringchemistry.com** para acceder a materiales de autoaprendizaje y tareas asignadas por el instructor.

Los dientes de Kimberly están muy manchados por beber cantidades excesivas de café. Ella concierta una cita con su higienista dental para blanquear sus dientes. Primero, la higienista dental limpia los dientes de Kimberly, y después el dentista revisa si tiene caries.

Luego la higienista comienza el proceso de blanquear los dientes de Kimberly. Le explica a Kimberly que usa un gel de 15-35% de peróxido de hidrógeno que penetra en el esmalte del diente, donde produce una reacción química que blanquea los dientes. La reacción química se conoce como reacción de oxidación reducción o *redox*, donde una sustancia química (peróxido de hidrógeno) se reduce y la otra sustancia química (las manchas del café) se oxida. Durante la oxidación, las manchas de café en los dientes se vuelven más claras o sin color y, por tanto, los dientes se ven más blancos.

Profesión: Higienista dental

En Estados Unidos, una visita al dentista suele comenzar con un higienista dental, quien limpia y pule los dientes del paciente, para lo cual elimina el sarro, las manchas y la placa dental. Esto requiere que el higienista utilice varias herramientas, incluidos instrumentos de mano y giratorios, así como equipo ultrasónico. El higienista también explica a cada paciente la técnica adecuada para cepillar y usar el hilo dental. El higienista dental también puede tomar rayos X de los dientes de un paciente para detectar alguna anomalía. Un higienista dental debe tener conocimiento de los procedimientos seguros y apropiados para tomar rayos X y de la manera de protegerse de la transmisión de enfermedades con el uso de equipo de seguridad adecuado, como gafas de seguridad, mascarillas quirúrgicas y guantes.

El combustible de los automóviles se quema con oxígeno para suministrar la energía que hace que el automóvil se mueva o que funcione el aire acondicionado. Cuando se cocinan los alimentos o se decolora el cabello, tienen lugar reacciones químicas. En el cuerpo humano, reacciones químicas convierten las sustancias alimenticias en moléculas para construir músculos y moverlos. En las hojas de árboles y plantas, el dióxido de carbono y el agua se convierten en carbohidratos.

Algunas reacciones químicas son simples, mientras que otras son bastante complejas. Sin embargo, todas estas reacciones pueden ser descritas mediante ecuaciones químicas. En toda reacción química los átomos de las sustancias que reaccionan, llamadas *reactivos*, se reordenan para producir nuevas sustancias denominadas *productos*.

En este capítulo se verá la manera de escribir ecuaciones y cómo se puede determinar la cantidad de reactivo o producto involucrado. Cuando usted cocina, sigue una receta en la que se indican las cantidades correctas de ingredientes (reactivos) que se van a mezclar y cuánto pan o galletas (productos) se obtendrán. En un taller automotriz un mecánico hace esencialmente lo mismo cuando ajusta el sistema de combustible de un motor para que entren las cantidades correctas de combustible y oxígeno. En el hospital, un terapeuta respiratorio evalúa los niveles de CO_2 y O_2 en la sangre. Cierta cantidad de O_2 debe llegar a los tejidos para que las reacciones metabólicas sean eficaces. Si la oxigenación de la sangre es baja, entonces el terapeuta oxigenará al paciente y volverá a revisar los niveles de oxígeno en su sangre.

6.1 Ecuaciones de las reacciones químicas

Como estudió en la sección 2.4, un *cambio químico* ocurre cuando una sustancia se convierte en una o más sustancias con nuevas propiedades. Puede haber un cambio de color o pueden formarse burbujas o un sólido. Por ejemplo, cuando la plata se deslustra es porque el metal plata brillante (Ag) reacciona con azufre (S) y forma la sustancia oscura opaca a la que se le llama *deslustre* (Ag_2S) (véase la figura 6.1).

META DE APRENDIZAJE

Escribir una ecuación química balanceada a partir de las fórmulas de los reactivos y los productos de una reacción química.

ACTIVIDAD DE AUTOAPRENDIZAJE
Chemical Reactions and Equations

Cambio químico:
el deslustre de la plata

Ag   Ag₂S

FIGURA 6.1 Un cambio químico produce sustancias nuevas.

P ¿Por qué la formación de deslustre es un cambio químico?

FIGURA 6.2 Una reacción química forma nuevos productos con diferentes propiedades. Un tableta de antiácido ($NaHCO_3$) en agua forma burbujas de dióxido de carbono (CO_2).

P ¿Cuál es la evidencia del cambio químico en esta reacción química?

TABLA 6.1 Tipos de evidencia visible de una reacción química

1. Cambio de color
2. Formación de un gas (burbujas)
3. Formación de un sólido (precipitado)
4. Calor producido (o una flama) o calor absorbido (disminución de la temperatura)

ACTIVIDAD DE AUTOAPRENDIZAJE
What is Chemistry?

Una ecuación química describe una reacción química

En una **reacción química** siempre hay de por medio un cambio químico porque los átomos de las sustancias que reaccionan forman nuevas combinaciones con nuevas propiedades. Por ejemplo, cuando una tableta de antiácido se pone en un vaso de agua, tiene lugar una reacción química. La tableta hace efervescencia y las burbujas como $NaHCO_3$ y ácido cítrico ($C_6H_8O_7$) de la tableta reaccionan para formar el gas dióxido de carbono (CO_2) (véase la figura 6.2). Durante un cambio químico se hacen visibles nuevas propiedades, que son un indicio de que tuvo lugar una reacción química (véase la tabla 6.1).

COMPROBACIÓN DE CONCEPTOS 6.1 Evidencia de una reacción química

Indique por qué cada uno de los incisos siguientes es una reacción química:

a. quemar combustible propano en una comida al aire libre en la que se sirve carne asada a la parrilla
b. usar peróxido para cambiar el color del cabello

RESPUESTA

a. La producción de calor durante la quema del combustible propano es evidencia de una reacción química.
b. El cambio de color del cabello es evidencia de una reacción química.

Cuando el lector instala un nuevo programa de cómputo, utiliza una receta para cocinar o prepara un medicamento, sigue una serie de instrucciones. Dichas instrucciones le dicen qué materiales usar y los productos que obtendrá. En química, una *ecuación química* indica los materiales necesarios y los productos que se formarán en una reacción química.

Cómo escribir una ecuación química

Suponga que usted trabaja en una tienda de bicicletas, donde ensambla ruedas y marcos en las bicicletas. Podría representar este proceso por medio de una ecuación:

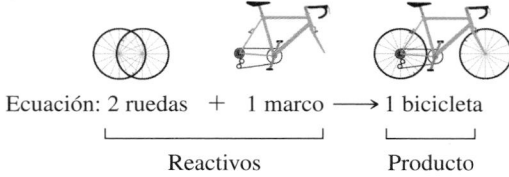

Ecuación: 2 ruedas + 1 marco ⟶ 1 bicicleta

Reactivos   Producto

Cuando quema carbón en una parrilla, el carbono del carbón se combina con oxígeno para formar dióxido de carbono. Puede representar esta reacción con una ecuación química muy parecida a la de la bicicleta:

Reactivos   Producto

Ecuación: $C(s) + O_2(g) \xrightarrow{\Delta} CO_2(g)$

TUTORIAL
Chemical Reactions and Equations

En una **ecuación química**, las fórmulas de los **reactivos** se escriben a la izquierda de la flecha y las fórmulas de los **productos** a la derecha. Cuando existen dos o más fórmulas del mismo lado, se separan con signos más (+). El signo delta mayúscula (Δ) sobre la flecha de reacción indica que se utilizó calor para iniciar la reacción.

Por lo general, a cada fórmula en una ecuación le sigue una abreviatura, entre paréntesis, que indica el estado físico de la sustancia: sólido (*s*), líquido (*l*) o gas o vapor (*g*). Si una sustancia se disuelve en agua, es una solución acuosa (*ac*). La tabla 6.2 resume algunos de los símbolos usados en las ecuaciones.

Identificación de una ecuación química balanceada

Cuando tiene lugar una reacción química, los enlaces entre los átomos de los reactivos se rompen y se forman nuevos enlaces que dan lugar a los productos. Todos los átomos se conservan, lo que significa que los átomos no pueden ganarse, perderse ni transformarse en otros tipos de átomos durante la reacción. Toda reacción química debe escribirse como una **ecuación balanceada** que muestre el mismo número de átomos de cada elemento en los reactivos, así como en los productos.

Ahora considere la reacción en la que el hidrógeno reacciona con oxígeno para formar agua. Las fórmulas de los reactivos y productos se escriben del modo siguiente:

$$H_2(g) + O_2(g) \longrightarrow H_2O(g)$$

Cuando se suman los átomos de cada elemento en cada lado, se descubre que la ecuación *no está balanceada*. Hay dos átomos de oxígeno a la izquierda de la flecha, pero sólo uno a la derecha. Para balancear esta ecuación, se colocan números enteros llamados **coeficientes** antes de las fórmulas. Si escribe un 2 como coeficiente antes de la fórmula de H_2O, éste representa dos moléculas de agua. Puesto que el coeficiente multiplica todos los átomos en el H_2O, ahora hay cuatro átomos de hidrógeno y dos átomos de oxígeno en los productos. Para obtener cuatro átomos de hidrógeno en los reactivos, debe escribir un coeficiente igual a 2 antes del H_2. Sin embargo, *no se cambia ninguno de los subíndices*, pues ello alteraría la identidad química de un reactivo o producto. Ahora el número de átomos de hidrógeno y el número de átomos de oxígeno es el mismo tanto en los reactivos como en los productos. La ecuación está *balanceada*.

TABLA 6.2 Algunos símbolos usados en las ecuaciones

Símbolo	Significado
$+$	Separa dos o más fórmulas
$\longrightarrow$	Reacciona para formar productos
$\xrightarrow{\Delta}$	Los reactivos se calientan
(*s*)	Sólido
(*l*)	Líquido
(*g*)	Gas o vapor
(*ac*)	Acuoso

$$2H_2(g) + O_2(g) \longrightarrow 2H_2O(g)$$

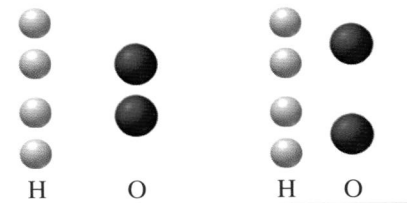

| H | O | | H | O |

Átomos de reactivos $=$ átomos de productos

COMPROBACIÓN DE CONCEPTOS 6.2 **Balanceo de ecuaciones químicas**

Indique el número de cada átomo en los reactivos y en los productos para la siguiente ecuación:

$$Fe_2S_3(s) + 6HCl(ac) \longrightarrow 2FeCl_3(ac) + 3H_2S(g)$$

	Reactivos	Productos
Átomos de Fe		
Átomos de S		
Átomos de H		
Átomos de Cl		

RESPUESTA

Para obtener el número total de átomos en cada fórmula se multiplica por su coeficiente.

	Reactivos	Productos
Átomos de Fe	2	2
Átomos de S	3	3
Átomos de H	6	6
Átomos de Cl	6	6

TUTORIAL
Balancing Chemical Equations

TUTORIAL
Signs of a Chemical Reaction

Balanceo de una ecuación química

La reacción química que ocurre en la flama del mechero de gas que utiliza en el laboratorio o en una estufa de gas es la reacción del gas metano, CH_4, y el oxígeno para producir dióxido de carbono y agua. En el Ejemplo de problema 6.1 se muestra el proceso para balancear una ecuación química.

EJEMPLO DE PROBLEMA 6.1 **Cómo balancear una ecuación química**

La reacción química del metano, CH_4, y el gas oxígeno, O_2, produce dióxido de carbono, CO_2, y agua, H_2O. Escriba una ecuación química balanceada para esta reacción.

SOLUCIÓN

Paso 1   **Escriba una ecuación usando las fórmulas correctas de reactivos y productos.**

$$CH_4(g) + O_2(g) \xrightarrow{\Delta} CO_2(g) + H_2O(g)$$

Guía para balancear una ecuación química

1 Escriba una ecuación usando las fórmulas correctas de reactivos y productos.

2 Cuente los átomos de cada elemento en los reactivos y productos.

3 Utilice coeficientes para balancear cada elemento.

4 Verifique la ecuación final para confirmar que esté balanceada.

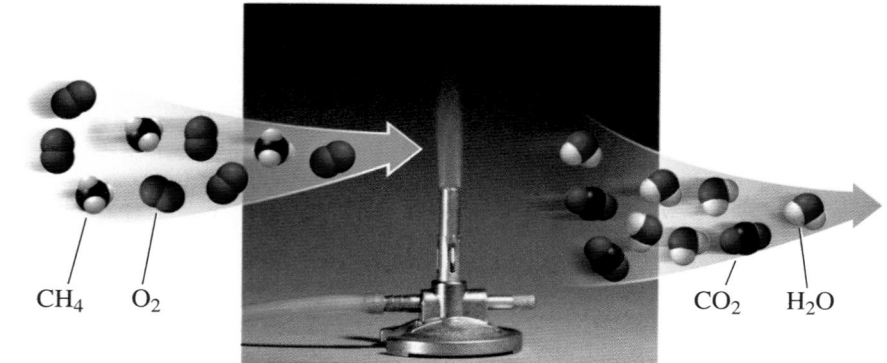

CH_4 O_2 CO_2 H_2O

Paso 2   **Cuente los átomos de cada elemento en los reactivos y productos.** En la ecuación inicial sin balancear, donde no hay coeficientes explícitos, se sobreentiende un coeficiente igual a 1, y por lo general no se escribe. Cuando se comparan los átomos del lado de los reactivos con los átomos del lado de los productos, se observa que hay más átomos H en los reactivos y más átomos O en los productos.

$$CH_4(g) + O_2(g) \xrightarrow{\Delta} CO_2(g) + H_2O(g)$$

Reactivos	Productos	
1 átomo C	1 átomo C	Balanceado
4 átomos H	2 átomos H	No balanceado
2 átomos O	3 átomos O	No balanceado

Paso 3   **Utilice coeficientes para balancear cada elemento.** Comience por balancear los átomos H en el CH_4, porque tiene más átomos. Al colocar un coeficiente 2 antes de la fórmula del agua, se obtiene un total de 4 átomos H en los productos.

$$CH_4(g) + O_2(g) \xrightarrow{\Delta} CO_2(g) + 2H_2O(g)$$

Reactivos	Productos	
1 átomo C	1 átomo C	Balanceado
4 átomos H	4 átomos H	Balanceado
2 átomos O	4 átomos O	No balanceado

Para balancear los átomos O en el lado de los reactivos, se coloca un coeficiente 2 antes de la fórmula O_2. Ahora hay 4 átomos O y 4 átomos H tanto en reactivos como en productos.

$$CH_4(g) + 2O_2(g) \xrightarrow{\Delta} CO_2(g) + 2H_2O(g) \quad \text{Balanceado}$$

Paso 4   **Verifique la ecuación final para confirmar que esté balanceada.** En la ecuación final, los números de átomos C, H y O son iguales tanto en reactivos como en productos. La ecuación está balanceada.

$$CH_4(g) + 2O_2(g) \xrightarrow{\Delta} CO_2(g) + 2H_2O(g)$$

Reactivos	Productos	
1 átomo C	1 átomo C	Balanceado
4 átomos H	4 átomos H	Balanceado
4 átomos O	4 átomos O	Balanceado

En una ecuación balanceada, los coeficientes deben ser los números enteros más bajos posibles. Suponga que obtuvo lo siguiente:

$$2CH_4(g) + 4O_2(g) \xrightarrow{\Delta} 2CO_2(g) + 4H_2O(g) \quad \text{Incorrecto}$$

Aunque hay igual número de átomos en reactivos y productos, no está balanceada correctamente. Para balancear de manera correcta la ecuación se dividen todos los coeficientes entre 2.

COMPROBACIÓN DE ESTUDIO 6.1

Balancee la siguiente ecuación:

$$Al(s) + Cl_2(g) \longrightarrow AlCl_3(s)$$

EJEMPLO DE PROBLEMA 6.2   **Cómo balancear ecuaciones químicas con iones poliatómicos**

Balancee la siguiente ecuación:

$$Na_3PO_4(ac) + MgCl_2(ac) \longrightarrow Mg_3(PO_4)_2(s) + NaCl(ac)$$

SOLUCIÓN

Paso 1   **Escriba una ecuación usando las fórmulas correctas de reactivos y productos.**

$$Na_3PO_4(ac) + MgCl_2(ac) \longrightarrow Mg_3(PO_4)_2(s) + NaCl(ac)$$

Paso 2   **Cuente los átomos de cada elemento en los reactivos y productos.** Si compara el número de iones en los lados de reactivos y de productos, observará que no están balanceados. En esta ecuación puede balancear el ión fosfato como un grupo, porque aparece en ambos lados de la ecuación.

$$Na_3PO_4(ac) + MgCl_2(ac) \longrightarrow Mg_3(PO_4)_2(s) + NaCl(ac)$$

Reactivos	Productos	
$3\ NA^+$	$1\ NA^+$	No balanceado
$1\ PO_4{}^{3-}$	$2\ PO_4{}^{3-}$	No balanceado
$1\ Mg^{2+}$	$3\ Mg^{2+}$	No balanceado
$2\ Cl^-$	$1\ Cl^-$	No balanceado

Paso 3 **Utilice coeficientes para balancear cada elemento.** Comience con la fórmula que tiene valores de subíndice más altos, que en esta ecuación es el $Mg_3(PO_4)_2$. El subíndice 3 en $Mg_3(PO_4)_2$ se usa como coeficiente para que en $MgCl_2$ se balancee el magnesio. El subíndice 2 en $Mg_3(PO_4)_2$ se usa como coeficiente para que en Na_3PO_4 quede balanceado el ión fosfato.

$$2Na_3PO_4(ac) + 3MgCl_2(ac) \longrightarrow Mg_3(PO_4)_2(s) + NaCl(ac)$$

Reactivos	Productos	
$6\ Na^+$	$1\ Na^+$	No balanceado
$2\ PO_4^{3-}$	$2\ PO_4^{3-}$	Balanceado
$3\ Mg^{2+}$	$3\ Mg^{2+}$	Balanceado
$6\ Cl^-$	$1\ Cl^-$	No balanceado

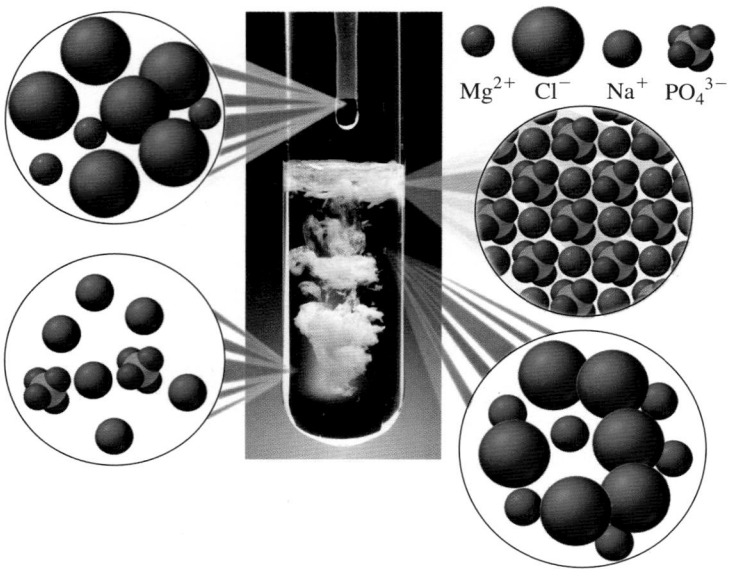

Mg^{2+} Cl^- Na^+ PO_4^{3-}

Si observa de nuevo cada uno de los iones en reactivos y productos, verá que los iones de sodio y cloruro no son iguales. Un coeficiente igual a 6 para el NaCl balancea la ecuación.

$$2Na_3PO_4(ac) + 3MgCl_2(ac) \longrightarrow Mg_3(PO_4)_2(s) + 6NaCl(ac)$$

Paso 4 **Verifique la ecuación final para confirmar que esté balanceada.** Una verificación del número total de átomos indica que la ecuación está balanceada. Un coeficiente de 1 se sobreentiende y por lo general no se escribe.

$$2Na_3PO_4(ac) + 3MgCl_2(ac) \longrightarrow Mg_3(PO_4)_2(s) + 6NaCl(ac) \quad \text{Balanceada}$$

Reactivos	Productos	
$6\ Na^+$	$6\ Na^+$	Balanceado
$2\ PO_4^{3-}$	$2\ PO_4^{3-}$	Balanceado
$3\ Mg^{2+}$	$3\ Mg^{2+}$	Balanceado
$6\ Cl^-$	$6\ Cl^-$	Balanceado

COMPROBACIÓN DE ESTUDIO 6.2

Balancee la siguiente ecuación:

$$Sb_2S_3(s) + HCl(ac) \longrightarrow SbCl_3(s) + H_2S(g)$$

PREGUNTAS Y PROBLEMAS

6.1 Ecuaciones de las reacciones químicas

META DE APRENDIZAJE: *Escribir una ecuación química balanceada a partir de las fórmulas de los reactivos y los productos en una reacción química.*

6.1 Determine si cada una de las siguientes ecuaciones está balanceada o no:
  a. $S(s) + O_2(g) \longrightarrow SO_3(g)$
  b. $2Al(s) + 3Cl_2(g) \longrightarrow 2AlCl_3(s)$
  c. $2NaOH(s) + H_2SO_4(ac) \longrightarrow Na_2SO_4(ac) + H_2O(l)$
  d. $C_3H_8(g) + 5O_2(g) \overset{\Delta}{\longrightarrow} 3CO_2(g) + 4H_2O(g)$

6.2 Determine si cada una de las siguientes ecuaciones está balanceada o no:
  a. $PCl_3(s) + Cl_2(g) \longrightarrow PCl_5(s)$
  b. $CO(g) + 2H_2(g) \longrightarrow CH_3OH(g)$
  c. $2KClO_3(s) \overset{\Delta}{\longrightarrow} 2KCl(s) + O_2(g)$
  d. $Mg(s) + N_2(g) \longrightarrow Mg_3N_2(s)$

6.3 Balancee cada una de las siguientes ecuaciones:
  a. $N_2(g) + O_2(g) \longrightarrow NO(g)$
  b. $HgO(s) \longrightarrow Hg(l) + O_2(g)$
  c. $Fe(s) + O_2(g) \longrightarrow Fe_2O_3(s)$
  d. $Na(s) + Cl_2(g) \longrightarrow NaCl(s)$
  e. $Cu_2O(s) + O_2(g) \longrightarrow CuO(s)$

6.4 Balancee cada una de las siguientes ecuaciones:
  a. $Ca(s) + Br_2(l) \longrightarrow CaBr_2(s)$
  b. $P_4(s) + O_2(g) \longrightarrow P_4O_{10}(s)$
  c. $C_4H_8(g) + O_2(g) \overset{\Delta}{\longrightarrow} CO_2(g) + H_2O(g)$
  d. $Sb_2S_3(s) + HCl(ac) \longrightarrow SbCl_3(s) + H_2S(g)$
  e. $Fe_2O_3(s) + C(s) \longrightarrow Fe(s) + CO(g)$

6.5 Balancee cada una de las siguientes ecuaciones:
  a. $Mg(s) + AgNO_3(ac) \longrightarrow Mg(NO_3)_2(ac) + Ag(s)$
  b. $CuCO_3(s) \longrightarrow CuO(s) + CO_2(g)$
  c. $C_5H_{12}(g) + O_2(g) \overset{\Delta}{\longrightarrow} CO_2(g) + H_2O(g)$
  d. $Pb(NO_3)_2(ac) + NaCl(ac) \longrightarrow PbCl_2(s) + NaNO_3(ac)$
  e. $Al(s) + HCl(aq) \longrightarrow AlCl_3(aq) + H_2(g)$

6.6 Balancee cada una de las siguientes ecuaciones:
  a. $Zn(s) + H_2SO_4(ac) \longrightarrow ZnSO_4(ac) + H_2(g)$
  b. $N_2(g) + I_2(g) \longrightarrow NI_3(g)$
  c. $K_2SO_4(ac) + BaCl_2(ac) \longrightarrow BaSO_4(s) + KCl(ac)$
  d. $CaCO_3(s) \overset{\Delta}{\longrightarrow} CaO(s) + CO_2(g)$
  e. $Al_2(SO_4)_3(ac) + KOH(ac) \longrightarrow Al(OH)_3(s) + K_2SO_4(ac)$

6.2 Tipos de reacciones

Muchas reacciones tienen lugar en la naturaleza, en los sistemas biológicos y en el laboratorio. Sin embargo, algunos patrones generales entre todas las reacciones permiten clasificarlas. La mayor parte entra en cinco tipos generales de reacción.

META DE APRENDIZAJE
Identificar si una reacción química es una reacción de combinación, descomposición, sustitución simple, sustitución doble o combustión.

Reacciones de combinación

En una **reacción de combinación**, dos o más elementos o compuestos se enlazan para formar un producto. Por ejemplo, azufre y oxígeno se combinan para formar el producto dióxido de azufre.

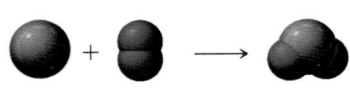

$$S(s) + O_2(g) \longrightarrow SO_2(g)$$

En la figura 6.3, los elementos magnesio y oxígeno se combinan para formar un solo producto, óxido de magnesio.

$$2Mg(s) + O_2(g) \overset{\Delta}{\longrightarrow} 2MgO(s)$$

En otros ejemplos de reacciones de combinación, los elementos o compuestos se combinan para formar un solo producto.

$$N_2(g) + 3H_2(g) \longrightarrow 2NH_3(g)$$
Amoniaco

$$Cu(s) + S(s) \longrightarrow CuS(s)$$

$$MgO(s) + CO_2(g) \longrightarrow MgCO_3(s)$$

TUTORIAL
Classifying Chemical Reactions
by What Atoms Do

Combinación

Dos o más reactivos	se combinan para producir	un solo producto
+		

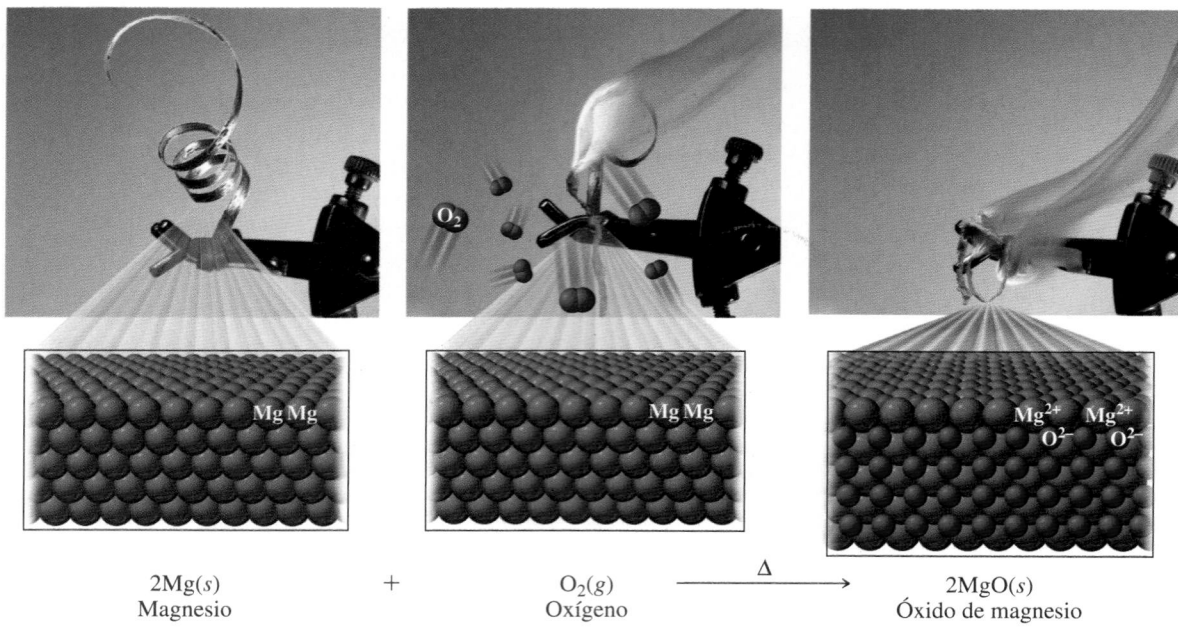

$$2Mg(s) \qquad + \qquad O_2(g) \qquad \xrightarrow{\Delta} \qquad 2MgO(s)$$
Magnesio $\qquad\qquad$ Oxígeno $\qquad\qquad\qquad\qquad$ Óxido de magnesio

FIGURA 6.3 En una reacción de combinación, dos o más sustancias se combinan para formar una sustancia como producto.

P ¿Qué ocurre con los átomos de los reactivos en una reacción de combinación?

Descomposición

Reactivo $\qquad$ se divide $\qquad$ dos o más
A $\qquad\qquad$ en $\qquad\qquad$ productos

  $\longrightarrow$

FIGURA 6.4 En una reacción de descomposición, un reactivo se descompone en dos o más productos.

P ¿De qué manera las diferencias en reactivos y productos permiten clasificar esta reacción como de descomposición?

Reacciones de descomposición

En una **reacción de descomposición**, un reactivo se divide en dos o más productos más simples. Por ejemplo, cuando el óxido de mercurio(II) se calienta, el compuesto se divide en átomos de mercurio y oxígeno (véase la figura 6.4).

$$2HgO(s) \xrightarrow{\Delta} 2Hg(l) + O_2(g)$$

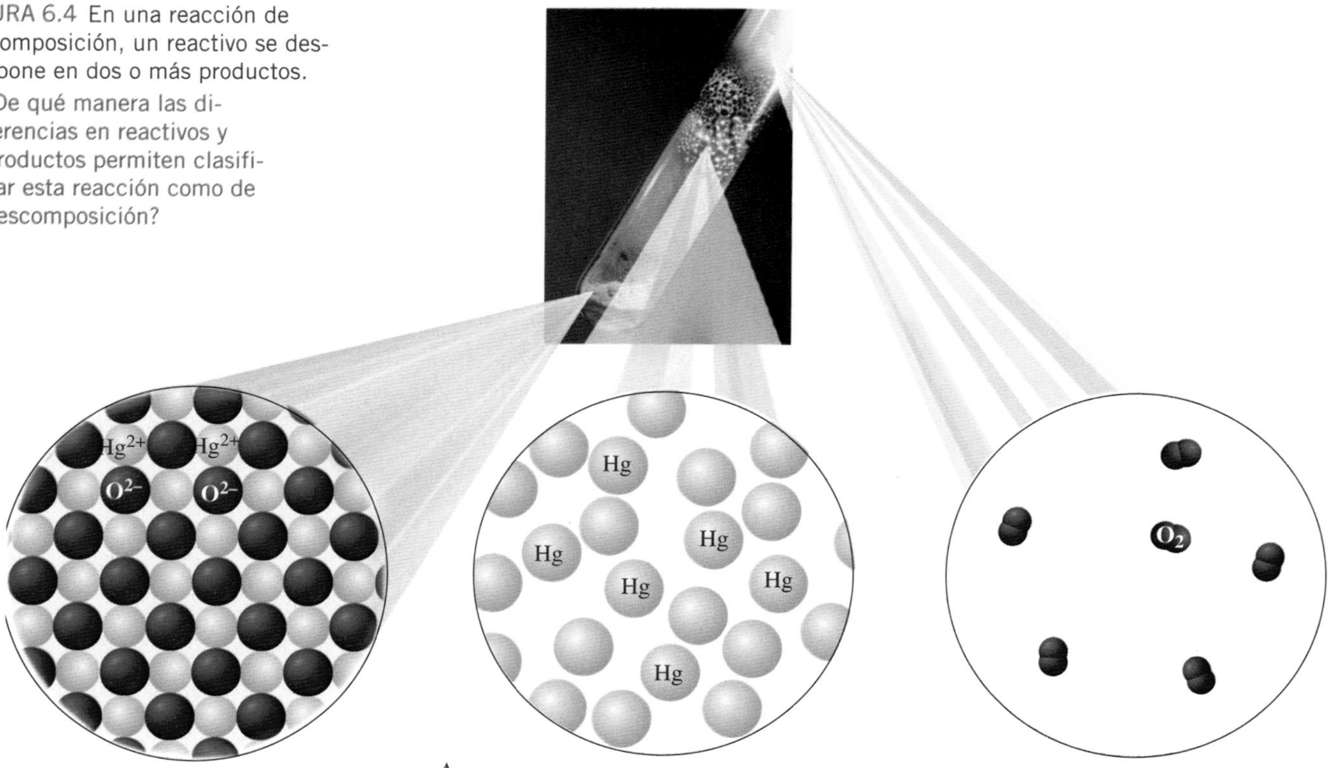

$$2HgO(s) \qquad \xrightarrow{\Delta} \qquad 2Hg(l) \qquad + \qquad O_2(g)$$
Óxido de mercurio(II) $\qquad\qquad$ Mercurio $\qquad\qquad\qquad$ Oxígeno

Otro ejemplo de una reacción de descomposición es cuando el carbonato de calcio se divide en compuestos más simples de óxido de calcio y dióxido de carbono.

$$CaCO_3(s) \xrightarrow{\Delta} CaO(s) + CO_2(g)$$

Reacciones de sustitución simple

En una reacción de sustitución, los elementos de un compuesto se sustituyen con otros elementos. En una **reacción de sustitución simple**, un elemento de un reactivo cambia de lugar con un elemento del otro compuesto reactivo. En la reacción de sustitución simple que se muestra en la figura 6.5, el cinc sustituye al hidrógeno en el ácido clorhídrico, HCl(*ac*).

$$Zn(s) + 2HCl(ac) \longrightarrow ZnCl_2(ac) + H_2(g)$$

En otra reacción de sustitución simple, el cloro sustituye al bromo en el compuesto bromuro de potasio.

$$Cl_2(g) + 2KBr(ac) \longrightarrow 2KCl(s) + Br_2(l)$$

Sustitución simple

Un elemento sustituye a otro elemento

A + B C ⟶ A C + B

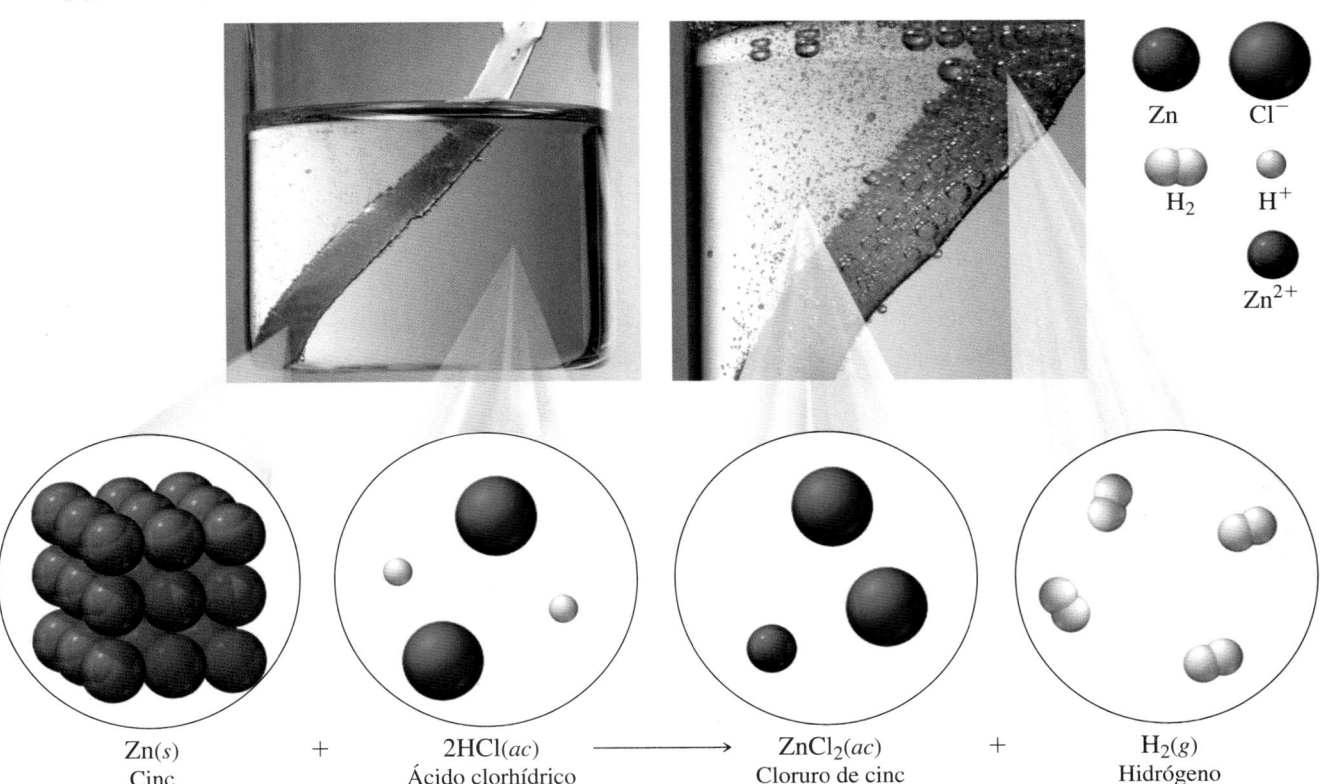

| Zn(*s*) Cinc | + | 2HCl(*ac*) Ácido clorhídrico | ⟶ | ZnCl₂(*ac*) Cloruro de cinc | + | H₂(*g*) Hidrógeno |

FIGURA 6.5 En una reacción de sustitución simple, un átomo o ión sustituye a otro átomo o ión en un compuesto.

P ¿Qué cambios en las fórmulas de los reactivos identifican esta ecuación como una reacción de sustitución simple?

Reacciones de sustitución doble

Sustitución doble

Dos elementos se sustituyen mutuamente

 + ⟶ +

En una **reacción de sustitución doble**, los iones positivos de los compuestos que reaccionan cambian de lugar.

En la reacción que se muestra en la figura 6.6, los iones de bario cambian de lugar con los iones de sodio en los reactivos para formar cloruro de sodio y un sólido blanco precipitado de sulfato de bario. Las fórmulas de los productos dependen de las cargas de los iones.

$$BaCl_2(ac) + Na_2SO_4(ac) \longrightarrow BaSO_4(s) + 2NaCl(ac)$$

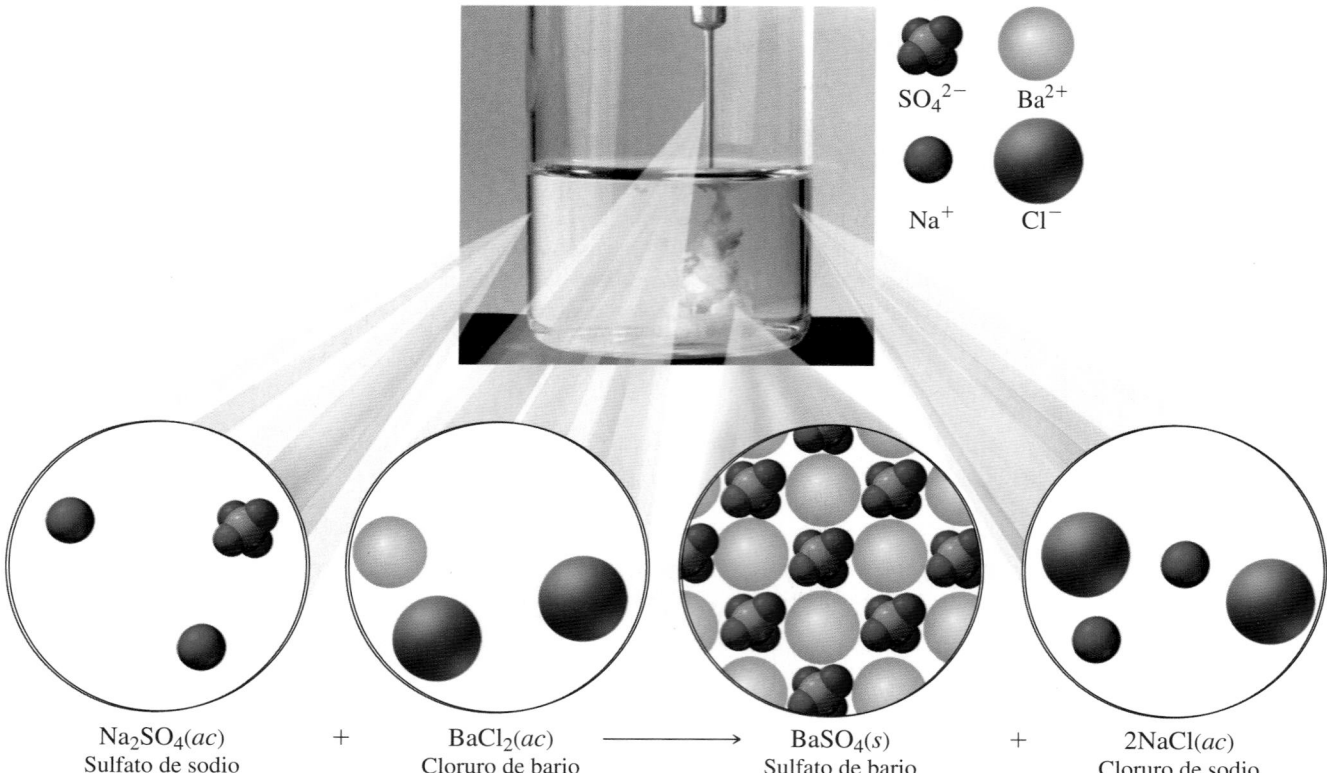

$$\underset{\substack{\text{Na}_2\text{SO}_4(ac) \\ \text{Sulfato de sodio}}}{} + \underset{\substack{\text{BaCl}_2(ac) \\ \text{Cloruro de bario}}}{} \longrightarrow \underset{\substack{\text{BaSO}_4(s) \\ \text{Sulfato de bario}}}{} + \underset{\substack{2\text{NaCl}(ac) \\ \text{Cloruro de sodio}}}{}$$

FIGURA 6.6 En una reacción de sustitución doble, los iones positivos en los reactivos se sustituyen mutuamente.

P ¿Cómo los cambios en las fórmulas de los reactivos identifican esta ecuación como una reacción de sustitución doble?

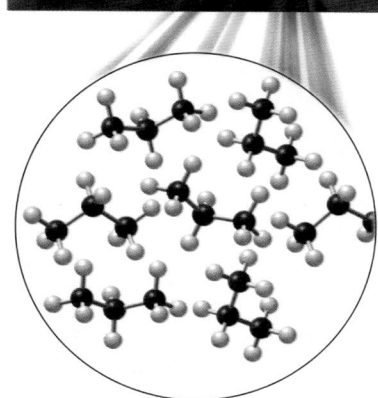

El propano del soplete experimenta combustión, lo que proporciona energía para soldar los metales.

Cuando el hidróxido de sodio y el ácido clorhídrico (HCl) reaccionan, los iones de sodio e hidrógeno cambian de lugar y forman cloruro de sodio y agua.

$$\text{NaOH}(ac) + \text{HCl}(ac) \longrightarrow \text{NaCl}(ac) + \text{HOH}(l)$$

Reacciones de combustión

La quema de una vela o del combustible en el motor de un automóvil son ejemplos de reacciones de combustión. En una **reacción de combustión**, un compuesto que contiene carbono, que es el combustible, se quema en presencia del oxígeno del aire para producir dióxido de carbono (CO_2), agua (H_2O) y energía en forma de calor o una llama. Por ejemplo, el gas metano (CH_4) experimenta combustión cuando se utiliza para cocinar los alimentos en una estufa de gas y para calentar las casas. En la ecuación de la combustión del metano, cada elemento del combustible (CH_4) forma un compuesto con oxígeno.

$$\text{CH}_4(g) + 2\text{O}_2(g) \xrightarrow{\Delta} \text{CO}_2(g) + 2\text{H}_2\text{O}(g) + \text{energía}$$
Metano

La ecuación balanceada para la combustión de propano (C_3H_8) es:

$$\text{C}_3\text{H}_8(g) + 5\text{O}_2(g) \xrightarrow{\Delta} 3\text{CO}_2(g) + 4\text{H}_2\text{O}(g) + \text{energía}$$

El propano es el combustible utilizado en calentadores portátiles y parrillas de gas. La gasolina, que es una mezcla de hidrocarburos líquidos, es el combustible que dota de energía a los automóviles, podadoras y barredoras de nieve.

La tabla 6.3 resume los tipos de reacción y proporciona ejemplos.

COMPROBACIÓN DE CONCEPTOS 6.3 Identificación del tipo de reacción

Clasifique las siguientes reacciones como combinación, descomposición, sustitución simple, sustitución doble o combustión:

a. $2Fe_2O_3(s) + 3C(s) \longrightarrow 3CO_2(g) + 4Fe(s)$

b. $2KClO_3(s) \xrightarrow{\Delta} 2KCl(s) + 3O_2(g)$

c. $C_2H_4(g) + 3O_2(g) \xrightarrow{\Delta} 2CO_2(g) + 2H_2O(g) + energía$

RESPUESTA

a. En esta reacción de sustitución simple, un átomo C sustituye un átomo de Fe en Fe_2O_3 para formar el compuesto CO_2 y átomos Fe.

b. Cuando un reactivo se divide para dar lugar a dos productos, la reacción es de descomposición.

c. La reacción de un compuesto de carbono con oxígeno para producir dióxido de carbono, agua y energía la convierte en una reacción de combustión.

En una reacción de combustión, una vela arde usando oxígeno del aire.

TABLA 6.3 Resumen de tipos de reacción

Tipo de reacción	Ejemplo
Combinación $A + B \longrightarrow AB$	$Ca(s) + Cl_2(g) \longrightarrow CaCl_2(s)$
Descomposición $AB \longrightarrow A + B$	$Fe_2S_3(s) \longrightarrow 2Fe(s) + 3S(s)$
Sustitución simple $A + BC \longrightarrow AC + B$	$Cu(s) + 2AgNO_3(ac) \longrightarrow Cu(NO_3)_2(ac) + 2Ag(s)$
Sustitución doble $AB + CD \longrightarrow AD + CB$	$BaCl_2(ac) + K_2SO_4(ac) \longrightarrow BaSO_4(s) + 2KCl(ac)$
Combustión $C_XH_Y + ZO_2(g) \xrightarrow{\Delta} XCO_2(g) + Y/2\ H_2O(g) + energía$	$CH_4(g) + 2O_2(g) \xrightarrow{\Delta} CO_2(g) + 2H_2O(g) + energía$

La química en la salud

EL ESMOG Y LA SALUD

Hay dos tipos de esmog. Uno, el esmog fotoquímico, necesita luz solar para iniciar reacciones que producen contaminantes como óxidos de nitrógeno y ozono. El otro tipo de esmog, el esmog industrial o de Londres, ocurre en áreas donde se quema carbón que contiene azufre y se emite el producto indeseado, dióxido de azufre.

El esmog fotoquímico es el más prevalente en las ciudades donde la gente depende de los automóviles para transportarse. En un día típico en Los Ángeles, por ejemplo, las emisiones de óxido de nitrógeno (NO) del escape de los automóviles aumenta con el tráfico en las carreteras. Cuando N_2 y O_2 reaccionan a altas temperaturas en los motores de automóviles y camiones, el producto es óxido de nitrógeno.

$$N_2(g) + O_2(g) \xrightarrow{\Delta} 2NO(g)$$

Entonces el NO reacciona con el oxígeno del aire para producir NO_2, un gas pardo rojizo que es irritante para los ojos y dañino para el aparato respiratorio.

$$2NO(g) + O_2(g) \xrightarrow{\Delta} 2NO_2(g)$$

El color pardo rojizo del esmog se debe al dióxido de nitrógeno.

Cuando las moléculas de NO_2 se exponen a la luz solar, se convierten en NO y un átomo de oxígeno (O).

$$NO_2(g) \xrightarrow{Luz\ solar} NO(g) + O(g)$$
Átomo de oxígeno

Los átomos de oxígeno son tan reactivos que se combinan con moléculas de oxígeno en la atmósfera, lo que forma ozono.

$$O(g) + O_2(g) \longrightarrow O_3(g)$$
$$\text{Ozono}$$

En la atmósfera superior (estratosfera), el ozono es benéfico porque protege contra la dañina radiación ultravioleta que proviene del Sol. Sin embargo, en la atmósfera inferior el ozono irrita los ojos y el aparato respiratorio, donde causa tos, reduce el funcionamiento pulmonar y produce fatiga. También causa el deterioro de tejidos, agrieta el caucho y daña árboles y cultivos.

El esmog industrial predomina en áreas donde el azufre se convierte en dióxido de azufre durante la quema de carbón u otros combustibles que contienen azufre.

$$S(s) + O_2(g) \longrightarrow SO_2(g)$$

El SO_2 es dañino para las plantas y es corrosivo para metales como el acero. El SO_2 también es dañino para los seres humanos y puede causar deterioro pulmonar y dificultades respiratorias. En el aire, el SO_2 reacciona con más oxígeno para formar SO_3, que puede combinarse con agua y formar ácido sulfúrico. Cuando cae la lluvia, absorbe el ácido sulfúrico, lo que produce lluvia ácida.

$$2SO_2(g) + O_2(g) \longrightarrow 2SO_3(g)$$
$$SO_3(g) + H_2O(l) \longrightarrow H_2SO_4(ac)$$
$$\text{Ácido sulfúrico}$$

La presencia de ácido sulfúrico en ríos y lagos incrementa la acidez del agua, lo que reduce la capacidad de los animales y plantas para sobrevivir.

PREGUNTAS Y PROBLEMAS

6.2 Tipos de reacciones

META DE APRENDIZAJE: *Identificar si una reacción química es una reacción de combinación, descomposición, sustitución simple, sustitución doble o combustión.*

6.7 Clasifique cada una de las siguientes reacciones como de combinación, descomposición, sustitución simple, sustitución doble o combustión:
a. $2Al_2O_3(s) \xrightarrow{\Delta} 4Al(s) + 3O_2(g)$
b. $Br_2(g) + BaI_2(s) \longrightarrow BaBr_2(s) + I_2(g)$
c. $2C_2H_2(g) + 5O_2(g) \xrightarrow{\Delta} 4CO_2(g) + 2H_2O(g)$
d. $BaCl_2(ac) + K_2CO_3(ac) \longrightarrow BaCO_3(s) + 2KCl(ac)$

6.8 Clasifique cada una de las siguientes reacciones como de combinación, descomposición, sustitución simple, sustitución doble o combustión:
a. $H_2(g) + Br_2(g) \longrightarrow 2HBr(g)$
b. $AgNO_3(ac) + NaCl(ac) \longrightarrow AgCl(s) + NaNO_3(ac)$
c. $2H_2O_2(ac) \longrightarrow 2H_2O(g) + O_2(g)$
d. $Zn(s) + CuCl_2(ac) \longrightarrow Cu(s) + ZnCl_2(ac)$

6.9 Clasifique cada una de las siguientes reacciones como de combinación, descomposición, sustitución simple, sustitución doble o combustión:
a. $Mg(s) + 2AgNO_3(ac) \longrightarrow Mg(NO_3)_2(ac) + 2Ag(s)$
b. $4Fe(s) + 3O_2(g) \longrightarrow 2Fe_2O_3(s)$
c. $CuCO_3(s) \xrightarrow{\Delta} CuO(s) + CO_2(g)$
d. $2C_6H_6(l) + 15O_2(g) \xrightarrow{\Delta} 12CO_2(g) + 6H_2O(g)$
e. $Al_2(SO_4)_3(ac) + 6KOH(ac) \longrightarrow$
$$2Al(OH)_3(s) + 3K_2SO_4(ac)$$
f. $KOH(ac) + HBr(ac) \longrightarrow KBr(ac) + H_2O(l)$

6.10 Clasifique cada una de las siguientes reacciones como de combinación, descomposición, sustitución simple, sustitución doble o combustión:
a. $CuO(s) + 2HCl(ac) \longrightarrow CuCl_2(ac) + H_2O(l)$
b. $2Al(s) + 3Br_2(g) \longrightarrow 2AlBr_3(s)$
c. $Pb(NO_3)_2(ac) + 2NaCl(ac) \longrightarrow PbCl_2(s) + 2NaNO_3(ac)$
d. $C_6H_{12}O_6(ac) \longrightarrow 2C_2H_6O(ac) + 2CO_2(g)$
e. $NaOH(ac) + HCl(ac) \longrightarrow NaCl(ac) + H_2O(l)$
f. $C_6H_{12}(l) + 9O_2(g) \xrightarrow{\Delta} 6CO_2(g) + 6H_2O(g)$

6.11 Complete la ecuación para cada uno de los siguientes tipos de reacciones, y luego balancee:
a. combinación: $Mg(s) + Cl_2(g) \longrightarrow$ _____
b. descomposición: $HBr(g) \longrightarrow$ _____ $+ Br_2(g)$
c. sustitución simple: $Mg(s) + Zn(NO_3)_2(ac) \longrightarrow$
_____ $+$ _____
d. sustitución doble: $K_2S(ac) + Pb(NO_3)_2(ac) \longrightarrow$
_____ $+$ _____
e. combustión: $C_5H_{10}(l) + O_2(g) \xrightarrow{\Delta} CO_2(g) +$ _____

6.12 Complete la ecuación de cada uno de los siguientes tipos de reacciones, y luego balancee:
a. combinación: $Ca(s) + O_2(g) \longrightarrow$ _____
b. combustión: $C_3H_4(g) + O_2(g) \xrightarrow{\Delta}$ _____ $+ H_2O(g)$
c. descomposición: $PbO_2(s) \longrightarrow$ _____ $+$ _____
d. sustitución simple: $KI(s) + Cl_2(g) \longrightarrow$
_____ $+$ _____
e. sustitución doble: $CuCl_2(ac) + Na_2S(ac) \longrightarrow$
_____ $+ NaCl(ac)$

META DE APRENDIZAJE

Definir los términos oxidación y reducción; identificar el reactivo que se oxida y el reactivo que se reduce.

6.3 Reacciones de oxidación-reducción

Tal vez nunca haya escuchado acerca de una reacción de oxidación y reducción. Sin embargo, este tipo de reacción tiene muchas aplicaciones importantes en su vida cotidiana. Cuando observa un clavo oxidado, el deslustre en una cuchara de plata o la corrosión en una pieza de hierro, lo que observa es oxidación.

$$4Fe(s) + 3O_2(g) \longrightarrow 2Fe_2O_3(s)$$
$$\text{Óxido}$$

Cuando enciende las luces de su automóvil, una reacción de oxidación-reducción dentro de la batería del automóvil proporciona la electricidad. En un día frío de invierno puede encender una fogata. A medida que la madera se quema, el oxígeno se combina con carbono e hidrógeno para producir dióxido de carbono, agua y calor. En la sección anterior, a este tipo de reacción se le denominó *reacción de combustión*, pero también es una reacción de oxidación-reducción. Cuando come alimentos con almidón, los almidones se descomponen y producen glucosa, que se oxida en las células para suministrar energía junto con dióxido de carbono y agua. Cada respiración que realiza proporciona oxígeno para llevar a cabo la oxidación en las células.

$$C_6H_{12}O_6(ac) + 6O_2(g) \longrightarrow 6CO_2(g) + 6H_2O(l) + \text{energía}$$

Reacciones de oxidación-reducción

En una **reacción de oxidación-reducción** (también conocida como *redox*), los electrones se transfieren de una sustancia a otra. Si una sustancia pierde electrones, otra sustancia debe ganar electrones. La **oxidación** se define como la *pérdida* de electrones; la **reducción** se define como la *ganancia* de electrones.

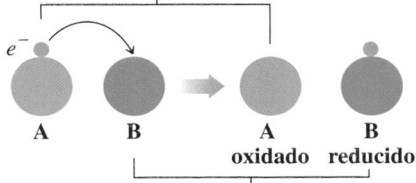

Una forma de recordar estas definiciones es con el uso de la siguiente mnemotecnia:

PERO GANAR

PÉRdida de electrones es **O**xidación

GANAncia de electrones es **R**educción

En la formación de compuestos iónicos se observó que los metales pierden electrones para convertirse en iones positivos y los no metales ganan electrones para convertirse en iones negativos. Es posible identificar la oxidación y la reducción si se observan sus cargas en los reactivos y los productos. Puede escribir una línea numérica que vaya de 0 a 4+ y de 0 a 4−. Utilizando el valor de 0 para cualquier elemento sin carga, puede determinar si cada cambio es una reacción de oxidación o de reducción.

Observe la formación del compuesto iónico CaS a partir de sus elementos Ca y S.

$$Ca(s) + S(s) \longrightarrow CaS(s)$$

El elemento Ca en los reactivos tiene carga 0, pero en el producto CaS está presente como un ión Ca^{2+}. Puesto que la carga es más positiva, se sabe que el átomo de calcio pierde dos electrones, lo que significa que tuvo lugar una reacción de oxidación.

$$Ca^0(s) \longrightarrow Ca^{2+}(s) + 2\,e^- \quad \text{Oxidación: pérdida de electrones}$$

Al mismo tiempo, el elemento S en los reactivos tiene una carga 0, pero en el producto CaS está presente como un ión S^{2-}. Puesto que la carga es más negativa, se sabe que el átomo de azufre ganó dos electrones, lo que significa que tuvo lugar una reacción de reducción.

$$S^0(s) + 2\,e^- \longrightarrow S^{2-}(s) \quad \text{Reducción: ganancia de electrones}$$

En consecuencia, la ecuación global para la formación de CaS involucra una reacción de oxidación y otra de reducción que ocurren en forma simultánea. En toda reacción de oxidación y reducción el número de electrones perdidos debe ser igual al número de electrones ganados. Puesto que cada ecuación química parcial muestra una pérdida o una ganancia de dos electrones, pueden sumarse y escribir la ecuación global para la formación de CaS.

$$Ca^0(s) \longrightarrow Ca^{2+}(s) + 2e^-$$
$$S^0(s) + 2e^- \longrightarrow S^{2-}(s)$$
$$\overline{Ca^0(s) + S^0(s) \longrightarrow Ca^{2+}S^{2-}(s)}$$

El óxido se forma cuando el oxígeno en el aire reacciona con el hierro.

TUTORIAL
Identifying Oxidation–Reduction
Reactions

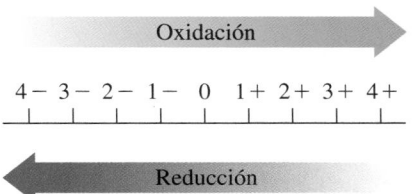

Una reacción de oxidación ocurre cuando la carga se vuelve más positiva. Una reacción de reducción ocurre cuando la carga se vuelve más negativa.

La ecuación global sin las cargas se escribe:

$$Ca(s) + S(s) \longrightarrow CaS(s)$$

Como puede observar en la siguiente reacción entre el cinc y el sulfato de cobre(II), siempre hay una oxidación con cada reducción (véase la figura 6.7).

$$Zn(s) + CuSO_4(ac) \longrightarrow ZnSO_4(ac) + Cu(s)$$

Puede reescribir la ecuación para mostrar los átomos y iones que reaccionan:

$$Zn^0(s) + Cu^{2+}(ac) + SO_4^{2-}(ac) \longrightarrow Zn^{2+}(ac) + SO_4^{2-}(ac) + Cu^0(s)$$

FIGURA 6.7 En esta reacción de sustitución simple, $Zn^0(s)$ se oxida en Zn^{2+} cuando proporciona dos electrones para reducir el Cu^{2+} en $Cu^0(s)$:

$$Zn^0(s) + Cu^{2+}(ac) \longrightarrow Cu^0(s) + Zn^{2+}(ac)$$

P En la reacción de oxidación anterior, el $Zn(s)$, ¿pierde o gana electrones?

En esta reacción, los átomos de Zn pierden dos electrones para formar Zn^{2+}. El aumento en su carga positiva indica que el $Zn(s)$ se oxida. Al mismo tiempo, el Cu^{2+} gana dos electrones para formar $Cu(s)$. La disminución en su carga indica que el Cu^{2+} se reduce. Los iones SO_4^{2-} son *iones espectadores*, lo que significa que están presentes tanto en reactivos como en productos, y no cambian.

$$Zn^0(s) \longrightarrow Zn^{2+}(ac) + 2\ e^- \qquad \text{Oxidación del Zn}$$
$$Cu^{2+}(ac) + 2\ e^- \longrightarrow Cu^0(s) \qquad \text{Reducción del } Cu^{2+}$$

COMPROBACIÓN DE CONCEPTOS 6.4 **Oxidación y reducción**

La siguiente reacción no balanceada tiene lugar en una batería (pila) de NiCad que se utiliza en cámaras fotográficas y juguetes:

$$Cd^0(s) \longrightarrow Cd^{2+}(ac)$$

a. Complete la ecuación para mostrar la pérdida o ganancia de electrones.
b. ¿Esta reacción es de oxidación o de reducción? ¿Por qué?

RESPUESTA

a. El $Cd(s)$ pierde electrones para formar $Cd^{2+}(ac)$.
$$Cd^0(s) \longrightarrow Cd^{2+}(ac) + 2\ e^-$$

b. Hay un aumento en la carga positiva, lo que significa que la reacción de Cd es de oxidación.

Las baterías (pilas) se fabrican en muchas formas y tamaños.

Identificación de reacciones de oxidación-reducción

En las películas fotográficas ocurre la siguiente reacción de descomposición en presencia de la luz. ¿Qué se oxida y qué se reduce?

$$2AgBr(s) \xrightarrow{Luz} 2Ag(s) + Br_2(g)$$

RESPUESTA

Para determinar las sustancias oxidadas y reducidas, es necesario observar los iones y cargas en reactivos y productos. En el AgBr hay un ión de plata (Ag^+) con una carga 1+ y un ión bromuro (Br^-) con una carga 1−. Al escribir AgBr como iones, se obtiene la siguiente reacción:

$$2Ag^+(s) + 2Br^-(s) \longrightarrow 2Ag^0(s) + Br_2^0(g)$$

Ahora puede comparar el ión Ag^+ con el átomo Ag obtenido como producto. Se observa que cada ión Ag^+ ganó un electrón; es decir, el Ag^+ se reduce.

$$2Ag^+(s) + 2\ e^- \longrightarrow 2Ag^0(s) \quad \text{Reducción}$$

Cuando se compara el ión Br^- en el reactivo con el átomo de Br en el producto de Br_2, se observa que cada ión Br^- pierde un electrón; Br_2 se oxida.

$$2Br^-(s) \longrightarrow Br_2^0(g) + 2\ e^- \quad \text{Oxidación}$$

Una fotografía antigua tiene un tono sepia que proviene de la reacción de la luz con la plata de la película.

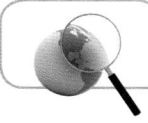 Explore su mundo

OXIDACIÓN DE FRUTAS Y VERDURAS

Las superficies de frutas y verduras recién cortadas se decoloran cuando se exponen al oxígeno del aire. Corte tres rebanadas de una fruta o verdura como manzana, papa, aguacate o plátano. Deje un trozo en la mesa de la cocina (sin cubrir). Envuelva un pedazo en película de plástico autoadherente y déjelo sobre la mesa de la cocina. Sumerja un trozo en jugo de limón y déjelo sin cubrir.

PREGUNTAS

1. ¿Qué cambios tienen lugar en cada muestra después de 1-2 h?
2. ¿Por qué si se envuelven las frutas y verduras se retrasa la velocidad de decoloración?

3. Si el jugo de limón contiene vitamina C (un antioxidante), ¿por qué sumergir un fruto o verdura en jugo de limón modifica la reacción de oxidación sobre su superficie?
4. Otros tipos de antioxidantes son la vitamina E, el ácido cítrico y el BHT. Busque estos antioxidantes en las etiquetas de cereales, papas fritas y otros alimentos en su cocina. ¿Por qué se agregan antioxidantes a los productos alimenticios que se almacenarán en las alacenas de la cocina?

Oxidación y reducción en sistemas biológicos

La oxidación también puede involucrar la adición de oxígeno o la pérdida de hidrógeno, en tanto que la reducción puede involucrar la pérdida de oxígeno o la ganancia de hidrógeno. En las células del cuerpo, la oxidación de compuestos orgánicos (con base en el carbono) involucra la transferencia de átomos de hidrógeno (H), que está compuesto de electrones y protones. Por ejemplo, la oxidación de una molécula biológica común puede involucrar la transferencia de dos átomos de hidrógeno (o $2H^+$ y $2\ e^-$) a un aceptor de protones como la coenzima FAD (flavin-adenin-dinucleótido). La coenzima se reduce a $FADH_2$.

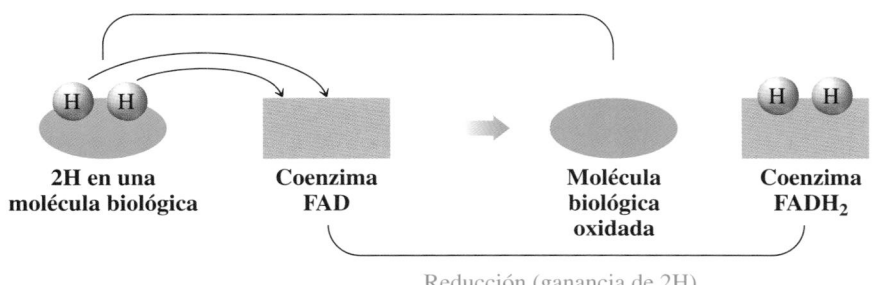

Oxidación (pérdida de 2H)

2H en una molécula biológica → **Coenzima FAD** → **Molécula biológica oxidada** — **Coenzima $FADH_2$**

Reducción (ganancia de 2H)

En los sistemas biológicos, la oxidación se identifica como una ganancia de átomos de O o una pérdida de átomos de H; la reducción se identifica como una pérdida de átomos de O o una ganancia de átomos de H.

En muchas reacciones de oxidación-reducción bioquímicas, la transferencia de átomos de hidrógeno es necesaria para la producción de energía en las células. Por ejemplo, cuando el metanol (CH_3OH), una sustancia tóxica, se metaboliza en el cuerpo, pierde dos átomos H para formar el producto oxidado metanal. Los átomos H reducen la coenzima de NAD^+ a NADH y H^+.

$$CH_3OH \longrightarrow H_2CO + 2H \qquad\qquad NAD^+ + 2H \longrightarrow NADH + H^+$$
Metanol $\qquad$ Metanal

El metanal se oxida aún más y se transforma en ácido metanoico al ganar oxígeno, que en sí mismo está reducido.

$$2H_2CO + O_2 \longrightarrow 2H_2CO_2$$
Metanal $\qquad\qquad$ Ácido metanoico

Por último, el ácido metanoico se oxida a dióxido de carbono y agua a medida que el O_2 se reduce.

$$2H_2CO_2 + O_2 \longrightarrow 2CO_2 + 2H_2O$$
Ácido metanoico

Los productos intermedios de la oxidación del metanol son muy tóxicos, causan ceguera y a veces la muerte, pues interfieren en reacciones esenciales de las células del cuerpo.

En resumen, se puede observar que la definición particular de oxidación y reducción que se utilice depende del proceso que ocurre en la reacción. Todas estas definiciones se resumen en la tabla 6.4. La oxidación siempre implica pérdida de electrones, pero también puede verse como una adición de oxígeno o la pérdida de átomos de hidrógeno. En una reducción siempre hay una ganancia de electrones y también puede considerarse como la pérdida de oxígeno, o la ganancia de hidrógeno.

TABLA 6.4 Características de la oxidación y la reducción

Oxidación	
Siempre involucra	**Puede involucrar**
Pérdida de electrones	Adición de oxígeno
	Pérdida de hidrógeno

Reducción	
Siempre involucra	**Puede involucrar**
Ganancia de electrones	Pérdida de oxígeno
	Ganancia de hidrógeno

PREGUNTAS Y PROBLEMAS

6.3 Reacciones de oxidación-reducción

META DE APRENDIZAJE: *Definir los términos* oxidación *y* reducción; *identificar el reactivo que se oxida y el reactivo que se reduce.*

6.13 Indique si cada una de las ecuaciones siguientes es una reacción de oxidación o de reducción:
  a. $Na^+(ac) + e^- \longrightarrow Na(s)$
  b. $Ni(s) \longrightarrow Ni^{2+}(ac) + 2\,e^-$
  c. $Cr^{3+}(ac) + 3\,e^- \longrightarrow Cr(s)$
  d. $2H^+(ac) + 2\,e^- \longrightarrow H_2(g)$

6.14 Indique si cada una de las ecuaciones siguientes es una reacción de oxidación o de reducción:
  a. $O_2(g) + 4\,e^- \longrightarrow 2O^{2-}(ac)$
  b. $Al(s) \longrightarrow Al^{3+}(ac) + 3\,e^-$
  c. $Fe^{3+}(ac) + e^- \longrightarrow Fe^{2+}(ac)$
  d. $2Br^-(ac) \longrightarrow Br_2(l) + 2\,e^-$

6.15 En las siguientes reacciones, identifique cuál reactivo se oxida y cuál se reduce:
  a. $Zn(s) + Cl_2(g) \longrightarrow ZnCl_2(s)$
  b. $Cl_2(g) + 2NaBr(ac) \longrightarrow 2NaCl(ac) + Br_2(l)$
  c. $2PbO(s) \longrightarrow 2Pb(s) + O_2(g)$
  d. $2Fe^{3+}(ac) + Sn^{2+}(ac) \longrightarrow 2Fe^{2+}(ac) + Sn^{4+}(ac)$

6.16 En las siguientes reacciones, identifique cuál reactivo se oxida y cuál se reduce:
  a. $2Li(s) + F_2(g) \longrightarrow 2LiF(s)$
  b. $Cl_2(g) + 2KI(ac) \longrightarrow 2KCl(ac) + I_2(s)$
  c. $Mg(s) + Cu^{2+}(ac) \longrightarrow Mg^{2+}(ac) + Cu(s)$
  d. $Fe(s) + CuSO_4(ac) \longrightarrow FeSO_4(ac) + Cu(s)$

6.17 En las mitocondrias de las células humanas, la energía para la producción de ATP se proporciona mediante reacciones de oxidación y reducción de los iones de hierro en los citocromos que funcionan en el transporte de electrones. Identifique si cada una de las siguientes reacciones es de oxidación o de reducción:
  a. $Fe^{3+} + e^- \longrightarrow Fe^{2+}$
  b. $Fe^{2+} \longrightarrow Fe^{3+} + e^-$

6.18 El cloro (Cl_2) es un fuerte germicida que se utiliza para desinfectar agua para beber y para matar microbios en las albercas. Si el producto es Cl^-, ¿el Cl_2 se oxidó o se redujo?

6.19 Cuando el ácido linoleico, un ácido graso insaturado, reacciona con el hidrógeno, forma un ácido graso saturado. ¿El ácido linoleico se oxida o se reduce en la reacción de hidrogenación?

$$C_{18}H_{32}O_2 + 2H_2 \longrightarrow C_{18}H_{36}O_2$$
Ácido linoleico

6.20 En una de las reacciones en el ciclo del ácido cítrico, que proporciona energía para la síntesis de ATP, el ácido succínico se convierte en ácido fumárico.

$$C_4H_6O_4 \longrightarrow C_4H_4O_4 + 2H$$
Ácido succínico $\quad$ Ácido fumárico

La reacción está acompañada de una coenzima, flavin-adenin-dinucleótido (FAD):

$$FAD + 2H \longrightarrow FADH_2$$

  a. ¿El ácido succínico se oxida o se reduce?
  b. ¿El FAD se oxida o se reduce?
  c. ¿Por qué las dos reacciones ocurrirían juntas?

La química en el ambiente

CELDAS DE COMBUSTIBLE: ENERGÍA LIMPIA PARA EL FUTURO

Las celdas de combustible son de gran interés para los científicos porque proporcionan una fuente alternativa de energía eléctrica que es más eficiente, no agota las reservas de petróleo y genera productos que no contaminan la atmósfera. Las celdas de combustible se consideran una forma limpia de producir energía.

En una celda de combustible, los reactivos entran continuamente a la celda, lo que genera una corriente eléctrica. En prototipos de automóviles se ha utilizado una clase de celda de combustible hidrógeno-oxígeno. En esta celda, el gas hidrógeno se introduce a la celda de combustible y entra en contacto con el platino incrustado en una membrana plástica. El platino ayuda en la oxidación de los átomos de hidrógeno, lo que produce iones de hidrógeno y electrones.

Los electrones producen una corriente eléctrica a medida que viajan por el alambre. Los iones de hidrógeno se desplazan por la membrana plástica para reaccionar con las moléculas de oxígeno. Las moléculas de oxígeno se reducen a iones de óxido que se combinan con los iones de hidrógeno para formar agua.

La reacción global de la celda de combustible de hidrógeno-oxígeno puede escribirse del modo siguiente:

$$2H_2(g) + O_2(g) \longrightarrow 2H_2O(l)$$

Las celdas de combustible ya se han utilizado para dotar de energía al transbordador espacial. Uno de los principales inconvenientes para el uso práctico de las celdas de combustible son las repercusiones económicas de convertir los automóviles para que puedan funcionar con celdas de combustible. El almacenamiento y costo de producir hidrógeno también constituye un problema. Algunos fabricantes experimentan con sistemas que convierten gasolina o metanol en hidrógeno para utilizarlo en celdas de combustible. Se tiene que gastar energía a fin de producir el combustible de hidrógeno para estas celdas. Sin embargo, esto puede lograrse con energía solar o eólica, lo que significa que hay un mínimo de contaminación y los combustibles fósiles no son necesarios. Además, el subproducto de las celdas de combustible es agua, un no contaminante.

En las casas, las celdas de combustible podrán sustituir algún día las baterías (pilas) que se usan en la actualidad para suministrar energía eléctrica a los teléfonos celulares, reproductores de CD y DVD, así como a computadoras portátiles. El diseño de las celdas de combustible todavía está en la fase de prototipos, aunque existe mucho interés en el desarrollo de estas celdas. Ya se sabe que funcionan, pero todavía deben hacerse modificaciones antes de que puedan tener un precio razonable y sean parte de la vida diaria.

Corriente eléctrica

e^- e^-

H₂ gas e^- H⁺ e^- O₂ gas

e^- O²⁻

e^-

H⁺ ⟶ H⁺ e^-

     O²⁻

H⁺   H⁺

     O²⁻

H⁺ ⟶ H⁺

Membrana plástica

⟶ H₂O

Cátodo   Ánodo

Catalizador

Oxidación   Reducción

$2H_2(g) \longrightarrow 4H^+(ac) + 4\ e^-$ $O_2(g) + 4H^+(ac) + 4\ e^- \longrightarrow 2H_2O(l)$

Una celda de combustible usa un suministro continuo de hidrógeno y oxígeno para generar electricidad.

Las celdas de combustible se utilizan para suministrar energía al transbordador espacial.

6.4 El mol

En la tienda, usted compra huevos por docena o gaseosas por caja. En una tienda de artículos para oficina, los pedidos de lápices se hacen por gruesas y los de papel por resmas. Términos como *docena, gruesa, resma* y *caja* sirven para contar el número de artículos presentes. Por ejemplo, cuando usted compra una docena de huevos, usted sabe que vendrán 12 huevos en el cartón.

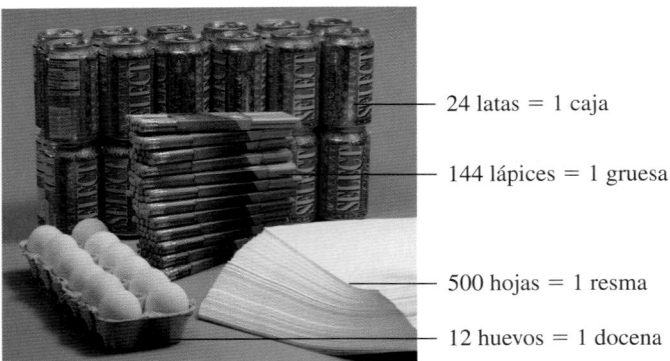

24 latas = 1 caja

144 lápices = 1 gruesa

500 hojas = 1 resma

12 huevos = 1 docena

Los conjuntos de artículos incluyen docena, gruesa y mol.

Número de Avogadro

En química, las partículas como átomos, moléculas y iones se cuentan por medio del término **mol**, una unidad que contiene 6.02×10^{23} de dichas partículas. El número de Avogadro es un número muy grande, porque los átomos son tan pequeños que se necesita un número extremadamente grande de átomos para tener una cantidad suficiente que pesar y usar en reacciones químicas. El **número de Avogadro** se llama así en honor del físico italiano Amedeo Avogadro.

> **Número de Avogadro**
>
> 602 000 000 000 000 000 000 000 = 6.02×10^{23} átomos

Un mol de cualquier elemento siempre contiene un número de Avogadro de átomos. En un mol de carbono hay 6.02×10^{23} átomos de carbono; en un mol de aluminio hay 6.02×10^{23} átomos de aluminio, y en un mol de azufre hay 6.02×10^{23} átomos de azufre.

> 1 mol de un elemento = 6.02×10^{23} átomos de dicho elemento

El número de Avogadro dice que un mol de un compuesto contiene 6.02×10^{23} del tipo particular de partículas que constituyen dicho compuesto. Un mol de un compuesto covalente contiene un número de Avogadro de moléculas. Por ejemplo, un mol de CO_2 contiene 6.02×10^{23} moléculas de CO_2. Un mol de un compuesto iónico contiene un número de Avogadro de **unidades fórmula**, que son los grupos de iones representados por la fórmula de un compuesto iónico. Un mol de NaCl contiene 6.02×10^{23} unidades fórmula de NaCl (Na^+, Cl^-). La tabla 6.5 ofrece ejemplos del número de partículas en algunas cantidades de un mol.

Un mol de azufre contiene 6.02×10^{23} átomos de azufre.

TABLA 6.5 Número de partículas en muestras de un mol

Sustancia	Número y tipo de partículas
1 mol de Al	6.02×10^{23} átomos de Al
1 mol de S	6.02×10^{23} átomos de S
1 mol de agua (H_2O)	6.02×10^{23} átomos de H_2O
1 mol de vitamina C ($C_6H_8O_6$)	6.02×10^{23} moléculas de vitamina C
1 mol de NaCl	6.02×10^{23} unidades fórmula de NaCl

El número de Avogadro se puede utilizar como un factor de conversión para convertir entre los moles de una sustancia y el número de partículas que contiene.

$$\frac{6.02 \times 10^{23} \text{ partículas}}{1 \text{ mol}} \qquad y \qquad \frac{1 \text{ mol}}{6.02 \times 10^{23} \text{ partículas}}$$

Por ejemplo, use el número de Avogadro para convertir 4.00 moles de hierro en átomos de hierro.

$$4.00 \text{ moles átomos Fe} \times \frac{6.02 \times 10^{23} \text{ átomos Fe}}{1 \text{ mol átomos Fe}} = 2.41 \times 10^{24} \text{ átomos de Fe}$$

Número de Avogadro como factor de conversión

También puede usar el número de Avogadro para convertir 3.01×10^{24} moléculas de CO_2 a moles de CO_2.

$$3.01 \times 10^{24} \text{ CO}_2 \text{ moléculas} \times \frac{1 \text{ mol CO}_2 \text{ moléculas}}{6.02 \times 10^{23} \text{ CO}_2 \text{ moléculas}} = 5.00 \text{ moles de moléculas de CO}_2$$

Número de Avogadro como factor de conversión

Por lo general, en cálculos que convierten entre moles y partículas, el número de moles será un número pequeño en comparación con el número de átomos o moléculas, que será un número grande.

COMPROBACIÓN DE CONCEPTOS 6.6 **Moles y partículas**

Explique por qué 0.20 moles de aluminio es un número pequeño, pero el número de átomos en 0.20 moles es un número grande: 1.2×10^{23} átomos de aluminio.

RESPUESTA

El término *mol* se usa como un término colectivo que representa 6.02×10^{23} partículas. Puesto que los átomos son partículas submicroscópicas, en un mol de aluminio hay una gran cantidad de átomos.

EJEMPLO DE PROBLEMA 6.3 **Cómo calcular el número de moléculas**

¿Cuántas moléculas hay en 1.75 moles de dióxido de carbono, CO_2?

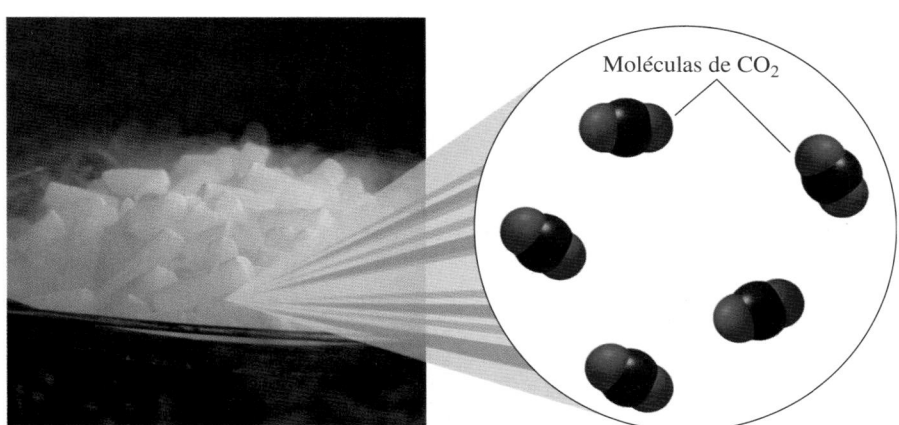

Moléculas de CO_2

La forma sólida del dióxido de carbono se conoce como "hielo seco".

SOLUCIÓN

Paso 1 **Enuncie las cantidades dadas y las que necesita.**

Análisis del problema

Dadas	Necesita
1.75 moles de CO_2	moléculas de CO_2

Guía para calcular los átomos o moléculas de una sustancia

1 Enuncie las cantidades dadas y las que necesita.

2 Escriba un plan para convertir moles en átomos o moléculas.

3 Use el número de Avogadro para escribir factores de conversión.

4 Plantee el problema para calcular el número de partículas.

TUTORIAL
Moles and the Chemical Formula

Paso 2 **Escriba un plan para convertir moles en átomos o moléculas.**

moles de CO_2 Número de Avogadro   moléculas de CO_2

Paso 3 **Use el número de Avogadro para escribir factores de conversión.**

$$1 \text{ mol de } CO_2 = 6.02 \times 10^{23} \text{ moléculas de } CO_2$$

$$\frac{6.02 \times 10^{23} \text{ moléculas } CO_2}{1 \text{ mol } CO_2} \quad \text{y} \quad \frac{1 \text{ mol } CO_2}{6.02 \times 10^{23} \text{ moléculas } CO_2}$$

Paso 4 **Plantee el problema para calcular el número de partículas.**

$$1.75 \text{ moles } \cancel{CO_2} \times \frac{6.02 \times 10^{23} \text{ moléculas } CO_2}{1 \text{ mol } \cancel{CO_2}} = 1.05 \times 10^{24} \text{ moléculas de } CO_2$$

COMPROBACIÓN DE ESTUDIO 6.3

¿Cuántos moles de agua, H_2O, contienen 2.60×10^{23} moléculas de agua?

Moles de elementos en una fórmula

Ya se vio que los subíndices en una fórmula química de un compuesto indican el número de átomos de cada tipo de elemento. Por ejemplo, en una molécula de aspirina, su fórmula química es $C_9H_8O_4$, lo que quiere decir que en el compuesto hay 9 átomos de carbono, 8 átomos de hidrógeno y 4 átomos de oxígeno. Los subíndices también indican el número de moles de cada elemento en un mol de aspirina: 9 moles de átomos C, 8 moles de átomos H y 4 moles de átomos O.

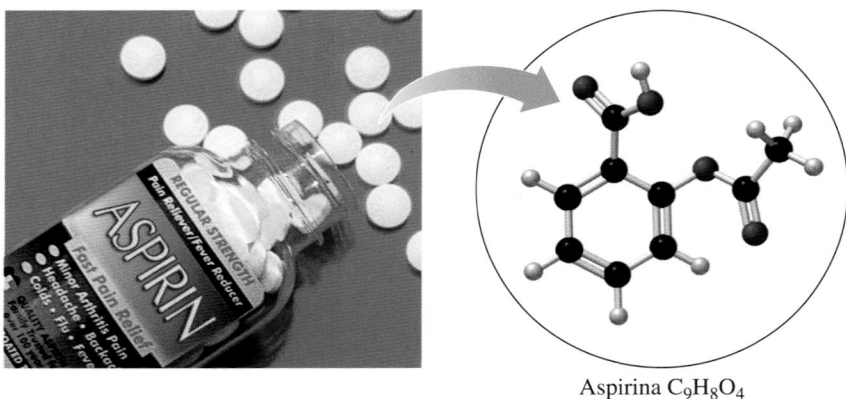

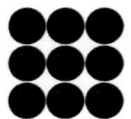 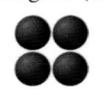

Número de átomos en una molécula
Carbono (C)   Hidrógeno (H)   Oxígeno (O)

Aspirina $C_9H_8O_4$

Con los subíndices de la fórmula de la aspirina, $C_9H_8O_4$, puede escribir el número de átomos de C, H y O en una molécula de aspirina, o los moles de C, H y O en un mol de aspirina.

$$C_9H_8O_4$$

Carbono   **Hidrógeno**   **Oxígeno**
9 átomos de C   8 átomos de H   4 átomos de O
9 moles de C   8 moles de H   4 moles de O

Con los subíndices de la fórmula, $C_9H_8O_4$, puede escribir los factores de conversión para cada uno de los elementos en un mol de aspirina:

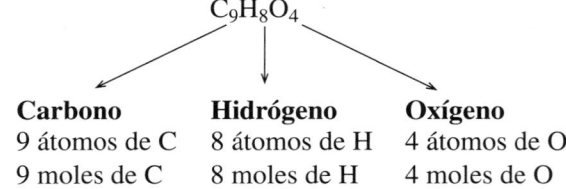

$$\frac{9 \text{ moles C}}{1 \text{ mol } C_9H_8O_4} \quad \frac{8 \text{ moles H}}{1 \text{ mol } C_9H_8O_4} \quad \frac{4 \text{ moles O}}{1 \text{ mol } C_9H_8O_4}$$

$$\frac{1 \text{ mol } C_9H_8O_4}{9 \text{ moles C}} \quad \frac{1 \text{ mol } C_9H_8O_4}{8 \text{ moles H}} \quad \frac{1 \text{ mol } C_9H_8O_4}{4 \text{ moles O}}$$

COMPROBACIÓN DE CONCEPTOS 6.7   **Cómo usar los subíndices de una fórmula**

Indique los moles de cada tipo de átomo en un mol de cada uno de los siguientes compuestos:

a. $C_5H_{10}O_2$, acetato de propilo, aroma y sabor a pera
b. $Zn(C_2H_3O_2)_2$, complemento alimenticio de cinc

RESPUESTA

a. Los subíndices de la fórmula indican que hay 5 moles de átomos C, 10 moles de átomos H y 2 moles de átomos O en 1 mol de acetato de propilo.
b. El subíndice 2 afuera de los paréntesis indica que hay 2 moles del ión $C_2H_3O_2^-$ en la fórmula. Por tanto, hay 1 mol de iones de $Zn2^+$, 4 (2×2) moles de átomos C; 6 (2×3) moles de átomos H, y 4 (2×2) moles de átomos O en 1 mol de $Zn(C_2H_3O_2)_2$.

El compuesto acetato de propilo proporciona el aroma y el sabor a las peras.

EJEMPLO DE PROBLEMA 6.4   **Cómo calcular los moles de un elemento**

¿Cuántos moles de carbono hay en 1.50 moles de aspirina, $C_9H_8O_4$?

SOLUCIÓN

Paso 1   **Enuncie las cantidades dadas y las que necesita.**

Análisis del problema

Dadas	Necesita
1.50 moles de aspirina	moles de C
fórmula molecular $C_9H_8O_4$	

Paso 2   **Escriba un plan para convertir moles de un compuesto en moles de un elemento.**

moles de $C_9H_8O_4$ [Subíndice]   moles de átomos C

Paso 3   **Escriba equivalencias y factores de conversión usando los subíndices.**

$$1 \text{ mol de } C_9H_8O_4 = 9 \text{ moles de átomos C}$$

$$\frac{9 \text{ moles C}}{1 \text{ mol } C_9H_8O_4} \quad y \quad \frac{1 \text{ mol } C_9H_8O_4}{9 \text{ moles C}}$$

Paso 4   **Plantee el problema para calcular los moles de un elemento.**

$$1.50 \text{ moles } C_9H_8O_4 \times \frac{9 \text{ moles C}}{1 \text{ mol } C_9H_8O_4} = 13.5 \text{ moles de C}$$

COMPROBACIÓN DE ESTUDIO 6.4

¿En cuántos moles de aspirina, $C_9H_8O_4$, están contenidos 0.480 moles de O?

Guía para calcular moles

1 Enuncie las cantidades dadas y las que necesita.

2 Escriba un plan para convertir moles de un compuesto en moles de un elemento.

3 Escriba equivalencias y factores de conversión usando los subíndices.

4 Plantee el problema para calcular los moles de un elemento.

PREGUNTAS Y PROBLEMAS

6.4 El mol

META DE APRENDIZAJE: *Usar el número de Avogadro para determinar el número de partículas en una cantidad dada de moles.*

6.21 Calcule cada una de las cantidades siguientes:
   a. número de átomos Ag en 0.200 moles de Ag
   b. número de moléculas de C_3H_8O en 0.750 moles de C_3H_8O
   c. número de átomos Cr en 1.25 moles de Cr

6.22 Calcule cada una de las cantidades siguientes:
   a. número de átomos Ni en 3.4 moles de Ni
   b. número de unidades fórmula de $Mg(OH)_2$ en 1.20 moles de $Mg(OH)_2$
   c. número de átomos Li en 4.5 moles de Li

6.23 Calcule cada una de las cantidades siguientes:
   a. moles de Al en 3.26×10^{24} átomos de Al
   b. moles de C_2H_5OH en 8.50×10^{24} moléculas de C_2H_5OH
   c. moles de Au en 2.88×10^{23} átomos de Au

6.24 Calcule cada una de las cantidades siguientes:
   a. moles de Cu en 7.8×10^{21} átomos de Cu
   b. moles de C_2H_6 en 3.75×10^{23} moléculas de C_2H_6
   c. moles de Zn en 5.6×10^{24} átomos de Zn

6.25 La quinina, $C_{20}H_{24}N_2O_2$, es un componente del agua tónica y del agua de limón amargo.
   a. ¿Cuántos moles de hidrógeno hay en 1.0 mol de quinina?
   b. ¿Cuántos moles de carbono hay en 5.0 moles de quinina?
   c. ¿Cuántos moles de nitrógeno hay en 0.020 moles de quinina?

6.26 El sulfato de aluminio, $Al_2(SO_4)_3$, se usa en algunos antitranspirantes.
  a. ¿Cuántos moles de azufre hay en 3.0 moles de $Al_2(SO_4)_3$?
  b. ¿Cuántos moles de iones de aluminio hay en 0.40 moles de $Al_2(SO_4)_3$?
  c. ¿Cuántos moles de iones de sulfato (SO_4^{2-}) hay en 1.5 moles de $Al_2(SO_4)_3$?

6.27 Calcule cada una de las cantidades siguientes:
  a. número de átomos C en 0.500 moles de C
  b. número de moléculas de SO_2 en 1.28 moles de SO_2
  c. moles de Fe en 5.22×10^{22} átomos de Fe

6.28 Calcule cada una de las cantidades siguientes:
  a. número de átomos de Co en 2.2 moles de Co
  b. número de moléculas de CO_2 en 0.0180 moles de CO_2
  c. moles de Cr en 4.58×10^{23} átomos de Cr

6.29 Calcule cada una de las siguientes cantidades en 2.00 moles de H_3PO_4:
  a. moles de H   **b.** moles de O
  c. átomos de P   **d.** átomos de O

6.30 Calcule cada una de las siguientes cantidades en 0.185 moles de $(C_3H_7)_2O$:
  a. moles de C   **b.** moles de O
  c. átomos de H   **d.** átomos de C

META DE APRENDIZAJE

Determinar la masa molar de una sustancia y usarla para conversiones entre gramos y moles.

6.5 Masa molar

Un solo átomo o molécula es demasiado pequeño para pesarlo, ni siquiera con la báscula de laboratorio más sensible. De hecho, se necesita un enorme número de átomos o moléculas para tener suficiente sustancia y poder verla. Una cantidad de agua que contiene un número de Avogadro de moléculas de agua constituye apenas unos cuantos sorbos. En el laboratorio puede usar una báscula para pesar el número de Avogadro de partículas o un mol de una sustancia.

Para cualquier elemento, la cantidad denominada **masa molar** es el número de gramos que es igual a la masa atómica de dicho elemento. Se cuentan 6.02×10^{23} átomos de un elemento cuando se pesa el número de gramos igual a su masa molar. Por ejemplo, el carbono tiene una masa atómica de 12.01 en la tabla periódica. Entonces, para obtener un mol de átomos de carbono se pesarían 12.01 g de carbono. En consecuencia, para encontrar la masa molar del carbono se observa su masa atómica en la tabla periódica.

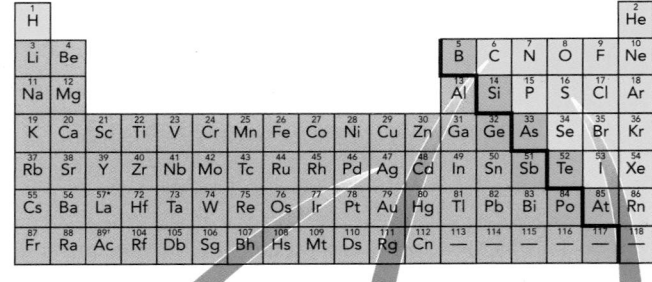

6.02×10^{23} átomos de C

↕

1 mol de átomos de C

↕

12.01 g de átomos de C

47	6	16
Ag	**C**	**S**
107.9	12.01	32.07

1 mol de átomos de plata tiene una masa de 107.9 g

1 mol de átomos de carbono tiene una masa de 12.01 g

1 mol de átomos de azufre tiene una masa de 32.07 g

Masa molar de un compuesto

Para determinar la masa molar de un compuesto, multiplique la masa molar de cada elemento por su subíndice en la fórmula y sume los resultados como se muestra en el Ejemplo de problema 6.5. *En este texto, la masa molar de un elemento se redondea a décimas (0.1 g) o se usan al menos tres cifras significativas para los cálculos.*

EJEMPLO DE PROBLEMA 6.5   Cómo calcular la masa molar de un compuesto

Encuentre la masa molar de Li_2CO_3, compuesto usado para producir el color rojo en los fuegos artificiales.

SOLUCIÓN

Análisis del problema

Dadas	Necesita
fórmula molecular Li_2CO_3	masa molar de Li_2CO_3

Paso 1   Obtenga la masa molar de cada elemento.

$$\frac{6.94 \text{ g Li}}{1 \text{ mol Li}} \qquad \frac{12.0 \text{ g C}}{1 \text{ mol C}} \qquad \frac{16.0 \text{ g O}}{1 \text{ mol O}}$$

Paso 2   Multiplique cada masa molar por el número de moles (subíndice) en la fórmula.

Gramos de 2 moles de Li

$$2 \text{ moles Li} \times \frac{6.94 \text{ g Li}}{1 \text{ mol Li}} = 13.9 \text{ g de Li}$$

Gramos de 1 mol de C

$$1 \text{ mol C} \times \frac{12.0 \text{ g C}}{1 \text{ mol C}} = 12.0 \text{ g de C}$$

Gramos de 3 moles de O

$$3 \text{ moles O} \times \frac{16.0 \text{ g O}}{1 \text{ mol O}} = 48.0 \text{ g de O}$$

Paso 3   Calcule la masa molar sumando las masas de los elementos.

$$
\begin{aligned}
2 \text{ moles de Li} &= 13.9 \text{ g de Li} \\
1 \text{ mol de C} &= 12.0 \text{ g de C} \\
3 \text{ moles de O} &= \underline{+48.0 \text{ g de O}} \\
\text{Masa molar de } Li_2CO_3 &= 73.9 \text{ g}
\end{aligned}
$$

COMPROBACIÓN DE ESTUDIO 6.5

Calcule la masa molar del ácido salicílico, $C_7H_6O_3$.

Guía para calcular la masa molar

1 Obtenga la masa molar de cada elemento.

2 Multiplique cada masa molar por el número de moles (subíndice) en la fórmula.

3 Calcule la masa molar sumando las masas de los elementos.

El carbonato de litio produce un color rojo en los fuegos artificiales.

Cálculos con el uso de la masa molar

La masa molar de un elemento o un compuesto es un factor de conversión útil porque convierte moles de una sustancia a gramos, o gramos a moles. Por ejemplo, 1 mol de magnesio tiene una masa de 24.3 g. Para expresar su masa molar como una equivalencia, puede escribir:

$$1 \text{ mol de Mg} = 24.3 \text{ g de Mg}$$

A partir de esta equivalencia puede escribir dos factores de conversión.

$$\frac{24.3 \text{ g Mg}}{1 \text{ mol Mg}} \qquad \text{y} \qquad \frac{1 \text{ mol Mg}}{24.3 \text{ g Mg}}$$

La figura 6.8 muestra algunas cantidades de un mol de sustancia. La tabla 6.6 indica la masa molar de varias muestras de 1 mol.

TABLA 6.6 Masa molar de elementos y compuestos seleccionados

Sustancia	Masa molar
1 mol de C	12.0 g
1 mol de Na	23.0 g
1 mol de Fe	55.9 g
1 mol de NaF	42.0 g
1 mol de $CaCO_3$	100.1 g
1 mol de $C_6H_{12}O_6$ (glucosa)	180.1 g
1 mol de $C_8H_{10}N_4O_2$ (cafeína)	194.1 g

  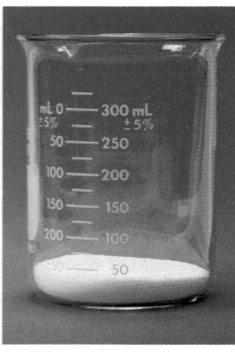 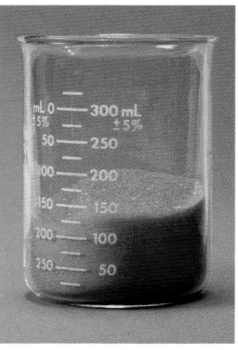 

| S | Fe | NaCl | $K_2Cr_2O_7$ | $C_{12}H_{22}O_{11}$ |

FIGURA 6.8 Muestras de un mol de sustancia: azufre, S (32.1 g); hierro, Fe (55.9 g); sal, NaCl (58.5 g); dicromato de potasio, $K_2Cr_2O_7$ (294 g), y azúcar (sacarosa), $C_{12}H_{22}O_{11}$ (342 g).

P ¿Cómo se obtiene la masa molar del $K_2Cr_2O_7$?

TUTORIAL
Converting Between Grams and Moles

Los factores de conversión para compuestos se escriben de la misma forma que para un elemento. Por ejemplo, la equivalencia para la masa molar del compuesto H_2O se escribe:

$$1 \text{ mol de } H_2O = 18.0 \text{ g de } H_2O$$

De esta igualdad, los factores de conversión de la masa molar de H_2O se escriben como:

$$\frac{18.0 \text{ g } H_2O}{1 \text{ mol } H_2O} \quad \text{y} \quad \frac{1 \text{ mol } H_2O}{18.0 \text{ g } H_2O}$$

Ahora puede cambiar de moles a gramos, o de gramos a moles, usando los factores de conversión derivados de la masa molar, como se muestra en el Ejemplo de problema 6.6. (Recuerde: primero debe determinar la masa molar de la sustancia.)

EJEMPLO DE PROBLEMA 6.6 | **Cómo convertir masa de un compuesto a moles**

Una caja de sal contiene 737 g de NaCl. ¿Cuántos moles de NaCl hay en la caja?

SOLUCIÓN

Guía para calcular los moles (o gramos) de una sustancia a partir de gramos (o moles)

1 Enuncie las cantidades dadas y las que necesita.

2 Escriba un plan para convertir moles en gramos (o gramos en moles).

3 Determine la masa molar y escriba los factores de conversión.

4 Plantee el problema para convertir moles en gramos (o gramos en moles).

Paso 1 **Enuncie las cantidades dadas y las que necesita.**

Análisis del problema

Dadas	Necesita
737 g de NaCl	moles de NaCl

Paso 2 **Escriba un plan para convertir gramos en moles.**

gramos de NaCl Masa molar moles de NaCl

Paso 3 **Determine la masa molar y escriba los factores de conversión.**

$$1 \text{ mol de NaCl} = 58.5 \text{ g de NaCl}$$
$$\frac{58.5 \text{ g NaCl}}{1 \text{ mol NaCl}} \quad \text{y} \quad \frac{1 \text{ mol NaCl}}{58.5 \text{ g NaCl}}$$

La sal de mesa es cloruro de sodio, NaCl.

Paso 4 **Plantee el problema para convertir gramos en moles.**

$$737 \text{ g NaCl} \times \frac{1 \text{ mol NaCl}}{58.5 \text{ g NaCl}} = 12.6 \text{ moles de NaCl}$$

COMPROBACIÓN DE ESTUDIO 6.6

El metal plata se utiliza en la fabricación de vajillas, espejos, joyería y aleaciones dentales. Si el diseño de una pieza de joyería requiere 0.750 moles de plata, ¿cuántos gramos de plata se necesitan?

El metal plata se utiliza para fabricar joyería.

La figura 6.9 muestra las conexiones entre los moles de un compuesto, su masa en gramos, el número de moléculas (o unidades fórmula si es iónico) y los moles y átomos de cada elemento en dicho compuesto.

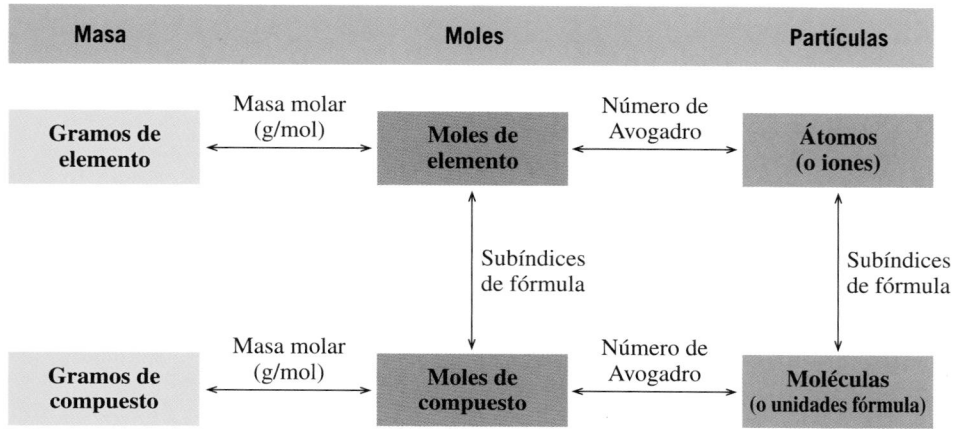

FIGURA 6.9 Los moles de un compuesto se relacionan con su masa en gramos mediante la masa molar, con el número de moléculas (o unidades fórmula) mediante el número de Avogadro y con los moles de cada elemento mediante los subíndices de la fórmula.

P ¿Qué pasos se necesitan para calcular el número de átomos de H en 5.00 g de CH_4?

CÁLCULO DE MOLES EN LA COCINA

Las etiquetas de los productos alimenticios indican los componentes en gramos y miligramos. Lea las etiquetas de algunos productos que tenga en la cocina y convierta las cantidades dadas en gramos o miligramos a moles, usando la masa molar.

PREGUNTAS

1. ¿Cuántos moles de NaCl hay en un salero de 4 oz?
2. ¿Cuántos moles de azúcar contiene una bolsa de azúcar de 5 lb, si el azúcar tiene la fórmula $C_{12}H_{22}O_{11}$?
3. Suponiendo que una porción de cereal contiene 90 mg de potasio. Si en la caja hay 11 porciones de cereal, ¿cuántos moles de K^+ hay en el cereal de la caja?

PREGUNTAS Y PROBLEMAS

6.5 Masa molar

META DE APRENDIZAJE: *Determinar la masa molar de una sustancia y usarla para conversiones entre gramos y moles.*

6.31 Calcule la masa molar de cada uno de los siguientes compuestos:
a. $KC_4H_5O_6$ (crémor tártaro)
b. Fe_2O_3 (óxido)
c. $C_{19}H_{20}FNO_3$ (Paxil, un antidepresivo)
d. $Al_2(SO_4)_3$ (antitranspirante)
e. $Mg(OH)_2$ (antiácido)
f. $C_{16}H_{19}N_3O_5S$ (amoxicilina, un antibiótico)

6.32 Calcule la masa molar de cada uno de los siguientes compuestos:
a. $FeSO_4$ (complemento de hierro)
b. Al_2O_3 (absorbente y abrasivo)
c. $C_7H_5NO_3S$ (sacarina)
d. C_3H_8O (alcohol para frotar)
e. $(NH_4)_2CO_3$ (polvo de hornear)
f. $Zn(C_2H_3O_2)_2$ (complemento alimenticio)

6.33 Calcule la masa, en gramos, de cada uno de los siguientes elementos:
a. 2.00 moles de Na   b. 2.80 moles de Ca
c. 0.125 moles de Sn   d. 1.76 moles de Cu

6.34 Calcule la masa, en gramos, de cada uno de los siguientes elementos:
a. 1.50 moles de K   b. 2.5 moles de C
c. 0.25 moles de P   d. 12.5 moles de He

6.35 Calcule la masa, en gramos, de cada uno de los siguientes compuestos:
a. 0.500 moles de NaCl   b. 1.75 moles de Na_2O
c. 0.225 moles de H_2O d. 4.42 moles de CO_2

6.36 Calcule la masa, en gramos, de cada uno de los siguientes compuestos:
a. 2.0 moles de $MgCl_2$ b. 3.5 moles de C_3H_8
c. 5.00 moles de C_2H_6O d. 0.488 moles de $C_3H_6O_3$

6.37 a. El compuesto $MgSO_4$ se llama sales de Epsom. ¿Cuántos gramos necesitará para preparar un baño que contenga 5.00 moles de sales de Epsom?
b. En una botella de refresco hay 0.25 moles de CO_2. ¿Cuántos gramos de CO_2 hay en la botella?

6.38 a. El ciclopropano, C_3H_6, es un anestésico que se administra por inhalación. ¿Cuántos gramos hay en 0.25 moles de ciclopropano?
b. El sedante hidrocloruro de Demerol tiene la fórmula $C_{15}H_{22}ClNO_2$. ¿Cuántos gramos hay en 0.025 moles de hidrocloruro de Demerol?

6.39 ¿Cuántos moles hay en cada uno de los siguientes?
a. 50.0 g de Ag   b. 0.200 g de C
c. 15.0 g de NH_3 d. 75.0 g de SO_2

6.40 ¿Cuántos moles hay en cada uno de los siguientes?
a. 25.0 g de Ca   b. 5.00 g de S
c. 40.0 g de H_2O d. 12.2 g de O_2

6.41   ¿Cuántos moles de S hay en cada una de las siguientes cantidades?
  a. 25 g de S   **b.** 125 g de SO_2 **c.** 30.1 g de Al_2S_3

6.42   ¿Cuántas moles de C hay en cada una de las siguientes cantidades?
  a. 75 g de C   **b.** 32.6 g de C_2H_6 **c.** 88 g de CO_2

6.43   La cafeína, $C_8H_{10}N_4O_2$, se obtiene del té, café y bebidas energéticas.

Los granos de café son una fuente de cafeína.

  a. ¿Cuántos gramos de cafeína hay en 0.850 moles?
  b. ¿Cuántos moles de cafeína hay en 28.0 g de cafeína?
  c. ¿Cuántos moles de carbono hay en 28.0 g de cafeína?
  d. ¿Cuántos gramos de nitrógeno hay en 28.0 g de cafeína?

6.44   La fructosa, $C_6H_{12}O_6$, un monosacárido, se encuentra en la miel y las frutas.
  a. ¿Cuántos gramos de fructosa hay en 1.20 moles de fructosa?
  b. ¿Cuántos moles de fructosa hay en 15.0 g de fructosa?
  c. ¿Cuántos moles de carbono hay en 15.0 g de fructosa?
  d. ¿Cuántos gramos de oxígeno hay en 15.0 g de fructosa?

6.6 Relación molar en ecuaciones químicas

En la sección 6.1 se vio que las ecuaciones se balancean en términos del número de cada tipo de átomo en reactivos y productos. Sin embargo, cuando se realizan experimentos en el laboratorio o se preparan medicamentos en la farmacia, las muestras utilizadas contienen miles de millones de átomos y moléculas, lo que hace imposible contarlos. Lo que puede medirse es su masa usando una báscula. Puesto que la masa se relaciona con el número de partículas de la masa molar, medir la masa es equivalente a contar el número de partículas o moles.

Conservación de masa

En cualquier reacción química, la cantidad total de materia en los reactivos es igual a la cantidad total de materia en los productos. Por tanto, la masa total de todos los reactivos debe ser igual a la masa total de todos los productos. Esto se conoce como *ley de conservación de la masa*, que señala que no hay cambio en la masa total de las sustancias que reaccionan en una reacción química balanceada. En consecuencia, no se pierde ni gana material, pues las sustancias originales cambian a nuevas sustancias.

Por ejemplo, cuando la plata reacciona con el azufre para formar sulfuro de plata, se forma deslustre.

$$2Ag(s) + S(s) \longrightarrow Ag_2S(s)$$

$2Ag(s)$ + $S(s)$ $\longrightarrow$ $Ag_2S(s)$

Masa de reactivos   =   Masa de productos

La ley de conservación de la masa afirma que, en una reacción química, no se pierde ni se gana materia.

En esta reacción, el número de átomos de plata que reacciona es dos veces el número de átomos de azufre. Cuando reaccionan 200 átomos de plata, se necesitan 100 átomos de azufre. Sin embargo, en la reacción química real reaccionarían muchos más átomos de plata y azufre. Si se trabaja con cantidades molares, entonces los coeficientes de la ecuación pueden interpretarse en términos de moles. Por tanto, 2 moles de Ag reaccionan con 1 mol de S para producir 1 mol de Ag_2S. Puesto que puede determinarse la masa molar de cada uno, los moles de Ag, S y Ag_2S también pueden establecerse en términos de masa en gramos de cada uno. Por tanto, 215.8 g de Ag y 32.1 g de S reaccionan para formar 247.9 g de Ag_2S. La masa total de los reactivos (247.9 g) es igual a la masa del producto, 247.9 g. En la tabla 6.7 se observan las diversas formas en las que puede interpretarse una ecuación química.

TABLA 6.7 Información disponible a partir de una ecuación balanceada

	Reactivos		Producto
Ecuación	$2Ag(s)$	$+ S(s)$	$\longrightarrow Ag_2S(s)$
Átomos	2 átomos de Ag	+ 1 átomo S	$\longrightarrow Ag_2S$ unidad fórmula
	200 átomos de Ag	+ 100 átomos S	$\longrightarrow$ 100 Ag_2S unidades fórmula
Número de Avogadro de átomos	$2(6.02 \times 10^{23})$ átomos de Ag	$+ 1(6.02 \times 10^{23})$ átomos S	$\longrightarrow 1(6.02 \times 10^{23})$ Ag_2S unidades fórmula
Moles	2 moles de Ag	+ 1 mol de S	$\longrightarrow$ 1 mol de Ag_2S
Masa (g)	2(107.9 g) de Ag	+ 1 (32.1 g) de S	$\longrightarrow$ 1(247.9 g) de Ag_2S
Masa total (g)	247.9 g		$\longrightarrow$ 247.9 g

Factores mol-mol a partir de una ecuación

Cuando el hierro reacciona con azufre, el producto es sulfuro de hierro(III).

$$2Fe(s) + 3S(s) \longrightarrow Fe_2S_3(s)$$

Hierro (Fe) + Azufre (S) $\longrightarrow$ Sulfuro de hierro(III) (Fe_2S_3)

$2Fe(s)$ + $3S(s)$ $\longrightarrow$ $Fe_2S_3(s)$

En la reacción química de Fe y S, la masa de los reactivos es la misma que la masa del producto, Fe_2S_3.

Dado que la ecuación está balanceada, se conocen las proporciones de hierro y azufre en la reacción. Para esta reacción, se observa que 2 moles de hierro reaccionan con 3 moles de azufre para formar 1 mol de sulfuro de hierro(III). En realidad, puede usarse cualquier cantidad de hierro o azufre, pero la *proporción* de hierro que reacciona con azufre será la misma. A partir de los coeficientes, puede escribir **factores mol-mol** entre reactivos y entre reactivos y productos.

Los coeficientes usados en los factores mol-mol son números exactos; no limitan el número de cifras significativas.

Fe y S: $\dfrac{2 \text{ moles Fe}}{3 \text{ moles S}}$ y $\dfrac{3 \text{ moles S}}{2 \text{ moles Fe}}$

Fe y Fe_2S_3: $\dfrac{2 \text{ moles Fe}}{1 \text{ mol } Fe_2S_3}$ y $\dfrac{1 \text{ mol } Fe_2S_3}{2 \text{ moles Fe}}$

S y Fe_2S_3: $\dfrac{3 \text{ moles S}}{1 \text{ mol } Fe_2S_3}$ y $\dfrac{1 \text{ mol } Fe_2S_3}{3 \text{ moles S}}$

COMPROBACIÓN DE CONCEPTOS 6.8 **Cómo escribir factores mol-mol**

Considere la siguiente ecuación balanceada:

$$4Na(s) + O_2(g) \longrightarrow 2Na_2O(s)$$

Escriba los factores mol-mol para cada una de las relaciones siguientes:

a. Na y O_2 **b.** Na y Na_2O

RESPUESTA

a. Los factores mol-mol para Na y O_2 usan el coeficiente de Na para escribir 4 moles de Na, y el coeficiente de 1 (sobreentendido) para escribir 1 mol de O_2.

4 moles de Na $=$ 1 mol de O_2

$\dfrac{4 \text{ moles Na}}{1 \text{ mol } O_2}$ y $\dfrac{1 \text{ mol } O_2}{4 \text{ moles Na}}$

b. Los factores mol-mol para Na y Na_2O usan el coeficiente de Na para escribir 4 moles de Na, y el coeficiente de Na_2O para escribir 2 moles de Na_2O.

4 moles de Na $=$ 2 moles de Na_2O

$\dfrac{4 \text{ moles Na}}{2 \text{ moles } Na_2O}$ y $\dfrac{2 \text{ moles } Na_2O}{4 \text{ moles Na}}$

Cómo usar factores mol-mol en cálculos

Siempre que usted prepara una receta, ajusta un motor para obtener la mezcla apropiada de combustible y aire, o prepara medicinas en un laboratorio farmacéutico, necesita conocer las cantidades adecuadas de reactivos que se van a usar y cuánto producto se formará. Antes se escribieron todos los posibles factores de conversión que pueden obtenerse a partir de esta ecuación balanceada: $2Fe(s) + 3S(s) \longrightarrow Fe_2S_3(s)$. Ahora se usarán factores mol-mol en cálculos químicos en el Ejemplo de problema 6.7.

El combustible propano reacciona con O_2 en el aire para producir CO_2, H_2O y energía.

EJEMPLO DE PROBLEMA 6.7 **Cómo usar factores mol-mol**

El gas propano (C_3H_8), un combustible que se utiliza en estufas de campamento, antorchas de soldadura y en automóviles con equipo especial, reacciona con el oxígeno para producir dióxido de carbono, agua y energía. ¿Cuántos moles de CO_2 pueden producirse cuando reaccionan 2.25 moles de C_3H_8?

$$C_3H_8(g) + 5O_2(g) \xrightarrow{\Delta} 3CO_2(g) + 4H_2O(g) + \text{energía}$$
Propano

SOLUCIÓN

Paso 1 **Enuncie las cantidades dadas y las que necesita.**

Análisis del problema

Dadas	Necesita
2.25 moles de C_3H_8	moles de CO_2

Ecuación
$C_3H_8(g) + 5O_2(g) \xrightarrow{\Delta} 3CO_2(g) + 4H_2O(g)$ + energía Propano

Paso 2 **Escriba un plan para convertir la cantidad dada en la que necesita (moles o gramos).**

$$\text{moles de } C_3H_8 \quad \boxed{\begin{array}{c}\text{Factor}\\\text{mol-mol}\end{array}} \quad \text{moles de } CO_2$$

Paso 3 **Use coeficientes para escribir factores mol-mol; escriba factores de masa molar si es necesario.**

$$1 \text{ mol de } C_3H_8 = 3 \text{ moles de } CO_2$$

$$\frac{1 \text{ mol } C_3H_8}{3 \text{ moles } CO_2} \quad \text{y} \quad \frac{3 \text{ moles } CO_2}{1 \text{ mol } C_3H_8}$$

Paso 4 **Plantee el problema para obtener la cantidad que necesita (moles o gramos).**

$$2.25 \text{ moles } C_3H_8 \times \frac{3 \text{ moles } CO_2}{1 \text{ mol } C_3H_8} = 6.75 \text{ moles de } CO_2$$

La respuesta está dada con tres CS porque la cantidad dada, 2.25 moles de C_3H_8, tiene tres CS. Los valores en el factor mol-mol son exactos.

COMPROBACIÓN DE ESTUDIO 6.7

Con la ecuación del Ejemplo de problema 6.7, calcule el número de moles de oxígeno que deben reaccionar para producir 0.756 moles de agua.

Guía para calcular las cantidades de reactivos y productos en una reacción química

1 Enuncie las cantidades dadas y las que necesita.

2 Escriba un plan para convertir la cantidad dada en la que necesita (moles o gramos).

3 Use coeficientes para escribir factores mol-mol; escriba factores de masa molar si es necesario.

4 Plantee el problema para obtener la cantidad que necesita (moles o gramos).

PREGUNTAS Y PROBLEMAS

6.6 Relación molar en ecuaciones químicas

META DE APRENDIZAJE: *Dada una cantidad en moles de reactivo o producto, usar un factor mol-mol de la ecuación balanceada para calcular los moles de otra sustancia en la reacción.*

6.45 Escriba todos los factores mol-mol para cada una de las siguientes ecuaciones:
  a. $2SO_2(g) + O_2(g) \longrightarrow 2SO_3(g)$
  b. $4P(s) + 5O_2(s) \longrightarrow 2P_2O_5(s)$

6.46 Escriba todos los factores mol-mol para cada una de las siguientes ecuaciones:
  a. $2Al(s) + 3Cl_2(g) \longrightarrow 2AlCl_3(s)$
  b. $4HCl(g) + O_2(g) \longrightarrow 2Cl_2(g) + 2H_2O(g)$

6.47 La reacción de hidrógeno con oxígeno produce agua.
  $$2H_2(g) + O_2(g) \longrightarrow 2H_2O(g)$$
  a. ¿Cuántos moles de O_2 se necesitan para reaccionar con 2.0 moles de H_2?

  b. Si tiene 5.0 moles de O_2, ¿cuántos moles de H_2 se necesitan para la reacción?
  c. ¿Cuántos moles de H_2O se forman cuando reaccionan 2.5 moles de O_2?

6.48 El amoniaco se produce por la reacción de hidrógeno y nitrógeno.
  $$N_2(g) + 3H_2(g) \longrightarrow 2NH_3(g)$$
  Amoniaco
  a. ¿Cuántos moles de H_2 se necesitan para reaccionar con 1.0 mol de N_2?
  b. ¿Cuántos moles de N_2 reaccionaron si se producen 0.60 moles de NH_3?
  c. ¿Cuántos moles de NH_3 se producen cuando reaccionan 1.4 moles de H_2?

6.49 Se produce disulfuro de carbono y monóxido de carbono cuando se calienta carbono con dióxido de azufre.

$$5C(s) + 2SO_2(g) \longrightarrow CS_2(l) + 4CO(g)$$

a. ¿Cuántos moles de C se necesitan para reaccionar con 0.500 moles de SO_2?

b. ¿Cuántos moles de CO se producen cuando reaccionan 1.2 moles de C?

c. ¿Cuántos moles de SO_2 se necesitan para producir 0.50 moles de CS_2?

d. ¿Cuántos moles de CS_2 se producen cuando reaccionan 2.5 moles de C?

6.50 En la antorcha de acetileno, gas acetileno (C_2H_2) arde en presencia de oxígeno para producir dióxido de carbono y agua.

$$2C_2H_2(g) + 5O_2(g) \xrightarrow{\Delta} 4CO_2(g) + 2H_2O(g)$$

a. ¿Cuántos moles de O_2 se necesitan para reaccionar con 2.00 moles de C_2H_2?

b. ¿Cuántos moles de CO_2 se producen cuando reaccionan 3.5 moles de C_2H_2?

c. ¿Cuántos moles de C_2H_2 se requieren para producir 0.50 moles de H_2O?

d. ¿Cuántos moles de CO_2 se producen a partir de 0.100 moles de O_2?

TUTORIAL
Masses of Reactants and Products

Una mezcla de acetileno y oxígeno experimenta combustión durante la soldadura de metales.

6.7 Cálculos de masa en las reacciones

Cuando usted realiza un experimento de química en el laboratorio, mide una masa específica de reactivo. A partir de la masa en gramos puede calcular el número de moles de reactivo. Si utiliza factores mol-mol, puede predecir los moles de producto que pueden producirse. Entonces, se usa la masa molar del producto para convertir moles a gramos, como se observa en el Ejemplo de problema 6.8.

EJEMPLO DE PROBLEMA 6.8 **Masa de un producto a partir de la masa de un reactivo**

Cuando acetileno, C_2H_2, arde en oxígeno, se producen altas temperaturas que se utilizan para soldar metales.

$$2C_2H_2(g) + 5O_2(g) \xrightarrow{\Delta} 4CO_2(g) + 2H_2O(g)$$

¿Cuántos gramos de CO_2 se producen cuando se queman 54.6 g de C_2H_2?

SOLUCIÓN

Paso 1 **Enuncie las cantidades dadas y las que necesita.**

Análisis del problema

Dadas	Necesita
54.6 g de C_2H_2	gramos de CO_2
Ecuación	
$2C_2H_2(g) + 5O_2(g) \xrightarrow{\Delta} 4CO_2(g) + 2H_2O(g)$ + energía	

Paso 2 **Escriba un plan para convertir la cantidad dada en la que necesita (moles o gramos).**

gramos de C_2H_2 → [Masa molar] → moles de C_2H_2 → [Factor mol-mol] → moles de CO_2 → [Masa molar] → gramos de CO_2

Paso 3 **Use coeficientes para escribir factores mol-mol; escriba factores de masa molar si es necesario.**

$$1 \text{ mol de } C_2H_2 = 26.0 \text{ g de } C_2H_2$$

$$\frac{26.0 \text{ g } C_2H_2}{1 \text{ mol } C_2H_2} \quad y \quad \frac{1 \text{ mol } C_2H_2}{26.0 \text{ g } C_2H_2}$$

$$2 \text{ moles de } C_2H_2 = 4 \text{ moles de } CO_2$$

$$\frac{2 \text{ moles } C_2H_2}{4 \text{ moles } CO_2} \quad y \quad \frac{4 \text{ moles } CO_2}{2 \text{ moles } C_2H_2}$$

$$1 \text{ mol de } CO_2 = 44.0 \text{ g de } CO_2$$

$$\frac{44.0 \text{ g } CO_2}{1 \text{ mol } CO_2} \quad y \quad \frac{1 \text{ mol } CO_2}{44.0 \text{ g } CO_2}$$

Paso 4   **Plantee el problema para obtener la cantidad que necesita (moles o gramos).**

$$54.6 \text{ g } C_2H_2 \times \frac{1 \text{ mol } C_2H_2}{26.0 \text{ g } C_2H_2} \times \frac{4 \text{ moles } CO_2}{2 \text{ moles } C_2H_2} \times \frac{44.0 \text{ g } CO_2}{1 \text{ mol } CO_2} = 185 \text{ g de } CO_2$$

COMPROBACIÓN DE ESTUDIO 6.8

Con la ecuación del Ejemplo de problema 6.8, calcule los gramos de CO_2 que pueden producirse cuando reaccionan 25.0 g de O_2.

PREGUNTAS Y PROBLEMAS

6.7 Cálculos de masa en las reacciones

META DE APRENDIZAJE: *Dada la masa en gramos de una sustancia en una reacción, calcular la masa en gramos de otra sustancia en la reacción.*

6.51 El sodio reacciona con oxígeno para producir óxido de sodio.

$$4Na(s) + O_2(g) \longrightarrow 2Na_2O(s)$$

a. ¿Cuántos gramos de Na_2O se producen cuando reaccionan 57.5 g de Na?

b. Si tiene 18.0 g de Na, ¿cuántos gramos de O_2 se necesitan para la reacción?

c. ¿Cuántos gramos de O_2 se necesitan en una reacción que produce 75.0 g de Na_2O?

6.52 El nitrógeno gaseoso reacciona con el hidrógeno gaseoso para producir amoniaco mediante la siguiente ecuación:

$$N_2(g) + 3H_2(g) \longrightarrow 2NH_3(g)$$

a. Si tiene 3.64 g de H_2, ¿cuántos gramos de NH_3 pueden producirse?

b. ¿Cuántos gramos de H_2 se necesitan para reaccionar con 2.80 g de N_2?

c. ¿Cuántos gramos de NH_3 pueden producirse a partir de 12.0 g de H_2?

6.53 Amoniaco y oxígeno reaccionan para formar nitrógeno y agua.

$$4NH_3(g) + 3O_2(g) \longrightarrow 2N_2(g) + 6H_2O(g)$$

a. ¿Cuántos gramos de O_2 se necesitan para reaccionar con 13.6 g de NH_3?

b. ¿Cuántos gramos de N_2 pueden producirse cuando reaccionan 6.50 g de O_2?

c. ¿Cuántos gramos de agua se forman a partir de la reacción de 34.0 g de NH_3?

6.54 El óxido de hierro(III) reacciona con el carbono para producir hierro y monóxido de hierro.

$$Fe_2O_3(s) + 3C(s) \longrightarrow 2Fe(s) + 3CO(g)$$

a. ¿Cuántos gramos de C se requieren para reaccionar con 16.5 g de Fe_2O_3?

b. ¿Cuántos gramos de CO se producen cuando reaccionan 36.0 g de C?

c. ¿Cuántos gramos de Fe pueden producirse cuando reaccionan 6.00 g de Fe_2O_3?

6.55 Dióxido de nitrógeno y agua reaccionan para producir ácido nítrico, HNO_3, y óxido de nitrógeno.

$$3NO_2(g) + H_2O(l) \longrightarrow 2HNO_3(ac) + NO(g)$$

a. ¿Cuántos gramos de H_2O se necesitan para reaccionar con 28.0 g de NO_2?

b. ¿Cuántos gramos de NO se obtienen a partir de 15.8 g de NO_2?

c. ¿Cuántos gramos de HNO_3 se producen a partir de 8.25 g de NO_2?

6.56 Cianamida cálcica reacciona con agua para formar carbonato de calcio y amoniaco.

$$CaCN_2(s) + 3H_2O(l) \longrightarrow CaCO_3(s) + 2NH3(g)$$

a. ¿Cuántos gramos de agua se necesitan para reaccionar con 75.0 g de $CaCN_2$?

b. ¿Cuántos gramos de NH_3 se producen a partir de 5.24 g de $CaCN_2$?

c. ¿Cuántos gramos de $CaCO_3$ se forman si reaccionan 155 g de agua?

6.57 Cuando el mineral sulfuro de plomo(II) arde en presencia de oxígeno, los productos son óxido de plomo(II) sólido y dióxido de azufre gaseoso.

a. Escriba la ecuación balanceada para la reacción.

b. ¿Cuántos gramos de oxígeno se necesitan para reaccionar con 29.9 g de sulfuro de plomo(II)?

c. ¿Cuántos gramos de dióxido de azufre pueden producirse cuando reaccionan 65.0 g de sulfuro de plomo(II)?

d. ¿Cuántos gramos de sulfuro de plomo(II) se usan para producir 128 g de óxido de plomo(II)?

6.58 Cuando los gases sulfuro de dihidrógeno y oxígeno reaccionan, forman los gases dióxido de azufre y agua.

a. Escriba la ecuación balanceada para la reacción.

b. ¿Cuántos gramos de oxígeno se necesitan para reaccionar con 2.50 g de sulfuro de dihidrógeno?

c. ¿Cuántos gramos de dióxido de azufre pueden producirse cuando reaccionan 38.5 g de oxígeno?

d. ¿Cuántos gramos de oxígeno se necesitan para producir 55.8 g de vapor de agua?

6.8 Rendimiento porcentual y reactivo limitante

En los problemas planteados hasta el momento, se supuso que todos los reactivos cambiaban por completo a productos. Por tanto, se calculó la cantidad de producto como la máxima cantidad posible, o 100%. Si bien esta sería una situación ideal, por lo general no ocurre. A medida que avanza una reacción y se transfieren productos de un recipiente a otro, generalmente algo de producto se pierde. Tanto en el laboratorio como en el comercio, algunos materiales de partida no son completamente puros, y surgen reacciones colaterales en las que algunos de los reactivos se utilizan para producir productos no deseados. Por tanto, en realidad no se obtiene el 100% del producto deseado.

Cuando se realiza una reacción química en el laboratorio se miden cantidades específicas de los reactivos y se les coloca en un matraz de reacción. Se calcula el **rendimiento teórico** para la reacción, que es la cantidad de producto (100%) que se esperaría si todos los reactivos se convirtieran en el producto deseado. Cuando la reacción termina, se reúne y mide la masa del producto (o productos), que es el **rendimiento real** del producto. Puesto que parte del producto generalmente se pierde, el rendimiento real es menor que el rendimiento teórico. Por medio del rendimiento real y el rendimiento teórico es posible calcular el **rendimiento porcentual**.

$$\text{Rendimiento porcentual (\%)} = \frac{\text{Rendimiento real}}{\text{Rendimiento teórico}} \times 100\%$$

COMPROBACIÓN DE CONCEPTOS 6.9 **Cómo calcular el rendimiento porcentual**

Para la fiesta de la clase de química, usted prepara masa para galletas con una receta que rinde 5 docenas de galletas. Coloca la masa de 12 galletas en una charola para hornear y la mete al horno. Pero entonces suena el teléfono y usted atiende la llamada. Mientras habla, las galletas de la charola se queman y tiene que tirarlas. Procede a preparar cuatro charolas más con 12 galletas cada una. Si el resto de las galletas son comestibles, ¿cuál es el rendimiento porcentual de galletas que usted lleva a la fiesta de química?

RESPUESTA

El rendimiento teórico de galletas es 5 docenas o 60 galletas, que es el máximo o 100% del número posible de galletas. El rendimiento real es de 48 galletas comestibles, que son 60 galletas menos 12 galletas que se quemaron. El rendimiento porcentual es la proporción de 48 galletas comestibles dividida entre el rendimiento teórico de 60 galletas que eran posibles, multiplicado por 100%.

Rendimiento teórico: 60 galletas posibles

Rendimiento real: 48 galletas comestibles

Rendimiento porcentual: $\dfrac{48 \text{ galletas (reales)}}{60 \text{ galletas (teóricas)}} \times 100\% = 80\%$

EJEMPLO DE PROBLEMA 6.9 **Cómo calcular el rendimiento porcentual**

En un transbordador espacial se usa LiOH para absorber el CO_2 exhalado del aire respirado y formar $LiHCO_3$.

$$LiOH(s) + CO_2(g) \longrightarrow LiHCO_3(s)$$

¿Cuál es el rendimiento porcentual de la reacción si 50.0 g de LiOH producen 72.8 g de $LiHCO_3$?

En un transbordador espacial, el LiOH de los filtros elimina CO_2 del aire.

SOLUCIÓN

Paso 1   **Enuncie las cantidades dadas y las que necesita.**

Análisis del problema

Dadas	Necesita
50.0 g de LiOH (reactivo)	rendimiento teórico de $LiHCO_3$
72.8 g de $LiHCO_3$ (producto real obtenido)	rendimiento porcentual de $LiHCO_3$
Ecuación	
$LiOH(s) + CO_2(g) \longrightarrow LiHCO_3(s)$	

Paso 2   **Escriba un plan para calcular el rendimiento teórico y el rendimiento porcentual.**

Cálculo del rendimiento teórico:

gramos de LiOH → | Masa molar | → moles de LiOH → | Factor mol-mol | → moles de $LiHCO_3$ → | Masa molar | → gramos de $LiHCO_3$ (rendimiento teórico)

Cálculo del rendimiento porcentual:

$$\text{Rendimiento porcentual (\%)} = \frac{\text{Rendimiento real}}{\text{Rendimiento teórico}} \times 100\%$$

Paso 3   **Escriba la masa molar para el reactivo y el factor mol-mol a partir de la ecuación balanceada.**

$$1 \text{ mol de LiOH} = 24.0 \text{ g de LiOH}$$
$$\frac{1 \text{ mol LiOH}}{24.0 \text{ g LiOH}} \quad y \quad \frac{24.0 \text{ g LiOH}}{1 \text{ mol LiOH}}$$

$$1 \text{ mol de LiHCO}_3 = 1 \text{ mol de LiOH}$$
$$\frac{1 \text{ mol LiHCO}_3}{1 \text{ mol LiOH}} \quad y \quad \frac{1 \text{ mol LiOH}}{1 \text{ mol LiHCO}_3}$$

$$1 \text{ mol de LiHCO}_3 = 68.0 \text{ g de LiHCO}_3$$
$$\frac{68.0 \text{ g LiHCO}_3}{1 \text{ mol LiHCO}_3} \quad y \quad \frac{1 \text{ mol LiHCO}_3}{68.0 \text{ g LiHCO}_3}$$

Paso 4   **Encuentre la proporción del rendimiento porcentual dividiendo el rendimiento real (dado) entre el rendimiento teórico y multiplicando el resultado por 100%.**

Cálculo del rendimiento teórico:

$$50.0 \text{ g LiOH} \times \frac{1 \text{ mol LiOH}}{24.0 \text{ g LiOH}} \times \frac{1 \text{ mol LiHCO}_3}{1 \text{ mol LiOH}} \times \frac{68.0 \text{ g LiHCO}_3}{1 \text{ mol LiHCO}_3} = 142 \text{ g de LiHCO}_3 \text{ (rendimiento teórico)}$$

Cálculo del rendimiento porcentual:

$$\frac{\text{Rendimiento real (dado)}}{\text{Rendimiento teórico (calculado)}} \times 100\% = \frac{72.8 \text{ g LiHCO}_3}{142 \text{ g LiHCO}_3} \times 100\% = 51.3\%$$

Un rendimiento porcentual de 51.3% significa que durante la reacción en realidad se produjeron 72.8 g de la cantidad teórica de 142 g de $LiHCO_3$.

COMPROBACIÓN DE ESTUDIO 6.9

Para la reacción del Ejemplo de problema 6.9, ¿cuál es el rendimiento porcentual si 8.00 g de CO_2 producen 10.5 g de $LiHCO_3$?

Reactivos limitantes

Cuando prepara sándwiches de mantequilla de cacahuate para el almuerzo, necesita 2 rebanadas de pan y 1 cucharada de mantequilla de cacahuate para cada sándwich. Como ecuación, se podría escribir así:

2 rebanadas de pan + 1 cucharada de mantequilla de cacahuate $\longrightarrow$ 1 sándwich de mantequilla de cacahuate

Si tiene 8 rebanadas de pan y un frasco lleno de mantequilla de cacahuate, se quedará sin pan después de preparar 4 sándwiches de mantequilla de cacahuate. No puede hacer más sándwiches una vez que se acabe el pan, aun cuando todavía quede mucha mantequilla de cacahuate en el frasco. El número de rebanadas de pan limitó el número de emparedados que puede preparar.

En otra ocasión, puede tener 8 rebanadas de pan pero sólo una cucharada de mantequilla de cacahuate en el frasco. Se quedará sin mantequilla de cacahuate después de preparar un solo sándwich, y le sobrarán 6 rebanadas de pan. La pequeña cantidad de mantequilla de cacahuate disponible limitó el número de sándwiches que puede preparar.

| 8 rebanadas de pan | + | 1 frasco de mantequilla de cacahuate | permiten preparar | 4 sándwiches de mantequilla de cacahuate | + | sobrante de mantequilla de cacahuate |

| 8 rebanadas de pan | + | 1 cucharada de mantequilla de cacahuate | permiten preparar | 1 sándwich de mantequilla de cacahuate | + | sobran 6 rebanadas de pan |

El reactivo que se agota primero es el **reactivo limitante**. El otro reactivo, llamado **reactivo en exceso**, es el que sobra.

Pan	Mantequilla cacahuate	Sándwiches	Reactivo en exceso	Reactivo limitante
8 rebanadas	1 frasco lleno	4	mantequilla de cacahuate	pan
8 rebanadas	1 cucharada	1	pan	mantequilla de cacahuate

COMPROBACIÓN DE CONCEPTOS 6.10 · Reactivos limitantes

Para un día de campo que está planeando, tiene 10 cucharas, 8 tenedores y 6 cuchillos. Si cada persona, incluido el lector, necesitan 1 cucharada, 1 tenedor y 1 cuchillo, ¿a cuántas personas se podrá atender en el día de campo?

RESPUESTA

La relación de utensilios que necesita cada persona puede escribirse:

1 persona = 1 cuchara, 1 tenedor y 1 cuchillo

El máximo número de personas para cada utensilio puede calcularse del modo siguiente:

$$10 \text{ cucharas} \times \frac{1 \text{ persona}}{1 \text{ cuchara}} = 10 \text{ personas}$$

$$8 \text{ tenedores} \times \frac{1 \text{ persona}}{1 \text{ tenedor}} = 8 \text{ personas}$$

$$6 \text{ cuchillos} \times \frac{1 \text{ persona}}{1 \text{ cuchillo}} = 6 \text{ personas} \text{ (número más pequeño de personas)}$$

El utensilio limitante es 6 cuchillos, lo que significa que 6 personas, incluido el lector, pueden estar en el día de campo.

Cómo calcular moles de producto a partir del reactivo limitante

TUTORIAL
What Will Run Out First?

TUTORIAL
Limiting Reactant and Yield:
Mole Calculations

En forma similar, la disponibilidad de reactivos en una reacción química puede limitar la cantidad de producto que forma. En muchas reacciones, los reactivos no se combinan en cantidades que permitan que cada uno se agote exactamente al mismo tiempo. Considere la reacción en la que el hidrógeno y el cloro forman cloruro de hidrógeno:

$$H_2(g) + Cl_2(g) \longrightarrow 2HCl(g)$$

Suponga que la mezcla de reacción contiene 2 moles de H_2 y 5 moles de Cl_2. En la ecuación se observa que 1 mol de hidrógeno reacciona con 1 mol de cloro para producir 2 moles de cloruro de hidrógeno. Ahora es necesario calcular la cantidad de producto que es posible obtener de cada uno de los reactivos. Se busca el reactivo limitante, que es aquel que se agota primero y produce la menor cantidad de producto.

El factor mol-mol a partir de la ecuación balanceada se escribe así:

2 moles de HCl = 1 mol de H_2

$$\frac{2 \text{ moles HCl}}{1 \text{ mol } H_2} \quad y \quad \frac{1 \text{ mol } H_2}{2 \text{ moles HCl}}$$

2 moles de HCl = 1 mol de Cl_2

$$\frac{2 \text{ moles HCl}}{1 \text{ mol } Cl_2} \quad y \quad \frac{1 \text{ mol } Cl_2}{2 \text{ moles HCl}}$$

Moles de HCl a partir de H_2:

$$2 \text{ moles } H_2 \times \frac{2 \text{ moles HCl}}{1 \text{ mol } H_2} = 4 \text{ moles de HCl (menor cantidad de producto)}$$

Moles de HCl a partir de Cl_2:

$$5 \text{ moles } Cl_2 \times \frac{2 \text{ moles HCl}}{1 \text{ mol } Cl_2} = 10 \text{ moles de HCl (no es posible)}$$

En esta mezcla de reacción, H_2 es el reactivo limitante. Cuando 2 moles de H_2 se agotan, la reacción se interrumpe. El sobrante del reactivo en exceso, 3 moles de Cl_2, no pueden reaccionar. Es posible mostrar los cambios en cada reactivo y el producto del modo siguiente:

	Reactivos			Producto
Ecuación	H_2	+	Cl_2 $\longrightarrow$	**2HCl**
Moles iniciales	2 moles		5 moles	0 moles
Moles usados/formados	− 2 moles		− 2 moles	+ 4 moles
Moles restantes	0 moles (2 − 2)		3 moles (5 − 2)	4 moles (0 + 4)
Identificado como	Reactivo limitante		Reactivo en exceso	Producto posible

---

COMPROBACIÓN DE CONCEPTOS 6.11 | **Moles de producto a partir del reactivo limitante**

Considere la reacción para la síntesis de metanol CH_3OH:

$$CO(g) + 2H_2(g) \longrightarrow CH_3OH(g)$$

En el laboratorio se combinan 3.00 moles de CO reactivo y 5.00 moles de reactivo H_2. Calcule el número de moles de CH_3OH que pueden formarse e identifique el reactivo limitante.

a. ¿Qué equivalencias mol-mol necesitará en el cálculo?
b. ¿Cuáles son los factores mol-mol a partir de las equivalencias que escribió en **a**?
c. ¿Cuál es el número de moles de CH_3OH a partir de cada reactivo?
d. ¿Cuál es el reactivo limitante para la reacción?

RESPUESTA

a. Se necesitan dos equivalencias: una para la relación mol-mol entre CO y CH_3OH y otra para la relación mol-mol entre H_2 y CH_3OH usando los coeficientes de la ecuación balanceada.

$$1 \text{ mol de CO} = 1 \text{ mol de } CH_3OH \qquad 2 \text{ moles de } H_2 = 1 \text{ mol de } CH_3OH$$

b. A partir de cada equivalencia pueden escribirse dos factores mol-mol:

$$\frac{1 \text{ mol } CH_3OH}{1 \text{ mol CO}} \quad y \quad \frac{1 \text{ mol CO}}{1 \text{ mol } CH_3OH} \qquad \frac{1 \text{ mol } CH_3OH}{2 \text{ moles } H_2} \quad y \quad \frac{2 \text{ moles } H_2}{1 \text{ mol } CH_3OH}$$

c. Con cálculos separados, calcule los moles de CH_3OH que son posibles a partir de cada uno de los reactivos.

$$3.00 \text{ moles CO} \times \frac{1 \text{ mol } CH_3OH}{1 \text{ mol CO}} = 3.00 \text{ moles de } CH_3OH$$

$$5.00 \text{ moles } H_2 \times \frac{1 \text{ mol } CH_3OH}{2 \text{ moles } H_2} = 2.50 \text{ moles de } CH_3OH$$

d. La menor cantidad, que es 2.50 moles de CH_3OH, es el número máximo de moles de metanol que pueden producirse. Puesto que la cantidad más pequeña se produce a partir del H_2, el reactivo limitante es el H_2. Por tanto, H_2 es el reactivo limitante y CO está en exceso.

	Reactivos			Producto
Ecuación	**CO**	+	**2H$_2$** $\longrightarrow$	**CH$_3$OH**
Moles iniciales	3.0 moles		5.0 moles	0 moles
Moles usados/formados	−2.5 moles		−5.0 moles	+2.5 moles
Moles restantes	0.5 moles		0 moles	2.5 moles
Identificado como	Reactivo en exceso		Reactivo limitante	Producto posible

Cómo calcular la masa del producto a partir de un reactivo limitante

TUTORIAL
Limiting Reactant and Yield:
Mass Calculations

Un disco de freno cerámico en un automóvil de carreras soporta temperaturas de 1400 °C.

Las cantidades de los reactivos también pueden proporcionarse en gramos. Los cálculos para identificar el reactivo limitante son los mismos que antes, pero los gramos de cada reactivo primero deben convertirse en moles. Una vez determinado el reactivo limitante, el número más pequeño de moles de producto se convierte a gramos usando la masa molar. Este cálculo se muestra en el Ejemplo de problema 6.10.

EJEMPLO DE PROBLEMA 6.10 Masa de un producto a partir del reactivo limitante

Cuando el dióxido de silicio (arena) y el carbono se calientan, los productos son carburo de silicio, SiC, y monóxido de carbono. El carburo de silicio es un material cerámico que tolera temperaturas extremas; se usa como abrasivo y en los discos de frenos de los automóviles deportivos. ¿Cuántos gramos de CO se producen a partir de una mezcla de 70.0 g de SiO_2 y 50.0 g de C?

$$SiO_2(s) + 3C(s) \xrightarrow{\text{Calor}} SiC(s) + 2CO(g)$$

SOLUCIÓN

Paso 1 **Enuncie las cantidades dadas y las que necesita.**

Análisis del problema

Dadas	Necesita
70.0 g de SiO_2	gramos de CO a partir de reactivo limitante
50.0 g de C	
Ecuación	
$SiO_2(s) + 3C(s) \xrightarrow{\text{Calor}} SiC(s) + 2CO(g)$	

Paso 2 **Use coeficientes para escribir los factores mol-mol; si es necesario, escriba factores de la masa molar.**

$$1 \text{ mol de } SiO_2 = 60.1 \text{ g de } SiO_2$$
$$\frac{1 \text{ mol } SiO_2}{60.1 \text{ g } SiO_2} \quad y \quad \frac{60.1 \text{ g } SiO_2}{1 \text{ mol } SiO_2}$$

$$1 \text{ mol de } C = 12.0 \text{ g de } C$$
$$\frac{1 \text{ mol } C}{12.0 \text{ g } C} \quad y \quad \frac{12.0 \text{ g } C}{1 \text{ mol } C}$$

$$2 \text{ moles de } CO = 1 \text{ mol de } SiO_2$$
$$\frac{2 \text{ moles } CO}{1 \text{ mol } SiO_2} \quad y \quad \frac{1 \text{ mol } SiO_2}{2 \text{ moles } CO}$$

$$3 \text{ moles de } C = 2 \text{ moles de } CO$$
$$\frac{2 \text{ moles } CO}{3 \text{ moles } C} \quad y \quad \frac{3 \text{ moles } C}{2 \text{ moles } CO}$$

Paso 3 **Calcule el número de moles de producto a partir de cada reactivo y determine el reactivo limitante.**

$$70.0 \text{ g } SiO_2 \times \frac{1 \text{ mol } SiO_2}{60.1 \text{ g } SiO_2} \times \frac{2 \text{ moles } CO}{1 \text{ mol } SiO_2} = 2.32 \text{ moles de } CO \quad \text{(menor cantidad)}$$

$$50.0 \text{ g } C \times \frac{1 \text{ mol } C}{12.0 \text{ g } C} \times \frac{2 \text{ moles } CO}{3 \text{ moles } C} = 2.77 \text{ moles de } CO$$

Paso 4 **Use la masa molar para convertir a gramos el número más pequeño de moles de producto.**

$$1 \text{ mol de } CO = 28.0 \text{ g de } CO$$
$$\frac{1 \text{ mol } CO}{28.0 \text{ g } CO} \quad y \quad \frac{28.0 \text{ g } CO}{1 \text{ mol } CO}$$

$$2.32 \text{ moles } CO \times \frac{28.0 \text{ g } CO}{1 \text{ mol } CO} = 65.0 \text{ g de } CO$$

Guía para calcular producto a partir de un reactivo limitante

1 Enuncie las cantidades dadas y las que necesita.

2 Use coeficientes para escribir los factores mol-mol; si es necesario, escriba factores de la masa molar.

3 Calcule el número de moles de producto a partir de cada reactivo y determine el reactivo limitante.

4 Use la masa molar para convertir a gramos el número más pequeño de moles de producto.

COMPROBACIÓN DE ESTUDIO 6.10

El sulfuro de hidrógeno arde con oxígeno para producir dióxido de azufre y agua. ¿Cuántos gramos de dióxido de azufre pueden producirse a partir de la reacción de 8.52 g de H_2S y 10.6 g de O_2?

PREGUNTAS Y PROBLEMAS

6.8 Rendimiento porcentual y reactivo limitante

META DE APRENDIZAJE: *Dada la cantidad real de producto, determinar el rendimiento porcentual de una reacción. Identificar el reactivo limitante cuando se proporcionan las cantidades de dos o más reactivos; calcular la cantidad de producto formado a partir del reactivo limitante.*

6.59 El disulfuro de carbono se produce por medio de la reacción de carbono y dióxido de azufre.

$$5C(s) + 2SO_2(g) \longrightarrow CS_2(g) + 4CO(g)$$

a. ¿Cuál es el rendimiento porcentual de disulfuro de carbono si la reacción de 40.0 g de carbono produce 36.0 g de disulfuro de carbono?

b. ¿Cuál es el rendimiento porcentual para el disulfuro de carbono si la reacción de 32.0 g de dióxido de azufre produce 12.0 g de disulfuro de carbono?

6.60 El óxido de hierro(III) reacciona con monóxido de carbono para producir hierro y dióxido de carbono.

$$Fe_2O_3(s) + 3CO(g) \longrightarrow 2Fe(s) + 3CO_2(g)$$

a. ¿Cuál es el rendimiento porcentual del hierro si la reacción de 65.0 g de óxido de hierro(III) produce 38.0 g de hierro?

b. ¿Cuál es el rendimiento porcentual del dióxido de carbono si una reacción de 75.0 g de monóxido de carbono produce 85.0 g de dióxido de carbono?

6.61 El aluminio reacciona con oxígeno para producir óxido de aluminio.

$$4Al(s) + 3O_2(g) \longrightarrow 2Al_2O_3(s)$$

Calcule la masa del Al_2O_3 que puede producirse si la reacción de 50.0 g de aluminio y oxígeno en exceso tiene un rendimiento del 75.0%.

6.62 El propano (C_3H_8) arde en oxígeno para producir dióxido de carbono y agua.

$$C_3H_8(g) + 5O_2(g) \xrightarrow{\Delta} 3CO_2(g) + 4H_2O(g)$$

Calcule la masa de CO_2 que puede producirse si la reacción de 45.0 g de propano y oxígeno en exceso tiene un rendimiento del 60.0%.

6.63 Cuando 30.0 g de carbono se calientan con dióxido de silicio, se producen 28.2 g de monóxido de carbono. ¿Cuál es el rendimiento porcentual de monóxido de carbono para esta reacción?

$$3C(s) + SiO_2(s) \xrightarrow{\Delta} SiC(s) + 2CO(g)$$

6.64 Cuando 56.6 g de calcio reaccionan con gas nitrógeno, se producen 32.4 g de nitruro de calcio. ¿Cuál es el rendimiento porcentual de nitruro de calcio para esta reacción?

$$3Ca(s) + N_2(g) \longrightarrow Ca_3N_2(s)$$

6.65 Una compañía de taxis tiene 10 taxis.
   a. Cierto día, sólo ocho conductores de taxi se presentan a trabajar. ¿Cuántos taxis pueden usarse para recoger pasajeros?
   b. Otro día, 10 conductores de taxi se presentan a trabajar, pero tres taxis están en el taller. ¿Cuántos taxis pueden conducirse?

6.66 Un fabricante de relojes tiene 15 carátulas de reloj. Cada reloj requiere una carátula y dos manecillas.
   a. Si el relojero tiene 42 manecillas, ¿cuántos relojes pueden producirse?
   b. Si el relojero tiene sólo ocho manecillas, ¿cuántos relojes pueden producirse?

6.67 El nitrógeno y el hidrógeno reaccionan para formar amoniaco.

$$N_2(g) + 3H_2(g) \longrightarrow 2NH_3(g)$$

Determine el reactivo limitante en cada una de las siguientes mezclas de reactivos:
   a. 3.0 moles de N_2 y 5.0 moles de H_2
   b. 8.0 moles de N_2 y 4.0 moles de H_2
   c. 3.0 moles de N_2 y 12.0 moles de H_2

6.68 El hierro y el oxígeno reaccionan para formar óxido de hierro(III):

$$4Fe(s) + 3O_2(g) \longrightarrow 2Fe_2O_3(s)$$

Determine el reactivo limitante en cada una de las siguientes mezclas de reactivos:
   a. 2.0 moles de Fe y 6.0 moles de O_2
   b. 5.0 moles de Fe y 4.0 moles de O_2
   c. 16.0 moles de Fe y 20.0 moles de O_2

6.69 Para cada una de las siguientes reacciones, en un principio hay 2.00 moles de cada reactivo. Determine el reactivo limitante y calcule los moles que se formarían del producto entre paréntesis.
   a. $2SO_2(g) + O_2(g) \longrightarrow 2SO_3(g)$ (SO_3)
   b. $3Fe(s) + 4H_2O(l) \longrightarrow Fe_3O_4(s) + 4H_2(g)$ (Fe_3O_4)
   c. $C_7H_{16}(g) + 11O_2(g) \xrightarrow{\Delta} 7CO_2(g) + 8H_2O(g)$ (CO_2)

6.70 Para cada una de las siguientes reacciones, en un principio hay 3.00 moles de cada reactivo. Determine el reactivo limitante y calcule los moles que se formarían del producto entre paréntesis.
   a. $4Li(s) + O_2(g) \longrightarrow 2Li_2O(s)$ (Li_2O)
   b. $Fe_2O_3(s) + 3H_2(g) \longrightarrow 2Fe(s) + 3H_2O(l)$ (Fe)
   c. $Al_2S_3(s) + 6H_2O(l) \longrightarrow 2Al(OH)_3(ac) + 3H_2S(g)$ (H_2S)

6.71 Para cada una de las siguientes reacciones, en un principio hay 20.0 g de cada reactivo. Determine el reactivo limitante y calcule los gramos que se formarían del producto que se encuentra entre paréntesis.
   a. $2Al(s) + 3Cl_2(g) \longrightarrow 2AlCl_3(s)$ ($AlCl_3$)
   b. $4NH_3(g) + 5O_2(g) \longrightarrow 4NO(g) + 6H_2O(g)$ (H_2O)
   c. $CS_2(g) + 3O_2(g) \longrightarrow CO_2(g) + 2SO_2(g)$ (SO_2)

6.72 Para cada una de las siguientes reacciones, en un principio hay 20.0 g de cada reactivo. Determine el reactivo limitante y calcule los gramos que se formarían del producto que se encuentra entre paréntesis.
   a. $4Al(s) + 3O_2(g) \longrightarrow 2Al_2O_3(s)$ (Al_2O_3)
   b. $3NO_2(g) + H_2O(l) \longrightarrow 2HNO_3(ac) + NO(g)$ (HNO_3)
   c. $C_2H_5OH(l) + 3O_2(g) \longrightarrow 2CO_2(g) + 3H_2O(g)$ (H_2O)

META DE APRENDIZAJE

Describir los cambios de energía en las reacciones exotérmica y endotérmica.

6.9 Cambios de energía en reacciones químicas

Para que ocurra una reacción química, las moléculas de los reactivos deben chocar entre sí y tener la orientación y energía apropiadas. Aun cuando una colisión tenga la orientación adecuada, también debe haber suficiente energía para romper los enlaces de los reactivos. La **energía de activación** es la cantidad de energía necesaria para romper los enlaces entre los átomos de los reactivos. Si la energía de una colisión es menor que la energía de activación, las moléculas rebotan y se separan sin reaccionar. Muchas colisiones ocurren, pero sólo algunas realmente conducen a la formación de un producto.

El concepto de energía de activación es análogo al hecho de ascender una colina. Para llegar al otro lado debe gastarse energía para ascender hasta la cima de la colina. Una vez en la cima, puede bajar fácilmente hacia el otro lado. La energía necesaria para llegar del punto de partida a la cima de la colina sería la energía de activación.

Tres condiciones indispensables para que ocurra una reacción

1. Colisión. Los reactivos deben chocar.

2. Orientación. Los reactivos deben alinearse correctamente para romper y formar enlaces.

3. Energía. La colisión debe proporcionar la energía de activación.

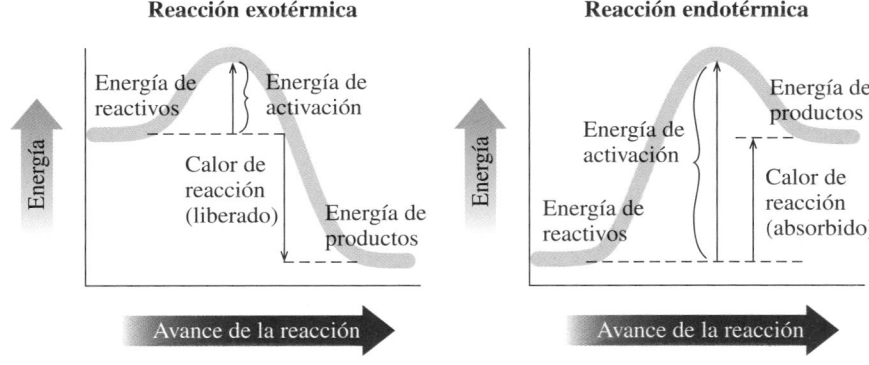

La energía de activación es la energía necesaria para convertir en productos las moléculas que reaccionan.

Calor de reacción

En toda reacción química se absorbe o libera calor a medida que se rompen los enlaces en los reactivos y se forman nuevos enlaces en los productos. El **calor de reacción**, con símbolo ΔH, es la diferencia entre la energía de rompimiento de enlaces en los reactivos y de formación de enlaces en los productos. La dirección del flujo de calor depende de si los productos en la reacción poseen mayor o menor energía que los reactivos.

$$\Delta H = H_{\text{productos}} - H_{\text{reactivos}}$$

TUTORIAL
Heat of Reaction

Reacciones exotérmicas

En una **reacción exotérmica** (*exo* significa "fuera"), la energía de los reactivos es mayor que la de los productos. Por tanto, se libera calor junto con la formación de los productos. En una reacción exotérmica el valor del calor de reacción (ΔH) se escribe con un signo negativo ($-$), lo que indica que el calor se emite o pierde. Por ejemplo, en la reacción termita, la reacción entre el aluminio y el óxido de hierro(III) produce tanto calor que se alcanzan temperaturas hasta de 2500 °C. La reacción termita sirve para cortar o soldar rieles de ferrocarril.

Reacción exotérmica: liberación de calor (emitido)   El calor es un producto

$$2Al(s) + Fe_2O_3(s) \longrightarrow 2Fe(s) + Al_2O_3(s) + 850 \text{ kJ}$$

$$2Al(s) + Fe_2O_3(s) \longrightarrow 2Fe(s) + Al_2O_3(s) \qquad \Delta H = -850 \text{ kJ}$$

Signo negativo

La alta temperatura de la reacción termita sirve para cortar o soldar rieles de ferrocarril.

Reacciones endotérmicas

En una **reacción endotérmica** (*endo* significa "adentro"), la energía de los reactivos es menor que la de los productos. Por tanto, se absorbe calor, el cual se usa para convertir los reactivos en productos. En una reacción endotérmica el calor de reacción puede escribirse en el mismo lado que los reactivos. En una reacción endotérmica el valor del calor de reacción (ΔH) se escribe con un signo positivo ($+$), lo que indica que el calor se absorbe. Por ejemplo, en la descomposición del agua en hidrógeno y oxígeno, el ΔH es +137 kcal, que es la energía necesaria para separar 2 moles de agua en 2 moles de hidrógeno y 1 mol de oxígeno.

Reacción endotérmica: requiere calor   El calor es un reactivo

$$2H_2O(l) + 137 \text{ kcal} \longrightarrow 2H_2(g) + O_2(g)$$

$$2H_2O(l) \longrightarrow 2H_2(g) + O_2(g) \qquad \Delta H = +137 \text{ kcal}$$

Signo positivo

Reacción	Cambio de energía	Calor en la ecuación	Signo de ΔH
Exotérmica	Liberación de calor	Lado de productos	Signo negativo ($-$)
Endotérmica	Absorción de calor	Lado de reactivos	Signo positivo ($+$)

COMPROBACIÓN DE CONCEPTOS 6.12 **Reacciones exotérmica y endotérmica**

En la reacción de un mol de carbono con gas oxígeno, la energía del producto, el dióxido de carbono, es 393 kJ menor que la energía de los reactivos.

a. ¿La reacción es exotérmica o endotérmica?
b. Escriba la ecuación de la reacción, incluido el calor de la reacción.
c. ¿Cuál es el valor, en kilojoules, de ΔH para esta reacción?

RESPUESTA

a. Cuando la energía de los productos es menor que la de los reactivos, la reacción emite calor, lo que significa que es una reacción exotérmica.
b. En una reacción exotérmica, el calor se escribe como un producto.

$$C(s) + O_2(g) \longrightarrow CO_2(g) + 393 \text{ kJ}$$

c. El calor de reacción de una reacción exotérmica tiene un signo negativo: $\Delta H = -393$ kJ.

Cálculos de calor en reacciones

El valor de ΔH se refiere al cambio de calor para el número de moles de cada sustancia, en la ecuación balanceada, en una reacción. Considere la siguiente reacción de descomposición:

$$2H_2O(l) \longrightarrow 2H_2(g) + O2(g) \qquad \Delta H = +572 \text{ kJ}$$
$$2H_2O(l) + 572 \text{ kJ} \longrightarrow 2H_2(g) + O_2(g)$$

Para esta reacción, 2 moles de H_2O absorben 572 kJ para producir 2 moles de H_2O y 1 mol de O_2. Es posible escribir factores de conversión de calor para cada sustancia en esta reacción:

$$\frac{+572 \text{ kJ}}{2 \text{ moles } H_2O} \qquad \frac{+572 \text{ kJ}}{2 \text{ moles } H_2} \qquad \frac{+572 \text{ kJ}}{1 \text{ mol } O_2}$$

Suponga que en esta reacción, 9.00 g de H_2O experimentan una reacción química. Puede calcular el calor absorbido como:

$$9.00 \text{ g } H_2O \times \frac{1 \text{ mol } H_2O}{18.0 \text{ g } H_2O} \times \frac{+572 \text{ kJ}}{2 \text{ moles } H_2O} = +143 \text{ kJ}$$

EJEMPLO DE PROBLEMA 6.11 **Cómo calcular el calor en una reacción**

En la formación de dos moles de amoniaco, NH_3, a partir de hidrógeno y nitrógeno, se liberan 92.2 kJ de calor.

$$N_2(g) + 3H_2(g) \longrightarrow 2NH_3(g) \quad \Delta H = -92.2 \text{ kJ}$$

¿Cuánto calor, en kilojoules, se libera cuando se producen 50.0 g de amoniaco?

SOLUCIÓN

Guía para calcular con el uso de calor de reacción (ΔH)

1 Enuncie las cantidades dadas y las que necesita.

2 Escriba un plan usando el calor de reacción y cualquier masa molar necesaria.

3 Escriba los factores de conversión, incluido el calor de reacción.

4 Plantee el problema para calcular el calor.

Paso 1 **Enuncie las cantidades dadas y las que necesita.**

Análisis del problema

Dadas	Necesita
50.0 g de amoniaco, NH_3	kilojoules producidos
$\Delta H = -92.2$ kJ	
Ecuación	
$N_2(g) + 3H_2(g) \longrightarrow 2NH_3(g)$	

Paso 2 **Escriba un plan usando el calor de reacción y cualquier masa molar necesaria.**

gramos de NH_3 | Masa molar | moles de NH_3 | Calor de reacción | kilojoules

Paso 3   **Escriba los factores de conversión, incluido el calor de reacción.**

$$1 \text{ mol de } NH_3 = 17.0 \text{ g de } NH_3 \qquad\qquad 2 \text{ moles de } NH_3 = -92.2 \text{ kJ}$$

$$\frac{1 \text{ mol } NH_3}{17.0 \text{ g } NH_3} \qquad y \qquad \frac{17.0 \text{ g } NH_3}{1 \text{ mol } NH_3} \qquad\qquad \frac{-92.2 \text{ kJ}}{2 \text{ moles } NH_3} \qquad y \qquad \frac{2 \text{ moles } NH_3}{-92.2 \text{ kJ}}$$

Paso 4   **Plantee el problema para calcular el calor.**

$$50.0 \text{ g } NH_3 \times \frac{1 \text{ mol } NH_3}{17.0 \text{ g } NH_3} \times \frac{-92.2 \text{ kJ}}{2 \text{ moles } NH_3} = -136 \text{ kJ}$$

COMPROBACIÓN DE ESTUDIO 6.11

El óxido de mercurio(II) se descompone en mercurio y oxígeno.

$$2HgO(s) \xrightarrow{\Delta} 2Hg(l) + O_2(g) \quad \Delta H = +182 \text{ kJ}$$

a. ¿La reacción es exotérmica o endotérmica?
b. ¿Cuántos kilojoules se necesitan para que reaccionen 25.0 g de óxido de mercurio(II)?

La química en la salud

COMPRESAS FRÍAS Y COMPRESAS CALIENTES

En un hospital, en una estación de primeros auxilios o en un evento deportivo puede usarse una *compresa fría* instantánea para reducir la inflamación de una lesión, eliminar calor de la inflamación o reducir el tamaño de los capilares para aminorar el efecto de hemorragia. Dentro del contenedor plástico de una compresa fría hay un compartimiento que contiene nitrato de amonio sólido (NH_4NO_3) que está separado de un compartimiento que contiene agua. La compresa se activa cuando se golpea o sacude lo suficientemente fuerte como para romper las paredes entre los compartimientos y hace que el nitrato de amonio se mezcle con el agua (que se muestra como H_2O sobre la flecha de reacción). En un proceso endotérmico, un mol de NH_4NO_3 que se disuelve absorbe 26 kJ. La temperatura desciende a cerca de 4-5 °C para producir una compresa fría que está lista para usarse.

Reacción endotérmica en una compresa fría

$$NH_4NO_3(s) + 26 \text{ kJ} \xrightarrow{H_2O} NH_4NO_3(ac)$$

Reacción exotérmica en una compresa caliente

$$CaCl_2(s) \xrightarrow{H_2O} CaCl_2(ac) + 82 \text{ kJ}$$

Las *compresas calientes* sirven para relajar músculos, aminorar dolores y calambres, y mejorar la circulación al expandir el tamaño de los capilares. Construida de la misma forma que una compresa fría, una compresa caliente contiene una sal como $CaCl_2$. Cuando un mol de $CaCl_2$ se disuelve en agua, libera 82 kJ. La temperatura puede llegar a los 66 °C y producir una compresa caliente que está lista para usarse.

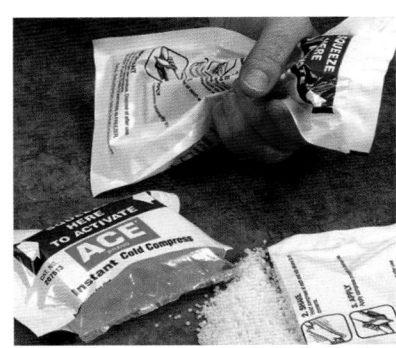

Las compresas frías utilizan una reacción endotérmica.

PREGUNTAS Y PROBLEMAS

6.9 Cambios de energía en reacciones químicas

META DE APRENDIZAJE: *Describir los cambios de energía en las reacciones exotérmicas y endotérmicas.*

6.73   **a.** ¿Por qué las reacciones químicas requieren energía de activación?
b. En una reacción exotérmica, ¿la energía de los productos es mayor o menor que la de los reactivos?
c. Dibuje un diagrama de energía para una reacción exotérmica.

6.74   **a.** ¿Qué se mide con el calor de reacción?
b. En una reacción endotérmica, ¿la energía de los productos es mayor o menor que la de los reactivos?
c. Dibuje un diagrama de energía para una reacción endotérmica.

6.75   Clasifique las siguientes como reacciones exotérmicas o endotérmicas:
a. Una reacción libera 550 kJ.
b. El nivel de energía de los productos es mayor que el de los reactivos.
c. El metabolismo de glucosa en el cuerpo proporciona energía.

6.76   Clasifique las siguientes reacciones como exotérmicas o endotérmicas:
a. El nivel de energía de los productos es menor que el de los reactivos.
b. En el cuerpo, la síntesis de proteínas requiere energía.
c. Una reacción absorbe 125 kJ.

6.77 Clasifique las siguientes como reacciones exotérmicas o endotérmicas e indique la ΔH para cada una:

a. $CH_4(g) + 2O_2(g) \xrightarrow{\Delta} CO_2(g) + 2H_2O(g) + 890 \text{ kJ}$

b. $Ca(OH)_2(s) + 65.3 \text{ kJ} \longrightarrow CaO(s) + H_2O(l)$

c. $2Al(s) + Fe_2O_3(s) \longrightarrow$
$$Al_2O_3(s) + 2Fe(s) + 205 \text{ kcal}$$

6.78 Clasifique las siguientes como reacciones exotérmicas o endotérmicas e indique la ΔH para cada una:

a. $C_3H_8(g) + 5O_2(g) \xrightarrow{\Delta}$
$$3CO_2(g) + 4H_2O(g) + 530 \text{ kcal}$$

b. $2Na(s) + Cl_2(g) \longrightarrow 2NaCl(s) + 819 \text{ kJ}$

c. $PCl_5(g) + 67 \text{ kJ} \longrightarrow PCl_3(g) + Cl_2(g)$

6.79 La ecuación para la formación del tetracloruro de silicio a partir de silicio y cloro es:

$$Si(s) + 2Cl_2(g) \longrightarrow SiCl_4(g) \quad \Delta H = -657 \text{ kJ}$$

¿Cuántos kilojoules se liberan cuando 125 g de Cl_2 reaccionan con silicio?

6.80 El metanol (CH_3OH), que se utiliza como combustible para cocinar, experimenta combustión para producir dióxido de carbono y agua.

$$2CH_3OH(l) + 3O_2(g) \xrightarrow{\Delta} 2CO_2(g) + 4H_2O(g)$$
$$\Delta H = -726 \text{ kJ}$$

¿Cuántos kilojoules se liberan cuando se queman 75.0 g de metanol?

MAPA CONCEPTUAL

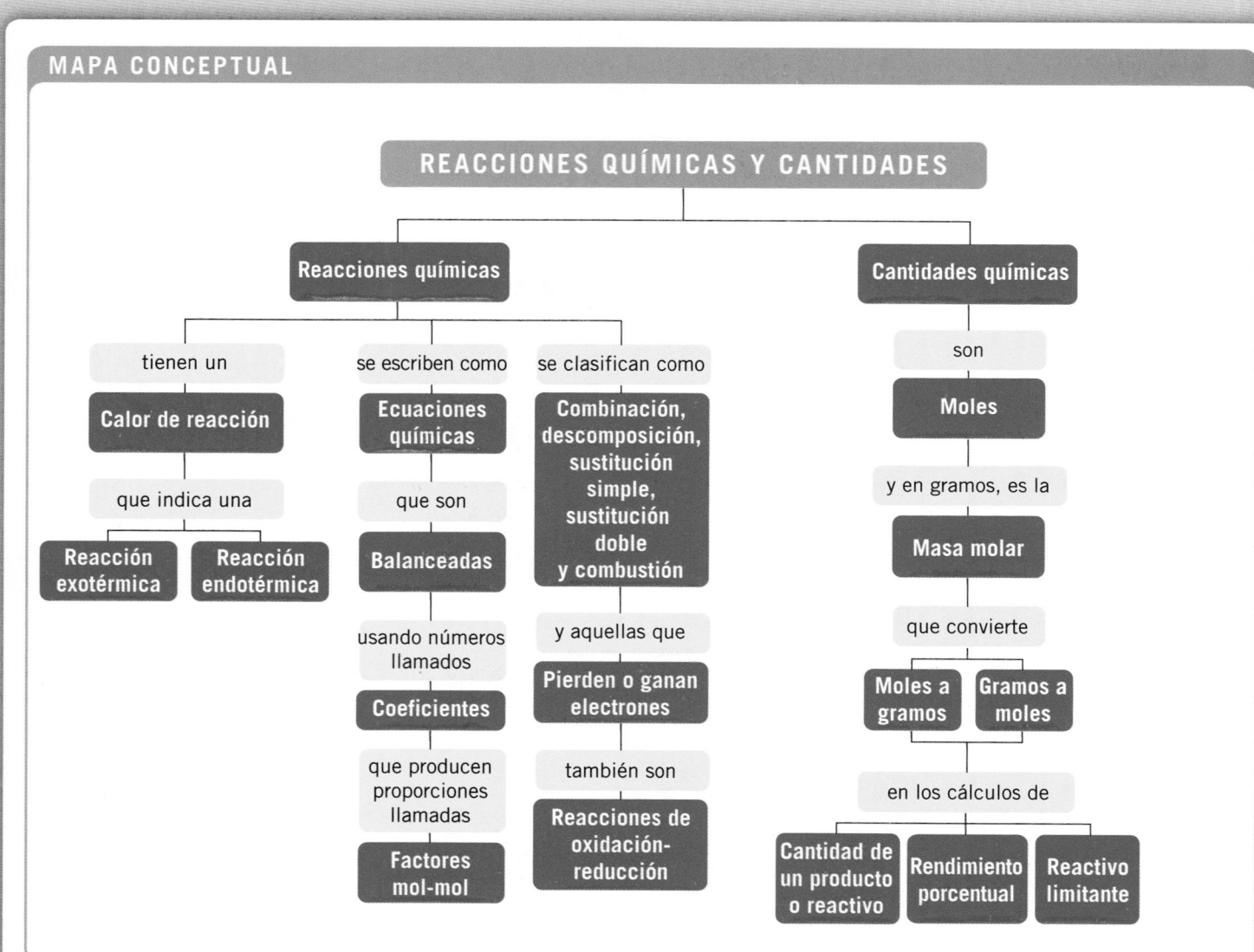

REPASO DEL CAPÍTULO

6.1 Ecuaciones de las reacciones químicas

META DE APRENDIZAJE: Escribir una ecuación química balanceada a partir de las fórmulas de los reactivos y productos en una reacción química.

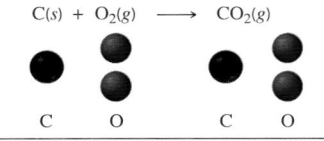

$$C(s) + O_2(g) \longrightarrow CO_2(g)$$

Átomos de reactivos = Átomos de productos

- Un cambio químico ocurre cuando los átomos de las sustancias iniciales se reordenan y forman nuevas sustancias.
- Una ecuación química muestra las fórmulas de las sustancias que reaccionan en el lado izquierdo de una flecha de reacción, y los productos que se forman en el lado derecho de la flecha de reacción.
- Para balancear una ecuación química se escriben coeficientes, los menores números enteros posibles, antes de las fórmulas para igualar los átomos de cada uno de los elementos en los reactivos y los productos.

6.2 Tipos de reacciones

META DE APRENDIZAJE: Identificar si una reacción química es una reacción de combinación, descomposición, sustitución simple, sustitución doble o combustión.

Sustitución simple

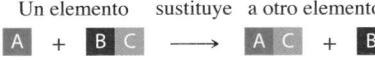

Un elemento sustituye a otro elemento

- Muchas reacciones químicas pueden organizarse por tipo de reacción: combinación, descomposición, sustitución simple, sustitución doble o combustión.

6.3 Reacciones de oxidación-reducción

META DE APRENDIZAJE: Definir los términos oxidación y reducción; identificar el reactivo que se oxida y el reactivo que se reduce.

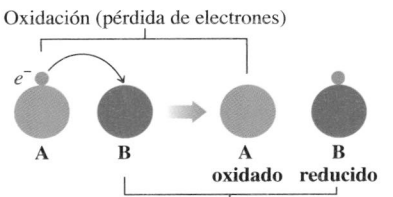

Oxidación (pérdida de electrones)

A   B   A oxidado   B reducido

Reducción (ganancia de electrones)

- Cuando se transfieren electrones en una reacción, se trata de una reacción de oxidación-reducción.
- El reactivo que se oxida pierde electrones y también puede ganar átomos de oxígeno o perder átomos de hidrógeno.
- El reactivo que se reduce gana electrones y también puede perder átomos de oxígeno o ganar átomos de hidrógeno.
- En general, el número de electrones perdidos debe ser igual a los electrones ganados en cualquier reacción de oxidación-reducción.

6.4 El mol

META DE APRENDIZAJE: Usar el número de Avogadro para determinar el número de partículas en una cantidad dada de moles.

TABLA 6.5 Número de partículas en muestras de un mol

Sustancia	Number and Type of Particles
1 mol de Al	6.02×10^{23} átomos de Al
1 mol de S	6.02×10^{23} átomos de S
1 mol de agua (H_2O)	6.02×10^{23} átomos de H_2O
1 mol de vitamina C ($C_6H_8O_6$)	6.02×10^{23} moléculas de vitamina C
1 mol de NaCl	6.02×10^{23} unidades fórmula de NaCl

- Un mol de un elemento atómico contiene 6.02×10^{23} átomos.
- Un mol de un compuesto contiene 6.02×10^{23} moléculas o unidades fórmula.

6.5 Masa molar

META DE APRENDIZAJE: Determinar la masa molar de una sustancia y usarla para conversiones entre gramos y moles.

TABLA 6.6 Masa molar de elementos y compuestos seleccionados

Sustancia	Masa molar
1 mol de C	12.0 g
1 mol de Na	23.0 g
1 mol de Fe	55.9 g
1 mol de NaF	42.0 g
1 mol de $CaCO_3$	100.1 g
1 mol de $C_6H_{12}O_6$ (glucosa)	180.1 g
1 mol de $C_8H_{10}N_4O_2$ (cafeína)	194.1 g

- La masa molar (g/mol) de cualquier sustancia es la masa en gramos numéricamente igual a su masa atómica, o la suma de las masas atómicas de los elementos multiplicadas por sus subíndices de la fórmula del compuesto que conforma.
- La masa molar se usa como factor de conversión para cambiar una cantidad en gramos a moles o para cambiar un número dado de moles a gramos.

6.6 Relación molar en ecuaciones químicas

META DE APRENDIZAJE: Dada una cantidad en moles de reactivo o producto, usar un factor mol-mol de la ecuación balanceada para calcular los moles de otra sustancia en la reacción.

$$1 \text{ mol de } C_3H_8 = 3 \text{ moles de } CO_2$$
$$\frac{1 \text{ mol } C_3H_8}{3 \text{ moles } CO_2} \quad y \quad \frac{3 \text{ moles } CO_2}{1 \text{ mol } C_3H_8}$$

- En una ecuación balanceada, la masa total de los reactivos es igual a la masa total de los productos.
- Los coeficientes en una ecuación que describe la relación entre los moles de cualesquiera dos componentes se usan para escribir factores mol-mol.
- Cuando se conoce el número de moles de una sustancia, se usa un factor mol-mol para encontrar los moles de una sustancia diferente en la reacción química.

6.7 Cálculos de masa en las reacciones

META DE APRENDIZAJE: Dada la masa en gramos de una sustancia en una reacción, calcular la masa en gramos de otra sustancia en la reacción.

$$1 \text{ mol de } CO_2 = 44.0 \text{ g de } CO_2$$
$$\frac{44.0 \text{ g } CO_2}{1 \text{ mol } CO_2} \quad y \quad \frac{1 \text{ mol } CO_2}{44.0 \text{ g } CO_2}$$

- En cálculos que utilizan ecuaciones, se usan masas molares y factores mol-mol para cambiar el número de gramos de una sustancia a los gramos correspondientes de una sustancia diferente.

6.8 Rendimiento porcentual y reactivo limitante

META DE APRENDIZAJE: Dada la cantidad real de producto, determinar el rendimiento porcentual de una reacción. Identificar el reactivo limitante cuando se proporcionan las cantidades de dos o más reactivos: calcular la cantidad del producto formado a partir del reactivo limitante.

$$\text{Rendimiento porcentual (\%)} = \frac{\text{Rendimiento real}}{\text{Rendimiento teórico}} \times 100\%$$

- El rendimiento porcentual de una reacción indica el porcentaje de producto que realmente se produce en una reacción.
- Para calcular el rendimiento porcentual se divide el rendimiento real en gramos de un producto entre el rendimiento teórico en gramos, y se expresa como porcentaje.
- Un reactivo limitante es el reactivo en la reacción que produce la menor cantidad de producto posible.
- Cuando se proporciona la masa de dos o más reactivos, la masa real de un producto se calcula a partir del reactivo limitante.

6.9 Cambios de energía en reacciones químicas

META DE APRENDIZAJE: Describir los cambios de energía en las reacciones exotérmicas y endotérmicas.

- Para que ocurra una reacción, las partículas reactantes deben chocar con energía igual a o mayor que la energía de activación.
- El calor de reacción es la diferencia de energía entre la energía inicial de los reactivos y la energía final de los productos.

Reacción exotérmica

- En una reacción exotérmica, la energía de los reactivos es mayor que la de los productos; se libera calor y ΔH es negativa.
- En una reacción endotérmica, la energía de los reactivos es menor que la de los productos; se absorbe calor y ΔH es positiva.

TÉRMINOS CLAVE

calor de reacción Es el calor (símbolo ΔH) absorbido o liberado cuando tiene lugar una reacción.

coeficiente Número entero colocado antes de las fórmulas para balancear el número de átomos o moles de átomos de cada elemento en ambos lados de una ecuación.

ecuación balanceada Forma final de una ecuación química que muestra el mismo número de átomos de cada elemento en los reactivos y los productos.

ecuación química Forma abreviada que representa una reacción química con el uso de fórmulas químicas para indicar los reactivos y productos y coeficientes que muestran las proporciones de la reacción.

energía de activación Energía necesaria en una colisión para romper los enlaces de las moléculas reactantes.

factor mol-mol Factor de conversión que relaciona el número de moles de dos compuestos derivado de los coeficientes en una ecuación balanceada.

masa molar La masa en gramos de 1 mol de un elemento numéricamente igual a su masa atómica. La masa molar de un compuesto es igual a la suma de las masas de los elementos multiplicada por sus subíndices en la fórmula.

mol Grupo de átomos, moléculas o unidades fórmula que contiene 6.02×10^{23} de estos objetos.

número de Avogadro Número de objetos en un mol, igual a 6.02×10^{23}.

oxidación Pérdida de electrones en una sustancia. La oxidación biológica se indica mediante la adición de oxígeno o la pérdida de hidrógeno.

producto Sustancia formada como resultado de una reacción química.

reacción de combinación Reacción química en la que los reactivos se combinan para formar un solo producto.

reacción de combustión Reacción química en la que un compuesto que contiene carbono se quema en presencia de oxígeno para producir dióxido de carbono, agua y energía.

reacción de descomposición Reacción química en la que un solo reactivo se divide en dos o más sustancias más simples.

reacción de oxidación-reducción (Redox) Reacción en la cual la oxidación de un reactivo siempre está acompañada por la reducción de otro reactivo.

reacción de sustitución doble Reacción química en la que partes de dos diferentes reactivos intercambian lugares.

reacción de sustitución simple Reacción en la que un elemento sustituye a otro elemento en un compuesto.

reacción endotérmica Reacción química en la que la energía de los reactivos es menor que la de los productos.

reacción exotérmica Reacción en la que la energía de los reactivos es mayor que la de los productos.

reacción química Proceso mediante el cual tiene lugar un cambio químico.

reactivo Sustancia inicial que experimenta un cambio en una reacción química.

reactivo en exceso Reactivo que sobra cuando en una reacción se agota el reactivo limitante.

reactivo limitante Reactivo que se agota en primer lugar durante una reacción química; limita la cantidad de producto que puede formarse.

reducción Ganancia de electrones por parte de una sustancia. La reducción biológica se indica mediante la pérdida de oxígeno o la ganancia de hidrógeno.

rendimiento porcentual Proporción entre el rendimiento real de una reacción y el rendimiento teórico posible para la misma reacción, multiplicada por 100%.

rendimiento real Cantidad real de producto producido por una reacción.

rendimiento teórico Cantidad máxima de producto que puede producir una reacción a partir de una cantidad dada de reactivo.

unidad fórmula Grupo de iones representado por la fórmula de un compuesto iónico.

COMPRENSIÓN DE CONCEPTOS

Las secciones del capítulo que se deben revisar se muestran entre paréntesis al final de cada pregunta.

6.81 Agregue coeficientes para balancear cada una de las siguientes representaciones; identifique el tipo de reacción para cada una: (6.1, 6.2)

a.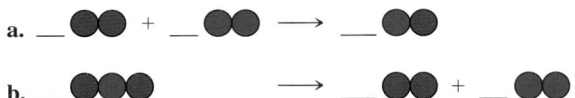

b.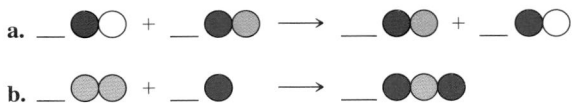

6.82 Agregue coeficientes para balancear cada una de las siguientes representaciones; identifique el tipo de reacción para cada una: (6.1, 6.2)

a.

b.

6.83 Si las esferas rojas representan átomos de oxígeno y las esferas azules representan átomos de nitrógeno, (6.1, 6.2)

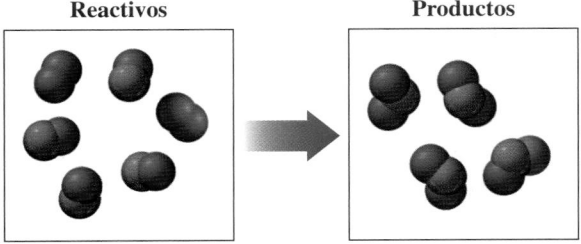
Reactivos   **Productos**

a. escriba la fórmula de cada uno de los reactivos y productos.
b. escriba la ecuación balanceada para la reacción.
c. indique si el tipo de reacción es: combinación, descomposición, sustitución simple, sustitución doble o combustión.

6.84 Si las esferas moradas representan átomos de yodo y las esferas blancas representan átomos de hidrógeno, (6.1, 6.2)

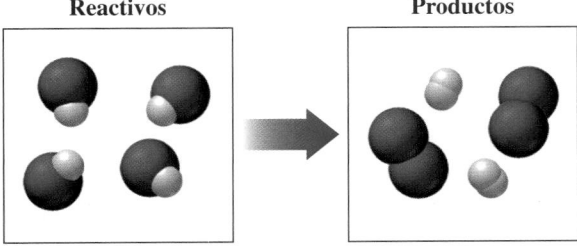
Reactivos   **Productos**

a. escriba la fórmula para cada uno de los reactivos y productos.
b. escriba la ecuación balanceada para la reacción.
c. indique si el tipo de reacción es: combinación, descomposición, sustitución simple, sustitución doble o combustión.

6.85 Si las esferas azules representan átomos de nitrógeno y las esferas moradas representan átomos de yodo, (6.1, 6.2)

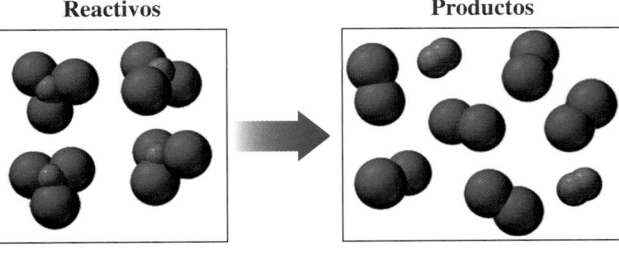
Reactivos   **Productos**

a. escriba la fórmula para cada uno de los reactivos (sólidos) y productos.
b. escriba la ecuación balanceada para la reacción.
c. indique si el tipo de reacción es: combinación, descomposición, sustitución simple, sustitución doble o combustión.

6.86 Si las esferas verdes representan átomos de cloro, las esferas amarillo limón representan átomos de flúor y las esferas blancas representan átomos de hidrógeno, (6.1, 6.2)

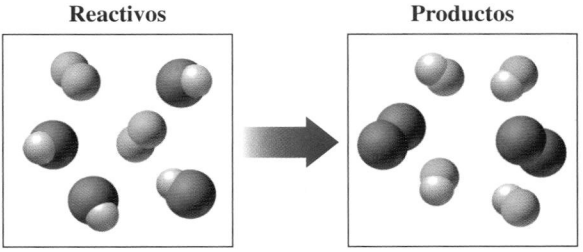
Reactivos   **Productos**

a. escriba la fórmula para cada uno de los reactivos y productos.
b. escriba la ecuación balanceada para la reacción.
c. indique si el tipo de reacción es: combinación, descomposición, sustitución simple, sustitución doble o combustión.

6.87 Si las esferas verdes representan átomos de cloro y las esferas rojas representan átomos de oxígeno, (6.1, 6.2)

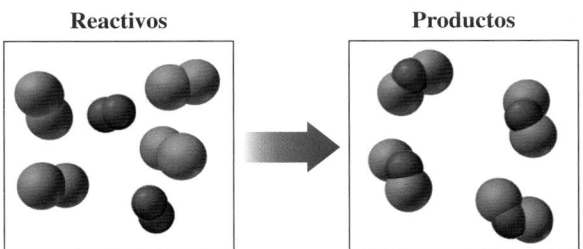
Reactivos   **Productos**

a. escriba la fórmula para cada uno de los reactivos y productos.
b. escriba la ecuación balanceada para la reacción.
c. indique si el tipo de reacción es: combinación, descomposición, sustitución simple, sustitución doble o combustión.

6.88 Si las esferas azules representan átomos de nitrógeno y las esferas moradas representan átomos de yodo, (6.1, 6.2)

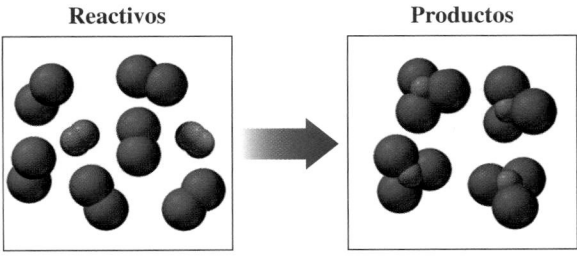
Reactivos   **Productos**

a. escriba la fórmula para cada uno de los reactivos y productos.
b. escriba la ecuación balanceada para la reacción.
c. indique si el tipo de reacción es: combinación, descomposición, sustitución simple, sustitución doble o combustión.

6.89 Con los modelos de las moléculas siguientes (en donde negro = C, blanco = H, amarillo = S, verde = Cl), determine cada uno de los siguientes: (6.4, 6.5)

1.

2.

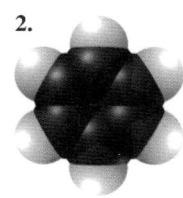

a. fórmula molecular
b. masa molar
c. número de moles en 10.0 g

6.90 Con los modelos de las moléculas siguientes (en donde negro = C, blanco = H, amarillo = S, rojo = O), determine cada uno de los siguientes: (6.4, 6.5)

1.

2.

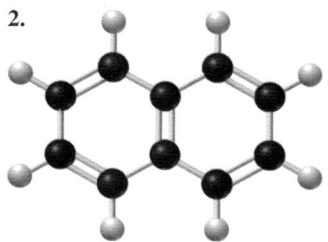

a. fórmula molecular
b. masa molar
c. número de moles en 10.0 g

6.91 Un champú anticaspa contiene dipiritiona, $C_{10}H_8N_2O_2S_2$, un antibacterial y antimicótico. (6.5)

Este champú anticaspa contiene dipiritiona.

a. ¿Cuál es la masa molar de la dipiritiona?
b. ¿Cuántos moles de dipiritiona hay en 25.0 g?
c. ¿Cuántos moles de carbono hay en 25.0 g de dipiritiona?

6.92 El sulfato de amonio, $(NH_4)_2SO_4$, se usa en fertilizantes para suministrar nitrógeno al suelo. (6.4, 6.5)
a. ¿Cuántas unidades fórmula hay en 0.200 moles de sulfato de amonio?
b. ¿Cuántos átomos H hay en 0.100 moles de sulfato de amonio?
c. ¿Cuántos moles de sulfato de amonio contienen 7.4×10^{25} átomos de N?
d. ¿Cuál es la masa molar del sulfato de amonio?

6.93 El gas propano, C_3H_8, un hidrocarburo, se utiliza como combustible para muchas parrilladas (asados). (6.4, 6.5)
a. ¿Cuántos gramos del compuesto hay en 1.50 moles de propano?
b. ¿Cuántos moles del compuesto hay en 34.0 g de propano?
c. ¿Cuántos gramos de carbono hay en 34.0 g de propano?
d. ¿Cuántos átomos de H hay en 0.254 g de propano?

6.94 El sulfuro de alilo, $(C_3H_5)_2S$, es la sustancia que da al ajo su olor característico. (6.4, 6.5)

El olor característico del ajo se debe a un compuesto que contiene azufre.

a. ¿Cuántos moles de azufre hay en 23.2 g de $(C_3H_5)_2S$?
b. ¿Cuántos átomos de H hay en 0.75 moles de $(C_3H_5)_2S$?
c. ¿Cuántos gramos de carbono hay en 4.20×10^{23} moléculas de $(C_3H_5)_2S$?
d. ¿Cuántos átomos de C hay en 15.0 g de $(C_3H_5)_2S$?

PREGUNTAS Y PROBLEMAS ADICIONALES

Visite www.masteringchemistry.com para acceder a materiales de autoaprendizaje y tareas asignadas por el instructor.

6.95 *Balancee* cada una de las siguientes ecuaciones e identifique el tipo de reacción: (6.1, 6.2)
a. $NH_3(g) + HCl(g) \longrightarrow NH_4Cl(s)$
b. $Fe_3O_4(s) + H_2(g) \longrightarrow Fe(s) + H_2O(g)$
c. $Sb(s) + Cl_2(g) \longrightarrow SbCl_3(s)$
d. $C_5H_{12}(g) + O_2(g) \xrightarrow{\Delta} CO_2(g) + H_2O(g)$
e. $KBr(ac) + Cl_2(ac) \longrightarrow KCl(ac) + Br_2(l)$
f. $Al_2(SO_4)_3(ac) + NaOH(ac) \longrightarrow Na_2SO_4(ac) + Al(OH)_3(s)$

6.96 Balancee cada una de las siguientes ecuaciones e identifique el tipo de reacción: (6.1, 6.2)
a. $Li_3N(s) \longrightarrow Li(s) + N_2(g)$
b. $Mg(s) + N_2(g) \longrightarrow Mg_3N_2(s)$
c. $Mg(s) + H_3PO_4(ac) \longrightarrow Mg_3(PO_4)_2(s) + H_2(g)$
d. $C_4H_6(g) + O_2(g) \xrightarrow{\Delta} CO_2(g) + H_2O(g)$
e. $Al(s) + Cl_2(g) \longrightarrow AlCl_3(s)$
f. $MgCl_2(ac) + AgNO_3(ac) \longrightarrow Mg(NO_3)_2(ac) + AgCl(s)$

6.97 Prediga los productos y escriba una ecuación balanceada para cada uno de los siguientes: (6.1, 6.2)
  a. sustitución simple:
$$Zn(s) + HCl(ac) \longrightarrow \underline{\quad\quad} + \underline{\quad\quad}$$
  b. descomposición:
$$BaCO_3(s) \xrightarrow{\Delta} \underline{\quad\quad} + \underline{\quad\quad}$$
  c. sustitución doble:
$$NaOH(ac) + HCl(ac) \longrightarrow \underline{\quad\quad} + \underline{\quad\quad}$$
  d. combinación:
$$Al(s) + F_2(g) \longrightarrow \underline{\quad\quad}$$

6.98 Prediga los productos y escriba una ecuación balanceada para cada uno de los siguientes: (6.1, 6.2)
  a. descomposición:
$$NaCl(s) \xrightarrow{Electricidad} \underline{\quad\quad} + \underline{\quad\quad}$$
  b. combinación:
$$Ca(s) + Br_2(g) \longrightarrow \underline{\quad\quad}$$
  c. combustión:
$$C_2H_4(g) + O_2(g) \xrightarrow{\Delta} \underline{\quad\quad} + \underline{\quad\quad}$$
  d. sustitución doble:
$$NiCl_2(ac) + NaOH(ac) \longrightarrow Ni(OH)_2(s) + \underline{\quad\quad}$$

6.99 Para cada una de las siguientes reacciones, prediga cuál reactivo se oxida y cuál reactivo se reduce: (6.3)
  a. $Cu(s) + 2H^+(ac) \longrightarrow Cu^{2+}(ac) + H_2(g)$
  b. $Ni^{2+}(ac) + Fe(s) \longrightarrow Fe^{2+}(ac) + Ni(s)$
  c. $2Ag(s) + Cu^{2+}(ac) \longrightarrow 2Ag^+(ac) + Cu(s)$
  d. $3Ni^{2+}(ac) + 2Cr(s) \longrightarrow 3Ni(s) + 2Cr^{3+}(ac)$
  e. $Zn(s) + Cu^{2+}(ac) \longrightarrow Zn^{2+}(ac) + Cu(s)$
  f. $Pb^{2+}(ac) + Zn(s) \longrightarrow Pb(s) + Zn^{2+}(ac)$

6.100 Para cada una de las siguientes reacciones, prediga cuál reactivo se oxida y cuál reactivo se reduce: (6.3)
  a. $2Ag(s) + 2H^+(ac) \longrightarrow 2Ag^+(ac) + H_2(g)$
  b. $Mg(s) + Cu^{2+}(ac) \longrightarrow Mg^{2+}(ac) + Cu(s)$
  c. $2Al(s) + 3Cu^{2+}(ac) \longrightarrow 2Al^{3+}(ac) + 3Cu(s)$
  d. $Mg^{2+}(ac) + Zn(s) \longrightarrow Mg(s) + Zn^{2+}(ac)$
  e. $Al^{3+}(ac) + 3Na(s) \longrightarrow Al(s) + 3Na^+(ac)$
  f. $Ni^{2+}(ac) + Mg(s) \longrightarrow Mg^{2+}(ac) + Ni(s)$

6.101 Cuando se realiza ejercicio extenuante y rutinas de gimnasio, se acumula ácido láctico, $C_3H_6O_3$, en los músculos, donde puede causar dolor e inflamación. (6.4, 6.5)

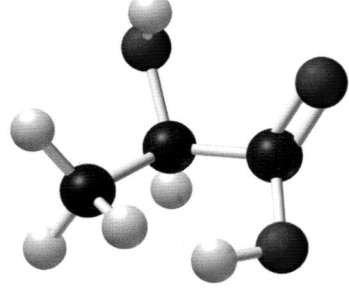

En el modelo de barras y esferas del ácido láctico, en donde:
esferas negras = C, esferas blancas = H, y esferas rojas = O.

a. ¿Cuál es la masa molar del ácido láctico?
b. ¿Cuántas moléculas hay en 0.500 moles de ácido láctico?
c. ¿Cuántos átomos de C hay en 1.50 moles de ácido láctico?
d. ¿Cuántos gramos de ácido láctico contienen 4.5×10^{24} átomos de O?

6.102 El ibuprofeno, el ingrediente antiinflamatorio del Advil®, tiene la fórmula $C_{13}H_{18}O_2$. (6.4, 6.5)

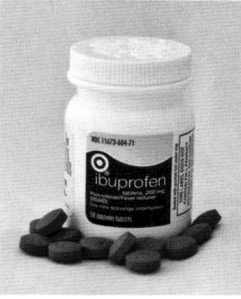

El ibuprofeno es un medicamento antiinflamatorio.

a. ¿Cuál es la masa molar del ibuprofeno?
b. ¿Cuántas moléculas hay en 0.200 moles de ibuprofeno?
c. ¿Cuántos átomos de H hay en 0.100 moles de ibuprofeno?
d. ¿Cuántos gramos de ibuprofeno contienen 7.4×10^{25} átomos de C?

6.103 Calcule la masa molar de cada uno de los compuestos siguientes: (6.5)
  a. $ZnSO_4$, sulfato de cinc, complemento de cinc
  b. $Ca(IO_3)_2$, yodato de calcio, fuente de yodo en la sal de mesa
  c. $C_5H_8NNaO_4$, glutamato monosódico, intensificador del sabor

6.104 Calcule la masa molar de cada uno de los compuestos siguientes: (6.5)
  a. $Mg(HCO_3)_2$, carbonato de hidrógeno y de magnesio
  b. $Au(OH)_3$, hidróxido de oro(III), se usa para chapado de oro
  c. $C_{18}H_{34}O_2$, ácido oleico del aceite de oliva

6.105 ¿Cuántos gramos hay en 0.150 moles de cada uno de los siguientes compuestos? (6.5)
  a. K   **b.** Cl_2 **c.** Na_2CO_3

6.106 ¿Cuántos gramos hay en 2.25 moles de cada uno de los siguientes compuestos? (6.5)
  a. N_2 **b.** NaBr   **c.** C_6H_{14}

6.107 ¿Cuántos moles hay en 25.0 g de cada uno de los siguientes compuestos? (6.5)
  a. CO_2 **b.** $Al(OH)_3$ **c.** $MgCl_2$

6.108 ¿Cuántos moles hay en 4.00 g de cada uno de los siguientes compuestos? (6.5)
  a. NH_3 **b.** $Ca(NO_3)_2$ **c.** SO_3

6.109 En una destilería, la glucosa ($C_6H_{12}O_6$) de las uvas experimenta fermentación para producir etanol (C_2H_6O) y dióxido de carbono. (6.6, 6.7)
$$C_6H_{12}O_6(ac) \longrightarrow 2C_2H_6O(l) + 2CO_2(g)$$
Glucosa   Etanol

La glucosa de las uvas se fermenta para producir etanol.

a. ¿Cuántos gramos de glucosa se necesitan para formar 124 g de etanol?
b. ¿Cuántos gramos de etanol se formarían con la reacción de 0.240 kg de glucosa?

6.110 El gasohol es un combustible que contiene etanol (C_2H_6O), que arde en presencia de oxígeno (O_2) para producir dióxido de carbono y agua. (6.6, 6.7)

a. Escriba la ecuación balanceada para la combustión del etanol.

b. ¿Cuántos moles de O_2 se necesitan para reaccionar completamente con 4.0 moles de C_2H_6O?

c. Si un automóvil produce 88 g de CO_2, ¿cuántos gramos de O_2 se consumen en la reacción?

d. Si le agrega 125 g de C_2H_6O a su combustible, ¿cuántos gramos de CO_2 y H_2O pueden producirse a partir del etanol?

6.111 Cuando el amoniaco (NH_3) reacciona con el flúor, los productos son tetrafluoruro de dinitrógeno y fluoruro de hidrógeno. (6.1, 6.6, 6.7)

a. Escriba la ecuación balanceada para la reacción.

b. ¿Cuántos moles de cada reactivo se necesitan para producir 4.00 moles de HF?

c. ¿Cuántos gramos de F_2 se necesitan para reaccionar con 25.5 g de NH_3?

d. ¿Cuántos gramos de N_2F_4 pueden producirse cuando reaccionan 3.40 g de NH_3?

6.112 Cuando se usa peróxido (H_2O_2) en el combustible de los cohetes, se produce agua y oxígeno (O_2). (6.1, 6.6, 6.7)

a. Escriba la ecuación balanceada para la reacción.

b. ¿Cuántos moles de peróxido se necesitan para producir 3.00 moles de agua?

c. ¿Cuántos gramos de peróxido se necesitan para producir 36.5 g de O_2?

d. ¿Cuántos gramos de agua pueden producirse cuando reaccionan 12.2 g de peróxido?

6.113 El gas etano, C_2H_6, reacciona con gas cloro, Cl_2, para formar gas hexacloroetano, C_2Cl_6, y gas cloruro de hidrógeno. (6.1, 6.6, 6.7)

a. Escriba la ecuación balanceada para la reacción.

b. ¿Cuántos moles de gas cloro deben reaccionar para producir 1.60 moles de hexacloroetano?

c. ¿Cuántos gramos de cloruro de hidrógeno se producen cuando reaccionan 50.0 g de etano?

d. ¿Cuántos gramos de hexacloroetano se producen cuando reaccionan 50.0 g de etano?

6.114 El gas propano, C_3H_8, un combustible que se utiliza en muchas parrilladas (asados), reacciona con oxígeno para producir agua y dióxido de carbono. El propano tiene una densidad de 2.02 g/L a temperatura ambiente. (6.1, 6.4, 6.6, 6.7)

El propano se convierte en dióxido de carbono y agua cuando se utiliza como combustible en una parrillada.

a. Escriba la ecuación balanceada para la reacción.

b. ¿Cuántos gramos de agua se forman cuando reaccionan completamente 5.00 L de gas propano?

c. ¿Cuántos gramos de CO_2 se producen a partir de 18.5 g de gas oxígeno y propano en exceso?

d. ¿Cuántos gramos de H_2O pueden producirse a partir de la reacción de 8.50×10^{22} moléculas de gas propano?

6.115 El gas acetileno, C_2H_2, arde en presencia de oxígeno para producir dióxido de carbono y agua. Si se producen 62.0 g de CO_2 cuando reaccionan 22.5 g de C_2H_2 con oxígeno suficiente, ¿cuál es el rendimiento porcentual del CO_2 para la reacción? (6.1, 6.6, 6.7, 6.8)

6.116 Cuando 50.0 g de óxido de hierro(III) reaccionan con monóxido de carbono, se producen 32.8 g de hierro. ¿Cuál es el rendimiento porcentual del Fe para la reacción? (6.6, 6.7, 6.8)

$$Fe_2O_3(s) + 3CO(g) \longrightarrow 2Fe(s) + 3CO_2(g)$$

PREGUNTAS DE DESAFÍO

6.117 El gas pentano, C_5H_{12}, reacciona con oxígeno para producir dióxido de carbono y agua. (6.6, 6.7, 6.8)

$$C_5H_{12}(g) + 8O_2(g) \xrightarrow{\Delta} 5CO_2(g) + 6H_2O(g)$$

Pentano

a. ¿Cuántos gramos de pentano deben reaccionar para producir 4.0 moles de agua?

b. ¿Cuántos gramos de CO_2 se producen a partir de 32.0 g de oxígeno y pentano en exceso?

c. ¿Cuántos gramos de CO_2 se forman si 44.5 g de C_5H_{12} reaccionan con 108 g de O_2?

6.118 Cuando el dióxido de nitrógeno (NO_2) del escape de un automóvil se combina con agua en el aire, forma ácido nítrico (HNO_3), que produce lluvia ácida y óxido de nitrógeno. (6.6, 6.7, 6.8)

$$3NO_2(g) + H_2O(l) \longrightarrow 2HNO_3(ac) + NO(g)$$

a. ¿Cuántas moléculas de NO_2 se necesitan para reaccionar con 0.250 moles de H_2O?

b. ¿Cuántos gramos de HNO_3 se producen cuando 60.0 g de NO_2 reaccionan completamente?

c. ¿Cuántos gramos de HNO_3 pueden producirse si 225 g de NO_2 reaccionan con 55.2 g de H_2O?

6.119 Cuando una mezcla de 12.8 g de Na y 10.2 g de Cl_2 reacciona, ¿cuál es la masa de NaCl que se produce? (6.6, 6.7, 6.8)

$$2Na(s) + Cl_2(g) \longrightarrow 2NaCl(s)$$

6.120 Si una mezcla de 35.8 g de CH_4 y 75.5 g de S reaccionan, ¿cuántos gramos de H_2S se producen? (6.6, 6.7, 6.8)

$$CH_4(g) + 4S(g) \longrightarrow CS_2(g) + 2H_2S(g)$$

6.121 La formación de óxido de nitrógeno, NO, a partir de $N_2(g)$ y $O_2(g)$ requiere 21.6 kcal de calor. (6.9)

$$N_2(g) + O_2(g) \longrightarrow 2NO(g) \qquad \Delta H = +21.6 \text{ kcal}$$

a. ¿Cuántas kilocalorías se necesitan para formar 3.00 g de NO?

b. ¿Cuál es la ecuación completa (incluido el parámetro del calor) para la descomposición de NO?

c. ¿Cuántas kilocalorías se liberan cuando 5.00 g de NO se descomponen en N_2 y O_2?

6.122 La formación de óxido (Fe_2O_3) a partir de hierro sólido y gas oxígeno libera 1.7×10^3 kJ. (6.9)

$$4Fe(s) + 3O_2(g) \longrightarrow 2Fe_2O_3(s) \qquad \Delta H = -1.7 \times 10^3 \text{ kJ}$$

a. ¿Cuántos kilojoules se liberan cuando reaccionan 2.00 g de Fe?

b. ¿Cuántos gramos de óxido se forman cuando se liberan 150 kcal?

c. ¿Cuál es la ecuación completa (incluido el parámetro del calor) para la formación de óxido?

6.123 Escriba una ecuación balanceada para cada una de las siguientes descripciones de reacción e identifique cada tipo de reacción: (6.1, 6.2)

a. Una solución acuosa de nitrato de plomo(II) se mezcla con fosfato de sodio acuoso para producir fosfato de plomo(II) sólido y nitrato de sodio acuoso.

b. El metal galio calentado en presencia del gas oxígeno forma óxido de galio(III) sólido.

c. Cuando se calienta el nitrato de sodio sólido, se producen nitrito de sodio sólido y gas oxígeno.

d. El óxido de bismuto(III) sólido y el carbono sólido reaccionan para formar metal bismuto y gas monóxido de carbono.

6.124 Un dentífrico contiene fluoruro de sodio (NaF) al 0.24% en masa, que sirve para evitar caries dental y triclosán al 0.30% en masa, $C_{12}H_7Cl_3O_2$, un conservador y agente antigingivitis. Un tubo contiene 119 g de dentífrico. (6.4, 6.5)

Los componentes del dentífrico incluyen triclosán y NaF.

a. ¿Cuántos moles de NaF hay en el tubo de dentífrico?

b. ¿Cuántos iones fluoruro (F^-) hay en el tubo de dentífrico?

c. ¿Cuántos gramos de ión de sodio (Na^+) hay en 1.50 g de dentífrico?

d. ¿Cuántas moléculas de triclosán hay en el tubo de dentífrico?

6.125 Un lingote de oro mide 2.31 cm de largo, 1.48 cm de ancho y 0.0758 cm de grueso. (6.4, 6.5)

a. Si el oro tiene una densidad de 19.3 g/mL, ¿cuál es la masa, en gramos, del lingote de oro?

b. ¿Cuántos átomos de oro hay en la barra?

c. Cuando la misma masa de oro se combina con oxígeno, el óxido que se obtiene como producto tiene una masa de 5.61 g. ¿Cuántos moles de O se combinan con el oro?

6.126 El hidrocarburo gaseoso acetileno, C_2H_2, utilizado en las antorchas soldadoras, libera gran cantidad de calor cuando arde, de acuerdo con la siguiente ecuación: (6.6, 6.7, 6.8)

$$2C_2H_2(g) + 5O_2(g) \xrightarrow{\Delta} 4CO_2(g) + 2H_2O(g)$$

a. ¿Cuántos moles de agua se producen a partir de la reacción completa de 2.50 moles de oxígeno?

b. ¿Cuántos gramos de oxígeno se necesitan para reaccionar completamente con 2.25 g de acetileno?

c. ¿Cuántos gramos de dióxido de carbono se producen a partir de la reacción completa de 78.0 g de acetileno?

d. Si la reacción en el inciso **c** produce 186 g de CO_2, ¿cuál es el rendimiento porcentual de CO_2 para la reacción?

6.127 Considere la siguiente ecuación: (6.1, 6.2, 6.6, 6.7, 6.8)

$$Al(s) + O_2(g) \longrightarrow Al_2O_3(s)$$

a. Balancee la ecuación.

b. Identifique el tipo de reacción.

c. ¿Cuántos moles de oxígeno se necesitan para reaccionar con 4.50 moles de Al?

d. ¿Cuántos gramos de óxido de aluminio se producen cuando reaccionan 50.2 g de aluminio?

e. Cuando 13.5 g de aluminio reaccionan con 8.00 g de oxígeno, ¿cuántos gramos de óxido de aluminio pueden formarse?

f. Si 45.0 g de aluminio y 62.0 g de oxígeno experimentan una reacción que tiene un rendimiento del 70.0%, ¿qué masa de óxido de aluminio se forma?

6.128 Considere la ecuación de la reacción de sodio y nitrógeno para formar nitruro de sodio: (6.1, 6.2, 6.6, 6.7, 6.8)

$$Na(s) + N_2(g) \longrightarrow Na_3N(s)$$

a. Balancee la ecuación.

b. Si 80.0 g de sodio reaccionan con 20.0 g de gas nitrógeno, ¿qué cantidad de masa de nitruro de sodio se forma?

c. Si la reacción en el inciso **b** tiene un rendimiento porcentual del 75.0%, ¿cuántos gramos de nitruro de sodio se producen en realidad?

RESPUESTAS

Respuestas a las Comprobaciones de estudio

6.1 $2Al(s) + 3Cl_2(g) \longrightarrow 2AlCl_3(s)$

6.2 $Sb_2S_3(s) + 6HCl(ac) \longrightarrow 2SbCl_3(s) + 3H_2S(g)$

6.3 0.432 moles de H_2O

6.4 0.120 moles de aspirina

6.5 138.1 g/mol

6.6 80.9 g de Ag

6.7 0.945 moles de O_2

6.8 27.5 g de CO_2

6.9 84.7% de rendimiento

6.10 14.2 g de SO_2

6.11 a. endotérmica   **b.** 10.5 kJ

Respuestas a Preguntas y problemas seleccionados

6.1 a. no balanceada   **b.** balanceada

c. no balanceada   **d.** balanceada

6.3 a. $N_2(g) + O_2(g) \longrightarrow 2NO(g)$

b. $2HgO(s) \longrightarrow 2Hg(l) + O_2(g)$

c. $4Fe(s) + 3O_2(g) \longrightarrow 2Fe_2O_3(s)$

d. $2Na(s) + Cl_2(g) \longrightarrow 2NaCl(s)$

e. $2Cu_2O(s) + O_2(g) \longrightarrow 4CuO(s)$

6.5 a. $Mg(s) + 2AgNO_3(ac) \longrightarrow Mg(NO_3)_2(ac) + 2Ag(s)$

b. $CuCO_3(s) \longrightarrow CuO(s) + CO_2(g)$

c. $C_5H_{12}(g) + 8O_2(g) \xrightarrow{\Delta} 5CO_2(g) + 6H_2O(g)$

d. $Pb(NO_3)_2(ac) + 2NaCl(ac) \longrightarrow PbCl_2(s) + 2NaNO_3(ac)$

e. $2Al(s) + 6HCl(ac) \longrightarrow 2AlCl_3(ac) + 3H_2(g)$

6.7 a. reacción de descomposición
b. reacción de sustitución simple
c. reacción de combustión
d. reacción de sustitución doble

6.9 a. reacción de sustitución simple
b. reacción de combinación
c. reacción de descomposición
d. reacción de combustión
e. reacción de sustitución doble
f. reacción de sustitución doble

6.11 a. $Mg(s) + Cl_2(g) \longrightarrow MgCl_2(s)$
b. $2HBr(g) \longrightarrow H_2(g) + Br_2(g)$
c. $Mg(s) + Zn(NO_3)_2(ac) \longrightarrow Zn(s) + Mg(NO_3)_2(ac)$
d. $K_2S(ac) + Pb(NO_3)_2(ac) \longrightarrow 2KNO_3(ac) + PbS(s)$
e. $2C_5H_{10}(l) + 15O_2(g) \xrightarrow{\Delta} 10CO_2(g) + 10H_2O(g)$

6.13 a. reducción   **b.** oxidación
c. reducción   **d.** reducción

6.15 a. Zn se oxida; Cl_2 se reduce.
b. Br^- en NaBr se oxida; Cl_2 se reduce.
c. El O^{2-} en PbO se oxida; el Pb^{2+} se reduce.
d. Sn^{2+} se oxida; Fe^{3+} se reduce.

6.17 a. reducción   **b.** oxidación

6.19 El ácido linoleico gana átomos de hidrógeno y se reduce.

6.21 a. 1.20×10^{23} átomos de Ag
b. 4.52×10^{23} moléculas de C_3H_8O
c. 7.53×10^{23} átomos de Cr

6.23 a. 5.42 moles de Al   **b.** 14.1 moles de C_2H_5OH
c. 0.478 moles de Au

6.25 a. 24 moles de H   **b.** 1.0×10^2 moles de C
c. 0.040 moles de N

6.27 a. 3.01×10^{23} átomos de C
b. 7.71×10^{23} moléculas de SO_2
c. 0.0867 moles de Fe

6.29 a. 6.00 moles de H   **b.** 8.00 moles de O
c. 1.20×10^{24} átomos de P   **d.** 4.82×10^{24} átomos de O

6.31 a. 188.2 g/mol   **b.** 159.8 g/mol
c. 329.2 g/mol   **d.** 342.3 g/mol
e. 58.3 g/mol   **f.** 365.3 g/mol

6.33 a. 46.0 g   **b.** 112 g
c. 14.8 g   **d.** 112 g

6.35 a. 29.3 g   **b.** 109 g
c. 4.05 g   **d.** 194 g

6.37 a. 602 g   **b.** 11 g

6.39 a. 0.463 moles de Ag   **b.** 0.0167 moles de C
c. 0.882 moles de NH_3 **d.** 1.17 moles de SO_2

6.41 a. 0.78 moles de S   **b.** 1.95 moles de S
c. 0.601 moles de S

6.43 a. 165 g de cafeína   **b.** 0.144 moles de cafeína
c. 1.15 moles de C   **d.** 8.08 g de N

6.45 a. $\dfrac{2 \text{ moles } SO_2}{1 \text{ mol } O_2}$ y $\dfrac{1 \text{ mol } O_2}{2 \text{ moles } SO_2}$

$\dfrac{2 \text{ moles } SO_2}{2 \text{ moles } SO_3}$ y $\dfrac{2 \text{ moles } SO_3}{2 \text{ moles } SO_2}$

$\dfrac{2 \text{ moles } SO_3}{1 \text{ mol } O_2}$ y $\dfrac{1 \text{ mol } O_2}{2 \text{ moles } SO_3}$

b. $\dfrac{4 \text{ moles P}}{5 \text{ moles } O_2}$ y $\dfrac{5 \text{ moles } O_2}{4 \text{ moles P}}$

$\dfrac{4 \text{ moles P}}{2 \text{ moles } P_2O_5}$ y $\dfrac{2 \text{ moles } P_2O_5}{4 \text{ moles P}}$

$\dfrac{5 \text{ moles } O_2}{2 \text{ moles } P_2O_5}$ y $\dfrac{2 \text{ moles } P_2O_5}{5 \text{ moles } O_2}$

6.47 a. 1.0 mol de O_2 **b.** 10. moles de H_2 **c.** 5.0 moles de H_2O

6.49 a. 1.25 moles de C   **b.** 0.96 moles de CO
c. 1.0 mol de SO_2 **d.** 0.50 moles de CS_2

6.51 a. 77.5 g de Na_2O **b.** 6.26 g de O_2 **c.** 19.4 g de O_2

6.53 a. 19.2 g de O_2 **b.** 3.79 g de N_2 **c.** 54.0 g de H_2O

6.55 a. 3.65 g de H_2O **b.** 3.43 g de NO   **c.** 7.53 g de HNO_3

6.57 a. $2PbS(s) + 3O_2(g) \longrightarrow 2PbO(s) + 2SO_2(g)$
b. 6.00 g de O_2
c. 17.4 g de SO_2
d. 137 g de PbS

6.59 a. 70.9%   **b.** 63.2%

6.61 70.8 g of Al_2O_3

6.63 60.4%

6.65 a. Pueden usarse ocho taxis para recoger pasajeros.
b. Pueden conducirse siete taxis.

6.67 a. 5.0 moles de H_2 **b.** 4.0 moles de H_2 **c.** 3.0 moles de N_2

6.69 a. reactivo limitante SO_2; 2.00 moles de SO_3
b. reactivo limitante H_2O; 0.500 moles de Fe_3O_4
c. reactivo limitante O_2; 1.27 moles de CO_2

6.71 a. reactivo limitante Cl_2; 25.1 g de $AlCl_3$
b. reactivo limitante O_2; 13.5 g de H_2O
c. reactivo limitante O_2; 26.7 g de SO_2

6.73 a. La energía de activación es la energía necesaria para romper los enlaces de las moléculas reactantes.
b. En las reacciones exotérmicas la energía de los productos es menor que la de los reactivos.
c.

6.75 a. exotérmica   **b.** endotérmica   **c.** exotérmica

6.77 a. exotérmica; $\Delta H = -890$ kJ
   b. endotérmica; $\Delta H = +65.3$ kJ
   c. exotérmica; $\Delta H = -205$ kcal

6.79 Se liberan 578 kJ

6.81 a. 1, 1, 2 reacción de combustión
   b. 2, 2, 1 reacción de descomposición

6.83 a. reactivos NO, O_2; producto NO_2
   b. $2NO(g) + O_2(g) \longrightarrow 2NO_2(g)$
   c. reacción de combustión

6.85 a. reactivo Ni_3; productos N_2, I_2
   b. $2NI_3(s) \longrightarrow N_2(g) + 3I_2(g)$
   c. reacción de descomposición

6.87 a. reactivos Cl_2, O_2; producto OCl_2
   b. $2Cl_2(g) + O_2(g) \longrightarrow 2OCl_2(g)$
   c. reacción de combustión

6.89 1. a. S_2Cl_2 **b.** 135.2 g/mol   **c.** 0.0740 moles
     2. a. C_6H_6 **b.** 78.1 g/mol   **c.** 0.128 moles

6.91 a. 252 g/mol   **b.** 0.0991 moles   **c.** 0.991 moles de C

6.93 a. 66.2 g de propano
   b. 0.771 moles de propano
   c. 27.8 g de C
   d. 2.77×10^{22} átomos de H

6.95 a. $NH_3(g) + HCl(g) \longrightarrow NH_4Cl(s)$ combinación
   b. $Fe_3O_4(s) + 4H_2(g) \longrightarrow 3Fe(s) + 4H_2O(g)$
               sustitución simple
   c. $2Sb(s) + 3Cl_2(g) \longrightarrow 2SbCl_3(s)$ combinación
   d. $C_5H_{12}(g) + 8O_2(g) \xrightarrow{\Delta} 5CO_2(g) + 6H_2O(g)$
               combustión
   e. $2KBr(ac) + Cl_2(ac) \xrightarrow{\Delta} 2KCl(ac) + Br_2(l)$
               sustitución simple
   f. $Al_2(SO_4)_3(ac) + 6NaOH(ac) \longrightarrow$
         $3Na_2SO_4(ac) + 2Al(OH)_3(s)$ sustitución doble

6.97 a. $Zn(s) + 2HCl(ac) \longrightarrow ZnCl_2(ac) + H_2(g)$
   b. $BaCO_3(s) \qquad BaO(s) + CO_2(g)$
   c. $NaOH(ac) + HCl(ac) \longrightarrow NaCl(ac) + H_2O(l)$
   d. $2Al(s) + 3F_2(g) \longrightarrow 2AlF_3(s)$

6.99 a. $Cu^0(s)$ se oxida y $H^+(ac)$ se reduce.
   b. $Fe^0(s)$ se oxida y $Ni^{2+}(ac)$ se reduce.
   c. $Ag^0(s)$ se oxida y $Cu^{2+}(ac)$ se reduce.
   d. $Cr^0(s)$ se oxida y $Ni^{2+}(ac)$ se reduce.
   e. $Zn^0(s)$ se oxida y $Cu^{2+}(ac)$ se reduce.
   f. $Zn^0(s)$ se oxida y $Pb^{2+}(ac)$ se reduce.

6.101 a. 90.1 g/mol
    b. 3.01×10^{23} moléculas
    c. 2.71×10^{24} átomos de C
    d. 220 g de ácido láctico

6.103 a. 161.5 g/mol   **b.** 389.9 g/mol   **c.** 169.1 g/mol

6.105 a. 5.87 g   **b.** 10.7 g   **c.** 15.9 g

6.107 a. 0.568 moles   **b.** 0.321 moles   **c.** 0.262 moles

6.109 a. 242 g de glucosa
    b. 123 g de etanol

6.111 a. $2NH_3(g) + 5F_2(g) \longrightarrow N_2F_4(g) + 6HF(g)$
    b. 1.33 moles de NH_3 y 3.33 moles de F_2
    c. 143 g de F_2
    d. 10.4 g de N_2F_4

6.113 a. $C_2H_6(g) + 6Cl_2(g) \longrightarrow C_2Cl_6(g) + 6HCl(g)$
    b. 9.60 moles de cloro
    c. 364 g de HCl
    d. 394 g de hexacloroetano

6.115 81.4%

6.117 a. 48 g de C_5H_{12} **b.** 27.5 g de CO_2 **c.** 92.8 g de CO_2

6.119 16.8 g de NaCl

6.121 a. 1.08 kcal se liberan
    b. $2NO(g) \longrightarrow N_2(g) + O_2(g) + 21.6$ kcal
    c. Se requieren 1.80 kcal

6.123 a. $3Pb(NO_3)_2(ac) + 2Na_3PO_4(ac) \longrightarrow$
          $Pb_3(PO_4)_2(s) + 6NaNO_3(ac)$ sustitución doble
    b. $4Ga(s) + 3O_2(g) \xrightarrow{\Delta} 2Ga_2O_3(s)$ combinación
    c. $2NaNO_3(s) \xrightarrow{\Delta} 2NaNO_2(s) + O_2(g)$ descomposición
    d. $Bi_2O_3(s) + 3C(s) \longrightarrow 2Bi(s) + 3CO(g)$
               sustitución simple

6.125 a. 5.00 g de oro
    b. 1.53×10^{22} átomos de Au
    c. 0.038 moles de oxígeno

6.127 a. $4Al(s) + 3O_2(g) \longrightarrow 2Al_2O_3(s)$
    b. reacción de combustión
    c. 3.38 moles de oxígeno
    d. 94.8 g de óxido de aluminio.
    e. 17.0 g de óxido de aluminio.
    f. 59.5 g de óxido de aluminio.

Combinación de ideas de los capítulos 3 al 6

CI.7 Algunos de los isótopos del silicio se mencionan en la siguiente tabla: (3.4, 3.5, 3.7, 4.2, 4.4, 5.8)

Isótopo	% abundancia natural	Masa atómica (uma)	Vida media	Radiación emitida
$_{14}^{27}$Si		26.99	4.2 s	Positrón
$_{14}^{28}$Si	92.23	27.98	Estable	Ninguna
$_{14}^{29}$Si	4.67	28.98	Estable	Ninguna
$_{14}^{30}$Si	3.10	29.97	Estable	Ninguna
$_{14}^{31}$Si		30.98	2.6 h	Beta

a. En la siguiente tabla, indique el número de protones, neutrones y electrones para cada isótopo mencionado:

Isótopo	Número de protones	Número de neutrones	Número de electrones
$_{14}^{27}$Si			
$_{14}^{28}$Si			
$_{14}^{29}$Si			
$_{14}^{30}$Si			
$_{14}^{31}$Si			

b. ¿Cuál es la configuración electrónica del silicio?
c. Calcule la masa atómica del silicio utilizando para ello los isótopos que tengan abundancia natural.
d. Escriba ecuaciones nucleares balanceadas para el decaimiento del $_{14}^{27}$Si y el $_{14}^{31}$Si.
e. Dibuje la fórmula de electrón-punto y prediga la geometría del SiCl$_4$.
f. ¿Cuántas horas se necesitan para que una muestra de $_{14}^{31}$Si, con una actividad de 16 μCi, decaiga a 2.0 μCi?

CI.8 K$^+$, un electrolito indispensable para el cuerpo humano, se encuentra en muchos alimentos y en sustitutos de sal. Un isótopo del potasio es $_{19}^{40}$K, el cual tiene una abundancia natural de 0.012%, una vida media de 1.30×10^9 años, y una actividad de 7.0 μCi por gramo. El isótopo $_{19}^{40}$K decae a $_{20}^{40}$Ca o a $_{18}^{40}$Ar. (4.2, 4.3, 4.4, 6.4)

El cloruro de potasio se usa como sustituto de la sal de mesa.

a. Escriba una ecuación nuclear balanceada para cada tipo de decaimiento.
b. Identifique la partícula emitida para cada tipo de decaimiento.
c. ¿Cuántos iones K$^+$ hay en 3.5 oz de KCl?
d. ¿Cuál es la actividad de 25 g de KCl, en becquerels?

CI.9 El gas noble radiactivo radón-222 despierta mucha preocupación en los ambientalistas ya que puede filtrarse a través del suelo en los sótanos de casas y edificios. El radón-222 es un producto del decaimiento del radio-226 que existe naturalmente en rocas y suelo en gran parte de Estados Unidos. El radón-222, que tiene una vida media de 3.8 días, decae mediante la emisión de partículas alfa. El radón-222, al inhalarse, puede acumularse en los pulmones, y los científicos lo han asociado fuertemente con el cáncer de pulmón. Los organismos ambientalistas establecieron el nivel máximo de radón-222 en una casa en 4 picocuries por litro (pCi/L) de aire. (4.2, 4.3, 4.4)

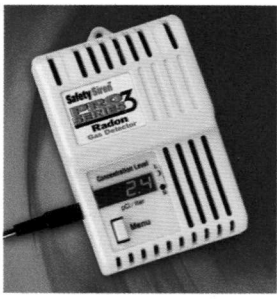

Un equipo de detección doméstico sirve para medir el nivel de radón-222.

a. Escriba la ecuación nuclear balanceada para el decaimiento de Ra-226.
b. Escriba la ecuación nuclear balanceada para el decaimiento de Rn-222.
c. Si una habitación contiene 24 000 átomos de radón-222, ¿cuántos átomos de radón-222 quedan después de 15.2 días?
d. Suponga que una habitación en una casa tiene un volumen de 72 000 L (7.2×10^4 L). Si el nivel de radón es de 2.5 mCi/L, ¿cuántas partículas alfa se emiten en un día?

CI.10 Un brazalete de plata sterling, que es plata al 92.5% en masa, tiene un volumen de 25.6 cm^3 y una densidad de 10.2 g/cm^3. (1.8, 1.9, 1.10, 3.5, 6.4).

La plata sterling es plata al 92.5% en masa.

a. ¿Cuál es la masa, en kilogramos, del brazalete?
b. ¿Cuántos átomos de plata hay en el brazalete?
c. Determine el número de protones y neutrones en cada uno de los dos isótopos estables de la plata: $_{47}^{107}$Ag y $_{47}^{109}$Ag.

CI.11 Considere la pérdida de electrones por átomos del elemento X en el Grupo 2A (2), periodo 3, y una ganancia de electrones por los átomos del elemento Y en el Grupo 7A (17), periodo 3. (3.6, 3.7, 5.1, 5.2, 5.3, 5.7)

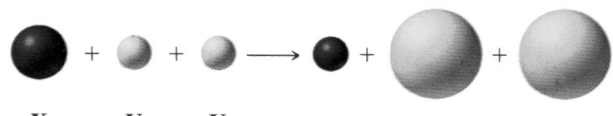

X   Y   Y

a. ¿Cuál reactivo tiene mayor electronegatividad?

b. ¿Cuáles son las cargas iónicas de X y Y en el producto?

c. Escriba las configuraciones electrónicas de los átomos X y Y.

d. Escriba las configuraciones electrónicas de los iones de X y Y.

e. Escriba la fórmula y el nombre para el compuesto iónico formado por los iones de X y Y.

CI.12 El ingrediente activo en Tums® es carbonato de calcio. Una tableta de Tums® contiene 500.0 mg de carbonato de calcio. (1.8, 1.9, 5.2, 5.3, 5.4, 6.4, 6.5, 6.6)

El ingrediente activo en Tums® neutraliza el ácido estomacal que se halla en exceso.

a. ¿Cuál es la fórmula del carbonato de calcio?

b. ¿Cuál es la masa molar del carbonato de calcio?

c. ¿Cuántos moles de carbonato de calcio hay en un paquete de Tums® que contiene 12 tabletas?

d. Si una persona toma dos tabletas Tums®, ¿cuántos gramos de calcio obtiene?

e. Si la cantidad diaria recomendada de Ca^{2+} para mantener la fuerza ósea en las mujeres maduras es de 1500 mg, ¿cuántas tabletas suministrarán el calcio necesario?

CI.13 La acetona (propanona), un solvente líquido claro con un olor acre, se utiliza para quitar esmalte de uñas, pinturas y resinas. Tiene un punto de ebullición bajo y es enormemente inflamable. La combustión de acetona tiene una ΔH de -28.5 kJ/g. La acetona tiene una densidad de 0.786 g/mL. (1.10, 5.5, 5.7, 6.1, 6.2, 6.4, 6.5, 6.7, 6.9)

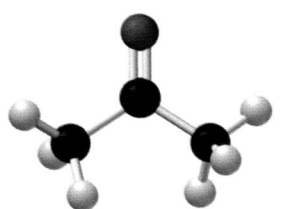 

La acetona consta de átomos de carbono (negro), átomos de hidrógeno (blanco) y un átomo de oxígeno (rojo) de acuerdo al modelo de barras y esferas mostrado en la figura.

a. ¿Cuál es la fórmula molecular de la acetona?

b. ¿Cuál es la masa molar de la acetona?

c. Identifique los enlaces C—C, C—H y C—O en una molécula de acetona como covalente polar o covalente no polar.

d. Escriba la ecuación balanceada para la combustión de la acetona.

e. ¿Cuántos gramos de gas oxígeno se necesitan para reaccionar con 15.0 mL de acetona?

f. ¿Cuánto calor, en kilojoules, se emiten por la reacción en el inciso **e**?

CI.14 El compuesto de ácido butírico da a la mantequilla rancia su olor característico. (1.10, 5.5, 5.7, 6.1, 6.2, 6.4, 6.5, 6.7, 6.8)

 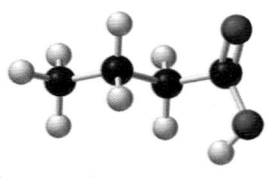

Ácido butírico

El ácido butírico produce el olor característico de mantequilla rancia.

a. Si las esferas negras son átomos de carbono, las esferas blancas son átomos de hidrógeno y las esferas rojas son átomos de oxígeno en el modelo de barras y esferas mostrado, ¿cuál es la fórmula del ácido butírico?

b. ¿Cuál es la masa molar del ácido butírico?

c. ¿Cuántos gramos de ácido butírico contienen 3.28×10^{23} átomos de O?

d. ¿Cuántos gramos de carbono hay en 5.28 g de ácido butírico?

e. El ácido butírico tiene una densidad de 0.959 g/mL a 20 °C. ¿Cuántos moles de ácido butírico hay en 1.56 mL de ácido butírico?

f. Escriba una ecuación balanceada para la combustión de ácido butírico con gas oxígeno para formar dióxido de carbono y agua.

g. ¿Cuántos gramos de oxígeno se necesitan para hacer reaccionar completamente 1.58 g de ácido butírico?

h. ¿Cuál es la masa del dióxido de carbono formado cuando reaccionan 100 g de ácido butírico y 100 g de oxígeno?

CI.15 Tamiflu® (Oseltamivir), $C_{16}H_{28}N_2O_4$, es un medicamento antiviral que se usa para tratar la influenza. La preparación de Tamiflu® comienza con la extracción de ácido shikímico de las vainas de semillas de la especie china del anís estrella (*Illicium verum*). Con 2.6 g de anís estrella pueden obtenerse 0.13 g de ácido shikímico y usarse para producir una cápsula que contiene 75 mg de Tamiflu®. La dosis adulta habitual para el tratamiento de la influenza es dos cápsulas de Tamiflu® al día durante 5 días. (5.5, 5.7, 6.1, 6.2, 6.4, 6.5)

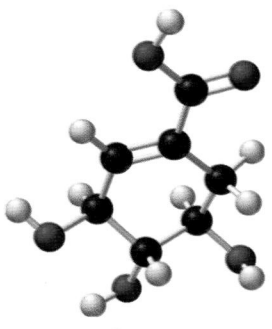

Ácido shikímico

El ácido shikímico es la base del medicamento antiviral Tamiflu®.

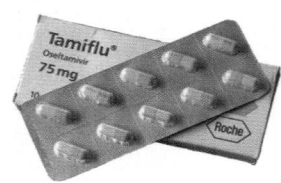

La especia llamada *anís estrella* es una fuente vegetal del ácido shikímico.

a. ¿Cuál es la fórmula del ácido shikímico? (Interpretar en el modelo de barras y esferas como: esferas negras = C, esferas blancas = H, esferas rojas = O)

b. ¿Cuál es la masa molar del ácido shikímico?

c. ¿Cuántos moles de ácido shikímico están contenidos en 130 g de ácido shikímico?

d. ¿Cuántas cápsulas, que contiene 75 mg de Tamiflu®, podrían producirse con 155 g de anís estrella?

e. ¿Cuál es la masa molar del Tamiflu®?

f. ¿Cuántos kilogramos de Tamiflu® se necesitarían para tratar a todas las personas de una ciudad con una población de 500 000 habitantes si cada uno toma dos cápsulas de Tamiflu® al día durante 5 días?

CI.16 Cuando la ropa tiene manchas, con frecuencia se agrega blanqueador al agua para que reaccione con la suciedad y vuelva incoloras las manchas. Una marca de blanqueador contiene 5.25% en masa de hipoclorito de sodio (ingrediente activo), con una densidad de 1.08 g/mL. La solución de blanqueador líquido se prepara al burbujear gas cloro en una solución de hidróxido de sodio, con lo que se produce hipoclorito de sodio, cloruro de sodio y agua. (1.10, 5.2, 5.4, 6.1, 6.4, 6.5, 6.8)

El componente activo del blanqueador de ropa es hipoclorito de sodio.

a. ¿Cuál es la fórmula química y la masa molar del hipoclorito de sodio?

b. ¿Cuántos iones de hipoclorito están presentes en 1.00 galón de solución blanqueadora?

c. Escriba la ecuación balanceada para la preparación de blanqueador.

d. ¿Cuántos gramos de NaOH se necesitan para producir la masa de hipoclorito de sodio en 1.00 galón de blanqueador?

e. Si 165 g de Cl_2 pasan a través de una solución que contiene 275 g de NaOH, y se producen 162 g de hipoclorito de sodio, ¿cuál es el rendimiento porcentual de hipoclorito de sodio para la reacción?

RESPUESTAS

CI.7 **a.**

Isótopo	Número de protones	Número de neutrones	Número de electrones
$^{27}_{14}Si$	14	13	14
$^{28}_{14}Si$	14	14	14
$^{29}_{14}Si$	14	15	14
$^{30}_{14}Si$	14	16	14
$^{31}_{14}Si$	14	17	14

b. $1s^2 2s^2 2p^6 3s^2 3p^2$

c. La masa atómica calculada a partir de los tres isótopos estables es 28.09 uma.

d. $^{27}_{14}Si \longrightarrow {}^{27}_{13}Al + {}^{0}_{+1}e$ y $^{31}_{14}Si \longrightarrow {}^{31}_{15}P + {}^{0}_{-1}e$

e.

$$:\ddot{C}l:$$
$$\quad | \quad$$
$$:\ddot{C}l-Si-\ddot{C}l:$$
$$\quad | \quad$$
$$:\ddot{C}l:$$

Geometría tetraédrica

f. 7.8 h

CI.9 **a.** $^{226}_{88}Ra \longrightarrow {}^{222}_{86}Rn + {}^{4}_{2}He$

b. $^{222}_{86}Rn \longrightarrow {}^{218}_{84}Po + {}^{4}_{2}He$

c. Quedan 1500 átomos de radón-222

d. 5.8×10^8 partículas alfa

CI.11 **a.** Y tiene la mayor electronegatividad.

b. X^{2+}, Y^-

c. $X = 1s^2 2s^2 2p^6 3s^2$ $Y = 1s^2 2s^2 2p^6 3s^2 3p^5$

d. $X^{2+} = 1s^2 2s^2 2p^6$ $Y^- = 1s^2 2s^2 2p^6 3s^2 3p^6$

e. $MgCl_2$, cloruro de magnesio

CI.13 **a.** C_3H_6O

b. 58.1 g/mol

c. enlaces covalentes no polares: C—C, C—H; enlace covalente polar: C—O

d. $C_3H_6O(l) + 4O_2(g) \xrightarrow{\Delta} 3CO_2(g) + 3H_2O(g) +$ energía

e. 26.0 g de O_2

f. 336 kJ

CI.15 **a.** $C_7H_{10}O_5$

b. 174.1 g/mol

c. 0.75 moles

d. 59 cápsulas

e. 312 g/mol

f. 400 kg

Gases

CONTENIDO DEL CAPÍTULO

Visite **www.masteringchemistry.com** para acceder a materiales de autoaprendizaje y tareas asignadas por el instructor.

Después de su práctica de fútbol, Whitney se quejó de que tenía problemas para respirar. Su padre la llevó rápidamente al servicio de urgencias, donde la vio un terapeuta respiratorio. El terapeuta escuchó el pecho de Whitney y luego examinó su capacidad respiratoria con un espirómetro. Con base en la limitada capacidad para respirar y el silbido del pecho, a Whitney se le diagnosticó asma.

El terapeuta dio a Whitney un nebulizador que contiene un broncodilatador que abre las vías respiratorias y permite que más aire entre en los pulmones. Durante el tratamiento respiratorio, el terapeuta midió la cantidad de oxígeno (O_2) en su sangre y explicó a Whitney y a su padre que el aire es una mezcla de gases que contiene 78% gas nitrógeno (N_2) y 21% gas O_2. Puesto que Whitney tenía dificultad para obtener suficiente oxígeno del aire que respiraba, el terapeuta respiratorio le administró oxígeno complementario por medio de una mascarilla de oxígeno. En poco tiempo la respiración de Whitney regresó a la normalidad. Luego el terapeuta le explicó que la función de los pulmones se puede explicar, de acuerdo a la ley de Boyle, del siguiente modo: su volumen aumenta con la inhalación y la presión disminuye para permitir que entre el aire. Sin embargo, durante una crisis de asma las vías respiratorias se restringen y se vuelve más difícil expandir el volumen de los pulmones.

Profesión: Terapeuta respiratorio

Los terapeutas respiratorios valoran y tratan a una diversidad de pacientes, incluidos los lactantes prematuros cuyos pulmones no se desarrollaron y asmáticos o pacientes con enfisema o fibrosis quística. Cuando evalúan a los pacientes, realizan varias pruebas diagnósticas, como las de capacidad respiratoria, concentraciones de oxígeno y dióxido de carbono en la sangre, así como pH sanguíneo. Para poder tratar a los enfermos, los terapeutas administran oxígeno o medicamentos en aerosol al paciente, y fisioterapia torácica para eliminar el moco de los pulmones. El terapeuta respiratorio también les enseña a usar correctamente los inhaladores.

oda la vida se desarrolla en el fondo de un mar de gases llamado *atmósfera*. El más importante de estos gases es el oxígeno, que constituye alrededor del 21% de la atmósfera. Sin oxígeno, la vida en este planeta sería imposible, porque el oxígeno es vital para todos los procesos de vida de plantas y animales. El ozono (O_3), formado en la atmósfera superior por la interacción del oxígeno con la luz ultravioleta, absorbe parte de la dañina radiación proveniente del espacio antes de que pueda golpear la superficie de la Tierra. Los otros gases de la atmósfera son nitrógeno (78%), argón, dióxido de carbono (CO_2) y vapor de agua. El gas dióxido de carbono, un producto de la combustión y el metabolismo, lo utilizan las plantas en la fotosíntesis, un proceso que produce el oxígeno que es esencial para los seres humanos y animales.

La atmósfera se ha convertido en un terreno de descarga para otros gases, como el metano, los clorofluorocarbonos (CFC) y óxidos de nitrógeno, así como de compuestos orgánicos volátiles (COV), que son gases de pinturas, diluyentes de pinturas y artículos para limpieza. Las reacciones químicas de estos gases con la luz solar y el oxígeno del aire contribuyen a la contaminación atmosférica, el agotamiento de la capa de ozono, el calentamiento global y la lluvia ácida. Estos cambios químicos pueden afectar seriamente la salud y el estilo de vida de los seres humanos. El conocimiento de los gases y de las leyes que gobiernan su comportamiento puede ayudar a entender la naturaleza de la materia y a tomar decisiones respecto de importantes temas ambientales y de salud.

7.1 Propiedades de los gases

La humanidad está rodeada de gases, pero con frecuencia no se da cuenta de su presencia. De los elementos en la tabla periódica, sólo unos cuantos existen como gases a temperatura ambiente: H_2, N_2, O_2, F_2, Cl_2 y los gases nobles. Otro grupo de gases incluye los óxidos de los no metales en la esquina superior derecha de la tabla periódica, como CO, CO_2, NO, NO_2, SO_2 y SO_3. Por lo general, las moléculas que son gases a temperatura ambiente tienen menos de cinco átomos, que son de elementos que se encuentran en el primer o segundo periodos.

El comportamiento de los gases es muy diferente del de los líquidos y sólidos. Como usted aprendió en la sección 2.4, las partículas de gas están separadas, mientras que las partículas tanto de líquidos como de sólidos se mantienen unidas. Un gas no tiene forma o volumen definido, y llena por completo cualquier recipiente. Como estudió en la sección 5.9, las fuerzas de atracción entre las partículas de un gas son mínimas. Por tanto, hay grandes distancias entre las partículas de un gas, lo que hace a un gas menos denso que un sólido o un líquido, y fácil de comprimir. Un modelo que ayuda a entender el comportamiento de un gas es la llamada **teoría cinético-molecular de los gases**.

Teoría cinético-molecular de los gases

1. **Un gas está formado por pequeñas partículas (átomos o moléculas) que se mueven en forma aleatoria a altas velocidades.** Las moléculas de un gas que se mueven en direcciones aleatorias a gran velocidad hacen que un gas llene todo el volumen de un recipiente.

2. **Las fuerzas de atracción entre las partículas de un gas generalmente son muy pequeñas.** Las partículas de un gas están separadas y llenan un recipiente de cualquier tamaño y forma.

3. **El volumen real de las moléculas de un gas es extremadamente pequeño comparado con el volumen que ocupa el gas.** El volumen del gas se considera igual al volumen del recipiente. La mayor parte del volumen de un gas es espacio vacío, lo que permite que los gases se compriman con facilidad.

4. **Las partículas de un gas están en movimiento constante y se mueven rápidamente en líneas rectas.** Cuando las partículas de gas chocan, rebotan y viajan en nuevas direcciones. Cada vez que golpean las paredes de un recipiente, ejercen presión. Un aumento del número o fuerza de las colisiones contra las paredes de un recipiente ocasiona un aumento en la presión del gas.

5. **La energía cinética promedio de las moléculas del gas es proporcional a la temperatura Kelvin.** Las partículas de un gas se mueven más rápido a medida que aumenta la temperatura. A temperaturas más altas las partículas del gas golpean las paredes del recipiente con más fuerza, lo que produce presiones más altas.

La teoría cinético-molecular de los gases ayuda a explicar algunas de las características de los gases. Por ejemplo, uno percibe rápidamente el aroma de un perfume cuando se abre la botella al otro lado de la habitación, porque sus partículas se mueven con rapidez en todas direcciones. A temperatura ambiente, las moléculas del aire se mueven a unos 450 m/s, que es 1000 mi/h. Se mueven más rápido a temperaturas más altas y más lento a temperaturas más bajas. Algunas veces, los neumáticos y recipientes llenos de gas explotan cuando las temperaturas son muy altas. Conforme a la teoría cinético-molecular de los gases, se sabe que las partículas de gas se mueven más rápido cuando se calientan, golpean las paredes de un recipiente con más fuerza y causan una acumulación de presión en el interior del recipiente.

COMPROBACIÓN DE CONCEPTOS 7.1 **Propiedades de los gases**

Use la teoría cinético-molecular de los gases para explicar cada uno de los enunciados siguientes:

a. Usted puede percibir el olor de cebollas que se cocinan desde muy lejos.

b. El volumen de un globo lleno de gas helio aumenta cuando se deja al Sol.

RESPUESTA

a. Las moléculas de gas, que transportan el aroma del alimento en cocción, se mueven con gran rapidez en direcciones aleatorias y a grandes distancias para llegar a usted en una ubicación diferente.

b. Cuando aumenta la temperatura de un gas, las partículas de gas se muevan más rápido y golpean las paredes del globo con más frecuencia y más fuerza, lo que aumenta su volumen.

Cuando se habla de un gas, se le describe en términos de cuatro propiedades: presión, volumen, temperatura y cantidad.

Presión (*P*)

Las partículas de gas son extremadamente pequeñas y se mueven con rapidez. Cuando golpean las paredes de un recipiente, ejercen una **presión** (véase la figura 7.1). Si calienta el recipiente, las moléculas se mueven más rápido y chocan en las paredes con más frecuencia y cada vez con mayor fuerza, por lo que la presión aumenta. Las partículas de gas en el aire, en su mayor parte moléculas de oxígeno y nitrógeno, ejercen una presión sobre las personas, denominada **presión atmosférica** (véase la figura 7.2). A medida que uno asciende a mayores altitudes, la presión atmosférica disminuye porque la atmósfera se adelgaza y hay menos partículas en el aire. Las unidades más utilizadas para medir la presión del gas son *atmósfera* (atm) y *milímetros de mercurio* (mmHg). En el reporte climatológico de la televisión puede escuchar o ver que la presión atmosférica se da en pulgadas de mercurio, o si es un país distinto de Estados Unidos, en kilopascales. En un hospital puede usarse la unidad *torr*.

Volumen (*V*)

El volumen de un gas es igual al tamaño del recipiente donde se coloca el gas. Cuando usted infla un neumático o un balón de básquetbol, lo que hace es agregar más partículas de gas. El incremento del número de partículas que golpean las paredes del neumático o el balón aumenta el volumen. Algunas veces, cuando la mañana es fría, el neumático parece ponchado. El volumen del neumático disminuyó porque la temperatura menor reduce la velocidad de las moléculas, lo que a su vez reduce la fuerza de sus impactos sobre las paredes del neumático. Las unidades más utilizadas para medir el volumen son litros (L) y mililitros (mL).

Temperatura (*T*)

La temperatura de un gas guarda relación con la energía cinética de sus partículas. Por ejemplo, si se tiene un gas a 200 K en un recipiente rígido y se le calienta a una temperatura de 400 K, las partículas del gas tendrán el doble de energía cinética de la que tenían a 200 K. Esto también significa que el gas a 400 K ejerce el doble de presión del gas a 200 K. Si bien

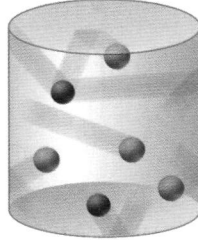

FIGURA 7.1 Las partículas de un gas se mueven en líneas rectas en el interior del recipiente. Dichas partículas ejercen presión cuando chocan con las paredes del recipiente.

P ¿Por qué cuando se calienta el recipiente aumenta la presión del gas en su interior?

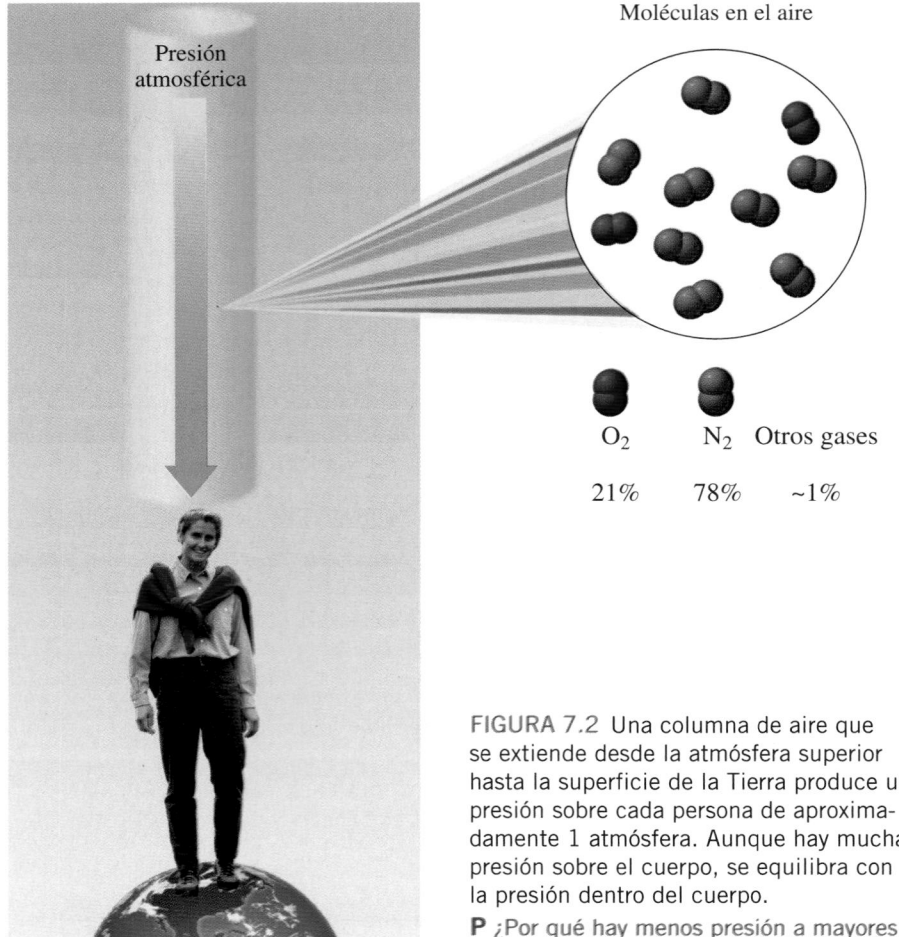

FIGURA 7.2 Una columna de aire que se extiende desde la atmósfera superior hasta la superficie de la Tierra produce una presión sobre cada persona de aproximadamente 1 atmósfera. Aunque hay mucha presión sobre el cuerpo, se equilibra con la presión dentro del cuerpo.

P ¿Por qué hay menos presión a mayores altitudes?

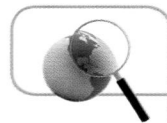

Explore su mundo

FORMACIÓN DE UN GAS

Consiga bicarbonato de sodio y un frasco o una botella de plástico. También necesitará un guante elástico que ajuste sobre la boca del frasco o un globo que quede justo sobre la parte superior de la botella de plástico. Ponga una taza de vinagre en el frasco o botella. Rocíe un poco de bicarbonato de sodio dentro de los dedos del guante o en el interior del globo. Ajuste cuidadosamente el guante o globo sobre la boca del frasco o botella. Lentamente levante los dedos del guante o el globo de modo que el bicarbonato de sodio caiga sobre el vinagre. Observe lo que ocurre. Apriete el guante o globo.

PREGUNTAS

1. Describa las propiedades del gas que observe conforme tiene lugar la reacción entre el vinagre y el bicarbonato de sodio.
2. ¿Cómo sabe que se formó un gas?

la temperatura del gas se mide con un termómetro Celsius, todas las comparaciones del comportamiento de los gases y todos los cálculos relacionados con la temperatura deben hacerse en la escala de temperatura Kelvin. Se predice que en el cero absoluto (0 K) las partículas tendrán una energía cinética igual a cero y, por tanto, la presión ejercida será igual a cero; sin embargo, nadie ha logrado llegar todavía a las condiciones del cero absoluto.

Cantidad de gas (*n*)

Cuando agrega aire al neumático de bicicleta, aumenta la cantidad de gas, lo que resulta en una mayor presión en el neumático. En general, la cantidad de gas se mide por su masa (gramos). En los cálculos de las leyes de los gases, es necesario cambiar los gramos de gas a moles.

En la tabla 7.1 se presenta un resumen de las cuatro propiedades de un gas.

TABLA 7.1 Propiedades que describen un gas

Propiedad	Descripción	Unidades de medición
Presión (*P*)	La fuerza ejercida por el gas contra las paredes de su contenedor.	atmósfera (atm); milímetros de mercurio (mmHg); torr; pascal (Pa)
Volumen (*V*)	El espacio ocupado por un gas.	litro (L); mililitro (mL); metro cúbico (m^3)
Temperatura (*T*)	El factor que determina la energía cinética y la velocidad de movimiento de las partículas de gas.	grado Celsius (°C); Kelvin (K) *se necesita en los cálculos*
Cantidad (*n*)	La cantidad de gas presente en un recipiente.	gramos (g); moles (*n*) *se necesita en los cálculos*

EJEMPLO DE PROBLEMA 7.1   Propiedades de los gases

Identifique la propiedad del gas descrita en cada uno de los enunciados siguientes:

a. aumenta la energía cinética de las partículas del gas
b. resultado de la fuerza de las partículas de gas al golpear las paredes del recipiente que las contiene
c. el espacio que ocupa un gas

SOLUCIÓN

a. temperatura   **b.** presión   **c.** volumen

COMPROBACIÓN DE ESTUDIO 7.1

Conforme se agrega más gas helio a un globo, el número de gramos de helio aumenta. ¿Qué propiedad de gas describe?

PREGUNTAS Y PROBLEMAS

7.1 Propiedades de los gases

META DE APRENDIZAJE*: Describir la teoría cinético-molecular de los gases y sus propiedades.*

7.1   Use la teoría cinético-molecular de los gases para explicar cada uno de los incisos siguientes:
  a. Las partículas del gas se mueven más rápido a temperaturas más altas.
  b. Los gases pueden comprimirse mucho más que los líquidos o los sólidos.

7.2   Use la teoría cinético-molecular de los gases para explicar cada uno de los incisos siguientes:
  a. Un recipiente de aerosol antiadherente para cocinar explota cuando se lanza al fuego.
  b. El aire en un globo aerostático se calienta para hacer que el globo se eleve.

7.3   Identifique la propiedad del gas que se mide en cada uno de los siguientes incisos:
  a. 350 K
  b. 125 mL
  c. 2.00 g de O_2
  d. 755 mmHg

7.4   Identifique la propiedad del gas que se mide en cada uno de los siguientes incisos:
  a. 425 K
  b. 1.0 atm
  c. 10.0 L
  d. 0.50 moles de He

7.2 Presión en un gas

Cuando miles y miles de millones de partículas de gas golpean contra las paredes de un recipiente, ejercen una **presión**, que se define como una fuerza que actúa sobre cierta área.

$$\text{Presión } (P) = \frac{\text{fuerza}}{\text{área}}$$

La presión atmosférica puede medirse con un barómetro (véase la figura 7.3). A una presión de exactamente 1 atmósfera (atm), una columna de mercurio en un tubo de vidrio invertido tendría *exactamente* una altura de 760 mm. Una **atmósfera (atm)** se define como *exactamente* 760 mmHg (milímetros de mercurio). Una atmósfera también es 760 torr, una unidad de presión denominada así en honor de Evangelista Torricelli, el inventor del barómetro. Puesto que las unidades de torr y mmHg son iguales, se usan de manera indistinta.

1 atm = 760 mmHg = 760 torr (exacto)

1 mmHg = 1 torr (exacto)

En unidades SI, la presión se mide en pascales (Pa); 1 atm es igual a 101 325 Pa. Puesto que un pascal es una unidad muy pequeña, las presiones pueden reportarse en kilopascales.

1 atm = 101 325 Pa = 101.325 kPa

Vacío (no hay partículas de aire)

Gases de la
atmósfera
a 1 atm

760 mmHg

Mercurio
líquido

FIGURA 7.3 **Un barómetro:** La presión
ejercida por los gases en la atmósfera es
igual a la presión descendente de una
columna de mercurio en un tubo de vidrio cerrado. La altura de la columna de
mercurio medida en mmHg se denomina
presión atmosférica.

P ¿Por qué la altura de la columna de
mercurio cambia de un día a otro?

TUTORIAL
Converting Between Units of Pressure

ESTUDIO DE CASO
Scuba Diving and Blood Gases

El equivalente estadounidense de 1 atm es 14.7 libras por pulgada cuadrada (psi).
Cuando usted utiliza un manómetro para revisar la presión del aire de los neumáticos de
un automóvil, es probable que lea 30-35 psi. Esta medición en realidad es 30-35 psi sobre
la presión que ejerce la atmósfera sobre el exterior del neumático. La tabla 7.2 resume las
diversas unidades que se utilizan para medir la presión.

TABLA 7.2 Unidades para medir presión

Unidad	Abreviatura	Unidad equivalente a 1 atm
Atmósfera	atm	1 atm (exacto)
Milímetros de Hg	mmHg	760 mmHg (exacto)
Torr	torr	760 torr (exacto)
Pulgadas de Hg	in Hg	29.9 in Hg
Libras por pulgada cuadrada	lb/in^2 (psi)	14.7 lb/in^2
Pascal	Pa	101 325 Pa
Kilopascal	kPa	101.325 kPa

Si usted tiene un barómetro en casa, probablemente mida la presión en pulgadas de
mercurio. La presión atmosférica cambia con el clima y la altitud. En un día caluroso y
soleado, una columna de aire tiene más partículas, lo que aumenta la presión sobre la superficie del mercurio. La columna de mercurio se eleva, lo que indica una mayor presión
atmosférica. En un día lluvioso la atmósfera ejerce menos presión, lo que hace que la
columna de mercurio descienda. En el reporte climatológico este tipo de clima se llama
sistema de baja presión. Arriba del nivel del mar la densidad de los gases en el aire disminuye, lo que produce presiones atmosféricas más bajas; la presión atmosférica es mayor
que 760 mmHg en el Mar Muerto, porque está por abajo del nivel del mar y la columna de
aire sobre él es más alta (véase la tabla 7.3).

TABLA 7.3 Altitud y presión atmosférica

Lugar	Altitud (km)	Presión atmosférica (mmHg)
Mar Muerto	−0.40	800
Nivel del mar	0.00	760
Los Ángeles	0.09	750
Las Vegas	0.70	700
Denver	1.60	630
Monte Whitney	4.50	440
Monte Everest	8.90	250

A los buzos les debe preocupar el incremento de las presiones
sobre sus oídos y pulmones cuando nadan por debajo de la superficie del océano. Dado que el agua es más densa que el aire, la presión
sobre un buzo aumenta con rapidez a medida que el buzo desciende.
A una profundidad de 33 ft bajo la superficie del océano se ejerce
una presión de 1 atm adicional por el agua sobre el buzo, lo que
da un total de 2 atm. A 100 ft de profundidad hay una presión total
de aproximadamente 4 atm sobre el buzo. El regulador que lleva el
buzo ajusta de manera continua la presión de la mezcla de gases
para que su respiración coincida con el aumento en la presión.

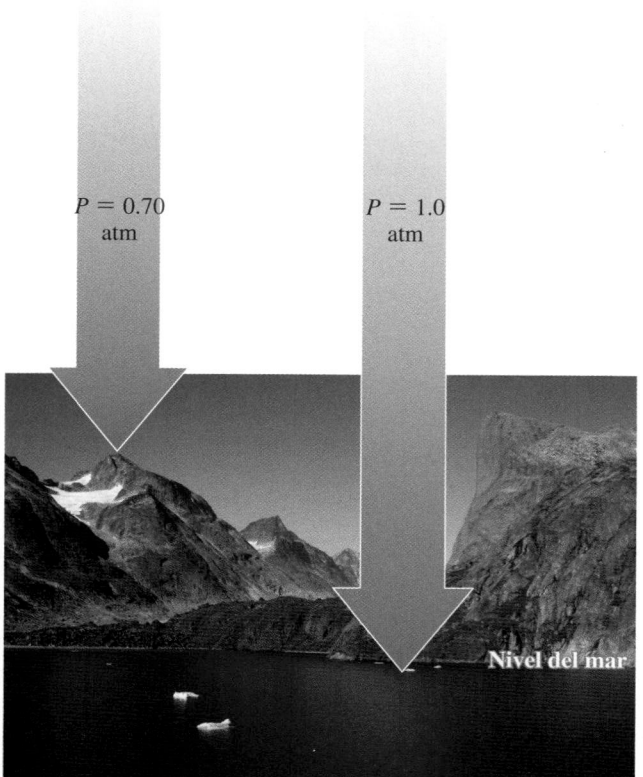

$P = 0.70$ atm

$P = 1.0$ atm

Nivel del mar

La presión atmosférica disminuye conforme aumenta la
altitud.

Unidades de presión

Una muestra de gas neón tiene una presión de 0.50 atm. Calcule la presión, en mmHg, del neón.

RESPUESTA

La equivalencia 1 atm = 760 mmHg puede escribirse como dos factores de conversión:

$$\frac{760 \text{ mmHg}}{1 \text{ atm}} \quad \text{y} \quad \frac{1 \text{ atm}}{760 \text{ mmHg}}$$

Si utiliza el factor de conversión que cancela atm y produce mmHg, puede plantear el problema como:

$$0.50 \text{ atm} \times \frac{760 \text{ mmHg}}{1 \text{ atm}} = 380 \text{ mmHg}$$

La química en la salud

MEDICIÓN DE LA PRESIÓN ARTERIAL

La presión arterial es uno de los signos vitales que un médico o enfermera revisa durante una exploración física. En realidad son dos mediciones distintas. Al actuar como bomba, el corazón se contrae para crear la presión que empuja la sangre por el sistema circulatorio. Durante la contracción, la presión arterial está en su punto más alto; ésta es la presión *sistólica*. Cuando el músculo cardiaco se relaja, la presión arterial desciende; ésta es la presión *diastólica*. El límite normal de la presión sistólica es 100-120 mmHg. Para la presión diastólica es 60-80 mmHg. En general, estas dos mediciones se expresan a manera de proporción, como por ejemplo 100/80. Estos valores son un poco mayores en los ancianos. Cuando las presiones arteriales son altas, por decir, 140/90, hay mayor riesgo de sufrir apoplejía, ataque cardiaco o daño renal. La presión arterial baja impide que el cerebro reciba oxígeno suficiente, lo que causa mareo y desvanecimiento.

Las presiones arteriales se miden con un esfigmomanómetro, un instrumento que consiste en un estetoscopio y un manguito inflable conectado a un tubo de mercurio denominado *manómetro*. Después de enrollar el manguito alrededor del brazo, se bombea con aire hasta que corta el flujo de sangre que pasa por el brazo. Con el estetoscopio sobre la arteria, se deja salir lentamente el aire del manguito, lo que reduce la presión sobre la arteria. Cuando el flujo de sangre se reanuda en la arteria, puede escucharse un ruido a través del estetoscopio, lo que indica que la presión mostrada en el manómetro es la presión arterial sistólica. A medida que el aire sigue saliendo, el manguito se desinfla hasta que no se escucha ningún sonido en la arteria. En el momento de silencio se toma una segunda lectura de presión y denota la presión diastólica, que es la presión cuando el corazón no está contraído.

El uso de monitores digitales de presión arterial es cada vez más común. Sin embargo, no están validados para usarse en todas las situaciones y algunas veces las lecturas son inexactas.

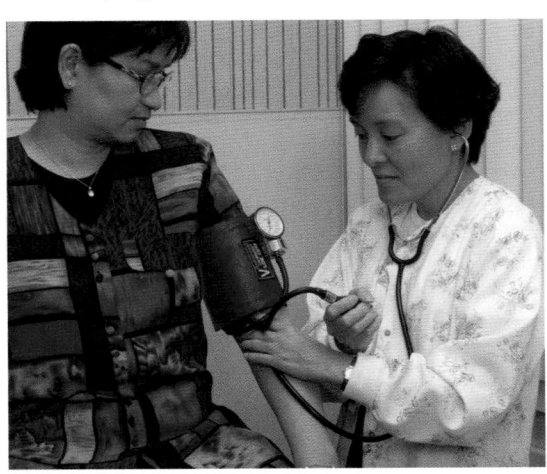

La medición de la presión arterial es parte de una exploración física de rutina.

PREGUNTAS Y PROBLEMAS

7.2 Presión en un gas

META DE APRENDIZAJE: Describir las unidades de medición usadas para presión y convertir de una unidad a otra.

7.5 ¿Qué unidades se usan para medir la presión de un gas?

7.6 ¿Cuál de los siguientes enunciados describe la presión de un gas?
- **a.** la fuerza de las partículas de gas sobre las paredes del recipiente
- **b.** el número de partículas de gas en un recipiente
- **c.** el volumen del recipiente
- **d.** 3.00 atm
- **e.** 750 torr

7.7 Un tanque de oxígeno contiene oxígeno (O_2) a una presión de 2.00 atm. ¿Cuál es la presión en el tanque en términos de las siguientes unidades?
- **a.** torr
- **b.** mmHg

7.8 Al escalar el monte Whitney, la presión atmosférica es 467 mmHg. ¿Cuál es la presión en términos de las siguientes unidades?
- **a.** atm
- **b.** torr

7.3 Presión y volumen (ley de Boyle)

Imagine que puede ver las partículas de aire golpear las paredes en el interior de una bomba para inflar neumáticos de bicicleta. ¿Qué ocurre con la presión dentro de la bomba a medida que empuja hacia abajo el manubrio? Conforme el volumen disminuye, hay una disminución del área superficial del contenedor. Las partículas de aire se amontonan, ocurren más colisiones y la presión aumenta dentro del contenedor.

Cuando el cambio en una propiedad (en este caso, volumen) causa un cambio en otra propiedad (en este caso, presión), las dos propiedades se relacionan. Si los cambios ocurren en direcciones opuestas, las propiedades tienen una **relación inversa**. La relación inversa entre la presión y el volumen de un gas se conoce como **ley de Boyle**. La ley afirma que el volumen (V) de una muestra de gas cambia inversamente con la presión (P) del gas, mientras la temperatura (T) o la cantidad del gas (n) permanezcan constantes, como se ilustra en la figura 7.4.

Si el volumen o la presión de una muestra de gas cambian sin que haya ningún cambio en la temperatura o en la cantidad del gas, entonces la presión y el volumen nuevos darán el mismo producto PV que la presión y el volumen iniciales. Por tanto, es posible igualar los productos PV inicial y final.

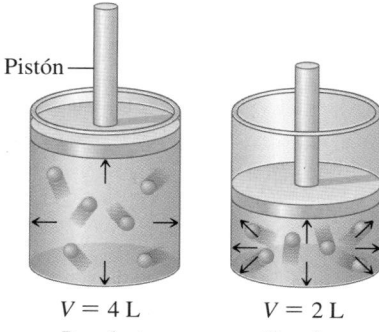

Pistón

$V = 4\,L$ $V = 2\,L$
$P = 1\,atm$ $P = 2\,atm$

FIGURA 7.4 **Ley de Boyle:** Conforme el volumen disminuye, las moléculas de gas se amontonan más, lo que produce un aumento de presión. La presión (P) y el volumen (V) guardan una relación inversa.

P Si el volumen de un gas aumenta, ¿qué ocurrirá con su presión?

Ley de Boyle

$$P_1V_1 = P_2V_2$$ No hay cambio en el número de moles ni en la temperatura

COMPROBACIÓN DE CONCEPTOS 7.3 Ley de Boyle

Enuncie y explique las razones del cambio (*aumento, disminución*) de presión de un gas que ocurre en cada uno de los casos siguientes considerando que n y T no cambian:

	Presión (P)	Volumen (V)	Cantidad (n)	Temperatura (T)
a.		disminuye	constante	constante
b.		aumenta	constante	constante

RESPUESTA

a. Cuando el volumen de un gas disminuye a n y T constantes, las partículas del gas están más juntas, lo que aumenta el número de colisiones con las paredes del recipiente. Por tanto, la presión aumenta cuando el volumen disminuye sin cambio en n y T.

b. Cuando el volumen de un gas aumenta a n y T constantes, las partículas de gas se separan más, lo que reduce el número de colisiones con las paredes del recipiente. Por tanto, la presión disminuye cuando el volumen aumenta sin cambio en n y T.

	Presión (P)	Volumen (V)	Cantidad (n)	Temperatura (T)
a.	aumenta	disminuye	constante	constante
b.	disminuye	aumenta	constante	constante

EJEMPLO DE PROBLEMA 7.2 Cómo calcular la presión cuando cambia el volumen

Una muestra de gas hidrógeno (H_2) tiene un volumen de 5.0 L y una presión de 1.0 atm. ¿Cuál es la nueva presión, en atmósferas, si el volumen disminuye a 2.0 L y se considera que la temperatura y la cantidad de gas permanecen constantes?

SOLUCIÓN

Paso 1 **Organice los datos en una tabla de condiciones iniciales y finales.** En este problema se quiere conocer la presión final (P_2) para el cambio de volumen. Coloque en una tabla las propiedades que cambian, que son volumen y presión. Las propiedades que no cambian, que son temperatura y cantidad de gas, se muestran abajo de la tabla. Dado que se proporcionan los volúmenes inicial y final del gas, se sabe que el volumen disminuye. Puede predecir que la presión aumentará. Las propiedades que permanecen constantes, en este caso, son temperatura (T) y cantidad de gas (n).

Análisis del problema

Condiciones 1	Condiciones 2	Conocida	Pronosticada
$V_1 = 5.0$ L	$V_2 = 2.0$ L	V disminuye	
$P_1 = 1.0$ atm	$P_2 = ?$ atm		P aumenta

Factores que permanecen constantes: T y n

Paso 2 **Reordene la ecuación de la ley de gas para resolver la cantidad desconocida.** En una relación PV, use la ley de Boyle, y para resolver P_2 divida ambos lados entre V_2:

$$P_1 V_1 = P_2 V_2$$

$$\frac{P_1 V_1}{V_2} = \frac{P_2 \cancel{V_2}}{\cancel{V_2}}$$

$$P_2 = P_1 \times \frac{V_1}{V_2}$$

Paso 3 **Sustituya valores en la ecuación de la ley de gas correspondiente y realice los cálculos necesarios.** Cuando se sustituyen valores, se observa que la proporción de los volúmenes (factor de volumen) es mayor que 1, lo que aumenta la presión, como se predijo en el Paso 1. Observe que las unidades de volumen (L) se cancelan para dar la presión final en atmósferas.

$$P_2 = 1.0 \text{ atm} \times \frac{5.0 \cancel{L}}{2.0 \cancel{L}} = 2.5 \text{ atm}$$

Factor de volumen
aumenta la presión

COMPROBACIÓN DE ESTUDIO 7.2

Una muestra de gas helio tiene un volumen de 150 mL a 750 torr. Si el volumen se expande a 450 mL a temperatura constante, ¿cuál es la nueva presión en torr?

Guía para usar las leyes de los gases

1 Organice los datos en una tabla de condiciones iniciales y finales.

2 Reordene la ecuación de la ley de gas para resolver la cantidad desconocida.

3 Sustituya valores en la ecuación de la ley de gas correspondiente y realice los cálculos necesarios.

EJEMPLO DE PROBLEMA 7.3 **Cómo calcular el volumen cuando cambia la presión**

La lectura que indica el manómetro en un tanque de 12 L de oxígeno comprimido es de 3800 mmHg. ¿Cuántos litros ocuparía este mismo gas a una presión de 0.75 atm a una temperatura y una cantidad de gas constantes?

SOLUCIÓN

Paso 1 **Organice los datos en una tabla de condiciones iniciales y finales.** Para relacionar las unidades de presiones inicial y final, puede convertir atm a mmHg o mmHg a atm.

$$0.75 \cancel{\text{atm}} \times \frac{760 \text{ mmHg}}{1 \cancel{\text{atm}}} = 570 \text{ mmHg}$$

$$3800 \cancel{\text{mmHg}} \times \frac{1 \text{ atm}}{760 \cancel{\text{mmHg}}} = 5.0 \text{ atm}$$

Coloque los datos del gas en una tabla en unidades de mmHg para la presión y de litros para el volumen. (También podría tener ambas presiones en unidades de atm.) Se sabe que la presión disminuye. Se puede predecir que el volumen aumenta.

Análisis del problema

Condiciones 1	Condiciones 2	Conocida	Pronosticada
$P_1 = 3800$ mmHg (5.0 atm)	$P_2 = 570$ mmHg (0.75 atm)	P disminuye	
$V_1 = 12$ L	$V_2 = ?$ L		V aumenta

Factores que permanecen constantes: T y n

Un manómetro indica la presión en un tanque.

Paso 2 **Reordene la ecuación de la ley de gas para resolver la cantidad desconocida.**
En una relación PV, use la ley de Boyle, y para resolver V_2 divida ambos lados
entre P_2. De acuerdo con la ley de Boyle, una disminución de la presión ocasionará un aumento del volumen cuando T y n permanecen constantes.

$$P_1V_1 = P_2V_2$$

$$\frac{P_1V_1}{P_2} = \frac{P_2V_2}{P_2}$$

$$V_2 = V_1 \times \frac{P_1}{P_2}$$

Paso 3 **Sustituya valores en la ecuación de la ley de gas correspondiente y realice
los cálculos necesarios.** Cuando sustituye valores con presiones en unidades de
mmHg (o ambos valores en atm), la proporción de las presiones (factor de presión) es mayor que 1, lo que aumenta el volumen como se predijo en el Paso 1.

$$V_2 = 12 \text{ L} \times \frac{3800 \text{ mmHg}}{570 \text{ mmHg}} = 80. \text{ L}$$

Factor de presión
aumenta el volumen

o

$$V_2 = 12 \text{ L} \times \frac{5.0 \text{ atm}}{0.75 \text{ atm}} = 80. \text{ L}$$

Factor de presión
aumenta el volumen

COMPROBACIÓN DE ESTUDIO 7.3

En una reserva de gas subterráneo, una burbuja de gas metano (CH_4) tiene un volumen
de 45.0 mL a 1.60 atm. ¿Qué volumen, en mililitros, ocupará cuando llegue a la superficie, donde la presión atmosférica es de 745 mmHg, si no hay cambio en la temperatura
ni en la cantidad de gas?

La química en la salud

RELACIÓN PRESIÓN-VOLUMEN EN LA RESPIRACIÓN

La importancia de la ley de Boyle se hace más
evidente cuando se considera el mecanismo de la
respiración. Los pulmones son estructuras elásti-
cas parecidas a globos, contenidos dentro de una
cámara hermética llamada *cavidad torácica*. El
diafragma, un músculo, forma el piso flexible de
la cavidad.

Inspiración

El proceso de tomar una bocanada de aire comienza
cuando el diafragma se contrae y las costillas se expanden, lo que produce un aumento del volumen
de la cavidad torácica. La elasticidad de los pulmones les permite expandirse cuando la cavidad torácica también se expande. De acuerdo con la ley de
Boyle, la presión en el interior de los pulmones
disminuye cuando su volumen aumenta, lo que
hace que la presión en el interior de los pulmones
descienda por abajo de la presión de la atmósfera.
Esta diferencia de presiones produce un *gradiente
de presión* entre los pulmones y la atmósfera. En un

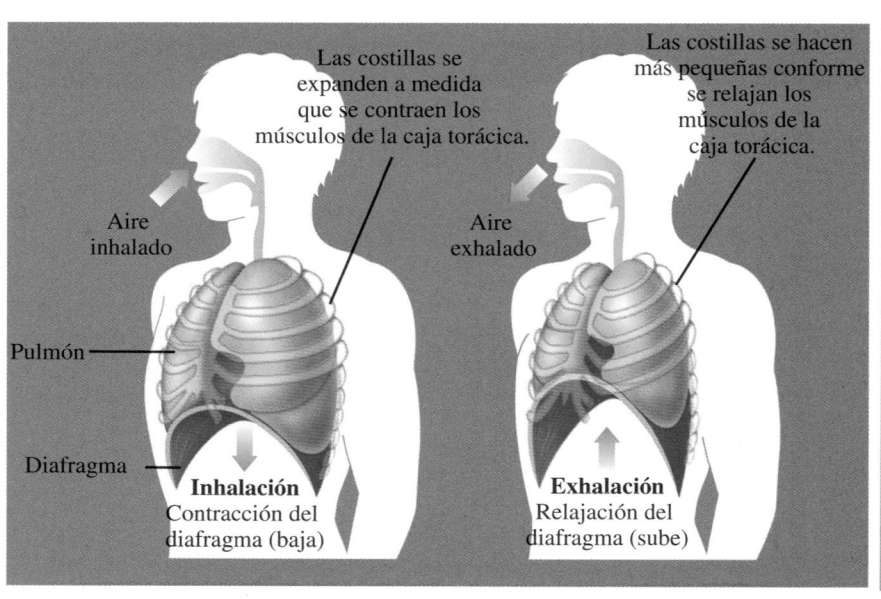

gradiente de presión, las moléculas fluyen de un área de mayor presión hacia un área de menor presión. En consecuencia, se inhala a medida que el aire fluye hacia el interior de los pulmones (*inspiración*), hasta que la presión dentro de los pulmones iguala la presión de la atmósfera.

Espiración

La *espiración*, o la fase de exhalación de la respiración, ocurre cuando el diafragma se relaja y sube de nuevo hacia la cavidad torácica, a su posición de descanso. El volumen de la cavidad torácica disminuye, lo que oprime los pulmones y reduce su volumen. Ahora la presión en los pulmones es mayor que la presión de la atmósfera, de modo que el aire fluye fuera de los pulmones hasta que se iguala su presión con la atmosférica. Por tanto, la respiración es un proceso en el que se crean en forma continua gradientes de presión entre los pulmones y el ambiente debido a los cambios de volumen.

PREGUNTAS Y PROBLEMAS

7.3 Presión y volumen (ley de Boyle)

META DE APRENDIZAJE: *Usar la relación presión-volumen (ley de Boyle) para determinar la nueva presión o volumen cuando la temperatura y la cantidad de gas permanecen constantes.*

7.9 ¿Por qué los buzos necesitan exhalar aire (y no contener su respiración) cuando ascienden a la superficie del agua?

7.10 ¿Por qué una bolsa de papas fritas sellada se expande cuando se lleva hacia una mayor altitud?

7.11 El aire en un cilindro con un pistón tiene un volumen de 220 mL y una presión de 650 mmHg.
  a. Para obtener una mayor presión dentro del cilindro a temperatura y cantidad de gas constantes, ¿el cilindro debe cambiar como se muestra en **A** o **B**? Explique por qué.

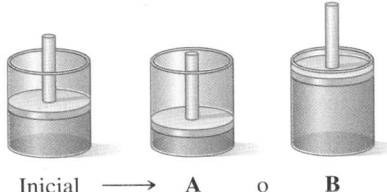

Inicial ⟶ **A** o **B**

  b. Si la presión dentro del cilindro aumenta a 1.2 atm, ¿cuál es el volumen final, en mililitros, del cilindro? Complete la siguiente tabla de datos:

Propiedad	Condiciones 1	Condiciones 2	Conocida	Pronosticada
Presión (*P*)				
Volumen (*V*)				

7.12 Un globo está lleno de gas helio. Cuando se realizan los cambios mencionados en los incisos siguientes, a temperatura y cantidad de gas constantes, ¿cuál de los diagramas (**A**, **B** o **C**) muestra el nuevo volumen del globo?

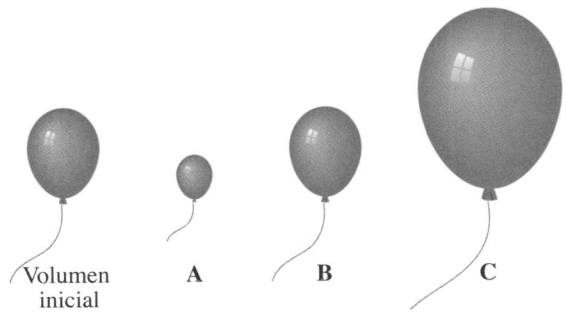

Volumen inicial   **A**   **B**   **C**

  a. El globo flota a una mayor altitud donde la presión exterior es menor.

  b. El globo se introduce en la casa, pero la presión atmosférica permanece igual.

  c. El globo se coloca en una cámara hiperbárica en la que la presión aumenta.

7.13 Un gas con un volumen de 4.0 L está en un recipiente cerrado. Indique qué cambios en su presión (*aumenta, disminuye, no cambia*) debieron ocurrir si el volumen experimenta los siguientes cambios a temperatura y cantidad de gas constantes.
  a. El volumen se comprime a 2.0 L.
  b. El volumen se expande a 12 L.
  c. El volumen se comprime a 0.40 mL.

7.14 Un gas a una presión de 2.0 atm está en un recipiente cerrado. Indique los cambios en su volumen (*aumenta, disminuye, no cambia*) cuando la presión experimenta los siguientes cambios a temperatura y cantidad de gas constantes.
  a. La presión aumenta a 6.0 atm.
  b. La presión permanece en 2.0 atm.
  c. La presión cae a 0.40 atm.

7.15 Un globo de 10.0 L contiene gas helio a una presión de 655 mmHg. ¿Cuál es la nueva presión, en mmHg, del gas helio en cada uno de los siguientes volúmenes, si su temperatura y la cantidad de gas permanecen constantes?
  a. 20.0 L   **b.** 2.50 L   **c.** 1500. mL

7.16 El aire en un tanque de 5.00 L tiene una presión de 1.20 atm. ¿Cuál es la nueva presión, en atm, del aire cuando éste se coloca en tanques que tienen los siguientes volúmenes, si su temperatura y la cantidad de gas permanecen constantes?
  a. 1.00 L   **b.** 2500. mL   **c.** 750. mL

7.17 Una muestra de nitrógeno (N_2) tiene un volumen de 50.0 L a una presión de 760 mmHg. ¿Cuál es el volumen, en litros, del gas a cada una de las siguientes presiones, si la temperatura y la cantidad de gas permanecen constantes?
  a. 1500 mmHg   **b.** 4.00 atm   **c.** 0.500 atm

7.18 Una muestra de metano (CH_4) tiene un volumen de 25 mL a una presión de 0.80 atm. ¿Cuál es el volumen del gas a cada una de las siguientes presiones, si la temperatura y la cantidad de gas permanecen constantes?
  a. 0.40 atm   **b.** 2.00 atm   **c.** 2500 mmHg

7.19 El ciclopropano, C_3H_6, es un anestésico general. Una muestra de 5.0 L tiene una presión de 5.0 atm. ¿Cuál es el volumen del anestésico administrado a un paciente a una presión de 1.0 atm si su temperatura y la cantidad de gas permanecen constantes?

7.20 El volumen del aire en los pulmones de una persona es de 615 mL a una presión de 760 mmHg. La inhalación tiene lugar a medida que la presión en los pulmones desciende a 752 mmHg sin cambio en la temperatura y la cantidad de gas. ¿A qué volumen, en mililitros, se expanden los pulmones?

7.21 Use las palabras *inspiración* o *espiración* para describir la parte del ciclo de la respiración que ocurre debido a cada una de las acciones siguientes:
  a. El diafragma se contrae (aplana).
  b. El volumen de los pulmones disminuye.
  c. La presión en el interior de los pulmones es menor que la de la atmósfera.

7.22 Use las palabras *inspiración* o *espiración* para describir la parte del ciclo de la respiración que ocurre debido a cada una de las acciones siguientes:
  a. El diafragma se relaja y sube en la cavidad torácica.
  b. El volumen de los pulmones se expande.
  c. La presión en el interior de los pulmones es mayor que la de la atmósfera.

7.4 Temperatura y volumen (ley de Charles)

META DE APRENDIZAJE

Usar la relación temperatura-volumen (ley de Charles) para determinar la nueva temperatura o volumen cuando la presión y la cantidad de gas permanecen constantes.

A medida que un gas en un globo aerostático se calienta, se expande.

Imagine que dará un paseo en un globo aerostático. El capitán enciende un quemador de propano para calentar el aire del interior del globo. A medida que la temperatura se incrementa, las partículas de aire se mueven más rápido y se dispersan, lo que hace que el volumen del globo aumente. El aire caliente se vuelve menos denso que el aire exterior, lo que hace que el globo y sus pasajeros se eleven. En 1787, Jacques Charles, a quien le gustaba viajar en globos aerostáticos y además era físico, propuso que el volumen de un gas se relaciona con la temperatura. Este planteamiento se convirtió en la **ley de Charles**, que afirma que el volumen (V) de un gas guarda una relación directa con la temperatura (T) cuando no hay cambio en la presión (P) ni en la cantidad (n) de gas (véase la figura 7.5). Una **relación directa** es aquella en la que las propiedades relacionadas aumentan o disminuyen juntas. Para dos condiciones, la ley de Charles puede escribirse del modo siguiente:

Ley de Charles

$$\frac{V_1}{T_1} = \frac{V_2}{T_2}$$ No hay cambio en el número de moles ni en la presión

Todas las temperaturas utilizadas en los cálculos de leyes de gas deben convertirse a sus correspondientes temperaturas Kelvin (K).

Para determinar el efecto de cambiar la temperatura sobre el volumen de un gas, la presión y la cantidad de gas se mantienen constantes. Si se aumenta la temperatura de una muestra de gas, se sabe, por la teoría cinético-molecular, que el movimiento (energía cinética) de las partículas del gas también aumentará. Para mantener constante la presión, el volumen del recipiente debe aumentar. Si la temperatura del gas disminuye, el volumen del recipiente debe disminuir para mantener la misma presión cuando la cantidad de gas es constante.

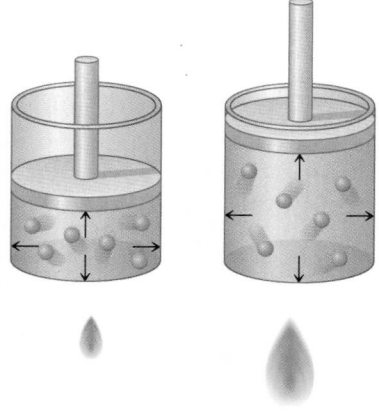

$T = 200$ K
$V = 1$ L

$T = 400$ K
$V = 2$ L

FIGURA 7.5 Ley de Charles: La temperatura Kelvin de un gas guarda una relación directa con el volumen del gas cuando no hay ningún cambio ni en la presión ni en la cantidad de gas. Cuando la temperatura aumenta, lo que hace que las moléculas se muevan más rápido, el volumen debe aumentar para mantener la presión constante.

P Si la temperatura de un gas disminuye a una presión y una cantidad de gas constantes, ¿cómo cambiará el volumen?

COMPROBACIÓN DE CONCEPTOS 7.4 | **Ley de Charles**

Enuncie y explique la razón del cambio en el volumen de un gas (*aumenta, disminuye*) que ocurre en los casos siguientes cuando P y n permanecen constantes:

Temperatura (T)	Volumen (V)	Presión (P)	Cantidad (n)
a. aumenta		constante	constante
b. disminuye		constante	constante

RESPUESTA

a. Cuando la temperatura de un gas aumenta a P y n constantes, las partículas de gas se mueven más rápido. Para mantener la presión constante, el volumen del recipiente debe aumentar cuando la temperatura aumente sin ningún cambio en P y n.

b. Cuando la temperatura de un gas disminuye a P y n constantes, las partículas de gas se mueven en forma más lenta. Para mantener la presión constante, el volumen del contenedor debe disminuir cuando la temperatura disminuye sin ningún cambio en P y n.

Temperatura (T)	Volumen (V)	Presión (P)	Cantidad (n)
a. aumenta	aumenta	constante	constante
b. disminuye	disminuye	constante	constante

EJEMPLO DE PROBLEMA 7.4 **Cómo calcular el volumen cuando la temperatura cambia**

Una muestra de gas argón tiene un volumen de 5.40 L y una temperatura de 15 °C. Encuentre el nuevo volumen, en litros, del gas después de que la temperatura aumenta a 42 °C a presión y cantidad de gas constantes.

SOLUCIÓN

Paso 1 **Organice los datos en una tabla de condiciones iniciales y finales.** Las propiedades que cambian, que son la temperatura y el volumen, se indican en la tabla. Las propiedades que no cambian, que son presión y cantidad de gas, se muestran abajo de la tabla. Cuando la temperatura se proporciona en grados Celsius, debe cambiar a Kelvin. Puesto que se conocen las temperaturas inicial y final del gas, se sabe que la temperatura aumenta. Por tanto, es posible predecir que el volumen aumenta.

$$T_1 = 15 \,°C + 273 = 288 \text{ K}$$
$$T_2 = 42 \,°C + 273 = 315 \text{ K}$$

Análisis del problema

Condiciones 1	Condiciones 2	Conocida	Pronosticada
$T_1 = 288$ K	$T_2 = 315$ K	T aumenta	
$V_1 = 5.40$ L	$V_2 = ?$ L		V aumenta

Factores que permanecen constantes: P y n

Paso 2 **Reordene la ecuación de ley de gas para resolver la cantidad desconocida.** En este problema se quiere conocer el volumen final (V_2) cuando la temperatura aumenta. Con la ley de Charles, para resolver V_2 se multiplican ambos lados por T_2.

$$\frac{V_1}{T_1} = \frac{V_2}{T_2}$$

$$\frac{V_1}{T_1} \times T_2 = \frac{V_2}{\cancel{T_2}} \times \cancel{T_2}$$

$$V_2 = V_1 \times \frac{T_2}{T_1}$$

Paso 3 **Sustituya valores en la ecuación de ley de gas correspondiente y realice los cálculos necesarios.** Se observa que la temperatura aumentó. Puesto que la temperatura guarda una relación directa con el volumen, el volumen debe aumentar. Cuando se sustituyen los valores, se observa que la proporción de las temperaturas (factor de temperatura) es mayor que 1, lo que aumenta el volumen, como se predijo en el Paso 1.

$$V_2 = 5.40 \text{ L} \times \frac{315 \text{ K}}{288 \text{ K}} = 5.91 \text{ L}$$

Factor de temperatura
aumenta el volumen

COMPROBACIÓN DE ESTUDIO 7.4

Un montañista con una temperatura corporal de 37 °C inhala 486 mL de aire a una temperatura de −8 °C. ¿Qué volumen, en mililitros, ocupará el aire en sus pulmones, si la presión y la cantidad de gas no cambian?

MC

TUTORIAL
Temperature and Volume

La química en el ambiente

GASES DE EFECTO INVERNADERO

El término *gases de efecto invernadero* se utilizó por primera vez durante los inicios del siglo XIX para los gases de la atmósfera que atrapan calor. Entre los gases de efecto invernadero se encuentran dióxido de carbono (CO_2), metano (CH_4), óxido de dinitrógeno (N_2O) y clorofluorocarbonos (CFC). Las moléculas de los gases de efecto invernadero consisten en más de dos átomos que vibran cuando absorben calor. Por el contrario, el oxígeno y el nitrógeno no atrapan calor y no son gases de efecto invernadero. Puesto que los dos átomos en sus moléculas están firmemente enlazados, no absorben calor.

Los gases de efecto invernadero ayudan a mantener la temperatura superficial promedio de la Tierra en 15 °C. Sin gases de efecto invernadero, se estima que la temperatura superficial promedio de la Tierra sería de −18 °C. La mayoría de los científicos afirma que la concentración de los gases de efecto invernadero en la atmósfera y la temperatura superficial de la Tierra aumentan debido a las actividades humanas. Como estudió en la sección 2.2, el aumento de dióxido de carbono atmosférico es principalmente un resultado de la quema de combustibles fósiles y madera.

El metano (CH_4) es un gas incoloro e inodoro que se libera por la ganadería, el cultivo de arroz, la descomposición de material vegetal orgánico en las tierras de cultivo y el minado, extracción y transporte de carbón y petróleo. La aportación de la ganadería proviene de la descomposición del material orgánico en el sistema digestivo de vacas, ovejas y camellos. El nivel de metano en la atmósfera aumentó alrededor del 150% a partir de la industrialización. En un año, hasta 5×10^{11} kg de metano se añaden a la atmósfera. El ganado produce alrededor del 20% de los gases de efecto invernadero. En un día, una vaca emite cerca de 200 g de metano. Para una población global de 1.5 mil millones de cabezas de ganado, todos los días se produce un total de 3×10^8 kg de metano. En los últimos años, los niveles de metano se han estabilizado debido al mejoramiento en la recuperación de metano. El metano permanece en la atmósfera aproximadamente 10 años, pero su estructura molecular hace que atrape 20 veces más calor que el dióxido de carbono.

El óxido de dinitrógeno (N_2O), comúnmente llamado *óxido nitroso*, es un gas de efecto invernadero incoloro que tiene un olor dulce. La mayoría de las personas lo reconoce como el anestésico utilizado en odontología llamado "gas hilarante". Aunque las bacterias de la tierra liberan de manera natural algo de óxido de dinitrógeno, sus principales fuentes son los procesos agrícolas e industriales. El óxido de dinitrógeno atmosférico aumentó en alrededor del 15% a partir de la industrialización debido al uso extenso de fertilizantes, plantas de tratamiento de aguas negras y escapes de automóviles. Cada año se agregan 1×10^{10} kg de óxido de dinitrógeno a la atmósfera. El óxido de dinitrógeno liberado hoy permanecerá en la atmósfera unos 150 a 180 años, donde tiene un efecto invernadero que es 300 veces mayor que el del dióxido de carbono.

Los gases clorofluorados (CFC) son compuestos sintéticos que contienen cloro, flúor y carbono. Los clorofluorocarbonos se usaron como propelentes en latas de aerosol y como refrigerantes en refrigeradores y acondicionadores de aire. Durante la década de 1970, los científicos determinaron que los CFC en la atmósfera estaban destruyendo la capa protectora de ozono. Desde entonces, muchos países prohibieron la producción y uso de CFC, y sus niveles en la atmósfera han disminuido un poco. Ahora se usan como refrigerantes los hidrofluorocarbonos (HFC), en los que átomos de hidrógeno sustituyen a los átomos de cloro. Aunque los HFC no destruyen la capa de ozono, son gases de efecto invernadero porque atrapan calor en la atmósfera.

Con base en tendencias actuales y modelos climáticos, los científicos estiman que los niveles de dióxido de carbono atmosférico aumentarán en alrededor del 2% cada año hasta 2025. Mientras los gases de efecto invernadero sigan atrapando más calor del que se refleja de vuelta al espacio, las temperaturas superficiales promedio sobre la Tierra seguirán aumentando. Se han hecho esfuerzos en todo el mundo para frenar o reducir las emisiones de gases de efecto invernadero a la atmósfera. Se anticipa que las temperaturas se estabilizarán sólo cuando la cantidad de energía que llega a la superficie de la Tierra sea igual al calor que se refleja de vuelta al espacio.

En 2007, el ex vicepresidente estadounidense Al Gore y el Panel de las Naciones Unidas sobre Cambio Climático recibieron el Premio Nobel de la Paz por contribuir a que más personas en todo el mundo conozcan la relación entre las actividades humanas y el calentamiento global.

Porcentajes de gases de efecto invernadero en la atmósfera

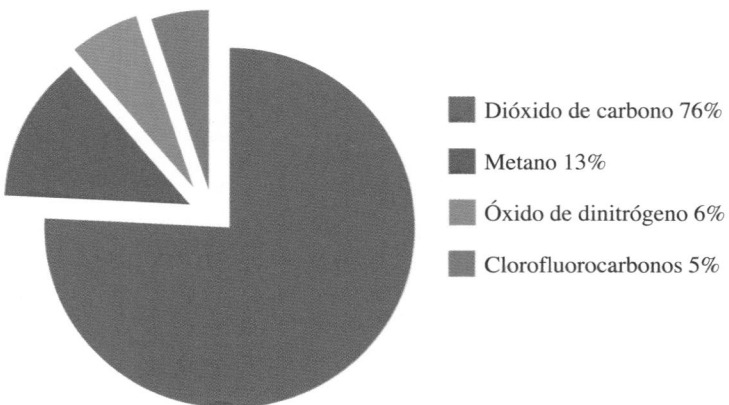

Dióxido de carbono 76%
Metano 13%
Óxido de dinitrógeno 6%
Clorofluorocarbonos 5%

7.4 Temperatura y volumen (ley de Charles)

META DE APRENDIZAJE: *Usar la relación temperatura-volumen (ley de Charles) para determinar la nueva temperatura o volumen cuando la presión y la cantidad de gas permanecen constantes.*

7.23 Seleccione el diagrama que muestre el nuevo volumen de un globo cuando se realizan los siguientes cambios a presión y cantidad de gas constantes:

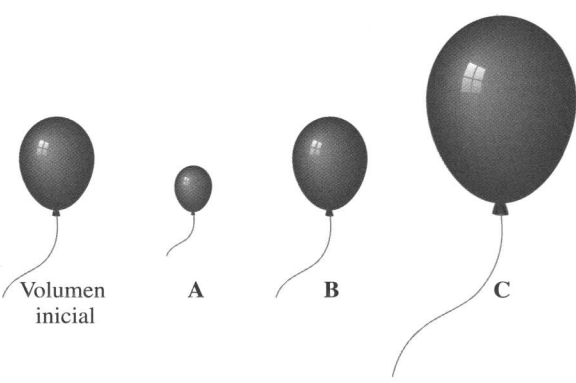

a. La temperatura cambia de 100 K a 300 K.
b. El globo se coloca en un congelador.
c. El globo en primer lugar se calienta, y luego se regresa a su temperatura inicial.

7.24 Indique si el volumen final en cada uno de los incisos siguientes es *el mismo*, *más grande* o *menor* que el volumen inicial si la presión y la cantidad de gas no cambian:
  a. En un día frío de invierno a −15 °C se respira un volumen de 505 mL de aire en los pulmones, cuando la temperatura corporal es de 37 °C.
  b. El calentador que se utiliza para calentar el aire en un globo aerostático se apaga.
  c. Un globo lleno de helio en el parque de diversiones se deja en un automóvil en un día caluroso.

7.25 Una muestra de neón tiene, en un inicio, un volumen de 2.50 L a 15 °C. ¿Qué temperatura final, en grados Celsius, se necesita para cambiar el volumen del gas a cada uno de los volúmenes siguientes, si *P* y *n* no cambian?
  a. 5.00 L   **b.** 1250 mL   **c.** 7.50 L   **d.** 3550 mL

7.26 Un gas tiene un volumen de 4.00 L a 0 °C. ¿Qué temperatura final, en grados Celsius, se necesita para cambiar el volumen del gas a cada uno de los volúmenes siguientes, si *P* y *n* no cambian?
  a. 1.50 L   **b.** 1200 mL   **c.** 250 L   **d.** 50.0 mL

7.27 Un globo contiene 2500 mL de gas helio a 75 °C. ¿Cuál es el volumen final, en mililitros, del gas cuando la temperatura cambia a cada una de las temperaturas siguientes, si *P* y *n* no cambian?
  a. 55 °C   **b.** 680. K   **c.** −25 °C   **d.** 240. K

7.28 Una burbuja de aire tiene un volumen de 0.500 L a 18 °C. ¿Cuál es el volumen final, en litros, del gas cuando la temperatura cambia a cada una de las temperaturas siguientes, si *P* y *n* no cambian?
  a. 0 °C   **b.** 425 K   **c.** −12 °C   **d.** 575 K

7.5 Temperatura y presión (ley de Gay-Lussac)

Usar la relación temperatura-presión (ley de Gay-Lussac) para determinar la nueva temperatura o presión cuando el volumen y la cantidad de gas permanecen constantes.

Si pudiera observar las moléculas de un gas a medida que la temperatura aumenta, observaría que se mueven más rápido y golpean los lados del recipiente con más frecuencia y con mayor fuerza. Si se mantienen constantes el volumen y la cantidad de gas, la presión aumentará. En la relación temperatura-presión, conocida como **ley de Gay-Lussac**, la presión de un gas guarda una relación directa con su temperatura Kelvin. Esto significa que un aumento de temperatura aumenta la presión de un gas, y una disminución de temperatura reduce la presión del gas, siempre y cuando ni el volumen ni la cantidad de gas cambien (véase la figura 7.6).

Ley de Gay-Lussac

$$\frac{P_1}{T_1} = \frac{P_2}{T_2}$$ No cambian el número de moles ni el volumen

Todas las temperaturas utilizadas en los cálculos de ley de gas deben convertirse en sus correspondientes temperaturas Kelvin (K).

Ley de Gay-Lussac

Enuncie y explique la razón del cambio en la presión de un gas (*aumento, disminución*) que ocurre para los casos siguientes, cuando *V* y *n* no cambian:

	Temperatura (*T*)	Presión (*P*)	Volumen (*V*)	Cantidad (*n*)
a.	aumenta		constante	constante
b.	disminuye		constante	constante

$T = 200$ K $T = 400$ K
$P = 1$ atm $P = 2$ atm

FIGURA 7.6 Ley de Gay-Lussac: Cuando la temperatura Kelvin de un gas se duplica con un volumen y una cantidad de gas constantes, la presión también se duplica.

P ¿Cómo una disminución en la temperatura de un gas afecta su presión con un volumen y una cantidad de gas constantes?

RESPUESTA

a. Cuando la temperatura de un gas aumenta sin que cambie V ni n, las partículas de gas se mueven más rápido. Cuando el volumen no cambia, las partículas de gas chocan más a menudo con las paredes del recipiente y con más fuerza, lo que aumenta la presión.

b. Cuando la temperatura de un gas disminuye a V y n constantes, las partículas de gas se mueven con más lentitud. Cuando el volumen no cambia, las partículas de gas no chocan con tanta frecuencia con las paredes del recipiente y cuando lo hacen es con menos fuerza, lo que reduce la presión.

	Temperatura (T)	Presión (P)	Volumen (V)	Cantidad (n)
a.	aumenta	aumenta	constante	constante
b.	disminuye	disminuye	constante	constante

EJEMPLO DE PROBLEMA 7.5 Cómo calcular la presión cuando cambia la temperatura

Los recipientes de aerosol pueden ser peligrosos si se calientan porque pueden explotar. Suponga que un recipiente de espray para el cabello, con una presión de 4.0 atm a una temperatura ambiente de 25 °C, se lanza al fuego. Si la temperatura del gas en el interior de la lata de aerosol alcanza 402 °C, ¿cuál será su presión en atmósferas? El recipiente del aerosol puede explotar si la presión interna supera 8.0 atm. ¿Esperaría que explotara?

SOLUCIÓN

Paso 1 **Organice los datos en una tabla de condiciones iniciales y finales.** En la tabla se indican las propiedades que cambian, que son la presión y la temperatura. Las propiedades que no cambian, que son volumen y cantidad de gas, se muestran abajo de la tabla. Las temperaturas dadas en grados Celsius deben cambiarse a Kelvin. Puesto que se conocen las temperaturas inicial y final del gas, se sabe que la temperatura aumenta. Por tanto, se predice que la presión aumenta.

$$T_1 = 25 \,°C + 273 = 298 \,K$$
$$T_2 = 402 \,°C + 273 = 675 \,K$$

Análisis del problema

Condiciones 1	Condiciones 2	Conocida	Pronosticada
$P_1 = 4.0$ atm	$P_2 = ?$ atm		P aumenta
$T_1 = 298$ K	$T_2 = 675$ K	T aumenta	

Factores que permanecen constantes: V y n

Paso 2 **Reordene la ecuación de la ley de gas para resolver la cantidad desconocida.** Con la ley de Gay-Lussac, para resolver P_2 se multiplican ambos lados por T_2.

$$\frac{P_1}{T_1} = \frac{P_2}{T_2}$$

$$\frac{P_1}{T_1} \times T_2 = \frac{P_2}{\cancel{T_2}} \times \cancel{T_2}$$

$$P_2 = P_1 \times \frac{T_2}{T_1}$$

Paso 3 **Sustituya valores en la ecuación de la ley de gas correspondiente y realice los cálculos necesarios.** Cuando sustituye los valores, se observa que la proporción de las temperaturas (factor de temperatura) es mayor que 1, lo que aumenta la presión, como se predijo en el Paso 1.

$$P_2 = 4.0 \text{ atm} \times \frac{675 \,\cancel{K}}{298 \,\cancel{K}} = 9.1 \text{ atm}$$

Factor de temperatura
aumenta la presión

Puesto que la presión calculada de 9.1 atm supera el límite de 8.0 atm para la lata, se esperaría que la lata explotara.

COMPROBACIÓN DE ESTUDIO 7.5

En un área de almacenamiento donde la temperatura alcanzó 55 °C, la presión del gas oxígeno en un cilindro de acero de 15.0 L es 965 torr. ¿A qué temperatura, en grados Celsius, tendría que enfriarse el gas para reducir la presión a 850 torr?

TABLA 7.4 Presión de vapor del agua	
Temperatura (°C)	Presión de vapor (mmHg)
0	5
10	9
20	18
30	32
37*	47
40	55
50	93
60	149
70	234
80	355
90	528
95	634
100	760

*A temperatura corporal.

Presión de vapor y punto de ebullición

En la sección 2.4 aprendió que las moléculas de líquidos con suficiente energía cinética pueden desprenderse de la superficie del líquido para convertirse en partículas de gas o vapor. En un recipiente abierto, con el tiempo se evapora todo el líquido. En un recipiente cerrado, el vapor se acumula y crea la presión conocida como **presión de vapor**. Cada líquido ejerce su propia presión de vapor a una temperatura dada. A medida que la temperatura aumenta, se forma más vapor y la presión de vapor aumenta. La tabla 7.4 indica la presión de vapor del agua a varias temperaturas.

Un líquido alcanza su punto de ebullición cuando su presión de vapor iguala la presión externa. A medida que ocurre la ebullición, se forman burbujas de gas en el interior del líquido y se elevan con rapidez hacia la superficie. Por ejemplo, a una presión atmosférica de 760 mmHg, el agua hervirá a 100 °C, la temperatura a la que su presión de vapor alcanza 760 mmHg (véase la tabla 7.5).

TABLA 7.5 Presión y punto de ebullición del agua	
Presión (mmHg)	Punto de ebullición (°C)
270	70
467	87
630	95
752	99
760	100
800	100.4
1075	110
1520 (2 atm)	120
3800 (5 atm)	160
7600 (10 atm)	180

TUTORIAL
Vapor Pressure and Boiling Point

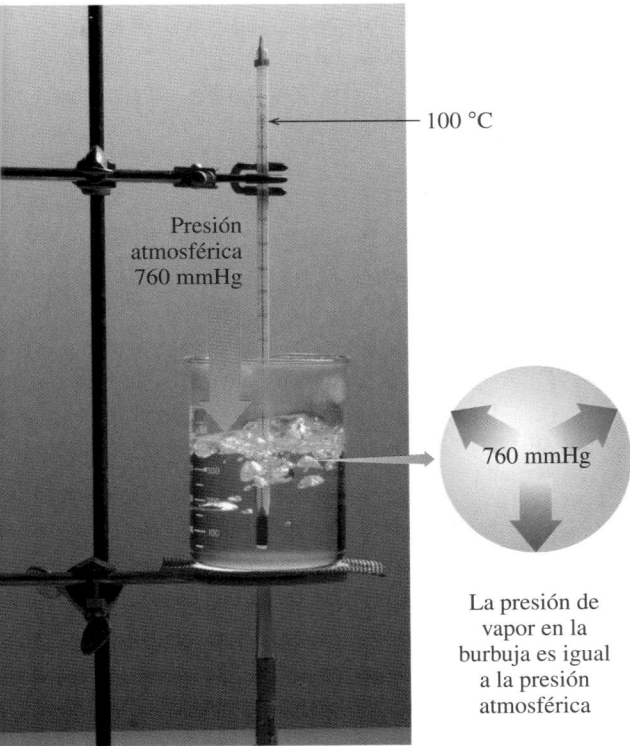

El agua hierve cuando su presión de vapor es igual a la presión de la atmósfera.

100 °C

Presión atmosférica 760 mmHg

760 mmHg

La presión de vapor en la burbuja es igual a la presión atmosférica

A grandes altitudes, donde las presiones atmosféricas son menores que 760 mmHg, el punto de ebullición del agua es menor a 100 °C. Antes se vio que la presión atmosférica habitual en Denver es de 630 mmHg. Esto significa que el agua en Denver necesita una presión de vapor de 630 mmHg para hervir. Puesto que el agua tiene una presión de vapor de 630 mmHg a 95 °C, el agua hierve a 95 °C en Denver.

En un recipiente cerrado, como una olla de presión, puede obtenerse una presión mayor a 1 atm, lo que significa que el agua hierve a una temperatura superior a 100 °C. Los laboratorios y hospitales usan recipientes cerrados llamados *autoclaves* para esterilizar equipo de laboratorio y quirúrgico.

Un autoclave utilizado para esterilizar equipo alcanza una temperatura superior a 100 °C.

PREGUNTAS Y PROBLEMAS

7.5 Temperatura y presión (ley de Gay-Lussac)

META DE APRENDIZAJE: *Usar la relación temperatura-presión (ley de Gay-Lussac) para determinar la nueva temperatura o presión cuando el volumen y la cantidad de gas permanecen constantes.*

7.29 ¿Por qué las latas de aerosol explotan si se calientan?

7.30 ¿Por qué aumenta el peligro de que los neumáticos de un automóvil se ponchen cuando el automóvil se conduce sobre pavimento caliente en clima desértico?

7.31 Para los enunciados siguientes, calcule la temperatura final del gas, en grados Celsius, cuando cambia la presión inicial, con *V* y *n* constantes.
  a. Una muestra de xenón a 25 °C y 745 mmHg se enfría para producir una presión de 625 mmHg.
  b. Un tanque de gas argón con una presión de 0.950 atm a −18 °C se calienta para producir una presión de 1250 torr.

7.32 Para los enunciados siguientes, calcule la temperatura final del gas, en grados Celsius, cuando cambia la presión inicial, con *V* y *n* constantes:
  a. Un tanque de gas helio con una presión de 250 torr a 0 °C se calienta para producir una presión de 1500 torr.
  b. Una muestra de aire a 40. °C y 745 mmHg se enfría para producir una presión de 685 mmHg.

7.33 Calcule la presión final cuando ocurre cada uno de los siguientes cambios de temperatura, con *V* y *n* constantes:
  a. Un gas con presión inicial de 1200 torr a 155 °C se enfría a 0 °C.
  b. Un gas en un recipiente de aerosol, a una presión inicial de 1.40 atm, a 12 °C, se calienta a 35 °C.

7.34 Calcule la presión final cuando ocurre cada uno de los siguientes cambios de temperatura, con *V* y *n* constantes:
  a. Un gas con una presión inicial de 1.20 atm a 75 °C se enfría a −22 °C.
  b. Una muestra de N_2 con una presión inicial de 780 mmHg a −75 °C se calienta a 28 °C.

7.35 Relacione los términos *presión de vapor*, *presión atmosférica* y *punto de ebullición* con las siguientes descripciones:
  a. la temperatura a la que aparecen burbujas de vapor dentro del líquido
  b. la presión ejercida por un gas en la parte superior de la superficie de su líquido

7.36 Relacione los términos *presión de vapor*, *presión atmosférica* y *punto de ebullición* con las siguientes descripciones:
  a. la presión ejercida sobre la Tierra por las partículas en el aire
  b. la temperatura a la que la presión de vapor de un líquido iguala la presión externa

7.37 Explique cada una de las siguientes observaciones:
  a. El agua hierve a 87 °C en lo alto del monte Whitney.
  b. Los alimentos se cuecen con más rapidez en una olla de presión que en una cacerola destapada.

7.38 Explique cada una de las siguientes observaciones:
  a. El agua hirviendo a nivel del mar es más caliente que el agua hirviendo en las montañas.
  b. El agua que se utiliza para esterilizar equipo quirúrgico se calienta a 120 °C a 2.0 atm en un autoclave.

TUTORIAL
The Combined Gas Law

7.6 La ley general de los gases

Todas las relaciones presión-volumen-temperatura para los gases que se han estudiado hasta el momento pueden combinarse en una sola relación denominada **ley general de los gases**. Esta expresión permite estudiar el efecto de los cambios en dos de estas variables sobre la tercera, mientras la cantidad de gas (número de moles) permanezca constante.

Ley general de los gases

$$\frac{P_1 V_1}{T_1} = \frac{P_2 V_2}{T_2}$$ No cambian los moles del gas

Al usar la ley general de los gases, es posible derivar cualquiera de las leyes de gas al omitir aquellas propiedades que no cambian, como se observa en la tabla 7.6.

TABLA 7.6 Resumen de las leyes de los gases

Ley general de los gases	Propiedades que permanecen constantes	Relación obtenida	Nombre de la ley de gas
$\frac{P_1 V_1}{\cancel{T_1}} = \frac{P_2 V_2}{\cancel{T_2}}$	*T, n*	$P_1 V_1 = P_2 V_2$	De Boyle
$\frac{\cancel{P_1} V_1}{T_1} = \frac{\cancel{P_2} V_2}{T_2}$	*P, n*	$\frac{V_1}{T_1} = \frac{V_2}{T_2}$	De Charles
$\frac{P_1 \cancel{V_1}}{T_1} = \frac{P_2 \cancel{V_2}}{T_2}$	*V, n*	$\frac{P_1}{T_1} = \frac{P_2}{T_2}$	De Gay-Lussac

COMPROBACIÓN DE CONCEPTOS 7.6 La ley general de los gases

Enuncie y explique la razón del cambio que ocurre en un gas (*aumenta, disminuye, no cambia*) en los casos siguientes cuando n no cambia:

	Presión (P)	Volumen (V)	Temperatura (K)	Cantidad (n)
a.		doble	mitad de temperatura Kelvin	constante
b.	doble		doble	constante

RESPUESTA

a. La presión disminuye a la mitad cuando el volumen (a n constante) se duplica. Si la temperatura en Kelvin es la mitad, la presión también es la mitad. Los cambios en V y T disminuyen la presión a un cuarto de su valor inicial.

b. No hay cambio. Cuando la temperatura Kelvin de un gas (a n constante) se duplica, el volumen se duplica. Pero cuando la presión es del doble, el volumen debe disminuir a la mitad. Los cambios se compensan entre sí y no ocurren cambios de volumen.

	Presión (P)	Volumen (V)	Temperatura (K)	Cantidad (n)
a.	un cuarto	doble	mitad de temperatura Kelvin	constante
b.	doble	no cambia	doble	constante

EJEMPLO DE PROBLEMA 7.6 Cómo usar la ley general de los gases

Una burbuja de 25.0 mL se libera del tanque de aire de un buzo a una presión de 4.00 atm y una temperatura de 11 °C. ¿Cuál es el volumen, en mililitros, de la burbuja cuando llega a la superficie del océano, donde la presión es 1.00 atm y la temperatura es 18 °C? (Suponga que la cantidad de gas en la burbuja permanece constante.)

SOLUCIÓN

Paso 1 Organice los datos en una tabla de condiciones iniciales y finales. En la tabla se anotan las propiedades que cambian, que son presión, volumen y temperatura. La propiedad que permanece constante, que es la cantidad de gas, se muestra abajo de la tabla. Las temperaturas en grados Celsius deben cambiarse a Kelvin.

$$T_1 = 11\ °C + 273 = 284\ K$$
$$T_2 = 18\ °C + 273 = 291\ K$$

Análisis del problema

Condiciones 1	Condiciones 2
$P_1 = 4.00$ atm	$P_2 = 1.00$ atm
$V_1 = 25.0$ mL	$V_2 = ?$ mL
$T_1 = 284$ K	$T_2 = 291$ K

Factor que permanece constante: n

Paso 2 Reordene la ecuación de la ley de gas para resolver la cantidad desconocida.
Si cambian dos condiciones, reordene la ley general de los gases para resolver V_2.

$$\frac{P_1 V_1}{T_1} = \frac{P_2 V_2}{T_2}$$

$$\frac{P_1 V_1}{T_1} \times \frac{T_2}{P_2} = \frac{P_2 V_2 \times T_2}{T_2 \times P_2}$$

$$V_2 = V_1 \times \frac{P_1}{P_2} \times \frac{T_2}{T_1}$$

Bajo el agua, la presión sobre un buzo es mayor que la presión atmosférica.

Paso 3 **Sustituya valores en la ecuación de la ley de gas correspondiente y realice los cálculos necesarios.** A partir de los datos de la tabla se determina que tanto el descenso de presión como el aumento de temperatura incrementarán el volumen.

$$V_2 = 25.0 \text{ mL} \times \frac{4.00 \text{ atm}}{1.00 \text{ atm}} \times \frac{291 \text{ K}}{284 \text{ K}} = 102 \text{ mL}$$

Factor de presión aumenta el volumen   Factor de temperatura aumenta el volumen

Sin embargo, cuando el valor desconocido disminuye por un cambio pero aumenta por el segundo cambio, no es posible predecir el cambio global.

COMPROBACIÓN DE ESTUDIO 7.6

Un globo meteorológico está lleno con 15.0 L de helio a una temperatura de 25 °C y una presión de 685 mmHg. ¿Cuál es la presión (mmHg) del helio en el globo en la atmósfera superior cuando la temperatura es de −35 °C y el volumen es de 34.0 L si la cantidad de He dentro del globo no cambia?

PREGUNTAS Y PROBLEMAS

7.6 La ley general de los gases

META DE APRENDIZAJE: *Usar la ley general de los gases para encontrar la nueva presión, volumen o temperatura de un gas cuando se proporcionan cambios en dos de estas propiedades y la cantidad de gas permanece constante.*

7.39 Una muestra de gas helio tiene un volumen de 6.50 L a una presión de 845 mmHg y una temperatura de 25 °C. ¿Cuál es la presión final del gas, en atmósferas, cuando el volumen y la temperatura de la muestra de gas cambian a lo siguiente, pero la cantidad de gas permanece constante?
   a. 1850 mL y 325 K
   b. 2.25 L y 12 °C
   c. 12.8 L y 47 °C

7.40 Una muestra de gas argón tiene un volumen de 735 mL a una presión de 1.20 atm y una temperatura de 112 °C. ¿Cuál es el volumen final del gas, en mililitros, cuando la presión y la temperatura de la muestra de gas cambian a lo siguiente, y la cantidad de gas permanece constante?
   a. 658 mmHg y 281 K
   b. 0.55 atm y 75 °C
   c. 15.4 atm y −15 °C

7.41 Una burbuja de 124 mL de gas caliente a 212 °C y 1.80 atm se emite de un volcán activo. ¿Cuál es la temperatura final, en °C, del gas en la burbuja fuera del volcán, si el volumen final de la burbuja es de 138 mL y la presión final es de 0.800 atm, si la cantidad de gas permanece constante?

7.42 Un buzo a 60 pies bajo la superficie del océano inhala 50.0 mL de aire comprimido de un tanque de buceo a una presión inicial de 3.00 atm y temperatura de 8 °C. ¿Cuál es la presión final del aire, en atmósferas, en los pulmones cuando el gas se expande a 150.0 mL a una temperatura corporal de 37 °C, y la cantidad de gas permanece constante?

META DE APRENDIZAJE

Usar la ley de Avogadro para determinar la cantidad o volumen de un gas cuando la presión y la temperatura permanecen constantes.

TUTORIAL
Volume and Moles

7.7 Volumen y moles (ley de Avogadro)

En el estudio de las leyes de los gases ha observado cambios en las propiedades para una cantidad específica (*n*) de un gas. Ahora observará cómo cambian las propiedades de un gas cuando cambia el número de moles o gramos del gas.

Cuando infla un globo, su volumen aumenta porque se agregan más moléculas de aire. Si el globo tiene un agujero, sale el aire, lo que hace que su volumen disminuya. En 1811, Amedeo Avogadro formuló la **ley de Avogadro**, que afirma que el volumen de un gas guarda una relación directa con el número de moles de un gas cuando la presión y la temperatura permanecen constantes. Por ejemplo, si el número de moles de un gas se duplica, entonces el volumen se duplicará, siempre y cuando no cambien la presión ni la temperatura (véase la figura 7.7). A presión y temperatura constantes, se puede escribir la ley de Avogadro del modo siguiente:

Ley de Avogadro

$$\frac{V_1}{n_1} = \frac{V_2}{n_2} \quad \text{No cambian ni presión ni temperatura}$$

EJEMPLO DE PROBLEMA 7.7 Cómo calcular el volumen cuando hay un cambio en moles

Un globo meteorológico con un volumen de 44 L está lleno con 2.0 moles de helio. ¿A qué volumen, en litros, se expandirá el globo si se agregan 3.0 moles de helio para dar un total de 5.0 moles de helio, si la presión y la temperatura permanecen constantes?

SOLUCIÓN

Paso 1 **Organice los datos en una tabla de condiciones iniciales y finales.** Anote en la tabla las propiedades que cambian, que son volumen y cantidad (moles) de gas. Las propiedades que no cambian, que son presión y temperatura, se muestran abajo de la tabla. Dado que hay un aumento del número de moles de gas, puede predecir que el volumen aumenta.

Análisis del problema

Condiciones 1	Condiciones 2	Conocida	Pronosticada
$V_1 = 44$ L	$V_2 = ?$ L		V aumenta
$n_1 = 2.0$ moles	$n_2 = 5.0$ moles	n aumenta	

Factores que permanecen constantes: P y T

Paso 2 **Reordene la ecuación de la ley de gas para resolver la cantidad desconocida.** Con la ley de Avogadro puede resolver V_2.

$$\frac{V_1}{n_1} = \frac{V_2}{n_2}$$

$$n_2 \times \frac{V_1}{n_1} = \frac{V_2}{\cancel{n_2}} \times \cancel{n_2}$$

$$V_2 = V_1 \times \frac{n_2}{n_1}$$

Paso 3 **Sustituya valores en la ecuación de la ley de gas y realice los cálculos necesarios.** Cuando se sustituyen valores, se observa que el factor de mol es mayor que 1, lo que aumenta el volumen, como se predijo en el Paso 1.

$$V_2 = 44 \text{ L} \times \frac{5.0 \text{ moles}}{2.0 \text{ moles}} = 110 \text{ L}$$

Factor de mol aumenta el volumen

COMPROBACIÓN DE ESTUDIO 7.7

Una muestra que contiene 8.00 g de gas oxígeno tiene un volumen de 5.00 L. ¿Cuál es el volumen, en litros, después de que se agregan 4.00 g de gas oxígeno a los 8.00 g en el globo, si la temperatura y la presión permanecen constantes?

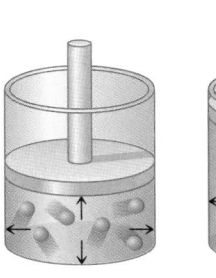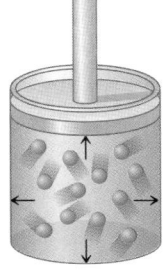

$n = 1$ mol
$V = 1$ L

$n = 2$ moles
$V = 2$ L

FIGURA 7.7 **Ley de Avogadro:** El volumen de un gas es directamente proporcional al número de moles del gas. Si el número de moles se duplica, el volumen debe duplicarse a presión y temperatura constantes.

P Si un globo tiene una fuga, ¿qué ocurre con su volumen?

El volumen molar de un gas en condiciones STP es aproximadamente el mismo que el volumen de tres balones de basquetbol.

STP y volumen molar

Conforme a la ley de Avogadro, uno puede afirmar que cualesquiera dos gases tendrán igual volumen si contienen el mismo número de moles de gas a la misma temperatura y presión. Para ayudar a realizar comparaciones entre diferentes gases, los científicos seleccionaron condiciones arbitrarias denominadas *temperatura estándar* (273 K) y *presión estándar* (1 atm), que en conjunto se abrevian **STP** (*standard temperature* y *standard pressure*).

Condiciones STP

Temperatura estándar es *exactamente* 0 °C (273 K).

Presión estándar es *exactamente* 1 atm (760 mmHg).

En condiciones STP, un mol de cualquier gas ocupa un volumen de 22.4 L, que es más o menos lo mismo que el volumen de tres balones de basquetbol. Este volumen de 22.4 L de cualquier gas en condiciones STP se llama **volumen molar** (véase la figura 7.8).

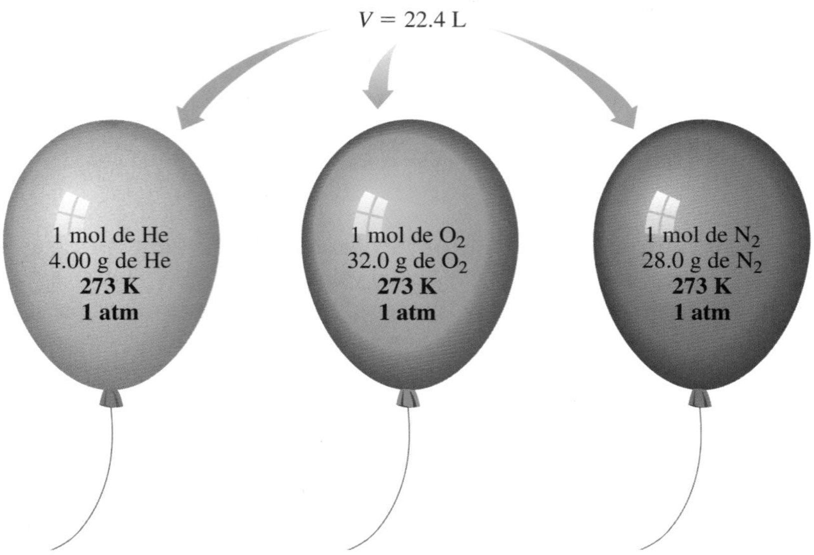

FIGURA 7.8 La ley de Avogadro indica que 1 mol de cualquier gas en condiciones STP tiene un volumen de 22.4 L.

P ¿Qué volumen de gas, en litros, ocupan 16.0 g de gas metano, CH_4, en condiciones STP?

Cuando un gas está en condiciones STP (0 °C y 1 atm), su volumen molar puede escribirse como un factor de conversión y usarse para convertir entre el número de moles de gas y su volumen, en litros.

1 mol de gas en condiciones STP = 22.4 L

Factores de conversión de volumen molar

$$\frac{1 \text{ mol de gas}}{22.4 \text{ L (STP)}} \quad \text{y} \quad \frac{22.4 \text{ L (STP)}}{1 \text{ mol de gas}}$$

COMPROBACIÓN DE CONCEPTOS 7.7 **Volumen molar**

Escriba la equivalencia y los factores de conversión para el volumen molar del helio en condiciones STP.

RESPUESTA

La equivalencia para el volumen molar del helio en condiciones STP es:

1 mol de He = 22.4 L de He

Puesto que una equivalencia tiene dos factores de conversión, los factores para el volumen molar del helio se escriben como:

$$\frac{22.4 \text{ L He (STP)}}{1 \text{ mol He}} \quad \text{y} \quad \frac{1 \text{ mol He}}{22.4 \text{ L He (STP)}}$$

Guía para usar volumen molar

1 Enuncie las cantidades dadas y las que necesita.

2 Escriba un plan para calcular la cantidad que necesita.

3 Escriba las equivalencias y factores de conversión, incluido 22.4 L/mol en condiciones STP.

4 Plantee el problema con factores para cancelar unidades.

EJEMPLO DE PROBLEMA 7.8 **Cómo usar el volumen molar para encontrar volumen en condiciones STP**

¿Cuál es el volumen, en litros, de 64.0 g de gas O_2 en condiciones STP?

SOLUCIÓN

Paso 1 **Enuncie las cantidades dadas y las que necesita.**

Análisis del problema

Dadas	Necesita
64.0 g de gas O_2 en condiciones STP	Litros de gas O_2 en condiciones STP

Paso 2 **Escriba un plan para calcular la cantidad que necesita.**

gramos de O_2 → Masa molar → moles de O_2 → Volumen molar → litros de O_2

Paso 3 **Escriba las equivalencias y factores de conversión, incluido 22.4 L/mol en condiciones STP.**

$$1 \text{ mol de } O_2 = 32.0 \text{ g de } O_2$$

$$\frac{32.0 \text{ g } O_2}{1 \text{ mol } O_2} \quad \text{y} \quad \frac{1 \text{ mol } O_2}{32.0 \text{ g } O_2}$$

$$1 \text{ mol de } O_2 = 22.4 \text{ L de } O_2 \text{ (STP)}$$

$$\frac{22.4 \text{ L } O_2 \text{ (STP)}}{1 \text{ mol } O_2} \quad \text{y} \quad \frac{1 \text{ mol } O_2}{22.4 \text{ L } O_2 \text{ (STP)}}$$

Paso 4 **Plantee el problema con factores para cancelar unidades.**

$$64.0 \text{ g } O_2 \times \frac{1 \text{ mol } O_2}{32.0 \text{ g } O_2} \times \frac{22.4 \text{ L } O_2 \text{ (STP)}}{1 \text{ mol } O_2} = 44.8 \text{ L de } O_2 \text{ en condiciones STP}$$

COMPROBACIÓN DE ESTUDIO 7.8

¿Cuántos gramos de $N_2(g)$ hay en 5.6 L de $N_2(g)$ en condiciones STP?

Gases en reacciones en condiciones STP

Puede usar el volumen molar en condiciones STP para determinar los moles de un gas en una reacción. Una vez conocidos los moles de un gas en una reacción, puede usar un factor mol-mol para determinar los moles de cualquiera otra sustancia como se hizo anteriormente.

EJEMPLO DE PROBLEMA 7.9 **Gases en reacciones químicas en condiciones STP**

Cuando el metal potasio reacciona con gas cloro, el producto es cloruro de potasio sólido.

$$2K(s) + Cl_2(g) \rightarrow 2KCl(s)$$

¿Cuántos gramos de cloruro de potasio se producen cuando 7.25 L de gas cloro en condiciones STP reaccionan con potasio?

SOLUCIÓN

Paso 1 **Enuncie las cantidades dadas y las que necesita.**

Análisis del problema

Dadas	Necesita
7.25 L de Cl_2 en condiciones STP	gramos de KCl
Ecuación	
$2K(s) + Cl_2(g) \rightarrow 2KCl(s)$	

Guía para reacciones que involucran gases

1 Enuncie las cantidades dadas y las que necesita.

2 Escriba un plan para calcular la cantidad que necesita.

3 Escriba las equivalencias y factores de conversión, incluido el volumen molar.

4 Plantee el problema y calcule.

Paso 2 **Escriba un plan para calcular la cantidad que necesita.**

litros de Cl_2 [Volumen molar] moles de Cl_2 [Factor mol-mol] moles de KCl [Masa molar] gramos de KCl

Paso 3 **Escriba las equivalencias y los factores de conversión, incluido el volumen molar.**

$$1 \text{ mol de } Cl_2 = 22.4 \text{ L de } Cl_2 \text{ (STP)}$$

$$\frac{22.4 \text{ L } Cl_2 \text{ (STP)}}{1 \text{ mol } Cl_2} \quad \text{y} \quad \frac{1 \text{ mol } Cl_2}{22.4 \text{ L } Cl_2 \text{ (STP)}}$$

$$1 \text{ mol de } Cl_2 = 2 \text{ moles de } KCl$$

$$\frac{2 \text{ moles } KCl}{1 \text{ mol } Cl_2} \quad \text{y} \quad \frac{1 \text{ mol } Cl_2}{2 \text{ moles } KCl}$$

$$1 \text{ mol de } KCl = 74.6 \text{ g de } KCl$$

$$\frac{1 \text{ mol } KCl}{74.6 \text{ g } KCl} \quad \text{y} \quad \frac{74.6 \text{ g } KCl}{1 \text{ mol } KCl}$$

| Paso 4 | **Plantee el problema y calcule.** |

$$7.25 \text{ L } \cancel{\text{Cl}_2} \text{ (STP)} \times \frac{1 \text{ mol } \cancel{\text{Cl}_2}}{22.4 \text{ L } \cancel{\text{Cl}_2} \text{ (STP)}} \times \frac{2 \text{ moles } \text{KCl}}{1 \text{ mol } \cancel{\text{Cl}_2}} \times \frac{74.6 \text{ g KCl}}{1 \text{ mol } \cancel{\text{KCl}}} = 48.3 \text{ g de KCl}$$

COMPROBACIÓN DE ESTUDIO 7.9

El gas H_2 se forma cuando el metal cinc reacciona con HCl acuoso de acuerdo con la siguiente ecuación:

$$Zn(s) + 2HCl(ac) \rightarrow ZnCl_2(ac) + H_2(g)$$

¿Cuántos litros de gas H_2 en condiciones STP se producen cuando reaccionan 15.8 g de cinc?

PREGUNTAS Y PROBLEMAS

7.7 Volumen y moles (ley de Avogadro)

META DE APRENDIZAJE: *Usar la ley de Avogadro para determinar la cantidad o volumen de un gas cuando la presión y la temperatura permanecen constantes.*

7.43 ¿Qué ocurre con el volumen de un neumático de bicicleta o un balón de basquetbol cuando agrega aire con una bomba de aire?

7.44 En ocasiones, cuando infla un globo y lo suelta, vuela por toda la habitación. ¿Qué está sucediendo con el aire que estaba en el globo y con su volumen?

7.45 Una muestra que contiene 1.50 moles de gas neón tiene un volumen inicial de 8.00 L. ¿Cuál es el volumen final de gas, en litros, cuando ocurren los siguientes cambios en la cantidad del gas a presión y temperatura constantes?
  a. Una fuga permite que escape la mitad de los átomos de neón.
  b. Una muestra de 25.0 g de neón se agrega a los 1.50 moles de gas neón en el recipiente.
  c. Una muestra de 3.50 moles de O_2 se agregan a los 1.50 moles de gas neón en el recipiente.

7.46 Una muestra que contiene 4.80 g de gas O_2 tiene un volumen inicial de 15.0 L. La presión y el volumen permanecen constantes.
  a. ¿Cuál es el volumen final si se agregan 0.500 moles de gas O_2?

  b. Se libera oxígeno hasta que el volumen es de 10.0 L. ¿Cuántos moles de O_2 permanecen?
  c. ¿Cuál es el volumen final después de agregar 4.00 g de He a los 4.80 g de gas O_2 en el recipiente?

7.47 Use el volumen molar de un gas para resolver lo siguiente en condiciones STP:
  a. el número de moles de O_2 en 44.8 L de gas O_2
  b. el número de moles de CO_2 en 4.00 L de gas CO_2
  c. el volumen (L) de 6.40 g de O_2
  d. el volumen (mL) ocupado por 50.0 g de neón

7.48 Use el volumen molar de un gas para resolver lo siguiente en condiciones STP:
  a. el volumen (L) ocupado por 2.50 moles de N_2
  b. el volumen (mL) ocupado por 0.420 moles de He
  c. el número de gramos de neón contenido en 11.2 L de gas Ne
  d. el número de gramos de H_2 en 1620 mL de gas H_2

7.49 El metal Mg reacciona con HCl para producir gas hidrógeno.

$$Mg(s) + 2HCl(ac) \rightarrow MgCl_2(ac) + H_2(g)$$

¿Qué volumen, en litros, de H_2 en condiciones STP se liberan cuando reaccionan 8.25 g de Mg?

7.50 El óxido de aluminio puede formarse a partir de sus elementos.

$$4Al(s) + 3O_2(g) \xrightarrow{\Delta} 2Al_2O_3(s)$$

¿Cuántos gramos de Al reaccionarán con 12.0 L de O_2 en condiciones STP?

Usar la ecuación de la ley del gas ideal para resolver P, V, T o n de un gas cuando se proporcionan tres de los cuatro valores de la ley del gas ideal.

TUTORIAL
Introduction to the Ideal Gas Law

7.8 La ley del gas ideal

La **ley del gas ideal** es la combinación de las cuatro propiedades que se utilizan para medir un gas [presión (P), volumen (V), temperatura (T) y cantidad (n)] para obtener una sola expresión, que se escribe del modo siguiente:

Ley del gas ideal

$$PV = nRT$$

Al reordenar la ecuación de la ley del gas ideal se observa que las cuatro propiedades de los gases son iguales a una constante, R.

$$\frac{PV}{nT} = R$$

Para calcular el valor de R, sustituya las condiciones STP para volumen molar en la expresión: 1 mol de cualquier gas ocupa 22.4 L en condiciones STP (273 K y 1 atm).

$$R = \frac{(1.00 \text{ atm})(22.4 \text{ L})}{(1.00 \text{ mol})(273 \text{ K})} = \frac{0.0821 \text{ L} \cdot \text{atm}}{\text{mol} \cdot \text{K}}$$

El valor de R, la **constante de gas ideal**, es 0.0821 L · atm por mol · K. Si usa 760 mmHg para la presión, se obtiene otro valor útil para R: 62.4 L · mmHg por mol · K.

$$R = \frac{(760.\ \text{mmHg})(22.4\ \text{L})}{(1.00\ \text{mol})(273\ \text{K})} = \frac{62.4\ \text{L} \cdot \text{mmHg}}{\text{mol} \cdot \text{K}}$$

La ley del gas ideal es una expresión útil cuando se proporcionan los valores para cualesquiera tres de las cuatro propiedades de un gas. Al resolver problemas con el uso de la ley del gas ideal, las unidades de cada variable tienen que coincidir con las unidades en la R que seleccione.

Constante del gas ideal (R)	$\frac{0.0821\ \text{L} \cdot \text{atm}}{\text{mol} \cdot \text{K}}$	$\frac{62.4\ \text{L} \cdot \text{mmHg}}{\text{mol} \cdot \text{K}}$
Presión (P)	atm	mmHg
Volumen (V)	L	L
Cantidad (n)	moles	moles
Temperatura (T)	K	K

EJEMPLO DE PROBLEMA 7.10 Cómo usar la ley del gas ideal

El óxido de dinitrógeno, N_2O, que se usa en odontología, es un anestésico denominado "gas hilarante". ¿Cuál es la presión, en atmósferas, de 0.350 moles de N_2O a 22 °C en un recipiente de 5.00 L?

SOLUCIÓN

Paso 1 **Enuncie las cantidades dadas y las que necesita.** Cuando se conocen tres de las cuatro cantidades (P, V, n y T), se usa la ecuación de la ley del gas ideal para resolver la cantidad desconocida. Es conveniente organizar los datos en una tabla. La temperatura se convierte de grados Celsius a Kelvin de modo que las unidades de V, n y T coincidan con las unidades de la constante de gas R.

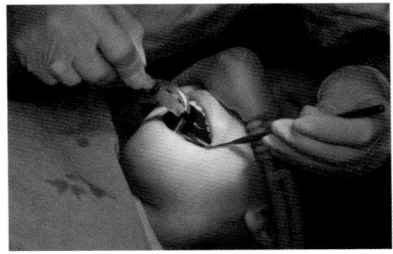

El óxido de dinitrógeno se usa como anestésico en odontología.

Análisis del problema

Propiedad	P	V	n	R	T
Dada		5.00 L	0.350 moles	$\frac{0.0821\ \text{L} \cdot \text{atm}}{\text{mol} \cdot \text{K}}$	22 °C 22 °C + 273 = 295 K
Necesita	? atm				

Guía para usar la ley del gas ideal

1 Enuncie las cantidades dadas y las que necesita.

2 Reordene la ecuación de la ley del gas ideal para resolver la cantidad que necesita.

3 Sustituya los datos del gas en la ecuación y calcule la cantidad que necesita.

Paso 2 **Reordene la ecuación de la ley del gas ideal para resolver la cantidad que necesita.** Al dividir ambos lados de la ecuación de la ley del gas ideal entre V, se resuelve la presión, P.

$$PV = nRT \quad \text{Ecuación de la ley del gas ideal}$$
$$P\frac{V}{V} = \frac{nRT}{V}$$
$$P = \frac{nRT}{V}$$

Paso 3 **Sustituya los datos del gas en la ecuación y calcule la cantidad que necesita.**

$$P = \frac{0.350\ \text{mol} \times \frac{0.0821\ \text{L} \cdot \text{atm}}{\text{mol} \cdot \text{K}} \times 295\ \text{K}}{5.00\ \text{L}} = 1.70\ \text{atm}$$

COMPROBACIÓN DE ESTUDIO 7.10

El gas cloro, Cl_2, se usa para purificar agua. ¿Cuántos moles de gas cloro hay en un tanque de 7.00 L si el gas tiene una presión de 865 mmHg y una temperatura de 24 °C?

EJEMPLO DE PROBLEMA 7.11 Cómo calcular la masa por medio de la ecuación de la ley del gas ideal

El butano, C_4H_{10}, se utiliza como combustible para parrilladas (asados) y como propulsor de aerosol. Si tiene 108 mL de butano a 715 mmHg y 25 °C, ¿cuál es la masa, en gramos, del butano?

SOLUCIÓN

Paso 1 **Enuncie las cantidades dadas y las que necesita.** Cuando se conocen tres de las cuatro cantidades (P, V, n y T), se usa la ecuación de la ley del gas ideal para resolver la cantidad desconocida. Es conveniente organizar los datos en una tabla. Puesto que la presión se proporciona en mmHg, se usará R en mmHg. El volumen dado en mililitros (mL) se convierte a un volumen en litros (L). La temperatura se convierte de grados Celsius a Kelvin.

Análisis del problema

Propiedad	P	V	n	R	T
Dada	715 mmHg	108 mL (0.108 L)		$\dfrac{62.4 \text{ L} \cdot \text{mmHg}}{\text{mol} \cdot \text{K}}$	25 °C 25 °C + 273 = 298 K
Necesita			¿? moles (¿? g)		

Paso 2 **Reordene la ecuación de la ley del gas ideal para resolver la cantidad que necesita.** Al dividir ambos lados de la ecuación del gas ideal entre RT, se resuelven los moles, n.

$$PV = n\,RT \quad \text{Ecuación de la ley del gas ideal}$$

$$\frac{PV}{RT} = n\frac{RT}{RT}$$

$$n = \frac{PV}{RT}$$

Paso 3 **Sustituya los datos del gas en la ecuación y calcule la cantidad que necesita.**

$$n = \frac{715 \text{ mmHg} \times 0.108 \text{ L}}{\dfrac{62.4 \text{ L} \cdot \text{mmHg}}{\text{mol} \cdot \text{K}} \times 298 \text{ K}} = 0.00415 \text{ moles } (4.15 \times 10^{-3} \text{ moles})$$

Ahora convierta los moles de butano a gramos usando su masa molar de 58.1 g/mol.

$$0.00415 \text{ moles } C_4H_{10} \times \frac{58.1 \text{ g } C_4H_{10}}{1 \text{ mol } C_4H_{10}} = 0.241 \text{ g de } C_4H_{10}$$

COMPROBACIÓN DE ESTUDIO 7.11

¿Cuál es el volumen de 1.20 g de monóxido de carbono a 8 °C si tiene una presión de 724 mmHg?

EJEMPLO DE PROBLEMA 7.12 Masa molar de un gas usando la ley del gas ideal

¿Cuál es la masa molar de un gas si una muestra de 3.16 g a 0.750 atm y 45 °C ocupa un volumen de 2.05 L?

SOLUCIÓN

Paso 1 **Enuncie las cantidades dadas y las que necesita.** Es conveniente organizar los datos en una tabla.

Análisis del problema

Propiedad	P	V	n	R	T	Masa
Dadas	0.750 atm	2.05 L		$\dfrac{0.0821 \text{ L} \cdot \text{atm}}{\text{mol} \cdot \text{K}}$	45 °C 45 °C + 273 = 318 K	3.16 g
Necesita			¿? moles (¿? masa molar)			

Paso 2 **Reordene la ecuación de la ley del gas ideal para resolver el número de moles.**

$$PV = nRT \quad \text{Ecuación de la ley del gas ideal}$$

Para resolver n en la ecuación de la ley del gas ideal, se dividen ambos lados entre RT.

$$\frac{PV}{RT} = \frac{nRT}{RT}$$

$$n = \frac{PV}{RT}$$

$$n = \frac{0.750 \text{ atm} \times 2.05 \text{ L}}{\dfrac{0.0821 \text{ L} \cdot \text{atm}}{\text{mol} \cdot \text{K}} \times 318 \text{ K}} = 0.0589 \text{ moles}$$

Paso 3 **Para obtener la masa molar divida el número de gramos dado entre el número de moles.**

$$\text{Masa molar} = \frac{\text{masa}}{\text{moles}} = \frac{3.16 \text{ g}}{0.0589 \text{ moles}} = 53.7 \text{ g/mol}$$

COMPROBACIÓN DE ESTUDIO 7.12

¿Cuál es la masa molar de un gas desconocido en un recipiente de 1.50 L si 0.488 g del gas tienen una presión de 0.0750 atm a 19 °C?

Guía para calcular la masa molar de un gas

1 Enuncie las cantidades dadas y las que necesita.

2 Reordene la ecuación de la ley del gas ideal para resolver el número de moles.

3 Para obtener la masa molar divida el número de gramos dado entre el número de moles.

Reacciones químicas y la ley del gas ideal

Si un gas no está en condiciones STP, se utiliza su presión (P), volumen (V) y temperatura (T) para determinar los moles de dicho gas involucrado en una reacción. Luego se pueden determinar los moles de cualquiera otra sustancia usando los factores mol-mol, como se hizo en la sección 6.6.

EJEMPLO DE PROBLEMA 7.13 **Ecuaciones químicas en las que se utiliza la ley del gas ideal**

La caliza ($CaCO_3$) reacciona con HCl para producir cloruro de calcio acuoso y gas dióxido de carbono.

$$CaCO_3(s) + 2HCl(ac) \longrightarrow CaCl_2(ac) + CO_2(g) + H_2O(l)$$

¿Cuántos litros de CO_2 se producen a 752 mmHg y 24 °C a partir de una muestra de 25.0 g de caliza?

SOLUCIÓN

Paso 1 **Enuncie las cantidades dadas y las que necesita.**

Análisis del problema

Dadas		Necesita
Reactivo:	25.0 g de $CaCO_3$	litros de $CO_2(g)$
Producto:	$CO_2(g)$ a 752 mmHg, 24 °C (24 °C + 273 = 297 K)	
Ecuación		
$CaCO_3(s) + 2HCl(ac) \longrightarrow CaCl_2(ac) + CO_2(g) + H_2O(l)$		

Paso 2 **Escriba un plan para convertir la cantidad dada a los moles que necesita.**

gramos de $CaCO_3$ Masa molar moles de $CaCO_3$ Factor mol-mol moles de CO_2

Guía para reacciones que involucran la ley del gas ideal

1 Enuncie las cantidades dadas y las que necesita.

2 Escriba un plan para convertir la cantidad dada a los moles que necesita.

3 Escriba las equivalencias para masa molar y los factores mol-mol.

4 Plantee el problema para calcular los moles de la cantidad que necesita.

5 Convierta los moles de lo que necesita a masa o volumen usando la masa molar o la ecuación de la ley del gas ideal.

Paso 3 **Escriba las equivalencias para masa molar y los factores mol-mol.**

$$1 \text{ mol de } CaCO_3 = 100.1 \text{ g de } CaCO_3$$

$$\frac{100.1 \text{ g } CaCO_3}{1 \text{ mol } CaCO_3} \quad y \quad \frac{1 \text{ mol } CaCO_3}{100.1 \text{ g } CaCO_3}$$

$$1 \text{ mol de } CaCO_3 = 1 \text{ mol de } CO_2$$

$$\frac{1 \text{ mol } CaCO_3}{1 \text{ mol } CO_2} \quad y \quad \frac{1 \text{ mol } CO_2}{1 \text{ mol } CaCO_3}$$

Paso 4 **Plantee el problema para calcular los moles de la cantidad que necesita.**

$$25.0 \text{ g } CaCO_3 \times \frac{1 \text{ mol } CaCO_3}{100.1 \text{ g } CaCO_3} \times \frac{1 \text{ mol } CO_2}{1 \text{ mol } CaCO_3} = 0.250 \text{ moles de } CO_2$$

Paso 5 **Convierta los moles de lo que necesita a volumen, usando la ecuación de la ley del gas ideal.** Ahora la ecuación de la ley del gas ideal se reordena para resolver el volumen (L) de gas. Luego sustituya las cantidades dadas y calcule V

$$V = \frac{nRT}{P}$$

$$V = \frac{0.250 \text{ moles} \times \dfrac{62.4 \text{ L} \cdot mmHg}{mol \cdot K} \times 297 \text{ K}}{752 \text{ mmHg}} = 6.16 \text{ L de } CO_2$$

COMPROBACIÓN DE ESTUDIO 7.13

Si 12.8 g de aluminio reaccionan con HCl, ¿cuántos litros de H_2 se formarían a 715 mmHg y 19 °C?

$$2Al(s) + 6HCl(ac) \longrightarrow 2AlCl_3(ac) + 3H_2(g)$$

PREGUNTAS Y PROBLEMAS

7.8 La ley del gas ideal

META DE APRENDIZAJE: *Usar la ecuación de la ley del gas ideal para resolver P, V, T o n de un gas cuando se proporcionan tres de los cuatro valores de la ley del gas ideal.*

7.51 Calcule la presión, en atmósferas, de 2.00 moles de gas helio en un recipiente de 10.0 L a 27 °C.

7.52 ¿Cuál es el volumen, en litros, de 4.0 moles de gas metano, CH_4, a 18 °C y 1.40 atm?

7.53 Un recipiente de gas oxígeno tiene un volumen de 20.0 L. ¿Cuántos gramos de oxígeno hay en el recipiente si el gas tiene una presión de 845 mmHg a 22 °C?

7.54 Una muestra de 10.0 g de gas criptón tiene una temperatura de 25 °C a 575 mmHg. ¿Cuál es el volumen, en mililitros, del gas criptón?

7.55 Una muestra de 25.0 g de nitrógeno, N_2, tiene un volumen de 50.0 L y una presión de 630. mmHg. ¿Cuál es la temperatura, en Kelvin y grados Celsius, del gas?

7.56 Una muestra de 0.226 g de dióxido de carbono, CO_2, tiene un volumen de 525 mL y una presión de 455 mmHg. ¿Cuál es la temperatura, en Kelvin y grados Celsius, del gas?

7.57 Utilizando el volumen molar (en condiciones STP) o la ecuación de la ley del gas ideal, determine la masa molar, g/mol, de cada uno de los incisos siguientes:
  a. 0.84 g de un gas que tiene un volumen de 450 mL en condiciones STP
  b. 1.48 g de un gas que tiene un volumen de 1.00 L a 685 mmHg y 22 °C
  c. 2.96 g de un gas que tiene un volumen de 2.30 L a 0.95 atm y 24 °C

7.58 Utilizando el volumen molar (en condiciones STP) o la ecuación de la ley del gas ideal, determine la masa molar, g/mol, de cada uno de los incisos siguientes:

  a. 11.6 g de un gas que tiene un volumen de 2.00 L en condiciones STP
  b. 0.726 g de un gas que tiene un volumen de 855 mL a 1.20 atm y 18 °C
  c. 2.32 g de un gas que tiene un volumen de 1.23 L a 685 mmHg y 25 °C

7.59 El butano experimenta combustión cuando reacciona con oxígeno para producir dióxido de carbono y agua. Con la ecuación de la ley del gas ideal, calcule el volumen, en litros, del oxígeno que se necesita para quemar todo el butano a 0.850 atm y 25 °C si un tanque contiene 55.2 g de butano.

$$2C_4H_{10}(g) + 13O_2(g) \xrightarrow{\Delta} 8CO_2(g) + 10H_2O(g)$$

7.60 Cuando se calienta a 350 °C y 0.950 atm, el nitrato de amonio se descompone para producir gases nitrógeno, agua y oxígeno. Con la ecuación de la ley del gas ideal, calcule el volumen, en litros, del vapor de agua producido cuando se descomponen 25.8 g de NH_4NO_3.

$$2NH_4NO_3(s) \xrightarrow{\Delta} 2N_2(g) + 4H_2O(g) + O_2(g)$$

7.61 El nitrato de potasio se descompone en nitrito de potasio y oxígeno. Con la ecuación de la ley del gas ideal, calcule el volumen, en litros, del O_2 producido si la descomposición de 50.0 g de KNO_3 tiene lugar a 35 °C y 1.19 atm.

$$2KNO_3(s) \xrightarrow{\Delta} 2KNO_2(s) + O_2(g)$$

7.62 El dióxido de nitrógeno reacciona con agua para producir oxígeno y amoniaco. Con la ecuación de la ley del gas ideal, calcule los gramos de NH_3 que pueden producirse cuando 4.00 L de NO_2 reaccionan a una temperatura de 415 °C y una presión de 725 mmHg.

$$4NO_2(g) + 6H_2O(g) \xrightarrow{\Delta} 7O_2(g) + 4NH_3(g)$$

7.9 Presiones parciales (ley de Dalton)

META DE APRENDIZAJE

Usar la ley de Dalton de presiones parciales para calcular la presión total de una mezcla de gases.

Muchas muestras de gas son una mezcla de gases. Por ejemplo, el aire que respira es una mezcla de gases compuesta principalmente de oxígeno y nitrógeno. Los científicos han observado que todas las partículas de gas en mezclas de gas ideal se comportan de la misma forma. Por tanto, la presión total de los gases en una mezcla es resultado de las colisiones de las partículas de gas sin importar de qué tipo de gas se trate.

En una mezcla de gases, cada gas ejerce una **presión parcial**, que es la presión que ejercería si fuera el único gas en el recipiente. La **ley de Dalton** afirma que la presión total de una mezcla de gases es la suma de las presiones parciales de los gases en la mezcla.

TUTORIAL
Mixture of Gases

Ley de Dalton

$$P_{total} = P_1 + P_2 + P_3 + \cdots$$

Presión total de una = Suma de las presiones parciales
mezcla de gases = de los gases en la mezcla

Imagine que tiene dos tanques distintos, uno lleno con helio a 2.0 atm y el otro lleno con argón a 4.0 atm. Cuando los gases se combinan en un solo tanque con el mismo volumen y temperatura, el número de moléculas de gas, no el tipo de gas, determina la presión en un recipiente. La presión de los gases en la mezcla de gases sería 6.0 atm, que es la suma de sus presiones individuales o parciales.

$$P_{total} = P_{He} + P_{Ar}$$
$$= 2.0\ atm + 4.0\ atm$$
$$= 6.0\ atm$$

$P_{He} = 2.0$ atm $P_{Ar} = 4.0$ atm

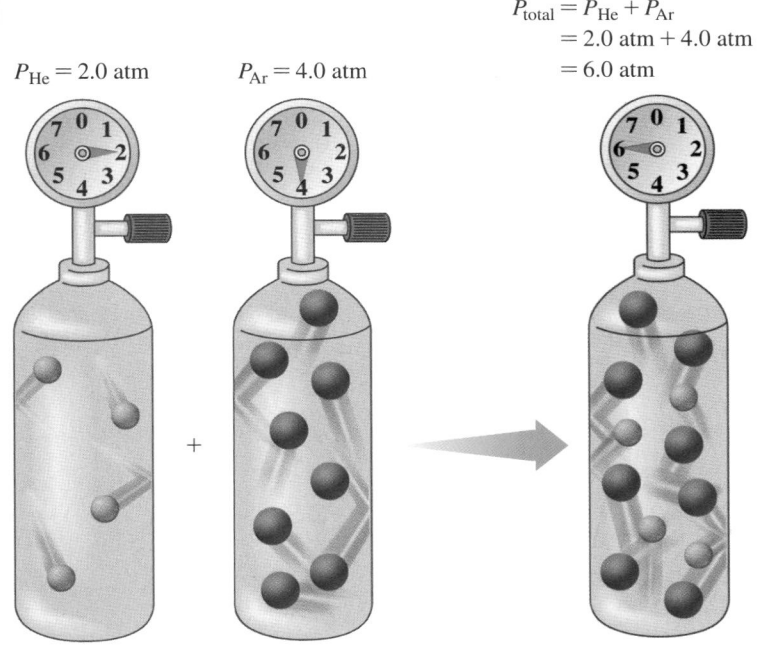

La presión total de dos gases es la suma de sus presiones parciales.

COMPROBACIÓN DE CONCEPTOS 7.8   Presión de una mezcla de gases

Un tanque de buceo está lleno con Trimix, una mezcla de gases para respirar en el buceo profundo. El tanque contiene oxígeno con una presión parcial de 20. atm, nitrógeno con una presión parcial de 40. atm, y helio con una presión parcial de 140. atm. ¿Cuál es la presión total de la mezcla respiratoria, en atmósferas?

RESPUESTA

De acuerdo con la ley de Dalton de presiones parciales, se suman las presiones parciales de oxígeno, nitrógeno y helio presentes en la mezcla.

$$P_{total} = P_{oxígeno} + P_{nitrógeno} + P_{helio}$$
$$P_{total} = 20.\ atm + 40.\ atm + 140.\ atm$$
$$= 200.\ atm$$

Por tanto, cuando el oxígeno, el nitrógeno y el helio se colocan en el mismo recipiente, la suma de sus presiones parciales es la presión total de la mezcla, que es 200. atm.

ABLA 7.7 Composición característica del aire

Gas	Presión parcial (mmHg)	Porcentaje (%)
Nitrógeno, N_2	594	78.2
Oxígeno, O_2	160.	21.0
Dióxido de carbono, CO_2 / Argón, Ar / Vapor de agua, H_2O	6	0.8
Aire total	760.	100

Guía para resolver presiones parciales

1 Escriba la ecuación para la suma de las presiones parciales.

2 Reordene la ecuación para resolver la presión desconocida.

3 Sustituya las presiones conocidas en la ecuación y calcule la presión parcial desconocida.

El aire es una mezcla de gases

El aire que respira es una mezcla de gases. Lo que se denomina *presión atmosférica* es en realidad la suma de las presiones parciales de todos los gases en el aire. La tabla 7.7 indica las presiones parciales de los gases en el aire en un día cualquiera.

EJEMPLO DE PROBLEMA 7.14 Presión parcial de un gas en una mezcla

Una mezcla respiratoria Heliox de oxígeno y helio se prepara para un buzo, quien descenderá 200 pies bajo la superficie del océano. A dicha profundidad el buzo respira una mezcla de gases que tiene una presión total de 7.00 atm. Si la presión parcial del oxígeno en el tanque a dicha profundidad es de 1140 mmHg, ¿cuál es la presión parcial del helio en la mezcla respiratoria?

SOLUCIÓN

Paso 1 **Escriba la ecuación para la suma de las presiones parciales.** A partir de la ley de Dalton de presiones parciales, se sabe que la presión total es igual a la suma de las presiones parciales.

$$P_{total} = P_{O_2} + P_{He}$$

Paso 2 **Reordene la ecuación para resolver la presión desconocida.** Para resolver la presión parcial del helio P_{He}, reordene la expresión para obtener lo siguiente:

$$P_{He} = P_{total} - P_{O_2}$$

Convierta unidades para que coincidan.

$$P_{O_2} = 1140 \text{ mmHg} \times \frac{1 \text{ atm}}{760 \text{ mmHg}} = 1.50 \text{ atm}$$

Paso 3 **Sustituya las presiones conocidas en la ecuación y calcule la presión parcial desconocida.**

$$P_{He} = P_{total} - P_{O_2}$$
$$P_{He} = 7.00 \text{ atm} - 1.50 \text{ atm} = 5.50 \text{ atm}$$

COMPROBACIÓN DE ESTUDIO 7.14

Un anestésico consiste en una mezcla de gas ciclopropano, C_3H_6, y gas oxígeno, O_2. Si la mezcla tiene una presión total de 1.09 atm, y la presión parcial del ciclopropano es 73 torr, ¿cuál es la presión parcial (torr) del oxígeno en el anestésico?

La química en la salud

GASES EN LA SANGRE

Las células utilizan de manera continua oxígeno y producen dióxido de carbono. Ambos gases entran y salen de los pulmones a través de las membranas de los alvéolos, los pequeños sacos de aire que se encuentran en los extremos de las vías respiratorias en los pulmones. Tiene lugar un intercambio de gases en el cual el oxígeno del aire se difunde hacia los pulmones y la sangre, al tiempo que el dióxido de carbono producido en las células se transporta a los pulmones para ser exhalado. En la tabla 7.8 se indican la presiones parciales de los gases en el aire que se inhala (aire inspirado), el aire en los alvéolos y el aire que se exhala (aire espirado).

A nivel del mar, el oxígeno normalmente tiene una presión parcial de 100 mmHg en los alvéolos de los pulmones. Dado que la presión parcial del oxígeno en la sangre venosa es de 40 mmHg, el oxígeno se difunde de los alvéolos hacia el torrente sanguíneo. El oxígeno se combina con la hemoglobina, que lo transporta a los tejidos del cuerpo, donde la presión parcial del oxígeno puede ser muy baja, menor de 30 mmHg. El oxígeno se difunde desde la sangre, donde la presión parcial del O_2 es alta, hacia los tejidos, donde la presión de O_2 es baja.

TABLA 7.8 Presiones parciales de gases durante la respiración

Gas	Aire inspirado	Aire alveolar	Aire espirado
Nitrógeno, N_2	594	573	569
Oxígeno, O_2	160	100	116
Dióxido de carbono, CO_2	0.3	40	28
Vapor de agua, H_2O	5.7	47	47
Total	760.	760.	760.

(Presión parcial (mmHg))

A medida que el oxígeno se agota en las células del cuerpo durante los procesos metabólicos, se produce dióxido de carbono, de modo que la presión parcial del CO_2 puede ser hasta de 50 mmHg o más. El dióxido de carbono se difunde de los tejidos hacia el torrente sanguíneo y se lleva a los pulmones. Ahí se difunde fuera de la sangre, donde el CO_2 tiene una presión parcial de 46 mmHg, hacia los alvéolos, donde el CO_2 está a 40 mmHg, y se exhala. La tabla 7.9 proporciona las presiones parciales de los gases sanguíneos en los tejidos, y en la sangre oxigenada y desoxigenada.

TABLA 7.9 Presiones parciales del oxígeno y el dióxido de carbono en la sangre y los tejidos

Gas	Presión parcial (mmHg)		
	Sangre oxigenada	Sangre desoxigenada	Tejidos
O_2	100	40	30 o menos
CO_2	40	46	50 o más

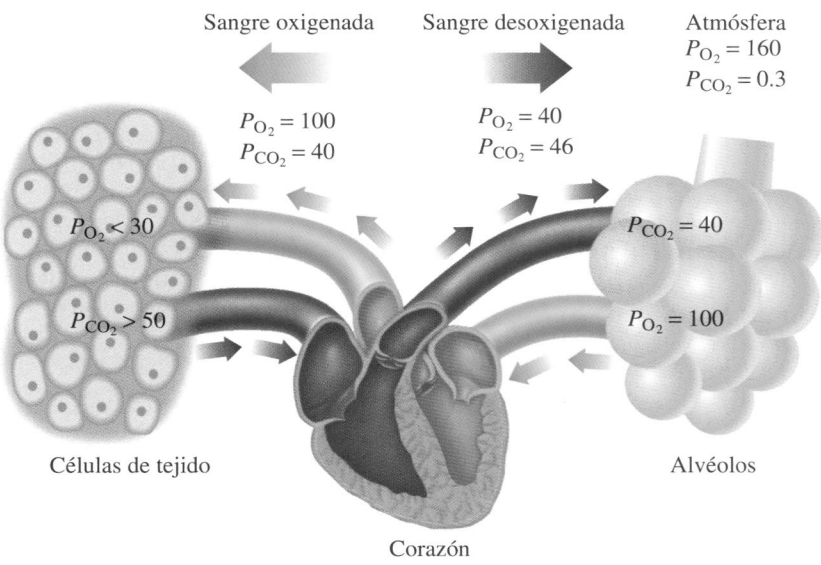

Sangre oxigenada

$P_{O_2} = 100$
$P_{CO_2} = 40$

$P_{O_2} < 30$

$P_{CO_2} > 50$

Células de tejido

Sangre desoxigenada

$P_{O_2} = 40$
$P_{CO_2} = 46$

Atmósfera
$P_{O_2} = 160$
$P_{CO_2} = 0.3$

$P_{CO_2} = 40$

$P_{O_2} = 100$

Alvéolos

Corazón

La química en la salud

CÁMARAS HIPERBÁRICAS

Un paciente quemado puede someterse a un tratamiento de quemaduras e infecciones en una cámara hiperbárica, un dispositivo con el que pueden obtenerse presiones que son dos o tres veces mayores que la presión atmosférica. Una mayor presión de oxígeno aumenta el nivel de oxígeno disuelto en la sangre y los tejidos. Puesto que los niveles altos de oxígeno son tóxicos para muchas cepas de bacterias, esto ayuda a combatir las infecciones bacterianas. La cámara hiperbárica también puede usarse para contrarrestar la intoxicación por monóxido de carbono (CO) y para tratar algunos tipos de cáncer. En la intoxicación por monóxido de carbono, CO tiene una afinidad mucho mayor por la hemoglobina que el oxígeno.

Por lo general, la sangre es capaz de disolver hasta 95% del oxígeno disponible en ella. Por tanto, si la presión parcial del oxígeno en la cámara hiperbárica es de 2280 mmHg (3 atm), aproximadamente 2170 mmHg de oxígeno pueden disolverse en la sangre, lo que satura los tejidos. En el tratamiento contra la intoxicación con monóxido de carbono, el oxígeno a una presión alta sirve para desplazar el CO de la hemoglobina más rápido que si se respirara oxígeno puro a 1 atm.

Un paciente sometido a tratamiento en una cámara hiperbárica también debe experimentar descompresión (reducción de la presión) a una velocidad que reduce en forma lenta la concentración del oxígeno disuelto en la sangre. Si la descompresión es muy rápida, el oxígeno disuelto en la sangre puede formar burbujas de gas en el sistema circulatorio.

De igual modo, si un buzo no se descomprime lentamente, puede ocurrir un trastorno denominado "síndrome de descompresión". Mientras está bajo la superficie del océano, un buzo usa una mezcla de gases para respirar con presiones más altas. Si hay nitrógeno en la mezcla, mayores cantidades de gas nitrógeno se disolverán en la sangre. Si el buzo asciende a la superficie demasiado rápido, el nitrógeno disuelto forma burbujas de gas que pueden bloquear un vaso sanguíneo y cortar el flujo de sangre en las articulaciones y tejidos del cuerpo y ser muy doloroso. Un buzo que sufre del síndrome de descompresión se coloca de inmediato en una cámara hiperbárica, donde primero se aumenta la presión y luego se disminuye lentamente. Entonces el nitrógeno disuelto puede difundirse a través de los pulmones a medida que la presión disminuye hasta alcanzar la presión atmosférica. Véase también la sección 2.3, La química en la salud, "Mezclas de gases para buceo".

Una cámara hiperbárica se usa para el tratamiento de ciertas enfermedades.

PREGUNTAS Y PROBLEMAS

7.9 Presiones parciales (ley de Dalton)

META DE APRENDIZAJE: *Usar la ley de Dalton de presiones parciales para calcular la presión total de una mezcla de gases.*

7.63 Una muestra de aire representativa en los pulmones contiene oxígeno a 98 mmHg, nitrógeno a 573 mmHg, dióxido de carbono a 40 mmHg y vapor de agua a 47 mmHg. ¿Cuál es la presión total, en mmHg, de la muestra de gases?

7.64 Una mezcla de gases Nitrox II para buceo contiene gas oxígeno a 53 atm y gas nitrógeno a 94 atm. ¿Cuál es la presión total, en atm, de la mezcla de gases para buceo?

7.65 En una mezcla de gases, las presiones parciales son: nitrógeno a 425 torr, oxígeno a 115 torr y helio a 225 torr. ¿Cuál es la presión total (en torr) ejercida por la mezcla de gases?

7.66 En una mezcla de gases, las presiones parciales son: argón a 415 mmHg, neón a 75 mmHg y nitrógeno a 125 mmHg. ¿Cuál es la presión total (en mmHg) ejercida por la mezcla de gases?

7.67 Una mezcla de gases que contiene oxígeno, nitrógeno y helio ejerce una presión total de 925 torr. Si las presiones parciales son oxígeno a 425 torr y helio a 75 torr, ¿cuál es la presión parcial (en atm) del nitrógeno en la mezcla?

7.68 Una mezcla de gases que contiene oxígeno, nitrógeno y neón ejerce una presión total de 1.20 atm. Si el helio que se agrega a la mezcla aumenta la presión a 1.50 atm, ¿cuál es la presión parcial (en mmHg) del helio?

7.69 En ciertos padecimientos pulmonares, como el enfisema, hay una disminución de la capacidad del oxígeno para difundirse en la sangre.
a. ¿Cómo cambiaría la presión parcial del oxígeno en la sangre?
b. ¿Por qué una persona con enfisema grave en ocasiones usa un tanque de oxígeno portátil?

7.70 Una lesión en la cabeza puede afectar la capacidad de una persona para ventilarse (inspirar y espirar), y lo mismo producen ciertas drogas.
a. ¿Qué ocurriría con las presiones parciales del oxígeno y el dióxido de carbono en la sangre si una persona no puede ventilar de manera adecuada?
b. Cuando se coloca un respirador a una persona con hipoventilación, se suministra una mezcla de aire con presiones que, en forma alternada, están arriba y abajo de la presión del aire en los pulmones de la persona. ¿Cómo hará esto que entre el gas oxígeno a los pulmones y salga dióxido de carbono?

MAPA CONCEPTUAL

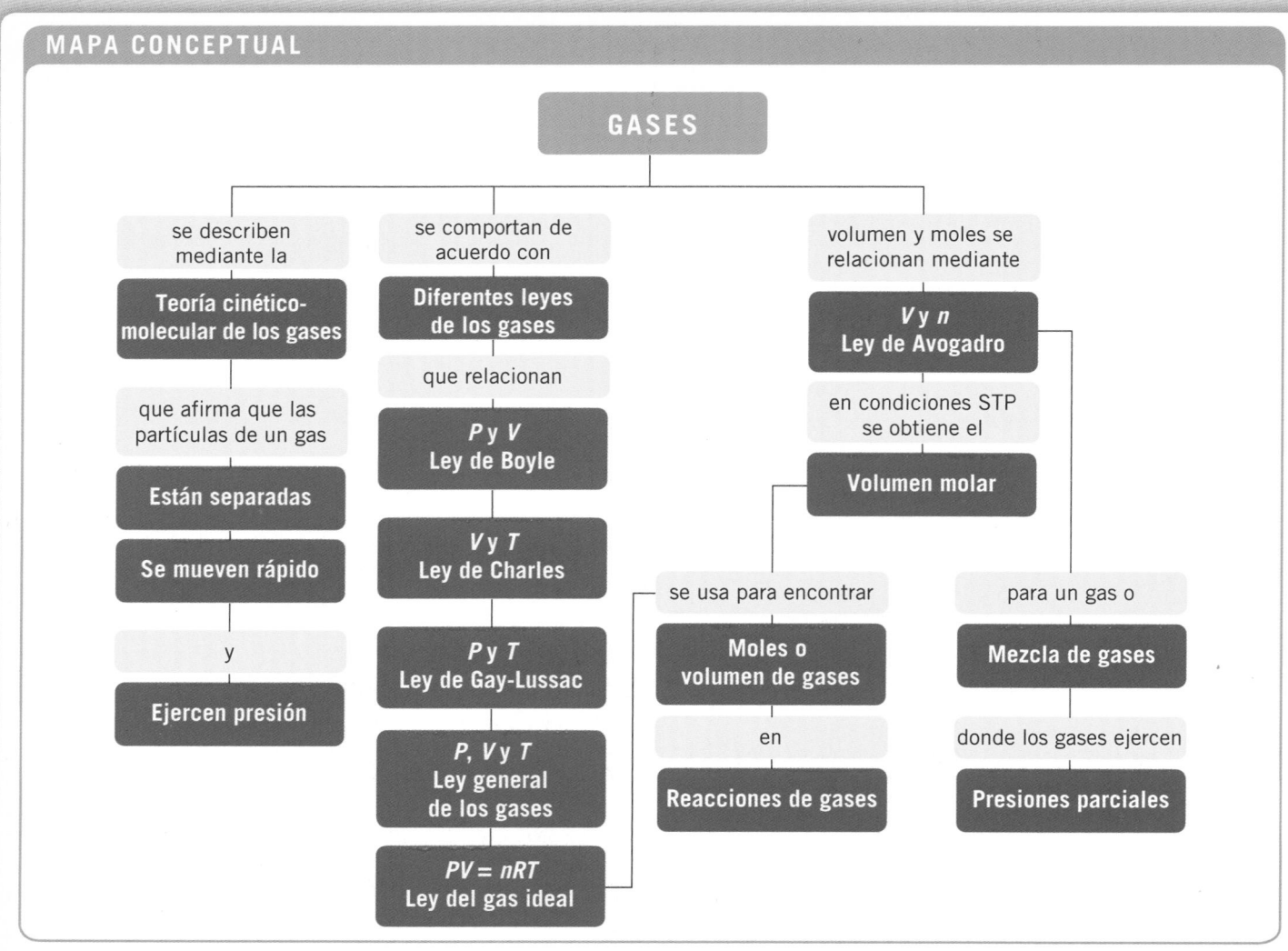

REPASO DEL CAPÍTULO

7.1 Propiedades de los gases

META DE APRENDIZAJE: Describir la teoría cinético-molecular de los gases y sus propiedades.

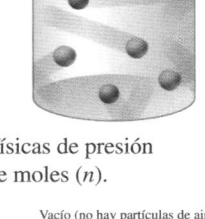

- En un gas, las partículas están tan separadas y se mueven tan rápido que sus atracciones son insignificantes.
- Un gas se describe mediante las propiedades físicas de presión (P), volumen (V), temperatura (T) y cantidad de moles (n).

7.2 Presión en un gas

META DE APRENDIZAJE: Describir las unidades de medición usadas para presión, y convertir de una unidad a otra.

- Un gas ejerce presión, que es la fuerza de las partículas del gas que golpean las paredes de un recipiente.
- La presión del gas se mide en unidades como torr, mmHg, atm y Pa.

7.3 Presión y volumen (ley de Boyle)

META DE APRENDIZAJE: Usar la relación presión-volumen (ley de Boyle) para determinar la nueva presión o volumen cuando la temperatura y la cantidad de gas permanecen constantes.

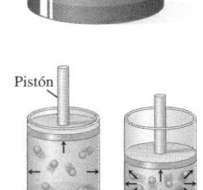

- El volumen (V) de un gas cambia inversamente con la presión (P) del gas si no hay cambio en la temperatura ni la cantidad de gas.
$$P_1 V_1 = P_2 V_2$$
- Esto significa que la presión aumenta si el volumen disminuye, y que la presión disminuye si el volumen aumenta.

7.4 Temperatura y volumen (ley de Charles)

META DE APRENDIZAJE: Usar la relación temperatura-volumen (ley de Charles) para determinar la nueva temperatura o volumen cuando la presión y la cantidad de gas permanecen constantes.

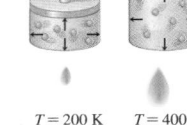

- El volumen (V) de un gas guarda una relación directa con su temperatura Kelvin (T) cuando no hay cambio en la presión ni la cantidad de gas.
$$\frac{V_1}{T_1} = \frac{V_2}{T_2}$$
- Por tanto, si la temperatura aumenta, el volumen del gas aumenta; si la temperatura disminuye, el volumen disminuye.

7.5 Temperatura y presión (ley de Gay-Lussac)

META DE APRENDIZAJE: Usar la relación temperatura-presión (ley de Gay-Lussac) para determinar la nueva temperatura o presión cuando el volumen y la cantidad de gas permanecen constantes.

- La presión (P) de un gas guarda una relación directa con su temperatura Kelvin (T).
$$\frac{P_1}{T_1} = \frac{P_2}{T_2}$$
- Esta relación significa que un incremento de la temperatura aumenta la presión de un gas, y una reducción de la temperatura reduce la presión, siempre y cuando el volumen y la cantidad de gas permanezcan constantes.

- La presión de vapor es la presión del gas que se forma cuando un líquido se evapora.
- En el punto de ebullición de un líquido, la presión de vapor es igual a la presión externa.

7.6 La ley general de los gases

META DE APRENDIZAJE: Usar la ley general de los gases para encontrar la nueva presión, volumen o temperatura de un gas cuando se proporcionan los cambios en dos de estas propiedades y la cantidad de gas permanece constante.

- La ley general de los gases es la relación de presión (P), volumen (V) y temperatura (T) para una cantidad (n) constante de gas.
- Esta expresión se usa para determinar el efecto que tienen los cambios en dos de las variables sobre la tercera.
$$\frac{P_1 V_1}{T_1} = \frac{P_2 V_2}{T_2}$$

7.7 Volumen y moles (ley de Avogadro)

META DE APRENDIZAJE: Usar la ley de Avogadro para determinar la cantidad o volumen de un gas cuando la presión y la temperatura permanecen constantes.

$V = 22.4$ L

- El volumen (V) de un gas guarda una relación directa con el número de moles (n) del gas cuando la presión y la temperatura del gas no cambian.
$$\frac{V_1}{n_1} = \frac{V_2}{n_2}$$

1 mol de O_2
32.0 g de O_2
273 K
1 atm

- Si los moles de gas aumentan, el volumen debe aumentar; si los moles de gas disminuyen, el volumen debe disminuir.
- A temperatura estándar (273 K) y presión estándar (1 atm), conocidos como condiciones STP, un mol de cualquier gas tiene un volumen de 22.4 L.

7.8 La ley del gas ideal

META DE APRENDIZAJE: Usar la ecuación de la ley del gas ideal para resolver P, V, T o n de un gas cuando se proporcionan tres de los cuatro valores de la ley del gas ideal.

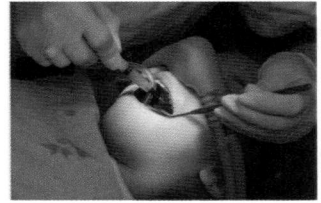

- La ecuación de la ley del gas ideal proporciona la relación de todas las cantidades P, V, n y T que describen y miden un gas:
$$PV = nRT$$
- Cualquiera de las cuatro variables puede calcularse si se conocen las otras tres.

7.9 Presiones parciales (ley de Dalton)

META DE APRENDIZAJE: Usar la ley de Dalton de presiones parciales para calcular la presión total de una mezcla de gases.

$P_{\text{total}} = P_{\text{He}} + P_{\text{Ar}}$
$= 2.0$ atm $+ 4.0$ atm
$= 6.0$ atm

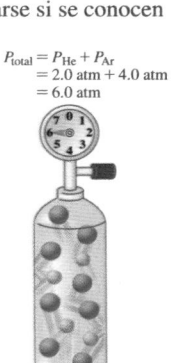

- En una mezcla de dos o más gases, la presión total es la suma de las presiones parciales de los gases individuales.
$$P_{\text{total}} = P_1 + P_2 + P_3 + \cdots$$
- La presión parcial de un gas en una mezcla es la presión que ejercería si fuera el único gas en el recipiente.

TÉRMINOS CLAVE

atmósfera (atm) Presión ejercida por una columna de mercurio de 760 mm de alto.

constante de gas ideal (R) Valor numérico que relaciona las cantidades P, V, n y T en la ecuación de la ley del gas ideal, $PV = nRT$.

ley de Avogadro Afirma que el volumen del gas guarda una relación directa con el número de moles del gas cuando la presión y la temperatura se mantienen constantes.

ley de Boyle Afirma que la presión de un gas se relaciona inversamente con el volumen cuando la temperatura (K) y la cantidad (moles) del gas no cambian.

ley de Charles Afirma que el volumen de un gas cambia directamente al variar la temperatura absoluta (K) cuando la presión y la cantidad (moles) del gas permanecen constantes.

ley de Dalton Afirma que la presión total ejercida por una mezcla de gases en un contenedor es la suma de las presiones parciales que ejercería cada gas por sí solo.

ley de Gay-Lussac Afirma que la presión de un gas cambia directamente al variar la temperatura absoluta (K) cuando el número de moles de un gas y su volumen permanecen constantes.

ley del gas ideal Ley que combina las cuatro propiedades medidas de un gas en la ecuación $PV = nRT$.

ley general de los gases Relación que combina varias leyes de los gases que vinculan presión, volumen y temperatura cuando la cantidad de gas no cambia.

$$\frac{P_1 V_1}{T_1} = \frac{P_2 V_2}{T_2}$$

presión Fuerza ejercida por las partículas de gas que golpean las paredes de un recipiente.

presión atmosférica Presión ejercida por la atmósfera.

presión de vapor Presión ejercida por las partículas de vapor en la parte superior de un líquido.

presión parcial Presión ejercida por un solo gas en una mezcla de gases.

relación directa Relación en la que dos propiedades aumentan o disminuyen juntas.

relación inversa Relación en la que dos propiedades cambian en direcciones opuestas.

STP (condiciones estándar de presión y temperatura) Condiciones estándar de exactamente 0 °C (273 K) de temperatura y una presión de 1 atm usadas para la comparación de gases.

teoría cinético-molecular de los gases Modelo usado para explicar el comportamiento de los gases.

volumen molar Volumen de 22.4 L ocupado por 1 mol de gas en condiciones STP de 0 °C (273 K) y 1 atm.

COMPRENSIÓN DE CONCEPTOS

Las secciones del capítulo que se deben revisar se muestran entre paréntesis al final de cada pregunta.

7.71 A 100 °C, ¿cuál de los siguientes diagramas (**1**, **2** o **3**) representa una muestra de gas que ejerce: (7.7)

    a. menor presión?   **b.** mayor presión?

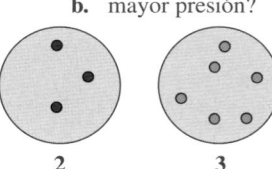

      1   **2**   **3**

7.72 Indique cuál diagrama (**1**, **2** o **3**) representa el volumen de una muestra de gas en un recipiente flexible cuando tiene lugar cada uno de los siguientes cambios (**a-e**): (7.3, 7.4)

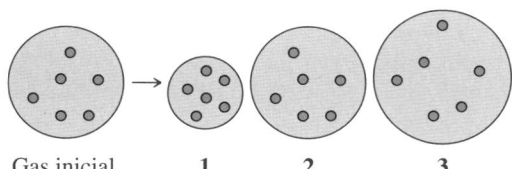

    Gas inicial   **1**   **2**   **3**

    a. La temperatura aumenta a presión constante.
    b. La temperatura disminuye a presión constante.
    c. La presión atmosférica aumenta a temperatura constante.
    d. La presión atmosférica disminuye a temperatura constante.
    e. Duplicar la presión atmosférica duplica la temperatura Kelvin.

7.73 Un globo se llena con gas helio con una presión parcial de 1.00 atm, y gas neón con una presión parcial de 0.50 atm. Para cada uno de los siguientes cambios del globo inicial, seleccione el diagrama (**A**, **B** o **C**) que muestre el volumen final del globo: (7.3, 7.4, 7.7)

    a. El globo se coloca en una unidad de almacenamiento fría (*P* y *n* constantes).
    b. El globo flota a una mayor altitud, donde la presión es menor (*n* y *T* son constantes).

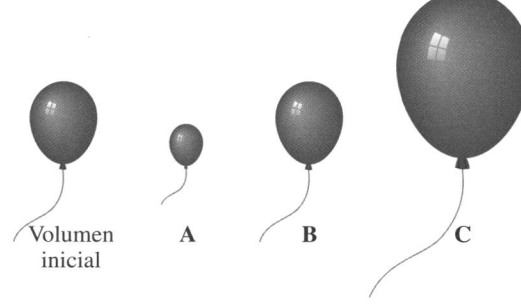

    Volumen inicial   **A**   **B**   **C**

    c. Todo el gas neón se elimina (*T* y *P* constantes).
    d. La temperatura Kelvin se duplica y escapa la mitad de los átomos del gas (*P* es constante).
    e. Se agregan 2.0 moles de gas O_2 a *T* y *P* constantes.

7.74 Indique si la presión *aumenta*, *disminuye* o *no cambia* en cada uno de los diagramas siguientes: (7.3, 7.5, 7.7)

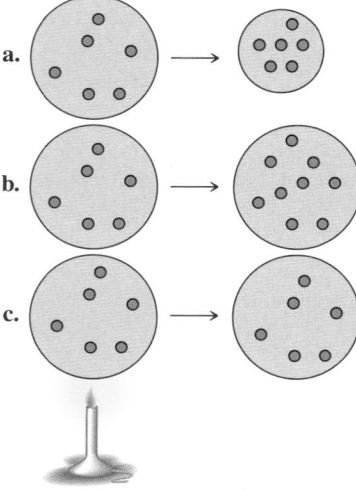

    a.
    b.
    c.

PREGUNTAS Y PROBLEMAS ADICIONALES

Visite www.masteringchemistry.com para acceder a materiales de auto-aprendizaje y tareas asignadas por el instructor.

7.75 En un restaurante, un cliente se atraganta con un trozo de alimento. Usted lo auxilia poniendo los brazos alrededor de la cintura de la persona y empuja con los puños hacia arriba, sobre el abdomen de éste, una acción denominada *maniobra de Heimlich*. (7.3)
  a. ¿Cómo esta acción cambiaría el volumen del pecho y los pulmones?
  b. ¿Por qué con esto la persona expulsa el alimento atorado en las vías respiratorias?

7.76 Un avión se presuriza a 650. mmHg. (7.9)
  a. Si el aire es 21% oxígeno, ¿cuál es la presión parcial del oxígeno en el avión?
  b. Si la presión parcial del oxígeno desciende a menos de 100 mmHg, los pasajeros se sentirán aletargados. Si esto ocurre, se dejarán caer las mascarillas de oxígeno. ¿Cuál es la presión total en la cabina en la que se dejan caer las mascarillas de oxígeno?

7.77 En 1783, Jacques Charles se elevó en su primer globo lleno con gas hidrógeno, gas que eligió porque era más ligero que el aire. El globo tenía un volumen de 31 000 L cuando alcanzó una altura de 1000 m, donde la presión era de 658 mmHg y la temperatura era de −8 °C. ¿Cuántos kilogramos de hidrógeno se usaron para llenar el globo en condiciones STP? (7.7)

Jacques Charles usó hidrógeno para elevar su globo en 1783.

7.78 Su nave espacial aterriza en una estación espacial arriba de Marte. La temperatura dentro de la estación espacial es de unos 24 °C cuidadosamente controlados, a una presión de 745 mmHg. Un globo con un volumen de 425 mL avanza hacia la esclusa de aire, donde la temperatura es −95 °C y la presión es 0.115 atm. ¿Cuál es el nuevo volumen, en mililitros, del globo si n permanece constante y el globo es muy elástico? (7.6)

7.79 Un extintor de incendios tiene una presión de 10 atm a 25 °C. ¿Cuál es la presión, en atmósferas, si el extintor se usa a una temperatura de 75 °C y el V y el n permanecen constantes? (7.5)

7.80 Un globo meteorológico tiene un volumen de 750 L cuando se llena con helio a 8 °C a una presión de 380 torr. ¿Cuál es el nuevo volumen del globo cuando la presión es 0.20 atm, la temperatura es −45 °C y n permanece constante? (7.6)

7.81 Una muestra de gas hidrógeno (H_2) a 127 °C tiene una presión de 2.00 atm. ¿A qué temperatura (°C) la presión del H_2 desciende a 0.25 atm, si V y n permanecen constantes? (7.5)

7.82 Una muestra de gas nitrógeno (N_2) tiene una presión de 745 mmHg a 30. °C. ¿Cuál es la presión cuando la temperatura se eleva a 125 °C? (7.5)

7.83 ¿Cuántos moles de CO_2 hay en 35.0 L de $CO_2(g)$ a 1.2 atm y 5 °C? (7.8)

7.84 Un recipiente se llena con 0.67 moles de O_2 a 5 °C y 845 mmHg. ¿Cuál es el volumen, en mililitros, del recipiente? (7.8)

7.85 Un recipiente de 2.00 L está lleno con gas metano (CH_4) a una presión de 2500 mmHg y una temperatura de 18 °C. ¿Cuántos gramos de metano hay en el recipiente? (7.8)

7.86 Un cilindro de acero con un volumen de 15.0 L se llena con 50.0 g de gas nitrógeno a 25 °C. ¿Cuál es la presión, en atmósferas, del gas N_2 en el cilindro? (7.8)

7.87 Cuando se calienta, el carbonato de calcio se descompone para producir óxido de calcio y gas dióxido de carbono. Si 56.0 g de $CaCO_3$ reaccionan, ¿cuántos litros de gas CO_2 se producen en condiciones STP? (7.7)
$$CaCO_3(s) \xrightarrow{\Delta} CaO(s) + CO_2(g)$$

7.88 El magnesio reacciona con el oxígeno para formar óxido de magnesio. ¿Cuántos litros de gas oxígeno en condiciones STP se necesitan para reaccionar por completo con 8.0 g de magnesio? (7.7)
$$2Mg(s) + O_2(g) \xrightarrow{\Delta} 2MgO(s)$$

7.89 En el proceso Haber, H_2 y N_2 reaccionan para producir amoniaco (NH_3). ¿Cuántos gramos de N_2 se necesitan para producir 150 L de amoniaco en condiciones STP? (7.6)
$$3H_2(g) + N_2(g) \longrightarrow 2NH_3(g)$$

7.90 ¿Cuántos litros de gas H_2 en condiciones STP pueden producirse a partir de la reacción de 2.45 g de Al con HCl en exceso? (7.6)
$$2Al(s) + 6HCl(ac) \longrightarrow 2AlCl_3(ac) + 3H_2(g)$$

7.91 El óxido de aluminio puede formarse a partir de sus elementos. ¿Qué volumen, en litros, de oxígeno en condiciones STP se necesitan para reaccionar por completo con 5.4 g de Al? (7.6)
$$4Al(s) + 3O_2(g) \xrightarrow{\Delta} 2Al_2O_3(s)$$

7.92 La glucosa, $C_6H_{12}O_6$, se metaboliza en los sistemas vivos y se convierte en CO_2 y H_2O. ¿Cuántos gramos de agua pueden producirse a partir de 12.5 L de O_2 en condiciones STP? (7.6)
$$C_6H_{12}O_6(s) + 6O_2(g) \longrightarrow 6CO_2(g) + 6H_2O(l)$$

7.93 Una muestra de gas con una masa de 1.62 g tiene un volumen de 941 mL a una presión de 748 torr y una temperatura de 20 °C. ¿Cuál es la masa molar, en g/mol, del gas? (7.8)

7.94 ¿Cuál es la masa molar, en g/mol, de un gas si 1.15 g del gas tienen un volumen de 225 mL en condiciones STP? (7.7, 7.8)

7.95 El dióxido de nitrógeno reacciona con agua para producir oxígeno y amoniaco. ¿Cuántos litros de O_2 se producen cuando 0.42 moles de NO_2 reaccionan en condiciones STP? (7.7, 7.8)
$$4NO_2(g) + 6H_2O(g) \xrightarrow{\Delta} 7O_2(g) + 4NH_3(g)$$

7.96 ¿Cuál es el volumen, en litros, del gas H_2 producido en condiciones STP a partir de la reacción de 25.0 g de Al? (7.7)
$$2Al(s) + 3H_2SO_4(ac) \longrightarrow Al_2(SO_4)_3(ac) + 3H_2(g)$$

7.97 Un globo meteorológico se llena parcialmente con helio para que pueda tener una expansión completa a grandes alturas. En condiciones STP, un globo meteorológico está lleno con suficiente helio para producir un volumen de 25.0 L. ¿Cuántos gramos de helio se agregaron al globo? (7.6, 7.7)

7.98 A una altura de 30.0 km, donde la temperatura es de −35 °C, un globo meteorológico que contiene 1.75 moles de helio tiene un volumen de 2460 L. ¿Cuál es la presión, en mmHg, del helio en el interior del globo? (7.8)

7.99 Una mezcla de gases contiene oxígeno y argón a presiones parciales de 0.60 atm y 425 mmHg, respectivamente. Si se agrega gas nitrógeno a la muestra, aumenta la presión total a 1250 torr, ¿cuál es la presión parcial, en torr, del nitrógeno agregado? (7.9)

7.100 Una mezcla de gases contiene helio y oxígeno a presiones parciales de 255 torr y 0.450 atm. ¿Cuál es la presión total, en mmHg, de la mezcla después de que se coloca en un recipiente la mitad del volumen del recipiente original? (7.9)

PREGUNTAS DE DESAFÍO

7.101 Una muestra de gas tiene un volumen de 4250 mL a 15 °C y 745 mmHg. ¿Cuál es la nueva temperatura (°C) después de que la muestra se transfiere a un nuevo recipiente con un volumen de 2.50 L y una presión de 1.20 atm? (7.6)

7.102 En la fermentación de glucosa (elaboración de vino) se produce un volumen de 780 mL de gas CO_2 a 37 °C y 1.00 atm. ¿Cuál es el volumen (L) del gas cuando se mide a 22 °C y 675 mmHg? (7.6)

7.103 Cuando un automóvil choca, la azida de sodio, NaN_3, en las bolsas de aire reacciona para producir gas nitrógeno, que llena las bolsas de aire en 0.03 s. ¿Cuántos litros de N_2 se producen en condiciones STP si una bolsa de aire contiene 132 g de NaN_3? (7.7)

$$2NaN_3(s) \longrightarrow 2Na(s) + 3N_2(g)$$

7.104 El amoniaco reacciona con el oxígeno para producir óxido de nitrógeno y agua. ¿Cuántos litros de óxido de nitrógeno en condiciones STP se producen a partir de la reacción de 50. g de NH_3? (7.7, 7.8)

$$4NH_3(g) + 5O_2(g) \longrightarrow 4NO(g) + 6H_2O(g)$$

7.105 Una muestra de 1.00 g de hielo seco (CO_2) se coloca en un recipiente que tiene un volumen de 4.60 L y una temperatura de 24 °C. ¿Cuál es la presión de CO_2, en mmHg, en el interior del recipiente después de que todo el hielo seco cambia a un gas? (7.8)

$$CO_2(s) \longrightarrow CO_2(g)$$

7.106 Una muestra de 250 mL de nitrógeno (N_2) tiene una presión de 745 mmHg a 30 °C. ¿Cuál es la masa, en gramos, del gas nitrógeno? (7.8)

7.107 El gas hidrógeno puede producirse en el laboratorio mediante la reacción del metal magnesio con ácido clorhídrico. ¿Cuál es el volumen, en litros, del gas H_2 producido a 24 °C y 835 mmHg, a partir de la reacción de 12.0 g de Mg? (7.8)

$$Mg(s) + 2HCl(ac) \longrightarrow MgCl_2(ac) + H_2(g)$$

7.108 En la formación del esmog, gases nitrógeno y oxígeno reaccionan para formar dióxido de nitrógeno. ¿Cuántos gramos de dióxido de nitrógeno se producirán cuando 2.0 L de nitrógeno a 840 mmHg y 24 °C reaccionen por completo? (7.8)

$$N_2(g) + 2O_2(g) \longrightarrow 2NO_2(g)$$

7.109 El aluminio sólido reacciona con H_2SO_4 para formar el gas H_2 y sulfato de aluminio. ¿Cuántos gramos de Al deben reaccionar cuando se producen 415 mL de gas H_2 a 23 °C a una presión de 734 mmHg? (7.8)

$$2Al(s) + 3H_2SO_4(ac) \longrightarrow 3H_2(g) + Al_2(SO_4)_3(ac)$$

7.110 Cuando se calienta, el $KClO_3$ sólido forma KCl sólido y gas O_2. Cuando una muestra de $KClO_3$ se calienta, se producen 226 mL de gas O_2 con una presión de 719 mmHg y una temperatura de 26 °C. ¿Cuántos gramos de $KClO_3$ reaccionaron? (7.8)

$$2KClO_3(s) \xrightarrow{\Delta} 2KCl(s) + 3O_2(g)$$

RESPUESTAS

Respuestas a las Comprobaciones de estudio

7.1 La masa, en gramos, proporciona la cantidad de gas.

7.2 250 torr

7.3 73.5 mL

7.4 569 mL

7.5 16 °C

7.6 241 mmHg

7.7 7.50 L

7.8 7.0 g de N_2

7.9 5.41 L de H_2

7.10 0.327 moles de Cl_2

7.11 1.04 L

7.12 104 g/mol

7.13 18.1 L de H_2

7.14 755 torr

Respuestas a Preguntas y problemas seleccionados

7.1 a. A una temperatura más alta, las partículas de gas tienen mayor energía cinética, lo que las hace moverse más rápido.
b. Puesto que entre las partículas de un gas existen grandes distancias, pueden juntarse y todavía siguen siendo un gas.

7.3 a. temperatura
b. volumen
c. cantidad
d. presión

7.5 atmósferas (atm), mmHg, torr, lb/in², kPa

7.7 a. 1520 torr
b. 1520 mmHg

7.9 A medida que el buzo asciende a la superficie, la presión externa disminuye. Si el aire de los pulmones, que está a mayor presión, no se exhalara, su volumen se expandiría y dañaría gravemente los pulmones. La presión del gas en los pulmones debe ajustarse ante los cambios en la presión externa.

7.11 a. La presión es mayor en el cilindro **A**. De acuerdo con la ley de Boyle, una disminución del volumen acerca las partículas de gas, lo que causará un aumento de la presión.

b.

Propiedad	Condiciones 1	Condiciones 2	Conocida	Pronosticada
Presión (P)	650 mmHg	1.2 atm (910 mmHg)	P aumenta	
Volumen (V)	220 mL	160 mL		V disminuye

7.13 a. aumenta **b.** disminuye **c.** aumenta

7.15 a. 328 mmHg **b.** 2620 mmHg **c.** 4370 mmHg

7.17 a. 25 L **b.** 12.5 L **c.** 100. L

7.19 25 L

7.21 a. inspiración **b.** espiración **c.** inspiración

7.23 a. C **b.** A **c.** B

7.25 a. 303 °C **b.** −129 °C **c.** 591 °C **d.** 136 °C

7.27 a. 2400 mL **b.** 4900 mL **c.** 1800 mL **d.** 1700 mL

7.29 Un incremento de la temperatura aumenta la presión en el interior de la lata. Cuando la presión supera el límite de presión de la lata, ésta explota.

7.31 a. −23 °C **b.** 168 °C

7.33 a. 770 torr **b.** 1.51 atm

7.35 a. punto de ebullición **b.** presión de vapor

7.37 a. En la cima de una montaña el agua hierve por abajo de 100 °C porque la presión atmosférica (externa) es menor de 1 atm.
b. Puesto que la presión en el interior de una olla de presión es mayor que 1 atm, el agua hierve por arriba de 100 °C. A una mayor temperatura, los alimentos se cuecen más rápido.

7.39 a. 4.26 atm **b.** 3.07 atm **c.** 0.606 atm

7.41 −33 °C

7.43 El volumen aumenta porque el número de partículas de gas aumenta.

7.45 a. 4.00 L **b.** 14.6 L **c.** 26.7 L

7.47 a. 2.00 moles de O_2
b. 0.179 moles de CO_2
c. 4.48 L
d. 55 400 mL

7.49 7.60 L de H_2

7.51 4.93 atm

7.53 29.4 g de O_2

7.55 565 K (292 °C)

7.57 a. 42 g/mol **b.** 39.8 g/mol **c.** 33 g/mol

7.59 178 L de O_2

7.61 5.25 L de O_2

7.63 758 mmHg

7.65 765 torr

7.67 0.559 atm

7.69 a. La presión parcial del oxígeno será menor que la normal.
b. Respirar una mayor concentración de oxígeno ayudará a aumentar el suministro de oxígeno en los pulmones y la sangre, y elevará la presión parcial del oxígeno en la sangre.

7.71 a. 2 **b.** 1

7.73 a. A **b.** C **c.** A **d.** B **e.** C

7.75 a. El volumen del pecho y los pulmones disminuye.
b. La reducción del volumen aumenta la presión, lo que puede desalojar el alimento de la tráquea.

7.77 2.5 kg de H_2

7.79 12 atm

7.81 −223 °C

7.83 1.8 moles de CO_2

7.85 4.40 g

7.87 12.5 L de CO_2

7.89 94 g de N_2

7.91 3.4 L de O_2

7.93 42.1 g/mol

7.95 16 L de O_2

7.97 4.46 g de helio

7.99 370 torr

7.101 −66 °C

7.103 68.2 L de N_2

7.105 91.5 mmHg

7.107 11.0 L de H_2

7.109 0.297 g de Al

8 Disoluciones

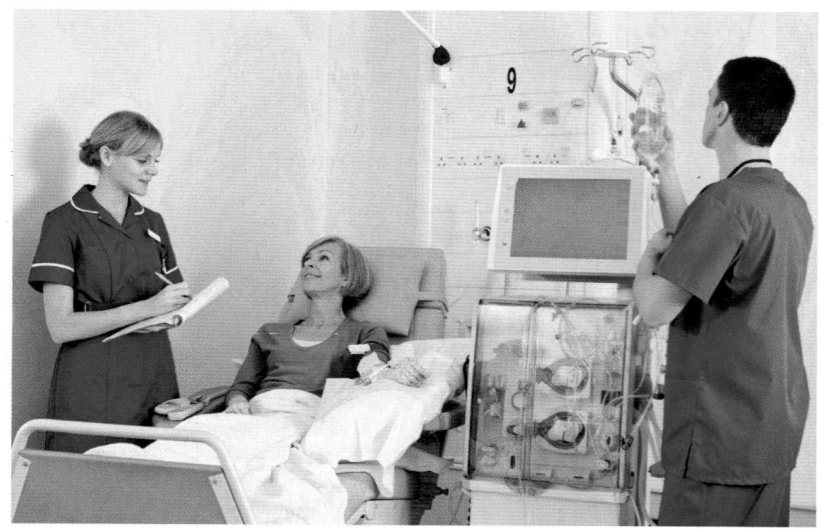

Visite **www.masteringchemistry.com** para
acceder a materiales de autoaprendizaje
y tareas asignadas por el instructor.

Cuando los riñones de Michelle dejaron de
funcionar, fue sometida a diálisis tres veces a la semana.
Al entrar a la unidad de diálisis, la enfermera, Amanda, le
pregunta a Michelle cómo se siente. Michelle indica que
hoy se siente cansada y tiene los tobillos muy hinchados.

La enfermera de diálisis informa a Michelle que estos
efectos secundarios se deben a que su cuerpo no puede
regular la cantidad de agua que hay en sus células. Le
explica que la cantidad de agua está regulada por la concentración de electrolitos en los líquidos corporales y la
velocidad a la que los productos de desecho se eliminan
del cuerpo. Amanda explica que, aunque el agua es
esencial para las muchas reacciones químicas que tienen
lugar en el cuerpo, diversas enfermedades y trastornos
hacen que la cantidad de agua aumente demasiado o sea
muy poca.

Puesto que los riñones de Michelle ya no llevan
a cabo la diálisis, ella no puede regular la cantidad de
electrolitos o productos de desecho que hay en sus líquidos corporales. En consecuencia, tiene un desequilibrio
electrolítico y una acumulación de productos de
desecho, de modo que su cuerpo retiene agua. Luego
Amanda le explica que la máquina de diálisis hace el
trabajo de sus riñones para reducir los altos niveles
de electrolitos y productos de desecho.

Profesión: Enfermera de diálisis

Una enfermera de diálisis se especializa en ayudar a los
pacientes con enfermedades renales que se someten a
este procedimiento. Para esto es necesaria la monitoriza-
ción del paciente antes, durante y después de la diálisis
por si surge alguna complicación, como el descenso de
la presión arterial o calambres. La enfermera de diálisis
conecta al paciente a la unidad de diálisis mediante ca-
téteres de diálisis que se insertan en el cuello o el pecho,
que deben estar limpios para evitar infecciones. Una
enfermera de diálisis debe conocer muy bien el funcionamiento de la máquina de diálisis para asegurarse de que
opera correctamente en todo momento.

Las disoluciones están en todos lados. La mayor parte consta de una sustancia disuelta en otra. El aire que respira es una disolución de gases, principalmente oxígeno y nitrógeno. El gas dióxido de carbono disuelto en agua produce bebidas carbonatadas. Cuando se hacen disoluciones de café o té, se utiliza agua caliente para disolver sustancias provenientes de granos de café u hojas de té. El océano también es una disolución, que consiste en muchas sales, como cloruro de sodio, disueltas en agua. En un hospital, la tintura antiséptica de yodo es una disolución de yodo disuelta en etanol.

Los líquidos corporales contienen agua y sustancias disueltas, como glucosa y urea, así como iones llamados *electrolitos*, como K^+, Na^+, Cl^-, Mg^{2+}, HCO_3^- y HPO_4^{2-}. Los líquidos corporales siempre deben tener las cantidades correctas de cada una de estas sustancias disueltas y agua. Pequeños cambios en los niveles de electrolitos pueden alterar seriamente los procesos celulares, lo que pone en peligro la salud. Por tanto, la medición de sus concentraciones es un recurso de diagnóstico valioso.

Gracias a los procesos de ósmosis y diálisis, el agua, los nutrimentos esenciales y los productos de desecho entran y salen respectivamente de las células del cuerpo. En la ósmosis, el agua entra y sale de las células del cuerpo. En la diálisis, pequeñas partículas en disolución, así como agua, se difunden a través de membranas semipermeables. Los riñones utilizan ósmosis y diálisis para regular la cantidad de agua y electrolitos que se excretan.

8.1 Disoluciones

META DE APRENDIZAJE

Identificar el soluto y el solvente en una disolución; describir la formación de una disolución.

Una **disolución** es una mezcla homogénea en la que una sustancia denominada **soluto** se dispersa de manera uniforme en otra sustancia llamada **solvente** (véase la figura 8.1). Cuando una pequeña cantidad de sal se disuelve en agua, la disolución sal-agua sabe un poco salada. Cuando se disuelve más sal, la disolución sal-agua sabe muy salada. Por lo general, el soluto (en este caso sal) es la sustancia presente en menor cantidad, en tanto que el solvente (en este caso agua) está presente en mayor cantidad. Por ejemplo, cuando una disolución se compone de 5.0 g de sal y 50. g de agua, la sal es el soluto y el agua es el solvente.

Soluto: la sustancia presente en menor cantidad

Sal

Agua

Solvente: la sustancia presente en mayor cantidad

Una disolución consta de al menos un soluto disperso en un solvente.

COMPROBACIÓN DE CONCEPTOS 8.1   **Identificación de un soluto y un solvente**

Identifique el soluto y el solvente en cada una de las siguientes disoluciones:

a. 15 g de azúcar disueltos en 500 g de agua

b. 75 mL de agua mezclados con 25 mL de alcohol isopropilo

c. una tintura de yodo preparada con 0.10 g de I_2 y 10.0 g de etanol

RESPUESTA

a. El azúcar, la menor cantidad, es el soluto; el agua es el solvente.

b. El alcohol isopropilo, que tiene menor volumen, es el soluto; el agua es el solvente.

c. El yodo, la menor cantidad, es el soluto; el etanol es el solvente.

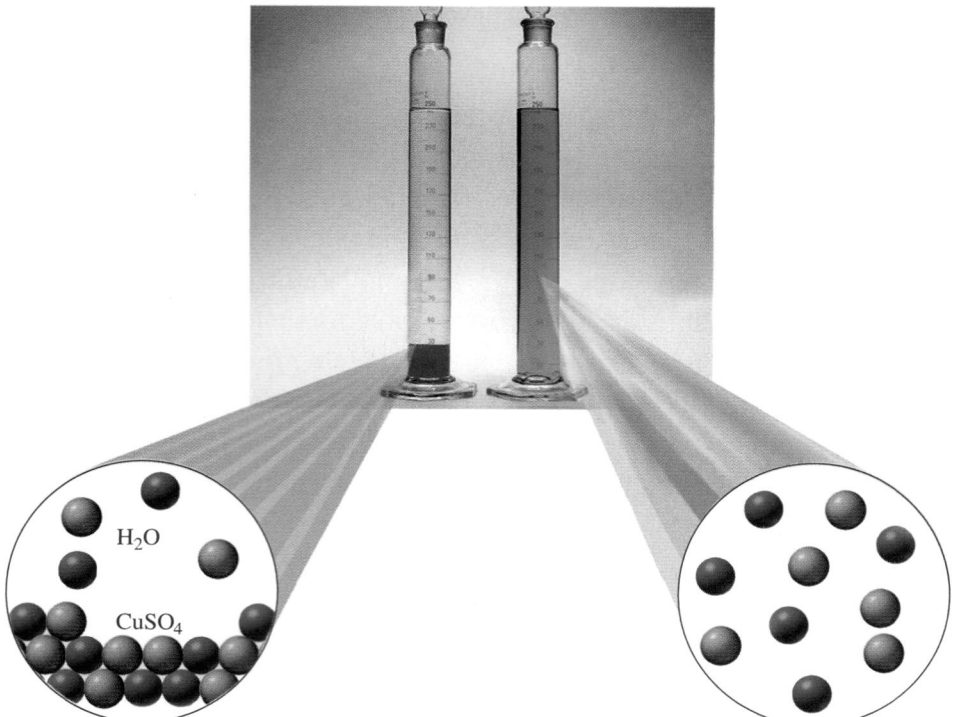

FIGURA 8.1 Una disolución de sulfato de cobre(II) ($CuSO_4$) se forma a medida que las partículas de soluto se disuelven, se alejan de los cristales y se dispersan de manera equitativa entre las moléculas de solvente (agua).

P ¿Qué indica el color azul uniforme del cilindro graduado ubicado a la derecha acerca de la disolución de $CuSO_4$?

Tipos de solutos y solventes

Solutos y solventes pueden ser sólidos, líquidos o gases. La disolución que se forma tiene el mismo estado físico que el solvente. Cuando cristales de azúcar se disuelven en agua, la disolución de azúcar resultante es líquida. El azúcar es el soluto y el agua es el solvente. Para preparar el agua gasificada y las bebidas carbonatadas se disuelve gas dióxido de carbono en agua. El gas dióxido de carbono es el soluto y el solvente es agua. La tabla 8.1 muestra algunos solutos y solventes, así como sus disoluciones.

TABLA 8.1 **Algunos ejemplos de disoluciones**

Tipo	Ejemplo	Soluto principal	Solvente
Disoluciones gaseosas			
Gas en un gas	Aire	Oxígeno (gas)	Nitrógeno (gas)
Disoluciones líquidas			
Gas en un líquido	Agua gasificada	Dióxido de carbono (gas)	Agua (líquido)
	Amoniaco casero	Amoniaco (gas)	Agua (líquido)
Líquido en un líquido	Vinagre	Ácido acético (líquido)	Agua (líquido)
Sólido en un líquido	Agua de mar	Cloruro de sodio (sólido)	Agua (líquido)
	Tintura de yodo	Yodo (sólido)	Etanol (líquido)
Disoluciones sólidas			
Sólido en un sólido	Bronce	Cinc (sólido)	Cobre (sólido)
	Acero	Carbono (sólido)	Hierro (sólido)

Agua como solvente

El agua es uno de los solventes más comunes de la naturaleza. En la molécula H_2O, un átomo de oxígeno comparte electrones con dos átomos de hidrógeno. Puesto que el oxígeno es mucho más electronegativo que el hidrógeno, los enlaces O—H son polares. En

ACTIVIDAD DE AUTOAPRENDIZAJE
Hydrogen Bonding

cada enlace polar el átomo de oxígeno tiene una carga negativa parcial (δ^-), y el átomo de hidrógeno tiene una carga positiva parcial (δ^+). Puesto que la molécula de agua tiene una geometría angular, el agua es un *solvente polar*.

En la sección 5.9 aprendió que los *enlaces por puente de hidrógeno* son interacciones entre moléculas, donde los átomos de hidrógeno parcialmente positivos son atraídos hacia los átomos parcialmente negativos de O, N o F. En el diagrama de la derecha, los enlaces por puente de hidrógeno se muestran como líneas punteadas. Si bien los enlaces por puente de hidrógeno son mucho más débiles que los enlaces covalentes o iónicos, muchos de ellos están ligando moléculas de agua. Los enlaces por puentes de hidrógeno también son importantes en las propiedades de compuestos biológicos, como proteínas, carbohidratos y ADN.

En el agua, enlaces por puente de hidrógeno se forman entre un átomo de hidrógeno parcialmente positivo en una molécula de agua y un átomo de oxígeno parcialmente negativo en otra.

La química en la salud

AGUA EN EL CUERPO

El cuerpo adulto promedio contiene alrededor de 60% de agua en masa, y el de un bebé promedio, cerca de 75%. Alrededor del 60% del agua corporal está contenido en el interior de las células como líquidos intracelulares; el otro 40% constituye líquidos extracelulares, que incluyen el líquido intersticial en los tejidos y el plasma en la sangre. Estos líquidos externos transportan nutrimentos y materiales de desecho entre las células y el sistema circulatorio.

Todos los días las personas pierden entre 1500 y 3000 mL de agua por los riñones en forma de orina, por la piel en forma de transpiración, por los pulmones cuando exhalan y por el aparato digestivo. En un adulto puede ocurrir una deshidratación grave si hay una pérdida de 10% del líquido corporal total. Una pérdida de líquido del 20%

puede ser mortal. Un bebé sufre deshidratación grave con una pérdida del 5 al 10% del líquido corporal.

24 horas

Ganancia de agua		Pérdida de agua	
Líquido	1000 mL	Orina	1500 mL
Alimento	1200 mL	Transpiración	300 mL
Metabolismo	300 mL	Respiración	600 mL
		Heces	100 mL
Total	2500 mL	Total	2500 mL

La pérdida de agua se sustituye de manera continua con los líquidos y alimentos de la dieta, y con los procesos metabólicos que producen agua en las células del cuerpo. La tabla 8.2 menciona el porcentaje en masa de agua contenida en algunos alimentos.

La pérdida de agua del cuerpo se sustituye con el consumo de líquidos.

TABLA 8.2 Porcentaje de agua en algunos alimentos

Alimento	Agua (% en masa)	Alimento	Agua (% en masa)
Verduras		**Carnes/pescado**	
Zanahoria	88	Pollo, cocido	71
Apio	94	Hamburguesa, asado	60
Pepino	96	Salmón	71
Jitomate	94		
Frutos		**Productos lácteos**	
Manzana	85	Queso cottage	78
Melón	91	Leche, entera	87
Naranja	86	Yogur	88
Fresa	90		
Sandía	93		

Formación de disoluciones

Las interacciones entre soluto y solvente determinarán si se forma una disolución. En un inicio se necesita energía para separar las partículas del soluto y separar las partículas de solvente. Luego se libera energía a medida que las partículas de soluto se mueven entre las partículas de solvente para formar una disolución. Sin embargo, las fuerzas de atracción entre las partículas de soluto y solvente deben ser suficientemente fuertes para proporcionar la energía para la separación inicial. Dichas fuerzas de atracción sólo ocurren cuando el soluto y el solvente tienen polaridades similares. Si no hay atracción entre un soluto y un solvente, no hay suficiente energía para formar una disolución (véase la tabla 8.3).

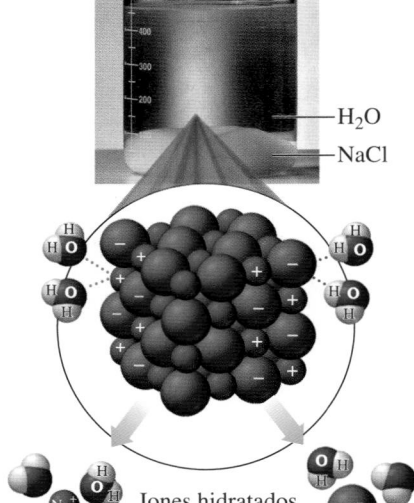

FIGURA 8.2 Los iones de la superficie de un cristal de NaCl se disuelven en agua a medida que son atraídos hacia las moléculas de agua polares que jalan los iones a la disolución y los rodean.

P ¿Qué ayuda a mantener los iones Na^+ y Cl^- disueltos?

TABLA 8.3 Posibles combinaciones de solutos y solventes

Formarán disoluciones		No formarán disoluciones	
Soluto	**Solvente**	**Soluto**	**Solvente**
Polar	Polar	Polar	No polar
No polar	No polar	No polar	Polar

Disoluciones con solutos iónicos y polares

En los solutos iónicos como el cloruro de sodio, NaCl, hay fuertes atracciones soluto-soluto entre iones Na^+ con carga positiva y iones Cl^- con carga negativa. Cuando los cristales de NaCl se ponen en agua, el proceso de disolución comienza a medida que los átomos de oxígeno con carga parcialmente negativa de las moléculas de agua atraen iones Na^+ positivos, y los átomos de hidrógeno parcialmente positivos de otras moléculas de agua atraen iones Cl^- negativos (véase la figura 8.2). Este proceso denominado **hidratación** disminuye las atracciones entre los iones Na^+ y Cl^- y los mantiene disueltos. Las fuertes atracciones soluto-solvente entre los iones Na^+ y Cl^- y las moléculas de agua polares proporcionan la energía para formar la disolución.

En la ecuación de la formación de la disolución de NaCl, el NaCl sólido y acuoso se muestra con la fórmula H_2O sobre la flecha, lo que indica que se necesita agua para el proceso de disociación, pero no es un reactivo.

$$NaCl(s) \xrightarrow{H_2O} Na^+(ac) + Cl^-(ac)$$

En otro ejemplo, se observa que un compuesto covalente polar como el metanol, CH_3—OH, es soluble en agua porque el metano tiene un grupo polar —OH que forma enlaces por puente de hidrógeno con agua.

Moléculas del compuesto covalente polar metanol, CH_3—OH, forman enlaces por puente de hidrógeno con moléculas de agua polares para formar una disolución metanol-agua.

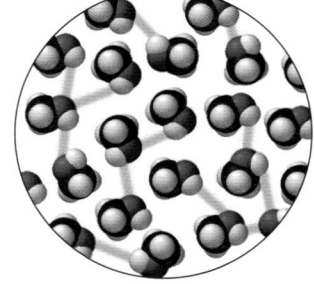

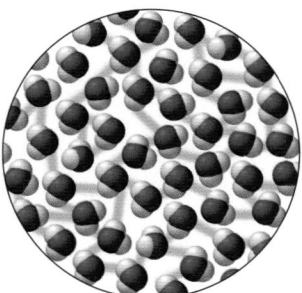
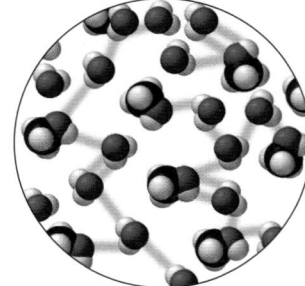

Soluto metanol (CH_3 — OH)   Solvente agua   Disolución metanol-agua con enlaces por puente de hidrógeno

Disoluciones con solutos no polares

Los compuestos que contienen moléculas no polares como el yodo (I_2), el petróleo o la grasa no se disuelven en agua porque hay poca atracción, o ninguna, entre las partículas de un soluto no polar y un solvente polar. Los solutos no polares necesitan solventes no polares para formar una disolución. La expresión "*los iguales se disuelven*" es una forma de decir que las polaridades de un soluto y un solvente deben ser similares para formar una disolución. La figura 8.3 ilustra la formación de algunas disoluciones polares y no polares.

(a)   **(b)**   **(c)**

FIGURA 8.3 Los iguales se disuelven. En cada tubo de ensayo, la capa inferior es CH_2Cl_2 (más denso) y la capa superior es agua (menos denso). **(a)** CH_2Cl_2 es no polar y el agua es polar; las dos capas no se mezclan. **(b)** El soluto no polar I_2 (morado) es soluble en la capa no polar CH_2Cl_2. **(c)** El soluto iónico $Ni(NO_3)_2$ (verde) es soluble en la capa de agua polar.

P ¿En cuál capa las moléculas polares de azúcar serían solubles?

COMPROBACIÓN DE CONCEPTOS 8.2   Solutos polares y no polares

Indique si cada una de las siguientes sustancias formará disoluciones con agua. Explique.

a. KCl   **b.** octano, C_8H_{18}, un compuesto en la gasolina
c. etanol, C_2H_5OH, en enjuague bucal

RESPUESTA

a. Sí. KCl es un compuesto iónico. Las atracciones soluto-solvente entre los iones K^+ y Cl^- y las moléculas de agua polares proporcionan la energía para romper los enlaces soluto-soluto y solvente-solvente. Por tanto, se formará una disolución de KCl.

b. No. El octano, C_8H_{18}, es un compuesto no polar de carbono e hidrógeno, lo que significa que no forma una disolución con las moléculas de agua polares. No hay atracciones entre un soluto no polar y un solvente polar. Por tanto, no se forma una disolución.

c. C_2H_5OH es un soluto polar. Dado que las atracciones entre un soluto polar y el solvente polar agua liberan energía para romper los enlaces soluto-soluto y solvente-solvente, se formará una disolución de C_2H_5OH.

Explore su mundo

LOS IGUALES SE DISUELVEN

Mezcle pequeñas cantidades de las siguientes sustancias:

a. aceite y agua
b. agua y vinagre
c. sal y agua
d. azúcar y agua
e. sal y aceite

PREGUNTAS

1. ¿Cuál de las mezclas formó una disolución? ¿Cuál no?
2. ¿Por qué algunas mezclas forman disoluciones, pero otras no lo hacen?

PREGUNTAS Y PROBLEMAS

8.1 Disoluciones

META DE APRENDIZAJE: *Identificar el soluto y el solvente en una disolución; describir la formación de una disolución.*

8.1 Identifique el soluto y el solvente en cada disolución formada por los compuestos siguientes:
  a. 10.0 g de NaCl y 100.0 g de H_2O
  b. 50.0 mL de etanol, C_2H_5OH, y 10.0 mL de H_2O
  c. 0.20 L de O_2 y 0.80 L de N_2 en condiciones STP

8.2 Identifique el soluto y el solvente en cada disolución formada por los compuestos siguientes:
  a. 10 mL de ácido acético y 200 mL de agua
  b. 100.0 g de agua y 5.0 g de azúcar
  c. 1.0 mL de Br_2 y 50.0 mL de cloruro de metileno

8.3 Describa la formación de una disolución acuosa de KI cuando KI se disuelve en agua.

8.4 Describa la formación de una disolución acuosa de LiBr cuando LiBr se disuelve en agua.

8.5 El agua es un solvente polar y el tetracloruro de carbono, CCl_4, es un solvente no polar. ¿En cuál solvente es más probable que sea soluble cada uno de los compuestos siguientes?
  a. $NaNO_3$, iónico   **b.** I_2, no polar
  c. sacarosa (azúcar de mesa), polar   **d.** gasolina, no polar

8.6 El agua es un solvente polar; el hexano es un solvente no polar. ¿En cuál solvente es más probable que sea soluble cada uno de los compuestos siguientes?
  a. aceite vegetal, no polar   **b.** benceno, no polar
  c. LiCl, iónico   **d.** Na_2SO_4, iónico

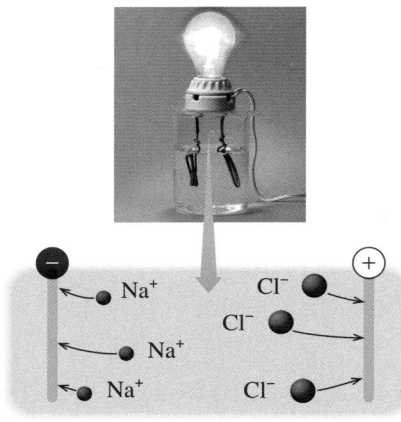

Electrolito fuerte

Un electrolito fuerte se disocia por
completo en iones en una disolución
acuosa.

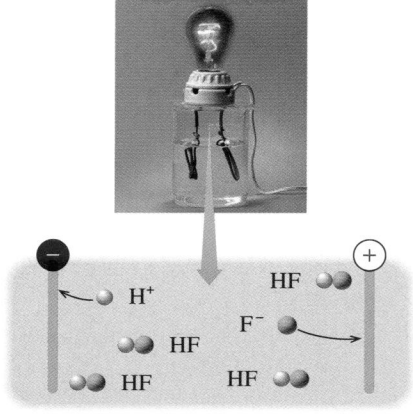

Electrolito débil

Un electrolito débil forma principalmente moléculas y algunos iones en
una disolución acuosa.

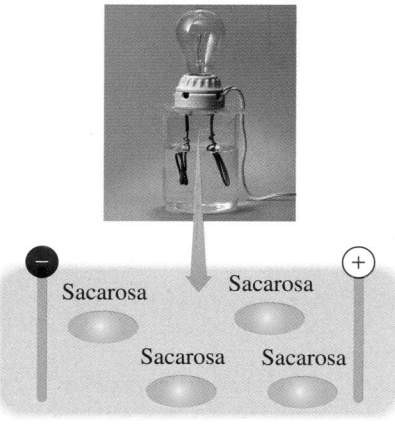

No electrolito

Un no electrolito se disuelve como
moléculas en una disolución acuosa.

8.2 Electrolitos y no electrolitos

Los solutos pueden clasificarse por su capacidad para conducir una corriente eléctrica. Cuando los **electrolitos** se disuelven en agua, se separan en iones que conducen electricidad. Cuando los **no electrolitos** se disuelven en agua, se disuelven como moléculas, no como iones. Las disoluciones de los no electrolitos no conducen electricidad.

Para saber si una disolución tiene iones, se puede usar un aparato que está formado por una batería y un par de electrodos conectados mediante alambres a una bombilla. La bombilla brilla cuando fluye electricidad, lo que sólo puede suceder cuando los electrolitos proporcionan iones que se mueven entre los electrodos para completar el circuito.

Electrolitos

Los electrolitos pueden clasificarse como *electrolitos fuertes* y *electrolitos débiles*. En todos los electrolitos, parte o todo el soluto que se disuelve produce iones, un proceso llamado *disociación*. En un **electrolito fuerte**, como el cloruro de sodio (NaCl), hay 100% de disociación del soluto en iones. Cuando los electrodos del aparato de la bombilla se colocan en una solución de NaCl, la bombilla es muy brillante.

En una ecuación para la disociación, las cargas deben balancearse. Por ejemplo, el nitrato de magnesio se disocia para producir un ión de magnesio por cada dos iones de nitrato. Sólo los enlaces iónicos entre Mg^{2+} y NO_3^- se rompen; los enlaces covalentes dentro del ión poliatómico se conservan. La disociación de $Mg(NO_3)_2$ se escribe del modo siguiente:

$$Mg(NO_3)_2(s) \xrightarrow{H_2O} Mg^{2+}(ac) + 2NO_3^-(ac)$$

Electrolitos débiles

Un **electrolito débil** es un compuesto que se disuelve en agua principalmente en la forma de moléculas. Sólo algunas de las moléculas de soluto disuelto se separan, lo que produce un pequeño número de iones en disolución. En consecuencia, las disoluciones de electrolitos débiles no conducen corriente eléctrica tan bien como las disoluciones de electrolitos fuertes. Por ejemplo, una disolución acuosa del electrolito débil HF contiene principalmente moléculas HF y sólo algunos iones H^+ y F^-. Cuando los electrodos del aparato de la bombilla se colocan en una disolución de un electrolito débil, la bombilla brilla muy poco. A medida que se forman más iones H^+ y F^-, algunos se recombinan para producir moléculas HF. Estas reacciones dirigidas hacia los productos, de las moléculas a iones y de regreso, se indican mediante dos flechas entre reactivos y productos que apuntan en direcciones contrarias.

$$HF(ac) \underset{\text{Recombinación}}{\overset{\text{Disociación}}{\rightleftharpoons}} H^+(ac) + F^-(ac)$$

No electrolitos

Un no electrolito como la sacarosa (azúcar) se disuelve en agua en la forma de moléculas que no se disocian en iones. Cuando los electrodos del aparato de la bombilla se colocan en una disolución de un no electrolito, la bombilla no brilla, porque la disolución no contiene iones y no puede conducir electricidad.

$$C_{12}H_{22}O_{11}(s) \xrightarrow{H_2O} C_{12}H_{22}O_{11}(ac)$$
Sacarosa   Disolución de moléculas de sacarosa

La tabla 8.4 resume la clasificación de los solutos en disoluciones acuosas.

TABLA 8.4 Clasificación de solutos en disoluciones acuosas

Tipo de soluto	Se disocia	Tipos de partículas en disolución	¿Conduce electricidad?	Ejemplos
Electrolito fuerte	Completamente	Sólo iones	Sí	Compuestos iónicos como $NaCl$, KBr, $MgCl_2$, $NaNO_3$, $NaOH$, KOH, HCl, HBr, HI, HNO_3, $HClO_4$, H_2SO_4
Electrolito débil	Parcialmente	Principalmente moléculas y algunos iones	Débilmente	HF, H_2O, NH_3, $HC_2H_3O_2$ (ácido acético)
No electrolito	Nada	Sólo moléculas	No	Compuestos de carbono como CH_3OH (metanol), C_2H_5OH (etanol), $C_{12}H_{22}O_{11}$ (sacarosa), CH_4N_2O (urea)

COMPROBACIÓN DE CONCEPTOS 8.3   Disoluciones de electrolitos y no electrolitos

Indique si las disoluciones de cada uno de los compuestos siguientes contienen sólo iones, sólo moléculas o principalmente moléculas y algunos iones:

a. Na_2SO_4, un electrolito fuerte   **b.** CH_3OH, un no electrolito

c. ácido hipocloroso, $HClO$, un electrolito débil

RESPUESTA

a. Una disolución acuosa de Na_2SO_4 contiene solamente los iones Na^+ y SO_4^{2-}.

b. Un no electrolito como CH_3OH produce solamente moléculas cuando se disuelve en agua.

c. Una disolución de $HClO$ contiene principalmente moléculas de $HClO$ y algunos iones de H^+ y ClO^-.

TUTORIAL
Electrolytes and Ionization

Equivalentes

Los líquidos corporales contienen una mezcla de varios electrolitos, como Na^+, Cl^-, K^+ y Ca^{2+}. Cada uno de los iones se mide en términos de un **equivalente (Eq)**, que es la cantidad de dicho ión igual a 1 mol de carga eléctrica positiva o negativa. Por ejemplo, 1 mol de iones Na^+ y 1 mol de iones Cl^- son cada uno 1 equivalente o 1000 miliequivalentes (mEq) porque cada uno de ellos contiene 1 mol de carga. Para un ión con una carga de 2+ o 2−, hay 2 equivalentes para cada mol. En la tabla 8.5 se muestran algunos ejemplos de iones y equivalentes.

TABLA 8.5 Equivalentes de electrolitos

Ión	Carga eléctrica	Número de equivalentes en 1 mol
Na^+	1+	1 Eq
Ca^{2+}	2+	2 Eq
Fe^{3+}	3+	3 Eq
Cl^-	1−	1 Eq
SO_4^{2-}	2−	2 Eq

En cualquier disolución la carga de los iones positivos siempre está balanceada con la carga de los iones negativos. Por ejemplo, una disolución que contiene 25 mEq/L de Na^+ y 4 mEq/L de K^+ tiene una carga positiva total de 29 mEq/L. Si Cl^- es el único anión en la disolución, su concentración debe ser 29 mEq/L.

EJEMPLO DE PROBLEMA 8.1 Concentración de electrolitos

Las pruebas de laboratorio de un paciente indican un nivel de calcio (Ca^{2+}) en sangre de 8.8 mEq/L.

a. ¿Cuántos moles de ión calcio hay en 0.50 L de sangre?

b. Si el ión cloruro es el único otro ión presente, ¿cuál es su concentración en mEq/L?

SOLUCIÓN

a. Con el volumen y la concentración de electrolitos (en mEq/L) puede encontrar el número de equivalentes en 0.50 L de sangre.

$$0.50\ \cancel{L} \times \frac{8.8\ \cancel{mEq\ Ca^{2+}}}{1\ \cancel{L}} \times \frac{1\ Eq\ Ca^{2+}}{1000\ \cancel{mEq\ Ca^{2+}}} = 0.0044\ Eq\ de\ Ca^{2+}$$

Entonces puede convertir equivalentes a moles (para Ca^{2+} hay 2 Eq/mol).

$$0.0044\ \cancel{Eq\ Ca^{2+}} \times \frac{1\ mol\ Ca^{2+}}{2\ \cancel{Eq\ Ca^{2+}}} = 0.0022\ moles\ de\ Ca^{2+}$$

b. Si la concentración de Ca^{2+} es 8.8 mEq/L, entonces la concentración de Cl^- debe ser 8.8 mEq/L para balancear la carga.

COMPROBACIÓN DE ESTUDIO 8.1

Una disolución de Ringer para la sustitución intravenosa de líquido contiene 155 mEq de Cl^- por litro de disolución. Si un paciente recibe 1250 mL de disolución de Ringer, ¿cuántos moles de ión cloruro se le administraron?

PREGUNTAS Y PROBLEMAS

8.2 Electrolitos y no electrolitos

META DE APRENDIZAJE: *Identificar solutos como electrolitos y no electrolitos.*

8.7 KF es un electrolito fuerte, y HF es un electrolito débil. ¿En qué se diferencia la disolución de KF de la de HF?

8.8 NaOH es un electrolito fuerte y CH_3OH es un no electrolito. ¿Cómo se diferencia la disolución de NaOH de la de CH_3OH?

8.9 Escriba una ecuación balanceada para la disociación de cada uno de los siguientes electrolitos fuertes en agua:

a. KCl   **b.** $CaCl_2$
c. K_3PO_4 **d.** $Fe(NO_3)_3$

8.10 Escriba una ecuación balanceada para la disociación de cada uno de los siguientes electrolitos fuertes en agua:

a. LiBr   **b.** $NaNO_3$
c. $CuCl_2$ **d.** K_2CO_3

8.11 Indique si las disoluciones acuosas de cada uno de los compuestos siguientes contiene sólo iones, sólo moléculas o principalmente moléculas y algunos iones:

a. ácido acético ($HC_2H_3O_2$), un electrolito débil
b. NaBr, un electrolito fuerte
c. fructosa ($C_6H_{12}O_6$), un no electrolito

8.12 Indique si las disoluciones acuosas de cada uno de los compuestos siguientes contiene sólo iones, sólo moléculas o principalmente moléculas y algunos iones:

a. NH_4Cl, un electrolito fuerte
b. etanol (C_2H_5OH), un no electrolito
c. ácido cianhídrico (HCN), un electrolito débil

8.13 Clasifique cada soluto representado en las siguientes ecuaciones como fuerte, débil o no electrolito:

a. $K_2SO_4(s) \xrightarrow{H_2O} 2K^+(ac) + SO_4{}^{2-}(ac)$

b. $NH_4OH(ac) \xrightleftharpoons{H_2O} NH_4{}^+(ac) + OH^-(ac)$

c. $C_6H_{12}O_6(s) \xrightarrow{H_2O} C_6H_{12}O_6(ac)$

8.14 Clasifique cada soluto representado en las siguientes ecuaciones como fuerte, débil o no electrolito:

a. $CH_3OH(l) \xrightarrow{H_2O} CH_3OH(ac)$

b. $MgCl_2(s) \xrightarrow{H_2O} Mg^{2+}(ac) + 2Cl^-(ac)$

c. $HClO(ac) \xrightleftharpoons{H_2O} H^+(ac) + ClO^-(ac)$

8.15 Indique el número de equivalentes en cada una de las cantidades de iones siguientes:

a. 1 mol de K^+ **b.** 2 moles de OH^-
c. 1 mol de Ca^{2+} **d.** 3 moles de $CO_3{}^{2-}$

8.16 Indique el número de equivalentes en cada una de las cantidades de iones siguientes:

a. 1 mol de Mg^{2+} **b.** 0.5 moles de H^+
c. 4 moles de Cl^- **d.** 2 moles de Fe^{3+}

8.17 Una disolución salina fisiológica contiene 154 mEq/L de cada uno de Na^+ y Cl^-. ¿Cuántos moles de cada uno, Na^+ y Cl^-, hay en 1.00 L de disolución salina?

8.18 Una disolución para sustituir pérdida de potasio contiene 40. mEq/L de cada uno de K^+ y Cl^-. ¿Cuántos moles de cada uno, K^+ y Cl^-, hay en 1.5 L de la disolución?

8.19 Una disolución contiene 40. mEq/L de Cl^- y 15 mEq/L de $HPO_4{}^{2-}$. Si Na^+ es el único catión en la disolución, ¿cuál es la concentración de Na^+ en miliequivalentes por litro?

8.20 Una muestra de disolución de Ringer contiene las siguientes concentraciones (mEq/L) de cationes: Na^+ 147, K^+ 4 y Ca^{2+} 4. Si Cl^- es el único anión en la disolución, ¿cuál es la concentración de Cl^- en miliequivalentes por litro?

La química en la salud

ELECTROLITOS EN LOS LÍQUIDOS CORPORALES

Los electrolitos del cuerpo son muy importantes para mantener el funcionamiento adecuado de las células y de los órganos. Por lo general, en una prueba de sangre se miden los electrolitos sodio, potasio, cloruro y bicarbonato. Los iones sodio regulan el contenido de agua del cuerpo y son importantes para transportar impulsos eléctricos a través del sistema nervioso. Los iones potasio también participan en la transmisión de impulsos eléctricos y tienen una función muy importante en el mantenimiento de la uniformidad de los latidos cardiacos. Los iones cloruro equilibran las cargas de los iones positivos y también controlan el equilibrio de los líquidos del cuerpo. El bicarbonato es importante para mantener el pH adecuado de la sangre. En ocasiones, cuando hay vómito, diarrea o sudoración excesivos las concentraciones de algunos electrolitos disminuyen. Entonces pueden proporcionarse líquidos como Pedialyte® para que los niveles electrolíticos vuelvan a la normalidad.

Las concentraciones de electrolitos presentes en los líquidos corporales y en los líquidos intravenosos que se administran a un paciente con frecuencia se expresan en miliequivalentes por litro (mEq/L) de disolución: 1 Eq = 1000 mEq. Por ejemplo, un litro de Pedialyte® contiene los siguientes electrolitos: Na^+ 45 mEq, K^+ 20 mEq, Cl^- 35 mEq y citrato^{3-} 30 mEq.

La tabla 8.6 ofrece las concentraciones de algunos electrolitos comunes en el plasma sanguíneo. Existe un balance de carga porque el número total de cargas positivas es igual al número total de cargas negativas. La disolución intravenosa específica que se utilice depende de las necesidades nutricionales, electrolíticas y de líquidos de cada paciente. En la tabla 8.7 se ofrecen ejemplos de varios tipos de disoluciones.

TABLA 8.6 Algunas concentraciones comunes de electrolitos en el plasma sanguíneo

Electrolito	Concentración (mEq/L)
Cationes	
Na^+	138
K^+	5
Mg^{2+}	3
Ca^{2+}	4
Total	150
Aniones	
Cl^-	110
HCO_3^-	30
HPO_4^{2-}	4
Proteínas	6
Total	150

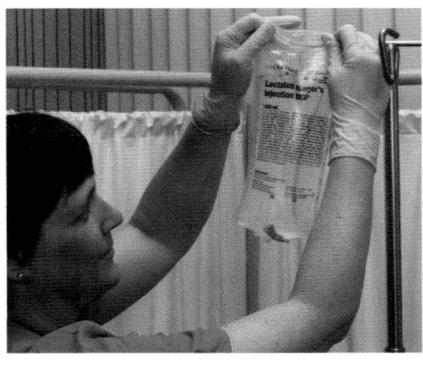

Una disolución intravenosa se usa para sustituir electrolitos en el cuerpo.

TABLA 8.7 Concentraciones de electrolitos en disoluciones que se utilizan para sustitución intravenosa

Disolución	Electrolitos (mEq/L)	Uso
Cloruro de sodio (0.9%)	Na^+ 154, Cl^- 154	Sustitución de pérdidas de líquido
Cloruro de potasio con 5% de dextrosa	K^+ 40, Cl^- 40	Tratamiento de desnutrición (bajos niveles de potasio)
Disolución de Ringer	Na^+ 147, K^+ 4, Ca^{2+} 4, Cl^- 155	Sustitución de líquidos y pérdida de electrolitos por deshidratación
Disolución de mantenimiento con 5% de dextrosa	Na^+ 40, K^+ 35, Cl^- 40, lactato$^-$ 20, HPO_4^{2-} 15	Mantenimiento de niveles de líquidos y electrolitos
Disolución para sustitución (extracelular)	Na^+ 140, K^+ 10, Ca^{2+} 5, Mg^{2+} 3, Cl^- 103, acetato$^-$ 47, citrato^{3-} 8	Sustitución de electrolitos en líquidos extracelulares

8.3 Solubilidad

El término *solubilidad* se usa para describir la cantidad de un soluto que puede disolverse en una cantidad dada de solvente. Muchos factores, como el tipo de soluto, el tipo de solvente y la temperatura, afectan la solubilidad de un soluto. La **solubilidad**, generalmente expresada en gramos de soluto en 100 gramos de solvente, es la cantidad máxima de soluto que puede disolverse a cierta temperatura. Si un soluto se disuelve con facilidad cuando se agrega al solvente, la disolución no contiene la cantidad máxima de soluto. A esta disolución se le llama **disolución insaturada**.

META DE APRENDIZAJE

Definir solubilidad. *Distinguir entre una disolución insaturada y una saturada; identificar si una sal es soluble o insoluble.*

ACTIVIDAD DE AUTOAPRENDIZAJE
Solubility

TUTORIAL
Introduction to Solubility and Solution
Formation

Una disolución que contiene todo el soluto que puede disolver es una **disolución saturada**. Cuando una disolución es saturada, la velocidad a la que se disuelve el soluto es igual a la velocidad a la que se forma sólido, un proceso conocido como *recristalización*. Entonces, no hay más cambio en la cantidad de soluto disuelto en la disolución.

$$\text{Soluto} + \text{solvente} \xrightleftharpoons[\text{Soluto recristalizado}]{\text{Soluto disuelto}} \text{Solución saturada}$$

Puede preparar una disolución saturada si agrega una cantidad de soluto mayor a la necesaria para alcanzar máxima solubilidad (saturación). Al agitar la disolución, se disolverá la cantidad máxima de soluto y el exceso quedará en el fondo del recipiente. Una vez que tenga una disolución saturada, la adición de más soluto sólo aumentará la cantidad de soluto sin disolver.

Soluto disuelto

Soluto sin disolver

En disolución

Recristalización

Solución insaturada

Solución saturada

En una disolución insaturada puede disolverse más soluto, pero no en una disolución saturada.

EJEMPLO DE PROBLEMA 8.2 Disoluciones saturadas

A 20 °C la solubilidad de KCl es 34 g/100 g de agua. En el laboratorio, un estudiante mezcla 75 g de KCl con 200. g de agua a una temperatura de 20 °C.

a. ¿Cuánto KCl puede disolverse?
b. ¿La disolución es saturada o insaturada?
c. ¿Cuál es la masa, en gramos, del KCl sólido en el fondo del recipiente?

SOLUCIÓN

a. KCl tiene una solubilidad de 34 g de KCl en 100 g de agua. Con su solubilidad como factor de conversión, puede calcular la cantidad máxima de KCl que puede disolverse en 200. g de agua del modo siguiente:

$$200. \text{ g } \cancel{H_2O} \times \frac{34 \text{ g KCl}}{100 \text{ g } \cancel{H_2O}} = 68 \text{ g de KCl}$$

b. Dado que 75 g de KCl superan la cantidad máxima (68 g) que puede disolverse en 200. g de agua, la disolución KCl es saturada.

c. Si agrega 75 g de KCl a 200. g de agua y sólo 68 g de KCl pueden disolverse, hay 7 g (75 g – 68 g) de KCl sólido (sin disolver) en el fondo del recipiente.

COMPROBACIÓN DE ESTUDIO 8.2

A 40 °C la solubilidad de KNO₃ es 65 g/100 g de agua. ¿Cuántos gramos de KNO₃ se disolverán en 120 g de agua a 40 °C?

La química en la salud

GOTA Y CÁLCULOS RENALES: PROBLEMA DE SATURACIÓN EN LOS LÍQUIDOS CORPORALES

Los padecimientos de gota y cálculos renales tienen que ver con compuestos del cuerpo que superan sus niveles de solubilidad y forman productos sólidos. La gota afecta a adultos, principalmente varones, de más de 40 años de edad. Las crisis de gota surgen cuando la concentración de ácido úrico en el plasma sanguíneo supera su solubilidad, que es de 7 mg/100 mL de plasma a 37 °C. Pueden formarse depósitos insolubles de cristales con forma de aguja en el cartílago, los tendones y los tejidos blandos, donde causan dolorosas crisis de gota. También pueden formarse en los tejidos de los riñones, donde pueden causar daño renal. Las concentraciones altas de ácido úrico en el cuerpo pueden ser resultado de un aumento de la producción de ácido úrico, de la imposibilidad del riñón para eliminar el ácido úrico o de una dieta con exceso de alimentos que contengan purinas, las cuales se metabolizan y convierten en ácido úrico en el cuerpo. Los alimentos de la dieta que contribuyen a los niveles altos de ácido úrico incluyen algunas carnes, sardinas, champiñones, espárragos y frijoles. Las bebidas alcohólicas como la cerveza pueden aumentar en forma significativa los niveles de ácido úrico y producir crisis de gota.

El tratamiento de la gota consiste en hacer cambios en la alimentación y administrar medicamentos. De acuerdo con los niveles de ácido úrico, puede usarse un medicamento como probenecid para ayudar a los riñones a eliminar el ácido úrico, o puede administrarse alopurinol para bloquear la producción de ácido úrico por parte del cuerpo.

Los cálculos renales son materiales sólidos que se forman en el aparato urinario. La mayor parte de los cálculos renales está compuesto de fosfato de calcio y oxalato de calcio, aunque puede contener ácido úrico sólido. La ingestión excesiva de minerales y el consumo insuficiente de agua pueden causar la concentración de sales minerales que excedan su solubilidad y conducir a la formación de cálculos renales. Cuando un cálculo renal pasa por las vías urinarias ocasiona mucho dolor y molestia, por lo que es necesario utilizar analgésicos y posiblemente realizar una cirugía. En ocasiones se usa ultrasonido para romper los cálculos renales. A las personas proclives a este padecimiento se les recomienda beber de seis a ocho vasos de agua todos los días para evitar los niveles de saturación de minerales en la orina.

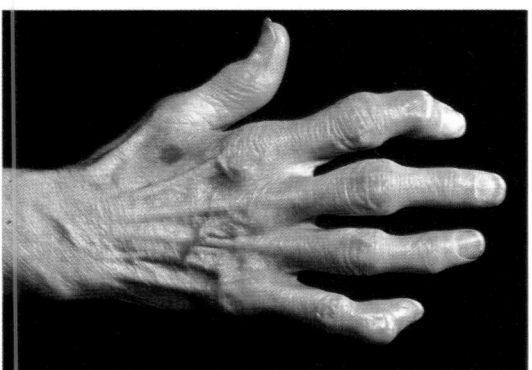

La gota ocurre cuando el ácido úrico excede su solubilidad.

Los cálculos renales se forman cuando el fosfato de calcio supera su solubilidad.

Efecto de la temperatura sobre la solubilidad

TUTORIAL
Solubility

La solubilidad de la mayor parte de los sólidos es mayor a medida que la temperatura aumenta, lo que significa que las disoluciones por lo general contienen más soluto disuelto a temperaturas más altas. Algunas sustancias muestran poco cambio en solubilidad a temperaturas más altas, y algunas son menos solubles (véase la figura 8.4). Por ejemplo, cuando se agrega azúcar al té helado, algo del azúcar no disuelta puede acumularse rápidamente en el fondo del vaso. Pero si agrega azúcar al té caliente, se necesitan muchas cucharadas de azúcar antes de que aparezca azúcar sólida. El té caliente disuelve más azúcar que el té frío porque la solubilidad del azúcar es mucho mayor a una temperatura más alta.

Cuando una disolución saturada se enfría cuidadosamente, se convierte en *disolución sobresaturada* porque contiene más soluto que el que permite la solubilidad, aunque sigue siendo completamente líquida. Dicha disolución es inestable, y si la disolución se agita o si se agrega un cristal de soluto, el soluto en exceso se recristalizará y se tendrá de nuevo una disolución saturada.

Por el contrario, la solubilidad de un gas en agua disminuye a medida que la temperatura aumenta. A temperaturas más altas, más moléculas de gas tienen la energía para escapar de la disolución. Tal vez el lector haya

FIGURA 8.4 En agua, los sólidos más comunes son más solubles a medida que aumenta la temperatura.

P Compare la solubilidad de $NaNO_3$ a 20 °C y a 60 °C.

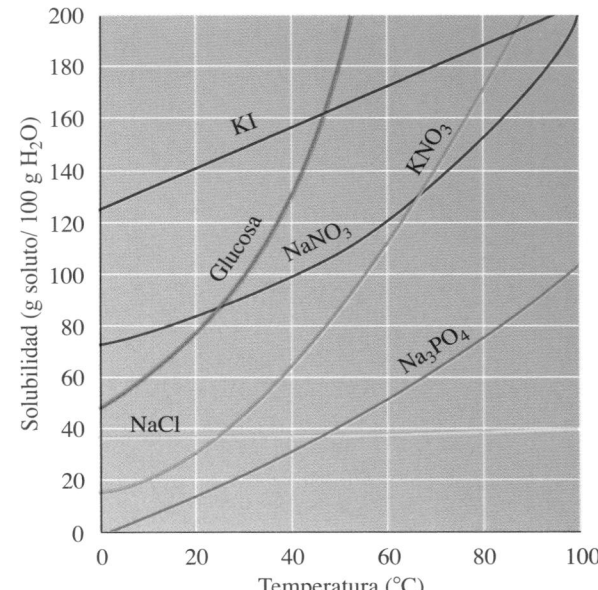

TUTORIAL
Solubility of Gases and Solids in Water

observado las burbujas que escapan de una bebida carbonatada fría conforme se calienta. A altas temperaturas, las botellas que contienen disoluciones carbonatadas pueden explotar a medida que más moléculas de gas dejan la disolución y aumentan la presión del gas en el interior de la botella. Los biólogos descubrieron que el aumento de temperatura en ríos y lagos hace que la cantidad de oxígeno disuelto disminuya hasta que el agua caliente ya no puede sostener una comunidad biológica. Temprano en la mañana, la superficie de un lago o estanque contiene agua más fría, que tiene más oxígeno disuelto y, por tanto, más peces. A las plantas generadoras de electricidad se les exige que tengan estanques propios para usarlos con sus torres de enfriamiento y de este modo reducir la amenaza de la contaminación térmica a las vías pluviales circundantes.

Explore su mundo

PREPARACIÓN DE AZÚCAR PIEDRA

Necesita: 1 taza de agua, 3 tazas de azúcar granulada, 1 vaso o frasco estrecho limpio, 1 palito de madera (brocheta) o cuerda gruesa que tenga la altura del vaso, lápiz y colorante para alimentos (opcional)

El azúcar piedra puede elaborarse a partir de una disolución saturada de azúcar (sacarosa).

Proceso

1. Coloque el agua y 2 tazas de azúcar en una cacerola y comience a calentar y revolver. Toda el azúcar debe disolverse. Siga calentando, pero no hierva; agregue pequeñas cantidades del azúcar restante y revuelva muy bien cada vez hasta que parte del azúcar ya no pueda

disolverse. Puede haber algunos cristales de azúcar en el fondo de la cacerola. Vierta cuidadosamente la disolución de azúcar en el vaso o frasco. Agregue 2 a 3 gotas de colorante para alimento, si lo desea.

2. Humedezca el palito de madera y ruédelo en azúcar granulada para que tenga cristales a los cuales se adhiera la disolución de azúcar. Coloque el palito en la disolución de azúcar. Si está usando una cuerda, asegúrela con una cinta a un lápiz de manera que no alcance a tocar el fondo del vaso. Humedezca la mitad inferior de la cuerda, ruédela sobre el azúcar granulada y coloque el lápiz atravesado encima del vaso, con la cuerda dentro de la disolución de azúcar. Coloque el vaso con el palito de madera o la cuerda en un lugar donde nadie los mueva. Durante los siguientes días verá cómo crecen los cristales de azúcar.

PREGUNTAS

1. ¿Por qué se disuelve más azúcar a medida que la disolución se calienta?
2. ¿Cómo sabe cuándo obtuvo una disolución saturada?
3. ¿Por qué con el transcurso del tiempo observa la formación de cristales sobre el palito o la cuerda?

Ley de Henry

La **ley de Henry** afirma que la solubilidad de un gas en un líquido es directamente proporcional a la presión de dicho gas sobre el líquido. A mayores presiones hay más moléculas de gas disponibles para entrar y disolverse en el líquido. Una lata de bebida gaseosa se carbonata con gas CO_2 a alta presión para aumentar la solubilidad de CO_2 en la bebida. Cuando se abre la lata de gaseosa a presión atmosférica, la presión sobre el CO_2 desciende, lo que disminuye la solubilidad de CO_2. Como resultado, burbujas de CO_2 escapan rápidamente de la disolución. La explosión de burbujas es todavía más notoria cuando se abre una lata de gaseosa caliente.

COMPROBACIÓN DE CONCEPTOS 8.4 — Factores que afectan la solubilidad

Indique si hay un aumento o una disminución en cada uno de los casos siguientes:

a. la solubilidad del azúcar en agua a 45 °C comparada con su solubilidad en agua a 25 °C
b. la solubilidad de O_2 en un lago a medida que el agua se calienta

RESPUESTA

a. Una reducción de la temperatura del agua de 45 °C a 25 °C disminuye la solubilidad del azúcar.
b. Un aumento de la temperatura del agua disminuye la solubilidad del gas O_2.

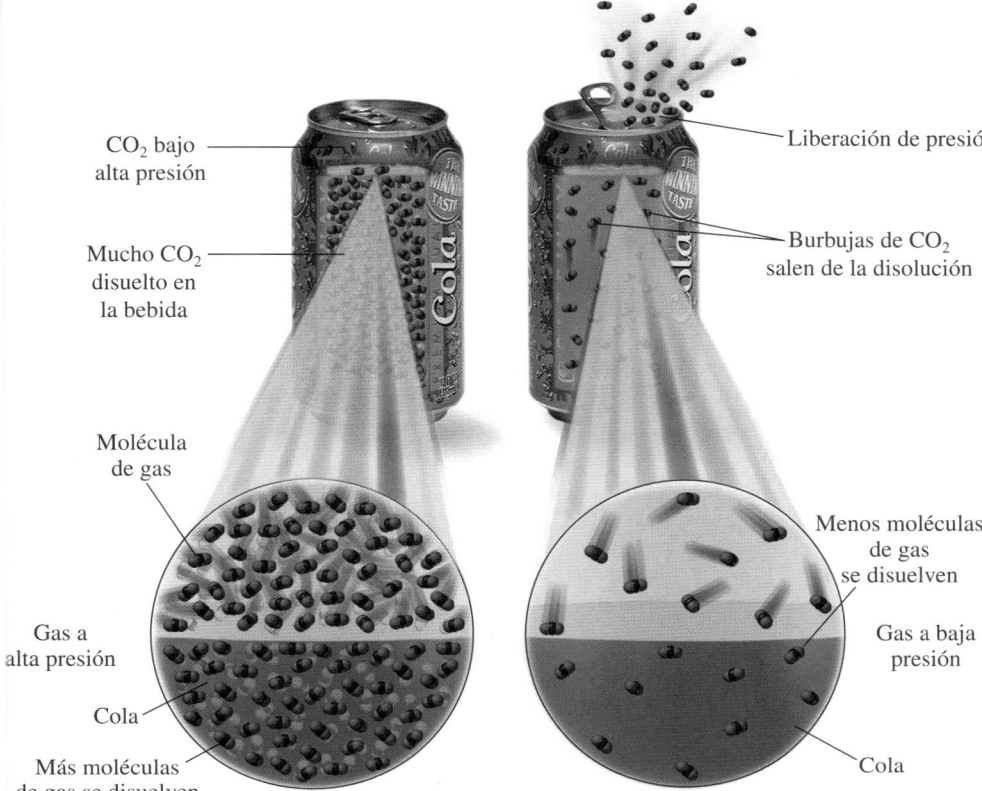

Cuando la presión de un gas sobre una disolución disminuye, la solubilidad de dicho gas en la disolución también disminuye.

CO_2 bajo alta presión

Liberación de presión

Mucho CO_2 disuelto en la bebida

Burbujas de CO_2 salen de la disolución

Molécula de gas

Menos moléculas de gas se disuelven

Gas a alta presión

Gas a baja presión

Cola

Cola

Más moléculas de gas se disuelven

Sales solubles e insolubles

Hasta el momento se han considerado compuestos iónicos que se disuelven en agua: son **sales solubles**. Sin embargo, algunos compuestos iónicos no se separan en iones dentro del agua. Son **sales insolubles** que permanecen como sólidos incluso en contacto con el agua.

Las sales que son solubles en agua por lo general contienen al menos uno de los siguientes iones: Li^+, Na^+, K^+, NH_4^+, NO_3^- o $C_2H_3O_2^-$. *Sólo una sal que contenga un catión o anión soluble se disolverá en agua.* Las sales que contienen Cl^-, Br^- o I^- son solubles a menos que se combinen con Ag^+, Pb^{2+} o Hg_2^{2+}; entonces son insolubles. De igual modo, la mayoría de las sales que contienen SO_4^{2-} son solubles, pero algunas son insolubles, como se muestra en la tabla 8.8. Casi todas las demás sales, incluidas las que contienen los aniones CO_3^{2-}, S^{2-}, PO_4^{3-} o OH^-, son insolubles (véase la figura 8.5). En una sal insoluble las atracciones entre sus iones positivos y negativos son muy fuertes para que las moléculas polares del agua los separen. Puede usar las reglas de solubilidad para predecir si sería factible que una sal (un compuesto iónico sólido) se disuelva en agua. La tabla 8.9 ilustra el uso de estas reglas.

TABLA 8.8 Reglas de solubilidad para sólidos iónicos en agua

Un sólido iónico es:	
Soluble si contiene:	Insoluble si contiene:
Li^+, Na^+, K^+	Ninguno
NH_4^+	Ninguno
NO_3^-, $C_2H_3O_2^-$	Ninguno
Cl^-, Br^-, I^-	Ag^+, Pb^{2+} o Hg_2^{2+}
SO_4^{2-}	Ba^{2+}, Pb^{2+}, Ca^{2+}, Sr^{2+}, CO_3^{2-}, S^{2-}, PO_4^{3-}, OH^-

CdS

FeS

PbI_2

Ni1OH2$_2$

FIGURA 8.5 Si una sal contiene un catión y un anión que no son solubles, dicha sal es insoluble. Por ejemplo, las combinaciones de cadmio y sulfuro, hierro y sulfuro, plomo y yoduro, y níquel e hidróxido no contienen ningún ión soluble. Por tanto, forman sales insolubles.

P ¿Qué hace que cada una de dichas sales sea insoluble en agua?

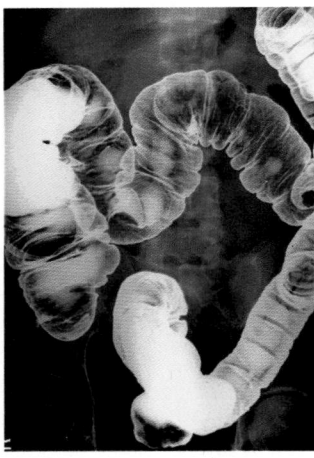

FIGURA 8.6 Imagen de rayos X de abdomen que muestra el intestino grueso, intensificada con sulfato de bario.

P ¿El $BaSO_4$ es una sustancia soluble o insoluble?

TUTORIAL
Writing Net Ionic Equations

Guía de escritura de ecuaciones para la formación de una sal insoluble

1 Escriba los iones de los reactivos.

2 Escriba las combinaciones de iones y determine si alguno es insoluble.

3 Escriba la ecuación iónica que incluya algún sólido.

4 Escriba la ecuación iónica neta.

TABLA 8.9 Uso de las reglas de solubilidad

Compuesto iónico	Solubilidad en agua	Razonamiento
K_2S	Soluble	Contiene K^+
$Ca(NO_3)_2$	Soluble	Contiene NO_3^-
$PbCl_2$	Insoluble	Forma un cloruro insoluble con Pb^{2+}
$NaOH$	Soluble	Contiene Na^+
$AlPO_4$	Insoluble	No contiene ningún ión soluble

En medicina, la sal insoluble $BaSO_4$ se usa como sustancia de contraste para intensificar las imágenes de rayos X del aparato digestivo. $BaSO_4$ es tan insoluble que no se disuelve en los líquidos gástricos (véase la figura 8.6). Hay otras sales de bario que no pueden utilizarse; se disolverían en agua, lo que liberaría Ba^{2-}, que es venenoso.

COMPROBACIÓN DE CONCEPTOS 8.5 **Sales solubles e insolubles**

Pronostique si cada una de las siguientes sales es soluble en agua y explique por qué:

a. Na_3PO_4 **b.** $CaCO_3$

RESPUESTA

a. La sal Na_3PO_4 es soluble en agua porque cualquier compuesto que contiene Na^+ es soluble.

b. La sal $CaCO_3$ es insoluble en agua porque no contiene un ión positivo soluble o un ión negativo soluble.

Formación de un sólido

Es posible aplicar las reglas de solubilidad para predecir si un sólido, llamado *precipitado*, se forma cuando dos disoluciones de compuestos iónicos se mezclan, como se muestra en el Ejemplo de problema 8.3.

EJEMPLO DE PROBLEMA 8.3 **Cómo escribir ecuaciones para la formación de una sal insoluble**

Cuando las disoluciones de $NaCl$ y $AgNO_3$ se mezclan, se forma un sólido blanco. Escriba las ecuaciones iónica y iónica neta de la reacción.

SOLUCIÓN

Paso 1 **Escriba los iones de los reactivos.**

Reactivos
(combinaciones iniciales)

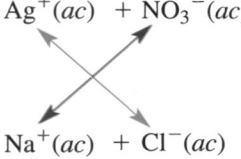

$$Ag^+(ac) + NO_3^-(ac)$$

$$Na^+(ac) + Cl^-(ac)$$

Paso 2 **Escriba las combinaciones de iones y determine si alguno es insoluble.** Cuando observa los iones de cada disolución, ve que la combinación de Ag^+ y Cl^- forman una sal insoluble.

Mezcla (nuevas combinaciones)	Producto	Soluble
$Ag^+(ac) + Cl^-(ac)$	$AgCl(s)$	No
$Na^+(ac) + NO_3^-(ac)$	$NaNO_3$	Sí

Paso 3 **Escriba la ecuación iónica que incluya algún sólido.** En la **ecuación iónica** se muestran todos los iones de los reactivos. Los productos incluyen el sólido AgCl, que se forma junto con los iones restantes Na^+ y NO_3^-.

$$Ag^+(ac) + NO_3^-(ac) + Na^+(ac) + Cl^-(ac) \longrightarrow AgCl(s) + Na^+(ac) + NO_3^-(ac)$$

Paso 4 **Escriba la ecuación iónica neta.** Para escribir una **ecuación iónica neta** se eliminan los iones Na^+ y NO_3^-, conocidos como *iones espectadores*, que no cambian. Esto deja solamente los iones y el sólido de la reacción química.

$$Ag^+(ac) + \underbrace{NO_3^-(ac) + Na^+(ac)}_{\text{Iones espectadores}} + Cl^-(ac) \longrightarrow AgCl(s) + \underbrace{Na^+(ac) + NO_3^-(ac)}_{\text{Iones espectadores}}$$

$$Ag^+(ac) + Cl^-(ac) \longrightarrow AgCl(s) \quad \text{Ecuación iónica neta}$$

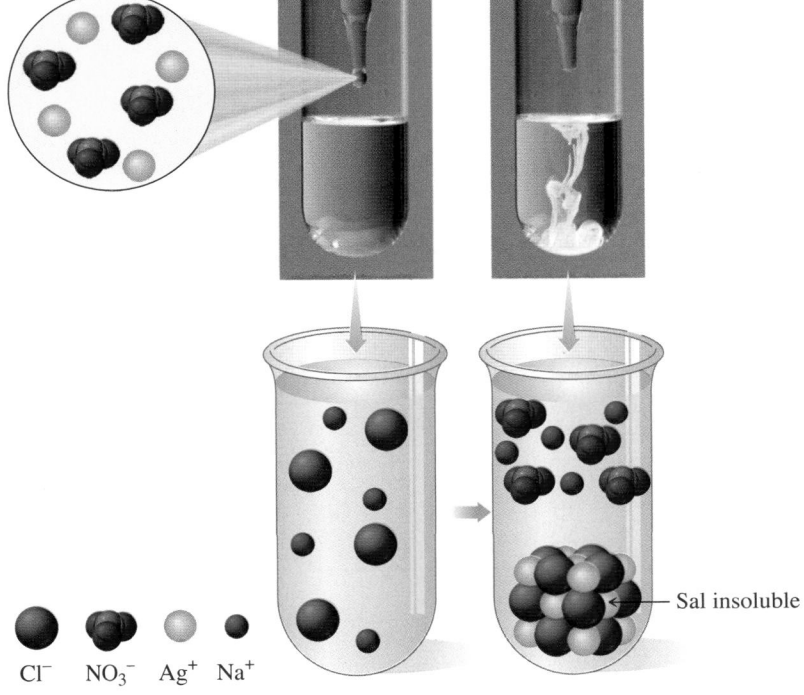

Cl^- NO_3^- Ag^+ Na^+

Sal insoluble

Tipo de ecuación

Química	$AgNO_3(ac)$ + $NaCl(ac)$	$\longrightarrow AgCl(s) + NaNO_3(ac)$
Iónica	$Ag^+(ac) + NO_3^-(ac)$ + $Na^+(ac) + Cl^-(ac)$	$\longrightarrow AgCl(s) + Na^+(ac) + NO_3^-(ac)$
Iónica neta	$Ag^+(ac)$ + $Cl^-(ac)$	$\longrightarrow AgCl(s)$

COMPROBACIÓN DE ESTUDIO 8.3

Pronostique si podría formarse un sólido en cada una de las siguientes mezclas de disoluciones. Si es así, escriba la ecuación iónica neta de la reacción.

a. $NH_4Cl(ac) + Ca(NO_3)_2(ac)$
b. $Pb(NO_3)_2(ac) + KCl(ac)$

PREGUNTAS Y PROBLEMAS

8.3 Solubilidad

META DE APRENDIZAJE: *Definir solubilidad. Distinguir entre una disolución insaturada y una saturada; identificar si una sal es soluble o insoluble.*

8.21 Indique si cada uno de los enunciados siguientes se refiere a una disolución saturada o insaturada:
   a. Un cristal agregado a una disolución no cambia de tamaño.
   b. Un cubo de azúcar se disuelve por completo cuando se agrega a una taza de café.

8.22 Indique si cada uno de los enunciados siguientes se refiere a una disolución saturada o insaturada:
   a. Una cucharada de sal agregada a agua hirviendo se disuelve.
   b. Una capa de azúcar se forma en el fondo de un vaso de té a medida que se agrega hielo.

Use la siguiente tabla para resolver los problemas 8.23-8.26.

Sustancia	Solubilidad (g/100 g H₂O)	
	20 °C	**50 °C**
KCl	34	43
NaNO₃	88	110
C₁₂H₂₂O₁₁ (azúcar)	204	260

8.23 Use la tabla anterior para determinar si cada una de las siguientes disoluciones será saturada o insaturada a 20 °C:
  a. agregar 25 g de KCl a 100. g de H_2O
  b. agregar 11 g de NaNO₃ a 25 g de H_2O
  c. agregar 400. g de azúcar a 125 g de H_2O

8.24 Use la tabla anterior para determinar si cada una de las siguientes disoluciones será saturada o insaturada a 50 °C:
  a. agregar 25 g de KCl a 50. g de H_2O
  b. agregar 150. g de NaNO₃ a 75 g de H_2O
  c. agregar 80. g de azúcar a 25 g de H_2O

8.25 Una disolución que contiene 80. g de KCl en 200. g de H_2O a 50 °C se enfría a 20 °C.
  a. ¿Cuántos gramos de KCl permanecen en disolución a 20 °C?
  b. ¿Cuántos gramos de KCl sólido se cristalizan después de enfriar?

8.26 Una disolución que contiene 80. g de NaNO₃ en 75 g de H_2O a 50 °C se enfría a 20 °C.
  a. ¿Cuántos gramos de NaNO₃ permanecen en disolución a 20 °C?
  b. ¿Cuántos gramos de NaNO₃ sólido se cristalizan después de enfriar?

8.27 Explique las siguientes observaciones:
  a. Más azúcar se disuelve en té caliente que en té helado.

b. El champán en una habitación cálida pierde su sabor.
c. Una lata caliente de gaseosa produce más espuma cuando se abre que una fría.

8.28 Explique las siguientes observaciones:
  a. Una lata abierta de gaseosa pierde su "burbujeo" más rápido a temperatura ambiente que en el refrigerador.
  b. El gas cloro en agua de grifo escapa a medida que el agua se calienta a temperatura ambiente.
  c. Menos azúcar se disuelve en café helado que en café caliente.

8.29 Pronostique si cada uno de los siguientes compuestos iónicos es soluble en agua:
  a. LiCl   **b.** AgCl   **c.** BaCO₃
  d. K₂O   **e.** Fe(NO₃)₃

8.30 Pronostique si cada uno de los siguientes compuestos iónicos es soluble en agua:
  a. PbS   **b.** KI   **c.** Na₂S
  d. Ag₂O   **e.** CaSO₄

8.31 Determine si se forma un sólido cuando se mezclan las disoluciones que contienen las siguientes sales. Si es así, escriba la ecuación iónica y la ecuación iónica neta.
  a. KCl(*ac*) y Na₂S(*ac*)
  b. AgNO₃(*ac*) y K₂S(*ac*)
  c. CaCl₂(*ac*) y Na₂SO₄(*ac*)
  d. CuCl₂(*ac*) y Li₃PO₄(*ac*)

8.32 Determine si se forma un sólido cuando se mezclan las disoluciones que contienen las siguientes sales. Si es así, escriba la ecuación iónica y la ecuación iónica neta.
  a. Na₃PO₄(*ac*) y AgNO₃(*ac*)
  b. K₂SO₄(*ac*) y Na₂CO₃(*ac*)
  c. Pb(NO₃)₂(*ac*) y Na₂CO₃(*ac*)
  d. BaCl₂(*ac*) y KOH(*ac*)

META DE APRENDIZAJE

Calcular la concentración de un soluto en una disolución; usar la concentración para calcular la cantidad de soluto o disolución.

TUTORIAL
Calculating Percent Concentration

8.4 Concentración de disoluciones

La cantidad de soluto disuelto en cierta cantidad de disolución se llama **concentración** de la disolución. Se estudiarán las concentraciones que son una proporción de una cantidad de soluto en una cantidad dada de disolución:

$$\text{Concentración de una disolución} = \frac{\text{cantidad de soluto}}{\text{cantidad de disolución}}$$

Concentración expresada en porcentaje en masa (m/m)

El **porcentaje en masa (m/m)** describe la masa del soluto en gramos por exactamente 100 g de disolución. En el cálculo del porcentaje en masa (m/m), las unidades de masa del soluto y la disolución deben ser iguales. Si la masa del soluto se proporciona en gramos, entonces la masa de la disolución también debe estar en gramos. La masa de la disolución es la suma de la masa del soluto y la masa del solvente.

$$\text{Porcentaje en masa (m/m)} = \frac{\text{masa de soluto (g)}}{\text{masa de soluto (g)} + \text{masa de solvente (g)}} \times 100\%$$

$$= \frac{\text{masa de soluto (g)}}{\text{masa de disolución (g)}} \times 100\%$$

Imagine que para preparar una disolución se mezclan 8.00 g de KCl (soluto) con 42.00 g de agua (solvente). En conjunto, la masa del soluto y la masa del solvente dan la masa de la disolución (8.00 g + 42.00 = 50.00 g). Para calcular el porcentaje en masa se sustituye la masa del soluto y la masa de la disolución en la expresión del porcentaje en masa.

$$\underbrace{\frac{8.00 \text{ g KCl}}{50.00 \text{ g disolución}}}_{\substack{8.00 \text{ g KCl} + 42.00 \text{ g H}_2\text{O} \\ (\text{Soluto} \quad + \quad \text{Solvente})}} \times 100\% = 16.0\% \text{ (m/m) disolución de KCl}$$

Agregar 8.00 g de KCl

Agregar agua hasta que la disolución pese 50.00 g

Cuando se agrega agua a 8.00 g de KCl para formar 50.00 g de disolución de KCl, la concentración del porcentaje en masa es 16.0% (m/m).

COMPROBACIÓN DE CONCEPTOS 8.6 — Concentración del porcentaje en masa

Para preparar una disolución de NaBr se agregan 4.0 g de NaBr a 50.0 g de H_2O.

a. ¿Cuál es la masa de la disolución?
b. ¿La concentración final de la disolución de NaBr es igual a 7.4% (m/m), 8.0% (m/m) u 80.% (m/m)?

RESPUESTA

a. La masa de la disolución de NaBr es la suma de 4.0 g de NaBr soluto y 50.0 g de H_2O solvente, que es 54.0 g (4.0 g NaBr + 50.0 g H_2O).
b. El porcentaje en masa de la disolución de NaBr es igual a 7.4% (m/m).

$$\frac{4.0 \text{ g NaBr}}{54.0 \text{ g disolución}} \times 100\% = 7.4\% \text{ (m/m) disolución de NaBr}$$

EJEMPLO DE PROBLEMA 8.4 — Cómo calcular la concentración del porcentaje en masa (m/m)

¿Cuál es el porcentaje en masa (m/m) de NaOH en una disolución preparada al disolver 30.0 g de NaOH en 120.0 g de H_2O?

SOLUCIÓN

Paso 1 **Enuncie las cantidades dadas y las que necesita.** Con la siguiente tabla puede organizar la información del problema:

Análisis del problema

Dadas	Necesita
30.0 g de NaOH soluto	Porcentaje en masa (m/m)
30.0 g NaOH + 120.0 g H_2O = 150.0 g de disolución de NaOH	

Paso 2 **Escriba la expresión de concentración.**

$$\text{Porcentaje en masa (m/m)} = \frac{\text{gramos de soluto}}{\text{gramos de disolución}} \times 100\%$$

Paso 3 **Sustituya en la expresión las cantidades de soluto y disolución, y calcule.**

$$\text{Porcentaje en masa (m/m)} = \frac{\overset{\text{masa de soluto}}{30.0 \text{ g NaOH}}}{\underset{\text{masa de disolución}}{150.0 \text{ g disolución de NaOH}}} \times 100\%$$

$$= 20.0\% \text{ (m/m) disolución de NaOH}$$

COMPROBACIÓN DE ESTUDIO 8.4

¿Cuál es el porcentaje en masa (m/m) de NaCl en una disolución hecha al disolver 2.0 g de NaCl en 56.0 g de H_2O?

Guía para calcular la concentración de una disolución

1 Enuncie las cantidades dadas y las que necesita.

2 Escriba la expresión de concentración.

3 Sustituya en la expresión las cantidades de soluto y disolución. y calcule.

La etiqueta indica que el extracto de vainilla contiene 35% (v/v) de alcohol.

Concentración expresada en porcentaje en volumen (v/v)

Dado que los volúmenes de líquidos o gases se miden con facilidad, las concentraciones de sus disoluciones con frecuencia se expresan como **porcentaje en volumen (v/v)**. Las unidades de volumen utilizadas en la proporción deben ser las mismas; por ejemplo, ambas en mililitros o ambas en litros.

$$\text{Porcentaje en volumen (v/v)} = \frac{\text{volumen de soluto}}{\text{volumen de disolución}} \times 100\%$$

El porcentaje en volumen (v/v) se interpreta como el volumen de soluto en exactamente 100 mL de disolución. En una botella de extracto de vainilla, una etiqueta que indica alcohol 35% (v/v) significa que 35 mL de etanol soluto están disueltos en exactamente 100 mL de disolución de vainilla.

EJEMPLO DE PROBLEMA 8.5 **Cómo calcular la concentración en porcentaje en volumen (v/v)**

Una botella contiene 59 mL de extracto de limón. Si la disolución de extracto contiene 49 mL de alcohol, ¿cuál es el porcentaje en volumen (v/v) del alcohol en la disolución del extracto?

SOLUCIÓN

Paso 1 **Enuncie las cantidades dadas y las que necesita.**

Análisis del problema

Dadas	Necesita
49 mL de alcohol soluto	Porcentaje en volumen (v/v)
59 mL de extracto de limón disolución	

Paso 2 **Escriba la expresión de concentración.**

$$\text{Porcentaje en volumen (v/v)} = \frac{\text{volumen de soluto}}{\text{volumen de disolución}} \times 100\%$$

Paso 3 **Sustituya en la expresión las cantidades de soluto y disolución, y calcule.**

$$\text{Porcentaje en volumen (v/v)} = \frac{\overset{\text{volumen de soluto}}{49 \text{ mL alcohol}}}{\underset{\text{volumen de disolución}}{59 \text{ mL disolución}}} \times 100\%$$

$$= 83\% \text{ (v/v) disolución de alcohol}$$

COMPROBACIÓN DE ESTUDIO 8.5

¿Cuál es el porcentaje en volumen (v/v) del bromo en una disolución preparada al disolver 12 mL de bromo en el solvente tetracloruro de carbono para producir 250 mL de disolución?

El extracto de limón es una mezcla de saborizante de limón y alcohol.

TUTORIAL
Calculating Percent Concentration

Concentración expresada en porcentaje en masa/volumen (m/v)

El **porcentaje en masa/volumen (m/v)** describe la masa del soluto en gramos por exactamente 100 mL de disolución. En el cálculo del porcentaje en masa/volumen, la unidad de masa del soluto es gramos y la unidad de volumen es mililitros.

$$\text{Porcentaje en masa/volumen (m/v)} = \frac{\text{gramos de soluto}}{\text{mililitros de disolución}} \times 100\%$$

El porcentaje en masa/volumen se usa de manera generalizada en hospitales y farmacias para la preparación de disoluciones intravenosas y medicinas. Por ejemplo, una disolución de glucosa al 5% (m/v) contiene 5 g de glucosa en exactamente 100 mL de disolución. El volumen de disolución representa los volúmenes combinados de glucosa y H_2O.

Se agrega agua para preparar una disolución 250 mL

5.0 g de KI

Se agrega agua a 5.0 g de KI para preparar 250 mL de disolución de KI.

EJEMPLO DE PROBLEMA 8.6 **Cómo calcular la concentración en porcentaje en masa/volumen (m/v)**

Para preparar una disolución, un estudiante disolvió 5.0 g de KI en agua suficiente para producir un volumen final de 250 mL. ¿Cuál es el porcentaje en masa/volumen (m/v) del KI en la disolución?

SOLUCIÓN

Paso 1 **Enuncie las cantidades dadas y las que necesita.**

Análisis del problema

Dadas	Necesita
5.0 g de KI soluto	Porcentaje en masa/volumen (m/v)
250 mL de KI disolución	

Paso 2 **Escriba la expresión de concentración.**

$$\text{Porcentaje en masa/volumen (m/v)} = \frac{\text{gramos de soluto}}{\text{mililitros de disolución}} \times 100\%$$

Paso 3 **Sustituya en la expresión las cantidades de soluto y disolución, y calcule.**

$$\text{Porcentaje en masa/volumen (m/v)} = \frac{\overset{\text{Masa de soluto}}{5.0 \text{ g KI}}}{\underset{\text{Volumen de disolución}}{250 \text{ mL disolución}}} \times 100\%$$

$$= 2.0\% \text{ (m/v) disolución de KI}$$

COMPROBACIÓN DE ESTUDIO 8.6

¿Cuál es el porcentaje en masa/volumen (m/v) de NaOH en una disolución preparada al disolver 12 g de NaOH en agua suficiente para preparar 220 mL de disolución?

Concentración molar o molaridad (M)

Cuando los químicos trabajan con disoluciones, con frecuencia utilizan la **molaridad (M)**, una concentración que indica el número de moles de soluto en exactamente 1 litro de disolución.

$$\text{Molaridad (M)} = \frac{\text{moles de soluto}}{\text{litros de disolución}}$$

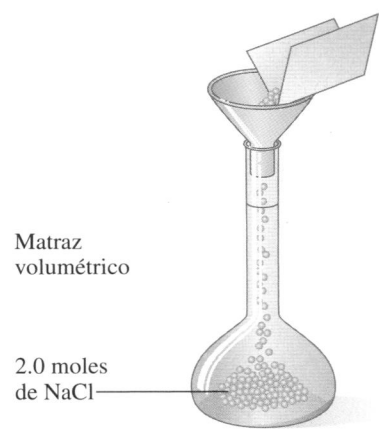

Matraz volumétrico

2.0 moles de NaCl

Por ejemplo, si 2.0 moles de NaCl se disuelven en agua suficiente para preparar 1.0 L de disolución, la disolución de NaCl resultante tiene una molaridad de 2.0 M. La abreviatura M indica las unidades de moles por litro (moles/L).

$$M = \frac{\text{moles de soluto}}{\text{litros de disolución}} = \frac{2.0 \text{ moles NaCl}}{1.0 \text{ L disolución}} = 2.0 \text{ M disolución de NaCl}$$

Se puede calcular la molaridad de una disolución si se conocen los moles de soluto y el volumen de disolución en litros, como se muestra en el Ejemplo de problema 8.7.

EJEMPLO DE PROBLEMA 8.7 **Cómo calcular la molaridad**

¿Cuál es la molaridad (M) de 60.0 g de NaOH en 0.250 L de disolución?

SOLUCIÓN

Paso 1 **Enuncie las cantidades dadas y las que necesita.** Para la molaridad necesita la cantidad, en moles, y el volumen de la disolución en litros.

Análisis del problema

Dadas	Necesita
60.0 g de NaOH soluto	Molaridad
0.250 L de NaOH disolución	

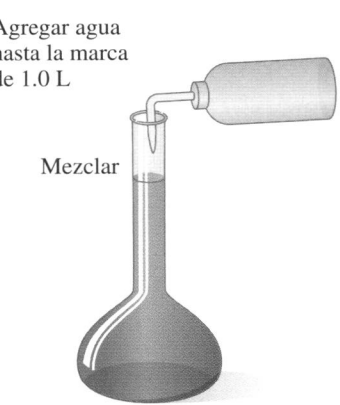

Agregar agua hasta la marca de 1.0 L

Mezclar

Una disolución 2.0 M de NaCl

Una disolución de 2.0 moles de NaCl y agua agregada hasta la marca de 1 L es una disolución 2.0 M de NaCl.

Para calcular los moles de NaOH necesita escribir la equivalencia y los factores de conversión para la masa molar de NaOH. Entonces pueden determinarse los moles en 60.0 g de NaOH.

$$1 \text{ mol de NaOH} = 40.0 \text{ g de NaOH}$$

$$\frac{1 \text{ mol NaOH}}{40.0 \text{ g NaOH}} \quad y \quad \frac{40.0 \text{ g NaOH}}{1 \text{ mol NaOH}}$$

$$\text{moles de NaOH} = 60.0 \text{ g NaOH} \times \frac{1 \text{ mol NaOH}}{40.0 \text{ g NaOH}}$$

$$= 1.50 \text{ moles de NaOH}$$

Paso 2 **Escriba la expresión de concentración.**

$$\text{Molaridad (M)} = \frac{\text{moles de soluto}}{\text{litros de disolución}}$$

Paso 3 **Sustituya en la expresión las cantidades de soluto y disolución, y calcule.**

$$M = \frac{1.50 \text{ moles NaOH}}{0.250 \text{ L disolución}} = \frac{6.00 \text{ moles NaOH}}{1 \text{ L disolución}} = 6.00 \text{ M disolución de NaOH}$$

COMPROBACIÓN DE ESTUDIO 8.7

¿Cuál es la molaridad de una disolución que contiene 75.0 g de KNO_3 disueltos en 0.350 L de disolución?

La tabla 8.10 resume los tipos de unidades que se utilizan para expresar las diversas clases de concentraciones para disoluciones.

TABLA 8.10 **Resumen de los tipos de expresiones de concentraciones y sus unidades**

Unidades de concentración	Porcentaje en masa (m/m)	Porcentaje en volumen (v/v)	Porcentaje en masa/volumen (m/v)	Molaridad (M)
Soluto	g	mL	g	mol
Disolución	g	mL	mL	L

Uso de concentraciones como factores de conversión

TUTORIAL
Percent Concentration
as a Conversion Factor

En la preparación de disoluciones, con frecuencia es necesario calcular la cantidad de soluto o el volumen de la disolución. Entonces la concentración de dicha disolución es útil como factor de conversión. El valor de 100 en el denominador de una expresión porcentual es un número *exacto*. En la tabla 8.11 se presentan algunos ejemplos de concentraciones porcentuales y molaridad, su significado y posibles factores de conversión. En los Ejemplos de problema 8.8 y 8.9 se ofrecen algunos casos del uso de la concentración porcentual o la molaridad como factores de conversión.

TABLA 8.11 **Factores de conversión a partir de concentraciones porcentuales**

Concentración porcentual	Significado	Factores de conversión		
15% (m/m) disolución de KCl	15 g de KCl en 100 g de disolución de KCl	$\dfrac{15 \text{ g KCl}}{100 \text{ g disolución}}$	y	$\dfrac{100 \text{ g disolución}}{15 \text{ g KCl}}$
12% (v/v) disolución de etanol	12 mL de etanol en 100 mL de disolución de etanol	$\dfrac{12 \text{ mL etanol}}{100 \text{ mL disolución}}$	y	$\dfrac{100 \text{ mL disolución}}{12 \text{ mL etanol}}$
5% (m/v) disolución de glucosa	5 g de glucosa en 100 mL de disolución de glucosa	$\dfrac{5 \text{ g glucosa}}{100 \text{ mL disolución}}$	y	$\dfrac{100 \text{ mL disolución}}{5 \text{ g glucosa}}$
Molaridad				
6.0 M disolución HCl	6.0 moles de HCl en 1 litro de disolución de HCl	$\dfrac{6.0 \text{ moles HCl}}{1 \text{ L disolución}}$	y	$\dfrac{1 \text{ L disolución}}{6.0 \text{ moles HCl}}$

EJEMPLO DE PROBLEMA 8.8 **Cómo usar el porcentaje en masa/volumen para encontrar la masa del soluto**

Un antibiótico tópico es 1.0% (m/v) de clindamicina. ¿Cuántos gramos de clindamicina hay en 60. mL de la disolución al 1.0% (m/v)?

SOLUCIÓN

Paso 1 **Enuncie las cantidades dadas y las que necesita.**

Análisis del problema

Dadas	Necesita
60 mL de disolución al 1.0% (m/v) de clindamicina	gramos de clindamicina

Paso 2 **Escriba un plan para calcular la masa o el volumen.**

mililitros de disolución $\xrightarrow{\text{factor } \% \text{ (m/v)}}$ gramos de clindamicina

Paso 3 **Escriba las equivalencias y los factores de conversión.** El porcentaje en masa/volumen (m/v) indica los gramos de un soluto en cada 100 mL de una disolución. El 1.0% (m/v) puede escribirse como dos factores de conversión.

$$1.0 \text{ g de clindamicina} = 100 \text{ mL disolución}$$

$$\frac{1.0 \text{ g clindamicina}}{100 \text{ mL disolución}} \quad y \quad \frac{100 \text{ mL disolución}}{1.0 \text{ g clindamicina}}$$

Paso 4 **Plantee el problema para calcular la masa o el volumen.** El volumen de la disolución se convierte a masa de soluto usando el factor de conversión que cancela mL.

$$60. \text{ mL disolución} \times \frac{1.0 \text{ g clindamicina}}{100 \text{ mL disolución}} = 0.60 \text{ g de clindamicina}$$

COMPROBACIÓN DE ESTUDIO 8.8

Calcule los gramos de KCl en 225 g de una disolución al 8.00% (m/m) de KCl.

Guía de uso de la concentración para calcular masa o volumen

1 Enuncie las cantidades dadas y las que necesita.

2 Escriba un plan para calcular la masa o el volumen.

3 Escriba las equivalencias y los factores de conversión.

4 Plantee el problema para calcular la masa o el volumen.

EJEMPLO DE PROBLEMA 8.9 **Cómo usar la molaridad para encontrar el volumen**

¿Cuántos litros de una disolución 2.00 M de NaCl se necesitan para obtener 67.3 g de NaCl?

SOLUCIÓN

Paso 1 **Enuncie las cantidades dadas y las que necesita.**

Análisis del problema

Dadas	Necesita
67.3 g de NaCl	litros de disolución de NaCl
Disolución 2.00 M de NaCl	

Paso 2 **Escriba un plan para calcular la masa o el volumen.**

gramos de NaCl $\xrightarrow{\text{Masa molar}}$ moles de NaCl $\xrightarrow{\text{Molaridad}}$ litros de disolución de NaCl

Paso 3 **Escriba las equivalencias y los factores de conversión.**

$$1 \text{ mol de NaCl} = 58.5 \text{ g de NaCl}$$

$$\frac{1 \text{ mol NaCl}}{58.5 \text{ g NaCl}} \quad y \quad \frac{58.5 \text{ g NaCl}}{1 \text{ mol NaCl}}$$

La molaridad de cualquier disolución puede escribirse como dos factores de conversión.

$$1 \text{ L de disolución NaCl} = 2.00 \text{ moles de NaCl}$$

$$\frac{1 \text{ L disolución NaCl}}{2.00 \text{ moles NaCl}} \quad y \quad \frac{2.00 \text{ moles NaCl}}{1 \text{ L disolución NaCl}}$$

Paso 4 **Plantee el problema para calcular la masa o el volumen.**

$$\text{litros de disolución de NaCl} = 67.3 \text{ g NaCl} \times \frac{1 \text{ mol NaCl}}{58.5 \text{ g NaCl}} \times \frac{1 \text{ L disolución NaCl}}{2.00 \text{ moles NaCl}}$$

$$= 0.575 \text{ L de disolución de NaCl}$$

COMPROBACIÓN DE ESTUDIO 8.9

¿Cuántos mililitros de una disolución 6.00 M de HCl proporcionarán 10.4 g de HCl?

PREGUNTAS Y PROBLEMAS

8.4 Concentración de disoluciones

META DE APRENDIZAJE: *Calcular la concentración de un soluto en una disolución; usar la concentración para calcular la cantidad de soluto o disolución.*

8.33 Calcule el porcentaje en masa (m/m) para el soluto en cada una de las siguientes disoluciones:
 a. 25 g de KCl y 125 g de H_2O
 b. 12 g de azúcar en 225 g de disolución de té con azúcar
 c. 8.0 g de $CaCl_2$ en 80.0 g de disolución de $CaCl_2$

8.34 Calcule el porcentaje en masa (m/m) para el soluto en cada una de las siguientes disoluciones:
 a. 75 g de NaOH en 325 g de disolución de NaOH
 b. 2.0 g de KOH y 20.0 g de H_2O
 c. 48.5 g de Na_2CO_3 en 250.0 g de disolución de Na_2CO_3

8.35 Calcule el porcentaje en masa/volumen (m/v) para el soluto en cada una de las siguientes disoluciones:
 a. 75 g de Na_2SO_4 en 250 mL de disolución de Na_2SO_4
 b. 39 g de sacarosa en 355 mL de una bebida carbonatada

8.36 Calcule el porcentaje en masa/volumen (m/v) para el soluto en cada una de las siguientes disoluciones:
 a. 2.50 g de LiCl en 50.0 mL de disolución de LiCl
 b. 7.5 g de caseína en 120 mL de leche baja en grasa

8.37 Calcule la molaridad (M) de las siguientes disoluciones:
 a. 2.00 moles de glucosa en 4.00 L de disolución de glucosa
 b. 4.00 g de KOH en 2.00 L de disolución de KOH
 c. 5.85 g de NaCl en 400. mL de disolución de NaCl

8.38 Calcule la molaridad (M) de las siguientes disoluciones:
 a. 0.500 moles de glucosa en 0.200 L de disolución de glucosa
 b. 36.5 g de HCl en 1.00 L de disolución de HCl
 c. 30.0 g de NaOH en 350. mL de disolución de NaOH

8.39 Calcule la cantidad de soluto, en gramos o mililitros, necesarios para preparar las siguientes disoluciones:
 a. 50.0 mL de una disolución de KCl al 5.0% (m/v)
 b. 1250 mL de una disolución de NH_4Cl al 4.0% (m/v)
 c. 250. mL de una disolución de ácido acético al 10.0% (v/v)

8.40 Calcule la cantidad de soluto, en gramos o mililitros, necesarios para preparar las siguientes disoluciones:
 a. 150 mL de una disolución de $LiNO_3$ al 40.0% (m/v)
 b. 450 mL de una disolución de KOH al 2.0% (m/v)
 c. 225 mL de una disolución de alcohol isopropilo al 15% (v/v)

8.41 Un enjuague bucal contiene 22.5% (v/v) de alcohol. Si la botella de enjuague contiene 355 mL, ¿cuál es el volumen, en mililitros, del alcohol?

8.42 El champán es una disolución de alcohol al 11% (v/v). Si en una botella hay 750 mL de champán, ¿cuántos mililitros de alcohol contiene?

8.43 Un paciente recibe cada hora 100. mL de una disolución de manitol al 20.% (m/v).
 a. ¿Cuántos gramos de manitol se administran en 1 h?
 b. ¿Cuántos gramos de manitol recibe el paciente en 12 h?

8.44 Un paciente recibe dos veces al día 250 mL de una disolución de aminoácidos al 4.0% (m/v).
 a. ¿Cuántos gramos de aminoácidos hay en 250 mL de disolución?
 b. ¿Cuántos gramos de aminoácidos recibe el paciente en 1 día?

8.45 Un paciente necesita 100. g de glucosa durante las próximas 12 h. ¿Cuántos litros de una disolución de glucosa al 5% (m/v) deben administrarse?

8.46 Un paciente recibió 2.0 g de NaCl en 8 h. ¿Cuántos mililitros de una disolución de NaCl (salina) al 0.9% (m/v) se le administraron?

8.47 Calcule la cantidad de disolución (g o mL) que contiene cada una de las siguientes cantidades de soluto:
 a. 5.0 g de $LiNO_3$ de una disolución de $LiNO_3$ al 25% (m/m)
 b. 40.0 g de KOH de una disolución de KOH al 10.0% (m/v)
 c. 2.0 mL de ácido fórmico de una disolución de ácido fórmico al 10.0% (v/v)

8.48 Calcule la cantidad de disolución (g o mL) que contiene cada una de las siguientes cantidades de soluto:
 a. 7.50 g de NaCl de una disolución de NaCl al 2.0% (m/m)
 b. 4.0 g de NaF de una disolución de NaF al 25% (m/v)
 c. 20.0 g de KBr de una disolución de KBr al 8.0% (m/m)

8.49 Calcule los moles de soluto necesarios para preparar cada una de las disoluciones siguientes:
    a. 1.00 L de una disolución 3.00 M de NaCl
    b. 0.400 L de una disolución 1.00 M de KBr
    c. 125 mL de una disolución 2.00 M de $MgCl_2$

8.50 Calcule los moles de soluto necesarios para preparar cada una de las disoluciones siguientes:
    a. 5.00 L de una disolución 2.00 M de $CaCl_2$
    b. 4.00 L de una disolución 0.100 M de NaOH
    c. 215 mL de una disolución 4.00 M de HNO_3

8.51 Calcule los gramos de soluto necesarios para preparar cada una de las disoluciones siguientes:
    a. 2.00 L de una disolución 1.50 M de NaOH
    b. 4.00 L de una disolución 0.200 M de KCl
    c. 25.0 mL de una disolución 6.00 M de HCl

8.52 Calcule los gramos de soluto necesarios para preparar cada una de las disoluciones siguientes:
    a. 2.00 L de una disolución 6.00 M de NaOH

    b. 5.00 L de una disolución 0.100 M de $CaCl_2$
    c. 175 mL de una disolución 3.00 M de $NaNO_3$

8.53 Calcule el volumen indicado para cada uno de los incisos siguientes:
    a. litros de una disolución 2.00 M de KBr para obtener 3.00 moles de KBr
    b. mililitros de una disolución 1.50 M de NaCl para obtener 4.78 g de NaCl
    c. mililitros de una disolución 0.800 M de $Ca(NO_3)_2$ para obtener 0.0500 moles de $Ca(NO_3)_2$

8.54 Calcule el volumen indicado para cada uno de los incisos siguientes:
    a. litros de una disolución 4.00 M de KCl para obtener 0.100 moles de KCl
    b. mililitros de una disolución 6.00 M de HCl para obtener 18.3 g de HCl
    c. mililitros de una disolución 2.50 M de K_2SO_4 para obtener 1.20 moles de K_2SO_4

8.5 Dilución de disoluciones y reacciones en disolución

En química y biología, con frecuencia se preparan disoluciones diluidas a partir de disoluciones más concentradas (disolución estándar). En un proceso denominado **dilución**, un solvente, por lo general agua, se agrega a una disolución, lo que aumenta el volumen. Como resultado, la concentración de la disolución disminuye. En un ejemplo de la vida cotidiana, uno prepara una dilución cuando agrega tres latas de agua a una lata de jugo de naranja concentrado.

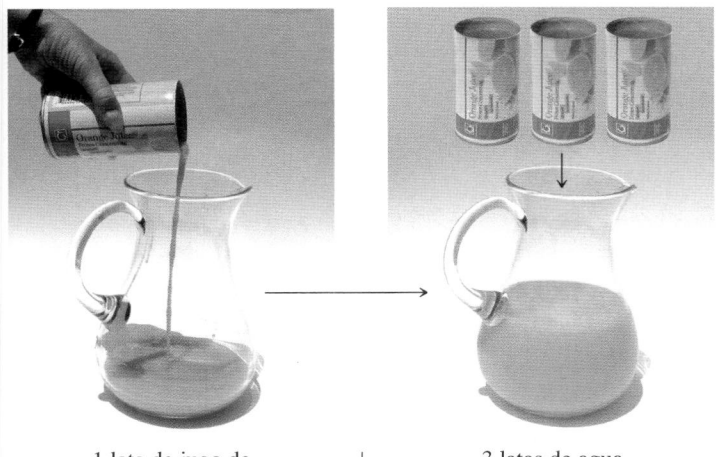
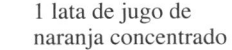

Mezclar

1 lata de jugo de naranja concentrado   +   3 latas de agua   =   4 latas de jugo de naranja

Una lata de jugo de naranja concentrado producirá cuatro latas de jugo de naranja.

Si bien la adición de solvente aumenta el volumen, la cantidad de soluto no cambia; es la misma en la disolución concentrada y en la disolución diluida (véase la figura 8.7).

Gramos o moles de soluto = gramos o moles de soluto
   Disolución concentrada   Disolución diluida

Puede escribir esta equivalencia en términos de la concentración, C, y el volumen, *V*. La concentración, C, puede ser concentración porcentual o molaridad.

$$C_1 V_1 = C_2 V_2$$
  Disolución   Disolución
  concentrada   diluida

MC

TUTORIAL
Dilution

FIGURA 8.7 Cuando se agrega agua a una disolución concentrada, no hay cambio en el número de partículas, pero las partículas de soluto se dispersan a medida que aumenta el volumen de la disolución diluida.

P ¿Cuál es la concentración de la disolución diluida después de que se agrega un volumen igual de agua a una muestra de una disolución 6 M de HCl?

Si se proporcionan cualesquiera tres de las cuatro variables, es posible reordenar la expresión de la dilución para resolver la cantidad desconocida, como se observa en la Comprobación de conceptos 8.7 y en el Ejemplo de problema 8.10.

COMPROBACIÓN DE CONCEPTOS 8.7 Volumen de una disolución diluida

Una muestra de 50.0 mL de una disolución de $SrCl_2$ al 20.0% (m/v) se diluye con agua para producir una disolución de $SrCl_2$ al 5.00% (m/v). Use estos datos para completar la siguiente tabla con las concentraciones y volúmenes dados de las disoluciones. Indique en la columna de "Conocida" si *aumenta* o *disminuye*, y pronostique el cambio en la incógnita como *aumenta* o *disminuye*.

Análisis del problema

Disolución concentrada	Disolución diluida	Conocida	Pronosticada
$C_1 =$	$C_2 =$		
$V_1 =$	$V_2 =$		

RESPUESTA
Análisis del problema

Disolución concentrada	Disolución diluida	Conocida	Pronosticada
$C_1 = 20.0\%$ (m/v)	$C_2 = 5.00\%$ (m/v)	C disminuye	
$V_1 = 50.0$ mL	$V_2 = ?$ mL		*V* aumenta

EJEMPLO DE PROBLEMA 8.10 Volumen de una disolución diluida

Guía para calcular cantidades para una dilución

1 Prepare una tabla de las concentraciones y los volúmenes de las disoluciones.

2 Reordene la expresión de dilución para resolver la cantidad desconocida.

3 Sustituya las cantidades conocidas en la expresión de dilución y calcule.

¿Qué volumen, en mililitros, de una disolución de KOH al 2.5% (m/v) puede prepararse al diluir 50.0 mL de una disolución de KOH al 12% (m/v)?

SOLUCIÓN

Paso 1 **Prepare una tabla de las concentraciones y los volúmenes de las disoluciones.** Para el análisis del problema, organice los datos de la disolución en una tabla y asegúrese de que las unidades de concentración y volumen sean las mismas.

Análisis del problema

Disolución concentrada	Disolución diluida	Conocida	Pronosticada
$C_1 = 12\%$ (m/v)	$C_2 = 2.5\%$ (m/v)	C disminuye	
$V_1 = 50.0$ mL	$V_2 = ?$ mL		*V* aumenta

Paso 2 **Reordene la expresión de dilución para resolver la cantidad desconocida.**

$$C_1 V_1 = C_2 V_2$$

Divida ambos lados entre C_2. $\quad \dfrac{C_1 V_1}{C_2} = \dfrac{\cancel{C_2} V_2}{\cancel{C_2}}$

$$V_2 = V_1 \times \dfrac{C_1}{C_2}$$

Paso 3 **Sustituya las cantidades conocidas en la expresión de dilución y calcule.**

$$V_2 = 50.0 \text{ mL} \times \dfrac{12\%}{2.5\%} = 240 \text{ mL de disolución de KOH diluida}$$

Factor de concentración aumenta volumen

Cuando el volumen inicial (V_1) se multiplica por una proporción de las concentraciones porcentuales (factor de concentración) que es mayor que 1, el volumen de la disolución aumenta, como se predijo en el Paso 1.

COMPROBACIÓN DE ESTUDIO 8.10

¿Cuál es el volumen final, en mililitros, cuando 25.0 mL de una disolución de KCl al 15% (m/v) se diluyen a una disolución de KCl al 3.0% (m/v)?

EJEMPLO DE PROBLEMA 8.11 **Molaridad de una disolución diluida**

¿Cuál es la molaridad de una disolución que se prepara al diluir 75.0 mL de una disolución 4.00 M de KCl a un volumen de 500. mL?

SOLUCIÓN

Paso 1 **Prepare una tabla de las concentraciones y los volúmenes de las disoluciones.** Organice los datos de la disolución en una tabla y asegúrese de que las unidades de concentración y volumen sean las mismas.

Análisis del problema

Disolución concentrada	Disolución diluida	Conocida	Pronosticada
$C_1 = 4.00$ M	$C_2 = ?$ M		C (molaridad) disminuye
$V_1 = 75.0$ mL	$V_2 = 500.$ mL	V aumenta	

Paso 2 **Reordene la expresión de dilución para resolver la cantidad desconocida.**

$$C_1 V_1 = C_2 V_2$$

Divida ambos lados entre V_2. $\quad \dfrac{C_1 V_1}{V_2} = C_2 \dfrac{\cancel{V_2}}{\cancel{V_2}}$

$$C_2 = C_1 \times \dfrac{V_1}{V_2}$$

Paso 3 **Sustituya las cantidades conocidas en la expresión de dilución y calcule.**

$$C_2 = 4.00 \text{ M} \times \dfrac{75 \cancel{\text{ mL}}}{500. \cancel{\text{ mL}}} = 0.600 \text{ M (disolución diluida de KCl)}$$

Factor de volumen disminuye concentración

Cuando la molaridad inicial se multiplica por una proporción de los volúmenes (factor de volumen) que es menor que 1, la molaridad de la disolución disminuye, como se predijo en el Paso 1.

COMPROBACIÓN DE ESTUDIO 8.11

¿Cuál es la molaridad de una disolución preparada cuando 75.0 mL de una disolución 10.0 M de $NaNO_3$ se diluye a un volumen de 600. mL?

Disoluciones y reacciones químicas

Cuando las reacciones químicas involucran disoluciones acuosas, se usan molaridad y volumen para determinar los moles o gramos de las sustancias requeridas o producidas. Con la ecuación química balanceada puede determinarse el volumen de una disolución por la molaridad y los moles o gramos de un soluto, como se observa en el Ejemplo de problema 8.12. Este es el mismo tipo de cálculo que se hizo en las secciones 6.6 y 6.7, cuando se calcularon moles o gramos de producto a partir de la cantidad dada de reactivo.

> **EJEMPLO DE PROBLEMA 8.12** **Volumen de una disolución en una reacción**

El cinc reacciona con HCl para producir $ZnCl_2$ y gas hidrógeno H_2.

$$Zn(s) + 2HCl(ac) \longrightarrow ZnCl_2(ac) + H_2(g)$$

¿Cuántos litros de una disolución 1.50 M de HCl reaccionan por completo con 5.32 g de cinc?

SOLUCIÓN

Paso 1 **Enuncie las cantidades dadas y las que necesita.**

Análisis del problema

Dadas	Necesita
5.32 g de Zn	
1.50 M disolución de HCl	litros de disolución de HCl

Ecuación
$Zn(s) + 2HCl(ac) \longrightarrow ZnCl_2(ac) + H_2(g)$

[Zn(s) en HCl produce burbujas de gas hidrógeno y ZnCl_2.]

Paso 2 **Escriba un plan para calcular la cantidad o concentración que necesita.**

gramos de Zn → **Masa molar** → moles de Zn → **Factor mol-mol** → moles de HCl → **Molaridad** → litros de disolución de HCl

Guía para cálculos que involucran disoluciones en reacciones químicas

1 Enuncie las cantidades dadas y las que necesita.

2 Escriba un plan para calcular la cantidad o concentración que necesita.

3 Escriba las equivalencias y los factores de conversión, incluidos factores mol-mol y de concentración.

4 Plantee el problema para calcular la cantidad o concentración que necesita.

Paso 3 **Escriba las equivalencias y los factores de conversión, incluidos factores mol-mol y de concentración.**

1 mol de Zn = 65.4 g de Zn	1 mol de Zn = 2 moles de HCl
$\dfrac{1 \text{ mol Zn}}{65.4 \text{ g Zn}}$ y $\dfrac{65.4 \text{ g Zn}}{1 \text{ mol Zn}}$	$\dfrac{1 \text{ mol Zn}}{2 \text{ moles HCl}}$ y $\dfrac{2 \text{ moles HCl}}{1 \text{ mol Zn}}$

1 L de disolución de HCl = 1.50 moles de HCl

$$\dfrac{1 \text{ L disolución HCl}}{1.50 \text{ moles HCl}} \quad \text{y} \quad \dfrac{1.50 \text{ moles HCl}}{1 \text{ L disolución HCl}}$$

Paso 4 **Plantee el problema para calcular la cantidad o concentración que necesita.** Se puede escribir el planteamiento del problema como se ve en el plan:

$$5.32 \text{ g Zn} \times \dfrac{1 \text{ mol Zn}}{65.4 \text{ g Zn}} \times \dfrac{2 \text{ moles HCl}}{1 \text{ mol Zn}} \times \dfrac{1 \text{ L disolución HCl}}{1.50 \text{ moles HCl}} = 0.108 \text{ L disolución de HCl}$$

COMPROBACIÓN DE ESTUDIO 8.12

Con la reacción del Ejemplo de problema 8.12, ¿cuántos gramos de cinc pueden reaccionar con 225 mL de una disolución 0.200 M de HCl?

> **EJEMPLO DE PROBLEMA 8.13** **Volumen de un reactivo en una disolución**

¿Cuántos litros de una disolución 0.250 M de $BaCl_2$ se necesitan para reaccionar con 0.0325 L de una disolución de 0.160 M de Na_2SO_4?

$$Na_2SO_4(ac) + BaCl_2(ac) \longrightarrow BaSO_4(s) + 2NaCl(ac)$$

SOLUCIÓN

Paso 1 **Enuncie las cantidades dadas y las que necesita.**

Análisis del problema

Dadas	Necesita
0.0325 L de una disolución 0.160 M de Na_2SO_4	
0.250 M de disolución $BaCl_2$	litros de disolución de $BaCl_2$
Ecuación	
$Na_2SO_4\,(ac) + BaCl_2\,(ac) \longrightarrow BaSO_4\,(s) + 2NaCl\,(ac)$	

Paso 2 **Escriba un plan para calcular la cantidad o concentración que necesita.**

litros de disolución de Na_2SO_4 | Molaridad | moles de Na_2SO_4 | Factor mol-mol | moles de $BaCl_2$ | Molaridad | litros de disolución de $BaCl_2$

Paso 3 **Escriba las equivalencias y los factores de conversión, incluidos factores mol-mol y de concentración.**

$$1 \text{ L de disolución de } Na_2SO_4 = 0.160 \text{ moles de } Na_2SO_4$$

$$\frac{1 \text{ L disolución } Na_2SO_4}{0.160 \text{ moles } Na_2SO_4} \quad y \quad \frac{0.160 \text{ moles } Na_2SO_4}{1 \text{ L disolución } Na_2SO_4}$$

$$1 \text{ mol de } Na_2SO_4 = 1 \text{ mol de } BaCl_2$$

$$\frac{1 \text{ mol } Na_2SO_4}{1 \text{ mol } BaCl_2} \quad y \quad \frac{1 \text{ mol } BaCl_2}{1 \text{ mol } Na_2SO_4}$$

$$1 \text{ L de disolución de } BaCl_2 = 0.250 \text{ moles de } BaCl_2$$

$$\frac{1 \text{ L disolución } BaCl_2}{0.250 \text{ moles } BaCl_2} \quad y \quad \frac{0.250 \text{ moles } BaCl_2}{1 \text{ L disolución } BaCl_2}$$

Paso 4 **Plantee el problema para calcular la cantidad o concentración que necesita.**

$$0.0325 \text{ L disolución } Na_2SO_4 \times \frac{0.160 \text{ moles } Na_2SO_4}{1 \text{ L disolución } Na_2SO_4} \times \frac{1 \text{ mol } BaCl_2}{1 \text{ mol } Na_2SO_4} \times \frac{1 \text{ L disolución } BaCl_2}{0.250 \text{ moles } BaCl_2} = 0.0208 \text{ L de disolución de } BaCl_2$$

COMPROBACIÓN DE ESTUDIO 8.13

Para la reacción en el Ejemplo de problema 8.13, ¿cuántos litros de una disolución 0.330 M de Na_2SO_4 se necesitan para reaccionar con 0.0268 L de una disolución 0.216 M de $BaCl_2$?

La figura 8.8 ofrece un resumen de las vías y factores de conversión necesarios para las sustancias, incluidas disoluciones, involucradas en reacciones químicas.

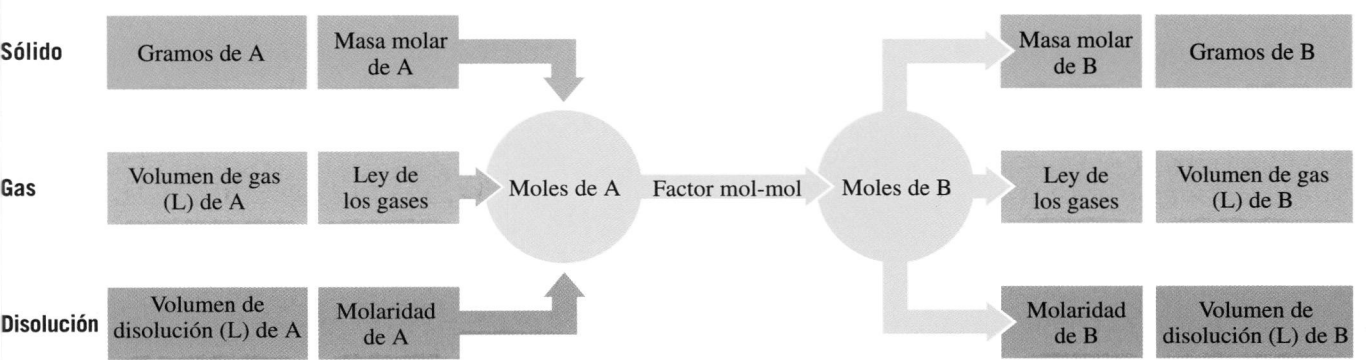

FIGURA 8.8 En cálculos que involucran reacciones químicas, la sustancia A se convierte a moles de A usando masa molar (si es sólido), leyes de los gases (si es gas) o molaridad (si es disolución). Luego los moles de A se convierten en moles de la sustancia B, que se convierten a gramos de sólido, litros de gas o litros de disolución, según se requiera.

P ¿Qué secuencia de factores de conversión usaría para calcular el número de gramos de $CaCO_3$ necesarios para reaccionar con 1.50 L de una disolución 2.00 M de HCl en la reacción: $2HCl(ac) + CaCO_3(s) \longrightarrow CaCl_2(ac) + CO_2(g) + H_2O(l)$?

PREGUNTAS Y PROBLEMAS

8.5 Dilución de disoluciones y reacciones en disoluciones

META DE APRENDIZAJE: *Calcular la nueva concentración o volumen de una disolución diluida. Dados el volumen y la concentración de una disolución, calcular la cantidad de otro reactivo o producto en una reacción.*

8.55 Calcular la concentración final de cada una de las siguientes disoluciones diluidas:
- **a.** 2.0 L de una disolución de 6.0 M de HCl se agregan a agua de modo que el volumen final es 6.0 L.
- **b.** Se agrega agua a 0.50 L de una disolución 12 M de NaOH para producir 3.0 L de una disolución diluida de NaOH.
- **c.** Una muestra de 10.0 mL de una disolución de KOH al 25% (m/v) se diluye con agua de modo que el volumen final es 100.0 mL.
- **d.** Una muestra de 50.0 mL de una disolución de H_2SO_4 al 15% (m/v) se agrega a agua para producir un volumen final de 250 mL.

8.56 Calcular la concentración final de cada una de las siguientes disoluciones diluidas:
- **a.** 1.0 L de una disolución 4.0 M de HNO_3 se agrega a agua de modo que el volumen final es 8.0 L.
- **b.** Se agrega agua a 0.25 L de una disolución 6.0 M de NaF para producir 2.0 L de una disolución diluida de NaF.
- **c.** Una muestra de 50.0 mL de una disolución de KBr al 8.0% (m/v) se diluye con agua de modo que el volumen final es de 200.0 mL.
- **d.** Una muestra de 5.0 mL de una disolución de ácido acético ($HC_2H_3O_2$) al 50.0% (m/v) se agrega a agua para producir un volumen final de 25 mL.

8.57 ¿Cuál es el volumen, en mililitros, de cada una de las siguientes disoluciones diluidas?
- **a.** una disolución 1.50 M de HCl preparada a partir de 20.0 mL de una disolución de 6.00 M de HCl
- **b.** una disolución de LiCl al 2.0% (m/v) preparada a partir de 50.0 mL de una disolución de LiCl al 10.0% (m/v)
- **c.** una disolución de 0.500 M de H_3PO_4 preparada a partir de 50.0 mL de una disolución de 6.00 M de H_3PO_4
- **d.** una disolución de glucosa al 5.0% (m/v) preparada a partir de 75 mL de una disolución de glucosa al 12% (m/v)

8.58 ¿Cuál es el volumen, en mililitros, de cada una de las siguientes disoluciones diluidas?
- **a.** una disolución de H_2SO_4 al 1.00% (m/v) preparada a partir de 10.0 mL de una disolución de H_2SO_4 al 20.0%
- **b.** una disolución de 0.10 M de HCl preparada a partir de 25 mL de una disolución 6.0 M de HCl
- **c.** una disolución de 1.0 M de NaOH preparada a partir de 50.0 mL de una disolución 12 M de NaOH
- **d.** una disolución de $CaCl_2$ al 1.0% (m/v) preparada a partir de 18 mL de una disolución de $CaCl_2$ al 4.0% (m/v)

8.59 Determine el volumen, en mililitros, necesario para preparar cada una de las siguientes disoluciones diluidas:
- **a.** 255 mL de una disolución 0.200 M de HNO_3 usando una disolución 4.00 M de HNO_3
- **b.** 715 mL de una disolución 0.100 M de $MgCl_2$ usando una disolución 6.00 M de $MgCl_2$
- **c.** 0.100 L de una disolución 0.150 M de KCl usando una disolución 8.00 M de KCl

8.60 Determine el volumen, en mililitros, necesario para preparar cada una de las siguientes disoluciones diluidas:
- **a.** 20.0 mL de una disolución 0.250 M de KNO_3 usando una disolución 6.00 M de KNO_3
- **b.** 25.0 mL de una disolución 2.50 M de H_2SO_4 usando una disolución 12.0 M de H_2SO_4
- **c.** 0.500 L de una disolución 1.50 M de NH_4Cl usando una disolución 10.0 M de NH_4Cl

8.61 Responda lo siguiente para la reacción:

$$Pb(NO_3)_2(ac) + 2KCl(ac) \longrightarrow PbCl_2(s) + 2KCl_3(ac)$$

- **a.** ¿Cuántos gramos de $PbCl_2$ se formarán a partir de 50.0 mL de una disolución 1.50 M de KCl?
- **b.** ¿Cuántos mililitros de una disolución 2.00 M de $Pb(NO_3)_2$ reaccionarán con 50.0 mL de una disolución 1.50 M de KCl?

8.62 Responda lo siguiente para la reacción:

$$NiCl_2(ac) + 2NaOH(ac) \longrightarrow Ni(OH)_2(s) + 2NaCl(ac)$$

- **a.** ¿Cuántos mililitros de una disolución 0.200 M de NaOH se necesitan para reaccionar con 18.0 mL de una disolución 0.500 M de $NiCl_2$?
- **b.** ¿Cuántos gramos de $Ni(OH)_2$ se producen a partir de la reacción de 35.0 mL de una disolución 0.200 M de NaOH?

8.63 Responda lo siguiente para la reacción:

$$Mg(s) + 2HCl(ac) \longrightarrow MgCl_2(ac) + H_2(g)$$

- **a.** ¿Cuántos mililitros de una disolución 6.00 M de HCl se requieren para reaccionar con 15.0 g de magnesio?
- **b.** ¿Cuántos moles de gas hidrógeno se forman cuando reaccionan 0.500 L de una disolución 2.00 M de HCl?

8.64 El carbonato de calcio en la piedra caliza puede reaccionar con HCl para producir una disolución de cloruro de calcio, agua líquida y dióxido de carbono gaseoso:

$$CaCO_3(s) + 2HCl(ac) \longrightarrow CaCl_2(ac) + H_2O(l) + CO_2(g)$$

- **a.** ¿Cuántos mililitros de una disolución 0.200 M de HCl pueden reaccionar con 8.25 g de $CaCO_3$?
- **b.** ¿Cuántos moles de CO_2 se forman cuando reaccionan 15.5 mL de una disolución 3.00 M de HCl?

META DE APRENDIZAJE

Identificar si una mezcla es una disolución, un coloide o una suspensión. Describir cómo el número de partículas afecta el punto de congelación, el punto de ebullición y la presión osmótica de una disolución.

8.6 Propiedades de las disoluciones

Las partículas de soluto que hay en una disolución tienen una función muy importante en la determinación de las propiedades de dicha disolución. En la mayor parte de las disoluciones estudiadas hasta el momento, el soluto se disuelve como pequeñas partículas que están uniformemente dispersas en todo el solvente para producir una disolución homogénea. Cuando observa una disolución, como el agua salada, no puede distinguir visualmente el soluto del solvente. La disolución parece transparente, aunque puede tener un color, pero éste es homogéneo. Las partículas son tan pequeñas que pasan a través de filtros y a través de membranas semipermeables. Una **membrana semipermeable** permite el paso de las moléculas de solvente como el agua y partículas de soluto muy pequeñas, pero no el de moléculas de soluto grandes.

Coloides

Las partículas en una dispersión coloidal, o **coloide**, son mucho más grandes que las partículas de soluto en una disolución. Las partículas coloidales son moléculas grandes, como las proteínas, o grupos de moléculas o iones. Los coloides son mezclas homogéneas que no se separan ni asientan. Las partículas coloidales son suficientemente pequeñas para pasar a través de filtros, pero demasiado grandes para pasar a través de membranas semipermeables. La tabla 8.12 cita varios ejemplos de coloides.

TABLA 8.12 Ejemplos de coloides

	Sustancia dispersada	Medio de dispersión
Niebla, nubes, aerosoles	Líquido	Gas
Polvo, humo	Sólido	Gas
Crema de afeitar, crema batida, pompas de jabón	Gas	Líquido
Espuma de poliestireno, malvaviscos	Gas	Sólido
Mayonesa, leche homogeneizada, loción para manos	Líquido	Líquido
Queso, mantequilla	Líquido	Sólido
Plasma sanguíneo, pinturas (látex), gelatina	Sólido	Líquido

La química en la salud

COLOIDES Y DISOLUCIONES EN EL CUERPO

En el cuerpo, membranas semipermeables retienen los coloides. Por ejemplo, el recubrimiento intestinal permite que las partículas en disolución pasen hacia los sistemas circulatorios sanguíneo y linfático. Sin embargo, los coloides de los alimentos son demasiado grandes para pasar a través de la membrana, y permanecen en el tubo digestivo. La digestión descompone las partículas coloidales grandes, como almidón y proteínas, en partículas más pequeñas, como glucosa y aminoácidos, que pueden pasar a través de la membrana intestinal y entrar al sistema circulatorio. Sin embargo, los procesos digestivos humanos no pueden descomponer ciertos alimentos, como el salvado, una forma de fibra, que pasan intactos por el intestino.

Puesto que las proteínas grandes, como las enzimas, son coloides, permanecen en el interior de las células. No obstante, muchas de las sustancias que las células necesitan obtener, como oxígeno, aminoácidos, electrolitos, glucosa y minerales, pueden pasar a través de membranas celulares. Los productos de desecho, como la urea y el dióxido de carbono, salen de la célula para ser excretados.

Suspensiones

Las **suspensiones** son mezclas heterogéneas no uniformes que son muy diferentes de las disoluciones o coloides. Las partículas de una suspensión son tan grandes que con frecuencia pueden verse a simple vista. Dichas partículas quedan atrapadas en filtros y membranas semipermeables.

El peso de las partículas de soluto suspendidas hace que se asienten poco después de mezclarse. Si usted revuelve agua lodosa, se mezcla pero luego se separa rápidamente a medida que las partículas suspendidas se asientan en el fondo y dejan líquido claro en la parte superior. Usted puede encontrar suspensiones entre los medicamentos de un hospital o en su botiquín personal. Algunas de ellas son Kaopectate, loción de calamina, mezclas antiácidas y penicilina líquida. Es importante "agitar bien antes de usarse" para suspender todas las partículas antes de administrar un medicamento que sea suspensión.

Las plantas de tratamiento de aguas utilizan las propiedades de la suspensión para purificar agua. Cuando floculantes como el sulfato de aluminio o el sulfato de hierro(III) se agregan a agua no tratada, reaccionan con las partículas pequeñas de impurezas para formar grandes partículas suspendidas denominadas *flóculos*. En la planta de tratamiento de agua, un sistema de filtros atrapa las partículas suspendidas, pero permite el paso de agua limpia.

La tabla 8.13 compara los diferentes tipos de mezclas y la figura 8.9 ilustra algunas propiedades de disoluciones, coloides y suspensiones.

TABLA 8.13 Comparación de disoluciones, coloides y suspensiones

Tipo de mezcla	Tipo de partícula	Asentamiento	Separación
Disolución	Pequeñas partículas como átomos, iones o moléculas pequeñas	Las partículas no se asientan	Las partículas no pueden separarse con filtros o membranas semipermeables
Coloide	Moléculas más grandes o grupos de moléculas o iones	Las partículas no se asientan	Las partículas pueden separarse con membranas semipermeables, pero no con filtros.
Suspensión	Partículas muy grandes que pueden ser visibles	Las partículas se asientan rápidamente	Las partículas pueden separarse con filtros y membranas

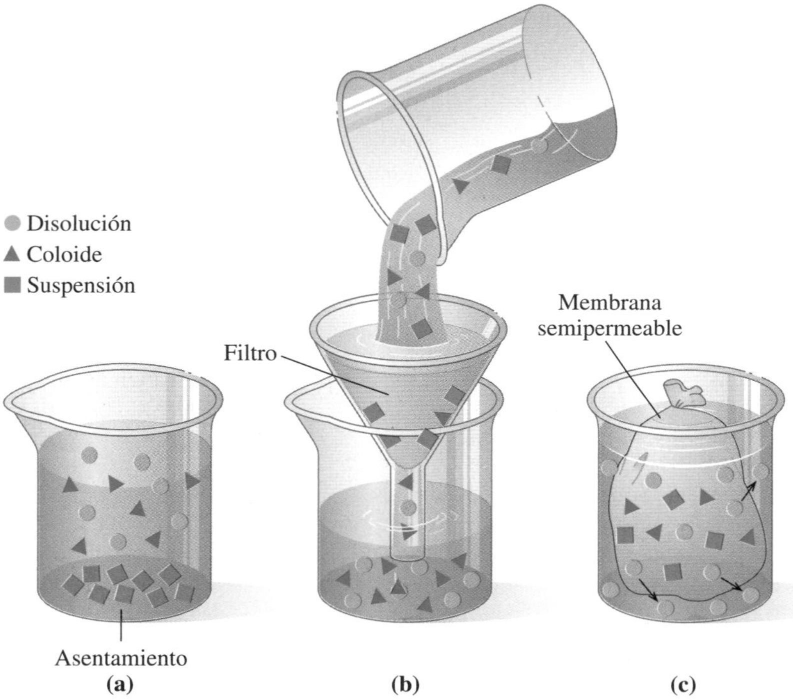

FIGURA 8.9 Propiedades de diferentes tipos de mezclas: **(a)** las suspensiones se asientan; **(b)** las suspensiones se separan con un filtro; **(c)** las partículas de disolución pasan a través de una membrana semipermeable, pero los coloides y las suspensiones no lo hacen.

P Es posible utilizar un filtro para separar partículas en suspensión de una disolución, pero para separar los coloides de una disolución es necesaria una membrana semipermeable. Explique.

● Disolución
▲ Coloide
■ Suspensión

Membrana semipermeable

Filtro

Asentamiento
(a)   **(b)**   **(c)**

COMPROBACIÓN DE CONCEPTOS 8.8 **Clasificación de tipos de mezclas**

Clasifique cada una de las siguientes como disolución, coloide o suspensión:
a. una mezcla que tiene partículas que se asientan al quedarse quieta
b. una mezcla cuyas partículas de soluto pasan a través tanto de filtros como de membranas
c. una enzima, que es una molécula proteínica grande, que no puede pasar a través de membranas celulares, pero pasa a través de un filtro

RESPUESTA

a. Una suspensión tiene partículas muy grandes que se asientan al quedarse quieta.
b. Una disolución contiene partículas suficientemente pequeñas que pueden pasar a través tanto de filtros como de membranas.
c. Un coloide contiene partículas que son suficientemente pequeñas para pasar a través de un filtro, pero demasiado grandes para pasar a través de una membrana.

Reducción del punto de congelación y elevación del punto de ebullición

Cuando un soluto se agrega al agua, cambian propiedades físicas como el punto de congelación y el punto de ebullición. El punto de congelación se reduce y el punto de congelación se eleva. Este tipo de cambios, conocidos como *propiedades coligativas*, dependen sólo del número de moléculas o partículas de soluto en un volumen dado de solvente, y no del tipo de partículas.

Probablemente un ejemplo familiar de reducción del punto de congelación es el proceso de rociar sal sobre las aceras y caminos helados cuando la temperatura desciende por abajo del punto de congelación. Las partículas de sal se combinan con agua y disminuye el punto de congelación, lo que hace que el hielo se derrita. Otro ejemplo es la adición de anticongelante, como el etilenglicol, $C_2H_6O_2$, al agua en el radiador de un automóvil. Si la mezcla de etilenglicol y agua es aproximadamente 50% de agua en masa, no se congela hasta que la temperatura disminuye a cerca de $-37\,°C$ ($-34\,°F$), y no bulle a menos que la temperatura suba a $124\,°C$ ($255\,°F$). La disolución en el radiador evita que el agua forme hielo en un clima frío y hierva en una autopista del desierto.

Un camión rocía cloruro de calcio sobre el camino para derretir el hielo y la nieve.

Insectos y peces en climas con temperaturas bajo cero controlan en su sistema la formación de hielo al producir dentro de su cuerpo anticongelantes biológicos hechos con glicerol, proteínas y azúcares como la glucosa. Algunos insectos pueden sobrevivir a temperaturas por debajo de $-60\,°C$. Estas formas de anticongelantes biológicos podrían aplicarse algún día a la preservación a largo plazo de órganos humanos.

La reducción del punto de congelación se debe a partículas de soluto que alteran la formación de la estructura sólida del hielo. Cuando un soluto se agrega a un solvente, se impide que las moléculas del solvente formen un sólido. Para que la disolución se congele, la temperatura debe ser menor que el punto de congelación del solvente. Cuanto mayor sea la concentración del soluto, menor será el punto de congelación. Un efecto similar ocurre con el punto de ebullición de un solvente. Cuando un soluto se agrega a un solvente, la presión de vapor del solvente disminuye. Para que la disolución hierva, la temperatura debe ser superior a la del solvente para alcanzar la presión de vapor necesaria para hervir.

El escarabajo Upis de Alaska produce anticongelante biológico para sobrevivir a temperaturas bajo cero.

Un mol de partículas en 1000 g de agua reduce el punto de congelación de $0\,°C$ a $-1.86\,°C$. Si hay 2 moles de partículas en 1000 g de agua, el punto de congelación disminuye a $-3.72\,°C$. Un cambio similar ocurre con el punto de ebullición del agua. Un mol de partículas en 1000 g de agua eleva el punto de ebullición en $0.52\,°C$, es decir, de $100\,°C$ a $100.52\,°C$.

Como estudió en la sección 8.2, un soluto que es no electrolito se disuelve como moléculas, en tanto que un soluto que es un electrolito fuerte se disuelve por completo como iones. El soluto en el anticongelante, que es etilenglicol, $C_2H_6O_2$, se disuelve como moléculas. La sal $CaCl_2$ que se usa para derretir hielo en las carreteras y aceras produce 3 moles de partículas, 1 mol de Ca^{2+} y 2 moles de Cl^- a partir de 1 mol de $CaCl_2$, que reducirán el punto de congelación del agua tres veces más que un mol de etilenglicol. En la tabla 8.14 se resume el efecto de las partículas de soluto sobre el punto de congelación y el punto de ebullición.

No electrolito

1 mol de $C_2H_6O_2$ (l) = 1 mol de $C_2H_6O_2$ (ac)

Electrolitos fuertes

1 mol de NaCl(s) = $\underbrace{\text{1 mol de } Na^+(ac) + \text{1 mol de } Cl^-(ac)}_{\text{2 moles de partículas } (ac)}$

1 mol de $CaCl_2$(s) = $\underbrace{\text{1 mol de } Ca^{2+}(ac) + \text{2 moles de } Cl^-(ac)}_{\text{3 moles de partículas } (ac)}$

TABLA 8.14 **Efecto de la concentración de soluto sobre los puntos de congelación y ebullición de 1000 g de agua**

Sustancia	Tipo de soluto	Moles de partículas de soluto	Punto de congelación	Punto de ebullición
Agua pura	Ninguno	0	$0\,°C$	$100\,°C$
1 mol de etilenglicol	No electrolito	1 mol	$-1.86\,°C$	$100.52\,°C$
1 mol de NaCl	Electrolito fuerte	2 moles	$-3.72\,°C$	$101.04\,°C$
1 mol de $CaCl_2$	Electrolito fuerte	3 moles	$-5.58\,°C$	$101.56\,°C$

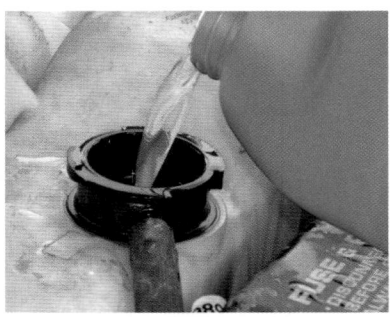

El etilenglicol se agrega al radiador de un automóvil para formar una disolución que tenga un punto de congelación menor y un punto de ebullición mayor que el del agua.

ACTIVIDAD DE AUTOAPRENDIZAJE
Diffusion

TUTORIAL
Osmosis

COMPROBACIÓN DE CONCEPTOS 8.9 **Cambios en el punto de congelación**

En cada par, identifique la disolución que tendrá menor punto de congelación. Explique.

a. 1.0 mol de NaOH (electrolito fuerte) y 1.0 mol de etilenglicol (no electrolito), cada uno en 1.0 L de agua.

b. 0.20 moles de KNO_3 (electrolito fuerte) y 0.20 moles de $Ca(NO_3)_2$ (electrolito fuerte), cada uno en 1.0 L de agua.

RESPUESTA

a. Cuando 1.0 mol de NaOH se disuelve en agua, producirá 2.0 moles de partículas porque cada NaOH se disocia para producir dos partículas, Na^+ y OH^-. Sin embargo, 1.0 mol de etilenglicol se disuelve como moléculas para producir solamente 1.0 mol de partículas. Por tanto, 1.0 mol de NaOH en 1.0 L de agua tendrá menor punto de congelación.

b. Cuando 0.20 moles de KNO_3 se disuelven en agua, producirán 0.40 moles de partículas, porque cada KNO_3 se disocia para producir dos partículas, K^+ y NO_3^-. Cuando 0.20 moles de $Ca(NO_3)_2$ se disuelven en agua, producirán 0.60 moles de partículas, porque cada $Ca(NO_3)_2$ se disocia para producir tres partículas, Ca^{2+} y $2NO_3^-$. Por tanto, 0.20 moles de $Ca(NO_3)_2$ en 1.0 L de agua tendrán el punto de congelación más bajo.

Presión osmótica

En la **ósmosis**, una membrana semipermeable permite que las moléculas del solvente, agua, pasen a través de ella, pero retiene las moléculas de soluto. En este proceso de difusión el agua se mueve del compartimiento donde su concentración es mayor al lado donde tiene menor concentración. En términos de concentración de soluto, el agua fluye a través de la membrana en la dirección que igualará o intentará igualar las concentraciones de soluto en ambos lados. Aunque el agua puede fluir en ambas direcciones a través de la membrana semipermeable, el flujo neto de agua es del lado con menor concentración de soluto hacia el lado con mayor concentración de soluto.

Si un aparato de ósmosis contiene agua en un lado y una disolución de sacarosa en el otro lado, el flujo neto de agua será del agua pura hacia la disolución de sacarosa, lo que aumenta su volumen y reduce su concentración de sacarosa. En el caso donde dos disoluciones de sacarosa con diferentes concentraciones se coloquen en cada lado de la membrana semipermeable, el agua fluirá del lado que contiene menor concentración de sacarosa hacia el lado que contiene mayor concentración de sacarosa.

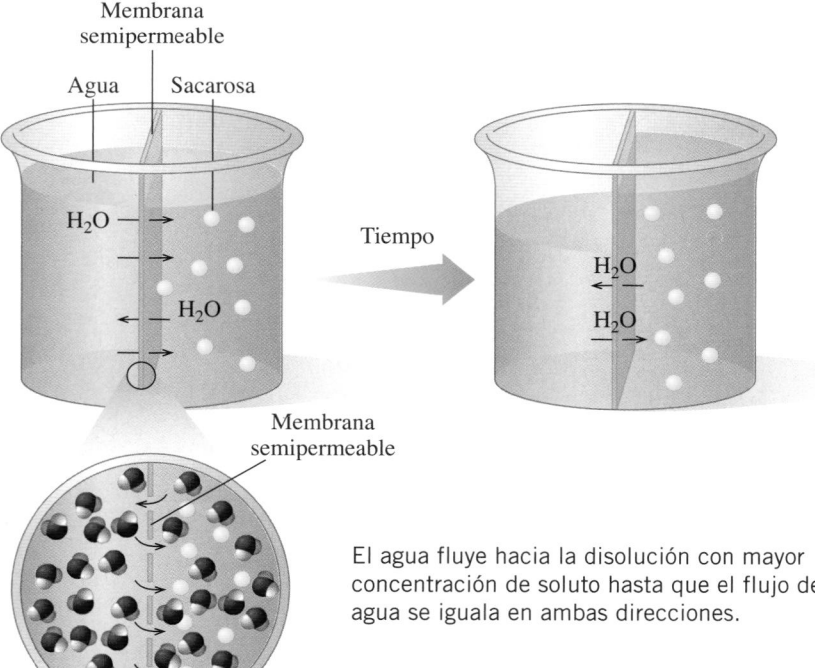

El agua fluye hacia la disolución con mayor concentración de soluto hasta que el flujo de agua se iguala en ambas direcciones.

Con el tiempo, la altura de la disolución de sacarosa crea suficiente presión para igualar el flujo de agua entre los dos compartimientos. Esta presión, llamada **presión osmótica**, impide que fluya más agua hacia la disolución más concentrada. Entonces ya no hay más cambio en los volúmenes de las dos disoluciones. La presión osmótica depende de la concentración de partículas de soluto en la disolución. Cuanto más grande sea el número de partículas disueltas, mayor es la presión osmótica. En este ejemplo, la disolución de sacarosa tiene mayor presión osmótica que el agua pura, que tiene una presión osmótica de cero.

En un proceso denominado *ósmosis inversa*, una presión mayor que la presión osmótica se aplica a una disolución, de modo que es forzada a cruzar una membrana de purificación. El flujo de agua se invierte porque el agua fluye de un área de menor concentración de agua a un área de mayor concentración de agua. Las moléculas y los iones en disolución permanecen del lado de menor concentración de agua (disolución cada vez con mayor número de moléculas y iones) atrapados por la membrana, mientras que el agua pasa a través de la membrana. Este proceso de ósmosis inversa se utiliza en algunas plantas de desalinización para obtener agua pura a partir de agua de mar (salada). Sin embargo, la presión que debe aplicarse requiere tanta energía que la ósmosis inversa todavía no es un método barato para obtener agua pura en la mayor parte del mundo.

> ### COMPROBACIÓN DE CONCEPTOS 8.10   Presión osmótica
>
> Una disolución de sacarosa al 2% (m/v) y una disolución de sacarosa al 8% (m/v) están separadas por una membrana semipermeable.
>
> **a.** ¿Cuál disolución de sacarosa ejerce mayor presión osmótica?
> **b.** ¿En qué dirección fluye inicialmente el agua?
> **c.** ¿Cuál disolución tendrá mayor nivel de líquido en equilibrio?
>
> **RESPUESTA**
>
> **a.** La disolución de sacarosa al 8% (m/v) tiene mayor concentración de soluto, más partículas de soluto y mayor presión osmótica.
> **b.** Inicialmente el agua fluirá fuera de la disolución al 2% (m/v) hacia la disolución más concentrada de 8% (m/v).
> **c.** El nivel de la disolución al 8% (m/v) será el más alto.

Disoluciones isotónicas

Puesto que las membranas celulares en los sistemas biológicos son semipermeables, la ósmosis es un proceso continuo. Todos los solutos en las disoluciones corporales como sangre, líquidos intersticiales, linfa y plasma, ejercen presión osmótica. La mayoría de las disoluciones intravenosas son **disoluciones isotónicas**, que ejercen la misma presión osmótica que los líquidos corporales, como la sangre. *Iso* significa "igual a", y *tónico* se refiere a la presión osmótica de la disolución en la célula. Las disoluciones isotónicas incluyen disolución de NaCl al 0.9% (m/v) y disolución de glucosa al 5% (m/v). Aunque no contienen las mismas partículas, una disolución de NaCl al 0.9% (m/v), así como una disolución de glucosa al 5% (m/v), tienen ambas una concentración 0.3 M (iones Na^+ y Cl^- o moléculas de glucosa). Un eritrocito colocado en una disolución isotónica conserva su volumen porque existe un flujo igual de agua dentro y fuera de la célula (véase la figura 8.10a).

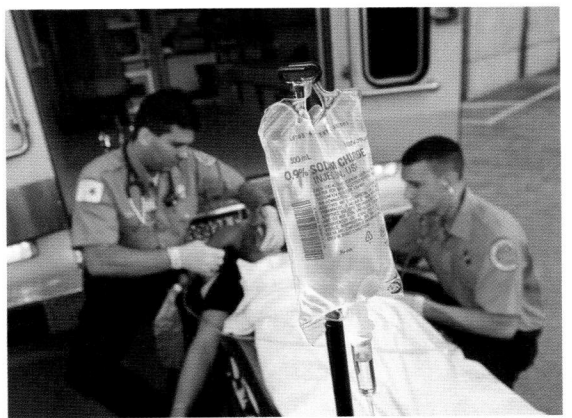

Una disolución de NaCl al 0.9% es isotónica con respecto a la concentración de soluto de las células sanguíneas del cuerpo.

Disoluciones hipotónicas e hipertónicas

Si un eritrocito se coloca en una disolución que no es isotónica, las diferencias de presión osmótica dentro y fuera de la célula pueden alterar de manera drástica el volumen de la célula. Cuando un eritrocito se coloca en una **disolución hipotónica**, que tiene menor concentración de soluto (*hipo* significa "menor que"), el agua fluye hacia el interior de la célula por ósmosis con la finalidad de diluir los solutos dentro de la célula (véase la figura 8.10b). El aumento de líquido hace que la célula se hinche, y posiblemente explote, un proceso denominado **hemólisis**. Un proceso similar ocurre cuando usted coloca alimentos deshidratados, como pasas o fruta seca. El agua entra a las células y el alimento se vuelve regordete y liso.

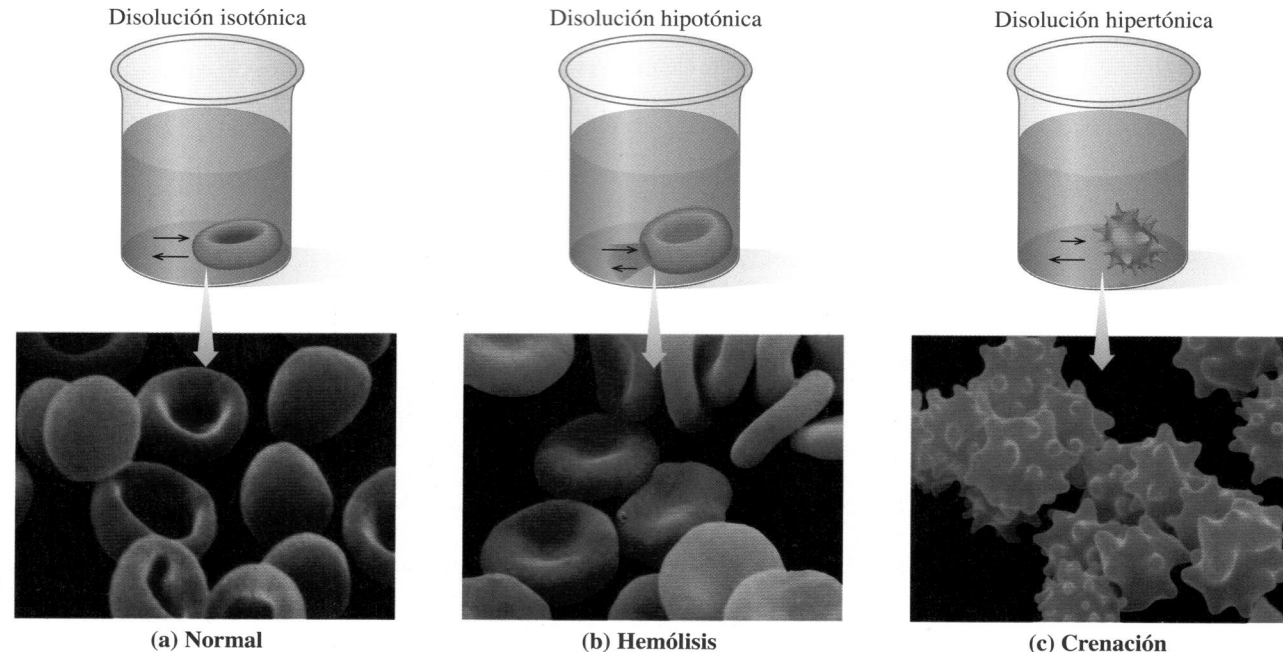

Disolución isotónica   Disolución hipotónica   Disolución hipertónica

(a) Normal   **(b) Hemólisis**   **(c) Crenación**

FIGURA 8.10 **(a)** En una disolución isotónica, un eritrocito conserva su volumen normal. **(b)** Hemólisis: en una disolución hipotónica, el agua fluye hacia un eritrocito, lo que hace que se hinche y explote. **(c)** Crenación: en una disolución hipertónica, el agua sale del eritrocito, lo que hace que se encoja.

P ¿Qué ocurre con un eritrocito colocado en una disolución de NaCl al 4% (m/v)?

Si un eritrocito se coloca en una **disolución hipertónica**, que tiene mayor concentración de soluto que la del interior del eritrocito (*hiper* significa "mayor que"), las moléculas de agua salen de la célula por ósmosis y diluyen los solutos fuera de la célula. Imagine que un eritrocito se coloca en una disolución de NaCl al 10% (m/v). Dado que la presión osmótica en el eritrocito es igual a la de la disolución de NaCl al 0.9% (m/v), la disolución de NaCl al 10% (m/v) tiene mucho mayor presión osmótica. A medida que se pierde agua, la célula se encoge, un proceso denominado **crenación** (véase la figura 8.10c). Un proceso similar ocurre cuando se elaboran pepinillos, para lo cual se utiliza una disolución salada hipertónica que hace que los pepinos se encojan al tiempo que pierden agua.

EJEMPLO DE PROBLEMA 8.14   Disoluciones isotónica, hipotónica e hipertónica

Describa cada una de las siguientes disoluciones como isotónica, hipotónica o hipertónica. Indique si un eritrocito colocado en cada disolución experimentará hemólisis, crenación o ningún cambio.

a. una disolución de glucosa al 5% (m/v)   **b.** una disolución de NaCl al 0.2% (m/v)

SOLUCIÓN

a. Una disolución de glucosa al 5% (m/v) es isotónica. Un eritrocito no experimentará ningún cambio.

b. Una disolución de NaCl al 0.2% (m/v) es hipotónica. Un eritrocito experimentará hemólisis.

COMPROBACIÓN DE ESTUDIO 8.14

¿Qué le ocurrirá a un eritrocito colocado en una disolución de glucosa al 10% (m/v)?

Diálisis

La **diálisis** es un proceso similar a la ósmosis. En la diálisis, una membrana semipermeable, llamada *membrana dializante*, tiene pequeños orificios que permiten el paso de

pequeñas moléculas de soluto y iones, así como
moléculas de agua (solvente), pero retienen las
partículas grandes, como coloides. La diálisis es
una forma de separar partículas en disolución de
los coloides.

Imagine que una bolsa de celofán se llena
con una disolución que contiene NaCl, glucosa,
almidón y proteína, y se le coloca en agua pura.
El celofán es una membrana dializante y los iones de sodio, los iones de cloruro y las moléculas de glucosa pasarán a través de ella hacia el
agua circundante. Sin embargo, el almidón y la
proteína permanecen adentro porque son coloides. Las moléculas de agua fluirán por ósmosis
hacia la bolsa de celofán. Con el tiempo, las concentraciones de iones de sodio, iones de cloruro
y moléculas de glucosa dentro y fuera de la bolsa
dializante se vuelven iguales. Para retirar más
NaCl o glucosa, la bolsa de celofán debe colocarse en una nueva muestra de agua pura.

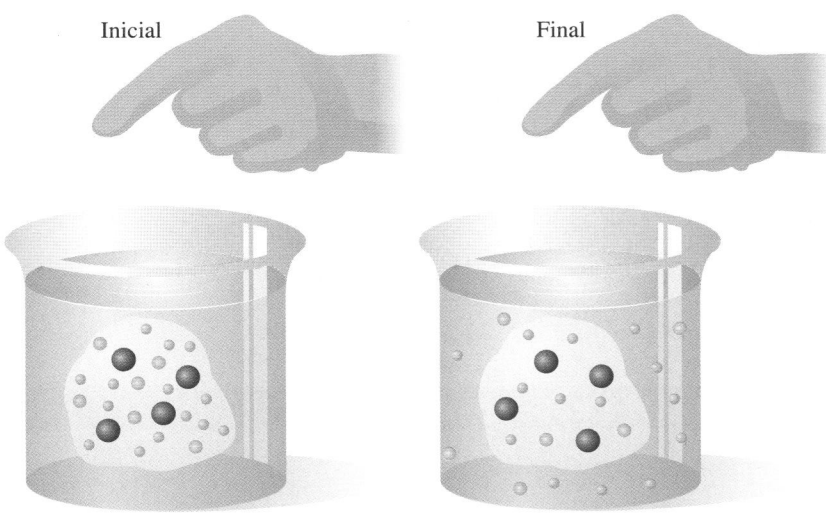

TUTORIAL
Dialysis

○ Partículas en disolución como Na^+, Cl^- y glucosa.
● Partículas coloidales como proteína y almidón.

La química en la salud

DIÁLISIS POR LOS RIÑONES Y EL RIÑÓN ARTIFICIAL

Los líquidos del cuerpo experimentan diálisis por medio de las membranas que existen en los riñones, que eliminan materiales de desecho, sales
en exceso y agua. En un adulto, cada riñón contiene aproximadamente
2 millones de nefrones, la unidad funcional del riñón. En la parte superior
de cada nefrón hay una red de capilares arteriales llamados *glomérulos*.

A medida que la sangre fluye hacia el nefrón, pequeñas partículas,
como aminoácidos, glucosa, urea, agua y ciertos iones, atravesarán
las membranas capilares de los glomérulos. Al tiempo que esta disolución atraviesa la membrana de los glomérulos, sustancias todavía
valiosas para el cuerpo (como aminoácidos, glucosa, ciertos iones y
99% del agua) son reabsorbidas. El principal producto de desecho, la
urea, se excreta en la orina.

Hemodiálisis

Si los riñones no pueden dializar los productos de desecho, el aumento de los niveles de urea puede poner en peligro la vida en relativamente poco tiempo. Una persona con insuficiencia renal debe usar
un riñón artificial, que limpia la sangre por medio de **hemodiálisis**.

Un riñón artificial típico contiene un tanque grande lleno de agua
con electrolitos seleccionados. En el centro de este baño dializante (dia-
lizado) hay una bobina o membrana dializadora hecha de tubos de celulosa. A medida que la sangre del paciente fluye a través de la bobina
dializadora, los productos de desecho altamente concentrados salen de
la sangre mediante diálisis. No se pierde sangre, porque la membrana
no es permeable para las partículas grandes como los eritrocitos.

Los pacientes sometidos a diálisis no producen mucha orina.
Como resultado, retienen grandes cantidades de agua entre los tratamientos de diálisis, lo que produce tensión en el corazón. El consumo
de líquidos para un paciente que se somete a diálisis debe restrin-
girse a apenas unas cucharaditas de agua al día. En el procedimiento
de diálisis, la presión de la sangre aumenta conforme circula por la

bobina dializadora, de modo que el agua puede extraerse hacia afuera
de la sangre. En algunos pacientes que se someten a diálisis, de 2 a
10 L de agua pueden eliminarse durante un tratamiento. Este tipo de
pacientes por lo general tienen de dos a tres tratamientos a la semana,
y cada tratamiento toma aproximadamente de 5 a 7 h. Algunos de los
tratamientos más recientes requieren menos tiempo. Muchos pacientes la realizan en casa con una unidad casera de diálisis.

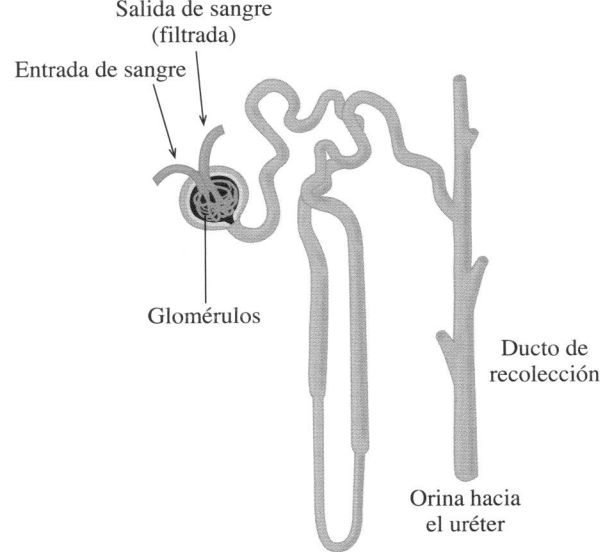

En los riñones, los nefrones contienen cada uno un glo-
mérulo, donde urea y productos de desecho se retiran
de la sangre para formar orina.

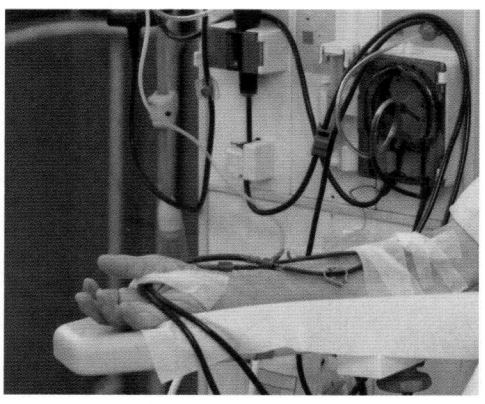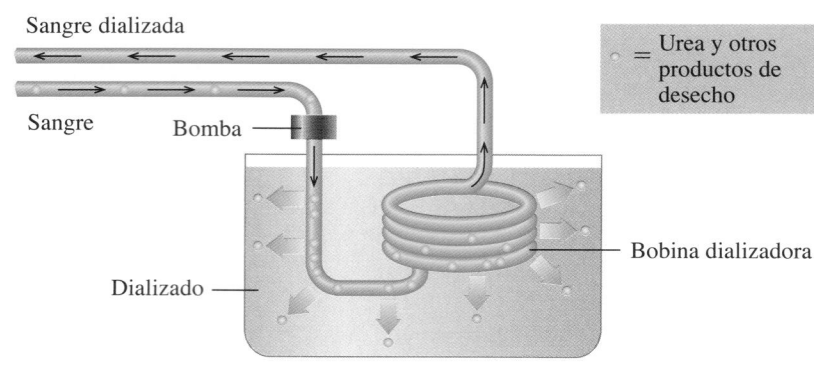

Durante la diálisis, productos de desecho y agua en exceso se eliminan de la sangre.

PREGUNTAS Y PROBLEMAS

8.6 Propiedades de las disoluciones

META DE APRENDIZAJE: *Identificar si una mezcla es una disolución, un coloide o una suspensión. Describir cómo el número de partículas afecta el punto de congelación, el punto de ebullición y la presión osmótica de una disolución.*

8.65 Identifique si las siguientes características son de una disolución, un coloide o una suspensión:
  a. una mezcla que no puede separarse por una membrana semipermeable
  b. una mezcla que se asienta al permanecer quieta

8.66 Identifique si las siguientes características son de una disolución, un coloide o una suspensión:
  a. Las partículas de esta mezcla permanecen dentro de una membrana semipermeable, pero pasan a través de filtros.
  b. Las partículas de soluto en esta mezcla son muy grandes y visibles.

8.67 En cada par, identifique la disolución que tendrá menor punto de congelación. Explique.
  a. 1.0 mol de glicerol (no electrolito) y 2.0 moles de etilenglicol (no electrolito) cada uno en 1.0 L de agua
  b. 0.50 moles de KCl (electrolito fuerte) y 0.50 moles de MgCl$_2$ (electrolito fuerte), cada uno en 2.0 L de agua

8.68 En cada par, identifique la disolución que tendrá el punto de ebullición más alto. Explique.
  a. 1.50 moles de LiOH (electrolito fuerte) y 3.00 moles de KOH (electrolito fuerte), cada uno en 0.50 L de agua
  b. 0.40 moles de Al(NO$_3$)$_3$ (electrolito fuerte) y 0.40 moles de CsCl (electrolito fuerte), cada uno en 0.50 L de agua

8.69 Una disolución de almidón al 10% (m/v) se separa de una disolución de almidón al 1% (m/v) mediante una membrana semipermeable. (El almidón es un coloide.)
  a. ¿Cuál compartimiento tiene mayor presión osmótica?
  b. ¿En qué dirección fluirá el agua inicialmente?
  c. ¿En cuál compartimiento se elevará el nivel del volumen?

8.70 Dos disoluciones, una disolución de albúmina al 0.1% (m/v) y una disolución de albúmina al 2% (m/v), están separadas por una membrana semipermeable. (La albúmina es un coloide.)
  a. ¿Cuál compartimiento tiene mayor presión osmótica?
  b. ¿En qué dirección fluirá el agua inicialmente?
  c. ¿En cuál compartimiento se elevará el nivel del volumen?

8.71 Indique el compartimiento (A o B) que aumentará en volumen para cada uno de los siguientes pares de disoluciones separadas por membranas semipermeables:

Disolución en A	Disolución en B
a. 5% (m/v) almidón	10% (m/v) almidón
b. 8% (m/v) albúmina	4% (m/v) albúmina
c. 0.1% (m/v) sacarosa	10% (m/v) sacarosa

8.72 Indique el compartimiento (A o B) que aumentará en volumen para cada uno de los siguientes pares de disoluciones separadas por membranas semipermeables:

Disolución en A	Disolución en B
a. 20% (m/v) almidón	10% (m/v) almidón
b. 10% (m/v) albúmina	2% (m/v) albúmina
c. 0.5% (m/v) sacarosa	5% (m/v) sacarosa

8.73 Comparadas con un eritrocito, ¿las siguientes disoluciones son isotónicas, hipotónicas o hipertónicas?
  a. H$_2$O destilada   **b.** 1% (m/v) de glucosa
  c. 0.9% (m/v) de NaCl   **d.** 15% (m/v) de glucosa

8.74 ¿Un eritrocito experimentará crenación, hemólisis o ningún cambio en cada una de las siguientes disoluciones?
  a. 1% (m/v) de glucosa   **b.** 2% (m/v) de NaCl
  c. 5% (m/v) de glucosa   **d.** 0.1% (m/v) de NaCl

8.75 Cada una de las siguientes mezclas se coloca en una bolsa para diálisis y se sumerge en agua destilada. Después de cierto tiempo, ¿cuáles sustancias se encontrarán afuera de la bolsa en el agua destilada?
  a. disolución de NaCl
  b. disolución de almidón (coloide) y disolución de alanina, un aminoácido
  c. disolución de NaCl y disolución de almidón (coloide)
  d. disolución de urea

8.76 Cada una de las siguientes mezclas se coloca en una bolsa para diálisis y se sumerge en agua destilada. Después de cierto tiempo, ¿cuáles sustancias se encontrarán afuera de la bolsa en el agua destilada?
  a. disolución de KCl y disolución de glucosa
  b. una disolución de albúmina (coloide)
  c. una disolución de albúmina (coloide), disolución de KCl y disolución de glucosa
  d. disolución de urea y disolución de NaCl

MAPA CONCEPTUAL

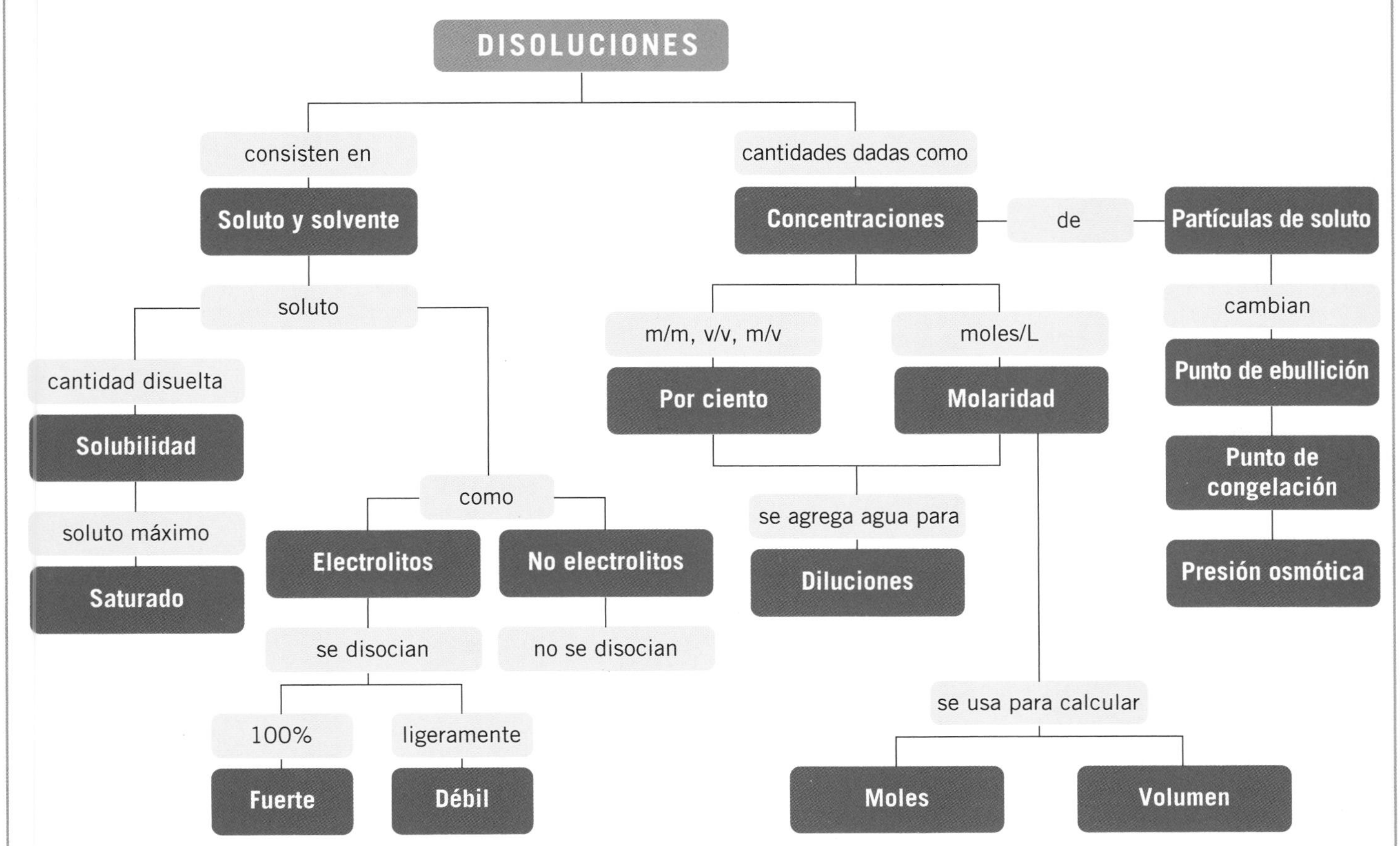

DISOLUCIONES

consisten en

Soluto y solvente

soluto

cantidad disuelta

Solubilidad

soluto máximo

Saturado

como

Electrolitos

se disocian

100%

Fuerte

ligeramente

Débil

No electrolitos

no se disocian

cantidades dadas como

Concentraciones — *de* — **Partículas de soluto**

cambian

Punto de ebullición

Punto de congelación

Presión osmótica

m/m, v/v, m/v

Por ciento

moles/L

Molaridad

se agrega agua para

Diluciones

se usa para calcular

Moles

Volumen

REPASO DEL CAPÍTULO

8.1 Disoluciones

META DE APRENDIZAJE: *Identificar el soluto y el solvente en una disolución; describir la formación de una disolución.*

- Una disolución se forma cuando un soluto, por lo general la menor cantidad, se disuelve en un solvente.
- En una disolución, las partículas de soluto están equitativamente dispersas en el solvente.
- El soluto y el solvente pueden ser sólido, líquido o gas.
- Los grupos polares O—H forman puentes de hidrógeno entre moléculas de agua.
- Un soluto iónico se disuelve en agua, que es un solvente polar, porque las moléculas polares de agua atraen y rodean los iones para formar una disolución, donde son hidratados.
- La expresión "los iguales se disuelven" significa que un soluto polar o iónico se disuelve en un solvente polar, mientras que un soluto no polar requiere un solvente no polar.

Soluto: la sustancia presente en menor cantidad

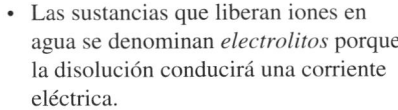

Sal

Agua

Solvente: la sustancia presente en mayor cantidad

8.2 Electrolitos y no electrolitos

META DE APRENDIZAJE: *Identificar solutos como electrolitos y no electrolitos.*

- Las sustancias que liberan iones en agua se denominan *electrolitos* porque la disolución conducirá una corriente eléctrica.
- Los electrolitos fuertes se ionizan por completo, en tanto que los electrolitos débiles sólo se ionizan en forma parcial.
- Los no electrolitos son sustancias que se disuelven en agua para producir moléculas y no pueden conducir corriente eléctrica.
- Un equivalente (Eq) es la cantidad de electrolito que transporta 1 mol de carga positiva o negativa.
- En las disoluciones utilizadas para la sustitución de líquidos, las concentraciones de electrolitos se expresan como mEq/L de disolución.

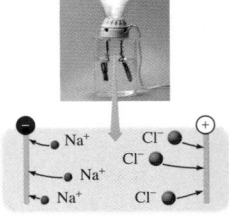

Electrolito fuerte

8.3 Solubilidad

META DE APRENDIZAJE: Definir solu-bilidad. Distinguir entre una diso-lución insaturada y una saturada; identificar si una sal es soluble o insoluble.

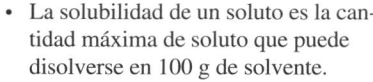
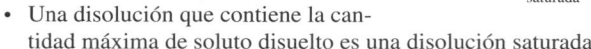

- La solubilidad de un soluto es la can-tidad máxima de soluto que puede disolverse en 100 g de solvente.
- Una disolución que contiene la can-tidad máxima de soluto disuelto es una disolución saturada.
- Un disolución que contiene menos que la cantidad máxima de so-luto disuelvo es insaturada.
- Un incremento de temperatura aumenta la solubilidad de la mayoría de los sólidos en agua, pero disminuye la solubilidad de gases en agua.
- Las sales que son solubles en agua por lo general contienen iones como: Li^+, Na^+, K^+, NH_4^+, NO_3^- o acetato $C_2H_3O_2^-$.
- Una ecuación iónica consiste en escribir los reactivos como iones y los productos como una sal insoluble y los iones restantes.
- Para escribir una ecuación iónica neta se eliminan de la ecuación iónica todos los iones que no cambian durante la reacción (iones espectadores).

8.4 Concentración de disoluciones

META DE APRENDIZAJE: Calcular la concen-tración de un soluto en una disolución; usar la concentración para calcular la cantidad de soluto o disolución.

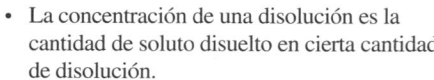
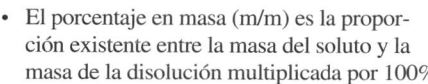
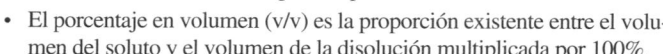

- La concentración de una disolución es la cantidad de soluto disuelto en cierta cantidad de disolución.
- El porcentaje en masa (m/m) es la propor-ción existente entre la masa del soluto y la masa de la disolución multiplicada por 100%.
- El porcentaje en volumen (v/v) es la proporción existente entre el volu-men del soluto y el volumen de la disolución multiplicada por 100%.
- El porcentaje en masa/volumen (m/v) es la proporción existente entre la masa del soluto y el volumen de la disolución multiplicada por 100%.
- La molaridad (M) es la proporción existente entre los moles del soluto y el volumen en litros de la disolución.
- En cálculos de gramos o mililitros de soluto o disolución, la concen-tración porcentual se usa como factor de conversión.
- En cálculos con moles de soluto y litros de disolución, la molaridad se usa como factor de conversión.

8.5 Dilución de disoluciones y reacciones en disolución

META DE APRENDIZAJE: Calcular la nueva concentración o volu-men de una disolución diluida. Dados el volumen y la concen-tración de una disolución, cal-cular la cantidad de otro reactivo o producto en una reacción.

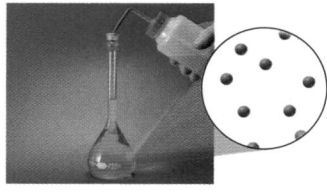

- En una dilución, un solvente como el agua se agrega a una disolu-ción, lo que aumenta su volumen y disminuye su concentración.
- Si se proporcionan la masa o el volumen de la disolución y la mo-laridad de las sustancias en una reacción, la ecuación balanceada puede utilizarse para determinar las cantidades o concentraciones de cualesquiera otras sustancias en la reacción.

8.6 Propiedades de las disoluciones

META DE APRENDIZAJE: Identificar si una mezcla es una disolución, un coloide o una suspensión. Describir cómo el número de partículas afecta el punto de congelación, el punto de ebullición y la presión osmótica de una disolución.

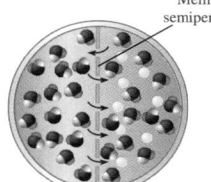

Membrana semipermeable

- Los coloides contienen partículas que no se asientan; pasan a través de filtros pero no de membranas semipermeables.
- Las suspensiones tienen partículas muy grandes que se asientan de la disolución.
- Las partículas de soluto reducen el punto de congelación, ele-van el punto de ebullición y aumentan la presión osmótica de la disolución.
- En la ósmosis, el solvente (agua) pasa a través de una membrana semipermeable desde una disolución con una presión osmótica menor (menor concentración de soluto) hacia una disolución con una presión osmótica mayor (concentración más alta de soluto).
- Las disoluciones isotónicas tienen presiones osmóticas iguales a las de los líquidos corporales.
- Un eritrocito mantiene su volumen en una disolución isotónica, pero se hincha y puede explotar (hemólisis) en una disolución hi-potónica, o se encoge (crenación) en una disolución hipertónica.
- En la diálisis, agua y pequeñas partículas de soluto pasan a través de una membrana dializante, al tiempo que se retienen partículas de soluto más grandes.

TÉRMINOS CLAVE

coloide Mezclas que tienen partículas moderadamente grandes. Los co-loides pasan a través de filtros, pero no pueden pasar a través de membranas semipermeables.

concentración Medida de la cantidad de soluto que se disuelve en una cantidad específica de disolución.

crenación Encogimiento de una célula debido a que el agua sale de la célula cuando ésta se coloca en una disolución hipertónica.

diálisis Proceso en el cual agua y pequeñas partículas de soluto pasan a través de una membrana semipermeable.

dilución Proceso mediante el cual se agrega agua (solvente) a una disolu-ción para aumentar el volumen y disminuir (diluir) la concentración del soluto.

disolución Mezcla homogénea en la que el soluto está formado por pe-queñas partículas (iones o moléculas) que pueden pasar a través de filtros y membranas semipermeables.

disolución hipertónica Disolución que tiene una mayor presión osmó-tica que los eritrocitos del cuerpo.

disolución hipotónica Disolución que tiene una menor presión osmótica que los eritrocitos del cuerpo.

disolución insaturada Disolución que contiene menos soluto del que puede ser disuelto.

disolución isotónica Disolución que tiene la misma presión osmótica que los eritrocitos del cuerpo.

disolución saturada Disolución que contiene la cantidad máxima de so-luto que puede disolverse a una temperatura dada. Cualquier soluto adicional permanecerá sin disolverse en el recipiente.

ecuación iónica Ecuación de una reacción en disolución que mues-tra todos los iones individuales, tanto iones reactantes como iones espectadores.

ecuación iónica neta Ecuación de una reacción en disolución que sólo proporciona los reactivos y productos involucrados en un cambio químico.

electrolito Sustancia que produce iones al disolverse en agua y cuya di-solución conduce electricidad.

electrolito débil Sustancia que produce sólo algunos iones junto con muchas moléculas cuando se disuelve en agua. Su disolución es un conductor débil de la electricidad.

electrolito fuerte Compuesto polar o iónico que se ioniza por completo cuando se disuelve en agua. Su disolución es un buen conductor de electricidad.

equivalente (Eq) Cantidad de un ión positivo o negativo que suministra 1 mol de carga eléctrica.

hemodiálisis Limpieza de la sangre mediante un riñón artificial en el que se utiliza el principio de diálisis.

hemólisis Hinchazón y explosión de eritrocitos en una disolución hipotónica debido a un aumento del volumen del líquido.

hidratación Proceso de rodear iones disueltos con moléculas de agua.

ley de Henry La solubilidad de un gas en un líquido guarda una relación directa con la presión de dicho gas sobre el líquido.

membrana semipermeable Membrana que permite el paso de ciertas sustancias mientras bloquea o retiene otras.

molaridad (M) Número de moles de soluto en exactamente 1 L de disolución.

no electrolito Sustancia que se disuelve en agua en la forma de moléculas; su disolución no conduce corriente eléctrica.

ósmosis Flujo de un solvente, en general agua, a través de una membrana semipermeable hacia una disolución de mayor concentración de soluto.

porcentaje en masa (m/m) Los gramos de soluto en exactamente 100 g de disolución.

porcentaje en masa/volumen (m/v) Los gramos de soluto en exactamente 100 mL de disolución.

porcentaje en volumen (v/v) Concentración porcentual que relaciona el volumen del soluto con el volumen de la disolución.

presión osmótica Presión que impide el flujo de agua hacia la disolución más concentrada.

sal insoluble Compuesto iónico que no se disuelve en agua.

sal soluble Compuesto iónico que se disuelve en agua.

solubilidad Cantidad máxima de soluto que puede disolverse en exactamente 100 g de solvente, por lo general agua, a una temperatura dada.

soluto Componente de una disolución que está presente en menor cantidad.

solvente Sustancia en la que se disuelve el soluto; por lo general el componente presente en mayor cantidad.

suspensión Mezcla en la que las partículas de soluto son suficientemente grandes y pesadas para asentarse y ser retenidas tanto por filtros como por membranas semipermeables.

COMPRENSIÓN DE CONCEPTOS

Las secciones del capítulo que se deben revisar se muestran entre paréntesis al final de cada pregunta.

8.77 Seleccione el diagrama que represente la disolución formada por un soluto ⬤⬤ que es: (8.2)
  a. no electrolito **b.** electrolito débil
  c. electrolito fuerte

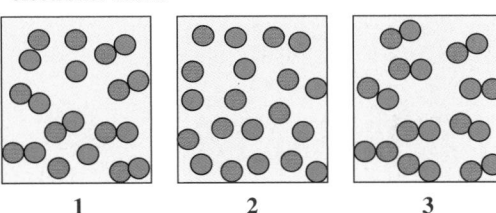

8.78 Relacione los diagramas con cada uno de los incisos siguientes: (8.1)
  a. un soluto no polar y un solvente polar
  b. un soluto no polar y un solvente polar
  c. un soluto no polar y un solvente no polar

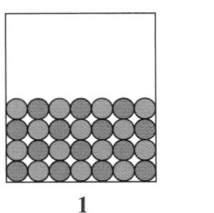

8.79 Seleccione el recipiente que representa la dilución de una disolución de NaCl al 4% (m/v) de cada uno de los incisos siguientes: (8.5)
  a. una disolución de NaCl al 2% (m/v)
  b. una disolución de NaCl al 1% (m/v)

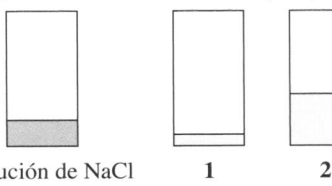

8.80 Si todo el soluto se disuelve en la figura 1, ¿cómo el calentar o enfriar cada disolución produciría cada uno de los siguientes cambios? (8.3)
  a. 2 a 3
  b. 2 a 1

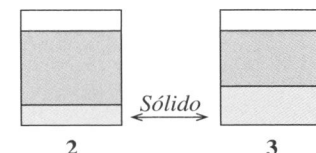

8.81 Para elaborar un pepinillo se sumerge un pepino en salmuera, una disolución de agua salada. ¿Qué hace que el pepino liso se ponga arrugado como una ciruela pasa? (8.6)

8.82 ¿Por qué las hojas de lechuga de una ensalada se marchitan después de agregar un aderezo de vinagreta que contiene sal? (8.6)

Use los siguientes vasos de precipitado y sus disoluciones para las preguntas 8.83 y 8.84:

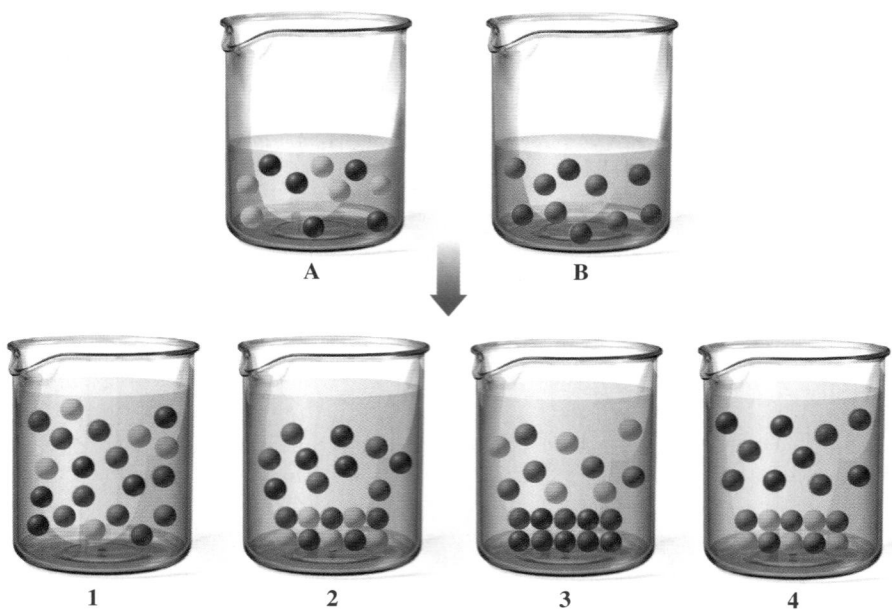

8.83 Considere los tipos de iones siguientes: (8.3)

$$Na^+ \bigcirc \quad Cl^- \bullet \quad Ag^+ \bullet \quad NO_3^- \bullet$$

a. Seleccione el vaso de precipitado (1, 2, 3 o 4) que contenga los productos después de mezclar las disoluciones de los vasos A y B.
b. Si se forma una sal insoluble, escriba la ecuación iónica.
c. Si ocurre una reacción, escriba la ecuación iónica neta.

8.84 Considere los tipos de iones siguientes: (8.3)

$$K^+ \bigcirc \quad NO_3^- \bullet \quad NH_4^+ \bullet \quad Br^- \bullet$$

a. Seleccione el vaso de precipitado (1, 2, 3 o 4) que contenga los productos después de mezclar las disoluciones de los vasos A y B.
b. Si se forma una sal insoluble, escriba la ecuación iónica.
c. Si ocurre una reacción, escriba la ecuación iónica neta.

8.85 Una membrana semipermeable separa dos compartimientos, A y B. Si inicialmente los niveles de disoluciones en A y B son iguales, seleccione el diagrama que ilustra los niveles finales para cada una de las opciones siguientes: (8.6)

Disolución en A	Disolución en B
a. 2% (m/v) almidón	8% (m/v) almidón
b. 1% (m/v) almidón	1% (m/v) almidón
c. 5% (m/v) sacarosa	1% (m/v) sacarosa
d. 0.1% (m/v) sacarosa	1% (m/v) sacarosa

8.86 Seleccione el diagrama que representa la forma de un eritrocito cuando se coloca en cada una de las disoluciones siguientes: (8.6)

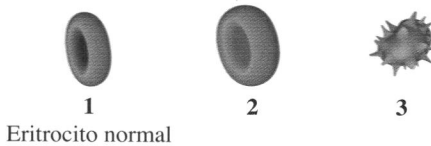

Eritrocito normal

a. disolución de NaCl al 0.9% (m/v)
b. disolución de glucosa al 10% (m/v)
c. disolución de NaCl al 0.01% (m/v)
d. disolución de glucosa al 5% (m/v)
e. disolución de glucosa al 1% (m/v)

PREGUNTAS Y PROBLEMAS ADICIONALES

Visite www.masteringchemistry.com para acceder a materiales de autoaprendizaje y tareas asignadas por el instructor.

8.87 Si el cloruro de sodio tiene una solubilidad de 36.0 g de NaCl en 100 g de H_2O a 20 °C, ¿cuántos gramos de agua se necesitan para preparar una disolución saturada que contenga 80.0 g de NaCl? (8.3)

8.88 Si el NaCl sólido en una disolución saturada de NaCl continúa disolviéndose, ¿por qué no hay cambio en la concentración de la disolución de NaCl? (8.3)

8.89 El nitrato de potasio tiene una solubilidad de 32 g de KNO_3 en 100 g de H_2O a 20 °C. Indique si cada una de las opciones siguientes forma una disolución insaturada o saturada a 20 °C: (8.3)
  a. 32 g de KNO_3 y 200. g de H_2O
  b. 19 g de KNO_3 y 50. g de H_2O
  c. 68 g de KNO_3 y 150. g de H_2O

8.90 El fluoruro de potasio tiene una solubilidad de 92 g de KF en 100 g de H_2O a 18 °C. Indique si cada una de las opciones siguientes forma una disolución insaturada o saturada a 18 °C: (8.3)
  a. 46 g de KF y 100. g de H_2O
  b. 46 g de KF y 50. g de H_2O
  c. 184 g de KF y 150. g de H_2O

8.91 Indique si cada uno de los siguientes compuestos iónicos es soluble o insoluble en agua: (8.3)
  a. $CuCO_3$ **b.** $NaHCO_3$
  c. $Mg_3(PO_4)_2$ **d.** $(NH_4)_2SO_4$
  e. FeO   **f.** $Ca(OH)_2$

8.92 Indique si cada uno de los siguientes compuestos iónicos es soluble o insoluble en agua: (8.3)
  a. Na_3PO_4 **b.** $PbBr_2$
  c. KCl   **d.** $(NH_4)_2S$
  e. $MgCO_3$ **f.** $FePO_4$

8.93 Escriba la ecuación iónica neta para mostrar la formación de un sólido (sal insoluble) cuando se mezclan las disoluciones siguientes. Escriba *ninguno* si no hay precipitado. (8.3)
  a. $AgNO_3(ac)$ y $LiCl(ac)$
  b. $NaCl(aq)$ y $KNO_3(ac)$
  c. $Na_2SO_4(ac)$ y $BaCl_2(ac)$

8.94 Escriba la ecuación iónica neta que muestre la formación de un sólido (sal insoluble) cuando se mezclan las disoluciones siguientes. Escriba *ninguno* si no hay precipitado. (8.3)
  a. $Ca(NO_3)_2(ac)$ y $Na_2S(ac)$
  b. $Na_3PO_4(ac)$ y $Pb(NO_3)_2(ac)$
  c. $FeCl_3(ac)$ y $NH_4NO_3(ac)$

8.95 Calcule el porcentaje en masa (m/m) de una disolución que contiene 15.5 g de Na_2SO_4 y 75.5 g de H_2O. (8.4)

8.96 Calcule el porcentaje en masa (m/m) de una disolución que contiene 26 g de K_2CO_3 y 724 g de H_2O. (8.4)

8.97 ¿Cuál es la molaridad de una disolución que contiene 8.0 g de NaOH en 400. mL de disolución de NaOH? (8.5)

8.98 ¿Cuál es la molaridad de una disolución que contiene 15.6 g de KCl en 274 mL de disolución de KCl? (8.5)

8.99 ¿Cuántos gramos de soluto hay en cada una de las disoluciones siguientes? (8.5)
  a. 2.20 L de una disolución de 3.00 M de $Al(NO_3)_3$
  b. 75.0 mL de una disolución de 0.500 M de $C_6H_{12}O_6$
  c. 0.150 L de una disolución de 0.320 M de NH_4Cl

8.100 ¿Cuántos gramos de soluto hay en cada una de las disoluciones siguientes? (8.5)
  a. 428 mL de una disolución de 0.450 M de Na_2SO_4

  b. 10.5 mL de una disolución de 2.50 M de $AgNO_3$
  c. 28.4 mL de una disolución de 6.00 M de H_3PO_4

8.101 Un paciente recibe toda su nutrición por medio de líquidos administrados por la vena cava. Cada 12 h, 750 mL de una disolución que es 4% (m/v) de aminoácidos (proteína) y 25% (m/v) de glucosa (carbohidratos) se administran junto con 500 mL de una disolución de lípido (grasa) al 10% (m/v). (8.4)
  a. En 1 día, ¿cuántos gramos de aminoácidos, glucosa y lípido se administran al paciente?
  b. ¿Cuántas kilocalorías obtiene en 1 día?

8.102 Un paciente recibe una disolución intravenosa de una disolución de glucosa al 5.0% (m/v). ¿Cuántos litros de la disolución de glucosa se administrarían al paciente para que obtenga 75 g de glucosa? (8.4)

8.103 ¿Cuántos mililitros de una disolución de alcohol propílico al 12% (v/v) necesitaría para obtener 4.5 mL de alcohol propílico? (8.4)

8.104 Un brandy de 80 grados es 40.0% (v/v) de alcohol etílico. El "grado" es el doble de la concentración porcentual de alcohol en la bebida. ¿Cuántos mililitros de alcohol hay en 750 mL de brandy? (8.4)

8.105 Calcule la concentración, porcentual o molaridad, de la disolución cuando se agrega agua para preparar cada una de las disoluciones siguientes: (8.5)
  a. 25.0 mL de una disolución de 0.200 M de NaBr diluida a 50.0 mL
  b. 15.0 mL de una disolución de K_2SO_4 al 12.0% (m/v) diluida a 40.0 mL
  c. 75.0 mL de una disolución de 6.00 M de NaOH diluida a 255 mL

8.106 Calcule la concentración, porcentual o molaridad, de la disolución cuando se agrega agua para preparar cada una de las disoluciones siguientes: (8.5)
  a. 25.0 mL de una disolución 18.0 M de HCl diluida a 500. mL
  b. 50.0 mL de disolución de NH_4Cl al 15.0% (m/v) diluida a 125 mL
  c. 4.50 mL de una disolución 8.50 M de KOH diluida a 75.0 mL

8.107 ¿Cuál es el volumen final, en mililitros, cuando 25.0 mL de cada una de las disoluciones siguientes se diluye para obtener la concentración dada? (8.5)
  a. disolución de HCl al 10.0% (m/v) para producir una disolución de HCl al 2.50% (m/v)
  b. disolución 5.00 M de HCl para producir una disolución de 1.00 M de HCl
  c. disolución 6.00 M de HCl para producir una disolución de 0.500 M de HCl

8.108 ¿Cuál es el volumen final, en mililitros, cuando 5.00 mL de cada una de las disoluciones siguientes se diluye para producir la concentración dada? (8.5)
  a. disolución de NaOH al 20.0% (m/v) para producir una disolución de NaOH al 4.00% (m/v)
  b. disolución 0.600 M de NaOH para producir una disolución 0.100 M de NaOH
  c. disolución de NaOH al 16.0% (m/v) para producir una disolución de NaOH al 2.00% (m/v)

PREGUNTAS DE DESAFÍO

8.109 Una disolución se prepara con 70.0 g de HNO_3 y 130.0 g de H_2O. La disolución de HNO_3 tiene una densidad de 1.21 g/mL. (8.4, 8.5)
  a. ¿Cuál es el porcentaje en masa (m/m) de la disolución de HNO_3?
  b. ¿Cuál es el volumen total de la disolución?
  c. ¿Cuál es el porcentaje en masa/volumen (m/v)?
  d. ¿Cuál es su molaridad (M)?

8.110 Una disolución se prepara al disolver 22.0 g de NaOH en 118.0 g de agua. La disolución de NaOH tiene una densidad de 1.15 g/mL. (8.4, 8.5)
  a. ¿Cuál es el porcentaje en masa (m/m) de la disolución de NaOH?
  b. ¿Cuál es el volumen total de la disolución?
  c. ¿Cuál es el porcentaje en masa/volumen (m/v)?
  d. ¿Cuál es su molaridad (M)?

8.111 El antiácido Amphogel® contiene hidróxido de aluminio $Al(OH)_3$. ¿Cuántos mililitros de una disolución 6.00 M de HCl se necesitan para reaccionar con 60.0 mL de una disolución 1.00 M de $Al(OH)_3$? (8.5)

$$Al(OH)_3(s) + HCl(ac) \longrightarrow AlCl_3(ac) + 3H_2O(l)$$

8.112 El carbonato de calcio, $CaCO_3$, reacciona con el ácido estomacal (HCl, ácido clorhídrico) de acuerdo con la siguiente ecuación: (8.5)

$$CaCO_3(s) + 2HCl(ac) \longrightarrow CaCl_2(ac) + H_2O(l) + CO_2(g)$$

Tums®, un antiácido, contiene $CaCO_3$. Si se agrega Tums® a 20.0 mL de una disolución 0.400 M de HCl, ¿cuántos gramos de gas CO_2 se producirán?

8.113 ¿Cuántos gramos de NO gaseoso pueden producirse a partir de 80.0 mL de una disolución 4.00 M de HNO_3 y Cu en exceso? (8.5)

$$3Cu(s) + 8HNO_3(ac) \longrightarrow$$
$$3Cu(NO_3)_2(ac) + 4H_2O(l) + 2NO(g)$$

8.114 Una muestra de 355 mL de una disolución de HCl reacciona con Mg en exceso para producir 4.20 L de gas H_2 medido a 745 mmHg y 35 °C. ¿Cuál es la molaridad de la disolución de HCl? (8.5)

$$Mg(s) + 2HCl(ac) \longrightarrow MgCl_2(ac) + H_2(g)$$

8.115 Escriba la ecuación iónica neta que muestre la formación de un sólido (sal insoluble) cuando se mezclan las siguientes disoluciones. Escriba *ninguno* si no hay precipitado. (8.3)
a. $AgNO_3(ac) + Na_2SO_4(ac)$
b. $KCl(ac) + Pb(NO_3)_2(ac)$
c. $CaCl_2(ac) + (NH_4)_3PO_4(ac)$
d. $K_2SO_4(ac) + BaCl_2(ac)$

8.116 Escriba la ecuación iónica neta que muestre la formación de un sólido (sal insoluble) cuando se mezclan las siguientes disoluciones. Escriba *ninguno* si no hay precipitado. (8.3)
a. $Pb(NO_3)_2(ac) + NaBr(ac)$
b. $AgNO_3(ac) + (NH_4)_2CO_3(ac)$
c. $Na_3PO_4(ac) + Al(NO_3)_3(ac)$
d. $NaOH(ac) + CuCl_2(ac)$

8.117 En un experimento de laboratorio, una muestra de 10.0 mL de disolución de NaCl se vierte en un plato de evaporación con una masa de 24.10 g. La masa combinada del plato de evaporación y la disolución de NaCl es de 36.15 g. Después de calentar, el plato de evaporación y el NaCl seco tienen una masa combinada de 25.50 g. (8.4, 8.5)
a. ¿Cuál es el porcentaje en masa (m/m) de la disolución de NaCl?
b. ¿Cuál es la molaridad (M) de la disolución de NaCl?
c. Si se agrega agua a 10.0 mL de la disolución inicial de NaCl para obtener un volumen final de 60.0 mL, ¿cuál es la molaridad (M) de la disolución de NaCl diluida?

8.118 En un experimento de laboratorio, una muestra de 15.0 mL de disolución de KCl se vierte en un plato de evaporación con una masa de 24.10 g. La masa combinada del plato de evaporación y la disolución de KCl es 41.50 g. Después de calentar, el plato de evaporación y el KCl seco tienen una masa combinada de 28.28 g. (8.4, 8.5)
a. ¿Cuál es el porcentaje en masa (m/m) de la disolución de KCl?
b. ¿Cuál es la molaridad (M) de la disolución de KCl?
c. Si se agrega agua a 10.0 mL de la disolución inicial de KCl para obtener un volumen final de 60.0 mL, ¿cuál es la molaridad de la disolución diluida de KCl?

RESPUESTAS

Respuestas a las Comprobaciones de estudio

8.1 0.194 moles de Cl^-

8.2 78 g de KNO_3

8.3 a. No se forma sólido.
b. $PB^{2+}(ac) + 2Cl^-(ac) \longrightarrow PbCl_2(s)$

8.4 disolución de NaCl al 3.4% (m/m)

8.5 4.8% (m/v) Br_2 en CCl_4

8.6 disolución de NaOH al 5.5% (m/v)

8.7 2.12 M disolución de KNO_3

8.8 18.0 g de KCl

8.9 47.5 mL de disolución de HCl

8.10 125 mL de disolución de KCl

8.11 1.25 M disolución de $NaNO_3$

8.12 1.47 g de Zn

8.13 0.0175 L de disolución de Na_2SO_4

8.14 El eritrocito se encogerá (crenación).

Respuestas a Preguntas y problemas seleccionados

8.1 a. NaCl, soluto; agua, solvente
b. agua, soluto; etanol, solvente
c. oxígeno, soluto; nitrógeno, solvente

8.3 Las moléculas polares del agua separan los iones K^+ y I^- del sólido y los disuelven hidratándolos.

8.5 a. agua   **b.** CCl_4 **c.** agua   **d.** CCl_4

8.7 En una disolución de KF, sólo los iones de K^+ y F^- están presentes en el solvente. En una disolución de HF, hay algunos iones de H^+ y F^- presentes, pero principalmente moléculas de HF disueltas.

8.9 a. $KCl(s) \xrightarrow{H_2O} K^+(ac) + Cl^-(ac)$

b. $CaCl_2(s) \xrightarrow{H_2O} Ca^{2+}(ac) + 2Cl^-(ac)$

c. $K_3PO_4(s) \xrightarrow{H_2O} 3K^+(ac) + PO_4^{3-}(ac)$

d. $Fe(NO_3)_3(s) \xrightarrow{H_2O} Fe^{3+}(ac) + 3NO_3^-(ac)$

8.11 a. principalmente moléculas y algunos iones
b. solamente iones   **c.** solamente moléculas

8.13 a. electrolito fuerte
b. electrolito débil   **c.** no electrolito

8.15 a. 1 Eq   **b.** 2 Eq   **c.** 2 Eq   **d.** 6 Eq

8.17 0.154 moles de Na^+, 0.154 moles de Cl^-

8.19 55 mEq/L

8.21 a. saturada   **b.** insaturada

8.23 a. insaturada   **b.** insaturada
c. saturada

8.25 a. (68 g de KCl) **b.** 12 g de KCl

8.27 a. La solubilidad de los solutos sólidos por lo general aumenta a medida que aumenta la temperatura.
b. La solubilidad de un gas es menor a una temperatura más alta.
c. La solubilidad del gas es menor a temperatura más alta y la presión de CO_2 en la lata aumenta.

8.29 a. soluble   **b.** insoluble   **c.** insoluble
      d. soluble   **e.** soluble

8.31 a. No se forma sólido.
      b. $2Ag^+(ac) + 2NO_3^-(ac) + 2K^+(ac) + S^{2-}(ac) \longrightarrow$
                                     $Ag_2S(s) + 2K^+(ac) + 2NO_3^-(ac)$
           $2Ag^+(ac) + S^{2-}(ac) \longrightarrow Ag_2S(s)$
      c. $Ca^{2+}(ac) + 2Cl^-(ac) + 2Na^+(ac) + SO_4^{2-}(ac) \longrightarrow$
                                       $CaSO_4(s) + 2Na^+(ac) + 2Cl^-(ac)$
           $Ca^{2+}(ac) + SO_4^{2-}(ac) \longrightarrow CaSO_4(s)$
      d. $3Cu^{2+}(ac) + 6Cl^-(ac) + 6Li^+(ac) + 2PO_4^{3-}(ac) \longrightarrow$
                                   $Cu_3(PO_4)_2(s) + 6Li^+(ac) + 6Cl^-(ac)$
           $3Cu^{2+}(ac) + 2PO_4^{3-}(ac) \longrightarrow Cu_3(PO_4)_2(s)$

8.33 a. disolución de KCl al 17% (m/m)
      b. disolución de azúcar al 5.3% (m/m)
      c. disolución de $CaCl_2$ al 10.% (m/m)

8.35 a. disolución de Na_2SO_4 al 30.% (m/v)
      b. disolución de sacarosa al 11% (m/v)

8.37 a. 0.500 M de disolución de glucosa
      b. 0.0357 M de disolución de KOH
      c. 0.250 M de disolución de NaCl

8.39 a. 2.5 g de KCl   **b.** 50. g de NH_4Cl
      c. 25.0 mL de ácido acético

8.41 79.9 mL de alcohol

8.43 a. 20. g de manitol   **b.** 240 g de manitol

8.45 2 L de disolución de glucosa

8.47 a. 20. g de disolución de $LiNO_3$
      b. 400. mL de disolución de KOH
      c. 20. mL de disolución de ácido fórmico

8.49 a. 3.00 moles de NaCl   **b.** 0.400 moles de KBr
      c. 0.250 moles de $MgCl_2$

8.51 a. 120. g de NaOH   **b.** 59.7 g de KCl
      c. 5.48 g de HCl

8.53 a. 1.50 L   **b.** 54.5 mL   **c.** 62.5 mL

8.55 a. 2.0 M de disolución de HCl
      b. 2.0 M de disolución de NaOH
      c. disolución de KOH al 2.5% (m/v)
      d. disolución de H_2SO_4 al 3.0% (m/v)

8.57 a. 80.0 mL de disolución de HCl
      b. 250 mL de disolución de LiCl
      c. 600. mL de disolución de H_3PO_4
      d. 180 mL de disolución de glucosa

8.59 a. 12.8 mL de disolución de HNO_3
      b. 11.9 mL de disolución de $MgCl_2$
      c. 1.88 mL de disolución de KCl

8.61 a. 10.4 g de $PbCl_2$
      b. 18.8 mL de disolución de $PB(NO_3)_2$

8.63 a. 206 mL de disolución de HCl   **b.** 0.500 moles de gas H_2

8.65 a. disolución   **b.** suspensión

8.67 a. 2.0 moles de etilenglicol en 1.0 L de agua tendrán un punto de congelación más bajo porque tienen más partículas en disolución.
      b. 0.50 moles de $MgCl_2$ en 2.0 L de agua tienen un punto de congelación más bajo porque cada unidad fórmula de $MgCl_2$ se disocia en agua para producir tres partículas, mientras que cada unidad fórmula de KCl se disocia para producir sólo dos partículas.

8.69 a. disolución de almidón al 10% (m/v)
      b. de la disolución de almidón al 1% (m/v) a la disolución de almidón al 10% (m/v)
      c. disolución de almidón al 10% (m/v)

8.71 a. **B** disolución de almidón al 10% (m/v)
      b. **A** disolución de albúmina al 8% (m/v)
      c. **B** disolución de sacarosa al 10% (m/v)

8.73 a. hipotónica   **b.** hipotónica
      c. isotónica   **d.** hipertónica

8.75 a. NaCl   **b.** alanina
      c. NaCl   **d.** urea

8.77 a. 3   **b.** 1   **c.** 2

8.79 a. 2   **b.** 3

8.81 La piel del pepino actúa como una membrana semipermeable a través de la cual el pepinillo pierde agua hacia la disolución hipertónica de salmuera.

8.83 a. vaso de precipitado 3
      b. $Na^+(ac) + Cl^-(ac) + Ag^+(ac) + NO_3^-(ac) \longrightarrow$
                                   $AgCl(s) + Na^+(ac) + NO_3^-(ac)$
      c. $Ag^+(ac) + Cl^-(ac) \longrightarrow AgCl(s)$

8.85 a. 2   **b.** 1   **c.** 3   **d.** 2

8.87 222 g de agua

8.89 a. insaturada   **b.** saturada   **c.** saturada

8.91 a. insoluble   **b.** soluble   **c.** insoluble
      d. soluble   **e.** insoluble   **f.** insoluble

8.93 a. $Ag^+(ac) + Cl^-(ac) \longrightarrow AgCl(s)$ **b.** ninguno
      c. $Ba^{2+}(ac) + SO_4^{2-}(ac) \longrightarrow BaSO_4(s)$

8.95 disolución de Na_2SO_4 al 17.0% (m/v)

8.97 disolución 0.50 M de NaOH

8.99 a. 1410 g de $Al(NO_3)_3$ **b.** 6.75 g de $C_6H_{12}O_6$
      c. 2.57 g de NH_4Cl

8.101 a. 60 g de aminoácidos, 380 g de glucosa y 100 g de lípidos
       b. 2700 kcal

8.103 38 mL de disolución de alcohol propílico

8.105 a. disolución 0.100 M de NaBr
       b. disolución de K_2SO_4 al 4.50% (m/v)
       c. disolución 1.76 M de NaOH

8.107 a. 100. mL   **b.** 125 mL   **c.** 300. mL

8.109 a. disolución de HNO_3 al 35.0% (m/m)
       b. 165 mL
       c. disolución de HNO_3 al 42.4% (m/v)
       d. disolución 6.73 M de HNO_3

8.111 30.0 mL de disolución de HCl

8.113 2.40 g de NO

8.115 a. $2Ag^+(ac) + SO_4^{2-}(ac) \longrightarrow Ag_2SO_4(s)$
       b. $Pb^{2+}(ac) + 2Cl^-(ac) \longrightarrow PbCl_2(s)$
       c. $3Ca^{2+}(ac) + 2PO_4^{3-}(ac) \longrightarrow Ca_3(PO_4)_2(s)$
       d. $Ba^{2+}(ac) + SO_4^{2-}(ac) \longrightarrow BaSO_4(s)$

8.117 a. disolución de NaCl al 11.6% (m/m)
       b. disolución 2.39 M de NaCl
       c. disolución 0.398 M de NaCl

9 Velocidades de reacción y equilibrio químico

Visite **www.masteringchemistry.com** para acceder a materiales de autoaprendizaje y tareas asignadas por el instructor.

Peter, oceanógrafo químico, recopila datos relativos a la cantidad de gases disueltos, específicamente dióxido de carbono (CO_2), en el océano Atlántico. Hay estudios que indican que el CO_2 en la atmósfera aumentó hasta 25% a partir del siglo XVIII, lo que ha propiciado un debate científico en cuanto a sus efectos. En la actualidad se desconoce el papel exacto de los océanos en este debate. La investigación de Peter consiste en medir la cantidad de CO_2 disuelto en los océanos y determinar su impacto sobre condiciones globales como la temperatura.

Los océanos son una mezcla compleja de muchos químicos diferentes, incluidos gases, elementos y minerales, materia orgánica y partículas. Debido a esto, a los océanos se les ha llamado "sopa química", lo que puede complicar un estudio como el de Peter. Él sabe que el CO_2 se absorbe en el océano mediante una serie de reacciones de equilibrio. Una reacción de equilibrio es una reacción reversible en la que están presentes tanto productos como reactivos. Si las reacciones de equilibrio se desplazan de acuerdo con el principio de Le Châtelier, un aumento en la concentración de CO_2 con el tiempo podría aumentar la cantidad de carbonato de calcio disuelto, $CaCO_3$, que se acumula en los arrecifes de coral y las conchas. Sin embargo, Peter debe determinar primero la velocidad a la que el CO_2 se absorbe en el agua de mar y cómo afecta la cantidad de $CaCO_3$ en el agua para determinar si esto es lo que ocurre.

Profesión: Oceanógrafo químico

Un oceanógrafo químico, también llamado *químico marino*, estudia la química de los océanos. Un área de estudio tiene que ver con la manera como los químicos o contaminantes entran en el océano y lo afectan. Pueden ser desde aguas negras y petróleo o combustibles, hasta fertilizantes químicos y el desbordamiento de los desagües de agua pluvial. Los oceanógrafos analizan cómo estos químicos interaccionan con el agua de mar, la vida marina y los sedimentos, ya que pueden comportarse de modo diferente debido a las variadas condiciones ambientales del océano. Los oceanógrafos químicos también estudian cómo se reciclan los diversos elementos en el interior del océano. Por ejemplo, los oceanógrafos cuantifican la cantidad y velocidad a la que el dióxido de carbono se absorbe de la superficie del océano y con el tiempo se transfiere a aguas profundas. Los oceanógrafos químicos también ayudan a los ingenieros marinos a desarrollar instrumentos y naves que permitan a los investigadores recopilar datos y descubrir vida marina anteriormente desconocida.

ntes estudió las reacciones químicas y determinó las cantidades de las sustancias que reaccionan y los productos que se forman. Ahora el interés estará sobre cuán rápido avanza una reacción. Si se sabe con qué velocidad actúa un medicamento en el cuerpo, es posible ajustar el tiempo durante el cual se ingiere dicho medicamento. En la construcción se agregan sustancias al cemento para hacerlo secar más rápido a fin de que se pueda continuar la obra. Algunas reacciones, como las explosiones o la formación de precipitados en una disolución, son muy rápidas. Se sabe que cuando se asa un pavo o se hornea un pastel, la reacción es más lenta. Algunas reacciones, como el deslustre de la plata o el envejecimiento del cuerpo, son todavía más lentas (véase la figura 9.1). Se verá que algunas reacciones necesitan energía para mantenerse en marcha, mientras que otras reacciones producen energía. La quema de gasolina en los motores de los automóviles produce energía para generar el movimiento del vehículo. En forma similar, uno metaboliza los componentes de los alimentos de la dieta para obtener la energía necesaria para hacer que el cuerpo se mueva. También estudiará el efecto de cambiar las concentraciones de los reactivos o productos sobre la velocidad de reacción.

Hasta el momento se ha considerado que una reacción sigue una dirección hacia adelante (reacción directa), de reactivos a productos. Sin embargo, en muchas reacciones también tiene lugar una reacción inversa, conforme los productos chocan para volver a formar reactivos. Cuando las reacciones directa e inversa tienen lugar a la misma velocidad, las cantidades de reactivos y productos permanecen iguales. Cuando se alcanza este equilibrio en las velocidades directa e inversa, se dice que la reacción alcanzó el *equilibrio*. En el equilibrio están presentes tanto reactivos como productos, aunque algunas mezclas de reacción contienen principalmente reactivos y forman sólo algunos productos, en tanto que otros contienen en su mayor parte productos y algunos reactivos.

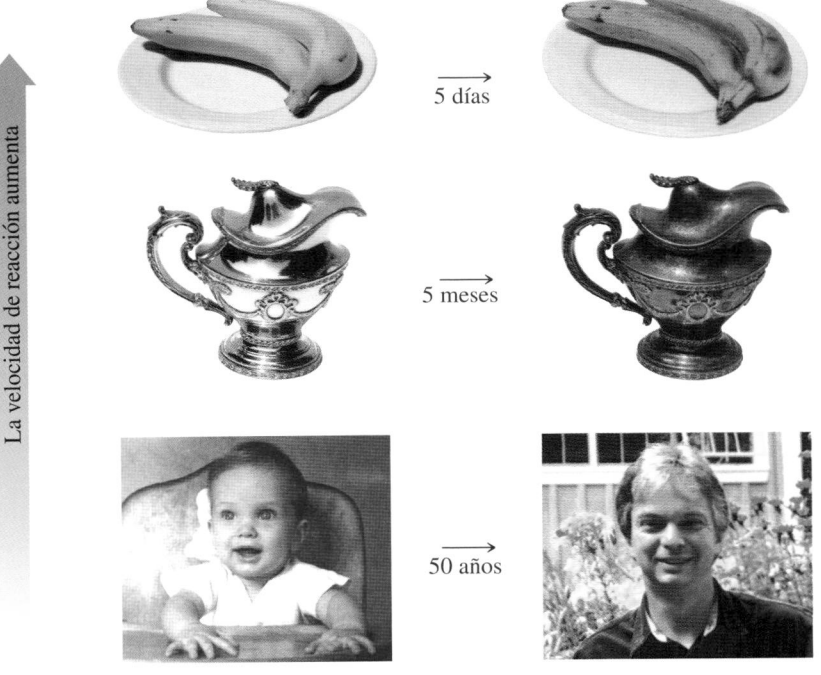

5 días

5 meses

50 años

La velocidad de reacción aumenta

FIGURA 9.1 Las velocidades de reacción varían mucho en los procesos cotidianos. Un plátano madura en pocos días, la plata se deslustra en unos meses, mientras que el proceso de envejecimiento de los seres humanos tarda muchos años.

P ¿Cómo compararía las velocidades de la reacción que forma azúcares en las plantas mediante fotosíntesis, con las reacciones que digieren azúcares en el cuerpo?

9.1 Velocidades de reacción

Para que tenga lugar una reacción química, las moléculas de los reactivos deben entrar en contacto unas con otras. La **teoría de colisiones** indica que una reacción tiene lugar sólo cuando las moléculas chocan con la orientación adecuada y con suficiente energía. Pueden ocurrir muchas colisiones, pero sólo algunas realmente conducen a la formación de producto.

Colisión que forma productos

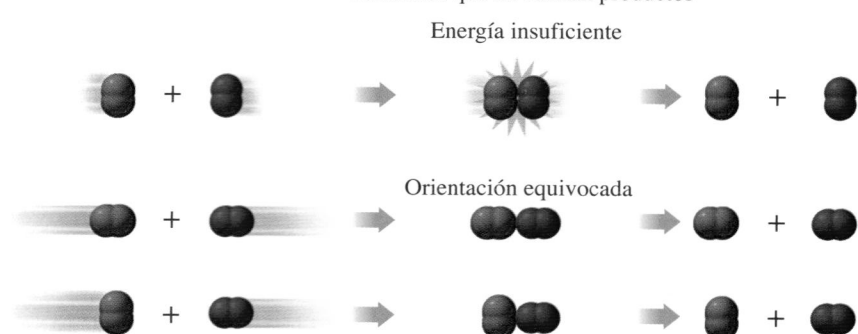

Colisiones que no forman productos

Energía insuficiente

Orientación equivocada

FIGURA 9.2 Las moléculas que reaccionan tienen que chocar, tener una cantidad mínima de energía y seguir la orientación adecuada para formar productos.

P ¿Qué ocurre cuando las moléculas reactantes chocan con la energía mínima pero no siguen la orientación adecuada?

Por ejemplo, considere la reacción de las moléculas de nitrógeno (N_2) y oxígeno (O_2) (véase la figura 9.2). Para formar el producto óxido de nitrógeno (NO), la colisión entre las moléculas de N_2 y O_2 debe colocar los átomos en la orientación adecuada. Si las moléculas no están alineadas correctamente, la reacción no se produce.

Energía de activación

Aun cuando una colisión tenga la orientación adecuada, debe haber suficiente energía para romper los enlaces entre los átomos de los reactivos. La **energía de activación** es la cantidad mínima de energía necesaria para romper los enlaces entre los átomos de los reactivos. En la figura 9.3, la energía de activación aparece como una colina de energía. El concepto de energía de activación es análogo a escalar una colina. Para llegar a un destino al otro lado, debe tener la energía necesaria para ascender hasta la cima de la colina. Una vez en la cima, puede bajar por el otro lado. La energía necesaria para llegar desde el punto de partida hasta la cima de la colina sería la energía de activación.

De la misma forma, una colisión debe proporcionar la energía suficiente para empujar los reactivos hacia la cima de la colina de energía. Entonces los reactivos pueden convertirse en productos.

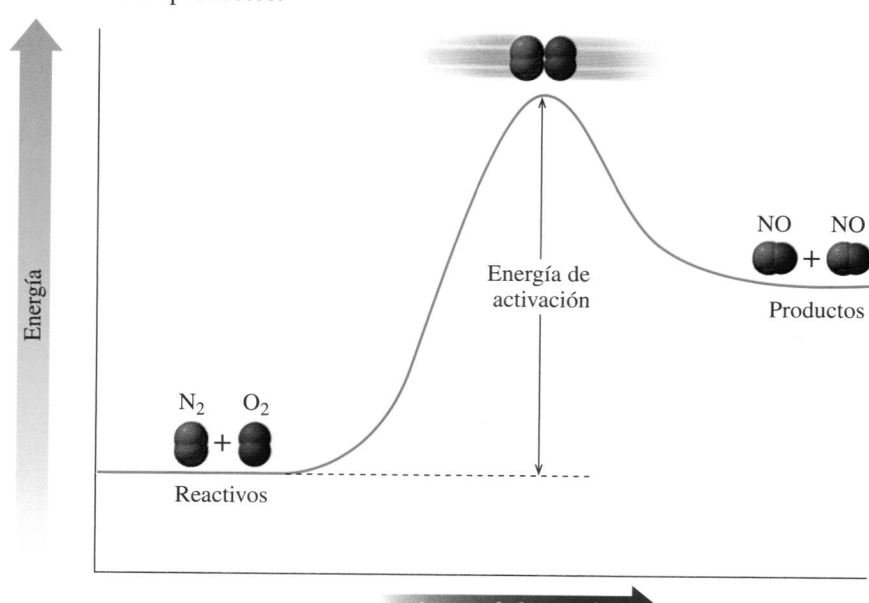

FIGURA 9.3 La energía de activación es la energía mínima necesaria para convertir las moléculas que chocan en producto.

P ¿Qué ocurre en una colisión de moléculas que reaccionan y que tienen la orientación adecuada mas no la energía de activación?

Si la energía proporcionada por la colisión es menor que la energía de activación, las moléculas simplemente rebotan y no ocurre reacción. Las características que permiten que una reacción tenga lugar se resumen del modo siguiente:

Tres condiciones indispensables para que ocurra una reacción

1. **Colisión**   Los reactivos deben chocar.
2. **Orientación**   Los reactivos deben alinearse correctamente para romper y formar enlaces.
3. **Energía**   La colisión debe suministrar la energía de activación.

Velocidades de reacción

Para determinar la **velocidad** (o rapidez) **de reacción** se mide la cantidad de un reactivo agotado, o la cantidad de un producto formado, en un lapso determinado.

$$\text{Velocidad de reacción} = \frac{\text{cambio en la concentración de un reactivo o producto}}{\text{cambio en el tiempo}}$$

Tal vez se pueda describir la velocidad de reacción con la analogía de comer pizza. Cuando uno comienza a comer, tiene una pizza entera. Conforme pasa el tiempo, hay menos rebanadas de pizza. Si sabe cuánto tiempo le tomó comerse la pizza, podrá determinar la velocidad a la que se consumió la pizza. Imagine que come 4 rebanadas cada 8 minutos. Esto da una velocidad de $\frac{1}{2}$ rebanada por minuto. Después de 16 minutos, las 8 rebanadas habrán desaparecido.

 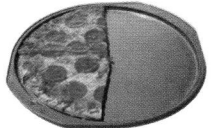  

Velocidad a la que se comen rebanadas de pizza

Rebanadas comidas	0	4 rebanadas	6 rebanadas	8 rebanadas
Tiempo (min)	0	8 min	12 min	16 min

$$\text{Velocidad} = \frac{4 \text{ rebanadas}}{8 \text{ min}} = \frac{1 \text{ rebanada}}{2 \text{ min}} = \frac{\frac{1}{2} \text{ rebanada}}{1 \text{ min}}$$

Factores que afectan la velocidad de una reacción

Algunas reacciones avanzan muy rápido, mientras que otras son muy lentas. La velocidad de cualquier reacción se modifica si hay cambios en la temperatura, cambios en las concentraciones de los reactivos y la adición de catalizadores.

Temperatura   A temperaturas más altas, el aumento de energía cinética hace que las moléculas que reaccionan se muevan más rápido. Como resultado, ocurren más colisiones, y más moléculas que chocan tienen suficiente energía para reaccionar y formar productos. Si uno quiere que los alimentos se cuezan más rápido, usa más calor para elevar la temperatura. Cuando la temperatura corporal aumenta, se incrementa el pulso, la frecuencia respiratoria y el metabolismo. Por otra parte, las reacciones se frenan si desciende la temperatura. Los alimentos perecederos se refrigeran para retrasar su descomposición y hacerlos durar más tiempo. En algunas lesiones se aplica hielo para reducir la aparición de moretones.

Concentraciones de los reactivos   Virtualmente en todas las reacciones, la velocidad de una reacción aumenta cuando las concentraciones de los reactivos aumentan. Cuando hay más moléculas en reacción pueden ocurrir más colisiones que formen productos y la reacción avanza más rápido (véase la figura 9.4). Por ejemplo, una persona que tiene dificultad para respirar puede recibir oxígeno. El mayor número de moléculas de oxígeno en los pulmones aumenta la velocidad a la que el oxígeno se combina con la hemoglobina y ayuda al paciente a respirar con más facilidad.

Catalizadores   Otra forma de acelerar una reacción es reducir la energía de activación. Ya vio que la energía de activación es la energía mínima necesaria para separar los enlaces de las moléculas en reacción. Si una colisión proporciona menos energía que la energía de

TUTORIAL
Factors That Affect Rate

Reacción:

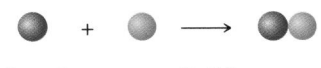

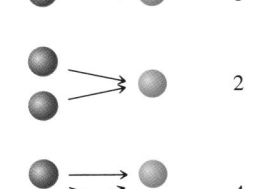

Reactivos en un matraz de reacción	Colisiones posibles

FIGURA 9.4 Si aumenta la concentración de los reactivos, aumenta el número de colisiones que son posibles.

P ¿Por qué duplicar el número de reactivos aumenta la velocidad de la reacción?

TUTORIAL
Activation Energy and Catalysis

TUTORIAL
Factors That Affect the Rate of a
Chemical Reaction

activación, los enlaces no se rompen y las moléculas rebotan. Un **catalizador** acelera una reacción al reducir la energía de activación, lo que permite que más colisiones de los reactivos tengan suficiente energía para formar productos. Durante cualquier reacción catalizada, el catalizador no cambia ni se consume.

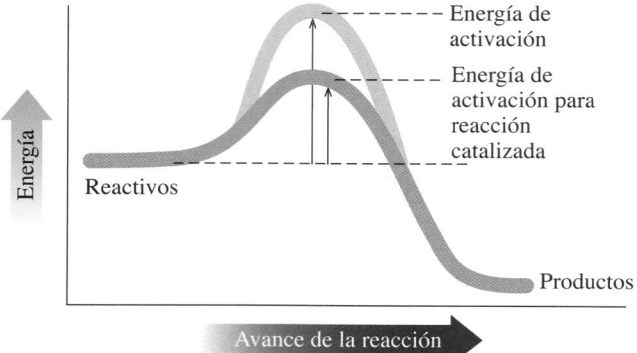

Las enzimas del detergente de lavandería catalizan la eliminación de manchas a bajas temperaturas.

Los catalizadores tienen muchos usos en la industria. En la fabricación de margarina, se agrega hidrógeno (H_2) a aceites vegetales. Normalmente la reacción es muy lenta porque tiene una alta energía de activación. Sin embargo, cuando se usa platino (Pt) como catalizador, la reacción ocurre rápidamente. En el cuerpo, biocatalizadores llamados *enzimas* hacen que la mayor parte de las reacciones metabólicas se desarrolle a las velocidades necesarias para la adecuada actividad celular. A los detergentes de lavandería se les agrega enzimas que descomponen proteínas (proteasas), almidones (amilasas) o grasas (lipasas) que mancharon la ropa. Dichas enzimas actúan a las temperaturas bajas que se utilizan en las lavadoras domésticas, y también son reutilizables y biodegradables.

En la tabla 9.1 se presenta un resumen de los factores que modifican las velocidades de reacción.

TABLA 9.1 Factores que aumentan la velocidad de reacción

Factor	Razón
Mayor temperatura	Más colisiones, más colisiones con energía de activación
Más reactivos	Más colisiones
Adición de un catalizador	Se reduce la energía de activación

COMPROBACIÓN DE CONCEPTOS 9.1 **Velocidades de reacción**

Describa cómo la disminución de la concentración de un reactivo cambiaría la velocidad de una reacción.

RESPUESTA

Si la concentración de un reactivo disminuye, habrá menos colisiones de las moléculas que reaccionan, lo que frenaría la velocidad de reacción.

EJEMPLO DE PROBLEMA 9.1 **Factores que afectan la velocidad de reacción**

Indique si los siguientes cambios aumentarán, disminuirán o no tendrán efecto sobre la velocidad de reacción:

a. aumentar la temperatura
b. aumentar el número de moléculas que reaccionan
c. agregar un catalizador

SOLUCIÓN

a. aumenta   **b.** aumenta   **c.** aumenta

COMPROBACIÓN DE ESTUDIO 9.1

¿De qué manera la reducción de la temperatura afecta la velocidad de reacción?

La química en el ambiente

CONVERTIDORES CATALÍTICOS

Desde hace más de 30 años, a los fabricantes se les exige incluir convertidores catalíticos en el sistema de escape de los motores de los automóviles de gasolina. Cuando la gasolina se quema, los productos que se encuentran en el escape de un automóvil contienen niveles altos de contaminantes. Entre ellos están monóxido de carbono (CO) de la combustión incompleta, hidrocarburos como C_8H_{18} (octano) del combustible no quemado y óxido de nitrógeno (NO) de la reacción de N_2 y O_2 a las altas temperaturas que se alcanzan en el interior del motor. El monóxido de carbono es tóxico, y los hidrocarburos no quemados y el óxido de nitrógeno intervienen en la formación de esmog y lluvia ácida.

El propósito de un convertidor catalítico es reducir la energía de activación para las reacciones que convierten cada uno de estos contaminantes en sustancias como CO_2, N_2, O_2 y H_2O, que ya están presentes en la atmósfera.

$$2CO(g) + O_2(g) \longrightarrow 2CO_2(g)$$

$$2C_8H_{18}(g) + 25O_2(g) \longrightarrow 16CO_2(g) + 18H_2O(g)$$

$$2NO(g) \longrightarrow N_2(g) + O_2(g)$$

Un convertidor catalítico consiste en catalizadores de partículas sólidas, como platino (Pt) y paladio (Pd), en un panel cerámico que tiene una superficie grande y facilita el contacto con los contaminantes. A medida que los contaminantes pasan a través del convertidor, reaccionan con los catalizadores. En la actualidad, todo mundo usa gasolina sin plomo porque el plomo interfiere en la capacidad de los catalizadores de Pt y Pd en el convertidor para reaccionar con los contaminantes.

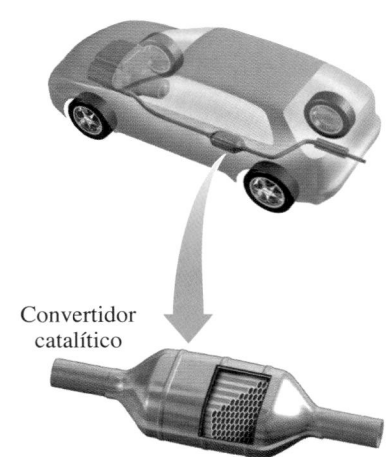

Convertidor catalítico

$$2NO(g) \longrightarrow N_2(g) + O_2(g)$$

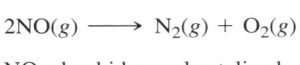

NO adsorbido en el catalizador   NO se disocia

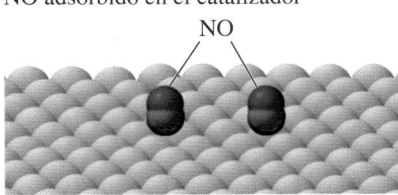
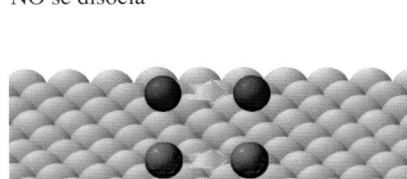
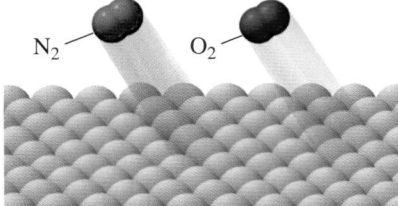

Superficie de catalizador metálico (Pt, Pd)

$$2CO(g) + O_2(g) \longrightarrow 2CO_2(g)$$

CO y O_2 adsorbidos en el catalizador O_2 se disocia

Superficie de catalizador metálico (Pt, Pd)

PREGUNTAS Y PROBLEMAS

9.1 Velocidades de reacción

META DE APRENDIZAJE: *Describir cómo la temperatura, la concentración y los catalizadores afectan la velocidad de una reacción.*

9.1 ¿Por qué al pan le crecen hongos más rápidamente a temperatura ambiente que en el refrigerador?

9.2 ¿Por qué se utiliza oxígeno puro en casos de dificultad para respirar?

9.3 En la siguiente reacción, ¿qué sucede con el número de colisiones entre los reactivos cuando se agregan más moléculas de Br_2?

$$H_2(g) + Br_2(g) \longrightarrow 2HBr(g)$$

9.4 En la siguiente reacción, ¿qué sucede con el número de colisiones entre los reactivos cuando aumenta el volumen del recipiente de reacción?

$$H_2(g) + Br_2(g) \longrightarrow 2HBr(g)$$

9.5 En la siguiente reacción, ¿qué sucede con el número de colisiones entre los reactivos cuando aumenta la temperatura de la reacción?

$$N_2(g) + O_2(g) \longrightarrow 2NO(g)$$

9.6 En la siguiente reacción, ¿qué sucede con el número de colisiones entre los reactivos cuando disminuye el volumen del recipiente de reacción?

$$N_2(g) + O_2(g) \longrightarrow 2NO(g)$$

9.7 Un convertidor catalítico acelera la reacción del monóxido de carbono con oxígeno para producir dióxido de carbono. ¿De qué manera cada uno de los siguientes cambios afectaría la velocidad de reacción que se muestra aquí?

$$2CO(g) + O_2(g) \longrightarrow 2CO_2(g)$$

a. agregar más $CO(g)$
b. aumentar la temperatura
c. quitar el catalizador
d. eliminar parte de $O_2(g)$

9.8 ¿De qué manera cada uno de los siguientes cambios modificaría la velocidad de reacción que se muestra aquí?

$$2NO(g) + 2H_2(g) \longrightarrow N_2(g) + 2H_2O(g)$$

a. agregar más $NO(g)$
b. reducir la temperatura
c. eliminar parte de $H_2(g)$
d. agregar un catalizador

9.2 Equilibrio químico

En capítulos anteriores se consideró solamente la *reacción directa* en una ecuación y se asumió que todos los reactivos se convertían en productos. Sin embargo, la mayor parte de las veces los reactivos no se convierten completamente en productos porque tiene lugar una *reacción inversa* en la que los productos se reúnen y forman los reactivos. Cuando una reacción se desarrolla tanto hacia adelante como en dirección inversa, se dice que es reversible. Ya ha observado otros procesos reversibles. Por ejemplo, la fusión de los sólidos para formar líquidos y la congelación de líquidos en sólidos es un cambio físico reversible. Incluso en la vida cotidiana se tienen eventos reversibles. Va de su casa a la escuela, y regresa de la escuela a su casa. Sube por una escalera eléctrica y vuelve a bajar. Pone dinero en una cuenta bancaria y retira dinero de ella.

Una analogía de una reacción directa e inversa puede encontrarse en la frase "vamos a la tienda". Aunque se menciona el viaje en una dirección, uno sabe que también regresará de la tienda a casa. Puesto que el viaje tiene una dirección hacia adelante y una inversa, puede decirse que el viaje es reversible. No es muy probable que uno permanezca en la tienda por siempre.

Un viaje a la tienda puede servir para ilustrar otro aspecto de las reacciones reversibles. Es posible que la tienda esté cerca y generalmente vaya caminando. Sin embargo, puede cambiar la velocidad. Imagine que un día conduce a la tienda, lo que aumenta la velocidad y le permite llegar más rápido a la tienda. En correspondencia, un automóvil también aumenta la velocidad a la que regresa a casa.

Reacciones reversibles

Una **reacción reversible** se desarrolla tanto en la dirección hacia adelante como en la inversa. Esto significa que hay dos velocidades de reacción: la velocidad de la reacción directa y la velocidad de la reacción inversa. Cuando las moléculas comienzan a reaccionar, la velocidad de la reacción directa es más rápida que la velocidad de la reacción inversa. A medida que los reactivos se consumen y los productos se acumulan, la velocidad de la reacción directa disminuye, en tanto que la velocidad de la reacción inversa aumenta.

EJEMPLO DE PROBLEMA 9.2 **Reacciones reversibles**

Escriba las reacciones directa e inversa para cada una de las reacciones reversibles siguientes:

a. $N_2(g) + 3H_2(g) \rightleftharpoons 2NH_3(g)$
b. $2CO(g) + O_2 \rightleftharpoons 2CO_2(g)$

SOLUCIÓN

Las ecuaciones se separan en ecuaciones directa e inversa.

a. Reacción directa: $N_2(g) + 3H_2(g) \longrightarrow 2NH_3(g)$
Reacción inversa: $N_2(g) + 3H_2(g) \longleftarrow 2NH_3(g)$

b. Reacción directa: $2CO(g) + O_2(g) \longrightarrow 2CO_2(g)$
Reacción inversa: $2CO(g) + O_2(g) \longleftarrow 2CO_2(g)$

COMPROBACIÓN DE ESTUDIO 9.2

Escriba la ecuación para la reacción de equilibrio que contiene la siguiente reacción inversa:

$$H_2(g) + Br_2(g) \longleftarrow 2HBr(g)$$

ACTIVIDAD DE AUTOAPRENDIZAJE
Equilibrium

TUTORIAL
Chemical Equilibrium

Equilibrio químico

Con el tiempo, las velocidades de las reacciones directa e inversa son iguales; los reactivos forman productos con la misma frecuencia que los productos forman reactivos. Una reacción alcanza **equilibrio químico** cuando no hay más cambio en las concentraciones de los reactivos o productos, incluso cuando las dos reacciones continúen a velocidades iguales pero opuestas.

> **En el equilibrio:**
> La velocidad de la reacción directa es igual a la velocidad de la reacción inversa.
> No ocurren más cambios en las concentraciones de los reactivos o productos; las reacciones directa e inversa continúan a velocidades iguales.

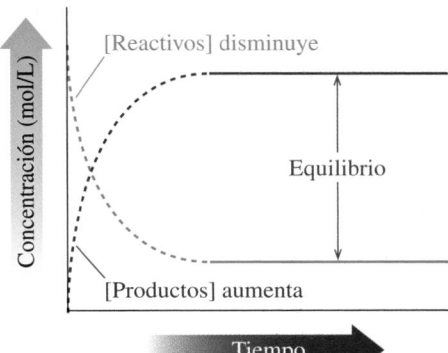

Observe el proceso conforme la reacción de H_2 y I_2 avanza hacia el equilibrio. En un principio, sólo los reactivos H_2 y I_2 están presentes. Pronto se producen algunas moléculas de HI por la reacción directa. Con más tiempo, se producen moléculas adicionales de HI. A medida que la concentración de HI aumenta, más moléculas de HI chocan y reaccionan en la dirección inversa.

Reacción directa: $H_2(g) + I_2(g) \longrightarrow 2HI(g)$

Reacción inversa: $H_2(g) + I_2(g) \longleftarrow 2HI(g)$

Conforme el producto HI se acumula, la velocidad de la reacción inversa aumenta, en tanto que la velocidad de la reacción directa disminuye. Con el tiempo, las velocidades se igualan, lo que significa que la reacción alcanzó el equilibrio. Aun cuando las concentraciones permanezcan constantes en equilibrio, las reacciones directa e inversa siguen ocurriendo. Las reacciones directa e inversa generalmente se muestran juntas en una sola ecuación por medio de una flecha doble. Una reacción reversible son dos reacciones opuestas que ocurren al mismo tiempo (véase la figura 9.5).

$$H_2(g) + I_2(g) \underset{\text{Reacción inversa}}{\overset{\text{Reacción directa}}{\rightleftharpoons}} 2HI(g)$$

También es posible establecer una reacción si se inicia solamente con reactivos o se comienza solamente con productos. Observe cada una de las reacciones iniciales, las reacciones directa e inversa y la mezcla en equilibrio en la reacción siguiente:

$$2SO_2(g) + O_2(g) \rightleftharpoons 2SO_3(g)$$

En el recipiente que sólo tiene los reactivos SO_2 y O_2, la reacción directa tiene lugar inicialmente. Conforme se forma el producto SO_3, la velocidad de la reacción inversa aumenta. En el recipiente que sólo tiene el producto SO_3, la reacción inversa tiene lugar inicialmente. A medida que se forman reactivos, la velocidad de la reacción directa aumenta. Con el tiempo, las velocidades de las reacciones directa e inversa se igualan. Entonces las mezclas de equilibrio contienen la misma cantidad de SO_2, O_2 y SO_3 en cada una.

$$H_2(g) \; + \; I_2(g) \; \rightleftharpoons \; 2HI(g)$$

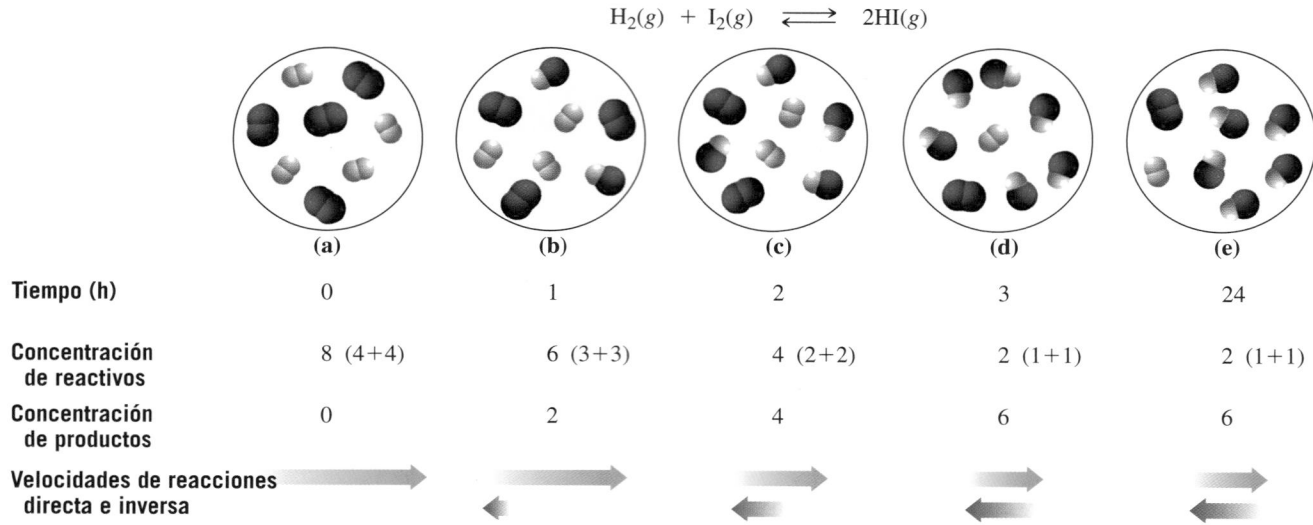

	(a)	(b)	(c)	(d)	(e)
Tiempo (h)	0	1	2	3	24
Concentración de reactivos	8 (4+4)	6 (3+3)	4 (2+2)	2 (1+1)	2 (1+1)
Concentración de productos	0	2	4	6	6
Velocidades de reacciones directa e inversa					

FIGURA 9.5 **(a)** Inicialmente el matraz de reacción contiene solamente los reactivos H_2 y I_2. **(b)** La reacción directa entre H_2 y I_2 comienza a producir HI. **(c)** A medida que se desarrolla la reacción, hay menos moléculas de H_2 y I_2, y más moléculas de HI, lo que aumenta la velocidad de la reacción inversa. **(d)** En el equilibrio, las concentraciones de los reactivos H_2 y I_2 y del producto HI son constantes. **(e)** La reacción continúa, y la velocidad de la reacción directa es igual a la velocidad de la reacción inversa.

P ¿Cómo se comparan las velocidades de las reacciones directa e inversa una vez que la reacción química alcanza el equilibrio?

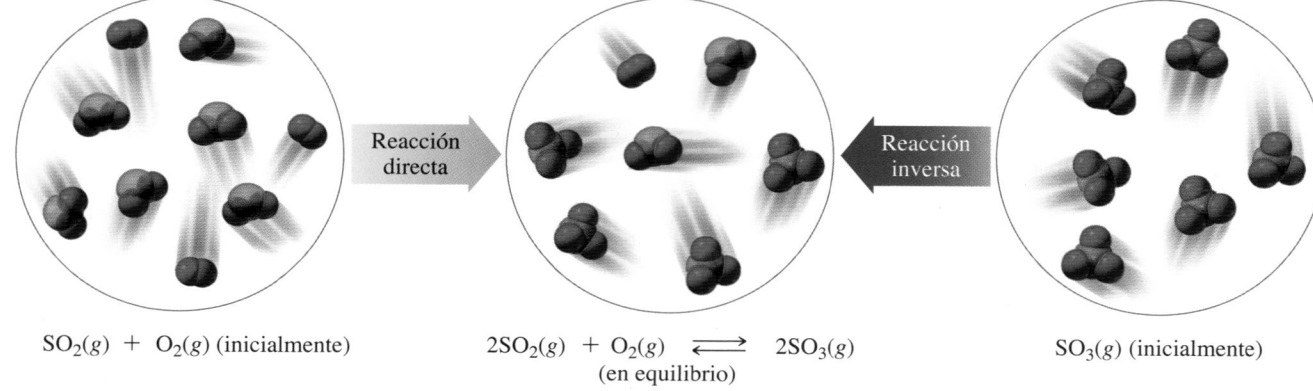

$SO_2(g) \; + \; O_2(g)$ (inicialmente)   Reacción directa $2SO_2(g) \; + \; O_2(g) \; \rightleftharpoons \; 2SO_3(g)$ (en equilibrio)   Reacción inversa $SO_3(g)$ (inicialmente)

Una muestra que inicialmente contiene SO_2 y O_2. Otra muestra que contiene sólo SO_3. En el equilibrio, ambas mezclas contienen pequeñas cantidades de los reactivos SO_2 y O_2 y gran cantidad de producto SO_3.

COMPROBACIÓN DE CONCEPTOS 9.2   **Velocidades de reacción y equilibrio**

Complete cada una de las oraciones siguientes con *igual* o *distinto*, *más rápida* o *más lenta*, *cambian* o *no cambian*,

a. Antes de alcanzar el equilibrio, las concentraciones de reactivos y productos _____.

b. Inicialmente, los reactivos colocados en un recipiente tienen una velocidad de reacción _____ que la velocidad de reacción de los productos.

c. En el equilibrio, la velocidad de la reacción directa es _____ a la velocidad de la reacción inversa.

d. En el equilibrio, las concentraciones de reactivos y productos _____.

RESPUESTA

a. Antes de alcanzar el equilibrio, las concentraciones de reactivos y productos *cambian*.

b. Inicialmente, los reactivos colocados en un recipiente tienen una velocidad de reacción *más rápida* que la velocidad de reacción de los productos.

c. En el equilibrio, la velocidad de la reacción directa es *igual* a la velocidad de la reacción inversa.

d. En el equilibrio, las concentraciones de reactivos y productos *no cambian*.

9.2 Equilibrio químico

META DE APRENDIZAJE: Usar el concepto de reacciones reversibles para explicar el equilibrio químico.

9.9 ¿Qué se entiende con el término "reacción reversible"?

9.10 ¿Cuándo una reacción reversible alcanza el equilibrio?

9.11 ¿Cuál de los siguientes procesos es reversible?
  a. romper un vaso   **b.** fundir nieve
  c. calentar una sartén

9.12 ¿Cuál de los siguientes procesos no es reversible?
  a. hervir agua   **b.** comer una pizza
  c. ascender por una colina

9.13 ¿Cuál de los casos siguientes está en equilibrio?
  a. La velocidad de la reacción directa es el doble de rápida que la velocidad de la reacción inversa.
  b. Las concentraciones de los reactivos y los productos no cambian.
  c. La velocidad de la reacción inversa no cambia.

9.14 ¿Cuál de los casos siguientes no está en equilibrio?
  a. Las velocidades de las reacciones directa e inversa son iguales.
  b. La velocidad de la reacción directa no cambia.
  c. Las concentraciones de reactivos y productos no son constantes.

9.3 Constantes de equilibrio

En el equilibrio, las reacciones ocurren en direcciones opuestas a la misma velocidad, lo que significa que las concentraciones de reactivos y productos permanecen constantes. Puede usarse un telesquí como analogía. Temprano en la mañana, los esquiadores al pie de la montaña comienzan a abordar el telesquí hacia las pendientes. Cuando los esquiadores llegan a la cima de la montaña, esquían de bajada. Con el tiempo, el número de personas que sube por el telesquí es igual al número de personas que baja esquiando la montaña. Cuando ya no hay más cambio en el número de esquiadores en las pendientes, el sistema está en equilibrio.

Expresión de la constante de equilibrio

Dado que las concentraciones en una reacción en equilibrio ya no cambian, pueden usarse para establecer una relación entre los productos y los reactivos. Imagine que escribe una ecuación general para los reactivos A y B que forman los productos C y D. Las letras minúsculas cursivas son los coeficientes en la ecuación balanceada.

$$a\text{A} + b\text{B} \rightleftharpoons c\text{C} + d\text{D}$$

Puede escribirse una **expresión de la constante de equilibrio** que multiplique las concentraciones de los productos y divida las concentraciones de los reactivos. Cada concentración se eleva a una potencia que es su coeficiente en la ecuación química balanceada. Los corchetes alrededor de cada sustancia indican que la concentración se expresa en moles por litro (M). La **constante de equilibrio**, K_c, es el valor numérico obtenido al sustituir en la expresión las concentraciones molares en equilibrio. Para la reacción general, la expresión de la constante de equilibrio es:

$$\underset{\substack{\text{Constante} \\ \text{de equilibrio}}}{K_c} = \frac{[\text{Productos}]}{[\text{Reactivos}]} = \underset{\substack{\text{Expresión de constante} \\ \text{de equilibrio}}}{\frac{[\text{C}]^c\,[\text{D}]^d}{[\text{A}]^a\,[\text{B}]^b}} \;\text{Coeficientes}$$

Ahora puede describirse la manera de escribir la expresión de la constante de equilibrio para la reacción de H_2 y I_2 que forman HI. Primero necesita escribir la ecuación química balanceada con una doble flecha entre reactivos y productos.

$$\text{H}_2(g) + \text{I}_2(g) \rightleftharpoons 2\text{HI}(g)$$

Segundo, escriba la concentración de los productos usando corchetes en el numerador y las concentraciones de los reactivos entre corchetes en el denominador.

$$\frac{[\text{Productos}]}{[\text{Reactivos}]} \longrightarrow \frac{[\text{HI}]}{[\text{H}_2]\,[\text{I}_2]}$$

Calcular la constante de equilibrio para una reacción reversible dadas las concentraciones de reactivos y productos en equilibrio.

En el equilibrio, el número de personas que sube al telesquí y el número de personas que esquía por la ladera son constantes.

TUTORIAL
Equilibrium Constant

Por último, escriba cualquier coeficiente de la ecuación química balanceada como exponente de su concentración (el coeficiente 1 se sobreentiende) e iguale con K_c.

$$K_c = \frac{[\text{Productos}]}{[\text{Reactivos}]} = \frac{[\text{HI}]^2}{[\text{H}_2][\text{I}_2]}$$

COMPROBACIÓN DE CONCEPTOS 9.3 **Expresión de la constante de equilibrio**

Seleccione la expresión de la constante de equilibrio escrita correctamente para la reacción siguiente, y explique su elección:

$$CH_4(g) + H_2O(g) \rightleftharpoons CO(g) + 3H_2(g)$$

a. $K_c = \dfrac{[\text{CO}][3\text{H}_2]}{[\text{CH}_4][\text{H}_2\text{O}]}$
b. $K_c = \dfrac{[\text{CO}][\text{H}_2]^3}{[\text{CH}_4][\text{H}_2\text{O}]}$

c. $K_c = \dfrac{[\text{CH}_4][\text{H}_2\text{O}]}{[\text{CO}][\text{H}_2]^3}$
d. $K_c = \dfrac{[\text{CO}][\text{H}_2]}{[\text{CH}_4][\text{H}_2\text{O}]}$

RESPUESTA

La expresión correcta de la constante de equilibrio es **b**. Los productos se escriben en el numerador y los reactivos están en el denominador. Dado que H_2 tiene un coeficiente de 3 en la ecuación balanceada, se usa un exponente 3 con la concentración de H_2.

EJEMPLO DE PROBLEMA 9.3 **Cómo escribir una expresión para la constante de equilibrio**

Escriba la expresión de la constante de equilibrio para la reacción siguiente:

$$2SO_2(g) + O_2(g) \rightleftharpoons 2SO_3(g)$$

SOLUCIÓN

Guía para escribir la expresión de K_c

1 Escriba la ecuación química balanceada.

2 Escriba las concentraciones de los productos como el numerador y las concentraciones de los reactivos como el denominador.

3 Escriba cualquier coeficiente de la ecuación como un exponente.

Paso 1 **Escriba la ecuación química balanceada.**

$$2SO_2(g) + O_2(g) \rightleftharpoons 2SO_3(g)$$

Paso 2 **Escriba las concentraciones de los productos como el numerador y las concentraciones de los reactivos como el denominador.** Escriba la concentración del producto SO_3 en el numerador y las concentraciones de los reactivos SO_2 y O_2 cada una en el denominador.

$$\frac{[\text{Productos}]}{[\text{Reactivos}]} \longrightarrow \frac{[\text{SO}_3]}{[\text{SO}_2][\text{O}_2]}$$

Paso 3 **Escriba cualquier coeficiente de la ecuación como un exponente.** Escriba el coeficiente 2 como exponente de la concentración de SO_2 y el coeficiente 2 como exponente de la concentración de SO_3.

$$K_c = \frac{[\text{SO}_3]^2}{[\text{SO}_2]^2[\text{O}_2]}$$

COMPROBACIÓN DE ESTUDIO 9.3

Escriba la ecuación química balanceada que produciría la expresión siguiente para la constante de equilibrio:

$$K_c = \frac{[\text{NO}_2]^2}{[\text{NO}]^2[\text{O}_2]}$$

Equilibrio heterogéneo

Hasta el momento los ejemplos han sido reacciones que involucran sólo gases. Una reacción en la que todos los reactivos y productos son gases está en **equilibrio homogéneo**. Cuando reactivos y productos están en dos o más estados físicos, el equilibrio se denomina **equilibrio heterogéneo**. En el siguiente ejemplo, carbonato de calcio sólido alcanza el equilibrio con óxido de calcio sólido y gas dióxido de carbono; éste es un equilibrio heterogéneo (véase la figura 9.6).

$$CaCO_3(s) \rightleftharpoons CaO(s) + CO_2(g)$$

A diferencia de los gases, las concentraciones de sólidos puros y líquidos puros en un equilibrio heterogéneo son constantes: no cambian. Por tanto, sólidos puros y líquidos puros no se incluyen en la expresión de la constante de equilibrio. Para este equilibrio heterogéneo, la expresión K_c no incluye la concentración de $CaCO_3(s)$ o $CaO(s)$. Se escribe como $K_c = [CO_2]$.

$$CaCO_3(s) \rightleftharpoons CaO(s) + CO_2(g)$$

$T = 800\ °C$

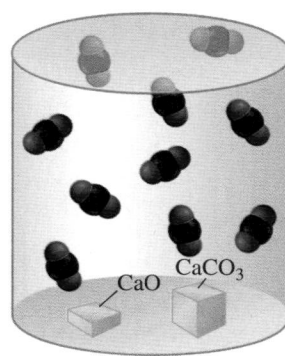

$T = 800\ °C$

FIGURA 9.6 En equilibrio a temperatura constante, la concentración de CO_2 es la misma sin importar las cantidades de $CaCO_3(s)$ y $CaO(s)$ en el recipiente.

P ¿Por qué las concentraciones de $CaO(s)$ y $CaCO_3(s)$ no se incluyen en K_c para la descomposición de $CaCO_3$?

EJEMPLO DE PROBLEMA 9.4 **Expresión de la constante de equilibrio heterogéneo**

Escriba la expresión de la constante de equilibrio para la siguiente reacción en equilibrio:

$$4HCl(g) + O_2(g) \rightleftharpoons 2H_2O(l) + 2Cl_2(g)$$

SOLUCIÓN

Paso 1 **Escriba la ecuación química balanceada.**

$$4HCl(g) + O_2(g) \rightleftharpoons 2H_2O(l) + 2Cl_2(g)$$

Paso 2 **Escriba las concentraciones de los productos como el numerador y las concentraciones de los reactivos como el denominador.** En esta reacción heterogénea, la concentración de H_2O líquida no se incluye en la expresión de la constante de equilibrio.

$$\frac{[\text{Productos}]}{[\text{Reactivos}]} \longrightarrow \frac{[Cl_2]}{[HCl][O_2]}$$

Paso 3 **Escriba cualquier coeficiente de la ecuación como exponente.**

$$K_c = \frac{[Cl_2]^2}{[HCl]^4[O_2]}$$

COMPROBACIÓN DE ESTUDIO 9.4

Óxido de hierro(II) sólido y monóxido de carbono gaseoso reaccionan para producir hierro sólido y dióxido de carbono gaseoso. Escriba la ecuación química balanceada y la expresión de la constante de equilibrio para esta reacción en equilibrio.

Cómo calcular constantes de equilibrio

El valor numérico de la constante de equilibrio se calcula a partir de la expresión de la constante de equilibrio, al sustituir en la expresión las concentraciones de los reactivos y los productos en equilibrio medidas experimentalmente. Por ejemplo, la expresión de la constante de equilibrio para la reacción de H_2 y I_2 se escribe:

$$H_2(g) + I_2(g) \rightleftharpoons 2HI(g) \qquad K_c = \frac{[HI]^2}{[H_2][I_2]}$$

En el primer experimento se observó que las concentraciones molares de reactivos y productos en equilibrio era $[H_2] = 0.10$ M, $[I_2] = 0.20$ M y $[HI] = 1.04$ M. Cuando sustituye estos valores en la expresión de la constante de equilibrio, obtiene su valor numérico.

En los experimentos adicionales 2 y 3, las mezclas tienen diferentes concentraciones de equilibrio. Sin embargo, cuando dichas concentraciones se usan para calcular la constante de equilibrio, se obtiene el mismo valor de K_c para cada una (véase la tabla 9.2). *Por tanto, una reacción a una temperatura específica tiene sólo un valor para la constante de equilibrio.*

Las unidades de K_c dependen de la ecuación específica. En este ejemplo, las unidades de $[M]^2/[M]^2$ se cancelan y se obtiene un valor de 54. En otras ecuaciones, las unidades de concentración no se cancelan. No obstante, en este texto el valor numérico se dará sin ninguna unidad, como se muestra en el Ejemplo de problema 9.5.

TABLA 9.2 Constante de equilibrio para $H_2(g) + I_2(g) \rightleftharpoons 2HI(g)$ a 427 °C

Experimento	Concentraciones en equilibrio			Constante de equilibrio
	$[H_2]$	$[I_2]$	$[HI]$	$K_c = \dfrac{[HI]^2}{[H_2][I_2]}$
1	0.10 M	0.20 M	1.04 M	$K_c = \dfrac{[1.04]^2}{[0.10][0.20]} = 54$
2	0.20 M	0.20 M	1.47 M	$K_c = \dfrac{[1.47]^2}{[0.20][0.20]} = 54$
3	0.30 M	0.17 M	1.66 M	$K_c = \dfrac{[1.66]^2}{[0.30][0.17]} = 54$

EJEMPLO DE PROBLEMA 9.5 Cómo calcular una constante de equilibrio

La descomposición del tetróxido de dinitrógeno forma dióxido de dinitrógeno.

$$N_2O_4(g) \rightleftharpoons 2NO_2(g)$$

¿Cuál es el valor de K_c a 100 °C si una mezcla de reacción en equilibrio contiene $[N_2O_4] = 0.45$ M y $[NO_2] = 0.31$ M?

SOLUCIÓN

Análisis del problema

	Reactivo	Producto	Constante de equilibrio
Reacción química	$N_2O_4(g) \rightleftharpoons 2NO_2(g)$		
Equilibrio	0.45 M N_2O_4	0.31 M NO_2	K_c

Guía para calcular el valor de K_c

1 Escriba la expresión K_c para el equilibrio.

2 Sustituya las concentraciones en equilibrio (molares) y calcular K_c.

Paso 1 Escriba la expresión K_c para el equilibrio.

$$K_c = \frac{[\text{Productos}]}{[\text{Reactivos}]} = \frac{[NO_2]^2}{[N_2O_4]}$$

Paso 2 Sustituya las concentraciones en equilibrio (molares) y calcule K_c. Observe que el valor numérico de K_c está dado sin unidades.

$$K_c = \frac{[0.31]^2}{[0.45]} = 0.21$$

COMPROBACIÓN DE ESTUDIO 9.5

El amoniaco se descompone cuando se calienta para producir nitrógeno e hidrógeno.

$$2NH_3(g) \rightleftharpoons 3H_2(g) + N_2(g)$$

Calcule la constante de equilibrio si una mezcla en equilibrio tiene $[NH_3] = 0.040$ M, $[H_2] = 0.60$ M y $[N_2] = 0.20$ M.

PREGUNTAS Y PROBLEMAS

9.3 Constantes de equilibrio

META DE APRENDIZAJE: *Calcular la constante de equilibrio para una reacción reversible dadas las concentraciones de reactivos y productos en equilibrio.*

9.15 Escriba la expresión de la constante de equilibrio para cada una de las reacciones siguientes:

a. $CH_4(g) + 2H_2S(g) \rightleftharpoons CS_2(g) + 4H_2(g)$

b. $2NO(g) \rightleftharpoons N_2(g) + O_2(g)$

c. $2SO_3(g) + CO_2(g) \rightleftharpoons CS_2(g) + 4O_2(g)$

9.16 Escriba la expresión de la constante de equilibrio para cada una de las reacciones siguientes:

a. $2HBr(g) \rightleftharpoons H_2(g) + Br_2(g)$

b. $CO(g) + 2H_2(g) \rightleftharpoons CH_3OH(g)$

c. $CH_4(g) + Cl_2(g) \rightleftharpoons CH_3Cl(g) + HCl(g)$

9.17 Identifique si cada uno de los equilibrios siguientes es equilibrio homogéneo o heterogéneo:
  a. $2O_3(g) \rightleftharpoons 3O_2(g)$
  b. $2NaHCO_3(s) \rightleftharpoons Na_2CO_3(s) + CO_2(g) + H_2O(g)$
  c. $CH_4(g) + H_2O(g) \rightleftharpoons 3H_2(g) + CO(g)$
  d. $4HCl(g) + Si(s) \rightleftharpoons SiCl_4(g) + 2H_2(g)$

9.18 Identifique si cada uno de los equilibrios siguientes es equilibrio homogéneo o heterogéneo:
  a. $CO(g) + H_2(g) \rightleftharpoons C(s) + H_2O(g)$
  b. $CO(g) + 2H_2(g) \rightleftharpoons CH_3OH(l)$
  c. $CS_2(g) + 4H_2(g) \rightleftharpoons CH_4(g) + 2H_2S(g)$
  d. $Br_2(g) + Cl_2(g) \rightleftharpoons 2BrCl(g)$

9.19 Escriba la expresión de la constante de equilibrio para cada una de las reacciones del problema 9.17.

9.20 Escriba la expresión de la constante de equilibrio para cada una de las reacciones del problema 9.18.

9.21 ¿Cuál es la K_c para la reacción en equilibrio siguiente si $[N_2O_4] = 0.030$ M y $[NO_2] = 0.21$ M?
$$N_2O_4(g) \rightleftharpoons 2NO_2(g)$$

9.22 ¿Cuál es la K_c para la reacción en equilibrio siguiente si $[CO_2] = 0.30$ M, $[H_2] = 0.033$ M, $[CO] = 0.20$ M y $[H_2O] = 0.30$ M?
$$CO_2(g) + H_2(g) \rightleftharpoons CO(g) + H_2O(g)$$

9.23 ¿Cuál es la K_c para la reacción en equilibrio siguiente a 1000 °C si $[CO] = 0.50$ M, $[H_2] = 0.30$ M, $[CH_4] = 1.8$ M y $[H_2O] = 2.0$ M?
$$CO(g) + 3H_2(g) \rightleftharpoons CH_4(g) + H_2O(g)$$

9.24 ¿Cuál es la K_c para la reacción en equilibrio siguiente a 500 °C si $[N_2] = 0.44$ M, $[H_2] = 0.40$ M y $[NH_3] = 2.2$ M?
$$N_2(g) + 3H_2(g) \rightleftharpoons 2NH_3(g)$$

9.25 ¿Cuál es la K_c para la reacción en equilibrio siguiente a 750 °C si $[CO] = 0.20$ M y $[CO_2] = 0.052$ M?
$$FeO(s) + CO(g) \rightleftharpoons Fe(s) + CO_2(g)$$

9.26 ¿Cuál es la K_c para la reacción en equilibrio siguiente a 800 °C si $[CO_2] = 0.30$ M?
$$CaCO_3(s) \rightleftharpoons CaO(s) + CO_2(g)$$

9.4 Uso de las constantes de equilibrio

Los valores de las constantes de equilibrio pueden ser grandes o pequeños. El tamaño de la constante depende de si se alcanza el equilibrio con más productos que reactivos, o más reactivos que productos. *Sin embargo, el tamaño de una constante de equilibrio no altera la velocidad a la que se alcanza el equilibrio.*

META DE APRENDIZAJE

Usar una constante de equilibrio para predecir el alcance de la reacción y calcular las concentraciones de equilibrio.

Equilibrio con K_c grande

Cuando una reacción tiene una constante de equilibrio grande, significa que la reacción directa produjo una gran cantidad de productos cuando se alcanzó el equilibrio. Entonces la mezcla en equilibrio contiene principalmente productos, lo que hace que las concentraciones de los productos en el numerador sean más grandes que las concentraciones de los reactivos en el denominador. Por tanto, en el equilibrio esta reacción tiene una K_c grande.

$$2SO_2(g) + O_2(g) \rightleftharpoons 2SO_3(g)$$

$$K_c = \frac{[SO_3]^2}{[SO_2]^2[O_2]} \quad \frac{\text{Principalmente productos}}{\text{Pocos reactivos}} = 3.4 \times 10^2$$

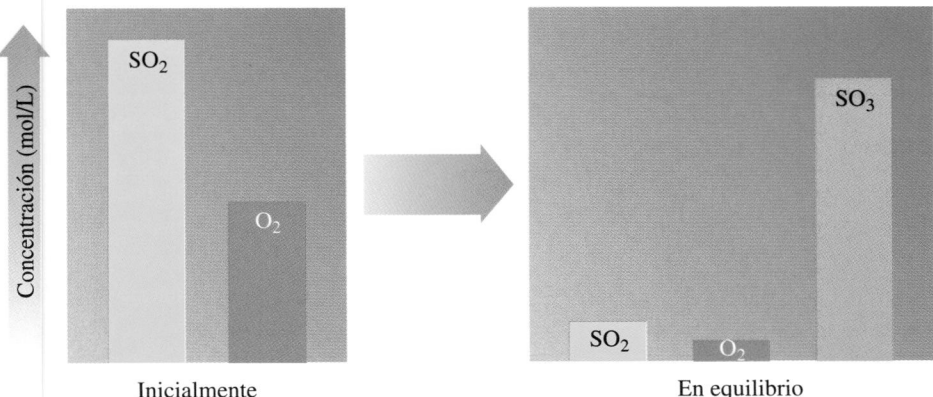

La mezcla en equilibrio contiene gran cantidad del producto SO_3 y sólo una pequeña cantidad de los reactivos SO_2 y O_2, lo que resulta en una K_c grande.

Equilibrio con K_c pequeña

Cuando una reacción tiene una constante de equilibrio pequeña, significa que la reacción inversa convirtió la mayor parte de los productos de vuelta en reactivos cuando se alcanzó el equilibrio. Por tanto, la mezcla en equilibrio contiene principalmente reactivos, lo que hace que las concentraciones de los productos en el numerador sean mucho más pequeñas que las concentraciones de los reactivos en el denominador. Por ejemplo, la reacción de N_2 y O_2 para formar NO tiene una K_c pequeña. Cuando se alcanza el equilibrio para esta reacción, la mezcla en equilibrio contiene principalmente reactivos, N_2 y O_2, y sólo algunas moléculas del producto NO. Las reacciones con K_c muy pequeña en esencia no producen productos.

$$N_2(g) + O_2(g) \rightleftharpoons 2NO(g)$$

$$K_c = \frac{[NO]^2}{[N_2][O_2]} \quad \frac{\text{Pocos productos}}{\text{Principalmente reactivos}} = 2 \times 10^{-9}$$

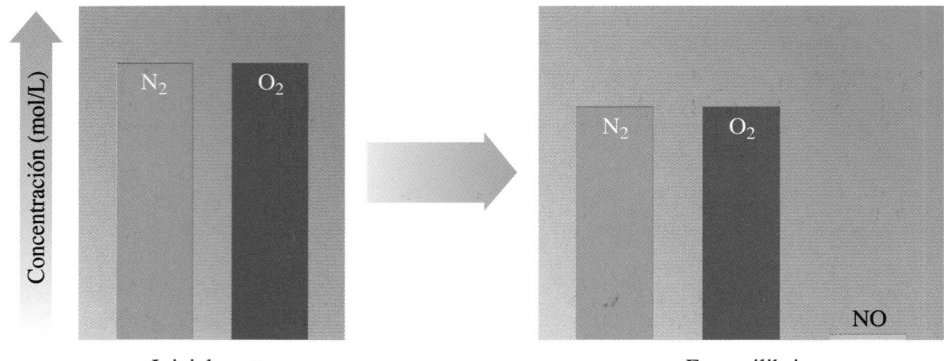

Inicialmente   En equilibrio

La mezcla en equilibrio contiene una cantidad muy pequeña del producto NO y una cantidad grande de los reactivos N_2 y O_2, lo que resulta en una K_c pequeña.

Sólo unas cuantas reacciones tienen constantes de equilibrio cercanas a 1, lo que significa que tienen concentraciones de reactivos y productos aproximadamente iguales. Cantidades moderadas de reactivos se convirtieron en productos cuando se alcanzó el equilibrio (véase la figura 9.7). La tabla 9.3 presenta algunas constantes de equilibrio y el alcance de su reacción.

FIGURA 9.7 En el equilibrio, una reacción con una K_c grande contiene principalmente productos, mientras que una reacción con una K_c pequeña contiene principalmente reactivos.

P ¿Una reacción con $K_c = 1.2 \times 10^{15}$ contiene principalmente reactivos o productos en equilibrio?

K_c pequeña	$K_c \approx 1$	K_c grande
Favorece reactivos		Favorece productos
Reactivos >> Productos	Reactivos ≈ Productos	Reactivos << Productos
Tiene lugar poca reacción	Reacción moderada	Reacción casi completa

TABLA 9.3 Ejemplos de reacciones con valores K_c grandes y pequeños

Reactivos	Productos	K_c	Mezcla en equilibrio contiene
$2CO(g) + O_2(g) \rightleftharpoons$	$2CO_2(g)$	2×10^{11}	Principalmente productos
$2H_2(g) + S_2(g) \rightleftharpoons$	$2H_2S(g)$	1.1×10^7	Principalmente productos
$N_2(g) + 3H_2(g) \rightleftharpoons$	$2NH_3(g)$	1.6×10^2	Principalmente productos
$PCl_5(g) \rightleftharpoons$	$PCl_3(g) + Cl_2(g)$	1.2×10^{-2}	Principalmente reactivos
$N_2(g) + O_2(g) \rightleftharpoons$	$2NO(g)$	2×10^{-9}	Principalmente reactivos

Cómo calcular concentraciones en equilibrio

Ya vio que las reacciones pueden alcanzar el equilibrio sin agotar todos los reactivos. Entonces es necesario usar la constante de equilibrio para calcular la cantidad de un reactivo o producto que se encontraría en la mezcla en equilibrio. En este tipo de problema se proporciona el valor de la constante de equilibrio para una reacción específica y todas las concentraciones, excepto una, como se muestra en el Ejemplo de problema 9.6.

TUTORIAL
Calculations Using the Equilibrium Constant

EJEMPLO DE PROBLEMA 9.6 **Cómo calcular la concentración usando una constante de equilibrio**

El fosgeno ($COCl_2$) es una sustancia tóxica que se produce en la reacción de monóxido de carbono y cloro; la K_c para la reacción es 5.0.

$$CO(g) + Cl_2(g) \rightleftharpoons COCl_2(g)$$

Si las concentraciones para la reacción en equilibrio son [CO] = 0.64 M y [Cl_2] = 0.25 M, ¿cuál es la concentración de $COCl_2(g)$?

SOLUCIÓN

Análisis del problema

	Reactivos		Producto	Constante de equilibrio
Reacción	$CO(g) + Cl_2(g) \rightleftharpoons COCl_2(g)$			
Equilibrio	0.64 M	0.25 M	M $COCl_2$	$K_c = 5.0$

Paso 1 **Escriba la expresión K_c para la ecuación de equilibrio.** Con la ecuación química balanceada, la expresión de la constante de equilibrio se escribe como:

$$K_c = \frac{[\text{Productos}]}{[\text{Reactivos}]} = \frac{[COCl_2]}{[CO][Cl_2]}$$

Paso 2 **Resuelva la expresión K_c para la concentración desconocida.** Para reordenar la expresión para [$COCl_2$], multiplique ambos lados por [CO][Cl_2], que cancela [CO][Cl_2] en el lado derecho.

$$K_c[CO][Cl_2] = \frac{[COCl_2]\,\cancel{[CO][Cl_2]}}{\cancel{[CO][Cl_2]}} = [COCl_2]$$

Paso 3 **Sustituya los valores conocidos en la expresión K_c reordenada, y calcule.** Al sustituir las concentraciones molares para la mezcla en equilibrio y el valor K_c en la expresión de la constante de equilibrio, se obtiene la concentración de $COCl_2$.

$$[COCl_2] = K_c[CO][Cl_2] = 5.0[0.64][0.25] = 0.80\,\text{M}$$

COMPROBACIÓN DE ESTUDIO 9.6

Puede producirse etanol al reaccionar etileno (C_2H_4) con vapor de agua. A 327 °C, la reacción tiene un K_c de 9.0×10^3.

$$C_2H_4(g) + H_2O(g) \rightleftharpoons C_2H_5OH(g)$$

Si las concentraciones en equilibrio son [C_2H_4] = 0.020 M y [H_2O] = 0.015 M ¿cuál es la concentración de C_2H_5OH?

Guía para usar el valor de K_c

1 Escriba la expresión K_c para la ecuación de equilibrio.

2 Resuelva la expresión K_c para la concentración desconocida.

3 Sustituya los valores conocidos en la expresión K_c reordenada, y calcule.

PREGUNTAS Y PROBLEMAS

9.4 Uso de las constantes de equilibrio

META DE APRENDIZAJE: *Usar una constante de equilibrio para predecir el alcance de la reacción y calcular las concentraciones de equilibrio.*

9.27 Indique si cada una de las siguientes reacciones contiene principalmente productos, principalmente reactivos o tanto reactivos como productos en equilibrio.

    a. $Cl_2(g) + 2NO(g) \rightleftharpoons 2NOCl(g)$ $K_c = 3.7 \times 10^8$
    b. $H_2O(g) + CH_4(g) \rightleftharpoons CO(g) + 3H_2(g)$ $K_c = 4.7$
    c. $3O_2(g) \rightleftharpoons 2O_3(g)$ $K_c = 1.7 \times 10^{-56}$

9.28 Indique si cada una de las siguientes reacciones contiene principalmente productos, principalmente reactivos o tanto reactivos como productos en equilibrio.

    a. $CO(g) + Cl_2(g) \rightleftharpoons COCl_2(g)$ $K_c = 5.0$
    b. $2HF(g) \rightleftharpoons H_2(g) + F_2(g)$ $K_c = 1.0 \times 10^{-95}$
    c. $2NO(g) + O_2(g) \rightleftharpoons 2NO_2(g)$ $K_c = 6.0 \times 10^{13}$

9.29 La constante de equilibrio, K_c, para la reacción de H_2 y I_2 es 54 a 425 °C. Si la mezcla en equilibrio contiene 0.015 M de I_2 y 0.030 M de HI, ¿cuál es la concentración de H_2?

$$H_2(g) + I_2(g) \rightleftharpoons 2HI(g)$$

9.30 La constante de equilibrio, K_c, para la descomposición de N_2O_4 es 4.6×10^{-3}. Si la mezcla en equilibrio contiene 0.050 M de NO_2, ¿cuál es la concentración de N_2O_4?

$$N_2O_4(g) \rightleftharpoons 2NO_2(g)$$

9.31 La constante de equilibrio, K_c, para la descomposición de NOBr es 2.0 a 100 °C. Si el sistema en equilibrio tiene 2.0 M de NO y 1.0 M de Br_2, ¿cuál es la concentración de NOBr?

$$2NOBr(g) \rightleftharpoons 2NO(g) + Br_2(g)$$

9.32 La constante de equilibrio, K_c, para la reacción de H_2 y N_2 es 1.7×10^2 a 225 °C. Si el sistema en equilibrio tiene 0.18 M de H_2 y 0.020 M de N_2, ¿cuál es la concentración de NH_3?

$$3H_2(g) + N_2(g) \rightleftharpoons 2NH_3(g)$$

META DE APRENDIZAJE

Usar el principio de Le Châtelier para describir los cambios producidos en las concentraciones de equilibrio cuando cambian las condiciones de la reacción.

TUTORIAL
Le Châtelier's Principle

9.5 Cambio en las condiciones de equilibrio: el principio de Le Châtelier

Ya vio que, cuando una reacción alcanza el equilibrio, las velocidades de las reacciones directa e inversa son iguales, y las concentraciones permanecen constantes. Ahora verá cómo un sistema en equilibrio responde a los cambios en la concentración, la presión y la temperatura. Hay varias maneras de alterar el equilibrio, incluidos el quitar o agregar uno de los reactivos o productos, o reducir o aumentar el volumen o la temperatura.

El principio de Le Châtelier

Cuando se altera alguna de las condiciones de un sistema en equilibrio, las velocidades de las reacciones directa e inversa ya no son iguales. Puede decirse que se ocasiona una cierta *perturbación* en el equilibrio. Entonces el sistema responde y cambia la velocidad de la reacción directa o inversa en el sentido que alivie dicha perturbación para restablecer el equilibrio. En estos casos puede aplicarse el **principio de Le Châtelier**, que afirma que, cuando un sistema en equilibrio se perturba, el sistema se desplazará en la dirección que reduzca dicha perturbación.

Agua en equilibrio   Se ocasiona una perturbación a medida que se agrega agua al primer tanque. Aumenta la velocidad en dirección directa   Establecimiento de un nuevo equilibrio

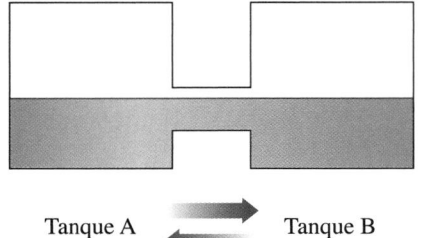
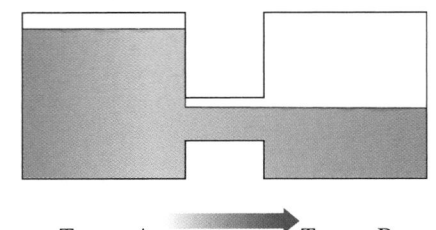
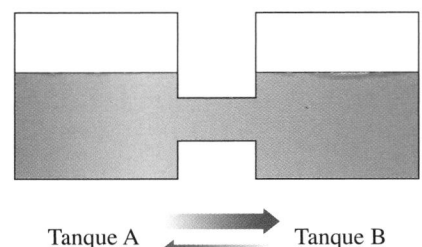

Cuando se agrega agua a un tanque, los niveles se reajustan para igualarlos.

Imagine que tiene dos tanques con agua conectados por una tubería. Cuando los niveles de agua son iguales, el agua se mueve de igual forma en la dirección directa (del Tanque A al Tanque B) y en la dirección inversa (del Tanque B al Tanque A). Suponga que agrega más agua al Tanque A. Con un nivel más alto de agua en el Tanque A, más agua se mueve en la dirección directa del Tanque A hacia el Tanque B, en lugar de hacerlo en la dirección inversa, del Tanque B al Tanque A, lo que se muestra con una flecha más grande. Con el tiempo se alcanza el equilibrio a medida que los niveles de ambos tanques se igualan nuevamente, pero más altos que antes.

Efecto de los cambios de concentración sobre el equilibrio

Ahora se usará la reacción de H_2 y I_2 para ilustrar cómo un cambio de concentración perturba el equilibrio y cómo responde el sistema a dicha perturbación.

$$H_2(g) + I_2(g) \rightleftharpoons 2HI(g)$$

Suponga que se agrega más reactivo H_2 a la mezcla en equilibrio, lo que aumenta la concentración de H_2. Dado que K_c no puede cambiar para una reacción a una temperatura dada, agregar más H_2 desencadena una perturbación en el sistema (véase la figura 9.8). Entonces, para liberar dicha perturbación, el sistema aumenta la velocidad de la reacción directa. Por tanto, se forman más productos hasta que el sistema está de nuevo en equilibrio. De acuerdo con el principio de Le Châtelier, agregar más reactivo hace que el sistema *se desplace* en la dirección de los productos hasta restablecer el equilibrio.

Agregar H_2

$$H_2(g) + I_2(g) \rightleftharpoons 2HI(g)$$

Ahora imagine que parte de H_2 se retira de la mezcla de reacción en equilibrio, lo que reduce la concentración de H_2. Para liberar esta perturbación, la velocidad de la reacción directa frena. De acuerdo con el principio de Le Châtelier, se sabe que cuando alguno de los reactivos se eliminan, el sistema se *desplazará* en la dirección de los reactivos hasta restablecer el equilibrio.

Eliminar H_2

$$H_2(g) + I_2(g) \rightleftharpoons 2HI(g)$$

También pueden aumentar o disminuir las concentraciones de los productos de una mezcla en equilibrio. Por ejemplo, si agrega más HI, hay un aumento en la velocidad de la reacción en la dirección inversa, lo que convierte parte de los productos en reactivos. La concentración de los productos disminuye y la concentración de los reactivos aumenta hasta restablecer el equilibrio. Con el principio de Le Châtelier, se observa que la adición de un producto hace que el sistema se *desplace* en la dirección de los reactivos.

Agregar HI

$$H_2(g) + I_2(g) \rightleftharpoons 2HI(g)$$

En otro ejemplo, parte del HI se elimina de una mezcla en equilibrio, lo que disminuye la concentración de los productos. Entonces hay un *desplazamiento* en la dirección de los productos para restablecer el equilibrio.

Eliminar HI

$$H_2(g) + I_2(g) \rightleftharpoons 2HI(g)$$

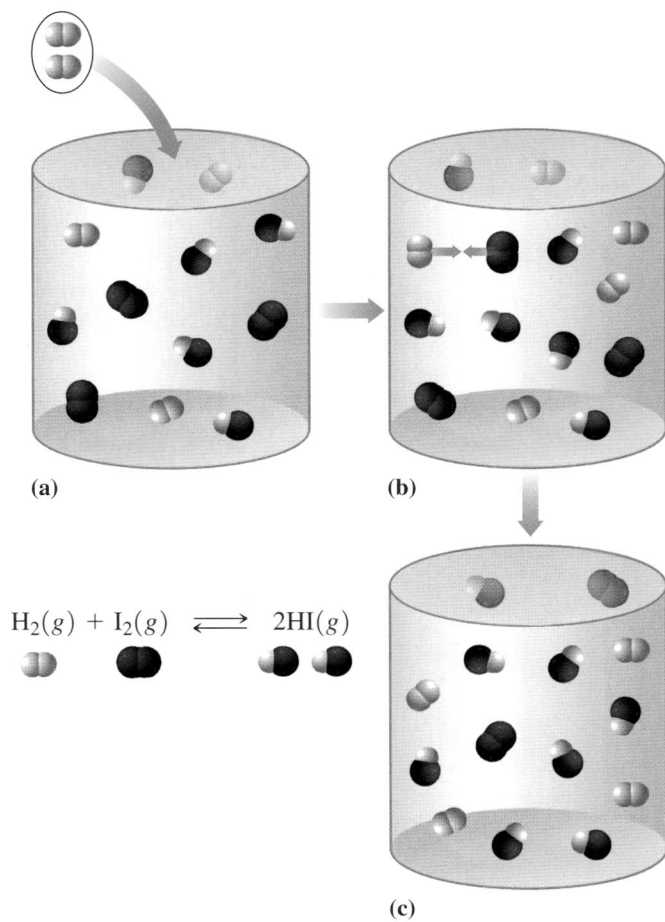

$$H_2(g) + I_2(g) \rightleftharpoons 2HI(g)$$

FIGURA 9.8 **(a)** La adición de H_2 genera una perturbación en el sistema en equilibrio de $H_2(g) + I_2(g) \rightleftharpoons 2HI(g)$. **(b)** Para aliviar la perturbación, la reacción directa convierte parte de los reactivos H_2 y I_2 en producto HI. **(c)** Un nuevo equilibrio se establece cuando las velocidades de la reacción directa y la reacción inversa se igualan.

P Si se agrega más producto HI, ¿el equilibrio se desplazará en dirección de los productos o de los reactivos? ¿Por qué?

TUTORIAL
Predicting Equilibrium Shifts

TABLA 9.4 Efecto del cambio de la concentración sobre el equilibrio
$H_2(g) + I_2(g) \rightleftharpoons 2HI(g)$

Perturbación	Desplazamiento en dirección de
Aumenta $[H_2]$	Productos
Disminuye $[H_2]$	Reactivos
Aumenta $[I_2]$	Productos
Disminuye $[I_2]$	Reactivos
Aumenta $[HI]$	Reactivos
Disminuye $[HI]$	Productos

En resumen, el principio de Le Châtelier indica que una perturbación causada por agregar una sustancia en el equilibrio se libera cuando el sistema en equilibrio desplaza la reacción alejándola de dicha sustancia. Agregar más reactivo produce un aumento en la reacción directa hacia los productos. Agregar más producto produce un aumento en la reacción inversa hacia los reactivos. Cuando parte de una sustancia se elimina, el sistema en equilibrio se desplaza en la dirección de dicha sustancia. Tales características del principio de Le Châtelier se resumen en la tabla 9.4.

Efecto de un catalizador sobre el equilibrio

En ocasiones se agrega un catalizador a una reacción. Antes, en la sección 9.1 se mostró que un catalizador acelera una reacción al reducir la energía de activación. Como resultado, aumentan las velocidades de las reacciones directa e inversa. El tiempo necesario para alcanzar el equilibrio es más corto, pero se logran las mismas proporciones de productos y reactivos. Por tanto, un catalizador acelera las reacciones directa e inversa, pero no tiene efecto sobre las concentraciones de los reactivos y productos en la mezcla en equilibrio.

COMPROBACIÓN DE CONCEPTOS 9.4 · Efecto de los cambios de concentración sobre el equilibrio

Describir el efecto de cada uno de los cambios listados sobre la mezcla en equilibrio de la reacción siguiente:

$$CO(g) + H_2O(g) \rightleftharpoons CO_2(g) + H_2(g)$$

a. aumentar $[CO]$
b. aumentar $[H_2]$
c. disminuir $[H_2O]$
d. disminuir $[CO_2]$
e. agregar un catalizador

RESPUESTA

De acuerdo con el principio de Le Châtelier, cuando se produce una perturbación en una reacción en equilibrio, el equilibrio se desplazará para aliviar la perturbación.

a. Cuando la concentración del reactivo CO aumenta, la velocidad de la reacción directa aumenta para desplazar el equilibrio en la dirección de los productos, hasta restablecer el equilibrio.
b. Cuando la concentración del producto H_2 aumenta, la velocidad de la reacción inversa aumenta para desplazar el equilibrio en la dirección de los reactivos, hasta restablecer el equilibrio.
c. Cuando la concentración del reactivo H_2O disminuye, la velocidad de la reacción inversa aumenta para desplazar el equilibrio en la dirección de los reactivos, hasta restablecer el equilibrio.
d. Cuando la concentración del producto CO_2 disminuye, la velocidad de la reacción directa aumenta para desplazar el equilibrio en la dirección de los productos, hasta restablecer el equilibrio.
e. Cuando se agrega un catalizador, cambia las velocidades de las reacciones directa e inversa por igual, lo que no produce ningún desplazamiento en el sistema en equilibrio.

Efecto del cambio de volumen sobre el equilibrio

Si hay un cambio en el volumen de una mezcla de gases en equilibrio, también cambiarán las concentraciones de dichos gases. Reducir el volumen aumentará la concentración de gases, en tanto que aumentar el volumen disminuirá su concentración. Entonces el sistema responde para restablecer el equilibrio.

Observe el efecto de disminuir el volumen de la mezcla en equilibrio de la reacción siguiente:

$$2CO(g) + O_2(g) \rightleftharpoons 2CO_2(g)$$

Si se reduce el volumen, hay un aumento en todas las concentraciones. De acuerdo con el principio de Le Châtelier, el aumento de concentración se alivia cuando el sistema se desplaza en la dirección del menor número de moles.

Disminuye V

$$\underset{\text{3 moles}}{2CO(g) + O_2(g)} \rightleftharpoons \underset{\text{2 moles}}{2CO_2(g)}$$

Por otra parte, cuando el volumen de la mezcla de gases en equilibrio aumenta, las concentraciones de todos los gases disminuyen. Entonces el sistema se desplaza en la dirección del mayor número de moles para restablecer el equilibrio (véase la figura 9.9).

Aumenta V

$$\underset{\text{3 moles}}{2CO(g) + O_2(g)} \rightleftharpoons \underset{\text{2 moles}}{2CO_2(g)}$$

Cuando una reacción tiene el mismo número de moles de reactivos y productos, un cambio de volumen no afecta la mezcla en equilibrio porque las concentraciones de reactivos y productos cambian en la misma forma.

$$\underset{\text{2 moles}}{H_2(g) + I_2(g)} \rightleftharpoons \underset{\text{2 moles}}{2HI(g)}$$

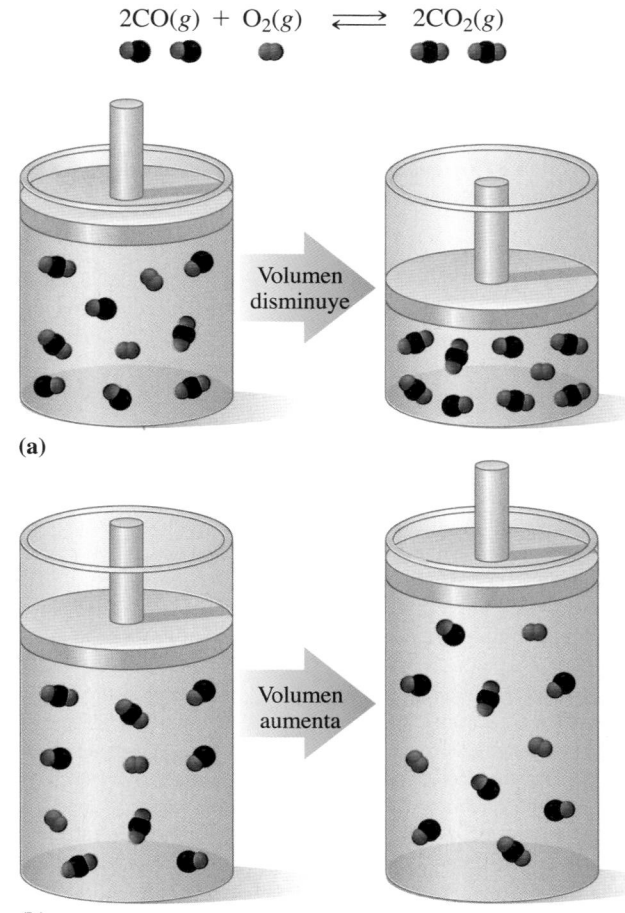

$$2CO(g) + O_2(g) \rightleftharpoons 2CO_2(g)$$

(a)

(b)

FIGURA 9.9 **(a)** Una reducción del volumen del recipiente hace que el sistema se desplace en la dirección que tiene menos moles de gas. **(b)** Un aumento del volumen del recipiente hace que el sistema se desplace en la dirección de más moles de gas.

P Si usted quiere aumentar los productos, ¿aumentaría o disminuiría el volumen del recipiente de reacción?

EJEMPLO DE PROBLEMA 9.7 **Efecto de los cambios de volumen sobre el equilibrio**

Indique el efecto de reducir el volumen del recipiente para cada uno de los equilibrios siguientes:

a. $C_2H_2(g) + 2H_2(g) \rightleftharpoons C_2H_6(g)$
b. $2NO_2(g) \rightleftharpoons 2NO(g) + O_2(g)$
c. $CO(g) + H_2O(g) \rightleftharpoons CO_2(g) + H_2(g)$

SOLUCIÓN

a. El sistema se desplaza en la dirección del producto, que tiene menos moles de gas.

$$\underset{\text{3 moles}}{C_2H_2(g) + 2H_2(g)} \longrightarrow \underset{\text{1 mol}}{C_2H_6(g)}$$

b. El sistema se desplaza en la dirección del reactivo, que tiene menos moles de gas.

$$\underset{\text{2 moles}}{2NO_2(g)} \longleftarrow \underset{\text{3 moles}}{2NO(g) + O_2(g)}$$

c. No hay desplazamiento en el sistema porque los moles de reactivo son iguales a los moles de producto.

$$\underset{\text{2 moles}}{CO(g) + H_2O(g)} \rightleftharpoons \underset{\text{2 moles}}{CO_2(g) + H_2(g)}$$

COMPROBACIÓN DE ESTUDIO 9.7

Imagine que quiere aumentar la generación de producto en la reacción siguiente. ¿Usted aumentaría o disminuiría el volumen del recipiente de reacción?

$$CO(g) + 2H_2(g) \rightleftharpoons CH_3OH(g)$$

La química en la salud

EQUILIBRIO OXÍGENO-HEMOGLOBINA E HIPOXIA

El transporte de oxígeno involucra un equilibrio entre hemoglobina (Hb), oxígeno y oxihemoglobina (HbO_2).

$$Hb + O_2 \rightleftharpoons HbO_2$$

Cuando el nivel de O_2 es alto en los alvéolos del pulmón, la reacción favorece el producto HbO_2. En los tejidos, donde la concentración de O_2 es baja, la reacción inversa libera el oxígeno de la hemoglobina. La expresión de la constante de equilibrio se escribe:

$$K_c = \frac{[HbO_2]}{[Hb][O_2]}$$

A presión atmosférica normal, el oxígeno se difunde en la sangre porque la presión parcial del oxígeno en los alvéolos es mayor que la de la sangre. A una altura superior a 2.4 km, una disminución de la presión atmosférica ocasiona una reducción significativa de la presión parcial del oxígeno, lo que significa que hay menos oxígeno disponible para la sangre y los tejidos corporales. La disminución de la presión atmosférica a mayor altitud reduce la presión parcial del oxígeno inhalado, y hay menos presión impulsora para el intercambio de gases en los pulmones. A una altitud de casi 5.5 km, una persona obtendrá 29% menos oxígeno. Cuando los niveles de oxigeno disminuyen, una persona puede experimentar *hipoxia*, cuyos síntomas incluyen aumento en el ritmo respiratorio, dolor de cabeza, disminución de la agudeza mental, fatiga, reducción de la coordinación física, náusea, vómito y cianosis. Un problema similar surge en las personas con antecedentes de enfermedad pulmonar que deteriora la difusión de gases en los alvéolos o en individuos que tienen un número reducido de eritrocitos, como los fumadores.

De acuerdo con el principio de Le Châtelier, se observa que una disminución de oxígeno desplazará el equilibrio en la dirección de los reactivos. Dicho desplazamiento agota la concentración de HbO_2 y produce la condición de hipoxia.

$$Hb + O_2 \longleftarrow HbO_2$$

El tratamiento inmediato del mal de altura consiste en hidratación, reposo y, si es necesario, descender a menor altitud. Para adaptarse a los menores niveles de oxígeno se necesitan aproximadamente 10 días. Durante este tiempo la médula ósea aumenta la producción de eritrocitos, lo que proporciona más hemoglobina. Una persona que vive a gran altura puede tener 50% más eritrocitos que alguien que vive al nivel del mar. Este aumento de hemoglobina produce un desplazamiento del equilibrio en la dirección del producto HbO_2. Con el tiempo, la mayor concentración de HbO_2 proporcionará más oxígeno a los tejidos y los síntomas de hipoxia disminuirán.

$$Hb + O_2 \longrightarrow HbO_2$$

Para alguien que escala altas montañas, es importante detenerse y aclimatarse durante varios días al aumento de altitudes. A muy grandes alturas puede ser necesario usar un tanque de oxígeno.

La hipoxia puede ocurrir a grandes alturas, donde la concentración de oxígeno es menor.

Efecto del cambio de temperatura sobre el equilibrio

Es posible pensar en el calor como un reactivo o producto de una reacción. Por ejemplo, en la ecuación para una reacción endotérmica, el calor se escribe en el lado de los reactivos. Cuando la temperatura de una reacción endotérmica aumenta, la respuesta del sistema es desplazarse en la dirección de los productos para eliminar calor.

Aumenta T

$$N_2(g) + O_2(g) + calor \rightleftharpoons 2NO(g)$$

Si la temperatura se reduce en una reacción endotérmica, hay una disminución del calor. Entonces el sistema se desplaza en la dirección de los reactivos para agregar calor.

Disminuye T

$$N_2(g) + O_2(g) + calor \rightleftharpoons 2NO(g)$$

En la ecuación de una reacción exotérmica, el calor se escribe en el lado de los productos. Cuando la temperatura de una reacción exotérmica aumenta, la respuesta del sistema es desplazarse en la dirección de los reactivos para eliminar calor.

Aumenta T

$$2SO_2(g) + O_2(g) \rightleftharpoons 2SO_3(g) + calor$$

Si la temperatura se reduce en una reacción exotérmica, hay una reducción del calor. Entonces el sistema se desplaza en la dirección de los productos para agregar calor.

Disminuye T

$$2SO_2(g) + O_2(g) \rightleftharpoons 2SO_3(g) + calor$$

EJEMPLO DE PROBLEMA 9.8   **Efecto del cambio de temperatura sobre el equilibrio**

Indique el cambio que tiene lugar cuando la temperatura aumenta en cada uno de los siguientes sistemas en equilibrio:

a. $N_2(g) + 3H_2(g) \rightleftharpoons 2NH_3(g) + 92\ kJ$
b. $N_2(g) + O_2(g) + 180\ kJ \rightleftharpoons 2NO(g)$

SOLUCIÓN

a. Cuando la temperatura aumenta en una reacción exotérmica, el sistema se desplaza en la dirección de los reactivos para eliminar calor.
b. Cuando la temperatura aumenta para una reacción endotérmica, el sistema se desplaza en la dirección de los productos para eliminar calor.

COMPROBACIÓN DE ESTUDIO 9.8

Indique el cambio que tiene lugar cuando la temperatura disminuye en cada una de las reacciones en equilibrio del Ejemplo de problema 9.8.

La tabla 9.5 resume las formas en que se puede aplicar el principio de Le Châtelier para determinar el desplazamiento que se lleva a cabo en el equilibrio con el fin de aliviar la perturbación causada por el cambio en una condición.

TABLA 9.5 **Efectos del cambio de condiciones sobre el equilibrio**

Condición	Cambio (perturbación)	Alivia la perturbación en la dirección de
Concentración	Agregar un reactivo	Productos (reacción directa)
	Eliminar un reactivo	Reactivos (reacción inversa)
	Agregar un producto	Reactivos (reacción inversa)
	Eliminar un producto	Productos (reacción directa)
Volumen (recipiente)	Reducir volumen	Menor número de moles
	Aumentar volumen	Mayor número de moles
Temperatura	**Reacción endotérmica**	
	Elevar T	Productos (reacción directa para eliminar calor)
	Reducir T	Reactivos (reacción inversa para agregar calor)
	Reacción exotérmica	
	Elevar T	Reactivos (reacción inversa para eliminar calor)
	Reducir T	Productos (reacción directa para agregar calor)
Catalizador	Aumentar velocidades igualmente	Sin efecto

La química en la salud

HOMEOSTASIS: REGULACIÓN DE LA TEMPERATURA CORPORAL

Cuando un sistema fisiológico se encuentra en equilibrio se le denomina *homeostasis*. En este estado, los cambios en el ambiente se equilibran por medio de cambios en el cuerpo. Es vital para la supervivencia equilibrar la ganancia de calor con la pérdida de calor. Si no se pierde suficiente calor, la temperatura corporal aumenta. Con temperaturas altas, el cuerpo ya no puede regular las reacciones metabólicas. Si pierde demasiado calor, la temperatura corporal disminuye. Con temperaturas bajas, las funciones esenciales se desarrollan muy lentamente.

La piel tiene una función muy importante en el mantenimiento de la temperatura corporal. Cuando la temperatura exterior aumenta, los receptores de la piel envían señales al cerebro. La parte reguladora de la temperatura en el cerebro estimula las glándulas sudoríparas para que produzcan sudor (transpiración). A medida que la transpiración se evapora de la piel, el calor se elimina y la temperatura corporal desciende.

En las regiones con temperaturas frías se libera adrenalina, lo que causa un aumento de la actividad metabólica que incrementa la producción de calor. Los receptores de la piel mandan al cerebro la señal de constreñir los vasos sanguíneos. Menos sangre fluye por la piel y el calor se conserva. La producción de transpiración se detiene para frenar la pérdida de calor por evaporación.

Vasos sanguíneos se dilatan

- aumenta la producción de sudor
- el sudor se evapora
- la piel se enfría

Vasos sanguíneos se constriñen y se libera adrenalina

- aumenta la actividad metabólica
- aumenta la actividad muscular
- se presentan escalofríos
- se detiene la producción de sudor

PREGUNTAS Y PROBLEMAS

9.5 Cambio en las condiciones de equilibrio: el principio de Le Châtelier

META DE APRENDIZAJE: *Usar el principio de Le Châtelier para describir los cambios producidos en las concentraciones de equilibrio cuando cambian las condiciones de la reacción.*

9.33 En la atmósfera inferior, el oxígeno se convierte en ozono (O_3) por la energía suministrada por la luz.

$$3O_2(g) + calor \rightleftharpoons 2O_3(g)$$

En cada uno de los siguientes cambios en el equilibrio, indique si el sistema se desplaza en la dirección de los productos, de los reactivos o no cambia:

a. agregar más $O_2(g)$
b. agregar más $O_3(g)$
c. aumentar la temperatura
d. aumentar el volumen del recipiente
e. agregar un catalizador

9.34 El amoniaco se produce al reaccionar gas nitrógeno y gas hidrógeno.

$$N_2(g) + 3H_2(g) \rightleftharpoons 2NH_3(g) + 92 \text{ kJ}$$

En cada uno de los siguientes cambios en el equilibrio, indique si el sistema se desplaza en la dirección de los productos, de los reactivos o no cambia:

a. eliminar un poco de $N_2(g)$
b. bajar la temperatura

c. agregar más $NH_3(g)$
d. agregar más $H_2(g)$
e. aumentar el volumen del recipiente

9.35 Para elaborar cloruro de hidrógeno se puede hacer reaccionar hidrógeno gaseoso con cloro gaseoso.

$$H_2(g) + Cl_2(g) + calor \rightleftharpoons 2HCl(g)$$

En cada uno de los siguientes cambios en el equilibrio, indique si el sistema se desplaza en la dirección de los productos, de los reactivos o no cambia:

a. agregar más $H_2(g)$
b. aumentar la temperatura
c. eliminar un poco de $HCl(g)$
d. agregar un catalizador
e. eliminar un poco de $Cl_2(g)$

9.36 Cuando se calienta, el carbono reacciona con agua para producir monóxido de carbono e hidrógeno.

$$C(s) + H_2O(g) + calor \rightleftharpoons CO(g) + H_2(g)$$

En cada uno de los siguientes cambios en el equilibrio, indique si el sistema se desplaza en la dirección de los productos, de los reactivos o no cambia.

a. bajar la temperatura
b. agregar más $C(s)$
c. eliminar $CO(g)$ a medida que se forma
d. agregar más $H_2O(g)$
e. reducir el volumen del recipiente

MAPA CONCEPTUAL

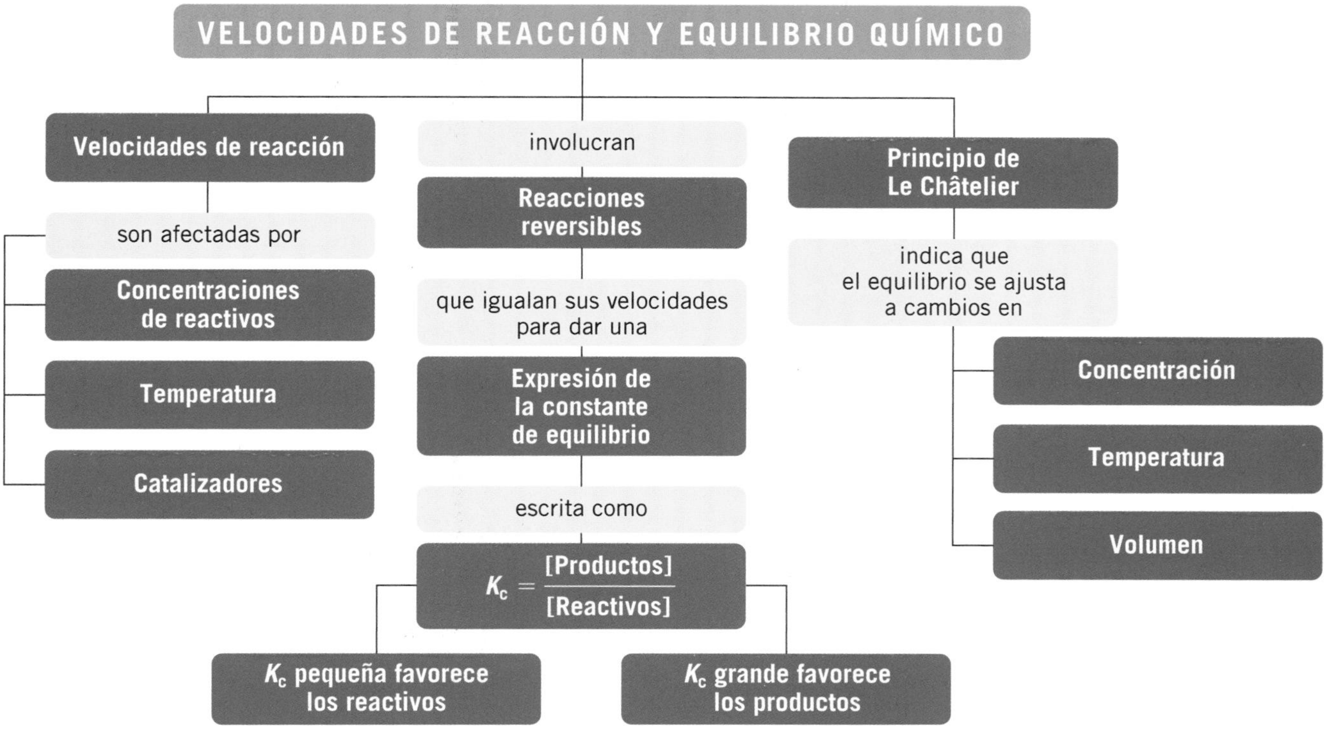

VELOCIDADES DE REACCIÓN Y EQUILIBRIO QUÍMICO

Velocidades de reacción

involucran

Principio de Le Châtelier

son afectadas por

Reacciones reversibles

indica que el equilibrio se ajusta a cambios en

Concentraciones de reactivos

que igualan sus velocidades para dar una

Concentración

Temperatura

Expresión de la constante de equilibrio

Temperatura

Catalizadores

escrita como

Volumen

$$K_c = \frac{[Productos]}{[Reactivos]}$$

K_c pequeña favorece los reactivos

K_c grande favorece los productos

REPASO DEL CAPÍTULO

9.1 Velocidades de reacción

META DE APRENDIZAJE: Describir cómo la temperatura, la concentración y los catalizadores afectan la velocidad de una reacción.

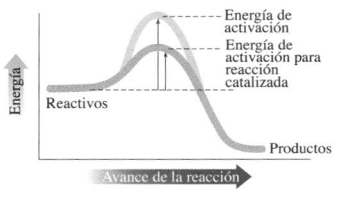

- La velocidad de una reacción es la rapidez con la cual los reactivos se convierten en productos.
- Aumentar las concentraciones de los reactivos, elevar la temperatura o agregar un catalizador pueden aumentar la velocidad de una reacción.

9.2 Equilibrio químico

META DE APRENDIZAJE: Usar el concepto de reacciones reversibles *para explicar el equilibrio químico.*

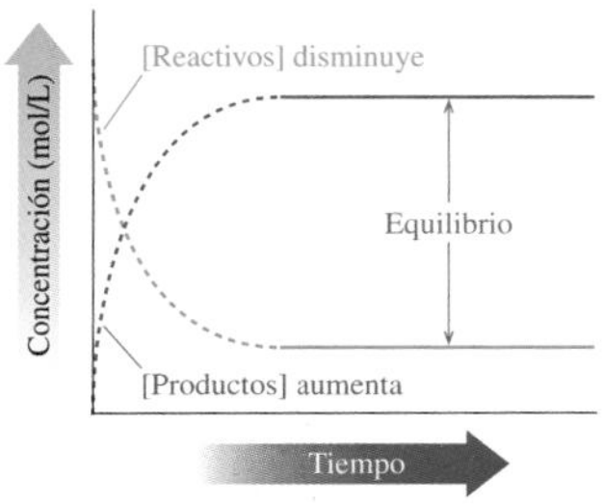

- El equilibrio químico ocurre en una reacción reversible cuando la velocidad de la reacción directa es igual a la velocidad de la reacción inversa.
- En el equilibrio no ocurren más cambios en las concentraciones de reactivos y productos conforme continúan las reacciones directa e inversa.

9.3 Constantes de equilibrio

META DE APRENDIZAJE: Calcular la constante de equilibrio para una reacción reversible dadas las concentraciones de reactivos y productos en equilibrio.

- Una constante de equilibrio, K_c, es la proporción existente entre las concentraciones de los productos y las concentraciones de los reactivos, donde cada concentración se eleva a una potencia igual a su coeficiente en la ecuación química.
- En las reacciones heterogéneas sólo los gases se colocan en la expresión de equilibrio.

9.4 Uso de las constantes de equilibrio

META DE APRENDIZAJE: Usar una constante de equilibrio para predecir el alcance de la reacción y calcular las concentraciones de equilibrio.

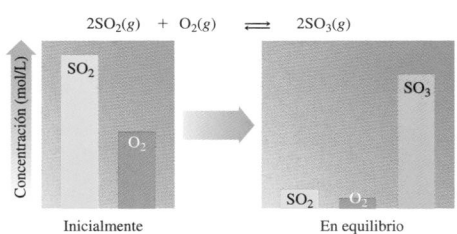

- Un valor grande de K_c indica que el equilibrio favorece los productos y podría estar cerca de completarse, en tanto que un valor pequeño de K_c muestra que el equilibrio favorece los reactivos.
- Las constantes de equilibrio pueden servir para calcular la concentración de un componente de la mezcla en equilibrio.

9.5 Cambio en las condiciones de equilibrio: el principio de Le Châtelier

META DE APRENDIZAJE:
Usar el principio de Le Châtelier para describir los cambios producidos en las concentraciones en equilibrio cuando cambian las condiciones de la reacción.

- Cuando se agregan reactivos o se eliminan productos de una mezcla en equilibrio, el sistema se desplaza en la dirección de los productos.
- Cuando se eliminan reactivos o se agregan productos a una mezcla en equilibrio, el sistema se desplaza en la dirección de los reactivos.
- Una disminución del volumen de un recipiente de reacción produce un desplazamiento en la dirección con el menor número de moles.
- Un aumento del volumen de un recipiente de reacción produce un desplazamiento en la dirección con el mayor número de moles.
- Elevar la temperatura de una reacción endotérmica o reducir la temperatura de una reacción exotérmica ocasionará que el sistema se desplace en la dirección de los productos.
- Reducir la temperatura de una reacción endotérmica o elevar la temperatura de una reacción exotérmica ocasionará que el sistema se desplace en la dirección de los reactivos.

TÉRMINOS CLAVE

catalizador Sustancia que aumenta la velocidad de una reacción al reducir la energía de activación.

constante de equilibrio, K_c Valor numérico obtenido al sustituir las concentraciones de equilibrio de los componentes en la expresión de la constante de equilibrio.

energía de activación Energía mínima necesaria en una colisión para romper los enlaces de las moléculas reactantes.

equilibrio heterogéneo Sistema en equilibrio en donde los componentes están en diferentes estados.

equilibrio homogéneo Sistema en equilibrio en donde todos los componentes están en el mismo estado.

equilibrio químico Punto en el que las reacciones hacia productos y hacia reactivos tienen lugar a la misma velocidad, de modo que no hay mayor cambio en las concentraciones de reactivos y productos.

expresión de la constante de equilibrio Proporción entre las concentraciones de productos y las concentraciones de reactivos, con cada componente elevado a un exponente igual al coeficiente de dicho compuesto en la ecuación química balanceada.

principio de Le Châtelier Cuando se aplica un cambio que perturba un sistema en equilibrio, el equilibrio se desplazará para subsanar dicho cambio.

reacción reversible Reacción que ocurre en ambas direcciones, de reactivos hacia productos y de productos hacia reactivos.

teoría de colisión Modelo de reacción química que afirma que las moléculas deben chocar con suficiente energía para poder formar productos.

velocidad de reacción Rapidez a la que se consumen los reactivos para formar producto(s).

COMPRENSIÓN DE CONCEPTOS

Las secciones del capítulo que se deben revisar se muestran entre paréntesis al final de cada pregunta.

9.37 La constante de equilibrio, K_c, para la reacción de los diagramas, ¿tiene un valor grande o pequeño? (9.4)

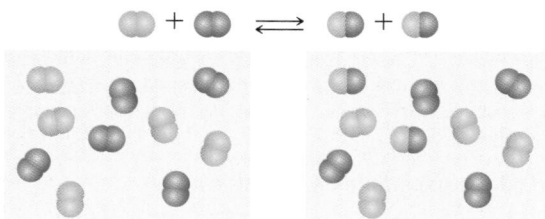

Inicialmente   En equilibrio

9.38 La constante de equilibrio, K_c, para la reacción en los diagramas, ¿tiene un valor grande o pequeño? (9.4)

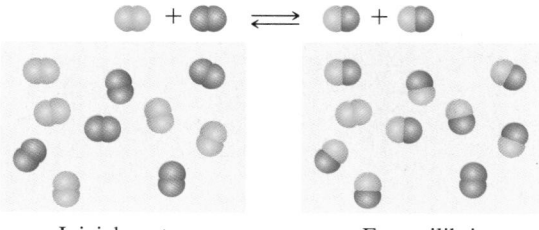

Inicialmente   En equilibrio

9.39 ¿T_2 sería mayor o menor que T_1 para la reacción que se muestra en los diagramas siguientes? (9.5)

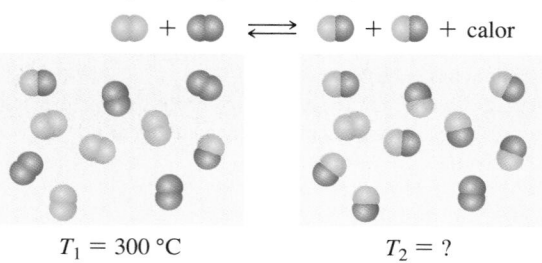

$T_1 = 300\ °C$ $T_2 = ?$

9.40 ¿La reacción que se muestra en los diagramas siguientes es exotérmica o endotérmica? (9.5)

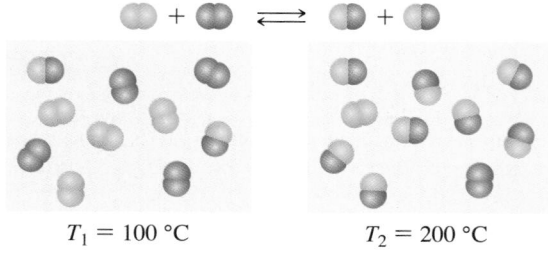

$T_1 = 100\ °C$ $T_2 = 200\ °C$

9.41 Indique todos los cambios que **a-d** ocasionará para la siguiente reacción, inicialmente en equilibrio: (9.5)

$$C_2H_4(g) + Cl_2(g) \longrightarrow C_2H_4Cl_2(g) + calor$$

a. elevar la temperatura de la reacción
b. reducir el volumen del recipiente de reacción
c. agregar un catalizador
d. agregar más $Cl_2(g)$

9.42 Indique todos los cambios que **a-d** ocasionará para la siguiente reacción, inicialmente en equilibrio: (9.5)

$$N_2(g) + O_2(g) + calor \rightleftharpoons 2NO(g)$$

a. elevar la temperatura de la reacción
b. reducir el volumen del recipiente de reacción
c. agregar un catalizador
d. eliminar un poco de $N_2(g)$

PREGUNTAS Y PROBLEMAS ADICIONALES

Visite www.masteringchemistry.com para acceder a materiales de auto-aprendizaje y tareas asignadas por el instructor.

9.43 Escriba la expresión de la constante de equilibrio para cada una de las reacciones siguientes: (9.3)
a. $CH_4(g) + 2O_2(g) \rightleftharpoons CO_2(g) + 2H_2O(g)$
b. $4NH_3(g) + 3O_2(g) \rightleftharpoons 2N_2(g) + 6H_2O(g)$
c. $C(s) + 2H_2(g) \rightleftharpoons CH_4(g)$

9.44 Escriba la expresión de la constante de equilibrio para cada una de las reacciones siguientes: (9.3)
a. $2C_2H_6(g) + 7O_2(g) \rightleftharpoons 4CO_2(g) + 6H_2O(g)$
b. $2NaHCO_3(s) \rightleftharpoons Na_2CO_3(s) + CO_2(g) + H_2O(g)$
c. $4NH_3(g) + 5O_2(g) \rightleftharpoons 4NO(g) + 6H_2O(g)$

9.45 Para cada una de las reacciones siguientes, indique si la mezcla en equilibrio contiene principalmente productos, principalmente reactivos, o tanto reactivos como productos: (9.4)
a. $H_2(g) + Cl_2(g) \rightleftharpoons 2HCl(g)$ $K_c = 1.3 \times 10^{34}$
b. $2NOBr(g) \rightleftharpoons 2NO(g) + Br_2(g)$ $K_c = 2.0$
c. $2NOCl(g) \rightleftharpoons Cl_2(g) + 2NO(g)$ $K_c = 2.7 \times 10^{-9}$
d. $C(s) + H_2O(g) \rightleftharpoons CO(g) + H_2(g)$ $K_c = 6.3 \times 10^{-1}$

9.46 Para cada una de las siguientes reacciones, indique si la mezcla en equilibrio contiene principalmente productos, principalmente reactivos, o tanto reactivos como productos: (9.4)
a. $2H_2O(g) \rightleftharpoons 2H_2(g) + O_2(g)$ $K_c = 4 \times 10^{-48}$
b. $N_2(g) + 3H_2(g) \rightleftharpoons 2NH_3(g)$ $K_c = 0.30$
c. $2SO_2(g) + O_2(g) \rightleftharpoons 2SO_3(g)$ $K_c = 1.2 \times 10^9$
d. $H_2(g) + S(s) \rightleftharpoons H_2S(g)$ $K_c = 7.8 \times 10^5$

9.47 Escriba la expresión de la constante de equilibrio para las reacciones **a-d** en el problema 9.45. (9.3)

9.48 Escriba la expresión de la constante de equilibrio para las reacciones **a-d** en el problema 9.46. (9.3)

9.49 Escriba las ecuaciones químicas balanceadas que producirían cada una de las siguientes expresiones de constante de equilibrio: (9.3)

a. $K_c = \dfrac{[SO_2][Cl_2]}{[SO_2Cl_2]}$ **b.** $K_c = \dfrac{[BrCl]^2}{[Br_2][Cl_2]}$

c. $K_c = \dfrac{[CH_4][H_2O]}{[CO][H_2]^3}$ **d.** $K_c = \dfrac{[N_2O][H_2O]^3}{[O_2]^2[NH_3]^2}$

9.50 Escriba las ecuaciones químicas balanceadas que producirían cada una de las siguientes expresiones de constante de equilibrio: (9.3)

a. $K_c = \dfrac{[CO_2][H_2]}{[CO][H_2O]}$ **b.** $K_c = \dfrac{[H_2][F_2]}{[HF]^2}$

c. $K_c = \dfrac{[O_2][HCl]^4}{[Cl_2]^2[H_2O]^2}$ **d.** $K_c = \dfrac{[CS_2][H_2]^4}{[CH_4][H_2S]^2}$

9.51 Considere la reacción: (9.3)

$$2NH_3(g) \rightleftharpoons N_2(g) + 3H_2(g)$$

a. Escriba la expresión de la constante de equilibrio.

b. ¿Cuál es la K_c para la reacción si las concentraciones en equilibrio son 0.20 M NH_3, 3.0 M N_2 y 0.50 M H_2?

9.52 Considere la reacción: (9.3)

$$2SO_2(g) + O_2(g) \rightleftharpoons 2SO_3(g)$$

a. Escriba la expresión de la constante de equilibrio.
b. ¿Cuál es la K_c para la reacción si las concentraciones en equilibrio son 0.10 M SO_2, 0.12 M O_2 y 0.60 M SO_3?

9.53 La constante de equilibrio para la reacción de combinación de NO_2 es 5.0 a 100 °C. Si una mezcla en equilibrio contiene 0.50 M de NO_2, ¿cuál es la concentración de N_2O_4? (9.3, 9.4)

$$2NO_2(g) \rightleftharpoons N_2O_4(g)$$

9.54 La constante de equilibrio para la reacción de carbono y agua que forma monóxido de carbono e hidrógeno es 0.20 a 1000 °C. Si una mezcla en equilibrio contiene carbono sólido, 0.40 M de H_2O y 0.40 M de CO, ¿cuál es la concentración de H_2? (9.3, 9.4)

$$C(s) + H_2O(g) \rightleftharpoons CO(g) + H_2(g)$$

9.55 De acuerdo con el principio de Le Châtelier, ¿cuál es el efecto cuando se agrega más O_2 a una mezcla en equilibrio de cada una de las ecuaciones siguientes? (9.5)
a. $3O_2(g) \rightleftharpoons 2O_3(g)$
b. $2CO_2(g) \rightleftharpoons 2CO(g) + O_2(g)$
c. $P_4(g) + 5O_2(g) \rightleftharpoons P_4O_{10}(s)$
d. $2SO_2(g) + 2H_2O(g) \rightleftharpoons 2H_2S(g) + 3O_2(g)$

9.56 De acuerdo con el principio de Le Châtelier, ¿cuál es el efecto cuando se agrega más N_2 a una mezcla en equilibrio de cada una de las ecuaciones siguientes? (9.5)
a. $2NH_3(g) \rightleftharpoons 3H_2(g) + N_2(g)$
b. $N_2(g) + O_2(g) \rightleftharpoons 2NO(g)$
c. $2NO_2(g) \rightleftharpoons N_2(g) + 2O_2(g)$
d. $4NH_3(g) + 3O_2(g) \rightleftharpoons 2N_2(g) + 6H_2O(g)$

9.57 Reducir el volumen del recipiente en cada una de las siguientes reacciones en equilibrio, ¿haría que el sistema se desplazara en la dirección de los productos o de los reactivos? (9.5)
a. $3O_2(g) \rightleftharpoons 2O_3(g)$
b. $2CO_2(g) \rightleftharpoons 2CO(g) + O_2(g)$
c. $P_4(g) + 5O_2(g) \rightleftharpoons P_4O_{10}(s)$
d. $2SO_2(g) + 2H_2O(g) \rightleftharpoons 2H_2S(g) + 3O_2(g)$

9.58 Aumentar el volumen del recipiente en cada una de las siguientes reacciones en equilibrio, ¿haría que el sistema se desplazara en la dirección de los productos o de los reactivos? (9.5)
a. $2NH_3(g) \rightleftharpoons 3H_2(g) + N_2(g)$
b. $N_2(g) + O_2(g) \rightleftharpoons 2NO(g)$
c. $N_2(g) + 2O_2(g) \rightleftharpoons 2NO_2(g)$
d. $4NH_3(g) + 3O_2(g) \rightleftharpoons 2N_2(g) + 6H_2O(g)$

9.59 Para cada uno de los siguientes valores K_c, indique si la mezcla en equilibrio contiene principalmente reactivos, principalmente productos, o cantidades similares de reactivos y productos: (9.4)
a. $N_2(g) + O_2(g) \rightleftharpoons 2NO(g)$ $\quad K_c = 1 + 10^{-30}$
b. $H_2(g) + Br_2(g) \rightleftharpoons 2HBr(g)$ $\quad K_c = 2.0 + 10^{19}$

9.60 Para cada uno de los siguientes valores K_c, indique si la mezcla en equilibrio contiene principalmente reactivos, principalmente productos, o cantidades similares de reactivos y productos: (9.4)
a. $Cl_2(g) + 2NO(g) \rightleftharpoons 2NOCl(g)$ $\quad K_c = 3.7 \times 10^8$
b. $N_2(g) + 2H_2(g) \rightleftharpoons N_2H_4(g)$ $\quad K_c = 7.4 \times 10^{-26}$

9.61 Indique si usted aumentaría o reduciría el volumen del recipiente para *incrementar* la generación de los productos en cada una de las ecuaciones siguientes: (9.5)
a. $2C(s) + O_2(g) \rightleftharpoons 2CO(g)$
b. $2CH_4(g) \rightleftharpoons C_2H_2(g) + 3H_2(g)$
c. $2H_2(g) + O_2(g) \rightleftharpoons 2H_2O(g)$

9.62 Indique si usted aumentaría o reduciría el volumen del recipiente para *incrementar* la generación de los productos en cada una de las ecuaciones siguientes: (9.5)
a. $Cl_2(g) + 2NO(g) \rightleftharpoons 2NOCl(g)$
b. $N_2(g) + 2H_2(g) \rightleftharpoons N_2H_4(g)$
c. $N_2O_4(g) \rightleftharpoons 2NO_2(g)$

PREGUNTAS DE DESAFÍO

9.63 Usted mezcla 0.10 moles de PCl_5 con 0.050 moles de PCl_3 y 0.050 moles de Cl_2 en un recipiente de 1.0 L. (9.3, 9.4)

$$PCl_5(g) \rightleftharpoons PCl_3(g) + Cl_2(g) \qquad K_c = 4.2 \times 10^{-2}$$

a. ¿La reacción está en equilibrio?
b. Si no lo está, ¿la reacción se desarrollará en la dirección directa o inversa?

9.64 Usted mezcla 0.10 moles de NOBr, 0.10 moles de NO y 0.10 moles de Br_2 en un recipiente de 1.0 L. (9.3, 9.4)

$$2NOBr(g) \rightleftharpoons 2NO(g) + Br_2(g) \qquad K_c = 2.0 \text{ a } 100 \text{ °C}$$

a. ¿La reacción está en equilibrio?
b. Si no lo está, ¿la reacción se desarrollará en la dirección directa o inversa?

9.65 Considere la siguiente reacción: (9.3, 9.4, 9.5)

$$PCl_5(g) \rightleftharpoons PCl_3(g) + Cl_2(g)$$

a. Escriba la expresión de la constante de equilibrio para la reacción.
b. Inicialmente, 0.60 moles de PCl_5 se colocan en un matraz de 1.00 L. En el equilibrio hay 0.16 moles de PCl_3 en el matraz. ¿Cuáles son las concentraciones en equilibrio de PCl_5 y Cl_2?
c. ¿Cuál es el valor de la constante de equilibrio, K_c, para la reacción?
d. Si 0.20 moles de Cl_2 se agregan a la mezcla en equilibrio, ¿la concentración de PCl_5 aumenta o disminuye?

9.66 La K_c para la descomposición de NOBr es 2.0 a 100 °C. (9.1, 9.2, 9.3, 9.4)

$$2NOBr(g) \rightleftharpoons 2NO(g) + Br_2(g)$$

En un experimento, 1.0 mol de NOBr, 1.0 mol de NO y 1.0 mol de Br_2 se colocan en un recipiente de 1.0 L.
a. Escriba la expresión de la constante de equilibrio para la reacción.
b. ¿El sistema está en equilibrio?
c. Si no lo está, ¿la velocidad de la reacción directa o inversa inicialmente se acelera?
d. En el equilibrio, ¿cuál concentración será mayor que 1.0 mol/L y cuál será menor que 1.0 mol/L?

9.67 La reacción de combinación de carbono sólido y dióxido de carbono produce monóxido de carbono. Una mezcla en equilibrio contiene carbono sólido, 0.060 M CO_2 y 0.030 M CO. (9.3, 9.5)

$$C(s) + CO_2(g) \rightleftharpoons 2CO(g)$$

a. ¿Cuál es el valor de la constante de equilibrio, K_c, para la reacción?
b. ¿Cuál es el efecto de agregar más CO_2 a la mezcla en equilibrio?
c. ¿Cuál es el efecto de reducir el volumen del recipiente?

9.68 El sólido NH_4HS está en equilibrio con los gases NH_3 y H_2S. Una mezcla en equilibrio contiene NH_4HS, 0.12 M NH_3 y 0.021 M H_2S. (9.3, 9.5)

$$NH_4HS(s) \rightleftharpoons NH_3(g) + H_2S(g)$$

a. ¿Cuál es el valor de la constante de equilibrio, K_c, para la reacción?
b. ¿Cuál es el efecto de agregar más NH_4HS sólido a la mezcla en equilibrio?
c. ¿Cuál es el efecto de aumentar el volumen del recipiente?

9.69 Indique de qué manera cada una de las acciones siguientes afectará la concentración en equilibrio de CO en la siguiente reacción: (9.3, 9.5)

$$C(s) + H_2O(g) + 31 \text{ kcal} \rightleftharpoons CO(g) + H_2(g)$$

a. agregar más $H_2(g)$
b. aumentar la temperatura de la reacción
c. aumentar el volumen del recipiente
d. reducir el volumen del recipiente
e. agregar un catalizador
f. disminuir la temperatura de la reacción
g. eliminar un poco de $H_2O(g)$

9.70 Indique de qué manera cada una de las acciones siguientes afectará la concentración en equilibrio de NH_3 en la siguiente reacción: (9.3, 9.5)

$$NH_3(g) + 5O_2(g) \rightleftharpoons 4NO(g) + 6H_2O(g) + 906 \text{ kJ}$$

a. agregar más $O_2(g)$
b. aumentar la temperatura de la reacción
c. aumentar el volumen del recipiente
d. agregar más NO(g)
e. reducir el volumen del recipiente
f. disminuir la temperatura de la reacción
g. eliminar un poco de $H_2O(g)$

RESPUESTAS

Respuestas a las Comprobaciones de estudio

9.1 Bajar la temperatura reducirá la velocidad de la reacción.
9.2 $H_2(g) + Br_2(g) \rightleftharpoons 2HBr(g)$
9.3 $2NO(g) + O_2(g) \rightleftharpoons 2NO_2(g)$
9.4 $FeO(s) + CO(g) \rightleftharpoons Fe(s) + CO_2(g)$ $\qquad K_c = \dfrac{[CO_2]}{[CO]}$
9.5 $K_c = 27$

9.6 $[C_2H_5OH] = 2.7$ M

9.7 Reducir el volumen aumentará la generación de producto.

9.8 a. Cuando la temperatura disminuye para una reacción exotérmica, el sistema se desplaza en la dirección de los productos para agregar calor.
   b. Cuando la temperatura disminuye para una reacción endotérmica, el sistema se desplaza en la dirección de los reactivos para agregar calor.

Respuestas a Preguntas y problemas seleccionados

9.1 Las reacciones avanzan más rápido a temperaturas más altas.

9.3 El número de colisiones entre los reactivos aumentará cuando aumente el número de moléculas de Br_2.

9.5 El número de colisiones entre los reactivos aumentará cuando la temperatura aumente.

9.7 a. aumenta   **b.** aumenta   **c.** disminuye   **d.** disminuye

9.9 Una reacción reversible es aquella en la que una reacción directa convierte reactivos en productos, en tanto que una reacción inversa convierte productos a reactivos.

9.11 a. no reversible   **b.** reversible   **c.** reversible

9.13 a. no se encuentra en equilibrio   **b.** en equilibrio
   c. en equilibrio

9.15 a. $K_c = \dfrac{[CS_2][H_2]^4}{[CH_4][H_2S]^2}$ **b.** $K_c = \dfrac{[N_2][O_2]}{[NO]^2}$

   c. $K_c = \dfrac{[CS_2][O_2]^4}{[SO_3]^2[CO_2]}$

9.17 a. equilibrio homogéneo   **b.** equilibrio heterogéneo
   c. equilibrio homogéneo   **d.** equilibrio heterogéneo

9.19 a. $K_c = \dfrac{[O_2]^3}{[O_3]^2}$ **b.** $K_c = [CO_2][H_2O]$

   c. $K_c = \dfrac{[H_2]^3[CO]}{[CH_4][H_2O]}$ **d.** $K_c = \dfrac{[SiCl_4][H_2]^2}{[HCl]^4}$

9.21 $K_c = 1.5$

9.23 $K_c = 270$

9.25 $K_c = 0.26$

9.27 a. principalmente productos
   b. tanto reactivos como productos
   c. principalmente reactivos

9.29 $[H_2] = 1.1 \times 10^{-3}$ M

9.31 $[NOBr] = 1.4$ M

9.33 a. El sistema se desplaza en la dirección de los productos.
   b. El sistema se desplaza en la dirección de los reactivos.
   c. El sistema se desplaza en la dirección de los productos.
   d. El sistema se desplaza en la dirección de los reactivos.
   e. No ocurre desplazamiento en el sistema.

9.35 a. El sistema se desplaza en la dirección de los productos.
   b. El sistema se desplaza en la dirección de los productos.
   c. El sistema se desplaza en la dirección de los productos.
   d. No ocurre desplazamiento en el sistema.
   e. El sistema se desplaza en la dirección de los reactivos.

9.37 La constante de equilibrio tendría un valor pequeño.

9.39 T_2 es menor que T_1.

9.41 a. desplazamiento en la dirección de los reactivos
   b. desplazamiento en la dirección de los productos
   c. sin cambio
   d. desplazamiento en la dirección de los productos

9.43 a. $K_c = \dfrac{[CO_2][H_2O]^2}{[CH_4][O_2]^2}$ **b.** $K_c = \dfrac{[N_2]^2[H_2O]^6}{[NH_3]^4[O_2]^3}$

   c. $K_c = \dfrac{[CH_4]}{[H_2]^2}$

9.45 a. principalmente productos
   b. tanto reactivos como productos
   c. principalmente reactivos
   d. tanto reactivos como productos

9.47 a. $K_c = \dfrac{[HCl]^2}{[H_2][Cl_2]}$ **b.** $K_c = \dfrac{[NO]^2[Br_2]}{[NOBr]^2}$

   c. $K_c = \dfrac{[Cl_2][NO]^2}{[NOCl]^2}$ **d.** $K_c = \dfrac{[CO][H_2]}{[H_2O]}$

9.49 a. $SO_2Cl_2(g) \rightleftharpoons SO_2(g) + Cl_2(g)$
   b. $Br_2(g) + Cl_2(g) \rightleftharpoons 2BrCl(g)$
   c. $CO(g) + 3H_2(g) \rightleftharpoons CH_4(g) + H_2O(g)$
   d. $2O_2(g) + 2NH_3(g) \rightleftharpoons N_2O(g) + 3H_2O(g)$

9.51 a. $K_c = \dfrac{[N_2][H_2]^3}{[NH_3]^2}$ **b.** $K_c = 9.4$

9.53 $[N_2O_4] = 1.3$ M

9.55 a. El sistema se desplaza en la dirección de los productos.
   b. El sistema se desplaza en la dirección de los reactivos.
   c. El sistema se desplaza en la dirección de los productos.
   d. El sistema se desplaza en la dirección de los reactivos.

9.57 a. El sistema se desplaza en la dirección de los productos.
   b. El sistema se desplaza en la dirección de los reactivos.
   c. El sistema se desplaza en la dirección de los productos.
   d. El sistema se desplaza en la dirección de los reactivos.

9.59 a. Una K_c pequeña indica que la mezcla en equilibrio contiene principalmente reactivos.
   b. Una K_c grande indica que la mezcla en equilibrio contiene principalmente productos.

9.61 a. aumenta   **b.** aumenta   **c.** disminuye

9.63 a. La reacción no está en equilibrio.
   b. La reacción avanzará en la dirección directa.

9.65 a. $K_c = \dfrac{[PCl_3][Cl_2]}{[PCl_5]}$

   b. En equilibrio, las concentraciones son $[PCl_3] = 0.16$ M, $[Cl_2] = 0.16$ M y $[PCl_5] = 0.44$ M.
   c. $K_c = 0.058$
   d. $[PCl_5]$ aumentará.

9.67 a. $K_c = 0.015$
   b. Si se agrega más CO_2, el equilibrio se desplazará en la dirección de los productos.
   c. Si el volumen del recipiente disminuye, el equilibrio se desplazará en la dirección de los reactivos.

9.69 a. disminuye   **b.** aumenta   **c.** aumenta
   d. disminuye   **e.** sin cambio   **f.** disminuye
   g. disminuye

10

Ácidos y bases

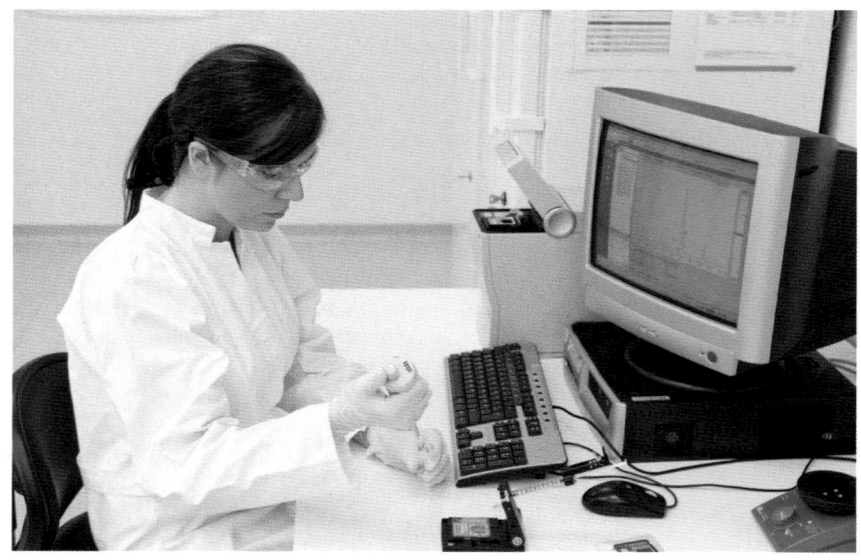

A un hombre de 30 años de edad se le
lleva al servicio de urgencias después de un accidente
automovilístico. Las enfermeras del servicio de urgencias
atienden al paciente, quien está inconsciente. Toman
una muestra de sangre, que envían a Brianna, técnica de
laboratorio clínico, quien comienza el proceso de analizar el pH de la sangre, la presión parcial de los gases
O_2 y CO_2, así como las concentraciones de glucosa y
electrolitos.

En cuestión de minutos, Brianna determina que el
pH sanguíneo del paciente es 7.30 y la presión parcial
del gas CO_2 está por arriba del nivel deseado. Lo habitual es que el pH sanguíneo esté dentro de los límites de
7.35 a 7.45, y un valor menor que 7.35 indica un estado
de acidosis. La acidosis respiratoria ocurre debido a un
aumento de la presión parcial del gas CO_2 en el torrente
sanguíneo, lo que impide que los tampones bioquímicos
en la sangre realicen cambios en el pH. Brianna reconoce
estos signos y se pone en contacto de inmediato con el
servicio de urgencias para informar que las vías respiratorias del paciente deben de estar bloqueadas. En
el servicio de urgencias, administran al paciente por
vía IV una disolución que contiene bicarbonato para
aumentar el pH de la sangre y comienzan el proceso de
desbloqueo de las vías respiratorias del paciente. Poco
después, las vías respiratorias están libres y el pH de
la sangre y la presión parcial del gas CO_2 regresan a la
normalidad.

Profesión: Técnico de laboratorio clínico

Los técnicos de laboratorio clínico, también conocidos
como *técnicos de laboratorio médico*, realizan una gran
variedad de pruebas en líquidos y células corporales que
ayudan a establecer el diagnóstico y tratamiento de los
pacientes. Estas pruebas van de la determinación de
concentraciones en la sangre, como glucosa y colesterol,
hasta la determinación de los niveles de medicamentos
en la sangre de pacientes que han recibido un trasplante
o se han sometido a tratamiento. Los técnicos de laboratorio clínico también preparan muestras para la detección de tumores cancerosos y determinan el tipo de
sangre para transfusiones por medio de microscopios,
contadores de células e instrumentos computarizados.
Asimismo, los técnicos de laboratorio clínico también
deben interpretar y analizar los resultados, que luego se
envían al médico.

L imones, toronjas y vinagre tienen un sabor agrio porque contienen ácidos. En el estómago hay ácido que ayuda a digerir los alimentos. Los músculos producen ácido láctico cuando se hace ejercicio. El ácido de las bacterias se convierte en leche agria con la que se elabora queso cottage o yogur. Las bases son disoluciones que neutralizan ácidos. En ocasiones las personas toman antiácidos, como leche de magnesia, para contrarrestar los efectos del exceso de ácido estomacal.

El pH de una disolución describe su acidez. Los pulmones y riñones son los principales órganos que regulan el pH de los líquidos corporales, incluidos sangre y orina. Grandes cambios en el pH de los líquidos corporales pueden afectar de manera importante las actividades biológicas en el interior de las células. Los tampones, también denominados *amortiguadores* o *buffers*, están presentes para evitar grandes fluctuaciones en el pH.

En el ambiente, el pH de lluvia, agua y suelo pueden tener efectos significativos. Cuando la lluvia se vuelve muy ácida, puede disolver estatuas de mármol y acelerar la corrosión de los metales. En lagos y estanques, la acidez del agua puede afectar la capacidad de los peces para sobrevivir. La acidez del suelo que circunda las plantas afecta su crecimiento. Si el pH del suelo es muy ácido o muy básico, las raíces de las plantas no pueden absorber algunos nutrimentos. La mayor parte de las plantas prolifera en el suelo con un pH casi neutro, aunque ciertas plantas, como orquídeas, camelias y moras, necesitan un suelo más ácido.

Las frutas cítricas son agrias debido a la presencia de ácidos.

10.1 Ácidos y bases

El término *ácido* proviene del latín *acidus*, que significa "agrio". Uno está familiarizado con los sabores agrios de vinagre, limones y otros alimentos ácidos comunes.

En 1887, el químico sueco Svante Arrhenius fue el primero en describir los **ácidos** como sustancias que producen iones hidrógeno (H^+) cuando se disuelven en agua. Por ejemplo, el cloruro de hidrógeno se ioniza en agua para producir iones hidrógeno, H^+, y iones cloruro, Cl^-. Los iones hidrógeno dan a los ácidos un sabor agrio, cambian el papel tornasol azul a rojo, y corroen algunos metales.

$$\textbf{HCl}(g) \xrightarrow{\text{H}_2\text{O}} \textbf{H}^+(ac) + \textbf{Cl}^-(ac)$$

Compuesto covalente polar   Ionización   Ión hidrógeno

Nomenclatura de los ácidos

Los ácidos se disuelven en agua para producir iones hidrógeno, junto con un ión negativo que puede ser un anión no metal simple o un ión poliatómico.

Cuando un ácido se disuelve en agua para producir un ión hidrógeno y un anión no metal simple, se usa la palabra *ácido*; después viene el nombre del no metal y su terminación *uro* cambia por *hídrico*. Por ejemplo, el cloruro de hidrógeno (HCl) se disuelve en agua para formar HCl(*ac*), que se llama ácido clorhídrico. Cuando un ácido contiene un ión poliatómico que contiene oxígeno, el nombre del ácido proviene del nombre del ión poliatómico. La terminación *ato* cambia por *ico*. Si el ácido contiene un ión poliatómico con terminación *ito*, su nombre termina con *oso*. En la tabla 10.1 se mencionan los nombres de algunos ácidos comunes y sus aniones.

TABLA 10.1 Nomenclatura de ácidos comunes

Ácido	Nombre del ácido	Anión	Nombre del anión
HCl	Ácido clorhídrico	Cl^-	Cloruro
HBr	Ácido bromhídrico	Br^-	Bromuro
HNO_3	Ácido nítrico	NO_3^-	Nitrato
HNO_2	Ácido nitroso	NO_2^-	Nitrito
H_2SO_4	Ácido sulfúrico	SO_4^{2-}	Sulfato
H_2SO_3	Ácido sulfuroso	SO_3^{2-}	Sulfito
H_2CO_3	Ácido carbónico	CO_3^{2-}	Carbonato
H_3PO_4	Ácido fosfórico	PO_4^{3-}	Fosfato
$HClO_4$	Ácido perclórico	ClO_4^-	Perclorato
$HClO_3$	Ácido clórico	ClO_3^-	Clorato
$HClO_2$	Ácido cloroso	ClO_2^-	Clorito
HClO	Ácido hipocloroso	ClO^-	Hipoclorito
$HC_2H_3O_2$	Ácido acético	$C_2H_3O_2^-$	Acetato

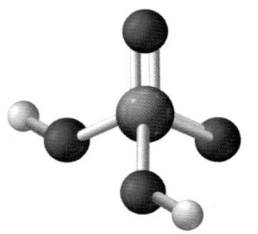

El ácido sulfúrico contiene dos átomos H que pueden disociarse en disolución acuosa.

NaOH(s)

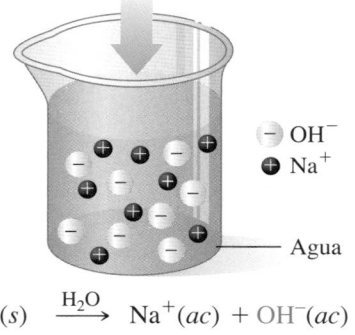

- $\ominus$ OH$^-$
- $\oplus$ Na$^+$

— Agua

$$NaOH(s) \xrightarrow{H_2O} Na^+(ac) + OH^-(ac)$$

Compuesto   Ionización   Ión
iónico   hidróxido

Una base de Arrhenius produce un catión y un anión OH$^-$ en una disolución acuosa.

TUTORIAL
Acid and Base Formulas

TUTORIAL
Naming Acids and Bases

COMPROBACIÓN DE CONCEPTOS 10.1 Nomenclatura de ácidos

a. Si H_2SO_4 se llama ácido sulfúrico, ¿cuál es el nombre de H_2SO_3? ¿Por qué?

b. En el inciso **a**, ¿por qué no se usa la terminación *hídrico* al final de alguno de los nombres

RESPUESTA

a. H_2SO_3 se llama ácido sulfuroso. El ácido del anión poliatómico que termina en *ito* sustituye la terminación *ito* con *oso*.

b. La terminación *hídrico* sólo se usa cuando el anión es un anión no metal simple, y no con un ácido que incluye un anión poliatómico.

Bases

Tal vez el lector esté familiarizado con algunas bases caseras como los antiácidos, limpiadores de ventanas, destapacaños y limpiadores de hornos. De acuerdo con la teoría de Arrhenius, las **bases** son compuestos iónicos que se disocian en cationes y iones hidróxido (OH$^-$) cuando se disuelven en agua. Son otro ejemplo de electrolitos fuertes, tema que se estudió en la sección 8.2. Por ejemplo, el hidróxido de sodio es una base de Arrhenius que se ioniza en agua para producir iones sodio, Na$^+$, y iones hidróxido, OH$^-$.

La mayoría de las bases de Arrhenius se forman a partir de los metales de los Grupos 1A (1) y 2A (2), como NaOH, KOH, LiOH y Ca(OH)$_2$. Los iones hidróxido (OH$^-$) dan a las bases de Arrhenius características comunes, como un sabor amargo y una sensación resbalosa. Una base convierte en rosa el papel tornasol azul y el indicador de fenolftaleína.

Nomenclatura de bases

Las bases de Arrhenius representativas se llaman *hidróxidos*.

Base	Nombre
NaOH	**Hidróxido** de sodio
KOH	**Hidróxido** de potasio
Ca(OH)$_2$	**Hidróxido** de calcio
Al(OH)$_3$	**Hidróxido** de aluminio

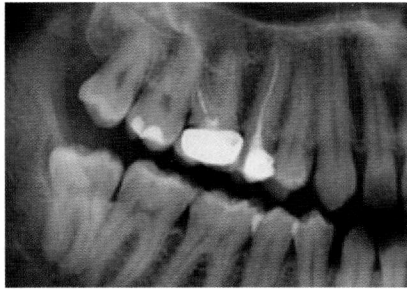

El hidróxido de calcio, $Ca(OH)_2$, también llamado *cal muerta*, se usa en la industria alimentaria para producir bebidas, en curtiduría para neutralizar ácidos y en odontología para rellenar conductos radiculares.

COMPROBACIÓN DE CONCEPTOS 10.2   Ionización de una base de Arrhenius

Cuando los granos de maíz secos se empapan en agua de cal (disolución de hidróxido de calcio), el producto es maíz molido, maíz descascarado al que se le quitó la cascarilla y el germen y que se usa para elaborar sémola. Escriba una ecuación para la ionización del hidróxido de calcio en agua.

RESPUESTA

Cuando el hidróxido de calcio, $Ca(OH)_2$, se disuelve en agua, la disolución contiene iones calcio (Ca^{2+}) y el doble de iones hidróxido (OH^-). La ecuación se escribe de la siguiente manera:

$$Ca(OH)_2(s) \xrightarrow{H_2O} Ca^{2+}(ac) + 2OH^-(ac)$$

Al preparar maíz descascarado para sémola se empapan granos de maíz en una disolución de hidróxido de calcio.

EJEMPLO DE PROBLEMA 10.1   Nombres y fórmulas de ácidos y bases

a. Identifique si cada una de las sustancias siguientes es ácido o base y proporcione su nombre:
   1. H_3PO_4, ingrediente de bebidas carbonatadas
   2. NaOH, ingrediente de limpiador de hornos
b. Escriba la fórmula de cada una de las sustancias siguientes:
   1. hidróxido de magnesio, ingrediente de antiácidos
   2. ácido bromhídrico, usado de manera industrial para preparar compuestos de bromuro

SOLUCIÓN

a. 1. ácido; ácido fosfórico   **2.** base; hidróxido de sodio
b. 1. $Mg(OH)_2$ **2.** HBr

COMPROBACIÓN DE ESTUDIO 10.1

a. Identifique si es ácido o base y proporcione el nombre de $HClO_3$.
b. Escriba la fórmula del hidróxido de hierro(III).

Una bebida carbonatada contiene H_3PO_4 y H_2CO_3.

TUTORIAL
Definitions of Acids and Bases

Ácidos y bases de Brønsted-Lowry

En 1923, J. N. Brønsted, en Dinamarca, y T. M. Lowry, en Gran Bretaña, ampliaron la definición de ácidos y bases e incluyeron las bases que no contienen iones OH^-. Un **ácido de Brønsted-Lowry** puede donar un ión hidrógeno, H^+, a otra sustancia, y una **base de Brønsted-Lowry** puede aceptar un ión hidrógeno.

Un ácido de Brønsted-Lowry es una sustancia que dona H^+.
Una base de Brønsted-Lowry es una sustancia que acepta H^+.

Un ión hidrógeno libre, H^+, en realidad no existe en agua. Su atracción hacia las moléculas de agua polares es tan fuerte que el H^+ se enlaza a la molécula de agua y forma un **ión hidronio, H_3O^+**.

$$H-\overset{..}{\underset{|}{O}}: + H^+ \longrightarrow \left[H-\overset{..}{\underset{|}{O}}-H\right]^+$$

Agua   Ión   Ión hidronio
        hidrógeno

Es posible escribir la formación de una disolución de ácido clorhídrico como una transferencia de H^+ del cloruro de hidrógeno al agua. Al aceptar un H^+ en la reacción, el agua actúa como una base de acuerdo con el concepto de Brønsted-Lowry.

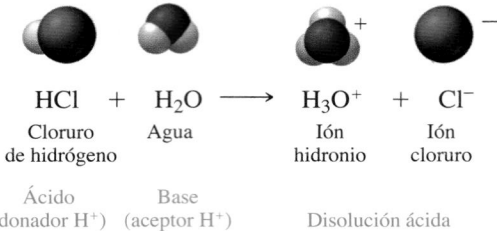

HCl + H_2O $\longrightarrow$ H_3O^+ + Cl^-
Cloruro   Agua   Ión   Ión
de hidrógeno   hidronio   cloruro

Ácido   Base
(donador H^+)   (aceptor H^+)   Disolución ácida

En otra reacción, el amoniaco (NH_3) reacciona con agua. Puesto que el átomo de nitrógeno de NH_3 tiene una atracción más fuerte por H^+, el agua actúa como ácido al donar H^+.

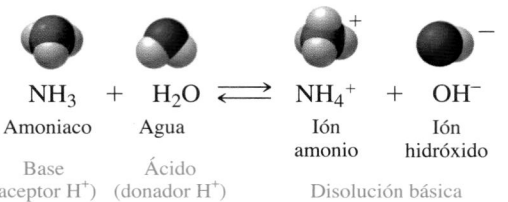

NH_3 + H_2O $\rightleftharpoons$ NH_4^+ + OH^-
Amoniaco   Agua   Ión   Ión
                       amonio   hidróxido

Base   Ácido
(aceptor H^+)   (donador H^+)   Disolución básica

TUTORIAL
Properties of Acids and Bases

La tabla 10.2 compara algunas características de ácidos y bases.

TABLA 10.2 Algunas características de ácidos y bases

Característica	Ácidos	Bases
Arrhenius	Produce H^+	Produce OH^-
Brønsted-Lowry	Dona H^+	Acepta H^+
Electrolitos	Sí	Sí
Sabor	Agrio	Amargo, calcáreo
Tacto	Puede picar	Resbaloso
Convierte el papel tornasol	Rojo	Azul
Convierte la fenolftaleína	Incoloro	Rosa
Neutralización	Neutraliza bases	Neutraliza ácidos

EJEMPLO DE PROBLEMA 10.2   **Ácidos y bases**

En cada una de las ecuaciones siguientes, identifique el reactivo que es un ácido de Brønsted-Lowry y el reactivo que es una base de Brønsted-Lowry:

a. $HBr(ac) + H_2O(l) \longrightarrow H_3O^+(ac) + Br^-(ac)$
b. $H_2O(l) + HS^-(ac) \rightleftharpoons H_2S(ac) + OH^-(ac)$

SOLUCIÓN

a. HBr, ácido de Brønsted-Lowry; H_2O, base de Brønsted-Lowry
b. H_2O, ácido de Brønsted-Lowry; HS^-, base de Brønsted-Lowry

COMPROBACIÓN DE ESTUDIO 10.2

Cuando HNO_3 reacciona con agua, el agua actúa como una base de Brønsted-Lowry. Escriba la ecuación de la reacción.

TUTORIAL
Identifying Conjugate Acid–Base Pairs

Pares ácido-base conjugados

De acuerdo con la teoría de Brønsted-Lowry, un **par ácido-base conjugado** consiste en moléculas o iones que se relacionan porque un ácido pierde un H^+, y una base gana un H^+. Toda reacción ácido-base contiene dos pares ácido-base conjugados porque un H^+ se transfiere en las reacciones directa e inversa. Cuando un ácido como HF pierde un H^+, se forma su base conjugada, F^-. Cuando la base H_2O gana un H^+, se forma su ácido conjugado, H_3O^+.

Dado que la reacción global de HF es reversible, el ácido conjugado H_3O^+ puede donar H^+ a la base conjugada F^- y volver a formar el ácido HF y la base H_2O. Por medio de la relación de pérdida y ganancia de un H^+, ahora puede identificar los pares ácido-base conjugados como HF/F^- junto con H_3O^+/H_2O.

Par ácido-base conjugado

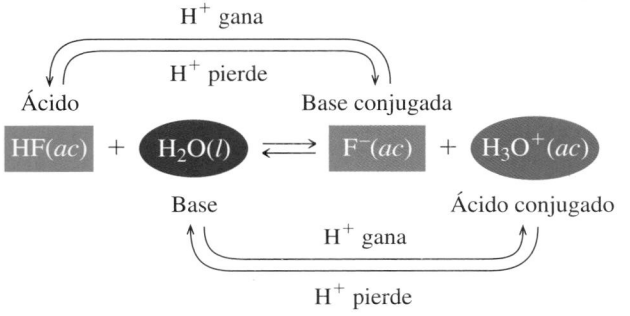

HF, un ácido, pierde un H^+ para formar su base conjugada F^-. El agua actúa como base al ganar un H^+ para formar su ácido conjugado H_3O^+.

En otra reacción, la base amoniaco, NH_3, acepta H^+ de H_2O para formar su ácido conjugado NH_4^+ y su base conjugada OH^-. Cada uno de estos pares ácido-base conjugados, NH_4^+ y NH_3, así como H_2O y OH^-, se relacionan por la pérdida y ganancia de un H^+.

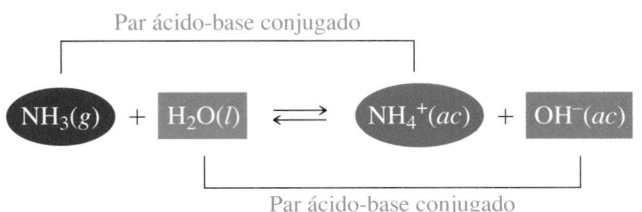

El amoniaco, NH_3, actúa como una base cuando gana un H^+ para formar su ácido conjugado NH_4^+. El agua actúa como un ácido al perder un H^+ para formar su base conjugada OH^-.

En estos dos ejemplos se observa que el agua puede actuar como un ácido cuando dona H^+ o una base cuando acepta H^+. Las sustancias que pueden actuar como ácidos y bases son **anfóteras** o *anfipróticas*. Para el agua, la sustancia anfótera más común, el comportamiento ácido o básico depende del otro reactivo. El agua dona H^+ cuando reacciona con una base más fuerte y acepta H^+ cuando reacciona con un ácido más fuerte. Otro ejemplo de una sustancia anfótera es el bicarbonato, HCO_3^-. Con una base, HCO_3^- actúa como ácido y dona un H^+ para producir CO_3^{2-}. Sin embargo, cuando HCO_3^- reacciona con un ácido, actúa como una base y acepta un H^+ para formar H_2CO_3.

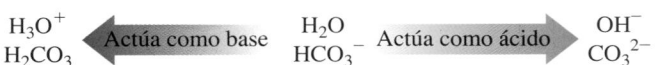

Las sustancias anfóteras pueden actuar como ácidos y como bases.

COMPROBACIÓN DE CONCEPTOS 10.3 Pares ácido-base conjugados

a. Escriba la fórmula para la base conjugada de $HClO_3$.
b. Escriba el ácido conjugado de HS^-.

RESPUESTA

a. Una base conjugada se forma cuando un ácido Brønsted-Lowry pierde un H^+. Cuando $HClO_3$ pierde un H^+, forma su base conjugada ClO_3^-.
b. Un ácido conjugado se forma cuando una base Brønsted-Lowry gana un H^+. Cuando HS^- gana un H^+, forma su ácido conjugado H_2S.

EJEMPLO DE PROBLEMA 10.3 Cómo identificar pares ácido-base conjugados

Identifique los pares ácido-base conjugados en la ecuación siguiente:

$$HBr(ac) + NH_3(ac) \longrightarrow Br^-(ac) + NH_4^+(ac)$$

SOLUCIÓN

Análisis del problema

	Reactivo	Producto	H^+ Pierde/gana
Dados	HBr	Br^-	1 H^+ perdido
	NH_3	NH_4^+	1 H^+ ganado
Necesita			
Par ácido-base conjugado			
Par ácido-base conjugado			

Al actuar como un ácido Brønsted-Lowry, HBr pierde un H^+ para formar Br^-, que es su base conjugada. El NH_3 que actúa como una base Brønsted-Lowry, gana un H^+ para formar su ácido conjugado, NH_4^+. Los pares ácido-base conjugados son HBr/Br^- y NH_4^+/NH_3.

COMPROBACIÓN DE ESTUDIO 10.3

En la reacción siguiente, identifique los pares ácido-base conjugados:

$$HNO_2(ac) + SO_4^{2-}(ac) \rightleftharpoons NO_2^-(ac) + HSO_4^-(ac)$$

PREGUNTAS Y PROBLEMAS

10.1 Ácidos y bases

META DE APRENDIZAJE: *Describir y nombrar ácidos y bases de Arrhenius y de Brønsted-Lowry; identificar pares ácido-base conjugados.*

10.1 Indique si cada uno de los enunciados siguientes es una característica de un ácido, una base o de ambos:
 a. tiene sabor agrio
 b. neutraliza bases
 c. produce iones H^+ en agua
 d. se llama hidróxido de potasio
 e. es un electrolito

10.2 Indique si cada uno de los enunciados siguientes es característica de un ácido, una base o de ambos:
 a. neutraliza ácidos
 b. produce iones OH^- en agua
 c. tiene una sensación resbalosa al tacto
 d. conduce corriente eléctrica
 e. convierte el tornasol en rojo

10.3 Nombre cada uno de los ácidos y bases siguientes:
 a. HCl **b.** $Ca(OH)_2$ **c.** H_2CO_3
 d. HNO_3 **e.** H_2SO_3 **f.** $Fe(OH)_2$

10.4 Nombre cada uno de los ácidos y bases siguientes:
 a. $Al(OH)_3$ **b.** HBr **c.** H_2SO_4
 d. KOH **e.** HNO_2 **f.** $HBrO_2$

10.5 Escriba las fórmulas de cada uno de los ácidos y bases siguientes:
 a. hidróxido de magnesio **b.** ácido fluorhídrico
 c. ácido fosforoso **d.** hidróxido de litio
 e. hidróxido de cobre(II)

10.6 Escriba las fórmulas de cada uno de los ácidos y bases siguientes:
 a. hidróxido de bario **b.** ácido yodhídrico
 c. ácido nítrico **d.** hidróxido de estroncio
 e. hidróxido de sodio

10.7 Identifique el reactivo que es un ácido Brønsted-Lowry y el reactivo que es una base Brønsted-Lowry en cada una de las ecuaciones siguientes:
 a. $HI(ac) + H_2O(l) \longrightarrow H_3O^+(ac) + I^-(ac)$
 b. $F^-(ac) + H_2O(l) \rightleftharpoons HF(ac) + OH^-(ac)$

10.8 Identifique el reactivo que es un ácido Brønsted-Lowry y el reactivo que es una base Brønsted-Lowry en cada una de las ecuaciones siguientes:

a. $CO_3^{2-}(ac) + H_2O(l) \rightleftharpoons HCO_3^-(ac) + OH^-(ac)$
b. $H_2SO_4(ac) + H_2O(l) \longrightarrow H_3O^+(ac) + HSO_4^-(ac)$

10.9 Escriba la fórmula y el nombre de cada base conjugada para cada uno de los ácidos siguientes:

a. HF   **b.** H_2O **c.** H_2CO_3 **d.** HSO_4^-

10.10 Escriba la fórmula y el nombre de la base conjugada para cada uno de los ácidos siguientes:

a. HCO_3^- **b.** H_3O^+ **c.** HPO_4^{2-} **d.** HNO_2

10.11 Escriba la fórmula y el nombre del ácido conjugado para cada una de las bases siguientes:

a. CO_3^{2-} **b.** H_2O **c.** $H_2PO_4^-$ **d.** SO_3^{2-}

10.12 Escriba la fórmula y el nombre del ácido conjugado para cada una de las bases siguientes:

a. SO_4^{2-} **b.** BrO_2^- **c.** OH^- **d.** ClO^-

10.13 Identifique los pares ácido-base Brønsted-Lowry en cada una de las ecuaciones siguientes:

a. $H_2CO_3(ac) + H_2O(l) \rightleftharpoons H_3O^+(ac) + HCO_3^-(ac)$
b. $NH_4^+(ac) + H_2O(l) \rightleftharpoons H_3O^+(ac) + NH_3(ac)$
c. $HCN(ac) + NO_2^-(ac) \rightleftharpoons CN^-(ac) + HNO_2(ac)$

10.14 Identifique los pares ácido-base Brønsted-Lowry en cada una de las ecuaciones siguientes:

a. $H_3PO_4(ac) + H_2O(l) \rightleftharpoons H_3O^+(ac) + H_2PO_4^-(ac)$
b. $CO_3^{2-}(ac) + H_2O(l) \rightleftharpoons OH^-(ac) + HCO_3^-(ac)$
c. $H_3PO_4(ac) + NH_3(ac) \rightleftharpoons NH_4^+(ac) + H_2PO_4^-(ac)$

10.2 Fuerza de ácidos y bases

En el proceso denominado **disociación**, un ácido o una base se separa en iones cuando se encuentra en disolución acuosa. La *fuerza* de los ácidos se determina por los moles de H_3O^+ que se producen por cada mol de ácido que se disuelve. La *fuerza* de las bases se determina por los moles de OH^- que se producen por cada mol de base que se disuelve. Los ácidos fuertes y las bases fuertes se disocian por completo en agua, en tanto que los ácidos débiles y las bases débiles se disocian sólo un poco, lo que deja la mayor parte del ácido o la base inicial sin disociar.

META DE APRENDIZAJE

Escribir ecuaciones para la disociación de ácidos fuertes y débiles; escribir la expresión de equilibrio para un ácido débil.

Ácidos fuertes y débiles

Los *ácidos fuertes* son ejemplos de electrolitos fuertes, que se estudiaron en la sección 8.2. Los **ácidos fuertes** donan iones hidrógeno con tanta facilidad que su disociación en agua es casi completa. Por ejemplo, cuando HCl, un ácido fuerte, se disocia en agua, se transfieren H^+ al H_2O; la disolución resultante sólo contiene los iones H_3O^+ y Cl^-. Puesto que los ácidos fuertes se disocian por completo, considere que la reacción de HCl en H_2O genera 100% de productos. Por tanto, se usa una sola flecha cuando se escribe la ecuación para un ácido fuerte.

$$HCl(g) + H_2O(l) \longrightarrow H_3O^+(ac) + Cl^-(ac)$$

Sólo hay seis ácidos fuertes comunes. Todos los demás son débiles. La tabla 10.3 indica los ácidos fuertes junto con algunos ácidos débiles comunes, del ácido más fuerte al más débil.

Los ácidos débiles son electrolitos débiles, que se estudiaron en la sección 8.2. Los **ácidos débiles** se disocian un poco en agua, lo que significa que sólo un pequeño porcentaje de H^+ se transfiere de un ácido débil a H_2O y sólo forma una pequeña cantidad de H_3O^+. En general, un ácido débil queda unido en lugar de separarse. Un ácido débil tiene una base conjugada fuerte, por lo que la reacción inversa es más prevalente. Incluso a altas concentraciones, los ácidos débiles producen bajas concentraciones de iones H_3O^+ (véase la figura 10.1).

Muchos de los productos que se usan en las casas contienen ácidos débiles. Por ejemplo, el vinagre es una disolución de ácido acético al 5%, $HC_2H_3O_2$, un ácido débil. En agua, algunas moléculas de $HC_2H_3O_2$ donan H^+ al H_2O para formar iones H_3O^+ y iones acetato $C_2H_3O_2^-$. La formación de iones hidronio a partir de vinagre es la razón por la que se aprecia el sabor agrio del vinagre. En un ácido débil también tiene lugar una reacción inversa, que convierte los iones H_3O^+ y los iones acetato $C_2H_3O_2^-$ nuevamente en reactivos. Esto significa que un ácido débil como el ácido acético alcanza el equilibrio entre el ácido que está principalmente sin disociar y sus iones. La ecuación para un ácido débil en una disolución acuosa se escribe con una flecha doble para indicar que las reacciones directa e inversa están en equilibrio.

$$\underset{\text{Ácido acético}}{HC_2H_3O_2(ac)} + H_2O(l) \rightleftharpoons H_3O^+(ac) + \underset{\text{Ión acetato}}{C_2H_3O_2^-(ac)}$$

Ácidos dipróticos

Algunos ácidos débiles, como el ácido carbónico, son *ácidos dipróticos* que tienen dos H^+, los cuales se disocian uno a la vez. Por ejemplo, en las bebidas carbonatadas, el CO_2 se

Los ácidos producen iones hidrógeno en disoluciones acuosas.

TABLA 10.3 Algunos pares ácido-base conjugados

	Ácido		Base conjugada	
Ácidos fuertes				
Ácido yodhídrico	HI	I^-	Ión yoduro	
Ácido bromhídrico	HBr	Br^-	Ión bromuro	
Ácido perclórico	$HClO_4$	ClO_4^-	Ión perclorato	
Ácido clorhídrico	HCl	Cl^-	Ión cloruro	
Ácido sulfúrico	H_2SO_4	HSO_4^-	Ión sulfato de hidrógeno	
Ácido nítrico	HNO_3	NO_3^-	Ión nitrato	
Ácidos débiles				
Ión hidronio	H_3O^+	H_2O	Agua	
Ión sulfato de hidrógeno	HSO_4^-	SO_4^{2-}	Ión sulfato	
Ácido fosfórico	H_3PO_4	$H_2PO_4^-$	Ión fosfato de dihidrógeno	
Ácido fluorhídrico	HF	F^-	Ión fluoruro	
Ácido nitroso	HNO_2	NO_2^-	Ión nitrito	
Ácido acético	$HC_2H_3O_2$	$C_2H_3O_2^-$	Ión acetato	
Ácido carbónico	H_2CO_3	HCO_3^-	Ión bicarbonato	
Ácido sulfhídrico	H_2S	HS^-	Ión sulfuro de hidrógeno	
Ión fosfato de dihidrógeno	$H_2PO_4^-$	HPO_4^{2-}	Ión fosfato de hidrógeno	
Ión amonio	NH_4^+	NH_3	Amoniaco	
Ión bicarbonato	HCO_3^-	CO_3^{2-}	Ión carbonato	
Ión sulfuro de hidrógeno	HS^-	S_2^-	Ión sulfuro	
Agua	H_2O	OH^-	Ión hidróxido	

Fuerza creciente de ácido

Fuerza creciente de base

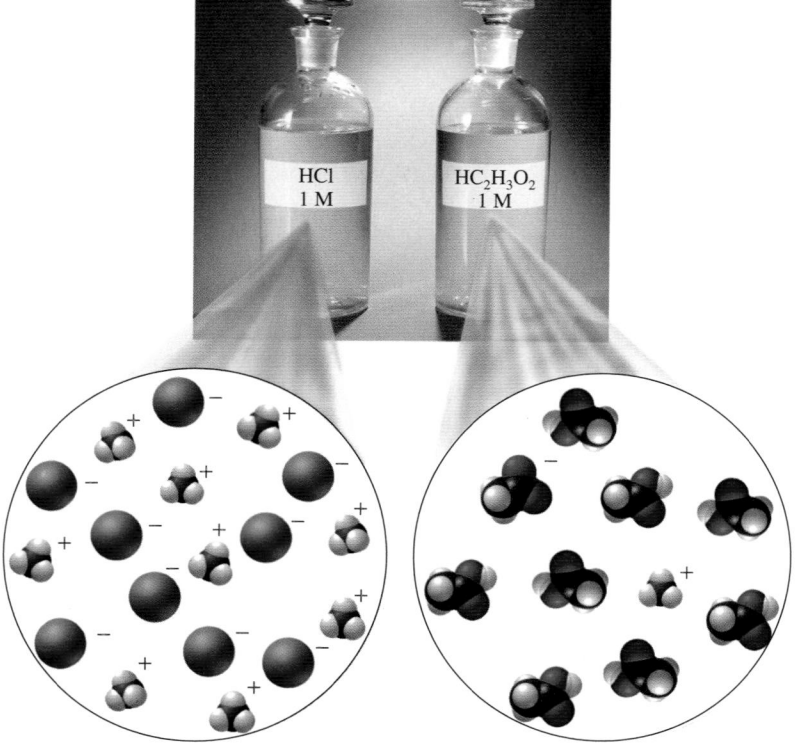

FIGURA 10.1 Un ácido fuerte como el HCl se disocia por completo (≈ 100%) en disolución, mientras que una disolución de un ácido débil como el $HC_2H_3O_2$ sólo se ioniza un poco para formar una disolución de ácido débil que contiene principalmente moléculas y algunos iones.

P ¿Cuál es la diferencia entre un ácido fuerte y un ácido débil?

disuelve en agua para formar ácido carbónico, H_2CO_3. El ácido débil H_2CO_3 alcanza el equilibrio entre las moléculas de H_2CO_3 sin disociar y los iones H_3O^+ y HCO_3^-. Dado que HCO_3^- también es un ácido débil, puede tener lugar una segunda disociación para producir otro ión hidronio y el ión carbonato, CO_3^{2-}.

$$H_2CO_3(ac) + H_2O(l) \rightleftharpoons H_3O^+(ac) + HCO_3^-(ac)$$
Ácido carbónico   Ión bicarbonato (carbonato de hidrógeno)

$$HCO_3^-(ac) + H_2O(l) \rightleftharpoons H_3O^+(ac) + CO_3^{2-}(ac)$$
Ión bicarbonato   Ión carbonato

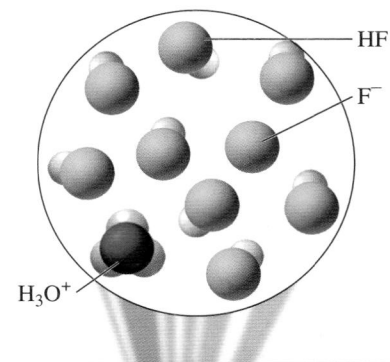

El ácido carbónico, un ácido débil, pierde un H^+ para formar ión carbonato de hidrógeno, que pierde un segundo H^+ para formar ión carbonato.

H_2CO_3 HCO_3^- CO_3^{2-}

El ácido sulfúrico, H_2SO_4, también es un ácido diprótico. Sin embargo, su primera disociación es completa, lo que significa que H_2SO_4 es un ácido fuerte. El producto, sulfato de hidrógeno HSO_4^-, puede disociarse nuevamente pero sólo un poco, lo que significa que el ión sulfato de hidrógeno es un ácido débil.

$$H_2SO_4(ac) + H_2O(l) \longrightarrow H_3O^+(ac) + HSO_4^-(ac)$$
Ácido sulfúrico   Ión sulfato de hidrógeno

$$HSO_4^-(ac) + H_2O(l) \rightleftharpoons H_3O^+(ac) + SO_4^{2-}(ac)$$
Ión sulfato de hidrógeno   Ión sulfato

En resumen, un ácido fuerte como HI se disocia completamente en agua para formar una disolución acuosa de los iones H_3O^+ y I^-. Un ácido débil como HF se disocia sólo un poco en agua para formar una disolución acuosa que consiste principalmente en moléculas de HF sin disociar y sólo algunos iones H_3O^+ y F^- (véase la figura 10.2).

Ácido fuerte: $HI(ac) + H_2O(l) \longrightarrow H_3O^+(ac) + I^-(ac)$ (completamente disociado)

Ácido débil: $HF(ac) + H_2O(l) \rightleftharpoons H_3O^+(ac) + F^-(ac)$ (un poco disociado)

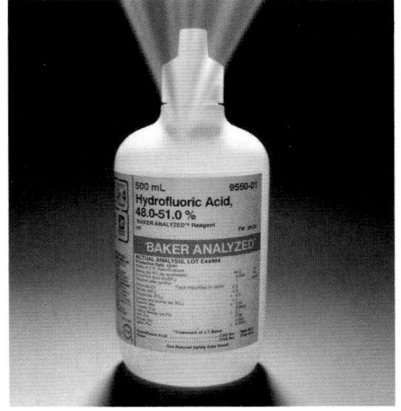

El ácido fluorhídrico es el único ácido halógeno que es un ácido débil.

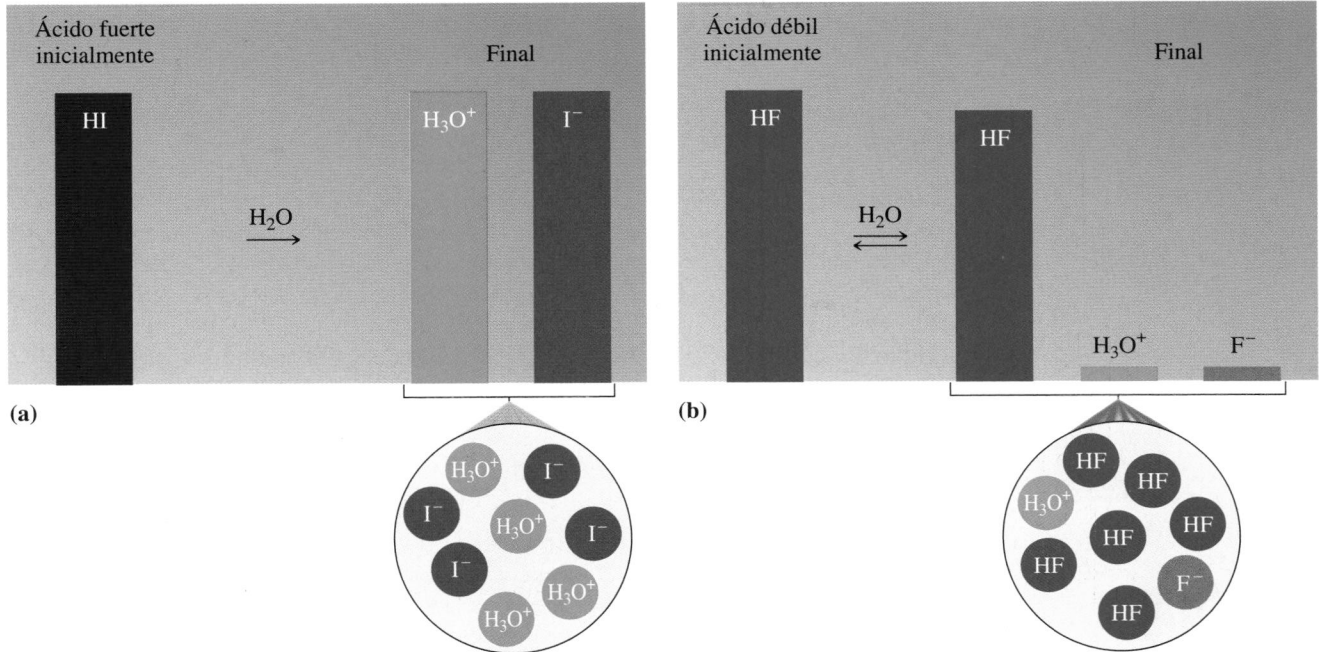

FIGURA 10.2 **(a)** Un ácido fuerte como el HI se disocia por completo para producir iones H_3O^+ y I^-. **(b)** Un ácido débil como HF se disocia sólo un poco para formar una disolución que contiene algunos iones H_3O^+ y F^-, y principalmente moléculas HF sin disociar.

P ¿Cómo cambia la altura del H_3O^+ en la gráfica de barras para un ácido fuerte en comparación con un ácido débil?

Las bases en los productos domésticos se usan para limpiar, quitar grasas y destapar cañerías.

Bases en productos domésticos

Bases débiles

Limpiador de ventanas, amoniaco, NH_3
Blanqueador, NaOCl
Detergente de lavandería, Na_2CO_3, Na_3PO_4
Dentífrico y bicarbonato de sodio, $NaHCO_3$
Polvo para hornear, polvo para quitar
  manchas, Na_2CO_3
Cal para prados y agricultura, $CaCO_3$
Laxantes, antiácidos, $Mg(OH)_2$, $Al(OH)_3$

Bases fuertes

Limpiador de cañerías, limpiador
  de hornos, NaOH

TUTORIAL
Using Dissociation Constants

El aguijón de una hormiga roja contiene ácido fórmico que irrita la piel.

Bases fuertes y débiles

Como electrolitos fuertes, las **bases fuertes** se disocian por completo en agua. Puesto que estas bases fuertes son compuestos iónicos, se disocian en agua y producen una disolución acuosa de iones metálicos y iones hidróxido. Los hidróxidos del Grupo 1A (1) son muy solubles en agua, por lo que pueden producir concentraciones altas de iones OH^-. Algunas bases no son muy solubles en agua, pero las que sí se disuelven se disocian por completo como iones. Por ejemplo, cuando KOH, una base fuerte, se disocia en agua, la disolución sólo consta de los iones K^+ y OH^-.

$$KOH(s) \xrightarrow{H_2O} K^+(ac) + OH^-(ac)$$

Bases fuertes
Hidróxido de litio LiOH
Hidróxido de sodio NaOH
Hidróxido de potasio KOH
Hidróxido de estroncio $Sr(OH)_2$*
Hidróxido de calcio $Ca(OH)_2$*
Hidróxido de bario $Ba(OH)_2$*

* Baja solubilidad, pero se disocian por completo.

El hidróxido de sodio, NaOH (también conocido como *lejía*), se utiliza en productos domésticos para quitar la grasa de hornos y limpiar cañerías. Puesto que concentraciones altas de iones hidróxido causan daño grave a la piel y los ojos, deben seguirse cuidadosamente las instrucciones cuando se usen dichos productos en el hogar, y su uso en el laboratorio de química debe supervisarse de manera rigurosa. Si derrama un ácido o una base sobre su piel o le cae en los ojos, asegúrese de enjuagar el área de inmediato con agua durante al menos 10 minutos y busque atención médica.

Las **bases débiles** son electrolitos débiles porque producen muy pocos iones en disolución. En una disolución acuosa de NH_3, sólo algunas moléculas reaccionan con H_2O para formar NH_4^+ y OH^-. Muchos limpiadores de ventanas contienen amoniaco, NH_3.

$$NH_3(g) + H_2O(l) \rightleftharpoons NH_4^+(ac) + OH^-(ac)$$
Amoniaco   Hidróxido de amonio

Constantes de disociación para ácidos débiles

Como ha visto, la fuerza de los ácidos varía con el grado de disociación en agua. Dado que la disociación de los ácidos fuertes en agua es esencialmente completa, la reacción no se considera una situación de equilibrio. Sin embargo, puesto que los ácidos débiles en agua se disocian sólo un poco, los iones producto alcanzan el equilibrio con las moléculas de ácido débil sin disociar. Por ejemplo, el ácido fórmico $HCHO_2$, el ácido que se encuentra en los aguijones de abejas y hormigas, es un ácido débil. El ácido fórmico es un ácido orgánico o *ácido carboxílico* en el que el H escrito a la izquierda de la fórmula se disocia para formar ión formato.

$$HCHO_2(ac) + H_2O(l) \rightleftharpoons H_3O^+(ac) + CHO_2^-(ac)$$
Ácido fórmico   Ión formato

En la sección 9.3 se escribió la expresión de la constante de equilibrio para gases en equilibrio. También es posible escribir una expresión de equilibrio para los ácidos débiles con la que se obtenga la proporción entre las concentraciones de productos y los reactivos ácidos débiles. Como con otras constantes de equilibrio, la concentración molar de los productos se divide entre la concentración molar de los reactivos. Puede escribir el equilibrio para el ácido fórmico del modo siguiente:

$$HCHO_2(ac) + H_2O(l) \rightleftharpoons H_3O^+(ac) + CHO_2^-(ac)$$

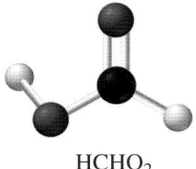

HCHO$_2$

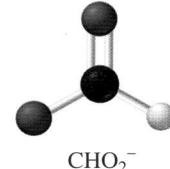

CHO$_2^-$

El ácido fórmico, un ácido débil, pierde un H$^+$ para formar ión formato.

Puesto que el agua es un líquido puro, su concentración, que es constante, se omite de la constante de equilibrio, denominada **constante de disociación ácida, K_a** (o *constante de ionización ácida*). El valor de K_a para el ácido fórmico a 25 °C se determina de manera experimental en 1.8×10^{-4}. Por tanto, para el ácido débil HCHO$_2$, la K_a se escribe

$$K_a = \frac{[H_3O^+][CHO_2^-]}{[HCHO_2]} = 1.8 \times 10^{-4} \quad \text{Constante de disociación ácida}$$

La K_a medida para el ácido fórmico es pequeña, lo que confirma que la mezcla de equilibrio del ácido fórmico en agua contiene principalmente reactivos y sólo pequeñas cantidades de los productos. (Recuerde que las unidades de concentración se omiten en los valores dados para las constantes de equilibrio.) Cuanto más pequeño sea el valor de K_a, más débil será el ácido. Por otra parte, los ácidos fuertes, que en esencia se disocian al 100%, tienen valores de K_a muy grandes, pero dichos valores generalmente no se proporcionan. La tabla 10.4 indica valores de K_a para ácidos débiles seleccionados.

TABLA 10.4 Valores de K_a para ácidos débiles seleccionados

Ácido	Fórmula	K_a
Ácido fosfórico	H$_3$PO$_4$	7.5×10^{-3}
Ácido fluorhídrico	HF	7.2×10^{-4}
Ácido nitroso	HNO$_2$	4.5×10^{-4}
Ácido fórmico	HCHO$_2$	1.8×10^{-4}
Ácido acético	HC$_2$H$_3$O$_2$	1.8×10^{-5}
Ácido carbónico	H$_2$CO$_3$	4.3×10^{-7}
Ácido sulfhídrico	H$_2$S	9.1×10^{-8}
Fosfato de dihidrógeno	H$_2$PO$_4^-$	6.2×10^{-8}
Bicarbonato	HCO$_3^-$	5.6×10^{-11}
Fosfato de hidrógeno	HPO$_4^{2-}$	2.2×10^{-13}

Ya se describieron los ácidos fuertes y débiles en varias formas. La tabla 10.5 resume las características de los ácidos en términos de fuerza y posición del equilibrio.

TABLA 10.5 Características de los ácidos

Característica	Ácidos fuertes	Ácidos débiles
Posición de equilibrio	Hacia productos (ionizado)	Hacia reactivos (no ionizado)
K_a	Grande	Pequeña
[H$_3$O$^+$] y [A$^-$]	100% de [HA] inicial	Pequeño porcentaje de [HA] inicial
Bases conjugadas	Débil	Fuerte

COMPROBACIÓN DE CONCEPTOS 10.4 **Constantes de disociación ácidas**

El ácido nitroso, HNO_2, tiene una K_a de 4.5×10^{-4}, y el ácido hipocloroso, $HOCl$, tiene una K_a de 3.5×10^{-8}. Si cada ácido tiene una concentración de 0.10 M, ¿cuál disolución tiene mayor concentración de H_3O^+?

RESPUESTA

El ácido nitroso tiene un valor de K_a más grande que el ácido hipocloroso. Cuando el ácido nitroso se disocia en agua, hay más disociación de HNO_2, lo que produce una mayor concentración de H_3O^+ en disolución.

EJEMPLO DE PROBLEMA 10.4 **Cómo escribir constantes de disociación ácidas**

Escriba la expresión para la constante de disociación ácida del ácido nitroso.

SOLUCIÓN

La ecuación para la disociación del ácido nitroso se escribe:

$$HNO_2(ac) + H_2O(l) \rightleftharpoons H_3O^+(ac) + NO_2^-(ac)$$

La constante de disociación ácida se escribe como las concentraciones de los productos divididas entre la concentración del ácido débil sin disociar.

$$K_a = \frac{[H_3O^+][NO_2^-]}{[HNO_2]}$$

COMPROBACIÓN DE ESTUDIO 10.4

Con ayuda de la tabla 10.4, determine qué ácido es más fuerte, ¿el ácido nitroso o el ácido carbónico? Explique su respuesta.

PREGUNTAS Y PROBLEMAS

10.2 Fuerza de ácidos y bases

META DE APRENDIZAJE: *Escribir ecuaciones para la disociación de ácidos fuertes y débiles; escribir la expresión de equilibrio para un ácido débil.*

10.15 ¿Qué se entiende con la frase "un ácido fuerte tiene una base conjugada débil"?

10.16 ¿Qué se entiende con la frase "un ácido débil tiene una base conjugada fuerte"?

10.17 Responda *verdadero* o *falso* en cada una de las afirmaciones siguientes:
Un ácido fuerte
  a. se ioniza por completo en disolución acuosa.
  b. tiene un valor pequeño de K_a.
  c. tiene una base conjugada fuerte.
  d. tiene una base conjugada débil.
  e. se ioniza un poco en disolución acuosa.

10.18 Responda *verdadero* o *falso* en cada una de las afirmaciones siguientes:
Un ácido débil
  a. se ioniza por completo en disolución acuosa.
  b. tiene un valor pequeño de K_a.
  c. tiene una base conjugada fuerte.
  d. tiene una base conjugada débil.
  e. se ioniza un poco en disolución acuosa.

10.19 Con ayuda de la tabla 10.3, identifique al ácido más fuerte en cada uno de los pares siguientes:
  a. HBr o HNO_2
  b. H_3PO_4 o HSO_4^-
  c. NH_4^+ o H_2CO_3

10.20 Con ayuda de la tabla 10.3, identifique al ácido más fuerte en cada uno de los pares siguientes:
  a. NH_4^+ o H_3O^+ **b.** HNO_2 o HCl **c.** H_2O o H_2CO_3

10.21 Con ayuda de la tabla 10.3, identifique al ácido más débil en cada uno de los pares siguientes:
  a. HCl o HSO_4^- **b.** HNO_2 o HF **c.** HCO_3^- o NH_4^+

10.22 Con ayuda de la tabla 10.3, identifique al ácido más débil en cada uno de los pares siguientes:
  a. HNO_3 o HCO_3^- **b.** HSO_4^- o H_2O **c.** H_2SO_4 o H_2CO_3

10.23 Con ayuda de la tabla 10.3, prediga si cada una de las reacciones siguientes contiene principalmente reactivos o productos en equilibrio:
  a. $H_2CO_3(ac) + H_2O(l) \rightleftharpoons H_3O^+(ac) + HCO_3^-(ac)$
  b. $NH_4^+(ac) + H_2O(l) \rightleftharpoons H_3O^+(ac) + NH_3(ac)$
  c. $HNO_2(ac) + NH_3(l) \rightleftharpoons NO_2^-(ac) + NH_4^+(ac)$

10.24 Con ayuda de la tabla 10.3, prediga si cada una de las reacciones siguientes contiene principalmente reactivos o productos en equilibrio:
  a. $H_3PO_4(ac) + F^-(ac) \rightleftharpoons HF(ac) + H_2PO_4^-(ac)$
  b. $CO_3^{2-}(ac) + H_2O(l) \rightleftharpoons OH^-(ac) + HCO_3^-(ac)$
  c. $HS^-(ac) + H_2O(l) \rightleftharpoons H_3O^+(ac) + S^{2-}(ac)$

10.25 Considere los ácidos y sus constantes de disociación siguientes y luego responda las preguntas:

$$H_2SO_3(ac) + H_2O(l) \rightleftharpoons H_3O^+(ac) + HSO_3^-(ac)$$
$$K_a = 1.2 \times 10^{-2}$$
$$HS^-(ac) + H_2O(l) \rightleftharpoons H_3O^+(ac) + S_2^-(ac)$$
$$K_a = 1.3 \times 10^{-19}$$

a. ¿Cuál es el ácido más fuerte, H_2SO_3 o HS^-?

b. ¿Cuál es la base conjugada de H_2SO_3?

c. ¿Cuál ácido tiene la base conjugada más débil?

d. ¿Cuál ácido produce más iones?

10.26 Considere los ácidos y sus constantes de disociación siguientes y luego responda las preguntas:

$$HPO_4^{2-}(ac) + H_2O(l) \rightleftharpoons H_3O^+(ac) + PO_4^{3-}(ac)$$
$$K_a = 2.2 \times 10^{-13}$$

$$HCHO_2(ac) + H_2O(l) \rightleftharpoons H_3O^+(ac) + CHO_2^-(ac)$$
$$K_a = 1.8 \times 10^{-4}$$

a. ¿Cuál ácido es el ácido más débil, HPO_4^{2-} o $HCHO_2$?

b. ¿Cuál es la base conjugada de HPO_4^{2-}?

c. ¿Cuál ácido tiene la base conjugada más débil?

d. ¿Cuál ácido produce más iones?

10.27 El ácido fosfórico reacciona con agua para formar fosfato de dihidrógeno y ión hidronio. Escriba la ecuación para la disociación del ácido fosfórico y la expresión para su constante de disociación ácida (K_a).

10.28 El ácido carbónico, un ácido débil, reacciona con agua para formar bicarbonato y ión hidronio. Escriba la ecuación para la disociación del ácido carbónico y la expresión para la su constante de disociación ácida (K_a).

10.3 Ionización del agua

META DE APRENDIZAJE

Usar la constante del producto iónico del agua para calcular $[H_3O^+]$ y $[OH^-]$ en una disolución acuosa.

Ya vio que en las reacciones ácido-base el agua es anfótera, lo que significa que puede actuar como ácido o como base. En el agua pura, hay una reacción directa entre dos moléculas de agua que transfieren H^+ de una molécula de agua hacia la otra. Una molécula actúa como ácido al perder H^+, y la molécula de agua que gana H^+ actúa como base. Cada vez que se transfiere H^+ entre dos moléculas de agua, los productos son un H_3O^+ y un OH^-, que reaccionan en la dirección contraria para volver a formar dos moléculas de agua. En consecuencia, se alcanza el equilibrio entre los pares ácido-base conjugados del agua.

TUTORIAL
Ionization of Water

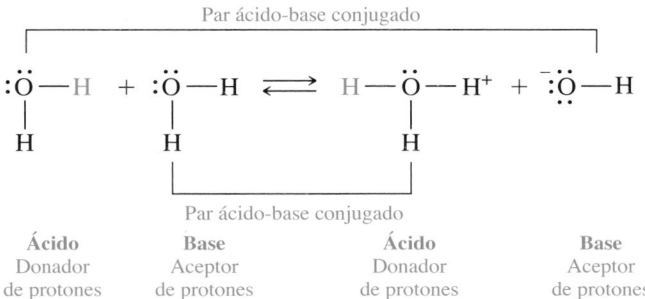

Cómo escribir la constante del producto iónico del agua, K_w

Al usar la ecuación para la reacción de agua en equilibrio, puede escribir su expresión de constante de equilibrio que muestre las concentraciones de los productos divididas entre las concentraciones de los reactivos. Recuerde que los corchetes con los que se encierran los símbolos indican sus concentraciones en moles por litro (M).

$$H_2O(l) + H_2O(l) \rightleftharpoons H_3O^+(ac) + OH^-(ac)$$

$$K_c = \frac{[H_3O^+][OH^-]}{[H_2O][H_2O]}$$

Como se hizo para la expresión de la constante de disociación ácida, se omite la concentración constante del agua líquida, lo que produce la **constante del producto iónico del agua, K_w**.

$$K_w = [H_3O^+][OH^-]$$

Hay experimentos que han determinado que, en agua pura, la concentración de H_3O^+ a 25 °C es 1.0×10^{-7} M.

$$[H_3O^+] = 1.0 \times 10^{-7} \text{ M}$$

Puesto que el agua pura contiene igual número de iones OH^- y iones hidronio, la concentración del ión hidróxido también debe ser 1.0×10^{-7} M.

$$[H_3O^+] = [OH^-] = 1.0 \times 10^{-7} \text{ M} \quad \text{Agua pura}$$

Cuando en la expresión de K_w se colocan $[H_3O^+]$ y $[OH^-]$, se obtiene el valor numérico de K_w, que es 1.0×10^{-14} a 25 °C. Como antes, las unidades de concentración se omiten en el valor de K_w.

$$K_w = [H_3O^+][OH^-]$$
$$= (1.0 \times 10^{-7} \text{ M})(1.0 \times 10^{-7} \text{ M}) = 1.0 \times 10^{-14}$$

Disoluciones neutras, ácidas y básicas

Cuando $[H_3O^+]$ y $[OH^-]$ en una disolución son iguales, la **disolución** es **neutra**. Sin embargo, la mayoría de las disoluciones no es neutra y tiene diferentes concentraciones de $[H_3O^+]$ y $[OH^-]$. Si se agrega ácido al agua, hay un aumento de $[H_3O^+]$ y una disminución de $[OH^-]$, lo que produce una disolución ácida. Si se agrega base, $[OH^-]$ aumenta y $[H_3O^+]$ disminuye, lo que produce una disolución básica (véase la figura 10.3). Sin embargo, para cualquier disolución acuosa, el producto $[H_3O^+][OH^-]$ siempre es igual a K_w (1.0×10^{-14}) a 25 °C (véase la tabla 10.6).

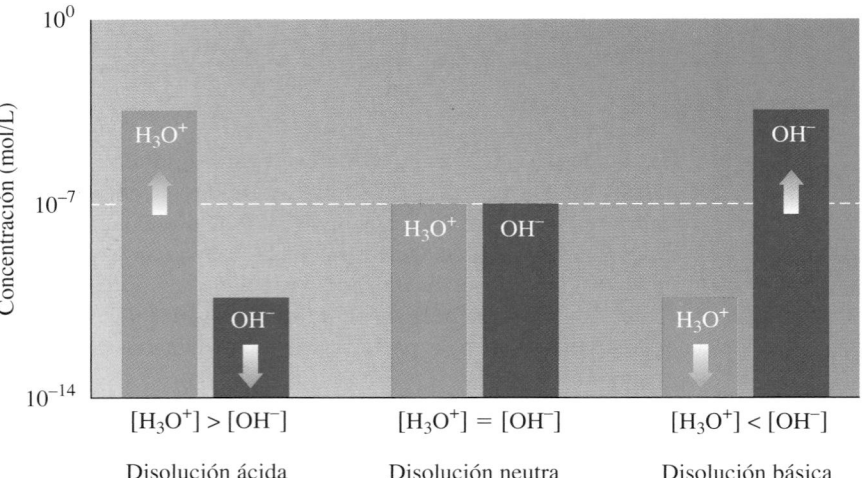

FIGURA 10.3 En una disolución neutra, $[H_3O^+]$ y $[OH^-]$ son iguales. En las disoluciones ácidas, $[H_3O^+]$ es mayor que $[OH^-]$. En las disoluciones básicas, $[OH^-]$ es mayor que $[H_3O^+]$.

P Una disolución que tiene $[H_3O^+]$ = 1.0×10^{-3} M, ¿es ácida, básica o neutra?

TABLA 10.6 Ejemplos de $[H_3O^+]$ y $[OH^-]$ en disoluciones neutras, ácidas y básicas

Tipo de disolución	$[H_3O^+]$	$[OH^-]$	K_w (25 °C)
Neutra	1.0×10^{-7} M	1.0×10^{-7} M	1.0×10^{-14}
Ácida	1.0×10^{-2} M	1.0×10^{-12} M	1.0×10^{-14}
Ácida	2.5×10^{-5} M	4.0×10^{-10} M	1.0×10^{-14}
Básica	1.0×10^{-8} M	1.0×10^{-6} M	1.0×10^{-14}
Básica	5.0×10^{-11} M	2.0×10^{-4} M	1.0×10^{-14}

Cómo usar K_w para calcular $[H_3O^+]$ y $[OH^-]$ en una disolución

Si conoce $[OH^-]$ de una disolución, puede usar la K_w para calcular $[H_3O^+]$. Si conoce $[H_3O^+]$ de una disolución, puede calcular $[OH^-]$ a partir de su relación en la K_w, como se muestra en el Ejemplo de problema 10.5.

$$K_w = [H_3O^+][OH^-]$$

$$[OH^-] = \frac{K_w}{[H_3O^+]} \qquad [H_3O^+] = \frac{K_w}{[OH^-]}$$

EJEMPLO DE PROBLEMA 10.5 Cómo calcular $[H_3O^-]$ y $[OH^-]$ en disolución

Una disolución de vinagre tiene $[H_3O^+]$ = 2.0×10^{-3} M a 25 °C. ¿Cuál es $[OH^-]$ de la disolución de vinagre? ¿La disolución es ácida, básica o neutra?

SOLUCIÓN

Análisis del problema

Componentes de la disolución	$[H_3O^+]$	$[OH^-]$	
Dados	2.0×10^{-3} M		$K_w = 1.0 \times 10^{-14}$
Necesita		M (mol/L)	

Paso 1 **Escriba la K_w para el agua.**

$$K_w = [H_3O^+][OH^-] = 1.0 \times 10^{-14}$$

Paso 2 **Resuelva la K_w para la $[H_3O^+]$ o $[OH^-]$ desconocida.** Reordene la expresión de producto de iones para $[OH^-]$ al dividir entre $[H_3O^+]$.

$$\frac{K_w}{[H_3O^+]} = \frac{[\cancel{H_3O^+}][OH^-]}{[\cancel{H_3O^+}]}$$

$$[OH^-] = \frac{1.0 \times 10^{-14}}{[H_3O^+]}$$

Paso 3 **Sustituya la $[H_3O^+]$ o $[OH^-]$ conocida en la ecuación y calcule.**

$$[OH^-] = \frac{1.0 \times 10^{-14}}{[2.0 \times 10^{-3}]} = 5.0 \times 10^{-12}\ \text{M}$$

Puesto que la $[H_3O^+]$ de 2.0×10^{-3} M es mucho mayor que la $[OH^-]$ de 5.0×10^{-12} M, la disolución es ácida.

Guía para calcular $[H_3O^+]$ y $[OH^-]$ en disoluciones acuosas

1 Escriba la K_w para el agua.

2 Resuelva la K_w para la $[H_3O^+]$ o $[OH^-]$ desconocida.

3 Sustituya la $[H_3O^+]$ o $[OH^-]$ conocida en la ecuación y calcule.

COMPROBACIÓN DE ESTUDIO 10.5

¿Cuál es la $[H_3O^+]$ de una disolución limpiadora de amoniaco con $[OH^-] = 4.0 \times 10^{-4}$ M? ¿La disolución es ácida, básica o neutra?

PREGUNTAS Y PROBLEMAS

10.3 Ionización del agua

META DE APRENDIZAJE: *Usar la constante del producto iónico del agua para calcular $[H_3O^+]$ y $[OH^-]$ en una disolución acuosa.*

10.29 ¿Por qué las concentraciones de H_3O^+ y OH^- son iguales en agua pura?

10.30 ¿Cuál es el significado y valor de K_w?

10.31 En una disolución ácida, ¿cómo se compara la concentración de H_3O^+ con la concentración de OH^-?

10.32 En una disolución básica, ¿cómo se compara la concentración de H_3O^+ con la concentración de OH^-?

10.33 Indique si cada una de las concentraciones siguientes corresponde a una disolución ácida, básica o neutra:
   a. $[H_3O^+] = 2.0 \times 10^{-5}$ M
   b. $[H_3O^+] = 1.4 \times 10^{-9}$ M
   c. $[OH^-] = 8.0 \times 10^{-3}$ M
   d. $[OH^-] = 3.5 \times 10^{-10}$ M

10.34 Indique si cada una de las concentraciones siguientes corresponde a una disolución ácida, básica o neutra:
   a. $[H_3O^+] = 6.0 \times 10^{-12}$ M
   b. $[H_3O^+] = 1.4 \times 10^{-4}$ M
   c. $[OH^-] = 5.0 \times 10^{-12}$ M
   d. $[OH^-] = 4.5 \times 10^{-2}$ M

10.35 Calcule la $[H_3O^+]$ de cada disolución acuosa con la siguiente $[OH^-]$:
   a. café, 1.0×10^{-9} M
   b. jabón, 1.0×10^{-6} M
   c. limpiador, 2.0×10^{-5} M
   d. jugo de limón, 4.0×10^{-13} M

10.36 Calcule la $[H_3O^+]$ de cada disolución acuosa con la siguiente $[OH^-]$:
   a. detergente para lavar platos, 1.0×10^{-3} M
   b. leche de magnesia, 1.0×10^{-5} M
   c. aspirina, 1.8×10^{-11} M
   d. agua de mar, 2.5×10^{-6} M

10.37 Calcule la $[OH^-]$ de cada disolución acuosa con las siguientes $[H_3O^+]$:
   a. vinagre, 1.0×10^{-3} M
   b. orina, 5.0×10^{-6} M
   c. disolución de amoniaco, 1.8×10^{-12} M
   d. disolución de KOH, 4.0×10^{-13} M

10.38 Calcule la $[OH^-]$ de cada disolución acuosa con la siguiente $[H_3O^+]$:
   a. bicarbonato de sodio, 1.0×10^{-8} M
   b. jugo de naranja, 2.0×10^{-4} M
   c. leche, 5.0×10^{-7} M
   d. blanqueador, 4.8×10^{-12} M

META DE APRENDIZAJE

Calcular el pH *a partir de la concentración de* [H_3O^+]*; dado el* pH*, calcular la* [H_3O^+] *y* [OH^-] *de una disolución.*

ESTUDIO DE CASO
Hyperventilation and Blood pH

ACTIVIDAD DE AUTOAPRENDIZAJE
The pH Scale

10.4 La escala de pH

Muchos tipos de ocupaciones, como la administración de terapia respiratoria, el procesamiento de alimentos, la medicina, la agricultura, el mantenimiento de albercas y la fabricación de jabones requieren que el personal mida las [H_3O^+] y [OH^-] de disoluciones. El nivel de acidez sirve para evaluar el funcionamiento de pulmones y riñones, controlar la proliferación de bacterias en los alimentos y evitar el crecimiento de plagas en los cultivos de alimentos.

Aunque las concentraciones de H_3O^+ y OH^- se han expresado como molaridad, es más conveniente describir la acidez de las disoluciones por medio de la *escala pH*. En esta escala, un número entre 0 y 14 representa la concentración de H_3O^+ para disoluciones comunes. Una disolución neutra tiene un pH de 7.0 a 25 °C. Una disolución ácida tiene un pH menor que 7.0; una disolución básica tiene un pH mayor que 7.0 (véase la figura 10.4).

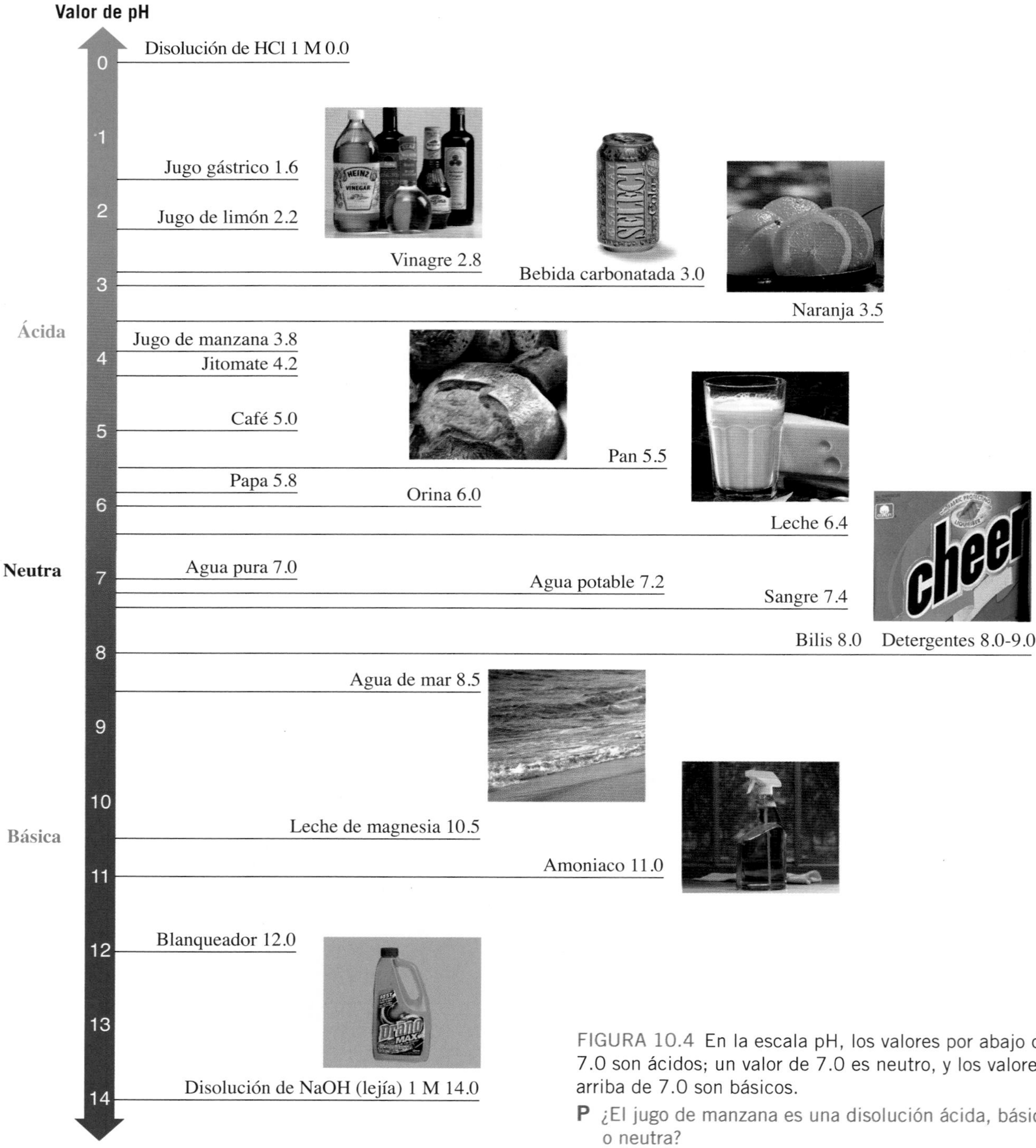
Valor de pH
0
1
2
3
4
5
6
7
8
9
10
11
12
13
14
Ácida
Neutra
Básica
Disolución de HCl 1 M 0.0
Jugo gástrico 1.6
Jugo de limón 2.2
Vinagre 2.8
Bebida carbonatada 3.0
Naranja 3.5
Jugo de manzana 3.8
Jitomate 4.2
Café 5.0
Pan 5.5
Papa 5.8
Orina 6.0
Leche 6.4
Agua pura 7.0
Agua potable 7.2
Sangre 7.4
Bilis 8.0
Detergentes 8.0-9.0
Agua de mar 8.5
Leche de magnesia 10.5
Amoniaco 11.0
Blanqueador 12.0
Disolución de NaOH (lejía) 1 M 14.0
HEINZ
VINEGAR
SELECT
cheer

FIGURA 10.4 En la escala pH, los valores por abajo de 7.0 son ácidos; un valor de 7.0 es neutro, y los valores por arriba de 7.0 son básicos.

P ¿El jugo de manzana es una disolución ácida, básica o neutra?

- Disolución ácida   pH < 7.0 $[H_3O^+] > 1.0 \times 10^{-7}$ M
- Disolución neutra   pH $= 7.0$ $[H_3O^+] = 1.0 \times 10^{-7}$ M
- Disolución básica   pH > 7.0 $[H_3O^+] < 1.0 \times 10^{-7}$ M

Cuando se relacionan acidez y pH, se usa una relación inversa, que es cuando un componente aumenta mientras el otro componente disminuye. Cuando un ácido se agrega a agua pura, la $[H_3O^+]$ (acidez) de la disolución aumenta, pero su pH disminuye. Cuando una base se agrega a agua pura, se vuelve más básica, lo que significa que su acidez disminuye y el pH aumenta.

En el laboratorio se utiliza a menudo un medidor de pH para determinar el pH de una disolución. También hay varios indicadores y papeles pH que adquieren colores específicos cuando se colocan en disoluciones con diferentes valores de pH. Para encontrar el pH, se compara el color del papel de prueba o el color de la disolución con un gráfico de colores (véase la figura 10.5).

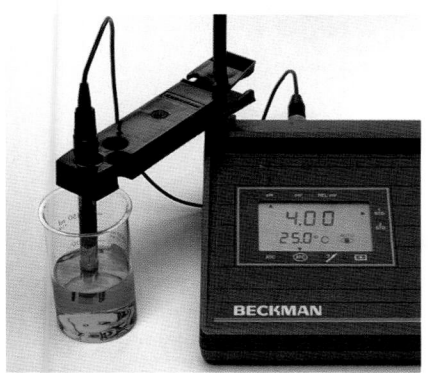
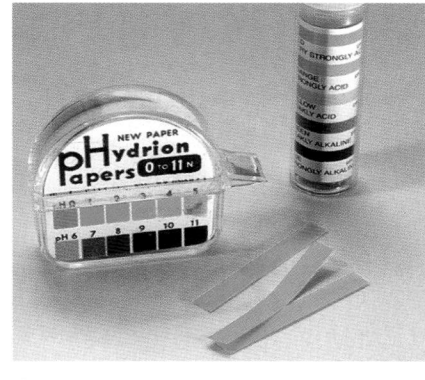

(a)   **(b)**   **(c)**

FIGURA 10.5 El pH de una disolución puede determinarse con el uso de **(a)** un medidor de pH, **(b)** papel pH y **(c)** indicadores que adquieren diferentes colores correspondientes a diferentes valores de pH.
P Si un medidor de pH mide 4.00, ¿la disolución es ácida, básica o neutra?

COMPROBACIÓN DE CONCEPTOS 10.5   pH de disoluciones

Considere el pH de los artículos siguientes:

Artículo	pH
Cerveza de raíz	5.8
Limpiador de cocina	10.9
Pepinillos	3.5
Limpiador de vidrio	7.6
Jugo de arándano	2.9

a. Coloque los valores de pH de los artículos anteriores en orden de más ácido a más básico.
b. ¿Cuál artículo tiene mayor $[H_3O^+]$?
c. ¿Cuál artículo tiene mayor $[OH^-]$?

RESPUESTA

a. El artículo más ácido es el que tiene el pH más bajo, y el más básico es el artículo que tiene el pH más alto: jugo de arándano (2.9), pepinillos (3.5), cerveza de raíz (5.8), limpiador de vidrios (7.6), limpiador de cocina (10.9).
b. El artículo con mayor $[H_3O^+]$ tendría el valor de pH más bajo, que es el jugo de arándano.
c. El artículo con mayor $[HO^-]$ tendría el valor de pH más alto, que es el limpiador de cocina.

El jugo de arándanos tiene un pH de 2.9, lo que lo hace ácido.

Si el suelo es demasiado ácido, los cultivos no absorben nutrimentos. Entonces puede agregarse cal ($CaCO_3$), que actúa como base, para aumentar el pH del suelo.

TUTORIAL
Logarithms

TUTORIAL
The pH Scale

Cómo calcular el pH de las disoluciones

La escala pH es una escala logarítmica que corresponde a la [H_3O^+] de disoluciones acuosas. Matemáticamente, **pH** es el logaritmo negativo (base 10) de la [H_3O^+].

$$pH = -\log[H_3O^+]$$

En esencia, las potencias negativas de 10 en las concentraciones molares se convierten en números positivos. Por ejemplo, una disolución de jugo de limón con [H_3O^+] = 1.0×10^{-2} M tiene un pH de 2.00. Esto puede calcularse usando la ecuación de pH.

$$pH = -\log[1.0 \times 10^{-2}]$$
$$pH = -(-2.00)$$
$$= 2.00$$

El número de *lugares decimales* en el valor de pH es el mismo que el número de cifras significativas en la [H_3O^+]. El número a la izquierda del punto decimal en el valor de pH es la potencia de 10.

$$[H_3O^+] = 1.0 \times 10^{-2} \qquad pH = 2.00$$

Dos CS   Dos CS

Puesto que el pH es una escala log, un cambio de una unidad en el pH corresponde a un cambio de 10 veces en [H_3O^+]. Es importante observar que el pH disminuye conforme aumenta la [H_3O^+]. Por ejemplo, una disolución con un pH de 2.00 tiene una [H_3O^+] que es 10 veces mayor que una disolución con un pH de 3.00, y 100 veces mayor que una disolución con un pH de 4.00.

COMPROBACIÓN DE CONCEPTOS 10.6   Cómo calcular el pH

Indique si los valores de pH dados para las disoluciones siguientes son correctos o incorrectos y por qué:

a. [H_3O^+] = 1×10^{-6} pH = -6.0
b. [H_3O^+] = 1.0×10^{-10} pH = 10.0
c. [H_3O^+] = 1.0×10^{-6} pH = 6.00

RESPUESTA

a. Incorrecto. El pH de esta disolución es 6.0, que tiene un valor positivo, no negativo.
b. Incorrecto. Esta disolución tiene una [H_3O^+] de 1.0×10^{-10} M, que tiene un pH de 10.00. Se necesitan dos ceros después del punto decimal para coincidir con las dos cifras significativas en el coeficiente de la [H_3O^+].
c. Correcto. El pH tiene dos ceros después del punto decimal para coincidir con las dos cifras significativas en el coeficiente 1.0.

Para calcular el pH de una disolución se utiliza la tecla *log* y se cambia el signo como se muestra en los Ejemplos de problema 10.6 y 10.7.

EJEMPLO DE PROBLEMA 10.6 **Cómo calcular el pH a partir de [H₃O⁺]**

La aspirina, que es ácido acetilsalicílico, fue el primer medicamento antiinflamatorio no esteroideo utilizado para aliviar el dolor y la fiebre. Si una disolución de aspirina tiene una $[H_3O^+] = 1.7 \times 10^{-3}$ M, ¿cuál es el pH de la disolución?

SOLUCIÓN

Análisis del problema

Componentes de la disolución	$[H_3O^+]$	pH
Dados	1.7×10^{-3} M	
Necesita		pH

Paso 1 **Ingrese la [H₃O⁺].**

Ingrese 1.7 y oprima (EE or EXP).

Ingrese 3 y oprima (+/−) para cambiar el signo. (Para calculadores sin tecla de cambio de signo, consulte las instrucciones de la calculadora.)

Pantalla calculadora

1.7^{00} o 1.700 o $1.7E00$

1.7^{-03} o $1.7 - 03$ o $1.7E-03$

Paso 2 **Oprima la tecla *log* y cambie el signo.**

(log) (+/−)   2.769551079

Los pasos pueden combinarse para obtener la siguiente secuencia de calculadora:

$pH = -\log[1.7 \times 10^{-3}] = 1.7$ (EE or EXP) 3 (+/−) (log) (+/−)
$= 2.769551079$

Asegúrese de revisar las instrucciones de su calculadora. En algunas calculadoras, primero se usa la tecla log, seguida de la concentración.

Paso 3 **Ajuste el número de CS a la *derecha* del punto decimal para igualar las CS en el coeficiente.** En un valor de pH, el número a la *izquierda* del punto decimal es un número *exacto* derivado de la potencia de 10.

Coeficiente   Potencia de 10

$[H_3O^+] = 1.7 \times 10^{-3}$ M $pH = -\log[1.7 \times 10^{-3}] = 2.77$

Dos CS   Exacto   Exacto   Dos CS

COMPROBACIÓN DE ESTUDIO 10.6

¿Cuál es el pH del blanqueador con $[H_3O^+] = 4.2 \times 10^{-12}$ M?

Cuando se proporciona la [OH⁻], se usa la K_w para calcular [H₃O⁺], a partir de lo cual puede calcularse el pH de la disolución, como se muestra en el Ejemplo de problema 10.7

H ácido que se disocia en disolución acuosa

La aspirina, que es ácido acetilsalicílico, es un ácido débil con una K_a de 3.0×10^{-4}.

Guía para calcular el pH de una disolución acuosa

1 Ingrese la [H₃O⁺].

2 Oprima la tecla *log* y cambie el signo.

3 Ajuste el número de CS a la *derecha* del punto decimal para igualar las CS en el coeficiente.

EJEMPLO DE PROBLEMA 10.7   Cómo calcular el pH a partir de [OH⁻]

¿Cuál es el pH de una disolución de amoniaco a 25 °C con $[OH^-] = 3.7 \times 10^{-3}$ M?

SOLUCIÓN

Análisis del problema

Componentes de la disolución	$[OH^-]$	pH
Dados	3.7×10^{-3} M	
Necesita		pH

Paso 1   **Ingrese la [H₃O⁺].** Dado que se proporciona la [HO⁻] para la disolución de amoniaco, necesita calcular $[H_3O^+]$. Con la constante del producto iónico del agua, K_w, divida ambos lados entre [HO⁻] para obtener $[H_3O^+]$.

$$\frac{K_w}{[OH^-]} = \frac{[H_3O^+]\,[\cancel{OH^-}]}{[\cancel{OH^-}]}$$

$$[H_3O^+] = \frac{1.0 \times 10^{-14}}{[3.7 \times 10^{-3}]} = 2.7 \times 10^{-12} \text{ M}$$

Pantalla calculadora

2.7 [EE or EXP] 12 [+/−] 2.7^{-12} o $2.7 - 12$ o $2.7E - 12$

Paso 2   **Oprima la tecla *log* y cambie el signo.**

[log] [+/−]   11.56863624

Paso 3   **Ajuste el número de CS a la *derecha* del punto decimal para igualar las CS en el coeficiente.**

2.7×10^{-12} M   pH $= 11.57$

Dos CS   Exacto   Exacto Dos CS

COMPROBACIÓN DE ESTUDIO 10.7

Calcule el pH de una muestra de lluvia ácida que tiene $[OH^-] = 2 \times 10^{-10}$ M.

En la tabla 10.7 se presenta una comparación de $[H_3O^+]$, $[OH^-]$ y sus correspondientes valores de pH.

TABLA 10.7 Comparación de $[H_3O^+]$, $[OH^-]$ y valores correspondientes de pH a 25 °C

$[H_3O^+]$	pH	$[OH^-]$	
10^0	0	10^{-14}	
10^{-1}	1	10^{-13}	
10^{-2}	2	10^{-12}	
10^{-3}	3	10^{-11}	Ácida
10^{-4}	4	10^{-10}	
10^{-5}	5	10^{-9}	
10^{-6}	6	10^{-8}	
10^{-7}	7	10^{-7}	Neutra
10^{-8}	8	10^{-6}	
10^{-9}	9	10^{-5}	
10^{-10}	10	10^{-4}	
10^{-11}	11	10^{-3}	Básica
10^{-12}	12	10^{-2}	
10^{-13}	13	10^{-1}	
10^{-14}	14	10^0	

Cómo calcular $[H_3O^+]$ a partir del pH

En otro cálculo, se proporciona el pH de una disolución y se pide determinar la $[H_3O^+]$. Esto es lo inverso al cálculo del pH.

$$[H_3O^+] = 10^{-pH}$$

Para valores de pH que son números enteros, el exponente en la potencia de 10 es el mismo que el pH.

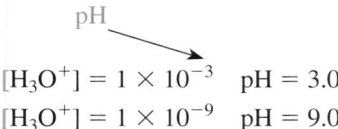

$$[H_3O^+] = 1 \times 10^{-3} \quad pH = 3.0$$
$$[H_3O^+] = 1 \times 10^{-9} \quad pH = 9.0$$

En valores de pH que no son números enteros, el cálculo requiere el uso de la tecla *10ˣ* que generalmente es una tecla de *2a función*. En algunas calculadoras, para realizar esta operación se utiliza la tecla *inverse* y luego la tecla *log*.

EJEMPLO DE PROBLEMA 10.8　Cómo calcular $[H_3O^+]$ a partir del pH

Calcule $[H_3O^+]$ para una disolución de bicarbonato de sodio con un pH de 8.25.

SOLUCIÓN

Análisis del problema

Componentes de la disolución	pH	$[H_3O^+]$
Dados	8.25	
Necesita		M (mol/L)

Paso 1 **Ingrese el valor del pH y cambie el signo.** Esto da el valor negativo del pH.

　　　　　　　　　　　　　　　　　　　　Pantalla calculadora

　　　8.25　[+/−]　　　　　　　　　　　　　　　　　−8.25

Paso 2 **Convierta el −pH en concentración.** Oprima la tecla *2nd function* y luego la tecla *10ˣ*.

　　　[2nd]　[10ˣ]　　5.623413252^{-09}　o　$5.623413252-09$　o　$5.623413252E-09$

U oprima la tecla *inverse* y luego la tecla *log*.

　　　[inv]　[log]

Paso 3 **Ajuste las CS en el coeficiente.** Como el valor de pH de 8.25 tiene dos CS a la *derecha* del punto decimal, el coeficiente para $[H_3O^+]$ se escribe con dos CS.

$$[H_3O^+] = 5.6 \times 10^{-9} \, M$$

COMPROBACIÓN DE ESTUDIO 10.8

¿Cuáles son $[H_3O^+]$ y $[OH^-]$ de una cerveza que tiene un pH de 4.7?

Guía para calcular $[H_3O^+]$ a partir del pH

1 Ingrese el valor del pH y cambie el signo.

2 Convierta el −pH en concentración.

3 Ajuste las CS en el coeficiente.

La química en la salud

ÁCIDO ESTOMACAL, HCl

El ácido gástrico, que contiene HCl, se produce en las células parietales que recubren el estómago. Cuando el estómago se expande por el consumo de alimentos, las glándulas gástricas comienzan a segregar una disolución enormemente ácida de HCl. En un solo día, una persona puede segregar 2000 mL de jugo gástrico, que contiene ácido clorhídrico, mucinas y las enzimas pepsina y lipasa.

El HCl del jugo gástrico activa una enzima digestiva de las células principales denominada *pepsinógeno* para formar *pepsina*, que descompone las proteínas de los alimentos que entran al estómago. La secreción de HCl continúa hasta que el estómago tiene un pH de aproximadamente 2, que es el pH óptimo para activar las enzimas digestivas sin ulcerar el recubrimiento estomacal. Además, el pH bajo ayuda a destruir las bacterias que llegan al estómago. En condiciones normales, grandes cantidades de moco viscoso se segregan en el interior del estómago para proteger su recubrimiento del daño ácido y enzimático. En la enfermedad de reflujo gástrico, la disolución gástrica ácida del estómago se mueve hacia el esófago y causa síntomas como pirosis o

hernia hiatal. El ácido gástrico también puede formarse bajo condiciones de estrés, cuando el sistema nervioso activa la producción de HCl.

A medida que el contenido del estómago avanza hacia el intestino delgado, las células producen bicarbonato para neutralizar el ácido gástrico a un pH aproximado de 5.0.

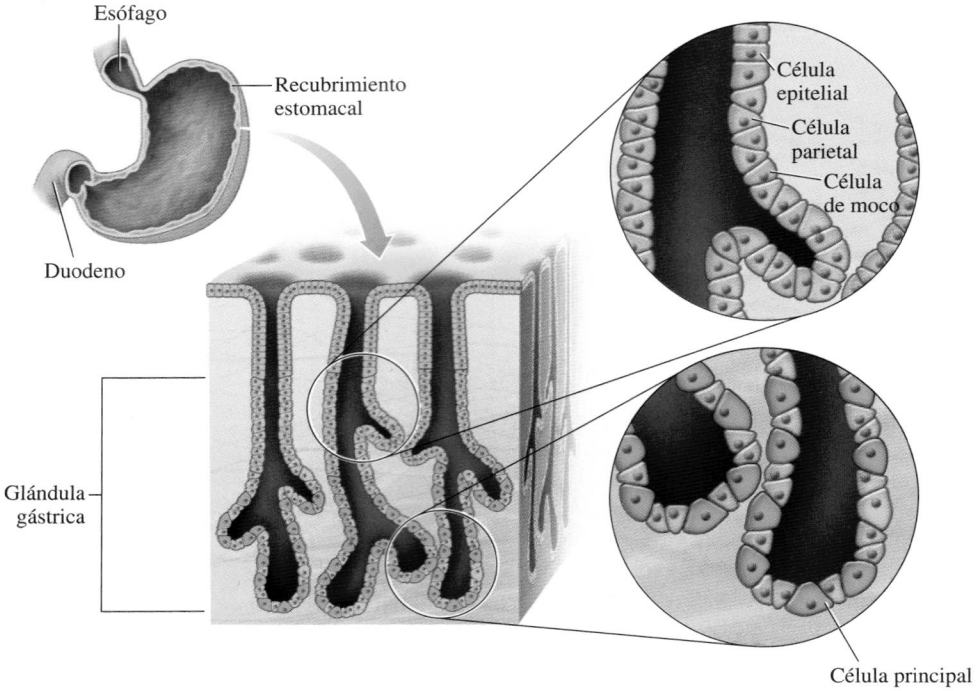

Las células parietales del recubrimiento del estómago segregan ácido gástrico HCl.

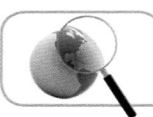

Explore su mundo

USO DE VERDURAS Y FLORES COMO INDICADORES DE pH

Muchas flores y verduras con color intenso, en especial rojas y moradas, contienen compuestos que cambian de color con los cambios de pH. Algunos ejemplos son la col roja, el jugo de arándano y otras bebidas muy coloridas elaboradas con frutas o verduras.

Materiales necesarios

Col roja o jugo o bebida de arándano, agua y una sartén.
Varios vasos o recipientes de vidrio pequeños y un poco de cinta adhesiva y una pluma o lápiz para marcar los recipientes.
Varias disoluciones domésticas incoloras, como vinagre, jugo de limón, otros jugos de frutas, limpiadores de ventanas, jabones, champús, detergentes y productos domésticos comunes como bicarbonato de sodio, antiácidos, aspirina, sal y azúcar.

Procedimiento

1. Consiga una botella de jugo o bebida de arándano, o use col roja para preparar el indicador de pH de col roja del modo siguiente: desprenda varia hojas de col roja, colóquelas en una sartén y cúbralas con agua. Caliente unos 5 minutos o hasta que el jugo sea de color morado oscuro. Enfríe y recolecte la disolución morada. También puede poner hojas de col roja en una licuadora y cubrirlas con agua. Licue hasta que esté completamente mezclado, mueva y cuele el líquido.

2. Coloque pequeñas cantidades de cada una de las disoluciones domésticas en distintos recipientes de vidrio transparente y márquelos para saber cuál es cada uno. Si la muestra es un sólido o un líquido espeso, agregue una pequeña cantidad de agua. Agregue un poco de jugo de arándano o de indicador de col roja hasta que obtenga un color.

3. Observe los colores de las diversas muestras. Los colores que indican disoluciones ácidas son los colores rojo y rosa (pH 1-4) y los colores de rosa a lavanda (pH 5-6). Una disolución neutra tiene aproximadamente el mismo color morado que el indicador. Las bases producirán colores azul o verde (pH 8-11) o un color amarillo (pH 12-13).

4. Ordene sus muestras por color y pH. Clasifique cada una de las disoluciones como ácida (pH 1-6), neutra (pH 7) o básica (pH 8-13).

5. Intente elaborar un indicador con otras frutas o flores de colores.

PREGUNTAS

1. ¿Cuáles productos que resultaron ácidos mencionaban un ácido en sus etiquetas?
2. ¿Cuáles productos que resultaron básicos mencionaban una base en sus etiquetas?
3. ¿Cuáles productos fueron neutros?
4. ¿Cuáles flores o verduras se comportaron como indicadores?

10.4 La escala de pH

META DE APRENDIZAJE: *Calcular el* pH *a partir de la concentración de* $[H_3O^+]$; *dado el* pH, *calcular la* $[H_3O^+]$ *y* $[HO^-]$ *de una disolución.*

10.39 Indique si cada uno de los valores de pH siguientes es ácido, básico o neutro:
  a. sangre, pH 7.38
  b. vinagre, pH 2.8
  c. limpiador de cañerías, pH 11.2
  d. café, pH 5.54
  e. jitomates, pH 4.2
  f. pastel de chocolate, pH 7.6

10.40 Indique si cada uno de los valores de pH siguientes es ácido, básico o neutro:
  a. agua carbonatada, pH 3.22
  b. champú, pH 5.7
  c. detergente de lavandería, pH 9.4
  d. lluvia, pH 5.83
  e. miel, pH 3.9
  f. queso, pH 5.2

10.41 Calcule el pH de cada disolución dados los valores de $[H_3O^+]$ y $[OH^-]$ siguientes:
  a. $[H_3O^+] = 1.0 \times 10^{-4}$ M
  b. $[H_3O^+] = 3.0 \times 10^{-9}$ M
  c. $[OH^-] = 1.0 \times 10^{-5}$ M
  d. $[OH^-] = 2.5 \times 10^{-11}$ M
  e. $[H_3O^+] = 6.7 \times 10^{-8}$ M
  f. $[OH^-] = 8.2 \times 10^{-4}$ M

10.42 Calcule el pH de cada disolución dados los valores de $[H_3O^+]$ y $[OH^-]$ siguientes:
  a. $[H_3O^+] = 1.0 \times 10^{-8}$ M
  b. $[H_3O^+] = 5.0 \times 10^{-6}$ M
  c. $[OH^-] = 4.0 \times 10^{-2}$ M
  d. $[OH^-] = 8.0 \times 10^{-3}$ M
  e. $[H_3O^+] = 4.7 \times 10^{-2}$ M
  f. $[OH^-] = 3.9 \times 10^{-6}$ M

10.43 Complete la tabla siguiente:

$[H_3O^+]$	$[OH^-]$	pH	¿Ácida, básica o neutra?
	1×10^{-6} M		
		3.00	
2.8×10^{-5} M			
		4.62	

10.44 Complete la tabla siguiente:

$[H_3O^+]$	$[OH^-]$	pH	¿Ácida, básica o neutra?
		10.00	
			Neutra
6.4×10^{-12} M			
		11.3	

10.5 Reacciones de ácidos y bases

META DE APRENDIZAJE

Escribir ecuaciones balanceadas para reacciones de ácidos con metales, carbonatos y bases; calcular la molaridad o el volumen de un ácido a partir de la información de la titulación ácido-base.

Las reacciones características de ácidos y bases incluyen las reacciones de ácidos con metales, bases y carbonato o iones bicarbonato. Por ejemplo, cuando usted pone una tableta de antiácido en agua, el ión bicarbonato y el ácido cítrico de la tableta reaccionan para producir burbujas de dióxido de carbono, una sal y agua. Una *sal* es un compuesto iónico que no tiene H^+ como el catión, o OH^- como el anión.

ACTIVIDAD DE AUTOAPRENDIZAJE
Nature of Acids and Bases

Ácidos y metales

Los ácidos reaccionan con ciertos metales para producir una sal y gas hidrógeno (H_2). Los metales que reaccionan con ácidos son potasio, sodio, calcio, magnesio, aluminio, cinc, hierro y estaño. En las reacciones que son reacciones de sustitución sencilla (también conocidas como *reacciones de desplazamiento*), el ión de metal sustituye al hidrógeno en el ácido.

$$Mg(s) + 2HCl(ac) \longrightarrow MgCl_2(ac) + H_2(g)$$
Metal　Ácido　　　　　Sal　　　　Hidrógeno

$$Zn(s) + 2HNO_3(ac) \longrightarrow Zn(NO_3)_2(ac) + H_2(g)$$
Metal　Ácido　　　　　Sal　　　　Hidrógeno

COMPROBACIÓN DE CONCEPTOS 10.7 Ecuaciones para metales y ácidos

Escriba una ecuación balanceada para la reacción de Al(s) con HCl(ac) al completar los incisos siguientes:
  a. Escriba los reactivos y los productos usando "sal".
  b. Determine la fórmula de la sal.
  c. Balancee la ecuación.

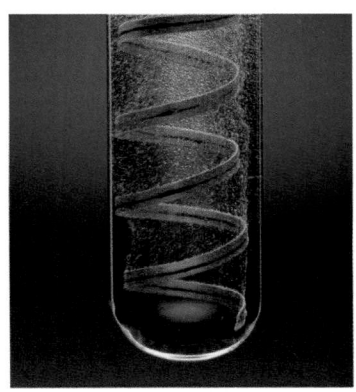

El magnesio reacciona rápidamente con ácido y forma una sal de magnesio y gas H_2.

Cuando el bicarbonato de sodio reacciona con un ácido (vinagre), los productos son gas dióxido de carbono, agua y una sal.

RESPUESTA

a. Cuando un metal reacciona con un ácido, los productos son una sal y gas hidrógeno.

$$Al(s) + HCl(ac) \longrightarrow sal + H_2(g)$$

b. Cuando el metal $Al(s)$ reacciona con HCl, forma Al^{3+}, que se balancea con $3Cl^-$ del HCl para producir $AlCl_3(ac)$. Puede colocar esta fórmula en la ecuación.

$$Al(s) + HCl(ac) \longrightarrow AlCl_3(ac) + H_2(g)$$

c. Ahora la ecuación puede balancearse.

$$2Al(s) + 6HCl(ac) \longrightarrow 2AlCl_3(ac) + 3H_2(g)$$

Ácidos, carbonatos y bicarbonatos

Cuando se agrega ácido a un carbonato o bicarbonato (carbonato de hidrógeno), los productos son gas dióxido de carbono, agua y un compuesto iónico (sal). El ácido reacciona con CO_3^{2-} o HCO_3^- para producir ácido carbónico, H_2CO_3, que se descompone rápidamente en CO_2 y H_2O.

$$2HBr(ac) + Na_2CO_3(ac) \longrightarrow CO_2(g) \quad + \quad H_2O(l) + 2NaBr_2(ac)$$
Ácido — Carbonato — Dióxido de carbono — Agua — Sal

$$HCl(ac) + NaHCO_3(ac) \longrightarrow CO_2(g) \quad + \quad H_2O(l) + NaCl(ac)$$
Ácido — Bicarbonato — Dióxido de carbono — Agua — Sal

La química en el ambiente

LLUVIA ÁCIDA

La lluvia es un poco ácida, con un pH de 5.6. En la atmósfera, el dióxido de carbono se combina con agua para formar ácido carbónico, un ácido débil, que se disocia para producir iones hidronio y bicarbonato.

$$CO_2(g) + H_2O(l) \rightleftharpoons H_2CO_3(ac)$$
$$H_2CO_3(ac) + H_2O(l) \rightleftharpoons H_3O^+(ac) + HCO_3^-(ac)$$

Sin embargo, en muchas partes del mundo la lluvia se ha vuelto considerablemente más ácida. *Lluvia ácida* es un término que se da a la precipitación en forma de lluvia, nieve, granizo o niebla en la que el agua tiene un pH que es menor a 5.6. En Estados Unidos, los valores de pH de la lluvia en algunas áreas han disminuido a cerca de 4-4.5. En algunas partes del mundo se han reportado valores de pH de apenas 2.6, que es casi tan ácido como el jugo de limón o el vinagre. Puesto que el cálculo del pH involucra potencias de 10, un valor de pH de 2.6 sería 1000 veces más ácido que la lluvia natural.

Si bien las fuentes naturales como volcanes e incendios forestales liberan SO_2, las principales fuentes de lluvia ácida en la actualidad son la quema de combustibles fósiles en automóviles y de carbón en plantas industriales. Cuando el carbón y el petróleo se queman, las impurezas de azufre se combinan con oxígeno del aire para producir SO_2 y SO_3. La reacción de SO_3 con agua forma ácido sulfúrico, H_2SO_4, un ácido fuerte.

$$S(g) + O_2(g) \longrightarrow SO_2(g)$$
$$2SO_2(g) + O_2(g) \longrightarrow 2SO_3(g)$$
$$SO_3(g) + H_2O(l) \longrightarrow H_2SO_4(ac)$$

En un esfuerzo por reducir la formación de lluvia ácida, las leyes exigen reducir las emisiones de SO_2. Las plantas que queman carbón tienen instalado un equipo llamado "lavadoras" (*scrubbers*) que absorben SO_2 antes de ser emitido. En la chimenea de una fábrica, el "lavado" elimina 95% del SO_2 a medida que los gases del proceso que contienen SO_2 pasan por la piedra caliza ($CaCO_3$) y agua. El producto final, $CaSO_4$, también denominado "yeso", se utiliza en agricultura como acondicionador del suelo y fertilizante, y para preparar productos de cemento.

El óxido de nitrógeno se forma a temperaturas altas en los motores de los automóviles conforme se quema aire que contiene gases nitrógeno y oxígeno. A medida que el óxido de nitrógeno se emite al aire, se combina con más oxígeno y forma dióxido de nitrógeno, que es el que le confiere el color pardo al esmog. Cuando el dióxido de nitrógeno se disuelve en agua en la atmósfera, se forma ácido nítrico, un ácido fuerte.

$$N_2(g) + O_2(g) \longrightarrow 2NO(g)$$
$$2NO(g) + O_2(g) \longrightarrow 2NO_2(g)$$
$$3NO_2(g) + H_2O(g) \longrightarrow 2HNO_3(ac) + NO(g)$$

Las corrientes de aire en la atmósfera transportan ácido sulfúrico y ácido nítrico muchos miles de kilómetros antes de precipitarse en regiones lejanas al sitio de la contaminación inicial. Los ácidos de la lluvia ácida tienen efectos nocivos en las estructuras de mármol y caliza, lagos y bosques. En todo el mundo hay monumentos de mármol (una forma de $CaCO_3$) que se deterioran a medida que la lluvia ácida disuelve el mármol.

$$CaCO_3(s) + H_2SO_4(ac) \longrightarrow CO_2(g) + H_2O(l) + CaSO_4(ac)$$

La lluvia ácida cambia el pH de muchos lagos y corrientes acuáticas en algunas partes de Estados Unidos y Europa. Cuando el pH de un lago desciende por abajo de 4.5-5, casi ningún pez o vida vegetal puede sobrevivir. Si el suelo cercano al lago se vuelve más ácido, el aluminio se vuelve más soluble. Los niveles cada vez más altos de ión aluminio en los lagos son tóxicos para los peces y otros animales acuáticos.

También árboles y bosques son susceptibles a la lluvia ácida. La lluvia ácida rompe el recubrimiento ceroso protector de las hojas e interfiere en la fotosíntesis. El crecimiento de los árboles se altera porque los nutrimentos y minerales del suelo se disuelven y se van con el agua. En Europa oriental la lluvia ácida está provocando un desastre ambiental. Cerca del 70% de los bosques de la República Checa ha sufrido daños graves, y algunas partes de la tierra son tan ácidas que los cultivos no crecerán más.

Una estatua de mármol en el *Washington Square Park* erosionada por lluvia ácida.

La lluvia ácida dañó seriamente los bosques de Europa oriental.

Ácidos e hidróxidos: neutralización

La **neutralización** es una reacción de un ácido fuerte o débil con una base fuerte para producir una sal y agua. El H^+ de un ácido y el OH^- de la base se combinan para formar agua. La sal es la combinación del catión de la base y el anión del ácido. Es posible escribir la ecuación siguiente para la reacción de neutralización entre HCl y NaOH:

$$HCl(ac) + NaOH(ac) \longrightarrow NaCl(ac) + H_2O(l)$$

Ácido   Base   Sal   Agua

Cuando se escribe el ácido fuerte HCl y la base fuerte NaOH como iones, se observa que H^+ se combina con OH^- para formar agua, lo que deja los iones Na^+ y Cl^- en disolución.

$$H^+(ac) + Cl^-(ac) + Na^+(ac) + OH^-(ac) \longrightarrow Na^+(ac) + Cl^-(ac) + H_2O(l)$$

Cuando se omiten los iones espectadores que no cambian durante la reacción (Na^+ y Cl^-), se observa que la ecuación para la neutralización es la reacción de H^+ y OH^- para formar H_2O.

$$H^+(ac) + Cl^-(ac) + Na^+(ac) + OH^-(ac) \longrightarrow Na^+(ac) + Cl^-(ac) + H_2O(l)$$
$$H^+(ac) + OH^-(ac) \longrightarrow H_2O(l)$$

Balanceo de ecuaciones de neutralización

En una reacción de neutralización característica, un H^+ siempre se combina con un OH^-. Por tanto, una ecuación de neutralización puede necesitar coeficientes para balancear el H^+ del ácido con el OH^- de la base (véase el Ejemplo de problema 10.9).

EJEMPLO DE PROBLEMA 10.9 Balanceo de una ecuación de neutralización

Escriba la ecuación balanceada para la neutralización de HCl(*ac*) y $Ba(OH)_2(s)$.

SOLUCIÓN

Paso 1 **Escriba los reactivos y los productos.**
$$HCl(ac) + Ba(OH)_2(s) \longrightarrow H_2O(l) + sal$$

Paso 2 **Balancee el H^+ del ácido con el OH^- de la base.** Al colocar un coeficiente 2 enfrente del HCl produce $2H^+$ para los $2OH^-$ del $Ba(OH)_2$.
$$2HCl(ac) + Ba(OH)_2(s) \longrightarrow H_2O(l) + sal$$

Paso 3 **Balancee el H_2O con el H^+ y el OH^-.** Use un coeficiente de 2 enfrente de H_2O para balancear $2H^+$ y $2OH^-$.
$$2HCl(ac) + Ba(OH)_2(s) \longrightarrow 2H_2O(l) + sal$$

Guía para balancear la ecuación de una reacción de neutralización

1 Escriba los reactivos y los productos.

2 Balancee el H^+ del ácido con el OH^- de la base.

3 Balancee el H_2O con el H^+ y el OH^-.

4 Escriba la sal a partir de los iones restantes.

Paso 4 **Escriba la sal a partir de los iones restantes.** Use los iones Ba^{2+} y $2Cl^-$ para escribir la fórmula de la sal como $BaCl_2$.

$$2HCl(ac) + Ba(OH)_2(s) \longrightarrow 2H_2O(l) + BaCl_2(ac)$$

COMPROBACIÓN DE ESTUDIO 10.9

Escriba la ecuación balanceada para la reacción entre H_2SO_4 y LiOH.

Titulación ácido-base

TUTORIAL
Acid–Base Titrations

Suponga que necesita encontrar la molaridad de una disolución de HCl que tiene una concentración desconocida. Puede hacer esto mediante un procedimiento de laboratorio denominado **titulación**, en el que se neutraliza una muestra ácida con una cantidad conocida de base. En una titulación se coloca un volumen medido del ácido en un matraz y se agregan algunas gotas de un *indicador* como fenolftaleína. Un indicador es un compuesto que cambia notablemente de color cuando cambia el pH de la disolución. En una disolución ácida, la fenolftaleína es incolora. Luego se llena una bureta con una disolución de NaOH con molaridad conocida y se agrega con cuidado la disolución de NaOH para neutralizar el ácido en el matraz (véase la figura 10.6). Cuando los moles de OH^- agregados igualan los moles de H_3O^+ que estaban inicialmente en la disolución, la titulación está completa. Se sabe que se alcanza el punto de equivalencia (también conocido como *punto final*) de la neutralización cuando el indicador de fenolftaleína cambia de incoloro a un tenue color rosa permanente (véase la figura 10.6). A partir del volumen medido de la disolución de NaOH y su molaridad, se calcula el número de moles de NaOH, los moles de ácido y la concentración del ácido.

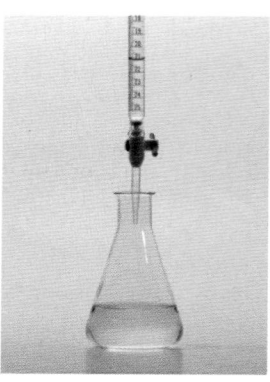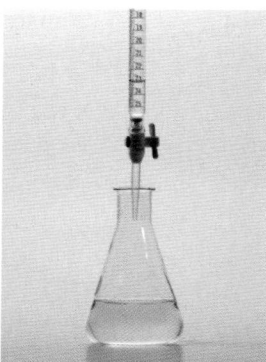

FIGURA 10.6 La titulación de un ácido. Un volumen conocido de una disolución ácida se coloca en un matraz con un indicador y se titula con un volumen medido de una disolución básica, como NaOH, hasta el punto de equivalencia de neutralización.

P ¿Qué datos se necesitan para determinar la molaridad del ácido en el matraz?

La química en la salud

ANTIÁCIDOS

Los *antiácidos* son sustancias que se utilizan para neutralizar ácido estomacal (HCl) en exceso. Algunos antiácidos son mezclas de hidróxido de aluminio e hidróxido de magnesio. Estos hidróxidos no son muy solubles en agua, de modo que los niveles de OH^- disponibles no son dañinos para el aparato digestivo. Sin embargo, el hidróxido de aluminio tiene los efectos secundarios de producir estreñimiento y enlazar fosfato en el aparato digestivo, lo que puede ocasionar debilidad y pérdida del apetito. El hidróxido de magnesio tiene un efecto laxante. Estos efectos secundarios son menos probables cuando se usa una combinación de antiácidos.

$$Al(OH)_3(ac) + 3HCl(ac) \longrightarrow AlCl_3(ac) + 3H_2O(l)$$

$$Mg(OH)_2(s) + 2HCl(ac) \longrightarrow MgCl_2(ac) + 2H_2O(l)$$

Algunos antiácidos utilizan carbonato de calcio para neutralizar el ácido estomacal excesivo. Cerca del 10% del calcio se absorbe en el torrente

sanguíneo, donde aumenta los niveles de calcio sérico. El carbonato de calcio no es recomendable para pacientes que tengan úlceras pépticas o tendencia a formar cálculos renales, los cuales usualmente consisten en una sal insoluble de calcio.

$$CaCO_3(s) + 2HCl(ac) \longrightarrow CO_2(g) + H_2O(l) + CaCl_2(ac)$$

Hay otros antiácidos que contienen bicarbonato de sodio. Este tipo de antiácido neutraliza el ácido gástrico excesivo, aumenta el pH sanguíneo, pero también incrementa los niveles de sodio en los líquidos corporales. No se recomiendan para el tratamiento de úlceras pépticas.

$$NaHCO_3(s) + HCl(ac) \longrightarrow CO_2(g) + H_2O(l) + NaCl(ac)$$

En la tabla 10.8 se indican las sustancias de neutralización que contienen algunas preparaciones antiácidas.

TABLA 10.8 Compuestos básicos de algunos antiácidos

Antiácido	Base(s)
Amphojel, Gaviscon, Mylanta	$Al(OH)_3$
Leche de magnesia	$Mg(OH)_2$
Mylanta, Maalox, Gelusil, Riopan, Equate, Maalox (líquido)	$Mg(OH)_2$, $Al(OH)_3$,
Bisodol, Rolaids	$CaCO_3$, $Mg(OH)_2$
Titralac, Tums, Pepto-Bismol, Maalox (tableta)	$CaCO_3$
Alka-Seltzer	$NaHCO_3$, $KHCO_3$

El consumo excesivo de antiácido para reducir la acidez estomacal puede interferir en la digestión de los alimentos y la absorción de hierro, cobre, las vitaminas B y algunos medicamentos. Demasiado antiácido también puede permitir la proliferación de bacterias que usualmente serían destruidas por el pH bajo del ácido estomacal.

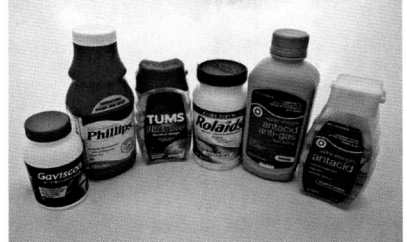

Los antiácidos neutralizan el ácido estomacal en exceso.

EJEMPLO DE PROBLEMA 10.10 Titulación de un ácido

Una muestra de 25.0 mL de una disolución de HCl se coloca en un matraz con unas cuantas gotas de fenolftaleína (indicador). Si se necesitan 32.6 mL de una disolución 0.185 M de NaOH para alcanzar el punto de equivalencia, ¿cuál es la concentración (M) de la disolución de HCl?

Guía para cálculos de una titulación ácido-base

1 Escriba la ecuación balanceada para la reacción de neutralización.

2 Escriba un plan para calcular la molaridad o el volumen.

3 Establezca las equivalencias y factores de conversión, incluida la concentración.

4 Plantee el problema para calcular la cantidad que necesita.

Análisis del problema

Componentes de la disolución	Volumen del ácido	Molaridad del ácido	Volumen de la base	Moralidad de la base
Dados	25.0 mL (0.0250 L)		32.6 mL	0.185 M disolución de NaOH
Necesita		Molaridad de la disolución HCl (moles/L)		
Ecuación de neutralización	$NaOH(ac) + HCl(ac) \longrightarrow NaCl(ac) + H_2O(l)$			

SOLUCIÓN

Paso 1 **Escriba la ecuación balanceada para la reacción de neutralización.**

$$NaOH(ac) + HCl(ac) \longrightarrow NaCl(ac) + H_2O(l)$$

Paso 2 **Escriba un plan para calcular la molaridad o el volumen.**

mL de la disolución de NaOH → **Factor métrico** → L de la disolución de NaOH → **Molaridad** → moles de NaOH → **Factor mol-mol** → moles de HCl → **Dividir entre litros** → M de la disolución de HCl

Paso 3 **Establezca las equivalencias y factores de conversión, incluida la concentración.**

1 L de la disolución de NaOH = 1000 mL de la disolución de NaOH

$$\frac{1 \text{ L disolución de NaOH}}{1000 \text{ mL disolución de NaOH}} \quad \text{y} \quad \frac{1000 \text{ mL disolución de NaOH}}{1 \text{ L disolución de NaOH}}$$

1 L de la disolución de NaOH = 0.185 moles de NaOH

$$\frac{1 \text{ L disolución de NaOH}}{0.185 \text{ moles NaOH}} \quad \text{y} \quad \frac{0.185 \text{ moles NaOH}}{1 \text{ L disolución de NaOH}}$$

1 mol de HCl = 1 mol de NaOH

$$\frac{1 \text{ mol HCl}}{1 \text{ mol NaOH}} \quad \text{y} \quad \frac{1 \text{ mol NaOH}}{1 \text{ mol HCl}}$$

Paso 4 **Plantee el problema para calcular la cantidad que necesita.**

$$32.6 \text{ mL disolución de NaOH} \times \frac{1 \text{ L disolución de NaOH}}{1000 \text{ mL disolución de NaOH}} \times \frac{0.185 \text{ moles NaOH}}{1 \text{ L disolución}} \times \frac{1 \text{ mol HCl}}{1 \text{ mol NaOH}}$$

$$= 0.00603 \text{ moles de HCl}$$

$$\text{Molaridad de la disolución HCl} = \frac{0.00603 \text{ moles HCl}}{0.0250 \text{ L disolución}} = 0.241 \text{ M de la disolución de HCl}$$

COMPROBACIÓN DE ESTUDIO 10.10

¿Cuál es la molaridad de una disolución de HCl si se necesitan 28.6 mL de una disolución 0.175 M de NaOH para neutralizar una muestra de 25.0 mL de la disolución de HCl?

PREGUNTAS Y PROBLEMAS

10.5 Reacciones de ácidos y bases

META DE APRENDIZAJE: *Escribir ecuaciones balanceadas para reacciones de ácidos con metales, carbonatos y bases; calcular la molaridad o el volumen de un ácido a partir de la información de la titulación ácido-base.*

10.45 Prediga los productos y escriba la ecuación balanceada para la reacción de HCl con cada uno de los metales siguientes:
a. Li   **b.** Mg   **c.** Sr

10.46 Prediga los productos y escriba la ecuación balanceada para la reacción de HNO_3 con cada uno de los metales siguientes:
a. Ca   **b.** Zn   **c.** Al

10.47 Prediga los productos y escriba la ecuación balanceada para la reacción de HBr con cada uno de los carbonatos o carbonatos de hidrógeno siguientes:
a. $LiHCO_3$
b. $MgCO_3$
c. $SrCO_3$

10.48 Prediga los productos y escriba la ecuación balanceada para la reacción de H_2SO_4 con cada uno de los carbonatos o carbonatos de hidrógeno siguientes:
a. $CaCO_3$
b. Na_2CO_3
c. $CsHCO_3$

10.49 Balancee cada una de las reacciones de neutralización siguientes:
a. $HCl(ac) + Mg(OH)_2(s) \longrightarrow MgCl_2(ac) + H_2O(l)$
b. $H_3PO_4(ac) + LiOH(s) \longrightarrow Li_3PO_4(ac) + H_2O(l)$
c. $H_2SO_4(ac) + Sr(OH)_2(s) \longrightarrow SrSO_4(ac) + H_2O(l)$

10.50 Balancee cada una de las reacciones de neutralización siguientes:
a. $HNO_3(ac) + Ba(OH)_2(s) \longrightarrow Ba(NO_3)_2(ac) + H_2O(l)$
b. $H_2SO_4(ac) + Al(OH)_3(s) \longrightarrow Al_2(SO_4)_3(ac) + H_2O(l)$
c. $H_3PO_4(ac) + KOH(ac) \longrightarrow K_3PO_4(ac) + H_2O(l)$

10.51 Prediga los productos y escriba una ecuación balanceada para la neutralización de cada una de las reacciones siguientes:
a. $H_2SO_4(ac)$ y $NaOH(ac) \longrightarrow$
b. $HCl(ac)$ y $Fe(OH)_3(s) \longrightarrow$
c. $H_2CO_3(ac)$ y $Mg(OH)_2(s) \longrightarrow$

10.52 Prediga los productos y escriba una ecuación balanceada para la neutralización de cada una de las reacciones siguientes:
a. $H_3PO_4(ac)$ y NaOH $(ac) \longrightarrow$
b. $HI(ac)$ y $LiOH(ac) \longrightarrow$
c. $HNO_3(ac)$ y $Ca(OH)_2(s) \longrightarrow$

10.53 ¿Cuál es la molaridad de una disolución de HCl si 5.00 mL de la disolución de HCl requieren 28.6 mL de una disolución 0.145 M de NaOH para alcanzar el punto de equivalencia?
$$HCl(ac) + NaOH(ac) \longrightarrow NaCl(ac) + H_2O(l)$$

10.54 Si se necesitan 29.7 mL de una disolución 0.205 M de KOH para neutralizar por completo 25.0 mL de una disolución de $HC_2H_3O_2$, ¿cuál es la molaridad de la disolución de ácido acético?
$$HC_2H_3O_2(ac) + KOH(ac) \longrightarrow KC_2H_3O_2(ac) + H_2O(l)$$

10.55 Si se necesitan 38.2 mL de una disolución 0.162 M de KOH para neutralizar por completo 25.0 mL de una disolución de H_2SO_4, ¿cuál es la molaridad de la disolución ácida?
$$H_2SO_4(ac) + 2KOH(ac) \longrightarrow K_2SO_4(ac) + 2H_2O(l)$$

10.56 Una disolución 0.162 M de NaOH se usa para neutralizar 25.0 mL de una disolución de H_2SO_4. Si se necesitan 32.8 mL de la disolución de NaOH para alcanzar el punto de equivalencia, ¿cuál es la molaridad de la disolución de H_2SO_4?
$$H_2SO_4(ac) + 2NaOH(ac) \longrightarrow Na_2SO_4(ac) + 2H_2O(l)$$

10.57 Una disolución 0.204 M de NaOH se usa para neutralizar 50.0 mL de una disolución de H_3PO_4. Si se necesitan 16.4 mL de la disolución de NaOH para alcanzar el punto de equivalencia, ¿cuál es la molaridad de la disolución de H_3PO_4?
$$H_3PO_4(ac) + 3NaOH(ac) \longrightarrow Na_3PO_4(ac) + 3H_2O(l)$$

10.58 Una disolución 0.312 M de KOH se usa para neutralizar 15.0 mL de una disolución de H_3PO_4. Si se necesitan 28.3 mL de la disolución de KOH para alcanzar el punto de equivalencia, ¿cuál es la molaridad de la disolución de H_3PO_4?
$$H_3PO_4(ac) + 3KOH(ac) \longrightarrow K_3PO_4(ac) + 3H_2O(l)$$

10.6 Disoluciones tampón o amortiguadoras

El pH del agua y la mayoría de las disoluciones cambian de manera drástica cuando se agrega una pequeña cantidad de ácido o base. Sin embargo, cuando se agrega ácido o base a una *disolución tampón*, hay muy poco cambio en el pH. Una **disolución tampón**, también conocida como *disolución amortiguadora* o *buffer*, es una disolución que mantiene el pH al neutralizar el ácido o la base agregados. Por ejemplo, la sangre contiene tampones que mantienen un pH constante de más o menos 7.4. Si el pH de la sangre sube o baja ligeramente de 7.4, los cambios en los niveles de oxígeno y los procesos metabólicos pueden ser tan drásticos que produzcan la muerte. Aun cuando se obtienen ácidos y bases de los alimentos y las reacciones celulares, los tampones en el cuerpo absorben dichos compuestos de manera tan eficaz que el pH de la sangre permanece, en esencia, sin cambios (véase la figura 10.7).

ACTIVIDAD DE AUTOAPRENDIZAJE
pH and Buffers

TUTORIAL
Buffer Solutions

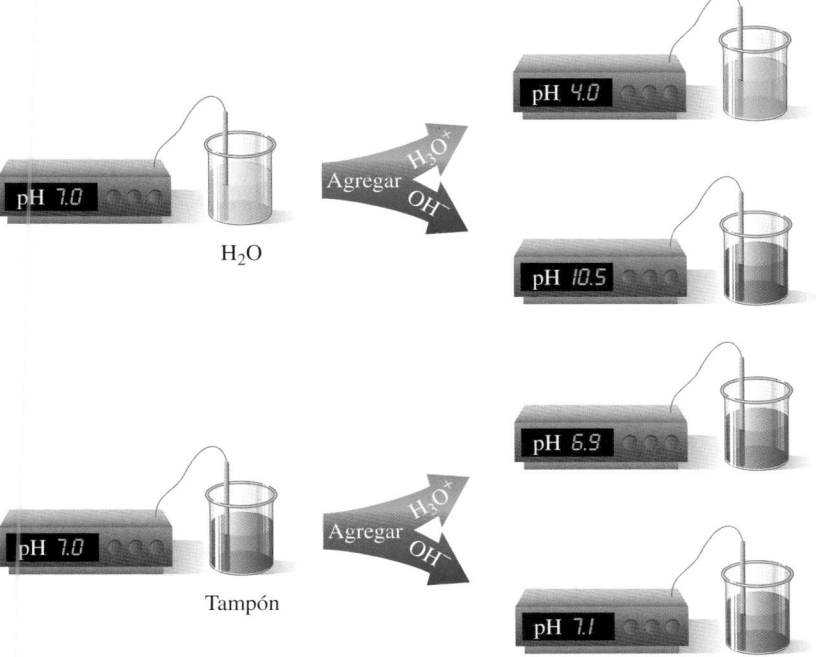

FIGURA 10.7 Agregar un ácido o una base al agua cambia el pH drásticamente, pero un tampón resiste el cambio del pH cuando se agregan pequeñas cantidades de ácido o base.

P ¿Por qué el pH cambia en varias unidades cuando se agrega ácido al agua, pero no cuando se agrega ácido a un tampón?

En un tampón, un ácido debe estar presente para reaccionar con cualquier OH⁻ que se agregue, y debe estar disponible una base para reaccionar con cualquier H_3O^+ agregado. Sin embargo, dichos ácido y base no deben neutralizarse mutuamente. Por tanto, en tampones se usa una combinación de un par conjugado ácido-base. La mayoría de las disoluciones tampón consiste en concentraciones casi iguales de un ácido débil y una sal que contiene su base conjugada (véase la figura 10.8). Los tampones también contienen una base débil y la sal de la base débil, que contiene su ácido conjugado.

TUTORIAL
Preparing Buffer Solutions

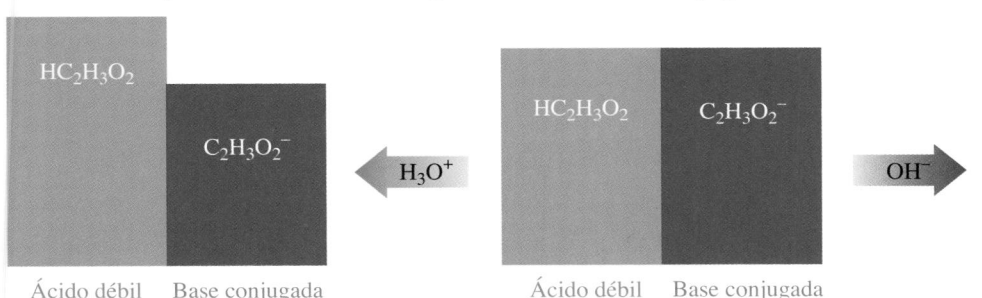

FIGURA 10.8 El tampón descrito aquí consiste en concentraciones aproximadamente iguales de ácido acético ($HC_2H_3O_2$) y su base conjugada, el ión acetato ($C_2H_3O_2{}^-$). Al agregar H_3O^+ al tampón se agota un poco de $C_2H_3O_2{}^-$, en tanto que al agregar OH⁻ se neutraliza el $HC_2H_3O_2$. El pH de la disolución se mantiene, siempre y cuando las cantidades agregadas de ácido o base sean pequeñas comparadas con las concentraciones de los componentes del tampón.

P ¿Cómo mantiene el pH este tampón de ácido acético/ión acetato?

Por ejemplo, un tampón puede elaborarse a partir del ácido débil ácido acético ($HC_2H_3O_2$) y su sal, acetato de sodio ($NaC_2H_3O_2$). Como ácido débil, el ácido acético se disocia un poco en agua para formar H_3O^+ y una cantidad muy pequeña de $C_2H_3O_2^-$. La adición de su sal, acetato de sodio, proporciona una concentración mucho mayor de ión acetato ($C_2H_3O_2^-$), que es necesaria para su capacidad amortiguadora.

$$HC_2H_3O_2(ac) + H_2O(l) \rightleftharpoons H_3O^+(ac) + C_2H_3O_2^-(ac)$$
Gran cantidad   Gran cantidad

Ahora puede describir cómo esta disolución tampón mantiene la concentración de $[H_3O^+]$. Cuando se agrega una pequeña cantidad de ácido, se combina con el ión acetato, $C_2H_3O_2^-$. En este caso el equilibrio se desplaza en la dirección de los reactivos: ácido acético y agua. Habrá una pequeña reducción de la cantidad del $[C_2H_3O_2^-]$ y un pequeño aumento del $[HC_2H_3O_2]$, pero tanto la concentración de $[H_3O^+]$ como el pH de la disolución se mantienen constantes.

$$HC_2H_3O_2(ac) + H_2O(l) \longleftarrow H_3O^+(ac) + C_2H_3O_2^-(ac)$$
El equilibrio se desplaza a la izquierda

Si se agrega una pequeña cantidad de base a esta disolución tampón, se neutraliza por el ácido acético, $HC_2H_3O_2$, que desplaza el equilibrio en la dirección de los productos: ión acetato y agua. La concentración del ácido $[HC_2H_3O_2]$ disminuye un poco, y la del $[C_2H_3O_2^-]$ aumenta un poco, pero nuevamente la concentración de $[H_3O^+]$ se mantiene constante y, por tanto, el pH de la disolución se mantiene.

$$HC_2H_3O_2(ac) + OH^-(ac) \longrightarrow H_2O(l) + C_2H_3O_2^-(ac)$$
El equilibrio se desplaza a la izquierda

COMPROBACIÓN DE CONCEPTOS 10.8   **Cómo identificar disoluciones tampón**

Indique si cada una de las proposiciones siguientes produciría una disolución tampón:

a. HCl, un ácido fuerte, y NaCl

b. H_3PO_4, un ácido débil

c. HF, un ácido débil, y NaF

RESPUESTA

a. No. Un tampón requiere un ácido débil, no un ácido fuerte, y una sal que contenga su base conjugada.

b. No. Un ácido débil es parte de un tampón, pero también se necesita la sal que contiene la base conjugada del ácido débil.

c. Sí. Esta mezcla sería un tampón porque contiene un ácido débil y su sal.

Cómo calcular el pH de un tampón

TUTORIAL
Calculating the pH of a Basic Buffer

TUTORIAL
Calculating the pH of an Acid Buffer

Al reordenar la expresión K_a para producir $[H_3O^+]$, puede obtener la proporción del tampón para el par ácido acético/ión acetato:

$$K_a = \frac{[H_3O^+][C_2H_3O_2^-]}{[HC_2H_3O_2]}$$

Al resolver para la concentración de $[H_3O^+]$ se obtiene:

$$[H_3O^+] = K_a \times \frac{[HC_2H_3O_2]}{[C_2H_3O_2^-]}$$
$\longleftarrow$ Ácido débil
$\longleftarrow$ Base conjugada

En este reordenamiento de K_a, el ácido débil está en el numerador y la base conjugada en el denominador. Ahora puede calcular la $[H_3O^+]$ y el pH para un tampón de ácido acético, como se muestra en el Ejemplo de problema 10.11.

EJEMPLO DE PROBLEMA 10.11   **pH de un tampón**

La K_a del ácido acético, $HC_2H_3O_2$, es 1.8×10^{-5}. ¿Cuál es el pH de un tampón preparado con 1.0 M $HC_2H_3O_2$ y 1.0 M $C_2H_3O_2^-$ (su base conjugada a partir de 1.0 M $NaC_2H_3O_2$)?

SOLUCIÓN

Análisis del problema

Componentes de la disolución	Molaridad del ácido	Molaridad del anión	pH	K_a
Dados	1.0 M $HC_2H_3O_2$	1.0 M $C_2H_3O_2^-$		1.8×10^{-5}
Necesita			pH	
Ecuación	$HC_2H_3O_2(ac) + H_2O(l) \rightleftharpoons H_3O^+(ac) + C_2H_3O_2^-(ac)$			

Guía para calcular el pH de un tampón

1 Escriba la expresión de K_a.

2 Reordene la expresión de K_a para $[H_3O^+]$.

3 Sustituya las concentraciones de [HA] y $[A^-]$ en la expresión de K_a.

4 Use la concentración de $[H_3O^+]$ para calcular el pH.

Paso 1   **Escriba la expresión de K_a.**

$$K_a = \frac{[H_3O^+][C_2H_3O_2^-]}{[HC_2H_3O_2]}$$

Paso 2   **Reordene la expresión de K_a para $[H_3O^+]$.**

$$[H_3O^+] = K_a \times \frac{[HC_2H_3O_2]}{[C_2H_3O_2^-]}$$

Paso 3   **Sustituya las concentraciones de [HA] y $[A^-]$ en la expresión de K_a.** Al sustituir estos valores en la expresión para $[H_3O^+]$ se obtiene:

$$[H_3O^+] = (1.8 \times 10^{-5}) \times \frac{[1.0]}{[1.0]}$$
$$[H_3O^+] = 1.8 \times 10^{-5} \text{ M}$$

Paso 4   **Use la concentración de $[H_3O^+]$ para calcular el pH.** Al colocar $[H_3O^+]$ en la expresión de pH se obtiene el pH del tampón.

$$pH = -\log[1.8 \times 10^{-5}] = 4.74$$

COMPROBACIÓN DE ESTUDIO 10.11

El par ácido-base en un tampón es $H_2PO_4^-/HPO_4^{2-}$, con una K_a de 6.2×10^{-8}. ¿Cuál es el pH de un tampón que está hecho con 0.10 M $H_2PO_4^-$ y 0.50 M HPO_4^{2-}?

Dado que K_a es una constante a una temperatura dada, el $[H_3O^+]$ se determina por medio de la proporción $[HC_2H_3O_2]/[C_2H_3O_2^-]$. Siempre y cuando la adición de cantidades pequeñas de ácido o de base cambie sólo un poco la proporción de $[HC_2H_3O_2]/[C_2H_3O_2^-]$, los cambios en el $[H_3O^+]$ serán pequeños y el pH se mantendrá. Si se agrega una gran cantidad de ácido o base, la *capacidad amortiguadora* del sistema puede excederse. Los tampones pueden prepararse a partir de pares conjugados ácido-base como $H_2PO_4^-/HPO_4^{2-}$, HPO_4^{2-}/PO_4^{3-}, HCO_3^-/CO_3^{2-} o NH_4^+/NH_3. El pH de la disolución tampón dependerá del par ácido-base elegido.

Si utiliza un tampón fosfato común para muestras biológicas, puede observar el efecto de utilizar diferentes proporciones de $[H_2PO_4^-]/[HPO_4^{2-}]$ sobre la concentración de $[H_3O^+]$ y el pH. La K_a del ión $H_2PO_4^-$ es 6.2×10^{-8}. La ecuación y la concentración de $[H_3O^+]$ se escriben del modo siguiente:

$$H_2PO_4^-(ac) + H_2O(l) \rightleftharpoons H_3O^+(ac) + HPO_4^{2-}(ac)$$

$$[H_3O^+] = K_a \times \frac{[H_2PO_4^-]}{[HPO_4^{2-}]}$$

K_a	$\dfrac{[\text{H}_2\text{PO}_4^{-}]}{[\text{HPO}_4^{2-}]}$	Proporción	$[\text{H}_3\text{O}^{+}]$	pH
6.2×10^{-8}	$\dfrac{1.0\ \text{M}}{0.10\ \text{M}}$	$\dfrac{10}{1}$	6.2×10^{-7}	6.21
6.2×10^{-8}	$\dfrac{1.0\ \text{M}}{1.0\ \text{M}}$	$\dfrac{1}{1}$	6.2×10^{-8}	7.21
6.2×10^{-8}	$\dfrac{0.10\ \text{M}}{1.0\ \text{M}}$	$\dfrac{1}{10}$	6.2×10^{-9}	8.21

Para preparar un tampón fosfato con un pH cercano al pH de una muestra biológica (pH = 7.4) se eligen concentraciones aproximadamente iguales como 1.0 M $\text{H}_2\text{PO}_4^{-}$ y 1.0 M HPO_4^{2-}

COMPROBACIÓN DE CONCEPTOS 10.9 **Preparación de tampones**

Se necesita una disolución tampón para mantener un pH de 3.5 a 3.8 en una muestra de orina. ¿Cuál de los siguientes tampones usaría si hubiera disoluciones de 0.1 M del ácido débil y su base conjugada?

Ácido fórmico/formiato $K_a = 1.8 \times 10^{-4}$

Ácido carbónico/bicarbonato $K_a = 4.3 \times 10^{-7}$

Amonio/amoniaco $K_a = 5.6 \times 10^{-10}$

RESPUESTA

Dado que el ácido fórmico tiene una K_a de 1.8×10^{-4}, el pH de un tampón ácido fórmico/formiato estaría en alrededor de 4, mientras que el tampón de ácido carbónico/bicarbonato tendría un pH de alrededor de 7, y el tampón amonio/amoniaco sería de alrededor de 10. Por tanto, puede calcularse la concentración de $[\text{H}_3\text{O}^{+}]$ y el pH de un tampón ácido fórmico/formiato que usa disoluciones de 0.1 M del ácido débil y la base conjugada.

$$[\text{H}_3\text{O}^{+}] = K_a \times \frac{[\text{HCHO}_2]}{[\text{CHO}_2^{-}]}$$

$$[\text{H}_3\text{O}^{+}] = (1.8 \times 10^{-4}) \times \frac{[0.1]}{[0.1]} = 1.8 \times 10^{-4}\ \text{M}$$

$$\text{pH} = -\log[1.8 \times 10^{-4}] = 3.74$$

La química en la salud

DISOLUCIONES AMORTIGUADORAS EN LA SANGRE

La presión arterial tiene un pH normal de 7.35-7.45. Si hay cambios en la concentración del $[\text{H}_3\text{O}^{+}]$ que reduzcan el pH por abajo de 6.8 o lo eleven por arriba de 8.0, las células no pueden funcionar de manera adecuada y sobreviene la muerte. En las células se produce CO_2 de manera continua como un producto final del metabolismo celular. Parte del CO_2 se transporta a los pulmones para su eliminación, y el resto se disuelve en los líquidos corporales como plasma y saliva, y forma ácido carbónico. Como ácido débil, el ácido carbónico se disocia para producir bicarbonato y H_3O^{+}. Los riñones aportan más cantidad del anión HCO_3^{-} para producir, finalmente, un importante sistema tampón en el líquido corporal, el tampón $\text{H}_2\text{CO}_3/\text{HCO}_3^{-}$.

$$\text{CO}_2 + \text{H}_2\text{O} \rightleftharpoons \text{H}_2\text{CO}_3 \rightleftharpoons \text{H}_3\text{O}^{+} + \text{HCO}_3^{-}$$

El H_3O^{+} en exceso que entra a los líquidos corporales reacciona con el HCO_3^{-}, mientras que el OH^{-} en exceso reacciona con el ácido carbónico.

$$\text{H}_2\text{CO}_3(ac) + \text{H}_2\text{O}(l) \longleftarrow \text{H}_3\text{O}^{+}(ac) + \text{HCO}_3^{-}(ac)$$

El equilibrio se desplaza a la izquierda

$$\text{H}_2\text{CO}_3(ac) + \text{OH}^{-}(ac) \longrightarrow \text{H}_2\text{O}(l) + \text{HCO}_3^{-}(ac)$$

El equilibrio se desplaza a la derecha

Para el ácido carbónico, puede escribirse la expresión de equilibrio del modo siguiente:

$$K_a = \frac{[\text{H}_3\text{O}^{+}][\text{HCO}_3^{-}]}{[\text{H}_2\text{CO}_3]}$$

Para mantener el pH sanguíneo normal (7.35-7.45), la proporción de $\text{H}_2\text{CO}_3/\text{HCO}_3^{-}$ debe ser de aproximadamente 1 a 10, lo que se obtiene con las concentraciones habituales en la sangre de 0.0024 M H_2CO_3 y 0.024 M HCO_3^{-}.

$$[\text{H}_3\text{O}^{+}] = K_a \times \frac{[\text{H}_2\text{CO}_3]}{[\text{HCO}_3^{-}]} = (4.3 \times 10^{-7}) \times \frac{[0.0024]}{[0.024]}$$

$$= (4.3 \times 10^{-7}) \times 0.10 = 4.3 \times 10^{-8}\ \text{M}$$

$$\text{pH} = -\log[4.3 \times 10^{-8}] = 7.37$$

En el cuerpo, la concentración de ácido carbónico guarda una relación cercana con la presión parcial de CO_2. La tabla 10.9 presenta los valores normales de la presión arterial. Si el nivel de CO_2 sube, se produce más H_2CO_3, lo que hace que el equilibrio produzca más H_3O^+, lo que baja el pH. Esta condición se llama *acidosis*. La dificultad con la ventilación o la difusión de gases puede conducir a acidosis respiratoria, que surge en caso de enfisema o cuando el bulbo raquídeo se ve afectado en un accidente o debido a un medicamento depresor.

Una reducción del nivel de CO_2 conduce a un pH sanguíneo alto, un trastorno denominado *alcalosis*. La agitación, un traumatismo o la temperatura alta pueden hacer que una persona hiperventile, con lo que expulsa grandes cantidades de CO_2. A medida que la presión parcial del CO_2 en la sangre desciende por abajo de lo normal, el equilibrio se desplaza de H_2CO_3 a CO_2 y H_2O. Este desplazamiento reduce

la concentración de $[H_3O^+]$ y eleva el pH. La tabla 10.10 indica algunas de las condiciones que conducen a cambios en el pH sanguíneo y algunos posibles tratamientos. Los riñones también regulan los componentes H_3O^+ y HCO_3^-, pero lo hacen con más lentitud que los pulmones a través de la ventilación.

TABLA 10.9 Valores normales para un tampón sanguíneo en la sangre arterial

P_{CO_2}	40 mmHg
H_2CO_3	2.4 mmoles/L de plasma
HCO_3^-	24 mmoles/L de plasma
pH	7.35-7.45

TABLA 10.10 Acidosis y alcalosis: síntomas, causas y tratamientos

Acidosis respiratoria: CO_2 ↑ pH ↓

Síntomas: imposibilidad de ventilar, supresión de la respiración, desorientación, debilidad, coma.
Causas: enfermedad pulmonar que bloquea la difusión de gases (por ejemplo: enfisema, neumonía, bronquitis, asma); depresión del centro respiratorio por medicamentos, paro cardiopulmonar, accidente vascular cerebral, poliomielitis o trastornos del sistema nervioso.
Tratamiento: corrección del trastorno, infusión de bicarbonato.

Acidosis metabólica: H^+ ↑ pH ↓

Síntomas: aumento de ventilación, fatiga, confusión.
Causas: enfermedad hepática, incluidas hepatitis y cirrosis; más producción ácida en diabetes mellitus, hipertiroidismo, alcoholismo e inanición; pérdida de álcalis en diarrea; retención ácida en insuficiencia renal.
Tratamiento: bicarbonato de sodio administrado por vía oral, diálisis por insuficiencia renal, tratamiento de insulina para cetosis diabética.

Alcalosis respiratoria: CO_2 ↓ pH ↑

Síntomas: aumento del ritmo y la profundidad de la respiración, entumecimiento, sensación de mareo, tetania.
Causas: hiperventilación debido a ansiedad, histeria, fiebre, ejercicio; reacción a medicamentos como salicilato, quinina y antihistaminas; padecimientos que causan hipoxia (por ejemplo, neumonía, edema pulmonar, cardiopatías).
Tratamiento: eliminación del estado que produce la ansiedad, respirar en el interior de una bolsa de papel.

Alcalosis metabólica: H^+ ↓ pH ↑

Síntomas: respiración deprimida, apatía, confusión.
Causas: vómito, enfermedades de las glándulas suprarrenales, ingestión de álcalis en exceso.
Tratamiento: infusión de disolución salina, tratamiento de enfermedades subyacentes.

PREGUNTAS Y PROBLEMAS

10.6 Disoluciones tampones o amortiguadoras

META DE APRENDIZAJE: *Describir la función de las disoluciones tampón, también denominadas* amortiguadoras *o* buffers *en el mantenimiento del pH de una disolución.*

10.59 Considere las opciones siguientes: (1) NaOH y NaCl, (2) H_2CO_3 y $NaHCO_3$, (3) HF y KF, (4) KCl y NaCl. ¿Cuál representa un sistema tampón? Explique.

10.60 Considere las opciones siguientes: (1) $HClO_2$, (2) $NaNO_3$, (3) $HC_2H_3O_2$ y $NaC_2H_3O_2$, y (4) HCl y NaOH. ¿Cuál representa un sistema tampón? Explique.

10.61 Considere el sistema tampón de ácido fluorhídrico, HF, y su sal, NaF.

$$HF(ac) + H_2O(l) \rightleftharpoons H_3O^+(ac) + F^-(ac)$$

a. El propósito del sistema tampón es:
1. mantener el [HF] **2.** mantener el $[F^-]$ **3.** mantener el pH
b. La sal del ácido débil se necesita para:
1. proporcionar la base conjugada
2. neutralizar el H_3O^+ agregado
3. proporcionar el ácido conjugado

c. La adición de OH^- se neutraliza con:
1. la sal **2.** H_2O **3.** H_3O^+
d. Cuando se agrega H_3O^+, el equilibrio se desplaza en la dirección de
1. reactivos **2.** productos **3.** no cambia

10.62 Considere el sistema tampón de ácido nitroso, HNO_2, y su sal, $NaNO_2$.

$$HNO_2(ac) + H_2O(l) \rightleftharpoons H_3O^+(ac) + NO_2^-(ac)$$

a. El propósito del sistema tampón es:
1. mantener el $[HNO_2]$ **2.** mantener el $[NO_2^-]$
3. mantener el pH
b. El ácido débil se necesita para:
1. proporcionar la base conjugada
2. neutralizar el OH^- agregado
3. proporcionar el ácido conjugado
c. La adición de H_3O^+ se neutraliza con:
1. la sal **2.** H_2O **3.** OH^-
d. Cuando se agrega OH^-, el equilibrio se desplaza en la dirección de:
1. reactivos **2.** productos **3.** no cambia

10.63 El ácido nitroso tiene una K_a de 4.5×10^{-4}. ¿Cuál es el pH de una disolución tampón que contiene 0.10 M HNO_2 y 0.10 M NO_2^-?

10.64 El ácido acético tiene una K_a de 1.8×10^{-5}. ¿Cuál es el pH de una disolución tampón que contiene 0.15 M $HC_2H_3O_2$ (ácido acético) y 0.15 M $C_2H_3O_2^-$?

10.65 Con la tabla 10.4 para valores de K_a, compare el pH de un tampón de HF que contiene 0.10 M de HF y 0.10 M de NaF con otro tampón de HF que contiene 0.060 M de HF y 0.120 M de NaF.

10.66 Con la tabla 10.4 para valores de K_a, compare el pH de un tampón de H_2CO_3 que contiene 0.10 M H_2CO_3 y 0.10 M $NaHCO_3$ con otro tampón de H_2CO_3 que contiene 0.15 M H_2CO_3 y 0.050 M $NaHCO_3$.

MAPA CONCEPTUAL

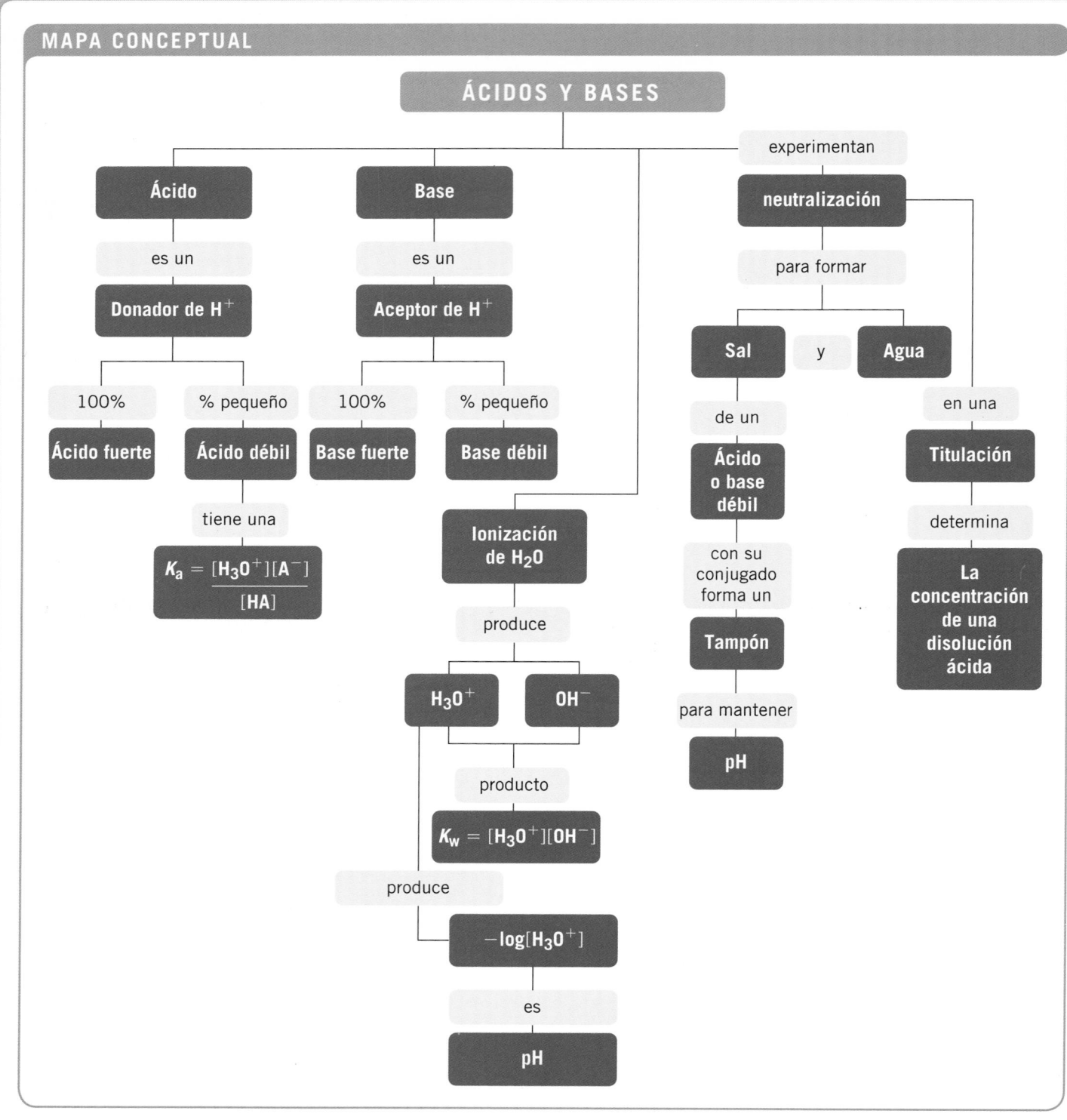

REPASO DEL CAPÍTULO

10.1 Ácidos y bases

META DE APRENDIZAJE: *Describir y nombrar ácidos y bases de Arrhenius y Brønsted-Lowry; identificar pares ácido-base conjugados.*

NaOH(s)

→ OH⁻
● Na⁺

— Agua

$$NaOH(s) \xrightarrow{H_2O} Na^+(ac) + OH^-(ac)$$
Compuesto   Ionización   Ión
iónico   hidróxido

- Un ácido de Arrhenius produce H^+, y una base de Arrhenius produce OH^- en disoluciones acuosas.
- Los ácidos saben agrio, pueden picar y neutralizan bases.
- Las bases saben amargo, se sienten resbalosas y neutralizan ácidos.
- Los ácidos que contienen un anión simple se nombran usando la terminación *-hídrico*.
- Los ácidos con aniones poliatómicos que contienen oxígeno se nombran como ácidos *-ico* u *-oso*.
- De acuerdo con la teoría de Brønsted-Lowry, los ácidos son donadores de H^+ y las bases son aceptores de H^+.
- Cada par ácido-base conjugado se relaciona con la pérdida o ganancia de un H^+.

10.2 Fuerza de ácidos y bases

META DE APRENDIZAJE: *Escribir ecuaciones para la disociación de ácidos fuertes y débiles; escribir la expresión de equilibrio para un ácido débil.*

HC₂H₃O₂
1 M

- Los ácidos fuertes se disocian por completo en agua y el H^+ es aceptado por H_2O que actúa como base.
- Un ácido débil se disocia un poco en agua y produce solamente un pequeño porcentaje de H_3O^+.

- Las bases fuertes son hidróxidos de los Grupos 1A (1) y 2A (2) que se disocian por completo en agua.
- Una base débil importante es el amoniaco, NH_3.
- En agua, los ácidos débiles y las bases débiles producen sólo algunos iones cuando alcanzan el equilibrio.
- El equilibrio de un ácido débil y sus productos puede escribirse como una expresión de disociación ácida, K_a.

10.3 Ionización del agua

META DE APRENDIZAJE: *Usar la constante del producto iónico del agua para calcular $[H_3O^+]$ y $[OH^-]$ en una disolución acuosa.*

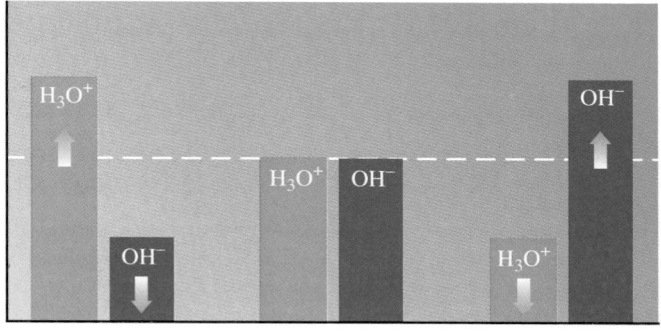

H_3O^+ OH^-

H_3O^+ OH^-

OH^- H_3O^+

- En agua pura, algunas moléculas de agua transfieren H^+ a otras moléculas de agua, lo que produce cantidades pequeñas, pero iguales, de H_3O^+ y OH^-.
- En agua pura, las concentraciones de H_3O^+ y OH^- son cada una de 1.0×10^{-7} mol/L.
- La constante del producto iónico del agua, K_w, $[H_3O^+][OH^-] = 1 \times 10^{-14}$ a 25 °C.
- En las disoluciones ácidas, la $[H_3O^+]$ es mayor que la $[OH^-]$.
- En las disoluciones neutras, la $[H_3O^+]$ es igual a la $[OH^-]$.
- En las disoluciones básicas, la $[OH^-]$ es mayor que la $[H_3O^+]$.

10.4 La escala de pH

META DE APRENDIZAJE: *Calcular el pH a partir de la concentración de $[H_3O^+]$; dado el pH, calcular la $[H_3O^+]$ y $[OH^-]$ de una disolución.*

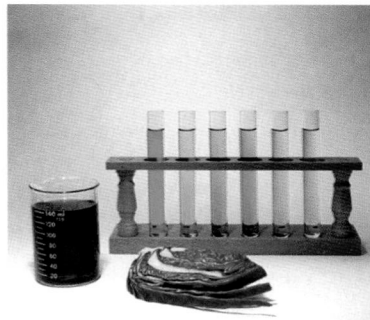

- La escala pH es un rango de números, por lo general de 0 a 14, que representa la concentración de $[H_3O^+]$ de la disolución.
- Una disolución neutra tiene un pH de 7.0. En las disoluciones ácidas, el pH está abajo de 7.0; en las disoluciones básicas, el pH está arriba de 7.0.
- Matemáticamente, el pH es el logaritmo negativo de la concentración del ión hidronio: $pH = -\log[H_3O^+]$.

10.5 Reacciones de ácidos y bases

META DE APRENDIZAJE: Escribir ecuaciones balanceadas para reacciones de ácidos con metales, carbonatos y bases; calcular la molaridad o el volumen de un ácido a partir de la información de la titulación ácido-base.

- Un ácido reacciona con un metal para producir gas hidrógeno y una sal.
- La reacción de un ácido con un carbonato o bicarbonato produce dióxido de carbono, agua y una sal.
- En la neutralización, un ácido reacciona con una base para producir una sal y agua.
- En una titulación ácido-base, una muestra de ácido es neutralizada con una cantidad conocida de una base.
- A partir del volumen y la molaridad de la base, se calcula la concentración del ácido.

10.6 Disoluciones tampón o amortiguadoras

META DE APRENDIZAJE: Describir la función de las disoluciones tampón, también llamadas amortiguadoras o búfers en el mantenimiento del pH de una disolución.

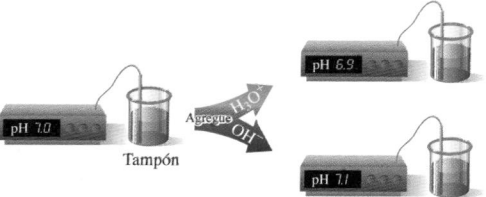

- Una disolución tampón resiste cambios en el pH cuando se agregan pequeñas cantidades de ácido o base.
- Un tampón contiene un ácido débil y su sal, o una base débil y su sal.
- En un tampón, el ácido débil reacciona con el OH^- agregado, y el anión de la sal reacciona con el H_3O^+ agregado.
- Los tampones son importantes en el mantenimiento del pH de la sangre.

TÉRMINOS CLAVE

ácido Sustancia que se disuelve en agua y produce iones hidrógeno (H^+), de acuerdo con la teoría de Arrhenius. Todos los ácidos son donadores de H^+, de acuerdo con la teoría de Brønsted-Lowry.

ácido débil Ácido que se disocia sólo un poco en agua.

ácido fuerte Ácido que se ioniza por completo en agua.

ácido y base de Brønsted-Lowry Un ácido es un donador de H^+; una base es un aceptor de H^+.

anfótera Sustancia que actúa como ácido o como base en el agua.

base Sustancia que se disuelve en agua y produce iones hidróxido (OH^-) de acuerdo con la teoría de Arrhenius. Todas las bases son aceptores de H^+, de acuerdo con la teoría de Brønsted-Lowry.

base débil Base que produce sólo un número pequeño de iones en agua.

base fuerte Base que se ioniza por completo en agua.

constante de disociación ácida (K_a) Producto de las concentraciones de los iones provenientes de la disociación de un ácido débil dividido entre la concentración del ácido débil.

constante del producto iónico del agua (K_w) El producto de $[H_3O^+]$ y $[OH^-]$ en disolución; $K_w = [H_3O^+][OH^-]$.

disociación Separación de un ácido o base en iones cuando se encuentran en una disolución acuosa.

disolución neutra Término que describe una disolución con iguales concentraciones H_3O^+ y OH^-.

disolución tampón También conocida como *disolución amortiguadora* o *buffer*, consiste en una disolución de un ácido débil y su base conjugada, o una base débil y su ácido conjugado, que mantiene el pH cuando se le añaden pequeñas cantidades de ácido o base.

ión hidronio, (H_3O^+) Ión formado por la atracción de un protón H^+ hacia una molécula de H_2O; se escribe H_3O^+.

neutralización Reacción entre un ácido y una base para formar una sal y agua.

par ácido-base conjugado Un ácido y una base que difieren en un H^+. Cuando un ácido dona un H^+, el producto es su base conjugada, que es capaz de aceptar un H^+ en la reacción inversa.

pH Medida de la concentración de iones $[H_3O^+]$ en una disolución; $pH = -\log[H_3O^+]$.

titulación Adición de una base a una muestra de ácido para determinar la concentración del ácido.

COMPRENSIÓN DE CONCEPTOS

Las secciones del capítulo que se deben revisar se muestran entre paréntesis al final de cada pregunta.

10.67 En cada uno de los diagramas siguientes de disoluciones ácidas, determine si cada diagrama representa un ácido fuerte o un ácido débil. El ácido tiene la fórmula HX. (10.2)

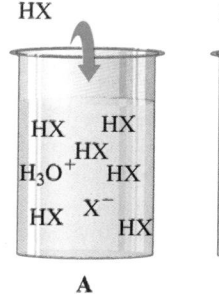
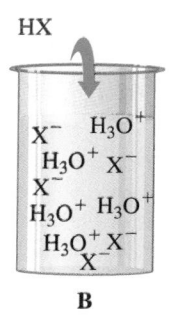

A **B** **C**

10.68 Agregar algunas gotas de un ácido fuerte al agua reducirá considerablemente el pH. Sin embargo, agregar el mismo número de gotas a un tampón no altera de manera importante el pH. ¿Por qué? (10.6)

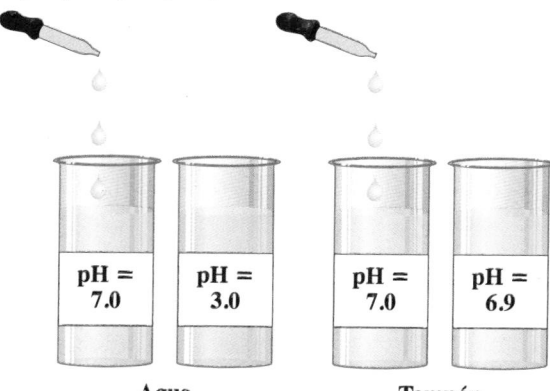

Agua **Tampón**

10.69 En ocasiones, durante episodios de estrés o ante una lesión física, una persona puede comenzar a hiperventilar. En esos casos, la persona puede respirar en el interior de una bolsa de papel para no desvanecerse. (10.6)

   a. ¿Qué cambios ocurren en el pH sanguíneo durante la hiperventilación?
   b. ¿De qué manera respirar en el interior de una bolsa ayuda a regresar el pH sanguíneo a la normalidad?

Respirar en el interior de una bolsa de papel puede ayudar a una persona que hiperventila.

10.70 En el plasma sanguíneo, el pH se mantiene gracias al sistema tampón ácido carbónico-bicarbonato. (10.6)
   a. ¿Cuál componente del tampón ácido carbónico-bicarbonato reacciona cuando se agrega un ácido?
   b. ¿Cuál componente del tampón ácido carbónico-bicarbonato reacciona cuando se agrega una base?

PREGUNTAS Y PROBLEMAS ADICIONALES

Visite www.masteringchemistry.com para acceder a materiales de autoaprendizaje y tareas asignadas por el instructor.

10.71 Identifique si cada uno de los compuestos siguientes es ácido, base o sal, y proporcione su nombre: (10.1)
   a. LiOH   **b.** $Ca(NO_3)_2$ **c.** HBr
   d. $Ba(OH)_2$ **e.** H_2CO_3 **f.** $HClO_2$

10.72 Identifique si cada uno de los compuestos siguientes es ácido, base o sal, y proporcione su nombre: (10.1)
   a. H_3PO_4 **b.** $MgBr_2$ **c.** NH_3
   d. H_2SO_4 **e.** NaCl   **f.** KOH

10.73 Identifique los pares ácido-base conjugados en cada una de las ecuaciones siguientes e indique si la mezcla en equilibrio contiene principalmente productos o principalmente reactivos: (10.5)
   a. $NH_3(ac) + HNO_3(ac) \rightleftharpoons NH_4^+(ac) + NO_3^-(ac)$
   b. $H_2O(l) + HBr(ac) \rightleftharpoons H_3O^+(ac) + Br^-(ac)$

10.74 Identifique los pares ácido-base conjugados en cada una de las ecuaciones siguientes e indique si la mezcla en equilibrio contiene principalmente productos o principalmente reactivos: (10.5)
   a. $HNO_2(ac) + HS^-(ac) \rightleftharpoons H_2S(g) + NO_2^-(ac)$
   b. $Cl^-(ac) + H_2O(l) \rightleftharpoons OH^-(ac) + HCl(ac)$

10.75 Complete la siguiente tabla: (10.1)

Ácido	Base conjugada
HI	
	Cl^-
NH_4^+	
	HS^-

10.76 Complete la siguiente tabla: (10.1)

Base	Ácido conjugado
	HS^-
	$HC_2H_3O_2$
NH_3	
ClO_4^-	

10.77 ¿Cada una de las siguientes disoluciones es ácida, básica o neutra? (10.4)
   a. lluvia, pH 5.2   **b.** lágrimas, pH 7.5
   c. té, pH 3.8   **d.** refresco de cola, pH 2.5
   e. revelador de fotografías, pH 12.0

10.78 ¿Cada una de las siguientes disoluciones es ácida, básica o neutra? (10.4)
   a. saliva, pH 6.8   **b.** orina, pH 5.9
   c. jugo pancreático, pH 8.0   **d.** bilis, pH 8.4
   e. sangre, pH 7.45

10.79 Con la tabla 10.3, identifique el ácido más fuerte en cada uno de los siguientes pares: (10.2
   a. HF o H_2S **b.** H_3O^+ o H_2CO_3
   c. HNO_2 o $HC_2H_3O_2$ **d.** H_2O o HCO_3^-

10.80 Con la tabla 10.3, identifique la base más fuerte en cada uno de los siguientes pares: (10.2)
   a. H_2O o Cl^- **b.** OH^- o H_2CO_3
   c. SO_4^{2-} o NO_2^- **d.** CO_3^{2-} o H_2O

10.81 Determine el pH para las disoluciones siguientes: (10.4)
   a. $[H_3O^+] = 2.0 \times 10^{-8}$ M
   b. $[H_3O^+] = 5.0 \times 10^{-2}$ M
   c. $[OH^-] = 3.5 \times 10^{-4}$ M
   d. $[OH^-] = 0.0054$ M

10.82 Determine el pH para las disoluciones siguientes: (10.4)
   a. $[OH^-] = 1.0 \times 10^{-7}$ M
   b. $[H_3O^+] = 4.2 \times 10^{-3}$ M
   c. $[H_3O^+] = 0.0001$ M
   d. $[OH^-] = 8.5 \times 10^{-9}$ M

10.83 ¿Las disoluciones del problema 10.81 son ácidas, básicas o neutras? (10.4)

10.84 ¿Las disoluciones del problema 10.82 son ácidas, básicas o neutras? (10.4)

10.85 ¿Cuáles son las concentraciones de $[H_3O^+]$ y de $[OH^-]$ para una disolución con cada uno de los siguientes valores de pH? (10.3, 10.4)
   a. 3.00   **b.** 6.48
   c. 8.85   **d.** 11.00

10.86 ¿Cuáles son las concentraciones de $[H_3O^+]$ y de $[OH^-]$ para una disolución con cada uno de los siguientes valores de pH? (10.3, 10.4)
   a. 10.0   **b.** 5.0
   c. 7.00   **d.** 1.82

10.87 La leche agria (A) tiene un pH de 4.5, y el jarabe de arce (B) tiene un pH de 6.7. (10.4)
  a. ¿Cuál disolución es más ácida?
  b. ¿Cuál es la concentración de $[H_3O^+]$ en cada una?
  c. ¿Cuál es la concentración de $[OH^-]$ en cada una?

10.88 Una disolución de bórax (A) tiene un pH de 9.2, y la saliva humana (B) tiene un pH de 6.5. (10.4)
  a. ¿Cuál disolución es más ácida?
  b. ¿Cuál es la concentración de $[H_3O^+]$ en cada una?
  c. ¿Cuál es la concentración de $[OH^-]$ en cada una?

10.89 ¿Cuál es la concentración de $[OH^-]$ en una disolución que contiene 0.225 g de NaOH en 0.250 L de disolución? (10.3)

10.90 ¿Cuál es la concentración de $[H_3O^+]$ en una disolución que contiene 1.54 g de HNO_3 en 0.500 L de disolución? (10.3)

10.91 ¿Cuál es el pH de una disolución preparada al disolver 2.5 g de HCl en agua para elaborar 425 mL de disolución? (10.4)

10.92 ¿Cuál es el pH de una disolución preparada al disolver 1.00 g de $Ca(OH)_2$ en agua para elaborar 875 mL de disolución? (10.4)

10.93 a. Escriba la ecuación de neutralización para KOH y H_3PO_4. (10.5)
  b. Calcule el volumen (mL) de una disolución de 0.150 M de KOH que neutralizará completamente 10.0 mL de una disolución de 0.560 M de H_3PO_4.

10.94 a. Escriba la ecuación de neutralización para NaOH y H_2SO_4. (10.5)
  b. ¿Cuántos mililitros de una disolución de 0.215 M de NaOH se necesitan para neutralizar completamente 2.50 mL de una disolución de 0.825 M de H_2SO_4?

PREGUNTAS DE DESAFÍO

10.95 Para cada uno de los ácidos siguientes: (10.1, 10.2)
  1. H_2S **2.** H_3PO_4
  a. Escriba la fórmula para la base conjugada.
  b. Escriba la expresión K_a.
  c. ¿Cuál es el ácido más débil?

10.96 Para cada uno de los ácidos siguientes: (10.1, 10.2)
  1. HCO_3^- **2.** $HC_2H_3O_2$
  a. Escriba la fórmula para la base conjugada.
  b. Escriba la expresión K_a.
  c. ¿Cuál es el ácido más fuerte?

10.97 Una disolución de 0.205 M NaOH se usa para neutralizar 20.0 mL de una disolución de H_2SO_4. Si se necesitan 45.6 mL de la disolución de NaOH para alcanzar el punto de equivalencia, ¿cuál es la molaridad de la disolución de H_2SO_4? (10.5)

$$H_2SO_4(ac) + 2NaOH(ac) \longrightarrow Na_2SO_4(ac) + 2H_2O(l)$$

10.98 Una muestra de 10.0 mL de vinagre, que es una disolución acuosa de ácido acético, $HC_2H_3O_2$, requiere 16.5 mL de una disolución de 0.500 M NaOH para alcanzar el punto de equivalencia en una titulación. ¿Cuál es la molaridad de la disolución de ácido acético? (10.5)

$$HC_2H_3O_2(ac) + NaOH(ac) \longrightarrow NaC_2H_3O_2(ac) + H_2O(l)$$

10.99 Un tampón se prepara al disolver H_3PO_4 y NaH_2PO_4 en agua. (10.6)
  a. Escriba una ecuación que muestre cómo este tampón neutraliza el ácido agregado.
  b. Escriba una ecuación que muestre cómo este tampón neutraliza la base agregada.
  c. Calcule el pH de este tampón si contiene 0.10 M H_3PO_4 y 0.10 M $H_2PO_4^-$; la K_a para H_3PO_4 es 7.5×10^{-3}.
  d. Calcule el pH de este tampón si contiene 0.50 M H_3PO_4 y 0.20 M $H_2PO_4^-$; la K_a para H_3PO_4 es 7.5×10^{-3}.

10.100 Un tampón se prepara al disolver $HC_2H_3O_2$ y $NaC_2H_3O_2$ en agua. (10.6)
  a. Escriba una ecuación que muestre cómo este tampón neutraliza el ácido agregado.
  b. Escriba una ecuación que muestre cómo este tampón neutraliza la base agregada.
  c. Calcule el pH de este tampón si contiene 0.10 M $HC_2H_3O_2$ y 0.10 M $C_2H_3O_2^-$; la K_a para $HC_2H_3O_2$ es 1.8×10^{-5}.
  d. Calcule el pH de este tampón si contiene 0.20 M $HC_2H_3O_2$ y 0.40 M $C_2H_3O_2^-$; la K_a para $HC_2H_3O_2$ es 1.8×10^{-5}.

10.101 Determine cada uno de los incisos siguientes para una disolución 0.050 M de KOH: (10.5)
  a. $[H_3O^+]$
  b. pH
  c. la ecuación balanceada cuando reacciona con H_2SO_4
  d. mililitros de disolución de KOH necesarios para neutralizar 40.0 mL de una disolución de 0.035 M de H_2SO_4

10.102 Determine cada uno de los incisos siguientes para una disolución 0.100 M de HBr: (10.5)
  a. $[H_3O^+]$
  b. pH
  c. la ecuación balanceada cuando reacciona con LiOH
  d. mililitros de disolución de HBr necesarios para neutralizar 36.0 mL de una disolución 0.250 M de LiOH

10.103 Uno de los lagos más ácidos de Estados Unidos es el Little Echo Pond en Adirondacks, en Nueva York. Recientemente, este lago tuvo un pH de 4.2, muy por abajo del pH recomendado de 6.5. (10.3, 10.4, 10.5)

Un helicóptero derrama carbonato de calcio sobre un lago ácido para aumentar su pH.

  a. ¿Cuáles son las concentraciones de $[H_3O^+]$ y $[OH^-]$ de Little Echo Pond?
  b. ¿Cuáles son las concentraciones de $[H_3O^+]$ y $[OH^-]$ de un lago que tiene un pH de 6.5?
  c. Una forma de aumentar el pH de un lago ácido (y restaurar la vida acuática) es agregar piedra caliza ($CaCO_3$). ¿Cuántos gramos de $CaCO_3$ se necesitan para neutralizar 1.0 kL del agua ácida de Little Echo Pond, si se supone que todo el ácido es ácido sulfúrico?

$$H_2SO_4(ac) + CaCO_3(s) \longrightarrow CO_2(g) + H_2O(l) + CaSO_4(ac)$$

10.104 La producción diaria de ácido estomacal (jugo gástrico) es de 1000 mL a 2000 mL. Antes de una comida, el ácido estomacal (HCl) generalmente tiene un pH de 1.42. (10.3, 10.4, 10.5)

a. ¿Cuál es la concentración de $[H_3O^+]$ del ácido estomacal?

b. Una tableta masticable del antiácido Maalox® contiene 600 mg de $CaCO_3$. Escriba la ecuación de neutralización y

calcule los mililitros de ácido estomacal neutralizados por dos tabletas de Maalox®.

c. La leche antiácida de magnesia contiene 400. mg de $Mg(OH)_2$ por cucharadita. Escriba la ecuación de neutralización y calcule los mililitros de ácido estomacal que se neutralizan con 1 cucharada de leche de magnesia (1 cucharada = 3 cucharaditas).

RESPUESTAS

Respuestas a las Comprobaciones de estudio

10.1 a. ácido; ácido clórico
b. $Fe(OH)_3$

10.2 $HNO_3(ac) + H_2O(l) \longrightarrow H_3O^+(ac) + NO_3^-(ac)$

10.3 Los pares ácido-base conjugados son HNO_2/NO_2^- y HSO_4^-/SO_4^{2-}

10.4 El ácido nitroso tiene una K_a más grande que el ácido carbónico; es decir, el ácido nitroso se disocia más en H_2O, por lo que forma más iones $[H_3O^+]$ y como resultado es un ácido más fuerte.

10.5 $[H_3O^+] = 2.5 \times 10^{-11}$ M; disolución básica

10.6 11.38

10.7 4.3

10.8 $[H_3O^+] = 2 \times 10^{-5}$ M; $[H_3O^-] = 5 \times 10^{-5}$ M

10.9 $H_2SO_4(ac) + 2LiOH(ac) \longrightarrow Li_2SO_4(ac) + 2H_2O(l)$

10.10 0.200 M disolución de HCl

10.11 pH = 7.91

Respuestas a Preguntas y problemas seleccionados

10.1 a. ácido **b.** ácido **c.** ácido
d. base **e.** ambos

10.3 a. ácido clorhídrico **b.** hidróxido de calcio
c. ácido carbónico **d.** ácido nítrico
e. ácido sulfuroso **f.** hidróxido de hierro(II)

10.5 a. $Mg(OH)_2$ **b.** HF **c.** H_3PO_3
d. LiOH **e.** $Cu(OH)_2$

10.7 a. HI es el ácido (donador de H^+) y H_2O es la base (aceptor de H^+).
b. H_2O es el ácido (donador de H^+) y F^- es la base (aceptor de H^+).

10.9 a. F^- ión fluoruro
b. OH^-, ión hidróxido
c. HCO_3^-, ión bicarbonato o ión carbonato de hidrógeno
d. SO_4^{2-}, ión sulfato

10.11 a. HCO_3^-, ión bicarbonato o ión carbonato de hidrógeno
b. H_3O^+, ión hidronio
c. H_3PO_4, ácido fosfórico
d. HSO_3^-, ión bisulfito o ión sulfito de hidrógeno

10.13 a. ácido H_2CO_3, base conjugada HCO_3^-; base H_2O, ácido conjugado H_3O^+
b. ácido NH_4^+, base conjugada NH_3; base H_2O, ácido conjugado H_3O^+
c. ácido HCN, base conjugada CN^-; base NO_2^-, ácido conjugado HNO_2

10.15 Un ácido fuerte es un buen donador de H^+, en tanto que su base conjugada es un mal aceptor de H^+.

10.17 a. verdadero **b.** falso **c.** falso
d. verdadero **e.** falso

10.19 a. HBr **b.** HSO_4^- **c.** H_2CO_3

10.21 a. HSO_4^- **b.** HNO_2 **c.** HCO_3^-

10.23 a. reactivos **b.** reactivos **c.** productos

10.25 a. H_2SO_3 **b.** HSO_3^- **c.** H_2SO_3
d. H_2SO_3

10.27 $H_3PO_4(ac) + H_2O(l) \rightleftharpoons H_3O^+(ac) + H_2PO_4^-(ac)$

$$K_a = \frac{[H_3O^+][H_2PO_4^-]}{[H_3PO_4]}$$

10.29 En agua pura, $[H_3O^+] = [OH^-]$, porque se produce uno de cada uno cada vez que se transfiere H^+ de una molécula de agua a otra.

10.31 En una disolución ácida, la concentración de $[H_3O^+]$ es mayor que la concentración de $[OH^-]$.

10.33 a. ácida **b.** básica **c.** básica
d. ácida

10.35 a. 1.0×10^{-5} M **b.** 1.0×10^{-8} M
c. 5.0×10^{-10} M **d.** 2.5×10^{-2} M

10.37 a. 1.0×10^{-11} M **b.** 2.0×10^{-9} M
c. 5.6×10^{-3} M **d.** 2.5×10^{-2} M

10.39 a. básica **b.** ácida **c.** básica
d. ácida **e.** ácida **f.** básica

10.41 a. 4.00 **b.** 8.52 **c.** 9.00
d. 3.40 **e.** 7.17 **f.** 10.92

10.43

$[H_3O^+]$	$[OH^-]$	pH	¿Ácida, básica o neutra?
1×10^{-8} M	1×10^{-6} M	8.0	Básica
1.0×10^{-3} M	1.0×10^{-11} M	3.00	Ácida
2.8×10^{-5} M	3.6×10^{-10} M	4.55	Ácida
2.4×10^{-5} M	4.2×10^{-10} M	4.62	Ácida

10.45 a. productos: $LiCl(ac)$ y $H_2(g)$
ecuación balanceada:
$$2Li(s) + 2HCl(ac) \longrightarrow 2LiCl(ac) + H_2(g)$$

b. productos: $MgCl_2(ac)$ y $H_2(g)$
ecuación balanceada:

$$Mg(s) + 2HCl(ac) \longrightarrow MgCl_2(ac) + H_2(g)$$

c. productos: $SrCl_2(ac)$ y $H_2(g)$
ecuación balanceada:

$$Sr(s) + 2HCl(ac) \longrightarrow SrCl_2(ac) + H_2(g)$$

10.47 a. productos: $LiBr(ac)$, $H_2O(l)$ y $CO_2(g)$
ecuación balanceada:

$$HBr(ac) + LiHCO_3(s) \longrightarrow LiBr(ac) + H_2O(l) + CO_2(g)$$

b. productos: $MgBr_2(ac)$ $H_2O(l)$ y $CO_2(g)$
ecuación balanceada:

$$2HBr(ac) + MgCO_3(s) \longrightarrow MgBr_2(ac) + H_2O(l) + CO_2(g)$$

c. productos: $SrBr_2(ac)$, $H_2O(l)$ y $CO_2(g)$
ecuación balanceada:

$$2HBr(ac) + SrCO_3(s) \longrightarrow SrBr_2(ac) + H_2O(l) + CO_2(g)$$

10.49 a. $2HCl(ac) + Mg(OH)_2(s) \longrightarrow MgCl_2(ac) + 2H_2O(l)$
b. $H_3PO_4(ac) + 3LiOH(ac) \longrightarrow Li_3PO_4(ac) + 3H_2O(l)$
c. $H_2SO_4(ac) + Sr(OH)_2(s) \longrightarrow SrSO_4(ac) + 2H_2O(l)$

10.51 a. $H_2SO_4(ac) + 2NaOH(ac) \longrightarrow Na_2SO_4(ac) + 2H_2O(l)$
b. $3HCl(ac) + Fe(OH)_3(s) \longrightarrow FeCl_3(ac) + 3H_2O(l)$
c. $H_2CO_3(ac) + Mg(OH)_2(s) \longrightarrow MgCO_3(s) + 2H_2O(l)$

10.53 0.830 M HCl disolución

10.55 0.124 M H_2SO_4 disolución

10.57 0.0224 M H_3PO_4 disolución

10.59 (2) y (3) son sistemas tampón, (2) contiene el ácido débil H_2CO_3 y su sal $NaHCO_3$, (3) contiene HF, un ácido débil, y su sal KF.

10.61 a. 3   **b.** 1, 2   **c.** 3   **d.** 1

10.63 ph = 3.35

10.65 El pH de la disolución tampón 0.10 M HF / 0.10 M NaF es 3.14. El pH de la disolución tampón 0.060 M HF / 0.120 M NaF es 3.44.

10.67 a. ácido débil   **b.** ácido fuerte   **c.** ácido débil

10.69 a. La hiperventilación reducirá el nivel de CO_2 en la sangre, lo que reduce la concentración de $[H_2CO_3]$, que a su vez disminuye la concentración de $[H_3O^+]$ y aumenta el pH sanguíneo.
b. Respirar en el interior de una bolsa aumentará el nivel de CO_2, lo que a su vez aumentará la concentración de $[H_2CO_3]$, aumentando la concentración de $[H_3O^+]$, por lo que se disminuye el pH sanguíneo.

10.71 a. base, hidróxido de litio   **b.** sal, nitrato de calcio
c. ácido, ácido bromhídrico   **d.** base, hidróxido de bario
e. ácido, ácido carbónico   **f.** ácido, ácido cloroso

10.73 a. NH_4^+/NH_3 y HNO_3/NO_3^-; principalmente productos
b. HBr/Br^- y H_3O^+/H_2O; principalmente productos

10.75

Ácido	Base conjugada
HI	I^-
HCl	Cl^-
NH_4^+	NH_3
H_2S	HS^-

10.77 a. ácida   **b.** básica   **c.** ácida
d. ácida   **e.** básica

10.79 a. HF   **b.** H_3O^+ **c.** HNO_2
d. HCO_3^-

10.81 a. pH 7.70   **b.** pH 1.30   **c.** pH 10.54
d. pH 11.72

10.83 a. básica   **b.** ácida   **c.** básica
d. básica

10.85 a. $[H_3O^+] = 1.0 \times 10^{-3}$ M; $[OH^-] = 1.0 \times 10^{-11}$ M
b. $[H_3O^+] = 3.3 \times 10^{-7}$ M; $[OH^-] = 3.0 \times 10^{-8}$ M
c. $[H_3O^+] = 1.4 \times 10^{-9}$ M; $[OH^-] = 7.1 \times 10^{-6}$ M
d. $[H_3O^+] = 1.0 \times 10^{-11}$ M; $[OH^-] = 1.0 \times 10^{-3}$ M

10.87 a. A
b. A, $[H_3O^+] = 3 \times 10^{-5}$ M   B, $[H_3O^+] = 2 \times 10^{-7}$ M
c. A, $[OH^-] = 3 \times 10^{-10}$ M   B, $[OH^-] = 5 \times 10^{-8}$ M

10.89 $[OH^-] = 0.0225$ M

10.91 pH = 0.80

10.93 a. $H_3PO_4(ac) + 3KOH(ac) \longrightarrow K_3PO_4(ac) + 3H_2O(l)$
b. 112 mL de disolución de KOH

10.95 a. 1. HS^- **2.** $H_2PO_4^-$

b. 1. $\dfrac{[H_3O^+][HS^-]}{[H_2S]}$

2. $\dfrac{[H_3O^+][H_2PO_4^-]}{[H_3PO_4]}$

c. H_2S

10.97 0.234 M H_2SO_4 disolución

10.99 a. $H_2PO_4^-(ac) + H_3O^+(ac) \longrightarrow H_3PO_4(ac) + H_2O(l)$
b. $H_3PO_4(ac) + OH^-(ac) \longrightarrow H_2PO_4^-(ac) + H_2O(l)$
c. pH = 2.12
d. pH = 1.72

10.101 a. $[H_3O^+] = 2.0 \times 10^{-13}$ M
b. pH = 12.70
c. $2KOH(ac) + H_2SO_4(ac) \longrightarrow K_2SO_4(ac) + 2H_2O(l)$
d. 56 mL de disolución de KOH

10.103 a. $[H_3O^+] = 6 \times 10^{-5}$ M; $[OH^-] = 2 \times 10^{-10}$ M
b. $[H_3O^+] = 3 \times 10^{-7}$ M; $[OH^-] = 3 \times 10^{-8}$ M
c. 3 g de $CaCO_3$

Combinación de ideas de los capítulos 7 al 10

CI.17 El metano es un componente principal del gas natural purificado que se utiliza para calentar y cocinar. Cuando 1.0 mol de gas metano arde con oxígeno para producir dióxido de carbono y vapor de agua, se producen 883 kJ de calor. En condiciones STP, el metano tiene una densidad de 0.715 g/L. Para su transporte, el gas natural se enfría a $-163\ °C$ para formar gas natural licuado (GNL) con una densidad de 0.45 g/mL. Un tanque de un barco puede contener 7.0 millones de galones de GNL. (1.10, 5.5, 6.1, 6.5, 6.6, 6.7, 6.9, 7.7)

Un buque tanque de GNL transporta gas natural licuado.

a. Dibuje la fórmula de electrón-punto para el metano, que tiene la fórmula CH_4.

b. ¿Cuál es la masa, en kilogramos, del GNL (suponga que el GNL es todo metano) transportado en el tanque de un barco?

c. ¿Cuál es el volumen, en litros, de gas metano cuando el GNL (considerando que sólo se tiene metano) de un tanque se convierte en gas en condiciones STP?

d. Escriba la ecuación balanceada para la combustión de metano en un quemador de gas, incluido el calor de reacción.

El metano es el combustible que se quema en una estufa de gas.

e. ¿Cuántos kilogramos de oxígeno se necesitan para reaccionar con todo el metano de un tanque de GNL?

f. ¿Cuánto calor, en kilojoules, se libera después de quemar todo el metano de un tanque de GNL?

CI.18 Los gases que expelen los escapes de los automóviles es la principal causa de contaminación del aire. Un contaminante es el óxido de nitrógeno, que se forma a partir de los gases de nitrógeno y oxígeno que se encuentran en el aire al entrar en contacto con las altas temperaturas dentro del motor de un automóvil. Una vez emitido al aire, el óxido de nitrógeno reacciona con el oxígeno para producir dióxido de nitrógeno, un gas pardo rojizo con un punzante olor que constituye el esmog. Un componente de la gasolina es el octano, C_8H_{18}, que tiene una densidad de 0.803 g/mL. En un año,

Dos gases que se encuentran en el escape de los automóviles son dióxido de carbono y óxido de nitrógeno

un automóvil común usa 550 galones de gasolina y produce 41 lb de óxido de nitrógeno. (1.10, 6.1, 6.5, 6.6, 6.7, 7.7)

a. Escriba las ecuaciones balanceadas para la producción de óxido de nitrógeno y dióxido de nitrógeno.

b. Si todo el óxido de nitrógeno emitido por un automóvil se convierte en dióxido de nitrógeno en la atmósfera, ¿cuántos kilogramos de dióxido de nitrógeno produce en un año un solo automóvil?

c. Escriba una ecuación balanceada para la combustión del octano.

d. ¿Cuántos moles de C_8H_{18} están presentes en 15.2 galones de octano?

e. ¿Cuántos litros de CO_2 en condiciones STP se producen en un año con la gasolina empleada por el automóvil común?

CI.19 Un trozo de magnesio con una masa de 0.121 g se agrega a 50.0 mL de una disolución de 1.00 M de HCl, a una temperatura de 22.0 °C. Cuando el magnesio se disuelve, la disolución alcanza una temperatura de 33.0 °C. (2.5, 6.5, 6.6, 6.7, 6.8, 7.8)

$$Mg(s) + 2HCl(ac) \longrightarrow MgCl_2(ac) + H_2(g)$$

El metal magnesio reacciona rápidamente con HCl.

a. ¿Cuál es el reactivo limitante?

b. ¿Qué volumen, en litros, de hidrógeno gaseoso se produce si la presión es de 750. mmHg y la temperatura es 33.0 °C?

c. ¿Cuántos joules se liberaron por la reacción del magnesio? Suponga que la densidad y el calor específico de la disolución de HCl son iguales que los del agua.

d. ¿Cuál es el calor de reacción para el magnesio, en J/g? ¿En kJ/mol?

CI.20 En la elaboración de vino, la glucosa ($C_6H_{12}O_6$) de las uvas experimenta fermentación en ausencia de oxígeno para producir etanol y dióxido de carbono. Una botella de vino oporto añejado tiene un volumen de 750 mL y contiene 135 mL de etanol (C_2H_6O). El etanol tiene una densidad de 0.789 g/mL. En 1.5 libras de uvas hay 26 g de glucosa. (1.9, 1.10, 6.1, 6.5, 6.6, 6.7, 8.4)

Cuando la glucosa en las uvas se fermenta, se produce etanol.

El oporto es un tipo de vino fortificado que se produce en Portugal.

a. Calcule el porcentaje en volumen (v/v) del etanol en el oporto.

b. ¿Cuál es la molaridad (M) del etanol en el oporto?

c. Escriba la ecuación balanceada para la reacción de fermentación de la glucosa.

d. ¿Cuántos gramos de glucosa se necesitan para producir una botella de oporto?

e. ¿Cuántas botellas de oporto pueden producirse a partir de 1.0 ton de uvas? (1 ton = 2000 lb).

CI.21 Considere la siguiente reacción en equilibrio:

$$2H_2(g) + S_2(g) \rightleftharpoons 2H_2S(g)$$

En un recipiente de 10.0 L, una mezcla en equilibrio contiene 2.02 g de H_2, 10.3 g de S_2 y 68.2 g de H_2S. (9.2, 9.3, 9.4, 9.5)

a. ¿Cuál es el valor de K_c de esta mezcla en equilibrio?

b. Si se agrega más H_2 a la mezcla, ¿cómo se desplazará el equilibrio?

c. ¿Cómo se desplazará el equilibrio si la mezcla se coloca en un recipiente de 5.00 L sin cambio en la temperatura?

d. Si un recipiente de 5.00 L tiene una mezcla en equilibrio de 0.300 moles de H_2 y 2.50 moles de H_2S, ¿cuál es la concentración de $[S_2]$ si la temperatura es la misma?

CI.22 Una mezcla de 25.0 g de gas CS_2 y 30.0 g de gas O_2 se coloca en un recipiente de 10.0 L y se calienta a 125 °C. Los productos de la reacción son dióxido de carbono y dióxido de azufre gaseosos. (6.1, 6.5, 6.6, 6.7, 6.8, 7.8, 7.9)

a. Escriba una ecuación balanceada para la reacción.

b. ¿Cuántos gramos de CO_2 se producen?

c. ¿Cuál es la presión parcial del reactivo restante?

d. ¿Cuál es la presión final en el recipiente?

CI.23 Un metal M con una masa de 0.420 g reacciona por completo con 34.8 mL de una disolución de 0.520 M de HCl para formar MCl_3 acuoso y gas H_2. (6.1, 6.5, 6.6, 6.7, 7.8)

Cuando un metal reacciona con un ácido fuerte, se forma gas hidrógeno.

a. Escriba una ecuación balanceada para la reacción del metal M(s) y el HCl(ac).

b. ¿Qué volumen, en mililitros, de H_2 a 720. mmHg y 24 °C se producen?

c. ¿Cuántos moles de metal M reaccionaron?

d. Use sus resultados del inciso **c** para determinar la masa molar y el nombre del metal M.

e. Escriba la ecuación balanceada para la reacción.

CI.24 En una cucharadita (5.0 mL) de un antiácido líquido, hay 400. mg de $Mg(OH)_2$ y 400. mg de $Al(OH)_3$. Una disolución 0.080 M de HCl, que es similar a la concentración del ácido estomacal, se usa para neutralizar 5.0 mL del antiácido líquido. (6.5, 6.6, 6.7, 10.4, 10.5)

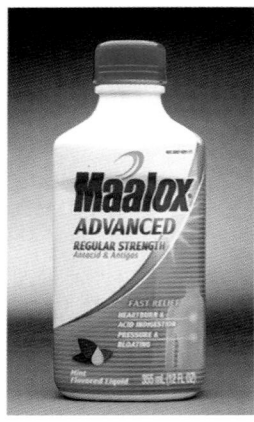

Un antiácido neutraliza el ácido estomacal y eleva el pH.

a. Escriba la ecuación para la neutralización de HCl y $Mg(OH)_2$.

b. Escriba la ecuación para la neutralización de HCl y $Al(OH)_3$.

c. ¿Cuál es el pH de la disolución de HCl?

d. ¿Cuántos mililitros de la disolución de HCl se necesitan para neutralizar el $Mg(OH)_2$?

e. ¿Cuántos mililitros de la disolución de HCl se necesitan para neutralizar el $Al(OH)_3$?

RESPUESTAS

CI.17 a.

H:C:H   o   H—C—H (con H arriba, H abajo en ambas estructuras)

b. 1.2×10^7 kg de GNL (metano)

c. 1.7×10^{10} L de metano en condiciones STP

d. $CH_4(g) + 2O_2(g) \xrightarrow{\Delta} CO_2(g) + 2H_2O(g) + 883$ kJ

e. 4.8×10^7 kg de O_2

f. 6.6×10^{11} kJ

CI.19 a. Mg es el reactivo limitante.

b. 0.127 L de H_2

c. 2.30×10^3 J

d. 1.90×10^4 J/g; 462 kJ/mol

CI.21 a. $K_c = 250$.

b. Si se agrega más H_2, el equilibrio se desplazará en la dirección de los productos.

c. Si el volumen del recipiente disminuye, el equilibrio se desplazará en la dirección de los productos.

d. $[S_2] = 0.278$ mol/L

CI.23 a. $2M(s) + 6HCl(ac) \longrightarrow 2MCl_3(ac) + 3H_2(g)$

b. 233 mL de H_2

c. 6.03×10^{-3} moles de M

d. 69.7 g/mol; galio

e. $2Ga(s) + 6HCl(ac) \longrightarrow 2GaCl_3(ac) + 3H_2(g)$

Introducción a la química orgánica: alcanos

CONTENIDO DEL CAPÍTULO

Visite **www.masteringchemistry.com** para acceder a materiales de autoaprendizaje y tareas asignadas por el instructor.

Cerca del Parque Nacional de las Montañas Rocosas comenzó un incendio forestal ocasionado por un relámpago. Debido a la falta de lluvia, había mucha madera y pastos secos que proporcionaron combustible para el incendio. Los bomberos de la localidad decidieron iniciar un contrafuego, que se enciende de manera deliberada en la trayectoria del incendio forestal a medida que consume la madera y los pastos secos y, por tanto, detiene o confina el fuego. Jack se pone el pantalón, el chaquetón y la protección facial resistentes al fuego. Luego inicia el contrafuego usando una antorcha de goteo que contiene una mezcla de diesel y gasolina.

La gasolina y el diesel consisten en moléculas orgánicas denominadas *alcanos*. Los alcanos, o hidrocarburos, son cadenas de átomos de carbono e hidrógeno, y se consideran la columna vertebral de la química orgánica. Los alcanos presentes en la gasolina consisten en una mezcla de cadenas que constan de 5-10 átomos de carbono cada una, en tanto que el diesel generalmente es una mezcla de cadenas que constan de 11-20 átomos de carbono cada una. Puesto que los alcanos experimentan reacciones de combustión, sirven como fuente de combustible para iniciar un contrafuego.

Profesión: Bombero

Los bomberos son los primeros en responder a los incendios, accidentes de tráfico y otras situaciones de emergencia. Se les pide tener un certificado de paramédico para que puedan atender a personas con lesiones graves. Al combinar las habilidades de un bombero y un paramédico, mejoran las tasas de supervivencia de los heridos. Las demandas físicas de los bomberos son extremadamente altas, pues combaten, extinguen y previenen los incendios al tiempo que visten ropa pesada y equipo protector. También entrenan y participan en simulacros de incendios y dan mantenimiento al equipo contra incendios de modo que siempre esté listo y sea funcional. Los bomberos también deben tener conocimientos de protocolos contra incendios e incendios intencionales y sobre el manejo y eliminación de materiales peligrosos. Dado que los bomberos también proporcionan atención de urgencia a personas enfermas y lesionadas, deben estar al tanto de los procedimientos médicos de urgencia y de rescate, así como de los métodos apropiados para controlar la propagación de enfermedades infecciosas.

La *química orgánica* es la química de los compuestos que contienen carbono e hidrógeno. El elemento carbono tiene una función especial en la química porque se enlaza con otros átomos de carbono para producir una amplia variedad de moléculas. La diversidad de moléculas es tan grande que se encuentran compuestos orgánicos en muchos productos que se utilizan con frecuencia, como gasolina, medicamentos, champús, botellas plásticas y perfumes. Los alimentos que ingiere contienen diferentes compuestos orgánicos que suministran combustible para obtener energía y los átomos de carbono necesarios para construir y reparar las células del cuerpo.

Aunque hay muchos compuestos orgánicos que son sintetizados de forma natural, los químicos han sintetizado todavía más. El algodón, la lana o la seda de la ropa contienen compuestos orgánicos que existen en la naturaleza, en tanto que materiales como el poliéster, nailon o plástico se sintetizaron mediante reacciones orgánicas en un laboratorio. En ocasiones es conveniente sintetizar una molécula en el laboratorio aun cuando dicha molécula también se encuentre en la naturaleza. Por ejemplo, la vitamina C sintetizada en el laboratorio tiene la misma estructura que la vitamina C de las naranjas o los limones. Conocer las estructuras y reacciones de las moléculas orgánicas le proporcionará un cimiento para comprender las moléculas más complejas de la bioquímica.

Los alimentos de la dieta proporcionan energía y materiales para las células del cuerpo.

11.1 Compuestos orgánicos

Al comienzo del siglo XIX, los científicos clasificaron los compuestos químicos como inorgánicos y orgánicos. Un *compuesto inorgánico* era una sustancia que estaba compuesta de minerales, y un *compuesto orgánico* era una sustancia que provenía de un organismo; de ahí el origen de la palabra "orgánico". Los primeros científicos pensaban que se necesitaba algún tipo de "fuerza vital", que podía encontrarse sólo en las células vivas, para sintetizar un compuesto orgánico. En 1828 se demostró que esta idea era incorrecta, cuando el químico alemán Friedrich Wöhler sintetizó urea, un producto del metabolismo de las proteínas, al calentar un compuesto inorgánico, cianato de amonio.

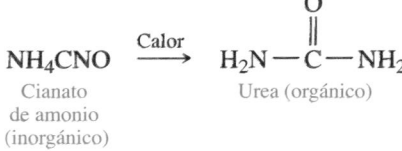

$$\text{NH}_4\text{CNO} \xrightarrow{\text{Calor}} \text{H}_2\text{N}-\overset{\displaystyle\overset{O}{\|}}{C}-\text{NH}_2$$

Cianato de amonio (inorgánico)   Urea (orgánico)

La química orgánica es el estudio de los compuestos de carbono. Los **compuestos orgánicos** usualmente contienen carbono (C) e hidrógeno (H), y en ocasiones oxígeno (O), azufre (S), nitrógeno (N), fósforo (P) o un halógeno (F, Cl, Br y I). Las fórmulas de los compuestos orgánicos se escriben primero con carbono, seguido de hidrógeno y luego cualquier otro elemento.

Muchos compuestos orgánicos son moléculas no polares con atracciones débiles entre moléculas. Como resultado, en general tienen puntos de fusión y ebullición bajos, no son solubles en agua y son menos densos que el agua. Por ejemplo, el aceite vegetal, que es una mezcla de compuestos orgánicos, no se disuelve en agua, sino que flota sobre ella. Una reacción característica de los compuestos orgánicos es que arden vigorosamente en el aire.

Por lo contrario, muchos de los compuestos inorgánicos contienen elementos distintos a carbono e hidrógeno. Casi siempre son iónicos con puntos de fusión y ebullición altos. Los compuestos inorgánicos que tienen enlaces iónicos o covalentes polares generalmente

El aceite vegetal, un compuesto orgánico, no es soluble en agua.

son solubles en agua y la mayoría no arde en el aire. La tabla 11.1 contrasta algunas de las propiedades de los compuestos orgánicos, como el propano (C_3H_8), y los compuestos inorgánicos, como el cloruro de sodio (NaCl) (véase la figura 11.1).

TABLA 11.1 Algunas propiedades características de los compuestos orgánicos e inorgánicos

Propiedad	Orgánico	Ejemplo: C_3H_8	Inorgánico	Ejemplo: NaCl
Elementos	C y H, en ocasiones O, S, N, P o Cl (F, Br, I)	C y H	Mayoría de metales y no metales	Na y Cl
Enlace	Principalmente covalente	Covalente (4 enlaces en cada C)	Muchos son iónicos, algunos covalentes	Iónico
Polaridad de enlaces	No polar, a menos que esté presente un átomo muy electronegativo	No polar	La mayoría es iónico o covalente polar; algunos son covalentes no polares	Iónico
Punto de fusión	Generalmente bajo	$-188\ °C$	Generalmente alto	$801\ °C$
Punto de ebullición	Generalmente bajo	$-42\ °C$	Generalmente alto	$1413\ °C$
Inflamabilidad	Alto	Arde en aire	Bajo	No arde
Solubilidad en agua	No soluble, a menos que esté presente un grupo polar	No	La mayoría es soluble, a menos que sea no polar	Sí

FIGURA 11.1 El propano, C_3H_8, es un compuesto orgánico, en tanto que el cloruro de sodio, NaCl, es un compuesto inorgánico.

P ¿Por qué el propano se usa como combustible?

COMPROBACIÓN DE CONCEPTOS 11.1   Propiedades de los compuestos orgánicos

Indique si las siguientes propiedades son más características de los compuestos orgánicos o de los inorgánicos:

a. no es soluble en agua
b. tiene un alto punto de fusión
c. arde en el aire

RESPUESTA

a. Muchos compuestos orgánicos no son solubles en agua.
b. Es más probable que los compuestos inorgánicos tengan puntos de fusión altos.
c. Es más probable que los compuestos orgánicos ardan en el aire.

Enlaces en los compuestos orgánicos

Los **hidrocarburos**, como el nombre sugiere, son compuestos orgánicos que consisten sólo de carbono e hidrógeno. En el hidrocarburo más simple, metano (CH_4), el átomo de carbono forma un octeto al compartir sus cuatro electrones de valencia con los electrones de valencia de cuatro átomos de hidrógeno. En la fórmula de electrón-punto, cada par de electrones compartido representa un solo enlace covalente. En todas las moléculas orgánicas, cada átomo de carbono tiene cuatro enlaces. Un hidrocarburo se conoce como *hidrocarburo saturado* cuando todos los enlaces en la molécula son enlaces simples. Puede dibujar una **fórmula estructural expandida** para el metano al mostrar los enlaces entre todos sus átomos.

Metano

La estructura tetraédrica del carbono

La teoría RPECV, que se estudió en la sección 5.8, predice que una molécula con cuatro átomos enlazados a un átomo central tiene geometría tetraédrica. Por tanto, para el metano, (CH_4), los enlaces covalentes del átomo de carbono hacia los cuatro átomos de hidrógeno se dirigen hacia las esquinas de un tetraedro con ángulos de enlace de 109°. En la figura 11.2 se ilustran las diversas formas de representar la estructura del metano.

En el etano, C_2H_6, cada átomo de carbono está enlazado a otro carbono y tres átomos de hidrógeno. Como en el metano, cada átomo de carbono retiene su forma tetraédrica. En la figura 11.3 se muestran las diversas formas de representar al etano.

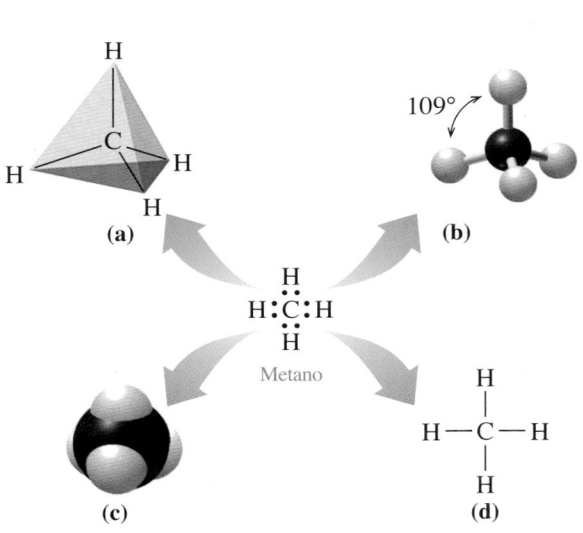

FIGURA 11.2 Representaciones del metano, CH_4: **(a)** tetraedro, **(b)** modelo de barras y esferas, **(c)** modelo espacial, **(d)** fórmula estructural expandida.

P ¿Por qué el metano tiene forma tetraédrica y no una forma plana?

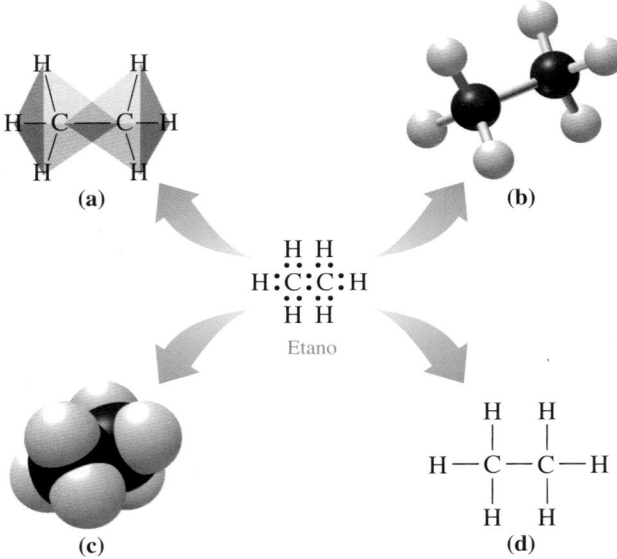

FIGURA 11.3 Representaciones del etano, C_2H_6: **(a)** forma tetraédrica de cada carbono, **(b)** modelo de barras y esferas, **(c)** modelo espacial, **(d)** fórmula estructural expandida.

P ¿Cómo mantiene la forma tetraédrica cada carbono en una molécula con dos átomos de carbono?

PREGUNTAS Y PROBLEMAS

11.1 Compuestos orgánicos

META DE APRENDIZAJE: *Identificar las propiedades características de los compuestos orgánicos e inorgánicos.*

11.1 Identifique si las fórmulas siguientes son fórmulas de compuestos orgánicos o inorgánicos:

   a. KCl   **b.** C_4H_{10} **c.** C_2H_6O
   d. H_2SO_4 **e.** $CaCl_2$ **f.** C_3H_7Cl

11.2 Identifique si las fórmulas siguientes son fórmulas de compuestos orgánicos e inorgánicos:

   a. $C_6H_{12}O_6$ **b.** K_3PO_4 **c.** I_2
   d. C_2H_6S **e.** $C_{10}H_{22}$ **f.** CH_4

11.3 Identifique si las propiedades siguientes son más características de compuestos orgánicos o inorgánicos:

   a. es soluble en agua   **b.** tiene un punto de
   c. contiene carbono e hidrógeno   ebullición bajo
   d. contiene enlaces iónicos

11.4 Identifique si las propiedades siguientes son más características de compuestos orgánicos o inorgánicos:

   a. contiene Li y F   **b.** es un gas a temperatura
                                    ambiente

   c. contiene enlaces covalentes
   d. es un electrolito

11.5 Relacione las propiedades físicas y químicas siguientes con el compuesto etano, C_2H_6, o con el bromuro de sodio, NaBr:

   a. hierve a $-89\,°C$ **b.** arde vigorosamente en el aire
   c. es un sólido a 250 °C   **d.** se disuelve en agua

11.6 Relacione las propiedades físicas y químicas siguientes con el compuesto ciclohexano, C_6H_{12}, o con el nitrato de calcio, $Ca(NO_3)$:

   a. se funde a 500 °C   **b.** es insoluble en agua
   c. produce iones en agua
   d. es un líquido a temperatura ambiente

11.7 ¿Cómo están ordenados en el espacio los átomos de hidrógeno en el metano, CH_4?

11.8 En una molécula de propano con tres átomos de carbono, ¿cuál es la forma alrededor de cada átomo de carbono?

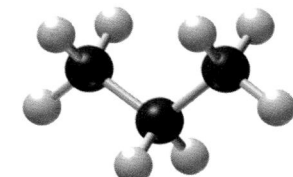

Propano

11.2 Alcanos

Más del 90% de los compuestos del mundo son compuestos orgánicos. Este gran número de compuestos de carbono es posible porque el enlace covalente entre los átomos de carbono (C—C) es muy fuerte, lo que permite a los átomos de carbono formar largas cadenas estables. Para ayudar a estudiar este gran grupo de compuestos, se les organiza en clases que tienen estructuras y propiedades químicas similares.

Los **alcanos** son una clase de hidrocarburos en la que los átomos están conectados mediante enlaces sencillos. Uno de los usos más comunes de los alcanos es como combustibles. El metano que se utiliza en calentadores y estufas de gas es un alcano con un átomo de carbono. Etano, propano y butano contienen dos, tres y cuatro átomos de carbono, respectivamente, conectados en una fila o una *cadena continua*. Como puede observar, todos los nombres de los alcanos terminan en *ano*. Dichos nombres son parte del **sistema IUPAC** (International Union of Pure and Applied Chemistry; Unión Internacional de Química Pura y Aplicada) que utilizan los químicos para nombrar compuestos orgánicos. Los alcanos con cinco o más átomos de carbono en una cadena se nombran usando prefijos griegos: *pent* (5), *hex* (6), *hept* (7), *oct* (8), *non* (9) y *dec* (10) (véase la tabla 11.2)

META DE APRENDIZAJE

Escribir los nombres IUPAC y dibujar las fórmulas estructurales condensadas de los alcanos.

TUTORIAL
IUPAC Naming of Alkanes

TABLA 11.2 Nombres IUPAC para los primeros 10 alcanos

Número de átomos de carbono	Prefijo	Nombre	Fórmula molecular	Fórmula estructural condensada
1	Meta	Metano	CH_4	CH_4
2	Eta	Etano	C_2H_6	$CH_3—CH_3$
3	Prop	Propano	C_3H_8	$CH_3—CH_2—CH_3$
4	But	Butano	C_4H_{10}	$CH_3—CH_2—CH_2—CH_3$
5	Pent	Pentano	C_5H_{12}	$CH_3—CH_2—CH_2—CH_2—CH_3$
6	Hex	Hexano	C_6H_{14}	$CH_3—CH_2—CH_2—CH_2—CH_2—CH_3$
7	Hept	Heptano	C_7H_{16}	$CH_3—CH_2—CH_2—CH_2—CH_2—CH_2—CH_3$
8	Oct	Octano	C_8H_{18}	$CH_3—CH_2—CH_2—CH_2—CH_2—CH_2—CH_2—CH_3$
9	Non	Nonano	C_9H_{20}	$CH_3—CH_2—CH_2—CH_2—CH_2—CH_2—CH_2—CH_2—CH_3$
10	Dec	Decano	$C_{10}H_{22}$	$CH_3—CH_2—CH_2—CH_2—CH_2—CH_2—CH_2—CH_2—CH_2—CH_3$

Nombre de alcano Hexano
Fórmula molecular C_6H_{14}
Modelo de barras y esferas

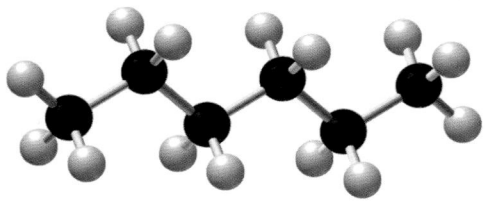

Fórmula estructural expandida

$$
\begin{array}{c}
\text{H}\quad\text{H}\quad\text{H}\quad\text{H}\quad\text{H}\quad\text{H} \\
|\qquad|\qquad|\qquad|\qquad|\qquad| \\
\text{H}-\text{C}-\text{C}-\text{C}-\text{C}-\text{C}-\text{C}-\text{H} \\
|\qquad|\qquad|\qquad|\qquad|\qquad| \\
\text{H}\quad\text{H}\quad\text{H}\quad\text{H}\quad\text{H}\quad\text{H}
\end{array}
$$

Fórmulas estructurales condensadas

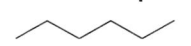

$CH_3-CH_2-CH_2-CH_2-CH_2-CH_3$

Fórmula de esqueleto

FIGURA 11.4 Una molécula de hexano puede representarse de muchas formas: fórmula molecular, modelo de barras y esferas, fórmula estructural expandida, fórmula estructural condensada y fórmula esquelética.

P ¿Por qué los átomos de carbono en el hexano parecen estar ordenados en una cadena en zigzag?

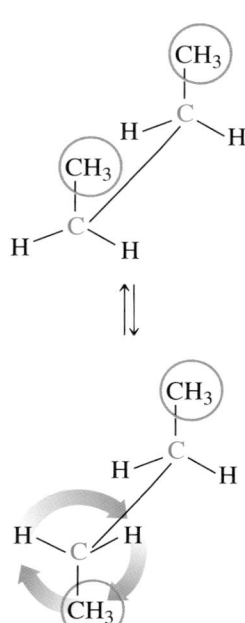

Con ayuda de la tabla 11.2, proporcione el nombre IUPAC de cada uno de los compuestos siguientes:

a. $CH_3-CH_2-CH_3$
b. C_6H_{14}

RESPUESTA

a. Una cadena con tres átomos de carbono y ocho átomos de hidrógeno es propano.
b. Un alcano con seis átomos de carbono y 14 átomos de hidrógeno es hexano.

Fórmulas estructurales condensadas

En una **fórmula estructural condensada**, cada átomo de carbono y sus átomos de hidrógeno unidos se escriben como grupo. Un subíndice indica el número de átomos de hidrógeno enlazados a cada átomo de carbono.

$$
\begin{array}{cc}
\text{H} & \text{H} \\
| & | \\
\text{H}-\text{C}- = CH_3- \qquad -\text{C}- = -CH_2- \\
| & | \\
\text{H} & \text{H}
\end{array}
$$

Expandida Condensada   Expandida   Condensada

Por lo contrario, la *fórmula molecular* proporciona el número total de átomos de carbono y átomos de hidrógeno, pero no indica su arreglo en la molécula.

Cuando una molécula orgánica consiste en una cadena de tres o más átomos de carbono, los átomos de carbono no se encuentran en una línea recta. La forma tetraédrica del carbono ordena los enlaces de carbono en un patrón en zigzag. Una estructura simplificada llamada **fórmula de esqueleto** es un esqueleto de carbono en el que los átomos de carbono se representan como el extremo de cada línea o como esquinas en una línea en zigzag. Los átomos de hidrógeno no se muestran, pero se entiende que cada carbono tiene enlaces hacia cuatro átomos, incluido el hidrógeno. En la fórmula de esqueleto para el hexano, cada línea en el dibujo en zigzag representa un solo enlace. Los átomos de carbono en los extremos estarían enlazados a tres átomos de hidrógeno. Sin embargo, los demás átomos de carbono en medio de la cadena de carbono están cada uno enlazado a dos carbonos y, por tanto, a dos átomos de hidrógeno. La figura 11.4 muestra la fórmula molecular, el modelo de barras y esferas, la fórmula estructural expandida, la fórmula estructural condensada y la fórmula de esqueleto para el hexano.

Puesto que un alcano sólo tiene enlaces sencillos C — C, los grupos unidos a cada C no están en posiciones fijas. Pueden girar libremente en torno al enlace que conecta los átomos de carbono. Este movimiento es semejante a la rotación independiente de las ruedas de un coche de juguete. Por tanto, durante la rotación en torno a un enlace sencillo ocurren diferentes arreglos, conocidos como *conformaciones*.

Imagine que pudiera observar al butano, C_4H_{10}, mientras gira. A veces los grupos —CH_3 se alinean uno frente al otro, y en otras ocasiones son mutuamente opuestos. A medida que los grupos —CH_3 giran en torno al enlace sencillo, la cadena de carbono en la fórmula estructural condensada aparece en diferentes ángulos. La conformación con los grupos metilo opuestos entre sí tiene menor energía (más estable) porque hay menos repulsión entre los grupos metilo.

El butano puede dibujarse con varias fórmulas estructurales condensadas bidimensionales, como se muestra en la tabla 11.3. Todas estas fórmulas estructurales condensadas representan el mismo compuesto con cuatro átomos de carbono.

TABLA 11.3 Representaciones estructurales para el butano, C_4H_{10}

Fórmula estructural expandida

$$
\begin{array}{c}
\quad\ \ \text{H}\quad\ \ \text{H}\quad\ \ \text{H}\quad\ \ \text{H} \\
\quad\ \ | \quad\ \ | \quad\ \ | \quad\ \ | \\
\text{H}-\text{C}-\text{C}-\text{C}-\text{C}-\text{H} \\
\quad\ \ | \quad\ \ | \quad\ \ | \quad\ \ | \\
\quad\ \ \text{H}\quad\ \ \text{H}\quad\ \ \text{H}\quad\ \ \text{H}
\end{array}
$$

Fórmulas estructurales condensadas

$CH_3-CH_2-CH_2-CH_3$

$$
\begin{array}{cc}
CH_2-CH_2 \\
| \qquad\ \ | \\
CH_3 \quad\ CH_3
\end{array}
$$

$$
\begin{array}{c}
CH_3 \\
| \\
CH_2-CH_2 \\
\quad\quad | \\
\quad\quad CH_3
\end{array}
$$

$$
\begin{array}{c}
CH_3 \\
| \\
CH_2 \\
| \\
CH_2 \\
| \\
CH_3
\end{array}
$$

$$
\begin{array}{c}
CH_3-CH_2 \\
\quad\quad | \\
\quad\ CH_2-CH_3
\end{array}
$$

$$
\begin{array}{c}
CH_3 \\
| \\
CH_2-CH_2-CH_3
\end{array}
$$

$$
\begin{array}{c}
CH_3 \diagdown \qquad CH_2 \diagdown \quad CH_3 \\
\qquad CH_2 \qquad\ CH_3
\end{array}
$$

Fórmulas de esqueleto

EJEMPLO DE PROBLEMA 11.1   **Cómo dibujar fórmulas estructurales para alcanos**

Dibuje la fórmula estructural expandida, la fórmula estructural condensada y la fórmula de esqueleto para el pentano.

SOLUCIÓN

Una molécula de pentano, C_5H_{12}, tiene cinco átomos de carbono en línea. En la fórmula estructural expandida, los cinco átomos de carbono están conectados entre sí y a átomos de hidrógeno con enlaces sencillos para dar a cada átomo de carbono un total de cuatro enlaces. En la fórmula estructural condensada, los átomos de carbono e hidrógeno que están en los extremos se escriben como CH_3- y los átomos de carbono e hidrógeno que están en el medio se escriben $-CH_2-$. La fórmula de esqueleto muestra el esqueleto de carbono como una línea en zigzag donde los extremos y esquinas representan átomos C.

$$
\begin{array}{c}
\ \ \text{H}\ \ \ \ \text{H}\ \ \ \ \text{H}\ \ \ \ \text{H}\ \ \ \ \text{H} \\
\ \ | \ \ \ \ | \ \ \ \ | \ \ \ \ | \ \ \ \ | \\
\text{H}-\text{C}-\text{C}-\text{C}-\text{C}-\text{C}-\text{H} \\
\ \ | \ \ \ \ | \ \ \ \ | \ \ \ \ | \ \ \ \ | \\
\ \ \text{H}\ \ \ \ \text{H}\ \ \ \ \text{H}\ \ \ \ \text{H}\ \ \ \ \text{H}
\end{array}
$$
   Fórmula estructural expandida

$CH_3-CH_2-CH_2-CH_2-CH_3$ Fórmula estructural condensada

   Fórmula de esqueleto

COMPROBACIÓN DE ESTUDIO 11.1

Dibuje la fórmula estructural condensada y proporcione el nombre de la fórmula de esqueleto siguiente:

Cicloalcanos

Los hidrocarburos también forman estructuras cíclicas llamadas **cicloalcanos**, que tienen dos átomos de hidrógeno menos que los correspondientes alcanos. El cicloalcano más simple, ciclopropano, C_3H_6, tiene un anillo de tres átomos de carbono enlazados a seis átomos de hidrógeno. Con mucha frecuencia, para dibujar un cicloalcano se utiliza su fórmula de esqueleto, que aparece como una simple figura geométrica. Como se observa en los alcanos, cada esquina de la fórmula de esqueleto para un cicloalcano representa un átomo de carbono. Para nombrar un cicloalcano se añade el prefijo *ciclo* al nombre del alcano con el mismo número de átomos de carbono.

En la tabla 11.4 se presentan los modelos de barras y esferas, fórmulas estructurales condensadas y fórmulas de esqueleto para varios cicloalcanos.

TABLA 11.4 Fórmulas de algunos cicloalcanos comunes

Nombre			
Ciclopropano	Ciclobutano	Ciclopentano	Ciclohexano

Modelo de barras y esferas

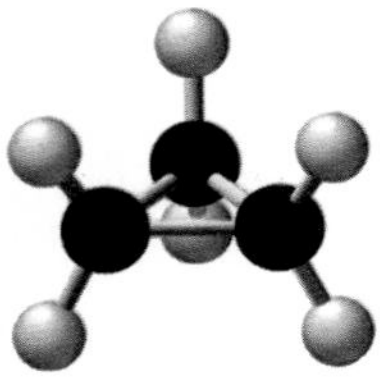

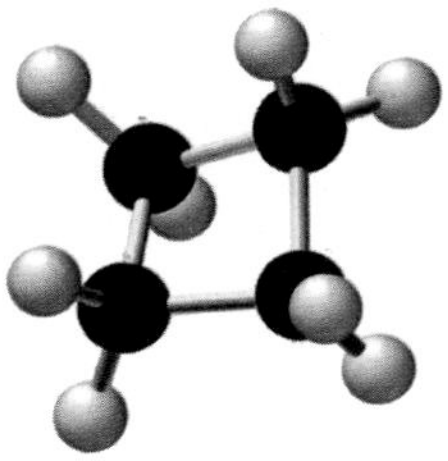

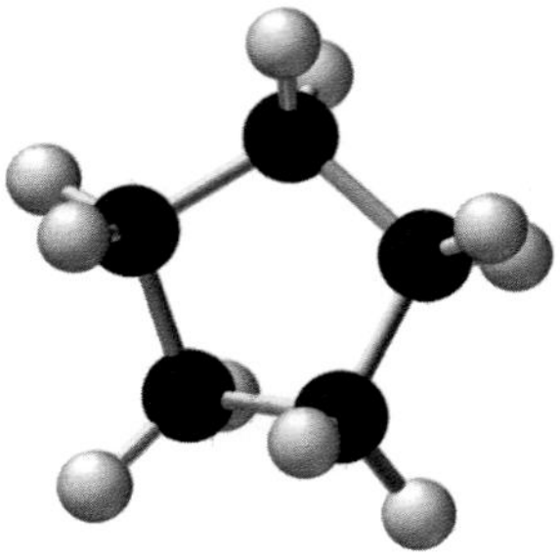

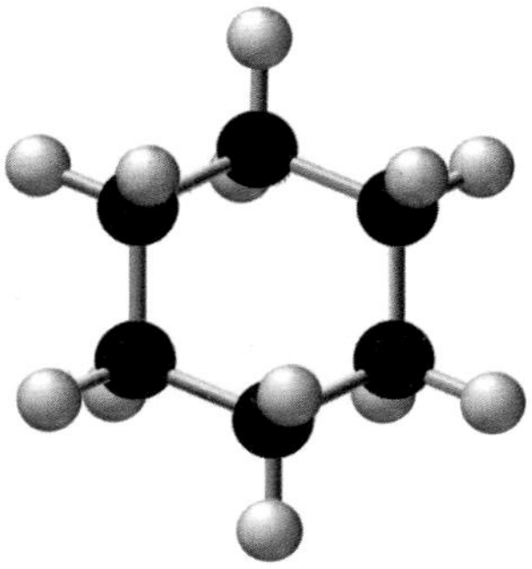

Fórmula estructural condensada

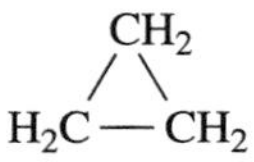

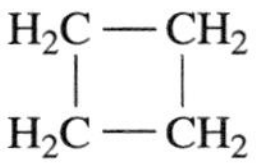

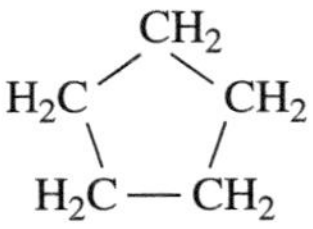

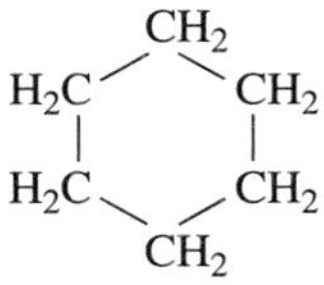

Fórmula de esqueleto

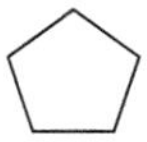

COMPROBACIÓN DE CONCEPTOS 11.3 **Cómo identificar cicloalcanos**

Nombre los cicloalcanos representados en la fórmula de esqueleto para el colesterol, un importante precursor de esteroides en el cuerpo.

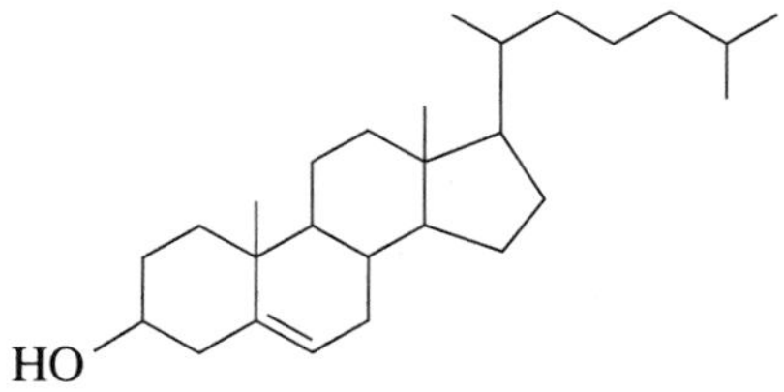

Colesterol

RESPUESTA

El colesterol contiene los cicloalcanos ciclopentano y ciclohexano.

EJEMPLO DE PROBLEMA 11.2   **Cómo nombrar alcanos**

Proporcione el nombre IUPAC de cada uno de los alcanos siguientes:

a. $CH_3-CH_2-CH_2-CH_2-CH_3$ **b.** ⬡   **c.** ∿∿∿

SOLUCIÓN

a. Una cadena con cinco átomos de carbono es pentano.
b. El anillo de seis átomos de carbono se llama ciclohexano.
c. Este alcano se llama octano porque tiene ocho átomos de carbono.

COMPROBACIÓN DE ESTUDIO 11.2

¿Cuál es el nombre IUPAC del compuesto siguiente?

PREGUNTAS Y PROBLEMAS

11.2 Alcanos

META DE APRENDIZAJE: *Escribir los nombres IUPAC y dibujar las fórmulas estructurales condensadas de los alcanos.*

11.9 Dibuje el tipo indicado de fórmula estructural para cada uno de los alcanos siguientes:
   a. una fórmula estructural expandida para propano
   b. la fórmula estructural condensada para hexano
   c. la fórmula de esqueleto para pentano

11.10 Dibuje el tipo indicado de fórmula estructural para cada uno de los alcanos siguientes:
   a. una fórmula estructural expandida para butano
   b. la fórmula estructural condensada para octano
   c. la fórmula de esqueleto para decano

11.11 Proporcione el nombre IUPAC de cada uno de los compuestos siguientes:

   a.
$$CH_3$$
$$|$$
$$CH_2-CH_2-CH_2$$
$$|$$
$$CH_3$$
$$CH_2-CH_3$$
$$|$$
$$CH_2$$
$$|$$
   c. $CH_3-CH_2-CH_2$ **b.** ∿∿   **d.** ☐

11.12 Proporcione el nombre IUPAC de cada uno de los compuestos siguientes:
   a. CH_4 **b.** ∿∿∿
   c. CH_2 con CH_3 arriba y CH_3 abajo   **d.** ⬡

11.13 Dibuje la fórmula estructural condensada para alcanos o la fórmula de esqueleto para cicloalcanos para cada uno de los compuestos siguientes:
   a. metano
   b. etano
   c. pentano
   d. ciclopropano

11.14 Dibuje la fórmula estructural condensada para alcanos o la fórmula de esqueleto para cicloalcanos para cada uno de los compuestos siguientes:
   a. propano
   b. hexano
   c. heptano
   d. ciclopentano

11.3 Alcanos con sustituyentes

Cuando un alcano tiene cuatro o más átomos de carbono, los átomos pueden ordenarse de modo que un grupo lateral denominado **ramificación** o **sustituyente** se una a una cadena de carbono. Por ejemplo, hay dos diferentes modelos de barras y esferas para la fórmula molecular C_4H_{10}. Un modelo se muestra como una cadena de cuatro átomos de carbono. En otro modelo, un átomo de carbono está unido como una ramificación o sustituyente a un carbono en una cadena de tres átomos (véase la figura 11.5). Un alcano con al menos una ramificación se llama **alcano ramificado**. Cuando dos compuestos tienen la misma fórmula molecular, pero difieren en el orden en el que los átomos están enlazados, se llaman **isómeros estructurales**.

En otro ejemplo, es posible dibujar tres isómeros estructurales diferentes que tienen la fórmula molecular C_5H_{12}. Uno es la cadena continua o *lineal* de cinco átomos de carbono. El segundo tiene un grupo metilo unido a una cadena de cuatro carbonos. El tercero tiene

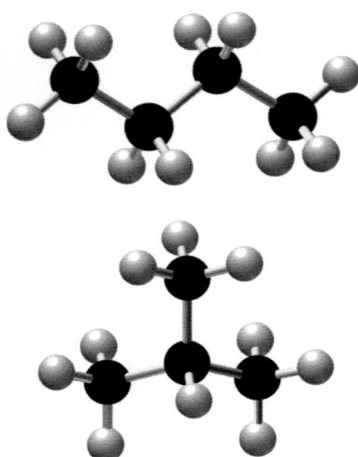

FIGURA 11.5 Los isómeros estructurales de C_4H_{10} tienen el mismo número y tipo de átomos, pero con los enlaces ordenados de manera diferente.

P ¿Qué hace a estas moléculas isómeros estructurales?

dos grupos metilo unidos a una cadena de tres carbonos. Por tanto, tres compuestos con la misma fórmula molecular pueden tener los mismos átomos ordenados en diferentes patrones de enlace.

Isómeros estructurales de C_5H_{12}

Alcano	Alcanos ramificados	
$CH_3 — CH_2 — CH_2 — CH_2 — CH_3$	$CH_3 — \overset{\displaystyle CH_3}{\overset{\displaystyle \vert}{CH}} — CH_2 — CH_3$	$CH_3 — \overset{\displaystyle CH_3}{\underset{\displaystyle CH_3}{\overset{\displaystyle \vert}{\underset{\displaystyle \vert}{C}}}} — CH_3$

El número de isómeros estructurales de alcanos aumenta rápidamente a medida que aumenta el número de átomos de carbono.

Número de posibles isómeros estructurales para alcanos con 1-10 átomos de carbono

Número de átomos de carbono	Número de isómeros estructurales
1	1
2	1
3	1
4	2
5	3
6	5
7	9
8	18
9	35
10	75

COMPROBACIÓN DE CONCEPTOS 11.4 **Cómo identificar isómeros estructurales**

Identifique si cada par de fórmulas estructurales condensadas son isómeros estructurales o la misma molécula.

a. $\overset{\displaystyle CH_3}{\overset{\displaystyle \vert}{CH_2}} — \overset{\displaystyle CH_3}{\overset{\displaystyle \vert}{CH_2}}$ y $CH_2 — \underset{\displaystyle \underset{\displaystyle CH_3}{\vert}}{CH_2} — CH_3$

b. $CH_3 — \overset{\displaystyle CH_3}{\overset{\displaystyle \vert}{CH}} — CH_2 — CH_2 — CH_3$ y $CH_3 — \overset{\displaystyle CH_3}{\overset{\displaystyle \vert}{CH}} — \overset{\displaystyle CH_3}{\overset{\displaystyle \vert}{CH}} — CH_3$

RESPUESTA

a. Cuando se suma el número de átomos C y átomos H, se obtiene la misma fórmula molecular, C_4H_{10}. Entonces es posible determinar si son isómeros estructurales o la misma molécula al observar cómo están enlazados los átomos entre sí. La fórmula estructural a la izquierda consiste en una cadena de cuatro átomos C. Aun cuando los extremos CH_3— se dibujen apuntando hacia arriba, no son ramificaciones en la cadena, sino parte de la cadena de cuatro carbonos. La fórmula estructural a la derecha también consiste en una cadena de cuatro carbonos, aun cuando un extremo —CH_3 se dibuje apuntando hacia abajo. Por tanto, ambas fórmulas estructurales condensadas consisten en cadenas de cuatro carbonos sin sustituyentes, lo que significa que representan la misma molécula y no son isómeros estructurales.

b. Cuando se suma el número de átomos C y de átomos H se obtiene la misma fórmula molecular, C_6H_{14}. Entonces puede determinar si son isómeros estructurales o la misma molécula al observar cómo están enlazados los átomos entre sí. La fórmula estructural a la izquierda consta de una cadena de cinco carbonos con una ramificación CH_3— en el segundo carbono de la cadena. La fórmula estructural a la derecha consiste en una cadena de cuatro carbonos con dos ramificaciones CH_3—, una enlazada al segundo carbono y una enlazada al tercer carbono. Las longitudes de las cadenas de carbono más largas son diferentes entre las dos moléculas. Esto significa que los enlaces de los átomos están ordenados de manera diferente en estas dos fórmulas estructurales. Por ende, representan un par de isómeros estructurales.

En los nombres IUPAC de los alcanos, una ramificación de carbono se nombra como un **grupo alquilo**, que es un alcano que perdió un átomo de hidrógeno. Para nombrar el grupo alquilo se sustituye la terminación *ano* del correspondiente nombre de alcano con *ilo*. Los grupos alquilo no pueden existir por cuenta propia; deben unirse a una cadena de carbono. Cuando un átomo de halógeno se une a una cadena de carbono, se nombra como un grupo *halo*: fluoro (F), cloro (Cl), bromo (Br) o yodo (I). En la tabla 11.5 se ilustran algunos de los grupos comunes unidos a cadenas de carbono.

Reglas para nombrar alcanos con sustituyentes

En el sistema IUPAC de nomenclatura, una cadena de carbono se numera para indicar la posición de uno o más sustituyentes. Eche un vistazo a la manera como se usa el sistema IUPAC para nombrar al alcano que se muestra en el Ejemplo de problema 11.3.

TABLA 11.5 Nombres y fórmulas de algunos sustituyentes comunes

Sustituyente	Nombre
CH_3—	Metilo
CH_3—CH_2—	Etilo
CH_3—CH_2—CH_2—	Propilo
CH_3—$\overset{\mid}{CH}$—CH_3	Isopropilo
F—, Cl—, Br—, I—	Fluoro, cloro, bromo, yodo

EJEMPLO DE PROBLEMA 11.3 ⟩ **Cómo nombrar un alcano ramificado**

Proporcione el nombre IUPAC del alcano siguiente:

$$\begin{array}{c} CH_3 \\ | \\ CH_3 - CH - CH_2 - CH_2 - CH_3 \end{array}$$

SOLUCIÓN

Paso 1 **Escriba el nombre del alcano con la cadena más larga de átomos de carbono.** En este alcano, la cadena más larga tiene cinco átomos de carbono; por tanto, su nombre es *pentano*.

$$\begin{array}{c} CH_3 \\ | \\ CH_3 - CH - CH_2 - CH_2 - CH_3 \end{array} \quad \text{pentano}$$

Paso 2 **Numere los átomos de carbono a partir del extremo más cercano a un sustituyente.** Numere la cadena de 1 a 5 a partir del extremo más cercano a la ramificación de CH_3—. Una vez que comience a numerar, continúe en esa misma dirección.

$$\begin{array}{c} CH_3 \\ | \\ CH_3 - CH - CH_2 - CH_2 - CH_3 \\ {}^{1} \quad {}^{2} \quad {}^{3} \quad {}^{4} \quad {}^{5} \end{array} \quad \text{pentano}$$

Paso 3 **Proporcione la posición y el nombre de cada sustituyente (en orden alfabético) como prefijo del nombre de la cadena principal.** Coloque un guión entre el número y el nombre del sustituyente.

$$\begin{array}{c} CH_3 \\ | \\ CH_3 - CH - CH_2 - CH_2 - CH_3 \\ {}^{1} \quad {}^{2} \quad {}^{3} \quad {}^{4} \quad {}^{5} \end{array} \quad \text{2-metilpentano}$$

Guía para nombrar alcanos

1 Escriba el nombre del alcano con la cadena más larga de átomos de carbono.

2 Numere los átomos de carbono a partir del extremo más cercano a un sustituyente.

3 Proporcione la posición y el nombre de cada sustituyente (en orden alfabético) como prefijo del nombre de la cadena principal.

COMPROBACIÓN DE ESTUDIO 11.3

Proporcione el nombre IUPAC de este isómero estructural del alcano en el Ejemplo de problema 11.3.

$$CH_3-CH_2-\underset{\underset{CH_3}{|}}{CH}-CH_2-CH_3$$

Haloalcanos

En un **haloalcano**, átomos de halógeno sustituyen átomos de hidrógeno en un alcano. Los sustituyentes halógeno se numeran y ordenan alfabéticamente, tal como se hizo con los grupos alquilo. Muchas veces los químicos utilizan el nombre tradicional común de estos compuestos en lugar del nombre sistemático IUPAC. Los haloalcanos simples a menudo se nombran como *haluros de alquilo*; el grupo carbono se nombra como un grupo alquilo seguido del nombre del haluro. El nombre IPUAC no necesita número para un compuesto con uno o dos átomos de carbono y un sustituyente.

CH_3-Br bromometano

CH_3-CH_2-Cl cloroetano

	CH_3-Cl	CH_3-CH_2-Br	$CH_3-\underset{\underset{F}{|}}{CH}-CH_3$
Nombre IUPAC	clorometano	bromoetano	2-fluoropropano
Nombre común	cloruro de metilo	bromuro de etilo	fluoruro de isopropilo

COMPROBACIÓN DE CONCEPTOS 11.5 **Cómo nombrar haloalcanos**

El dibromuro de etileno es el nombre común de un haloalcano que se utiliza para fumigar y tratar madera con termitas. Es tóxico y carcinógeno. ¿Cuál es su nombre IUPAC?

$$H-\underset{\underset{H}{|}}{\overset{\overset{Br}{|}}{C}}-\underset{\underset{H}{|}}{\overset{\overset{Br}{|}}{C}}-H$$ Dibromuro de etileno

RESPUESTA

La cadena de carbono consiste en dos carbonos, que es etano. Hay dos átomos de bromo unidos, uno al carbono 1 y el otro al carbono 2. Al usar los prefijos *di* para indicar que hay dos átomos Br, el nombre IUPAC de este compuesto se escribe 1,2-dibromoetano.

TUTORIAL
Drawing Haloalkanes and Branched Alkanes

La química en la salud

USOS COMUNES DE LOS HALOALCANOS

Algunos usos comunes de los haloalcanos son los solventes y anestésicos. Durante muchos años, el tetracloruro de carbono, CCl_4, se usó de manera generalizada en tintorerías y en productos domésticos para quitar aceites y grasas de la ropa. Sin embargo, su uso se suspendió cuando se descubrió que el tetracloruro de carbono era tóxico para el hígado, donde puede causar cáncer. En la actualidad, las tintorerías utilizan otros compuestos halogenados como diclorometano; 1,1,1-tricloroetano, y 1,1,2-tricloro-1,2,2-trifluoroetano.

CH_2Cl_2 Diclorometano

Cl_3C-CH_3 1,1,1-tricloroetano

$FCl_2C-CClF_2$ 1,1,2-tricloro-1,2,2-trifluoroetano

Los anestésicos generales son compuestos que se inhalan o inyectan para causar pérdida de la sensibilidad y la conciencia, de modo que las cirugías u otros procedimientos puedan realizarse sin causar dolor al paciente. Como compuestos no polares, los anestésicos son solubles en las membranas nerviosas no polares, donde reducen la capacidad de las células nerviosas para conducir la sensación de dolor. El triclorometano, llamado comúnmente *cloroformo*, $CHCl_3$, alguna vez se usó como anestésico, pero es tóxico y puede ser carcinógeno. Uno de los anestésicos generales más utilizado es el halotano (2-bromo-2-cloro-1,1,1-trifluoroetano), también denominado Fluotano. Tiene un olor agradable, no es explosivo, tiene pocos efectos secundarios, experimenta pocas reacciones y se elimina rápidamente del cuerpo.

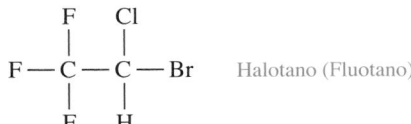

Halotano (Fluotano)

Para cirugías menores, se aplica un anestésico local como el cloroetano (cloruro de etilo), CH_3—CH_2—Cl, en un área de la piel. El cloroetano se evapora rápidamente, lo que enfría la piel y causa una pérdida de la sensibilidad.

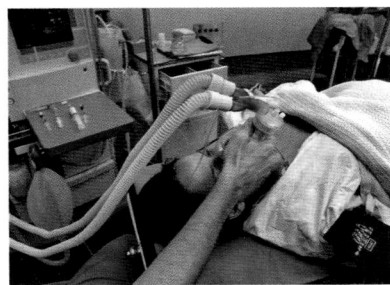

Anestésicos como el halotano reducen la sensación de dolor.

Un anestésico local se evapora rápidamente para reducir la sensación de dolor.

EJEMPLO DE PROBLEMA 11.4 Cómo escribir nombres IUPAC

Proporcione el nombre IUPAC del compuesto siguiente:

$$CH_3—CH—CH_2—CH_2—C—CH_3$$

con CH_3 en CH y Br, CH_3 en C

SOLUCIÓN

Paso 1 **Escriba el nombre del alcano con la cadena más larga de átomos de carbono.** En este alcano, la cadena más larga tiene seis átomos de carbono; por tanto, su nombre es *hexano*.

$$CH_3—CH—CH_2—CH_2—C—CH_3 \quad \text{hexano}$$

Paso 2 **Numere los átomos de carbono a partir del extremo más cercano a un sustituyente.** Cuando hay dos o más sustituyentes, la cadena principal se numera en la dirección que produce el menor conjunto de números. El carbono 1 en la cadena será el carbono más cercano a los dos sustituyentes, el átomo Br y el grupo metilo (CH_3—).

$$CH_3—CH—CH_2—CH_2—C—CH_3 \quad \text{hexano}$$

6   5   4   3   2   1

Paso 3 **Proporcione la posición y el nombre de cada sustituyente (en orden alfabético) como prefijo del nombre de la cadena principal.** Los sustituyentes, que son bromo y grupos metilo, se mencionan en orden alfabético (primero bromo, después metilo). Se coloca un guión entre el número de la cadena de carbono y el nombre del sustituyente. Cuando hay dos o más del mismo sustituyente, se usa un prefijo (*di*, *tri*, *tetra*) delante del nombre. Luego se usan comas para separar los números que designan las posiciones del mismo sustituyente.

$$CH_3—CH—CH_2—CH_2—C—CH_3 \quad \text{2-bromo-2,5-dimetilhexano}$$

6   5   4   3   2   1

COMPROBACIÓN DE ESTUDIO 11.4

Proporcione el nombre IUPAC del siguiente compuesto:

$$CH_3-CH_2-\overset{\overset{\displaystyle CH_3}{|}}{CH}-CH_2-\overset{\overset{\displaystyle CH_3}{|}}{CH}-CH_2-Cl$$

TUTORIAL
Naming Cycloalkanes

Nomenclatura de cicloalcanos con sustituyentes

Cuando un sustituyente se une a un átomo de carbono en un anillo, el nombre del sustituyente se coloca delante del nombre del cicloalcano. No se necesita número cuando un solo grupo alquilo o átomo de halógeno se unen al cicloalcano. Sin embargo, si se unen dos o más sustituyentes, para numerar el anillo se asigna el carbono 1 al sustituyente que viene primero alfabéticamente. Luego, se cuentan los átomos de carbono que están en el anillo en el sentido (de las manecillas del reloj o en contra de ellas) que proporcione el menor número a los sustituyentes.

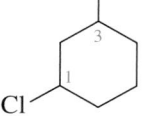

Metilciclopentano   1,3-dimetilciclopentano   1-cloro-3-metilciclohexano

Cómo dibujar fórmulas estructurales para alcanos

El nombre IUPAC ofrece toda la información necesaria para dibujar la fórmula estructural condensada para un alcano. Suponga que se le pide dibujar la fórmula estructural condensada para 2,3-dimetilbutano. El nombre del alcano proporciona el número de átomos de carbono en la cadena más larga. Los nombres al comienzo indican los sustituyentes y dónde se unen. El nombre puede descomponerse de la forma siguiente:

2,3-dimetilbutano

2,3-	di	metil	but	ano
Sustituyentes en los carbonos 2 y 3	Dos grupos idénticos	Grupos alquilo CH_3-	4 átomos de carbono en la cadena principal	Enlaces sencillos C—C

Guía para dibujar fórmulas de alcanos

1 Dibuje la cadena principal de átomos de carbono.

2 Numere la cadena y coloque los sustituyentes en los carbonos indicados por los números.

3 Agregue el número correcto de átomos de hidrógeno para dar cuatro enlaces a cada átomo C.

EJEMPLO DE PROBLEMA 11.5 Cómo dibujar fórmulas estructurales condensadas y de esqueleto a partir de nombres IUPAC

Dibuje la fórmula estructural condensada y la fórmula de esqueleto para 2,3-dimetilbutano.

SOLUCIÓN

Paso 1 **Dibuje la cadena principal de átomos de carbono.** Para el butano, dibuje una cadena de cuatro átomos de carbono. Para la fórmula de esqueleto, muestre líneas de enlace.

C—C—C—C

Paso 2 **Numere la cadena y coloque los sustituyentes en los carbonos indicados por los números.** La primera parte del nombre indica dos grupos metilo (CH_3-), uno sobre el carbono 2 y uno sobre el carbono 3.

Metil Metil
$$\underset{1\quad\ 2\quad\ 3\quad\ 4}{C-\overset{\overset{\displaystyle CH_3}{|}}{C}-\overset{\overset{\displaystyle CH_3}{|}}{C}-C}$$

Paso 3 **Agregue el número correcto de átomos de hidrógeno para dar cuatro enlaces a cada átomo C.**

$$CH_3-CH-CH-CH_3$$

con grupos CH_3, CH_3 arriba

2,3-dimetilbutano

COMPROBACIÓN DE ESTUDIO 11.5

Dibuje la fórmula estructural condensada y la fórmula de esqueleto para 2-bromo-4-metilpentano.

La química en el ambiente

CFC Y AGOTAMIENTO DEL OZONO

Los compuestos llamados *clorofluorocarbonos* (CFC) se usaron como propelentes de aerosoles para el cabello, desodorantes axilares y pinturas, y como refrigerantes en unidades de aire acondicionado domésticas y para automóviles. Dos CFC muy usados, Freón 11 (CCl_3F) y Freón 12 (CCl_2F_2), se desarrollaron durante la década de 1920 como refrigerantes no tóxicos, que eran más seguros que el dióxido de azufre y el amoniaco utilizados en la época.

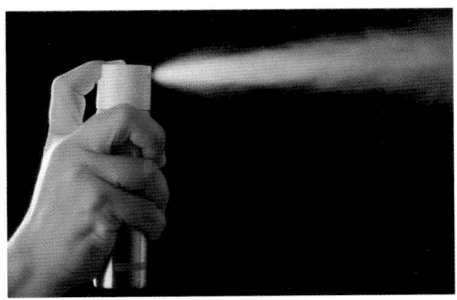

El freón se usó como propelente de aerosoles.

Un técnico automotriz autorizado agregaba freón a la unidad de aire acondicionado de un automóvil.

Freón 11   Freón 12

En la estratosfera, una capa de ozono (O_3) absorbe la radiación ultravioleta (UV) del Sol y actúa como escudo protector de plantas y animales en la Tierra. El ozono se produce en la estratosfera cuando el oxígeno

reacciona con la luz ultravioleta y los rompe en átomos de oxígeno que rápidamente se combinan con moléculas de oxígeno para formar ozono.

$$O_2 \xrightarrow{\text{Luz UV}} O + O$$
$$O_2 + O \longrightarrow O_3$$

Durante la década de 1970, los científicos comenzaron a preocuparse porque los CFC que entraban a la atmósfera aceleraban el agotamiento del ozono y amenazaba la estabilidad de la capa de ozono. Los CFC se descomponen en la atmósfera superior en presencia de luz UV y producen átomos de cloro un poco reactivos.

$$CCl_3F \xrightarrow{\text{Luz UV}} CCl_2F + Cl$$

Los átomos de cloro reactivos catalizan la descomposición de las moléculas de ozono.

$$Cl + O_3 \longrightarrow ClO + O_2$$
$$ClO + O_3 \longrightarrow Cl + 2O_2$$

Se estima que un átomo de cloro, también llamado *radical*, puede destruir hasta 100 000 moléculas de ozono. Normalmente hay un equilibrio entre el ozono y el oxígeno de la atmósfera, pero la rápida destrucción del ozono alteró dicho equilibrio. Informes del agotamiento de ozono polar sobre la Antártida dados a conocer en marzo de 1985 impulsaron a los científicos a solicitar la suspensión de la producción de CFC. En algunas áreas se ha agotado hasta 50% del ozono, lo que genera la aparición de un agujero de ozono en ciertas épocas del año. También hay evidencia del adelgazamiento de la capa de ozono sobre el Ártico, pero en un grado un poco menor porque las temperaturas son más cálidas. Es interesante que, en la atmósfera inferior, el ozono sea un contaminante automotriz e industrial, pero en la estratosfera sea un compuesto protector de la vida.

En la actualidad, el uso de CFC como propelente se ha reducido progresivamente. Sin embargo, todavía se utiliza en sistemas cerrados como las unidades de aire acondicionado de casas y automóviles. Entonces es necesario que los CFC los manipule un técnico autorizado. Se espera que los niveles de ozono permanezcan bajos durante varias décadas debido a la estabilidad del nivel actual de CFC. Las empresas químicas desarrollan sustitutos de los CFC que no dañen tanto la capa de ozono. Los compuestos de reemplazo como los hidroclorofluorocarbonos (HCFC) contienen átomos de cloro, pero dichos compuestos se descomponen en la atmósfera inferior, lo que reduce la cantidad de cloro que llega a la estratosfera. Los hidrofluorocarbonos (HFC), que no contienen cloro, se consideran como otro reemplazo de los CFC. Sin embargo, todavía deben determinarse los posibles efectos de los compuestos de flúor sobre la destrucción del ozono.

El nivel de ozono que protege la vida sobre la Tierra es mucho menor sobre la Antártida. La reducción estacional de la capa de ozono sobre la Antártida permite que cantidades cada vez mayores de luz UV lleguen a la superficie de la Tierra. El tamaño del agujero de ozono, o de la región agotada de ozono, fue mayor en diciembre de 2000, pero retrocedió (se cerró) en años más recientes.

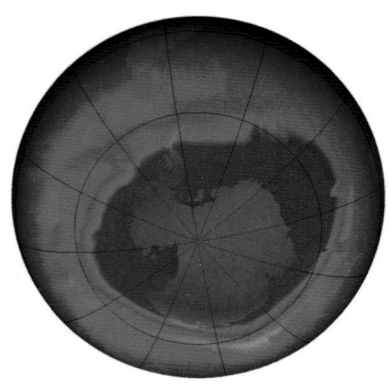

En la imagen de satélite, los niveles más bajos de ozono, en azul, están sobre la Antártida.

PREGUNTAS Y PROBLEMAS

11.3 Alcanos con sustituyentes

META DE APRENDIZAJE: *Escribir los nombres IUPAC y dibujar las fórmulas estructurales condensadas y fórmulas de esqueleto para alcanos.*

11.15 Indique si cada uno de los pares de fórmulas estructurales condensadas siguientes representa isómeros estructurales o la misma molécula:

a. $CH_3 - \underset{\underset{}{|}CH_3}{CH} - CH_3$ y $\underset{\underset{}{|}CH_3}{\overset{\overset{CH_3}{|}}{CH}} - CH_3$

b. $CH_3 - \underset{\overset{|}{CH_3}}{CH} - CH_2 - CH_3$ y $\underset{\overset{|}{CH_3}}{CH_2} - CH_2 - CH_2$ $\overset{CH_3}{|}$

c. $\underset{\overset{|}{CH_3}}{CH_2} - CH - CH_2 - CH_3$ y

$CH_3 - \underset{\overset{|}{CH_3}}{CH} - \underset{\overset{|}{CH_3}}{CH} - CH_3$

11.16 Indique si cada uno de los pares de fórmulas estructurales condensadas siguientes representa isómeros estructurales o la misma molécula:

a. $CH_3 - \underset{\underset{CH_3}{|}}{\overset{\overset{CH_3}{|}}{C}} - CH_3$ y $\underset{\underset{CH_3}{|}}{\overset{\overset{CH_3}{|}}{CH}} - CH_2 - CH_3$

b. $CH_3 - \underset{\overset{|}{CH_3}}{CH} - \underset{\overset{|}{CH_3}}{CH} - \underset{\overset{|}{CH_3}}{CH_2}$ y

$CH_3 - \underset{\overset{|}{CH_3}}{CH} - CH_2 - \underset{\overset{|}{CH_3}}{CH} - CH_3$

c. $CH_3 - \underset{\overset{|}{CH_3}}{CH} - CH_2 - CH_3$ y

$CH_3 - CH_2 - \underset{\overset{|}{CH_3}}{CH} - CH_3$

11.17 Proporcione el nombre IUPAC de cada uno de los compuestos siguientes:

a. $CH_3 - CH_2 - CH_2 - F$

b. [estructura de esqueleto]

c. $CH_3 - \underset{\underset{CH_3}{|}}{\overset{\overset{CH_3}{|}}{C}} - CH_2 - \underset{}{CH} - CH_2 - CH_3$ $\overset{CH_2 - CH_3}{|}$ (encima del CH)

d. [ciclopentano con Cl]

e. $CH_3 - \underset{\overset{|}{CH_3}}{CH} - Cl$

f. [ciclohexano con CH3]

11.18 Proporcione el nombre IUPAC de cada uno de los compuestos siguientes:

a. [estructura de esqueleto]

b. $CH_3 - CH_2 - \underset{\overset{|}{CH_3}}{CH} - CH_2 - \underset{\overset{|}{CH_3}}{CH} - CH_3$

c. $CH_3 - CH_2 - CH - \underset{\underset{CH_2 - CH_3}{|}}{\overset{\overset{CH_2 - CH_3}{|}}{CH}} - CH_2 - CH_3$

d. $CH_3 - CH_2 - \underset{\overset{|}{Cl}}{CH} - CH_3$

e. [estructura de esqueleto con Cl]

f. [ciclohexano con sustituyentes]

11.19 Dibuje la fórmula estructural condensada para cada uno de los compuestos siguientes:
    a. 1-bromo-3-cloropropano
    b. 3,3-dimetilpentano
    c. 2,3,5-trimetilhexano
    d. 3-etil-2,5-dimetiloctano
    e. 1,2-dibromoetano

11.20 Dibuje la fórmula estructural condensada para cada uno de los compuestos siguientes:
    a. 3-etilpentano
    b. 2,2,3,5-tetrametilhexano
    c. 4-etil-2,2-dimetiloctano
    d. 1,1,2,2-tetrabromopropano
    e. 2,3-dicloro-2-metilbutano

11.21 Dibuje la fórmula de esqueleto para cada uno de los compuestos siguientes:
    a. metilciclopropano
    b. 2-cloro-2-metilhexano
    c. 2,3-dimetilheptano
    d. 1-bromo-2,3-dimetilciclopentano
    e. 3-cloro-2-metilpentano

11.22 Dibuje la fórmula de esqueleto para cada uno de los compuestos siguientes:
    a. 1,5-dibromo-3-metilheptano
    b. etilciclohexano
    c. 1,2-diclorociclobutano
    d. 1,1,5-tricloropentano
    e. 2,2,3-trimetilheptano

11.4 Propiedades de los alcanos

Muchos tipos de alcanos son los componentes de los combustibles que impulsan los automóviles y el petróleo que calienta las casas. Tal vez el lector haya usado una mezcla de hidrocarburos, por ejemplo el aceite mineral, como laxante, o petrolato (Vaselina) para suavizar la piel. La diversidad de usos de muchos de los alcanos se debe a sus propiedades físicas, como solubilidad, densidad y punto de ebullición.

Algunos usos de los alcanos

Los primeros cuatro alcanos con cadenas de 1 a 4 átomos de carbono (metano, etano, propano y butano) son líquidos a temperatura ambiente. Son enormemente volátiles, lo que los hace útiles en combustibles como gasolina.

Los alcanos líquidos con cadenas de 9 a 17 átomos de carbono tienen puntos de ebullición más altos y se encuentran en el queroseno, diesel y combustibles para aviones. El aceite de motor es una mezcla de hidrocarburos líquidos de alto peso molecular y se utiliza para lubricar los componentes internos de los motores. El aceite mineral es una mezcla de hidrocarburos líquidos y sirve como laxante y lubricante. Los alcanos con cadenas de 18 átomos de carbono o más son sólidos cerosos a temperatura ambiente. Los alcanos más grandes, conocidos como *parafinas*, son sólidos cerosos con los que se recubren frutas y verduras para retener la humedad, inhibir el crecimiento de moho y mejorar su aspecto (véase la figura 11.6). El petrolato, o Vaselina es una mezcla semisólida de hidrocarburos con más de 25 átomos de carbono que se utiliza en ungüentos y cosméticos, y como lubricante y solvente.

Solubilidad y densidad

Los alcanos son no polares, lo que los hace insolubles en agua. Sin embargo, son solubles en solventes no polares como otros alcanos. Los alcanos tienen densidades de 0.62 g/mL hasta aproximadamente 0.79 g/mL, que es menos que la densidad del agua (1.0 g/mL).

Si hay un derrame de petróleo en el océano, los alcanos del petróleo, que no se mezclan con el agua, forman una delgada capa sobre la superficie, que se dispersa sobre un área grande. En abril de 2010, una explosión en una plataforma de perforación en el Golfo de México ocasionó el derrame de petróleo más grande de la historia de Estados Unidos. Todos los días se derramaban aproximadamente 10 millones de litros de petróleo, de abril a julio. Otros grandes derrames de petróleo ocurrieron en Queensland, Australia (2009), la costa de Gales (1996), las islas Shetland (1993) y Alaska, por el *Exxon Valdez*, en 1989 (véase la figura 11.7). Si el petróleo crudo llega a tierra, podría ocasionar un daño muy importante a playas, moluscos, peces, aves y hábitats de vida silvestre. Cuando animales como las aves quedan cubiertos con petróleo, deben limpiarse rápidamente porque la ingestión de hidrocarburos cuando tratan de limpiarse es mortal.

Para la limpieza de los derrames de petróleo se utilizan métodos mecánicos, químicos y microbiológicos. Puede colocarse una barrera flotante alrededor del petróleo que está

ESTUDIO DE CASO
Hazardous Materials

FIGURA 11.6 Los alcanos sólidos que constituyen los recubrimientos cerosos de frutas y vegetales ayudan a retener la humedad, inhibir el crecimiento de los mohos y mejorar su apariencia.

P ¿Por qué el recubrimiento ceroso ayuda a frutas y verduras a retener la humedad?

FIGURA 11.7 En los derrames de petróleo, grandes cantidades de petróleo se dispersan sobre la superficie del agua.

P ¿Qué propiedades físicas hacen que el petróleo permanezca sobre la superficie del agua?

derramándose para contenerlo hasta que pueda retirarse. Botes llamados "espumaderas" (colectores de flotación) recogen el petróleo y lo colocan en tanques. Un método químico consiste en utilizar una sustancia para atraer al petróleo, que luego se raspa en tanques de recuperación. Ciertas bacterias que ingieren petróleo se usan para descomponer el petróleo en productos menos dañinos.

Puntos de fusión y ebullición

Los alcanos tienen los puntos de fusión y ebullición más bajos de todos los compuestos orgánicos. Esto ocurre porque los alcanos sólo contienen los enlaces no polares de C — C y C — H. Por tanto, las atracciones que ocurren entre las moléculas de alcano en los estados sólido y líquido se deben a fuerzas de dispersión relativamente débiles. A medida que aumenta el número de átomos de carbono, también se incrementa el número de electrones, lo que aumenta la atracción debido a fuerzas de dispersión. Por tanto, los alcanos con mayor masa tienen puntos de fusión y ebullición más altos.

CH_4	$CH_3 — CH_3$	$CH_3 — CH_2 — CH_3$	$CH_3 — CH_2 — CH_2 — CH_3$	$CH_3 — CH_2 — CH_2 — CH_2 — CH_3$
Metano	Etano	Propano	Butano	Pentano
pe = −164 °C	pe = −89 °C	pe = −42 °C	pe = 0.5 °C	pe = 36 °C

→ Aumento del número de átomos de carbono
Aumento del punto de ebullición

Los puntos de ebullición de los alcanos ramificados por lo general son más bajos que los de sus isómeros de cadena lineal. Los alcanos de cadena ramificada tienden a ser más compactos, lo que reduce los puntos de contacto entre las moléculas. En una analogía, puede pensar que las cadenas de carbono de los alcanos de cadena lineal son bastones de dulce de regaliz en un empaque. Puesto que tienen formas lineales, pueden acomodarse muy cercanas entre sí, lo que ofrece muchos puntos de contacto entre la superficie de las moléculas. En la analogía, también puede considerar que los alcanos ramificados son pelotas de tenis en una lata que, debido a su forma esférica, sólo tienen una pequeña área de contacto. Una pelota de tenis representa una molécula entera. Puesto que los alcanos ramificados tienen menos atracciones, tienen puntos de fusión y ebullición más bajos.

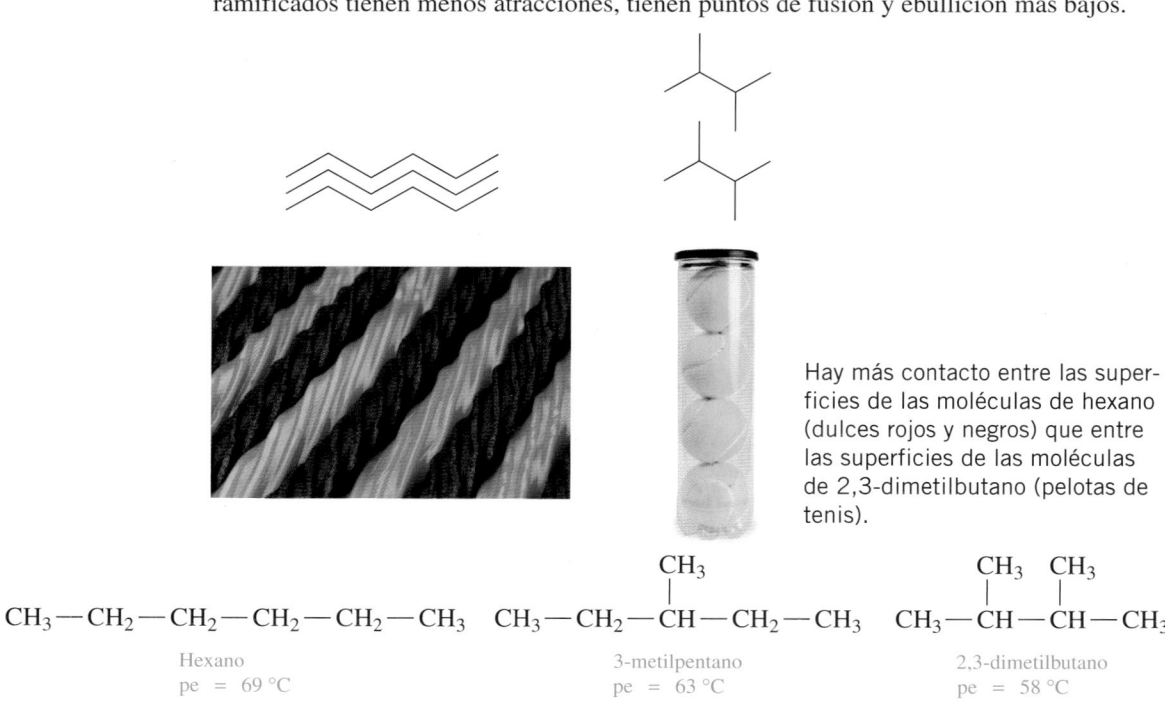

Hay más contacto entre las superficies de las moléculas de hexano (dulces rojos y negros) que entre las superficies de las moléculas de 2,3-dimetilbutano (pelotas de tenis).

$CH_3 — CH_2 — CH_2 — CH_2 — CH_2 — CH_3$	$CH_3 — CH_2 — \overset{\displaystyle CH_3}{\overset{\displaystyle |}{CH}} — CH_2 — CH_3$	$CH_3 — \overset{\displaystyle CH_3}{\overset{\displaystyle |}{CH}} — \overset{\displaystyle CH_3}{\overset{\displaystyle |}{CH}} — CH_3$
Hexano	3-metilpentano	2,3-dimetilbutano
pe = 69 °C	pe = 63 °C	pe = 58 °C

→ Aumento del número de ramificaciones
Disminución del punto de ebullición

Los cicloalcanos tienen puntos de ebullición más altos que los alcanos de cadena lineal con el mismo número de átomos de carbono. Puesto que la rotación de los enlaces de carbono está restringida, los cicloalcanos mantienen una estructura rígida. Los cicloalcanos con sus estructuras rígidas pueden apilarse estrechamente, lo que les brinda muchos puntos de contacto y, por tanto, muchas atracciones entre ellos.

Puede comparar los puntos de ebullición de los alcanos de cadena lineal, los alcanos de cadena ramificada y los cicloalcanos con cinco átomos de carbono, como se muestra en la tabla 11.6.

TABLA 11.6 Comparación de los puntos de ebullición de alcanos y cicloalcanos con cinco carbonos

Fórmula	Nombre	Punto de ebullición (ºC)
Alcano de cadena lineal		
$CH_3-CH_2-CH_2-CH_2-CH_3$	Pentano	36
Alcanos de cadena ramificada		
	2-metilbutano	28
	Dimetilpropano	10
Cicloalcano		
	Ciclopentano	49

TUTORIAL
Writing Balanced Equations for
Combustion of Alkanes

ESTUDIO DE CASO
Poison in the Home: Carbon Monoxide

Combustión de alcanos

Los enlaces sencillos carbono-carbono en los alcanos son difíciles de romper, lo que los hace la familia menos reactiva de compuestos orgánicos. Sin embargo, los alcanos arden fácilmente en presencia de oxígeno. Como estudió en la sección 6.2, un compuesto que contiene carbono, como un alcano, experimenta **combustión** cuando reacciona completamente con oxígeno para producir dióxido de carbono, agua y energía.

$$\text{Alcano } (g) + O_2(g) \xrightarrow{\Delta} CO_2(g) + H_2O(g) + \text{energía}$$

Por ejemplo, el metano es el gas que se utiliza para cocinar los alimentos y calentar las casas. La ecuación para la combustión de metano (CH_4) se escribe:

$$CH_4(g) + 2O_2(g) \xrightarrow{\Delta} CO_2(g) + 2H_2O(g) + \text{energía}$$
Metano

En otro ejemplo, el propano es el gas que se utiliza en los calefactores portátiles y parrillas de gas (véase la figura 11.8). La ecuación para la combustión del propano (C_3H_8) se escribe:

$$C_3H_8(g) + 5O_2(g) \xrightarrow{\Delta} 3CO_2(g) + 4H_2O(g) + \text{energía}$$
Propano

En las células del cuerpo se produce energía por la combustión de la glucosa. Aunque tienen lugar una serie de reacciones, puede escribir la combustión global de la glucosa en las células del modo siguiente:

$$C_6H_{12}O_6(ac) + 6O_2(g) \xrightarrow{\text{Enzima}} 6CO_2(g) + 6H_2O(l) + \text{energía}$$
Glucosa

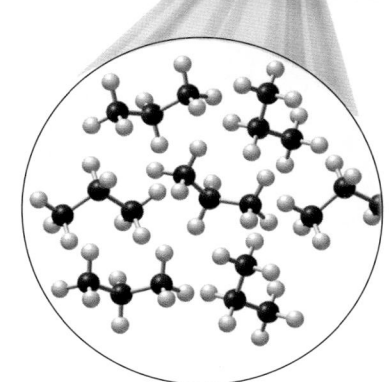

FIGURA 11.8 El combustible propano del tanque experimenta combustión, que proporciona energía.

P ¿Cuál es la ecuación balanceada para la combustión del propano?

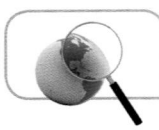

Explore su mundo

COMBUSTIÓN

En esta exploración, observará el comportamiento de los productos de combustión. Necesitará una o dos velas, un vaso Pyrex como una taza para medir, y algunos fósforos o tablitas de madera.

Sostenga la taza Pyrex al revés e inserte un cerillo encendido dentro de ella. El cerillo seguirá ardiendo en tanto disponga de oxígeno. Encienda una vela y sostenga la taza Pyrex invertida sobre ella durante 15-20 segundos. Quite la taza de la vela e inmediatamente inserte un cerillo encendido dentro de ella. El CO_2 acumulado por la combustión de la vela debe extinguir el cerillo.

Agregue un poco de agua y mucho hielo a la misma taza Pyrex. Debe estar fría al tacto. Limpie el fondo de la taza y sostenga con cuidado el fondo de la taza Pyrex sobre una vela encendida. Observe la formación de agua líquida en el exterior de la taza Pyrex.

PREGUNTAS

1. ¿Cuáles son los productos de combustión de la cera de la vela?
2. ¿Cuál es la evidencia de la producción de CO_2?
3. ¿Qué observaciones ofrecen evidencia de la producción de agua durante la combustión?

Cuando va de campamento, un cartucho de butano proporciona combustible al quemador portátil.

COMPROBACIÓN DE CONCEPTOS 11.6 · Cómo completar y balancear ecuaciones de combustión

Un quemador portátil es alimentado con butano. Escriba la ecuación balanceada para la combustión completa de butano.

RESPUESTA

El butano es un alcano con 4 átomos C y 10 átomos H, lo que produce una fórmula molecular C_4H_{10}. En la reacción de combustión, el butano reacciona con oxígeno para formar dióxido de carbono, agua y energía. Escriba la ecuación balanceada como:

$$C_4H_{10}(g) + O_2(g) \xrightarrow{\Delta} CO_2(g) + H_2O(g) + \text{energía}$$

Puede comenzar por balancear los átomos C y H en los productos con el C_4H_{10}. Sin embargo, observe que esto produce un número impar (13) de átomos O.

$$C_4H_{10}(g) + O_2(g) \xrightarrow{\Delta} 4CO_2(g) + 5H_2O(g) + \text{energía}$$

Por tanto, duplique el número de moléculas C_4H_{10}, lo que produce la ecuación balanceada para la combustión de butano.

$$2C_4H_{10}(g) + 13O_2(g) \xrightarrow{\Delta} 8CO_2(g) + 10H_2O(g) + \text{energía}$$

La química en la salud

TOXICIDAD DEL MONÓXIDO DE CARBONO

Cuando un calefactor de butano, hoguera o estufa de leña se usan en una habitación cerrada, es indispensable que haya la ventilación adecuada. Si el suministro de oxígeno es escaso, la *combustión incompleta* del gas, petróleo o madera que se quema produce monóxido de carbono. La combustión incompleta del metano en el gas natural se escribe del modo siguiente:

$$2CH_4(g) + 3O_2(g) \xrightarrow{\Delta} 2CO(g) + 4H_2O(g) + \text{energía}$$
$$\underset{\substack{\text{Escaso} \\ \text{suministro} \\ \text{de oxígeno}}}{} \qquad \underset{\substack{\text{Monóxido} \\ \text{de carbono}}}{}$$

El monóxido de carbono (CO) es un gas incoloro, inodoro y venenoso. Cuando se inhala, el CO pasa al torrente sanguíneo, donde se enlaza al hierro de la hemoglobina, lo que reduce la cantidad de

oxígeno (O_2) que llega a las células. El resultado es que una persona sana puede experimentar reducción en la capacidad de ejercicio, percepción visual y destreza manual.

La hemoglobina es la proteína que transporta O_2 en la sangre. Cuando la cantidad de hemoglobina que se enlaza a CO (COHb) es de aproximadamente 10%, una persona puede experimentar dificultad para respirar, dolor de cabeza moderado y somnolencia. Las personas que fuman mucho pueden tener niveles de COHb en su sangre de hasta 9%. Cuando hasta 30% de la hemoglobina se enlaza a CO, una persona puede experimentar síntomas más graves, como mareos, confusión mental, dolor de cabeza intenso y náusea. Si 50% o más de la hemoglobina se enlaza a CO, una persona podría quedar inconsciente y morir si no se trata de inmediato con oxígeno.

La química en la industria

PETRÓLEO CRUDO

El petróleo crudo (o simplemente petróleo) contiene una gran variedad de hidrocarburos. En una refinería de petróleo, los componentes del crudo se separan mediante *destilación fraccionada*, un proceso que elimina grupos o fracciones de hidrocarburos al calentar de manera continua la mezcla a temperaturas más altas (véase la tabla 11.7). Las fracciones que contienen alcanos con cadenas de carbono más largas necesitan temperaturas más altas antes de alcanzar su punto de ebullición y formar gases. Los gases se retiran y pasan por una torre de destilación donde se enfrían y condensan nuevamente en líquidos. El principal uso del petróleo crudo es la obtención de gasolina, que constituye alrededor del 35% del petróleo crudo. Para aumentar la producción de gasolina, los alcanos más grandes se descomponen por medio de catalizadores especializados para producir alcanos con peso más bajo.

TABLA 11.7 Mezclas comunes de alcanos obtenidas por destilación de petróleo crudo

Temperaturas de destilación (ºC)	Número de átomos de carbono	Producto
Abajo de 30	1-4	Gas natural
30-200	5-12	Gasolina
200-250	12-16	Queroseno, combustible para aviones
250-350	16-18	Diesel, petróleo para calentar
350-450	18-25	Aceite lubricante
Residuo no volátil	Más de 25	Asfalto, brea

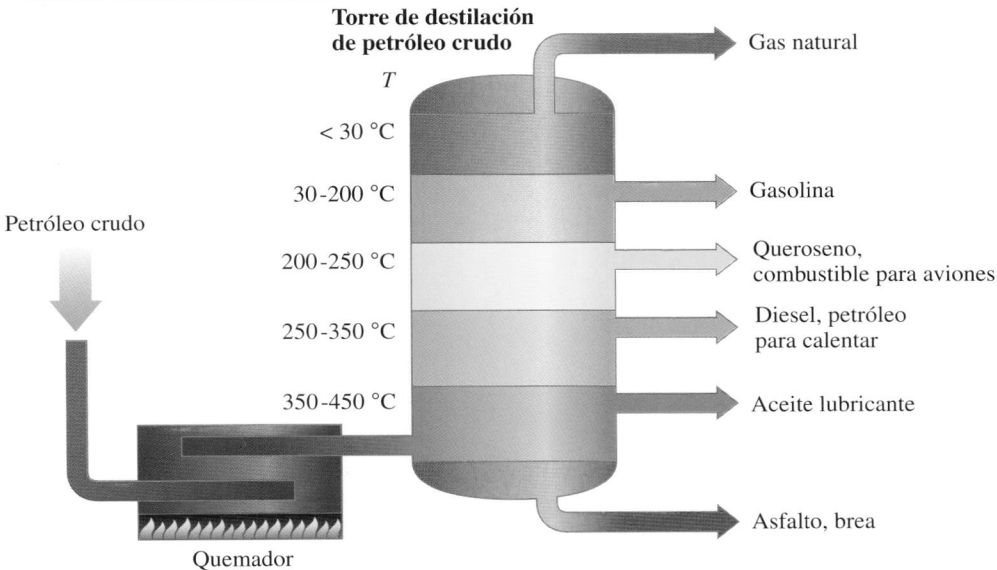

PREGUNTAS Y PROBLEMAS

11.4 Propiedades de los alcanos

META DE APRENDIZAJE: *Identificar las propiedades de los alcanos y escribir ecuaciones químicas para su combustión.*

11.23 El heptano, que se usa como solvente para adhesivo de caucho, tiene una densidad de 0.68 g/mL y hierve a 98 °C.
  a. Dibuje las fórmulas estructural condensada y de esqueleto para el heptano.
  b. ¿El heptano es sólido, líquido o gaseoso a temperatura ambiente?
  c. ¿El heptano es soluble en agua?
  d. ¿El heptano flotará o se hundirá en agua?
  e. Escriba la ecuación química balanceada para la combustión completa del heptano.

11.24 El nonano tiene una densidad de 0.72 g/mL y hierve a 151 °C.
  a. Dibuje las fórmulas estructural condensada y de esqueleto para el nonano.
  b. ¿El nonano es sólido, líquido o gaseoso a temperatura ambiente?

  c. ¿El nonano es soluble en agua?
  d. ¿El nonano flotará o se hundirá en agua?
  e. Escriba la ecuación química balanceada para la combustión completa del nonano.

11.25 En cada uno de los pares de hidrocarburos siguientes, ¿cuál esperaría que tuviera el punto de ebullición más alto?
  a. pentano o heptano   **b.** propano o ciclopropano
  c. hexano o 2-metilpentano

11.26 En cada uno de los pares de hidrocarburos siguientes, ¿cuál esperaría que tuviera el punto de ebullición más alto?
  a. propano o butano   **b.** hexano o ciclohexano
  c. 2,2-dimetilpentano o heptano

11.27 Escriba la ecuación balanceada para la combustión completa de cada uno de los compuestos siguientes:
  a. etano   **b.** octano   **c.** ciclohexano, C_6H_{12}

11.28 Escriba la ecuación balanceada para la combustión completa de cada uno de los compuestos siguientes:
  a. hexano   **b.** ciclopentano, C_5H_{10} **c.** 2-metilbutano

---

Clasificar las moléculas orgánicas de acuerdo con sus grupos funcionales.

ACTIVIDAD DE AUTOAPRENDIZAJE
Functional Groups

11.5 Grupos funcionales

En los compuestos orgánicos, los átomos de carbono tienen más probabilidad de enlazarse con no metales como hidrógeno, oxígeno, nitrógeno, azufre, fósforo y halógenos. La tabla 11.8 menciona el número de enlaces covalentes que se forman más a menudo con estos elementos con la finalidad de lograr un conjunto completo de electrones de valencia. El hidrógeno y los halógenos forman un enlace covalente, y el carbono forma cuatro enlaces covalentes. El nitrógeno forma tres enlaces covalentes, mientras que el oxígeno y el azufre forman cada uno dos enlaces covalentes.

TABLA 11.8 Enlaces covalentes para los elementos en los compuestos orgánicos

Elemento	Grupo	Enlaces covalentes	Estructura de los átomos	Representación de los átomos
H	1A (1)	1	—H	átomo de H
C	4A (14)	4	—C—	átomo de C
N, P	5A (15)	3	—N— —P—	átomo de N átomo de P
O, S	6A (16)	2	—O— —S—	átomo de O átomo de S
F, Cl, Br, I	7A (17)	1	—X: (X = F, Cl, Br, I)	átomo de F átomo de Cl átomo de Br átomo de I

TUTORIAL
Identifying Functional Groups

Los compuestos orgánicos son millones, y todos los días se sintetizan más. Muchos de los compuestos orgánicos se organizan por sus **grupos funcionales**, que son grupos de átomos enlazados en una forma específica. Los compuestos que contienen el mismo grupo funcional tienen propiedades químicas y físicas similares. La identificación de los grupos funcionales permite clasificar los compuestos orgánicos de acuerdo con su estructura, nombrar los compuestos dentro de cada familia y predecir sus reacciones químicas. Es posible predecir el comportamiento de los compuestos orgánicos a partir simplemente de sus grupos funcionales, en lugar de las cadenas de carbono a las que están unidos. Ahora la atención se dirigirá a reconocer los patrones de átomos que componen cada uno de los grupos funcionales, que se estudiarán con más detalle en los capítulos siguientes.

Alquenos, alquinos y compuestos aromáticos

En la familia de los hidrocarburos hay también *alquenos*, *alquinos* y *aromáticos*. Un **alqueno** contiene uno o más enlaces dobles entre átomos de carbono; un **alquino** contiene un enlace triple. Los compuestos que contienen benceno se llaman **compuestos aromáticos**. El benceno es una molécula que tiene un anillo de seis átomos de carbono con un átomo de hidrógeno unido a cada carbono. La estructura del benceno se representa como un hexágono con un círculo en el centro.

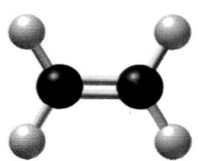
Alqueno

Alquino

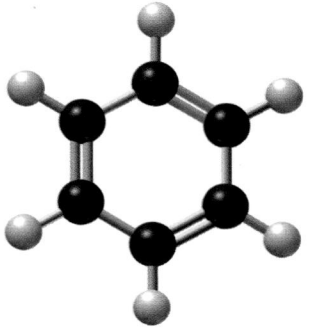
Aromático

Grupo funcional

Fórmula estructural condensada

Alqueno	Alquino	Aromático
$H_2C = CH_2$	$HC \equiv CH$	

Alcoholes, tioles y éteres

El grupo funcional característico en un **alcohol** es el *grupo hidroxilo* (—OH) enlazado con un átomo de carbono de una cadena de alcano. El grupo funcional característico que se encuentra en un **tiol** es el *grupo tiol* (—SH) enlazado a un átomo de carbono en una cadena de alcano. La característica estructural de un **éter** es un átomo de oxígeno (—O—) enlazado a dos átomos de carbono de dos grupos alquilo.

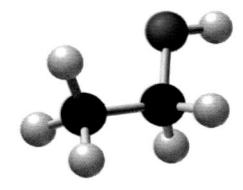
Alcohol

Grupo funcional   —OH   —SH   —O—

Fórmula estructural condensada

$CH_3—CH_2—OH$	$CH_3—CH_2—SH$	$CH_3—O—CH_3$
Alcohol	Tiol	Éter

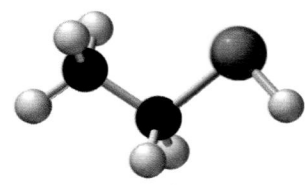
Tiol

Aldehídos y cetonas

Aldehídos y cetonas son compuestos orgánicos que contienen un **grupo carbonilo** (C=O), que está hecho de un átomo de carbono con un enlace doble a un átomo de oxígeno. En un **aldehído**, el grupo funcional es el grupo carbonilo enlazado a un átomo H, lo que significa que el grupo carbonilo siempre es el primer carbono. Sólo el aldehído más simple, HCHO, tiene un grupo carbonilo unido a dos átomos de hidrógeno. En una **cetona**, el grupo funcional es el carbonilo enlazado a los átomos de carbono de dos grupos alquilo.

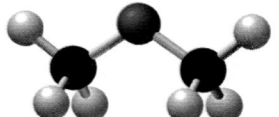
Éter

Grupo funcional

$$\begin{matrix} O \\ \| \\ —C—H \end{matrix} \qquad \begin{matrix} O \\ \| \\ —C— \end{matrix}$$

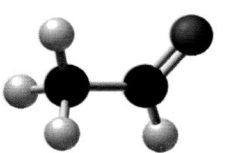
Aldehído

Fórmula estructural condensada

$$\begin{matrix} O \\ \| \\ CH_3—C—H \end{matrix} \qquad \begin{matrix} O \\ \| \\ CH_3—C—CH_3 \end{matrix}$$

Aldehído   Cetona

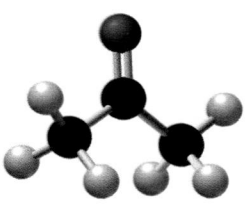
Cetona

> ## COMPROBACIÓN DE CONCEPTOS 11.7   Cómo identificar grupos funcionales
>
> Resalte el grupo funcional de cada uno de los compuestos siguientes y proporcione el nombre de la clase (familia) de compuestos orgánicos que contiene este grupo funcional:
>
> **a.** $CH_3—CH_2—CH_2—OH$ **b.** $CH_3—C≡C—CH_3$
>
> $$\text{c. } CH_3—CH_2—\overset{\displaystyle O}{\overset{\|}{C}}—CH_2—CH_3 \qquad \text{d. } CH_3—\overset{\displaystyle SH}{\overset{|}{CH}}—CH_3$$
>
> ### RESPUESTA
>
> **a.** $CH_3—CH_2—CH_2—\boxed{OH}$
>
> Cuando el grupo funcional hidroxilo (—OH) se une a una cadena de alcano, el compuesto se clasifica como alcohol.
>
> **b.** $CH_3—C≡C—CH_3$
>
> Puesto que este compuesto contiene un grupo funcional con triple enlace, se clasifica como alquino.
>
> $$\text{c. } CH_3—CH_2—\boxed{\overset{\displaystyle O}{\overset{\|}{C}}}—CH_2—CH_3$$
>
> Puesto que el átomo de carbono de un grupo carbonilo (C=O) está unido a dos grupos alquilo, este compuesto se clasifica como cetona.
>
> $$\text{d. } CH_3—\boxed{\overset{\displaystyle SH}{\overset{|}{CH}}}—CH_3$$
>
> Puesto que el grupo funcional —SH se une a una cadena de alcano, este compuesto se clasifica como tiol.

Ácidos carboxílicos y ésteres

En los compuestos orgánicos conocidos como **ácidos carboxílicos**, el grupo funcional característico es el *grupo carboxilo*, que es una combinación de un grupo carbonilo (C=O) y un grupo hidroxilo (—OH). En un ácido carboxílico, el primer átomo de carbono de la cadena es el carbono del grupo carboxilo.

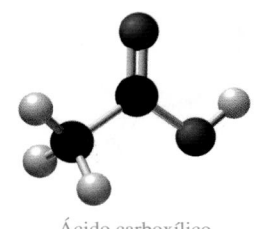

Ácido carboxílico

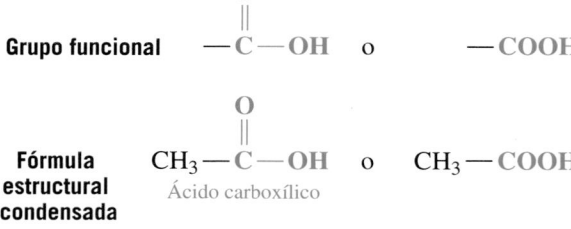

$$\textbf{Grupo funcional} \qquad —\overset{\displaystyle O}{\overset{\|}{C}}—OH \quad \text{o} \quad —COOH$$

$$\textbf{Fórmula} \atop \textbf{estructural} \atop \textbf{condensada} \qquad CH_3—\overset{\displaystyle O}{\overset{\|}{C}}—OH \quad \text{o} \quad CH_3—COOH$$

Ácido carboxílico

El grupo de compuestos orgánicos conocidos como **ésteres** tiene un grupo funcional que es similar al grupo carboxilo de los ácidos carboxílicos, excepto que el grupo carboxilo está unido a un átomo de carbono.

$$\textbf{Grupo funcional} \qquad —\overset{\displaystyle O}{\overset{\|}{C}}—O— \quad \text{o} \quad —COO—$$

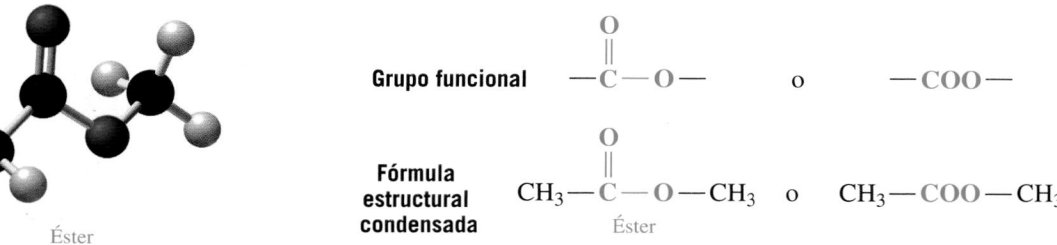

$$\textbf{Fórmula} \atop \textbf{estructural} \atop \textbf{condensada} \qquad CH_3—\overset{\displaystyle O}{\overset{\|}{C}}—O—CH_3 \quad \text{o} \quad CH_3—COO—CH_3$$

Éster

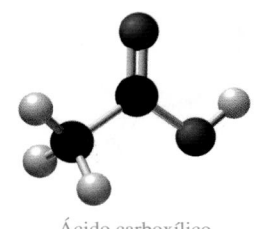

Aminas y amidas

En los compuestos orgánicos llamados **aminas**, el grupo funcional característico es un átomo de nitrógeno enlazado a uno, dos o tres grupos alquilo.

Grupo funcional $-N-$

Fórmula estructural condensada CH_3-NH_2 CH_3-NH CH_3-N-CH_3
   $\quad\quad\quad\quad\quad\quad\quad\quad\quad\quad CH_3 \quad\quad\quad\quad CH_3$

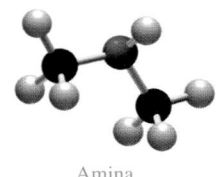

Amina

Los compuestos orgánicos llamados **amidas** guardan una relación muy cercana con las aminas. En una amida, el grupo carbonilo está unido a un átomo de nitrógeno.

Grupo funcional
$$\begin{array}{cc} O & \\ \| & | \\ -C & -N- \end{array}$$

Fórmula estructural condensada
$$CH_3-\overset{\overset{\textstyle O}{\|}}{C}-NH_2$$
Amida

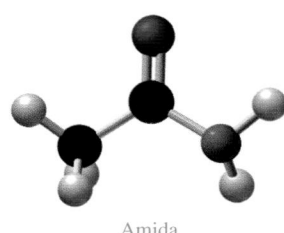

Amida

El grupo funcional amina

Describa el grupo funcional que se encuentra en las aminas.

RESPUESTA

El grupo funcional amina tiene un átomo de nitrógeno enlazado a uno, dos o tres átomos de carbono.

EJEMPLO DE PROBLEMA 11.6   **Cómo identificar grupos funcionales**

Clasifique los compuestos orgánicos siguientes de acuerdo con sus grupos funcionales:

a. $CH_3-CH_2-NH-CH_3$

b. $CH_3-\overset{\overset{\textstyle O}{\|}}{C}-O-CH_2-CH_3$

c. $CH_3-CH_2-\overset{\overset{\textstyle O}{\|}}{C}-OH$

SOLUCIÓN

a. amina
b. éster
c. ácido carboxílico

COMPROBACIÓN DE ESTUDIO 11.6

¿Por qué $CH_3-CH_2-O-CH_3$ es un éter?

En la tabla 11.9 se muestra una lista de los grupos funcionales comunes en los compuestos orgánicos.

TABLA 11.9 Clasificación de compuestos orgánicos

Clase	Grupo funcional	Ejemplo
Alqueno	$\diagdown C = C \diagdown$	$H_2C = CH_2$
Alquino	$-C \equiv C-$	$HC \equiv CH$
Aromático	 (anillo bencénico)	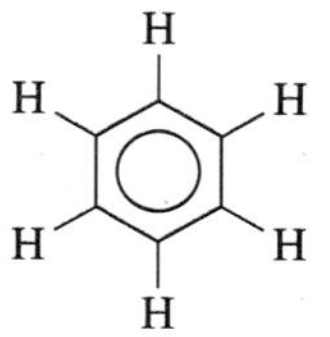 (benceno con H)
Alcohol	$-OH$	CH_3-CH_2-OH
Tiol	$-SH$	CH_3-SH
Éter	$-O-$	CH_3-O-CH_3
Aldehído	$-\overset{O}{\overset{\|}{C}}-H$	$CH_3-\overset{O}{\overset{\|}{C}}-H$
Cetona	$-\overset{O}{\overset{\|}{C}}-$	$CH_3-\overset{O}{\overset{\|}{C}}-CH_3$
Ácido carboxílico	$-\overset{O}{\overset{\|}{C}}-OH$	$CH_3-\overset{O}{\overset{\|}{C}}-OH$
Éster	$-\overset{O}{\overset{\|}{C}}-O-$	$CH_3-\overset{O}{\overset{\|}{C}}-O-CH_3$
Amina	$-\overset{\|}{N}-$	CH_3-NH_2
Amida	$-\overset{O}{\overset{\|}{C}}-\overset{\|}{N}-$	$CH_3-\overset{O}{\overset{\|}{C}}-NH_2$

(MC)

TUTORIAL
Drawing Organic Compounds with
Functional Groups

La química en el ambiente

GRUPOS FUNCIONALES EN COMPUESTOS DE USO COMÚN

Los sabores y olores de los alimentos y muchos productos domésticos pueden atribuirse a los grupos funcionales de los compuestos orgánicos. Conforme estudie estos productos de uso común, busque los grupos funcionales descritos.

El alcohol etílico es el alcohol que se encuentra en las bebidas alcohólicas. El alcohol isopropílico es otro alcohol que se utiliza comúnmente para desinfectar la piel antes de aplicar inyecciones y para tratar cortaduras.

$$CH_3 - CH_2 - OH \qquad CH_3 - \overset{OH}{\overset{\|}{CH}} - CH_3$$

Alcohol etílico   Alcohol isopropílico

La acetona, o dimetilcetona, se produce comercialmente en grandes cantidades. La acetona se usa como solvente orgánico porque disuelve una gran variedad de sustancias orgánicas. Tal vez esté familiarizado con la acetona por su uso para quitar el esmalte de uñas.

$$CH_3 - \overset{O}{\overset{\|}{C}} - CH_3$$

Acetona

Cetonas y aldehídos se encuentran en saborizantes como vainilla, canela y hierbabuena. Cuando compra una pequeña botella de saborizante líquido, el aldehído o la cetona se disuelven en alcohol porque los compuestos no son muy solubles en agua. El formaldehído, HCHO, el aldehído más simple, es un gas incoloro con un olor picante. En la industria, es un reactivo de la síntesis de polímeros que se usa para fabricar telas, materiales aislantes, alfombras, productos de madera comprimida como la contrachapada, y plásticos para alacenas de cocina. Una disolución acuosa llamada formalina, que contiene 40% de formaldehído, sirve como germicida y para conservar muestras biológicas. El aldehído butiraldehído añade sabor a mantequilla a los alimentos y margarinas.

$$CH_3-CH_2-CH_2-\overset{\overset{\displaystyle O}{\|}}{C}-H$$
Butiraldehído (saborizante a mantequilla)

Los sabores agrios del vinagre y los jugos de frutas, y el dolor por una picadura de hormiga se deben a los ácidos carboxílicos. El ácido acético es el ácido carboxílico que compone el vinagre y el ácido fórmico es el ácido carboxílico de la ponzoña de las hormigas. La aspirina también contiene un grupo ácido carboxílico. Los ésteres que se encuentran en las frutas producen los agradables aromas y sabores de plátanos, naranjas, peras y piñas. Los ésteres también se usan como solventes en muchos limpiadores domésticos, pulidores y pegamentos.

Una de las características del pescado es su olor, que se debe a aminas como la metilamina. Las aminas que se producen cuando las proteínas decaen tienen un olor particularmente picante y repulsivo; de ahí los nombres descriptivos de putrescina y cadaverina.

$$H_2N-CH_2-CH_2-CH_2-CH_2-NH_2$$
Putrescina

$$H_2N-CH_2-CH_2-CH_2-CH_2-CH_2-NH_2$$
Cadaverina

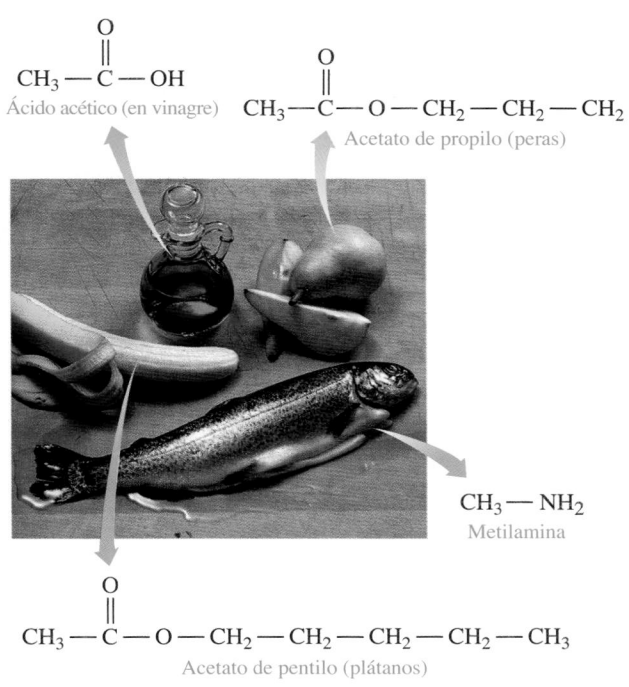

PREGUNTAS Y PROBLEMAS

11.5 Grupos funcionales

META DE APRENDIZAJE: *Clasificar las moléculas orgánicas de acuerdo con sus grupos funcionales.*

11.29 Identifique la clase de compuestos que contiene cada uno de los grupos funcionales siguientes:
  a. un grupo hidroxilo unido a una cadena de carbono
  b. un enlace doble carbono-carbono
  c. un grupo carbonilo unido a un átomo de hidrógeno
  d. un grupo carboxilo unido a dos átomos de carbono

11.30 Identifique la clase de compuestos que contiene cada uno de los grupos funcionales siguientes:
  a. un átomo de nitrógeno unido a uno o más átomos de carbono
  b. un grupo carboxilo
  c. un átomo de oxígeno enlazado a dos átomos de carbono
  d. un grupo carbonilo entre dos átomos de carbono

11.31 Clasifique las moléculas siguientes de acuerdo con sus grupos funcionales. Las posibilidades son alcohol, éter, cetona, ácido carboxílico o amina.
  a. $CH_3-CH_2-O-CH_2-CH_3$
  b. $CH_3-\overset{\overset{\displaystyle OH}{|}}{CH}-CH_3$
  c. $CH_3-\overset{\overset{\displaystyle O}{\|}}{C}-CH_2-CH_3$
  d. $CH_3-CH_2-CH_2-COOH$
  e. $CH_3-CH_2-NH_2$

11.32 Clasifique las moléculas siguientes de acuerdo con sus grupos funcionales. Las posibilidades son alqueno, aldehído, ácido carboxílico, éster o amida.
  a. $CH_3-CH_2-\overset{\overset{\displaystyle O}{\|}}{C}-O-CH_2-CH_3$
  b. $CH_3-\overset{\overset{\displaystyle O}{\|}}{C}-NH_2$
  c. $CH_3-CH_2-CH_2-\overset{\overset{\displaystyle O}{\|}}{C}-H$
  d. $CH_3-CH_2-CH_2-CH_2-COOH$
  e. $CH_3-CH=CH-CH_3$

MAPA CONCEPTUAL

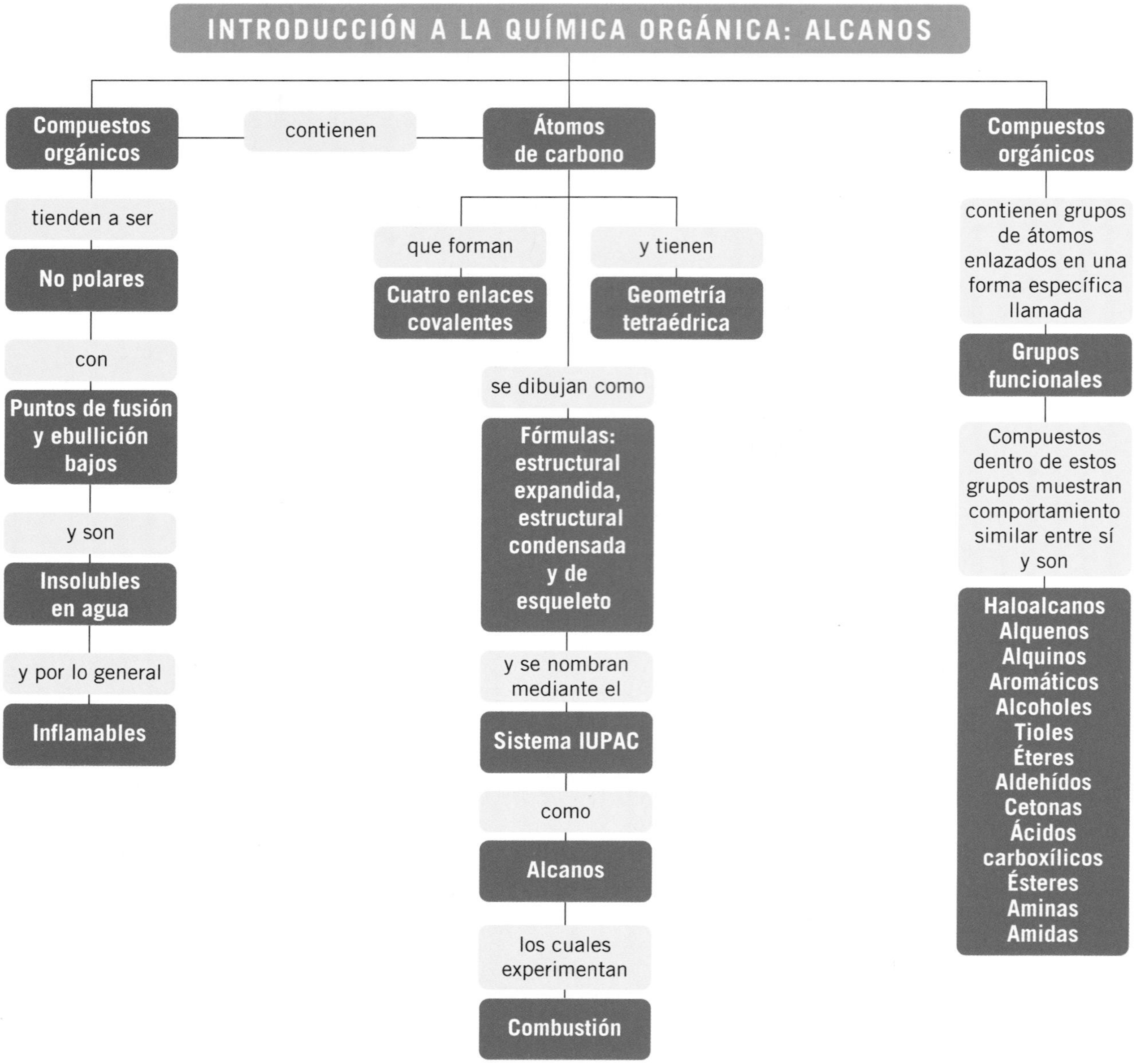

INTRODUCCIÓN A LA QUÍMICA ORGÁNICA: ALCANOS

Compuestos orgánicos — contienen — **Átomos de carbono**

Compuestos orgánicos

tienden a ser

No polares

con

Puntos de fusión y ebullición bajos

y son

Insolubles en agua

y por lo general

Inflamables

que forman

Cuatro enlaces covalentes

y tienen

Geometría tetraédrica

se dibujan como

Fórmulas: estructural expandida, estructural condensada y de esqueleto

y se nombran mediante el

Sistema IUPAC

como

Alcanos

los cuales experimentan

Combustión

contienen grupos de átomos enlazados en una forma específica llamada

Grupos funcionales

Compuestos dentro de estos grupos muestran comportamiento similar entre sí y son

**Haloalcanos
Alquenos
Alquinos
Aromáticos
Alcoholes
Tioles
Éteres
Aldehídos
Cetonas
Ácidos carboxílicos
Ésteres
Aminas
Amidas**

REPASO DEL CAPÍTULO

11.1 Compuestos orgánicos

META DE APRENDIZAJE: Identificar las propiedades características de los compuestos orgánicos e inorgánicos.

- Los compuestos orgánicos tienen enlaces covalentes, principalmente forman moléculas no polares, tienen puntos de fusión y puntos de ebullición bajos, no son muy solubles en agua, producen moléculas al disolverse y arden vigorosamente en aire.

- Los compuestos inorgánicos con frecuencia son iónicos o contienen enlaces covalentes polares y forman moléculas polares, tienen puntos de fusión y ebullición altos, usualmente son solubles en agua, producen iones en agua y no arden en aire.
- Los átomos de carbono comparten cuatro electrones de valencia para formar cuatro enlaces covalentes.
- En la molécula orgánica más simple, metano, CH_4, los enlaces C — H que unen cuatro átomos de hidrógeno al átomo de carbono se dirigen hacia las esquinas de un tetraedro con ángulos de enlace de 109°.

11.2 Alcanos

META DE APRENDIZAJE: Escribir los nombres IUPAC y dibujar las fórmulas estructurales condensadas de los alcanos.

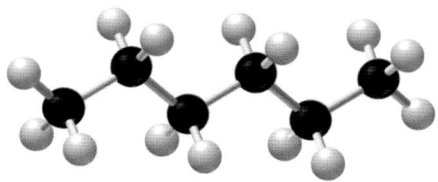

- Los alcanos son hidrocarburos que tienen solamente enlaces sencillos C — C.
- En la fórmula estructural expandida, se dibuja una línea de separación para cada átomo enlazado.
- Una fórmula estructural condensada muestra grupos compuestos de cada átomo de carbono y sus átomos de hidrógeno unidos.
- Una fórmula de esqueleto representa la estructura que forman los átomos de carbono como extremos y esquinas de una línea en zigzag o figura geométrica.
- El sistema IUPAC se usa para nombrar compuestos orgánicos al indicar el número de átomos de carbono.
- Para escribir el nombre de un cicloalcano se coloca el prefijo *ciclo* antes del nombre del alcano con el mismo número de átomos de carbono.

11.3 Alcanos con sustituyentes

META DE APRENDIZAJE: Escribir los nombres IUPAC y dibujar las fórmulas estructurales condensadas y fórmulas de esqueleto para alcanos.

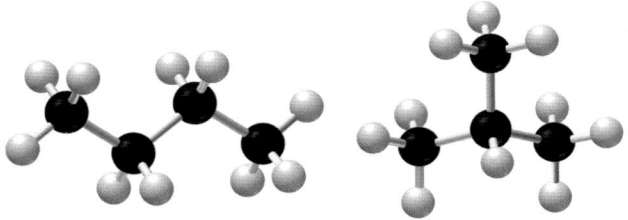

- Los sustituyentes, que se unen a una cadena de alcano, incluyen grupos alquilo y átomos de halógeno (F, Cl, Br o I).
- En el sistema IUPAC, los sustituyentes alquilo tienen nombres como metilo, etilo, propilo e isopropilo; los átomos de halógeno se nombran como fluoro, cloro, bromo o yodo.

- En los nombres comunes de algunos compuestos, el nombre del grupo alquilo se coloca después del *haluro*, por ejemplo, cloruro de metilo.

11.4 Propiedades de los alcanos

META DE APRENDIZAJE: Identificar las propiedades de los alcanos y escribir ecuaciones químicas para su combustión.

- Los alcanos, que son moléculas no polares, no son solubles en agua y por lo general son menos densos que el agua.
- Los alcanos son atraídos sólo débilmente hacia otras moléculas mediante fuerzas de dispersión que les dan puntos de fusión y ebullición bajos.
- Para alcanos con masa similar, los alcanos ramificados tienen puntos de ebullición más bajos y los cicloalcanos tienen puntos de ebullición más altos que sus isómeros estructurales no ramificados.
- Los alcanos experimentan la combustión, en la cual reaccionan con oxígeno para producir dióxido de carbono, agua y energía.

11.5 Grupos funcionales

META DE APRENDIZAJE: Clasificar las moléculas orgánicas de acuerdo con sus grupos funcionales.

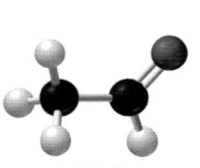 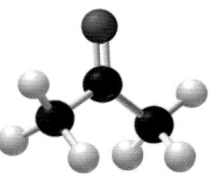

Aldehído   Cetona

- Una molécula orgánica contiene un grupo característico de átomos llamado *grupo funcional*, que determina el nombre familiar de la molécula y su reactividad química.
- Los grupos funcionales se usan para clasificar compuestos orgánicos, actúan como sitios reactivos en la molécula y ofrecen un sistema de nomenclatura para los compuestos orgánicos.
- Algunos grupos funcionales comunes incluyen el grupo hidroxilo (— OH) en alcoholes, el grupo carbonilo (C = O) en aldehídos y cetonas, un grupo carboxilo (— COOH) en ácidos carboxílicos y un átomo de nitrógeno (N) en aminas.

RESUMEN DE NOMENCLATURA

Tipo	Ejemplo	Nombre
Alcano	$CH_3 — CH_2 — CH_3$	Propano
	$\begin{array}{c} CH_3 \\ \| \\ CH_3 — CH — CH_3 \end{array}$	Metilpropano
Haloalcano	$CH_3 — CH_2 — CH_2 — Cl$	1-cloropropano
Cicloalcano	□	Ciclobutano

RESUMEN DE REACCIONES

Combustión

$$\text{Alcano} \ (g) + O_2(g) \xrightarrow{\Delta} CO_2(g) + H_2O(g) + \text{energía}$$

TÉRMINOS CLAVE

ácido carboxílico Compuesto orgánico que contiene el grupo funcional carboxilo.

alcano ramificado Hidrocarburo de enlace sencillo que contiene un sustituyente enlazado a la cadena principal.

alcanos Hidrocarburos que contienen sólo enlaces sencillos entre átomos de carbono.

alcohol Compuesto orgánico que contiene el grupo hidroxilo (—OH) enlazado a un átomo de carbono.

aldehído Compuesto orgánico con un grupo funcional carbonilo (C ═ O) y al menos un átomo de hidrógeno unido al carbono en el grupo carbonilo.

alquenos Hidrocarburos que contienen enlaces dobles carbono-carbono (C ═ C).

alquinos Hidrocarburos que contienen enlaces triples carbono-carbono (C ≡ C).

amida Compuesto orgánico en el que el grupo hidroxilo de un ácido carboxílico se sustituye con un grupo nitrógeno.

amina Compuesto orgánico que contiene un átomo de nitrógeno enlazado a uno o más átomos de carbono.

cetona Compuesto orgánico en el cual el grupo carbonilo (C ═ O) está enlazado a dos átomos de carbono.

cicloalcano Alcano que tiene un anillo o estructura cíclica.

combustión Reacción química en la que un alcano reacciona con oxígeno para producir CO_2, H_2O y energía.

compuesto orgánico Compuesto hecho de carbono que usualmente tiene enlaces covalentes y moléculas no polares, tiene puntos de fusión y ebullición bajos, es insoluble en agua e inflamable.

compuestos aromáticos Compuestos que contienen la estructura del anillo del benceno. El benceno tiene un anillo de seis carbonos, con sólo un átomo de hidrógeno unido a cada carbono. Los compuestos aromáticos por lo general tienen aromas perfumados.

éster Compuesto orgánico que contiene un grupo —COO— con un átomo de oxígeno enlazado a un carbono.

éter Compuesto orgánico que contiene un átomo de oxígeno enlazado a dos átomos carbono (— O —).

fórmula de esqueleto (Fórmula de enlace-línea.) Tipo de fórmula estructural que muestra solamente los enlaces de carbono a carbono.

fórmula estructural condensada Fórmula estructural que muestra el arreglo de los átomos de carbono en una molécula, pero agrupa cada átomo de carbono con sus átomos de hidrógeno enlazados.

fórmula estructural expandida Tipo de fórmula estructural que muestra el arreglo de los átomos al mostrar cada enlace en el hidrocarburo como C — H, C — C, C ═ C o C ≡ C.

grupo alquilo Un alcano menos un átomo de hidrógeno. Los grupos alquilo se nombran como los alcanos, excepto porque una terminación *ilo* reemplaza la terminación *ano*.

grupo carbonilo Grupo funcional que contiene un enlace doble entre un átomo de carbono y un átomo de oxígeno (C ═ O).

grupo funcional Grupo de átomos enlazados en una forma específica que determina las propiedades físicas y químicas de los compuestos orgánicos.

haloalcano Tipo de alcano que contiene uno o más átomos de halógeno.

hidrocarburos Compuestos orgánicos que consisten sólo en carbono e hidrógeno.

isómeros estructurales Compuestos orgánicos en los que fórmulas moleculares idénticas tienen sus átomos arreglados de formas diferentes.

ramificación Grupo carbono enlazado a la cadena de carbono principal.

sistema IUPAC Sistema para nombrar compuestos orgánicos diseñado por la Unión Internacional de Química Pura y Aplicada.

sustituyente Grupos de átomos, como un grupo alquilo o un halógeno, enlazados a la cadena o anillo principal de átomos de carbono.

tiol Compuesto orgánico que contiene el grupo funcional —SH enlazado a un átomo de carbono.

COMPRENSIÓN DE CONCEPTOS

Las secciones del capítulo que se deben revisar se muestran entre paréntesis al final de cada pregunta.

11.33 Relacione las propiedades físicas y químicas siguientes con el compuesto butano, C_4H_{10}, o con el cloruro de potasio, KCl: (11.1)

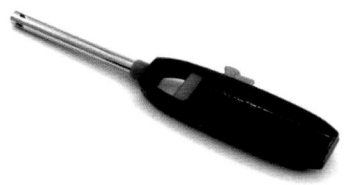

a. se funde a $-138\ °C$ b. arde vigorosamente en aire
c. se funde a $770\ °C$ d. contiene enlaces iónicos
e. es un gas a temperatura ambiente

11.34 Relacione las propiedades físicas y químicas siguientes con el compuesto octano, C_8H_{18}, o con el sulfato de magnesio, $MgSO_4$. (11.1)
a. contiene sólo enlaces covalentes
b. se funde a 1124 °C
c. es insoluble en agua
d. es un líquido a temperatura ambiente
e. es un electrolito fuerte

11.35 Identifique si los compuestos en cada uno de los pares siguientes son isómeros estructurales o isómeros no estructurales: (11.3. 11.5)

a.

b.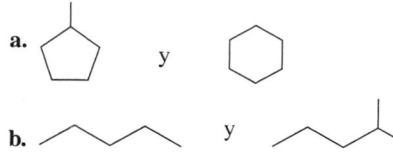

11.36 Identifique si los compuestos en cada uno de los pares siguientes son isómeros estructurales o isómeros no estructurales: (11.3, 11.5)

a.

$$CH_2 - CH_2 - CH_2$$
$$|\qquad\qquad\quad|$$
$$CH_3 \qquad\quad CH_2 - CH_3$$

y

$$CH_3 \qquad\qquad\qquad CH_3$$
$$|\qquad\qquad\qquad\qquad\quad|$$
$$CH_2 - CH_2 - CH_2 - CH_2$$

b.

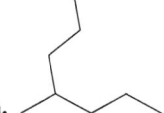 y

11.37 Convierta cada una de las estructuras de esqueleto siguientes en fórmulas estructurales condensadas y dé el nombre IUPAC: (11.2)

a. **b.**
Cl   Br

11.38 Convierta cada una de las siguientes estructuras de esqueleto en fórmulas estructurales condensadas y dé el nombre IUPAC: (11.2)

a. **b.**

11.39 Relacione cada una de las descripciones (**a-f**) con un término correspondiente en la siguiente lista: alcano, alqueno, alquino, alcohol, éter, aldehído, cetona, ácido carboxílico, éster, amina, grupo funcional, isómero estructural. (11.5)
  a. un compuesto orgánico que contiene un grupo hidroxilo enlazado a un carbono
  b. un hidrocarburo que contiene uno o más enlaces dobles carbono-carbono
  c. un compuesto orgánico en el que el carbono de un grupo carbonilo está enlazado a un hidrógeno
  d. un hidrocarburo que contiene sólo enlaces sencillos carbono-carbono
  e. un compuesto orgánico en el que el carbono de un grupo carbonilo está enlazado a un grupo hidroxilo
  f. un compuesto orgánico que contiene un átomo de nitrógeno enlazado a uno o más átomos de carbono

11.40 Relacione cada una de las descripciones (**a-f**) con un término correspondiente en la siguiente lista: alcano, alqueno, alquino, alcohol, éter, aldehído, cetona, ácido carboxílico, éster, amina, grupo funcional, isómero estructural. (11.5)
  a. compuestos orgánicos con fórmulas moleculares idénticas que difieren solamente en el arreglo de los átomos
  b. un compuesto orgánico en el que el átomo de hidrógeno de un grupo carboxilo se sustituye con un átomo de carbono
  c. un compuesto orgánico que contiene un átomo de oxígeno enlazado a dos átomos de carbono
  d. un hidrocarburo que contiene un enlace triple carbono-carbono
  e. un grupo característico de átomos que hace que los compuestos se comporten y reaccionen en una forma particular
  f. un compuesto orgánico en el que el grupo carbonilo está enlazado a dos átomos de carbono

11.41 Clasifique los compuestos siguientes de acuerdo con sus grupos funcionales: (11.5)

a. $CH_3 - NH_2$

b. $CH_3 - \overset{\displaystyle O}{\overset{\displaystyle \|}{C}} - CH_3$

c. $CH_3 - \overset{\displaystyle O}{\overset{\displaystyle \|}{C}} - O - CH_2 - CH_3$

d. $CH_3 - CH_2 - CH_2 - OH$

11.42 Clasifique cada uno de los compuestos siguientes por su grupo funcional: (11.5)
  a. $CH_3 - C \equiv CH$
  b. $CH_3 - CH_2 - CH_2 - SH$
  c. $CH_3 - O - CH_2 - CH_3$
  d.

11.43 Identifique los grupos funcionales en cada uno de los compuestos siguientes: (11.5)

a.
$$\overset{\displaystyle O}{\overset{\displaystyle \|}{C}} - H$$
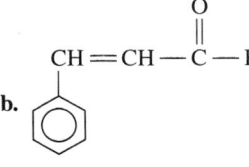

Almendras

b.
$$CH = CH - \overset{\displaystyle O}{\overset{\displaystyle \|}{C}} - H$$
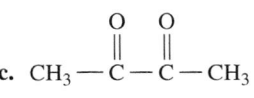

Rajas de canela

c. $CH_3 - \overset{\displaystyle O}{\overset{\displaystyle \|}{C}} - \overset{\displaystyle O}{\overset{\displaystyle \|}{C}} - CH_3$

Mantequilla

11.44 Identifique los grupos funcionales de los compuestos siguientes: (11.5)
  a. BHA es un antioxidante que se utiliza como conservador en alimentos como artículos horneados, mantequilla, carnes y bocadillos. Identifique los grupos funcionales en BHA.

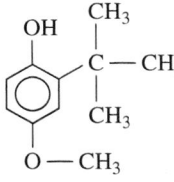

Los artículos horneados contienen BHA como conservador.

  b. La vainillina es un saborizante que se obtiene de las semillas de la vaina de vainilla. Identifique los grupos funcionales en la vainillina.

El extracto de vainilla es una disolución que contiene el compuesto vainillina.

Visite www.masteringchemistry.com para acceder a materiales de auto-aprendizaje y tareas asignadas por el instructor.

11.45 Escriba el nombre de cada uno de los sustituyentes siguientes: (11.3)
 a. CH_3 —
 b. $CH_3 — CH_2 — CH_2$ —
 c. Cl —

11.46 Escriba el nombre de cada uno de los sustituyentes siguientes: (11.3)
 a. Br —
 b. $CH_3 — CH$ — con CH_3 arriba
 c. $CH_3 — CH_2$ —

11.47 Proporcione el nombre IUPAC de cada uno de los compuestos siguientes: (11.2, 11.3)

 a. ciclopentano

 b. $Cl — CH_2 — CH — CH_2 — Br$ con Br arriba

 c. $CH_3 — CH — CH — CH_3$ con CH_3 arriba y cadena $CH_2 — CH_2 — CH_3$ abajo

 d. $CH_3 — CH_2 — C — CH_2 — CH_3$ con Cl arriba y $CH_2 — CH_3$ abajo

11.48 Proporcione el nombre IUPAC de cada uno de los compuestos siguientes: (11.2, 11.3)
 a. $CH_3 — CH_2 — C — CH_3$ con CH_3 arriba y CH_3 abajo
 b. $CH_3 — CH_2 — Cl$
 c. $CH_3 — CH_2 — CH — CH_2 — CH — CH_3$ con $CH_3—CH_2$ y Br
 d. ciclohexano con dos Br

11.49 Dibuje las fórmulas estructurales condensadas de los cuatro isómeros posibles que tienen cuatro átomos de carbono y un átomo de bromo, y proporcione el nombre IUPAC de cada uno. (11.3)

11.50 Dibuje las fórmulas estructurales condensadas de los cuatro isómeros posibles que tienen tres átomos de carbono y dos átomos de cloro, y proporcione el nombre IUPAC de cada uno. (11.3)

11.51 Dibuje las fórmulas de esqueleto de tres isómeros estructurales que tengan la fórmula molecular C_7H_{14}, con dos grupos metilo unidos a un anillo, y proporcione el nombre IUPAC de cada uno. (11.3)

11.52 Dibuje las fórmulas de esqueleto de cuatro isómeros estructurales que tengan la fórmula molecular C_4H_9Br y proporcione el nombre IUPAC de cada uno. (11.3)

11.53 Dibuje la fórmula estructural condensada de cada una de las moléculas siguientes: (11.2, 11.3)
 a. 3-etilhexano
 b. 1,3-dimetilciclopentano
 c. 1,3-dicloro-3-metilheptano
 d. bromociclobutano

11.54 Dibuje la fórmula estructural condensada de cada una de las moléculas siguientes: (11.2, 11.3)
 a. etilciclopropano
 b. 2-metilhexano
 c. isopropilciclopentano
 d. 1,1-dicloropentano

11.55 Dibuje la fórmula de esqueleto de cada una de las moléculas siguientes: (11.2, 11.3)
 a. pentano
 b. 2,3-dimetilhexano
 c. 2-bromo-4-metilheptano
 d. 1,4-dimetilciclohexano

11.56 Dibuje la fórmula de esqueleto de cada una de las moléculas siguientes: (11.2, 11.3)
 a. butano
 b. 2,3,3-trimetilpentano
 c. 1,4-diclorobutano
 d. 2-bromo-1-metilciclopentano

11.57 Identifique el compuesto en cada uno de los pares siguientes que tenga el punto de ebullición más alto: (11.4)
 a. pentano o propano
 b. pentano o ciclopentano
 c. hexano o 2,2-dimetilbutano
 d. 2-metilbutano o 2,2-dimetilpropano

11.58 Identifique el compuesto en cada uno de los pares siguientes que tenga el punto de ebullición más alto: (11.4)
 a. butano u octano
 b. butano o ciclobutano
 c. pentano o 2-metilbutano
 d. hexano o 2,3-dimetilbutano

11.59 Escriba la ecuación balanceada para la combustión completa de cada uno de los compuestos siguientes: (11.4)
 a. $CH_3 — CH = CH_2$
 b. C_5H_{12}
 c. ciclobutano, C_4H_8

11.60 Escriba la ecuación balanceada para la combustión completa de cada uno de los compuestos siguientes: (11.4)
 a. heptano
 b. $HC \equiv C — CH_2 — CH_3$
 c. 2-metilpropano

11.61 Un tanque en un calentador exterior contiene 2.8 kg de propano. (6.6, 6.7, 11.2, 11.4)
 a. Escriba la ecuación balanceada para la combustión completa del propano.
 b. ¿Cuántos kilogramos de CO_2 se producen por la combustión completa de propano?

11.62 Un encendedor de butano contiene 56.0 g de butano. (6.6, 6.7, 11.2, 11.4)

    a. Escriba la ecuación balanceada para la combustión completa del butano.

    b. ¿Cuántos gramos de oxígeno se necesitan para la combustión completa del butano en el encendedor?

11.63 Los filtros solares contienen compuestos como oxibenzona y 2-etilhexil-*p*-metoxicinamato, que absorben luz UV. Identifique los grupos funcionales en cada uno de los compuestos siguientes que absorben UV utilizados en los filtros solares: (11.5)

    a. oxibenzona

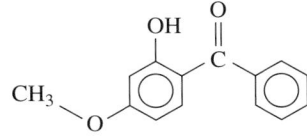

    b. 2-etilhexil-*p*-metoxicinamato

11.64 La oximetazolina es un vasoconstrictor usado en aerosoles de descongestión nasal como el Afrin®.

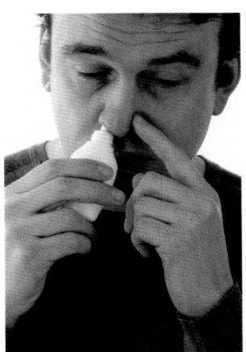

¿Qué grupos funcionales hay en la oximetazolina? (11.5)

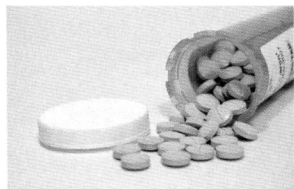

11.65 La decimemida se utiliza como anticonvulsivo.

Identifique los grupos funcionales en la decimemida. (11.5)

11.66 El olor y sabor de las piñas provienen del butirato de etilo.

¿Qué grupo funcional hay en el butirato de etilo? (11.5)

PREGUNTAS DE DESAFÍO

11.67 En el motor de un automóvil, las "detonaciones" ocurren cuando la combustión de la gasolina se produce muy rápidamente. El número de octanos de la gasolina representa la capacidad de una mezcla de gasolina de reducir las detonaciones. Una muestra de gasolina se compara con heptano, calificación 0, porque reacciona con detonación severa, y 2,2,4-trimetilpentano, que tiene una calificación de 100, debido a su baja detonación. (11.2, 11.3, 11.4)

    a. Dibuje la fórmula estructural condensada del 2,2,4-trimetilpentano.

    b. Escriba la ecuación balanceada para la combustión completa del 2,2,4-trimetilpentano.

11.68 Dibuje la fórmula estructural condensada para cada uno de los siguientes compuestos halogenados, usados como refrigerantes y propulsores: (11.2, 11.3)

    a. Freón 14, tetrafluorometano

    b. Freón 114, 1,2-dicloro-1,1,2,2-tetrafluoroetano

    c. Freón C318, octafluorociclobutano

    d. Halón 2311, 2-bromo-2-cloro-1,1,1-trifluoroetano

11.69 Dibuje las fórmulas estructurales condensadas de tres isómeros estructurales que tengan la fórmula molecular C_3H_8O y contengan un grupo funcional alcohol o éter. (11.3, 11.5)

11.70 Dibuje las fórmulas estructurales condensadas de tres isómeros estructurales que tengan la fórmula molecular C_4H_8O y contengan un grupo funcional aldehído o cetona. (11.3, 11.5)

11.71 Considere el compuesto propano. (6.6, 6.7, 7.7, 11.2, 11.3, 11.5)
a. Dibuje su fórmula estructural condensada.
b. Escriba la ecuación balanceada para la combustión completa de propano.
c. ¿Cuántos gramos de O_2 se necesitan para reaccionar con 12.0 L de gas propano en condiciones STP?
d. ¿Cuántos gramos de CO_2 se producirían a partir de la reacción en el inciso **c**?

11.72 Considere el compuesto etilciclopentano. (6.6, 6.7, 7.7, 11.2, 11.3, 11.5)
a. Dibuje su fórmula de esqueleto.
b. Escriba la ecuación balanceada para la combustión completa de etilciclopentano.
c. ¿Cuántos gramos de O_2 se necesitan para la reacción de 25.0 g de etilciclopentano?
d. ¿Cuántos litros de CO_2 se producirían en condiciones STP a partir de la reacción en el inciso **c**?

RESPUESTAS

Respuestas a las Comprobaciones de estudio

11.1 $CH_3 — CH_2 — CH_2 — CH_2 — CH_2 — CH_2 — CH_3$

heptano

11.2 ciclopropano

11.3 3-metilpentano

11.4 1-cloro-2,4-dimetilhexano

11.5
$$CH_3 — \overset{\overset{\displaystyle Br}{|}}{CH} — CH_2 — \overset{\overset{\displaystyle CH_3}{|}}{CH} — CH_3;$$
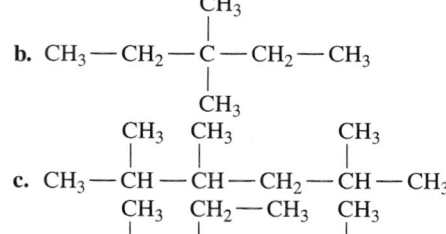

11.6 $CH_3 — CH_2 — O — CH_3$ contiene el grupo funcional $C — O — C$; es un éter.

Respuestas a Preguntas y problemas seleccionados

11.1 a. inorgánico **b.** orgánico **c.** orgánico
d. inorgánico **e.** inorgánico **f.** orgánico

11.3 a. inorgánico **b.** orgánico
c. orgánico **d.** inorgánico

11.5 a. etano **b.** etano
c. NaBr **d.** NaBr

11.7 La teoría RPECV predice que los cuatro enlaces en el CH_4 estarán lo más separados posible, lo que significa que los átomos de hidrógeno están en las esquinas de un tetraedro.

11.9 a.
$$H — \overset{\overset{\displaystyle H}{|}}{\underset{\underset{\displaystyle H}{|}}{C}} — \overset{\overset{\displaystyle H}{|}}{\underset{\underset{\displaystyle H}{|}}{C}} — \overset{\overset{\displaystyle H}{|}}{\underset{\underset{\displaystyle H}{|}}{C}} — H$$
b. $CH_3 — CH_2 — CH_2 — CH_2 — CH_2 — CH_3$
c.

11.11 a. pentano **b.** heptano
c. hexano **d.** ciclobutano

11.13 a. CH_4 **b.** $CH_3 — CH_3$
c. $CH_3 — CH_2 — CH_2 — CH_2 — CH_3$ **d.** △

11.15 a. misma molécula
b. isómeros estructurales de C_5H_{12}
c. isómeros estructurales de C_6H_{14}

11.17 a. 1-fluoropropano
b. 2,3-dimetilpentano
c. 4-etil-2,2-dimetilhexano
d. clorociclopentano
e. 2-cloropropano
f. metilciclohexano

11.19 a. $Br — CH_2 — CH_2 — CH_2 — Cl$
b. $CH_3 — CH_2 — \overset{\overset{\displaystyle CH_3}{|}}{\underset{\underset{\displaystyle CH_3}{|}}{C}} — CH_2 — CH_3$
c. $CH_3 — \overset{\overset{\displaystyle CH_3}{|}}{\underset{\underset{\displaystyle CH_3}{|}}{CH}} — \overset{\overset{\displaystyle CH_3}{|}}{\underset{\underset{\displaystyle CH_2—CH_3}{|}}{CH}} — CH_2 — \overset{\overset{\displaystyle CH_3}{|}}{\underset{\underset{\displaystyle CH_3}{|}}{CH}} — CH_3$
d. $CH_3 — \overset{\overset{\displaystyle CH_3}{|}}{CH} — \overset{\overset{\displaystyle CH_2—CH_3}{|}}{CH} — CH_2 — \overset{\overset{\displaystyle CH_3}{|}}{CH} — CH_2 — CH_2 — CH_3$
e. $Br — CH_2 — CH_2 — Br$

11.21 a. △ **b.** 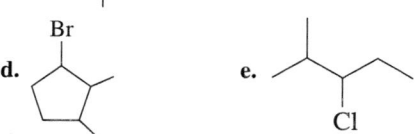 (con Cl)

c.

d. (ciclopentano con Br) **e.** (con Cl)

11.23 a. $CH_3 — CH_2 — CH_2 — CH_2 — CH_2 — CH_2 — CH_3;$

b. líquido
c. No, el heptano es insoluble en agua.
d. flota
e. $C_7H_{16}(g) + 11O_2(g) \xrightarrow{\Delta} 7CO_2(g) + 8H_2O(g) +$ energía

11.25 a. heptano **b.** ciclopropano
c. hexano

11.27 a. $2C_2H_6(g) + 7O_2(g) \xrightarrow{\Delta} 4CO_2(g) + 6H_2O(g) +$ energía
b. $2C_8H_{18}(g) + 25O_2(g) \xrightarrow{\Delta} 16CO_2(g) + 18H_2O(g) +$ energía
c. $C_6H_{12}(g) + 9O_2(g) \xrightarrow{\Delta} 6CO_2(g) + 6H_2O(g) +$ energía

11.29 a. alcohol **b.** alqueno
c. aldehído **d.** éster

11.31 a. éter **b.** alcohol
c. cetona **d.** ácido carboxílico
e. amina

11.33 a. butano **b.** butano
c. cloruro de potasio **d.** cloruro de potasio
e. butano

11.35 a. isómeros estructurales **b.** isómeros no estructurales

11.37 a.
$$CH_3 - CH_2 - CH_2 - \underset{\underset{\displaystyle CH_3}{|}}{CH} - \underset{\underset{\displaystyle CH_3}{|}}{CH} - CH_3$$
2,3-dimetilhexano

b.
$$CH_3 - \underset{\underset{\displaystyle Cl}{|}}{CH} - \underset{\underset{\displaystyle CH_3}{|}}{CH} - \underset{\underset{\displaystyle Br}{|}}{CH} - CH_2 - CH_3$$
4-bromo-2-cloro-3-metilhexano

11.39 a. alcohol **b.** alqueno
c. aldehído **d.** alcano
e. ácido carboxílico **f.** amina

11.41 a. amina **b.** cetona
c. éster **d.** alcohol

11.43 a. aromático, aldehído
b. aromático, alqueno, aldehído
c. cetona

11.45 a. metilo
b. propilo
c. cloro

11.47 a. metilciclopentano
b. 1,2-dibromo-3-cloropropano
c. 2,3-dimetilhexano
d. 3-cloro-3-etilpentano

11.49 $CH_3 - CH_2 - CH_2 - CH_2 - Br$ $CH_3 - \underset{\underset{\displaystyle Br}{|}}{CH} - CH_2 - CH_3$
  1-bromobutano   2-bromobutano

$CH_3 - \underset{\underset{\displaystyle Br}{|}}{\overset{\overset{\displaystyle CH_3}{|}}{C}} - CH_3$ $CH_3 - \underset{\overset{\displaystyle CH_3}{|}}{CH} - CH_2 - Br$
2-bromo- 1-bromo-
2-metilpropano 2-metilpropano

11.51

1,1-dimetilciclopentano

1,2-dimetilciclopentano

1,3-dimetilciclopentano

11.53 a.
$$CH_3 - CH_2 - \underset{\underset{\displaystyle CH_3}{|}}{\overset{\overset{\displaystyle CH_2-CH_3}{|}}{CH}} - CH_2 - CH_2 - CH_3$$

b.

c.
$$Cl - CH_2 - CH_2 - \underset{\underset{\displaystyle CH_3}{|}}{\overset{\overset{\displaystyle Cl}{|}}{C}} - CH_2 - CH_2 - CH_2 - CH_3$$

d.

11.55 a.   **b.**

c.   **d.**

11.57 a. pentano **b.** ciclopentano
c. hexano **d.** 2-metilbutano

11.59 a. $2C_3H_6(g) + 9O_2(g) \xrightarrow{\Delta} 6CO_2(g) + 6H_2O(g) + energía$
b. $C_5H_{12}(g) + 8O_2(g) \xrightarrow{\Delta} 5CO_2(g) + 6H_2O(g) + energía$
c. $C_4H_8(g) + 6O_2(g) \xrightarrow{\Delta} 4CO_2(g) + 6H_2O(g) + energía$

11.61 a. $C_3H_8(g) + 5O_2(g) \xrightarrow{\Delta} 3CO_2(g) + 4H_2O(g) + energía$
b. 8.4 kg de CO_2

11.63 a. aromático, éter, alcohol, cetona
b. aromático, éter, alqueno, éster

11.65 aromático, éter, amida

11.67 a.
$$CH_3 - \underset{\underset{\displaystyle CH_3}{|}}{\overset{\overset{\displaystyle CH_3}{|}}{C}} - CH_2 - \underset{\overset{\displaystyle CH_3}{|}}{CH} - CH_3$$

b. $2C_8H_{18}(g) + 25O_2(g) \xrightarrow{\Delta}$
$16CO_2(g) + 18H_2O(g) + energía$

11.69 $CH_3 - CH_2 - CH_2 - OH$

$CH_3 - \underset{\overset{\displaystyle OH}{|}}{CH} - CH_3$ $CH_3 - CH_2 - O - CH_3$

11.71 a. $CH_3 - CH_2 - CH_3$
b. $C_3H_8(g) + 5O_2(g) \xrightarrow{\Delta} 3CO_2(g) + 4H_2O(g) + energía$
c. 85.7 g de O_2
d. 70.7 g de CO_2

Alquenos, alquinos y compuestos aromáticos

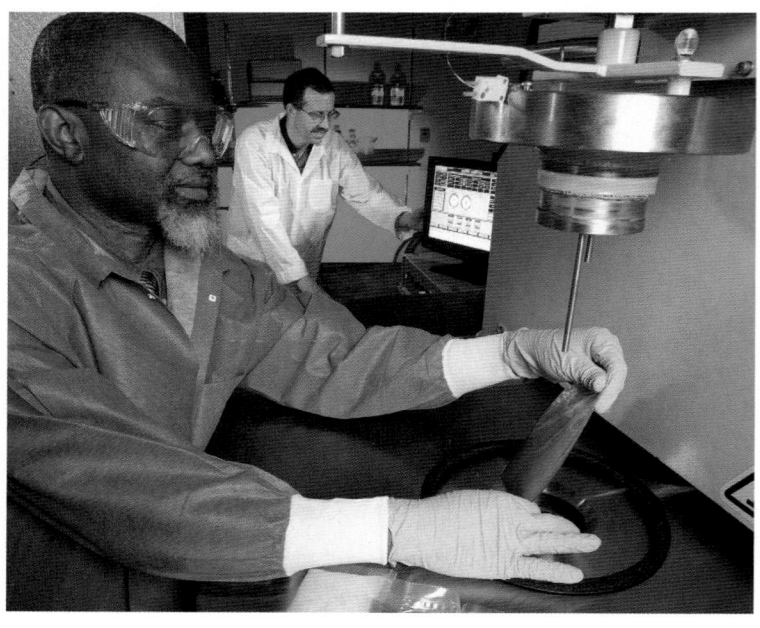

Visite **www.masteringchemistry.com** para acceder a materiales de autoaprendizaje y tareas asignadas por el instructor.

Un embarque de limones, limas y plátanos

sin madurar llega a Estados Unidos procedente de Chile. Antes de que la fruta pueda entregarse a los supermercados locales, Kevin, un especialista en seguridad de alimentos, la inspecciona y luego pone en marcha el proceso de maduración, para lo cual expone la fruta a gas etileno, C_2H_4, que es una hormona vegetal natural. El etileno se enlaza a receptores específicos sobre la superficie de una fruta o verdura, donde regula la maduración. La mayoría de las frutas y verduras produce de manera natural pequeñas cantidades de gas etileno que les permite madurar lentamente. Al aumentar la concentración de etileno, Kevin acelera la velocidad de maduración.

Gas etileno es el nombre común del eteno, que es un alqueno. Los alquenos contienen al menos un enlace doble carbono-carbono, lo que significa que son insaturados. El eteno puede identificarse como un alqueno por la terminación "eno" de su nombre. El enlace doble carbono-carbono hace que los alquenos sean planos y también muy reactivos.

Profesión: Especialista en seguridad de alimentos

Los especialistas en seguridad de alimentos garantizan la calidad y seguridad de los alimentos, para lo cual deben vigilar cultivos, cosechas, procesamiento, almacenamiento, entrega, empacado, etiquetado y transportación de los alimentos. Por ejemplo, un especialista en seguridad de alimentos verifica que éstos se mantengan a las temperaturas correctas para conservar la frescura y evitar la putrefacción, y que los alimentos caducos se retiren de los anaqueles y se desechen. Al hacerlo, garantiza que todos los tipos de alimentos vendidos en las tiendas sean seguros para el público. Los especialistas en seguridad de alimentos también inspeccionan locales que preparan alimentos de manera comercial, como restaurantes, para hacer cumplir las regulaciones sanitarias y de seguridad. Esto comprende la inspección de equipos y la identificación de posibles fuentes de contaminación que puedan ocasionar enfermedades transmitidas por los alimentos.

E n el capítulo 11 se estudiaron principalmente los alcanos, que contienen sólo enlaces sencillos. Ahora explorará los hidrocarburos denominados *alquenos*, que contienen enlaces dobles, y los alquinos, que tienen enlaces triples entre átomos de carbono. Un alqueno importante es el eteno (etileno), que se utiliza para madurar fruta cuando llega el momento de sacarla al mercado. Un alquino común llamado etino (acetileno) arde a altas temperaturas, por lo que puede usarse en soldadura de metales. Cuando cocina con aceites vegetales, como el aceite de maíz, el aceite de girasol o el aceite de oliva, está utilizando compuestos orgánicos con cadenas de carbono largas que contienen uno o más enlaces dobles. Debido a sus enlaces dobles, los aceites vegetales son líquidos a temperatura ambiente. Cuando se agrega hidrógeno a los enlaces dobles de los aceites vegetales, se convierten en sólidos como la margarina.

Comercialmente, pequeños alquenos como el eteno se usan como reactivos en la formación de cadenas de carbono largas de polímeros, como el polietileno.

12.1 Alquenos y alquinos

Alquenos y alquinos son familias de hidrocarburos que contienen enlaces dobles y triples, respectivamente. Se llaman *hidrocarburos insaturados* porque no contienen el número máximo de átomos de hidrógeno que podrían unirse a cada átomo de carbono, como los alcanos. Estos hidrocarburos insaturados reaccionan con gas hidrógeno para convertirse en alcanos, que son *hidrocarburos saturados*.

Cómo identificar alquenos y alquinos

Los **alquenos** contienen uno o más enlaces dobles carbono-carbono que se forman cuando átomos de carbono adyacentes comparten dos pares de electrones de valencia. Recuerde que *un átomo de carbono siempre forma cuatro enlaces covalentes.* En el alqueno más simple, eteno, C_2H_4, dos átomos de carbono se conectan mediante un enlace doble, y cada uno también se une a dos átomos de H. De acuerdo con la teoría RPECV (sección 5.8), cada átomo de carbono en el enlace doble tiene un arreglo plano trigonal. Hay un ángulo de 120° entre cada átomo de carbono en el enlace doble y los dos átomos a los que se enlaza el carbono. En consecuencia, la molécula de eteno es plana porque los átomos de carbono e hidrógeno yacen todos en el mismo plano. En un **alquino** se forma un enlace triple cuando dos átomos de carbono comparten tres pares de electrones de valencia. En un enlace triple, cada átomo de carbono se une a otros dos átomos. De acuerdo con la teoría RPECV, cada átomo de carbono en el enlace triple tiene un arreglo lineal con ángulos de 180° (véase la figura 12.1). Los átomos en los enlaces múltiples de las moléculas de alqueno y alquino se encuentran todos en el mismo plano.

El eteno, comúnmente llamado etileno, es una importante hormona vegetal que estimula la maduración de la fruta. Las frutas que se cosechan de manera comercial, como aguacates, plátanos y jitomates, con frecuencia se recogen antes de que estén maduros. Antes de que la fruta se lleve al mercado, se expone a etileno para acelerar el proceso de maduración. El etileno también acelera la descomposición de la celulosa en las plantas, lo que hace que las flores se marchiten y las hojas caigan de los árboles. El alquino más simple, etino (C_2H_2), denominado comúnmente acetileno, se usa en la soldadura, donde reacciona con el oxígeno para producir flamas con temperaturas superiores a 3300 °C.

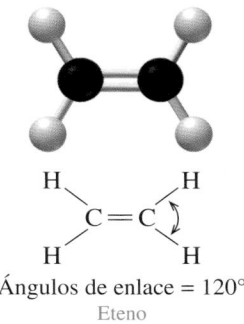

Ángulos de enlace = 120°
Eteno

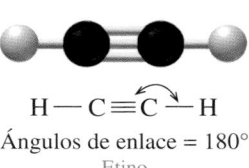

Ángulos de enlace = 180°
Etino

FIGURA 12.1 Modelo de barras y esferas de eteno y etino que muestran los grupos funcionales de enlaces doble o triple y los ángulos de enlace.

P ¿Por qué estos compuestos se denominan *hidrocarburos insaturados*?

Cómo identificar alcanos, alquenos y alquinos

Clasifique cada una de las siguientes fórmulas estructural condensada o de esqueleto como alcano, alqueno o alquino:

a. $CH_3 — C \equiv C — CH_3$ **b.** 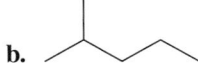 **c.**

Los frutos maduran con eteno, una hormona vegetal.

Una mezcla de acetileno y oxígeno experimenta combustión durante la soldadura de metales.

TUTORIAL
Naming Alkenes and Alkynes

Explore
su mundo

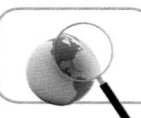

MADURACIÓN DE FRUTAS

Consiga dos plátanos sin madurar (verdes). Coloque uno en una bolsa de plástico y séllela. Deje la bolsa con los dos plátanos sobre una mesa en la cocina. Revise los plátanos dos veces al día durante 2 o 3 días y observe cualquier diferencia en el proceso de maduración.

PREGUNTAS

1. ¿Qué compuesto ayuda a madurar los plátanos?
2. ¿Cuáles son algunas posibles razones de las diferencias en la velocidad de maduración?
3. Si usted quiere madurar un aguacate, ¿qué procedimiento puede usar?

RESPUESTA

a. Una fórmula estructural condensada con un enlace triple es un alquino.
b. Una fórmula de esqueleto sólo con enlaces sencillos entre átomos de carbono es un alcano.
c. Una fórmula de esqueleto con un enlace doble es un alqueno.

Nomenclatura de alquenos y alquinos

Los nombres IUPAC de alquenos y alquinos son similares a los de los alcanos. Para alquenos o alquinos, el nombre se basa en la cadena de carbono más larga que contiene los enlaces doble o triple (véase la tabla 12.1)

TABLA 12.1 Comparación de nombres de alcanos, alquenos y alquinos

Alcano	Alqueno	Alquino
$CH_3 — CH_3$ Etano	$H_2C = CH_2$ Eteno (etileno)	$HC \equiv CH$ Etino (acetileno)
$CH_3 — CH_2 — CH_3$ Propano	$CH_3 — CH = CH_2$ Propeno	$CH_3 — C \equiv CH$ Propino

COMPROBACIÓN DE CONCEPTOS 12.2 Cómo comparar alquenos y alquinos

Compare las fórmulas estructurales condensadas de propano, propeno y propino que se muestran en la tabla 12.1.

RESPUESTA

Propano, propeno y propino contienen cada uno tres átomos de carbono. El propano contiene sólo enlaces sencillos, el propeno contiene un enlace doble y el propino contiene un enlace triple. El propano tiene ocho átomos de hidrógeno, el propeno tiene seis átomos de hidrógeno y el propino tiene cuatro átomos de hidrógeno.

En el Ejemplo de problema 12.1 se presentan ejemplos de nomenclatura de un alqueno y un alquino.

EJEMPLO DE PROBLEMA 12.1 Cómo nombrar alquenos y alquinos

Escriba el nombre IUPAC de cada uno de los compuestos siguientes:

$$\overset{\displaystyle CH_3}{\underset{\displaystyle |}{}}$$
a. $CH_3 — CH — CH = CH — CH_3$ **b.** $CH_3 — CH_2 — C \equiv C — CH_2 — CH_3$

SOLUCIÓN

a. Análisis del problema

Grupo funcional	Familia	Nomenclatura IUPAC	Nombre IUPAC
Enlace doble	Alqueno	Sustituya con *eno* la terminación *ano* del nombre del alcano.	Alqueno

Paso 1 Nombre la cadena de carbono más larga que contenga el enlace doble o triple. Existen cinco átomos de carbono en la cadena de carbono más larga que contiene el enlace doble. Al sustituir la terminación del alcano correspondiente con *eno*, se obtiene penteno.

$$\overset{\displaystyle CH_3}{\underset{\displaystyle |}{}}$$
$CH_3 — CH — CH = CH — CH_3$ penteno

Paso 2 **Numere la cadena de carbono a partir del extremo más cercano al enlace doble o triple.** El número del primer carbono en el enlace doble sirve para obtener la ubicación del enlace doble. Los alquenos o alquinos con dos o tres carbonos no necesitan números. Por ejemplo, el enlace doble en el eteno o propeno debe estar entre el carbono 1 y el carbono 2.

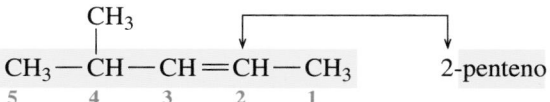

$$CH_3-\underset{5}{CH}-\underset{4}{CH}=\underset{3}{CH}-\underset{2}{CH}-\underset{1}{CH_3} \qquad \text{2-penteno}$$

Paso 3 **Indique la ubicación y el nombre de cada sustituyente (en orden alfabético) como un prefijo del nombre del alqueno o alquino.** El grupo metilo se localiza sobre el carbono 4.

$$\underset{5}{CH_3}-\underset{4}{\overset{CH_3}{\underset{|}{CH}}}-\underset{3}{CH}=\underset{2}{CH}-\underset{1}{CH_3} \qquad \text{4-metil-2-penteno}$$

b. **Análisis del problema**

Grupo funcional	Familia	Nomenclatura IUPAC	Nombre IUPAC
Enlace triple	Alquino	Sustituya con *ino* la terminación *ano* del nombre del alcano.	Alquino

Paso 1 **Nombre la cadena de carbono más larga que contenga el enlace doble o triple.** Hay seis átomos de carbono en la cadena más larga que contiene el enlace triple. Al sustituir con *ino* la terminación del alcano correspondiente, se obtiene hexino.

$$CH_3-CH_2-C\equiv C-CH_2-CH_3 \qquad \text{hexino}$$

Paso 2 **Numere la cadena principal a partir del extremo más cercano al enlace doble o triple.** La ubicación del enlace triple se designa con el número del primer carbono en el enlace triple.

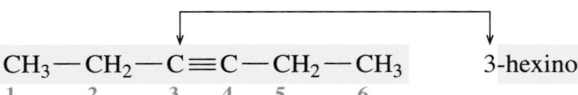

$$\underset{1}{CH_3}-\underset{2}{CH_2}-\underset{3}{C}\equiv\underset{4}{C}-\underset{5}{CH_2}-\underset{6}{CH_3} \qquad \text{3-hexino}$$

Paso 3 **Indique la ubicación y el nombre de cada sustituyente (en orden alfabético) como un prefijo del nombre del alqueno o alquino.** No hay sustituyentes en esta fórmula.

COMPROBACIÓN DE ESTUDIO 12.1

Dibuje la fórmula estructural condensada de cada uno de los compuestos siguientes:

a. 2-pentino

b. 2-cloro-1-hexeno

Nomenclatura de cicloalquenos

Algunos alquenos denominados *cicloalquenos* tienen un enlace doble dentro de una estructura anular. Si no hay sustituyente, el enlace doble no necesita número. Si hay un sustituyente, los carbonos en el enlace doble se numeran como 1 y 2, y el anillo se numera a partir del carbono 2 en la dirección que otorgará el menor número al sustituyente.

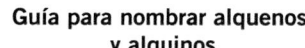

TUTORIAL
Drawing Alkenes and Alkynes

Ciclobuteno   3-metilciclopenteno

La química en el ambiente

ALQUENOS PERFUMADOS

Los olores que se perciben en limones, naranjas, rosas y lavanda se deben a compuestos volátiles que son sintetizados por las plantas. Los sabores y fragancias agradables de muchas frutas y flores con frecuencia se deben a compuestos insaturados. Éstos fueron algunos de los primeros tipos de compuestos en extraerse de material vegetal natural. En tiempos antiguos, eran enormemente valiosos en sus formas puras. Limoneno y mirceno confieren los olores y sabores característicos a los limones y las hojas de laurel, respectivamente. Geraniol y citronel dan a las rosas y a la citronela sus aromas distintivos. En las industrias de alimentos y perfumes, dichos compuestos se extraen o sintetizan y se utilizan como perfumes y saborizantes.

El olor característico de una rosa se debe al geraniol, un alcohol de 10 carbonos con dos enlaces dobles.

$$CH_3-C=CH-CH_2-CH_2-C=CH-CH_2-OH$$
(con CH$_3$ sobre cada C)
Geraniol, rosas

$$CH_3-C=CH-CH_2-CH_2-C-CH=CH_2$$
(con CH$_3$ y CH$_2$ sobre los C)
Mirceno, laurel

$$CH_3-C=CH-CH_2-CH_2-CH-CH_2-C-H$$
(con CH$_3$, CH$_3$ y O sobre los C)
Citronelal, citronela

Limoneno, limones y naranjas

PREGUNTAS Y PROBLEMAS

12.1 Alquenos y alquinos

META DE APRENDIZAJE: *Escribir los nombres IUPAC de alquenos y alquinos; proporcionar nombres comunes para las estructuras simples.*

12.1 Identifique si cada uno de los compuestos siguientes es alqueno, cicloalqueno o alquino:

a.
$$H-\overset{H}{\underset{H}{C}}-C=C-H$$

b. $CH_3-CH_2-C\equiv C-H$

c. (estructura de esqueleto)   **d.** (estructura de esqueleto cíclico)

12.2 Identifique si cada uno de los compuestos siguientes es alqueno, cicloalqueno o alquino:

a. (triángulo)   **b.** (estructura de esqueleto con triple enlace)

c. $CH_3-\overset{CH_3}{\underset{CH_3}{C}}=C-CH_3$ **d.** (ciclopentano)$-C\equiv CH$

12.3 Proporcione el nombre IUPAC de cada uno de los compuestos siguientes:

a. $CH_3-\overset{CH_3}{C}=CH_2$ **b.** $CH_3-\overset{Br}{CH}-C\equiv C-CH_3$

c. (ciclopentano con grupo etilo)   **d.** (estructura de esqueleto)

12.4 Proporcione el nombre IUPAC de cada uno de los compuestos siguientes:

a. $H_2C=CH-CH_2-CH_2-CH_2-CH_3$

b. $CH_3-C\equiv C-CH_2-CH_2-\overset{CH_3}{CH}-CH_3$

c. (ciclohexeno con metilo)

d. $CH_3-\overset{Cl}{CH}-CH_2-\overset{Cl}{CH}-CH_2-CH=CH_2$

12.5 Dibuje la fórmula estructural condensada o fórmula de esqueleto, si es cíclico, de cada uno de los compuestos siguientes:
a. 1-penteno
b. 2-metil-1-buteno
c. 3-metilciclohexeno
d. 4-cloro-2-pentino

12.6 Dibuje la fórmula estructural condensada o fórmula de esqueleto, si es cíclico, de cada uno de los siguientes compuestos:
a. 3-metil-1-butino
b. 3,4-dimetil-1-penteno
c. 1,2-diclorociclopenteno
d. 2-metil-2-hexeno

12.2 Isómeros *cis-trans*

En cualquier alqueno, el enlace doble es rígido, lo que significa que no hay rotación en torno al enlace doble como con los enlaces sencillos (véase *Explore su mundo*: "Modelado de isómeros *cis-trans*"). En consecuencia, átomos o grupos pueden unirse a los átomos de carbono en el enlace doble o en un lado o en el otro, lo que produce dos estructuras diferentes o *isómeros cis-trans*.

Por ejemplo, la fórmula de 1,2-dicloroeteno puede dibujarse como dos moléculas diferentes, que son isómeros *cis-trans*. En las fórmulas estructurales expandidas, los átomos enlazados a los átomos de carbono en el enlace doble tienen ángulos de enlace de 120°. Cuando se dibuja 1,2-dicloroeteno, se agrega el prefijo *cis* o *trans* para indicar si los átomos enlazados a los átomos de carbono están en el mismo lado o en lados opuestos de la molécula. En el **isómero *cis*** los átomos de cloro están en el mismo lado del enlace doble. En el **isómero *trans*** los átomos de cloro están en lados opuestos del enlace doble. *Trans* significa "a través", como en transcontinental; *cis* significa "en este lado".

$$Cl-CH=CH-Cl$$
1,2-dicloroeteno

Los átomos de cloro están en el mismo lado del enlace doble.

cis-1,2-dicloroeteno   trans-1,2-dicloroeteno

Los átomos de cloro están en lados opuestos del enlace doble.

Otro ejemplo de un isómero *cis-trans* es 2-buteno. Si observa detenidamente el 2-buteno, descubrirá que cada carbono en el enlace doble está enlazado a un grupo CH_3— y un átomo de hidrógeno. Puede dibujar isómeros *cis-trans* para 2-buteno. En el isómero *cis*-2-buteno, los grupos CH_3— están unidos en el mismo lado del enlace doble. En el isómero *trans*-2-buteno, los grupos CH_3— están unidos al enlace doble en lados opuestos, como se muestra en sus modelos de barras y esferas (véase la figura 12.2). Como con cualquier par de isómeros *cis-trans*, *cis*-2-buteno y *trans*-2-buteno son compuestos diferentes con propiedades físicas y químicas distintas.

$$CH_3-CH=CH-CH_3$$
2-buteno

cis-2-buteno
(pf –139 °C; pe 3.7 °C)

trans-2-buteno
(pf –106 °C; pe 0.3 °C)

Cuando los átomos de carbono en el enlace doble están unidos a dos átomos o grupos de átomos diferentes, un alqueno puede tener isómeros *cis-trans*. Por ejemplo, 3-hexeno puede dibujarse con isómeros *cis* y *trans* porque hay un átomo de H y un grupo CH_3—CH_2— unido a cada átomo de carbono en el enlace doble. Cuando se le pida dibujar la fórmula de un alqueno, es importante considerar la posibilidad de isómeros *cis* y *trans*.

$$CH_3-CH_2-CH=CH-CH_2-CH_3$$
3-hexeno

Mismo lado   Lados opuestos

cis-3-hexeno   trans-3-hexeno

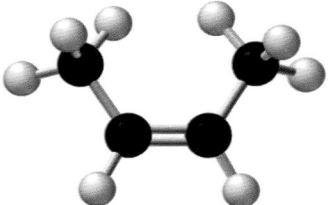

cis-2-buteno

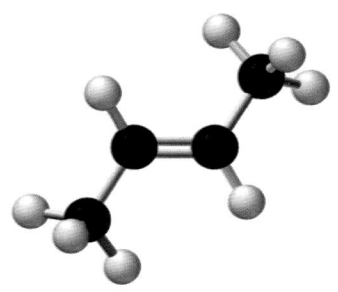

trans-2-buteno

FIGURA 12.2 Modelos de barras y esferas de los isómeros *cis* y *trans* de 2-buteno.

P ¿Qué característica de 2-buteno explica los isómeros *cis* y *trans*?

Sin embargo, algunas fórmulas de alqueno no pueden dibujarse con isómeros *cis-trans*. Si un átomo de carbono en el enlace doble está unido a dos grupos idénticos, hay sólo una fórmula y no hay isómeros *cis-trans*. Por ejemplo, en 1-buteno hay dos átomos de hidrógeno sobre el carbono 1. En 2-metilpropeno hay dos grupos idénticos CH_3 — sobre el carbono 2 y dos átomos de hidrógeno sobre el carbono 1.

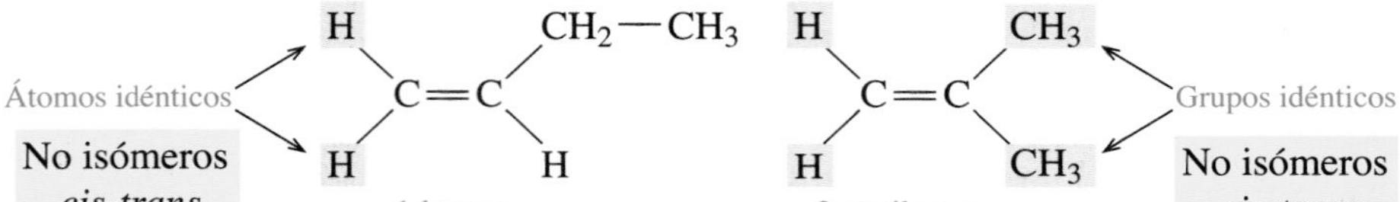

Átomos idénticos

No isómeros
cis-trans

$$H \diagdown \atop H \diagup C = C \diagup {CH_2 - CH_3} \atop \diagdown H$$

1-buteno

$$H \diagdown \atop H \diagup C = C \diagup {CH_3} \atop \diagdown {CH_3}$$

2-metilpropeno

Grupos idénticos

No isómeros
cis-trans

Los alquinos no tienen isómeros *cis-trans*, porque los carbonos en el enlace triple están unidos cada uno sólo a un grupo.

$$H - C \equiv C - CH_3 \qquad\qquad CH_3 - C \equiv C - CH_2 - CH_3$$

COMPROBACIÓN DE CONCEPTOS 12.3 **Cómo convertir fórmulas de alquenos en isómeros *cis* y *trans***

Convierta la fórmula estructural condensada de cada uno de los compuestos siguientes a isómeros *cis* y *trans*. Si no hay isómeros *cis* y *trans*, explique por qué.

a. 2-penteno **b.** 1-penteno

RESPUESTA

a. comience por dibujar la fórmula estructural condensada de 2-penteno:

$$CH_3 - CH = CH - CH_2 - CH_3$$

Sin embargo, puede ser más fácil ver los átomos de los grupos unidos al enlace doble si se muestran los átomos de H con una línea de enlace. Ahora puede identificar que un átomo C del enlace doble está unido a un átomo de H y a un grupo de un carbono, y que el otro átomo de C del enlace doble está unido a un átomo de H y a un grupo de dos carbonos.

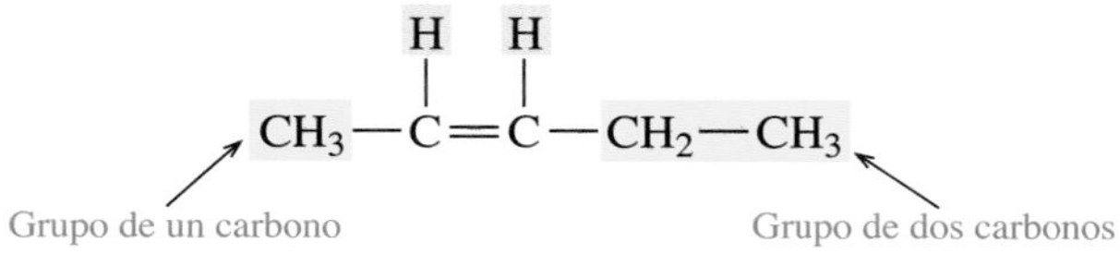

Átomos de hidrógeno

$$CH_3 - \overset{\overset{\displaystyle H}{|}}{C} = \overset{\overset{\displaystyle H}{|}}{C} - CH_2 - CH_3$$

Grupo de un carbono   Grupo de dos carbonos

Puesto que los grupos unidos a cada átomo de carbono en el enlace doble son diferentes, 2-penteno puede dibujarse como isómeros *cis-trans*. Los átomos de H y los grupos carbono pueden dibujarse en el mismo lado del enlace doble para obtener el isómero *cis*. Cuando los átomos de H y los grupos carbono se dibujan en lados opuestos del enlace doble, se obtiene el isómero *trans*.

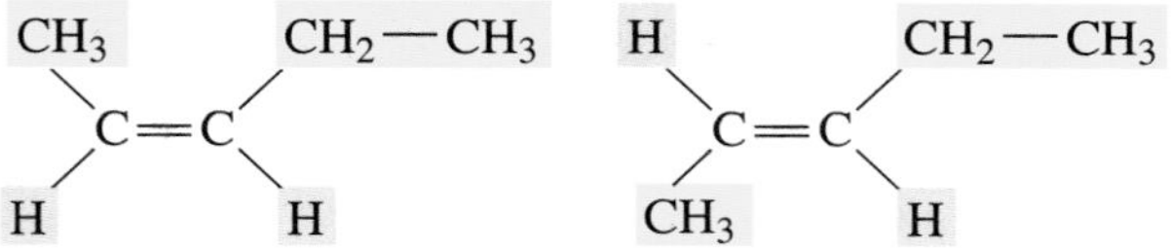

$$\overset{CH_3 \qquad\qquad CH_2 - CH_3}{\underset{H \qquad\qquad H}{C = C}}$$

cis-2-penteno

$$\overset{H \qquad\qquad CH_2 - CH_3}{\underset{CH_3 \qquad\qquad H}{C = C}}$$

trans-2-penteno

b. Comience por dibujar la fórmula estructural condensada de 1-penteno.

$$H_2C = CH - CH_2 - CH_2 - CH_3$$

Ahora, para que sea más fácil observar los átomos de los grupos unidos al enlace doble, se muestran los átomos de H con una línea de enlace.

Átomos de H idénticos

$$H - \overset{\overset{\displaystyle H}{|}}{C} = \overset{\overset{\displaystyle H}{|}}{C} - CH_2 - CH_2 - CH_3$$

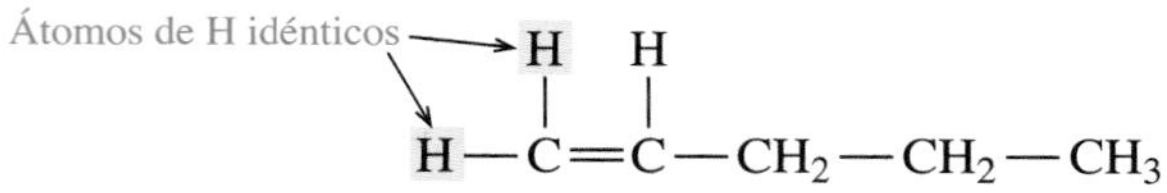

Puesto que hay átomos de H idénticos en el primer átomo de carbono del enlace doble, no es posible dibujar isómeros *cis-trans* para 1-penteno. 1-Penteno no tiene isómeros *cis* y *trans*.

12.2 ISÓMEROS *CIS-TRANS* **453**

EJEMPLO DE PROBLEMA 12.2 **Nomenclatura de isómeros *cis-trans***

Identifique si cada uno de los compuestos siguientes es isómero *cis* o *trans* y proporcione su nombre:

a.

Br   Cl
 \\   /
  C = C
 /   \\
H   H

b.

CH₃   H
 \\   /
  C = C
 /   \\
H   CH₂ — CH₃

SOLUCIÓN

a. Éste es un isómero *cis* porque, si toma como referencia el enlace doble, los dos átomos de halógeno unidos a los átomos de carbono están en el mismo lado. El nombre del alqueno de dos carbonos, a partir del grupo bromo sobre el carbono 1, es *cis*-1-bromo-2-cloroeteno.

b. Éste es un isómero *trans* porque, si toma como referencia el enlace doble, los dos grupos alquilo unidos a los átomos de carbono están en lados opuestos. Este isómero del alqueno de cinco carbonos, 2-penteno, se llama *trans*-2-penteno.

COMPROBACIÓN DE ESTUDIO 12.2

Proporcione el nombre del compuesto siguiente, incluido si se trata del isómero *cis* o *trans*:

CH₃ — CH₂   H
      \\   /
       C = C
      /   \\
     H   CH₂ — CH₂ — CH₃

COMPROBACIÓN DE CONCEPTOS 12.4 **Enlaces dobles en ácidos grasos**

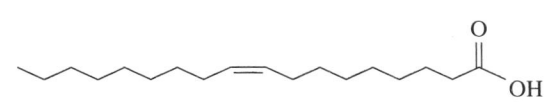

El aceite de oliva tiene un alto porcentaje de ácido oleico, un ácido graso.

La fórmula del ácido oleico, que se encuentra en el aceite de oliva, con frecuencia se dibuja en su forma de esqueleto.

a. ¿Por qué el ácido oleico es un ácido?
b. ¿El ácido oleico es un ácido graso insaturado o saturado?
c. Esta estructura de esqueleto del ácido oleico, ¿está dibujada como isómero *cis* o como isómero *trans*?

RESPUESTA

a. El ácido oleico tiene un grupo funcional carboxilo, que lo hace un ácido carboxílico.
b. El ácido oleico contiene un enlace doble, que lo hace un ácido graso insaturado.
c. Esta estructura de esqueleto del ácido oleico está dibujada como el isómero *cis*.

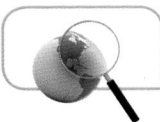 Explore su mundo

MODELADO DE ISÓMEROS *CIS-TRANS*

Puesto que el isomerismo *cis-trans* no es fácil de ver, he aquí algunas cosas que puede hacer para entender la diferencia en rotación en torno a un enlace sencillo comparado con un enlace doble, y cómo afecta a los grupos que están unidos a los átomos de carbono del enlace doble.

Junte las puntas de sus dedos índice. Éste es un modelo de enlace sencillo. Considere los índices como un par de átomos de carbono, y piense que sus pulgares y demás dedos son otras partes de una cadena de carbono.

Al tiempo que sus dedos índice se tocan, gire las manos y cambie la posición de los pulgares en relación con los demás. Observe cómo cambia la relación de los demás dedos.

Ahora una las puntas de los dedos índice y medio en un modelo de enlace doble. Como hizo antes, gire las manos para tratar de cambiar la posición de los pulgares. ¿Qué ocurre? ¿Puede cambiar la ubicación mutua de sus pulgares sin romper el enlace doble? La dificultad de mover las manos con dos dedos tocándose representa la falta de rotación en torno a un enlace doble. Acaba de hacer un modelo de un isómero *cis* cuando ambos pulgares están en el mismo lado. Si gira una mano de modo que un pulgar apunte hacia abajo y el otro pulgar apunte arriba, hizo un modelo de un isómero *trans*.

Cis-manos (*cis*-pulgares/dedos)

Trans-manos (*trans*-pulgares/dedos)

Uso de gomitas y mondadientes para modelar isómeros *cis-trans*

Consiga algunos mondadientes (palillos de dientes) y gomitas amarillas, verdes y negras. Las gomitas negras representan átomos de C, las gomitas amarillas representan átomos de H y las gomitas verdes representan átomos de Cl. Coloque un mondadientes entre dos gomitas negras. Use otros tres para unir dos gomitas amarillas y una gomita verde a cada gomita negra (átomo de carbono). Gire uno de los átomos de carbono para mostrar las conformaciones de los átomos de H y Cl unidos.

Quite un mondadientes y una gomita amarilla de cada gomita negra. Coloque un segundo mondadientes entre las gomitas negras, lo que forma un enlace doble. Trate de girar el enlace doble de mondadientes. ¿Puede hacerlo? Cuando observa la ubicación de las gomitas verdes, ¿el modelo que elaboró representa un isómero *cis* o *trans*? ¿Por qué? Si su modelo es un isómero *cis*, ¿cómo lo cambiaría a un isómero *trans*? Si su modelo es un isómero *trans*, ¿cómo lo cambiaría a un isómero *cis*?

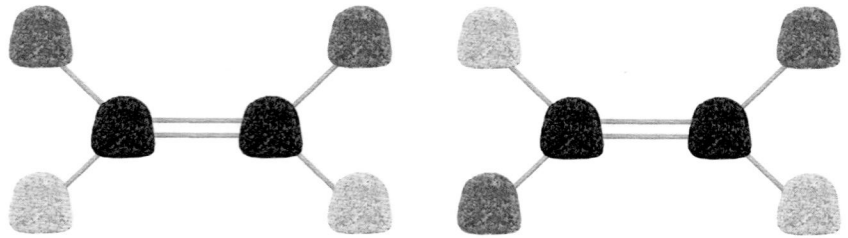

Modelos de gomitas que representan isómeros *cis* y *trans*.

La química en el ambiente

FEROMONAS EN LA COMUNICACIÓN DE INSECTOS

Muchos insectos emiten diminutas cantidades de químicos denominados *feromonas* para enviar mensajes a otros individuos de la misma especie. Algunas feromonas advierten del peligro, en tanto que otras solicitan defensa, marcan un rastro o atraen al sexo opuesto. Durante los últimos 40 años se ha realizado la determinación química de las estructuras de muchas feromonas. Una de las más estudiadas es el bombicol, la feromona sexual producida por la hembra de la polilla del gusano de seda. Incluso unos cuantos nanogramos de bombicol atraerán a los machos de la polilla del gusano de seda a distancias de más de 1 kilómetro. La molécula de bombicol es una cadena de 16 carbonos con un enlace doble *cis*, un enlace doble *trans* y un grupo alcohol. La eficacia de muchas de estas feromonas depende de la configuración *cis* o *trans* de los enlaces dobles en las moléculas. Ciertas especies responderán a un isómero, mas no al otro.

Los científicos están interesados en sintetizar feromonas para usarlas como alternativas no tóxicas de los pesticidas. Cuando se coloca en una trampa, el bombicol puede servir para aislar a los machos de la polilla del gusano de seda. Cuando una feromona sintética se libera en el campo, los machos no pueden localizar a las hembras, lo que interrumpe el ciclo reproductivo. Con esta técnica se ha logrado controlar al gusano del duraznero, a la polilla del racimo de la vid y al gusano rosado del algodón.

Las feromonas permiten a los insectos atraer parejas desde grandes distancias.

$$HO\text{—}CH_2\text{—}(CH_2)_7\text{—}CH_2 \quad \begin{matrix} H \\ \\ C=C \\ \\ \end{matrix} \quad \begin{matrix} H \\ \\ C=C \\ H \end{matrix} \quad CH_2\text{—}CH_2\text{—}CH_3$$

Bombicol, atrayente sexual para la polilla del gusano de seda

La química en la salud

ISÓMEROS *CIS-TRANS* PARA LA VISIÓN NOCTURNA

Las retinas de los ojos constan de dos tipos de células: bastones y conos. Los bastones del borde de la retina permiten ver en luz difusa, y los conos, en el centro, producen la vista en luz brillante. Los bastones contienen una sustancia denominada *rodopsina* que absorbe luz. La rodopsina está compuesta de *cis*-11-retinal, un compuesto insaturado, unido a una proteína. Cuando la rodopsina absorbe luz, el isómero *cis*-11-retinal se convierte en su isómero *trans*, que cambia su forma. La forma *trans* ya no encaja, y se separa de la proteína. El cambio del isómero *cis* al *trans* y la separación de la proteína generan una señal eléctrica que el cerebro convierte en una imagen.

Una enzima (isomerasa) convierte el isómero *trans* de vuelta al isómero *cis*-11-retinal y vuelve a formarse la rodopsina. Si hay una deficiencia de rodopsina en los bastones de la retina, puede ocurrir ceguera nocturna. Una causa frecuente de ceguera nocturna es la falta de vitamina A en la alimentación. La vitamina A se obtiene de los β-carotenos, que se encuentran en alimentos como zanahoria, calabaza y espinaca. En el intestino delgado, el β-caroteno se convierte en vitamina A, que puede convertirse en *cis*-11-retinal o almacenarse en el hígado para uso futuro. Sin una cantidad suficiente de retinal, no se produce suficiente rodopsina para permitir ver de manera adecuada en luz difusa.

Isómeros *cis-trans* de retinal

cis-11-retinal → (Luz) → *trans*-11-retinal

PREGUNTAS Y PROBLEMAS

12.2 Isómeros *cis-trans*

META DE APRENDIZAJE: *Dibujar las fórmulas estructurales condensadas y proporcionar los nombres de los isómeros* cis-trans *de los alquenos.*

12.7 ¿Cuál de los compuestos siguientes no puede tener un isómero *cis-trans*? Explique.

a. $H_2C = CH - CH_3$
b. $CH_3 - CH_2 - CH = CH - CH_3$
c. fórmula estructural

12.8 ¿Cuál de los compuestos siguientes no puede tener un isómero *cis-trans*? Explique.

a. fórmula estructural
b. $CH_3 - CH_2 - CH_2 - CH = CH_2$
c. $H_2C = CH - CH_2 - CH - CH_3$ (con CH_3)

12.9 Escriba el nombre IUPAC de cada uno de los compuestos siguientes usando los prefijos *cis* o *trans*:

a. fórmula estructural

b. fórmula estructural
c. fórmula estructural

12.10 Escriba el nombre IUPAC de cada uno de los compuestos siguientes usando los prefijos *cis* o *trans*:

a. fórmula estructural
b. fórmula estructural
c. fórmula estructural

12.11 Dibuje la fórmula estructural condensada de cada uno de los compuestos siguientes:
   a. *trans*-1-cloro-2-buteno
   b. *cis*-2-penteno
   c. *trans*-3-hepteno

12.12 Dibuje la fórmula estructural condensada de cada uno de los compuestos siguientes:
   a. *cis*-1,2-difluoroeteno
   b. *trans*-2-penteno
   c. *cis*-4-octeno

12.3 Reacciones de adición

La reacción más característica de alquenos y alquinos es la **adición** de átomos o grupos de átomos a los carbonos del enlace doble o triple. La adición ocurre porque los enlaces doble o triple se rompen con facilidad, lo que proporciona electrones para formar nuevos enlaces sencillos. La ecuación general para la adición de un reactivo A — B a un alqueno puede escribirse del modo siguiente:

$$\overset{}{\underset{\text{Alqueno}}{\text{C}=\text{C}}} + \text{A} - \text{B} \xrightarrow{\text{Adición}} -\overset{\overset{\text{A}}{|}}{\text{C}}-\overset{\overset{\text{B}}{|}}{\text{C}}-$$

Las reacciones de adición tienen diferentes nombres que dependen del tipo de reactivo que se agrega al alqueno. Por ejemplo, la *hidrogenación* agrega dos átomos de hidrógeno al enlace doble de un alqueno para producir un alcano, y la *halogenación* agrega dos átomos de cloro o dos de bromo al enlace doble. En la tabla 12.2 se presenta un resumen de los tipos de reacciones de adición.

TABLA 12.2 Resumen de las reacciones de adición

Nombre de reacción de adición	Reactivos	Catalizadores	Productos
Hidrogenación	Alqueno + H_2	Pt, Ni o Pd	Alcano
	Alquino + $2H_2$	Pt, Ni o Pd	Alcano
Halogenación	Alqueno + Cl_2 (Br_2)		Haloalcano
	Alquino + $2Cl_2$ $(2Br_2)$		Haloalcano
Hidrohalogenación	Alqueno + HCl (HBr)		Haloalcano
Hidratación	Alqueno + HOH	H^+ (ácido fuerte)	Alcohol

Hidrogenación

En una reacción llamada **hidrogenación**, átomos de H se agregan a cada uno de los carbonos en un enlace doble o en el enlace triple de un alquino. Durante la hidrogenación, los enlaces doble o triple se convierten en enlaces sencillos de alcanos. En general, la reacción tiene lugar con temperatura y presión altas, y para acelerar la reacción se usa un catalizador como platino (Pt), níquel (Ni) o paladio (Pd) finamente divididos. La ecuación general para la hidrogenación de un alqueno puede escribirse del modo siguiente:

$$\underset{\text{Alqueno}}{\text{C}=\text{C}} + \text{H} - \text{H} \xrightarrow{\text{Catalizador}} -\overset{\overset{\text{H}}{|}}{\text{C}}-\overset{\overset{\text{H}}{|}}{\text{C}}- \quad \underset{\text{Alcano}}{}$$

Algunos ejemplos de la hidrogenación de alquenos son:

$$CH_3-CH=CH-CH_3 + H-H \xrightarrow{\text{Pt}} CH_3-\overset{\overset{\text{H}}{|}}{CH}-\overset{\overset{\text{H}}{|}}{CH}-CH_3$$

2-buteno   Butano

Ciclohexeno + H — H $\xrightarrow{\text{Ni}}$ Ciclohexano

La hidrogenación de un alquino requiere dos moléculas de hidrógeno ($2H_2$) para formar el producto alcano.

$$CH_3-C\equiv C-CH_3 + 2H-H \xrightarrow{\text{Pt}} CH_3-\overset{\overset{\text{H}}{|}}{\underset{\underset{\text{H}}{|}}{C}}-\overset{\overset{\text{H}}{|}}{\underset{\underset{\text{H}}{|}}{C}}-CH_3$$

2-butino   Butano

EJEMPLO DE PROBLEMA 12.3 — Productos de hidrogenación

Dibuje la fórmula estructural condensada o fórmula de esqueleto, si es cíclico, del producto de cada una de las reacciones de hidrogenación siguientes:

a. $CH_3 — CH = CH_2 + H_2 \xrightarrow{Pt} ?$

b. 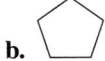 $+ H_2 \xrightarrow{Pt} ?$

c. $HC \equiv CH + 2H_2 \xrightarrow{Ni} ?$

SOLUCIÓN

Análisis del problema

Reactivo	Tipo de reacción	Producto
Alqueno o alquino	Hidrogenación (adición de átomos de H a un enlace doble o triple)	Alcano

a. $CH_3 — CH_2 — CH_3$

b. (pentágono)

c. $CH_3 — CH_3$

COMPROBACIÓN DE ESTUDIO 12.3

Dibuje la fórmula estructural condensada del producto de la hidrogenación de 2-metil-1-buteno usando como catalizador el platino.

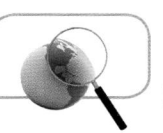

Explore su mundo

INSATURACIÓN DE GRASAS Y ACEITES

Lea las etiquetas de envases de aceites vegetales, margarina, mantequilla de cacahuate y manteca.

PREGUNTAS

1. ¿Qué términos en la etiqueta le indican que los compuestos contienen enlaces dobles?
2. La etiqueta de una botella de aceite de canola menciona grasas saturadas, poliinsaturadas y monoinsaturadas. ¿Qué le dicen estos términos acerca del tipo de enlace en las grasas?
3. La etiqueta de la mantequilla de cacahuate indica que contiene aceites vegetales parcialmente hidrogenados o aceites vegetales completamente hidrogenados. ¿Qué le dice esto acerca del tipo de reacción que tiene lugar en la preparación de la mantequilla de cacahuate?

La química en la salud

HIDROGENACIÓN DE GRASAS INSATURADAS

Los aceites vegetales como el de maíz o el de girasol son grasas insaturadas compuestas de ácidos grasos que contienen enlaces dobles. El proceso de hidrogenación se usa comercialmente para convertir los enlaces dobles de las grasas insaturadas de los aceites vegetales en enlaces sencillos. Esto da como resultado una grasa saturada como la margarina, que es sólida a temperatura ambiente, no líquida. Al ajustar la cantidad de hidrógeno agregado se producen grasas parcialmente hidrogenadas como la margarina suave, la margarina sólida en barras y la manteca, que se utilizan para cocinar. Por ejemplo, el ácido oleico es un ácido graso insaturado característico del aceite de oliva y tiene un enlace doble *cis* en el carbono 9. Cuando se hidrogena el aceite de oliva, se convierte en ácido esteárico, un ácido graso saturado.

$$CH_3—(CH_2)_7 \underset{H}{\overset{}{C}}=\underset{H}{\overset{}{C}}(CH_2)_7—\overset{O}{\overset{\|}{C}}—OH + H_2 \xrightarrow{Pt} CH_3—(CH_2)_7—CH_2—CH_2—(CH_2)_7—\overset{O}{\overset{\|}{C}}—OH$$

Ácido oleico (se encuentra en el aceite de oliva y en otras grasas insaturadas)

Ácido esteárico (se encuentra en grasas saturadas)

En la hidrogenación comercial se usa níquel para catalizar la hidrogenación de grasas insaturadas en los aceites vegetales para elaborar productos sólidos que contengan grasas saturadas.

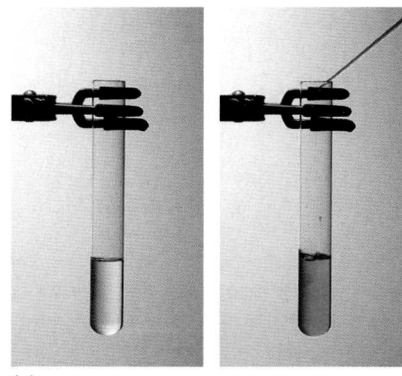

(a)

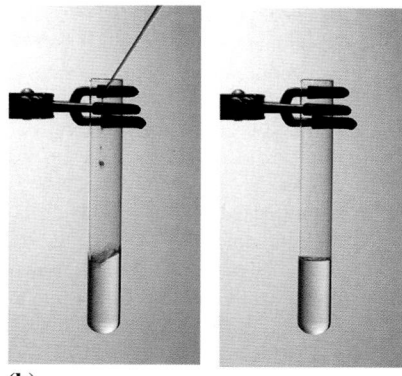

(b)

FIGURA 12.3 **(a)** Cuando se agrega bromo a un alcano en el primer tubo de ensayo, el color naranja del bromo permanece porque el alcano no reacciona o reacciona lentamente. **(b)** Cuando se agrega bromo a un alqueno en el segundo tubo de ensayo, el color naranja inmediatamente desaparece a medida que los átomos de bromo se agregan al enlace doble.

P ¿El color naranja desaparecerá cuando se agregue bromo al ciclohexano o al ciclohexeno?

Halogenación

En las reacciones de **halogenación** de alquenos o alquinos, átomos de halógeno como cloro o bromo se agregan a un enlace doble o triple. La reacción ocurre rápidamente, sin el uso de ningún catalizador, para producir un dihaloalcano a partir de un alqueno o un tetrahaloalcano a partir de un alquino. En la ecuación general de la halogenación, el símbolo X — X o X_2 se usa para Cl_2 o Br_2.

$$\begin{array}{c} \diagdown \\ C = C \\ \diagup \end{array} \begin{array}{c} \diagup \\ \\ \diagdown \end{array} + \ X - X \ \longrightarrow \ \begin{array}{c} X \quad X \\ | \quad | \\ -C - C - \\ | \quad | \end{array}$$

Alqueno   Dihaloalcano

He aquí algunos ejemplos de agregar Cl_2 o Br_2 a alquenos y alquinos.

$$H_2C = CH_2 \ + \ Cl - Cl \ \longrightarrow \ \begin{array}{c} Cl \quad Cl \\ | \quad | \\ CH_2 - CH_2 \end{array}$$

Eteno   1,2-dicloroetano

Ciclohexeno $+ \ Br - Br \longrightarrow$ 1,2-dibromociclohexano

$$CH_3 - C \equiv C - H \ + \ 2Cl - Cl \ \longrightarrow \ CH_3 - \begin{array}{c} Cl \quad Cl \\ | \quad | \\ C - C \\ | \quad | \\ Cl \quad Cl \end{array} - H$$

Propino   1,1,2,2-tetracloropropano

La reacción de adición de bromo se usa para examinar la presencia de enlaces dobles o triples, como se muestra en la figura 12.3.

EJEMPLO DE PROBLEMA 12.4 **Cómo dibujar productos de halogenación**

Dibuje la fórmula estructural condensada del producto de la reacción siguiente:

$$\begin{array}{c} CH_3 \\ | \\ CH_3 - C = CH_2 \end{array} + \ Br_2 \ \longrightarrow$$

SOLUCIÓN

Análisis del problema

Reactivo	Tipo de reacción	Producto
Alqueno	Halogenación (adición de átomos de halógeno a un enlace doble)	Dihaloalcano

$$\begin{array}{c} CH_3 \\ | \\ CH_3 - C - CH_2 \\ | \quad | \\ Br \quad Br \end{array}$$

COMPROBACIÓN DE ESTUDIO 12.4

¿Cuál es el nombre del producto que se forma cuando se agrega cloro a 1-buteno?

Hidrohalogenación

En la reacción llamada **hidrohalogenación**, un haluro de hidrógeno (HCl o HBr) se agrega a un alqueno para producir un haloalcano. La reacción ocurre sin el uso de un catalizador. El átomo de hidrógeno se agrega a un carbono del enlace doble, y el átomo de halógeno se agrega al otro carbono. La reacción general, en la que HX representa HCl o HBr, puede escribirse del modo siguiente:

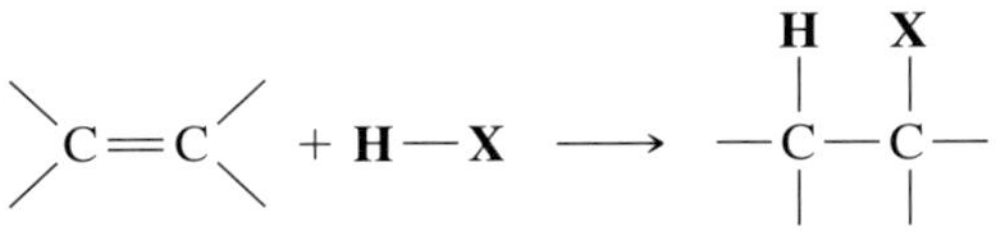

Alqueno · Haloalcano (haluro de alquilo)

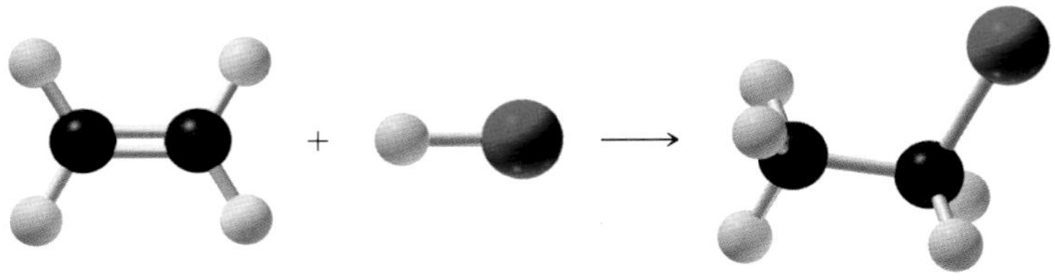

A continuación se presentan dos ejemplos de hidrohalogenación:

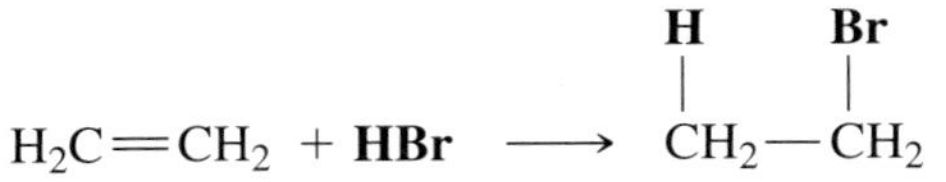

Eteno (etileno) · Bromoetano (bromuro de etilo)

2-buteno · 2-Clorobutano

Pasos en las reacciones de adición de HX a alquenos

Usted ya vio que, en la reacción de adición de un alqueno, se agregan dos grupos a los carbonos del enlace doble para producir un compuesto saturado. Para entender cómo tiene lugar la adición de HX, puede considerar los dos pasos que ocurren cuando HBr se agrega al eteno. Primero, un par de electrones del enlace doble reaccionan con un ión hidrógeno (H^+) del HBr, que se muestra con una flecha curva. Esta reacción produce un **carbocatión** (un catión carbono) con una carga positiva. En el segundo paso, un par de electrones del ión bromuro Br^- reacciona rápidamente con el carbocatión. Un nuevo enlace covalente se forma por la unión del bromo al carbono.

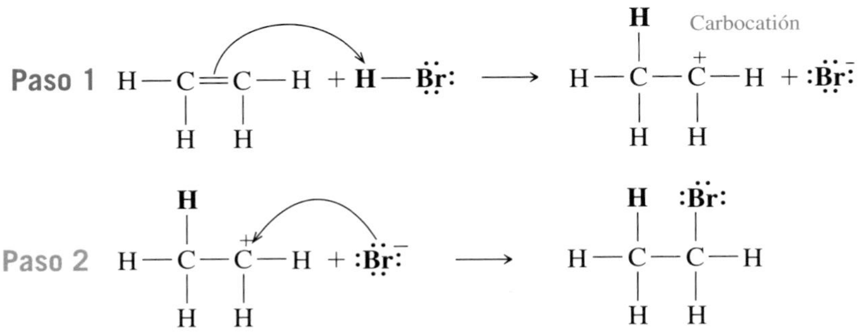

Paso 1

Paso 2 · Bromoetano

Regla de Markovnikov

Cuando se agrega HBr a un alqueno simétrico, como el eteno, se forma un solo producto. Sin embargo, cuando se agrega HBr a un enlace doble en un alqueno no simétrico, son posibles dos productos. En 1870, Vladimir Markovnikov, químico ruso, observó que, cuando se agrega HX a un enlace doble, el H se une al carbono que tiene más átomos de hidrógeno, y el X se une al carbono que tiene menos átomos de hidrógeno. Esta observación ahora se conoce como **regla de Markovnikov**.

Cuando un alqueno no simétrico forma un carbocatión, la forma más estable es aquella donde C^+ se une a la mayoría de los grupos alquilo. Por tanto, en el paso inicial, H^+ se agrega al carbono que tiene menos grupos alquilo, que es el carbono del enlace doble que tiene mayor número de átomos de hidrógeno. El Br^- se enlaza al otro carbono.

El H se enlaza al carbono con mayor número de átomos de H

Carbocatión estable

$$CH_3-\overset{\overset{\displaystyle H}{|}}{\underset{\underset{\displaystyle H}{|}}{C}}-\overset{\overset{\displaystyle +}{|}}{\underset{\underset{\displaystyle CH_3}{|}}{C}}-CH_3 + Br^-$$

Más grupos alquilo

$$CH_3-\overset{\overset{\displaystyle H}{|}}{\underset{\underset{\displaystyle H}{|}}{C}}-\overset{\overset{\displaystyle Br}{|}}{\underset{\underset{\displaystyle CH_3}{|}}{C}}-CH_3$$

Producto que se forma

$$CH_3-\overset{}{\underset{\underset{\displaystyle H}{|}}{C}}=\overset{}{\underset{\underset{\displaystyle CH_3}{|}}{C}}-CH_3 + H-Br$$

Alqueno no simétrico

$$CH_3-\overset{\overset{\displaystyle +}{|}}{\underset{\underset{\displaystyle H}{|}}{C}}-\overset{\overset{\displaystyle H}{|}}{\underset{\underset{\displaystyle CH_3}{|}}{C}}-CH_3$$

No se forma

Carbocatión inestable

COMPROBACIÓN DE CONCEPTOS 12.5   Regla de Markovnikov

a. ¿Por qué necesitaría usar la regla de Markovnikov para determinar el producto para la adición de HBr a 1-hexeno, mas no a 3-hexeno?

b. ¿Cuál es el nombre del producto para la adición de HBr a 1-hexeno?

c. ¿Cuál es el nombre del producto para la adición de HBr a 3-hexeno?

RESPUESTA

a. La regla de Markovnikov se usa para determinar el producto haloalcano cuando se agrega HBr a 1-hexeno, porque 1-hexeno no es simétrico con un número diferente de grupos alquilo unidos a los átomos de carbono del enlace doble. Por ende, el producto se forma a partir del carbocatión que tiene más grupos alquilo unidos. La regla de Markovnikov no se necesita cuando se agrega HBr a 3-hexeno, porque 3-hexeno es simétrico.

b. El H de HBr se agrega al carbono 1, que tiene más átomos de hidrógeno, y el Br se agrega al carbono 2 para formar 2-bromohexano.

c. Dado que 3-hexeno es simétrico, la adición de HBr produce 3-bromohexano.

EJEMPLO DE PROBLEMA 12.5   Adición a alquenos

Dibuje la fórmula estructural condensada del producto de cada una de las reacciones siguientes:

a. $CH_3-CH=CH-CH_3 + HBr \longrightarrow$

b. $CH_3-\overset{\overset{\displaystyle CH_3}{|}}{C}=CH-CH_3 + HCl \longrightarrow$

SOLUCIÓN

Análisis del problema

Reactivo	Tipo de reacción	Producto
Alqueno (simétrico)	Hidrohalogenación (adición de un átomo de H y un átomo de halógeno a un enlace doble)	Haloalcano
Alqueno (no simétrico)	Se aplica la regla de Markovnikov	

a. Éste es un alqueno simétrico. El H se une a un carbono del enlace doble y el Br se une al otro carbono del enlace doble.

$$CH_3-CH_2-\overset{\overset{\displaystyle Br}{|}}{C}H-CH_3$$

Enfoque profesional

TÉCNICO DE LABORATORIO

Los técnicos de laboratorio analizan los niveles de los componentes de los líquidos corporales por medio de máquinas automáticas que realizan varias pruebas de manera simultánea. Los resultados se analizan y entregan a los médicos.

b. Éste es un alqueno no simétrico. Al aplicar la regla de Markovnikov, el H de HCl se agrega al átomo de carbono con mayor número de átomos de H (carbono 3), y el Cl se agrega al carbono con menor número de átomos de H (carbono 2).

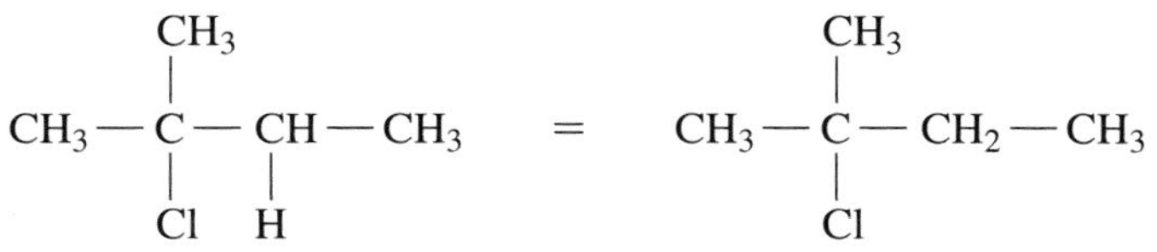

$$CH_3-\underset{\underset{Cl}{|}}{\overset{\overset{CH_3}{|}}{C}}-\underset{\underset{H}{|}}{CH}-CH_3 \quad = \quad CH_3-\underset{\underset{Cl}{|}}{\overset{\overset{CH_3}{|}}{C}}-CH_2-CH_3$$

COMPROBACIÓN DE ESTUDIO 12.5

Dibuje la fórmula de esqueleto y proporcione el nombre del producto obtenido cuando se agrega HBr a 1-metilciclopenteno.

Hidratación

En la **hidratación**, los alquenos reaccionan con agua (H — OH). Un átomo de hidrógeno (H —) del agua forma un enlace con un átomo de carbono del enlace doble, y el átomo de oxígeno en —OH forma un enlace con el otro carbono. La reacción se cataliza mediante un ácido fuerte como H_2SO_4. La hidratación se usa para preparar alcoholes, que tienen el grupo funcional hidroxilo (— OH). En la ecuación general, agua se escribe H — OH, y el catalizador ácido se representa con H^+.

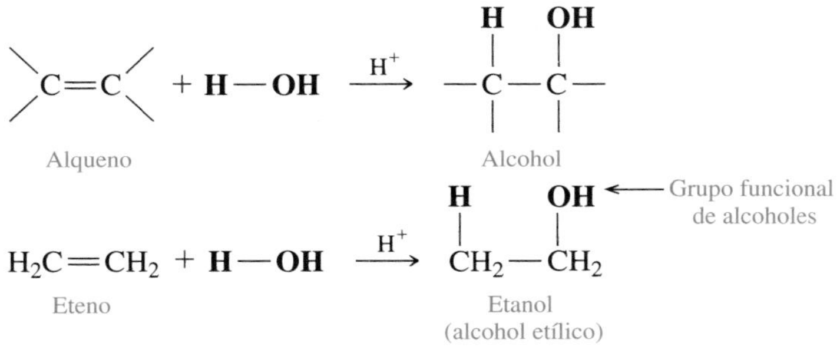

$$\underset{\text{Alqueno}}{\overset{}{\Large{C=C}}} + H-OH \xrightarrow{H^+} \underset{\text{Alcohol}}{-\underset{|}{\overset{\overset{H}{|}}{C}}-\underset{|}{\overset{\overset{OH}{|}}{C}}-}$$

$$\underset{\text{Eteno}}{H_2C=CH_2} + H-OH \xrightarrow{H^+} \underset{\underset{\text{(alcohol etílico)}}{\text{Etanol}}}{\underset{|}{\overset{\overset{H}{|}}{CH_2}}-\underset{|}{\overset{\overset{OH}{|}}{CH_2}}} \longleftarrow \begin{array}{l}\text{Grupo funcional}\\\text{de alcoholes}\end{array}$$

Cuando se agrega agua a un enlace doble en el que los átomos de carbono están unidos a diferente número de átomos de H, el enlace doble no es simétrico. La regla de Markovnikov también se aplica cuando se agrega HOH a un alqueno no simétrico. Entonces la adición de agua sigue la regla de Markovnikov: el H— de HOH se une al carbono del enlace doble que tiene mayor número de átomos de H, y el —OH se une al carbono con menos átomos de H.

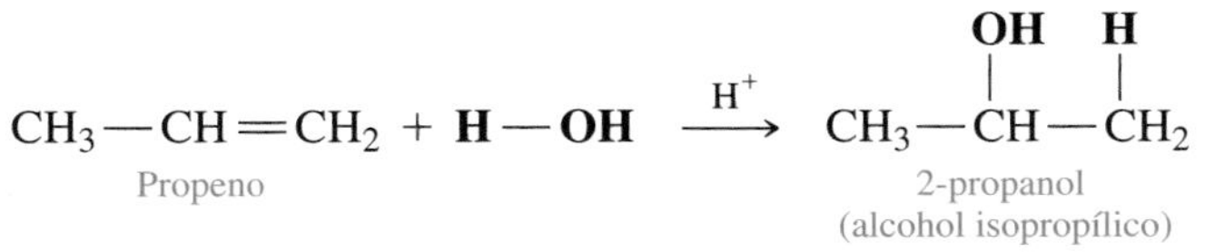

$$\underset{\text{Propeno}}{CH_3-CH=CH_2} + H-OH \xrightarrow{H^+} \underset{\underset{\text{(alcohol isopropílico)}}{\text{2-propanol}}}{CH_3-\underset{|}{\overset{\overset{OH}{|}}{CH}}-\underset{|}{\overset{\overset{H}{|}}{CH_2}}}$$

EJEMPLO DE PROBLEMA 12.6   **Cómo dibujar los productos de la hidratación**

Dibuje la fórmula estructural condensada o fórmula de esqueleto, si es cíclico, del producto que se forma en cada una de las reacciones de adición siguientes:

a. $CH_3-CH_2-CH_2-CH=CH_2 + HOH \xrightarrow{H^+}$ **b.** 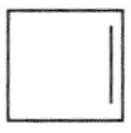 ⬜ $+ HOH \xrightarrow{H^+}$

SOLUCIÓN

Análisis del problema

Reactivo	Tipo de reacción	Producto
Alqueno (no simétrico)	Se aplica la regla de Markovnikov	Alcohol
Alqueno (simétrico)	Hidratación (adición de HOH a un enlace doble)	

a. Dado que el enlace doble no es simétrico, use la regla de Markovnikov. Entonces el H — se agrega al átomo de carbono del enlace doble que tiene mayor número de átomos de H, y el — OH del agua se une al átomo de carbono del enlace doble con menos átomos de H.

$$CH_3-CH_2-CH_2-\overset{\overset{OH}{\downarrow}}{CH}=\overset{\overset{H}{\downarrow}}{CH_2} \xrightarrow{H^+} CH_3-CH_2-CH_2-\overset{\overset{OH}{|}}{CH}-CH_3$$

b. El ciclobutano tiene un enlace doble simétrico porque cada átomo de carbono en el enlace doble está unido a un H. Por tanto, no es necesario usar la regla de Markovnikov. El H — del agua se agrega a un carbono del enlace doble, y el grupo — OH se agrega al otro carbono.

COMPROBACIÓN DE ESTUDIO 12.6

Dibuje la fórmula estructural condensada del alcohol que se obtiene mediante la hidratación de 2-metil-2-buteno.

PREGUNTAS Y PROBLEMAS

12.3 Reacciones de adición

META DE APRENDIZAJE: Dibujar las fórmulas estructurales condensadas o fórmulas de esqueleto (si los compuestos son cíclicos), y proporcionar los nombres de los productos orgánicos de las reacciones de adición de alquenos y alquinos.

12.13 Dibuje la fórmula estructural condensada, o fórmula de esqueleto, si es cíclico, y proporcione el nombre del producto en cada una de las reacciones siguientes:

a. $CH_3-CH_2-CH_2-CH=CH_2 + H_2 \xrightarrow{Pt}$

b. $H_2C=\overset{\overset{CH_3}{|}}{C}-CH_2-CH_3 + Cl_2 \longrightarrow$

c. $\square\!| + Br_2 \longrightarrow$ **d.** ciclopenteno + $H_2 \xrightarrow{Pt}$

e. 2-metil-2-buteno + $Cl_2 \longrightarrow$

f. 2-pentino + $2H_2 \xrightarrow{Pd}$

12.14 Dibuje la fórmula estructural condensada, o fórmula de esqueleto, si es cíclico, y proporcione el nombre del producto en cada una de las reacciones siguientes:

a. $CH_3-CH_2-CH=CH_2 + Br_2 \longrightarrow$

b. ciclohexeno + $H_2 \xrightarrow{Pt}$

c. *cis*-2-buteno + $H_2 \xrightarrow{Pt}$

d. $CH_3-\overset{\overset{CH_3}{|}}{C}=CH-CH_2-CH_3 + Cl_2 \longrightarrow$

e. + $Br_2 \longrightarrow$

f. $CH_3-\overset{\overset{CH_3}{|}}{CH}-C\equiv CH + 2Cl_2 \longrightarrow$

12.15 Dibuje la fórmula estructural condensada, o fórmula de esqueleto, si es cíclico, del producto en cada una de las reacciones siguientes, y use la regla de Markovnikov cuando sea necesario:

a. $CH_3-CH=CH-CH_3 + HBr \longrightarrow$

b. ciclopenteno + HOH $\xrightarrow{H^+}$

c. $H_2C=CH-CH_2-CH_3 + HCl \longrightarrow$

d. $CH_3-\overset{\overset{CH_3}{|}}{\underset{\underset{CH_3}{|}}{C}}=C-CH_3 + HI \longrightarrow$

e. $CH_3-CH_2-\overset{\overset{CH_3}{|}}{C}=CH-CH_3 + HBr \longrightarrow$

f. + HOH $\xrightarrow{H^+}$

12.16 Dibuje la fórmula estructural condensada, o fórmula de esqueleto, si es cíclico, del producto en cada una de las reacciones siguientes, y use la regla de Markovnikov cuando sea necesario:

a. $CH_3-\overset{\overset{CH_3}{|}}{C}=CH-CH_3 + HCl \longrightarrow$

b. $CH_3-CH_2-CH=CH-CH_2-CH_3 + HOH \xrightarrow{H^+}$

c. $CH_3-\overset{\overset{CH_3}{|}}{C}=CH_2 + HBr \longrightarrow$

d. 4-metilciclopenteno + HOH $\xrightarrow{H^+}$

e. + HBr $\longrightarrow$

f. $CH_3-C\equiv C-CH_3 + 2HCl \longrightarrow$

12.17 Escriba una ecuación, incluido cualquier catalizador, para cada una de las reacciones siguientes:
a. hidrogenación de metilpropeno
b. adición de cloruro de hidrógeno a ciclopenteno
c. adición de bromo a 2-penteno
d. hidratación de propeno
e. adición de cloro a 2-butino

12.18 Escriba una ecuación, incluido cualquier catalizador, para cada una de las reacciones siguientes:
a. hidratación de 1-metilciclobuteno
b. hidrogenación de 3-hexeno
c. adición de bromuro de hidrógeno a 2-metil-2-buteno
d. adición de cloro a 2,3-dimetil-2-penteno
e. adición de HCl a 1-metilciclopenteno

12.4 Polímeros y alquenos

Un **polímero** es una molécula grande que consiste en pequeñas unidades repetitivas llamadas **monómeros**. En los pasados 100 años, la industria del plástico elaboró polímeros sintéticos que se hallan en muchos de los materiales que se utilizan todos los días, como alfombras, envolturas plásticas, sartenes antiadherentes, tazas de plástico y ropa impermeable. En medicina se usan polímeros sintéticos para sustituir partes corporales enfermas o dañadas, como articulaciones de cadera, dientes, válvulas cardiacas y vasos sanguíneos (véase la figura 12.4). Todos los años se producen alrededor de 100 mil millones de kilogramos de plásticos, que es más o menos 15 kg por cada persona sobre la Tierra.

Muchos de los polímeros sintéticos se elaboran mediante las reacciones de adición de pequeños monómeros alquenos. Muchas reacciones de polimerización requieren una temperatura alta, un catalizador y una presión alta (más de 1000 atm). En una reacción de adición, un polímero se hace más grande a medida que se agrega cada monómero al final de la cadena. Un polímero puede contener hasta 1000 monómeros o inclusive más. El polietileno, un polímero elaborado a partir de monómeros de etileno, se utiliza en botellas plásticas, películas y vajillas plásticas. En todo el mundo se produce más polietileno que cualquier otro polímero.

La unidad monómero se repite

Monómeros de eteno (etileno) → Sección de polietileno

La tabla 12.3 menciona varios monómeros de alqueno que se usan para producir polímeros sintéticos comunes, y la figura 12.5 muestra ejemplos de cada uno.

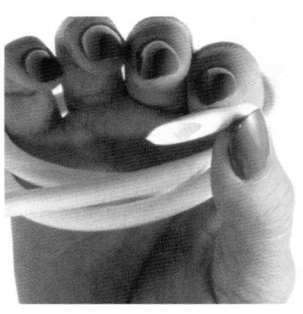
FIGURA 12.4 Los polímeros sintéticos se usan para sustituir venas y arterias enfermas.
P ¿Por qué las sustancias de estos dispositivos plásticos se llaman polímeros?

Polietileno

Cloruro de polivinilo

Polipropileno

Politetrafluoroetileno (Teflón®)

Polidicloroetileno (Saran™)

Poliestireno

FIGURA 12.5 Los polímeros sintéticos proporcionan una gran variedad de artículos que se usan de manera cotidiana.
P ¿Cuáles son algunos alquenos utilizados para elaborar los polímeros de estos artículos plásticos?

TABLA 12.3 **Algunos alquenos y sus polímeros**		
Monómero	**Sección polímero**	**Usos comunes**
$H_2C = CH_2$ Eteno (etileno)	Polietileno	Botellas de plástico, películas, materiales de aislamiento
$H_2C = CH$ con Cl Cloroeteno (cloruro de vinilo)	Cloruro de polivinilo (PVC)	Tuberías y tubos plásticos, mangueras de jardín, bolsas para basura
$H_2C = CH$ con CH_3 Propeno (propileno)	Polipropileno	Esquíes y ropa de alpinismo, alfombras, articulaciones artificiales
$F - C = C - F$ con F, F Tetrafluoroeteno	Politetrafluoroetileno (Teflón®)	Recubrimientos no adheribles
$H_2C = C - Cl$ con Cl 1,1-dicloroeteno	Polidicloroetileno (Saran™)	Películas y envolturas plásticas
$H_2C = CH$ (feniletileno) Feniletano (estireno)	Poliestireno	Tazas de café y cartones plásticos, aislantes

El símbolo de reciclado indica el tipo de polímero.

Mesas, bancos y recipientes para basura pueden fabricarse con plásticos reciclados.

La naturaleza de estos polímeros sintéticos plásticos es parecida a los alcanos, lo que los hace no reactivos. Por ende, no se descomponen con facilidad (no son biodegradables). En consecuencia, un resultado de su baja reactividad es que, con el paso del tiempo, se han convertido en factores que contribuyen de manera muy importante a la contaminación, en tierra y en los océanos. En la actualidad se realizan esfuerzos para volverlos más degradables.

El lector puede identificar el tipo de polímero usado para fabricar un artículo de plástico si observa el símbolo de reciclado (flechas en triángulo) que se encuentra en la etiqueta o en el fondo del recipiente de plástico. Por ejemplo, el número 5 o las letras PP dentro del triángulo corresponden al código de un plástico de polipropileno. Actualmente hay muchas ciudades que tienen en marcha programas de reciclado para reducir la cantidad de materiales plásticos que se transportan a los vertederos.

1	2	3	4	5	6	7
PETE	HDPE	PVC	LDPE	PP	PS	O
Tereftalato de polietileno	Polietileno de alta densidad	Cloruro de polivinilo	Polietileno de baja densidad	Polipropileno	Poliestireno	Otro

En la actualidad, productos como madera, mesas y bancas, receptáculos para basura y tuberías que se utilizan en los sistemas de irrigación se elaboran a partir de plásticos reciclados.

EJEMPLO DE PROBLEMA 12.7 Polímeros

Proporcione el nombre y dibuje la fórmula estructural condensada de los monómeros de partida para cada uno de los polímeros siguientes:

a. polipropileno

b. Saran

$$\begin{array}{cccccc} H & Cl & H & Cl & H & Cl \\ | & | & | & | & | & | \\ -C-&C-&C-&C-&C-&C- \\ | & | & | & | & | & | \\ H & Cl & H & Cl & H & Cl \end{array}$$

SOLUCIÓN

a. propeno (o propileno), $H_2C=CH$ con CH_3

b. 1,1-dicloroeteno, $H_2C=C-Cl$ con Cl

COMPROBACIÓN DE ESTUDIO 12.7

Dibuje la fórmula estructural condensada del monómero usado en la fabricación de PVC.

PREGUNTAS Y PROBLEMAS

12.4 Polímeros y alquenos

META DE APRENDIZAJE: *Dibujar fórmulas estructurales condensadas para monómeros que formen un polímero o una sección de un polímero.*

12.19 ¿Qué es un polímero?

12.20 ¿Qué es un monómero?

12.21 Escriba una ecuación que represente la formación de una porción de polipropileno a partir de tres de sus monómeros.

12.22 Escriba una ecuación que represente la formación de una porción de poliestireno a partir de tres de sus monómeros.

12.23 El plástico difluoruro de polivinilideno, PVDF, se elabora a partir de monómeros de 1,1-difluoroeteno. Dibuje la fórmula estructural expandida de una porción del polímero formado a partir de tres monómeros de 1,1-difluoroeteno.

12.24 El polímero poliacrilonitrilo que se utiliza en el material textil Orlon está hecho a partir de monómeros de acrilonitrilo. Dibuje la fórmula estructural expandida de una porción del polímero formado a partir de tres monómeros de acrilonitrilo.

Acrilonitrilo $H_2C=CH$ con CN

12.5 Compuestos aromáticos

En 1825, Michael Faraday aisló un hidrocarburo denominado *benceno*, que tiene la fórmula molecular C_6H_6. Una molécula de **benceno** consiste en un anillo de seis átomos de carbono con un átomo de hidrógeno unido a cada carbono. Puesto que muchos compuestos que contienen benceno tienen olores fragantes, la familia de los compuestos de benceno se conoce como **compuestos aromáticos**. Algunos ejemplos comunes de compuestos aromáticos que se utilizan para dar sabor son anisol del anís, estragol del estragón y timol del tomillo.

En el benceno, cada átomo de carbono usa tres electrones de valencia para enlazarse con el átomo de hidrógeno y dos carbonos adyacentes. Esto deja un electrón de valencia, que los científicos primero consideraron que se compartía en un enlace doble con un carbono adyacente. En 1865, August Kekulé propuso que los átomos de carbono en el benceno estaban ordenados en un anillo plano con enlaces sencillos y dobles alternados entre los átomos de carbono. Hay dos posibles representaciones estructurales del benceno debido a la resonancia en la que pueden formarse los enlaces dobles entre dos átomos de carbono diferentes (véase la sección 5.5).

Sin embargo, los científicos descubrieron que el benceno se comportaba más parecido a un alcano que a un alqueno porque el benceno no experimenta reacciones de adición.

META DE APRENDIZAJE

Describir los enlaces en el benceno; nombrar los compuestos aromáticos y dibujar sus fórmulas de esqueleto.

CH₃—O—⬡
Anís (anisolo)

CH₃—O—⬡—CH₂—CH=CH₂
Estragón (estragolo)

Tomillo (timol)

El aroma y sabor de las hierbas anís, estragón y tomillo se deben a compuestos aromáticos.

En la actualidad, se sabe que los electrones se comparten equitativamente entre los seis átomos de carbono y que todos los enlaces carbono-carbono en el benceno son idénticos debido a la resonancia. Esta característica única del benceno lo hace especialmente estable. El benceno se representa más a menudo como una fórmula de esqueleto, que muestra un hexágono con un círculo en el centro. A continuación se muestran algunas maneras de representar el benceno:

Representaciones estructurales del benceno

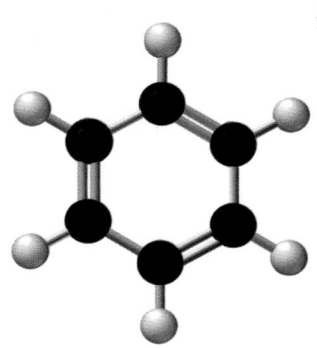

MC
TUTORIAL
Naming Aromatic Compounds

Nomenclatura de compuestos aromáticos

Muchos compuestos que contienen benceno han sido importantes en la química durante muchos años y todavía conservan sus nombres comunes. Las reglas de la IUPAC permiten nombres como tolueno, anilina y fenol.

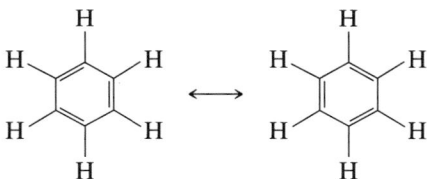

Tolueno
(metilbenceno)

Anilina
(aminobenceno)

Fenol
(hidroxibenceno)

Cuando un anillo de benceno es un sustituyente, C_6H_5—, se le nombra como grupo fenilo.

CH₃—CH—CH=CH₂

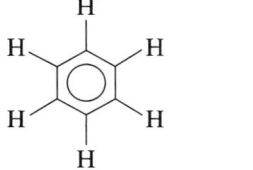

Grupo fenilo

3-fenil-1-buteno

Cuando el benceno tiene sólo un sustituyente, el anillo no se numera. Cuando hay dos sustituyentes, el anillo de benceno se numera para asignar el número más bajo a los sustituyentes. Cuando puede usarse un nombre común, como tolueno, fenol o anilina, el átomo de carbono unido al grupo metilo, hidroxilo o amina se numera como carbono 1. En un nombre común hay prefijos que se utilizan para mostrar la posición de dos sustituyentes. El prefijo ***orto*** (*o*) indica un arreglo 1,2; ***meta*** (*m*) es un arreglo 1,3, y ***para*** (*p*) se usa para arreglos 1,4.

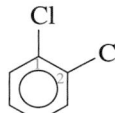
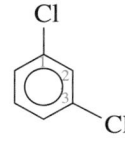

Clorobenceno   1,2-diclorobenceno   1,3-diclorobenceno   1,4-diclorobenceno
(*o*-diclorobenceno)   (*m*-diclorobenceno)   (*p*-diclorobenceno)

El nombre común xileno se usa para los isómeros del dimetilbenceno.

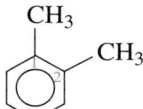
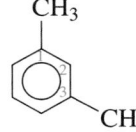
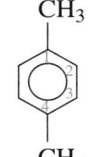

1,2-dimetilbenceno   1,3-dimetilbenceno   1,4-dimetilbenceno
(*o*-xileno)   (*m*-xileno)   (*p*-xileno)

Cuando hay tres o más sustituyentes unidos al anillo de benceno, se numeran en la dirección que produzca el conjunto de números más bajos y luego se nombran alfabéticamente.

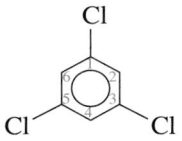
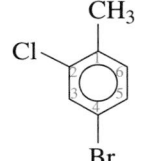
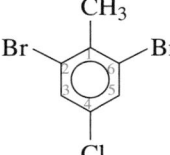

1,3,5-triclorobenceno   4-bromo-2-clorotolueno   2,6-dibromo-4-clorotolueno

---

EJEMPLO DE PROBLEMA 12.8   Nomenclatura de compuestos aromáticos

Indique el nombre IUPAC y cualquier nombre común de cada uno de los compuestos siguientes:

a.   **b.**   **c.**

SOLUCIÓN

a. clorobenceno   **b.** 4-bromo-3-clorotolueno

c. 1,2-dimetilbenceno; *o*-xileno

COMPROBACIÓN DE ESTUDIO 12.8

Nombre el compuesto siguiente:

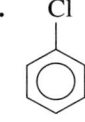

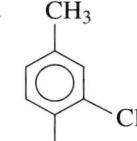

La química en la salud

ALGUNOS COMPUESTOS AROMÁTICOS COMUNES

Los compuestos aromáticos son comunes en la naturaleza y la medicina. El tolueno se utiliza como reactivo para elaborar medicamentos, tintes y explosivos como el TNT (trinitrotolueno). El anillo de benceno se encuentra en algunos aminoácidos (los bloques constructores de las proteínas); en los analgésicos como aspirina, acetaminofeno e ibuprofeno; y en saborizantes como la vainillina.

TNT (2,4,6-trinitrotolueno)

Aspirina   Acetaminofeno

Ibuprofeno

Vanillina

La química en la salud

HIDROCARBUROS AROMÁTICOS POLICÍCLICOS (PAH)

Los compuestos aromáticos grandes conocidos como *hidrocarburos aromáticos policíclicos* se forman por medio de la fusión de dos o más anillos de benceno borde con borde. En un compuesto de anillo fusionado, los anillos de benceno vecinos comparten dos o más átomos de carbono. El naftaleno, con dos anillos de benceno, se conoce por su uso en las bolas de naftalina. El antraceno, con tres anillos, se utiliza en la fabricación de tintes.

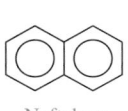
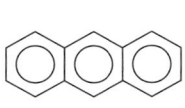
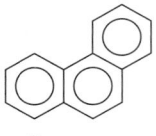

Naftaleno   Antraceno   Fenantreno

Cuando un compuesto policíclico contiene los tres anillos fusionados como en el fenantreno, puede actuar como carcinógeno, una sustancia que se sabe produce cáncer.

Los compuestos que contienen cinco o más anillos de benceno fusionados, como el benzo[*a*]pireno, son potentes carcinógenos. Las moléculas interaccionan con el ADN en las células, lo que ocasiona el crecimiento celular anormal y cáncer. Cuando aumenta la exposición a los carcinógenos, se incrementa la posibilidad de que se altere el ADN de las células. El benzo[*a*]pireno, un producto de la combustión, se ha identificado en el alquitrán de hulla, el humo del tabaco, las carnes a la parrilla y los escapes de los automóviles.

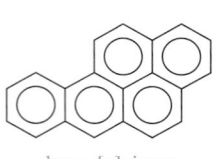

benzo[*a*]pireno

Compuestos aromáticos como el benzo[*a*] pireno están fuertemente asociados al cáncer de pulmón.

Propiedades de los compuestos aromáticos

La estructura simétrica plana del benceno permite que las estructuras cíclicas individuales estén muy cercanas, lo que contribuye a que los puntos de fusión y ebullición sean más altos para el benceno y sus derivados. Por ejemplo, el hexano se funde a -95 °C, en tanto que el benceno se funde a 6 °C. Entre los compuestos de benceno con sustituyentes, los isómeros *para* son más simétricos y tienen puntos de fusión más altos que los isómeros *orto* y *meta*: *o*-xileno se funde a -26 °C y *m*-xileno se funde a -48 °C, en tanto que el *p*-xileno se funde a 13 °C.

Los compuestos aromáticos son menos densos que el agua, aunque son un poco más densos que otros hidrocarburos, en tanto que los compuestos de benceno halogenados son más densos que el agua. Cabe mencionar que los hidrocarburos aromáticos son insolubles en agua y se utilizan como solventes para otros compuestos orgánicos. Sólo aquellos compuestos aromáticos que contienen grupos funcionales enormemente polares como —OH o —COOH serán ligeramente solubles en agua. El benceno y otros compuestos aromáticos son resistentes a las reacciones que descomponen el sistema aromático, aunque son inflamables, como otros hidrocarburos.

PREGUNTAS Y PROBLEMAS

12.5 Compuestos aromáticos

META DE APRENDIZAJE: *Describir los enlaces en el benceno; nombrar los compuestos aromáticos y dibujar sus fórmulas de esqueleto.*

12.25 Relacione los siguientes enunciados con el compuesto ciclohexano o benceno:
 a. fórmula C_6H_{12}
 b. tiene un átomo de hidrógeno enlazado a cada carbono
 c. contiene sólo enlaces sencillos

12.26 Relacione los siguientes enunciados con el compuesto ciclohexano o benceno:
 a. contiene un sistema aromático estable
 b. tiene dos átomos de hidrógeno enlazados a cada carbono
 c. fórmula C_6H_6

12.27 Proporcione el nombre IUPAC y cualquier nombre común de cada uno de los compuestos siguientes:

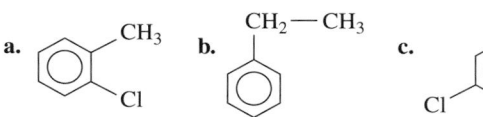

12.28 Proporcione el nombre IUPAC y cualquier nombre común de cada uno de los compuestos siguientes:

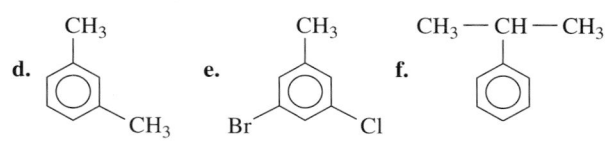

12.29 Dibuje la fórmula de esqueleto de cada uno de los compuestos siguientes:
a. metilbenceno
b. 1-bromo-3-clorobenceno
c. 1-etil-4-metilbenceno
d. *p*-clorotolueno

12.30 Dibuje la fórmula de esqueleto de cada uno de los compuestos siguientes:
a. *m*-dibromobenceno
b. *o*-cloroetilbenceno
c. propilbenceno
d. 1,2,4-triclorobenceno

MAPA CONCEPTUAL

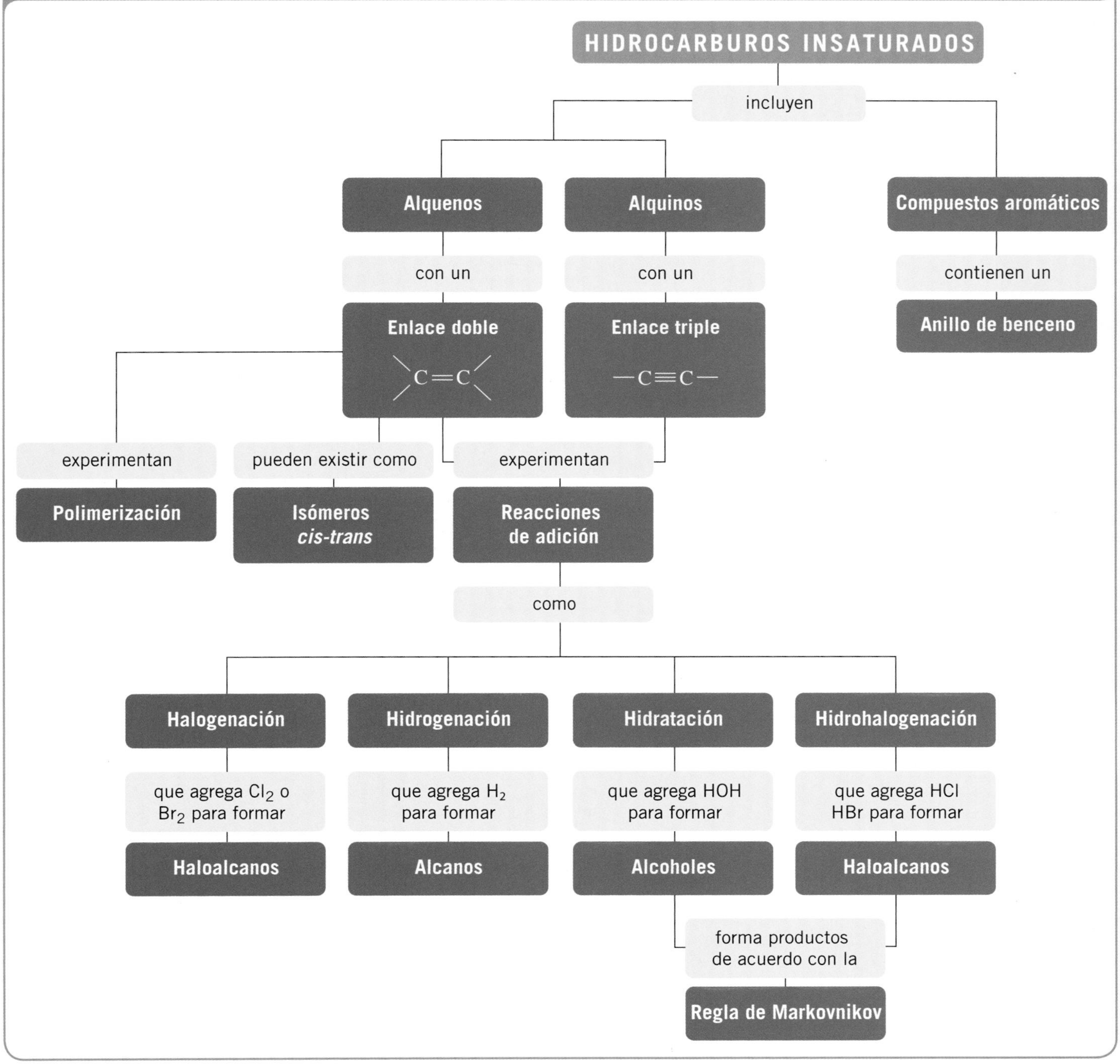

REPASO DEL CAPÍTULO

12.1 Alquenos y alquinos

META DE APRENDIZAJE: Escribir los nombres IUPAC de alquenos y alquinos; proporcionar nombres comunes de las estructuras simples.

- Los alquenos son hidrocarburos insaturados que contienen enlaces dobles carbono-carbono (C = C).

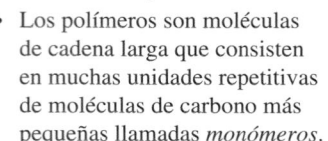

Ángulos de enlace = 120°

- Los nombres IUPAC de los alquenos terminan con *eno*.
- Los alquinos son hidrocarburos insaturados que contienen un enlace triple carbono-carbono (C ≡ C).
- Los nombres IUPAC de los alquinos terminan con *ino*.
- Para nombrar sustituyentes en un hidrocarburo insaturado, la cadena principal se numera a partir del extremo más cercano al enlace doble o triple.
- En un cicloalcano, los carbonos con el enlace doble se consideran como 1 y 2, y a partir de ellos el anillo se numera para asignar los números más bajos a cualquier sustituyente que posea; estos últimos se nombran alfabéticamente.

12.2 Isómeros *cis-trans*

META DE APRENDIZAJE: Dibujar las fórmulas estructurales condensadas y proporcionar los nombres de los isómeros cis-trans *de los alquenos.*

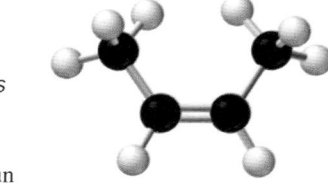

cis-2-buteno

- Puesto que el enlace doble en un alqueno es rígido y no puede girar, los grupos alquilo o átomos de halógeno unidos a los átomos de carbono en el enlace doble permanecen en un lado o el otro, lo que ofrece la posibilidad de dos isómeros: *cis* o *trans*.
- En el isómero *cis*, los grupos alquilo o átomos de halógeno están en el mismo lado del enlace doble.
- En el isómero *trans*, los grupos alquilo o átomos de halógeno están en lados opuestos del enlace doble.

12.3 Reacciones de adición

META DE APRENDIZAJE: Dibujar las fórmulas estructurales condensadas o fórmulas de esqueleto (si los compuestos son cíclicos), y proporcionar los nombres de los productos orgánicos de las reacciones de adición de alquenos y alquinos.

- La adición de pequeñas moléculas al enlace doble o al enlace triple es una reacción característica de alquenos y alquinos.

- La hidrogenación agrega átomos de hidrógeno al enlace doble de un alqueno o al enlace triple de un alquino para producir un alcano.
- La halogenación agrega átomos de bromo o cloro al enlace doble de un alqueno o al enlace triple de un alquino para producir di o tetrahaloalcanos.
- La hidrohalogenación agrega un haluro de hidrógeno a un enlace doble de un alqueno para producir un haloalcano.
- La hidratación agrega agua a un enlace doble de un alqueno para formar un alcohol.
- Cuando un número diferente de átomos de hidrógeno se une a los carbonos en un enlace doble, la regla de Markovnikov afirma que el H del reactivo H—X o H—OH se agrega al carbono con mayor número de átomos de hidrógeno.

12.4 Polímeros y alquenos

META DE APRENDIZAJE: Dibujar fórmulas estructurales condensadas para monómeros que formen un polímero o una sección de un polímero.

- Los polímeros son moléculas de cadena larga que consisten en muchas unidades repetitivas de moléculas de carbono más pequeñas llamadas *monómeros*.
- Muchos materiales que se usan todos los días son polímeros sintéticos, como alfombras, envolturas plásticas, sartenes antiadherentes y nailon.
- Muchos materiales sintéticos se elaboran por medio de reacciones de adición en las que un catalizador une los átomos de carbono de diferentes tipos de moléculas de alquenos (monómeros).

12.5 Compuestos aromáticos

META DE APRENDIZAJE: Describir los enlaces en el benceno; nombrar los compuestos aromáticos y dibujar sus fórmulas de esqueleto.

- La mayoría de los compuestos aromáticos contiene benceno, una estructura cíclica que contiene seis átomos de carbono y seis átomos de hidrógeno.
- La estructura del benceno se representa como un hexágono con un círculo en el centro.
- Para nombrar los compuestos aromáticos se usa el nombre IUPAC, tomando en cuenta al anillo de benceno, aunque se conservan nombres comunes como tolueno.
- El anillo de benceno es numerado, y los sustituyentes se mencionan en orden alfabético. En caso de dos sustituyentes, las posiciones a menudo se muestran mediante los prefijos *orto* (1,2-), *meta* (1,3-) y *para* (1,4-).

RESUMEN DE NOMENCLATURA

Familia	Ejemplo	Estructura
Alqueno	Propeno (propileno)	$CH_3 — CH = CH_2$
	cis-1,2-dibromoeteno	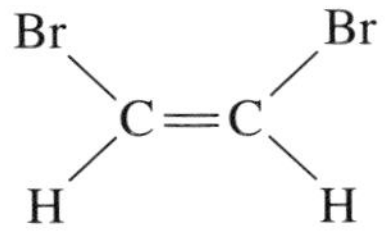
	trans-1,2-dibromoeteno	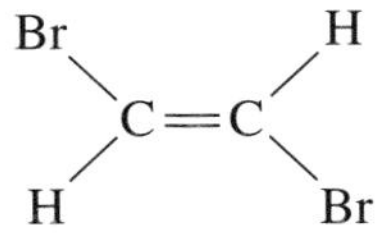
Cicloalqueno	Ciclopropeno	
Alquino	Propino	$CH_3 — C ≡ CH$
Aromático	Benceno	
	Metilbenceno; tolueno	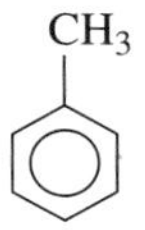
	1,4-diclorobenceno; p-diclorobenceno	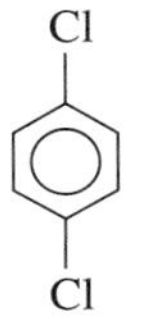

RESUMEN DE REACCIONES

Hidrogenación

$$H_2C = CH — CH_3 + H_2 \xrightarrow{Pt} CH_2 — CH_2 — CH_3$$

Propeno → Propano

$$CH_3 — C ≡ CH + 2H_2 \xrightarrow{Pt} CH_3 — CH_2 — CH_3$$

Propino → Propano

Halogenación

$$H_2C = CH — CH_3 + Cl_2 \longrightarrow \underset{CH_2}{\overset{Cl}{|}} — \underset{CH}{\overset{Cl}{|}} — CH_3$$

Propeno → 1,2-dicloropropano

Hidrohalogenación

Regla de Markovnikov

$$H_2C = CH — CH_3 + HCl \longrightarrow CH_3 — \overset{Cl}{\underset{|}{CH}} — CH_3$$

Propeno → 2-cloropropano

Hidratación

Regla de Markovnikov

$$H_2C = CH — CH_3 + HOH \xrightarrow{H^+} CH_3 — \overset{OH}{\underset{|}{CH}} — CH_3$$

Propeno → 2-propanol

TÉRMINOS CLAVE

adición Reacción en la que los átomos o grupos de átomos se enlazan en un enlace doble. Las reacciones de adición incluyen la adición de hidrógeno (hidrogenación), halógenos (halogenación), haluros de hidrógeno (hidrohalogenación) y agua (hidratación).

alqueno Hidrocarburo que contiene al menos un enlace doble carbono-carbono.

alquino Hidrocarburo que contiene al menos un enlace triple carbono-carbono.

benceno   Anillo de seis átomos de carbono, cada uno de los cuales está unido a un átomo de hidrógeno (C_6H_6).

carbocatión   Catión carbono que sólo tiene tres enlaces y una carga positiva y se forma durante las reacciones de adición de hidratación e hidrohalogenación.

compuesto aromático   Compuesto que contiene la estructura de anillo del benceno. El benceno tiene un anillo de seis carbonos, con sólo un átomo de hidrógeno unido a cada carbono. Por lo general tiene aromas perfumados.

halogenación   Adición de Cl_2 o Br_2 a un alqueno o alquino para obtener sus compuestos halogenados.

hidratación   Reacción de adición en la que los componentes del agua, H— y —OH, reaccionan con el enlace doble carbono-carbono para formar un alcohol.

hidrogenación   Adición de hidrógeno (H_2) a un alqueno o alquino para producir alcanos.

hidrohalogenación   Adición de un haluro de hidrógeno como HCl o HBr a un enlace doble.

isómero *cis*   Isómero de un alqueno en el que grupos voluminosos se unen al mismo lado del enlace doble.

isómero *trans*   Isómero de un alqueno en el que los grupos voluminosos están unidos en diferentes lados del enlace doble.

meta (*m*)   Prefijo que se utiliza en la nomenclatura para indicar dos sustituyentes en los carbonos 1 y 3 de un anillo de benceno.

monómero   Pequeña molécula orgánica que se repite muchas veces en un polímero.

orto (*o*)   Prefijo que se utiliza en la nomenclatura para indicar dos sustituyentes en los carbonos 1 y 2 de un anillo de benceno.

para (*p*)   Prefijo que se utiliza en la nomenclatura para indicar dos sustituyentes en los carbonos 1 y 4 de un anillo de benceno.

polímero   Molécula muy grande que se compone de muchas pequeñas unidades estructurales repetitivas que son idénticas.

regla de Markovnikov   Cuando se agrega HX o HOH a alquenos con diferente número de grupos unidos a los enlaces dobles, los H— se agregan al carbono que tiene mayor número de átomos de hidrógeno.

COMPRENSIÓN DE CONCEPTOS

Las secciones del capítulo que se deben revisar se muestran entre paréntesis al final de cada pregunta.

12.31   Dibuje una porción de la cadena de Teflón®, el cual es un polímero que se elabora a partir de 1,1,2,2-tetrafluoroeteno (use cuatro monómeros). (12.4)

El teflón se utiliza como recubrimiento antiadherente en sartenes.

12.32   Una manguera de jardín está hecha con cloruro de polivinilo (PVC) a partir de cloroeteno (cloruro de vinilo). Dibuje una porción del polímero (use cuatro monómeros) para PVC. (12.4)

Una manguera de jardín está hecha con cloruro de polivinilo (PVC).

PREGUNTAS Y PROBLEMAS ADICIONALES

Visite www.masteringchemistry.com para acceder a materiales de autoaprendizaje y tareas asignadas por el instructor.

12.33   Indique el número de átomos de carbono y los tipos de enlaces carbono-carbono de cada uno de los compuestos siguientes: (12.1)
  a. propano   **b.** ciclopropano
  c. propeno   **d.** propino

12.34   Indique el número de átomos de carbono y los tipos de enlaces carbono-carbono de cada uno de los compuestos siguientes: (12.1)
  a. butano   **b.** ciclobutano
  c. ciclobuteno   **d.** 2-butino

12.35   Proporcione el nombre IUPAC de cada uno de los compuestos siguientes: (12.1, 12.2)

  a.
$$H_2C = \underset{\underset{CH_3}{|}}{C} - CH_2 - CH_2 - CH_3$$

  b.

  c.

  d. $CH_3 - CH_2 - C \equiv C - CH_3$

12.36   Proporcione el nombre IUPAC de cada uno de los compuestos siguientes: (12.1, 12.2)

  a.
$$\underset{H}{\overset{CH_3}{\diagdown}} C = C \underset{CH_2 - CH_3}{\overset{H}{\diagup}}$$

  b.

  c.

  d. $HC \equiv C - \underset{\underset{CH_3}{|}}{CH} - CH_3$

12.37   Dibuje la fórmula estructural condensada o la fórmula de esqueleto (si el compuesto es cíclico), de cada uno de los incisos siguientes: (12.1, 12.2)
  a.   1,2-dibromociclopenteno
  b.   2-hexino   **c.**   *cis*-2-hepteno

12.38   Dibuje la fórmula estructural condensada o la fórmula de esqueleto (si el compuesto es cíclico), de cada uno de los incisos siguientes: (12.1, 12.2)
  a.   *trans*-3-hexeno   **b.**   2-bromo-3-clorociclohexeno
  c.   3-cloro-1-butino

12.39 Indique si cada uno de los pares siguientes representa isómeros estructurales, isómeros *cis-trans* o compuestos idénticos: (12.1, 12.2)

a. 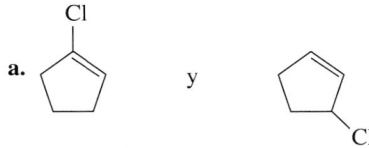 y

b.

$$CH_3 \backslash \quad / H \qquad CH_3 \backslash \quad / CH_3$$
$$C=C \qquad y \qquad C=C$$
$$H / \quad \backslash CH_3 \qquad H / \quad \backslash H$$

12.40 Indique si cada uno de los pares siguientes representa isómeros estructurales, isómeros *cis-trans* o compuestos idénticos: (12.1, 12.2)

a. $H_2C=CH$ y $CH_3—CH_2—CH_2—CH=CH_2$
$\quad\quad CH_2—CH_2$
$\quad\quad\quad\quad CH_3$

b.
$$CH_3 \qquad CH_3$$
$$CH_3—CH—CH_2—C=CH_2 \quad y$$
$$CH_3$$
$$CH_3—CH_2—CH—CH_2—CH=CH_2$$

12.41 Escriba el nombre IUPAC, incluido el término *cis* o *trans*, de cada uno de los incisos siguientes: (12.1, 12.2)

a.
$$CH_3—CH_2 \qquad CH_2—CH_2—CH_3$$
$$C=C$$
$$H \qquad\qquad H$$

b.

c.
$$CH_3 \qquad\qquad H$$
$$C=C$$
$$H \qquad CH_2—CH_2—CH_2—CH_3$$

12.42 Escriba el nombre IUPAC, incluido el término *cis* o *trans*, de cada uno de los incisos siguientes: (12.1, 12.2)

a.
$$\qquad\qquad\qquad CH_3$$
$$H \qquad CH_2—CH—CH_3$$
$$C=C$$
$$CH_3—CH_2 \qquad H$$

b.

c.
$$CH_3$$
$$CH_3—CH \qquad H$$
$$C=C$$
$$H \qquad CH_2—CH_2—CH_2—CH_3$$

12.43 Dibuje las fórmulas estructurales condensadas para los isómeros *cis* y *trans* para cada uno de los compuestos siguientes: (12.1, 12.2)

a. 2-penteno   **b.** 3-hexeno

12.44 Dibuje las fórmulas estructurales condensadas de los isómeros *cis* y *trans* para cada uno de los compuestos siguientes: (12.1, 12.2)

a. 2-buteno   **b.** 2-hexeno

12.45 Proporcione el nombre del producto que resulta de la hidrogenación completa de cada uno de los compuestos siguientes: (12.3)

a. 3-methil-2-penteno   **b.** ciclohexeno
c. 2-pentino

12.46 Proporcione el nombre del producto que resulta de la hidrogenación completa de cada uno de los compuestos siguientes: (12.3)

a. *cis*-3-hexeno   **b.** 2-metil-2-buteno
c. propino

12.47 Dibuje la fórmula estructural condensada o la fórmula de esqueleto (si el compuesto resultante es cíclico), del producto de cada una de las reacciones siguientes: (12.3)

a. $CH_3—CH=CH—CH_3 + HBr \longrightarrow$

b. $\bigcirc$ + HOH $\xrightarrow{H^+}$

c. $CH_3—CH=CH—CH_3 + Cl_2 \longrightarrow$

12.48 Dibuje la fórmula estructural condensada o la fórmula de esqueleto (si el compuesto resultante es cíclico), del producto de cada una de las reacciones siguientes: (12.3)

a. $CH_3—CH=CH—CH_3 + HOH \xrightarrow{H^+}$

b. $\bigcirc$ + HBr $\longrightarrow$

c.
$$CH_3$$
$$CH_3—C=C—CH_3 + HCl \longrightarrow$$
$$CH_3$$

12.49 Proporcione el nombre IUPAC del compuesto orgánico necesario para reaccionar en cada una de las ecuaciones siguientes: (12.3)

a. ? + H_2 $\xrightarrow{Ni}$ $\bigcirc$

b. ? + Br_2 $\longrightarrow$
$$\qquad\qquad Br \quad Br$$
$$CH_3—CH—CH—CH_2—CH_3$$

12.50 Proporcione el nombre IUPAC del compuesto orgánico necesario para reaccionar en cada una de las ecuaciones siguientes: (12.3)

a. ? + HCl $\longrightarrow$
$$\qquad\qquad Cl$$
$$CH_3—CH—CH_2—CH_3$$

b. ? + HOH $\xrightarrow{H^+}$
$$\qquad\qquad OH$$
$$\bigcirc$$

12.51 Los copolímeros contienen más de un tipo de monómero. Un copolímero que se utiliza en medicina está hecho de unidades alternadas de estireno y acrilonitrilo. Dibuje la fórmula estructural expandida de una sección del copolímero que tendría tres de cada una de estas unidades alternadas. (Para la estructura del estireno, véase la tabla 12.3.) (12.4)

$$CN$$
$$H_2C=CH$$
Acrilonitrilo

12.52 La lucita, o plexiglás, es un polímero de metilmetacrilato. Dibuje la fórmula estructural expandida de una sección del polímero que se elabora a partir de la adición de tres de estos monómeros. (12.4)

$$CH_3 \quad O$$
$$\quad\quad\quad \|$$
$$H_2C=C—C—O—CH_3$$
Metilmetacrilato

12.53 Nombre cada uno de los compuestos aromáticos siguientes: (12.5)

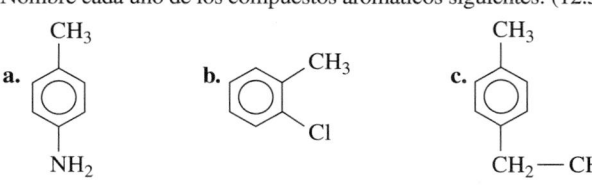

a. **b.** **c.**

12.54 Nombre cada uno de los compuestos aromáticos siguientes: (12.5)

a. **b.** **c.**

12.55 Dibuje la fórmula de esqueleto de cada uno de los incisos siguientes: (12.5)
 a. *p*-bromotolueno
 b. 2,6-dimetilanilina
 c. 1,4-dimetilbenceno

12.56 Dibuje la fórmula de esqueleto de cada uno de los incisos siguientes: (12.5)
 a. etilbenceno
 b. *m*-cloroanilina
 c. 1,2,4-trimetilbenceno

PREGUNTAS DE DESAFÍO

12.57 Si una hembra de polilla de gusano de seda segrega 50 ng de bombicol, un atrayente sexual, ¿cuántas moléculas segregó? (Véase la sección *La química en el ambiente*, "Feromonas en la comunicación de insectos".) (6.4, 12.1)

12.58 ¿Cuántos gramos de hidrógeno se necesitan para hidrogenar 30.0 g de 2-buteno? (12.3)

12.59 Dibuje la fórmula estructural condensada y proporcione el nombre de todos los posibles alquenos con fórmula molecular C_5H_{10} que tengan una cadena de cinco carbonos, incluidos los isómeros *cis* y *trans*. (12.1, 12.2)

12.60 Dibuje la fórmula estructural condensada y proporcione el nombre de todos los posibles alquenos con fórmula molecular C_6H_{12} que tengan una cadena de seis carbonos, incluidos los isómeros *cis* y *trans*. (12.1, 12.2)

12.61 Los explosivos usados en minería contienen TNT o 2,4,6-trinitrotolueno. (12.5)

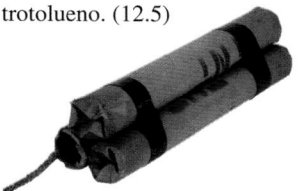

En minería se utilizan explosivos que contienen TNT.

 a. Si el grupo funcional *nitro* es —NO_2, ¿cuál es la fórmula de esqueleto del 2,4,6-trinitrotolueno?
 b. En realidad, el TNT es una mezcla de isómeros estructurales de trinitrotolueno. Dibuje la fórmula de esqueleto de otros dos posibles isómeros estructurales.

12.62 La margarina se produce a partir de la hidrogenación de aceites vegetales, que contienen ácidos grasos insaturados. ¿Cuántos gramos de hidrógeno se necesitan para saturar por completo 75.0 g de ácido oleico, $C_{18}H_{34}O_2$, el cual posee un enlace doble? (12.3)

Las margarinas se producen por la hidrogenación de grasas insaturadas.

RESPUESTAS

Respuestas a las Comprobaciones de estudio

12.1 a. $CH_3—C\equiv C—CH_2—CH_3$

 b. $H_2C{=}C—CH_2—CH_2—CH_2—CH_3$ (Cl)

12.2 *trans*-3-hepteno

12.3 $CH_3—CH—CH_2—CH_3$ (CH_3)

12.4 1,2-diclorobutano

12.5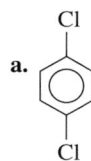

1-bromo-1-metilciclopentano

12.6 $CH_3—C—CH_2—CH_3$ (CH₃ arriba, OH abajo)

12.7 H, Cl / C=C / H, H

12.8 1,3-dietilbenceno; *m*-dietilbenceno

Respuestas a Preguntas y problemas seleccionados

12.1 a. alqueno **b.** alquino
 c. alqueno **d.** cicloalqueno

12.3 a. 2-metilpropeno **b.** 4-bromo-2-pentino
 c. 4-etilciclopenteno **d.** 4-etil-2-hexeno

12.5 a. $H_2C{=}CH—CH_2—CH_2—CH_3$

 b. $H_2C{=}C—CH_2—CH_3$ (CH_3) **c.**

d. $CH_3 - C \equiv C - \overset{\overset{\displaystyle Cl}{|}}{CH} - CH_3$

12.7 a y **c** no pueden tener isómeros *cis-trans* porque cada uno tiene dos grupos idénticos en al menos uno de los átomos de carbono en el enlace doble.

12.9 a. *cis*-2-buteno   **b.** *trans*-3-octeno
c. *cis*-3-hepteno

12.11 a.

b.

c. $CH_3 - CH_2$

12.13 a. $CH_3 - CH_2 - CH_2 - CH_2 - CH_3$ Pentano

b. $Cl - CH_2 - \overset{\overset{\displaystyle CH_3}{|}}{\underset{\underset{\displaystyle Cl}{|}}{C}} - CH_2 - CH_3$ 1,2-dicloro-2-metilbutano

c.

1,2-dibromociclobutano

d.

Ciclopentano

e. $CH_3 - \overset{\overset{\displaystyle CH_3}{|}}{\underset{\underset{\displaystyle Cl}{|}}{C}} - \overset{\overset{\displaystyle Cl}{|}}{CH} - CH_3$ 2,3-dicloro-2-metilbutano

f. $CH_3 - CH_2 - CH_2 - CH_2 - CH_3$ Pentano

12.15 a. $CH_3 - \overset{\overset{\displaystyle Br}{|}}{CH} - CH_2 - CH_3$ **b.**

c. $CH_3 - \overset{\overset{\displaystyle Cl}{|}}{CH} - CH_2 - CH_3$ **d.** $CH_3 - \overset{\overset{\displaystyle CH_3}{|}}{CH} - \overset{\overset{\displaystyle I}{|}}{\underset{\underset{\displaystyle CH_3}{|}}{C}} - CH_3$

e. $CH_3 - CH_2 - \overset{\overset{\displaystyle CH_3}{|}}{\underset{\underset{\displaystyle Br}{|}}{C}} - CH_2 - CH_3$

f.

12.17 a. $CH_3 - \overset{\overset{\displaystyle CH_3}{|}}{C} = CH_2 + H_2 \xrightarrow{Pt} CH_3 - \overset{\overset{\displaystyle CH_3}{|}}{CH} - CH_3$

b.

$+ HCl \longrightarrow$

c. $CH_3 - CH = CH - CH_2 - CH_3 + Br_2 \longrightarrow$

$CH_3 - \overset{\overset{\displaystyle Br}{|}}{CH} - \overset{\overset{\displaystyle Br}{|}}{CH} - CH_2 - CH_3$

d. $H_2C = CH - CH_3 + HOH \xrightarrow{H^+} CH_3 - \overset{\overset{\displaystyle OH}{|}}{CH} - CH_3$

e. $CH_3 - C \equiv C - CH_3 + 2Cl_2 \longrightarrow CH_3 - \overset{\overset{\displaystyle Cl}{|}}{\underset{\underset{\displaystyle Cl}{|}}{C}} - \overset{\overset{\displaystyle Cl}{|}}{\underset{\underset{\displaystyle Cl}{|}}{C}} - CH_3$

12.19 Un polímero es una molécula muy grande compuesta de pequeñas unidades (monómeros) que se repiten muchas veces.

12.21 $3 H_2C = \overset{\overset{\displaystyle CH_3}{|}}{CH} \longrightarrow$

12.23

12.25 a. ciclohexano   **b.** benceno
c. ciclohexano

12.27 a. 1-cloro-2-metilbenceno, 2-clorotolueno, *o*-clorotolueno
b. etilbenceno
c. 1,3,5-triclorobenceno
d. 1,3-dimetilbenceno, 3-metiltolueno, *m*-xileno, *m*-dimetilbenceno, *m*-metiltolueno
e. 3-bromo-5-clorotolueno, 3-bromo-5-cloro-1-metilbenceno
f. isopropilbenceno

12.29 a.

b.

c.

d.

12.31

12.33 a. tres átomos de carbono; dos enlaces sencillos carbono-carbono
b. tres átomos de carbono; tres enlaces sencillos carbono-carbono en un anillo
c. tres átomos de carbono; un enlace sencillo carbono-carbono; un enlace doble carbono-carbono
d. tres átomos de carbono; un enlace sencillo carbono-carbono; un enlace triple carbono-carbono

12.35 a. 2-metil-1-penteno   **b.** 4-bromo-5-metil-1-hexeno
c. ciclopenteno   **d.** 2-pentino

12.37 a.

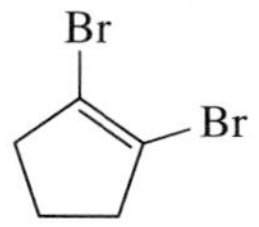

b. $CH_3 - C \equiv C - CH_2 - CH_2 - CH_3$

c.

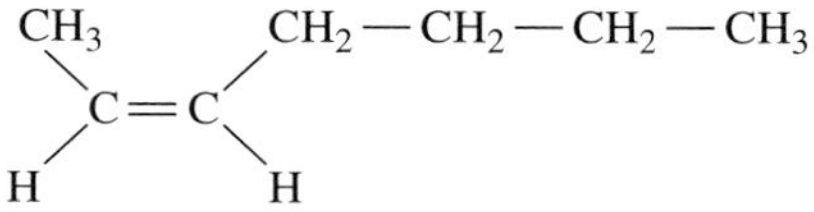

12.39 a. isómeros estructurales **b.** isómeros *cis-trans*

12.41 a. *cis*-3-hepteno **b.** *trans*-2-metil-3-hexeno
c. *trans*-2-hepteno

12.43 a.

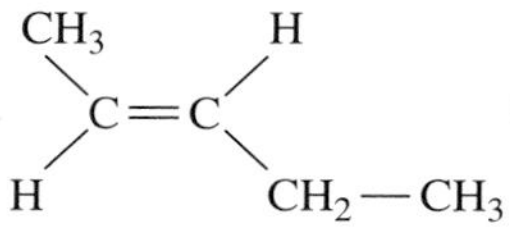

trans-2-penteno

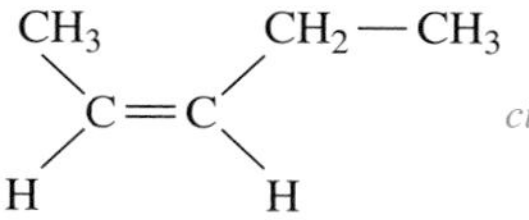

cis-2-penteno

b.

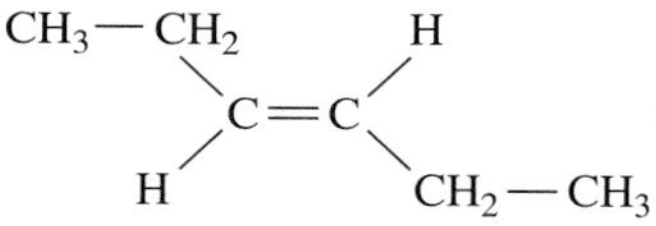

trans-3-hexeno

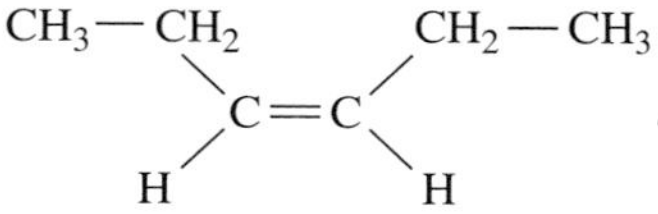

cis-3-hexeno

12.45 a. 3-metilpentano **b.** ciclohexano
c. pentano

12.47 a.

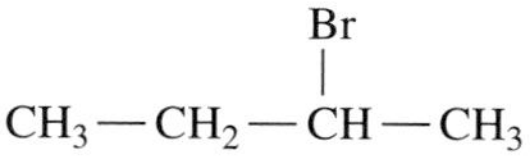

b.

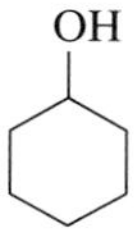

c.

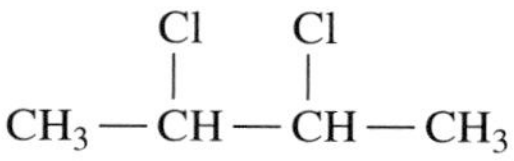

12.49 a. ciclohexeno **b.** 2-penteno

12.51

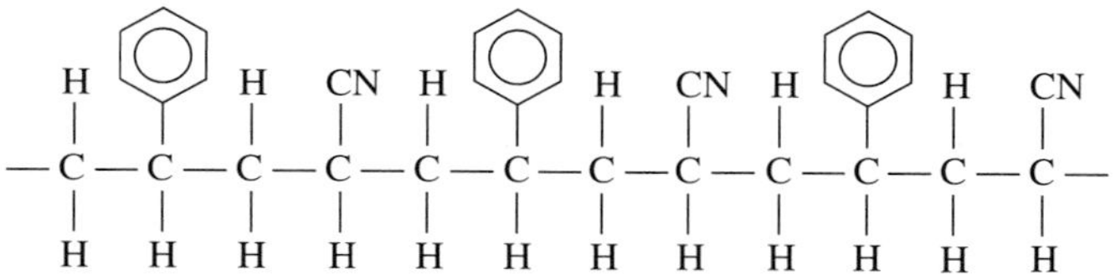

12.53 a. 3-metilanilina, *p*-metilanilina

b. 1-cloro-2-metilbenceno, *o*-clorotolueno, 2-clorotolueno

c. 1-etil-4-metilbenceno, *p*-etilmetilbenceno,
p-etiltolueno, 4-etiltolueno

12.55 a.

b.

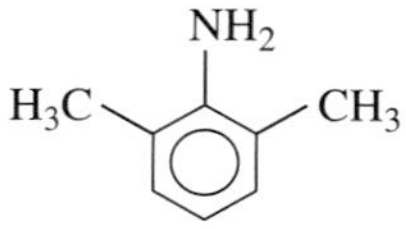

c.

12.57 1×10^{14} moléculas de bombicol

12.59 $H_2C = CH - CH_2 - CH_2 - CH_3$ 1-penteno

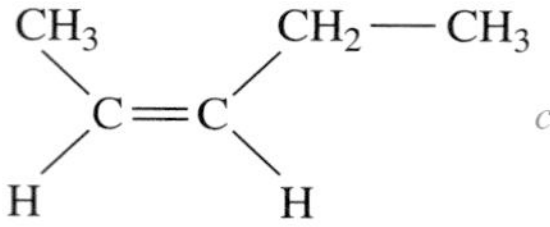

cis-2-penteno

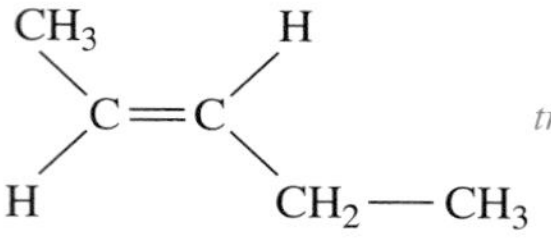

trans-2-penteno

12.61 a.

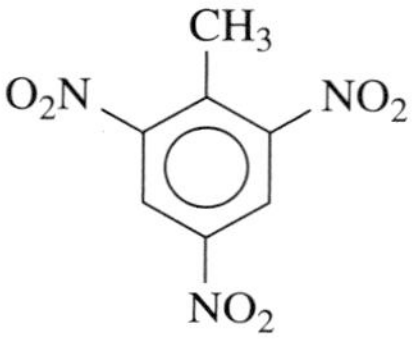

b.

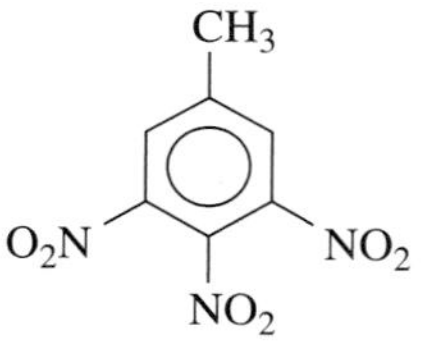

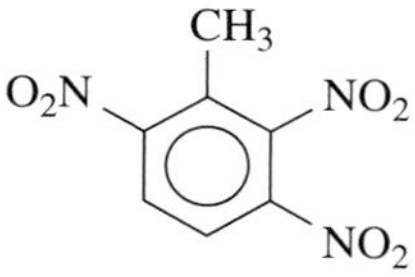

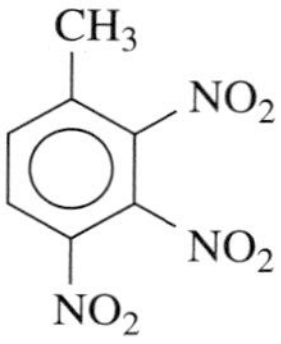

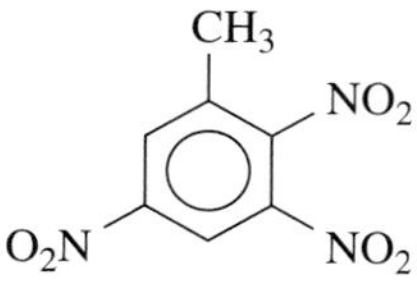

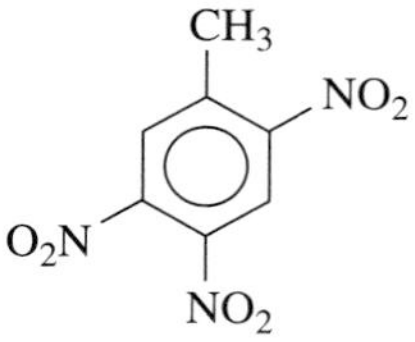

Alcoholes, fenoles, tioles y éteres

CONTENIDO DEL CAPÍTULO

13.1 Alcoholes, fenoles y tioles

13.2 Éteres

13.3 Propiedades físicas de alcoholes, fenoles y éteres

13.4 Reacciones de alcoholes y tioles

Visite **www.masteringchemistry.com** para acceder a materiales de autoaprendizaje y tareas asignadas por el instructor.

La anestesia epidural es un tipo de anestesia regional que aliviará el dolor de Janet durante el trabajo de parto y durante el parto, ya que bloqueará el dolor en la mitad inferior de su cuerpo. Tom, un enfermero anestesista, prepara el medicamento para la inyección epidural, que consiste en un anestésico local, cloroprocaína, y una pequeña cantidad de fentanilo, un opiáceo común. Tom administra el anestésico por medio de un catéter colocado en la espalda baja de Janet y en unos momentos después el dolor remite.

Uno de los primeros anestésicos utilizados en medicina fue el éter dietílico, mejor conocido como *éter*. El éter dietílico contiene un grupo funcional éter, que es un átomo de oxígeno enlazado mediante enlaces sencillos a dos grupos carbono. En la actualidad, el éter rara vez se usa porque es extremadamente inflamable y produce efectos secundarios indeseables, como náusea y vómito después de la anestesia. La cloroprocaína, un anestésico más moderno que no causa náusea ni vómito, contiene un anillo aromático, un átomo de cloro y grupos funcionales éster y amina.

Profesión: Enfermera anestesista

Cada año, más de 26 millones de personas en Estados Unidos necesitan anestesia para algún procedimiento médico o dental. Lo habitual es que la anestesia la administre una enfermera anestesista, quien brinda atención antes, durante y después del procedimiento al administrar medicamentos que mantienen al paciente dormido, así como analgésicos, al tiempo que vigila los signos vitales del paciente. Una enfermera anestesista también obtiene provisiones, equipo y un amplio suministro de sangre para una posible emergencia, e interpreta pruebas prequirúrgicas para determinar el efecto que tendrá la anestesia en el paciente. También se necesita una enfermera anestesista para insertar vías artificiales (aéreas), administrar oxígeno o tratar de evitar un estado de choque quirúrgico durante un procedimiento, y trabaja bajo la dirección del cirujano, dentista o anestesiólogo encargados.

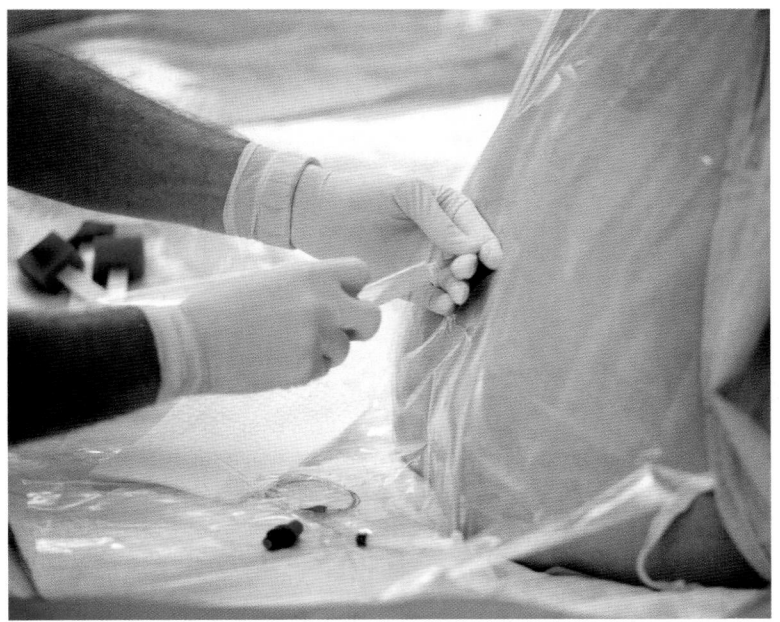

$$CH_3 - CH_2 - O - CH_2 - CH_3$$
Dietil éter

Cloroprocaína

En este capítulo estudiará los compuestos orgánicos que contienen grupos funcionales con átomos de oxígeno o de azufre. Los alcoholes, que contienen el grupo hidroxilo (—OH), se encuentran generalmente en la naturaleza y se utilizan en la industria y el hogar. Durante siglos, granos, verduras y frutas se han fermentado para producir el etanol presente en las bebidas alcohólicas. El grupo hidroxilo es importante en las biomoléculas, como azúcares y almidones, así como en esteroides como el colesterol y el estradiol. El mentol es un alcohol cíclico con olor y sabor a menta que se usa en jarabes para la tos, cremas de afeitar y ungüentos. Los fenoles contienen el grupo hidroxilo (—OH) unido a un anillo de benceno.

Los éteres son compuestos que contienen un átomo de oxígeno conectado a dos átomos de carbono (—O—). A partir de 1842, el éter dietílico se usó durante 100 años como anestésico general. En la actualidad se usan anestésicos menos inflamables y más tolerables. Los tioles, que contienen el grupo —SH, proporcionan los olores fuertes del ajo y las cebollas.

13.1 Alcoholes, fenoles y tioles

Como usted aprendió en la sección 11.5, los alcoholes son compuestos orgánicos que contienen un átomo de oxígeno (O), que se muestra en rojo en los modelos de barras y esferas. Los tioles contienen un átomo de azufre (S), que se muestra en amarillo. En un **alcohol**, un grupo hidroxilo (—OH) está enlazado a una cadena de hidrocarburo. En un **fenol**, el grupo hidroxilo está unido a un anillo de benceno. Las moléculas de alcoholes y fenoles tienen una forma angular alrededor del átomo de oxígeno.

Los *tioles* son compuestos orgánicos que tienen un grupo funcional tiol (—SH) enlazado a un átomo de carbono. Los tioles tienen estructuras que son similares a las de los alcoholes, excepto que el grupo —SH toma el lugar del grupo —OH. En los modelos moleculares de tioles, el átomo de azufre es amarillo.

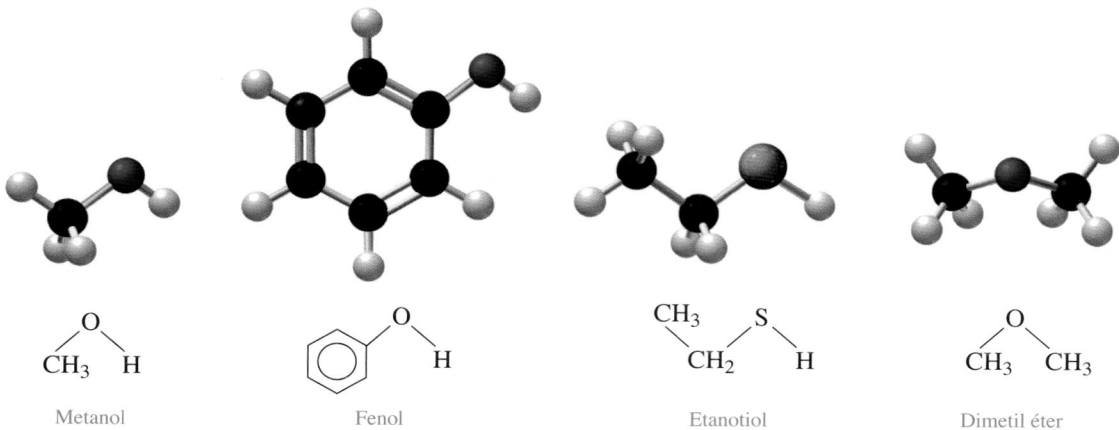

Metanol   Fenol   Etanotiol   Dimetil éter

ACTIVIDAD DE AUTOAPRENDIZAJE
Alcohols and Thiols

TUTORIAL
Naming Alcohols, Phenols and Thiols

TUTORIAL
Drawing Alcohols, Phenols and Thiols

Nomenclatura de alcoholes

En el sistema IUPAC, para nombrar un alcohol se sustituye la terminación *o* del nombre del alcano correspondiente con *ol*. El nombre común de un alcohol simple utiliza el nombre del grupo alquilo, con la terminación *ílico*, después de la palabra *alcohol*.

$CH_3—OH$ $CH_3—CH_2—OH$
Metanol   Etanol
(alcohol metílico)   (alcohol etílico)

Los alcoholes con uno o dos átomos de carbono no necesitan un número para el grupo hidroxilo. Cuando un alcohol consiste en una cadena con 3 o más átomos de carbono, la cadena se numera para indicar la posición del grupo —OH y cualquier sustituyente en la cadena. Un alcohol con dos grupos —OH se llama *diol*, y un alcohol con tres grupos —OH se llama *triol*.

$$CH_3-CH_2-CH_2-OH$$
$$3 \quad\quad 2 \quad\quad\; 1$$
1-propanol
(alcohol propílico)

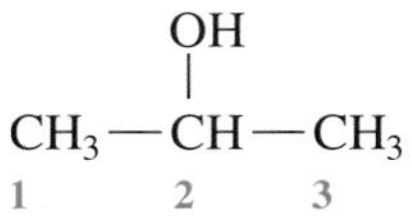

$$CH_3-\overset{\displaystyle OH}{\overset{\displaystyle |}{CH}}-CH_3$$
$$1 \quad\; 2 \quad\; 3$$
2-propanol
(alcohol isopropílico)

También puede dibujar las fórmulas de esqueleto de alcoholes como se muestra para 2-propanol y 2-butanol.

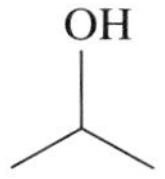

2-Propanol

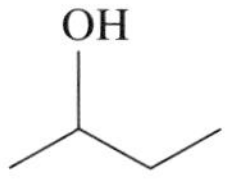

2-Butanol

Un alcohol cíclico se llama *cicloalcanol*. Si hay sustituyentes, el anillo se numera a partir del carbono 1, que es el carbono unido al grupo OH. Los compuestos sin sustituyentes en el anillo no necesitan número para el grupo hidroxilo.

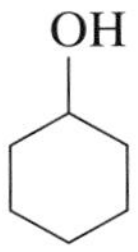

Ciclohexanol

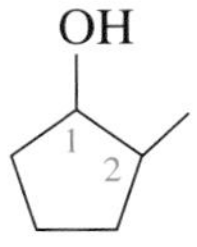

2-metilciclopentanol

Nomenclatura de fenoles

El término *fenol* es el nombre IUPAC para un anillo de benceno ligado a un grupo hidroxilo (—OH), que se usa en el nombre de la familia de compuestos orgánicos derivados del fenol. Cuando hay un segundo sustituyente, el anillo de benceno se numera a partir del carbono 1, que es el carbono enlazado al grupo —OH. Los términos *orto*, *meta* y *para* se usan para los nombres comunes de los fenoles simples. El nombre común de *cresol* se utiliza también para denominar a los metilfenoles.

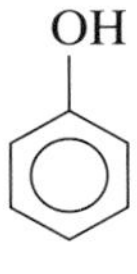

Fenol

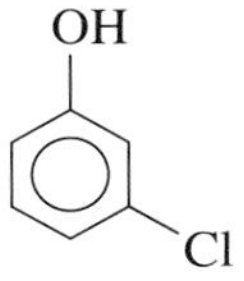

3-clorofenol
(*meta*-clorofenol)

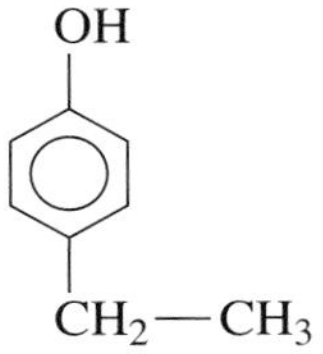

4-etilfenol
(*para*-etilfenol)

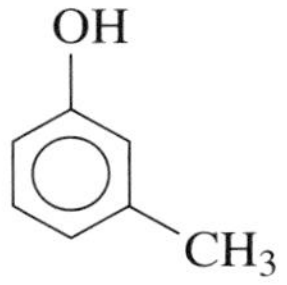

3-metilfenol
(*meta*-cresol)

EJEMPLO DE PROBLEMA 13.1 — Cómo nombrar alcoholes

Proporcione el nombre IUPAC del compuesto siguiente:

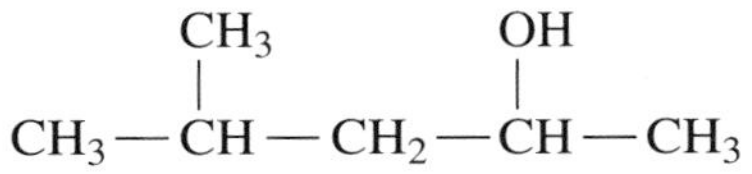

$$CH_3-\overset{\displaystyle CH_3}{\overset{\displaystyle |}{CH}}-CH_2-\overset{\displaystyle OH}{\overset{\displaystyle |}{CH}}-CH_3$$

SOLUCIÓN

Análisis del problema

Grupo funcional	Familia	Nomenclatura IUPAC	Nombre IUPAC
Grupo hidroxilo	Alcohol	Sustituya la terminación *o* del nombre del alcano con *ol*.	Alcanol

Guía para nombrar alcoholes

1 Para nombrar la cadena de carbono más larga unida al grupo —OH sustituya la terminación *o* en el nombre del alcano correspondiente con *ol*. Nombre un alcohol aromático como *fenol*.

2 Numere la cadena a partir del extremo más cercano al grupo —OH.

3 Indique la ubicación y nombre de cada sustituyente en relación con el grupo —OH.

Explore su mundo

ALCOHOLES EN PRODUCTOS DOMÉSTICOS

Lea las etiquetas de productos domésticos como desinfectantes, enjuague bucal, remedios para el resfriado, alcohol para frotar y extractos de saborizantes. Busque los nombres de alcoholes como alcohol etílico, alcohol isopropílico, timol y mentol.

PREGUNTAS

1. ¿Qué parte del nombre le indica que es un alcohol?
2. ¿A qué alcohol generalmente se refiere el término "alcohol"?
3. ¿Cuál es el porcentaje de alcohol de los productos?
4. Dibuje las fórmulas estructurales condensadas de los alcoholes que encontró mencionados en las etiquetas. Tal vez necesite usar Internet o un libro de referencia para algunas estructuras.

Paso 1 **Para nombrar la cadena de carbono más larga unida al grupo —OH sustituya la terminación *o* en el nombre del alcano correspondiente con *ol*. Nombre un alcohol aromático como *fenol*.**

$$CH_3—CH—CH_2—CH—CH_3$$
con CH_3 y OH sustituyentes   pentanol

Paso 2 **Numere la cadena a partir del extremo más cercano al grupo —OH.** Esta cadena de carbono se numera de derecha a izquierda para proporcionar la posición del grupo —OH como carbono 2, que se muestra como prefijo en el nombre 2-pentanol.

$$CH_3—CH—CH_2—CH—CH_3$$
      5   4   3   2   1   2-pentanol

Paso 3 **Indique la ubicación y nombre de cada sustituyente en relación con el grupo —OH.** Con un grupo metilo en el carbono 4, el compuesto se llama 4-metil-2-pentanol.

$$CH_3—CH—CH_2—CH—CH_3$$
      5   4   3   2   1   4-metil-2-pentanol

COMPROBACIÓN DE ESTUDIO 13.1

Proporcione el nombre IUPAC del compuesto siguiente:

$$CH_3—CH—CH_2—CH_2—OH$$
con Cl sustituyente

EJEMPLO DE PROBLEMA 13.2   Cómo nombrar fenoles

Proporcione el nombre IUPAC del compuesto siguiente:

benceno con Br y OH

SOLUCIÓN

Análisis del problema

Grupo funcional	Familia	Nomenclatura IUPAC	Nombre IUPAC
Grupo hidroxilo en un anillo de benceno	Fenol	Fenol con sustituyente halógeno; numere el anillo para obtener los números más bajos.	Halofenol

Paso 1 **Para nombrar la cadena de carbono más larga unida al grupo —OH sustituya la terminación *o* en el nombre del alcano correspondiente con *ol*. Nombre un alcohol aromático como *fenol*.** El compuesto es un *fenol* porque consta de un benceno unido a —OH .

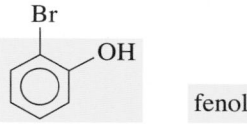

fenol

Paso 2 **Numere la cadena a partir del extremo más cercano al grupo —OH.** Para un fenol, el átomo de carbono unido al grupo —OH es carbono 1. Luego numere el anillo en la dirección que proporcione el número más bajo al átomo de bromo.

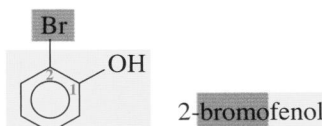

fenol

Paso 3 **Indique la ubicación y nombre de cada sustituyente en relación con el grupo —OH.** El nombre IUPAC del compuesto es 2-bromofenol.

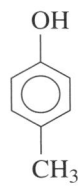

2-bromofenol

COMPROBACIÓN DE ESTUDIO 13.2

Proporcione los nombres IUPAC y común del compuesto siguiente:

La química en la salud

ALGUNOS ALCOHOLES Y FENOLES IMPORTANTES

El *metanol* (*alcohol metílico*), el alcohol más simple, se encuentra en muchos solventes y removedores de pintura. Si se ingiere, el metanol se oxida a formaldehído, que puede causar dolores de cabeza, ceguera y muerte. El metanol se utiliza para elaborar plásticos, medicamentos y combustibles. En los automóviles de carreras se usa como combustible porque es menos inflamable y tiene mayor octanaje que la gasolina.

El *etanol* (*alcohol etílico*) se conoce desde la prehistoria como un producto que causa intoxicación, formado por la fermentación de granos, azúcares y almidones.

$$C_6H_{12}O_6 \xrightarrow{\text{Fermentación}} 2CH_3-CH_2-OH + 2CO_2$$

En la actualidad, el etanol para uso comercial se produce mediante la reacción de eteno y agua a altas temperaturas y presiones, como se vio en la sección 12.3. El etanol se utiliza como solvente para perfumes, barnices y algunos medicamentos, como la tintura de yodo. El interés reciente en combustibles alternativos propició un incremento de la producción de etanol mediante la fermentación de azúcares procedentes de granos como maíz, trigo y arroz. El "gasohol" es una mezcla de etanol y gasolina que se usa como combustible.

$$H_2C=CH_2 + H_2O \xrightarrow{300\ °C,\ 200\ atm,\ H^+} CH_3-CH_2-OH$$

El *1,2,3-propanotriol* (*glicerol* o *glicerina*), un alcohol trihidroxi, es un líquido viscoso que se obtiene a partir de aceites y grasas durante la producción de jabones. La presencia de varios grupos —OH polares hace que se atraiga fuertemente hacia el agua, una característica que hace que la glicerina sea útil como suavizante de piel en productos como lociones para la piel, cosméticos, cremas de afeitar y jabones líquidos.

$$HO-CH_2-\overset{\displaystyle OH}{\underset{\displaystyle |}{CH}}-CH_2-OH$$

1,2,3-propanotriol
(glicerol)

El *1,2-etanodiol* (*etilenglicol*) se usa como anticongelante en sistemas de calefacción y enfriamiento. También es un solvente para pinturas, tintas y plásticos, y se utiliza en la producción de fibras sintéticas como el Dacrón. Si se ingiere, es extremadamente tóxico. En el cuerpo se oxida a ácido oxálico, que forma sales insolubles en los riñones, las cuales ocasionan daño renal, convulsiones y muerte. Puesto que su sabor dulce atrae a mascotas y niños, las disoluciones de etilenglicol deben guardarse en un lugar seguro.

$$HO-CH_2-CH_2-OH \xrightarrow{[O]} HO-\overset{\displaystyle O}{\overset{\displaystyle \|}{C}}-\overset{\displaystyle O}{\overset{\displaystyle \|}{C}}-OH$$

1,2-etanodiol
(etilenglicol)

Ácido oxálico

Un anticongelante eleva el punto de ebullición y reduce el punto de congelación del agua en un radiador.

Los *fenoles* se encuentran en muchos de los aceites esenciales de las plantas y producen el olor o sabor de la planta. El eugenol se encuentra en el clavo, la vainillina en la vainilla, el isoeugenol en la nuez moscada y el timol en el tomillo y la menta. El timol tiene un agradable sabor a menta y se utiliza en enjuagues bucales; los dentistas lo usan para desinfectar una caries antes de colocar un compuesto obturador.

El *bisfenol A* (*BPA*) se usa para elaborar policarbonato, un plástico transparente que se utiliza para fabricar envases para bebidas, incluidos biberones. Lavar las botellas de policarbonato con determinados detergentes o a altas temperaturas altera el polímero, lo que ocasiona que pequeñas cantidades de BPA se desprendan de las botellas. Dado que el BPA es un imitador de estrógeno, existe preocupación por los efectos dañinos que causen concentraciones bajas de BPA. En 2008, Canadá prohibió el uso de biberones de policarbonato, que ahora se etiquetan "sin BPA". Las botellas y recipientes de plástico hechos con policarbonato tienen el símbolo de reciclado "7".

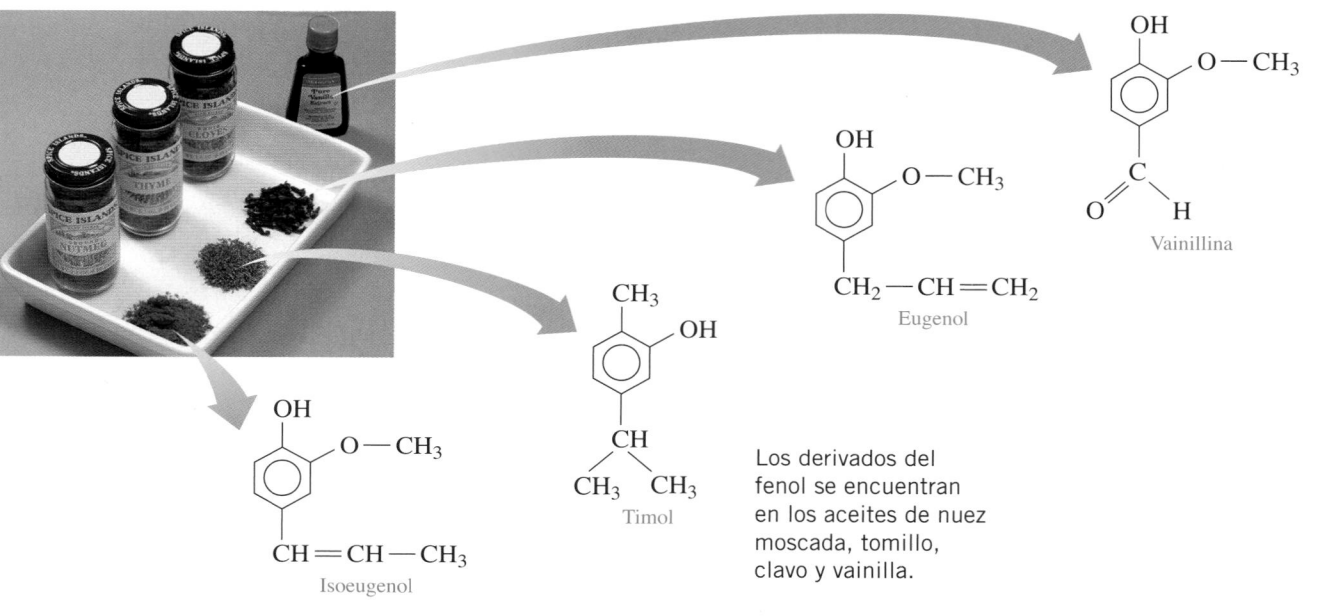

Los derivados del fenol se encuentran en los aceites de nuez moscada, tomillo, clavo y vainilla.

Tioles

El rocío de una mofeta contiene una mezcla de tioles.

Los **tioles** son compuestos orgánicos que contienen el grupo funcional *tiol* (—SH) enlazado a un átomo de carbono. En el sistema IUPAC, para nombrar los tioles se agrega *tiol* al nombre del alcano de la cadena de carbono más larga y se numera la cadena de carbono desde el extremo más cercano al grupo —SH.

$$CH_3 - OH \qquad CH_3 - SH \qquad CH_3 - \overset{\overset{\displaystyle SH}{|}}{CH} - CH_2 - CH_3 \qquad CH_3 - CH_2 - SH$$

Metanol   Metanotiol   2-butanotiol   Etanotiol

Una importante propiedad de los tioles es un fuerte olor, en ocasiones desagradable. Para ayudar a las personas a detectar fugas de gas natural (metano), se agrega una pequeña cantidad de etanotiol al suministro de gas, que normalmente es inodoro. Hay tioles como *trans*-2-buteno-1-tiol en el rocío que emite una mofeta cuando percibe peligro.

trans-2-buteno-1-tiol
(en rocío de mofeta)

El metanotiol es el olor característico de ostras, queso cheddar, cebollas y ajo. El ajo también contiene 2-propeno-1-tiol. El olor de las cebollas se debe a 1-propanotiol, que también es lacrimógeno, una sustancia que produce lágrimas (véase la figura 13.1).

$CH_3 — CH_2 — CH_2 — SH$
1-propanotiol
Cebollas

$CH_3 — SH$
Metanotiol
Ostras y queso

$H_2C = CH — CH_2 — SH$
2-propeno-1-tiol
Ajo

FIGURA 13.1 Los tioles son compuestos que contienen el grupo —SH y con frecuencia tienen olores fuertes.
P ¿En qué se parecen las estructuras de tioles y alcoholes?

PREGUNTAS Y PROBLEMAS

13.1 Alcoholes, fenoles y tioles

META DE APRENDIZAJE: *Proporcionar los nombres IUPAC y comunes de alcoholes, fenoles y tioles; dibujar sus fórmulas estructurales condensadas o fórmulas de esqueleto.*

13.1 Proporcione el nombre IUPAC de cada uno de los compuestos siguientes:

a. $CH_3 — CH_2 — OH$ **b.** $CH_3 — CH_2 — \overset{\overset{\displaystyle OH}{|}}{CH} — CH_3$

c. [estructura]   **d.** [estructura]

e. [estructura]

13.2 Proporcione el nombre IUPAC de cada uno de los compuestos siguientes:

a. [estructura] — OH

b. $CH_3 — CH_2 — \overset{\overset{\displaystyle CH_3}{|}}{CH} — CH_2 — OH$

c. [estructura]

d. [estructura]

e. $CH_3 — CH_2 — \overset{\overset{\displaystyle OH}{|}}{CH} — CH_2 — CH_2 — CH_3$

13.3 Dibuje la fórmula estructural condensada o la fórmula de esqueleto (si el compuesto es cíclico) de cada uno de los compuestos siguientes:
a. 1-propanol
b. 3-pentanol
c. 2-metil-2-butanol
d. *p*-clorofenol
e. 2-bromo-4-clorofenol

13.4 Dibuje la fórmula estructural condensada o la fórmula de esqueleto (si el compuesto es cíclico) de cada uno de los compuestos siguientes:
a. 3-metil-1-butanol
b. 2,4-diclorociclohexanol
c. 3-cloro-2-metil-1-pentanol
d. *o*-bromofenol
e. 2,4-dimetilfenol

13.2 Éteres

Un **éter** consiste en un átomo de oxígeno que está unido mediante enlaces sencillos a dos átomos de carbono que forman parte de grupos alquilo o aromáticos.

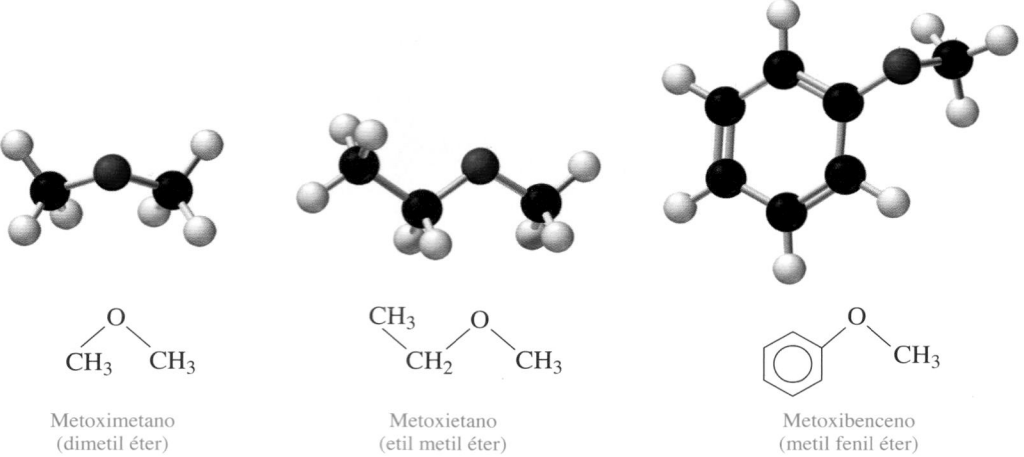

Metoximetano
(dimetil éter)

Metoxietano
(etil metil éter)

Metoxibenceno
(metil fenil éter)

TUTORIAL
Naming Ethers

TUTORIAL
Drawing Ethers

Nomenclatura de éteres

En el nombre común de un éter, los nombres de los grupos alquilo o aromáticos unidos al átomo de oxígeno se escriben en orden alfabético, sin la terminación *o*, seguidos de la palabra *éter*.

Metilo   Propilo
↓   ↓

CH_3 — O — CH_2 — CH_2 — CH_3 Nombre común: metil propil éter

En el sistema IUPAC, para nombrar un éter se utiliza un grupo alcoxi constituido por el grupo alquilo más pequeño y el átomo de oxígeno, seguido del nombre del alcano de la cadena de carbono más larga.

Metoxi   Propano
↓   ↓

CH_3 — O — CH_2 — CH_2 — CH_3 Nombre IUPAC: 1-metoxipropano
            1   2   3

A continuación se presentan más ejemplos de nomenclatura de éteres tanto IUPAC como común:

CH_3—O—CH_3

Metoximetano
(dimetil éter)

CH_3—CH_2—O—CH_2—CH_3

Etoxietano
(dietil éter)

$$O—CH_3$$
$$|$$
CH_3—CH—CH_2—CH_3

2-metoxibutano

CH_3—CH_2—O—⬡

Etoxibenceno
(etil fenil éter)

⬡—O—⬡

Fenoxibenceno
(difenil éter)

EJEMPLO DE PROBLEMA 13.3 Cómo nombrar éteres

Proporcione el nombre IUPAC del compuesto siguiente:

$$CH_3 — CH_2 — O — CH_2 — CH_2 — CH_2 — CH_3$$

SOLUCIÓN

Análisis del problema

Grupo funcional	Familia	Nomenclatura IUPAC	Nombre IUPAC
Átomo de oxígeno unido a dos grupos carbono	Éter	Nombre el grupo alquilo más corto y el átomo de oxígeno como *alcoxi*, seguido del nombre del alcano con la cadena de carbono más larga.	Alcoxialcano

Guía para nombrar éteres

1 Escriba el nombre del alcano con la cadena de carbono más larga.

2 Nombre el oxígeno y el grupo alquilo más pequeño como un grupo alcoxi.

3 Numere la cadena de carbono más larga a partir del extremo más cercano al grupo alcoxi, e indique su ubicación.

Paso 1 **Escriba el nombre del alcano con la cadena de carbono más larga.**

$$CH_3 — CH_2 — O — \underbrace{CH_2 — CH_2 — CH_2 — CH_3}_{\text{Cadena de carbono más larga}}$$ butano

Paso 2 **Nombre el oxígeno y el grupo alquilo más pequeño como grupo alcoxi.**

$$CH_3 — \underset{\uparrow}{CH_2} — O — CH_2 — CH_2 — CH_2 — CH_3$$ etoxibutano

Grupo etoxi

Paso 3 **Numere la cadena de carbono más larga a partir del extremo más cercano al grupo alcoxi, e indique su ubicación.**

$$CH_3 — CH_2 — O — \underset{1}{CH_2} — \underset{2}{CH_2} — \underset{3}{CH_2} — \underset{4}{CH_3}$$ 1-etoxibutano

COMPROBACIÓN DE ESTUDIO 13.3

¿Cuál es el nombre IUPAC de metil fenil éter?

Isómeros de alcoholes y éteres

Alcoholes y éteres pueden tener la misma fórmula molecular. Por ejemplo, es posible dibujar fórmulas estructurales condensadas para los isómeros con la fórmula molecular C_2H_6O del modo siguiente:

$$CH_3 — CH_2 — OH \qquad CH_3 — O — CH_3$$
Etanol   Metoximetano

COMPROBACIÓN DE CONCEPTOS 13.1 Isómeros de alcoholes y éteres

¿Por qué las siguientes fórmulas condensadas representan un par de isómeros estructurales?

$$CH_3 — CH_2 — CH_2 — OH \qquad CH_3 — O — CH_2 — CH_3$$

RESPUESTA

Estos dos compuestos, uno un alcohol y el otro un éter, tienen la misma fórmula molecular, C_3H_8O, pero sus átomos están ordenados en forma diferente, lo que los convierte en isómeros estructurales.

La química en la salud

ÉTERES COMO ANESTÉSICOS

Anestesia es la pérdida de toda sensibilidad y conciencia. Un anestésico general es una sustancia que bloquea las señales hacia los centros de la conciencia en el cerebro, de modo que la persona experimenta una pérdida de memoria y de la sensibilidad al dolor, al tiempo que tiene un sueño artificial. El término *éter* ha estado asociado a la anestesia porque el dietil éter fue el anestésico que más se utilizó durante más de 100 años. Aunque es sencillo de administrar, el éter es muy volátil y altamente inflamable. Una pequeña chispa en el quirófano podría causar una explosión. Desde la década de 1950 se desarrollaron anestésicos que no son inflamables, como Forano

(isoflurano), Etrano (enflurano) y Pentrano (metoxiflurano). La mayor parte de estos anestésicos conserva el grupo éter, pero la adición de muchos átomos de halógeno reduce la volatilidad y la inflamabilidad de los éteres. En fecha más reciente se sustituyeron con Fluotano (halotano) (2-bromo-2-cloro-1,1,1-trifluoroetano) debido a los efectos adversos que genera la inhalación de los anestésicos tipo éter, como la toxicidad para hígado y riñones, así como arritmias.

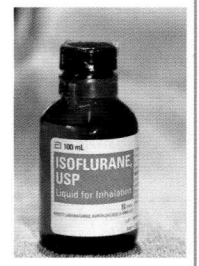

El isoflurano (Forano) es un anestésico inhalado.

Forano® (isoflurano)

Etrano® (enflurano)

Pentrano® (metoxiflurano)

Fluotano (halotano)

EJEMPLO DE PROBLEMA 13.4 Isómeros de alcoholes y éteres

Dibuje las fórmulas estructurales condensadas y proporcione los nombres IUPAC y común de dos alcoholes y un éter con una fórmula molecular de C_3H_8O.

SOLUCIÓN

Para dibujar los isómeros estructurales de los alcoholes, el grupo hidroxilo se enlaza a dos átomos diferentes en una cadena de tres átomos de carbono. Para el éter, el átomo de oxígeno se enlaza a dos grupos alquilo.

CH_3—CH_2—CH_2—OH
1-propanol
(alcohol propílico)

CH_3—CH—CH_3 con OH
2-propanol
(alcohol isopropílico)

CH_3—CH_2—O—CH_3
Metoxietano
(etil metil éter)

COMPROBACIÓN DE ESTUDIO 13.4

Escriba los nombres IUPAC de dos alcoholes no ramificados y dos éteres no ramificados que sean isómeros estructurales, todos los cuales tienen la fórmula molecular $C_4H_{10}O$.

Éteres cíclicos

Un **éter cíclico** consta de un átomo de oxígeno dentro de un anillo de carbono. Puesto que uno o más de los átomos en el anillo no son carbono, se conocen como *compuestos heterocíclicos*. Con mucha frecuencia, los éteres cíclicos se denominan por sus nombres comunes. Un anillo heterocíclico de cinco átomos tiene un nombre común derivado de *furano*. Cuando hay sustituyentes, el anillo se numera a partir del átomo de oxígeno como 1.

Óxido de etileno

Furano

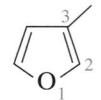
3-metilfurano

Tetrahidrofurano (THF)

El nombre de un anillo de éter heterocíclico de seis átomos se deriva de *pirano*.

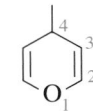

Pirano   Tetrahidropirano (THP)   4-metilpirano

Un éter cíclico que contiene dos átomos de oxígeno en un anillo de seis átomos se llama *dioxano*. Los átomos de oxígeno se numeran porque pueden tomar diferentes posiciones en el anillo. Cuando un anillo de seis átomos con dos átomos de oxígeno contiene dos enlaces dobles, el éter se llama *dioxina*.

1,4-dioxano   1,3-dioxano   1,4-dioxina

La química en el ambiente

ÉTERES TÓXICOS

Los compuestos conocidos como *dioxinas* son extremadamente tóxicos. Uno de los más tóxicos es el 2,3,7,8-tetraclorodibenzo-*p*-dioxina (TCDD), que comúnmente se llama *dioxina*. Se clasifica como carcinógeno (que produce cáncer) porque su estructura interfiere en el ADN. El TCDD se forma como un subproducto de diversos procesos industriales en los que se utiliza cloro, como la fabricación de pesticidas y el blanqueado de pulpa y papel con cloro. El herbicida agente naranja que se usó en Vietnam se contaminó con TCDD, un subproducto que se formó durante la síntesis del agente naranja.

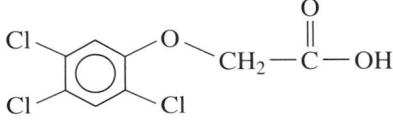

2,3,7,8-tetraclorodibenzo-*p*-dioxina
(TCDD, "dioxina")

Ácido 2,4,5-triclorofenoxiacético
(2,4,5-T; agente naranja)

COMPROBACIÓN DE CONCEPTOS 13.2   **Éteres**

Indique si cada uno de los compuestos siguientes es alcohol cíclico, éter o éter cíclico:

a.   **b.** 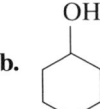   **c.** (ciclohexil—O—CH₃)

RESPUESTA

a. Un éter cíclico tiene un átomo de oxígeno en el anillo.
b. Un alcohol cíclico tiene un grupo hidroxilo enlazado a un cicloalcano.
c. Un éter tiene un átomo de oxígeno que está enlazado mediante enlaces sencillos a dos grupos carbono.

PREGUNTAS Y PROBLEMAS

13.2 Éteres

META DE APRENDIZAJE: *Proporcionar los nombres IUPAC y comunes de éteres; dibujar sus fórmulas estructurales condensadas o fórmulas de esqueleto.*

13.5 Proporcione el nombre IUPAC y el nombre común de cada uno de los éteres siguientes:

a. $CH_3 — O — CH_2 — CH_3$ **b.** (ciclohexil—O—CH_3)

c. (ciclobutil—O—$CH_2 — CH_3$)

d. $CH_3 — O — CH_2 — CH_2 — CH_3$

13.6 Proporcione el nombre IUPAC y el nombre común de cada uno de los éteres siguientes:

a. $CH_3 — CH_2 — O — CH_2 — CH_2 — CH_3$

b. (fenil—O—CH_3)

c. 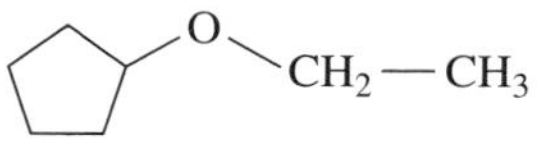 CH_2—CH_3

d. CH_3—O—CH_3

13.7 Dibuje la fórmula estructural condensada o la fórmula de esqueleto (si el compuesto es cíclico) de cada uno de los compuestos siguientes:
- **a.** etil propil éter
- **b.** ciclopropil etil éter
- **c.** metoxiciclopentano
- **d.** 1-etoxi-2-metilbutano
- **e.** 2,3-dimetoxipentano

13.8 Dibuje la fórmula estructural condensada o la fórmula de esqueleto (si el compuesto es cíclico) de cada uno de los compuestos siguientes:
- **a.** dietil éter
- **b.** difenil éter
- **c.** etoxiciclohexano
- **d.** 2-metoxi-2,3-dimetilbutano
- **e.** 1,2-dimetoxibenceno

13.9 Indique si cada uno de los pares de compuestos siguientes representa isómeros estructurales o no:
- **a.** 2-pentanol y 2-metoxibutano
- **b.** 2-butanol y ciclobutanol
- **c.** etil propil éter y 2-metil-1-butanol

13.10 Indique si cada uno de los pares de compuestos siguientes representa isómeros estructurales o no:
- **a.** 2-metoxibutano y 3-metil-2-butanol
- **b.** 1-hexanol y dipropil éter
- **c.** 2-metil-2-propanol y dietil éter

13.11 Proporcione el nombre de cada uno de los éteres cíclicos siguientes:

a.    **b.** 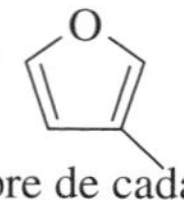   **c.**

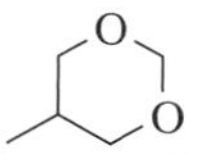

13.12 Proporcione el nombre de cada uno de los éteres cíclicos siguientes:

a.    **b.** 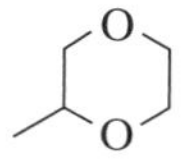   **c.**

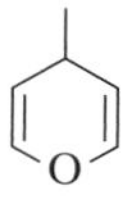

META DE APRENDIZAJE

Describir la clasificación, puntos de ebullición y solubilidad de alcoholes, fenoles y éteres.

13.3 Propiedades físicas de alcoholes, fenoles y éteres

Los alcoholes se clasifican por el número de grupos alquilo unidos al átomo de carbono enlazado al grupo hidroxilo (—OH). Un **alcohol primario (1°)** tiene un solo grupo alquilo unido al átomo de carbono enlazado al grupo —OH. El alcohol más simple, metanol (CH_3OH), que tiene un carbono unido a tres átomos de H pero sin grupo alquilo, se considera un alcohol primario; un **alcohol secundario (2°)** tiene dos grupos alquilo, y un **alcohol terciario (3°)** tiene tres grupos alquilo.

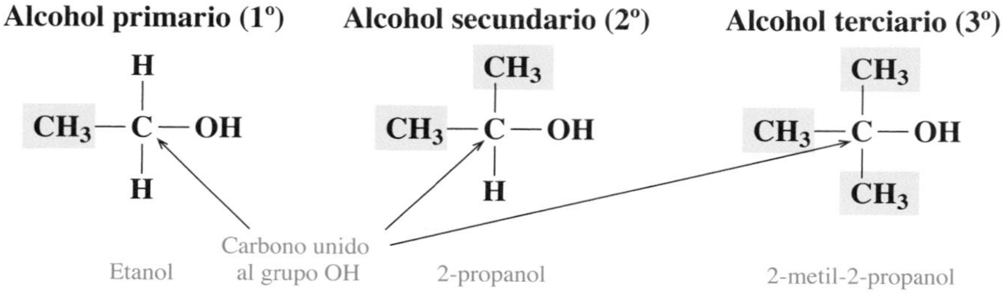

Alcohol primario (1°)   **Alcohol secundario (2°)**   **Alcohol terciario (3°)**

Etanol   Carbono unido al grupo OH   2-propanol   2-metil-2-propanol

COMPROBACIÓN DE CONCEPTOS 13.3   **Cómo clasificar alcoholes**

Clasifique cada uno de los alcoholes siguientes como primario (1°), secundario (2°) o terciario (3°):

a. CH_3—CH_2—CH_2—OH **b.** 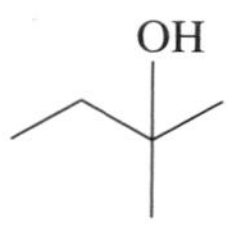   **c.**

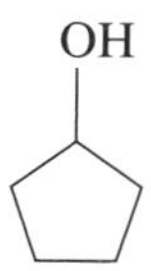

RESPUESTA
- **a.** El átomo de carbono enlazado al grupo —OH está unido a un grupo alquilo, lo que lo convierte en un alcohol primario (1°).
- **b.** El átomo de carbono enlazado al grupo —OH está unido a tres grupos alquilo, lo que lo convierte en un alcohol terciario (3°).
- **c.** En un alcohol cíclico, el átomo de carbono en el anillo enlazado al grupo —OH está unido a otros dos átomos de carbono, lo que lo convierte en un alcohol secundario (2°).

COMPROBACIÓN DE CONCEPTOS 13.4 Puntos de ebullición de alcoholes y éteres

¿Por qué el 1-propanol tiene un punto de ebullición más alto que su isómero estructural, etil metil éter?

RESPUESTA

Dado que muchos enlaces por puente de hidrógeno se forman entre los grupos polares —OH de las moléculas de 1-propanol, se necesita más energía y, por tanto, una temperatura más alta para que hierva el 1-propanol. El etil metil éter no forma enlaces por puente de hidrógeno con otras moléculas de etil metil éter, lo que significa que hierve a temperatura más baja.

Puntos de ebullición

Puesto que hay una gran diferencia en electronegatividad entre los átomos de oxígeno e hidrógeno del grupo —OH, el oxígeno tiene una carga parcialmente negativa y el hidrógeno tiene una carga parcialmente positiva. Como resultado, se forman enlaces por puente de hidrógeno entre el oxígeno de un alcohol y el hidrógeno en el —OH de otro alcohol. Los enlaces por puente de hidrógeno no pueden formarse entre moléculas de éter porque no hay grupos polares —OH.

Los alcoholes tienen puntos de ebullición más altos que los éteres de la misma masa porque necesitan temperaturas más altas que proporcionen la energía suficiente para romper los muchos enlaces por puente de hidrógeno. Los puntos de ebullición de los éteres son similares a los de los alcanos porque ninguno puede formar enlaces por puente de hidrógeno.

Solubilidad de alcoholes y éteres en agua

La electronegatividad del átomo de oxígeno tanto en alcoholes como en éteres influye en su solubilidad en agua. En los alcoholes, los átomos del grupo —OH pueden formar enlaces por puente de hidrógeno con los átomos de H y O del agua. Los alcoholes con uno a tres átomos de carbono son miscibles en agua, lo que significa que cualquier cantidad es completamente soluble en agua. Sin embargo, la solubilidad proporcionada por el grupo polar —OH disminuye a medida que aumenta el número de átomos de carbono. Los alcoholes con cuatro átomos de carbono son un poco solubles, y los alcoholes con cinco o más átomos de carbono no son solubles.

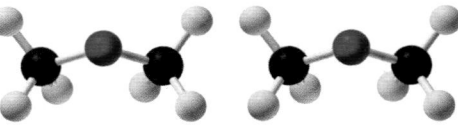

Cadena de carbono no polar ⟶ $CH_3 — CH_2$ | OH
Soluble en agua

$CH_3 — CH_2 — CH_2 — CH_2 — CH_2 — CH_2 — CH_2 — CH_2$ | OH
Insoluble en agua

Aunque los éteres pueden formar enlaces por puente de hidrógeno con agua, no forman tantos enlaces por puente de hidrógeno con agua como los alcoholes. Los éteres que contienen hasta cuatro átomos de carbono son un poco solubles en agua. En la tabla 13.1 se comparan los puntos de ebullición y la solubilidad en agua de algunos alcoholes y éteres de masa similar.

Solubilidad y punto de ebullición del fenol

El fenol tiene un punto de ebullición alto (182 °C) porque el grupo —OH permite que las moléculas de fenol formen enlaces por puente de hidrógeno con otras moléculas de fenol. El fenol es un poco soluble en agua porque el grupo —OH puede formar enlaces por puente de hidrógeno con las moléculas de agua. En agua, el grupo —OH del fenol se ioniza ligeramente, lo que lo convierte en un ácido débil ($K_a = 1 \times 10^{-10}$). De hecho, uno de los primeros nombres del fenol fue *ácido carbólico*. El fenol es muy corrosivo y enormemente irritante para la piel; puede causar quemaduras graves y su ingestión es mortal. En alguna época se usaban disoluciones diluidas de fenol en los hospitales como antisépticos, pero en general se sustituyeron.

TUTORIAL
Physical Properties of Alcohols and Ethers

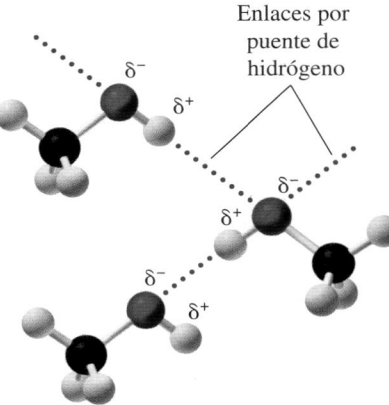

Enlaces por puente de hidrógeno

Alcohol metílico

No existen enlaces por puente de hidrógeno

Dimetil éter

Los enlaces por puente de hidrógeno pueden formarse entre las moléculas de alcohol, pero no entre moléculas de éter.

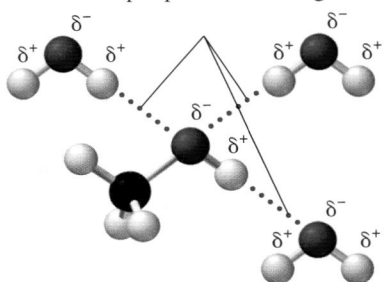

Enlaces por puente de hidrógeno

Alcohol metílico en agua

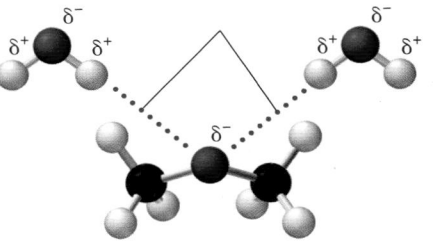

Enlaces por puente de hidrógeno

Dimetil éter en agua

OH + H_2O ⇌ O^- + H_3O^+

Fenol   Ión fenóxido

TABLA 13.1 Puntos de ebullición y solubilidad de algunos alcoholes y éteres representativos

Compuesto	Fórmula estructural condensada	Familia	Número de átomos de carbono	Punto de ebullición (°C)	Solubilidad en agua
Metanol	CH₃—OH	Alcohol	1	65	Soluble
Etanol	CH₃—CH₂—OH	Alcohol	2	78	Soluble
1-propanol	CH₃—CH₂—CH₂—OH	Alcohol	3	97	Soluble
1-butanol	CH₃—CH₂—CH₂—CH₂—OH	Alcohol	4	118	Un poco soluble
1-pentanol	CH₃—CH₂—CH₂—CH₂—CH₂—OH	Alcohol	5	138	Insoluble
Dimetil éter	CH₃—O—CH₃	Éter	2	−23	Un poco soluble
Etil metil éter	CH₃—O—CH₂—CH₃	Éter	3	8	Un poco soluble
Dietil éter	CH₃—CH₂—O—CH₂—CH₃	Éter	4	35	Un poco soluble
Etil propil éter	CH₃—CH₂—O—CH₂—CH₂—CH₃	Éter	5	64	Insoluble

La química en la salud

DESINFECTANTES DE MANOS Y ETANOL

Los desinfectantes de manos se utilizan como una alternativa para limpiar las manos y matar la mayor parte de bacterias y virus que transmiten resfriados e influenza. En la forma de disolución en gel o líquida, muchos desinfectantes de manos utilizan el etanol como su ingrediente activo. Si bien es seguro para la mayoría de los adultos, se recomienda supervisión cuando lo usen los niños porque hay cierta preocupación por el riesgo que implica para su salud. Después de usar un desinfectante de manos con etanol o alcohol isopropílico, los niños podrían ingerir suficiente alcohol como para enfermarse.

La cantidad de etanol de un desinfectante que contiene alcohol suele ser de 60% (v/v), pero puede llegar a ser de hasta 85% (v/v). Por su alto volumen de etanol, los desinfectantes de manos constituyen un riesgo de incendio en el hogar porque son altamente inflamables.

Cuando el etanol experimenta combustión produce una flama azul transparente. Cuando se usa un desinfectante que contiene etanol, es importante frotar las manos hasta que estén completamente secas. También es recomendable que los desinfectantes que contienen etanol se guarden en áreas alejadas de fuentes de calor en el hogar.

Algunos desinfectantes no contienen alcohol, pero con frecuencia el ingrediente activo es triclosán, que contiene grupos funcionales aromáticos, éter y fenol. La Agencia de Alimentos y Medicamentos considera prohibir el triclosán en productos de higiene personal porque cuando se mezclan con agua del grifo para su desecho, el triclosán que se acumula en el ambiente puede favorecer la proliferación de bacterias resistentes a los antibióticos.

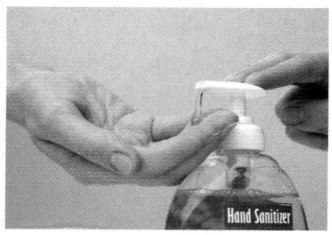

Los desinfectantes de manos que contienen etanol se utilizan para matar bacterias.

El triclosán es un compuesto antibacterial que se usa en productos de higiene personal.

PREGUNTAS Y PROBLEMAS

13.3 Propiedades físicas de alcoholes, fenoles y éteres

META DE APRENDIZAJE: Describir la clasificación, puntos de ebullición y solubilidad de alcoholes, fenoles y éteres.

13.13 Clasifique cada uno de los compuestos siguientes como alcohol primario (1°), secundario (2°) o terciario (3°):

a. CH₃—CH(CH₃)—CH₂—CH₂—OH
b. CH₃—CH₂—CH₂—CH₂—OH
c. CH₃—C(OH)(CH₃)—CH₂—CH₃
d. (estructura con OH)

13.14 Clasifique cada uno de los compuestos siguientes como alcohol primario (1°), secundario (2°) o terciario (3°):

a. (ciclopentano con CH₃ y OH)
b. (CH₃)₂CH—CH₂—OH
c. (bencilo) CH₂—OH
d. CH₃—CH₂—CH₂—C(CH₃)₂—OH

13.15 Prediga el compuesto con el punto de ebullición más alto en cada uno de los pares siguientes:
  a. etano o metanol
  b. dietil éter o 1-butanol
  c. 1-butanol o pentano

13.16 Prediga el compuesto con el punto de ebullición más alto en cada uno de los pares siguientes:
  a. 2-propanol y 2-butanol
  b. dimetil éter o etanol
  c. dimetil éter o dietil éter

13.17 ¿Cada uno de los compuestos siguientes es soluble, un poco soluble o insoluble en agua? Explique.
  a. $CH_3 — CH_2 — OH$
  b. $CH_3 — O — CH_3$
  c. $CH_3 — CH_2 — CH_2 — CH_2 — CH_2 — CH_2 — OH$

13.18 ¿Cada uno de los compuestos siguientes es soluble, un poco soluble o insoluble en agua? Explique.
  a. $CH_3 — CH_2 — CH_2 — OH$

b.

OH

  c. $CH_3 — CH_2 — O — CH_2 — CH_3$

13.19 Ofrezca una explicación para cada una de las observaciones siguientes:
  a. El metanol es soluble en agua, pero el etano no.
  b. El 2-propanol es soluble en agua, pero el 1-butanol sólo es un poco soluble.
  c. El 1-propanol es soluble en agua, pero el etil metil éter sólo es un poco soluble.

13.20 Ofrezca una explicación para cada una de las observaciones siguientes:
  a. El etanol es soluble en agua, pero el propano no lo es.
  b. El dimetil éter es un poco soluble en agua, pero el pentano no lo es.
  c. El 1-propanol es soluble en agua, pero el 1-hexanol no lo es.

13.4 Reacciones de alcoholes y tioles

META DE APRENDIZAJE

Escribir ecuaciones para las reacciones de combustión, deshidratación y oxidación de alcoholes y tioles.

En la sección 11.4 aprendió que los hidrocarburos experimentan combustión en presencia de oxígeno. Los alcoholes también arden con oxígeno. Por ejemplo, en un restaurante, para preparar un postre flameado se rocía licor sobre fruta o helado y se enciende (véase la figura 13.2). La combustión del etanol en el licor procede del modo siguiente:

$$CH_3 — CH_2 — OH(g) + 3O_2(g) \xrightarrow{\Delta} 2CO_2(g) + 3H_2O(g) + energía$$

Deshidratación de alcoholes para formar alquenos

Ya vio que los alquenos pueden agregar agua para producir alcoholes. En una reacción inversa, los alcoholes pierden una molécula de agua cuando se calientan a temperatura alta (180 °C) con un catalizador ácido como H_2SO_4. Durante la **deshidratación** de un alcohol, H— y —OH se eliminan de *átomos de carbono adyacentes del mismo alcohol* para producir una molécula de agua. Entre los mismos dos átomos de carbono se forma un enlace doble que da lugar a un producto alqueno.

FIGURA 13.2 Para flamear un postre se utiliza un licor que experimente combustión.

P ¿Cuál es la ecuación para la combustión completa del etanol en el licor?

(diagrama de reacción)

Ejemplos

(diagramas de reacción: Etanol → Eteno; Ciclopentanol → Ciclopenteno)

La deshidratación de un alcohol secundario puede resultar en la formación de dos productos. La **regla de Saytzeff** afirma que el producto principal es aquel que se forma al eliminar un hidrógeno del átomo de carbono que tiene el menor número de átomos de

TUTORIAL
Dehydration and Oxidation of Alcohols

hidrógeno. Un átomo de hidrógeno es más fácil de eliminar del átomo de carbono adyacente al átomo de carbono unido al grupo —OH que tiene menos átomos de hidrógeno.

Carbono adyacente con el menor número de átomos de H

$$CH_3-\underset{\underset{H}{|}}{\overset{\overset{H}{|}}{C}}-\underset{\underset{H}{|}}{\overset{\overset{OH}{|}}{C}}-\underset{\underset{H}{|}}{\overset{\overset{H}{|}}{C}}-H \xrightarrow[\text{Calor}]{H^+}$$

2-butanol

$$CH_3-\underset{}{\overset{\overset{H}{|}}{C}}=\underset{\underset{H}{|}}{C}-\underset{\underset{H}{|}}{\overset{\overset{H}{|}}{C}}-H \ + H-\textbf{OH}$$

2-buteno (principal producto: 90%)

$$CH_3-\underset{\underset{H}{|}}{\overset{\overset{H}{|}}{C}}-\underset{\underset{H}{|}}{C}=\underset{}{\overset{\overset{H}{|}}{C}}-H \ + H-\textbf{OH}$$

1-buteno (producto menor: 10%)

COMPROBACIÓN DE CONCEPTOS 13.5 · Deshidratación de alcoholes

Considere la deshidratación de 1-pentanol y 2-pentanol.

a. ¿Se necesita la regla de Saytzeff para determinar el producto de deshidratación de cada alcohol?

b. ¿Cuál es el nombre del principal producto de deshidratación de cada alcohol?

RESPUESTA

a. La regla de Saytzeff se usa para determinar el producto principal de la deshidratación de 2-pentanol, pero no de la deshidratación de 1-pentanol. El carbono 2 en 2-pentanol está unido a átomos de carbono adyacentes con números diferentes de átomos de hidrógeno.

b. El 1-pentanol pierde el —OH del carbono 1 y un H— del carbono 2 para formar 1-penteno. Este es el único producto posible. Al usar la regla de Saytzeff, la deshidratación de 2-pentanol elimina el —OH del carbono 2 y un H— del carbono 3, que tiene el menor número de átomos de H. El principal producto es 2-penteno.

EJEMPLO DE PROBLEMA 13.5 · Deshidratación de alcoholes

Dibuje la fórmula estructural condensada o la fórmula de esqueleto (si el compuesto es cíclico) del alqueno producido por la deshidratación de cada uno de los alcoholes siguientes:

a. $CH_3-CH_2-\underset{\underset{OH}{|}}{CH}-CH_2-CH_3 \xrightarrow[\text{Calor}]{H^+}$ **b.** (ciclohexanol con OH) $\xrightarrow[\text{Calor}]{H^+}$

SOLUCIÓN

a. Puesto que la molécula es un alcohol simétrico, el H— puede eliminarse de cualquier carbono adyacente al carbono unido al grupo —OH, lo que forma el producto siguiente:

$$CH_3-CH_2-CH=CH-CH_3$$

b. El —OH de este alcohol simétrico se elimina junto con un H— de un carbono adyacente. Recuerde que los átomos de hidrógeno no se dibujan en la estructura de esqueleto:

(estructura de ciclohexeno)

COMPROBACIÓN DE ESTUDIO 13.5

¿Cuál es el nombre del alqueno producido por la deshidratación de ciclopentanol?

EJEMPLO DE PROBLEMA 13.6 · Cómo predecir reactivos

Dibuje la fórmula estructural condensada o la fórmula de esqueleto (si el compuesto es cíclico) del alcohol que reacciona para formar cada uno de los productos siguientes:

a. **b.** $CH_3-\underset{\underset{CH_3}{|}}{C}=CH-CH_3$

SOLUCIÓN

a. (estructura de ciclopentanol con grupo —OH)

b. $CH_3-\underset{\underset{CH_3}{|}}{\overset{\overset{OH}{|}}{C}}-CH_2-CH_3$ o $CH_3-CH-\underset{\underset{CH_3}{|}}{\overset{\overset{OH}{|}}{CH}}-CH_3$

COMPROBACIÓN DE ESTUDIO 13.6

¿Cuáles son los nombres de dos alcoholes que se deshidratan para producir 2-metilpropeno?

Formación de éteres

Los éteres se forman cuando la deshidratación de los alcoholes ocurre a temperaturas más bajas (130 °C) en presencia de un catalizador ácido. Entonces los componentes del agua se eliminan: H— de un alcohol y —OH de otro. Cuando se juntan las porciones restantes de dos alcoholes distintos, se produce un éter.

$$CH_3-OH + HO-CH_3 \xrightarrow[\text{Calor}]{H^+} CH_3-O-CH_3 + H_2O$$

Metanol   Metanol   Dimetil éter

Oxidación de alcoholes

Como estudió en la sección 6.3, la **oxidación** es una pérdida de átomos de hidrógeno o la adición de oxígeno. Cuando se compara el nivel de oxidación de alcanos con los ácidos carboxílicos, se descubre que hay un aumento del número de enlaces carbono-oxígeno. Cuando un compuesto se reduce, forma un producto con menos enlaces carbono-oxígeno.

Sin enlaces C-O   1 enlace C-O   2 enlaces C-O   3 enlaces C-O

$$CH_3-CH_3 \underset{\text{Reducción}}{\overset{\text{Oxidación}}{\rightleftarrows}} CH_3-CH_2 \underset{\text{Reducción}}{\overset{\text{Oxidación}}{\rightleftarrows}} CH_3-\overset{\overset{O}{\|}}{C}-H \underset{\text{Reducción}}{\overset{\text{Oxidación}}{\rightleftarrows}} CH_3-\overset{\overset{O}{\|}}{C}-OH$$

Alcano   Alcohol (1°)   Aldehído   Ácido carboxílico

Sin enlaces C-O   1 enlace C-O   2 enlaces C-O

$$CH_3-CH_2-CH_3 \underset{\text{Reducción}}{\overset{\text{Oxidación}}{\rightleftarrows}} CH_3-\underset{\underset{H}{|}}{\overset{\overset{OH}{|}}{C}}-CH_3 \underset{\text{Reducción}}{\overset{\text{Oxidación}}{\rightleftarrows}} CH_3-\overset{\overset{O}{\|}}{C}-CH_3$$

No hay más oxidación

Alcano   Alcohol (2°)   Cetona

Un alcohol se oxida más que un alcano; un aldehído o cetona se oxida más que un alcohol; un ácido carboxílico se oxida más que un aldehído.

Oxidación de alcoholes primarios y secundarios

La oxidación de un alcohol primario produce un aldehído, que contiene un enlace doble entre carbono y oxígeno. La oxidación tiene lugar cuando dos átomos de hidrógeno se eliminan, uno del grupo —OH y otro del carbono que está enlazado al grupo —OH. La reacción se escribe con el símbolo [O] sobre la flecha para indicar que se obtiene O a partir de un agente oxidante, como $KMnO_4$ o $K_2Cr_2O_7$.

$$H-\underset{\underset{H}{|}}{\overset{\overset{OH}{|}}{C}}-H \xrightarrow{[O]} H-\overset{\overset{O}{\|}}{C}-H + H_2O$$

Metanol   Metanal
(alcohol metílico)   (formaldehído)

$$CH_3-\underset{\underset{H}{|}}{\overset{\overset{OH}{|}}{C}}-H \xrightarrow{[O]} CH_3-\overset{\overset{O}{\|}}{C}-H + H_2O$$

Etanol   Etanal
(alcohol etílico)   (acetaldehído)

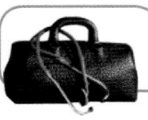

La química en la salud

INTOXICACIÓN CON METANOL

El *metanol*, o "alcohol de madera", es un alcohol altamente tóxico presente en productos como el líquido limpiador de parabrisas, Sterno y decapantes de pintura. El metanol se absorbe rápidamente en el aparato digestivo. En el hígado se metaboliza a formaldehído y luego a ácido fórmico, una sustancia que causa náusea, dolor abdominal intenso y vista borrosa. Puede causar ceguera, pues los productos intermedios destruyen la retina del ojo. Una cantidad de apenas 4 mL de metanol puede llegar a producir ceguera. El ácido fórmico, que no se elimina con facilidad del cuerpo, reduce tanto el pH sanguíneo que sólo 30 mL de metanol pueden conducir a estado de coma y muerte.

El tratamiento de la intoxicación con metanol consiste en administrar bicarbonato de sodio para neutralizar el ácido fórmico en la sangre. En algunos casos se administra etanol intravenoso al paciente. Las enzimas del hígado absorben moléculas de etanol que oxidan en lugar de las moléculas de metanol. Este proceso da tiempo a que el metanol se elimine por los pulmones sin que se formen sus peligrosos productos de oxidación.

Los aldehídos se oxidan aún más con la adición de oxígeno y forman un ácido carboxílico. Este paso ocurre tan pronto que con frecuencia es difícil aislar el producto aldehído durante la oxidación.

$$\underset{\substack{\text{Etanal}\\\text{(acetaldehído)}}}{CH_3-\overset{\overset{\displaystyle O}{\|}}{C}-H} \xrightarrow{[O]} \underset{\substack{\text{Ácido etanoico}\\\text{(ácido acético)}}}{CH_3-\overset{\overset{\displaystyle O}{\|}}{C}-OH}$$

En el capítulo 16 aprenderá más acerca de los ácidos carboxílicos.

En la oxidación de alcoholes secundarios, los productos son cetonas. Un hidrógeno se elimina del —OH y otro del carbono enlazado al grupo —OH. El resultado es una cetona que tiene el enlace doble carbono-oxígeno unido a los grupos alquilo en ambos lados. No hay más oxidación de una cetona porque no hay átomos de hidrógeno unidos al carbono del grupo cetona.

$$\underset{\substack{\text{2-propanol}\\\text{(alcohol isopropílico)}}}{CH_3-\overset{\overset{\displaystyle OH}{|}}{\underset{\underset{\displaystyle H}{|}}{C}}-CH_3} \xrightarrow{[O]} \underset{\substack{\text{Propanona}\\\text{(dimetil cetona; acetona)}}}{CH_3-\overset{\overset{\displaystyle O}{\|}}{C}-CH_3} + H_2O$$

Los alcoholes terciarios no se oxidan con facilidad porque no hay átomos de hidrógeno en el carbono enlazado al grupo —OH. Puesto que los enlaces C—C por lo general son muy fuertes para oxidarse, los alcoholes terciarios resisten la oxidación.

$$\underset{\text{Alcohol (3°)}}{CH_3-\overset{\overset{\displaystyle OH}{|}}{\underset{\underset{\displaystyle CH_3}{|}}{C}}-CH_3} \xrightarrow{[O]} \text{No se forma fácilmente producto de oxidación}$$

No se forma enlace doble · No hay hidrógeno en este carbono

EJEMPLO DE PROBLEMA 13.7 Oxidación de alcoholes

Dibuje la fórmula estructural condensada del aldehído o cetona que se forma por la oxidación de cada uno de los compuestos siguientes:

a. $CH_3-CH_2-\overset{\overset{\displaystyle OH}{|}}{CH}-CH_3$
b. $CH_3-CH_2-CH_2-OH$

SOLUCIÓN

a. Éste es un alcohol secundario (2°), que se oxida a una cetona.

$$CH_3-CH_2-\overset{\overset{\displaystyle O}{\|}}{C}-CH_3$$

b. Éste es un alcohol primario (1°), que se oxida a un aldehído.

$$CH_3-CH_2-\overset{\overset{\displaystyle O}{\|}}{C}-H$$

COMPROBACIÓN DE ESTUDIO 13.7

Dibuje la fórmula estructural condensada del producto formado por la oxidación de 2-pentanol.

El grupo —OH secundario en el ácido láctico se oxida a un grupo cetona en ácido pirúvico, que con el tiempo se oxida a CO_2 y H_2O. Los músculos de los deportistas de alto rendimiento están en condiciones de absorber mayor cantidad de oxígeno, de modo que puede mantenerse el ejercicio vigoroso durante periodos más prolongados.

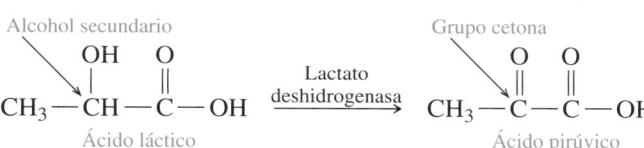

Alcohol secundario → Ácido láctico

$$CH_3-CH(OH)-C(=O)-OH \xrightarrow{\text{Lactato deshidrogenasa}} CH_3-C(=O)-C(=O)-OH$$

Grupo cetona → Ácido pirúvico

La química en la salud

OXIDACIÓN DEL ALCOHOL EN EL CUERPO

El etanol es la droga de la que más se abusa en Estados Unidos. Cuando se ingiere en pequeñas cantidades, el etanol puede producir un sentimiento de euforia, a pesar de ser un depresivo. En el hígado, enzimas como alcohol deshidrogenasa oxidan el etanol a acetaldehído, una sustancia que deteriora la coordinación mental y física. Si la concentración de alcohol en la sangre supera el 0.4%, puede sobrevenir un estado de coma o la muerte. La tabla 13.2 indica algunos de los comportamientos característicos que se presentan con varios niveles de alcohol en la sangre.

$$CH_3-CH_2-OH \xrightarrow{[O]} CH_3-C(=O)-H \xrightarrow{[O]} 2CO_2 + H_2O$$

Etanol (alcohol etílico) → Etanal (acetaldehído)

TABLA 13.2 Comportamientos característicos de una persona de 68 kg que consume alcohol

Número de cervezas (355 mL) o copas de vino (148 mL) en 1 hora	Nivel de alcohol en sangre (% m/v)	Comportamiento característico
1	0.025	Un poco mareado, parlanchín
2	0.05	Euforia, conversación y risas estridentes
4	0.10	Pérdida de inhibición, pérdida de coordinación, somnolencia, legalmente borracho en la mayoría de los estados de la Unión Americana
8	0.20	Intoxicado, presto a la ira, emociones exageradas
12	0.30	Inconsciente
16-20	0.40-0.50	Estado de coma y muerte

El acetaldehído producido a partir del etanol en el hígado se oxida aún más a ácido acético, que al final se convierte en dióxido de carbono y agua.

Sin embargo, los productos intermedios de acetaldehído y ácido acético pueden causar daño considerable cuando están presentes en el interior de las células del hígado.

Alguien que pesa 68 kg necesita cerca de una hora para metabolizar 300 mL de cerveza. No obstante, la velocidad de metabolismo del etano varía entre no bebedores y bebedores. En general, los no bebedores y los bebedores sociales pueden metabolizar 12-15 mg de etanol/dL de sangre en una hora, pero un alcohólico puede metabolizar hasta 30 mg de etanol/dL en una hora. Algunos efectos del metabolismo del alcohol incluyen aumento de lípidos hepáticos (hígado graso), incremento de triglicéridos en suero, gastritis, pancreatitis, cetoacidosis, hepatitis alcohólica y trastornos psicológicos. Cuando el alcohol está presente en la sangre, se evapora a través de los pulmones. Por tanto, el porcentaje de alcohol que hay en los pulmones puede servir para calcular la concentración de alcohol en la sangre (CAS [o BAC, *blood alcohol concentration*]). Se utilizan varios dispositivos para medir la CAS. Cuando se usa un alcoholímetro, se pide al conductor del que se sospecha está ebrio, que exhale por la boquilla en una disolución que contiene el ión Cr^{6+} naranja. Todo el alcohol presente en el aire exhalado se oxida, lo que reduce el Cr^{6+} naranja en Cr^{3+} verde.

$$CH_3-CH_2-OH + Cr^{6+} \xrightarrow{[O]} CH_3-C(=O)-OH + Cr^{3+}$$

Etanol Naranja → Ácido acético Verde

El Alcosensor usa la oxidación del alcohol en una celda de combustible para generar una corriente eléctrica que se mide. El Intoxilyzer mide la cantidad de luz absorbida por las moléculas de alcohol.

En ocasiones los alcohólicos son tratados con un medicamento llamado Antabuse (disulfiram), que evita la oxidación de acetaldehído en ácido acético. Como resultado, el acetaldehído se acumula en la sangre, lo que causa náusea, sudoración profusa, dolor de cabeza, mareo, vómito y dificultades para respirar. Debido a estos efectos secundarios desagradables, es menos probable que el paciente consuma alcohol.

Oxidación de tioles

Los tioles también experimentan oxidación mediante la pérdida de átomos de hidrógeno de los grupos —SH. El producto oxidado se llama **disulfuro**.

$$CH_3-S-H + H-S-CH_3 \xrightarrow{[O]} CH_3-S-S-CH_3 + H_2O$$

Metanotiol → Dimetil disulfuro

TUTORIAL
Oxidation of Thiols

Mucha de la proteína del cabello está entrecruzada con enlaces por puente disulfuro entre los grupos tioles del aminoácido cisteína:

$$\text{Cadena de proteína} - CH_2 - SH \ + \ HS - CH_2 - \text{Cadena de proteína} \xrightarrow{[O]}$$

Grupos laterales cisteína

$$\text{Cadena de proteína} - CH_2 - S - S - CH_2 - \text{Cadena de proteína} \ + \ H_2$$

Enlace por puente disulfuro

Cuando una persona se ondula artificialmente el cabello (se hace la "permanente"), se utiliza una sustancia reductora que rompe los enlaces por puente disulfuro. Cuando el cabello todavía está enrollado en los rizadores, se aplica una sustancia oxidante que produce la formación de enlaces por puente disulfuro entre diferentes partes de las hebras proteínicas del cabello, lo que le da una forma nueva.

PREGUNTAS Y PROBLEMAS

13.4 Reacciones de alcoholes y tioles

META DE APRENDIZAJE: *Escribir ecuaciones para las reacciones de combustión, deshidratación y oxidación de alcoholes y tioles.*

13.21 Dibuje la fórmula estructural condensada o fórmula de esqueleto (si el compuesto es cíclico) del alqueno, que es el principal producto de cada una de las reacciones de deshidratación siguientes:

a. $CH_3 - CH_2 - CH_2 - CH_2 - OH \xrightarrow[\text{Calor}]{H^+}$

b.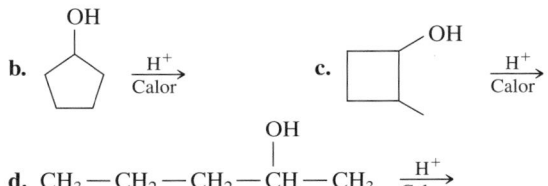

d. $CH_3 - CH_2 - CH_2 - \underset{\underset{OH}{|}}{CH} - CH_3 \xrightarrow[\text{Calor}]{H^+}$

13.22 Dibuje la fórmula estructural condensada o la fórmula de esqueleto (si el compuesto es cíclico) del alqueno, que es el principal producto de cada una de las reacciones de deshidratación siguientes:

a. $CH_3 - \underset{\underset{CH_3}{|}}{CH} - CH_2 - OH \xrightarrow[\text{Calor}]{H^+}$

b. $CH_3 - \underset{\underset{OH}{|}}{CH} - \underset{\underset{CH_3}{|}}{CH} - CH_2 - CH_3 \xrightarrow[\text{Calor}]{H^+}$

c.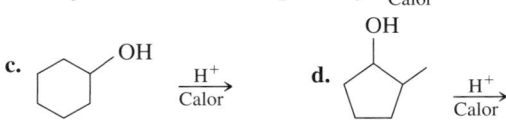

13.23 Dibuje la fórmula estructural condensada del éter producido por cada una de las reacciones siguientes:

a. $2CH_3 - OH \xrightarrow[\text{Calor}]{H^+}$

b. $2CH_3 - CH_2 - CH_2 - OH \xrightarrow[\text{Calor}]{H^+}$

13.24 Dibuje la fórmula estructural condensada del éter producido por cada una de las reacciones siguientes:

a. $2CH_3 - CH_2 - OH \xrightarrow[\text{Calor}]{H^+}$

b. $2CH_3 - \underset{\underset{CH_3}{|}}{CH} - CH_2 - OH \xrightarrow[\text{Calor}]{H^+}$

13.25 ¿Qué alcohol(es) podría(n) usarse para producir cada uno de los compuestos siguientes?

a. $H_2C = CH_2$ **b.** $CH_3 - O - CH_2 - CH_3$ **c.**

13.26 ¿Qué alcohol(es) podría(n) usarse para producir cada uno de los compuestos siguientes?

a. $CH_3 - CH_2 - O - CH_2 - CH_3$

b. $CH_3 - CH_2 - \underset{\overset{|}{CH_3}}{C} = CH - CH_3$ **c.**

13.27 Dibuje la fórmula estructural condensada o la fórmula de esqueleto (si el compuesto es cíclico) del aldehído o cetona producido cuando se oxida [O] cada uno de los alcoholes siguientes (si no hay reacción, escriba *ninguno*):

a. $CH_3 - CH_2 - CH_2 - CH_2 - CH_2 - OH$

b. $CH_3 - CH_2 - \underset{\underset{OH}{|}}{CH} - CH_3$ **c.**

d. $CH_3 - \underset{\underset{OH}{|}}{CH} - CH_2 - \underset{\underset{CH_3}{|}}{CH} - CH_3$

e. $CH_3 - \underset{\underset{CH_3}{|}}{CH} - CH_2 - CH_2 - OH$

13.28 Dibuje la fórmula estructural condensada o la fórmula de esqueleto (si el compuesto es cíclico) del aldehído o cetona producido cuando se oxida [O] cada uno de los alcoholes siguientes (si no hay reacción, escriba *ninguno*):

a. $CH_2 - OH$

b. $CH_3 - \underset{\underset{CH_3}{|}}{CH} - CH_2 - \underset{\underset{CH_3}{|}}{CH} - OH$

c. $CH_3 - CH_2 - \underset{\overset{\overset{|}{OH}}{\underset{|}{CH_3}}}{C} - CH_3$

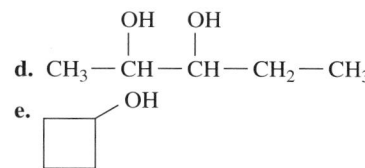

d. $CH_3 - \overset{\overset{OH}{|}}{CH} - \overset{\overset{OH}{|}}{CH} - CH_2 - CH_3$

e. [estructura cíclica de ciclobutano con OH]

13.29 Dibuje la fórmula estructural condensada o fórmula de esqueleto (si el compuesto es cíclico) del alcohol necesario para formar cada uno de los siguientes productos de oxidación:

a. $H - \overset{\overset{O}{\|}}{C} - H$ **b.** 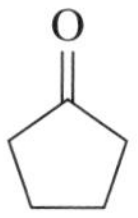 [ciclopentanona] **c.** $CH_3 - \overset{\overset{O}{\|}}{C} - CH_2 - CH_3$

d. 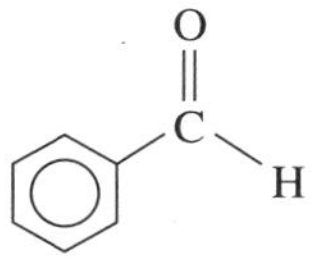 [estructura: benzaldehído, anillo bencénico con $-\overset{\overset{O}{\|}}{C} - H$] **e.** 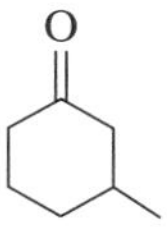 [estructura: ciclohexanona con un grupo CH_3]

13.30 Dibuje la fórmula estructural condensada o fórmula de esqueleto (si el compuesto es cíclico) del alcohol necesario para formar cada uno de los siguientes productos de oxidación:

a. $CH_3 - \overset{\overset{O}{\|}}{C} - H$ **b.** $CH_3 - \overset{\overset{O}{\|}}{C} - \overset{\overset{CH_3}{|}}{CH} - CH_3$ **c.** [ciclohexanona]

d. $CH_3 - CH_2 - \overset{\overset{O}{\|}}{C} - H$ **e.** $CH_3 - \overset{\overset{CH_3}{|}}{CH} - CH_2 - \overset{\overset{O}{\|}}{C} - H$

MAPA CONCEPTUAL

ALCOHOLES, FENOLES, TIOLES Y ÉTERES

con

- **Enlaces sencillos carbono-azufre**
  - son
  - **Tioles**
    - que forman
    - **Disulfuros**

- **Enlaces sencillos carbono-oxígeno**
  - son
  - **Alcoholes** | **Fenoles** | **Éteres**
    - que experimentan
    - **Reacciones**
      - como
      - **Deshidratación**
        - para formar
        - **Alquenos** | **Éteres**
      - **Oxidación de**
        - Forma primaria (1°) | Forma secundaria (2°)
        - **Aldehídos** | **Cetonas**
          - se oxidan a
          - **Ácidos carboxílicos**

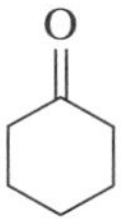

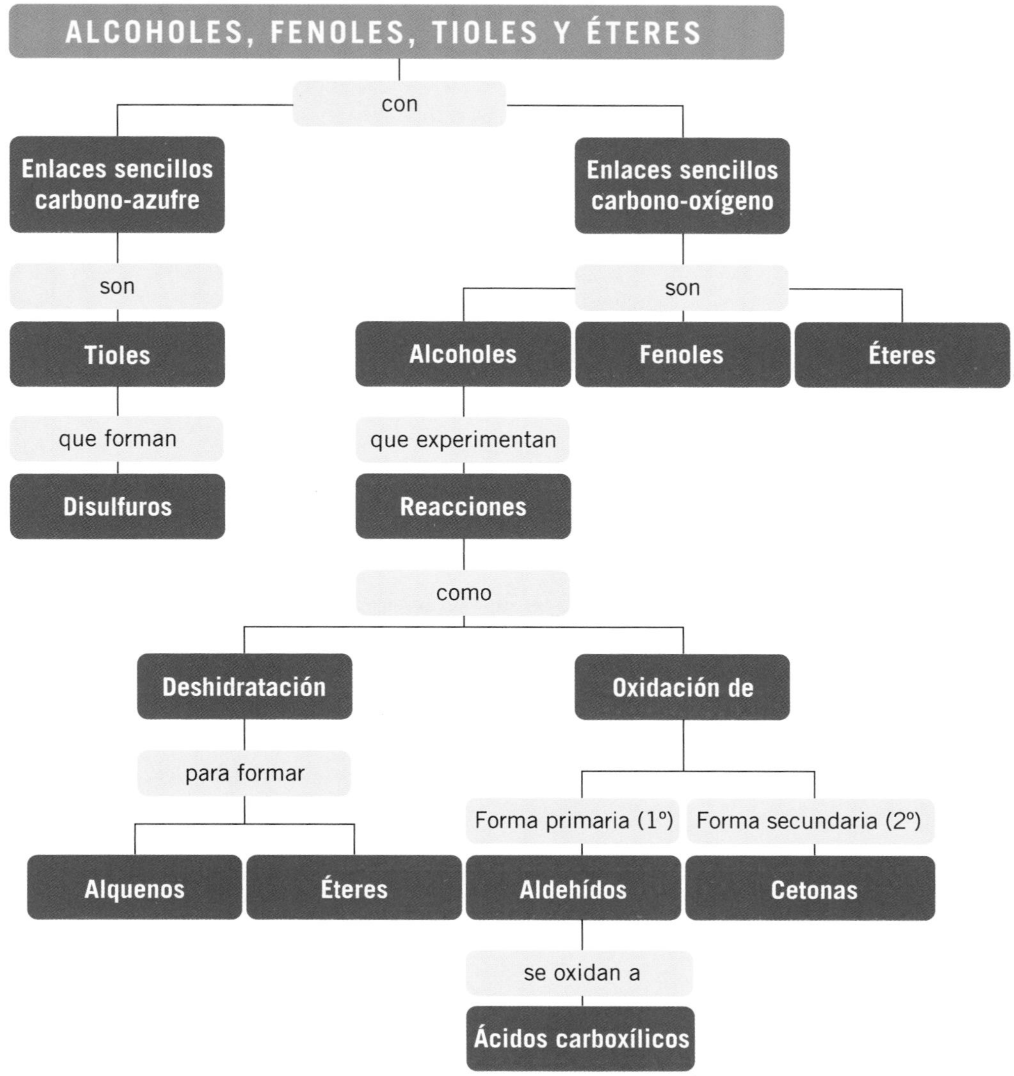

REPASO DEL CAPÍTULO

13.1 Alcoholes, fenoles y tioles

META DE APRENDIZAJE: Proporcionar los nombres IUPAC y comunes de alcoholes, fenoles y tioles; dibujar sus fórmulas estructurales condensadas y fórmulas de esqueletos.

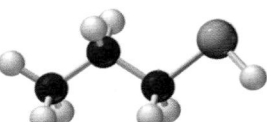

$$CH_3 — CH_2 — CH_2 — SH$$

1-propanotiol
Cebollas

- El grupo funcional de un alcohol es el grupo hidroxilo —OH enlazado a una cadena de carbono.
- En un fenol, el grupo hidroxilo está enlazado a un anillo aromático.
- En los tioles, el grupo funcional es el —SH, que es análogo al grupo —OH de los alcoholes.
- En el sistema IUPAC, los nombres de los alcoholes tienen terminaciones *ol*, y para indicar la ubicación del grupo —OH se numera la cadena de carbono.
- Un alcohol cíclico se nombra como cicloalcanol.
- Los alcoholes simples generalmente se denominan por su nombre común con el nombre del alquilo con terminación *ílico* después de la palabra *alcohol*.
- Un alcohol aromático se nombra como fenol.

13.2 Éteres

META DE APRENDIZAJE: Proporcionar los nombres IUPAC y comunes de éteres; dibujar sus fórmulas estructurales condensadas o fórmulas de esqueleto.

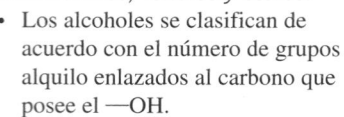

- En un éter, un átomo de oxígeno se conecta mediante enlaces sencillos a dos grupos alquilo o aromáticos.
- En los nombres comunes de éteres, los grupos alquilo se mencionan alfabéticamente, seguidos del nombre *éter*.
- En el nombre IUPAC de un éter, el grupo alquilo más pequeño con el oxígeno se nombra como grupo alcoxi y se une a la cadena de alcano más larga, que se numera para indicar la ubicación del grupo alcoxi.
- Algunos alcoholes y éteres son isómeros, lo que significa que tienen la misma fórmula molecular.

13.3 Propiedades físicas de alcoholes, fenoles y éteres

META DE APRENDIZAJE: Describir la clasificación, puntos de ebullición y solubilidad de alcoholes, fenoles y éteres.

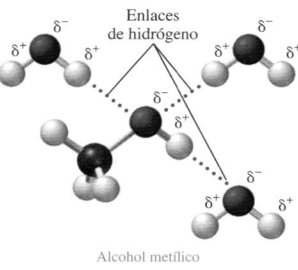
Enlaces de hidrógeno
Alcohol metílico

- Los alcoholes se clasifican de acuerdo con el número de grupos alquilo enlazados al carbono que posee el —OH.
- En un alcohol primario (1°), está unido un grupo al carbono hidroxilo.
- En un alcohol secundario (2°), están unidos dos grupos al carbono hidroxilo.
- En un alcohol terciario (3°), hay tres grupos enlazados al carbono hidroxilo.
- El grupo —OH permite a los alcoholes formar enlaces por puente de hidrógeno, lo que hace que los alcoholes tengan puntos de ebullición más altos que los alcanos y éteres de masa similar.
- Los alcoholes y éteres de cadena corta pueden formar enlaces por puente de hidrógeno con agua, lo que los hace solubles.

13.4 Reacciones de alcoholes y tioles

META DE APRENDIZAJE: Escribir ecuaciones para las reacciones de combustión, deshidratación y oxidación de alcoholes y tioles.

- A temperaturas altas, los alcoholes se deshidratan en presencia de un ácido para producir alquenos.
- A temperaturas bajas, dos moléculas de alcohol pierden H— y —OH para producir un éter.
- Los alcoholes primarios se oxidan y forman aldehídos, que pueden oxidarse aún más para formar ácidos carboxílicos.
- Los alcoholes secundarios se oxidan y producen cetonas.
- Los alcoholes terciarios no se oxidan.
- Los tioles experimentan oxidación para formar disulfuros.

RESUMEN DE NOMENCLATURA

Estructura	Familia	Nombre IUPAC	Nombre común
$CH_3 — OH$	Alcohol	Metanol	Alcohol metílico
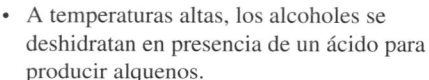—OH	Fenol	Fenol	Fenol
$CH_3 — SH$	Tiol	Metanotiol	
$CH_3 — O — CH_3$	Éter	Metoximetano	Dimetil éter
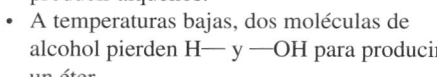	Éter cíclico	Furano	
$CH_3 — S — S — CH_3$	Disulfuro	Dimetildisulfuro	

RESUMEN DE REACCIONES

Combustión de alcoholes

$$CH_3 - CH_2 - OH + 3O_2 \longrightarrow 2CO_2 + 3H_2O$$

Etanol   Oxígeno   Dióxido   Agua
de carbono

Deshidratación de alcoholes para formar alquenos

$$CH_3 - CH_2 - CH_2 - OH \xrightarrow[\text{Calor}]{H^+}$$

1-propanol

$$CH_3 - CH = CH_2 + H_2O$$

Propeno

Formación de éteres

$$CH_3 - OH + HO - CH_3 \xrightarrow[\text{Calor}]{H^+}$$

Metanol

$$CH_3 - O - CH_3 + H_2O$$

Dimetil éter

Oxidación de alcoholes primarios para formar aldehídos

$$\underset{\text{Etanol}}{CH_3 - \overset{\overset{\displaystyle OH}{|}}{CH_2}} \xrightarrow{[O]} \underset{\text{Etanal}}{CH_3 - \overset{\overset{\displaystyle O}{\|}}{C} - H} + H_2O$$

Oxidación de alcoholes secundarios para formar cetonas

$$\underset{\text{2-propanol}}{CH_3 - \overset{\overset{\displaystyle OH}{|}}{CH} - CH_3} \xrightarrow{[O]} \underset{\text{Propanona}}{CH_3 - \overset{\overset{\displaystyle O}{\|}}{C} - CH_3} + H_2O$$

Oxidación de tioles para formar disulfuros

$$\underset{\text{Metanotiol}}{CH_3 - S - H + H - S - CH_3} \xrightarrow{[O]}$$

$$CH_3 - S - S - CH_3 + H_2O$$

Dimetil disulfuro

Oxidación de aldehídos para formar ácidos carboxílicos

$$\underset{\text{Etanal}}{CH_3 - \overset{\overset{\displaystyle O}{\|}}{C} - H} \xrightarrow{[O]} \underset{\text{Ácido etanoico}}{CH_3 - \overset{\overset{\displaystyle O}{\|}}{C} - OH}$$

TÉRMINOS CLAVE

alcohol Compuesto orgánico que contiene el grupo funcional hidroxilo (—OH) unido a una cadena de carbono.

alcohol primario (1°) Alcohol que tiene un grupo alquilo enlazado al átomo de carbono con el grupo hidroxi.

alcohol secundario (2°) Alcohol que tiene dos grupos alquilo enlazados al átomo de carbono con el grupo —OH.

alcohol terciario (3°) Alcohol que tiene tres grupos alquilo enlazados al átomo de carbono con el grupo —OH.

deshidratación Reacción que elimina agua de un alcohol en presencia de un ácido para formar alquenos a temperaturas altas, o éteres a temperaturas bajas.

disulfuro Compuesto formado a partir de tioles; los disulfuros contienen el grupo funcional —S—S—.

éter Compuesto orgánico que contiene un átomo de oxígeno enlazado a dos átomos de carbono.

éter cíclico Compuesto que contiene un átomo de oxígeno en un anillo de carbono.

fenol Compuesto orgánico que tiene un grupo hidroxilo (—OH) unido a un anillo de benceno.

oxidación Pérdida de dos átomos de hidrógeno de un reactivo para producir un compuesto más oxidado, como en los siguientes casos: alcoholes primarios se oxidan en aldehídos, alcoholes secundarios se oxidan en cetonas. Una oxidación también puede ser la adición de un átomo de oxígeno, como en la oxidación de aldehídos a ácidos carboxílicos.

regla de Saytzeff En la deshidratación de un alcohol, un hidrógeno se elimina del carbono que ya tiene el menor número de átomos de hidrógeno para formar un alqueno.

tiol Compuesto orgánico que contiene el grupo funcional tiol (—SH) enlazado a un átomo de carbono.

COMPRENSIÓN DE CONCEPTOS

Las secciones del capítulo que se deben revisar se muestran entre paréntesis al final de cada pregunta.

13.31 El urushiol es una sustancia de la hiedra venenosa que causa comezón y ampollas en la piel. Identifique los grupos funcionales en el urushiol. (13.1, 13.2)

$$CH_2 - CH_2 - CH_2 - CH_2 - CH_2 - CH_3$$

La hiedra venenosa contiene urushiol, que causa sarpullido y comezón de la piel.

13.32 El mentol, que da a la menta su sabor y color, se usa en dulces y pastillas para la garganta. Identifique los grupos funcionales en el mentol. (13.1, 13.2)

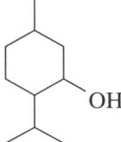

El mentol confiere el sabor conocido como "menta" a los dulces.

13.33 Identifique si cada uno de los compuestos siguientes es alcohol, fenol, éter, éter cíclico o tiol: (13.1, 13.2)

a.

b.

c. $CH_3 - CH - CH_3$ (SH)

d. $CH_3 - C - CH_2 - CH - CH_3$ (OH, CH_3, CH_3)

e. $CH_3 - CH_2 - CH_2 - O - CH_3$

f.

g. $CH_3 - CH - CH_2 - CH - CH_3$ (Br, OH)

h.

13.34 Identifique si cada uno de los compuestos siguientes es alcohol, fenol, éter, éter cíclico o tiol: (13.1, 13.2)

a.

b. $CH_3 - CH_2 - CH_2 - SH$

c.

d. $CH_3 - C - CH_2 - CH - CH_3$ (SH, CH_3, CH_3)

e. $CH_3 - CH_2 - CH - CH_2 - CH_3$ (O - CH_3)

f.

g.

h.

13.35 Proporcione los nombres IUPAC y común (si los hay) de cada uno de los compuestos del problema 13.33. (13.1, 13.2)

13.36 Proporcione los nombres IUPAC y común (si los hay) de cada uno de los compuestos del problema 13.34. (13.1, 13.2)

PREGUNTAS Y PROBLEMAS ADICIONALES

Visite www.masteringchemistry.com para acceder a materiales de autoaprendizaje y tareas asignadas por el instructor.

13.37 Dibuje la fórmula estructural condensada o la fórmula de esqueleto (si el compuesto es cíclico) de cada uno de los compuestos siguientes: (13.1, 13.2)
a. 3-metilciclopentanol   **b.** 4-clorofenol
c. 2-metil-3-pentanol   **d.** etil fenil éter
e. 3-pentanotiol   **f.** *orto*-cresol
g. 2,4-dibromofenol

13.38 Dibuje la fórmula estructural condensada o la fórmula de esqueleto (si el compuesto es cíclico) de cada uno de los compuestos siguientes: (13.1, 13.2)
a. 3-metoxipentano   **b.** *meta*-clorofenol
c. 2,3-pentanodiol   **d.** metil propil éter
e. metanotiol   **f.** 3-metil-2-butanol
g. 3,4-diclorociclohexanol

13.39 Dibuje las fórmulas estructurales condensadas de todos los alcoholes con fórmula molecular $C_4H_{10}O$. (13.1)

13.40 Dibuje las fórmulas estructurales condensadas de todos los éteres con fórmula molecular $C_4H_{10}O$. (13.2)

13.41 Clasifique cada uno de los siguientes como alcohol primario (1°), secundario (2°) o terciario (3°): (13.3)

a.

b.

c. $CH_3 - CH - CH_2 - OH$ (CH_3)

d. $CH_3 - C - CH_2 - CH - CH_3$ (CH_3, CH_3, OH)

e. $HO - CH_2 - CH_2 - CH_3$

f.

13.42 Clasifique cada uno de los siguientes como alcohol primario (1°), secundario (2°) o terciario (3°): (13.3)

a. (estructura: HO—ciclopentano con grupo metilo)

b. (estructura: ciclohexano con CH₂—OH y OH)

c. $CH_3 - \underset{\underset{CH_2-OH}{|}}{CH} - CH_2 - CH_3$

d. $CH_3 - \underset{\underset{CH_3}{|}}{\overset{\overset{OH}{|}}{C}} - CH_2 - \underset{\underset{CH_3}{|}}{CH} - CH_3$

e. $CH_3 - CH_2 - CH_2 - CH_2 - OH$

f. (estructura: ciclopentano con $\underset{\underset{CH_3}{|}}{CH} - OH$)

13.43 ¿Cuál compuesto en cada uno de los pares siguientes se esperaría que tuviera el punto de ebullición más alto? Explique. (13.3)
a. butano o 1-propanol **b.** 1-propanol o etil metil éter
c. etanol o 1-butanol

13.44 ¿Cuál compuesto en cada uno de los pares siguientes se esperaría que tuviera el punto de ebullición más alto? Explique. (13.3)
a. propano o alcohol etílico **b.** 2-propanol o 2-pentanol
c. metil propil éter o 1-butanol

13.45 Explique por qué cada uno de los compuestos siguientes sería soluble o insoluble en agua: (13.3)
a. 2-propanol **b.** dipropil éter **c.** 1-hexanol

13.46 Explique por qué cada uno de los compuestos siguientes sería soluble o insoluble en agua: (13.3)
a. glicerol **b.** butano **c.** 1,3-hexanodiol

13.47 Dibuje la fórmula estructural condensada o la fórmula de esqueleto (si el compuesto es cíclico) del alqueno (producto principal), aldehído, éter, cetona o *ninguno* producido en cada una de las reacciones siguientes: (13.4)

a. $CH_3 - CH_2 - CH_2 - OH \xrightarrow[\text{Calor}]{H^+}$

b. $CH_3 - CH_2 - CH_2 - OH \xrightarrow{[O]}$

c. $CH_3 - CH_2 - \underset{\underset{OH}{|}}{CH} - CH_3 \xrightarrow[\text{Calor}]{H^+}$

d. (ciclohexanol) $\xrightarrow[\text{Calor}]{H^+}$

e. (ciclohexanol con metilo) $\xrightarrow{[O]}$

13.48 Dibuje la fórmula estructural condensada o la fórmula de esqueleto (si el compuesto es cíclico) del alqueno (producto principal), aldehído, éter, cetona o *ninguno* producido en cada una de las reacciones siguientes: (13.4)

a. $2CH_3 - CH_2 - \underset{\underset{CH_3}{|}}{CH} - OH \xrightarrow{H^+}$

b. $CH_3 - \underset{\underset{CH_3}{|}}{CH} - \underset{\underset{OH}{|}}{CH} - CH_3 \xrightarrow[\text{Calor}]{H^+}$

c. $CH_3 - \underset{\underset{CH_3}{|}}{CH} - \underset{\underset{OH}{|}}{CH} - CH_3 \xrightarrow{[O]}$

d. (ciclopentanol con metilo) $\xrightarrow{[O]}$

e. $CH_3 - CH_2 - CH_2 - \underset{\underset{OH}{|}}{CH} - CH_3 \xrightarrow[\text{Calor}]{H^+}$

13.49 Algunas veces se necesitan varios pasos para preparar un compuesto. Por medio de una combinación de las reacciones estudiadas, indique cómo puede preparar los compuestos siguientes a partir de la sustancia de partida dada. Por ejemplo, para preparar 2-propanol a partir de 1-propanol, se deshidrata primero el alcohol para obtener propeno y luego se hidrata nuevamente para obtener 2-propanol de acuerdo con la regla de Markovnikov, del modo siguiente: (13.4)

$$CH_3 - CH_2 - CH_2 - OH \xrightarrow[\text{Calor}]{H^+} CH_3 - CH = CH_2 + H_2O$$
$$\text{1-propanol} \qquad\qquad\qquad \text{Propeno}$$

$$\xrightarrow{H^+} CH_3 - \underset{\underset{\text{2-propanol}}{}}{\overset{\overset{OH}{|}}{CH}} - CH_3$$

a. prepare 2-cloropropano a partir del 1-propanol
b. prepare 2-metilpropano a partir del 2-metil-2-propanol
c. prepare $CH_3 - \overset{\overset{O}{||}}{C} - CH_3$ a partir del 1-propanol

13.50 Al igual que en el problema 13.49, indique cómo podría preparar los compuestos siguientes a partir de la sustancia de partida dada: (13.4)
a. prepare 1-penteno a partir de 1-pentanol
b. prepare clorociclohexano a partir de ciclohexanol
c. prepare 1,2-dibromobutano a partir de 1-butanol

13.51 Identifique los grupos funcionales en el compuesto siguiente: (13.1, 13.2)

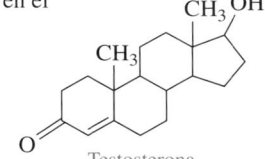

Testosterona

13.52 Identifique los grupos funcionales en el compuesto siguiente: (13.1, 13.2)

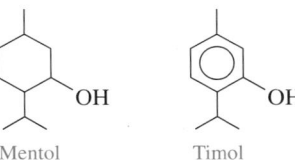

Tetrahidrocannabinol (THC)

13.53 El hexilresorcinol, un ingrediente antiséptico usado en enjuagues bucales y pastillas para la garganta, tiene el nombre de acuerdo con la IUPAC de 4-hexil-1,3-bencenodiol. Dibuje su fórmula estructural condensada. (13.1)

13.54 El mentol, que da a la menta su sabor característico, se usa en aerosoles y pastillas para la garganta. El timol se usa como antiséptico tópico para destruir moho.
a. Proporcione los nombres IUPAC de cada uno.
b. ¿Qué es similar y qué es diferente en sus estructuras? (13.1)

(estructura: Mentol)   (estructura: Timol)

Mentol   Timol

PREGUNTAS DE DESAFÍO

13.55 Dibuje la fórmula estructural condensada o fórmula de esqueleto (si el compuesto es cíclico) de cada uno de los compuestos siguientes que se encuentran en la naturaleza: (13.1, 13.2)
  a. 2,5-diclorofenol, feromona defensiva de los saltamontes
  b. 3-metil-1-butanotiol y *trans*-2-buteno-1-tiol, mezcla que da su olor al rocío de la mofeta
  c. pentaclorofenol, conservador de madera

13.56 El dimetil éter y el alcohol etílico tienen ambos la fórmula molecular C_2H_6O. Uno tiene un punto de ebullición de −24 °C y el otro de 79 °C. Dibuje la fórmula estructural condensada de cada compuesto. Decida cuál punto de ebullición va con cual compuesto y explique. (13.1, 13.2, 13.3)

13.57 Un compuesto con la fórmula C_4H_8O se sintetiza a partir de 2-metil-1-propanol y se oxida fácilmente para producir ácido carboxílico. Dibuje la fórmula estructural condensada del compuesto. (13.4)

13.58 Metil *tert*-butil éter (MTBE), o 2-metoxi-2-metilpropano, se usa como aditivo en el combustible para que la gasolina aumente el octanaje y reduzca las emisiones de CO. (1.1, 6.1, 6.5, 6.7, 7.7, 13.2)

  a. Si se necesitan mezclas de combustible que contengan 2.7% en masa de oxígeno, ¿cuántos gramos de MTBE deben estar presentes en cada 100. g de gasolina?
  b. ¿Cuántos litros de MTBE habría en 1.0 L de combustible si la densidad tanto de la gasolina como del MTBE fuera de 0.740 g/mL?
  c. Escriba la ecuación balanceada para la combustión completa del MTBE.
  d. ¿Cuántos litros de aire que contiene 21% (v/v) de O_2 se necesitan en condiciones STP para reaccionar por completo (quemar) 1.00 L de MTBE líquido?

RESPUESTAS

Respuestas a las Comprobaciones de estudio

13.1 3-cloro-1-butanol

13.2 4-metilfenol; *p*-cresol

13.3 metoxibenceno

13.4 1-butanol, 2-butanol, 1-metoxipropano, etoxietano

13.5 ciclopenteno

13.6 2-metil-1-propanol, 2-metil-2-propanol

13.7 $CH_3 - \overset{\overset{\text{O}}{\|}}{C} - CH_2 - CH_2 - CH_3$

Respuestas a Preguntas y problemas seleccionados

13.1 a. ehanol
  b. 2-butanol
  c. 2-pentanol
  d. 4-metilciclohexanol
  e. 3-bromofenol

13.3 a. $CH_3 - CH_2 - CH_2 - OH$
  b. $CH_3 - CH_2 - \overset{\overset{\text{OH}}{|}}{CH} - CH_2 - CH_3$
  c. $CH_3 - \overset{\overset{\text{OH}}{|}}{\underset{\underset{\text{CH}_3}{|}}{C}} - CH_2 - CH_3$

  d.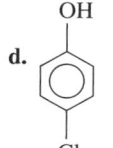

  e.
  (estructura con OH, Br y Cl sobre anillo)

13.5 a. metoxietano, etil metil éter
  b. metoxiciclohexano, ciclohexil metil éter
  c. etoxiciclobutano, ciclobutil etil éter
  d. 1-metoxipropano, metil propil éter

13.7 a. $CH_3 - CH_2 - O - CH_2 - CH_2 - CH_3$
  b. $CH_3 - CH_2 - O - \triangleright$
  c. $O - CH_3$ (sobre ciclopentano)
  d. $CH_3 - CH_2 - O - CH_2 - \overset{\overset{\text{CH}_3}{|}}{CH} - CH_2 - CH_3$
  e. $CH_3 - \overset{\overset{\text{O} - \text{CH}_3}{|}}{CH} - \overset{\overset{\text{O} - \text{CH}_3}{|}}{CH} - CH_2 - CH_3$

13.9 a. isómeros estructurales ($C_5H_{12}O$)
  b. no isómeros estructurales
  c. isómeros estructurales ($C_5H_{12}O$)

13.11 a. tetrahidrofurano   **b.** 3-metilfurano
  c. 5-metil-1,3-dioxano

13.13 a. 1°   **b.** 1°   **c.** 3°   **d.** 2°

13.15 a. metanol   **b.** 1-butanol
  c. 1-butanol

13.17 a. Soluble; el etanol con una cadena de carbono corta es soluble porque el grupo hidroxilo forma enlaces por puente de hidrógeno con agua.
  b. Un poco soluble; los éteres con hasta cuatro átomos de carbono son un poco solubles en agua porque pueden formar algunos enlaces por puente de hidrógeno con el agua.
  c. Insoluble; un alcohol con una cadena de carbono de cinco o más átomos de carbono no es soluble en agua.

13.19 a. El metanol puede formar enlaces por puente de hidrógeno con agua, pero el etano no puede formarlos.

b. El 2-propanol es más soluble porque tiene una cadena de carbono más corta.

c. El 1-propanol es más soluble porque puede formar más enlaces por puente de hidrógeno.

13.21 a. $CH_3 - CH_2 - CH_2 = CH_2$

b.

c.

d. $CH_3 - CH_2 - CH = CH - CH_3$

13.23 a. $CH_3 - O - CH_3$

b. $CH_3 - CH_2 - CH_2 - O - CH_2 - CH_2 - CH_3$

13.25 a. $CH_3 - CH_2 - OH$

b. $CH_3 - OH + CH_3 - CH_2 - OH$

c.

13.27 a. $CH_3 - CH_2 - CH_2 - CH_2 - \overset{\overset{O}{\|}}{C} - H$

b. $CH_3 - CH_2 - \overset{\overset{O}{\|}}{C} - CH_3$

c.

d. $CH_3 - \overset{\overset{O}{\|}}{C} - CH_2 - \overset{\overset{CH_3}{|}}{C}H - CH_3$

e. $CH_3 - \overset{\overset{CH_3}{|}}{C}H - CH_2 - \overset{\overset{O}{\|}}{C} - H$

13.29 a. $CH_3 - OH$

b.

c. $CH_3 - \overset{\overset{OH}{|}}{C}H - CH_2 - CH_3$

d.

e.

13.31 fenol

13.33 a. alcohol **b.** éter **c.** tiol

d. alcohol **e.** éter **f.** éter cíclico

g. alcohol **h.** fenol

13.35 a. 2-cloro-4-metilciclohexanol

b. metoxibenceno, metil fenil éter

c. 2-propanotiol

d. 2,4-dimetil-2-pentanol

e. 1-metoxipropano, metil propil éter

f. 2-metilfurano

g. 4-bromo-2-pentanol

h. *meta*-cresol, 3-metilfenol

13.37 a.

b.

c. $CH_3 - \overset{\overset{CH_3}{|}}{C}H - \overset{\overset{OH}{|}}{C}H - CH_2 - CH_3$

d.

e. $CH_3 - CH_2 - \overset{\overset{SH}{|}}{C}H - CH_2 - CH_3$

f.

g.

13.39 $CH_3 - CH_2 - CH_2 - CH_2 - OH$

$CH_3 - \overset{\overset{CH_3}{|}}{C}H - CH_2 - OH$

$CH_3 - \overset{\overset{OH}{|}}{C}H - CH_2 - CH_3$

$CH_3 - \overset{\overset{OH}{|}}{\underset{\underset{CH_3}{|}}{C}} - CH_3$

13.41 a. 2°   **b.** 1°   **c.** 1°
d. 2°   **e.** 1°   **f.** 3°

13.43 a. 1-propanol, debido a que forma enlaces por puente de hidrógeno
b. 1-propanol, debido a que forma enlaces por puente de hidrógeno
c. 1-butanol, debido a que posee una mayor masa molar

13.45 a. soluble, forma enlaces por puente de hidrógeno
b. insoluble, ya que su larga cadena de carbono disminuye el efecto de los enlaces por puente de hidrógeno que forma el agua con el —O—
c. insoluble, debido a que su larga cadena de carbono disminuye la interacción del grupo polar —OH con los enlaces por puente de hidrógeno

13.47 a. $CH_3 — CH = CH_2$

b. 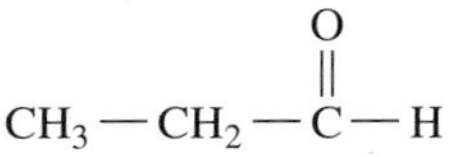 $CH_3 — CH_2 — \overset{\overset{O}{\|}}{C} — H$

c. $CH_3 — CH = CH — CH_3$

d.    **e.**

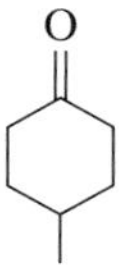

13.49 a. 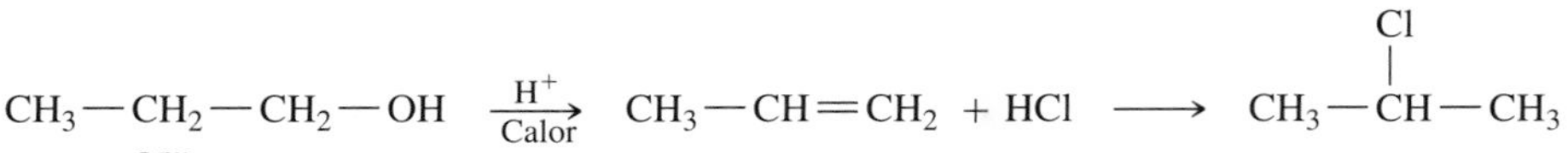 $CH_3 — CH_2 — CH_2 — OH \xrightarrow[\text{Calor}]{H^+} CH_3 — CH = CH_2 + HCl \longrightarrow CH_3 — \overset{\overset{Cl}{|}}{CH} — CH_3$

b. 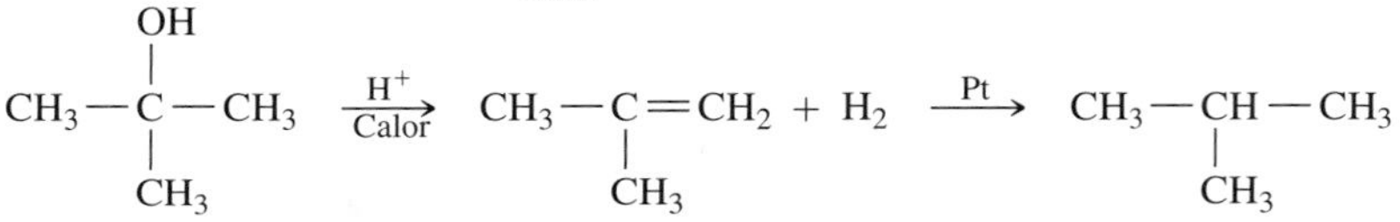 $CH_3 — \overset{\overset{OH}{|}}{\underset{\underset{CH_3}{|}}{C}} — CH_3 \xrightarrow[\text{Calor}]{H^+} CH_3 — \overset{}{\underset{\underset{CH_3}{|}}{C}} = CH_2 + H_2 \xrightarrow{Pt} CH_3 — \overset{}{\underset{\underset{CH_3}{|}}{CH}} — CH_3$

c. $CH_3 — CH_2 — CH_2 — OH \xrightarrow[\text{Calor}]{H^+} CH_3 — CH = CH_2 + H_2O \xrightarrow[\text{Calor}]{H^+} CH_3 — \overset{\overset{OH}{|}}{CH} — CH_3 \xrightarrow{[O]} CH_3 — \overset{\overset{O}{\|}}{C} — CH_3$

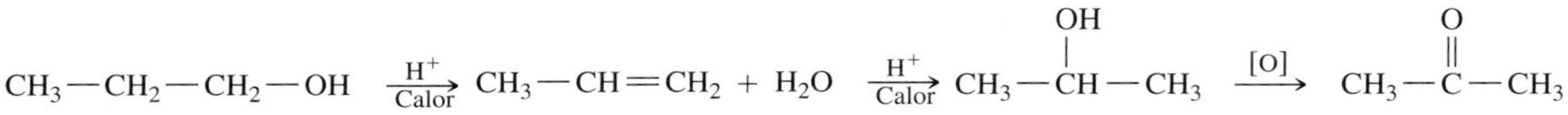

13.51 cicloalcano, cicloalqueno, cetona, alcohol

13.53
$CH_2 — CH_2 — CH_2 — CH_2 — CH_2 — CH_3$

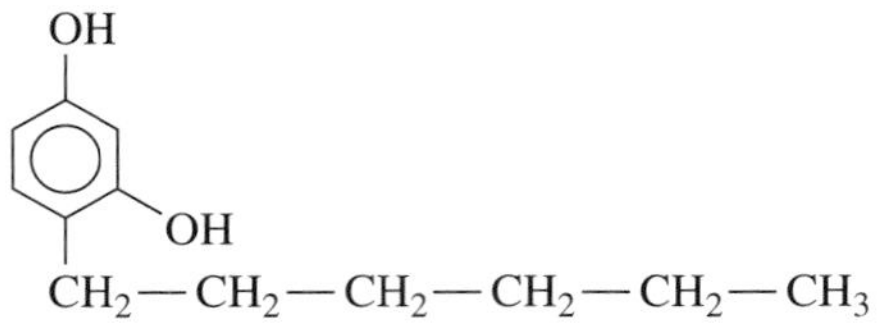

13.55 a. 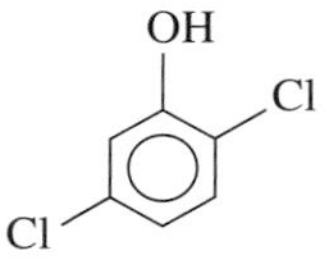   **b.** 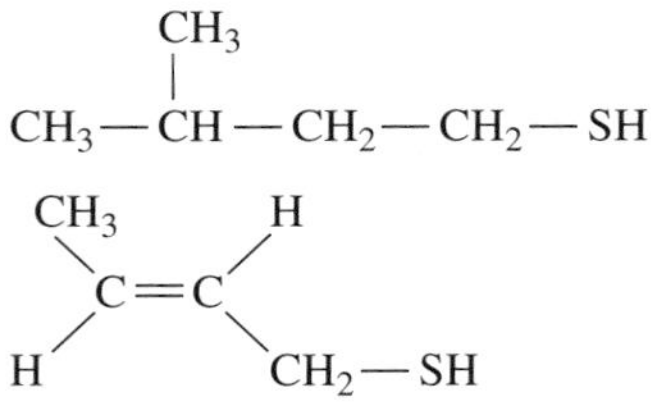 $CH_3 — \overset{\overset{CH_3}{|}}{CH} — CH_2 — CH_2 — SH$

c.

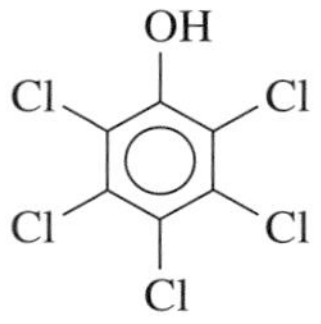

13.57 $CH_3 — \overset{\overset{CH_3}{|}}{CH} — \overset{\overset{O}{\|}}{C} — H$

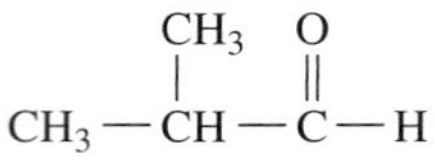

Aldehídos, cetonas y moléculas quirales

14

Mastering **CHEMISTRY**™

Visite **www.masteringchemistry.com** para acceder a materiales de autoaprendizaje y tareas asignadas por el instructor.

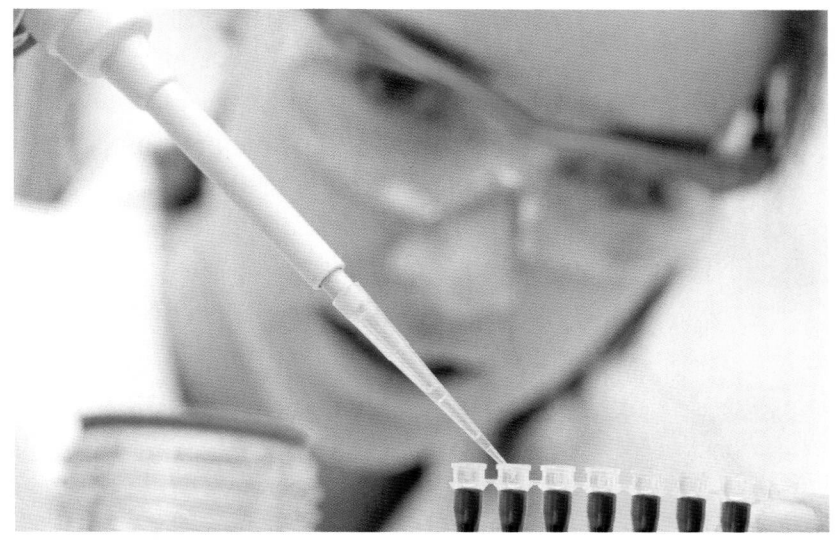

Se encuentra a una víctima femenina muerta en su casa. La policía sospecha que fue asesinada, de modo que se le envían muestras de su sangre y contenido estomacal a Diane, toxicóloga forense. Mediante varias pruebas cualitativas y cuantitativas, Diane encuentra restos de etilenglicol. Las pruebas cualitativas identifican la presencia de esta sustancia, en tanto que las pruebas cuantitativas indican la cantidad de etilenglicol ingerido. Diane determina que la víctima fue envenenada cuando ingirió tres cucharadas de etilenglicol que se colocaron en una bebida alcohólica. Dado que los síntomas iniciales de envenenamiento por etilenglicol son similares a los de una intoxicación, la víctima no se percató del envenenamiento.

El etilenglicol es un diol, pues contiene dos grupos funcionales alcohol. Los alcoholes experimentan reacciones de oxidación para formar aldehídos, que pueden oxidarse aún más hasta ácido carboxílico.

Inicialmente, el etilenglicol se oxida a glicolaldehído, que se oxida a ácido glicólico. El glicolaldehído y el ácido glicólico se acumulan en el hígado, donde interfieren con las enzimas, lo que origina insuficiencia renal y una acidosis metabólica grave. El metabolismo de dichas moléculas continúa

en el interior del cuerpo y se produce oxalato de calcio, que se cristaliza en los riñones y es mortal.

Profesión: Toxicólogo forense

Los toxicólogos forenses analizan, en el laboratorio, muestras de líquidos y tejidos corporales que los investigadores obtuvieron en la escena del crimen. Al analizar dichas muestras, un toxicólogo forense identifica la presencia o ausencia de químicos específicos dentro del cuerpo para ayudar a resolver casos criminales. Se realizan pruebas para detectar diversos químicos, como alcohol, drogas ilegales o medicamentos de prescripción, venenos, metales y varios gases como monóxido de carbono. Para poder identificar estas sustancias se utilizan diversos instrumentos químicos y metodologías altamente específicas que exigen paciencia y documentación exacta. Un toxicólogo forense también analiza muestras para exámenes de detección de drogas y entrega los resultados a las autoridades policiales, atletas y empleadores. También trabaja en casos que tienen que ver con la contaminación ambiental y muestras procedentes de animales para casos de crímenes contra la fauna silvestre.

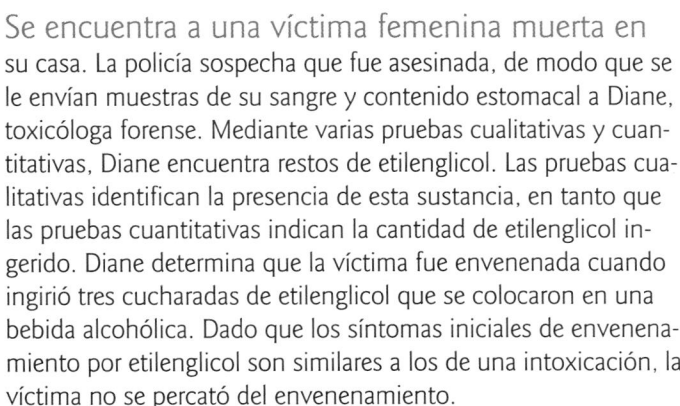

Etilenglicol   Glicolaldehído   Ácido glicólico

E n este capítulo estudiará dos familias de compuestos orgánicos: aldehídos y cetonas. Muchos de los olores que se asocian a saborizantes y perfumes se deben a compuestos que contienen un enlace doble carbono-oxígeno llamado *grupo carbonilo* (C ═ O). Importantes biomoléculas como carbohidratos, proteínas y ácidos nucleicos también contienen grupos carbonilo que influyen en su estructura y función.

Los aldehídos de alimentos y perfumes proporcionan los olores y sabores a la vainilla, las almendras y la canela. En la clase de biología es posible que el lector haya observado especímenes conservados en una disolución de formaldehído. Probablemente percibe el olor de una cetona si usa pintura o quitaesmalte. Aldehídos y cetonas también son compuestos importantes en la industria, pues proporcionan los solventes y reactivos que constituyen muchos materiales que se utilizan con frecuencia en la vida diaria. Por último, se estudiarán las moléculas quirales, que tienen estructuras que son imágenes especulares una de otra. El interés en la quiralidad y las imágenes especulares es porque estas estructuras tridimensionales determinan la función y el papel de muchas moléculas biológicamente activas.

14.1 Aldehídos y cetonas

Como aprendió en la sección 11.5, el grupo carbonilo (C ═ O) tiene un enlace doble carbono-oxígeno con dos grupos de átomos unidos al carbono en ángulos de 120°. Puesto que el átomo de oxígeno en el grupo carbonilo es mucho más electronegativo que el átomo de carbono, el grupo carbonilo tiene un dipolo con una carga parcial negativa (δ^-) en el oxígeno y una carga parcial positiva (δ^+) en el carbono. La polaridad del grupo carbonilo influye enormemente en las propiedades físicas y químicas de aldehídos y cetonas.

$$O^{\delta^-}$$
$$\|$$
$$C^{\delta^+}$$

En un **aldehído**, el carbono del grupo carbonilo está enlazado por lo menos a un átomo de hidrógeno. Dicho carbono también puede estar enlazado a otro átomo de hidrógeno, a un carbono de un grupo alquilo o a un anillo aromático (véase la figura 14.1). En una **cetona**, el grupo carbonilo está enlazado a dos carbonos pertenecientes a grupos alquilo o a anillos aromáticos.

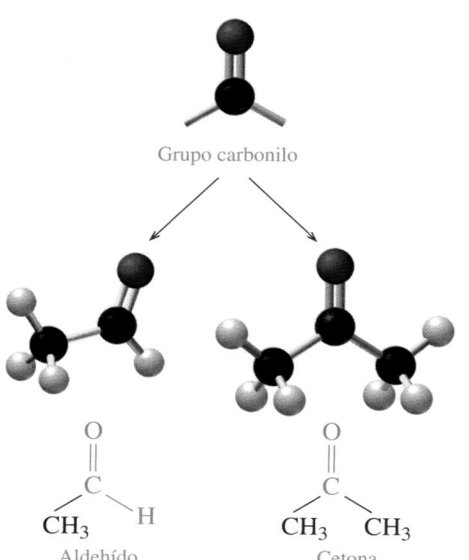

Grupo carbonilo

Aldehído   Cetona

FIGURA 14.1 El grupo carbonilo se encuentra en aldehídos y cetonas.

P Si aldehídos y cetonas contienen ambos un grupo carbonilo, ¿cómo se puede diferenciar entre compuestos de cada familia?

Hay muchas formas de dibujar el grupo carbonilo en las fórmulas estructurales condensadas de aldehídos y cetonas. En un aldehído, el grupo carbonilo puede dibujarse como átomos separados, o puede escribirse como —CHO. No debe escribirse como —COH, ya que puede dar a entender que se trata de un grupo hidroxilo. El grupo carbonilo en una cetona (C=O), que se ubicaría en alguna parte en medio de la cadena de carbono, puede escribirse como CO. En las fórmulas de esqueleto de aldehídos y cetonas, el grupo carbonilo se muestra como un enlace doble a un átomo de oxígeno.

MC

TUTORIAL
Aldehyde or Ketone?

Representaciones de fórmulas estructurales y de esqueleto de un aldehído y una cetona de C_3H_6O

Aldehído

$$CH_3-CH_2-\overset{\overset{\displaystyle O}{\|}}{C}-H \ = \ CH_3-CH_2-CHO \ =$$

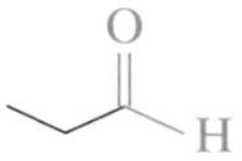

Cetona

$$CH_3-\overset{\overset{\displaystyle O}{\|}}{C}-CH_3 \ = \ CH_3-CO-CH_3 \ =$$

COMPROBACIÓN DE CONCEPTOS 14.1 **Cómo identificar aldehídos y cetonas**

Identifique si cada uno de los compuestos siguientes es un aldehído o una cetona:

a.

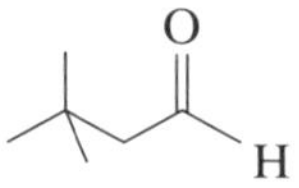

b.

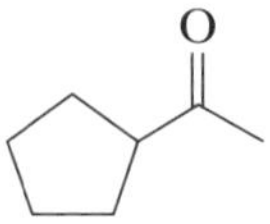

c.

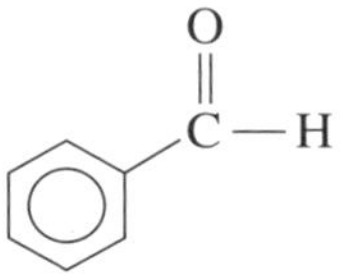

d.

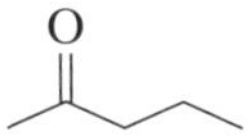

RESPUESTA

a. Un grupo carbonilo (C=O) se encuentra unido a un átomo de hidrógeno al final de la cadena de carbono, lo que hace de este compuesto un aldehído.
b. Un grupo carbonilo (C=O) se encuentra unido a dos átomos de carbono dentro de la cadena de carbono, lo que hace de este compuesto una cetona.
c. Un grupo carbonilo (C=O) se encuentra unido a un átomo de hidrógeno al final de la cadena de carbono, lo que hace de este compuesto un aldehído.
d. Un grupo carbonilo (C=O) se encuentra unido a dos átomos de carbono dentro de la cadena de carbono, lo que hace de este compuesto una cetona.

Nomenclatura de aldehídos

En el sistema IUPAC, para nombrar un aldehído se sustituye la *o* del nombre del alcano correspondiente por la terminación *al*. No se necesita número para el grupo aldehído porque siempre debe considerarse como el comienzo de la cadena. Sin embargo, los aldehídos con cadenas de carbono de uno a cuatro átomos de carbono con frecuencia se denominan por sus nombres comunes, que terminan en *aldehído*. Las raíces (*form, acet, propion* y *butir*) de estos nombres comunes se derivan de palabras griegas o latinas (véase la figura 14.2).

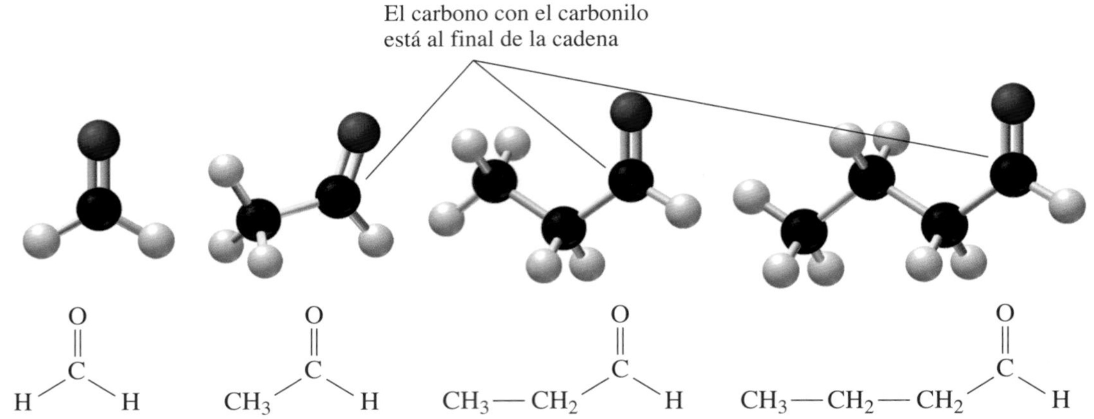

El carbono con el carbonilo
está al final de la cadena

IUPAC	Metanal	Etanal	Propanal	Butanal
Común	**Form**aldehído	**Acet**aldehído	**Propion**aldehído	**Butir**aldehído

FIGURA 14.2 En la escritura de las estructuras de aldehídos, el grupo carbonilo siempre es el carbono final.

P ¿Por qué el carbono con el grupo carbonilo en los aldehídos siempre está al final de la cadena?

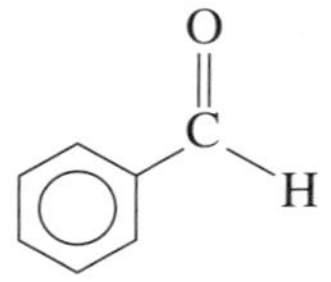

Benzaldehído

El aldehído del benceno se llama benzaldehído.

EJEMPLO DE PROBLEMA 14.1 **Cómo nombrar aldehídos**

Proporcione el nombre IUPAC de cada uno de los aldehídos siguientes:

a. 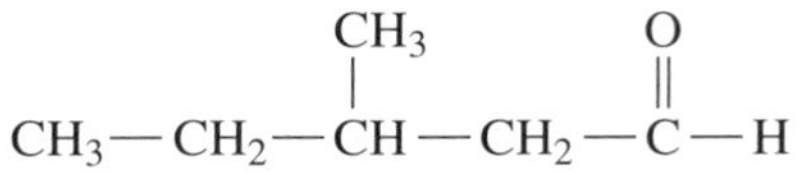
$$CH_3 - CH_2 - \overset{\overset{\displaystyle CH_3}{|}}{CH} - CH_2 - \overset{\overset{\displaystyle O}{\|}}{C} - H$$

b. 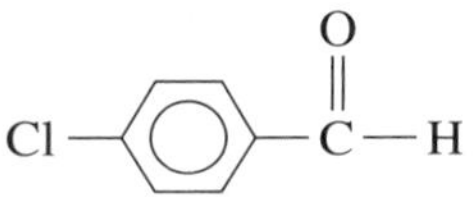
$$Cl - \bigcirc - \overset{\overset{\displaystyle O}{\|}}{C} - H$$

SOLUCIÓN

Análisis del problema

Familia	Nomenclatura IUPAC	Nombre
Aldehído	Cambie la terminación *o* por *al* y cuente desde el carbono 1 del grupo carbonilo hacia el sustituyente	Alcanal

Guía para nombrar aldehídos

1 Para nombrar la cadena de carbono más larga, sustituya la terminación *o* en el nombre del alcano por *al*.

2 Para nombrar y numerar los sustituyentes, cuente el grupo carbonilo como carbono 1.

a. **Paso 1** **Para nombrar la cadena de carbono más larga, sustituya la terminación *o* en el nombre del alcano por *al*.** La cadena de carbono más larga que contiene el grupo carbonilo tiene cinco átomos de carbono. Para nombrarla, se sustituye la *o* en el nombre del alcano por *al* para obtener pentanal.

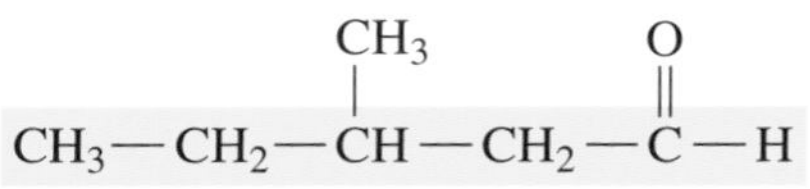

$$CH_3 - CH_2 - \overset{\overset{\displaystyle CH_3}{|}}{CH} - CH_2 - \overset{\overset{\displaystyle O}{\|}}{C} - H \qquad \text{pentanal}$$

Paso 2 **Para nombrar y numerar los sustituyentes, cuente el grupo carbonilo como carbono 1.** El sustituyente, que es el grupo —CH_3 en el carbono 3, es metilo. El nombre IUPAC de este compuesto es 3-metilpentanal.

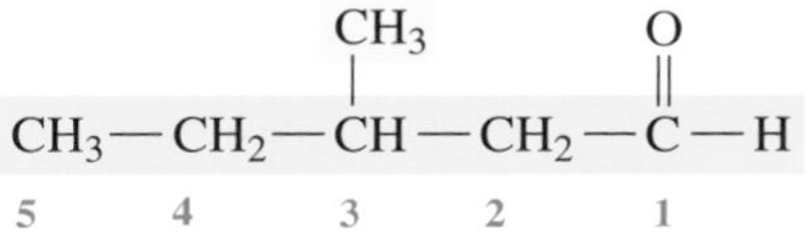

$$\underset{5}{CH_3} - \underset{4}{CH_2} - \underset{3}{\overset{\overset{\displaystyle CH_3}{|}}{CH}} - \underset{2}{CH_2} - \underset{1}{\overset{\overset{\displaystyle O}{\|}}{C}} - H \qquad \text{3-metilpentanal}$$

Análisis del problema

Familia	Nomenclatura IUPAC	Nombre
Aldehído	Benzaldehído es el nombre IUPAC del aldehído de benceno	Benzaldehído

b. **Paso 1** **Para nombrar la cadena de carbono más larga, sustituya la terminación *o* en el nombre del alcano por *al*.** La cadena de carbono más larga consta de un anillo de benceno unido a un grupo carbonilo, que se nombra benzaldehído.

 benzaldehído

Paso 2 **Para nombrar y numerar los sustituyentes, cuente el grupo carbonilo como carbono 1.** En el caso de los anillos aromáticos, se considera como carbono 1 al carbono del anillo donde se une el grupo carbonilo, por lo que el grupo cloro se une al carbono 4 del anillo aromático.

4-clorobenzaldehído

COMPROBACIÓN DE ESTUDIO 14.1

¿Cuál es el nombre IUPAC del compuesto siguiente?

La química en el ambiente

VAINILLA

La vainilla se utiliza como saborizante desde hace más de 1000 años. Después de tomar una bebida hecha con vainilla en polvo y granos de cacao con el emperador Moctezuma en México, el conquistador español Hernán Cortés llevó la vainilla a Europa, donde se extendió su uso como saborizante y como aromatizante de perfumes y tabacos. Thomas Jefferson introdujo la vainilla a Estados Unidos a finales de la década de 1700. En la actualidad, mucha de la vainilla que se usa en el mundo se cosecha en México, Madagascar, Réunion, Seychelles, Tahití, Sri Lanka, Java, Filipinas y África.

La planta de la vainilla pertenece a la familia de las orquídeas y prolifera en climas tropicales. Existen muchas especies de *Vanilla*, pero se considera que la *Vanilla planifolia* (o *V. fragrans*) produce el mejor sabor. La planta de vainilla es una parra que puede crecer hasta 30 m de largo. Sus flores se polinizan a mano para producir un fruto verde que se recoge tras 8 o 9 meses. El fruto se seca al Sol, de modo que se vuelve una larga vaina color marrón oscuro, que se denomina "grano de vainilla" porque parecen habichuelas. El sabor y la fragancia del grano de vainilla provienen de las pequeñas semillas negras que se encuentran en el interior del grano seco.

Las semillas y vaina se usan para dar sabor a postres, como flanes y helados. Para elaborar el extracto de vainilla, se cortan granos de vainilla y se combinan con una mezcla de 35% etanol-agua. El líquido, que contiene el aldehído *vainillina*, se drena del residuo del grano y se utiliza para dar sabor.

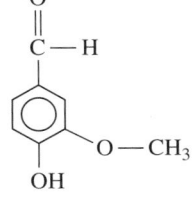

Vainillina
(vainilla)

El grano de vainilla es el fruto seco de la planta de vainilla.

Para preparar el saborizante de vainilla se remojan granos de vainilla en etanol y agua.

Nomenclatura de cetonas

Aldehídos y cetonas son algunas de las clases más importantes de compuestos orgánicos y han tenido una función destacada en la química orgánica durante más de un siglo. En el sistema IUPAC, para obtener el nombre de una cetona se sustituye la terminación *o* en el nombre del alcano correspondiente por la terminación *ona*. Sin embargo, todavía están en uso los nombres comunes para cetonas no ramificadas. Luego, los grupos alquilo enlazados en cualquier lado del grupo carbonilo se mencionan en orden alfabético seguidos de *cetona*. El nombre de acetona, que es otro nombre de la propanona, también se conserva en el sistema IUPAC.

Para las cetonas cíclicas se usa el prefijo *ciclo* enfrente del nombre de la cetona. Para localizar cualquier sustituyente, se numera el anillo a partir del carbono perteneciente al grupo carbonilo como carbono 1. El anillo se numera de modo que los sustituyentes tengan el número más bajo posible.

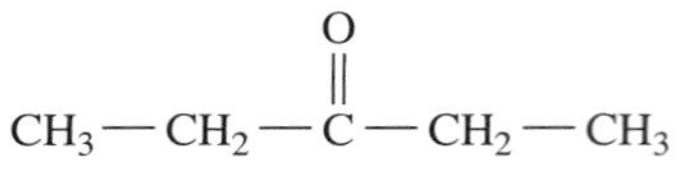

3-pentanona
(dietil cetona)

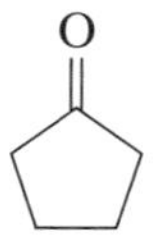

Ciclopentanona

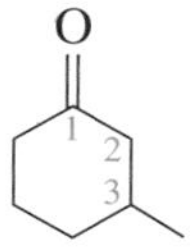

3-metilciclohexanona

EJEMPLO DE PROBLEMA 14.2 — Nombres de cetonas

Proporcione el nombre IUPAC de la cetona siguiente:

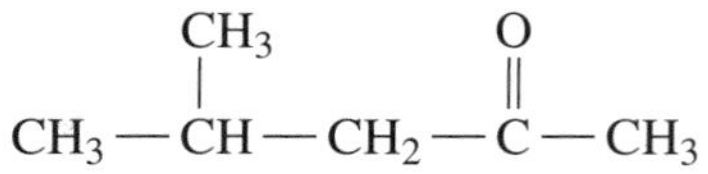

SOLUCIÓN

Análisis del problema

Familia	Nomenclatura IUPAC	Nombre
Cetona	Cambie la terminación *o* por *ona* y cuente desde el extremo de la cadena de carbono más cercana al grupo carbonilo para numerar los sustituyentes	Alcanona

Guía para nombrar cetonas

1 Para nombrar la cadena de carbono más larga, sustituya la terminación *o* en el nombre del alcano por *ona*.

2 Numere la cadena de carbono desde el extremo más cercano al grupo carbonilo e indique la posición de este último.

3 Nombre y numere cualquier sustituyente en la cadena de carbono.

Paso 1 **Para nombrar la cadena de carbono más larga, sustituya la terminación *o* en el nombre del alcano por *ona*.**

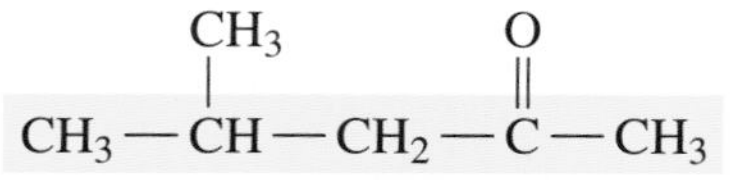

pentanona

Paso 2 **Numere la cadena de carbono desde el extremo más cercano al grupo carbonilo e indique la posición de este último.**

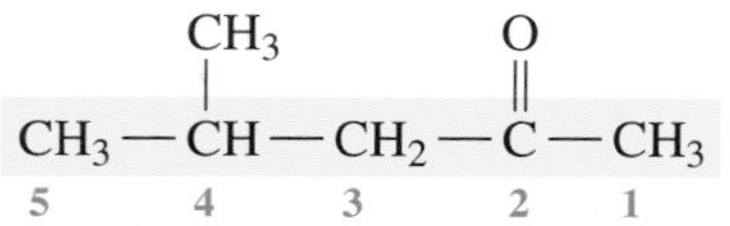

2-pentanona

Paso 3 **Nombre y numere cualquier sustituyente en la cadena de carbono.** Si cuenta desde el extremo más cercano al grupo carbonilo, el grupo metilo se localiza en el carbono 4.

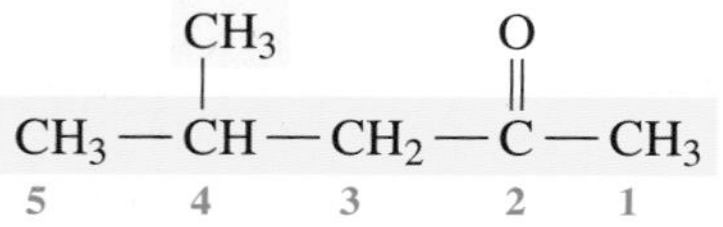

4-metil-2-pentanona

COMPROBACIÓN DE ESTUDIO 14.2

¿Cuál es el nombre común de la 3-hexanona?

La química en la salud

ALGUNOS ALDEHÍDOS Y CETONAS IMPORTANTES

Formaldehído es el aldehído más simple; es un gas incoloro con un olor picante. En la industria se utiliza como reactivo en la síntesis de telas, materiales aislantes, alfombras, productos de madera comprimida como la chapa, y plásticos para alacenas de cocina. Una disolución acuosa llamada *formalina*, que contiene 40% de formaldehído, se usa como germicida y también para conservar especímenes biológicos. La exposición al vapor del formaldehído puede irritar ojos, nariz y vías respiratorias altas, así como causar salpullido en la piel, dolores de cabeza, mareo y fatiga general. El formaldehído se clasifica como carcinógeno.

Acetona, también conocida como propanona (dimetil cetona) –la cetona más simple– es un líquido incoloro con un olor suave que se usa ampliamente como solvente en líquidos limpiadores, removedores de pinturas y quitaesmaltes, así como adhesivo de caucho. Es extremadamente inflamable, por lo que debe tenerse cuidado cuando se utiliza. Los procesos metabólicos normales de los seres humanos y los animales producen pequeñas cantidades de acetona. Se pueden producir cantidades más grandes de acetona en caso de diabetes no controlada, durante el ayuno prolongado y en dietas ricas en proteínas cuando se metabolizan grandes cantidades de grasas para obtener energía, y después de consumir cantidades abundantes de alcohol.

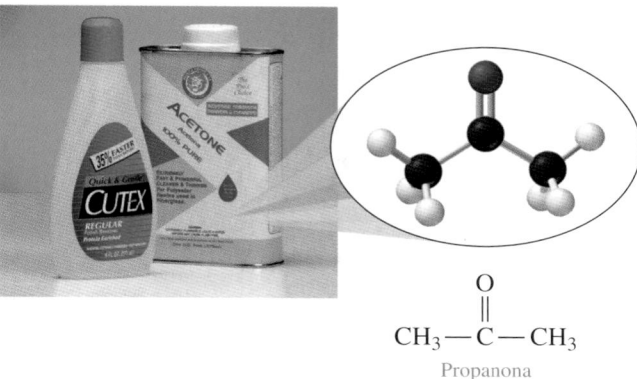

$$CH_3 - \overset{\displaystyle \overset{O}{\|}}{C} - CH_3$$
Propanona

La acetona (propanona) se usa como solvente en pintura y barniz de uñas.

Varios aldehídos aromáticos que existen en la naturaleza se usan como saborizantes de alimentos y como fragancias en perfumes. El benzaldehído se encuentra en las almendras, la vainillina proviene de los granos de vainilla y el cinamaldehído se encuentra en la canela.

Benzaldehído
(almendras)

Vainillina
(vainilla)

Cinamaldehído
(canela)

La muscona se utiliza para elaborar perfumes de almizcle, y el aceite de hierbabuena contiene carvona.

Muscona
(almizcle)

Carvona
(hierbabuena)

La glucosa, también conocida como *azúcar sanguínea*, es un monosacárido importante que se obtiene de frutas, verduras y miel. Consiste en una columna vertebral de seis carbonos con cinco grupos hidroxilo (—OH) y un grupo aldehído. La glucosa se produce en las plantas durante la fotosíntesis. En los animales, los almidones del arroz, trigo y otros granos se descomponen durante la digestión y producen glucosa, que el cuerpo aprovecha para obtener energía.

Los alimentos que contienen almidones son fuente de glucosa.

PREGUNTAS Y PROBLEMAS

14.1 Aldehídos y cetonas

META DE APRENDIZAJE: *Identificar compuestos con un grupo carbonilo como aldehídos y cetonas. Proporcionar los nombres IUPAC y comunes de aldehídos y cetonas; dibujar sus fórmulas estructurales condensadas o fórmulas de esqueleto si sus compuestos son cíclicos.*

14.1 Identifique si cada uno de los compuestos siguientes es aldehído o cetona:

a. 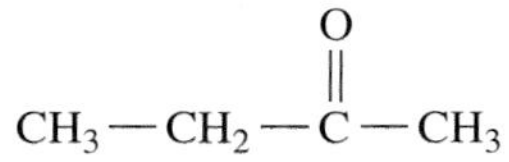 $CH_3-CH_2-\overset{\overset{\displaystyle O}{\|}}{C}-CH_3$ **b.**

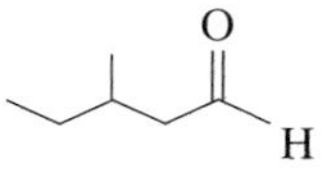

c. 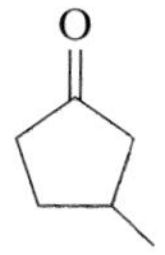   **d.**

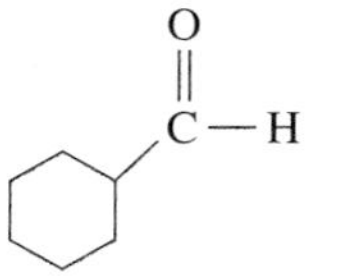

14.2 Identifique si cada uno de los compuestos siguientes es aldehído o cetona:

a. 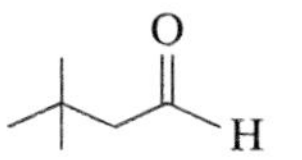   **b.** 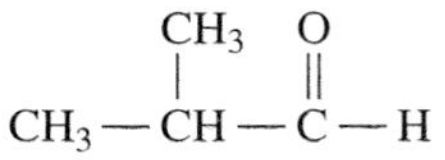 $CH_3-\overset{\overset{\displaystyle CH_3}{|}}{CH}-\overset{\overset{\displaystyle O}{\|}}{C}-H$

c. 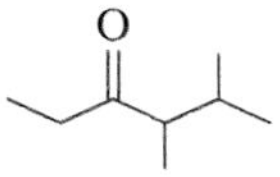   **d.**

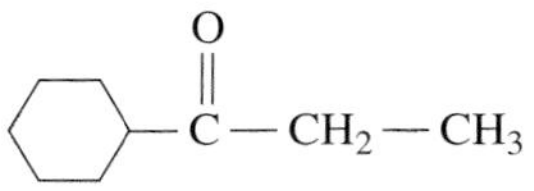

14.3 Indique si cada uno de los pares siguientes representa isómeros estructurales o no:

a. 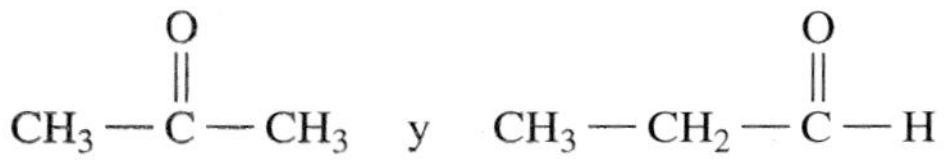 $CH_3-\overset{\overset{\displaystyle O}{\|}}{C}-CH_3$ y $CH_3-CH_2-\overset{\overset{\displaystyle O}{\|}}{C}-H$

b.   y

c. $CH_3-\overset{\overset{\displaystyle O}{\|}}{C}-CH_2-CH_3$ y

$CH_3-\overset{\overset{\displaystyle O}{\|}}{C}-CH_2-CH_2-CH_3$

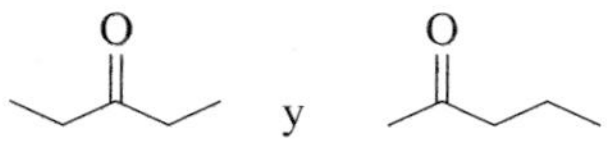

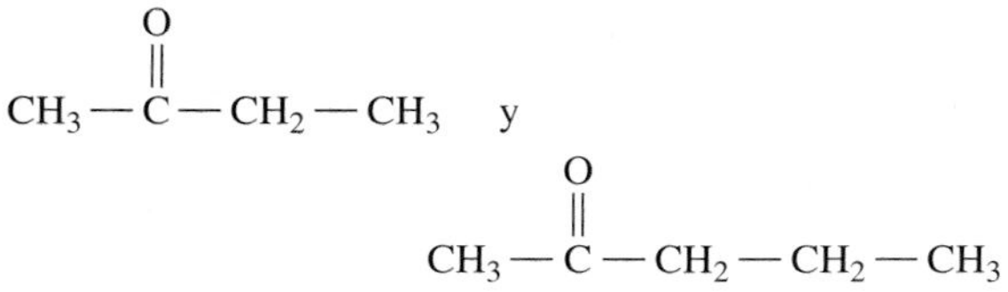

14.4 Indique si cada uno de los pares siguientes representa isómeros estructurales o no:

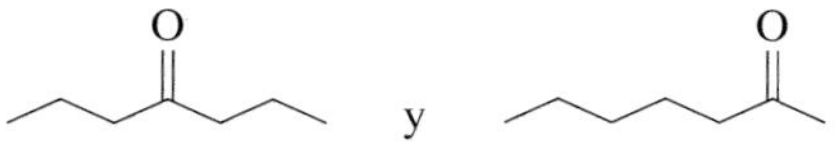

a. 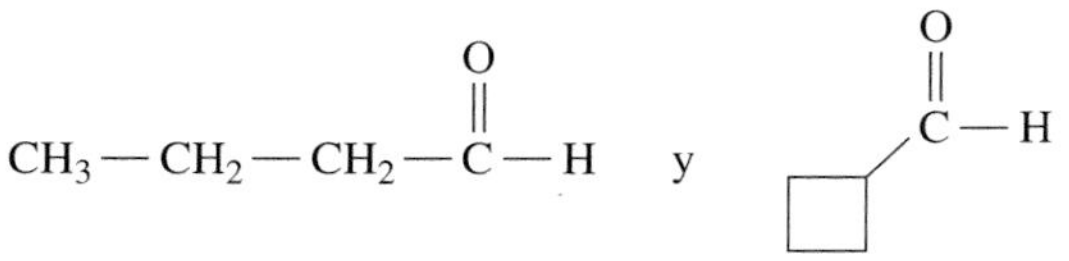 $CH_3-CH_2-CH_2-\overset{\overset{\displaystyle O}{\|}}{C}-H$ y

b.   y

c.   y

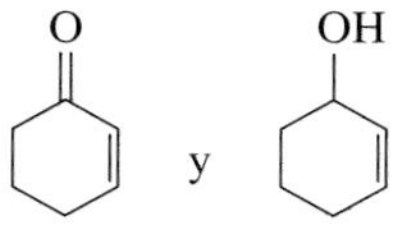

14.5 Proporcione el nombre IUPAC de cada uno de los compuestos siguientes:

a. 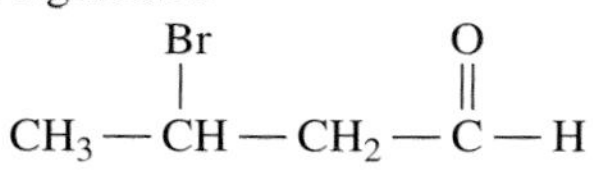 $CH_3-\overset{\overset{\displaystyle Br}{|}}{CH}-CH_2-\overset{\overset{\displaystyle O}{\|}}{C}-H$ **b.**

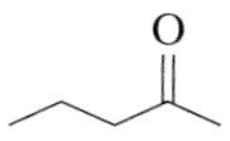

c. 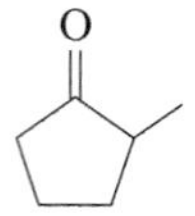   **d.**

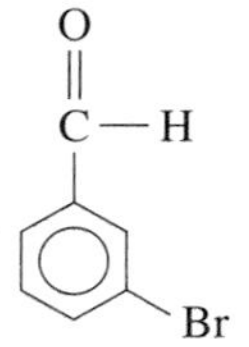

14.6 Proporcione el nombre IUPAC de cada uno de los compuestos siguientes:

a. 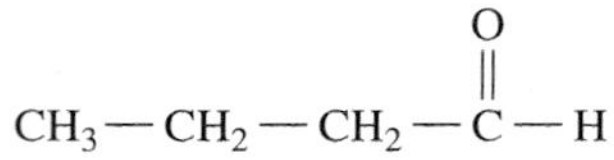 $CH_3-CH_2-CH_2-\overset{\overset{\displaystyle O}{\|}}{C}-H$ **b.**

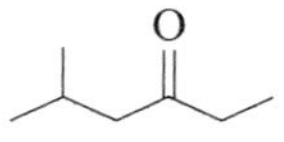

c. 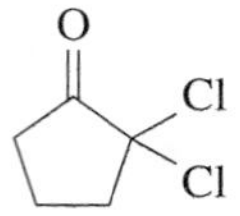   **d.**

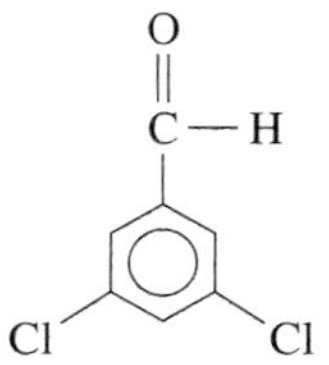

14.7 Proporcione un nombre común para cada uno de los compuestos siguientes:

a. 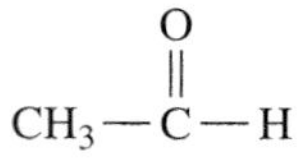 $CH_3-\overset{\overset{\displaystyle O}{\|}}{C}-H$

b. $CH_3-\overset{\overset{\displaystyle O}{\|}}{C}-CH_2-CH_2-CH_3$

c. $H-\overset{\overset{\displaystyle O}{\|}}{C}-H$

14.8 Proporcione el nombre común para cada uno de los compuestos siguientes:

a. 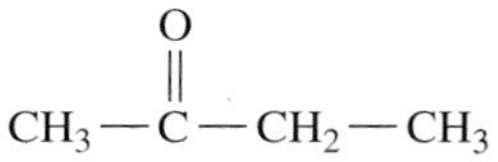 $CH_3-\overset{\overset{\displaystyle O}{\|}}{C}-CH_2-CH_3$

b. $CH_3-CH_2-\overset{\overset{\displaystyle O}{\|}}{C}-CH_2-CH_3$

c. $CH_3-CH_2-\overset{\overset{\displaystyle O}{\|}}{C}-H$

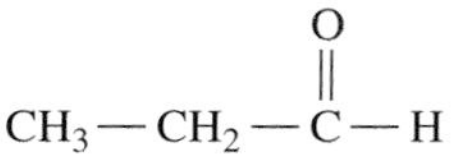

14.9 Dibuje la fórmula estructural condensada de cada uno de los compuestos siguientes:
a. etanal   **b.** 2-metil-3-pentanona
c. butil metil cetona   **d.** 3-metilhexanal

14.10 Dibuje la fórmula estructural condensada de cada uno de los compuestos siguientes:
a. butiraldehído   **b.** 3,4-dicloropentanal
c. 4-bromobutanona   **d.** acetona

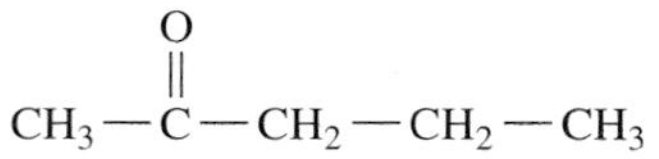

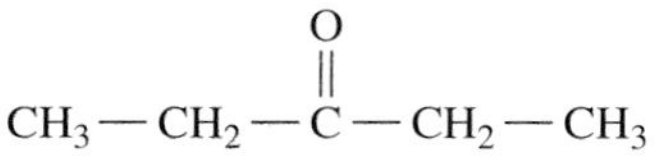

14.11 El anisaldehído, proveniente de la menta coreana o regaliz azul, es una hierba medicinal que se usa en la medicina china. El nombre IUPAC del anisaldehído es 4-metoxibenzaldehído. Dibuje la fórmula de esqueleto del anisaldehído.

14.12 El nombre IUPAC de la etil-vainillina, un compuesto sintético que se usa como saborizante, es 3-etoxi-4-hidroxibenzaldehído. Dibuje la fórmula de esqueleto de la etil-vainillina.

14.2 Propiedades físicas de aldehídos y cetonas

A temperatura ambiente, el metanal (formaldehído) y el etanal (acetaldehído) son gases. Aldehídos y cetonas que contienen de 3 a 10 átomos de carbono son líquidos. El grupo carbonilo polar con un átomo de oxígeno parcialmente negativo y un átomo de carbono parcialmente positivo influye en los puntos de ebullición y la solubilidad de aldehídos y cetonas en agua.

META DE APRENDIZAJE

Describir los puntos de ebullición y la solubilidad de aldehídos y cetonas en agua.

TUTORIAL
Properties of Aldehydes and Ketones

Puntos de ebullición de aldehídos y cetonas

El grupo carbonilo polar en aldehídos y cetonas proporciona atracciones dipolo-dipolo, que no tienen los alcanos. Por tanto, aldehídos y cetonas tienen puntos de ebullición más altos que los alcanos. Sin embargo, aldehídos y cetonas no pueden formar enlaces por puente de hidrógeno entre ellos como hacen los alcoholes. En consecuencia, los alcoholes tienen puntos de ebullición más altos que los aldehídos y las cetonas de masa molar similar.

Atracciones dipolo-dipolo

$$\searrow C^{\delta^+}=O^{\delta^-}\cdots\cdots\searrow C^{\delta^+}=O^{\delta^-}\cdots\cdots\searrow C^{\delta^+}=O^{\delta^-}$$

	$CH_3-CH_2-CH_2-CH_3$	$CH_3-CH_2-\overset{\overset{\text{O}}{\|}}{C}-H$	$CH_3-\overset{\overset{\text{O}}{\|}}{C}-CH_3$	$CH_3-CH_2-CH_2-OH$
Nombre	Butano	Propanal	Propanona	1-propanol
Masa molar	58	58	58	60
Familia	Alcano	Aldehído	Cetona	Alcohol
pe	0 °C	49 °C	56 °C	97 °C

Aumento del punto de ebullición →

En el caso de aldehídos y cetonas, los puntos de ebullición aumentan a medida que se incrementa el número de átomos de carbono en la cadena. Conforme las moléculas se vuelven más grandes, hay más electrones y más dipolos temporales (fuerzas de dispersión), que producen puntos de ebullición más altos. La tabla 14.1 proporciona los puntos de ebullición y la solubilidad de aldehídos y cetonas seleccionados.

TABLA 14.1 Puntos de ebullición y solubilidad de aldehídos y cetonas seleccionados

Compuesto	Fórmula estructural condensada	Número de átomos de carbono	Punto de ebullición (°C)	Solubilidad en agua
Metanal (formaldehído)	$H-CHO$	1	−21	Soluble
Etanal (acetaldeído)	CH_3-CHO	2	21	Soluble
Propanal (propionaldehído)	CH_3-CH_2-CHO	3	49	Soluble
Propanona (acetona)	$CH_3-CO-CH_3$	3	56	Soluble
Butanal (butiraldehído)	$CH_3-CH_2-CH_2-CHO$	4	75	Soluble
Butanona	$CH_3-CO-CH_2-CH_3$	4	80	Soluble
Pentanal	$CH_3-CH_2-CH_2-CH_2-CHO$	5	103	Un poco soluble
2-pentanona	$CH_3-CO-CH_2-CH_2-CH_3$	5	102	Un poco soluble
Hexanal	$CH_3-CH_2-CH_2-CH_2-CH_2-CHO$	6	129	No soluble
2-hexanona	$CH_3-CO-CH_2-CH_2-CH_2-CH_3$	6	127	No soluble

Solubilidad de aldehídos y cetonas en agua

Aunque aldehídos y cetonas no forman enlaces por puente de hidrógeno entre ellos, el átomo de oxígeno electronegativo sí forma enlaces por puente de hidrógeno con

Enlaces por puente de hidrógeno

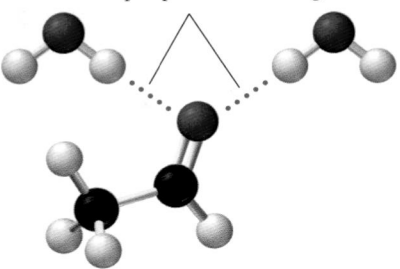

Acetaldehído en agua

Enlaces por puente de hidrógeno

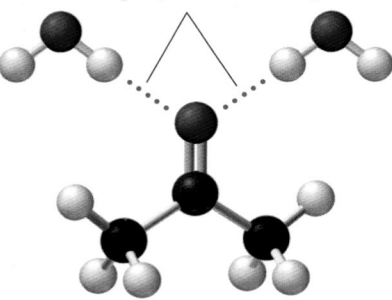

Acetona en agua

FIGURA 14.3 Enlace por puente de hidrógeno de acetaldehído y acetona con agua.

P ¿Esperaría que el propanal fuera soluble en agua?

moléculas de agua (véase la figura 14.3). Aldehídos y cetonas con uno a cuatro átomos de carbono son muy solubles en agua. Sin embargo, los que tienen cinco o más átomos de carbono no son muy solubles, porque las cadenas largas de hidrocarburos no polares reducen el efecto de solubilidad del grupo carbonilo polar.

COMPROBACIÓN DE CONCEPTOS 14.2 Punto de ebullición

¿Esperaría que el etanol (CH_3—CH_2—OH) tuviera un punto de ebullición más alto o más bajo que el etanal (CH_3—CHO)? Explique.

RESPUESTA

El etanol tendría un punto de ebullición más alto porque sus moléculas pueden formar enlaces por puente de hidrógeno entre ellas, mientras que las moléculas de etanal no pueden.

EJEMPLO DE PROBLEMA 14.3 Punto de ebullición y solubilidad

Ordene pentano, 2-butanol y butanona, que tienen masas molares similares, en orden de puntos de ebullición crecientes. Explique.

SOLUCIÓN

Las únicas atracciones entre las moléculas de alcanos como el pentano son fuerzas de dispersión débiles. Sin atracciones dipolo-dipolo o enlaces por puente de hidrógeno, el pentano tiene el punto de ebullición más bajo de los tres compuestos. Con un grupo carbonilo polar, las moléculas de butanona forman atracciones dipolo-dipolo, pero no enlaces por puente de hidrógeno. La butanona tiene un punto de ebullición más alto que el pentano. Puesto que las moléculas de 2-butanol pueden formar enlaces por puente de hidrógeno con otras moléculas de butanol, tiene el punto de ebullición más alto de los tres compuestos. Los puntos de ebullición reales son: pentano (36 °C), butanona (80 °C) y 2-butanol (100 °C).

COMPROBACIÓN DE ESTUDIO 14.3

Si las moléculas de acetona no pueden formar enlaces por puente de hidrógeno entre ellas, ¿por qué la acetona es soluble en agua?

PREGUNTAS Y PROBLEMAS

14.2 Propiedades físicas de aldehídos y cetonas

META DE APRENDIZAJE: *Describir los puntos de ebullición y la solubilidad de aldehídos y cetonas en agua.*

14.13 ¿Cuál compuesto en cada uno de los pares siguientes tendría el punto de ebullición más alto? Explique.

a. CH_3—CH_2—CH_3 o CH_3—$\overset{\overset{\displaystyle O}{\|}}{C}$—H

b. propanal o pentanal

c. butanal o 1-butanol

14.14 ¿Cuál compuesto en cada uno de los pares siguientes tendría el punto de ebullición más alto? Explique.

a. [estructura con OH] o [estructura con O]

b. pentano o butanona

c. propanona o pentanona

14.15 ¿Cuál compuesto en cada uno de los pares siguientes sería más soluble en agua? Explique.

a. CH_3—$\overset{\overset{\displaystyle O}{\|}}{C}$—$CH_2$—$CH_2$—$CH_3$ o

CH_3—$\overset{\overset{\displaystyle O}{\|}}{C}$—$\overset{\overset{\displaystyle O}{\|}}{C}$—$CH_2$—$CH_3$

b. propanal o pentanal   **c.** acetona o 2-pentanona

14.16 ¿Cuál compuesto en cada uno de los pares siguientes sería más soluble en agua? Explique.

a. CH_3—CH_2—CH_3 o CH_3—CH_2—CHO

b. propanona o 3-hexanona   **c.** propano o propanona

14.17 ¿Esperaría que un aldehído con fórmula $C_8H_{16}O$ fuera soluble en agua? Explique.

14.18 ¿Esperaría que un aldehído con fórmula C_3H_6O fuera soluble en agua? Explique.

14.3 Oxidación y reducción de aldehídos y cetonas

En la sección 13.4 se describió cómo se producen los aldehídos mediante la oxidación de alcoholes primarios que se oxidan con facilidad a ácidos carboxílicos. De hecho, los aldehídos se oxidan fácilmente para formar ácidos carboxílicos cuando se exponen al aire. Por lo contrario, las cetonas producidas por la oxidación de alcoholes secundarios no experimentan más oxidación. Revise ejemplos de las reacciones de oxidación de alcoholes primarios y secundarios que forman aldehídos y cetonas.

$$CH_3-CH_2-OH \xrightarrow{\text{Oxidación}} CH_3-\overset{\overset{\displaystyle O}{\|}}{C}-H \xrightarrow{\substack{\text{Más} \\ \text{oxidación}}} CH_3-\overset{\overset{\displaystyle O}{\|}}{C}-OH$$

Etanol (1°) Etanal Ácido etanoico

$$CH_3-\overset{\overset{\displaystyle OH}{|}}{CH}-CH_3 \xrightarrow{\text{Oxidación}} CH_3-\overset{\overset{\displaystyle O}{\|}}{C}-CH_3 \xrightarrow{\substack{\text{Más} \\ \text{oxidación}}} \text{no reacción}$$

2-propanol (2°) Propanona

COMPROBACIÓN DE CONCEPTOS 14.3 **Oxidación de alcoholes a ácidos carboxílicos**

Dibuje las fórmulas estructurales condensadas del aldehído y ácido carboxílico que se forma durante la oxidación de 1-propanol.

RESPUESTA

Las fórmulas de los productos de oxidación de 1-propanol muestran la oxidación del grupo funcional. Cuando 1-propanol, un alcohol primario, se oxida, el carbono unido al grupo —OH se convierte en aldehído (propanal), que se oxida aún más hasta ácido carboxílico (ácido propanoico).

$$CH_3-CH_2-CH_2-OH \xrightarrow{[O]} CH_3-CH_2-\overset{\overset{\displaystyle O}{\|}}{C}-H \xrightarrow{[O]} CH_3-CH_2-\overset{\overset{\displaystyle O}{\|}}{C}-OH$$

Alcohol (1°) Aldehído Ácido carboxílico

Prueba de Tollens

La facilidad de oxidación de los aldehídos permite que ciertos agentes oxidantes suaves oxiden el grupo funcional aldehído sin oxidar otros grupos funcionales como alcoholes o éteres. En el laboratorio, la **prueba de Tollens** puede servir para distinguir entre aldehídos y cetonas. El reactivo de Tollens, que es una disolución de Ag^+ ($AgNO_3$) y amoniaco, oxida aldehídos, pero no cetonas. El ión plata se reduce y forma una capa llamada "espejo de plata" en el interior del recipiente.

$$CH_3-\overset{\overset{\displaystyle O}{\|}}{C}-H + 2Ag^+ \xrightarrow{[O]} 2Ag(s) + CH_3-\overset{\overset{\displaystyle O}{\|}}{C}-OH$$

Etanal Reactivo Espejo de plata Ácido etanoico
(acetaldehído) de Tollens (ácido acético)

En el comercio se utiliza un proceso similar para fabricar espejos que consiste en aplicar una disolución de $AgNO_3$ y amoniaco sobre vidrio con una pistola rociadora (véase la figura 14.4).

Otra prueba, llamada **prueba de Benedict**, ofrece una prueba positiva con compuestos que tienen un grupo funcional aldehído y un grupo hidroxilo adyacente. Cuando la disolución de Benedict que contiene iones Cu^{2+} ($CuSO_4$) se agrega a este tipo de aldehído

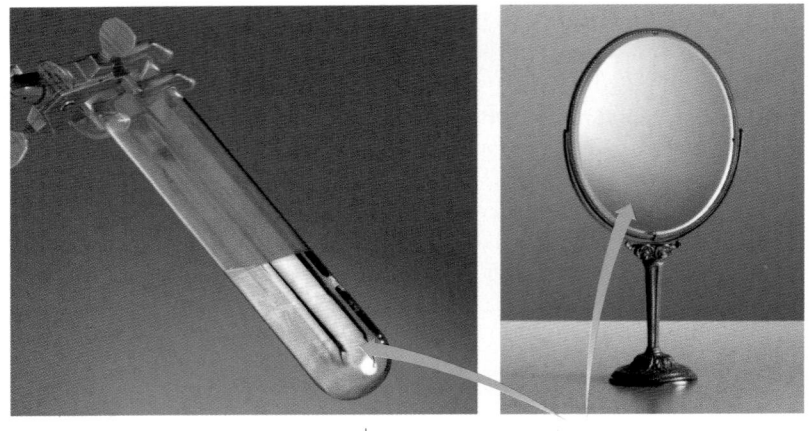

$$Ag^+ + 1\,e^- \longrightarrow Ag(s)$$

FIGURA 14.4 En la prueba de Tollens, se forma un "espejo de plata" cuando la oxidación de un aldehído reduce iones plata a plata metálica. La superficie plateada de un espejo se forma de manera similar.

P ¿Cuál es el producto de la oxidación de un aldehído?

y se calienta, se forma un sólido rojo ladrillo de Cu_2O (véase la figura 14.5). La prueba es negativa con aldehídos y cetonas simples.

$$
\begin{array}{c}
\overset{\displaystyle OH}{\underset{|}{}}\ \overset{\displaystyle O}{\underset{\|}{}} \\
CH_3-CH-C-H \; + \; 2Cu^{2+} \longrightarrow Cu_2O(s) \; + \; CH_3-CH-C-OH
\end{array}
$$

2-hidroxipropanal   Reactivo de Benedict   Sólido rojo ladrillo   Ácido 2-hidroxipropanoico

Puesto que muchos azúcares como la glucosa contienen este tipo de agrupamiento de aldehídos, el reactivo de Benedict puede usarse para determinar la presencia de glucosa en la sangre u orina.

$$
\begin{array}{ccc}
\overset{O}{\|}\overset{H}{} & & \overset{O}{\|}\overset{OH}{} \\
C & & C \\
H-C-OH & & H-C-OH \\
HO-C-H & + 2Cu^{2+} & HO-C-H \\
H-C-OH & \text{de Benedict} \longrightarrow & H-C-OH \; + \; Cu_2O(s) \\
H-C-OH & \text{(azul)} & H-C-OH \quad \text{(rojo ladrillo)} \\
CH_2OH & & CH_2OH
\end{array}
$$

D-Glucosa   Ácido D-glucónico

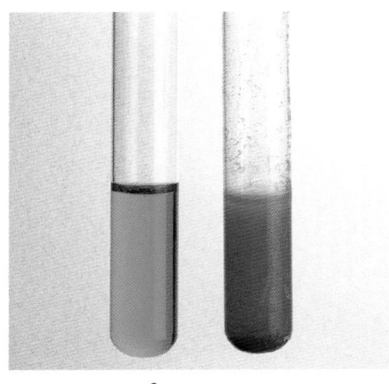

Cu^{2+} $Cu_2O(s)$

FIGURA 14.5 El Cu^{2+} azul en la disolución de Benedict forma un sólido rojo ladrillo de Cu_2O en una prueba positiva para muchos azúcares y aldehídos con grupos hidroxilo adyacentes.

P ¿Cuál tubo de ensayo indica que hay glucosa presente?

COMPROBACIÓN DE CONCEPTOS 14.4   **Oxidación**

Dibuje la fórmula estructural condensada del producto, si lo hay, cuando cada uno de los compuestos siguientes experimenta oxidación:

a.
$$
\begin{array}{c}
\overset{O}{\|} \\
CH_3-C-CH_2-CH_3
\end{array}
$$

b.
$$
\begin{array}{c}
\overset{CH_3}{\underset{|}{}}\ \overset{O}{\underset{\|}{}} \\
CH_3-CH-C-H
\end{array}
$$

RESPUESTA

a. Una cetona no experimenta más oxidación.

b. Un aldehído se oxida a su ácido carboxílico correspondiente.

$$
\begin{array}{c}
\overset{CH_3}{\underset{|}{}}\ \overset{O}{\underset{\|}{}} \\
CH_3-CH-C-OH
\end{array}
$$

EJEMPLO DE PROBLEMA 14.4 **Prueba de Tollens**

Dibuje la fórmula estructural condensada del producto de oxidación, si lo hay, cuando el reactivo de Tollens se agrega a cada uno de los compuestos siguientes:

a. propanal   **b.** propanona   **c.** 2-metilbutanal

SOLUCIÓN

El reactivo de Tollens oxidará aldehídos, pero no cetonas.

$$
\textbf{a. } CH_3-CH_2-\overset{\overset{\textstyle O}{\|}}{C}-OH \qquad \textbf{b. sin reacción} \qquad \textbf{c. } CH_3-CH_2-\overset{\overset{\textstyle CH_3}{|}}{CH}-\overset{\overset{\textstyle O}{\|}}{C}-OH
$$

COMPROBACIÓN DE ESTUDIO 14.4

¿Por qué se forma un espejo de plata cuando el reactivo de Tollens se agrega a un tubo de ensayo que contiene benzaldehído?

Reducción de aldehídos y cetonas

Aldehídos y cetonas se reducen mediante hidrógeno (H_2) o borohidruro de sodio ($NaBH_4$). En la **reducción** de compuestos orgánicos hay una disminución del número de enlaces carbono-oxígeno. Los aldehídos se reducen a alcoholes primarios, y las cetonas se reducen a alcoholes secundarios. Para la adición de hidrógeno se necesita un catalizador, como níquel, platino o paladio.

Aldehídos se reducen a alcoholes primarios

$$
CH_3-CH_2-\overset{\overset{\textstyle O}{\|}}{C}-H \ + \ \textbf{H}_2 \ \xrightarrow{\ Pt\ } \ CH_3-CH_2-\overset{\overset{\textstyle \textbf{OH}}{|}}{\underset{\underset{\textstyle \textbf{H}}{|}}{C}}-H
$$

Propanal   1-propanol (alcohol 1°)
(propionaldehído)   (alcohol propílico)

Cetonas se reducen a alcoholes secundarios

$$
CH_3-\overset{\overset{\textstyle O}{\|}}{C}-CH_3 \ + \ \textbf{H}_2 \ \xrightarrow{\ Ni\ } \ CH_3-\overset{\overset{\textstyle \textbf{OH}}{|}}{\underset{\underset{\textstyle \textbf{H}}{|}}{C}}-CH_3
$$

Propanona   2-propanol (alcohol 2°)
(dimetil cetona)   (alcohol isopropílico)

EJEMPLO DE PROBLEMA 14.5 **Reducción de grupos carbonilo**

Escriba la ecuación para la reducción de ciclopentanona usando hidrógeno en presencia de un catalizador níquel.

SOLUCIÓN

La molécula que reacciona es una cetona cíclica que tiene cinco átomos de carbono. Durante la reducción, los átomos de hidrógeno se adhieren al carbono y al oxígeno en el grupo carbonilo, lo que reduce la cetona al alcohol secundario correspondiente.

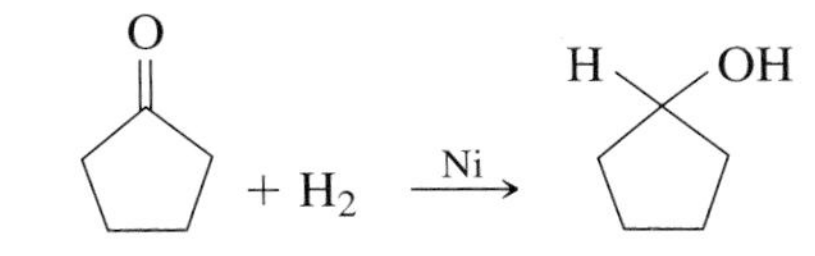

Ciclopentanona   Ciclopentanol

COMPROBACIÓN DE ESTUDIO 14.5

¿Cuál es el nombre del producto obtenido a partir de la hidrogenación de 2-metilbutanal?

PREGUNTAS Y PROBLEMAS

14.3 Oxidación y reducción de aldehídos y cetonas

META DE APRENDIZAJE: *Dibujar las fórmulas estructurales condensadas o de esqueleto de los reactivos y productos en la oxidación o reducción de aldehídos y cetonas.*

14.19 Dibuje la fórmula estructural condensada o la fórmula de esqueleto (si el compuesto es cíclico), del producto de oxidación (si lo hay) de cada uno de los compuestos siguientes:

a. metanal   **b.** butanona
c. benzaldehído   **d.** 3-metilciclohexanona

14.20 Dibuje la fórmula estructural condensada o la fórmula de esqueleto (si el compuesto es cíclico), para el producto de oxidación (si lo hay) de cada uno de los compuestos siguientes:

a. acetaldehído
b. 3-metilbutanona
c. ciclohexanona
d. 3-metilbutanal

14.21 ¿Cuál de los compuestos siguientes reaccionaría con el reactivo de Tollens, el reactivo de Benedict, ambos, o ninguno?

a. $CH_3 - CH_2 - CH_2 - \overset{\displaystyle O}{\overset{\|}{C}} - H$

b. $CH_3 - \overset{\displaystyle O}{\overset{\|}{C}} - CH_3$

c. $CH_3 - \overset{\displaystyle OH}{\underset{|}{CH}} - \overset{\displaystyle O}{\overset{\|}{C}} - H$

14.22 ¿Cuál de los compuestos siguientes reaccionaría con el reactivo de Tollens, el reactivo de Benedict, ambos, o ninguno?

a. $CH_3 - \overset{\displaystyle O}{\overset{\|}{C}} - \overset{\displaystyle \overset{\textstyle CH_3}{|}}{CH} - CH_3$

b. $CH_3 - CH_2 - \overset{\displaystyle OH}{\underset{|}{CH}} - \overset{\displaystyle O}{\overset{\|}{C}} - H$

c. $CH_3 - \overset{\displaystyle O}{\overset{\|}{C}} - H$

14.23 Dibuje la fórmula estructural condensada del producto formado cuando cada uno de los compuestos siguientes se reduce mediante hidrógeno en presencia de níquel como catalizador:

a. butiraldehído
b. acetona
c. 3-bromohexanal
d. 2-metil-3-pentanona

14.24 Dibuje la fórmula estructural condensada del producto formado cuando cada uno de los compuestos siguientes se reduce mediante hidrógeno en presencia de níquel como catalizador:

a. etil propil cetona
b. formaldehído
c. 3-cloropentanal
d. 2-pentanona

META DE APRENDIZAJE

Dibujar las fórmulas estructurales condensadas de los productos de la adición de alcoholes a aldehídos y cetonas.

TUTORIAL
Addition of Polar Molecules to a
Carbonyl Group

14.4 Hemiacetales y acetales

Ya vio que el grupo carbonilo (C=O) es polar, lo que hace a aldehídos y cetonas muy reactivos. Una de las reacciones más comunes de aldehídos y cetonas es la adición de una o dos moléculas de un alcohol al grupo carbonilo.

Formación de hemiacetales y acetales

Cuando un alcohol reacciona con un aldehído o cetona en presencia de un catalizador ácido, el producto es un **hemiacetal**, que contiene dos grupos funcionales en el mismo átomo C: un grupo hidroxilo (—OH) y un grupo alcoxi (—OR). Sin embargo, en general los hemiacetales son inestables y reaccionan con una segunda molécula del alcohol para formar un *acetal* estable y agua. El **acetal** tiene dos grupos alcoxi (—OR) unidos al mismo átomo de carbono. Comercialmente, los compuestos que son acetales se usan para producir vitaminas, tintes, fármacos y perfumes.

$$\underset{\textstyle C}{\overset{\textstyle O^{\delta-}}{\underset{\delta+}{\|}}} + ROH \; \overset{H^+}{\rightleftharpoons} \; -\overset{\textstyle O-H}{\underset{|}{\underset{|}{C}}} - OR + ROH \; \overset{H^+}{\rightleftharpoons} \; -\overset{\textstyle OR}{\underset{|}{\underset{|}{C}}} - OR + H - O - H$$

En general, los aldehídos son más reactivos que las cetonas porque el carbono del carbonilo es más positivo en los aldehídos. Además, la presencia de dos grupos alquilo en las cetonas hace más difícil que una molécula forme enlaces con el carbono en el grupo carbonilo. A continuación se presentan ejemplos de la formación de un hemiacetal y acetal a partir de un aldehído y una cetona.

Formación de un hemiacetal y un acetal a partir de un aldehído

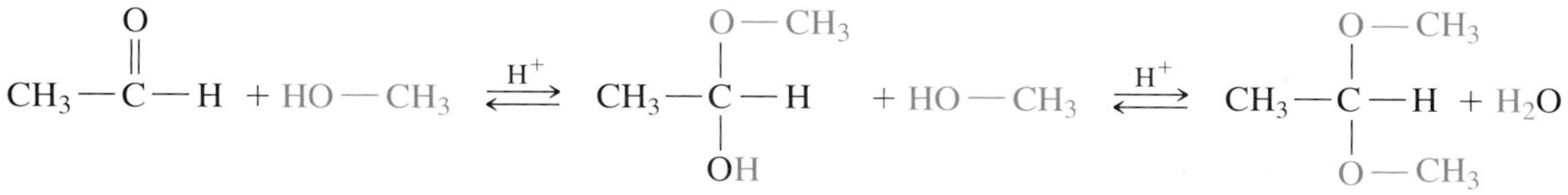

$$\underset{\text{Etanal}}{CH_3-\overset{\displaystyle O}{\overset{\|}{C}}-H} + \underset{\text{Metanol}}{HO-CH_3} \overset{H^+}{\rightleftharpoons} \underset{\text{Hemiacetal}}{CH_3-\overset{\displaystyle O-CH_3}{\underset{\displaystyle OH}{\overset{|}{\underset{|}{C}}}}-H} + HO-CH_3 \overset{H^+}{\rightleftharpoons} \underset{\text{Acetal}}{CH_3-\overset{\displaystyle O-CH_3}{\underset{\displaystyle O-CH_3}{\overset{|}{\underset{|}{C}}}}-H} + H_2O$$

Formación de un hemiacetal y un acetal a partir de una cetona

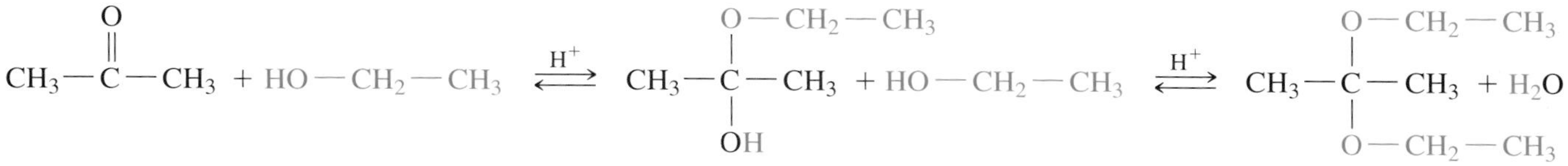

$$\underset{\text{Propanona}}{CH_3-\overset{\displaystyle O}{\overset{\|}{C}}-CH_3} + \underset{\text{Etanol}}{HO-CH_2-CH_3} \overset{H^+}{\rightleftharpoons} \underset{\text{Hemiacetal}}{CH_3-\overset{\displaystyle O-CH_2-CH_3}{\underset{\displaystyle OH}{\overset{|}{\underset{|}{C}}}}-CH_3} + HO-CH_2-CH_3 \overset{H^+}{\rightleftharpoons} \underset{\text{Acetal}}{CH_3-\overset{\displaystyle O-CH_2-CH_3}{\underset{\displaystyle O-CH_2-CH_3}{\overset{|}{\underset{|}{C}}}}-CH_3} + H_2O$$

Las reacciones en la formación de hemiacetales y acetales son reversibles. Como predice el principio de Le Châtelier, la reacción directa se favorece al eliminar agua de la mezcla de reacción. Para favorecer la reacción inversa, que es la hidrólisis de un acetal, se agrega agua para impulsar el equilibrio en la dirección de la cetona o el aldehído.

COMPROBACIÓN DE CONCEPTOS 14.5   Hemiacetales y acetales

A partir de las siguientes descripciones, identifique si el compuesto es un hemiacetal o un acetal:

a. una molécula que contiene un átomo de carbono unido a un grupo hidroxilo y un grupo etoxi
b. una molécula que contiene un átomo de carbono unido a dos grupos etoxi
c. el intermediario que se forma cuando una molécula de un alcohol reacciona con una cetona en presencia de un catalizador ácido
d. el producto estable que se forma cuando dos moléculas de un alcohol reaccionan con un aldehído en presencia de un catalizador ácido

RESPUESTA

a. Un hemiacetal contiene un átomo de carbono unido a un grupo hidroxilo y un grupo etoxi.
b. Un acetal contiene un átomo de carbono unido a dos grupos etoxi.
c. Un hemiacetal involucra la adición de una molécula de un alcohol a una cetona en presencia de un catalizador ácido.
d. Un acetal involucra la adición de dos moléculas de un alcohol a un aldehído en presencia de un catalizador ácido.

EJEMPLO DE PROBLEMA 14.6   Hemiacetales y acetales

Dibuje las fórmulas estructurales condensadas del hemiacetal y acetal que se forman cuando reaccionan metanol y propanal en presencia de un catalizador ácido.

SOLUCIÓN

Para formar el hemiacetal, el hidrógeno del metanol en primer lugar reacciona con el oxígeno del grupo carbonilo para formar un nuevo grupo hidroxilo. La parte restante del metanol reacciona con el átomo de carbono en el grupo carbonilo. El acetal se forma cuando una segunda molécula de metanol reacciona con el átomo de carbono del carbonilo.

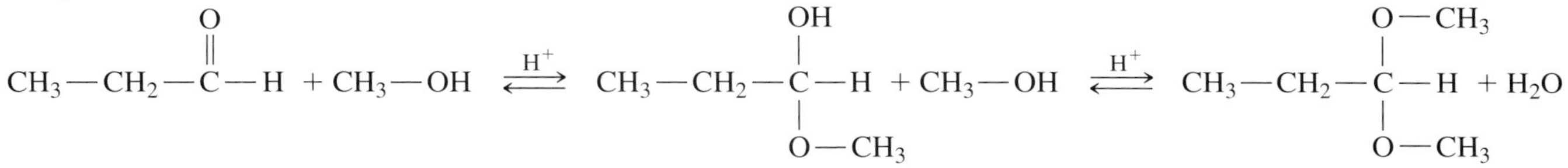

$$\underset{\text{Propanal}}{CH_3-CH_2-\overset{\displaystyle O}{\overset{\|}{C}}-H} + \underset{\text{Metanol}}{CH_3-OH} \overset{H^+}{\rightleftharpoons} \underset{\text{Hemiacetal}}{CH_3-CH_2-\overset{\displaystyle OH}{\underset{\displaystyle O-CH_3}{\overset{|}{\underset{|}{C}}}}-H} + \underset{\text{Metanol}}{CH_3-OH} \overset{H^+}{\rightleftharpoons} \underset{\text{Acetal}}{CH_3-CH_2-\overset{\displaystyle O-CH_3}{\underset{\displaystyle O-CH_3}{\overset{|}{\underset{|}{C}}}}-H} + H_2O$$

COMPROBACIÓN DE ESTUDIO 14.6

Dibuje la fórmula estructural condensada del acetal que se forma cuando se agrega metanol a la butanona en presencia de un catalizador ácido.

Hemiacetales cíclicos

Un tipo muy importante de hemiacetal que puede aislarse es un *hemiacetal cíclico,* que se forma cuando el grupo carbonilo y el grupo —OH están en la *misma* molécula.

Cadena abierta   Hemiacetal cíclico

Los hemiacetales y acetales cíclicos de cinco y seis átomos son más estables que sus estructuras de cadena abierta. La importancia de comprender los acetales se demuestra en el caso de la glucosa, un carbohidrato, que tiene grupos tanto carbonilo como hidroxilo que pueden formar enlaces acetal. La glucosa forma un hemiacetal cíclico cuando el grupo hidroxilo en el carbono 5 se enlaza con el grupo carbonilo en el carbono 1. El hemiacetal de la glucosa es tan estable que casi toda la glucosa (99%) existe como hemiacetal cíclico en disolución acuosa. En el capítulo 15 se estudiarán los carbohidratos y sus estructuras.

Glucosa   Formación del hemiacetal cíclico   Hemiacetal de glucosa

Un alcohol puede reaccionar con el hemiacetal cíclico para formar un acetal cíclico. Esta reacción también es muy importante en la química de los carbohidratos, ya que es el vínculo que enlaza moléculas de glucosa a otras moléculas de glucosa en la formación de disacáridos y polisacáridos.

Hemiacetal cíclico   Acetal cíclico

La maltosa es un disacárido que consiste en dos moléculas de glucosa, y se produce a partir de la hidrólisis del almidón de los granos. En la maltosa, un enlace acetal (que se muestra en rojo) une dos moléculas de glucosa. Una molécula de glucosa conserva el enlace hemiacetal cíclico (que se muestra en verde).

La maltosa, un disacárido, se produce a partir de la hidrólisis de los almidones de los granos, como la cebada.

α-maltosa

PREGUNTAS Y PROBLEMAS

14.4 Hemiacetales y acetales

META DE APRENDIZAJE: *Dibujar las fórmulas estructurales condensadas de los productos de la adición de alcoholes a aldehídos y cetonas.*

14.25 Indique si cada uno de los compuestos siguientes es un hemiacetal, un acetal o ninguno:

a. $CH_3 - CH_2 - O - CH_2 - OH$

b.
$$CH_3 - CH_2 - CH_2 - \overset{\overset{\displaystyle O - CH_3}{|}}{\underset{\underset{\displaystyle OH}{|}}{C}} - H$$

c.
$$CH_3 - \overset{\overset{\displaystyle O - CH_2 - CH_3}{|}}{\underset{\underset{\displaystyle O - CH_2 - CH_3}{|}}{C}} - CH_2 - CH_3$$

d. ciclohexano con OH y $O - CH_2 - CH_3$

e. ciclopentano con $CH_3 - O$ y $O - CH_3$

14.26 Indique si cada uno de los compuestos siguientes es un hemiacetal, un acetal o ninguno:

a. $CH_3 - CH_2 - O - CH_2 - CH_3$

b. $HO - CH_2 - CH_2 - O - CH_2 - CH_2 - O - CH_3$

c.
$$CH_3 - \overset{\overset{\displaystyle O - CH_2 - CH_3}{|}}{\underset{\underset{\displaystyle OH}{|}}{C}} - CH_3$$

d. ciclohexano con $O - CH_3$ y $O - CH_3$

e. ciclopentano con $O - CH_3$ y $O - CH_3$

14.27 Dibuje la fórmula estructural condensada del hemiacetal que se forma al agregar una molécula de metanol en condiciones ácidas a cada uno de los compuestos siguientes:

a. etanal **b.** propanona **c.** butanal

14.28 Dibuje la fórmula estructural condensada del hemiacetal que se forma al agregar una molécula de etanol en condiciones ácidas a cada uno de los compuestos siguientes:

a. propanal **b.** butanona **c.** metanal

14.29 Dibuje la fórmula estructural condensada del acetal que se forma al agregar una segunda molécula de etanol a los compuestos del problema 14.27.

14.30 Dibuje la fórmula estructural condensada del acetal que se forma al agregar una segunda molécula de etanol en condiciones ácidas a los compuestos del problema 14.28.

14.5 Moléculas quirales

META DE APRENDIZAJE

Identificar átomos de carbono quirales y aquirales en una molécula orgánica.

En los capítulos anteriores identificó isómeros estructurales como aquellas moléculas que tienen la misma fórmula molecular, pero diferentes arreglos para enlazar sus átomos.

Isómeros estructurales

C_2H_6O $CH_3 - CH_2 - OH$ $CH_3 - O - CH_3$
           Etanol   Dimetil éter

C_3H_6O $CH_3 - CH_2 - \overset{\overset{\displaystyle O}{\|}}{C} - H$ $CH_3 - \overset{\overset{\displaystyle O}{\|}}{C} - CH_3$
           Propanal   Propanona

Otro grupo de isómeros llamados *estereoisómeros* también tienen fórmulas moleculares idénticas, pero no son isómeros estructurales. En los **estereoisómeros**, los átomos están enlazados en la misma secuencia, pero difieren en la forma en que se ordenan en el espacio.

Quiralidad

Todo tiene una imagen especular. Si el lector sostiene su mano derecha frente a un espejo, verá su imagen especular, que coincide con su mano izquierda (véase la figura 14.6). Si pone sus palmas una frente a otra, una mano es la imagen especular de la otra. Si observa sus manos con las palmas hacia arriba, los pulgares están en lados contrarios. Si luego coloca la mano derecha sobre la mano izquierda, no podrán coincidir todas las partes de las manos: palmas, dorsos, pulgares y meñiques. Los pulgares y meñiques pueden coincidir, pero las palmas y dorsos de las manos todavía están frente a frente. Sus manos son imágenes especulares que no pueden superponerse mutuamente. De igual modo, cuando las imágenes especulares de las moléculas orgánicas no pueden empalmarse por completo, son *no superponibles*.

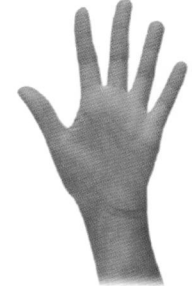

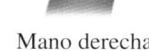

Mano izquierda

Mano derecha

Imagen especular de la mano derecha

FIGURA 14.6 Las manos izquierda y derecha son imágenes especulares que no pueden superponerse una sobre otra.

P ¿Sus zapatos izquierdo y derecho pueden superponerse uno sobre el otro?

Los objetos como las manos, que tienen imágenes especulares no superponibles, son **quirales**. Los zapatos izquierdo y derecho son quirales; los palos de golf para zurdos y diestros son quirales. Cuando piensa en cuán difícil es poner un guante izquierdo en la mano derecha, poner un zapato derecho en el pie izquierdo o usar tijeras para zurdo cuando uno es diestro, comienza a darse cuenta de que ciertas propiedades de las imágenes especulares son muy diferentes.

Cuando la imagen especular de un objeto es idéntica y puede superponerse sobre el original, es **aquiral**. Por ejemplo, la imagen especular de un vaso de vidrio liso es idéntica al vaso, lo que significa que la imagen especular puede superponerse sobre el vaso (véase la figura 14.7)

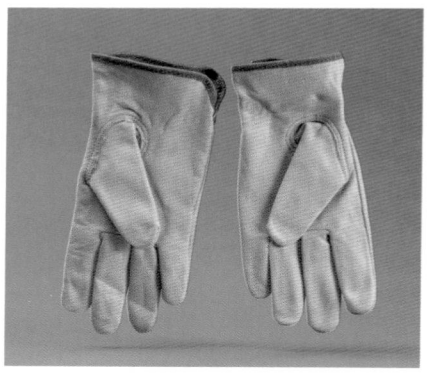

Quiral

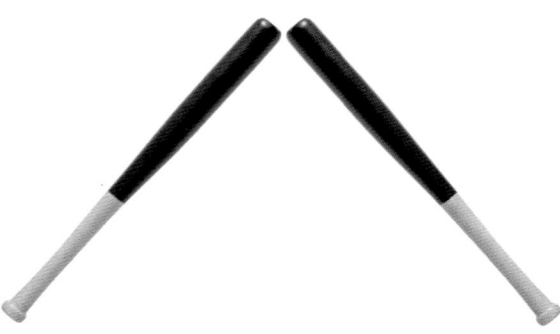

Aquiral

Aquiral

Quiral

FIGURA 14.7 Objetos de uso cotidiano como guantes y zapatos son quirales, pero un bat sin marcar y un vaso liso son aquirales.

P ¿Por qué algunos de los objetos anteriores son quirales y los otros aquirales?

COMPROBACIÓN DE CONCEPTOS 14.6   **Objetos quirales de uso cotidiano**

Clasifique cada uno de los objetos siguientes como quiral o aquiral:

a. oreja izquierda
b. sandalias de dedo para playa
c. bola de golf lisa

RESPUESTA

a. Una oreja izquierda es quiral porque no puede superponerse sobre la oreja derecha.
b. La imagen especular de una sandalia de dedo izquierda es la sandalia de dedo derecha. Son quirales porque no son superponibles.
c. Una bola de golf es aquiral porque las imágenes especulares son superponibles.

Átomos de carbono quirales

Un compuesto orgánico es quiral si tiene al menos un átomo de carbono enlazado a *cuatro átomos o grupos de átomos diferentes*. Este tipo de átomo de carbono se llama **carbono quiral** porque hay dos formas diferentes en que puede enlazarse a cuatro átomos o grupos de átomos. Las estructuras resultantes son imágenes especulares no superponibles. Observe las imágenes especulares de un carbono enlazado a cuatro átomos diferentes (véase la figura 14.8). Si alinea los átomos de hidrógeno y yodo en las imágenes especulares, los átomos de bromo y cloro aparecen en lados opuestos. No importa cómo voltee los modelos: no puede superponer los cuatro átomos. Cuando los estereoisómeros no pueden superponerse se llaman **enantiómeros**.

Si dos o más átomos enlazados a un carbono particular son iguales, los átomos pueden alinearse (superponerse si se giran) y entonces las imágenes especulares representan la misma estructura (véase la figura 14.9).

TUTORIAL
Chiral Carbon Atoms

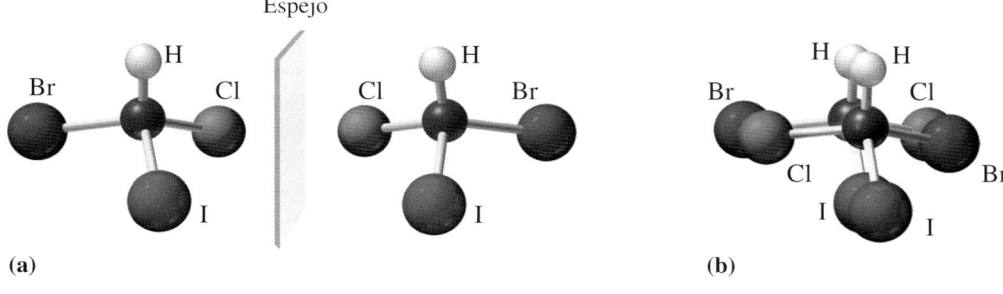

FIGURA 14.8 **(a)** Los enantiómeros de una molécula quiral son imágenes especulares. **(b)** Los enantiómeros de una molécula quiral no pueden superponerse uno sobre otro.

P ¿Por qué el átomo de carbono en este compuesto es un carbono quiral?

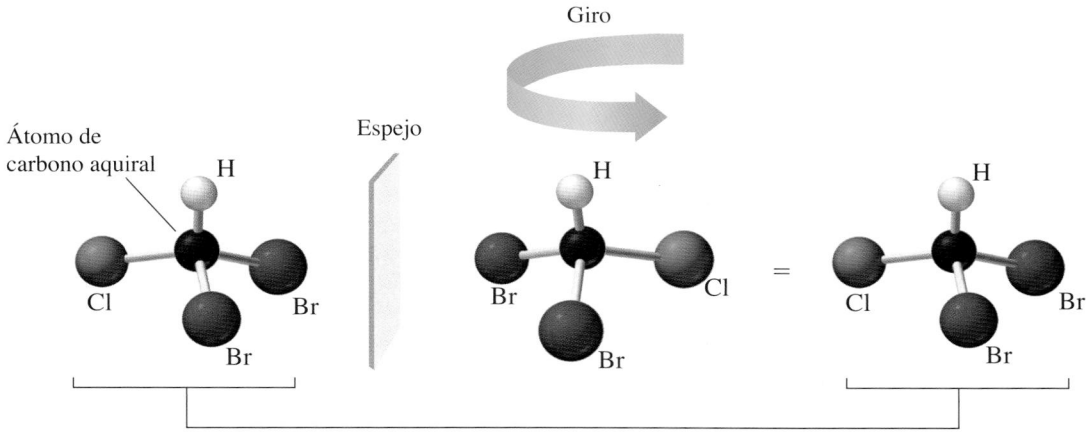

FIGURA 14.9 Las imágenes especulares de un compuesto aquiral pueden superponerse una sobre otra.
P ¿Por qué las imágenes especulares del compuesto pueden superponerse?

Las moléculas en la naturaleza también tienen imágenes especulares y con frecuencia un estereoisómero tiene un efecto biológico diferente al del otro. En algunos compuestos, un enantiómero tiene cierto olor, y el otro enantiómero tiene un olor completamente diferente. Por ejemplo, los aceites que tienen la esencia de hierbabuena y las semillas de alcaravea están *ambas* compuestas de carvona. Sin embargo, la carvona tiene un carbono quiral en el anillo de carbono indicado por un asterisco, que da a la carvona dos enantiómeros. Los receptores olfativos de la nariz detectan estos enantiómeros como dos olores diferentes. Un enantiómero de carvona que produce la planta de hierbabuena, huele y sabe a hierbabuena, en tanto que su imagen especular, producida por la planta de alcaravea, tiene el olor y sabor de la alcaravea en el pan de centeno. Por tanto, los sentidos del olfato y el gusto son sensibles a la quiralidad de las moléculas.

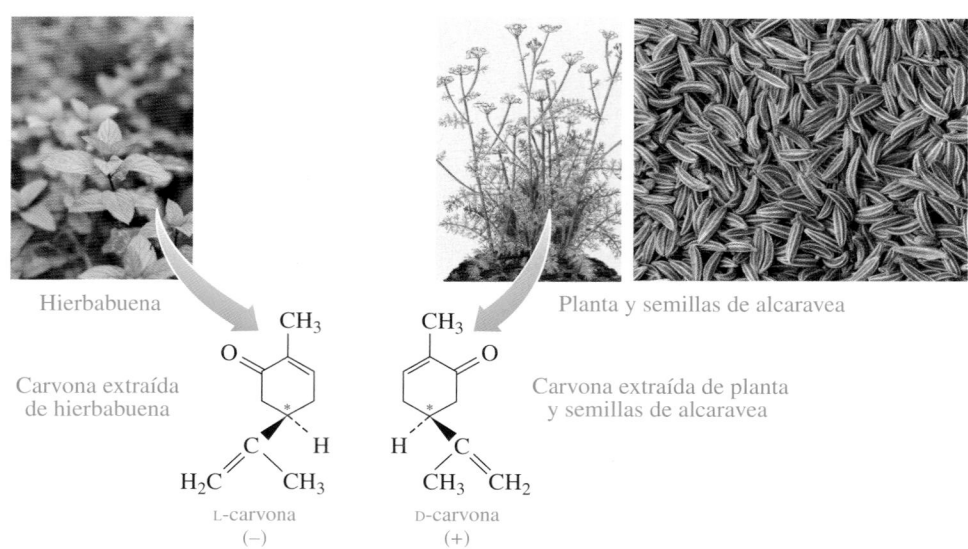

Hierbabuena

Carvona extraída
de hierbabuena

Planta y semillas de alcaravea

Carvona extraída de planta
y semillas de alcaravea

L-carvona
(−)

D-carvona
(+)

 Explore su mundo

USO DE GOMITAS Y MONDADIENTES PARA MODELAR OBJETOS QUIRALES

Parte 1: objetos quirales

Consiga algunos mondadientes y varias gomitas anaranjadas, verdes, moradas y negras. Coloque cuatro mondadientes en la gomita negra de manera que los extremos de los mondadientes formen un tetraedro. Ponga gomitas en los extremos de los cuatro mondadientes: dos anaranjadas, una verde y una amarilla.

Con otra gomita negra elabore un segundo modelo que sea la imagen especular del modelo original. Ahora gire uno de los modelos y trate de superponerlo sobre el otro modelo. ¿Los modelos pueden superponerse? Si los objetos aquirales tienen imágenes especulares superponibles, ¿estos modelos son quirales o aquirales?

Parte 2: objetos quirales

Con uno de los modelos originales, sustituya una gomita anaranjada por una gomita morada. Ahora hay cuatro colores diferentes de gomitas unidas a la gomita negra. Para realizar su imagen especular sustituya una gomita anaranjada por una morada en el segundo modelo. Ahora gire uno de los modelos y trate de superponerlo sobre el otro modelo. ¿Puede superponerlos? Si los objetos quirales tienen imágenes especulares no superponibles, ¿estos modelos son quirales o aquirales?

EJEMPLO DE PROBLEMA 14.7 Carbonos quirales

Para cada una de las estructuras de los compuestos siguientes, indique si el carbono en rojo es quiral o aquiral:

a. Glicerol, que se usa para endulzar y conservar alimentos, y como lubricante en jabones, cremas y productos de higiene del cabello.

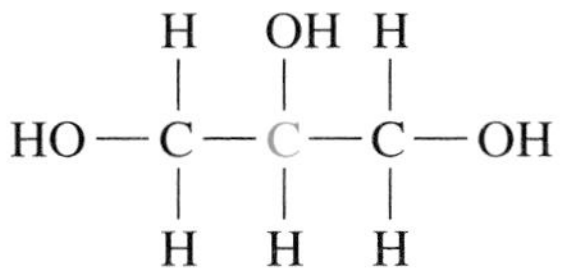

Glicerol

b. Glutamato monosódico (MSG), que es la sal del aminoácido ácido glutámico utilizado para intensificar el sabor de los alimentos.

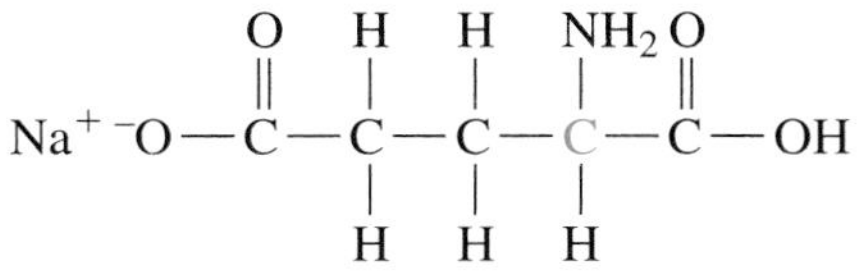

Glutamato monosódico (MSG)

c. Ibuprofeno, que es un medicamento antiinflamatorio no esteroideo utilizado para aliviar la fiebre y el dolor.

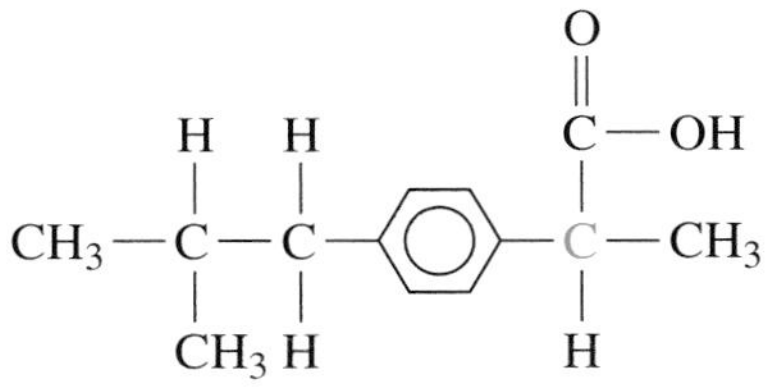

Ibuprofeno

SOLUCIÓN

a. Aquiral. Dos de los sustituyentes en el carbono en rojo son iguales ($-CH_2OH$). Un carbono aquiral debe enlazarse a cuatro átomos o grupos de átomos diferentes.

b. Quiral. El carbono en rojo está enlazado a cuatro grupos de átomos diferentes: $-COOH$, $-NH_2$, $-H$ y $-CH_2-CH_2-COO^- Na^+$.

c. Quiral. El carbono en rojo está enlazado a cuatro grupos de átomos diferentes: $-H$, $-CH_3$, $-COOH$ y

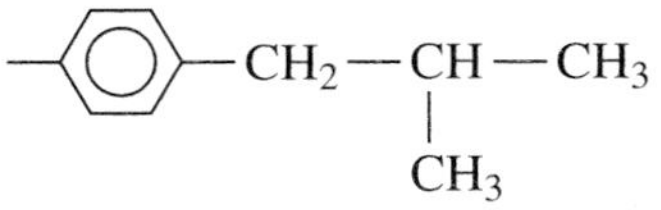

COMPROBACIÓN DE ESTUDIO 14.7

Encierre en un círculo el carbono quiral de la penicilamina, que se usa en el tratamiento de artritis reumatoide.

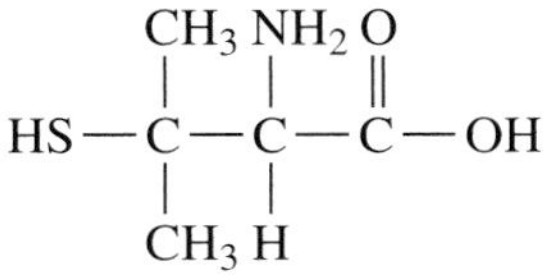

Cómo dibujar proyecciones de Fischer

Emil Fischer diseñó un sistema simplificado para dibujar estereoisómeros en el que se muestran los arreglos de los átomos alrededor de sus centros quirales. Fischer recibió el Premio Nobel de química en 1902 por sus aportaciones a la química de carbohidratos y proteínas. Ahora se puede usar su modelo, llamado **proyección de Fischer**, para representar una estructura tridimensional de los enantiómeros. Las líneas verticales representan enlaces que se proyectan hacia atrás desde un átomo de carbono, y las líneas horizontales representan enlaces que se proyectan hacia delante. En este modelo, el carbono más oxidado se coloca en la parte superior y las intersecciones de las líneas vertical y horizontal representan un átomo de carbono que generalmente es quiral.

Para el gliceraldehído, el único carbono quiral de esta molécula es el carbono medio. En la proyección de Fischer, el grupo carbonilo, que es el grupo más oxidado, se dibuja en la parte superior encima del carbono quiral, y el grupo —CH$_2$OH se dibuja en la parte inferior. Los grupos —H y —OH se dibujan en cada extremo de una línea horizontal, pero en dos formas diferentes. El estereoisómero que tiene el grupo —OH dibujado a la izquierda del átomo quiral se designa como isómero L. El otro estereoisómero con el grupo —OH dibujado a la derecha del carbono quiral representa el isómero D. En la actualidad, el sistema "D- y L-" se utiliza para identificar los enantiómeros de carbohidratos y aminoácidos (véase la figura 14.10).

Estructuras de línea-cuña de gliceraldehído

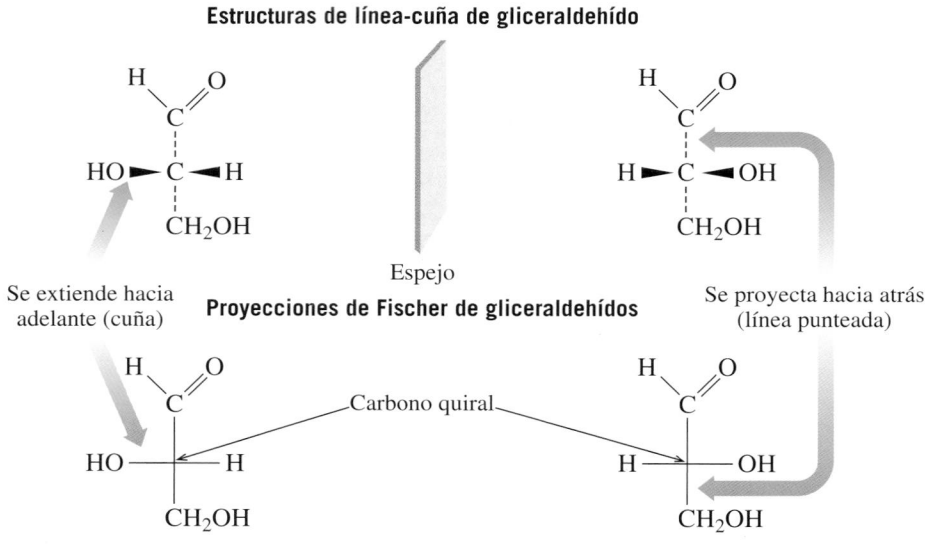

FIGURA 14.10 En una proyección de Fischer, el átomo de carbono quiral está en el centro, con líneas horizontales para los enlaces que se extienden hacia el observador, y líneas verticales para los enlaces que apuntan en la dirección contraria. Los símbolos D y L se usan como prefijos para distinguir las dos sustancias que constituyen un par enantiomérico.

P ¿Por qué el gliceraldehído tiene sólo un átomo de carbono quiral?

Las proyecciones de Fischer también pueden dibujarse para compuestos que tengan dos o más carbonos quirales. Por ejemplo, en las imágenes especulares de eritrosa, ambos átomos de carbono en las intersecciones son quirales. Para dibujar la imagen especular de L-eritrosa, es necesario invertir las posiciones de todos los grupos —H y —OH en las líneas horizontales. Para compuestos con dos o más carbonos quirales, la designación como isómero D o L se determina por la posición del grupo —OH unido al carbono quiral *más alejado del grupo carbonilo.*

EJEMPLO DE PROBLEMA 14.8 Proyecciones de Fischer

Identifique si cada una de las estructuras de los compuestos siguientes es isómero D o L y dibuje su imagen especular.

a.
$$CH_2OH$$
$$HO \!-\!\!|\!-\! H$$
$$CH_3$$

b.
$$CHO$$
$$H \!-\!\!|\!-\! OH$$
$$CH_3$$

c.
$$CHO$$
$$HO \!-\!\!|\!-\! H$$
$$H \!-\!\!|\!-\! OH$$
$$CH_2OH$$

SOLUCIÓN

a. Cuando el grupo —OH se dibuja a la izquierda del carbono quiral, es el isómero L. Para dibujar su imagen especular se invierten los grupos —H y —OH en el carbono quiral.

$$CH_2OH$$
$$H \!-\!\!|\!-\! OH$$
$$CH_3$$

b. Cuando el grupo —OH se dibuja a la derecha del carbono quiral, es el isómero D. Para dibujar su imagen especular se invierten los grupos —H y —OH en el carbono quiral.

$$CHO$$
$$HO \!-\!\!|\!-\! H$$
$$CH_3$$

c. Cuando el grupo —OH se dibuja a la derecha del carbono quiral más alejado de la parte superior de la proyección de Fischer, es el isómero D. Para dibujar su imagen especular se invierten todos los grupos —H y —OH en ambos carbonos quirales.

$$CHO$$
$$H \!-\!\!|\!-\! OH$$
$$HO \!-\!\!|\!-\! H$$
$$CH_2OH$$

COMPROBACIÓN DE ESTUDIO 14.8

Dibuje las proyecciones de Fischer para los estereoisómeros D y L del 2-hidroxipropanal y etiquete los isómeros D y L.

La química en la salud

ENANTIÓMEROS EN LOS SISTEMAS BIOLÓGICOS

La mayoría de los compuestos que son activos en los sistemas biológicos consta de un solo enantiómero. Rara vez son activos ambos enantiómeros de las moléculas biológicas. Por ejemplo, hay formas D- y L- para todos los aminoácidos, excepto para la glicina. Pero todas las proteínas, de animales, plantas, bacterias e incluso virus, se construyen en su totalidad con aminoácidos del tipo L. Esto ocurre porque las enzimas y los receptores de la superficie celular donde tienen lugar las reacciones metabólicas son quirales. Por tanto, sólo un enantiómero interacciona con sus enzimas o receptores; el otro está inactivo. El receptor quiral encaja en el arreglo de los sustituyentes sólo con un tipo de enantiómero; su imagen especular no encaja de manera adecuada (véase la figura 14.11).

En el cerebro, un enantiómero de LSD afecta la producción de serotonina, lo que modifica la percepción sensorial y posiblemente conduce a alucinaciones. Sin embargo, su enantiómero produce poco efecto en el cerebro. El comportamiento de la nicotina y la epinefrina

(adrenalina) también depende solamente de uno de sus enantiómeros. Por ejemplo, un enantiómero de nicotina es más tóxico que el otro. Sólo un enantiómero de epinefrina se encarga de la constricción de los vasos sanguíneos.

Nicotina

Epinefrina (adrenalina)

Carbono quiral

Una sustancia que se utiliza para tratar la enfermedad de Parkinson es la L-dopa, que se convierte en dopamina en el cerebro, donde aumenta el nivel de serotonina. Sin embargo, el enantiómero D-dopa no es eficaz para el tratamiento de la enfermedad de Parkinson.

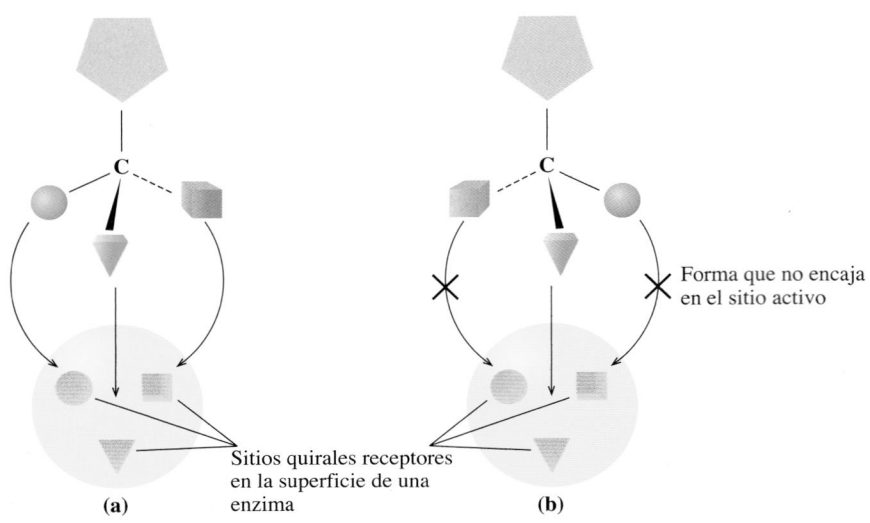

L-dopa, medicamento contra el Parkinson

D-dopa no tiene efecto biológico

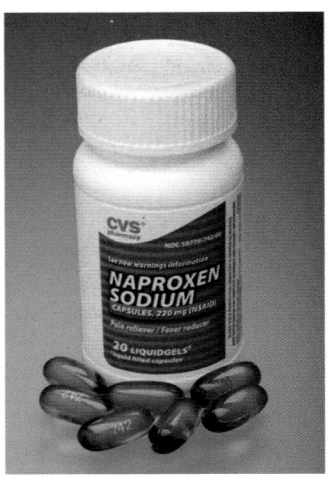

Forma activa del naproxeno

Imagen especular del naproxeno (forma inactiva)

En muchos medicamentos, sólo uno de los enantiómeros es biológicamente activo. No obstante, durante muchos años se produjeron medicamentos que eran mezclas de sus enantiómeros. En la actualidad, los investigadores de medicamentos usan la *tecnología quiral* para producir los enantiómeros activos de medicamentos quirales. Es así como se diseñan catalizadores quirales que dirigen la formación de un solo enantiómero en lugar de ambos. Ahora se producen las formas activas de varios enantiómeros, como L-dopa y naproxeno. El naproxeno es un medicamento antiinflamatorio no esteroideo que se usa para aliviar el dolor, fiebre e inflamación causados por osteoartritis y tendinitis. Algunos beneficios de producir sólo el enantiómero activo son que se utilizan dosis más bajas, se intensifica la actividad, se reducen las interacciones con otros medicamentos y se eliminan los posibles efectos secundarios dañinos del enantiómero inactivo.

Forma que no encaja en el sitio activo

Sitios quirales receptores en la superficie de una enzima

(a) **(b)**

FIGURA 14.11 **(a)** Los sustituyentes en el enantiómero biológicamente activo se unen a todos los sitios de un receptor quiral; **(b)** su enantiómero no se une de manera adecuada y no es biológicamente activo.

P ¿Por qué la imagen especular del enantiómero activo no encaja en un sitio receptor quiral?

Se produjo el enantiómero activo del popular analgésico ibuprofeno usado en Advil®, Motrin® y Nuprin®. Sin embargo, investigaciones recientes muestran que los seres humanos tienen una enzima llamada *isomerasa* que convierte el enantiómero inactivo del ibuprofeno en su forma activa. Debido al menor costo de preparación, la mayoría de los fabricantes prepara ibuprofeno como una mezcla de formas inactivas y activas.

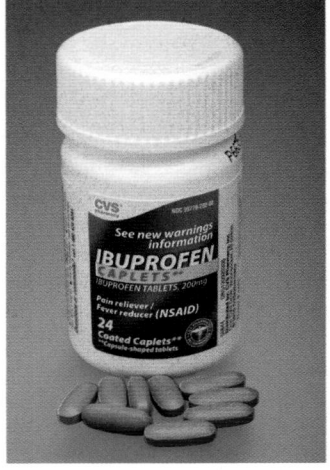

Forma activa del ibuprofeno

Imagen especular (forma inactiva)

PREGUNTAS Y PROBLEMAS

14.5 Moléculas quirales

META DE APRENDIZAJE: *Identificar átomos de carbono quirales y aquirales en una molécula orgánica.*

14.31 Identifique si cada una de las siguientes estructuras es quiral o aquiral. Si es quiral, indique el carbono quiral.

a. $CH_3 - \overset{\overset{\textstyle OH}{|}}{CH} - CH_3$ **b.** $CH_3 - \overset{\overset{\textstyle Br}{|}}{CH} - CH_2 - CH_3$

c. $CH_3 - \overset{\overset{\textstyle Br}{|}}{CH} - \overset{\overset{\textstyle O}{\|}}{C} - H$ **d.** $CH_3 - CH_2 - \overset{\overset{\textstyle OH}{|}}{\underset{\underset{\textstyle CH_3}{|}}{C}} - CH_3$

14.32 Identifique si cada una de las siguientes estructuras es quiral o aquiral. Si es quiral, indique el carbono quiral.

a. $CH_3 - \overset{\overset{\textstyle Cl}{|}}{\underset{\underset{\textstyle CH_3}{|}}{C}} - CH_2 - \overset{\overset{\textstyle Cl}{|}}{CH} - CH_3$

b. $CH_3 - \overset{\overset{\textstyle Br}{|}}{C} = CH - CH_3$ **c.** $CH_3 - \overset{\overset{\textstyle OH}{|}}{\underset{\underset{\textstyle CH_3}{|}}{C}} - \overset{\overset{\textstyle OH}{|}}{CH} - CH_3$

d. $Br - CH_2 - \overset{\overset{\textstyle Cl}{|}}{CH} - CH_3$

14.33 Identifique el carbono quiral en cada uno de los compuestos siguientes que pueden encontrarse en la naturaleza:
a. citronelol, uno de sus enantiómeros tiene el olor del geranio

$CH_3 - \overset{\overset{\textstyle CH_3}{|}}{C} = CH - CH_2 - CH_2 - \overset{\overset{\textstyle CH_3}{|}}{CH} - CH_2 - CH_2 - OH$

b. alanina, un aminoácido

$H_2N - \overset{\overset{\textstyle CH_3}{|}}{CH} - \overset{\overset{\textstyle O}{\|}}{C} - OH$

14.34 Identifique el carbono quiral en cada uno de los compuestos siguientes que pueden encontrarse en la naturaleza:
a. anfetamina (Benzedrina), un estimulante que también se utiliza en el tratamiento de la hiperactividad

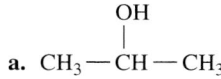

$\bigcirc\!\!\!-CH_2 - \overset{\overset{\textstyle CH_3}{|}}{CH} - NH_2$

b. norepinefrina, que aumenta la presión arterial y la transmisión de impulsos nerviosos

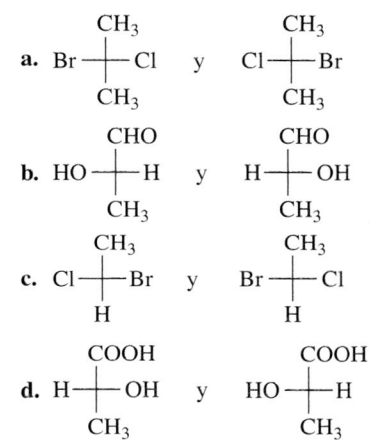

14.35 Dibuje la proyección de Fischer para cada una de las siguientes estructuras de línea-cuña:

a. $\overset{\textstyle H}{\underset{\textstyle CH_3}{HO - C - Br}}$ **b.** $\overset{\textstyle CH_3}{\underset{\textstyle OH}{Cl - C - Br}}$ **c.** $\overset{\textstyle CHO}{\underset{\textstyle CH_2CH_3}{HO - C - H}}$

14.36 Dibuje la proyección de Fisher para cada una de las siguientes estructuras de línea-cuña:

a. $\overset{\textstyle CHO}{\underset{\textstyle CH_2OH}{HO - C - Br}}$ **b.** $\overset{\textstyle CHO}{\underset{\textstyle CH_2OH}{H - C - OH}}$ **c.** $\overset{\textstyle CHO}{\underset{\textstyle CH_2OH}{HO - C - H}}$

14.37 Indique si cada par de proyecciones de Fischer representan enantiómeros o estructuras idénticas:

a. $\overset{\textstyle CH_3}{\underset{\textstyle CH_3}{Br - \!\!|\!\!- Cl}}$ y $\overset{\textstyle CH_3}{\underset{\textstyle CH_3}{Cl - \!\!|\!\!- Br}}$

b. $\overset{\textstyle CHO}{\underset{\textstyle CH_3}{HO - \!\!|\!\!- H}}$ y $\overset{\textstyle CHO}{\underset{\textstyle CH_3}{H - \!\!|\!\!- OH}}$

c. $\overset{\textstyle CH_3}{\underset{\textstyle H}{Cl - \!\!|\!\!- Br}}$ y $\overset{\textstyle CH_3}{\underset{\textstyle H}{Br - \!\!|\!\!- Cl}}$

d. $\overset{\textstyle COOH}{\underset{\textstyle CH_3}{H - \!\!|\!\!- OH}}$ y $\overset{\textstyle COOH}{\underset{\textstyle CH_3}{HO - \!\!|\!\!- H}}$

14.38 Indique si cada par de proyecciones de Fischer representan enantiómeros o estructuras idénticas:

a. $\overset{\textstyle CH_2OH}{\underset{\textstyle CH_3}{Br - \!\!|\!\!- Cl}}$ y $\overset{\textstyle CH_2OH}{\underset{\textstyle CH_3}{Cl - \!\!|\!\!- Br}}$

b. $\overset{\textstyle CHO}{\underset{\textstyle CH_3}{H - \!\!|\!\!- H}}$ y $\overset{\textstyle CHO}{\underset{\textstyle CH_3}{H - \!\!|\!\!- H}}$

c. $\overset{\textstyle CH_3}{\underset{\textstyle CH_2CH_3}{H - \!\!|\!\!- OH}}$ y $\overset{\textstyle CH_3}{\underset{\textstyle CH_2CH_3}{HO - \!\!|\!\!- H}}$

d. $\overset{\textstyle COOH}{\underset{\textstyle CH_3}{H - \!\!|\!\!- NH_2}}$ y $\overset{\textstyle COOH}{\underset{\textstyle CH_3}{H_2N - \!\!|\!\!- H}}$

MAPA CONCEPTUAL

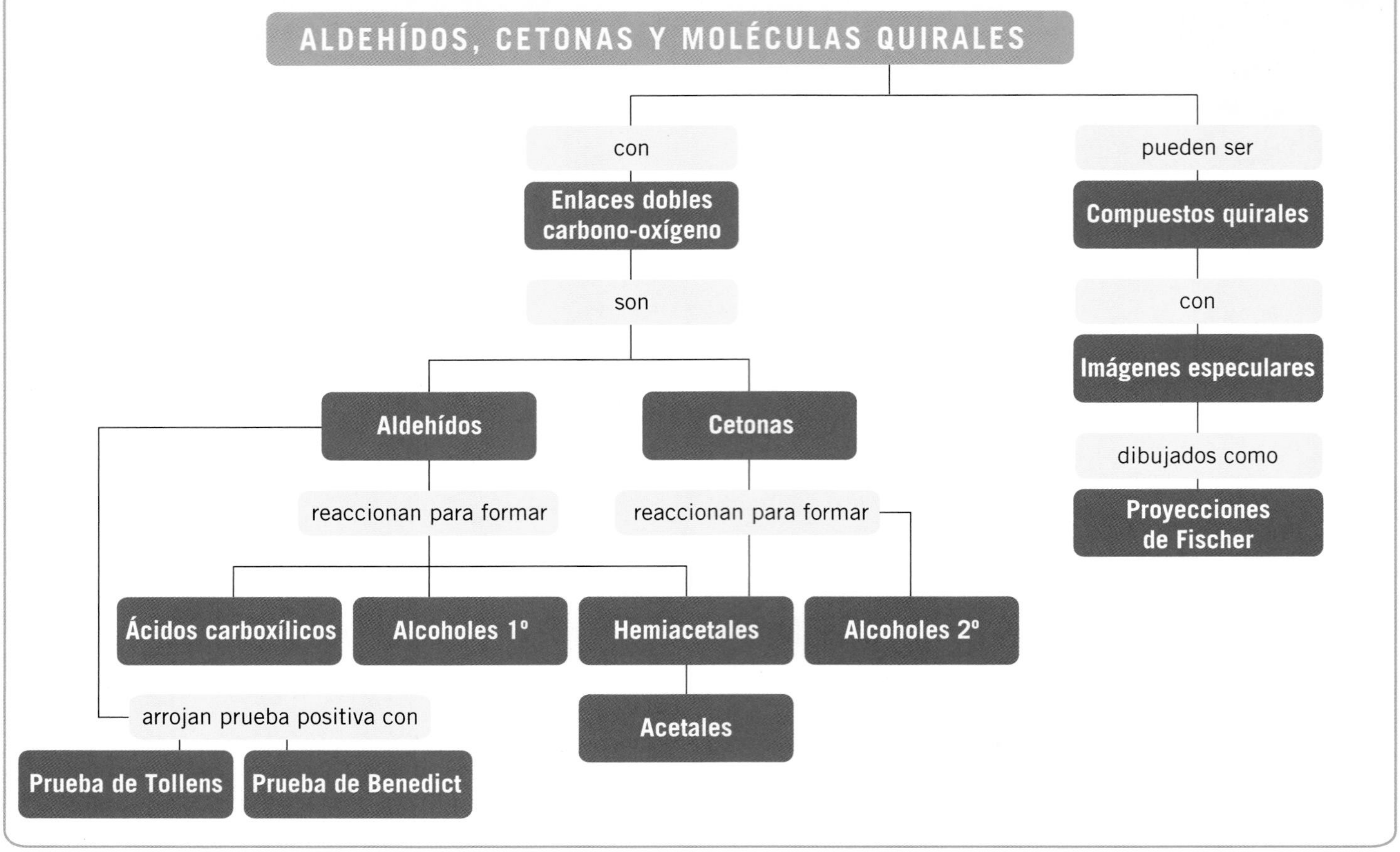

ALDEHÍDOS, CETONAS Y MOLÉCULAS QUIRALES

con → **Enlaces dobles carbono-oxígeno** → son

- **Aldehídos** → reaccionan para formar
  - **Ácidos carboxílicos** → arrojan prueba positiva con → **Prueba de Tollens**, **Prueba de Benedict**
  - **Alcoholes 1°**
- **Cetonas** → reaccionan para formar
  - **Hemiacetales** → **Acetales**
  - **Alcoholes 2°**

pueden ser → **Compuestos quirales** → con → **Imágenes especulares** → dibujados como → **Proyecciones de Fischer**

REPASO DEL CAPÍTULO

14.1 Aldehídos y cetonas

META DE APRENDIZAJE: Identificar compuestos con un grupo carbonilo como aldehídos y cetonas. Proporcionar los nombres IUPAC y comunes de aldehídos y cetonas; dibujar sus fórmulas estructurales condensadas o fórmulas de esqueleto si sus compuestos son cíclicos.

- Aldehídos y cetonas contienen un grupo carbonilo ($C = O$), que es fuertemente polar.
- En aldehídos, el grupo carbonilo aparece al final de las cadenas de carbono unido a por lo menos un átomo de hidrógeno.
- En cetonas, el grupo carbonilo se encuentra unido a dos átomos de carbono que pueden ser grupos alquilo o aromáticos.
- En el sistema IUPAC, la terminación *o* del alcano correspondiente se sustituye por la terminación *al* para aldehídos y *ona* para cetonas. En el caso de cetonas con más de cuatro átomos de carbono en la cadena principal, el grupo carbonilo se numera para mostrar su ubicación.
- Muchos de los aldehídos y cetonas simples usan nombres comunes.
- Muchos aldehídos y cetonas se encuentran en sistemas biológicos, saborizantes y medicamentos.

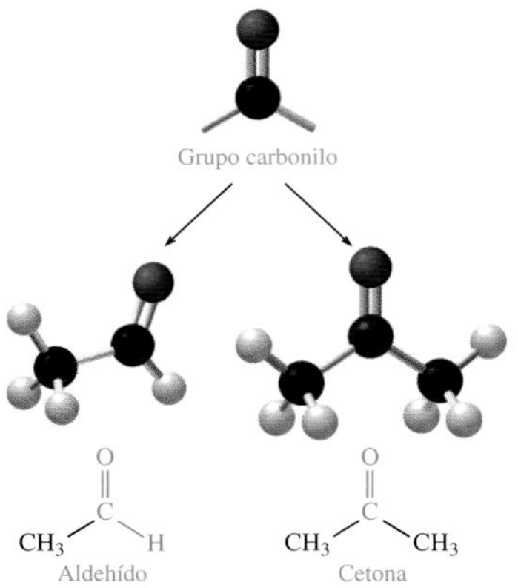

Grupo carbonilo

$CH_3 - \overset{O}{\underset{}{C}} - H$
Aldehído

$CH_3 - \overset{O}{\underset{}{C}} - CH_3$
Cetona

14.2 Propiedades físicas de aldehídos y cetonas

META DE APRENDIZAJE: Describir los puntos de ebullición y la solubilidad de aldehídos y cetonas en agua.

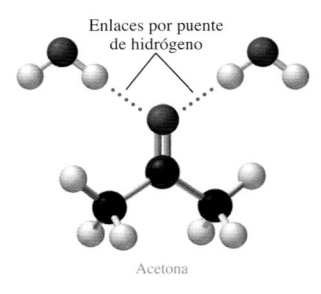
Enlaces por puente de hidrógeno

Acetona

- La presencia del grupo polar carbonilo en aldehídos y cetonas proporciona puntos de ebullición más altos que en los alcanos.
- Los puntos de ebullición de aldehídos y cetonas son más bajos que en los alcoholes porque los aldehídos y las cetonas no pueden formar enlaces por puente de hidrógeno entre ellos mismos.
- Aldehídos y cetonas forman enlaces por puente de hidrógeno con moléculas de agua, lo que hace que los compuestos carbonilo con uno a cuatro átomos de carbono sean solubles en agua.

14.3 Oxidación y reducción de aldehídos y cetonas

META DE APRENDIZAJE: Dibujar las fórmulas estructurales condensadas o de esqueleto de los reactivos y productos en la oxidación o reducción de aldehídos y cetonas.

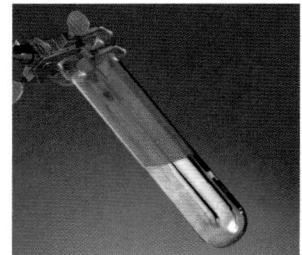

- Los alcoholes primarios pueden oxidarse a aldehídos, en tanto que los alcoholes secundarios pueden oxidarse a cetonas.
- Los aldehídos se oxidan con facilidad a ácidos carboxílicos, pero las cetonas no se oxidan más.
- Los aldehídos, pero no las cetonas, reaccionan con el reactivo de Tollens para producir "espejos de plata".
- En la prueba de Benedict, los aldehídos con grupos hidroxilo adyacentes reducen el ión Cu^{2+} color azul para producir el sólido de Cu_2O color rojo ladrillo.
- La reducción de aldehídos con hidrógeno produce alcoholes primarios, en tanto que las cetonas se reducen a alcoholes secundarios.

14.4 Hemiacetales y acetales

META DE APRENDIZAJE: Dibujar las fórmulas estructurales condensadas de los productos de la adición de alcoholes a aldehídos y cetonas.

- Los alcoholes pueden reaccionar con el grupo carbonilo de aldehídos y cetonas.
- Cuando reacciona una molécula de alcohol, produce un hemiacetal, en tanto que la reacción de dos moléculas de alcohol produce un acetal.

- Los hemiacetales generalmente no son estables, excepto por los hemiacetales cíclicos, que son la forma más común de azúcares simples como la glucosa.

14.5 Moléculas quirales

META DE APRENDIZAJE: Identificar átomos de carbono quirales y aquirales en una molécula orgánica.

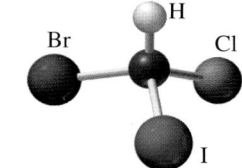

- Las moléculas quirales son moléculas con imágenes especulares que no pueden superponerse una sobre otra. Estos tipos de estereoisómeros se llaman *enantiómeros*.
- Una molécula quiral debe tener al menos un carbono quiral, que es un carbono enlazado a cuatro diferentes átomos o grupos de átomos.
- La proyección de Fischer es una forma simplificada de dibujar el ordenamiento de los átomos al colocar los átomos de carbono en la intersección de líneas verticales y horizontales.
- Los nombres de las imágenes especulares se etiquetan D o L para distinguir entre enantiómeros de carbohidratos y aminoácidos.

RESUMEN DE NOMENCLATURA

Estructura	Familia	Nombre IUPAC	Nombre común
$$H-\overset{\overset{\displaystyle O}{\|}}{C}-H$$	Aldehído	Metanal	Formaldehído
$$CH_3-\overset{\overset{\displaystyle O}{\|}}{C}-CH_3$$	Cetona	Propanona	Acetona; dimetil cetona

RESUMEN DE REACCIONES

Oxidación de aldehídos para formar ácidos carboxílicos

$$CH_3-\overset{\overset{\displaystyle O}{\|}}{C}-H \xrightarrow{[O]} CH_3-\overset{\overset{\displaystyle O}{\|}}{C}-OH$$

Acetaldehído   Ácido acético

Reducción de aldehídos para formar alcoholes primarios

$$CH_3-\overset{\overset{\displaystyle O}{\|}}{C}-H + H_2 \xrightarrow{Ni} CH_3-\overset{\overset{\displaystyle OH}{\|}}{CH_2}$$

Acetaldehído   Etanol

Reducción de cetonas para formar alcoholes secundarios

$$CH_3-\overset{\overset{\displaystyle O}{\|}}{C}-CH_3 + H_2 \xrightarrow{Ni} CH_3-\overset{\overset{\displaystyle OH}{\|}}{CH}-CH_3$$

Acetona   2-propanol

Adición de alcoholes para formar hemiacetales y acetales

$$H-\underset{\underset{}{\overset{\overset{O}{\parallel}}{C}}}{}-H \;+\; CH_3-OH \;\underset{}{\overset{H^+}{\rightleftharpoons}}\; H-\underset{\underset{OH}{|}}{\overset{\overset{O-CH_3}{|}}{C}}-H \;+\; CH_3-OH \;\underset{}{\overset{H^+}{\rightleftharpoons}}\; H-\underset{\underset{O-CH_3}{|}}{\overset{\overset{O-CH_3}{|}}{C}}-H \;+\; H_2O$$

Formaldehído   Metanol   Hemiacetal   Acetal

$$CH_3-\underset{\underset{}{\overset{\overset{O}{\parallel}}{C}}}{}-CH_3 \;+\; CH_3-OH \;\underset{}{\overset{H^+}{\rightleftharpoons}}\; CH_3-\underset{\underset{OH}{|}}{\overset{\overset{O-CH_3}{|}}{C}}-CH_3 \;+\; CH_3-OH \;\underset{}{\overset{H^+}{\rightleftharpoons}}\; CH_3-\underset{\underset{O-CH_3}{|}}{\overset{\overset{O-CH_3}{|}}{C}}-CH_3 \;+\; H_2O$$

Acetona   Metanol   Hemiacetal   Acetal

TÉRMINOS CLAVE

acetal Producto de la adición de dos alcoholes a un aldehído o cetona.

aldehído Compuesto orgánico con un grupo funcional carbonilo y al menos un hidrógeno unido al carbono en el grupo carbonilo.

aquiral Moléculas con imágenes especulares que pueden superponerse.

carbono quiral Átomo de carbono que está ligado a cuatro diferentes átomos o grupos de átomos.

cetona Compuesto orgánico en el que el grupo carbonilo está enlazado a dos grupos alquilo o aromáticos.

enantiómero Estereoisómero que es imagen especular y no puede superponerse.

estereoisómero Isómero que tiene átomos enlazados en el mismo orden, pero con diferente arreglo en el espacio.

hemiacetal Producto de la adición de un alcohol al enlace doble del grupo carbonilo en aldehídos y cetonas.

proyección de Fischer Es un sistema para dibujar estereoisómeros; una intersección de líneas vertical y horizontal representa un átomo de carbono. Una línea vertical representa enlaces que se proyectan hacia atrás desde un átomo de carbono, y una línea horizontal representa enlaces que se proyectan hacia adelante. El carbón más oxidado está en la parte superior.

prueba de Benedict Prueba para aldehídos con grupos hidroxilo adyacentes en los que iones $Cu^{2+}(CuSO_4)$ en el reactivo de Benedict se reducen a un sólido rojo ladrillo de Cu_2O.

prueba de Tollens Prueba para aldehídos en la que el ion Ag^+ del reactivo de Tollens se reduce a plata metálica y forma un "espejo de plata" sobre las paredes del recipiente.

quiral Objetos o moléculas que no tienen imágenes especulares que se superpongan.

reducción Una disminución del número de enlaces carbono-oxígeno por la adición de hidrógeno a un enlace carbonilo. Los aldehídos se reducen a alcoholes primarios; las cetonas a alcoholes secundarios.

COMPRENSIÓN DE CONCEPTOS

Las secciones del capítulo que se deben revisar se muestran entre paréntesis al final de cada pregunta.

14.39 ¿Por qué el enlace doble $C = O$ tiene un dipolo, en tanto que el enlace doble $C = C$ no lo tiene? (14.1)

14.40 ¿Por qué los aldehídos y cetonas con uno a cuatro átomos de carbono en su cadena son solubles en agua? (14.2)

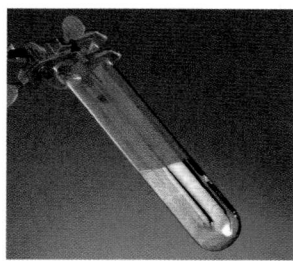

14.41 ¿Cuál de los compuestos siguientes producirá una prueba de Tollens positiva? (14.3)

a. $CH_3-CH_2-\underset{\underset{}{\overset{\overset{O}{\parallel}}{C}}}{}-H$ **b.** $CH_3-\underset{\underset{CH_3}{|}}{\overset{\overset{}{}}{CH}}-\underset{\underset{}{\overset{\overset{O}{\parallel}}{C}}}{}-H$

c. $CH_3-O-CH_2-CH_3$

14.42 ¿Cuál de los siguientes compuestos producirá una prueba de Tollens positiva? (14.3)

a. $CH_3-CH_2-CH_2-OH$ **b.** $CH_3-\underset{\underset{OH}{|}}{\overset{\overset{}{}}{CH}}-CH_3$

c. $\triangle\!\!\!-\!\!\!\underset{\underset{}{\overset{\overset{O}{\parallel}}{C}}}{}-H$

14.43 Dibuje la fórmula estructural condensada y la fórmula de esqueleto de cada uno de los compuestos siguientes: (14.1)

a. *trans*-2-hexenal, feromona de alerta de las hormigas

b. 2,6-dimetil-5-heptenal, feromona de comunicación de las hormigas

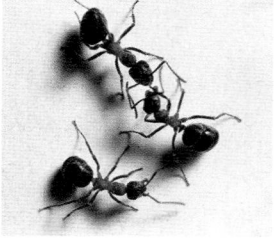

14.44 Dibuje la fórmula estructural condensada y la fórmula de esqueleto de cada uno de los compuestos siguientes: (14.1)

a. 4-metil-3-heptanona, feromona de rastro de las hormigas

b. 2-nonanona, feromona de atractivo sexual de las polillas

PREGUNTAS Y PROBLEMAS ADICIONALES

Visite www.masteringchemistry.com para acceder a materiales de autoaprendizaje y tareas asignadas por el instructor.

14.45 Proporcione el nombre IUPAC de cada uno de los compuestos siguientes: (14.1)

a.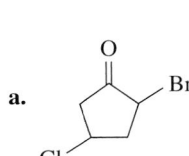

b.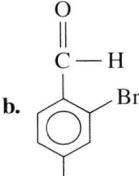

c. $Cl-CH_2-CH_2-\overset{\displaystyle O}{\overset{\|}{C}}-H$

d. $CH_3-CH_2-\overset{\displaystyle O}{\overset{\|}{C}}-CH_2-\overset{\displaystyle Cl}{\underset{}{C}H}-CH_3$

e. (estructura de esqueleto de una cetona)

14.46 Proporcione el nombre IUPAC de cada uno de los compuestos siguientes: (14.1)

a.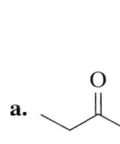

b. (aldehído aromático con Cl)

c.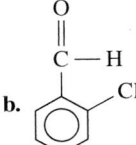

d. $CH_3-\overset{\displaystyle CH_3}{\underset{}{C}H}-\overset{\displaystyle CH_3}{\underset{}{C}H}-CH_2-\overset{\displaystyle O}{\overset{\|}{C}}-H$

e. (fenil metil cetona)

14.47 Dibuje la fórmula estructural condensada o la fórmula de esqueleto (si el compuesto es cíclico), de cada uno de los incisos siguientes: (14.1)
a. 3-metilciclopentanona **b.** pentanal
c. etil metil cetona **d.** 4-metilhexanal

14.48 Dibuje la fórmula estructural condensada o la fórmula de esqueleto (si el compuesto es cíclico), de cada uno de los incisos siguientes: (14.1)
a. 2-clorobutanal **b.** 2-metilciclohexanona
c. 3,5-dimetilhexanal **d.** 3-bromociclopentanona

14.49 ¿Cuál de los aldehídos o cetonas siguientes es soluble en agua? (14.2)

a. $CH_3-CH_2-\overset{\displaystyle O}{\overset{\|}{C}}-H$ **b.** $CH_3-\overset{\displaystyle O}{\overset{\|}{C}}-CH_3$

c. $CH_3-CH_2-\overset{\displaystyle O}{\overset{\|}{C}}-CH_2-CH_2-CH_3$

14.50 ¿Cuál de los aldehídos o cetonas siguiente es soluble en agua? (14.2)

a. $CH_3-CH_2-\overset{\displaystyle O}{\overset{\|}{C}}-CH_3$ **b.** $CH_3-\overset{\displaystyle O}{\overset{\|}{C}}-H$

c. $CH_3-CH_2-\overset{\displaystyle CH_3}{\underset{}{C}H}-CH_2-\overset{\displaystyle O}{\overset{\|}{C}}-H$

14.51 En cada uno de los pares de compuestos siguientes, seleccione el compuesto con punto de ebullición más alto: (14.2)

a. $CH_3-CH_2-CH_2-OH$ o $CH_3-\overset{\displaystyle O}{\overset{\|}{C}}-CH_3$

b. $CH_3-CH_2-CH_2-CH_3$ o $CH_3-CH_2-\overset{\displaystyle O}{\overset{\|}{C}}-H$

c. CH_3-CH_2-OH o $CH_3-\overset{\displaystyle O}{\overset{\|}{C}}-H$

14.52 En cada uno de los pares de compuestos siguientes, seleccione el compuesto con punto de ebullición más alto: (14.2)

a. $CH_3-\overset{\displaystyle O}{\overset{\|}{C}}-H$ o $CH_3-CH_2-CH_2-CH_2-\overset{\displaystyle O}{\overset{\|}{C}}-H$

b. $CH_3-CH_2-\overset{\displaystyle O}{\overset{\|}{C}}-H$ o $CH_3-\overset{\displaystyle OH}{\underset{}{C}H}-CH_3$

c. $CH_3-CH_2-CH_2-CH_3$ o $CH_3-\overset{\displaystyle O}{\overset{\|}{C}}-CH_3$

14.53 Encierre en un círculo los carbonos quirales, si los hay, en cada uno de los compuestos siguientes: (14.5)

a. $H-\overset{\displaystyle Cl}{\underset{\displaystyle Cl}{C}}-\overset{\displaystyle Cl}{\underset{\displaystyle H}{C}}-OH$ **b.** $CH_3-\overset{\displaystyle H}{\underset{}{C}}=\overset{\displaystyle CH_3}{\underset{}{C}}-CH_3$

c. $HO-CH_2-\overset{\displaystyle OH}{\underset{}{C}H}-CH_2-OH$ **d.** $CH_3-\overset{\displaystyle NH_2}{\underset{}{C}H}-\overset{\displaystyle O}{\overset{\|}{C}}-H$

e. $CH_3-CH_2-\overset{\displaystyle Br}{\underset{}{C}H}-CH_2-CH_2-CH_3$

f. (ciclohexanol)

14.54 Encierre en un círculo los carbonos quirales, si los hay, en cada uno de los compuestos siguientes: (14.5)

a. $CH_3-\overset{\displaystyle O-CH_3}{\underset{}{C}H}-CH_3$ **b.** $CH_3-\overset{\displaystyle OH}{\underset{}{C}H}-\overset{\displaystyle O}{\overset{\|}{C}}-CH_3$

c. $CH_3-\overset{\displaystyle OH}{\underset{\displaystyle OH}{C}}-H$ **d.** $CH_3-\overset{\displaystyle CH_3}{\underset{}{C}H}-\overset{\displaystyle O}{\overset{\|}{C}}-CH_3$

e. $CH_3-\overset{\displaystyle Br}{\underset{\displaystyle OH}{C}}-CH_2-CH_3$ **f.** (ciclohexano con dos Cl)

14.55 Identifique si cada uno de los pares de proyecciones de Fischer siguientes son enantiómeros o compuestos idénticos: (14.5)

a. (proyección de Fischer CHO, H—OH, CH$_2$OH) y (proyección de Fischer CHO, HO—H, CH$_2$OH)

b. 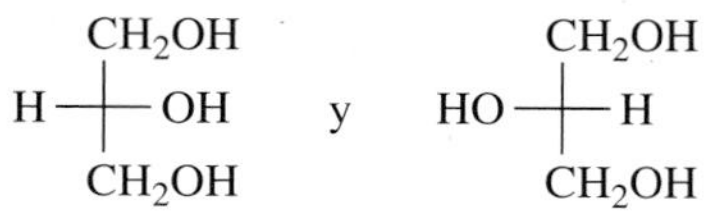 CH_2OH H—OH y HO—H (Fischer projections with CH_2OH)

c. 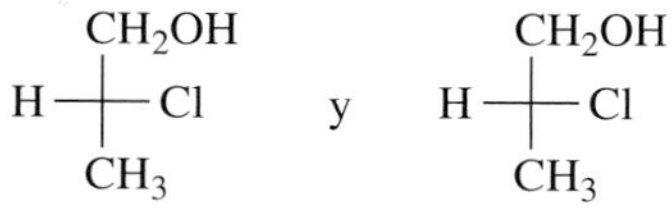 CH_2OH H—Cl y H—Cl CH_3

d. 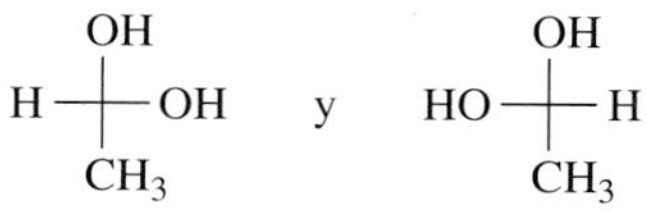 OH H—OH y HO—H CH_3

14.56 Identifique si cada uno de los pares de proyecciones de Fischer siguientes son enantiómeros o compuestos idénticos: (14.5)

a. 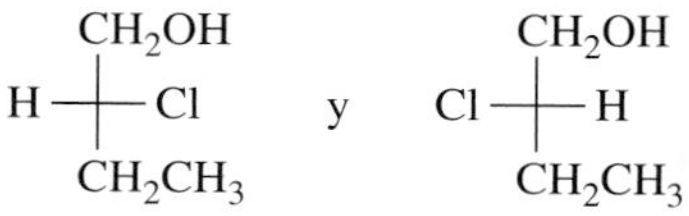 CH_2OH H—Cl y Cl—H CH_2CH_3

b. 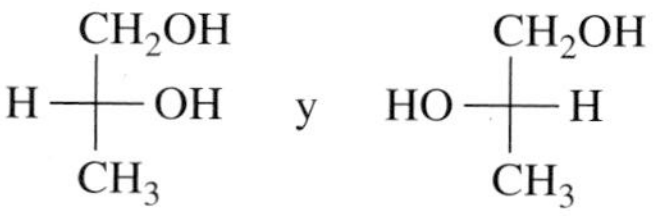 CH_2OH H—OH y HO—H CH_3

c. 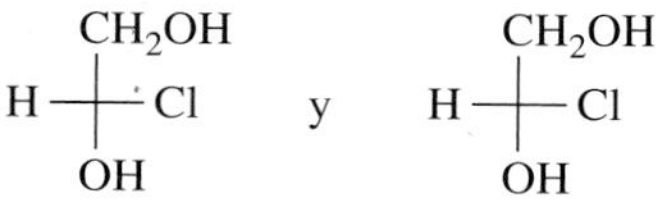 CH_2OH H—Cl y H—Cl OH

d. 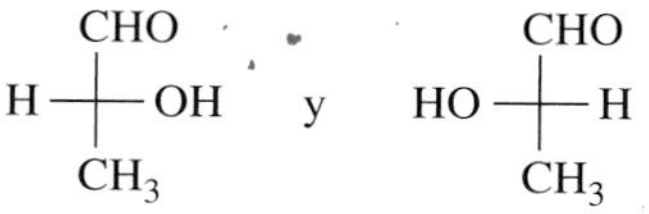 CHO H—OH y HO—H CH_3

14.57 Dibuje la fórmula estructural condensada del producto cuando se oxida de cada uno de los compuestos siguientes: (14.3)

a. $CH_3—CH_2—CH_2—OH$

b. 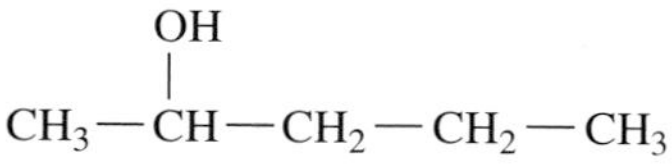 $CH_3—CH(OH)—CH_2—CH_2—CH_3$

c. 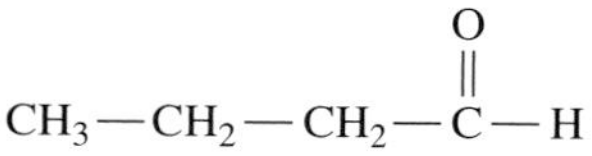 $CH_3—CH_2—CH_2—C(=O)—H$ **d.** 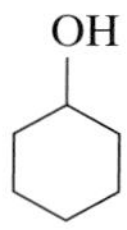 ciclohexanol con OH

14.58 Dibuje la fórmula estructural condensada del producto cuando se oxida de cada uno de los compuestos siguientes: (14.3)

a. $CH_3—CH_2—CH_2—CH_2—OH$

b. 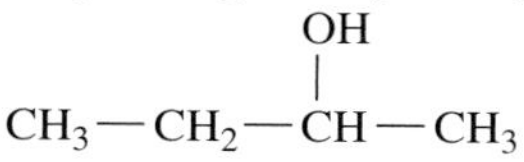 $CH_3—CH_2—CH(OH)—CH_3$

c. 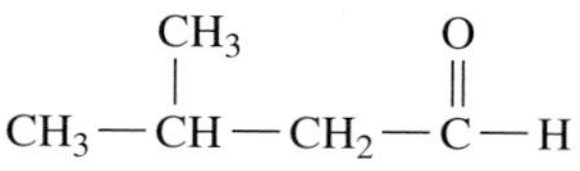 $CH_3—CH(CH_3)—CH_2—C(=O)—H$ **d.** 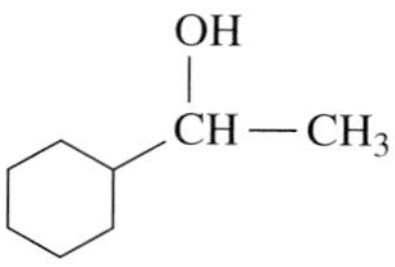 ciclohexilo—CH(OH)—CH$_3$

14.59 Dibuje la fórmula estructural condensada del producto cuando el hidrógeno y un catalizador de níquel reducen cada uno de los compuestos siguientes: (14.3)

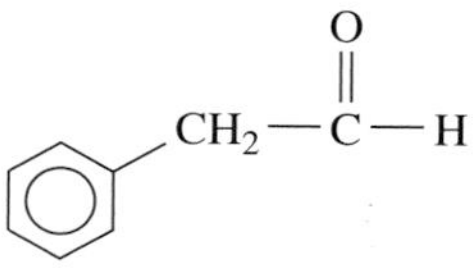

a. 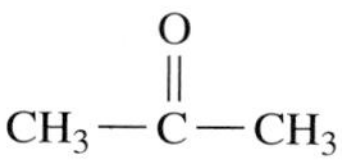 $CH_3—C(=O)—CH_3$ **b.** fenil—$CH_2—C(=O)—H$

c. $CH_3—CH(CH_3)—CH_2—C(=O)—CH_3$

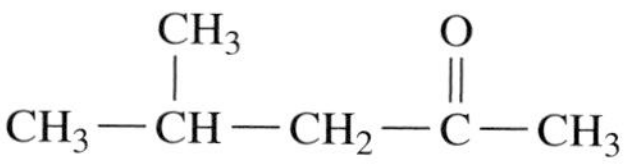

14.60 Dibuje la fórmula estructural condensada del producto cuando el NaBH$_4$ reduce cada uno de los compuestos siguientes: (14.3)

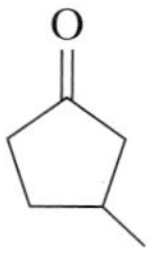

a. 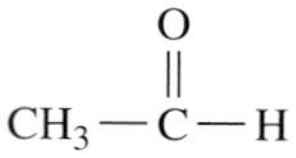 $CH_3—C(=O)—H$ **b.** metilciclopentanona

c. $H—C(=O)—H$

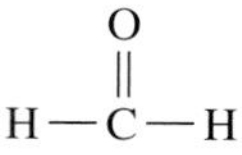

14.61 Proporcione el nombre del alcohol, aldehído o cetona producidos a partir de cada una de las reacciones siguientes: (14.3, 14.4)
a. oxidación del 1-propanol
b. oxidación del 2-pentanol
c. reducción de la butanona
d. oxidación del ciclohexanol

14.62 Proporcione el nombre del alcohol, aldehído o cetona producido a partir de cada una de las reacciones siguientes: (14.3, 14.4)
a. reducción del butiraldehído
b. oxidación del 3-metil-2-pentanol
c. reducción de la 4-metil-2-hexanona
d. oxidación del 3-metilciclopentanol

14.63 Identifique los siguientes compuestos como hemiacetales o acetales. Proporcione los nombres de los compuestos de carbonilo y alcoholes usados en su síntesis. (14.4)

a. 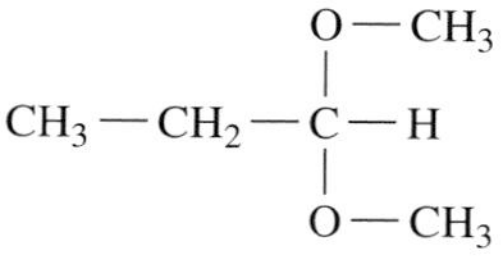 $CH_3—CH_2—C(O—CH_3)(O—CH_3)—H$

b. $CH_3—CH_2—C(O—CH_2—CH_3)(OH)—CH_3$

c. ciclohexano con $CH_3—CH_2—O$ y $O—CH_2—CH_3$

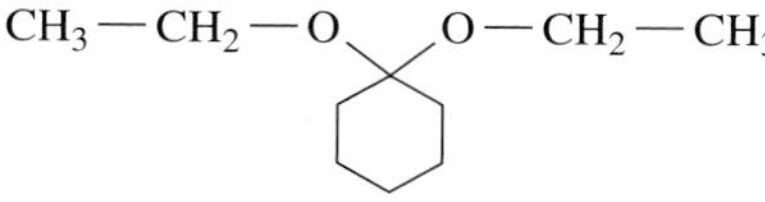

14.64 Identifique los siguientes compuestos como hemiacetales o acetales. Proporcione los nombres de los compuestos de carbonilo y alcoholes usados en su síntesis. (14.4)

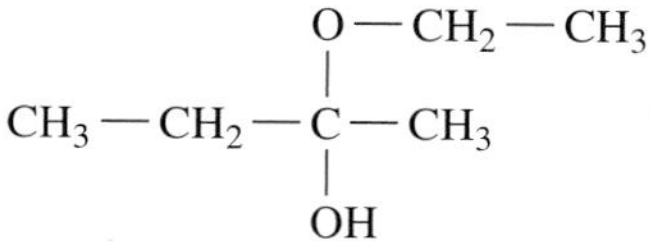

a. 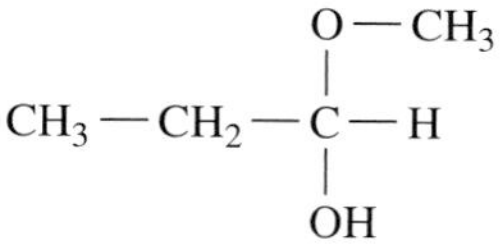 $CH_3—CH_2—C(O—CH_3)(OH)—H$

b. ciclohexano con HO y $O—CH(CH_3)$—CH$_3$

c. $CH_3—C(O—CH_2—CH_2—CH_3)(O—CH_2—CH_2—CH_3)—H$

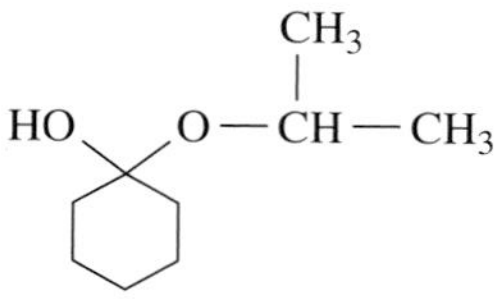

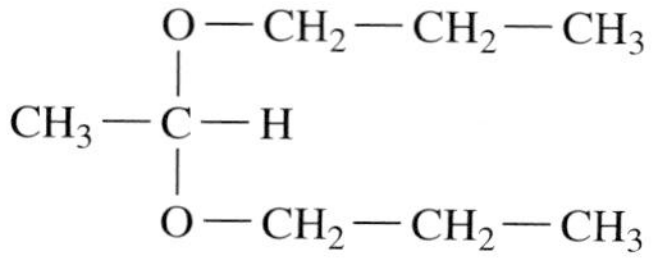

PREGUNTAS DE DESAFÍO

Use las fórmulas estructurales condensadas y de esqueleto siguientes (de **A** a **F**) para responder los problemas 14.65 y 14.66: (14.1, 14.5)

$$A \quad CH_3-CH_2-\overset{\displaystyle O}{\overset{\|}{C}}-CH_2-CH_3$$

$$B \quad CH_3-CH_2-CH_2-\overset{\displaystyle O}{\overset{\|}{C}}-CH_3$$

$$C \quad CH_3-\overset{\displaystyle O}{\overset{\|}{C}}-CH_2-CH_2-CH_3$$

$$D \quad CH_3-CH_2-CH_2-CH_2-\overset{\displaystyle O}{\overset{\|}{C}}-H$$

E   **F**

14.65 ¿Verdadero o falso?
  a. **A** y **B** son isómeros estructurales.
  b. **A** y **C** son el mismo compuesto.
  c. **B** y **C** son el mismo compuesto.
  d. **C** y **D** son isómeros estructurales.

14.66 ¿Verdadero o falso?
  a. **E** y **F** son isómeros estructurales.
  b. **A** es quiral.
  c. **D** y **F** son aldehídos.
  d. **B** y **E** son cetonas.

14.67 Un compuesto con la fórmula C_4H_8O se produce por medio de la oxidación del 2-butanol y no puede oxidarse más. Dibuje la fórmula estructural condensada y proporcione el nombre IUPAC del compuesto. (14.1, 14.3)

14.68 Un compuesto con la fórmula C_4H_8O se produce por medio de la oxidación del 2-metil-1-propanol y se oxida con facilidad para producir un ácido carboxílico. Dibuje la fórmula estructural condensada y proporcione el nombre IUPAC del compuesto. (14.1, 14.3)

14.69 Dibuje las fórmulas estructurales condensadas y proporcione los nombres IUPAC de todos los aldehídos y cetonas que tienen la fórmula molecular C_4H_8O. (14.1)

14.70 Dibuje las fórmulas estructurales condensadas y proporcione los nombres IUPAC de todos los aldehídos y cetonas que tienen la fórmula molecular $C_5H_{10}O$. (14.1)

14.71 El compuesto **A** es 1-propanol. Cuando el compuesto **A** se calienta con un ácido fuerte, se deshidrata para formar el compuesto **B** (C_3H_6). Cuando el compuesto **A** se oxida, se forma el compuesto **C** (C_3H_6O). Dibuje las fórmulas estructurales condensadas y proporcione los nombres IUPAC de los compuestos **A**, **B** y **C**. (14.1, 14.3)

14.72 El compuesto **X** es 2-propanol. Cuando el compuesto **X** se calienta con un ácido fuerte, se deshidrata para formar el compuesto **Y** (C_3H_6). Cuando el compuesto **X** se oxida, se forma el compuesto **Z** (C_3H_6O), que no puede oxidarse más. Dibuje las fórmulas estructurales condensadas y proporcione los nombres IUPAC de los compuestos **X**, **Y** y **Z**. (14.1, 14.3)

RESPUESTAS

Respuestas a las Comprobaciones de estudio

14.1 5-metilhexanal

14.2 etil propil cetona

14.3 El átomo de oxígeno en el grupo carbonilo de la acetona forma enlaces por puente de hidrógeno con moléculas de agua.

14.4 La oxidación del benzaldehído reduce el ion Ag^+ a plata metálica, que forma un recubrimiento plateado sobre las paredes del tubo de ensayo.

14.5 2-metil-1-butanol

14.6

14.7

14.8
  D-2-hidroxipropanal   L-2-hidroxipropanal

Respuestas a Preguntas y problemas seleccionados

14.1 a. cetona   **b.** aldehído
  c. cetona   **d.** aldehído

14.3 a. isómeros estructurales del C_3H_6O
  b. isómeros estructurales del $C_5H_{10}O$
  c. no son isómeros estructurales

14.5 a. 3-bromobutanal   **b.** 2-pentanona
  c. 2-metilciclopentanona   **d.** 3-bromobenzaldehído

14.7 a. acetaldehído   **b.** metil propil cetona
  c. formaldehído

14.9 a.   **b.**
  c.
  d.

14.11

14.13 a.
$$CH_3-\overset{\overset{\displaystyle O}{\|}}{C}-H$$

El etanal tiene un punto de ebullición más alto que el propano porque el grupo carbonilo polar en el etanal forma atracciones dipolo-dipolo.

b. El pentanal tiene una cadena de carbono más larga, más electrones y más fuerzas de dispersión, lo que le da un punto de ebullición más alto.

c. El 1-butanol tiene un punto de ebullición más alto porque puede formar enlaces por puente de hidrógeno con otras moléculas de 1-butanol.

14.15 a.
$$CH_3-\overset{\overset{\displaystyle O}{\|}}{C}-\overset{\overset{\displaystyle O}{\|}}{C}-CH_2-CH_3$$ tiene dos grupos carbonilo polares y puede formar más enlaces por puente de hidrógeno con agua.

b. El propanal tiene una cadena de carbono más corta que el pentanal, en el cual la cadena de hidrocarburo más larga reduce el impacto sobre la solubilidad del grupo polar carbonilo.

c. La acetona tiene una cadena de carbono más corta que la 2-pentanona, en la cual la cadena de hidrocarburo más larga reduce el impacto sobre la solubilidad del grupo polar carbonilo.

14.17 No. Una cadena de hidrocarburo de ocho átomos de carbono disminuye el impacto sobre la solubilidad del grupo polar carbonilo.

14.19 a.
$$H-\overset{\overset{\displaystyle O}{\|}}{C}-OH$$
b. ninguno

c.
$$\overset{\overset{\displaystyle O}{\|}}{C}-OH$$
(anillo de benceno)
d. ninguno

14.21 a. reactivo de Tollens **b.** ninguno **c.** ambos

14.23 a. $CH_3-CH_2-CH_2-CH_2-OH$

b.
$$CH_3-\overset{\overset{\displaystyle OH}{|}}{CH}-CH_3$$

c.
$$CH_3-CH_2-CH_2-\overset{\overset{\displaystyle Br}{|}}{CH}-CH_2-CH_2-OH$$

d.
$$CH_3-\overset{\overset{\displaystyle CH_3}{|}}{CH}-\overset{\overset{\displaystyle OH}{|}}{CH}-CH_2-CH_3$$

14.25 a. hemiacetal **b.** hemiacetal **c.** acetal
d. hemiacetal **e.** acetal

14.27 a.
$$CH_3-\overset{\overset{\displaystyle O-CH_3}{|}}{\underset{\underset{\displaystyle OH}{|}}{C}}-H$$
b.
$$CH_3-\overset{\overset{\displaystyle O-CH_3}{|}}{\underset{\underset{\displaystyle OH}{|}}{C}}-CH_3$$

c.
$$CH_3-CH_2-CH_2-\overset{\overset{\displaystyle O-CH_3}{|}}{\underset{\underset{\displaystyle OH}{|}}{C}}-H$$

14.29 a.
$$CH_3-\overset{\overset{\displaystyle O-CH_3}{|}}{\underset{\underset{\displaystyle O-CH_3}{|}}{C}}-H$$
b.
$$CH_3-\overset{\overset{\displaystyle O-CH_3}{|}}{\underset{\underset{\displaystyle O-CH_3}{|}}{C}}-CH_3$$

c.
$$CH_3-CH_2-CH_2-\overset{\overset{\displaystyle O-CH_3}{|}}{\underset{\underset{\displaystyle O-CH_3}{|}}{C}}-H$$

14.31 a. aquiral
b. quiral

$$CH_3-\overset{\overset{\displaystyle Br}{|}}{CH}-CH_2-CH_3$$
Br — Carbono quiral

c. quiral

$$CH_3-\overset{\overset{\displaystyle Br}{|}}{CH}-\overset{\overset{\displaystyle O}{\|}}{C}-H$$
Carbono quiral

d. aquiral

14.33 a.
$$CH_3-\overset{\overset{\displaystyle CH_3}{|}}{C}=CH-CH_2-CH_2-\overset{\overset{\displaystyle CH_3}{|}}{CH}-CH_2-CH_2-OH$$
CH_3 — Carbono quiral

b.
$$H_2N-\overset{\overset{\displaystyle CH_3}{|}}{CH}-\overset{\overset{\displaystyle O}{\|}}{C}-OH$$
Carbono quiral

14.35 a.
$$HO-\overset{\overset{\displaystyle H}{|}}{\underset{\underset{\displaystyle CH_3}{|}}{}}-Br$$
b.
$$Cl-\overset{\overset{\displaystyle CH_3}{|}}{\underset{\underset{\displaystyle OH}{|}}{}}-Br$$
c.
$$HO-\overset{\overset{\displaystyle CHO}{|}}{\underset{\underset{\displaystyle CH_2CH_3}{|}}{}}-H$$

14.37 a. idénticos **b.** enantiómeros
c. enantiómeros **d.** enantiómeros

14.39 El enlace doble $C=O$ tiene un dipolo porque el átomo de oxígeno es enormemente electronegativo en comparación con el átomo de carbono. En el enlace doble $C=C$, ambos átomos tienen la misma electronegatividad, por lo que no hay dipolo.

14.41 a y b

14.43

a.
$$CH_3-CH_2-CH_2-\overset{\displaystyle H}{\underset{\displaystyle}{C}}=\overset{\displaystyle}{\underset{\displaystyle H}{C}}-\overset{\overset{\displaystyle O}{\|}}{C}-H$$

(estructura esqueletal de aldehído insaturado)

b.
$$CH_3-\overset{\overset{\displaystyle CH_3}{|}}{C}=CH-CH_2-CH_2-\overset{\overset{\displaystyle CH_3}{|}}{CH}-\overset{\overset{\displaystyle O}{\|}}{C}-H$$

(estructura esqueletal de aldehído insaturado)

14.45 a. 2-bromo-4-clorociclopentanona
 b. 2,4-dibromobenzaldehído
 c. 3-cloropropanal
 d. 5-cloro-3-hexanona
 e. 2-cloro-3-pentanona

14.47 a.

 b. $CH_3 - CH_2 - CH_2 - CH_2 - \overset{\overset{\displaystyle O}{\|}}{C} - H$

 c. $CH_3 - CH_2 - \overset{\overset{\displaystyle O}{\|}}{C} - CH_3$

 d. $CH_3 - CH_2 - \overset{\overset{\displaystyle CH_3}{|}}{CH} - CH_2 - CH_2 - \overset{\overset{\displaystyle O}{\|}}{C} - H$

14.49 a y b

14.51 a. $CH_3 - CH_2 - CH_2 - OH$ **b.** $CH_3 - CH_2 - \overset{\overset{\displaystyle O}{\|}}{C} - H$
 c. $CH_3 - CH_2 - OH$

14.53 a. $H - \overset{\overset{\displaystyle Cl}{|}}{\underset{\underset{\displaystyle Cl}{|}}{C}} - \overset{\overset{\displaystyle Cl}{|}}{\underset{\underset{\displaystyle H}{|}}{\textcircled{C}}} - OH$ **b.** ninguno

 c. ninguno   **d.** $CH_3 - \overset{\overset{\displaystyle NH_2}{|}}{\textcircled{C}H} - \overset{\overset{\displaystyle O}{\|}}{C} - H$

 e. $CH_3 - CH_2 - \overset{\overset{\displaystyle Br}{|}}{\textcircled{C}H} - CH_2 - CH_2 - CH_3$
 f. ninguno

14.55 a. enantiómeros   **b.** idénticos
 c. idénticos   **d.** idénticos

14.57 a. $CH_3 - CH_2 - \overset{\overset{\displaystyle O}{\|}}{C} - H \xrightarrow[\text{oxidación}]{\text{Más}} CH_3 - CH_2 - \overset{\overset{\displaystyle O}{\|}}{C} - OH$

 b. $CH_3 - \overset{\overset{\displaystyle O}{\|}}{C} - CH_2 - CH_2 - CH_3$

 c. $CH_3 - CH_2 - CH_2 - \overset{\overset{\displaystyle O}{\|}}{C} - OH$ **d.**

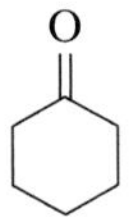

14.59 a. $CH_3 - \overset{\overset{\displaystyle OH}{|}}{CH} - CH_3$

 b.

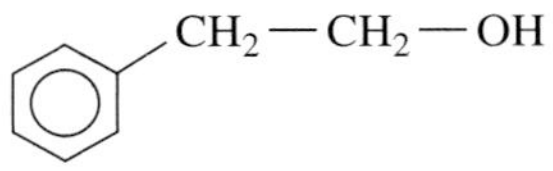

 c. $CH_3 - \overset{\overset{\displaystyle CH_3}{|}}{CH} - CH_2 - \overset{\overset{\displaystyle OH}{|}}{CH} - CH_3$

14.61 a. propanal   **b.** 2-pentanona
 c. 2-butanol   **d.** ciclohexanona

14.63 a. acetal; propanal y metanol
 b. hemiacetal; butanona y etanol
 c. acetal; ciclohexanona y etanol

14.65 a. verdadero   **b.** falso   **c.** verdadero   **d.** verdadero

14.67 $CH_3 - \overset{\overset{\displaystyle O}{\|}}{C} - CH_2 - CH_3$ Butanona

14.69 $CH_3 - CH_2 - CH_2 - \overset{\overset{\displaystyle O}{\|}}{C} - H$ Butanal

 $CH_3 - \overset{\overset{\displaystyle CH_3}{|}}{CH} - \overset{\overset{\displaystyle O}{\|}}{C} - H$ 2-metilpropanal

 $CH_3 - \overset{\overset{\displaystyle O}{\|}}{C} - CH_2 - CH_3$ Butanona

14.71 A $CH_3 - CH_2 - CH_2 - OH$ 1-propanol
 B $CH_3 - CH = CH_2$ propeno

 C $CH_3 - CH_2 - \overset{\overset{\displaystyle O}{\|}}{C} - H$ propanal

15

Carbohidratos

Visite **www.masteringchemistry.com** para acceder a materiales de autoaprendizaje y tareas asignadas por el instructor.

Kate fue diagnosticada recientemente con diabetes tipo 2. Su médico le recomendó tomar una serie de cursos educativos que imparte Paula, una enfermera especializada en diabetes, quien enseña a Kate cómo medir sus niveles de glucosa en la sangre antes y después de una comida. Paula explica a Kate que sus cifras antes de la comida deben ser 110 mg/dL o menos, y si aumentan en más de 50 mg/dL, debe reducir la cantidad de carbohidratos que consume. Los carbohidratos complejos son cadenas largas de moléculas de glucosa que se obtienen al ingerir panes y granos. Se descomponen en el cuerpo en glucosa, que es un carbohidrato simple o monosacárido.

Kate y Paula proceden a planear varias comidas. Como una comida debe contener aproximadamente 45-60 gramos de carbohidratos, combinan frutas y verduras en la misma comida que tienen niveles altos y bajos de carbohidratos, con la finalidad de permanecer dentro de los límites recomendados. También hablan acerca de que los carbohidratos complejos en el cuerpo tardan más tiempo en descomponerse en glucosa y, por tanto, el azúcar sanguíneo aumenta de manera más gradual.

Profesión: Enfermera especializada en diabetes

Las enfermeras especializadas en diabetes enseñan a los pacientes acerca de esta enfermedad, de modo que puedan administrarse su propio tratamiento y controlar su trastorno. Esto incluye información sobre las dietas y nutrición apropiadas, tanto para pacientes diabéticos como para prediabéticos. Las enfermeras especializadas en diabetes ayudan a los pacientes a aprender a vigilar su medicamento y los niveles de azúcar en la sangre, y a observar síntomas como daño neurológico diabético y pérdida de la vista. También pueden trabajar con pacientes que fueron hospitalizados debido a complicaciones causadas por su enfermedad. Esto exige un conocimiento profundo del sistema endocrino, pues este sistema a menudo guarda relación con la obesidad y otras enfermedades, por lo que hay cierta superposición entre la enfermería de la diabetes y la de la endocrinología. De hecho, los niños con diabetes tipo I son los pacientes que atienden más a menudo las enfermeras de endocrinología pediátrica.

Los carbohidratos son los más abundantes de todos los compuestos orgánicos en la naturaleza. En las plantas, la energía del Sol convierte dióxido de carbono y agua en el carbohidrato glucosa. Muchas moléculas de glucosa forman parte de las largas cadenas de polímeros, como la del almidón, que almacena energía, o la de la celulosa, que constituye el marco estructural de la planta. Cerca del 65% de los alimentos de la dieta común humana consisten en carbohidratos. Todos los días se utilizan carbohidratos, conocidos como *almidones*, en alimentos como pan, pasta, papas y arroz.

Otros carbohidratos denominados *disacáridos* incluyen sacarosa (azúcar de mesa) y lactosa en la leche. Durante la digestión y el metabolismo celular, los carbohidratos se oxidan en las células para proporcionar energía al cuerpo y suministrar átomos de carbono a las células para construir moléculas de proteínas, lípidos y ácidos nucleicos. La celulosa de las plantas también tiene otros usos importantes. La madera de los muebles, las páginas de este libro y el algodón de la ropa están hechos de celulosa.

Los carbohidratos contenidos en los alimentos como las pastas y el pan proporcionan energía al cuerpo.

15.1 Carbohidratos

Los **carbohidratos** como el azúcar de mesa, la lactosa y la celulosa están todos hechos de carbono, hidrógeno y oxígeno. Los azúcares simples, que tienen fórmulas de $C_n(H_2O)_n$, alguna vez se consideraron como hidratos de carbono, de ahí el nombre de *carbohidratos*. En una serie de reacciones en las células vegetales llamada *fotosíntesis*, la energía del Sol se utiliza para combinar los átomos de carbono del dióxido de carbono (CO_2) y los átomos de hidrógeno y oxígeno del agua en el carbohidrato glucosa.

$$6CO_2 + 6H_2O + \text{energía} \underset{\text{Respiración}}{\overset{\text{Fotosíntesis}}{\rightleftharpoons}} C_6H_{12}O_6 + 6O_2$$
$$\text{Glucosa}$$

En el cuerpo, la glucosa se oxida en una serie de reacciones metabólicas conocida como *respiración*, que libera energía química para realizar trabajo en las células. Se producen dióxido de carbono y agua, que regresan a la atmósfera. La combinación de fotosíntesis y respiración se denomina *ciclo del carbono*, en el que la energía del Sol se almacena en las plantas mediante fotosíntesis y se vuelve disponible cuando los carbohidratos de la dieta se metabolizan (véase la figura 15.1).

Tipos de carbohidratos

Los carbohidratos más simples son los **monosacáridos**. Un monosacárido no puede dividirse o hidrolizarse en carbohidratos más pequeños. Uno de los carbohidratos más comunes, la glucosa, $C_6H_{12}O_6$, es un monosacárido. Un **disacárido** consiste en dos unidades de monosacárido unidas y puede dividirse en cada una de ellas. Por ejemplo, el azúcar de mesa ordinaria, sacarosa, $C_{12}H_{22}O_{11}$, es un disacárido que puede dividirse con agua (hidrólisis) en presencia de un ácido o una enzima para producir una molécula de glucosa y una molécula de otro monosacárido, fructosa.

$$C_{12}H_{22}O_{11} + H_2O \xrightarrow{H^+ \text{ o enzima}} C_6H_{12}O_6 + C_6H_{12}O_6$$
$$\text{Sacarosa} \qquad\qquad \text{Glucosa} \quad \text{Fructosa}$$

FIGURA 15.1 Durante la fotosíntesis, la energía del Sol combina CO_2 y H_2O para formar glucosa ($C_6H_{12}O_6$) y O_2. Durante la respiración en el cuerpo, los carbohidratos se oxidan a CO_2 y H_2O, al tiempo que se produce energía.

P ¿Cuáles son los productos de la respiración?

ACTIVIDAD DE AUTOAPRENDIZAJE
Carbohydrates

TUTORIAL
Carbohydrates

Los **polisacáridos** son carbohidratos que son polímeros que existen en la naturaleza y contienen muchas unidades de monosacárido. En presencia de un ácido o una enzima, un polisacárido puede hidrolizarse por completo para producir muchas moléculas de monosacárido.

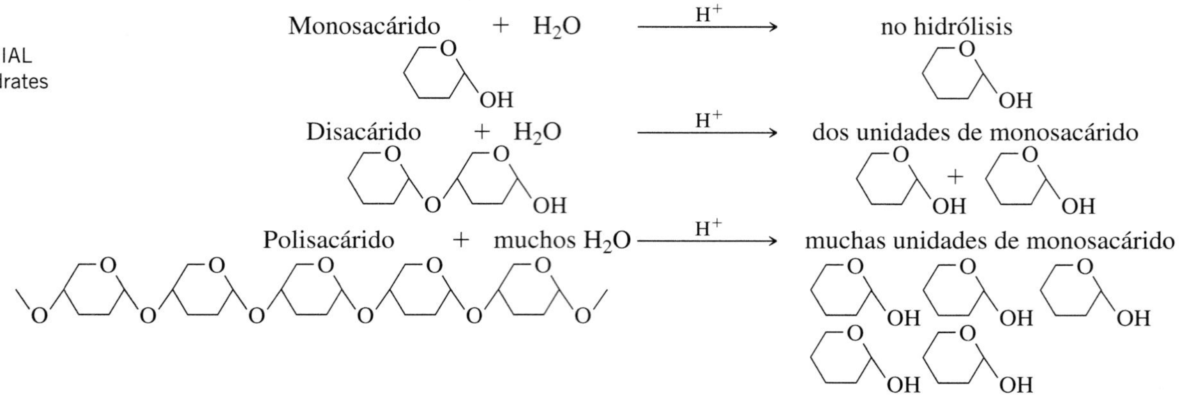

Monosacárido + H_2O $\xrightarrow{H^+}$ no hidrólisis

Disacárido + H_2O $\xrightarrow{H^+}$ dos unidades de monosacárido

Polisacárido + muchos H_2O $\xrightarrow{H^+}$ muchas unidades de monosacárido

TUTORIAL
Types of Carbohydrates

TUTORIAL
Carbonyls in Carbohydrates

Monosacáridos

Los monosacáridos son azúcares que tienen una cadena de tres a ocho átomos de carbono, uno en un grupo carbonilo y el resto unido a grupos hidroxilo. Hay dos tipos de estructuras de monosacárido. En una **aldosa**, el grupo carbonilo está en el primer carbono como un aldehído, en tanto que una **cetosa** contiene el grupo carbonilo en el segundo átomo de carbono como una cetona.

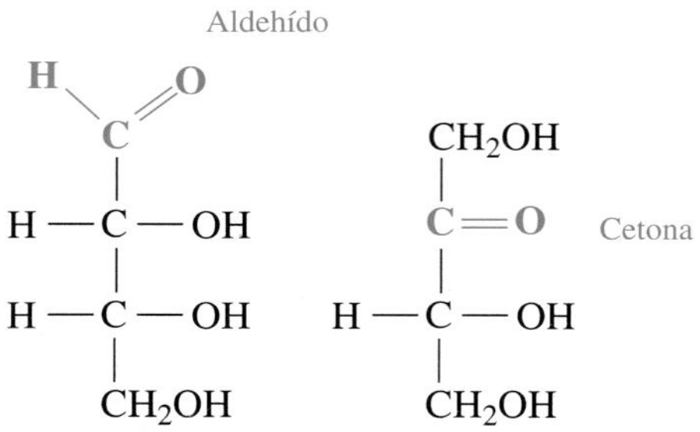

Aldehído

Eritrosa, una aldosa

Cetona

Eritrulosa, una cetosa

Un monosacárido con tres átomos de carbono es una *triosa*, uno con cuatro átomos de carbono es una *tetrosa*, una *pentosa* tiene cinco carbonos y una *hexosa* contiene seis carbonos. Puede usar ambos sistemas de clasificación para indicar el tipo de grupo carbonilo y el número de átomos de carbono. Una aldopentosa es un monosacárido de cinco carbonos que es un aldehído; una cetohexosa sería un monosacárido de seis carbonos que es una cetona.

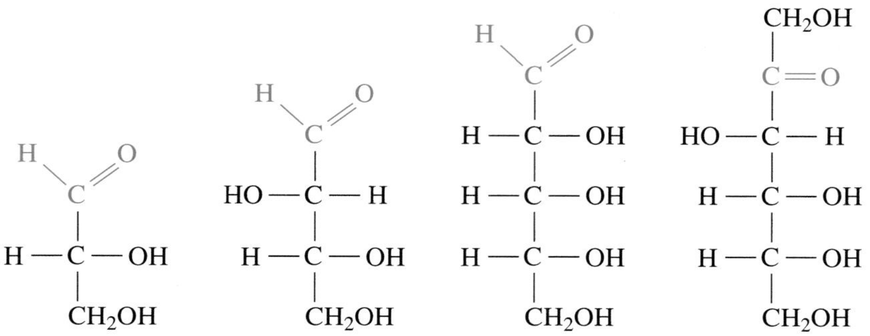

Gliceraldehído
(aldotriosa)

Treosa
(aldotetrosa)

Ribosa
(aldopentosa)

Fructosa
(cetohexosa)

Monosacáridos

Clasifique cada uno de los monosacáridos siguientes como aldopentosa, aldohexosa, cetopentosa o cetohexosa.

a.

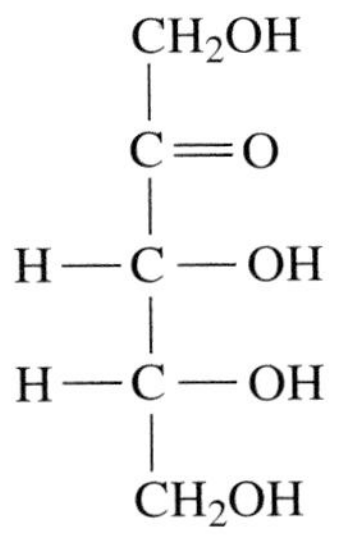

CH_2OH
|
$C = O$
|
$H - C - OH$
|
$H - C - OH$
|
CH_2OH

Ribulosa

b.

$H \quad O$
$\diagdown C \diagup$
|
$H - C - OH$
|
$HO - C - H$
|
$H - C - OH$
|
$H - C - OH$
|
CH_2OH

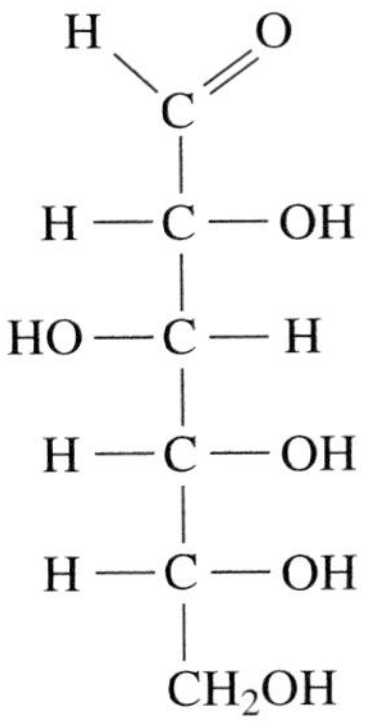

Glucosa

RESPUESTA

a. La ribulosa tiene cinco átomos de carbono (pentosa) y un grupo cetona; la ribulosa es una cetopentosa.

b. La glucosa tiene seis átomos de carbono (hexosa) y un grupo aldehído; la glucosa es una aldohexosa.

PREGUNTAS Y PROBLEMAS

15.1 Carbohidratos

META DE APRENDIZAJE: *Clasificar un monosacárido como una aldosa o una cetosa, e indicar el número de átomos de carbono.*

15.1 ¿Qué reactivos se necesitan para fotosíntesis y respiración?

15.2 ¿Cuál es la relación entre fotosíntesis y respiración?

15.3 ¿Qué es un monosacárido? ¿Un disacárido?

15.4 ¿Qué es un polisacárido?

15.5 ¿Qué grupos funcionales se encuentran en todos los monosacáridos?

15.6 ¿Cuál es la diferencia entre una aldosa y una cetosa?

15.7 ¿Cuáles son los grupos funcionales y número de carbonos en una cetopentosa?

15.8 ¿Cuáles son los grupos funcionales y el número de carbonos en una aldoheptosa?

15.9 Clasifique cada uno de los monosacáridos siguientes como aldopentosa, aldohexosa, cetopentosa o cetohexosa:

a.

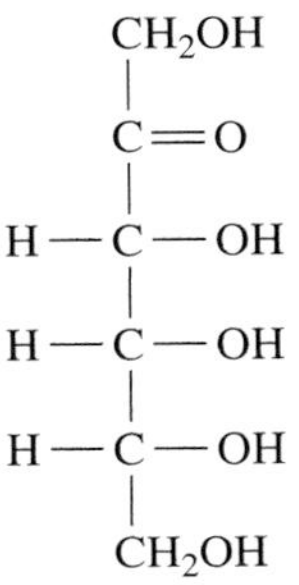

CH_2OH
|
$C = O$
|
$H - C - OH$
|
$H - C - OH$
|
$H - C - OH$
|
CH_2OH

Psicosa

b.

$H \quad O$
$\diagdown C \diagup$
|
$HO - C - H$
|
$HO - C - H$
|
$H - C - OH$
|
CH_2OH

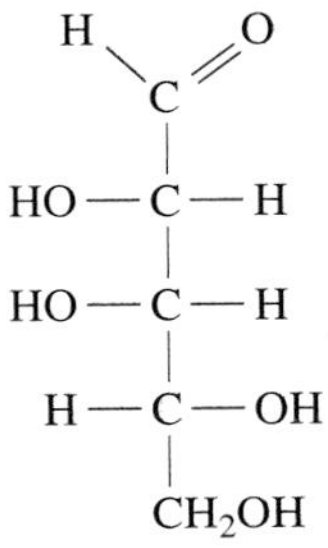

Lixosa

15.10 Clasifique cada uno de los monosacáridos siguientes como aldopentosa, aldohexosa, cetopentosa o cetohexosa:

a.

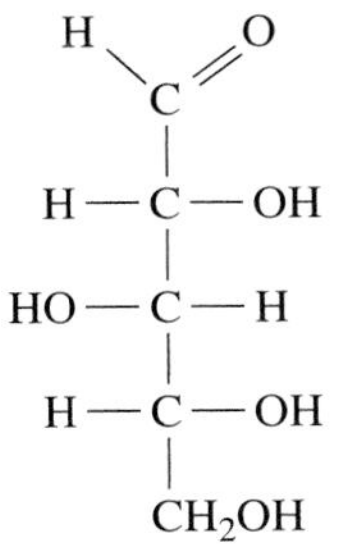

$H \quad O$
$\diagdown C \diagup$
|
$H - C - OH$
|
$HO - C - H$
|
$H - C - OH$
|
CH_2OH

Xilosa

b.

CH_2OH
|
$C = O$
|
$HO - C - H$
|
$HO - C - H$
|
$H - C - OH$
|
CH_2OH

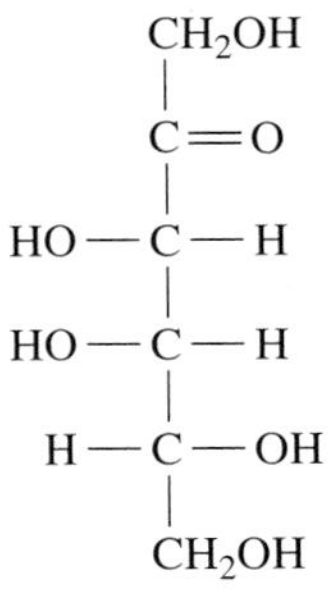

Tagatosa

15.2 Proyecciones de Fischer de monosacáridos

En la sección 14.5 aprendió que los compuestos quirales existen como imágenes especulares que no pueden superponerse. Muchos monosacáridos existen como imágenes especulares.

Proyecciones de Fischer

Una proyección de Fischer de la aldosa más simple, gliceraldehído, se dibuja con líneas verticales y horizontales que representan la cadena de carbono. El grupo aldehído (el carbono más oxidado) se coloca en la parte superior de la línea vertical y los grupos —H y —OH están en la línea de intersección horizontal. En el L-gliceraldehído, la letra L se asigna al estereroisómero con el grupo —OH a la izquierda del carbono quiral. En el D-gliceraldehído, el grupo —OH está a la derecha. El átomo de carbono en el grupo —CH₂OH en la parte inferior de la proyección de Fischer no es quiral, porque no tiene cuatro grupos diferentes enlazados a él.

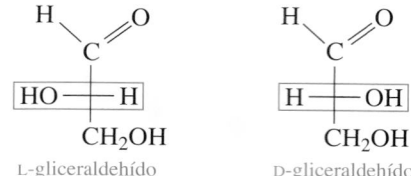

La mayor parte de los monosacáridos que estudiará tienen cadenas de carbono que constan de cinco o seis átomos de carbono con varios carbonos quirales. Como vio en la sección 14.5, el grupo —OH en el carbono quiral *más alejado* del grupo carbonilo se usa para determinar el estereoisómero D o L. Las siguientes son las proyecciones de Fischer de los estereoisómeros D y L de ribosa, un monosacárido de cinco carbonos, y los estereoisómeros D y L de glucosa, un monosacárido de seis carbonos. La cadena de carbono vertical se numera a partir del carbono de la parte superior.

En cada par de imágenes especulares, es importante ver que todos los grupos —OH en los átomos de carbono quirales están invertidos, de modo que aparecen en lados opuestos de la molécula. Por ejemplo, en la L-ribosa, todos los grupos —OH dibujados en el lado izquierdo de la línea vertical se dibujan en el lado derecho en la imagen especular de la D-ribosa.

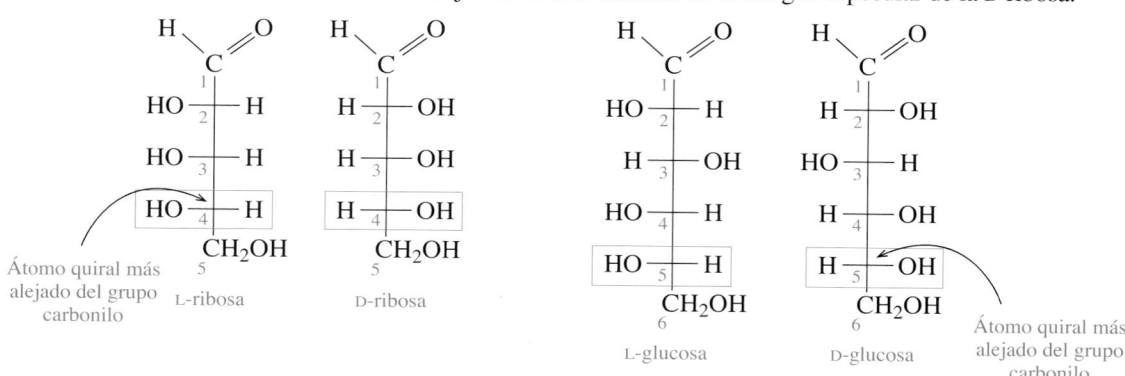

EJEMPLO DE PROBLEMA 15.1
Cómo identificar estereoisómeros D y L de azúcares

Identifique la proyección de Fischer de la xilosa como D- o L-xilosa.

SOLUCIÓN

Análisis del problema

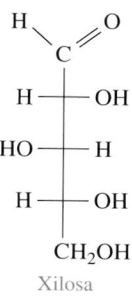

Xilosa

Necesita identificar	Procedimiento
Cadena de carbono	Numere la cadena de carbono a partir de la parte superior de la proyección de Fischer.
Carbono quiral	El carbono quiral 4 tiene el número más alto.
Posición de grupo —OH	El grupo —OH se dibuja a la derecha del carbono 4, que lo hace D-xilosa.

$$
\begin{array}{c}
\overset{H}{\underset{}{}} \diagup \overset{O}{\underset{}{}} \\
\underset{1}{C} \\
H \underset{2}{\overline{}} OH \\
HO \underset{3}{\overline{}} H \\
H \underset{4}{\overline{}} OH \\
\underset{5}{CH_2OH}
\end{array}
$$

D-xilosa

Carbono quiral más alejado del grupo carbonilo

COMPROBACIÓN DE ESTUDIO 15.1

Dibuje la proyección de Fischer de la L-xilosa.

Algunos monosacáridos importantes

Las hexosas glucosa, galactosa y fructosa son los monosacáridos más importantes. Todos son hexosas con fórmula molecular $C_6H_{12}O_6$, y son isómeros entre ellos. Aunque es posible dibujar proyecciones de Fischer de sus estereoisómeros D y L, los estereosiómeros D son los que generalmente se encuentran en la naturaleza y se utilizan en las células del cuerpo. Las proyecciones de Fischer de los estereoisómeros D se dibujan del modo siguiente:

$$
\begin{array}{ccc}
\begin{array}{c}
H \diagup C \diagdown O \\
\underset{1}{} \\
H \underset{2}{-} OH \\
HO \underset{3}{-} H \\
H \underset{4}{-} OH \\
H \underset{5}{-} OH \\
\underset{6}{CH_2OH}
\end{array}
&
\begin{array}{c}
H \diagup C \diagdown O \\
\underset{1}{} \\
H \underset{2}{-} OH \\
HO \underset{3}{-} H \\
HO \underset{4}{-} H \\
H \underset{5}{-} OH \\
\underset{6}{CH_2OH}
\end{array}
&
\begin{array}{c}
\underset{1}{CH_2OH} \\
\underset{2}{C} = O \\
HO \underset{3}{-} H \\
H \underset{4}{-} OH \\
H \underset{5}{-} OH \\
\underset{6}{CH_2OH}
\end{array}
\\
\text{D-glucosa} & \text{D-galactosa} & \text{D-fructosa}
\end{array}
$$

La hexosa más común, la **D-glucosa**, $C_6H_{12}O_6$, también conocida como dextrosa y azúcar sanguínea, se encuentra en frutas, verduras, jarabe de maíz y miel. La D-glucosa es un bloque constructor de los disacáridos sacarosa, lactosa y maltosa, y de polisacáridos como amilosa, celulosa y glucógeno.

En el cuerpo, la glucosa normalmente se presenta en concentración de 70-90 mg/dL (1 dL = 100 mL) de sangre. La glucosa en exceso se convierte en glucógeno y se almacena en el hígado y los músculos. Cuando la cantidad de glucosa supera lo que se necesita para energía o glucógeno, la glucosa en exceso se convierte en grasa, que puede almacenarse en cantidades ilimitadas.

Glucógeno (hígado y músculos)

$$
\text{Grasa} \underset{}{\overset{\text{Exceso}}{\rightleftharpoons}} \text{Glucosa} \xrightarrow{\text{Metabolismo}} CO_2 + H_2O + \text{energía}
$$

Orina

La **galactosa**, $C_6H_{12}O_6$, es una aldohexosa que se obtiene a partir del disacárido lactosa, que se encuentra en la leche y los productos lácteos. La galactosa es importante en las membranas celulares del cerebro y el sistema nervioso. La única diferencia en las proyecciones de Fischer de la D-glucosa y la D-galactosa es el ordenamiento del grupo —OH en el carbono 4.

ESTUDIO DE CASO
Diabetes and Blood Glucose

En el padecimiento denominado *galactosemia*, la persona carece de una enzima indispensable para convertir galactosa en glucosa. La acumulación de galactosa en la sangre y los tejidos puede ocasionar cataratas, retraso mental, retraso del crecimiento y enfermedad hepática. El tratamiento de la galactosemia consiste en eliminar de la dieta todos los alimentos que contienen galactosa, principalmente leche y productos lácteos. Si se hace esto con un bebé inmediatamente después de nacido, pueden evitarse los efectos dañinos de la acumulación de galactosa.

A diferencia de la glucosa y la galactosa, la **fructosa**, $C_6H_{12}O_6$, es una cetohexosa. La estructura de la fructosa difiere de la glucosa en los carbonos 1 y 2 por la ubicación del grupo carbonilo. La fructosa es el más dulce de los carbohidratos, casi el doble de dulce que la sacarosa (azúcar de mesa). Esta característica hace que la fructosa sea popular entre las personas que hacen dieta, porque se necesita menos fructosa y, por tanto, menos calorías para obtener un sabor agradable. La fructosa, también llamada levulosa y azúcar de fruta, se encuentra en jugos de frutas y miel (véase la figura 15.2).

La fructosa también se obtiene como uno de los productos de hidrólisis de la sacarosa, el disacárido conocido como *azúcar de mesa*. El jarabe de maíz rico en fructosa (HFCS, *high-fructose corn syrup*) es un edulcorante que se produce al usar una enzima para descomponer la sacarosa en glucosa y fructosa. Se utiliza una mezcla de HFCS, que contiene alrededor de 50% de fructosa y 50% de glucosa, en bebidas gaseosas y muchos alimentos, como los productos horneados.

FIGURA 15.2 El sabor dulce de la miel se debe a los monosacáridos D-glucosa y D-fructosa.

P ¿Cuáles son algunas diferencias en las proyecciones de Fischer de la D-glucosa y la D-fructosa?

EJEMPLO DE PROBLEMA 15.2 **Monosacáridos**

La ribulosa tiene la proyección de Fischer siguiente:

CH₂OH
C=O
HO—H
H—OH
CH₂OH

a. Identifique si el compuesto es D- o L-ribulosa.
b. Dibuje la proyección de Fischer de su imagen especular.

SOLUCIÓN

Análisis del problema

Necesita identificar	Procedimiento
Cadena de carbono	Numere la cadena de carbono a partir de la parte superior de la proyección de Fischer.
Carbono quiral	El carbono quiral 4 tiene el número más alto.
Posición del grupo —OH	El —OH se dibuja en el lado derecho del carbono 4, que lo hace D-ribulosa.
Imagen especular	Los —OH en los carbonos quirales se dibujan en el lado opuesto.

a. El compuesto es D-ribulosa porque el grupo —OH en el carbono quiral más alejado del grupo carbonilo se dibuja en el lado derecho.

CH₂OH
C=O
H—OH
H—OH
CH₂OH

D-ribulosa

b. Para dibujar la imagen especular, todos los grupos —OH en los átomos de carbono quiral se dibujan en el lado opuesto. La L-ribulosa tiene la proyección de Fischer siguiente:

$$
\begin{array}{c}
CH_2OH \\
| \\
C=O \\
HO - | - H \\
HO - | - H \\
| \\
CH_2OH
\end{array}
$$

L-ribulosa

COMPROBACIÓN DE ESTUDIO 15.2

Clasifique la ribulosa como aldopentosa, aldohexosa o cetohexosa.

La química en la salud

HIPERGLUCEMIA E HIPOGLUCEMIA

El médico puede ordenar una prueba de tolerancia a la glucosa para evaluar la capacidad del cuerpo de regresar a concentraciones normales de glucosa (70-90 mg/dL) en respuesta a la ingestión de una cantidad específica de glucosa. El paciente ayuna durante 12 h y luego bebe una disolución que contiene glucosa. De inmediato se obtiene una muestra de sangre, seguida de más muestras de sangre cada media hora durante 2 h y luego cada hora hasta un total de 5 h. Si la glucosa sanguínea supera 200 mg/dL en plasma y permanece alta, puede indicarse hiperglucemia. El término *glic* o *gluco* se refiere a "azúcar". El prefijo *hiper* significa "por encima", *hipo* significa "por debajo", y el sufijo *emia* significa "en la sangre". Por tanto, el nivel de azúcar en la sangre en caso de *hiperglucemia* está por encima de lo normal y, en la *hipoglucemia*, por debajo de lo normal.

Un ejemplo de una enfermedad que puede causar hiperglucemia es la diabetes mellitus, que ocurre cuando el páncreas no puede producir cantidades suficientes de insulina. Como resultado, los niveles de glucosa en los líquidos corporales pueden aumentar hasta 350 mg/dL de plasma. Los síntomas de la diabetes en las personas menores de 40 años de edad incluyen sed, micción excesiva, aumento del apetito y pérdida de peso. En los adultos mayores, la diabetes en ocasiones es consecuencia del aumento excesivo de peso.

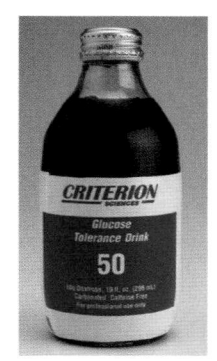

Cuando una persona es hipoglucémica, el nivel de glucosa en la sangre aumenta y luego disminuye con rapidez a niveles de apenas 40 mg/dL de plasma. En algunos casos la hipoglucemia es causada por sobreproducción de insulina en el páncreas. El nivel bajo de glucosa en sangre puede causar mareos, debilidad general y temblores musculares. Puede prescribirse una dieta que consista en varias comidas pequeñas ricas en proteína y bajas en carbohidratos. Algunos pacientes hipoglucémicos están obteniendo buenos resultados con dietas que incluyen carbohidratos más complejos en lugar de azúcares simples.

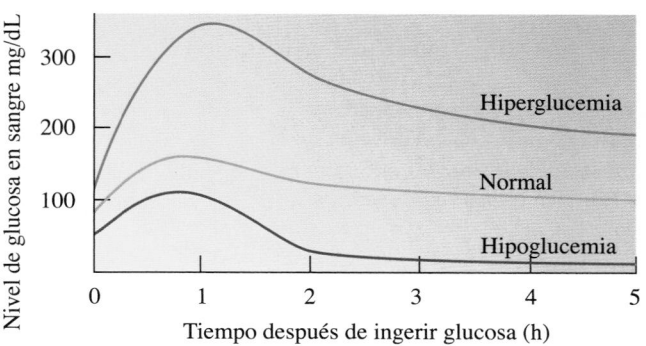

Se administra una disolución de glucosa para determinar los niveles de glucosa en sangre.

PREGUNTAS Y PROBLEMAS

15.2 Proyecciones de Fischer de monosacáridos

META DE APRENDIZAJE: *Usar las proyecciones de Fischer para dibujar los estereoisómeros D o L de glucosa, galactosa y fructosa.*

15.11 ¿Cómo se identifica una proyección de Fischer como un estereoisómero D o L?

15.12 Dibuje la proyección de Fischer del D-gliceraldehído y el L-gliceraldehído.

15.13 Identifique si cada uno de los carbohidratos siguientes es el estereoisómero D o L:

a.

$$
\begin{array}{c}
H \quad O \\
\backslash // \\
C \\
| \\
HO - | - H \\
H - | - OH \\
| \\
CH_2OH
\end{array}
$$

Treosa

b.

$$
\begin{array}{c}
CH_2OH \\
| \\
C=O \\
HO - | - H \\
H - | - OH \\
| \\
CH_2OH
\end{array}
$$

Xilulosa

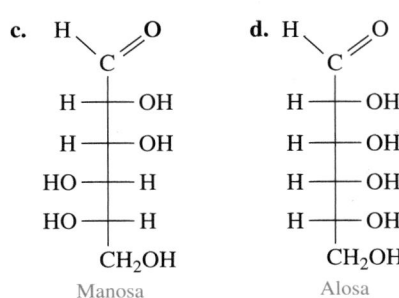

Manosa

Alosa

15.14 Identifique si cada uno de los carbohidratos siguientes es el estereoisómero D o L:

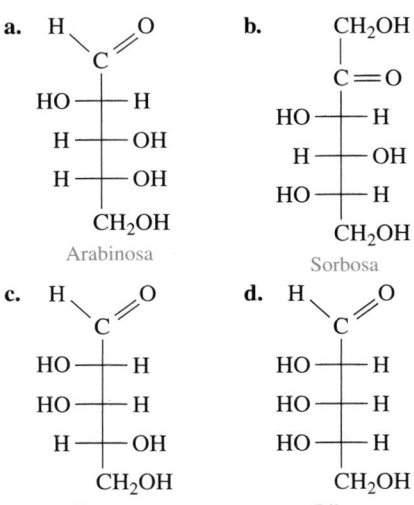

a. Arabinosa

b. Sorbosa

c. Lixosa

d. Ribosa

15.15 Dibuje las proyecciones de Fischer de las imágenes especulares de las moléculas de los incisos **a** al **d** del problema 15.13.

15.16 Dibuje las proyecciones de Fischer de las imágenes especulares de las moléculas de los incisos **a** al **d** del problema 15.14.

15.17 Dibuje las proyecciones de Fischer de la D-glucosa y la L-glucosa.

15.18 Dibuje las proyecciones de Fischer de la D-fructosa y la L-fructosa.

15.19 ¿Cómo difieren las proyecciones de Fischer de la D-galactosa y la L-glucosa?

15.20 ¿Cómo difieren las proyecciones de Fischer de la D-fructosa y la D-glucosa?

15.21 Identifique el monosacárido que se ajusta a cada una de las descripciones siguientes:
   a. también se llama azúcar sanguínea
   b. no se metaboliza en la galactosemia
   c. también se llama azúcar de fruta

15.22 Identifique el monosacárido que se ajuste a cada una de las descripciones siguientes:
   a. se observan niveles altos en la sangre de diabéticos
   b. se obtiene como producto de hidrólisis de la lactosa
   c. es el más dulce de los monosacáridos

15.3 Estructuras de Haworth de monosacáridos

Cómo dibujar estructuras de Haworth de formas cíclicas

Hasta ahora, las proyecciones de Fischer de los monosacáridos se dibujaron como cadenas abiertas. Sin embargo, la forma más estable de pentosas y hexosas son anillos de cinco o seis átomos. Estos anillos, conocidos como **estructuras de Haworth**, se producen a partir de la reacción de un grupo carbonilo y un grupo hidroxilo en la *misma* molécula, y se forma un *hemiacetal cíclico*. Por ejemplo, el diagrama siguiente muestra que el átomo de oxígeno en el grupo hidroxilo del carbono 5 de una aldohexosa se enlaza con el carbono 1 en el carbonilo y produce un hemiacetal cíclico de seis átomos.

Cadena abierta

Hemiacetal cíclico

Ahora se mostrará cómo dibujar la estructura de Haworth de la D-glucosa a partir de su proyección de Fischer.

Paso 1 **Gire la proyección de Fischer 90° en el sentido en que corren las manecillas del reloj.** Los grupos —H y —OH a la derecha de la cadena de carbono vertical ahora están abajo de la cadena de carbono horizontal. Los que están a la izquierda de la cadena de carbono vertical ahora están arriba de la cadena de carbono horizontal.

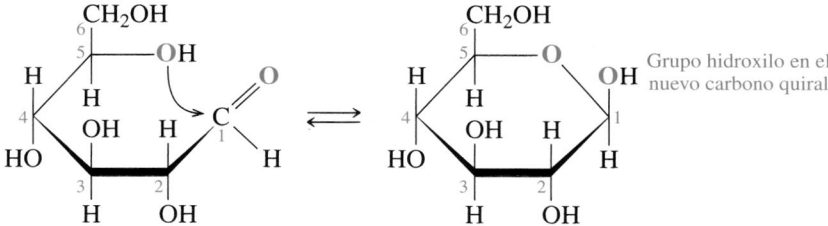

D-glucosa (cadena abierta)

Paso 2 **Pliegue la cadena de carbono horizontal en un hexágono y enlace el O en el carbono 5 con el grupo carbonilo para formar el hemiacetal.** Con los carbonos 2 y 3 como la base del hexágono, mueva los carbonos restantes hacia arriba. Dibuje el grupo —OH reactivo sobre el carbono 5 junto al carbono carbonilo 1. Dibuje el carbono 6 que forma parte del grupo —CH₂OH arriba del carbono 5. Para completar la estructura de Haworth, dibuje un enlace entre el oxígeno del grupo —OH unido al carbono 5 hacia el carbono perteneciente al grupo carbonilo.

El oxígeno del carbono 5 se enlaza con el carbonilo   Estructura del hemiacetal cíclico

Paso 3 **Para completar la estructura de Haworth, dibuje el grupo —OH sobre el carbono 1 abajo del anillo para producir el anómero _α_, o arriba del anillo para producir el anómero _β_.** Puesto que el nuevo grupo —OH puede formarse arriba o abajo del plano de la estructura de Haworth, hay dos estereoisómeros de la D-glucosa llamados **anómeros**, que difieren solamente por las configuraciones del grupo —OH en el carbono 1. En una configuración llamada anómero _α_ (alfa), el grupo —OH se dibuja abajo del plano del anillo. En la otra configuración, llamada anómero _β_ (beta), el grupo —OH se dibuja arriba del plano del anillo. El carbono 1 en el hemiacetal se conoce como _carbono anomérico._

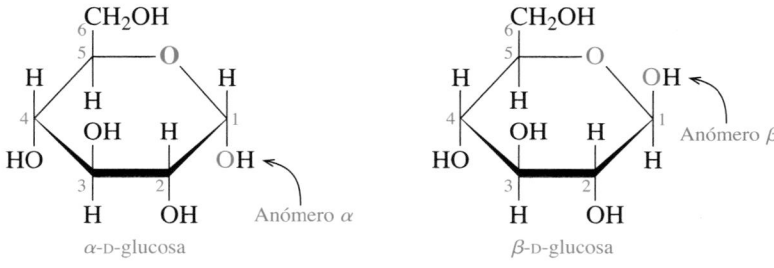

_α_-D-glucosa   _β_-D-glucosa

EJEMPLO DE PROBLEMA 15.3 **Cómo dibujar estructuras de Haworth de azúcares**

La D-manosa, un carbohidrato que se encuentra en las inmunoglobulinas, tiene la proyección de Fischer siguiente. Dibuje la estructura de Haworth de β-D-manosa.

$$
\begin{array}{c}
\quad H\diagdown \quad\diagup O \\
\quad\quad C \\
\quad\quad |_1 \\
HO -\!\!-|_2\!\!- OH \\
HO -\!\!-|_3\!\!- H \\
H -\!\!-|_4\!\!- OH \\
H -\!\!-|_5\!\!- OH \\
\quad CH_2OH \\
\quad\quad {}_6
\end{array}
$$

D-manosa

Guía para dibujar estructuras de Haworth

1 Gire la proyección de Fischer 90° en sentido de las manecillas del reloj.

2 Pliegue la cadena de carbono horizontal en un hexágono y enlace el O en el carbono 5 con el grupo carbonilo para formar el hemiacetal.

3 Para completar la estructura de Haworth, dibuje el grupo —OH en el carbono 1 abajo del anillo para producir el anómero α, o arriba del anillo para producir el anómero β.

SOLUCIÓN

Paso 1 **Gire la proyección de Fischer 90° en sentido de las manecillas del reloj.**

$$
HOCH_2 \;{}_6\!\!-\!\!\underset{OH}{\overset{H}{\underset{|}{\overset{|}{\underset{5}{C}}}}}\!\!-\!\!\underset{OH}{\overset{H}{\underset{|}{\overset{|}{\underset{4}{C}}}}}\!\!-\!\!\underset{H}{\overset{OH}{\underset{|}{\overset{|}{\underset{3}{C}}}}}\!\!-\!\!\underset{H}{\overset{OH}{\underset{|}{\overset{|}{\underset{2}{C}}}}}\!\!-\!\!\underset{H}{\overset{O}{\underset{{}_1}{C}}}
$$

Paso 2 **Pliegue la cadena de carbono horizontal en un hexágono y enlace el O en el carbono 5 con el grupo carbonilo para formar el hemiacetal.** Dibuje el grupo —CH₂OH arriba del carbono 5 y el grupo —OH junto al carbonilo. Dibuje un enlace entre el O del grupo —OH (carbono 5) y el carbono 1 del grupo carbonilo, lo que forma el hemiacetal.

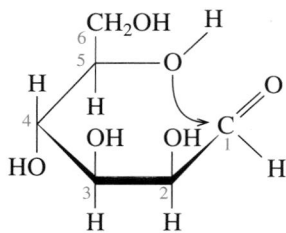

Paso 3 **Para completar la estructura de Haworth, dibuje el grupo —OH en el carbono 1 abajo del anillo para producir el anómero α, o arriba del anillo para producir el anómero β.** Para dibujar el anómero β de manosa, es necesario dibujar el grupo —OH del carbono 1 arriba del anillo.

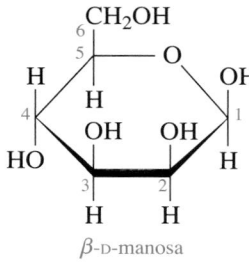

β-D-manosa

COMPROBACIÓN DE ESTUDIO 15.3

Dibuje la estructura de Haworth de α-D-manosa.

Mutarrotación de la α- y β-D-glucosa

En disolución acuosa, la estructura de Haworth de la α-D-glucosa se abre para producir la cadena abierta de la D-glucosa, que tiene un grupo aldehído. Sin embargo, la cadena abierta puede cerrarse porque el grupo carbonilo reacciona con rapidez para formar el hemiacetal cíclico. Conforme el anillo se abre y cierra, el grupo hidroxilo (—OH) en el carbono 1 puede formar el anómero α o el β. Este proceso, llamado **mutarrotación**, convierte continuamente ambos anómeros en la cadena abierta y de vuelta a un hemiacetal cíclico. En equilibrio, una disolución de glucosa contiene una mezcla de 36% del anómero α y 64% del anómero β. Aunque la cadena abierta es parte esencial de la mutarrotación, sólo una cantidad pequeña (traza) de la cadena abierta está presente en cualquier momento dado.

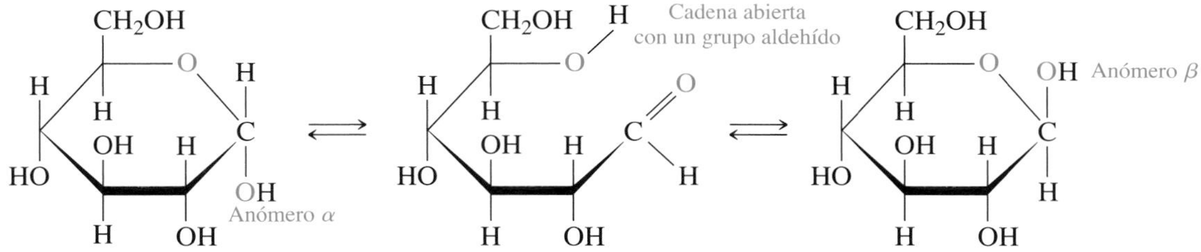

α-D-glucosa
(36% en mezcla en equilibrio)

Cadena abierta de la
D-glucosa (traza)

β-D-glucosa
(64% en mezcla en equilibrio)

Estructuras de Haworth de la galactosa

La galactosa es una aldohexosa que difiere de la glucosa sólo en el arreglo del grupo —OH en el carbono 4. Por tanto, su estructura de Haworth es similar a la glucosa, excepto que en la galactosa el grupo —OH en el carbono 4 está arriba del plano del anillo. Similar a la glucosa, la galactosa también existe como anómeros α y β porque experimenta mutarrotación para producir una cadena abierta con un grupo aldehído en disolución acuosa.

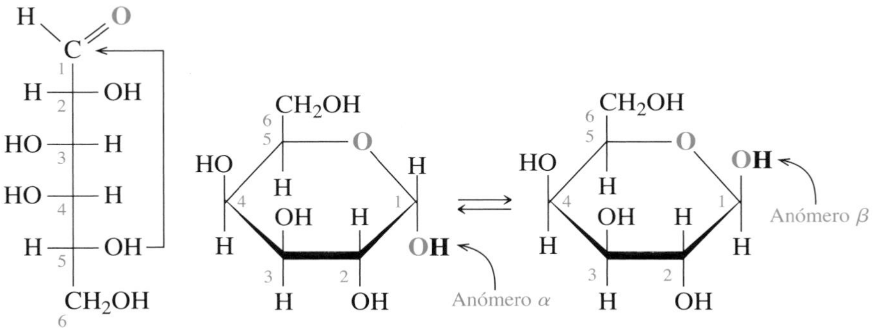

D-galactosa

α-D-galactosa

β-D-galactosa

COMPROBACIÓN DE CONCEPTOS 15.2 **Anómeros**

a. ¿Por qué la estructura de Haworth de la D-galactosa es un hemiacetal?
b. ¿Cuál es la diferencia entre los anómeros α y β de la D-galactosa?

RESPUESTA

a. La galactosa es un hemiacetal porque tiene tanto un grupo hidroxilo como un grupo alcoxi enlazados al mismo carbono, en este caso, carbono 1.
b. Cuando se forma el hemiacetal, en el carbono 1 aparece un grupo —OH libre. Por tanto, son posibles dos estereoisómeros llamados *anómeros*, porque el grupo —OH puede formarse arriba o abajo del anillo. En el anómero α, el grupo —OH se dibuja abajo del plano del anillo, y para el anómero β, el grupo —OH se dibuja arriba del plano del anillo.

Estructuras de Haworth de la fructosa

A diferencia de la glucosa y la galactosa, la fructosa es una cetohexosa. Por tanto, el grupo hemiacetal para la estructura de Haworth de la fructosa se forma entre el grupo —OH en el carbono 5 y el carbono 2 del grupo cetona para elaborar un anillo de cinco átomos. En la fructosa, el carbono anomérico, que es el carbono 2, está enlazado a un grupo —OH y a un grupo —CH$_2$OH (carbono 1). La mutarrotación del hemiacetal (carbono 2) da a la fructosa los anómeros α y β. Observe que el grupo —CH$_2$OH (carbono 1) se dibuja en dirección opuesta al grupo —OH en los anómeros.

D-fructosa α-D-fructosa β-D-fructosa

15.3 Estructuras de Haworth de monosacáridos

META DE APRENDIZAJE: *Dibujar e identificar las estructuras de Haworth de los monosacáridos.*

15.23 Nombre el tipo y número de átomos en la porción del anillo de la estructura de Haworth de la glucosa.

15.24 Nombre el tipo y número de átomos en la porción del anillo de la estructura de Haworth de la fructosa.

15.25 Dibuje las estructuras de Haworth de los anómeros α y β de D-glucosa.

15.26 Dibuje las estructuras de Haworth de los anómeros α y β de D-fructosa.

15.27 Identifique si cada una de las estructuras de Haworth siguientes es el anómero α o β:

a. 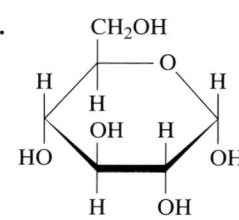   **b.**

15.28 Identifique si cada una de las estructuras de Haworth siguientes es el anómero α o β:

a. CH$_2$OH

b. CH$_2$OH

Identificar los productos de oxidación o reducción de los monosacáridos; determinar si un carbohidrato es un azúcar reductor.

15.4 Propiedades químicas de los monosacáridos

Los monosacáridos contienen grupos funcionales que pueden experimentar reacciones químicas. En una aldosa, el grupo aldehído puede oxidarse a ácido carboxílico. El grupo carbonilo tanto en la aldosa como en la cetosa pueden reducirse para producir un grupo hidroxilo. Los grupos hidroxilo pueden reaccionar con otros compuestos para formar una variedad de derivados que son importantes en las estructuras biológicas.

Oxidación de monosacáridos

Aunque los monosacáridos existen principalmente como hemiacetales cíclicos, siempre está presente una cantidad pequeña (traza) de la estructura de cadena abierta, lo que proporciona un grupo aldehído. Como estudió en la sección 14.3, un grupo aldehído con un grupo hidroxilo adyacente puede oxidarse a un ácido carboxílico mediante un agente oxidante como el reactivo de Benedict. Para nombrar los azúcares ácidos se sustituye la terminación *osa* del monosacárido con *ónico*, después de la palabra *ácido*. Entonces el Cu^{2+} se reduce a Cu^+, que forma un precipitado rojo ladrillo de Cu_2O. Los monosacáridos que reducen otra sustancia se llaman **azúcares reductores**.

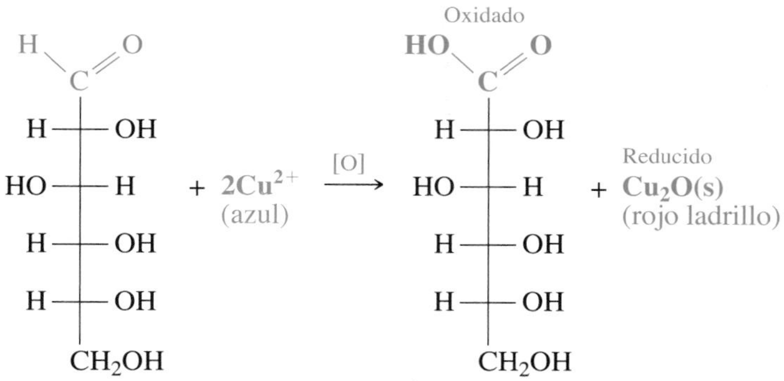

$$
\begin{array}{c}
H-C=O \\
H-OH \\
HO-H \\
H-OH \\
H-OH \\
CH_2OH
\end{array}
+ 2Cu^{2+}\ \text{(azul)} \xrightarrow{[O]}
\begin{array}{c}
\text{Oxidado} \\
HO-C=O \\
H-OH \\
HO-H \\
H-OH \\
H-OH \\
CH_2OH
\end{array}
+ \text{Cu}_2\text{O(s)}\ \text{(rojo ladrillo) Reducido}
$$

Cadena abierta de la   Ácido D-glucónico

La fructosa, una cetohexosa, también es un azúcar reductor. Por lo general, una cetona no puede oxidarse. Sin embargo, en una disolución básica de Benedict, un reordenamiento mueve el grupo carbonilo del carbono 2 al carbono 1. Como resultado, este reordenamiento convierte la fructosa en glucosa, lo que proporciona un grupo aldehído que puede oxidarse.

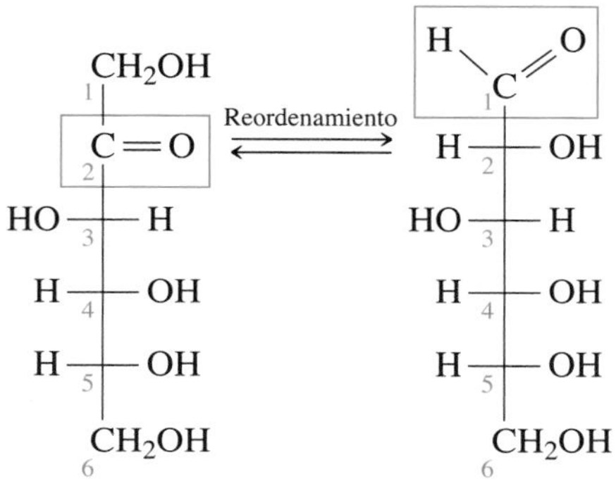

$$
\begin{array}{c}
CH_2OH\ {}^1 \\
C=O\ {}^2 \\
HO-H\ {}^3 \\
H-OH\ {}^4 \\
H-OH\ {}^5 \\
CH_2OH\ {}^6
\end{array}
\underset{\text{Reordenamiento}}{\rightleftharpoons}
\begin{array}{c}
H-C=O\ {}^1 \\
H-OH\ {}^2 \\
HO-H\ {}^3 \\
H-OH\ {}^4 \\
H-OH\ {}^5 \\
CH_2OH\ {}^6
\end{array}
$$

D-fructosa (cetosa)   D-glucosa (aldosa)

Reducción de monosacáridos

La reducción del grupo aldehído en los monosacáridos produce azúcares alcohólicos, que también se denominan *alditoles*. La D-glucosa se reduce al D-glucitol, mejor conocido como *sorbitol*. Para nombrar los azúcares alcohólicos, se cambia la terminación *osa* del monosacárido por *itol*. Los azúcares alcohólicos como el sorbitol, el xilitol (que se obtiene a partir de la reducción de la xilosa) y el manitol (que se obtiene a partir de la reducción de la manosa) se usan como edulcorantes en muchos productos sin azúcar, como las bebidas dietéticas y la goma de mascar sin azúcar, así como en productos para personas con diabetes. Sin embargo, hay algunos efectos colaterales de dichos sustitutos de azúcar. Algunas personas experimentan malestar, como gases y diarrea, por la ingestión de azúcares alcohólicos. En los diabéticos, la glucosa se acumula en el cristalino del ojo, donde se convierte en sorbitol, que puede conducir al desarrollo de cataratas.

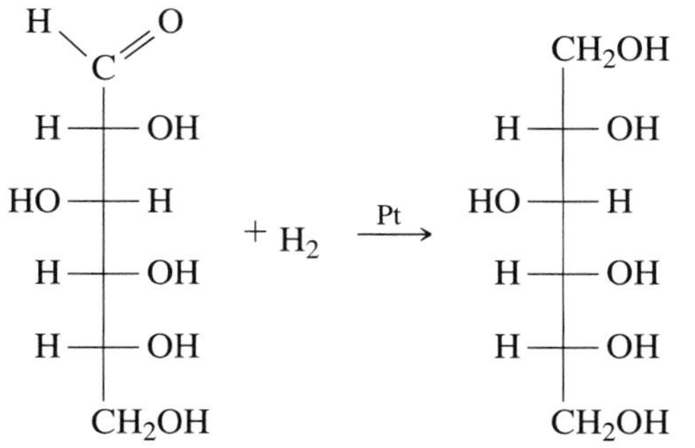

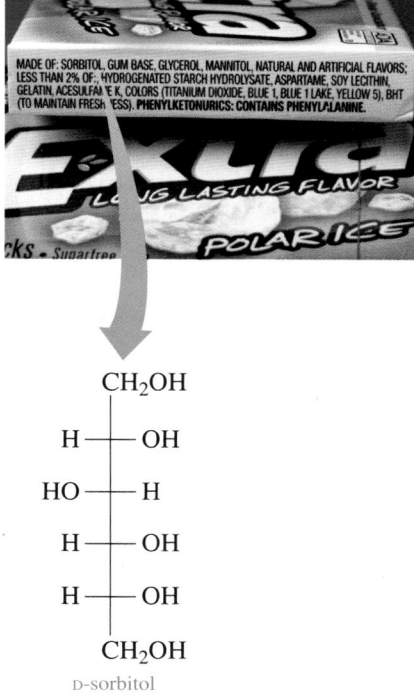

$$
\begin{array}{c}
H-C=O \\
H-OH \\
HO-H \\
H-OH \\
H-OH \\
CH_2OH
\end{array}
+ H_2 \xrightarrow{Pt}
\begin{array}{c}
CH_2OH \\
H-OH \\
HO-H \\
H-OH \\
H-OH \\
CH_2OH
\end{array}
$$

D-glucosa   D-glucitol o D-sorbitol

$$
\begin{array}{c}
CH_2OH \\
H-OH \\
HO-H \\
H-OH \\
H-OH \\
CH_2OH
\end{array}
$$

D-sorbitol

La química en la salud

PRUEBAS DE GLUCOSA EN ORINA

En condiciones normales, la glucosa sanguínea fluye por los riñones y se reabsorbe en el torrente sanguíneo. Sin embargo, si el nivel sanguíneo supera aproximadamente 160 mg de glucosa/dL de sangre, los riñones no pueden reabsorberla toda y la glucosa se derrama en la orina, un trastorno conocido como *glucosuria*. Uno de los síntomas de la diabetes mellitus es el nivel alto de glucosa en la orina.

La prueba de Benedict puede usarse para determinar la presencia de glucosa en la orina. La cantidad de óxido de cobre(I) (Cu_2O) formado es proporcional a la concentración de azúcar reductor presente en la orina.

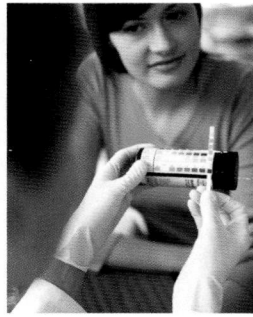

El color de una tira de prueba determina el nivel de glucosa en la orina.

Niveles de bajos a moderados de azúcar reductor vuelven verde la disolución; las disoluciones con niveles altos de glucosa convierten la disolución de Benedict en amarillo o rojo ladrillo. La tabla 15.1 menciona algunos colores asociados a la concentración de glucosa en la orina.

En otra prueba clínica que es más específica para glucosa, se usa la enzima glucosa oxidasa. La enzima oxidasa convierte la glucosa en ácido glucónico y peróxido de hidrógeno (H_2O_2). El peróxido producido reacciona con un tinte en una tira de prueba y produce colores diferentes. Para encontrar el nivel de glucosa presente en la orina se relaciona el color producido con un gráfico de colores que está en el empaque.

TABLA 15.1 Resultados de pruebas de glucosa

Color de la disolución de la prueba de Benedict	Glucosa presente en orina	
	% (m/v)	mg/dL
Azul	0	0
Azul verdoso	0.25	250
Verde	0.50	500
Amarillo	1.00	1000
Rojo ladrillo	2.00	2000

COMPROBACIÓN DE CONCEPTOS 15.3 Azúcares reductores

a. ¿Por qué la D-glucosa se llama *azúcar reductora*?

b. En una prueba de laboratorio con el reactivo de Benedict, una muestra de orina se vuelve rojo ladrillo. De acuerdo con la tabla 15.1, ¿qué puede indicar el resultado de esta prueba?

RESPUESTA

a. El aldehído en la D-glucosa con un grupo hidroxilo adyacente se oxida con facilidad porque el grupo carbonilo es enormemente reactivo y puede reducir otras sustancias. Por ende, la D-glucosa es un azúcar reductor.

b. Este resultado indica un nivel alto de azúcar reductor (probablemente glucosa) en la orina. Una causa frecuente de este trastorno es la diabetes mellitus.

PREGUNTAS Y PROBLEMAS

15.4 Propiedades químicas de los monosacáridos

META DE APRENDIZAJE: *Identificar los productos de oxidación o reducción de los monosacáridos; determinar si un carbohidrato es un azúcar reductor.*

15.29 Dibuje la proyección de Fischer del D-xilitol que se produce cuando se reduce la D-xilosa.

```
      H     O
       \   //
        C
    H ——|—— OH
   HO ——|—— H
    H ——|—— OH
        CH₂OH
```
D-xilosa

15.30 Dibuje la proyección de Fischer del D-manitol que se produce cuando se reduce la D-manosa.

```
      H     O
       \   //
        C
   HO ——|—— H
   HO ——|—— H
    H ——|—— OH
    H ——|—— OH
        CH₂OH
```
D-manosa

15.31 Dibuje las proyecciones de Fischer de los productos de oxidación y reducción de la D-arabinosa. ¿Cuáles son los nombres del azúcar ácido y del azúcar alcohólico producidos?

H—C=O
HO—H
H—OH
H—OH
CH₂OH
D-arabinosa

15.32 Dibuje las proyecciones de Fischer para los productos de oxidación y reducción de D-ribosa. ¿Cuáles son los nombres del azúcar ácido y el azúcar alcohólico producidos?

H—C=O
H—OH
H—OH
H—OH
CH₂OH
D-ribosa

15.5 Disacáridos

Un disacárido está compuesto de dos monosacáridos ligados. Los disacáridos más comunes son maltosa, lactosa y sacarosa. Cuando dos monosacáridos se combinan en una reacción de deshidratación, el producto es un acetal y agua, como estudió en la sección 14.4. La reacción ocurre entre el grupo hidroxilo anomérico como un hemiacetal y uno de los grupos hidroxilo en un segundo monosacárido como el alcohol.

Glucosa + glucosa —Maltosa sintasa→ maltosa + H_2O

Glucosa + galactosa —Lactosa sintasa→ lactosa + H_2O

Glucosa + fructosa —Sacarosa sintasa→ sacarosa + H_2O

La **maltosa**, o azúcar de malta, que se usa en cereales, dulces y la fermentación de bebidas, es un disacárido. La maltosa tiene un **enlace glucosídico**, que es un acetal, entre dos moléculas de glucosa. Para formar la maltosa, el grupo —OH en el carbono 1 del hemiacetal en la primera glucosa forma un enlace con el grupo —OH en el carbono 4 en una segunda molécula de glucosa, lo que resulta en un enlace 1,4-glucosídico. Puesto que el grupo —OH en el carbono 1 del hemiacetal de la primera glucosa es el anómero α, es un enlace α-1,4-glucosídico. Para la maltosa, el grupo —OH libre en el hemiacetal del carbono 1 de la segunda molécula de glucosa es el que determina si la maltosa es el anómero α o β.

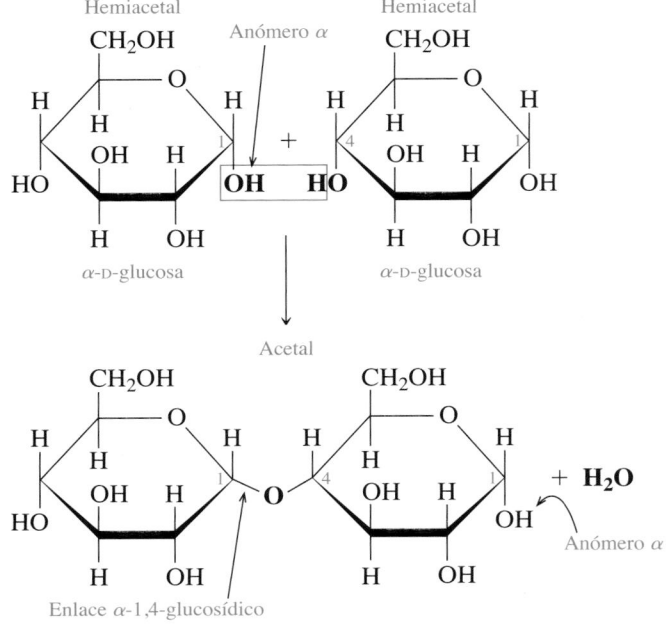
α-maltosa, un disacárido

Antes, en la sección 15.3, se describió cómo el hemiacetal de la glucosa forma un aldehído a medida que experimenta mutarrotación entre los anómeros α y β. Esto también ocurre con aquellos disacáridos que tienen un grupo —OH libre en el hemiacetal del carbono 1 en la segunda molécula. Por tanto, la maltosa es un azúcar reductor porque el grupo —OH libre en el hemiacetal experimenta mutarrotación, lo que proporciona un grupo aldehído que puede reducir otras sustancias. Cuando la maltosa de los almidones en la cebada y otros granos se hidroliza mediante levadura con una enzima (maltasa), se obtienen dos moléculas de glucosa, que pueden experimentar fermentación para producir etanol.

La **lactosa**, azúcar de la leche, es un disacárido que se encuentra en la leche y en productos lácteos (véase la figura 15.3). El enlace acetal en la lactosa es un enlace β-1,4-glucosídico porque es el grupo —OH de un anómero β de galactosa que forma un acetal con el grupo —OH en el carbono 4 de la glucosa. En la lactosa, el hemiacetal de la glucosa experimenta mutarrotación, lo que produce anómeros α y β. Por tanto, la lactosa es un azúcar reductor porque el hemiacetal puede abrirse para producir un aldehído que puede reducir otras sustancias.

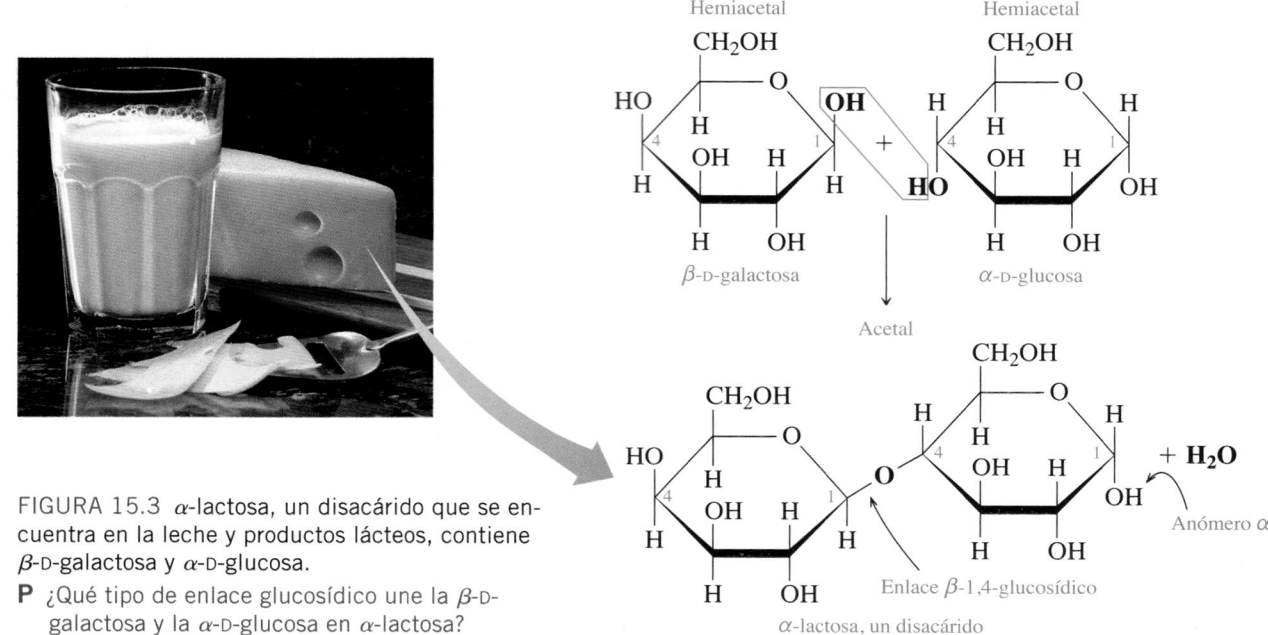

FIGURA 15.3 α-lactosa, un disacárido que se encuentra en la leche y productos lácteos, contiene β-D-galactosa y α-D-glucosa.

P ¿Qué tipo de enlace glucosídico une la β-D-galactosa y la α-D-glucosa en α-lactosa?

La lactosa constituye hasta el 6-8% de la leche humana y alrededor del 4-5% de la leche de vaca, y se utiliza en productos que tratan de duplicar la leche materna. Cuando una persona no produce suficientes cantidades de la enzima lactasa, necesaria para hidrolizar la lactosa, ésta permanece sin digerirse cuando entra al colon. Entonces, las bacterias del colon digieren la lactosa en un proceso de fermentación que crea grandes cantidades de gas, incluidos dióxido de carbono y metano, que producen distensión abdominal y cólicos. En algunos productos lácteos comerciales ya se agrega lactasa para descomponer la lactosa.

La **sacarosa** consta de una molécula de α-D-glucosa y una de β-D-fructosa unidas por un enlace α,β-1,2-glucosídico (véase la figura 15.4). A diferencia de la maltosa y la lactosa, el enlace glucosídico en la sacarosa se forma entre los grupos —OH en los hemiacetales de la glucosa y la fructosa. Como resultado, la sacarosa no tiene ningún hemiacetal y no puede experimentar mutarrotación a un aldehído. Por tanto, la sacarosa no es un azúcar reductor.

El azúcar que se usa para endulzar cereal, café y té es sacarosa. La mayor parte de la sacarosa para el azúcar de mesa proviene de la caña de azúcar (20% en masa) o remolacha azucarera (15% en masa). Tanto la forma bruta como la refinada del azúcar son sacarosa. Algunas estimaciones indican que en Estados Unidos cada persona consume un promedio de 68 kg de sacarosa al año, ya sea sola o en una variedad de productos alimenticios. En el cuerpo, la enzima sacarasa hidroliza la sacarosa en glucosa y fructosa.

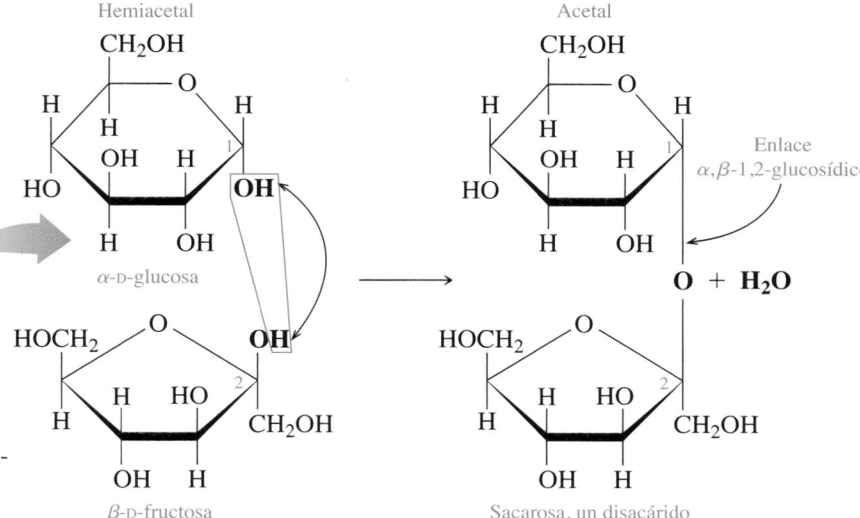

FIGURA 15.4 La sacarosa, un disacárido que se obtiene de las remolachas azucareras y de la caña de azúcar, contiene α-D-glucosa y β-D-fructosa.

P ¿Por qué la sacarosa se llama *azúcar no reductor*?

La química en la salud

¿CUÁN DULCE ES SU EDULCORANTE?

Si bien muchos de los monosacáridos y disacáridos saben dulce, difieren mucho en su grado de dulzura. Los alimentos dietéticos contienen edulcorantes que no son carbohidratos, o carbohidratos que son más dulces que la sacarosa. En la tabla 15.2 se presentan algunos ejemplos de edulcorantes comparados con la sacarosa.

TABLA 15.2 Dulzura relativa de azúcares y edulcorantes artificiales

	Dulzura en relación con la sacarosa (= 100)
Monosacáridos	
Galactosa	30
Glucosa	75
Fructosa	175
Disacáridos	
Lactosa	16
Maltosa	33
Sacarosa	100 = estándar de referencia
Azúcares alcohólicos	
Sorbitol (glucitol)	60
Maltitol	80
Xilitol	100
Edulcorantes artificiales (no carbohidratos)	
Aspartame	18 000
Sacarina	45 000
Sucralosa	60 000
Neotame	1 000 000

La sucralosa se elabora a partir de sacarosa, al sustituir algunos de los grupos hidroxilo con átomos de cloro.

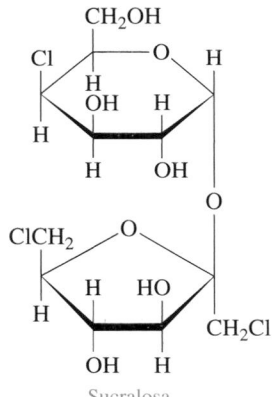

Sucralosa

El aspartame, que se comercializa como NutraSweet® y Equal®, se utiliza en una gran cantidad de productos sin azúcar. Es un edulcorante no carbohidrato hecho con ácido aspártico y un metil éster de fenilalanina. Tiene cierto valor calórico, pero es tan dulce que sólo se necesita una cantidad muy pequeña. Sin embargo, la fenilalanina, uno de los productos de descomposición, plantea un peligro para las personas que no pueden metabolizarla de manera apropiada, un trastorno denominado *fenilcetonuria* (*PKU*, *phenylketonuria*).

A partir de ácido aspártico   A partir de fenilalanina
Aspartame (NutraSweet®)

Otro edulcorante artificial, Neotame, es una modificación de la estructura del aspartame. La adición de un grupo alquilo voluminoso al grupo amino evita que enzimas descompongan el enlace amida entre ácido aspártico y fenilalanina. En consecuencia, no se produce fenilalanina cuando se usa Neotame como edulcorante. Se necesitan cantidades muy pequeñas de Neotame porque es aproximadamente 10 000 veces más dulce que la sacarosa.

La sacarina, que se comercializa como Sweet'N Low®, se ha utilizado como edulcorante artificial no carbohidrato durante los últimos 25 años. El uso de la sacarina se prohibió en Canadá porque hay estudios que indican que puede causar tumores en la vejiga. Sin embargo, todavía está aprobada por la FDA para su uso en Estados Unidos.

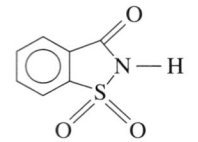

Sacarina (Sweet N Low®)

Los edulcorantes artificiales se usan como sustitutos de azúcar.

Grupo alquilo voluminoso utilizado para modificar el Aspartame

Neotame

La química en la salud

TIPOS SANGUÍNEOS Y CARBOHIDRATOS

Se puede determinar el tipo de sangre de cada individuo y clasificarlo dentro de uno de cuatro grupos sanguíneos: A, B, AB y O. Aunque existen algunas variaciones entre los grupos étnicos en Estados Unidos, la incidencia de tipos sanguíneos en la población general es de aproximadamente 43% O, 40% A, 12% B y 5% AB.

Los tipos sanguíneos A, B y O se determinan mediante sacáridos terminales unidos a la superficie de los eritrocitos. El tipo sanguíneo O tiene tres monosacáridos terminales: *N*-acetilglucosamina, galactosa y fucosa. El tipo sanguíneo A contiene los mismos tres monosacáridos, pero además una molécula de *N*-acetilgalactosamina está unida a la galactosa en la cadena del sacárido. El tipo sanguíneo B también contiene los mismos tres monosacáridos, pero además una segunda molécula de galactosa está unida a la cadena del sacárido. El tipo sanguíneo AB consiste en los mismos monosacáridos que se encuentran en los tipos sanguíneos A y B. Las estructuras de estos monosacáridos son las siguientes:

Puesto que hay un monosacárido diferente en la sangre tipo A que en la sangre tipo B, las personas con sangre tipo A producen anticuerpos contra el tipo B, y viceversa. Por ejemplo, si una persona con sangre tipo A recibe una transfusión de sangre tipo B, los eritrocitos del donador son tratados como invasores extraños. Surge una reacción inmunitaria cuando el cuerpo ve los sacáridos ajenos en los eritrocitos y produce anticuerpos contra estos eritrocitos del donador. Entonces los eritrocitos se agrupan, o aglutinan, lo que ocasiona insuficiencia renal, colapso circulatorio y la muerte. Lo mismo sucede si una persona con sangre tipo B recibe sangre tipo A.

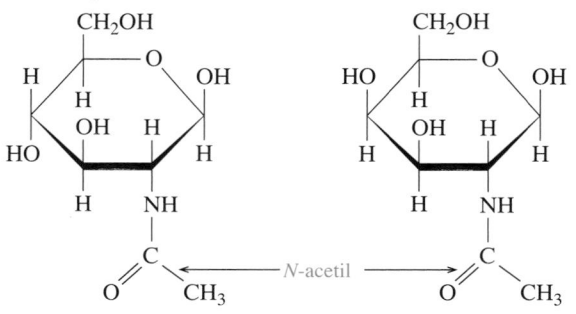

N-acetilglucosamina (*N*-AcGlu)   *N*-acetilgalactosamina (*N*-AcGal)

L-fucosa (Fuc)   D-galactosa (Gal)

Sacáridos terminales para cada tipo de sangre

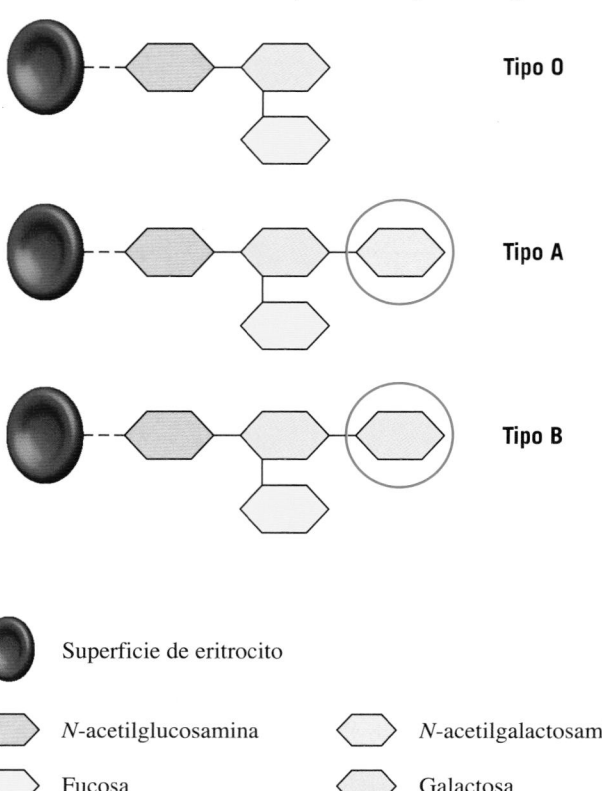

Tipo O

Tipo A

Tipo B

Superficie de eritrocito

N-acetilglucosamina   *N*-acetilgalactosamina

Fucosa   Galactosa

Puesto que la sangre tipo O sólo tiene los tres monosacáridos terminales comunes, una persona con tipo O produce anticuerpos contra la sangre tipos A, B y AB. Sin embargo, las personas con tipos de sangre A, B y AB pueden recibir sangre tipo O. Por tanto, las personas con sangre tipo O son *donadores universales*. Dado que la sangre tipo AB contiene todos los monosacáridos terminales, una persona con sangre tipo AB no produce anticuerpos para la sangre tipo A, B u O. Las personas con sangre tipo AB son *receptores universales*. La tabla 15.3 resume la compatibilidad de los grupos sanguíneos para una transfusión.

TABLA 15.3 Compatibilidad de grupos sanguíneos

Tipo sanguíneo	Produce anticuerpos contra	Puede recibir
A	B, AB	A, O
B	A, AB	B, O
AB receptor universal	Ninguno	A, B, AB, O
O donador universal	A, B, AB	O

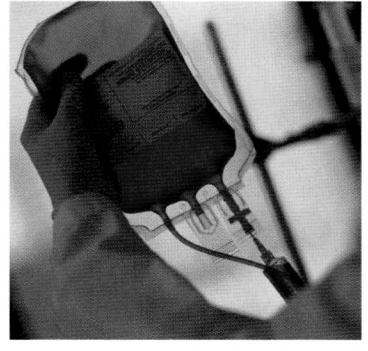

La sangre de un donador se tamiza para asegurarse de que tiene una compatibilidad exacta con el tipo de sangre del receptor.

COMPROBACIÓN DE CONCEPTOS 15.4 Enlaces glucosídicos

¿Por qué el enlace glucosídico en la maltosa se llama enlace α-1,4-glucosídico, mientras que en la lactosa se llama enlace β-1,4-glucosídico?

RESPUESTA

Cuando el grupo hidroxilo del anómero α de una molécula de glucosa forma un acetal con el grupo hidroxilo en el carbono 4 de otra molécula de glucosa, el enlace glucosídico es un enlace α-1,4-glucosídico. En la lactosa, un grupo hidroxilo del anómero β de la galactosa forma un acetal con el grupo hidroxilo del carbono 4 de la glucosa. Entonces el enlace glucosídico es un enlace β-1,4-glucosídico.

EJEMPLO DE PROBLEMA 15.4 Enlaces glucosídicos en disacáridos

La melibiosa es un disacárido que es 30 veces más dulce que la sacarosa.

a. ¿Cuáles son las unidades de monosacárido en la melibiosa?
b. ¿Qué tipo de enlace glucosídico une a los monosacáridos?
c. Identifique si la estructura es α- o β-melibiosa.

Melibiosa

SOLUCIÓN

Análisis del problema

Primer monosacárido (izquierda)	Cuando el grupo —OH en el carbono 4 se dibuja arriba del plano, es D-galactosa.
	Cuando el grupo —OH en el carbono 1 se dibuja abajo del plano, es el anómero α de D-galactosa.
Segundo monosacárido (derecha)	Cuando el grupo — OH en el carbono 4 se dibuja abajo del plano, es D-glucosa.
Tipo de enlace glucosídico	El grupo —OH en el carbono 1 proviene de α-D-galactosa hacia el grupo —OH en el carbono 6 de la glucosa, que lo hace un enlace α-1,6-glucosídico.
Posición del grupo —**OH** del anómero (derecha)	El grupo —OH en el carbono 1 de la glucosa se dibuja abajo del plano, que es el anómero α de melibiosa.
Nombre de disacárido	α-melibiosa

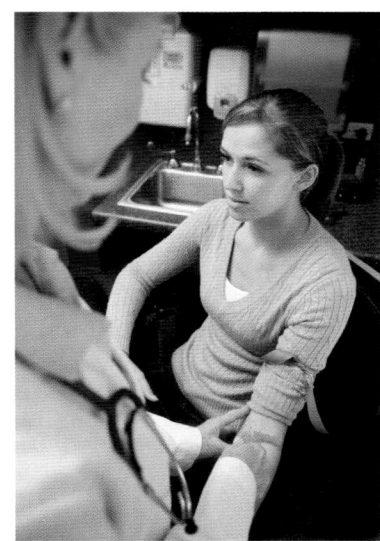

a. α-D-galactosa y α-D-glucosa
b. enlace α-1,6-glucosídico
c. α-melibiosa

COMPROBACIÓN DE ESTUDIO 15.4

La celobiosa es un disacárido compuesto de dos moléculas de β-D-glucosa unidas por un enlace β-1,4-glucosídico. Dibuje la estructura de Haworth para β-celobiosa.

PREGUNTAS Y PROBLEMAS

15.5 Disacáridos

META DE APRENDIZAJE: *Describir las unidades de monosacárido y los enlaces glucosídicos en los disacáridos.*

15.33 Para cada uno de los disacáridos siguientes, indique las unidades de monosacárido producidas mediante hidrólisis, el tipo de enlace glucosídico y el nombre del disacárido, incluido el anómero α o β:

a.

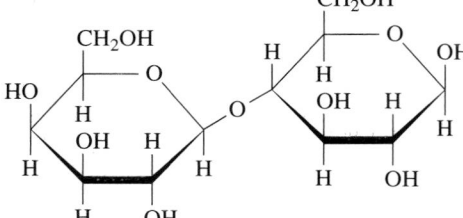

b.

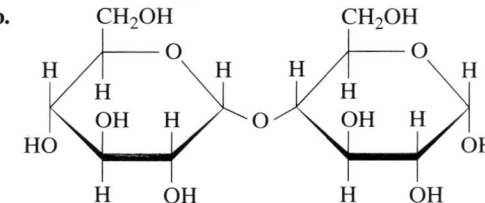

15.34 Para cada uno de los disacáridos siguientes, indique las unidades de monosacárido producidas mediante hidrólisis, el tipo de enlace glucosídico y el nombre del disacárido, incluido el anómero α o β:

a.

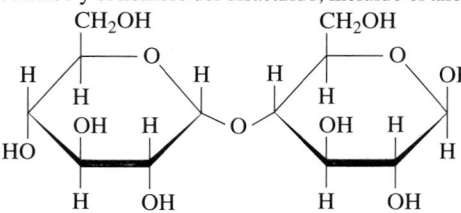

b.

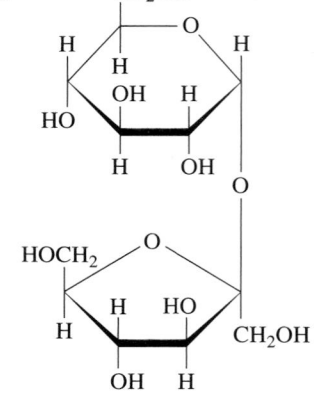

15.35 Indique si cada disacárido en el problema 15.33 es un azúcar reductor o no.

15.36 Indique si cada disacárido en el problema 15.34 es un azúcar reductor o no.

15.37 Identifique el disacárido que se ajusta a cada una de las descripciones siguientes:
   a. azúcar de mesa ordinaria
   b. se encuentra en leche y productos lácteos
   c. también llamada *azúcar de malta*
   d. su hidrólisis produce galactosa y glucosa

15.38 Identifique el disacárido que corresponde a cada una de las descripciones siguientes:
   a. no es un azúcar reductor
   b. compuesto de dos unidades de glucosa
   c. también llamada *azúcar de la leche*
   d. su hidrólisis produce glucosa y fructosa

META DE APRENDIZAJE

Describir las características estructurales de amilosa, amilopectina, glucógeno y celulosa.

ACTIVIDAD DE AUTOAPRENDIZAJE
Polymers

15.6 Polisacáridos

Un *polisacárido* es un polímero de muchos monosacáridos unidos. Cuatro polisacáridos con importancia biológica (amilosa, amilopectina, celulosa y glucógeno) son polímeros derivados de la D-glucosa, los cuales sólo difieren entre sí en el tipo de enlaces glucosídicos y la cantidad de ramificaciones en la molécula.

El almidón, una forma de almacenamiento de glucosa en las plantas, se encuentra como gránulos insolubles en arroz, trigo, papas, frijoles y cereales. El almidón está compuesto de dos tipos de polisacáridos, *amilosa* y *amilopectina*. La **amilosa**, que constituye alrededor del 20% del almidón, consta de 250 a 4000 moléculas de α-D-glucosa conectadas por enlaces α-1,4-glucosídicos en una cadena continua. Aunque en ocasiones se les denomina *polímeros* de cadena lineal, los polímeros de amilosa en realidad están enrollados en forma helicoidal.

La **amilopectina**, que constituye hasta el 80% del almidón vegetal, es un polisacárido de cadena ramificada. Al igual que la amilosa, los enlaces α-1,4-glucosídicos conectan las moléculas de glucosa. Sin embargo, aproximadamente cada 25 unidades de glucosa hay una ramificación de moléculas de glucosa unida por un enlace α-1,6-glucosídico entre el carbono 1 de la rama y el carbono 6 en la cadena principal (véase la figura 15.5).

Los almidones se hidrolizan con facilidad en presencia de agua y ácido para producir cadenas de glucosa más cortas llamadas *dextrinas*, las cuales se hidrolizan después en maltosa y finalmente en glucosa. En el cuerpo humano, estos carbohidratos complejos se digieren por las enzimas amilasa (en la saliva) y maltasa (en el intestino). La glucosa obtenida generalmente proporciona alrededor del 50% de las calorías nutricionales.

$$\text{Amilosa, amilopectina} \xrightarrow[\text{amilasa}]{\text{H}^+ \text{ o}} \text{dextrinas} \xrightarrow[\text{amilasa}]{\text{H}^+ \text{ o}} \text{maltosa} \xrightarrow[\text{maltasa}]{\text{H}^+ \text{ o}} \text{muchas unidades de D-glucosa}$$

El **glucógeno**, o almidón animal, es un polímero no lineal de glucosa que se almacena en el hígado y los músculos de los animales. Se hidroliza en las células a una velocidad que mantiene un nivel sanguíneo adecuado de glucosa y proporciona energía entre comidas. La estructura del glucógeno es muy similar a la de la amilopectina, que se encuentra en las plantas, excepto que el glucógeno está mucho más ramificado. En el glucógeno, los enlaces α-1,4-glucosídicos unen las unidades de glucosa, y las ramificaciones se presentan aproximadamente cada 10 a 15 unidades de glucosa, las cuales están unidas por enlaces α-1,6-glucosídicos.

La **celulosa** es el principal material estructural de madera y plantas. El algodón es casi celulosa pura. En la celulosa, las moléculas de glucosa forman una larga cadena no

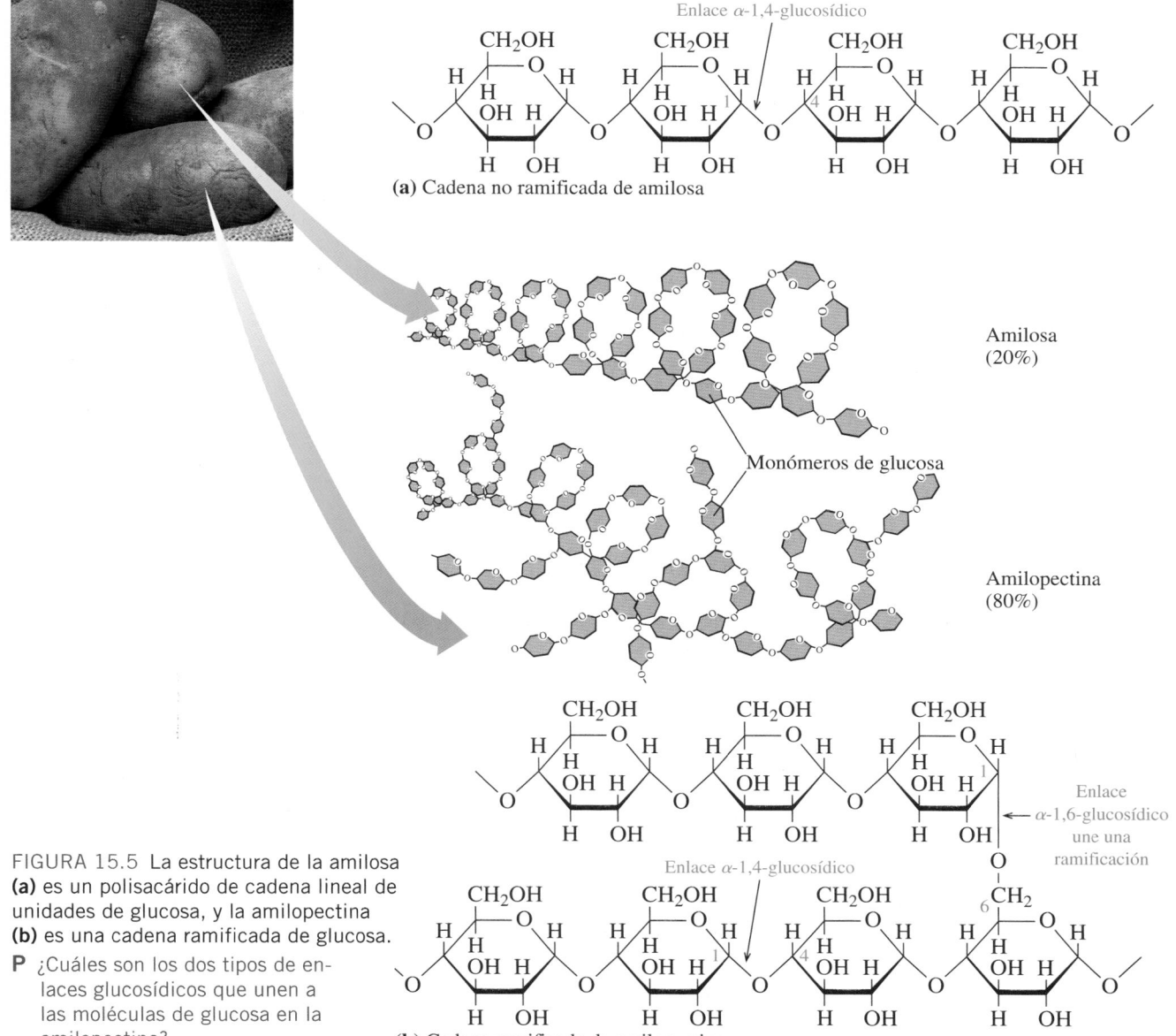

FIGURA 15.5 La estructura de la amilosa **(a)** es un polisacárido de cadena lineal de unidades de glucosa, y la amilopectina **(b)** es una cadena ramificada de glucosa.

P ¿Cuáles son los dos tipos de enlaces glucosídicos que unen a las moléculas de glucosa en la amilopectina?

Explore su mundo

POLISACÁRIDOS

Lea la información nutricional de una caja de galletas, cereal, pan o papas fritas. El principal ingrediente de las galletas es la harina. Mastique una sola galleta durante 4 o 5 minutos. Observe cómo cambia el sabor a medida que mastica. Una enzima (amilasa) de la saliva descompone los enlaces en el almidón.

PREGUNTAS

1. ¿Cómo se mencionan los carbohidratos en la etiqueta?

2. ¿Qué otros carbohidratos se mencionan?

3. ¿Cómo cambió el sabor de la galleta durante el tiempo que la masticó?

4. ¿Qué ocurre con los almidones de la galleta a medida que la enzima amilasa de la saliva reacciona con la amilosa y la amilopectina?

Cuando se agrega yodo con un gotero a una disolución de almidón (o a algún producto que posea una gran cantidad de almidón, como una papa), la amilosa convierte la disolución en un color azul oscuro.

ramificada similar a la de la amilosa. Sin embargo, las unidades de glucosa en la celulosa están unidas por enlaces β-1,4-glucosídicos. Como resultado, las cadenas de celulosa no se enroscan como en el caso de la amilosa, sino que están alineadas en hileras paralelas que se mantienen en su lugar mediante enlaces por puente de hidrógeno entre los grupos hidroxilo de las cadenas adyacentes. Este arreglo hace que la celulosa sea insoluble en agua y le brinda una estructura rígida a las paredes celulares de la madera y de la fibra, que es más resistente a la hidrólisis que los enlaces α-1,4-glucosídicos en los almidones (véase la figura 15.6).

Los seres humanos tienen una enzima llamada α-amilasa en la saliva y en los jugos pancreáticos que hidroliza los enlaces α-1,4-glucosídicos de los almidones, pero no los enlaces β-1,4-glucosídicos de la celulosa. Por tanto, los seres humanos no pueden digerir celulosa. Los animales como caballos, vacas y cabras pueden obtener glucosa de la celulosa porque sus sistemas digestivos contienen bacterias que proporcionan enzimas como la celulasa para hidrolizar los enlaces β-1,4-glucosídicos.

Prueba de yodo

En la **prueba de yodo** se utiliza yodo (I_2) para examinar la presencia de amilosa en el almidón. La forma helicoidal no ramificada del polisacárido amilosa en el almidón interacciona con el yodo para formar un color azul oscuro. Amilopectina, celulosa, glucógeno y mono o disacáridos no ofrecen este característico color azul oscuro.

FIGURA 15.6 El polisacárido celulosa está compuesto de unidades de glucosa unidas por enlaces β-1,4-glucosídicos.

P ¿Por qué los seres humanos no pueden digerir la celulosa?

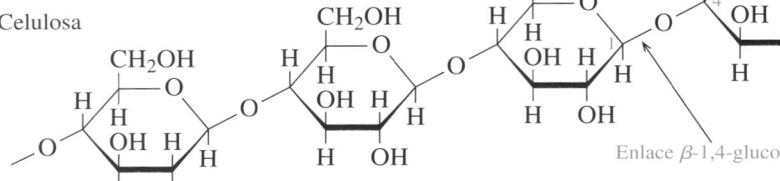

Celulosa

Enlace β-1,4-glucosídico

EJEMPLO DE PROBLEMA 15.5 Estructuras de polisacáridos

Identifique el polisacárido descrito en cada uno de los enunciados siguientes:

a. un polisacárido que se almacena en el hígado y los tejidos musculares
b. un polisacárido no ramificado que contiene enlaces β-1,4-glucosídicos
c. un almidón que contiene enlaces α-1,4- y α-1,6-glucosídicos

SOLUCIÓN

a. glucógeno   **b.** celulosa   **c.** amilopectina, glucógeno

COMPROBACIÓN DE ESTUDIO 15.5

Amilosa y amilopectina son ambos polímeros de glucosa. ¿En qué son diferentes?

PREGUNTAS Y PROBLEMAS

15.6 Polisacáridos

META DE APRENDIZAJE: *Describir las características es-tructurales de amilosa, amilopectina, glucógeno y celulosa.*

15.39 Describa las semejanzas y diferencias de los compuestos siguientes:
  a. amilosa y amilopectina   **b.** amilopectina y glucógeno

15.40 Describa las semejanzas y diferencias de los compuestos siguientes:
  a. amilosa y celulosa   **b.** celulosa y glucógeno

15.41 Proporcione el nombre de uno o más polisacáridos que coin-cidan cada uno con las descripciones siguientes:

a. no digerible por los seres humanos
b. forma de almacenamiento de carbohidratos en las plantas
c. contiene sólo enlaces α-1,4-glucosídicos
d. el polisacárido más altamente ramificado

15.42 Proporcione el nombre de uno o más polisacáridos que coin-cidan con cada una de las descripciones siguientes:
a. forma de almacenamiento de carbohidratos en animales
b. contiene sólo enlaces β-1,4-glucosídicos
c. contiene enlaces α-1,4- y β-1,6-glucosídicos
d. produce maltosa durante la digestión

MAPA CONCEPTUAL

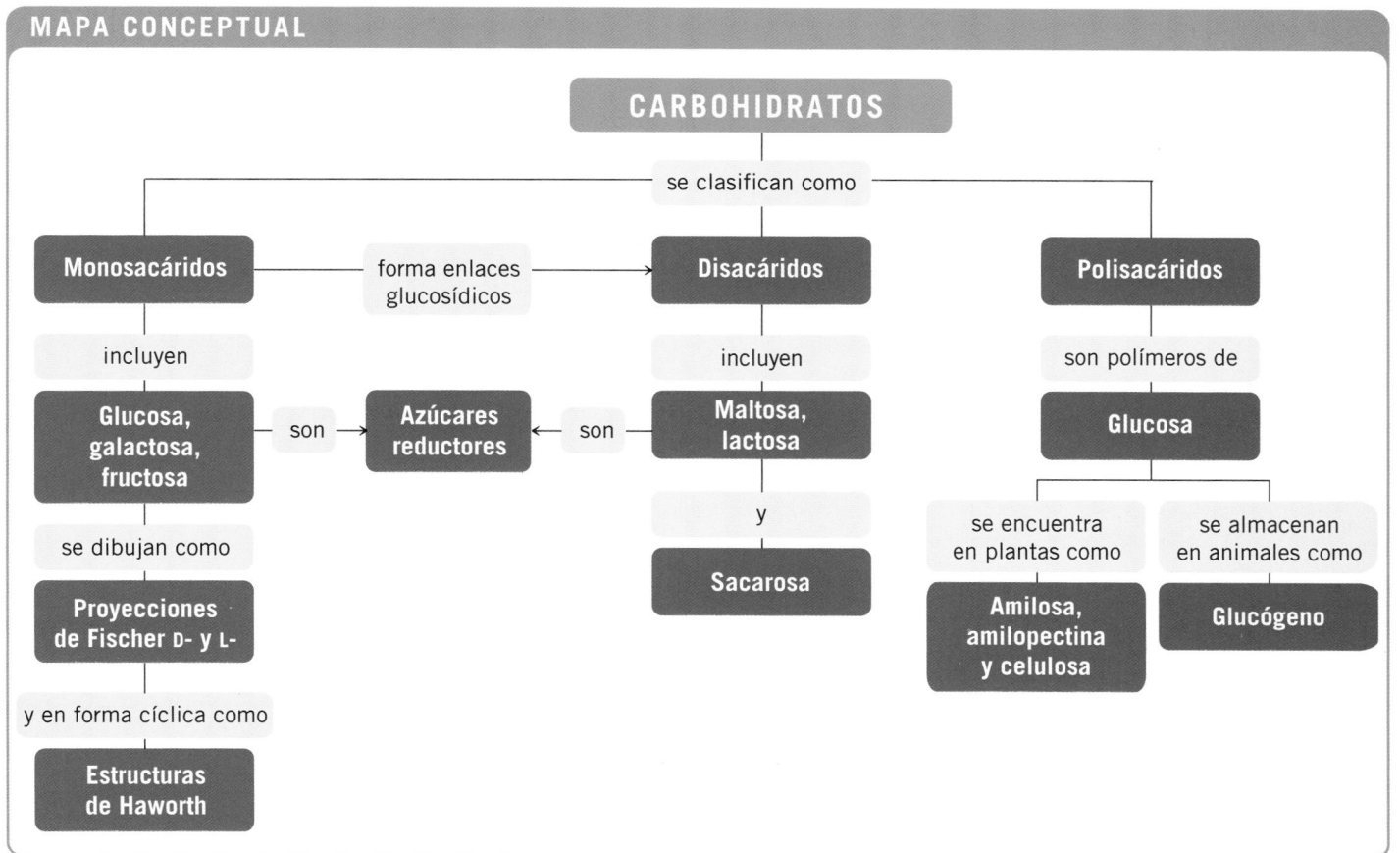

REPASO DEL CAPÍTULO

15.1 Carbohidratos

META DE APRENDIZAJE: *Clasificar un monosacárido como una aldosa o una cetosa, e indicar el número de átomos de carbono.*

- Los carbohidratos se clasifican como monosacáridos (azúcares simples), disacáridos (dos unidades de monosacárido) o polisacáridos (muchas unidades de monosacárido).
- Los monosacáridos son polihidroxialdehídos (*aldosas*) o polihidroxicetonas (*cetosas*).
- Los monosacáridos también se clasifican por su número de átomos de carbono: *triosa, tetrosa, pentosa* o *hexosa*.

15.2 Proyecciones de Fischer de monosacáridos

META DE APRENDIZAJE: *Usar las proyecciones de Fischer para dibujar los estereoisómeros D o L de glucosa, galactosa y fructosa.*

- Las moléculas quirales pueden existir en dos formas diferentes, que son imágenes especulares mutuas.
- En una proyección de Fischer (cadena recta), los prefijos D- y L- se usan para distinguir entre las imágenes especulares.
- En los estereoisómeros D, el grupo —OH está a la derecha del carbono quiral más alejado del carbono carbonilo; está a la izquierda en los estereoisómeros L.
- Importantes monosacáridos son las aldohexosas, glucosa y galactosa, y la cetohexosa y fructosa.

15.3 Estructuras de Haworth de monosacáridos

META DE APRENDIZAJE: *Dibujar e identificar las estructuras de Haworth de los monosacáridos.*

- La estructura predominante de los monosacáridos es el arreglo cíclico de cinco o seis átomos.
- En las hexosas, la estructura cíclica de un hemiacetal se forma entre el carbono en el grupo carbonilo y el grupo —OH en el carbono 5 en el interior de la misma molécula.
- La mutarrotación del grupo hidroxilo en el carbono 1 (o carbono 2 en cetosas como la fructosa) producen los anómeros α y β del hemiacetal cíclico.

15.4 Propiedades químicas de los monosacáridos

META DE APRENDIZAJE: *Identificar los productos de oxidación o reducción de los monosacáridos; determinar si un carbohidrato es un azúcar reductor.*

- El grupo aldehído en una aldosa puede oxidarse en un ácido carboxílico, en tanto que el grupo carbonilo en una aldosa o en una cetosa puede reducirse para producir un grupo hidroxilo.
- Los monosacáridos, que son azúcares reductores, tienen un grupo aldehído en la cadena abierta que puede oxidarse.

15.5 Disacáridos

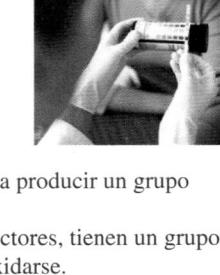

META DE APRENDIZAJE: *Describir las unidades de monosacárido y los enlaces glucosídicos en los disacáridos.*

- Los disacáridos son dos unidades de monosacárido unidas por un enlace glucosídico.
- En los disacáridos comunes maltosa, lactosa y sacarosa hay al menos una unidad de glucosa.
- La maltosa y la lactosa contienen un enlace acetal y un grupo —OH libre en el hemiacetal, que produce anómeros α y β.
- La sacarosa posee un enlace acetal, pero no es un hemiacetal, no tiene anómeros α y β y no es un azúcar reductor.

15.6 Polisacáridos

META DE APRENDIZAJE: *Describir las características estructurales de amilosa, amilopectina, glucógeno y celulosa.*

- Los polisacáridos son polímeros de unidades de monosacárido.
- La amilosa es una cadena no ramificada de glucosa con enlaces α-1,4-glucosídicos, y la amilopectina es un polímero ramificado de glucosa con enlaces α-1,4- y α-1,6-glucosídicos.
- El glucógeno, la forma de almacenamiento de glucosa en los animales, es similar a la amilopectina, pero tiene más ramificaciones.
- La celulosa también es un polímero de glucosa, pero en la celulosa los enlaces glucosídicos son enlaces α-1,4- en lugar de los enlaces β-1,4- que se encuentran en la amilosa.

RESUMEN DE CARBOHIDRATOS

Carbohidrato	Fuentes de alimentos	
Monosacáridos		
Glucosa	Jugos de fruta, miel, jarabe de maíz	
Galactosa	Hidrólisis de lactosa	
Fructosa	Jugos de fruta, miel, hidrólisis de sacarosa	
Disacáridos		**Monosacáridos que los componen**
Maltosa	Granos germinados, hidrólisis de almidón	Glucosa + glucosa
Lactosa	Leche, yogur, helado	Glucosa + galactosa
Sacarosa	Caña de azúcar, remolacha azucarera	Glucosa + fructosa
Polisacáridos		
Amilosa	Arroz, trigo, granos, cereales	Polímero no ramificado de glucosa unido por enlaces α-1,4-glucosídicos
Amilopectina	Arroz, trigo, granos, cereales	Polímero ramificado de glucosa unido por enlaces α-1,4- y α-1,6-glucosídicos
Glucógeno	Hígado, músculos	Polímero enormemente ramificado de glucosa unido por enlaces α-1,4- y α-1,6-glucosídicos
Celulosa	Fibra vegetal, salvado, frijoles, apio	Polímero no ramificado de glucosa unido por enlaces β-1,4-glucosídicos

RESUMEN DE REACCIONES

Formación de disacáridos

Oxidación y reducción de monosacáridos

Hidrólisis de disacáridos

$$\text{Maltosa} + H_2O \xrightarrow{\text{H}^+ \text{ o maltasa}} \text{glucosa} + \text{glucosa}$$

$$\text{Lactosa} + H_2O \xrightarrow{\text{H}^+ \text{ o lactasa}} \text{glucosa} + \text{galactosa}$$

$$\text{Sacarosa} + H_2O \xrightarrow{\text{H}^+ \text{ o sacarasa}} \text{glucosa} + \text{fructosa}$$

Hidrólisis de polisacáridos

$$\text{Amilosa, amilopectina} + \xrightarrow{\text{H}^+ \text{ o enzimas}} \text{muchas unidades de D-glucosa}$$

TÉRMINOS CLAVE

aldosa Monosacárido que contiene un grupo aldehído.

amilopectina Polímero de almidón de cadena ramificada compuesto de unidades de glucosa unidas por enlaces α-1,4- y α-1,6-glucosídicos.

amilosa Polímero de almidón no ramificado compuesto de unidades de glucosa unidas por enlaces α-1,4-glucosídicos.

anómeros Los isómeros de los hemiacetales cíclicos de monosacáridos que tienen un grupo hidroxilo en el carbono 1 (o carbono 2). En el anómero α, el grupo —OH se dibuja hacia abajo del anillo; en el anómero β, el grupo —OH está hacia arriba del anillo.

azúcar reductor Carbohidrato con un grupo aldehído libre capaz de reducir el Cu^{2+} en el reactivo de Benedict.

carbohidrato Azúcar simple o complejo compuesto de carbono, hidrógeno y oxígeno.

celulosa Polisacárido no ramificado compuesto de unidades de glucosa unidas por enlaces β-1,4-glucosídicos que el sistema digestivo humano no puede hidrolizar.

D-glucosa Es una aldohexosa, que es el monosacárido más predominante en la dieta, y se encuentra en frutas, verduras, jarabe de maíz y miel; también se le conoce como *azúcar sanguíneo* y *dextrosa*. La mayoría de los polisacáridos es polímero de glucosa.

cetosa Monosacárido que contiene un grupo cetona.

disacárido Carbohidrato compuesto de dos monosacáridos unidos por un enlace glucosídico.

enlace glucosídico Enlace que se forma cuando el grupo —OH en el hemiacetal de un monosacárido reacciona con el grupo —OH de otro monosacárido para formar un acetal; es el tipo de enlace que une las unidades de monosacárido en di- o polisacáridos.

estructura de Haworth Estructura cíclica que representa la cadena cerrada de un monosacárido.

fructosa Es un monosacárido, también llamado *levulosa* y *azúcar de la fruta*, que se encuentra en la miel y los jugos de frutas; cuando se combina con glucosa, se forma sacarosa.

galactosa Es un monosacárido; cuando se combina con glucosa, se forma lactosa.

glucógeno Polisacárido formado en el hígado y los músculos para el almacenamiento de glucosa como reserva de energía. Está compuesto de glucosa en un polímero altamente ramificado mediante enlaces α-1,4- y α-1,6-glucosídico.

lactosa Disacárido que consiste en glucosa y galactosa; se encuentra en la leche y los productos lácteos.

maltosa Disacárido que consta de dos unidades de glucosa; se obtiene a partir de la hidrólisis del almidón y granos en germinación.

monosacárido Compuesto polihidroxi que contiene un grupo aldehído o cetona.

mutarrotación Conversión entre anómeros α y β vía una cadena abierta.

polisacárido Polímero formado de muchas unidades de monosacáridos, por lo general glucosa. Los polisacáridos se diferencian entre sí por los tipos de enlaces glucosídicos y la cantidad de ramificaciones que poseen.

prueba de yodo Prueba de la amilasa, la cual se colorea de azul oscuro después de agregar yodo a la muestra.

sacarosa Disacárido compuesto de glucosa y fructosa; azúcar no reductor, comúnmente denominado azúcar de mesa o "azúcar".

COMPRENSIÓN DE CONCEPTOS

Las secciones del capítulo que se deben revisar se muestran entre paréntesis al final de cada pregunta.

15.43 La isomaltosa, que se obtiene a partir de la descomposición de almidón, tiene la estructura de Haworth siguiente: (15.1, 15.3, 15.5)

Isomaltosa

a. ¿La isomaltosa es mono, di o polisacárido?
b. ¿Cuáles son los monosacáridos en la isomaltosa?
c. ¿Cuál es el enlace glucosídico en la isomaltosa?
d. ¿Éste es el anómero α o β de la isomaltosa?
e. ¿La isomaltosa sería un azúcar reductor?

15.44 La soforosa, un carbohidrato que se encuentra en ciertos tipos de frijoles, tiene la estructura de Haworth siguiente: (15.1, 15.3, 15.5)

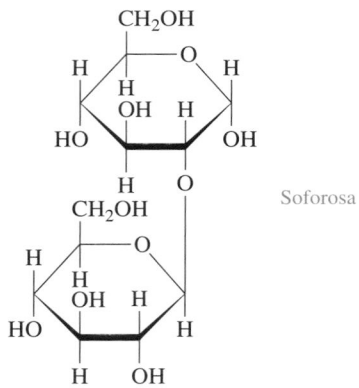

Soforosa

a. ¿La soforosa es mono, di o polisacárido?
b. ¿Cuáles son los monosacáridos en la soforosa?
c. ¿Cuál es el enlace glucosídico en la soforosa?
d. ¿Éste es el anómero α o β de la soforosa?
e. ¿La soforosa es un azúcar reductor?

15.45 La melezitosa, un carbohidrato segregado por insectos, tiene la estructura de Haworth siguiente: (15.1, 15.3, 15.5)

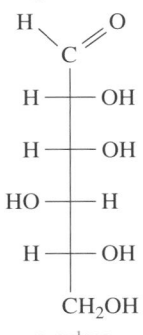

Melezitosa

a. ¿La melezitosa es mono, di, tri o polisacárido?
b. ¿Qué cetohexosa o aldohexosa se usa para producir melezitosa?
c. ¿La melezitosa es un azúcar reductor?

15.46 ¿Cuáles son los disacáridos y polisacáridos presentes en cada uno de los productos siguientes? (15.5, 15.6)

(a) (b)

(c) (d)

PREGUNTAS Y PROBLEMAS ADICIONALES

Visite www.masteringchemistry.com para acceder a materiales de autoaprendizaje y tareas asignadas por el instructor.

15.47 ¿Cuáles son las diferencias en las proyecciones de Fischer de la D-fructosa y la D-galactosa? (15.2)

15.48 ¿Cuáles son las diferencias en las proyecciones de Fischer de la D-glucosa y la D-fructosa? (15.2)

15.49 ¿Cuáles son las diferencias en las proyecciones de Fischer de la D-galactosa y la L-galactosa? (15.2)

15.50 ¿Cuáles son las diferencias en las estructuras de Haworth de la α-D-glucosa y la α-β-glucosa? (15.2)

15.51 El azúcar D-gulosa es un jarabe de sabor dulce que tiene la proyección de Fischer siguiente: (15.2, 15.3)

D-gulosa

a. Dibuje la proyección de Fischer de la L-gulosa.
b. Dibuje las estructuras de Haworth de la α- y la β-gulosa.

15.52 Considere la proyección de Fischer de la D-gulosa en la pregunta 15.51. (15.4)

a. Dibuje la proyección de Fischer y proporcione el nombre del producto formado por la reducción de la D-gulosa.
b. Dibuje la proyección de Fischer y proporcione el nombre del producto formado por la oxidación de la D-gulosa.

15.53 D-sorbitol, un edulcorante que se encuentra en algas marinas y moras, contiene sólo grupos funcionales hidroxilo. Cuando el D-sorbitol se oxida, forma la D-glucosa. Dibuje la proyección de Fischer del D-sorbitol. (15.4)

15.54 La rafinosa es un trisacárido que se encuentra en verduras como col, espárrago y brócoli. Está compuesto de tres monosacáridos diferentes. Identifique los monosacáridos de la rafinosa. (15.3, 15.4)

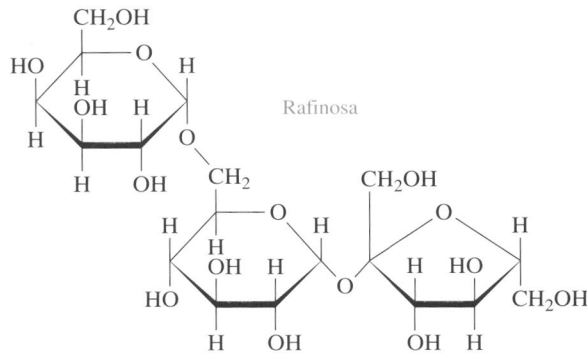

Rafinosa

15.55 Si la α-galactosa se disuelve en agua, la β-galactosa a la larga está presente. Explique cómo ocurre esto. (15.4)

15.56 ¿Por qué la lactosa y la maltosa se consideran azúcares reductores, pero la sacarosa no? (15.4)

PREGUNTAS DE DESAFÍO

15.57 β-celobiosa es un disacárido que se obtiene a partir de la hidrólisis de celulosa. Es similar a la maltosa, excepto que tiene un enlace β-1,4-glucosídico. Dibuje la estructura de Haworth de la β-celobiosa. (15.3)

15.58 El disacárido trehalosa que se encuentra en los hongos está compuesto de dos moléculas de α-D-glucosa unidas por un enlace α,α-1,1-glucosídico. Dibuje la estructura de Haworth de la trehalosa. (15.3, 15.5)

15.59 La gentiobiosa, un carbohidrato que se encuentra en el azafrán, contiene dos moléculas de glucosa unidas por un enlace β-1,6-glucosídico. (15.3, 15.5)

a. Dibuje la estructura de Haworth de la α-gentiobiosa.

b. ¿La gentiobiosa es un azúcar reductor? Explique.

15.60 Identifique la fórmula de cadena abierta del **1** al **4** que coincida con cada uno de los compuestos siguientes: (15.2)

a. L-manosa **b.** una cetopentosa

c. una aldopentosa **d.** una cetohexosa

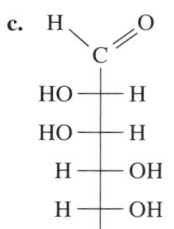

1   2   3   4

RESPUESTAS

Respuestas a las Comprobaciones de estudio

15.1

15.2 La ribulosa es una cetopentosa.

15.3

15.4

15.5 Tanto la amilosa como la amilopectina contienen unidades de glucosa unidas por enlaces α-1,4-glucosídicos. Sin embargo, en la amilopectina las ramas de las unidades de glucosa están unidas por enlaces α-1,6-glucosídicos aproximadamente cada 25 unidades de glucosa en la cadena.

Respuestas a Preguntas y problemas seleccionados

15.1 La fotosíntesis necesita CO_2, H_2O y la energía del Sol. La respiración requiere O_2 del aire y glucosa de los alimentos.

15.3 Los monosacáridos pueden ser una cadena de tres a ocho átomos de carbono; uno de ellos forma parte de un grupo carbonilo como un aldehído o cetona, y el resto se encuentra unido a grupos hidroxilo. Un monosacárido no puede dividirse o hidrolizarse en carbohidratos más pequeños. Un disacárido consiste en dos unidades de monosacárido unidas que pueden dividirse.

15.5 Los grupos hidroxilo se encuentran en todos los monosacáridos, junto con un carbonilo en el primer o segundo carbono que produce un grupo funcional aldehído o cetona.

15.7 Una cetopentosa contiene grupos funcionales hidroxilo y cetona y tiene cinco átomos de carbono.

15.9 a. cetohexosa **b.** aldopentosa

15.11 En el estereoisómero D, el grupo —OH en el átomo del carbono quiral en la parte inferior de la cadena está en el lado derecho, mientras que en el estereoisómero L, el grupo —OH aparece en el lado izquierdo.

15.13 a. D **b.** D **c.** L **d.** D

15.15 a. **b.** **c.** **d.**

15.17 D-glucosa   D-glucosa

15.19 En la D-galactosa, el grupo hidroxilo en el carbono 4 se extiende hacia la izquierda. En la D-glucosa, este grupo hidroxilo va a la derecha.

15.21 a. glucosa **b.** galactosa **c.** fructosa

15.23 En la estructura cíclica de la glucosa hay cinco átomos de carbono y un átomo de oxígeno.

15.25

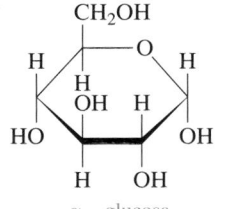

α- -glucosa   β O

15.27 a. anómero α   **b.** anómero α

15.29

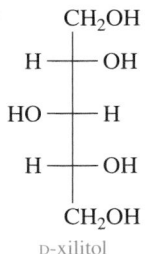

D-xilitol

15.31 Producto de oxidación: Producto de reducción (azúcar alcohólico):

Ácido D-arabinónico   D-arabitol

15.33 a. galactosa y glucosa, enlace β-1,4-glucosídico, β-lactosa
b. glucosa y glucosa, enlace α-1,4-glucosídico, α-maltosa

15.35 a. azúcar reductor   **b.** azúcar reductor

15.37 a. sacarosa   **b.** lactosa
c. maltosa   **d.** lactosa

15.39 a. La amilosa es un polímero no ramificado de unidades de glucosa unidas por enlaces α-1,4-glucosídicos; la amilopectina es un polímero ramificado de glucosa unido por enlaces α-1,4- y α-1,6-glucosídicos.
b. La amilopectina, que se produce en las plantas, es un polímero ramificado de glucosa unido por enlaces α-1,4- y α-1,6-glucosídicos. Las ramificaciones en la amilopectina se encuentran aproximadamente cada 25 unidades de glucosa. El glucógeno, que se produce en los animales, es un polímero altamente ramificado de glucosa unido por enlaces α-1,4- y α-1,6-glucosídicos. Las ramificaciones en el glucógeno se encuentran aproximadamente cada 10 a 15 unidades de glucosa.

15.41 a. celulosa   **b.** amilosa, amilopectina
c. amilosa   **d.** glucógeno

15.43 a. disacárido   **b.** α-D-glucosa
c. enlace α-1,6-glucosídico   **d.** α
e. sí

15.45 a. trisacárido
b. dos α-D-glucosa y un β-D-fructosa
c. La melezitosa no tiene hemiacetales; por tanto, no puede experimentar mutarrotación para formar un aldehído. En consecuencia, la melezitosa no es un azúcar reductor.

15.47 La D-fructosa es una cetohexosa, en tanto que la D-galactosa es una aldohexosa. En la proyección de Fischer de la galactosa, el grupo —OH en el carbono 4 se dibuja a la izquierda; en la fructosa, el grupo —OH está a la derecha.

15.49 La D-galactosa es la imagen especular de la L-galactosa. En la proyección de Fischer de la D-galactosa, los grupos —OH en los carbonos 2 y 5 se dibujan en el lado derecho, pero están a la izquierda para los carbonos 3 y 4. En la L-galactosa, los grupos —OH se invierten; los carbonos 2 y 5 tienen grupos —OH a la izquierda, y los carbonos 3 y 4 tienen grupos —OH a la derecha.

15.51 a.

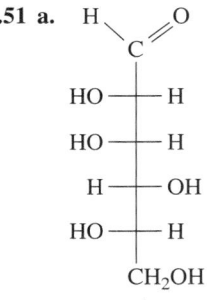

L-gulosa

b.

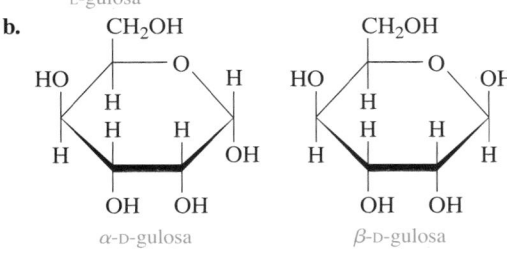

α-D-gulosa   β-D-gulosa

15.53

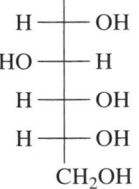

15.55 Cuando la α-galactosa forma una cadena abierta en el agua, puede cerrarse para formar α- o β-galactosa.

15.57

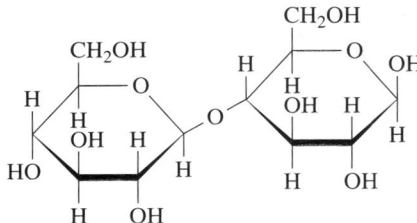

15.59 a.

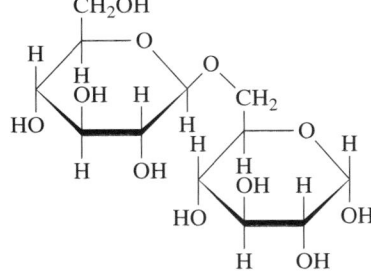

b. Sí. La gentiobiosa es un azúcar reductor. El anillo que contiene el hemiacetal con el grupo —OH puede abrirse para formar un aldehído que puede oxidarse.

Combinación de ideas de los capítulos 11 al 15

CI.25 Hay un compuesto denominado butilhidroxitolueno, o BHT, que se agrega a los cereales y otros alimentos desde 1947 como antioxidante. Un nombre común del BHT es 2,6-di-*tertbutil*-4-metilfenol. El grupo alquilo llamado *tertbutil* tiene la siguiente estructura: (1.8, 6.5, 12.1, 13.1)

BHT es un antioxidante que se agrega para conservar alimentos como los cereales.

a. Dibuje la fórmula estructural condensada del BHT.
b. El BHT se produce a partir de 4-metilfenol y 2-metilpropeno. Dibuje las fórmulas estructurales condensadas de estos reactivos.
c. ¿Cuáles son la fórmula molecular y masa molar del BHT?
d. La FDA permite la adición de un máximo de 50. ppm de BHT al cereal. ¿Cuántos miligramos de BHT podrían agregarse a una caja de cereal que contiene 15 oz de cereal?

CI.26 Usado en lociones bronceadoras "sin Sol", el compuesto 1,3-dihidroxi-2-propanona, o dihidroxiacetona (DHA), oscurece la piel sin exponerse a la luz solar. La DHA reacciona con aminoácidos de la superficie exterior de la piel. Una loción típica de farmacia contiene 4.0% (m/v) de DHA. (8.4, 12.1, 13.1, 14.1)

Una loción bronceadora "sin Sol" contiene DHA para oscurecer la piel.

a. Dibuje la fórmula estructural condensada de la DHA.
b. ¿Cuáles son los grupos funcionales en la DHA?
c. ¿Cuáles son la fórmula molecular y la masa molar de la DHA?
d. ¿Por qué la DHA se llama *cetotriosa*?
e. Una botella de loción bronceadora "sin Sol" contiene 177 mL de loción. ¿Cuántos miligramos de DHA hay en una botella?

CI.27 La acetona (pronanona), un solvente líquido transparente con un olor punzante, se usa para quitar barniz de uñas, pinturas y resinas. Tiene un punto de ebullición bajo y es altamente inflamable. (6.5, 14.1, 14.3)

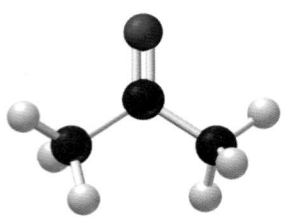

a. Dibuje la fórmula estructural condensada de la propanona.
b. ¿Cuáles son la fórmula molecular y masa molar de la propanona?
c. Dibuje la fórmula estructural condensada del alcohol que puede oxidarse para producir propanona.

CI.28 La acetona (propanona) tiene una densidad de 0.786 g/mL y un calor de combustión de 428 kcal/mol. Use sus respuestas al problema CI.27 para resolver los incisos siguientes: (6.1, 6.2, 6.6, 6.7, 6.9, 7.7)

a. Escriba la ecuación para la combustión completa de propanona.
b. ¿Cuánto calor, en kilojoules, se liberan si 2.58 g de propanona reaccionan con oxígeno?
c. ¿Cuántos gramos de oxígeno gaseoso se necesitan para reaccionar con 15.0 mL de propanona?
d. ¿Cuántos litros de dióxido de carbono gaseoso se producen en condiciones STP en el inciso **c**?

CI.29 La panosa es un trisacárido que la industria alimentaria está considerando como un posible edulcorante. (15.1, 15.3, 15.4, 15.5)

CH_2OH

Panosa

CH_2OH CH_2OH

A

B   **C**

a. ¿Cuáles son las unidades de los monosacáridos **A**, **B**, y **C** en la panosa?
b. ¿Qué tipo de enlace glucosídico conecta los monosacáridos **A** y **B**?
c. ¿Qué tipo de enlace glucosídico conecta los monosacáridos **B** y **C**?
d. ¿El anómero que se muestra es α- o β-panosa?
e. ¿Por qué la panosa sería un azúcar reductor?

CI.30 La ionona es un compuesto que da a las violetas dulces su aroma. Las pequeñas flores moradas comestibles de las violetas se usan en ensaladas y para elaborar té. Un antioxidante llamado *antocianina* produce los colores azul y morado de las violetas. La ionona líquida tiene una densidad de 0.935 g/mL. (1.10, 6.1, 6.4, 6.5, 6.6, 6.7, 7.7, 11.5, 12.2, 14.4).

El aroma de las violetas se debe a la ionona.

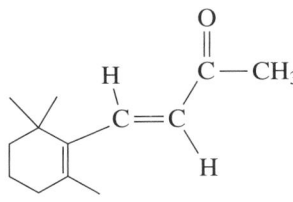

Ionona

a. ¿Qué grupos funcionales están presentes en la ionona?
b. ¿El enlace doble en la cadena lateral es *cis* o *trans*?
c. ¿Cuáles son la fórmula molecular y masa molar de la ionona?
d. ¿Cuántos moles hay en 2.00 mL de ionona?
e. Cuando la ionona reacciona con hidrógeno en presencia de un catalizador platino, se agrega hidrógeno a los enlaces dobles y convierte el grupo cetona en alcohol. ¿Cuáles son la fórmula estructural condensada y la fórmula molecular para el producto?
f. ¿Cuántos mililitros de hidrógeno gaseoso se necesitan en condiciones STP para reaccionar por completo con 5.0 mL de ionona?

CI.31 El butiraldehído es un solvente líquido transparente con un olor desagradable. Tiene un punto de ebullición bajo y es altamente inflamable. (14.1, 14.3)

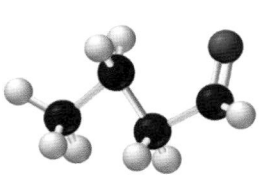

El olor desagradable de los calcetines sucios de un gimnasio se debe al butiraldehído.

a. Dibuje la fórmula estructural condensada del butiraldehído.
b. Dibuje la fórmula de esqueleto del butiraldehído.
c. ¿Cuál es el nombre IUPAC del butiraldehído?
d. Dibuje la fórmula estructural condensada del alcohol que se produce cuando se reduce el butiraldehído.

CI.32 El butiraldehído tiene una densidad de 0.802 g/mL y un calor de combustión de 1520 kJ/mol. Con las soluciones obtenidas en el problema CI.31, responda los incisos siguientes: (1.10, 6.1, 6.4, 6.5, 6.6, 6.7, 6.9, 7.7)

a. Escriba la ecuación balanceada para la combustión completa del butiraldehído.
b. ¿Cuántos gramos de oxígeno gaseoso se necesitan para reaccionar por completo con 15.0 mL de butiraldehído?
c. ¿Cuántos litros de dióxido de carbono gaseoso se producen en condiciones STP en el inciso **b**?
d. Calcule el calor, en kilojoules, que se libera por la combustión de butiraldehído en el inciso **b**.

RESPUESTAS

CI.25 a.

$$CH_3 - \underset{\underset{CH_3}{|}}{\overset{\overset{CH_3}{|}}{C}} - \underset{OH}{\overset{}{\bigcirc}} - \underset{\underset{CH_3}{|}}{\overset{\overset{CH_3}{|}}{C}} - CH_3$$

CH₃

b.

4-metilfenol

$$H_2C = \underset{\underset{}{|}}{\overset{\overset{CH_3}{|}}{C}} - CH_3$$

2-metilpropeno

c. $C_{15}H_{24}O$; 220. g/mol   **d.** 21 mg

CI.27 a. $CH_3 - \overset{\overset{O}{\|}}{C} - CH_3$

b. C_3H_6O; 58.1 g/mol

c. $CH_3 - \underset{\underset{OH}{|}}{\overset{}{CH}} - CH_3$

CI.29 a. **A**, **B**, y **C** son todos glucosa.
b. Un enlace α-1,6-glucosídico une **A** y **B**.
c. Un enlace α-1,4-glucosídico une **B** y **C**.
d. β-panosa
e. La panosa es un azúcar reductor porque el carbono anomérico 1 de **C** es un hemiacetal que se abre y cierra durante la mutarrotación para formar el aldehído de cadena abierta.

CI.31 a. $CH_3 - CH_2 - CH_2 - \overset{\overset{O}{\|}}{C} - H$

b.

c. butanal
d. $CH_3 - CH_2 - CH_2 - CH_2 - OH$

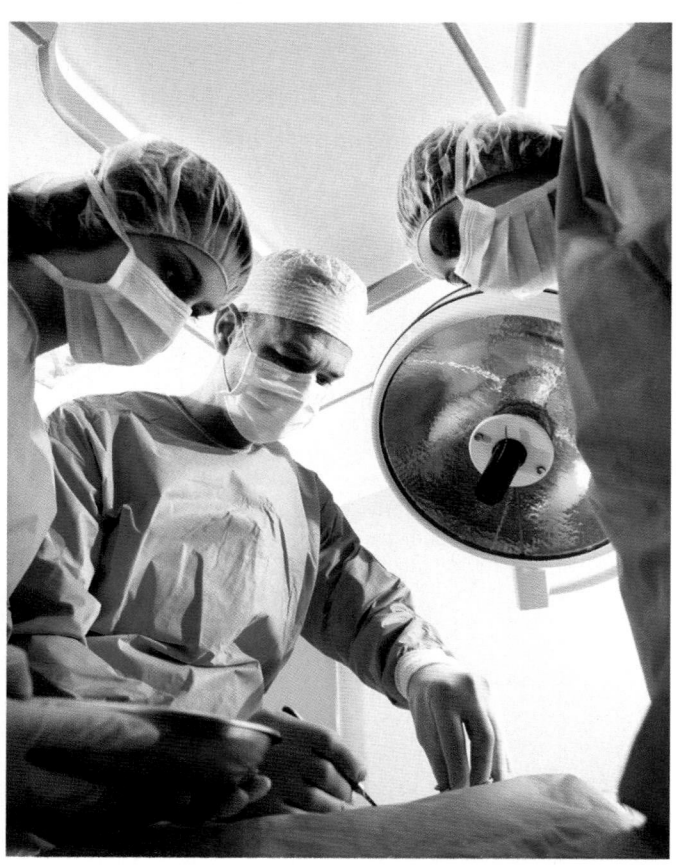

Mastering**CHEMISTRY**™

Visite **www.masteringchemistry.com** para acceder a materiales de autoaprendizaje y tareas asignadas por el instructor.

Indermil

El polímero de Indermil es un ciano éster, pues consiste en un grupo ciano (C $\equiv$ N) y un grupo funcional éster. Los ésteres tienen un grupo carbonilo (C $=$ O), que tiene un enlace sencillo hacia un grupo carbono en un lado del carbonilo y un átomo de oxígeno en el otro lado. El átomo de oxígeno se enlaza, entonces, a un grupo carbono mediante un enlace sencillo. El ciano éster en Indermil es butil cianoacrilato, que es un derivado del polímero en los superpegamentos. El "*ato*" en butil cianoacrilato indica que hay un éster en la molécula, y el "*butil*" indica el grupo de cuatro carbonos que está enlazado al átomo de oxígeno.

Profesión: Técnico quirúrgico

Los técnicos quirúrgicos preparan el quirófano al crear un ambiente estéril. Esto incluye preparar el instrumental y equipo quirúrgicos, y asegurarse de que todo el equipo funciona correctamente. Un ambiente estéril es crucial para la recuperación del paciente, pues ayuda a reducir la posibilidad de una infección. También preparan a los enfermos para la cirugía, para lo cual lavan, afeitan y desinfectan los sitios de incisión. Durante la cirugía, el técnico quirúrgico proporciona los instrumentos estériles y suministros a los cirujanos y asistentes quirúrgicos.

Maureen, una técnica quirúrgica, comienza a prepararse para la cirugía de corazón de Robert. Después de que Maureen coloca todo el instrumental quirúrgico en un autoclave para su esterilización, prepara la habitación y se asegura de que todo el equipo funcione de manera apropiada. También determina si el quirófano está estéril, ya que esto reducirá al mínimo las posibilidades de infección. Justo antes de comenzar la cirugía, Maureen afeita el pecho de Robert y desinfecta los sitios de incisión.

Después de la cirugía, Maureen aplica Indermil, que es un tipo de vendaje líquido, en los sitios de incisión de Robert. Los vendajes líquidos son adhesivos para tejidos que sellan incisiones quirúrgicas o heridas en el paciente. No se necesitan suturas o grapas y la cicatriz es mínima. Normalmente, el polímero del vendaje líquido se disuelve en un solvente con base de alcohol. El alcohol también actúa como antiséptico.

os ácidos carboxílicos son similares a los ácidos débiles estudiados en la sección 10.2. Tienen un sabor amargo o agrio, producen iones hidronio en agua y neutralizan bases. Uno encuentra los ácidos carboxílicos cuando prueba el vinagre de un aderezo para ensalada, que es una disolución de ácido acético y agua, o experimenta el sabor agrio del ácido cítrico en una toronja o limón. Cuando un ácido carboxílico se combina con un alcohol, se producen un éster y agua. Las grasas y los aceites son ésteres de glicerol y ácidos grasos, que son ácidos carboxílicos de cadena larga. Los ésteres producen los agradables aromas y sabores de muchas frutas, como plátanos, fresas y naranjas.

16.1 Ácidos carboxílicos

En la sección 14.1 se describió el grupo carbonilo ($C = O$) en aldehídos y cetonas. También se describió la oxidación de un aldehído para producir un **ácido carboxílico**. En un ácido carboxílico, el átomo de carbono de un grupo carbonilo se une a un grupo hidroxilo, que forma un **grupo carboxilo**. A continuación se muestran algunas formas de representar el grupo carboxilo en el ácido propanoico.

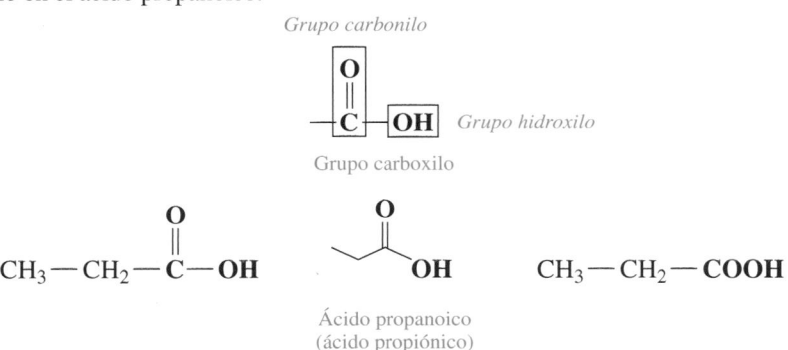

Nombres IUPAC de ácidos carboxílicos

Los nombres IUPAC de los ácidos carboxílicos sustituyen la terminación *o* del alcano correspondiente con *oico*, después de la palabra *ácido*. Si hay sustituyentes, para numerar la cadena de carbono se comienza con el carbono carboxilo.

El nombre del ácido carboxílico del benceno es ácido benzoico. El carbono del grupo carboxilo está enlazado al carbono 1 en el anillo, y el anillo se numera para proporcionar los números más bajos posibles para cualquier sustituyente. Como antes, los prefijos *orto*, *meta* y *para* sirven para mostrar la posición de algún otro sustituyente.

El aguijón de una hormiga roja contiene ácido fórmico que irrita la piel.

Muchos ácidos carboxílicos todavía se denominan por sus nombres comunes, que usan prefijos: *form, acet, butir*. Cuando se usan los nombres comunes, se asignan las letras griegas alfa (α), beta (β) y gamma (γ) a los carbonos adyacentes al carbono carboxilo.

$$
\begin{array}{ccccccc}
& & CH_3 & & & O & \\
& & | & & & \| & \\
CH_3 & - & CH & - & CH_2 & - C & - OH \\
\end{array}
$$

IUPAC   4   3   2   1
Común γ β α

El ácido fórmico se inyecta bajo la piel durante las picaduras de abejas u hormigas rojas y otras mordeduras de insectos. El ácido acético es el producto de la oxidación del etanol en vinos y sidras. La disolución resultante de ácido acético y agua se conoce como *vinagre*. El ácido propiónico se obtiene a partir de las grasas de productos lácteos. El ácido butírico produce el nauseabundo olor de la mantequilla rancia (véase la tabla 16.1).

TABLA 16.1 Nombres IUPAC y comunes de ácidos carboxílicos seleccionados

Fórmula estructural condensada	Nombre IUPAC	Nombre común	Modelo de barras y esferas
$\begin{array}{c} O \\ \| \\ H - C - OH \end{array}$	Ácido metanoico	Ácido fórmico	
$\begin{array}{c} O \\ \| \\ CH_3 - C - OH \end{array}$	Ácido etanoico	Ácido acético	
$\begin{array}{c} O \\ \| \\ CH_3 - CH_2 - C - OH \end{array}$	Ácido propanoico	Ácido propiónico	
$\begin{array}{c} O \\ \| \\ CH_3 - CH_2 - CH_2 - C - OH \end{array}$	Ácido butanoico	Ácido butírico	

COMPROBACIÓN DE CONCEPTOS 16.1   **Nomenclatura de ácidos carboxílicos**

¿Cuál es el nombre IUPAC de la molécula siguiente?

$$
\begin{array}{c}
O \\
\| \\
CH_3 - CH_2 - CH_2 - CH_2 - C - OH
\end{array}
$$

RESPUESTA

La cadena de carbono con el grupo carboxilo tiene cinco átomos de carbono. En el sistema IUPAC, la terminación *o* en pentano se sustituye con *oico*, después de la palabra *ácido*, lo que produce el nombre IUPAC del ácido pentanoico.

EJEMPLO DE PROBLEMA 16.1   **Nomenclatura de ácidos carboxílicos**

Proporcione los nombres IUPAC y común, si lo hay, de cada uno de los ácidos carboxílicos siguientes::

a.

$$
\begin{array}{c}
O \\
\diagdown \\
OH
\end{array}
$$

b.

$$
\begin{array}{c}
O \\
\| \\
C - OH \\
\end{array}
$$
Cl

SOLUCIÓN

Análisis del problema

Familia	Nomenclatura IUPAC	Nombre IUPAC
Ácido carboxílico	Cambie la terminación *o* del nombre del alcano con *oico*, después de la palabra *ácido*, y cuente a partir del carbono 1 del grupo carboxilo para cualquier sustituyente.	Ácido alcanoico

a. Paso 1 **Identifique la cadena de carbono más larga y sustituya la terminación *o* del alcano correspondiente con *oico*, después de la palabra *ácido*.** Un ácido carboxílico con cuatro átomos de carbono se llama ácido butanoico; el nombre común es ácido butírico.

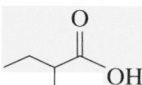 Ácido butanoico

Paso 2 **Para indicar la ubicación y nombre de cada sustituyente, numere los carbonos de la cadena; asigne el número 1 al carbono carboxilo.** Con un grupo metilo en el segundo carbono, el nombre IUPAC es ácido 2-metil-butanoico. En cuanto al nombre común, la letra griega α especifica el átomo de carbono junto al carbono carboxilo, ácido α-metilbutírico.

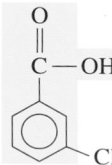 Ácido 2-metilbutanoico
Ácido α-metilbutírico

b. Paso 1 **Identifique la cadena de carbono más larga y sustituya la terminación *o* del alcano correspondiente con *oico*, después de la palabra *ácido*.** Un ácido carboxílico aromático se denomina ácido benzoico.

Ácido benzoico

Paso 2 **Para indicar la ubicación y nombre de cada sustituyente, numere los carbonos de la cadena; asigne el número 1 al carbono carboxilo.** Para nombrar los ácidos carboxílicos aromáticos se asigna el número 1 al carbono unido al grupo carboxilo; por tanto, el ─Cl se encuentra unido al carbono 3, lo que da el nombre IUPAC de ácido 3-clorobenzoico. El nombre común es ácido *meta*-clorobenzoico o ácido *m*-clorobenzoico.

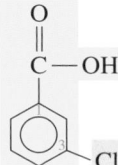 Ácido 3-clorobenzoico
Ácido *meta*-clorobenzoico

Guía para nombrar ácidos carboxílicos

1 Identifique la cadena de carbono más larga y sustituya la terminación *o* en el alcano correspondiente con *oico*, después de la palabra *ácido*.

2 Para indicar la ubicación y nombre de cada sustituyente, numere los carbonos de la cadena; asigne el número 1 al carbono carboxilo.

COMPROBACIÓN DE ESTUDIO 16.1

Dibuje la fórmula estructural condensada del ácido 3-fenilpropanoico.

Preparación de ácidos carboxílicos

Los ácidos carboxílicos pueden prepararse a partir de alcoholes primarios o aldehídos. Como estudió en la sección 13.4, se incrementa el número de enlaces carbono-oxígeno a medida que un alcohol primario se oxida a un aldehído. En la sección 14.3

aprendió que la oxidación continúa fácilmente para producir un ácido carboxílico. Por ejemplo, cuando el alcohol etílico del vino se expone al oxígeno en el aire, se produce vinagre. El proceso de oxidación convierte el alcohol etílico (alcohol 1°) en acetaldehído, y posteriormente en ácido acético, el ácido carboxílico del vinagre.

$$CH_3-CH_2-OH \xrightarrow{[O]} CH_3-\overset{O}{\overset{||}{C}}-H \xrightarrow{[O]} CH_3-\overset{O}{\overset{||}{C}}-OH$$

Etanol (alcohol etílico)   Etanal (acetaldehído)   Ácido etanoico (ácido acético)

El sabor agrio del vinagre se debe al ácido etanoico (ácido acético).

La química en la salud

ALFA HIDROXIÁCIDOS

Los alfa hidroxiácidos (AHA), que se encuentran en frutas, leche y caña de azúcar, son ácidos carboxílicos que existen en la naturaleza con un grupo hidroxilo (—OH) en el átomo de carbono que está adyacente al grupo carboxilo. Se dice que Cleopatra, reina de Egipto, se bañaba con leche agria para suavizar su piel. Los dermatólogos utilizan productos con altas concentraciones (20-70%) de AHA para eliminar cicatrices de acné y en exfoliaciones de la piel para reducir la pigmentación irregular y las manchas de edad. Concentraciones más bajas (8-10%) de AHA se agregan a productos para el cuidado de la piel con el propósito de suavizar las arrugas tenues, mejorar la textura de la piel y limpiar los poros. Se pueden encontrar muchos hidroxiácidos diferentes en productos para el cuidado de la piel, solos o combinados. El ácido glicólico y el ácido láctico son los de uso más frecuente.

Estudios recientes indican que los productos con AHA aumentan la sensibilidad de la piel al Sol y la radiación UV. Se recomienda el uso de protectores solares, con un factor de protección solar (FPS) de al menos 15 cuando se trate la piel con productos que tengan AHA. Los productos que contienen AHA en concentraciones por abajo de 10% y valores pH mayores que 3.5, generalmente se consideran seguros. Sin embargo, la FDA recibió informes de que AHA causa irritación de la piel, inclusive ampollas, salpullido y cambio de color de la piel. La FDA no exige a los fabricantes de cosméticos que entreguen informes sobre la seguridad de sus productos, aunque tienen la responsabilidad de comercializar productos seguros. La FDA aconseja que el usuario pruebe cualquier producto que contenga AHA en una pequeña área de la piel antes de usarlo en un área grande.

Alfa hidroxiácido (fuente)	Fórmula estructural condensada
Ácido glicólico (caña de azúcar)	$HO-CH_2-\overset{O}{\overset{||}{C}}-OH$
Ácido láctico (leche agria)	$CH_3-\overset{OH}{\overset{|}{CH}}-\overset{O}{\overset{||}{C}}-OH$
Ácido tartárico (uvas)	$HO-\overset{O}{\overset{||}{C}}-\overset{OH}{\overset{|}{CH}}-\overset{OH}{\overset{|}{CH}}-\overset{O}{\overset{||}{C}}-OH$
Ácido málico (manzanas)	$HO-\overset{O}{\overset{||}{C}}-CH_2-\overset{OH}{\overset{|}{CH}}-\overset{O}{\overset{||}{C}}-OH$
Ácido cítrico (frutas cítricas)	$HO-\overset{CH_2-COOH}{\overset{|}{C}}-COOH$ con CH_2-COOH

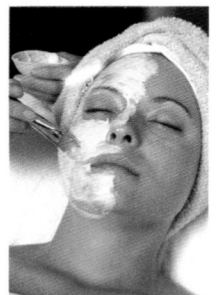

Los alfa hidroxiácidos carboxílicos se utilizan en muchos productos para el cuidado de la piel.

PREGUNTAS Y PROBLEMAS

16.1 Ácidos carboxílicos

META DE APRENDIZAJE: *Proporcionar los nombres comunes, y los nombres IUPAC, y dibujar las fórmulas estructurales condensadas de los ácidos carboxílicos.*

16.1 ¿Qué ácido carboxílico ocasiona el dolor de un piquete de hormiga?

16.2 ¿Qué ácido carboxílico se encuentra en el vinagre?

16.3 Dibuje la fórmula estructural condensada y proporcione el nombre IUPAC de cada uno de los compuestos siguientes:
a. un ácido carboxílico que tiene la fórmula $C_4H_8O_2$, sin sustituyentes
b. un ácido carboxílico que tiene la fórmula $C_4H_8O_2$, con un sustituyente metilo

16.4 Dibuje la fórmula estructural condensada y proporcione el nombre IUPAC de cada uno de los compuestos siguientes:
a. un ácido carboxílico que tiene la fórmula $C_5H_{10}O_2$, sin sustituyentes
b. un ácido carboxílico que tiene la fórmula $C_5H_{10}O_2$, con dos sustituyentes metilo

16.5 Proporcione los nombres IUPAC y común, si lo hay, de cada uno de los ácidos carboxílicos siguientes:

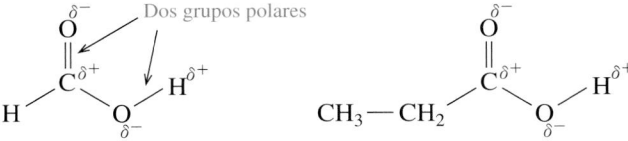

16.6 Proporcione los nombres IUPAC y común, si lo hay, de cada uno de los ácidos carboxílicos siguientes:

16.7 Dibuje la fórmula estructural condensada de cada uno de los ácidos carboxílicos siguientes:
a. ácido 2-cloroetanoico   **b.** ácido 3-hidroxipropanoico
c. ácido α-metilbutírico   **d.** ácido 3,5-dibromoheptanoico

16.8 Dibuje la fórmula estructural condensada de cada uno de los ácidos carboxílicos siguientes:
a. ácido pentanoico   **b.** ácido 3-etilbenzoico
c. ácido α-hidroxiacético   **d.** ácido 2,4-dibromobutanoico

16.9 Dibuje la fórmula estructural condensada del ácido carboxílico formado por la oxidación de cada uno de los compuestos siguientes:

16.10 Dibuje la fórmula estructural condensada del ácido carboxílico formado por la oxidación de cada uno de los compuestos siguientes:

16.2 Propiedades de los ácidos carboxílicos

META DE APRENDIZAJE

Describir los puntos de ebullición, la solubilidad y la ionización de los ácidos carboxílicos en agua.

Los ácidos carboxílicos están entre los compuestos orgánicos más polares porque su grupo funcional consta de dos grupos polares: un grupo hidroxilo (—OH) y un grupo carbonilo (C=O). El grupo —OH es similar al grupo funcional de alcoholes, y el C=O es similar al grupo funcional de aldehídos y cetonas.

TUTORIAL
Properties of Carboxylic Acids

Puntos de ebullición

Los grupos carboxilo polares permiten a los ácidos carboxílicos formar varios enlaces por puente de hidrógeno con otras moléculas de ácido carboxílico. Este efecto de los enlaces por puente de hidrógeno da a los ácidos carboxílicos puntos de ebullición más altos que a los alcoholes, cetonas y aldehídos de masa molar similar.

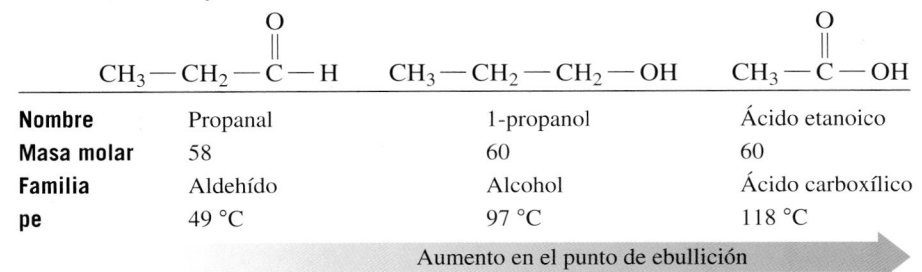

	$CH_3-CH_2-\overset{\overset{O}{\|}}{C}-H$	$CH_3-CH_2-CH_2-OH$	$CH_3-\overset{\overset{O}{\|}}{C}-OH$
Nombre	Propanal	1-propanol	Ácido etanoico
Masa molar	58	60	60
Familia	Aldehído	Alcohol	Ácido carboxílico
pe	49 °C	97 °C	118 °C

Aumento en el punto de ebullición

Dos enlaces por puente de hidrógeno

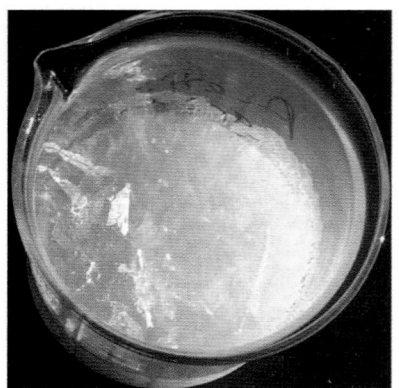

Un dímero de dos moléculas de ácido etanoico

Los cristales de ácido acético se forman a un punto de congelación de 16.5 °C.

Una importante razón de los puntos de ebullición más altos de los ácidos carboxílicos es que dos ácidos carboxílicos forman enlaces por puente de hidrógeno entre sus grupos carboxilo, lo que resulta en un *dímero*. Como dímero, la masa del ácido carboxílico se duplica efectivamente, lo que significa que se necesita mayor temperatura para alcanzar el punto de ebullición. La tabla 16.2 indica los puntos de ebullición para algunos ácidos carboxílicos seleccionados.

EJEMPLO DE PROBLEMA 16.2 Puntos de ebullición de ácidos carboxílicos

Relacione cada uno de los compuestos 2-butanol, pentano y ácido propanoico con un punto de ebullición de 141 °C, 100 °C o 36 °C. (Todos ellos tienen aproximadamente la misma masa molar.)

SOLUCIÓN

Análisis del problema

Compuesto	Enlaces por puente de hidrógeno
2-butanol	Algunos
Pentano	Ninguno
Ácido propanoico	La mayoría (dímeros)

El punto de ebullición aumenta cuando las moléculas de un compuesto pueden formar enlaces por puente de hidrógeno o tienen atracciones dipolo-dipolo. El pentano tiene el punto de ebullición más bajo, 36 °C, porque los alcanos no pueden formar enlaces por puente de hidrógeno o atracciones dipolo-dipolo. El 2-butanol tiene un punto de ebullición más alto, 100 °C, que el pentano, porque un alcohol puede formar enlaces por puente de hidrógeno. El ácido propanoico tiene el punto de ebullición más alto, 141 °C, porque los ácidos carboxílicos pueden formar dímeros estables a través de enlaces por puente de hidrógeno para aumentar su masa molar efectiva y, por tanto, sus puntos de ebullición.

COMPROBACIÓN DE ESTUDIO 16.2

¿Por qué el ácido metanoico (masa molar 46, pe 101 °C) tendría un punto de ebullición más alto que el etanol (masa molar 46, pe 78 °C)?

Solubilidad en agua

Los ácidos carboxílicos con cadenas de uno a cinco carbonos son solubles en agua porque el grupo carboxilo forma enlaces por puente de hidrógeno con varias moléculas de agua (véase la figura 16.1). Sin embargo, a medida que aumenta la longitud de la cadena de hidrocarburo, la porción no polar reduce la solubilidad del ácido carboxílico en agua. En la tabla 16.2 se indica la solubilidad de algunos ácidos carboxílicos seleccionados.

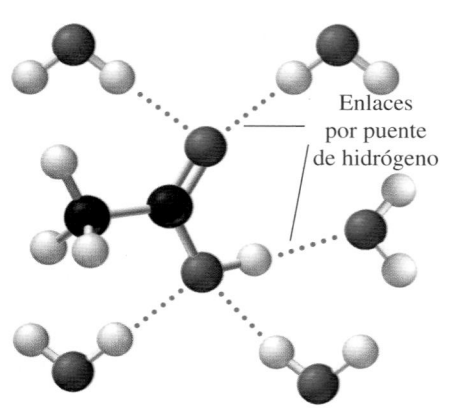

Enlaces por puente de hidrógeno

FIGURA 16.1 El ácido acético forma enlaces por puente de hidrógeno con moléculas de agua.

P ¿Por qué los átomos en el grupo carboxilo forman enlaces por puente de hidrógeno con moléculas de agua?

COMPROBACIÓN DE CONCEPTOS 16.2 Solubilidad de ácidos carboxílicos

¿Por qué el ácido butanoico es completamente soluble en agua, pero 1-butanol sólo es un poco soluble en agua?

RESPUESTA

El ácido butanoico contiene un grupo carboxilo, que contiene un grupo carbonilo polar (C = O), así como un grupo hidroxilo polar (—OH). Estos dos grupos polares hacen al ácido butanoico completamente soluble en agua. 1-butanol sólo es un poco soluble en agua porque tiene una cadena de cuatro carbonos que reduce la solubilidad de un solo grupo —OH.

Acidez de ácidos carboxílicos

Una importante propiedad de los ácidos carboxílicos es su ionización en agua. Cuando un ácido carboxílico se ioniza en agua, un H^+ se transfiere a una molécula de agua para formar un **ión carboxilato** con carga negativa y un ión hidronio con carga positiva (H_3O^-). Los

TABLA 16.2 Puntos de ebullición, solubilidades y constantes de disociación ácida para ácidos carboxílicos seleccionados

Nombre IUPAC	Fórmula estructural condensada	Punto de ebullición (°C)	Solubilidad en agua	Constante de disociación ácida (a 25 °C)
Ácido metanoico	$\text{H}-\overset{\displaystyle\overset{\text{O}}{\|\|}}{\text{C}}-\text{OH}$	101	Soluble	1.8×10^{-4}
Ácido etanoico	$\text{CH}_3-\overset{\displaystyle\overset{\text{O}}{\|\|}}{\text{C}}-\text{OH}$	118	Soluble	1.8×10^{-5}
Ácido propanoico	$\text{CH}_3-\text{CH}_2-\overset{\displaystyle\overset{\text{O}}{\|\|}}{\text{C}}-\text{OH}$	141	Soluble	1.3×10^{-5}
Ácido butanoico	$\text{CH}_3-\text{CH}_2-\text{CH}_2-\overset{\displaystyle\overset{\text{O}}{\|\|}}{\text{C}}-\text{OH}$	164	Soluble	1.5×10^{-5}
Ácido pentanoico	$\text{CH}_3-\text{CH}_2-\text{CH}_2-\text{CH}_2-\overset{\displaystyle\overset{\text{O}}{\|\|}}{\text{C}}-\text{OH}$	187	Soluble	1.5×10^{-5}
Ácido hexanoico	$\text{CH}_3-\text{CH}_2-\text{CH}_2-\text{CH}_2-\text{CH}_2-\overset{\displaystyle\overset{\text{O}}{\|\|}}{\text{C}}-\text{OH}$	205	Un poco soluble	1.4×10^{-5}
Ácido benzoico		250	Un poco soluble	6.4×10^{-5}

ácidos carboxílicos son ácidos débiles porque sólo un pequeño porcentaje (~1%) de las moléculas de ácido carboxílico en una disolución diluida se ioniza. En la tabla 16.2 se proporcionan las constantes de disociación ácida de algunos ácidos carboxílicos.

Ácido carboxílico   **Ión carboxilato**

$$\text{CH}_3-\overset{\displaystyle\overset{\text{O}}{\|\|}}{\text{C}}-\text{OH} + \text{H}_2\text{O} \rightleftharpoons \text{CH}_3-\overset{\displaystyle\overset{\text{O}}{\|\|}}{\text{C}}-\text{O}^- + \text{H}_3\text{O}^+$$

Ácido etanoico   Ión etanoato   Ión
(ácido acético)   (ión acetato)   hidronio

EJEMPLO DE PROBLEMA 16.3   Ionización de ácidos carboxílicos en agua

Escriba la ecuación para la ionización del ácido propanoico en agua.

SOLUCIÓN

Análisis del problema

Ionización de un ácido carboxílico en agua	Reactivos		Productos	
General	Ácido carboxílico	H_2O	Ión carboxilato	H_3O^+

$$\text{CH}_3-\text{CH}_2-\overset{\displaystyle\overset{\text{O}}{\|\|}}{\text{C}}-\text{OH} + \text{H}_2\text{O} \rightleftharpoons \text{CH}_3-\text{CH}_2-\overset{\displaystyle\overset{\text{O}}{\|\|}}{\text{C}}-\text{O}^- + \text{H}_3\text{O}^+$$

Ácido propanoico   Ión propanoato

COMPROBACIÓN DE ESTUDIO 16.3

Escriba la ecuación para la ionización de ácido fórmico en agua.

Neutralización de ácidos carboxílicos

Dado que los ácidos carboxílicos son ácidos débiles, se neutralizan por completo con bases fuertes como NaOH y KOH. Los productos son una **sal de ácido carboxílico (sal carboxilato)** y agua. Para nombrar el ión carboxilato se sustituye la terminación *ico* del nombre del ácido con *ato*.

$$H-\overset{\overset{\displaystyle O}{\|}}{C}-OH \; + \; NaOH \; \longrightarrow \; H-\overset{\overset{\displaystyle O}{\|}}{C}-O^-Na^+ \; + \; H_2O$$

Ácido metanoico   Metanoato de sodio
(ácido fórmico)   (formato de sodio)

$$\text{Ácido benzoico} \; + \; KOH \; \longrightarrow \; \text{Benzoato de potasio} \; + \; H_2O$$

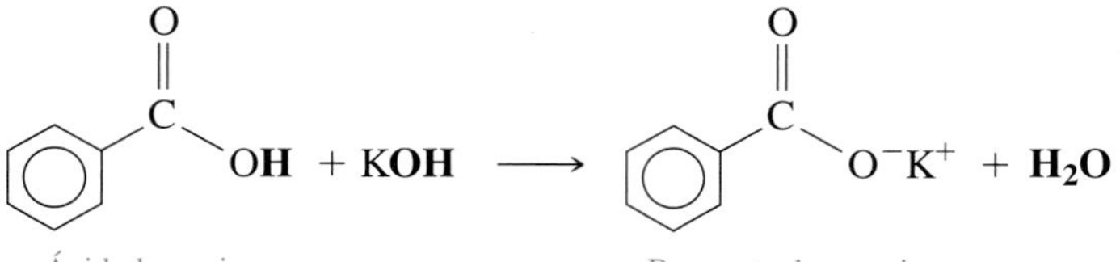

Ácido benzoico   Benzoato de potasio

Otro ejemplo de una sal carboxilato es el propionato de sodio, un conservador que se agrega al pan, quesos y productos de pastelería para inhibir la descomposición del alimento por los microorganismos. El benzoato de sodio, un inhibidor de moho y bacterias, se agrega a jugos, margarina, sazonadores, ensaladas y jamones. El glutamato monosódico (MSG, *mono sodium glutamate*) se agrega a carnes, pescado, verduras y artículos de pastelería para intensificar el sabor, aunque produce dolor de cabeza en algunas personas (véase la figura 16.2).

$$CH_3-CH_2-\overset{\overset{\displaystyle O}{\|}}{C}-O^-Na^+$$

Propanoato de sodio
(propionato de sodio)

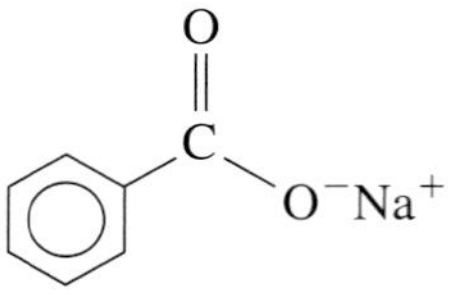

Benzoato de sodio

$$HO-\overset{\overset{\displaystyle O}{\|}}{C}-\overset{\overset{\displaystyle NH_2}{|}}{C}H-CH_2-CH_2-\overset{\overset{\displaystyle O}{\|}}{C}-O^-Na^+$$

Glutamato monosódico

Las sales carboxilato son compuestos iónicos con fuertes atracciones entre los iones metálicos con carga positiva como Li^+, Na^+ y K^+ y el ión carboxilato con carga negativa. Como la mayoría de las sales, las sales carboxilato son sólidas a temperatura ambiente, tienen puntos de fusión altos y generalmente son solubles en agua.

FIGURA 16.2 Las sales carboxilato se utilizan como conservadores e intensificadores del sabor en sopas y sazonadores.

P ¿Cuál es la sal carboxilato que se produce por la neutralización de ácido butanoico e hidróxido de litio?

EJEMPLO DE PROBLEMA 16.4 **Neutralización de un ácido carboxílico**

Escriba la ecuación balanceada para la neutralización del ácido propanoico (ácido propiónico) con hidróxido de sodio.

SOLUCIÓN

Análisis del problema

Neutralización de un ácido carboxílico	Reactivos		Productos	
General	Ácido carboxílico	Base	Sal carboxilato	H_2O

$$CH_3-CH_2-\overset{\overset{\displaystyle O}{\|}}{C}-OH \; + \; NaOH \; \longrightarrow \; CH_3-CH_2-\overset{\overset{\displaystyle O}{\|}}{C}-O^-Na^+ \; + \; H_2O$$

Ácido propanoico   Hidróxido   Propanoato de sodio
(ácido propiónico)   de sodio   (propionato de sodio)

COMPROBACIÓN DE ESTUDIO 16.4

¿Qué ácido carboxílico producirá butanoato de potasio (butirato de potasio) cuando se neutralice con KOH?

La química en la salud

ÁCIDOS CARBOXÍLICOS EN EL METABOLISMO

Muchos ácidos carboxílicos son parte de los procesos metabólicos que tienen lugar en el interior de las células. Por ejemplo, durante la glucólisis, una molécula de glucosa se descompone en dos moléculas de ácido pirúvico o, en realidad, su ión carboxilato, piruvato. Durante el ejercicio extenuante, cuando los niveles de oxígeno son bajos (anaerobio), el ácido pirúvico se reduce para producir ácido láctico o el ión lactato.

$$CH_3-\overset{\overset{O}{\|}}{C}-\overset{\overset{O}{\|}}{C}-OH + 2H \xrightarrow{\text{Reducción}} CH_3-\overset{\overset{OH}{|}}{C}H-\overset{\overset{O}{\|}}{C}-OH$$

Ácido pirúvico   Ácido láctico

Durante el ejercicio, el ácido pirúvico se convierte en ácido láctico en los músculos.

En el *ciclo del ácido cítrico*, también denominado *ciclo de Krebs*, ácidos di- y tricarboxílicos se oxidan y descarboxilan (pierden CO_2) para producir energía para las células del cuerpo. Dichos ácidos carboxílicos normalmente se conocen por sus nombres comunes. Al comienzo del ciclo del ácido cítrico, el ácido cítrico con seis carbonos se convierte en ácido α-cetoglutárico de cinco carbonos. El ácido cítrico también es el ácido que brinda el sabor agrio a las frutas cítricas, como limones y toronjas.

$$\begin{array}{c} COOH \\ | \\ CH_2 \\ | \\ HO-C-COOH \\ | \\ CH_2 \\ | \\ COOH \end{array} \xrightarrow{[O]} \begin{array}{c} COOH \\ | \\ CH_2 \\ | \\ CH_2 \\ | \\ C=O \\ | \\ COOH \end{array} + CO_2$$

Ácido cítrico   Ácido α-cetoglutárico

El ciclo del ácido cítrico continúa a medida que el ácido α-cetoglutárico pierde CO_2 para producir ácido succínico de cuatro carbonos. Entonces, una serie de reacciones convierten el ácido succínico en ácido oxaloacético. Como puede ver, algunos de los grupos funcionales estudiados, junto con reacciones como hidratación y oxidación, son parte de los procesos metabólicos que tienen lugar en las células.

$$\begin{array}{c} COOH \\ | \\ CH_2 \\ | \\ CH_2 \\ | \\ COOH \end{array} \xrightarrow{[O]} \begin{array}{c} COOH \\ | \\ C-H \\ \| \\ H-C \\ | \\ COOH \end{array} \xrightarrow{H_2O} \begin{array}{c} COOH \\ | \\ HO-C-H \\ | \\ CH_2 \\ | \\ COOH \end{array} \xrightarrow{[O]} \begin{array}{c} COOH \\ | \\ C=O \\ | \\ CH_2 \\ | \\ COOH \end{array}$$

Ácido succínico   Ácido fumárico   Ácido málico   Ácido oxaloacético

En el pH del ambiente acuoso de las células, los ácidos carboxílicos se ionizan, lo que significa que en realidad los iones carboxilato son los que toman parte en las reacciones del ciclo del ácido cítrico. Por ejemplo, en agua, el ácido succínico está en equilibrio con su ión carboxilato, succinato.

$$\begin{array}{c} COOH \\ | \\ CH_2 \\ | \\ CH_2 \\ | \\ COOH \end{array} + 2H_2O \rightleftharpoons \begin{array}{c} COO^- \\ | \\ CH_2 \\ | \\ CH_2 \\ | \\ COO^- \end{array} + 2H_3O^+$$

Ácido succínico   Ión succinato

El ácido cítrico da el sabor agrio a las frutas cítricas.

PREGUNTAS Y PROBLEMAS

16.2 Propiedades de los ácidos carboxílicos

META DE APRENDIZAJE: *Describir los puntos de ebullición, la solubilidad y la ionización de los ácidos carboxílicos en agua.*

16.11 Identifique el compuesto en cada uno de los pares siguientes que tenga el punto de ebullición más alto. Explique.
    a. ácido etanoico (ácido acético) o ácido butanoico
    b. 1-propanol o ácido propanoico
    c. butanona o ácido butanoico

16.12 Identifique el compuesto en cada uno de los pares siguientes que tenga el punto de ebullición más alto. Explique.
    a. propanona (acetona) o ácido propanoico
    b. ácido propanoico o ácido hexanoico
    c. etanol o ácido etanoico (ácido acético)

16.13 Identifique el compuesto que sea el más soluble en agua en cada uno de los grupos siguientes. Explique.
    a. ácido propanoico, ácido hexanoico, ácido benzoico
    b. pentano, 1-hexanol, ácido propanoico

16.14 Identifique el compuesto que sea el más soluble en agua en cada uno de los grupos siguientes. Explique.
  a. butanona, ácido butanoico, butano
  b. ácido acético, ácido pentanoico, ácido octanoico

16.15 Escriba la ecuación balanceada para la ionización de cada uno de los ácidos carboxílicos siguientes en agua:
  a. ácido butanoico

  b.
$$CH_3 - CH_2 - CH_2 - CH_2 - \overset{\displaystyle O}{\overset{\displaystyle \|}{C}} - OH$$

16.16 Escriba la ecuación balanceada para la ionización de cada uno de los ácidos carboxílicos siguientes en agua:

  a.
$$CH_3 - \overset{\displaystyle CH_3}{\overset{\displaystyle |}{CH}} - \overset{\displaystyle O}{\overset{\displaystyle \|}{C}} - OH$$
  b. ácido α-hidroxiacético

16.17 Escriba la ecuación balanceada para la reacción de cada uno de los ácidos carboxílicos siguientes con NaOH:
  a. ácido pentanoico
  b. ácido 2-cloropropanoico
  c. ácido benzoico

16.18 Escriba la ecuación balanceada para la reacción de cada uno de los ácidos carboxílicos siguientes con KOH:
  a. ácido hexanoico
  b. ácido 2-metilbutanoico
  c. ácido p-clorobenzoico

16.19 Proporcione los nombres IUPAC y comunes, si los hay, de las sales carboxilato producidas en el problema 16.17.

16.20 Proporcione los nombres IUPAC y comunes, si los hay, de las sales carboxilato producidas en el problema 16.18.

META DE APRENDIZAJE

Escribir una ecuación química para la formación de un éster.

TUTORIAL
Writing Esterification Equations

16.3 Ésteres

Un ácido carboxílico reacciona con un alcohol para formar un **éster** y agua. En un éster, el —H del ácido carboxílico se sustituye con un grupo alquilo. Las grasas y aceites de la dieta contienen ésteres de ácidos carboxílicos de cadena larga. Los aromas y sabores de muchas frutas, como plátanos, naranjas y fresas, se deben a ésteres.

Ácido carboxílico

$$CH_3 - \overset{\displaystyle O}{\overset{\displaystyle \|}{C}} - O - H$$
Ácido etanoico
(ácido acético)

Éster

$$CH_3 - \overset{\displaystyle O}{\overset{\displaystyle \|}{C}} - O - CH_3$$
Etanoato de metilo
(acetato de metilo)

Esterificación

En una reacción llamada **esterificación**, se produce un éster cuando un ácido carboxílico y un alcohol reaccionan en presencia de un catalizador ácido (por lo general H_2SO_4) y calor. En la esterificación, el grupo —HO del ácido carboxílico y el —H del alcohol se remueven y combinan para formar agua. Se utiliza un exceso del reactivo alcohol para desplazar el equilibrio en la dirección de la formación del producto éster.

TUTORIAL
Formation of Esters from
Carboxylic Acids

$$CH_3 - \overset{\displaystyle O}{\overset{\displaystyle \|}{C}} - O - H \ + \ H - O - CH_3 \underset{}{\overset{H^+, \ calor}{\rightleftharpoons}} CH_3 - \overset{\displaystyle O}{\overset{\displaystyle \|}{C}} - O - CH_3 \ + \ H - O - H$$
Ácido etanoico | Metanol | Etanoato de metilo
(ácido acético) | (alcohol metílico) | (acetato de metilo)

Por ejemplo, el éster acetato de propilo, que tiene el sabor y olor de las peras, puede prepararse con ácido acético y 1-propanol. La ecuación para esta esterificación se escribe del modo siguiente:

$$CH_3 - \overset{\displaystyle O}{\overset{\displaystyle \|}{C}} - OH \ + \ H - O - CH_2 - CH_2 - CH_3 \underset{}{\overset{H^+, \ calor}{\rightleftharpoons}} CH_3 - \overset{\displaystyle O}{\overset{\displaystyle \|}{C}} - O - CH_2 - CH_2 - CH_3 \ + \ \mathbf{H_2O}$$
Ácido etanoico | 1-propanol | Etanoato de propilo
(ácido acético) | (alcohol propílico) | (acetato de propilo)

EJEMPLO DE PROBLEMA 16.5 **Cómo escribir ecuaciones de esterificación**

El éster, butirato de metilo, que tiene el sabor y olor de la piña, puede sintetizarse en el laboratorio a partir de ácido butírico y alcohol metílico. ¿Cuál es la ecuación química para la formación de este éster?

SOLUCIÓN

Análisis del problema

Esterificación	Reactivos		Productos	
General	Ácido carboxílico	Alcohol	Éster	H_2O

$$CH_3-CH_2-CH_2-\overset{\overset{\displaystyle O}{\|}}{C}-OH + H-O-CH_3 \overset{H^+, \text{calor}}{\rightleftharpoons} CH_3-CH_2-CH_2-\overset{\overset{\displaystyle O}{\|}}{C}-O-CH_3 + \mathbf{H_2O}$$

Ácido butanoico   Metanol   Butanoato de metilo
(ácido butírico)   (alcohol metílico)   (butirato de metilo)

COMPROBACIÓN DE ESTUDIO 16.5

¿Cuáles son los nombres IUPAC del ácido carboxílico y el alcohol que se necesitan para formar el éster siguiente, que tiene el olor de las manzanas? (*Sugerencia*: Separe el O y C = O del grupo éster y agregue H— y —OH para obtener el alcohol original y ácido carboxílico.)

$$CH_3-CH_2-\overset{\overset{\displaystyle O}{\|}}{C}-O-CH_2-CH_2-CH_2-CH_2-CH_3$$

La química en la salud

ÁCIDO SALICÍLICO A PARTIR DEL SAUCE

Durante muchos siglos, para aliviar el dolor y la fiebre se masticaban las hojas o un trozo de corteza de sauce. En el siglo XIX los químicos descubrieron que la salicina era la sustancia de la corteza que aliviaba el dolor. Sin embargo, el cuerpo convierte la salicina en ácido salicílico, que tiene un grupo carboxilo y un grupo hidroxilo que irritan el recubrimiento estomacal. En 1899, la empresa alemana de productos químicos Bayer produjo un éster de ácido salicílico y ácido acético, denominado *ácido acetilsalicílico* (aspirina), que es menos irritante. En algunos preparados de aspirina se agrega un tampón para neutralizar el grupo ácido carboxílico. En la actualidad, la aspirina se usa como analgésico (que alivia el dolor), antipirético (que reduce la fiebre) y antiinflamatorio. Muchas personas toman diariamente una aspirina de dosis baja, que se descubrió que reduce el riesgo de ataque cardiaco y accidente vascular cerebral.

El descubrimiento de la salicina en las hojas y la corteza del sauce condujo al desarrollo de la aspirina.

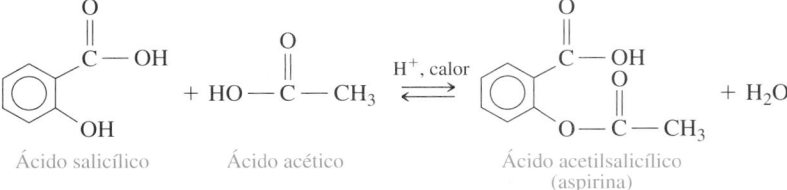

Ácido salicílico   Ácido acético   Ácido acetilsalicílico
(aspirina)

El aceite de gaulteria, o salicilato de metilo, tiene un olor y sabor picantes a menta. Puesto que puede cruzar la piel, el salicilato de metilo se usa en ungüentos para la piel, donde actúa como contrairritante, pues produce calor para dar alivio a músculos doloridos.

Ácido salicílico   Alcohol metílico   Salicilato de metilo
(aceite de gaulteria)

Ungüentos que contienen salicilato de metilo se utilizan para aliviar músculos doloridos.

La química en el ambiente

PLÁSTICOS

El ácido tereftálico (un ácido con dos grupos carboxilo) se produce en grandes cantidades para la fabricación de poliésteres como Dacrón. Cuando el ácido tereftálico reacciona con etilenglicol, se forman enlaces éster en ambos extremos de las moléculas, lo que permite la combinación de muchas moléculas en un polímero largo de poliéster.

El Dacrón, un material sintético producido por primera vez por DuPont en la década de 1960, es un poliéster que se utiliza para fabricar telas de planchado permanente, alfombras y ropa. El planchado permanente es un proceso químico en el que a las telas se les da forma permanente y se tratan para resistir las arrugas. En medicina se hacen vasos sanguíneos y válvulas artificiales de Dacrón, que es biológicamente inerte y no coagula la sangre. El poliéster también puede convertirse en una película llamada Mylar y un plástico conocido como PETE (**poli**etilen**te**reftalato). El PETE se usa en botellas plásticas de bebidas gaseosas y agua, así como para frascos de mantequilla de cacahuate, recipientes de aderezos para ensaladas, champús y líquidos para lavar trastos.

Actualmente el PETE (símbolo de reciclado "1") es el plástico más reciclado. En 2008 se reciclaron más de 2.4×10^9 lb (1.1×10^9 kg)

de PETE. Después de que el PETE se separa de otros plásticos, se utiliza para elaborar artículos útiles, como telas poliéster para camisetas y abrigos, alfombras, relleno para bolsas de dormir, esteras y recipientes para pelotas de tenis.

El Dacrón es un poliéster que se usa en ropa de planchado permanente.

El poliéster, en forma de PETE plástico, se utiliza para fabricar botellas de bebidas gaseosas.

Ácido tereftálico + HO—CH₂—CH₂—OH ⇌ (H⁺, calor)

Etilenglicol

Sección del poliéster Dacrón

Enlaces éster

PREGUNTAS Y PROBLEMAS

16.3 Ésteres

META DE APRENDIZAJE: *Escribir una ecuación química para la formación de un éster.*

16.21 Identifique si cada uno de los compuestos siguientes es aldehído, cetona, ácido carboxílico o éster:

a. $CH_3-\overset{\overset{\displaystyle O}{\|}}{C}-H$

b. $CH_3-\overset{\overset{\displaystyle O}{\|}}{C}-O-CH_3$

c. $CH_3-CH_2-\overset{\overset{\displaystyle O}{\|}}{C}-CH_3$

d. $CH_3-CH_2-\overset{\overset{\displaystyle O}{\|}}{C}-OH$

16.22 Identifique si cada uno de los compuestos siguientes es aldehído, cetona, ácido carboxílico o éster:

a. $CH_3-\overset{\overset{\displaystyle O}{\|}}{C}-OH$

b. $CH_3-\overset{\overset{\displaystyle O}{\|}}{C}-O-CH_2-CH_3$

c. $CH_3-CH_2-\overset{\overset{\displaystyle O}{\|}}{C}-H$

d. $CH_3-\overset{\overset{\displaystyle CH_3}{|}}{CH}-\overset{\overset{\displaystyle O}{\|}}{C}-O-CH_2-CH_3$

16.23 Dibuje la fórmula estructural condensada del éster que se forma cuando cada uno de los ácidos carboxílicos siguientes reacciona con alcohol etílico:
a. ácido acético
b. ácido butírico
c. ácido benzoico

16.24 Dibuje la fórmula estructural condensada del éster que se forma cuando cada uno de los ácidos carboxílicos siguientes reacciona con alcohol metílico:
a. ácido fórmico
b. ácido propiónico
c. ácido 2-metilpentanoico

16.25 Dibuje la fórmula estructural condensada del éster que se forma en cada una de las reacciones siguientes:

a. $CH_3-CH_2-\overset{\overset{\displaystyle O}{\|}}{C}-OH + HO-CH_2-CH_2-CH_3 \overset{H^+, calor}{\rightleftharpoons}$

b. $CH_3-CH_2-CH_2-CH_2-\overset{\overset{\displaystyle O}{\|}}{C}-OH + HO-\overset{\overset{\displaystyle CH_3}{|}}{CH}-CH_3 \overset{H^+, calor}{\rightleftharpoons}$

16.26 Dibuje la fórmula estructural condensada del éster que se forma en cada una de las reacciones siguientes:

a. $CH_3-CH_2-\overset{\overset{O}{\|}}{C}-OH + HO-CH_2-CH_3 \underset{\longleftarrow}{\overset{H^+, calor}{\longrightarrow}}$

b. $\overset{\overset{O}{\|}}{C}-OH + HO-CH_2-CH_2-CH_2-CH_3 \underset{\longleftarrow}{\overset{H^+, calor}{\longrightarrow}}$ (fenilo)

16.27 Proporcione los nombres IUPAC y común, si lo hay, del ácido carboxílico y el alcohol necesarios para producir cada uno de los ésteres siguientes:

a. $H-\overset{\overset{O}{\|}}{C}-O-CH_3$ **b.** $CH_3-\overset{\overset{O}{\|}}{C}-O-CH_3$

c. $CH_3-CH_2-CH_2-\overset{\overset{O}{\|}}{C}-O-CH_3$

d. $CH_3-\overset{\overset{CH_3}{|}}{CH}-CH_2-\overset{\overset{O}{\|}}{C}-O-CH_2-CH_3$

16.28 Proporcione los nombres IUPAC y común, si lo hay, del ácido carboxílico y el alcohol necesarios para producir cada uno de los ésteres siguientes:

a. $CH_3-CH_2-\overset{\overset{O}{\|}}{C}-O-CH_2-CH_3$

b. $CH_3-CH_2-CH_2-CH_2-CH_2-\overset{\overset{O}{\|}}{C}-O-CH_3$

c. $CH_3-CH_2-\overset{\overset{O}{\|}}{\underset{\underset{CH_3}{|}}{CH}}-\overset{\overset{O}{\|}}{C}-O-CH_3$

d. $CH_3-CH_2-\overset{\overset{O}{\|}}{C}-O-CH_2-CH_2-CH_2-CH_3$

16.4 Nomenclatura de ésteres

El nombre de un éster consta de dos palabras que se derivan de los nombres del alcohol y el ácido en dicho éster. La primera palabra es la parte *carboxilato* del ácido carboxílico. La segunda palabra indica la parte *alquilo* del alcohol. Los nombres IUPAC de los ésteres usan los nombres IUPAC de la cadena de carbono del ácido, en tanto que en los nombres comunes de los ésteres se utilizan los nombres comunes de los ácidos. Observe el siguiente éster, que tiene un olor afrutado. Comience por separar el enlace éster en dos partes, que producen el alquilo del alcohol y el carboxilato del ácido. Luego nombre el éster como un carboxilato alquilo.

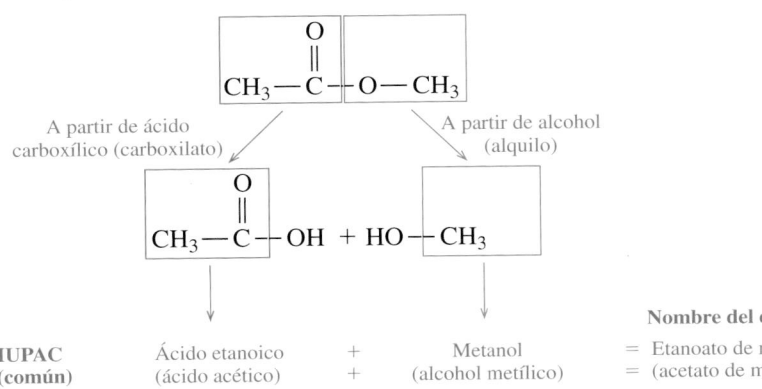

TUTORIAL
Naming Esters

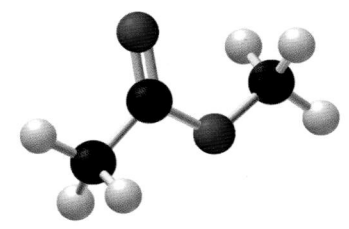

Etanoato de metilo
(acetato de metilo)

Los ejemplos siguientes de algunos ésteres representativos muestran los nombres IUPAC y comunes de ésteres:

$CH_3-\overset{\overset{O}{\|}}{C}-O-CH_2-CH_2$
Etanoato de etilo
(acetato de etilo)

$CH_3-CH_2-\overset{\overset{O}{\|}}{C}-O-CH_3$
Propanoato de metilo
(propionato de metilo)

$\overset{\overset{O}{\|}}{C}-O-CH_2-CH_3$ (benceno)
Benzoato de etilo

Muchas de las fragancias de perfumes y flores, así como los sabores de frutas, se deben a ésteres. Los ésteres pequeños son volátiles, de modo que uno puede olerlos, y son solubles en agua, de modo que pueden saborearse. En la tabla 16.3 se presentan varios ésteres y sus sabores y olores.

TABLA 16.3 Algunos ésteres en frutas y saborizantes

Fórmula estructural condensada y nombre	Sabor/olor
$$CH_3 - \overset{\overset{\displaystyle O}{\|}}{C} - O - CH_2 - CH_2 - CH_3$$ Etanoato de propilo (acetato de propilo)	Peras
$$CH_3 - \overset{\overset{\displaystyle O}{\|}}{C} - O - CH_2 - CH_2 - CH_2 - CH_2 - CH_3$$ Etanoato de pentilo (acetato de pentilo)	Plátanos
$$CH_3 - \overset{\overset{\displaystyle O}{\|}}{C} - O - CH_2 - CH_2 - CH_2 - CH_2 - CH_2 - CH_2 - CH_2 - CH_3$$ Etanoato de octilo (acetato de octilo)	Naranjas
$$CH_3 - CH_2 - CH_2 - \overset{\overset{\displaystyle O}{\|}}{C} - O - CH_2 - CH_3$$ Butanoato de etilo (butirato de etilo)	Piñas
$$CH_3 - CH_2 - CH_2 - \overset{\overset{\displaystyle O}{\|}}{C} - O - CH_2 - CH_2 - CH_2 - CH_2 - CH_3$$ Butanoato de pentilo (butirato de pentilo)	Albaricoques

Ésteres como el butanoato de etilo proporcionan el olor y sabor de muchas frutas como las piñas.

EJEMPLO DE PROBLEMA 16.6 Cómo nombrar ésteres

¿Cuáles son los nombres IUPAC y común del siguiente éster?

$$CH_3 - CH_2 - \overset{\overset{\displaystyle O}{\|}}{C} - O - CH_2 - CH_2 - CH_3$$

SOLUCIÓN

Análisis del problema

Familia	Nomenclatura IUPAC	Nombre IUPAC
Éster	Elimine la palabra *ácido* y cambie la terminación *ico* del nombre del ácido por *ato* y agregue la palabra *de*, luego escriba el nombre alquilo para la cadena de carbono del alcohol.	Carboxilato de alquilo

Guía para nombrar ésteres

1 Elimine la palabra *ácido*, cambie la terminación *ico* del nombre del ácido por *ato* y agregue la palabra *de*.

2 Escriba el nombre de la cadena de carbono, formada a partir del alcohol, como un grupo *alquilo*.

Paso 1 **Elimine la palabra *ácido*, cambie la terminación *ico* del nombre del ácido por *ato* y agregue la palabra *de*.** El ácido carboxílico que se usa para el éster es ácido propanoico, que tiene tres átomos de carbono. Al eliminar la palabra *ácido*, cambiar la terminación *ico* por *ato* y agregar la palabra *de*, se obtiene propanoato de.

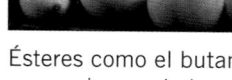

Propanoato de

Paso 2 **Escriba el nombre de la cadena de carbono, formada a partir del alcohol, como un grupo *alquilo*.** El alcohol que se usa para el éster es propanol, que tiene una cadena de tres carbonos llamada propilo. Por tanto, el nombre IUPAC es propanoato de propilo. Se elimina la palabra *ácido*, se sustituye la terminación *ico* del nombre común del ácido propiónico con la terminación *ato* y se agrega la palabra *de*, con lo que se obtiene propionato de. El nombre común del éster es propionato de propilo.

$$CH_3-CH_2-\overset{\overset{\displaystyle O}{\|}}{C}-O-CH_2-CH_2-CH_3$$

Propanoato de propilo

Propionato de propilo

El olor de las uvas se debe al heptanoato de etilo.

COMPROBACIÓN DE ESTUDIO 16.6

Dibuje la fórmula estructural condensada del heptanoato de etilo que da el olor y el sabor a las uvas.

PREGUNTAS Y PROBLEMAS

16.4 Nomenclatura de ésteres

META DE APRENDIZAJE: *Escribir los nombres IUPAC y comunes de los ésteres; dibujar las fórmulas estructurales condensadas.*

16.29 Proporcione los nombres IUPAC y común, si lo hay, de cada uno de los ésteres siguientes:

a. $H-\overset{\overset{\displaystyle O}{\|}}{C}-O-CH_3$ **b.** $CH_3-CH_2-\overset{\overset{\displaystyle O}{\|}}{C}-O-CH_2-CH_3$

c. $CH_3-CH_2-CH_2-\overset{\overset{\displaystyle O}{\|}}{C}-O-CH_3$

d. $CH_3-CH_2-CH_2-CH_2-\overset{\overset{\displaystyle O}{\|}}{C}-O-CH_2-\overset{\overset{\displaystyle CH_3}{|}}{CH}-CH_3$

16.30 Proporcione los nombres IUPAC y común, si lo hay, de cada uno de los ésteres siguientes:

a. $CH_3-CH_2-CH_2-\overset{\overset{\displaystyle O}{\|}}{C}-O-CH_2-CH_3$

b. $CH_3-CH_2-CH_2-CH_2-CH_2-\overset{\overset{\displaystyle O}{\|}}{C}-O-CH_3$

c. $CH_3-\overset{\overset{\displaystyle CH_3}{|}}{CH}-CH_2-\overset{\overset{\displaystyle O}{\|}}{C}-O-CH_3$

d. $CH_3-CH_2-\overset{\overset{\displaystyle O}{\|}}{C}-O-CH_2-CH_2-CH_2-CH_3$

16.31 Dibuje la fórmula estructural condensada de cada uno de los compuestos siguientes:
   a. acetato de metilo   **b.** formiato de butilo
   c. pentanoato de etilo   **d.** propanoato de 2-bromopropilo

16.32 Dibuje la fórmula estructural condensada de cada uno de los compuestos siguientes:
   a. acetato de hexilo   **b.** propionato de propilo
   c. 2-hidroxibutanoato de etilo   **d.** benzoato de metilo

16.33 ¿Cuál es el éster que confiere el sabor y el olor a cada una de las frutas siguientes?
   a. plátano   **b.** naranja
   c. albaricoque

16.34 ¿Qué sabor apreciaría si huele o prueba cada uno de los ésteres siguientes?
   a. butanoato de etilo   **b.** acetato de propilo
   c. acetato de octilo

16.5 Propiedades de los ésteres

Los ésteres tienen puntos de ebullición más altos que los de alcanos y éteres, pero más bajos que los de alcoholes y ácidos carboxílicos de masa similar. Puesto que las moléculas de éster no tienen grupos hidroxilo, no pueden formar enlaces por puente de hidrógeno entre ellas.

META DE APRENDIZAJE

Describir los puntos de ebullición y la solubilidad de los ésteres; dibujar las fórmulas estructurales condensadas de los productos de la hidrólisis.

	$CH_3-CH_2-CH_2-CH_3$	$H-\overset{\overset{\displaystyle O}{\|}}{C}-O-CH_3$	$CH_3-CH_2-CH_2-OH$	$CH_3-\overset{\overset{\displaystyle O}{\|}}{C}-OH$
Nombre	Butano	Metanoato de metilo	1-propanol	Ácido etanoico
Masa molar	58	60	60	60
Familia	Alcano	Éster	Alcohol	Ácido carboxílico
pe	0 °C	32 °C	97 °C	118 °C

Aumento en puntos de ebullición →

Solubilidad en agua

Los ésteres con uno a cinco átomos de carbono en su cadena son solubles en agua. El oxígeno parcialmente negativo del grupo carbonilo forma enlaces por puente de hidrógeno con los átomos de hidrógeno parcialmente positivos de las moléculas de agua. La solubilidad de los ésteres disminuye a medida que aumenta el número de átomos de carbono.

Hidrólisis ácida de ésteres

TUTORIAL
Hydrolysis of Esters

Cuando los ésteres reaccionan con agua en presencia de un ácido fuerte, por lo general H_2SO_4 o HCl, ocurre lo que se conoce como *hidrólisis*. En la **hidrólisis**, el agua reacciona con un éster para formar un ácido carboxílico y un alcohol. Por tanto, la hidrólisis es el inverso de la reacción de esterificación. Durante la hidrólisis, una molécula de agua proporciona —OH para convertir el grupo carbonilo del éster a un grupo carboxilo. De acuerdo con el principio de Le Châtelier, una gran cantidad de agua desplazará el equilibrio en la dirección de la formación de los productos ácido carboxílico y alcohol. Cuando la hidrólisis de compuestos biológicos ocurre en las células, una enzima sustituye el ácido como catalizador.

$$CH_3-\overset{\overset{\text{O}}{\|}}{C}-O-CH_3 + H-OH \underset{}{\overset{H^+,\ calor}{\rightleftharpoons}} CH_3-\overset{\overset{\text{O}}{\|}}{C}-OH + CH_3-OH$$

Etanoato de metilo   Agua   Ácido etanoico   Metanol
(acetato de metilo)   (ácido acético)   (alcohol metílico)

EJEMPLO DE PROBLEMA 16.7   Hidrólisis ácida de ésteres

La aspirina almacenada durante mucho tiempo puede experimentar hidrólisis en presencia de agua y calor. ¿Cuáles son los productos de la hidrólisis de la aspirina? ¿Por qué un frasco de aspirina vieja huele a vinagre?

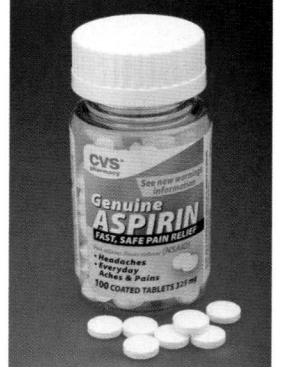

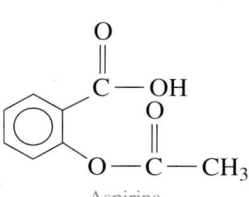

Aspirina
(ácido acetilsalicílico)

La aspirina almacenada en un lugar húmedo y caliente puede experimentar hidrólisis.

SOLUCIÓN

Análisis del problema

Hidrólisis	Reactivos		Productos	
General	Éster	H_2O	Ácido carboxílico	Alcohol

Para escribir los productos de la hidrólisis, se separa el compuesto en el enlace éster. Para completar la fórmula del ácido carboxílico se agrega —OH (del agua) al grupo carbonilo y —H para completar el alcohol. El ácido acético de los productos confiere el olor a vinagre a una muestra de aspirina hidrolizada.

$$
\underset{\substack{\text{Aspirina}}}{\text{(estructura)}} + \mathbf{H-OH} \xrightarrow[\text{H}^+,\ \text{calor}]{} \underset{\substack{\text{Ácido salicílico}}}{\text{(estructura)}} + \mathbf{HO-}\underset{\substack{\text{Ácido acético}}}{\overset{\displaystyle O}{\overset{\|}{C}}-CH_3}
$$

Aquí
se separa

COMPROBACIÓN DE ESTUDIO 16.7

¿Cuáles son los nombres de los productos de la hidrólisis ácida del propanoato de etilo (propionato de etilo)?

Hidrólisis básica de ésteres (saponificación)

Cuando un éster experimenta hidrólisis con una base fuerte como NaOH o KOH, los productos son la sal carboxilato y el alcohol correspondiente. Esta hidrólisis en un ambiente básico también se llama **saponificación**, como se conoce a la reacción de un ácido graso de cadena larga con NaOH para elaborar jabón. Por tanto, un ácido carboxílico, que se produce en hidrólisis ácida, se convierte en su sal carboxilato cuando se neutraliza mediante una base fuerte.

Éster   + Base fuerte ⟶ Sal carboxilato + Alcohol

$$
\underset{\substack{\text{Etanoato de metilo}\\ \text{(acetato de metilo)}}}{CH_3-\overset{\displaystyle O}{\overset{\|}{C}}-O-CH_3} + \underset{\substack{\text{Hidróxido de sodio}}}{NaOH} \xrightarrow{\text{Calor}} \underset{\substack{\text{Etanoato de sodio}\\ \text{(acetato de sodio)}}}{CH_3-\overset{\displaystyle O}{\overset{\|}{C}}-O^-Na^+} + \underset{\substack{\text{Metanol}\\ \text{(alcohol metílico)}}}{CH_3-OH}
$$

Hidrólisis de ésteres

El metanoato de etilo es uno de los ésteres que da el sabor a las frambuesas. Nombre los productos de cada una de las reacciones de metanoato de etilo siguientes:

a. hidrólisis ácida con HCl
b. saponificación con KOH

RESPUESTA

a. Los productos de la hidrólisis ácida del metanoato de etilo son el alcohol, etanol y el ácido carboxílico, ácido metanoico.

b. Los productos de la hidrólisis básica (saponificación) del metanoato de etilo con KOH son el alcohol, etanol y la sal carboxilato, metanoato de potasio.

El sabor de las frambuesas se debe al metanoato de etilo.

Hidrólisis básica de ésteres

El acetato de etilo es un solvente que se utiliza en barniz de uñas, plásticos y lacas. Escriba la ecuación para la hidrólisis del acetato de etilo con NaOH.

SOLUCIÓN

Análisis del problema

Hidrólisis básica de un éster	Reactivos		Productos	
General	Éster	Base	Sal carboxilato	Alcohol

El acetato de etilo es el solvente del barniz de uñas.

$$CH_3-\overset{\overset{\displaystyle O}{\|}}{C}-O-CH_2-CH_3 + NaOH \xrightarrow{\text{Calor}} CH_3-\overset{\overset{\displaystyle O}{\|}}{C}-O^-Na^+ + HO-CH_2-CH_3$$

Etanoato de etilo
(acetato de etilo)

Etanoato de sodio
(acetato de sodio)

Etanol
(alcohol etílico)

COMPROBACIÓN DE ESTUDIO 16.8

Dibuje las fórmulas estructurales condensadas de los productos de la hidrólisis de benzoato de metilo con KOH.

La química en el ambiente

ACCIÓN LIMPIADORA DE LOS JABONES

Durante muchos siglos, para elaborar jabones se calentaba una mezcla de grasas animales (sebo) con lejía, una disolución básica que se obtiene al filtrar cenizas de madera. En el proceso de elaboración de jabón, los ácidos grasos, que son ácidos carboxílicos de cadena larga, experimentan saponificación con la base fuerte de la lejía.

$$\begin{array}{l} CH_2-O-\overset{\overset{\displaystyle O}{\|}}{C}-(CH_2)_{14}-CH_3 \\ \quad \overset{\overset{\displaystyle O}{\|}}{} \\ CH-O-\overset{\overset{\displaystyle O}{\|}}{C}-(CH_2)_{14}-CH_3 + \textbf{3NaOH} \\ \quad \overset{\overset{\displaystyle O}{\|}}{} \\ CH_2-O-\overset{\overset{\displaystyle O}{\|}}{C}-(CH_2)_{14}-CH_3 \end{array} \longrightarrow \begin{array}{l} CH_2-OH \\ \\ CH-OH \\ \\ CH_2-OH \end{array} + \textbf{3Na}^+\; {}^-O-\overset{\overset{\displaystyle O}{\|}}{C}-(CH_2)_{14}-CH_3$$

Cabeza polar
(hidrofílica)

Cola no polar
(hidrofóbica)

Grasa   +   base fuerte   ⟶   glicerol   +   sales carboxilato (jabones)

Habitualmente los jabones se preparan con grasas como aceite de coco, al que se agregan perfumes para elaborar un producto con olor agradable. Se dice que el jabón es la sal de un ácido graso de cadena larga porque tiene una cadena parecida a hidrocarburo largo con un extremo carboxilato negativo, combinada con un ión positivo de sodio o potasio. El jabón tiene propiedades dobles porque partes de la molécula de jabón tienen diferentes solubilidades. El extremo carboxilato sodio o potasio es iónico y muy soluble en agua ("hidrofílico"), pero no es soluble en aceites o grasa. Sin embargo, el extremo de hidrocarburo largo no es soluble en agua ("hidrofóbico"), pero es soluble en sustancias no polares como aceite o grasa.

Cuando se usa jabón, las colas hidrocarburo de las moléculas de jabón se disuelven en las grasas y aceites no polares que acompañan la mugre. Las moléculas de jabón recubren el aceite o grasa, y forman cúmulos que se denominan *micelas*, en las que los extremos de la sal que tienen afinidad por el agua de las moléculas de jabón se extienden hacia afuera, donde pueden disolverse en agua. Como resultado, pequeños glóbulos de aceite y grasa recubiertos con moléculas de jabón son llevados hacia el agua y enjuagados. Uno de los problemas con el uso de jabones es que el extremo carboxilato puede reaccionar con los iones en el agua, como Ca^{2+} y Mg^{2+}, y formar sustancias insolubles. Esto no ocurre con los detergentes.

$$2CH_3(CH_2)_{16}COO^- + Mg^{2+} \longrightarrow [CH_3(CH_2)_{16}COO^-]_2 Mg^{2+}$$

Ión estearato   Ión magnesio   Estearato de magnesio
(insoluble)

Molécula de jabón

Cadena de ácido graso

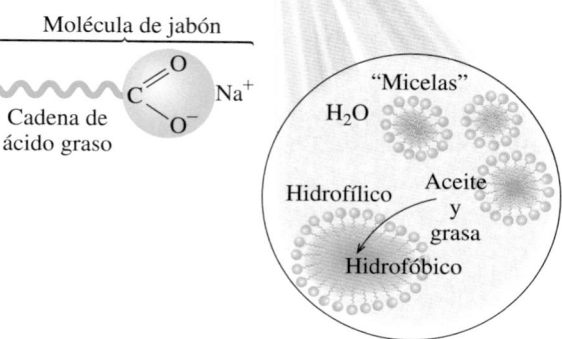

"Micelas"

H_2O

Hidrofílico   Aceite y grasa

Hidrofóbico

Las colas de hidrocarburo de las moléculas de jabón se disuelven en grasa y aceite para formar micelas, que son llevadas por sus cabezas iónicas hacia el agua para ser así enjuagadas.

PREGUNTAS Y PROBLEMAS

16.5 Propiedades de los ésteres

META DE APRENDIZAJE: *Describir los puntos de ebullición y la solubilidad de los ésteres; dibujar las fórmulas estructurales condensadas de los productos de hidrólisis.*

16.35 Para cada uno de los pares de compuestos siguientes, seleccione el compuesto que tenga el punto de ebullición más alto:

a. $CH_3-\overset{O}{\overset{\|}{C}}-O-CH_3$ o $CH_3-CH_2-\overset{O}{\overset{\|}{C}}-OH$

b. $CH_3-\overset{O}{\overset{\|}{C}}-O-CH_3$ o $CH_3-CH_2-CH_2-CH_2-OH$

c. $CH_3-CH_2-CH_2-CH_2-CH_3$ o $CH_3-\overset{O}{\overset{\|}{C}}-O-CH_3$

16.36 Para cada uno de los pares de compuestos siguientes, seleccione el compuesto que tenga el punto de ebullición más alto:

a. $H-\overset{O}{\overset{\|}{C}}-O-CH_3$ o $CH_3-CH_2-CH_2-OH$

b. $CH_3-\overset{O}{\overset{\|}{C}}-O-CH_3$ o $CH_3-CH_2-\overset{O}{\overset{\|}{C}}-OH$

c. $CH_3-O-CH_2-CH_3$ o $H-\overset{O}{\overset{\|}{C}}-O-CH_3$

16.37 ¿Cuáles son los productos de la hidrólisis ácida de un éster?

16.38 ¿Cuáles son los productos de la hidrólisis básica de un éster?

16.39 Dibuje las fórmulas estructurales condensadas de los productos de la hidrólisis catalizada con ácido o base de cada uno de los compuestos siguientes:

a. $CH_3-CH_2-\overset{O}{\overset{\|}{C}}-O-CH_3 + NaOH \xrightarrow{Calor}$

b. $CH_3-\overset{O}{\overset{\|}{C}}-O-CH_2-CH_2-CH_3 + H_2O \xrightarrow{H^+, calor}$

c. $CH_3-CH_2-CH_2-\overset{O}{\overset{\|}{C}}-O-CH_2-CH_3 + H_2O \xrightarrow{H^+, calor}$

d. $\text{C}_6\text{H}_5-\overset{O}{\overset{\|}{C}}-O-CH_2-CH_3 + H_2O \xrightarrow{H^+, calor}$

e. $\text{C}_6\text{H}_5-\overset{O}{\overset{\|}{C}}-O-CH_2-CH_3 + NaOH \xrightarrow{Calor}$

16.40 Dibuje las fórmulas estructurales condensadas de los productos de la hidrólisis catalizada con ácido o base de cada uno de los compuestos siguientes:

a. $CH_3-CH_2-\overset{O}{\overset{\|}{C}}-O-CH_2-CH_2-CH_2-CH_3 + H_2O \xrightarrow{H^+, calor}$

b. $H-\overset{O}{\overset{\|}{C}}-O-CH_2-CH_2-CH_3 + NaOH \xrightarrow{Calor}$

c. $CH_3-CH_2-\overset{O}{\overset{\|}{C}}-O-CH_3 + H_2O \xrightarrow{H^+, calor}$

d. $CH_3-CH_2-\overset{O}{\overset{\|}{C}}-O-\text{C}_6\text{H}_5 + H_2O \xrightarrow{H^+, calor}$

e. $\text{C}_6\text{H}_5-CH_2-\overset{O}{\overset{\|}{C}}-O-CH_2-CH_3 + NaOH \xrightarrow{Calor}$

MAPA CONCEPTUAL

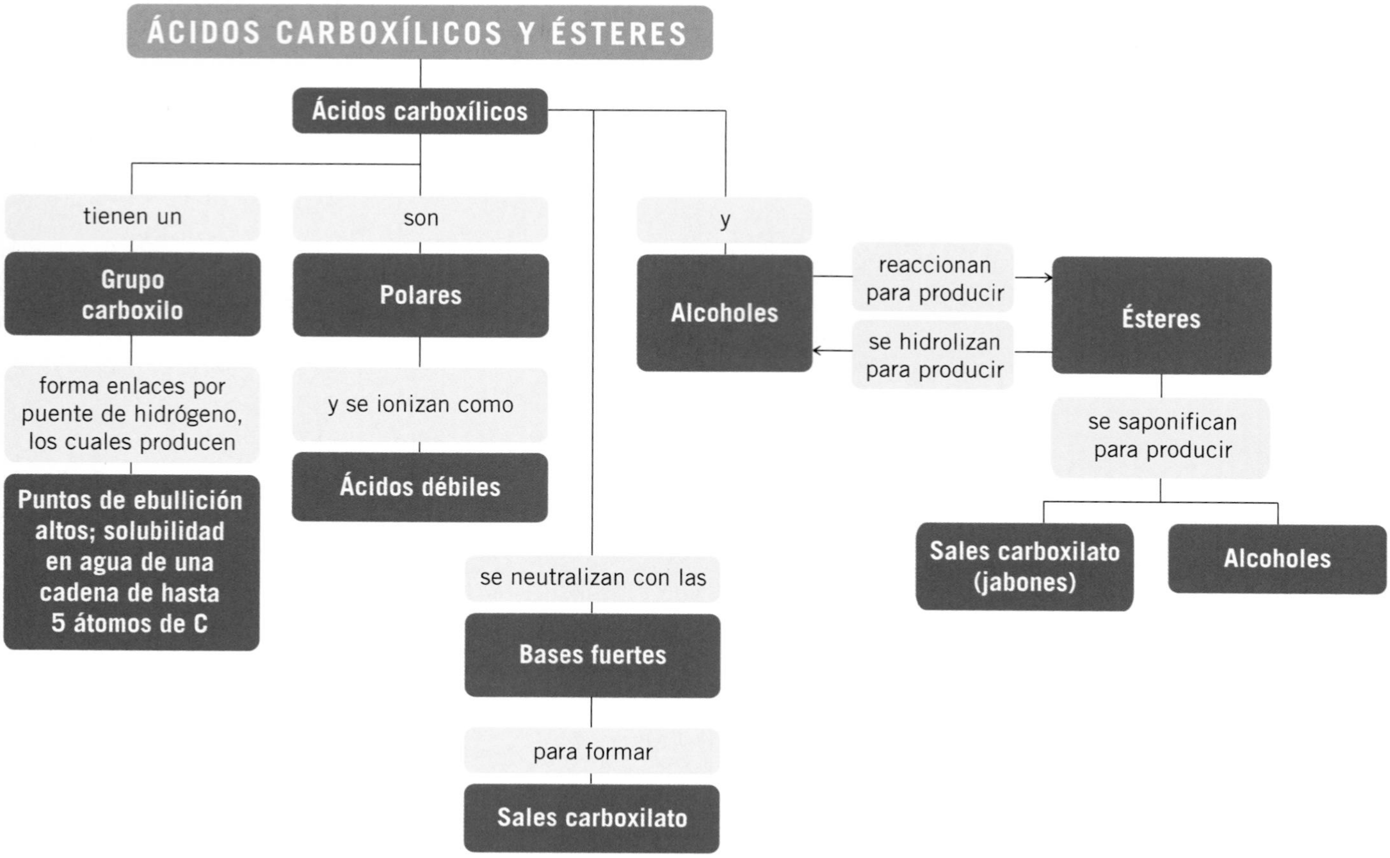

ÁCIDOS CARBOXÍLICOS Y ÉSTERES

Ácidos carboxílicos

tienen un

Grupo carboxilo

forma enlaces por puente de hidrógeno, los cuales producen

Puntos de ebullición altos; solubilidad en agua de una cadena de hasta 5 átomos de C

son

Polares

y se ionizan como

Ácidos débiles

se neutralizan con las

Bases fuertes

para formar

Sales carboxilato

y

Alcoholes

reaccionan para producir →

se hidrolizan para producir ←

Ésteres

se saponifican para producir

Sales carboxilato (jabones)

Alcoholes

REPASO DEL CAPÍTULO

16.1 Ácidos carboxílicos

META DE APRENDIZAJE: Proporcionar los nombres comunes y los nombres IUPAC, y dibujar las fórmulas estructurales condensadas de los ácidos carboxílicos.

- Un ácido carboxílico contiene el grupo funcional carboxilo, que es un grupo hidroxilo unido a un grupo carbonilo.
- Para obtener el nombre IUPAC de un ácido carboxílico se sustituye la terminación *o* en el nombre del alcano con la terminación *oico*, después de la palabra *ácido*.
- Los nombres comunes de los ácidos carboxílicos con uno a cuatro átomos de carbono son: ácido fórmico, ácido acético, ácido propiónico y ácido butírico.

16.2 Propiedades de los ácidos carboxílicos

META DE APRENDIZAJE: Describir los puntos de ebullición, la solubilidad y la ionización de los ácidos carboxílicos en agua.

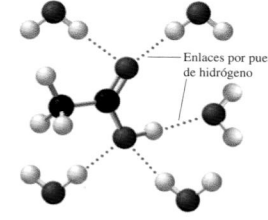
Enlaces por puente de hidrógeno

- El grupo carboxilo contiene enlaces polares de O — H y C $=$ O, que forman ácidos carboxílicos con uno a cinco átomos de carbono en la cadena soluble en agua.
- Como ácidos débiles, los ácidos carboxílicos se ionizan un poco al donar un protón al agua para formar iones carboxilato e hidronio.
- Los ácidos carboxílicos se neutralizan mediante bases, lo que produce una sal carboxilato y agua.

16.3 Ésteres

META DE APRENDIZAJE: Escribir una ecuación química para la formación de un éster.

- En un éster, un grupo alquilo o aromático sustituye el H del grupo hidroxilo de un ácido carboxílico.
- En presencia de un ácido fuerte, un ácido carboxílico reacciona con un alcohol para producir un éster y una molécula de agua a partir del —OH eliminado del ácido carboxílico, y el —H eliminado de la molécula del alcohol.

16.4 Nomenclatura de ésteres

META DE APRENDIZAJE: Escribir los nombres IUPAC y comunes de los ésteres; dibujar las fórmulas estructurales condensadas.

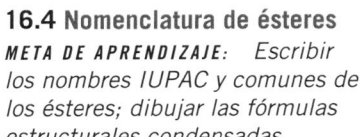

Etanoato de metilo
(acetato de metilo)

- Los nombres de ésteres constan de dos palabras: el nombre del carboxilato obtenido al sustituir ácido -*ico* con *ato* y el grupo alquilo del alcohol.

16.5 Propiedades de los ésteres

META DE APRENDIZAJE: Describir los puntos de ebullición y la solubilidad de los ésteres; dibujar las fórmulas estructurales condensadas de los productos de hidrólisis.

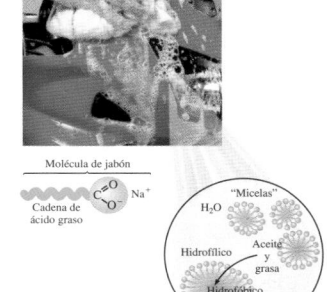

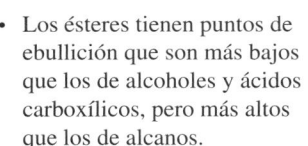

Molécula de jabón

Cadena de ácido graso

"Micelas"
H_2O
Hidrofílico
Aceite y grasa
Hidrofóbico

- Los ésteres tienen puntos de ebullición que son más bajos que los de alcoholes y ácidos carboxílicos, pero más altos que los de alcanos.
- Los ésteres con uno a cinco átomos de carbono en su cadena son solubles en agua.
- Los ésteres experimentan hidrólisis ácida al agregar agua para producir el ácido carboxílico y alcohol (o fenol).
- La hidrólisis básica, o saponificación, de un éster produce la sal carboxilato y un alcohol.

RESUMEN DE NOMENCLATURA

Familia	Fórmula estructural condensada	Nombre IUPAC	Nombre común
Ácido carboxílico	$CH_3-\overset{\overset{\displaystyle O}{\|\|}}{C}-OH$	Ácido etanoico	Ácido acético
Sal carboxilato	$CH_3-\overset{\overset{\displaystyle O}{\|\|}}{C}-O^-Na^+$	Etanoato de sodio	Acetato de sodio
Éster	$CH_3-\overset{\overset{\displaystyle O}{\|\|}}{C}-O-CH_3$	Etanoato de metilo	Acetato de metilo

RESUMEN DE REACCIONES

Ionización de un ácido carboxílico en agua

$$CH_3-\overset{\overset{\displaystyle O}{\|\|}}{C}-OH + H_2O \rightleftharpoons CH_3-\overset{\overset{\displaystyle O}{\|\|}}{C}-O^- + H_3O^+$$

Ácido etanoico
(ácido acético)

Ión etanoato
(ión acetato)

Ión hidronio

Neutralización de un ácido carboxílico

$$CH_3-CH_2-\overset{\overset{\displaystyle O}{\|\|}}{C}-OH + NaOH \longrightarrow CH_3-CH_2-\overset{\overset{\displaystyle O}{\|\|}}{C}-O^-Na^+ + H_2O$$

Ácido propanoico
(ácido propiónico)

Hidróxido de sodio

Propanoato de sodio
(propionato de sodio)

Esterificación: ácido carboxílico y un alcohol

$$CH_3-\overset{\overset{\displaystyle O}{\|}}{C}-OH \ + \ HO-CH_3 \ \underset{}{\overset{H^+,\ calor}{\rightleftharpoons}} \ CH_3-\overset{\overset{\displaystyle O}{\|}}{C}-O-CH_3 \ + \ H_2O$$

| Ácido etanoico
(ácido acético) | Metanol
(alcohol metílico) | Etanoato de metilo
(acetato de metilo) |

Hidrólisis ácida de un éster

$$CH_3-\overset{\overset{\displaystyle O}{\|}}{C}-O-CH_3 \ + \ H-OH \ \underset{}{\overset{H^+,\ calor}{\rightleftharpoons}} \ CH_3-\overset{\overset{\displaystyle O}{\|}}{C}-OH \ + \ HO-CH_3$$

| Etanoato de metilo
(acetato de metilo) | | Ácido etanoico
(ácido acético) | Metanol
(alcohol metílico) |

Hidrólisis básica de un éster (saponificación)

$$CH_3-CH_2-\overset{\overset{\displaystyle O}{\|}}{C}-O-CH_3 \ + \ NaOH \ \overset{Calor}{\longrightarrow} \ CH_3-CH_2-\overset{\overset{\displaystyle O}{\|}}{C}-O^-Na^+ \ + \ HO-CH_3$$

| Propanoato de metilo
(propionato de metilo) | Hidróxido
de sodio | Propanoato de sodio
(propionato de sodio) | Metanol
(alcohol metílico) |

TÉRMINOS CLAVE

ácido carboxílico Compuesto orgánico que contiene el grupo carboxilo.

éster Compuesto orgánico en el que un grupo alquilo o aromático sustituye el átomo de hidrógeno en un ácido carboxílico.

esterificación Formación de un éster a partir de un ácido carboxílico y un alcohol con la eliminación de una molécula de agua en presencia de un catalizador ácido.

grupo carboxilo Grupo funcional que se encuentra en los ácidos carboxílicos compuestos de grupos carbonilo e hidroxilo.

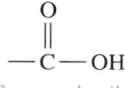
$$-\overset{\overset{\displaystyle O}{\|}}{C}-OH$$
Grupo carboxilo

hidrólisis División de una molécula por la adición de agua. Los ésteres se hidrolizan para producir un ácido carboxílico y un alcohol.

ión carboxilato Anión producido cuando un ácido carboxílico dona un protón al agua.

sal de ácido carboxílico (sal carboxilato) Producto de la neutralización de un ácido carboxílico, que es un ión carboxilato y el ión metal de la base.

saponificación Hidrólisis de un éster con una base fuerte para producir una sal carboxilato y un alcohol.

COMPRENSIÓN DE CONCEPTOS

Las secciones del capítulo que se deben revisar se muestran entre paréntesis al final de la pregunta.

16.41 Dibuje las fórmulas estructurales condensadas y proporcione los nombres IUPAC de dos isómeros estructurales de los ácidos carboxílicos que tienen la fórmula molecular $C_4H_8O_2$. (16.1)

16.42 Dibuje las fórmulas estructurales condensadas y proporcione los nombres IUPAC de cuatro isómeros estructurales de los ésteres que tienen la fórmula molecular $C_5H_{10}O_2$. (16.1)

16.43 Dibuje las fórmulas estructurales condensadas y proporcione los nombres IUPAC de dos isómeros estructurales de los ésteres que tienen la fórmula molecular $C_3H_6O_2$. (16.2, 16.3)

16.44 Dibuje las fórmulas estructurales condensadas y proporcione los nombres IUPAC de cuatro isómeros estructurales de los ésteres que tienen la fórmula molecular $C_4H_8O_2$. (16.2, 16.3)

16.45 El éster butanoato de metilo tiene olor y sabor de fresas. (16.1, 16.2, 16.3, 16.5)

a. Dibuje la fórmula estructural condensada del butanoato de metilo.

b. Proporcione el nombre IUPAC del ácido carboxílico y el alcohol utilizados para preparar butanoato de metilo.

c. Escriba una ecuación balanceada para la hidrólisis ácida del butanoato de metilo.

16.46 La droga hidrocloruro de cocaína se hidroliza en el aire para producir benzoato de metilo. Su olor, que es parecido al de la piña y la guayaba, se usa para entrenar a los perros que detectan drogas por el olor. (16.1, 16.2, 16.3, 16.5)

a. Dibuje la fórmula estructural condensada del benzoato de metilo.

b. Proporcione el nombre del ácido carboxílico y el alcohol utilizados para preparar benzoato de metilo.

c. Escriba una ecuación balanceada para la hidrólisis ácida del benzoato de metilo.

PREGUNTAS Y PROBLEMAS ADICIONALES

Visite www.masteringchemistry.com para acceder a materiales de autoaprendizaje y tareas asignadas por el instructor.

16.47 Proporcione los nombres IUPAC y comunes (si los hay) de cada uno de los compuestos siguientes: (16.1, 16.4)

a. $CH_3-CH(CH_3)-CH_2-C(=O)-OH$

b. $C_6H_5-C(=O)-O-CH_2-CH_3$

c. $CH_3-CH_2-C(=O)-O-CH_2-CH_3$

d. $C_6H_4(COOH)(Cl)$

e. $CH_3-CH(OH)-CH_2-CH_2-C(=O)-OH$

f. $CH_3-C(=O)-O-CH(CH_3)-CH_3$

16.48 Proporcione los nombres IUPAC y comunes (si los hay) de cada uno de los compuestos siguientes: (16.1, 16.4)

a. $CH_3-CH(CH_3)-CH_2-CH_2-C(=O)-OH$

b. $C_6H_3(C(=O)OH)(Cl)_2$

c. $C_6H_5-C(=O)-O-CH_3$

d. $CH_3-CH_2-CH_2-C(=O)-O-CH_3$

e. $CH_3-CH(CH_3)-CH_2-C(=O)-O-CH_2-CH_3$

f. $CH_3-CH(CH_3)-CH_2-CH(OH)-C(=O)-OH$

16.49 Dibuje las fórmulas estructurales condensadas de al menos tres ácidos carboxílicos que tengan la fórmula molecular $C_5H_{10}O_2$. (16.1)

16.50 Dibuje las fórmulas estructurales condensadas del ácido carboxílico y el éster que tienen la fórmula $C_2H_4O_2$. (16.1, 16.3, 16.4)

16.51 Dibuje la fórmula estructural condensada de cada uno de los compuestos siguientes: (16.1, 16.3, 16.4)

a. hexanoato de metilo
b. ácido *p*-clorobenzoico
c. ácido β-cloropropiónico
d. butanoato de etilo
e. ácido 3-metilpentanoico
f. benzoato de etilo

16.52 Dibuje la fórmula estructural condensada de cada uno de los compuestos siguientes: (16.1, 16.3, 16.4)

a. ácido α-bromobutírico
b. butirato de etilo
c. ácido 2-metiloctanoico
d. ácido 3,5-dimetilhexanoico
e. acetato de propilo
f. ácido 3,4-dibromobenzoico

16.53 Para cada uno de los pares siguientes, identifique el compuesto que tendría el punto de ebullición más alto. Explique. (16.5)

a. $CH_3-CH_2-CH_2-OH$ o $CH_3-C(=O)-OH$

b. $CH_3-CH_2-CH_2-CH_3$ o $CH_3-C(=O)-OH$

16.54 Para cada uno de los pares siguientes, identifique el compuesto que tendría el punto de ebullición más alto. Explique. (16.5)

a. $CH_3-CH(OH)-CH_3$ o $H-C(=O)-O-CH_3$

b. $H-C(=O)-O-CH_3$ o $CH_3-CH_2-CH_2-CH_3$

16.55 Ácido acético, formiato de metilo y 1-propanol tienen todos la misma masa molar. Los posibles puntos de ebullición son 32 °C, 97 °C y 118 °C. Relacione los compuestos con los puntos de ebullición y explique su elección. (16.5)

16.56 Ácido propiónico, 1-butanol y butiraldehído tienen todos la misma masa molar. Los posibles puntos de ebullición son 76 °C, 118 °C y 141 °C. Relacione los compuestos con los puntos de ebullición y explique su elección. (16.5)

16.57 ¿Cuáles de los compuestos siguientes son solubles en agua? (16.5)

a. $CH_3-CH_2-C(=O)-O^-Na^+$

b. $CH_3-CH_2-C(=O)-O-CH_2-CH_2-CH_3$

c. $CH_3-CH_2-CH_2-OH$

d. $CH_3-CH_2-C(=O)-OH$

16.58 ¿Cuáles de los compuestos siguientes son solubles en agua? (16.5)

a. $CH_3-CH_2-CH_2-C(=O)-OH$

b. $CH_3-C(=O)-O-CH_3$

c. $CH_3-CH_2-CH_2-CH_3$

d. cadena con OH

16.59 Dibuje las fórmulas estructurales condensadas de los productos de cada una de las reacciones siguientes: (16.3, 16.5)

a. $CH_3-CH_2-\overset{\overset{\displaystyle O}{\|}}{C}-OH + H_2O \rightleftharpoons$

b. $CH_3-CH_2-\overset{\overset{\displaystyle O}{\|}}{C}-OH + KOH \longrightarrow$

c. $CH_3-CH_2-\overset{\overset{\displaystyle O}{\|}}{C}-OH + CH_3-OH \overset{H^+, calor}{\rightleftharpoons}$

d. $\overset{\overset{\displaystyle O}{\|}}{C}-OH$ (fenilo) $+ CH_3-CH_2-OH \overset{H^+, calor}{\rightleftharpoons}$

16.60 Dibuje las fórmulas estructurales condensadas de los productos de cada una de las reacciones siguientes: (16.3, 16.5)

a. $CH_3-\overset{\overset{\displaystyle O}{\|}}{C}-OH + NaOH \longrightarrow$

b. $CH_3-\overset{\overset{\displaystyle O}{\|}}{C}-OH + H_2O \rightleftharpoons$

c. $CH_3-\overset{\overset{\displaystyle CH_3}{|}}{CH}-\overset{\overset{\displaystyle O}{\|}}{C}-OH + KOH \longrightarrow$

d. $CH_3-\overset{\overset{\displaystyle CH_3}{|}}{CH}-\overset{\overset{\displaystyle O}{\|}}{C}-OH + CH_3-OH \overset{H^+, calor}{\rightleftharpoons}$

16.61 Proporcione los nombres IUPAC del ácido carboxílico y el alcohol necesarios para producir cada uno de los ésteres siguientes: (16.3)

a. $CH_3-\overset{\overset{\displaystyle CH_3}{|}}{CH}-CH_2-\overset{\overset{\displaystyle O}{\|}}{C}-O-CH_3$

b. $\overset{\overset{\displaystyle O}{\|}}{C}-O-CH_2-CH_3$ (fenilo con Cl)

16.62

c. $CH_3-CH_2-CH_2-CH_2-CH_2-\overset{\overset{\displaystyle O}{\|}}{C}-O-CH_2-CH_3$

16.62 Proporcione los nombres IUPAC del ácido carboxílico y el alcohol necesarios para producir cada uno de los ésteres siguientes: (16.3)

a. $CH_3-CH_2-CH_2-\overset{\overset{\displaystyle O}{\|}}{C}-O-CH_2-CH_3$

b. $CH_3-CH_2-\overset{\overset{\displaystyle O}{\|}}{C}-O-$ (fenilo con Cl)

c. $CH_3-\overset{\overset{\displaystyle CH_3}{|}}{CH}-\overset{\overset{\displaystyle CH_3}{|}}{CH}-\overset{\overset{\displaystyle O}{\|}}{C}-O-CH_3$

16.63 Dibuje las fórmulas estructurales condensadas de los productos de cada una de las reacciones siguientes: (16.5)

a. $CH_3-CH_2-\overset{\overset{\displaystyle O}{\|}}{C}-O-\overset{\overset{\displaystyle CH_3}{|}}{CH}-CH_3 + H_2O \overset{H^+, calor}{\rightleftharpoons}$

b. $CH_3-\overset{\overset{\displaystyle CH_3}{|}}{CH}-\overset{\overset{\displaystyle O}{\|}}{C}-O-CH_2-CH_2-CH_3 + NaOH \overset{Calor}{\longrightarrow}$

16.64 Dibuje las fórmulas estructurales condensadas de los productos de cada una de las reacciones siguientes: (16.5)

a. $CH_3-CH_2-\overset{\overset{\displaystyle O}{\|}}{C}-O-\overset{\overset{\displaystyle CH_3}{|}}{CH}-CH_3 + NaOH \overset{Calor}{\longrightarrow}$

b. $CH_3-\overset{\overset{\displaystyle CH_3}{|}}{CH}-\overset{\overset{\displaystyle O}{\|}}{C}-O-CH_2-CH_2-CH_3 + H_2O \overset{H^+, calor}{\rightleftharpoons}$

PREGUNTAS DE DESAFÍO

16.65 Con las reacciones estudiadas, indique cómo podría preparar los compuestos siguientes a partir de la sustancia de partida dada: (12.3, 16.1, 16.3)
   a. ácido acético a partir de eteno
   b. ácido butírico a partir de 1-butanol

16.66 Con las reacciones estudiadas, indique cómo podría preparar los compuestos siguientes a partir de la sustancia de partida dada: (12.3, 16.1, 16.3)
   a. ácido pentanoico a partir de 1-pentanol
   b. acetato de etilo a partir de dos moléculas de etanol

16.67 El benzoato de metilo no es soluble en agua; sin embargo, cuando se calienta con KOH, el éster forma productos solubles. Cuando se agrega HCl para neutralizar la disolución básica se forma un sólido blanco. Dibuje las fórmulas estructurales condensadas de los reactivos y productos cuando reaccionan benzoato de metilo y KOH. Explique qué ocurre. (16.4, 16.5)

16.68 El ácido hexanoico no es soluble en agua. Sin embargo, cuando se agrega ácido hexanoico a una disolución de NaOH se forma un producto soluble. Dibuje las fórmulas estructurales condensadas de los reactivos y productos cuando reaccionan ácido hexanoico y NaOH. Explique qué ocurre. (16.4, 16.5)

16.69 El acetato de propilo es un éster que produce el olor y sabor de las peras. (8.5, 16.3, 16.4, 16.5)

 a. Dibuje la fórmula estructural condensada del acetato de propilo.
 b. Escriba una ecuación para la formación de acetato de propilo.
 c. Escriba una ecuación para la hidrólisis de acetato de propilo con HCl.
 d. Escriba una ecuación para la hidrólisis de acetato de propilo con NaOH.
 e. ¿Cuántos mililitros de una disolución de 0.208 M de NaOH se necesitan para hidrolizar por completo (saponificar) 1.58 g de acetato de propilo?

16.70 El octanoato de etilo es un componente del sabor de los mangos. (8.5, 16.3, 16.4, 16.5)

 a. Dibuje la fórmula estructural condensada del octanoato de etilo.
 b. Escriba una ecuación para la formación de octanoato de etilo.
 c. Escriba una ecuación para la hidrólisis del octanoato de etilo con HCl.
 d. Escriba una ecuación para la hidrólisis de octanoato de etilo con NaOH.
 e. ¿Cuántos mililitros de una disolución de 0.315 M de NaOH se necesitan para hidrolizar por completo (saponificar) 2.84 g de octanoato de etilo?

RESPUESTAS

Respuestas a las Comprobaciones de estudio

16.1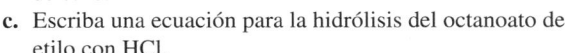

16.2 Dos moléculas de ácido metanoico forman un dímero, que produce una masa molar efectiva que es el doble de la molécula del ácido sencilla. Por tanto, se necesita un punto de ebullición más alto que el del etanol.

16.3 $H-\overset{\overset{\displaystyle O}{\|}}{C}-OH + H_2O \rightleftharpoons H-\overset{\overset{\displaystyle O}{\|}}{C}-O^- + H_3O^+$

16.4 ácido butanoico (ácido butírico)

16.5 ácido propanoico y 1-pentanol

16.6 $CH_3-CH_2-CH_2-CH_2-CH_2-CH_2-\overset{\overset{\displaystyle O}{\|}}{C}-O-CH_2-CH_3$

16.7 ácido propanoico y etanol

16.8 (anillo bencénico)$-\overset{\overset{\displaystyle O}{\|}}{C}-O^-K^+$ y CH_3-OH

16.9 a. $H-\overset{\overset{\displaystyle O}{\|}}{C}-OH$ **b.** $CH_3-\overset{\overset{\displaystyle O}{\|}}{C}-OH$

 c. $CH_3-\overset{\overset{\displaystyle CH_3}{|}}{CH}-CH_2-\overset{\overset{\displaystyle O}{\|}}{C}-OH$

 d. (ciclopentano)$-CH_2-\overset{\overset{\displaystyle O}{\|}}{C}-OH$

 c. $CH_3-CH_2-\overset{\overset{\displaystyle O}{\|}}{\underset{\underset{\displaystyle CH_3}{|}}{CH}}-\overset{}{C}-OH$

Corrección: la respuesta 16.9 continúa así:

 c. $CH_3-CH_2-\overset{\overset{\displaystyle O}{\|}}{C}-OH$ con CH_3 en el carbono.

 d. $CH_3-CH_2-\overset{\overset{\displaystyle O}{\|}}{\underset{\underset{\displaystyle Br}{|}}{CH}}-CH_2-\overset{}{\underset{\underset{\displaystyle Br}{|}}{CH}}-CH_2-\overset{\overset{\displaystyle O}{\|}}{C}-OH$

16.11 a. El ácido butanoico tiene una masa molar más grande y tendría un punto de ebullición más alto.
 b. El ácido propanoico puede formar dímeros, lo que duplica de manera efectiva la masa molar, lo que da al ácido propanoico un punto de ebullición más alto.
 c. El ácido butanoico puede formar dímeros, lo que duplica de manera efectiva la masa molar, lo que da al ácido butanoico un punto de ebullición más alto.

16.13 a. El ácido propanoico tiene el grupo alquilo más pequeño, lo que lo hace más soluble.
 b. El ácido propanoico forma más enlaces por puente de hidrógeno con agua, lo que lo hace más soluble.

16.15 a. $CH_3-CH_2-CH_2-\overset{\overset{\displaystyle O}{\|}}{C}-OH + H_2O \rightleftharpoons$
$CH_3-CH_2-CH_2-\overset{\overset{\displaystyle O}{\|}}{C}-O^- + H_3O^+$

 b. $CH_3-CH_2-CH_2-CH_2-\overset{\overset{\displaystyle O}{\|}}{C}-OH + H_2O \rightleftharpoons$
$CH_3-CH_2-CH_2-CH_2-\overset{\overset{\displaystyle O}{\|}}{C}-O^- + H_3O^+$

Respuestas a Preguntas y problemas seleccionados

16.1 ácido metanoico (ácido fórmico)

16.3 a. $CH_3-CH_2-CH_2-\overset{\overset{\displaystyle O}{\|}}{C}-OH$, ácido butanoico

 b. $CH_3-\overset{\overset{\displaystyle CH_3}{|}}{CH}-\overset{\overset{\displaystyle O}{\|}}{C}-OH$, ácido 2-metilpropanoico

16.5 a. ácido etanoico (ácido acético)   **b.** ácido butanoico (ácido butírico)
 c. ácido 3-metilhexanoico   **d.** ácido 3,4-dibromobenzoico

16.7 a. $Cl-CH_2-\overset{\overset{\displaystyle O}{\|}}{C}-OH$

 b. $HO-CH_2-CH_2-\overset{\overset{\displaystyle O}{\|}}{C}-OH$

16.17 a. $CH_3-CH_2-CH_2-CH_2-\overset{\overset{O}{\|}}{C}-OH + NaOH \longrightarrow$

$CH_3-CH_2-CH_2-CH_2-\overset{\overset{O}{\|}}{C}-O^-Na^+ + H_2O$

b. $CH_3-\overset{\overset{Cl}{|}}{CH}-\overset{\overset{O}{\|}}{C}-OH + NaOH \longrightarrow$

$CH_3-\overset{\overset{Cl}{|}}{CH}-\overset{\overset{O}{\|}}{C}-O^-Na^+ + H_2O$

c. Ph$-\overset{\overset{O}{\|}}{C}-OH$ + NaOH $\longrightarrow$ Ph$-\overset{\overset{O}{\|}}{C}-O^-Na^+$ + H_2O

16.19 a. pentanoato de sodio
b. 2-cloropropanoato de sodio (α-cloropropionato de sodio)
c. benzoato de sodio

16.21 a. aldehído   **b.** éster
c. cetona   **d.** ácido carboxílico

16.23 a. $CH_3-\overset{\overset{O}{\|}}{C}-O-CH_2-CH_3$

b. $CH_3-CH_2-CH_2-\overset{\overset{O}{\|}}{C}-O-CH_2-CH_3$

c. Ph$-\overset{\overset{O}{\|}}{C}-O-CH_2-CH_3$

16.25 a. $CH_3-CH_2-\overset{\overset{O}{\|}}{C}-O-CH_2-CH_2-CH_3$

b. $CH_3-CH_2-CH_2-CH_2-\overset{\overset{O}{\|}}{C}-O-\overset{\overset{CH_3}{|}}{CH}-CH_3$

16.27 a. ácido metanoico (ácido fórmico) y metanol (alcohol metílico)
b. ácido etanoico (ácido acético) y metanol (alcohol metílico)
c. ácido butanoico (ácido butírico) y metanol (alcohol metílico)
d. ácido 3-metilbutanoico (ácido β-metilbutírico) y etanol (alcohol étílico)

16.29 a. metanoato de metilo (formiato de metilo)
b. propanoato de etilo (propionato de etilo)
c. butanoato de metilo (butirato de metilo)
d. pentanoato de 2-metilpropilo

16.31 a. $CH_3-\overset{\overset{O}{\|}}{C}-O-CH_3$

b. $H-\overset{\overset{O}{\|}}{C}-O-CH_2-CH_2-CH_2-CH_3$

c. $CH_3-CH_2-CH_2-CH_2-\overset{\overset{O}{\|}}{C}-O-CH_2-CH_3$

d. $CH_3-CH_2-\overset{\overset{O}{\|}}{C}-O-CH_2-\overset{\overset{Br}{|}}{CH}-CH_3$

16.33 a. etanoato de pentilo (acetato de pentilo)
b. etanoato de octilo (acetato de octilo)
c. butanoato de pentilo (butirato de pentilo)

16.35 a. $CH_3-CH_2-\overset{\overset{O}{\|}}{C}-OH$

b. $CH_3-CH_2-CH_2-CH_2-OH$

c. $CH_3-\overset{\overset{O}{\|}}{C}-O-CH_3$

16.37 Los productos de la hidrólisis ácida de un éster son un alcohol y un ácido carboxílico.

16.39 a. $CH_3-CH_2-\overset{\overset{O}{\|}}{C}-O^-Na^+$ y CH_3-OH

b. $CH_3-\overset{\overset{O}{\|}}{C}-OH$ y $CH_3-CH_2-CH_2-OH$

c. $CH_3-CH_2-CH_2-\overset{\overset{O}{\|}}{C}-OH$ y CH_3-CH_2-OH

d. Ph$-\overset{\overset{O}{\|}}{C}-OH$ y CH_3-CH_2-OH

e. Ph$-\overset{\overset{O}{\|}}{C}-O^-Na^+$ y CH_3-CH_2-OH

16.41 $CH_3-CH_2-CH_2-\overset{\overset{O}{\|}}{C}-OH$ $CH_3-\overset{\overset{CH_3}{|}}{CH}-\overset{\overset{O}{\|}}{C}-OH$
ácido butanoico   ácido 2-metilpropanoico

16.43 $CH_3-\overset{\overset{O}{\|}}{C}-O-CH_3$ $H-\overset{\overset{O}{\|}}{C}-O-CH_2-CH_3$
etanoato de metilo   metanoato de etilo

16.45 a. $CH_3-CH_2-CH_2-\overset{\overset{O}{\|}}{C}-O-CH_3$
b. ácido butanoico y metanol

c. $CH_3-CH_2-CH_2-\overset{\overset{O}{\|}}{C}-O-CH_3 + H_2O \overset{H^+, calor}{\rightleftharpoons}$

$CH_3-CH_2-CH_2-\overset{\overset{O}{\|}}{C}-OH + HO-CH_3$

16.47 a. ácido 3-metilbutanoico (ácido β-metilbutírico)

b. benzoato de etilo

c. propanoato de etilo (propionato de etilo)

d. ácido 2-clorobenzoico (ácido *orto*-clorobenzoico)

e. ácido 4-hidroxipentanoico

f. etanoato de 2-propilo (acetato de isopropilo)

16.49

$$CH_3-CH_2-CH_2-CH_2-\overset{\displaystyle O}{\overset{\|}{C}}-OH \qquad CH_3-CH_2-\overset{\displaystyle CH_3}{\underset{|}{CH}}-\overset{\displaystyle O}{\overset{\|}{C}}-OH$$

$$CH_3-\overset{\displaystyle CH_3}{\underset{|}{CH}}-CH_2-\overset{\displaystyle O}{\overset{\|}{C}}-OH \qquad CH_3-\overset{\displaystyle CH_3}{\underset{\underset{\displaystyle CH_3}{|}}{\overset{|}{C}}}-\overset{\displaystyle O}{\overset{\|}{C}}-OH$$

16.51 a. $CH_3-CH_2-CH_2-CH_2-CH_2-\overset{\displaystyle O}{\overset{\|}{C}}-O-CH_3$

b.

COOH

Cl

c. $Cl-CH_2-CH_2-\overset{\displaystyle O}{\overset{\|}{C}}-OH$

d. $CH_3-CH_2-CH_2-\overset{\displaystyle O}{\overset{\|}{C}}-O-CH_2-CH_3$

e. $CH_3-CH_2-\overset{\displaystyle CH_3}{\underset{|}{CH}}-CH_2-\overset{\displaystyle O}{\overset{\|}{C}}-OH$

f. $\overset{\displaystyle O}{\overset{\|}{C}}-O-CH_2-CH_3$ (fenil)

16.53 a. El ácido etanoico tiene un punto de ebullición más alto que 1-propanol porque dos moléculas de ácido etanoico forman enlaces por puente de hidrógeno para integrar un dímero, lo que duplica de manera efectiva la masa molar y requiere una temperatura más alta para alcanzar el punto de ebullición.

b. El ácido etanoico forma enlaces por puente de hidrógeno, pero el butano no los forma.

16.55 De los tres compuestos, el formiato de metilo tendría el punto de ebullición más bajo pues sólo tiene atracciones dipolo-dipolo. Tanto el ácido acético como el 1-propanol pueden formar enlaces por puente de hidrógeno, pero dado que el ácido acético forma dímeros y duplica la masa molar efectiva, tiene el punto de ebullición más alto. Formiato de metilo, 32 °C; 1-propanol, 97 °C; ácido acético, 118 °C.

16.57 a, **c** y **d** son solubles en agua.

16.59 a. $CH_3-CH_2-\overset{\displaystyle O}{\overset{\|}{C}}-O^-$ y H_3O^+

b. $CH_3-CH_2-\overset{\displaystyle O}{\overset{\|}{C}}-O^-K^+$ y H_2O

c. $CH_3-CH_2-\overset{\displaystyle O}{\overset{\|}{C}}-O-CH_3$ y H_2O

d. $\overset{\displaystyle O}{\overset{\|}{C}}-O-CH_2-CH_3$ (benzoato de etilo) y H_2O

16.61 a. ácido 3-metilbutanoico y metanol

b. ácido 3-clorobenzoico y etanol

c. ácido hexanoico y etanol

16.63 a. $CH_3-CH_2-\overset{\displaystyle O}{\overset{\|}{C}}-OH$ y $HO-\overset{\displaystyle CH_3}{\underset{|}{CH}}-CH_3$

b. $CH_3-\overset{\displaystyle CH_3}{\underset{|}{CH}}-\overset{\displaystyle O}{\overset{\|}{C}}-O^-Na^+$ y $HO-CH_2-CH_2-CH_3$

16.65 a. $H_2C=CH_2 + H_2O \xrightarrow{H^+}$

$CH_3-CH_2-OH \xrightarrow{[O]} CH_3-\overset{\displaystyle O}{\overset{\|}{C}}-OH$

b. $CH_3-CH_2-CH_2-CH_2-OH \xrightarrow{[O]}$

$CH_3-CH_2-CH_2-\overset{\displaystyle O}{\overset{\|}{C}}-OH$

16.67 $\overset{\displaystyle O}{\overset{\|}{C}}-O-CH_3 + KOH \xrightarrow{Calor}$ (benzoato de metilo)

$\overset{\displaystyle O}{\overset{\|}{C}}-O^-K^+ + CH_3-OH$ (fenil)

En una disolución de KOH, el éster experimenta saponificación para formar la sal carboxilato, benzoato de potasio y metanol, los cuales son solubles en agua. Cuando se agrega HCl, la sal carboxilato se convierte en ácido benzoico, que es insoluble.

16.69 a. $CH_3-\overset{\displaystyle O}{\overset{\|}{C}}-O-CH_2-CH_2-CH_3$

b. $CH_3-\overset{\displaystyle O}{\overset{\|}{C}}-OH + HO-CH_2-CH_2-CH_3 \underset{}{\overset{H^+, calor}{\rightleftharpoons}}$

$CH_3-\overset{\displaystyle O}{\overset{\|}{C}}-O-CH_2-CH_2-CH_3 + H_2O$

c. $CH_3-\overset{\displaystyle O}{\overset{\|}{C}}-O-CH_2-CH_2-CH_3 + H_2O \underset{}{\overset{H^+, calor}{\rightleftharpoons}}$

$CH_3-\overset{\displaystyle O}{\overset{\|}{C}}-OH + HO-CH_2-CH_2-CH_3$

d. $CH_3-\overset{\displaystyle O}{\overset{\|}{C}}-O-CH_2-CH_2-CH_3 + NaOH \xrightarrow{Calor}$

$CH_3-\overset{\displaystyle O}{\overset{\|}{C}}-O^-Na^+ + HO-CH_2-CH_2-CH_3$

e. 74.4 mL de 0.208 M de disolución NaOH

17 Lípidos

Visite **www.masteringchemistry.com** para acceder a materiales de autoaprendizaje y tareas asignadas por el instructor.

Después de comer, Bill, quien es un adulto mayor, con frecuencia tiene dolor en el pecho, un poco de sudoración y náusea. Sus síntomas son similares a los de un ataque cardiaco, de modo que lo llevan al servicio de urgencias. El médico que lo atiende allí cree que puede tener una enfermedad aguda de la vesícula biliar, por lo que ordena varios análisis de sangre, incluida una prueba de lípidos y un ultrasonido del abdomen. Mientras tanto, hospitalizan a Bill para vigilar su trastorno.

Susan, una enfermera geriatra, habla con Bill sobre sus resultados. Le explica que con la prueba de lípidos se mide el colesterol total en la sangre. Éste consiste en los cuatro tipos de grasas o lípidos de la sangre: colesterol, HDL, LDL y triglicéridos. HDL, o colesterol de lipoproteínas de alta densidad, se considera el colesterol "bueno", pues ayuda a limpiar las arterias, mientras que LDL, o colesterol de lipoproteínas de baja densidad, es el colesterol "malo" porque deposita placa en las arterias. El cuerpo almacena el exceso de calorías mediante la creación de triglicéridos, que se almacenan en células grasas. Los niveles de Bill son altos y el ultrasonido confirma que su vesícula biliar está inflamada.

Susan y Bill analizan sus opciones de tratamiento y algunos cambios que éste puede hacer a su estilo de vida para reducir las crisis biliares. Entre ellos se incluyen: disminuir la cantidad de grasas en su dieta, hacer más ejercicio, bajar de peso y aumentar su consumo de fibra alimentaria. Si las crisis continúan, Susan aconseja a Bill que tal vez sería conveniente que le extirparan la vesícula biliar.

Profesión: Enfermera geriatra

Las enfermeras geriatras brindan cuidados a los pacientes ancianos en hospitales, sanatorios, hogares asistidos y en casa. En dicho cuidado se incluye la realización de pruebas médicas, administrar medicamentos y trabajar con el paciente anciano para establecer metas de salud personal mientras se promueve el autocuidado. Se centran en la creación y aplicación de planes de tratamiento para enfermedades crónicas, así como en la orientación y asesoramiento de las familias de los pacientes. Las enfermeras geriatras también ayudan a los médicos durante los exámenes, mientras brindan atención y compasión a sus pacientes. Debido a la edad de los pacientes, las enfermeras geriatras encuentran personas con capacidades mentales disminuidas y, a menudo, se enfrentan con la muerte de los pacientes.

C uando se habla de grasas y aceites, ceras, esteroides, colesterol y vitaminas liposolubles (solubles en grasa), se habla de lípidos. Los lípidos son compuestos naturales que varían mucho en estructura, pero comparten la característica común de ser solubles en solventes no polares, pero no en agua. Las grasas, que son una familia de lípidos, tienen muchas funciones en el cuerpo, como almacenar energía, y proteger y aislar órganos internos. Puesto que los lípidos no son solubles en agua, son importantes en las membranas celulares, cuya función es la de separar del ambiente externo el contenido interno de las células. Hay otros tipos de lípidos que se encuentran en fibras nerviosas y en hormonas, y que actúan como mensajeros químicos.

17.1 Lípidos

Los **lípidos** son una familia de biomoléculas que comparten la propiedad de ser solubles en solventes orgánicos, pero no en agua. La palabra "lípido" proviene del vocablo griego *lipos*, que significa "grasa" o "manteca". Por lo general, el contenido lípido de una célula puede extraerse con el uso de un solvente no polar como éter o cloroformo. Los lípidos son una característica importante de las membranas celulares, las vitaminas liposolubles y las hormonas esteroides.

META DE APRENDIZAJE

Describir las clases de lípidos.

TUTORIAL
Classes of Lipids

Tipos de lípidos

Dentro de la familia de los lípidos hay estructuras específicas que distinguen los diferentes tipos de lípidos (véase la figura 17.1). Los lípidos como ceras, grasas, aceites y glicerofosfolípidos son ésteres que pueden hidrolizarse para producir ácidos grasos junto con otros

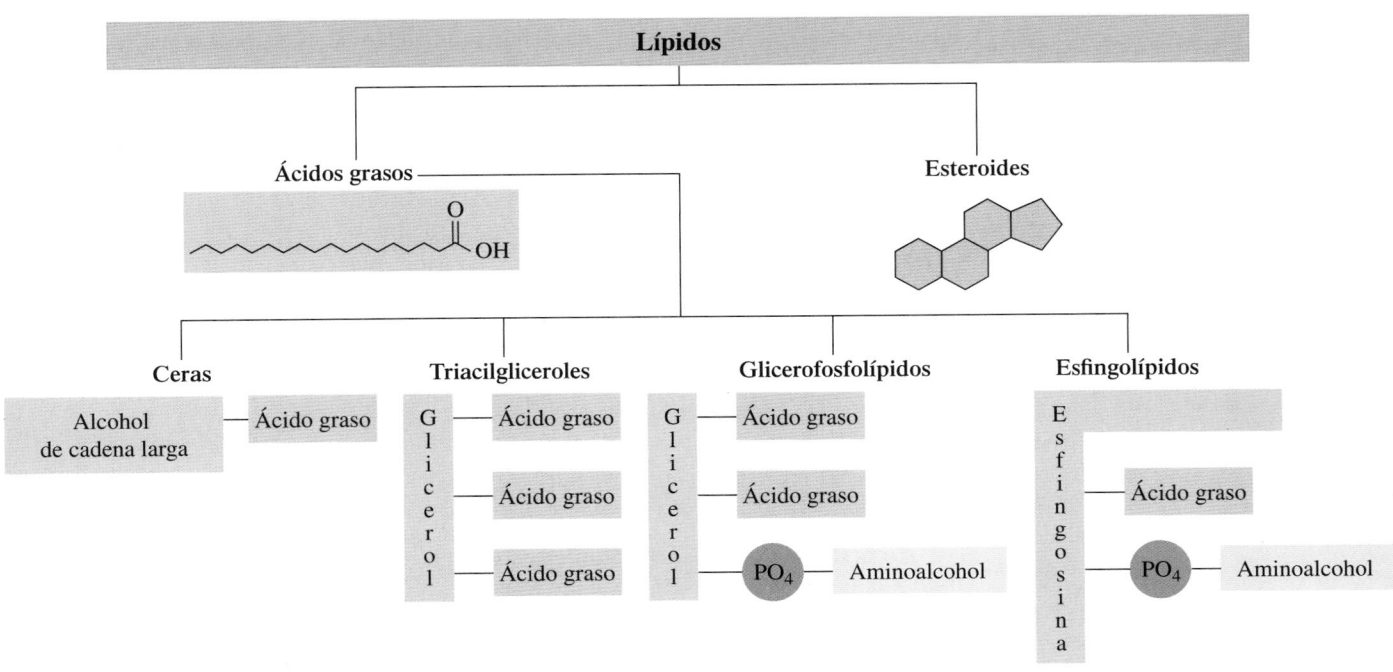

FIGURA 17.1 Los lípidos son compuestos que existen de manera natural en células y tejidos, que son solubles en solventes orgánicos y no en agua.
P ¿Qué propiedad tienen en común ceras, triacilgliceroles y esteroides?

productos, incluido un alcohol. Los triacilgliceroles y glicerofosfolípidos contienen el alcohol glicerol, en tanto que los esfingolípidos contienen un alcohol llamado *esfingosina*. Los esteroides, que tienen una estructura completamente diferente, no contienen ácidos grasos y no pueden hidrolizarse. Los esteroides se caracterizan por el núcleo esteroide de cuatro anillos de carbono fusionados.

COMPROBACIÓN DE CONCEPTOS 17.1   **Clases de lípidos**

¿Qué tipo de lípido no contiene ácidos grasos?

RESPUESTA

Los esteroides son un grupo de lípidos sin ácidos grasos.

PREGUNTAS Y PROBLEMAS

17.1 Lípidos

META DE APRENDIZAJE: *Describir las clases de lípidos.*

17.1 ¿Cuáles son algunas funciones de los lípidos en el cuerpo?

17.2 ¿Cuáles son algunos de los diferentes tipos de lípidos?

17.3 Los lípidos no son solubles en agua. ¿Son los lípidos moléculas polares o no polares?

17.4 ¿Cuál de los solventes siguientes puede usarse para disolver una mancha de aceite?
  a. agua
  b. CCl_4
  c. dietil éter
  d. benceno
  e. disolución de NaCl

META DE APRENDIZAJE

Dibujar la fórmula estructural condensada de un ácido graso e identificarlo como saturado o insaturado.

MC

ACTIVIDAD DE AUTOAPRENDIZAJE
Fats

TUTORIAL
Lipids and Fatty Acids

17.2 Ácidos grasos

Los ácidos grasos son el tipo más simple de lípidos, y se encuentran como componentes de lípidos más complejos. Un **ácido graso** contiene una cadena larga de hidrocarburo con un grupo ácido carboxílico. Aunque la parte del ácido carboxílico es hidrofílica, la cadena larga de carbono hidrofóbica hace que los ácidos grasos sean insolubles en agua. La mayoría de los ácidos grasos que existen en la naturaleza tiene un número par de átomos de carbono, por lo general entre 12 y 20. Los ácidos grasos más prevalentes en plantas y animales son ácidos palmítico (C_{16}), oleico (C_{18}), linoleico (C_{18}) y esteárico (C_{18}). Un ejemplo de un ácido graso es el ácido láurico, un ácido de 12 carbonos que se encuentra en el aceite de coco. Varias fórmulas estructurales condensadas, así como la fórmula de esqueleto, pueden dibujarse para un ácido graso, como se muestra a continuación:

Dibujo de fórmulas del ácido láurico

$$CH_3-(CH_2)_{10}-\overset{\overset{\textstyle O}{\|}}{C}-OH \qquad CH_3-(CH_2)_{10}-COOH$$

$$CH_3-CH_2-CH_2-CH_2-CH_2-CH_2-CH_2-CH_2-CH_2-CH_2-CH_2-C\overset{\displaystyle O}{\underset{\displaystyle OH}{}}$$

Fórmulas estructurales condensadas

Fórmula de esqueleto

Un **ácido graso saturado** contiene sólo enlaces sencillos carbono-carbono, lo que hace que las propiedades de un ácido graso de cadena larga sean similares a las de un alcano. Un **ácido graso insaturado** contiene uno o más enlaces dobles carbono-carbono. En un **ácido graso monoinsaturado** la cadena larga de carbono tiene un enlace doble, lo que hace que sus propiedades sean similares a las de un alqueno. Un **ácido graso poliinsaturado** tiene al menos dos enlaces dobles carbono-carbono. La tabla 17.1 menciona algunos de los ácidos grasos característicos de los lípidos. En los lípidos de plantas y animales, casi la mitad de los ácidos grasos es saturada y la otra mitad es insaturada.

TABLA 17.1 **Estructuras y puntos de fusión de ácidos grasos comunes**

Nombre	Átomos de carbono	Fuente	Punto de fusión (°C)	Estructuras
Ácidos grasos saturados				
Ácido láurico	12	Coco	44	$CH_3 — (CH_2)_{10} — COOH$
Ácido mirístico	14	Nuez moscada	55	$CH_3 — (CH_2)_{12} — COOH$
Ácido palmítico	16	Palma	63	$CH_3 — (CH_2)_{14} — COOH$
Ácido esteárico	18	Grasa animal	69	$CH_3 — (CH_2)_{16} — COOH$
Ácidos grasos monoinsaturados				
Ácido palmitoleico	16	Mantequilla	0	$CH_3 — (CH_2)_5 — CH = CH — (CH_2)_7 — COOH$
Ácido oleico	18	Oliva, pacana, semilla de uva	14	$CH_3 — (CH_2)_7 — CH = CH — (CH_2)_7 — COOH$
Ácidos grasos poliinsaturados				
Ácido linoleico	18	Soja, girasol	−5	$CH_3 — (CH_2)4 — CH=CH — CH_2 — CH = CH — (CH_2)_7 — COOH$
Ácido linolénico	18	Maíz	−11	$CH_3 — (CH_2 — CH = CH)_3 — (CH_2)_7 — COOH$
Ácido araquidónico	20	Carne, huevos, pescado	−50	$CH_3 — (CH_2)_3 — (CH_2 — CH = CH)_4 — (CH_2)_3 — COOH$

Isómeros *cis* y *trans* de ácidos grasos insaturados

Los ácidos grasos insaturados pueden dibujarse como isómeros *cis* y *trans* en la misma forma que las estructuras *cis* y *trans* de alquenos dibujadas en la sección 12.2. Por ejemplo, el ácido oleico, un ácido graso monoinsaturado, tiene un enlace doble en el carbono 9. Es posible dibujar sus estructuras *cis* y *trans* usando su fórmula de esqueleto. Sin embargo, la estructura *cis* se encuentra en casi todos los ácidos grados insaturados que existen en la naturaleza. En el isómero *cis*, la cadena de carbono tiene un "rizo" en el sitio del enlace doble. Como se verá, el enlace *cis* tiene un gran impacto sobre las propiedades de los ácidos grasos insaturados.

El cuerpo humano es capaz de sintetizar la mayor parte de los ácidos grasos procedentes de carbohidratos u otros ácidos grasos. Sin embargo, los seres humanos no sintetizan cantidades suficientes de ácidos grasos poliinsaturados, como el ácido linoleico, el ácido linolénico y el ácido araquidónico. Puesto que dichos ácidos grados deben obtenerse de la

Ácido *cis*-oleico
enlace doble *cis*

Ácido *trans*-oleico
enlace doble *trans*

Casi todos los ácidos grasos insaturados que existen en la naturaleza tienen uno o más enlaces dobles *cis*.

alimentación, se conocen como *ácidos grasos esenciales*. En los niños pequeños, una deficiencia de ácidos grasos esenciales puede causar dermatitis. Sin embargo, la importancia de los ácidos grasos en la nutrición de los adultos no se conoce bien aún. En general, los adultos no tienen deficiencia de ácidos grasos esenciales.

Propiedades de los ácidos grasos

Los ácidos grasos saturados embonan estrechamente en un patrón regular, que permite muchas fuerzas de dispersión entre las cadenas de carbono. Estas fuerzas de atracción intermolecular, normalmente débiles, pueden ser significativas cuando las moléculas están juntas. Como resultado, se necesita una cantidad significativa de energía y temperaturas altas para separar los ácidos grasos y fundir la grasa. Conforme aumenta la longitud de la cadena de carbono, más fuerzas de dispersión existen entre las cadenas de carbono, lo que resulta en puntos de fusión más altos. Los ácidos grasos saturados por lo general son sólidos a temperatura ambiente.

En los ácidos grasos insaturados, los enlaces dobles *cis* hacen que la cadena de carbono se doble o "rice", lo que confiere a las moléculas una forma irregular. En consecuencia, los ácidos grasos *cis* no pueden apilarse tan cercanamente como los ácidos grasos saturados y, por tanto, tienen menos fuerzas de dispersión entre sus cadenas de carbono. Es posible pensar en los ácidos grasos como si fueran papas fritas con formas regulares que se apilan estrechamente en un recipiente. De igual modo, las papas fritas con forma irregular serían como los ácidos grasos insaturados que no se apilan estrechamente. Por tanto, se necesita menos energía para separar las moléculas de ácido graso, lo que hace que los puntos de fusión de las grasas insaturadas sean más bajos que los de las grasas saturadas (véase la figura 17.2). La mayor parte de las grasas insaturadas son aceites a temperatura ambiente.

COMPROBACIÓN DE CONCEPTOS 17.2 Ácidos grasos

1. Con ayuda de la tabla 17.1, identifique lo siguiente:
   a. un ácido graso de 18 carbonos que sea saturado
   b. un ácido graso monoinsaturado que se encuentre en aceitunas
   c. un ácido graso de 18 carbonos con tres enlaces dobles
2. Elabore una lista de los ácidos grasos de la parte 1 en orden de punto de fusión creciente. Explique.

RESPUESTA

1. a. El ácido esteárico es un ácido graso saturado de 18 carbonos.
   b. El ácido oleico es un ácido graso monoinsaturado que se encuentra en las aceitunas y tiene un enlace doble.
   c. El ácido linolénico es un ácido graso poliinsaturado de 18 carbonos con tres enlaces dobles.
2. Los ácidos grasos saturados tienen cadenas de carbono sólo con enlaces sencillos que les permiten empacarse estrechamente y formar atracciones moleculares. Las grasas insaturadas contienen enlaces dobles *cis* que colocan un "rizo" en la cadena de carbono que no permite a los ácidos grasos empacarse estrechamente. Por ende, las grasas insaturadas tienen puntos de fusión más bajos que las grasas saturadas. El orden de puntos de fusión crecientes para los ácidos grasos en la parte 1 son ácido linolénico con tres enlaces dobles (−11 °C), ácido oleico con un enlace doble (14 °C) y ácido esteárico sólo con enlaces sencillos (69 °C).

Explore su mundo

SOLUBILIDAD DE GRASAS Y ACEITES

Coloque un poco de agua en un tazón pequeño. Agregue una gota de un aceite vegetal. Luego agregue unas gotas más del aceite. Registre sus observaciones. Ahora agregue unas gotas de jabón líquido y mezcle. Registre sus observaciones.

Coloque una pequeña cantidad de grasa como margarina, mantequilla, manteca vegetal o aceite vegetal en un plato. Haga correr agua sobre él. Registre sus observaciones. Mezcle un poco de jabón con la sustancia grasa y corra agua sobre ella nuevamente. Registre sus observaciones.

PREGUNTAS

1. ¿Las gotas de aceite en el agua se separan o se juntan? Explique.
2. ¿Cómo afecta el jabón la capa de aceite?
3. ¿Por qué las grasas sobre el plato no se quitan con el agua?
4. En general, ¿cuál es la solubilidad de los lípidos en agua?
5. ¿Por qué el jabón ayuda a quitar las grasas del plato?

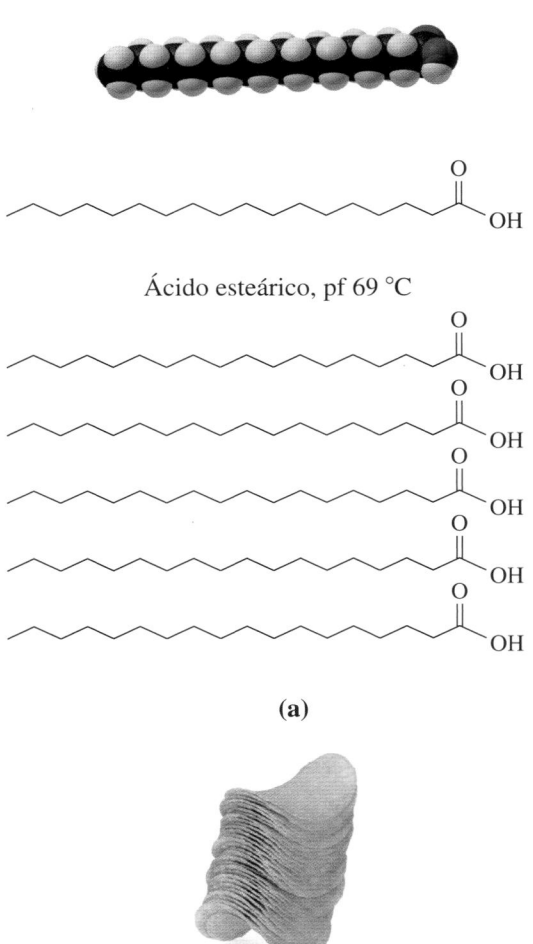

Ácido esteárico, pf 69 °C

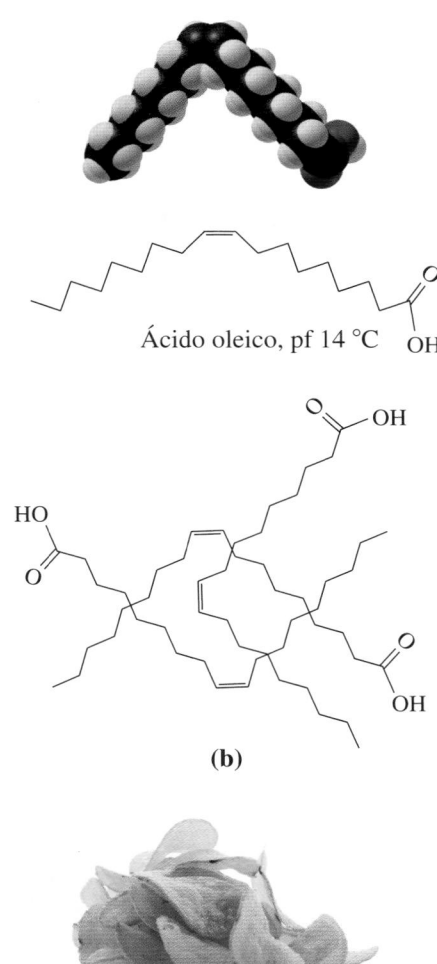

Ácido oleico, pf 14 °C

(a)   **(b)**

FIGURA 17.2 **(a)** En los ácidos grasos saturados, las moléculas embonan estrechamente para producir puntos de fusión altos. **(b)** En los ácidos grasos insaturados, las moléculas no pueden empacarse estrechamente, lo que resulta en puntos de fusión más bajos.

P ¿Por qué el enlace doble *cis* afecta los puntos de fusión de los ácidos grasos insaturados?

EJEMPLO DE PROBLEMA 17.1   Estructuras y propiedades de ácidos grasos

Considere la fórmula estructural condensada del ácido oleico:

$$CH_3 - (CH_2)_7 - CH = CH - (CH_2)_7 - \overset{\displaystyle O}{\overset{\|}{C}} - OH$$

a. ¿Por qué esta sustancia es un ácido?
b. ¿Cuántos átomos de carbono hay en el ácido oleico?
c. ¿El ácido graso es saturado, monoinsaturado o poliinsaturado?
d. ¿Es más probable que sea sólido o líquido a temperatura ambiente?
e. ¿Sería soluble en agua?

SOLUCIÓN

a. El ácido oleico contiene un grupo ácido carboxílico.
b. Contiene 18 átomos de carbono.
c. Es un ácido graso monoinsaturado.

TUTORIAL
Structures and Properties of Fatty Acids

d. Es líquido a temperatura ambiente.

e. No. Su cadena larga de hidrocarburo lo hace insoluble en agua.

COMPROBACIÓN DE ESTUDIO 17.1

El ácido palmitoleico es un ácido graso con la fórmula estructural condensada siguiente:

$$CH_3-(CH_2)_5-CH=CH-(CH_2)_7-\overset{\overset{\displaystyle O}{\|}}{C}-OH$$

a. ¿Cuántos átomos de carbono hay en el ácido palmitoleico?

b. ¿El ácido graso es saturado, monoinsaturado o poliinsaturado?

c. ¿Es más probable que sea sólido o líquido a temperatura ambiente?

Prostaglandinas

Las **prostaglandinas (PG)** son ácidos grasos que se producen en bajas cantidades en la mayor parte de las células del cuerpo. Las prostaglandinas, también conocidas como *eicosanoides*, se forman a partir de ácido araquidónico, el ácido graso poliinsaturado con 20 átomos de carbono (*eicos* es la palabra griega para 20). Químicos suecos fueron los primeros en descubrir las prostaglandinas y las llamaron "prostaglandina E" (soluble en éter) y "prostaglandina F" (soluble en tampón *fosfato*, o *fosfat* en sueco). Los diversos tipos de prostaglandinas difieren por los sustituyentes unidos al anillo de cinco carbonos. La prostaglandina E (PGE) tiene un grupo cetona en el carbono 9, en tanto que la prostaglandina F (PGF) tiene un grupo hidroxilo en el carbono 9. En las notaciones para las diferentes prostaglandinas, el número de enlaces dobles se muestra como subíndices 1 o 2.

Aunque las prostaglandinas se descomponen con rapidez, tienen potentes efectos fisiológicos. Algunas prostaglandinas aumentan la presión arterial mientras que otras la bajan. Existen otras prostaglandinas que estimulan la contracción y relajación en el músculo liso del útero durante el proceso de parto y el ciclo menstrual. Cuando los tejidos se lesionan, el ácido araquidónico presente en la sangre se convierte en prostaglandinas como PGE_1 y PGF_2 que producen inflamación y dolor en el área.

El tratamiento del dolor, la fiebre y la inflamación se basa en la inhibición de enzimas que convierten el ácido araquidónico en prostaglandinas. Muchos medicamentos antiinflamatorios no esteroideos (AINE), como la aspirina, bloquean la producción de prostaglandinas y, al hacerlo, reducen el dolor (analgésicos), la inflamación y la fiebre (antipiréticos). El ibuprofeno

O

Ácido araquidónico

Analgésicos

PGF₂

Dolor, fiebre, inflamación

Cuando los tejidos se lesionan, se producen prostaglandinas, que causan dolor e inflamación.

tiene efectos antiinflamatorios y analgésicos similares. Otros AINE son naproxeno (Aleve y
Naprosyn), ketoprofeno (Actron) y nabumetona (Relafen). Si bien los AINE son útiles, su uso
prolongado puede ocasionar daño hepático, renal y gastrointestinal.

Aspirina (ácido acetilsalicílico)   Ibuprofeno (Advil, Motrin)   Naproxeno (Aleve, Naprosyn)

La química en la salud

ÁCIDOS GRASOS TIPO OMEGA-3 EN ACEITES DE PESCADO

Como ahora se reconoce que las grasas insaturadas son más beneficiosas
para la salud que las grasas saturadas, las dietas estadounidenses cambiaron y ahora incluyen más grasas insaturadas y menos ácidos grasos
saturados. Este cambio es una respuesta a las investigaciones que indican
que la aterosclerosis y las cardiopatías están asociadas a niveles altos de
grasas en la dieta. Sin embargo, los inuit de Alaska consumen una dieta
con altos niveles de grasas insaturadas y tienen niveles altos de colesterol
sanguíneo, pero una incidencia muy baja de aterosclerosis y cardiopatías.
Las grasas de la dieta inuit son principalmente grasas insaturadas de
pescado, en lugar de las provenientes de animales terrestres.

Tanto los aceites de pescado como los aceites vegetales tienen altos niveles de grasas insaturadas. Los ácidos grasos de los aceites vegetales son
ácidos omega-6, en los que el primer enlace doble ocurre en el carbono 6,
contado a partir del extremo metilo de la cadena de carbono. *Omega* es
la última letra del alfabeto griego y se utiliza para denotar el final. Dos
ácidos omega-6 comunes son el ácido linoleico (LA) y el ácido araquidónico (AA). Sin embargo, los ácidos grasos de los aceites de pescado
son principalmente del tipo omega-3, en los que el primer enlace doble
ocurre en el tercer carbono contado a partir del grupo metilo. Tres *ácidos
grasos omega-3* comunes en el pescado son ácido linolénico (ALA),
ácido eicosapentaenoico (EPA) y ácido docosahexaenoico (DHA).

Los peces de agua fría son una buena fuente de ácidos grasos
omega-3.

En la aterosclerosis y las cardiopatías, el colesterol forma placas que se adhieren a las paredes de los vasos sanguíneos. La presión arterial aumenta cuando la sangre tiene que abrirse paso por una abertura más pequeña en el vaso sanguíneo. A medida que se forma más placa, también existe la posibilidad de que coágulos sanguíneos bloqueen los vasos sanguíneos y provoquen un ataque cardiaco. Los ácidos grasos omega-3 reducen la tendencia de las plaquetas sanguíneas a pegarse, lo que reduce la posibilidad de que se formen coágulos sanguíneos. Sin embargo, concentraciones altas de ácidos grasos omega-3 pueden aumentar el sangrado si se reduce demasiado la capacidad de las plaquetas para formar coágulos. Parece que una dieta que incluya pescado –como salmón, atún y arenque– puede proporcionar cantidades más altas de ácidos grasos omega-3, lo que ayuda a reducir la posibilidad de padecer cardiopatías.

Ácidos grasos omega-6

Ácido linoleico (LA)

Ácido araquidónico (AA)

Ácidos grasos omega-3

Ácido linolénico (ALA)

Ácido eicosapentaenoico (EPA)

Ácido docosahexaenoico (DHA)

PREGUNTAS Y PROBLEMAS

17.2 Ácidos grasos

META DE APRENDIZAJE: *Dibujar la fórmula estructural condensada de un ácido graso e identificarlo como saturado o insaturado.*

17.5 Describa algunas semejanzas y diferencias en las estructuras de un ácido graso saturado y un ácido graso insaturado.

17.6 El ácido esteárico y el ácido linoleico tienen cada uno 18 átomos de carbono. ¿Por qué el ácido esteárico se funde a 69 °C, pero el ácido linoleico se funde a −5 °C?

17.7 Dibuje la fórmula de esqueleto de cada uno de los ácidos grasos siguientes:
a. ácido palmítico   **b.** ácido oleico

17.8 Dibuje la fórmula de esqueleto de cada uno de los ácidos grasos siguientes:
a. ácido esteárico   **b.** ácido linoleico

17.9 Clasifique cada uno de los ácidos grasos siguientes como saturado, monoinsaturado o poliinsaturado:
a. ácido láurico   **b.** ácido linolénico
c. ácido palmitoleico   **d.** ácido esteárico

17.10 Clasifique cada uno de los ácidos grasos siguientes como saturado, monoinsaturado o poliinsaturado:
a. ácido linoleico   **b.** ácido palmítico
c. ácido mirístico   **d.** ácido oleico

17.11 ¿Cómo difiere la estructura de un ácido graso con un enlace doble *cis*, de la estructura de un ácido graso con un enlace doble *trans*?

17.12 ¿Cómo influye el enlace doble en las fuerzas de dispersión que pueden formarse entre cadenas de hidrocarburos de ácidos grasos?

17.13 ¿Cuál es la diferencia en la ubicación del primer enlace doble en un ácido omega-3 y en uno omega-6? (Véase La química en la salud, "Ácidos grasos tipo omega-3 en aceites de pescado".)

17.14 a. ¿Cuáles son algunas fuentes de ácidos grasos omega-3 y omega-6? (Véase La química en la salud, "Ácidos grasos tipo omega-3 en aceites de pescado".)
b. ¿Cómo los ácidos grasos omega-3 pueden ayudar a reducir el riesgo de cardiopatías?

17.15 Compare las estructuras y grupos funcionales del ácido araquidónico y la prostaglandina PGE$_1$.

17.16 Compare las estructuras y grupos funcionales de las prostaglandinas PGF$_1$ y PGF$_2$.

17.17 ¿Cuáles son algunos efectos de las prostaglandinas en el cuerpo?

17.18 ¿De qué manera los medicamentos antiinflamatorios no esteroideos reducen la inflamación causada por las prostaglandinas?

17.3 Ceras y triacilgliceroles

Las **ceras** se encuentran en muchas plantas y animales. Las ceras naturales se encuentran sobre la superficie de las frutas, y en las hojas y tallos de las plantas, donde ayudan a evitar la pérdida de agua y el daño de las plagas. Las ceras sobre la piel, pelaje y plumas de los animales y aves ofrecen una cubierta impermeable. Una cera es un éster de un ácido graso saturado y un alcohol de cadena larga, y cada uno contiene de 14 a 30 átomos de carbono.

En la tabla 17.2 se presentan las fórmulas de algunas ceras comunes. La cera de abejas que se obtiene de los panales y la cera de carnauba procedente de las palmeras se utilizan para poner una cubierta protectora a muebles, automóviles y pisos. La cera de jojoba se usa para elaborar velas y cosméticos como lápiz labial. La lanolina, una mezcla de ceras que se obtiene de la lana, se usa en lociones de manos y faciales para ayudar a retener agua, lo que suaviza la piel.

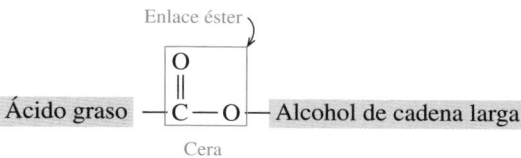

TABLA 17.2 Algunas ceras características

Tipo	Fórmula estructural condensada	Fuente	Usos
Cera de abeja	$CH_3-(CH_2)_{14}-\overset{\overset{O}{\|\|}}{C}-O-(CH_2)_{29}-CH_3$	Panales	Velas, betún (cera) para zapatos, papel encerado
Cera de carnauba	$CH_3-(CH_2)_{24}-\overset{\overset{O}{\|\|}}{C}-O-(CH_2)_{29}-CH_3$	Palmera brasileña	Ceras para muebles, automóviles, pisos, zapatos
Cera de jojoba	$CH_3-(CH_2)_{18}-\overset{\overset{O}{\|\|}}{C}-O-(CH_2)_{19}-CH_3$	Arbustos de jojoba	Velas, jabones, cosméticos

Grasas y aceites: triacilgliceroles

En el cuerpo, los ácidos grasos se almacenan como grasas y aceites conocidos como **triacilgliceroles**. Estas sustancias, también llamadas *triglicéridos*, son triésteres de glicerol (un alcohol trihidroxi) y ácidos grasos. A continuación se presenta la fórmula general de un triacilglicerol:

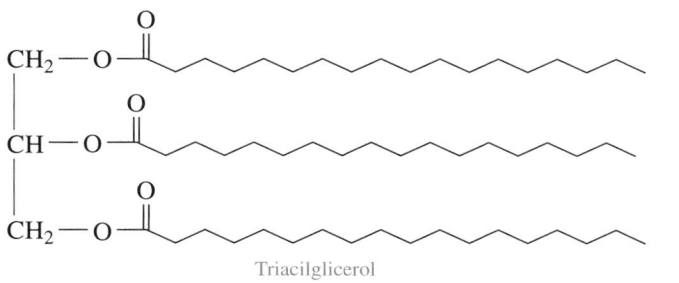

Triacilglicerol

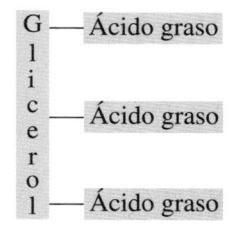

En la sección 16.3 se vio que los ésteres se producen de la reacción de esterificación entre un ácido carboxílico y un alcohol. En un triacilglicerol, tres grupos hidroxilo en el glicerol forman enlaces éster con los grupos carboxilo de tres ácidos grasos. Por ejemplo, glicerol y tres moléculas de ácido esteárico forman un triacilglicerol. En el nombre, el glicerol se denomina *glicerilo* y los ácidos grasos se denominan *carboxilatos*. Por ejemplo, el ácido esteárico se llama estearato, lo que produce el nombre triestearato de glicerilo. El nombre común de este compuesto es triestearina.

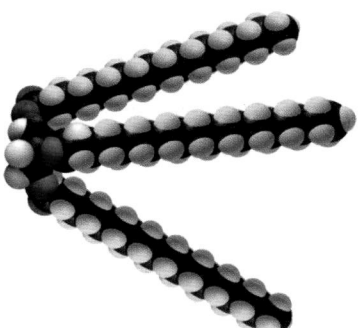

La triestearina consiste en glicerol con tres enlaces éster hacia moléculas de ácido esteárico.

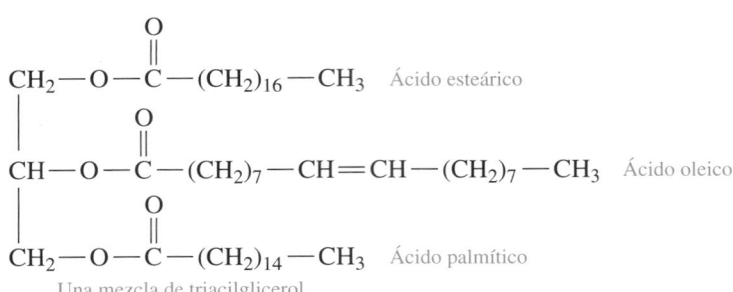

$$CH_2-O-H + HO-\overset{\overset{\displaystyle O}{\|}}{C}-(CH_2)_{16}-CH_3$$

$$CH-O-H + HO-\overset{\overset{\displaystyle O}{\|}}{C}-(CH_2)_{16}-CH_3 \longrightarrow$$

$$CH_2-O-H + HO-\overset{\overset{\displaystyle O}{\|}}{C}-(CH_2)_{16}-CH_3$$

Glicerol · 3 moléculas de ácido esteárico

$$CH_2-O-\overset{\overset{\displaystyle O}{\|}}{C}-(CH_2)_{16}-CH_3$$ (Enlace éster)

$$CH-O-\overset{\overset{\displaystyle O}{\|}}{C}-(CH_2)_{16}-CH_3 + 3H_2O$$

$$CH_2-O-\overset{\overset{\displaystyle O}{\|}}{C}-(CH_2)_{16}-CH_3$$

Triestearato de glicerilo (triestearina, una grasa)

La mayor parte de las grasas y aceites que existen en la naturaleza es mezcla de triacilgliceroles que contienen glicerol enlazado mediante enlaces éster a dos o tres ácidos grasos diferentes, generalmente ácido palmítico, ácido oleico, ácido linoleico y ácido esteárico. Por ejemplo, una mezcla de triacilglicerol puede elaborarse con ácido esteárico, ácido oleico y ácido palmítico. A continuación se presenta una posible estructura para la mezcla de triacilglicerol:

$$CH_2-O-\overset{\overset{\displaystyle O}{\|}}{C}-(CH_2)_{16}-CH_3 \quad \text{Ácido esteárico}$$

$$CH-O-\overset{\overset{\displaystyle O}{\|}}{C}-(CH_2)_7-CH=CH-(CH_2)_7-CH_3 \quad \text{Ácido oleico}$$

$$CH_2-O-\overset{\overset{\displaystyle O}{\|}}{C}-(CH_2)_{14}-CH_3 \quad \text{Ácido palmítico}$$

Una mezcla de triacilglicerol

Los triacilgliceroles son la principal forma de almacenamiento de energía de los animales. Los animales que hibernan comen grandes cantidades de plantas, semillas y nueces que contienen niveles altos de grasas y aceites. Antes de hibernar, estos animales, como los osos polares, suben hasta 14 kilogramos de peso a la semana. A medida que desciende la temperatura exterior, el animal entra en hibernación. La temperatura corporal desciende casi a la congelación, y la actividad celular, la respiración y el ritmo cardiaco se reducen en forma drástica. Los animales que viven en climas extremadamente fríos hibernan durante 4 a 7 meses. Durante este tiempo, la grasa almacenada es su única fuente de energía.

Antes de hibernar, un oso polar come alimentos con gran contenido de grasas y aceites.

COMPROBACIÓN DE CONCEPTOS 17.3 **Triacilgliceroles**

El triacilglicerol siguiente se usa en cremas y lociones como sustancia espesante:

$$CH_2-O-\overset{\overset{\displaystyle O}{\|}}{C}-CH_2-CH_2-CH_2-CH_2-CH_2-CH_2-CH_2-CH_2-CH_2-CH_2-CH_3$$

$$CH-O-\overset{\overset{\displaystyle O}{\|}}{C}-CH_2-CH_2-CH_2-CH_2-CH_2-CH_2-CH_2-CH_2-CH_2-CH_2-CH_3$$

$$CH_2-O-\overset{\overset{\displaystyle O}{\|}}{C}-CH_2-CH_2-CH_2-CH_2-CH_2-CH_2-CH_2-CH_2-CH_2-CH_2-CH_3$$

a. Proporcione el nombre del alcohol y del ácido graso.
b. Proporcione el nombre del triacilglicerol, incluido el nombre común.

RESPUESTA

a. El alcohol es glicerol, y el ácido graso saturado con 12 átomos de carbono es ácido láurico.
b. El triacilglicerol se denomina trilaurato de glicerilo o trilaurina (nombre común).

Los triacilgliceroles se utilizan para espesar cremas y lociones.

EJEMPLO DE PROBLEMA 17.2 **Cómo dibujar estructuras para un triacilglicerol**

Dibuje la fórmula estructural condensada del tripalmitoleato de glicerilo (tripalmitoleína).

SOLUCIÓN

Análisis del problema

Nombre del lípido	Tipo de lípido	Tipo de alcohol	Ácidos grasos	Tipo de enlaces
Tripalmitoleato de glicerilo (tripalmitoleína)	Triacilglicerol	Glicerol	Tres ácidos palmitoleicos	Éster

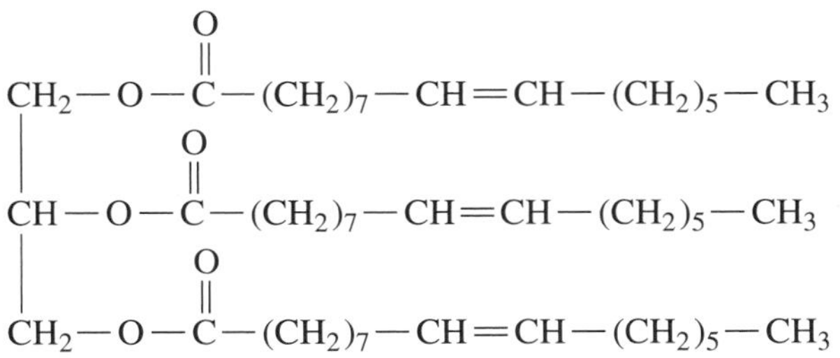

$$CH_2 - O - \overset{\displaystyle O}{\overset{\|}{C}} - (CH_2)_7 - CH = CH - (CH_2)_5 - CH_3$$
$$CH - O - \overset{\displaystyle O}{\overset{\|}{C}} - (CH_2)_7 - CH = CH - (CH_2)_5 - CH_3$$
$$CH_2 - O - \overset{\displaystyle O}{\overset{\|}{C}} - (CH_2)_7 - CH = CH - (CH_2)_5 - CH_3$$

Tripalmitoleato de glicerilo (tripalmitoleína)

COMPROBACIÓN DE ESTUDIO 17.2

Dibuje la fórmula estructural condensada del triacilglicerol, que contiene tres moléculas de ácido mirístico.

Puntos de fusión de grasas y aceites

Una **grasa** es un triacilglicerol que es sólido a temperatura ambiente y generalmente proviene de fuentes animales como carne, leche entera, mantequilla y queso.

Un **aceite** es un triacilglicerol que generalmente es líquido a temperatura ambiente y se obtiene de una fuente vegetal. El aceite de oliva y el aceite de cacahuate son monoinsaturados porque contienen grandes cantidades de ácido oleico. Los aceites de maíz, semilla de algodón, semilla de cártamo y semilla de girasol son poliinsaturados porque contienen grandes cantidades de ácidos grasos con dos o más enlaces dobles (véase la figura 17.3)

Los aceites de palma y de coco son sólidos a temperatura ambiente porque consisten principalmente de ácidos grasos saturados. Aunque el aceite de coco es 92% grasa saturada, casi la mitad es ácido láurico, que contiene 12 átomos de carbono en lugar de los 18 átomos de carbono que se encuentran en el ácido esteárico proveniente de fuentes animales. Por tanto, el aceite de coco tiene un punto de fusión que es más alto que el de los aceites vegetales característicos, pero no tan alto como las grasas de fuentes animales que contienen ácido esteárico. En la figura 17.4 se indican las cantidades de ácidos grasos saturados, monoinsaturados y poliinsaturados de algunas grasas y aceites característicos.

Los ácidos grasos saturados tienen puntos de fusión más altos que los ácidos grasos insaturados, porque se empacan más estrechamente. Por lo general, las grasas animales contienen más ácidos grasos saturados que los aceites vegetales. Por tanto, los puntos de fusión de las grasas animales son más altos que los de los aceites vegetales.

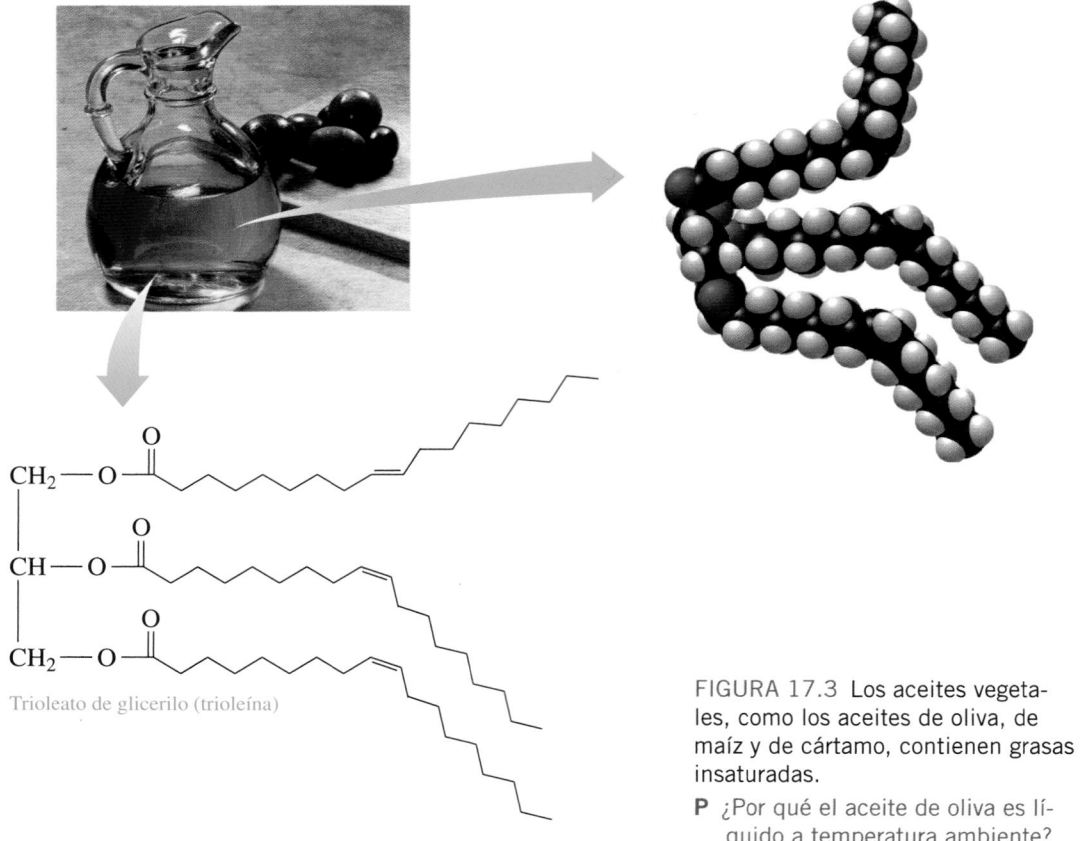

Trioleato de glicerilo (trioleína)

FIGURA 17.3 Los aceites vegetales, como los aceites de oliva, de maíz y de cártamo, contienen grasas insaturadas.

P ¿Por qué el aceite de oliva es líquido a temperatura ambiente?

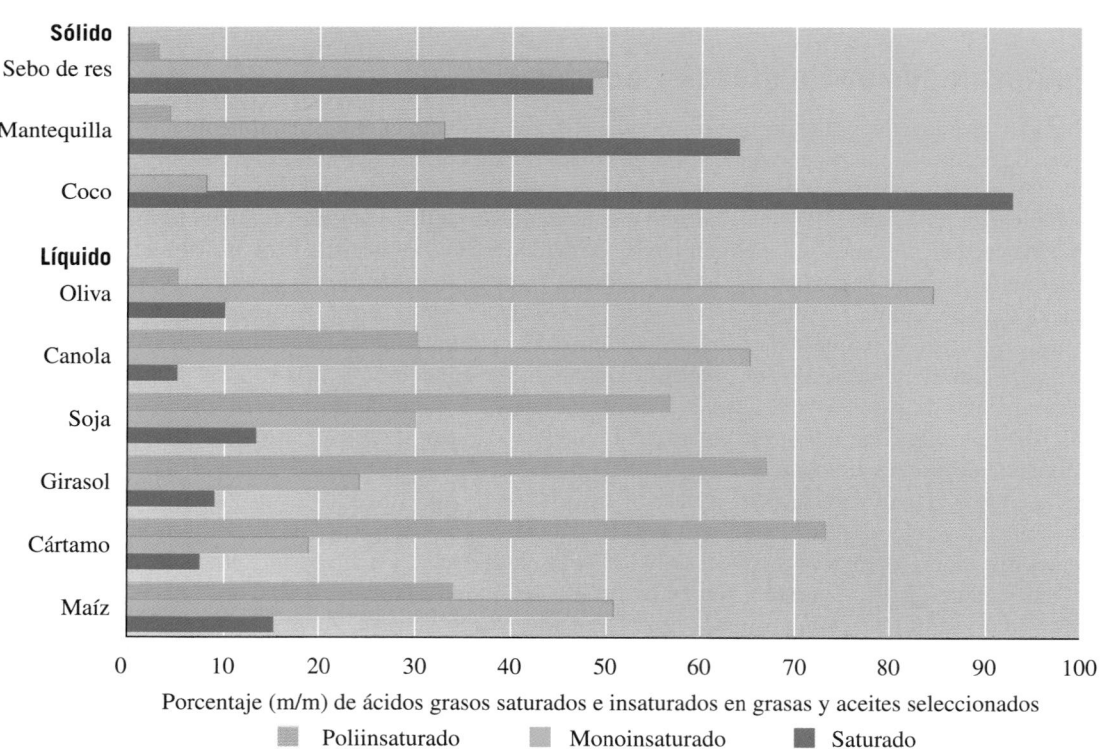

Porcentaje (m/m) de ácidos grasos saturados e insaturados en grasas y aceites seleccionados

Poliinsaturado   Monoinsaturado   Saturado

FIGURA 17.4 Los aceites vegetales son líquidos a temperatura ambiente porque tienen mayor porcentaje de ácidos grasos insaturados que las grasas animales.

P ¿Por qué la mantequilla es sólida a temperatura ambiente, en tanto que el aceite de canola es líquido?

La química en la salud

OLESTRA: UN SUSTITUTO DE LA GRASA

En 1968, científicos en alimentos diseñaron una grasa artificial llamada *olestra* como una supuesta fuente de nutrición para bebés prematuros. Sin embargo, dicha grasa artificial no podía digerirse y nunca se utilizó con dicho propósito. Después algunos científicos se dieron cuenta de que olestra tenía el sabor y la textura de una grasa, sin las calorías.

Para fabricar olestra (también conocida por el nombre comercial de *Olean*) se obtienen los ácidos grasos de las grasas de los aceites de semilla de algodón o soja y se enlazan los ácidos grasos con los grupos hidroxilo de la sacarosa. Químicamente, olestra se compone de seis a ocho ácidos grasos de cadena larga unidos mediante enlaces éster a una molécula de sacarosa en lugar de a una molécula de glicerol. Esta estructura hace que olestra sea una molécula muy larga que no puede absorberse a través de las paredes intestinales. Las enzimas y bacterias que se encuentran en el tubo digestivo no pueden descomponer la molécula de olestra, y ésta viaja por el tubo digestivo sin digerirse.

La molécula larga de olestra también se combina con vitaminas liposolubles (A, D, E y K) antes de que puedan absorberse a través de la pared intestinal. Una vez que olestra se combina con dichas moléculas, pasa por el tubo digestivo sin absorberse. La FDA exige ahora a los fabricantes agregar las cuatro vitaminas a los productos de olestra. Hay informes de algunas reacciones adversas, como diarrea, cólicos e incontinencia anal, lo que indica que olestra puede actuar como laxante en algunas personas. Sin embargo, los fabricantes argumentan que no hay pruebas directas de que olestra sea la causa de dichos efectos.

Hay refrigerios elaborados con olestra, como papas fritas, galletas saladas y frituras, que se encuentran comúnmente en supermercados. Falta por ver si olestra tiene un efecto significativo en la reducción del problema de obesidad.

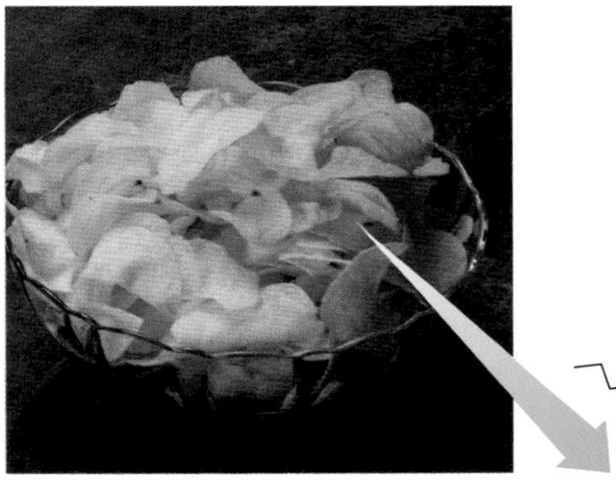

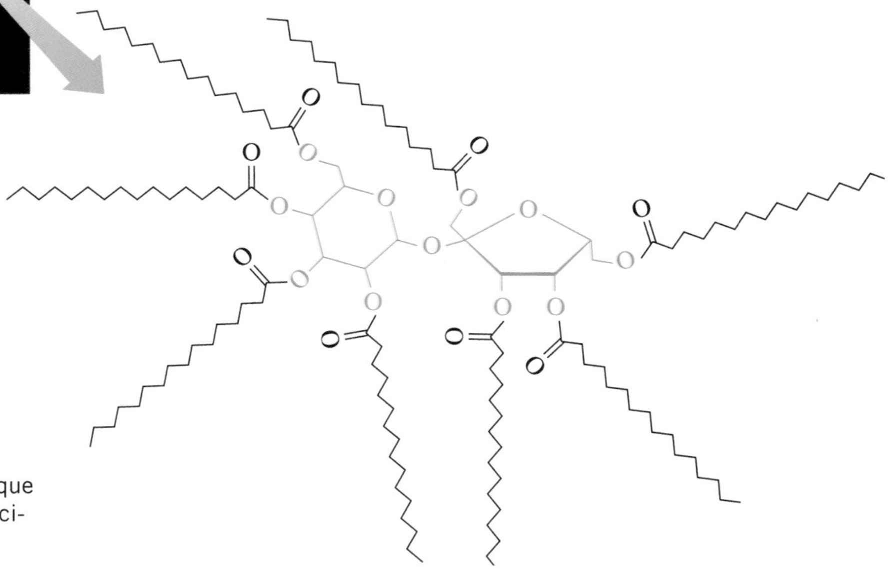

Olestra contiene sacarosa (verde) que forma enlaces éster con muchos ácidos grasos de cadena larga.

PREGUNTAS Y PROBLEMAS

17.3 Ceras y triacilgliceroles

META DE APRENDIZAJE: *Dibujar la fórmula estructural condensada de una cera o un triacilglicerol producido por la reacción de un ácido graso y un alcohol o glicerol.*

17.19 Dibuje la fórmula estructural condensada del éster en la cera de abeja que se forma a partir de alcohol miricílico, $CH_3-(CH_2)_{29}-OH$, y ácido palmítico.

17.20 Dibuje la fórmula estructural condensada del éster en la cera de jojoba que se forma a partir de ácido araquídico, un ácido graso saturado de 20 carbonos y 1-docosanol, $CH_3-(CH_2)_{21}-OH$.

17.21 Dibuje la fórmula estructural condensada de un triacilglicerol que contiene ácido esteárico y glicerol.

17.22 Dibuje la fórmula estructural condensada de una mezcla de triacilglicerol que contiene dos moléculas de ácido palmítico y una molécula de ácido oleico en el segundo carbono (carbono central) del glicerol.

17.23 Dibuje la fórmula estructural condensada del tripalmitato de glicerilo (tripalmitina).

17.24 Dibuje la fórmula estructural condensada del trioleato de glicerilo (trioleína).

17.25 Dibuje la fórmula estructural condensada del tricaprilato de glicerilo (tricaprilina). El ácido caprílico es un ácido graso saturado de 8 carbonos.

17.26 Dibuje la fórmula estructural condensada del trilinoleato de glicerilo (trilinoleína).

17.27 ¿Por qué el aceite de cártamo tiene un punto de fusión más bajo que el aceite de oliva?

17.28 ¿Por qué el aceite de oliva tiene un punto de fusión más bajo que la nata?

17.29 ¿Por qué el aceite de coco tiene un punto de fusión que es similar a las grasas de fuentes animales?

17.30 En la etiqueta de una botella de aceite 100% de semilla de girasol se afirma que contiene menos grasas saturadas que todos los aceites líderes.
  a. ¿Cómo se compara el porcentaje de grasas saturadas en el aceite de semilla de girasol con el de los aceites de cártamo, maíz y canola? (Véase la figura 17.4).
  b. ¿La afirmación es válida?

META DE APRENDIZAJE

Dibujar la fórmula estructural condensada del producto de un triacilglicerol que experimenta hidrogenación, hidrólisis o saponificación.

TUTORIAL
Hydrogenation and Hydrolysis of Triacylglycerols

17.4 Propiedades químicas de los triacilgliceroles

Las reacciones químicas de los triacilgliceroles (grasas y aceites) son las mismas que las estudiadas para alquenos (sección 12.3) y ésteres (sección 16.5).

Hidrogenación

En la **hidrogenación** de una grasa insaturada se agrega hidrógeno a uno o más enlaces dobles carbono-carbono para formar enlaces sencillos carbono-carbono. El gas hidrógeno se burbujea a través del aceite caliente, generalmente en presencia de un catalizador níquel, platino o paladio.

$$-CH=CH- \; + \; H_2 \quad \xrightarrow{\text{Ni}} \quad \begin{matrix} H & H \\ | & | \\ -C-C- \\ | & | \\ H & H \end{matrix}$$

Por ejemplo, cuando se agrega hidrógeno a todos los enlaces dobles del trioleato de glicerilo (trioleína), el producto es la grasa saturada triestearato de glicerilo (triestearina).

$$
\begin{aligned}
&CH_2-O-\overset{\overset{\textstyle O}{\|}}{C}-(CH_2)_7-CH=CH-(CH_2)_7-CH_3 \\
&CH-O-\overset{\overset{\textstyle O}{\|}}{C}-(CH_2)_7-CH=CH-(CH_2)_7-CH_3 \; + \; 3H_2 \quad \xrightarrow{\text{Ni}} \\
&CH_2-O-\overset{\overset{\textstyle O}{\|}}{C}-(CH_2)_7-CH=CH-(CH_2)_7-CH_3
\end{aligned}
$$

Trioleato de glicerilo
(trioleína)

$$
\begin{aligned}
&CH_2-O-\overset{\overset{\textstyle O}{\|}}{C}-(CH_2)_{16}-CH_3 \\
&CH-O-\overset{\overset{\textstyle O}{\|}}{C}-(CH_2)_{16}-CH_3 \\
&CH_2-O-\overset{\overset{\textstyle O}{\|}}{C}-(CH_2)_{16}-CH_3
\end{aligned}
$$

Triestearato de glicerilo
(triestearina)

En la hidrogenación comercial, la adición de hidrógeno se detiene antes de que todos los enlaces dobles en un aceite vegetal líquido queden completamente saturados. La hidrogenación completa genera un producto muy quebradizo, en tanto que la hidrogenación parcial de un aceite vegetal líquido lo cambia a una grasa semisólida blanda. A medida que la grasa semisólida se vuelve más saturada, el punto de fusión aumenta, y la sustancia se vuelve más sólida a temperatura ambiente. Al controlar la cantidad de hidrógeno, los fabricantes pueden elaborar los diversos tipos de productos que se encuentran en el mercado actualmente, como margarinas blandas, margarinas sólidas en barra y mantecas vegetales sólidas (véase la figura 17.5). Aunque estos productos ahora contienen más ácidos grasos saturados que los aceites originales, no contienen colesterol, a diferencia de productos similares provenientes de fuentes animales, como la mantequilla y la manteca de cerdo.

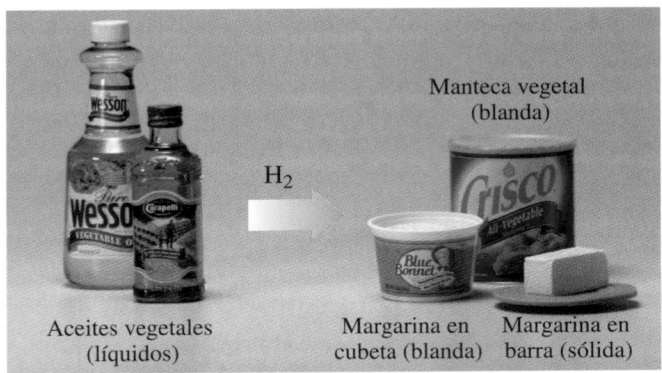

FIGURA 17.5 Muchas margarinas blandas, margarinas en barra y mantecas vegetales se producen por la hidrogenación parcial de aceites vegetales.

P ¿De qué manera la hidrogenación cambia la estructura de los ácidos grasos en los aceites vegetales?

La química en la salud

CONVERSIÓN DE GRASAS INSATURADAS EN GRASAS SATURADAS: HIDROGENACIÓN E INTERESTERIFICACIÓN

A principios del siglo XX, la margarina se volvió un sustituto popular de grasas altamente saturadas como la mantequilla y la manteca. La margarina se produce mediante la hidrogenación parcial de grasas insaturadas de aceites vegetales como los de cártamo, maíz, canola, semilla de algodón y girasol.

Hidrogenación y grasas _trans_

En los aceites vegetales, las grasas insaturadas generalmente contienen enlaces dobles _cis_. Conforme transcurre la hidrogenación, los enlaces dobles se convierten en enlaces sencillos. Sin embargo, una pequeña cantidad de los enlaces dobles _cis_ se convierte en enlaces dobles _trans_ porque son más estables, lo que produce un cambio en la estructura global de los ácidos grasos. Si en la etiqueta de un producto se afirma que los aceites están "parcialmente hidrogenados", dicho producto también contendrá ácidos grasos _trans_. En Estados Unidos se estima que de 2 a 4% de las calorías totales provienen de ácidos grasos _trans_.

La preocupación acerca de los ácidos grasos _trans_ es que la alteración de su estructura puede hacer que se comporten como ácidos grasos saturados en el cuerpo. Hay varios estudios que informaron que los ácidos grasos _trans_ aumentan los niveles de colesterol LDL y reducen los niveles de colesterol HDL. (LDL y HDL se describen en la sección 17.6.)

Los alimentos que contienen grasas _trans_ de origen natural incluyen leche, res y huevo. Los alimentos que contienen ácidos grasos _trans_ provenientes del proceso de hidrogenación incluyen alimentos fritos, pan, artículos horneados, galletas dulces y saladas, papas fritas, margarinas en barra y blanda, y manteca vegetal. La American Heart Association recomienda que la margarina no tenga más de 2 gramos de grasa saturada por cucharada, y un aceite vegetal líquido debe ser el primer ingrediente. También recomienda el uso de margarina blanda, que sólo está un poco hidrogenada y, por tanto, tiene menos ácidos grasos _trans_. En la actualidad, se incluye la cantidad de ácidos _trans_ en la información nutricional de los productos alimenticios. En Estados Unidos, en la etiqueta de la información nutrimental de un producto que tiene menos de 0.5 g de grasa _trans_ en una porción puede leerse "0 g de grasa _trans_".

Ácido _cis_-oleico

H_2/Ni

Catalizador Ni

H_2 — Isomerización

Adición de H_2

Producto colateral indeseable (ácido _trans_-oleico)

Producto saturado deseable (ácido esteárico)

El mejor consejo puede ser reducir la grasa total de la dieta usando grasas y aceites con moderación, cocinar con poca o ninguna grasa, sustituir otros aceites con el aceite de oliva o de canola y restringir el uso de aceite de coco y palma, que son ricos en ácidos grasos saturados.

Interesterificación

La interesterificación es un proceso novedoso que se utiliza para convertir los aceites vegetales insaturados en productos que tienen las propiedades de las grasas saturadas sólidas y semisólidas. Durante el proceso de interesterificación se usan enzimas lipasa para hidrolizar enlaces éster en triacilgliceroles de aceites vegetales, de modo que se formen glicerol y ácidos grasos. Luego los ácidos grasos saturados se recombinan con glicerol. Por ejemplo, un ácido oleico insaturado en un aceite vegetal podría sustituirse con un ácido esteárico saturado, que resulte en una grasa más saturada con un punto de fusión más alto. Los productos saturados de la mezcla se separan por las diferencias en los puntos de fusión. Como resultado de evitar el proceso de hidrogenación de convertir enlaces dobles en enlaces sencillos, no hay ácidos grasos *trans* presentes en los productos grasos sólidos o semisólidos. Dichos productos pueden tener una etiqueta que indique "no grasas *trans*".

Ejemplo simplificado de interesterificación

Los triacilgliceroles mezclados son insaturados y tienen puntos de fusión más bajos.

Una nueva mezcla de triacilgliceroles incluye triacilgliceroles saturados con puntos de fusión más altos, así como triacilgliceroles insaturados.

Hidrólisis

Los triacilgliceroles se hidrolizan (dividen por agua) en presencia de ácidos fuertes como HCl o H_2SO_4, o enzimas digestivas llamadas *lipasas*. Los productos de la hidrólisis de los enlaces éster son glicerol y tres ácidos grasos. El glicerol polar es soluble en agua, pero los ácidos grasos con sus cadenas de hidrocarburos largas no lo son.

Tripalmitato de glicerilo (tripalmitina)

Glicerol

3 moléculas de ácido palmítico

Saponificación

La *saponificación* ocurre cuando una grasa se calienta con una base fuerte, como una disolución de hidróxido de sodio, para producir glicerol y las sales de sodio de los ácidos grasos, que es jabón. Cuando se usa NaOH, se produce un jabón sólido que puede moldearse en la forma deseada; KOH produce un jabón líquido más suave. Los aceites poliinsaturados producen jabones más suaves. Nombres como champú de "coco" o "aguacate" indican las fuentes del aceite utilizado en la reacción.

Grasa o aceite + base fuerte $\longrightarrow$ glicerol + sales de ácidos grasos (jabón)

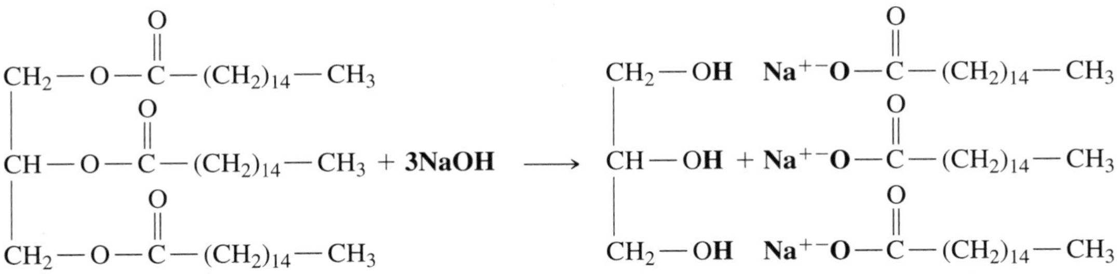

$$
\begin{array}{ll}
CH_2-O-\overset{\overset{\textstyle O}{\|}}{C}-(CH_2)_{14}-CH_3 & \\
CH-O-\overset{\overset{\textstyle O}{\|}}{C}-(CH_2)_{14}-CH_3 + 3NaOH & \longrightarrow \\
CH_2-O-\overset{\overset{\textstyle O}{\|}}{C}-(CH_2)_{14}-CH_3 &
\end{array}
\quad
\begin{array}{l}
CH_2-OH \quad Na^{+\,-}O-\overset{\overset{\textstyle O}{\|}}{C}-(CH_2)_{14}-CH_3 \\
CH-OH + Na^{+\,-}O-\overset{\overset{\textstyle O}{\|}}{C}-(CH_2)_{14}-CH_3 \\
CH_2-OH \quad Na^{+\,-}O-\overset{\overset{\textstyle O}{\|}}{C}-(CH_2)_{14}-CH_3
\end{array}
$$

Tripalmitato de glicerol   Glicerol   3 palmitato de sodio
(tripalmitina)   (jabón)

Las reacciones estudiadas para los ácidos grasos y triacilgliceroles son similares a las reacciones de hidrogenación de alquenos (sección 12.3), la esterificación de ácidos carboxílicos y alcoholes (sección 16.3) y la hidrólisis y saponificación de ésteres (sección 16.5). En la tabla 17.3 se presenta una comparación de estas reacciones orgánicas y sus correspondientes reacciones lípidas.

TABLA 17.3 Resumen de reacciones orgánicas y lípidas

Reacción	Reactivos y productos orgánicos	Reactivos y productos lípidos
Esterificación	Ácido carboxílico + alcohol $\xrightarrow{H^+,\,calor}$ éster + agua	3 ácidos grasos + glicerol $\xrightarrow{enzima}$ triacilglicerol (grasa) + 3 agua
Hidrogenación	Alqueno (enlace doble) + hidrógeno $\xrightarrow{Pt}$ alcano (enlaces sencillos)	Grasa insaturada (enlace doble) + hidrógeno $\xrightarrow{Pt}$ grasa saturada (enlaces sencillos)
Hidrólisis	Éster + agua $\xrightarrow{H^+,\,calor}$ ácido carboxílico + alcohol	Triacilglicerol (grasa) + 3 agua $\xrightarrow{enzima}$ 3 ácidos grasos + glicerol
Saponificación	Éster + hidróxido de sodio $\longrightarrow$ sal de sodio de ácido carboxílico + alcohol	Triacilglicerol (grasa) + 3 hidróxido de sodio $\longrightarrow$ 3 sales de sodio de ácido graso (jabón) + glicerol

COMPROBACIÓN DE CONCEPTOS 17.4 **Hidrogenación, hidrólisis y saponificación**

Identifique si cada uno de los procesos siguientes es hidrogenación, hidrólisis o saponificación, e identifique los productos:

a. la reacción de aceite de palma con KOH
b. la reacción de trilinoleato de glicerilo a partir de aceite de cártamo con agua y HCl
c. la reacción de aceite de maíz e hidrógeno (H_2) con níquel como catalizador

RESPUESTA

a. La reacción de aceite de palma con KOH es saponificación, y los productos son glicerol y las sales de potasio de los ácidos grasos, que es jabón.
b. En la hidrólisis ácida el trilinoleato de glicerilo reacciona con agua, que divide los enlaces éster para producir glicerol y tres moléculas de ácido linoleico.
c. En la hidrogenación, H_2 se agrega a enlaces dobles en aceite de maíz, que produce una grasa más saturada y, por tanto, más sólida.

EJEMPLO DE PROBLEMA 17.3 Cómo dibujar estructuras para un triacilglicerol

Escriba la ecuación para la reacción catalizada mediante una enzima lipasa que hidroliza por completo trilaurato de glicerilo (trilaurina).

SOLUCIÓN

Análisis del problema

Nombre del lípido	Reactivos	Reacción	Productos
Trilaurato de glicerilo (trilaurina)	Triacilglicerol y tres moléculas de agua	Hidrólisis	Glicerol y tres ácidos láuricos

$$
\begin{array}{l}
CH_2-O-\overset{\overset{\displaystyle O}{\|}}{C}-(CH_2)_{10}-CH_3 \\
| \\
CH-O-\overset{\overset{\displaystyle O}{\|}}{C}-(CH_2)_{10}-CH_3 \;+\; 3H_2O \;\xrightarrow{\;H^+\;} \\
| \\
CH_2-O-\overset{\overset{\displaystyle O}{\|}}{C}-(CH_2)_{10}-CH_3
\end{array}
$$

Trilaurato de glicerilo
(trilaurina)

$$
\begin{array}{l}
CH_2-OH \qquad HO-\overset{\overset{\displaystyle O}{\|}}{C}-(CH_2)_{10}-CH_3 \\
| \\
CH-OH \;+\; HO-\overset{\overset{\displaystyle O}{\|}}{C}-(CH_2)_{10}-CH_3 \\
| \\
CH_2-OH \qquad HO-\overset{\overset{\displaystyle O}{\|}}{C}-(CH_2)_{10}-CH_3
\end{array}
$$

Glicerol   3 moléculas de
ácido láurico

COMPROBACIÓN DE ESTUDIO 17.3

¿Cuál es el nombre del producto formado cuando un triacilglicerol que contiene ácido oleico y ácido linoleico se hidrogena por completo?

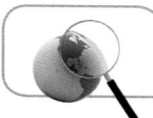

Explore su mundo

TIPOS DE GRASAS

Lea las etiquetas de productos alimenticios que contengan grasas, como mantequilla, margarina, aceites vegetales, mantequilla de cacahuate y papas fritas. Busque términos como saturado, monoinsaturado, poliinsaturado, y parcial o completamente hidrogenado.

PREGUNTAS

1. ¿Qué tipo(s) de grasas o aceites hay en el producto?
2. ¿Cuántos gramos de grasa saturada, monoinsaturada o poliinsaturada hay en una porción del producto?
3. ¿Qué porcentaje de la grasa total es grasa saturada? ¿Grasa insaturada?
4. Si el producto es un aceite vegetal, ¿qué información se proporciona acerca de cómo almacenarlo? ¿Por qué?

5. En la etiqueta de un recipiente de mantequilla de cacahuate se afirma que los aceites de semilla de algodón y canola utilizados para elaborarla fueron totalmente hidrogenados. ¿Cuáles son los productos característicos que se formarían cuando se agrega hidrógeno?
6. Para cada alimento empacado, determine lo siguiente:
   a. ¿Cuántos gramos de grasa hay en una porción del alimento?
   b. Con el valor calórico de la grasa (9 kcal/gramo de grasa), ¿cuántas Calorías (kilocalorías) provienen de la grasa en una porción?
   c. ¿Cuál es el porcentaje de grasa en una porción?

La química en el ambiente

BIODIESEL COMO COMBUSTIBLE ALTERNATIVO

El *biodiesel* es el nombre de un combustible que no es un derivado del petróleo, pero que puede usarse en lugar del diésel. El biodiésel se produce a partir de recursos biológicos renovables, como aceites vegetales (principalmente de soja), aceites vegetales de desecho de restaurantes y algunas grasas animales. El biodiésel no es tóxico y es biodegradable.

El biodiésel se prepara a partir de triacilgliceroles y alcoholes (por lo general etanol) para formar ésteres de etilo y glicerol. El glicerol que se separa de la grasa se utiliza en jabones y otros productos. La reacción de triacilgliceroles se cataliza con una base como NaOH o KOH a bajas temperaturas.

Triacilglicerol + 3 etanol ⟶
3 ésteres de etilo (biodiésel) + glicerol

Comparado con el combustible diésel proveniente del petróleo, cuando el biodiésel arde en un motor, produce niveles mucho menores de emisiones de dióxido de carbono, partículas, hidrocarburos no quemados e hidrocarburos aromáticos que causan cáncer de pulmón. Puesto que el biodiésel tiene un contenido de azufre extremadamente bajo, no contribuye a la formación de los óxidos de azufre que producen lluvia ácida. La energía producida por la combustión de biodiésel es casi la misma que la energía producida por la combustión del diésel de petróleo.

En muchos casos, los motores diésel sólo necesitan modificaciones ligeras para usar biodiésel. Los fabricantes de automóviles, camiones, botes y tractores diésel tienen diferentes sugerencias sobre el porcentaje de biodiésel que se debe usar, que va del 2% (B2) mezclado con combustible diésel estándar, hasta usar biodiésel 100% puro (B100). Por ejemplo, B20 es 20% biodiésel en volumen, mezclado con 80% de diésel de petróleo en volumen. En 2006, en Estados Unidos se usaron 9.8×10^{14} litros de biodiésel. Las estaciones de combustible en Europa y Estados Unidos ahora despachan combustible biodiésel.

El biodiésel 20 contiene 20% ésteres de etilo y 80% combustible diésel estándar.

$$CH_2-O-\overset{\displaystyle O}{\overset{\|}{C}}-(CH_2)_{12}-CH_3$$
$$CH-O-\overset{\displaystyle O}{\overset{\|}{C}}-(CH_2)_7-CH=CH-(CH_2)_7-CH_3 \;+\; 3CH_3-CH_2-OH \xrightarrow{\substack{\text{Catalizador}\\ \text{NaOH}}}$$
$$CH_2-O-\overset{\displaystyle O}{\overset{\|}{C}}-(CH_2)_{16}-CH_3$$

Etanol

Triacilglicerol a partir de aceite vegetal

$$CH_2-OH \qquad CH_3-CH_2-O-\overset{\displaystyle O}{\overset{\|}{C}}-(CH_2)_{12}-CH_3$$
$$CH-OH \;+\; CH_3-CH_2-O-\overset{\displaystyle O}{\overset{\|}{C}}-(CH_2)_7-CH=CH-(CH_2)_7-CH_3$$
$$CH_2-OH \qquad CH_3-CH_2-O-\overset{\displaystyle O}{\overset{\|}{C}}-(CH_2)_{16}-CH_3$$

Glicerol

Ésteres de etilo usados para biodiésel

PREGUNTAS Y PROBLEMAS

17.4 Propiedades químicas de los triacilgliceroles

META DE APRENDIZAJE: *Dibujar la fórmula estructural condensada del producto de un triacilglicerol que experimenta hidrogenación, hidrólisis o saponificación.*

17.31 Escriba una ecuación para la hidrogenación del trioleato de glicerilo, una grasa formada a partir de glicerol y tres moléculas de ácido oleico.

17.32 Escriba una ecuación para la hidrogenación de trilinolenato de glicerilo, una grasa formada a partir de glicerol y tres moléculas de ácido linolénico.

17.33 Escriba una ecuación para la hidrólisis ácida de trimiristato de glicerilo (trimiristina).

17.34 Escriba una ecuación para la hidrólisis ácida del trioleato de glicerilo (trioleína).

17.35 Escriba una ecuación para la saponificación del trimiristato de glicerilo (trimiristina) en presencia de NaOH.

17.36 Escriba una ecuación para la saponificación de trioleato de glicerilo (trioleína) en presencia de NaOH.

17.37 Compare la estructura de un triacilglicerol con la estructura de olestra.

17.38 ¿Cómo se forman las grasas *trans* durante la hidrogenación de aceites vegetales?

17.39 Dibuje la fórmula estructural condensada del producto de hidrogenación del triacilglicerol siguiente:

$$CH_2-O-\overset{\overset{O}{\|}}{C}-(CH_2)_{16}-CH_3$$

$$CH-O-\overset{\overset{O}{\|}}{C}-(CH_2)_7-CH=CH-(CH_2)_7-CH_3$$

$$CH_2-O-\overset{\overset{O}{\|}}{C}-(CH_2)_{16}-CH_3$$

17.40 Dibuje las fórmulas estructurales condensadas de todos los productos obtenidos cuando el triacilglicerol del problema 17.39 experimenta hidrólisis ácida completa.

META DE APRENDIZAJE

Describir la estructura de un fosfolípido que contiene glicerol o esfingosina.

ACTIVIDAD DE
AUTOAPRENDIZAJE
Phospholipids

TUTORIAL
The Split Personality of
Glycerophospholipids

17.5 Fosfolípidos

Los **fosfolípidos** son una familia de lípidos similar en estructura a los triacilgliceroles; incluyen glicerofosfolípidos y esfingomielina. En un **glicerofosfolípido**, dos ácidos grasos forman enlaces éster con el primero y segundo grupos hidroxilo del glicerol. El tercer grupo hidroxilo forma un éster con un ácido fosfórico, que forma otro enlace fosfoéster con un aminoalcohol. En una esfingomielina, la esfingosina reemplaza el glicerol. Puede comparar las estructuras generales de un triacilglicerol, un glicerofosfolípido y un esfingolípido del modo siguiente:

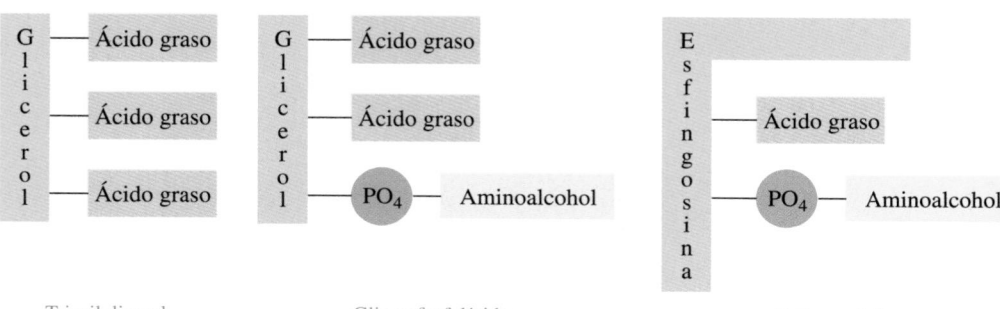

Triacilglicerol   Glicerofosfolípido   Esfingomielina

Alcoholes amino

Tres alcoholes amino que se encuentran en los glicerofosfolípidos son colina, serina y etanolamina. En el organismo, a un pH fisiológico de 7.4, estos alcoholes amino se ionizan.

$$HO-CH_2-CH_2-\overset{CH_3}{\underset{CH_3}{\overset{|}{\underset{|}{N^+}}}}-CH_3$$

Colina

$$HO-CH_2-\overset{\overset{+}{N}H_3}{\overset{|}{CH}}-COO^-$$

Serina

$$HO-CH_2-CH_2-\overset{+}{N}H_3$$

Etanolamina

Lecitinas y **cefalinas** son dos tipos de glicerofosfolípidos que son particularmente abundantes en tejidos cerebrales y nerviosos, así como en yema de huevo, germen de trigo y levadura. Las lecitinas contienen colina, y las cefalinas generalmente contienen etanolamina y en ocasiones serina. En las fórmulas estructurales siguientes, el ácido graso que se usa como ejemplo es ácido palmítico:

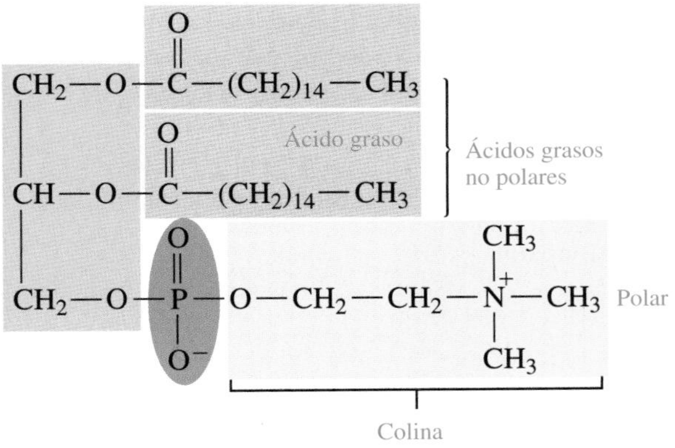

$$CH_2-O-C(=O)-(CH_2)_{14}-CH_3$$

$$CH-O-C(=O)-(CH_2)_{14}-CH_3$$ — Ácido graso — Ácidos grasos no polares

$$CH_2-O-P(=O)(O^-)-O-CH_2-CH_2-\overset{+}{N}(CH_3)_3$$ Polar

Colina

Una lecitina

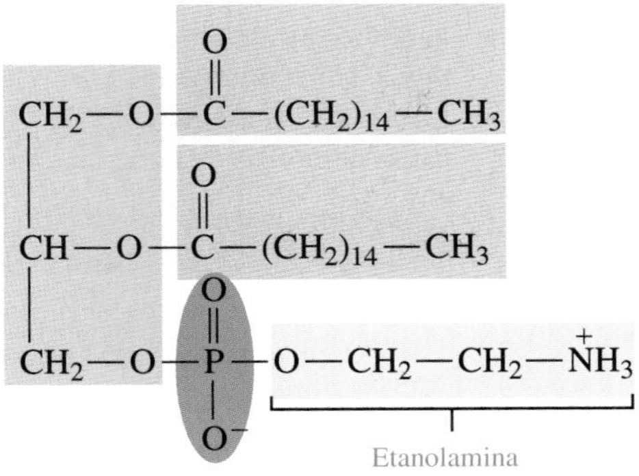

$$CH_2-O-C(=O)-(CH_2)_{14}-CH_3$$

$$CH-O-C(=O)-(CH_2)_{14}-CH_3$$

$$CH_2-O-P(=O)(O^-)-O-CH_2-CH_2-\overset{+}{N}H_3$$

Etanolamina

Una cefalina

Los glicerofosfolípidos contienen regiones tanto polares como no polares, lo que les permite interaccionar con sustancias tanto polares como no polares. El aminoalcohol ionizado y la porción fosfato, llamada "cabeza", es polar y el agua la atrae fuertemente (véase la figura 17.6). Las cadenas de hidrocarburos de los dos ácidos grasos son las "colas" no polares del glicerofosfolípido, que sólo son solubles en otras sustancias no polares, principalmente lípidos.

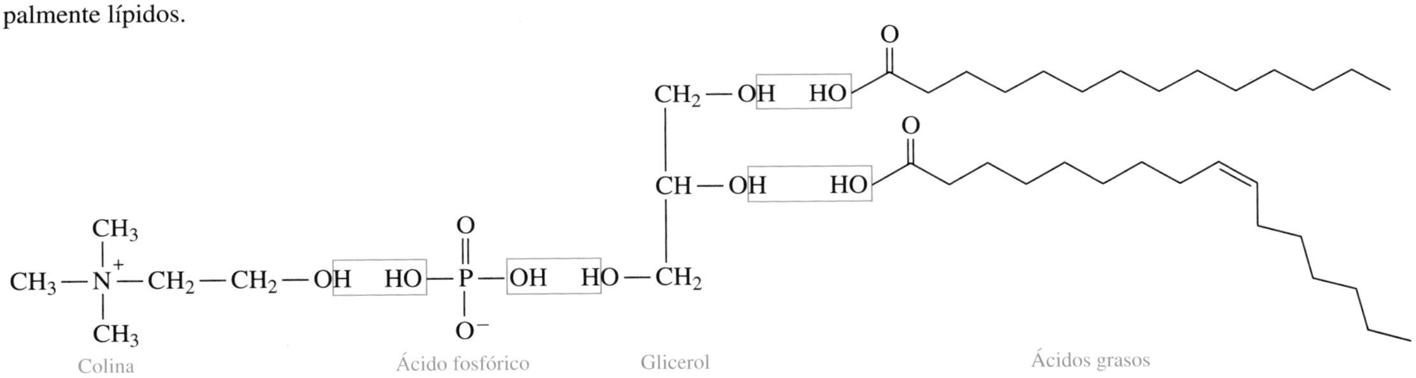

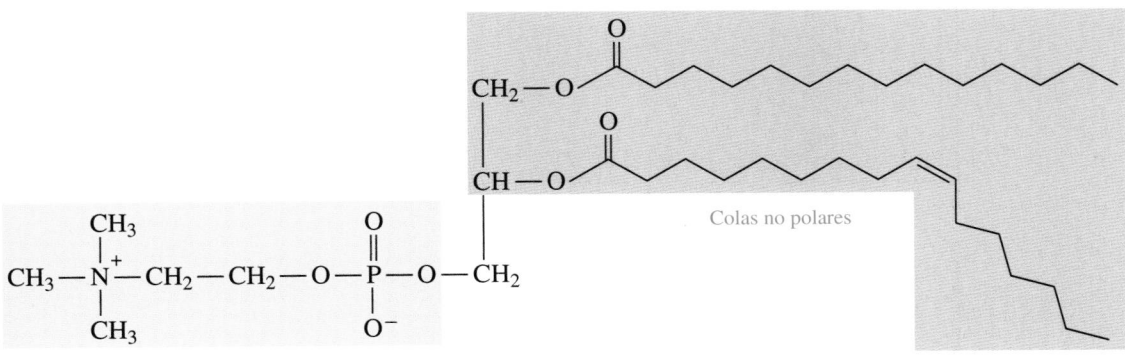

Colina   Ácido fosfórico   Glicerol   Ácidos grasos

(a) Componentes de un glicerofosfolípido característico

Cabeza polar

Colas no polares

(b) Glicerofosfolípido

Cabeza polar

Colas no polares

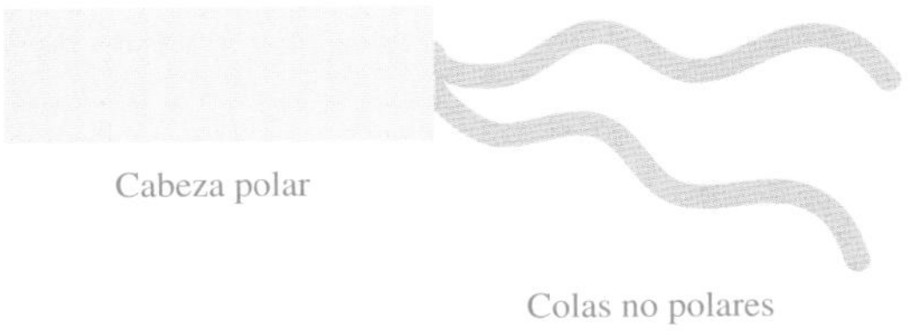

(c) Manera simplificada de dibujar un glicerofosfolípido

FIGURA 17.6 **(a)** Los componentes de un glicerofosfolípido característico son: un aminoalcohol, ácido fosfórico, glicerol y dos ácidos grasos. **(b)** En un glicerofosfolípido, una "cabeza" polar contiene el aminoalcohol ionizado y fosfato, en tanto que las cadenas de hidrocarburos de dos ácidos grasos constituyen las "colas" no polares. **(c)** Un dibujo simplificado indica las regiones polar y no polar.

P ¿Por qué los glicerofosfolípidos son polares?

El veneno de las serpientes contiene fosfolipasas que hidrolizan los fosfolípidos en los eritrocitos.

El veneno de serpiente se produce en las glándulas salivales modificadas de las serpientes venenosas. Cuando una serpiente muerde, el veneno se expulsa por sus colmillos. El veneno de la serpiente de cascabel lomo de diamante y de la cobra india contienen *fosfolipasas*, que son enzimas que catalizan la hidrólisis del ácido graso en el carbono central de los glicerofosfolípidos de los eritrocitos. El producto resultante, denominado *lisofosfolípido*, ocasiona el rompimiento de las membranas celulares de los eritrocitos. Esto los hace permeables al agua, lo que causa hemólisis de los eritrocitos.

COMPROBACIÓN DE CONCEPTOS 17.5   Estructura del glicerofosfolípido

Identifique si cada parte de este glicerofosfolípido es (A) glicerol, (B) ácido graso, (C) fosfato o (D) aminoalcohol ionizado.

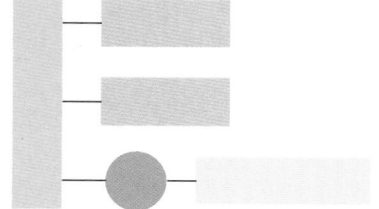

RESPUESTA

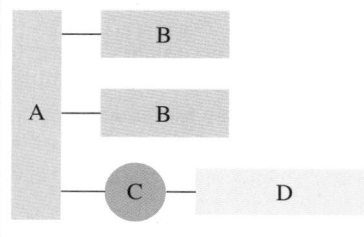

EJEMPLO DE PROBLEMA 17.4   Cómo dibujar estructuras de glicerofosfolípidos

Dibuje la fórmula estructural condensada de la cefalina que contiene dos ácidos esteáricos en los átomos de carbono 1 y 2, con la serina como aminoalcohol ionizado.

SOLUCIÓN

Análisis del problema

Nombre del lípido	Tipo de lípido	Tipo de alcohol	Ácidos grasos	Otros componentes	Tipo de enlaces
Cefalina	Glicerofosfolípido	Glicerol	Dos ácidos esteáricos	Fosfato y serina como un aminoalcohol ionizado	Enlaces éster hacia ácidos grasos; enlaces fosfoéster hacia glicerol y hacia serina

$$
\begin{array}{l}
\quad\quad\quad\quad\quad O \\
\quad\quad\quad\quad\quad \| \\
CH_2-O-C-(CH_2)_{16}-CH_3 \\
| \\
\quad\quad\quad\quad\quad O \\
\quad\quad\quad\quad\quad \| \\
CH-O-C-(CH_2)_{16}-CH_3 \\
| \\
\quad\quad\quad O \quad\quad\quad\quad\quad\overset{+}{N}H_3 \\
\quad\quad\quad \| \quad\quad\quad\quad\quad\quad | \\
CH_2-O-P-O-CH_2-CH-COO^- \\
\quad\quad\quad | \\
\quad\quad\quad O^-
\end{array}
$$

Ácidos esteáricos

Serina

COMPROBACIÓN DE ESTUDIO 17.4

Dibuje la fórmula estructural condensada de una lecitina, y use ácido mirístico para los ácidos grasos, y colina como el aminoalcohol ionizado.

La esfingosina, que se encuentra en las esfingomielinas, es un aminoalcohol de cadena larga.

$$HO-CH-CH=CH-(CH_2)_{12}-CH_3$$
$$\ \ \ \ \ \ \ \ \ CH-NH_2$$
$$\ \ \ \ \ \ \ \ \ CH_2-OH$$

Esfingosina

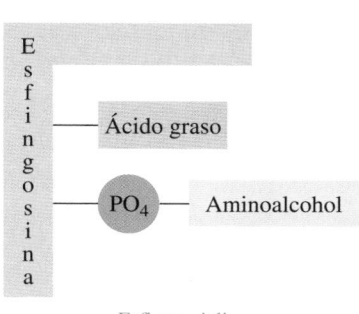

Esfingomielina

En una **esfingomielina**, el grupo amino de la esfingosina forma un enlace amida hacia un ácido graso, y el grupo hidroxilo forma un enlace éster con el fosfato, que forma otro enlace fosfoéster hacia la colina o etanolamina. Las esfingomielinas son abundantes en la materia blanca de la vaina de mielina, un recubrimiento que rodea las células nerviosas que aumenta la velocidad de los impulsos nerviosos y aísla y protege las células nerviosas.

En la esclerosis múltiple, la esfingomielina se pierde de la vaina de mielina, que protege las neuronas en el cerebro y la médula espinal. A medida que la enfermedad avanza, la vaina de mielina se deteriora. En las neuronas se forman cicatrices y deterioran la transmisión de señales nerviosas. Los síntomas de la esclerosis múltiple incluyen varios niveles de debilidad muscular con pérdida de la coordinación y la vista, dependiendo de la cantidad del daño. La causa de la esclerosis múltiple todavía se desconoce, aunque algunos investigadores sugieren que la ocasiona un virus. Varios estudios también sugieren que niveles suficientes de vitamina D pueden reducir la gravedad o el riesgo de padecer esclerosis múltiple.

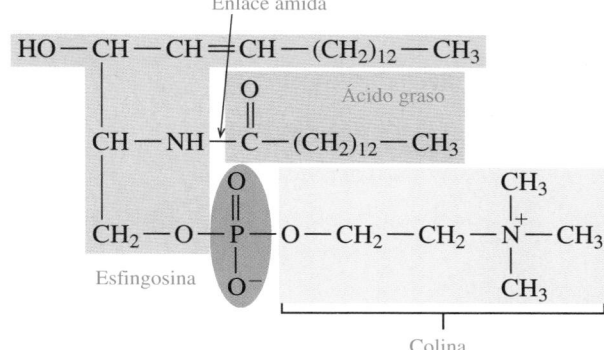

Una esfingomielina que contiene ácido mirístico y colina

EJEMPLO DE PROBLEMA 17.5   Esfingomielina

El ácido palmítico, un ácido graso saturado de 16 carbonos, es el ácido graso más común que se encuentra junto con el aminoalcohol ionizado colina en la esfingomielina de los huevos. Dibuje la fórmula estructural condensada de esta esfingomielina.

SOLUCIÓN

Análisis del problema

Nombre del lípido	Tipo de lípido	Tipo de alcohol	Ácido graso	Otros componentes	Tipo de enlaces
Esfingomielina	Esfingolípido	Esfingosina	Ácido palmítico (16 C)	Fosfato y colina como aminoalcohol ionizado	Enlace amida hacia ácido palmítico; enlace fosfoéster hacia esfingosina y hacia colina

(estructura de la esfingomielina con ácido palmítico y colina)

COMPROBACIÓN DE ESTUDIO 17.5

El ácido esteárico se encuentra en la esfingomielina del cerebro. Dibuje la fórmula estructural condensada de esta esfingomielina usando etanolamina como aminoalcohol ionizado.

La química en la salud

SÍNDROME DE DIFICULTAD RESPIRATORIA DEL RECIÉN NACIDO

Cuando nace un bebé, un indicador importante de su supervivencia es el funcionamiento adecuado de los pulmones. En los pulmones hay muchos sacos diminutos de aire denominados *alvéolos*, donde tiene lugar el intercambio de O_2 y CO_2. Cuando nace un bebé a término (maduro), se libera surfactante en los tejidos pulmonares, donde reduce la tensión superficial de los alvéolos, lo que ayuda a inflar los sacos de aire. La producción de un *surfactante pulmonar,* que es una mezcla de fosfolípidos que incluyen lecitina y esfingomielina producidos por células pulmonares específicas, ocurre en un feto después de 24-28 semanas de embarazo. Si un bebé nace de manera prematura antes de las 28 semanas de gestación, el nivel bajo de surfactante y la inmadurez pulmonar generan un riesgo alto de que padezca el *síndrome de dificultad respiratoria del recién nacido* (*IRDS*, infant respiratory distress syndrome). Sin suficiente surfactante, los sacos de aire colapsan y tienen que reabrirse con cada respiración. En consecuencia, se dañan las células de los alvéolos, se inhala menos oxígeno y se retiene más dióxido de carbono, lo que puede conducir a hipoxia y acidosis.

Una forma de determinar la madurez de los pulmones de un feto es medir la relación *lecitina-esfingomielina* (*L/EM*). Una relación de 2.5 indica funcionamiento pulmonar fetal maduro, una relación L/EM de 2.4-1.6 indica riesgo bajo, y una relación de menos de 1.5 indica un riesgo alto de IRDS. Antes de iniciar un parto prematuro, se mide la relación L/EM del líquido amniótico. Si la relación L/EM es baja, pueden administrarse esteroides a la madre para ayudar al desarrollo pulmonar y la producción de surfactante en el feto. Una vez nacido el bebé prematuro, el tratamiento consiste en la administración de esteroides que ayuden a la maduración de los pulmones, la aplicación de surfactantes y la administración de oxígeno complementario con ventilación para ayudar a reducir al mínimo el daño a los pulmones.

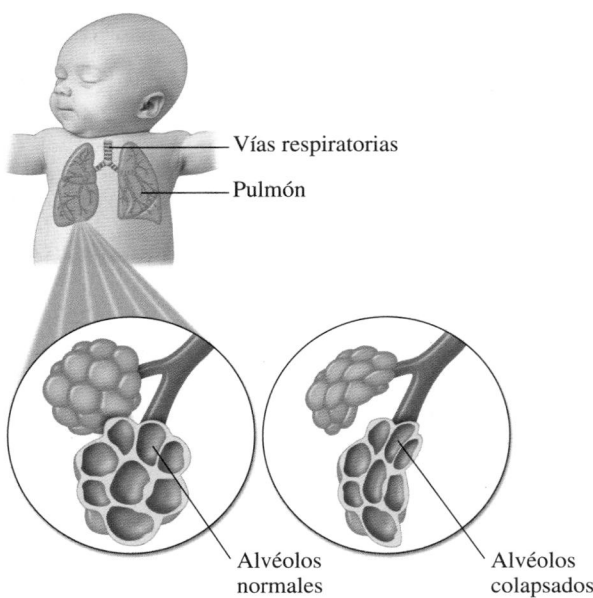

Sin suficiente surfactante en los pulmones de un recién nacido prematuro, los alvéolos colapsan, lo que reduce el funcionamiento pulmonar.

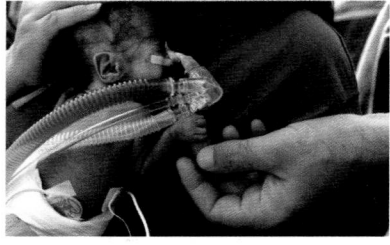

Un recién nacido prematuro con dificultad respiratoria es tratado con un surfactante y oxígeno.

PREGUNTAS Y PROBLEMAS

17.5 Fosfolípidos

META DE APRENDIZAJE: *Describir la estructura de un fosfolípido que contiene glicerol o esfingosina.*

17.41 Describa las semejanzas y diferencias entre triacilgliceroles y glicerofosfolípidos.

17.42 Describa las semejanzas y diferencias entre lecitinas y cefalinas.

17.43 Dibuje la fórmula estructural condensada del glicerofosfolípido cefalina que contenga dos moléculas de ácido palmítico y el aminoalcohol ionizado etanolamina.

17.44 Dibuje la fórmula estructural condensada del glicerofosfolípido lecitina que contenga dos moléculas de ácido palmítico y el aminoalcohol ionizado colina.

17.45 Identifique si el glicerofosfolípido siguiente es lecitina o cefalina y mencione sus componentes:

$$CH_2-O-\overset{\displaystyle O}{\overset{\|}{C}}-(CH_2)_7-CH=CH-(CH_2)_7-CH_3$$
$$CH-O-\overset{\displaystyle O}{\overset{\|}{C}}-(CH_2)_{16}-CH_3$$
$$CH_2-O-\overset{\displaystyle O}{\overset{\|}{P}}-O-CH_2-CH_2-\overset{+}{N}H_3$$
$$\underset{O^-}{|}$$

17.46 Identifique si el glicerofosfolípido siguiente es lecitina o cefalina y mencione sus componentes:

$$CH_2-O-\overset{\displaystyle O}{\overset{\|}{C}}-(CH_2)_{14}-CH_3$$
$$CH-O-\overset{\displaystyle O}{\overset{\|}{C}}-(CH_2)_{16}-CH_3$$
$$CH_2-O-\overset{\displaystyle O}{\overset{\|}{P}}-O-CH_2-CH_2-\overset{CH_3}{\underset{CH_3}{\overset{+}{N}}}-CH_3$$
$$\underset{O^-}{|}$$

17.6 Esteroides

META DE APRENDIZAJE

Describir las estructuras de los esteroides.

Los **esteroides** son compuestos que contienen el *núcleo esteroide*, que consiste en tres anillos de ciclohexano y un anillo de ciclopentano fusionados. Si bien son moléculas grandes, los esteroides no se hidrolizan para producir ácidos grasos y alcoholes. Los cuatro anillos en el núcleo esteroide se designan A, B, C y D. Los átomos de carbono se numeran a partir de los carbonos en el anillo A y terminan con los dos grupos metilo.

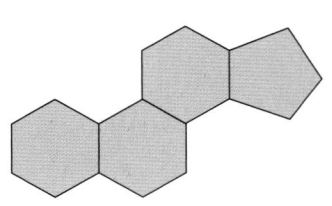

Núcleo esteroide

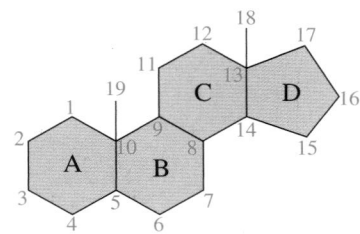

Sistema de numeración de esteroides

TUTORIAL
Cholesterol

TUTORIAL
Characteristics of Cholesterol

Colesterol

Si se unen otros átomos y grupos de átomos al núcleo esteroide, se forma una gran variedad de compuestos esteroides. El **colesterol**, que es uno de los esteroides más importantes y abundantes del cuerpo, es un *esterol* porque contiene un átomo de oxígeno como grupo hidroxilo (—OH) en el carbono 3. Al igual que muchos esteroides, el colesterol tiene un enlace doble entre el carbono 5 y el carbono 6, los grupos metilo en los carbonos 10 y 13, y una cadena de carbono en el carbono 17. En otros esteroides, el átomo de oxígeno generalmente en el carbono 3 forma un grupo carbonilo (C=O).

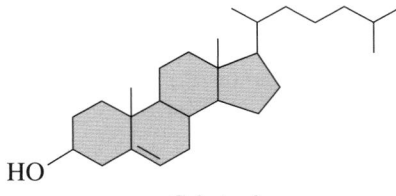

Colesterol

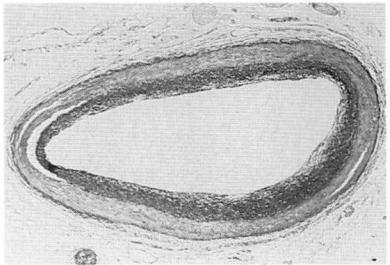

(a)

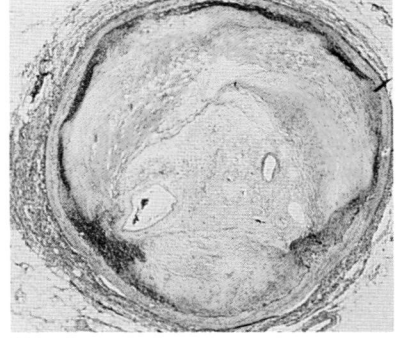

(b)

El colesterol es un componente de las membranas celulares, vainas de mielina y tejidos cerebral y nervioso. También se encuentra en el hígado y las sales biliares; grandes cantidades del mismo se encuentran en la piel, y parte de él se convierte en vitamina D cuando la piel se expone a la luz solar directa. En las glándulas suprarrenales, el colesterol se utiliza para sintetizar hormonas esteroides. El hígado sintetiza suficiente colesterol para que el cuerpo forme grasas, carbohidratos y proteínas. Se obtiene colesterol adicional de la carne, la leche y los huevos de la dieta. En verduras y productos vegetales no hay colesterol.

El colesterol en el cuerpo

Si una dieta es rica en colesterol, el hígado produce menos colesterol. Una dieta estadounidense diaria típica incluye 400-500 mg de colesterol, una de las más altas en el mundo. La American Heart Association recomienda consumir no más de 300 mg de colesterol al día. En la tabla 17.4 se señala el contenido de colesterol de algunos alimentos comunes.

Hay investigadores que sugieren que las grasas saturadas y el colesterol se asocian a enfermedades como diabetes, cáncer de mama, de páncreas y de colon, y aterosclerosis. En la aterosclerosis se acumulan depósitos de un complejo proteína-lípido (placa) en los vasos sanguíneos coronarios que restringen el flujo de sangre al tejido, lo que ocasiona necrosis (muerte) del tejido (véase la figura 17.7). En el corazón, la acumulación de placa podría ocasionar un *infarto del miocardio* (ataque cardiaco).

FIGURA 17.7 El exceso de colesterol forma una placa que puede bloquear una arteria, lo que resulta en un ataque cardiaco. **(a)** Sección transversal de una arteria abierta normal que no muestra acumulación de placa. **(b)** Sección transversal de una arteria que está casi completamente obstruida por placa aterosclerótica.

P ¿Qué propiedad del colesterol ocasionaría que se formaran depósitos a lo largo de las arterias coronarias?

TABLA 17.4 Contenido de colesterol de algunos alimentos

Alimento	Tamaño de porción	Colesterol (mg)
Hígado (res)	3 oz	370
Huevo grande	1	200
Langosta	3 oz	175
Pollo frito	$3\frac{1}{2}$ oz	130
Hamburguesa	3 oz	85
Pollo (sin piel)	3 oz	75
Pescado (salmón)	3 oz	40
Mantequilla	1 cucharada	30
Leche entera	1 taza	35
Leche descremada	1 taza	5
Margarina	1 cucharada	0

Clínicamente, los niveles de colesterol se consideran altos si el nivel de colesterol total en plasma supera los 200 mg/dL. Al parecer, una dieta con pocos alimentos que contengan colesterol y grasas saturadas ayuda a reducir la concentración sérica de colesterol. El American Institute for Cancer Research (AICR; Instituto Estadounidense para la Investigación del Cáncer) recomienda que, para que la dieta contenga más fibra y almidón, se agreguen más verduras, frutas, granos enteros y cantidades moderadas de alimentos con bajos niveles de grasa y colesterol, como pescado, pollo, carnes magras y productos lácteos con poca grasa. La AICR también sugiere disminuir la ingesta de alimentos ricos en grasa y colesterol, como huevos, nueces, papas fritas, carnes grasas o vísceras, quesos, mantequilla y aceites de coco y palma.

Las grasas saturadas de la dieta pueden estimular la producción de colesterol en el hígado. Una dieta con pocos alimentos que contengan colesterol y grasas saturadas parece ayudar a reducir el nivel sérico de colesterol. Otros factores que también pueden aumentar el riesgo de un ataque cardiaco son los antecedentes familiares, la falta de ejercicio, el tabaquismo, la obesidad, la diabetes, el género y la edad.

EJEMPLO DE PROBLEMA 17.6 Colesterol

Consulte la estructura del colesterol para las responder las preguntas siguientes:

a. ¿Qué parte del colesterol es el núcleo esteroide?
b. ¿Qué características se agregaron al núcleo esteroide en el colesterol?
c. ¿Qué clasifica al colesterol como esterol?

SOLUCIÓN

a. Los cuatro anillos fusionados forman el núcleo esteroide.
b. La molécula de colesterol contiene un grupo hidroxilo (—OH) en el primer anillo, grupos metilo en los carbonos 10 y 13, un enlace doble en el segundo anillo y una cadena de carbono ramificada en el cuarto anillo.
c. El grupo hidroxilo determina la clasificación esterol.

COMPROBACIÓN DE ESTUDIO 17.6

¿Por qué el colesterol está en la familia de los lípidos?

Sales biliares

Las *sales biliares* del cuerpo se producen a partir de colesterol en el hígado y se almacenan en la vesícula biliar. Cuando se segrega bilis en el intestino delgado, las sales biliares se mezclan con las grasas y aceites insolubles en agua de los alimentos. Las sales biliares, con sus regiones no polares y polares, actúan en forma muy parecida al jabón, y rompen grandes glóbulos de grasa en gotitas más pequeñas. Al reducir su tamaño, las gotitas que contienen grasa tienen mayor área superficial para reaccionar con las lipasas, que son las enzimas que digieren grasa. Las sales biliares ayudan en la absorción de colesterol en la mucosa intestinal.

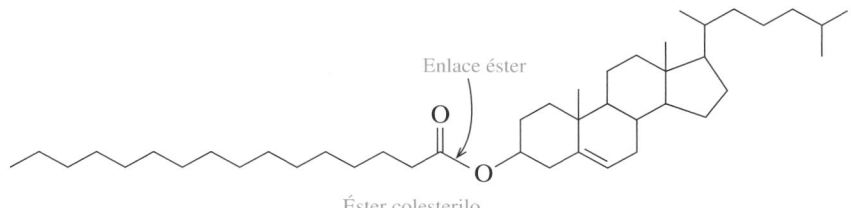

Glicocolato de sodio (una sal biliar)

Cuando grandes cantidades de colesterol se acumulan en la vesícula biliar, el colesterol puede volverse sólido y formar cálculos biliares (véase la figura 17.8). Los cálculos biliares están compuestos de casi 100% colesterol, con un poco de sales de calcio, ácidos grasos y glicerofosfolípidos. Normalmente, las piedras pequeñas pueden pasar por las vías biliares hacia el interior del duodeno, la primera parte del intestino delgado inmediatamente abajo del estómago. Si una piedra grande pasa hacia el interior de la vía biliar, puede atascarse y el dolor puede ser intenso. Si el cálculo obstruye el conducto, no puede segregarse bilis. Entonces, los pigmentos de bilis conocidos como bilirrubina no podrán pasar por la vía biliar hacia el interior del duodeno. Regresarán al hígado y se expulsarán vía la sangre, lo que producirá ictericia (*hiperbilirrubinemia*), que da un color amarillo a la piel y las partes blancas de los ojos.

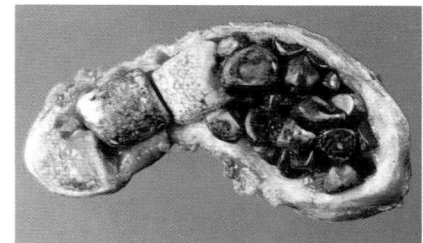

FIGURA 17.8 Se forman cálculos biliares en la vesícula biliar cuando los niveles de colesterol son altos.
P ¿Qué tipo de esteroide se almacena en la vesícula biliar?

Lipoproteínas: lípidos de transporte

En el cuerpo, los lípidos deben moverse a través del torrente sanguíneo hacia los tejidos donde se almacenan o se utilizan como energía o para fabricar hormonas. Sin embargo, la mayor parte de los lípidos son no polares e insolubles en el ambiente acuoso de la sangre. Se vuelven más solubles cuando se combinan con glicerofosfolípidos y proteínas para formar complejos solubles en agua llamados **lipoproteínas**. En general, las lipoproteínas son partículas esféricas con una superficie exterior de proteínas polares y glicerofosfolípidos que rodean cientos de moléculas no polares de triacilgliceroles y ésteres colesterilo (véase la figura 17.9). Los ésteres colesterilo son la forma prevalente de colesterol en la sangre. Se forman mediante la esterificación del grupo hidroxilo del colesterol con un ácido graso.

Enlace éster

Éster colesterilo

Hay varias lipoproteínas, que difieren en densidad, composición de lípidos y función. Incluyen los quilomicrones, la lipoproteína de muy baja densidad (VLDL), la lipoproteína de baja densidad (LDL) y la lipoproteína de alta densidad (HDL). La densidad de las lipoproteínas aumenta a medida que se incrementa el porcentaje de proteína (véase la tabla 17.5).

Dos lipoproteínas importantes son las LDL y HDL, que transportan colesterol. Las LDL transportan colesterol a los tejidos donde puede utilizarse para la síntesis de membranas celulares y hormonas esteroides. Cuando las LDL superan la cantidad de colesterol necesario para los tejidos, depositan el colesterol en las arterias (placa), que puede restringir el flujo sanguíneo y aumentar el riesgo de padecer cardiopatías y/o infartos del miocardio

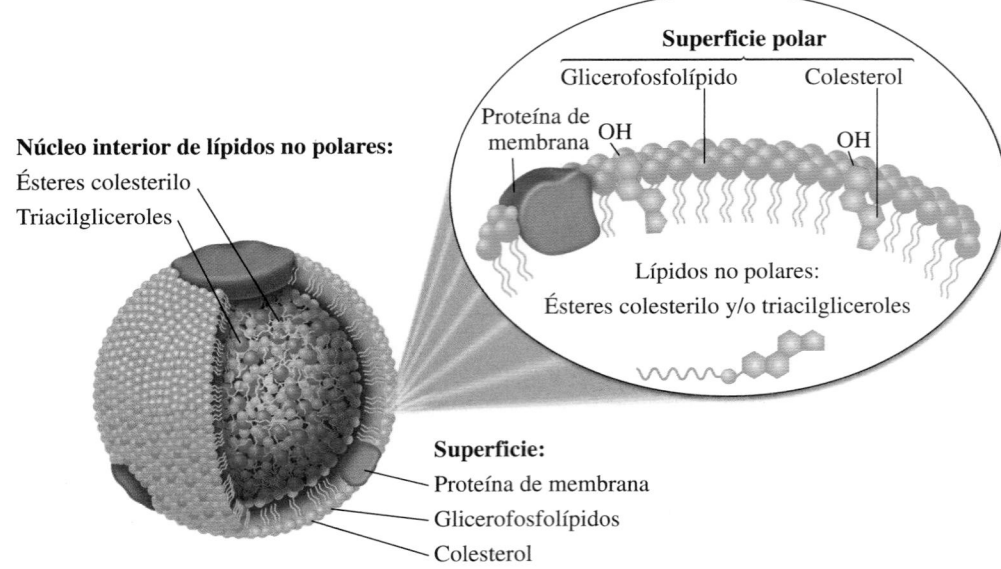

Núcleo interior de lípidos no polares:
Ésteres colesterilo
Triacilgliceroles

Superficie polar
Glicerofosfolípido   Colesterol
Proteína de
membrana   OH   OH

Lípidos no polares:
Ésteres colesterilo y/o triacilgliceroles

Superficie:
Proteína de membrana
Glicerofosfolípidos
Colesterol

FIGURA 17.9 Una partícula esférica de lipoproteína rodea lípidos no polares con lípidos polares y proteína para transportarlos a las células del cuerpo.

P ¿Por qué los componentes polares están sobre la superficie de una partícula de lipoproteína y los componentes no polares están en el centro?

TABLA 17.5 **Composición y propiedades de lipoproteínas plasmáticas**				
	Quilomicrón	**VLDL**	**LDL**	**HDL**
Densidad (g/mL)	0.940	0.950-1.006	1.006-1.063	1.063-1.210
	Composición (% en masa)			
Tipo de lípido				
Triacilgliceroles	86	55	6	4
Fosfolípidos	7	18	22	24
Colesterol	2	7	8	2
Ésteres colesterilo	3	12	42	15
Proteína	2	8	22	55

(ataques cardiacos). Es por esto que a las LDL se les llama colesterol "malo". Las HDL recogen colesterol de los tejidos y los llevan al hígado, donde puede convertirse en sales biliares, que se eliminan del cuerpo. Es por esto que a las HDL se les llama colesterol "bueno". Otras lipoproteínas son los quilomicrones, que transportan triacilgliceroles de los intestinos al hígado, músculos y tejidos adiposos, y las VLDL, que transportan los triacilgliceroles sintetizados en el hígado a los tejidos adiposos para almacenamiento (véase la figura 17.10).

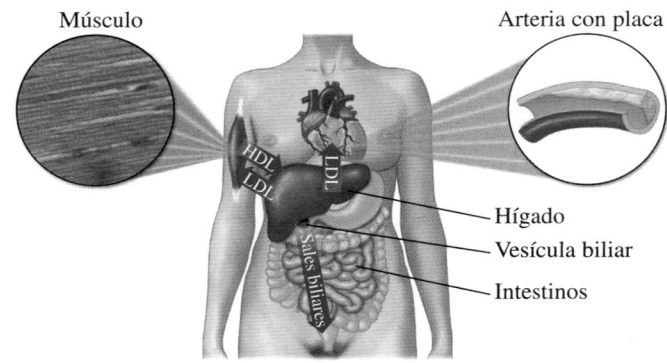

Músculo

Arteria con placa

HDL
LDL
LDL
Sales biliares

Hígado
Vesícula biliar
Intestinos

FIGURA 17.10 Las lipoproteínas HDL y LDL transportan colesterol entre los tejidos y el hígado.

P ¿Qué tipo de lipoproteína transporta colesterol al hígado?

Puesto que los altos niveles de colesterol se asocian al comienzo de aterosclerosis y cardiopatías, un médico puede ordenar una *prueba de lípidos* como parte de un examen de salud. Una prueba de lípidos es un análisis de sangre que mide los niveles de lípidos en el suero sanguíneo, e incluye colesterol, triglicéridos, lipoproteína de alta densidad (HDL) y lipoproteína de baja densidad (LDL). Los resultados de una prueba de lípidos sirven para evaluar el riesgo del paciente a sufrir cardiopatías y ayudar al médico a determinar el tipo de tratamiento necesario.

Prueba de lípidos	Nivel recomendado	Mayor riesgo de cardiopatías
Colesterol total	Menos de 200 mg/dL	Más de 240 mg/dL
Triglicéridos (triacilgliceroles)	Menos de 150 mg/dL	Más de 200 mg/dL
HDL (colesterol "bueno")	Más de 60 mg/dL	Menos de 40 mg/dL
LDL (colesterol "malo")	Menos de 100 mg/dL	Más de 160 mg/dL
Relación colesterol/HDL	Menor a 4	Mayor a 7

Hormonas esteroides

La palabra *hormona* proviene del griego "estimular" o "excitar". Las hormonas son mensajeros químicos que sirven como sistema de comunicación de una parte del cuerpo a otra. Las hormonas *esteroides*, que incluyen las hormonas sexuales y las hormonas adrenocorticales, guardan una relación cercana en estructura con el colesterol y dependen del colesterol para su síntesis.

Dos de las hormonas sexuales masculinas, *testosterona* y *androsterona*, favorecen el crecimiento de músculos y vello facial, así como la maduración de los órganos sexuales masculinos y de espermatozoides.

Los *estrógenos*, un grupo de hormonas sexuales femeninas, dirigen el desarrollo de las características sexuales femeninas: el útero aumenta de tamaño, la grasa se deposita en las mamas y la pelvis se ensancha. La *progesterona* prepara el útero para la implantación de un óvulo fecundado. Si un óvulo no es fecundado, los niveles de progesterona y estrógeno descienden notablemente y se presenta la menstruación. Se utilizan formas sintéticas de las hormonas sexuales femeninas en píldoras anticonceptivas. Como con otros tipos de esteroides, los efectos secundarios incluyen aumento de peso y mayor riesgo de formación de coágulos sanguíneos. A continuación se presentan las estructuras de algunas hormonas esteroides:

Testosterona (andrógeno)
(producida en los testículos)

Estradiol (estrógeno)
(producido en los ovarios)

Progesterona
(producida en los ovarios)

Noretindrona
(progestina sintética)

La química en la salud

ESTEROIDES ANABÓLICOS

Algunos de los efectos fisiológicos de la testosterona son aumentar la masa muscular y reducir la grasa corporal. Se han sintetizado derivados de la testosterona llamados *esteroides anabólicos*, que intensifican estos efectos. Aunque tienen algunos usos médicos, hay deportistas que usan los esteroides anabólicos en dosis más bien altas para aumentar su masa muscular. Tal uso está prohibido por la mayoría de las organizaciones deportivas.

El uso de esteroides anabólicos con la intención de mejorar la fortaleza atlética puede causar numerosos efectos adversos: en los hombres, disminución del tamaño de los testículos, número reducido de espermatozoides e infertilidad, calvicie con patrón masculino y desarrollo de mamas; en las mujeres: vello facial, voz que se hace grave, calvicie con patrón masculino, atrofia de mamas y disfunción menstrual. Las posibles consecuencias a largo plazo del uso de esteroides anabólicos, tanto en hombres como en mujeres, incluyen enfermedades hepáticas y tumores, depresión y complicaciones cardiacas, con un incremento del riesgo de cáncer de próstata para los varones.

Algunos esteroides anabólicos

Metandienona   Oxandrolona   Nandrolona   Estanozolol

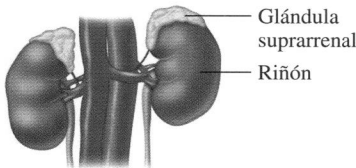

Glándula suprarrenal
Riñón

Corticosteroides suprarrenales

Las glándulas suprarrenales, ubicadas arriba de cada riñón, producen gran cantidad de compuestos conocidos como *corticosteroides*. La *cortisona* aumenta el nivel de glucosa en la sangre y estimula la síntesis de glucógeno en el hígado. La aldosterona se encarga de la regulación de electrolitos y del balance de agua por los riñones. El *cortisol* se libera en condiciones de estrés para aumentar el azúcar en la sangre y regular el metabolismo de carbohidratos, grasa y proteínas.

Los medicamentos corticosteroides sintéticos, como la *prednisona*, son derivados de la cortisona y se usan en medicina para reducir la inflamación y tratar asma y artritis reumatoide, aunque pueden ocasionar problemas de salud con el uso prolongado.

Cortisona   Aldosterona (mineralocorticoide)   Cortisol   Prednisona

Hormonas esteroides

¿Cuáles son las semejanzas y diferencias en las estructuras de la testosterona y el esteroide anabólico nandrolona? (véase La química en la salud, "Esteroides anabólicos").

RESPUESTA

Testosterona y nandrolona contienen ambos un núcleo esteroide con un enlace doble y un grupo cetona en el primer anillo, y grupos metilo e hidroxilo en el anillo de cinco carbonos. Difieren porque la nandrolona no tiene un grupo metilo donde se unen el primero y segundo anillos.

PREGUNTAS Y PROBLEMAS

17.6 Esteroides

META DE APRENDIZAJE: *Describir las estructuras de los esteroides.*

17.47 Dibuje la estructura del núcleo esteroide.

17.48 ¿Cuáles de los compuestos siguientes se derivan del colesterol?
- **a.** triestearato de glicerilo
- **b.** cortisona
- **c.** sales biliares
- **d.** testosterona
- **e.** estradiol

17.49 ¿Cuál es la función de las sales biliares en la digestión?

17.50 ¿Por qué los cálculos biliares están compuestos de colesterol?

17.51 ¿Cuál es la estructura general de las lipoproteínas?

17.52 ¿Por qué se necesitan las lipoproteínas para transportar lípidos en el torrente sanguíneo?

17.53 ¿Cómo difieren los quilomicrones de las lipoproteínas de muy baja densidad?

17.54 ¿Cómo difieren las LDL de las HDL?

17.55 ¿Por qué a las LDL se les llama colesterol "malo"?

17.56 ¿Por qué a las HDL se les llama colesterol "bueno"?

17.57 ¿Cuáles son las semejanzas y diferencias entre las hormonas progesterona y testosterona?

17.58 ¿Cuáles son las semejanzas y diferencias entre la hormona suprarrenal cortisona y el corticoide sintético prednisona?

17.59 ¿Cuáles de los incisos siguientes son hormonas esteroides?
- **a.** colesterol
- **b.** cortisol
- **c.** estrógeno
- **d.** testosterona

17.60 ¿Cuáles de los incisos siguientes son corticosteroides suprarrenales?
- **a.** nandrolona
- **b.** corsitona
- **c.** progesterona
- **d.** aldosterona

17.7 Membranas celulares

La membrana de una célula separa el contenido de la célula de los líquidos externos. Es *semipermeable*, de modo que los nutrientes pueden entrar a la célula y los productos de desecho pueden salir. Los principales componentes de una membrana celular son glicerofosfolípidos y esfingolípidos. Anteriormente en este capítulo vio que los glicerofosfolípidos consisten en una región no polar o "cola" de hidrocarburo con dos ácidos grasos de cadena larga, y una región polar o "cabeza" iónica de fosfato y un aminoalcohol ionizado.

En una membrana celular (plasma), dos capas de glicerofosfolípidos están con sus cabezas hidrofílicas en las superficies exterior e interior de la membrana, y sus colas hidrofóbicas en el centro. Este arreglo de doble capa de glicerofosfolípidos se llama **bicapa lipídica** (véase la figura 17.11). La capa exterior de glicerofosfolípidos está en contacto con los líquidos externos, y la capa interior está en contacto con los contenidos internos de la célula.

La mayor parte de los glicerofosfolípidos en la bicapa lipídica contiene ácidos grasos insaturados. Debido a los rizos en las cadenas de carbono en los enlaces dobles *cis*, los glicerofosfolípidos no ajustan estrechamente entre ellos. En consecuencia, la bicapa lipídica no es una estructura rígida fija, sino una que es dinámica y parecida a líquido. Esta bicapa parecida a líquido también contiene proteínas, carbohidratos y moléculas de colesterol. Por esta razón, el modelo de membranas biológicas se conoce como **modelo de mosaico fluido** de membranas.

META DE APRENDIZAJE

Describir la composición y función de la bicapa lipídica en las membranas celulares.

TUTORIAL
Phospholipids and the Cell Membrane

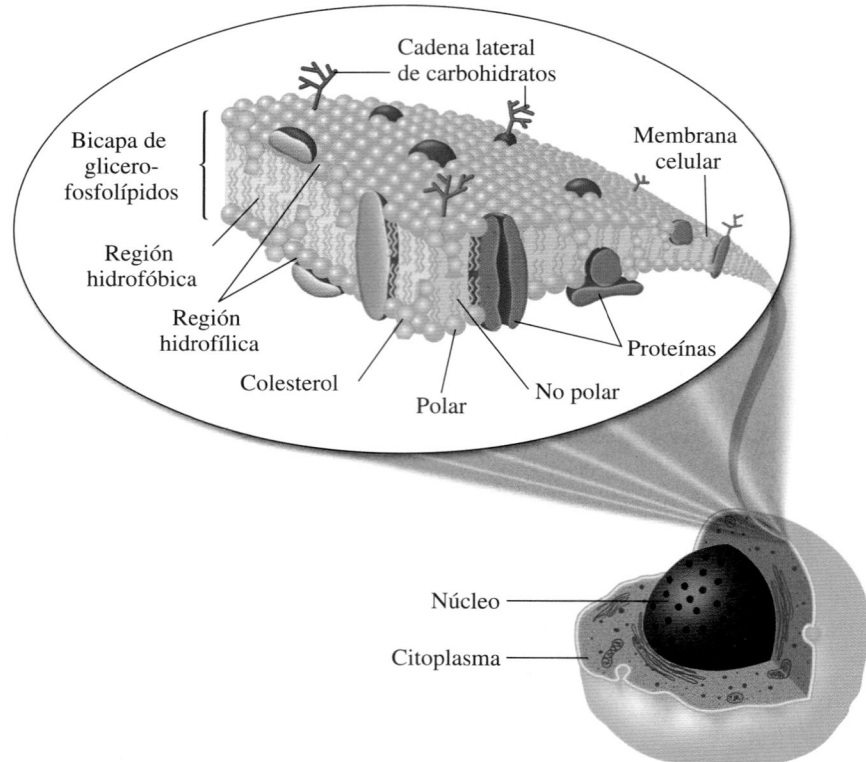

FIGURA 17.11 En el modelo de mosaico fluido de una membrana celular, proteínas y colesterol están incrustados en una bicapa lipídica de glicerofosfolípidos. La bicapa forma una barrera tipo membrana, con cabezas polares en la superficie de la membrana y las colas no polares en el centro lejos del agua.

P ¿Qué tipos de ácidos grasos se encuentran en los glicerofosfolípidos de la bica lipídica?

ACTIVIDAD DE AUTOAPRENDIZAJE
Active Transport

En el modelo de mosaico fluido, proteínas periféricas surgen en sólo una de las superficies, exterior o interior. Proteínas integrales se extienden a través de toda la bicapa lipídica y aparecen en ambas superficies de la membrana. Algunas proteínas y lípidos en la superficie exterior de la membrana celular están unidos a carbohidratos para formar glicoproteínas y glicoesfingolípidos. Estas cadenas de carbohidratos se proyectan hacia el ambiente líquido circundante, donde se encargan del reconocimiento y la comunicación celulares con mensajeros químicos como hormonas y neurotransmisores. En los animales, las moléculas de colesterol incrustadas entre los glicerofosfolípidos constituyen 20-25% de la bicapa lipídica. Puesto que las moléculas de colesterol son grandes y rígidas, reducen la flexibilidad de la bicapa lipídica y añaden fortaleza a la membrana celular.

Transporte a través de membranas celulares

Si bien la membrana no polar separa disoluciones acuosas, es necesario que ciertas sustancias puedan entrar y salir de la célula.

La principal función de una membrana celular es permitir el movimiento (transporte) de iones y moléculas de un lado de la membrana hacia el otro. Este transporte de materiales dentro y fuera de la célula se logra de varias maneras.

Difusión (transporte pasivo) En el mecanismo de transporte más simple, llamado *difusión* o *transporte pasivo*, las moléculas pueden difundirse desde una mayor concentración hacia una menor concentración. Por ejemplo, moléculas pequeñas como O_2, CO_2, urea y agua se difunden vía transporte pasivo a través de las membranas celulares. Si sus concentraciones son mayores fuera de la célula que dentro, se difunden hacia la célula. Si sus concentraciones son mayores dentro de la célula, se difunden fuera de la célula. La difusión de agua es el proceso de ósmosis que estudió en la sección 8.6.

Transporte facilitado En el *transporte facilitado*, las proteínas que se extienden desde un lado de la membrana bicapa hacia el otro, constituyen un canal por el cual ciertas sustancias pueden difundirse más rápidamente que mediante difusión pasiva para satisfacer las necesidades de la célula. Estos canales proteínicos permiten el transporte de ión cloruro (CI^-), ión bicarbonato (HCO_3^-) y moléculas de glucosa dentro y fuera de la célula.

Transporte activo Ciertos iones, como H^+, Na^+, K^+, CI^- y Ca^{2+}, se mueven a través de una membrana celular en contra de sus gradientes de concentración. Por ejemplo, la concentración de K^+ es mayor dentro de una célula, y la concentración de Na^+ es mayor fuera de ella. Sin embargo, en la conducción de impulsos nerviosos y contracción muscular, K^+ se mueve hacia dentro de la célula y Na^+ hacia fuera mediante un proceso conocido como *transporte activo*. Para mover un ión desde una concentración menor hacia una mayor se necesita energía. La energía para mover Na^+ y K^+ contra sus gradientes de concentración se obtiene cuando un complejo proteínico llamado bomba Na^+/K^+ rompe la adenosina-trifosfato (ATP) en adenosina-difosfato (ADP), lo que libera energía (véase la figura 17.12).

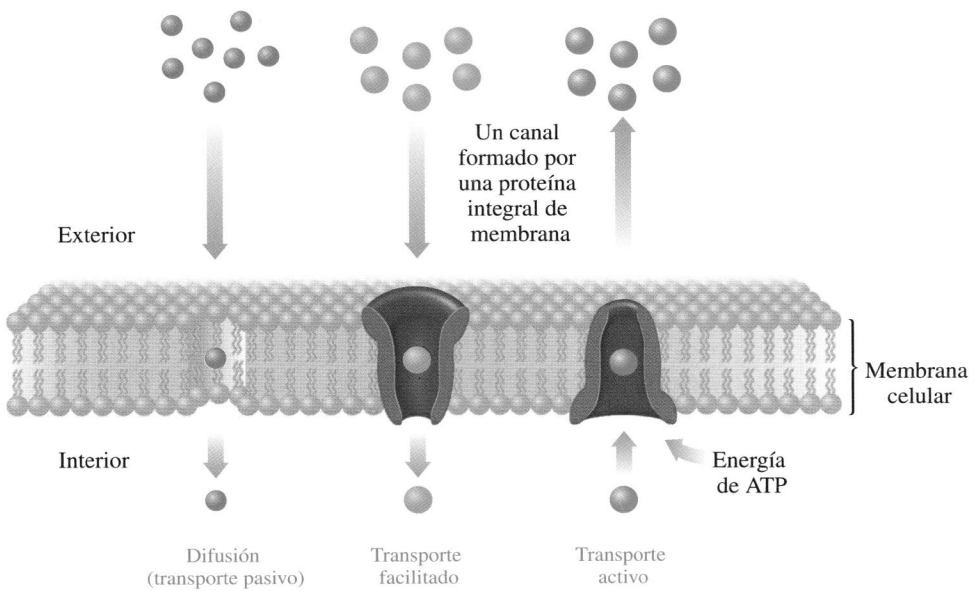

FIGURA 17.12 Las sustancias se transportan a través de una membrana celular mediante difusión, transporte facilitado o transporte activo.

P ¿Cuál es la diferencia entre difusión y transporte facilitado?

EJEMPLO DE PROBLEMA 17.7   **Bicapa lipídica en la membrana celular**

Describa la función de los glicerofosfolípidos en la bicapa lipídica.

SOLUCIÓN

Los glicerofosfolípidos constan de partes polares y no polares. En una membrana celular, un alineamiento de las secciones no polares hacia el centro con las secciones polares en el exterior produce una barrera que impide que los contenidos de una célula se mezclen con los líquidos del exterior de la misma.

COMPROBACIÓN DE ESTUDIO 17.7

¿Por qué se necesitan canales proteínicos en la bicapa lipídica?

PREGUNTAS Y PROBLEMAS

17.7 Membranas celulares

META DE APRENDIZAJE: *Describir la composición y función de la bicapa lipídica en las membranas celulares.*

17.61 ¿Qué tipos de lípidos se encuentran en las membranas celulares?

17.62 Describa la estructura de una bicapa lipídica.

17.63 ¿Cuál es la función de la bicapa lipídica en una membrana celular?

17.64 ¿Cómo afectan los ácidos grasos insaturados en los glicerofosfolípidos la estructura de las membranas celulares?

17.65 ¿Cuál es la diferencia entre proteínas periféricas e integrales?

17.66 ¿Qué componentes están unidos a los carbohidratos en la superficie exterior de una membrana celular?

17.67 ¿Cuál es la función de los carbohidratos en la superficie de una membrana celular?

17.68 Describa cómo es semipermeable una membrana celular.

17.69 ¿Cuáles son algunas formas en que las sustancias se mueven hacia adentro y afuera de las células?

17.70 Identifique el tipo de transporte descrito por cada uno de los incisos siguientes:
  a. Una molécula se mueve a través de un canal proteínico.
  b. O_2 se mueve hacia la célula desde una mayor concentración fuera de la célula.
  c. Un ión se mueve desde una baja concentración hacia una alta concentración en la célula.

MAPA CONCEPTUAL

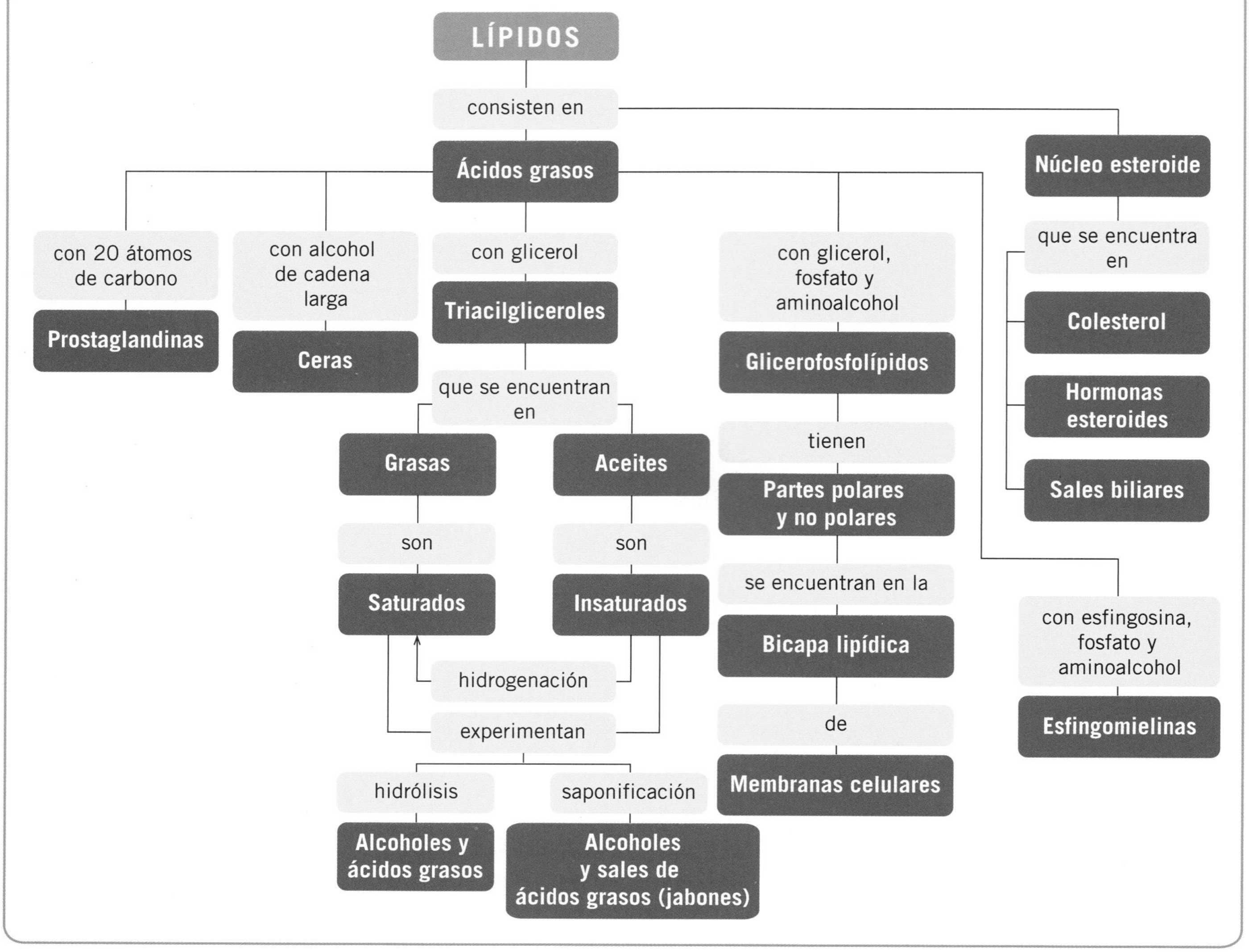

LÍPIDOS

consisten en

Ácidos grasos

Núcleo esteroide

con 20 átomos de carbono

Prostaglandinas

con alcohol de cadena larga

Ceras

con glicerol

Triacilgliceroles

que se encuentran en

Grasas

Aceites

son

son

Saturados

Insaturados

hidrogenación

experimentan

hidrólisis

saponificación

Alcoholes y ácidos grasos

Alcoholes y sales de ácidos grasos (jabones)

con glicerol, fosfato y aminoalcohol

Glicerofosfolípidos

tienen

Partes polares y no polares

se encuentran en la

Bicapa lipídica

de

Membranas celulares

que se encuentra en

Colesterol

Hormonas esteroides

Sales biliares

con esfingosina, fosfato y aminoalcohol

Esfingomielinas

REPASO DEL CAPÍTULO

17.1 Lípidos

META DE APRENDIZAJE: Describir las clases de lípidos.

- Los lípidos son compuestos no polares que no son solubles en agua.
- Las clases de lípidos incluyen ceras, grasas y aceites, glicerofosfolípidos y esteroides.

17.2 Ácidos grasos

META DE APRENDIZAJE: Dibujar la fórmula estructural condensada de un ácido graso e identificarlo como saturado o insaturado.

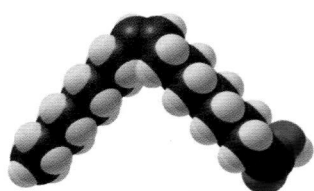

- Los ácidos grasos son ácidos carboxílicos no ramificados que generalmente contienen un número par (12-20) de átomos de carbono.

- Los ácidos grasos pueden ser saturados, monoinsaturados con un enlace doble o poliinsaturados con dos o más enlaces dobles.
- Los enlaces dobles en los ácidos grasos insaturados casi siempre son de tipo *cis*.

17.3 Ceras y triacilgliceroles

META DE APRENDIZAJE: Dibujar la fórmula estructural condensada de una cera o un triacilglicerol producido por la reacción de un ácido graso y un alcohol o glicerol.

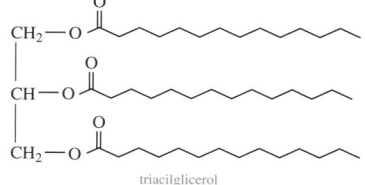

triacilglicerol

- Una cera es un éster de un ácido graso de cadena larga y un alcohol de cadena larga.
- Los triacilgliceroles de grasas y aceites son ésteres de glicerol con tres ácidos grasos de cadena larga.
- Las grasas contienen más ácidos grasos saturados y tienen puntos de fusión más altos que la mayor parte de los aceites vegetales.

17.4 Propiedades químicas de los triacilgliceroles

META DE APRENDIZAJE: *Dibujar la fórmula estructural condensada del producto de un triacilglicerol que experimenta hidrogenación, hidrólisis o saponificación.*

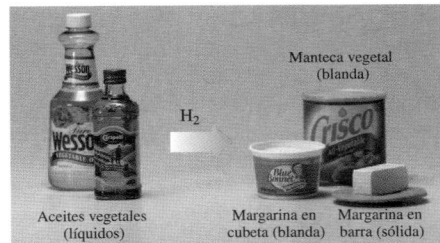

- La hidrogenación de ácidos grasos insaturados convierte los enlaces dobles en enlaces sencillos.
- La hidrólisis de los enlaces éster en grasas o aceites produce glicerol y ácidos grasos.
- En la saponificación, una grasa calentada en presencia de una base fuerte produce glicerol y las sales de los ácidos grasos (jabón).

17.5 Fosfolípidos

META DE APRENDIZAJE: *Describir la estructura de un fosfolípido que contiene glicerol o esfingosina.*

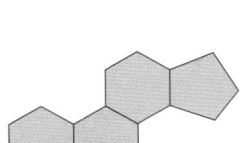

- Los glicerofosfolípidos son ésteres de glicerol con dos ácidos grasos y un grupo fosfato unido a un aminoalcohol ionizado.
- En la esfingomielina, el aminoalcohol esfingosina forma un enlace amida con un ácido graso, y enlaces fosfoéster con un fosfato y un aminoalcohol ionizado.

17.6 Esteroides

META DE APRENDIZAJE: *Describir las estructuras de los esteroides.*

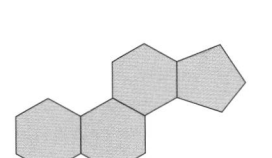

Núcleo esteroide

- Los esteroides son lípidos que contienen el núcleo esteroide, que consiste en una estructura fusionada de cuatro anillos.

- Los esteroides incluyen compuestos como colesterol, sales biliares y vitamina D.
- Los lípidos, que son no polares, se transportan a través del ambiente acuoso de la sangre mediante la formación de lipoproteínas.
- Las sales biliares, sintetizadas a partir de colesterol, se mezclan con grasas insolubles en agua y las descomponen durante la digestión.
- Las lipoproteínas, como los quilomicrones y las LDL, transportan triacilgliceroles desde los intestinos y el hígado hacia células grasas y músculos para almacenamiento y energía.
- Las lipoproteínas de alta densidad (HDL) transportan colesterol desde los tejidos hacia el hígado para su eliminación.
- Las hormonas esteroides están estrechamente relacionadas en estructura con el colesterol y dependen del colesterol para su síntesis.
- Las hormonas sexuales, como estrógeno y testosterona, son responsables de las características sexuales y la reproducción.
- Los corticosteroides suprarrenales, como aldosterona y cortisona, regulan el balance de agua y los niveles de glucosa en las células, respectivamente.

17.7 Membranas celulares

META DE APRENDIZAJE: *Describir la composición y función de la bicapa lipídica en las membranas celulares.*

- Todas las células animales están rodeadas de una membrana semipermeable que separa los contenidos celulares de los líquidos externos.
- La membrana está compuesta de dos hileras de glicerofosfolípidos en una bicapa lipídica.
- Proteínas y colesterol están incrustados en la bicapa lipídica, y los carbohidratos están unidos a su superficie.
- Nutrientes y productos de desecho se mueven a través de la membrana celular usando transporte pasivo (difusión), transporte facilitado o transporte activo.

RESUMEN DE REACCIONES

Esterificación

Glicerol + 3 moléculas de ácido graso $\longrightarrow$ triacilglicerol + $3H_2O$

Hidrogenación de triacilgliceroles

Triacilglicerol (insaturado) + H_2 $\xrightarrow{\text{Ni (Pd, Pt)}}$ triacilglicerol (saturado)

Hidrólisis de triacilgliceroles

Triacilglicerol + $3H_2O$ $\xrightarrow{\text{H}^+ \text{ o lipasa}}$ glicerol + 3 moléculas de ácido graso

Saponificación de triacilgliceroles

Triacilglicerol + 3NaOH $\longrightarrow$ glicerol + 3 sales de sodio de ácidos grasos (jabón)

TÉRMINOS CLAVE

aceite Triacilglicerol que generalmente es líquido a temperatura ambiente y se obtiene de una fuente vegetal.

ácido graso Ácido carboxílico de cadena larga que se encuentra en muchos lípidos.

ácido graso insaturado Ácido graso que tiene uno o más enlaces dobles, tiene puntos de fusión menores que los ácidos grasos saturados y, por lo general, es líquido a temperatura ambiente.

ácido graso monoinsaturado Ácido graso con un enlace doble.

ácido graso poliinsaturado Ácido graso que contiene dos o más enlaces dobles.

ácido graso saturado Ácido graso que no tiene enlaces dobles, tienen puntos de fusión mayores que los ácidos grasos insaturados y por lo general es sólido a temperatura ambiente.

bicapa lipídica Modelo de membrana celular en la que los glicerofosfolípidos se ordenan en dos hileras.

cefalina Glicerofosfolípido que se encuentra en el tejido cerebral y nervioso que incorpora el aminoalcohol serina o etanolamina.

cera Éster producto de la reacción de un alcohol de cadena larga y un ácido graso saturado de cadena larga.

colesterol El más prevalente de los compuestos esteroideos; necesario para las membranas celulares y la síntesis de vitamina D, hormonas y ácidos biliares.

esfingomielina Esfingolípido que consiste en la esfingosina unida mediante un enlace amida a un ácido graso y mediante un enlace éster a un fosfato que, a su vez, sirve para que se enlace la colina, un aminoalcohol ionizado, o la etanolamina.

esteroide Tipo de lípido que está compuesto de un sistema de anillos multicíclico.

fosfolípido Tipo de lípido que se encuentra en membranas celulares; puede ser un glicerofosfolípido o una esfingomielina.

glicerofosfolípido Un lípido polar de glicerol unido a dos ácidos grasos y un grupo fosfato conectado, a su vez, a un aminoalcohol ionizado, como colina, serina o etanolamina.

grasa Triacilglicerol que es sólido a temperatura ambiente y por lo general proviene de fuentes animales.

hidrogenación Adición de hidrógeno a grasas insaturadas.

lecitina Glicerofosfolípido que contiene colina, como el aminoalcohol.

lípidos Familia de compuestos de naturaleza no polar e insolubles en agua; incluye grasas, ceras, glicerofosfolípidos y esteroides.

lipoproteína Complejo polar compuesto de una combinación de lípidos no polares, glicerofosfolípidos y proteínas que pueden transportarse a través de líquidos corporales.

modelo de mosaico fluido Concepto de que las membranas celulares son estructuras de bicapa lipídica que contienen diversos lípidos polares y proteínas en un arreglo dinámico y fluido.

prostaglandinas (PG) Compuestos derivados del ácido araquidónico que regulan varios procesos fisiológicos.

triacilgliceroles Familia de lípidos compuesta de tres ácidos grasos de cadena larga unidos mediante enlaces tipo éster a una molécula de glicerol (un trihidroxialcohol).

COMPRENSIÓN DE CONCEPTOS

Las secciones del capítulo que se deben revisar se muestran entre paréntesis al final de cada pregunta.

17.71 El ácido palmítico se obtiene del aceite de palma como tripalmitato de glicerilo. Dibuje la fórmula estructural condensada del tripalmitato de glicerilo. (17.3)

Los frutos de la palma son fuente del aceite de palma.

17.72 La cera de jojoba en las velas consiste en un ácido graso saturado de 18 carbonos y un alcohol saturado de 22 carbonos. Dibuje la fórmula estructural condensada de la cera de jojoba. (17.3)

Las velas contienen cera de jojoba.

17.73 El aceite de girasol puede usarse para elaborar margarina. Un triacilglicerol en el aceite de girasol contiene dos ácidos linoleicos y un ácido oleico. (17.3, 17.4)

   a. Dibuje las fórmulas estructurales condensadas de los dos isómeros del triacilglicerol en el aceite de girasol.

   b. Con uno de los isómeros, escriba la reacción que se usaría cuando se utiliza aceite de girasol para elaborar margarina sólida.

El aceite de girasol se obtiene de las semillas de girasol.

17.74 Identifique si cada uno de los compuestos siguientes es ácido graso saturado, monoinsaturado, poliinsaturado, omega-3 u omega-6. (17.2)

   a. $CH_3-(CH_2)_4-CH=CH-CH_2-CH=CH-(CH_2)_7-COOH$

   b. ácido linolénico

   c. $CH_3-(CH_2)_{14}-COOH$

   d. $CH_3-(CH_2)_7-CH=CH-(CH_2)_7-COOH$

El salmón es buena fuente de ácidos grasos insaturados omega-3.

PREGUNTAS Y PROBLEMAS ADICIONALES

Visite www.masteringchemistry.com para acceder a materiales de auto-aprendizaje y tareas asignadas por el instructor.

17.75 Entre los ingredientes de los labiales se encuentra la cera de carnauba, aceites vegetales hidrogenados y tricaprato de glicerilo (tricaprina). (17.1, 17.2, 17.3)
   a. ¿Qué tipos de lípidos se utilizaron?
   b. Dibuje la fórmula estructural condensada del tricaprato de glicerilo (tricaprina). El ácido cáprico es un ácido graso saturado de 10 carbonos.

17.76 Puesto que el aceite de cacahuate flota encima de la mantequilla de cacahuate, el aceite de cacahuate de muchas marcas de mantequilla de cacahuate se hidrogeniza y el sólido se mezcla en la mantequilla de cacahuate para conseguir un producto sólido que no se separe. Si un triacilglicerol del aceite de cacahuate que contiene un ácido oleico y dos ácidos linoleicos se hidrogeniza por completo, dibuje la fórmula estructural condensada del producto. (17.3, 17.4)

17.77 Las grasas *trans* se producen durante la hidrogenación de los aceites poliinsaturados. (17.2)
   a. ¿Cuál es la configuración típica del enlace doble en un ácido graso monoinsaturado?
   b. ¿En qué difiere un ácido graso *trans* de un ácido graso *cis*?
   c. Dibuje la fórmula estructural condensada del ácido oleico *trans*.

17.78 Un mol de trioleato de glicerilo (trioleína) se hidrogeniza por completo. (6.1, 6.4, 6.5, 6.6, 6.7, 7.7, 17.3, 17.4)
   a. Dibuje la fórmula estructural condensada del producto.
   b. ¿Cuántos moles de hidrógeno se necesitan?
   c. ¿Cuántos gramos de hidrógeno se necesitan?
   d. ¿Cuántos litros de gas hidrógeno se necesitan si la reacción sucede en condiciones STP?

17.79 A continuación se mencionan las kilocalorías totales y gramos de grasa de algunos platillos típicos de los restaurantes de comida rápida. Calcule el número de kilocalorías procedentes de la grasa y el porcentaje de kilocalorías totales debido a grasa (1 gramo de grasa = 9 kcal). Redondee las respuestas a decenas. ¿Esperaría que las grasas sean principalmente saturadas o insaturadas? ¿Por qué? (17.2, 17.3)
   a. un platillo de pollo, 830 kcal, 46 g de grasa

   b. una hamburguesa de un cuarto de libra con queso, 520 kcal, 29 g de grasa
   c. una pizza de pepperoni (tres rebanadas), 560 kcal, 18 g de grasa

17.80 A continuación se mencionan las kilocalorías totales y gramos de grasa de algunos platillos típicos de los restaurantes de comida rápida. Calcule el número de kilocalorías de grasa y el porcentaje de kilocalorías totales debido a grasa (1 gramo de grasa = 9 kcal). Redondee las respuestas a decenas. ¿Esperaría que las grasas sean principalmente saturadas o insaturadas? ¿Por qué? (17.2, 17.3)
   a. un burrito de res, 470 kcal, 21 g de grasa
   b. pescado frito (tres piezas), 480 kcal, 28 g de grasa
   c. un hot dog jumbo, 180 kcal, 18 g de grasa

17.81 Identifique si cada una de las sustancias siguientes es ácido graso, jabón, triacilglicerol, cera, glicerofosfolípido, esfingolípido o esteroide: (17.1, 17.2, 17.3, 17.5, 17.6)
   a. cera de abeja   **b.** colesterol
   c. lecitina   **d.** tripalmitato de glicerilo (tripalmitina)
   e. estearato de sodio **f.** aceite de cártamo

17.82 Identifique si cada una de las sustancias siguientes es ácido graso, jabón, triacilglicerol, cera, glicerofosfolípido, esfingolípido o esteroide: (17.1, 17.2, 17.3, 17.5, 17.6)
   a. esfingomielina   **b.** grasa de ballena
   c. tejido adiposo   **d.** progesterona
   e. cortisona   **f.** ácido esteárico

17.83 Identifique los componentes (**1-6**) contenidos en cada uno de los lípidos (**a-d**) siguientes: (17.1, 17.2, 17.3, 17.5, 17.6)
   1. glicerol   **2.** ácido graso
   3. fosfato   **4.** aminoalcohol
   5. núcleo esteroide   **6.** esfingosina
   a. estrógeno   **b.** cefalina
   c. cera   **d.** triacilglicerol

17.84 Identifique los componentes (**1-6**) contenidos en cada uno de los lípidos (**a-d**) siguientes: (17.1, 17.2, 17.3, 17.5, 17.6)
   1. glicerol   **2.** ácido graso
   3. fosfato   **4.** aminoalcohol
   5. núcleo esteroide   **6.** esfingosina
   a. glicerofosfolípido **b.** esfingomielina
   c. aldosterona   **d.** ácido linoleico

PREGUNTAS DE DESAFÍO

17.85 Relacione la lipoproteína (**1-4**) con su descripción (**a-d**): (17.6)
   1. quilomicrón   **2.** VLDL   **3.** LDL   **4.** HDL
   a. colesterol "bueno"
   b. transporta la mayor parte del colesterol a las células
   c. transporta triacilgliceroles desde el intestino hacia las células grasas
   d. transporta colesterol al hígado

17.86 Relacione la lipoproteína (**1-4**) con su descripción (**a-d**): (17.6)
   1. quilomicrón   **2.** VLDL   **3.** LDL   **4.** HDL
   a. tiene la mayor abundancia de proteína
   b. colesterol "malo"
   c. transporta a los músculos triacilgliceroles sintetizados en el hígado
   d. tiene la densidad más baja de todas

17.87 Un tubo de drenaje de fregadero puede taparse con grasa sólida como triestearato de glicerilo (triestearina). (6.1, 6.4, 6.5, 6.6, 6.7, 8.4, 8.5, 17.3, 17.4)
   a. ¿Cómo el agregar lejía (NaOH) al drenaje elimina la obstrucción?

Un drenaje de fregadero puede taparse con grasas saturadas.

   b. Escriba una ecuación para la reacción que ocurre.
   c. ¿Cuántos mililitros de una disolución de NaOH 0.500 M se necesitan para saponificar por completo 10.0 g de triestearato de glicerilo (triestearina)?

17.88 El aceite de oliva contiene tripalmitoleato de glicerilo (tripalmitoleína). (6.1, 6.4, 6.5, 6.6, 6.7, 7.7, 8.4, 8.5, 17.3, 17.4)
   a. Dibuje la fórmula estructural condensada del tripalmitoleato de glicerilo (tripalmitoleína).
   b. ¿Cuántos litros de gas H_2 en condiciones STP se necesitan para reaccionar por completo con todos los enlaces dobles en 100. g de tripalmitoleato de glicerilo (tripalmitoleína)?
   c. ¿Cuántos mililitros de una disolución de NaOH 0.250 M se necesitan para saponificar por completo 100. g de tripalmitoleato de glicerilo (tripalmitoleína)?

Uno de los triacilgliceroles en el aceite de oliva es tripalmitoleato de glicerilo (tripalmitoleína).

RESPUESTAS

Respuestas a las Comprobaciones de estudio

17.1 a. 16   **b.** monoinsaturado   **c.** líquido

17.2
$$CH_2-O-\overset{\overset{\displaystyle O}{\|}}{C}-(CH_2)_{12}-CH_3$$
$$CH-O-\overset{\overset{\displaystyle O}{\|}}{C}-(CH_2)_{12}-CH_3$$
$$CH_2-O-\overset{\overset{\displaystyle O}{\|}}{C}-(CH_2)_{12}-CH_3$$

17.3 triestearato de glicerilo (triestearina)

17.4
$$CH_2-O-\overset{\overset{\displaystyle O}{\|}}{C}-(CH_2)_{12}-CH_3$$
$$CH-O-\overset{\overset{\displaystyle O}{\|}}{C}-(CH_2)_{12}-CH_3$$
$$CH_2-O-\overset{\overset{\displaystyle O}{\|}}{\underset{\underset{\displaystyle O^-}{\|}}{P}}-O-CH_2-CH_2-\overset{\overset{\displaystyle CH_3}{|}}{\underset{\underset{\displaystyle CH_3}{|}}{N^+}}-CH_3$$

17.5
$$HO-CH-CH=CH-(CH_2)_{12}-CH_3$$
$$CH-\overset{\overset{\displaystyle H}{|}}{N}-\overset{\overset{\displaystyle O}{\|}}{C}-(CH_2)_{16}-CH_3$$
$$CH_2-O-\overset{\overset{\displaystyle O}{\|}}{\underset{\underset{\displaystyle O^-}{\|}}{P}}-O-CH_2-CH_2-\overset{+}{N}H_3$$

17.6 El colesterol no es soluble en agua; se clasifica con la familia de los lípidos.

17.7 Los canales proteínicos permiten que iones y moléculas polares fluyan dentro y fuera de la célula a través de la bicapa lipídica.

Respuestas a Preguntas y problemas seleccionados

17.1 Los lípidos proporcionan energía, protección y aislamiento para los órganos del cuerpo. Los lípidos también son parte importante de las membranas celulares.

17.3 Puesto que los lípidos no son solubles en agua, un solvente polar, son moléculas no polares.

17.5 Todos los ácidos grasos contienen una cadena larga de átomos de carbono con un grupo ácido carboxílico. Los ácidos grasos saturados contienen solamente enlaces sencillos carbono-carbono; los ácidos grasos insaturados contienen uno o más enlaces dobles.

17.7 a. ácido palmítico

b. ácido oleico

17.9 a. saturado   **b.** poliinsaturado
   c. monoinsaturado   **d.** saturado

17.11 En un ácido graso *cis*, los átomos de hidrógeno están en el mismo lado del enlace doble, lo que produce un doblez en la cadena de carbono. En un ácido graso *trans*, los átomos de hidrógeno están en lados opuestos del enlace doble, lo que produce una cadena de carbono sin doblez alguno.

17.13 En un ácido graso omega-3 hay un enlace doble en el carbono 3 contado a partir del grupo metilo, en tanto que en un ácido graso omega-6 hay un enlace doble a partir del carbono 6 contado desde el grupo metilo.

17.15 El ácido araquidónico y PGE$_1$ son ambos ácidos carboxílicos con 20 átomos de carbono. Las diferencias son que el ácido araquidónico tiene cuatro enlaces dobles *cis* y ningún otro grupo funcional, en tanto que PGE$_1$ tiene un enlace doble *trans*, un grupo funcional cetona y dos grupos funcionales hidroxilo. Además, una parte de la cadena PGE$_1$ forma ciclopentano.

17.17 Las prostaglandinas suben o bajan la presión arterial, estimulan la contracción y relajación de los músculos lisos y pueden causar inflamación y dolor.

17.19
$$CH_3-(CH_2)_{14}-\overset{\overset{\displaystyle O}{\|}}{C}-O-(CH_2)_{29}-CH_3$$

17.21
$$CH_2-O-\overset{\overset{\displaystyle O}{\|}}{C}-(CH_2)_{16}-CH_3$$
$$CH-O-\overset{\overset{\displaystyle O}{\|}}{C}-(CH_2)_{16}-CH_3$$
$$CH_2-O-\overset{\overset{\displaystyle O}{\|}}{C}-(CH_2)_{16}-CH_3$$

17.23
$$CH_2-O-\overset{\overset{\displaystyle O}{\|}}{C}-(CH_2)_{14}-CH_3$$
$$CH-O-\overset{\overset{\displaystyle O}{\|}}{C}-(CH_2)_{14}-CH_3$$
$$CH_2-O-\overset{\overset{\displaystyle O}{\|}}{C}-(CH_2)_{14}-CH_3$$

17.25
$$CH_2-O-\overset{\overset{\displaystyle O}{\|}}{C}-(CH_2)_6-CH_3$$
$$CH-O-\overset{\overset{\displaystyle O}{\|}}{C}-(CH_2)_6-CH_3$$
$$CH_2-O-\overset{\overset{\displaystyle O}{\|}}{C}-(CH_2)_6-CH_3$$

17.27 El aceite de cártamo tiene un punto de fusión más bajo porque contiene principalmente ácidos grasos poliinsaturados, en tanto que el aceite de oliva contiene gran cantidad de ácido oleico monoinsaturado. Un ácido graso poliinsaturado tiene dos o más rizos en su cadena de carbono, lo que significa que no tiene tantas fuerzas de dispersión como las cadenas de hidrocarburo en el aceite de oliva.

17.29 Aunque el aceite de coco proviene de una fuente vegetal, contiene gran cantidad de ácidos grasos saturados y pequeñas cantidades de ácidos grasos insaturados.

17.31

$$CH_2-O-\overset{\overset{\displaystyle O}{\|}}{C}-(CH_2)_7-CH=CH-(CH_2)_7-CH_3$$
$$CH-O-\overset{\overset{\displaystyle O}{\|}}{C}-(CH_2)_7-CH=CH-(CH_2)_7-CH_3 + 3H_2 \xrightarrow{Ni}$$
$$CH_2-O-\overset{\overset{\displaystyle O}{\|}}{C}-(CH_2)_7-CH=CH-(CH_2)_7-CH_3$$

$$CH_2-O-\overset{\overset{\displaystyle O}{\|}}{C}-(CH_2)_{16}-CH_3$$
$$CH-O-\overset{\overset{\displaystyle O}{\|}}{C}-(CH_2)_{16}-CH_3$$
$$CH_2-O-\overset{\overset{\displaystyle O}{\|}}{C}-(CH_2)_{16}-CH_3$$

17.33

$$CH_2-O-\overset{\overset{\displaystyle O}{\|}}{C}-(CH_2)_{12}-CH_3$$
$$CH-O-\overset{\overset{\displaystyle O}{\|}}{C}-(CH_2)_{12}-CH_3 + 3H_2O \xrightarrow{H^+}$$
$$CH_2-O-\overset{\overset{\displaystyle O}{\|}}{C}-(CH_2)_{12}-CH_3$$

$$CH_2-OH$$
$$CH-OH + 3HO-\overset{\overset{\displaystyle O}{\|}}{C}-(CH_2)_{12}-CH_3$$
$$CH_2-OH$$

17.35

$$CH_2-O-\overset{\overset{\displaystyle O}{\|}}{C}-(CH_2)_{12}-CH_3$$
$$CH-O-\overset{\overset{\displaystyle O}{\|}}{C}-(CH_2)_{12}-CH_3 + 3NaOH \longrightarrow$$
$$CH_2-O-\overset{\overset{\displaystyle O}{\|}}{C}-(CH_2)_{12}-CH_3$$

$$CH_2-OH$$
$$CH-OH + 3Na^+{}^-O-\overset{\overset{\displaystyle O}{\|}}{C}-(CH_2)_{12}-CH_3$$
$$CH_2-OH$$

17.37 Un triacilglicerol está compuesto de glicerol con tres grupos hidroxilo que forman enlaces éster con tres ácidos grasos de cadena larga. En el olestra, de seis a ocho ácidos grasos de cadena larga forman enlaces éster con los grupos hidroxilo en la sacarosa, un azúcar. El olestra no puede digerirse porque la enzima lipasa pancreática no puede descomponer la molécula grande de olestra.

17.39

$$CH_2-O-\overset{\overset{\displaystyle O}{\|}}{C}-(CH_2)_{16}-CH_3$$
$$CH-O-\overset{\overset{\displaystyle O}{\|}}{C}-(CH_2)_{16}-CH_3$$
$$CH_2-O-\overset{\overset{\displaystyle O}{\|}}{C}-(CH_2)_{16}-CH_3$$

17.41 Un triacilglicerol consiste en glicerol y tres ácidos grasos. Un glicerofosfolípido también contiene glicerol, pero sólo tiene dos ácidos grasos. El grupo hidroxilo en el carbono 3 está unido mediante un enlace fosfoéster a un aminoalcohol ionizado.

17.43

$$CH_2-O-\overset{\overset{\displaystyle O}{\|}}{C}-(CH_2)_{14}-CH_3$$
$$CH-O-\overset{\overset{\displaystyle O}{\|}}{C}-(CH_2)_{14}-CH_3$$
$$CH_2-O-\overset{\overset{\displaystyle O}{\|}}{P}-O-CH_2-CH_2-\overset{+}{N}H_3$$
$$\qquad\qquad O^-$$

17.45 La función de las sales biliares es emulsificar las partículas de grasa, lo que permite que la grasa se digiera con más facilidad.

17.47

17.49 Este glicerofosfolípido es una cefalina. Contiene glicerol, ácido oleico, ácido esteárico, un grupo fosfato y etanolamina.

17.51 Las lipoproteínas son estructuras grandes con forma esférica que transportan lípidos en el torrente sanguíneo. Consisten en una capa exterior de glicerofosfolípidos y proteínas que rodean un núcleo interior de cientos de lípidos no polares y ésteres de colesterilo.

17.53 Los quilomicrones tienen menor densidad que las VLDL. Recogen triacilgliceroles del intestino, en tanto que las VLDL transportan triacilgliceroles sintetizados en el hígado.

17.55 El colesterol "malo" es el colesterol transportado por las LDL, que puede formar depósitos denominados *placa* en las arterias, lo que las estrecha.

17.57 Tanto progesterona como testosterona contienen el núcleo esteroide, un grupo cetona, un enlace doble y dos grupos metilo. La testosterona tiene un grupo hidroxilo en el anillo D, en tanto que la progesterona tiene un grupo acetilo en el anillo D.

17.59 Cortisol (**b**), estrógeno (**c**) y testosterona (**d**) son hormonas esteroides.

17.61 Los lípidos en una membrana celular son glicerofosfolípidos con cantidades menores de esfingolípidos y colesterol.

17.63 La bicapa lipídica en una membrana celular rodea la célula y separa los contenidos de la célula de los líquidos externos.

17.65 Las proteínas periféricas en la membrana surgen solamente en las superficies interior o exterior, en tanto que las proteínas integrales se extienden a través de la membrana hacia ambas superficies.

17.67 Los carbohidratos (glicoproteínas y glicoesfingolípidos) en la superficie de las células actúan como receptores para el reconocimiento celular y los mensajeros químicos, como los neurotransmisores.

17.69 Las sustancias se mueven a través de las membranas celulares mediante transporte pasivo (difusión), transporte facilitado y transporte activo.

17.71

$$CH_2-O-\overset{\overset{\displaystyle O}{\|}}{C}-(CH_2)_{14}-CH_3$$
$$CH-O-\overset{\overset{\displaystyle O}{\|}}{C}-(CH_2)_{14}-CH_3$$
$$CH_2-O-\overset{\overset{\displaystyle O}{\|}}{C}-(CH_2)_{14}-CH_3$$

17.73 a.

$$CH_2-O-\overset{\overset{\displaystyle O}{\|}}{C}-(CH_2)_7-CH=CH-CH_2-CH=CH-(CH_2)_4-CH_3$$
$$|$$
$$CH-O-\overset{\overset{\displaystyle O}{\|}}{C}-(CH_2)_7-CH=CH-CH_2-CH=CH-(CH_2)_4-CH_3$$
$$|$$
$$CH_2-O-\overset{\overset{\displaystyle O}{\|}}{C}-(CH_2)_7-CH=CH-(CH_2)_7-CH_3$$

$$CH_2-O-\overset{\overset{\displaystyle O}{\|}}{C}-(CH_2)_7-CH=CH-CH_2-CH=CH-(CH_2)_4-CH_3$$
$$|$$
$$CH-O-\overset{\overset{\displaystyle O}{\|}}{C}-(CH_2)_7-CH=CH-(CH_2)_7-CH_3$$
$$|$$
$$CH_2-O-\overset{\overset{\displaystyle O}{\|}}{C}-(CH_2)_7-CH=CH-CH_2-CH=CH-(CH_2)_4-CH_3$$

b.

$$CH_2-O-\overset{\overset{\displaystyle O}{\|}}{C}-(CH_2)_7-CH=CH-CH_2-CH=CH-(CH_2)_4-CH_3$$
$$|$$
$$CH-O-\overset{\overset{\displaystyle O}{\|}}{C}-(CH_2)_7-CH=CH-(CH_2)_7-CH_3 \ + \ 5H_2 \ \xrightarrow{\text{Ni}}$$
$$|$$
$$CH_2-O-\overset{\overset{\displaystyle O}{\|}}{C}-(CH_2)_7-CH=CH-CH_2-CH=CH-(CH_2)_4-CH_3$$

$$CH_2-O-\overset{\overset{\displaystyle O}{\|}}{C}-(CH_2)_{16}-CH_3$$
$$|$$
$$CH-O-\overset{\overset{\displaystyle O}{\|}}{C}-(CH_2)_{16}-CH_3$$
$$|$$
$$CH_2-O-\overset{\overset{\displaystyle O}{\|}}{C}-(CH_2)_{16}-CH_3$$

17.75 a. La carnauba es una cera. El aceite vegetal y el tricaprato de glicerilo (tricaprina) son triacilgliceroles.

b.

$$CH_2-O-\overset{\overset{\displaystyle O}{\|}}{C}-(CH_2)_8-CH_3$$
$$|$$
$$CH-O-\overset{\overset{\displaystyle O}{\|}}{C}-(CH_2)_8-CH_3$$
$$|$$
$$CH_2-O-\overset{\overset{\displaystyle O}{\|}}{C}-(CH_2)_8-CH_3$$

Tricaprato de glicerilo (tricaprina)

17.77 a. Un ácido graso insaturado característico tiene un enlace doble *cis*.

b. Un ácido graso insaturado *cis* contiene átomos de hidrógeno en el mismo lado de cada enlace doble. Un ácido graso insaturado *trans* tiene átomos hidrógeno en lados opuestos del enlace doble que se forma durante la hidrogenación.

c.
$$CH_3-(CH_2)_6-CH_2 \quad \overset{\displaystyle H}{\underset{\displaystyle}{\diagdown}} C=C \overset{\displaystyle CH_2-(CH_2)_6-\overset{\overset{\displaystyle O}{\|}}{C}-OH}{\underset{\displaystyle H}{\diagup}}$$

17.79 a. 410 kcal de grasa; 49% grasa
b. 260 kcal de grasa; 50% grasa
c. 160 kcal de grasa; 29% grasa

17.81 a. La cera de abeja es una cera.
b. El colesterol es un esteroide.
c. La lecitina es un glicerofosfolípido.
d. El tripalmitato de glicerilo es un triacilglicerol.
e. El estearato de sodio es un jabón.
f. El aceite de cártamo es un triacilglicerol.

17.83 a. 5   **b.** 1, 2, 3, 4
c. 2   **d.** 1, 2

17.85 a. (**4**) HDL   **b.** (**3**) LDL
c. (**1**) quilomicrón   **d.** (**4**) HDL

17.87 a. Agregar NaOH saponificaría lípidos como el triestearato de glicerilo (triestearina), y formaría glicerol y sales de los ácidos grasos que son solubles en agua para limpiar el drenaje.

b.

$$CH_2-O-\overset{\overset{\displaystyle O}{\|}}{C}-(CH_2)_{16}-CH_3$$
$$|$$
$$CH-O-\overset{\overset{\displaystyle O}{\|}}{C}-(CH_2)_{16}-CH_3 \ + \ 3NaOH \ \longrightarrow$$
$$|$$
$$CH_2-O-\overset{\overset{\displaystyle O}{\|}}{C}-(CH_2)_{16}-CH_3$$

$$CH_2-OH$$
$$|$$
$$CH-OH \ + \ 3Na^{+}{}^{-}O-\overset{\overset{\displaystyle O}{\|}}{C}-(CH_2)_{16}-CH_3$$
$$|$$
$$CH_2-OH$$

Glicerol   Sales de ácido esteárico

c. 67.3 mL de una disolución de NaOH 0.500 M

Aminas y amidas

Mastering**CHEMISTRY**™

Visite **www.masteringchemistry.com** para
acceder a materiales de autoaprendizaje
y tareas asignadas por el instructor.

Lance, un profesional en salud ambiental,
obtiene muestras de suelo y agua en una granja cercana
para comprobar la presencia y concentración de algunos
pesticidas y fármacos. Los agricultores y ganaderos utilizan pesticidas para aumentar la producción de alimentos, y fármacos para tratar y prevenir enfermedades en
los animales. Debido al uso común de dichos químicos,
éstos pueden pasar al suelo y a los suministros de agua,
con la posibilidad de contaminar el ambiente y causar
problemas de salud.

Recientemente se administró a las ovejas del ganadero
un fármaco desparasitante, fenbendazol, para destruir cualquier gusano intestinal. El fenbendazol contiene varios grupos funcionales: anillos aromáticos, un éster, una amina e
imidazol, y una amina heterocíclica. Las aminas heterocíclicas son anillos con base de carbono, donde uno o más
de los átomos de carbono se sustituyen con un átomo de
nitrógeno. El imidazol es un anillo de cinco átomos que
contiene dos átomos de nitrógeno.

Lance detecta pequeñas cantidades de fenbendazol
en el suelo. Aconseja al ganadero que reduzca la dosis que
administra a sus ovejas para reducir las cantidades que actualmente se detectan en el suelo. Luego Lance le dice que
regresará en un mes para volver a analizar el suelo y el agua.

Profesión: Profesional en salud ambiental
Los profesionales en salud ambiental (PSA) vigilan la contaminación ambiental para proteger la salud del público.
Con el uso de equipo especializado, los PSA miden los
niveles de contaminación en suelo, aire y agua, así como
los niveles de ruido y radiación. Los PSA pueden especializarse en un área específica, como calidad del aire o
desechos peligrosos y sólidos. Por ejemplo, los expertos
en calidad del aire examinan el aire de los interiores para
identificar alergenos, moho y toxinas; miden los contaminantes atmosféricos creados por empresas, vehículos y
la agricultura. Dado que los PSA obtienen muestras con
materiales potencialmente peligrosos, deben tener conocimiento de los protocolos de seguridad y usar equipo
de protección personal. Los PSA también recomiendan
métodos para disminuir varios contaminantes, y pueden
auxiliar en los esfuerzos de limpieza y recuperación.

Fenbendazol   Imidazol

Aminas y amidas son compuestos orgánicos que contienen nitrógeno. Muchos compuestos que contienen nitrógeno (nitrogenados) son importantes para la vida como componentes de aminoácidos, proteínas y ácidos nucleicos (ADN y ARN). Muchas aminas que presentan intensa actividad fisiológica se utilizan en medicina como descongestionantes, anestésicos y sedantes. Algunos ejemplos son dopamina, histamina, epinefrina y anfetamina.

Los alcaloides como cafeína, nicotina, cocaína y digitálicos, que muestran poderosa actividad fisiológica, son aminas que existen en la naturaleza y se obtienen de plantas. En las amidas, el grupo funcional consta de un grupo carbonilo unido a una amina. En bioquímica, el enlace amida que une los aminoácidos en una proteína se denomina *enlace peptídico*. Algunas amidas con importancia médica son el acetaminofeno (Tylenol), que se utiliza para reducir la fiebre; el fenobarbital, un medicamento sedante y anticonvulsivo, y la penicilina, un antibiótico.

18.1 Aminas

Las **aminas** son derivados del amoniaco (NH_3) en el que el átomo de nitrógeno, que tiene un par solitario de electrones, tiene tres enlaces hacia átomos de hidrógeno. En una amina, el átomo de nitrógeno está enlazado a uno, dos o tres grupos alquilo o aromáticos.

Nomenclatura de aminas

En los nombres IUPAC de las aminas, la terminación *o* del nombre del alcano correspondiente se sustituye con *amina*.

$$CH_4 \qquad CH_3-NH_2 \qquad CH_3-CH_3 \qquad CH_3-CH_2-NH_2$$
Metano   Metanamina   Etano   Etanamina

Cuando la amina tiene una cadena de tres o más átomos de carbono, se numera la cadena para mostrar la posición del grupo —NH_2 y cualquier otro sustituyente.

$$CH_3-CH_2-CH_2-NH_2$$
$$321$$
1-propan**amina**

$$CH_3-\underset{|}{\overset{NH_2}{CH}}-CH_3$$
$$123$$
2-propan**amina**

$$CH_3-\underset{|}{\overset{NH_2}{CH}}-CH_2-CH_3$$
$$1234$$
2-butan**amina**

$$CH_3-\underset{|}{\overset{CH_3}{CH}}-CH_2-CH_2-NH_2$$
$$4321$$
3-metil-1-butan**amina**

Si hay un grupo alquilo unido al átomo de nitrógeno, el prefijo *N-* y el nombre del alquilo se colocan enfrente del nombre de la amina. Si hay dos grupos alquilo enlazados al átomo de N, se usa el prefijo *N-* por cada uno y se citan alfabéticamente.

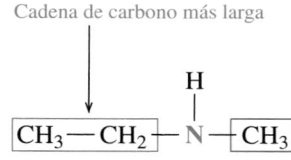

Cadena de carbono más larga

N-metiletanamina

Grupos alquilo unidos al átomo de N

N,N-dimetil-1-propanamina

N-etil-*N*-metil-1-butanamina

COMPROBACIÓN DE CONCEPTOS 18.1 **Nombres IUPAC de aminas con sustituyentes**

Una amina tiene el nombre *N*-metil-1-hexanamina.

a. ¿Cuántos átomos de carbono hay en la cadena de carbono unida al átomo de N?
b. ¿Qué se indica mediante el "1" en la parte 1-hexanamina del nombre?
c. ¿Qué se indica mediante la parte "*N*-metil" del nombre?
d. Dibuje la fórmula estructural condensada de esta amina.

RESPUESTA

a. En una hexanamina, la cadena de carbono unida al átomo de N tiene seis átomos de carbono.
b. El número 1 en 1-hexanamina indica que el átomo de N está unido al carbono 1 de la cadena.
c. La parte *N*-metil del nombre indica que un grupo metilo ($-CH_3$) está unido al átomo de N.
d. La fórmula estructural condensada de *N*-metil-1-hexanamina se dibuja del modo siguiente:

$$CH_3-CH_2-CH_2-CH_2-CH_2-CH_2-\overset{\overset{\textstyle H}{|}}{N}-CH_3$$

EJEMPLO DE PROBLEMA 18.1 **Nombres IUPAC de aminas**

Proporcione el nombre IUPAC de la amina siguiente:

$$CH_3-CH_2-CH_2-CH_2-\overset{\overset{\textstyle H}{|}}{N}-CH_3$$

SOLUCIÓN

Guía para la nomenclatura de aminas de acuerdo con la IUPAC

1 Para nombrar la cadena de carbono más larga enlazada al átomo de N, sustituya la terminación *o* del nombre de su alcano por *amina*.

Paso 1 **Para nombrar la cadena de carbono más larga enlazada al átomo de N, sustituya la terminación *o* del nombre de su alcano por *amina*.** La cadena de carbono más larga enlazada al átomo de N tiene cuatro átomos de carbono, y para nombrarla se sustituye la terminación *o* en el nombre del alcano con *amina* para dar butanamina.

$$CH_3-CH_2-CH_2-CH_2-\overset{\overset{\textstyle H}{|}}{N}-CH_3 \qquad \text{butanamina}$$

2 Numere la cadena de carbono para mostrar la posición del grupo amina y otros sustituyentes.

Paso 2 **Numere la cadena de carbono para mostrar la posición del grupo amina y otros sutituyentes.** El átomo de N en el grupo amina está unido al carbono 1 de butanamina.

$$\underset{4\qquad 3\qquad 2\qquad 1}{CH_3-CH_2-CH_2-CH_2-\overset{\overset{\textstyle H}{|}}{N}-CH_3} \qquad \text{1-butanamina}$$

3 Cualquier grupo alquilo unido al átomo de nitrógeno se indica mediante el prefijo *N*- y el nombre del alquilo, que se coloca enfrente del nombre de la amina.

Paso 3 **Cualquier grupo alquilo unido al átomo de nitrógeno se indica mediante el prefijo *N*- y el nombre del alquilo, que se coloca enfrente del nombre de la amina.** Los grupos alquilo unidos al átomo de N se mencionan alfabéticamente.

$$\underset{4\qquad 3\qquad 2\qquad 1}{CH_3-CH_2-CH_2-CH_2-\overset{\overset{\textstyle H}{|}}{N}-CH_3} \qquad \textit{N}\text{-metil-1-butanamina}$$

COMPROBACIÓN DE ESTUDIO 18.1

Dibuje la fórmula estructural condensada de la *N*-etil-1-propanamina.

Nombres comunes de aminas

Con frecuencia se usan los nombres comunes de las aminas cuando los grupos alquilo no están ramificados. Los grupos alquilo enlazados al átomo de nitrógeno se mencionan en orden alfabético. Los prefijos *di* y *tri* se usan para indicar dos y tres grupos idénticos.

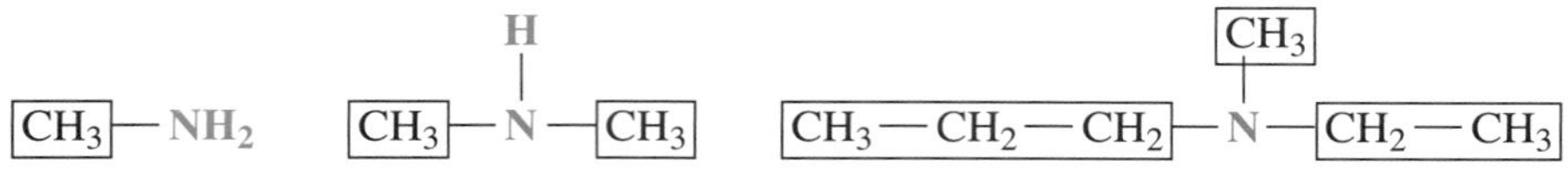

$$CH_3 - NH_2$$
Metilamina

$$CH_3 - \overset{H}{\underset{}{N}} - CH_3$$
Dimetilamina

$$CH_3 - CH_2 - CH_2 - \overset{CH_3}{\underset{}{N}} - CH_2 - CH_3$$
Etilmetilpropilamina

COMPROBACIÓN DE CONCEPTOS 18.2   **Nombres comunes de aminas**

Proporcione un nombre común para cada una de las aminas siguientes:

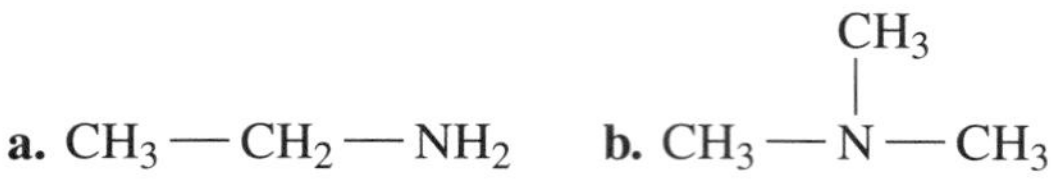

a. $CH_3 - CH_2 - NH_2$ **b.** $CH_3 - \overset{CH_3}{\underset{}{N}} - CH_3$

RESPUESTA

a. Esta amina tiene un grupo etilo unido al átomo de nitrógeno; su nombre es etilamina.
b. El nombre común de una amina con tres grupos metilo unidos al átomo de nitrógeno es trimetilamina.

Cómo nombrar compuestos con dos grupos funcionales

Cuando un compuesto contiene más de un grupo funcional, es necesario identificar cuál grupo se usa para dar el nombre del compuesto y cuál grupo se nombra como sustituyente. De acuerdo con las reglas IUPAC de nomenclatura, un grupo que contiene oxígeno tendrá prioridad sobre un grupo $-NH_2$. Por tanto, el grupo $-NH_2$ se nombra como sustituyente, *amino*. La tabla 18.1 presenta las prioridades de los principales grupos funcionales estudiados y los nombres de los grupos funcionales como sustituyentes. El grupo funcional que está más alto en la lista se nombra como el compuesto, y cualquier grupo inferior en la lista se nombra como sustituyente. Se proporcionan ejemplos para nombrar un alcohol, una cetona y un ácido carboxílico, que también contienen un grupo amina.

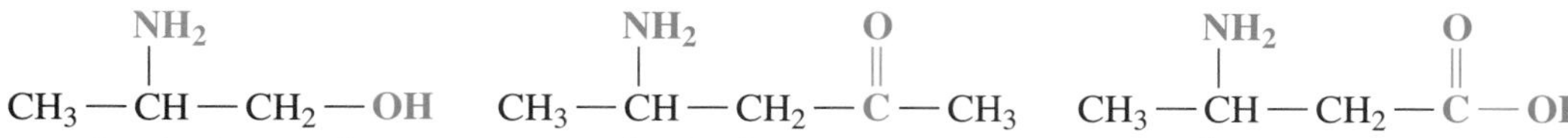

$$CH_3 - \overset{NH_2}{\underset{}{CH}} - CH_2 - OH$$
2-amino-1-propanol

$$CH_3 - \overset{NH_2}{\underset{}{CH}} - CH_2 - \overset{O}{\overset{\|}{C}} - CH_3$$
4-amino-2-pentanona

$$CH_3 - \overset{NH_2}{\underset{}{CH}} - CH_2 - \overset{O}{\overset{\|}{C}} - OH$$
Ácido 3-aminobutanoico

TABLA 18.1 Prioridad de grupos funcionales en nombres IUPAC

	Grupo funcional	Nombre de compuesto	Nombre como sustituyente
Prioridad más alta	ácido carboxílico	ácido -oico	
	éster	oato	
	amida	amida	amido
	aldehído	al	formil
	cetona	ona	oxo
	alcohol	ol	hidroxi
	amina	amina	amino
	alcano	ano	alquilo
Prioridad más baja	haluro		halo

EJEMPLO DE PROBLEMA 18.2

Nombres IUPAC de compuestos con dos grupos funcionales

Proporcione el nombre IUPAC del compuesto siguiente, que se usa en la producción de metadona:

$$CH_3 - \underset{\underset{OH}{|}}{CH} - CH_2 - NH_2$$

SOLUCIÓN

Paso 1 **Identifique el grupo funcional con la prioridad más alta y use la cadena de carbono más larga para dar nombre al compuesto.** Debido a que el grupo hidroxilo tiene mayor prioridad que el grupo amina, el compuesto se nombra como alcohol.

$$CH_3 - \underset{\underset{OH}{|}}{CH} - CH_2 - NH_2 \qquad propanol$$

Paso 2 **Numere la cadena de carbono e indique la posición y nombre del grupo principal y del grupo sustituyente en la cadena de carbono.**

$$\underset{3}{CH_3} - \underset{2}{\underset{\underset{OH}{|}}{CH}} - \underset{1}{CH_2} - NH_2 \qquad \text{1-amino-2-propanol}$$

COMPROBACIÓN DE ESTUDIO 18.2

Dibuje la fórmula estructural condensada de 3-aminopentanal.

Guía para nombrar compuestos con dos grupos funcionales

1 Identifique el grupo funcional con la prioridad más alta y use la cadena de carbono más larga para dar nombre al compuesto.

2 Numere la cadena de carbono e indique la posición y nombre del grupo principal y del grupo sustituyente en la cadena de carbono.

Aminas aromáticas

Las aminas aromáticas usan el nombre *anilina*, que está aprobado por la IUPAC. La anilina es la amina aromática más simple; se usa para elaborar muchos químicos industriales. La anilina se descubrió en 1826, cuando se aisló por primera vez de las plantas índigo. Luego se utilizó para fabricar tintes sintéticos.

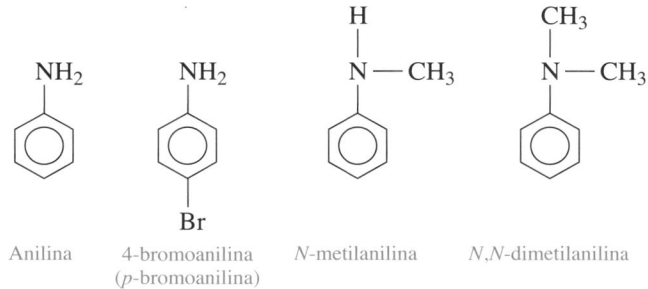

Anilina   4-bromoanilina   *N*-metilanilina   *N,N*-dimetilanilina
              (*p*-bromoanilina)

La anilina se usa para fabricar muchos tintes, que dan color a fibras de lana, algodón y seda, así como a los pantalones de mezclilla. También se utiliza para fabricar el polímero poliuretano y en la síntesis del analgésico acetaminofeno.

Índigo

El índigo que se utiliza en tintes azules puede obtenerse de plantas tropicales como la *Indigofera tinctoria*.

Clasificación de aminas

Para clasificar las aminas se cuenta el número de átomos de carbono directamente enlazados al átomo de nitrógeno. En una *amina primaria* (*1°*), el átomo de nitrógeno está enlazado a un grupo alquilo. En una *amina secundaria* (*2°*), el átomo de nitrógeno está enlazado a dos grupos alquilo. En una *amina terciaria* (*3°*), el átomo de nitrógeno está enlazado a tres grupos alquilo. En cada uno de los modelos de amoniaco y aminas siguientes, los átomos que están alrededor del átomo de nitrógeno (azul) se encuentran distribuidos en una geometría piramidal trigonal:

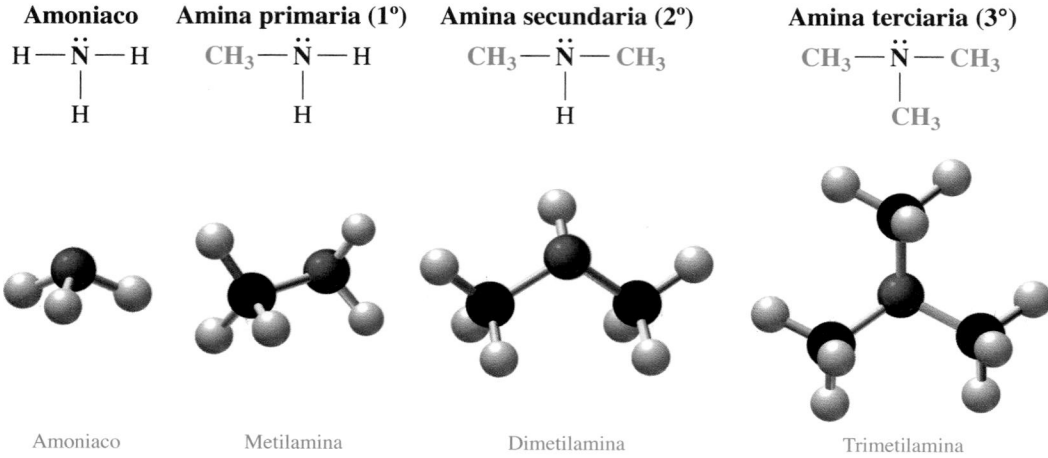

|Amoniaco|Metilamina|Dimetilamina|Trimetilamina|

Fórmulas de esqueleto de aminas

Es posible dibujar las fórmulas de esqueleto de las aminas tal como se hace para otros compuestos orgánicos. En la fórmula de esqueleto de una amina se muestran los átomos de hidrógeno enlazados al átomo de N. Por ejemplo, puede dibujar las fórmulas de esqueleto siguientes y clasificar cada una:

Amina primaria (1°)   Amina secundaria (2°)   Amina terciaria (3°)

EJEMPLO DE PROBLEMA 18.3   Clasificación de aminas

Clasifique las aminas siguientes como primaria (1°), secundaria (2°) o terciaria (3°)

a. (ciclohexil)NH_2

b. $CH_3 - N(CH_3) - CH_2 - CH_3$

c. (fenil)$N(H) - CH_3$

d. amina con etilo y sec-pentilo

SOLUCIÓN

a. Ésta es una amina primaria (1°) porque hay un solo grupo alquilo (ciclohexil) unido al átomo de nitrógeno.

b. Ésta es una amina terciaria (3°). Hay tres grupos alquilo (dos metilos y un etilo) unidos al átomo de nitrógeno.

c. Ésta es una amina secundaria (2°) con dos grupos carbono, metilo y fenilo, enlazados al átomo de nitrógeno.

d. El átomo de nitrógeno en esta fórmula de esqueleto está enlazado a dos grupos alquilo, lo que la hace una amina secundaria (2°).

COMPROBACIÓN DE ESTUDIO 18.3

Clasifique la amina siguiente como primaria (1°), secundaria (2°) o terciaria (3°):

$$CH_3—CH_2—\underset{\underset{CH_3}{|}}{N}—CH_2—CH_2—CH_3$$

PREGUNTAS Y PROBLEMAS

18.1 Aminas

META DE APRENDIZAJE: *Nombrar aminas usando nombres IUPAC y comunes; dibujar las fórmulas estructurales condensadas dados los nombres. Clasificar las aminas como primarias (1°), secundarias (2°) o terciarias (3°).*

18.1 ¿Qué es una amina primaria?

18.2 ¿Qué es una amina terciaria?

18.3 Clasifique cada una de las aminas siguientes como primaria (1°), secundaria (2°) o terciaria (3°):

a. $CH_3—CH_2—CH_2—NH_2$ **b.** $CH_3—\underset{\underset{CH_3}{|}}{\overset{\overset{H}{|}}{N}}—CH_2—CH_3$

c. 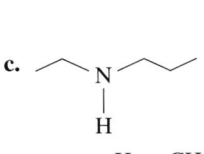NH_2

d. imagen de N-metilanilina (anillo bencénico con $\underset{\underset{CH_3}{}}{N}$ y CH_3)

e. $CH_3—\underset{\underset{}{|}}{\overset{\overset{CH_3}{|}}{CH}}—\overset{\overset{CH_3}{|}}{N}—CH_2—CH_3$

18.4 Clasifique cada una de las aminas siguientes como primaria (1°), secundaria (2°) o terciaria (3°):

a. $CH_3—CH_2—\overset{\overset{NH_2}{|}}{CH}—CH_3$

b. $CH_3—CH_2—\underset{\underset{}{|}}{\overset{\overset{CH_2—CH_2—CH_3}{|}}{N}}—CH_2—CH_3$

c. estructura con N y H

d. $\underset{\underset{}{}}{\overset{\overset{CH_3}{|}}{CH}—NH_2}$ (anillo bencénico)

e. $CH_3—\underset{\underset{H}{|}}{N}—\underset{\underset{CH_3}{|}}{\overset{\overset{CH_3}{|}}{C}}—CH_3$

18.5 Escriba los nombres IUPAC y común de cada uno de los compuestos siguientes:

a. $CH_3—CH_2—NH_2$

b. $CH_3—NH—CH_2—CH_2—CH_3$

c. $CH_3—CH_2—\overset{\overset{CH_3}{|}}{N}—CH_2—CH_3$

d. $CH_3—\overset{\overset{NH_2}{|}}{CH}—CH_3$

18.6 Escriba los nombres IUPAC y común de cada uno de los compuestos siguientes:

a. $CH_3—CH_2—CH_2—NH_2$

b. $CH_3—\overset{\overset{H}{|}}{N}—CH_2—CH_3$

c. $CH_3—CH_2—CH_2—CH_2—NH_2$

d. $CH_3—CH_2—\overset{\overset{CH_2—CH_3}{|}}{N}—CH_2—CH_3$

18.7 Escriba el nombre IUPAC de cada una de las moléculas siguientes que tienen dos grupos funcionales:

a. $CH_3—\overset{\overset{NH_2}{|}}{CH}—CH_2—CH_2—\overset{\overset{O}{||}}{C}—OH$

b. anillo bencénico con NH_2 y Cl

c. $H_2N—CH_2—CH_2—\overset{\overset{O}{||}}{C}—H$

d. $CH_3—\overset{\overset{NH_2}{|}}{CH}—CH_2—\overset{\overset{OH}{|}}{CH}—CH_2—CH_3$

18.8 Escriba el nombre IUPAC de cada una de las moléculas siguientes que tienen dos grupos funcionales:

a. $CH_3—\overset{\overset{O}{||}}{C}—\overset{\overset{NH_2}{|}}{CH}—CH_3$

b. $CH_3—\overset{\overset{NH_2}{|}}{CH}—CH_2—CH_2—CH_2—OH$

c. anillo bencénico con $NH—CH_3$ y Br

d. $CH_3—\overset{\overset{NH_2}{|}}{CH}—\overset{\overset{O}{||}}{C}—H$

18.9 Dibuje la fórmula estructural condensada de cada una de las aminas siguientes:

a. 2-cloroetanamina **b.** *N*-metilanilina

c. butilpropilamina **d.** 2-aminobutanal

18.10 Dibuje la fórmula estructural condensada de cada una de las aminas siguientes:

a. dimetilamina **b.** *p*-cloroanilina

c. *N,N*-dietilanilina **d.** 1-amino-3-pentanona

18.2 Propiedades de las aminas

Las aminas contienen enlaces polares N—H, que permiten a las aminas primarias y secundarias formar enlaces por puente de hidrógeno mutuos, en tanto que todas las aminas pueden formar enlaces por puente de hidrógeno con agua. Sin embargo, el nitrógeno no es tan electronegativo como el oxígeno, lo que significa que los enlaces por puente de hidrógeno en las aminas son más débiles que los enlaces por puente de hidrógeno en alcoholes.

Más enlaces por puente de hidrógeno   **Sin enlaces por puente de hidrógeno**

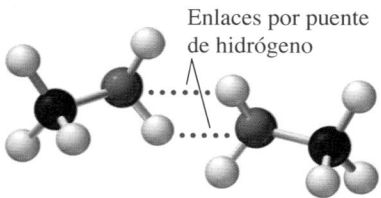
Enlaces por puente
de hidrógeno

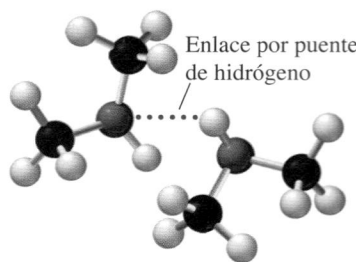
Enlace por puente
de hidrógeno

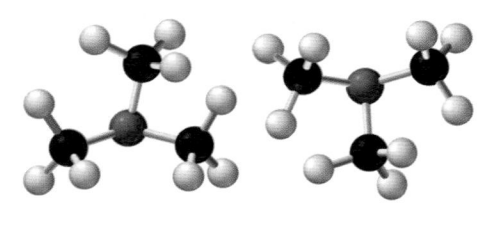

Puntos de ebullición de aminas

Las aminas tienen puntos de ebullición que son más altos que los de los alcanos, pero más bajos que los alcoholes. Las aminas primarias (1°), con dos enlaces N—H, pueden formar más enlaces por puente de hidrógeno y, por tanto, tienen puntos de ebullición más altos que las aminas secundarias (2°) de la misma masa. No es posible que las aminas terciarias (3°) formen enlaces por puente de hidrógeno entre ellas, pues no tienen enlaces N—H. Las aminas terciarias tienen puntos de ebullición más bajos que las aminas primarias o secundarias de la misma masa.

$$CH_3—CH_2—CH_2—NH_2 \qquad CH_3—CH_2—NH—CH_3 \qquad CH_3—\overset{\overset{\displaystyle CH_3}{|}}{N}—CH_3$$

Propilamina (1°)   Etilmetilamina (2°)   Trimetilamina (3°)
pe 48 °C   pe 36 °C   pe 3 °C

Solubilidad en agua

Las aminas con uno a seis átomos de carbono, incluidas aminas terciarias, son solubles porque forman muchos enlaces por puente de hidrógeno con agua (véase la figura 18.1). Por lo general, las aminas primarias son más solubles, y las aminas terciarias son menos solubles. A medida que el número de átomos de carbono en una amina aumenta en las porciones alquilo no polares, disminuye el efecto de los enlaces por puente de hidrógeno.

Más enlaces por puente de hidrógeno   **Menos enlaces por puente de hidrógeno**

Enlaces
por puente
de hidrógeno

Enlaces
por puente
de hidrógeno

Enlace
por puente
de hidrógeno

Amina primaria   Amina secundaria   Amina terciaria

FIGURA 18.1 Las aminas primarias, secundarias y terciarias forman enlaces por puente de hidrógeno con moléculas de agua, pero las aminas primarias forman más y las terciarias forman menos.

P ¿Por qué las aminas terciarias (3°) forman menos enlaces por puente de hidrógeno con agua que las aminas primarias?

COMPROBACIÓN DE CONCEPTOS 18.3 **Puntos de ebullición y solubilidad de aminas**

a. Los compuestos trimetilamina y etilmetilamina tienen la misma masa molar. ¿Por qué el punto de ebullición de la trimetilamina (3 °C) es más bajo que el de la etilmetilamina (37 °C)?

b. ¿Por qué $CH_3-CH_2-NH-CH_2-CH_3$ es más soluble en agua que $CH_3-CH_2-CH_2-CH_2-NH-CH_2-CH_2-CH_3$?

RESPUESTA

a. Con enlaces N—H polares, las moléculas de etilmetilamina forman enlaces por puente de hidrógeno entre ellas. Por tanto, se necesita una temperatura más alta para separar los enlaces por puente de hidrógeno y formar un gas. Sin embargo, la trimetilamina, que es una amina terciaria, no tiene enlaces N—H y no puede formar enlaces por puente de hidrógeno con otras moléculas de trimetilamina. No necesita una temperatura tan alta para formar un gas.

b. Los enlaces por puente de hidrógeno hacen que las aminas con seis o menos átomos de carbono sean solubles en agua. Cuando hay siete o más átomos de carbono en las porciones alquilo de una amina, no es muy soluble en agua porque los grupos hidrocarburo no polares tienen mayor efecto sobre la solubilidad que el grupo amina.

Las aminas reaccionan como bases en agua

En la sección 10.1 se describió la manera como el amoniaco (NH_3) actúa como base Brønsted-Lowry al aceptar un protón H^+ del agua para producir un ión amonio (NH_4^+) y un ión hidróxido (OH^-).

TUTORIAL
Reactions of Amines

$$H-\overset{\overset{\displaystyle H}{|}}{\underset{\underset{\displaystyle H}{|}}{N}}-H + (H)OH \rightleftharpoons H-\overset{\overset{\displaystyle H}{|}}{\underset{\underset{\displaystyle H}{|}}{\overset{+}{N}}}-H + OH^-$$

Amoniaco   Ión amonio   Ión hidróxido

Todas las aminas que se estudian en este capítulo también son bases Brønsted-Lowry porque el par solitario de electrones en el átomo de nitrógeno acepta un protón del agua. En la reacción de una amina con agua, los productos son un ión alquilamonio con carga positiva y un ión hidróxido con carga negativa. Para nombrar el producto orgánico se agrega la palabra *ión* y la terminación *amonio* al nombre de su grupo alquilo.

ACTIVIDAD DE AUTOAPRENDIZAJE
Amines as Bases

Reacción de una amina primaria con agua

$$CH_3-\overset{\overset{\displaystyle \cdot\cdot}{}}{\underset{\underset{\displaystyle H}{|}}{N}}-H + H_2O \rightleftharpoons CH_3-\overset{\overset{\displaystyle H}{|}}{\underset{\underset{\displaystyle H}{|}}{\overset{+}{N}}}-H + OH^-$$

Metilamina   Ión metilamonio

Reacción de una amina secundaria con agua

$$CH_3-\overset{\overset{\displaystyle \cdot\cdot}{}}{\underset{\underset{\displaystyle H}{|}}{N}}-CH_3 + H_2O \rightleftharpoons CH_3-\overset{\overset{\displaystyle H}{|}}{\underset{\underset{\displaystyle H}{|}}{\overset{+}{N}}}-CH_3 + OH^-$$

Dimetilamina   Ión dimetilamonio

Reacción de una amina terciaria con agua

$$CH_3-\overset{\overset{\displaystyle \cdot\cdot}{}}{\underset{\underset{\displaystyle CH_3}{|}}{N}}-CH_3 + H_2O \rightleftharpoons CH_3-\overset{\overset{\displaystyle H}{|}}{\underset{\underset{\displaystyle CH_3}{|}}{\overset{+}{N}}}-CH_3 + OH^-$$

Trimetilamina   Ión trimetilamonio

Las aminas del pescado reaccionan con el ácido del limón para neutralizar el olor "a pescado".

Sales de amonio

Cuando usted vierte jugo de limón sobre pescado, el olor "a pescado" se elimina al convertir las aminas a sus sales de amonio. En una *reacción de neutralización*, una amina actúa como una base y reacciona con un ácido para formar una **sal de amonio**. El par solitario de electrones en el átomo de nitrógeno acepta un protón (H^+) de un ácido para producir una sal de amonio; no se forma agua. Para nombrar una sal de amonio se utiliza el nombre de su ión alquilamonio antecedido por el nombre del ión negativo.

Neutralización de una amina

Amina   Ácido   Sal de amonio

$$CH_3-\ddot{N}H-H + H-Cl \longrightarrow CH_3-\overset{+}{N}H-H\ Cl^-$$

Metilamina   Cloruro de metilamonio

$$CH_3-\ddot{N}-CH_3 + H-Cl \longrightarrow CH_3-\overset{+}{N}-CH_3\ Cl^-$$

Dimetilamina   Cloruro de dimetilamonio

TUTORIAL
Properties of Amines and Amine Salts

Sales de amonio cuaternarias

En una **sal de amonio cuaternaria**, un átomo de nitrógeno se enlaza a cuatro grupos carbono, lo que la clasifica como una amina 4°. Como en otras sales de amonio, el átomo de nitrógeno tiene carga positiva. La colina, un aminoalcohol descrito en la sección 17.5 como componente de los glicerofosfolípidos, es un ión amonio cuaternario. Las sales cuaternarias difieren de otras sales de amonio porque el átomo de nitrógeno no está enlazado a un átomo de H.

$$CH_3-\overset{+}{N}-CH_3\ Cl^-$$
Cloruro de tetrametilamonio

$$HO-CH_2-CH_2-\overset{+}{N}-CH_3$$
Colina

Propiedades de las sales de amonio

Las sales de amonio son compuestos iónicos con fuertes atracciones entre el ión amonio con carga positiva y un anión, generalmente cloruro. Como la mayor parte de las sales, las sales de amonio son sólidas a temperatura ambiente, inodoras y solubles en agua y líquidos corporales. Por esta razón, las aminas que son moléculas grandes y que se utilizan como medicamentos se convierten a sus sales de amonio, que son solubles en agua y líquidos corporales. La sal de amonio de efedrina se usa como broncodilatador y en productos descongestionantes como Sudafed®. La sal de amonio de difenhidramina se usa en productos como Benadryl® para alivio de la comezón y el dolor ocasionados por irritaciones de la piel y salpullidos (véase la figura 18.2). En farmacéutica, la nomenclatura de la sal de amonio sigue un antiguo método de dar el nombre de la amina antecedido por el nombre del ácido.

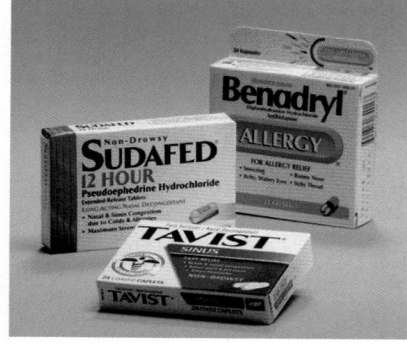

FIGURA 18.2 Descongestionantes y productos que alivian la comezón pueden contener sales de amonio.

P ¿Por qué las sales de amonio se usan en medicamentos en lugar de las aminas biológicamente activas?

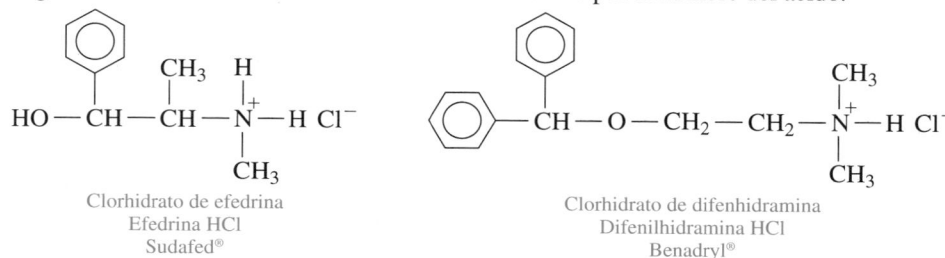

Clorhidrato de efedrina
Efedrina HCl
Sudafed®

Clorhidrato de difenhidramina
Difenilhidramina HCl
Benadryl®

Cuando una sal de amonio reacciona con una base fuerte como el NaOH, se convierte de nuevo en amina, que también se llama *amina libre* o *base libre*:

$$CH_3 - \overset{+}{N}H_3 \ Cl^- + NaOH \longrightarrow CH_3 - NH_2 + NaCl + H_2O$$

El narcótico cocaína generalmente se extrae de las hojas de coca usando una disolución ácida para producir una sal de amonio sólida blanca, que es clorhidrato de cocaína. Es la sal de cocaína (clorhidrato de cocaína) la que se contrabandea y usa de manera ilegal en las calles. La "cocaína crack" es la amina libre o base libre de la amina que se obtiene al tratar el clorhidrato de cocaína con NaOH y éter, un proceso conocido como *elaboración de bases libres de amina (free-basing)*. El producto sólido se conoce como "cocaína crack" porque produce un ruido de crujido cuando se calienta. La amina libre se absorbe rápidamente cuando se fuma y produce sensaciones más intensas que el clorhidrato de cocaína, lo que hace que la cocaína crack sea más adictiva.

Las hojas de coca son una fuente de cocaína.

Clorhidrato de cocaína + NaOH ⟶ **Cocaína ("base libre"; cocaína crack)** + NaCl + H₂O

COMPROBACIÓN DE CONCEPTOS 18.4 **Cómo reacciona una amina con HCl**

Considere la reacción de dimetilamina con HCl.

a. ¿Qué tipo de reacción tiene lugar?
b. ¿Qué tipo de producto se forma?
c. ¿Cuál es el nombre del producto que se forma?

RESPUESTA

a. La reacción de una amina que actúa como base y un ácido es neutralización.
b. El producto que se forma es una sal de amonio.
c. El producto es cloruro de dimetilamonio.

EJEMPLO DE PROBLEMA 18.4 **Reacciones de aminas**

Escriba una ecuación que muestre la etilamina:

a. actuando como base débil en agua
b. neutralizada con HCl

SOLUCIÓN

a. $CH_3 - CH_2 - NH_2 + H_2O \rightleftharpoons CH_3 - CH_2 - \overset{+}{N}H_3 + OH^-$

b. $CH_3 - CH_2 - NH_2 + HCl \longrightarrow CH_3 - CH_2 - \overset{+}{N}H_3 \ Cl^-$

COMPROBACIÓN DE ESTUDIO 18.4

¿Cuál es la fórmula estructural condensada de la sal formada por la reacción de trimetilamina y HCl?

PREGUNTAS Y PROBLEMAS

18.2 Propiedades de las aminas

META DE APRENDIZAJE: *Describir los puntos de ebullición y la solubilidad de las aminas; escribir ecuaciones para la ionización y neutralización de las aminas.*

18.11 Identifique el compuesto en cada par que tenga el punto de ebullición más alto. Explique.

a. $CH_3-CH_2-NH_2$ o CH_3-CH_2-OH

b. CH_3-NH_2 o $CH_3-CH_2-CH_2-NH_2$

c. $CH_3-\underset{\underset{CH_3}{|}}{N}-CH_3$ o $CH_3-CH_2-CH_2-NH_2$

18.12 Identifique el compuesto en cada par que tenga el punto de ebullición más alto. Explique.

a. $CH_3-CH_2-CH_2-CH_3$ o $CH_3-CH_2-CH_2-NH_2$

b. CH_3-NH_2 o $CH_3-CH_2-NH_2$

c. $CH_3-CH_2-CH_2-OH$ o $CH_3-\underset{\underset{NH_2}{|}}{CH}-CH_3$

18.13 La propilamina (59 g/mol) tiene un punto de ebullición de 48 °C, y la etilmetilamina (59 g/mol) tiene un punto de ebullición de 37 °C. El butano (58 g/mol) tiene un punto de ebullición mucho más bajo de −1 °C. Explique.

18.14 Asigne el punto de ebullición de 3 °C, 48 °C o 97 °C al compuesto apropiado: 1-propanol, propilamina y trimetilamina.

18.15 Indique si cada una de las aminas siguientes es soluble en agua. Explique.

a. $CH_3-CH_2-NH_2$

b. $CH_3-NH-CH_3$

c. $CH_3-CH_2-CH_2-\underset{\underset{CH_2-CH_2-CH_3}{|}}{N}-CH_2-CH_2-CH_3$

d. $CH_3-\underset{\underset{NH_2}{|}}{CH}-CH_2-CH_3$

18.16 Indique si cada una de las aminas siguientes es soluble en agua. Explique.

a. $CH_3-CH_2-CH_2-NH_2$

b. $CH_3-CH_2-CH_2-NH-CH_2-CH_3$

c. $CH_3-\underset{\underset{NH_2}{|}}{CH}-CH_3$

d.

18.17 Escriba una ecuación para la ionización de cada una de las aminas siguientes en agua:

a. metilamina   **b.** dimetilamina

c. anilina

18.18 Escriba una ecuación para la ionización de cada una de las aminas siguientes en agua:

a. dietilamina   **b.** propilamina

c. *N*-metilanilina

18.19 Dibuje la fórmula estructural condensada de la sal de amonio obtenida cuando cada una de las aminas del problema 18.17 reacciona con HCl.

18.20 Dibuje la fórmula estructural condensada de la sal de amonio obtenida cuando cada una de las aminas del problema 18.18 reacciona con HCl.

18.21 La novocaína, un anestésico local, es la sal de amonio de la procaína.

$$H_2N-\text{⬡}-\overset{\overset{O}{\|}}{C}-O-CH_2-CH_2-N\overset{CH_2-CH_3}{\underset{CH_2-CH_3}{<}}$$

Procaína

a. Dibuje la fórmula estructural condensada de la sal de amonio (clorhidrato de procaína) que se forma cuando la procaína reacciona con HCl. (*Sugerencia:* La amina terciaria reacciona con HCl.)

b. ¿Por qué se utiliza el clorhidrato de procaína en lugar de la procaína?

18.22 La lidocaína (Xilocaina®) se usa como anestésico local y depresor cardiaco.

$$\underset{CH_3}{\overset{CH_3}{\text{⬡}}}-NH-\overset{\overset{O}{\|}}{C}-CH_2-N\overset{CH_2-CH_3}{\underset{CH_2-CH_3}{<}}$$

Lidocaína (xilocaína)

a. Dibuje la fórmula estructural condensada de la sal de amonio que se forma cuando la lidocaína reacciona con HCl.

b. ¿Por qué se usa la sal amonio de lidocaína en lugar de la amina?

18.3 Aminas heterocíclicas

Una **amina heterocíclica** es un compuesto orgánico cíclico que consiste en un anillo de cinco o seis átomos, de los cuales uno o dos son átomos de nitrógeno. De los anillos de cinco átomos, el más simple es pirrolidina, que es un anillo de cuatro átomos de carbono y un átomo de nitrógeno, todos con enlaces sencillos. El pirrol es un anillo de cinco átomos con un átomo de nitrógeno y dos enlaces dobles. El imidazol es un anillo de cinco átomos que contiene dos átomos de nitrógeno. La piperidina es un anillo heterocíclico de seis átomos con un átomo de nitrógeno. Parte del aroma y sabor picantes de la pimienta negra que se usa para sazonar los alimentos se debe a la piperidina. Los anillos de purina y pirimidina se encuentran en ADN y ARN. En la purina, se combinan las estructuras de pirimidina de 6 átomos e imidazol de 5 átomos. Las aminas heterocíclicas con dos o tres enlaces dobles tienen propiedades aromáticas similares al benceno.

Aminas heterocíclicas de 5 átomos

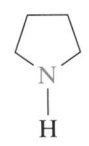
Pirrolidina

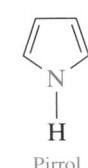
Pirrol

Imidazol

Aminas heterocíclicas de 6 átomos

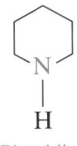
Piperidina

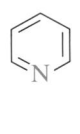
Piridina

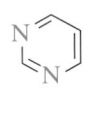
Pirimidina

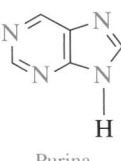
Purina

El aroma de la pimienta se debe a la piperidina, una amina heterocíclica.

COMPROBACIÓN DE CONCEPTOS 18.5   **Aminas heterocíclicas**

Identifique las aminas heterocíclicas que son parte de la estructura de la nicotina.

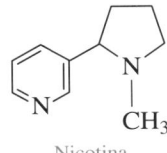
Nicotina

RESPUESTA

La nicotina contiene dos anillos heterocíclicos. El anillo de 6 átomos con un átomo de N y tres enlaces dobles es piridina, y el anillo de 5 átomos con un átomo de N y sin enlaces dobles es pirrolidina. El átomo de N en el anillo de pirrolidina está enlazado a un grupo metilo (—CH_3).

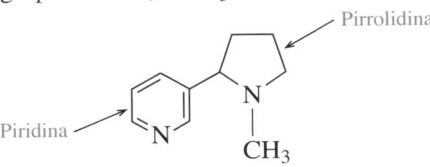

Pirrolidina

Piridina

Alcaloides: aminas en plantas

Los **alcaloides** son compuestos nitrogenados fisiológicamente activos producidos por plantas. El término *alcaloide* se refiere a las características "parecidas a álcali" o básicas vistas para las aminas. Ciertos alcaloides se utilizan en anestésicos, antidepresivos y como estimulantes, y muchos forman hábito.

Como estimulante, la nicotina aumenta el nivel de adrenalina en la sangre, lo que incrementa el ritmo cardiaco y la presión arterial. La nicotina es adictiva porque activa centros de placer en el cerebro. La nicotina tiene una estructura alcaloide simple que incluye un anillo de pirrolidina. La coniína, que se obtiene de la cicuta, es un alcaloide extremadamente tóxico que contiene un anillo de piperidina.

Nicotina

CH_2—CH_2—CH_3

Coniína

La cafeína es una purina que estimula el sistema nervioso central. Está presente en el café, el té, las bebidas gaseosas, las bebidas energizantes, el chocolate y el cacao, y aumenta el estado de alerta, pero puede causar nerviosismo e insomnio. La cafeína también se utiliza en ciertos analgésicos para contrarrestar la somnolencia causada por un antihistamínico (véase la figura 18.3).

MC

ESTUDIO DE CASO
Death by Chocolate?

   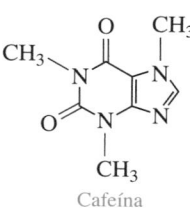

Cafeína

FIGURA 18.3 La cafeína es un estimulante que se encuentra en café, té, bebidas energizantes y chocolate.

P ¿Por qué la cafeína es un alcaloide?

En medicina se usan varios alcaloides. La quinina, que se obtiene de la corteza del árbol cinchona, se utiliza para tratar el paludismo desde el siglo XVII. La atropina de la belladona se usa en concentraciones bajas para acelerar los ritmos cardiacos lentos y para dilatar las pupilas durante exámenes oculares.

Quinina

Atropina

Durante muchos siglos, la morfina y la codeína, alcaloides que se encuentran en la planta adormidera, se han usado como analgésicos eficaces (véase la figura 18.4). La codeína, que tiene una estructura similar a la de la morfina, se usa en algunos analgésicos y jarabes para la tos que se venden con prescripción médica. La heroína, que se obtiene por modificación química de la morfina, es enormemente adictiva y no se le da ningún uso médico. La estructura del medicamento de prescripción OxyContin® (oxicodona), que se administra para aliviar el dolor intenso, es similar a la de la heroína. En la actualidad hay un número cada vez mayor de defunciones por el abuso de OxyContin® debido a que sus efectos fisiológicos también son similares a los de la heroína.

FIGURA 18.4 La cápsula de la semilla verde sin madurar de la adormidera contiene una savia lechosa (opio) que es la fuente de los alcaloides morfina y codeína.

P ¿Dónde está el anillo de piperidina en las estructuras de morfina y codeína?

Morfina

Codeína

Heroína

OxyContin®

La química en la salud

SÍNTESIS DE MEDICAMENTOS

Un área de investigación en farmacología es la síntesis de compuestos que conservan la característica anestésica de los alcaloides que existen en la naturaleza, como cocaína y morfina, sin los efectos secundarios adictivos. Por ejemplo, la cocaína es un anestésico eficaz, pero después de ingerirlo de manera periódica, el usuario puede volverse adicto. Algunos químicos investigadores modificaron la estructura de la cocaína, pero conservaron el grupo benceno y el átomo de nitrógeno. Los productos sintéticos procaína y lidocaína conservan las cualidades anestésicas del alcaloide natural sin los efectos secundarios adictivos.

La estructura de la morfina también se modificó para elaborar un alcaloide sintético, meperidina o Demerol, que actúa como un analgésico eficaz.

Meperidina
(Demerol)

Cocaína

Procaína (novocaína)

Lidocaína (xylocaína)

PREGUNTAS Y PROBLEMAS

18.3 Aminas heterocíclicas

META DE APRENDIZAJE: *Identificar las aminas heterocíclicas; distinguir entre los tipos de aminas heterocíclicas.*

18.23 Nombre las aminas heterocíclicas en cada una de las siguientes:

a. 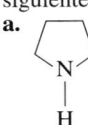 **b.** **c.**

18.24 Nombre las aminas heterocíclicas en cada una de las siguientes:

a. 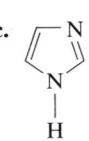 **b.** **c.**

18.25 El Ritalín es un estimulante que puede prescribirse para el trastorno por déficit de atención con hiperactividad (TDAH). ¿Cuál es la amina heterocíclica del Ritalín (metilfenidato)?

Ritalin®

18.26 La niacina, que también se conoce como vitamina B_3 y ácido nicotínico, se encuentra en muchos alimentos como pescado, res, leche y huevos. ¿Cuál es la amina heterocíclica en la niacina?

Niacina

18.27 Los niveles bajos de serotonina en el cerebro parecen asociarse a estados depresivos. ¿Cuál es la amina heterocíclica en la serotonina?

Serotonina

18.28 La histamina causa inflamación y comezón en una reacción alérgica. ¿Cuál es la amina heterocíclica en la histamina?

Histamina

18.4 Amidas

Las **amidas** son derivados de los ácidos carboxílicos en los que un grupo amino sustituye al grupo hidroxilo.

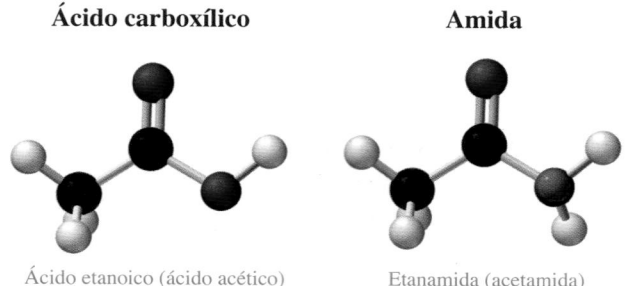

Ácido carboxílico   **Amida**

Ácido etanoico (ácido acético)   Etanamida (acetamida)

Preparación de amidas

TUTORIAL
Amidation Reactions

Una amida se produce en una reacción llamada **amidación**, en la que un ácido carboxílico reacciona con amoniaco o una amina primaria o secundaria. Una molécula de agua se elimina y los fragmentos del ácido carboxílico y moléculas de amina se unen para formar la amida, de manera muy parecida a la formación de un éster. Puesto que una amina terciaria no contiene un átomo de hidrógeno, una amina terciaria no puede experimentar amidación.

Enlace amida

$$CH_3{-}CH_2{-}\overset{\overset{\displaystyle O}{\|}}{C}{-}OH \;+\; H{-}\overset{\overset{\displaystyle H}{|}}{N}{-}H \;\xrightarrow{\text{Calor}}\; CH_3{-}CH_2{-}\overset{\overset{\displaystyle O}{\|}}{C}{-}\overset{\overset{\displaystyle H}{|}}{N}{-}H \;+\; H_2O$$

Ácido propanoico (ácido propiónico)   Amoniaco   Propanamida (propionamida)

$$CH_3{-}CH_2{-}\overset{\overset{\displaystyle O}{\|}}{C}{-}OH \;+\; H{-}\overset{\overset{\displaystyle H}{|}}{N}{-}CH_3 \;\xrightarrow{\text{Calor}}\; CH_3{-}CH_2{-}\overset{\overset{\displaystyle O}{\|}}{C}{-}\overset{\overset{\displaystyle H}{|}}{N}{-}CH_3 \;+\; H_2O$$

Ácido propanoico (ácido propiónico)   Metilamina   *N*-metilpropanamida (*N*-metilpropionamida)

EJEMPLO DE PROBLEMA 18.5 **Amidación**

Dibuje la fórmula estructural condensada del producto amida para cada uno de los reactivos siguientes:

a. [estructura del ácido benzoico] $C{-}OH + NH_3$

b. $CH_3{-}\overset{\overset{\displaystyle O}{\|}}{C}{-}OH \;+\; H_2N{-}CH_2{-}CH_3$

SOLUCIÓN

La fórmula estructural condensada del producto amida puede dibujarse al unir el grupo carbonilo del ácido al átomo de nitrógeno de la amina. El grupo —OH se elimina del ácido y un —H de la amina para formar agua.

a. [estructura] $C{-}NH_2$

b. $CH_3{-}\overset{\overset{\displaystyle O}{\|}}{C}{-}\overset{\overset{\displaystyle H}{|}}{N}{-}CH_2{-}CH_3$

COMPROBACIÓN DE ESTUDIO 18.5

¿Cuáles son las fórmulas estructurales condensadas del ácido carboxílico y la amina necesarios para preparar la amida siguiente? (*Sugerencia:* separe el N y C $=$ O del grupo amida, y agregue —H y —OH para obtener la amina original y ácido carboxílico.)

$$\underset{\text{H}}{\text{H}} - \underset{\substack{\| \\ \text{O}}}{\overset{\text{O}}{\text{C}}} - \underset{\underset{\text{CH}_3}{\mid}}{\text{N}} - \text{CH}_3$$

Nomenclatura de amidas

Tanto en los nombres IUPAC como en los comunes, para nombrar las amidas se elimina la palabra *ácido* y se sustituye la terminación *ico* u *oico* del nombre del ácido carboxílico (IUPAC o común) por el sufijo *amida*. Es posible diagramar el nombre de una amida de la forma siguiente:

Desde el ácido butanoico
(ácido butírico) Desde el amoniaco

$$\text{CH}_3 - \text{CH}_2 - \text{CH}_2 - \overset{\overset{\text{O}}{\|}}{\text{C}} + \text{NH}_2$$

IUPAC   Butanamida
Común   Butiramida

$$\text{H} - \overset{\overset{\text{O}}{\|}}{\text{C}} - \text{NH}_2 \qquad \text{CH}_3 - \overset{\overset{\text{O}}{\|}}{\text{C}} - \text{NH}_2$$

Metanamida   Etanamida
(formamida)   (acetamida)

Benzamida

Cuando los grupos alquilo se unen al átomo de nitrógeno, los prefijos *N-* o *N,N-* preceden al nombre de la amida, dependiendo de si hay uno o dos grupos. Es posible diagramar el nombre de una amida sustituida de la siguiente manera:

Desde ácido butanoico
(ácido butírico) Desde *N,N*-dimetilamina

$$\text{CH}_3 - \text{CH}_2 - \text{CH}_2 - \overset{\overset{\text{O}}{\|}}{\text{C}} + \underset{\underset{\text{CH}_3}{\overset{\text{CH}_3}{\mid}}}{\text{N}} - \text{CH}_3$$

IUPAC   *N,N*-dimetilbutanamida
Común   *N,N*-dimetilbutiramida

$$\text{CH}_3 - \overset{\overset{\text{O}}{\|}}{\text{C}} - \underset{\overset{\text{H}}{\mid}}{\text{N}} - \text{CH}_3 \qquad \text{CH}_3 - \text{CH}_2 - \overset{\overset{\text{O}}{\|}}{\text{C}} - \underset{\overset{\text{CH}_3}{\mid}}{\text{N}} - \text{CH}_3$$

N-metiletanamida   *N,N*-dimetilpropanamida
(*N*-metilacetamida)   (*N,N*-dimetilpropionamida)

N-metilbenzamida

$$\text{CH}_3 - \underset{\underset{\text{CH}_3}{\mid}}{\text{CH}} - \text{CH}_2 - \text{CH}_2 - \overset{\overset{\text{O}}{\|}}{\text{C}} - \text{NH}_2$$

4-metilpentanamida

COMPROBACIÓN DE CONCEPTOS 18.6 Nombres IUPAC de amidas

Una amida tiene el nombre *N*-etilpentanamida.

a. ¿Cuál es el nombre IUPAC del ácido carboxílico usado en la reacción de amidación para formar esta amida?

b. ¿Qué se indica mediante la parte *N*-etil del nombre?

RESPUESTA

a. La pentanamida indica que hay cinco átomos de carbono. El ácido carboxílico correspondiente utilizado en la reacción de amidación sería el ácido pentanoico.

b. La parte *N*-etil del nombre indica que un grupo etilo está unido al átomo de N.

EJEMPLO DE PROBLEMAS 18.6 Cómo nombrar amidas

Proporcione el nombre IUPAC de la amida siguiente:

$$CH_3-CH_2-CH_2-\overset{\overset{\displaystyle O}{\|}}{C}-\overset{\overset{\displaystyle H}{|}}{N}-CH_2-CH_3$$

SOLUCIÓN

Análisis del problema

Grupo funcional	Amida	*N*-Sustituyente
Amida	Sustituya la terminación *o* en el nombre alcano de la porción carboxilo con *amida*.	Etilo

Guía para nombrar amidas

1 Determine el nombre alcano de la cadena de carbono en la porción carboxilo y sustituya la terminación *o* con *amida*.

2 Nombre cada sustituyente en el átomo de N usando el prefijo *N*- y el nombre del alquilo.

Paso 1 **Determine el nombre alcano de la cadena de carbono en la porción carboxilo y sustituya la terminación *o* con *amida*.**

$$CH_3-CH_2-CH_2-\overset{\overset{\displaystyle O}{\|}}{C}-\overset{\overset{\displaystyle H}{|}}{N}-CH_2-CH_3 \qquad \text{butanamida}$$

Paso 2 **Nombre cada sustituyente en el átomo de N usando el prefijo *N*- y el nombre del alquilo.**

$$CH_3-CH_2-CH_2-\overset{\overset{\displaystyle O}{\|}}{C}-\overset{\overset{\displaystyle H}{|}}{N}-CH_2-CH_3 \qquad \text{\textit{N}-etilbutanamida}$$

COMPROBACIÓN DE ESTUDIO 18.6

Dibuje la fórmula estructural condensada de la *N,N*-dimetilbenzamida.

Propiedades físicas de las amidas

Las amidas no tienen las propiedades de las bases que usted vio para las aminas. Sólo la metanamida es un líquido a temperatura ambiente, en tanto que las demás amidas son sólidas. En el caso de las amidas primarias, el grupo —NH_2 puede formar más enlaces por puente de hidrógeno, lo que da a las amidas primarias los puntos de fusión más altos. Los puntos de fusión de las amidas secundarias son más bajos porque forman menos enlaces por puente de hidrógeno.

Puesto que las amidas terciarias no pueden formar enlaces por puente de hidrógeno, tienen los puntos de fusión más bajos de todas (véase la tabla 18.2).

TABLA 18.2 Puntos de fusión de amidas seleccionadas

Primaria	Secundaria	Terciaria
Metanamida 3 °C	*N*-metilmetanamida −3 °C	*N*,*N*-dimetilmetanamida −61 °C
Etanamida 82 °C	*N*-metiletanamida 28 °C	*N*,*N*-dimetiletanamida −20 °C

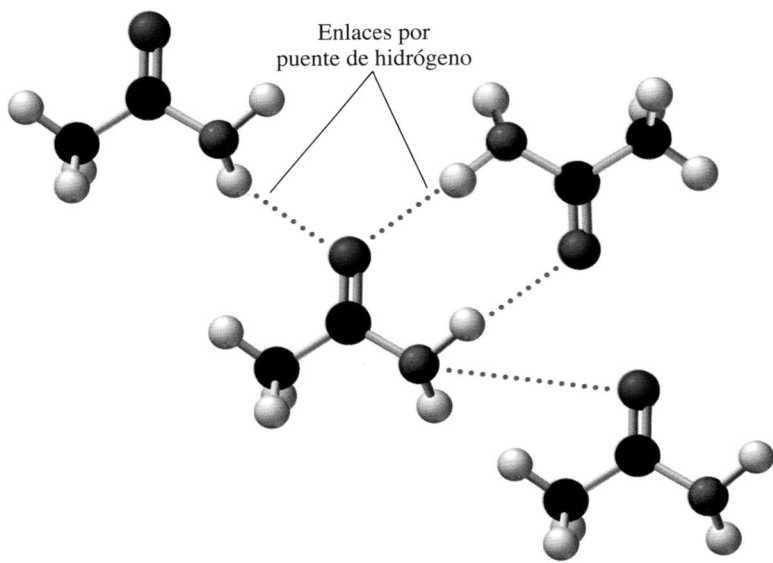

Enlaces por puente de hidrógeno entre moléculas de una amida primaria.

Las amidas con uno a cinco átomos de carbono son solubles en agua porque pueden formar enlaces por puente de hidrógeno con moléculas de agua.

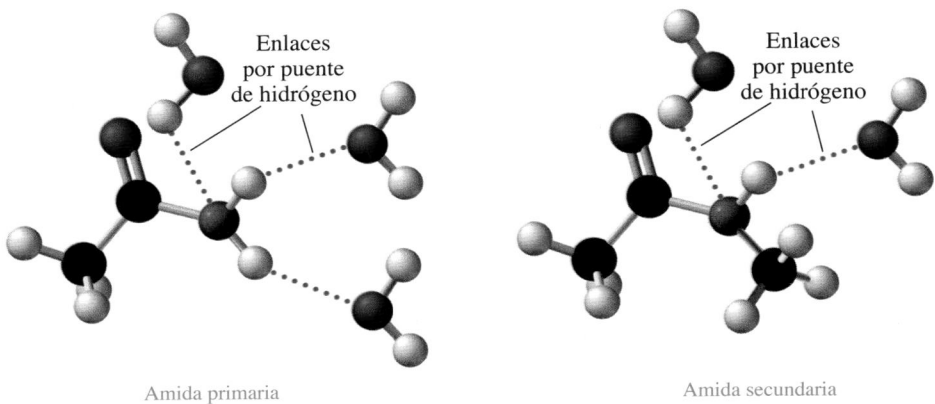

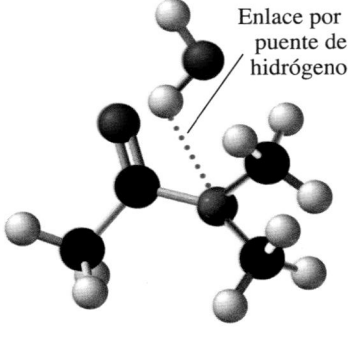

Amida primaria   Amida secundaria   Amida terciaria

En agua, las amidas primarias forman más enlaces por puente de hidrógeno que las amidas secundarias y terciarias..

La química en la salud

LAS AMIDAS EN LA SALUD Y LA MEDICINA

La amida natural más simple es la urea, un producto final del metabolismo de las proteínas en el cuerpo. Los riñones eliminan la urea de la sangre y la excretan en la orina. Si los riñones funcionan mal, la urea no se elimina y se acumula hasta alcanzar niveles tóxicos, un trastorno denominado *uremia*. La urea también se usa como componente de fertilizantes para aumentar el nitrógeno en el suelo..

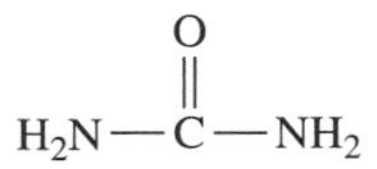

$$H_2N-\overset{\overset{\displaystyle O}{\|}}{C}-NH_2$$
Urea

Las amidas sintéticas se utilizan como sustitutos de azúcar. La sacarina es un edulcorante muy poderoso y se usa como sustituto de azúcar. El edulcorante aspartame se elabora a partir de dos aminoácidos, el ácido aspártico y la fenilalanina, unidos mediante un enlace amida.

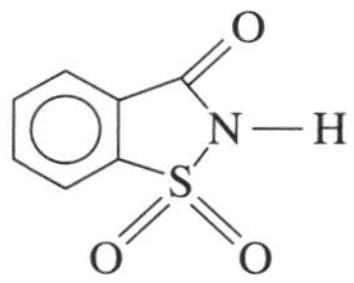

Sacarina

Las amidas se encuentran en edulcorantes sintéticos, como el aspartame, y en analgésicos, como el acetaminofeno.

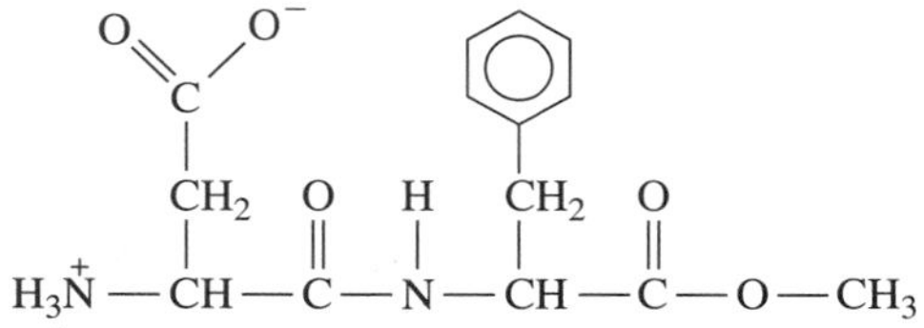

Los compuestos fenacetín y acetaminofeno, que se usan en el Tylenol, reducen la fiebre y el dolor, pero tienen poco efecto antiinflamatorio.

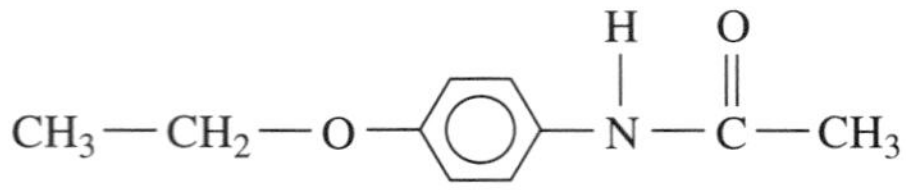

Fenacetín

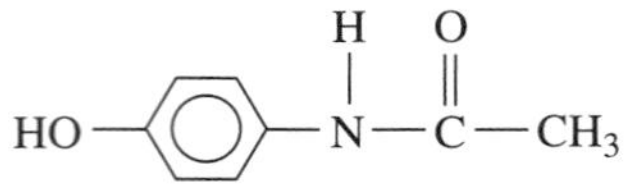

Acetaminofeno

Muchos barbituratos son amidas cíclicas de ácido barbitúrico, que actúan como sedantes en dosis pequeñas o como inductores de sueño en dosis más grandes. Con frecuencia forman hábito. Los medicamentos barbituratos incluyen fenobarbital (Luminal), pentobarbital (Nembutal) y secobarbital (Seconal). Otras amidas, como meprobamato y diazepam, actúan como sedantes y tranquilizantes.

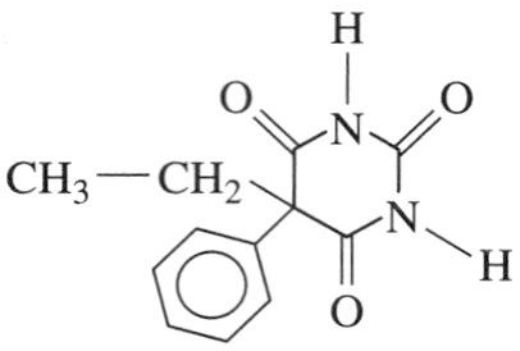

Fenobarbital

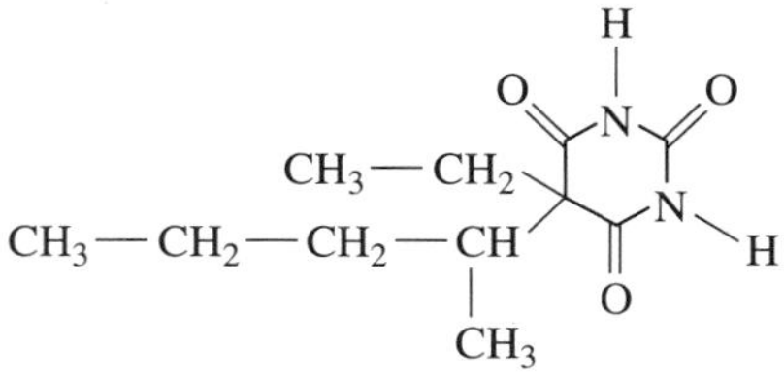

Pentobarbital

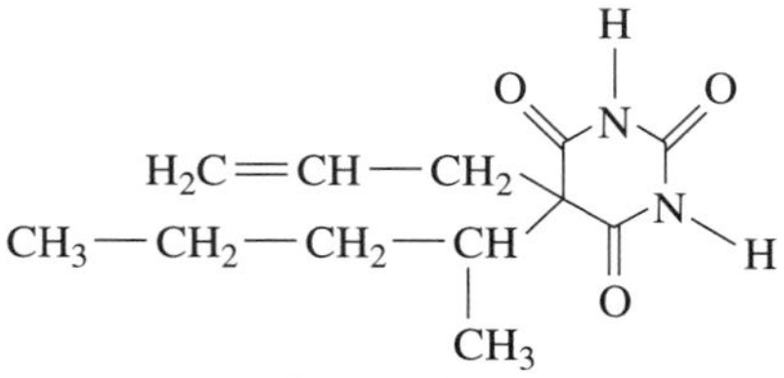

Secobarbital

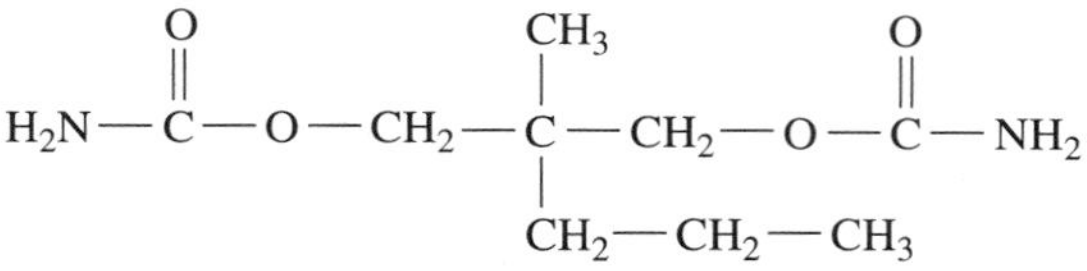

Ácido aspártico   Fenilalanina   Metil éster
Aspartame

Meprobamato

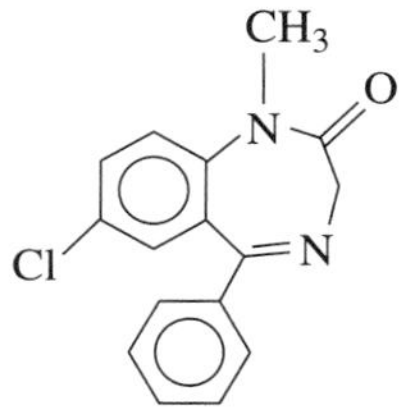

Diazepam

PREGUNTAS Y PROBLEMAS

18.4 Amidas

META DE APRENDIZAJE: *Escribir los productos amida obtenidos por amidación, y proporcionar sus nombres IUPAC y comunes.*

18.29 Dibuje la fórmula estructural condensada de la amida formada en cada una de las reacciones siguientes:

a. $CH_3-\overset{\overset{\displaystyle O}{\|}}{C}-OH + NH_3 \xrightarrow{Calor}$

b. $CH_3-\overset{\overset{\displaystyle O}{\|}}{C}-OH + H_2N-CH_2-CH_3 \xrightarrow{Calor}$

c. 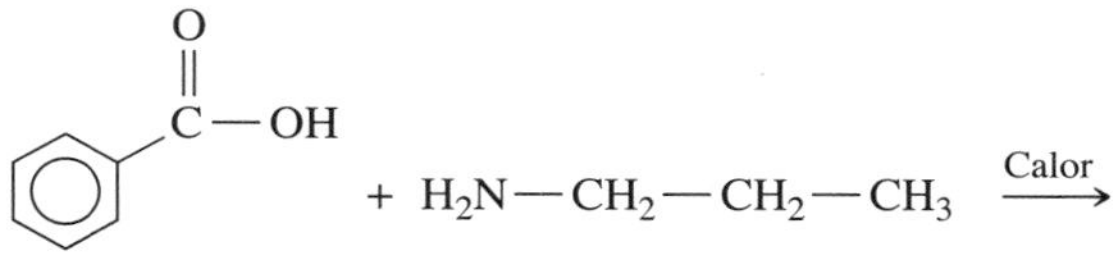 $\overset{\overset{\displaystyle O}{\|}}{C}-OH + H_2N-CH_2-CH_2-CH_3 \xrightarrow{Calor}$

18.30 Dibuje la fórmula estructural condensada de la amida formada en cada una de las reacciones siguientes:

a. $CH_3-CH_2-CH_2-CH_2-\overset{\overset{\displaystyle O}{\|}}{C}-OH + NH_3 \xrightarrow{\text{Calor}}$

b. $CH_3-\overset{\overset{\displaystyle CH_3}{|}}{CH}-\overset{\overset{\displaystyle O}{\|}}{C}-OH + H_2N-CH_2-CH_3 \xrightarrow{\text{Calor}}$

c. $CH_3-CH_2-\overset{\overset{\displaystyle O}{\|}}{C}-OH + $ [H₂N-fenilo] $\xrightarrow{\text{Calor}}$

18.31 Proporcione los nombres IUPAC y comunes (si los hay) de cada una de las amidas siguientes:

a. $CH_3-\overset{\overset{\displaystyle O}{\|}}{C}-\overset{\overset{\displaystyle H}{|}}{N}-CH_3$

b. $CH_3-CH_2-CH_2-\overset{\overset{\displaystyle O}{\|}}{C}-NH_2$

c. $H-\overset{\overset{\displaystyle O}{\|}}{C}-NH_2$ **d.** [fenilo]$-\overset{\overset{\displaystyle O}{\|}}{C}-\overset{\overset{\displaystyle H}{|}}{N}-CH_3$

18.32 Proporcione los nombres IUPAC y comunes (si los hay) de cada una de las amidas siguientes:

a. $CH_3-CH_2-\overset{\overset{\displaystyle O}{\|}}{C}-\overset{\overset{\displaystyle H}{|}}{N}-CH_2-CH_3$

b. $CH_3-CH_2-CH_2-CH_2-CH_2-\overset{\overset{\displaystyle O}{\|}}{C}-NH_2$

c. $CH_3-\overset{\overset{\displaystyle O}{\|}}{C}-\overset{\overset{\displaystyle CH_3}{|}}{N}-CH_2-CH_2-CH_3$

d. [fenilo]$-\overset{\overset{\displaystyle O}{\|}}{C}-\overset{\overset{\displaystyle CH_2-CH_3}{|}}{N}-CH_2-CH_3$

18.33 Dibuje la fórmula estructural condensada de cada una de las amidas siguientes:
  a. propionamida   **b.** pentanamida
  c. *N*-etilbenzamida   **d.** *N*-etilbutiramida

18.34 Dibuje la fórmula estructural condensada de cada una de las amidas siguientes:
  a. *N*-etil-*N*-metilbenzamida   **b.** 3-metilbutanamida
  c. hexanamida   **d.** *N*-propilpentanamida

18.35 Para cada uno de los pares de compuestos siguientes, identifique el que tiene el punto de fusión más alto. Explique.
  a. etanamida o *N*-metiletanamida
  b. butano o propionamida
  c. *N,N*-dimetilpropanamida o *N*-metilpropanamida

18.36 Para cada uno de los pares de compuestos siguientes, identifique el que tiene el punto de fusión más alto. Explique.
  a. propano o etanamida
  b. *N*-metiletanamida o propanamida
  c. *N*-etiletanamida o *N,N*-dimetiletanamida

18.5 Hidrólisis de amidas

META DE APRENDIZAJE

Escribir ecuaciones para la hidrólisis de amidas.

En una reacción inversa de amidación ocurre una **hidrólisis** cuando el agua reacciona con una amida en presencia de un ácido, o una base reacciona con una amida. En la hidrólisis ácida de una amida, los productos son el ácido carboxílico y la sal de amonio. En la hidrólisis básica, los productos son la sal carboxilato y la amina o amoniaco.

MC TUTORIAL
Hydrolysis of Amides

Hidrólisis ácida de amidas

Amida   **Ácido carboxílico**   **Sal de amonio**

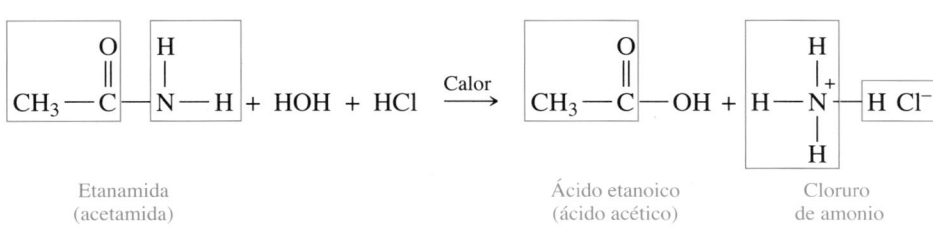

Etanamida
(acetamida)

Ácido etanoico
(ácido acético)

Cloruro
de amonio

Hidrólisis básica de amidas

Amida   **Sal carboxilato**   **Amina**

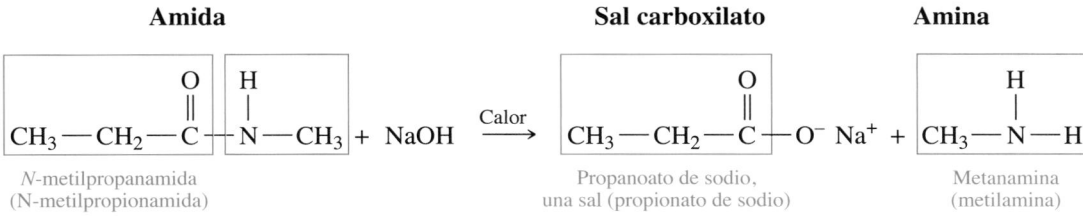

N-metilpropanamida
(*N*-metilpropionamida)

Propanoato de sodio,
una sal (propionato de sodio)

Metanamina
(metilamina)

COMPROBACIÓN DE CONCEPTOS 18.7   **Hidrólisis ácida y básica de amidas**

Proporcione los nombres de los productos que se forman cuando *N*-etilpropanamida experimenta cada una de las reacciones siguientes:

a. hidrólisis con HCl   **b.** hidrólisis con KOH

RESPUESTA

a. En hidrólisis ácida (HCl), los productos son el correspondiente ácido carboxílico y la sal alquilamonio. La hidrólisis ácida de *N*-etilpropanamida con HCl forma ácido propanoico (ácido propiónico) y cloruro de etilamonio.

b. En la hidrólisis básica (KOH), los productos son la correspondiente sal carboxilato y la amina. La hidrólisis básica de *N*-etilpropanamida con KOH forma propanoato de potasio (propionoato de potasio) y etanamina (etilamina).

EJEMPLO DE PROBLEMA 18.7   **Hidrólisis de amidas**

Dibuje las fórmulas estructurales condensadas y proporcione los nombres IUPAC de los productos de la hidrólisis de *N*-metilpentanamida con NaOH.

SOLUCIÓN

En la hidrólisis de la amida, el enlace amida se rompe entre el átomo de carbono carboxílico y el átomo de nitrógeno. Cuando se usa una base como NaOH, los productos son la sal carboxilato y una amina.

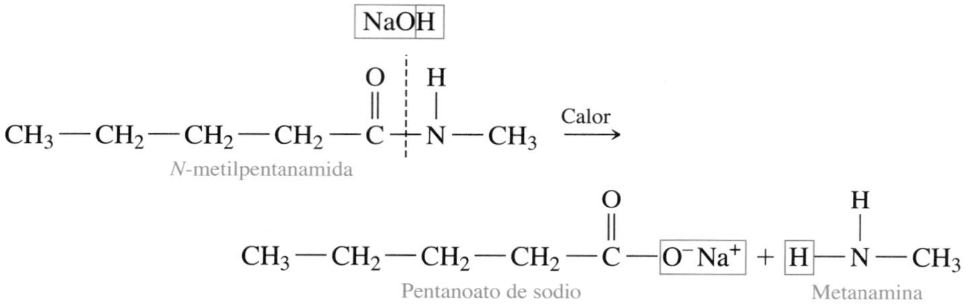

COMPROBACIÓN DE ESTUDIO 18.7

Dibuje las fórmulas estructurales condensadas de los productos obtenidos a partir de la hidrólisis de *N*-metilbutiramida con HBr.

PREGUNTAS Y PROBLEMAS

18.5 Hidrólisis de amidas

META DE APRENDIZAJE: *Escribir ecuaciones para la hidrólisis de amidas.*

18.37 Dibuje las fórmulas estructurales condensadas de los productos de la hidrólisis ácida de cada una de las amidas siguientes con HCl:

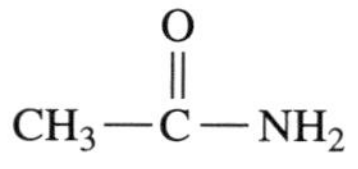

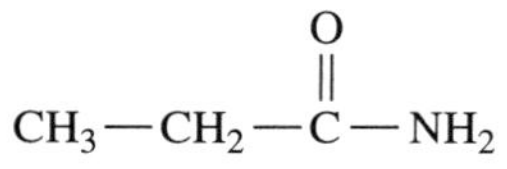

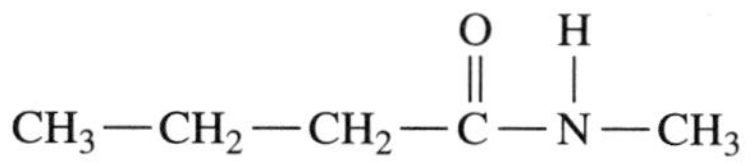

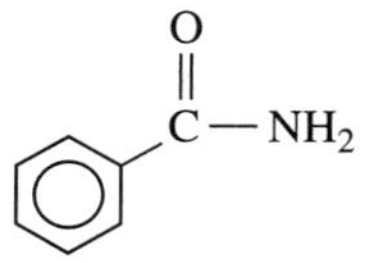

18.38 Dibuje las fórmulas estructurales condensadas de los productos de la hidrólisis básica de cada una de las amidas siguientes con NaOH:

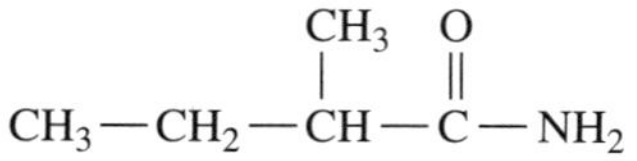

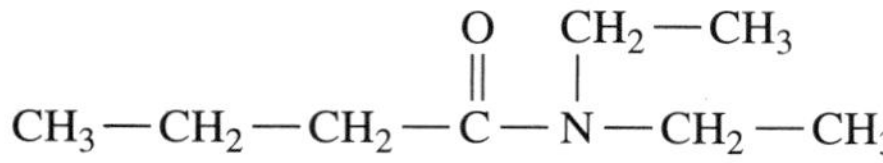

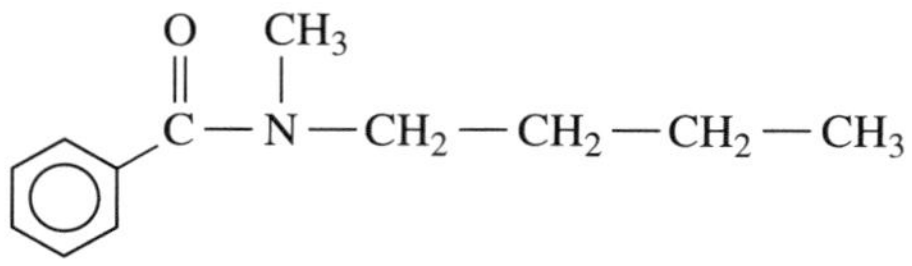

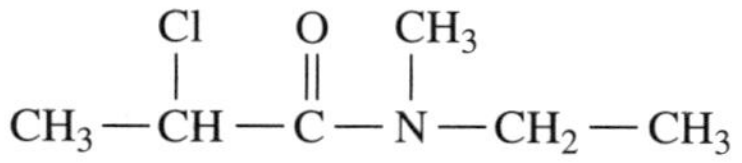

18.6 Neurotransmisores

Un **neurotransmisor** es un compuesto químico que transmite un impulso procedente de una célula nerviosa (neurona) hacia una célula blanco, que puede ser otra célula nerviosa, una célula muscular o una célula glandular. Una neurona característica consta de un cuerpo celular y numerosos filamentos llamados *dendritas* en un extremo, y un axón que finaliza en la *terminal sináptica* en el extremo opuesto. Las terminales sinápticas y las dendritas de otras células nerviosas forman uniones denominadas *sinapsis*. Cuando una señal eléctrica llega a la terminal sináptica de una célula nerviosa, se liberan neurotransmisores en la sinapsis, que absorben las dendritas de las células nerviosas cercanas. De este modo, una serie alternada de impulsos eléctricos y transmisores químicos mueve información por una red de células nerviosas en un periodo muy corto.

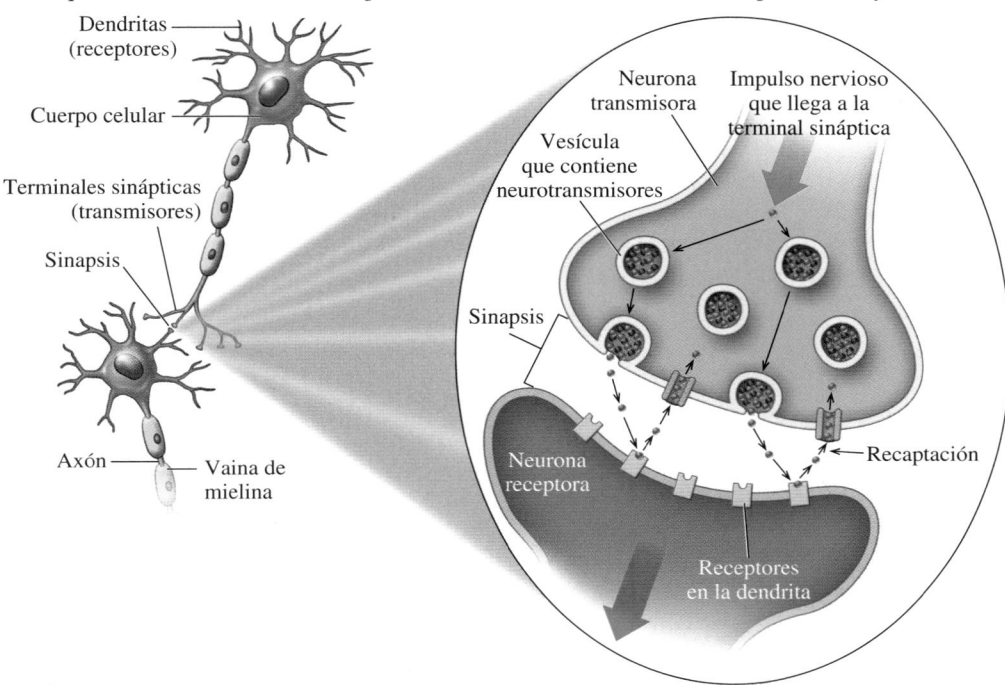

Una célula nerviosa (neurona) consta de un cuerpo celular y filamentos llamados *axones* y *dendritas* que forman uniones (sinapsis) con células nerviosas cercanas para transmitir impulsos nerviosos.

Neurotransmisores en las sinapsis

Dentro de una célula nerviosa se sintetiza un neurotransmisor y se almacena en vesículas en el extremo de la terminal sináptica. Hay muchas vesículas en un solo filamento, y cada vesícula puede contener varios miles de moléculas de un neurotransmisor. Cuando un impulso nervioso llega a la célula nerviosa, estimula las vesículas para que liberen el neurotransmisor en la sinapsis. Las moléculas del neurotransmisor se difunden por la sinapsis hacia sus sitios receptores en las dendritas de otra célula nerviosa. Los neurotransmisores pueden ser *excitadores*, lo que significa que estimulan los receptores para enviar más impulsos nerviosos, o *inhibidores*, lo que significa que reducen la actividad de los receptores. El enlazamiento de un neurotransmisor excitador abre canales iónicos en células nerviosas cercanas. Un flujo de iones positivos crea nuevos impulsos eléctricos que estimulan otras células nerviosas para que liberen el neurotransmisor de sus vesículas en la sinapsis.

TUTORIAL
Neurotransmitters and How They Work

Terminación de la acción del neurotransmisor

Entre un impulso nervioso y otro, los neurotransmisores que se enlazan a los receptores se eliminan rápidamente para que lleguen nuevas señales procedentes de las células nerviosas adyacentes. La eliminación de neurotransmisores de los receptores puede realizarse de varias maneras.

1. El neurotransmisor se difunde desde la sinapsis.
2. Las enzimas de los receptores descomponen el neurotransmisor.
3. La recaptación regresa el neurotransmisor a las vesículas donde se almacena.

Neurotransmisores amina

Los neurotransmisores contienen átomos de nitrógeno como aminas y iones alquilamonio. La mayor parte se sintetiza en pocos pasos a partir de compuestos como los aminoácidos que se obtienen de los alimentos. Por lo general, los grupos amino se ionizan para formar aniones carboxilato. En esta sección se dibujarán dichos grupos en su forma ionizada. Los neurotransmisores amina importantes son acetilcolina, dopamina, norepinefrina (noradrenalina), epinefrina (adrenalina), serotonina, histamina, glutamato y GABA.

Acetilcolina

TUTORIAL
The Role of Neurotransmitters in Health

La acetilcolina, el primer neurotransmisor en identificarse, comunica el sistema nervioso y el músculo, donde interviene en la regulación de la activación muscular, además del aprendizaje y la memoria a corto plazo. Se sintetiza mediante la formación de un éster entre colina y acetato, y se almacena en las vesículas. Cuando se estimula, la acetilcolina se libera en la sinapsis, donde se une a receptores en las células musculares y hace que los músculos se contraigan. Para que la transmisión nerviosa sea continua, la acetilcolina es degradada rápidamente por enzimas de los receptores que hidrolizan el enlace éster. La pérdida de la acetilcolina en los receptores produce la relajación de las células musculares. La colina y el acetato resultantes vuelven a convertirse en acetilcolina y se almacenan en las vesículas.

En los ancianos, una disminución de acetilcolina produce lagunas de memoria a corto plazo. En la enfermedad de Alzheimer, los niveles de acetilcolina pueden disminuir en 90%, lo que ocasiona pérdidas importantes de razonamiento y funciones motoras. Medicamentos que son inhibidores de la colinesterasa, como el Aricept, se usan para disminuir la velocidad de la descomposición enzimática de la acetilcolina a fin de aumentar los niveles de acetilcolina en el cerebro. La nicotina se enlaza a los receptores de acetilcolina, lo que intensifica sus efectos.

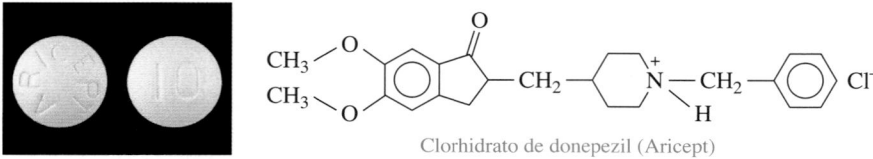

Clorhidrato de donepezil (Aricept)

Los inhibidores de la colinesterasa hacen más lenta la descomposición enzimática de la acetilcolina.

Las neurotoxinas como Sarín, Somán y Paratión se enlazan a la enzima acetilcolinesterasa e inhiben su acción. En consecuencia, la acetilcolina permanece en la sinapsis y se detienen las transmisiones nerviosas. Puesto que la acetilcolina no puede liberarse, los músculos del cuerpo no pueden relajarse y pronto surgen convulsiones e insuficiencia respiratoria.

Catecolaminas

La palabra *catecolamina* se refiere a la parte catecol (grupo 3,4-dihidroxifenil) de estas aminas aromáticas. Los neurotransmisores catecolamina más importantes son dopamina, norepinefrina y epinefrina, que tienen una estructura muy relacionada, y todos se sintetizan a partir del aminoácido tirosina. En los alimentos, la tirosina se encuentra en carnes, nueces, huevos y queso.

Tirosina

Parte catecol
de la estructura

L-dopa

Los neurotransmisores dopamina, norepinefrina y epinefrina se sintetizan a partir del aminoácido tirosina después de que se convierte en L-dopa.

Dopamina

Norepinefrina (noradrenalina)

Epinefrina (adrenalina)

Dopamina

La dopamina, que se produce en las células nerviosas del mesencéfalo, funciona como un estimulante natural para proporcionar energía y sentimientos de regocijo. Tiene una función en el control del movimiento muscular, la regulación del ciclo sueño-vigilia y ayuda a mejorar la cognición, la atención, la memoria y el aprendizaje. Es posible que el comportamiento adictivo y la esquizofrenia tengan relación con niveles altos de dopamina. La cocaína y las anfetaminas bloquean la recaptación de dopamina en las vesículas de las células nerviosas. En consecuencia, la dopamina permanece en la sinapsis más tiempo. La adicción a la cocaína puede ser resultado de la exposición prolongada a niveles altos de dopamina en las sinapsis.

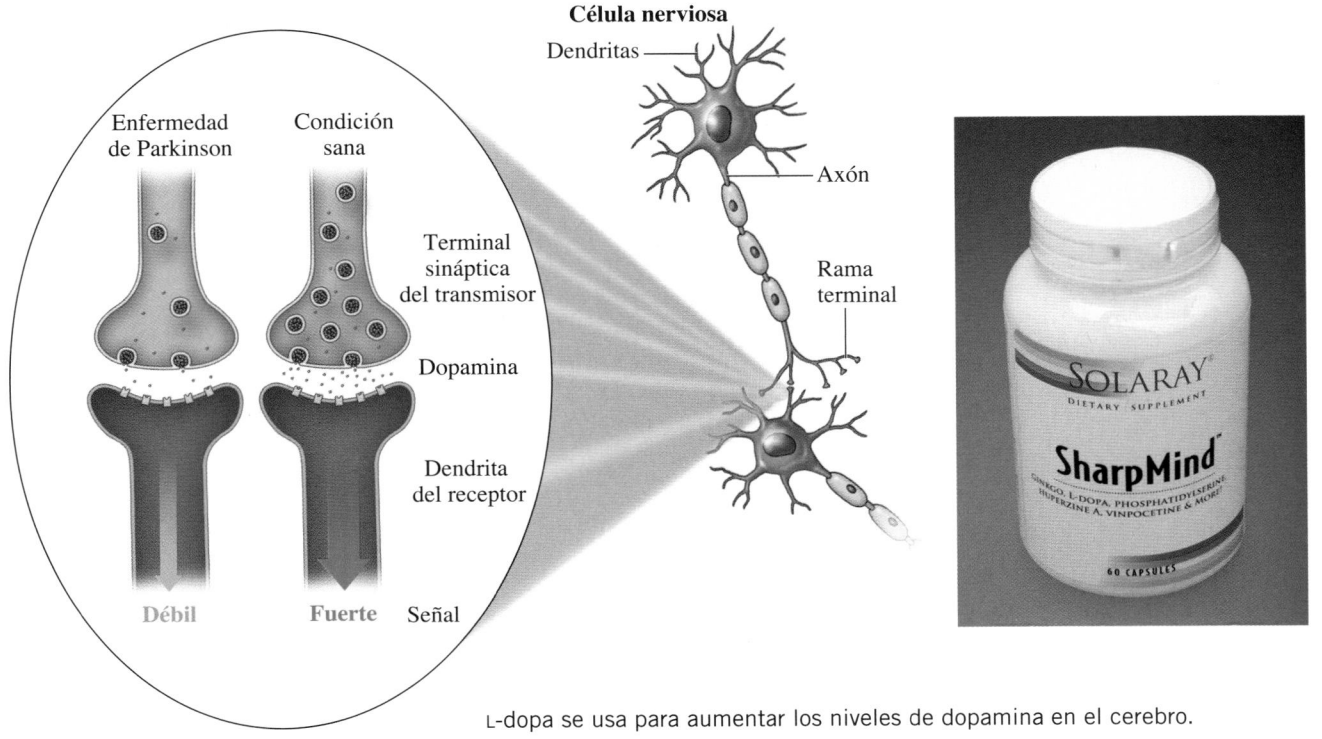

L-dopa se usa para aumentar los niveles de dopamina en el cerebro.

En personas con enfermedad de Parkinson, las células nerviosas del mesencéfalo pierden su capacidad para producir dopamina. A medida que los niveles de dopamina descienden, disminuye la coordinación motora, lo que resulta en un movimiento lento y arrastramiento de los pies, rigidez muscular, pérdida de cognición y demencia. Si bien la dopamina no puede cruzar la barrera hematoencefálica, las personas con enfermedad de Parkinson reciben L-dopa, el precursor de dopamina que sí cruza la barrera hematoencefálica.

Norepinefrina y epinefrina

TUTORIAL
How Epinephrine Delivers Its Message

Norepinefrina (noradrenalina) y epinefrina (adrenalina) son neurotransmisores hormonales que tienen una función en el sueño, la atención y la concentración, así como en el estado de alerta. La epinefrina se sintetiza a partir de la norepinefrina mediante la adición de un grupo metil al grupo amina. Normalmente la norepinefrina (noradrenalina) y la epinefrina (adrenalina) se producen en las glándulas suprarrenales, y se producen en grandes cantidades cuando el estrés de una amenaza física incita la respuesta de pelear o huir. Entonces ocasionan un incremento de la presión arterial y la frecuencia cardiaca, constriñen los vasos sanguíneos, dilatan las vías respiratorias y estimulan la descomposición de glucógeno, que proporciona glucosa y energía al organismo. Debido a sus efectos fisiológicos, la epinefrina se administra durante el paro cardiaco y se usa como broncodilatador en alergias o crisis de asma. Como neurotransmisor, los niveles bajos de norepinefrina, así como de dopamina, contribuyen al *trastorno por déficit de atención* (*TDA*). Pueden recetarse medicamentos como Ritalín o Dexedrina para aumentar los niveles de norepinefrina y dopamina.

Serotonina

La serotonina (5-hidroxitriptamina) ayuda a la relajación, el sueño profundo y tranquilo, el pensamiento racional y brinda una sensación de bienestar y calma. La serotonina se sintetiza a partir del aminoácido triptófano, que puede cruzar la barrera hematoencefálica. Una dieta que contenga alimentos como huevos, pescado, queso, pavo, pollo y res, que tienen altos niveles de triptófano, aumentará los niveles de serotonina. Los alimentos con bajos niveles de triptófano, como el trigo entero, reducirán los niveles de serotonina. Las drogas psicodélicas como el LSD y la mezcalina estimulan la acción de la serotonina en sus receptores.

Triptófano (aminoácido) → Serotonina + CO_2

Es posible que haya una relación entre niveles bajos de serotonina en el cerebro y depresión, trastornos de ansiedad, trastorno obsesivo-compulsivo y trastornos alimentarios. Muchos medicamentos antidepresivos, como la fluoxetina (Prozac) y la paroxetina (Paxil), son inhibidores selectivos de la recaptación de serotonina (ISRS). Cuando la recaptación de serotonina se hace más lenta, permanece más tiempo en los receptores, donde continúa su acción; el efecto neto es como si se tomaran cantidades adicionales de serotonina.

Clorhidrato de fluoxetina (Prozac)

Clorhidrato de paroxetina (Paxil)

El Prozac es uno de los inhibidores selectivos de la recaptación de serotonina (ISRS) que se utilizan para retrasar la recaptación de serotonina.

Histamina

La histamina se sintetiza en las células nerviosas del hipotálamo a partir del aminoácido histidina, cuando un grupo carboxilato se convierte en CO_2. El sistema inmunitario produce histamina en respuesta a patógenos e invasores o lesiones. Cuando la histamina se combina con receptores de histamina, causa reacciones alérgicas, que pueden incluir inflamación, ojos llorosos, comezón y fiebre de heno. La histamina también puede causar la contracción de músculos lisos, como el cierre de la tráquea en personas alérgicas a los mariscos. La histamina también se almacena y libera en las células del estómago, donde estimula la producción de ácido. Los antihistamínicos, como Benadryl®, Zantac® y Tagamet®, se utilizan para bloquear los receptores de histamina y detener las reacciones alérgicas.

Histidina descarboxilasa

Histidina   Histamina

Aminoácidos neurotransmisores

El glutamato es el neurotransmisor más abundante del sistema nervioso, donde se usa para estimular más del 90% de las sinapsis. Cuando el glutamato se enlaza a sus células receptoras, estimula la síntesis de óxido de nitrógeno (NO), también un neurotransmisor en el cerebro. Conforme el NO llega a las células transmisoras, se libera más glutamato. Se considera que glutamato y NO intervienen en el aprendizaje y la memoria. El glutamato se usa en muchas sinapsis excitadoras rápidas en el cerebro y la médula espinal. La recaptación de glutamato fuera de las sinapsis y de vuelta hacia la célula nerviosa ocurre rápidamente, lo que mantiene bajos los niveles de glutamato. Si la recaptación de glutamato no ocurre con la rapidez suficiente, surge un trastorno denominado *excitotoxicidad*, en el que el exceso de glutamato en los receptores puede destruir células cerebrales. En la enfermedad de Lou Gehrig (ALS), la producción de una cantidad excesiva de glutamato causa la degeneración de células nerviosas en la médula espinal. Como resultado, una persona con enfermedad de Lou Gehrig sufre debilidad creciente y atrofia muscular. Cuando la recaptación de glutamato es muy rápida, los niveles de glutamato descienden demasiado en la sinapsis, lo que puede ocasionar enfermedad mental como esquizofrenia.

Glutamato   Ácido gamma(γ)-aminobutírico (GABA)

Ácido gamma(γ)-aminobutírico o GABA

El ácido gamma(g)-aminobutírico o GABA, que se produce a partir de glutamato, es el neurotransmisor inhibidor más común en el cerebro. El GABA produce un efecto calmante y reduce la ansiedad al inhibir la capacidad de las células nerviosas para enviar señales eléctricas hacia células nerviosas cercanas. Interviene en la regulación del tono muscular, el sueño y la ansiedad. El GABA puede obtenerse como complemento nutricional. Los medicamentos como benzodiazepinas, y barbituratos como fenobarbital se usan para aumentar los niveles del GABA en los receptores del GABA. El alcohol, los sedantes y los tranquilizantes aumentan los efectos inhibidores del GABA.

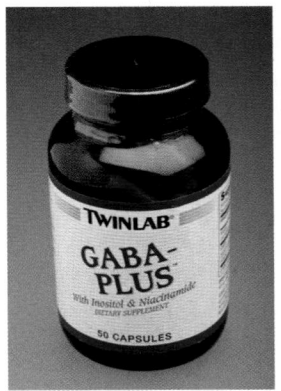

El glutamato es el principal neurotransmisor excitador, en tanto que el GABA es el principal neurotransmisor inhibidor.

La cafeína reduce los niveles de GABA en las sinapsis, lo que conduce a condiciones de ansiedad y problemas de sueño.

La tabla 18.3 resume las propiedades y funciones de neurotransmisores seleccionados recién estudiados.

TABLA 18.3 Neurotransmisores seleccionados

Aminas transmisoras	Sintetizado a partir de	Sitio de síntesis	Función	Efecto aumentado por
Acetilcolina	Acetil-CoA y colina	Sistema nervioso central	Excitadora: regula la activación muscular, el aprendizaje y la memoria a corto plazo.	Nicotina
Dopamina	Tirosina	Sistema nervioso central	Excitadora e inhibidora: regula el movimiento muscular, la cognición, el sueño, el estado de ánimo y el aprendizaje; su deficiencia conduce a enfermedad de Parkinson y esquizofrenia	L-dopa, anfetaminas, cocaína
Norepinefrina	Tirosina	Sistema nervioso central	Excitadora e inhibidora: sueño, atención y estado de alerta.	Ritalín, Dexedrina
Epinefrina	Tirosina	Glándulas suprarrenales	Excitadora: tiene una función en el sueño y el estado de alerta, y está involucrada en la respuesta de pelear o huir.	Ritalín, Dexedrina
Serotonina	Triptófano	Sistema nervioso central	Inhibidora: regula ansiedad, comer, estado de ánimo, sueño, aprendizaje y memoria.	LSD; Prozac y Paxil bloquean su acción para aliviar la ansiedad
Histamina	Histidina	Sistema nervioso central: hipotálamo	Inhibidora: interviene en reacciones alérgicas, inflamación y fiebre de heno.	Antihistaminas
Aminoácidos transmisores				
Glutamato		Sistema nervioso central: médula espinal	Excitadora: interviene en el aprendizaje y memoria; principal neurotransmisor excitador en el cerebro.	Alcohol
GABA	Glutamato	Sistema nervioso central: cerebro, hipotálamo	Inhibidora: regula el tono muscular, el sueño y la ansiedad.	Alcohol, sedantes, tranquilizantes; síntesis bloqueada por medicamentos ansiolíticos (benzodiazepinas); la cafeína reduce los niveles del GABA en las sinapsis

PREGUNTAS Y PROBLEMAS

18.6 Neurotransmisores

META DE APRENDIZAJE: *Describir la función de las aminas como neurotransmisores.*

18.39 Qué es un neurotransmisor?

18.40 ¿Dónde se almacenan los neurotransmisores en una neurona?

18.41 ¿Cuándo se libera un neurotransmisor en la sinapsis?

18.42 ¿Qué ocurre con un neurotransmisor una vez que está en la sinapsis?

18.43 ¿Por qué es importante eliminar un neurotransmisor de su receptor?

18.44 ¿Cuáles son tres formas en las que un neurotransmisor puede separarse de un receptor?

18.45 ¿Cuál es la función de la acetilcolina?

18.46 ¿Cuáles son algunos efectos fisiológicos de los niveles bajos de acetilcolina?

18.47 ¿Cuál es la función de la dopamina en el cuerpo?

18.48 ¿Cuáles son algunos efectos fisiológicos de los niveles bajos de dopamina?

18.49 ¿Cuál es la función de la serotonina en el cuerpo?

18.50 ¿Cuáles son los efectos fisiológicos de los niveles bajos de serotonina?

18.51 ¿Cuál es la función de la histamina en el cuerpo?

18.52 ¿De qué manera los antihistamínicos detienen la acción de la histamina?

18.53 ¿Por qué es importante que los niveles de glutamato en las sinapsis permanezcan bajos?

18.54 ¿Qué ocurre si hay un exceso de glutamato en la sinapsis?

18.55 ¿Cuál es la función de GABA en el cuerpo?

18.56 ¿Cuál es el efecto de la cafeína sobre los niveles de GABA?

MAPA CONCEPTUAL

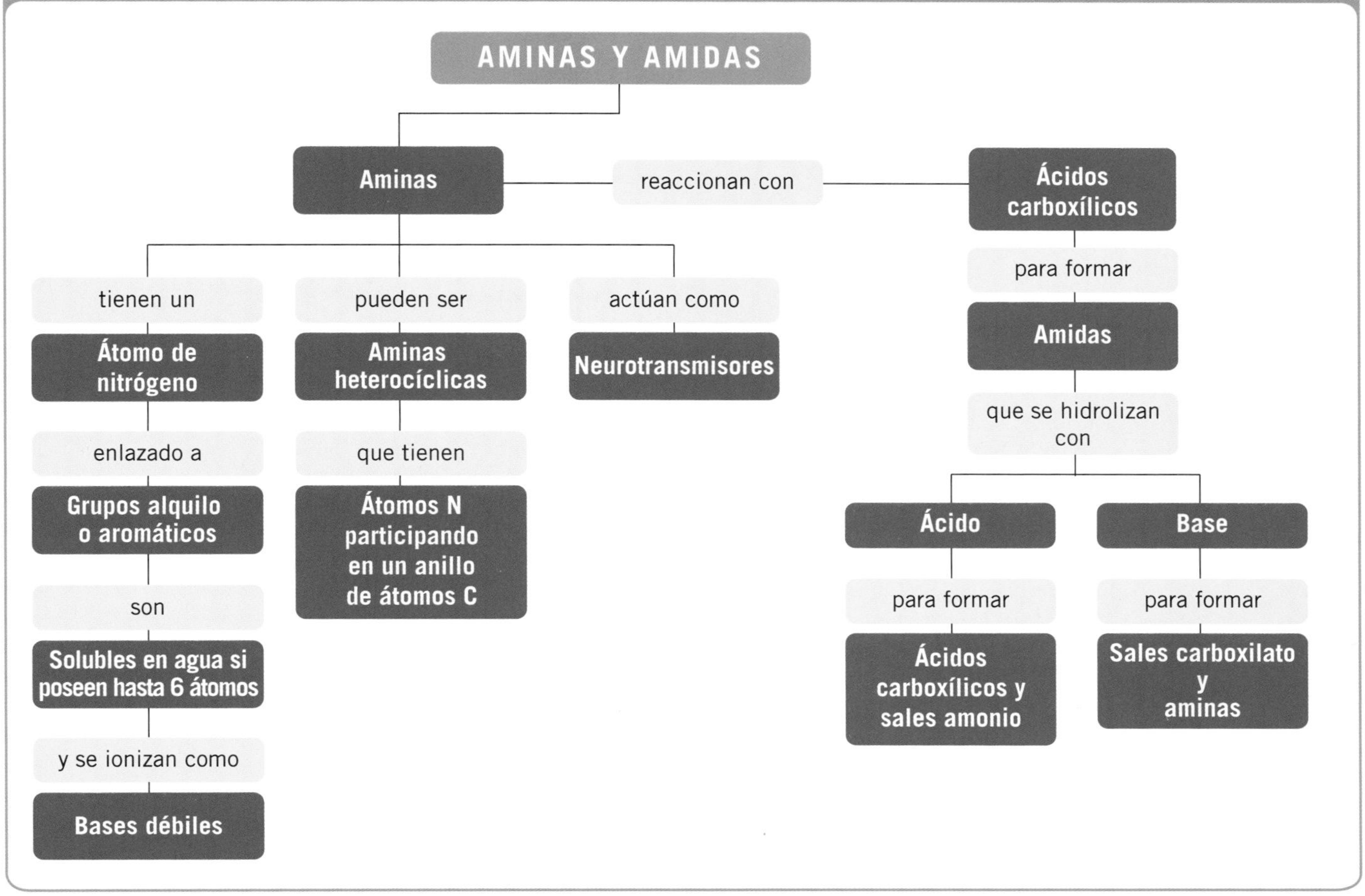

AMINAS Y AMIDAS

Aminas — reaccionan con — **Ácidos carboxílicos**

tienen un → **Átomo de nitrógeno**

pueden ser → **Aminas heterocíclicas**

actúan como → **Neurotransmisores**

para formar → **Amidas**

enlazado a → **Grupos alquilo o aromáticos**

que tienen → **Átomos N participando en un anillo de átomos C**

que se hidrolizan con

son → **Solubles en agua si poseen hasta 6 átomos**

Ácido → para formar → **Ácidos carboxílicos y sales amonio**

Base → para formar → **Sales carboxilato y aminas**

y se ionizan como → **Bases débiles**

REPASO DEL CAPÍTULO

18.1 Aminas

META DE APRENDIZAJE: Nombrar aminas usando nombres IUPAC y comunes; dibujar las fórmulas estructurales condensadas dados los nombres. Clasificar las aminas como primarias (1°), secundarias (2°) o terciarias (3°).

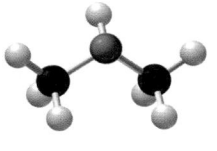
Dimetilamina

- En el sistema IUPAC, el sufijo amina se agrega al nombre del alcano (después de quitar la terminación o) de la cadena de carbono más larga. Los grupos unidos al átomo de nitrógeno usan el prefijo *N-*.
- Cuando están presentes otros grupos funcionales, el —NH$_2$ se nombra como grupo amino.
- En los nombres comunes de aminas simples, los grupos alquilo se mencionan alfabéticamente seguidos del sufijo *amina*.
- Un átomo de nitrógeno unido a uno, dos o tres grupos alquilo o aromático forman una amina primaria (1°), secundaria (2°) o terciaria (3°) respectivamente.

18.2 Propiedades de las aminas

META DE APRENDIZAJE: Describir los puntos de ebullición y la solubilidad de las aminas; escribir ecuaciones para la ionización y la neutralización de las aminas.

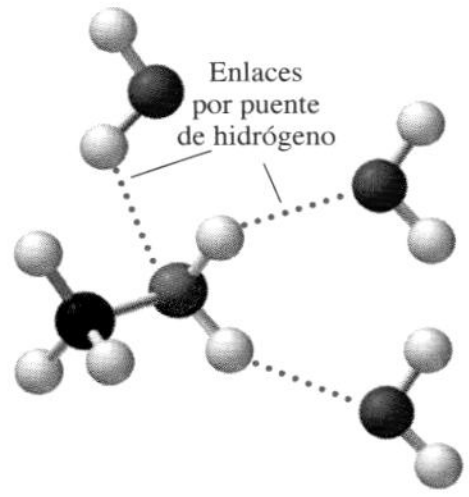

Enlaces por puente de hidrógeno

- Las aminas primarias y secundarias forman enlaces por puente de hidrógeno, lo que hace que sus puntos de ebullición sean más altos que los de alcanos de masa similar, pero más bajos que los de los alcoholes.
- Las aminas con hasta 6 átomos de C en su cadena son solubles en agua.
- En agua, las aminas actúan como bases débiles porque el átomo de nitrógeno acepta un protón del agua para producir iones amonio e hidróxido.
- Cuando las aminas reaccionan con ácidos, forman sales amonio. Como compuestos iónicos, las sales amonio son sólidas, solubles en agua e inodoras.
- Las sales amonio cuaternarias (4°) contienen cuatro grupos carbono enlazados al átomo de nitrógeno.

18.3 Aminas heterocíclicas

META DE APRENDIZAJE: Identificar las aminas heterocíclicas; distinguir entre los tipos de aminas heterocíclicas.

- Las aminas heterocíclicas son compuestos orgánicos cíclicos que contienen uno o más átomos de nitrógeno en el anillo.
- Las aminas heterocíclicas generalmente consisten en anillos de cinco o seis átomos en donde uno o más átomos son de nitrógeno.
- Muchos compuestos heterocíclicos se conocen por su actividad fisiológica.
- Alcaloides como la cafeína y la nicotina son aminas fisiológicamente activas derivadas de plantas.

18.4 Amidas

META DE APRENDIZAJE: *Escribir los productos amida obtenidos por amidación, y proporcionar sus nombres IUPAC y comunes.*

Amida

- Las amidas son derivados de ácidos carboxílicos en los que el grupo hidroxilo se sustituye con —NH_2 o un grupo amina primaria o secundaria.

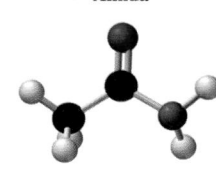

Etanamida (acetamida)

- Las amidas se forman cuando los ácidos carboxílicos reaccionan con amoniaco o aminas primarias o secundarias en presencia de calor.
- Para nombrar las amidas se elimina la palabra ácido y se sustituye la terminación ico u oico del nombre del ácido carboxílico con *amida*. Para nombrar cualquier grupo de carbono unido al átomo de nitrógeno se utiliza el prefijo *N*-.

18.5 Hidrólisis de amidas

META DE APRENDIZAJE: *Escribir ecuaciones para la hidrólisis de amidas.*

$$CH_3-\overset{\overset{\displaystyle O}{\|}}{C}-NH_2 + HOH + HCl \longrightarrow CH_3-\overset{\overset{\displaystyle O}{\|}}{C}-OH + NH_4^+Cl^-$$

Etanamida (acetamida) — Ácido etanoico (ácido acético) — Cloruro de amonio

- La hidrólisis de una amida mediante un ácido produce un ácido carboxílico y una sal amonio.
- La hidrólisis de una amida mediante una base produce la sal carboxilato y una amina.

18.6 Neurotransmisores

META DE APRENDIZAJE: *Describir la función de las aminas como neurotransmisores.*

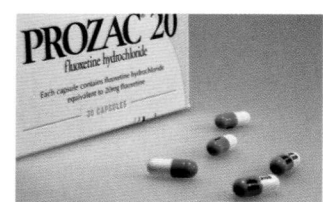

- Los neurotransmisores son químicos que transfieren una señal entre células nerviosas.

RESUMEN DE NOMENCLATURA

Familia	Fórmula estructural condensada	Nombre IUPAC	Nombre común
Amina	$CH_3-CH_2-NH_2$	Etanamina	Etilamina
	$CH_3-CH_2-NH-CH_3$	*N*-metiletanamina	Etilmetilamina
Sal amonio	$CH_3-CH_2-\overset{+}{N}H_3\ Cl^-$	Cloruro de etilamonio	Cloruro de etilamonio
Amida	$CH_3-\overset{\overset{\displaystyle O}{\|}}{C}-NH_2$	Etanamida	Acetamida

RESUMEN DE REACCIONES

Ionización de aminas en agua

$$CH_3-\overset{\overset{\displaystyle H}{\|}}{\underset{\underset{\displaystyle H}{\|}}{N}} + HOH \rightleftharpoons CH_3-\overset{\overset{\displaystyle H}{\|}}{\underset{\underset{\displaystyle H}{\|}}{\overset{+}{N}}}-H + OH^-$$

Metilamina — Ión metilamonio — Ión hidróxido

Formación de sales amonio

$$CH_3-\overset{\overset{\displaystyle H}{\|}}{\underset{\underset{\displaystyle H}{\|}}{N}} + HCl \longrightarrow CH_3-\overset{\overset{\displaystyle H}{\|}}{\underset{\underset{\displaystyle H}{\|}}{\overset{+}{N}}}-H\ Cl^-$$

Metilamina — Cloruro de metilamonio

Formación de amidas

$$CH_3-CH_2-\overset{\overset{\displaystyle O}{\|}}{C}-OH + H-\overset{\overset{\displaystyle H}{\|}}{N}-H \xrightarrow{Calor} CH_3-CH_2-\overset{\overset{\displaystyle O}{\|}}{C}-\overset{\overset{\displaystyle H}{\|}}{N}-H + H_2O$$

Ácido propanoico (ácido propiónico) — Amoniaco — Propanamida (propionamida)

$$CH_3-CH_2-\overset{\overset{\displaystyle O}{\|}}{C}-OH + H-\overset{\overset{\displaystyle H}{\|}}{N}-CH_3 \xrightarrow{Calor} CH_3-CH_2-\overset{\overset{\displaystyle O}{\|}}{C}-\overset{\overset{\displaystyle H}{\|}}{N}-CH_3 + H_2O$$

Ácido propanoico (ácido propiónico) — Metanamina (metilamina) — *N*-metilpropanamida (*N*-metilpropionamida)

Hidrólisis ácida de amidas

$$CH_3 - \underset{\underset{O}{\|}}{C} - NH_2 + HOH + HCl \xrightarrow{\text{Calor}} CH_3 - \underset{\underset{O}{\|}}{C} - OH + NH_4^+ \ Cl^-$$

Etanamida   Ácido etanoico   Cloruro
(acetamida)   (ácido acético)   de amonio

Hidrólisis básica de amidas

$$CH_3 - CH_2 - \underset{\underset{O}{\|}}{C} - \underset{\underset{H}{|}}{N} - CH_3 + NaOH \xrightarrow{\text{Calor}} CH_3 - CH_2 - \underset{\underset{O}{\|}}{C} - O^- \ Na^+ + H_2N - CH_3$$

N-metilpropanamida   Propanoato de sodio   Metanamina
(*N*-metilpropionamida)   (propionato de sodio)   (metilamina)

TÉRMINOS CLAVE

alcaloide Amina que tiene actividad fisiológica y que se produce en las plantas.

amida Compuesto orgánico que contiene el grupo carbonilo unido a un grupo amino o a un átomo de nitrógeno sustituido.

amidación Formación de una amida a partir de un ácido carboxílico y amoniaco o una amina.

amina Compuesto orgánico que contiene un átomo de nitrógeno unido a uno, dos o tres grupos alquilo o aromáticos.

amina heterocíclica Compuesto orgánico cíclico que contiene uno o más átomos de nitrógeno en el anillo.

hidrólisis División de una molécula por la adición de agua. Las amidas producen el correspondiente ácido carboxílico y amina, o sus sales.

neurotransmisor Compuesto químico que transmite un impulso procedente de una célula nerviosa (neurona) hacia una célula blanco, que puede ser otra célula nerviosa, célula muscular o célula glandular.

sal de amonio Compuesto iónico producido a partir de una amina y un ácido.

sal de amonio cuaternaria Sal amonio en la que el átomo de nitrógeno está enlazado a cuatro grupos carbono.

COMPRENSIÓN DE CONCEPTOS

Las secciones del capítulo que se deben revisar se muestran entre paréntesis al final de cada pregunta.

18.57 El edulcorante aspartame se elabora a partir de dos aminoácidos: ácido aspártico y fenilalanina. Identifique los grupos funcionales en el aspartame.(11.5, 18.2, 18.4)

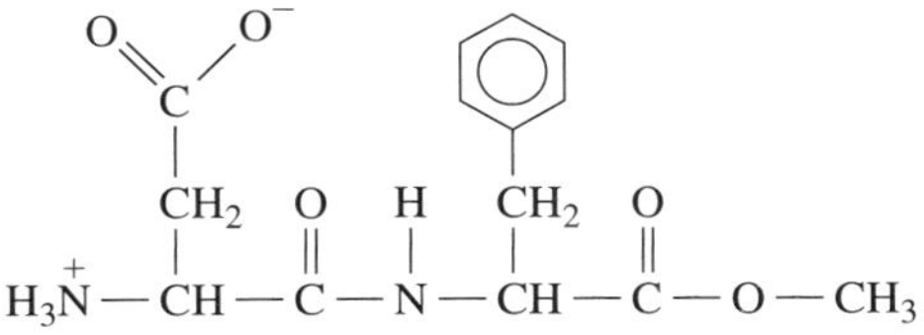

Aspartame

18.58 Algunos sustitutos de la aspirina contienen fenacetina para reducir la fiebre. Identifique los grupos funcionales en la fenacetina.(11.5, 18.4)

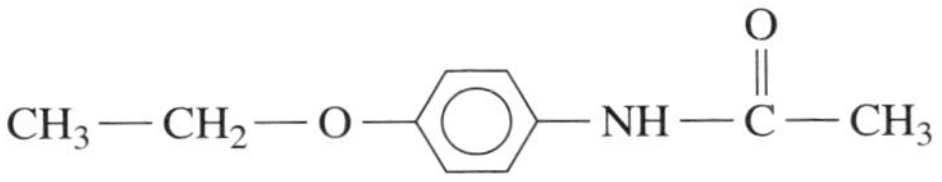

Fenacetina

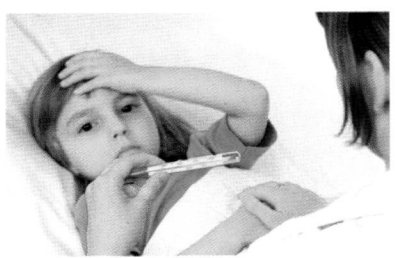

18.59 La fenilefrina (Neo-sinefrina) es el ingrediente activo de algunos atomizadores nasales utilizados para reducir la inflamación de las membranas nasales. Identifique los grupos funcionales en la fenilefrina.(11.5, 18.2)

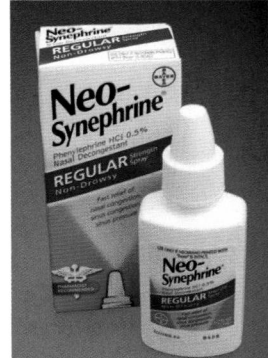

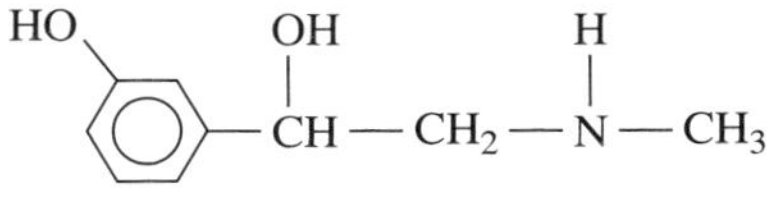

Fenilefrina (neo-sinefrina)

18.60 La melatonina es un compuesto que se encuentra en la naturaleza en plantas y animales, en donde regula el reloj biológico. A veces se usa la melatonina para contrarrestar el *jet lag* (desajuste horario). Identifique los grupos funcionales en la melatonina.(11.5, 18.2)

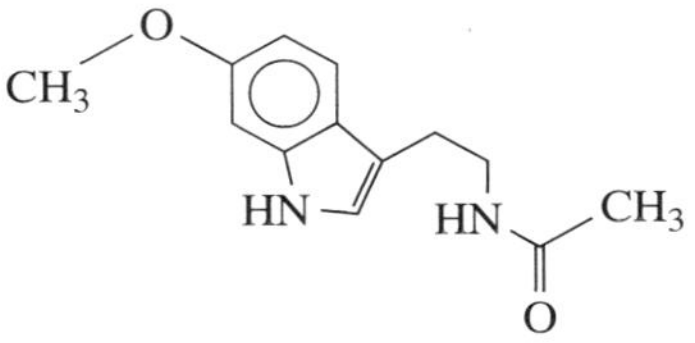

Melatonina

18.61 El repelente de insectos DEET puede formarse a partir de la amidación del ácido 3-metilbenzoico con *N,N*-dietilamina. Dibuje la fórmula estructural condensada del DEET. (16.1, 18.1, 18.4)

18.62 El nailon 66 es un polímero usado para fabricar camisetas y chamarras. A continuación se muestra la fórmula estructural condensada de una unidad de nailon 66. Dibuje las fórmulas estructurales condensadas del ácido carboxílico y la amina que se polimerizan para producir nailon 66. (16.1, 18.1, 18.4)

$$-\overset{\overset{\displaystyle O}{\|}}{C}-CH_2-CH_2-CH_2-CH_2-\overset{\overset{\displaystyle O}{\|}}{C}-NH-CH_2-CH_2-CH_2-CH_2-CH_2-CH_2-NH-$$

⎣————— 6 átomos carbono —————⎦ ⎣————— 6 átomos carbono —————⎦

Nailon 66

18.63 ¿Qué es un neurotransmisor excitador? (18.6)

18.64 ¿Qué es un neurotransmisor inhibidor? (18.6)

18.65 Identifique los componentes estructurales que sean iguales en dopamina, norepinefrina y epinefrina. (18.6)

18.66 Identifique los componentes estructurales que sean diferentes en dopamina, norepinefrina y epinefrina. (18.6)

PREGUNTAS Y PROBLEMAS ADICIONALES

Visite **www.masteringchemistry.com** *para acceder a materiales de autoaprendizaje y tareas asignadas por el instructor..*

18.67 Proporcione los nombres IUPAC y comunes (si los hay) y clasifique cada uno de los compuestos siguientes como amina primaria (1°), secundaria (2°), terciaria (3°) o como sal de amonio cuaternaria (4°): (18.1, 18.2)

a.
$$CH_3-CH_2-\overset{\overset{\displaystyle CH_2-CH_3}{|+}}{\underset{\underset{\displaystyle CH_2-CH_3}{|}}{N}}-CH_2-CH_3 \;\; Br^-$$

b. $CH_3-CH_2-CH_2-CH_2-CH_2-NH_2$

c. $CH_3-CH_2-CH_2-NH-CH_2-CH_3$

18.68 Proporcione los nombres IUPAC y comunes (si los hay) y clasifique cada uno de los siguientes compuestos como amina primaria (1°), secundaria (2°), terciaria (3°) o como sal de amonio cuaternaria (4°): (18.1, 18.2)

a.
$$\underset{\displaystyle \bigcirc}{\overset{\overset{\displaystyle CH_3}{|}}{N}}-CH_2-CH_3$$

b. $CH_3-\overset{\overset{\displaystyle CH_3}{|}}{CH}-CH_2-\overset{\overset{\displaystyle CH_3}{|}}{N}-CH_2-CH_3$

c. $CH_3-\overset{\overset{\displaystyle CH_2-CH_3}{|+}}{\underset{\underset{\displaystyle CH_3}{|}}{N}}-CH_2-CH_3 \;\; Cl^-$

18.69 Dibuje la fórmula estructural condensada de cada uno de los compuestos siguientes: (18.1, 18.2)
a. 3-pentanamina
b. ciclohexilamina
c. cloruro de dimetilamonio
d. trietilamina

18.70 Dibuje la fórmula estructural condensada de cada uno de los compuestos siguientes: (18.1, 18.2)
a. 3-amino-2-hexanol
b. bromuro de tetrametilamonio
c. *N,N*-dimetilanilina
d. butiletilmetilamina

18.71 En cada uno de los pares siguientes, indique el compuesto que tenga el punto de ebullición más alto. Explique. (18.1, 18.3)
a. 1-butanol o butanamina
b. etilamina o dimetilamina

18.72 En cada uno de los pares siguientes, indique el compuesto que tiene el punto de ebullición más alto. Explique. (18.1, 18.3)
a. butilamina o dietilamina
b. butano o propilamina

18.73 En cada uno de los pares siguientes, indique el compuesto que sea más soluble en agua. Explique. (18.1, 18.3)
a. etilamina o dibutilamina
b. trimetilamina o *N*-etilciclohexilamina

18.74 En cada uno de los pares siguientes, indique el compuesto que sea más soluble en agua. Explique. (18.1, 18.3)
a. butilamina o pentano   **b.** butiramida o hexano

18.75 Proporcione el nombre IUPAC de cada una de las amidas siguientes:(18.4)

a.
$$CH_3-\overset{\overset{\displaystyle O}{\|}}{C}-\overset{\overset{\displaystyle H}{|}}{N}-CH_2-CH_3$$

b.
$$CH_3-CH_2-\overset{\overset{\displaystyle O}{\|}}{C}-NH_2$$

c.
$$CH_3-\overset{\overset{\displaystyle CH_3}{|}}{CH}-CH_2-\overset{\overset{\displaystyle O}{\|}}{C}-NH_2$$

18.76 Proporcione el nombre IUPAC de cada una de las amidas siguientes: (18.4)

a.
$$CH_3-CH_2-CH_2-CH_2-\overset{\overset{\displaystyle O}{\|}}{C}-NH_2$$

b.
$$CH_3-\overset{\overset{\displaystyle O}{\|}}{C}-\overset{\overset{\displaystyle CH_3}{|}}{N}-CH_2-CH_2-CH_2-CH_3$$

c.
$$CH_3-\overset{\overset{\displaystyle O}{\|}}{C}-\overset{\overset{\displaystyle CH_3}{|}}{N}-CH_3$$

18.77 Proporcione el nombre del alcaloide descrito en cada uno de los incisos siguientes: (18.3)
  a. proviene de la corteza del árbol cinchona y se utiliza en el tratamiento del paludismo
  b. se encuentra en el tabaco
  c. se encuentra en café y té
  d. analgésico que se encuentra en la planta adormidera

18.78 Identifique la amina heterocíclica en cada uno de los incisos siguientes: (18.3)
  a. cafeína
  b. Demerol (meperidina)
  c. coniína
  d. quinina

18.79 Dibuje las fórmulas estructurales condensadas de los productos de las reacciones siguientes: (18.2)

  a. $CH_3 - CH_2 - \overset{CH_3}{\underset{+}{N}}H_2 \ Cl^- + NaOH \longrightarrow$

  b. $CH_3 - CH_2 - NH - CH_3 + H_2O \rightleftharpoons$

18.80 Dibuje las fórmulas estructurales condensadas de los productos de las reacciones siguientes: (18.2)
  a. $CH_3 - CH_2 - NH - CH_3 + HCl \longrightarrow$
  b. $CH_3 - CH_2 - CH_2 - \overset{+}{N}H_3Cl^- + NaOH \longrightarrow$

18.81 Voltarén (diclofenaco) está indicado para el tratamiento agudo y crónico de los síntomas de la artritis reumatoide. Nombre los grupos funcionales en la molécula de voltarén.(11.5, 18.2, 18.4)

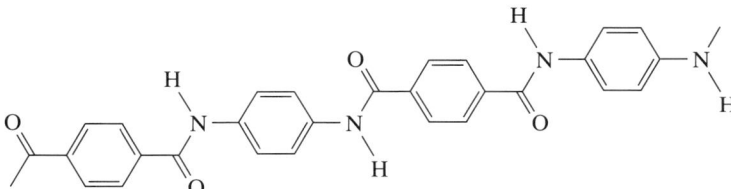

Voltarén

18.82 Toradol (ketorolaco) se usa en odontología para aliviar el dolor. Nombre los grupos funcionales en el toradol.(11.5, 18.2, 18.4)

Toradol

18.83 ¿Cuál es la diferencia estructural entre triptófano y serotonina? (18.6)

18.84 ¿Cuál es la diferencia estructural entre histidina e histamina? (18.6)

18.85 ¿Qué significa la abreviatura ISRS? (18.6)

18.86 Proporcione un ejemplo de un ISRS y su función en el tratamiento de la depresión. (18.6)

PREGUNTAS DE DESAFÍO

18.87 Hay cuatro isómeros de amina con la fórmula molecular C_3H_9N. Dibuje sus fórmulas estructurales condensadas. Proporcione el nombre común y clasifique cada una como amina primaria (1°), secundaria (2°) o terciaria (3°). (18.1)

18.88 Hay cuatro isómeros de amida con la fórmula molecular C_3H_7NO. Dibuje sus fórmulas estructurales condensadas. (18.4)

18.89 Use de referencia Internet o un libro como el *Índice Merck* o la *Guía de referencia del médico* para buscar la fórmula estructural de los siguientes medicamentos. Mencione los grupos funcionales en cada compuesto. (11.5, 18.2, 18.4)
  a. Keflex, un antibiótico (cefalexina)
  b. Inderal, un bloqueador del canal β que se usa para tratar irregularidades cardiacas (propranolol)
  c. Ibuprofeno, un medicamento antiinflamatorio
  d. Aldomet (metildopa)
  e. OxyContin (oxicodona), un analgésico narcótico
  f. Triamtereno, un diurético

18.90 El Kevlar es un polímero ligero que se usa en neumáticos y chalecos antibalas. Parte de la resistencia del Kevlar se debe a los enlaces por puente de hidrógeno entre las cadenas del polímero. La cadena de polímero es: (16.1, 18.1, 18.4)

Poli(p-fenileno tereftalamida) (Kevlar)

  a. Dibuje las fórmulas estructurales condensadas del ácido carboxílico y la amina que se polimerizan para fabricar el Kevlar.
  b. ¿Qué característica del Kevlar producirán los enlaces por puente de hidrógeno entre las cadenas de polímero?

18.91 ¿Por qué a las personas con bajos niveles de dopamina se les administra L-dopa y no dopamina? (18.6)

18.92 ¿De qué manera la cocaína aumenta los niveles de dopamina en la sinapsis? (18.6)

RESPUESTAS

Respuestas a las Comprobaciones de estudio

18.1 $CH_3 - CH_2 - CH_2 - \overset{H}{\underset{}{N}} - CH_2 - CH_3$

18.2 $CH_3 - CH_2 - \overset{NH_2}{\underset{}{CH}} - CH_2 - \overset{O}{\underset{}{C}} - H$

18.3 terciaria (3°)

18.4 $CH_3 - \overset{CH_3}{\underset{CH_3}{\overset{+}{N}}} - H \ Cl^-$

18.5
$$H-\overset{\overset{O}{\|}}{C}-OH \quad y \quad H-\overset{\overset{CH_3}{|}}{N}-CH_3$$

18.6

18.7 $CH_3-CH_2-CH_2-\overset{\overset{O}{\|}}{C}-OH \quad y \quad CH_3-\overset{+}{N}H_3\ Br^-$

Respuestas a Preguntas y problemas seleccionados

18.1 En una amina primaria hay un grupo alquilo (y dos hidrógenos) unidos a un átomo de nitrógeno.

18.3 a. primaria (1°) **b.** secundaria (2°)
c. primaria (1°) **d.** terciaria (3°)
e. terciaria (3°)

18.5 a. etanamina, etilamina
b. N-metil-1-propanamina, metilpropilamina
c. N-etil-N-metiletanamina, dietilmetilamina
d. 2-propanamina, isopropilamina

18.7 a. ácido 4-aminopentanoico **b.** 2-cloroanilina
c. 3-aminopropanal **d.** 5-amino-3-hexanol

18.9 a. $Cl-CH_2-CH_2-NH_2$ **b.**

c. $CH_3-CH_2-CH_2-CH_2-N-CH_2-CH_2-CH_3$
d. $CH_3-CH_2-\overset{\overset{NH_2}{|}}{C}H-\overset{\overset{O}{\|}}{C}-H$

18.11 a. CH_3-CH_2-OH tiene un punto de ebullición más alto porque el grupo —OH forma enlaces por puente de hidrógeno más fuertes que el grupo —NH₂.
b. $CH_3-CH_2-CH_2-NH_2$ tiene el punto de ebullición más alto porque tiene mayor masa molar.
c. $CH_3-CH_2-CH_2-NH_2$ tiene el punto de ebullición más alto porque es una amina primaria que forma enlaces por puente de hidrógeno. Una amina terciaria no puede formar enlaces por puente de hidrógeno con otras aminas terciarias.

18.13 Como amina primaria, la propilamina puede formar dos enlaces por puente de hidrógeno que le dan el punto de ebullición más alto de todos. La etilmetilamina, una amina secundaria, puede formar un enlace por puente de hidrógeno, y el butano no puede formar enlaces por puente de hidrógeno. Por tanto, de los tres compuestos el butano tiene el punto de ebullición más bajo.

18.15 a. Sí, las aminas con menos de siete átomos de carbono son solubles en agua.
b. Sí, las aminas con menos de siete átomos de carbono son solubles en agua.
c. No, una amina con nueve átomos de carbono no es soluble en agua.
d. Sí, las aminas con menos de siete átomos de carbono son solubles en agua.

18.17 a. $CH_3-NH_2 + H_2O \rightleftharpoons CH_3-\overset{+}{N}H_3 + OH^-$
b. $CH_3-NH-CH_3 + H_2O \rightleftharpoons CH_3-\overset{+}{N}H_2-CH_3 + OH^-$

c.

18.19 a. $CH_3-\overset{+}{N}H_3-Cl^-$
b. $CH_3-\overset{+}{N}H_2-CH_3\ Cl^-$

c.

18.21 a.

b. La sal de amonio (novocaína) es más soluble en líquidos corporales acuosos que la procaína.

18.23 a. piperidina **b.** pirimidina **c.** pirrol

18.25 piperidina

18.27 pirrol

18.29 a. $CH_3-\overset{\overset{O}{\|}}{C}-NH_2$

b. $CH_3-\overset{\overset{O}{\|}}{C}-\overset{\overset{H}{|}}{N}-CH_2-CH_3$

c.

18.31 a. N-metiletanamida (N-metilacetamida)
b. butanamida (butiramida)
c. metanamida (formamida)
d. N-metilbenzamida

18.33 a. $CH_3-CH_2-\overset{\overset{O}{\|}}{C}-NH_2$

b. $CH_3-CH_2-CH_2-CH_2-\overset{\overset{O}{\|}}{C}-NH_2$

c.

d. $CH_3-CH_2-CH_2-\overset{\overset{O}{\|}}{C}-\overset{\overset{H}{|}}{N}-CH_2-CH_3$

18.35 a. La etanamida tiene el punto de fusión más alto porque forma más enlaces por puente de hidrógeno como amida primaria que la N-metiletanamida, que es una amida secundaria.
b. La propionamida tiene el punto de fusión más alto porque forma enlaces por puente de hidrógeno, pero el butano no los forma.
c. La N-metilpropanamida, una amida secundaria, tiene un punto de fusión más alto porque puede formar enlaces por puente de hidrógeno, en tanto que la N,N-dimetilpropanamida, una amida terciaria, no puede formar enlaces por puente de hidrógeno.

18.37 a. $CH_3 - \overset{\overset{\displaystyle O}{\|}}{C} - OH + NH_4^+ \ Cl^-$

b. $CH_3 - CH_2 - \overset{\overset{\displaystyle O}{\|}}{C} - OH + NH_4^+ \ Cl^-$

c. $CH_3 - CH_2 - CH_2 - \overset{\overset{\displaystyle O}{\|}}{C} - OH + CH_3 - \overset{+}{N}H_3 \ Cl^-$

d. ⬡$- \overset{\overset{\displaystyle O}{\|}}{C} - OH + NH_4^+ \ Cl^-$

18.39 Un neurotransmisor es un compuesto químico que transmite un impulso procedente de una célula nerviosa hacia una célula blanco.

18.41 Cuando un impulso nervioso llega a la terminal sináptica, estimula la liberación de neurotransmisores en la sinapsis.

18.43 Un neurotransmisor debe eliminarse de su receptor para que puedan llegar nuevas señales desde las células nerviosas.

18.45 La acetilcolina es un neurotransmisor que comunica el sistema nervioso y las células de los músculos.

18.47 La dopamina es un neurotransmisor que controla el movimiento muscular, regula el ciclo sueño-vigilia y ayuda a mejorar la cognición, la atención, la memoria y el aprendizaje.

18.49 La serotonina es un neurotransmisor que ayuda a reducir la ansiedad y mejorar el estado de ánimo, el aprendizaje y la memoria; también reduce el apetito e induce el sueño.

18.51 La histamina es un neurotransmisor que causa reacciones alérgicas, que pueden incluir inflamación, ojos llorosos, comezón y fiebre de heno.

18.53 El glutamato excesivo en las sinapsis puede conducir a la destrucción de células cerebrales.

18.55 GABA es un neurotransmisor que regula el tono muscular, el sueño y la ansiedad.

18.57 amina, ácido carboxílico, amida, aromático, éster

18.59 amina, aromático, alcohol, fenol

18.61

⬡ con sustituyentes: $\overset{\overset{\displaystyle O}{\|}}{C} - N \big< \begin{matrix} CH_2 - CH_3 \\ CH_2 - CH_3 \end{matrix}$ y CH_3

18.63 Los neurotransmisores excitadores abren canales iónicos y estimulan los receptores a enviar más señales.

18.65 Dopamina, norepinefrina y epinefrina tienen componentes catecol (3,4-dihidroxifenil) y amina.

18.67 a. bromuro de tetraetilamonio; sal cuaternaria (4°)
b. 1-pentanamina; pentilamina; primaria (1°)
c. N-etil-1-propanamina; etilpropilamina; secundaria (2°)

18.69 a. $CH_3 - CH_2 - \overset{\overset{\displaystyle NH_2}{|}}{CH} - CH_2 - CH_3$

b. ⬡ con NH_2

c. $CH_3 - \overset{\overset{\displaystyle CH_3}{|}}{\overset{+}{N}H_2} \ Cl^-$

d. $CH_3 - CH_2 - \overset{\overset{\displaystyle CH_2 - CH_3}{|}}{N} - CH_2 - CH_3$

18.71 a. Un alcohol, debido a que posee un grupo —OH, como en el 1-butanol, puede formar enlaces por puente de hidrógeno más fuertes que una amina y, por tanto, tiene un punto de ebullición más alto que una amina.
b. La etilamina, una amina primaria, forma más enlaces por puente de hidrógeno y tiene un punto de ebullición más alto que la dimetilamina, que forma menos enlaces por puente de hidrógeno como amina secundaria.

18.73 a. La etilamina es una amina pequeña que es soluble porque forma enlaces por puente de hidrógeno con agua. La dibutilamina tiene dos grupos alquilo no polares voluminosos que disminuyen su solubilidad en agua.
b. La trimetilamina es una pequeña amina terciaria que es soluble porque forma enlaces por puente de hidrógeno con agua. La N-etilciclohexilamina tiene un grupo cicloalquilo no polar voluminoso que disminuye su solubilidad en agua.

18.75 a. N-etiletanamida **b.** propanamida
c. 3-metilbutanamida

18.77 a. quinina **b.** nicotina
c. cafeína **d.** morfina, codeína

18.79 a. $CH_3 - CH_2 - \overset{\overset{\displaystyle CH_3}{|}}{N}H + NaCl + H_2O$

b. $CH_3 - CH_2 - \overset{+}{N}H_2 - CH_3 + OH^-$

18.81 sal carboxilato, aromático, amina

18.83 El triptófano contiene un grupo ácido carboxílico que no está presente en la serotonina. La serotonina tiene un grupo hidroxilo (—OH) en el anillo aromático que no está presente en el triptófano.

18.85 ISRS significa inhibidor selectivo de la recaptación de serotonina.

18.87 $CH_3 - CH_2 - CH_2 - NH_2$
Propilamina (1°)

$CH_3 - CH_2 - \overset{\overset{\displaystyle H}{|}}{N} - CH_3$
Etilmetilamina (2°)

$CH_3 - \overset{\overset{\displaystyle CH_3}{|}}{N} - CH_3$
Trimetilamina (3°)

$CH_3 - \overset{\overset{\displaystyle CH_3}{|}}{CH} - NH_2$
Isopropilamina(1°)

18.89 a. aromático, amina, amida, ácido carboxílico, cicloalqueno
b. aromático, éter, alcohol, amina
c. aromático, ácido carboxílico
d. fenol, amina, ácido carboxílico
e. aromático, éter, alcohol, amina, cetona
f. aromático, amina

18.91 La dopamina es necesaria en el cerebro, donde es importante para controlar el movimiento muscular. Dado que la dopamina no puede cruzar la barrera hematoencefálica, las personas con niveles bajos de dopamina reciben L-dopa, que puede cruzar la barrera hematoencefálica, donde es convertida en dopamina.

Aminoácidos y proteínas

Visite **www.masteringchemistry.com** para acceder a materiales de autoaprendizaje y tareas asignadas por el instructor.

Cuando una joven pareja, Aaron y Debra, llegaron a su casa, se cometió un asalto. A Aaron le dispararon en la pierna, los delincuentes huyeron pero, afortunadamente, él sobrevivió. La policía llegó para investigar el delito y presentar un informe, en tanto que un investigador de la escena del delito recopiló evidencias que incluían varias hebras de pelo. Las muestras de pelo se enviaron a un laboratorio forense, donde Ron, científico forense, comenzó el proceso del análisis de las muestras.

Ron examina las muestras de pelo bajo un microscopio para determinar si es de humano, o si el pelo proviene de una mascota, como un perro o un gato. Ron concluye que el pelo es de humano, y luego comienza a determinar de qué parte del cuerpo provino y si podría especificar la raza de la persona, si estaba teñido y si el pelo cayó o lo desprendieron. Después de este análisis, Ron extrae ADN del pelo para construir un perfil de ADN que ayudará a identificar a los delincuentes al tiempo que refuerza la evidencia para un posible juicio.

El pelo es una proteína estructural que se construye con cadenas largas de aminoácidos llamados *polipéptidos*. Los aminoácidos son los bloques constructores de todas las proteínas, y hay 20 aminoácidos comunes. Cada uno de estos aminoácidos tiene una estructura similar, excepto por una cadena lateral única llamada *grupo R*. El grupo R identifica cada uno de los 20 aminoácidos. El ADN codifica la secuencia exacta de los aminoácidos en la proteína, y si hay una secuencia de ADN diferente, habrá una proteína diferente.

Profesión: Científico forense

Los científicos forenses realizan dos funciones principales: la primera es examinar y analizar las evidencias de una investigación penal. Las evidencias varían con el tipo de delito, y pueden ser evidencias que ofrezcan indicios como residuos de disparos, residuos de pintura, drogas ilícitas, casquillos de balas, armas de fuego, líquidos corporales, muestras de pelo o fibras, huellas digitales, huellas de pies o cualquier documento asociado al delito cometido. Este análisis exige que los científicos forenses utilicen varios instrumentos para realizar mediciones y pruebas, registrar cuidadosamente los hallazgos y preservar la evidencia criminal. Para la segunda función es indispensable que el científico forense prepare informes detallados de sus hallazgos y testifique como testigo experto en juicios o audiencias. Su trabajo es crucial para aprehender y procesar a los delincuentes.

L a palabra "proteína" se deriva de la palabra griega *proteios*, que significa "primero". Hechas de aminoácidos, las proteínas brindan estructura en las membranas, construyen cartílago y tejido conjuntivo, transportan oxígeno en la sangre y los músculos, dirigen reacciones biológicas en la forma de enzimas, defienden al cuerpo contra infecciones y controlan procesos metabólicos en la forma de hormonas. Las proteínas incluso pueden ser fuente de energía.

Todas estas funciones diferentes dependen de las estructuras y comportamiento químico de los aminoácidos, los bloques constructores de las proteínas. Verá cómo los enlaces peptídicos unen los aminoácidos y cómo la secuencia de los aminoácidos en estos polímeros proteínicos dirigen la formación de estructuras tridimensionales únicas.

19.1 Proteínas y aminoácidos

Las moléculas proteínicas, comparadas con muchos de los compuestos ya estudiados, pueden ser gigantescas. La insulina tiene una masa molar de 5800, y la hemoglobina tiene una masa molar de aproximadamente 67 000. Algunas proteínas virales son incluso más grandes, y tienen masas molares de más de 40 millones. Aun cuando las proteínas puedan ser enormes, todas ellas contienen los mismos 20 aminoácidos. Toda proteína es un polímero construido con estos 20 aminoácidos diferentes (bloques constructores), repetidos numerosas veces, donde la secuencia específica de los aminoácidos determina las características de la proteína y su acción biológica.

Los muchos tipos de proteínas realizan diferentes funciones en el cuerpo. Algunas proteínas forman componentes estructurales como cartílagos, músculos, pelo y uñas. En los animales, lana, seda, plumas y cuernos están hechos de proteínas (véase la figura 19.1). Las proteínas que funcionan como enzimas regulan reacciones biológicas como la digestión y el metabolismo celular. Otras proteínas, como la hemoglobina y la mioglobina, transportan oxígeno en la sangre y los músculos. La tabla 19.1 ofrece ejemplos de proteínas que se clasifican por sus funciones en los sistemas biológicos.

META DE APRENDIZAJE

Clasificar las proteínas por sus funciones. Proporcionar el nombre y las abreviaturas de un aminoácido y dibujar su estructura ionizada.

FIGURA 19.1 Los cuernos de los animales están hechos de proteínas.

P ¿Qué clase de proteína estaría en los cuernos?

TABLA 19.1 Clasificación de las proteínas y sus funciones

Clase de proteína	Función	Ejemplos
Estructural	Proporciona componentes estructurales	El *colágeno* está en tendones y cartílagos. La *queratina* está en pelo, piel, lana y uñas.
Contráctil	Permite el movimiento de los músculos	*Miosina* y *actina* contraen fibras musculares.
Transporte	Transporta sustancias esenciales por todo el cuerpo	La *hemoglobina* transporta oxígeno. Las *lipoproteínas* transportan lípidos.
Almacenamiento	Almacena nutrientes	La *caseína* almacena proteína en la leche. La *ferritina* contiene hierro y se almacena en el bazo y el hígado.
Hormonal	Regula el metabolismo corporal y el sistema nervioso	La *insulina* regula el nivel de glucosa en la sangre. La *hormona del crecimiento* regula el crecimiento corporal.
Enzima	Cataliza reacciones bioquímicas en las células	La *sacarasa* cataliza la hidrólisis de la sacarosa. La *tripsina* cataliza la hidrólisis de proteínas.
Protección	Reconoce y destruye sustancias extrañas	Las *inmunoglobulinas* estimulan las respuestas inmunitarias.

TUTORIAL
Protein Building Blocks

TUTORIAL
Proteins "R" Us

ACTIVIDAD DE AUTOAPRENDIZAJE
Functions of Proteins

COMPROBACIÓN DE CONCEPTOS 19.1 Clasificación de proteínas por su función

Indique la clase de proteína que realizaría cada una de las funciones siguientes:

a. cataliza las reacciones metabólicas de los lípidos

b. transporta oxígeno en el torrente sanguíneo

c. almacena aminoácidos en la leche

RESPUESTA

a. Las enzimas catalizan reacciones metabólicas.

b. Las proteínas de transporte llevan sustancias como el oxígeno por el torrente sanguíneo.

c. Las proteínas de almacenamiento guardan nutrientes como aminoácidos en la leche.

Aminoácidos

Las proteínas están compuestas de bloques constructores moleculares llamados *aminoácidos*. Sin embargo, sólo existen 20 aminoácidos que se encuentran comúnmente en las proteínas humanas. Cada **aminoácido** tiene un átomo de carbono central denominado carbono α, enlazado a dos grupos funcionales: un grupo *amino* ($-NH_2$) y un grupo *ácido carboxílico* ($-COOH$). El carbono α también está enlazado a un átomo de hidrógeno ($-H$) y a una cadena lateral llamada grupo R. El grupo R, que difiere en cada uno de los 20 aminoácidos α comunes, es el que proporciona características únicas a cada tipo de aminoácido. Por ejemplo, la alanina tiene un metilo, $-CH_3$, como su grupo R, mientras que la serina tiene $-CH_2OH$ como su grupo R.

Cadena lateral (R)

Grupo ácido carboxílico

Grupo amino

Aminoácido α

Grupo metilo

Grupo ácido carboxílico

Grupo amino

Alanina, un aminoácido

Ionización de aminoácidos

En el pH de la mayoría de los líquidos corporales, los aminoácidos están ionizados. El grupo ácido carboxílico ($-COOH$) dona H^+ al grupo amino ($-NH_2$), que produce un carboxilato ($-COO^-$) y un grupo amonio ($-NH_3^+$). En esta forma ionizada, llamada **zwitterión**, el carboxilato y los grupos amonio tienen equilibrio de carga, lo que significa que *un zwitterión tiene una carga global cero*. Todos los zwitteriones existen a valores específicos de pH conocidos como sus **puntos isoeléctricos (pI)**. Como zwitteriones, los aminoácidos son similares a las sales, que tienen puntos de fusión altos y son solubles en agua, pero no en solventes polares.

Grupo ácido carboxílico
(dona H^+)

Grupo amino
(acepta H^+)

Zwitterión (ión dipolar)

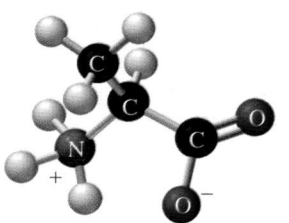

Modelo de barras y esferas del zwitterión de alanina en su pI de 6.0.

Clasificación de aminoácidos

Los aminoácidos se clasifican de acuerdo con su grupo R, lo que determina sus propiedades en disolución acuosa. Los **aminoácidos no polares** tienen grupos R hidrógeno, alquilo o aromáticos, lo que los hace *hidrofóbicos* ("temerosos al agua"). Cuando un aminoácido tiene un grupo R polar, interacciona con agua porque es *hidrofílico* ("amante del agua"). Los **aminoácidos polares neutros** contienen grupos hidroxilo ($-OH$), tiol ($-SH$) o amida ($-CONH_2$). Los **aminoácidos polares ácidos** contienen un grupo carboxilato ($-COO^-$). Los **aminoácidos polares básicos** tienen grupos R amina. En la tabla 19.2 se mencionan las estructuras ionizadas y los nombres comunes de los 20 aminoácidos α que se encuentran comúnmente en las proteínas, con sus grupos R destacados en amarillo, sus abreviaturas de tres letras y de una letra, y sus valores pI.

A continuación se presenta un resumen de la clasificación de los aminoácidos:

Tipo de aminoácido	Tipos de grupos R	Polaridad	Agua
No polar	No polar	No polar	Hidrofóbico
Polar, neutro	Contiene átomos de O y de S, pero no carga	Polar	Hidrofílico
Polar, ácido	Contiene grupos carboxilo, carga negativa	Polar	Hidrofílico
Polar, básico	Contiene grupos amino, carga positiva	Polar	Hidrofílico

EJEMPLO DE PROBLEMA 19.1 · Fórmulas estructurales de aminoácidos

Dibuje el zwitterión para cada uno de los aminoácidos siguientes y escriba las abreviaturas de tres letras y de una letra:

a. serina

b. ácido aspártico

SOLUCIÓN

Análisis del problema

El zwitterión de cualquier aminoácido tiene un átomo de carbono α que está unido a tres componentes comunes para todos los zwitteriones, que son $-NH_3^+$, $-COO^-$ y $-H$. El cuarto componente es un grupo R específico que difiere para cada aminoácido particular (véase la tabla 19.2). Las abreviaturas de tres letras o de una letra son derivadas del nombre, o se asignan específicamente.

Aminoácido	Componentes comunes	Grupo R	Abreviaturas
Serina	$-NH_3^+$, $-COO^-$ y $-H$	OH | CH_2 |	Ser, S
Ácido aspártico	$-NH_3^+$, $-COO^-$ y $-H$	O≫C–O⁻ | CH_2 |	Asp, D

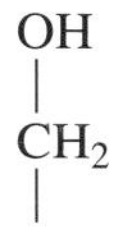

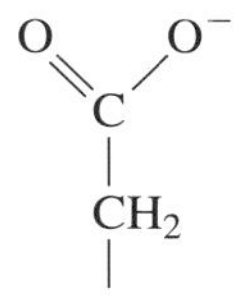

a. 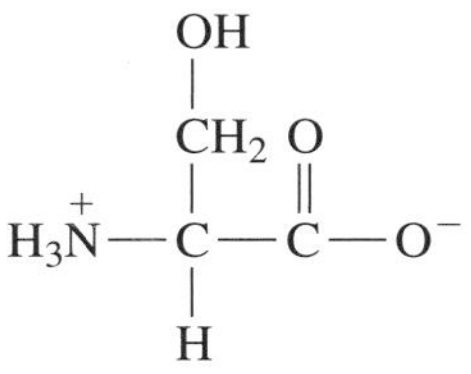 Serina (Ser, S)

b. 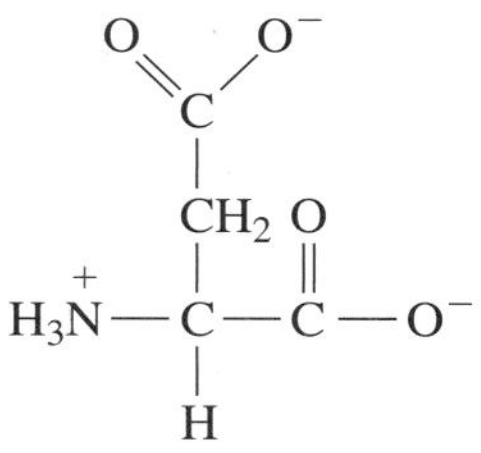 Ácido aspártico (Asp, D)

COMPROBACIÓN DE ESTUDIO 19.1

Clasifique los aminoácidos del Ejemplo de problema 19.1 como polar o no polar. Si es polar, indique si el grupo R es neutro, ácido o básico.

TABLA 19.2 Estructuras, nombres, abreviaturas y puntos isoeléctricos (pI) de 20 aminoácidos comunes a un pH fisiológico (7.4)

Aminoácidos no polares (hidrofóbicos)

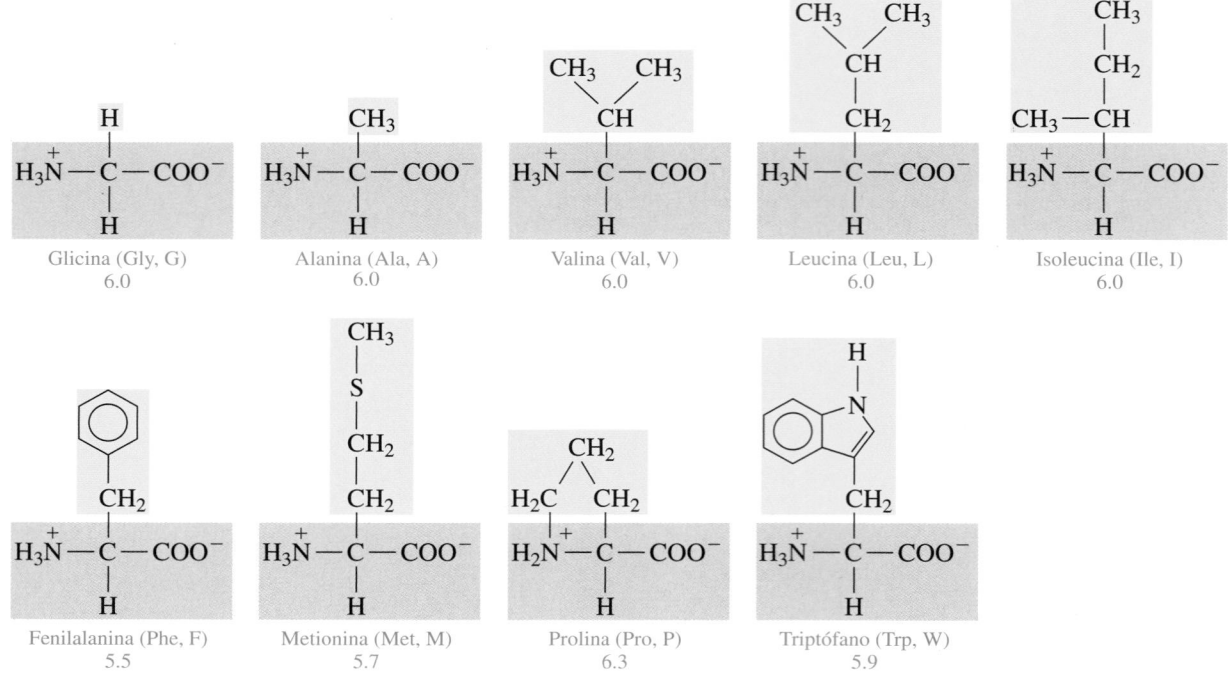

Glicina (Gly, G)
6.0

Alanina (Ala, A)
6.0

Valina (Val, V)
6.0

Leucina (Leu, L)
6.0

Isoleucina (Ile, I)
6.0

Fenilalanina (Phe, F)
5.5

Metionina (Met, M)
5.7

Prolina (Pro, P)
6.3

Triptófano (Trp, W)
5.9

Aminoácidos polares (hidrofílicos)

Aminoácidos con grupos R neutros

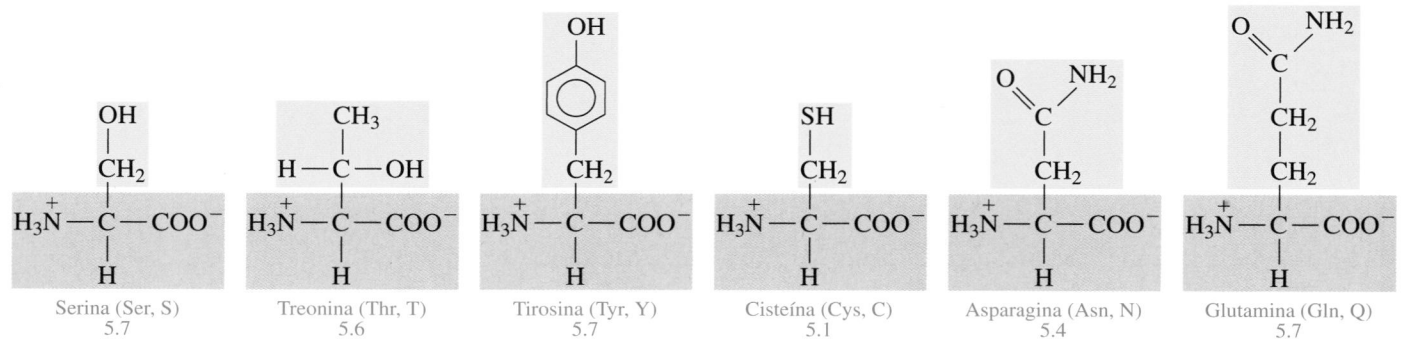

Serina (Ser, S)
5.7

Treonina (Thr, T)
5.6

Tirosina (Tyr, Y)
5.7

Cisteína (Cys, C)
5.1

Asparagina (Asn, N)
5.4

Glutamina (Gln, Q)
5.7

Aminoácidos con grupos R cargados

Ácidos (carga negativa)   Básicos (carga positiva)

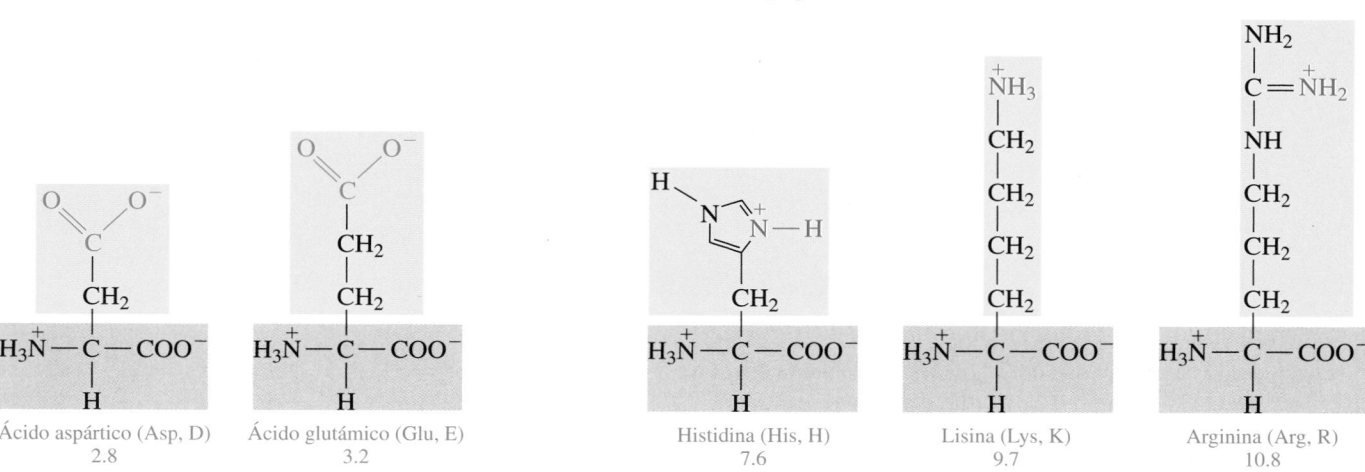

Ácido aspártico (Asp, D)
2.8

Ácido glutámico (Glu, E)
3.2

Histidina (His, H)
7.6

Lisina (Lys, K)
9.7

Arginina (Arg, R)
10.8

COMPROBACIÓN DE CONCEPTOS 19.2 Polaridad de aminoácidos

Clasifique cada uno de los aminoácidos siguientes como no polar o polar. Si es polar, indique si el grupo R es neutro, ácido o básico. Indique si cada uno sería hidrofóbico o hidrofílico.

a. valina   **b.** asparagina   **c.** histidina

RESPUESTA

a. El grupo R en la valina consiste en varios átomos de C y de H, que hacen a la valina un aminoácido no polar que es hidrofóbico.

b. El grupo R en la asparagina contiene átomos de C, átomos de H y un grupo amida, que hacen a la asparagina un aminoácido polar que es neutro e hidrofílico.

c. El grupo R en la histidina contiene átomos de C, átomos de H y un anillo heterocíclico con un N^+, que hacen a la histidina un aminoácido polar que es básico e hidrofílico.

Aminoácidos estereoisómeros

Todos los aminoácidos α, excepto la glicina, son quirales porque el carbono α está unido a cuatro grupos diferentes. Por ende, los aminoácidos pueden existir como enantiómeros D y L. Es posible dibujar proyecciones de Fischer para aminoácidos α como se hizo en la sección 14.5 para las formas quirales de gliceraldehído, al colocar el grupo carboxilato en la parte superior y el grupo R en el fondo. En el enantiómero D de un aminoácido, el grupo —NH_3^+ está a la derecha, y el enantiómero L, el grupo —NH_3^+ está a la izquierda. En los sistemas biológicos, los únicos aminoácidos incorporados en las proteínas son los enantiómeros L. Hay aminoácidos D que se encuentran en la naturaleza, pero no en las proteínas. Observe los enantiómeros para L- y D-gliceraldehído, un carbohidrato, y dos aminoácidos, L- y D-alanina, y L- y D-cisteína.

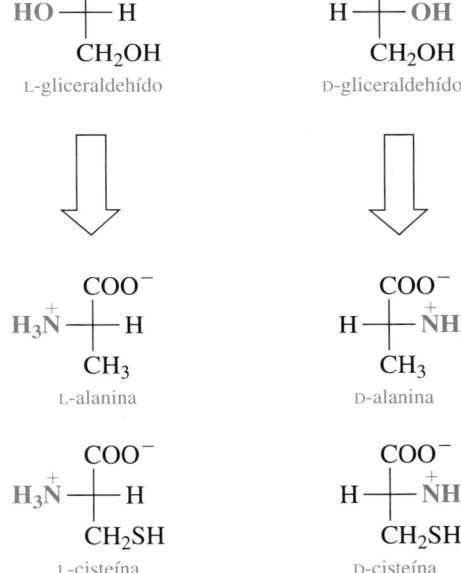

En los aminoácidos, el grupo NH_3^+ aparece a la izquierda o a la derecha del carbono quiral para producir enantiómeros L o D.

EJEMPLO DE PROBLEMA 19.2 Aminoácidos quirales

Dibuje las proyecciones de Fischer para la L-serina.

SOLUCIÓN

Análisis del problema

En la proyección de Fischer de cualquier aminoácido, el grupo —COO^- oxidado se dibuja en la parte superior, y el grupo R se dibuja en la parte inferior. El enantiómero L tiene el —NH_3^+ a la izquierda y —H a la derecha de la intersección, en tanto que el enantiómero D tiene el —NH_3^+ a la derecha y —H a la izquierda. Para la L-serina, el grupo R es —CH_2OH, y el —NH_3^+ se dibuja a la izquierda y el —H se dibuja a la derecha de la intersección.

$$
\begin{array}{c}
COO^- \\
H_3\overset{+}{N} \underset{}{\overline{}} H \\
CH_2OH
\end{array}
$$

L-serina

COMPROBACIÓN DE ESTUDIO 19.2

¿De qué manera difieren las proyecciones de Fischer para la D-serina y la L-serina?

La química en la salud

AMINOÁCIDOS ESENCIALES

De los 20 aminoácidos que suelen utilizarse para construir proteínas en el organismo, sólo 11 pueden sintetizarse en el cuerpo. Los otros 9 aminoácidos, mencionados en la tabla 19.3, se llaman **aminoácidos esenciales** porque deben obtenerse de la alimentación. Además de los aminoácidos esenciales que necesitan los adultos, los bebés y niños en crecimiento también necesitan arginina, cisteína y tirosina.

Las *proteínas completas*, que contienen todos los aminoácidos esenciales, se encuentran en la mayor parte de los productos animales, como huevos, leche, carne, pescado y pollo. Sin embargo, la gelatina y proteínas vegetales como granos, frijoles y nueces son *proteínas incompletas* porque tienen deficiencias en uno o más de los aminoácidos esenciales. Las dietas que se componen de proteínas de los productos vegetales deben contener varias fuentes proteínicas para obtener todos los aminoácidos esenciales. Por ejemplo, una dieta de arroz y frijoles contiene todos los aminoácidos esenciales porque son fuentes de *proteínas complementarias*. El arroz contiene la metionina y el triptófano que faltan en los frijoles, en tanto que éstos contienen la lisina que falta en el arroz (véase la tabla 19.4).

Las proteínas completas como huevos, leche, carne y pescado contienen todos los aminoácidos esenciales. Las proteínas incompletas de plantas como granos, frijoles y nueces son deficientes en uno o más aminoácidos esenciales.

TABLA 19.3 Aminoácidos esenciales para adultos

Histidina (His)	Fenilalanina (Phe)
Isoleucina (Ile)	Treonina (Thr)
Leucina (Leu)	Triptófano (Trp)
Lisina (Lys)	Valina (Val)
Metionina (Met)	

TABLA 19.4 Deficiencias de aminoácidos en verduras y granos seleccionados

Fuente alimenticia	Aminoácido(s) faltante(s)
Huevos, leche, carne, pescado, pollo	Ninguno
Trigo, arroz, avena	Lisina
Maíz	Lisina, triptófano
Frijoles	Metionina, triptófano
Guisantes	Metionina
Almendras, nueces	Lisina, triptófano
Soja	Bajo en metionina

PREGUNTAS Y PROBLEMAS

19.1 Proteínas y aminoácidos

META DE APRENDIZAJE: *Clasificar las proteínas por sus funciones. Proporcionar el nombre y las abreviaturas de un aminoácido y dibujar su estructura ionizada.*

19.1 Clasifique cada una de las proteínas siguientes de acuerdo con su función:
   a. hemoglobina, portador de oxígeno en la sangre
   b. colágeno, un componente principal de tendones y cartílagos
   c. queratina, proteína que se encuentra en el pelo
   d. amilasas, que catalizan la hidrólisis de almidón

19.2 Clasifique cada una de las proteínas siguientes de acuerdo con su función:
   a. insulina, hormona necesaria para la utilización de glucosa
   b. anticuerpos, deshabilitan proteínas extrañas
   c. caseína, proteína de la leche
   d. lipasas, que catalizan la hidrólisis de lípidos

19.3 ¿Cuáles grupos funcionales se encuentran en todos los aminoácidos α?

19.4 ¿Cómo se compara la polaridad del grupo R en la leucina con la polaridad del grupo R en la serina?

19.5 Dibuje la forma ionizada para cada uno de los aminoácidos siguientes:
   a. isoleucina   **b.** glutamina
   c. ácido glutámico   **d.** prolina

19.6 Dibuje la forma ionizada para cada uno de los aminoácidos siguientes:
   a. lisina   **b.** arginina
   c. leucina   **d.** tirosina

19.7 Clasifique cada uno de los aminoácidos del problema 19.5 como polar o no polar. Si es polar, indique si el grupo R es neutro, ácido o básico. Indique si cada uno es hidrofóbico o hidrofílico.

19.8 Clasifique cada uno de los aminoácidos del problema 19.6 como polar o no polar. Si es polar, indique si el grupo R es neutro, ácido o básico. Indique si cada uno es hidrofóbico o hidrofílico.

19.9 Proporcione el nombre del aminoácido representado por cada una de las abreviaturas siguientes:
   a. Ala   **b.** V   **c.** Lys   **d.** Cys

19.10 Proporcione el nombre del aminoácido representado por cada una de las abreviaturas siguientes:
   a. Trp   **b.** M   **c.** Pro   **d.** G

19.11 Dibuje la proyección de Fischer para cada uno de los aminoácidos siguientes:
   a. L-valina   **b.** D-cisteína

19.12 Dibuje la proyección de Fischer para cada uno de los aminoácidos siguientes:
   a. L-treonina   **b.** D-valina

Dibujar el zwitterión para un aminoácido en su punto isoeléctrico, y su estructura ionizada a valores de pH por arriba o abajo de su punto isoeléctrico.

19.2 Aminoácidos como zwitteriones

Los valores de pI para aminoácidos neutros no polares y polares van de un pH de 5.1 a 6.3. Como se vio, la alanina existe como un zwitterión en su pI de 6.0 con un anión carboxilato ($—COO^-$) y un catión amonio ($—NH_3^+$), que produce una carga global de cero. Sin embargo, el equilibrio de carga cambia cuando la alanina se coloca en una disolución que tiene un pH más ácido o más básico que el pI. En una disolución que es más ácida, con un pH más bajo que su pI (pH < 6.0), el grupo —COO⁻ de la alanina gana un H⁺, lo que forma su ácido carboxílico (—COOH). Puesto que el grupo —NH₃⁺ conserva una carga de 1+, la alanina tiene una carga global positiva (1+) a un pH menor que 6.0.

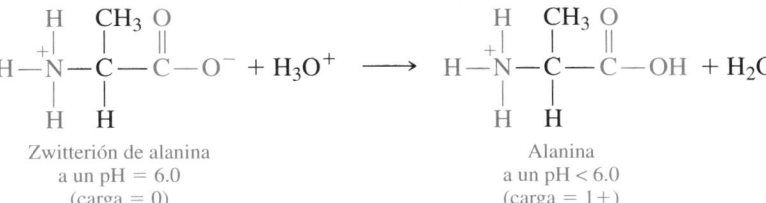

Cuando la alanina se coloca en una disolución que es más básica, con un pH mayor que su pI (pH > 6.0), el grupo —NH₃⁺ de la alanina pierde un H⁺ y forma un grupo amino (—NH₂), que no tiene carga. Puesto que el grupo carboxilato (—COO⁻) tiene una carga de 1−, la alanina tiene una carga global negativa (1−) a un pH mayor que 6.0. En la tabla 19.5 se resumen las cargas en los grupos carboxilato y amonio para los aminoácidos en disoluciones con un pH por abajo del pI, en el pI o arriba del pI.

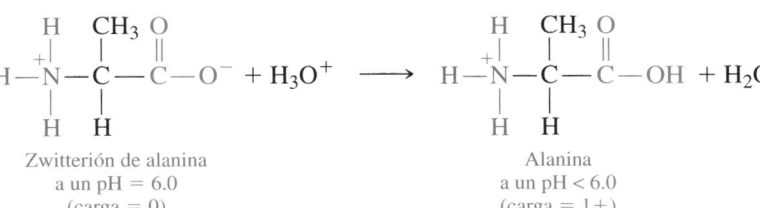

TABLA 19.5 Formas ionizadas de aminoácidos neutros no polares y polares

Disolución	pH < pI (ácido)	pH = pI	pH > pI (básico)
Cambio en H⁺	[H⁺] aumenta	Sin cambio	[H⁺] disminuye
Ácido carboxílico/carboxilato	—COOH	—COO	—COO
Amonio/amino	—NH₃⁺	—NH₃⁺	—NH₂
Carga global	1+	0	1−

Formas ionizadas de aminoácidos ácidos polares y básicos polares

Los valores de pI de los aminoácidos ácidos polares (ácido aspártico, ácido glutámico) están alrededor de 3. En dichos zwitteriones, a valores de pH de 3, el grupo ácido carboxílico en el grupo R no está ionizado. A un pH de 2.8, el ácido aspártico tiene una carga cero. Sin embargo, en una disolución que es más ácida que su pI (pH < 2.8), el grupo —COO⁻ en el carbono α del ácido aspártico gana un H⁺ para formar un grupo ácido carboxílico (—COOH). Puesto que el grupo —NH₃⁺ retiene una carga de 1+, el ácido aspártico tiene una carga global positiva (1+) a un valor de pH menor que 2.8.

Cuando el ácido aspártico se coloca en una disolución que es más básica (por ejemplo, un pH = 7) que su pI, el ácido carboxílico en el grupo R pierde un H⁺ para convertirse en un grupo carboxilato (—COO⁻). Con dos grupos carboxilato y un grupo amonio, el ácido aspártico tiene una carga global de 1− a un pH 7. Cuando la disolución se vuelve todavía más básica (pH > 10), el grupo —NH_3^+ en el ácido aspártico pierde un H^+ para formar un grupo amino (—NH_2). Con dos grupos carboxilato (—COO^-) y un grupo amino (—NH_2), el ácido aspártico tiene una carga global de 2− en una disolución muy básica.

Zwitterión de ácido aspártico a un pH = 2.8 (carga = 0)   →   Ácido aspártico a un pH = 7 (carga = 1−)   →   Ácido aspártico a un pH > 10 (carga = 2−)

Los valores de pI de los aminoácidos básicos polares (lisina, arginina e histidina) son de un pH de 8 a 11. En estos zwitteriones, a valores de pH de 8 a 11, las aminas en los grupos R no se ionizan, lo que produce una carga global de cero. A valores de pH más bajos, las aminas (—NH_2) en los grupos R ganan un H^+ para formar grupos amonio (—NH_3^+). Con un grupo carboxilato (—COO^-) y dos grupos amonio (—NH_3^+), los aminoácidos básicos tienen una carga global 1+ a valores de pH por abajo de sus pI. Cuando el pH baja aún más, el grupo carboxilato α (—COO^-) gana un H^+. Con un grupo ácido carboxílico (—$COOH$) y dos grupos amonio (—NH_3^+), los aminoácidos básicos a valores de pH muy bajos tienen una carga global de 2+.

COMPROBACIÓN DE CONCEPTOS 19.3   Zwitteriones de aminoácidos

Considere el aminoácido cisteína.

a. ¿Cuál es el pI de la cisteína y qué significa?
b. A un pH de 2.0, ¿cómo cambia el zwitterión?

RESPUESTA

a. A partir de la tabla 19.2, el pI de la cisteína es 5.1. Esto significa que, a un pH de 5.1, la cisteína existe como zwitterión con una carga neta de cero.
b. A partir de la tabla 19.2, un pH de 2.0 es más ácido y por abajo del pI de la cisteína. Entonces el grupo —COO^- acepta un H^+ para producir —$COOH$. La carga sobre el grupo —NH_3^+ da a la cisteína una carga global positiva (1+).

EJEMPLO DE PROBLEMA 19.3   Aminoácidos a diferentes valores de pH

Dibuje la fórmula estructural condensada de la leucina a los valores de pH siguientes e indique la carga global para cada una (véase la tabla 19.2 para el pI de la leucina):

a. 6.0   **b.** 10.0

SOLUCIÓN

Análisis del problema

Un aminoácido existe como zwitterión, con los grupos —NH_3^+ y —COO^-, cuando el pH es el mismo que su pI. En una disolución más ácida que el pI, el grupo —COO^- acepta un H^+ para producir un grupo —$COOH$, lo que resulta en una carga global de 1+. En una disolución más básica que el pI, el grupo —NH_3^+ pierde un H^+ para producir un grupo —NH_2, lo que resulta en una carga global de 1−.

Componentes ionizados (pI)	Cambio en pH	Componentes ionizados	Carga global
—NH_3^+, —COO^-	Ninguno, pH = pI	—NH_3^+, —COO^-	0
—NH_3^+, —COO^-	Más ácido, pH < pI	—NH_3^+	1+
—NH_3^+, —COO^-	Más básico, pH > pI	—COO^-	1−

a. La leucina existe como zwitterión a un pH de 6.0, que es igual a su pI de 6.0. Tiene un grupo amonio con carga positiva y un grupo carboxilato con carga negativa. La leucina tiene una carga global de cero (0) a un pH de 6.0.

b. Un pH de 10.0 es más básico que el pI de la leucina. En una disolución con un pH > 6.0, el grupo amonio pierde un H^+ para producir un grupo —NH_2. Con un grupo carboxilato con carga negativa, la leucina tiene una carga global de 1 − a un pH de 10.0.

COMPROBACIÓN DE ESTUDIO 19.3

Dibuje la fórmula estructural condensada de la leucina a un pH de 4.0.

Electroforesis

Una mezcla de aminoácidos que tengan diferentes valores de pI puede separarse con un método de laboratorio llamado **electroforesis**. La mezcla de aminoácidos, que se amortigua a un pH particular, se aplica a un gel en una delgada placa o trozo de papel filtro que está conectado a dos electrodos. Un voltaje aplicado a los electrodos hace que un aminoácido con carga positiva se mueva hacia el electrodo negativo, y un aminoácido con carga negativa se mueva hacia el electrodo positivo. Si un aminoácido tiene un pI igual al pH de la disolución, dicho aminoácido tiene un carga global de cero y no se movería. Después de que ocurre suficiente separación, la electricidad se apaga y entonces la placa o el papel filtro se retira del aparato de electroforesis. El gel se rocía con una tintura, como ninhidrina, para hacer visibles los aminoácidos. Se identifican por su dirección y tasa de migración hacia los electrodos. La electroforesis es un método que se utiliza en medicina para detectar el rasgo de drepanocito en los recién nacidos.

Suponga que se tiene una mezcla de valina (pI de 6.0), ácido aspártico (pI de 2.8) y lisina (pI de 9.7) en un tampón de pH de 6.0. Cuando la mezcla se coloca entre dos electrodos a un alto voltaje, el ácido aspártico, que tiene una carga negativa a un pH de 6.0, se mueve hacia el electrodo positivo (ánodo). La lisina, que tiene una carga positiva a un pH de 6.0, se mueve hacia el electrodo negativo (cátodo). La valina, que está en su pI y tiene una carga global de cero, no se mueve en presencia de un campo eléctrico a un pH de 6.0 (véase la figura 19.2).

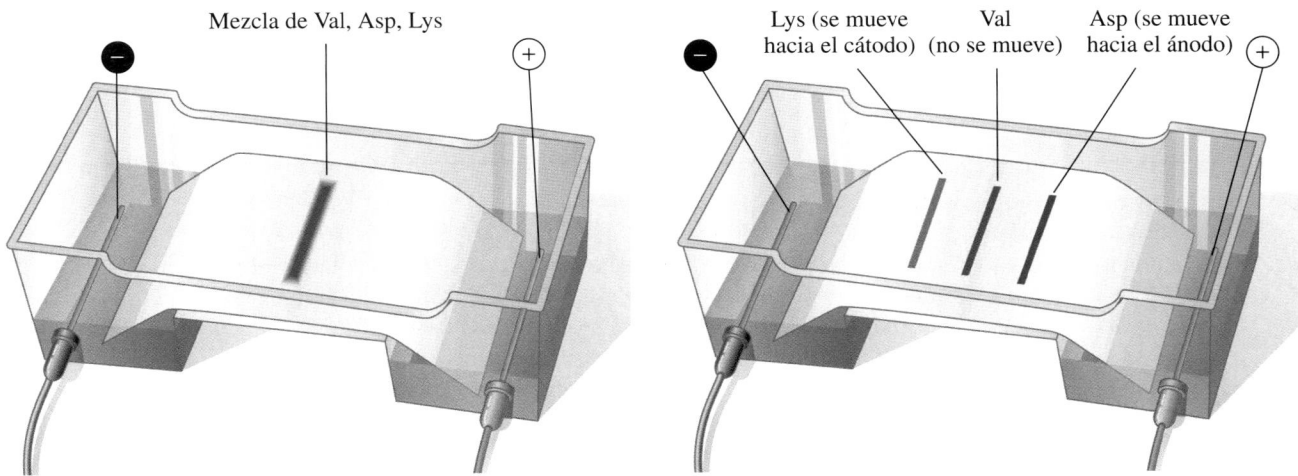

FIGURA 19.2 Un aminoácido con carga positiva (pH < pI) se mueve hacia el electrodo negativo; un aminoácido con carga negativa (pH > pI) se mueve hacia el electrodo positivo; un aminoácido sin carga neta (pH = pI) no migra.

P ¿Cómo migrarían los tres aminoácidos si la mezcla se amortiguara a un pH de 9.7, el pI de la lisina?

> **COMPROBACIÓN DE CONCEPTOS 19.4**   **Formas ionizadas de aminoácidos**
>
> Explique cada uno de los enunciados siguientes:
>
> **a.** El ácido glutámico se mueve hacia el electrodo positivo durante la electroforesis a un pH de 7.0.
> **b.** El pI de la lisina es mucho mayor que el pI de la fenilalanina.
>
> **RESPUESTA**
>
> **a.** Un pH de 7.0 es más alto (más básico) que el pI de 3.2 para el ácido glutámico. A un pH de 7.0, el ácido glutámico tendría dos grupos —COO^- con carga negativa y un grupo —NH_3^+, lo que produce una carga global de $1-$. El ácido glutámico, con carga negativa, es atraído hacia el electrodo positivo.
> **b.** A un pH de 5.5, la fenilalanina no polar forma un zwitterión con carga neta cero. Sin embargo, la lisina es un aminoácido básico con dos grupos —NH_3^+ y uno —COO^-. Para formar el zwitterión de lisina se necesita un ambiente más básico, de modo que un grupo —NH_3^+ dona un H^+ para producir —NH_2 y un zwitterión con una carga neta de cero. Por tanto, la lisina tiene un pI más alto porque necesita un pH más alto para formar el zwitterión.

PREGUNTAS Y PROBLEMAS

19.2 Aminoácidos como zwitteriones

META DE APRENDIZAJE: *Dibujar el zwitterión para un aminoácido en su punto isoeléctrico, y su estructura ionizada a valores de pH por arriba o abajo de su punto isoeléctrico.*

19.13 Dibuje el zwitterión para cada uno de los aminoácidos siguientes:
    a. Gly   **b.** C
    c. treonina   **d.** A

19.14 Dibuje el zwitterión para cada uno de los aminoácidos siguientes:
    a. fenilalanina   **b.** metionina
    c. I   **d.** Asn

19.15 Dibuje la forma ionizada para cada uno de los aminoácidos del problema 19.13 a un pH abajo de 1.0.

19.16 Dibuje la forma ionizada para cada uno de los aminoácidos del problema 19.14 a un pH arriba de 12.0.

19.17 ¿Cada uno de los iones de valina siguientes existiría a un pH arriba, abajo o en su pI?

    a.
$$\begin{array}{c} CH_3 \quad CH_3 \\ \diagdown CH \diagup \\ | \\ H_2N - C - COO^- \\ | \\ H \end{array}$$

    b.
$$\begin{array}{c} CH_3 \quad CH_3 \\ \diagdown CH \diagup \\ | \\ H_3\overset{+}{N} - C - COOH \\ | \\ H \end{array}$$

    c.
$$\begin{array}{c} CH_3 \quad CH_3 \\ \diagdown CH \diagup \\ | \\ H_3\overset{+}{N} - C - COO^- \\ | \\ H \end{array}$$

19.18 ¿Cada uno de los iones de serina siguientes existiría a un pH arriba, abajo o en su pI?

    a.
$$\begin{array}{c} OH \\ | \\ CH_2 \\ | \\ H_3\overset{+}{N} - C - COO^- \\ | \\ H \end{array}$$

    b.
$$\begin{array}{c} OH \\ | \\ CH_2 \\ | \\ H_3\overset{+}{N} - C - COOH \\ | \\ H \end{array}$$

    c.
$$\begin{array}{c} OH \\ | \\ CH_2 \\ | \\ H_2N - C - COO^- \\ | \\ H \end{array}$$

META DE APRENDIZAJE

Dibujar la fórmula estructural condensada de un dipéptido.

TUTORIAL
Peptide Bonds: Acid Meets Amino

19.3 Formación de péptidos

Un **enlace peptídico** es un enlace amida que se forma cuando el grupo —COO^- de un aminoácido reacciona con el grupo —NH_3^+ del siguiente aminoácido. La unión de dos o más aminoácidos mediante enlaces peptídicos forma un **péptido**. Un átomo de O se elimina del extremo carboxilato del primer aminoácido, y dos átomos de H se eliminan del extremo amonio del segundo aminoácido, lo que produce agua. Dos aminoácidos forman un *dipéptido*, tres aminoácidos forman un *tripéptido* y cuatro aminoácidos forman un *tetrapéptido*. Una cadena de cinco aminoácidos es un *pentapéptido*, y cadenas más largas de aminoácidos forman *polipéptidos*.

Como ejemplo, se escribirá la formación del dipéptido glicilalanina (Gly-Ala) entre los zwitteriones de glicina y alanina (véase la figura 19.3). En un péptido, el aminoácido escrito a la izquierda, glicina, tiene un grupo —NH_3^+ libre, lo que lo convierte en el **aminoácido**

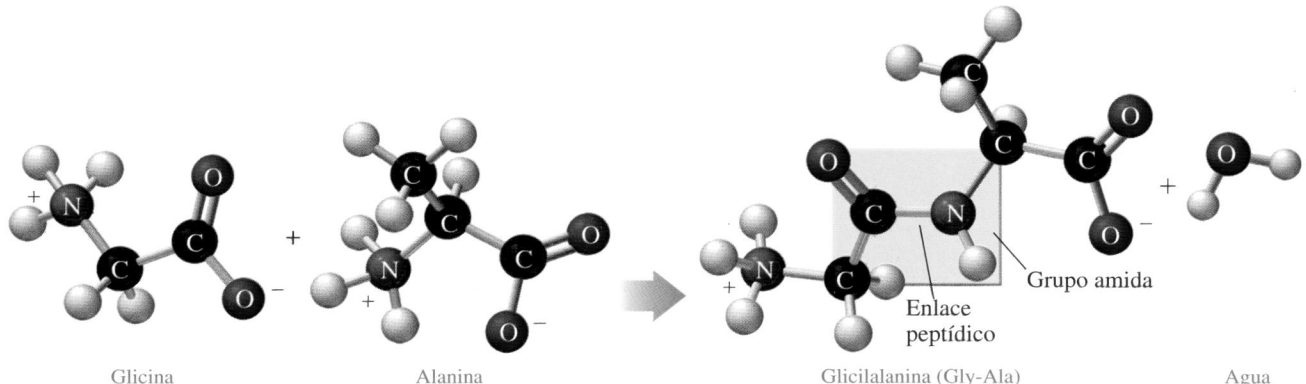

FIGURA 19.3 Un enlace peptídico entre glicina y alanina como zwitteriones forma el dipéptido glicilalanina.

P ¿Qué grupos funcionales en glicina y alanina forman el enlace peptídico?

N-terminal. El aminoácido escrito a la derecha, alanina, tiene un grupo —COO⁻ libre, que lo convierte en el **aminoácido C-terminal**. Cualquier péptido se escribe siempre con el aminoácido N-terminal a la izquierda, y el aminoácido C-terminal a la derecha.

$$\text{Glicina} + \text{Alanina} \longrightarrow \text{Glicilalanina (Gly-Ala)} + H_2O$$

Nomenclatura de péptidos

En el nombre de un péptido, cada aminoácido que comience desde el extremo N-terminal sustituye la terminación *ina* (o se elimina la palabra *ácido* y se sustituye la terminación *ico*) con *il*. El último aminoácido en el extremo C-terminal conserva su nombre completo. Por ejemplo, un tripéptido que consta de alanina, glicina y serina se llama alanilglicilserina. Por conveniencia, el orden de los aminoácidos en el péptido con frecuencia se escribe como la secuencia de abreviaturas de tres letras o de una letra.

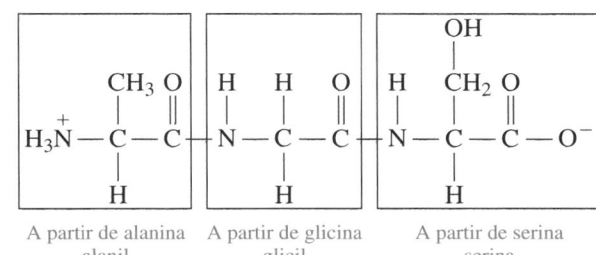

A partir de alanina — alanil
A partir de glicina — glicil
A partir de serina — serina

Alanilglicilserina
(Ala-Gly-Ser, AGS)

COMPROBACIÓN DE CONCEPTOS 19.5 **Estructuras y nombres de péptidos**

Responda cada una de las preguntas siguientes para el dipéptido Val-Thr, VT:

a. ¿Cuál aminoácido está en el aminoácido N-terminal?
b. ¿Cuál aminoácido está en el aminoácido C-terminal?
c. ¿Cómo están conectados los aminoácidos?
d. Proporcione el nombre del dipéptido.

RESPUESTA

a. Valina, el primer aminoácido en el nombre del péptido, sería el aminoácido N-terminal escrito a la izquierda, lo que produce un grupo —NH₃⁺ libre.
b. Treonina, el último aminoácido en el nombre del péptido, sería el aminoácido C-terminal y escrito a la derecha, lo que produce un grupo —COO⁻ libre.
c. El O se elimina del grupo carboxilato de valina y dos átomos de H se eliminan del ión amonio en la treonina para formar agua. La parte C=O de la valina y la parte N—H de la treonina se unen para producir un enlace peptídico (amida) en el dipéptido.
d. En el nombre de un péptido, la terminación *ina* de valina cambia por *il*, que es *valil*. El último aminoácido, treonina, que es el aminoácido C-terminal, conserva su nombre *treonina*. Por tanto, el dipéptido se llama valiltreonina.

EJEMPLO DE PROBLEMA 19.4 Cómo dibujar un péptido

Dibuje la fórmula estructural condensada del tripéptido Gly-Ser-Met, GSM.

SOLUCIÓN

Análisis del problema

El nombre Gly-Ser-Met indica el orden de los aminoácidos. El aminoácido N-terminal dibujado a la izquierda es glicina, el aminoácido del medio es serina y el aminoácido C-terminal dibujado a la derecha es metionina. En la tabla 19.2 puede obtener los grupos R.

Guía para dibujar un péptido

1 Dibuje las estructuras de cada aminoácido en el péptido a partir del aminoácido N-terminal a la izquierda.

2 Elimine el átomo de O del grupo carboxilato del aminoácido N-terminal y dos átomos de H del aminoácido adyacente. Repita este proceso hasta llegar al aminoácido C-terminal.

3 Conecte las partes restantes de los aminoácidos mediante la formación de enlaces amida (peptídicos).

Paso 1 **Dibuje las estructuras para cada aminoácido en el péptido a partir del aminoácido N-terminal a la izquierda.**

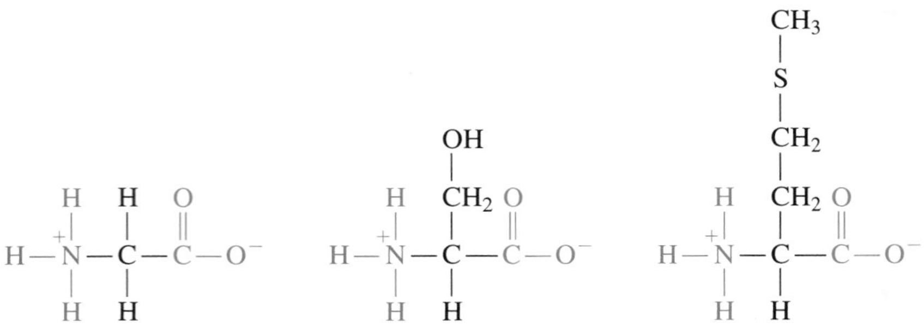

Gly, G
Extremo N-terminal

Ser, S

Met, M
Extremo C-terminal

Paso 2 **Elimine el átomo de O del grupo carboxilato del aminoácido N-terminal y dos átomos de H del aminoácido adyacente. Repita este proceso hasta llegar al aminoácido C-terminal.**

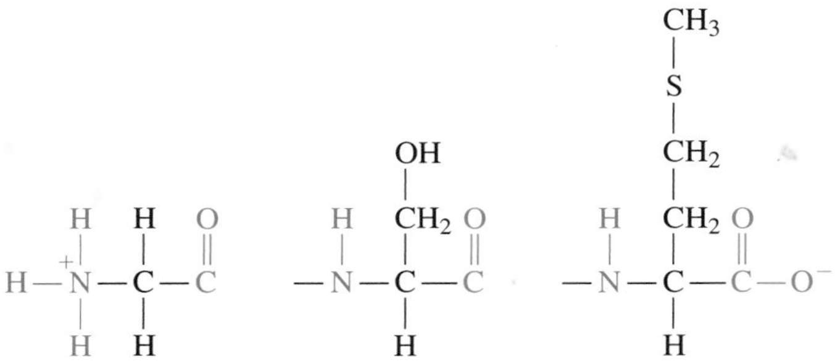

Gly, G
Extremo N-terminal

Ser, S

Met, M
Extremo C-terminal

Paso 3 **Conecte las partes restantes de los aminoácidos mediante la formación de enlaces amida (peptídicos).**

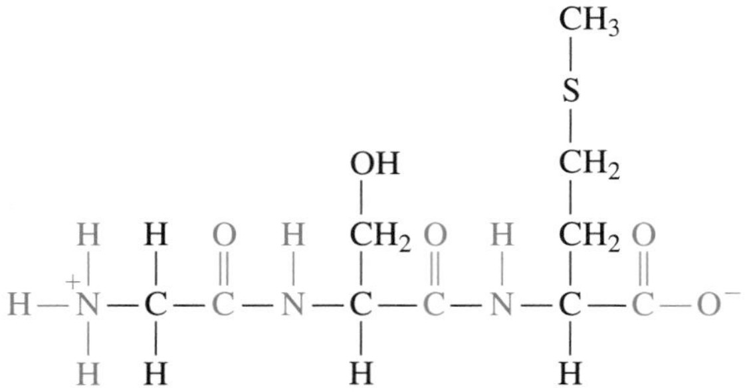

Extremo N-terminal

Extremo C-terminal

Gly-Ser-Met, GSM

COMPROBACIÓN DE ESTUDIO 19.4

Dibuje la fórmula estructural condensada del dipéptido Phe-Thr, parte del péptido glucagón, que aumenta los niveles de glucosa en la sangre.

EJEMPLO DE PROBLEMA 19.5 **Cómo identificar un tripéptido**

Responda cada una de las preguntas siguientes para el tripéptido que se muestra:

a. ¿Cuál es el aminoácido N-terminal? ¿Cuál es el aminoácido C-terminal?
b. Use las abreviaturas de tres letras y de una letra para indicar el orden de los aminoácidos en el tripéptido.
c. ¿Cuál es el nombre del tripéptido?

SOLUCIÓN

a. Treonina es el aminoácido N-terminal; fenilalanina es el aminoácido C-terminal.
b. Thr-Leu-Phe; TLF
c. A partir del extremo N-terminal, los aminoácidos en el tripéptido son treonina, leucina y fenilalanina. Al cambiar las terminaciones *ina* de los aminoácidos que anteceden al aminoácido C-terminal (cuyo nombre no cambia) se obtiene el nombre treonilleucilfenilalanina.

COMPROBACIÓN DE ESTUDIO 19.5

¿Cuál es el nombre del pentapéptido llamado met-encefalina, un analgésico natural producido en el cuerpo, si tiene la abreviatura Tyr-Gly-Gly-Phe-Met?

PREGUNTAS Y PROBLEMAS

19.3 Formación de péptidos

META DE APRENDIZAJE: *Dibujar la fórmula estructural condensada de un dipéptido.*

19.19 Dibuje la fórmula estructural condensada de cada uno de los péptidos siguientes, y proporcione las abreviaturas de tres letras y de una letra de sus nombres:
a. alanilcisteína   b. serilfenilalanina
c. glicilalanilvalina   d. valilisoleuciltriptófano

19.20 Dibuje la fórmula estructural condensada de cada uno de los péptidos siguientes, y proporcione las abreviaturas de tres letras y de una letra de sus nombres:
a. ácido metionilaspártico
b. treoniltriptófano
c. metionilglutaminillisina
d. histidilglicilglutamilisoleucina

19.4 Estructura proteínica: niveles primario y secundario

Una **proteína** es un polipéptido de 50 o más aminoácidos que tiene actividad biológica. Cada proteína de las células tiene una secuencia única de aminoácidos que determina su estructura tridimensional y función biológica.

Estructura primaria

La **estructura primaria** de una proteína es la secuencia particular de aminoácidos que se mantiene unida mediante enlaces peptídicos. Por ejemplo, una hormona que estimula la tiroides para liberar tiroxina es un tripéptido con la secuencia de aminoácidos Glu-His-Pro, EHP.

META DE APRENDIZAJE

Describir las estructuras primaria y secundaria de una proteína.

TUTORIAL
Peptides Are Chains of Amino Acids

ACTIVIDAD DE AUTOAPRENDIZAJE
Primary and Secondary Structure

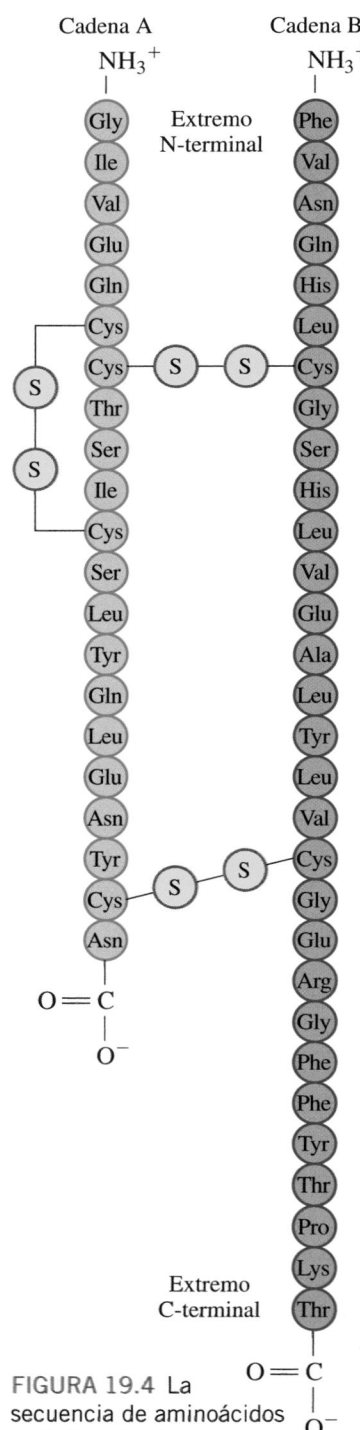

FIGURA 19.4 La secuencia de aminoácidos en la insulina humana es la estructura primaria.

P ¿Qué tipos de enlaces se producen en la estructura primaria de una proteína?

TUTORIAL
Levels of Structure in Proteins

Si bien son posibles otras cinco secuencias de los mismos tres aminoácidos, como His-Pro-Glu o Pro-His-Glu, no producen actividad hormonal. Por tanto, la función biológica de los péptidos y proteínas depende de la secuencia específica de aminoácidos.

La primera proteína de la que se determinó su estructura fue la insulina, lo que logró Frederick Sanger en 1953. Desde esa época los científicos han determinado las secuencias de aminoácidos de miles de proteínas. La insulina es una hormona que regula el nivel de glucosa en la sangre. En la estructura primaria de la insulina humana hay dos cadenas de polipéptidos. En la cadena A hay 21 aminoácidos, y en la cadena B hay 30 aminoácidos. Las cadenas de polipéptidos se mantienen unidas mediante *enlaces* por puente *disulfuro* formados por los grupos tiol de los aminoácidos cisteína en cada una de las cadenas (véase la figura 19.4). En la actualidad, la insulina humana con exactamente esta misma estructura se produce en grandes cantidades mediante ingeniería genética para el tratamiento de la diabetes.

COMPROBACIÓN DE CONCEPTOS 19.6 **Estructura primaria**

¿Cuáles son las abreviaturas de tres letras y de una letra de los posibles tetrapéptidos que contienen dos valinas, una prolina y una histidina, si el aminoácido C-terminal es prolina?

RESPUESTA

El aminoácido C-terminal de prolina en los posibles tetrapéptidos estaría precedido por tres diferentes secuencias de dos valinas y una histidina: Val-Val-His-Pro (VVHP), Val-His-Val-Pro (VHVP) y His-Val-Val-Pro (HVVP).

Estructuras secundarias

La **estructura secundaria** de una proteína describe el tipo de estructura que forma cuando los aminoácidos forman enlaces por puente de hidrógeno dentro de una sola cadena polipeptídica o entre cadenas polipeptídicas. Los tres tipos más comunes de estructuras secundarias son *hélice alfa, hoja plegada beta* y *hélice triple*.

Hélice alfa

En una **hélice alfa** (**hélice α**) se forman enlaces por puente de hidrógeno entre los átomos de hidrógeno de los grupos N — H en los enlaces amida, y los átomos de oxígeno en los grupos C = O de los enlaces amida que están a cuatro aminoácidos de distancia en el siguiente giro de la hélice α (véase la figura 19.5). Todos los grupos R de los diferentes aminoácidos en el polipéptido se extienden hacia el exterior de la hélice. La formación de muchos enlaces por puente de hidrógeno a lo largo de la cadena polipeptídica otorgan la característica forma de sacacorchos o enrollada de una hélice alfa.

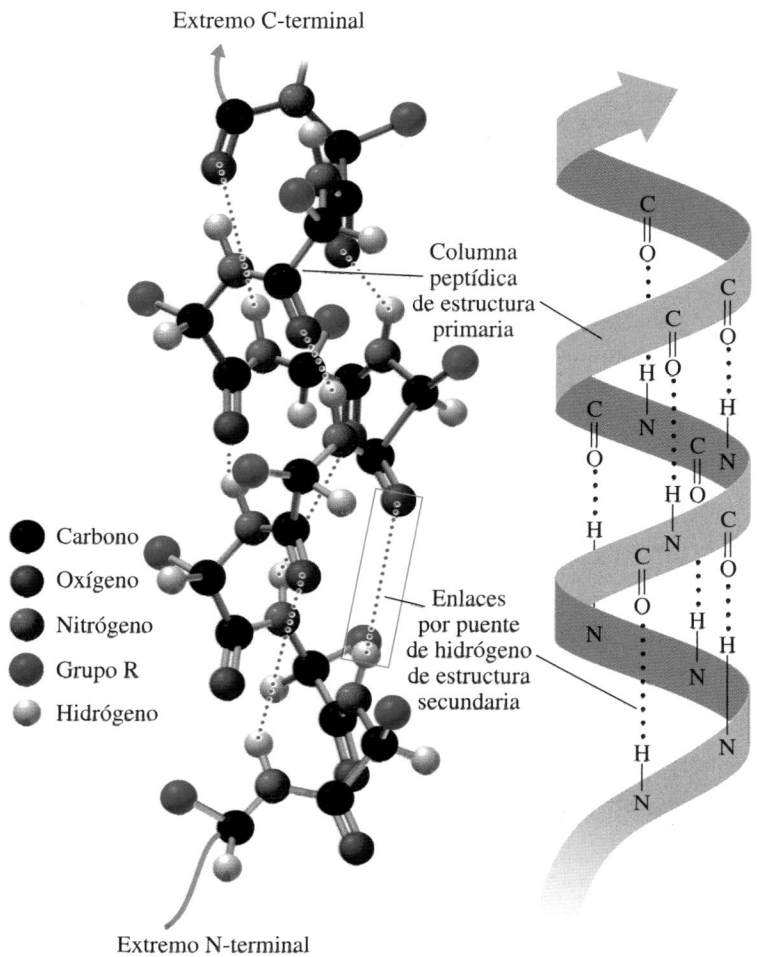

Extremo C-terminal

Columna peptídica de estructura primaria

- ● Carbono
- ● Oxígeno
- ● Nitrógeno
- ● Grupo R
- ○ Hidrógeno

Enlaces por puente de hidrógeno de estructura secundaria

Extremo N-terminal

La forma de una hélice alfa es similar a la de una escalera de caracol.

ACTIVIDAD DE AUTOAPRENDIZAJE
Structure of Proteins

FIGURA 19.5 La hélice α adquiere una forma enrollada a partir de los enlaces por puente de hidrógeno entre el hidrógeno del grupo N — H en un giro del polipéptido, y el oxígeno en el grupo C = O en el siguiente giro.

P ¿Cuáles son las cargas parciales del H en N — H y del O en C = O que permiten la formación de enlaces por puente de hidrógeno?

La química en la salud

POLIPÉPTIDOS EN EL CUERPO

Encefalinas y endorfinas son analgésicos naturales producidos en el cuerpo. Son polipéptidos que se enlazan a receptores en el cerebro para aliviar el dolor. Este efecto parece ser el responsable de la exaltación de los corredores y de la pérdida temporal del dolor cuando sufren lesiones graves, así como ocurre con los dolores del parto.

Las *encefalinas*, que se encuentran en el tálamo y la médula espinal, son pentapéptidos, las moléculas más pequeñas con actividad opiácea. La corta secuencia de aminoácidos de met(metionina)-encefalina se incorpora en la secuencia de aminoácidos más larga de las endorfinas.

Se han identificado cuatro grupos de *endorfinas*: α-endorfina contiene 16 aminoácidos, β-endorfina contiene 31 aminoácidos, γ-endorfina tiene 17 aminoácidos y δ-endorfina tiene 27 aminoácidos. Para producir sus efectos sedantes, las endorfinas impiden la liberación de la sustancia P, un polipéptido con 11 aminoácidos, que se descubrió que transmite impulsos de dolor hacia el cerebro.

met-encefalina

Cuando las células se dañan, se libera un polipéptido denominado bradiquinina, que estimula la liberación de prostaglandinas.

Arg — Pro — Pro — Gly — Phe — Ser — Pro — Phe — Arg
Bradiquinina

Dos hormonas producidas por la hipófisis son los nonapéptidos (péptidos con nueve aminoácidos) oxitocina y vasopresina. La oxitocina estimula las contracciones del útero durante el parto, y la vasopresina es una hormona antidiurética que regula la presión arterial al ajustar la cantidad de agua reabsorbida por los riñones. Las estructuras de estos nanopéptidos son muy similares. Sólo los aminoácidos en las posiciones 3 y 8 son diferentes. Sin embargo, la diferencia de dos aminoácidos modifica enormemente la manera de funcionar de las dos hormonas en el cuerpo.

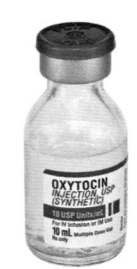

Oxitocina
Vasopresina

La oxitocina, un nanopéptido que se utiliza para iniciar el trabajo de parto, fue la primera hormona en sintetizarse en el laboratorio.

MC

TUTORIAL
The Shapes of Protein Chains:
Helices and Sheets

La estructura secundaria en la seda es una hoja plegada beta.

Hoja plegada beta

Otro tipo de estructura secundaria que se encuentra en las proteínas es la **hoja plegada beta** (**hoja plegada β**). En una hoja plegada β las cadenas polipeptídicas se mantienen unidas lado a lado mediante enlaces por puente de hidrógeno, que se forman entre los átomos de oxígeno del grupo carbonilo ($C = O$) en una sección de la cadena polipeptídica, y los átomos de hidrógeno en los grupos N — H de los enlaces amida en una sección cercana de la cadena polipeptídica. Una hoja plegada beta puede formarse entre cadenas polipeptídicas adyacentes o en el interior de la misma cadena polipeptídica cuando la estructura rígida del aminoácido prolina produce un pliegue en la cadena polipeptídica. La tendencia a formar varios tipos de estructuras secundarias depende de los aminoácidos de un segmento particular de la cadena polipeptídica. En general, las hojas plegadas beta contienen principalmente aminoácidos con grupos R pequeños como glicina, valina, alanina y serina, que se extienden arriba y abajo de la hoja plegada beta. Las regiones de hélice α en una proteína tienen mayor cantidad de aminoácidos con grupos R grandes como histidina, leucina y metionina.

Los enlaces por puente de hidrógeno que mantienen las hojas plegadas β firmemente en su lugar explican la fuerza y durabilidad de proteínas fibrosas como la seda (véase la figura 19.6).

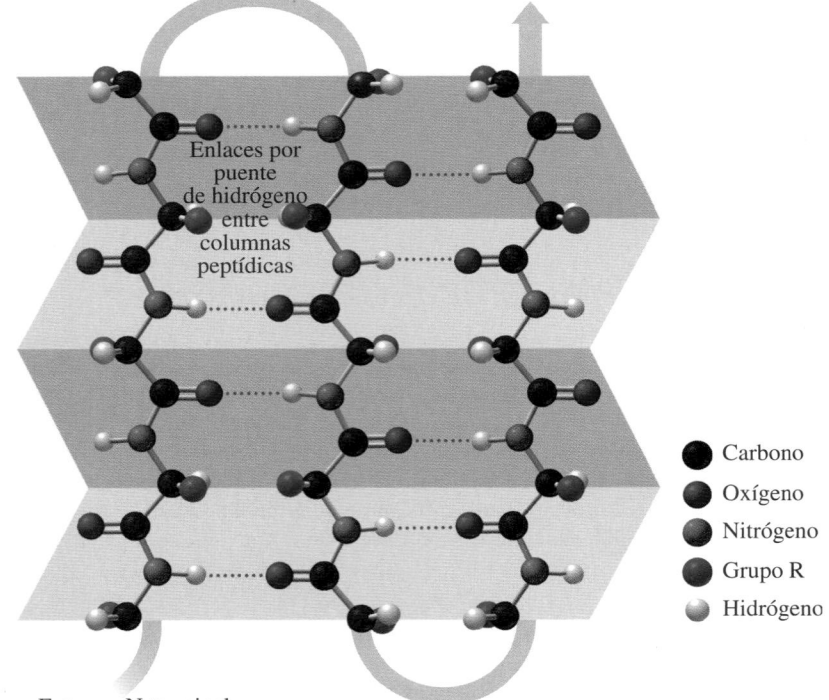

Extremo C-terminal

Enlaces por puente de hidrógeno entre columnas peptídicas

• Carbono
• Oxígeno
• Nitrógeno
• Grupo R
• Hidrógeno

Extremo N-terminal

Hélice alfa

Hoja plegada beta

Proteína con hélices alfa y hojas plegadas beta

Un modelo de listones de una proteína muestra las regiones de hélices alfa y hojas plegadas beta.

FIGURA 19.6 En la estructura secundaria de una hoja plegada β se forman enlaces por puente de hidrógeno entre las cadenas peptídicas.

P ¿Cómo difieren los enlaces por puente de hidrógeno entre una hoja plegada β y una hélice α?

En algunas proteínas la cadena polipeptídica consiste en su mayor parte de hélices α, en tanto que otras proteínas constan básicamente de hojas plegadas β. Sin embargo, en algunas proteínas existen secciones tanto de hélices α como de hoja plegada β. Algunas secciones de la cadena polipeptídica sin estructura secundaria definida existen como espiras aleatorias.

Las regiones de las hélices α y las hojas plegadas β se muestran en un modelo de listones en el que las porciones enrolladas representan las hélices α y las flechas largas que parecen una pasta de fetuccini representan las hojas plegadas β. Las regiones que no son hélices α u hojas plegadas β son regiones aleatorias indicadas mediante líneas gruesas.

Colágeno

El **colágeno**, que es la proteína más abundante del cuerpo, constituye del 25 al 35% de toda la proteína en vertebrados. Se encuentra en tejido conjuntivo, vasos sanguíneos, tendones, ligamentos, la córnea del ojo y cartílago. La fuerte estructura del colágeno es resultado de tres hélices α enrolladas como trenza para formar una **hélice triple** (véase la figura 19.7).

El colágeno tiene alto contenido de glicina (33%), prolina (22%) y alanina (12%), y cantidades más pequeñas de hidroxiprolina e hidroxilisina, que son formas modificadas de prolina y lisina. Los grupos —OH en estos aminoácidos modificados proporcionan enlaces por puente de hidrógeno adicionales entre las cadenas peptídicas para brindar fuerza a la hélice triple de colágeno. Cuando varias hélices triples se enrollan como trenza, forman las fibrillas que constituyen los tejidos conjuntivos y tendones. Cuando una dieta es deficiente en vitamina C, las fibrillas de colágeno se debilitan porque las enzimas necesarias para formar hidroxiprolina e hidroxilisina requieren vitamina C. El colágeno se vuelve menos elástico a medida que una persona envejece porque se forman enlaces adicionales entre las fibrillas. Huesos, cartílagos y tendones se vuelven más quebradizos, y se observan arrugas a medida que la piel pierde elasticidad.

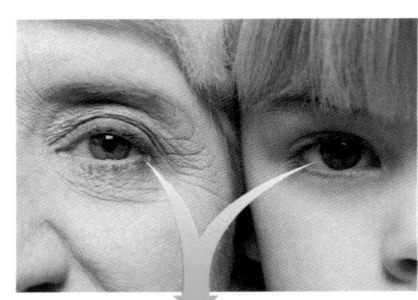

Hélice triple   3 cadenas peptídicas hélice α

FIGURA 19.7 Las fibras de colágeno son hélices triples de cadenas polipeptídicas unidas mediante enlaces por puente de hidrógeno.

P ¿Cuáles son algunos de los aminoácidos en el colágeno que forman enlaces por puente de hidrógeno entre las cadenas polipeptídicas?

Hidroxilisina   Hidroxiprolina

Hidroxiprolina e hidroxilisina proporcionan enlaces por puente de hidrógeno adicionales en las hélices alfa triples de colágeno.

COMPROBACIÓN DE CONCEPTOS 19.7 **Cómo identificar estructuras secundarias**

Indique la estructura secundaria (hélice α, hoja plegada β o hélice triple) descritas en cada uno de los enunciados siguientes:

a. una estructura que tiene enlaces por puente de hidrógeno entre cadenas polipeptídicas adyacentes

b. tres polipéptidos helicoidales α enrollados juntos

c. una cadena peptídica con forma enrollada o de sacacorchos que se mantiene en su lugar mediante enlaces por puente de hidrógeno

RESPUESTA

a. hoja plegada β
b. hélice triple
c. hélice α

La química en la salud

PRIONES Y ENFERMEDAD DE LAS VACAS LOCAS

Hasta fecha reciente, los investigadores pensaban que sólo los virus o las bacterias podían transmitir enfermedades. Ahora se descubrió un grupo de enfermedades en las que los agentes infecciosos son proteínas llamadas *priones*, una palabra acuñada en 1982 por Stanley B. Prusiner, quien ganó el Premio Nobel de Medicina en 1997 por su investigación acerca de los priones. La *encefalitis espongiforme bovina* (*EEB*), o "enfermedad de las vacas locas", es una enfermedad cerebral mortal del ganado vacuno en el que el cerebro se llena de cavidades y se asemeja a una esponja. En la forma no infecciosa del prión PrP^c, la porción N-terminal es una espira aleatoria. Aunque la forma no infecciosa puede ingerirse en productos cárnicos, su estructura puede cambiar a lo que se conoce como PrP^s, o *proteína priónica escrapie*. En esta forma infecciosa, el extremo de la cadena peptídica se pliega en una hoja plegada β, que tiene efectos desastrosos sobre el cerebro y la médula espinal. Las patologías que produce este cambio estructural todavía se desconocen.

La enfermedad de las vacas locas se diagnosticó en Gran Bretaña en 1986. La proteína está presente en tejido nervioso de animales, pero no se encuentra en su carne. Normalmente el ganado es herbívoro, pero cuando se alimenta con alimento óseo proveniente de ganado con enfermedad de las vacas locas, el agente infeccioso, ahora conocido como *priones*, puede transmitirse al otro ganado. Actualmente se establecen medidas de control que excluyen el cerebro y la médula espinal del alimento animal para reducir la incidencia de EEB.

La variante humana de esta enfermedad se llama *enfermedad de Creutzfeldt-Jakob* (*ECJ*). Alrededor de 1955, el Dr. Carleton Gajdusek estudiaba al pueblo fore de Papúa Nueva Guinea, donde muchos integrantes de la tribu morían de la enfermedad neurológica conocida como "kuru". Entre los fore era costumbre el canibalismo de los miembros de la tribu que morían. Gajdusek, quien recibió el Premio Nobel de Medicina en 1976, con el tiempo determinó que esta práctica era el origen de la transmisión del agente infeccioso de un miembro de la tribu a otro.

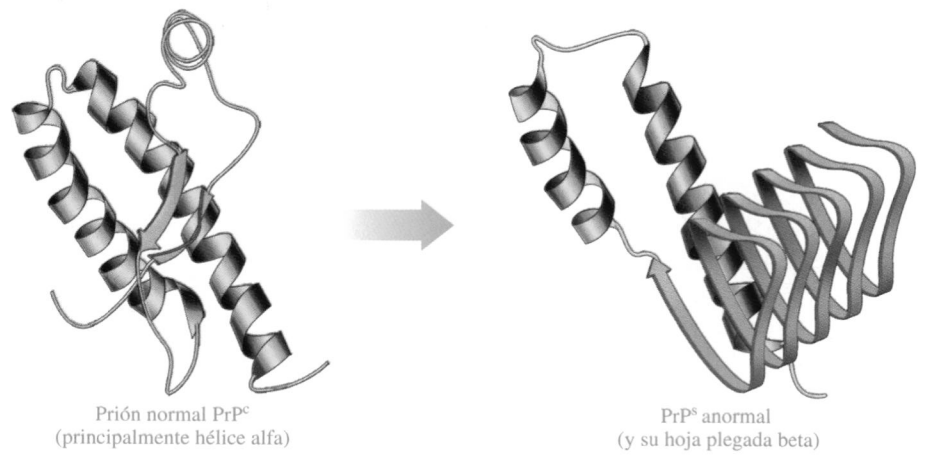

Prión normal PrPᶜ
(principalmente hélice alfa)

PrPˢ anormal
(y su hoja plegada beta)

Los priones son proteínas que causan infecciones como la "enfermedad de las vacas locas".

PREGUNTAS Y PROBLEMAS

19.4 Estructura proteínica: niveles primario y secundario

META DE APRENDIZAJE: *Describir las estructuras primaria y secundaria de una proteína.*

19.21 ¿Qué tipo de enlace se produce en la estructura primaria de una proteína?

19.22 ¿De qué manera dos proteínas, con exactamente el mismo número y tipo de aminoácidos, pueden tener diferentes estructuras primarias?

19.23 Dos péptidos contienen cada uno una molécula de valina y dos moléculas de metionina. ¿Cuáles son sus posibles estructuras primarias?

19.24 ¿Cuáles son tres tipos diferentes de estructura proteínica secundaria?

19.25 ¿Qué ocurre con la estructura primaria de una proteína cuando dicha proteína forma una estructura secundaria?

19.26 En una hélice α, ¿cómo se producen los enlaces entre los aminoácidos en la cadena polipeptídica?

19.27 ¿Cuál es la diferencia en los enlaces entre una hélice α y una hoja plegada β?

19.28 ¿Cuál es la diferencia entre la estructura secundaria de una hoja plegada β y la de una hélice triple?

META DE APRENDIZAJE

Describir las estructuras terciaria y cuaternaria de una proteína.

ACTIVIDAD DE AUTOAPRENDIZAJE
Tertiary and Quaternary Structure

19.5 Estructura proteínica: niveles terciario y cuaternario

La **estructura terciaria** de una proteína comprende atracciones y repulsiones entre los grupos R de los aminoácidos en la cadena polipeptídica. A medida que se producen interacciones entre diferentes partes de la cadena peptídica, segmentos de la cadena giran y se doblan hasta que la proteína adquiere una forma tridimensional específica.

Interacciones entre grupos R en estructuras terciarias

La estructura terciaria de una proteína se estabiliza mediante interacciones entre los grupos R de los aminoácidos en una región de la cadena polipeptídica y los grupos R de aminoácidos en otras regiones de la proteína (véase la figura 19.8). A continuación se detallan las interacciones estabilizadoras de las estructuras terciarias:

1. **Interacciones hidrofóbicas** Son interacciones entre aminoácidos que tienen grupos R no polares. Dentro de una proteína, los aminoácidos con grupos R no polares se alejan del ambiente acuoso, lo que forma un centro hidrofóbico en el interior de la proteína.

2. **Interacciones hidrofílicas** Son atracciones entre el ambiente acuoso externo y los grupos R de aminoácidos polares. Los grupos R polares se llevan hacia la superficie exterior de las proteínas, donde interaccionan con las moléculas de agua polares.

3. **Puentes salinos** Son enlaces iónicos entre los grupos R ionizados de aminoácidos básicos y ácidos. Por ejemplo, el grupo R ionizado de arginina, que tiene una carga positiva, puede formar un puente salino (enlace iónico) con el grupo R en el ácido aspártico, que tiene una carga negativa.

4. **Enlaces por puente de hidrógeno** Se forman entre el H de un grupo R polar y el O o N de un segundo aminoácido polar. Por ejemplo, un enlace por puente de hidrógeno puede ocurrir entre los grupos —OH de dos serinas o entre el —OH de serina y el —NH$_2$ en el grupo R de glutamina.

5. **Enlaces por puente disulfuro (— S — S —)** Son enlaces covalentes que se forman entre los grupos —SH de dos cisteínas en la cadena polipeptídica. En algunas proteínas puede haber varios enlaces por puente disulfuro entre los grupos R de cisteínas en la cadena polipeptídica.

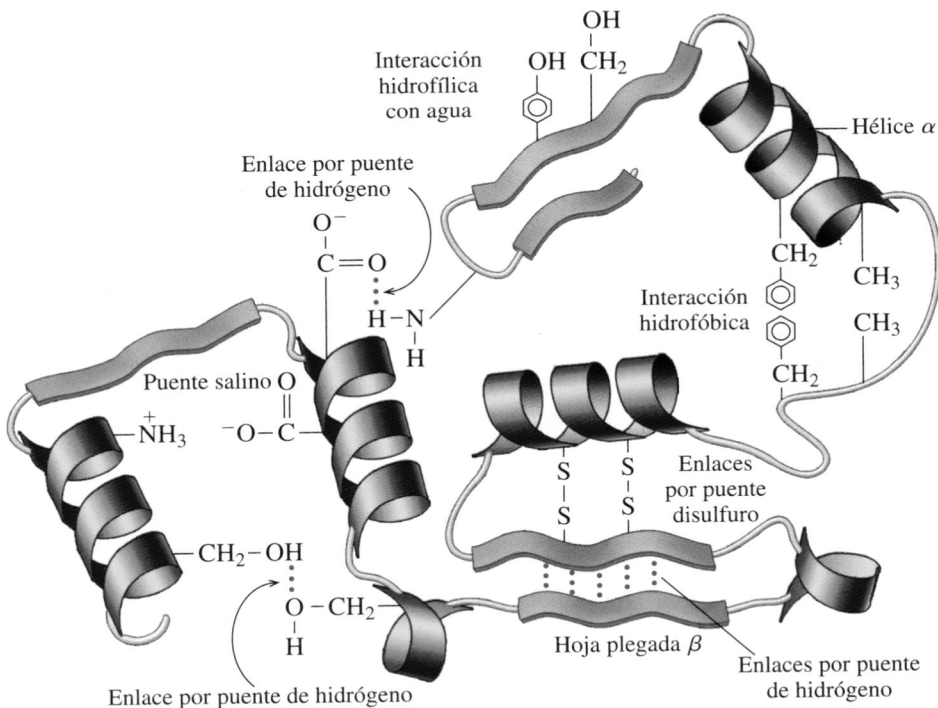

FIGURA 19.8 Las interacciones entre los grupos R de aminoácidos pliegan un polipéptido en una forma tridimensional específica llamada *estructura terciaria*.

P ¿Por qué una sección de la cadena polipeptídica se llevaría hacia el centro en tanto que la otra sección se llevaría hacia la superficie?

EJEMPLO DE PROBLEMA 19.6 **Interacciones entre grupos R en estructuras terciarias**

¿Qué tipo de interacción esperaría entre los grupos R de los aminoácidos siguientes en una estructura terciaria?

a. cisteína y cisteína
b. ácido aspártico y lisina
c. tirosina y agua

TUTORIAL
Levels of Structure in Proteins

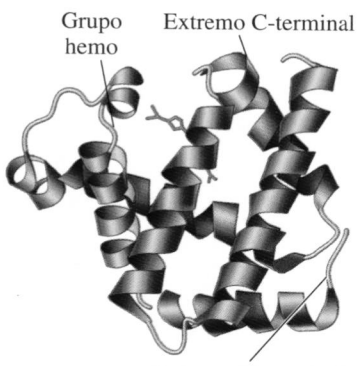

FIGURA 19.9 El modelo de listón representa la estructura terciaria de la cadena polipeptídica de mioglobina, que es una proteína globular que contiene un grupo hemo que se enlaza al oxígeno.

P ¿Los aminoácidos hidrofílicos se encontrarían en el exterior o en el interior de la estructura de mioglobina?

Hélice α

Queratina α

FIGURA 19.10 Las proteínas fibrosas de una queratina α se enrollan para formar fibrillas de pelo y lana.

P ¿Por qué el pelo tiene una gran cantidad de aminoácidos cisteína?

SOLUCIÓN

Análisis del problema

Para determinar la interacción entre los grupos R de dos aminoácidos o un grupo R polar y agua, es necesario identificar cada grupo R (véase la tabla 19.2). Entonces es posible determinar qué tipo de interacción ocurrirá del modo siguiente:

Tipos de grupos R	Tipo de interacción
No polar y no polar	hidrofóbica
Polar (neutro) y agua	hidrofílica
Polar (básico) —NH_3^+ y polar (ácido) —COO^-	puentes salinos
Polar (neutro) y polar (neutro) —OH y —NH— o —NH_2	enlaces por puente de hidrógeno
—SH y —SH	enlaces por puente disulfuro

a. Dos cisteínas, cada una con un grupo R que contiene —SH, formarán un enlace por puente disulfuro.

b. La interacción del —COO^- en el grupo R del ácido aspártico y el —NH_3^+ en el grupo R de lisina formará un enlace iónico llamado *puente salino*.

c. El grupo R en tirosina tiene un grupo —OH que es atraído hacia el agua mediante interacciones hidrofílicas.

COMPROBACIÓN DE ESTUDIO 19.6

En una proteína, ¿esperaría encontrar valina y leucina en el exterior o en el interior de la estructura terciaria? ¿Por qué?

Proteínas globulares y fibrosas

Un grupo de proteínas conocidas como **proteínas globulares** tiene formas esféricas compactas porque secciones de la cadena polipeptídica se pliegan unas sobre otras debido a las diversas interacciones entre los grupos R. Las proteínas globulares son las que realizan el trabajo de las células: funciones como síntesis, transporte y metabolismo.

La mioglobina es una proteína globular que almacena oxígeno en el músculo esquelético. Se encuentran altas concentraciones de mioglobina en los músculos de mamíferos marinos, como focas y ballenas, que permanecen bajo el agua durante largo tiempo. La mioglobina contiene 153 aminoácidos en una sola cadena polipeptídica con aproximadamente tres cuartos de la cadena en la estructura secundaria de hélice α. La cadena polipeptídica, incluidas sus regiones helicoidales, forma una estructura terciaria compacta al plegarse sobre sí misma (véase la figura 19.9). En el interior de la estructura terciaria, el oxígeno (O_2) se enlaza a un grupo hemo, que es un gran compuesto orgánico con un ión hierro en el centro.

Las **proteínas fibrosas** son proteínas que consisten en formas largas y delgadas parecidas a fibras. En general, forman parte de la estructura de células y tejidos. Dos tipos de proteína fibrosa son las queratinas α y β. Las queratinas α son las proteínas que constituyen pelo, lana, piel y uñas. En el pelo, tres hélices α se enredan juntas como una trenza para formar una fibrilla. En el interior de la fibrilla, las hélices α se mantienen unidas mediante enlaces por puente disulfuro (— S — S —) entre los grupos R de los muchos aminoácidos cisteína en el pelo. Varias fibrillas se enrollan para formar una hebra de pelo (véase la figura 19.10). Las queratinas β son el tipo de proteínas que se encuentran en las plumas de las aves y las escamas de los reptiles. En las queratinas β, las proteínas consisten en grandes cantidades de estructura hoja plegada β.

Estructura cuaternaria: hemoglobina

Si bien muchas proteínas son biológicamente activas como estructuras terciarias, algunas de ellas necesitan dos o más estructuras terciarias para ser biológicamente activas. Cuando varias cadenas polipeptídicas llamadas *subunidades* se enlazan para formar un complejo más grande, se les conoce como **estructura cuaternaria**. La hemoglobina, una proteína globular que transporta oxígeno en la sangre, consta de cuatro cadenas de polipéptido: dos cadenas α con 141 aminoácidos, y dos cadenas β con 146 aminoácidos. Aunque las cadenas α y las cadenas β tienen diferentes secuencias de aminoácidos, ambas forman estructuras terciarias similares con formas similares.

En la estructura cuaternaria, las subunidades se mantienen unidas mediante las mismas interacciones que estabilizan sus estructuras terciarias, como los enlaces por puente de hidrógeno y los puentes salinos entre los grupos R, enlaces por puente disulfuro e interacciones hidrofóbicas (véase la figura 19.11). Cada subunidad de hemoglobina es una proteína globular con un grupo hemo incrustado, que contiene un átomo de hierro que puede unirse a una molécula de oxígeno. En la molécula de hemoglobina en adultos debe haber cuatro subunidades, dos de α y dos de β, para que la hemoglobina funcione de manera adecuada como un portador de oxígeno. Por tanto, la estructura cuaternaria completa de la hemoglobina puede unirse y transportar hasta cuatro moléculas de oxígeno.

Hemoglobina y mioglobina tienen funciones biológicas similares. La hemoglobina transporta oxígeno en la sangre, en tanto que la mioglobina transporta oxígeno en los músculos. La mioglobina, una cadena polipeptídica sencilla, con una masa molar de 17 000, tiene aproximadamente un cuarto de la masa molar de la hemoglobina (67 000). La estructura terciaria de la mioglobina polipeptídica sencilla es casi idéntica a la estructura terciaria de cada una de las subunidades de hemoglobina. La mioglobina almacena sólo una molécula de oxígeno, de la misma manera como cada subunidad de hemoglobina transporta una molécula de oxígeno. La semejanza en sus estructuras terciarias permite que cada proteína se enlace y libere oxígeno en forma similar. La tabla 19.6 y la figura 19.12 resumen los niveles estructurales de las proteínas.

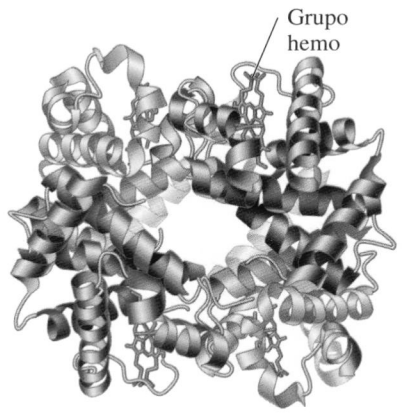

Grupo hemo

FIGURA 19.11 En el modelo de listones de la hemoglobina, la estructura cuaternaria está constituida de cuatro subunidades polipéptido: dos (anaranjado) son cadenas α y dos (rojo) son cadenas β. Los grupos hemo (verde) en las cuatro subunidades se enlazan al oxígeno.

P ¿Cuál es la diferencia entre una estructura terciaria y una estructura cuaternaria?

TABLA 19.6 Resumen de niveles estructurales en proteínas

Nivel estructural	Características
Primario	Enlaces peptídicos unen los aminoácidos en una secuencia específica en un polipéptido.
Secundario	Las hélice α, hoja plegada β o hélice triple se forman mediante enlaces por puente de hidrógeno entre los átomos en los enlaces peptídicos a lo largo de la cadena.
Terciario	Un polipéptido se pliega en una forma tridimensional compacta estabilizada mediante interacciones entre grupos R de aminoácidos para formar una proteína biológicamente activa.
Cuaternario	Dos o más subunidades proteínicas se combinan para formar una proteína biológicamente activa.

COMPROBACIÓN DE CONCEPTOS 19.8 Niveles estructurales de proteínas

Relacione el nivel de estructura proteínica (**a-d**) con las descripciones correctas (**1-4**). Explique.

a. estructura primaria
b. estructura secundaria
c. estructura terciaria
d. estructura cuaternaria

1. enlaces por puente de hidrógeno que se producen entre secciones de un péptido para formar una hélice α o una hoja plegada β
2. asociación de cuatro cadenas polipeptídicas
3. interacciones entre grupos R polares en un solo polipéptido
4. una secuencia de aminoácidos unidos mediante enlaces peptídicos

RESPUESTA

a. (**4**) La secuencia de aminoácidos determina la estructura primaria.
b. (**1**) Enlaces por puente de hidrógeno entre dos secciones de un polipéptido se producen en las estructuras secundarias de una hélice α y una hoja plegada β.
c. (**3**) Interacciones entre dos grupos R polares se producen en la estructura terciaria de un polipéptido sencillo.
d. (**2**) La asociación de cuatro cadenas polipeptídicas se produce en las estructuras cuaternarias de las proteínas.

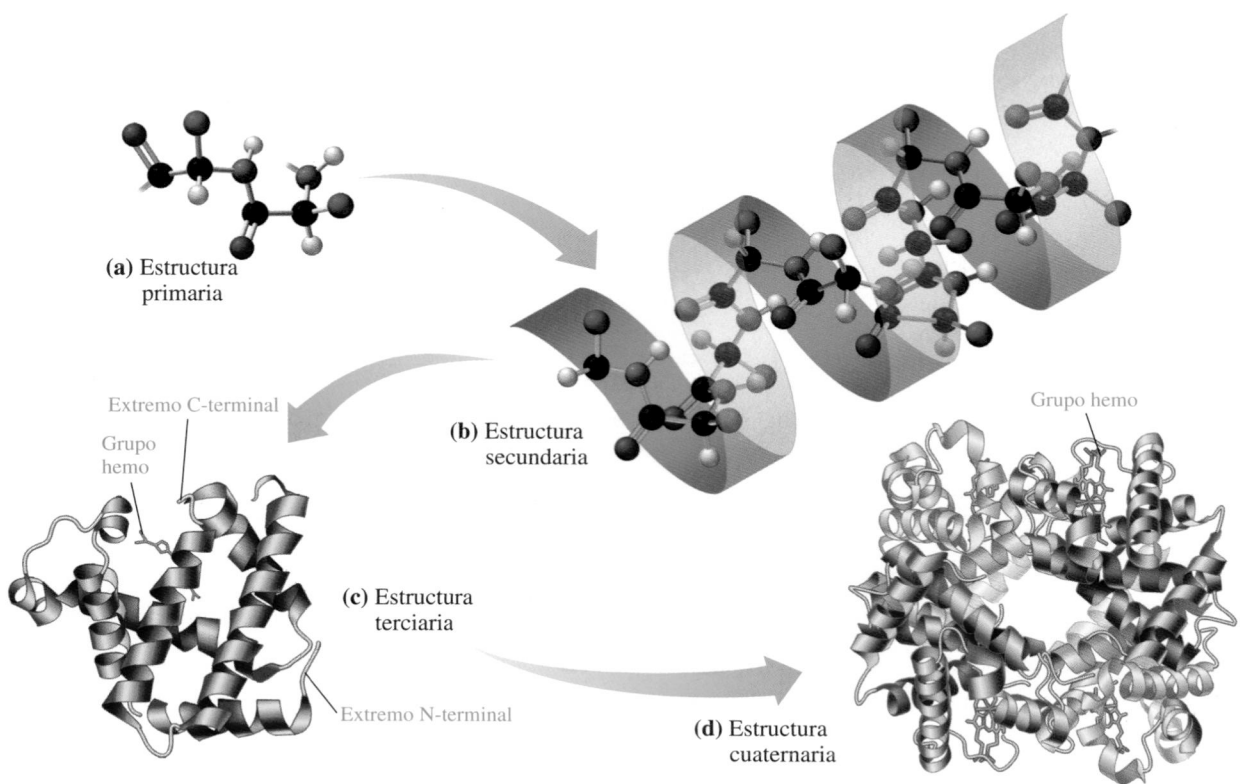

(a) Estructura primaria

(b) Estructura secundaria

Extremo C-terminal

Grupo hemo

(c) Estructura terciaria

Extremo N-terminal

Grupo hemo

(d) Estructura cuaternaria

FIGURA 19.12 Las proteínas consisten de niveles estructurales **(a)** primario, **(b)** secundario, **(c)** terciario y en ocasiones **(d)** cuaternario.

P ¿Cuál es la diferencia entre una estructura primaria y una estructura terciaria?

La química en la salud

ANEMIA DREPANOCÍTICA O DE CÉLULAS FALCIFORMES

La *anemia drepanocítica* (drepanocitosis) es una enfermedad causada por una anomalía en la forma de una de las subunidades de la proteína hemoglobina. En la cadena β, el sexto aminoácido, ácido glutámico, que es ácido polar, se sustituye con valina, un aminoácido no polar.

Puesto que la valina tiene un grupo R no polar, es atraída hacia las regiones no polares en el interior de las cadenas de hemoglobina beta. Los eritrocitos afectados, en vez de tener una forma redondeada adquieren una forma de cuarto creciente, que interfiere en su capacidad para transportar cantidades adecuadas de oxígeno. Hay interacciones hidrofóbicas que también hacen que las moléculas de hemoglobina drepanocítica se adhieran unas con otras. Forman fibras insolubles de hemoglobina drepanocítica que tapa capilares, donde causan inflamación, dolor y daño orgánico. En los tejidos afectados puede haber niveles de oxígeno críticamente bajos.

En la anemia drepanocítica tienen que heredarse ambos genes de la hemoglobina alterada. Sin embargo, algunas células deformes se encuentran en personas que portan un gen de hemoglobina drepanocítica, una condición que también, se sabe, brinda cierta resistencia al paludismo.

Eritrocito que comienza a deformarse   Eritrocito deformado   Eritrocito normal

Aminoácido polar ácido

Cadena β normal: Val — His — Leu — Thr — Pro — Glu — Glu — Lys —

Cadena β deformada: Val — His — Leu — Thr — Pro — Val — Glu — Lys —

Aminoácido no polar

EJEMPLO DE PROBLEMA 19.7 Cómo identificar estructuras proteínicas

Indique si los tipos de interacción siguientes son responsables de estructuras proteínicas primaria, secundaria, terciaria o cuaternaria:

a. Enlaces por puente disulfuro que se forman entre secciones de una cadena de proteína.

b. Enlaces peptídicos que forman una cadena de aminoácidos.

c. Enlaces por puente de hidrógeno entre los H de un enlace peptídico y el O de un enlace peptídico enlazado a cuatro aminoácidos de distancia.

SOLUCIÓN

Análisis del problema

El nivel de la estructura proteínica se identifica a partir de las características de la estructura proteínica.

Nivel estructural	Características
Primario	Enlaces peptídicos unen aminoácidos en una secuencia específica en un polipéptido.
Secundario	La hélice α, hoja plegada β o hélice triple son formadas por enlaces por puente de hidrógeno entre enlaces peptídicos a lo largo de la cadena.
Terciario	Un polipéptido se pliega en una forma tridimensional compacta estabilizada mediante interacciones entre grupos R de aminoácidos para formar una proteína biológicamente activa.
Cuaternario	Dos o más subunidades proteínicas se combinan para formar una proteína biológicamente activa.

a. Los enlaces por puente disulfuro son un tipo de interacción que se encuentra en los niveles terciario y cuaternario de la estructura proteínica.

b. La secuencia de aminoácidos en un polipéptido es el nivel primario de la estructura proteínica.

c. Los enlaces por puente de hidrógeno entre enlaces peptídicos forman el nivel secundario de la estructura proteínica.

COMPROBACIÓN DE ESTUDIO 19.7

¿Qué nivel estructural se representa mediante la interacción de las dos subunidades en la insulina?

PREGUNTAS Y PROBLEMAS

19.5 Estructura proteínica: niveles terciario y cuaternario

META DE APRENDIZAJE: *Describir las estructuras terciaria y cuaternaria de una proteína.*

19.29 ¿Qué tipo de interacciones esperaría entre los grupos siguientes en una estructura terciaria?
- **a.** dos cisteínas
- **b.** ácido glutámico y lisina
- **c.** serina y ácido aspártico
- **d.** dos leucinas

19.30 ¿Qué tipo de interacción esperaría entre los grupos siguientes en una estructura terciaria?
- **a.** fenilalanina e isoleucina
- **b.** ácido aspártico e histidina
- **c.** asparagina y tirosina
- **d.** alanina y prolina

19.31 Una porción de una cadena polipeptídica contiene la secuencia de aminoácidos siguiente:

-Leu-Val-Cys-Asp-

- **a.** ¿Cuál aminoácido puede formar un enlace por puente disulfuro?
- **b.** ¿Cuáles aminoácidos es probable que se encuentren en el interior de la estructura proteínica? ¿Por qué?
- **c.** ¿Cuáles aminoácidos se encontrarían en el exterior de la proteína? ¿Por qué?
- **d.** ¿Cómo la estructura primaria de una proteína afecta su estructura terciaria?

19.32 Aproximadamente la mitad de los 153 aminoácidos de la mioglobina tienen grupos R no polares.
- **a.** ¿Dónde esperaría localizar dichos aminoácidos en la estructura terciaria?
- **b.** ¿Dónde esperaría encontrar los grupos R polares?
- **c.** ¿Por qué la mioglobina es más soluble en agua que la seda o la lana?

19.33 Indique si los enunciados siguientes describen una estructura proteínica primaria, secundaria, terciaria o cuaternaria:
- **a.** Los grupos R interaccionan para formar enlaces por puente disulfuro o enlaces iónicos.
- **b.** Los enlaces peptídicos unen los aminoácidos en una cadena polipeptídica.
- **c.** Varios polipéptidos en una hoja plegada β se mantienen unidos mediante enlaces por puente de hidrógeno entre cadenas adyacentes.
- **d.** Los enlaces por puente de hidrógeno entre aminoácidos en el mismo polipéptido otorgan una forma enrollada a la proteína.

19.34 Indique si los enunciados siguientes describen una estructura proteínica primaria, secundaria, terciaria o cuaternaria:
- **a.** Grupos R hidrofóbicos buscan un ambiente no polar al moverse hacia el interior de la proteína plegada.
- **b.** Las cadenas proteínicas de colágeno forman una hélice triple.
- **c.** Una proteína activa contiene cuatro subunidades terciarias.
- **d.** En la anemia drepanocítica, la valina sustituye al ácido glutámico en la cadena β.

TUTORIAL
Protein Demolition

Explore
su mundo

DESNATURALIZACIÓN DE LA PROTEÍNA DE LECHE

Vierta un poco de leche en cinco vasos. Agregue lo siguiente a las muestras de leche de los vasos 1-4. El quinto vaso de leche es una muestra de referencia.

1. Vinagre, gota a gota. Agite.
2. Media cucharadita de ablandador de carnes. Agite.
3. Una cucharadita de jugo de piña fresca. (El jugo de lata fue calentado y no se puede usar.)
4. Una cucharadita de jugo de piña fresca después de calentar el jugo hasta hervir.

PREGUNTAS

1. ¿Cómo cambió el aspecto de la leche en cada una de las muestras?
2. ¿Qué enzima se menciona en la etiqueta del ablandador?
3. ¿Cómo se compara el efecto del jugo de piña calentado con el del jugo fresco? Explique.
4. ¿Por qué se usa piña cocida cuando se preparan postres de gelatina (una proteína)?

TUTORIAL
Understanding Protein Degradation

19.6 Hidrólisis y desnaturalización de proteínas

Los enlaces peptídicos pueden hidrolizarse para producir aminoácidos individuales. Este proceso tiene lugar en el estómago, cuando enzimas como pepsina o tripsina catalizan la hidrólisis de proteínas para producir aminoácidos. Esta hidrólisis interrumpe la estructura primaria al romper los enlaces amida covalentes que unen los aminoácidos. En la digestión de proteínas, los aminoácidos se absorben a través de las paredes intestinales y se transportan a las células, donde pueden usarse para sintetizar nuevas proteínas.

Alanilglicilserina (Ala-Gly-Ser, AGS)

Enzima

Alanina (Ala, A) + Glicina (Gly, G) + Serina (Ser, S)

Desnaturalización de proteínas

La **desnaturalización** de una proteína ocurre cuando hay una alteración de las interacciones entre los grupos R que estabilizan la estructura secundaria, terciaria o cuaternaria. Sin embargo, los enlaces amida covalentes de la estructura primaria no son afectados.

La pérdida de las estructuras secundaria y terciaria ocurre cuando cambian las condiciones, como aumentar la temperatura o hacer el pH muy ácido o muy básico. Si el pH cambia, los grupos R básicos y ácidos pierden sus cargas iónicas y no pueden formar puentes salinos, lo que produce un cambio en la forma de la proteína. La desnaturalización también puede ocurrir cuando se agregan ciertos compuestos orgánicos o iones de metales pesados, o mediante agitación mecánica. Cuando hay una alteración en las interacciones entre los grupos R de una proteína globular, ésta se despliega como una pieza holgada de espagueti cocido. Con la pérdida de su forma global (estructura terciaria), la proteína ya no es biológicamente activa (véase la figura 19.13).

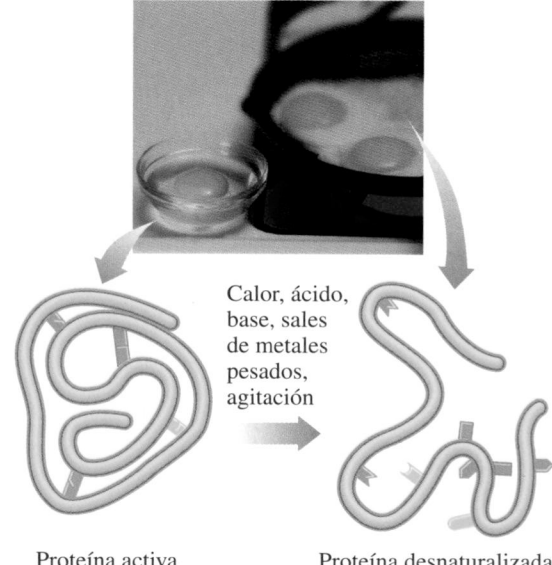

Proteína activa — Calor, ácido, base, sales de metales pesados, agitación — Proteína desnaturalizada

FIGURA 19.13 La desnaturalización de una proteína ocurre cuando se alteran las interacciones de los grupos R que estabilizan las estructuras terciaria y cuaternaria, lo que destruye la forma y vuelve a la proteína biológicamente inactiva.

P ¿Cuáles son algunas formas en las que se desnaturalizan las proteínas?

Calor

El calor desnaturaliza las proteínas al romper los enlaces por puente de hidrógeno y las interacciones hidrofóbicas entre grupos R no polares. Pocas proteínas pueden permanecer biológicamente activas a más de 50 °C. Siempre que se cocina un alimento, se usa calor para desnaturalizar proteínas. El valor nutricional de las proteínas en los alimentos no cambia, pero se vuelven más digeribles. Las temperaturas altas también se utilizan para desinfectar instrumentos y batas quirúrgicos porque desnaturalizan las proteínas de cualquier bacteria presente.

Ácidos y bases

Cuando un ácido o una base se agrega a una proteína, el cambio en el pH rompe los enlaces por puente de hidrógeno y altera los enlaces iónicos (puentes salinos). En la preparación de yogur y queso se agregan bacterias que producen ácido láctico para desnaturalizar la proteína de la leche y producir caseína sólida. El ácido tánico, un ácido débil usado en ungüentos contra quemaduras, se utiliza para coagular las proteínas en el lado de la quemadura, lo que forma una cubierta protectora y evita mayor pérdida de líquidos de la quemadura.

Compuestos orgánicos

El etanol y el alcohol isopropílico actúan como desinfectantes al formar sus propios enlaces por puente de hidrógeno con una proteína y alterar el enlace por puente de hidrógeno intramolecular de la cadena lateral. Se usa una torunda con alcohol para limpiar las heridas o preparar la piel para una inyección porque el alcohol pasa a través de las paredes celulares y coagula las proteínas dentro de las bacterias.

Iones de metales pesados

Los iones de metales pesados como Ag^+, Pb^{2+} y Hg^{2+} desnaturalizan proteínas al formar enlaces con grupos R iónicos o reaccionar con enlaces por puente disulfuro ($- S - S -$). En los hospitales, una disolución diluida (1%) de $AgNO_3$ se coloca en los ojos de los recién nacidos para destruir las bacterias que causan gonorrea. Si los metales pesados se ingieren, actúan como venenos porque desnaturalizan de manera importante las proteínas corporales e interrumpen reacciones metabólicas. Un antídoto es un alimento rico en proteínas, como leche, huevos o queso, que se combina con los iones de metales pesados hasta que pueda drenarse.

Agitación

El batido de la crema y el batimiento de las claras de huevo son ejemplos del uso de agitación mecánica para desnaturalizar proteínas. La acción de batimiento estira las cadenas polipeptídicas hasta que se interrumpen las interacciones estabilizadoras. En la tabla 19.7 se resume la desnaturalización de proteínas.

TABLA 19.7 **Desnaturalización de proteínas**

Agente desnaturalizador	Enlaces alterados	Ejemplos
Calor superior a 50 °C	Enlaces por puente de hidrógeno; interacciones hidrofóbicas entre grupos R no polares.	Cocer alimentos y poner en autoclaves instrumentos quirúrgicos.
Ácidos y bases	Enlaces por puente de hidrógeno entre grupos R polares; puentes salinos.	Ácido láctico de bacterias, que desnaturaliza la proteína de la leche en la preparación de yogur y queso.
Compuestos orgánicos	Interacciones hidrofóbicas.	Etanol y alcohol isopropílico, que desinfecta heridas y prepara la piel para inyecciones.
Iones de metales pesados Ag^+, Pb^{2+} y Hg^{2+}	Enlaces por puente disulfuro en proteínas mediante la formación de enlaces iónicos.	Envenenamiento con mercurio y plomo.
Agitación	Enlaces por puente de hidrógeno e interacciones hidrofóbicas al estirar las cadenas polipeptídicas y alterar las interacciones estabilizadoras.	Batido de crema, elaboración de merengue con claras de huevo.

COMPROBACIÓN DE CONCEPTOS 19.9 | Desnaturalización de proteínas

Describa el proceso de desnaturalización en cada uno de los incisos siguientes:

a. Un entremés llamado *ceviche* se prepara sin calor; se colocan rebanadas de pescado crudo en una solución de jugo de limón o lima. Después de 3 o 4 horas, el pescado parece estar "cocido".
b. Cuando se hornean papas, la leche que se agrega se cuaja (forma sólidos).

RESPUESTA

a. Los ácidos del jugo de limón o lima rompen los enlaces por puente de hidrógeno entre grupos R polares y alteran los puentes salinos, lo que desnaturaliza las proteínas del pescado.
b. El calor durante el horneado rompe los enlaces por puente de hidrógeno y las interacciones hidrofóbicas entre los grupos R no polares de la leche. Cuando la leche se desnaturaliza, las proteínas se vuelven insolubles y forman sólidos llamados *cuajo*.

EJEMPLO DE PROBLEMA 19.8 | Efectos de la desnaturalización

¿Qué ocurre con la estructura terciaria de una proteína globular cuando se coloca en una disolución ácida?

SOLUCIÓN

Un ácido produce desnaturalización al alterar los enlaces por puente de hidrógeno y los enlaces iónicos entre los grupos R. Una pérdida de interacciones hace que la estructura terciaria pierda estabilidad. A medida que las proteínas se despliegan, se pierden tanto la forma como la función biológica.

COMPROBACIÓN DE ESTUDIO 19.8

¿Por qué se usa una disolución diluida de $AgNO_3$ para desinfectar los ojos de los recién nacidos?

PREGUNTAS Y PROBLEMAS

19.6 Hidrólisis y desnaturalización de proteínas

META DE APRENDIZAJE: *Describir la hidrólisis y la desnaturalización de proteínas.*

19.35 ¿Qué productos resultarían de la hidrólisis completa de Gly-Ala-Ser?

19.36 Los productos de la hidrólisis del tripéptido Ala-Ser-Gly ¿serían los mismos o diferentes de los productos del problema 19.35? Explique.

19.37 ¿Qué dipéptidos podrían producirse a partir de la hidrólisis parcial de His-Met-Gly-Val?

19.38 ¿Qué tripéptidos podrían producirse a partir de la hidrólisis parcial de Ser-Leu-Gly-Gly-Ala?

19.39 ¿Qué nivel estructural de una proteína es afectado por la hidrólisis?

19.40 ¿Qué nivel estructural de una proteína es afectado por la desnaturalización?

19.41 Indique los cambios en los niveles estructurales secundario y terciario de las proteínas para cada uno de los incisos siguientes:

a. Un huevo colocado en agua a 100 °C se "pasa por agua" después de 3 minutos.
b. Antes de aplicar una inyección, la piel se limpia con una torunda de algodón con alcohol.
c. Los instrumentos quirúrgicos se colocan en una autoclave a 120 °C.
d. Durante la cirugía, una herida se cierra con cauterización (calor).

19.42 Indique los cambios en los niveles estructurales secundario y terciario de las proteínas para cada uno de los incisos siguientes:

a. Se coloca ácido tánico sobre una quemadura.
b. La leche se calienta a 60 °C para elaborar yogur.
c. Para evitar su descomposición, las semillas se tratan con una disolución de $HgCl_2$.
d. Las hamburguesas se cocinan a temperaturas altas para destruir la bacteria *E. coli* que puede causar enfermedades intestinales.

MAPA CONCEPTUAL

AMINOÁCIDOS Y PROTEÍNAS

Proteínas

contienen

Aminoácidos

que tienen

Grupos amino y carboxilo

que se ionizan para formar

Zwitteriones

en sus

Puntos isoeléctricos (pI)

contienen enlaces peptídicos entre

Aminoácidos

en un orden específico como

Estructura primaria

y enlaces por puente de hidrógeno como

Estructura secundaria

con interacciones que producen

Estructuras terciaria y cuaternaria

experimentan

Hidrólisis

para producir

Aminoácidos

o

Desnaturalización

cuando

Cambia la forma de las estructuras de los niveles 2°, 3°, 4°

debido a

Calor, ácidos y bases, compuestos orgánicos, iones de metales pesados o agitación

REPASO DEL CAPÍTULO

19.1 Proteínas y aminoácidos

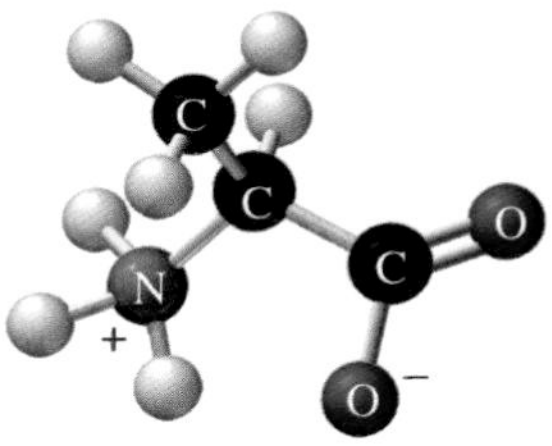

META DE APRENDIZAJE: Clasificar las proteínas por sus funciones. Proporcionar el nombre y las abreviaturas de un aminoácido y dibujar su estructura ionizada.

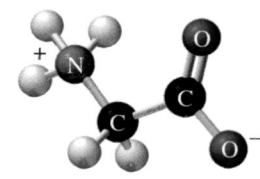

- Algunas proteínas son enzimas u hormonas, en tanto que otras son importantes en estructura, transporte, protección, almacenamiento y contracción muscular.
- Un grupo de 20 aminoácidos proporciona los bloques constructores moleculares de las proteínas.
- Unidos al carbono alfa central de cada aminoácido hay un grupo amonio, un grupo carboxilato y un grupo R único.
- El grupo R proporciona a un aminoácido la propiedad de ser no polar, polar, ácido o básico.

19.2 Aminoácidos como zwitteriones

META DE APRENDIZAJE: Dibujar el zwitterión para un aminoácido en su punto isoeléctrico, y su estructura ionizada a valores de pH por arriba o abajo de su punto isoeléctrico.

- Los aminoácidos existen como iones dipolares denominados *zwitteriones*, como iones positivos a bajo pH y como iones negativos a niveles altos de pH.
- En el punto isoeléctrico, los zwitteriones tienen carga neta de cero.

19.3 Formación de péptidos

META DE APRENDIZAJE: Dibujar la fórmula estructural condensada de un dipéptido.

- Los péptidos se forman cuando un enlace amida une el grupo carboxilato de un aminoácido y el grupo amonio de un segundo aminoácido.

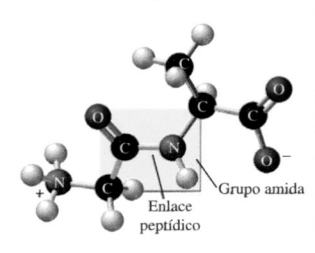

Grupo amida

Enlace peptídico

19.4 Estructura proteínica: niveles primario y secundario

META DE APRENDIZAJE: Describir las estructuras primaria y secundaria de una proteína.

- Las cadenas largas de aminoácidos que son biológicamente activas se llaman *proteínas*.
- La estructura primaria de una proteína es su secuencia de aminoácidos.
- En la estructura secundaria, los enlaces por puente de hidrógeno entre grupos peptídicos producen una forma característica como hélice α, hoja plegada β o hélice triple.

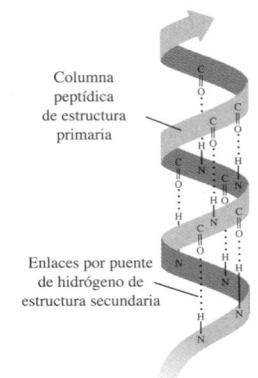

Columna peptídica de estructura primaria

Enlaces por puente de hidrógeno de estructura secundaria

19.5 Estructura proteínica: niveles terciario y cuaternario

META DE APRENDIZAJE: Describir las estructuras terciaria y cuaternaria de una proteína.

- En las proteínas globulares, la cadena polipeptídica, incluidas las regiones helicoidal α y de hoja plegada β, se pliegan sobre sí mismas para formar una estructura terciaria.

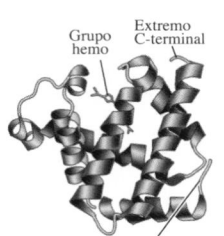

Grupo hemo

Extremo C-terminal

Extremo N-terminal

- Una estructura terciaria se estabiliza por las interacciones que llevan los aminoácidos con grupos R hidrofóbicos al centro y los aminoácidos con grupos R hidrofílicos hacia la superficie, y por interacciones entre aminoácidos con grupos R que forman enlaces por puentes de hidrógeno, enlaces por puentes disulfuro y puentes salinos.
- En una estructura cuaternaria, dos o más subunidades terciarias se unen para una actividad biológica, y se mantienen por las mismas interacciones que se encuentran en las estructuras terciarias.

19.6 Hidrólisis y desnaturalización de proteínas

META DE APRENDIZAJE: Describir la hidrólisis y la desnaturalización de proteínas.

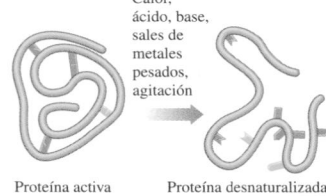

Calor, ácido, base, sales de metales pesados, agitación

Proteína activa   Proteína desnaturalizada

- La desnaturalización de una proteína ocurre cuando el calor u otros agentes desnaturalizantes destruyen la estructura de la proteína (pero no la estructura primaria) hasta que se pierde la actividad biológica.

aminoácido Bloque constructor de las proteínas que consiste en un grupo amonio, un grupo carboxilato y un grupo R único unidos a un carbono.

aminoácido C-terminal Aminoácido terminal en una cadena peptídica con un grupo carboxilato ($-COO^-$) libre.

aminoácido esencial Aminoácido que debe suministrarse en la alimentación porque no se sintetiza en el cuerpo.

aminoácido no polar Aminoácido con grupos R no polares que sólo contienen átomos C y H.

aminoácido N-terminal Es el aminoácido final en un péptido con un grupo $-NH_3^+$ libre.

aminoácido polar (ácido) Aminoácido que tiene un grupo R con un grupo carboxilato ($-COO^-$).

aminoácido polar (básico) Aminoácido que contiene un grupo R amina.

aminoácido polar (neutro) Aminoácido con grupos R polares.

colágeno La forma más abundante de proteína en el cuerpo, compuesta de fibrillas de hélice triple que tienen enlaces por puente de hidrógeno entre grupos $-OH$ de hidroxiprolina e hidroxilisina.

desnaturalización Pérdida de estructura proteínica secundaria, terciaria y cuaternaria causada por calor, ácidos, bases, compuestos orgánicos, metales pesados y/o agitación.

electroforesis Uso de corriente eléctrica para separar proteínas u otras moléculas cargadas con diferentes puntos isoeléctricos.

enlace peptídico Enlace amida en los péptidos que une el grupo carboxilato de un aminoácido con el grupo amonio del siguiente aminoácido.

enlace por puente de hidrógeno Es un tipo de interacción que se da entre el agua y los grupos R polares como $-OH$, $-NH_3^+$ y $-COO^-$ sobre la superficie exterior de una cadena polipeptídica.

enlace por puente disulfuro Enlace covalente $-S-S-$ que se forman entre los grupos $-SH$ de dos cisteínas en una proteína, que estabiliza las estructuras terciaria y cuaternaria.

estructura cuaternaria Estructura proteínica en la que dos o más subunidades proteínicas forman una proteína activa.

estructura primaria Secuencia específica de los aminoácidos en una proteína.

estructura secundaria Formación de una hélice α, hoja plegada β o hélice triple.

estructura terciaria Plegamiento de la estructura secundaria de una proteína en una estructura compacta; se estabiliza mediante las interacciones iónicas y enlaces por puentes disulfuro de los grupos laterales R.

hélice α (alfa) Nivel secundario de estructura proteínica en la que enlaces por puente de hidrógeno conectan el $N-H$ de un enlace peptídico con el $C=O$ de un enlace peptídico más lejos en la cadena para formar una estructura enrollada o en forma de sacacorchos.

hélice triple Estructura de proteína que se encuentra en el colágeno y que consta de tres cadenas de polipéptidos helicoidales alfa devanadas juntas como una trenza.

hoja plegada β (beta) Nivel secundario de una estructura proteínica formada por enlaces por puente de hidrógeno entre cadenas de polipéptido paralelas.

interacción hidrofílica Atracción entre grupos R polares sobre la superficie de la proteína y el agua.

interacción hidrofóbica Atracción entre grupos R no polares en el interior de una proteína globular.

péptido Combinación de dos o más aminoácidos unidos mediante enlaces peptídicos; dipéptido, tripéptido, etcétera.

proteína Polipéptido que tiene actividad biológica; contiene muchos aminoácidos unidos mediante enlaces peptídicos.

proteína fibrosa Proteína que es insoluble en agua; consiste en cadenas de polipéptido con hélices α u hojas plegadas β, y comprende las fibras de pelo, lana, piel, uñas y seda.

proteína globular Proteína que adquiere una forma compacta a partir de atracciones entre los grupos R de los aminoácidos en la proteína.

puente salino La atracción entre los grupos R ionizados de aminoácidos básicos y ácidos en la estructura terciaria de una proteína.

punto isoeléctrico (pI) pH al que un aminoácido existe como zwitterión con una carga neta de cero.

zwitterión Es una forma dipolar de un aminoácido que consiste en dos regiones iónicas con carga opuesta, $-NH_3^+$ y $-COO^-$, pero a la vez balanceadas de tal forma que el compuesto sea eléctricamente neutro.

COMPRENSIÓN DE CONCEPTOS

Las secciones del capítulo que se deben revisar se muestran entre paréntesis al final de cada pregunta.

19.43 Las semillas y verduras con frecuencia son deficientes en uno o más aminoácidos esenciales. La siguiente tabla muestra cuáles aminoácidos esenciales están presentes en cada alimento. (19.1)

Fuente	Lisina	Triptófano	Metionina
Avena	No	Sí	Sí
Arroz	No	Sí	Sí
Garbanzo	Sí	No	Sí
Frijol reina	Sí	No	No
Harina de maíz	No	No	Sí

Use la tabla para decidir si cada combinación de alimentos, especificada en cada inciso, proporciona los aminoácidos esenciales de lisina, triptófano y metionina.
a. arroz y garbanzo
b. frijol reina y harina de maíz
c. una ensalada de garbanzo y frijol reina

19.44 Use la tabla del problema 19.43 para decidir si cada combinación de alimentos, especificada en cada inciso, proporciona los aminoácidos esenciales de lisina, triptófano y metionina. (19.1)

La avena es deficiente en el aminoácido esencial lisina.

a. arroz y frijol reina
b. arroz y avena
c. avena y frijol reina

Use las siguientes fórmulas estructurales condensadas de la cisteína (**1-4**) para responder los problemas 19.45 y 19.46:

$$CH_2-SH$$
$$H_2N-\overset{|}{\underset{|}{C}}-COO^-$$
$$H$$
(1)

$$CH_2-SH$$
$$H_3\overset{+}{N}-\overset{|}{\underset{|}{C}}-COOH$$
$$H$$
(2)

$$CH_2-SH$$
$$H_3\overset{+}{N}-\overset{|}{\underset{|}{C}}-COO^-$$
$$H$$
(3)

$$CH_2-SH$$
$$H_2N-\overset{|}{\underset{|}{C}}-COOH$$
$$H$$
(4)

19.45 Si la cisteína, un aminoácido prevalente en el pelo, tiene un pI de 5.1, ¿cuál fórmula estructural tendría en disoluciones con cada uno de los siguientes valores pH? (19.2)
a. pH = 10.5
b. pH = 5.1
c. pH = 1.8

Las proteínas del pelo pueden contener grupos R de cisteína que forman enlaces por puente disulfuro.

19.46 Si la cisteína, un aminoácido prevalente en el pelo, tiene un pI de 5.1, ¿cuál fórmula condensada tendría en disoluciones con cada uno de los siguientes valores pH? (19.2)
a. pH = 2.0
b. pH = 3.5
c. pH = 9.1

19.47 Cada uno de tres péptidos contiene una molécula de valina y dos moléculas de serina. Use sus abreviaturas de tres letras y de una letra para escribir los tres péptidos posibles. (19.3, 19.4)

19.48 Cada uno de tres péptidos contiene una molécula de glicina, una molécula de alanina y dos moléculas de isoleucina. En este péptido, el extremo N-terminal es glicina. Use sus abreviaturas de tres letras y de una letra para escribir los tres péptidos posibles. (19.3, 19.4)

19.49 Identifique los aminoácidos y el tipo de interacción que se da entre los aminoácidos y grupos R siguientes en una estructura proteínica terciaria: (19.5)
a. $-CH_2-\overset{\overset{\displaystyle O}{\|}}{C}-NH_2$ y $HO-CH_2-$
b. $-CH_2-SH$ y $HS-CH_2-$
c. $-CH_2-\overset{|}{\underset{}{CH}}-CH_3$ y CH_3- (con CH_3 arriba)

19.50 ¿Qué tipo de interacción esperaría entre los grupos R de los aminoácidos siguientes en una estructura terciaria? (19.2, 19.5)
a. treonina y glutamina
b. valina y alanina
c. arginina y ácido glutámico

PREGUNTAS Y PROBLEMAS ADICIONALES

Visite www.masteringchemistry.com para acceder a materiales de autoaprendizaje y tareas asignadas por el instructor.

19.51 Dibuje la fórmula estructural condensada de cada uno de los aminoácidos siguientes a pH 4: (19.1, 19.2)
   a. serina   **b.** alanina   **c.** lisina

19.52 Dibuje la fórmula estructural condensada de cada uno de los aminoácidos siguientes a pH 11: (19.1, 19.2)
   a. cisteína   **b.** ácido aspártico   **c.** valina

19.53 **a.** Dibuje la fórmula estructural condensada de Ser-Lys-Asp. (19.3, 19.4, 19.5)
   b. ¿Esperaría encontrar este segmento en el centro o en la superficie de una proteína globular? ¿Por qué?

19.54 **a.** Dibuje la fórmula estructural condensada de Val-Ala-Leu. (19.3, 19.4, 19.5)
   b. ¿Esperaría encontrar este segmento en el centro o en la superficie de una proteína globular? ¿Por qué?

19.55 **a.** ¿Dónde se encuentra el colágeno en el cuerpo humano? (19.4)
   b. ¿Qué tipo de estructura secundaria se utiliza para formar colágeno?

19.56 **a.** ¿Cuáles son algunas funciones del colágeno? (19.4)
   b. ¿Qué aminoácidos dan fortaleza al colágeno?

19.57 ¿Esperaría que un polipéptido con alto contenido de His, Met y Leu tuviera más secciones helicoidales α o secciones de hoja plegada β? (19.4)

19.58 ¿Esperaría que un polipéptido con alto contenido de Val, Pro y Ser tuviera más secciones helicoidales α o secciones de hoja plegada β? (19.4)

19.59 Si la serina se sustituye con valina en una proteína, ¿cómo se afectaría la estructura terciaria? (19.5)

19.60 Si la glicina se sustituye con alanina en una proteína, ¿cómo se afectaría la estructura terciaria? (19.5)

19.61 Si los aminoácidos lisina, prolina y ácido glutámico se encontraran en una proteína, ¿cuál de estos aminoácidos… (19.5)
   a. se encontraría en regiones hidrofóbicas?
   b. se encontraría en regiones hidrofílicas?
   c. formaría puentes salinos?

19.62 Si los aminoácidos histidina, fenilalanina y serina se encontraran en una proteína, ¿cuál de estos aminoácidos… (19.5)
   a. se encontraría en regiones hidrofóbicas?
   b. se encontraría en regiones hidrofílicas?
   c. formaría puentes salinos?

19.63 El aspartame, que se usa en edulcorantes artificiales, contiene el siguiente dipéptido: (19.3)

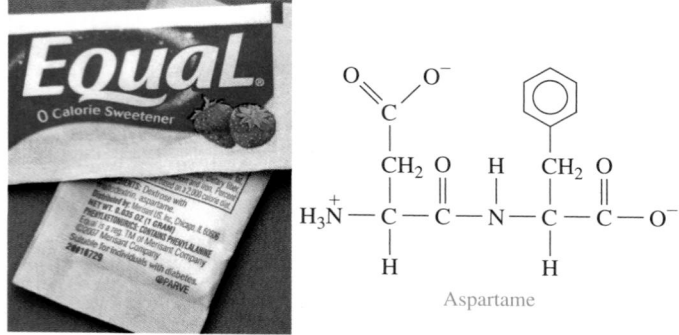

Aspartame

El aspartame es un edulcorante artificial.
   a. ¿Cuáles son los aminoácidos en el aspartame?
   b. ¿Cómo nombraría el dipéptido en el aspartame?
   c. Proporcione las abreviaturas de tres letras y de una letra del dipéptido en aspartame.

19.64 GHK-Cu es un tripéptido que tiene una fuerte atracción por los iones Cu^{2+} y está presente en la sangre y la saliva de los seres humanos. Tiene la siguiente estructura:

GHK-Cu

   a. ¿Cuáles son los aminoácidos en GHK-Cu?
   b. ¿Cómo nombraría este tripéptido, GHK-Cu?
   c. Proporcione las abreviaturas de tres letras y de una letra del tripéptido en GHK-Cu.

19.65 En la preparación del merengue para una tarta se agregan algunas gotas de jugo de limón y las claras de huevo se baten. ¿Qué hace que se forme el merengue? (19.6)

19.66 ¿Cómo difiere la desnaturalización de una proteína de su hidrólisis? (19.6)

PREGUNTAS DE DESAFÍO

19.67 Indique la carga global de cada aminoácido a los valores de pH siguientes como 0, 1+ o 1−: (19.1, 19.2)
   a. serina a un pH de 5.7
   b. treonina a un pH de 2.0
   c. isoleucina a un pH de 3.0
   d. leucina a un pH de 9.0

19.68 Indique la carga global de cada aminoácido a los valores pH siguientes como 0, 1+ o 1−: (19.1, 19.2)
   a. tirosina a un pH de 3.0
   b. glicina a un pH de 10.0
   c. fenilalanina a un pH de 8.5
   d. metionina a un pH de 5.7

Use el diagrama siguiente para los problemas 19.69 y 19.70:

Mezcla de
aminoácidos

19.69 Una mezcla de los aminoácidos arginina, leucina y ácido glutámico a un pH de 6.0 se sujeta a un voltaje eléctrico. (19.2, 19.3, 19.4)
   a. ¿Cuál aminoácido migrará hacia el electrodo positivo?
   b. ¿Cuál aminoácido migrará hacia el electrodo negativo?
   c. ¿Cuál aminoácido permanecerá en el mismo lugar donde se colocó originalmente?
   d. Si la mezcla es el resultado de hidrolizar un tripéptido, ¿cuáles son las posibles secuencias si está presente una unidad de cada aminoácido?

19.70 Una mezcla de los aminoácidos cisteína, ácido glutámico e histidina a un pH de 5.1 se sujeta a un voltaje eléctrico. (19.2, 19.3, 19.4)
   a. ¿Cuál aminoácido migrará hacia el electrodo positivo?

   b. ¿Cuál aminoácido migrará hacia el electrodo negativo?
   c. ¿Cuál aminoácido permanecerá en el mismo lugar donde se colocó originalmente?
   d. Si la mezcla es el resultado de hidrolizar un tripéptido, ¿cuáles son las posibles secuencias si está presente una unidad de cada aminoácido?

19.71 ¿Cuáles son algunas diferencias entre cada uno de los siguientes? (19.1, 19.2, 19.3, 19.4, 19.5)
   a. estructuras proteínicas secundaria y terciaria
   b. aminoácidos esenciales y no esenciales
   c. aminoácidos polares y no polares
   d. dipéptidos y tripéptidos

19.72 ¿Cuáles son algunas diferencias entre cada uno de los siguientes? (19.1, 19.2, 19.3, 19.4, 19.5)
   a. un enlace iónico (puente salino) y un enlace por puente disulfuro
   b. proteínas fibrosas y globulares
   c. hélice α y hoja plegada β
   d. estructuras terciaria y cuaternaria de proteínas

RESPUESTAS

Respuestas a las Comprobaciones de estudio

19.1 a. polar, neutro   **b.** polar, ácido

19.2 En la proyección de Fischer de D-serina, el grupo —NH_3^+ está en el lado derecho; en L-serina, el grupo —NH_3^+ está en el lado izquierdo.

19.3

19.4

19.5 tirosilglicilglicilfenilalanilmetionina

19.6 Tanto valina como leucina tienen grupos R no polares y se encontrarían en el interior de la estructura terciaria.

19.7 cuaternario

19.8 El metal pesado Ag^+ desnaturaliza las proteínas en las bacterias que causan gonorrea.

Respuestas a Preguntas y problemas seleccionados

19.1 a. transporte
   b. estructural
   c. estructural
   d. enzima

19.3 Todos los aminoácidos contienen un grupo carboxilato y un grupo amonio en el carbono α.

19.5

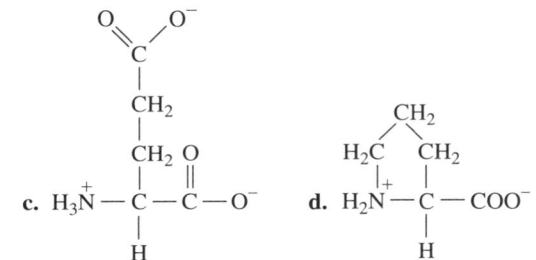

19.7 a. no polar, hidrofóbico
b. polar, neutro; hidrofílico
c. polar, ácido; hidrofílico
d. no polar, hidrofóbico

19.9 a. alanina
b. valina
c. lisina
d. cisteína

19.11 a.

$$H_3\overset{+}{N} \underset{\underset{\underset{H_3C \quad CH_3}{CH}}{|}}{\overset{COO^-}{\underset{|}{\overset{|}{C}}}} H$$

b.

$$H \overset{COO^-}{\underset{\underset{CH_2SH}{|}}{\overset{|}{\underset{|}{C}}}} \overset{+}{N}H_3$$

19.13 a.

$$H_3\overset{+}{N} - \overset{H}{\underset{H}{\overset{|}{\underset{|}{C}}}} - \overset{O}{\overset{||}{C}} - O^-$$

b.

$$H_3\overset{+}{N} - \overset{SH}{\underset{H}{\overset{|}{\underset{|}{\overset{CH_2}{\underset{|}{C}}}}}} - \overset{O}{\overset{||}{C}} - O^-$$

c.

$$H_3\overset{+}{N} - \overset{HO-CH}{\underset{H}{\overset{|}{\underset{|}{\overset{CH_3}{\underset{|}{C}}}}}} - \overset{O}{\overset{||}{C}} - O^-$$

d.

$$H_3\overset{+}{N} - \overset{CH_3}{\underset{H}{\overset{|}{\underset{|}{C}}}} - \overset{O}{\overset{||}{C}} - O^-$$

19.15 a.

$$H_3\overset{+}{N} - \overset{H}{\underset{H}{\overset{|}{\underset{|}{C}}}} - \overset{O}{\overset{||}{C}} - OH$$

b.

$$H_3\overset{+}{N} - \overset{SH}{\underset{H}{\overset{|}{\underset{|}{\overset{CH_2}{\underset{|}{C}}}}}} - \overset{O}{\overset{||}{C}} - OH$$

c.

$$H_3\overset{+}{N} - \overset{HO-CH}{\underset{H}{\overset{|}{\underset{|}{\overset{CH_3}{\underset{|}{C}}}}}} - \overset{O}{\overset{||}{C}} - OH$$

d.

$$H_3\overset{+}{N} - \overset{CH_3}{\underset{H}{\overset{|}{\underset{|}{C}}}} - \overset{O}{\overset{||}{C}} - OH$$

19.17 a. arriba de su pI   **b.** abajo de su pI   **c.** en su pI

19.19 a.

Ala-Cys, AC

b.

Ser-Phe, SF

c. Gly-Ala-Val, GAV

d. Val-Ile-Trp, VIW

19.21 Se forman enlaces amida para conectar los aminoácidos que constituyen la proteína.

19.23 Val-Met-Met, VMM; Met-Val-Met, MVM; Met-Met-Val, MMV

19.25 La estructura primaria permanece invariable e intacta a medida que se forman los enlaces por puente de hidrógeno entre los átomos de oxígeno carbonilo y los átomos de hidrógeno amino en la estructura secundaria.

19.27 En la hélice α se forman enlaces por puente de hidrógeno entre el átomo de oxígeno carbonilo y el átomo de hidrógeno amino en la siguiente espiral de la hélice. En la hoja plegada β, los enlaces por puente de hidrógeno ocurren entre péptidos o secciones paralelos de una cadena polipeptídica larga.

19.29 a. enlace por puente disulfuro
b. puente salino
c. enlace por puente de hidrógeno
d. interacción hidrofóbica

19.31 a. cisteína
b. Leucina y valina se encontrarán en el interior de la proteína porque son hidrofóbicos.
c. Cisteína y ácido aspártico estarían en el exterior de la proteína porque son polares.
d. El orden de los aminoácidos (la estructura primaria) proporciona los grupos R cuyas interacciones determinan la estructura terciaria de la proteína.

19.33 a. terciaria y cuaternaria   **b.** primaria
c. secundaria   **d.** secundaria

19.35 Los productos serían los aminoácidos glicina, alanina y serina.

19.37 His-Met, Met-Gly, Gly-Val

19.39 La hidrólisis rompe los enlaces amida en la estructura primaria.

19.41 a. Colocar un huevo en agua hirviendo coagula las proteínas del huevo porque el calor altera los enlaces por puente de hidrógeno y las interacciones hidrofóbicas.
b. El alcohol en la torunda coagula las proteínas de cualquier bacteria presente mediante la formación de enlaces por puente de hidrógeno y altera las interacciones hidrofóbicas.

c. El calor de una autoclave coagulará las proteínas de cualquier bacteria en los instrumentos quirúrgicos al alterar los enlaces por puente de hidrógeno y las interacciones hidrofóbicas.

d. El calor coagulará las proteínas circundantes para cerrar la herida al alterar los enlaces por puente de hidrógeno y las interacciones hidrofóbicas.

19.43 a. sí **b.** no **c.** no

19.45 a. (1) **b.** (3) **c.** (2)

19.47 Val-Ser-Ser (VSS), Ser-Ser-Val (SSV), Ser-Val-Ser (SVS)

19.49 a. asparagina y serina, enlace por puente de hidrógeno
b. cisteína y cisteína, enlace por puente disulfuro
c. leucina y alanina, interacción hidrofóbica

19.51 a.

$$H_3\overset{+}{N}-\underset{\underset{H}{|}}{\overset{\overset{CH_2-OH}{|}}{C}}-\overset{\overset{O}{\|}}{C}-OH$$

b.

$$H_3\overset{+}{N}-\underset{\underset{H}{|}}{\overset{\overset{CH_3}{|}}{C}}-\overset{\overset{O}{\|}}{C}-OH$$

c.

$$\overset{\overset{+}{N}H_3}{\underset{|}{}}\;CH_2-CH_2-CH_2-CH_2$$

$$H_3\overset{+}{N}-\underset{\underset{H}{|}}{\overset{\overset{CH_2}{|}}{C}}-\overset{\overset{O}{\|}}{C}-OH$$

19.53 a.

$$H_3\overset{+}{N}-\underset{\underset{H}{|}}{\overset{\overset{OH}{\underset{|}{CH_2}}}{C}}-\overset{\overset{O}{\|}}{C}-N-\underset{\underset{H}{|}}{\overset{\overset{\overset{+}{N}H_3}{\underset{|}{\overset{CH_2}{\underset{|}{\overset{CH_2}{\underset{|}{CH_2}}}}}}}{C}}-\overset{\overset{O}{\|}}{C}-N-\underset{\underset{H}{|}}{\overset{\overset{\overset{O}{\diagdown}C\diagup{O^-}}{\underset{|}{CH_2}}}{C}}-\overset{\overset{O}{\|}}{C}-O^-$$

b. Este segmento contiene grupos R polares, que se encontrarían sobre la superficie de una proteína globular donde forman enlaces por puente de hidrógeno con agua.

19.55 a. El colágeno se encuentra en el tejido conjuntivo, los vasos sanguíneos, la piel, los tendones, los ligamentos, la córnea del ojo y el cartílago.
b. Una hélice triple es la estructura secundaria que se encuentra en el colágeno.

19.57 Hélice α

19.59 La serina es un aminoácido polar, en tanto que la valina es un aminoácido no polar. La serina se movería hacia la superficie exterior de la proteína, donde puede formar enlaces por puente de hidrógeno con agua. Sin embargo, la valina, que es no polar, se dirigiría hacia el centro de la estructura terciaria, donde se estabiliza mediante la formación de interacciones hidrofóbicas.

19.61 a. prolina
b. lisina, ácido glutámico
c. lisina, ácido glutámico

19.63 a. ácido aspártico y fenilalanina
b. aspartilfenilalanina
c. Asp-Phe, DF

19.65 El ácido proveniente del jugo de limón y el batido mecánico (agitación) desnaturalizan las proteínas de la clara de huevo que se vuelven sólidas como el merengue.

19.67 a. 0 **b.** 1+ **c.** 1+ **d.** 1−

19.69 a. El ácido glutámico migrará hacia el electrodo positivo.
b. La arginina migrará hacia el electrodo negativo.
c. La leucina permanecerá donde se le colocó.
d. Arg-Leu-Glu, Arg-Glu-Leu, Leu-Glu-Arg, Leu-Arg-Glu, Glu-Leu-Arg, Glu-Arg-Leu

19.71 a. En la estructura secundaria de las proteínas, los enlaces por puente de hidrógeno forman una hélice o una hoja plegada; la estructura terciaria se determina mediante los enlaces por puente de hidrógeno, así como por los enlaces por puente disulfuro y puentes salinos.
b. El cuerpo puede sintetizar los aminoácidos no esenciales; los aminoácidos esenciales deben suministrarse en los alimentos.
c. Los aminoácidos polares tienen grupos R hidrofílicos, en tanto que los aminoácidos no polares tienen grupos R hidrofóbicos.
d. Un péptido contiene dos aminoácidos, pero un tripéptido contiene tres aminoácidos.

20 Enzimas y vitaminas

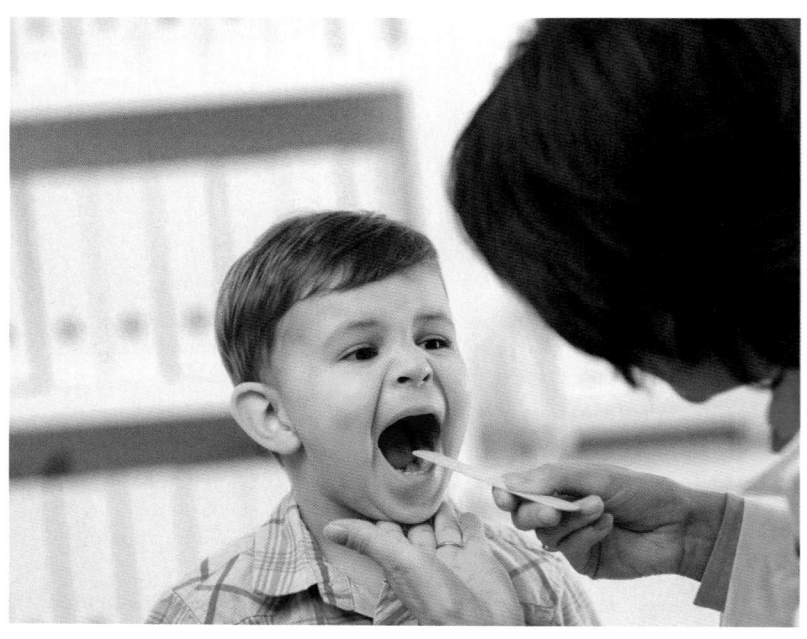

Visite **www.masteringchemistry.com** para acceder a materiales de autoaprendizaje y tareas asignadas por el instructor.

Noah, un niño de 4 años de edad, tiene diarrea grave, dolor abdominal y borborigmos dos horas después de comer. Noah también tiene peso bajo para su edad. Su madre hace una cita para Noah con Emma, su asistente médico. Emma sospecha de inmediato que Noah puede ser intolerante a la lactosa, lo que ocurre debido a una deficiencia enzimática.

Emma ordena una prueba de hidrógeno en el aliento después de confirmar que no ha comido durante ocho horas. Dicha prueba consiste en respirar en el interior de un recipiente con forma de globo, beber una disolución que contenga lactosa y luego recopilar más muestras de respiraciones. Por la presencia de hidrógeno en el aliento de Noah, confirma que es intolerante a la lactosa, pues el hidrógeno sólo está presente cuando las bacterias fermentan la lactosa sin digerir en el colon. Emma aconseja a Noah y a su madre restringir los productos lácteos y usar lactasa cuando Noah consuma un producto que contenga leche.

La lactasa es una enzima, o un catalizador biológico, que también es una proteína. Las enzimas reducen de manera significativa la velocidad de una reacción, y dado que no se consumen en la reacción, pueden reutilizarse. La lactosa es el sustrato, o la molécula que reacciona y que la lactasa descompone. La lactosa tiene una estructura o forma que es específica al sitio activo de la enzima lactasa. El sitio activo es la región de la enzima donde ocurre la reacción.

Profesión: Asistente médico

Un asistente médico ayuda al médico a examinar y tratar a los pacientes, así como a prescribir medicamentos. Muchos asistentes médicos son los primeros en atender a un paciente. Sus labores también incluirían obtener registros médicos e historias clínicas de los enfermos, diagnosticar enfermedades, educar y aconsejar a los pacientes, así como referir a la persona, cuando sea necesario, a un especialista. Debido a esta diversidad de tareas, los asistentes médicos deben tener conocimiento de varias enfermedades. También pueden ayudar al médico durante cirugías mayores. Pueden trabajar en clínicas, hospitales, organizaciones de conservación de la salud, práctica privada o asumir una función más administrativa que involucre contratar a nuevos asistentes médicos y actuar como intermediario entre el hospital y el paciente o su familia.

C ada segundo, miles de reacciones químicas tienen lugar en las células del cuerpo. Por ejemplo, muchas reacciones ocurren para digerir los alimentos que come, convertir los productos en energía química y sintetizar proteínas y otras macromoléculas en las células. En el laboratorio se pueden llevar a cabo reacciones que hidrolicen polisacáridos, grasas o proteínas, pero tienen que utilizarse ácidos o bases fuertes, temperaturas altas y tiempos de reacción prolongados. En las células del cuerpo, dichas reacciones deben tener lugar a velocidades mucho más rápidas que satisfagan las necesidades fisiológicas y metabólicas. Para que esto ocurra, las enzimas catalizan las reacciones químicas en las células, con una enzima diferente para cada reacción. Las enzimas digestivas en la boca, estómago e intestino delgado catalizan la hidrólisis de carbohidratos, grasas y proteínas. Las enzimas en las mitocondrias extraen energía de biomoléculas para suministrar energía.

Cada enzima responde a lo que entra en las células y a lo que las células necesitan. Las enzimas mantienen en marcha las reacciones cuando las células necesitan ciertos productos, y desactivan las reacciones cuando no necesitan dichos productos.

Muchas enzimas requieren cofactores para funcionar de manera adecuada. Los cofactores son iones metálicos inorgánicos (minerales) o compuestos orgánicos como las vitaminas. De los alimentos se obtienen minerales como zinc (Zn^{2+}) y hierro (Fe^{3+}), y vitaminas. Una carencia de minerales y vitaminas puede ocasionar ciertas enfermedades nutricionales. Por ejemplo, el raquitismo es una deficiencia de vitamina D, y el escorbuto ocurre cuando una dieta contiene poca vitamina C.

20.1 Enzimas y acción enzimática

Los catalizadores biológicos conocidos como **enzimas** catalizan casi todas las reacciones químicas que tienen lugar en el cuerpo. Como estudió en la sección 9.1, un *catalizador* aumenta la velocidad de reacción al cambiar la forma en que tiene lugar la reacción; la enzima en sí no cambia. Una reacción no catalizada en una célula tiene lugar con el tiempo, pero no a una velocidad suficientemente rápida para la supervivencia. Por ejemplo, la hidrólisis de proteínas en los alimentos ocurriría con el tiempo sin un catalizador, pero las reacciones no ocurrirían con suficiente rapidez para satisfacer los requisitos corporales de aminoácidos. Las reacciones químicas en las células ocurren a velocidades increíblemente rápidas bajo condiciones leves, cerca de un pH de 7.4 y una temperatura corporal de 37 °C. Las enzimas permiten que las células utilicen energía y materiales de manera eficiente mientras responden a las necesidades celulares.

Como catalizadores, las enzimas reducen la energía de activación de una reacción química (véase la figura 20.1). Se necesita menos energía para convertir moléculas reactantes en productos, lo que aumenta la velocidad de una reacción bioquímica comparada con las velocidades de las reacciones no catalizadas. Algunas enzimas pueden aumentar la velocidad de una reacción biológica por un factor de mil millones, un billón o incluso miles de millones de billones en comparación con la velocidad de la reacción no catalizada. Por ejemplo, una enzima en la sangre llamada *anhidrasa carbónica* cataliza la interconversión rápida de dióxido de carbono y agua en bicarbonato y H^+. En un segundo, una molécula de anhidrasa carbónica puede catalizar la reacción de aproximadamente un millón de moléculas de dióxido de carbono. La anhidrasa carbónica también cataliza la reacción inversa, y convierte bicarbonato y H^+ en dióxido de carbono y agua.

$$CO_2 + H_2O \underset{\text{carbónica}}{\overset{\text{Anhidrasa}}{\rightleftharpoons}} HCO_3^- + H^+$$

Describir las enzimas y su función en las reacciones catalizadas por enzimas.

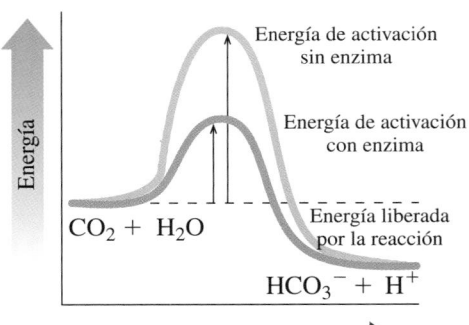

FIGURA 20.1 La enzima anhidrasa carbónica reduce la energía de activación para la reacción reversible que convierte CO_2 y H_2O en bicarbonato y H^+.

P ¿Por qué son necesarias las enzimas en las reacciones biológicas?

TUTORIAL
Enzymes and Activation Energy

ACTIVIDAD DE AUTOAPRENDIZAJE
How Enzymes Work

Enzimas y sitios activos

Casi todas las enzimas son proteínas globulares. Cada una tiene una forma tridimensional única que reconoce y une un pequeño grupo de moléculas reactantes que se llaman **sustratos**. La estructura terciaria de una enzima tiene una importante función en la manera como dicha enzima cataliza reacciones.

En una reacción catalizada, una enzima tiene que unirse a un sustrato en una forma que favorezca la catálisis. Una enzima característica es mucho más grande que su sustrato. Sin embargo, dentro de la estructura terciaria de la enzima hay una región llamada **sitio activo**, donde se mantienen el o los sustratos mientras se realiza la reacción (véase la figura 20.2). Con frecuencia el sitio activo es una pequeña bolsa, dentro de la estructura terciaria más grande, que embona exactamente con el sustrato. En el interior del sitio activo de una enzima, grupos R de aminoácidos específicos interaccionan con grupos funcionales del sustrato para formar enlaces por puente de hidrógeno, puentes salinos e interacciones hidrofóbicas. Puesto que el sitio activo de una enzima se acomoda a un tipo particular de sustrato, las enzimas generalmente catalizan sólo tipos específicos de reacciones.

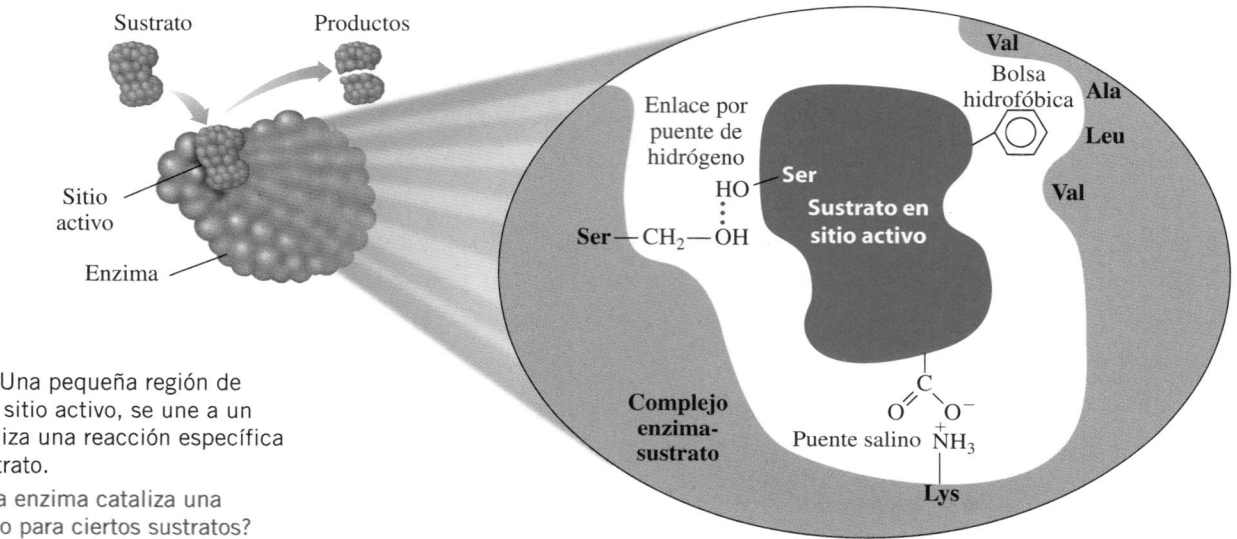

FIGURA 20.2 Una pequeña región de una enzima, el sitio activo, se une a un sustrato y cataliza una reacción específica para dicho sustrato.

P ¿Por qué una enzima cataliza una reacción sólo para ciertos sustratos?

COMPROBACIÓN DE CONCEPTOS 20.1   El sitio activo enzimático

¿Cuál es la función del sitio activo en una enzima?

RESPUESTA

Los grupos R de aminoácidos en el interior del sitio activo de una enzima se unen al sustrato mediante la formación de enlaces por puente de hidrógeno, puentes salinos e interacciones hidrofóbicas con el sustrato y catalizan la reacción.

Especificidad de las enzimas

Algunas enzimas muestran especificidad absoluta al catalizar sólo una reacción para un sustrato específico. Otras enzimas catalizan una reacción para dos o más sustratos. Incluso hay otras enzimas que catalizan una reacción para un tipo de enlace específico. En la tabla 20.1 se mencionan los tipos de especificidad enzimática.

TABLA 20.1 Tipos de especificidad enzimática

Tipo	Tipo de reacción	Ejemplo
Absoluta	Cataliza un tipo de reacción para un sustrato	La ureasa cataliza sólo la hidrólisis de urea
Grupo	Cataliza un tipo de reacción para sustratos similares	La hexoquinasa agrega un grupo fosfato a las hexosas
Enlace	Cataliza un tipo de reacción para un tipo de enlace específico	La quimotripsina cataliza la hidrólisis de enlaces peptídicos

Reacciones catalizadas por una enzima

La combinación de una enzima y un sustrato forma un **complejo enzima-sustrato (ES)**, que proporciona una ruta alternativa para la reacción con una menor energía de activación. En el interior del sitio activo las cadenas laterales de aminoácidos catalizan la reacción para producir un *complejo enzima-producto*. Luego se liberan los productos y la enzima está disponible para unirse a otra molécula de sustrato.

$$\text{E + S} \quad \rightleftharpoons \quad \text{Complejo ES} \quad \longrightarrow \quad \text{Complejo EP} \quad \longrightarrow \quad \text{E + P}$$

Enzima y sustrato   Complejo enzima-sustrato   Complejo enzima-producto   Enzima y producto

En la hidrólisis del disacárido sacarosa por la enzima sacarasa, una molécula de sacarosa se une al sitio activo de la sacarasa. En este complejo ES, el enlace glucosídico de la sacarosa está en una posición que es favorable para la hidrólisis, que es la división de una molécula grande en partes más pequeñas por la adición de agua. Los grupos R en el aminoácido del sitio activo catalizan entonces la hidrólisis de sacarosa, lo que produce los monosacáridos glucosa y fructosa. Puesto que las estructuras de los productos ya no son atraídas hacia el sitio activo, se liberan, lo que permite que la sacarasa reaccione con otra sacarosa (véase la figura 20.3).

$$\text{E + S} \quad \rightleftharpoons \quad \text{Complejo ES} \quad \longrightarrow \quad \text{Complejo EP} \quad \longrightarrow \quad \text{E + P}$$

Sacarasa + sacarosa $\rightleftharpoons$ Complejo sacarasa-sacarosa $\longrightarrow$ Complejo sacarasa-glucosa-fructosa $\longrightarrow$ Sacarasa + glucosa + fructosa

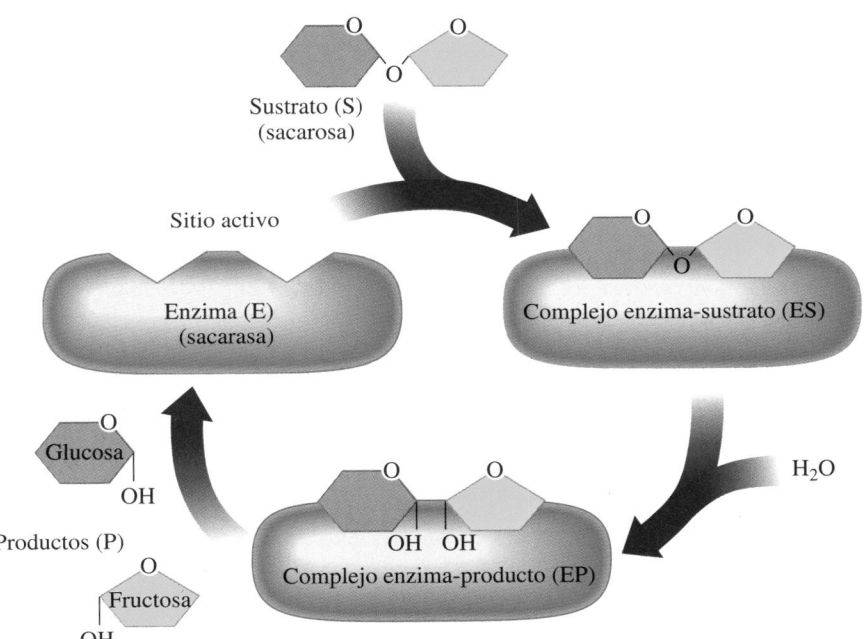

FIGURA 20.3 La sacarosa se une al sitio activo de modo que el enlace glucosídico se alinee para la reacción de hidrólisis. Una vez hidrolizado el disacárido, los productos monosacáridos se liberan de la enzima, que está lista para unirse a otra sacarosa.

P ¿Por qué la hidrólisis de la sacarosa catalizada por una enzima avanza más rápido que la hidrólisis de la sacarosa en el laboratorio de química?

Modelos de acción enzimática

Una de las primeras teorías de la acción enzimática, llamada *modelo de llave y cerradura*, describía el sitio activo como poseedor de una forma rígida e inflexible. De acuerdo con el modelo de llave y cerradura, la forma del sitio activo era análoga a una cerradura, y su sustrato era la llave que encajaba de manera específica en dicha cerradura. Sin embargo, este modelo era estático y no tenía en cuenta la flexibilidad de la forma terciaria de una enzima ni la manera en la que, ahora se sabe, el sitio activo puede acoplarse a la forma de un sustrato.

En el modelo dinámico de acción enzimática, llamado **modelo de ajuste inducido**, la flexibilidad del sitio activo le permite adaptarse a la forma del sustrato. Al mismo tiempo, la forma del sustrato se modifica para embonar mejor en la geometría del sitio activo. Como resultado, el acoplamiento tanto del sitio activo como del sustrato proporciona el mejor alineamiento para la catálisis de la reacción del sustrato. En el modelo de ajuste inducido, sustrato y enzima funcionan en conjunto para adquirir un arreglo geométrico que reduzca la energía de activación (véase la figura 20.4).

TUTORIAL
Enzymes and the Lock-and-Key Model

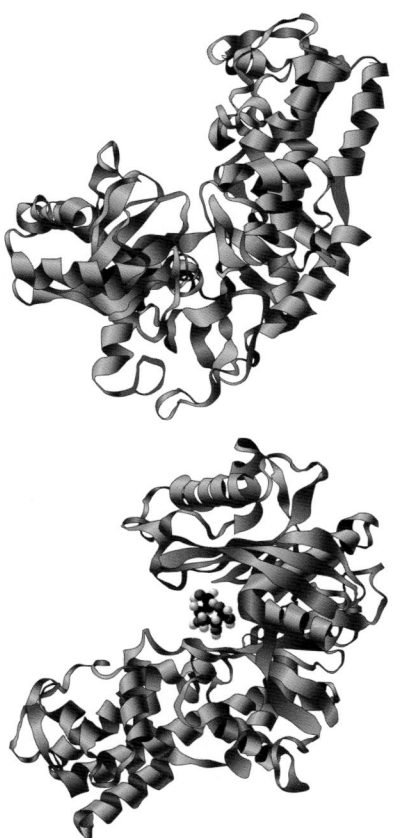

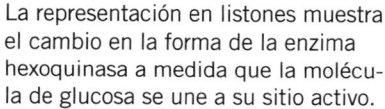

La representación en listones muestra el cambio en la forma de la enzima hexoquinasa a medida que la molécula de glucosa se une a su sitio activo.

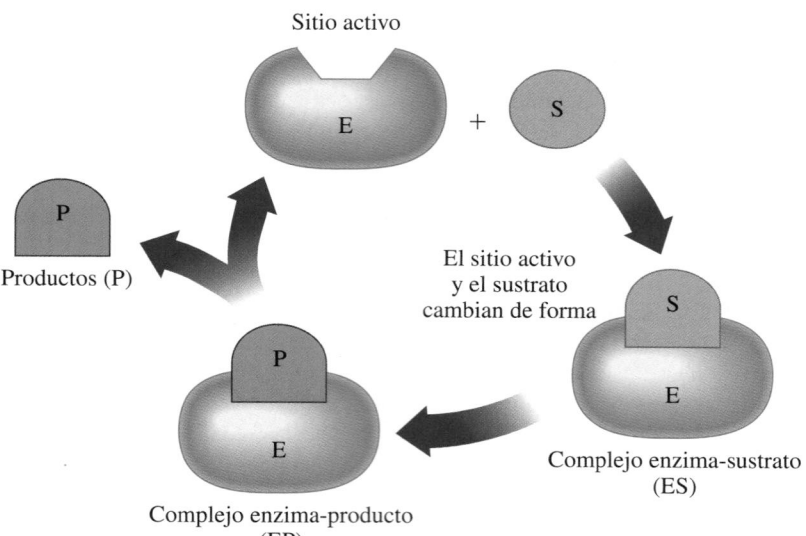

FIGURA 20.4 En el modelo de ajuste inducido, un sitio activo y sustrato flexibles embonan para brindar el mejor acoplamiento para la reacción.

P ¿De qué manera el modelo de ajuste inducido ofrece la alineación adecuada de sustrato y sitio activo?

COMPROBACIÓN DE CONCEPTOS 20.2 Modelo de ajuste inducido

¿Cómo explica el modelo de ajuste inducido el enlazamiento del sustrato y el sitio activo?

RESPUESTA

En el modelo de ajuste inducido, las formas de sustrato y sitio activo embonan de modo que el sustrato está en la posición óptima necesaria para que la enzima realice la catálisis de la reacción.

PREGUNTAS Y PROBLEMAS

20.1 Enzimas y acción enzimática

META DE APRENDIZAJE: *Describir las enzimas y su función en las reacciones catalizadas por enzimas.*

20.1 ¿Por qué las reacciones químicas en el cuerpo necesitan enzimas?

20.2 ¿De qué manera las enzimas hacen que las reacciones químicas en el cuerpo avancen a velocidades más rápidas?

20.3 Relacione los términos (1) complejo enzima-sustrato, (2) enzima y (3) sustrato, con cada uno de los enunciados siguientes:
  a. tiene una estructura terciaria que reconoce el sustrato
  b. la combinación de una enzima con el sustrato
  c. tiene una estructura que encaja en el sitio activo de una enzima

20.4 Relacione los términos (1) sitio activo, (2) modelo de ajuste inducido y (3) complejo enzima-producto con cada uno de los enunciados siguientes:
  a. la combinación de una enzima con el producto
  b. la porción de una enzima donde ocurre la actividad catalizadora
  c. un sitio activo que se adapta a la forma de un sustrato

20.5 **a.** Escriba una ecuación que represente una reacción catalizada por una enzima.
  b. ¿En qué se diferencia el sitio activo de la estructura completa de la enzima?

20.6 **a.** ¿De qué manera una enzima acelera la reacción de un sustrato?
  b. Luego de formados los productos, ¿qué ocurre con la enzima?

20.2 Clasificación de enzimas

META DE APRENDIZAJE

Clasificar las enzimas y proporcionar sus nombres.

El nombre de una enzima describe el compuesto o la reacción que cataliza. Para obtener los nombres reales de las enzimas se sustituye el extremo del nombre de la reacción o compuesto que reacciona por el sufijo *asa*. Por ejemplo, una *oxidasa* es una enzima que cataliza una reacción de oxidación, y una *deshidrogenasa* es una enzima que participa en la eliminación o adición de átomos de hidrógeno. Estas enzimas se clasifican como *oxidorreductasas* porque catalizan la pérdida o ganancia de hidrógeno u oxígeno.

La enzima *sacarasa* es un catalizador en la hidrólisis de sacarosa, y la *lipasa* cataliza reacciones que hidrolizan lípidos. Algunas enzimas usan nombres que terminan en el sufijo *ina*, como la *papaína*, que se encuentra en la papaya; la *rennina*, que se encuentra en la leche; y la *pepsina* y *tripsina*, enzimas que catalizan la hidrólisis de proteínas. Estas enzimas, incluidas la sacarasa y la lipasa, se clasifican como *hidrolasas* porque usan agua para dividir moléculas grandes en moléculas más pequeñas.

La Comisión Internacional de Enzimas clasificó las enzimas de acuerdo con los seis tipos generales de reacciones que catalizan (véase la tabla 20.2).

TABLA 20.2 Clasificación de las enzimas

Clase	Ejemplos
1. Oxidorreductasas Catalizan reacciones oxidación-reducción	Las *oxidasas* catalizan la oxidación de un compuesto. Las *deshidrogenasas* catalizan la eliminación o adición de dos átomos de H.

$$CH_3-CH_2-OH + NAD^+ \xrightarrow{\text{Alcohol deshidrogenasa}} CH_3-\overset{\overset{\displaystyle O}{\|}}{C}-H + NADH + H^+$$

Etanol Coenzima Etanal Coenzima

| **2. Transferasas** Catalizan la transferencia de un grupo funcional entre dos compuestos | Las *transaminasas* catalizan la transferencia de un grupo amino de un compuesto a otro. Las *quinasas* catalizan la transferencia de grupos fosfato. |

$$CH_3-\overset{\overset{\displaystyle \overset{+}{N}H_3}{|}}{CH}-COO^- + {}^-OOC-\overset{\overset{\displaystyle O}{\|}}{C}-CH_2-CH_2-COO^- \rightleftharpoons CH_3-\overset{\overset{\displaystyle O}{\|}}{C}-COO^- + {}^-OOC-\overset{\overset{\displaystyle \overset{+}{N}H_3}{|}}{CH}-CH_2-CH_2-COO^-$$

Alanina α-cetoglutarato Alanina transaminasa Piruvato Glutamato

| **3. Hidrolasas** Catalizan las reacciones de hidrólisis (add H_2O) que dividen un compuesto en dos productos | Las *peptidasas* catalizan la hidrólisis de enlaces peptídicos. Las *lipasas* catalizan la hidrólisis de enlaces éster en lípidos. |

$$-\overset{\overset{\displaystyle H}{|}}{N}-\overset{\overset{\displaystyle R}{|}}{CH}-\overset{\overset{\displaystyle O}{\|}}{C}-\overset{\overset{\displaystyle H}{|}}{N}-\overset{\overset{\displaystyle R}{|}}{CH}-COO^- + H_2O \xrightarrow{\text{Peptidasa}} -\overset{\overset{\displaystyle H}{|}}{N}-\overset{\overset{\displaystyle R}{|}}{CH}-\overset{\overset{\displaystyle O}{\|}}{C}-O^- + H_3\overset{+}{N}-\overset{\overset{\displaystyle R}{|}}{CH}-COO^-$$

Extremo C-terminal polipeptídico Polipéptido más corto Aminoácido a partir del extremo C-terminal

| **4. Liasas** Catalizan la adición o eliminación de un grupo sin hidrólisis | Las *descarboxilasas* catalizan la eliminación de CO_2. Las *desaminasas* catalizan la eliminación de NH_3. |

$$CH_3-\overset{\overset{\displaystyle O}{\|}}{C}-COO^- + H^+ \xrightarrow{\text{Piruvato descarboxilasa}} CH_3-\overset{\overset{\displaystyle O}{\|}}{C}-H + CO_2$$

Piruvato Etanal Dióxido de carbono

| **5. Isomerasas** Catalizan el reordenamiento de átomos dentro de una molécula para formar un isómero | Las *isomerasas* catalizan la conversión entre enlaces *cis* a *trans*. Las *epimerasas* catalizan la conversión de isómeros D y L. |

$$\overset{{}^-OOC}{\underset{H}{}}C=C\overset{COO^-}{\underset{H}{}} \rightleftharpoons[\text{isomerasa}]{\text{Maleato}} \overset{{}^-OOC}{\underset{H}{}}C=C\overset{H}{\underset{COO^-}{}}$$

Maleato Fumarato

| **6. Ligasas** Catalizan la unión de dos moléculas usando energía del ATP (véase la sección 22.2) | Las *sintetasas* catalizan la combinación de dos moléculas. Las *carboxilasas* catalizan la adición de CO_2. |

$${}^-OOC-\overset{\overset{\displaystyle O}{\|}}{C}-CH_3 + CO_2 + ATP \xrightarrow{\text{Piruvato carboxilasa}} {}^-OOC-\overset{\overset{\displaystyle O}{\|}}{C}-CH_2-COO^- + ADP + P_i + H^+$$

Piruvato Oxaloacetato

COMPROBACIÓN DE CONCEPTOS 20.3 | **Clases de enzimas**

Identifique la clase general de enzimas que catalizan cada una de las reacciones siguientes:

a. un grupo fosfato se mueve desde un sustrato hacia otro
b. un enlace peptídico en una proteína se hidroliza
c. un átomo de C se elimina como CO_2 de un sustrato

RESPUESTA

a. Una transferasa cataliza la transferencia de un grupo fosfato desde un sustrato hacia otro.
b. Una hidrolasa cataliza la hidrólisis de un enlace peptídico en una proteína.
c. Una liasa cataliza la eliminación de un átomo de C como CO_2 de un sustrato.

EJEMPLO DE PROBLEMA 20.1 | **Clases de enzimas**

¿Cuál es la clasificación de la enzima que cataliza cada una de las reacciones siguientes?

a. la transferencia de un grupo amino
b. la eliminación de hidrógeno del lactato

SOLUCIÓN

a. La clase de enzimas llamadas *transferasas* incluye enzimas que catalizan la transferencia de un grupo amino de un reactivo a otro.
b. La clase de enzimas denominadas *oxidorreductoras* incluye enzimas que catalizan la eliminación de hidrógeno del lactato.

COMPROBACIÓN DE ESTUDIO 20.1

¿Cuál es la clasificación de la enzima lipasa que cataliza la hidrólisis de enlaces éster en triglicéridos?

La química en la salud

LAS ISOENZIMAS COMO RECURSO PARA ESTABLECER UN DIAGNÓSTICO

Las *isoenzimas* son diferentes formas de una enzima que catalizan la misma reacción en diferentes células o tejidos del cuerpo. Las isoenzimas consisten en estructuras cuaternarias con pequeñas variaciones en los aminoácidos de la subunidades polipeptídicas. Por ejemplo, hay cinco isoenzimas de *lactato deshidrogenasa* (*LDH*) que catalizan la conversión entre lactato y piruvato.

$$\underset{\text{Lactato}}{CH_3-\underset{\underset{OH}{|}}{CH}-COO^-} + NAD^+ \underset{\xrightarrow{\hspace{1cm}}}{\overset{\text{Lactato}}{\overset{\text{deshidrogenasa}}{\rightleftharpoons}}}$$

$$\underset{\text{Piruvato}}{CH_3-\underset{\overset{\|}{O}}{C}-COO^-} + NADH + H^+$$

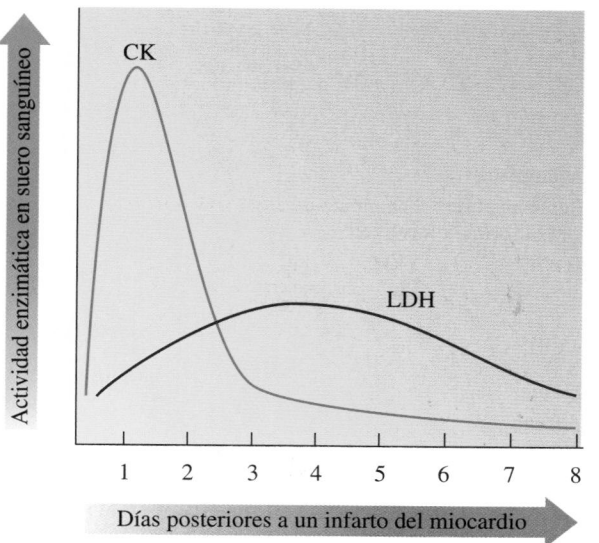

Cada isoenzima LDH contiene una mezcla de dos subunidades polipéptido, M y H. En el hígado y los músculos, el lactato se convierte en piruvato mediante la isoenzima LDH_5 con cuatro subunidades M, designadas M_4. En el corazón, la misma reacción es catalizada por la isoenzima LDH_1 llamada H_4, que contiene cuatro subunidades H. Se encuentran diferentes combinaciones de las subunidades M y H en las isoenzimas LDH del cerebro, eritrocitos, riñones y leucocitos.

Formas de isoenzimas

Las diferentes formas de una enzima permiten establecer un diagnóstico médico respecto del daño o la enfermedad de un órgano o tejido particular. En los tejidos sanos, las isoenzimas funcionan en el interior de las células. Sin embargo, cuando una enfermedad daña un órgano particular, las células mueren, lo que libera las isoenzimas en la sangre. Las mediciones de los niveles altos de isoenzimas específicas en el suero sanguíneo ayudan a identificar la enfermedad y su ubicación en el cuerpo. Por ejemplo, un aumento de LDH_5 (M_4) en el suero indica daño hepático. Cuando un *infarto al miocardio* (*MI*), o ataque cardiaco, daña las células del músculo cardiaco, en el suero sanguíneo se detecta un incremento del nivel de isoenzimas LDH_1 (H_4) (véase la tabla 20.3).

TABLA 20.3 Isoenzimas de lactato deshidrogenasa y creatina quinasa

Isoenzima	Abundante en	Subunidades
Lactato deshidrogenasa (LDH)		
LDH_1	Corazón, riñones	H_4
LDH_2	Eritrocitos, corazón, riñón, cerebro	H_3M
LDH_3	Cerebro, pulmones, leucocitos	H_2M_2
LDH_4	Pulmón, músculo esquelético	HM_3
LDH_5	Músculo esquelético, hígado	M_4
Creatina quinasa (CK)		
CK_1	Cerebro, pulmón	BB
CK_2	Corazón	MB
CK_3	Músculo esquelético, eritrocitos	MM

Otra isoenzima que se utiliza para establecer un diagnóstico es la creatina quinasa (CK) (en ocasiones nombrada como *cinasa*), que consta de dos tipos de subunidades polipeptídicas. La subunidad B es prevalente en el cerebro, y la subunidad M predomina en los músculos. En general, sólo CK_3 (subunidades MM) está presente en bajas cantidades en el suero sanguíneo. Sin embargo, en un paciente que sufrió un infarto al miocardio (MI), el nivel de CK_2 (subunidades MB) se incrementa en un lapso de 4-6 horas y alcanza un pico en aproximadamente 24 horas. La tabla 20.4 menciona algunas enzimas utilizadas para diagnosticar tejido dañado y enfermedades de ciertos órganos.

Isoenzimas de lactato deshidrogenasa	Niveles más altos observados en los siguientes:
H_4 (LDH_1)	Corazón, riñones
H_3M (LDH_2)	Eritrocitos, corazón, riñón, cerebro
H_2M_2 (LDH_3)	Cerebro, pulmones, leucocitos
HM_3 (LDH_4)	Pulmones, músculo esquelético
M_4 (LDH_5)	Músculo esquelético, hígado

TABLA 20.4 Enzimas séricas usadas en el diagnóstico de daño a tejidos

Padecimiento	Enzimas diagnósticas altas
Ataque cardiaco o enfermedad hepática (cirrosis, hepatitis)	Lactato deshidrogenasa (LDH) Aspartato transaminasa (AST)
Ataque cardiaco	Creatina quinasa (CK)
Hepatitis	Alanina transaminasa (ALT)
Carcinoma hepático o enfermedad ósea (raquitismo)	Fosfatasa alcalina (ALP)
Enfermedad pancreática	Amilasa pancreática (PA), colinesterasa (CE), lipasa (LPS)
Carcinoma prostático	Fosfatasa ácida (ACP) Antígeno-prostático específico (PSA)

PREGUNTAS Y PROBLEMAS

20.2 Clasificación de enzimas

META DE APRENDIZAJE: *Clasificar las enzimas y proporcionar sus nombres.*

20.7 ¿Qué tipo de reacción se cataliza por cada una de las clases de enzimas siguientes?
  a. oxidorreductasas   **b.** transferasas   **c.** hidrolasas

20.8 ¿Qué tipo de reacción se cataliza por cada una de las clases de enzimas siguientes?
  a. liasas
  b. isomerasas
  c. ligasas

20.9 ¿Cuál es el nombre de la clase de enzimas que catalizan cada una de las reacciones siguientes?

a. hidrólisis de sacarosa

b. conversión de glucosa ($C_6H_{12}O_6$) en fructosa ($C_6H_{12}O_6$)

c. movilización de un grupo amino de una molécula a otra

20.10 ¿Cuál es el nombre de la clase de enzimas que cataliza cada una de las reacciones siguientes?

a. unión de glucosa y fructosa con el uso de energía de ATP

b. eliminación de átomos de hidrógeno

c. eliminación de CO_2 de piruvato

20.11 Identifique la clase de enzimas que catalizan cada una de las reacciones siguientes:

a.
$$CH_3 - \overset{\overset{\displaystyle O}{\|}}{C} - COO^- + H^+ \longrightarrow CH_3 - \overset{\overset{\displaystyle O}{\|}}{C} - H + CO_2$$

b.
$$CH_3 - \overset{\overset{\displaystyle \overset{+}{N}H_3}{|}}{CH} - COO^- + {}^-OOC - \overset{\overset{\displaystyle O}{\|}}{C} - CH_2 - CH_3 \rightleftharpoons$$
$$CH_3 - \overset{\overset{\displaystyle O}{\|}}{C} - COO^- + {}^-OOC - \overset{\overset{\displaystyle \overset{+}{N}H_3}{|}}{CH} - CH_2 - CH_3$$

20.12 Identifique la clase de enzimas que catalizan cada una de las reacciones siguientes:

a.
$$CH_3 - \overset{\overset{\displaystyle O}{\|}}{C} - COO^- + CO_2 + ATP \longrightarrow$$

$$\overset{\overset{\displaystyle O}{\|}}{{}^-OOC - CH_2 - C - COO^-} + ADP + P_i + H^+$$

b.
$$CH_3 - CH_2 - OH + NAD^+ \longrightarrow$$
$$CH_3 - \overset{\overset{\displaystyle O}{\|}}{C} - H + NADH + H^+$$

20.13 Nombre la enzima que cataliza cada una de las reacciones siguientes:

a. oxidación de succinato

b. combinación de glutamato y amoniaco para formar glutamina

c. eliminación de 2 átomos de H de un alcohol

20.14 Nombre la enzima que cataliza cada una de las reacciones siguientes:

a. hidrólisis de sacarosa

b. transferencia de un grupo amino desde el aspartato

c. eliminación de un grupo carboxilato del piruvato

20.15 ¿Qué son las isoenzimas?

20.16 ¿En qué se diferencia la isoenzima LDH del corazón, de la isoenzima LDH del hígado?

20.17 Un paciente llega al servicio de urgencias con dolor en el pecho. ¿Qué enzimas puede haber en el suero sanguíneo del paciente?

20.18 Un paciente alcohólico tiene niveles altos de LDH y AST. ¿Qué padecimiento podría indicar?

META DE APRENDIZAJE

Describir el efecto de temperatura, pH, concentración de la enzima y concentración del sustrato sobre la actividad enzimática.

20.3 Factores que afectan la actividad enzimática

La **actividad** de una enzima describe cuán rápido una enzima cataliza la reacción que convierte un sustrato en producto. Esta actividad depende en gran medida de las condiciones de la reacción, que incluyen temperatura, pH, concentración de la enzima y concentración del sustrato (véase la sección 19.6 para revisar la desnaturalización de proteínas).

Temperatura

Las enzimas son muy sensibles a la temperatura. A bajas temperaturas, la mayor parte de las enzimas muestra poca actividad porque no hay suficiente cantidad de energía para que tenga lugar la reacción catalizada. A temperaturas más altas, la actividad enzimática aumenta a medida que las moléculas reactantes se mueven más rápido para generar más colisiones con las enzimas. Las enzimas son más activas a **temperatura óptima**, que es de 37 °C, o temperatura corporal, para la mayoría de las enzimas (véase la figura 20.5). A temperaturas superiores a 50 °C, la estructura terciaria, y por ende la forma de la mayor parte de las proteínas, se destruye, lo que causa una pérdida de actividad enzimática. Por esta razón, el equipo en los hospitales y laboratorios se esteriliza en autoclaves donde las temperaturas altas desnaturalizan las enzimas que existen en las bacterias dañinas. Una fiebre corporal alta puede ayudar a desnaturalizar las enzimas existentes en las bacterias que causan la infección.

Ciertos microorganismos, conocidos como *termófilos*, viven en ambientes donde las temperaturas varían de 50 °C a 120 °C. Para poder sobrevivir en estas condiciones extremas, los termófilos deben tener enzimas con estructuras terciarias que no se destruyen por dichas altas temperaturas. Algunas investigaciones demuestran que sus enzimas son muy similares a las enzimas ordinarias, excepto que contienen más arginina y tirosina. Estos leves cambios permiten a las enzimas de los termófilos formar más enlaces por puente de hidrógeno y puentes salinos que estabilizan sus estructuras terciarias a altas temperaturas, y resisten el desdoblamiento y la pérdida de actividad enzimática.

Los termófilos sobreviven en las temperaturas altas (50 °C a 120 °C) de las aguas termales.

pH

Las enzimas son más activas a su **pH óptimo**, el pH que mantiene la estructura terciaria adecuada de la proteína (véase la figura 20.6). Si un valor de pH está arriba o abajo del pH óptimo, se alteran las interacciones del grupo R, lo que destruye la estructura terciaria y el sitio activo. Como resultado, la enzima ya no puede unirse a un sustrato de manera adecuada y no ocurren reacciones. Si se revierte un pequeño cambio en el pH, una enzima puede recuperar su estructura y actividad. Sin embargo, grandes variaciones respecto del pH óptimo destruyen de manera permanente la estructura de la enzima.

Las enzimas en la mayor parte de las células tienen valores de pH óptimos a un pH fisiológico de más o menos 7.4. Sin embargo, las enzimas en el estómago tienen un pH óptimo bajo porque hidrolizan las proteínas en el pH ácido del estómago. Por ejemplo, la pepsina, una enzima digestiva que se encuentra en el estómago, tiene un pH óptimo de 1.5-2.0. Entre comidas, el pH en el estómago es de 4 o 5, y la pepsina muestra poca o ninguna actividad digestiva. Cuando el alimento entra al estómago, la secreción de HCl baja el pH a aproximadamente 2, lo que activa la pepsina. La tabla 20.5 menciona los valores de pH óptimos para enzimas seleccionadas.

TABLA 20.5 pH óptimo para enzimas seleccionadas

Enzima	Ubicación	Sustrato	pH óptimo
Pepsina	Estómago	Enlaces peptídicos	1.5-2.0
Sacarasa	Intestino delgado	Sacarosa	6.2
Amilasa	Páncreas	Amilosa	6.7-7.0
Ureasa	Hígado	Urea	7.0
Tripsina	Intestino delgado	Enlaces peptídicos	7.7-8.0
Lipasa	Páncreas	Lípido (enlaces éster)	8.0
Arginasa	Hígado	Arginina	9.7

Concentración de enzimas y sustratos

En cualquier reacción catalizada, el sustrato debe unirse primero con la enzima para formar el complejo enzima-sustrato. Para una concentración de sustrato particular, un aumento en la concentración enzimática aumenta la velocidad de la reacción catalizada. A concentraciones enzimáticas más altas, más moléculas están disponibles para unirse al sustrato y catalizar la reacción. Mientras la concentración de sustrato sea mayor que la concentración de la enzima, hay una relación directa entre la concentración de la enzima y la actividad enzimática (véase la figura 20.7a). En muchas reacciones catalizadas por enzimas, la concentración del sustrato es mucho mayor que la concentración de la enzima.

Cuando la concentración de enzima se mantiene constante, la adición de más sustrato aumentará la velocidad de la reacción. Si la concentración del sustrato es alta, puede saturar todas las moléculas de la enzima. Entonces la velocidad de la reacción alcanza su máximo y la adición de más sustrato no aumenta más la velocidad de la reacción (véase la figura 20.7b).

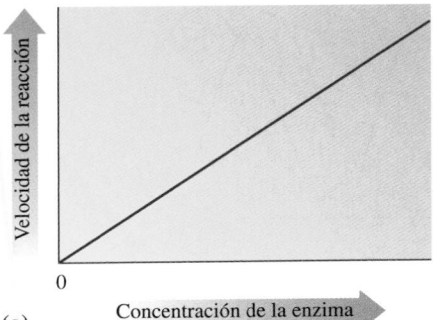

(a)

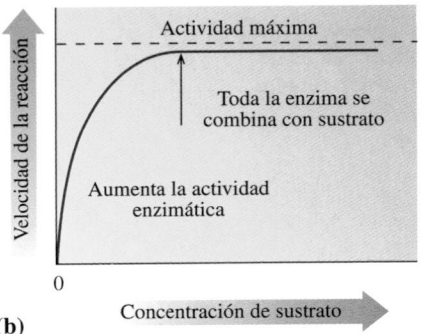

(b)

FIGURA 20.7 **(a)** El aumento de la concentración de enzima incrementa la velocidad de la reacción. **(b)** El aumento en la concentración de sustrato incrementa la velocidad de la reacción hasta que las moléculas de la enzima se saturan con sustrato.

P ¿Qué ocurre con la velocidad de la reacción cuando el sustrato satura la enzima?

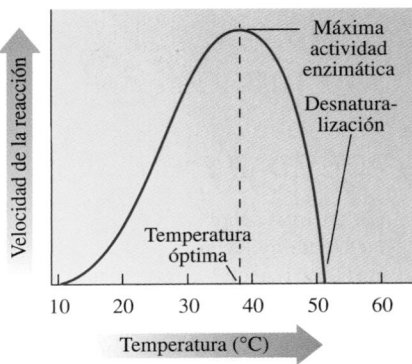

FIGURA 20.5 Una enzima logra actividad máxima en su temperatura óptima, por lo general 37 °C. Temperaturas más bajas frenan la velocidad de la reacción, y las temperaturas superiores a 50 °C desnaturalizan la mayor parte de las enzimas, lo que resulta en una pérdida de actividad catalizadora.

P ¿Por qué 37 °C es la temperatura óptima para muchas enzimas?

TUTORIAL
Denaturation and Enzyme Activity

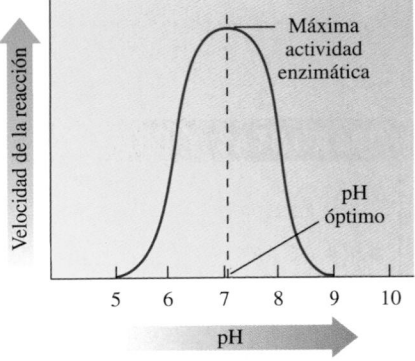

FIGURA 20.6 Las enzimas son más activas a su pH óptimo. A un pH mayor o menor, la desnaturalización de la enzima causa una pérdida de la actividad catalizadora.

P ¿Por qué la enzima digestiva pepsina tiene un pH óptimo de 2.0?

TUTORIAL
Enzyme and Substrate Concentrations

Explore su mundo

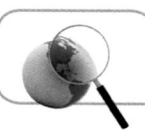

ACTIVIDAD ENZIMÁTICA

Las enzimas sobre la superficie de una manzana, aguacate o plátano recién cortados reaccionan con el oxígeno del aire para volver de color marrón la superficie. Un antioxidante, como la vitamina C del jugo de limón, impide la reacción de oxidación. Corte una manzana, aguacate o plátano en varias rebanadas. Coloque una rebanada en una bolsa plástica hermética, saque todo el aire y cierre la bolsa herméticamente. Sumerja otra rebanada en jugo de limón. Rocíe otra rebanada con una tableta molida de vitamina C. Deje otra rebanada sola como control. Observe la superficie de cada una de sus muestras. Registre sus observaciones inmediatamente, luego cada hora durante 6 horas o más.

PREGUNTAS

1. ¿Cuál(es) rebanada(s) muestra(n) más oxidación (un color marrón)?
2. ¿Cuál(es) rebanada(s) muestra(n) poca o ninguna oxidación?
3. ¿De qué manera el tratamiento con un antioxidante afectó la reacción de oxidación en cada rebanada?

COMPROBACIÓN DE CONCEPTOS 20.4   Actividad enzimática

Describa de qué manera cada uno de los cambios siguientes afecta la actividad de una enzima:

a. disminuir el pH a partir del pH óptimo
b. aumentar la temperatura por encima de la temperatura óptima
c. aumentar la concentración de sustrato a una temperatura y un pH constantes

RESPUESTA

a. Un ambiente más ácido altera los enlaces por puente de hidrógeno y los puentes salinos de la estructura terciaria, lo que causa una pérdida de actividad enzimática.
b. Cuando la temperatura es mayor que la temperatura óptima, la estructura terciaria se rompe (desnaturalización), la forma del sitio activo se deteriora y la actividad enzimática se pierde.
c. Un aumento en la concentración de un sustrato incrementa la velocidad de la reacción hasta que todas las moléculas de la enzima se combinan con el sustrato. Entonces la velocidad de la reacción es constante.

EJEMPLO DE PROBLEMA 20.2   Factores que afectan la actividad enzimática

Describa el efecto que cada uno de los cambios siguientes tendría sobre la velocidad de la reacción que se cataliza por ureasa:

$$H_2N-\overset{\overset{\displaystyle O}{\|}}{C}-NH_2 + H_2O \xrightarrow{\text{Ureasa}} 2NH_3 + CO_2$$
Urea

a. aumentar la concentración de urea   **b.** disminuir la temperatura a 10 °C

SOLUCIÓN

a. Un aumento en la concentración de urea incrementará la velocidad de la reacción hasta que todas las moléculas de la enzima se unan a la urea. Entonces ya no aumenta más la velocidad de la reacción.
b. Puesto que 10 °C es menor que la temperatura óptima de 37 °C, hay una reducción en la velocidad de la reacción.

COMPROBACIÓN DE ESTUDIO 20.2

Si la ureasa tiene un pH óptimo de 7.0, ¿cuál es el efecto de disminuir el pH a 3.0?

PREGUNTAS Y PROBLEMAS

20.3 Factores que afectan la actividad enzimática

META DE APRENDIZAJE: *Describir el efecto de temperatura, pH, concentración de la enzima y concentración del sustrato sobre la actividad enzimática.*

20.19 La tripsina, una peptidasa que cataliza la hidrólisis de proteínas, funciona en el intestino delgado a un pH óptimo de 7.7-8.0. ¿De qué manera afectaría cada uno de los cambios siguientes la reacción catalizada por tripsina?
 a. disminuir la concentración de polipéptidos
 b. cambiar el pH a 3.0
 c. correr la reacción a 75 °C
 d. agregar más tripsina

20.20 La pepsina, una peptidasa que cataliza la hidrólisis de proteínas, funciona en el estómago a un pH óptimo de 1.5-2.0. ¿De qué manera afectaría cada uno de los cambios siguientes la reacción catalizada por pepsina?
 a. aumentar la concentración de proteínas
 b. cambiar el pH a 5.0
 c. correr la reacción a 0 °C
 d. usar menos pepsina

20.21 La gráfica siguiente muestra las curvas actividad/pH para la pepsina, la sacarasa y la tripsina. Estime el pH óptimo para cada una.

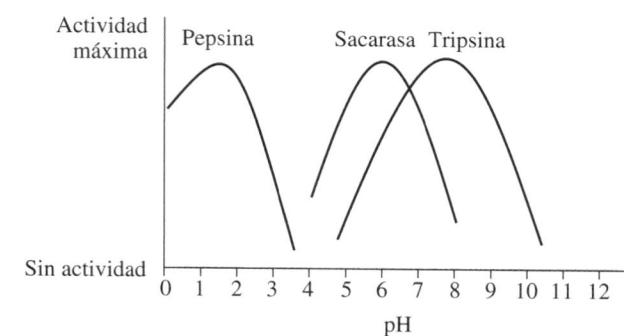

20.22 Consulte la gráfica del problema 20.21 para determinar si la velocidad de la reacción a cada una de las siguientes lecturas de pH estará o no a la velocidad óptima:
 a. tripsina, pH de 5.0   **b.** sacarasa, pH de 5.0
 c. pepsina, pH de 4.0   **d.** tripsina, pH de 8.0
 e. pepsina, pH de 2.0

20.4 Inhibición enzimática

Muchos tipos de moléculas, llamadas **inhibidores**, hacen que las enzimas pierdan su actividad catalizadora. Si bien los inhibidores actúan de manera diferente, todos impiden que el sitio activo se enlace con un sustrato. Una enzima con un *inhibidor reversible* puede recuperar la actividad enzimática, pero una enzima unida a un *inhibidor irreversible* pierde en forma permanente la actividad enzimática.

Inhibición reversible

En la **inhibición reversible**, un inhibidor ocasiona una pérdida de actividad enzimática que puede revertirse. Un inhibidor reversible puede actuar de formas distintas, pero no forma enlaces covalentes con la enzima. La inhibición reversible puede ser competitiva o no competitiva. En la *inhibición competitiva*, un inhibidor compite por el sitio activo, en tanto que en la *inhibición no competitiva* el inhibidor actúa sobre otro sitio que no es el sitio activo.

Inhibidores competitivos

Un **inhibidor competitivo** tiene una estructura química y polaridad que son similares a los del sustrato. Por tanto, un inhibidor competitivo compite con el sustrato por el sitio activo. Cuando el inhibidor ocupa el sitio activo, el sustrato no puede unirse a la enzima y no puede ocurrir la reacción (véase la figura 20.8). La actividad enzimática se pierde. Sin embargo, el efecto de un inhibidor competitivo puede revertirse al agregar más sustrato. Entonces el inhibidor competitivo se desplaza del sitio activo, de modo que se forma más complejo enzima-sustrato (ES) y se recupera la actividad enzimática.

TUTORIAL
Enzyme Inhibition

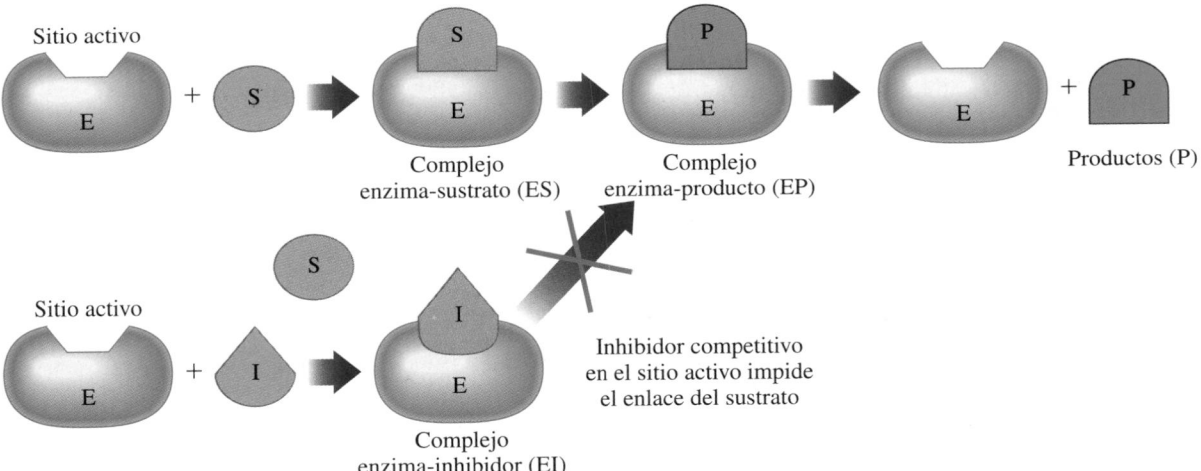

FIGURA 20.8 Un inhibidor competitivo, que tiene una estructura similar al sustrato, también encaja en el sitio activo y compite con el sustrato.

P ¿Por qué la creciente concentración del sustrato revierte la inhibición de un inhibidor competitivo?

El malonato, que tiene estructura y polaridad similares a los del succinato, compite por el sitio activo en la enzima succinato deshidrogenasa. Siempre y cuando el malonato, un inhibidor competitivo, ocupe el sitio activo, no ocurre reacción. Cuando se agrega más del sustrato succinato, el malonato se desplaza del sitio activo, y la inhibición se revierte.

ACTIVIDAD DE AUTOAPRENDIZAJE
Enzyme Inhibition

Algunas infecciones bacterianas se tratan con inhibidores competitivos llamados *antimetabolitos*. La sulfanilamida, uno de los primeros medicamentos sulfa, compite con ácido *p*-aminobenzoico (PABA), que es una sustancia esencial (metabolito) en el ciclo de crecimiento de las bacterias.

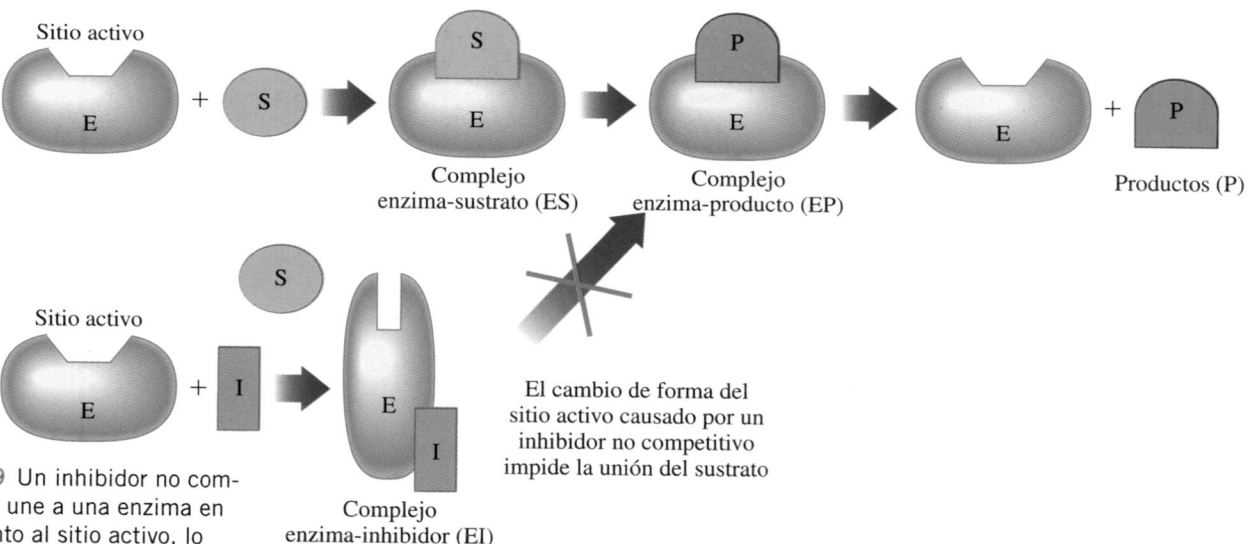

Inhibidores no competitivos

La estructura de un **inhibidor no competitivo** no se parece al sustrato y no compite por el sitio activo. En vez de ello, un inhibidor no competitivo se une a una enzima no en el sitio activo, sino en una ubicación diferente. El efecto de un inhibidor no competitivo consiste en distorsionar la forma de la enzima, lo que impide que el sustrato se enlace al sitio activo (véase la figura 20.9). Ejemplos de inhibidores no competitivos son los iones de metal pesado Pb^{2+}, Ag^+ y Hg^{2+}, que se enlazan con grupos laterales de aminoácidos como $-COO^-$ o $-OH$. A diferencia de la inhibición competitiva, la adición de más sustrato no revierte el efecto de un inhibidor no competitivo metálico. Sin embargo, el efecto de un inhibidor no competitivo metálico puede revertirse con el uso de reactivos químicos conocidos como *quelantes*, que se unen a metales tóxicos, como Pb^{2+}, Ag^+ y Hg^{2+}, y los eliminan del cuerpo. Entonces la enzima recupera su actividad biológica.

FIGURA 20.9 Un inhibidor no competitivo (I) se une a una enzima en un sitio distinto al sitio activo, lo que distorsiona la enzima y evita el enlazamiento adecuado y la catálisis del sustrato en el sitio activo.

P ¿Un aumento en la concentración de sustrato revierte la inhibición de un inhibidor no competitivo?

Inhibidores irreversibles

Un **inhibidor irreversible** forma un enlace covalente con el grupo R de un aminoácido que puede estar cerca o lejos del sitio activo. El efecto del inhibidor irreversible cambia la forma de la enzima, lo que impide que el sustrato entre al sitio activo. A diferencia de otros inhibidores, un inhibidor irreversible no puede eliminarse, lo que resulta en una pérdida permanente de actividad enzimática.

Insecticidas y gases neurotóxicos actúan como inhibidores irreversibles de la acetilco-linesterasa, una enzima necesaria para la conducción nerviosa. El compuesto fluorofosfato de diisopropilo (DFP) forma un enlace covalente con el grupo —CH$_2$ —OH de una serina en el sitio activo. Cuando la acetilcolinesterasa se inhibe, se bloquea la transmisión de impulsos nerviosos y ocurre una parálisis.

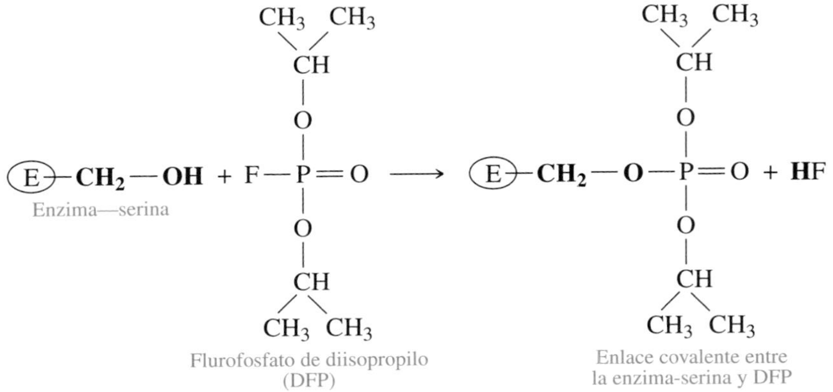

Flurofosfato de diisopropilo
(DFP)

Enlace covalente entre
la enzima-serina y DFP

El compuesto DFP forma un enlace covalente con el grupo R de la serina en la enzima acetilcolinesterasa, lo que produce pérdida permanente de actividad enzimática.

Los **antibióticos** producidos por bacterias, mohos o levaduras son inhibidores irre-versibles que se utilizan para inhibir la proliferación bacteriana. Por ejemplo, la penicilina inhibe una enzima transpeptidasa necesaria para catalizar un paso en la formación de las paredes celulares de las bacterias, pero no en las membranas celulares humanas. La peni-cilina, un inhibidor irreversible, forma un enlace covalente con el grupo —CH$_2$ —OH de una serina en el sitio activo de la transpeptidasa, que es estable y no puede hidrolizarse. El complejo enzima-inhibidor resultante es inactivo.

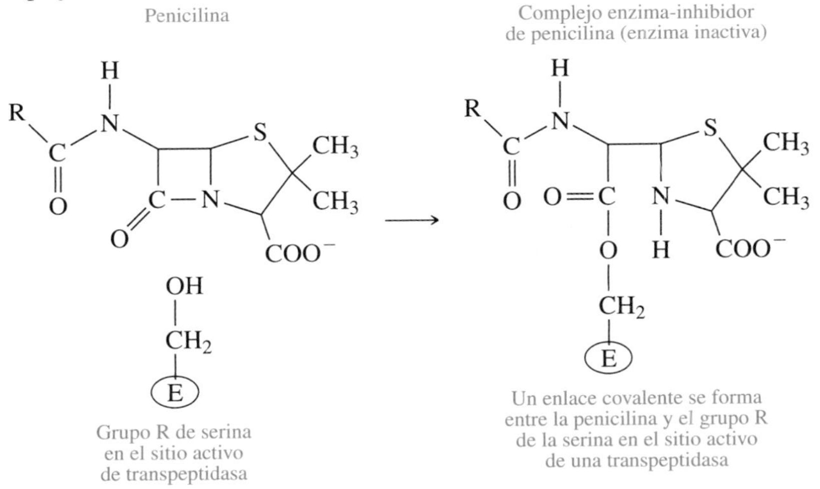

Grupo R de serina
en el sitio activo
de transpeptidasa

Un enlace covalente se forma
entre la penicilina y el grupo R
de la serina en el sitio activo
de una transpeptidasa

Sin una pared celular completa, la bacteria no puede sobrevivir, y la infección se de-tiene. Sin embargo, algunas bacterias son resistentes a la penicilina porque producen peni-cilinasa, una enzima que descompone la penicilina. La penicilinasa hidroliza el anillo de cuatro átomos y convierte la penicilina en ácido penicilinoico, que es inactivo. En el trans-curso de los años se han producido derivados de penicilina a los que las bacterias todavía

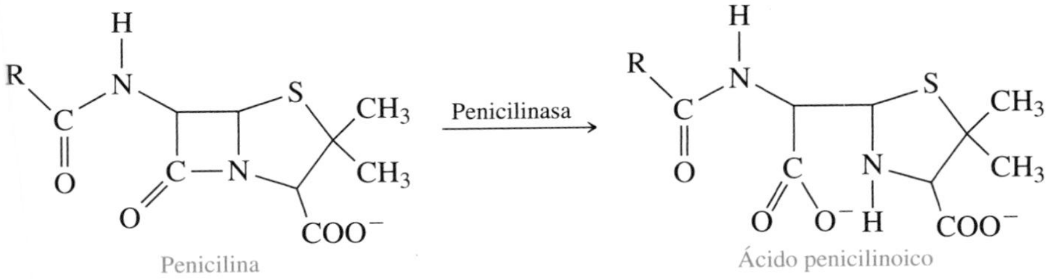

Penicilina

Ácido penicilinoico

no se vuelven resistentes. En la tabla 20.6 se presentan ejemplos de algunos inhibidores enzimáticos irreversibles.

TABLA 20.6 Ejemplos de inhibidores enzimáticos irreversibles

Nombre	Estructura	Fuente	Acción inhibidora
Cianuro	CN^-	Almendras amargas	Enlaza a iones metálicos en enzimas que intervienen en el transporte de electrones
Sarín	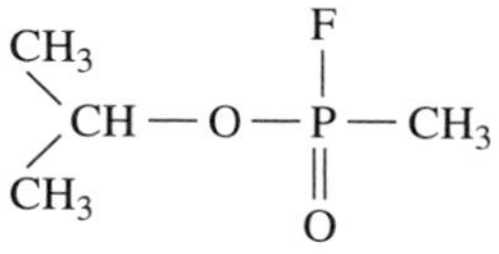	Gas neurotóxico	Inhibe la colinesterasa para descomponer acetilcolina, lo que resulta en transmisión nerviosa continua
Paratión	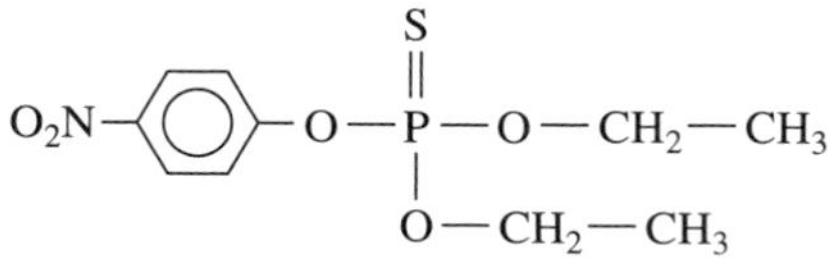	Insecticida	Inhibe la colinesterasa para descomponer acetilcolina, lo que resulta en transmisión nerviosa continua
Penicilina	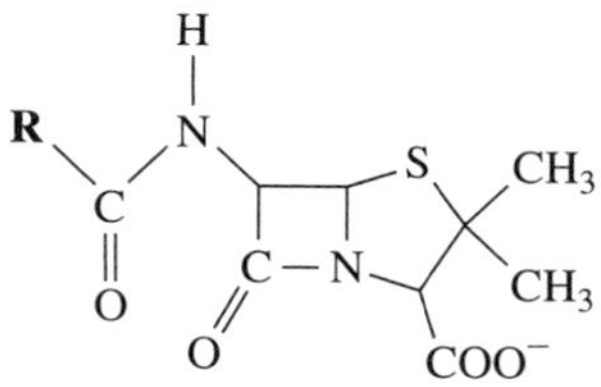	Hongo *Penicillium*	Inhibe las enzimas que construyen paredes celulares en las bacterias

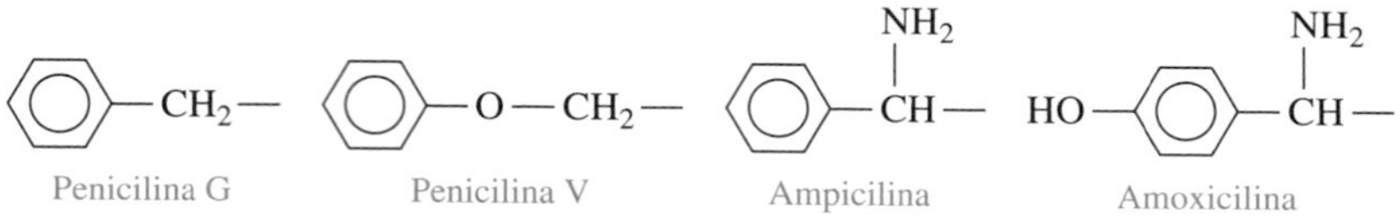

Penicilina G   Penicilina V   Ampicilina   Amoxicilina

Grupos R para derivados de penicilina

EJEMPLO DE PROBLEMA 20.3 Inhibición enzimática

Indique el tipo de inhibición descrita por cada uno de los enunciados siguientes:

a. un inhibidor que tiene una estructura similar a la del sustrato
b. un inhibidor que se une a la superficie de la enzima en algún lugar distinto al sitio activo, y cambia su forma

SOLUCIÓN

Análisis del Problema

Características	Competitivo	No competitivo	Irreversible
Forma del inhibidor	Forma similar al sustrato	No tiene una forma similar al sustrato	No tiene una forma similar al sustrato
Unión a la enzima	Compite por el sitio activo y se une a él	Se une lejos del sitio activo para cambiar la forma de la enzima y su actividad	Forma un enlace covalente con la enzima
Reversibilidad	Agregar más sustrato revierte la inhibición	No se revierte al agregar más sustrato, sino mediante un cambio químico que elimina el inhibidor	Permanente, no reversible

a. Cuando un inhibidor tiene una estructura similar a la del sustrato, compite con el sustrato por el sitio activo. Este tipo de inhibición es inhibición competitiva, que se revierte al aumentar la concentración del sustrato.
b. Cuando un inhibidor se une a la superficie de la enzima, cambia la forma de la enzima y el sitio activo. Este tipo de inhibición es inhibición no competitiva porque el inhibidor no tiene una forma similar al sustrato y no compite con el sustrato por el sitio activo.

COMPROBACIÓN DE ESTUDIO 20.3

¿Qué tipo de inhibición ocurre cuando Sarín, un gas neurotóxico, forma un enlace covalente con el grupo R de serina en el sitio activo de la acetilcolinesterasa?

20.4 Inhibición enzimática

META DE APRENDIZAJE: Describir la inhibición competitiva y no competitiva, y la inhibición reversible e irreversible.

20.23 Indique si cada uno de los enunciados siguientes describe un inhibidor enzimático competitivo o no competitivo:
   a. El inhibidor tiene una estructura similar al sustrato.
   b. El efecto del inhibidor no puede revertirse con la adición de más sustrato.
   c. El inhibidor compite con el sustrato por el sitio activo.
   d. La estructura del inhibidor no es similar al sustrato.
   e. La adición de más sustrato revierte la inhibición.

20.24 El oxaloacetato es un inhibidor de succinato deshidrogenasa.

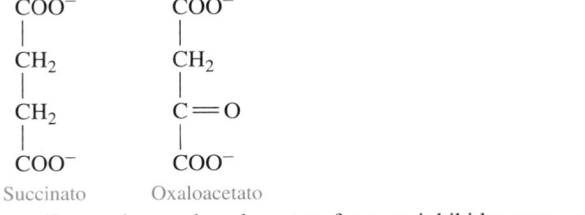

Succinato   Oxaloacetato

   a. ¿Esperaría que el oxaloacetato fuera un inhibidor competitivo o no competitivo? ¿Por qué?

   b. ¿El oxaloacetato se uniría al sitio activo o en alguna otra parte de la enzima?
   c. ¿Cómo revertiría el efecto del inhibidor?

20.25 Metanol y etanol se oxidan mediante alcohol deshidrogenasa. Cuando el etanol se oxida, se convierte en acetaldehído, que puede convertirse en ácido acético en el hígado. Sin embargo, cuando el metanol se oxida, crea formaldehído. En el envenenamiento con metanol se administra etanol intravenoso para evitar la formación de formaldehído, que tiene efectos tóxicos.
   a. Dibuje las fórmulas estructurales condensadas de metanol y etanol.
   b. ¿El etanol competiría por el sitio activo o se uniría a un sitio diferente de la enzima?
   c. ¿El etanol sería un inhibidor competitivo o no competitivo de la oxidación de metanol?

20.26 En los seres humanos, el antibiótico amoxicilina (un tipo de penicilina) se usa para tratar ciertas infecciones bacterianas.
   a. ¿El antibiótico inhibe enzimas humanas?
   b. ¿Por qué el antibiótico mata bacterias, pero no seres humanos?
   c. ¿La amoxicilina es un inhibidor reversible o irreversible?

20.5 Regulación de la actividad enzimática

En las reacciones catalizadas por enzimas, los productos se elaboran en las cantidades y en los momentos que se necesitan. Esto significa que la velocidad de una reacción catalizada debe controlarse de modo que se active cuando se necesite más producto y se inactive cuando la cantidad de dicho producto sea suficiente para la célula.

Zimógenos

Muchas enzimas son activas en cuanto se sintetizan y adquieren su estructura terciaria. Sin embargo, los **zimógenos**, o *proenzimas*, se producen como una forma inactiva y se almacenan para su uso posterior. Los ejemplos de zimógenos incluyen hormonas proteínicas, como la insulina, enzimas digestivas y enzimas de coagulación sanguínea (véase la tabla 20.7). Por ejemplo, las proteasas, que son enzimas digestivas que hidrolizan proteínas, se producen como formas inactivas más grandes. Una vez formado un zimógeno, puede transportarse a la parte del cuerpo donde se necesita la forma activa. Entonces el zimógeno se convierte a su forma activa mediante un cambio químico, como la eliminación de una sección de polipéptido, que descubre su sitio activo. Los zimógenos pancreáticos se almacenan en *gránulos zimógenos*, que tienen membranas celulares resistentes a la mayor parte de la digestión enzimática. Si la activación del zimógeno ocurriera cuando el zimógeno está en el órgano de almacenamiento, las proteínas dentro del tejido del páncreas experimentarían digestión, lo que produciría inflamación y podría producirse una enfermedad dolorosa denominada *pancreatitis*.

TABLA 20.7 Ejemplos de zimógenos y sus formas activas

Zimógeno (enzima inactiva)	Producido en	Activado en	Enzima (activa)
Proinsulina	Páncreas	Páncreas	Insulina
Quimotripsinógeno	Páncreas	Intestino delgado	Quimotripsina
Pepsinógeno	Células principales	Estómago	Pepsina
Tripsinógeno	Páncreas	Intestino delgado	Tripsina
Fibrinógeno	Sangre	Tejidos dañados	Fibrina
Protrombina	Sangre	Tejidos dañados	Trombina

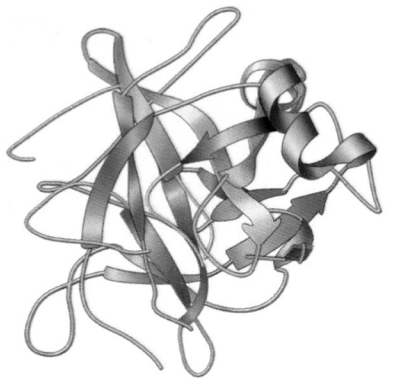

Representación de listones de la quimotripsina, que es una enzima que hidroliza enlaces peptídicos.

Las proteasas *tripsinógeno* y *quimotripsinógeno* se producen como zimógenos y se almacenan en el páncreas. Después de que los alimentos ingeridos entran al intestino delgado, se disparan hormonas que liberan los zimógenos de las enzimas digestivas del páncreas. En el intestino delgado, los zimógenos se convierten en enzimas digestivas activas mediante proteasas que eliminan secciones peptídicas de sus cadenas proteínicas. Por ejemplo, un hexapéptido del zimógeno tripsinógeno es eliminado por una peptidasa para formar la enzima digestiva activa tripsina. A medida que se forma más tripsina, ésta a su vez también elimina más secciones peptídicas para activar el tripsinógeno.

La tripsina también activa el zimógeno quimotripsinógeno, que consiste en 245 aminoácidos, al eliminar dos dipéptidos para producir la enzima activa quimotripsina, que tiene tres secciones peptídicas conectadas mediante enlaces por puente disulfuro.

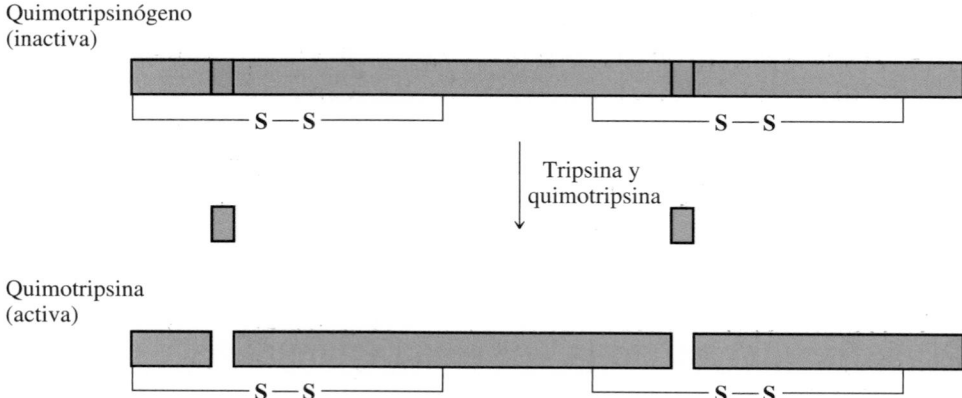

La activación de tripsinógeno y quimotripsinógeno se muestra con mayor detalle en el diagrama siguiente:

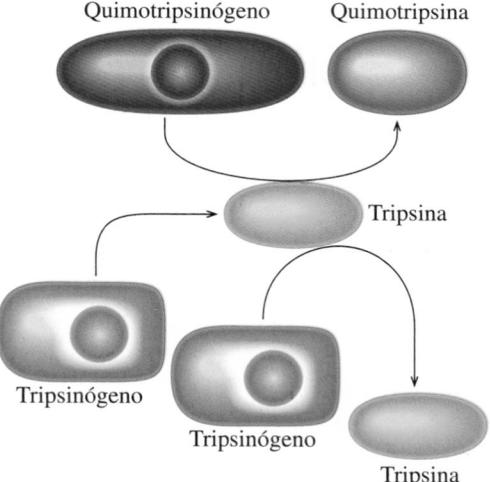

Una vez formada, la tripsina cataliza la eliminación de péptidos de quimotripsinógeno y tripsinógeno para producir las proteasas activas quimotripsina y tripsina.

La hormona proteínica insulina se sintetiza inicialmente en el páncreas como un zimógeno llamado *proinsulina* (véase la tabla 20.7). Cuando la cadena polipeptídica de 33 aminoácidos es eliminada por peptidasas, la insulina se vuelve biológicamente activa.

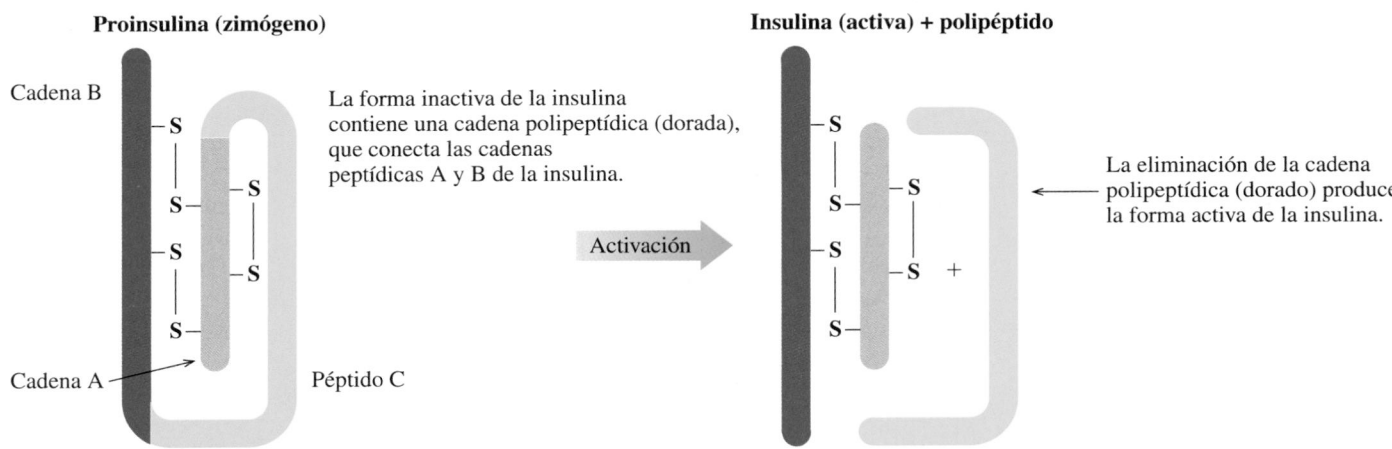

La eliminación de una cadena polipeptídica de la proinsulina produce la forma activa de insulina.

Control de retroalimentación

Ciertas enzimas conocidas como **enzimas alostéricas** son capaces de unir una molécula reguladora que es diferente al sustrato. La unión de un regulador produce un cambio en la forma de la enzima y, por tanto, un cambio en el sitio activo. Hay reguladores tanto positivos como negativos. Un *regulador positivo* acelera una reacción al producir un cambio en la forma del sitio activo que permite al sustrato unirse de manera más efectiva. Un *regulador negativo* disminuye la velocidad de catálisis al evitar el enlazamiento adecuado del sustrato. En el **control de retroalimentación**, el producto final de una serie de reacciones actúa como regulador negativo (véase la figura 20.10). Cuando el producto final está presente en cantidades suficientes para la célula, algunas de las moléculas del producto final se unen a la primera enzima (E_1) en la serie de reacción, que es una enzima alostérica. Al inhibir la enzima alostérica al comienzo de la serie de reacción, la producción de todos los compuestos intermedios en la secuencia de reacción se detiene. Toda la secuencia de reacción catalizada por la enzima termina.

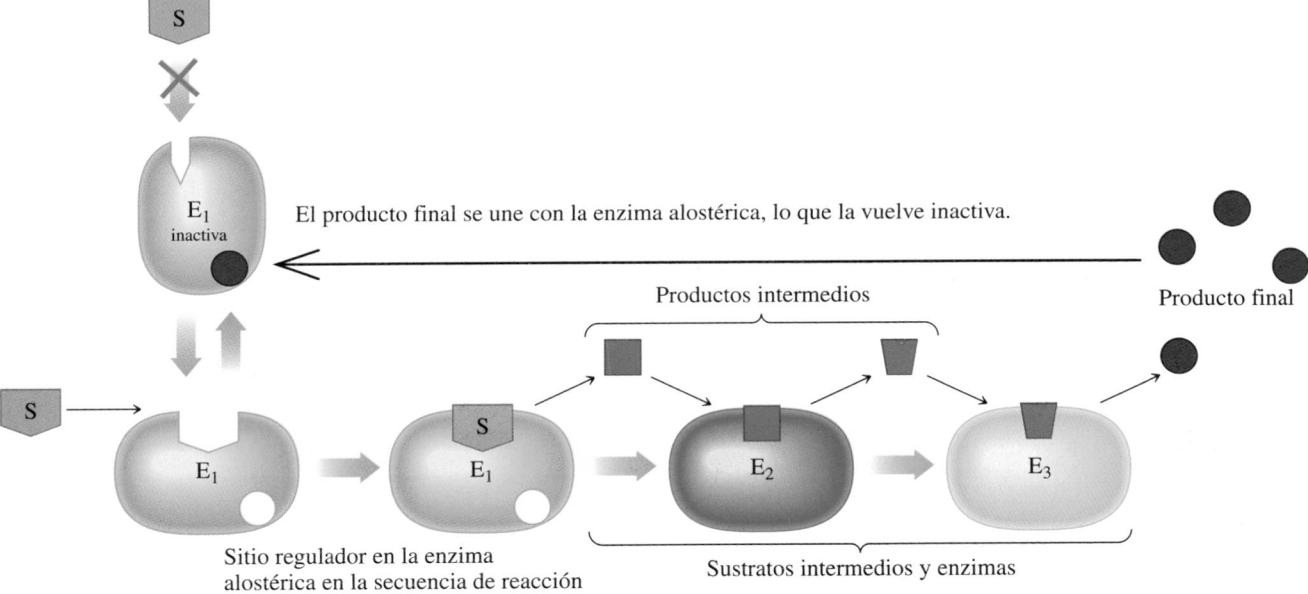

FIGURA 20.10 En el control de retroalimentación, el producto final se une a un sitio regulador sobre la enzima alostérica (primera) en la secuencia de reacción, lo que impide la formación de todos los compuestos intermedios necesarios en la síntesis del producto final.

P ¿Las enzimas intermedias en una secuencia de reacción tienen sitios reguladores?

Cuando el nivel de producto final es bajo, el regulador se disocia de la enzima alostérica (E_1), lo que desbloquea el sitio activo. La enzima se activa y puede unirse una vez más con el sustrato inicial. El control de retroalimentación permite que la serie de reacción se ponga en marcha sólo cuando la célula necesita el producto final. Este control evita la acumulación de productos intermedios, así como de productos finales, con lo que se conservan los materiales en la célula.

Observe el control de retroalimentación para la secuencia de reacción que convierte el aminoácido treonina en isoleucina. Cuando el nivel de isoleucina es alto en la célula, parte de la isoleucina se une a la enzima alostérica, treonina desaminasa, E_1. El enlazamiento de isoleucina cambia la forma de la treonina desaminasa, lo que impide que la treonina se enlace a su sitio activo. Como resultado, toda la secuencia de reacción no funciona. Ninguno de los productos intermedios formados por las enzimas restantes puede inhibir la enzima alostérica. A medida que la célula utiliza isoleucina y su concentración disminuye, el inhibidor se libera de la treonina desaminasa. La forma terciaria de la desaminasa regresa a su forma activa, lo que permite que la secuencia de reacción vuelva a convertir treonina en isoleucina.

COMPROBACIÓN DE CONCEPTOS 20.5 — Regulación de la actividad enzimática

¿Por qué las enzimas tripsina y quimotripsina se producen como zimógenos en el páncreas en lugar de hacerlo como enzimas activas?

RESPUESTA

Tripsina y quimotripsina son enzimas digestivas que descomponen proteínas. Si se produjeran como enzimas activas en el páncreas, digerirían las proteínas que están en el interior del tejido del páncreas. Se producen como zimógenos, se transportan hacia el sitio donde se necesitan y se activan para iniciar la digestión.

EJEMPLO DE PROBLEMA 20.4 — Regulación enzimática

¿Cómo se regula la velocidad de la secuencia de reacción en el control de retroalimentación?

SOLUCIÓN

Cuando el producto final de una secuencia de reacción se produce en niveles suficientes para la célula, algunas moléculas de producto se unen con la primera enzima de la secuencia, lo que detiene todas las reacciones que siguen y se suspende la síntesis del producto final.

COMPROBACIÓN DE ESTUDIO 20.4

¿Por qué la pepsina, una enzima digestiva, se produce como zimógeno?

PREGUNTAS Y PROBLEMAS

20.5 Regulación de la actividad enzimática

META DE APRENDIZAJE: *Describir la función de los zimógenos, del control de retroalimentación y de las enzimas alostéricas en la regulación de la actividad enzimática.*

20.27 ¿Por qué muchas de las enzimas que actúan sobre las proteínas se sintetizan como zimógenos?

20.28 El zimógeno tripsinógeno producido en el páncreas se activa en el intestino delgado, donde cataliza la digestión e hidrólisis de proteínas. Explique cómo la activación del zimógeno, cuando todavía está en el páncreas, puede conducir a una inflamación del páncreas llamada *pancreatitis*.

20.29 En el control de retroalimentación, ¿de qué manera el producto final de una secuencia de reacción regula la actividad enzimática?

20.30 ¿Por qué las enzimas segunda y tercera en una secuencia de reacción no se usan como enzimas reguladoras?

20.31 ¿De qué manera funciona una enzima alostérica como enzima reguladora?

20.32 ¿Cuál es la diferencia entre un regulador negativo y un regulador positivo?

20.33 Indique si los enunciados siguientes describen (1) un zimógeno, (2) un regulador positivo, (3) un regulador negativo o (4) una enzima alostérica.
  a. Frena una reacción, pero su forma es diferente de la del sustrato.

  b. Enzima que se une a una molécula reguladora que difiere del sustrato.
  c. Se produce como enzima inactiva.

20.34 Indique si los enunciados siguientes describen (1) un zimógeno, (2) un regulador positivo, (3) un regulador negativo o (4) una enzima alostérica.
  a. Se activa cuando una sección peptídica se elimina de su cadena proteínica.
  b. Acelera una reacción, pero no es el sustrato.
  c. Cuando se une al producto final, detiene la formación de más producto final.

20.6 Cofactores enzimáticos y vitaminas

Para muchas enzimas, sus cadenas polipeptídicas son biológicamente activas. Sin embargo, también hay enzimas en las que la cadena polipeptídica es inactiva y no pueden catalizar una reacción. Una enzima inactiva se vuelve activa cuando se combina con un **cofactor**, que es un componente no proteínico como una vitamina o un ión metálico. Si el cofactor es una molécula orgánica, se le conoce como **coenzima**. Un cofactor se une a una enzima en tal forma que prepara el sitio activo para tomar parte en la catálisis de su sustrato.

Iones metálicos como cofactores

Los iones metálicos de los minerales que se obtienen de los alimentos tienen varias funciones en la catálisis de enzimas. Las enzimas involucradas en la pérdida o ganancia de electrones necesitan cofactores de iones metálicos como Fe^{2+} y Cu^{2+}. Otros iones metálicos como Zn^{2+} estabilizan los grupos R de los aminoácidos en el sitio activo de las hidrolasas. En la tabla 20.8 se mencionan algunos cofactores de iones metálicos que las enzimas necesitan.

La enzima carboxipeptidasa se produce en el páncreas y se mueve hacia el intestino delgado, donde cataliza la hidrólisis del aminoácido C-terminal con un grupo R aromático en una proteína (véase la figura 20.11).

TUTORIAL
Enzyme Cofactors and Vitamins

TABLA 20.8 Enzimas y iones metálicos requeridos como cofactores

Ión metálico	Enzimas que necesitan cofactores de iones metálicos
Cu^{2+}/Cu^{+}	Citocromo oxidasa
Fe^{2+}/Fe^{3+}	Catalasa
	Citocromo oxidasa
Zn^{2+}	Alcohol deshidrogenasa
	Anhidrasa carbónica
	Carboxipeptidasa A
Mg^{2+}	Glucosa-6-fosfatasa
	Hexoquinasa
Mn^{2+}	Arginasa
Ni^{2+}	Ureasa

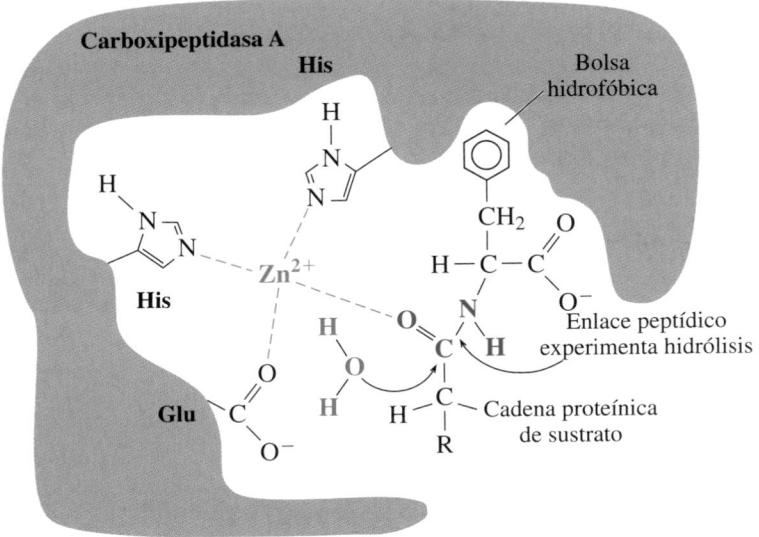

FIGURA 20.11 La carboxipeptidasa necesita un cofactor Zn^{2+} para la hidrólisis del enlace peptídico de un aminoácido aromático C-terminal.

P ¿Por qué Zn^{2+} es un cofactor para la carboxipeptidasa?

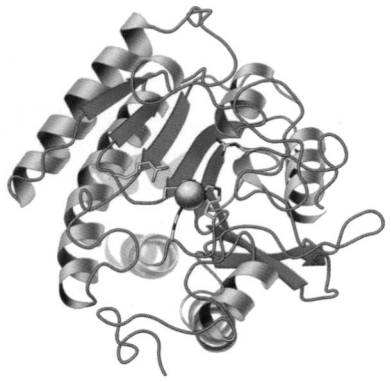

La representación de listones de la carboxipeptidasa muestra un cofactor Zn^{2+} (esfera anaranjada) en el centro del sitio activo, mantenido en su lugar por grupos R en el sitio activo.

El sitio activo incluye un bolsillo que aloja el voluminoso grupo R hidrofóbico en el sustrato de una proteína. En el centro del sitio activo, un cofactor Zn^{2+} está enlazado al átomo de nitrógeno en cada uno de los dos grupos R histidina, y a un átomo de oxígeno en el grupo R del ácido glutámico. El Zn^{2+} favorece la hidrólisis del enlace peptídico al estabilizar la carga parcial negativa del oxígeno en el grupo carbonilo del aminoácido C-terminal. La reacción de hidrólisis tiene lugar entre agua y el carbono carbonilo, que rompe el enlace peptídico con el aminoácido C-terminal.

EJEMPLO DE PROBLEMA 20.5 — Cofactores

Indique si cada una de las enzimas siguientes es activa con o sin un cofactor:

a. una enzima que necesita Mg^{2+} para actividad catalítica
b. una cadena polipeptídica que es biológicamente activa
c. una enzima que se une a la vitamina B_6 para volverse activa

SOLUCIÓN

a. La enzima sería activa con el cofactor ión metálico Mg^{2+}.
b. Una enzima activa que sólo es una cadena polipeptídica no necesita un cofactor.
c. Una enzima que necesita vitamina B_6 es activa con un cofactor.

COMPROBACIÓN DE ESTUDIO 20.5

¿Cuál cofactor para las enzimas en el Ejemplo de problema 20.5 se llamaría *coenzima*?

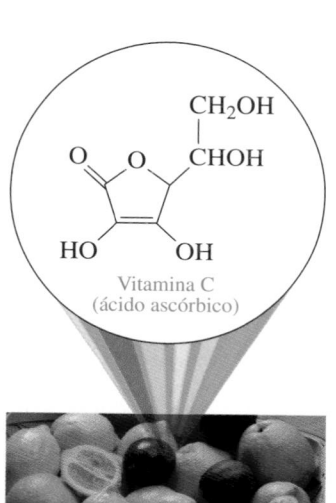

Vitamina C
(ácido ascórbico)

FIGURA 20.12 Naranjas, limones, pimientos y jitomates contienen vitamina C (ácido ascórbico).

P ¿Qué ocurre con el exceso de vitamina C que puede consumirse en un día?

Vitaminas y coenzimas

Las **vitaminas** son moléculas orgánicas que son esenciales para la salud y el crecimiento normal. Se necesitan en cantidades mínimas y es necesario obtenerlas de los alimentos porque en el cuerpo no se sintetizan cantidades suficientes. Antes de que se supiera de la existencia de las vitaminas, se sabía que el jugo de limón evitaba el escorbuto en los marineros, y que el aceite de hígado de bacalao podía evitar el raquitismo. En 1912, los científicos descubrieron que, además de carbohidratos, grasas y proteínas, había otros factores llamados *vitaminas* que debían obtenerse de los alimentos. La vitamina B_1 (tiamina) fue la primera vitamina B en identificarse, de ahí la abreviatura B_1.

Las vitaminas se clasifican en dos grupos por su solubilidad: solubles en agua y solubles en grasa. Las **vitaminas solubles en agua** (también llamadas *vitaminas hidrosolubles*) tienen grupos polares como —OH y —COOH, que las hacen solubles en el ambiente acuoso de las células. Las **vitaminas solubles en grasa** (también llamadas *vitaminas liposolubles*) son compuestos no polares, que son solubles en los componentes grasos (lípidos) del cuerpo, como depósitos de grasa y membranas celulares.

Vitaminas solubles en agua

Puesto que las vitaminas solubles en agua no pueden almacenarse en el cuerpo, cualquier cantidad en exceso se excreta en la orina todos los días. Por tanto, las vitaminas solubles en agua deben estar en los alimentos de las comidas diarias (véase la figura 20.12). En vista de que muchas vitaminas solubles en agua se destruyen fácilmente con calor, oxígeno y luz ultravioleta, debe tenerse cuidado en la preparación, procesamiento y almacenamiento de los alimentos. Dado que el refinamiento de los granos, como el trigo, produce una pérdida de vitaminas, durante la década de 1940 el Committee on Food and Nutrition of the National Research Council (Comité de Alimentos y Nutrición del Consejo Nacional de Investigación) de Estados Unidos, comenzó a recomendar el enriquecimiento diario de los granos de cereal. La vitamina B_1 (tiamina), la vitamina B_2 (riboflavina) y el hierro estuvieron en el primer grupo de nutrimentos que se recomendó agregar. El aporte nutricional recomendado (ANR) de muchas vitaminas y minerales aparece en las etiquetas de información nutrimental.

Muchas de las vitaminas solubles en agua son precursoras de cofactores que muchas enzimas necesitan para realizar determinados aspectos de acción catalizadora (véase la tabla 20.9). Las coenzimas no permanecen enlazadas a una enzima particular, sino que se usan de manera repetida por diferentes moléculas de enzimas para facilitar una reacción catalizada por enzimas (véase la figura 20.13). Por tanto, sólo pequeñas cantidades de coenzimas se requieren en las células. La tabla 20.10 presenta las estructuras de las vitaminas solubles en agua.

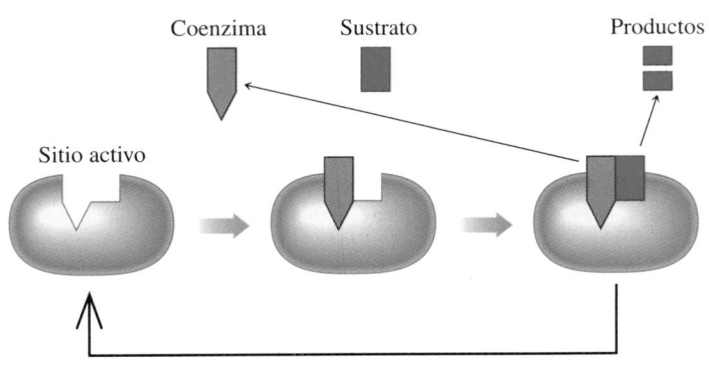

FIGURA 20.13 Para que una enzima se vuelva activa, se necesita una coenzima.

P ¿Cuál es la función de las vitaminas solubles en agua en las enzimas?

TABLA 20.9 Vitaminas solubles en agua, coenzimas, funciones, fuentes y ANR, y síntomas de su deficiencia

Vitamina	Coenzima	Función de transferencia	Fuentes y ANR (adultos)	Síntomas de su deficiencia
B_1 (Tiamina)	Tiamina-pirofosfato (TPP)	Grupos aldehído	Hígado, levadura, pan de grano entero, cereales, leche (1.2 mg)	Beriberi: fatiga, mal apetito, pérdida de peso
B_2 (Riboflavina)	Flavina adenina dinucleótido (FAD); flavina mononucleótido (FMN)	Electrones	Res, hígado, pollo, huevos, verduras de hoja verde, lácteos, cacahuates, granos enteros (1.2-1.8 mg)	Dermatitis: piel seca; lengua roja hinchada; cataratas
B_3 (Niacina)	Nicotinamida adenina dinucleótido (NAD^+); nicotinamida adenina dinucleótido fosfato ($NADP^+$)	Electrones	Levadura de cerveza, pollo, res, pescado, hígado, arroz integral, granos enteros (14-18 mg)	Pelagra: dermatitis, fatiga muscular, pérdida del apetito, diarrea, úlceras bucales
B_5 (Ácido pantoténico)	Coenzima A	Grupos acetilo	Salmón, res, hígado, huevos, levadura de cerveza, granos enteros, verduras frescas (5 mg)	Fatiga, retraso en el crecimiento, calambres musculares, anemia
B_6 (Piridoxina)	Piridoxal-5'-fosfato (PLP)	Grupos amino	Res, hígado, pescado, nueces, granos enteros, espinacas (1.3-2.0 mg)	Dermatitis, fatiga, anemia, retraso en el crecimiento
B_9 (Ácido fólico)	Tetrahidrofolato (THF)	Grupos metilo	Verduras de hoja verde, frijoles, res, mariscos, levadura, espárragos, granos enteros enriquecidos con ácido fólico (400 μg)	Eritrocitos anormales, anemia, perturbaciones del aparato digestivo, pérdida de cabello, deterioro del crecimiento, depresión
B_{12} (Cobalamina)	Metilcobalamina	Grupos metilo, hidrógeno	Hígado, res, riñones, pollo, pescado, lácteos (2.0-2.6 μg)	Anemia perniciosa, eritrocitos malformados, daño neurológico
C	Ácido ascórbico	Electrones	Moras, cítricos, fresas, cantalupo, jitomates, pimientos, brócoli, col, espinacas (75-90 mg)	Escorbuto: encías sangrantes, tejidos conjuntivos débiles, heridas que tardan en cicatrizar, anemia
H (Biotina)	Biocitina	Dióxido de carbono	Hígado, levadura, nueces, huevos (30 μg)	Dermatitis, pérdida de cabello, fatiga, anemia, depresión

TABLA 20.10 Estructuras de vitaminas solubles en agua

B₁ (Tiamina)

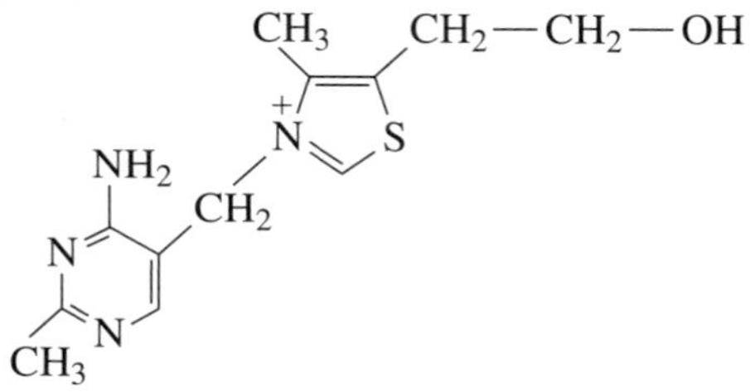

B₂ (Riboflavina)

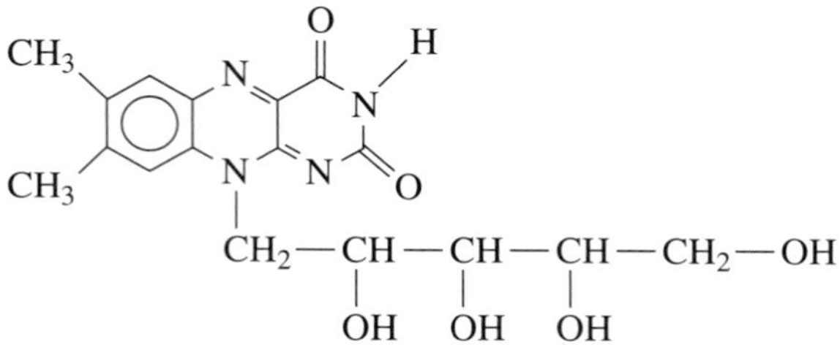

B₃ (Niacina)

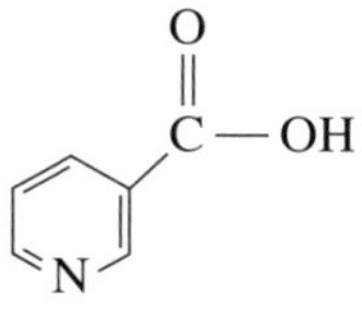

B₅ (Ácido panténico)

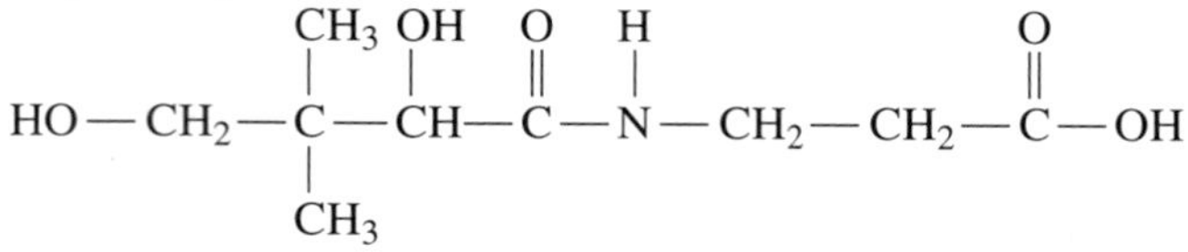

B₆ (Piridoxina)

B₁₂ (Cobalamina)

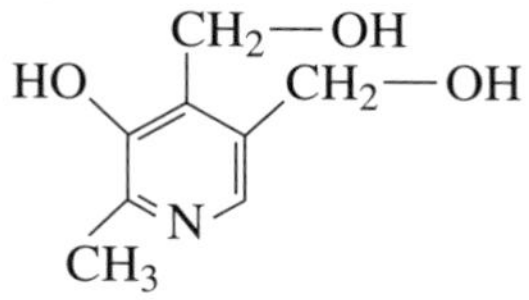

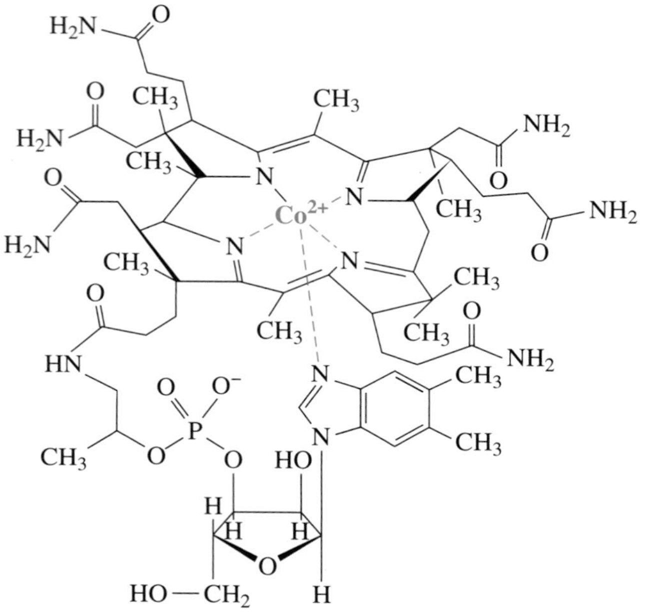

C (Ácido ascórbico)

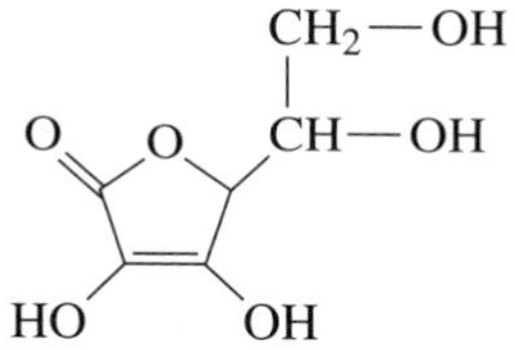

H (Biotina)

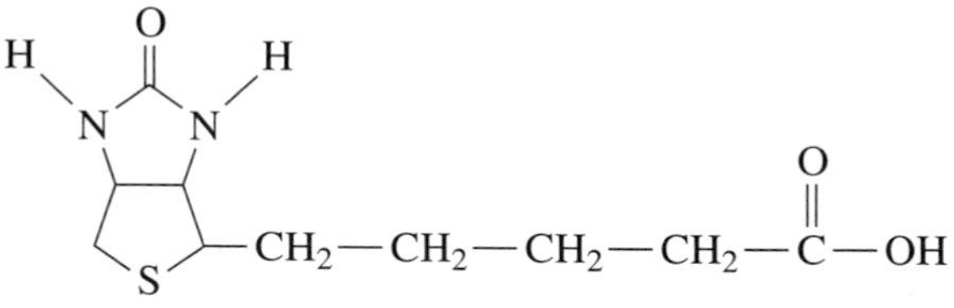

Vitamina B₁₂ (cobalamina)

B₉ (Ácido fólico)

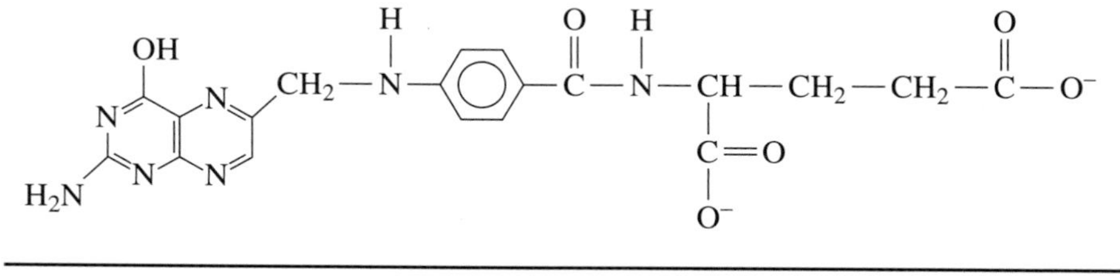

Por ejemplo, una de las liasas descritas en la sección 20.1 es la anhidrasa carbónica, que cataliza la reacción de dióxido de carbono y agua para producir bicarbonato y H^+. La reacción, que es reversible, mantiene el pH adecuado en la sangre y los tejidos. La forma activa de la anhidrasa requiere un cofactor Zn^{2+}, que se enlaza a tres grupos R histidina y una molécula de agua dentro del sitio activo. Después de que la molécula de agua pierde un H^+, el OH^- restante permanece enlazado al cofactor Zn^{2+}. Una molécula de CO_2 se mantiene en el sitio activo cerca del Zn^{2+}, donde puede reaccionar con el grupo OH^- para formar HCO_3^-, que entonces se libera del sitio activo.

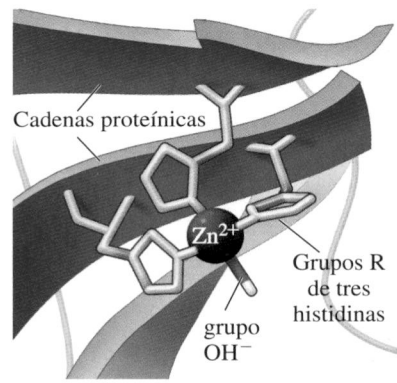

La enzima anhidrasa carbónica necesita un cofactor Zn^{2+} para ser biológicamente activa.

Vitaminas solubles en grasa

Las vitaminas solubles en grasa (A, D, E y K) no intervienen como coenzimas en reacciones catalizadoras, pero son importantes en procesos como la vista, formación de hueso, protección contra la oxidación y coagulación sanguínea adecuada (véase la tabla 20.11). Puesto que las vitaminas solubles en grasa se almacenan en el cuerpo y no se eliminan, existe la posibilidad de que se ingieran en exceso, lo que podría ser tóxico principalmente en el hígado y los tejidos grasos. La tabla 20.12 proporciona las estructuras de las vitaminas solubles en grasa.

TABLA 20.11 **Función, fuentes y ANR, y síntomas de la deficiencia de vitaminas solubles en grasa**

Vitamina	Función	Fuentes y ANR (adultos)	Síntomas de su deficiencia
A (Retinol)	Formación de pigmentos visuales, síntesis de ARN	Frutos y verduras amarillos y verdes (800 μg)	Ceguera nocturna (nictalopía), represión del sistema inmunitario, retraso del crecimiento, raquitismo
D (Colecalciferol)	Regulación de absorción de P y Ca durante el crecimiento óseo	Luz solar, aceite de hígado de bacalao, leche enriquecida, huevos (5-10 μg)	Raquitismo, estructura ósea débil, osteomalacia
E (Tocoferol)	Antioxidante; evita la oxidación de la vitamina A y ácidos grasos insaturados	Res, granos enteros, verduras (15 mg)	Hemólisis, anemia
K (Menaquinona)	Síntesis del zimógeno protrombina para coagulación sanguínea	Hígado, espinacas, coliflor (90-120 μg)	Tiempo de sangrado prolongado, moretones

TABLA 20.12 **Estructuras de vitaminas solubles en grasa**

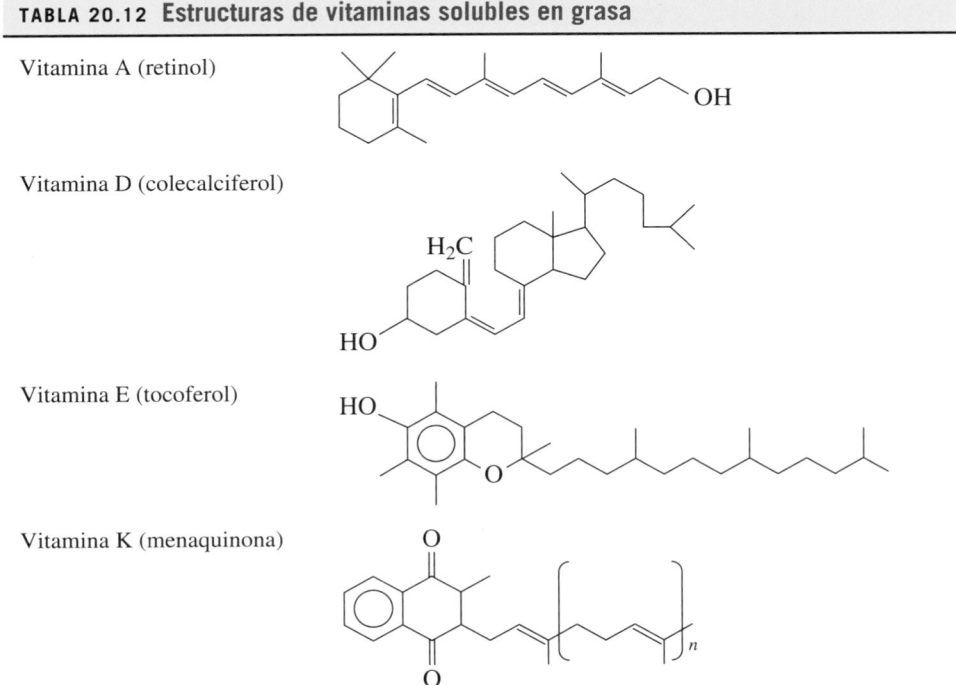

Vitamina A (retinol)

Vitamina D (colecalciferol)

Vitamina E (tocoferol)

Vitamina K (menaquinona)

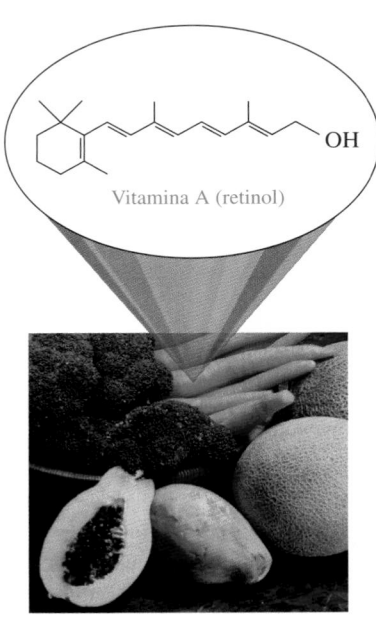

El pigmento anaranjado (caroteno) de las zanahorias se usa para sintetizar vitamina A (retinol) en el cuerpo.

COMPROBACIÓN DE CONCEPTOS 20.6 **Vitaminas**

Identifique la vitamina descrita en cada uno de los enunciados siguientes:
a. se sintetiza en la piel con la luz solar
b. contiene un ión Co^{2+}
c. es soluble en grasa
d. su deficiencia en la alimentación puede conducir a escorbuto y heridas que tardan en cicatrizar

RESPUESTA

a. La vitamina D_3 (colecalciferol) se sintetiza en la piel con la luz solar.
b. La vitamina B_{12} (cobalamina) contiene un ión Co^{2+}.
c. Las vitaminas A (retinol), D (colecalciferol), E (tocoferol) y K (menaquinona) son solubles en grasa.
d. La deficiencia de vitamina C (ácido ascórbico) puede conducir a escorbuto y heridas que tardan en cicatrizar.

EJEMPLO DE PROBLEMA 20.6 **Vitaminas**

¿Por qué es necesaria cierta cantidad de tiamina y riboflavina en los alimentos todos los días, pero no de vitaminas A o D?

SOLUCIÓN

Las vitaminas solubles en agua, como las vitaminas B_1 (tiamina) y B_2 (riboflavina) no se almacenan en el cuerpo, en tanto que las vitaminas solubles en grasa, como las vitaminas A (retinol) y D (colecalciferol), se almacenan en el hígado y la grasa corporal. Cualquier exceso de tiamina o riboflavina se elimina en la orina y debe reponerse todos los días con los alimentos.

COMPROBACIÓN DE ESTUDIO 20.6

¿Por qué las frutas frescas, en lugar de las cocidas, se recomiendan como fuente de vitamina C?

PREGUNTAS Y PROBLEMAS

20.6 Cofactores enzimáticos y vitaminas

META DE APRENDIZAJE: *Describir los tipos de cofactores que se encuentran en las enzimas.*

20.35 ¿La enzima descrita en cada uno de los enunciados siguientes es activa con o sin un cofactor?
  a. necesita vitamina B_1 (tiamina)
  b. necesita Zn^{2+} para su actividad catalizadora
  c. su forma activa consiste en dos cadenas polipeptídicas

20.36 ¿La enzima descrita en cada uno de los enunciados siguientes es activa con o sin un cofactor?
  a. necesita vitamina B_2 (riboflavina)
  b. su forma activa está compuesta de 155 aminoácidos
  c. usa Cu^{2+} durante la catálisis

20.37 Identifique la vitamina que es un componente de cada una de las coenzimas siguientes:
  a. coenzima A **b.** tetrahidrofolato (THF) **c.** NAD^+

20.38 Identifique la vitamina que es un componente de cada una de las coenzimas siguientes:
  a. tiamina-pirofosfato **b.** FAD
  c. piridoxal-5'-fosfato

20.39 ¿Qué deficiencia de vitamina puede haber en las enfermedades siguientes?
  a. raquitismo **b.** escorbuto
  c. pelagra

20.40 ¿Qué deficiencia de vitamina puede haber en las enfermedades siguientes?
  a. ceguera nocturna **b.** anemia perniciosa **c.** beriberi

20.41 La ANR de vitamina B_6 (piridoxina) es 2 mg. ¿Por qué no mejorará la nutrición si se toman 100 mg diarios de piridoxina?

20.42 La ANR de vitamina C (ácido ascórbico) es 75-90 mg. Si se toman 1000 mg de vitamina C diariamente, ¿qué ocurrirá con la vitamina C que no se necesite?

ENZIMAS

son

Proteínas

con

Estructuras terciaria o cuaternaria

que tienen un

Sitio activo

que embona en el

Sustrato

para formar un

Complejo ES — **para formar** — **E + producto (P)**

tienen

Actividad

determinada por

pH

Temperatura

Concentraciones

Inhibidores

controlada por

Remoción de péptidos con zimógenos

Retroalimentación con enzimas alostéricas

pueden necesitar

Cofactores

como

Iones metálicos

Vitaminas

que son

Solubles en grasa

Solubles en agua

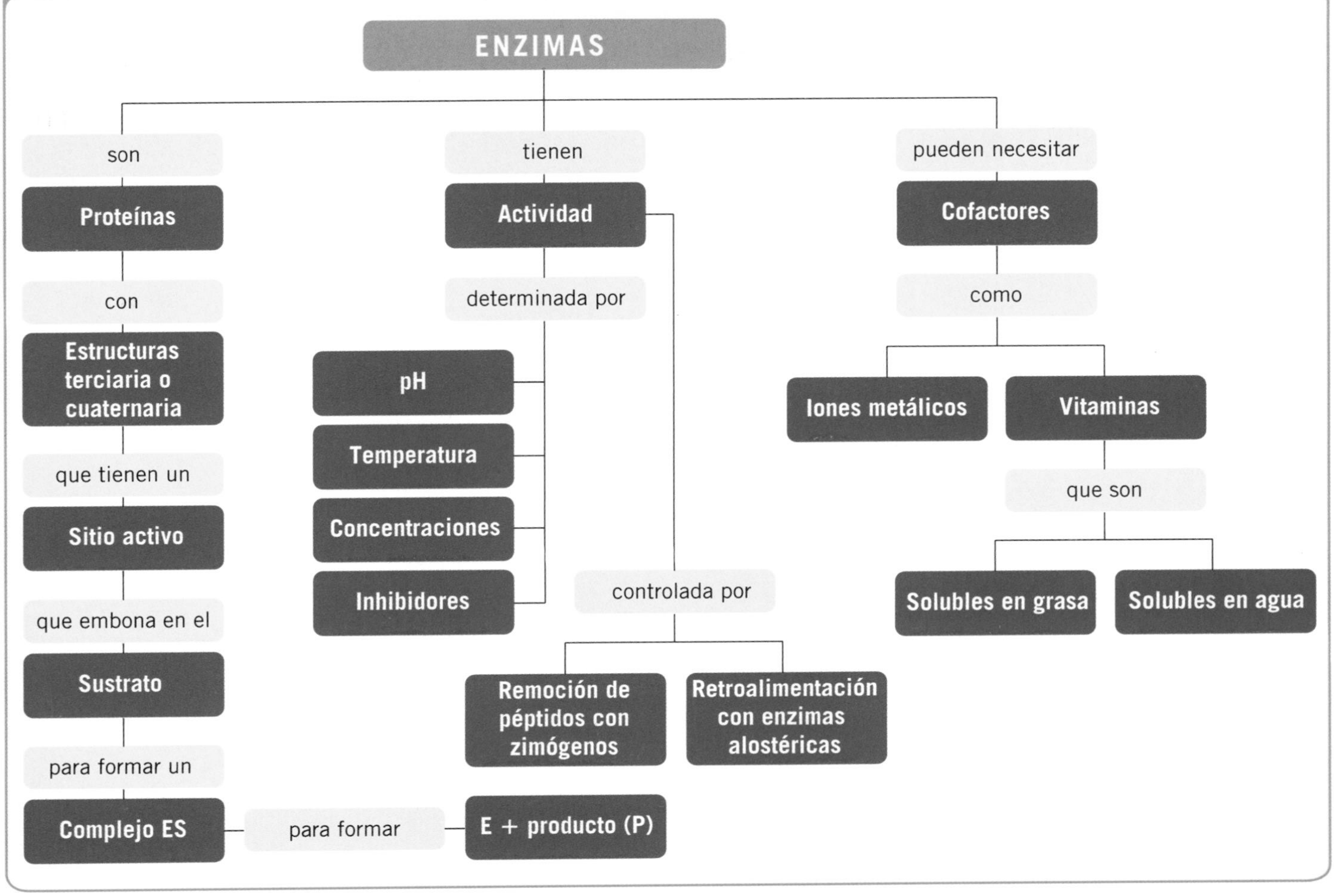

REPASO DEL CAPÍTULO

20.1 Enzimas y acción enzimática

META DE APRENDIZAJE: Describir las enzimas y su función en las reacciones catalizadas por enzimas.

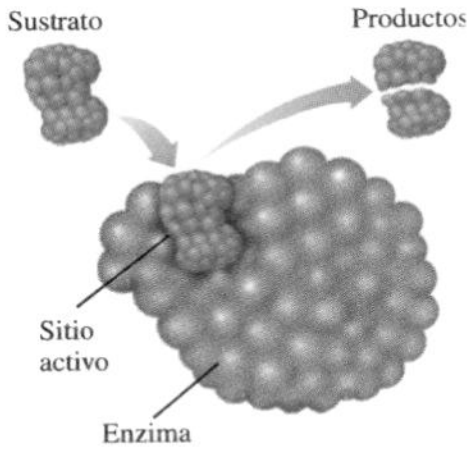

Sustrato → Productos

Sitio activo

Enzima

- Las enzimas son proteínas globulares que actúan como catalizadores biológicos al disminuir la energía de activación y acelerar la velocidad de las reacciones celulares.
- Dentro de la estructura terciaria de una enzima, una pequeña bolsa denominada *sitio activo* se une al sustrato.
- En el modelo de llave y cerradura, un sustrato embona de manera precisa con la forma del sitio activo.
- En el modelo de ajuste inducido, tanto el *sitio activo* como el sustrato experimentan cambios en sus formas para producir el mejor acoplamiento para una catálisis eficiente.
- En el complejo enzima-sustrato, la catálisis ocurre cuando los grupos R de aminoácidos en el sitio activo de una enzima reaccionan con un sustrato.
- Cuando los productos de la catálisis se liberan, la enzima puede unirse a otra molécula de sustrato.

20.2 Clasificación de enzimas

META DE APRENDIZAJE: Clasificar las enzimas y proporcionar sus nombres.

- Los nombres de la mayoría de las enzimas que terminan en *asa* describen el compuesto o la reacción catalizada por la enzima.
- Las enzimas se clasifican por el tipo principal de reacción que catalizan, como oxidorreductasa, transferasa o isomerasa.

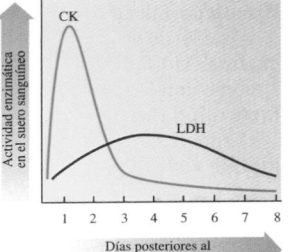

20.3 Factores que afectan la actividad enzimática

META DE APRENDIZAJE: Describir el efecto de temperatura, pH, concentración de la enzima y concentración del sustrato sobre la actividad enzimática.

- La temperatura óptima en la que la mayoría de las enzimas son efectivas generalmente es de 37 °C, y el pH óptimo por lo general es de 7.4.

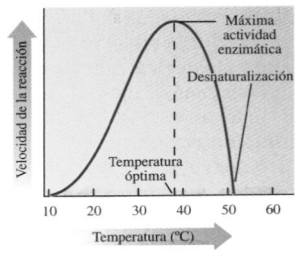

- La velocidad de una reacción catalizada por enzimas disminuye a medida que la temperatura y el pH se alejan de los valores óptimos de temperatura y pH.
- Un aumento en la concentración de sustrato incrementa la velocidad de reacción de una reacción catalizada por enzimas, pero se alcanza una velocidad máxima cuando todas las moléculas de la enzima se combinan con el sustrato.

20.4 Inhibición enzimática

META DE APRENDIZAJE: Describir la inhibición competitiva y no competitiva, y la inhibición reversible e irreversible.

Complejo enzima-sustrato

- Un inhibidor reduce la actividad de una enzima o la hace inactiva.
- Un inhibidor puede ser reversible o irreversible.
- Un inhibidor competitivo tiene una estructura similar al sustrato y compite por el sitio activo.

Complejo enzima-inhibidor

- Cuando el sitio activo está ocupado, la enzima no puede catalizar la reacción del sustrato.
- Un inhibidor no competitivo se une a la enzima lejos del sitio activo, y cambia la forma tanto de la enzima como de su sitio activo.
- Un inhibidor irreversible forma un enlace covalente dentro del sitio activo que evita permanentemente la actividad catalizadora.

20.5 Regulación de la actividad enzimática

META DE APRENDIZAJE: Describir la función de los zimógenos, del control de retroalimentación y de las enzimas alostéricas en la regulación de la actividad enzimática.

- La insulina y la mayor parte de las enzimas digestivas se producen como formas inactivas llamadas *zimógenos*.

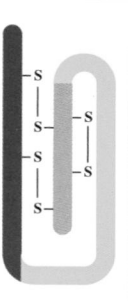

- Los zimógenos se convierten en formas activas por la eliminación de una cadena peptídica que cubre su sitio activo.
- La velocidad de una reacción catalizada por enzimas puede aumentar o disminuir por moléculas reguladoras que se unen a un sitio regulador en una enzima alostérica, la cual es la primera enzima en una secuencia de reacción.
- En el control de retroalimentación, el producto final de una secuencia de reacción se une a un sitio regulador en la primera enzima, que es una enzima alostérica, para disminuir la formación de producto.

20.6 Cofactores enzimáticos y vitaminas

META DE APRENDIZAJE: Describir los tipos de cofactores que se encuentran en las enzimas.

Coenzima   Productos

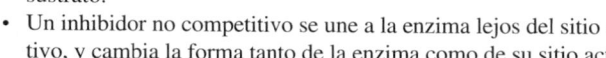

- Algunas enzimas son biológicamente activas sólo como proteínas, en tanto que otras enzimas necesitan un componente no proteínico llamado *cofactor*.
- Un cofactor puede ser un ión metálico, como Cu^{2+} o Fe^{2+}, una molécula orgánica o una vitamina llamada *coenzima*.
- Una vitamina es una pequeña molécula orgánica necesaria para la salud y un crecimiento normal que se obtiene en cantidades pequeñas de los alimentos.
- Las vitaminas solubles en agua son B y C, y funcionan como coenzimas. La vitamina B es esencial para el funcionamiento de determinadas enzimas en el cuerpo, y la vitamina C es un antioxidante.
- Las vitaminas solubles en grasa son A, D, E y K. La vitamina A es importante para la vista, la vitamina D para el crecimiento óseo adecuado, la vitamina E es un antioxidante y la vitamina K se necesita para la coagulación sanguínea adecuada.

TÉRMINOS CLAVE

actividad Velocidad a la que una enzima cataliza la reacción que convierte un sustrato en un producto.

antibióticos Sustancias producidas generalmente por bacterias, mohos o levaduras que inhiben la proliferación de las bacterias.

coenzima Molécula orgánica, por lo general una vitamina, necesaria como cofactor en la acción enzimática.

cofactor Ión metálico o molécula orgánica necesarios para que una enzima sea biológicamente funcional.

complejo enzima-sustrato (ES) Intermediario que consiste en una enzima que se une a un sustrato en una reacción catalizada por la enzima.

control de retroalimentación Tipo de inhibición en el que un producto final inhibe la primera enzima en una secuencia de reacciones catalizadas por enzimas.

enzima Proteína globular, en ocasiones con cofactores, que catalizan reacciones biológicas.

enzima alostérica Una enzima que regula la velocidad de una reacción cuando una molécula reguladora se adhiere a un sitio distinto del sitio activo.

inhibición reversible Pérdida de actividad enzimática por un inhibidor cuyo efecto puede revertirse.

inhibidor Sustancia que inactiva una enzima al interferir en su capacidad para reaccionar con un sustrato.

inhibidor competitivo Molécula que tiene una estructura similar a un sustrato, y que inhibe la acción enzimática al competir por el sitio activo.

inhibidor irreversible Compuesto o ión metálico que produce la pérdida de actividad enzimática al formar un enlace covalente cerca del o en el sitio activo.

inhibidor no competitivo Inhibidor que no se parece al sustrato, y que se une a la enzima lejos del sitio activo para evitar el enlace del sustrato.

modelo de ajuste inducido Modelo de acción enzimática en el que la forma de un sustrato y el sitio activo de la enzima se embonan para obtener un acoplamiento óptimo.

pH óptimo pH en el cual la actividad de una enzima es máxima.

sitio activo Región o "bolsa" de una estructura enzimática terciaria que se enlaza al sustrato y cataliza una reacción.

sustrato Molécula que reacciona en el sitio activo en una reacción catalizada por una enzima.

temperatura óptima Temperatura a la cual la actividad de una enzima es máxima.

vitamina Molécula orgánica esencial para la salud y el crecimiento normal del ser humano que se obtiene en pequeñas cantidades en los alimentos.

vitamina soluble en agua Vitamina que se solubiliza en el agua (también llamada *vitamina hidrosoluble*); no puede almacenarse en el cuerpo; se destruye fácilmente con calor, luz ultravioleta y oxígeno; funciona como coenzima.

vitamina soluble en grasa Vitamina que no es soluble en agua (también llamada *vitamina liposoluble*) y puede almacenarse en el hígado y la grasa corporal.

zimógeno Forma inactiva de una enzima que se activa al eliminar una porción de péptido de un extremo de la proteína.

COMPRENSIÓN DE CONCEPTOS

Las secciones del capítulo que se deben revisar se muestran entre paréntesis al final de cada pregunta.

20.43 El etilenglicol (HO — CH$_2$ — CH$_2$ — OH) es un componente principal del anticongelante. Si se ingiere, en el cuerpo primero se convierte en HOOC — CHO (ácido oxoetanoico) y luego en HOOC — COOH (ácido oxálico), que es tóxico. (20.1, 20.4)
   a. ¿Qué clase de enzima cataliza ambas reacciones del etilenglicol?
   b. El tratamiento para la ingestión de etilenglicol es una disolución intravenosa de etanol. ¿Cómo puede esto ayudar a evitar niveles tóxicos de ácido oxálico en el cuerpo?

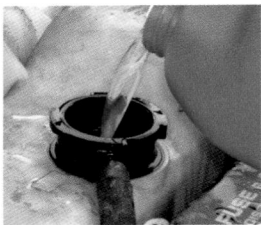

El etilenglicol se agrega a un radiador para evitar la congelación y el sobrecalentamiento.

20.44 Los adultos intolerantes a la lactosa no pueden descomponer este disacárido de los productos lácteos. Para ayudar a digerir lácteos, puede agregarse a la leche un producto conocido como Lactaid. Luego la leche se refrigera durante 24 h. (20.1, 20.3)
   a. ¿Cuál es el nombre de la enzima presente en Lactaid y cuál es la clase principal de esta enzima?
   b. ¿Qué puede sucederle a la enzima si este producto para la digestión se almacena en un área caliente?

El disacárido lactosa está presente en los productos lácteos.

20.45 La piña fresca contiene la enzima bromelaína, que degrada proteínas. (20.3)
   a. Las instrucciones del paquete de gelatina (proteína) indican que no se agregue piña fresca. Sin embargo, puede agregarse piña enlatada, que se coció a temperaturas altas. ¿Por qué?
   b. La piña fresca puede usarse como marinada para suavizar carne dura. ¿Por qué?

La piña fresca contiene la enzima bromelaína.

20.46 El beano contiene una enzima que descompone polisacáridos en azúcares más pequeños y digeribles, lo que disminuye la formación de gases intestinales que puede ocurrir después de comer alimentos como verduras y frijoles. (20.1, 20.3, 20.4)
   a. La etiqueta dice "contiene alfa-galactosidasa". ¿Qué clase de enzima es ésta?
   b. ¿Cuál es el sustrato para la enzima?
   c. Las instrucciones indican que no debe cocinar con Beano o calentarlo. ¿Por qué?

El beano contiene una enzima que descompone los carbohidratos.

PREGUNTAS Y PROBLEMAS ADICIONALES

Visite www.masteringchemistry.com para acceder a materiales de autoaprendizaje y tareas asignadas por el instructor.

20.47 ¿Por qué las células en el cuerpo tienen tantas enzimas? (20.1)

20.48 ¿Todas las enzimas posibles están presentes en una célula al mismo tiempo? (20.1)

20.49 ¿Cómo difieren las enzimas de los catalizadores usados en los laboratorios de química? (20.1)

20.50 ¿Por qué las enzimas funcionan sólo bajo condiciones leves? (20.1)

20.51 ¿Cómo cambia una enzima la energía de activación para una reacción en una célula? (20.1)

20.52 ¿Por qué la mayoría de las reacciones catalizadas por enzimas transcurren rápidamente? (20.1)

20.53 Indique si cada una de las siguientes sería un sustrato (S) o una enzima (E): (20.1)
   a. lactosa   **b.** lactasa   **c.** lipasa
   d. tripsina   **e.** piruvato   **f.** transaminasa

20.54 Indique si cada una de las siguientes sería un sustrato (S) o una enzima (E): (20.1)
   a. glucosa   **b.** hidrolasa   **c.** maleato isomerasa
   d. alanina   **e.** amilosa   **f.** amilasa

20.55 Proporcione el sustrato para cada una de las enzimas siguientes: (20.1)
   a. ureasa   **b.** succinato deshidrogenasa
   c. aspartato transaminasa   **d.** fenilalanina hidroxilasa

20.56 Proporcione el sustrato para cada una de las enzimas siguientes: (20.1)
   a. maltasa   **b.** fructosa oxidasa
   c. fenolasa   **d.** sacarasa

20.57 Prediga la clase principal para cada una de las enzimas siguientes: (20.1)
   a. actiltransferasa   **b.** oxidasa
   c. lipasa   **d.** descarboxilasa

20.58 Prediga la clase principal para cada una de las enzimas siguientes: (20.1)
   a. isomerasa *cis-trans*   **b.** reductasa
   c. carboxilasa   **d.** peptidasa

20.59 ¿Cómo explica el modelo de llave y cerradura la unión de un sustrato en el sitio activo? (20.2)

20.60 ¿Cómo explica el modelo de ajuste inducido de la acción enzimática la unión de un sustrato en el sitio activo? (20.2)

20.61 Si una prueba de sangre indica un nivel alto de LDH y CK, ¿cuál podría ser la causa? (20.2)

20.62 Si una prueba de sangre indica un nivel alto de ALT, ¿cuál podría ser la causa? (20.2)

20.63 ¿Qué se entiende por temperatura óptima para una enzima? (20.3)

20.64 ¿Qué se entiende por pH óptimo para una enzima? (20.3)

20.65 Indique cómo cada uno de los casos siguientes afectará una reacción catalizada por una enzima si la enzima tiene una temperatura óptima de 37 °C y un pH óptimo de 7: (20.3)
   a. calentar la mezcla de reacción a 100 °C
   b. colocar la mezcla de reacción en hielo
   c. ajustar el pH de la mezcla de reacción a pH de 2

20.66 Indique cómo cada uno de los casos siguientes afectará una reacción catalizada por una enzima si la enzima tiene una temperatura óptima de 37 °C y un pH óptimo de 8: (20.3)
   a. disminuir la temperatura de la mezcla de reacción de 37 °C a 15 °C
   b. ajustar el pH de la mezcla de reacción a pH de 5
   c. ajustar el pH de la mezcla de reacción a pH de 10

20.67 Indique si una enzima es saturada o insaturada en cada una de las condiciones siguientes: (20.3)
   a. Al agregar más sustrato no aumenta la velocidad de la reacción
   b. Al duplicar la concentración del sustrato duplica la velocidad de la reacción

20.68 Indique si cada una de las enzimas siguientes sería funcional: (20.3)
   a. pepsina, una enzima digestiva, a pH de 2
   b. una enzima a 37 °C, si la enzima es de un tipo de bacteria termófila que tiene una temperatura óptima de 100 °C

20.69 ¿Cómo difiere la inhibición reversible de la inhibición irreversible? (20.4)

20.70 ¿Cómo difiere la inhibición reversible competitiva de la inhibición reversible no competitiva? (20.4)

20.71 Relacione el tipo de inhibidor (**1-3**) con los enunciados (**a-d**) siguientes: (20.4)
   1. inhibidor competitivo
   2. inhibidor no competitivo
   3. inhibidor irreversible
   a. forma un enlace covalente con un grupo R en el sitio activo
   b. tiene una estructura similar al sustrato
   c. la adición de más sustrato revierte la inhibición
   d. embona con la superficie de la enzima, lo que produce un cambio de forma de la enzima y del sitio activo

20.72 Relacione el tipo de inhibidor (**1-3**) con los enunciados (**a-d**) siguientes: (20.4)
   1. inhibidor competitivo
   2. inhibidor no competitivo
   3. inhibidor irreversible
   a. tiene una estructura que no es similar al sustrato
   b. la adición de más sustrato no revierte la inhibición, pero la eliminación del inhibidor mediante reacción química puede regresar la actividad a la enzima
   c. la inhibición es permanente y no puede revertirse
   d. compite con el sustrato por el sitio activo

20.73 **a.** ¿Qué tipo de inhibidor es el antibiótico amoxicilina? (20.4)
   b. ¿Por qué se usa la amoxicilina para tratar infecciones bacterianas?

20.74 Un jardinero que usa Paratión padece dolor de cabeza, mareo, náusea, vista borrosa, salivación excesiva y fasciculaciones. (20.4)
   a. ¿Qué le pasa al jardinero?
   b. ¿Por qué los seres humanos deben tener cuidado cuando usan insecticidas?

20.75 El zimógeno pepsinógeno se produce en las células gástricas principales del estómago. (20.5)
   a. ¿Cómo y dónde el pepsinógeno se convierte en la forma activa, pepsina?
   b. ¿Por qué las proteasas como la pepsina se producen en formas inactivas?

20.76 La trombina es una enzima que ayuda a producir coágulos sanguíneos cuando ocurre una lesión y sangrado. (20.5)
   a. ¿Cuál sería el nombre del zimógeno de la trombina?
   b. ¿Por qué la forma activa de la trombina se produciría solamente cuando ocurriera una lesión en el tejido?

20.77 ¿Qué es una enzima alostérica? (20.5)

20.78 ¿Por qué algunas moléculas reguladoras aceleran una reacción, en tanto que otras la frenan? (20.5)

20.79 En el control de retroalimentación, ¿qué tipo de regulador retrasa la actividad catalizadora de la serie de reacción? (20.5)

20.80 ¿Por qué los productos intermedios en una secuencia de reacción no se usan en el control de retroalimentación? (20.5)

20.81 ¿Cuál de los enunciados siguientes describe una enzima que necesita un cofactor? (20.6)
   a. contiene Mg^{2+} en el sitio activo
   b. tiene actividad catalizadora como una estructura proteínica terciaria
   c. necesita ácido fólico para tener actividad catalizadora

20.82 ¿Cuál de los enunciados siguientes describe una enzima que requiere un cofactor? (20.6)
   a. contiene riboflavina (vitamina B_2)
   b. tiene cuatro subunidades de cadenas polipeptídicas
   c. requiere Fe^{3+} en el sitio activo para tener actividad catalizadora

20.83 Relacione las coenzimas (**1-3**) siguientes con sus vitaminas (**a-c**): (20.6)
   1. NAD^+ **2.** tiamina-pirofosfato (TPP)
   3. coenzima A
   a. ácido pantoténico (B_5)   **b.** niacina (B_3)
   c. tiamina (B_1)

20.84 Relacione las coenzimas (**1-3**) siguientes con sus vitaminas (**a-c**): (20.6)
   1. piridoxal-5'-fosfato   **2.** tetrahidrofolato (THF)
   3. FAD
   a. folato   **b.** riboflavina (B_2)   **c.** piridoxina

20.85 ¿Por qué en las células sólo se necesitan pequeñas cantidades de vitaminas cuando hay varias enzimas que requieren coenzimas? (20.6)

20.86 ¿Por qué existe un requerimiento diario de vitaminas? (20.6)

20.87 Relacione cada uno de los síntomas o trastornos (**1-3**) siguientes con una deficiencia vitamínica (**a-c**): (20.6)
   1. ceguera nocturna **2.** estructura ósea débil **3.** pelagra
   a. niacina   **b.** vitamina A   **c.** vitamina D

20.88 Relacione cada uno de los síntomas o trastornos (**1-3**) siguientes con una deficiencia vitamínica (**a-c**): (20.6)
   1. sangrado   **2.** anemia   **3.** escorbuto
   a. cobalamina   **b.** vitamina C   **c.** vitamina K

PREGUNTAS DE DESAFÍO

20.89 La lactasa es una enzima que hidroliza la lactosa a glucosa y galactosa. (20.1, 20.2)
   a. ¿Cuáles son los reactivos y productos de la reacción?
   b. Dibuje un diagrama de energía para la reacción con y sin lactasa.
   c. ¿Cómo influye la lactasa para que la reacción sea más rápida?

20.90 La maltasa es una enzima que hidroliza la maltosa en dos moléculas de glucosa. (20.1, 20.2)
   a. ¿Cuáles son los reactivos y productos de la reacción?
   b. Dibuje un diagrama de energía para la reacción con y sin maltasa.
   c. ¿Cómo influye la maltasa para que la reacción sea más rápida?

20.91 ¿Cuál es la clase de enzima que catalizaría cada una de las reacciones siguientes? (20.1)

   a. $CH_3-\overset{\overset{\displaystyle O}{\|}}{C}-H \longrightarrow CH_3-\overset{\overset{\displaystyle O}{\|}}{C}-OH$

   b. $H_3\overset{+}{N}-CH_2-\overset{\overset{\displaystyle O}{\|}}{C}-\overset{\overset{\displaystyle H}{|}}{N}-\overset{\overset{\displaystyle CH_3}{|}}{CH}-\overset{\overset{\displaystyle O}{\|}}{C}-O^- + H_2O \longrightarrow$

   $H_3\overset{+}{N}-CH_2-\overset{\overset{\displaystyle O}{\|}}{C}-O^- + H_3\overset{+}{N}-\overset{\overset{\displaystyle CH_3}{|}}{CH}-\overset{\overset{\displaystyle O}{\|}}{C}-O^-$

   c. $CH_3-CH{=}CH-CH_3 + H_2O \longrightarrow$

   $CH_3-CH_2-\overset{\overset{\displaystyle OH}{|}}{CH}-CH_3$

20.92 ¿Cuál es la clase de enzima que catalizaría cada una de las reacciones siguientes? (20.1)

   a. $CH_3-\overset{\overset{\displaystyle O}{\|}}{C}-\overset{\overset{\displaystyle O}{\|}}{C}-OH \longrightarrow$

   $CH_3-\overset{\overset{\displaystyle O}{\|}}{C}-OH + CO_2$

   b. $CH_3-\overset{\overset{\displaystyle O}{\|}}{C}-\overset{\overset{\displaystyle O}{\|}}{C}-OH + CO_2 + ATP \longrightarrow$

   $HO-\overset{\overset{\displaystyle O}{\|}}{C}-CH_2-\overset{\overset{\displaystyle O}{\|}}{C}-\overset{\overset{\displaystyle O}{\|}}{C}-OH + ADP + P_i$

   c. glucosa-6-fosfato $\longrightarrow$ fructosa-6-fosfato

RESPUESTAS

Respuestas a las Comprobaciones de estudio

20.1 hidrolasa

20.2 A un pH menor que el pH óptimo, los enlaces por puente de hidrógeno y los puentes salinos de la ureasa se alterarán, lo que resultará en la desnaturalización de la enzima y en una reducción de su actividad.

20.3 Puesto que el gas Sarín forma un enlace covalente con un grupo R en el sitio activo de la enzima, la inhibición por Sarín es irreversible.

20.4 La pepsina hidroliza proteínas en los alimentos que se digieren. Se sintetiza como zimógeno, pepsinógeno, para evitar que digiera las proteínas que constituyen los órganos del cuerpo.

20.5 vitamina B_6

20.6 Las vitaminas solubles en agua, como la vitamina C, se destruyen fácilmente con calor.

Respuestas a Preguntas y problemas seleccionados

20.1 Las reacciones químicas pueden ocurrir sin enzimas, pero las velocidades son muy lentas. Las reacciones catalizadas, que son muchas veces más rápidas, proporcionan las cantidades de productos necesarias para la célula en un momento particular.

20.3 **a.** (2) enzima   **b.** (1) complejo enzima-sustrato
   c. (3) sustrato

20.5 **a.** $E + S \rightleftarrows ES \longrightarrow EP \longrightarrow E + P$
   b. El sitio activo es una región o "bolsa" en el interior de la estructura terciaria de una enzima que acepta el sustrato, alinea el sustrato para la reacción y cataliza la reacción.

20.7 **a.** oxidación-reducción
   b. transferencia de un grupo de una sustancia a otra
   c. hidrólisis (división) de moléculas debido a la adición de agua

20.9 **a.** hidrolasa   **b.** isomerasa
   c. transferasa

20.11 **a.** liasa   **b.** transferasa

20.13 **a.** succinato oxidasa   **b.** glutamina sintetasa
   c. alcohol deshidrogenasa

20.15 Las isoenzimas son formas un poco diferentes de una enzima que cataliza la misma reacción en diferentes órganos y tejidos del cuerpo.

20.17 Un médico puede solicitar pruebas para las enzimas CK y LDH a fin de determinar si el paciente sufrió un ataque cardiaco.

20.19 **a.** La reacción será más lenta.
   b. La reacción será más lenta o se detendrá porque la enzima se desnaturalizará a pH bajo.
   c. La reacción será más lenta o se detendrá porque la temperatura alta desnaturalizará la enzima.
   d. La reacción irá más rápido en tanto haya polipéptidos para reaccionar.

20.21 pepsina, pH de 2; sacarasa, pH de 6; tripsina, pH de 8

20.23 **a.** competitiva   **b.** no competitiva
   c. competitiva   **d.** no competitiva   **e.** competitiva

20.25 **a.** metanol, CH_3-OH; etanol, CH_3-CH_2-OH
   b. El etanol tiene una estructura similar al metanol y podría competir por el sitio activo.
   c. El etanol es un inhibidor competitivo de la oxidación del metanol.

20.27 Las enzimas que actúan sobre las proteínas son proteasas, y digerirían las proteínas del órgano donde se producen si estuvieran activas inmediatamente después de la síntesis. Por tanto, las enzimas digestivas se producen en un órgano y se transportan al sitio de digestión, donde se activan.

20.29 En el control de retroalimentación, el producto se une a la primera enzima en una serie y cambia la forma del sitio activo. Si el sitio activo ya no puede unirse al sustrato de manera efectiva, la reacción se detendrá.

20.31 Cuando una molécula reguladora se une a un sitio alostérico, la forma de la enzima se altera, lo que hace al sitio activo más reactivo o menos reactivo y, por tanto, aumenta o reduce la velocidad de la reacción.

20.33 **a.** (3) regulador negativo
b. (4) enzima alostérica
c. (1) zimógeno

20.35 **a.** activa con un cofactor
b. activa con un cofactor
c. no necesita cofactor

20.37 **a.** ácido pantoténico (vitamina B_5)
b. ácido fólico
c. niacina (vitamina B_3)

20.39 **a.** vitamina D (colecalciferol)
b. vitamina C (ácido ascórbico)
c. vitamina B_3 (niacina)

20.41 La vitamina B_6 es una vitamina soluble en agua, lo que significa que todos los días cualquier exceso de vitamina B_6 se elimina del cuerpo.

20.43 **a.** oxidorreductasa
b. El etanol actuaría como un inhibidor competitivo del etilenglicol, ya que satura la enzima alcohol deshidrogenasa y permite que el etilenglicol se elimine del cuerpo sin producir ácido oxálico.

20.45 **a.** La piña fresca contiene una enzima que descompone la proteína, lo que significa que el postre de gelatina no se volvería sólido después de prepararlo. Las temperaturas altas usadas para preparar piña enlatada desnaturalizan tanto la enzima, que ya no puede descomponer proteínas.
b. La enzima en el jugo de piña fresca puede usarse para suavizar carne dura porque la enzima descompone proteínas.

20.47 Las muchas diferentes reacciones que tienen lugar en las células necesitan distintas enzimas porque las enzimas reaccionan sólo con cierto tipo de sustrato.

20.49 Las enzimas son catalizadores que son proteínas y funcionan solamente a temperatura y pH moderados. Los catalizadores usados en los laboratorios de química generalmente son materiales inorgánicos que pueden funcionar a temperaturas altas y en condiciones enormemente ácidas o básicas.

20.51 Una enzima reduce la energía de activación para una reacción.

20.53 **a.** S   **b.** E   **c.** E
d. E   **e.** S   **f.** E

20.55 **a.** urea   **b.** succinato
c. aspartato   **d.** fenilalanina

20.57 **a.** transferasa   **b.** oxidorreductasa
c. hidrolasa   **d.** liasa

20.59 En el modelo de llave y cerradura, un sustrato embona en la forma exacta del sitio activo.

20.61 Un ataque cardiaco puede ser la causa.

20.63 La temperatura óptima para una enzima es la temperatura a la cual la enzima está totalmente activa y es más efectiva.

20.65 **a.** La velocidad de catálisis será más lenta o se detendrá a medida que una temperatura alta desnaturalice la enzima.

b. La velocidad de la reacción catalizada será más lenta a medida que la temperatura disminuya.
c. La enzima no funcionará a pH de 2.

20.67 **a.** saturada   **b.** insaturada

20.69 En la inhibición reversible, el inhibidor puede disociarse de la enzima, en tanto que en la inhibición irreversible el inhibidor forma un fuerte enlace covalente con la enzima y no se disocia. Los inhibidores irreversibles actúan como venenos para las enzimas.

20.71 **a.** (3) inhibidor irreversible
b. (1) inhibidor competitivo
c. (1) inhibidor competitivo
d. (2) inhibidor no competitivo

20.73 **a.** Los antibióticos como la amoxicilina son inhibidores irreversibles.
b. Los antibióticos inhiben las enzimas necesarias para formar paredes celulares en las bacterias, no en seres humanos.

20.75 **a.** Cuando el pepsinógeno entra al estómago, el pH bajo permite la pérdida de un fragmento de péptido de su cadena proteínica para formar pepsina.
b. Una proteasa activa digeriría las proteínas del estómago en lugar de las proteínas de los alimentos.

20.77 Una enzima alostérica contiene sitios para reguladores que alteran la enzima y aceleran o frenan la velocidad de la reacción catalizada.

20.79 En el control de retroalimentación, un regulador negativo disminuye la velocidad de la actividad catalítica.

20.81 **a.** necesita un cofactor
b. no necesita un cofactor
c. necesita un cofactor (coenzima)

20.83 **a.** (3) coenzima A
b. (1) NAD^+
c. (2) tiamina-pirofosfato (TPP)

20.85 Una vitamina se combina con una enzima sólo cuando la enzima y la coenzima se necesitan para catalizar una reacción. Cuando la enzima no se necesita, la vitamina se disocia para que la usen otras enzimas de la célula.

20.87 **a.** niacina, (3) pelagra
b. vitamina A, (1) ceguera nocturna
c. vitamina D, (2) estructura ósea débil

20.89 **a.** Los reactivos son lactosa y agua, y los productos son glucosa y galactosa.

b.

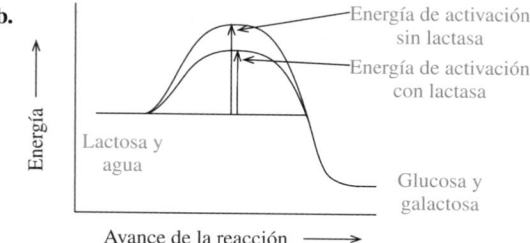

c. Al disminuir la energía de activación, la enzima facilita una vía de menor energía por la cual puede tener lugar la reacción.

20.91 **a.** oxidorreductasa   **b.** hidrolasa   **c.** iasa

Combinación de ideas de los capítulos 16 al 20

CI.31 El plástico conocido como PETE (**polietilent**ereftalato) es un polímero de ácido tereftálico y etilenglicol. El PETE se utiliza para fabricar botellas plásticas para gaseosas y recipientes para aderezos de ensaladas, champús y líquidos lava-trastos. En la actualidad, el PETE es el más reciclado de todos los plásticos; en un solo año se reciclan 2.4×10^9 lb de PETE. Después de que el PETE se separa de otros plásticos, se recicla y usa para fabricar tejidos de poliéster, tapetes, recipientes para pelotas de tenis y relleno de bolsas de dormir. La densidad del PETE es de 1.38 g/mL. (1, 7, 1.8, 1.9, 1.10, 16.3)

$$HO - \overset{\overset{O}{\|}}{C} - \bigcirc - \overset{\overset{O}{\|}}{C} - OH \qquad HO - CH_2 - CH_2 - OH$$

Ácido tereftálico   Etilenglicol

Botellas plásticas elaboradas con PETE están listas para el reciclado.

a. Dibuje la fórmula estructural condensada del éster formado a partir de una molécula de ácido tereftálico y una molécula de etilenglicol.
b. Dibuje la fórmula estructural condensada del producto formado cuando una segunda molécula de etilenglicol reacciona con el éster que dibujó en el inciso **a**.
c. ¿Cuántos kilogramos de PETE se reciclan en un año?
d. ¿Qué volumen, en litros, de PETE se recicla en un año?
e. Suponga que un vertedero tiene capacidad para contener 2.7×10^7 L de PETE reciclado. Si todo el PETE que se recicla en un año se colocara en vertederos, ¿cuántos llenaría?

CI.32 En Internet o en un libro de referencia como el *Merck Index* o el *Physicians' Desk Reference*, busque las fórmulas estructurales condensadas de los siguientes medicamentos e indique los grupos funcionales en los compuestos. Tal vez necesite consultar las referencias cruzadas de los nombres en los forros del libro de referencia. (11.5, 16.1, 16.3, 18.1, 18.4)
a. baclofeno, un relajante muscular
b. anetol, un saborizante de regaliz en anís e hinojo
c. alibendol, un medicamento antiespasmódico
d. pargilina, un medicamento antihipertensivo
e. naproxeno, un medicamento antiinflamatorio no esteroideo

CI.33 La epibatidina es uno de los alcaloides que segrega la rana dardo venenosa ecuatoriana (*Epipedobates tricolor*) por su piel. Los nativos de la selva tropical preparan dardos venenosos al frotar las puntas sobre la piel de las ranas dardo venenosas. El efecto de una cantidad muy pequeña del veneno puede paralizar o matar un animal. Como analgésico, la epibatidina es 200 veces más efectiva que la morfina. Aunque una dosis terapéutica se ha calculado en 2.5 μg/kg, la epibatidina tiene efectos secundarios. Se espera que más investigaciones para

modificar químicamente la molécula de epibatidina produzcan un importante analgésico. (6.4, 6.5, 18.3)

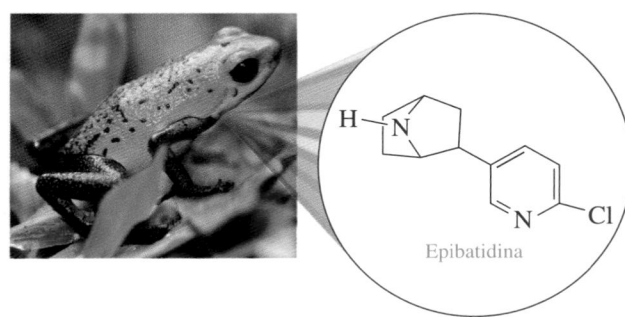

Epibatidina

Los nativos de la pluviselva de América del Sur obtienen veneno para sus dardos a partir de los alcaloides segregados por las ranas dardo venenosas.

a. ¿Cuáles aminas heterocíclicas están en la estructura de la epibatidina?
b. ¿Cuál es la fórmula molecular de la epibatidina?
c. ¿Cuál es la masa molar de la epibatidina?
d. ¿Cuántos gramos de epibatidina se administrarían a una persona de 60. kg si la dosis es de 2.5 μg/kg?
e. ¿Cuántas moléculas de epibatidina se administrarían a una persona de 60. kg con la dosis del inciso **d**?

CI.34 El trimiristato de glicerilo (trimiristina) se encuentra en las semillas de la nuez moscada (*Myristica fragrans*). La trimiristina se usa como lubricante y fragancia en jabones y cremas de afeitar. El miristato de isopropilo se utiliza para aumentar la absorción de las cremas para la piel. Dibuje la fórmula estructural condensada de cada uno de los compuestos siguientes: (16.3, 16.4, 16.5, 17.2, 17.3)

La nuez moscada contiene niveles altos de trimiristato de glicerilo.

a. ácido mirístico
b. trimiristato de glicerilo (trimiristina)
c. miristato de isopropilo
d. los productos de la hidrólisis de trimiristato de glicerilo con un catalizador ácido
e. los productos de la saponificación de trimiristato de glicerilo con KOH
f. el reactivo y el producto para la oxidación de alcohol mirístico en ácido mirístico

CI.35 El ácido hialurónico (HA), un polímero de aproximadamente 25 000 unidades disacárido, es un componente natural del líquido ocular y articular, así como de piel y cartílagos. Debido a la capacidad del HA para absorber agua, se usa en productos para el cuidado de la piel y en inyecciones para suavizar arrugas, así como para el tratamiento de la artritis.

Las unidades disacárido en el HA consisten en ácido D-glucónico y N-acetil-D-glucosamina.

Ácido hialurónico

La D-glucosamina tiene un grupo amino (—NH₂) en lugar del grupo hidroxilo en el carbono 2 de la D-glucosa. La N-acetil-D-glucosamina es la amida formada a partir de ácido acético y D-glucosamina. Otro polímero natural llamado *quitina* se encuentra en las conchas de langostas y cangrejos. La quitina está hecha de unidades repetitivas de N-acetil-D-glucosamina conectadas mediante enlaces β-1,4-glucosídicos. (13.4, 15.3, 15.5, 15.6, 18.4)

a. Dibuje la estructura de Haworth para el producto de la reacción de oxidación del grupo hidroxilo en el carbono 6 en la β-D-glucosa para formar ácido β-D-glucónico.
b. Dibuje la estructura de Haworth para β-D-glucosamina
c. Dibuje la estructura de Haworth para N-acetil-beta-D-glucosamina.
d. ¿Cuáles son los dos tipos de enlaces glucosídicos que unen los monosacáridos en el ácido hialurónico?
e. Dibuje la estructura para una sección de

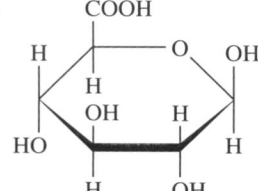

Las conchas de cangrejos y langostas contienen quitina.

quitina con dos unidades N-acetil-beta-D-glucosamina unidas mediante enlaces β-1,4-glucosídicos.

CI.36 En respuesta a las señales provenientes del sistema nervioso, el hipotálamo segrega una hormona polipeptídica conocida como factor liberador de gonadotropina (GnRF), que estimula la hipófisis para liberar otras hormonas en el torrente sanguíneo. Dos de estas hormonas son la hormona luteini-

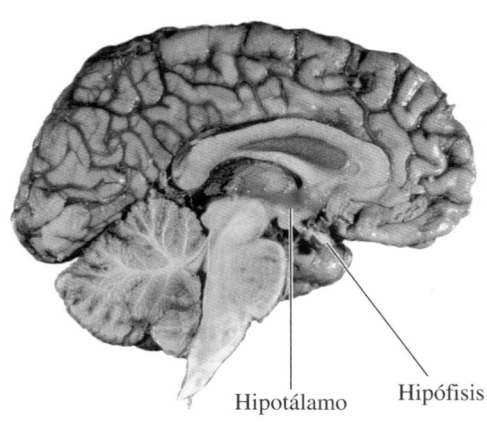

Hipotálamo   Hipófisis

El hipotálamo segrega GnRF.

zante (LH) y la hormona estimulante del folículo (FSH). El GnRF es un decapéptido con la estructura primaria siguiente:
Glu—His—Tyr—Ser—Tyr—Gly—Leu—Arg—Pro—Gly
(19.1, 19.2, 19.3, 19.4, 20.5)

a. ¿Cuál es el aminoácido N-terminal en el GnRF?
b. ¿Cuál es el aminoácido C-terminal en el GnRF?
c. ¿Cuáles aminoácidos en el GnRF son neutros no polares o polares?
d. Dibuje las fórmulas estructurales condensadas de los aminoácidos ácidos o básicos a un pH fisiológico.
e. Dibuje la estructura primaria para los primeros tres aminoácidos de GnRF, a partir del aminoácido N-terminal a un pH fisiológico.
f. Cuando el nivel de LH o FSH es alto en el torrente sanguíneo, el hipotálamo deja de segregar GnRF. ¿Qué tipo de regulación de proteínas representa esta acción?

RESPUESTAS

CI.31 a. HO—C(=O)—⬡—C(=O)—O—CH₂—CH₂—OH

b.
HO—CH₂—CH₂—O—C(=O)—⬡—C(=O)—O—CH₂—CH₂—OH

c. 1.1×10^9 kg de PETE
d. 8.0×10^8 L de PETE
e. 30 vertederos

CI.33 a. piridina y pirrolidina
b. $C_{11}H_{13}N_2Cl$
c. 209 g/mol
d. 1.5×10^{-4} g de epibatidina
e. 4.3×10^{17} moléculas de epibatidina

CI.35 a.   b.

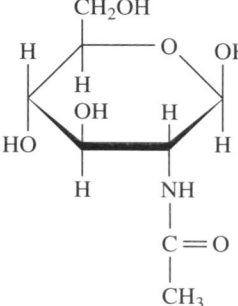

c.

d. Son enlaces β-1,4- y β-1,3-glucosídicos.
e.

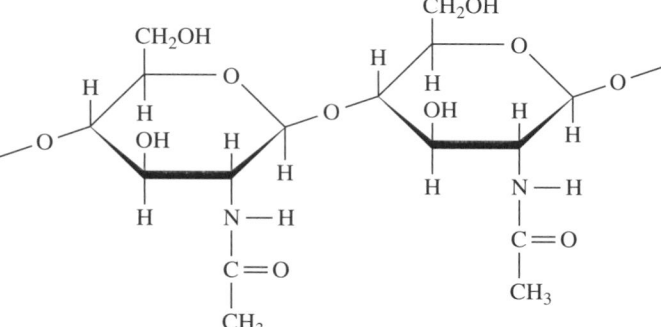

Ácidos nucleicos y síntesis de proteínas

21

CONTENIDO DEL CAPÍTULO

Visite **www.masteringchemistry.com** para acceder a materiales de autoaprendizaje y tareas asignadas por el instructor.

A Daniel le diagnosticaron carcinoma de células basales, la forma más frecuente de cáncer de piel. Tiene cita para someterse a una cirugía de Mohs, un procedimiento especializado con el que le extirparán las tumoraciones cancerosas que tiene en el hombro. El cirujano comienza el proceso con la extirpación de los tumores anormales, además de una delgada capa de tejido circundante (marginal), que envía a Lisa, la históloga. Lisa prepara la muestra de tejido para que la vea un patólogo. La preparación del tejido requiere que Lisa lo corte en una sección muy delgada (usualmente de 4/10 000 de pulgada), que luego monta en un portaobjetos. Después, Lisa trata el tejido con un tinte para teñir las células, pues esto permite que el patólogo vea cualquier célula anormal con más facilidad. El patólogo examina la muestra de tejido e informa al cirujano que no hay células anormales en el tejido marginal, por lo que el tumor de Daniel se extirpó en su totalidad. No es necesario retirar más tejido.

El ADN, o ácido desoxirribonucleico, contiene toda la información genética de una persona, como color de piel y de ojos. Esta información se copia cada vez que una célula se divide mediante un proceso llamado *replicación*. Sin embargo, durante la replicación pueden ocurrir cambios en la secuencia del ADN, lo que resulta en una mutación. Las mutaciones pueden conducir a cáncer.

Profesión: Histólogo

Los histólogos estudian la constitución microscópica de tejidos, células y líquidos corporales con el propósito de detectar e identificar la presencia de una enfermedad específica. Determinan los tipos sanguíneos y las concentraciones de medicamentos y otras sustancias en la sangre. Los histólogos también ayudan a establecer el motivo por el cual un paciente no responde a su tratamiento. La preparación de muestras es un componente crucial de la labor de un histólogo, pues prepara muestras de tejido de seres humanos, animales y plantas. Las muestras de tejido se cortan con equipo especializado en secciones extremadamente delgadas que luego se montan y tiñen con varios tintes químicos. Los tintes proporcionan contraste para observar las células y ayudan a destacar cualquier anomalía que pudiera existir. La utilización de diversos tintes exige que el histólogo esté familiarizado con la preparación de disoluciones y el manejo de químicos potencialmente peligrosos.

Los ácidos nucleicos son moléculas grandes que se encuentran en los núcleos de las células que almacenan información y dirigen actividades para el crecimiento y la reproducción celulares. El ácido desoxirribonucleico (ADN), el material genético en el núcleo de una célula, contiene toda la información necesaria para el desarrollo de un organismo vivo completo. La forma de crecer, el cabello, los ojos, la apariencia física y las actividades de todas las células del cuerpo están determinadas por un conjunto de instrucciones contenidas en el interior del ADN de las células.

Toda la información genética de la célula se llama *genoma*. Cada vez que una célula se divide, la información del genoma se copia y transmite a las nuevas células. Este proceso de replicación debe duplicar con exactitud las instrucciones genéticas. Algunas secciones del ADN llamadas *genes* contienen la información para elaborar una proteína particular.

Cuando una célula necesita proteínas, otro tipo de ácido nucleico, el ácido ribonucleico (ARN), traduce la información genética del ADN y la lleva a los ribosomas, donde tiene lugar la síntesis de proteínas. Sin embargo, pueden ocurrir errores que conduzcan a mutaciones que afectan la síntesis de alguna proteína.

Describir las bases y azúcares ribosa que constituyen los ácidos nucleicos ADN y ARN.

TUTORIAL
Nucleic Acid Building Blocks

21.1 Componentes de los ácidos nucleicos

Hay dos tipos de ácidos nucleicos muy relacionados: el *ácido desoxirribonucleico* (**ADN**) y el *ácido ribonucleico* (**ARN**). Ambos son polímeros no ramificados de unidades monómero repetitivas conocidas como *nucleótidos*. Cada nucleótido tiene tres componentes: una base, un azúcar de cinco carbonos y un grupo fosfato (véase la figura 21.1). Una molécula de ADN puede contener varios millones de nucleótidos; las moléculas más pequeñas de ARN pueden contener hasta varios miles.

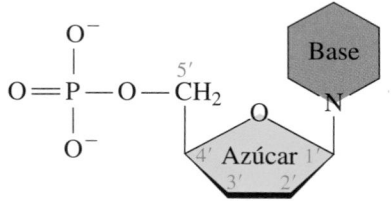

FIGURA 21.1 La estructura general de un nucleótido se compone de una base nitrogenada, un azúcar y un grupo fosfato.

P En un nucleótido, ¿qué tipos de grupos se enlazan con un azúcar de cinco carbonos?

Bases

Las **bases** nitrogenadas en los ácidos nucleicos son derivados de las aminas heterocíclicas *pirimidina* o *purina*, que se estudió en la sección 18.3.

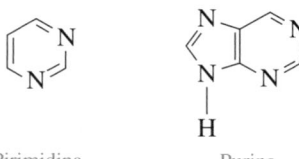

Pirimidina   Purina

En el ADN, las bases purina con anillos dobles son adenina (A) y guanina (G), y las bases pirimidina con anillos sencillos son citosina (C) y timina (T). El ARN contiene las mismas bases, excepto que la timina (5-metiluracilo) es sustituida por uracilo (U) (véase la figura 21.2).

Pirimidinas

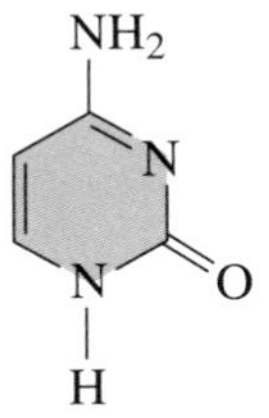

Citosina (C)
(ADN y ARN)

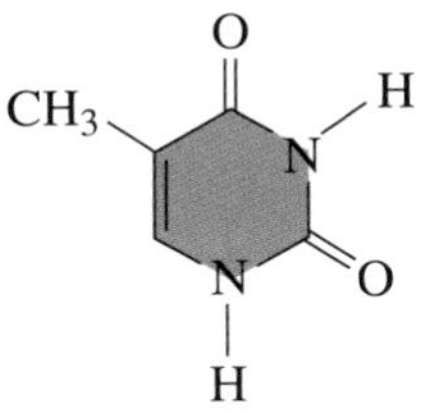

Timina (T)
(sólo ADN)

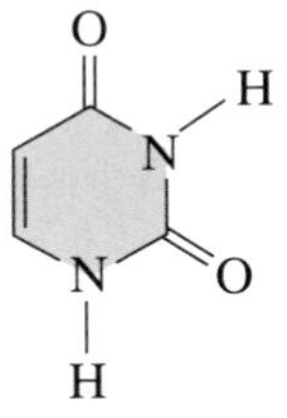

Uracilo (U)
(sólo ARN)

Purinas

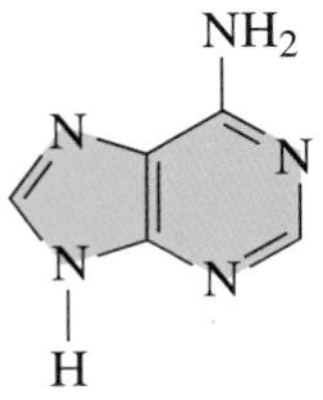

Adenina (A)
(ADN y ARN)

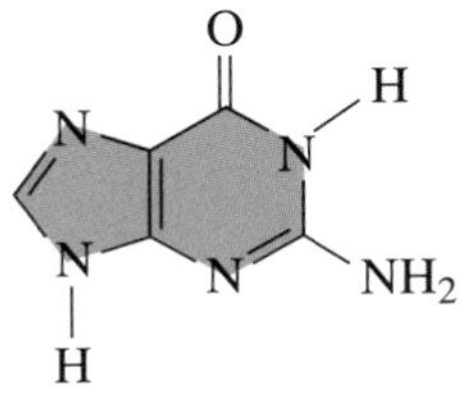

Guanina (G)
(ADN y ARN)

FIGURA 21.2 El ADN contiene las bases A, G, C y T; el ARN contiene A, G, C y U.

P ¿Cuáles bases se encuentran en el ADN?

COMPROBACIÓN DE CONCEPTOS 21.1 **Componentes de los ácidos nucleicos**

Identifique cada una de las bases siguientes como purina o pirimidina. Indique si cada base se encuentra en el ADN, el ARN o en ambos.

a.

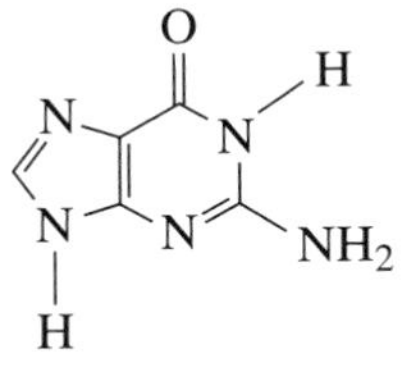

b.

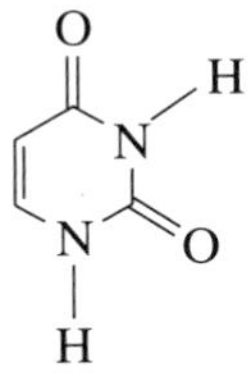

RESPUESTA

a. Guanina es una purina que se encuentra tanto en el ARN como en el ADN.

b. Uracilo es una pirimidina que se encuentra sólo en el ARN.

Azúcares pentosa

En el ARN, el azúcar de cinco carbonos es la *ribosa*, que da la letra R a la abreviatura del ARN. Los átomos en los azúcares pentosa se numeran como primos ($1'$, $2'$, $3'$, $4'$ y $5'$) para diferenciarlos de los átomos en las bases. En el ADN, el azúcar de cinco carbonos es la *desoxirribosa*, que es similar a la ribosa, excepto que no hay grupo hidroxilo (—OH) en C$2'$. El prefijo *desoxi* significa "sin oxígeno" y proporciona la letra D en ADN.

Azúcares pentosa en el ARN y el ADN

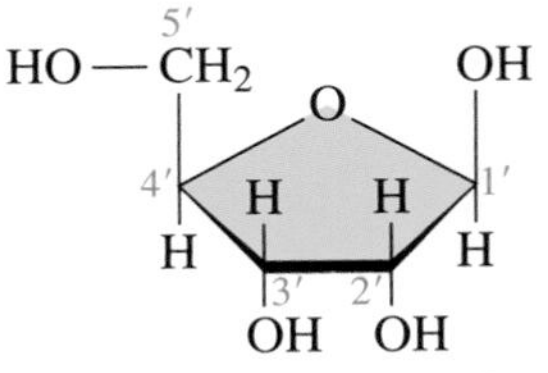

Ribosa en el ARN

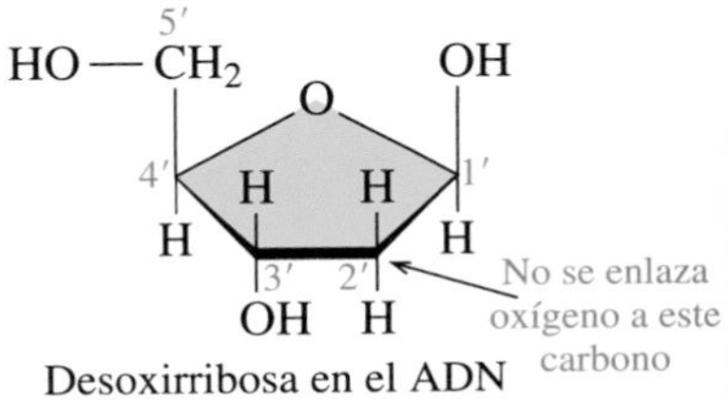

Desoxirribosa en el ADN

El azúcar pentosa de cinco carbonos que se encuentra en el ARN es ribosa, y en el ADN, desoxirribosa.

Nucleósidos y Nucleótidos

Un **nucleósido** se produce cuando una pirimidina o una purina forma un enlace glucosídico en C1′ de un azúcar, o ribosa o desoxirribosa. Por ejemplo, la adenina, una purina, y la ribosa forman un nucleósido llamado *adenosina*.

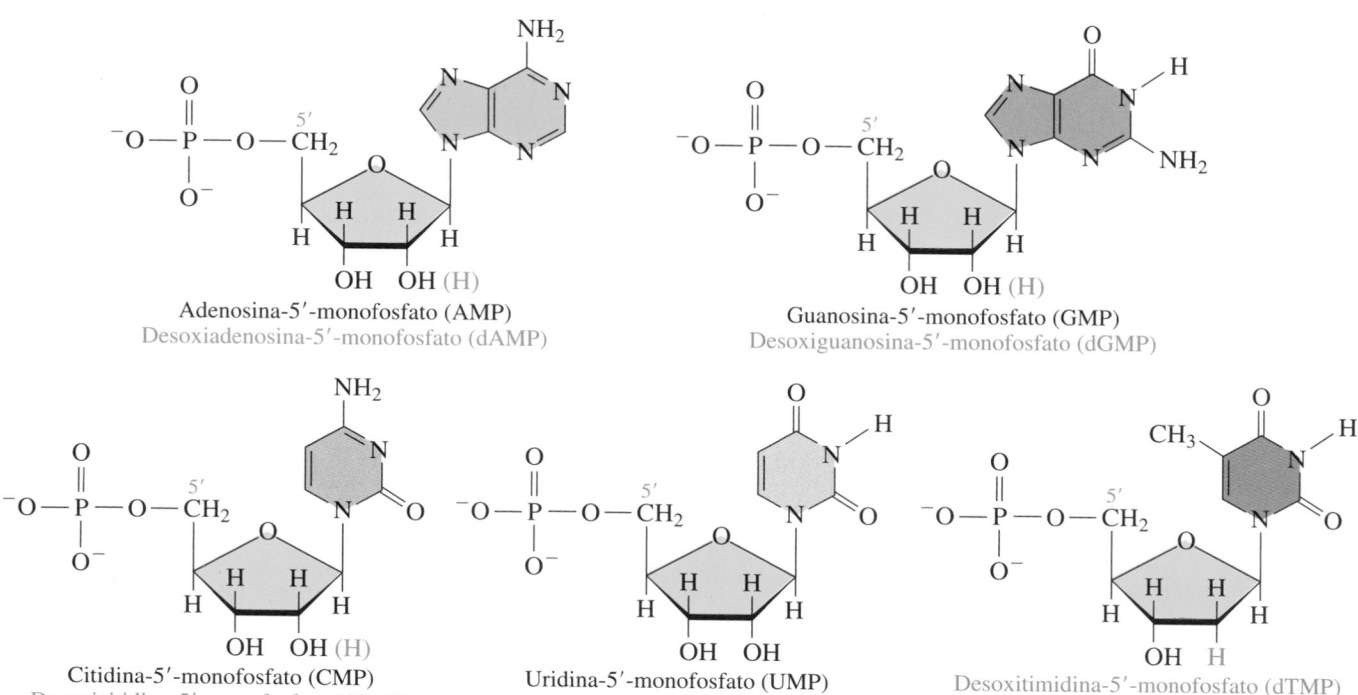

Una base forma un enlace *N*-glucosídico con ribosa o desoxirribosa para formar un nucleósido.

Los **nucleótidos** son nucleósidos en los que un grupo fosfato se enlaza al grupo —OH en el carbono 5 (C5′) de la ribosa o la desoxirribosa. El producto es un *fosfoéster*. Otros grupos hidroxilo en la ribosa también pueden formar fosfoésteres, pero sólo los nucleótidos 5′-monofosfato se encuentran en el ARN y el ADN. En la figura 21.3 se muestran todos los nucleótidos en el ARN y el ADN.

Adenosina-5′-monofosfato (AMP)
Desoxiadenosina-5′-monofosfato (dAMP)

Guanosina-5′-monofosfato (GMP)
Desoxiguanosina-5′-monofosfato (dGMP)

Citidina-5′-monofosfato (CMP)
Desoxicitidina-5′-monofosfato (dCMP)

Uridina-5′-monofosfato (UMP)

Desoxitimidina-5′-monofosfato (dTMP)

FIGURA 21.3 Los nucleótidos del ARN son similares a los del ADN, excepto que en el ADN (que se muestra en color magenta) el azúcar es la desoxirribosa y la desoxitimidina sustituye la uridina.

P ¿Cuáles son las dos diferencias en los nucleótidos de ARN y ADN?

La tabla 21.1 resume los componentes del ADN y el ARN.

TABLA 21.1 Componentes del ADN y el ARN

Componente	ADN	ARN
Bases	A, G, C y T	A, G, C y U
Azúcar	Desoxirribosa	Ribosa
Nucleósido	Base + desoxirribosa	Base + ribosa
Nucleótido	Base + desoxirribosa + fosfato	Base + ribosa + fosfato
Ácido nucleico	Polímero de nucleótidos de desoxirribosa	Polímero de nucleótidos de ribosa

Nomenclatura de nucleósidos y nucleótidos

El nombre de un nucleósido que contiene una purina termina en *osina*, en tanto que un nucleósido que contiene una pirimidina termina en *idina*. Los nombres de los nucleósidos del ADN agregan *desoxi* al comienzo de sus nombres. Para nombrar los nucleótidos correspondientes en el ARN y el ADN, se agrega 5'-*monofosfato*. Aunque las letras A, G, C, U y T representan las bases, con frecuencia se usan en la abreviaturas de los respectivos nucleósidos y nucleótidos. En la tabla 21.2 se presentan los nombres de las bases, nucleósidos y nucleótidos en el ADN y el ARN, así como sus abreviaturas.

TABLA 21.2 Nucleósidos y nucleótidos del ADN y el ARN

Base	Nucleósidos	Nucleótidos
ADN		
Adenina (A)	Desoxiadenosina (A)	Desoxiadenosina-5'-monofosfato (dAMP)
Guanina (G)	Desoxiguanosina (G)	Desoxiguanosina-5'-monofosfato (dGMP)
Citosina (C)	Desoxicitidina (C)	Desoxicitidina-5'-monofosfato (dCMP)
Timina (T)	Desoxitimidina (T)	Desoxitimidina-5'-monofosfato (dTMP)
ARN		
Adenina (A)	Adenosina (A)	Adenosina-5'-monofosfato (AMP)
Guanina (G)	Guanosina (G)	Guanosina-5'-monofosfato (GMP)
Citosina (C)	Citidina (C)	Citidina-5'-monofosfato (CMP)
Uracilo (U)	Uridina (U)	Uridina-5'-monofosfato (UMP)

COMPROBACIÓN DE CONCEPTOS 21.2   **Componentes de los ácidos nucleicos**

Identifique cada una de las siguientes opciones como azúcar pentosa, base, nucleósido, nucleótido o ácido nucleico, y especifique si se encuentra en el ADN, el ARN o en ambos:

a. guanina
b. desoxiadenosina-5'-monofosfato (dAMP)
c. ribosa
d. citidina

RESPUESTA

a. Guanina es una de las bases que se encuentran tanto en el ADN como en el ARN.
b. Desoxiadenosina-5'-monofosfato es un nucleótido (*tido* tiene fosfato) que se encuentra en el ADN.
c. Ribosa es el azúcar pentosa que se encuentra en el ARN.
d. Citidina es un nucleósido que se encuentra en el ARN.

Formación de nucleósidos di- y trifosfatos

El grupo fosfato en cualquier nucleósido 5′-monofosfato puede enlazarse a uno o dos grupos fosfato más para formar di- y trifosfatos. Por ejemplo, si se agrega un grupo fosfato al AMP, se produce ADP (*adenosina-5′-difosfato*). Si se agrega otro grupo fosfato al ADP, se produce ATP (*adenosina-5′-trifosfato*) (véase la figura 21.4). De los trifosfatos, el ATP es de particular interés porque es la principal fuente de energía para la mayor parte de las actividades que requieren energía en la célula. En otros ejemplos, el fosfato se agrega al GMP para producir GDP y GTP, que es parte del ciclo del ácido cítrico.

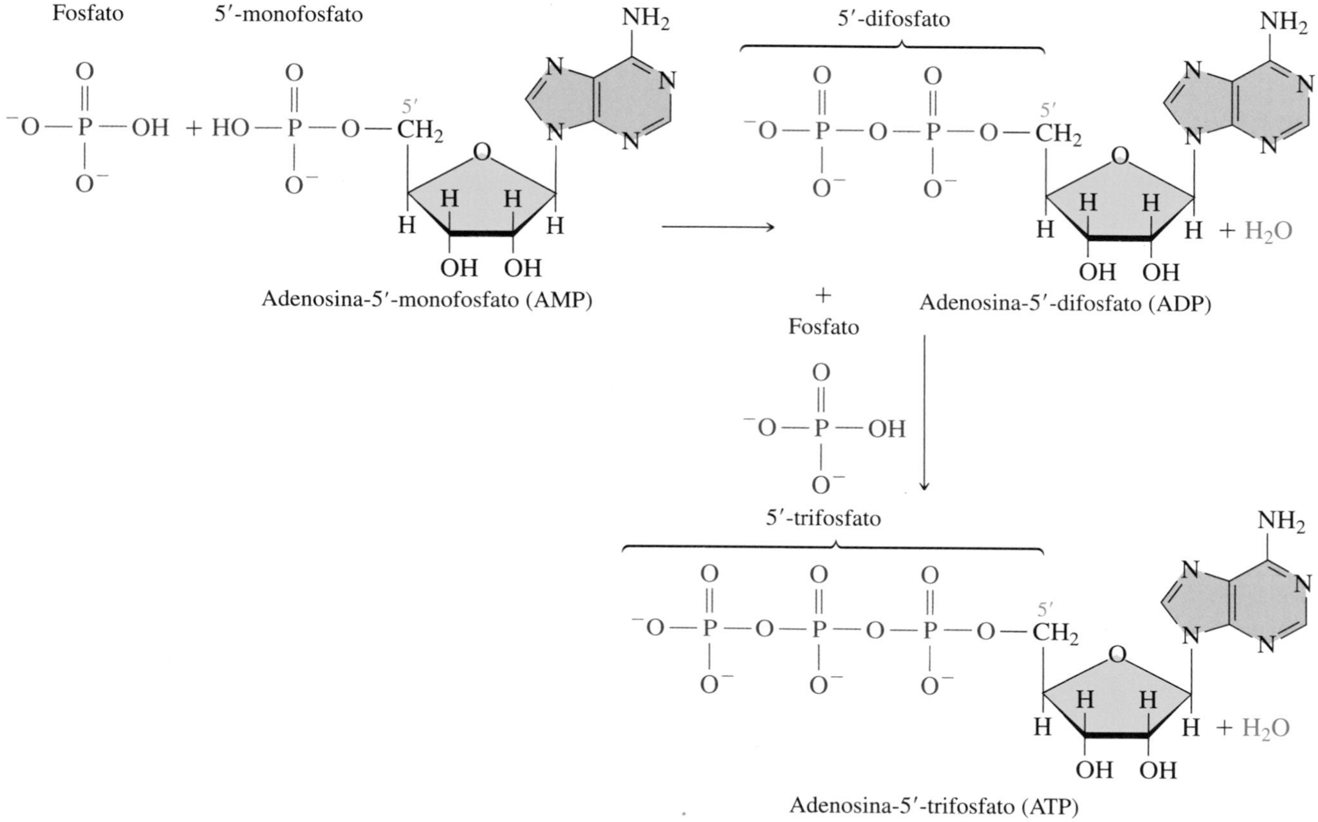

FIGURA 21.4 La adición de uno o dos grupos fosfato al AMP forma adenosina-5′-difosfato (ADP) y adenosina-5′-trifosfato (ATP).

P ¿Cómo difiere la estructura de la desoxiguanosina-5′-trifosfato (dGTP) del ATP?

EJEMPLO DE PROBLEMA 21.1   Nucleótidos

Para cada uno de los nucleótidos siguientes, identifique los componentes y si el nucleótido se encuentra en el ADN, el ARN o en ambos:

a. desoxiguanosina-5′-monofosfato (dGMP)
b. adenosina-5′-monofosfato (AMP)

SOLUCIÓN

a. Este nucleótido de desoxirribosa, guanina y un grupo fosfato se encuentra en el ADN.
b. Este nucleótido de ribosa, adenina y un grupo fosfato se encuentra en el ARN.

COMPROBACIÓN DE ESTUDIO 21.1

¿Cuál es el nombre y la abreviatura del nucleótido ADN de la citosina?

PREGUNTAS Y PROBLEMAS

21.1 Componentes de los ácidos nucleicos

META DE APRENDIZAJE: *Describir las bases y azúcares ribosa que constituyen los ácidos nucleicos ADN y ARN.*

21.1 Identifique si cada una de las bases siguientes es purina o pirimidina:
  a. timina   **b.** NH_2

21.2 Identifique si cada una de las bases siguientes es purina o pirimidina:
  a. guanina   **b.** NH_2

21.3 Identifique si cada una de las bases del problema 21.1 es un componente del ADN, ARN o de ambos.

21.4 Identifique si cada una de las bases del problema 21.2 es componente del ADN, ARN o de ambos.

21.5 ¿Cuáles son los nombres y abreviaturas de los cuatro nucleótidos en el ADN?

21.6 ¿Cuáles son los nombres y abreviaturas de los cuatro nucleótidos en el ARN?

21.7 Identifique si cada uno de los siguientes es nucleósido o nucleótido:
  a. adenosina   **b.** desoxicitidina
  c. uridina   **d.** citidina-5′-monofosfato

21.8 Identifique si cada uno de los siguientes es nucleósido o nucleótido:
  a. desoxitimidina   **b.** guanosina
  c. desoxiadenosina-5′-monofosfato
  d. uridina-5′-monofosfato

21.9 Dibuje la fórmula estructural condensada de desoxiadenosina-5′-monofosfato (dAMP).

21.10 Dibuje la fórmula estructural condensada de uridina-5′-monofosfato (UMP).

21.2 Estructura primaria de los ácidos nucleicos

Los **ácidos nucleicos** son polímeros de muchos nucleótidos en los que el grupo 3′-hidroxilo del azúcar en un nucleótido se enlaza al grupo fosfato en el átomo 5′-carbono en el azúcar del nucleótido siguiente. Este vínculo entre los azúcares en nucleótidos adyacentes se conoce como **enlace fosfodiéster**. A medida que más nucleótidos se agregan por medio de enlaces fosfodiéster, se forma un esqueleto que consiste en grupos alternos de azúcar y fosfato. Las bases, que están unidas a cada azúcar, se extienden hacia afuera desde el esqueleto azúcar-fosfato.

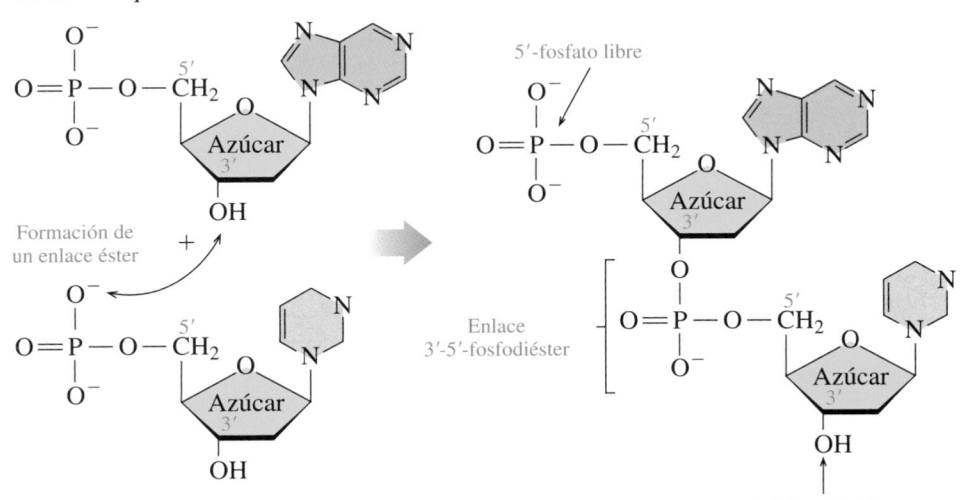

Un enlace fosfodiéster se forma entre el grupo 3′-hidroxilo en el azúcar de un nucleótido y el grupo fosfato en el átomo 5′-carbono en el azúcar del nucleótido siguiente.

Cada ácido nucleico tiene su propia secuencia única de bases, que se conoce como su **estructura primaria**. Es esta secuencia de bases la que transporta la información genética de una célula a la siguiente. En cualquier ácido nucleico, el azúcar de un extremo tiene un extremo 5′-fosfato terminal sin reaccionar o libre, y el azúcar del otro extremo tiene un grupo 3′-hidroxilo sin reaccionar o libre.

Una secuencia de ácidos nucleicos se lee desde el azúcar con el 5′-fosfato libre hacia el azúcar con el grupo 3′-hidroxilo libre. Con frecuencia, el orden de los nucleótidos se escribe usando sólo las letras de las bases. Por ejemplo, la secuencia de nucleótidos que comienza con adenina (extremo 5′-fosfato libre) en la sección del ARN que se muestra en la figura 21.5 es 5′ — A C G U — 3′.

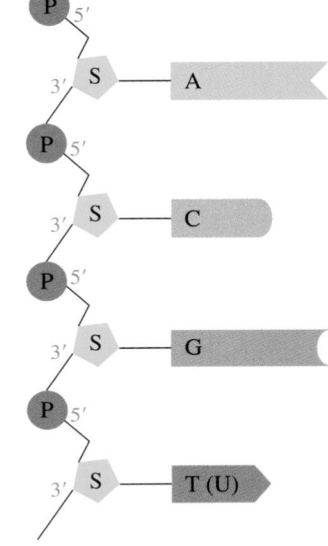

En la estructura primaria de ácidos nucleicos, cada azúcar de un esqueleto azúcar-fosfato está unida a una base.

ARN (ácido ribonucleico)

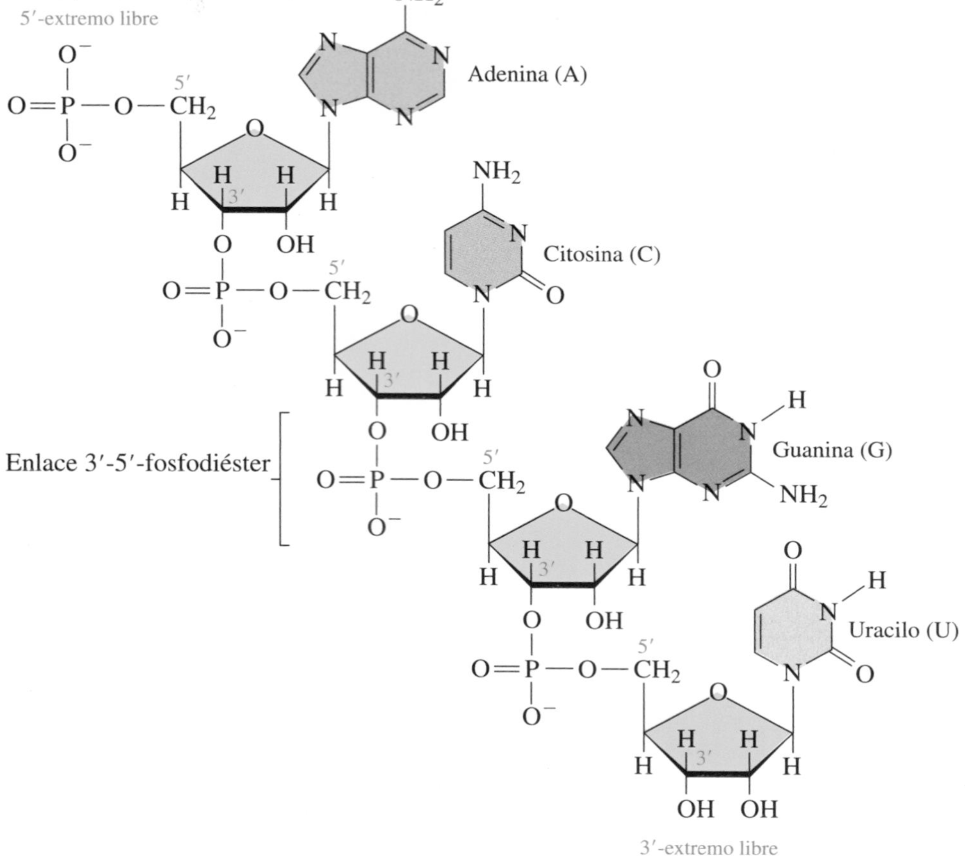

FIGURA 21.5 En la estructura primaria del ARN, A, C, G y U están unidos mediante enlaces 3'-5'-fosfodiéster.

P ¿Dónde están los grupos 5'-fosfato y 3'-hidroxilo?

EJEMPLO DE PROBLEMA 21.2 **Enlazamiento de nucleótidos**

Dibuje la fórmula estructural condensada de un dinucleótido ARN formado por dos citidina-5'-monofosfato.

SOLUCIÓN

Para dibujar el dinucleótido, se conecta el grupo 3'-hidroxilo en el primer citidina-5'-monofosfato con el grupo 5'-fosfato en el segundo citidina-5'-monofosfato.

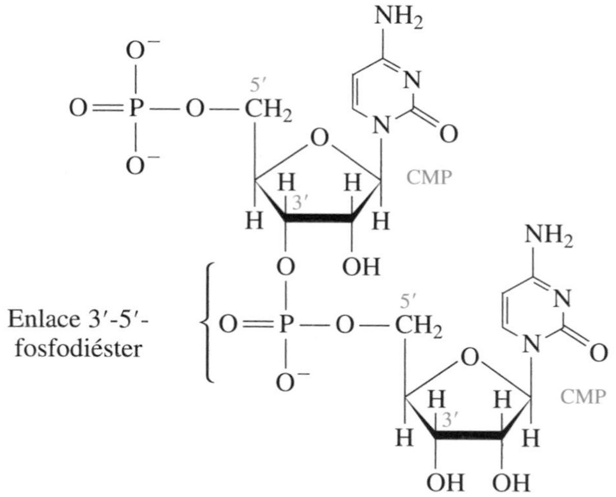

COMPROBACIÓN DE ESTUDIO 21.2

En el dinucleótido de citidina que se muestra en la solución al Ejemplo de problema 21.2, identifique el grupo 5'-fosfato libre y el grupo 3'-hidroxilo libre.

21.3 La doble hélice del ADN

Durante la década de 1940, algunos científicos determinaron que el ADN de varios organismos guardaba una relación específica: la cantidad de adenina (A) era igual a la cantidad de timina (T), y la cantidad de guanina (G) era igual a la cantidad de citosina (C) (véase la tabla 21.3). Con el tiempo, los científicos determinaron que la adenina estaba emparejada (1:1) con la timina, y la guanina estaba emparejada (1:1) con la citosina. Esta relación, conocida como *reglas de Chargaff*, puede resumirse del modo siguiente:

Número de moléculas de purina = número de moléculas de pirimidina
Adenina (A) = timina (T)
Guanina (G) = citosina (C)

TABLA 21.3 Porcentajes de bases en el ADN de organismos seleccionados

Organismo	%A	%T	%G	%C
Ser humano	30	30	20	20
Pollo	28	28	22	22
Salmón	28	28	22	22
Maíz	27	27	23	23
Neurospora	23	23	27	27

En 1953, James Watson y Francis Crick, con el uso de imágenes del ADN de Rosalind Franklin, propusieron que el ADN era una **doble hélice**, que consistía en dos hebras de polinucleótido enrolladas una en torno a la otra como una escalera de caracol (véase la figura 21.6). Los esqueletos azúcar-fosfato son semejantes a los pasamanos exteriores de las escaleras, con las bases ordenadas como peldaños a lo largo del interior. Una hebra va en la dirección de 5′ a 3′, y la otra hebra va en la dirección de 3′ a 5′.

Pares de bases complementarias

Cada una de las bases a lo largo de una hebra de polinucleótido forma enlaces por puente de hidrógeno sólo con una base específica en la hebra opuesta del ADN. La adenina forma enlaces por puente de hidrógeno solamente con la timina, y la guanina se enlaza solamente con la citosina (véase la figura 21.7). Los pares AT y GC se llaman **pares de bases complementarias**. Debido a limitaciones estructurales, sólo hay dos tipos de pares de bases estables: las bases que se unen por medio de dos enlaces por puente de hidrógeno, como el emparejamiento de adenina y timina, y las bases que se unen por medio de tres enlaces por puente de hidrógeno, como el emparejamiento de citosina y guanina. *No hay otros pares de bases estables.* Por ejemplo, la adenina no forma enlaces por puente de hidrógeno con citosina o guanina; la citosina no forma enlaces por puente de hidrógeno con adenina o timina. Esto explica por qué el ADN tiene igual cantidad de bases A y T y cantidades iguales de G y C.

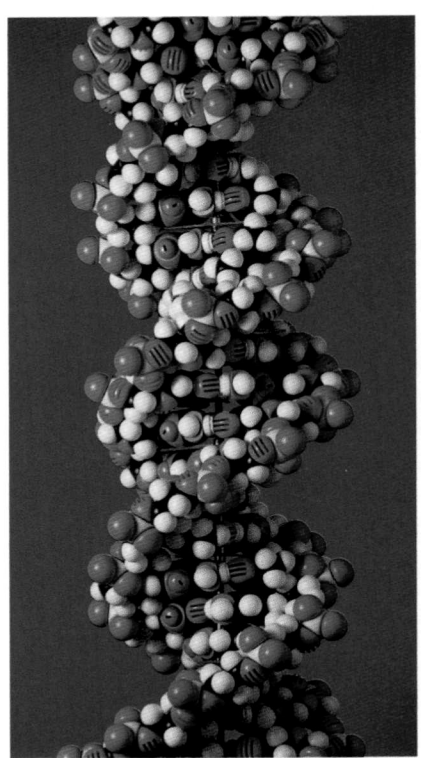

FIGURA 21.6 Un modelo atómico de una molécula del ADN muestra la doble hélice como la forma característica de las moléculas del ADN.

P ¿Qué se entiende por el término *doble hélice*?

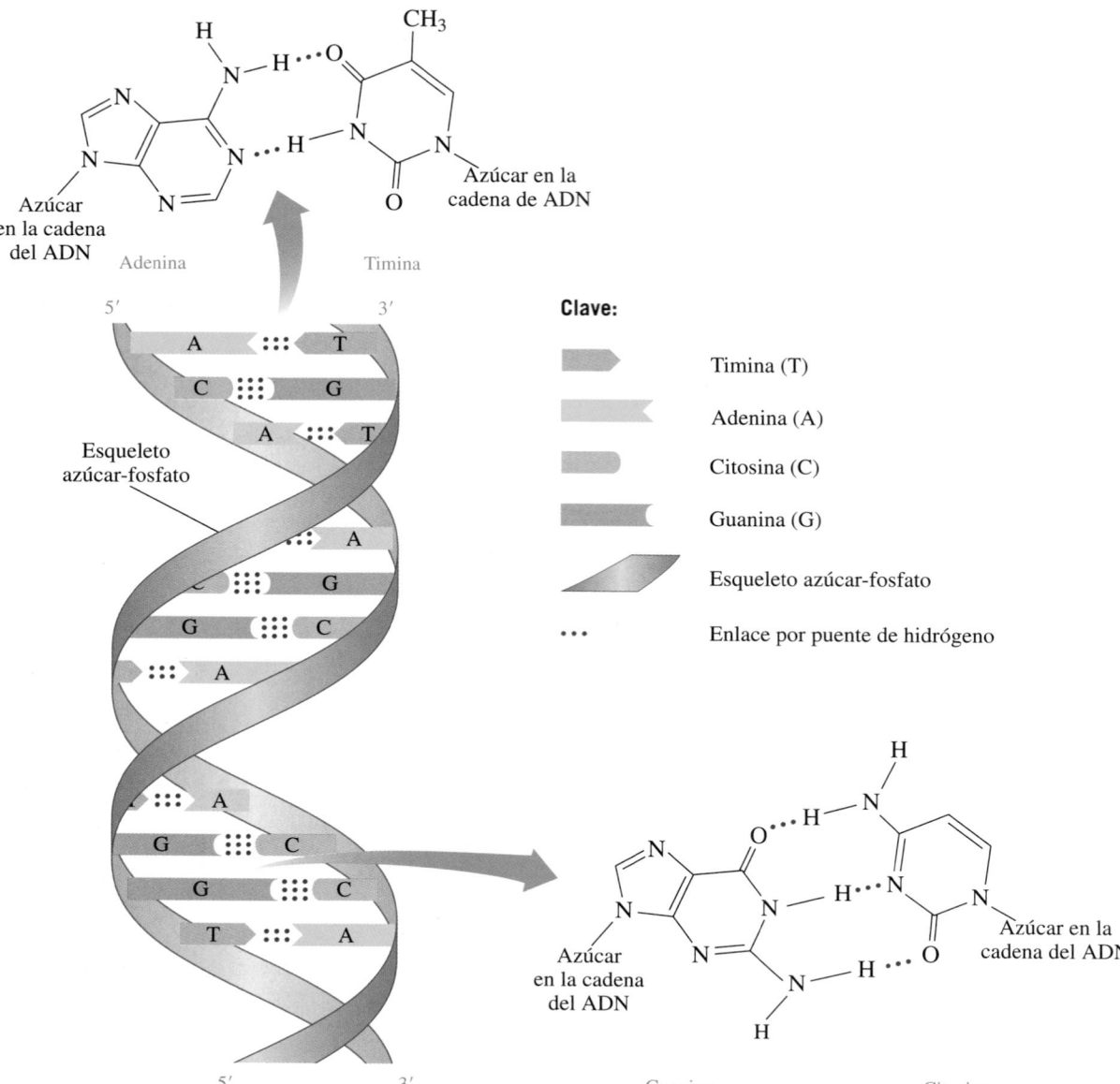

Clave:

Timina (T)

Adenina (A)

Citosina (C)

Guanina (G)

Esqueleto azúcar-fosfato

••• Enlace por puente de hidrógeno

FIGURA 21.7 Enlaces por puente de hidrógeno entre pares de bases complementarias mantienen unidas las hebras de polinucleótido en la doble hélice del ADN.

P ¿Por qué los pares de bases GC son más estables que los pares de bases AT?

EJEMPLO DE PROBLEMA 21.3 Pares de bases complementarias

Escriba la secuencia de bases complementarias para el segmento siguiente de una hebra del ADN:

5′ — A C G A T C T — 3′

SOLUCIÓN

Análisis del problema

Base en la hebra original del ADN	Base complementaria
A	T
T	A
C	G
G	C

Segmento original del ADN: 5′ — A C G A T C T — 3′

⋮ ⋮ ⋮ ⋮ ⋮ ⋮ ⋮

Segmento complementario: 3′ — T G C T A G A — 5′

COMPROBACIÓN DE ESTUDIO 21.3

¿Qué secuencia de bases es complementaria a un segmento del ADN con una secuencia de bases de 5′ — G G T T A A C C — 3′.

21.3 La doble hélice del ADN

META DE APRENDIZAJE: *Describir la doble hélice del ADN.*

21.15 ¿Cómo se mantienen unidas las dos hebras de ácido nucleico en el ADN?

21.16 ¿Qué se entiende por emparejamiento de bases complementarias?

21.17 Escriba la secuencia de bases en un nuevo segmento del ADN si el segmento original tiene la secuencia siguiente de bases:
a. 5′ — A A A A A A — 3′

b. 5′ — G G G G G G — 3′
c. 5′ — A G T C C A G G T — 3′
d. 5′ — C T G T A T A C G T T A — 3′

21.18 Escriba la secuencia de bases en un nuevo segmento del ADN si el segmento original tiene la secuencia siguiente de bases:
a. 5′ — T T T T T T — 3′
b. 5′ — C C C C C C C C C — 3′
c. 5′ — A T G G C A — 3′
d. 5′ — A T A T G C G C T A A A — 3′

21.4 Replicación del ADN

La función del ADN de las células de animales y plantas es conservar la información genética. A medida que las células se dividen, las hebras copiadas del ADN se transfieren a las células nuevas, que reciben la información genética de la célula madre contenida en las hebras nuevas.

Replicación y energía

En la **replicación** del ADN, las hebras en la molécula del ADN original o *madre* se separan para permitir la síntesis de hebras complementarias del ADN. El proceso comienza cuando una enzima llamada *helicasa* cataliza el desenrollado de una porción de la doble hélice al romper los enlaces por puente de hidrógeno entre las bases complementarias. Las hebras sencillas resultantes actúan como plantillas para la síntesis de nuevas hebras complementarias del ADN (véase la figura 21.8).

A medida que los pares de bases complementarias se acercan, la *ADN polimerasa* cataliza la formación de enlaces fosfodiéster entre los nucleótidos. Con el tiempo se copia toda la doble hélice del ADN madre. En cada nueva molécula del ADN, una hebra de la doble hélice proviene del ADN original, y una es una hebra recientemente sintetizada. Este proceso produce dos nuevos ADN llamados *ADN hijas,* que son idénticas entre ellas y copias exactas del ADN madre original. En el proceso de replicación del ADN, el emparejamiento de bases complementarias asegura la correcta colocación de las bases en las nuevas hebras del ADN.

En el interior del núcleo hay nucleósidos trifosfatos de cada base, de modo que cada base expuesta sobre la hebra plantilla puede formar enlaces por puente de hidrógeno con su base

---

COMPROBACIÓN DE CONCEPTOS 21.3   **Replicación del ADN**

En una hebra del ADN original, un segmento tiene la secuencia de bases 5′ — G C A A T C — 3′. ¿Cuál es la secuencia de nucleótidos en la hebra ADN hija que es complementaria de esta secuencia?

RESPUESTA

Sólo un posible nucleótido puede emparejarse con cada base en la secuencia original. La timina sólo se empareja con adenina, y la citosina sólo se empareja con guanina para producir la secuencia de bases complementarias de 3′ — C G T T A G — 5′ en la hebra hija.

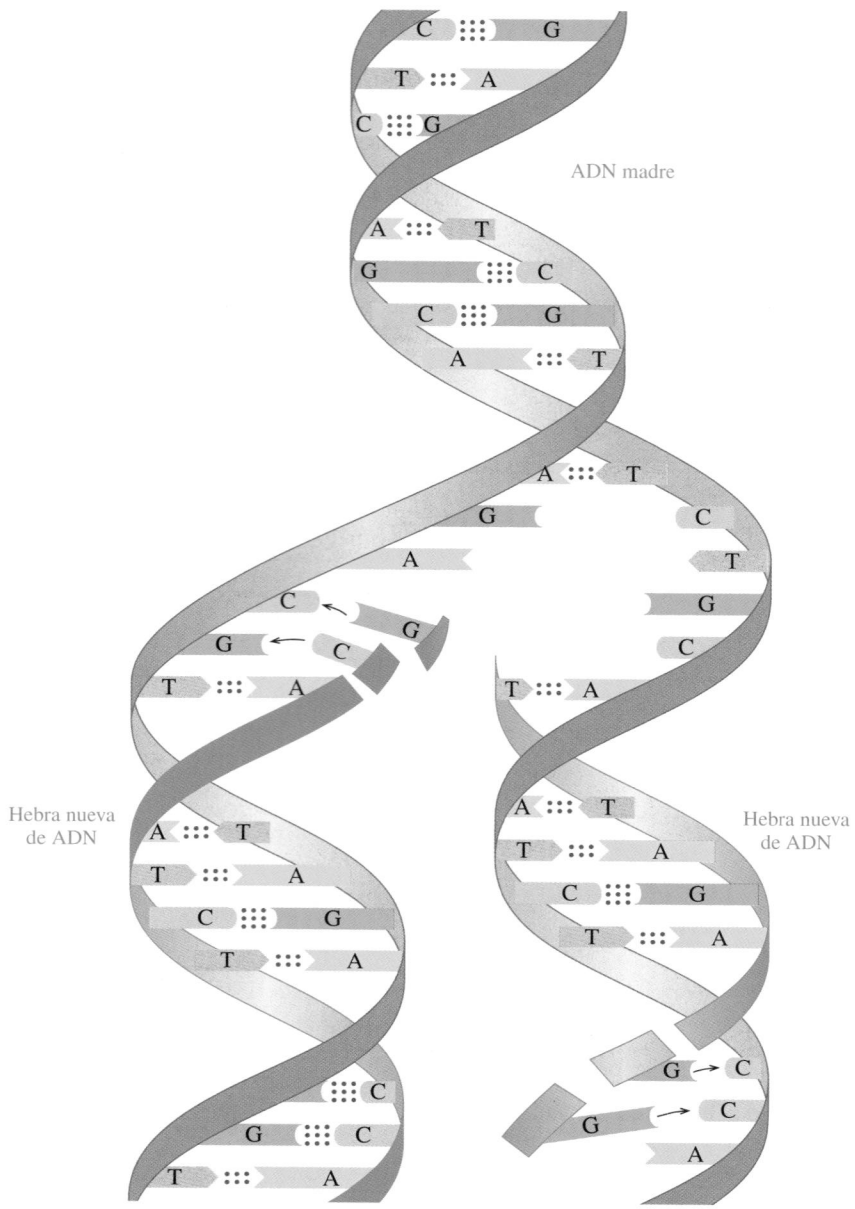

FIGURA 21.8 En la replicación del ADN, las hebras separadas del ADN madre son las plantillas para la síntesis de hebras complementarias, lo que produce dos copias exactas del ADN.

P ¿Cuántas hebras del ADN madre están contenidas en cada una de las ADN hijas?

complementaria en el nucleósido trifosfato. Por ejemplo, T en la hebra plantilla o hebra ADN madre forma enlaces por puente de hidrógeno con A en dATP, y G en la hebra plantilla forma enlaces por puente de hidrógeno con dCTP. A medida que los enlaces por puente de hidrógeno forman los pares de bases, la *ADN polimerasa* cataliza la formación de enlaces fosfodiéster entre los nucleótidos. La hidrólisis de pirofosfato (PP_i) por parte del ADN polimerasa proporciona energía para los nuevos enlaces. De esta forma se proporciona energía para unir cada nuevo nucleótido con el esqueleto de una hebra de ADN en crecimiento (véase la figura 21.9).

Dirección de la replicación

Ahora que vio el proceso integral, puede echar un vistazo a algunos de los detalles que son importantes para entender la replicación del ADN. El desenrollado del ADN mediante *helicasa* ocurre simultáneamente en varias secciones en toda la molécula del ADN madre. Como resultado, la *ADN polimerasa* puede catalizar el proceso de replicación en cada una de estas secciones del ADN abiertas llamadas **horquillas de replicación**. Sin embargo, la ADN polimerasa sólo se mueve en la dirección 5′ a 3′, lo que significa que cataliza la formación de enlaces fosfodiéster entre el grupo hidroxilo al final del ácido nucleico en crecimiento y el grupo fosfato de un nucleósido trisfosfato. La hebra nueva del ADN que crece en la dirección

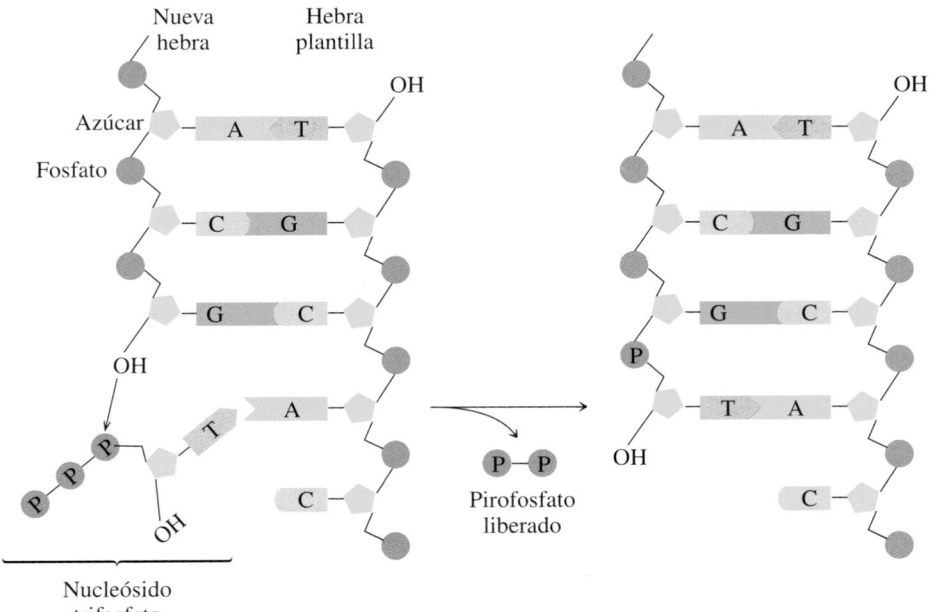

FIGURA 21.9 La energía para la formación de un enlace entre timidina-5′-trifosfato y el grupo 3′ — OH del azúcar precedente la proporciona la eliminación de dos fosfatos (como pirofosfato).

P ¿Por qué se usan nucleósidos trifosfato para proporcionar bases complementarias en lugar de nucleósidos monofosfato?

5′ a 3′, la *hebra adelantada*, se sintetiza de manera continua. La otra nueva hebra del ADN, la *hebra retrasada*, se sintetiza en la dirección opuesta, que está en la dirección inversa 3′ a 5′. En esta hebra retrasada, secciones cortas llamadas **fragmentos de Okasaki** se sintetizan al mismo tiempo mediante varias *ADN polimerasas*, y se conectan para formar una hebra continua mediante las *ADN ligasas* para producir una sola hebra del ADN de 3′ a 5′. La razón por la que la ADN polimerasa debe sintetizar el ADN en plazos es porque se *aleja* de la dirección de desenrollado y apertura de la horquilla de replicación (véase la figura 21.10).

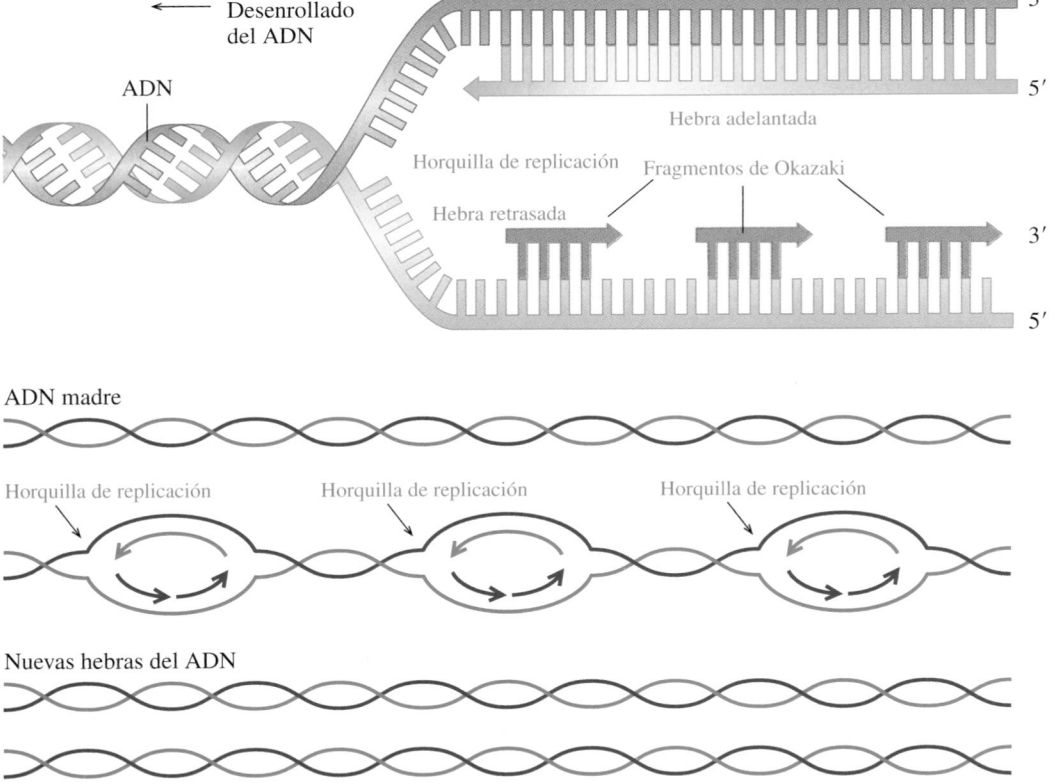

FIGURA 21.10 En cada horquilla de replicación, la ADN polimerasa sintetiza una hebra continua del ADN en la dirección 5′ a 3′. En la hebra nueva del ADN 3′ a 5′, se producen pequeños fragmentos de Okazaki que se unen mediante la ADN ligasa.

P ¿Por qué sólo una de las nuevas hebras del ADN se sintetiza en una dirección continua?

COMPROBACIÓN DE CONCEPTOS 21.4 **Dirección de la replicación del ADN**

En una hebra original del ADN, un segmento tiene la secuencia de bases 5′ — A G T — 3′.

a. ¿Cuál es la secuencia de nucleótidos en la hebra del ADN madre que es complementaria a este segmento?

b. ¿Por qué la secuencia complementaria en la hebra del ADN hija se sintetizaría como fragmentos de Okazaki que necesitan una ADN ligasa?

RESPUESTA

a. Sólo un posible nucleótido puede emparejarse con cada base en el segmento original. La timina sólo se emparejará con adenina, la citosina sólo con guanina y la adenina sólo con timina para producir la secuencia de bases complementarias: 3′ — T C A — 5′.

b. El ADN producido en la dirección 3′ a 5′, llamada *hebra retrasada*, se sintetiza como secciones cortas, que se unen mediante la ADN ligasa.

PREGUNTAS Y PROBLEMAS

21.4 Replicación del ADN

META DE APRENDIZAJE: *Describir el proceso de replicación del ADN.*

21.19 ¿Cuál es la función de la enzima helicasa en la replicación del ADN?

21.20 ¿Cuál es la función de la enzima ADN polimerasa en la replicación del ADN?

21.21 ¿Qué proceso garantiza que la replicación del ADN produzca copias idénticas?

21.22 ¿Por qué se forman los fragmentos de Okazaki en la síntesis de la hebra retrasada?

21.5 ARN y transcripción

El ácido ribonucleico, ARN, que constituye la mayor parte del ácido nucleico que se encuentra en la célula, participa en la transmisión de la información genética necesaria para operar la célula. Similar al ADN, las moléculas de ARN son polímeros no ramificados de nucleótidos. Sin embargo, el ARN difiere del ADN en varias formas importantes:

1. El azúcar del ARN es la ribosa en lugar de la desoxirribosa que se encuentra en el ADN.
2. En el ARN, la base uracilo sustituye la timina.
3. Las moléculas del ARN son de hebra sencilla, no de doble hebra.
4. Las moléculas del ARN son mucho más pequeñas que las moléculas del ADN.

Tipos de ARN

TUTORIAL
Types of RNA

Hay tres tipos principales de ARN en las células: *ARN mensajero, ARN ribosómico y ARN de transferencia*. El ARN ribosómico (**ARNr**), el tipo más abundante de ARN, se combina con proteínas para formar ribosomas. Los ribosomas, que son los sitios dentro de las células donde ocurre la síntesis de proteínas, consisten en dos subunidades: una subunidad grande y una subunidad pequeña (véase la figura 21.11). Las células que sintetizan gran cantidad de proteínas tienen miles de ribosomas.

FIGURA 21.11 Un ribosoma característico consta de una subunidad pequeña y una subunidad grande.

P ¿Por qué habría miles de ribosomas en una célula?

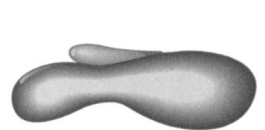 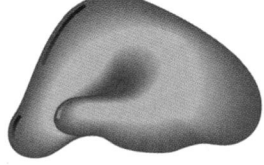 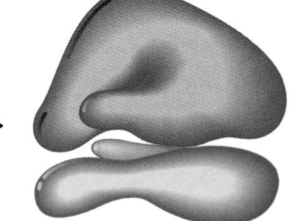

Subunidad pequeña + Subunidad grande → Ribosoma

El ARN mensajero (**ARNm**) transporta la información genética del ADN, que está ubicado en el núcleo de la célula, hacia los ribosomas, que están ubicados en el *citoplasma*: el líquido en el interior de la célula. Un segmento de gen del ADN producirá un ARNm específico para una proteína particular que se necesita en la célula. El tamaño de un ARNm depende del número de nucleótidos en dicho gen.

El ARN de transferencia (**ARNt**) —la más pequeña de las moléculas de ARN— interpreta la información genética en el ARNm y lleva aminoácidos específicos al ribosoma para la síntesis de proteínas. Sólo el ARNt puede traducir la información genética en los aminoácidos que se convertirán en proteínas. Puede haber más de un ARN para cada uno de los 20 aminoácidos. Las estructuras de todos los ARN de transferencia son similares y consisten en 70-90 nucleótidos. Los enlaces por puente de hidrógeno entre algunas bases complementarias en la hebra producen bucles que generan algunas regiones de doble hebra. En la tabla 21.4 se resumen los tipos de moléculas de ARN en los seres humanos.

TABLA 21.4 Tipos de moléculas de ARN en los seres humanos

Tipo	Abreviatura	Porcentaje del ARN total	Función en la célula
ARN ribosómico	ARNr	80	Principal componente de los ribosomas; síntesis de proteínas.
ARN mensajero	ARNm	5	Transporta la información para la síntesis de proteínas desde el ADN en el núcleo hacia los ribosomas.
ARN de transferencia	ARNt	15	Lleva aminoácidos a los ribosomas para la síntesis de proteínas.

Aunque la estructura del ARNt es compleja, el ARNt se dibuja como un trébol para ilustrar sus características. Todas las moléculas de ARNt tienen un 3'-extremo con la secuencia de nucleótidos ACC, que se conoce como *tallo aceptor*. Una enzima se une a un aminoácido mediante la formación de un enlace éster con el grupo —OH libre del tallo aceptor. Cada ARNt contiene un **anticodón**, que es una serie de tres bases que complementan tres bases en el ARNm (véase la figura 21.12).

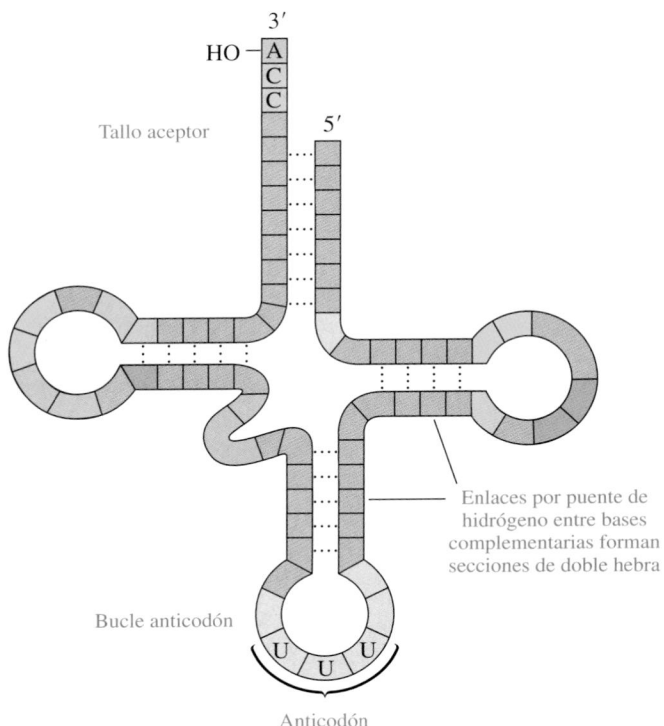

FIGURA 21.12 Una molécula característica del ARNt tiene un tallo aceptor que se une a un aminoácido y un bucle anticodón, que complementan un codón del ARNm.

P ¿Por qué ARNt diferentes tendrán bases distintas en el bucle anticodón?

COMPROBACIÓN DE CONCEPTOS 21.5 **Tipos de ARN**

a. ¿Cuál es la función del ARNm en una célula?
b. ¿Cuál es la función del ARNt en una célula?

RESPUESTA

a. El ARNm lleva las instrucciones para la síntesis de una proteína desde el ADN, en el núcleo, hacia los ribosomas, en el citoplasma.
b. Cada tipo de ARNt lleva aminoácidos específicos al ribosoma para la síntesis de proteínas.

ARN y síntesis de proteínas

Ahora observe todos los procesos que intervienen en la transferencia de información genética codificada en el ADN para que puedan producirse proteínas. En el núcleo, la información genética para la síntesis de una proteína se copia de un gen en el ADN a fin de elaborar un ARN mensajero (ARNm), un proceso denominado **transcripción**. Las moléculas de ARNm salen del núcleo hacia el citoplasma, donde se unen con los ribosomas. Entonces, en un proceso llamado **traducción**, las moléculas de ARNt convierten la información del ARNm en aminoácidos, que se colocan en la secuencia adecuada para sintetizar una proteína (véase la figura 21.13).

ACTIVIDAD DE AUTOAPRENDIZAJE
Transcription

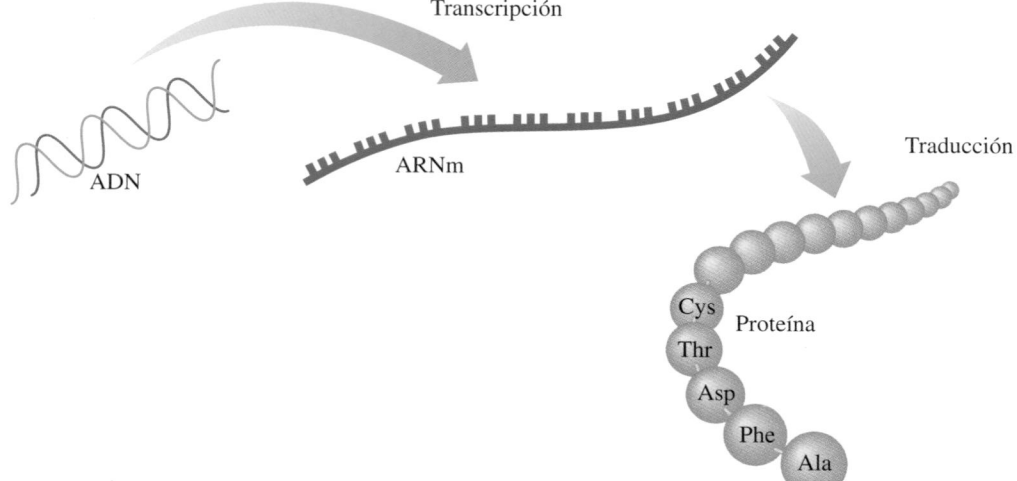

FIGURA 21.13 La información genética del ADN se usa para producir ARN mensajero, que codifica aminoácidos utilizados en la síntesis de proteínas.
P ¿Cuál es la diferencia entre transcripción y traducción?

Transcripción: síntesis del ARNm

La transcripción comienza cuando la sección de una molécula de ADN que contiene el gen que se va a copiar, se desenrolla. Dentro de esta porción desenrollada de ADN, denominada *burbuja de transcripción*, la ARN polimerasa usa la hebra en una dirección 3′ a 5′ como plantilla. El ARNm se forma con bases que son complementarias a la plantilla de ADN: C y G forman pares, T (en el ADN) se empareja con A (en el ARNm) y A (en el ADN) se empareja con U (en el ARNm). Cuando la ARN polimerasa alcanza el sitio de terminación, finaliza la transcripción y se libera el nuevo ARNm. La porción desenrollada del ADN regresa a su estructura de doble hélice (véase la figura 21.14).

ARN polimerasa

Secuencia de bases en la plantilla del ADN: 3′ — G A A C T — 5′

Transcripción

Secuencia de bases complementarias
en el ARNm: 5′ — C U U G A — 3′

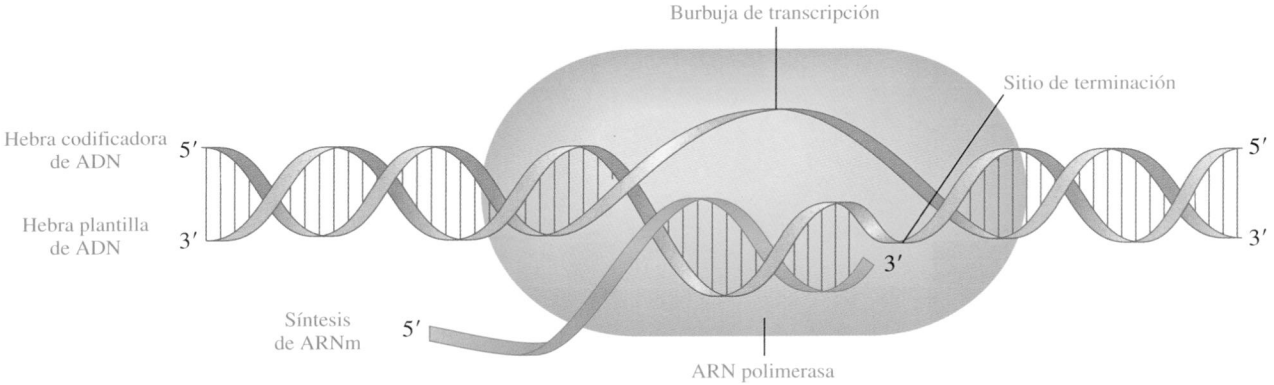

FIGURA 21.14 El ADN experimenta transcripción cuando la ARN polimerasa produce una copia complementaria de un gen usando la hebra 3' a 5' como la plantilla.

P ¿Por qué el ARNm se conecta en una dirección 5' a 3'?

EJEMPLO DE PROBLEMA 21.4 | **Síntesis de ARN**

La secuencia de bases en una parte de la hebra plantilla de ADN es 3' — C G A T C A — 5'. ¿Cuál es el ARNm correspondiente que se produce?

SOLUCIÓN

Para formar el ARNm, las bases en la plantilla del ADN se emparejan con sus bases complementarias: G con C, C con G, T con A y A con U.

Plantilla del ADN: 3' — C G A T C A — 5'

Transcripción: ↓ ↓ ↓ ↓ ↓ ↓

Bases complementarias en el ARNm: 5' — G C U A G U — 3'

COMPROBACIÓN DE ESTUDIO 21.4

¿Cuál es la plantilla del ADN que codifica el segmento del ARNm con la secuencia de nucleótidos 5' — G G G U U U A A A — 3'?

Procesamiento del ARNm

El ADN de los eucariontes, organismos que incluyen plantas y animales, contienen secciones conocidas como *exones* e *intrones*. Los **exones**, que codifican proteínas, se mezclan con secciones llamadas **intrones**, que no codifican proteínas. Un ARNm recién formado llamado *pre-ARNm* es una copia de toda la plantilla de ADN, e incluye los intrones no codificantes. Antes de que el pre-ARNm abandone el núcleo, deben eliminarse los intrones. Este procesamiento de pre-ARNm produce un ARNm funcional que abandona el núcleo a fin de entregar la información genética a los ribosomas para la síntesis de proteínas (véase la figura 21.15).

Regulación de la transcripción

La síntesis del ARNm ocurre cuando las células necesitan una proteína particular; no ocurre al azar. La regulación de la síntesis del ARNm tiene lugar al nivel de transcripción, donde la ausencia o presencia de productos finales determina cuáles ARNm se necesitan para proteínas específicas. Por ejemplo, la bacteria *E. coli* que crece en la lactosa necesita β-galactosidasa para hidrolizar la lactosa a glucosa y galactosa. Cuando el nivel de lactosa es bajo, no se necesita β-galactosidasa; la transcripción de su ARNm se desactiva. Cuando la lactosa entra en la célula y se necesita la β-galactosidasa, la lactosa inicia la síntesis de ARNm para la enzima. Este proceso, conocido como **inducción enzimática**, ocurre cuando niveles altos de un sustrato activan la transcripción de los genes que producen el ARNm que codifica enzimas específicas.

En el interior de un gen, secciones del ADN llamadas **operones** regulan la síntesis de proteínas relacionadas. Cada operón tiene un **sitio de control**, seguido de los **genes estructurales** que producen el ARNm para proteínas específicas (véase la figura 21.16).

ACTIVIDAD DE AUTOAPRENDIZAJE
The Lactose Operon in *E. coli*

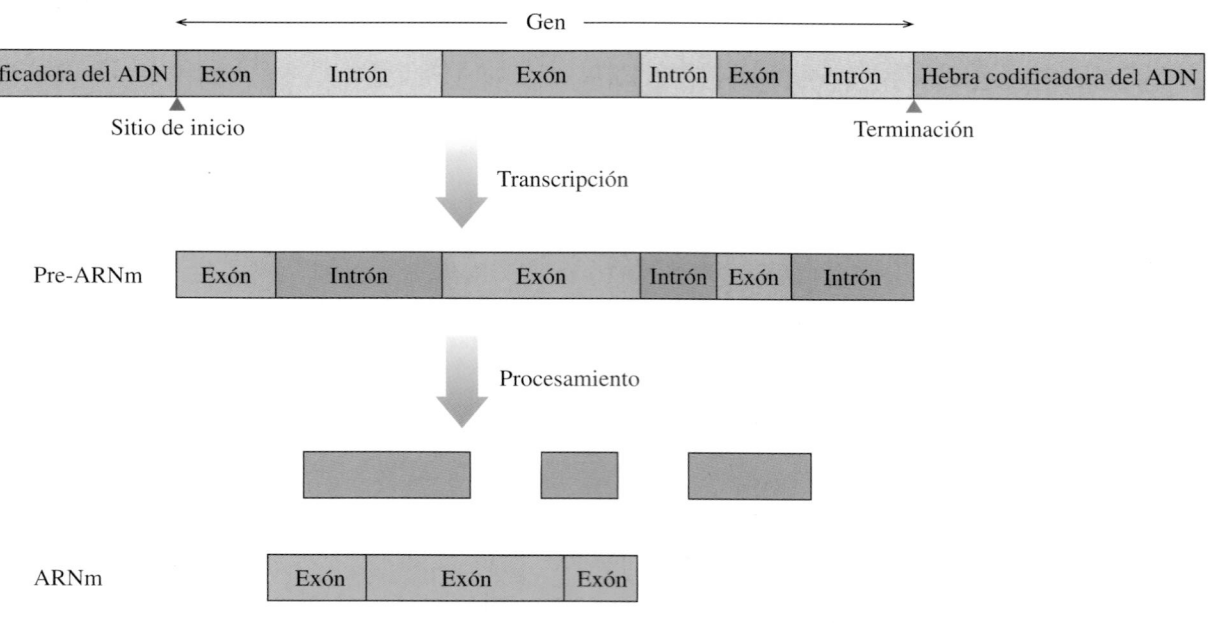

FIGURA 21.15 Un pre-ARNm, que contiene copias de exones e intrones del gen, se procesa para remover los intrones para formar el ARNm que codifica una proteína.

P ¿Cuál es la diferencia entre exones e intrones?

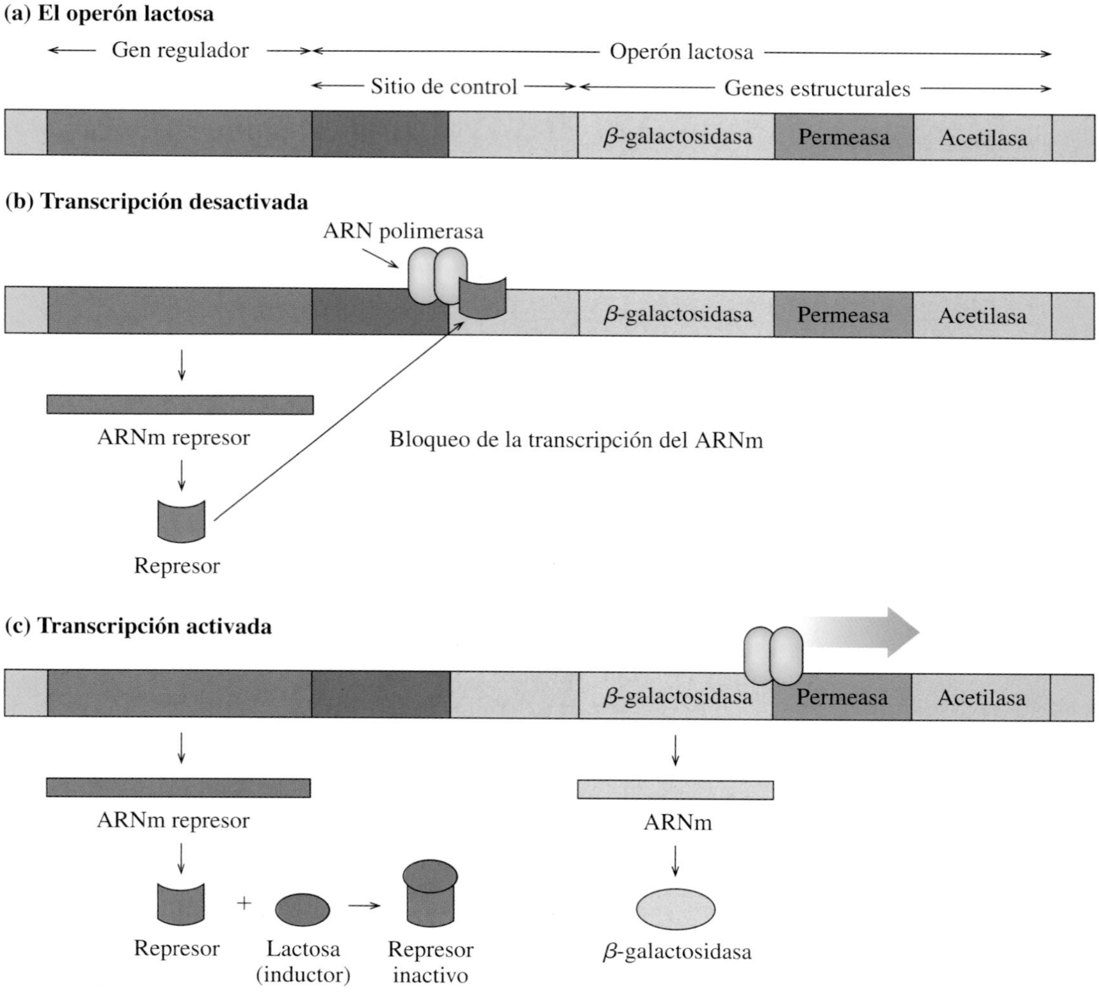

(a) El operón lactosa

Gen regulador ⟷ Operón lactosa

Sitio de control ⟷ Genes estructurales

| | | | | β-galactosidasa | Permeasa | Acetilasa | |

(b) Transcripción desactivada

ARN polimerasa

| | | | | β-galactosidasa | Permeasa | Acetilasa | |

ARNm represor

Bloqueo de la transcripción del ARNm

Represor

FIGURA 21.16 **(a)** El operón lactosa consiste en un sitio de control y genes estructurales. **(b)** Sin la lactosa, una proteína represora bloquea la transcripción de enzimas para la lactosa. **(c)** La lactosa, un inductor, elimina al represor a fin de permitir la transcripción de enzimas para la hidrólisis de la lactosa.

P ¿Por qué se bloquea la transcripción cuando no hay lactosa en la célula?

(c) Transcripción activada

| | | | | β-galactosidasa | Permeasa | Acetilasa | |

ARNm represor

ARNm

Represor + Lactosa (inductor) → Represor inactivo

β-galactosidasa

Enfrente del operón lactosa hay un **gen regulador** que produce un ARNm para la síntesis de una proteína **represora** que se une al sitio de control y bloquea la síntesis de β-galactosidasa mediante la ARN polimerasa. Cuando la lactosa entra en la célula, se combina con el represor y lo elimina del sitio de control. Sin un represor, la ARN polimerasa avanza hacia los genes estructurales, que ahora producen un ARNm necesario para la síntesis de las enzimas lactosa.

TUTORIAL
Activating and Inhibiting Genes

COMPROBACIÓN DE CONCEPTOS 21.6 Transcripción

Describa por qué la transcripción tendrá o no lugar en cada una de las condiciones siguientes:

a. Un represor se une al sitio de control.
b. Un inductor se une a la proteína represora.

RESPUESTA

a. La transcripción no tendrá lugar mientras un represor esté unido al sitio de control, que bloquea la síntesis de ARNm mediante la ARN polimerasa.
b. La transcripción tendrá lugar cuando un inductor se una al represor, que lo eliminará del sitio de control.

PREGUNTAS Y PROBLEMAS

21.5 ARN y transcripción

META DE APRENDIZAJE: *Identificar los diferentes tipos de ARN; describir la síntesis del ARNm.*

21.23 ¿Cuáles son los tres diferentes tipos de ARN?

21.24 ¿Cuál es la función de cada tipo de ARN?

21.25 ¿Cuál es la composición de un ribosoma?

21.26 ¿Cuál es el ARN más pequeño?

21.27 ¿Qué se entiende con el término "transcripción"?

21.28 ¿Qué bases en el ARNm se usan para complementar las bases A, T, G y C en el ADN?

21.29 Escriba la sección correspondiente de ARNm producido a partir de la sección de hebra plantilla de ADN siguiente:

$$3' - C\,C\,G\,A\,A\,G\,G\,T\,T\,C\,A\,C - 5'$$

21.30 Escriba la sección correspondiente de ARNm producido a partir de la sección de hebra plantilla de ADN siguiente:

$$3' - T\,A\,C\,G\,G\,C\,A\,A\,G\,C\,T\,A - 5'$$

21.31 ¿Qué son los intrones y los exones?

21.32 ¿Qué tipo de procesamiento experimentan las moléculas de ARNm antes de abandonar el núcleo?

21.33 ¿Qué es un operón?

21.34 ¿Por qué el modelo de operón controla la síntesis de proteínas al nivel de la transcripción?

21.35 ¿Cómo se desactiva el operón lactosa de *E. coli* que crece en la lactosa?

21.36 ¿Cómo se activa el operón lactosa de *E. coli* que crece en la lactosa?

21.6 El código genético

La función general de los diferentes tipos de ARN en la célula es facilitar la labor de sintetizar proteínas. Después de que la información genética codificada en el ADN se transcribe en moléculas de ARNm, el ARNm sale del núcleo hacia los ribosomas en el citoplasma. En los ribosomas, la información genética del ARNm se convierte en una secuencia de aminoácidos en proteína.

META DE APRENDIZAJE

Describir la función de los codones en el código genético.

TUTORIAL
Genetic Code

Codones

El **código genético** consiste en una serie de tres nucleótidos (tripletes) en el ARNm llamados **codones**, que especifican los aminoácidos y su secuencia en una proteína. Los primeros trabajos acerca de la síntesis de proteínas demostraron que los tripletes repetitivos de uracilo (UUU) producían un polipéptido que contenía sólo fenilalanina. Por tanto, una secuencia de 5' — UUU UUU UUU — 3' codifica tres fenilalaninas.

Codones del ARNm   5' — UUU UUU UUU — 3'

          Traducción   ↓   ↓   ↓

Secuencia de aminoácidos — Phe — Phe — Phe —

Se han determinado codones para los 20 aminoácidos. A partir de las combinaciones triples de A, G, C y U son posibles un total de 64 codones (véase la tabla 21.5). Tres de éstos, UGA, UAA y UAG, son señales de alto que codifican la terminación de la síntesis de proteínas. Todos los demás codones de tres bases especifican aminoácidos; un aminoácido puede tener varios codones. Por ejemplo, la glicina tiene cuatro codones: GGU, GGC, GGA y GGG. El triplete AUG tiene dos funciones en la síntesis de proteínas. Al comienzo de un ARNm, el codón AUG señala el inicio de la síntesis de proteínas. En medio de una serie de codones, el codón AUG especifica el aminoácido metionina.

TABLA 21.5 Codones del ARNm: el código genético para aminoácidos

Primera base	Segunda base				Tercera base
	U	**C**	**A**	**G**	
U	UUU ⎫Phe UUC ⎭ UUA ⎫Leu UUG ⎭	UCU ⎫ UCC ⎪Ser UCA ⎪ UCG ⎭	UAU ⎫Tyr UAC ⎭ UAA STOP[b] UAG STOP[b]	UGU ⎫Cys UGC ⎭ UGA STOP[b] UGG Trp	U C A G
C	CUU ⎫ CUC ⎪Leu CUA ⎪ CUG ⎭	CCU ⎫ CCC ⎪Pro CCA ⎪ CCG ⎭	CAU ⎫His CAC ⎭ CAA ⎫Gln CAG ⎭	CGU ⎫ CGC ⎪Arg CGA ⎪ CGG ⎭	U C A G
A	AUU ⎫ AUC ⎪Ile AUA ⎭ AUG START[a]/Met	ACU ⎫ ACC ⎪Thr ACA ⎪ ACG ⎭	AAU ⎫Asn AAC ⎭ AAA ⎫Lys AAG ⎭	AGU ⎫Ser AGC ⎭ AGA ⎫Arg AGG ⎭	U C A G
G	GUU ⎫ GUC ⎪Val GUA ⎪ GUG ⎭	GCU ⎫ GCC ⎪Ala GCA ⎪ GCG ⎭	GAU ⎫Asp GAC ⎭ GAA ⎫Glu GAG ⎭	GGU ⎫ GGC ⎪Gly GGA ⎪ GGG ⎭	U C A G

START[a] El codón de INICIO señala el inicio de una cadena peptídica.
STOP[b] Los codones de TÉRMINO señalan el final de una cadena peptídica.

COMPROBACIÓN DE CONCEPTOS 21.7 El código genético

Indique los nucleótidos en el ARNm que codifican lo siguiente:

a. el aminoácido fenilalanina
b. el aminoácido prolina
c. el inicio de la síntesis de polipéptidos

RESPUESTA

a. En el ARNm, los codones para el aminoácido fenilalanina (Phe) son UUU y UUC.
b. En el ARNm, los codones para el aminoácido prolina (Pro) son CCU, CCC, CCA y CCG.
c. En el ARNm, el codón AUG señala el inicio de la síntesis de polipéptidos.

EJEMPLO DE PROBLEMA 21.5 Codones

¿Cuál es la secuencia de aminoácidos especificada por los codones del ARNm siguientes?

5′ — GUC AGC CCA — 3′

SOLUCIÓN

Análisis del problema

Codón (secuencia de tres bases) (consulte la tabla 21.5)	Aminoácido
GUC	Valina (Val)
AGC	Serina (Ser)
CCA	Prolina (Pro)

La secuencia 5′ — GUC AGC CCA — 3′ codifica los aminoácidos — Val — Ser — Pro —.

COMPROBACIÓN DE ESTUDIO 21.5

Escriba la secuencia de aminoácidos producida por los codones del ARNm siguientes (véase la tabla 21.5).

 5′ — AAU GCU UGU — 3′

PREGUNTAS Y PROBLEMAS

21.6 El código genético

META DE APRENDIZAJE: *Describir la función de los codones en el código genético.*

21.37 ¿Qué es un codón?

21.38 ¿Qué es el código genético?

21.39 ¿Qué aminoácido se produce a partir de cada uno de los codones del ARNm siguientes?
 a. CUU **b.** UCA **c.** GGU **d.** AGG

21.40 ¿Qué aminoácido se produce a partir de cada uno de los codones del ARNm siguientes?
 a. AAA **b.** UUC **c.** CGG **d.** GCA

21.41 ¿Cuándo el codón AUG señala el inicio de una proteína? ¿Cuándo codifica el aminoácido metionina?

21.42 Los codones UGA, UAA y UAG no codifican aminoácidos. ¿Cuál es su función como codones del ARNm?

21.7 Síntesis de proteínas: traducción

Una vez sintetizado un ARNm, migra fuera del núcleo hacia los ribosomas que se encuentran en el citoplasma. En el proceso de *traducción*, moléculas de ARNt, aminoácidos y enzimas convierten los codones del ARNm en aminoácidos para construir una proteína.

Activación del ARNt

Cada molécula de ARNt contiene un bucle llamado *anticodón*, que es una secuencia de tres bases (denominado *triplete*), que complementan un codón del ARNm. Un aminoácido está unido al tallo aceptor de cada ARNt mediante una enzima llamada *aminoacil-ARNt sintetasa*. Cada aminoácido tiene una sintetasa diferente (véase la figura 21.17). La activación del ARNt ocurre cuando la aminoacil-ARNt sintetasa forma un enlace éster entre el grupo carboxilato de su aminoácido y el grupo hidroxilo en el tallo aceptor. Entonces cada sintetasa verifica la combinación ARNt-aminoácido e hidroliza cualquier combinación incorrecta.

Inicio y elongación de la cadena

La síntesis de proteínas comienza cuando el ARNm se une a un ribosoma. El primer codón en un ARNm es un codón de *inicio*, AUG, que forma enlaces por puente de hidrógeno con la metionina-ARNt. Otro ARNt forma enlaces por puente de hidrógeno con el codón siguiente, y coloca un segundo aminoácido adyacente a la metionina. Entre el extremo C-terminal de la metionina y el extremo N-terminal del segundo aminoácido se forma un enlace peptídico (véase la figura 21.18). Luego el ARNt inicial se separa del ribosoma, que se desplaza hacia el siguiente codón disponible, un proceso llamado *translocación*. Durante la *elongación de la cadena*, el ribosoma se mueve a lo largo del ARNm de codón a codón, de modo que los ARNt puedan unir nuevos aminoácidos a la cadena creciente de polipéptidos. En ocasiones varios ribosomas, llamados *polisomas*, traducen la misma hebra de ARNm para producir varias copias del polipéptido al mismo tiempo.

META DE APRENDIZAJE

Describir el proceso de la síntesis de proteínas a partir del ARNm.

ACTIVIDAD DE AUTOAPRENDIZAJE
Translation

ACTIVIDAD DE AUTOAPRENDIZAJE
Overview of Protein Synthesis

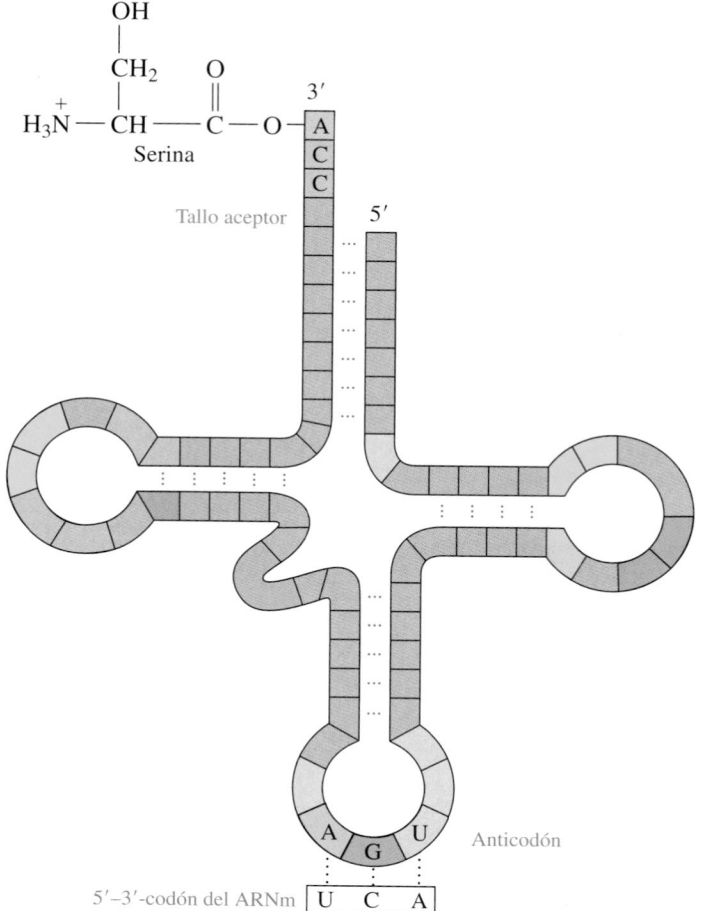

FIGURA 21.17 Un ARNt activado con anticodón AGU se enlaza a la serina en el tallo aceptor.

P ¿Cuál es el codón para la serina en este ARNt?

TUTORIAL
Following the Instructions in DNA

Terminación de la cadena

Con el tiempo, un ribosoma encuentra un codón (UAA, UGA o UAG) que no tiene ARNt correspondientes. Estos son codones de término, que señalan la terminación de la síntesis de polipéptidos y la liberación de la cadena polipeptídica del ribosoma. El aminoácido inicial, metionina, generalmente se elimina del comienzo de la cadena polipeptídica. Los grupos R de los aminoácidos en la nueva cadena polipeptídica forman enlaces por puente de hidrógeno para producir las estructuras secundarias de hélices α, hojas plegadas β o hélices triples, y forman interacciones como puentes salinos y enlaces por puente disulfuro para producir estructuras terciarias y cuaternarias, que la hacen una proteína biológicamente activa.

La tabla 21.6 resume los pasos en la síntesis de proteínas.

TABLA 21.6 Pasos en la síntesis de proteínas

Paso	Sitio: materiales	Proceso
1. Transcripción del ADN	Núcleo: nucleótidos, ARN polimerasa	Se usa una plantilla de ADN para producir ARNm.
2. Activación del ARNt	Citoplasma: aminoácidos, ARNt, aminoacil-ARNt sintetasa	Moléculas del ARNt recogen aminoácidos específicos de acuerdo con sus anticodones.
3. Inicio y elongación de la cadena	Ribosomas: Met-ARNt, ARNm, aminoacil-ARNt	Un codón de inicio se une al primer ARNt que porta el aminoácido metionina hacia el ARNm. ARNt sucesivos se unen y se separan del ribosoma, al tiempo que agregan un aminoácido al polipéptido.
4. Terminación de la cadena	Ribosomas: codón de término del ARNm	Un polipéptido se libera del ribosoma.

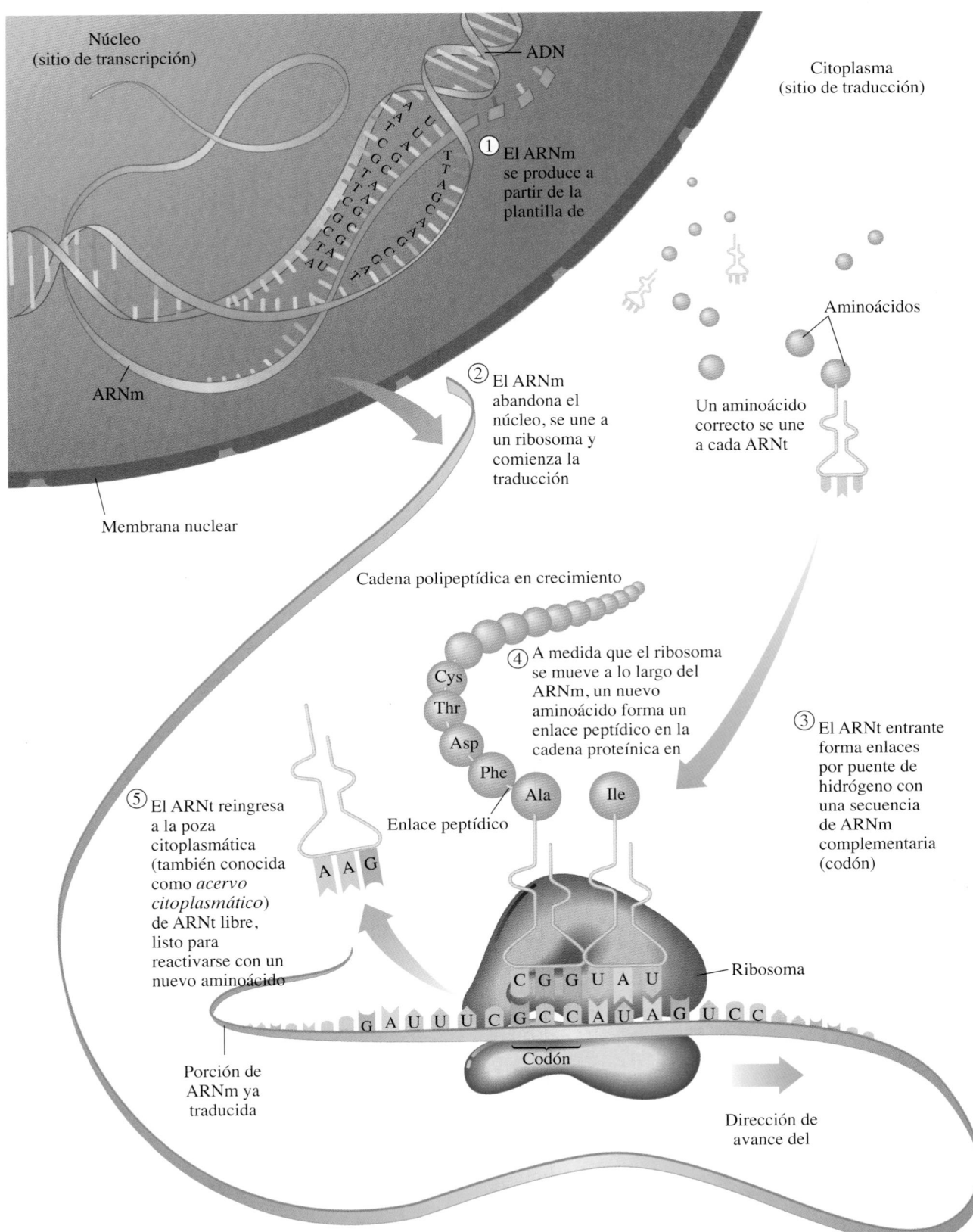

FIGURA 21.18 En el proceso de traducción, el ARNm sintetizado por transcripción se une a un ribosoma, y los ARNt recogen sus aminoácidos, se unen al codón adecuado y los colocan en una cadena peptídica en crecimiento.

P ¿Cómo se coloca en la cadena peptídica el aminoácido correcto?

En la tabla 21.7 se utiliza un ejemplo para resumir el nucleótido y las secuencias de aminoácidos en la síntesis de proteínas.

TABLA 21.7 Secuencias complementarias en ADN, ARNm, ARNt y péptidos

Núcleo

Hebra codificadora de ADN	5′ — GCG AGT GGA TAC — 3′
Hebra plantilla de ADN	3′ — CGC TCA CCT ATG — 5′

Ribosoma (citoplasma)

ARNm	5′ — GCG AGU GGA UAC — 3′
Anticodones ARNt	3′ — CGC UCA CCU AUG — 5′
Aminoácidos polipeptídicos	— Ala — Ser — Gly — Tyr —

La química en la salud

MUCHOS ANTIBIÓTICOS INHIBEN LA SÍNTESIS DE PROTEÍNAS

Muchos antibióticos detienen las infecciones bacterianas al interferir en la síntesis de proteínas que necesitan las bacterias. Algunos antibióticos actúan sólo sobre las células bacterianas y se unen a los ribosomas de las bacterias, pero no a los de las células humanas. En la tabla 21.8 se presenta una descripción de algunos de estos antibióticos.

TABLA 21.8 Antibióticos que inhiben la síntesis de proteínas en las células bacterianas

Antibiótico	Efecto sobre ribosomas para inhibir síntesis de proteínas
Cloranfenicol	Inhibe la formación de enlaces peptídicos e impide la unión de ARNt.
Eritromicina	Inhibe el crecimiento de la cadena peptídica al evitar la traslocación del ribosoma a lo largo del ARNm.
Puromicina	Desencadena la liberación de una proteína incompleta al terminar de manera anticipada el crecimiento del polipéptido.
Estreptomicina	Evita la unión adecuada del ARNt inicial.
Tetraciclina	Evita la unión de los ARNt.

EJEMPLO DE PROBLEMA 21.6 Síntesis de proteínas: traducción

¿Qué orden de aminoácidos esperaría en un péptido a partir de la secuencia de ARNm de 5′ — UCA AAA GCC CUU — 3′

SOLUCIÓN

Cada uno de los codones especifica un aminoácido particular. Con ayuda de la tabla 21.5, escriba un péptido con la secuencia de aminoácidos siguiente:

Codones ARNm	5′ — UCA	AAA	GCC	CUU — 3′
Secuencia de aminoácidos	— Ser —	Lys —	Ala —	Leu —

COMPROBACIÓN DE ESTUDIO 21.6

¿Dónde se detendría la síntesis de proteínas en la siguiente serie de bases en un ARNm?

5′ — GGG AGC AGU UAG GUU — 3′

21.7 Síntesis de proteínas: traducción

META DE APRENDIZAJE: *Describir el proceso de la síntesis de proteínas a partir del ARNm.*

21.43 ¿Cuál es la diferencia entre un *codón* y un *anticodón*?

21.44 ¿Por qué hay al menos 20 diferentes ARNt?

21.45 ¿Cuáles son los tres pasos de la traducción?

21.46 ¿Dónde tiene lugar la síntesis de proteínas?

21.47 ¿Qué secuencia de aminoácidos esperaría a partir de cada uno de los segmentos de ARNm siguientes?
   a. 5′ — ACC ACA ACU — 3′
   b. 5′ — UUU CCG UUC CCA — 3′
   c. 5′ — UAC GGG AGA UGU — 3′

21.48 ¿Qué secuencia de aminoácidos esperaría a partir de cada uno de los segmentos de ARNm siguientes?
   a. 5′ — AAA CCC UUG GCC — 3′
   b. 5′ — CCU CGC AGC CCA UGA — 3′
   c. 5′ — AUG CAC AAG GAA GUA CUG — 3′

21.49 ¿Cómo se extiende una cadena peptídica?

21.50 ¿Qué se entiende por "traslocación"?

21.51 La secuencia siguiente es una porción de la hebra de plantilla de ADN:

   3′ — GCT TTT CAA AAA — 5′

   a. ¿Cuál es la sección correspondiente del ARNm?
   b. ¿Cuáles son los anticodones de los ARNt?
   c. ¿Qué aminoácidos se colocarán en la cadena peptídica?

21.52 La secuencia siguiente es una porción de la hebra de plantilla de ADN:

   3′ — TGT GGG GTT ATT — 5′

   a. ¿Cuál es la sección correspondiente del ARNm?
   b. ¿Cuáles son los anticodones de los ARNt?
   c. ¿Qué aminoácidos se colocarán en la cadena peptídica?

21.8 Mutaciones genéticas

Una **mutación** es un cambio en la secuencia de nucleótidos del ADN. Tal cambio puede alterar la secuencia de aminoácidos, lo que afecta la estructura y funcionamiento de una proteína en una célula. Las mutaciones son ocasionadas por rayos X, sobreexposición al Sol (luz ultravioleta o UV), químicos llamados *mutágenos* y posiblemente algunos virus. Si una mutación ocurre en una célula somática (cualquier célula que no sea un gameto), el ADN alterado se limita a dicha célula y a sus células hijas. Si la mutación produce crecimiento sin control, podría resultar cáncer. Si la mutación ocurre en una célula germinal (óvulo o espermatozoide), entonces todo el ADN producido contendrá el mismo cambio genético. Cuando una mutación altera de manera importante proteínas o enzimas, las células nuevas no podrán sobrevivir o la persona podría presentar una enfermedad o patología que sea resultado de un defecto genético.

TUTORIAL
Genetic Mutations

Tipos de mutaciones

Considere un triplete de bases CCG en la hebra plantilla de ADN, lo que produce el codón GGC del ARNm. En el ribosoma, el ARNt colocaría el aminoácido glicina en la cadena peptídica (véase la figura 21.19a). Ahora, suponga que T sustituye a la primera C en el triplete de ADN, lo que produce TCG como triplete. Entonces el codón producido en el ARNm es AGC, que lleva el ARN con el aminoácido serina a agregarse a la cadena peptídica. La sustitución de una base con otra en la hebra plantilla de ADN se llama **mutación por sustitución**. Cuando hay un cambio de un nucleótido en el codón, en el polipéptido puede insertarse un aminoácido diferente. Sin embargo, si una sustitución produce un codón para el mismo aminoácido, no hay cambio en la secuencia de aminoácidos de la proteína. Este tipo de sustitución es una *mutación silenciosa*. La sustitución es la forma más común en la que ocurren las mutaciones (véase la figura 21.19b).

En una **mutación por desplazamiento del marco de lectura**, una base se inserta en o se borra del orden normal de bases en la hebra plantilla de ADN (véase la figura 21.19c). Ahora suponga que una A se borra del triplete AAA, lo que produce un nuevo triplete de AAC. El siguiente triplete se convierte en CGA en lugar de CCG, etc. Todos los tripletes se desplazan por una base, lo que cambia todos los codones que siguen y conduce a una secuencia diferente de aminoácidos desde ese punto.

(a) ADN normal y síntesis de proteínas

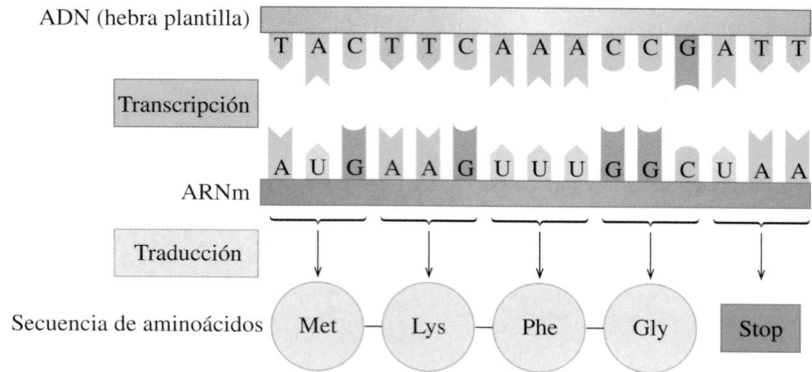

(b) Sustitución de una base

UN MODELO PARA LA REPLICACIÓN Y MUTACIÓN DEL ADN

1. Corte 16 trozos rectangulares de papel. Utilice 8 trozos rectangulares para la hebra 1 del ADN y escriba dos de cada uno de los símbolos de nucleótidos siguientes: A ═, T ═, G ≡ y C ≡.

2. Utilice los otros 8 trozos rectangulares para la hebra 2 del ADN y escriba dos de cada uno de los símbolos de nucleótidos siguientes: ═ A, ═ T, ≡ G y ≡ C.

3. Coloque las piezas para la hebra 1 en orden aleatorio.

4. Con el segmento de la hebra 1 del ADN que elaboró en el inciso 3, seleccione las bases correctas para construir el segmento complementario de la hebra 2 del ADN.

5. Con las piezas rectangulares para nucleótidos, junte un segmento del ADN usando una hebra plantilla de — A T T G C C —. ¿Cuál es el ARNm que se formaría a partir de este segmento de ADN? ¿Cuál es el dipéptido que se formaría a partir de este ARNm?

6. En el segmento de ADN del inciso 5, cambie la G por una A. ¿Cuál es el ARNm que se formaría a partir de este segmento de ADN? ¿Cuál es el dipéptido que forma? ¿De qué manera este cambio en los codones podría conducir a una mutación?

(c) Mutación por desplazamiento del marco de lectura por el borrado de una base

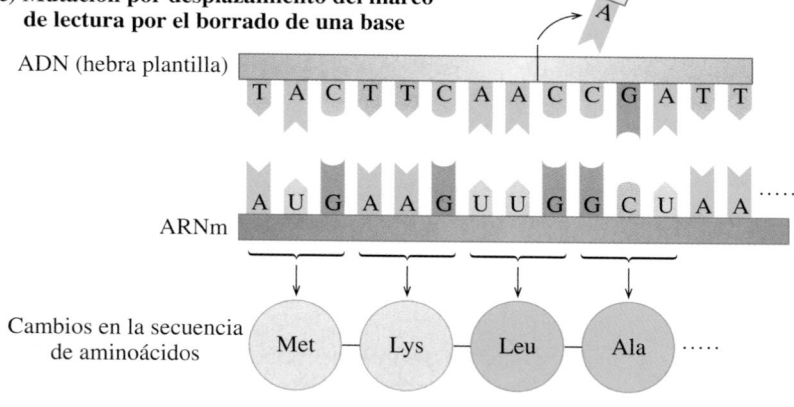

FIGURA 21.19 Una alteración en la hebra plantilla de ADN produce un cambio en la secuencia de aminoácidos en la proteína, lo que puede resultar en una mutación. **(a)** Un ADN normal conduce al orden correcto de aminoácidos en una proteína. **(b)** La sustitución de una base en el ADN conduce a un cambio en el codón del ARNm y a un cambio en un aminoácido. **(c)** El borrado de una base causa una mutación por desplazamiento del marco de lectura, lo que cambia los codones del ARNm que siguen a la mutación y producen una secuencia diferente de aminoácidos.

P ¿Cuándo una mutación por sustitución produciría la detención de la síntesis de proteínas?

Efecto de las mutaciones

Algunas mutaciones no producen un cambio significativo en la estructura primaria de una proteína y la proteína puede mantener su actividad biológica. Sin embargo, cuando una mutación produce un cambio drástico en la secuencia de aminoácidos, la estructura de la proteína resultante puede alterarse, de modo que pierde su actividad biológica. Si la proteína es una enzima, ya no puede unirse a su sustrato o reaccionar con el sustrato en el sitio activo. Cuando una enzima alterada no puede catalizar una reacción, ciertas sustancias pueden acumularse hasta actuar como venenos en la célula, o no pueden sintetizarse sustancias vitales para la supervivencia. Si una enzima defectuosa se produce en una ruta metabólica importante o participa en la construcción de una membrana celular, la mutación puede ser mortal. Cuando una deficiencia de proteína es hereditaria, el trastorno se llama **enfermedad genética**.

$$\text{ADN} \longrightarrow \underset{\text{del ADN}}{\text{alteración}} \longrightarrow \underset{\text{defectuosa}}{\text{proteína}} \longrightarrow \underset{\text{o cáncer (células somáticas)}}{\text{enfermedad genética (gametos)}}$$

Rayos X, UV de luz solar, mutágenos, virus

EJEMPLO DE PROBLEMA 21.7   **Mutaciones**

Un ARNm tiene la secuencia de codones 5′ — CCC AGA GCC — 3′. Si una sustitución de bases en el ADN cambia el codón del ARNm de AGA en GGA, ¿cómo se afecta la secuencia de aminoácidos en la proteína resultante?

SOLUCIÓN

La secuencia de ARNm 5′ — CCC AGA GCC — 3′ codifica los aminoácidos siguientes: prolina, arginina y alanina. Cuando ocurre la mutación, la nueva secuencia de los codones del ARNm es 5′ — CCC GGA GCC — 3′, que ahora codifican prolina, glicina y alanina. El aminoácido básico arginina se sustituye con el aminoácido no polar glicina.

	Normal			Después de la mutación		
Codones del ARNm	5′ — CCC	AGA	GCC — 3′	5′ — CCC	GGA	GCC — 3′
Aminoácidos	— Pro —	Arg —	Ala	— Pro —	Gly —	Ala

COMPROBACIÓN DE ESTUDIO 21.7

¿De qué manera la proteína elaborada a partir de este ARNm podría afectarse por esta mutación?

Enfermedades genéticas

Una enfermedad genética es resultado de una enzima defectuosa causada por una mutación en su código genético. Por ejemplo, la *fenilcetonuria (PKU)* resulta cuando el ADN no puede dirigir la síntesis de la enzima fenilalanina hidroxilasa, necesaria para la conversión de fenilalanina en tirosina. En un intento por descomponer la fenilalanina, otras enzimas de las células la convierten en fenilpiruvato. Si se acumulan fenilalania y fenilpiruvato en la sangre de un bebé, esto puede ocasionar un daño cerebral grave y retraso mental. Si se detecta PKU en un recién nacido, se prescribe una dieta que elimina todos los alimentos que contengan fenilalanina. Al evitar la acumulación de fenilpiruvato se aseguran crecimiento y desarrollo normales.

El aminoácido tirosina es necesario en la formación de melanina, el pigmento que da el color a la piel y al pelo. Si la enzima que convierte tirosina en melanina está defectuosa, no se produce melanina, y se produce una enfermedad genética conocida como *albinismo*. Las personas y los animales sin melanina no tienen pigmento en piel, ojos o pelo (véase la figura 21.20). La tabla 21.9 menciona otras enfermedades genéticas comunes y el tipo de metabolismo o área afectada.

FIGURA 21.20 Un pavo real con albinismo no produce la melanina necesaria para generar los brillantes colores de sus plumas.

P ¿Por qué rasgos como el albinismo se relacionan con los genes?

Fenilalanina → Fenilpiruvato

Fenilalanina hidroxilasa

Fenilpiruvato → Fenilcetonuria (PKU)

Tirosina

Melanina (pigmentos)

Albinismo

TABLA 21.9 Algunas enfermedades genéticas

Enfermedad genética	Resultado
Galactosemia	En la galactosemia se carece de la enzima transferasa indispensable para el metabolismo de galactosa-1-fosfato, lo que resulta en la acumulación de galactosa-1-fosfato, que conduce a cataratas y retraso mental. La galactosemia ocurre en aproximadamente 1 de cada 50 000 nacimientos.
Fibrosis quística (FC)	La fibrosis quística es una de las enfermedades hereditarias más frecuentes en los niños. Secreciones mucosas espesas dificultan la respiración y bloquean el funcionamiento pancreático.
Síndrome de Down	El síndrome de Down es la principal causa de retraso mental, y ocurre en alrededor de 1 de cada 800 nacimientos de fetos vivos; la edad de la madre es un factor muy importante para que se presente. Los problemas mentales y físicos, incluidos defectos cardiacos y oculares, son resultado de la formación de tres cromosomas, generalmente el cromosoma 21, en lugar de un par.
Hipercolesterolemia familiar	La hipercolesterolemia familiar ocurre cuando hay una mutación de un gen en el cromosoma 19, lo que produce niveles altos de colesterol que conducen a enfermedad coronaria temprana en personas de 30-40 años de edad.
Distrofia muscular (DM) (Duchenne)	La distrofia muscular, forma de Duchenne, es ocasionada por una mutación en el cromosoma X. Esta enfermedad que destruye músculos aparece aproximadamente a los 5 años de edad, desencadena la muerte alrededor de los 20 años de edad y aparece en aproximadamente 1 de 10 000 varones.
Enfermedad de Huntington (EH)	La enfermedad de Huntington afecta el sistema nervioso, lo que conduce a un deterioro físico total. Es resultado de una mutación en un gen en el cromosoma 4, que ahora puede mapearse para analizar a personas de familias con antecedentes de EH. En Estados Unidos hay aproximadamente 30 000 personas con la enfermedad de Huntington.
Anemia drepanocítica	La anemia drepanocítica es causada por una forma defectuosa de la hemoglobina que resulta de una mutación en un gen en el cromosoma 11. Reduce la capacidad de transporte de oxígeno de los eritrocitos, que adquieren forma de hoz, lo que produce anemia, y taponan capilares por la acumulación de eritrocitos. En Estados Unidos, aproximadamente 72 000 personas padecen anemia drepanocítica.
Hemofilia	La hemofilia es resultado de uno o más factores defectuosos de la coagulación sanguínea, lo que conduce a una coagulación deficiente, sangrado excesivo y hemorragias internas. En Estados Unidos hay aproximadamente 20 000 pacientes de hemofilia.
Enfermedad de Tay-Sachs	La enfermedad de Tay-Sachs es resultado de una hexosaminidasa A defectuosa, que causa una acumulación de glangliósidos y conduce a retraso mental, pérdida de control motor y muerte temprana.

PREGUNTAS Y PROBLEMAS

21.8 Mutaciones genéticas

META DE APRENDIZAJE: *Describir algunas formas en las que se altera el ADN para producir mutaciones.*

21.53 ¿Qué es una mutación por sustitución?

21.54 ¿De qué manera una mutación por sustitución en el código genético para una enzima afecta el orden de los aminoácidos en dicha proteína?

21.55 ¿Cuál es el efecto de una mutación por desplazamiento del marco de lectura sobre la secuencia de aminoácidos de un polipéptido?

21.56 ¿De qué manera una mutación puede reducir la actividad de una proteína?

21.57 ¿De qué manera se afecta la síntesis de proteínas si la secuencia normal de bases TTT en la hebra plantilla de ADN cambia a TTC?

21.58 ¿Cómo se afecta la síntesis de proteínas si la secuencia normal de bases CCC en la hebra plantilla de ADN cambia a ACC?

21.59 Considere el segmento de ARNm siguiente producido por el orden normal de nucleótidos ADN:

5′ — ACA UCA CGG GUA — 3′

a. ¿Cuál es el orden de aminoácidos producido a partir de este ARNm?

b. ¿Cuál es el orden de aminoácidos si una mutación cambia UCA por ACA?

c. ¿Cuál es el orden de aminoácidos si una mutación cambia CGG por GGG?

d. ¿Qué ocurre con la síntesis de proteínas si una mutación cambia UCA por UAA?

e. ¿Qué ocurre si se agrega una G al comienzo del segmento ARNm?

f. ¿Qué ocurre si se elimina la A del comienzo del segmento ARNm?

21.60 Considere la porción de ARNm siguiente producido por el orden normal de nucleótidos ADN:

5′ — CUU AAA CGA GUU — 3′

a. ¿Cuál es el orden de aminoácidos producido a partir de este ARNm?

b. ¿Cuál es el orden de aminoácidos si una mutación cambia CUU por CCU?

c. ¿Cuál es el orden de aminoácidos si una mutación cambia CGA por AGA?

d. ¿Qué ocurre con la síntesis de proteínas si una mutación cambia AAA por UAA?

e. ¿Qué ocurre si se agrega una G al comienzo del segmento de ARNm?

f. ¿Qué ocurre si se elimina la C del comienzo del segmento de ARNm?

21.61 a. Una sustitución de base cambia un codón del ARNm por una enzima de GCC a GCA. ¿Por qué no hay cambio en este aminoácido en la proteína?

b. En la anemia drepanocítica, una sustitución de bases en la hemoglobina da por resultado la sustitución de ácido glutámico (un aminoácido polar) con valina. ¿Por qué este cambio en aminoácidos tiene un efecto tan drástico sobre la actividad biológica de la enzima?

21.62 a. Una sustitución de bases en el ARNm para una enzima da por resultado la sustitución de leucina (un aminoácido no polar) con alanina. ¿Por qué este cambio en aminoácidos tiene poco efecto sobre la actividad biológica de la enzima?

b. Una sustitución de bases en el ARNm sustituye citosina en el codón UCA con adenina. ¿De qué manera afectaría esta sustitución a los aminoácidos en la proteína?

21.9 ADN recombinante

Las técnicas en el campo de la ingeniería genética permiten a los científicos cortar y recombinar fragmentos de ADN para formar **ADN recombinante**. La tecnología del ADN recombinante se usa para producir insulina humana para los diabéticos, la sustancia antiviral interferón, factor VIII de la coagulación sanguínea y hormona del crecimiento humano.

Preparación de ADN recombinante

La mayor parte del trabajo con el ADN recombinante se realiza con la bacteria *Escherichia coli* (*E. coli*). El ADN de las células bacterianas existe en la forma de pequeñas estructuras circulares de ADN de doble hebra denominadas *plásmidos*, que son fáciles de aislar y capaces de replicación. En un principio, las células de *E. coli* se empapan en una disolución detergente para romper la membrana plasmática y liberar los plásmidos. Una *enzima de restricción* se usa para cortar las hebras dobles de ADN entre bases específicas en la secuencia de ADN (véase la figura 21.21). Por ejemplo, la enzima de restricción EcoR1 reconoce la secuencia de bases GAATTC en ambas hebras, y corta ambas hebras de ADN entre la G y la A.

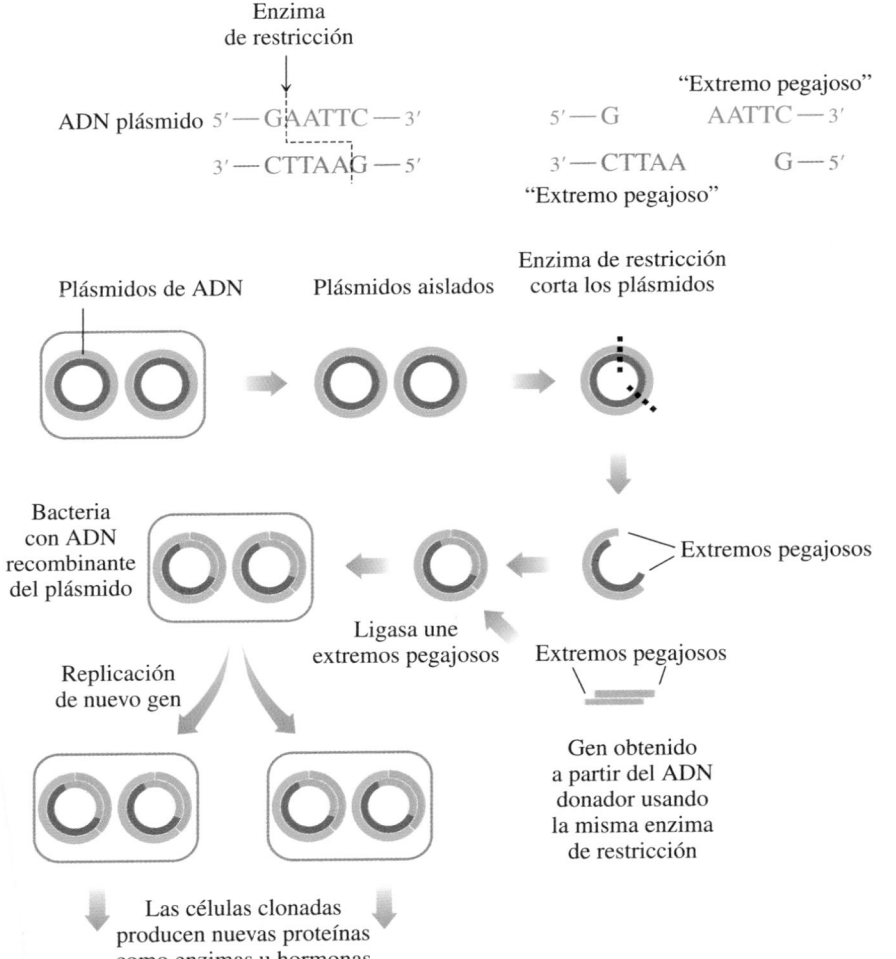

FIGURA 21.21 Para formar el ADN recombinante se coloca un gen de otro microorganismo en el ADN de un plásmido de la bacteria, lo que hace que la bacteria produzca una proteína no bacteriana como insulina u hormona de crecimiento.

P ¿De qué manera el ADN recombinante puede ayudar a una persona con una enfermedad genética?

Las mismas enzimas de restricción se usan para cortar un trozo de ADN llamado *ADN donador* de un gen de un microorganismo diferente, como el gen que produce insulina u hormona de crecimiento. Cuando el ADN donador se mezcla con los plásmidos cortados, los nucleótidos en sus "extremos pegajosos" se unen mediante la formación de pares de bases complementarias para elaborar *ADN recombinante*.

ADN plásmido	**ADN donador**	**ADN recombinante**
5' — G	AATTC — 3' →	5' — GAATTC — 3'
3' — CTTAA	G — 5' →	3' — CTTAAG — 5'

ACTIVIDAD DE AUTOAPRENDIZAJE
DNA

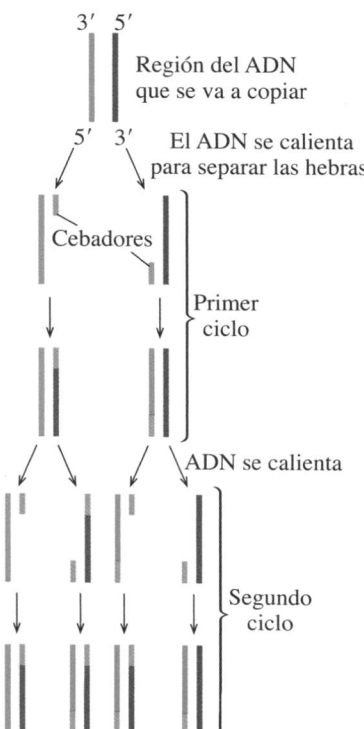

FIGURA 21.22 Cada ciclo de la reacción en cadena de la polimerasa duplica el número de copias de la sección de ADN.

P ¿Por qué las hebras de ADN se calientan al comienzo de cada ciclo?

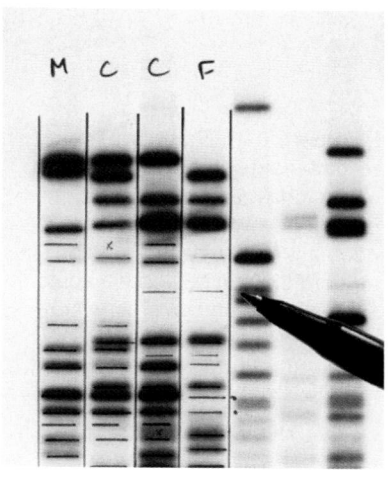

FIGURA 21.23 Las bandas oscuras y claras sobre la película de rayos X representan huellas digitales de ADN que pueden servir para identificar a una persona involucrada en un crimen.

P ¿Qué hace que los fragmentos de ADN aparezcan sobre la película de rayos X?

Los plásmidos alterados resultantes que contienen el ADN recombinante se colocan en un cultivo fresco de bacteria *E. coli*, donde se reabsorben en las células bacterianas. El ADN recombinante insertado en los plásmidos ahora se copia a medida que las células de *E. coli* comienzan a replicarse. En un solo día, una bacteria *E. coli* es capaz de producir un millón de copias de sí misma, incluido el ADN recombinante, un proceso conocido como *clonación de genes*. Si el ADN insertado codifica la proteína insulina humana, los plásmidos alterados comienzan a sintetizar insulina humana. Las células bacterianas con el ADN recombinante pueden producir grandes cantidades de la proteína insulina, que luego se recopila y purifica. La tabla 21.10 menciona algunos de los productos desarrollados por medio de la tecnología de ADN recombinante que ahora se usan con fines terapéuticos.

TABLA 21.10 Productos terapéuticos de ADN recombinante

Producto	Uso terapéutico
Insulina humana	Tratamiento contra la diabetes
Eritropoyetina (EPO)	Tratamiento contra la anemia; estimula la producción de eritrocitos
Hormona del crecimiento humano (HGH)	Estimula el crecimiento
Interferón	Tratamiento contra el cáncer y enfermedades virales
Factor de necrosis tumoral (TNF)	Destruye células tumorales
Anticuerpos monoclonales	Transporta medicamentos necesarios para tratar cáncer y rechazo de trasplantes
Factor de crecimiento epidérmico (EGF)	Estimula la cicatrización de heridas y quemaduras.
Factor VIII de la coagulación sanguínea humana	Tratamiento contra la hemofilia; permite la coagulación normal de la sangre.
Interleucinas	Estimula el sistema inmunitario; tratamiento contra el cáncer.
Prouroquinasa	Destruye coágulos sanguíneos; tratamiento contra infartos del miocardio.
Vacuna contra influenza	Prevención contra la influenza.
Vacuna contra virus de hepatitis B (HBV)	Prevención contra la hepatitis viral.

Reacción en cadena de la polimerasa

Para el proceso de clonación de genes con el uso de ADN recombinante se necesitan células vivas como *E. coli*. En 1987, un proceso denominado **reacción en cadena de la polimerasa** (**PCR**, *polymerase chain reaction*) hizo posible producir múltiples copias (amplificar) del ADN en un corto tiempo. En la técnica de PCR se selecciona una secuencia de una molécula de ADN para copiarla, y el ADN se calienta para separar las hebras. Se usan cebadores (o iniciadores) artificiales que son complementarios de un pequeño grupo de nucleótidos en cada extremo de la hebra con la secuencia que se va a copiar. Las hebras de ADN con sus cebadores se mezclan con un ADN polimerasa estable en calor y una mezcla de desoxirribonucleótidos, y experimentan ciclos repetidos de calentamiento y enfriamiento para producir hebras complementarias para la sección de ADN. Luego el proceso se repite con el nuevo lote de ADN. Después de varios ciclos del proceso de PCR, se producen millones de copias de la sección inicial de ADN (véase la figura 21.22).

Huella digital de ADN

En un proceso llamado huella *digital de ADN* o *perfil de ADN*, se obtiene una pequeña muestra de ADN de la sangre, la piel, la saliva o el semen. La cantidad de ADN se amplifica con el método de reacción en cadena de la polimerasa. Luego se utilizan enzimas de restricción para cortar el ADN en fragmentos más pequeños, que se colocan en un gel y se separan por tamaño mediante electroforesis. Se agrega una sonda radiactiva que se adhiere a secuencias específicas de ADN. Cuando una pieza de película de rayos X se coloca sobre el gel, la radiación de la sonda unida a secuencias específicas crea un patrón de bandas oscuras y claras. Este patrón sobre la película se conoce como *huella digital de ADN* (véase la figura 21.23). Los científicos estiman que las probabilidades de que dos personas que no son gemelos idénticos produzcan la misma huella digital de ADN son menos de 1 en mil millones.

Una aplicación de la huella digital de ADN es en la criminología, donde se utilizan muestras de ADN de sangre, pelo o semen para relacionar a un sospechoso con un crimen.

En fecha reciente, la huella digital de ADN se ha usado para conseguir la liberación de individuos sentenciados de manera equivocada. Otras aplicaciones de la huella digital de ADN son: determinar la paternidad biológica de un niño, establecer la identidad de una persona muerta y encontrar donadores de órganos compatibles con los receptores.

Proyecto Genoma Humano

El Proyecto Genoma Humano, que comenzó en 1990 y terminó en 2003, fue un proyecto patrocinado por el Departamento de Energía y los institutos nacionales de Salud de Estados Unidos, con colaboraciones de Japón, Francia, Alemania, Reino Unido y otros países. Las metas del proyecto eran identificar alrededor de 25 000 genes del ADN humano, para determinar las secuencias de pares de bases en el ADN humano, y para almacenar esta información en bases de datos accesibles en Internet. Durante ese tiempo, los científicos usaron enzimas de restricción para localizar los genes dentro del ADN del genoma, que contiene toda la información hereditaria.

Los científicos determinaron que la mayor parte del genoma humano no es funcional y acaso se ha transmitido de generación en generación durante millones de años. Grandes bloques de genes son replicados, aun cuando no codifiquen proteínas necesarias. Por tanto, las porciones codificantes de los genes parecen constituir sólo alrededor del 1% del genoma total. Los resultados del proyecto genoma ayudarán a identificar genes defectuosos que conducen a enfermedades genéticas. En la actualidad, se usa la huella digital de ADN para detectar genes responsables de enfermedades genéticas como anemia drepanocítica, fibrosis quística, cáncer de mama, cáncer de colon, enfermedad de Huntington y enfermedad de Lou Gehrig.

ACTIVIDAD DE AUTOAPRENDIZAJE
The Human Genome Project: Human Chromosome 17

PREGUNTAS Y PROBLEMAS

21.9 ADN recombinante

META DE APRENDIZAJE: *Describir la preparación y usos del ADN recombinante.*

21.63 ¿Por qué se usan bacterias *E. coli* en procedimientos de ADN recombinante?

21.64 ¿Qué es un plásmido?

21.65 ¿Cómo se obtienen plásmidos a partir de *E. coli*?

21.66 ¿Por qué se mezclan enzimas de restricción con los plásmidos?

21.67 ¿Cómo se inserta un gen de una proteína particular en un plásmido?

21.68 ¿Por qué es útil el ADN polimerasa en investigaciones criminales?

21.69 ¿Qué es una huella digital de ADN?

21.70 ¿Qué proteínas benéficas se producen con la tecnología de ADN recombinante?

21.10 Virus

Los **virus** son pequeñas partículas de 3 a 200 genes que no pueden replicarse sin una célula huésped. Un virus típico contiene un ácido nucleico, ADN o ARN, pero no ambos, dentro de un recubrimiento proteínico. Un virus no tiene los materiales necesarios, como nucleótidos y enzimas, para sintetizar proteínas y crecer. La única forma en que un virus puede replicarse (hacer más copias de sí mismo) es invadir una célula huésped y tomar el control de los mecanismos necesarios para la síntesis de ARN, ADN y proteínas. En la tabla 21.11 se mencionan algunas infecciones causadas por virus que invaden células humanas. También hay virus que atacan bacterias, plantas y animales.

Una infección viral comienza cuando una enzima del recubrimiento proteínico del virus hace un orificio en el exterior de la célula huésped, lo que permite al ácido nucleico viral entrar y mezclarse con los materiales en la célula huésped (véase la figura 21.24). Si el virus contiene ADN, la célula huésped comienza a replicar el ADN viral en la misma forma en que replicaría el ADN normal. El ADN viral produce ARN viral, y una proteasa procesa proteínas para producir un recubrimiento proteínico y formar una partícula viral que abandona la célula. La célula sintetiza tantas partículas de virus que terminan por liberarse de modo que infectan más células.

Las vacunas son formas inactivas de virus que estimulan la respuesta inmunitaria al hacer que el cuerpo produzca anticuerpos contra los virus. Muchas enfermedades infantiles, como poliomielitis, paperas, varicela y sarampión pueden evitarse con el uso de vacunas.

META DE APRENDIZAJE

Describir los métodos mediante los cuales un virus infecta una célula.

TABLA 21.11 Algunas enfermedades causadas por infección viral

Enfermedad	Virus
Resfriado común	Coronavirus (más de 100 tipos), rinovirus (más de 110 tipos)
Influenza	Ortomixovirus
Verrugas	Papovavirus
Herpes	Herpesvirus
VPH	Virus de papiloma humano
Leucemia, cáncer, sida	Retrovirus
Hepatitis	Virus de hepatitis A (VHA), virus de hepatitis B (VHB), virus de hepatitis C (VHC)
Paperas	Paramixovirus
Mononucleosis	Virus de Epstein-Barr (VEB)
Varicela	Virus de *varicela-zóster* (VZV)

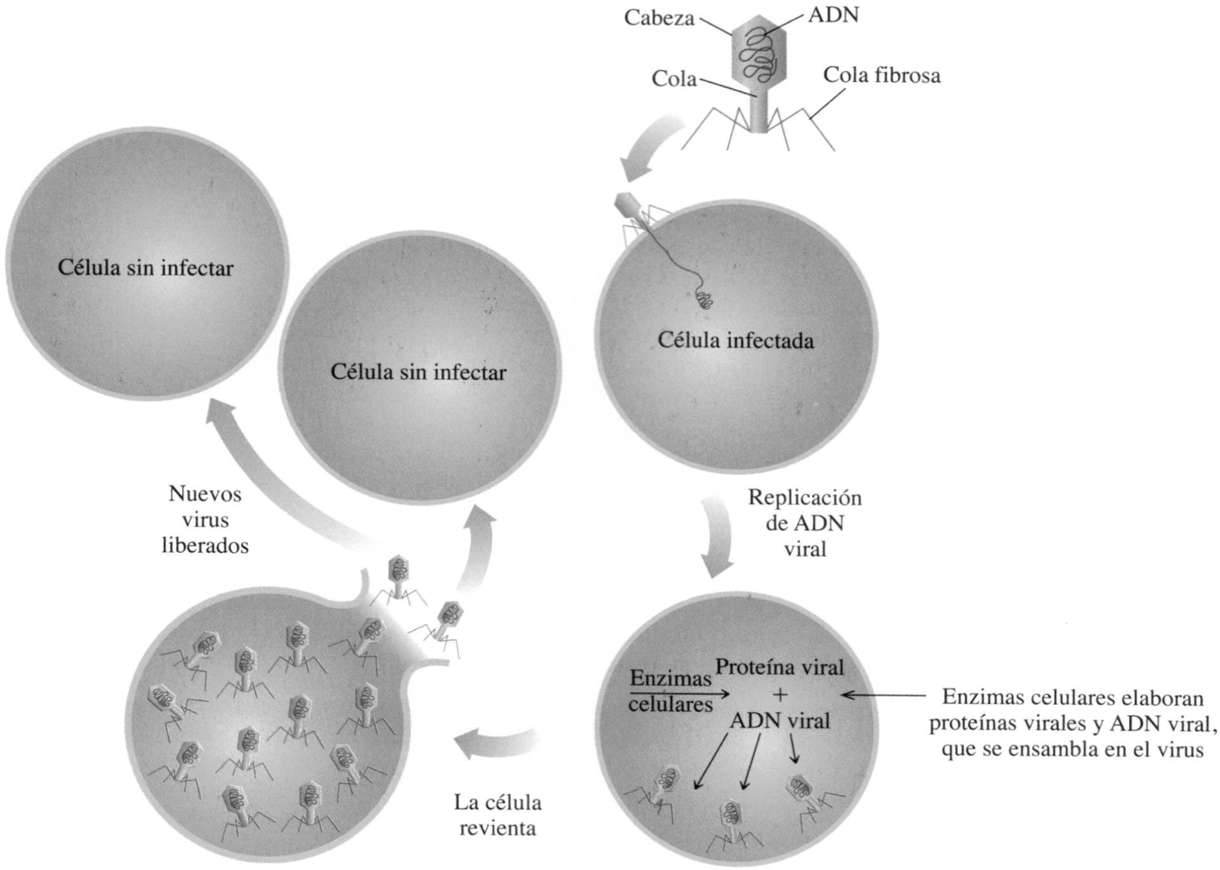

FIGURA 21.24 Después de que un virus se une a la célula huésped, inyecta su ADN viral y utiliza la maquinaria y materiales de la célula huésped para sintetizar ARN viral, proteínas y enzimas. Cuando la pared celular se abre, los nuevos virus se liberan e infectan otras células.

P ¿Por qué un virus necesita una célula huésped para su replicación?

Transcripción inversa

Un virus que contiene ARN como su material genético es un **retrovirus**. Una vez dentro de la célula huésped, el retrovirus primero tiene que elaborar ADN viral mediante un proceso conocido como *transcripción inversa*. Un retrovirus contiene una enzima polimerasa llamada *transcriptasa inversa*, que utiliza la plantilla de ARN viral para sintetizar hebras complementarias de ADN. Una vez producidas, las hebras de ADN sencillas forman ADN de doble hebra usando los nucleótidos presentes en la célula huésped. Este ADN viral recién formado, llamado *provirus*, se integra con el ADN de la célula huésped (véase la figura 21.25).

FIGURA 21.25 Después de que un retrovirus inyecta su ARN viral en una célula, forma una hebra de ADN mediante transcripción inversa. El ADN de una sola hebra forma un ADN de doble hebra llamado *provirus*, que se incorpora en el ADN de la célula huésped. Cuando la célula se replica, el provirus produce el ARN viral necesario para producir más partículas de virus.

P ¿Qué es la transcripción inversa?

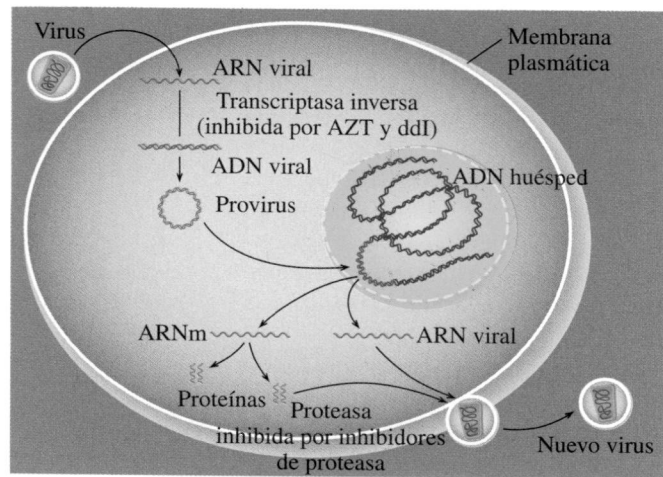

Sida

A comienzos de la década de 1980, una enfermedad llamada *síndrome de inmunodeficiencia adquirida*, comúnmente conocida como *sida*, comenzó a cobrar un número alarmante de vidas. Ahora se sabe que el virus VIH (virus de inmunodeficiencia humana) causa la enfermedad (véase la figura 21.26). El VIH es un retrovirus que infecta y destruye los linfocitos T4 que participan en la respuesta inmunitaria. Después de que el VIH se une a receptores sobre la superficie de un linfocito T4, el virus inyecta ARN viral en la célula huésped. Al igual que los retrovirus, los genes del ARN viral dirigen la formación de ADN viral, que entonces se incorpora en el genoma del huésped de modo que puede replicarse como parte del ADN de la célula huésped. El agotamiento gradual de linfocitos T4 reduce la capacidad del sistema inmunitario para destruir microorganismos dañinos. El síndrome del sida se caracteriza por infecciones oportunistas como *Pneumocystis carinii*, que causa neumonía, y el *sarcoma de Kaposi*, un cáncer de piel.

El tratamiento del sida se basa en atacar el VIH en diferentes puntos durante su ciclo de vida, incluida la transcripción inversa y la síntesis de proteínas. Nucleósidos análogos imitan las estructuras de los nucleósidos utilizados para la síntesis de ADN, y logran inhibir la enzima transcriptasa inversa. Por ejemplo, el medicamento AZT (3′-azido-3′-desoxitimidina) es similar a la timidina, y el ddI (2′,3′-dideoxiinosina) es similar a la guanosina. Otros dos medicamentos son el 2′,3′-dideoxicitidina (ddC) y el 2′,3′-didehidro-2′,3′-dideoxitimidina (d4T). Dichos compuestos se encuentran en los "cocteles" que proporcionan remisión prolongada de las infecciones de VIH. Cuando un nucleósido análogo se incorpora en el ADN viral, la falta de un grupo hidroxilo en el 3′-carbono en el azúcar impide la formación de enlaces azúcar-fosfato y detiene la replicación del virus.

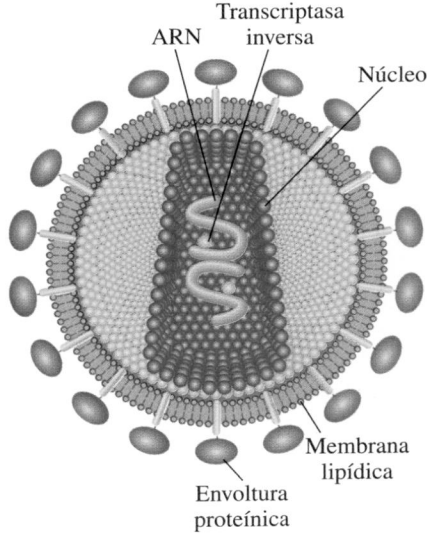

FIGURA 21.26 El virus VIH causa sida, que destruye el sistema inmunitario del cuerpo.

P ¿El VIH es un virus ADN o un retrovirus ARN?

3′-azido-3′-desoxitimidina (AZT)

2′,3′-dideoxiinosina (ddI)

2′,3′-dideoxicitidina (ddC)

2′,3′-didehidro-2′,3′-dideoxitimidina (d4T)

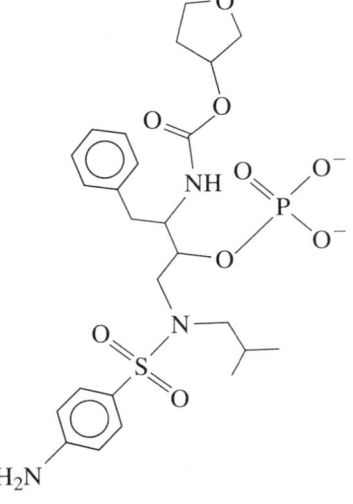

Lexiva se metaboliza lentamente para proporcionar amprenavir, un inhibidor de proteasa del VIH.

El tratamiento del sida con frecuencia combina inhibidores de la transcriptasa inversa con inhibidores de proteasa como saquinavir (Invirase), indinavir (Crixivan), fosamprenavir (Lexiva), nelfinavir (Viracept) y ritonavir (Norvir). La inhibición de una enzima proteasa evita el corte y la formación adecuados de las proteínas usadas por los virus para elaborar más copias. Los investigadores todavía no están seguros de cuánto tiempo los inhibidores de proteasa serán beneficiosos para una persona con sida.

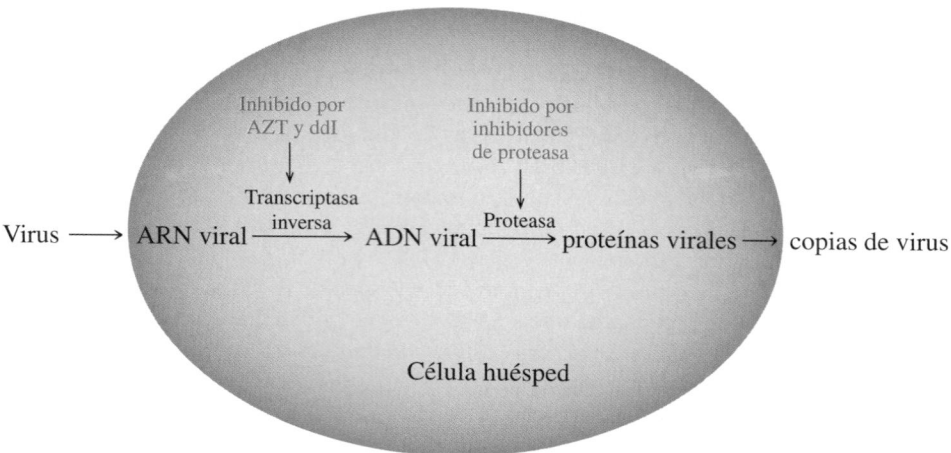

$$\text{Virus} \longrightarrow \text{ARN viral} \xrightarrow[\text{inversa}]{\text{Transcriptasa}} \text{ADN viral} \xrightarrow{\text{Proteasa}} \text{proteínas virales} \longrightarrow \text{copias de virus}$$

Inhibido por AZT y ddI

Inhibido por inhibidores de proteasa

Célula huésped

La química en la salud

CÁNCER

Normalmente, las células somáticas experimentan una división celular ordenada y controlada. Cuando las células del cuerpo comienzan a crecer y a multiplicarse de manera descontrolada, se llaman *tumor*. Si el efecto de estos tumores es limitado, son benignos. Cuando invaden otros tejidos e interfieren en las funciones normales del cuerpo, los tumores son cancerosos. El cáncer puede producirse por sustancias químicas y ambientales, por radiación o por *virus oncogénicos*, que son virus asociados a diversos tipos de cáncer humano (véase la tabla 21.12).

TABLA 21.12 Tipos de cáncer humano causados por virus oncogénicos

Virus	Enfermedad
Virus ARN	
Virus linfotrópico de linfocitos T humanos de tipo I (HTLV-I)	Leucemia
Virus ADN	
Virus Epstein-Barr (VEB)	Linfoma de Burkitt (cáncer de linfocitos B)
	Carcinoma nasofaríngeo
	Enfermedad de Hodgkin
Virus de hepatitis B (VHB)	Cáncer de hígado
Virus herpes simplex (VHS tipo 2)	Cáncer cervical y uterino
Virus de papiloma	Cáncer cervical y de colon, verrugas genitales

Algunos informes estiman que las sustancias químicas y ambientales inician 70-80% de todos los tipos de cáncer humano. Un *carcinógeno* es cualquier sustancia que aumenta la posibilidad de inducir un tumor. Los carcinógenos conocidos incluyen tintas, humo de cigarrillos y asbesto. Más de 90% de todas las personas con cáncer de pulmón son fumadoras.

Un carcinógeno causa cáncer al reaccionar con las moléculas de ADN de una célula y alterar el crecimiento de dicha célula. En la tabla 21.13 se mencionan algunos carcinógenos conocidos.

TABLA 21.13 Algunos carcinógenos químicos y ambientales

Carcinógeno	Ubicación del tumor
Aflatoxina	Hígado
Tintes de anilina	Vejiga
Arsénico	Piel, pulmón
Asbesto	Pulmón, vías respiratorias
Cadmio	Próstata, riñones
Cromo	Pulmón
Níquel	Pulmón, senos paranasales
Nitritos	Estómago
Cloruro de vinilo	Hígado

La energía radiante de la luz solar o la radiación médica son otro tipo de factor ambiental. El cáncer de piel se ha convertido en una de las formas más prevalentes de cáncer. El daño del ADN en las áreas expuestas de la piel puede causar mutaciones a la larga. Las células pierden su capacidad para controlar la síntesis de proteínas. Ese tipo de división celular incontrolada se convierte en cáncer de piel. La incidencia de *melanoma maligno*, uno de los tipos de cáncer de piel más graves, aumenta rápidamente. Algunos posibles factores para este aumento puede ser la popularidad del bronceado solar, así como la reducción de la capa de ozono, que absorbe mucha de la dañina radiación UVB de la luz solar.

Ciertos tipos de cáncer, como el retinoblastoma y el cáncer de mama parecen ocurrir con más frecuencia en algunas familias. Las investigaciones indican que un gen faltante o defectuoso es responsable.

COMPROBACIÓN DE CONCEPTO 21.8 Virus

¿Por qué los virus son incapaces de replicarse por cuenta propia?

RESPUESTA

Los virus sólo contienen paquetes de ADN o ARN, pero no la maquinaria de replicación necesaria que incluye enzimas y nucleósidos.

PREGUNTAS Y PROBLEMAS

21.10 Virus

META DE APRENDIZAJE: *Describir los métodos mediante los cuales un virus infecta una célula.*

21.71 ¿Qué tipo de información genética se encuentra en un virus?

21.72 ¿Por qué los virus necesitan invadir una célula huésped?

21.73 Un virus específico contiene ARN como su material genético.
   a. ¿Por qué se usaría la transcripción inversa en el ciclo de vida de este tipo de virus?
   b. ¿Cuál es el nombre de este tipo de virus?

21.74 ¿Cuál es el propósito de una vacuna?

21.75 ¿De qué manera los nucleósidos análogos alteran el ciclo de vida del virus VIH-1?

21.76 ¿Cómo los inhibidores de proteasa alteran el ciclo de vida del virus VIH-1?

MAPA CONCEPTUAL

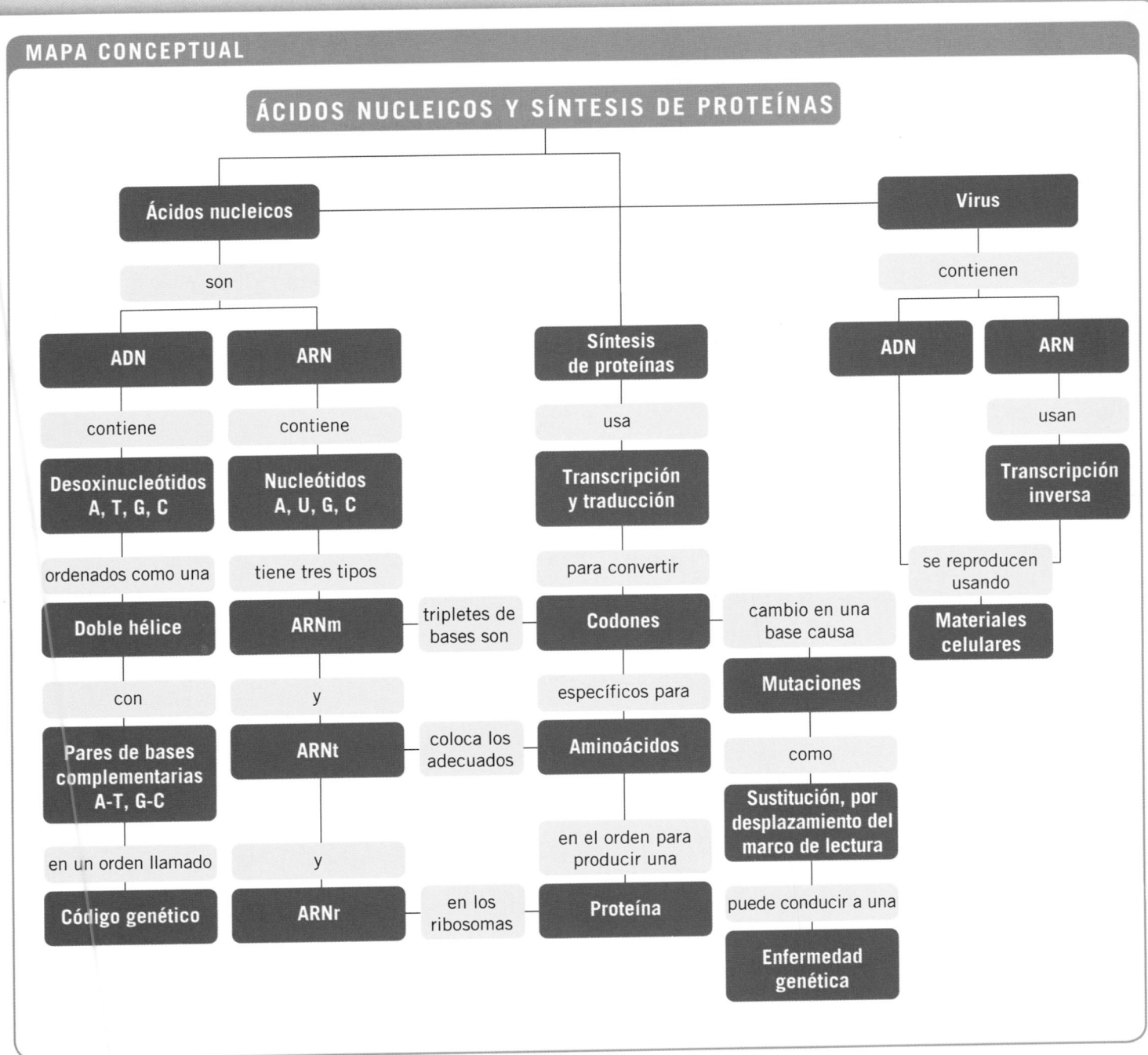

REPASO DEL CAPÍTULO

21.1 Componentes de los ácidos nucleicos

META DE APRENDIZAJE: Describir las bases y azúcares ribosa que constituyen los ácidos nucleicos ADN y ARN.

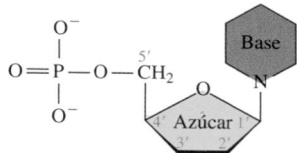

- Los ácidos nucleicos, como el ácido desoxirribonucleico (ADN) y el ácido ribonucleico (ARN), son polímeros de nucleótidos.
- Un nucleósido es una combinación de un azúcar pentosa y una base.
- Un nucleótido está compuesto de tres partes: un azúcar pentosa, una base y un grupo fosfato.
- En el ADN, el azúcar es desoxirribosa y la base puede ser adenina, timina, guanina o citosina.
- En el ARN, el azúcar es ribosa, y el uracilo sustituye la timina.

21.2 Estructura primaria de los ácidos nucleicos

META DE APRENDIZAJE: Describir las estructuras primarias del ARN y el ADN.

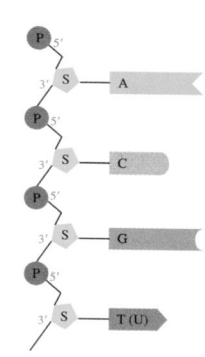

- Cada ácido nucleico tiene su propia secuencia única de bases conocida como su estructura primaria.
- En un polímero de ácido nucleico, el grupo 3′ —OH de cada ribosa en el ARN o desoxirribosa en el ADN forma un enlace fosfodiéster hacia el grupo fosfato del átomo 5′-carbono del azúcar en el siguiente nucleótido para producir un esqueleto de grupos azúcar y fosfato alternados.
- Hay un 5′-fosfato libre en un extremo del polímero y un grupo 3′ —OH libre en el otro extremo.

21.3 La doble hélice del ADN

META DE APRENDIZAJE: Describir la doble hélice del ADN.

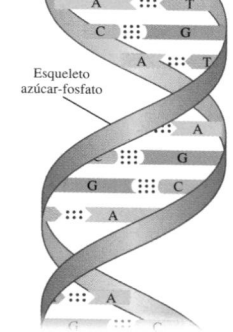

Esqueleto azúcar-fosfato

- Una molécula de ADN consiste en dos hebras de nucleótidos que están enrolladas una alrededor de la otra como una escalera de caracol.
- Las dos hebras se mantienen unidas mediante enlaces por puente de hidrógeno entre pares de bases complementarias, A con T, y G con C.

21.4 Replicación del ADN

META DE APRENDIZAJE: Describir el proceso de replicación del ADN.

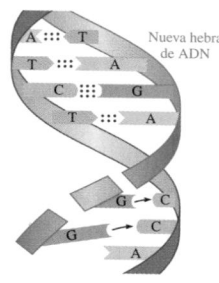

Nueva hebra de ADN

- Durante la replicación del ADN, el ADN polimerasa forma nuevas hebras de ADN a lo largo de cada una de las hebras del ADN original que sirven como plantillas.
- El emparejamiento de bases complementarias asegura el emparejamiento correcto de bases para producir copias idénticas del ADN original.

21.5 ARN y transcripción

META DE APRENDIZAJE: Identificar los diferentes tipos de ARN; describir la síntesis del ARNm.

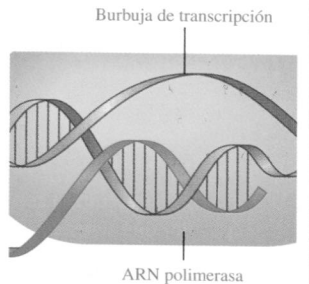

Burbuja de transcripción

ARN polimerasa

- Los tres tipos de ARN difieren en su función dentro de la célula: el ARN ribosómico constituye la mayor parte de la estructura de los ribosomas, el ARN mensajero transporta información genética del ADN a los ribosomas, y el ARN de transferencia coloca los aminoácidos correctos en una cadena peptídica en crecimiento.
- La transcripción es el proceso mediante el cual el ARN polimerasa produce ARNm a partir de una hebra de ADN.
- Las bases en el ARNm son complementarias del ADN, excepto que el A en el ADN está emparejado con U en el ARN.
- La producción de ARNm ocurre cuando ciertas proteínas se necesitan en la célula.
- En la inducción enzimática, la aparición de un sustrato en una célula elimina un represor del sitio de control, lo que permite que la ARN polimerasa produzca ARNm a partir de genes estructurales.

21.6 El código genético

META DE APRENDIZAJE: Describir la función de los codones en el código genético.

U	C
UUU } Phe UUC	UCU UCC UCA } Ser UCG
UUA } Leu UUG	
CUU CUC } Leu CUA CUG	CCU CCC } Pro CCA CCG

- El código genético consiste en una serie de codones, que son secuencias de tres bases que especifican el orden para los aminoácidos en una proteína.
- Existen 64 codones para los 20 aminoácidos, lo que significa que hay múltiples codones para la mayor parte de los aminoácidos.
- El codón AUG señala el inicio de la transcripción, y los codones UAG, UGA y UAA señalan el final.

21.7 Síntesis de proteínas: traducción

META DE APRENDIZAJE: Describir el proceso de la síntesis de proteínas a partir del ARNm.

—UCA   AAA   GCC   CUU—
  ↓   ↓   ↓   ↓
—Ser — Lys — Ala — Leu —

- Las proteínas se sintetizan en los ribosomas en un proceso de traducción que incluye tres pasos: inicio, elongación de la cadena y terminación.
- Durante la traducción, el ARNt lleva los aminoácidos adecuados al ribosoma, y se forman enlaces peptídicos para unir los aminoácidos en una cadena peptídica.
- Cuando el polipéptido se libera, toma sus estructuras secundaria y terciaria y se convierte en una proteína funcional en la célula.

21.8 Mutaciones genéticas

META DE APRENDIZAJE: Describir algunas formas en las que se altera el ADN para producir mutaciones.

- Una mutación genética es un cambio en una o más bases en la secuencia de ADN que altera la estructura y la capacidad de la proteína resultante para funcionar de manera adecuada.
- En una sustitución se altera un codón, y en una mutación por desplazamiento del marco de lectura se inserta o borra una base, lo que cambia todos los codones después de que cambia la base.

21.9 ADN recombinante

META DE APRENDIZAJE: Describir la preparación y usos del ADN recombinante.

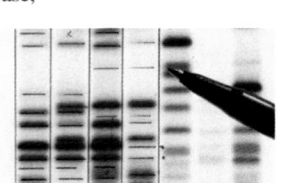

- Un ADN recombinante se prepara al insertar un segmento de ADN —un gen— en el ADN plásmido presente en la bacteria *E. coli*.

- A medida que se replican las células bacterianas alteradas, se produce la proteína expresada por el segmento de ADN extraño.
- En la investigación criminal se obtienen grandes cantidades de ADN a partir de cantidades más pequeñas mediante la reacción en cadena de polimerasa.

21.10 Virus

META DE APRENDIZAJE: Describir los métodos mediante los cuales un virus infecta una célula.

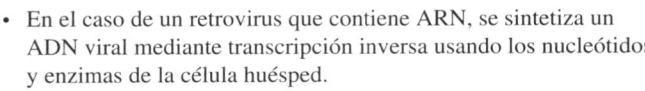

- Los virus, que contienen ADN o ARN, tienen que invadir células huésped para usar la maquinaria dentro de la célula para la síntesis de más virus.
- En el caso de un retrovirus que contiene ARN, se sintetiza un ADN viral mediante transcripción inversa usando los nucleótidos y enzimas de la célula huésped.
- En el tratamiento del sida, nucleósidos análogos inhiben la transcriptasa inversa del virus VIH-1, e inhibidores de proteasa alteran la actividad catalizadora de la proteasa necesaria para producir proteínas para la síntesis de más virus.

TÉRMINOS CLAVE

ácido nucleico Molécula grande compuesta de nucleótidos; se encuentra como una doble hélice en el ADN y como hebra sencilla del ARN.

ADN Ácido desoxirribonucleico; es el material genético de todas las células y contiene nucleótidos con el azúcar desoxirribosa, fosfato y las cuatro bases: adenina, timina, guanina y citosina.

ADN recombinante ADN combinado a partir de diferentes organismos para formar un nuevo ADN sintético.

anticodón Secuencia de tres bases en el ARNt que es complementario a un codón en el ARNm.

ARN Ácido ribonucleico; un tipo de ácido nucleico que es una hebra sencilla de nucleótidos que contienen ribosa, fosfato y las cuatro bases: adenina, citosina, guanina y uracilo.

ARNm ARN mensajero; se produce en el núcleo a partir del ADN para transportar la información genética hacia los ribosomas para la construcción de una proteína.

ARNr ARN ribosómico; el tipo de ARN más abundante y componente principal de los ribosomas.

ARNt ARN de transferencia; es el ARN encargado de colocar un aminoácido específico en una cadena peptídica en el ribosoma, de modo que pueda elaborarse una proteína. Existe uno o más ARNt para cada uno de los 20 diferentes aminoácidos.

base Compuestos nitrogenados que se encuentran en el ADN y el ARN: adenosina (A), timina (T), citosina (C), guanina (G) y uracilo (U).

código genético Secuencia de codones en el ARNm que especifica el orden de aminoácidos para la síntesis de proteínas.

codón Secuencia de tres bases del ARNm que especifica a cierto aminoácido su colocación en una proteína. Algunos codones señalan el inicio o fin de la síntesis de proteínas.

doble hélice Forma helicoidal de la doble cadena de ADN que es como una escalera de caracol con un esqueleto de azúcar-fosfato en el exterior, y pares de bases como peldaños en el interior.

enfermedad genética Malformación física o disfunción metabólica causada por una mutación en la secuencia de bases del ADN.

enlace fosfodiéster Enlace de fosfato encargado de unir el grupo 3′-hidroxilo de un nucleótido con el átomo 5′-carbono del siguiente nucleótido.

estructura primaria Secuencia de nucleótidos en los ácidos nucleicos.

exón Sección en una plantilla de ADN que codifica proteínas.

fragmento de Okazaki Segmento corto formado por ADN polimerasa en la hebra de ADN hija que corre en dirección 3′ a 5′.

gen estructural Sección de ADN que codifica la síntesis de proteínas.

gen regulador Gen enfrente del sitio de control que produce un represor.

horquilla de replicación Sección abierta en hebras de ADN desenrolladas donde el ADN polimerasa comienza el proceso de replicación.

inducción enzimática Modelo de regulación celular en el que la síntesis de proteínas se induce mediante un sustrato.

intrón Sección en el ADN que no codifica proteínas.

mutación Cambio en la secuencia de bases de ADN que altera la formación de una proteína en la célula.

mutación por desplazamiento del marco de lectura Mutación que inserta o borra una base en una secuencia de ADN.

mutación por sustitución Mutación que sustituye una base de un ADN con una base diferente.

nucleósido Combinación de un azúcar pentosa y una base.

nucleótido Bloques constructores de un ácido nucleico que constan de una base, un azúcar pentosa (ribosa o desoxirribosa) y un grupo fosfato.

operón Grupo de genes, incluidos un sitio de control y genes estructurales, cuya transcripción está controlada por el mismo gen regulador.

par de base complementaria En el ADN, la adenina siempre se empareja con timina (A-T o T-A), y la guanina siempre se empareja con citosina (G-C o C-G). Al formar ARN, la adenina se empareja con uracilo (A-U o U-A).

reacción en cadena de la polimerasa (**PCR**) Procedimiento en el que una hebra de ADN se copia muchas veces al mezclarla con cebadores, ADN polimerasa y una mezcla de desoxirribonucleótidos, y se sujeta a ciclos repetidos de calentamiento y enfriamiento.

replicación Proceso de duplicación del ADN mediante el emparejamiento de las bases de cada hebra madre con sus bases complementarias ubicadas en una hebra.

represora Proteína que interacciona con el sitio de control en un operón para evitar la transcripción del ARNm.

retrovirus Virus que contiene ARN como su material genético y que sintetiza una hebra de ADN complementario dentro de una célula.

sitio de control Sección del ADN que regula la síntesis de proteínas.

traducción Interpretación de los codones contenidos en el ARNm como aminoácidos para formar un péptido.

transcripción Transferencia de información genética desde el ADN mediante la formación de ARNm.

virus Pequeñas partículas que contienen ADN o ARN en un recubrimiento proteínico; requiere una célula huésped para su replicación.

COMPRENSIÓN DE CONCEPTOS

Las secciones del capítulo que se deben revisar se indican entre paréntesis al final de cada pregunta.

21.77 Responda las preguntas siguientes para la sección dada de ADN: (21.4, 21.5, 21.6, 21.7)

   a. Complete las bases en las hebras madre y nueva.

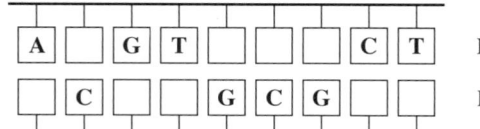

Hebra madre
Hebra nueva

   b. Con la hebra nueva como plantilla, escriba la secuencia de ARNm.

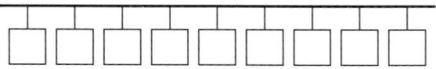

   c. Escriba los símbolos de 3 letras de los aminoácidos que irían en el péptido a partir del ARNm que escribió en el inciso **b**.

21.78 Suponga que ocurre una mutación en la sección de ADN del problema 21.77, y que la primera base en la cadena madre, adenina, se sustituye con guanina. (21.4, 21.5, 21.6, 21.7, 21.8)

   a. ¿Qué tipo de mutación ocurrió?

   b. Con la hebra nueva que resulte a partir de esta mutación, escriba el orden de las bases en el ARNm alterado.

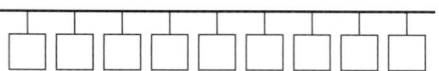

   c. Escriba los símbolos de 3 letras de los aminoácidos que irían en el péptido a partir del ARNm que escribió en el inciso **b**.

   d. ¿Qué efecto, si lo hay, puede tener esta mutación sobre la estructura y/o función de la proteína resultante?

PREGUNTAS Y PROBLEMAS ADICIONALES

Visite www.masteringchemistry.com para acceder a materiales de autoaprendizaje y tareas asignadas por el instructor.

21.79 Identifique si cada una de las siguientes bases es pirimidina o purina: (21.1)
   a. cistosina   **b.** adenina
   c. uracilo

21.80 Indique si cada una de las bases en el problema 21.79 se encuentra sólo en ADN, sólo en ARN o tanto en ADN como en ARN. (21.1)

21.81 Identifique la base y el azúcar en cada uno de los siguientes nucleósidos: (21.1)
   a. desoxitimidina   **b.** adenosina
   c. citidina   **d.** desoxiguanosina

21.82 Identifique la base y el azúcar en cada uno de los siguientes nucleótidos: (21.1)
   a. CMP   **b.** dAMP
   c. dTMP   **d.** UMP

21.83 ¿Cómo difieren las bases timina y uracilo? (21.1)

21.84 ¿Cómo difieren las bases citosina y uracilo? (21.1)

21.85 Dibuje la fórmula estructural condensada de CMP. (21.1)

21.86 Dibuje la fórmula estructural condensada de dGMP. (21.1)

21.87 ¿En qué son similares las estructuras primarias del ARN y el ADN? (21.2)

21.88 ¿En qué se diferencia la estructura primaria del ARN y el ADN? (21.2)

21.89 Si la doble hélice de ADN del salmón contiene 28% adenina, ¿cuál es el porcentaje de timina, guanina y citosina? (21.3)

21.90 Si la doble hélice en los seres humanos contiene 20% citosina, ¿cuál es el porcentaje de guanina, adenina y timina? (21.3)

21.91 En el ADN, ¿cuántos enlaces por puente de hidrógeno se forman entre adenina y timina? (21.3)

21.92 En el ADN, ¿cuántos enlaces por puente de hidrógeno se forman entre guanina y citosina? (21.3)

21.93 Escriba la secuencia de bases complementarias para cada uno de los segmentos de ADN siguientes: (21.4)
   a. 5′ — G A C T T A G G C — 3′
   b. 3′ — T G C A A A C T A G C T — 5′
   c. 5′ — A T C G A T C G A T C G — 3′

21.94 Escriba la secuencia de bases complementarias para cada uno de los segmentos de ADN siguientes: (21.4)
   a. 5′ — T T A C G G A C C G C — 3′
   b. 5′ — A T A G C C C T T A C T G G — 3′
   c. 3′ — G G C C T A C C T T A A C G A C G — 5′

21.95 En la replicación del ADN, ¿cuál es la diferencia entre la síntesis de la hebra adelantada y la síntesis de la hebra retrasada? (21.4)

21.96 ¿Cómo se unen los fragmentos de Okazaki en la hebra de ADN en crecimiento? (21.4)

21.97 Después de la replicación del ADN, ¿dónde se ubican las hebras originales de ADN en las moléculas de ADN hijas? (21.4)

21.98 ¿Cómo puede ocurrir la replicación en varios lugares a lo largo de la doble hélice de ADN? (21.4)

21.99 Relacione los enunciados siguientes con ARNr, ARNm o ARNt: (21.5)
   a. es el tipo más pequeño de ARN
   b. constituye el mayor porcentaje de ARN en la célula
   c. transporta información genética desde el núcleo hacia los ribosomas

21.100 Relacione los enunciados siguientes con ARNr, ARNm o ARNt: (21.5)
   a. se combina con proteínas para formar ribosomas
   b. lleva aminoácidos a los ribosomas para la síntesis de proteínas
   c. actúa como plantilla para la síntesis de proteínas

21.101 ¿Cuáles son los posibles codones para cada uno de los aminoácidos siguientes? (21.6)
   a. treonina   **b.** serina   **c.** cisteína

21.102 ¿Cuáles son los posibles codones para cada uno de los aminoácidos siguientes? (21.6)
   a. valina   **b.** arginina   **c.** histidina

21.103 ¿Cuál es el aminoácido para cada uno de los siguientes codones? (21.6)
   a. AAG   **b.** AUU   **c.** CGA

21.104 ¿Cuál es el aminoácido para cada uno de los codones siguientes? (21.6)
   a. CAA   **b.** GGC   **c.** AAC

21.105 Las endorfinas son polipéptidos que reducen el dolor. ¿Cuál es el orden de aminoácidos para la endorfina leucina encefalina (leu-encefalina), que tiene el ARNm siguiente? (21.5, 21.6, 21.7, 21.8)

5′ — AUG UAC GGU GGA UUU CUA UAA — 3′

21.106 Las endorfinas son polipéptidos que reducen el dolor. ¿Cuál es el orden de aminoácidos para la endorfina metionina encefalina (met-encefalina), que tiene el ARNm siguiente? (21.5, 21.6, 21.7, 21.8)

5′ — AUG UAC GGU GGA UUU AUG UAA — 3′

21.107 ¿Cuál es el anticodón en ARNt para cada uno de los siguientes codones en un ARNm? (21.7)
   a. AGC   **b.** UAU   **c.** CCA

21.108 ¿Cuál es el anticodón en el ARNt para cada uno de los codones siguientes en un ARNm? (21.7)
   a. GUG   **b.** CCC   **c.** GAA

PREGUNTAS DE DESAFÍO

21.109 La oxitocina es un péptido que contiene nueve aminoácidos. ¿Cuántos nucleótidos se encontrarían en el ARNm para esta proteína? (21.6, 21.7)

21.110 Una proteína contiene 36 aminoácidos. ¿Cuántos nucleótidos se encontrarían en el ARNm para esta proteína? (21.6, 21.7)

21.111 ¿Cuál es la diferencia entre un virus ADN y un retrovirus? (21.10)

21.112 ¿Por qué no hay pares de bases en el ADN entre adenina y guanina o timina y citosina? (21.3)

RESPUESTAS

Respuestas a las Comprobaciones de estudio

21.1 desoxicitidina-5′-monofosfato (dCMP)

21.2

21.3 3′ — C C A A T T G G — 5′

21.4 3′ — C C C A A A T T T — 5′

21.5 — Asn — Ala — Cys —

21.6 en UAG

21.7 Puesto que la sustitución de bases reemplaza un aminoácido básico polar con un aminoácido neutro no polar, la estructura terciaria puede alterarse lo suficiente para hacer que la proteína resultante sea menos efectiva o no funcional.

Respuestas a Preguntas y problemas seleccionados

21.1 a. pirimidina
   b. pirimidina

21.3 a. ADN
   b. tanto ADN como ARN

21.5 desoxiadenosina-5′-monofosfato (dAMP), dexositimidina-5′-monofosfato (dTMP), desoxicitidina-5′-monofosfato (dCMP) y desoxiguanosina-5′-monofosfato (dGMP)

21.7 a. nucleósido
   b. nucleósido
   c. nucleósido
   d. nucleótido

21.9

21.11 Los nucleósidos en los ácidos nucleicos se mantienen unidos mediante enlaces fosfodiéster entre el grupo 3′—OH de un azúcar (ribosa o desoxirribosa) y un grupo fosfato en el 5′-carbono de otro azúcar.

21.13

Guanosina (G)

Citidina (C)

21.15 Las dos hebras de ADN se mantienen unidas mediante enlaces por puente de hidrógeno entre las bases complementarias en cada hebra.

21.17 a. 3′ — T T T T T T — 5′
b. 3′ — C C C C C C — 5′
c. 3′ — T C A G G T C C A — 5′
d. 3′ — G A C A T A T G C A A T — 5′

21.19 La enzima helicasa desenrolla la hélice de ADN, de modo que las hebras de ADN madre pueden replicarse en hebras de ADN hijas.

21.21 Una vez separadas las hebras de ADN, el ADN polimerasa empareja cada una de las bases con su base complementaria y produce dos copias exactas del ADN original.

21.23 ARN ribosómico, ARN mensajero y ARN de transferencia.

21.25 Un ribosoma consiste en una subunidad pequeña y una subunidad grande que contienen ARNr combinado con proteínas.

21.27 En la transcripción, la secuencia de nucleótidos en una plantilla de ADN (una hebra) se usa para producir la secuencia de bases de un ARN mensajero.

21.29 5′ — G G C U U C C A A G U G — 3′

21.31 En las células eucariontes, los genes contienen secciones llamadas *exones* que codifican proteínas, y secciones llamadas *intrones* que no codifican proteínas.

21.33 Un operón es una sección de ADN que regula la síntesis de una o más proteínas.

21.35 Cuando el nivel de lactosa es bajo en *E. coli*, un represor producido por el ARNm de un gen regulador se une al sitio de control, lo que bloquea la síntesis de ARNm de un gen y evita la síntesis de proteínas.

21.37 Un codón es una secuencia de tres bases en el ARNm que codifica un aminoácido específico en una proteína.

21.39 a. leucina (Leu)   **b.** serina (Ser)
c. glicina (Gly)   **d.** arginina (Arg)

21.41 Cuando el AUG es el primer codón, señala el inicio de la síntesis de proteínas. De ahí en adelante, el AUG codifica la metionina.

21.43 Un codón es una secuencia de tres bases en el ARNm. Un anticodón es una secuencia de tres bases complementaria en un ARNt para un aminoácido específico.

21.45 inicio, elongación de la cadena y terminación

21.47 a. — Thr — Thr — Thr —
b. — Phe — Pro — Phe — Pro —
c. — Tyr — Gly — Arg — Cys —

21.49 El nuevo aminoácido está unido mediante un enlace peptídico a la cadena peptídica creciente. El ribosoma se mueve hacia el siguiente codón, que se une a un ARNt que lleva el siguiente aminoácido.

21.51 a. 5′ — CGA — AAA — GUU — UUU — 3′
b. GCU, UUU, CAA, AAA
c. — Arg — Lys — Val — Phe —

21.53 En una mutación por sustitución, una base en el ADN se sustituye con una base diferente.

21.55 En una mutación por desplazamiento del marco de lectura, causada por borrado o adición, todos los codones a partir de la mutación cambian, lo que cambia el orden de los aminoácidos en el resto de la cadena polipeptídica.

21.57 El triplete normal TTT forma un codón AAA, que codifica lisina. La mutación TTC forma un codón AAG, que también codifica lisina. No hay efecto sobre la secuencia de aminoácidos.

21.59 a. — Thr — Ser — Arg — Val —
b. — Thr — Thr — Arg — Val —
c. — Thr — Ser — Gly — Val —
d. — Thr — TÉRMINO. La síntesis de proteínas terminaría pronto. Si esto ocurre temprano en la formación del polipéptido, la proteína resultante probablemente no será funcional.
e. La nueva proteína contendrá la secuencia — Asp — Ile — Thr — Gly —.
f. La nueva proteína contendrá la secuencia — His — His — Gly —.

21.61 a. GCC y GCA codifican ambas alanina.
b. Un entrecruzamiento iónico vital en la estructura terciaria de la hemoglobina no puede formarse cuando el ácido glutámico polar se sustituye con valina, que es no polar. La hemoglobina resultante estará mal formada y será menos capaz de transportar oxígeno.

21.63 Las células de la bacteria *E. coli* contienen varios pequeños plásmidos circulares de ADN que pueden aislarse con facilidad. Después de formarse el ADN recombinante, la *E. coli* se multiplica con rapidez, lo que produce muchas copias del ADN recombinante en un tiempo relativamente corto.

21.65 *E. coli* se empapa en una disolución de detergente que altera la membrana plasmática y libera el contenido celular, incluidos los plásmidos, que se recopilan.

21.67 Cuando se obtiene un gen por medio de una enzima de restricción, se mezcla con plásmidos cortados por la misma enzima. Cuando se mezclan, los extremos pegajosos de los fragmentos de ADN se enlazan con los extremos pegajosos del ADN plásmido para formar un ADN recombinante.

21.69 En la huella digital de ADN, las enzimas de restricción cortan una muestra de ADN en fragmentos, que se ordenan por tamaño usando electroforesis en gel. Una sonda radiactiva se adhiere a secuencias específicas de ADN que revelan una película de rayos X y crean un patrón de bandas oscuras y claras llamado *huella digital de ADN*.

21.71 ADN o ARN, pero no ambos

21.73 a. Un ARN viral se usa para sintetizar un ADN viral a fin de producir las proteínas para el recubrimiento proteínico, lo que permite al virus replicarse y abandonar la célula.
  b. retrovirus

21.75 Nucleósidos análogos como AZT y ddI son similares a los nucleósidos necesarios para elaborar ADN viral en la transcripción inversa. Sin embargo, interfieren en la capacidad del ADN para formarse, y en consecuencia alteran el ciclo de vida del virus VIH-1.

21.77 a.

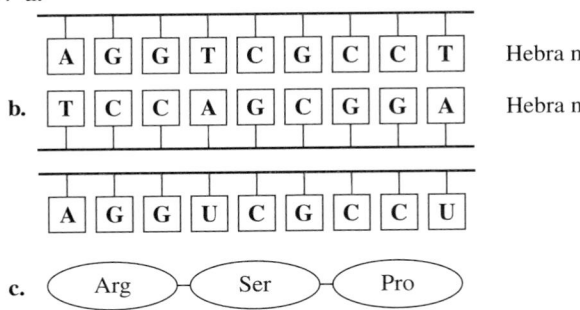

  b. Hebra nueva
  c.

21.79 a. pirimidina
  b. purina
  c. pirimidina

21.81 a. timina y desoxirribosa
  b. adenina y ribosa
  c. citosina y ribosa
  d. guanina y desoxirribosa

21.83 Ambas son pirimidinas, pero la timina tiene un grupo metilo.

21.85

21.87 Ambos son polímeros de nucleótidos conectados por medio de enlaces fosfodiéster entre grupos alternos de azúcar y fosfato, con bases que se extienden desde cada grupo de azúcar.

21.89 28% T, 22% G y 22% C

21.91 dos

21.93 a. 3′ — C T G A A T C C G — 5′
  b. 5′ — A C G T T T G A T C G A — 3′
  c. 3′ — T A G C T A G C T A G C — 5′

21.95 El ADN polimerasa sintetiza la hebra adelantada de manera continua en la dirección de 5′ a 3′. La hebra retrasada se sintetiza en pequeños segmentos llamados *fragmentos de Okazaki* porque deben crecer en la dirección de 3′ a 5′ y el ADN polimerasa sólo puede funcionar en la dirección de 5′ a 3′.

21.97 Una hebra de ADN madre se encuentra en cada una de las dos copias de la molécula de ADN hija.

21.99 a. ARNt
  b. ARNr
  c. ARNm

21.101 a. ACU, ACC, ACA y ACG
  b. UCU, UCC, UCA, UCG, AGU y AGC
  c. UGU y UGC

21.103 a. lisina
  b. isoleucina
  c. arginina

21.105 INICIO — Tyr — Gly — Gly — Phe — Leu — TERMINACIÓN

21.107 a. UCG
  b. AUA
  c. GGU

21.109 Se necesitan tres nucleótidos para codificar cada aminoácido, más los codones de inicio y de terminación que constan de tres nucleótidos cada uno, lo que hace un total mínimo de 33 nucleótidos.

21.111 Un virus de ADN se une a una célula e inyecta ADN viral que usa la célula huésped para producir copias del ADN para elaborar ARN viral. Un retrovirus inyecta ARN viral a partir del cual se produce ADN complementario mediante transcripción inversa.

22 Vías metabólicas para carbohidratos

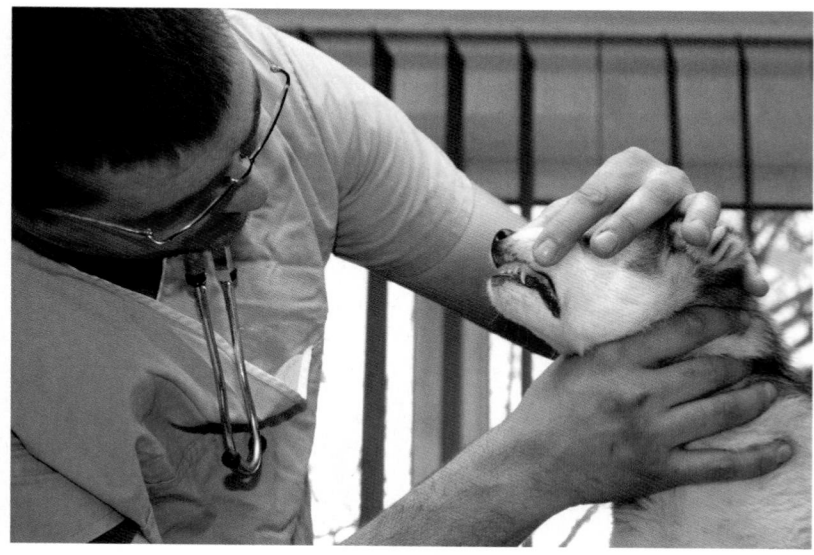

Visite **www.masteringchemistry.com** para acceder a materiales de autoaprendizaje y tareas asignadas por el instructor.

Max, un perro de seis años de edad, tiene

una cita dentro de unos días para una limpieza dental con anestesia. Antes de ello, lo llevan con su veterinario para que le realice un perfil de química sanguínea y un examen de orina. Sean, asistente veterinario, mide el peso de Max y obtiene las muestras de sangre y orina necesarias para los diagnósticos preoperatorios. El perfil de química sanguínea determina la salud y condición generales del hígado y los riñones de Max, detecta cualquier trastorno metabólico y mide la concentración de electrolitos.

La condición general del metabolismo de Max se determina por la concentración de glucosa y varias enzimas. El metabolismo comprende todas las reacciones químicas del cuerpo que involucran la descomposición de moléculas para el crecimiento celular. Dichas reacciones a menudo ocurren en serie y necesitan múltiples enzimas. La oxidación de glucosa implica varias de estas vías metabólicas, incluidas la glucólisis, el ciclo del ácido cítrico y el transporte de electrones.

El día de la limpieza, Sean registra el peso y los alimentos que ingirió Max en las últimas 24 horas. Prepara el quirófano para asegurarse de que esté limpio y esterilizado. Luego Sean rasura un área de

la pata delantera de Max y ayuda a administrar la anestesia. Después de la limpieza, Sean vigila el ritmo cardiaco y la presión arterial, mientras Max se recupera de la anestesia.

Profesión: Asistente veterinario

Los asistentes veterinarios, o técnicos veterinarios, ayudan en el cuidado de mascotas domesticadas y animales de granja bajo la supervisión directa de un veterinario. En general, los asistentes veterinarios son las primeras personas con quienes interaccionan los propietarios cuando registran los síntomas e historial médico del animal. Esto incluye el consumo de alimentos, medicamentos, hábitos alimenticios, peso y cualquier signo clínico. Los asistentes veterinarios realizan pruebas de laboratorio en los animales, incluida una biometría hemática completa (CBC, *complete blood count*) y un examen general de orina. También obtienen muestras de tejido y sangre, realizan la exposición y revelado de rayos X y ayudan con las vacunas. Además, auxilian en procedimientos quirúrgicos como castración, esterilización, limpieza dental, extirpación de tumores y eutanasia para los animales.

Cuando usted come un alimento, como un sándwich de atún, los polisacáridos, lípidos y proteínas se digieren a moléculas más pequeñas que se absorben en las células del cuerpo. A medida que la glucosa, los ácidos grasos y los aminoácidos se descomponen cada vez más, se libera energía. Esta energía se utiliza en las células para sintetizar compuestos altos en energía como la adenosín trifosfato (ATP). Las células utilizan la energía de la ATP cuando realizan trabajo como contraer músculos, sintetizar moléculas grandes, enviar impulsos nerviosos y mover sustancias a través de las membranas celulares.

Todas las reacciones químicas que tienen lugar en las células vivas para descomponer o construir moléculas se conocen como *metabolismo*. En una vía metabólica, las reacciones se vinculan en una serie, cada una catalizada por una enzima específica para producir un producto final. En éste y los capítulos siguientes se abordarán estas vías y las formas en que producen energía y compuestos celulares.

22.1 Metabolismo y estructura celular

META DE APRENDIZAJE

Describir tres etapas del metabolismo.

El término **metabolismo** se refiere a todas las reacciones químicas que proporcionan energía y las sustancias necesarias para el crecimiento celular continuo. Hay dos tipos de reacciones metabólicas: catabólica y anabólica. En las **reacciones catabólicas**, se descomponen moléculas complejas en unas más simples acompañadas de una liberación de energía. Las **reacciones anabólicas** utilizan la energía disponible de la célula para construir moléculas grandes a partir de otras más simples. Puede considerar que los procesos catabólicos del metabolismo consisten de tres etapas (véase la figura 22.1).

Etapa 1 El catabolismo comienza con los procesos de **digestión** en los que las enzimas del sistema digestivo descomponen moléculas grandes en unas más pequeñas. Los polisacáridos se descomponen en monosacáridos, las grasas se descomponen en glicerol y ácidos grasos y las proteínas producen aminoácidos. Estos productos de digestión se difunden en el torrente sanguíneo para su transporte a las células.

Etapa 2 En el interior de las células, las reacciones catabólicas continúan a medida que los productos de la digestión se descomponen aún más para producir compuestos de tres carbonos como el piruvato. En condiciones aeróbicas, el piruvato se degrada a un grupo acetilo de dos carbonos que se activa cuando se combina con coenzima A para producir acetil-CoA.

Etapa 3 La mayor producción de energía tiene lugar en las mitocondrias, a medida que el acetil-CoA de dos carbonos se oxida en el ciclo del ácido cítrico, lo que produce las coenzimas reducidas NADH y $FADH_2$. Siempre y cuando las células tengan oxígeno, los iones hidrógeno y los electrones de las coenzimas reducidas pueden entrar al transporte de electrones para sintetizar ATP.

Estructura celular para el metabolismo

TUTORIAL
Metabolism and Cell Structure

Para entender las relaciones entre las reacciones metabólicas, es necesario observar dónde tienen lugar estas reacciones en las células de plantas y animales. Las células de plantas y animales son células *eucariontes*, que tienen un núcleo que contiene ADN (véase la figura 22.2). Los organismos unicelulares como las bacterias son células *procariontes*, que no tienen núcleo.

En los animales, una *membrana celular* separa los materiales que hay en el interior de la célula del ambiente acuoso que la rodea. Además, la superficie exterior de la membrana celular contiene estructuras que permiten a las células comunicarse entre sí. El *núcleo* contiene los genes que controlan la replicación del ADN y la síntesis de proteínas dentro de la célula. El **citoplasma** consiste en todos los materiales entre el núcleo y la membrana celular. El **citosol**, la parte líquida del citoplasma, es una disolución acuosa de electrolitos y enzimas que catalizan muchas de las reacciones químicas de la célula.

Etapas del metabolismo

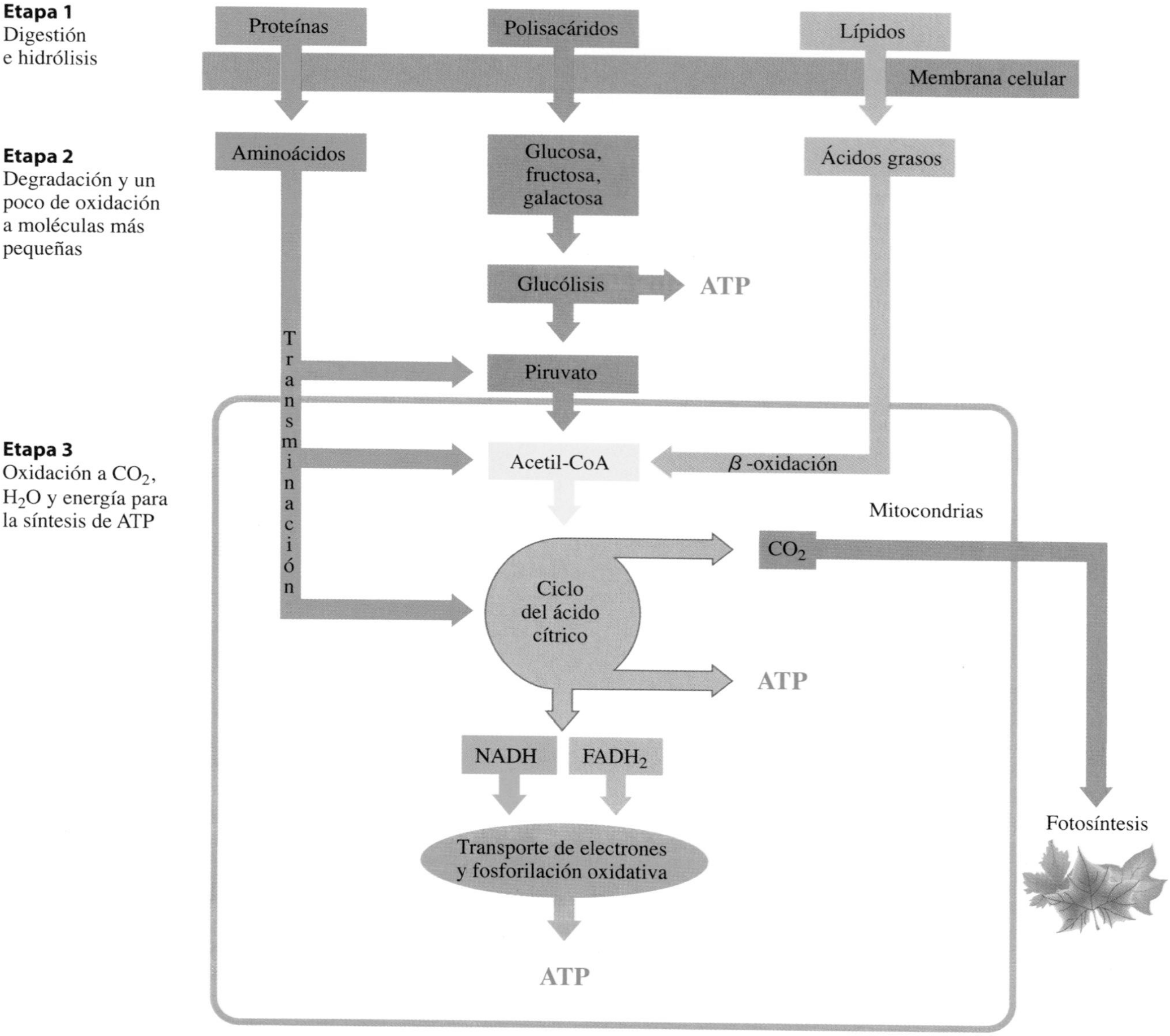

Etapa 1
Digestión
e hidrólisis

| Proteínas | Polisacáridos | Lípidos |

Membrana celular

Etapa 2
Degradación y un
poco de oxidación
a moléculas más
pequeñas

| Aminoácidos | Glucosa, fructosa, galactosa | Ácidos grasos |

Glucólisis → **ATP**

Piruvato

Etapa 3
Oxidación a CO_2,
H_2O y energía para
la síntesis de ATP

Transminación

Acetil-CoA ← β-oxidación

Mitocondrias

Ciclo del ácido cítrico → CO_2

→ **ATP**

| NADH | $FADH_2$ |

Fotosíntesis

Transporte de electrones
y fosforilación oxidativa

ATP

FIGURA 22.1 En las tres etapas del catabolismo, las moléculas grandes de los alimentos se digieren y degradan para producir moléculas más pequeñas que pueden oxidarse a fin de producir energía.

P ¿Dónde se produce la mayor parte de la energía de ATP en las células?

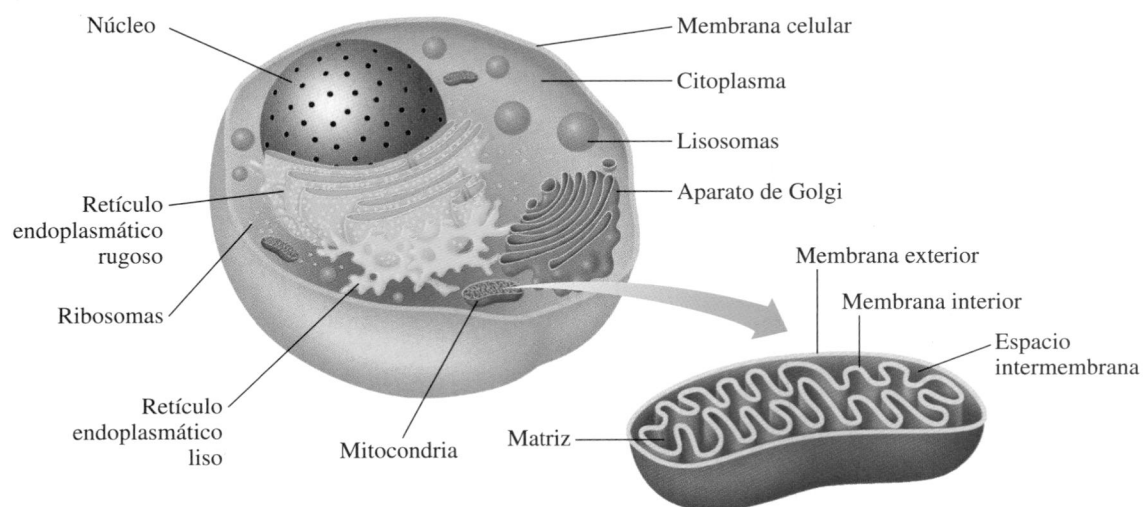

FIGURA 22.2 El diagrama ilustra los principales componentes de una célula animal característica.
P ¿Qué es el citoplasma de una célula?

En el interior del citoplasma, estructuras especializadas llamadas *organelos* realizan funciones específicas en la célula. Ya se vio (sección 21.5) que los *ribosomas* son los sitios de la síntesis de proteínas. El *retículo endoplasmático* consiste en dos formas: un retículo endoplasmático rugoso donde se procesan proteínas para secreción y se sintetizan fosfolípidos, y un retículo endoplasmático liso donde se sintetizan grasas y esteroides. El *aparato de Golgi* modifica las proteínas que recibe del retículo endoplasmático rugoso, segrega estas proteínas modificadas en el líquido que rodea la célula, y forma glicoproteínas y membranas celulares. Los *lisosomas* contienen enzimas que descomponen estructuras celulares reciclables que ya no necesita la célula. Las **mitocondrias** son las fábricas productoras de energía de las células. Una mitocondria tiene una membrana exterior y una membrana interior, con un espacio intermembrana entre ellas. La sección líquida rodeada por la membrana interior se llama *matriz*. Las enzimas ubicadas en la matriz y a lo largo de la membrana interior catalizan la oxidación de carbohidratos, grasas y aminoácidos. Todas estas vías de oxidación a la larga producen CO_2, H_2O y energía, que se usa para formar compuestos ricos en energía. La tabla 22.1 resume algunas de las funciones de los componentes celulares de las células animales.

TABLA 22.1 Ubicación y funciones de los componentes de las células animales

Componente	Descripción y función
Membrana celular	Separa los contenidos de una célula del ambiente externo y contiene estructuras que permiten la comunicación con otras células.
Citoplasma	Consiste en todo el contenido celular entre la membrana celular y el núcleo.
Citosol	Es la parte líquida del citoplasma que contiene enzimas para muchas de las reacciones químicas de la célula, incluida la glucólisis, así como la síntesis de glucosa y ácidos grasos.
Retículo endoplasmático	El tipo rugoso procesa proteínas para la secreción y sintetiza fosfolípidos; el tipo liso sintetiza grasas y esteroides.
Aparato de Golgi	Modifica y segrega proteínas desde el retículo endoplasmático y sintetiza membranas celulares.
Lisosoma	Contiene enzimas hidrolíticas que digieren y reciclan antiguas estructuras celulares.
Mitocondrias	Contiene las estructuras para la síntesis de ATP a partir de reacciones que producen energía.
Núcleo	Contiene información genética para la replicación del ADN y la síntesis de proteínas.
Ribosomas	Es el sitio de la síntesis de proteínas mediante el uso de plantillas de ARNm.

COMPROBACIÓN DE CONCEPTOS 22.1 | **Metabolismo y estructura celular**

Identifique si cada una de las reacciones siguientes es catabólica o anabólica:

a. digestión de polisacáridos
b. síntesis de proteínas
c. oxidación de glucosa a CO_2 y H_2O

RESPUESTA

a. La descomposición de moléculas grandes involucra reacciones catabólicas.
b. La síntesis de moléculas grandes requiere energía y comprende reacciones anabólicas.
c. La descomposición de monómeros como glucosa implica reacciones catabólicas.

PREGUNTAS Y PROBLEMAS

22.1 Metabolismo y estructura celular

META DE APRENDIZAJE: *Describir tres etapas del metabolismo.*

22.1 ¿Qué etapa del metabolismo tiene que ver con la digestión de polisacáridos?

22.2 ¿Qué etapa del metabolismo tiene que ver con la conversión de moléculas pequeñas a CO_2, H_2O y energía para la síntesis de ATP?

22.3 ¿Qué se entiende por *reacción catabólica en el metabolismo*?

22.4 ¿Qué se entiende por *reacción anabólica en el metabolismo*?

22.5 Relacione cada uno de los siguientes componentes con su función en la célula: (1) lisosoma, (2) aparato de Golgi, (3) retículo endoplasmático liso.
a. síntesis de grasas y esteroides
b. contiene enzimas hidrolíticas
c. modifica productos del retículo endoplasmático rugoso

22.6 Relacione cada uno de los siguientes componentes con su función en la célula: (1) mitocondrias, (2) retículo endoplasmático rugoso, (3) membrana celular.
a. separa el contenido de la célula del ambiente externo
b. sitios de producción de energía
c. sintetiza proteínas para secreción

META DE APRENDIZAJE

Describir la estructura del ATP y su importancia en las reacciones catabólicas y anabólicas.

TUTORIAL
ATP: Energy Storage

ACTIVIDAD DE AUTOAPRENDIZAJE
ATP

22.2 ATP y energía

En las células humanas, la energía liberada por la oxidación de los alimentos ingeridos se almacena en forma de un compuesto de "alta energía" llamado *adenosín trifosfato* (que se abrevia ATP). Como vio en la sección 21.1, la molécula de **ATP** está compuesta de la base adenina, un azúcar ribosa y tres grupos fosfato (véase la figura 22.3).

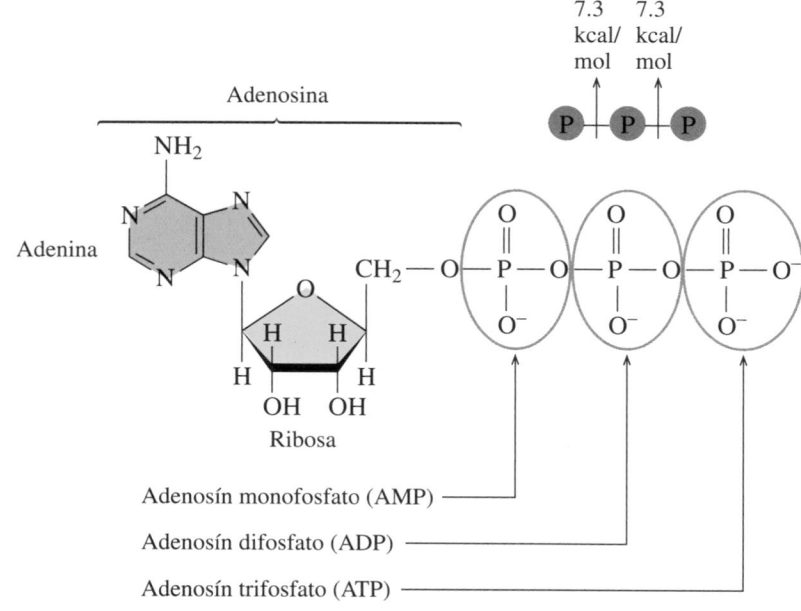

FIGURA 22.3 El adenosín trifosfato (ATP) se hidroliza para formar ADP y AMP, junto con una liberación de energía.

P ¿Cuánta energía se libera cuando un grupo fosfato se separa de un mol de ATP?

La hidrólisis de ATP produce energía

Uno de los compuestos más importantes de "alta energía" es el ATP, que experimenta hidrólisis para proporcionar energía y los productos adenosín difosfato (**ADP**) y HPO_4^{2-}, un grupo fosfato inorgánico que se abrevia P_i. Un mol de ATP puede proporcionar 7.3 kcal/mol de ATP (31 kJ/mol de ATP).

$$ATP^{4-} + H_2O \longrightarrow ADP^{3-} + HPO_4^{2-} + H^+ + 7.3 \text{ kcal/mol (31 kJ/mol)}$$

Sin embargo, en este texto, con frecuencia esta ecuación se escribirá en forma abreviada.

$$ATP \longrightarrow ADP + P_i + 7.3 \text{ kcal/mol (31 kJ/mol)}$$

El ADP también puede hidrolizarse para formar adenosín monofosfato (AMP) y un fosfato inorgánico (P_i). La ecuación abreviada se escribe del modo siguiente:

$$ADP \longrightarrow AMP + P_i + 7.3 \text{ kcal/mol (31 kJ/mol)}$$

Cada vez que se contraen los músculos, se mueven sustancias a través de las membranas celulares, se envían señales nerviosas o se sintetiza una enzima y se usa energía de la hidrólisis de ATP. En una célula que realiza trabajo (procesos anabólicos), 1-2 millones de moléculas de ATP pueden hidrolizarse en un segundo. La cantidad de ATP hidrolizado en un día puede ser tanta como la masa corporal, aun cuando sólo alrededor de 1 gramo de ATP está presente en todas las células en un momento dado.

Cuando se ingieren alimentos, las reacciones catabólicas resultantes proporcionan energía para regenerar ATP en las células. Entonces se utilizan 7.3 kcal/mol (31 kJ/mol) para elaborar ATP a partir de ADP y P_i (véase la figura 22.4).

$$ADP + P_i + 7.3 \text{ kcal/mol (31 kJ/mol)} \longrightarrow ATP$$

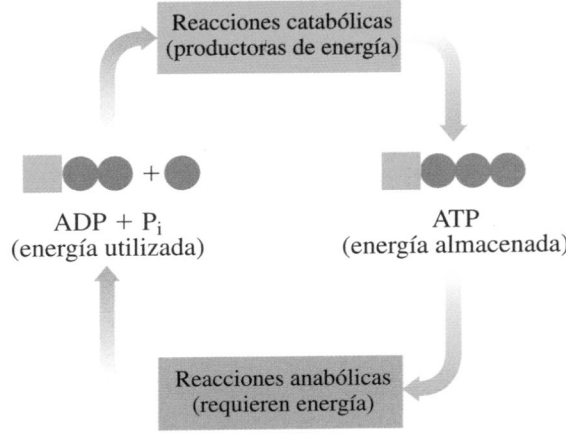

FIGURA 22.4 ATP, la molécula de almacenamiento de energía, vincula las reacciones productoras de energía con las reacciones que requieren energía en las células.

P ¿Qué tipo de reacción proporciona energía para la síntesis de ATP?

El ATP impulsa reacciones

El apareamiento de una reacción que requiere energía con una reacción que proporciona energía es un concepto muy importante en bioquímica. Muchas de las reacciones esenciales para una célula no se desarrollan de manera espontánea, sino que se les hace que ocurran al aparearlas con una reacción que libere energía para que la utilicen.

El ATP y otros compuestos ricos en energía con frecuencia se aparean con reacciones que necesitan energía. Por ejemplo, la glucosa obtenida de los carbohidratos debe agregarse a un grupo fosfato para iniciar su descomposición en la célula. Sin embargo, la energía necesaria para agregar un grupo fosfato a la glucosa es 3.3 kcal/mol (14 kJ/mol), lo que significa que la reacción no ocurre de manera espontánea. Cuando la reacción que necesita energía se aparea con la hidrólisis de ATP, hay energía suficiente para hacer que ocurra la reacción que requiere energía.

ATP	$\longrightarrow ADP + P_i + 7.3$ kcal/mol (31 kJ/mol)	Proporciona energía
Glucosa + P_i + 3.3 kcal/mol (14 kJ/mol)	$\longrightarrow$ glucosa-6-fosfato	Requiere energía
ATP + Glucosa	$\longrightarrow ADP$ + glucosa-6-fosfato + 4.0 kcal/mol (17 kJ/mol)	

La química en la salud

ENERGÍA DE ATP Y Ca^{2+} NECESARIOS PARA CONTRAER MÚSCULOS

Los músculos consisten en miles de fibras dispuestas en paralelo. Dentro de dichas fibras musculares hay filamentos compuestos de dos tipos de proteínas, miosina y actina. Ordenados en hileras alternadas, los filamentos gruesos de la proteína miosina se traslapan con los filamentos delgados que contienen la proteína actina. Durante una contracción muscular, los filamentos delgados (actina) se deslizan hacia adentro sobre los filamentos gruesos (miosina), que acortan las fibras musculares.

El ión calcio (Ca^{2+}) y el ATP desempeñan una función importante en la contracción muscular. Un aumento de la concentración de Ca^{2+} en las fibras musculares hace que los filamentos se deslicen, en tanto que una disminución detiene el proceso. En un músculo relajado, la concentración de Ca^{2+} es baja. Cuando un impulso nervioso llega al músculo, se abren los canales de calcio en la membrana para permitir que Ca^{2+} fluya hacia el líquido que rodea los filamentos musculares. El músculo se contrae a medida que la miosina se une a la actina y jala los filamentos hacia el interior. La energía para la contracción la proporciona la hidrólisis de ATP a ADP + P_i.

La contracción muscular continúa siempre y cuando los niveles de ATP y Ca^{2+} sean altos alrededor de los filamentos. Cuando el impulso nervioso termina, se cierran los canales de calcio. La concentración de Ca^{2+} disminuye a medida que la energía del ATP bombea el Ca^{2+} restante fuera de los filamentos, lo que ocasiona la relajación del músculo. En rigor mortis, la concentración de Ca^{2+} permanece alta dentro de las fibras musculares, lo que produce un estado continuo de rigidez. Después de aproximadamente 72 horas, Ca^{2+} disminuye debido al deterioro celular, y los músculos se relajan.

La contracción muscular usa la energía proveniente de la descomposición de ATP.

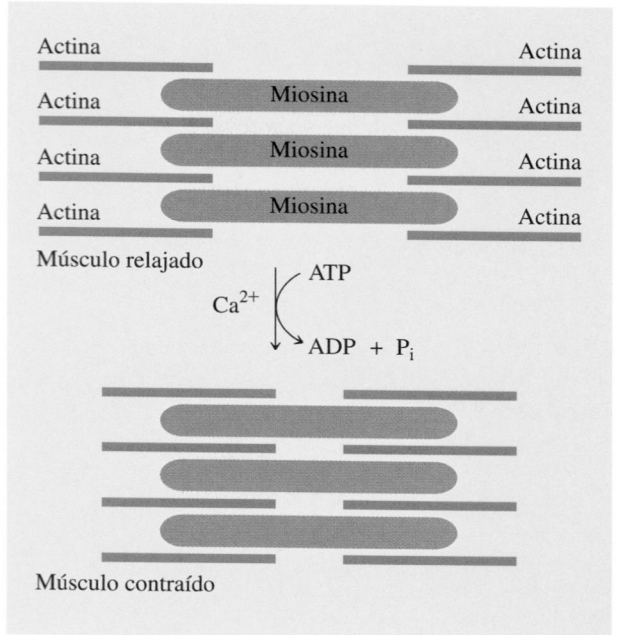

Los músculos se contraen cuando la miosina se une a la actina.

PREGUNTAS Y PROBLEMAS

22.2 ATP y energía

META DE APRENDIZAJE: *Describir la estructura del ATP y su importancia en las reacciones catabólicas y anabólicas.*

22.7 ¿Por qué el ATP se considera un compuesto rico en energía?

22.8 ¿Qué se entiende cuando se dice que la hidrólisis del ATP se usa para "impulsar" una reacción?

22.9 El fosfoenolpiruvato (PEP) es un compuesto de alta energía que libera 14.8 kcal/mol de energía cuando se hidroliza a piruvato y P_i. Esta reacción puede combinarse con la síntesis de ATP a partir de ADP y P_i.
  a. Escriba una ecuación para la reacción de liberación de energía de PEP.
  b. Escriba una ecuación para la reacción de liberación de energía que forma ATP.
  c. Escriba la ecuación global para la reacción combinada, incluido el cambio neto de energía.

22.10 La fosforilación del glicerol en glicerol-3-fosfato requiere 2.2 kcal/mol y es impulsada por la hidrólisis del ATP.
  a. Escriba una ecuación para la reacción de liberación de energía del ATP.
  b. Escriba una ecuación para la reacción que requiere energía que forma glicerol-3-fosfato.
  c. Escriba la ecuación global para la reacción combinada, incluido el cambio neto de energía.

22.3 Coenzimas importantes en las vías metabólicas

Las reacciones metabólicas que extraen energía de los alimentos involucran reacciones de oxidación y reducción. Por tanto, se revisarán varias coenzimas importantes en sus formas oxidada y reducida. Como estudió en la sección 6.3, en una reacción de *oxidación* una sustancia pierde hidrógeno o electrones, o se incrementa el número de enlaces con el oxígeno. Cuando una enzima cataliza una reacción de oxidación, se eliminan átomos de hidrógeno de un sustrato como iones hidrógeno, $2H^+$, y electrones, $2e^-$.

$$2 \text{ átomos de H (eliminados durante la oxidación)} \longrightarrow 2H^+ + 2e^-$$

Reducción es la ganancia de iones hidrógeno y electrones o una disminución del número de enlaces con el oxígeno. Cuando una coenzima capta iones hidrógeno y electrones, se reduce. La tabla 22.2 resume las características de la oxidación y la reducción.

Oxidación: pérdida de H, pérdida de e^-, o aumento del número de enlaces con el O

$$CH_3-CH_3 \rightleftharpoons_{[O]} CH_3-CH_2 \rightleftharpoons_{[O]} CH_3-\overset{\overset{\displaystyle O}{\|}}{C}-H \rightleftharpoons_{[O]} CH_3-\overset{\overset{\displaystyle O}{\|}}{C}-OH$$

Alcano — Alcohol (1°) — Aldehído — Ácido carboxílico

$$CH_3-CH_2-CH_3 \rightleftharpoons_{[O]} CH_3-\overset{\overset{\displaystyle OH}{|}}{CH}-CH_3 \rightleftharpoons_{[O]} CH_3-\overset{\overset{\displaystyle O}{\|}}{C}-CH_3$$

Alcano — Alcohol (2°) — Cetona

Reducción: ganancia de H, ganancia de e^-, o disminución del número de enlaces con el O

TABLA 22.2 Características de oxidación y reducción en las vías metabólicas

Oxidación	Reducción
Pérdida de electrones	Ganancia de electrones
Pérdida de hidrógeno	Ganancia de hidrógeno
Ganancia de oxígeno	Pérdida de oxígeno
Aumento del número de enlaces con el oxígeno	Disminución del número de enlaces con el oxígeno

NAD$^+$

NAD$^+$ (nicotinamida adenina dinucleótido) es una importante coenzima en la que la vitamina *niacina* proporciona el grupo *nicotinamida*, que se enlaza a la ribosa y al adenosín difosfato (ADP) (véase la figura 22.5). La forma oxidada de NAD$^+$ experimenta reducción cuando un carbono en el anillo nicotinamida reacciona con un ión hidrógeno y dos electrones, lo que deja un H$^+$.

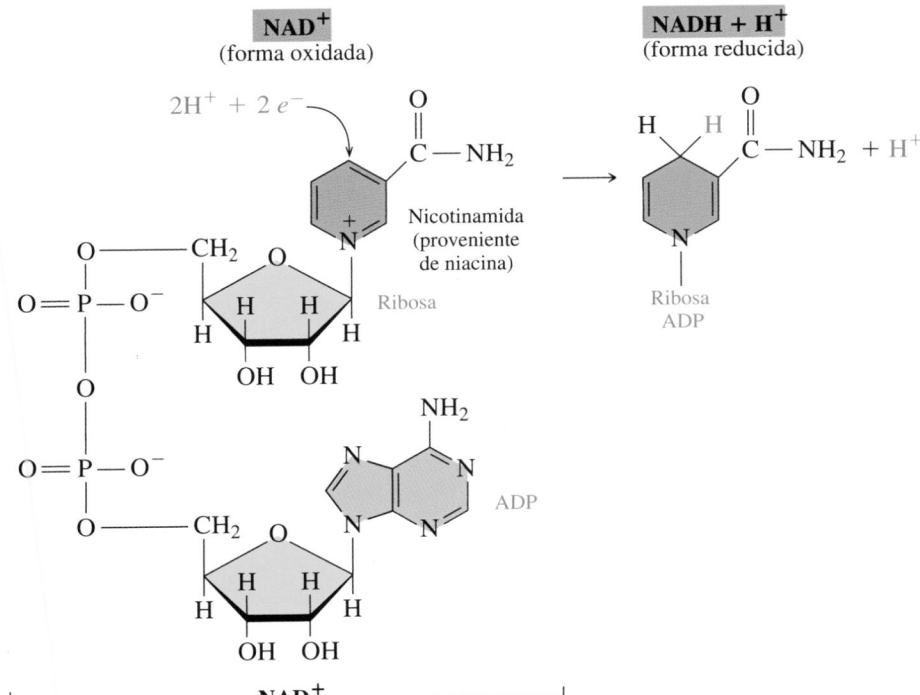

FIGURA 22.5 La coenzima NAD$^+$ (nicotinamida adenina dinucleótido), que consiste en adenosín difosfato, nicotinamida de la vitamina niacina, y ribosa, se reduce a NADH + H$^+$.

P ¿Por qué la conversión de NAD$^+$ a NADH y H$^+$ se llama *reducción*?

La coenzima NAD^+ es necesaria para reacciones que producen enlaces dobles carbono-oxígeno ($C = O$), como la oxidación de alcoholes a aldehídos y cetonas. Un ejemplo de una reacción oxidación-reducción que utiliza NAD^+ es la oxidación de etanol en el hígado para producir etanal y NADH.

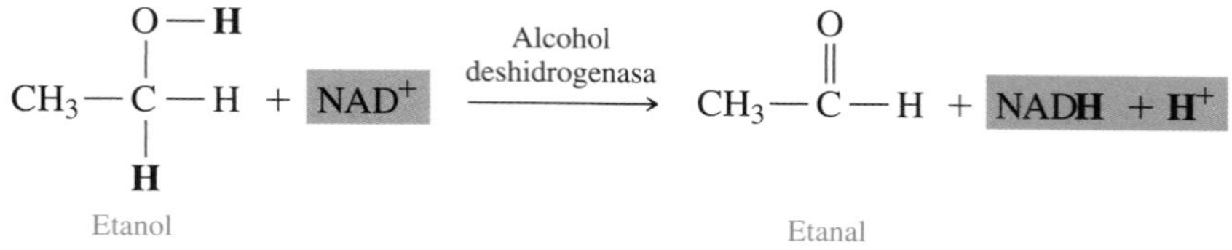

Etanol   Etanal

FAD

FAD (flavina adenina dinucleótido) es una coenzima que contiene adenosín difosfato (ADP) y riboflavina. La riboflavina, que también se conoce como vitamina B_2, consiste en ribitol (un azúcar alcohólico) y flavina. La forma oxidada de FAD experimenta reducción cuando los dos átomos de nitrógeno en la parte flavina de la coenzima FAD reaccionan con dos átomos de hidrógeno, lo que reduce FAD a $FADH_2$ (véase la figura 22.6).

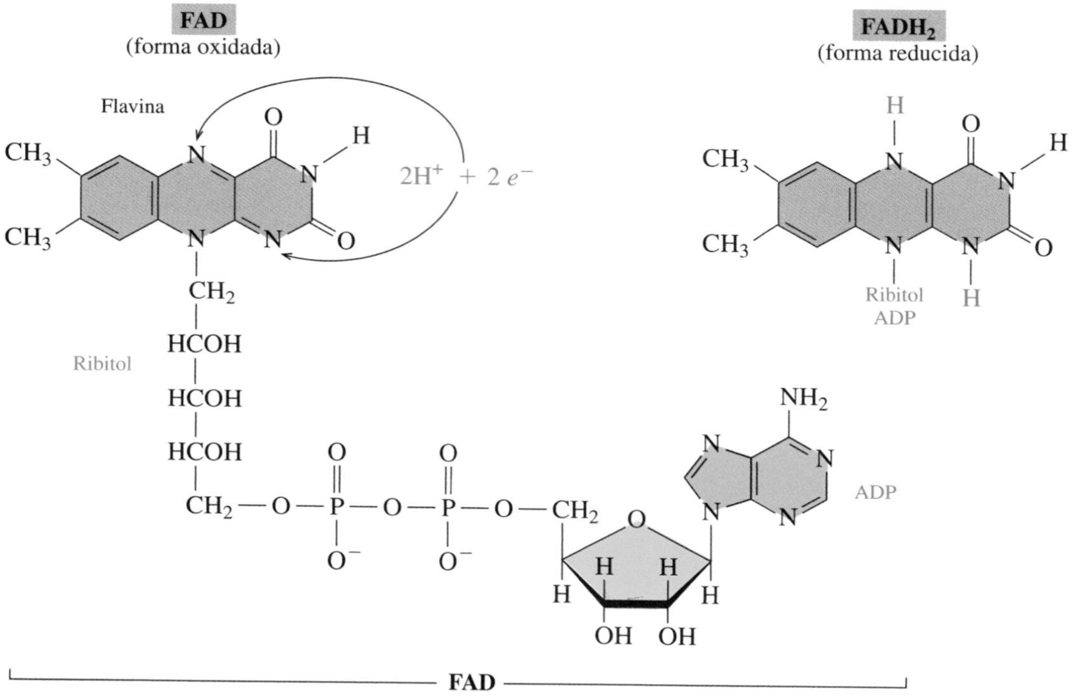

FIGURA 22.6 La coenzima FAD (flavina adenina dinucleótido), elaborada a partir de riboflavina (vitamina B_2) y adenosín difosfato, se reduce a $FADH_2$.
P ¿Cuál es el tipo de reacción en la que FAD acepta hidrógeno?

FAD se usa como coenzima cuando una reacción de deshidrogenación convierte un enlace sencillo carbono-carbono en un enlace doble carbono-carbono ($C = C$). Un ejemplo de una reacción en el ciclo del ácido cítrico que utiliza FAD es la conversión del enlace sencillo carbono-carbono en el succinato en un enlace doble en el fumarato y $FADH_2$.

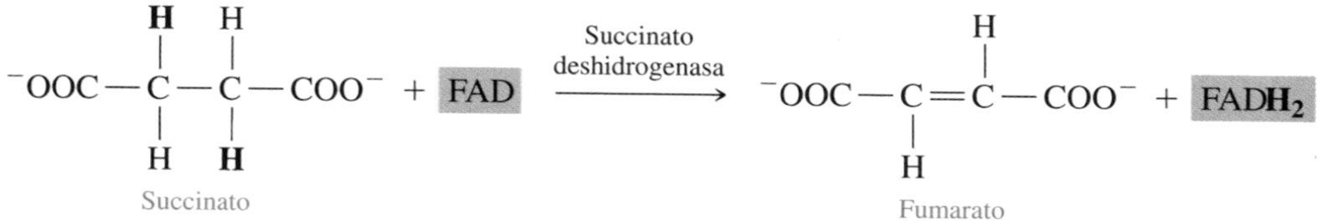

Succinato   Fumarato

Coenzima A

La coenzima A (**CoA**) se elabora con varios componentes: ácido pantoténico (vitamina B_5), ADP fosforilado y aminoetanotiol (véase la figura 22.7). Una importante función de la coenzima A es preparar pequeños grupos acilo (representados mediante la letra A), como el acetilo, para reacciones con enzimas. La característica reactiva de la coenzima A es el grupo tiol (— SH), que se enlaza a un grupo acetilo de dos carbonos para producir el tioéster **acetil-CoA**, rico en energía.

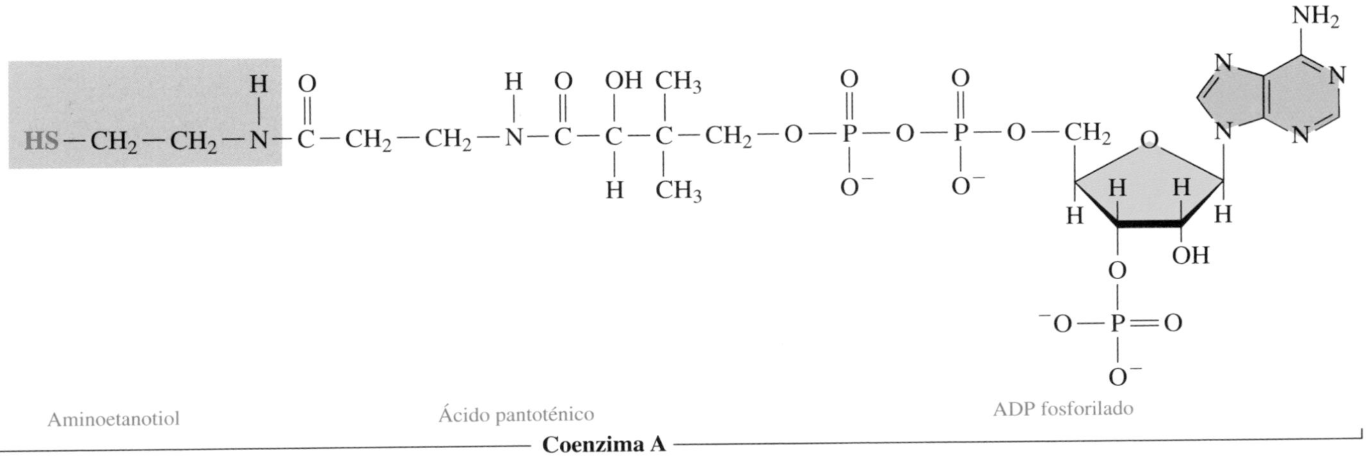

FIGURA 22.7 La coenzima A se deriva de un ADP fosforilado y ácido pantoténico unido mediante un enlace amida a aminoetanotiol, que contiene la parte reactiva —SH de la molécula.

P ¿Qué parte de la coenzima A reacciona con un grupo acetilo de dos carbonos?

En bioquímica se usan diversas abreviaturas para la coenzima A y el éster acetil-coenzima A. En este texto se usará CoA para la coenzima A y acetil-CoA cuando el grupo acetilo esté unido al átomo de azufre (— S —) en la coenzima A. En las ecuaciones, el grupo —SH se mostrará en la coenzima A como HS — CoA.

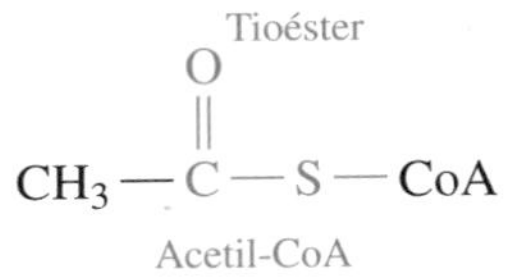

Tipos de reacciones metabólicas

Muchas reacciones en el interior de las células son similares a los tipos de reacciones que se observan en química orgánica, como hidratación, deshidratación, hidrogenación, oxidación y reducción. En general, las reacciones orgánicas necesitan ácidos fuertes (bajo pH), altas temperaturas y/o catalizadores metálicos. Sin embargo, las reacciones metabólicas tienen lugar a la temperatura corporal y pH fisiológico, lo que requiere enzimas y con frecuencia sus coenzimas. Si se usan las enzimas y coenzimas estudiadas en las secciones 20.1, 20.2 y 20.6, es posible resumir su asociación con las reacciones metabólicas (véase la tabla 22.3).

TABLA 22.3 Enzimas y coenzimas en reacciones metabólicas

Reacción	Enzima	Coenzima
Oxidación	Deshidrogenasa	NAD^+, FAD
Reducción	Deshidrogenasa	$NADH + H^+$, $FADH_2$
Hidratación	Hidrasa	
Deshidratación	Deshidrasa	
Reordenamiento	Isomerasa	
Transferencia de grupo fosfato	Transferasa, quinasa	ATP, GDP, ADP
Transferencia de grupo acetilo	Acetil-CoA transferasa	CoA
Descarboxilación	Descarboxilasa	
Hidrólisis	Hidrolasa, proteasa, lipasa	

EJEMPLO DE PROBLEMA 22.1 **Coenzimas**

Describa la parte reactiva de cada una de las coenzimas siguientes y la forma en que cada una participa en las vías metabólicas:

a. FAD

b. NAD$^+$

RESPUESTA

a. Cuando dos átomos de nitrógeno en la flavina aceptan $2H^+$ y $2e^-$, FAD se reduce a FADH$_2$. FAD es la coenzima en las reacciones de oxidación que produce un enlace doble carbono-carbono (C = C).

b. Cuando un átomo de carbono en el anillo de piridina de la nicotinamida acepta un H$^+$ y $2e^-$, NAD$^+$ se reduce a NADH. La coenzima NAD$^+$ participa en reacciones que producen un enlace doble carbono-oxígeno (C = O).

COMPROBACIÓN DE ESTUDIO 22.1

Describa la parte reactiva de la coenzima A y cómo participa en las reacciones metabólicas.

PREGUNTAS Y PROBLEMAS

22.3 Coenzimas importantes en las vías metabólicas

META DE APRENDIZAJE: *Describir los componentes y funciones de las coenzimas FAD, NAD$^+$ y coenzima A.*

22.11 Identifique una o más coenzimas con cada uno de los componentes siguientes:
  a. ácido pantoténico
  b. niacina
  c. ribitol

22.12 Identifique una o más coenzimas con cada uno de los componentes siguientes:
  a. riboflavina
  b. adenine
  c. aminoetanotiol

22.13 Proporcione la abreviatura de cada una de las coenzimas siguientes:
  a. la forma reducida de NAD$^+$
  b. la forma oxidada de FADH$_2$

22.14 Proporcione la abreviatura de cada una de las coenzimas siguientes:
  a. la forma reducida de FAD
  b. la forma oxidada de NADH

22.15 ¿Qué coenzima capta hidrógeno cuando se forma un enlace doble carbono-carbono?

22.16 ¿Qué coenzima capta hidrógeno cuando se forma un enlace doble carbono-oxígeno?

META DE APRENDIZAJE

Indicar los sitios y productos de la digestión de carbohidratos.

TUTORIAL
Breakdown of Carbohydrates

22.4 Digestión de carbohidratos

En la etapa 1 del catabolismo, los alimentos experimentan *digestión*, un proceso que convierte moléculas grandes en unas más pequeñas que el cuerpo puede absorber.

Digestión de carbohidratos

La digestión de carbohidratos comienza en cuanto se mastica el alimento. Las enzimas producidas en las glándulas salivales hidrolizan algunos de los enlaces α-glucosídicos en la amilosa y la amilopectina, lo que produce maltosa, glucosa y polisacáridos más pequeños denominados *dextrinas*, que contienen de tres a ocho unidades glucosa. Después de que se tragan, los almidones parcialmente digeridos entran al ambiente ácido del estómago, donde el pH bajo impide una mayor digestión de los carbohidratos (véase la figura 22.8).

Boca

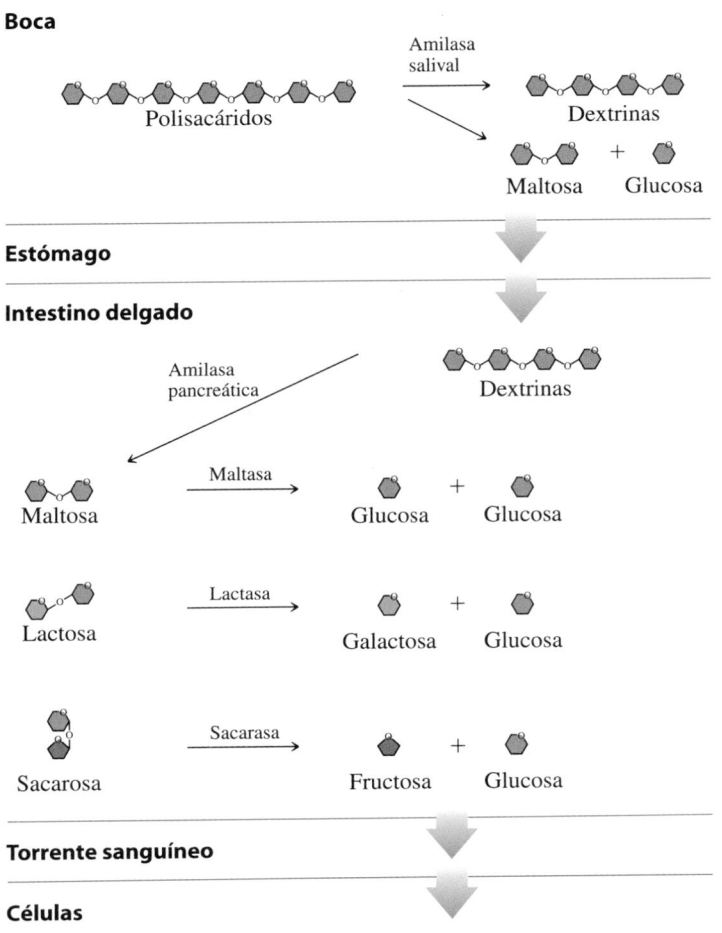

Estómago

Intestino delgado

FIGURA 22.8 En la etapa 1 del metabolismo catabólico, la digestión de carbohidratos comienza en la boca y termina en el intestino delgado.

P ¿Por qué hay poca o ninguna digestión de carbohidratos en el estómago?

En el intestino delgado, que tiene un pH de aproximadamente 8, las enzimas producidas en el páncreas hidrolizan las dextrinas restantes a maltosa y glucosa. Luego las enzimas producidas en las células mucosas que recubren el intestino delgado hidrolizan maltosa, lactosa y sacarosa. Los monosacáridos resultantes se absorben a través de la pared intestinal y entran en el torrente sanguíneo.

EJEMPLO DE PROBLEMA 22.2 Digestión de carbohidratos

Indique el carbohidrato que experimenta digestión en cada uno de los sitios siguientes:

a. boca
b. estómago
c. intestino delgado

SOLUCIÓN

a. los almidones amilosa y amilopectina (sólo enlaces α-1,4-glucosídicos)
b. en esencia, no hay digestión de carbohidratos
c. dextrinas, maltosa, sacarosa y lactosa

COMPROBACIÓN DE ESTUDIO 22.2

Describa la digestión de amilosa, un polímero de moléculas de glucosa unidas mediante enlaces α-glucosídicos.

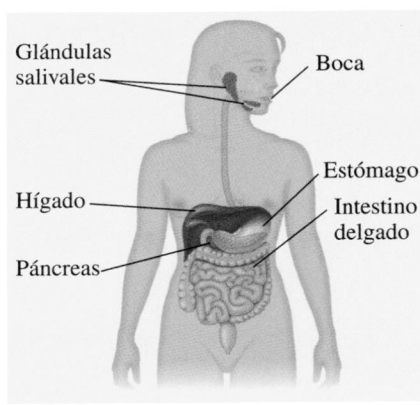

Los carbohidratos comienzan a digerirse en la boca, las proteínas en el estómago y los lípidos en el intestino delgado

Explore
su mundo

DIGESTIÓN DE CARBOHIDRATOS

1. Consiga una galleta o un pequeño trozo de pan y mastíquelo durante 2-3 minutos. Durante este tiempo observe si cambia el sabor.

2. Algunos productos lácteos contienen Lactaid, que es la enzima lactasa que digiere la lactosa. Busque las marcas de leche y helado que contengan Lactaid o la enzima lactasa.

PREGUNTAS

1. a. ¿Cómo cambia el sabor de la galleta o el pan después de masticarlo durante 2-3 minutos? ¿Qué podría explicar este cambio?

   b. ¿Qué parte de la digestión de carbohidratos ocurre en la boca?

2. a. Escriba una ecuación para la digestión de la lactosa.

   b. ¿Dónde experimenta digestión la lactosa?

La química en la salud

INTOLERANCIA A LA LACTOSA

El disacárido de la leche es lactosa, que la lactasa descompone en el intestino para producir monosacáridos, los cuales son una fuente de energía. Bebés y niños pequeños producen lactasa para descomponer la lactosa de la leche. Es raro que un bebé carezca de la capacidad para producir lactasa. Sin embargo, en muchas personas la producción de lactasa disminuye con la edad, lo que causa *intolerancia a la lactosa*. Este trastorno afecta a cerca del 25% de las personas en Estados Unidos. La deficiencia de lactasa ocurre en los adultos de muchas partes del mundo, pero en Estados Unidos es prevalente entre personas de raza negra, hispanos y asiáticos.

Cuando la lactosa no se descompone en glucosa y galactosa, no puede absorberse a través de la pared intestinal y permanece en el intestino. En los intestinos, la lactosa se fermenta y se forman productos que incluyen ácido láctico y gases como metano (CH_4) y CO_2. Los síntomas de la intolerancia a la lactosa, que aparecen de $\frac{1}{2}$ a 1 hora después de ingerir leche o productos lácteos, incluyen náuseas, cólicos y diarrea. La gravedad de los síntomas depende de cuánta lactosa contenga el alimento y cuánta lactasa produzca una persona.

Tratamiento de la intolerancia a la lactosa

Una forma de reducir la reacción a la lactosa es evitar el consumo de productos que contienen lactosa, incluidos leche y productos lácteos como queso, mantequilla y helado. Sin embargo, es importante consumir alimentos que proporcionen calcio al cuerpo. Muchas personas con intolerancia a la lactosa parecen tolerar el yogur, que es una buena fuente de calcio. Aunque en el yogur hay lactosa, las bacterias que contiene pueden producir algo de lactasa, lo que ayuda a digerir la lactosa. Una persona con intolerancia a la lactosa también debe saber que algunos alimentos que no son productos lácteos contienen lactosa. Por ejemplo, los productos horneados, cereales, bebidas para

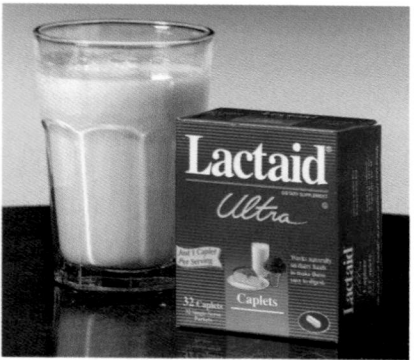

Lactaid contiene una enzima que ayuda a la digestión de lactosa.

el desayuno, aderezos de ensaladas e incluso algunos embutidos pueden contener lactosa en sus ingredientes. La persona debe leer las etiquetas cuidadosamente para ver si los ingredientes incluyen "leche" o "lactosa".

En la actualidad, la enzima lactasa está disponible en muchas formas, como tabletas que se ingieren con los alimentos, gotas que se agregan a la leche o aditivos de muchos productos lácteos como la leche. Cuando se agrega lactasa a leche que se deja en el refrigerador durante 24 horas, el nivel de lactosa se reduce en 70-90%. Las píldoras o tabletas masticables de lactasa deben tomarse cuando se comienza a ingerir una comida que contiene productos lácteos. Si se toman con mucha antelación a la comida, el ácido estomacal degradará la lactasa. Si se toman después de una comida, la lactosa ya habrá entrado en el intestino grueso.

PREGUNTAS Y PROBLEMAS

22.4 Digestión de carbohidratos

META DE APRENDIZAJE: *Indicar los sitios y productos de la digestión de carbohidratos.*

22.17 ¿Cuál es el tipo general de reacción que ocurre durante la digestión de carbohidratos?

22.18 ¿Por qué se produce α-amilasa en las glándulas salivales y en el páncreas?

22.19 Complete las ecuaciones siguientes colocando las palabras faltantes:

a. _____ + H_2O ⟶ galactosa + glucosa
b. Sacarosa + H_2O ⟶ _____ + _____
c. Maltosa + H_2O ⟶ glucosa + _____

22.20 Indique el sitio y la enzima para cada una de las reacciones del problema 22.19.

22.5 Glucólisis: oxidación de la glucosa

La principal fuente de energía del cuerpo es la glucosa producida cuando se digieren los carbohidratos de los alimentos o la procedente del glucógeno, un polisacárido almacenado en el hígado y los músculos esqueléticos. La glucosa en el torrente sanguíneo entra en las células, donde experimenta mayor degradación en una vía llamada *glucólisis*. Los primeros organismos usaron la glucólisis para producir energía a partir de nutrimentos simples mucho antes de que hubiera oxígeno en la atmósfera de la Tierra. La glucólisis es un proceso **anaerobico**: no requiere oxígeno.

En la **glucólisis**, una molécula de glucosa de seis carbonos se descompone para producir dos moléculas de piruvato de tres carbonos (véase la figura 22.9). Todas las reacciones en la glucólisis tienen lugar en el citoplasma de la célula, donde se localizan las enzimas que catalizan la glucólisis. En las primeras cinco reacciones (1-5), denominadas *fase de inversión de energía*, la energía se obtiene a partir de la hidrólisis de dos ATP, que se necesita para formar azúcar-fosfato (véase la figura 22.10). En las reacciones 4 y 5, un azúcar-fosfato de seis carbonos se divide para producir dos moléculas de azúcar-fosfato de tres carbonos. En las últimas cinco reacciones (6-10), llamadas *fase de generación de energía*, la energía se obtiene a partir de la hidrólisis de los compuestos fosfatados ricos en energía que se usan para sintetizar cuatro ATP.

ACTIVIDAD DE AUTOAPRENDIZAJE
Glycolysis

TUTORIAL
The Glycolysis Pathway

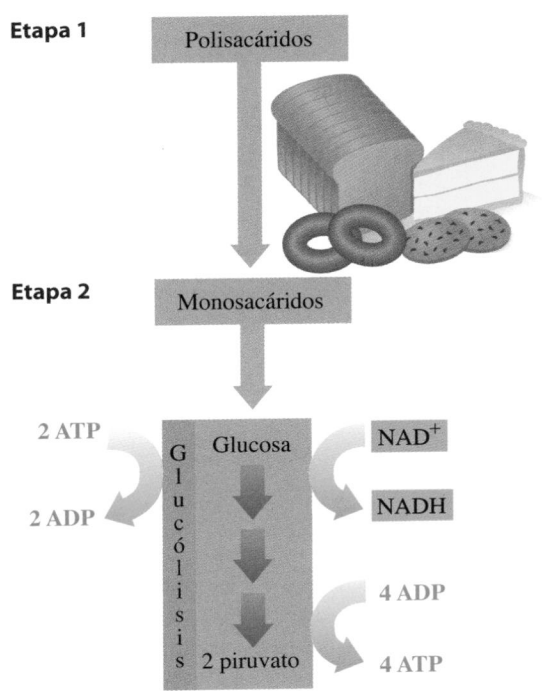

FIGURA 22.9 La glucosa obtenida con la digestión de polisacáridos se degrada en la glucólisis para producir piruvato.

P ¿Cuál es el producto final de la glucólisis?

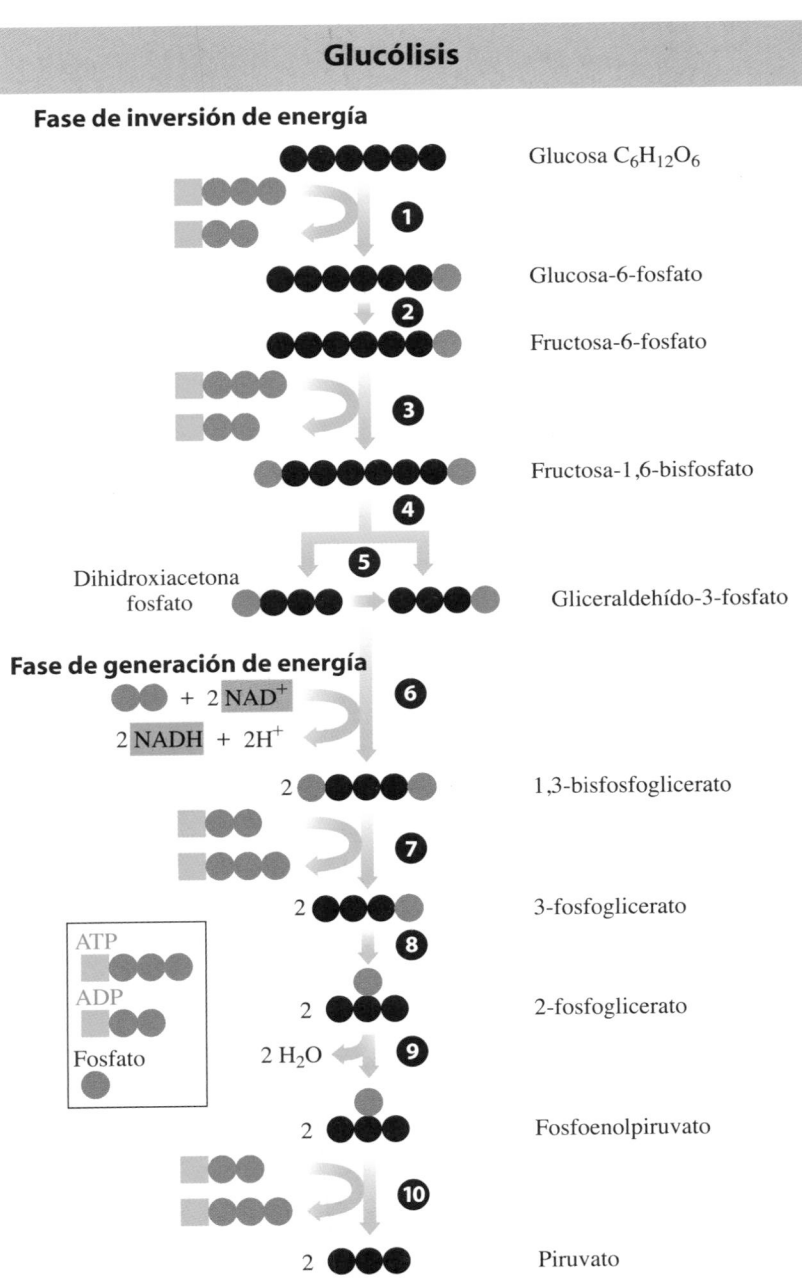

FIGURA 22.10 En la glucólisis, la molécula de glucosa de seis carbonos se degrada para producir dos moléculas de piruvato de tres carbonos. Se produce un total de dos ATP junto con dos NADH.

P ¿Dónde, en la ruta de glucólisis, se separa la glucosa para producir dos compuestos de tres carbonos?

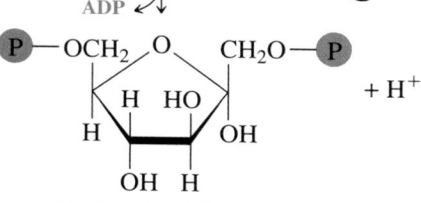

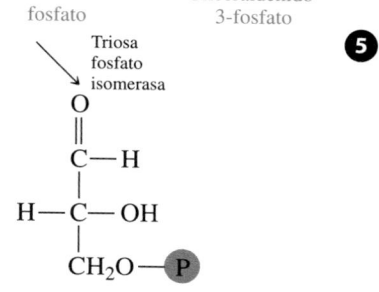

Reacciones de inversión de energía: 1-5

Reacción 1 Fosforilación

En la reacción inicial, un grupo fosfato de ATP se agrega a la glucosa para formar glucosa-6-fosfato y ADP.

$$\text{P} = -\overset{\displaystyle O}{\underset{\displaystyle O^-}{\overset{\displaystyle \|}{P}}} - O^- = -PO_3^{2-}$$

Reacción 2 Isomerización

La glucosa-6-fosfato, la aldosa de la reacción 1, experimenta isomerización a fructosa-6-fosfato, que es una cetosa.

Reacción 3 Fosforilación

La hidrólisis de otro ATP proporciona un segundo grupo fosfato, que convierte la fructosa-6-fosfato a fructosa-1,6-bisfosfato. La palabra *bisfosfato* se usa para mostrar que los dos grupos fosfato están en diferentes carbonos en fructosa y no conectados entre sí.

Reacción 4 Segmentación

La fructosa-1,6-bisfosfato se divide en dos isómeros fosfato de tres carbonos: dihidroxiacetona fosfato y gliceraldehído-3-fosfato.

Reacción 5 Isomerización

Puesto que dihidroxiacetona fosfato es una cetona, no puede reaccionar más. Sin embargo, experimenta isomerización para proporcionar una segunda molécula de gliceraldehído-3-fosfato, que puede oxidarse. Ahora los seis carbonos de la glucosa están contenidos en dos fosfatos triosa idénticos.

Reacciones que generan energía: 6-10

Reacción 6   Oxidación y fosforilación

El grupo aldehído de cada gliceraldehído-3-fosfato se oxida a un grupo carboxilo mediante la coenzima NAD^+, que se reduce a NADH y H^+. Un grupo fosfato se agrega a los nuevos grupos carboxilo para formar dos moléculas del compuesto de alta energía 1,3-bisfosfoglicerato.

Reacción 7   Transferencia de fosfato

Una fosforilación transfiere un grupo fosfato de cada 1,3-bisfosfoglicerato a ADP para producir dos moléculas del compuesto de alta energía ATP. En este punto de la glucólisis se producen dos ATP, que equilibran los dos ATP consumidos en las reacciones 1 y 3.

Reacción 8   Isomerización

Dos moléculas de 3-fosfoglicerato experimentan isomerización, por lo que el grupo fosfato del carbono 3 se mueve al carbono 2, lo que produce dos moléculas de 2-fosfoglicerato.

Reacción 9   Deshidratación

Cada una de las moléculas de fosfoglicerato experimenta deshidratación (pérdida de agua) para producir dos moléculas de alta energía de fosfoenolpiruvato.

Reacción 10   Transferencia de fosfato

En una segunda fosforilación directa de sustrato, los grupos fosfato de dos fosfoenolpiruvatos se transfieren a dos ADP para formar dos piruvatos y dos ATP.

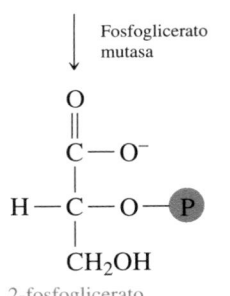

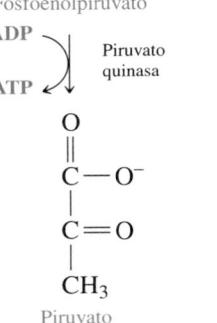

Otras hexosas entran en la glucólisis

Otros monosacáridos como fructosa y galactosa pueden entrar en la glucólisis, pero primero deben convertirse en intermediarios que puedan entrar en la vía. En los músculos y riñones, la fructosa se fosforila a fructosa-6-fosfato, que entra en la glucólisis en la reacción 3. En el hígado, la fructosa se convierte en gliceraldehído-3-fosfato, que entra en la glucólisis en la reacción 6. La galactosa reacciona con ATP para producir galactosa-1-fosfato, que se convierte en glucosa-6-fosfato, que puede entrar en la glucólisis en la reacción 2.

Resumen de glucólisis

En la vía de glucólisis, una molécula de glucosa de seis carbonos se convierte en dos piruvatos de tres carbonos. En un principio se necesitan dos ATP para formar fructosa-1,6-bisfosfato. En reacciones posteriores (7 y 10), la transferencia de fosfato produce un total de cuatro ATP. En general, la glucólisis produce dos ATP y dos NADH cuando una molécula de glucosa se convierte en dos piruvatos.

$$C_6H_{12}O_6 + 2NAD^+ \xrightarrow[\quad 2ADP + 2P_i \quad 2ATP \quad]{} 2CH_3-\overset{\overset{\displaystyle O}{||}}{C}-COO^- + 2NADH + 4H^+$$

Glucosa   Piruvato

Ahora parece que la glucólisis hace mucho trabajo para producir sólo dos ATP, dos NADH y dos piruvatos. Sin embargo, en condiciones aeróbicas, la etapa 3 opera para reoxidar NADH a fin de producir más ATP, y el piruvato se convierte en acetil-CoA, que entra en el ciclo del ácido cítrico donde genera mucho más energía. En el capítulo 23 se estudiarán las vías oxidativas de la etapa 3.

COMPROBACIÓN DE CONCEPTOS 22.2   Glucólisis

¿Cuáles son las reacciones en la glucólisis que generan ATP?

RESPUESTA

El ATP se produce cuando grupos fosfato se transfieren directamente a ADP desde 1,3-bisfosfoglicerato (reacción 7) y desde fosfoenolpiruvato (reacción 10).

EJEMPLO DE PROBLEMA 22.3   Reacciones en la glucólisis

Identifique si cada una de las reacciones siguientes es isomerización, fosforilación, deshidratación o segmentación.

a. un grupo fosfato se transfiere a ADP para formar ATP
b. 3-fosfoglicerato se convierte en 2-fosfoglicerato
c. se pierde agua de 2-fosfoglicerato

SOLUCIÓN

a. La fosforilación comprende la transferencia de un grupo fosfato a ADP para formar ATP.
b. El cambio de ubicación de un grupo fosfato en una cadena de carbono es isomerización.
c. La pérdida de agua es deshidratación.

COMPROBACIÓN DE ESTUDIO 22.3

Identifique si la reacción en la que fructosa-1,6-bisfosfato se divide para formar dos compuestos de tres carbonos es isomerización, fosforilación, deshidratación o segmentación.

Regulación de la glucólisis

Las vías metabólicas como la glucólisis no corren a las mismas velocidades todo el tiempo. La cantidad de glucosa que se descompone está controlada por las necesidades de piruvato, ATP y otros intermediarios de la glucólisis que tenga la célula. Dentro de la secuencia de glucólisis, tres enzimas responden a los niveles de ATP y otros productos.

Reacción 1 Hexoquinasa

La cantidad de glucosa que entra en la vía de glucólisis disminuye cuando hay niveles altos de glucosa-6-fosfato en la célula. Este producto de fosforilación inhibe la hexoquinasa, que impide que la glucosa reaccione con ATP. Esta inhibición de la primera enzima en una vía es un ejemplo de control de retroalimentación, un tipo de regulación enzimática que se estudió en el capítulo 20.

Reacción 3 Fosfofructoquinasa

La reacción catalizada mediante fosfofructoquinasa es un punto de control muy importante para la glucólisis. Una vez formada la fructosa-1,6-bisfosfato, debe continuar con las reacciones restantes hacia piruvato. Como enzima alostérica, la fosfofructoquinasa se inhibe con niveles altos de ATP y se activa con niveles altos de ADP y AMP. Niveles altos de ADP y AMP indican que la célula agotó mucho de su ATP. En su función de regulador, la fosfofructoquinasa aumenta la velocidad de producción de piruvato para la síntesis de ATP cuando la célula necesita reabastecer ATP, y frena o detiene la reacción cuando el ATP es abundante.

Reacción 10 Piruvato quinasa

En la última reacción de glucólisis, niveles altos de ATP, así como acetil-CoA, inhiben la piruvato quinasa, que es otra enzima alostérica.

Resumen de regulación

Las reacciones 1, 3 y 10 son ejemplos de cómo las vías metabólicas desactivan enzimas para detener la producción de moléculas que no son necesarias. El piruvato, que puede usarse para sintetizar ATP, responde a los niveles de ATP de la célula. Cuando los niveles de ATP son altos, las enzimas en la glucólisis frenan o detienen la síntesis de piruvato. Con la fosfofructoquinasa y la piruvato quinasa inhibidas por el ATP, se acumula glucosa-6-fosfato e inhiben la reacción 1, y la glucosa no entra en la vía de glucólisis. La vía de glucólisis se desactiva hasta que el ATP se necesita nuevamente en la célula. Cuando los niveles de ATP son bajos o los niveles de AMP/ADP son altos, dichas enzimas se activan y la producción de piruvato comienza de nuevo.

COMPROBACIÓN DE CONCEPTOS 22.3 **Regulación de glucólisis**

¿De qué manera se regula la glucólisis mediante cada una de las enzimas siguientes?

a. hexoquinasa **b.** fosfofructoquinasa **c.** piruvato quinasa

RESPUESTA

a. Niveles altos de glucosa-6-fosfato inhiben la hexoquinasa, que detiene la adición de un grupo fosfato a la glucosa en la reacción 1.

b. La fosfofructoquinasa, que cataliza la formación de fructosa-1,6-bisfosfato, se inhibe con niveles altos de ATP y se activa con niveles altos de ADP y AMP.

c. Niveles altos de ATP o acetil-CoA inhiben la piruvato quinasa, lo que detiene la formación de piruvato en la reacción 10.

PREGUNTAS Y PROBLEMAS

22.5 Glucólisis: oxidación de la glucosa

META DE APRENDIZAJE: *Describir la conversión de glucosa a piruvato en la glucólisis.*

22.21 ¿Cuál es el compuesto de partida de la glucólisis?

22.22 ¿Cuál es el producto de tres carbonos de la glucólisis?

22.23 ¿Cómo se usa el ATP en los pasos iniciales de la glucólisis?

22.24 ¿Cuántas moléculas de ATP se usan en los pasos iniciales de la glucólisis?

22.25 ¿Qué intermediarios de tres carbonos se obtienen cuando se divide fructosa-1,6-bisfosfato?

22.26 ¿Por qué uno de los intermediarios de tres carbonos experimenta isomerización?

22.27 ¿De qué manera la fosforilación de sustrato se encarga de la producción de ATP en la glucólisis?

22.28 ¿Por qué hay dos moléculas de ATP formadas por una molécula de glucosa?

22.29 Indique la(s) enzima(s) que cataliza(n) cada una de las reacciones en la glucólisis siguientes:
a. fosforilación
b. transferencia directa de un grupo fosfato

22.30 Indique la(s) enzima(s) que cataliza(n) cada una de las reacciones en la glucólisis siguientes:
a. isomerización
b. formación de una cetona de tres carbonos y un aldehído de tres carbonos

22.31 ¿Cuántos ATP o NADH se producen (o necesitan) en cada uno de los pasos de la glucólisis siguientes?
a. glucosa a glucosa-6-fosfato
b. gliceraldehído-3-fosfato a 1,3-bisfosfoglicerato
c. glucosa a piruvato

22.32 ¿Cuántos ATP o NADH se producen (o necesitan) en cada uno de los pasos de la glucólisis siguientes?
a. 1,3-bisfosfoglicerato a 3-fosfoglicerato
b. fructosa-6-fosfato a fructosa-1,6-bisfosfato
c. fosfoenolpiruvato a piruvato

22.33 ¿Cuál(es) paso(s) de la glucólisis comprende(n) lo siguiente?
a. La primera molécula de ATP se hidroliza.
b. Ocurre fosforilación directa del sustrato.
c. Azúcar de seis carbonos se divide en dos moléculas de tres carbonos.

22.34 ¿Cuál(es) paso(s) de la glucólisis comprende(n) lo siguiente?
a. Tiene lugar una isomerización.
b. Se reduce NAD^+.
c. Se sintetiza una segunda molécula de ATP.

22.35 ¿De qué manera la galactosa y la fructosa, obtenidas a partir de la digestión de carbohidratos, entran en la glucólisis?

22.36 ¿Cuáles son las tres enzimas que regulan la glucólisis?

22.37 Indique si cada uno de los enunciados siguientes activaría o inhibiría la fosfofructoquinasa:
a. niveles bajos de ATP   **b.** niveles altos de ATP

22.38 Indique si cada uno de los enunciados siguientes activaría o inhibiría la piruvato quinasa:
a. niveles bajos de ATP   **b.** niveles altos de ATP

TUTORIAL
Pathways for Pyruvate

22.6 Vías metabólicas del piruvato

El piruvato producido a partir de glucosa ahora puede entrar en las vías que siguen extrayendo energía. Las vías disponibles dependen de si hay suficiente oxígeno en la célula. Cuando las condiciones son **aeróbicas**, el oxígeno está disponible para convertir piruvato en acetil-coenzima A (acetil-CoA). Cuando los niveles de oxígeno son bajos, el piruvato se reduce a lactato. En las células de levadura, que son anaeróbicas, el piruvato se convierte en etanol.

Condiciones aeróbicas

En la glucólisis, dos moléculas de ATP se generan cuando una molécula de glucosa se convierte en dos moléculas de piruvato. Sin embargo, se obtiene mucha más energía de la glucosa cuando los niveles de oxígeno son altos en las células. En estas condiciones aeróbicas, el piruvato se mueve del citoplasma a las mitocondrias para oxidarse aún más. En una reacción compleja, el piruvato se oxida y un átomo de carbono se elimina del piruvato como CO_2. La coenzima NAD^+ se reduce durante la oxidación. El compuesto acetilo de dos carbonos resultante se une a la CoA, lo que produce acetil-CoA, un importante intermediario en muchas vías metabólicas (véase la figura 22.11).

$$CH_3-\overset{\underset{\|}{O}}{C}-\overset{\underset{\|}{O}}{C}-O^- + HS-CoA + \boxed{NAD^+} \xrightarrow{\substack{\text{Piruvato} \\ \text{deshidrogenasa}}} CH_3-\overset{\underset{\|}{O}}{C}-S-CoA + CO_2 + \boxed{NADH}$$

Piruvato   Acetil-CoA

Condiciones anaeróbicas

Cuando se realiza ejercicio extenuante, el oxígeno almacenado en las células musculares se agota rápidamente. Bajo condiciones anaeróbicas, el piruvato permanece en el citoplasma, donde se reduce a lactato. NAD^+ se produce y utiliza para oxidar más gliceraldehído-3-fosfato en la vía de glucólisis, lo que produce una cantidad pequeña, pero necesaria, de ATP.

$$CH_3-\overset{\underset{\|}{O}}{C}-\overset{\underset{\|}{O}}{C}-O^- \underset{\text{Lactato deshidrogenasa}}{\overset{NADH + H^+ \quad NAD^+}{\rightleftharpoons}} CH_3-\overset{\underset{|}{OH}}{\underset{H}{C}}-\overset{\underset{\|}{O}}{C}-O^-$$

Piruvato   Lactato
(oxidado)   (reducido)

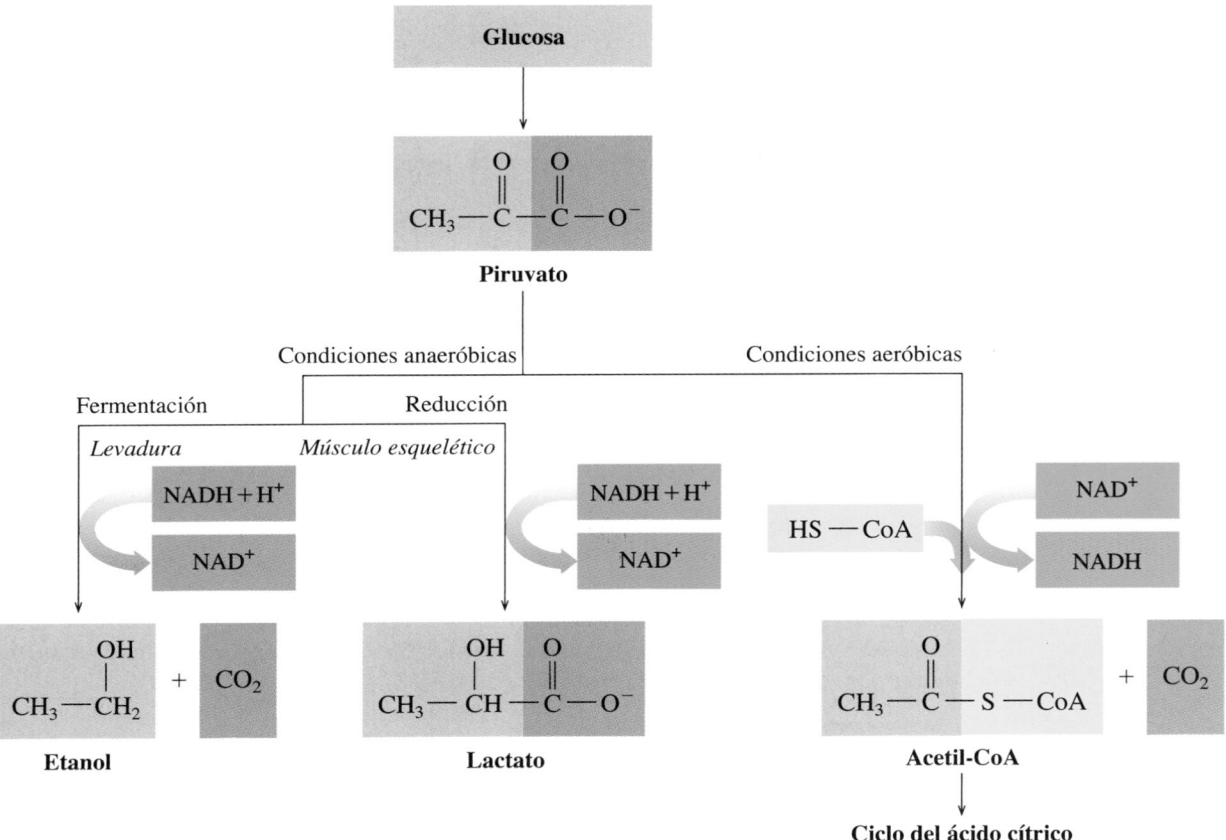

FIGURA 22.11 El piruvato se convierte en acetil-CoA en condiciones aeróbicas y en lactato o etanol (en ciertos microorganismos) en condiciones anaeróbicas.

P Durante el ejercicio vigoroso, ¿por qué se acumula lactato en los músculos?

La acumulación de lactato hace que los músculos se cansen rápidamente y se hinchen. Después del ejercicio, una persona respira con rapidez para reponer el *déficit de oxígeno* en que se incurre durante el ejercicio. La mayor parte del lactato se transporta al hígado, donde se convierte de nuevo en piruvato. En condiciones anaeróbicas, la única producción de ATP en la glucólisis ocurre durante los pasos que fosforilan directamente el ADP, lo que produce una ganancia neta de sólo dos moléculas de ATP.

$$C_6H_{12}O_6 + 2ADP + 2P_i \longrightarrow 2CH_3-\overset{\overset{\text{OH}}{|}}{CH}-COO^- + 2ATP$$

Glucosa   Lactato

Las bacterias también convierten piruvato en lactato en condiciones anaeróbicas. En la preparación de kimchi y chucrut, la col se cubre con salmuera. La glucosa obtenida de los almidones en la col se convierten en lactato. Este ambiente ácido actúa como conservador que evita la proliferación de otras bacterias. El encurtido de aceitunas y pepinillos genera productos similares. Cuando cultivos de bacterias que producen lactato se agregan a la leche, el ácido desnaturaliza las proteínas de la leche para producir crema agria y yogur.

Después del ejercicio vigoroso, la respiración rápida ayuda a reponer el déficit de oxígeno.

COMPROBACIÓN DE CONCEPTOS 22.4   Vías metabólicas del piruvato

¿Cuándo el piruvato se convierte en cada uno de los compuestos siguientes?

a. acetil-CoA   **b.** lactato

RESPUESTA

a. El piruvato se convierte en acetil-CoA y NADH en condiciones aeróbicas. El NADH debe oxidarse de vuelta a NAD$^+$ para permitir la continuación de la glucólisis.

b. El piruvato se convierte en lactato y NAD$^+$ en condiciones anaeróbicas, lo que proporciona NAD$^+$ para la glucólisis.

Fermentación

Algunos microorganismos, en particular las levaduras, convierten los azúcares en etanol en condiciones anaeróbicas mediante un proceso llamado **fermentación**. Después de que en la glucólisis se forma piruvato, un átomo de carbono se elimina en forma de CO_2 (**descarboxilación**). El NAD^+ para la continuación de la glucólisis se regenera cuando el etanal se reduce a etanol.

$$CH_3-\overset{\overset{O}{\|}}{C}-\overset{\overset{O}{\|}}{C}-O^- + H^+ \xrightarrow[\substack{\text{Piruvato} \\ \text{descarboxilasa}}]{} CH_3-\overset{\overset{O}{\|}}{C}-H \xrightarrow[\text{Alcohol deshidrogenasa}]{NADH + H^+ \quad NAD^+} CH_3-\overset{\overset{H}{|}}{\underset{\underset{H}{|}}{C}}-OH$$

Piruvato — Etanal — Etanol — CO_2

La cerveza se produce por la fermentación de piruvato a partir de malta y cebada, lo que produce dióxido de carbono y etanol.

El proceso de fermentación mediante levadura es una de las reacciones químicas más antiguas que se conocen. Las enzimas de la levadura convierten los azúcares de diversas fuentes de carbohidratos en glucosa y luego en etanol. La evolución de gas CO_2 produce burbujas en la cerveza, vinos espumosos y champán. El tipo de carbohidrato usado determina el sabor de una bebida alcohólica particular. La cerveza se elabora a partir de la fermentación de malta y cebada; el vino y el champán, de los azúcares de las uvas; el vodka, de las papas o granos; el sake, del arroz, y el güisqui (whisky) de maíz o centeno. La fermentación produce disoluciones de hasta 15% de alcohol en volumen. A esta concentración, el alcohol mata la levadura y se detiene la fermentación.

EJEMPLO DE PROBLEMA 22.4   Fermentación del piruvato

En la producción de vino, el proceso de fermentación convierte el piruvato en acetaldehído (etanal), que se convierte en etanol usando NADH y H^+. Con piruvato ($C_3H_3O_3^-$) + H^+ como los reactivos de partida, escriba las ecuaciones químicas balanceadas. ¿De qué manera la fermentación suministra NAD^+?

SOLUCIÓN

La fermentación tiene lugar en condiciones anaeróbicas. El piruvato ($C_3H_3O_3^-$) experimenta descarboxilación a acetaldehído (etanal) (C_2H_4O), que se reduce mediante NADH y H^+ a etanol (C_2H_6O) y NAD^+.

$$C_3H_3O_3^- + H^+ \longrightarrow C_2H_4O + CO_2$$
$$C_2H_4O + NADH + H^+ \longrightarrow C_2H_6O + NAD^+$$

En la fermentación, se suministra NAD^+ cuando NADH y H^+ reducen el $C{=}O$ en el acetaldehído.

COMPROBACIÓN DE ESTUDIO 22.4

Después de ejercicio extenuante, un poco de lactato se oxida de vuelta a piruvato mediante lactato deshidrogenasa usando NAD^+. Escriba una ecuación que muestre esta reacción.

PREGUNTAS Y PROBLEMAS

22.6 Vías metabólicas del piruvato

META DE APRENDIZAJE: *Indicar las condiciones para la conversión de piruvato en lactato, etanol y acetil-coenzima A.*

22.39 ¿Qué condición se necesita en la célula para convertir piruvato en acetil-CoA?

22.40 ¿Qué coenzimas se necesitan para la oxidación del piruvato a acetil-CoA?

22.41 Escriba la ecuación global para la conversión del piruvato a acetil-CoA.

22.42 ¿Cuáles son los posibles productos de piruvato en condiciones anaeróbicas?

22.43 ¿De qué manera la formación de lactato permite la continuación de la glucólisis en condiciones anaeróbicas?

22.44 Después de correr una maratón, un corredor tiene dolor muscular y calambres. ¿Qué pudo ocurrir en las células musculares para causar esto?

22.45 En la fermentación, un átomo de carbono se elimina del piruvato. ¿Cuál es el compuesto formado con dicho átomo de carbono?

22.46 Unos estudiantes deciden elaborar un poco de vino y colocan levadura y jugo de uva en un recipiente con tapa hermética. Pocas semanas después, el recipiente explota. ¿Qué reacción podría explicar la explosión?

22.7 Metabolismo del glucógeno

El lector acaba de ingerir una gran comida que le proporciona toda la glucosa que necesita para producir piruvato y ATP mediante glucólisis. Entonces, el exceso de glucosa se utiliza para reabastecer las reservas de energía al sintetizar el glucógeno que se almacena en cantidades limitadas en los músculos esqueléticos y el hígado. Cuando las reservas de glucógeno están llenas, la glucosa restante se convierte en triacilgliceroles y se almacenan en forma de grasa corporal, como se verá en el capítulo 24. Cuando la dieta no suministra suficiente glucosa o se ha utilizado la glucosa sanguínea, se degrada el glucógeno almacenado y se libera glucosa.

Glucogénesis

El glucógeno es un polímero de glucosa con enlaces α-1,4-glucosídicos y múltiples ramificaciones unidas mediante enlaces α-1,6-glucosídicos, como se vio en el capítulo 15. La **glucogénesis** es la síntesis de glucógeno a partir de moléculas de glucosa, lo que ocurre cuando la digestión de polisacáridos produce niveles altos de glucosa. La síntesis de glucógeno comienza con la glucosa-6-fosfato obtenida a partir de la primera reacción en la glucólisis (véase la figura 22.12).

Reacción 1   Isomerización
Glucosa-6-fosfato se convierte en el isómero glucosa-1-fosfato.

Reacción 2   Activación
Antes de que la glucosa-1-fosfato pueda agregarse a la cadena de glucógeno, se activa mediante la energía proveniente de la hidrólisis de UTP (uridina-trifosfato) de alta energía para formar UDP-glucosa (uridina-difosfato-glucosa).

Reacción 3   Síntesis de glucógeno
Cuando el enlace fosfato hacia glucosa en UDP-glucosa se rompe, la glucosa que se libera forma un enlace α-1,4-glucosídico con el extremo de la cadena de glucógeno y se libera uridina-difosfato (UDP). La UTP se regenera al reaccionar UDP con ATP.

$$UDP + ATP \longrightarrow UTP + ADP$$

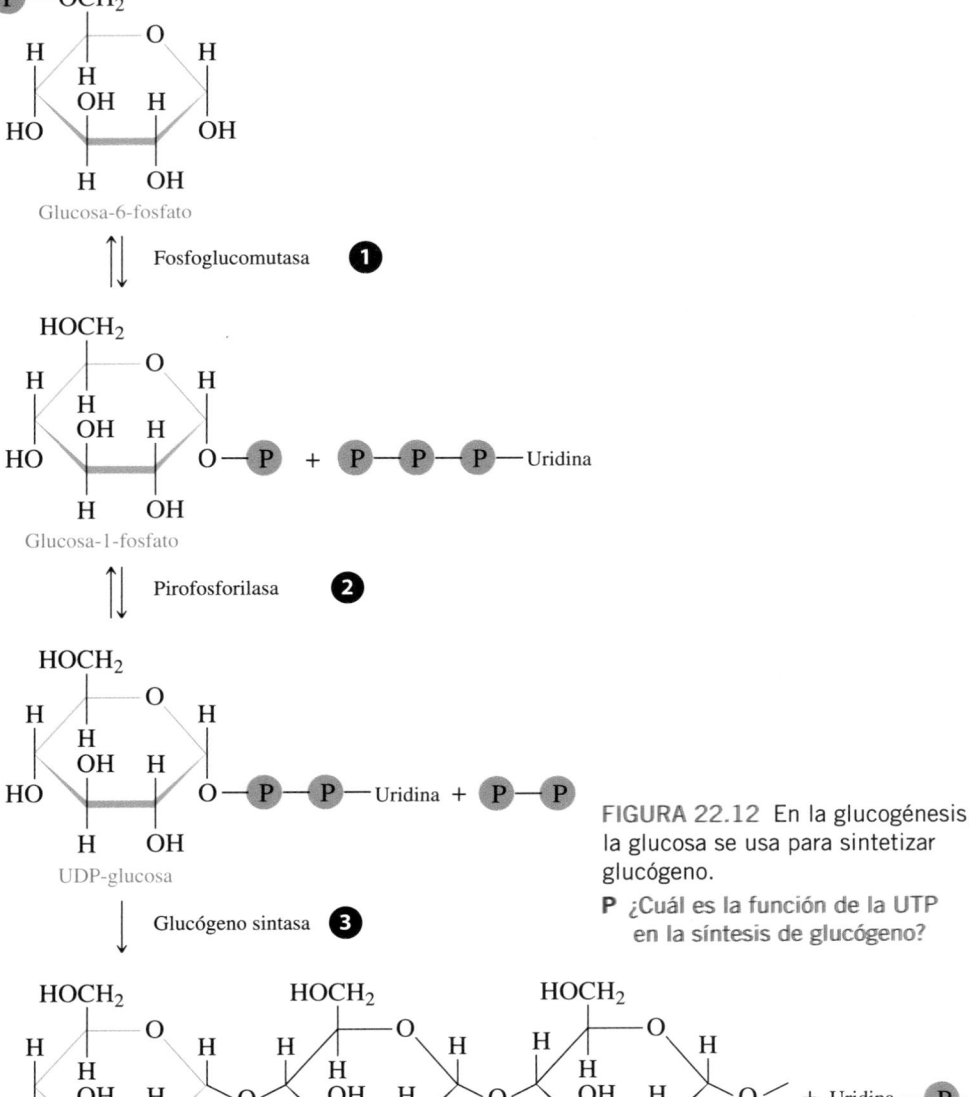

FIGURA 22.12 En la glucogénesis, la glucosa se usa para sintetizar glucógeno.

P ¿Cuál es la función de la UTP en la síntesis de glucógeno?

TUTORIAL
Glycogen Metabolism

Glucogenólisis

El glucógeno es un polisacárido muy ramificado de monómeros glucosa con enlaces tanto α-1,4- como α-1,6-glucosídicos. La glucosa es la principal fuente de energía para las contracciones musculares, los eritrocitos y el cerebro. Cuando la glucosa sanguínea se agota, el glucógeno almacenado en músculos e hígado se convierte en moléculas de glucosa en un proceso llamado **glucogenólisis**.

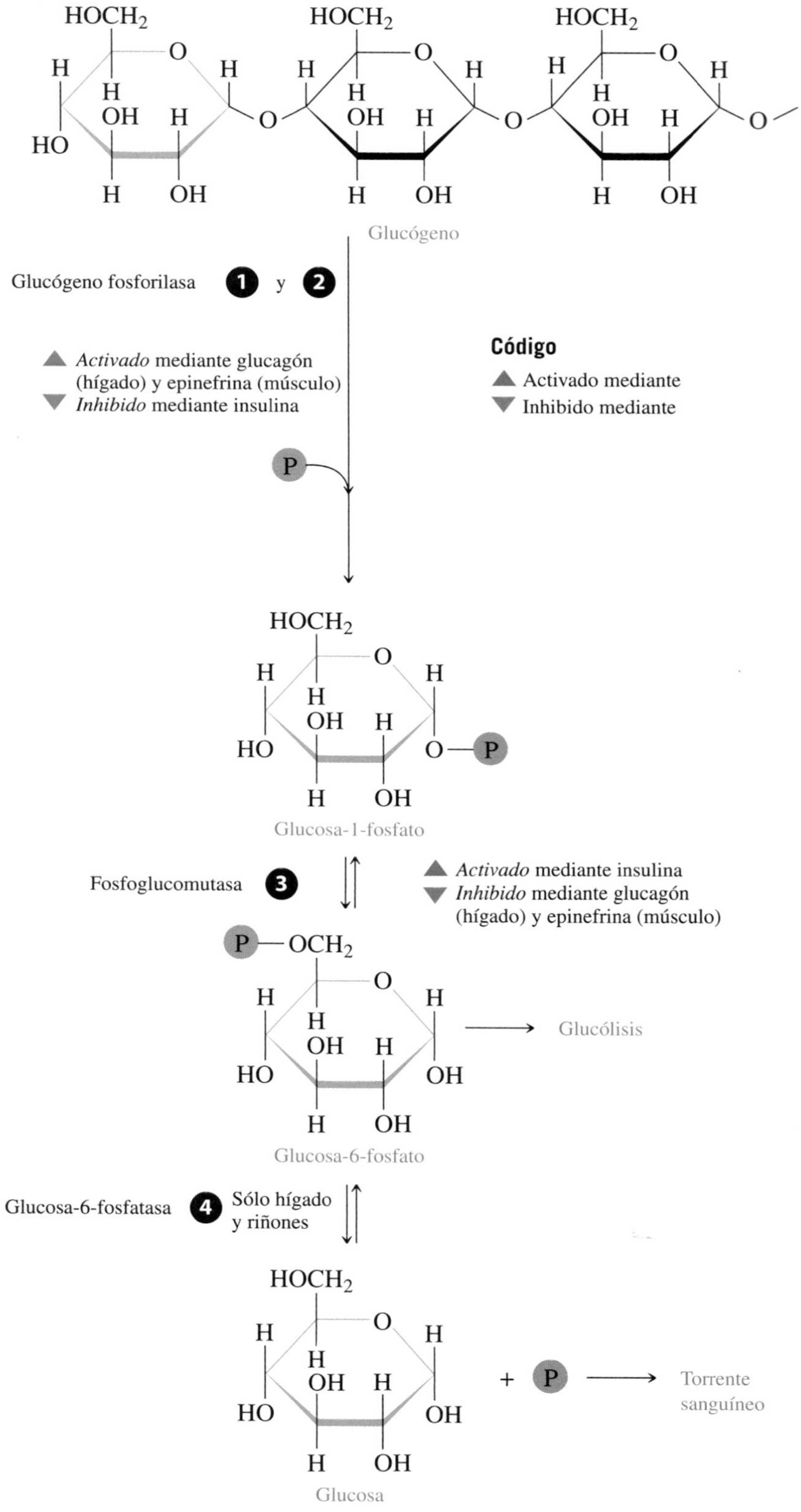

Glucógeno

Glucógeno fosforilasa ❶ y ❷

▲ *Activado* mediante glucagón (hígado) y epinefrina (músculo)
▼ *Inhibido* mediante insulina

Código
▲ Activado mediante
▼ Inhibido mediante

Glucosa-1-fosfato

Fosfoglucomutasa ❸

▲ *Activado* mediante insulina
▼ *Inhibido* mediante glucagón (hígado) y epinefrina (músculo)

→ Glucólisis

Glucosa-6-fosfato

Glucosa-6-fosfatasa ❹ Sólo hígado y riñones

+ P → Torrente sanguíneo

Glucosa

Reacción 1   Fosforólisis
Moléculas de glucosa se eliminan una a una de los extremos de la cadena de glucógeno y se fosforilizan para producir glucosa-1-fosfato.

Reacción 2   Hidrólisis (α-1,6)
Glucógeno fosforilasa sigue separando uniones α-1,4- hasta que sólo una glucosa permanece enlazada a la cadena principal mediante un enlace α-1,6-glucosídico.

Una enzima desramificada (α-1,6-glucosidasa) rompe los enlaces α-1,6-glucosídicos de modo que las ramificaciones de las moléculas de glucosa pueden hidrolizarse mediante la reacción 1.

Reacción 3   Isomerización
Las moléculas de glucosa-1-fosfato se convierten en moléculas de glucosa-6-fosfato, que entran en la vía de glucólisis en la reacción 2.

Reacción 4   Desfosforilación
La glucosa libre es necesaria para la energía del cerebro y los músculos. Si bien la glucosa puede difundirse a través de las membranas celulares, los azúcar-fosfatos no pueden hacerlo. Sólo las células en el hígado y los riñones tienen una glucosa-6-fosfatasa que hidroliza la glucosa-6-fosfato para producir glucosa libre.

Regulación del metabolismo del glucógeno

El cerebro, los músculos esqueléticos y los eritrocitos necesitan grandes cantidades de glucosa todos los días para funcionar de manera adecuada. Para proteger el cerebro, las hormonas con acciones opuestas controlan los niveles de glucosa sanguínea. Cuando la glucosa es baja, el *glucagón*, una hormona producida en el páncreas, se segrega en el torrente sanguíneo. En el hígado, el glucagón acelera la velocidad de glucogenólisis, lo que aumenta los niveles de glucosa en la sangre. Al mismo tiempo, el glucagón inhibe la síntesis de glucógeno.

El glucógeno de los músculos esqueléticos se descompone rápidamente cuando el cuerpo necesita un "derroche repentino de energía", en situaciones denominadas a menudo como de "pelear o huir". La *epinefrina* liberada de las glándulas suprarrenales convierte glucógeno fosforilasa de una forma inactiva en una activa. La secreción de apenas unas cuantas moléculas de epinefrina resulta en la descomposición de un enorme número de moléculas de glucógeno.

Poco después de comer y digerir un alimento, los niveles de glucosa sanguínea se incrementan, lo que estimula al páncreas a segregar la hormona insulina en el torrente sanguíneo. La insulina facilita el uso de la glucosa de las células al acelerar la síntesis de glucógeno, así como reacciones de degradación como la glucólisis. Al mismo tiempo, la insulina inhibe la síntesis de glucosa, lo que se estudiará en la siguiente sección.

COMPROBACIÓN DE CONCEPTOS 22.5 Metabolismo del glucógeno

¿Cuáles son las condiciones y las hormonas que facilitan cada uno de los procesos siguientes?

a. glucogénesis   **b.** glucogenólisis

RESPUESTA

a. La glucogénesis ocurre cuando los niveles de glucosa son altos, en particular después de la digestión de carbohidratos. Los niveles altos de glucosa estimulan al páncreas a segregar insulina, lo que acelera la síntesis de glucógeno.

b. La glucogenólisis ocurre cuando los niveles de glucosa sanguíneos se agotan y se necesita glucosa para producir energía en músculos y cerebro. La secreción de la hormona glucagón por el páncreas acelera la descomposición de glucógeno en el hígado a glucosa. En situaciones de "pelear o huir", la epinefrina de las glándulas suprarrenales acelera la glucogenólisis en los músculos para aumentar rápidamente los niveles de glucosa sanguínea.

EJEMPLO DE PROBLEMA 22.5 Metabolismo del glucógeno

Identifique si cada una de las reacciones siguientes es parte de las vías de reacción de glucólisis, glucogenólisis o glucogénesis:

a. Glucosa-1-fosfato se convierte en glucosa-6-fosfato.
b. Glucosa-1-fosfato forma UDP-glucosa.
c. Una isomerasa convierte la glucosa-6-fosfato en fructosa-6-fosfato.

SOLUCIÓN

a. glucogenólisis   **b.** glucogénesis   **c.** glucólisis

COMPROBACIÓN DE ESTUDIO 22.5

¿Por qué las células del hígado y los riñones proporcionan glucosa para aumentar los niveles de glucosa sanguínea, pero las células de los músculos esqueléticos no lo hacen así?

PREGUNTAS Y PROBLEMAS

22.7 Metabolismo del glucógeno

META DE APRENDIZAJE: *Describir la síntesis y la descomposición del glucógeno.*

22.47 ¿Qué se entiende por el término *glucogénesis*?

22.48 ¿Qué se entiende por el término *glucogenólisis*?

22.49 ¿De qué manera las células musculares utilizan el glucógeno para proporcionar energía?

22.50 ¿De qué manera el hígado incrementa los niveles de glucosa sanguínea?

22.51 ¿Cuál es la función de la glucógeno fosforilasa?

22.52 ¿Por qué la enzima fosfoglucomutasa se usa tanto en la glucogenólisis como en la glucogénesis?

22.8 Gluconeogénesis: síntesis de glucosa

El glucógeno almacenado en el hígado y los músculos puede proporcionar los requisitos de glucosa para aproximadamente un día. Sin embargo, el glucógeno se almacena y agota con rapidez si se ayuna por más de un día o se realiza ejercicio intenso. Entonces, la glu-cosa se sintetiza a partir de átomos de carbono obtenidos de compuestos que no son carbo-hidratos en un proceso llamado **gluconeogénesis**. La mayor parte de la glucosa se sintetiza en el citosol de las células hepáticas (véase la figura 22.13).

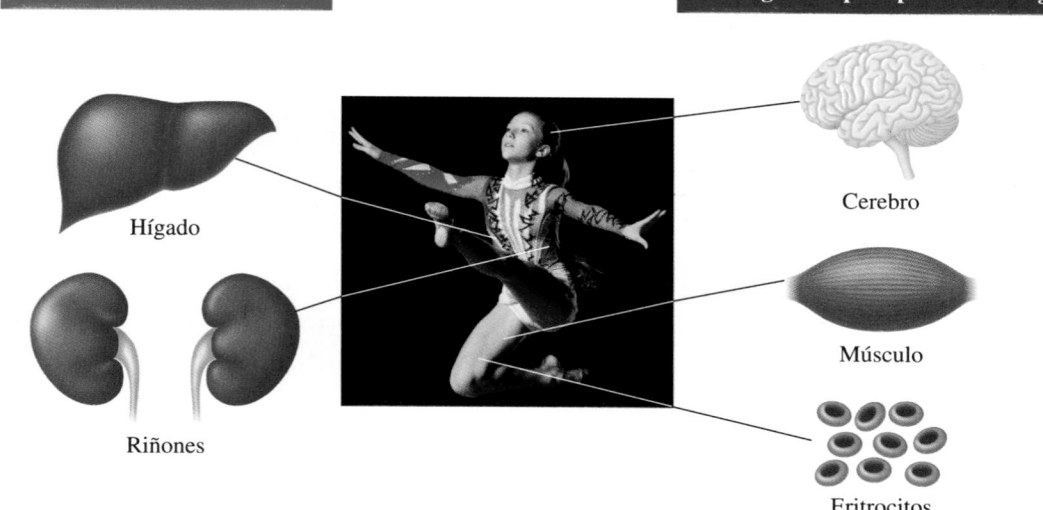

Síntesis de glucosa

Hígado

Riñones

Uso de glucosa para producir energía

Cerebro

Músculo

Eritrocitos

FIGURA 22.13 La glucosa se sintetiza en los tejidos del hígado y los riñones. Los tejidos que usan glu-cosa como su principal fuente de energía son el cerebro, los músculos esqueléticos y los eritrocitos.

P ¿Por qué el cuerpo necesita una vía para la síntesis de glucosa a partir de fuentes que no son carbohidratos?

Los átomos de carbono para producir glucosa pueden obtenerse de fuentes alimenticias, como los aminoácidos y el glicerol de las grasas. Cada una se convierte en piruvato o en un intermediario para la síntesis de glucosa. La mayor parte de las reacciones en la gluconeogé-nesis son el inverso de la glucólisis y se catalizan mediante las mismas enzimas. Sin embargo, tres de las reacciones de la glucólisis no son reversibles: las catalizadas por hexoquinasa, fosfofructoquinasa y piruvato quinasa, las reacciones de glucólisis 1, 3 y 10, respectivamente. Hay diferentes enzimas que se usan para sustituirlas, pero todas las demás reacciones simple-mente invierten la glucólisis y utilizan las mismas enzimas. Ahora se observará cómo estas tres reacciones en la gluconeogénesis difieren de las reacciones de la glucólisis.

Conversión de piruvato en fosfoenolpiruvato (10)

Para comenzar la síntesis de glucosa se necesitan dos pasos. El primer paso convierte el piruvato en oxaloacetato, y el segundo paso convierte el oxaloacetato en fosfoenolpiru-vato. La hidrólisis de ATP y GTP se usa para impulsar las reacciones. Las moléculas de fosfoenolpiruvato ahora entran en las siguientes cinco reacciones inversas de la glucólisis usando las mismas enzimas para formar fructosa-1,6-bisfosfato.

$$\underset{\text{Piruvato}}{CH_3-\overset{\overset{\displaystyle O}{\|}}{C}-COO^-} + CO_2 + ATP + H_2O \xrightarrow{\overset{\text{Piruvato}}{\text{carboxilasa}}} \underset{\text{Oxaloacetato}}{^-OOC-CH_2-\overset{\overset{\displaystyle O}{\|}}{C}-COO^-} + ADP + P_i$$

$$\underset{\text{Oxaloacetato}}{^-OOC-CH_2-\overset{\overset{\displaystyle O}{\|}}{C}-COO^-} + GTP \xrightarrow{\overset{\text{Fosfoenolpiruvato}}{\text{carboxiquinasa}}} \underset{\text{Fosfoenolpiruvato}}{H_2C=\overset{\overset{\displaystyle O-P}{|}}{C}-COO^-} + CO_2 + GDP$$

Conversión de fructosa-1,6-bisfosfato a fructosa-6-fosfato (3)

La segunda reacción irreversible en la glucólisis se pasa por alto cuando un grupo fosfato se separa a partir de fructosa-1,6-bisfosfato mediante la hidrólisis con agua. Entonces la fructosa-6-fosfato experimenta una reacción reversible para producir glucosa-6-fosfato.

$$\text{P}-\text{OCH}_2 \quad \text{CH}_2\text{O}-\text{P} \quad + \quad \text{H}_2\text{O} \quad \xrightarrow{\text{Fructosa-1,6-bisfosfatasa}} \quad \text{P}-\text{OCH}_2 \quad \text{CH}_2\text{OH} \quad + \quad \text{P}$$

Fructosa-1,6-bisfosfato   Fructosa-6,fosfato

Conversión de glucosa-6-fosfato a glucosa (1)

En la reacción irreversible final, glucosa-6-fosfato se hidroliza a glucosa mediante una enzima distinta a la utilizada en la glucólisis.

$$\text{P}-\text{OCH}_2 \quad + \quad \text{H}_2\text{O} \quad \xrightarrow{\text{Glucosa-6-fosfatasa}} \quad \text{CH}_2\text{OH} \quad + \quad \text{P}$$

Glucosa-6-fosfato   Glucosa

En la figura 22.14 se muestra un resumen de las reacciones en la gluconeogénesis y la glucólisis.

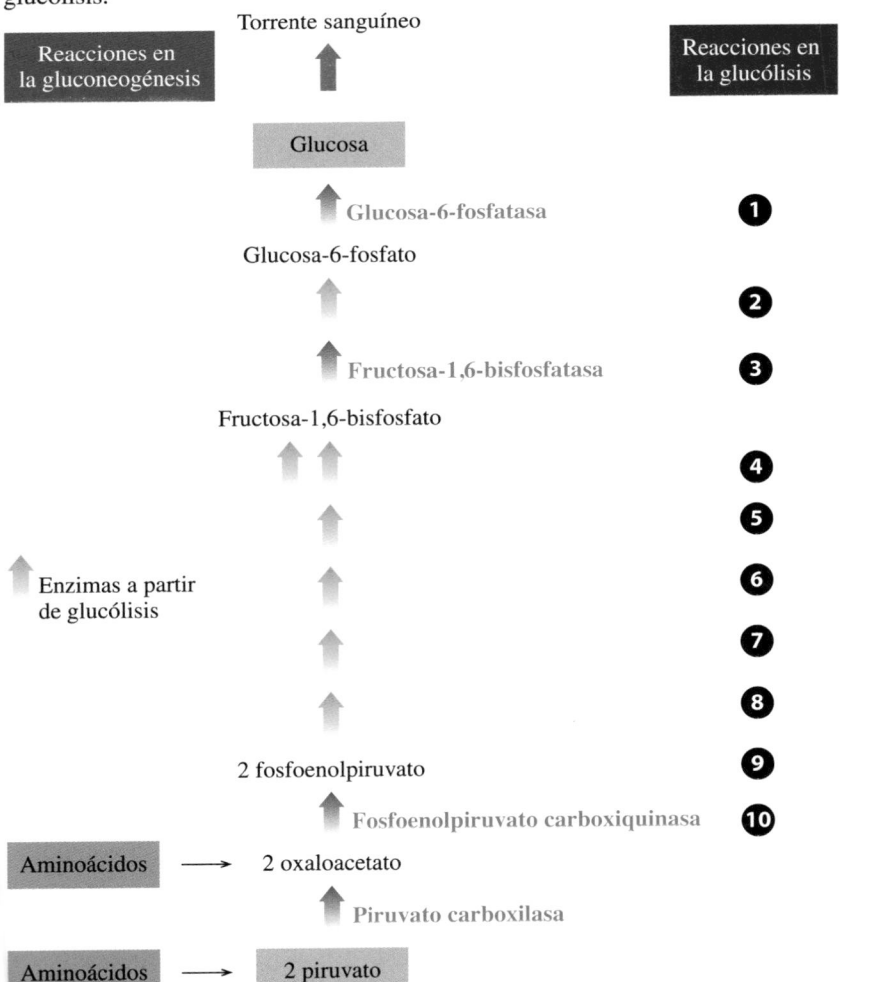

FIGURA 22.14 En la gluconeogéne-sis, tres reacciones irreversibles de glucólisis se pasan por alto usando cuatro diferentes enzimas.

P ¿Por qué se necesitan 11 enzimas para la gluconeogénesis y única-mente 10 para la glucólisis?

Costo energético de la gluconeogénesis

La vía de la gluconeogénesis consiste en siete reacciones reversibles de glucólisis y cuatro nuevas reacciones que sustituyen las tres reacciones irreversibles. En general, esta síntesis de glucosa necesita cuatro ATP, dos GTP y dos NADH. Si todas las reacciones fueran tan sólo el inverso de la glucólisis, la síntesis de glucosa no sería energéticamente favorable. Al usar recursos energéticos y sustituir las tres reacciones irreversibles y que requieren energía por cuatro nuevas reacciones, la gluconeogénesis se vuelve favorable en términos de energía. La ecuación global para la gluconeogénesis se escribe del modo siguiente:

$$\text{2 piruvato} + \text{4 ATP} + \text{2 GTP} + \text{2 NADH} + 2\text{H}^+ + 6\text{H}_2\text{O} \longrightarrow \text{glucosa} + \text{4 ADP} + \text{2 GDP} + 6\text{P}_i + 2\,\text{NAD}^+$$

Lactato y ciclo de Cori

Cuando una persona se ejercita vigorosamente, las condiciones anaeróbicas causan la reducción del piruvato a lactato, que se acumula en el músculo. Esta reacción es necesaria para oxidar NADH a NAD$^+$, lo que permite que la glucólisis siga produciendo una pequeña cantidad de ATP. El lactato es una fuente importante de carbono para la gluconeogénesis. El lactato se transporta hacia el hígado, donde se oxida a piruvato, que se usa para sintetizar glucosa. La glucosa entra al torrente sanguíneo y regresa al músculo para reconstruir las reservas de glucógeno. Este flujo de lactato y glucosa entre músculo e hígado, conocido como **ciclo de Cori**, está muy activo cuando una persona recién concluye un periodo de ejercicio vigoroso (véase la figura 22.15).

FIGURA 22.15 Diferentes vías conectan la utilización y síntesis de la glucosa.

P ¿Por qué se forma lactato en el músculo y se convierte en glucosa en el hígado?

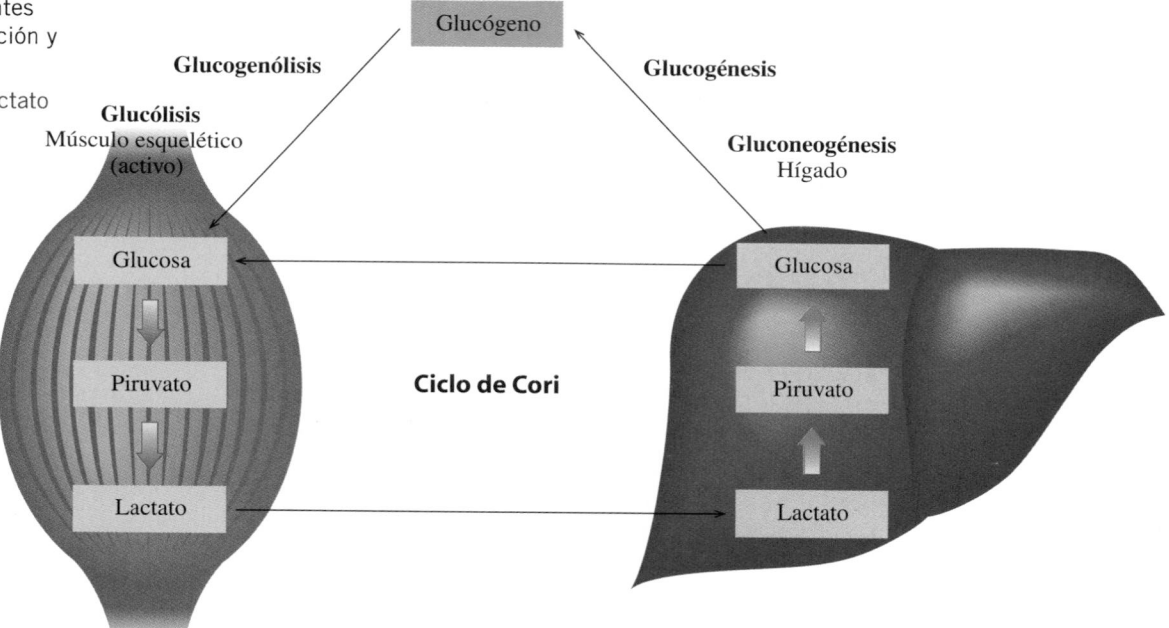

La relación entre las reacciones metabólicas de glucosa para la etapa 1 y la etapa 2 se resumen en la figura 22.16.

Regulación de la gluconeogénesis

La gluconeogénesis es una vía que protege el cerebro y el sistema nervioso de experimentar una pérdida de glucosa, lo que causa deterioro de las funciones. También es una vía que se utiliza cuando la actividad vigorosa agota la glucosa sanguínea y las reservas de glucógeno. Por ende, el nivel de carbohidratos contenidos en los alimentos controla la gluconeogénesis. Cuando una dieta es rica en carbohidratos, no se utiliza la vía de gluconeogénesis. Sin embargo, cuando una dieta tiene pocos carbohidratos, la vía es muy activa.

En tanto las condiciones en una célula favorezcan la glucólisis, no hay síntesis de glucosa. Pero cuando la célula necesita la síntesis de glucosa, la glucólisis se desactiva. Las mismas tres reacciones que controlan la glucólisis también controlan la gluconeogénesis, pero con diferentes enzimas. Observe cómo los altos niveles de ciertos compuestos activan o inhiben los dos procesos (véase la tabla 22.4).

Resumen de reacciones metabólicas para la glucosa en las etapas 1 y 2

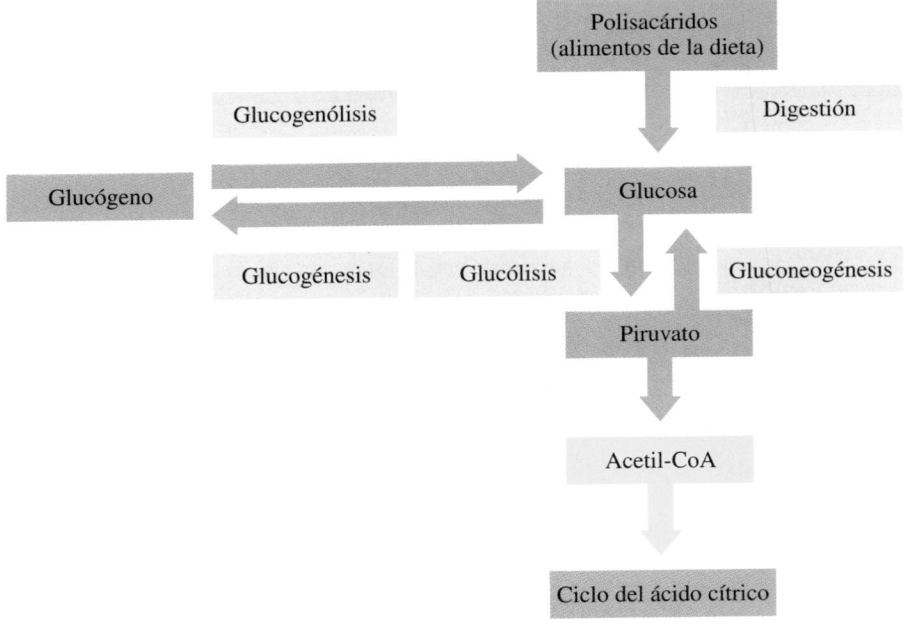

FIGURA 22.16 La glucogenólisis y la glucogénesis comprenden la descomposición y síntesis de glucógeno. La glucólisis implica la descomposición de glucosa, y la gluconeogénesis, la síntesis de glucosa.

P ¿Por qué la glucogénesis ocurre después de la digestión de un alimento rico en carbohidratos?

TABLA 22.4 Regulación de glucólisis y gluconeogénesis

	Glucólisis	Gluconeogénesis
Enzima	Hexoquinasa	Glucosa-6-fosfato
Activada por	Altos niveles de glucosa, insulina, epinefrina	Niveles bajos de glucosa, glucosa-6-fosfato
Inhibida por	Glucosa-6-fosfato	
Enzima	Fosfofructoquinasa	Fructosa-1,6-bisfosfatasa
Activada por	AMP	Niveles bajos de glucosa, glucagón
Inhibida por	ATP	AMP, insulina
Enzima	Piruvato quinasa	Piruvato carboxilasa
Activada por	Fructosa-1,6-bisfosfato	Niveles bajos de glucosa, glucagón
Inhibida por	ATP, acetil-CoA	Insulina

COMPROBACIÓN DE CONCEPTOS 22.6 Gluconeogénesis

¿Bajo qué condiciones la gluconeogénesis actúa en una célula?

RESPUESTA

La gluconeogénesis actúa cuando el glucógeno en el hígado se agota y el nivel de glucosa sanguínea es extremadamente bajo. Si la dieta no proporciona suficiente glucosa para producir energía, la glucosa se elabora a partir de átomos de carbono de fuentes que no son carbohidratos, como aminoácidos, ácidos grasos, glicerol y lactato.

EJEMPLO DE PROBLEMA 22.6 Gluconeogénesis

La conversión de fructosa-1,6-bisfosfato en fructosa-6-fosfato es una reacción irreversible que utiliza una enzima glucolítica. ¿Cómo la gluconeogénesis hace que esto ocurra?

SOLUCIÓN

Esta reacción inversa se cataliza por medio de una enzima diferente, fructosa-1,6-bisfosfatasa, que separa un grupo fosfato usando una reacción de hidrólisis, una reacción que es energéticamente favorable.

COMPROBACIÓN DE ESTUDIO 22.6

¿Por qué la hexoquinasa en la glucólisis se sustituye con glucosa-6-fosfatasa en la gluconeogénesis?

PREGUNTAS Y PROBLEMAS

22.8 Gluconeogénesis: síntesis de glucosa

META DE APRENDIZAJE: *Describir cómo se sintetiza la glucosa a partir de moléculas que no son carbohidratos.*

22.53 ¿Cuál es la función de la gluconeogénesis en el cuerpo?

22.54 ¿Qué enzimas en la glucólisis no se usan en la gluconeogénesis?

22.55 ¿Qué enzimas en la glucólisis se usan en la gluconeogénesis?

22.56 ¿Cómo el lactato producido en los músculos esqueléticos se usa en la síntesis de glucosa?

22.57 Indique si cada uno de los incisos siguientes activa o inhibe la gluconeogénesis:
   a. niveles bajos de glucosa   **b.** glucagón
   c. insulina

22.58 Indique si cada uno de los incisos siguientes activa o inhibe la glucólisis:
   a. niveles bajos de glucosa   **b.** insulina
   c. glucagón

MAPA CONCEPTUAL

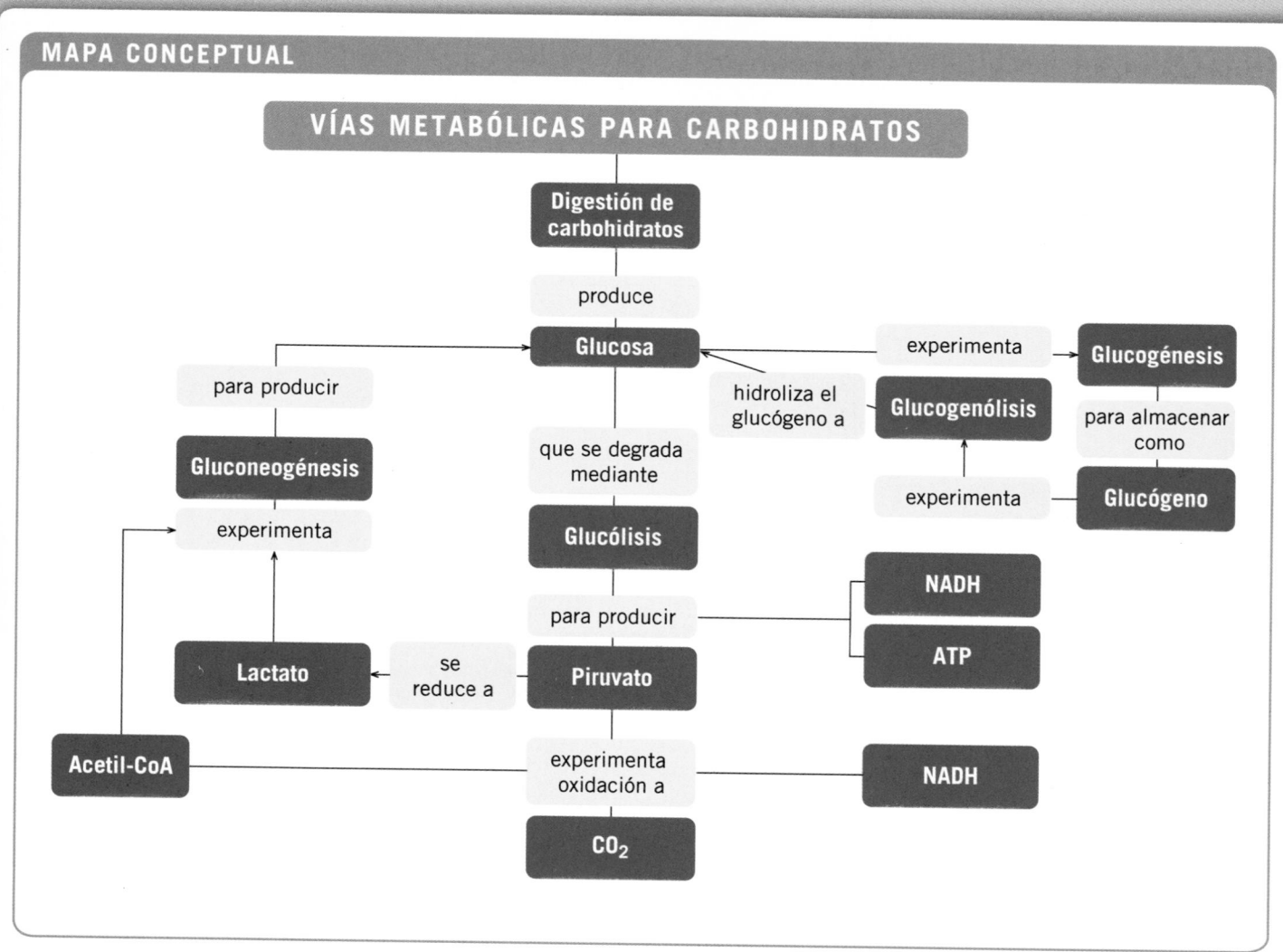

REPASO DEL CAPÍTULO

22.1 Metabolismo y estructura celular

META DE APRENDIZAJE: Describir tres etapas del metabolismo.

- El metabolismo comprende todas las reacciones catabólicas y anabólicas que suceden en las células.
- Las reacciones catabólicas degradan moléculas grandes en unas más pequeñas acompañadas de una liberación de energía.
- Las reacciones anabólicas necesitan energía para sintetizar moléculas más grandes a partir de unas más pequeñas.
- Las tres etapas del metabolismo son digestión de alimentos, degradación de monómeros como glucosa a piruvato y la extracción de energía a partir de compuestos de dos y tres carbonos de la etapa 2.
- Muchas de las enzimas metabólicas están presentes en el citosol de la célula, donde tienen lugar las reacciones metabólicas.

22.2 ATP y energía

META DE APRENDIZAJE: Describir la estructura del ATP y su importancia en las reacciones catabólicas y anabólicas.

- La energía obtenida a partir de las reacciones catabólicas se almacena principalmente en el adenosín trifosfato (ATP), un compuesto de alta energía.
- El ATP se hidroliza cuando se necesita energía mediante reacciones anabólicas en las células.

22.3 Coenzimas importantes en las vías metabólicas

META DE APRENDIZAJE: Describir los componentes y funciones de las coenzimas FAD, NAD$^+$ y coenzima A.

- FAD y NAD$^+$ son las formas oxidadas de coenzimas que participan en reacciones oxidación-reducción.
- Cuando FAD y NAD$^+$ captan iones hidrógeno y electrones, se reducen a FADH$_2$ y NADH + H$^+$.
- La coenzima A contiene un grupo tiol (— SH) que generalmente se enlaza con un grupo acetilo de dos carbonos (acetil-CoA).

22.4 Digestión de carbohidratos

META DE APRENDIZAJE: Indicar los sitios y productos de la digestión de carbohidratos.

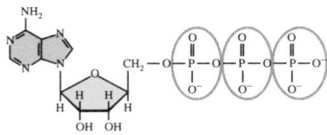

- La digestión de carbohidratos es una serie de reacciones que descomponen polisacáridos en monómeros hexosa como glucosa, galactosa y fructosa.

- Los monómeros de hexosa se absorben a través de la pared intestinal y se incorporan al torrente sanguíneo para transportarse hacia las células, donde proporcionan energía y átomos de carbono para la síntesis de nuevas moléculas..

22.5 Glucólisis: oxidación de la glucosa

META DE APRENDIZAJE: Describir la conversión de glucosa a piruvato en la glucólisis.

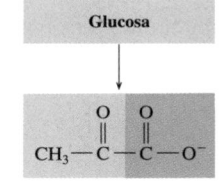

- La glucólisis, que se lleva a cabo en el citosol, consiste en 10 reacciones que degradan la glucosa (seis carbonos) a dos moléculas de piruvato (tres carbonos cada una).
- La serie global de reacciones produce dos moléculas de la coenzima reducida NADH y dos moléculas de ATP.

22.6 Vías metabólicas del piruvato

META DE APRENDIZAJE: Indicar las condiciones para la conversión de piruvato en lactato, etanol y acetil-coenzima A.

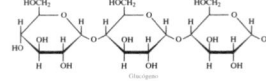

- En condiciones aeróbicas, el piruvato se oxida en las mitocondrias a acetil-CoA.
- En ausencia de oxígeno, el piruvato se reduce a lactato, y NAD$^+$ se regenera para la continuación de la glucólisis, en tanto que microorganismos como la levadura reducen el piruvato a etanol, un proceso conocido como *fermentación*.

22.7 Metabolismo del glucógeno

META DE APRENDIZAJE: Describir la síntesis y la descomposición del glucógeno.

- Cuando los niveles de glucosa sanguínea son altos, la glucogénesis convierte glucosa en glucógeno, que se almacena en el hígado.
- La glucogenólisis descompone el glucógeno a glucosa cuando los niveles de glucosa y ATP son bajos.

22.8 Gluconeogénesis: síntesis de glucosa

META DE APRENDIZAJE: Describir cómo se sintetiza la glucosa a partir de moléculas que no son carbohidratos.

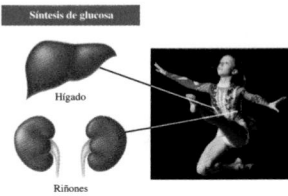

- Cuando los niveles de glucosa sanguínea son bajos, y se agotan los almacenes de glucógeno en el hígado, la glucosa se sintetiza a partir de compuestos como piruvato y lactato.

RESUMEN DE REACCIONES CLAVE

Hidrólisis de ATP

$$ATP \longrightarrow ADP + P_i + 7.3 \text{ kcal/mol } (31 \text{ kJ/mol})$$

Hidrólisis de ADP

$$ADP \longrightarrow AMP + P_i + 7.3 \text{ kcal/mol } (31 \text{ kJ/mol})$$

Formación de ATP

$$ADP + P_i + 7.3 \text{ kcal/mol } (31 \text{ kJ/mol}) \longrightarrow ATP$$

Reducción de FAD y NAD$^+$

$$FAD + 2H^+ + 2\,e^- \longrightarrow FADH_2$$
$$NAD^+ + 2H^+ + 2\,e^- \longrightarrow NADH + H^+$$

Glucólisis

$$\underset{\text{Glucosa}}{C_6H_{12}O_6} + 2ADP + 2P_i + 2NAD^+ \longrightarrow$$

$$\underset{\text{Piruvato}}{2CH_3-\overset{\overset{\textstyle O}{\|}}{C}-COO^-} + 2ATP + 2NADH + 4H^+$$

Oxidación de piruvato a acetil-CoA

$$\underset{\text{Piruvato}}{CH_3-\overset{\overset{\textstyle O}{\|}}{C}-COO^-} + NAD^+ + HS-CoA$$

$$\xrightarrow[\text{deshidrogenasa}]{\text{Piruvato}} \underset{\text{Acetil-CoA}}{CH_3-\overset{\overset{\textstyle O}{\|}}{C}-S-CoA} + NADH + CO_2$$

Reducción de piruvato a lactato

$$\underset{\text{Piruvato}}{CH_3-\overset{\overset{\textstyle O}{\|}}{C}-COO^-} + NADH + H^+ \longrightarrow$$

$$\underset{\text{Lactato}}{CH_3-\overset{\overset{\textstyle OH}{|}}{CH}-COO^-} + NAD^+$$

Oxidación de glucosa a lactato

$$\text{Glucosa} + 2ADP + 2P_i \longrightarrow 2\text{lactato} + 2ATP$$

Reducción de piruvato a etanol

$$\underset{\text{Piruvato}}{CH_3-\overset{\overset{\textstyle O}{\|}}{C}-COO^-} + NADH + 2H^+ \longrightarrow$$

$$\underset{\text{Etanol}}{CH_3-CH_2-OH} + NAD^+ + CO_2$$

Glucogénesis

$$\text{Glucosa} \longrightarrow \text{glucógeno}$$

Glucogenólisis

$$\text{Glucógeno} \longrightarrow \text{glucosa}$$

Gluconeogénesis

$$\text{Piruvato (o lactato)} \longrightarrow \text{glucosa}$$

$$2\text{Piruvato} + 4ATP + 2GTP + 2NADH + 2H^+ + 6H_2O \longrightarrow$$
$$\text{glucosa} + 4ADP + 2GDP + 6P_i + 2NAD^+$$

TÉRMINOS CLAVE

acetil-CoA Compuesto que se forma cuando un grupo acetil se enlaza a la coenzima A.

ADP Adenosín difosfato, formado por la hidrólisis de ATP; consiste en adenina, una azúcar ribosa y dos grupos fosfato.

aeróbico Ambiente que contiene oxígeno en las células.

anaeróbico Condición en las células cuando no hay oxígeno.

ATP Adenosín trifosfato; es la principal molécula que transporta energía hacia distintas partes de la célula; consiste en la base nitrogenada adenina, el azúcar ribosa y tres grupos fosfato.

ciclo de Cori Proceso cíclico en el que el lactato producido en los músculos se transfiere al hígado para sintetizarse en glucosa, que el músculo puede usar nuevamente.

citoplasma Material de las células eucariontes que está entre el núcleo y la membrana celular.

citosol Líquido del citoplasma que es una disolución acuosa de electrolitos y enzimas.

coenzima A (CoA) Coenzima que transporta grupos acilo y acetil.

descarboxilación Pérdida de un átomo de carbono en la forma de CO_2.

digestión Proceso del aparato digestivo que descompone moléculas grandes de alimento a unas más pequeñas que pasan a través de la membrana intestinal hacia el torrente sanguíneo.

FAD Coenzima (flavina adenina dinucleótido) para enzimas deshidrogenasa que forman enlaces dobles carbono-carbono.

fermentación Conversión anaeróbica de glucosa mediante enzimas en la levadura para producir alcohol y CO_2.

glucogénesis Síntesis de glucógeno a partir de moléculas de glucosa.

glucogenólisis Descomposición de glucógeno en moléculas de glucosa.

glucólisis Las 10 reacciones de oxidación de la glucosa que producen dos moléculas de piruvato.

gluconeogénesis Síntesis de glucosa a partir de compuestos que no son carbohidratos.

metabolismo Todas las reacciones químicas de las células vivas que realizan transformaciones moleculares y energéticas.

mitocondria Organelo de las células donde tienen lugar reacciones que producen energía.

NAD$^+$ Aceptor de hidrógeno usado en reacciones de oxidación que forman enlaces dobles carbono-oxígeno.

reacción anabólica Reacción metabólica que necesita energía para construir moléculas grandes a partir de moléculas pequeñas.

reacción catabólica Reacción metabólica que produce energía para la célula mediante la degradación y oxidación de glucosa y otras moléculas.

COMPRENSIÓN DE CONCEPTOS

Las secciones del capítulo que se deben revisar se indican entre paréntesis al final de cada pregunta.

22.59 En una excursión, usted gasta 350 kcal por hora. ¿Cuántos moles de ATP usará si pasea durante 2.5 h? (22.2)

Las caminatas vigorosas pueden gastar 350 kcal por hora.

22.60 Identifique si cada uno de los incisos siguientes es un compuesto de seis carbonos o de tres carbonos y acomódelos en el orden en el que se producen en la glucólisis: (22.5)
  a. 3-fosfoglicerato
  b. piruvato
  c. glucosa-6-fosfato
  d. glucosa
  e. fructosa-1,6-bisfosfato

PREGUNTAS Y PROBLEMAS ADICIONALES

Visite www.masteringchemistry.com para acceder a materiales de autoaprendizaje y tareas asignadas por el instructor..

22.61 ¿Qué se entiende con el término *metabolismo*? (22.1)

22.62 ¿Cómo difieren las reacciones catabólicas de las reacciones anabólicas? (22.1)

22.63 ¿Qué etapa del metabolismo comprende la digestión de grandes polímeros de alimentos? (22.1)

22.64 ¿Qué etapa del metabolismo degrada monómeros como la glucosa en moléculas más pequeñas? (22.1)

22.65 ¿Qué tipo de célula tiene un núcleo? (22.1)

22.66 ¿Cuál es la función de cada uno de los componentes celulares siguientes? (22.1)
  a. membrana celular   **b.** mitocondrias
  c. citoplasma

22.67 ¿Cuál es el nombre completo del ATP? (22.2)

22.68 ¿Cuál es el nombre completo del ADP? (22.2)

22.69 Escriba una ecuación abreviada para la hidrólisis del ATP al ADP. (22.2)

22.70 Escriba la ecuación abreviada para la hidrólisis del ADP al AMP. (22.2)

22.71 ¿Cuál es el nombre completo del FAD? (22.3)

22.72 ¿Qué tipo de reacción usa al FAD como coenzima? (22.3)

22.73 ¿Cuál es el nombre completo del NAD^+? (22.3)

22.74 ¿Qué tipo de reacción usa el NAD^+ como coenzima? (22.3)

22.75 Escriba la abreviatura de la forma reducida de cada uno de los incisos siguientes: (22.3)
  a. FAD   **b.** NAD^+

22.76 ¿Cuál es el nombre de la vitamina en la estructura de cada uno de los incisos siguientes? (22.3)
  a. FAD   **b.** NAD^+
  c. coenzima A

22.77 ¿Cómo y dónde la lactosa experimenta digestión en el cuerpo? ¿Cuáles son los productos? (22.4)

22.78 ¿Cómo y dónde la sacarosa experimenta digestión en el cuerpo? ¿Cuáles son los productos? (22.4)

22.79 ¿Cuáles son el reactivo y el producto de la glucólisis? (22.5)

22.80 ¿Cuál es la coenzima usada en la glucólisis? (22.5)

22.81 **a.** En la glucólisis, ¿cuáles reacciones involucran fosforilación?
  b. ¿Cuáles reacciones involucran una fosforilación directa del sustrato para generar ATP? (22.5)

22.82 ¿De qué manera el ADP y el ATP regulan la vía de la glucólisis? (22.5)

22.83 ¿Cuál reacción y cuál enzima en la glucólisis convierten una hexosa bisfosfato en dos intermediarios de tres carbonos? (22.5)

22.84 ¿De qué manera la inversión y generación de ATP producen una ganancia neta de ATP para la glucólisis? (22.5)

22.85 ¿Qué compuesto se convierte en fructosa-6-fosfato mediante la acción de la fosfoglucosa isomerasa? (22.5)

22.86 ¿Qué producto se forma cuando el gliceraldehído-3-fosfato agrega un grupo fosfato? (22.5)

22.87 ¿Cuándo el piruvato se convierte en lactato en el cuerpo? (22.6)

22.88 Cuando el piruvato se usa para formar acetil-CoA o etanol en la fermentación, el producto tiene sólo dos átomos de carbono. ¿Qué ocurrió con el tercer carbono? (22.6)

22.89 ¿Cómo regula la velocidad de la glucólisis la fosfofructoquinasa? (22.5)

22.90 ¿Cómo regula la velocidad de la glucólisis la piruvato quinasa? (22.5)

22.91 ¿Cuándo aumenta la velocidad de la glucogenólisis en las células? (22.5)

22.92 Si la glucosa-1-fosfato es el producto a partir de la descomposición de glucosa, ¿cómo entra en la glucólisis? (22.5)

22.93 ¿Cuál es el producto final de la glucogenólisis en el hígado? (22.7)

22.94 ¿Cuál es el producto final de la glucogenólisis en el músculo esquelético? (22.7)

22.95 Indique si cada una de las condiciones siguientes aumentaría o disminuiría la velocidad de la glucogenólisis en el hígado: (22.7)
- **a.** nivel bajo de glucosa sanguínea
- **b.** secreción de insulina
- **c.** secreción de glucagón
- **d.** niveles altos de ATP

22.96 Indique si cada una de las condiciones siguientes aumentaría o disminuiría la velocidad de la glucogénesis en el hígado: (22.7)
- **a.** nivel bajo de glucosa sanguínea
- **b.** secreción de insulina
- **c.** secreción de glucagón
- **d.** niveles altos de ATP

22.97 Indique si cada una de las condiciones siguientes aumentaría o disminuiría la velocidad de la gluconeogénesis: (22.7)
- **a.** niveles altos de glucosa sanguínea
- **b.** secreción de insulina
- **c.** secreción de glucagón
- **d.** niveles altos de ATP

22.98 Indique si cada una de las condiciones siguientes aumentaría o disminuiría la velocidad de la glucólisis: (22.7)
- **a.** niveles altos de glucosa sanguínea
- **b.** secreción de insulina
- **c.** secreción de glucagón
- **d.** niveles altos de ATP

PREGUNTAS DE DESAFÍO

22.99 ¿Por qué la glucosa se suministra mediante glucogenólisis en el hígado, pero no en el músculo esquelético? (22.7)

22.100 ¿Cuándo aumenta la velocidad de la glucogénesis en las células? (22.7)

22.101 ¿De qué manera las hormonas insulina y glucagón afectan las velocidades de la glucogénesis, glucogenólisis y glucólisis? (22.5, 22.7)

22.102 ¿Cuál es la función de la gluconeogénesis? (22.8)

22.103 ¿Dónde actúa el ciclo de Cori? (22.8)

22.104 Identifique si cada una de las opciones siguientes es parte de la glucólisis, la glucogenólisis, la glucogénesis o la gluconeogénesis: (22.5, 22.7, 22.8)

- **a.** Glucógeno se descompone a glucosa en el hígado.
- **b.** Glucosa se sintetiza a partir de fuentes que no son carbohidratos.
- **c.** Glucosa se degrada a piruvato.
- **d.** Glucógeno se sintetiza a partir de glucosa.

22.105 Una célula en operación puede descomponer 2 millones (2 000 000) de moléculas de ATP en 1 segundo. Los investigadores estiman que el cuerpo humano tiene alrededor de 10^{13} células. (22.2)
- **a.** ¿Cuánta energía, en kcal, podrían producir las células del cuerpo en 24 horas?
- **b.** Si el ATP tiene una masa molar de 507 g/mol, ¿cuántos gramos de ATP se hidrolizan en 24 horas?

RESPUESTAS

Respuestas a las Comprobaciones de estudio

22.1 El grupo tiol (—SH) del aminoetanotiol en la coenzima A se combina con un grupo acetilo para formar la acetil-coenzima A. La CoA participa en la transferencia de grupos acilo, generalmente grupos acetilo.

22.2 La digestión de amilosa comienza en la boca cuando la amilasa salival hidroliza algunos de los enlaces glucosídicos. En el intestino delgado, la amilasa pancreática hidroliza más enlaces glucosídicos, y finalmente la maltosa se hidroliza a maltasa para producir glucosa.

22.3 La división de fructosa-1,6-bisfosfato es segmentación.

22.4

$$CH_3—\overset{\overset{\displaystyle OH}{|}}{CH}—\overset{\overset{\displaystyle O}{\|}}{C}—O^- + NAD^+ \xrightarrow{\text{Lactato deshidrogenasa}}$$

$$CH_3—\overset{\overset{\displaystyle O}{\|}}{C}—\overset{\overset{\displaystyle O}{\|}}{C}—O^- + NADH + H^+$$

22.5 Sólo las células en hígado y riñones tienen una glucosa-6-fosfatasa que hidroliza la glucosa-6-fosfato para producir glucosa libre.

22.6 La reacción catalizada por la hexoquinasa en la glucólisis es irreversible.

Respuestas a Preguntas y problemas seleccionados

22.1 La digestión de polisacáridos tiene lugar en la etapa 1.

22.3 En el metabolismo, una reacción catabólica descompone moléculas grandes, lo que libera energía.

22.5
- **a.** (3) retículo endoplasmático liso
- **b.** (1) lisosoma
- **c.** (2) aparato de Golgi

22.7 Cuando un grupo fosfato se separa del ATP, se libera suficiente energía para los procesos que necesitan energía en la célula.

22.9
- **a.** PEP $\longrightarrow$ piruvato + P_i + 14.8 kcal/mol
- **b.** ADP + P_i + 7.3 kcal/mol $\longrightarrow$ ATP
- **c.** PEP + ADP $\longrightarrow$ ATP + piruvato + 7.5 kcal/mol

22.11
- **a.** coenzima A
- **b.** NAD$^+$
- **c.** FAD

22.13
- **a.** NADH
- **b.** FAD

22.15 FAD

22.17 La hidrólisis es la principal reacción involucrada en la digestión de carbohidratos.

22.19
- **a.** lactosa
- **b.** glucosa y fructosa
- **c.** glucosa

22.21 glucosa

22.23 El ATP es necesario en reacciones de fosforilación.

22.25 El gliceraldehído-3-fosfato y el dihidroxiacetona fosfato

22.27 El ATP se produce en la glucólisis al transferir un grupo fosfato del 1,3-bisfosfoglicerato y del fosfoenolpiruvato directamente al ADP.

22.29
- **a.** hexoquinasa; fosfofructoquinasa
- **b.** fosfoglicerato quinasa; piruvato quinasa

22.31 **a.** Se necesita un ATP
b. Se produce un NADH
c. Se producen 2 ATP y 2 NADH

22.33 **a.** En la reacción 1, una hexoquinasa usa ATP para fosforilar la glucosa.
b. En las reacciones 7 y 10, grupos fosfato se transfieren de 1,3-bisfosfoglicerato y fosfoenolpiruvato directamente al ADP para producir ATP.
c. En la reacción 4, la molécula de seis carbonos fructosa-1,6-bisfosfato se divide en dos moléculas de tres carbonos, gliceraldehído-3-fosfato y dihidroxiacetona fosfato.

22.35 La galactosa reacciona con ATP para producir galactosa-1-fosfato, que se convierte en glucosa-6-fosfato, un intermediario en la glucólisis. La fructosa reacciona con ATP para producir fructosa-1-fosfato, que se divide para producir dihidroxiacetona fosfato y gliceraldehído. La dihidroxiacetona fosfato se isomeriza a gliceraldehído-3-fosfato y el gliceraldehído se fosforila a gliceraldehído-3-fosfato, que es un intermediario en la glucólisis.

22.37 **a.** activa   **b.** inhibe

22.39 Se necesitan condiciones aeróbicas (oxígeno)

22.41 La oxidación del piruvato convierte NAD^+ en NADH y produce acetil-CoA y CO_2.

Piruvato + NAD^+ + CoA $\longrightarrow$ Acetil-CoA + CO_2 + NADH

22.43 Cuando el piruvato se reduce a lactato, el NAD^+ se usa para oxidar gliceraldehído-3-fosfato, que permite la continuación de la glucólisis, lo que produce una cantidad pequeña, pero necesaria, de ATP.

22.45 dióxido de carbono, CO_2

22.47 Glucogénesis es la síntesis de glucógeno a partir de moléculas de glucosa.

22.49 Las células musculares descomponen el glucógeno a glucosa-6-fosfato, que entra en la glucólisis.

22.51 Glucógeno fosforilasa separa los enlaces glucosídicos en los extremos de las cadenas de glucógeno para eliminar glucosa como glucosa-1-fosfato.

22.53 Cuando no hay reservas de glucógeno restantes en el hígado, la gluconeogénesis sintetiza glucosa a partir de compuestos que no son carbohidratos, como piruvato y lactato.

22.55 Fosfoglucosa isomerasa, aldolasa, triosa fosfato isomerasa, gliceraldehído-3-fosfato deshidrogenasa, fosfoglicerato quinasa, fosfoglicerato mutasa y enolasa

22.57 **a.** activa   **b.** activa
c. inhibe

22.59 120 moles de ATP

22.61 El metabolismo comprende todas las reacciones de las células que proporcionan energía y material para el crecimiento celular.

22.63 etapa 1

22.65 célula eucarionte

22.67 adenosín trifosfato

22.69 ATP $\longrightarrow$ ADP + P_i + 7.3 kcal/mol (31 kJ/mol)

22.71 flavina adenina dinucleótido

22.73 nicotinamida adenina dinucleótido

22.75 **a.** $FADH_2$ **b.** $NADH + H^+$

22.77 La lactosa experimenta digestión en el intestino delgado para producir galactosa y glucosa.

22.79 La glucosa es el reactivo y piruvato es el producto de la glucólisis.

22.81 **a.** Las reacciones 1 y 3 involucran fosforilación de hexosas con ATP.
b. Las reacciones 7 y 10 involucran fosforilación directa del sustrato que genera el ATP.

22.83 La reacción 4, que convierte fructosa-1,6-bisfosfato en dos intermediarios de tres carbonos, se cataliza mediante aldolasa.

22.85 glucosa-6-fosfato

22.87 El piruvato se convierte en lactato cuando no hay oxígeno en las células (condiciones anaeróbicas) a fin de regenerar NAD^+ para la glucólisis.

22.89 Fosfofructoquinasa es una enzima alostérica que se activa mediante niveles altos de AMP y ADP porque la célula necesita producir más ATP. Cuando los niveles de ATP son altos debido a una disminución en la energía que necesita, el ATP inhibe la fosfofructoquinasa, lo que reduce su catálisis de fructosa-6-fosfato.

22.91 La velocidad de la glucogenólisis aumenta cuando los niveles de glucosa sanguínea son bajos y se segrega glucagón, que acelera la descomposición de glucógeno.

22.93 glucosa

22.95 **a.** aumenta   **b.** disminuye
c. aumenta   **d.** disminuye

22.97 **a.** disminuye   **b.** disminuye
c. aumenta   **d.** disminuye

22.99 Las células en el hígado, pero no en los músculos esqueléticos, contienen una enzima fosfatasa necesaria para convertir glucosa-6-fosfato en glucosa libre que puede difundirse a través de membranas celulares en el torrente sanguíneo. Glucosa-6-fosfato, que es el producto final de la glucogenólisis en las células musculares, no puede difundirse fácilmente a través de las membranas celulares.

22.101 La insulina aumenta la velocidad de la glucogénesis y glucólisis y disminuye la velocidad de la glucogenólisis. El glucagón disminuye las velocidades de glucogénesis y glucólisis y aumenta la velocidad de glucogenólisis.

22.103 El ciclo de Cori es un proceso cíclico que comprende la transferencia de lactato del músculo al hígado, donde se sintetiza glucosa, que puede ser usada nuevamente por el músculo.

22.105 **a.** 21 kcal   **b.** 1500 g de ATP

23 Metabolismo y producción de energía

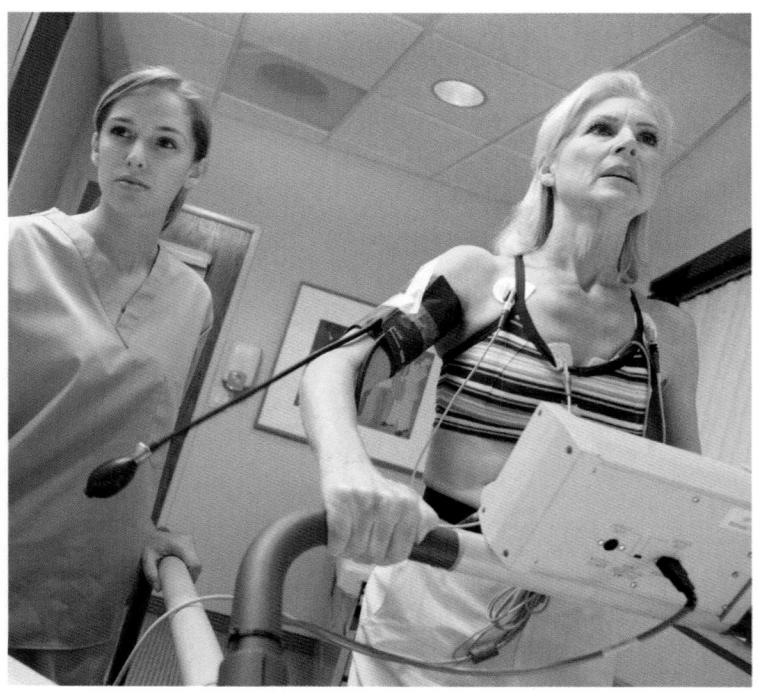

Visite **www.masteringchemistry.com** para acceder a materiales de autoaprendizaje y tareas asignadas por el instructor.

Hace poco, a Natalie le diagnosticaron

enfisema leve debido a tabaquismo pasivo por sus padres. La refieren con Ángela, fisióloga de ejercicio, quien comienza a valorar la condición de Natalie y la conecta a un ECG, un oxímetro de pulso y un brazalete de presión arterial (manguito del esfigmomanómetro). El ECG traza la frecuencia y ritmo cardiacos de Natalie, el oxímetro de pulso traza los niveles de oxígeno en su sangre, en tanto que el brazalete de presión arterial determina la presión que ejerce el corazón al bombear su sangre. Luego se le pide a Natalie que use una caminadora para determinar su condición física general.

Con base en los resultados de Natalie, Ángela crea un régimen de ejercicio. Comienza con ejercicios de baja intensidad que utilizan los músculos más pequeños en lugar de los músculos más grandes, que necesitan más O_2 y pueden agotar una cantidad significativa de O_2 en su sangre. Durante los ejercicios, Ángela continúa monitorizando el ritmo cardiaco de Natalie, el nivel de O_2 en la sangre y la presión arterial para asegurarse de que se ejercita a un nivel que le permita volverse más fuerte sin que se agoten los músculos por falta de oxígeno.

El oxígeno es necesario para el metabolismo y la producción de ATP. En las mitocondrias se requiere O_2 para el paso final en

el transporte de electrones, al tiempo que reacciona con iones hidrógeno para formar agua. Estas reacciones asociadas al transporte de electrones se juntan con la fosforilación oxidativa para producir ATP.

Profesión: Fisiólogo de ejercicio

Los fisiólogos de ejercicio trabajan con deportistas y pacientes a quienes se les ha diagnosticado diabetes, cardiopatías, enfermedad pulmonar o cualquier otra discapacidad o padecimiento crónico. A las personas diagnosticadas con alguna de estas enfermedades, con frecuencia se les prescribe ejercicio como una forma de tratamiento, y se les refiere con un fisiólogo de ejercicio. Éste evalúa la salud general del paciente y luego le prepara un programa de ejercicios personalizado. El programa para un deportista puede orientarse a reducir el número de lesiones, en tanto que un programa para un paciente con una enfermedad cardiaca se centraría en fortalecer los músculos cardiacos. El fisiólogo de ejercicio también vigila la mejoría del paciente y observa si el ejercicio reduce o revierte el avance de la enfermedad.

En las secciones 22.4, 22.5 y 22.6 se describió la digestión de carbohidratos a glucosa y la degradación de glucosa a piruvato durante la glucólisis. Se vio que el piruvato se convierte en acetil-CoA cuando hay mucho oxígeno en la célula, y en lactato cuando los niveles de oxígeno son bajos. Aunque la glucólisis produce una pequeña cantidad de ATP, la mayor parte del ATP de las células se produce en la etapa 3 del metabolismo durante la conversión de piruvato, cuando el oxígeno está disponible en la célula. En un proceso conocido como *respiración*, se requiere oxígeno para completar la oxidación de la glucosa a CO_2 y H_2O.

En el *ciclo del ácido cítrico*, una serie de reacciones metabólicas en las mitocondrias oxidan los dos átomos de carbono en el componente acetilo de acetil-CoA a dos moléculas de dióxido de carbono. Las coenzimas reducidas NADH y $FADH_2$ entran en el *transporte de electrones*, o la *cadena respiratoria*, cuando proporcionan iones hidrógeno y electrones que se combinan con oxígeno (O_2) para formar H_2O. La energía liberada durante el transporte de electrones se utiliza para sintetizar ATP a partir de ADP.

23.1 El ciclo del ácido cítrico

El ciclo del ácido cítrico es una vía central en el metabolismo que utiliza el grupo acetilo de dos carbonos del acetil-CoA para producir CO_2, NADH + H^+ y $FADH_2$ (véase la figura 23.1). El ciclo del ácido cítrico conecta el intermediario acetil-CoA de las etapas 1 y 2 con el transporte de electrones y la síntesis de ATP en la etapa 3.

El *ciclo del ácido cítrico* se llama así por el ión citrato que proviene del ácido cítrico ($C_6H_8O_7$), un ácido tricarboxílico que se forma en la primera reacción. El ciclo del ácido cítrico también se conoce como *ciclo del ácido tricarboxílico (TCA)*, o *ciclo de Krebs*, llamado así en honor de H. A. Krebs, quien lo reconoció en 1937 como la principal vía para la producción de energía.

Panorama general del ciclo del ácido cítrico

En el ciclo del ácido cítrico hay un total de ocho reacciones y ocho enzimas (véase la figura 23.2). Al principio, un grupo acetilo (2C) de acetil-CoA se enlaza con oxaloacetato (4C) para producir citrato (6C). Luego, dos reacciones de descarboxilación eliminan átomos de carbono como CO_2 para producir succinil-CoA (4C). Por último, una serie de reacciones convierte succinil-CoA de cuatro carbonos en oxaloacetato, que se combina con otro acetil-CoA, y el ciclo del ácido cítrico comienza de nuevo. En una vuelta del ciclo del ácido cítrico, cuatro reacciones de oxidación proporcionan iones hidrógeno y electrones, que se usan para reducir coenzimas FAD y NAD^+ (véase la figura 23.3).

Ahora puede ver los detalles de las ocho reacciones que tienen lugar en el ciclo del ácido cítrico. La mayor parte de dichas reacciones, como deshidratación, hidratación, oxidación, reducción e hidrólisis, ya se estudiaron en capítulos anteriores.

Reacción 1 Formación de citrato

En la primera reacción, el *citrato sintasa* hidroliza el enlace tioéster en acetil-CoA y enlaza el grupo acetilo (2C) resultante con oxaloacetato (4C) para producir citrato (6C) y coenzima A.

META DE APRENDIZAJE

Describir la oxidación de acetil-CoA en el ciclo del ácido cítrico.

ACTIVIDAD DE AUTOAPRENDIZAJE
Krebs Cycle

TUTORIAL
Citric Acid Cycle

$$
\underset{\text{Acetil-CoA}}{CH_3-\overset{\overset{O}{\|}}{C}-S-CoA} \;+\; \underset{\text{Oxaloacetato}}{\overset{COO^-}{\underset{\underset{COO^-}{\overset{|}{CH_2}}}{\overset{|}{C}=O}}} \;+\; H_2O \;\xrightarrow[\text{sintasa}]{\text{Citrato}}\; \underset{\text{Citrato}}{HO-\overset{\overset{COO^-}{|}\overset{CH_2}{|}}{\underset{\underset{COO^-}{\overset{|}{CH_2}}}{C}}-COO^-} \;+\; HS-CoA \;+\; H^+
$$

Etapas del metabolismo

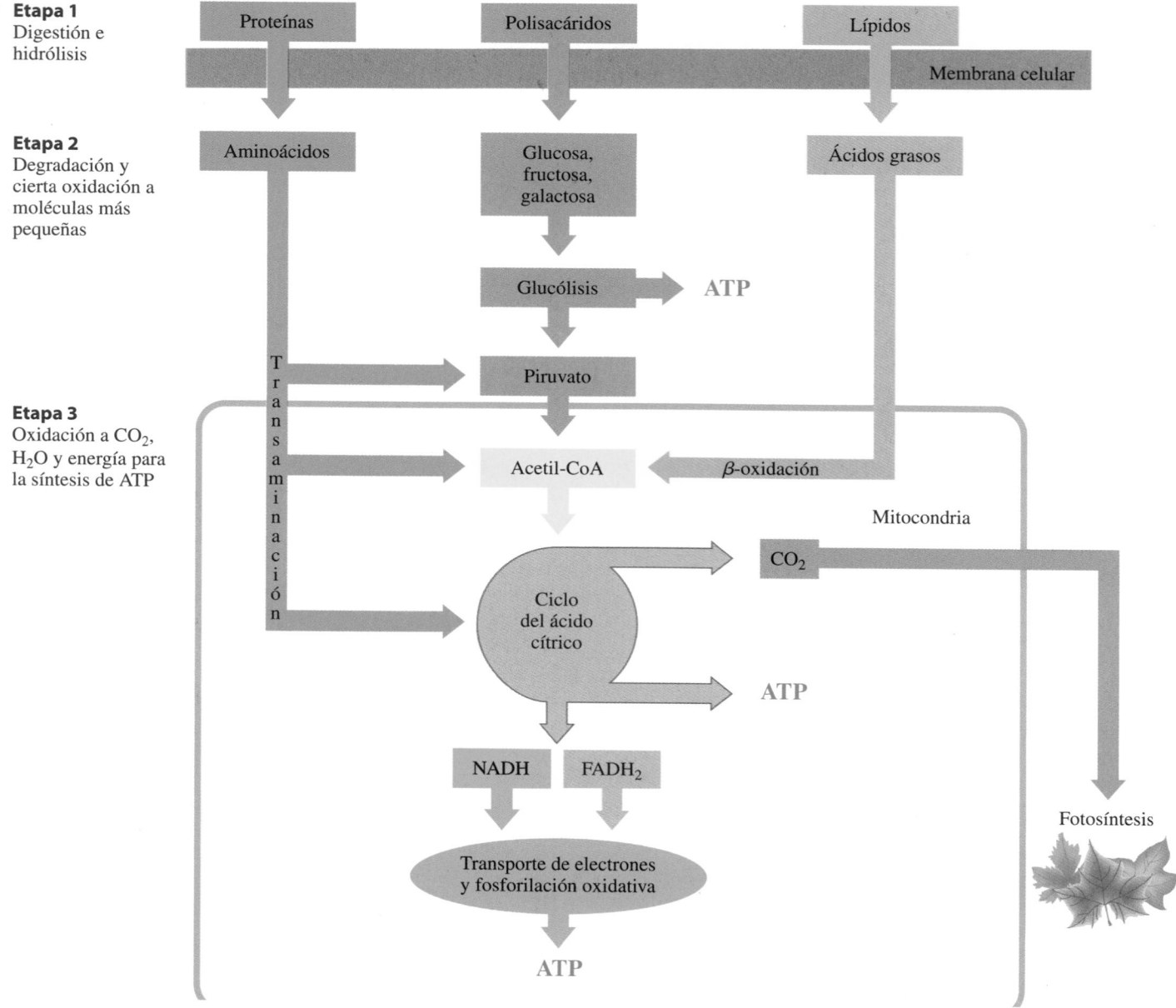

Etapa 1
Digestión e
hidrólisis

Etapa 2
Degradación y
cierta oxidación a
moléculas más
pequeñas

Etapa 3
Oxidación a CO_2,
H_2O y energía para
la síntesis de ATP

FIGURA 23.1 El ciclo del ácido cítrico conecta las vías catabólicas que comienzan en la digestión y la degradación de alimentos en las etapas 1 y 2, con la oxidación de sustratos en la etapa 3, lo que genera la mayor parte de la energía para la síntesis de ATP.

P ¿Por qué el ciclo del ácido cítrico se considera una vía metabólica central?

Reacción 2 Isomerización

El citrato de la reacción 1 contiene un grupo alcohol terciario que no puede oxidarse más. En la reacción 2, el citrato se convierte en un isocitrato isómero que puede oxidarse. En un principio, la *aconitasa* cataliza la deshidratación del citrato para producir *cis*-aconitato, a lo que sigue una hidratación que forma isocitrato. La combinación de estos dos pasos convierte el grupo hidroxilo terciario (—OH) en el citrato, en un grupo hidroxilo secundario (isocitrato) que se oxida en la reacción siguiente.

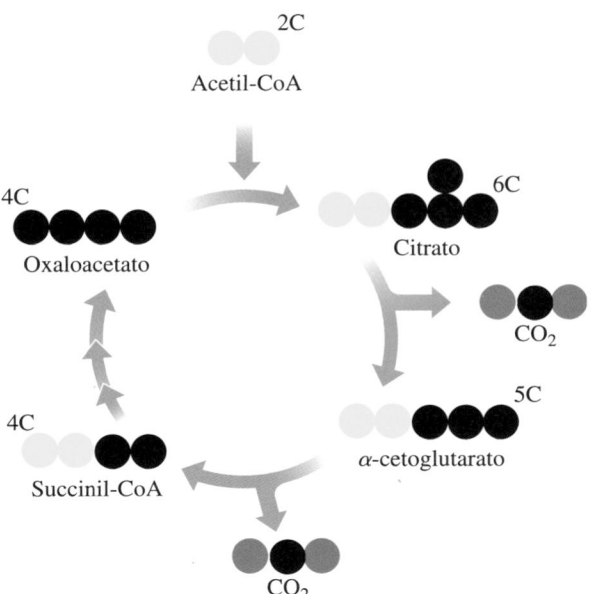

FIGURA 23.2 En el ciclo del ácido cítrico, dos átomos de carbono se eliminan como CO_2 del citrato de seis carbonos para producir succinil-CoA de cuatro carbonos, que se convierte en oxaloacetato de cuatro carbonos.

P ¿Cuántos átomos de carbono se eliminan en una vuelta del ciclo del ácido cítrico?

Reacción 3 Oxidación y descarboxilación

En la reacción 3, tanto una oxidación como una descarboxilación tienen lugar por primera vez en el ciclo del ácido cítrico. El grupo alcohol en el isocitrato (6C) se oxida a una cetona mediante *isocitrato deshidrogenasa*, y una **descarboxilación** elimina un carbono al convertir un grupo carxobilato (COO^-) en una molécula de CO_2. El producto cetona es α-cetoglutarato (5C). La reacción de oxidación también produce iones hidrógeno y electrones que reducen NAD^+ a NADH y H^+. Esta coenzima reducida NADH será importante en las reacciones de producción de energía que se estudiarán en el transporte de electrones.

$$
\begin{array}{c}
COO^- \\
| \\
CH_2 \\
| \\
H-C-COO^- \\
| \\
HO-C-H \\
| \\
COO^-
\end{array}
+ NAD^+
\xrightarrow[\text{deshidrogenasa}]{\text{Isocitrato}}
\begin{array}{c}
COO^- \\
| \\
CH_2 \\
| \\
H-C-H \\
| \\
C=O \\
| \\
COO^-
\end{array}
+ CO_2 + NADH + H^+
$$

Isocitrato α-Cetoglutarato

Reacción 4 Descarboxilación y oxidación

En una reacción catalizada mediante *α-cetoglutarato deshidrogenasa*, el α-cetoglutarato (5C) experimenta descarboxilación, y el producto de cuatro carbonos se combina con la coenzima A para producir succinil-CoA (4C). La oxidación del grupo tiol (—SH) proporciona hidrógeno que reduce NAD^+ a NADH y H^+. Esto forma otro NADH reducido que será importante en las reacciones de producción de energía.

$$
\begin{array}{c}
COO^- \\
| \\
CH_2 \\
| \\
CH_2 \\
| \\
C=O \\
| \\
COO^-
\end{array}
+ NAD^+ + HS-CoA
\xrightarrow[\text{deshidrogenasa}]{\alpha\text{-cetoglutarato}}
\begin{array}{c}
COO^- \\
| \\
CH_2 \\
| \\
CH_2 \\
| \\
C=O \\
| \\
S-CoA
\end{array}
+ CO_2 + NADH + H^+
$$

α-cetoglutarato   Succinil-CoA

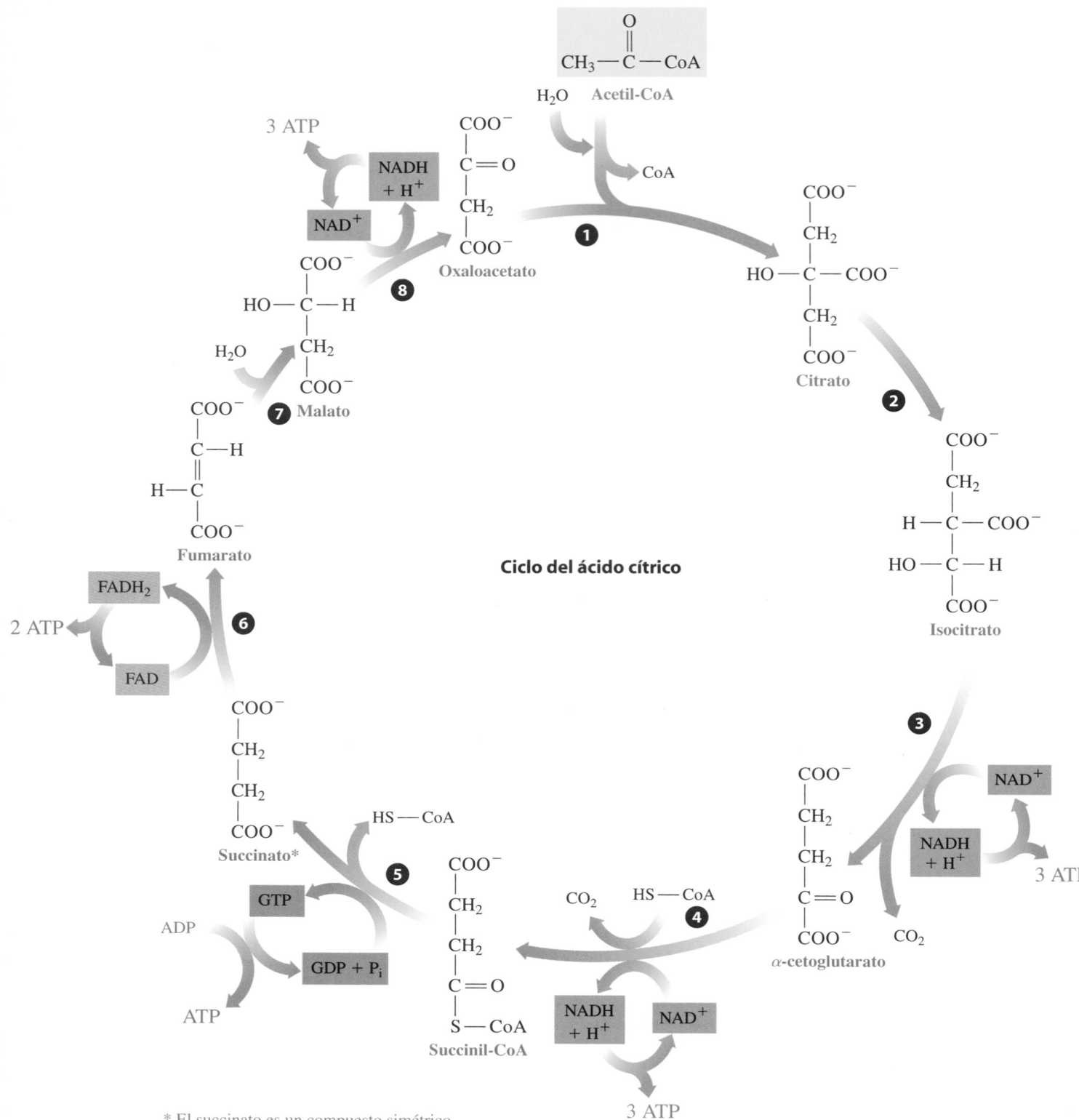

Ciclo del ácido cítrico

* El succinato es un compuesto simétrico.

FIGURA 23.3 En el ciclo del ácido cítrico, las reacciones de oxidación producen dos moléculas de CO_2 y coenzimas reducidas NADH y $FADH_2$, y regeneran oxaloacetato.

P ¿Cuántas reacciones en el ciclo del ácido cítrico producen una coenzima reducida?

Reacción 5   Hidrólisis

En la reacción 5, la *succinil-CoA sintetasa* cataliza la hidrólisis del enlace tioéster en succinil-CoA para producir succinato y CoA. La energía liberada se usa para agregar un grupo fosfato a GDP (guanosina-difosfato) para formar GTP, un compuesto de alta energía similar al ATP.

$$
\begin{array}{ll}
COO^- & COO^- \\
| & | \\
CH_2 & CH_2 \\
| & \\
CH_2 + GDP + P_i + H^+ \quad\xrightarrow{\text{Succinil-CoA sintetasa}}\quad & CH_2 + GTP + HS-CoA \\
| & | \\
C=O & COO^- \\
| & \\
S-CoA & \\
\text{Succinil-CoA} & \text{Succinato}
\end{array}
$$

Con el tiempo, el GTP experimenta hidrólisis con una liberación de energía que se usa para agregar un grupo fosfato al ADP y formar ATP. Esta reacción es la única vez, en el ciclo del ácido cítrico, que produce ATP mediante una transferencia directa de un grupo fosfato. La reacción entre GTP y ADP regenera GDP, que puede utilizarse de nuevo en el ciclo del ácido cítrico.

$$GTP + ADP \longrightarrow GDP + ATP$$

Reacción 6   Oxidación

En la reacción 6, la *succinato deshidrogenasa* cataliza la oxidación de succinato para producir fumarato, un compuesto con un enlace doble *trans*. La formación de un enlace doble carbono-carbono ($C=C$) produce 2H que se usan para reducir la coenzima FAD a $FADH_2$. Esta reacción es la única vez, en el ciclo del ácido cítrico, en la que se reduce FAD a $FADH_2$. Esta coenzima reducida $FADH_2$ es importante en las reacciones que producen energía y que se estudiarán en el transporte de electrones.

$$
\begin{array}{ll}
COO^- & \\
| & ^-OOC \qquad H \\
CH_2 & \quad\ \ C \\
| \quad + FAD \quad\xrightarrow{\text{Succinato deshidrogenasa}}\quad & \ \ \ \| \qquad\qquad + FADH_2 \\
CH_2 & \quad\ \ C \\
| & H \qquad COO^- \\
COO^- & \\
\text{Succinato} & \text{Fumarato}
\end{array}
$$

Reacción 7   Hidratación

En la reacción 7, una hidratación catalizada mediante *fumarasa* agrega agua al enlace doble del fumarato para producir malato, que es un alcohol secundario.

$$
\begin{array}{ll}
^-OOC \qquad H & COO^- \\
\quad\ \ C & | \\
\quad\ \ \| \quad + H_2O \quad\xrightarrow{\text{Fumarasa}}\quad & HO-C-H \\
\quad\ \ C & | \\
H \qquad COO^- & H-C-H \\
& | \\
& COO^- \\
\text{Fumarato} & \text{Malato}
\end{array}
$$

Reacción 8   Oxidación

En la reacción 8, el último paso del ciclo del ácido cítrico, la *malato deshidrogenasa* cataliza la oxidación del grupo hidroxilo (—OH) en malato para producir oxaloacetato. Por tercera vez en el ciclo del ácido cítrico, una oxidación proporciona iones hidrógeno y electrones para la reducción de NAD^+ a NADH y H^+.

$$
\begin{array}{ll}
COO^- & COO^- \\
| & | \\
HO-C-H & C=O \\
| \qquad\quad + NAD^+ \quad\xrightarrow{\text{Malato deshidrogenasa}}\quad & | \qquad + NADH + H^+ \\
CH_2 & CH_2 \\
| & | \\
COO^- & COO^- \\
\text{Malato} & \text{Oxaloacetato}
\end{array}
$$

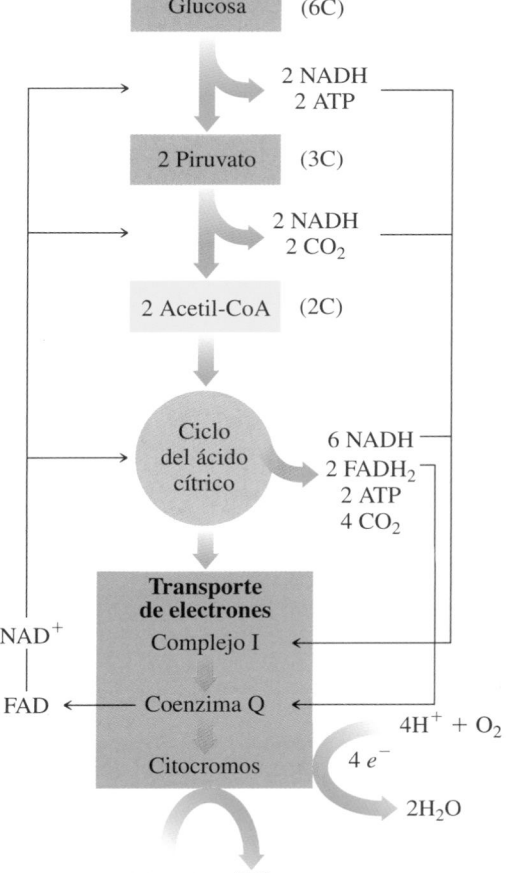

Las coenzimas reducidas NADH y $FADH_2$ que proporcionan iones hidrógeno y electrones en el transporte de electrones se regeneran como NAD^+ y FAD.

a. ¿Qué ocurre con la acetil-CoA en la reacción 1 del ciclo del ácido cítrico?
b. ¿Por qué el citrato se isomeriza en la reacción 2?
c. ¿Dónde se produce ATP mediante una transferencia directa de fosfato en el ciclo del ácido cítrico?
d. ¿Dónde se genera oxaloacetato en el ciclo del ácido cítrico?

RESPUESTA

a. En la reacción 1 del ciclo del ácido cítrico, la acetil-CoA se hidroliza y el grupo acetilo (2C) se combina con oxaloacetato (4C) para producir citrato (6C).
b. Como alcohol terciario, el citrato no puede oxidarse. En la reacción 2 se isomeriza en isocitrato, que tiene un grupo alcohol secundario que puede oxidarse.
c. La reacción 5 en el ciclo del ácido cítrico produce GTP, que transfiere un grupo fosfato al ADP para producir ATP.
d. En la reacción 8, el malato se oxida para generar oxaloacetato.

Resumen de productos del ciclo del ácido cítrico

Ya se vio que el ciclo del ácido cítrico comienza cuando un grupo acetilo de dos carbonos de la acetil-CoA se combina con oxaloacetato para formar citrato. Mediante oxidación y descarboxilación, se eliminan dos átomos de carbono para producir dos moléculas de CO_2 y un compuesto de cuatro carbonos que experimenta reacciones para regenerar oxaloacetato.

En las cuatro reacciones de oxidación de una vuelta del ciclo del ácido cítrico, tres NAD^+ y un FAD se reducen a tres NADH y un $FADH_2$. Un GDP se convierte en un GTP, que se usa para convertir un ADP en ATP. Se puede escribir una ecuación química global para una vuelta completa del ciclo del ácido cítrico del modo siguiente:

$$\text{Acetil-CoA} + 3NAD^+ + FAD + GDP + P_i + 2H_2O \longrightarrow$$
$$2CO_2 + 3NADH + 3H^+ + FADH_2 + GTP + CoA$$

Regulación del ciclo del ácido cítrico

La función principal del ciclo del ácido cítrico es producir compuestos de alta energía para la síntesis de ATP. Cuando la célula necesita energía, los niveles bajos de ATP estimulan la conversión de piruvato en acetil-CoA, el combustible para el ciclo del ácido cítrico. Cuando los niveles de ATP y NADH son altos, disminuye la producción de acetil-CoA a partir de piruvato.

En el ciclo del ácido cítrico, las enzimas que catalizan las reacciones 3 y 4 responden a la activación e inhibición alostérica (véase la sección 20.5). En la reacción 3, la isocitrato deshidrogenasa se activa con niveles altos de ADP y se inhibe con niveles altos de ATP y NADH. En la reacción 4, la α-cetoglutarato deshidrogenasa se activa con niveles altos de ADP y se inhibe con niveles altos de NADH y succinil-CoA (véase la figura 23.4)

Productos de una vuelta del ciclo del ácido cítrico

2 CO_2
3 NADH y 3H^+
1 $FADH_2$
1 GTP (1 ATP)
1 CoA

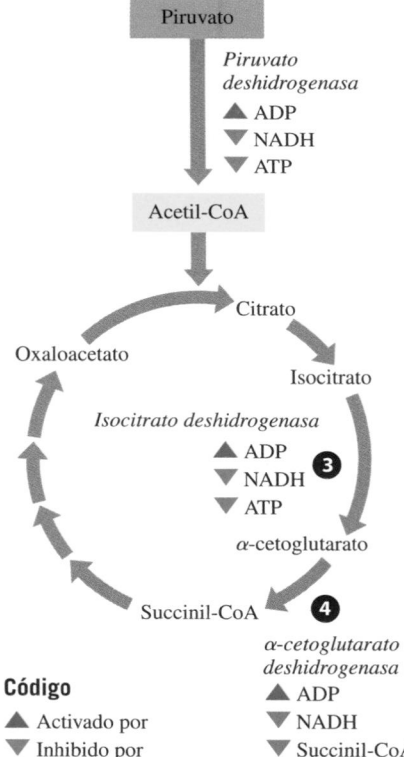

Código
▲ Activado por
▼ Inhibido por

FIGURA 23.4 Niveles altos de ADP activan enzimas para la producción de acetil-CoA y el ciclo del ácido cítrico, en tanto que niveles altos de ATP, NADH y succinil-CoA inhiben las enzimas en el ciclo del ácido cítrico.

P ¿De qué manera los niveles altos de ATP afectan la velocidad del ciclo del ácido cítrico?

Cuando una acetil-CoA completa el ciclo del ácido cítrico, ¿cuántos se producen de cada una de las siguientes opciones?

a. NADH   **b.** grupo cetona   **c.** CO_2

SOLUCIÓN

a. Una vuelta del ciclo del ácido cítrico produce tres moléculas de NADH.
b. Se forman dos grupos cetona cuando los grupos de alcohol secundario en isocitrato y malato se oxidan mediante NAD^+.
c. Se producen dos moléculas de CO_2 mediante la descarboxilación de isocitrato y α-cetoglutarato.

COMPROBACIÓN DE ESTUDIO 23.1

¿Qué compuesto es un sustrato en la primera reacción del ciclo del ácido cítrico y un producto en la última reacción?

PREGUNTAS Y PROBLEMAS

23.1 El ciclo del ácido cítrico

META DE APRENDIZAJE: *Describir la oxidación de acetil-CoA en el ciclo del ácido cítrico.*

23.1 ¿Qué otros nombres se usan para el ciclo del ácido cítrico?

23.2 ¿Qué compuestos se necesitan para iniciar el ciclo del ácido cítrico?

23.3 ¿Cuáles son los productos de una vuelta del ciclo del ácido cítrico?

23.4 ¿Qué compuesto se regenera en cada vuelta del ciclo del ácido cítrico?

23.5 ¿Cuál(es) reacción(es) del ciclo del ácido cítrico comprende(n) oxidación y descarboxilación?

23.6 ¿Cuál(es) reacción(es) del ciclo del ácido cítrico comprende(n) una reacción de deshidratación?

23.7 ¿Cuál(es) reacción(es) del ciclo del ácido cítrico reduce(n) NAD^+?

23.8 ¿Cuál(es) reacción(es) del ciclo del ácido cítrico reduce(n) FAD?

23.9 ¿Cuál(es) reacción(es) del ciclo del ácido cítrico comprende(n) una transferencia directa de fosfato?

23.10 ¿Cuál es el total de NADH y el total de $FADH_2$ producido en una vuelta del ciclo del ácido cítrico?

23.11 Consulte el diagrama del ciclo del ácido cítrico para responder cada una de las preguntas siguientes:
   a. ¿Cuáles son los compuestos de seis carbonos?
   b. ¿Cómo se reduce el número de átomos de carbono?
   c. ¿Cuál es el compuesto de cinco carbonos?
   d. ¿Cuáles reacciones son reacciones de oxidación?
   e. ¿En cuáles reacciones se oxidan alcoholes secundarios?

23.12 Consulte el diagrama del ciclo del ácido cítrico para responder cada una de las preguntas siguientes:

a. ¿Cuál es la producción de moléculas de CO_2?
b. ¿Cuáles son los compuestos de cuatro carbonos?
c. ¿Cuál es la producción de moléculas de GTP?
d. ¿Cuáles son las reacciones de descarboxilación?
e. ¿Dónde ocurre una hidratación?

23.13 Indique el nombre de la enzima que cataliza cada una de las reacciones siguientes en el ciclo del ácido cítrico:
   a. une la acetil-CoA al oxaloacetato
   b. forma un enlace doble carbono-carbono
   c. agrega agua al fumarato

23.14 Indique el nombre de la enzima que cataliza cada una de las reacciones siguientes en el ciclo del ácido cítrico:
   a. isomeriza citrato
   b. oxida y descarboxila α-cetoglutarato
   c. hidroliza succinil-CoA y agrega P_i a GDP

23.15 Indique el reactivo que acepta un hidrógeno o grupo fosfato en cada una de las reacciones siguientes:
   a. isocitrato $\longrightarrow$ α-cetoglutarato
   b. succinil-CoA $\longrightarrow$ succinato

23.16 Indique el reactivo que acepta un hidrógeno o un grupo fosfato en cada una de las reacciones siguientes:
   a. malato $\longrightarrow$ oxaloacetato
   b. α-cetoglutarato $\longrightarrow$ succinil-CoA

23.17 ¿Qué enzimas en el ciclo del ácido cítrico son enzimas alostéricas?

23.18 ¿Por qué la velocidad de oxidación de piruvato afecta la velocidad del ciclo del ácido cítrico?

23.19 ¿De qué manera los niveles altos de ADP afectan la velocidad del ciclo del ácido cítrico?

23.20 ¿De qué manera los niveles altos de NADH afectan la velocidad del ciclo del ácido cítrico?

23.2 Transporte de electrones

En este punto de la etapa 3, por cada molécula de glucosa que completa la glucólisis, la oxidación de dos piruvatos y el ciclo del ácido cítrico, se producen cuatro ATP, 10 NADH y dos $FADH_2$.

A partir de glucosa	ATP	Coenzimas reducidas	
Glucólisis	2	2 NADH	
Oxidación de 2 piruvato		2 NADH	
Ciclo del ácido cítrico con 2 acetil-CoA	2	6 NADH	2 $FADH_2$
Total para una glucosa	**4**	**10 NADH**	**2 $FADH_2$**

Ahora se estudiará la importancia de las coenzimas reducidas NADH y $FADH_2$, cuando se oxidan a fin de proporcionar la energía para la síntesis de mucho más ATP. En el **transporte de electrones**, o la *cadena respiratoria*, iones hidrógeno y electrones de NADH y $FADH_2$ se transfieren de un aceptor de electrones o portador de electrones hacia el siguiente, hasta que se combinan con oxígeno para formar H_2O. La energía liberada durante el transporte de electrones se utiliza para sintetizar ATP a partir de ADP y P_i, un proceso llamado *fosforilación oxidativa* (véase la sección 23.3).

FIGURA 23.5 En el transporte de electrones, la oxidación de NADH y $FADH_2$ proporciona iones hidrógeno y electrones que reaccionan con oxígeno para formar agua.

P ¿Cuál es la principal fuente de NADH para el transporte de electrones?

Siempre y cuando esté disponible oxígeno para las mitocondrias en la célula, el transporte de electrones y la fosforilación oxidativa funcionan para producir la mayor parte de la energía de ATP fabricada en la célula.

En la sección 22.1 se vio que una mitocondria contiene membranas interior y exterior. A lo largo de la membrana interior enormemente plegada, están las enzimas y portadores de electrones necesarios para el transporte de electrones. En el interior de dichas membranas hay cuatro complejos proteínicos distintos: complejos I, II, III y IV. Dos portadores de electrones, la coenzima Q y el citocromo *c*, no están firmemente unidos a la membrana. Actúan como portadores móviles que transportan electrones entre los complejos proteínicos que están enlazados a la membrana interior (véase la figura 23.5)

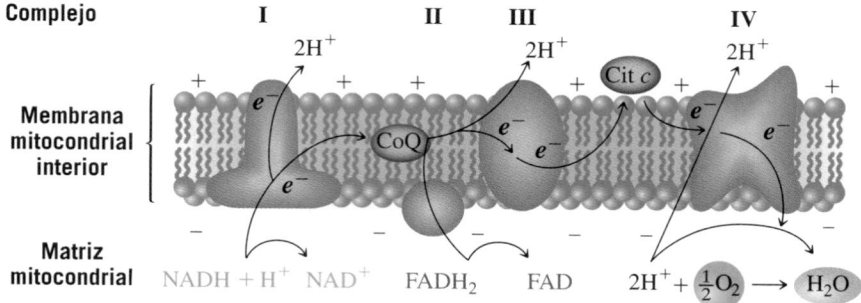

Complejo I

El transporte de electrones comienza cuando iones hidrógeno y dos electrones se transfieren de NADH al complejo I y luego al portador de electrones móvil **coenzima Q (CoQ)**. La coenzima Q se reduce a $CoQH_2$, que transporta electrones desde los complejos I y II hacia el complejo III (véase la figura 23.6). La pérdida de hidrógeno por parte de NADH regenera NAD^+, que queda disponible nuevamente para oxidar más sustratos en las vías oxidativas como el ciclo del ácido cítrico. Los iones hidrógeno del NADH se difunden hacia el espacio intermembrana, donde producen un *gradiente de protones*. La secuencia global de la reacción en el complejo I se escribe del modo siguiente:

$$NADH + H^+ + CoQ \longrightarrow CoQH_2 + NAD^+$$

FIGURA 23.6 El portador de electrones coenzima Q se reduce a $CoQH_2$ cuando acepta $2H^+$ y $2e^-$ de NADH + H^+ o $FADH_2$.

P ¿Cuál es la diferencia entre la coenzima Q reducida y la forma oxidada?

Complejo II

En el complejo II, CoQ también obtiene iones hidrógeno y electrones de $FADH_2$, generados mediante la conversión de succinato a fumarato en el ciclo del ácido cítrico, lo que produce $CoQH_2$ y la coenzima oxidada FAD. La secuencia global de la reacción en el complejo II se escribe del modo siguiente:

$$FADH_2 + CoQ \longrightarrow FAD + CoQH_2$$

Complejo III

En el complejo III, dos electrones se transfieren del portador móvil $CoQH_2$ a una serie de proteínas que contienen hierro llamadas **citocromos**, y con el tiempo a citocromo c, que es un portador de electrones móvil. El ión hierro dentro de los citocromos se oxida (Fe^{3+}) y reduce (Fe^{2+}) a medida que se pierden y ganan electrones. Los iones hidrógeno liberados de $CoQH_2$ para producir CoQ se difunden en el espacio intermembrana, donde producen un gradiente de protones.

$$CoQH_2 + 2\text{cit } c \ (Fe^{3+}) \longrightarrow CoQ + 2\text{cit } c \ (Fe^{2+}) + 2H^+$$
Oxidada   Reducida

Complejo IV

En el complejo IV, cuatro electrones de cuatro citocromos c se combinan con iones hidrógeno y oxígeno (O_2) para formar dos moléculas de agua.

$$4\text{cit } c \ (Fe^{2+}) + 4H^+ + O_2 \longrightarrow 4\text{cit } c \ (Fe^{3+}) + 2H_2O$$

En una forma simplificada, es posible escribir del modo siguiente la reacción de los iones hidrógeno y los electrones de NADH y $FADH_2$ con oxígeno para formar agua:

$$4e^- + 4H^+ + O_2 \longrightarrow 2H_2O$$

En general, las coenzimas reducidas NADH y $FADH_2$ provenientes del ciclo del ácido cítrico entran al transporte de electrones para proporcionar iones hidrógeno y electrones que reaccionan con oxígeno, lo que produce agua y las coenzimas oxidadas NAD^+ y FAD.

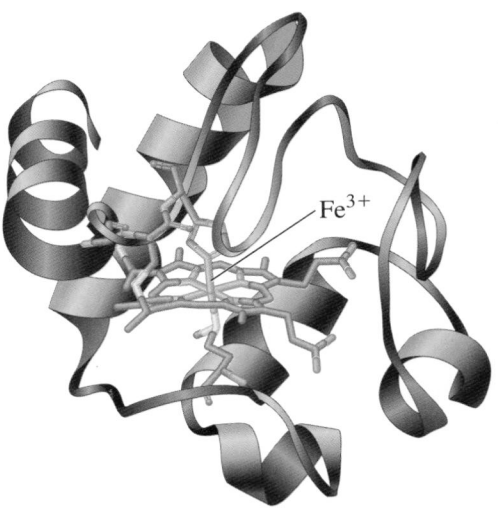

Fe³⁺

En el portador de electrones móvil citocromo c, se forma un enlace covalente entre los grupos R cisteína (amarillo), entre la porción hemo (azul) y un componente proteínico (verde). Los átomos de oxígeno se muestran en rojo.

EJEMPLO DE PROBLEMA 23.2   **Oxidación y reducción**

Identifique si los siguientes pasos en el transporte de electrones corresponden a oxidación o a reducción:

a. $CoQH_2 \longrightarrow CoQ + 2H^+ + 2e^-$
b. cit $c \ (Fe^{3+}) + e^- \longrightarrow$ cit $c \ (Fe^{2+})$

SOLUCIÓN

a. La pérdida de electrones es oxidación.
b. La ganancia de electrones es reducción.

COMPROBACIÓN DE ESTUDIO 23.2

¿Cuál es la sustancia final que acepta electrones en el transporte de electrones?

La química en la salud

TOXINAS: INHIBIDORES DEL TRANSPORTE DE ELECTRONES

Varias sustancias pueden inhibir los portadores de electrones en los diferentes complejos del transporte de electrones. La rotenona, un producto proveniente de una raíz vegetal que se usa como insecticida, y los analgésicos Amital y Demerol bloquean el transporte de electrones entre el complejo I y la coenzima Q. Otro inhibidor es el antibiótico antimicina A, que bloquea el flujo de electrones entre el complejo III y el citocromo c. Otro grupo de compuestos, incluidos el cianuro (CN^-) y el monóxido de carbono, bloquean el flujo de electrones entre el citocromo c y el complejo IV. La naturaleza tóxica de estos compuestos deja en claro que los organismos dependen enormemente del proceso de transporte de electrones.

Cuando un inhibidor bloquea un paso del transporte de electrones, los portadores que anteceden a dicho paso no pueden transferir electrones y permanecen en sus formas reducidas. Todos los portadores después del paso bloqueado permanecen oxidados sin una fuente de electrones. Por tanto, cualquiera de estos inhibidores puede desactivar el transporte de electrones. En consecuencia, la respiración se detiene y las células mueren.

Rotenona

Amital

Demerol

Antimicina A

PREGUNTAS Y PROBLEMAS

23.2 Transporte de electrones

META DE APRENDIZAJE: *Describir cómo se transfieren hidrógeno y electrones durante el transporte de electrones.*

23.21 ¿Cit c (Fe^{3+}) es la abreviatura de la forma oxidada o reducida del citocromo c?

23.22 ¿$FADH_2$ es la abreviatura de la forma oxidada o reducida de flavina adenina dinucleótido?

23.23 Identifique si cada una de las siguientes reacciones corresponde a oxidación o reducción:
a. $NADH \longrightarrow NAD^+ + H^+ + 2\ e^-$
b. $CoQ + 2H^+ + 2\ e^- \longrightarrow CoQH_2$

23.24 Identifique si cada una de las siguientes reacciones corresponde a oxidación o reducción:
a. cit c (Fe^{2+}) $\longrightarrow$ cit c (Fe^{3+}) $+ e^-$
b. $FAD + 2H^+ + 2\ e^- \longrightarrow FADH_2$

23.25 ¿Qué coenzima reducida proporciona los iones hidrógeno y los electrones para el transporte de electrones en el complejo I?

23.26 ¿Qué coenzima reducida proporciona los iones hidrógeno y los electrones para el transporte de electrones en el complejo II?

23.27 Acomode las sustancias siguientes en el orden en el que aparecen en el transporte de electrones: citocromo c (FE^{3+}), $FADH_2$ y CoQ.

23.28 Acomode las sustancias siguientes en el orden en el que aparecen en el transporte de electrones: O_2, NAD^+ y FAD.

23.29 ¿Cómo se transportan los electrones del complejo I al complejo III?

23.30 ¿Cómo se transportan los electrones del complejo III al complejo IV?

23.31 ¿Cómo se oxida NADH en el transporte de electrones?

23.32 ¿Cómo se oxida $FADH_2$ en el transporte de electrones?

23.33 Complete cada una de las reacciones siguientes en el transporte de electrones:
a. $NADH + H^+ + \underline{\quad\quad} \longrightarrow \underline{\quad\quad} + CoQH_2$
b. $CoQH_2 + 2cit\ c\ (Fe^{3+}) \longrightarrow CoQ + \underline{\quad\quad} + \underline{\quad\quad}$

23.34 Complete cada una de las reacciones siguientes en el transporte de electrones:
a. $CoQ + \underline{\quad\quad} \longrightarrow \underline{\quad\quad} + FAD$
b. $4cit\ c\ (Fe^{3+}) + 4H^+ + O_2 \longrightarrow 4cit\ c\ (Fe^{2+}) + \underline{\quad\quad}$

TUTORIAL
The Chemiosmotic Model

ACTIVIDAD DE AUTOAPRENDIZAJE
Electron Transport

23.3 Fosforilación oxidativa y ATP

Ya vio que se genera energía cuando los electrones provenientes de la oxidación de sustratos fluyen por el transporte de electrones. Ahora observará cómo dicha energía se acopla con la producción de ATP en el proceso llamado **fosforilación oxidativa**.

El modelo quimiosmótico

En 1978, Peter Mitchell recibió el Premio Nobel de Química por su teoría llamada **modelo quimiosmótico**, que vincula la energía del transporte de electrones con un gradiente de protones que impulsa la síntesis de ATP. Tres de los complejos proteínicos (I, III y IV) se extienden a través de la membrana mitocondrial interior, con un extremo de cada complejo en la matriz y el otro extremo en el espacio intermembrana. En el modelo quimiosmótico, cada uno de estos complejos actúa como una **bomba de protones** al empujar protones (H^+) fuera de la matriz y hacia el espacio intermembrana. Este aumento de protones en el espacio intermembrana reduce el pH y crea un gradiente de protones. Puesto que los protones tienen carga positiva, el pH más bajo y la carga eléctrica del gradiente de protones produce un *gradiente electroquímico* (véase la figura 23.7).

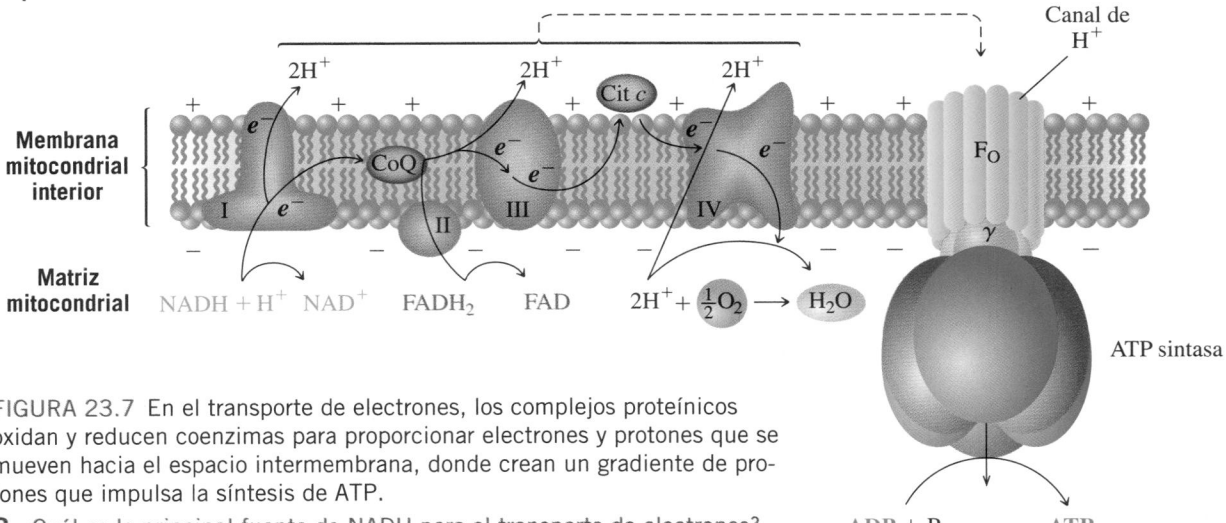

Espacio intermembrana

Membrana mitocondrial interior

Matriz mitocondrial

$NADH + H^+ \quad NAD^+ \qquad FADH_2 \qquad FAD \qquad 2H^+ + \tfrac{1}{2}O_2 \longrightarrow H_2O$

Canal de H^+

F_O

γ

ATP sintasa

$ADP + P_i \qquad ATP$

FIGURA 23.7 En el transporte de electrones, los complejos proteínicos oxidan y reducen coenzimas para proporcionar electrones y protones que se mueven hacia el espacio intermembrana, donde crean un gradiente de protones que impulsa la síntesis de ATP.

P ¿Cuál es la principal fuente de NADH para el transporte de electrones?

TUTORIAL
Power from Protons: ATP Synthase

Para igualar el pH y la carga eléctrica entre el espacio intermembrana y la matriz, los protones regresan a la matriz, para lo cual pasan a través de la enzima **ATP sintasa**. A medida que los protones fluyen por la ATP sintasa, la energía generada por el gradiente de protones se usa para combinar ADP y P_i a fin de formar ATP. Por tanto, el proceso de fosforilación oxidativa acopla la energía proveniente del transporte de electrones con la síntesis de ATP a partir de ADP y P_i.

$$ADP + \dot{P}_i + energía \xrightarrow{\text{ATP sintasa}} ATP$$

COMPROBACIÓN DE CONCEPTOS 23.2   **El modelo quimiosmótico**

Considere el proceso de bombeo de protones en el modelo quimiosmótico.

a. ¿Qué cambios en el pH tienen lugar en la matriz mitocondrial y en el espacio intermembrana?

b. ¿Cómo regresan los protones a la matriz para volver a equilibrar el pH?

c. ¿Cómo se obtiene energía para la síntesis de ATP?

RESPUESTA

a. El proceso de bombeo de protones "empuja" los protones (H^+) para sacarlos de la matriz mitocondrial, lo que aumenta el pH. Al mismo tiempo, se agregan protones (H^+) al espacio intermembrana, lo que reduce su pH.

b. Los protones regresan a la matriz para volver a equilibrar el pH al pasar a través de la ATP sintasa.

c. La energía de los protones que fluyen por la ATP sintasa se usa para sintetizar ATP.

Detalles de ATP sintasa

La ATP sintasa consiste en dos secciones (véase la figura 23.8). La sección F_O, que está en la membrana interior, contiene el canal para el regreso de los protones hacia la matriz. La sección F_1 consiste en una subunidad central gamma (γ) que está rodeada por tres grupos de subunidades proteínicas. Dichas subunidades proteínicas contienen cada una sitios activos que cambian a tres formas o conformaciones diferentes conocidas como *semiabierta* (L), cerrada (T) y abierta (O). A medida que los protones fluyen por el canal F_O, la energía liberada gira la subunidad central (γ). Es posible imaginar que el flujo de protones es una corriente o un río que hace girar una rueda hidráulica. A medida que la unidad central suministra energía a los tres sitios activos, sus formas cambian.

La síntesis de ATP comienza cuando los sustratos ADP y P_i entran en un sitio activo abierto (O). Mientras la conformación del sitio activo cambia a semiabierta (L), ADP y P_i se enlazan a la enzima ATP sintasa.

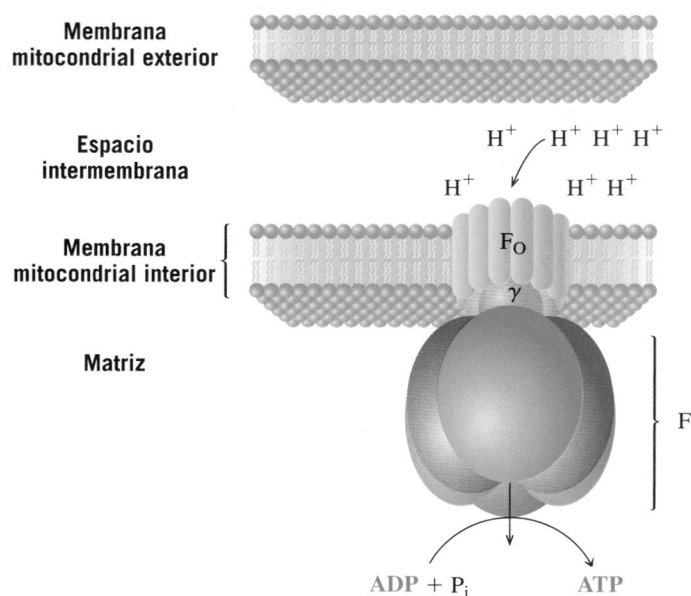

Membrana mitocondrial exterior

Espacio intermembrana

Membrana mitocondrial interior

Matriz

H^+ H^+ H^+ H^+

H^+ H^+ H^+

F_O

γ

F_1

ADP + P_i ATP

FIGURA 23.8 La ATP sintasa consiste en dos complejos proteínicos. Una sección F_0 contiene el canal para el flujo de protones, y una sección F_1 usa la energía del gradiente de protones para impulsar la síntesis de ATP.

P ¿Cuáles son las funciones de las secciones F_0 y F_1 de la ATP sintasa?

Cuando el sitio activo se convierte en una conformación cerrada (T), se forma ATP, y permanece enlazado en la conformación cerrada (T). A medida que más protones fluyen por el canal de protones y suministran energía, la conformación cerrada (T) cambia a un sitio abierto (O) y el ATP se libera (véase la figura 23.9).

En resumen, la energía de los protones que fluyen a través de F_O hace girar la unidad central γ en F_1. La forma de cada sitio activo cambia de conformación de semiabierta (L), que une ADP y P_i, a cerrada (T), donde se forma ATP, y luego a abierta (O), que libera ATP y acepta otro ADP + P_i. Este proceso de fosforilación oxidativa continúa en tanto se genere energía del sistema de transporte de electrones, lo que bombea los protones en el espacio intermembrana y produce el gradiente de protones para alimentar la ATP sintasa.

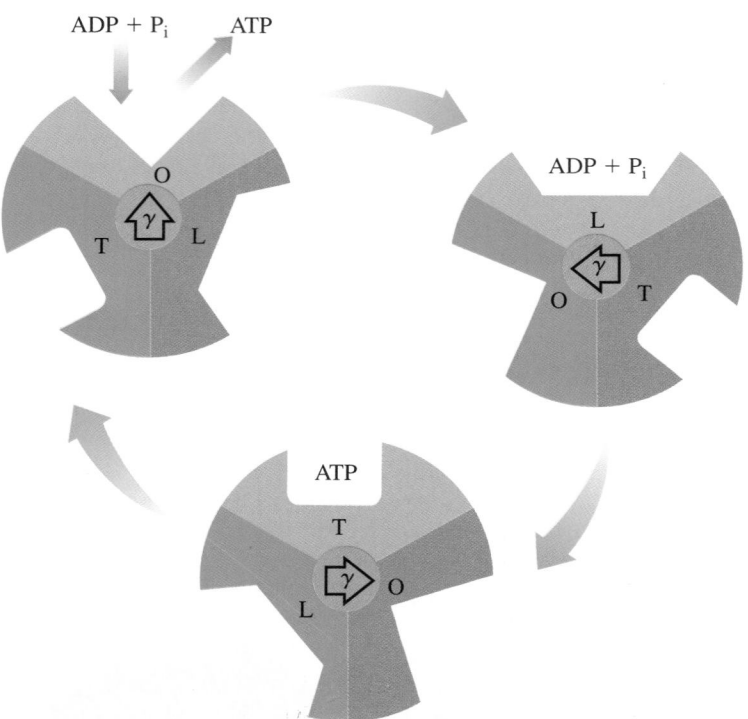

ADP + P_i ATP

O

γ

T L

ADP + P_i

L

γ

O T

ATP

T

γ

L O

FIGURA 23.9 En la ATP sintasa F_1, se forma ATP cuando el sitio activo semiabierto (L) que contiene ADP y P_i se convierte en una conformación cerrada (T). Cuando la energía del flujo de protones por F_0 cambia su sitio activo a la conformación abierta (O), se libera ATP.

P ¿Qué forma de un sitio activo en la ATP sintasa F_1 acepta los sustratos y cuál forma libera el ATP?

Transporte de electrones y síntesis de ATP

Cuando NADH entra en el transporte de electrones en el complejo I, la energía liberada de su oxidación se utiliza para sintetizar tres moléculas de ATP. Sin embargo, $FADH_2$ entra en el transporte de electrones en el complejo II, que está a un nivel de energía inferior, y proporciona energía para la síntesis de sólo dos ATP. Mediciones recientes indican que la oxidación de NADH tiene una producción de energía cercana a 2.5 ATP y que un $FADH_2$ tiene una producción de energía cercana a 1.5 ATP. Puesto que todavía hay desacuerdos sobre los valores reales de la producción de ATP, en el texto se usarán los valores tradicionales de 3 ATP para NADH y 2 ATP para $FADH_2$. La ecuación global para la oxidación de NADH y $FADH_2$ puede escribirse del modo siguiente:

$$\textbf{NADH} + \textbf{H}^+ + \tfrac{1}{2}O_2 + 3ADP + 3P_i \longrightarrow NAD^+ + H_2O + \boxed{\textbf{3ATP}}$$

$$\textbf{FADH}_2 + \tfrac{1}{2}O_2 + 2ADP + 2P_i \longrightarrow FAD + H_2O + \boxed{\textbf{2ATP}}$$

Regulación del transporte de electrones y fosforilación oxidativa

El transporte de electrones está regulado por la disponibilidad de ADP, P_i, oxígeno (O_2) y NADH. Si los niveles de cualquiera de estos componentes son bajos, se reducirá la actividad del transporte de electrones y la formación de ATP. Cuando una célula está activa y el ATP se consume rápidamente, los niveles altos de ADP activarán la síntesis de ATP. Por tanto, la actividad del transporte de electrones depende enormemente de los niveles de ADP para la síntesis de ATP.

EJEMPLO DE PROBLEMA 23.3   Síntesis de ATP

¿Por qué la oxidación de NADH proporciona energía para la formación de tres moléculas de ATP, en tanto que $FADH_2$ produce dos ATP?

SOLUCIÓN

La oxidación de NADH ocurre en el complejo I del transporte de electrones, de modo que los protones pueden bombearse desde la matriz hacia el espacio intermembrana a través de tres complejos: I, III y IV, que suministran suficiente energía para la síntesis de tres ATP. Sin embargo, $FADH_2$ se oxida en el complejo II, de modo que los protones se bombean a través de los complejos III y IV hacia el espacio intermembrana. Por tanto, $FADH_2$ proporciona energía para la síntesis de sólo dos ATP.

COMPROBACIÓN DE ESTUDIO 23.3

¿De qué manera regresan los protones a la matriz?

La química en la salud

DESACOPLADORES DE ATP SINTASA

Algunos tipos de compuestos llamados *desacopladores* separan el sistema de transporte de electrones de la ATP sintasa. Para hacer esto, proporcionan una vía alterna para que los protones regresen a la matriz sin pasar por la ATP sintasa y sin sintetizar ATP.

Los desacopladores transportan protones a través de la membrana mitocondrial interior, que normalmente es impermeable a los protones. Los compuestos como 2,4-dinitrofenol (DNP) son hidrofóbicos, y se unen con protones y los transportan a través de la membrana interior. Al quitar protones del espacio intermembrana, no hay flujo de protones por el canal F_O que generen energía para la síntesis de ATP.

$$H^+ \; + \; \underset{O^-}{\overset{NO_2}{\underset{NO_2}{\bigcirc}}} \; \rightleftharpoons \; \underset{OH}{\overset{NO_2}{\underset{NO_2}{\bigcirc}}}$$

2,4-dinitrofenol (DNP)

Los animales que están adaptados a climas fríos desarrollaron su propio sistema desacoplador, lo que les permite usar la energía del transporte de electrones para la producción de calor. Estos animales tienen grandes cantidades de un tejido llamado *grasa parda*, que contiene una concentración alta de mitocondrias. Este tejido es color pardo debido al color del hierro de los citocromos de las mitocondrias. Las bombas de protones todavía actúan en la grasa parda, pero una proteína llamada *termogenina*, presente en la membrana interior de los tejidos adiposos pardos, proporciona una vía alterna para que los protones fluyan de vuelta a la matriz. Se produce calor en lugar de ATP. Los depósitos de grasa parda se localizan cerca de los

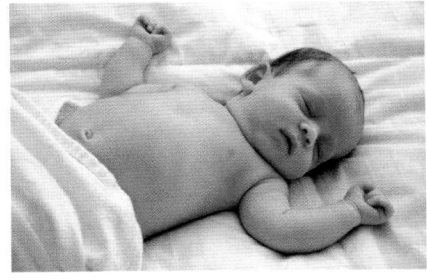

La grasa parda ayuda a los bebés a mantener su calor corporal.

principales vasos sanguíneos, que transportan la sangre caliente por todo el cuerpo. Los recién nacidos tienen un porcentaje mucho mayor de grasa parda que los adultos debido a que tienen una masa pequeña, pero un área superficial grande, y necesitan producir más calor que los adultos. La mayoría de los adultos tiene poca o nada de grasa parda, aunque alguien que trabaje a la intemperie durante periodos prolongados en un clima frío creará algunos depósitos de grasa parda.

Las plantas también usan desacopladores. Algunas plantas utilizan desacopladores para volatilizar compuestos fragantes que atraen insectos para polinizar las plantas. La "col mofeta" usa este sistema. Otras plantas lo usan para calentar los primeros brotes de plantas bajo la nieve, lo que les ayuda a fundir la que está alrededor de las plantas.

PREGUNTAS Y PROBLEMAS

23.3 Fosforilación oxidativa y ATP

META DE APRENDIZAJE: *Describir el proceso de la fosforilación oxidativa en la síntesis de ATP.*

23.35 ¿Qué se entiende con el término *fosforilación oxidativa*?

23.36 ¿Cómo se establece el gradiente de protones?

23.37 De acuerdo con el modelo quimiosmótico, ¿de qué manera el gradiente de protones suministra energía para sintetizar ATP?

23.38 ¿Cómo ocurre la fosforilación de ADP?

23.39 ¿Cómo se vinculan la glucólisis y el ciclo del ácido cítrico con la producción de ATP mediante transporte de electrones?

23.40 ¿Por qué FADH$_2$ tiene una producción de dos ATP vía transporte de electrones, en tanto que NADH produce tres ATP?

23.41 ¿Cuáles son los componentes de la ATP sintasa?

23.42 ¿Cuál es la función de cada sección de la ATP sintasa en la síntesis de ATP?

23.43 ¿Cuál conformación del sitio activo en la ATP sintasa une ADP y P$_i$?

23.44 ¿Cómo se libera ATP de la ATP sintasa?

23.4 Energía de ATP a partir de la glucosa

Para calcular el ATP total para la oxidación completa de la glucosa en condiciones aeróbicas se combina el ATP producido a partir de: glucólisis, la oxidación de piruvato, el ciclo del ácido cítrico y el transporte de electrones.

ATP a partir de la glucólisis

En la glucólisis, la oxidación de la glucosa almacena energía en dos moléculas de NADH, así como dos moléculas de ATP a partir de transferencia directa de fosfato. Sin embargo, la glucólisis ocurre en el citoplasma, y el NADH producido no puede pasar a través de la membrana mitocondrial.

Por tanto, los iones hidrógeno y los electrones de NADH en el citoplasma se transfieren a compuestos que pueden entrar en las mitocondrias. En este sistema de transporte, el dihidroxiacetona fosfato producido en la glucólisis se reduce a glicerol-3-fosfato usando NADH + H$^+$, que regenera NAD$^+$ para glucólisis. El glicerol-3-fosfato, que puede cruzar la membrana mitocondrial, proporciona los iones hidrógeno y los electrones que se transfieren a FAD. FADH$_2$ se produce junto con dihidroxiacetona fosfato, que regresa al citoplasma. La reacción global para el transportador glicerol-3-fosfato es:

$$\underset{\text{En citoplasma}}{\text{NADH}} + \text{H}^+ + \text{FAD} \longrightarrow \underset{\text{En mitocondria}}{\text{NAD}^+} + \text{FADH}_2$$

Por tanto, la transferencia de electrones de NADH en el citoplasma a FADH$_2$ produce dos ATP, en lugar de tres. En la glucólisis, la glucosa produce seis ATP: cuatro ATP a partir de dos NADH, y dos ATP mediante transferencia directa de fosfato.

$$\text{Glucosa} \longrightarrow 2 \text{ piruvato} + 2 \text{ ATP} + 2 \text{ NADH} (\longrightarrow 2 \text{ FADH}_2)$$
$$\text{Glucosa} \longrightarrow 2 \text{ piruvato} + 6 \text{ ATP}$$

ATP a partir de la oxidación de dos piruvatos

En condiciones aeróbicas, el piruvato entra en las mitocondrias, donde se oxida para producir acetil-CoA, CO$_2$ y NADH. Puesto que la glucosa produce dos piruvatos, dos NADH entran en el transporte de electrones, donde la oxidación de dos piruvatos conduce a la producción de seis moléculas de ATP.

$$2 \text{ piruvato} \longrightarrow 2 \text{ acetil-CoA} + 6 \text{ ATP}$$

ATP a partir del ciclo del ácido cítrico

Una vuelta del ciclo del ácido cítrico produce dos CO$_2$, tres NADH, un FADH$_2$ y un ATP mediante transferencia directa de fosfato. Cuando el NADH y FADH$_2$ entran en el transporte de electrones, tres NADH producen nueve moléculas de ATP, y un FADH$_2$ produce dos ATP más. Por tanto, una vuelta del ciclo del ácido cítrico genera energía para la síntesis de un total de 12 moléculas de ATP.

$$
\begin{aligned}
3 \text{ NADH} &\times 3 \text{ ATP/NADH} = 9 \text{ ATP} \\
1 \text{ FADH}_2 &\times 2 \text{ ATP/FADH}_2 = 2 \text{ ATP} \\
\underline{1 \text{ GTP}} &\times \underline{1 \text{ ATP/GTP}} = \underline{1 \text{ ATP}} \\
&\text{Total (una vuelta)} = 12 \text{ ATP}
\end{aligned}
$$

Cada molécula de glucosa que entra en la glucólisis produce dos moléculas de acetil-CoA, y una glucosa proporciona dos vueltas del ciclo del ácido cítrico y produce un total de 24 ATP.

$$\text{Acetil-CoA} \longrightarrow 2CO_2 + 12 \text{ ATP (una vuelta del ciclo del ácido cítrico)}$$
$$2 \text{ Acetil-CoA} \longrightarrow 4CO_2 + 24 \text{ ATP (dos vueltas del ciclo del ácido cítrico)}$$

ATP a partir de la oxidación completa de la glucosa

Para calcular la producción total de ATP por la oxidación completa de la glucosa, se combina el ATP producido con la glucólisis más la oxidación de piruvato más el ciclo del ácido cítrico (véase la figura 23.10). El ATP producido por estas reacciones se indica en la tabla 23.1.

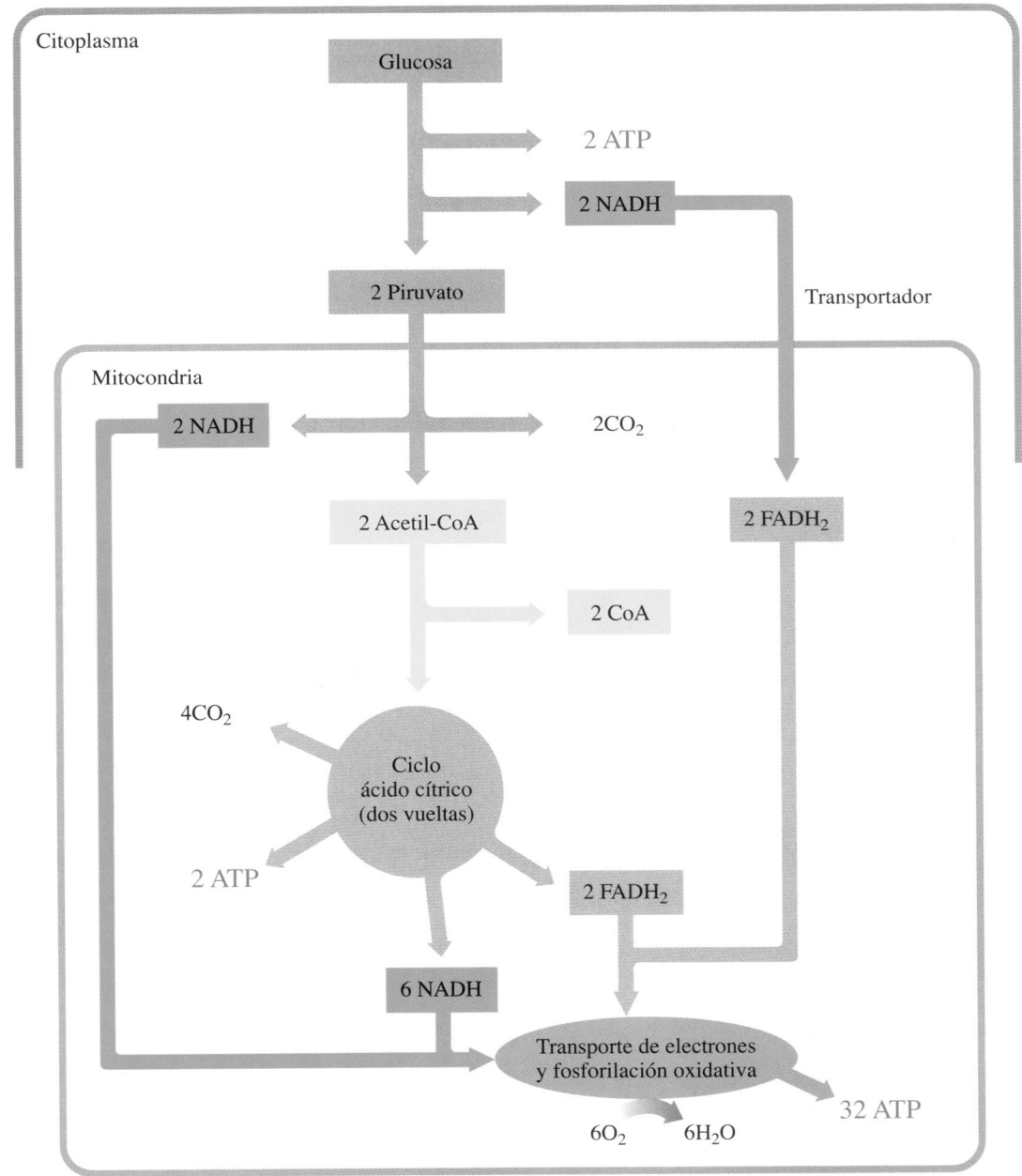

FIGURA 23.10 La oxidación completa de la glucosa a CO_2 y H_2O produce un total de 36 ATP.
P ¿Qué vía metabólica produce la mayor parte del ATP proveniente de la oxidación de glucosa?

TABLA 23.1 ATP producido por la oxidación completa de la glucosa

Reacción	
ATP a partir de la glucólisis	**ATP por 1 glucosa**
Activación de glucosa	−2 ATP
Oxidación de gliceraldehído-3-fosfato (2 NADH)	6 ATP
Conversión de 2 NADH $\longrightarrow$ 2 FADH$_2$	−2 ATP
Fosforilación directa de ADP (dos triosa fosfato)	4 ATP
Resumen: $C_6H_{12}O_6 \longrightarrow$ 2 piruvato $+$ 2H$_2$O Glucosa	6 ATP
ATP a partir del piruvato	
2 piruvato $\longrightarrow$ 2 acetil-CoA (2 NADH)	6 ATP
ATP a partir del ciclo del ácido cítrico	
Oxidación de 2 isocitrato (2 NADH)	6 ATP
Oxidación de 2 α-cetoglutarato (2 NADH)	6 ATP
2 transferencias directas de fosfato (2 GTP)	2 ATP
Oxidación de 2 succinato (2 FADH$_2$)	4 ATP
Oxidación de 2 malato (2 NADH)	6 ATP
Resumen: 2 acetil-CoA $\longrightarrow$ 4CO$_2$ $+$ 2H$_2$O	24 ATP
Producción global de ATP por 1 glucosa	

$$C_6H_{12}O_6 \ + \ 6O_2 + 36\ ADP + 36\ P_i \longrightarrow 6CO_2 \ + \ 6H_2O \ + \ 36\ ATP$$
Glucosa

COMPROBACIÓN DE CONCEPTOS 23.3   **Producción de ATP a partir de la glucosa**

¿Cuántas vueltas del ciclo del ácido cítrico se necesitan para la producción de ATP procedente de los productos intermediarios formados a partir de glucosa en la glucólisis bajo condiciones aeróbicas?

RESPUESTA

Cuando la glucosa con seis carbonos se degrada en la glucólisis, se producen dos piruvatos (3C). La descarboxilación de dos piruvatos produce dos acetil-CoA (2C), que entran en el ciclo del ácido cítrico en condiciones aeróbicas. En una vuelta del ciclo del ácido cítrico, dos átomos de carbono del grupo acetilo se oxidan a dos CO$_2$. Para dos grupos acetilo de dos moléculas de acetil-CoA se necesitan dos vueltas del ciclo del ácido cítrico.

EJEMPLO DE PROBLEMA 23.4   **Producción de ATP**

Indique la cantidad de ATP producido por cada una de las reacciones de oxidación siguientes:

a. piruvato a acetil-CoA   **b.** glucosa a acetil-CoA

SOLUCIÓN

Análisis del problema

Sustrato/producto	Coenzimas	Transferencia de fosfato
a. Piruvato/acetil-CoA	NADH	
b. Glucosa/acetil-CoA	6 NADH, 2 FADH$_2$	2 GTP

a. La oxidación de piruvato a acetil-CoA produce un NADH, lo que produce tres ATP. Esto se calcula como:

1 NADH $\times$ 3 ATP/NADH $=$ 3 ATP

b. Se producen seis ATP por la oxidación de glucosa a dos moléculas de piruvato. Seis ATP más resultan de la oxidación de dos moléculas de piruvato a dos moléculas de acetil-CoA. Por tanto, se produce un total de 12 ATP cuando la glucosa se oxida para producir dos acetil-CoA.

6 NADH	×	3 ATP/NADH	=	18 ATP	
2 FADH$_2$	×	2 ATP/FADH$_2$	=	4 ATP	
2 GTP	×	1 ATP/GTP	=	2 ATP	
			TOTAL	24 ATP	

COMPROBACIÓN DE ESTUDIO 23.4

¿Cuáles son las fuentes de ATP en el ciclo del ácido cítrico?

La química en la salud

EFICIENCIA DE LA PRODUCCIÓN DE ATP

En un laboratorio se utiliza un calorímetro para medir la energía térmica procedente de la combustión de glucosa. En un calorímetro, 1 mol de glucosa produce 680 kcal.

$$C_6H_{12}O_6 + 6O_2 \longrightarrow 6CO_2 + 6H_2O + 680 \text{ kcal}$$

Es posible comparar la cantidad de energía producida con 1 mol de glucosa en un calorímetro con la energía de ATP producida en las mitocondrias a partir de la glucosa. Se usa la energía de la hidrólisis del ATP (7.3 kcal/mol de ATP). Puesto que 1 mol de glucosa genera energía para 36 moles de ATP, la energía total proveniente de la oxidación de 1 mol de glucosa en las células sería 260 kcal/mol.

$$\frac{36 \text{ moles ATP}}{1 \text{ mol glucosa}} \times \frac{7.3 \text{ kcal}}{1 \text{ mol ATP}} = 260 \text{ kcal/1 mol de glucosa}$$

Comparada con la energía producida por la quema de glucosa en un calorímetro, las células tienen aproximadamente una eficiencia del 38% para convertir la energía química total disponible en la glucosa a ATP.

$$\frac{260 \text{ kcal (células)}}{680 \text{ kcal (calorímetro)}} \times 100\% = 38\%$$

El resto de la energía proveniente de la glucosa producida durante la oxidación de glucosa en las células se pierde como calor.

Calorímetro	Células
Energía producida por 1 mol de glucosa (680 kcal)	Almacenado como ATP (260 kcal)
	Perdido como calor (420 kcal)

PREGUNTAS Y PROBLEMAS

23.4 Energía de ATP a partir de la glucosa

META DE APRENDIZAJE: *Explicar el ATP producido por la oxidación completa de la glucosa.*

23.45 ¿Por qué el NADH producido en la glucólisis sólo produce dos ATP?

23.46 En condiciones aeróbicas, ¿cuál es el número máximo de moléculas de ATP que pueden producirse con una molécula de glucosa?

23.47 ¿Cuál es la producción de energía en las moléculas de ATP asociada a cada una de las reacciones siguientes?
a. NADH $\longrightarrow$ NAD$^+$ **b.** glucosa $\longrightarrow$ 2 piruvato
c. 2 piruvato $\longrightarrow$ 2 acetil-CoA + 2CO$_2$

23.48 ¿Cuál es la producción de energía en las moléculas de ATP asociadas a cada una de las reacciones siguientes?
a. FADH$_2$ $\longrightarrow$ FAD
b. glucosa + 6O$_2$ $\longrightarrow$ 6CO$_2$ + 6H$_2$O
c. acetil-CoA $\longrightarrow$ 2CO$_2$

MAPA CONCEPTUAL

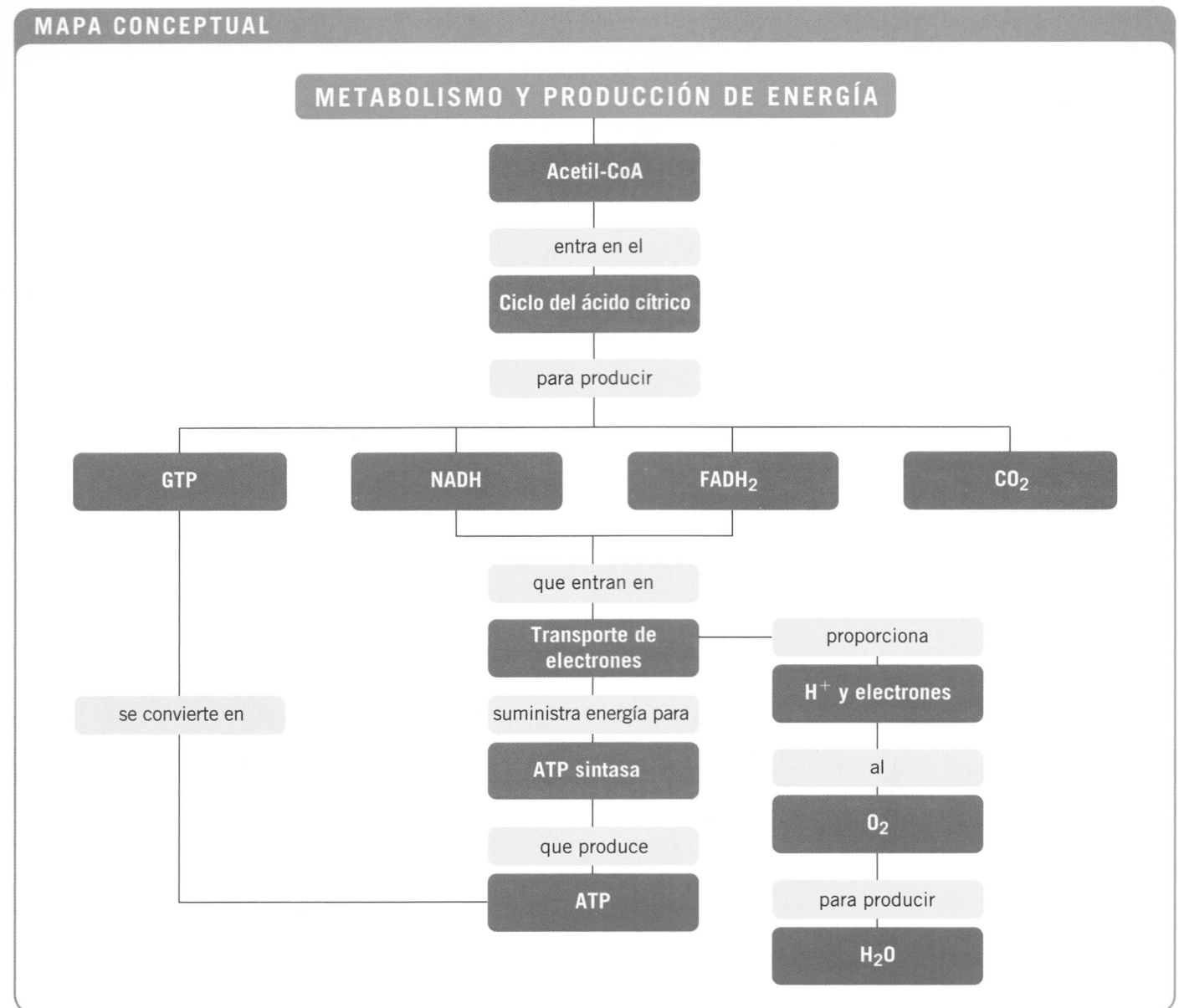

REPASO DEL CAPÍTULO

23.1 El ciclo del ácido cítrico

META DE APRENDIZAJE: Describir la oxidación de acetil-CoA en el ciclo del ácido cítrico.

- En una secuencia de reacciones llamada *ciclo del ácido cítrico*, un grupo acetilo se combina con oxaloacetato para producir citrato.
- El citrato experimenta oxidación y descarboxilación para producir dos CO_2, GTP, tres NADH y $FADH_2$ con la correspondiente regeneración de oxaloacetato.
- La transferencia directa de fosfato de ADP mediante GTP produce ATP.

23.2 Transporte de electrones

META DE APRENDIZAJE: Describir cómo se transfieren hidrógeno y electrones durante el transporte de electrones.

- Las coenzimas reducidas NADH y $FADH_2$ provenientes de varias vías metabólicas se oxidan a NAD^+ y FAD cuando sus protones y electrones se transfieren al sistema de transporte de electrones.
- La energía liberada se usa para sintetizar ATP a partir de ADP y P_i.
- El aceptor final, O_2, se combina con protones y electrones para producir H_2O.

23.3 Fosforilación oxidativa y ATP

META DE APRENDIZAJE: Describir el proceso de fosforilación oxidativa en la síntesis de ATP.

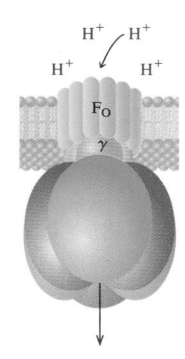

- Los complejos proteínicos en el transporte de electrones actúan como bombas de protones para mover protones hacia el espacio intermembrana, lo que produce un gradiente de protones.
- A medida que los protones regresan a la matriz por la vía de ATP sintasa, se genera energía.
- Esta energía se utiliza para impulsar la síntesis de ATP en un proceso conocido como *fosforilación oxidativa*.
- Los niveles de ADP y ATP disponibles en las células controlan la actividad del transporte de electrones.

23.4 Energía de ATP a partir de la glucosa

META DE APRENDIZAJE: Explicar el ATP producido por la oxidación completa de la glucosa.

Calorímetro	Células
Energía producida por 1 mol de glucosa (680 kcal)	Almacenado como ATP (260 kcal) / Perdido como calor (420 kcal)

- Con excepción del NADH producido a partir de glucólisis, la oxidación de NADH produce tres moléculas de ATP, y $FADH_2$ produce dos ATP.
- La energía proveniente del NADH producido en el citoplasma se utiliza para formar $FADH_2$.
- En condiciones aeróbicas, la oxidación completa de la glucosa produce un total de 36 ATP por la oxidación de las coenzimas reducidas NADH y $FADH_2$ mediante el transporte de electrones, fosforilación oxidativa y cierta transferencia directa de fosfato.

RESUMEN DE REACCIONES CLAVE

Ciclo del ácido cítrico

$$Acetil\text{-}CoA + 3\,NAD^+ + FAD + GDP + P_i + 2H_2O \longrightarrow 2CO_2 + 3\,NADH + 3H^+ + FADH_2 + HS\!-\!CoA + GTP$$

Transporte de electrones

$$NADH + H^+ + 3\,ADP + 3\,P_i + \tfrac{1}{2}O_2 \longrightarrow NAD^+ + 3\,ATP + H_2O$$

$$FADH_2 + 2\,ADP + 2\,P_i + \tfrac{1}{2}O_2 \longrightarrow FAD + 2\,ATP + H_2O$$

Fosforilación de ADP

$$ADP + P_i \longrightarrow ATP + H_2O$$

Oxidación completa de la glucosa

$$C_6H_{12}O_6 + 6O_2 + 36\,ADP + 36\,P_i \longrightarrow 6CO_2 + 6H_2O + 36\,ATP$$

TÉRMINOS CLAVE

ATP sintasa Complejo enzimático que asocia la energía liberada por los protones que regresan a la matriz con la síntesis de ATP a partir de ADP y P_i. La sección F_O contiene el canal para el flujo de protones y la sección F_1 utiliza la energía del flujo de protones para impulsar la síntesis de ATP.

bomba de protones Complejos enzimáticos I, III y IV que mueven protones de la matriz al espacio de la intermembrana y crean un gradiente de protones.

ciclo del ácido cítrico Serie de reacciones de oxidación en las mitocondrias que convierten acetil-CoA en CO_2 y producen NADH y $FADH_2$. También se le llama *ciclo del ácido tricarboxílico o ciclo de Krebs*.

citocromos (cit) Proteínas que contienen hierro y transfieren electrones de $CoQH_2$ al oxígeno.

coenzima Q (CoQ) Portador móvil que transfiere electrones de NADH y $FADH_2$ al complejo III.

descarboxilación Pérdida de un átomo de carbono en la forma de CO_2.

fosforilación oxidativa Síntesis de ATP a partir del ADP y P_i con el uso de la energía generada por las reacciones de oxidación en el transporte de electrones.

modelo quimiosmótico Conservación de la energía proveniente de la transferencia de electrones en el transporte de electrones, el cual resulta de bombear protones en el espacio intermembrana para producir un gradiente de protones que suministra la energía para sintetizar ATP.

transporte de electrones Serie de reacciones en las mitocondrias que transfieren electrones de NADH y $FADH_2$ a portadores de electrones, y finalmente a O_2, que produce H_2O. Los cambios de energía durante tres de estas transferencias suministran la energía para la síntesis de ATP.

COMPRENSIÓN DE CONCEPTOS

Las secciones del capítulo que se deben revisar se indican entre paréntesis al final de cada pregunta.

23.49 Identifique si cada uno de los incisos siguientes es una sustancia que es parte del ciclo del ácido cítrico, del transporte de electrones o de ambos: (23.1, 23.2)
- **a.** succinato
- **b.** $CoQH_2$
- **c.** FAD
- **d.** cit *c* (Fe^{2+})
- **e.** citrato

23.50 Identifique si cada uno de los incisos siguientes es una sustancia que es parte del ciclo del ácido cítrico, del transporte de electrones o de ambos: (23.1, 23.2)
- **a.** succinil-CoA
- **b.** acetil-CoA
- **c.** malato
- **d.** NAD^+
- **e.** α-cetoglutarato

23.51 Complete los nombres de los compuestos faltantes en el ciclo del ácido cítrico: (23.1)
a. citrato $\longrightarrow$ _____
b. succinil-CoA $\longrightarrow$ _____
c. malato $\longrightarrow$ _____

23.52 Complete los nombres de los compuestos faltantes en el ciclo del ácido cítrico: (23.1)
a. oxaloacetato $\longrightarrow$ _____
b. fumarato $\longrightarrow$ _____
c. isocitrato $\longrightarrow$ _____

23.53 Identifique el reactivo y el producto para cada una de las enzimas siguientes en el ciclo del ácido cítrico: (23.1)
a. aconitasa
b. succinato deshidrogenasa
c. fumarasa

23.54 Identifique el reactivo y el producto para cada una de las enzimas siguientes en el ciclo del ácido cítrico: (23.1)
a. isocitrato deshidrogenasa
b. succinil-CoA sintetasa
c. malato deshidrogenasa

23.55 Para cada una de las enzimas dadas (**a-c**), indique cuál de los compuestos siguientes se necesita: NAD^+, H_2O, FAD, GDP. (23.1)
a. aconitasa
b. succinato deshidrogenasa
c. isocitrato deshidrogenasa

23.56 Para cada una de las enzimas siguientes (**a-c**) indique cuál de los compuestos siguientes se necesita: NAD^+, H_2O, FAD, GDP. (23.1)
a. fumarasa
b. succinil-CoA sintetasa
c. malato deshidrogenasa

23.57 Identifique el (los) tipo(s) de reacción(es) [(1) oxidación, (2) descarboxilación, (3) hidrólisis, (4) hidratación] catalizada por cada una de las siguientes enzimas (**a-c**): (23.1)
a. aconitasa
b. succinato deshidrogenasa
c. isocitrato deshidrogenasa

23.58 Identifique el (los) tipo(s) de reacción(es) [(1) oxidación, (2) descarboxilación, (3) hidrólisis, (4) hidratación] catalizada por cada una de las enzimas siguientes (**a-c**): (23.1)
a. fumarasa
b. α-cetoglutarato deshidrogenasa
c. malato deshidrogenasa

PREGUNTAS Y PROBLEMAS ADICIONALES

Visite www.masteringchemistry.com para acceder a materiales de autoaprendizaje y tareas asignadas por el instructor.

23.59 ¿Cuál es la función principal del ciclo del ácido cítrico en la producción de energía? (23.1)

23.60 La mayor parte de las vías metabólicas no se consideran ciclos. ¿Por qué el ciclo del ácido cítrico se considera un ciclo metabólico? (23.1)

23.61 Si en el ciclo del ácido cítrico no hay reacciones que usen oxígeno, O_2, ¿por qué el ciclo sólo actúa en condiciones aeróbicas? (23.1)

23.62 ¿Qué productos del ciclo del ácido cítrico se necesitan para el transporte de electrones? (23.1)

23.63 Identifique los compuestos en el ciclo del ácido cítrico que tienen las características siguientes: (23.1)
a. seis átomos de carbono
b. cinco átomos de carbono
c. un grupo ceto

23.64 Identifique los compuestos en el ciclo del ácido cítrico que tienen las características siguientes:(23.1)
a. cuatro átomos de carbono
b. un grupo hidroxilo
c. un enlace doble carbono-carbono

23.65 ¿En cuál reacción del ciclo del ácido cítrico ocurre cada uno de los incisos siguientes? (23.1)
a. Un cetoácido de cinco carbonos se descarboxila.
b. Un enlace doble carbono-carbono se hidrata.
c. NAD^+ se reduce.
d. Un grupo hidroxilo secundario se oxida.

23.66 ¿En cuál reacción del ciclo del ácido cítrico ocurre cada uno de los incisos siguientes? (23.1)
a. FAD se reduce.
b. Un cetoácido de seis carbonos se descarboxila.
c. Un enlace doble carbono-carbono se forma.
d. GDP experimenta transferencia directa de fosfato.

23.67 Indique la(s) coenzima(s) para cada una de las reacciones siguientes: (23.1)
a. isocitrato $\longrightarrow$ α-cetoglutarato
b. -α-cetoglutarato $\longrightarrow$ succinil-CoA

23.68 Indique la(s) coenzima(s) para cada una de las reacciones siguientes: (23.1)
a. succinato $\longrightarrow$ fumarato
b. malato $\longrightarrow$ oxaloacetato

23.69 ¿Cómo regula cada una de las opciones siguientes el ciclo del ácido cítrico? (23.1)
a. niveles altos de NADH   **b.** niveles altos de ATP

23.70 ¿Cómo regula cada una de las opciones siguientes el ciclo del ácido cítrico? (23.1)
a. niveles altos de ADP   **b.** niveles bajos de NADH

23.71 ¿En cuáles complejos del sistema de transporte de electrones se bombean protones en el espacio intermembrana? (23.2)

23.72 ¿Cuál es el efecto de la acumulación de protones en el espacio intermembrana? (23.2)

23.73 ¿Cuál complejo del transporte de electrones se inhibe mediante cada uno de los compuestos siguientes? (23.2)
a. amital y rotenona   **b.** antimicina A
c. cianuro y monóxido de carbono

23.74 a. Cuando un inhibidor bloquea el transporte de electrones, ¿de qué manera se afectan las coenzimas que preceden al sitio bloqueado? (23.2)
b. Cuando un inhibidor bloquea el transporte de electrones, ¿de qué manera se afectan las coenzimas que siguen al sitio bloqueado?

23.75 En el modelo quimiosmótico, ¿cómo se suministra energía para la síntesis de ATP? (23.3)

23.76 ¿Dónde tiene lugar la síntesis de ATP en el transporte de electrones? (23.2, 23.3)

23.77 ¿Por qué los protones tienden a dejar el espacio intermembrana y regresar a la matriz en el interior de una mitocondria? (23.3)

23.78 ¿Por qué los complejos enzimáticos que bombean protones se extienden a través de la membrana mitocondrial de la matriz hasta el espacio intermembrana? (23.3)

23.79 ¿Cuántas moléculas de ATP se producen por la energía generada cuando fluyen los electrones del $FADH_2$ al oxígeno (O_2)? (23.3)

23.80 ¿Cuántas moléculas de ATP se producen por la energía generada cuando fluyen los electrones del NADH al oxígeno (O_2)? (23.3)

23.81 ¿Cuántas moléculas de ATP se producen cuando se oxida glucosa a piruvato, en comparación a cuando se oxida glucosa a CO_2 y H_2O? (23.4)

23.82 ¿Por qué los dos NADH producidos en la glucólisis proporcionan un neto de dos ATP y no tres? (23.3)

23.83 ¿Dónde se localiza, en la célula, la ATP sintasa para la fosforilación oxidativa? (23.3)

23.84 Si se considera la eficiencia de la síntesis de ATP, ¿cuántas kilocalorías de energía se conservarían de la oxidación completa de 4.0 moles de glucosa? (23.4)

23.85 ¿De qué manera la ATP sintasa utiliza la energía proveniente del gradiente de protones? (23.3)

23.86 En el transporte de electrones, la disolución en el espacio entre la membrana mitocondrial exterior y la interior, ¿sería más o menos ácida que la disolución en la matriz? (23.3)

23.87 ¿Por qué un oso que hiberna tendría más grasa parda que uno que está activo? (23.3)

23.88 ¿Cómo cambian los sitios activos en F_1 de ATP sintasa durante la producción de ATP? (23.3)

PREGUNTAS DE DESAFÍO

23.89 Con el valor 7.3 kcal/mol para ATP, ¿cuántas kilocalorías pueden producirse a partir del ATP proporcionado por la reacción de 1 mol de glucosa en cada uno de los casos siguientes? (23.1, 23.4)
   a. glucólisis
   b. oxidación de piruvato a acetil-CoA
   c. ciclo del ácido cítrico
   d. oxidación completa de CO_2 y H_2O

23.90 En un calorímetro, la combustión de 1 mol de glucosa produce 680 kcal. ¿Qué porcentaje de energía de ATP se produce a partir de 1 mol de glucosa para cada una de las reacciones (**a-d**) en el problema 23.89? (23.1, 23.4)

23.91 ¿Qué se entiende al decir que la célula tiene una eficiencia de 38% para almacenar la energía proveniente de la combustión completa de la glucosa? (23.4)

23.92 Un estudiante piensa utilizar 2,4-dinitrofenol, que es un desacoplador, para perder peso. (23.2)
   a. Explique cómo el desacoplador afectará la temperatura corporal del estudiante.
   b. ¿Por qué no se recomendaría DNP para perder peso?

23.93 Si acetil-CoA tiene una masa molar de 809 g/mol, ¿cuántos moles de ATP se producen cuando 1.0 μg de acetil-CoA completa el ciclo del ácido cítrico? (23.4)

RESPUESTAS

Respuestas a las Comprobaciones de estudio

23.1 oxaloacetato

23.2 Oxígeno (O_2) es la sustancia final que acepta electrones.

23.3 Los protones regresan a la matriz al pasar a través de ATP sintasa.

23.4 Tres NADH proporcionan nueve ATP, un $FADH_2$ proporciona dos ATP y una transferencia directa de fosfato proporciona un ATP.

Respuestas a Preguntas y problemas seleccionados

23.1 Ciclo de Krebs y ciclo del ácido tricarboxílico

23.3 $2CO_2$, 3 NADH + $3H^+$, $FADH_2$, GTP (ATP) y HS—CoA

23.5 Dos reacciones, reacciones 3 y 4, involucran oxidación y descarboxilación.

23.7 NAD^+ se reduce en las reacciones 3, 4 y 8 del ciclo del ácido cítrico.

23.9 En la reacción 5, GDP experimenta una transferencia directa de fosfato.

23.11 a. citrato e isocitrato
   b. Un átomo de carbono se pierde como CO_2 en la descarboxilación
   c. α-cetoglutarato
   d. isocitrato $\longrightarrow$ α-cetoglutarato; α-cetoglutarato $\longrightarrow$ succinil-CoA; succinato $\longrightarrow$ fumarato; malato $\longrightarrow$ oxaloacetato
   e. reacciones 3 y 8

23.13 a. citrato sintasa
   b. succinato deshidrogenasa y aconitasa
   c. fumarasa

23.15 a. NAD^+ **b.** GDP

23.17 Isocitrato deshidrogenasa y α-cetoglutarato deshidrogenasa son enzimas alostéricas.

23.19 Niveles altos de ADP aumentan la velocidad del ciclo del ácido cítrico.

23.21 oxidada

23.23 a. oxidación   **b.** reducción

23.25 NADH

23.27 $FADH_2$, CoQ, citocromo c (Fe^{3+})

23.29 El portador móvil CoQ transfiere electrones desde el complejo I hacia el complejo III.

23.31 NADH transfiere electrones hacia el complejo I para producir NAD^+.

23.33 a. $NADH + H^+ + CoQ \longrightarrow NAD^+ + CoQH_2$
   b. $CoQH_2 + 2cyt\ c\ (Fe^{3+}) \longrightarrow CoQ + 2cyt\ c\ (Fe^{2+}) + 2H^+$

23.35 En la fosforilación oxidativa, la energía proveniente de las reacciones de oxidación en el transporte de electrones se usa para impulsar la síntesis de ATP.

23.37 A medida que los protones regresan al ambiente de menor energía en la matriz, pasan a través de la ATP sintasa, donde liberan energía para impulsar la síntesis de ATP.

23.39 La glucólisis y el ciclo del ácido cítrico producen coenzimas reducidas NADH y $FADH_2$, que entran en el transporte de electrones y liberan iones hidrógeno y electrones que se utilizan para generar energía para la síntesis de ATP.

23.41 La ATP sintasa consiste en dos complejos proteínicos, F_O y F_1.

23.43 El sitio semicerrado (L) en la ATP sintasa une ADP y P_i.

23.45 La glucólisis tiene lugar en el citoplasma, no en las mitocondrias. Puesto que NADH no puede cruzar la membrana mitocondrial, los iones hidrógeno y los electrones del NADH se usan para formar glicerol-3-fosfato, que cruza la membrana mitocondrial. Luego los iones hidrógeno y los electrones se transfieren a FAD para formar $FADH_2$. El $FADH_2$ resultante sólo produce dos ATP por cada NADH producido en la glucólisis.

23.47 a. 3 ATP   **b.** 6 ATP   **c.** 6 ATP

23.49 a. ciclo del ácido cítrico   **b.** transporte de electrones
   c. ambos   **d.** transporte de electrones
   e. ciclo del ácido cítrico

23.51 a. isocitrato   **b.** succinato   **c.** oxaloacetato

23.53 a. citrato, isocitrato   **b.** succinato, fumarato
   c. fumarato, malato

23.55 a. Aconitasa usa H_2O.
   b. Succinato deshidrogenasa usa FAD.
   c. Isocitrato deshidrogenasa usa NAD^+.

23.57 a. (4) reacción de hidratación   **b.** (1) reacción de oxidación
   c. reacción de (1) oxidación y (2) de descarboxilación

23.59 Las reacciones de oxidación del ciclo del ácido cítrico producen una fuente de coenzimas reducidas para el transporte de electrones y la síntesis de ATP.

23.61 Las coenzimas oxidadas NAD^+ y FAD necesarias para el ciclo del ácido cítrico se regeneran mediante el transporte de electrones, que requiere oxígeno.

23.63 a. citrato, isocitrato   **b.** α-cetoglutarato
   c. α-cetoglutarato, succinil-CoA, oxaloacetato

23.65 a. En la reacción 4, α-cetoglutarato, un cetoácido de cinco carbonos, se descarboxila.
   b. En las reacciones 2 y 7, se hidratan enlaces dobles en aconitasa y fumarato.
   c. NAD^+ se reduce en las reacciones 3, 4 y 8.
   d. En las reacciones 3 y 8, un grupo hidroxilo secundario en isocitrato y malato se oxida.

23.67 a. NAD^+ **b.** NAD^+ y CoA

23.69 a. Niveles altos de NADH inhiben la isocitrato deshidrogenasa y la α-cetoglutarato deshidrogenasa para frenar la velocidad del ciclo del ácico cítrico.
   b. Niveles altos de ATP inhiben la isocitrato deshidrogenasa para frenar la velocidad del ciclo del ácido cítrico.

23.71 complejos I, III y IV

23.73 a. flujo de electrones del complejo I a CoQ
   b. flujo de electrones del complejo III a cit c
   c. flujo de electrones de citocromo c al complejo IV

23.75 Se libera energía a medida que los protones fluyen a través de ATP sintasa de vuelta a la matriz y se utiliza para la síntesis de ATP.

23.77 Los protones fluyen hacia la matriz, donde la concentración de H^+ es menor.

23.79 A partir de $FADH_2$ se producen dos moléculas de ATP.

23.81 La oxidación de glucosa a piruvato produce 6 ATP, en tanto que la oxidación de glucosa a CO_2 y H_2O produce 36 ATP.

23.83 La ATP sintasa se extiende a través de la membrana mitocondrial interior con la sección F_O en contacto con el gradiente de protones en el espacio intermembrana, en tanto que el complejo F_1 está en la matriz.

23.85 A medida que los protones del gradiente de protones se mueven a través de la ATP sintasa para regresar a la matriz, se libera energía y se utiliza para impulsar la síntesis de ATP en el F_1 de la ATP sintasa.

23.87 Un oso que hiberna tiene más grasa parda porque puede usarla durante el invierno para producir calor en lugar de energía del ATP.

23.89 a. 44 kcal   **b.** 44 kcal
   c. 180 kcal   **d.** 260 kcal

23.91 Si la combustión de glucosa produce 680 kcal, pero sólo 260 kcal (a partir de 36 ATP) en las células, la eficiencia del uso de glucosa en las células es de 260 kcal/680 kcal o 38%.

23.93 1.5×10^{-8} moles de ATP

Vías metabólicas para lípidos y aminoácidos

24

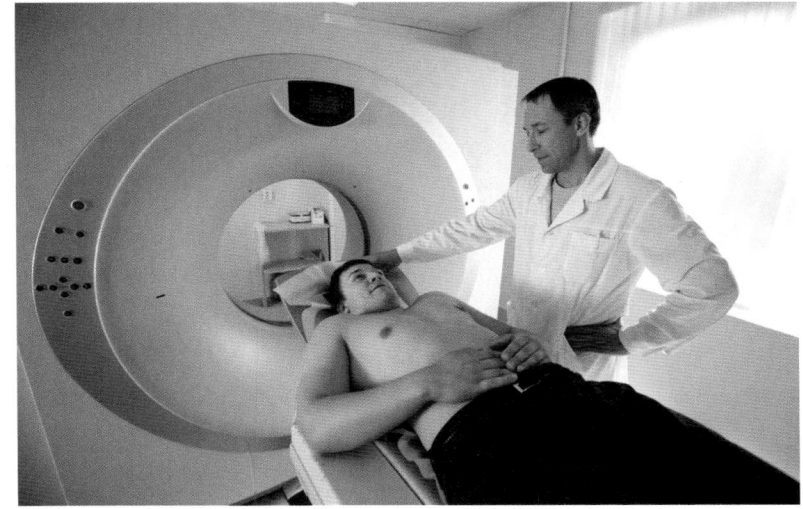

CONTENIDO DEL CAPÍTULO

Visite **www.masteringchemistry.com** para acceder a materiales de autoaprendizaje y tareas asignadas por el instructor.

Luke ha experimentado pérdida de peso

y de apetito, vómito y un poco de dolor abdominal. Visita entonces a su médico, quien sospecha que sea un problema del hígado. El médico ordena pruebas sanguíneas completas y también refiere a Luke con un técnico radiólogo para una TC con contraste. La tomografía computarizada, más conocida como *TC*, usa rayos X para obtener una serie de imágenes bidimensionales y suele utilizarse para el diagnóstico de enfermedades abdominales.

Fred, técnico radiólogo, comienza por explicar a Luke el procedimiento para el estudio de la TC y le pregunta si padece alguna alergia conocida. Luke indica que no y Fred le coloca en el brazo una vía intravenosa (IV) . Luego Fred coloca a Luke en el escáner para obtener una tomografía inicial de hígado; inyecta la primera dosis de contraste en el torrente sanguíneo de Luke y toma otra tomografía. Después, Fred repite este procedimiento. Por las tomografías, es evidente que ocurrió un cambio en el tejido del hígado, posiblemente debido a hepatitis o a una infección.

El hígado tiene muchas funciones y es vital para el metabolismo. Produce bilis, consistente en sales biliares y otros químicos,

que se requiere para la digestión de lípidos. El hígado también se encarga de convertir los productos de desecho del metabolismo proteínico en urea, que se elimina en la orina.

Profesión: Técnico radiólogo

Los técnicos radiólogos, conocidos simplemente como *radiólogos*, producen películas o placas de rayos X de partes específicas del cuerpo para usarlas en el diagnóstico de problemas médicos. Con educación adicional, también pueden especializarse en técnicas específicas como tomografía computarizada (TC), resonancia magnética (IRM) y mamografía. Los técnicos radiólogos preparan al paciente, es decir, le explican el procedimiento, retiran cualquier objeto que impida la obtención de la imagen, y lo colocan de manera adecuada ante el escáner de modo que se exponga el área correcta del cuerpo, tal como lo dicta el médico. Los radiólogos deben conocer los riesgos de la exposición a la radiación para limitar la cantidad de radiación que recibe el paciente, así como la que reciben ellos mismos. También pueden preparar una disolución de contraste para que el paciente la beba; llevar la historia clínica de los enfermos, y dar mantenimiento a los equipos.

En los capítulos anteriores la atención se centró en los carbohidratos debido a que la glucosa es el combustible principal para la síntesis de ATP. Sin embargo, lípidos y proteínas también tienen una función importante en el metabolismo y la producción de energía. En este capítulo se observará cómo la digestión de lípidos produce ácidos grasos y glicerol, y cómo la digestión de proteínas produce aminoácidos. Cuando la ingesta calórica supera las necesidades metabólicas del cuerpo, los excesos de carbohidratos y ácidos grasos se convierten en triacilgliceroles y se agregan a las células grasas. Casi toda la energía se almacena en forma de triacilgliceroles en las células grasas del tejido adiposo. Muchas personas se ponen a dieta después de descubrir que el tejido adiposo puede almacenar cantidades ilimitadas de grasa. Este hecho se ha vuelto bastante evidente por el gran número de personas en Estados Unidos que son consideradas obesas.

La digestión y degradación de las proteínas alimenticias y las proteínas corporales proporcionan aminoácidos, que son necesarios para sintetizar compuestos nitrogenados en las células, como nuevas proteínas y ácidos nucleicos. Si bien los aminoácidos no se consideran una fuente principal de combustible, se puede extraer energía de los aminoácidos si las reservas de glucógeno y grasa se agotan. Sin embargo, cuando una persona ayuna o pasa hambre, la descomposición de las proteínas propias del cuerpo, con el tiempo, destruye tejidos corporales esenciales, en particular músculos.

24.1 Digestión de triacilgliceroles

El tejido adiposo está constituido por células grasas denominadas *adipocitos*, que almacenan triacilgliceroles (véase la figura 24.1). Compare la cantidad de energía almacenada en las células grasas con la energía proveniente de glucosa, glucógeno y proteína: una persona común de 70 kg tiene aproximadamente 135,000 kcal de energía almacenada como grasa, 24 000 kcal como proteína, 720 kcal como reservas de glucógeno y 80 kcal como glucosa sanguínea. Por tanto, la energía disponible procedente de las grasas almacenadas es de alrededor del 85% de la energía total disponible en el cuerpo, lo que hace que la grasa corporal sea la principal fuente de energía almacenada.

Digestión de grasas de los alimentos

Este proceso comienza en el intestino delgado, donde glóbulos grasos hidrofóbicos se mezclan con sales biliares liberadas de la vesícula biliar (véanse las secciones 17.1, 17.3 y 17.6 para revisar lípidos, triacilgliceroles y sales biliares). En un proceso denominado

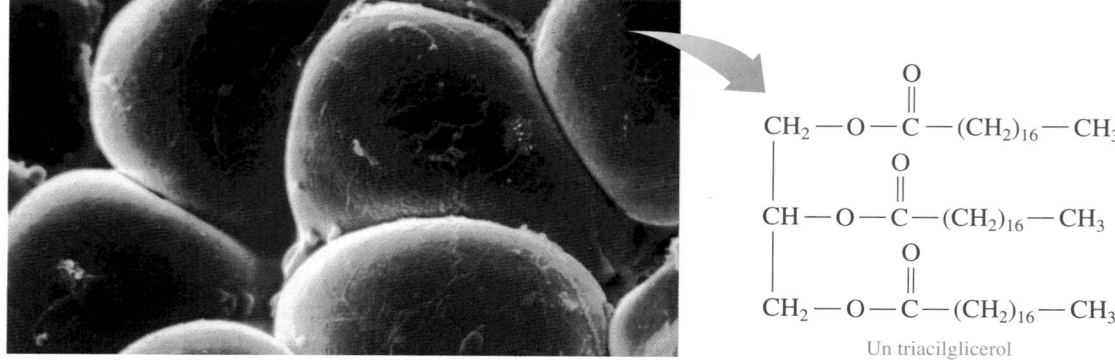

FIGURA 24.1 Las células grasas (adipocitos) que constituyen el tejido adiposo son capaces de almacenar cantidades ilimitadas de triacilgliceroles.

P ¿Cuáles son algunas fuentes de grasas en los alimentos?

emulsificación, las sales biliares descomponen los glóbulos grasos en partículas más pequeñas denominadas *micelos*. Luego, *lipasas pancreáticas* liberadas del páncreas hidrolizan los triacilgliceroles para producir monoacilgliceroles y ácidos grasos, que se absorben en el recubrimiento intestinal, donde se recombinan para formar triacilgliceroles. Estos compuestos no polares se recubren después con proteínas para formar lipoproteínas llamadas *quilomicrones*, que son polares y solubles en el medio acuoso de la linfa y el torrente sanguíneo (véase la figura 24.2).

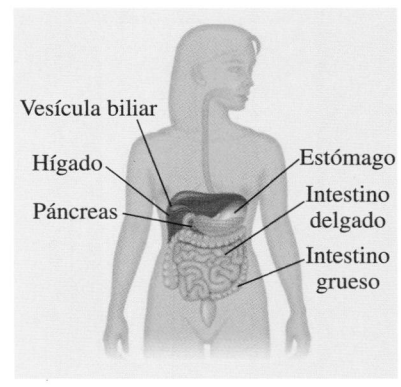

Intestino delgado

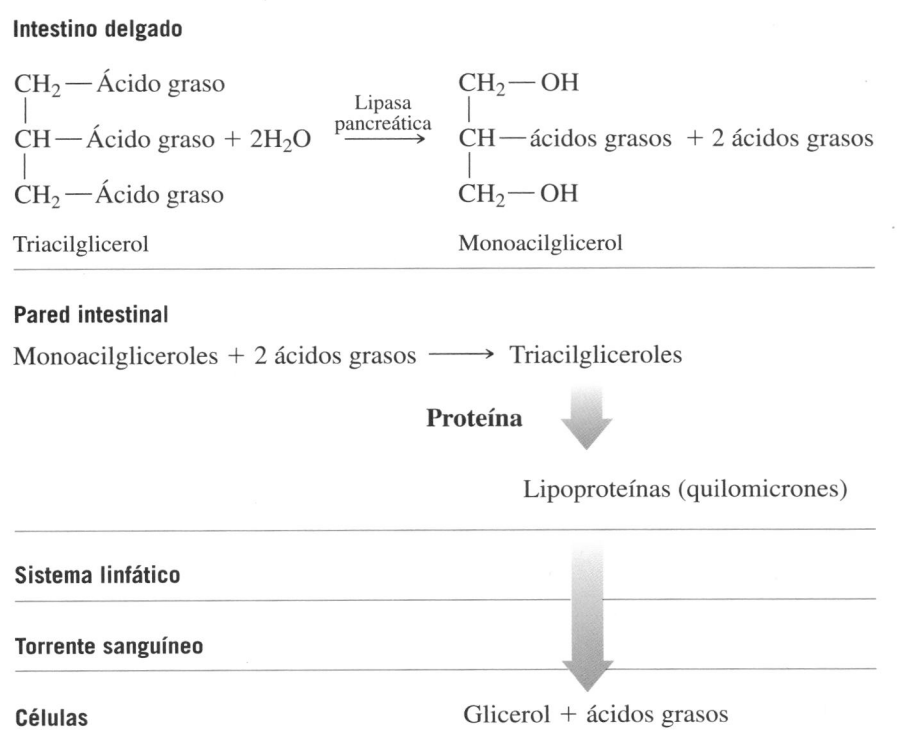

Pared intestinal

Monoacilgliceroles + 2 ácidos grasos ⟶ Triacilgliceroles

Proteína

Lipoproteínas (quilomicrones)

Sistema linfático

Torrente sanguíneo

Células

Glicerol + ácidos grasos

FIGURA 24.2 La digestión de grasas comienza en el intestino delgado, cuando las sales biliares emulsifican las grasas que experimentan hidrólisis hasta glicerol y ácidos grasos.

P ¿Qué tipos de enzimas segrega el páncreas en el intestino delgado para hidrolizar triacilgliceroles?

En las células, las enzimas hidrolizan los triacilgliceroles para producir glicerol y ácidos grasos libres, que pueden usarse para la producción de energía. Los ácidos grasos, que son el combustible preferido del corazón, se oxidan a moléculas de acetil-CoA para la síntesis de ATP. Sin embargo, el cerebro y los eritrocitos no pueden utilizar ácidos grasos. Los ácidos grasos no pueden difundirse a través de la barrera hematoencefálica y los eritrocitos no tienen mitocondrias, que es donde se oxidan los ácidos grasos. Por tanto, glucosa y glucógeno son las principales fuentes de energía para el cerebro y los eritrocitos.

Utilización de almacenes de grasa

Cuando la glucosa sanguínea se agota y los almacenes de glucógeno están bajos, el proceso de utilización de grasas descompone los triacilgliceroles existentes en el tejido adiposo en ácidos grasos y glicerol. El proceso se estimula cuando las hormonas *glucagón* o *epinefrina* se segregan en el torrente sanguíneo, donde se unen a receptores en la membrana de las células adiposas. Las enzimas del interior de las células grasas catalizan la hidrólisis de triacilgliceroles para producir glicerol y ácidos grasos libres, que se difunden en el torrente sanguíneo y se unen con proteínas plasmáticas (albúmina) para transportarse hacia los tejidos. La mayor parte del glicerol va al hígado, donde se convierte en glucosa.

Metabolismo de glicerol

Las enzimas del hígado convierten glicerol en dihidroxiacetona fosfato en dos pasos. En el primer paso, el glicerol se fosforila usando ATP para producir glicerol-3-fosfato. En el segundo paso, el grupo hidroxilo secundario se oxida para producir dihidroxiacetona

Explore su mundo

DIGESTIÓN DE GRASAS

Coloque un poco de agua y varias gotas de aceite vegetal en un recipiente con tapa. Cierre el recipiente y agite. Observe. Agregue unas gotas de jabón líquido o detergente, tape el recipiente de nuevo y agite. Observe.

PREGUNTAS

1. ¿Por qué el aceite se separa del agua?
2. ¿Cómo cambia el aspecto del aceite después de agregar el jabón?
3. ¿En qué se parece el jabón a las sales biliares en la digestión de grasas?
4. ¿Dónde ocurre la digestión de grasas en el cuerpo?
5. Muchas personas con problemas vesiculares toman complementos de lipasa. ¿Por qué esto es necesario?

fosfato, que es un intermediario en varias vías metabólicas, incluidas glucólisis y gluconeogénesis (véanse las secciones 22.5 y 22.8).

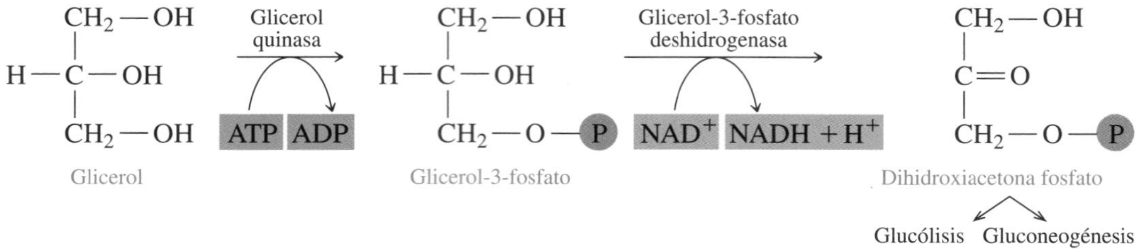

La reacción global para el metabolismo del glicerol se escribe del modo siguiente:

$$\text{Glicerol} + \text{ATP} + \text{NAD}^+ \longrightarrow \text{dihidroxiacetona fosfato} + \text{ADP} + \text{NADH} + \text{H}^+$$

COMPROBACIÓN DE CONCEPTOS 24.1) Grasas y digestión

Responda cada una de las preguntas siguientes sobre la digestión de triacilgliceroles:

a. ¿Cuáles son los sitios, enzimas y productos de la digestión de triacilgliceroles?
b. ¿Qué ocurre con los productos de la digestión de triacilgliceroles en la membrana del intestino delgado?

RESPUESTA

a. La digestión de triacilgliceroles tiene lugar en el intestino delgado, donde la lipasa pancreática cataliza su hidrólisis hasta monoacilgliceroles y ácidos grasos.
b. Monoacilgliceroles y ácidos grasos se recombinan en la membrana del intestino delgado para formar triacilgliceroles. Los triacilgliceroles se combinan con proteínas para formar quilomicrones para el transporte hacia el sistema linfático y el torrente sanguíneo.

PREGUNTAS Y RESPUESTAS

24.1 Digestión de triacilgliceroles

META DE APRENDIZAJE: *Describir los sitios y productos obtenidos de la digestión de triacilgliceroles.*

24.1 ¿Cuál es la función de las sales biliares en la digestión de lípidos?

24.2 ¿Cómo se transportan a los tejidos los triacilgliceroles insolubles?

24.3 ¿Cuándo se liberan grasas de los almacenes de grasa?

24.4 ¿Qué sucede con el glicerol producido por la hidrólisis de triacilgliceroles en los tejidos adiposos?

24.5 ¿De qué manera el glicerol se convierte en un intermediario de la glucólisis?

24.6 ¿Cómo puede usarse el glicerol para sintetizar glucosa?

META DE APRENDIZAJE

Describir la vía metabólica de la β-oxidación.

24.2 Oxidación de ácidos grasos

Cuando los ácidos grasos experimentan oxidación en las mitocondrias para producir acetil-CoA, se obtiene gran cantidad de energía. En el metabolismo de grasas, los ácidos grasos experimentan **oxidación beta (β-oxidación)**, que elimina segmentos de dos carbonos, uno a la vez, de un ácido graso.

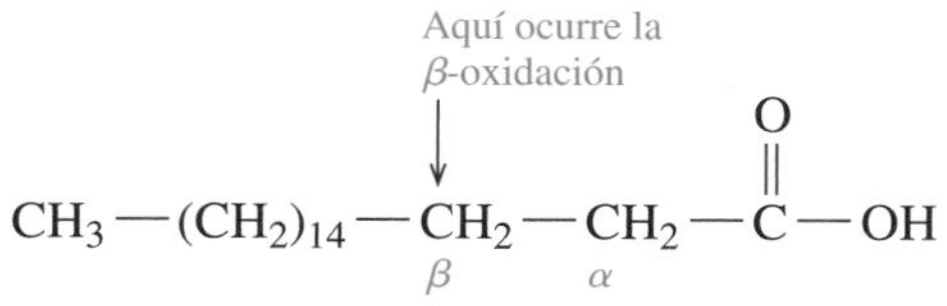

Transporte de ácidos grasos

TUTORIAL
Oxidation of Fatty Acids

Los ácidos grasos, que están en el citosol exterior de las mitocondrias, deben moverse a través de la membrana interior de las mitocondrias antes de poder experimentar oxidación en la matriz mitocondrial. En un proceso de *activación* en el citosol, un ácido graso se combina con una coenzima A para producir acil-CoA. La energía liberada por la hidrólisis del ATP se utiliza para impulsar la reacción. Los productos son AMP y dos fosfatos inorgánicos (2 P_i).

$$CH_3 - (CH_2)_n - CH_2 - CH_2 - \overset{\overset{\displaystyle O}{\|}}{C} - OH \ + \ ATP \ + \ HS - CoA \ \xrightarrow{\text{Acil-CoA sintasa}}$$

Ácido graso

$$CH_3 - (CH_2)_n - CH_2 - CH_2 - \overset{\overset{\displaystyle O}{\|}}{C} - S - CoA \ + \ AMP \ + \ 2P_i \ + \ H_2O$$

Acil-CoA

La cadena larga de hidrocarburos en la molécula de acil-CoA impide que cruce hacia la matriz de las mitocondrias. Por tanto, se forma una molécula de transporte al combinar el grupo acilo con un portador cargado llamado *carnitina*. La reacción produce acil-carnitina, que transporta el grupo acilo hacia la matriz.

$$CH_3 - (CH_2)_n - CH_2 - CH_2 - \overset{\overset{\displaystyle O}{\|}}{C} - S - CoA \ + \ H - \overset{\overset{\displaystyle \overset{+}{N}(CH_3)_3}{|}}{\underset{|}{\overset{|}{\underset{\displaystyle COO^-}{\underset{|}{CH_2}}}}} \overset{CH_2}{\underset{}{C}} - OH \ \underset{}{\overset{\text{Carnitina aciltransferasa}}{\rightleftarrows}}$$

Acil-CoA   Carnitina

$$H - \overset{\overset{+}{N}(CH_3)_3}{\underset{\displaystyle COO^-}{\underset{|}{\underset{CH_2}{\overset{|}{\overset{CH_2}{\underset{|}{C}}}}}}} - O - \overset{\overset{\displaystyle O}{\|}}{C} - CH_2 - CH_2 - (CH_2)_n - CH_3 \ + \ HS - CoA$$

Acil-carnitina

En la matriz, el grupo acilo se recombina con coenzima A para formar acil-CoA y libera carnitina. Si bien esto puede parecer complicado, este sistema de transporte proporciona una vía para regular la degradación (oxidación) y la síntesis de ácidos grasos. Cuando los ácidos grasos se sintetizan en el citosol, el transporte de acil-CoA hacia la matriz se bloquea, lo que evita su degradación (véase la figura 24.3).

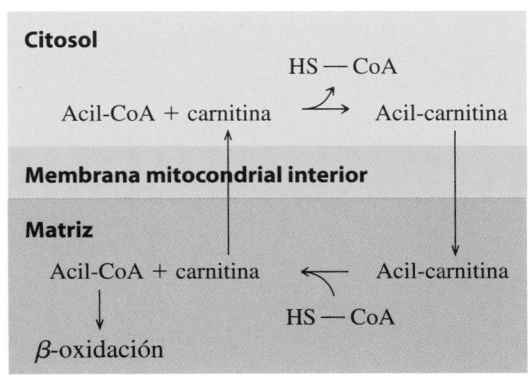

FIGURA 24.3 Los ácidos grasos se activan y transportan mediante la carnitina a través de la membrana mitocondrial interior hacia la matriz.

P ¿Por qué se usa carnitina para transportar un ácido graso hacia la matriz?

Reacciones del ciclo de la β-oxidación

En la matriz mitocondrial, moléculas de acil-CoA experimentan α-oxidación, que es un ciclo de cuatro reacciones que convierten el $-CH_2-$ del carbono β en un grupo β-ceto. Una vez formado el grupo β-ceto, un grupo acetilo de dos carbonos puede separarse de la cadena, lo que acorta el grupo acilo.

Reacción 1 Oxidación

En la primera reacción de la β-oxidación, la coenzima FAD elimina átomos de hidrógeno de los carbonos α y β del ácido graso activado para formar un enlace doble *trans* carbono-carbono y $FADH_2$.

$$CH_3-(CH_2)_n-\underset{\beta}{CH_2}-\underset{\alpha}{CH_2}-\overset{\overset{O}{\|}}{C}-S-CoA \; + \; \boxed{FAD} \quad \xrightarrow[\text{deshidrogenasa}]{\text{Acil-CoA}} \quad CH_3-(CH_2)_n-\underset{\underset{H}{|}}{\overset{\overset{H}{|}}{\underset{\beta}{C}}}=\underset{\alpha}{C}-\overset{\overset{O}{\|}}{C}-S-CoA \; + \; \boxed{FADH_2}$$

Acil-CoA   *trans*-enoil-CoA

Reacción 2 Hidratación

Una reacción de hidratación agrega los componentes de agua al enlace *doble* trans, lo que forma un grupo hidroxilo ($-OH$) en el carbono β.

$$CH_3-(CH_2)_n-\underset{\underset{H}{|}}{\overset{\overset{H}{|}}{\underset{\beta}{C}}}=\underset{\alpha}{C}-\overset{\overset{O}{\|}}{C}-S-CoA \; + \; H_2O \quad \xrightarrow[\text{hidratasa}]{\text{Enoil-CoA}} \quad CH_3-(CH_2)_n-\underset{\underset{H}{|}}{\overset{\overset{OH}{|}}{\underset{\beta}{C}}}-\underset{\underset{H}{|}}{\overset{\overset{H}{|}}{\underset{\alpha}{C}}}-\overset{\overset{O}{\|}}{C}-S-CoA$$

trans-enoil-CoA β-hidroxiacil-CoA

Reacción 3 Oxidación

El grupo hidroxilo secundario en el carbono β se oxida para producir una cetona. Los átomos de hidrógeno eliminados en la deshidrogenación reducen la coenzima NAD^+ a $NADH + H^+$. En este punto, el carbono β se oxida a un grupo ceto.

$$CH_3-(CH_2)_n-\underset{\underset{H}{|}}{\overset{\overset{OH}{|}}{\underset{\beta}{C}}}-\underset{\underset{H}{|}}{\overset{\overset{H}{|}}{\underset{\alpha}{C}}}-\overset{\overset{O}{\|}}{C}-S-CoA \; + \; \boxed{NAD^+} \quad \xrightarrow[\text{deshidrogenasa}]{\beta\text{-hidroxiacil-CoA}} \quad CH_3-(CH_2)_n-\underset{\beta}{\overset{\overset{O}{\|}}{C}}-\underset{\underset{H}{|}}{\overset{\overset{H}{|}}{\underset{\alpha}{C}}}-\overset{\overset{O}{\|}}{C}-S-CoA \; + \; \boxed{NADH} + H^+$$

β-hidroxiacil-CoA β-cetoacil-CoA

Reacción 4 Segmentación

En el paso final de la β-oxidación, el ácido graso se divide en el carbono β para producir un acetil-CoA de dos carbonos y un acil-CoA que es más corto por dos átomos de carbono. Este nuevo acil-CoA más corto pasa por el ciclo de la β-oxidación hasta que se degrada por completo en acetil-CoA.

$$CH_3-(CH_2)_n-\underset{\beta}{\overset{\overset{O}{\|}}{C}}-\underset{\underset{H}{|}}{\overset{\overset{H}{|}}{\underset{\alpha}{C}}}-\overset{\overset{O}{\|}}{C}-S-CoA \; + \; HS-CoA \quad \xrightarrow{\text{Tiolasa}} \quad CH_3-(CH_2)_n-\overset{\overset{O}{\|}}{C}-S-CoA \; + \; CH_3-\overset{\overset{O}{\|}}{C}-S-CoA$$

β-cetoacil-CoA   Acil-CoA   Acetil-CoA
                              (2 átomos de C más corto)

La longitud del ácido graso determina las repeticiones del ciclo

El número de átomos de carbono en un ácido graso determina el número de veces que se repite el ciclo y el número de unidades acetil-CoA que produce. Por ejemplo, la β-oxidación completa de ácido cáprico (C_{10}) produce cinco grupos acetil-CoA, que es igual a la mitad del número de átomos de carbono en la cadena. Puesto que la vuelta final del ciclo produce dos grupos acetil-CoA, el número total de veces que se repite el ciclo es uno menos que el número total de grupos acetilo que produce. Por tanto, el ácido graso C_{10} pasa por el ciclo cuatro veces (véase la figura 24.4).

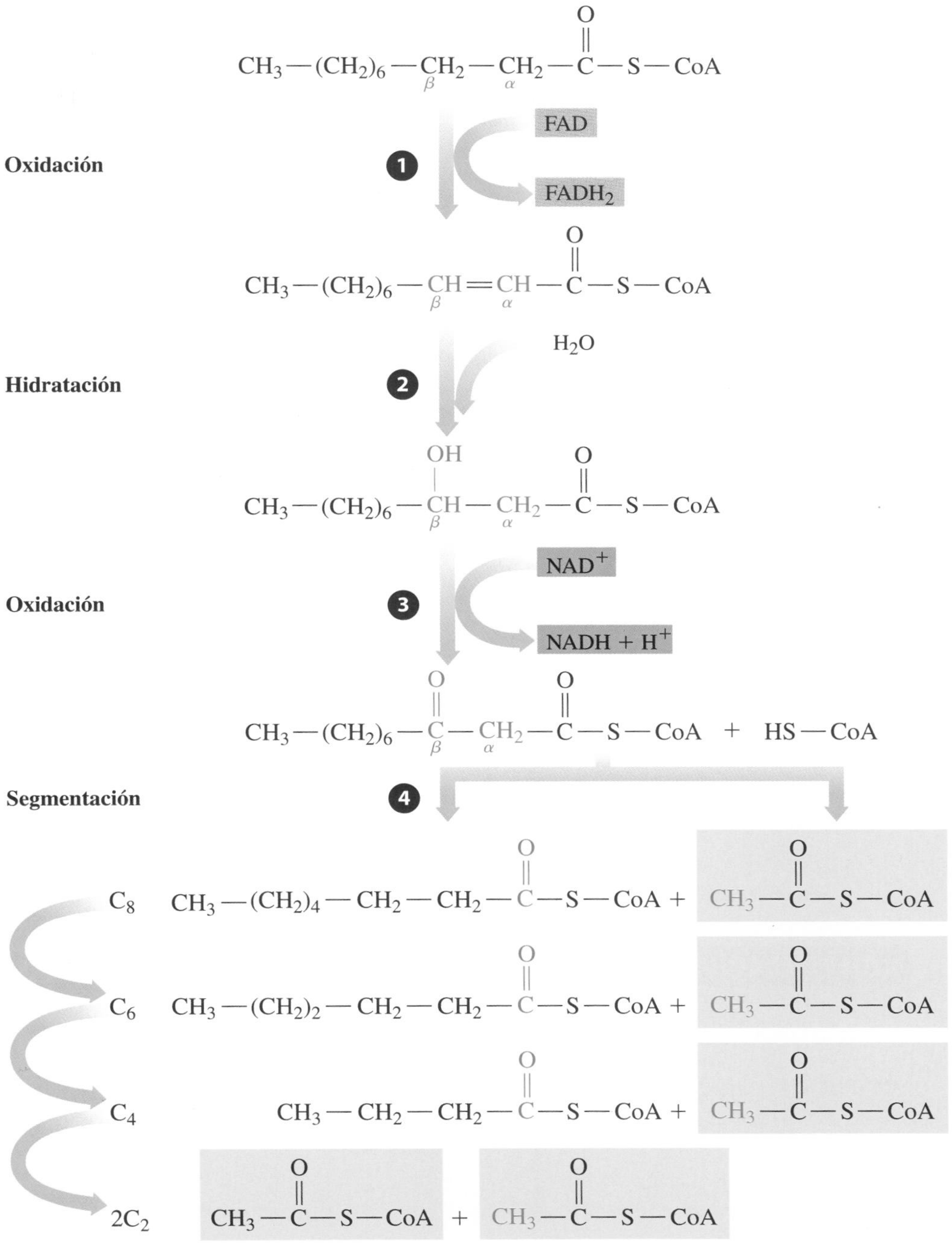

FIGURA 24.4 El ácido cáprico (C_{10}) experimenta cuatro ciclos de oxidación que repiten las reacciones 1-4 para producir 5 moléculas de acetil-CoA, 4 NADH y 4 FADH$_2$.

P ¿Cuántas moléculas de NADH y FADH$_2$ se producen en una vuelta del ciclo del ácido graso de la β-oxidación?

Oxidación de ácidos grasos insaturados

La secuencia de la β-oxidación recién descrita se aplica a ácidos grasos saturados con un número par de átomos de carbono. Sin embargo, los ácidos grasos de los alimentos, en particular los aceites, contienen ácidos grasos insaturados, que tienen uno o más enlaces dobles *cis*. La reacción de hidratación agrega agua a los enlaces dobles *trans*, no a los *cis*. Cuando el enlace doble en un ácido graso insaturado está listo para la hidratación, una isomerasa forma un enlace doble *trans* entre los átomos de carbono α y β, que es el arreglo necesario para la reacción de hidratación.

$$CH_3-(CH_2)_n-\overset{H}{\underset{\beta}{C}}=\overset{H}{\underset{\alpha}{C}}-CH_2-\overset{O}{\overset{\|}{C}}-S-CoA \xrightarrow[\text{isomerasa}]{\text{Enoil-CoA}} CH_3-(CH_2)_n-CH_2-\overset{H}{\underset{\underset{H}{|}}{\underset{\beta}{C}}}=\overset{O}{\underset{\alpha}{C}}-\overset{\|}{C}-S-CoA$$

cis-acil-CoA   *trans*-acil-CoA

$$H_2O \searrow \quad \textbf{2} \downarrow \text{ Enoil-CoA hidratasa}$$

$$CH_3-(CH_2)_n-CH_2-\overset{OH}{\underset{\underset{H}{|}}{\underset{\beta}{C}}}-\overset{H}{\underset{\underset{H}{|}}{\underset{\alpha}{C}}}-\overset{O}{\overset{\|}{C}}-S-CoA$$

β-hidroxiacil-CoA

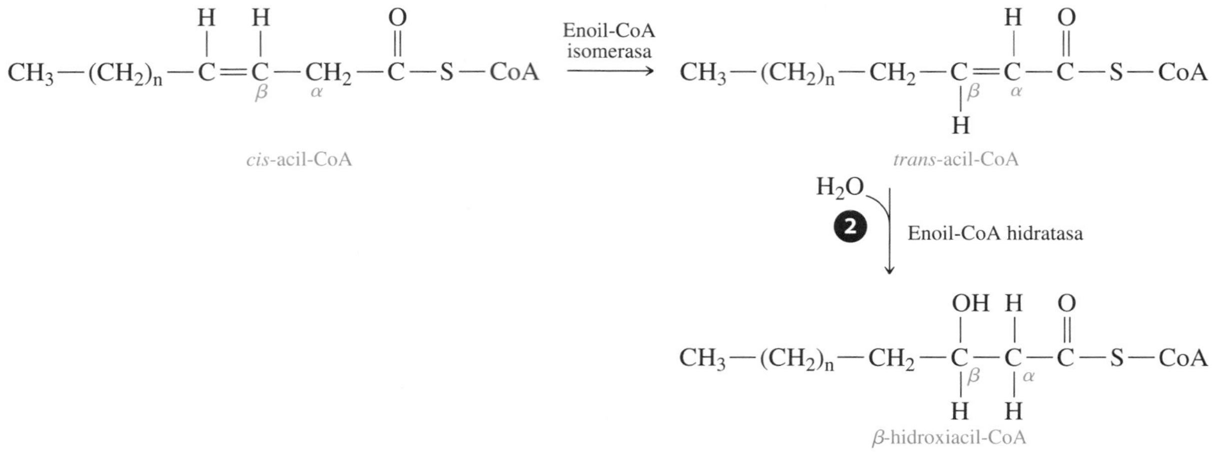

Puesto que la isomerización proporciona el enlace doble *trans* para la hidratación en la reacción 2, pasa por alto la primera reacción. Por tanto, la energía liberada por la β-oxidación de un ácido graso insaturado es un poco menor porque en dicho ciclo no se produce $FADH_2$.

EJEMPLO DE PROBLEMA 24.1 β-oxidación

Relacione cada uno de los procesos siguientes (**a-d**) con una de las reacciones (**1-4**) en el ciclo de la β-oxidación:

1. primera oxidación   **2.** hidratación   **3.** segunda oxidación   **4.** segmentación

a. Se agrega agua a un enlace doble *trans*.
b. Se elimina un acetil-CoA.
c. FAD se reduce a $FADH_2$.
d. Reacción que se pasa por alto durante la oxidación de ácidos grasos insaturados.

SOLUCIÓN

a. (2) hidratación   **b.** (4) segmentación   **c.** (1) primera oxidación
d. (1) primera oxidación

COMPROBACIÓN DE ESTUDIO 24.1

¿Cuál coenzima se necesita en la reacción 3 cuando un grupo β-hidroxilo se convierte en un grupo β-ceto?

COMPROBACIÓN DE CONCEPTOS 24.2 Número de ciclos de la β-oxidación

Determine el número de ciclos de la β-oxidación y el número de moléculas de acetil-CoA producidos por ácido cerótico (C_{26}).

RESPUESTA

El ácido cerótico (C_{26}) necesita 12 ciclos de la β-oxidación y produce 13 moléculas de acetil-CoA.

PREGUNTAS Y PROBLEMAS

24.2 Oxidación de ácidos grasos

META DE APRENDIZAJE: *Describir la vía metabólica de la β-oxidación.*

24.7 ¿Dónde se activan los ácidos grasos en la célula?

24.8 ¿Cuál es la función de la carnitina en la degradación de ácidos grasos?

24.9 ¿Qué coenzima se necesita para la β-oxidación?

24.10 ¿Cuándo ocurre una isomerización durante la β-oxidación de un ácido graso?

24.11 En cada una de las moléculas siguientes de acil-CoA, identifique el carbono β:

a. $CH_3—CH_2—CH_2—CH_2—CH_2—CH_2—CH_2—C(=O)—S—CoA$

b. $CH_3—(CH_2)_{14}—CH_2—CH_2—C(=O)—S—CoA$

c. $CH_3—CH_2—CH{=}CH—CH_2—C(=O)—S—CoA$

24.12 Dibuje la fórmula estructural condensada del producto cuando cada uno de los incisos siguientes experimenta la reacción indicada:

a. $CH_3—(CH_2)_{12}—CH{=}CH—C(=O)—S—CoA + H_2O \xrightarrow{\text{Enoil-CoA hidratasa}}$

b. $CH_3—(CH_2)_6—CH_2—CH_2—C(=O)—S—CoA \xrightarrow{\text{Acil-CoA deshidrogenasa}}$

c. $CH_3—(CH_2)_4—C(=O)—CH_2—C(=O)—S—CoA + HS—CoA \xrightarrow{\text{Tiolasa}}$

24.13 El ácido caprílico, $CH_3—(CH_2)_4—CH_2—CH_2—COOH$, es un ácido graso C_8.

a. Dibuje la fórmula estructural condensada de la forma activada del ácido caprílico.

b. Indique los átomos de carbono α y β en el ácido caprílico.

c. Indique el número de ciclos de la β-oxidación para la oxidación completa de ácido caprílico.

d. Indique el número de acetil-CoA a partir de la oxidación completa de ácido caprílico.

24.14 El ácido lignocérico, $CH_3—(CH_2)_{20}—CH_2—CH_2—COOH$, es un ácido graso C_{24} que se encuentra en el aceite de cacahuate en pequeñas cantidades.

a. Dibuje la fórmula estructural condensada de la forma activada del ácido lignocérico.

b. Indique los átomos de carbono α y β en el ácido lignocérico.

c. Indique el número de ciclos de la β-oxidación para la oxidación completa del ácido lignocérico.

d. Indique el número de acetil-CoA a partir de la oxidación completa de ácido lignocérico.

24.3 ATP y oxidación de ácidos grasos

META DE APRENDIZAJE

Calcular el ATP total producido mediante la oxidación completa de un ácido graso.

Ahora puede determinar la producción de energía total a partir de la oxidación de un ácido graso particular. En cada ciclo de la β-oxidación se producen un NADH, un $FADH_2$ y un acetil-CoA. A partir de la sección 23.3, se sabe que los iones hidrógeno y los electrones transferidos de NADH a la coenzima Q en el transporte de electrones generan suficiente energía para sintetizar tres ATP, en tanto que $FADH_2$ conduce a la síntesis de dos ATP. Sin embargo, la mayor cantidad de energía producida a partir de un ácido graso se genera por la producción de las unidades acetil-CoA que entran en el ciclo del ácido cítrico. En la sección 23.4 vio que un acetil-CoA conduce a la síntesis de 12 ATP.

Ya observó que el ácido cáprico, C_{10}, pasa por cuatro vueltas del ciclo de la β-oxidación, lo que produce cinco unidades acetil-CoA. También es necesario recordar que la activación del ácido cáprico necesita dos ATP. Es posible calcular el ATP producido del modo siguiente:

Producción de ATP a partir de la β-oxidación de ácido cáprico (C_{10})	
Activación de ácido cáprico a capril-CoA	−2 ATP
4 ciclos de la β-oxidación	
$4\ \cancel{FADH_2} \times \frac{2\ ATP}{\cancel{FADH_2}}$ (transporte de electrones)	8 ATP
$4\ \cancel{NADH} \times \frac{3\ ATP}{\cancel{NADH}}$ (transporte de electrones)	12 ATP
5 acetil-CoA	
$5\ \cancel{\text{acetil-CoA}} \times \frac{12\ ATP}{\cancel{\text{acetil-CoA}}}$ (ciclo del ácido cítrico)	60 ATP
Total	78 ATP

La química en la salud

GRASA ALMACENADA Y OBESIDAD

El almacenamiento de grasa es una característica importante de supervivencia en la vida de muchos animales. En los animales que hibernan se observan grandes cantidades de grasa almacenada que proporcionan la energía para todo el periodo de hibernación, que puede durar varios meses. Los camellos almacenan grandes cantidades de calorías en la joroba, que en realidad es un enorme depósito de grasa. Cuando las fuentes de alimento son pocas, el camello puede sobrevivir meses sin alimento o agua porque utiliza las reservas de grasa de la joroba. Las aves migratorias que se preparan para volar largas distancias también almacenan grandes cantidades de grasa. Las ballenas se mantienen calientes por una capa de grasa llamada "grasa de cetáceo" (que puede tener hasta 60 cm de grosor) bajo su piel. La grasa de cetáceo también suministra energía cuando las ballenas deben sobrevivir periodos prolongados de hambruna. Los pingüinos también tienen grasa, que los protege del frío y les proporciona energía cuando incuban sus huevos.

Los seres humanos también tienen la capacidad de almacenar grandes cantidades de grasa, aun cuando no hibernen ni tengan que sobrevivir durante largos periodos sin alimento. Cuando los seres humanos sobrevivían con dietas escasas que eran principalmente vegetarianas, alrededor del 20% de las calorías de los alimentos provenía de la grasa. En la actualidad, una dieta característica incluye más productos lácteos y alimentos con niveles altos de grasa, y hasta 60% de las calorías procede de la grasa. El Servicio de Salud Pública de Estados Unidos estima que en este país más de un tercio de los adultos es obeso. Se considera que una persona tiene obesidad cuando su peso corporal excede en más de 20% su peso ideal. La obesidad es un factor importante en problemas de salud como diabetes, cardiopatías, presión arterial alta, accidentes vasculares cerebrales y cálculos biliares, así como en algunos tipos de cáncer y formas de artritis.

En una época se consideró que la obesidad era tan sólo un problema de comer demasiado. Sin embargo, ahora las investigaciones indican que ciertas vías en el metabolismo de lípidos y carbohidratos pueden causar un aumento excesivo de peso en algunas personas. En 1995, los científicos descubrieron que una hormona llamada *leptina* se produce en las células grasas. Cuando las células grasas están llenas, los niveles altos de leptina indican al cerebro que restrinja la ingesta de alimento. Cuando las reservas de grasa son bajas, la producción de leptina disminuye, lo que indica al cerebro que debe aumentarse la ingesta de alimento. La leptina actúa en el hígado y los músculos esqueléticos, donde estimula la oxidación de ácidos grasos en las mitocondrias, lo que reduce las reservas de grasa.

En la actualidad se están realizando muchas investigaciones para encontrar las causas de la obesidad. Los científicos estudian diferencias en la velocidad de producción de leptina, grados de resistencia a la leptina y posibles combinaciones de estos factores. Después de que una persona hizo dieta y bajó de peso, los niveles de leptina descienden. Esta disminución de leptina puede ocasionar un aumento del hambre y de la ingesta de alimentos al tiempo que el metabolismo se hace más lento, lo que inicia de nuevo el ciclo del aumento de peso. En la actualidad se realizan estudios para valorar la seguridad del tratamiento de leptina después de la pérdida de peso.

Los mamíferos marinos tienen gruesas capas de grasa de cetáceo que sirve como aislante y almacén de energía.

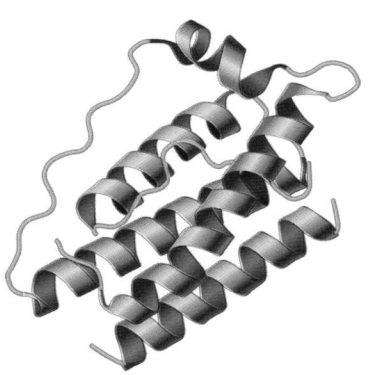

La leptina, mostrada aquí como un modelo de listones, es una hormona represora del apetito que se forma en las células grasas y consiste en 146 aminoácidos.

Un dromedario almacena grandes cantidades de grasa en la joroba.

EJEMPLO DE PROBLEMA 24.2 **Producción de ATP a partir de la β-oxidación**

¿Cuánto ATP se producirá a partir de la β-oxidación completa del ácido palmítico, un ácido graso saturado C_{16}?

SOLUCIÓN

Análisis del problema

Número de átomos carbono	Número de ciclos de la β-oxidación	Número de $FADH_2$	Número de NADH	Número de acetil-CoA
16	7	7	7	8

La oxidación completa del ácido palmítico de 16 carbonos necesita siete ciclos de la β-oxidación, lo que produce siete moléculas de $FADH_2$ y siete de NADH. El número total de acetil-CoA es ocho. Durante el transporte de electrones, cada $FADH_2$ produce dos ATP, y cada NADH produce tres ATP. Cada acetil-CoA puede producir 12 ATP mediante el ciclo del ácido cítrico. Dos ATP se utilizan en la activación de ácido palmítico a palmitoil-CoA.

Producción de ATP a partir de ácido palmítico C_{16}	
Activación del ácido palmítico a palmitoil-CoA	-2 ATP
7 $\cancel{FADH_2} \times \dfrac{2\ ATP}{\cancel{FADH_2}}$ (transporte de electrones)	14 ATP
7 $\cancel{NADH} \times \dfrac{3\ ATP}{\cancel{NADH}}$ (transporte de electrones)	21 ATP
8 $\cancel{\text{acetil-CoA}} \times \dfrac{12\ ATP}{\cancel{\text{acetil-CoA}}}$ (ciclo del ácido cítrico)	96 ATP
Total	129 ATP

COMPROBACIÓN DE ESTUDIO 24.2

Compare el ATP total a partir de coenzimas reducidas y a partir de acetil-CoA en la β-oxidación del ácido palmítico.

Explore su mundo

ALMACENAMIENTO DE GRASA Y GRASA DE CETÁCEO

Consiga cuatro bolsas de plástico para congelador, cinta adhesiva y un poco de grasa vegetal sólida de la que usa para cocinar. Llene una cubeta o recipiente con suficiente agua para cubrir sus dos manos. Agregue hielo hasta que el agua se sienta muy fría.

Coloque 3 o 4 cucharadas de la grasa vegetal en una de las bolsas de plástico. Coloque otra bolsa de plástico dentro de la primera bolsa que contiene la grasa. Pegue con cinta los extremos superiores de las dos bolsas y deje abierta la bolsa interior. Con las otras dos bolsas, coloque una dentro de la otra y pegue con cinta los extremos superiores dejando abierta la bolsa interior. Ahora coloque una mano dentro de la bolsa con la grasa vegetal y distribuya la grasa a su alrededor hasta que una capa de aproximadamente 2 cm de la grasa en la bolsa interior cubra su mano. Coloque la otra mano dentro de la otra bolsa doble y sumerja ambas manos en el agua con hielo. Mida el tiempo que transcurre para que una mano se sienta incómodamente fría. Saque las manos antes de que se enfríen demasiado.

PREGUNTAS

1. ¿Cuán efectiva es la bolsa doble con "grasa de cetáceo" para proteger su mano del frío?
2. ¿Cómo afectaría sus resultados el aumentar la cantidad de grasa vegetal?
3. ¿De qué manera la "grasa de cetáceo" ayuda a un animal a sobrevivir a periodos de hambre?
4. ¿Por qué los animales en climas cálidos, como camellos y aves migratorias, necesitan almacenar grasa?

PREGUNTAS Y PROBLEMAS

24.3 ATP y oxidación de ácidos grasos

META DE APRENDIZAJE: *Calcular el ATP total producido mediante la oxidación completa de un ácido graso.*

24.15 ¿Por qué la energía de la activación de los ácidos grasos de ATP a AMP se considera la misma que la hidrólisis de 2 ATP $\longrightarrow$ 2 ADP?

24.16 ¿Cuál es el número de moléculas de ATP obtenidas a partir de una molécula de acetil-CoA en el ciclo del ácido cítrico?

24.17 Considere la oxidación completa de una molécula de ácido behénico, $CH_3 - (CH_2)_{18} - CH_2 - CH_2 - COOH$, ($C_{22}$), un ácido graso que se encuentra en los aceites de cacahuate y de canola.
   a. ¿Cuántos ciclos de la β-oxidación se necesitan para la oxidación completa del ácido behénico?
   b. ¿Cuántas moléculas de acetil-CoA se producen a partir de la oxidación completa del ácido behénico?
   c. ¿Cuántas moléculas de ATP se generan a partir de la oxidación completa de una molécula de ácido behénico?

24.18 Considere la oxidación completa de una molécula de ácido esteárico, $CH_3 - (CH_2)_{14} - CH_2 - CH_2 - COOH$, un ácido graso C_{18}.
   a. ¿Cuántos ciclos de la β-oxidación se necesitan para la oxidación completa del ácido esteárico?
   b. ¿Cuántas moléculas de acetil-CoA se producen a partir de la oxidación completa de ácido esteárico?
   c. ¿Cuántas moléculas de ATP se generan a partir de la oxidación completa de una molécula de ácido esteárico?

24.4 Cetogénesis y cuerpos cetónicos

Cuando los carbohidratos que incluyen glucógeno no están disponibles para satisfacer las necesidades energéticas, el cuerpo descompone ácidos grasos, que experimentan β-oxidación a acetil-CoA. Por lo general, acetil-CoA entraría en el ciclo del ácido cítrico para una mayor oxidación y producción de energía. Sin embargo, cuando se degradan grandes cantidades de ácidos grasos, el ciclo del ácido cítrico no puede utilizar toda esa cantidad. En consecuencia, acetil-CoA se acumula en el hígado, donde se combina para formar compuestos llamados **cuerpos cetónicos** en una vía conocida como **cetogénesis** (véase la figura 24.5).

Reacción 1 Condensación
En la cetogénesis, dos moléculas de acetil-CoA se combinan para formar acetoacetil-CoA, que invierte la última reacción en la β-oxidación.

Reacción 2 Hidrólisis
La hidrólisis de acetoacetil-CoA forma acetoacetato, un cuerpo cetónico. El acetoacetato puede entrar en el ciclo del ácido cítrico para la producción de energía, o descomponerse en otros cuerpos cetónicos.

Reacción 3 Reducción
El acetoacetato puede reducirse para producir β-hidroxibutirato, que se considera un cuerpo cetónico aun cuando no contiene un grupo ceto.

Reacción 4 Descarboxilación
El acetoacetato también puede experimentar descarboxilación para producir acetona.

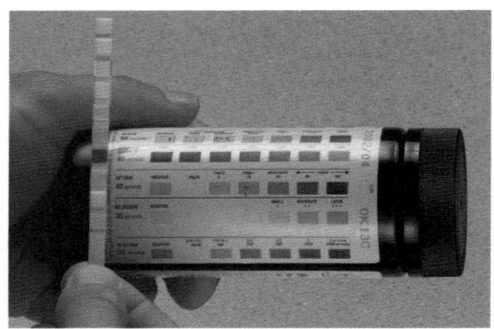

Una tira reactiva indica el nivel de cuerpos cetónicos en una muestra de orina.

FIGURA 24.5 En la cetogénesis, moléculas de acetil-CoA se combinan para producir cuerpos cetónicos: acetoacetato, β-hidroxibutirato y acetona.

P ¿Qué condición en el cuerpo conduce a la formación de cuerpos cetónicos?

Cetosis

La acumulación de cuerpos cetónicos puede conducir a un trastorno denominado **cetosis**, que ocurre en casos de diabetes grave, dietas ricas en grasa y con pocos carbohidratos, alcoholismo e inanición. Dos de los cuerpos cetónicos son ácidos que producen H^+, que pueden reducir el pH sanguíneo abajo de 7.4. Esta condición, llamada **acidosis**, con frecuencia acompaña a la cetosis. Un descenso del pH sanguíneo puede interferir en la capacidad de la sangre para transportar oxígeno y causar dificultad para respirar.

COMPROBACIÓN DE CONCEPTOS 24.3   Cetogénesis

El proceso llamado *cetogénesis* tiene lugar en el hígado.

a. ¿Cuáles son las condiciones que favorecen la cetogénesis?

b. ¿Cuáles son los nombres de los tres compuestos denominados *cuerpos cetónicos*?

c. ¿Qué cuerpos cetónicos se encargan de la acidosis que ocurre en la cetogénesis?

RESPUESTA

a. Cuando el exceso de acetil-CoA no puede procesarse mediante el ciclo del ácido cítrico, acetil-CoA entra en la vía de la cetogénesis, donde forma cuerpos cetónicos.

b. Los cuerpos cetónicos en la cetogénesis son acetoacetato, β-hidroxibutirato y acetona.

c. La formación de los cuerpos cetónicos acetoacetato y β-hidroxibutirato disminuye el pH de la sangre (acidosis).

La química en la salud

CUERPOS CETÓNICOS Y DIABETES

La glucosa sanguínea se eleva 30 minutos después de una comida que contiene carbohidratos. El nivel alto de glucosa estimula la secreción de la hormona *insulina* del páncreas, lo que aumenta el flujo de glucosa hacia los tejidos muscular y adiposo para la síntesis de glucógeno. A medida que los niveles de glucosa sanguínea descienden, la secreción de insulina disminuye. Cuando la glucosa sanguínea es baja, el páncreas libera otra hormona, *glucagón*, que estimula la descomposición de glucógeno en el hígado para producir glucosa.

En la *diabetes mellitus*, la glucosa no puede utilizarse o almacenarse como glucógeno, porque la *insulina* no se segrega o no funciona de manera adecuada. En el tipo 1, la *diabetes dependiente de insulina*, que con frecuencia comienza en la infancia, el páncreas produce niveles insuficientes de insulina. Este tipo de diabetes puede ser resultado del daño al páncreas por infecciones virales o por mutaciones genéticas. En el tipo 2, la *diabetes resistente a la insulina*, que generalmente se presenta en adultos, se produce insulina, pero los receptores de insulina no responden. Por tanto, una persona con diabetes tipo 2 no responde al tratamiento con insulina. La *diabetes gestacional* en ocasiones se presenta durante el embarazo, pero los niveles de glucosa sanguínea regresan a la normalidad después de que el bebé nace. Las mujeres embarazadas con diabetes tienden a subir de peso y parir bebés grandes.

En todos los tipos de diabetes hay cantidades insuficientes de glucosa en músculos, hígado y tejido adiposo. Como resultado, las células hepáticas sintetizan glucosa a partir de fuentes que no son carbohidratos (gluconeogénesis) y descomponen grasas, lo que incrementa el nivel de acetil-CoA. El acetil-CoA en exceso experimenta cetogénesis y los cuerpos cetónicos se acumulan en la sangre. El olor a acetona puede detectarse en el aliento de una persona con diabetes no controlada que esté en cetosis.

En la diabetes no controlada, la concentración de glucosa sanguínea supera la capacidad de los riñones para reabsorber glucosa, y la glucosa aparece en la orina. Los niveles altos de glucosa aumentan la presión osmótica en la sangre, lo que conduce a un aumento en la producción de orina. Los síntomas de la diabetes son micción frecuente y sed excesiva. El tratamiento de la diabetes consiste en cambiar la dieta para restringir la ingesta de carbohidratos y a veces se necesitan medicamentos, como una inyección diaria de insulina.

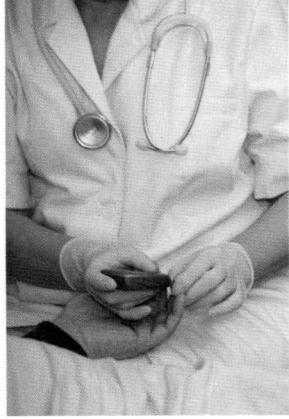
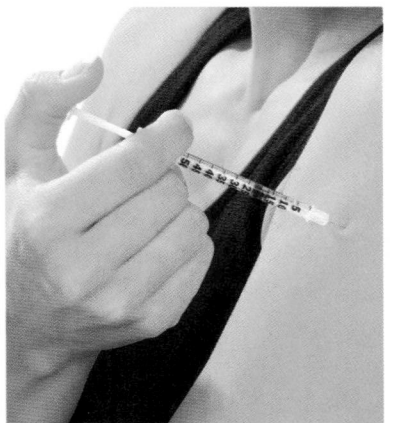
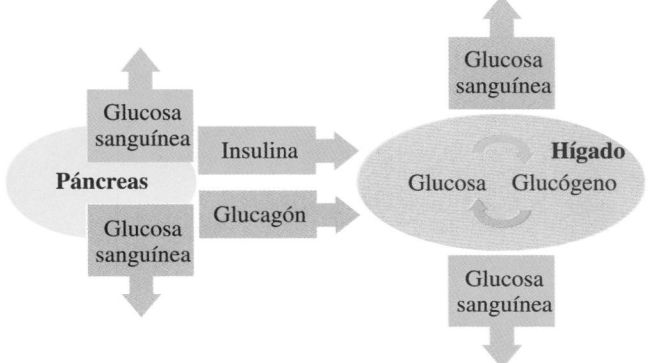

La diabetes puede tratarse con inyecciones de insulina.

PREGUNTAS Y PROBLEMAS

24.4 Cetogénesis y cuerpos cetónicos

META DE APRENDIZAJE: *Describir la vía de la cetogénesis.*

24.19 ¿Qué es cetogénesis?

24.20 Si una persona estuviera en ayunas, ¿por qué tendría niveles altos de acetil-CoA?

24.21 ¿Qué tipo de reacción convierte acetoacetato en β-hidroxibutirato?

24.22 ¿Cómo se forma acetona a partir de acetoacetato?

24.23 ¿Qué es cetosis?

24.24 ¿Por qué la diabetes produce niveles altos de cuerpos cetónicos?

META DE APRENDIZAJE

Describir la biosíntesis de ácidos grasos a partir de acetil-CoA.

TUTORIAL
Fatty Acid Synthesis

24.5 Síntesis de ácidos grasos

Cuando el cuerpo ha satisfecho todas sus necesidades de energía y las reservas de glucógeno están llenas, el acetil-CoA de la descomposición de carbohidratos y ácidos grasos se utiliza para sintetizar nuevos ácidos grasos. En la vía llamada **lipogénesis**, unidades acetilo de dos carbonos se unen para producir un ácido graso de 16 carbonos, el ácido palmítico. Aunque las reacciones son muy parecidas al inverso de las reacciones estudiadas en la oxidación de ácidos grasos, la síntesis de ácidos grasos avanza en una vía distinta con diferentes enzimas. La oxidación de ácidos grasos ocurre en las mitocondrias y usa FAD y NAD^+, en tanto que la síntesis de ácidos grasos ocurre en el citosol y usa la coenzima reducida NADPH, que es similar a NADH, excepto que tiene un grupo fosfato.

Síntesis de proteína portadora de acilo (ACP)

En la β-oxidación, los grupos acetilo y acilo se activan usando coenzima A (CoA — SH). En la síntesis de ácidos grasos, una proteína portadora de acilo (ACP — SH) activa los compuestos acilo. En la molécula ACP — SH, el tiol y el ácido pantoténico (vitamina B_5) que se encuentra en la CoA se unen a una proteína.

$$HS-CH_2-CH_2-\overset{\displaystyle H}{\underset{\displaystyle}{N}}-\overset{\displaystyle O}{\underset{\displaystyle}{C}}-CH_2-CH_2-\overset{\displaystyle H}{\underset{\displaystyle}{N}}-\overset{\displaystyle O}{\underset{\displaystyle}{C}}-\overset{\displaystyle OH}{\underset{\displaystyle H}{C}}-\overset{\displaystyle CH_3}{\underset{\displaystyle CH_3}{C}}-CH_2-O-\overset{\displaystyle O}{\underset{\displaystyle O^-}{P}}-O-CH_2-Proteína$$

Aminoetanotiol   Ácido pantoténico

Proteína portadora de acilo (ACP)
(HS–ACP)

Preparación de portadores activados

Antes de que comience la síntesis de ácidos grasos, deben sintetizarse los portadores activados. Para la síntesis de malonil-ACP se necesita la síntesis de malonil-CoA, cuando el acetil-CoA se combina con bicarbonato. La hidrólisis del ATP proporciona la energía para la reacción.

$$CH_3-\overset{\displaystyle O}{\underset{\displaystyle}{C}}-S-CoA + HCO_3^- + ATP \xrightarrow{\text{Acetil-CoA carboxilasa}} {}^-O-\overset{\displaystyle O}{\underset{\displaystyle}{C}}-CH_2-\overset{\displaystyle O}{\underset{\displaystyle}{C}}-S-CoA + ADP + P_i + H^+$$

Acetil-CoA   Malonil-CoA

Para la síntesis de ácidos grasos, las formas activadas malonil-ACP y acetil-ACP se producen cuando el grupo acilo se combina con ACP — SH.

$$CH_3-\overset{\overset{\displaystyle O}{\|}}{C}-S-CoA \;+\; HS-ACP \xrightarrow{\text{Acetil-CoA transacilasa}} CH_3-\overset{\overset{\displaystyle O}{\|}}{C}-S-ACP \;+\; HS-CoA$$

Acetil-CoA $\qquad\qquad\qquad\qquad\qquad\qquad$ Acetil-ACP

$$^-O-\overset{\overset{\displaystyle O}{\|}}{C}-CH_2-\overset{\overset{\displaystyle O}{\|}}{C}-S-CoA \;+\; HS-ACP \xrightarrow{\text{Malonil-CoA transacilasa}} {}^-O-\overset{\overset{\displaystyle O}{\|}}{C}-CH_2-\overset{\overset{\displaystyle O}{\|}}{C}-S-ACP \;+\; HS-CoA$$

Malonil-CoA $\qquad\qquad\qquad\qquad\qquad\qquad$ Malonil-ACP

Síntesis de ácidos grasos (palmitato)

Las cuatro reacciones siguientes ocurren en un ciclo que agrega grupos acetilo de dos carbonos a una cadena de carbono.

Reacción 1 Condensación
Acetil-ACP y malonil-ACP se condensan para producir acetoacetil-ACP y CO_2.

Reacción 2 Reducción
El grupo ceto en el carbono β se reduce a un grupo hidroxilo usando hidrógeno de la coenzima reducida NADPH.

Reacción 3 Deshidratación
El alcohol se deshidrata para formar un enlace doble *trans* en *trans*-enoil-ACP.

Reacción 4 Reducción
NADPH reduce el enlace doble a un enlace sencillo, lo que forma butiril-ACP, un compuesto saturado de cuatro carbonos.

Repetición del ciclo de la síntesis de ácidos grasos

El ciclo de la síntesis de ácidos grasos se repite conforme el butiril-ACP (con una cadena de cuatro carbonos de longitud) reacciona con otro malonil-ACP para producir hexanoil-ACP. Después de siete ciclos de síntesis de ácidos grasos, el producto, C_{16} palmitoil-ACP, se hidroliza para producir palmitato y HS — ACP (véase la figura 24.6).

Ácidos grasos más largos y más cortos

Aunque se observó la síntesis del ácido graso palmitato, en las células también se producen ácidos grasos más cortos y más largos. Los ácidos grasos más cortos se liberan antes de que haya 16 átomos de carbono en la cadena. Los ácidos grasos más largos se producen con enzimas especiales que agregan unidades de dos carbonos al extremo carboxilo de la cadena del ácido graso. Un enlace *cis* insaturado también puede incorporarse en un ácido graso de 10 carbonos seguido de las mismas reacciones de elongación.

Regulación de la síntesis de ácidos grasos

La síntesis de ácidos grasos tiene lugar principalmente en el tejido adiposo, donde se forman y almacenan triacilgliceroles. La hormona *insulina* estimula la formación de ácidos grasos. Cuando la glucosa sanguínea es alta, la insulina mueve glucosa hacia las células. En la célula, la insulina estimula la glucólisis y la oxidación del piruvato, lo que, por tanto, produce acetil-CoA para la síntesis de ácidos grasos. Durante la lipogénesis, la producción de malonil-CoA bloquea el transporte de grupos acilo en la matriz de las mitocondrias, lo que evita su oxidación.

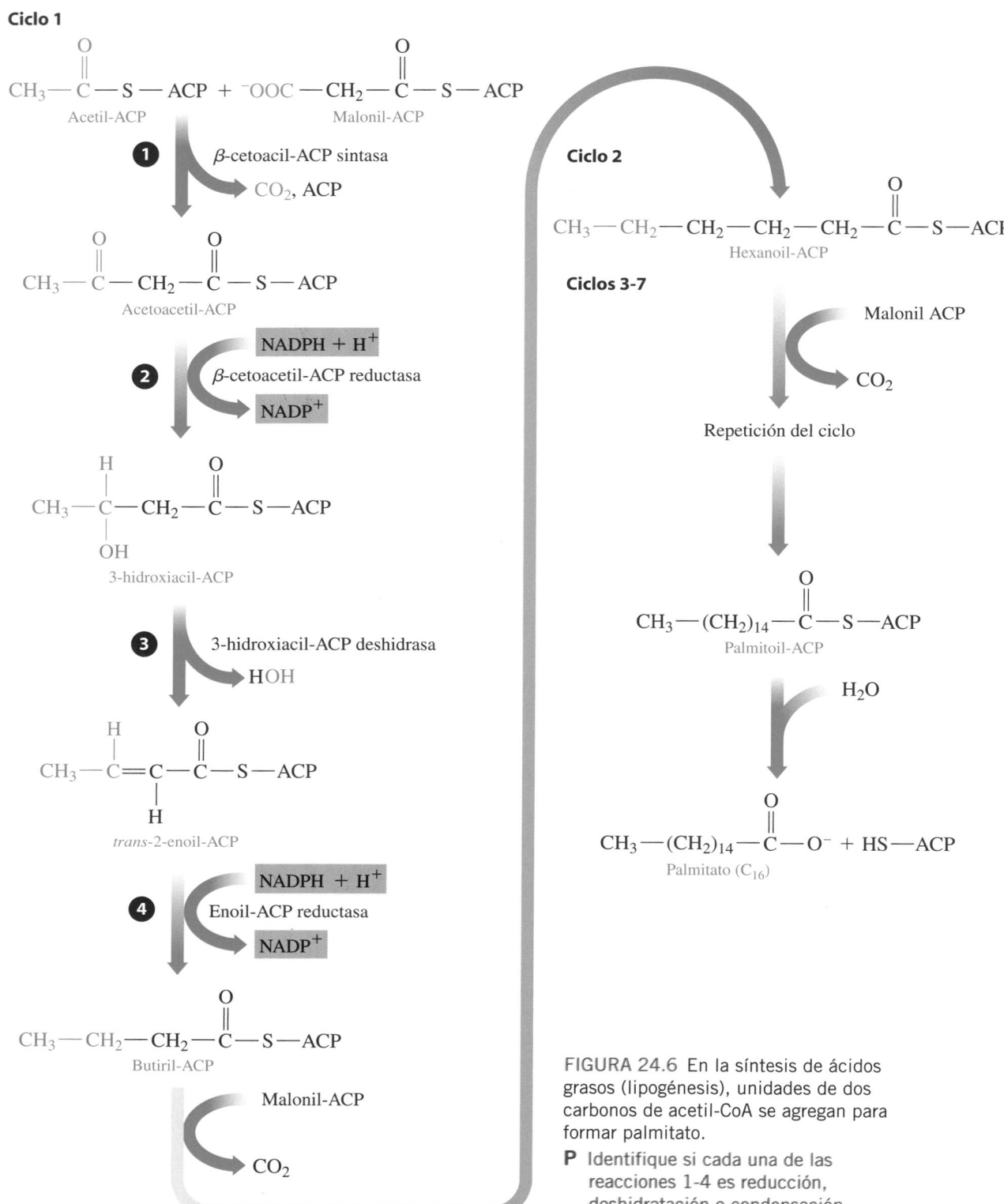

FIGURA 24.6 En la síntesis de ácidos grasos (lipogénesis), unidades de dos carbonos de acetil-CoA se agregan para formar palmitato.

P Identifique si cada una de las reacciones 1-4 es reducción, deshidratación o condensación.

Comparación de la β-oxidación y la síntesis de ácidos grasos

Ya vio que muchos de los pasos en la síntesis del palmitato son similares a los que ocurren en la β-oxidación del palmitato. La síntesis combina unidades de dos carbonos, en tanto que la β-oxidación elimina unidades de dos carbonos. La síntesis de ácidos grasos comprende reducción y deshidratación, en tanto que la β-oxidación de ácidos grasos comprende oxidación e hidratación. Es posible distinguir entre las dos vías si se comparan algunas de sus características en la tabla 24.1.

TABLA 24.1 Comparación de la β-oxidación y la síntesis de ácidos grasos

	β-oxidación	Síntesis de ácido graso (lipogénesis)
Sitio	Matriz mitocondrial	Citosol
Activado por	Glucagón	Insulina
	Glucosa sanguínea baja	Glucosa sanguínea alta
Activador	Coenzima A (HS — CoA)	Proteína portadora de acilo (ACP)
Sustrato inicial	Ácido graso	Acetil-CoA
Coenzimas iniciales	FAD, NAD$^+$	NADPH
Tipos de reacciones	Oxidación	Reducción
	Hidratación	Deshidratación
	Segmentación	Condensación
Función	Divide un grupo acilo de dos carbonos	Agrega grupo acilo de dos carbonos
Producto final	Acetil-CoA	Palmitato (C$_{16}$) u otros ácidos grasos
Coenzimas finales	FADH$_2$, NADH	NADP$^+$

COMPROBACIÓN DE CONCEPTOS 24.4 — Síntesis de ácidos grasos

Se necesita malonil-ACP para la elongación de las cadenas de ácidos grasos.

a. Complete la ecuación siguiente para la formación de malonil-ACP a partir del material inicial acetil-CoA:

$$\text{Acetil-CoA} + \text{HCO}_3^- + \text{ATP} \longrightarrow$$

b. ¿Qué enzima cataliza esta reacción?

c. Si malonil-ACP es un grupo acilo de tres carbonos, ¿por qué sólo se agregan dos átomos de carbono cada vez que malonil-ACP se combina con una cadena de ácido graso?

RESPUESTA

a. Acetil-CoA se combina con bicarbonato para formar malonil-CoA, que reacciona con ACP para formar malonil-ACP.

$$\text{Acetil-CoA} + \text{HCO}_3^- + \text{ATP} \longrightarrow \text{malonil-CoA} + \text{ADP} + \text{P}_i + \text{H}^+$$
$$\text{Malonil-CoA} + \text{HS} - \text{ACP} \longrightarrow \text{malonil-ACP} + \text{HS} - \text{CoA}$$

b. La enzima para esta reacción es acetil-CoA carboxilasa.

c. En cada ciclo de la síntesis de los ácidos grasos, un grupo acetilo de dos carbonos proveniente del grupo de tres carbonos en malonil-ACP se agrega a la cadena de ácido graso en crecimiento y se forma CO$_2$ de un carbono.

PREGUNTAS Y PROBLEMAS

24.5 Síntesis de ácidos grasos

META DE APRENDIZAJE: *Describir la biosíntesis de ácidos grasos a partir de acetil-CoA.*

24.25 En la célula, ¿dónde ocurre la síntesis de ácidos grasos?

24.26 ¿Qué compuesto participa en la activación de los compuestos acilo en la síntesis de ácidos grasos?

24.27 ¿Cuáles son los materiales de partida para la síntesis de ácidos grasos?

24.28 ¿Cuál es la función del malonil-ACP en la síntesis de ácidos grasos?

24.29 Identifique la reacción (**a-c**) catalizada por cada una de las enzimas siguientes (**1-3**):
   1. acetil-CoA carboxilasa   2. acetil-CoA transacilasa
   3. malonil-CoA transacilasa
   a. convierte malonil-CoA en malonil-ACP
   b. combina acetil-CoA con bicarbonato para producir malonil-CoA
   c. convierte acetil-CoA en acetil-ACP

24.30 Identifique la reacción (**a-d**) catalizada por cada una de las enzimas siguientes (**1-4**):

   1. β-cetoacil-ACP sintasa   2. β-cetoacil-ACP reductasa
   3. 3-hidroxiacil-ACP deshidrasa
   4. enoil-ACP reductasa
   a. cataliza la deshidratación de un alcohol
   b. convierte un enlace doble carbono-carbono en un enlace sencillo carbono-carbono
   c. combina un grupo acetilo de dos carbonos con un grupo acilo de tres carbonos acompañado de la pérdida de CO$_2$
   d. reduce un grupo ceto a un grupo hidroxilo

24.31 Determine el número de cada uno de los componentes siguientes que participan en la síntesis de una molécula de ácido cáprico, un ácido graso C$_{10}$.
   a. HCO$_3^-$ **b.** ATP   **c.** acetil-CoA
   d. malonil-ACP   **e.** NADPH   **f.** eliminación de CO$_2$

24.32 Determine el número de cada uno de los componentes siguientes en la síntesis de una molécula de ácido mistírico, un ácido graso C$_{14}$.
   a. HCO$_3^-$ **b.** ATP   **c.** acetil-CoA
   d. malonil-ACP   **e.** NADPH   **f.** eliminación de CO$_2$

24.6 Digestión de proteínas

La principal función de las proteínas es proporcionar aminoácidos para la síntesis de nuevas proteínas para el cuerpo, y átomos de nitrógeno para la síntesis de compuestos como los nucleótidos. Ya se vio que los carbohidratos y los lípidos son fuentes principales de energía, pero cuando no están disponibles, los aminoácidos se degradan a sustratos que entran en vías que producen energía.

En la etapa 1, la digestión de proteínas comienza en el estómago, donde el ácido clorhídrico (HCl) a un pH de 2 desnaturaliza las proteínas y activa enzimas, como la *pepsina*, que comienzan a hidrolizar enlaces peptídicos. Los polipéptidos salen del estómago hacia el intestino delgado, donde la *tripsina* y la *quimotripsina* completan la hidrólisis de los péptidos a aminoácidos. Los aminoácidos se absorben a través de las paredes intestinales hacia el torrente sanguíneo para su transporte hacia las células (véase la figura 24.7).

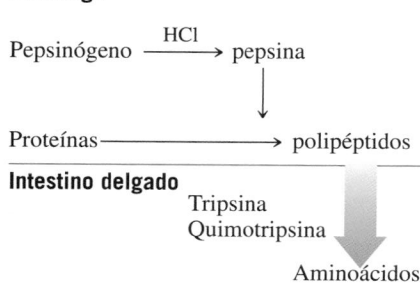

Estómago

Pepsinógeno $\xrightarrow{\text{HCl}}$ pepsina

Proteínas ⟶ polipéptidos

Intestino delgado

Tripsina
Quimotripsina

Aminoácidos

Pared intestinal

Torrente sanguíneo

Células

FIGURA 24.7 Las proteínas se hidrolizan a polipéptidos en el estómago, y a aminoácidos en el intestino delgado.

P ¿Qué enzima, segregada en el intestino delgado, hidroliza péptidos?

TUTORIAL
Nitrogen in the Body

EJEMPLO DE PROBLEMA 24.3 Digestión de proteínas

¿Cuáles son los sitios y productos finales para la digestión de proteínas?

SOLUCIÓN

La digestión de proteínas comienza en el estómago y se completa en el intestino delgado para producir aminoácidos.

COMPROBACIÓN DE ESTUDIO 24.3

¿Cuál es la función del HCl en el estómago?

Recambio de proteínas

En el cuerpo se reemplazan de manera constante proteínas viejas por nuevas. El proceso de descomponer proteínas y sintetizar nuevas proteínas se llama **recambio de proteínas**. Muchos tipos de proteínas, incluidas enzimas, hormonas y hemoglobina, se sintetizan en las células y luego se degradan. Por ejemplo, la hormona insulina tiene una vida media de 10 minutos, en tanto que la vida media de lactato deshidrogenasa es de aproximadamente 2 días, y la de la hemoglobina es de 120 días. Las proteínas dañadas e ineficientes también se degradan y sustituyen. Si bien la mayoría de los aminoácidos se usa para construir proteínas, otros compuestos también necesitan nitrógeno para su síntesis, como se ve en la tabla 24.2 (véase la figura 24.8).

TABLA 24.2 Compuestos que contienen nitrógeno

Tipo de compuesto	Ejemplo
Aminoácidos no esenciales	Alanina, aspartato, cisteína, glicina
Proteínas	Proteína muscular, enzimas
Neurotransmisores	Acetilcolina, dopamina, serotonina
Aminoalcoholes	Colina, etanolamina
Hemo	Hemoglobina
Hormonas	Tiroxina, epinefrina, insulina
Nucleótidos (ácidos nucleicos)	Purinas, pirimidinas

Por lo general, se mantiene un equilibrio de nitrógeno en las células, de modo que la cantidad de proteínas que se descompone es igual a la cantidad que se reutiliza. Sin embargo, una dieta que sea rica en proteínas tiene un balance positivo de nitrógeno porque suministra más nitrógeno del que se necesita. Puesto que el cuerpo no puede almacenar nitrógeno, el exceso se excreta como urea. Una dieta que no proporcione suficiente nitrógeno tiene un balance negativo de nitrógeno, que es una condición que ocurre en caso de inanición y ayuno.

Energía proveniente de los aminoácidos

Por lo general, sólo una pequeña cantidad (alrededor de 10%) de las necesidades de energía las cubren los aminoácidos. Sin embargo, se utilizan más aminoácidos para obtener energía en condiciones como ayuno o inanición, cuando se han agotado las

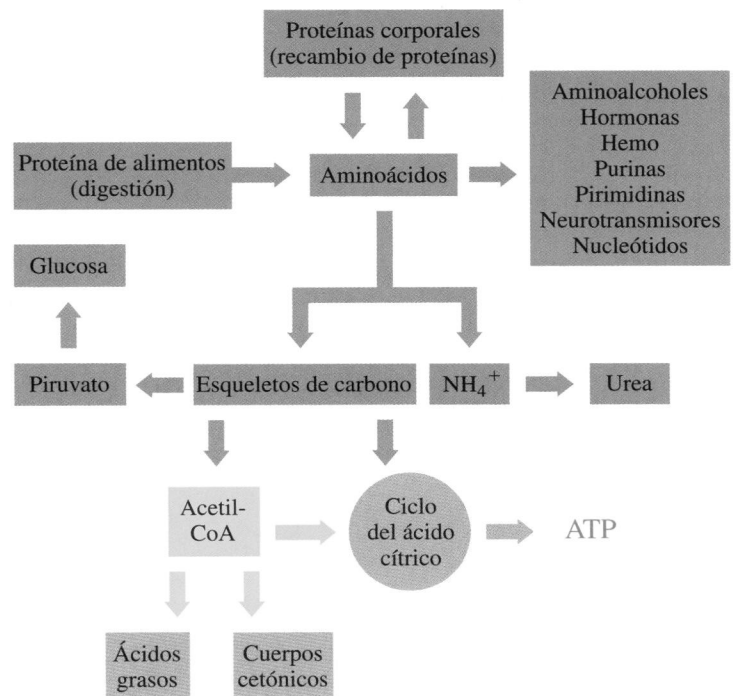

FIGURA 24.8 Las proteínas se usan en la síntesis de compuestos que contienen nitrógeno, o se degradan a urea y esqueletos de carbono que entran en las vías metabólicas.

P ¿Cuáles son algunos compuestos que necesitan nitrógeno para su síntesis?

reservas de carbohidratos y grasas. Si los aminoácidos permanecen como la única fuente de energía durante un periodo prolongado, la descomposición de las proteínas corporales con el tiempo conduce a una destrucción de tejidos corporales esenciales. En la anorexia, la pérdida de proteínas disminuye la masa muscular y puede debilitar gravemente el músculo cardiaco y deteriorar la función cardiaca.

EJEMPLO DE PROBLEMA 24.4   Equilibrio de nitrógeno

Con un balance positivo de nitrógeno, ¿por qué se excreta el exceso de aminoácidos?

SOLUCIÓN

Dado que el cuerpo no puede almacenar nitrógeno, los aminoácidos que no se necesitan para la síntesis de proteína se excretan.

COMPROBACIÓN DE ESTUDIO 24.4

¿Bajo qué condiciones el cuerpo tiene un balance negativo de nitrógeno?

PREGUNTAS Y PROBLEMAS

24.6 Digestión de proteínas

META DE APRENDIZAJE: *Describir la hidrólisis de proteínas de los alimentos y la absorción de aminoácidos.*

24.33 En el cuerpo, ¿dónde experimentan digestión las proteínas de los alimentos?

24.34 ¿Qué se entiende por recambio de proteínas?

24.35 ¿Cuáles son algunos compuestos que contienen nitrógeno y que necesitan aminoácidos para su síntesis?

24.36 ¿Cuál es el destino de los aminoácidos obtenidos en una dieta rica en proteínas?

24.7 Degradación de aminoácidos

Cuando las proteínas de los alimentos exceden las necesidades de nitrógeno para la síntesis de proteínas, los aminoácidos en exceso se degradan. El grupo α-amino se elimina para producir un α-cetoácido, que puede convertirse en un intermediario que se utilizará en otra vía metabólica. Los átomos de carbono provenientes de los aminoácidos se usan en el ciclo del ácido cítrico, así como para la síntesis de ácidos grasos, cuerpos cetónicos y glucosa.

META DE APRENDIZAJE

Describir las reacciones de la transaminación y la desaminación oxidativa en la degradación de aminoácidos.

Transaminación

La degradación de aminoácidos ocurre principalmente en el hígado. En una reacción de **transaminación**, un grupo α-amino se transfiere desde un aminoácido hacia un α-cetoácido, lo que produce un nuevo aminoácido y un nuevo α-cetoácido. Las enzimas para la transferencia de grupos amino se conocen como *transaminasas* o *aminotransferasas*.

El α-cetoácido que se usa con frecuencia en las reacciones de transaminación es α-cetoglutarato, que se convierte en glutamato. Es posible escribir una ecuación para mostrar la transferencia del grupo amino a partir de alanina a α-cetoglutarato para producir glutamato, el nuevo aminoácido, y el α-cetoácido piruvato.

$$CH_3-\overset{\overset{+}{N}H_3}{\underset{|}{C}H}-COO^- + {}^-OOC-\overset{\overset{O}{\|}}{C}-CH_2-CH_2-COO^- \underset{\text{Alanina aminotransferasa}}{\rightleftarrows}$$

Alanina α-cetoglutarato

$$CH_3-\overset{\overset{O}{\|}}{C}-COO^- + {}^-OOC-\overset{\overset{+}{N}H_3}{\underset{|}{C}H}-CH_2-CH_2-COO^-$$

Piruvato   Glutamato

EJEMPLO DE PROBLEMA 24.5 Transaminación

Para escribir la ecuación para la transaminación de glutamato y oxaloacetato se dibujan las fórmulas estructurales condensadas.

SOLUCIÓN

$${}^-OOC-\overset{\overset{+}{N}H_3}{\underset{|}{C}H}-CH_2-CH_2-COO^- + {}^-OOC-\overset{\overset{O}{\|}}{C}-CH_2-COO^- \rightleftarrows$$

Glutamato   Oxaloacetato

$${}^-OOC-\overset{\overset{O}{\|}}{C}-CH_2-CH_2-COO^- + {}^-OOC-\overset{\overset{+}{N}H_3}{\underset{|}{C}H}-CH_2-COO^-$$

α-cetoglutarato   Aspartato

COMPROBACIÓN DE ESTUDIO 24.5

¿Cuál es un posible nombre para la enzima que cataliza la reacción anterior?

Desaminación oxidativa

En un proceso llamado **desaminación oxidativa**, el grupo amino en el glutamato se elimina como un ión amonio, NH_4^+. La reacción se cataliza mediante *glutamato deshidrogenasa*, que usa NAD^+ como coenzima.

$${}^-OOC-\overset{\overset{+}{N}H_3}{\underset{|}{C}H}-CH_2-CH_2-COO^- + H_2O + \boxed{NAD^+} \underset{\text{deshidrogenasa}}{\overset{\text{Glutamato}}{\rightarrow}}$$

Glutamato

$${}^-OOC-\overset{\overset{O}{\|}}{C}-CH_2-CH_2-COO^- + NH_4^+ + \boxed{NADH} + H^+$$

α-cetoglutarato

Por tanto, el grupo amino de cualquier aminoácido puede utilizarse para formar glutamato, que experimenta desaminación oxidativa y convierte el grupo amino en un ión amonio.

COMPROBACIÓN DE CONCEPTOS 24.5   **Transaminación y desaminación oxidativa**

Indique si cada uno de los procesos siguientes representa una transaminación o una desaminación oxidativa:

a. Glutamato se convierte a α-cetoglutarato y NH_4^+.

b. Alanina y α-cetoglutarato reaccionan para formar piruvato y glutamato.

c. Una reacción se cataliza mediante glutamato deshidrogenasa, que necesita NAD^+.

RESPUESTA

a. La desaminación oxidativa ocurre cuando el grupo amino en glutamato se elimina como un ión amonio.

b. La transaminación ocurre cuando un grupo amino se transfiere desde un aminoácido hacia un α-cetoácido como α-cetoglutarato.

c. La desaminación oxidativa se cataliza mediante glutamato deshidrogenasa, que necesita NAD^+.

PREGUNTAS Y PROBLEMAS

24.7 Degradación de aminoácidos

META DE APRENDIZAJE: *Describir las reacciones de transaminación y desaminación oxidativa en la degradación de aminoácidos.*

24.37 ¿Cuáles son los reactivos y los productos en las reacciones de transaminación?

24.38 ¿Qué tipos de enzimas catalizan las reacciones de transaminación?

24.39 Dibuje la fórmula estructural condensada del α-cetoácido producido a partir de cada una de las reacciones de transaminación siguientes:

a.
$$\overset{\overset{+}{N}H_3}{\underset{|}{H - CH - COO^-}} \quad \text{Glicina}$$

b.
$$\overset{\overset{+}{N}H_3}{\underset{|}{HS - CH_2 - CH - COO^-}} \quad \text{Cisteína}$$

c.
$$\overset{CH_3 \quad \overset{+}{N}H_3}{\underset{| \qquad |}{CH_3 - CH - CH - COO^-}} \quad \text{Valina}$$

24.40 Dibuje la fórmula estructural condensada del α-cetoácido producido a partir de cada una de las reacciones de transaminación siguientes:

a.
$$\overset{\overset{+}{N}H_3}{\underset{|}{{}^-OOC - CH_2 - CH - COO^-}} \quad \text{Aspartato}$$

b.
$$\overset{CH_3 \quad \overset{+}{N}H_3}{\underset{| \qquad |}{CH_3 - CH_2 - CH - CH - COO^-}} \quad \text{Isoleucina}$$

c.
$$\overset{\overset{+}{N}H_3}{\underset{|}{HO - CH_2 - CH - COO^-}} \quad \text{Serina}$$

24.41 Escriba la ecuación, usando fórmulas estructurales condensadas, para la desaminación oxidativa de glutamato.

24.42 ¿De qué manera producen iones amonio los 20 aminoácidos en la desaminación oxidativa?

24.8 Ciclo de la urea

En la sección 24.7 se mostró que el ión amonio es el producto final de la degradación de los aminoácidos. Sin embargo, el ión amonio es tóxico si se permite su acumulación. Por ende, en el hígado, los iones amonio se convierten en urea usando el **ciclo de la urea**. La urea se transporta hacia los riñones para formar orina.

$$\overset{O}{\underset{\text{Urea}}{H_2N - \overset{\|}{C} - NH_2}}$$

En un día, un adulto común puede excretar alrededor de 25-30 g de urea en la orina. Esta cantidad aumenta cuando una dieta es rica en proteínas. Si la urea no se excreta de manera adecuada, se acumula rápidamente hasta alcanzar un nivel tóxico. Para detectar una enfermedad renal, se mide el nivel de *nitrógeno ureico en la sangre* (*BUN, blood urea nitrogen*). Si el BUN es alto, la ingesta de proteínas debe reducirse, y podría necesitarse hemodiálisis para eliminar desechos nitrogenados tóxicos de la sangre.

META DE APRENDIZAJE

Describir la formación de urea a partir del ión amonio.

TUTORIAL
Detoxifying Ammonia in the Body

Ciclo de la urea

El ciclo de la urea en las células hepáticas consiste en reacciones que tienen lugar tanto en las mitocondrias como en el citosol (véase la figura 24.9). En preparación para el ciclo de la urea, los iones amonio reaccionan con dióxido de carbono proveniente del ciclo del ácido cítrico y dos ATP para producir carbamoil-fosfato.

$$NH_4^+ + CO_2 + 2\ ATP + H_2O \xrightarrow{\text{Carbamoil-fosfato sintetasa}} H_2N-\underset{\underset{O^-}{|}}{\overset{\overset{O}{\|}}{C}}-O-\underset{\underset{O^-}{|}}{\overset{\overset{O}{\|}}{P}}-O^- + 2\ ADP + P_i$$

Carbamoil-fosfato

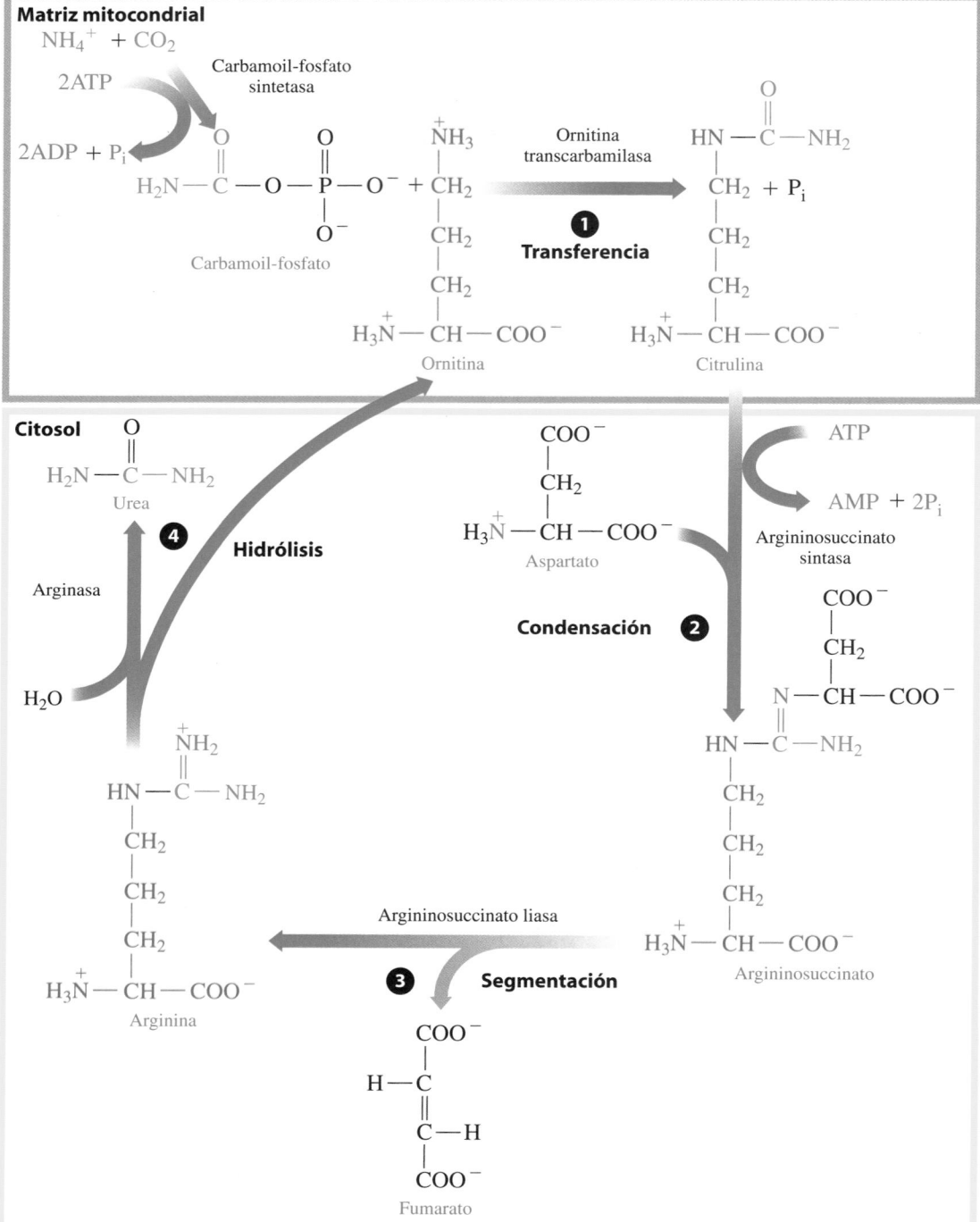

FIGURA 24.9 En el ciclo de la urea, la urea se forma a partir de carbono y nitrógeno (azul) proveniente de carbamoil-fosfato (inicialmente un ión amonio proveniente de la desaminación oxidativa) y un átomo de nitrógeno de aspartato (rosa).

P En la célula, ¿dónde se forma la urea?

Reacción 1   Transferencia del grupo carbamoil

En las mitocondrias, el grupo carbamoil se transfiere desde carbamoil-fosfato hacia ornitina (un aminoácido que no se encuentra en las proteínas) para producir citrulina, que se transporta a través de la membrana mitocondrial hacia el citosol. La hidrólisis del enlace fosfato proporciona la energía que impulsa la reacción.

Reacción 2   Condensación con el aspartato

En el citosol, la citrulina se condensa con el aminoácido aspartato para formar argininosuccinato. La hidrólisis del ATP a AMP y dos fosfatos inorgánicos suministran la energía para la reacción. El átomo de nitrógeno en el aspartato se convierte en el otro átomo de nitrógeno en la urea que se produce en la reacción final.

Reacción 3   Segmentación del fumarato

La argininosuccinato experimenta una división para producir fumarato, un intermediario del ciclo del ácido cítrico, y arginina.

Reacción 4   Hidrólisis para formar la urea

La hidrólisis de arginina produce urea y ornitina, que regresa a las mitocondrias para repetir el ciclo.

COMPROBACIÓN DE CONCEPTOS 24.6   **Formación de la urea**

¿Por qué a una persona con una dieta rica en proteínas se le recomendaría beber grandes cantidades de agua?

RESPUESTA

Una dieta rica en proteínas proporciona una mayor cantidad de proteínas que experimentan desaminación oxidativa en el hígado. Los niveles altos de ión amonio, NH_4^+, resultarían en la formación de mayor cantidad de urea. La urea se transporta a los riñones, donde se necesitan grandes cantidades de agua para formar orina para su excreción. Las concentraciones altas de urea pueden ser tóxicas.

EJEMPLO DE PROBLEMA 24.6   **Ciclo de la urea**

Indique la reacción en el ciclo de la urea donde cada uno de los compuestos siguientes es un reactivo:

a. aspartato   **b.** ornitina   **c.** arginina

SOLUCIÓN

a. El aspartato se condensa con citrulina en la reacción 2.
b. La ornitina acepta el grupo carbamoil en la reacción 1.
c. La arginina se divide en la reacción 4.

COMPROBACIÓN DE ESTUDIO 24.6

Nombre los productos de cada reacción en el Ejemplo de problema 24.6.

PREGUNTAS Y PROBLEMAS

24.8 Ciclo de la urea

META DE APRENDIZAJE: *Describir la formación de urea a partir del ión amonio.*

24.43 ¿Por qué el cuerpo convierte NH_4^+ en urea?

24.44 ¿Dónde está la fuente de energía para la formación de urea?

24.45 Dibuje la fórmula estructural condensada de la urea.

24.46 Dibuje la fórmula estructural condensada del carbamoil-fosfato.

24.47 ¿Cuál es la fuente de carbono en la urea?

24.48 ¿Cuánta energía de ATP se necesita para impulsar una vuelta del ciclo de la urea?

24.9 Destino de los átomos de carbono provenientes de los aminoácidos

Los esqueletos de carbono provenientes de la transaminación de aminoácidos se usan como intermediarios del ciclo del ácido cítrico u otras vías metabólicas. Puede clasificar los aminoácidos de acuerdo con el número de átomos de carbono en dichos intermediarios (véase la figura 24.10). Los aminoácidos que proporcionan compuestos de tres carbonos se convierten en piruvato. Los aminoácidos con cuatro átomos de carbono se convierten en oxaloacetato, y los aminoácidos con cinco carbonos proporcionan α-cetoglutarato. Algunos aminoácidos se mencionan dos veces porque pueden entrar en diferentes vías para formar intermediarios del ciclo del ácido cítrico.

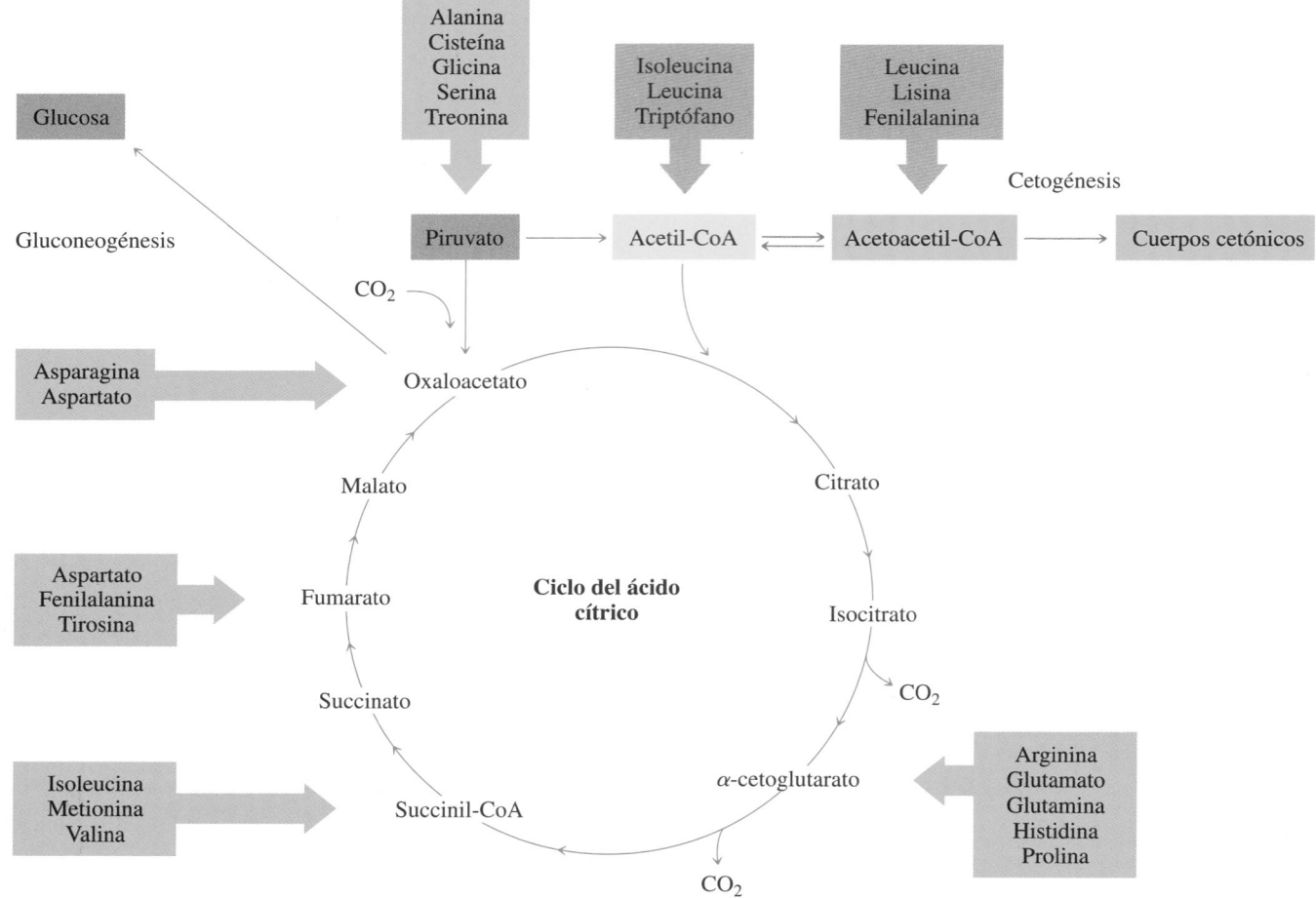

FIGURA 24.10 Los átomos de carbono provenientes de aminoácidos degradados se convierten en los intermediarios del ciclo del ácido cítrico u otras vías. Los aminoácidos glucogénicos (recuadros color rosa) producen esqueletos de carbono que pueden formar glucosa, y los aminoácidos cetogénicos (recuadros color verde) pueden producir cuerpos cetónicos.

P ¿Por qué el aspartato es glucogénico, pero la leucina es cetogénica?

Un **aminoácido glucogénico** genera piruvato, α-cetoglutarato, succinil-CoA, fumarato u oxaloacetato, que puede convertirse en glucosa mediante gluconeogénesis. Un **aminoácido cetogénico** produce acetoacetil-CoA o acetil-CoA, que puede entrar en la vía de cetogénesis para formar cuerpos cetónicos, o en la vía de lipogénesis para formar ácidos grasos.

COMPROBACIÓN DE CONCEPTOS 24.7 Degradación de aminoácidos

¿Cuál es el intermediario del ciclo del ácido cítrico formado por cada uno de los aminoácidos siguientes?

a. metionina   **b.** serina   **c.** glutamato

RESPUESTA

a. Los átomos de carbono de metionina forman el intermediario del ciclo del ácido cítrico succinil-CoA.

b. Los átomos de carbono de serina forman el intermediario del ciclo del ácido cítrico oxaloacetato.

c. Los átomos de carbono de glutamato forman el intermediario del ciclo del ácido cítrico α-cetoglutarato.

Degradación de aminoácidos

Determine el componente del ciclo del ácido cítrico y el número de ATP producidos por cada uno de los aminoácidos siguientes:

a. prolina   **b.** tirosina   **c.** triptófano

SOLUCIÓN

Análisis del problema

Aminoácido	Componente del ciclo del ácido cítrico	Coenzimas producidas	ATP producido
Prolina	α-cetoglutarato	2 NADH, 1 GTP, FADH$_2$	6 + 1 + 2 = 9 ATP
Tirosina	Fumarato	1 NADH	3 ATP
Triptófano	Acetil-CoA	3 NADH, 1 GTP, 1 FADH$_2$	9 + 1 + 2 = 12 ATP

a. La prolina se convierte en el intermediario del ciclo del ácido cítrico α-cetoglutarato. La reacción en la parte restante del ciclo del ácido cítrico de α-cetoglutarato a oxalo-acetato produce dos NADH, un GTP y un FADH$_2$. Los dos NADH proporcionan seis ATP, un GTP proporciona un ATP y un FADH$_2$ proporciona dos ATP, para un total de nueve ATP a partir de prolina.

b. La tirosina se convierte en el intermediario del ciclo del ácido cítrico fumarato. Las reacciones en la parte restante del ciclo del ácido cítrico de fumarato a oxaloacetato producen un NADH, que proporciona tres ATP.

c. El triptófano se convierte en el intermediario del ácido cítrico acetil-CoA. Las reacciones en el ciclo del ácido cítrico que comienzan con acetil-CoA producen tres NADH, un GTP y un FADH$_2$. Los tres NADH proporcionan nueve ATP, un GTP proporciona un ATP, y un FADH$_2$ proporciona dos ATP, para un total de 12 ATP a partir de triptófano.

COMPROBACIÓN DE ESTUDIO 24.7

¿Por qué el componente del ciclo del ácido cítrico proveniente de la leucina suministra más ATP que el intermediario proveniente de fenilalanina?

24.9 Destino de los átomos de carbono provenientes de los aminoácidos

META DE APRENDIZAJE: *Describir en dónde los átomos de carbono provenientes de los aminoácidos entran en el ciclo del ácido cítrico o en otras vías.*

24.49 ¿Cuál es la función de un aminoácido glucogénico?

24.50 ¿Cuál es la función de un aminoácido cetogénico?

24.51 ¿Qué componente del ciclo del ácido cítrico puede producirse a partir de los átomos de carbono de cada uno de los aminoácidos siguientes?

a. alanina   **b.** asparagina
c. valina   **d.** glutamina

24.52 ¿Qué componente del ciclo del ácido cítrico puede producirse a partir de los átomos de carbono de cada uno de los aminoácidos siguientes?

a. leucina   **b.** treonina
c. cisteína   **d.** arginina

24.10 Síntesis de aminoácidos

Ilustrar cómo algunos aminoácidos no esenciales se sintetizan a partir de intermediarios en el ciclo del ácido cítrico y en otras vías metabólicas.

Plantas y bacterias como *E. coli* producen todos sus aminoácidos usando NH_4 y NO_3^-. Sin embargo, los seres humanos sólo pueden sintetizar 9 de los 20 aminoácidos que se encuentran en sus proteínas. Los aminoácidos no esenciales se sintetizan en el cuerpo (como se estudió en la sección 19.1), en tanto que los aminoácidos esenciales deben obtenerse de los alimentos (véase la tabla 24.3). Los aminoácidos arginina, cisteína y tirosina son esenciales en la alimentación de bebés y niños porque los necesitan por su crecimiento rápido, pero no son aminoácidos esenciales para los adultos.

TABLA 24.3 **Aminoácidos esenciales y no esenciales en adultos**	
Esencial	
Histidina	Fenilalanina
Isoleucina	Treonina
Leucina	Triptófano
Lisina	Valina
Metionina	
No esencial	
Alanina	Glutamina
Arginina	Glicina
Asparagina	Prolina
Aspartato	Serina
Cisteína	Tirosina
Glutamato	

Algunas vías para la síntesis de aminoácidos

Existen varias vías que participan en la síntesis de aminoácidos no esenciales. Cuando el cuerpo sintetiza aminoácidos no esenciales, los esqueletos de carbono α-cetoácido se obtienen a partir del ciclo del ácido cítrico o la glucólisis, y se convierten en aminoácidos mediante transaminación (véase la figura 24.11).

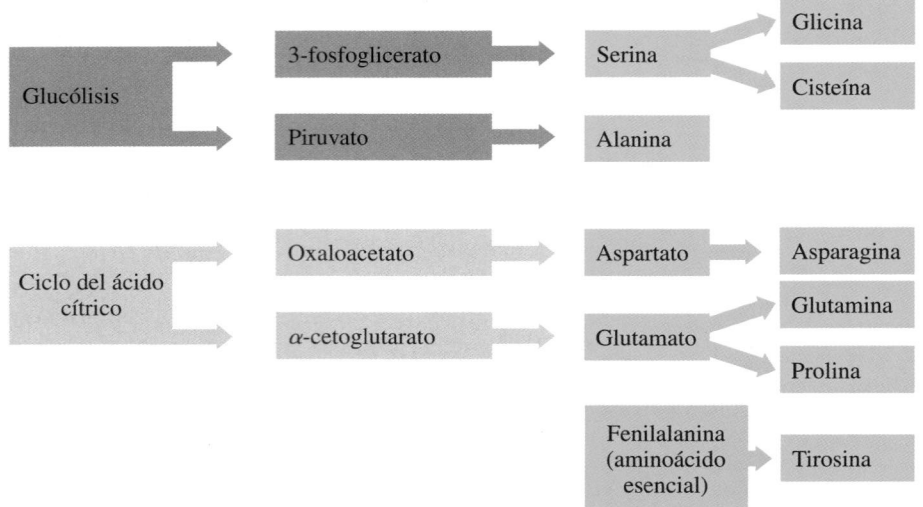

FIGURA 24.11 Los aminoácidos no esenciales se sintetizan a partir de intermediarios de la glucólisis y del ciclo del ácido cítrico.

P ¿Cómo se forma alanina a partir de piruvato?

Algunos de los aminoácidos se forman a partir de una transaminación simple mediante el inverso de las reacciones ya estudiadas en la degradación de aminoácidos. La transferencia de un grupo amino desde glutamato hacia piruvato produce alanina.

$$^-OOC-\overset{\overset{+}{N}H_3}{\underset{|}{C}H}-CH_2-CH_2-COO^- + CH_3-\overset{O}{\overset{||}{C}}-COO^- \xrightarrow{\text{Alanina aminotransferasa}}$$

Glutamato   Piruvato

$$CH_3-\overset{\overset{+}{N}H_3}{\underset{|}{C}H}-COO^- + {}^-OOC-\overset{O}{\overset{||}{C}}-CH_2-CH_2-COO^-$$

Alanina α-cetoglutarato

En otra transaminación que usa glutamato, el oxaloacetato del ciclo de ácido cítrico se convierte en aspartato.

$$^-OOC-\overset{\overset{+}{N}H_3}{\underset{|}{C}H}-CH_2-CH_2-COO^- + {}^-OOC-CH_2-\overset{O}{\overset{||}{C}}-COO^- \xrightarrow{\text{Aspartato aminotransferasa}}$$

Glutamato   Oxaloacetato

$$^-OOC-CH_2-\overset{\overset{+}{N}H_3}{\underset{|}{C}H}-COO^- + {}^-OOC-\overset{O}{\overset{||}{C}}-CH_2-CH_2-COO^-$$

Aspartato α-cetoglutarato

Estas dos *aminotransferasas* son abundantes en las células del hígado y el corazón, pero en el torrente sanguíneo sólo se encuentran en niveles bajos. Cuando ocurre una lesión o una enfermedad, se liberan de las células dañadas hacia el torrente sanguíneo. Los niveles altos de *alanina aminotransferasa serosa* (ALT o SGPT) y de *aspartato aminotransferasa serosa* (AST o SGOT) son un medio para diagnosticar la extensión del daño al hígado o al corazón.

La síntesis de los otros aminoácidos no esenciales necesita varias reacciones además de la transaminación. Por ejemplo, la glutamina se sintetiza cuando un segundo grupo amino se agrega al glutamato usando la energía proveniente de la hidrólisis del ATP.

$$^-OOC-\overset{\overset{+}{N}H_3}{\underset{|}{CH}}-CH_2-CH_2-COO^- + NH_3 \xrightarrow[\text{ATP} \quad \text{ADP} + P_i]{\text{Glutamina sintetasa}} {}^-OOC-\overset{\overset{+}{N}H_3}{\underset{|}{CH}}-CH_2-CH_2-\overset{\overset{O}{\|}}{C}-NH_2$$

Glutamato   Glutamina

La tirosina, un aminoácido aromático con un grupo hidroxilo, se forma a partir de fenilalanina, un aminoácido esencial.

$$\bigcirc-CH_2-\overset{\overset{+}{N}H_3}{\underset{|}{CH}}-COO^- + O_2 \xrightarrow[\text{hidroxilasa}]{\text{Fenilalanina}} HO-\bigcirc-CH_2-\overset{\overset{+}{N}H_3}{\underset{|}{CH}}-COO^- + H_2O$$

Fenilalanina   Tirosina

La química en la salud

FENILCETONURIA (PKU)

En la enfermedad genética *fenilcetonuria* (*PKU*), una persona no puede convertir fenilalanina en tirosina porque el gen para una enzima, fenilalanina hidroxilasa, está defectuoso. En consecuencia, se acumulan grandes cantidades de fenilalanina. En una vía diferente, la fenilalanina experimenta transaminación para formar fenilpiruvato, que se descarboxila a fenilacetato. Grandes cantidades de estos compuestos se excretan con la orina.

En los bebés, los niveles altos de fenilpiruvato y fenilacetato causan retraso mental importante. Sin embargo, el defecto puede identificarse al nacer, y ahora a todos los recién nacidos se les realiza la prueba de PKU. La detección oportuna de PKU evita el retraso si se prescribe una dieta infantil con proteínas que tengan poca fenilalanina y sean ricas en tirosina. También es importante evitar el uso de edulcorantes y gaseosas que contengan aspartame, que contiene fenilalanina como uno de los dos aminoácidos en su estructura. En la edad adulta, algunas personas con PKU pueden ingerir una dieta casi normal siempre y cuando se sometan a revisiones periódicas de los niveles de fenilpiruvato.

$$\bigcirc-CH_2-\overset{\overset{+}{N}H_3}{\underset{|}{CH}}-COO^- \xrightarrow{\text{Transaminación}} \bigcirc-CH_2-\overset{\overset{O}{\|}}{C}-COO^-$$

Fenilalanina   Fenilpiruvato

(vía bloqueada) Fenilalanina hidroxilasa $\rightarrow CO_2$

$$HO-\bigcirc-CH_2-\overset{\overset{+}{N}H_3}{\underset{|}{CH}}-COO^- \qquad \bigcirc-CH_2-COO^-$$

Tirosina   Fenilacetato

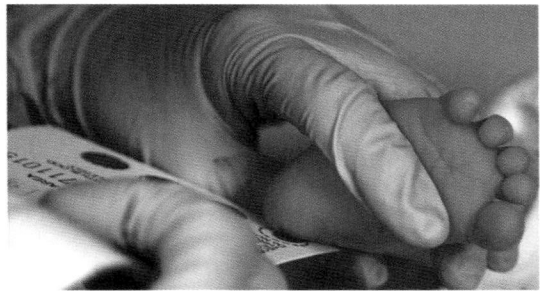

A todos los recién nacidos se les realiza la prueba de PKU.

Repaso general del metabolismo

En los capítulos 22 al 24 se vio que las vías catabólicas degradan moléculas grandes a moléculas pequeñas que se usan para la producción de energía vía el ciclo del ácido cítrico y el transporte de electrones. También se observó las vías anabólicas que conducen a la síntesis de moléculas más grandes en la célula. Si se observa el metabolismo de manera integral, hay varios puntos de ramificación desde los cuales pueden degradarse los compuestos para producir energía o usarse para sintetizar moléculas más grandes. Por ejemplo, la glucosa puede degradarse a acetil-CoA en el ciclo del ácido cítrico a fin de producir energía o convertirse en glucógeno para almacenamiento. Cuando las reservas de glucógeno se agotan, los ácidos grasos se degradan para producir energía. Por lo general, los aminoácidos utilizados para sintetizar compuestos nitrogenados en las células también se pueden usar para producir energía después de que se degradan a intermediarios del ciclo del ácido cítrico. En la síntesis de aminoácidos no esenciales, α-cetoácidos del ciclo del ácido cítrico entran en varias reacciones que los convierten en aminoácidos a través de transaminación mediante glutamato (véase la figura 24.12).

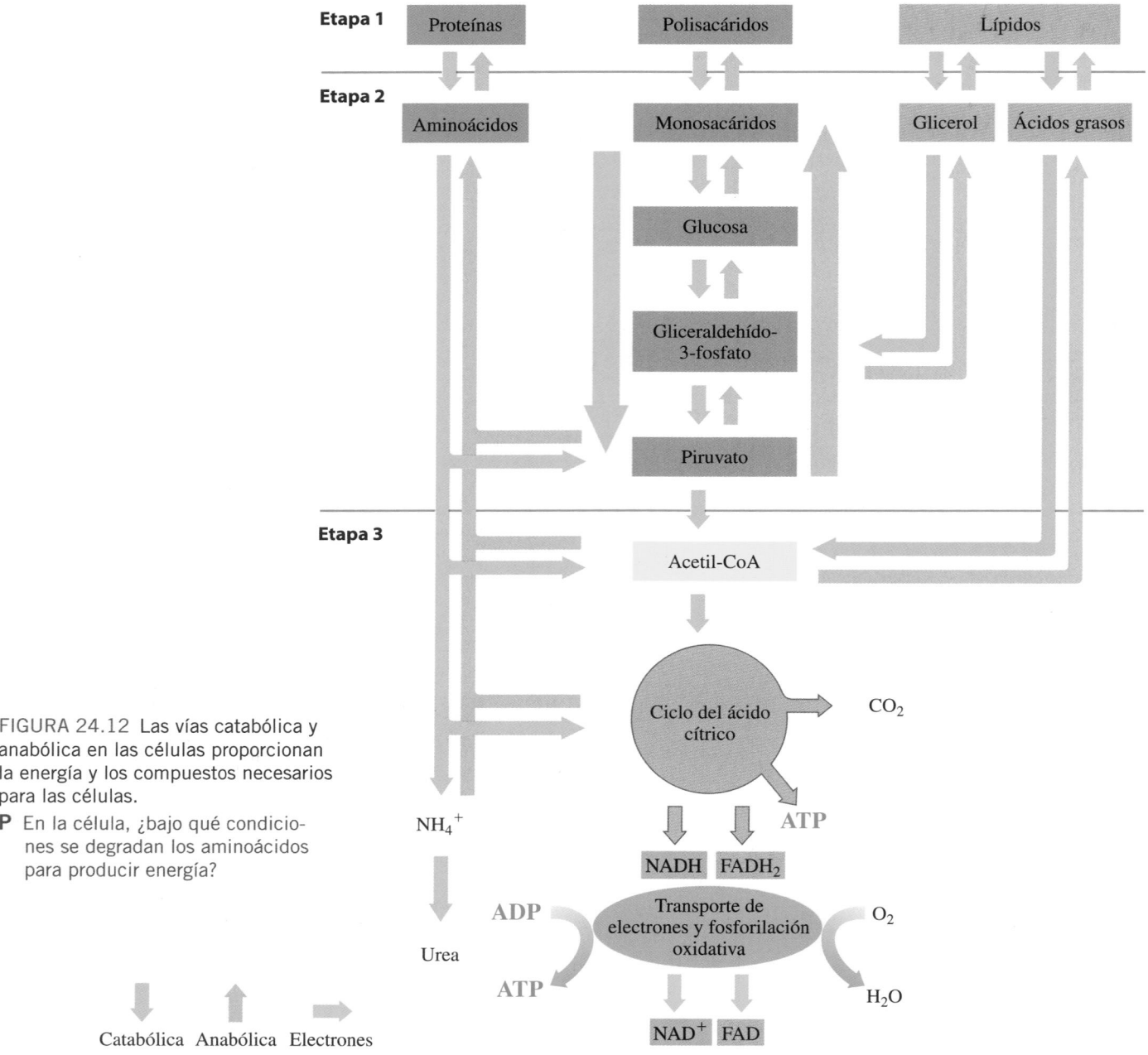

FIGURA 24.12 Las vías catabólica y anabólica en las células proporcionan la energía y los compuestos necesarios para las células.

P En la célula, ¿bajo qué condiciones se degradan los aminoácidos para producir energía?

PREGUNTAS Y PROBLEMAS

24.10 Síntesis de aminoácidos

META DE APRENDIZAJE: *Ilustrar cómo algunos aminoácidos no esenciales se sintetizan a partir de intermediarios en el ciclo del ácido cítrico y en otras vías metabólicas.*

24.53 ¿Cómo se llaman los aminoácidos que pueden sintetizar los seres humanos?

24.54 ¿Cómo obtienen los seres humanos los aminoácidos que no pueden sintetizar en el cuerpo?

24.55 ¿De qué manera el glutamato se convierte en glutamina?

24.56 ¿Qué aminoácido puede convertirse en el aminoácido tirosina?

24.57 ¿Qué significan las letras PKU?

24.58 ¿Cómo se trata la PKU?

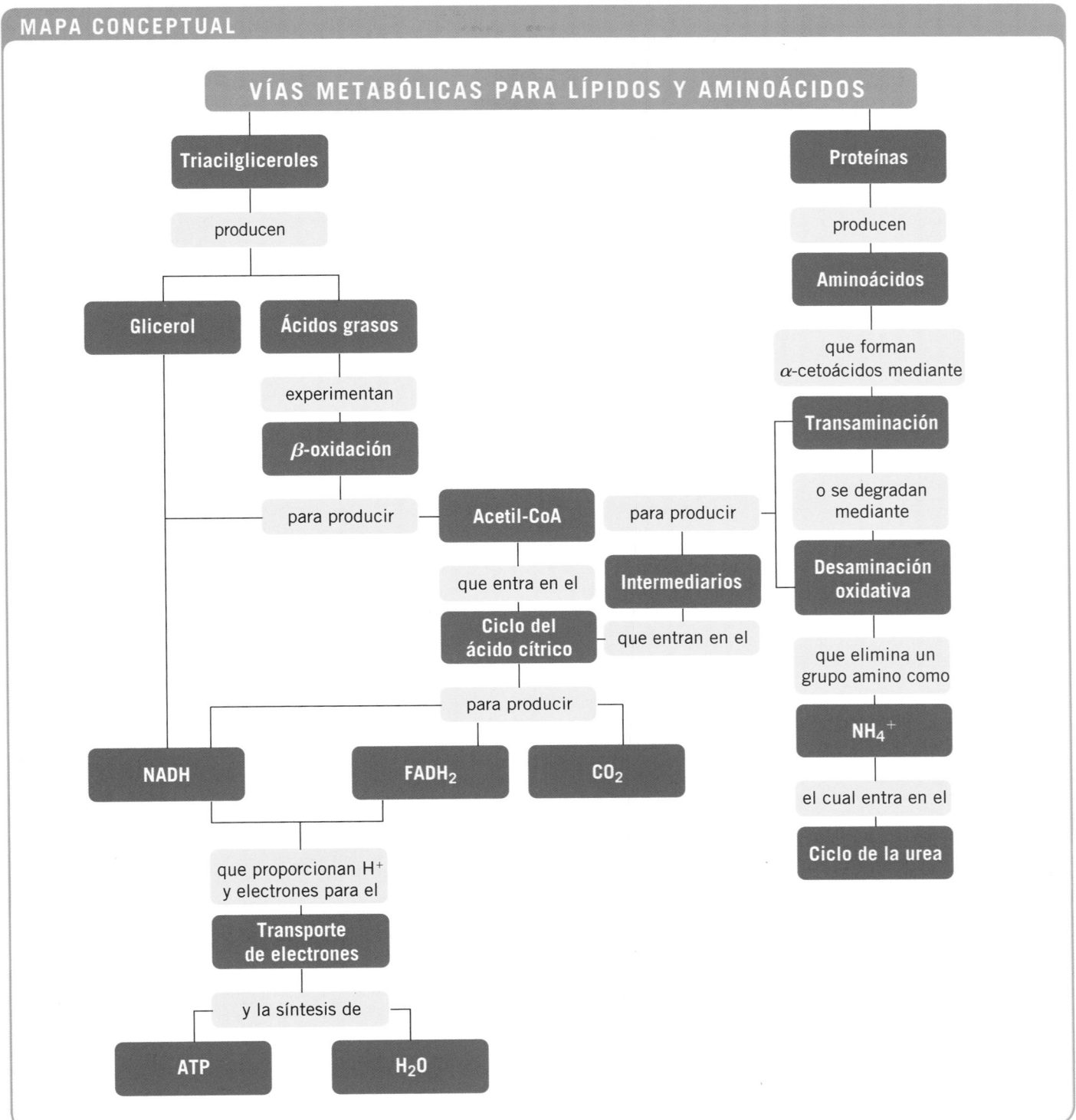

VÍAS METABÓLICAS PARA LÍPIDOS Y AMINOÁCIDOS

Triacilgliceroles

producen

Glicerol

Ácidos grasos

experimentan

β-oxidación

para producir

Acetil-CoA

que entra en el

Ciclo del ácido cítrico

para producir

NADH

FADH₂

CO₂

que proporcionan H⁺ y electrones para el

Transporte de electrones

y la síntesis de

ATP

H₂O

Proteínas

producen

Aminoácidos

que forman α-cetoácidos mediante

Transaminación

o se degradan mediante

Desaminación oxidativa

para producir

Intermediarios

que entran en el

que elimina un grupo amino como

NH₄⁺

el cual entra en el

Ciclo de la urea

REPASO DEL CAPÍTULO

24.1 Digestión de triacilgliceroles

META DE APRENDIZAJE: Describir los sitios y productos obtenidos de la digestión de triacilgliceroles.

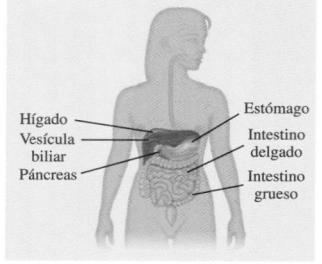

* Los triacilgliceroles se hidrolizan en el intestino delgado para producir monoacilgliceroles y ácidos grasos, que entran en la pared intestinal y forman nuevos triacilgliceroles.
* Los triacilgliceroles se unen con proteínas para formar quilomicrones, que los transportan por el sistema linfático y el torrente sanguíneo hacia los tejidos.

24.2 Oxidación de ácidos grasos

META DE APRENDIZAJE: Describir la vía metabólica de la β-oxidación.

* Cuando se usan como fuente de energía, los ácidos grasos se unen a la coenzima A para transportarse hacia las mitocondrias, donde experimentan β-oxidación.

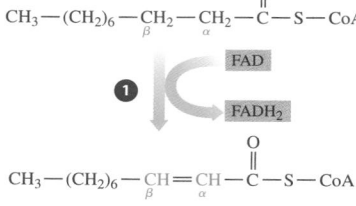

* La cadena acilo se oxida para producir un ácido graso más corto, acetil-CoA, y las coenzimas reducidas NADH y FADH$_2$.

24.3 ATP y oxidación de ácidos grasos

META DE APRENDIZAJE: Calcular el ATP total producido mediante la oxidación completa de un ácido graso.

* La activación de un ácido graso por β-oxidación necesita una entrada de dos ATP.
* La energía obtenida a partir de un ácido graso particular depende de su longitud, con cada ciclo de oxidación que produce cinco ATP y un adicional de 12 ATP a partir de cada acetil-CoA que entra en el ciclo del ácido cítrico.

24.4 Cetogénesis y cuerpos cetónicos

META DE APRENDIZAJE: Describir la vía de la cetogénesis.

* Cuando hay niveles altos de acetil-CoA en la célula, entran en la vía de la cetogénesis y forman cuerpos cetónicos como acetoacetato, que puede causar cetosis y acidosis.

24.5 Síntesis de ácidos grasos

META DE APRENDIZAJE: Describir la biosíntesis de ácidos grasos a partir de acetil-CoA.

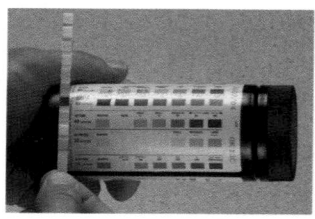

* Cuando hay un exceso de acetil-CoA en la célula, las unidades de acetil-CoA de dos carbonos se unen para sintetizar palmitato, que se convierte en triacilgliceroles y se almacena en el tejido adiposo.

24.6 Digestión de proteínas

META DE APRENDIZAJE: Describir la hidrólisis de proteínas de los alimentos y la absorción de aminoácidos.

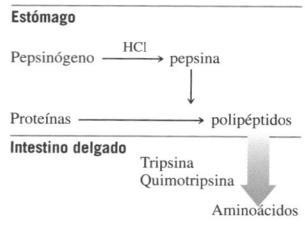

* La digestión de proteínas, que comienza en el estómago y continúa en el intestino delgado, comprende la hidrólisis de enlaces peptídicos mediante proteasas que producen aminoácidos, los cuales se absorben a través de la pared intestinal y se transportan a las células.

24.7 Degradación de aminoácidos

META DE APRENDIZAJE: Describir las reacciones de la transaminación y la desaminación oxidativa en la degradación de aminoácidos.

* Cuando la cantidad de aminoácidos en las células excede la necesaria para la síntesis de compuestos nitrogenados, el proceso de transaminación los convierte en α-cetoácidos y glutamato. La desaminación oxidativa de glutamato produce iones amonio y α-cetoglutarato.

24.8 Ciclo de la urea

META DE APRENDIZAJE: Describir la formación de urea a partir del ión amonio.

* Los iones amonio provenientes de la desaminación oxidativa se combinan con bicarbonato y ATP para formar carbamoil fosfato, que se convierte en urea.

24.9 Destino de los átomos de carbono provenientes de los aminoácidos

META DE APRENDIZAJE: Describir en dónde los átomos de carbono provenientes de los aminoácidos entran en el ciclo del ácido cítrico o en otras vías.

* Los átomos de carbono provenientes de la degradación de aminoácidos glucogénicos entran en el ciclo del ácido cítrico o en la gluconeogénesis como aminoácidos cetogénicos que proporcionan acetil-CoA o acetoacetato para cetogénesis.

24.10 Síntesis de aminoácidos

META DE APRENDIZAJE: Ilustrar cómo algunos aminoácidos no esenciales se sintetizan a partir de intermediarios en el ciclo del ácido cítrico y en otras vías metabólicas.

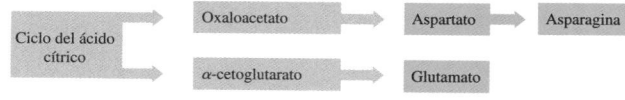

* Los aminoácidos no esenciales se sintetizan cuando los grupos amino de glutamato se transfieren a un α-cetoácido obtenido a partir de glucólisis o del ciclo del ácido cítrico.

RESUMEN DE REACCIONES CLAVE

Digestión de triacilgliceroles

$$\text{Triacilgliceroles} + 2H_2O \xrightarrow{\text{Lipasa pancreática}} \text{monoacilgliceroles} + 2\ \text{ácidos grasos}$$

Metabolismo del glicerol

$$\text{Glicerol} + \text{ATP} + \text{NAD}^+ \longrightarrow \text{dihidroxiacetona fosfato} + \text{ADP} + \text{NADH} + H^+$$

Transaminación

$$\underset{\text{Alanina}}{CH_3-\overset{\overset{+}{NH_3}}{\underset{|}{CH}}-COO^-} + \ \underset{\alpha\text{-cetoglutarato}}{{}^-OOC-\overset{\overset{O}{\|}}{C}-CH_2-CH_2-COO^-} \ \underset{\xleftarrow{\hspace{1.5cm}}}{\xrightarrow[\text{aminotransferasa}]{\text{Alanina}}}$$

$$\underset{\text{Piruvato}}{CH_3-\overset{\overset{O}{\|}}{C}-COO^-} + \ \underset{\text{Glutamato}}{{}^-OOC-\overset{\overset{+}{NH_3}}{\underset{|}{CH}}-CH_2-CH_2-COO^-}$$

Desaminación oxidativa

$$\underset{\text{Glutamato}}{{}^-OOC-\overset{\overset{+}{NH_3}}{\underset{|}{CH}}-CH_2-CH_2-COO^-} + H_2O + NAD^+ \ \underset{\xleftarrow{\hspace{1.5cm}}}{\xrightarrow[\text{deshidrogenasa}]{\text{Glutamato}}}$$

$$\underset{\alpha\text{-cetoglutarato}}{{}^-OOC-\overset{\overset{O}{\|}}{C}-CH_2-CH_2-COO^-} + NH_4^+ + NADH + H^+$$

TÉRMINOS CLAVE

acidosis pH sanguíneo bajo debido a la formación de cuerpos cetónicos ácidos.

aminoácido cetogénico Aminoácido que proporciona átomos de carbono para la síntesis de ácidos grasos o cuerpos cetónicos.

aminoácido glucogénico Aminoácido que proporciona átomos de carbono para la síntesis de glucosa.

cetogénesis Vía metabólica que convierte la acetil-CoA en acetoacetato de cuatro carbonos y otros cuerpos cetónicos.

cetosis Condición en la que niveles altos de cuerpos cetónicos no pueden metabolizarse, lo que conduce a un pH sanguíneo más bajo.

ciclo de la urea Proceso por medio del cual los iones amonio provenientes de la degradación de aminoácidos y CO_2 forman carbamoil-fosfato que, a su vez, es convertido en urea.

cuerpos cetónicos Productos de la cetogénesis: acetoacetato, β-hidroxibutirato y acetona.

desaminación oxidativa Pérdida del ión amonio cuando el glutamato se degrada a β-cetoglutarato.

lipogénesis Síntesis de ácido graso en el que dos unidades acetilo de dos carbonos se unen para producir ácidos grasos, principalmente ácido palmítico.

oxidación beta (β-oxidación) Degradación de ácidos grasos que eliminan dos carbonos del segmento de una cadena de ácido graso.

recambio de proteínas Cantidad de proteína que se descompone de los alimentos y que se utiliza para la síntesis de proteínas y compuestos nitrogenados.

transaminación Transferencia de un grupo amino desde un aminoácido a un α-cetoácido.

COMPRENSIÓN DE CONCEPTOS

Las secciones del capítulo que se deben revisar se indican entre paréntesis al final de cada pregunta.

24.59 El ácido láurico, $CH_3-(CH_2)_8-CH_2-CH_2-COOH$, que se encuentra en el aceite de coco, es un ácido graso saturado C_{12}. (24.2, 24.3)

El aceite de coco contiene ácido láurico, un ácido graso saturado C_{12}.

a. Dibuje la fórmula estructural condensada de la forma activada del ácido láurico.

b. Indique los átomos de carbono α y β en la molécula de acilo.

c. ¿Cuántos ciclos de β-oxidación se necesitan?

d. ¿Cuántas unidades de acetil-CoA se producen?

e. Para calcular la producción total de ATP a partir de la β-oxidación completa de ácido láurico llene la tabla siguiente:

Activación	-2 ATP
___ FADH$_2$	___ ATP
___ NADH	___ ATP
___ Acetil-CoA	___ ATP
Total	___ ATP

24.60 El ácido araquídico $CH_3 — (CH_2)_{16} — CH_2 — CH_2 — COOH$ es un ácido graso C_{20} que se encuentra en los aceites de cacahuate y pescado. (24.2, 24.3)

a. Dibuje la fórmula estructural condensada de la forma activada del ácido araquídico.

b. Indique los átomos de carbono α y β en la molécula de acilo.

Los cacahuates contienen ácido arquídico, un ácido graso saturado C_{20}.

c. ¿Cuántos ciclos de β-oxidación se necesitan?

d. ¿Cuántas unidades de acetil-CoA se producen?

e. Para calcular la producción total de ATP a partir de la β-oxidación completa de ácido arquídico llene la tabla siguiente:

Activación	-2 ATP
___ FADH$_2$	___ ATP
___ NADH	___ ATP
___ Acetil-CoA	___ ATP
Total	___ ATP

PREGUNTAS Y PROBLEMAS ADICIONALES

Visite www.masteringchemistry.com para acceder a materiales de autoaprendizaje y tareas asignadas por el instructor.

24.61 ¿Cómo se digieren los triacilgliceroles de los alimentos? (24.1)

24.62 ¿Qué es un quilomicrón? (24.1)

24.63 ¿Por qué las grasas en los tejidos adiposos del cuerpo se consideran la principal forma de energía almacenada? (24.1)

24.64 ¿Cómo se obtienen ácidos grasos a partir de las grasas almacenadas? (24.1)

24.65 ¿Por qué el cerebro no utiliza ácidos grasos para obtener energía (24.1)

24.66 ¿Por qué los eritrocitos no utilizan ácidos grasos para obtener energía? (24.1)

24.67 Un triacilglicerol se hidroliza en las células grasas de los tejidos adiposos y el ácido graso se transporta hacia el hígado. (24.1, 24.2)

a. ¿Qué ocurre con el glicerol?

b. ¿Dónde se activa, en las células hepáticas, el ácido graso para β-oxidación?

c. ¿Cuál es el costo energético para la activación del ácido graso?

d. ¿Cuál es el propósito de activar los ácidos grasos?

24.68 Considere la β-oxidación de un ácido graso saturado. (24.2, 24.3)

a. ¿Cuál es la forma activada del ácido graso?

b. ¿Por qué a este tipo de oxidación se le llama β-oxidación?

c. ¿Qué reacciones en el ciclo del ácido cítrico necesitan coenzimas?

d. ¿Cuál es la producción en ATP para un ciclo de β-oxidación?

24.69 Identifique si cada una de las siguientes opciones participa en la β-oxidación o en la síntesis de ácidos grasos: (24.2, 24.3, 24.5)

a. NAD^+

b. ocurre en la matriz mitocondrial

c. malonil-ACP

d. separación de un grupo acetilo de dos carbonos

e. proteína portadora de acilo

f. acetil-CoA carboxilasa

24.70 Identifique si cada una de las siguientes opciones participa en la β-oxidación o en la síntesis de ácidos grasos: (24.2, 24.3, 24.5)

a. NADPH

b. tiene lugar en el citosol

c. FAD

d. oxidación de un grupo hidroxilo

e. coenzima A

f. hidratación de un enlace doble

24.71 El metabolismo de triacilgliceroles y carbohidratos está determinado por las hormonas insulina y glucagón. Indique si los resultados de los sucesos siguientes estimula la oxidación de ácidos grasos o la síntesis de ácidos grasos: (24.2, 24.3, 24.5)

a. glucosa sanguínea alta **b.** secreción de glucagón

24.72 El metabolismo de triacilgliceroles y carbohidratos está determinado por las hormonas insulina y glucagón. Indique si los resultados de cada uno de los sucesos siguientes estimula la oxidación de ácidos grasos o la síntesis de ácidos grasos: (24.2, 24.3, 24.5)

a. glucosa sanguínea baja **b.** secreción de insulina

24.73 ¿Por qué el ión amonio producido en el hígado se convierte inmediatamente en urea? (24.8)

24.74 ¿Qué compuesto se regenera para repetir el ciclo de la urea? (24.8)

24.75 Indique el reactivo en el ciclo de la urea que reacciona con cada uno de los compuestos siguientes: (24.8)

a. aspartato **b.** ornitina

24.76 Indique los productos en el ciclo de la urea que se fabrican a partir del paso que usa cada uno de los compuestos siguientes: (24.8)

a. arginina **b.** argininosuccinato

24.77 ¿Qué componente del ciclo del ácido cítrico puede producirse a partir de los átomos de carbono de cada uno de los aminoácidos siguientes? (24.9)

a. serina **b.** lisina **c.** metionina **d.** glutamato

24.78 ¿Qué componente del ciclo del ácido cítrico puede producirse a partir de los átomos de cada aminoácido siguiente? (24.9)

a. glicina **b.** isoleucina **c.** histidina **d.** fenilalanina

24.79 ¿Cuánto ATP puede producirse mediante la degradación de la serina? (24.9)

24.80 Calcule el ATP total producido en la oxidación completa de ácido cáprico, $C_6H_{12}O_2$, y compárelo con el ATP total producido a partir de la oxidación de glucosa, $C_6H_{12}O_6$. (24.3)

PREGUNTAS DE DESAFÍO

24.81 La joroba de un dromedario contiene 14 kg de triacilgliceroles. (24.2, 24.3)

a. Con un valor de 0.491 moles de ATP por gramo de grasa, ¿cuántos moles de ATP podría producir la grasa contenida en la joroba del dromedario?

b. Si la hidrólisis de ATP libera 7.3 kcal/mol, ¿cuántas kilocalorías se producen con la utilización de la grasa?

24.82 IIdentifique si cada una de las reacciones siguientes en la β-oxidación de ácido palmítico, un ácido graso C_{16}, es
1. activación, **2.** primera deshidrogenación (oxidación),
3. hidratación, **4.** segunda deshidrogenación o **5.** separación de acetil-CoA. (24.2)
  a. Palmitoil-CoA y FAD forman α,β-palmitoil-CoA insaturado y FADH₂.
  b. β-cetopalmitoil-CoA forma miristil-CoA y acetil-CoA.
  c. Ácido palmítico, acetil-CoA y ATP forman palmitoil-CoA.
  d. α,β-Palmitoil-CoA insaturado y H₂O forman β-hidroxipalmitoil-CoA.
  e. β-hidroxipalmitoil-CoA y NAD⁺ forman β-cetopalmitoil-CoA y NAD + H⁺.

24.83 Dibuje la fórmula estructural condensada e indique el nombre del aminoácido formado cuando los α-cetoácidos siguientes experimentan transaminación con glutamato. (24.9, 24.10)

a. $CH_3 - CH(CH_3) - C(=O) - C(=O) - O^-$

b. $CH_3 - CH_2 - CH(CH_3) - C(=O) - C(=O) - O^-$

c. $^-O - C(=O) - CH_2 - C(=O) - C(=O) - O^-$

RESPUESTAS

Respuestas a las Comprobaciones de estudio

24.1 NAD⁺

24.2 Ocho acetil-CoA producen 96 ATP; siete NADH y siete FADH₂ producen 35 ATP.

24.3 El HCl desnaturaliza proteínas y activa enzimas como la pepsina.

24.4 En condiciones como ayuno o inanición, una dieta insuficiente en proteína conduce a un balance negativo de nitrógeno.

24.5 glutamato aminotransferasa o glutamato transminasa

24.6 a. argininosuccinato
  b. citrulina
  c. urea y ornitina

24.7 La leucina forma el intermediario del ciclo del ácido cítrico acetil-CoA que entra en el comienzo del ciclo del ácido cítrico para proporcionar 12 ATP. La fenilalanina forma el intermediario de ciclo del ácido cítrico fumarato, que entra más tarde en el ciclo del ácido cítrico para proporcionar tres ATP.

Respuestas a Preguntas y problemas seleccionados

24.1 Las sales biliares emulsifican grasa, de modo que forma pequeños glóbulos grasos para la hidrólisis de lipasa.

24.3 Se liberan grasas de las reservas de grasa cuando la glucosa sanguínea y los almacenes de glucógeno se agotan.

24.5 El glicerol se convierte en glicerol-3-fosfato, y luego en dihidroxiacetona fosfato, un intermediario de la glucólisis.

24.7 en el citosol en la membrana mitocondrial exterior

24.9 FAD, NAD⁺ y HS — CoA

24.11 a. $CH_3 - CH_2 - CH_2 - CH_2 - CH_2 - \underset{\beta}{CH_2} - CH_2 - C(=O) - S - CoA$

b. $CH_3 - (CH_2)_{14} - \underset{\beta}{CH_2} - CH_2 - C(=O) - S - CoA$

c. $CH_3 - CH_2 - CH = CH - CH_2 - CH_2 - CH_2 - \underset{\beta}{CH_2} - CH_2 - C(=O) - S - CoA$

24.13 a. y **b.** $CH_3 - (CH_2)_4 - \underset{\beta}{CH_2} - \underset{\alpha}{CH_2} - C(=O) - S - CoA$
  c. tres ciclos β-oxidación   **d.** cuatro acetil-CoA

24.15 La hidrólisis de ATP a AMP hidroliza ATP a ADP, y ADP a AMP, que proporcionan la misma cantidad de energía que la hidrólisis de dos ATP a dos ADP.

24.17 a. 10 ciclos de β-oxidación   **b.** 11 acetil-CoA
  c. 132 ATP a partir de 11 acetil-CoA (ciclo del ácido cítrico) + 30 ATP a partir de 10 NADH + 80 ATP a partir de 10 FADH₂ − 2 ATP (activación) = 182 − 2 = 180 ATP (total)

24.19 Cetogénesis es la síntesis de cuerpos cetónicos a partir del exceso de acetil-CoA durante la oxidación de ácidos grasos, lo que ocurre cuando la glucosa no está disponible para proporcionar energía, particularmente en caso de inanición, dietas con pocos carbohidratos, ayuno, alcoholismo y diabetes.

24.21 El acetoacetato experimenta reducción usando NADH + H⁺ para producir β-hidroxibutirato.

24.23 Niveles altos de cuerpos cetónicos conducen a cetosis, una condición caracterizada por acidosis (descenso en los valores pH sanguíneos), micción excesiva y sed intensa.

24.25 en el citosol de las células del hígado y el tejido adiposo

24.27 acetil-CoA, HCO₃⁻ y ATP

24.29 a. (3) malonil-CoA transacilasa
  b. (1) acetil-CoA carboxilasa
  c. (2) acetil-CoA transacilasa

24.31 a. 4 HCO₃⁻   **b.** 4 ATP
  c. 5 acetil-CoA   **d.** 4 malonil-ACP
  e. 8 NADPH   **f.** 4 CO₂ eliminados

24.33 La digestión de proteínas comienza en el estómago y se completa en el intestino delgado.

24.35 Hormonas, hemo, purinas y pirimidinas para nucleótidos, proteínas, aminoácidos no esenciales, aminoalcoholes y neurotransmisores necesitan el nitrógeno obtenido de los aminoácidos.

24.37 Los reactivos son un aminoácido y un α-cetoácido, y los productos son un nuevo aminoácido y un nuevo α-cetoácido.

24.39 a. $H - \overset{\overset{\textstyle O}{\|}}{C} - COO^-$

b. $HS - CH_2 - \overset{\overset{\textstyle O}{\|}}{C} - COO^-$

c. $CH_3 - \overset{\overset{\textstyle CH_3}{|}}{CH} - \overset{\overset{\textstyle O}{\|}}{C} - COO^-$

24.41 $^-OOC - \overset{\overset{\textstyle \overset{+}{N}H_3}{|}}{CH} - CH_2 - CH_2 - COO^- + H_2O + NAD^+$ $\xrightarrow[\text{deshidrogenasa}]{\text{Glutamato}}$

Glutamato

$^-OOC - \overset{\overset{\textstyle O}{\|}}{C} - CH_2 - CH_2 - COO^- + NH_4^+ + NADH + H^+$

α-cetoglutarato

24.43 NH_4^+ es tóxico si se permite su acumulación en el hígado.

24.45 $H_2N - \overset{\overset{\textstyle O}{\|}}{C} - NH_2$

24.47 CO_2 del ciclo del ácido cítrico

24.49 Los aminoácidos glucogénicos se usan para sintetizar glucosa.

24.51 a. oxaloacetato
b. oxaloacetato
c. succinil-CoA
d. α-cetoglutarato

24.53 aminoácidos no esenciales

24.55 Glutamina sintetasa cataliza la adición de un grupo amino a glutamato usando energía proveniente de la hidrólisis de ATP.

24.57 fenilcetonuria (PKU, **p**henyl**k**etan**u**ria)

24.59 a. y b. $CH_3 - (CH_2)_8 - \underset{\beta}{CH_2} - \underset{\alpha}{CH_2} - \overset{\overset{\textstyle O}{\|}}{C} - S - CoA$

c. Se necesitan cinco ciclos de β-oxidación.
d. Se producen seis unidades acetil-CoA.
e. Activación

$$\begin{array}{lr} & -2 \text{ ATP} \\ 5 \text{ FADH}_2 \times \dfrac{2 \text{ ATP}}{\text{FADH}_2} & 10 \text{ ATP} \\[2mm] 5 \text{ NADH} \times \dfrac{3 \text{ ATP}}{\text{NADH}} & 15 \text{ ATP} \\[2mm] 6 \text{ acetil-CoA} \times \dfrac{12 \text{ ATP}}{\text{acetil-CoA}} & 72 \text{ ATP} \\[2mm] \textbf{Total} & \overline{95 \text{ ATP}} \end{array}$$

24.61 Los triacilgliceroles se hidrolizan a monoacilgliceroles y ácidos grasos en el intestino delgado, lo que vuelve a formar triacilgliceroles en el recubrimiento intestinal para transporte como lipoproteínas a los tejidos.

24.63 Las grasas pueden almacenarse en cantidades ilimitadas en el tejido adiposo, comparado con el almacenamiento limitado de carbohidratos como glucógeno.

24.65 Los ácidos grasos no pueden difundirse a través de la barrera hematoencefálica.

24.67 a. El glicerol se convierte en glicerol-3-fosfato y luego en dihidroxiacetona fosfato, que puede entrar en la glucólisis o en la gluconeogénesis.
b. La activación de los ácidos grasos ocurre en el citosol, en la membrana mitocondrial exterior.
c. El costo energético es igual a dos ATP.
d. Sólo el acil-CoA puede moverse hacia el espacio intermembrana para su transporte mediante la carnitina hacia la matriz.

24.69 a. β-oxidación
b. β-oxidación
c. síntesis de ácidos grasos
d. β-oxidación
e. síntesis de ácidos grasos
f. síntesis de ácidos grasos

24.71 a. síntesis de ácidos grasos
b. oxidación de ácidos grasos

24.73 El ión amonio es tóxico si se permite su acumulación en el hígado.

24.75 a. citrulina
b. carbamoil fosfato

24.77 a. oxaloacetato
b. acetil-CoA
c. succinil-CoA
d. α-cetoglutarato

24.79 La serina se degrada a piruvato que, a su vez, se oxida a acetil-CoA. La oxidación produce $NADH + H^+$, que proporciona tres ATP. En una vuelta del ciclo del ácido cítrico, el acetil-CoA proporciona 12 ATP. Por tanto, la serina puede proporcionar 15 ATP.

24.81 a. 6 900 moles de ATP
b. 5.0×10^4 kcal

24.83 a. $CH_3 - \overset{\overset{\textstyle CH_3}{|}}{CH} - \overset{\overset{\textstyle \overset{+}{N}H_3}{|}}{CH} - \overset{\overset{\textstyle O}{\|}}{C} - O^-$ Valina

b. $CH_3 - CH_2 - \overset{\overset{\textstyle CH_3}{|}}{CH} - \overset{\overset{\textstyle \overset{+}{N}H_3}{|}}{CH} - \overset{\overset{\textstyle O}{\|}}{C} - O^-$ Isoleucina

c. $^-O - \overset{\overset{\textstyle O}{\|}}{C} - CH_2 - \overset{\overset{\textstyle \overset{+}{N}H_3}{|}}{CH} - \overset{\overset{\textstyle O}{\|}}{C} - O^-$ Ácido aspártico

CI.37 Identifique si cada uno de los incisos siguientes es una sustancia que forma parte del ciclo del ácido cítrico, del transporte de electrones o de ambos: (23.1, 23.2, 23.3)
a. GTP
b. $CoQH_2$
c. $FADH_2$
d. cit *c*
e. succinato deshidrogenasa
f. complejo I
g. isocitrato
h. NAD^+

CI.38 Use el valor de 7.3 kcal por mol de ATP para determinar las kilocalorías totales almacenadas como ATP a partir de cada una de las reacciones siguientes: (23.4, 24.2, 24.3, 24.9)
a. las reacciones de 1 mol de glucosa en la glucólisis
b. la oxidación de 2 moles de piruvato a 2 moles de acetil-CoA
c. la oxidación completa de 1 mol de glucosa a CO_2 y H_2O
d. la β-oxidación de 1 mol de ácido láurico, un ácido graso C_{12}
e. la reacción de 1 mol de glutamato (de proteína) en el ciclo del ácido cítrico

CI.39 Acetil-coenzima A es el combustible para el ciclo del ácido cítrico. Tiene la fórmula $C_{23}H_{38}N_7O_{17}P_3S$. (22.3, 23.1, 23.4)
a. ¿Cuáles son los componentes de acetil-coenzima A?
b. ¿Cuál es la función del HS — CoA?
c. ¿Dónde se une el grupo acetilo a HS — CoA?
d. ¿Cuál es la masa molar (a tres cifras significativas) del acetil-CoA?
e. ¿Cuántos moles de ATP se producen cuando 1.0 mg de acetil-CoA completa una vuelta del ciclo del ácido cítrico?

CI.40 Indique si cada uno de los incisos siguientes produce o consume ATP: (22.5, 22.6, 23.1, 23.4, 24.2)
a. ciclo del ácido cítrico
b. glucosa forma dos piruvatos
c. piruvato produce acetil-CoA
d. glucosa forma glucosa-6-fosfato
e. oxidación de α-cetoglutarato
f. transporte de NADH a través de la membrana mitocondrial
g. activación de un ácido graso

CI.41 La mantequilla es una grasa que contiene 80% en masa de triacilgliceroles. Suponga que el triacilglicerol en la mantequilla es tripalmitato de glicerilo. (17.4, 24.2, 24.3)

La mantequilla es rica en triacilgliceroles.

a. Escriba una ecuación para la hidrólisis del tripalmitato de glicerilo.
b. ¿Cuál es la masa molar del tripalmitato de glicerilo, $C_{51}H_{98}O_6$?
c. Calcule la producción de ATP a partir de la oxidación completa de 1 mol de ácido palmítico.

d. ¿Cuántas kilocalorías se liberan del ácido palmítico en una porción de 0.50 oz de mantequilla?
e. Si al correr exactamente durante 1 h se utilizan 750 kcal, ¿cuántas porciones de mantequilla proporcionarían la energía (kcal) para una carrera de 45 min?

CI.42 Relacione estas producciones de ATP con las reacciones dadas: 2 ATP, 3 ATP, 6 ATP, 12 ATP, 18 ATP, 36 ATP y 44 ATP. (22.5, 22.6, 23.4, 24.3)
a. Glucosa produce dos piruvatos.
b. Piruvato produce acetil-CoA.
c. Glucosa produce dos acetil-CoA.
d. Acetil-CoA pasa a través de una vuelta del ciclo del ácido cítrico.
e. Ácido cáprico (C_6) se oxida por completo.
f. $NADH + H^+$ se oxida a NAD^+.
g. $FADH_2$ se oxida a FAD.

CI.43 ¿Cuál de las moléculas siguientes producirá más ATP por mol cuando cada una se oxide por completo? (22.5, 22.6, 23.4, 24.3)
a. glucosa o maltosa
b. ácido mirístico, $CH_3—(CH_2)_{10}—CH_2—CH_2—COOH$, o ácido esteárico, $CH_3—(CH_2)_{14}—CH_2—CH_2—COOH$,
c. glucosa o dos acetil-CoA
d. glucosa o ácido caprílico (C_8)
e. citrato o succinato en una vuelta del ciclo del ácido cítrico

CI.44 La talasemia es una mutación genética hereditaria que limita la producción de la cadena beta necesaria para la formación de hemoglobina. Si se producen niveles bajos de la cadena beta, hay una reducción de eritrocitos (anemia). Como resultado, el cuerpo no tiene suficientes cantidades de oxígeno. En una forma de la talasemia, un solo nucleótido se elimina en el ADN que codifica la cadena beta. Esta mutación involucra la eliminación de timina (T) de la sección 91 en la siguiente hebra codificadora de ADN normal: (21.4, 21.5, 21.6, 21.7, 21.8)

89 90 91 92 93 94
—AGT—GAG—CTG—CAC—TGT—GAC—A...

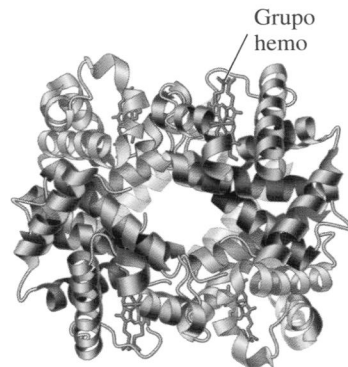

La estructura de listones de la hemoglobina muestra las cuatro unidades polipeptídicas; dos son cadenas α (de color anaranjado) y dos son cadenas β (de color rojo). Los grupos hemo (de color verde) en las cuatro subunidades se unen al oxígeno

a. Escriba la hebra complementaria (plantilla) para este segmento de ADN normal.

b. Escriba la secuencia de ARNm a partir del ADN normal usando la hebra plantilla del inciso **a**.

c. ¿Qué aminoácidos se colocan en la cadena beta con esta porción de ARNm?

d. ¿Cuál es el orden de nucleótidos en la mutación?

e. Escriba la hebra plantilla para el segmento de ADN mutado.

f. Escriba la secuencia de ARNm a partir del segmento de ADN mutado usando la hebra plantilla del inciso **e**.

g. ¿Qué aminoácidos se colocan en la cadena beta con el segmento de ADN mutado?

h. ¿Qué tipo de mutación ocurre en esta forma de talasemia?

i. ¿En qué difieren las propiedades de este segmento de la cadena beta de las propiedades de la proteína normal?

j. ¿Cómo puede afectarse el nivel estructural de la hemoglobina si no se produce la cadena beta?

RESPUESTAS

CI.37 **a.** ciclo del ácido cítrico   **b.** transporte de electrones

    c. ambos   **d.** transporte de electrones

    e. ciclo del ácido cítrico   **f.** transporte de electrones

    g. ciclo del ácido cítrico   **h.** ambos

CI.39 **a.** aminoetanotiol, ácido pantoténico (vitamina B_5) y ADP fosforilado

    b. La coenzima A transporta un grupo acilo hacia el ciclo del ácido cítrico para su oxidación.

    c. El grupo acetilo se une al átomo de azufre ($-S-$) en la parte aminoetanotiol de CoA.

    d. 809 g/mol

    e. 1.5×10^{-8} moles de ATP

CI.41 **a.**

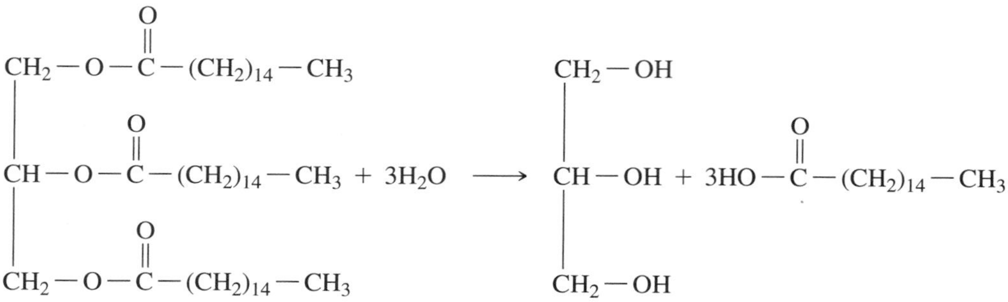

$$\begin{array}{l} CH_2-O-\overset{\displaystyle O}{\overset{\|}{C}}-(CH_2)_{14}-CH_3 \\[1ex] CH-O-\overset{\displaystyle O}{\overset{\|}{C}}-(CH_2)_{14}-CH_3 \;+\; 3H_2O \\[1ex] CH_2-O-\overset{\displaystyle O}{\overset{\|}{C}}-(CH_2)_{14}-CH_3 \end{array} \longrightarrow \begin{array}{l} CH_2-OH \\[1ex] CH-OH \;+\; 3HO-\overset{\displaystyle O}{\overset{\|}{C}}-(CH_2)_{14}-CH_3 \\[1ex] CH_2-OH \end{array}$$

    b. 806 g/mol

    c. 129 moles de ATP

    d. 36 kcal

    e. 16 porciones de mantequilla

CI.43 **a.** maltosa

    b. ácido esteárico

    c. glucosa

    d. ácido caprílico

    e. citrato

Créditos

Glosario/Índice

Unidades SI, métricas y algunos factores de conversión útiles

Longitud Unidad SI metro (m)	Volumen Unidad SI metro cúbico (m^3)	Masa Unidad SI kilogramo (kg)
1 metro (m) = 100 centímetros (cm)	1 litro (L) = 1000 mililitros (mL)	1 kilogramo (kg) = 1000 gramos (g)
1 metro (m) = 1000 milímetros (mm)	1 mL = 1 cm^3	1 g = 1000 miligramos
1 cm = 10 mm	1 L = 1.06 cuarto de galón (qt)	1 kg = 2.20 lb
1 kilómetro (km) = 0.621 millas (mi)	1 qt = 946 mL	1 lb = 454 g
1 pulgada (in) = 2.54 cm (exacto)		1 mol = 6.02×10^{23} partículas
		densidad (agua) = 1.00 g/mL (a 4 °C)

Temperatura Unidad SI Kelvin (K)	Presión Unidad SI pascal (Pa)	Energía Unidad SI joule (J)
°F = 1.8(°C) + 32	1 atm = 760 mmHg	1 caloría (cal) = 4.184 J
$°C = \dfrac{(°F - 32)}{1.8}$	1 atm = 101.325 kPa	1 kcal = 1000 cal
K = °C + 273	1 atm = 760 torr	Calor específico (c) (agua) = 4.184 J/g °C; 1.00 cal/g °C
	1 mol de gas (STP) = 22.4 L	
	R = 0.0821 L·atm/mol·K	
	R = 62.4 mmHg·atm/mol·K	

Prefijos para unidades métricas (SI)

Prefijo	Símbolo	Potencia de diez
Valores mayores que 1		
peta	P	10^{15}
tera	T	10^{12}
giga	G	10^9
mega	M	10^6
kilo	k	10^3
Valores menores que 1		
deci	d	
centi	c	
mili	m	
micro	μ	
nano	n	
pico	p	
femto	f	

Fórmulas y masas molares de algunos compuestos comunes

Nombre	Fórmula	Masa molar (g/mol)	Nombre	Fórmula	Masa molar (g/mol)
Amoniaco		17.0	Ácido clorhídrico		36.5
Cloruro de amonio		53.5	Óxido de hierro(II)		159.8
Sulfato de amonio		132.2	Óxido de magnesio		40.3
Bromo		159.8	Metano		16.0
Butano		58.1	Nitrógeno		28.0
Carbonato de calcio		100.1	Oxígeno		32.0
Cloruro de calcio		111.1	Carbonato de potasio		138.2
Hidróxido de calcio		74.1	Nitrato de potasio		101.1
Óxido de calcio		56.1	Propano		44.1
Dióxido de carbono		44.0	Cloruro de sodio		58.5
Cloro		71.0	Hidróxido de sodio		40.0
Sulfuro de cobre(II)		95.7	Trióxido de azufre		80.1
Hidrógeno		2.02	Agua		18.0